Decker
Maschinenelemente
Funktion, Gestaltung und Berechnung

Decker
Maschinenelemente

Funktion, Gestaltung und Berechnung

Bearbeitet von Frank Rieg, Frank Weidermann, Gerhard Engelken,
Reinhard Hackenschmidt, Bettina Alber-Laukant und Stephan Tremmel

21., überarbeitete Auflage

HANSER

Die Autoren:
Studiendirektor Karl-Heinz Decker (†), Berlin
Studiendirektor Dipl.-Ing. Karlheinz Kabus (†), Berlin

Die Bearbeiter:
Prof. Dr.-Ing. Frank Rieg, Universität Bayreuth, Federführender Bearbeiter (Abschnitt 3.1, Abschnitt 3.3, Kapitel 4, Kapitel 15 bis 17, Kapitel 19, Kapitel 20)
Prof. Dr.-Ing. Frank Weidermann, Hochschule Mittweida (Abschnitt 1.4, Abschnitt 3.2, Kapitel 21 bis 24)
Prof. Dr.-Ing. Gerhard Engelken, Hochschule RheinMain (Abschnitt 1.1 bis 1.3, Kapitel 18, Kapitel 25 bis 30)
Dipl.-Wirtsch.-Ing. Reinhard Hackenschmidt, Universität Bayreuth (Abschnitt 1.5, Kapitel 5 bis 13, mit Ausnahme von Kapitel 9)
Dr.-Ing. Bettina Alber-Laukant, Universität Bayreuth (Kapitel 2, Kapitel 14)
Prof. Dr.-Ing. Stephan Tremmel, Universität Bayreuth (Kapitel 9)

Die Autoren der Berechnungssoftware:
Studiendirektorin Dipl.-Ing. Bettina Baumgart, Staatliche Technikerschule Berlin
Studiendirektor Dipl.-Ing. Bernd Kretschmer, Staatliche Technikerschule Berlin
Studiendirektor Dr.-Ing. Peter Möhler, Staatliche Technikerschule Berlin
Prof. Dr.-Ing. Frank Rieg, Universität Bayreuth

Bibliografische Information der deutschen Nationalbibliothek:
Die Deutsche Nationalbibliothek verzeichnet diese Publikation in der Deutschen Nationalbibliografie; detaillierte bibliografische Daten sind im Internet unter *http://dnb.d-nb.de* abrufbar.

Vilshofener Straße 10 | 81679 München | info@hanser.de
www.hanser-fachbuch.de
Lektorat: Julia Stepp
Herstellung: Melanie Zinsler
Titelmotiv: © Schaeffler Technologies AG & Co. KG
Coverkonzept: Marc Müller-Bremer, *www.rebranding.de,* München
Coverrealisation: Max Kostopoulos
Satz: Eberl & Koesel Studio, Kempten
Druck und Bindung: UAB BALTO print, Vilnius (Litauen)

Print-ISBN: 978-3-446-47230-3
E-Book-ISBN: 978-3-446-47339-3

Inhalt

Der Verlag und die Autoren haben sich mit der Problematik einer gendergerechten Sprache intensiv beschäftigt. Um eine optimale Lesbarkeit und Verständlichkeit sicherzustellen, wird in diesem Werk auf Gendersternchen und sonstige Varianten verzichtet; diese Entscheidung basiert auf der Empfehlung des Rates für deutsche Rechtschreibung. Grundsätzlich respektieren der Verlag und die Autoren alle Menschen unabhängig von ihrem Geschlecht, ihrer Sexualität, ihrer Hautfarbe, ihrer Herkunft und ihrer nationalen Zugehörigkeit.

Vorwort

Die 1. Auflage des mittlerweile in der 21. Auflage vorliegenden Lehrbuchs **Decker *Maschinenelemente*** wurde 1963 von Karl-Heinz Decker verfasst und hat seitdem Generationen von Ingenieuren und Technikern während des Studiums und im Berufsleben begleitet. Es ist für den Unterrichts- und Vorlesungsgebrauch an Fachschulen, Fachhochschulen und Universitäten gedacht, aber auch für das Selbststudium und die Konstruktionspraxis geeignet. Die wichtigsten Maschinenelemente sind in einer knappen und übersichtlichen Form dargestellt. Dabei ist jede Maschinenelementgruppe in sich geschlossen behandelt, damit der Lehrstoff wahlweise und von anderen Elementen unabhängig durchgearbeitet werden kann. Darüber hinaus wurden in dieser Auflage über 250 Verständnisfragen ergänzt, die bei der Verinnerlichung der wichtigsten Lernziele unterstützen.

Das Fachgebiet Maschinenelemente ist sehr umfangreich und erweitert sich durch neue Entwicklungen und Forschungsergebnisse ständig. Davon können im Rahmen der Ausbildung zum Ingenieur oder Techniker nur die wesentlichen Hauptgebiete behandelt werden. Die Vertiefung dieser Kenntnisse muss sich dann durch die Beschäftigung mit Konstruktionsproblemen in der Praxis ergeben.

Zum besseren Verständnis sind jeweils im Anschluss an den behandelten Stoff weit über hundert Berechnungsbeispiele eingefügt. Zur Unterscheidung vom übrigen Inhalt sind sie farbig unterlegt. Auf die Herleitung der Berechnungsgleichungen wurde besonderer Wert gelegt, da dies zum tieferen Verständnis beiträgt. Mit den zahlreichen Tabellen und Diagrammen, die im beiliegenden Tabellenband **Decker *Maschinenelemente – Tabellen und Diagramme*** zusammengefasst wurden, werden dem Leser die Unterlagen in die Hand gegeben, die er zum Berechnen der Maschinenelemente braucht. Im Lehrbuch sind nur die tabellarisch geordneten Angaben und Diagramme enthalten, die zum Verständnis des Textes notwendig sind. Der Tabellenband kann auch unabhängig vom Lehrbuch genutzt werden, vorzugsweise in Verbindung mit der Formelsammlung **Decker *Maschinenelemente – Formeln*** (9. Auflage, ISBN 978-3-446-47331-7).

Unter *plus.hanser-fachbuch.de* stehen über 100 Excel-Berechnungsprogramme und zahlreiche Videos als ergänzende Arbeitsmaterialien bereit. Hinzu kommt das Programmpaket BayMP (Bayreuther Maschinenelemente-Programme). Die kostenlos unter *www.baymp.de* erhältlichen Programme ermöglichen die Auslegung wichtiger Maschinenelemente (Wellen, Lager, Federn, Getriebe, Kupplungen usw.) – sei es online, computergestützt unter Windows, Linux bzw. macOS oder auf verschiedenen wissenschaftlichen Taschenrechnern.

Die Nutzung der Berechnungssoftware **MDESIGN Student**, die kostenfrei unter *https://mdesign.de/decker* bezogen werden kann, ermöglicht es Studierenden und Auszubildenden, als zukünftige Mitarbeiter in Konstruktion und Entwicklung professionelle Werkzeuge für die Auslegung und Berechnung von Maschinenelementen kennenzulernen und zu nutzen.

Mit diesen Hilfsmöglichkeiten kann man eine Vielzahl von Aufgaben aus dem dazugehörigen Aufgabenbuch **Decker *Maschinenelemente – Aufgaben*** (17. Auflage, ISBN 978-3-446-47332-4), das ebenfalls im Carl Hanser Verlag erschienen ist, vollständig oder teilweise lösen. Die 17. Auflage ist umfassend auf die vorliegende 21. Auflage dieses Lehrbuchs abgestimmt.

Allen Kolleginnen und Kollegen von Fach- und Hochschulen und aus der Industrie, die durch Kritik und Anregungen zur Verbesserung und Erweiterung dieses Buches beigetragen haben, sei herzlich gedankt, ebenso den vielen Firmen, die Unterlagen zur Verfügung stellten, sowie der Firma MDESIGN Vertriebs GmbH, Bochum, für die Bereitstellung des Programms MDESIGN.
Verlag und Bearbeiter hoffen, dass auch diese Auflage des Buches den Ingenieuren und Technikern während des Studiums und in der Praxis ein nützlicher Helfer sein wird.

Frank Rieg
Frank Weidermann
Gerhard Engelken
Reinhard Hackenschmidt
Bettina Alber-Laukant
Stephan Tremmel

Hinweise zur Benutzung des Buches

Bei der Berechnung von Maschinenelementen werden zahlreiche Gesetze und Rechenverfahren der Technischen Mechanik und der Festigkeitslehre angewendet. Deshalb sind Grundkenntnisse auf diesem Fachgebiet erforderlich. Hierfür wird das Buch *Mechanik und Festigkeitslehre* von Karlheinz Kabus empfohlen, das 2023 in der 9. Auflage (ISBN 978-3-446-47902-9) im Carl Hanser Verlag erschienen ist. Beide Bücher sind weitgehend aufeinander abgestimmt.

Die Bilder, Tabellen, Diagramme und Formeln sind kapitelweise nummeriert. Über 250 Verständnisfragen, die jeweils am Ende der Kapitel zu finden sind, unterstützen bei der Verinnerlichung der wichtigsten Lernziele. Alle Tabellen und die für Berechnungen benötigten Diagramme befinden sich im beiliegenden Tabellenband **Decker** ***Maschinenelemente – Tabellen und Diagramme***.

Wegen der zurzeit auf vielen Gebieten der Technik stattfindenden Übernahme internationaler und europäischer Normen in das deutsche Normenwerk als DIN ISO- und DIN EN-Normen ist es sehr schwierig, den gerade aktuellen Stand zu erfassen. Bei den Werkstoffen mit inzwischen geänderten Bezeichnungen sind die neuen Kurzzeichen angegeben worden.

Der Inhalt von DIN-Normen wird mit Genehmigung des DIN Deutsches Institut für Normung e. V. wiedergegeben. Maßgebend für das Anwenden einer Norm ist deren Fassung mit dem neuesten Ausgabedatum, die bei der Beuth Verlag GmbH, 10787 Berlin, erhältlich ist.

Die Festigkeits- und Tragfähigkeitsberechnungen sind überwiegend so aufgebaut, dass Bauteile mit vorgegebenen Abmessungen und Werkstoffen nachgerechnet werden können, wie dies auch in der Konstruktionspraxis üblich ist. Den Berechnungsgleichungen ist jeweils ihre Bedeutung in Kursivschrift vorangestellt. Nach der Formel folgt eine ausführliche Legende mit den zu bevorzugenden SI-Einheiten oder abgeleiteten SI-Einheiten und mit der Bedeutung der einzelnen Größen sowie entsprechenden Hinweisen. Es wurden fast ausschließlich Größengleichungen verwendet. Zahlenwertgleichungen werden nur in seltenen Ausnahmefällen eingesetzt.

Die Bilder zu den Beispielen sind Berechnungsskizzen, bei denen die Normen für technische Zeichnungen weitgehend angewendet wurden. Innerhalb der Berechnungen in den Beispielen ist jeweils mit den angegebenen Zwischenergebnissen weitergerechnet worden, d. h., diese Werte wurden wieder neu in den Rechner eingegeben. Beim Weiterrechnen mit den vom Rechner angezeigten ungerundeten Werten ergeben sich teilweise geringfügig abweichende Endergebnisse.

Das Arbeiten nach diesem Lehrbuch in der Praxis erfolgt grundsätzlich auf eigene Verantwortung. Eine Gewähr kann nicht übernommen werden. Es sind stets die letzten Ausgaben der Normen und technischen Regeln sowie der Firmendruckschriften zu beachten.

Bei den Formelzeichen ist dieses Werk weitgehend an die Vorgaben in den DIN-Normen angelehnt. Es wurde aber bewusst davon abgewichen, wenn sich Widersprüche ergeben, z. B. bei der Verwendung unterschiedlicher Formelzeichen für denselben physikalischen Sachverhalt in verschiedenen Normen und Druckschriften. Dies trifft u. a. – wie allgemein üblich – für den Reibwert (die Reibungszahl) μ und für die Querkontraktionszahl ν zu. In diesen Fällen folgt das Lehrbuch der Darstellung, wie sie in den meisten Lehrbüchern üblich ist.

Bei den Maßeinheiten werden die Einheiten bevorzugt benutzt, mit denen in der Praxis üblicherweise gearbeitet wird. Die Drehzahl wird im Allgemeinen in min^{-1} angegeben. Für mechanische Spannungen und Drücke wird konsequent N/mm^2 angegeben.

Ergänzende Arbeitsmaterialien in Form von Excel-Berechnungsprogrammen und Videos sind unter *plus.hanser-fachbuch.de* verfügbar. Darüber hinaus werden unter *www.baymp.de* zahlreiche Programme zur Berechnung von ausgewählten Maschinenelementen angeboten. Die kostenfreie Nutzung der Auslegungs- und Berechnungssoftware MDESIGN Student wird unter *https://mdesign.de/decker* ermöglicht.

TEIL 1
Grundlagen

1 Konstruktionstechnik

1.1 Normen und Richtlinien

Beim rationellen Konstruieren von Produkten haben Normen und andere allgemein anerkannte Richtlinien der Technik eine besondere Bedeutung. Sie sind das Ergebnis der Gemeinschaftsarbeit erfahrener Fachleute, die in den Gremien der deutschen Normungsorganisation, dem Deutschen Institut für Normung e. V. (DIN), und anderer Fachverbände überwiegend ehrenamtlich zusammenwirken. Die von diesen Institutionen herausgegebenen Veröffentlichungen können als Regeln der Technik von jedermann angewendet werden. Sie gelten als Empfehlungen, befreien den Anwender aber nicht von der eigenen Verantwortung.

Das **Deutsche Institut für Normung e. V.** (kurz DIN genannt) ist ein gemeinnütziger Verein mit Sitz in Berlin und durch einen mit der Bundesrepublik Deutschland geschlossenen Vertrag die deutsche *Nationale Normungsorganisation*. Sie hat die Aufgabe, Normen zu erarbeiten und diese der Öffentlichkeit zugänglich zu machen. Die fachliche Arbeit wird in Normenausschüssen durchgeführt, die in Arbeitsausschüsse untergliedert sind. Die Ergebnisse der Normungsarbeit im DIN werden als **DIN-Normen** herausgegeben und bilden das *Deutsche Normenwerk*. In den Normen der Reihe DIN 820 sind die Grundsätze und Verfahrensregeln festgelegt, nach denen im DIN die Normen erstellt und herausgegeben werden.

Als Mitglied der europäischen und internationalen Normungsorganisationen vertritt das DIN dort die deutschen Interessen. Auf internationaler Ebene wird die Normung weltweit von der **ISO** (International Organization for Standardization) und der Internationalen Elektrotechnischen Kommission **IEC** (International Electrotechnical Commission) betrieben. Sie bilden gemeinsam das *System Internationale Normung* mit Sitz in Genf. Die für Europa zuständige Normungsorganisation ist die in Brüssel ansässige *Gemeinsame Europäische Normungsinstitution* **CEN/CENELEC**. Sie ist ein Zusammenschluss des Europäischen Komitees für Normung (CEN) und des Europäischen Komitees für Elektrotechnische Normung (CENELEC). Internationale Normen werden als **DIN-ISO-Normen** und europäische Normen als **DIN-EN-Normen** in das Deutsche Normenwerk übernommen. DIN-EN-ISO-Normen sind in Deutschland, Europa und international anerkannt.

Normen sind ein Ordnungsmittel für das sinnvolle Zusammenwirken aller gesellschaftlichen Gruppen in Wirtschaft und Verwaltung sowie auf technisch-wissenschaftlichen Gebieten. Sie enthalten u. a. Angaben, Empfehlungen und Anforderungen für

- die Beschaffenheit und Prüfung technischer Erzeugnisse,
- die Herstellung, Instandhaltung und Handhabung von Gegenständen und Anlagen,

- die Gestaltung und den organisatorischen Ablauf von Verfahren und Dienstleistungen,
- die Sicherheit, Gesundheit und den Umweltschutz,
- die Qualitätssicherung und -verbesserung.

Durch Festlegungen z. B. für einheitliche Bezeichnungen, Abmessungen, Toleranzen, Baureihen, Berechnungsverfahren usw. begünstigen technische Normen die Rationalisierung in Konstruktion, Fertigung, Montage und Instandhaltung. Obwohl die Anwendung von Normen freigestellt ist, kann sich aus Rechts- und Verwaltungsvorschriften, aus Verträgen oder anderen Rechtsgrundlagen eine Anwendungspflicht ergeben.

Außer den vom DIN herausgegebenen Normen gibt es weitere Vorschriften und Richtlinien, die von verschiedenen technischen Fachverbänden erarbeitet und veröffentlicht werden. Dazu gehören z. B. die **VDI-Richtlinien** des Vereins Deutscher Ingenieure (VDI), einem technisch-wissenschaftlichen Mitgliederverein, die **FKM-Richtlinien** des Forschungskuratoriums Maschinenbau e. V., die **VDE-Bestimmungen** des Verbandes Deutscher Elektrotechniker e. V. (VDE), die **AD-Merkblätter** der Arbeitsgemeinschaft Druckbehälter, herausgegeben vom Verband der Technischen Überwachungs-Vereine (TÜV), die **VDG-Merkblätter** des Vereins Deutscher Gießereifachleute, die **DVS-Merkblätter** des Deutschen Verbandes für Schweißtechnik, die **DASt-Richtlinien** des Deutschen Ausschusses für Stahlbau. Auf weitere technische Regeln wird in den entsprechenden Kapiteln hingewiesen.

Auf einigen Gebieten werden vom DIN und den Fachverbänden gemeinsam technische Regeln herausgegeben. So ist eine DIN-VDE-Norm zugleich eine Deutsche Norm und eine VDE-Bestimmung. Die VDI/VDE-Richtlinien sind ein Gemeinschaftswerk von Fachgliederungen des VDI und des VDE. Oftmals sind Merkblätter und Richtlinien der Fachverbände die Vorläufer von DIN-Normen, oder sie enthalten für bestimmte Fachgebiete Festlegungen, die über die DIN-Normen hinausgehen bzw. diese ergänzen.

Die Normen sind in der Regel für ein weites Anwendungsgebiet vorgesehen. Sie enthalten vielfach Angaben, die in ihrem Umfang nicht jeder Betrieb benötigt. Aus diesem Grunde werden zur Erleichterung und Rationalisierung der Organisation, der Konstruktion und der Produktion innerbetriebliche Normen, **Werknormen**, erarbeitet. Deren Inhalte können firmenspezifische Auszüge aus DIN-Normen oder Richtlinien für die Berechnung und Konstruktion, Anweisungen für die Nummerierung von Zeichnungen und die Gliederung der Zeichnungsätze, Vorschriften für die Fertigung und die Qualitätskontrolle sowie andere betriebsinterne Regelungen sein. Die innerbetriebliche Normungsarbeit sowie das Verwalten aller Normen und Richtlinien obliegt der *Normenabteilung* eines Betriebes, die zwecks Unabhängigkeit der Geschäftsleitung direkt unterstellt sein sollte.

Eine bedeutende Rolle beim Konstruieren und in der Fertigung spielen u. a. die **Werkstoffnormen**. Sie helfen einerseits dem Konstrukteur, den für das zu entwerfende Produkt geeigneten Werkstoff auszuwählen und stellen andererseits durch die verbindlich festgelegte Werkstoffbezeichnung sicher, dass dieser Werkstoff in der Fertigung auch angewendet wird. Das Thema Werkstoffe wird in Kapitel 2 ausführlich behandelt.

1

1.2 Maße, Toleranzen und Passungen

Normzahlen und Normmaße

Zur Vermeidung von willkürlichen Abstufungen bei der Typisierung von Maschinen und Geräten in Bezug auf deren Baugrößen, Leistungen, Drehmomente, Drehzahlen, Drücke, Durchlauf- oder Fördermengen und auf sonstige physikalische Größen wurden mit DIN 323 Normzahlen festgelegt. Die Größenabstufungen beschränken die Anzahl der Bautypen und führen damit zur Begrenzung der erforderlichen Werkzeuge und Einrichtungen, sodass sie zur Rationalisierung beitragen.

Diese **Normzahlen NZ** sind sinnvoll in einer **geometrischen Reihe** gestuft, bei der das Verhältnis eines Gliedes (einer Zahl) zum vorhergehenden Glied konstant bleibt. Dieses Verhältnis heißt **Stufensprung** q. Oder anders ausgedrückt: jede Normzahl ergibt sich durch Multiplizieren der vorhergehenden mit dem Stufensprung q.

Die Hauptglieder der Reihe bilden die ganzzahligen Zehnerpotenzen (... 10^{-3}, 10^{-2}, 10^{-1}, 10^0, 10^2, 10^3, ...). Sie sind weder nach oben noch nach unten begrenzt. Jeder Dezimalbereich ist in r Stufen unterteilt, beispielsweise zwischen 1 und 10 in $r = 5$ Stufen:

1		1,6		2,5		4,0		6,3		10
	1.		2.		3.		4.		5. Stufe	

Für diese Reihe ist auf 0,1 genau gerundet:

$$10 / 6{,}3 = 6{,}3 / 4 = 4 / 2{,}5 = 2{,}5 / 1{,}6 = 1{,}6 / 1 = 1{,}6 = q_5$$

Es sind **vier Grundreihen** genormt. Sie werden nach dem Erfinder der Normzahlen Renard mit dem Buchstaben **R** und der Stufenzahl $r = 5, 10, 20$ und 40 je Dezimalbereich gekennzeichnet:

Reihe R5 mit $q_5 = \sqrt[5]{10} \approx 1{,}6$

Reihe R10 mit $q_{10} = \sqrt{q_5} = \sqrt[10]{10} \approx 1{,}25$

Reihe R20 mit $q_{20} = \sqrt{q_{10}} = \sqrt[20]{10} \approx 1{,}12$

Reihe R40 mit $q_{40} = \sqrt{q_{20}} = \sqrt[40]{10} \approx 1{,}06$

Somit enthält jede Reihe die Glieder der vorhergehenden, gröberen Reihen. Gröbere Reihen haben Vorrang, also R 5 vor R 10, R 10 vor R 20, R 20 vor R 40.

Weiterhin gibt es eine **Ausnahmereihe R 80**, die nur in unumgänglichen Sonderfällen herangezogen werden soll.

Rundwertreihen, bei denen die bereits gerundeten Zahlen der vier Reihen noch stärker gerundet sind, beispielsweise 3,55 auf 3,6 oder 6,3 auf 6, sollten nur in zwingenden Fällen angewendet werden. Sie sind mit **R'** und **R"** bezeichnet, wobei die Reihe R" die gröbste ist. Beide Reihen dienen aber als **Normmaße** in mm. Die Reihe R" ist jedoch möglichst zu vermeiden!

In Tabelle 1.1 sind die Glieder der Grundreihen R und die der Rundwertreihen R' jeweils zwischen 1 und 10 wiedergegeben. Durch Multiplizieren mit den ganzzahligen Zehnerpotenzen lassen sie sich beliebig fortsetzen.

Außerdem darf eine Reihe abgeleitet werden, wenn keine Grundreihe oder Rundwertreihe verwendet werden kann, z. B. wenn ein bestimmter Anfangswert oder Stufensprung vorgegeben ist. **Abgeleitete Reihen** werden mit **R*r*/*p*** bezeichnet, enthalten nur jedes p-te Glied einer Grundreihe und den Stufensprung $q_{r/p} = q_r^p$. So hat beispielsweise die abgeleitete Reihe R 10/3 den Stufensprung $q_{10/3} = q_{10}^3 = 1{,}25^3 \approx 2$ und damit die Zahlenfolge 1 2 4 8 16 32 usw. Soll die Reihe nicht mit der Zahl 1 beginnen oder keine bestimmte Zahl der Grundreihe enthalten, ist das besonders anzugeben.

Sollen z. B. die Drehmomente T einer Reibscheibenkupplung in einer Normzahlreihe gestuft werden, so sind die Durchmesser der Reibscheiben entsprechend dem gewünschten Stufensprung festzulegen. Das Drehmoment errechnet sich näherungsweise zu $T = p \cdot z \cdot \mu \cdot r_m \cdot A$ mit p als Anpressdruck, z als Anzahl der Reibflächen, μ als Reibzahl, r_m als mittlerem Reibscheibenradius und A als Reibscheibenfläche. Bezeichnet man mit D_a den Reibscheibenaußendurchmesser und mit D_i den Reibscheibeninnendurchmesser, so wird

$$T = p \cdot z \cdot \mu \frac{D_a + D_i}{4} \cdot \frac{D_a^2 - D_i^2}{4} \pi$$

Bleibt das Verhältnis $D_i \,/\, D_a = c$ konstant, so wird mit $D_i = D_a \cdot c$:

$$T = p \cdot z \cdot \mu \frac{D_a^3}{16}\left(1 + c - c^2 - c^3\right)\pi = D_a^3 \cdot C$$

Damit ergibt sich als Stufensprung

$$q = \frac{T_2}{T_1} = \frac{D_{a2}^3}{D_{a1}^3} \text{ usw.}$$

sodass sich die einzelnen Reibscheibendurchmesser mit dem Stufensprung q und der Normzahlreihe errechnen lassen (siehe Beispiel 1.1).

Beispiel 1.1

Die Nenndrehmomente T einer Baureihe von Reibscheibenkupplungen sollen in der Normzahlreihe R 5 von 10 bis 1000 Nm gestuft werden. Der Reibscheibenaußendurchmesser der ersten Baugröße beträgt $D_{a1} = 100$ mm.

Zu ermitteln ist die Stufung der Drehmomente und der Reibenscheibenaußendurchmesser.

Lösung:

1. **Stufung der Drehmomente *T***
   Für die Reihe R 5 folgt aus Tabelle 1.1:

   T = **10 16 25 40 63 100 160 250 400 630 1000** Nm

2. **Stufung der Reibscheibenaußendurchmesser D_a**
   Mit $T_1 = 10$ Nm und $T_2 = 16$ Nm beträgt der Stufensprung, da die Drehmomente den dritten Potenzen der Reibscheibenaußendurchmesser proportional sind

   $$q_5 = \frac{T_2}{T_1} = \frac{16}{10} = \frac{D_{a2}^3}{D_{a1}^3} \approx 1{,}6$$

   Damit wird

   $$D_{a2}^3 = q_5 \cdot D_{a1}^3 \text{ und } D_{a2} = \sqrt[3]{q_5} \cdot D_{a1} = q \cdot D_{a1}$$

1

Somit beträgt der Stufensprung für die Durchmesserreihe

$$q = q_5^{1/3} = 1{,}6^{1/3} \approx 1{,}17$$

Es handelt sich also um eine abgeleitete Reihe $R_{r/p} = R5(1/3)$, in der drei Stufensprünge einem Stufensprung der Reihe R5 entsprechen. Die Durchmesserreihe beträgt gerundet:

$$D_a = \mathbf{100}\ 115\ 135\ \mathbf{160}\ 185\ 215\ \mathbf{250}\ 290\ 340\ \mathbf{400}\ 470\,\text{mm}$$

Geometrische Produktspezifikation

Die Normenwelt ist in Bewegung. Das im Jahr 1996 eingerichtete Technische Komitee ISO/TC 213 „Geometrische Produktspezifikation und Prüfung" verfolgt das Ziel, ein einheitliches System von GPS-Normen zur **Spezifikation und Prüfung der Werkstückgeometrie** als verbessertes Werkzeug für die Entwicklung und Herstellung zu schaffen. Vorhandene Normen wurden in einer *Übersichtsmatrix* über die Geometrische Produktspezifikation eingeordnet [1.1]. Hierbei spiegeln die Kettenglieder der einen Dimension die Abfolge von Spezifikation und Prüfung, wobei im Zusammenhang mit der Prüfung auch die Aspekte der *Messunsicherheit* des verwendeten Messmittels und das Erfordernis der *Kalibrierung* berücksichtigt werden:

- Angaben der Produktdokumentencodierung
- Definition der Toleranzen – Theoretische Definition der Werte
- Definition der Eigenschaften des Istformelements
- Ermittlung der Abweichungen des Werkstückes
- Anforderungen an Messeinrichtungen
- Kalibrieranforderungen – Kalibriernormen

In der zweiten Dimension der GPS-Matrix werden *geometrische Eigenschaften* betrachtet wie:

- Maß (Länge)
- Abstand
- Radius
- Winkel
- Form einer Linie unabhängig von einem Bezug
- Form einer Linie abhängig von einem Bezug
- Form einer Fläche unabhängig von einem Bezug
- usw.

Bei der Einordnung der vorhandenen Normen in die GPS-Matrix wurden ebenso Widersprüche deutlich wie auch Lücken, die vor allem die Kettenglieder 3 bis 6 betreffen, da die Normung mit der Entwicklung der Messtechnik nicht Schritt gehalten hat. Hieraus entstanden umfangreiche Aktivitäten zur Überarbeitung und Entwicklung vollständiger GPS-Normen.

Mit den Normen DIN EN ISO 14660-1 und DIN EN ISO 14660-2 wurden zum ersten Mal Begriffe und Definitionen eingeführt, ohne die eine Beschreibung der Messung gar nicht möglich ist. Das Nenn-Geometrieelement hat z. B. im CAD-Modell keine Form- und Lageabweichung. Das wirkliche Geometrieelement am gefertigten Werkstück hat dagegen solche Abweichungen, die messtechnisch erfasst und durch Zuordnung bewertet werden müssen. Im Hinblick auf die Feststellung von Übereinstimmung oder Nichtübereinstimmung mit der Spezifikation legt DIN EN ISO 14253-1 eindeutig fest, dass die Zone der Übereinstimmung die um den doppelten Wert der „erweiterten Messunsicherheit" eingeschränkte Toleranzzone ist.

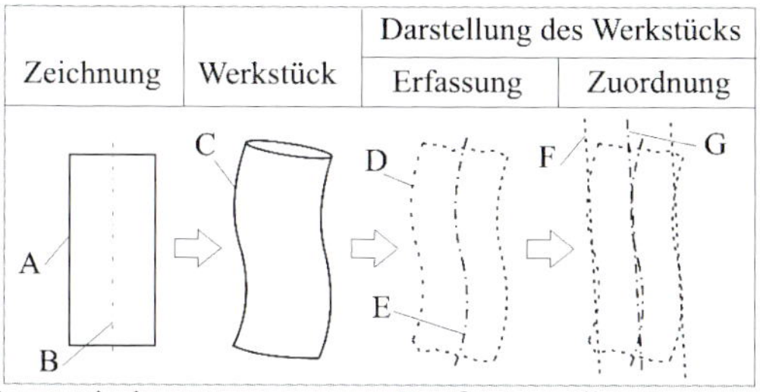

A Nenn-Geometrieelement
B abgeleitetes Nenn-Geometrieelement
C wirkliches Geometrieelement
D erfasstes vollst. Geometrieelement
E erfasstes abgel. Geometrieelement
F zugeordnetes vollst. Geometrieel.
G zugeordnetes abgel. Geometrieel.

Bild 1.1 Beziehungen der Definitionen von Geometrieelementen zueinander [DIN EN ISO 14660-1], [DIN EN ISO 14660-2]

Maße, Abmaße und Toleranzen

Um die Funktion eines Bauteils zu gewährleisten, sind die funktionsbestimmenden Abstände von Oberflächen (Passflächen) entsprechend genau herzustellen. Da sich absolut genaue Abmessungen nicht herstellen lassen, müssen mehr oder weniger große Abweichungen zugelassen werden. Das ausgeführte Maß darf zwei Grenzmaße nicht über- oder unterschreiten. Nach diesen und der erforderlichen Oberflächenbeschaffenheit muss sich das Herstellungsverfahren richten.

Die Grundlagen für Abmaße und Toleranzen des ISO-Systems für Grenzmaße und Passungen sind in DIN EN ISO 286 festgelegt. Nachfolgend werden einige wichtige Begriffe erläutert (vgl. auch Bild 1.2).

Welle ist die Kurzbezeichnung für alle **Außenmaße** zwischen zwei parallelen ebenen Flächen eines Werkstücks oder parallelen Tangentenebenen an runden Werkstücken.

Bohrung ist sinngemäß die Kurzbezeichnung für alle **Innenmaße**.

Das Nennmaß N dient als Bezugsmaß für die Abmaße.

Istmaß I ist das am fertigen Werkstück gemessene Maß, z. B. 24,95 mm. Wegen gewisser Formabweichungen können die Istmaße an verschiedenen Stellen unterschiedlich sein.

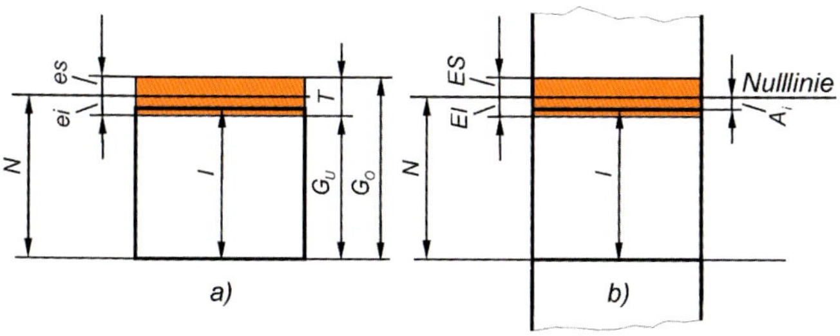

Bild 1.2 Maße und Abmaße
a) an einer Welle, b) an einer Bohrung

1

Grenzmaße sind das **Höchstmaß G_o** und das **Mindestmaß G_u**, zwischen denen das Istmaß liegen muss, z. B. Höchstmaß $G_o = 25{,}15\,\text{mm}$, Mindestmaß $G_u = 24{,}90\,\text{mm}$.

Oberes Abmaß *ES, es* (extreme superior; Großbuchstaben für Bohrung, Kleinbuchstaben für Welle) ist die Differenz zwischen Höchstmaß G_o und Nennmaß N, z. B. $ES\ (\text{bzw. } es) = G_o - N = 25{,}15\,\text{mm} - 25\,\text{mm} = +0{,}15\,\text{mm}$.

Unteres Abmaß *EI, ei* (extreme inferior; Großbuchstaben für Bohrung, Kleinbuchstaben für Welle) ist die Differenz zwischen Mindestmaß G_u und Nennmaß N, z. B. $EI\ (\text{bzw. } ei) = G_u - N = 24{,}90\,\text{mm} - 25\,\text{mm} = -0{,}10\,\text{mm}$.

Istabmaß A_i ist die Differenz zwischen Istmaß I und Nennmaß N, z. B. $A_i = I - N = 24{,}95\,\text{mm} - 25\,\text{mm} = -0{,}05\,\text{mm}$.

Toleriertes Maß (früher Passmaß) ist ein Nennmaß, an dem die Grenzabmaße angegeben sind, entweder als oberes und unteres Abmaß, z. B. $25^{+0,15}_{-0,10}$ mm, oder durch Toleranzkurzzeichen (siehe nachfolgenden Abschnitt). Die Grenzabmaße können auch ohne Angabe am Nennmaß durch Allgemeintoleranzen festgelegt sein, z. B. nach DIN ISO 2768-1.

Nulllinie ist die dem Abmaß Null und somit dem Nennmaß entsprechende Bezugslinie für die Abmaße.

Toleranz *T* ist die Differenz zwischen dem Höchstmaß G_o und dem Mindestmaß G_u oder die Differenz zwischen dem oberen Abmaß *ES* (*es*) und dem unteren Abmaß *EI* (*ei*) (Bild 1.1), z. B. $T = G_o - G_u = 25{,}15\,\text{mm} - 24{,}90\,\text{mm} = 0{,}25\,\text{mm}$ oder $T = ES - EI = +0{,}15\,\text{mm} - (-0{,}1\,\text{mm}) = 0{,}25\,\text{mm}$.Falls zur Unterscheidung erforderlich, erhalten die sich auf die Welle beziehenden Größen den Index W, die sich auf die Bohrung beziehenden den Index B.

Im Zusammenhang mit der Paarung von Teilen sind die nachfolgenden Maßarten von besonderer Bedeutung:

Maximum-Material-Grenzmaß *MML* (maximum material limit) ist dasjenige Grenzmaß, bei dessen Realisierung das Bauteil das Maximum an Material behält, also

1. bei Außenmaßen das Höchstmaß und
2. bei Innenmaßen das Mindestmaß.

Bei Abstandsmaßen gibt es kein MML.

Wirksames Istmaß *VS* (virtual size) ist das Maß eines geometrisch idealen Gegenstücks, mit dem sich das Geometrieelement spielfrei paaren lässt. Das wirksame Istmaß *VS* trägt der möglichen Formabweichung Rechnung. Beim Außenmaß wird *VS* bei Formabweichung größer, beim Innenmaß kleiner als das örtliche Istmaß.

Wirksames Grenzmaß *MMVL* (maximum material virtual limit) ist das Grenzmaß, das sich als Summe von Maximum-Material-Grenzmaß *MML* und der dem Geometrieelement zugeordneten Formtoleranz *t* ergibt. Es repräsentiert den für die Paarung ungünstigsten Fall.

Prüfmaß (testing size) ist ein für die Funktion des Bauteils wichtiges Maß, für das der Konstrukteur die Prüfung explizit fordert. Das Prüfmaß wird durch einen abgerundeten Rahmen gekennzeichnet.

ISO-Toleranzsystem

Die funktionsbedingten Maße von Bauteilen müssen passgerecht toleriert werden, um die Bauteile ohne Nacharbeit montierbar und austauschbar zu machen. Mit DIN EN ISO 286 ist ein weltweit gültiges Toleranzsystem genormt, bei dem für eine wirtschaftliche Fertigung sinnvoll an Nennmaßbereiche gebundene Grenzabmaße festgelegt sind, die hinter dem Nennmaß durch

Kurzzeichen angegeben werden. Ein ISO-Toleranzkurzzeichen besteht aus Buchstaben und Ziffern, und zwar bei **Wellen** (Außenmaße) aus ein oder zwei **Kleinbuchstaben** und einer Zahl, z.B. 25 f7 oder 25 za6, bei **Bohrungen** (Innenmaße) aus ein oder zwei **Großbuchstaben** und einer Zahl, z.B. 25 F7 oder 25 ZA6. Der Buchstabe bestimmt das Grundabmaß und damit die Lage der Toleranzzone zur Nulllinie (Bild 1.3), die Zahl den **Toleranzgrad** als Größe (Feinheit) der Toleranz. Beide zusammen ergeben die **Toleranzklasse**, Bezeichnungsbeispiel: Toleranzklasse f7. Sie wird durch die Toleranzzone dargestellt (Bild 1.2).

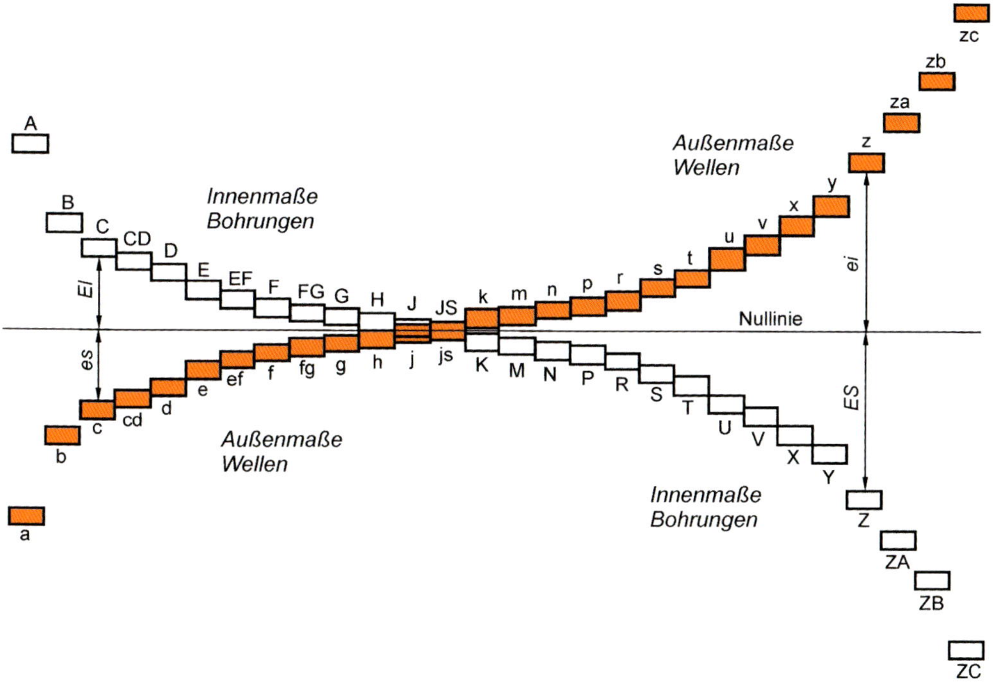

Bild 1.3 Toleranzzonen des ISO-Systems nach DIN EN ISO 286
es und *ei* Grundabmaße der Welle, *ES* und *EI* Grundabmaße der Bohrung

In DIN EN ISO 286 sind 20 **Grundtoleranzgrade** festgelegt, und zwar **IT 01, IT 0, IT 1, IT 2 ... IT 18** (IT = Internationale Toleranz). Die Grundtoleranzgrade IT 01 und IT 0 sind nicht für allgemeine Anwendung vorgesehen und nur im Anhang von DIN EN ISO 268-1 enthalten. Vorwiegend verwendet werden die Grundtoleranzgrade IT 1 bis 4 für Lehren und Messgeräte, IT 5 bis 11 in der Feinwerktechnik sowie im Geräte- und Maschinenbau, IT 12 bis 18 für grobe Herstellungsverfahren. Die Buchstaben IT entfallen, wenn ein Toleranzgrad im Zusammenhang mit einem Grundabmaß eine Toleranzklasse bildet, z. B. H6.

Unter einer **Grundtoleranz *T*** versteht man jede Toleranz, die zum ISO-System für Grenzmaße und Passungen gehört. Die Werte der Grundtoleranzen sind an die Grundtoleranzgrade und an Nennmaßbereiche gebunden. Sie sind Vielfache eines Toleranzfaktors *i* bzw. *I*.

Mit $D = \sqrt{D_1 \cdot D_2}$ als geometrischem Mittel aus den **Zahlenwerten** der Grenzwerte D_1 und D_2 des Nennmaßbereichs, d. h. **ohne** ihre Einheit mm, beträgt für Nennmaße bis 500 mm und die Grundtoleranzgrade IT 5 bis IT 18 der

$$\textit{Toleranzfaktor}\ i = 0{,}45\sqrt[3]{D} + 0{,}001D \text{ in µm} \qquad (1.1)$$

1

Für Nennmaße über 500 mm bis 3150 mm beträgt der

Toleranzfaktor $I = 0{,}004D + 2{,}1$ in µm (1.2)

Die sich mit diesen Gleichungen ergebenden Werte sind nach vorgegebenen Regeln zu runden, und zwar die nach Formel 1.1 bis 100 µm auf 1 µm genau, bis 200 µm auf 5 µm genau, bis 500 µm auf 10 µm genau. Beispiel: errechnet $T = 183{,}22\,\mu m$, gerundet auf 185 µm, oder errechnet $T = 324{,}8\,\mu m$, gerundet auf 320 µm.

Verbindliche Werte der Grundtoleranzen für Nennmaße sind in Normen angegeben [DIN EN ISO 286-1], [DIN 7172] (Auszug siehe Tabelle 1.2).

Beispiel 1.2

Für den Nennmaßbereich über 50 bis 80 mm ist die Grundtoleranz des Toleranzgrades 6 zu ermitteln und mit der Angabe in Tabelle 1.2 zu vergleichen.

Lösung:
Für $D_1 = 50\,mm$ und $D_2 = 80\,mm$ ist der geometrische Mittelwert als Zahlenwert ohne Einheit

$$D = \sqrt{D_1 \cdot D_2} = \sqrt{50 \cdot 80} = 63{,}25$$

Nach Formel 2.1 wird damit der Toleranzfaktor

$$i = 0{,}45\sqrt[3]{D} + 0{,}001D = 0{,}45\sqrt[3]{63{,}25} + 0{,}001 \cdot 63{,}25 = 1{,}856\,\mu m$$

Aus Tabelle 1.2 folgt für IT 6 die Grundtoleranz
$T = 10i = 10 \cdot 1{,}856\,\mu m = 18{,}56\ \mu m \approx 19\ \mu m$.

Dieser gerundete Wert ist auch in der Tabelle enthalten. ■

Auch zur Berechnung der **Grundabmaße** für Wellen und für Bohrungen sind in DIN EN ISO 286-1 Formeln angegeben. Im Allgemeinen liegen die Grundabmaße für Bohrungen in Bezug auf die Nulllinie genau symmetrisch zu denen für die Wellen mit gleichem Buchstaben, jedoch umgekehrtem Vorzeichen (Bild 1.3), d.h., es ist $EI = -es$ bzw. $ES = -ei$.

In Tabelle 1.3 bis Tabelle 1.6 sind die Grundabmaße für Wellen und Bohrungen nach DIN EN ISO 286-1 angegeben. Das zugehörige zweite Abmaß ergibt sich durch Addition bzw. Subtraktion der Grundtoleranz IT nach Tabelle 1.2.

Die Berechnung von Abmaßen ist in der Praxis nur selten erforderlich, da für die gebräuchlichen Toleranzklassen Tabellen mit Grenzabmaßen zur Verfügung stehen (z.B. DIN EN ISO 286-2, DIN 7172).

Beispiel 1.3

Für folgende tolerierte Maße sind die Abmaße zu ermitteln:

1. 50 f7 und 50 F7
2. 60 p6 und 60 P6
3. 60 M8

Lösung:

1. Aus Tabelle 1.3 und Tabelle 1.4 ergeben sich $es = -25\,\mu m$ und $EI = +25\,\mu m$. Mit der Grundtoleranz $T = 25\,\mu m$ aus Tabelle 1.2 für IT 7 werden

   $$ei = es - T = -25\,\mu m - 25\,\mu m = -50\,\mu m$$
   $$ES = EI + T = +25\,\mu m + 25\,\mu m = +50\,\mu m$$

   Somit: $50f7 = 50^{-0.025}_{-0.050}$ mm und $50F7 = 50^{+0.050}_{+0.025}$ mm.

2. Aus Tabelle 1.5 und Tabelle 1.6 folgen $ei = +32\,\mu m$ und $ES = -32\,\mu m + \Delta = -32\,\mu m + 6\,\mu m = -26\,\mu m$. Mit der Grundtoleranz $T = 19\,\mu m$ aus Tabelle 1.2 werden

   $$es = ei + T = +32\,\mu m + 19\,\mu m = +51\,\mu m$$
   $$EI = ES - T = -26\,\mu m - 19\,\mu m = -45\,\mu m$$

   Somit: $60p6 = 60^{+0.051}_{+0.032}$ mm und $60P6 = 60^{-0.026}_{-0.045}$ mm.

3. Nach Tabelle 1.6 ist $ES = -11\,\mu m + \Delta = -11\,\mu m + 16\,\mu m = +5\,\mu m$. Mit der Grundtoleranz $T = 46\,\mu m$ nach Tabelle 1.2 wird

   $$EI = ES - T = +5\,\mu m - 46\,\mu m = -41\,\mu m,$$

   Also: $60M8 = 60^{+0,005}_{-0,041}$ mm.

Allgemeintoleranzen dienen der Vereinfachung von technischen Zeichnungen und entsprechen den werkstattüblichen Genauigkeiten. In DIN ISO 2768-1 sind Grenzmaße für Längenmaße, Rundungshalbmesser, Fasenhöhen und Winkelmaße in vier Toleranzklassen festgelegt (Tabelle 1.7). Sie gelten für Maße ohne Toleranzangabe, wenn die Zeichnung einen entsprechenden Vermerk enthält, z. B. Allgemeintoleranz DIN ISO 2768-1, aber nur bei durch Spanen oder Umformen gefertigten Teilen, sofern nicht für bestimmte Fertigungsverfahren oder Teile besondere Normen bestehen. Sie gelten beispielsweise nicht für Schweißteile oder Freiformschmiedeteile.

Passungsarten und Passungssysteme

Die Beziehung, die sich aus dem Maßunterschied zweier zu paarender Passteile (Bohrung und Welle) ergibt, heißt **Passung**, z. B. zwischen Bohrung $25^{+0,15}_{0}$ mm und Welle $25^{-0,05}_{-0,15}$ mm oder zwischen Bohrung 25 H7 und Welle 25 m6 (kurz 25 H7/m6). Je nach den Toleranzzonen von Welle und Bohrung (Bild 1.4) kann die Passung bei Ausnutzung des gesamten Toleranzbereiches eine der folgenden Passungsarten sein.

Spielpassung, wenn stets ein Spiel *S* zwischen den gepaarten Teilen entsteht (Bild 1.4a). Dieses Spiel kann schwanken zwischen einem Höchstspiel und einem Mindestspiel:

1

$$\textit{Höchstspiel}\ S_g = ES - ei = G_{oB} - G_{uW} \quad (1.3)$$

$$\textit{Mindestspiel}\ S_k = EI - es = G_{uB} - G_{oW} \quad (1.4)$$

Übermaßpassung, wenn stets ein Übermaß U vorhanden ist, d. h. die Welle stets größer als die Bohrung ist (Bild 1.4c). Dieses Übermaß kann schwanken zwischen einem Höchstübermaß und einem Mindestübermaß:

$$\textit{Höchstübermaß}\ U_g = es - EI = G_{oW} - G_{uB} \quad (1.5)$$

$$\textit{Mindestübermaß}\ U_k = ei - ES = G_{uW} - G_{oB} \quad (1.6)$$

Übergangspassung, wenn die Istmaße sowohl ein Spiel als auch ein Übermaß zulassen (Bild 1.4b). In diesem Falle ergibt sich das mögliche Höchstspiel mit Formel 1.3 und das mögliche Höchstübermaß mit Formel 1.5.

Das Istspiel S_i bzw. das Istübermaß U_i ist die Differenz zwischen den Istmaßen von Bohrung und Welle bzw. von Welle und Bohrung. Die Begriffe sind mit DIN EN ISO 286-1 genormt. Da in dieser Norm keine Formelzeichen für Spiele und Übermaße angegeben sind, werden hier weiterhin S_g und S_k (früher Größt- und Kleinstspiel) sowie U_g und U_k (früher Größt- und Kleinstübermaß) verwendet.

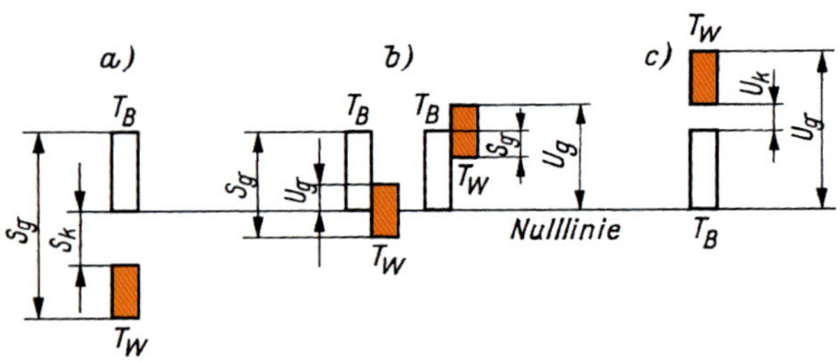

Bild 1.4 Passungsarten
a) Spielpassung, b) Übergangspassung, c) Übermaßpassung

Passtoleranz T_p ist die Toleranz der Passung, d. h. die mögliche Schwankung des Spieles bzw. Übermaßes. Sie ist aber auch gleich der Summe der Toleranzen von Bohrung und Welle. Somit beträgt die

$$\textit{Passtoleranz}\ T_p = S_g - S_k \ \text{ bei Spielpassung} \quad (1.7)$$

$$T_p = S_g + U_g \ \text{ bei Übergangspassung} \quad (1.8)$$

$$T_p = U_g - U_k \ \text{ bei Übermaßpassung} \quad (1.9)$$

$$T_p = T_B + T_W \ \text{ allgemein} \quad (1.10)$$

Passtoleranzzone (Bild 1.5) ist bei Spielpassungen das Feld zwischen Höchstspiel und Mindestspiel, bei Übergangspassungen zwischen Höchstspiel und Höchstübermaß, bei Übermaßpassungen zwischen Mindestübermaß und Höchstübermaß.

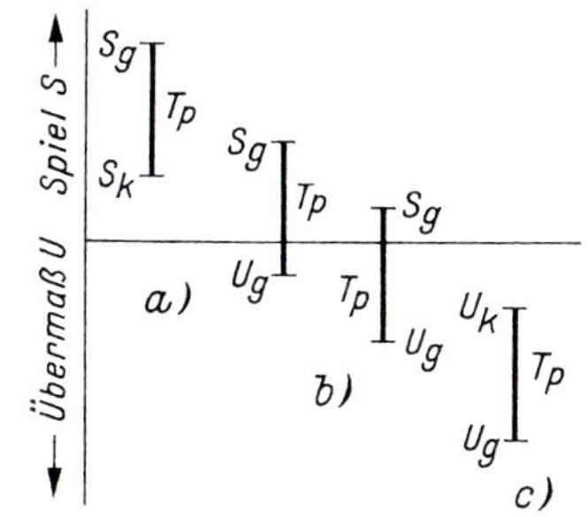

Bild 1.5 Passtoleranzfelder
a) Spielpassung, b) Übergangspassungen, c) Übermaßpassungen

Passfläche ist jede Fläche, an der sich gepaarte Teile berühren, **Passteile** sind die für eine Paarung bestimmten Werkstücke.

Passungssystem ist eine systematische Reihe von Passungen, die durch Kombinieren bestimmter Toleranzklassen für Wellen und Bohrungen entsteht. Man unterscheidet:

- **System Einheitsbohrung EB** (Bild 1.6a). Bei ihm sind für alle Bohrungen (Innenmaße) die Grundabmaße $EI = 0$ (Toleranzfeldlage H), während die Toleranzfelder der Wellen und die oberen Abmaße *ES* der Bohrungen entsprechend gewählt werden.
- **System Einheitswelle EW** (Bild 1.6b). Bei ihm sind für alle Wellen (Außenmaße) die Grundabmaße $es = 0$ (Toleranzzone h), während die Toleranzzonen der Bohrungen und die unteren Abmaße *ei* der Wellen entsprechend gewählt werden.

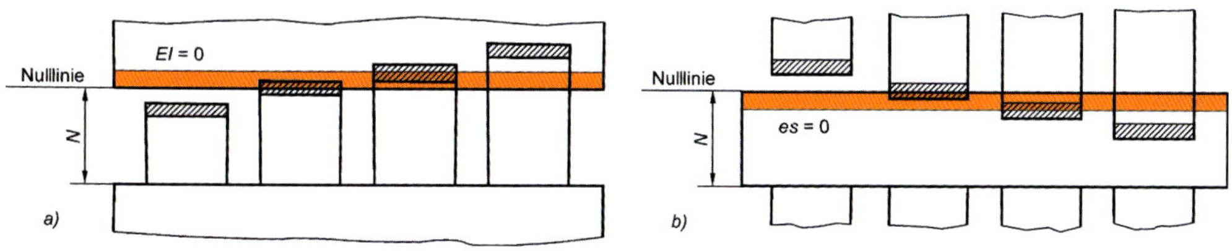

Bild 1.6 Passungssysteme gemäß DIN EN ISO 286-1
a) Einheitsbohrung, b) Einheitswelle

Beispiel 1.4

Es sind das Höchstspiel S_g, das Mindestspiel S_k und die Passtoleranz T_p der Passung einer Bohrung $25_{0}^{+0,15}$ mm und einer Welle $25_{-0,15}^{-0,05}$ mm zu ermitteln.

Lösung:

Nach den Abmaßangaben betragen $ES = 150\,\mu m$, $EI = 0$, $es = -50\mu m$ und $ei = -150\mu m$, ferner $T_B = 150\mu m$ und $T_w = 100\mu m$.

Nach Formel 1.3 und Formel 1.4 werden

$$S_g = ES - ei = 150\,\mu m - (-150\mu m) = 300\mu m$$

$$S_k = EI - es = 0 - (-50\mu m) = 50\mu m$$

Formel 1.7 oder Formel 1.10 liefern

$$T_p = S_g - S_k = 300\mu m - 50\mu m = 250\mu m$$

$$T_p = T_B + T_W = 150\mu m + 100\mu m = 250\mu m$$

1

Beispiel 1.5

Es sind das Höchstspiel S_g, das Mindestspiel S_k und die Passtoleranz T_p der Passung 50 H7/e6 zu ermitteln:

Lösung:
Aus Tabelle 1.2 und Tabelle 1.3 werden entnommen: $T_B = 25\,\mu m$, $T_W = 16\,\mu m$, $EI = 0$ und $es = -50\,\mu m$. Somit gilt:

$$ES = EI + T_B = 0 + 25\,\mu m = +25\,\mu m$$

$$ei = es - T_W = -50\,\mu m - 16\,\mu m = -66\,\mu m$$

Nach Formel 1.3 und Formel 1.4:

$$S_g = ES - ei = +25\,\mu m - (-66\,\mu m) = 91\,\mu m$$
$$S_k = EI - es = 0 - (-50\,\mu m) = 50\,\mu m$$

Nach Formel 1.7 oder Formel 1.10:

$$T_p = S_g - S_k = 91\,\mu m - 50\,\mu m = 41\,\mu m$$
$$T_p = T_B + T_W = 25\,\mu m + 16\,\mu m = 41\,\mu m$$

■

Beispiel 1.6

Es sind das Höchstspiel S_g, das Höchstübermaß U_g und die Passtoleranz T_p für die Passung 60 H8/m7 zu ermitteln.

Lösung:
Aus Tabelle 1.2 und Tabelle 1.5 werden entnommen: $T_B = 46\,\mu m$, $T_W = 30\,\mu m$, $EI = 0$ und $ei = +11\,\mu m$. Somit gilt:

$$ES = EI + T_B = 0 + 46\,\mu m = 46\,\mu m$$
$$es = ei + T_W = +11\,\mu m + 30\,\mu m = 41\,\mu m$$

Nach Formel 1.3 und Formel 1.5:

$$S_g = ES - ei = +46\,\mu m - 11\,\mu m = 35\,\mu m$$
$$U_g = es - EI = +41\,\mu m - 0 = 41\,\mu m$$

Nach Formel 1.8 oder Formel 1.10:

$$T_p = S_g + U_g = 35\,\mu m + 41\,\mu m = 76\,\mu m$$
$$T_p = T_B + T_W = 46\,\mu m + 30\,\mu m = 76\,\mu m$$

■

1

Beispiel 1.7

Es sind das Höchstübermaß U_g, das Mindestübermaß U_k und die Passtoleranz T_p für die Passung 100 U7/h6 zu ermitteln.

Lösung:
Aus Tabelle 1.2 und Tabelle 1.6 werden entnommen: $T_B = 35 \mu m$, $T_W = 22 \mu m$, $ES = -124 \mu m + \Delta = -124 \mu m + 13 \mu m = -111 \mu m$ und $es = 0$.

Somit gilt:

$$EI = ES - T_B = -111 \mu m - 35 \mu m = -146 \mu m$$
$$ei = es - T_W = 0 - 22 \mu m = -22 \mu m$$

Nach Formel 1.5 und Formel 1.6:

$$U_g = es - EI = 0 - (-146 \mu m) = 146 \mu m$$
$$U_k = ei - ES = -22 \mu m - (-111 \mu m) = 89 \mu m$$

Nach Formel 1.9 oder Formel 1.10:

$$T_p = U_g - U_k = 146 \mu m - 89 \mu m = 57 \mu m$$
$$T_p = T_B + T_W = 35 \mu m + 22 \mu m = 57 \mu m$$

Passungsauswahl

In der Regel wird das **System Einheitsbohrung bevorzugt**, weil mit diesem weniger Bohrwerkzeuge (teure Reibahlen), Bohrungslehren und Aufspanndorne für die Bearbeitungsmaschinen gegenüber dem System Einheitswelle benötigt werden. Absätze an Wellen sind leichter herzustellen als in Bohrungen. Das System Einheitsbohrung ist im allgemeinen Maschinenbau, im Werkzeugmaschinenbau, im Eisenbahn- und Kraftfahrzeugbau üblich.

Das **System Einheitswelle wird nur dort angewendet**, wo es unzweifelhaft wirtschaftliche Vorteile bietet, wenn beispielsweise mehrere Teile mit verschiedenen Istmaßen auf eine Welle aus gezogenem Rundstahl montiert werden können, ohne dass es einer spanenden Bearbeitung der Welle bedarf. Das System Einheitswelle ist im Transmissions-, Hebezeug-, Textilmaschinen- und Landmaschinenbau sowie in der Feinwerktechnik gebräuchlich.

Da die Bohrung im allgemeinen schwieriger zu bearbeiten ist als die Welle, ist es vorteilhaft, der Bohrung eine gröbere Toleranz als der Welle zu geben, z. B. H7/r6 bzw. R7/h6. Das ist auch der Grund für die Ausnahmeregelung der Bohrungsabmaße, damit sich bei beiden Passungssystemen (Einheitsbohrung und Einheitswelle) für gleichartige Passungen wie H7/r6 und R7/h6 gleiche Übermaße ergeben.

1

Beispiel 1.8

Bild 1.7 zeigt die in einer Gabel leicht drehbar gelagerte Rolle. In die Rolle ist eine Bronzebuchse gepresst (Übermaßpassung R7/h6), sodass sich beide gemeinsam auf dem Bolzen drehen können. Der Bolzen besteht aus blankem Rundstahl DIN 671 - 16 h9, womit das System Einheitswelle in Betracht kommt. Für die Buchsenbohrung wurde die Toleranzklasse E9 (weiter Laufsitz) gewählt. Zwischen den Stirnflächen der Buchse und der Gabelaugen darf sehr großes Bewegungsspiel auftreten. Deshalb wurde die Passung A11/h11 vorgesehen. Da die Graugussgabel außen nicht bearbeitet wird, müssen Abmaße ±2 mm in Kauf genommen werden. Der Abstand der Sicherungsringe ist mit 60 mm als nicht toleriertes Maß angegeben, sodass zwischen den Sicherungsringen und den Gabelaußenflächen ein großes Spiel auftreten kann. Dieses Spiel schadet nicht, da die Sicherungsringe lediglich ein Herausfallen des Bolzens verhindern sollen. Damit der Bolzen möglichst nicht in Längsrichtung hin- und herpendelt, wurde in den Gabelaugen die Übergangspassung K8/h9 gewählt.

Es sind zu ermitteln: die Grenzmaße für das Nennmaß 60 und die sich daraus ergebenden Spiele S_k und S_g zwischen den Sicherungsringen und den Gabelaußenflächen sowie die Spiele und Übermaße für alle angegebenen Passungen.

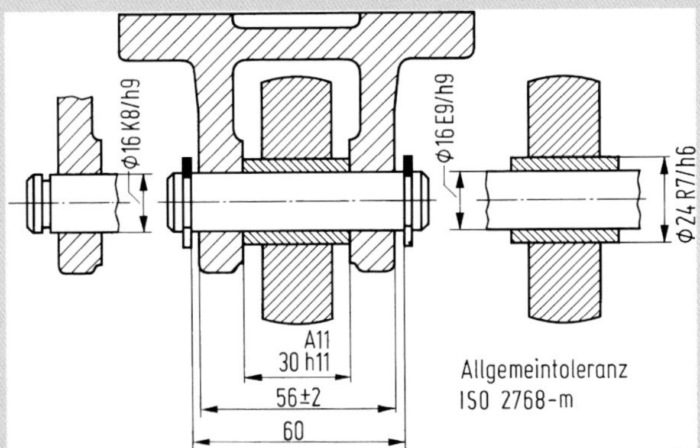

Bild 1.7 Passungen an einer Rollenlagerung

Lösung:

1. **Höchst- und Mindestspiel zwischen den Sicherungsringen und den Gabelaugen**

   Nach Tabelle 1.7 betragen für das Nennmaß $N_B = 60$ (Innenmaß) in der Toleranzklasse m (mittel), die Grenzabmaße $\pm 0{,}3\,\text{mm}$. Das ergibt ein Mindestmaß $G_{uB} = 59{,}7\,\text{mm}$ und ein Höchstmaß $G_{oB} = 60{,}3\,\text{mm}$. Für das Nennmaß $N_W = 56$ (Außenmaß) sind $G_{uW} = 54\,\text{mm}$ und $G_{oW} = 58\,\text{mm}$. Somit gilt nach Formel 1.3 und Formel 1.4:

   $$S_g = G_{oB} - G_{uW} = 60{,}3\,\text{mm} - 54\,\text{mm} = 6{,}3\,\text{mm}$$

   $$S_k = G_{uB} - G_{oW} = 59{,}7\,\text{mm} - 58\,\text{mm} = 1{,}7\,\text{mm}$$

2. **Höchst- und Mindestspiel bzw. -übermaße der angegebenen Passungen**
Mit Hilfe Tabelle 1.1 und Tabelle 1.3 bis Tabelle 1.6 werden die Abmaße wie im Beispiel 1.3 ermittelt und damit die Spiele und Übermaße mit Formel 1.3 bis Formel 1.6 errechnet. Es ergeben sich für

16E9 / h9:	$S_g = 118\mu m$	$S_k = 32\mu m$
16K8 / h9:	$S_g = 51\mu m$	$U_g = 19\mu m$
24R7 / h6:	$U_g = 41\mu m$	$U_k = 7\mu m$
30A11 / h11:	$S_g = 560\mu m$	$S_k = 300\mu m$

Beispiel 1.9

Bild 1.8 zeigt zwei mit vier Scheiben und einem Abstandsrohr auf einer Achse nebeneinander sitzende Hebelnaben. Durch Beilegen von Ausgleichsscheiben a soll ein Gesamtmaß $112^{0}_{-0,2}$ mm eingehalten werden. Ohne diese Ausgleichsscheibe müssten die Einzelteile sehr fein toleriert werden, was die Fertigung außerordentlich verteuern würde. Es ist eine Toleranzuntersuchung vorzunehmen.

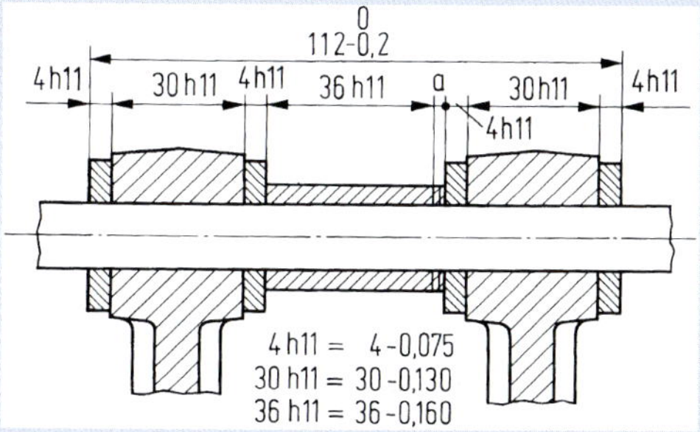

Bild 1.8
Aneinandergereihte Passmaße

Lösung:
Für alle Einzelteile ist das obere Abmaß $es = 0$, und für diesen Grenzfall ist keine Ausgleichsscheibe a erforderlich. Addiert man alle Einzeltoleranzen, so erhält man die Gesamttoleranz

$$T = (75 + 130 + 75 + 160 + 75 + 130 + 75)\mu m = 720\mu m$$

Es genügt, $s = 0{,}2\,mm$ dicke Ausgleichsscheiben bereitzuhalten. Für den Grenzfall des Mindestmaßes $G_u = G_o - T = 112\,mm - 0{,}72\,mm = 111{,}28\,mm$ müssten drei Ausgleichsscheiben beigelegt werden, sodass sich ein Istmaß $I = G_u + 3s = 111{,}28\,mm + 3 \cdot 0{,}2\,mm = 111{,}88\,mm$ ergäbe und das untere Abmaß von -0,2 mm nicht überschritten ist. Je nach Istmaß sind also bis zu 3 Ausgleichsscheiben beizulegen.

1

Um die Anzahl der Werkzeuge und Lehren weitgehend einzuschränken, sollen nach Möglichkeit die in DIN 7157 empfohlenen Toleranzzonen gewählt werden, die in Tabelle 1.8 aufgeführt sind. Für Übermaßpassungen kommt man oftmals mit diesen nicht aus, sodass auch auf die Toleranzzonen z, za, zb, zc bzw. Z, ZA, ZB, ZC zurückgegriffen werden muss.

Für die **Auswahl der Passungen** sind in Tabelle 1.9 verschiedene Paarungen zusammengestellt und Anwendungsbeispiele angegeben. Aus wirtschaftlichen Gründen sind die Passungen so grob wie möglich zu wählen, also nicht feiner als unbedingt notwendig.

Wenn mehrere Teile neben- oder übereinandergeschichtet werden müssen, so addieren sich sämtliche Einzeltoleranzen, und das Gesamtmaß kann unzulässig abweichen. In derartigen Fällen können zusätzliche Ausgleichsscheiben helfen, die so dünn sein müssen, dass sie, entsprechend zusammengestellt, das erforderliche Gesamtmaß ergeben. Eine Toleranzuntersuchung ist dann unerlässlich.

Tolerierungsgrundsätze

Bei der Betrachtung von Passungen sind wir bisher von idealen Geometrieelementen ausgegangen. Die Maße konnten innerhalb der Maßtoleranz variieren, eine zusätzliche Form- oder Lageabweichung wurde jedoch nicht berücksichtigt.

Genau diesem Zusammenhang zwischen Maßabweichungen und vor allem Formabweichungen wird durch die unterschiedlichen **Tolerierungsgrundsätze** Rechnung getragen.

Bei Maximum-Material-Grenzmaßen ist das berechnete Mindestspiel nur dann vorhanden, wenn nicht zusätzlich Formabweichungen vorliegen.

Frederick W. Taylor (1856 - 1915) erkannte diesen Zusammenhang sehr früh und meldete den **Taylor'schen Prüfgrundsatz** 1905 zum Patent an:

> Die **Gutprüfung** ist eine Paarungsprüfung mit einer Lehre, die über das gesamte Geometrieelement geht, die **Ausschussprüfung** eine Einzelprüfung im Zweipunktverfahren.

Die Gutseite einer Prüflehre stellt danach das geometrisch ideale Paarungselement mit Maximum-Material-Grenzmaß *MML* dar. Sie verkörpert die **Hülle** des Paarungselementes, die das Geometrieelement mitsamt seinen eventuellen Formabweichungen einschließt.

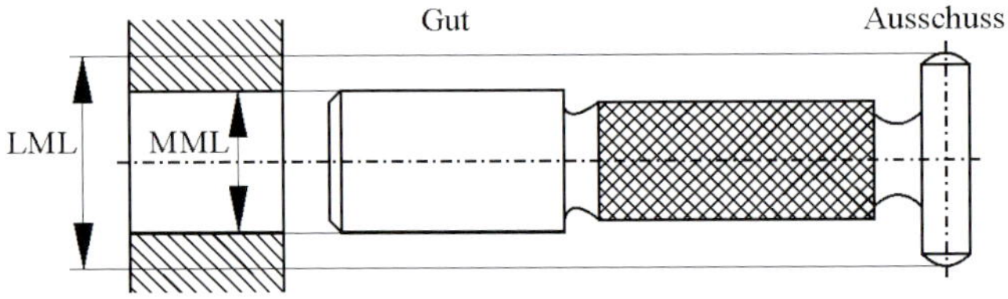

Bild 1.9 Prüflehre nach *Taylor* für eine Bohrung [1.2]

Im Gegensatz zum Taylor'schen Prüfgrundsatz besagt das **Unabhängigkeitsprinzip**, dass Maß- und Formabweichungen voneinander unabhängig sind und getrennt geprüft werden. Das Unabhängigkeitsprinzip ist in ISO 8015 international genormt (deutsche Fassung DIN EN ISO 8015). Welches der Prinzipien in Deutschland für eine Zeichnung ohne einen entsprechenden Vermerk gilt, ist abhängig vom Entstehungszeitpunkt. Bis 2011 legte DIN 7167 fest, dass für

Zeichnungen ohne Angabe des Tolerierungsgrundsatzes das Hüllprinzip gilt. April 2011 wurde DIN 7167 zurückgezogen. Seitdem gilt nach DIN EN ISO 14405:

> Für eine Zeichnung ohne Angabe des Tolerierungsgrundsatzes gilt das Unabhängigkeitsprinzip nach DIN EN ISO 8015.

Wenn beim Unabhängigkeitsprinzip für ein Paarungsmaß die Hüllbedingung (der Taylor'sche Prüfgrundsatz) gelten soll, so muss hinter das Paarungsmaß der Zusatz Ⓔ (E für „envelope" = Hülle) eingetragen werden. Folgende Schreibweisen sind möglich:

15g7Ⓔ oder 15±0,1Ⓔ oder 15Ⓔ

Die Kombination von Unabhängigkeitsprinzip mit der individuellen Kennzeichnung der Hüllbedingung ist in der Praxis sinnvoll, da sie Prüfaufwand reduziert und die Prüfplanung unterstützt.

Wenn weiterhin das Hüllprinzip gelten soll, muss dies durch entsprechende Vermerke kenntlich gemacht werden, z.B. durch den Eintrag „Maße ISO 14405 E" über dem Schriftfeld oder durch Ergänzen der Angabe zu Allgemeintoleranzen durch ein angehängtes E, also „ISO 2768 - mK - E". Dies hat zur Folge, dass für alle einfachen Passungselemente wie Zylinderflächen und Parallelebenenpaare die Hüllbedingung gilt, und zwar ohne den Zusatz Ⓔ.

Die Anwendung des Hüllprinzips hat den Nachteil, dass die Hüllbedingung dann auch Geometrieelemente umfasst, deren Funktion es eigentlich nicht erfordert.

1.3 Gestaltabweichungen der Oberflächen

Alle Oberflächen an Bauteilen weichen mehr oder weniger von der geometrisch idealen Gestalt ab. Je nach der Funktion der Oberflächen müssen die Gestaltabweichungen in bestimmten Grenzen bleiben. Beispielsweise kann ein Gleitlager nicht einwandfrei laufen, wenn Unrundheit, Welligkeit oder Schiefstellung von Laufzapfen und Lagerbohrung das erforderliche Spiel zu stark verändern oder die Rauheit der Oberflächen die Reibung erhöht, die Tragfähigkeit senkt und den Verschleiß begünstigt. Nach DIN 4760 gilt:

Die **Istoberfläche** ist das messtechnisch erfasste, angenäherte Abbild der wirklichen Oberfläche eines Formelelements.

Die **geometrische Oberfläche** ist eine ideale Oberfläche, deren Nennform durch die Zeichnung und/oder andere technische Unterlagen definiert wird.

Gestaltabweichungen sind die Gesamtheit aller Abweichungen der Istoberfläche von der geometrischen Oberfläche. Die Gestaltabweichungen werden in sechs Ordnungen unterteilt (Bild 1.10).

1

Gestaltabweichung (als Profilschnitt überhöht dargestellt)	Beispiele für die Art der Abweichung	Beispiele für die Entstehungsursache
1. Ordnung: Formabweichungen 	Geradheits-, Ebenheits-, Rundheits-Abweichung, u. a.	Fehler in den Führungen der Werkzeugmaschine, Durchbiegung der Maschine oder des Werkstückes, falsche Einspannung des Werkstückes, Härteverzug, Verschleiß
2. Ordnung: Welligkeit 	Wellen (siehe DIN 4761)	außermittige Einspannung, Form- oder Laufabweichungen eines Fräsers, Schwingungen der Werkzeugmaschine oder des Werkzeuges
3. Ordnung: Rauheit 	Rillen (siehe DIN 4761)	Form der Werkzeugschneide, Vorschub oder Zustellung des Werkzeuges
4. Ordnung: Rauheit 	Riefen Schuppen Kuppen (siehe DIN 4761)	Vorgang der Spanbildung (Reißspan, Scherspan, Aufbauschneide), Werkstoffverformung beim Strahlen, Knospenbildung bei galvanischer Behandlung
5. Ordnung: Rauheit Anmerkung: nicht mehr in einfacher Weise bildlich darstellbar	Gefügestruktur	Kristallisationsvorgänge, Veränderung der Oberfläche durch chemische Einwirkung (z. B. Beizen), Korrosionsvorgänge
6. Ordnung: Anmerkung: nicht mehr in einfacher Weise bildlich darstellbar	Gitteraufbau des Werkstoffes	

Die dargestellten Gestaltabweichungen 1. bis 4. Ordnung überlagern sich in der Regel zu der Istoberfläche.
Beispiel:

Bild 1.10 Ordnungssystem für Gestaltabweichungen nach DIN 4760

Form- und Lagetoleranzen

Wenn für die Funktion eines Bauteils erforderlich, müssen die Form und die Lage von Oberflächen toleriert werden. Dazu sind in DIN EN ISO 1101 Symbole für die Eintragung in Zeichnungen vorgesehen (Bild 1.11). Es werden im Wesentlichen verwendet:

- **Toleranzrahmen** mit Bezugspfeil auf das tolerierte Element (Bild 1.12a bis h)
- **Bezugsdreieck** mit Rahmen für den Bezugsbuchstaben zur Kennzeichnung des Bezugselements (Bild 1.12c, d, e, g und h)
- **Rechteckige Rahmen** zur Kennzeichnung von theoretisch genauen Maßen, die die Lage bzw. das Profil oder den Winkel eines tolerierten Elements bestimmen (Bild 1.12f)

Zur Form- und Lagetolerierung siehe auch DIN EN ISO 5459, die eine Ergänzung zu DIN EN ISO 1101 ist. Allgemeintoleranzen für Form und Lage sind in DIN ISO 2768-2 festgelegt.

Art der Toleranz	Tolerierte Eigenschaft	Symbol	Art der Toleranz	Tolerierte Eigenschaft	Symbol
Formtoleranzen	Geradheit	—	Richtungstoleranzen	Neigung	∠
	Ebenheit	▱	Ortstoleranzen	Position	⌖
	Rundheit (Kreisform)	○		Konzentrizität und Koaxialität	◎
	Zylinderform	⌭		Symmetrie	⌯
	Profil einer beliebigen Linie	⌒	Lauftoleranzen	Lauf	↗
	Profil einer beliebigen Fläche	⌓		Gesamtlauf	⌰
Richtungstoleranzen	Parallelität	//			
	Rechtwinkligkeit	⊥			

Bild 1.11 Symbole für tolerierte Eigenschaften

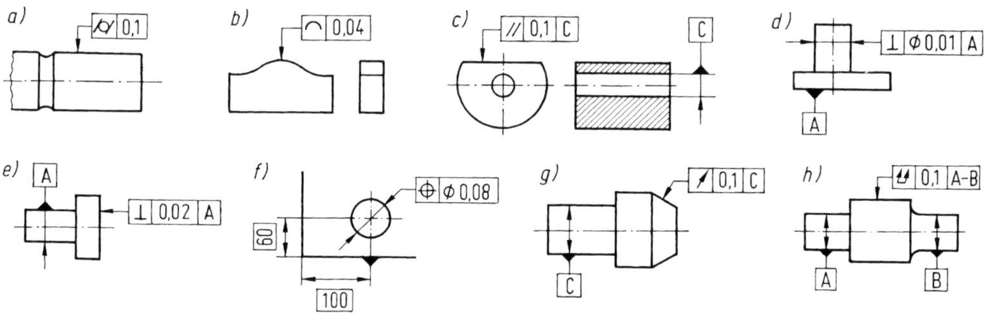

Bild 1.12 Beispiele für Form- und Lagetoleranzen nach DIN EN ISO 1101

Erläuterungen zu Bild 1.12:

a. Die tolerierte Zylindermantelfläche muss zwischen zwei koaxialen Zylindern liegen, die einen Abstand von 0,1 mm haben.

b. In jeder Schnittebene parallel zur Zeichenebene muss das tolerierte Profil zwischen Hüll-Linien an Kreise vom Durchmesser 0,04 mm liegen, deren Mittelpunkte sich auf der geometrisch idealen Linie befinden.

c. Die tolerierte Fläche muss zwischen zwei zur Bezugachse C des Loches parallelen Ebenen vom Abstand 0,1 mm liegen.

d. Die tolerierte Achse des Zylinders muss innerhalb eines zur Bezugsfläche A senkrechten Zylinders vom Durchmesser 0,01 mm liegen.

e. Die tolerierte Planfläche muss zwischen zwei parallelen und zur Bezugsachse A senkrechten Ebenen vom Abstand 0,02 mm liegen.

f. Die tolerierte Achse der Bohrung muss innerhalb eines Zylinders vom Durchmesser 0,08 mm liegen, dessen Achse sich am geometrisch idealen Ort befindet.

1

g. Bei Drehung um die Bezugsachse C darf die Laufabweichung in jedem Messkegel 0,1 mm nicht überschreiten.

h. Bei mehrmaliger Drehung um die Bezugsachse A–B und bei axialer Verschiebung zwischen Werkstück und Messgerät müssen alle Oberflächenpunkte des tolerierten Elements innerhalb der Gesamt-Rundlauftoleranz von 0,1 mm liegen.

Anwendung der Maximum-Material-Bedingung

Der Zusammenhang zwischen Maßtoleranzen und Form- und Lagetoleranzen war im Zusammenhang mit der Darstellung der Tolerierungsgrundsätze diskutiert worden. Beim *Unabhängigkeitsprinzip* können Form- und Lagetoleranzen zusätzlich zu den Maßtoleranzen auftreten. Beim *Hüllprinzip* werden Form- und Lagetoleranzen nur zugelassen, wenn das Maximum-Material-Grenzmaß nicht überschritten wird.

Die **Maximum-Material-Bedingung** (Maximum Material Requirement, MMR) nach DIN EN ISO 2692 geht davon aus, dass bei Anwendung des Unabhängigkeitsprinzips die ungünstigste Kombination von Maximum-Material-Grenzmaß und zusätzlicher Formtoleranz durchaus auftreten kann, und gestattet sogar, eine eingetragene Toleranz zu überschreiten, solange die Gesamttoleranz eingehalten wird und die Funktionserfüllung gewährleistet ist.

Das Beispiel eines *Flachsteckers* nach Jorden [1.2] macht die Konsequenzen deutlich.

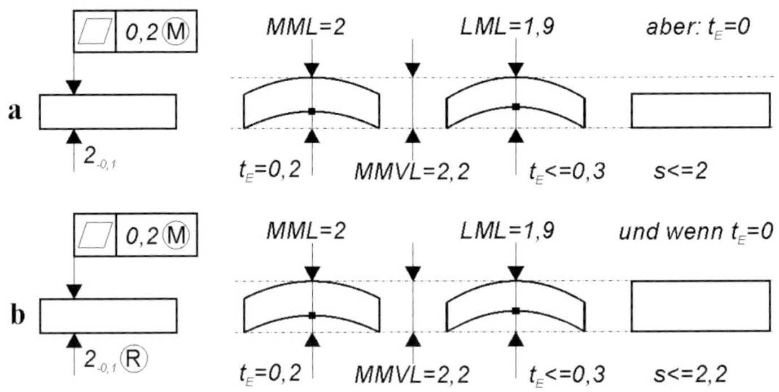

Bild 1.13 Maximum-Material-Bedingung am Beispiel eines vereinfachten Flachsteckers [1.2]

Bei der üblichen Anwendung **a** steht der Zusatz Ⓜ hinter der Formtoleranz. Damit wird deutlich gemacht, dass die Formabweichung überschritten werden darf, wenn das Istmaß unter der Maximum-Material-Grenze MML liegt und das wirksame Grenzmaß MMVL nicht überschritten wird.

Wird wie in **b** darüber hinaus der Zusatz Ⓡ (für „reziprok") hinter der Maßtoleranz eingetragen, darf auch die Maßtoleranz überschritten werden, wenn die zulässige Formabweichung unterschritten wird und das wirksame Grenzmaß MMVL nicht überschritten wird: Es entsteht ein **Toleranzpool**, bei dem sich die Gesamttoleranz beliebig auf Maß- und Formtoleranz aufteilen kann.

Die MMR kann angewendet werden, wenn ein wirksames Grenzmaß durch die Summe von einer Maßtoleranz und einer Form- und Lagetoleranz gebildet wird.

Die MMR wird nur auf *Form- und Lagetoleranzen* angewendet und muss im Einzelfall im Toleranzrahmen durch den Zusatz Ⓜ hinter dem Toleranzwert kenntlich gemacht werden.

Die MMR wird nur auf *abgeleitete Geometrieelemente* angewendet (Achsen, Symmetrielinien, -ebenen). Der Bezugspfeil des Toleranzrahmens zeigt direkt auf die Maßlinie des zugeordneten Maßes und verdeutlicht, welche Toleranzen zusammenwirken sollen.

Wenn Toleranzen durch die MMR verbunden sind, dürfen sie in einer Maßkette nicht als Einzeltoleranz gewertet werden. Ihre Toleranzsumme ist als ein Kettenglied zu berücksichtigen.

Hinweise für die Praxis

Maßtoleranzen, Form- und Lagetoleranzen müssen funktions-, fertigungs- und prüfgerecht sein. Dieser Zielsetzung wird durch Beachten der nachfolgenden Hinweise Rechnung getragen:

> So wenig wie möglich, so viel wie nötig.

Zu viele Toleranzeinträge beeinträchtigen die Übersichtlichkeit und die Lesbarkeit einer technischen Zeichnung und führen zu erhöhtem Fertigungs- und Prüfaufwand. Da Lagetoleranzen auch Formabweichungen begrenzen, können Formtoleranzen zum gleichen Geometrieelement häufig entfallen.

> Allgemeintoleranzen sollen nicht nur Maße, sondern auch **Form** und **Lage** umfassen.

In der Zeichnung sollte ein klarer Hinweis auf die zu verwendenden Allgemeintoleranzen enthalten sein. Da eine Zeichnung ohne Angabe von Form- und Lagetoleranzen in der Regel unvollständig ist, sollten Form- und Lagetoleranzen mindestens durch Allgemeintoleranzen abgedeckt sein. Funktionswichtige Form- und Lagetoleranzen sollten grundsätzlich explizit in die Zeichnung eingetragen werden. Dies vereinfacht die Prüfplanung.

> Toleranzeintragungen sollen **eindeutig** sein.

Tolerierte Elemente und Bezugselemente sollen in der Zeichnung klar erkennbar sein.

> Toleranzeintragungen sollen **fehlerfrei** sein.

Bei Unsicherheiten sollten die relevanten Normen bzw. entsprechend qualifizierter Sachverstand (QM-Spezialisten) zu Rate gezogen werden.

> Es sollen geeignete **Bezugselemente** bzw. **Bezugssysteme** verwendet werden.

Bezugselemente sollten so gewählt werden, wie es den Aufspann- bzw. Auflagebedingungen beim Prüfen entspricht. Bezugsflächen sollen ausreichend groß sein und sich durch hohe Formtreue und Oberflächengüte auszeichnen.

> Das der Zeichnung zugrunde liegende **Tolerierungsprinzip** soll in der Zeichnung eingetragen werden.

1

Grundsätzlich ist das Unabhängigkeitsprinzip zu bevorzugen, da es Prüfaufwand reduziert und die Prüfplanung erleichtert.

Eindeutige **Messbedingungen** für die Toleranzprüfung sollten festgelegt werden.

Da bisher Normvorgaben für die Durchführung von Toleranzmessungen fehlen (z.B. Vorgaben zu den zu verwendenden Tastern oder zur Messstrategie), sollten geeignete Festlegungen in Arbeitsanweisungen oder Hausnormen erfolgen.

Rauheit der Oberflächen

Der Charakter technischer Oberflächen ist in DIN EN ISO 8785 dargestellt und erläutert. In DIN EN ISO 4287 sind die Begriffe der Oberflächenrauheit definiert und die Kenngrößen zur Oberflächenbestimmung erläutert. Für die Angabe der Oberflächenbeschaffenheit in Zeichnungen nach DIN EN ISO 1302 sind danach die im Folgende genannten **Rauheitsmessgrößen** maßgebend.

Arithmetischer Mittenrauwert R_a (kurz Mittenrauwert) als arithmetisches Mittel der absoluten Beträge der Profilabweichungen y von der Mittellinie innerhalb der Gesamtmessstrecke l_n (Bild 1.14a). Er ist gleichbedeutend mit der Höhe eines Rechtecks der Länge l_n, das flächengleich ist mit der Summe der zwischen Rauheitsprofil und Mittellinie eingeschlossenen Flächen.

Gemittelte Rautiefe R_z als arithmetisches Mittel aus den Einzelrautiefen *Zi* von im Regelfall fünf aneinander grenzenden Einzelmessstrecken l_r (Bild 1.14b). Somit gilt: $R_z = (Z_1 + Z_2 + Z_3 + Z_4 + Z_5)/5$. Die so gemittelte Rautiefe vermeidet einmalige Ausreißer als Messwert.

Maximale Rautiefe R_{max} (nicht mehr normgerecht, aber weiter üblich, s.u.) als die größte der auf der Gesamtmessstrecke l_n vorkommenden Einzelrautiefen Z_i, z.B. $R_{max} = Z_5$ im Bild 1.14b).

Mit elektrischen Tastschnittgeräten lassen sich R_a, R_z und R_{max} messen. Zwischen den einzelnen Rauheitsmessgrößen besteht keine regelhafte mathematische Beziehung, da die Oberflächenbeschaffenheit sehr unterschiedlich sein kann und vom Herstellverfahren abhängt. Mit grober Näherung kann man von $R_a \approx 0{,}1 R_z$ und $R_z \approx R_{max}$ ausgehen.

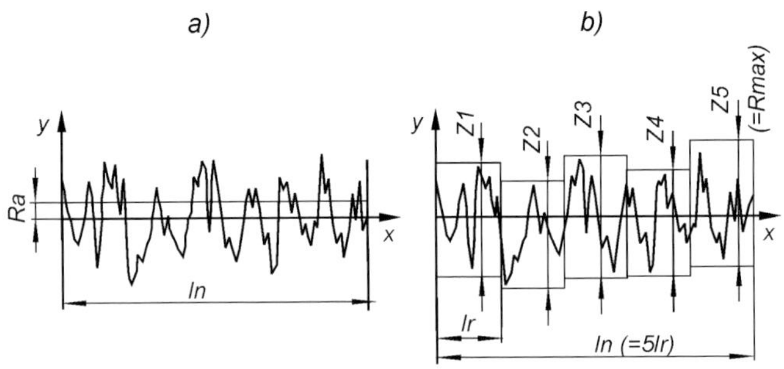

Bild 1.14 Rauheitskenngrößen
a) arithmetischer Mittelrauwert R_a, b) Einzelrautiefen als Grundlage für die Bestimmung der gemittelten Rautiefe R_z und von R_{max}

Die geforderte Oberflächenbeschaffenheit wird in den **Zeichnungen** nach DIN EN ISO 1302 durch Symbole und an diese gesetzte, weitere Angaben gekennzeichnet: Das **Grundsymbol** besteht aus zwei Linien ungleicher Länge, die um 60° zur Bezugslinie geneigt sind (Bild 1.15a). Wenn eine materialabtrennende (spanende) Bearbeitung verlangt wird, ist dem Grundsymbol eine Querlinie hinzuzufügen (Bild 1.15b), dann sollten in der Regel jedoch weitere Angaben gemacht werden. Ist eine materialabtrennende Bearbeitung nicht zugelassen, so ist dem Grundsymbol ein Kreis hinzuzufügen (Bild 1.15c). Werden zusätzliche Anforderungen an die Oberflächenbeschaffenheit angegeben, so ist das Grundsymbol um eine längere Querlinie entsprechend Bild 1.15d bis f hinzuzufügen.

Die vorgeschriebene Anordnung der zusätzlichen Anforderungen ist in Bild 1.15g dargestellt: In Position a wird die erste Anforderung an die Oberflächenbeschaffenheit angegeben, in Position b die zweite. Wird eine weitere Anforderung an die Oberflächenbeschaffenheit angegeben, so wird die Querlinie mit den Positionen a und b nach oben verschoben, und die dritte Anforderung wird unter den Positionen a und b notiert. In Position c werden Angaben zum Herstellungsverfahren zur Oberflächenbehandlung oder Beschichtung gemacht. Position d dient zur Angabe der Rillenrichtung nach Bild 1.16, Position e zur Angabe einer eventuell erforderlichen Bearbeitungszugabe.

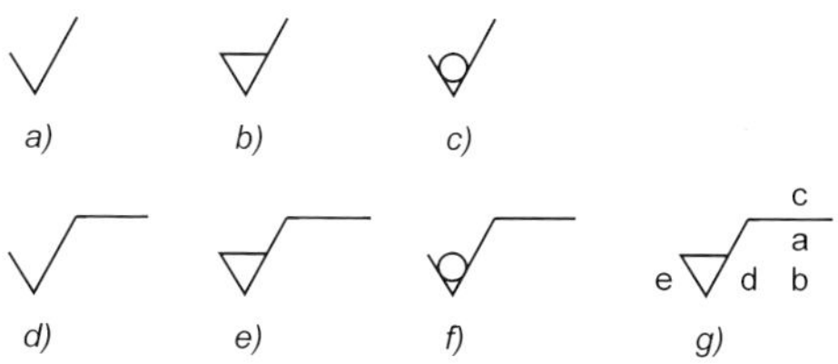

Bild 1.15 Symbole zur Angabe der Oberflächenbeschaffenheit

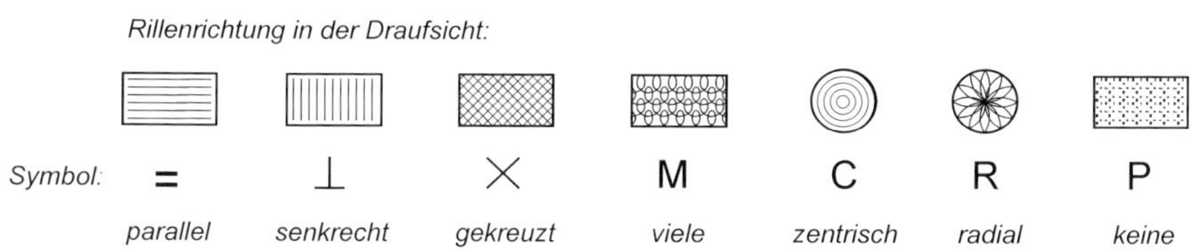

Bild 1.16 Bedeutung der Symbole zur Angabe der Rillenrichtung

In Tabelle 1.10 sind Richtlinien für die gemittelte Rautiefe R_z in Abhängigkeit vom Herstellungsverfahren nach DIN 4766 angegeben. Obwohl diese Norm im Zuge der Harmonisierung im Jahr 2000 ersatzlos zurückgezogen wurde, können die Angaben nach Maßgabe der nachfolgenden Ausführungen weiterhin als Anhalt dienen.

Aus wirtschaftlichen Gründen gilt auch hier sinngemäß zu den Toleranzen: **Oberflächenrauheit so grob wie möglich**, also nicht feiner als unbedingt notwendig angeben.

Grundlegend für die Angaben zur Oberflächenbeschaffenheit ist die Einführung der 16-%- und max-Regel, DIN EN ISO 4288. Die 16-%-Regel besagt, dass bei der Auswertung des mit dem Tastschnittgerät gemessenen Rohprofils die 16 % am weitesten vom Mittelwert entfernten Messwerte nicht berücksichtigt werden. Die Anwendung der 16-%-Regel ist nach DIN EN ISO 1302 der Regelfall. Sollen abweichend alle Messwerte berücksichtigt werden (max-Regel), so muss der Zusatz „max" der Kenngröße hinzugefügt werden. Damit ist die oben beschriebene Definition von R_{max} nicht mehr normenkonform. Die häufig anzutreffende Aussage, die Kenngröße $R_{z\,1\,max}$ könne als Ersatz für R_{max} genutzt werden, ist nicht zutreffend, da bei dieser Kenngröße die Ermittlung der Rautiefe aus lediglich einer Messstrecke unter Anwendung der max-Regel erfolgt und eben nicht die maximale Rautiefe aus 5 Messstrecken ermittelt wird.

Einige normgerechte Oberflächenangaben sind beispielhaft mit Angabe der Bedeutung in Bild 1.17 dargestellt.

1

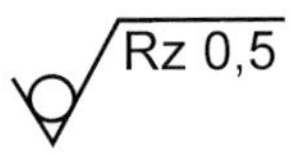

Keine materialabtrennende Bearbeitung, einseitige (obere) Grenze für die gemittelte Rautiefe R_Z, Anwendung der 16 %-Regel, Regel-Übertragungscharakteristik mit 5 Einzelmessstrecken.

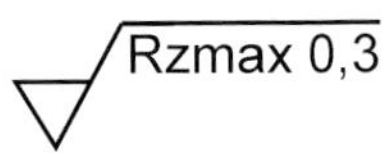

Materialabtrennende Bearbeitung gefordert, einseitige (obere) Grenze für die gemittelte Rautiefe R_Z, Anwendung der max-Regel, Regel-Übertragungscharakteristik mit 5 Einzelmessstrecken.

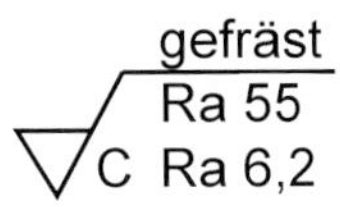

Materialabtrennende Bearbeitung gefordert, beidseitige Grenzen für den arithmetischen Mittenrauwert R_a, bei beiden Anwendung der 16 %-Regel, Regel-Übertragungscharakteristik mit 5 Einzelmessstrecken. Fertigungsverfahren Fräsen mit zentrischer Rillenrichtung.

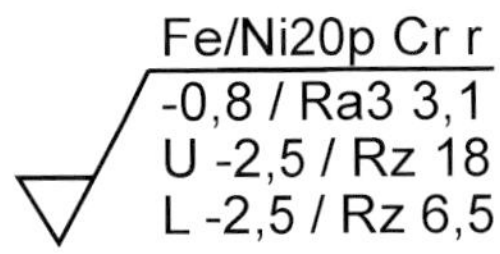

Materialabtrennende Bearbeitung gefordert, einseitige Grenze für den arithmetischen Mittenrauwert R_a, Messstrecke 3 × 0,8, beidseitige Grenze für die gemittelte Rautiefe R_Z (zur Klarstellung Vorsatz „U“ für upper und „L“ für lower), Regel-Übertragungscharakteristik mit 5 Einzelmessstrecken, bei allen Anwendung der 16 %-Regel. Oberflächenbehandlung Nickel/Chrom-Überzug.

Bild 1.17 Beispielhafte Oberflächenangaben nach DIN EN ISO 1302

Da diese Normvorgaben in der deutschen Industrie lange nicht beachtet wurden und ein erheblicher Umstellungsaufwand für den Altzeichnungsbestand vermieden werden sollte, wurden im Jahr 2002 mit der VDA-Empfehlung 2005 abweichende Vorgaben gemacht, die vor allem die Aussage beinhalten, dass die 16-%-Regel grundsätzlich nicht zur Anwendung kommt. Damit kann auf den Zusatz „max“ verzichtet werden und die Messgröße R_{max} kann in ihrer seitherigen Bedeutung weiter genutzt werden. Einige Oberflächenangaben nach VDA-Empfehlung 2005 sind beispielhaft mit Angabe der Bedeutung in Bild 1.18 dargestellt.

Angesichts dieser unbefriedigenden Normungssituation und international uneinheitlicher Handhabung sollte bei der Verwendung von Oberflächenangaben in technischen Zeichnungen immer auf der Zeichnung klar angegeben werden, ob die Interpretation der Oberflächenangaben nach DIN EN ISO 1302 oder nach VDA-Empfehlung 2005 erfolgen soll.

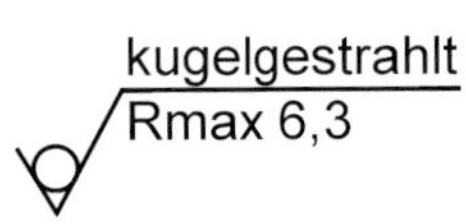

Keine materialabtrennende Bearbeitung, einseitige (obere) Grenze für die maximale Rautiefe R_Z, keine Anwendung der 16 %-Regel, Regel-Übertragungscharakteristik mit 5 Einzelmessstrecken. Oberfläche kugelgestrahlt.

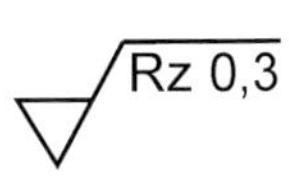

Materialabtrennende Bearbeitung gefordert, einseitige (obere) Grenze für die gemittelte Rautiefe R_Z, keine Anwendung der 16 %-Regel, Regel-Übertragungscharakteristik mit 5 Einzelmessstrecken.

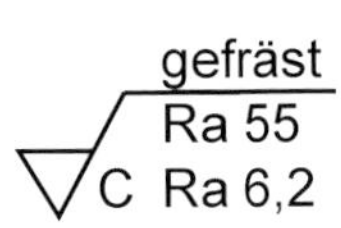

Materialabtrennende Bearbeitung gefordert, beidseitige Grenzen für den arithmetischen Mittenrauwert R_a, bei beiden keine Anwendung der 16 %-Regel, Regel-Übertragungscharakteristik mit 5 Einzelmessstrecken. Fertigungsverfahren Fräsen mit zentrischer Rillenrichtung.

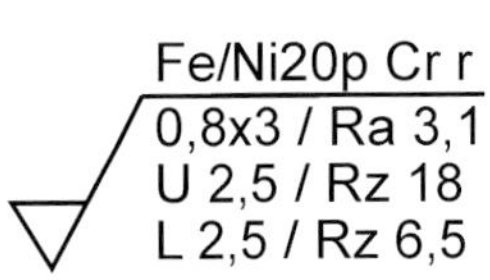

Materialabtrennende Bearbeitung gefordert, einseitige Grenze für den arithmetischen Mittenrauwert R_a, Messstrecke 3 × 0,8, beidseitige Grenze für die gemittelte Rautiefe R_Z (zur Klarstellung Vorsatz „U“ für upper und „L“ für lower), Regel-Übertragungscharakteristik mit 5 Einzelmessstrecken, bei allen keine Anwendung der 16 %-Regel. Oberflächenbehandlung Nickel/Chrom-Überzug.

Bild 1.18 Beispielhafte Oberflächenangaben nach VDA-Empfehlung 2005

1.4 Methodisches Konstruieren

Einführung

Das methodische Konstruieren ordnet sich am Anfang des Produktlebenszyklus ein. Dieser muss unter wirtschaftlichen Gesichtspunkten betrachtet werden, die ja die Grundlage jeglicher Unternehmung sind (Bild 1.19). Die Gestaltung und Berechnung von Maschinenelementen findet häufig während des Konstruktionsprozesses statt. Deshalb das methodische Konstruieren soll in diesem Abschnitt leitfadenartig beschrieben werden. Der Abschnitt und die dazugehörigen Quellen bieten eine Arbeitsgrundlage, um den Konstruktionsprozess zu organisieren.

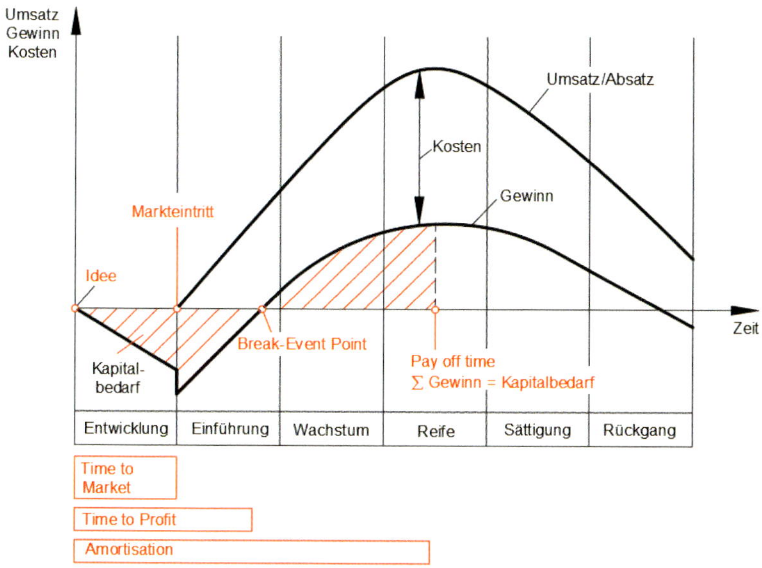

Bild 1.19 Produktlebenszyklus mit wirtschaftlicher Betrachtung

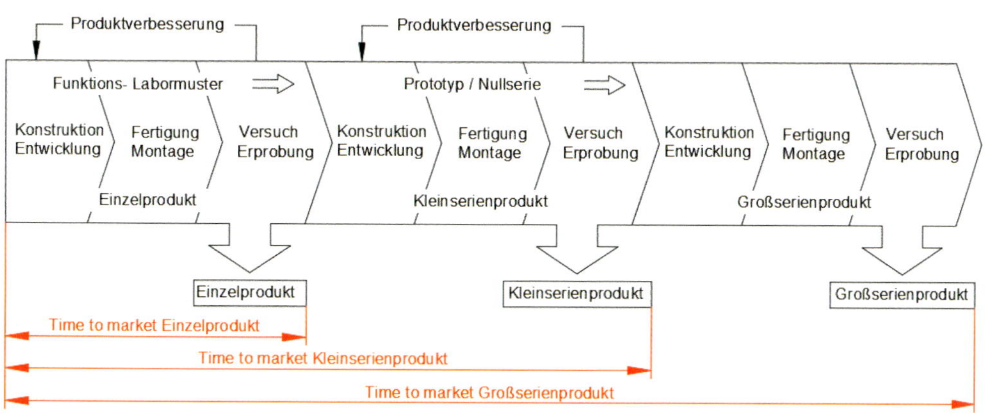

Bild 1.20 Phasen der Produktentstehung nach VDI 2221, zeitliche Betrachtung, Zusammenhang zu Bild 1.19 über „time to market“

Vorgehen beim Entwickeln und Konstruieren nach VDI 2221

In der inzwischen zurück gezogenen VDI-Richtlinie 2221 vom Mai 1993 „Methodik zum Entwickeln und Konstruieren technischer Systeme und Produkte“ wird der Konstruktions- und Entwicklungsprozess mit sieben Arbeitsschritten beschrieben. Nach jedem Arbeitsschritt liegt ein Arbeitsergebnis vor. Der Konstruktions- und Entwicklungsprozess wird für verschiedene Anwendungen wie z. B. Verfahrensentwicklung oder Softwareentwicklung beschrieben. Jeder Arbeitsschritt wird erläutert. Beispiele dienen zur Veranschaulichung. So hat sich dieser Konstruktions- und Entwicklungsprozess etliche Jahre bewährt. Ihr Inhalt findet sich in vielen Lehrbüchern der Konstruktionslehre wieder. Im Jahre 2019 wurde die VDI-Richtlinie 2221 durch eine Nachfolgeversion ersetzt. Der Titel ist jetzt „Entwicklung technischer Produkte und Systeme – Modell der Produktentwicklung“ (Blatt 1) und „Entwicklung technischer Produkte und Systeme – Gestaltung individueller Produktentwicklungsprozesse“ (Blatt 2). In der neuen Richtlinie findet man die Arbeitsschritte bei der Produktentwicklung in der Spalte *Aktivitäten des Gesamtschaubildes* wieder. Es gibt auch Ergebnisse. Diese sind aber nicht zwingend den Arbeitsschritten zugeordnet. Man findet diese Dinge nur wieder, wenn man die Vorgängerrichtlinie kennt (Meinung des Autors).

Zwischen der Spalte *Aktivitäten* und der Spalte *Ergebnisse* ist noch eine Spalte mit Phasen. Diese sieht aus wie ein kleinteiliger Zeitplan. Zusammenfassend ist festzustellen, dass beide Richtlinien einen ähnlichen Inhalt haben, die Version vom Mai 1993 ist jedoch klarer sowie eindeutiger und bietet sich zur Anwendung an.

Phasen des Konstruktionsprozesses

Die Produktentwicklung kann während des Konstruktions- und Entwicklungsprozesses in unterschiedliche Phasen des methodischen Konstruierens unterteilt werden. In der Richtlinie 2221 des Verein Deutscher Ingenieure (VDI) werden zentrale Leitlinien für die Entwicklung aller Arten von technischen Produkten und Systemen behandelt [VDI 2221]. Diese Leitlinien sollen für Entwicklungs- und Konstruktionsprozesse gleichermaßen Gültigkeit besitzen. Die vier Phasen des Entwicklungs- und Konstruktionsprozesses werden wie folgt gegliedert [1.5]:

1. Planen und Klären der Aufgabe
2. Konzipieren
3. Entwerfen
4. Ausarbeiten

Die nachfolgenden Schritte sind ein wesentlicher Bestandteil des Konstruktionsprozesses, in dem bis zu 70 Prozent der Kosten eines Produktes festgelegt werden.

1. Planen und Klären der Aufgabe

Bevor mit dem Entwicklungsprozess begonnen werden kann, muss die wesentliche Aufgabe geklärt werden. Eine sorgfältige Planung zwischen dem Auftraggeber und dem Konstrukteur ist wesentliche Voraussetzung, um unterschiedliche Standpunkte klären zu können. Oft treffen zwei sehr gegensätzliche Parteien aufeinander, meist mit verschiedenen Kompetenzen und Verhältnissen. Die meisten Konstruktionen sind Auftragsfertigungen, d. h. ein an einer konstruktiven Lösung interessierter Kunde, beauftragt eine bestimmte Konstruktion, welche er anschließend bezahlen muss. Eine gute Kommunikation zwischen Kunde und Konstrukteur im Planungsprozess ist Voraussetzung für den Erfolg der Konstruktion. Um die erteilte Aufgabe möglichst präzise, entsprechend den Vorstellungen, Wünschen und Anforderungen des Kunden zu realisieren, gibt es sogenannte Anforderungslisten. Hier können Forderungen und Wünsche eingetragen werden. Bei Forderungen sollte besonderer Wert daraufgelegt werden, dass diese auch nachprüfbar sind. Forderungen wie: „Möglichst klein“ sollten präzise durch Angaben wie: „Nicht höher als 1,30 m“ definiert werden, um spätere Diskussionen ausschließen zu können. Eine Anforderungsliste enthält verschiedene Merkmale, welche wiederum mit Forderungen und Wünschen das vorgestellte Produkt definieren.

Einige Beispiele solcher Merkmale sind: Funktion, Geometrie, Kinematik, Kräfte, Stoff, Energie, Signal, Sicherheit, Ergonomie, Fertigung, Kontrolle, Montage, Transport, Gebrauch, Instandhaltung, Recycling, Kosten, Termin. Diese Merkmale können Vertiefungen der Thematik aufweisen, um z. B. Teil- und Hauptfunktionen besser gliedern zu können. Um ein neues Projekt zwischen einem Auftraggeber und einem Auftragnehmer durchzuführen, wird im Rahmen des Projektmanagements ein Lasten- und Pflichtenheft angelegt.

Lastenheft: In einem Lastenheft legt der Kunde seine Erwartungen an das Projekt fest und definiert die einzelnen Anforderungen. Dadurch muss sich der Kunde akribisch mit seiner gestellten Aufgabe auseinandersetzen und seine Erwartungen festlegen. Der Auftragnehmer kann mithilfe des Lastenheftes zielstrebig auf eine Lösung der gestellten Aufgabe, ganz im Sinne des Kunden, hinarbeiten. Ein Lastenheft kann auch als Kundenspezifikation bezeichnet werden - oder kurz gesagt: Das Lastenheft ist der Standpunkt des Kunden [1.13].

Pflichtenheft: Ein Pflichtenheft wird durch den Auftragnehmer als „Antwort auf das Lastenhelft“ erstellt. Konkrete Maßnahmen zur Umsetzung des Auftrages werden hier beschrieben. Ebenso die Vorstellungen des Durchführenden, wie er das Projekt angehen möchte. Das „Wie und Womit“ und die „Art und Weise“ des Projekts, zu der sich der Auftragnehmer verpflichtet. In der DIN 69901-5:2009 wird das Pflichtenheft als „vom Auftragnehmer erarbeitete Realisierungsvorgaben auf der Basis des vom Auftraggeber vorgegebenen Lastenheftes“ definiert. Weiterhin gibt das Pflichtenheft dem Kunden eine Auskunft über die Leistungsfähigkeit des Auftragnehmers, sowie die Sicherheit, das gewünschte Entwicklungsergebnis realistisch zu erreichen.

Nachdem das Pflichtenheft durch den Auftraggeber akzeptiert wurde, kann mit dem Auftrag begonnen werden. Beide Dokumente können als Rechtssicherheit beider Parteien herangezogen werden und stellen gleichzeitig die Grundlage eines Kundenvertrages dar. Die nachfolgende Tabelle vergleicht das Lasten- und Pflichtenheft miteinander (in Anlehnung an Peterjohann Consulting 2019) [1.14].

Lastenheft (erstellt vom Auftraggeber)	Pflichtenheft (erstellt vom Auftragnehmer)
Kundenanforderungen	interne Anforderungen
erstellt durch den Kunden	erstellt durch den Auftragnehmer
Kundendokument	Projektdokument
Erstellung vor Projektstart	Erstellung bei Projektstart
statisch	erweiterbar
vertragsrelevant	Antwort auf das Lastenheft
lösungsfrei	lösungsgebunden
was der Kunde wünscht	was der Kunde bekommt

2. Konzeption

Nach dem Planen und Klären der Aufgabe folgt das Konzipieren. Diese Phase beinhaltet den kreativen Teil des Konstruktions- und Entwicklungsprozesses. Es werden verschiedene Ideen entwickelt, welche anschließend miteinander verglichen werden. Wichtig ist während der Konzeptphase möglichst wenige externe Einflüsse wirken zu lassen, um bei der Ideenfindung nicht

1

voreingenommen eine mögliche Alternative auszuschließen. Diese Phase beinhaltet entsprechend der VDI-Richtlinie 2221, neben dem Ermitteln von Funktionen und möglichen Strukturen sowie dem Suchen nach Lösungsprinzipien auch das Strukturieren in realisierbare Teilmodule [VDI 2221]. Das Konzipieren ist ein wesentlicher Bestandteil des Konstruktionsprozesses. Ein durchdachtes Konzept bildet den Grundstein für die nachfolgenden Schritte und gleichermaßen die Grundlage eines guten Produktes.

3. Entwurf

Die dritte Phase des Konstruktionsprozesses baut die Idee weiter aus und kann Überschneidungen zur Konzeptphase aufweisen. Eine klare Trennung beider Phasen ist nicht möglich. In dieser Phase soll die Gestaltung des gesamten Produktes, zuzüglich maßgebender bzw. relevanter Teilmodule, in einem Entwurf münden. Zwischenergebnisse und Arbeitsstände sind ebenso Bestandteil dieser Phase. In einem Entwurf müssen die Funktionen und der Aufbau eindeutig erkennbar sein. Folgende Bestandteile sollen einen Überblick eines Entwurfes ermöglichen:

- Ein Entwurf muss ausreichend viele Darstellungen enthalten, um auch für andere Personen nachvollziehbar zu sein.
- Bewegliche Elemente, Passungen, Anschlussmaße und geometrisch relevante Maße müssen bereits enthalten sein.
- Normbezeichnungen der Bauteile und wichtige Parameter sowie Bezugsflächen müssen erkennbar sein.

4. Ausarbeitung

In der vierten Phase des Konstruktionsprozesses – dem Ausarbeiten – wird entsprechend Richtlinie 2221 des VDI das Ausarbeiten der Ausführungs- und Nutzungsangaben angesiedelt, welche wiederum in der Produktdokumentation münden [VDI 2221]. Diese umfasst relevante Zeichnungen von Baugruppen und Einzelteilen, Stücklisten und Montage- bzw. Wartungs- und Bedienungsanleitungen. In dieser Phase wird empfohlen, die entstandene Produktdokumentation durch mehrere Instanzen prüfen zu lassen.

Ideenfindung

Bevor mit dem Konstruktionsprozess begonnen werden kann, muss zuerst eine optimale Lösungsidee gefunden werden. Das methodische Konstruieren soll dabei helfen, diese Lösung zu erlangen und konstruktiv umzusetzen.

Begriffsdefinition: Die Idee kann als spontaner Einfall, eine Vorstellung oder ein Gedanke beschrieben werden [1.5]. Sie entsteht meist plötzlich und ist durch den Bearbeiter nicht plan- oder vorhersehbar.

Nach Pahl/Beitz müssen gute Problemlöser

- ein gutes fachliches Wissen in geordneter Weise besitzen, d. h., sie haben ein inneres strukturiertes Modell,
- ein richtiges, je nach Situation angepasstes Maß zwischen Konkretheit und Abstraktion verfügen,
- auch bei Unschärfe oder Unbestimmtheiten handeln können und
- am Ziel bei flexiblem Vorgehensverhalten festhalten [1.5].

Unabhängig von den beiden nachfolgenden Methoden der Ideenfindung kann durch sorgfältiges Analysieren der Aufgabenstellung meist eine erste Idee gefunden werden. Um eine gute Grundlage für eine erfolgreiche Problemlösung zu garantieren, können durch gezielte Fragen wichtige Informationen gewonnen werden. Anschließend müssen die gewonnenen Erkenntnisse abstrahiert werden, um unvoreingenommen das grundlegende Problem bearbeiten zu können.

Intuitives Verfahren

Bei dem intuitiven Verfahren handelt es sich um eine Methode, welche auf einer Vermutung beruhend, eine mögliche Lösungsoption entwickelt. Eine gute Lösungsidee kann durch ein umfassendes Wissen in den entsprechenden Bereichen durch den Bearbeiter, intensive Auseinandersetzungen mit den Problemstellungen oder durch Gruppenarbeit wirkungsvoll gefunden werden. Es ist zu beachten, dass bei dieser Methode nur das fachliche Wissen des Bearbeiters einfließt und die passende Idee nicht erzwungen werden kann.

Die bekannteste Methode der intuitiven Ideenfindung ist das Brainstorming nach Osborn. Mehrere Teilnehmer sammeln ihre Ideen und Einfälle. Hierbei wird Quantität vor Qualität gestellt, da das Potenzial einer Idee nicht im Vorfeld bestimmt werden kann. Die Teilnehmer der Gruppe sollten aus spezialisierten Fachleuten unterschiedlicher Bereiche sowie gleichermaßen Laien bestehen. Diese Aufteilung garantiert ein breites Denkvermögen in die unterschiedlichsten Richtungen, mit dem Ziel möglichst viele verschiedene Ansätze zu finden. Gruppen zwischen fünf und fünfzehn Personen sind anzustreben. Ein Gruppenleiter ist für die organisatorischen Aufgaben zuständig. Die Zusammensetzung der Mitglieder möglichst gleicher Hierarchieebene und die Bestimmung eines unabhängigen Protokollanten zählen zu seinen Aufgaben. Die Problemstellung sollte vor dem Beginn des Brainstormings ebenso durch den Gruppenleiter eindeutig erläutert werden. Voraussetzung des Brainstormings ist, dass Vorschläge anderer Teilnehmer nicht kritisiert werden dürfen. Nach einer vorher definierten Dauer (Beispielsweise 60 min) werden die dokumentierten Ideen von qualifizierten Fachleuten mit dem nötigen Fachwissen ausgewertet. Weitere ähnliche Verfahren sind die Methode 635 nach Rohrbach und die Delphimethode.

Diskursives Verfahren

Wird bei der intuitiven Problemlösung kein hinreichendes Ergebnis erzielt, sollte die zweite Methode der Ideenfindung, das diskursive Verfahren, angewandt werden. Hierbei wird ein Problem organisiert und planbar angegangen. Das wichtigste Hilfsmittel sind Konstruktionskataloge, in denen bekannte oder bereits umgesetzte Lösungen gesammelt sind. Der Bearbeiter soll mithilfe dieser Kataloge angeregt werden, eine passende Lösungsmöglichkeit zu finden. Im Idealfall kann eine bereits existierende Lösung verwendet werden. Karlheinz Roth liefert in seinem Werk „Konstruieren mit Konstruktionskatalogen“ den grundlegenden Umgang mit solchen Vorlagen. Ein möglicher Aufbau ist Bild 1.21 zu entnehmen.

Gliederungsteil			Hauptteil				Zugriffsteil				Anhang	
1	2	3	1	2	3	Nr.	1	2	3	4	1	2
						1						
						2						
						3						
						4						
						5						
						6						

Bild 1.21 Aufbau eines Konstruktionskatalogs nach Roth 2000 [1.7]

Der Gliederungsteil dient dem systematischen Aufbau, unter Berücksichtigung ordnender Gesichtspunkte und fördert in erster Linie einen schnellen Zugriff bzw. die Handhabbarkeit. Im anschließenden Hauptteil werden die Lösungen anhand von skizzierten Objekten, physikalischen Lösungen oder Abbildungen dargestellt. Die Art der Darstellung richtet sich nach der jeweiligen Zielgruppe und Anwendungsphase. Im Zugriffsteil werden den Objekten spezielle

1

Eigenschaften zugeordnet, welche die gewünschte Funktion beschreiben. Nach diesen Eigenschaften kann eine potenzielle Lösung ausgewählt werden. Ein Anhang dient weiteren Bemerkungen, Verweisen oder Ergänzungen sowie der Auskunft über die Herkunft der Lösung.

Ein weiteres diskursives Verfahren ist die TRIZ-Methode, welche auf dem Grundsatz beruht, dass Erfindungen hauptsächlich bei dem Verbinden von gegensätzlich erscheinenden Dingen gemacht werden. Das zu bearbeitende Problem wird mithilfe einer Tabelle analysiert und mit Merkmalen dokumentiert. Mithilfe einer rechnergestützten Datenbank wird nach Ähnlichkeiten bei den Anforderungen gesucht und anschließend verschiedene Lösungen kombiniert. Mit dieser Methode kann das „Übersehen" einer geeigneten Lösung nahezu ausgeschlossen werden.

Grundregeln der Gestaltung – Einfachheit

Eine der drei grundlegenden Regeln einer Konstruktion ist die möglichst einfache Gestaltung. Entsprechend „Pahl/Beitz Konstruktionslehre" ist „einfach", neben „eindeutig" und „sicher", bei jeder Konstruktion anwend- und umsetzbar [1.5]. Eine technische Lösung wirkt dabei „einfach", wenn keine komplexen Bauteile verwendet werden, die Konstruktion übersichtlich ist und mit einem geringen Aufwand realisiert werden kann. Um geringe Wartungsarbeiten und wenig Verschleißstellen zu ermöglichen, sind wenige Teile mit einfacher Gestaltung anzustreben. Jedoch bildet jede Konstruktion einen Kompromiss zwischen dem Maß an Einfachheit und der Erfüllung der Funktion, welche ein Mindestmaß an Komponenten erfordert. Auch wirtschaftliche Faktoren, wie der Nacharbeits-aufwandeines Bauteils spielen eine wesentliche Rolle bei der Gestaltung. Eine ganzheitliche Betrachtung der Zusammenhänge ist also immer Grundvoraussetzung zur Beurteilung der Einfachheit. Parameter zur grundlegenden Funktion, dem Wirkprinzip, der Auslegung mit Blick auf eine Minderung von Berechnungsaufwänden im Konstruktionsprozess, aufgrund einfacher Gestaltung, oder auch der Ergonomie, Fertigung, Montage, bis hin zu einem einfachen Recycling können durch einfaches Gestalten erreicht werden.

Ein Beispiel einer einfachen Konstruktion ist dem britischen technischen Zeichner Harry Beck mit dem Entwurf der Liniennetzpläne, ohne Berücksichtigung topografischer Genauigkeiten der Londoner U-Bahn, gelungen. Diese Methode findet bis heute weltweite Anwendung bei der Veranschaulichung von Nahverkehrsplänen. Durch die Entfernung der topografischen Abhängigkeiten konnte ein übersichtlicher Plan, basierend auf wiederkehrenden Regeln, aufgebaut werden (Bild 1.22 links). Die Linienführung beschränkt sich dabei nur auf vertikale, horizontale, sowie diagonale Richtungen. Zusätzlich konnte die Position der Ein- und Ausstiege berücksichtigt werden, indem der Name der Station an der jeweiligen Seite der Linie positioniert wurde. Bild 1.22 rechts zeigt zum Vergleich den gleichen U-Bahn-Abschnitt in der herkömmlichen Form eines Stadtplans.

Liniennetzplan nach Beck

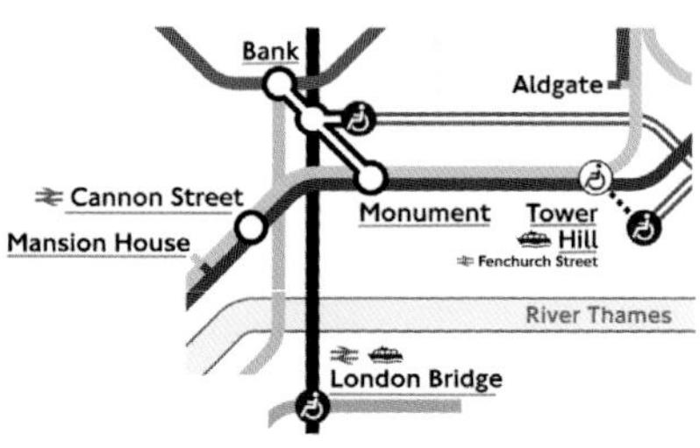

U-Bahn Netz auf Basis des Stadtplans

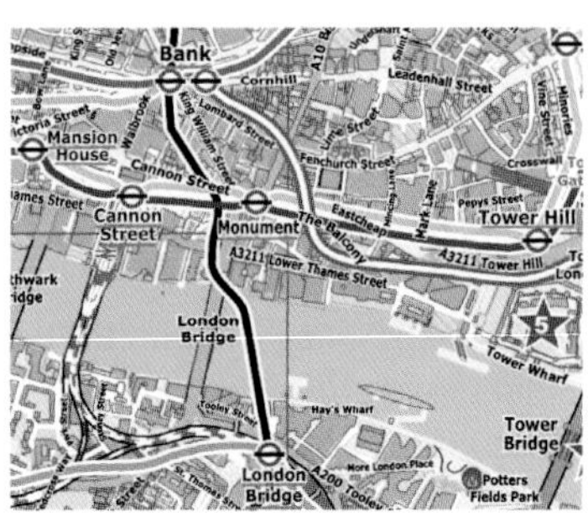

Bild 1.22 Ausschnitt des Londoner U-Bahnnetzes – London Zentrum [1.15] [1.16]

Grundregeln der Gestaltung – Eindeutigkeit

Der Begriff der Eindeutigkeit beschreibt in der deutschen Sprache einen völlig klaren, unmissverständlichen Zusammenhang, welcher jeden Zweifel ausschließt und keine andere Deutung zulässt. Bezogen auf eine Konstruktionsstruktur sind die nachfolgenden Punkte zum Erreichen der Eindeutigkeit zu beachten.

- Eine klare Zuordnung der gewünschten Funktionen muss durch den Konstrukteur sichergestellt werden.
- Das Wirkprinzip muss eindeutig erkennbar sein und die Zusammenhänge zwischen Ursache und Wirkung müssen für eine wirtschaftliche Auslegung beachtet werden.
- Kraftflüsse müssen innerhalb der Konstruktion, z. B. durch Formschlüsse, erkennbar gemacht werden, sowie mögliche Ausdehnungsmöglichkeiten bereits in der Konstruktion berücksichtigt sein.
- Die Montage und Bedienreihenfolge muss Fehlbedienung bereits konstruktiv ausschließen.
- Auch die Themen Recycling und Instandhaltung muss durch die Konstruktion eindeutig berücksichtigt werden.

Das wichtigste Merkmal einer eindeutigen Konstruktion beinhaltet, dass jeder Eingangsgröße nur eine Ausgangsgröße zugeordnet werden kann. Mehrfachdeutungen müssen verhindert werden. So soll im Fehlerfall auch nur eine mögliche Ursache der Auslöser sein, wodurch keine Unklarheiten aufkommen können.

Ein Beispiel einer nichteindeutigen, jedoch verbreiteten Anwendung sind Doppelpassungen, welche meist mit dem Gedanken der doppelten Sicherheit Verwendung finden. Hier kann meist nicht eindeutig die Krafteinleitung bzw. -übertragung definiert werden. Durch unvermeidbare Toleranzen in der Fertigung befindet sich immer die eine oder andere Passung auf einer anderen Ebene der Kraftübertragung, welche nicht klar identifiziert werden kann.

Bild 1.23 zeigt ein solches Beispiel einer Doppelpassung einer Welle (C)-Nabe (A)-Verbindung. Das Moment (M) kann auf zwei unterschiedlichen Wegen übertragen werden. Einerseits wird durch eine entsprechend gewählte Passung, hier z. B. H7/r6, eine Momentübertragung zwischen der Welle und dem äußeren Ring (D) ermöglicht, und andererseits über die Nabe selbst. Der äußere Ring wird jedoch durch die Kerbwirkung der jeweiligen Ecken erheblich in seiner Steifigkeit geschwächt (vgl. Pahl/Beitz - Eindeutigkeit [1.5]).

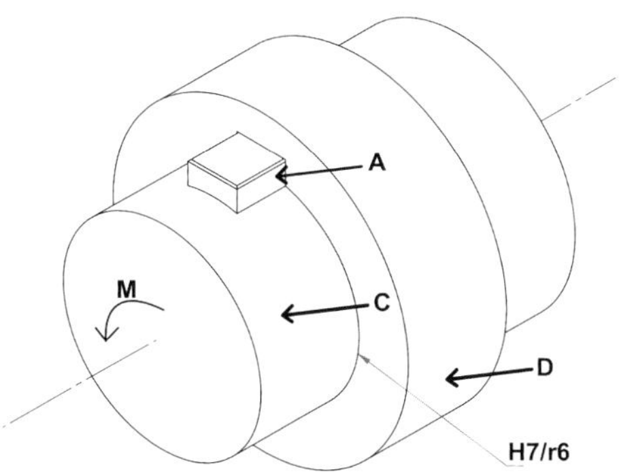

Bild 1.23
Doppelpassung einer Welle-Nabe-Verbindung in Anlehnung an Pahl/Beitz [1.5]

Grundregeln der Gestaltung – Sicherheit

Die Sicherheit einer Konstruktion, einer Anlage oder einer Maschine wird bereits maßgeblich durch den Konstrukteur beeinflusst. Im Produktentstehungsprozess (PEP) muss eine aussagekräftige Risikobeurteilung stattfinden, um das Gefahrenpotenzial einer Konstruktion abschätzen und minimieren zu können. Im Laufe der technischen Entwicklung haben sich drei Methoden durchgesetzt, die das primäre Ziel haben, die Gefahren, welche sich auf den Menschen auswirken können, zu verhindern. In der EG-Maschinenrichtlinie (2006/42/EG) werden diese Methoden in nachfolgender Reihenfolge als bindend vorgeschrieben [1.17]:

1. unmittelbare Sicherheitstechnik
2. mittelbare Sicherheitstechnik
3. hinweisende Sicherheitstechnik

1. Unmittelbare Sicherheitstechnik: Die Konstruktion wird so ausgelegt, dass von ihr keine oder nur geringe Gefährdungen für den Menschen ausgehen. Geometrische und energetische Maßnahmen können das Potenzial von Gefahren verringern. Geometrische Maßnahmen sollen der Minimierung von gefährlichen Stellen an bewegten Bauteilen dienen, wie z. B. mit dem Einhalten von Sicherheitsabständen, um die kritische Stelle für den Benutzer unerreichbar zu machen. Energetische Maßnahmen zielen hingegen darauf ab, die wirkenden Energien an gefährdeten Stellen möglichst gering zu halten und die Auswirkungen für den Menschen verträglich zu gestalten. Eine unmittelbare Sicherheit stellt das beste Ergebnis dar und kann durch zwei wesentliche Methoden erreicht werden:

- Die Konstruktion ist hinreichend dimensioniert und nötige Sicherheitsfaktoren können ein Versagen ausschließen. Die Wahl der Sicherheitsfaktoren sollte besonders sorgfältig durchgeführt werden. Faktoren wie beispielsweise schwankende Umgebungstemperaturen, nicht definierte Einsatzorte, sich wiederholende Belastungen, unerwartete Umwelteinflüsse, aber auch kostenbezogene Faktoren wie hohe Ausfallkosten fordern einen erhöhten Sicherheitsfaktor.
- Durch das Verwenden von redundanten Baugruppen an sicherheitsrelevanten Stellen kann Sicherheit gewährleistet werden. Unterschieden wird bei redundanten Anordnungen zwischen einer aktiven und einer passiven Redundanz. Bei einer aktiven redundanten Anordnung erfüllen identische Baugruppen gleichzeitig eine Aufgabe. Ein Ausfall einer Baugruppe hat keinen Totalausfall zur Folge und die gewünschte Funktion kann unter Umständen in abgeschwächter Form weiter ausgeführt werden. Als Beispiel können hier die Triebwerke eines Flugzeugs genannt werden. Passive Redundanz beschreibt den möglichen Eingriff einer Ersatzbaugruppe, welche bei Bedarf die ausgefallene Aufgabe übernehmen kann.

2. Mittelbare Sicherheitstechnik: Die mittelbare Sicherheitstechnik soll Gefährdungen, welche unvermeidbar sind, absichern und stets als eine Schutzeinrichtung zwischen Menschen und der entsprechenden Gefahrenquelle angeordnet sein. Es wird dabei zwischen trennenden und nichttrennenden Schutzeinrichtungen unterschieden. Bezogen auf eine Maschine können trennende Schutzeinrichtungen, wie z. B. Gitter oder Hauben, eine Barriere bilden, die den Zugriff verhindern. Diese Schutzeinrichtungen sollen ein Zusammentreffen des Menschen mit gefährlichen Situationen verhindern. Nichttrennende Schutzeinrichtungen können nicht den Zugriff zu möglichen Gefahren verhindern. Stattdessen soll die Gefahrenquelle durch ein aktives Eingreifen in den Bearbeitungsprozess unwirksam gemacht werden. Lichtschranken, Zweihandschaltungen und weitere sicherheitsrelevante Sensorik können in die Steuerung der Maschine eingreifen und ein Abschalten erzwingen.

3. Hinweisende Sicherheitstechnik: Als letzte Alternative zur Vermeidung von Gefahren wird mithilfe von Hinweisschildern, Unterweisungen und Schulungen versucht, ein sicherheitsgerechtes Verhalten zu schulen und auf mögliche Risiken aufmerksam gemacht. Diese Methode stellt das schwächste Glied von Sicherheitsmaßnahmen dar und sollte ausschließlich angewandt werden, wenn die Gefahrenquelle nicht mit den Methoden der unmittelbaren und mittelbaren Sicherheitstechnik verhindert werden kann oder die notwendigen Mittel in keinem Verhältnis zu dem möglichen Risiko stehen. Zwangsläufig muss die hinweisende Sicherheit immer mit Betriebsanweisungen und Sicherheitsunterweisungen einhergehen, um ein stärker ausgeprägtes Sicherheitsbewusstsein des Nutzers zu fördern. Die Dokumentationen der Hersteller müssen gewährleisten, dass Gefahren eindeutig definiert sind und die Betroffenen anschließend in der Lage sind, diese richtig einzuschätzen.

Die Kennzeichnung von Gefahren kann visuell, akustisch oder taktil erfolgen. Als statische Informationsquellen dienen beispielsweise Betriebsanleitungen, Markierungen oder Sicherheitszeichen. Lichtsignale, Prozessvisualisierungen, akustische Warnsignale und bewegte Schutzeinrichtungen können dynamisch an die aufgetretene Gefährdung angepasst werden.

Bild 1.24 zeigt exemplarisch die unterschiedlichen Sicherheitsmethoden am Beispiel einer Pressvorrichtung. Während die unmittelbare Sicherheit die Gefahrenquelle mithilfe einer Schutzkante an den beweglichen Bauteilen eliminiert, kann durch die mittelbare und hinweisende Sicherheit das Risiko zusätzlich minimiert werden.

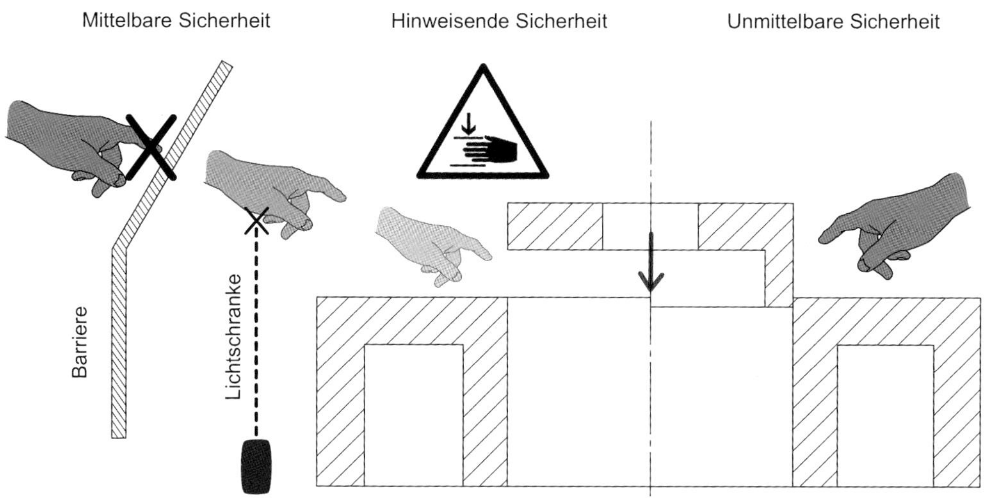

Bild 1.24 Sicherheitsmethoden am Beispiel einer Pressvorrichtung

Richtlinie 2006/42/EG des Europäischen Parlaments

Innerhalb des Europäischen Wirtschaftsraums (EWR) werden länderübergreifende Richtlinien zum Betrieb und der Sicherheit von Maschinen festgelegt. Eine der wichtigsten Richtlinien ist die EG-Maschinenrichtlinie (2006/42/EG), welche im Amtsblatt der Europäischen Union (EU) verankert ist [1.18]. Ziel dieser Richtlinie ist eine einheitliche Regelung, welche Voraussetzung eine Maschine erfüllen muss, um eine Zulassung und Inbetriebnahme zu erlangen. Diese Richtlinie besteht aus mehreren Anhängen, welche neben den Anforderungen auch Methoden des Konstruierens sicherer Maschinen und Vorgaben zu Konformitätserklärungen sowie der CE-Kennzeichnung von Maschinen vorschreibt. „Grundlegende Sicherheits- und Gesundheitsschutzanforderungen für Konstruktion und Bau von Maschinen" werden in Anhang 1 festgelegt [1.17]:

- Grundlegende Sicherheits- und Gesundheitsanforderungen (Ergonomie, Beleuchtung, Materialien, Handhabung etc.)
- Steuerungen und Befehlseinrichtungen (Sicherheit und Zuverlässigkeit, Stellteile, Stillsetzen im Notfall, Störung der Energieversorgung etc.)
- Schutzmaßnahmen gegen mechanische Gefährdungen (Bruch bei Betrieb, Risiken durch herabfallende Gegenstände etc.)
- Anforderungen an Schutzeinrichtungen (bewegliche und feststehende Schutzeinrichtungen, zugangsbeschränkende Schutzeinrichtungen, ...)
- Risiken durch sonstige Gefährdungen (elektrische Energieversorgung, Montagefehler, Brand, Vibrationen, Blitzschlag etc.)
- Instandhaltung (Wartung, Trennung von Energiequellen, Reinigung innen liegender Maschinenteile etc.)
- Informationen (Warnhinweise und -einrichtungen, Festlegungen zu Betriebsanleitungen etc.)

Als Beispiel einer Vorgabe ist die Kennzeichnungspflicht entsprechend Absatz 3.6.2, Anhang 1 der EG-Maschinenrichtlinie zu nennen: „Auf jeder Maschine müssen folgende Angaben deutlich lesbar und dauerhaft angebracht sein:

- die Nennleistung ausgedrückt in Kilowatt (kW),
- die Masse in Kilogramm (kg) beim gängigsten Betriebszustand

sowie gegebenenfalls

- die größte zulässige Zugkraft an der Anhängevorrichtung in Newton (N),
- die größte zulässige vertikale Stützlast auf der Anhängevorrichtung in Newton (N)." [1.17]

Risikobeurteilungen während des Konstruktionsprozesses müssen durch den Hersteller gewährleistet werden, um die Sicherheitsanforderungen der Maschine zu ermitteln. Hierzu zählt die Bestimmung der Grenzen einer Maschine, den ausgehenden Gefährdungen, bis hin zum Abschalten von Gefährdungen. Des Weiteren wird die Reihenfolge für das eigentliche Konstruieren unter Berücksichtigung der drei Methoden der Sicherheitstechnik vorgegeben. Empfehlenswert ist eine anschließende Überprüfung der Sicherheitsmaßnahmen auf deren korrekte Umsetzung und eindeutige Dokumentation.

Ergonomiegerechte Gestaltung

Eine mechanische Konstruktion ist nur so gut wie der Bediener, der tagtäglich mit dieser agieren oder diese montieren muss. Aus diesem Grund muss der Konstrukteur die ergonomischen Anforderungen, welche von der Beziehung zwischen Menschen und einem technischen Erzeugnis ausgehen, berücksichtigen. Ergonomie kann als eine optimale Anpassung zwischen dem Menschen und seinen Arbeitsbedingungen beschrieben werden.

Als Literatur kann die VDI-Richtlinie 2242, „Ergonomiegerechte Gestaltung technischer Erzeugnisse", herangezogen werden [VDI 2242]. Die Fähigkeiten des Menschen sollen im Einklang seiner natürlichen Grenzen berücksichtigt werden, mit dem Ziel das bestmögliche Verhältnis zwischen Effektivität und Wirtschaftlichkeit, den Fähigkeiten und Bedürfnissen zu erreichen. Jedes technische Produkt muss direkt oder indirekt auf einen Menschen angepasst werden.

Weiterführende Normungen zur grundlegenden ergonomischen Gestaltung sind in DIN EN ISO 26800 und DIN 33411 festgelegt. Da eine Konstruktion für die unterschiedlichsten Körpermaße ausgelegt sein muss, gibt es Körperumrissschablonen entsprechend DIN 33408, welche in Teil 1 (Vorlagen für Sitzplätze) definiert sind. Im Einklang mit der EG-Maschinenrichtlinie beschreibt die DIN EN 547-1 die Sicherheit von Maschinen, die Körpermaße des Menschen und Grundlagen für Zugänge an Maschinenarbeitsplätzen. Entsprechende Vorlagen und Schablonen können in jedem technischen System angewandt werden.

Die menschlichen Komponenten sollten in einem frühen Stadium des Entwicklungsprozesses berücksichtigt werden [1.5], um spätere Anpassungen aufgrund einer unangenehmen Bedienung oder einem unzugänglichen Bauteil bei der Montage zu vermeiden. Wird in einer Maschine eine Schraubverbindung verwendet, muss immer der notwendige Platz des Schraubenschlüssels und der Hand des Monteurs sowie die Bewegungsfreiheit zum Anziehen der Schraubverbindung gewährleistet werden. Es ist zu empfehlen, eine menschzentrierte Gestaltung in Konstruktionsprozessen und interaktiven Systemen entsprechend DIN EN ISO 9241-210 umzusetzen. Schwingungen, Lautstärke, Temperatur und Beleuchtung sind weitere Themen, welche durch den Konstrukteur berücksichtigt werden müssen. Das Erkennen der ergonomischen Anforderungen kann nach VDI 2242 aus zwei Richtungen geschehen [VDI 2242]:

- **Objektbezogene Betrachtung**: Die ergonomischen Anforderungen an das Produkt sind bekannt und der spätere Benutzer kann frühzeitig einbezogen werden.
- **Wirkungsbezogene Betrachtung**: Kann ein Produkt nicht von Grund auf frei definiert werden, ist es nötig die auftretenden Wirkungen des technischen Systems mit den ergonomischen Anforderungen zu vergleichen. Sollten Beeinträchtigungen feststellbar sein, muss eine alternative Lösung gefunden werden.

Kostenplanung und Kostenmanagement

Um ein Produkt erfolgreich und gewinnbringend in den Markt einzuführen, bedarf es einer strukturierten Kostenplanung, da der Marktpreis auf Basis der Selbstkosten eines Produktes, d. h. den Herstellungs- und Projektkosten, ermittelt wird [1.5]. Innerhalb der Projektkosten können Entwicklungs- und Konstruktionskosten als maßgeblicher Bestandteil angesehen werden. Der Konstruktionsbereich eines Unternehmens hat demnach die Aufgabe, einerseits das Kostenziel nicht zu überschreiten und andererseits mit einer hohen Kostenverantwortung die notwendigen Herstellungskosten eines Produktes festzulegen. Innerhalb des Konstruktionsprozesses werden 70 Prozent der späteren Produktkosten festgelegt, weshalb die kostenoptimale Umsetzung zu den Kernaufgaben eines Konstrukteurs gehört. Es ist darauf zu achten, dass bei der Betrachtung der Kosten der gesamte Produktlebenszyklus berücksichtigt wird [1.5].

Einflussfaktoren auf Produktkosten sind u. a. Anforderungen und Funktionen des Produktes, unterschiedliche Lösungskonzepte durch den Entwickler, die verwendeten Werkstoffe und Abmessungen, der Schwierigkeitsgrad der Herstellung (z. B. bei Gussstücken), Toleranzen und die gewünschten Stückzahlen [1.5].

Die Kostenverursachung kann nach Weck in zwei Kategorien, gemäß Bild 1.25, unterteilt werden. Jeder Bereich – von der Verwaltung und dem Vertrieb über den Einkauf und die Montage bis hin zu Konstruktion – besitzt unterschiedlich stark ausgeprägten Einfluss auf die späteren Produktkosten. Eine Kostensenkung kann nach Pahl/Beitz durch geringe Komplexität, einfache und schnelle Fertigungsverfahren, kleine Bauteilgröße, geringe Material- und Bearbeitungskosten, hohe Stückzahlen zur Nutzung von Volumeneffekten, geringen Toleranzanforderungen, kostengünstige Fertigung und Qualitätssicherung erreicht werden [1.5]. Hierbei sind auch Nachhaltigkeitsaspekte bei energiesparenden Fertigungsverfahren wie beispielsweise eine Energierückgewinnung oder Wärmedämmung zu berücksichtigen.

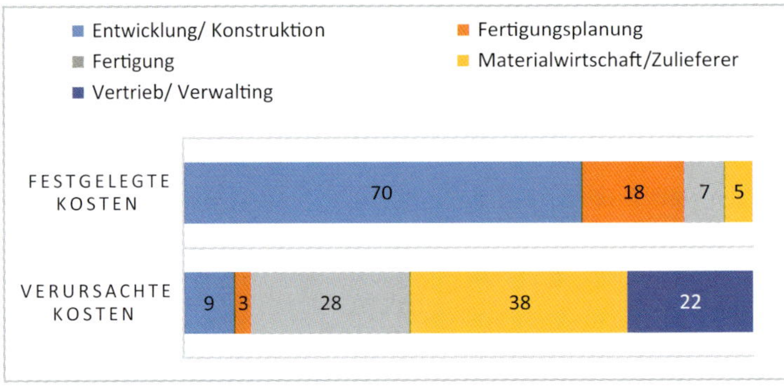

Bild 1.25 Produktbezogene Kostenverursachung, Anteile entsprechend Weck [1.20]

Bionik – die Natur als Vorbild

Ein weiterer Ansatz des Konstruierens kann mithilfe von natürlich vorkommenden Lösungen, die in der Bionik beschrieben werden, gefunden werden. Der Begriff Bionik ist eine Zusammensetzung aus den Wörtern Biologie und Technik und beschäftigt sich mit dem Übertragen von Wissen aus der Analyse lebender Systeme in technische Fragestellungen. Die VDI-Richtlinie 6220, Blatt 1, klassifiziert die Bionik und definiert zahlreiche Begriffsbestimmungen [VDI 6220].

Leonardo da Vinci wird, durch seine Flugmaschinen, die er am Vorbild des Vogelfluges erachte, als der bekannteste Vorreiter der historischen Bionik angesehen. Nach ihm folgten zahlreiche weitere technische Erfindungen, welche sich die durch Evolution optimierte Natur als Muster nahmen. Der Klettverschluss ist das bekannteste Beispiel der heutigen Zeit, in dem das Prinzip ohne große chemische oder mathematische Berechnungen direkt von der Natur in die Technik übertragen werden konnte. Als Vorbild wird der Effekt der Klette genutzt, welche kleine elastische Häkchen an ihren Samen ausbildet, um sich in Tierfellen oder Kleidungsstücken verhaken zu können (Bild 1.26 links). Diese Methode findet direkt Anwendung, indem sich beim Klettverschluss zwei gegenüberliegende Kunststoffstreifen, einer mit kleinen elastischen Häkchen und der andere mit einer feinen Schlaufenstruktur versehen, ineinander verhaken und eine haltbare Verbindung entsprechend (Bild 1.26 rechts) herstellen.

Bild 1.26 Bionik am Beispiel des Klettverschlusses

Weitere bekannte Beispiele der Bionik sind

- der Lotuseffekt an glatten Oberflächen zur Selbstreinigung, mithilfe kleiner Wachseinschlüsse, welche das Wasser abperlen lassen und dadurch Verschmutzungen aufgenommen werden,
- die Lackierung von Schiffsrümpfen, mit der Schuppenstruktur einer Hai-Haut, um strömungsgünstige Eigenschaften zu erreichen und das Anheften von Fremdorganismen zu vermeiden, und
- die Tragflächenform moderner Flugzeuge nach dem Vorbild großer Greifvögel, um mithilfe gebogener Winglets weniger Wirbel an den Tragflächenenden und somit einen geringeren Luftwiderstand zu erreichen.

Fehler-, Möglichkeits- und Einfluss-Analyse

Die Fehler-, Möglichkeits- und Einfluss-Analyse (FMEA) ist eine in der Industrie weitgehend standardisierte Methode zur systematischen Fehlererfassung und präventiven Fehlervermeidung. Der Grundgedanke einer FMEA ist die Risikovermeidung, die Untersuchung möglicher Fehler eines Produktes bereits vor der Entwicklung sowie die Abschätzung von Fehlerfolgen und -ursachen. Die DIN EN 60812:2006 bezeichnet diese Methode auch als „Fehlerzustandsart- und -auswirkungsanalyse" [DIN EN 60812]. Unterteilt wird eine FMEA in zwei wesentliche Kategorien: die Design- oder auch Konstruktions-FMEA und die Prozess- bzw. Fertigungs-FMEA. Beide unterscheiden sich abhängig von dem Betrachtungsgegenstand und dem Anwendungszeitpunkt im Produktlebenszyklus. Im Vordergrund einer Design-FMEA steht dabei die Erfüllung der in der Anforderungsliste geforderten Funktionen, während eine Prozess-FMEA sicherstellen soll, dass der Herstellungsprozess für die geforderten Produkteigenschaften geeignet ist. Zeitlich kann eine Design-FMEA also in den Produktplanungs- und Konstruktionsprozess eingeordnet werden. Generell ist eine frühzeitige Umsetzung einer FMEA sinnvoll, da mögliche Fehler so bereits auf der Planungsebene mit Vermeidungsmaßnahmen versehen werden können.

Die Ergebnisse werden in einem Formblatt entsprechend der in Bild 1.27 gezeigten tabellarischen Darstellung dokumentiert. Potenzielle Fehler, deren Auswirkungen sowie mögliche Fehlerursachen werden tabellarisch erfasst und anhand der Auftretenswahrscheinlichkeit (A), der Bedeutung (B) bzw. Gewichtung des Fehlers und der Entdeckungswahrscheinlichkeit (E), bewertet (①). Als Bewertungsmaßstab wird eine Skala von 1 – 10 zugrunde gelegt, wobei 1 stets die beste Möglichkeit in Bezug auf ein unwahrscheinliches Auftreten, einer kaum wahrnehmbaren Bedeutung für den Kunden oder eine hohe Entdeckungswahrscheinlichkeit vor einer Auslieferung an den Kunden, darstellt. Die Bewertungsgröße – die Risiko-Prioritätszahl (RPZ) – ergibt sich aus der Multiplikation der drei unabhängigen Faktoren. Entsprechend diesem Bewertungsmaßstab können sich Werte zwischen 1 und 1000 ergeben.

In der Praxis wird ab einer RPZ von 125 von einem kritischen Zustand gesprochen, welchem durch geeignete Gegenmaßnahmen und einer daraus folgenden Verbesserung der RPZ entgegengewirkt werden muss. Ab einem Wert von RPZ < 40 kann von einem unkritischen Zustand ausgegangen werden [1.19]. Nachdem entsprechende Maßnahmen getroffen wurden, erfolgt eine Neubewertung der einzelnen Faktoren (②). Das Ziel ist dabei, den Prozess oder das Produkt so zu optimieren, dass in einem verbesserten Zustand ein geringerer RPZ- Wert erreicht werden kann.

Es existieren weitere Methoden der Fehler-, Möglichkeits- und Einflussanalyse. In der DIN EN 60812:2006 wird eine Anwendung von Risikomatrizen empfohlen.

1

FMEA	Fehler-Möglichkeits- und Einfluss-Analyse				Projektname:				Erstellt durch:				Überarbeitet durch:				
	☐ Design-FMEA ☐ Prozess-FMEA				Projektnummer:				Datum:				Datum:				
					IST-Zustand ①								optimierter Zustand ②				
Abteilung	System-element/ Funktion	Möglicher Fehler	Mögliche Folgen	Mögliche Ursachen	Vermeidungs-/ Kontroll-maßnahme	Auftreten (A)	Bedeutung (B)	Entdeckung (E)	RZP (A*B*E)	Empfohlene Maßnahmen	Verant-wortlicher	Termin	getroffene Maßnahmen	Auftreten (A)	Bedeutung (B)	Entdeckung (E)	RZP (A*B*E)
1	Welle-Nabe-Verbindung	Passungs-genauig-keit	Fügen nicht möglich/ Zentrieren	Konstruk-tionsfehler		2	5	1	10	Toleranz-rechnung überprüfen	Max Mustermann	dd.mm		1	5	1	5
2																	

RPZ:

1000	... hoch
125	... mittel
< 40	... gering

Entdeckungs-wahrscheinlichkeit

1	hoch
2 - 3	mäßig
4 - 6	gering
7 - 8	sehr gering
9 - 10	unwahrscheinlich

Bedeutung:

1	unwahrscheinlich
2 - 3	sehr gering
4 - 6	gering
7 - 8	mäßig
9 - 10	hoch

Auftritts-wahrscheinlichkeit:

1	unwahrscheinlich
2 - 3	sehr gering
4 - 6	gering
7 - 8	mäßig
9 - 10	hoch

Bild 1.27 Dokumentation der Ergebnisse in einem Formblatt

Recyclinggerechtes Gestalten

Die bisher dargestellten Methoden des Konstruierens beschreiben einen Leitfaden einer erfolgreichen Konstruktion von der Idee bis zu einem Produkt. Jedoch muss nicht nur der Wertschöpfungsprozess beachtet werden. In der heutigen Zeit ist es ein wichtiger Bestandteil, die Folgen der Konstruktion für den Menschen und die Umwelt nach der Nutzungsdauer zu berücksichtigen. Bereits in der Produktentwicklung sollte eine nachhaltige Gestaltung, stets unter der Berücksichtigung der Wirtschaftlichkeit und des Produktgebrauchs, beachtet werden. Es wird zwischen dem Materialrecycling und dem Produktrecycling unterschieden [VDI 2234]. Die VDI-Richtlinie 2234 unterteilt das Materialrecycling in die beiden Kategorien Produktionsabfallrecycling und Altstoffrecycling:

- **Produktionsabfallrecycling**: Rückführen von Herstellungsabfällen in einen neuen Produktionsprozess, wie zum Beispiel Stanzabfälle
- **Altstoffrecycling**: Rückführen von verbrauchten Produkten in einen neuen Produktionsprozess, wie zum Beispiel Karosserieteile
- **Produktrecycling**: Rückführung von gebrauchten Produkten oder Austausch von Teilen eines Produktes durch Aufarbeitungs- und Überholungsprozesse

Alle genannten Rückführungen können grundsätzlich in einer erneuten Verwendung des Produktes und einer Verwertung unterschieden werden [1.5], wobei bei einer Wiederverwendung die Produktform beibehalten wird (Wiederverwenden von Glasflaschen) und bei einer Verwertung diese Form aufgelöst wird (Schreddern von Einwegpfandflaschen). Faserverstärkte Verbundwerkstoffe stellen eine besondere Herausforderung dar, da sich die Fasern nur schwer von dem verwendeten Harz trennen lassen. Die Vorteile solcher Materialien im Verhältnis zu den Mehrkosten bei der Produktion und dem nachfolgenden Recyclingaufwand sind abzuwägen.

Bei einer recyclinggerechten Gestaltung müssen einige Aufgaben separat betrachtet werden. Faktoren der Werkstoffverträglichkeit und Werkstofftrennung müssen neben der Verwendung hochwertiger Werkstoffe zur Verschleißreduktion und der Demontagemöglichkeit von gefährlichen Stoffen, wie beispielsweise Flüssigkeiten, berücksichtigt werden. Eine aufarbeitungsfreundliche Produktgestaltung mit Rücksicht auf Reinigung und Prüfung empfindlicher Bauteile und Richtlinien zur Wartung und Instandhaltung tragen zu einer recyclinggerechten Gestaltung mit möglichst langer Lebensdauer bei.

Eine Auswahl wichtiger recyclingbezogener Aufgaben im Entwicklungsprozess sind u.a. das Festlegen der Produktlebensdauer, das Integrieren möglicher Baugruppen aus Vorgängermodellen, die Auswahl verschleißarmer Wirkprinzipien bzw. die Reduzierung der Bauteilanzahl, das Anstreben einer zerlegungsfreundlichen Produktstruktur, das Abgrenzen von hoch- und geringbeanspruchten Bauteilen, die Standardisieren von Bauteilen, das Erstellen einer recyclingorientierten Betriebsanleitung und eine mögliche Wiedermontage [1.5].

Fertigungsgerechte Konstruktion

Der Konstrukteur ist gut beraten, sich gute Kenntnisse über die Fertigungsverfahren im Allgemeinen und auch in seinem konkreten Umfeld zu verschaffen. In Bild 1.28 ist zu sehen, dass die gleiche konstruktive Aufgabenstellung bei unterschiedlichen Fertigungsverfahren zu unterschiedlichen Lösungen führt.

1

Fertigungs-verfahren	Skizze	Erklärung
Kleben	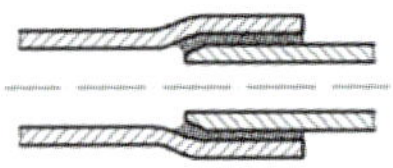	**Die Fase sorgt dafür, dass der Klebstoff nicht weggeschoben wird. Beim Fügen Bauteile drehen. Längere Überlappung zur Übertragung der Kräfte.**
Löten	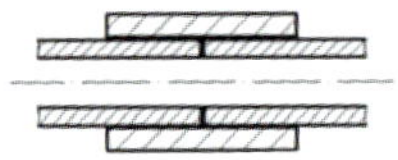	**Längere Überlappung zur Übertragung der Kräfte. Dünne Spalte damit das Lot durch die Kapillarwirkung gut fließt.**
Schweißen		**V-Naht wegen der Zugänglichkeit beim Schweißen. Stumpfstoß ausreichend, weil Rohr und Schweißnaht annähernd die gleiche Festigkeit haben.**

Bild 1.28 Fertigungsgerechte Gestaltung an Beispiel einer Rohrverbindung

■ 1.5 Datenverarbeitung in der Konstruktion

Die Konstruktionsarbeit wird heute maßgeblich vom Einsatz der *elektronischen Datenverarbeitung* (EDV) bestimmt. Die komplette **Prozesskette** vom Design über Konstruktion, Berechnung, Fertigungsvorbereitung und Fertigung bis hin zum Recycling kann in Form eines zunächst virtuell realisierten Prozessablaufs solange im Rechner optimiert werden, bis der reale Produktionsprozess auf der Basis dieser Ergebnisse relativ einfach umgesetzt werden kann. Durch den heutzutage in der Regel hohen Grad der *Vernetzung* ist ein weltweites simultan-sukzessives Arbeiten im Entwicklungsprozess an gleichen Projekten möglich. Diese Formen der Teamarbeit erfordern stabile Hardware- und Softwareplattformen mit möglichst genormten Schnittstellen, um prozesskettenübergreifende Produktentwicklungen realisieren zu können.

Hierbei wird eine Reihe von *Software-Werkzeugen* eingesetzt:

- Im Bereich **Konstruktion** kommen 3D-CAD (Computer Aided Design-)Programme wie Creo, CATIA, NX, Autodesk Inventor, SolidWorks, Solid Edge usw. zum Einsatz. Diese Programme zeichnen sich durch einen enormen, stetig wachsenden Funktionsumfang aus. Volumetrische Bauteilerstellung, Baugruppengenerierung, parametrische Konstruktion, weitgehend automatische Zeichnungsableitung usw. sind Pflicht. Module zur Bewegungssimulation, photorealistischen Darstellung von virtuellen Produkten durch Photorendering sind verfügbar (Bild 1.29).
- Im Bereich der **Modellierung von Flächen** können diese entweder durch *Drahtgeometrien* (Punkte, Linien, Kurven, Stützkurven wie Non-Uniforme-Rationale-B-Splines - NURBS -, Projektionskurven usw.), *direkte Flächen* (Auszüge - Extrude -, Rotationen, Offsets, Füllfunktionen, Verbundflächen, Übergänge - Blends - usw.) oder *Operationen* (Join, Disassemble, Trim, Verlängern, Ableiten, Transformieren usw.) erzeugt werden. In der Automobil-Karosserieentwicklung kommt z. B. hierfür oft eines der Flächenmodule von CATIA (z. B. Generative Shape Design) zum Einsatz (Bild 1.30). Im Bereich **Design** bieten modernste Modellierungs-, Beleuchtungs-, Rendering- und Animationstechniken von Programmen wie Rhino, Autodesk Alias, oder 3dsMax die Möglichkeit, qualitativ hochstehende Projekte im wissenschaftlichen und industriellen Gebiet zu realisieren.

Bild 1.29 3D-CAD-Modell einer Drohne, erstellt mit Creo Parametrics [1.9]

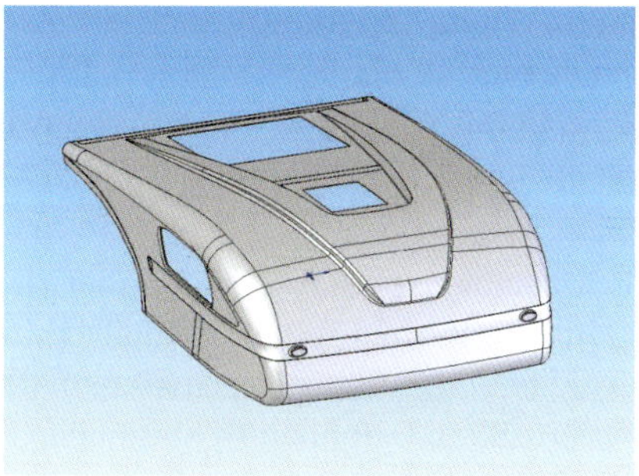

Bild 1.30 Flächenmodellierung mit CATIA V5: Reisemobil-Alkoven (Werkbild Frankia)

- Berechnungen zur **Festigkeit** und Aussagen zu den **Produkteigenschaften** unter Last können durch Programme zur Belastungssimulation selbst für komplexe Bauteile sicher getroffen werden. Voraussetzung ist hier in der Regel das Vorliegen des *3D-CAD-Modells*, eines entsprechenden mathematischen *Materialmodells* und eines *Finite-Elemente-Netzes*. Bei neuen Materialklassen wie Metallverbünden, Gradientenwerkstoffen, Composites oder nanotube/nanopartikel-verstärkten Kunststoffen und Keramiken müssen die für die Simulation notwendigen Materialgesetze mithilfe von Versuchen neu ermittelt werden, da bisher gültige Wirkmechanismen und Ansätze nicht mehr oder nur noch zum Teil gültig sind.

  Als mit Programmunterstützung lösbare Lastfälle seien genannt: statisch bei linearen Materialien (z. B. Creo Simulation, Z88Aurora®, SolidWorks Simulation), dynamisch/thermisch bei nichtlinearen Materialien (ANSYS, MSC.MARC, ADINA, ABAQUS usw.), Crash-Belastung (beispielsweise PAM-CRASH), Mehrkörpersimulation (z. B. MSC.ADAMS).

- **Fertigungsverfahren** werden durch spezielle, teilweise direkt integrierte *Programm-Module* unterstützt. Anwendungen sind z. B. klassische Bearbeitungsverfahrens-Simulationen wie Fräsen und Drehen (u. a. Creo CAM-Lösungen), Umformtechnik (z. B. PAM-STAMP), Blechbearbeitung (z. B. CATIA Sheet Metal Design, Creo NC Sheetmetal) oder Gusssimulationen (z. B. Moldex3D oder Moldflow für Kunststoff, MAGMASOFT für Metallguss).

  Beispiel Hydroformen: Bei diesem Umformverfahren besteht die Aufgabe der Simulation darin, eine generelle Durchführbarkeitsstudie zum Umformverhalten des Halbzeuges bzw. der Werkzeuge durchzuführen. In dieser Studie soll neben der Vorhersage von möglichen *Versagensarten* (Knicken, Bersten, Reißen) auch eine *Sensitivitätsanalyse* der Einflussparameter (z. B. Werkstoffe, Umformdrücke und Niederhalterkraft) erfolgen. Zusätzlich kann bereits im virtuellen Prototyping mit der Optimierung des Prozesses durch die gezielte Variation der wichtigen Prozesseinflussparameter begonnen werden. Eine weitere wesentliche Aufgabe der *Fertigungssimulation* ist es, frühzeitig Aussagen über die sich einstellenden Produkteigenschaften (Wandstärkenverhalten, Kaltverfestigung, Dehnungs- bzw. Spannungsverteilung) zu gewinnen. Dazu ist die Betrachtung des zeitlichen Verlaufes der Umformung von entscheidender Bedeutung. Die Berechnung des Einflusses der elastischen Formänderungen auf das Rückfederverhalten der durch Hydroformen (IHU/AHU) umgeformten Bauteile ist hinsichtlich der einzuhaltenden Form- und Maßtoleranzen zur Beherrschung des Gesamtprozesses notwendig.

  Durch den Einsatz der FE-Machbarkeitssimulation können eine Reduzierung der Werkzeugkosten und eine Verminderung der Zahl der Versuchswerkzeuge erreicht werden. Dies führt in der Regel zu einer Reduzierung der Entwicklungszeit und erhöht die Fertigungssicherheit für die Serienproduktion.

- Weitere Programme unterstützen die *virtuelle Entwicklung* von Produkten. Dazu gehören u. a. Programme zur automatischen bzw. optimierten Rohr- und Leitungsverlegung, Strömungssimulation, Geräuschsimulation (z. B. von Abgasanlagen in Kraftfahrzeugen), aber auch Fabrikanlagenplanung und Qualitätssicherung. Im Prinzip lässt sich heute weitgehend alles simulieren.
- Zusätzlich kommen verstärkt Produktentwicklungen in **Virtual-Reality-Umgebungen** zum Einsatz. Hierbei werden durch spezielle Hardware (Rechner, Beamer, Projektionsleinwände usw.) virtuelle Umgebungen geschaffen, in denen mithilfe von Sicht- und Manipulationsgeräten (Shutterbrillen, Datenhandschuhe oder Head-Mounted Displays) ein virtuelles Begehen und physische Aktionen (z. B. Greifen) realisiert werden können. Beispielsweise werden hierdurch im Digital Mock-up vorab Zusammen- und Einbauuntersuchungen ebenso möglich wie Montage- und Demontagevorgänge.
- Ergänzende Entwicklungen treffen den Wunsch nach einer möglichst schnellen, kundenorientierten Produktentwicklung aus bestehenden Modulen. Hier ist durch den Einsatz von 3D-CAD-gekoppelten, vollparametrisierbaren **Produktkonfiguratoren** ein automatisiertes Entwickeln von Endprodukten inkl. Zeichnungsableitung, Stücklistenerstellung usw. möglich. Auch das Abrufen von einbaufertigen Norm- und Kaufteil-CAD-Modellen aus dem Internet oder von einer Hersteller-DVD beschleunigt den Konstruktionsprozess erheblich, da das arbeitsintensive eigene Erstellen der Teile entfällt. Über entsprechende Gestaltung der Systeme werden hier oft Kopplungen zu materialwirtschafts- und kaufmännischen ERP/PLM Standardsystemen wie SAP realisiert.

Bild 1.31
Spannungsanalyse an einem Gussbauteil mit FEM

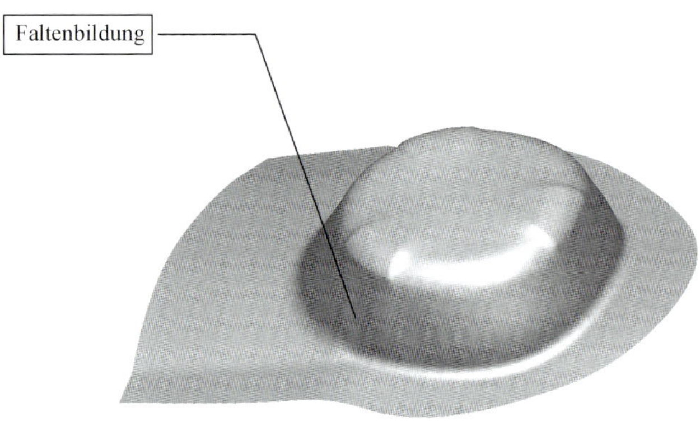

Bild 1.32
Ergebnis der hydromechanischen Tiefziehsimulation eines 1,5 mm dicken, höchstfesten Dualphasen-Stahls zur Verwendung in der Automobilkarosserie. R_m = 840 N/mm², $R_{p0,2}$ = 610 N/mm² (Quelle: Universität Bayreuth)

Der verstärkte EDV-Einsatz in der Konstruktion birgt erfahrungsgemäß eine Reihe von Problemen. Da unterschiedlichste Softwareanbieter tätig sind, spielt die **Schnittstellenproblematik** trotz genormter Schnittstellen (IGES, STEP usw.) entlang der Prozesskette eine wichtige Rolle. Ebenso führen unterschiedlichste Programmversionen, Releasestände, Wochenversionen, Firmenspezifika, Sprach- und Toleranzeinstellungen usw. besonders beim Vorliegen eines heute üblichen weltweiten, komplexen Lieferanten-Unterlieferanten-Geflechts zu babylonischen Verhältnissen. Hier helfen nur Organisation, Disziplin und Übung.

Durch den notwendigen und sinnvollen massiven Einsatz unterschiedlicher Programme, z. B. bei der Entwicklung von Produkten aus High-End-Materialien oder mit besonderen Verfahren, stellt sich zudem immer mehr die Frage nach der richtigen Verknüpfung der Einzelprogramme (wann muss welches Programm an welchem Zeitpunkt der Prozesskette eingesetzt werden?). Diese Frage ist umso wichtiger, da gegenseitige Abhängigkeiten bestehen, die bei Nichtbeachtung zu suboptimalen Produkten führen. Ansätze wie **ICROS** (**I**ntelligent **CRO**ss-linked **S**imulation) [1.10] versuchen hier, dem Entwickler Möglichkeiten und Hinweise für einen materialklassengerechten Softwareeinsatz-Mix in hinreichender Granularität zu liefern.

Beispiel: Vergleich der Vorgehensweise bei einer Produktentwicklung mit unterschiedlichen Kunststoffen

Das Füllverhalten von Thermoplasten lässt sich mit Spritzguss-Simulationsprogrammen sehr gut vorhersagen. Hierdurch können Form- und Werkzeuggestalt, Einspritzpunkte oder Prozessparameter vorab optimiert werden. Die Aussagen zur Festigkeit werden durch *Finite-Elemente-Programme* getroffen. Ob und wie die optimale Spritzgussform gefertigt werden kann, wird durch eine *Fertigungssimulation* der notwendigen Fräs- und Erodiervorgänge entschieden. In Bild 1.33 wird die richtige Vorgehensweise bei der Verwendung von unverstärkten Polyamiden mit der von faserverstärktem Material verglichen. Da die lokale Festigkeit des Bauteils im Fall B von der einspritzbedingten Faserlage abhängig ist, muss hier nach der 3D-CAD-Modellierung des Bauteils zuerst eine *Füllsimulation* erfolgen und dann erst eine FE-Berechnung durchgeführt werden, während im Fall A bei unverstärkten Polymeren die Festigkeitsrechnung bereits vor der Füllsimulation angesetzt werden kann.

1

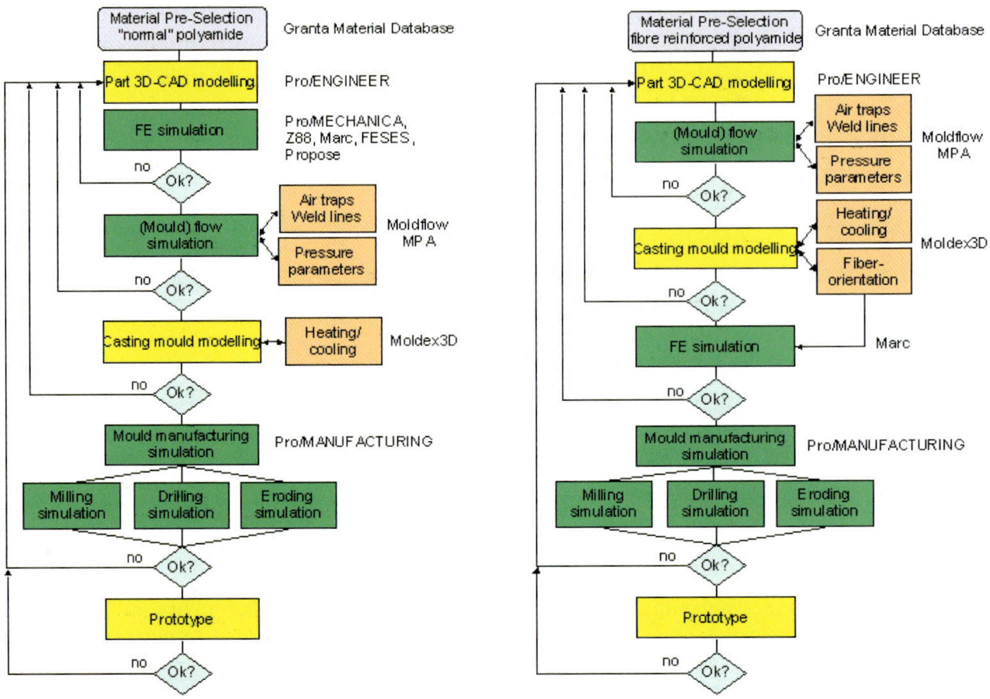

Bild 1.33 Vergleich der unterschiedlichen Prozessabläufe in Abhängigkeit des gewählten Materials nach ICROS [1.10]

1.6 Verständnisfragen

1. Erläutern Sie den Unterschied zwischen DIN EN-Normen und DIN ISO-Normen.
2. Erklären Sie den Unterschied zwischen Ist-Oberfläche und geometrischer Oberfläche. Was sind Gestaltabweichungen?
3. Was ist eine Übermaßpassung?
4. Was ist das Ist-Abmaß?
5. Wie ist die Maßtoleranz definiert?
6. Was steckt hinter dem Begriff „Passtoleranz“?
7. Wie setzt sich das ISO-Toleranzkurzzeichen für eine Bohrung zusammen?
8. Erklären Sie in diesem Zusammenhang den Begriff „Bohrung“.
9. Was bezeichnet das Passtoleranzfeld bei Spielpassungen?
10. Nennen Sie ein Beispiel, bei dem in der Industrie das System Einheitswelle bei der Passungsauswahl bevorzugt wird.

1

Literatur

[1.1] *Dietzsch, M.:* Einführung in die nationale und internationale GPS-Entwicklung. In: *DIN Deutsches Institut für Normung e. V. Berlin (Hrsg.):* Referatensammlung – GPS'03 – Geometrische Produktspezifikation in Entwicklung und Konstruktion. Mülheim/Ruhr, 25. März 2003. Berlin: Beuth, 2003

[1.2] *Jorden, W.; Schütte, W.:* Form- und Lagetoleranzen. Geometrische Produktspezifikationen (ISO GPS) in Studium und Praxis. 10. aktualisierte Auflage. München/Wien: Carl Hanser Verlag, 2020

[1.3] *Klein, Bernd:* Prozessorientierte Statistische Tolerierung im Maschinen- und Fahrzeugbau. Mathematische Grundlagen – Toleranzverknüpfungen – Prozesskontrolle – Maßkettenrechnung – Praktische Anwendungen. 6. Auflage. Renningen: expert-Verlag, 2019

[1.4] *Bohn, M.; Hetsch, K.:* Funktionsorientiertes Toleranzdesign. Angewandte Form- und Lagetolerierung im Maschinen-, Fahrzeug- und Gerätebau. 2. Auflage. München: Carl Hanser Verlag, 2019

[1.5] *Bender, B.; Gericke, K.:* Pahl/Beitz Konstruktionslehre. Methoden und Anwendung erfolgreicher Produktentwicklung. 9. Auflage. Berlin: Springer Verlag, 2021

[1.6] *Rodenacker, W. G.:* Methodisches Konstruieren. Berlin: Springer Verlag, 1991

[1.7] *Roth, K.:* Konstruieren mit Konstruktionskatalogen. Berlin: Springer Verlag, 2000

[1.8] *Niemann, G.; Winter, H.; Höhn, B.-R.:* Maschinenelemente. Band 1. Berlin: Springer Verlag, 2001

[1.9] *Hackenschmidt, R.; Hautsch, S.; Kleinschrodt, C.; Roppel, M.:* Creo Parametric für Einsteiger. Bauteile, Baugruppen und Zeichnungen. München: Carl Hanser Verlag, 2019

[1.10] *Alber, B.; Hackenschmidt, R.; Dolsak, B.; Rieg, F.:* ICROS – The Selective Approach to High-Tech Polymer Product Design. Dubrovnik: 9th International Design Conference DESIGN, 2006

[1.11] *Herta, M.:* CATIA V5 Flächenmodellierung. München: Carl Hanser Verlag, 2009

[1.12] *Kornprobst, P.:* CATIA V5-6 für Einsteiger. Volumenkörper, Baugruppen und Zeichnungen. München: Carl Hanser Verlag, 2016

[1.13] *Schoppe, I.; Jankowiak, A.; Färber, L.:* Lastenheft und Pflichtenheft: Das sind die Unterschiede. 05.08.2022. *www.gruender.de/buchhaltung/pflichtenheft-lastenheft*

[1.14] *Peterjohann Consulting:* Lastenheft und Pflichtenheft. Unterscheidungen und Einsatz. 2019. *www.peterjohann-consulting.de/lastenheft-und-pflichtenheft*

[1.15] Ausschnitt aus Transport for London. 2020. *www.tfl.gov.uk/maps/track/tube*

[1.16] Ausschnitt aus city-walks.info, London. 2020. *www.city-walks.info/London*

[1.17] Richtlinie 2006/42/EG des Europäischen Parlaments und des Rates über Maschinen und zur Änderung der Richtlinie 95/16/EG, 2006

[1.18] Amtsblatt der Europäischen Union, L 154/24, 2006

[1.19] *Jakoby, W.:* Projektmanagement für Ingenieure. Wiesbaden: Springer Fachmedien 2015

[1.20] *Weck, M.:* Konstruktionsmanagement angesichts wachsender Produktionskomplexität. Produktionstechnisches Kolloquium PTK 89, 1989

DIN 323-1:1974-08	Normzahlen und Normzahlreihen; Hauptwerte, Genauwerte, Rundwerte
DIN 4760:1982-06	Gestaltabweichungen; Begriffe, Ordnungssystem
DIN 4766-1:1981-03	Herstellverfahren der Rauheit von Oberflächen; Erreichbare gemittelte Rauhtiefe Rz nach DIN 4768 Teil 1 (ohne Ersatz zurückgezogen)
DIN 4766-2:1981-03	Herstellverfahren der Rauheit von Oberflächen; Erreichbare Mittenrauhwerte Ra nach DIN 4768 Teil 1 (ohne Ersatz zurückgezogen)
DIN 7157:1966-01	Passungsauswahl; Toleranzfelder, Abmaße, Passtoleranzen (zurückgezogen Juni 2014)
DIN 7167:1987-01	Zusammenhang zwischen Maß-, Form- und Parallelitätstoleranzen; Hüllbedingung ohne Zeichnungseintragung (zurückgezogen April 2011)
DIN 7172:1991-04	Toleranzen und Grenzabmaße für Längenmaße über 3150 bis 10000 mm; Grundlagen, Grundtoleranzen, Grenzabmaße

DIN 33408-1:2008-03	Körperumrissschablonen – Teil 1: Für Sitzplätze
DIN 33411-1:1982-09	Körperkräfte des Menschen; Begriffe, Zusammenhänge, Bestimmungsgrößen
DIN 69901-5:2009-01	Projektmanagement – Projektmanagementsysteme – Teil 5: Begriffe
DIN EN 547-1:2009-01	Sicherheit von Maschinen – Körpermaße des Menschen – Teil 1: Grundlagen zur Bestimmung von Abmessungen für Ganzkörper-Zugänge an Maschinenarbeitsplätzen; Deutsche Fassung EN 547-1:1996 + A1:2008
DIN EN 60812:2006-11	Analysetechniken für die Funktionsfähigkeit von Systemen – Verfahren für die Fehlzustandsart- und -auswirkungsanalyse (FMEA) (IEC 60812:2006); Deutsche Fassung EN 60812:2006
DIN EN ISO 286-1:2019-01	Geometrische Produktspezifikation (GPS) – ISO-Toleranzsystem für Längenmaße – Teil 1: Grundlagen für Toleranzen, Abmaße und Passungen (ISO 286-1:2010 + COR 1:2013)
DIN EN ISO 286-2:2019-09	Geometrische Produktspezifikation (GPS) – ISO-Toleranzsystem für Längenmaße – Teil 2: Tabellen der Grundtoleranzgrade und Grenzabmaße für Bohrungen und Wellen (ISO 286-2:2010 + AC:2013)
DIN EN ISO 1101:2017-09	Geometrische Produktspezifikation (GPS) – Geometrische Tolerierung – Tolerierung von Form, Richtung, Ort und Lauf (ISO 1101:2017)
DIN EN ISO 1302:2002-06	Geometrische Produktspezifikation (GPS) – Angabe der Oberflächenbeschaffenheit in der technischen Produktdokumentation (ISO 1302:2002)
DIN EN ISO 2692:2015-12	Geometrische Produktspezifikation (GPS) – Geometrische Tolerierung – Maximum-Material-Bedingung (MMR), Minimum-Material-Bedingung (LMR) und Reziprozitätsbedingung (RPR) (ISO 2692:2014)
DIN EN ISO 4287:2010-07	Geometrische Produktspezifikationen (GPS) – Oberflächenbeschaffenheit: Tastschnittverfahren – Benennungen, Definitionen und Kenngrößen der Oberflächenbeschaffenheit (ISO 4287:1977 + Cor 1:1998 + Cor 2:2005 + Amd 1:2009)
DIN EN ISO 4288:1998-04	Geometrische Produktspezifikation (GPS) – Oberflächenbeschaffenheit: Tastschnittverfahren – Regeln und Verfahren für die Beurteilung der Oberflächenbeschaffenheit (ISO 4288:1996)
DIN EN ISO 5459:2013-05	Geometrische Produktspezifikation (GPS) – Geometrische Tolerierung – Bezüge und Bezugssysteme (ISO 5459:2011)
DIN EN ISO 8015:2011-09	Geometrische Produktspezifikation (GPS) – Grundlagen – Konzepte, Prinzipien und Regeln (ISO 8015:2011)
DIN EN ISO 8785:1999-10	Geometrische Produktspezifikation (GPS) – Oberflächenunvollkommenheiten – Begriffe, Definitionen und Kenngrößen (ISO 8785:1998)
DIN EN ISO 9241-210:2020-03	Ergonomie der Mensch-System-Interaktion – Teil 210: Menschzentrierte Gestaltung interaktiver Systeme (ISO 9241-210:2019); Deutsche Fassung EN ISO 9241-210:2019
DIN EN ISO 14253-1:2018-07	Geometrische Produktspezifikationen (GPS) – Prüfung von Werkstücken und Messgeräten durch Messen – Teil 1: Entscheidungsregeln für die Feststellung von Übereinstimmung oder Nichtübereinstimmung mit Spezifikationen (ISO 14253-1:2017)
DIN EN ISO 14405-1:2017-07	Geometrische Produktspezifikationen (GPS) – Dimensionelle Tolerierung – Teil 1: Größenmaße (ISO 14405:2016)
DIN EN ISO 14660-1:1999-11	Geometrische Produktspezifikation (GPS) – Geometrieelemente – Teil 1: Grundbegriffe und Definitionen (ISO 14660-1:1999) (zurückgezogen)
DIN EN ISO 14660-2:1999-11	Geometrische Produktspezifikation (GPS) – Geometrieelemente – Teil 2: Erfaßte mittlere Linie eines Zylinders und eines Kegels, erfaßte mittlere Fläche, örtliches Maß eines erfaßten Geometrieelementes (ISO 14660-2:1999) (zurückgezogen)

DIN EN ISO 26800:2011-11	Ergonomie – Genereller Ansatz, Prinzipien und Konzepte (ISO 26800:2011); Deutsche Fassung EN ISO 26800:2011
DIN ISO 2768-1:1991-06	Allgemeintoleranzen; Toleranzen für Längen- und Winkelmaße ohne einzelne Toleranzeintragung (ISO 2768-1:1999)
DIN ISO 2768-2:1991-04	Allgemeintoleranzen; Toleranzen für Form und Lage ohne einzelne Toleranzeintragung (ISO 2768-2:1989)
VDA 2005:2007-02	Verband der Automobilindustrie: VDA-Empfehlung 2005: Geometrische Produktspezifikation – Technische Zeichnungen – Angabe der Oberflächenbeschaffenheit
VDI 2221 Blatt 1:2019-11	Entwicklung technischer Produkte und Systeme – Modell der Produktentwicklung
VDI 2221 Blatt 2:2019-11	Entwicklung technischer Produkte und Systeme – Gestaltung individueller Produktentwicklungsprozesse
VDI 2222 Blatt 1:1997-06	Konstruktionsmethodik – Methodisches Entwickeln von Lösungsprinzipien
VDI 2222 Blatt 2:1982-02	Konstruktionsmethodik – Erstellung und Anwendung von Konstruktionskatalogen
VDI 2223:2004-01	Methodisches Entwerfen technischer Produkte
VDI 2225 Blatt 1:1997-11	Konstruktionsmethodik – Technisch-wirtschaftliches Konstruieren – vereinfachte Kostenermittlung
VDI 2225 Blatt 2:1998-07	Konstruktionsmethodik – Technisch-wirtschaftliches Konstruieren – Tabellenwerk
VDI 2225 Blatt 3:1998-11	Konstruktionsmethodik – Technisch-wirtschaftliches Konstruieren – Technisch-wirtschaftliche Bewertung
VDI 2225 Blatt 4:1997-11	Konstruktionsmethodik – Konstruktionsmethodik – Technisch-wirtschaftliches Konstruieren – Bemessungslehre
VDI 2234	Wirtschaftliche Grundlagen für den Konstrukteur
VDI 2242:2016-06	Ergonomiegerechte Gestaltung technischer Erzeugnisse
VDI 2243:2002-07	Recyclingorientierte Produktentwicklung
VDI 2244:1988-05	Konstruieren sicherheitsgerechter Erzeugnisse
VDI 2246 Blatt 1:2001-03	Konstruieren instandhaltungsgerechter technischer Erzeugnisse – Grundlagen
VDI 2246 Blatt 1:2001-03	Konstruieren instandhaltungsgerechter technischer Erzeugnisse – Anforderungskatalog
VDI 6220 Blatt 1:2021-09	Bionik – Grundlagen, Konzeption und Strategie

2 Werkstoffe

Dem Konstrukteur stehen heutzutage mehr als 80 000 Werkstoffe zur Bauteilgestaltung zur Verfügung, von denen etwa 40 000 metallisch und 40 000 nichtmetallisch sind [2.2]. Die Festigkeit von Maschinenelementen ist von der Belastung (Einsatz), der Bauteilform (Design), der Herstellung (Verarbeitung) und dem gewählten Material abhängig. Die Vorhersage der Haltbarkeit beruft sich normalerweise auf Berechnungsmethoden und Kennwerte, diese sind aber stark von den vier genannten Faktoren abhängig.

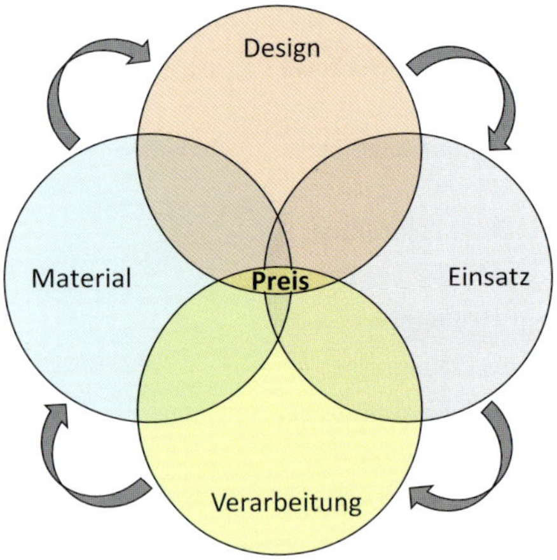

Bild 2.1
Zusammenhang zwischen Design, Einsatz, Verarbeitung und Material bei der Konstruktion von Maschinenelementen

Die Schwierigkeit bei der richtigen Dimensionierung und Materialauswahl ist, dass sich die Aspekte Material, Design, Einsatz und Verarbeitung überlagern. Für ein Maschinenelement ist ein gewisser Bauraum vorgesehen, welcher das Design und damit die Verarbeitung entscheidend beeinflusst. Entsprechend den vorliegenden Einsatzbedingungen ist beispielsweise der Kontakt mit Schmierstoffen oder ein Korrosionsschutz obligatorisch. Während Bauteile aus Faserverbundwerkstoffen durch die Dicke an Festigkeit gewinnen, steigt bei Keramiken oder thermoplastischen Kunststoffen durch ein größeres Materialvolumen die Fehlerhäufigkeit an, wodurch die Festigkeit sinkt. Metallische Werkstoffe sind in ihren Eigenschaften stark variierbar, sowohl durch Zusatzstoffe als auch durch Oberflächen- oder Wärmebehandlung (Härten etc.).

Dieses Kapitel soll einen Überblick über Werkstoffe und ihren Einsatz bei Maschinenelementen geben. Dazu folgt zunächst ein Überblick über die Werkstoffklassen und deren Auswahl. Daran schließen sich die wichtigsten Materialien und ihre Eigenschaften an. Die für die Konstruktion nötigen materialabhängigen Festigkeitswerte werden erläutert und der Unterschied zwischen Bauteilkennwert und Materialkennwert wird verdeutlicht.

2.1 Einteilung der Werkstoffe

Materialien werden in Keramik-, Metall-, Polymer- (oder Kunststoff) und Verbundwerkstoffe gegliedert. Überwiegend kommen bei der Konstruktion metallische Werkstoffe zum Einsatz, obwohl zunehmend Polymere, Verbundwerkstoffe und Keramiken Anwendung finden. Einen für die Auslegung maßgeblichen kompakten Überblick geben sogenannte Ashby-Diagramme. Diese Werkstoffschaubilder definieren Suchfelder mit Werkstofffamilien. Dafür werden Werkstoffkennwerte in einem *x-y-* oder *x-y-z-*Diagramm aufgetragen und Eigenschaftswerte vergleichend dargestellt. Meist sind zwei Werte gegeneinander aufgetragen und dokumentieren so die Abhängigkeit. Für den ersten Überblick ist diese Art der Darstellung ausreichend, es muss aber festgehalten werden, dass sich bereits innerhalb einer Werkstoffgruppe die Eigenschaften stark unterscheiden können.

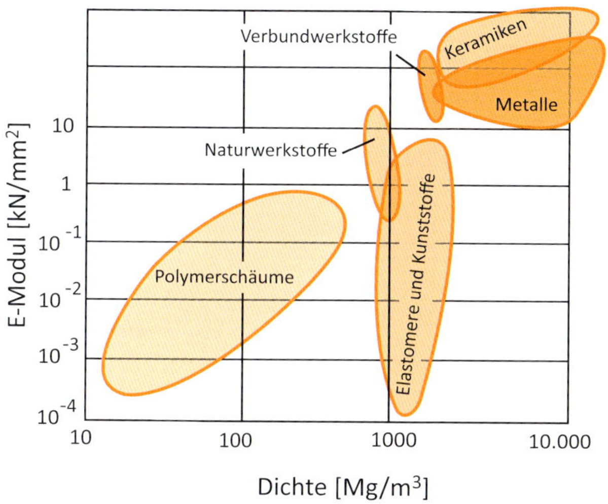

Bild 2.2 Werkstoffklassen, aufgetragen in einem Ashby-Diagramm, hier in der Eigenschaftskombination Dichte/E-Modul [2.1]

Für alle Werkstoffe ist das Verhalten beim Einwirken äußerer Kräfte und Momente entscheidend für die Anwendung als Maschinenelement. Hierzu zählt nicht nur die Festigkeit, sondern auch die Verformbarkeit und Schadenstoleranz. Diese Eigenschaften werden durch den atomaren, kristallinen oder molekularen Aufbau der Werkstoffe bestimmt. Während metallische Werkstoffe aus Gefügen aus positiv geladenen Metallionen in einer negativ geladenen Elektronenwolke bestehen und durch Gitterdefekte die Verformbarkeit erklärt werden kann, bestehen Kunststoffe aus Makromolekülen, deren Eigenschaften von den atomaren Wechselwirkungen der chemischen Gruppe bestimmt werden. Dadurch ist zähes Verhalten ebenso möglich wie sprödes. Um ein Bauteil korrekt auslegen zu können, müssen folglich die Werkstoffeigenschaften bekannt sein und beachtet werden. Einen knappen Überblick gibt die folgende Gruppierung.

Eine weiterreichende Unterteilung der Werkstoffe ergibt die Einteilung in die im Folgenden genannten vier Werkstoffgruppen.

2

1. Metalle

Diese Werkstoffe bestehen aus metallischen Elementen, sowohl rein als auch gemischt (legiert):

- Eisenmetalle: Stähle mit Legierungselementen, Gusseisen
- Nichteisenmetalle: Aluminium, Magnesium, Kupfer, Nickel, Titan und deren Legierungen, hitzebeständige Metalle (z. B. Wolfram, Molybdän), Edelmetalle (z. B. Gold, Silber, Platin), leichtschmelzende Legierungen (z. B. Zinn, Zink, Blei)

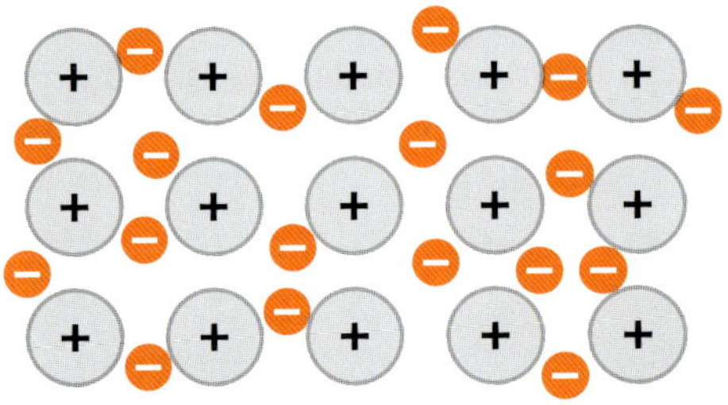

Bild 2.3
Aufbau der metallischen Bindung, positive Atomrümpfe und delokalisierte Elektronenwolke

Der Atomaufbau ist regelmäßig und dicht. Die typische metallische Bindung entsteht durch positiv geladene Atomrümpfe und delokalisierte Elektronen. Dadurch sind Metalle sehr gute elektrische und thermische Leiter, die Bruchzähigkeit, Festigkeit und Steifigkeit sind bei gleichzeitiger hoher Duktilität gut. Die Werkstoffgruppe kann durch viele Urformverfahren verarbeitet werden. Negative Eigenschaften sind die zum Teil hohen Dichten, maximale Betriebstemperaturen von in der Regel unter 1000 °C und die teilweise hohe Anfälligkeit gegen Korrosion.

Fast alle Maschinenelemente können aus Metallen bestehen, insbesondere aus Eisenwerkstoffen.

2. Kunststoffe

Kunststoffe, auch Polymere genannt, bestehen meist aus organischen Strukturen mit Kohlenstoffatomen, welche lange Molekülketten bilden. Durch chemische Vorgänge kann eine Vielzahl von weiteren Elementen innerhalb eines Makromoleküls miteinander verbunden werden. Polymere besitzen eine geringe Dichte und geringe E-Module und sind deshalb sehr flexibel. Werden die Festigkeitskennwerte auf die Masse bezogen, sind die mechanischen Eigenschaften gerade für den Leichtbau interessant. Man unterscheidet:

- Thermoplasten (z. B. PP, PA, POM) mit unvernetzten Strukturen
- Elastomere (Silikon, Kautschuk etc.) und thermoplastische Elastomere (TPU, TPE etc.) mit wenig vernetzten Strukturen
- Duroplaste (Bakelit), stark vernetzt

Polymere sind korrosionsbeständig, weisen gute elektrische Isolationseigenschaften und Dämpfungseigenschaften auf und besitzen ein großes Farbspektrum mit möglicher Transparenz. Thermoplaste bieten eine große konstruktive Gestaltungsfreiheit bei einfacher und wirtschaftliche Fertigung komplizierter Massenteile. Zu den Nachteilen gehören die geringe Warmfestigkeit, geringe Bauteilsteifigkeit, zum Teil geringe Verschleißfestigkeit und vor allem bei den Thermoplasten maximale Betriebstemperaturen von unter 200 °C. Kunststoffe können sehr einfach durch Zusatzstoffe wie Fasern (Glas, Aramid, Kohlenstoff) stark positiv in ihren mechanischen Eigenschaften beeinflusst werden, was in großem Rahmen betrieben wird. Als Maschinenelemente finden Kunststoffe in Gleitlagern und Dichtungen Einsatz. Thermoplastische Kunststoffe werden zudem für Maschinengehäuse verwendet.

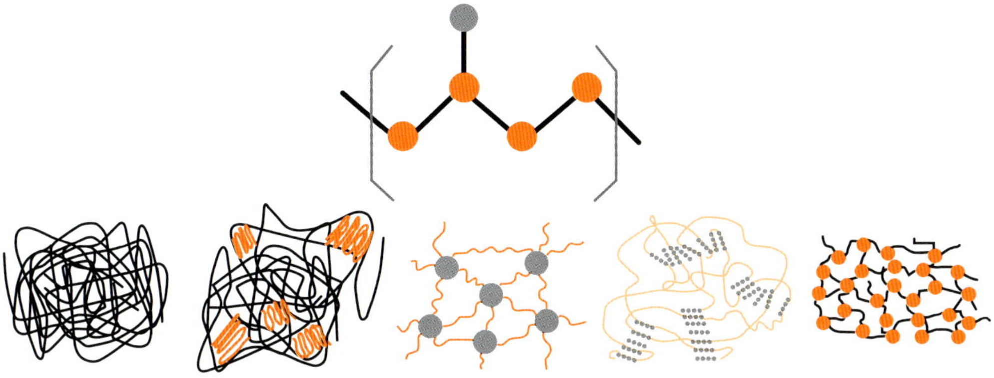

Bild 2.4 Makromolekulare Strukturen von Kunststoffen (von links nach rechts: amorph, teilkristallin, wenig vernetztes Elastomer, physikalisch vernetztes Thermoplastisches Elastomer, stark vernetzter Duroplast)

3. Keramiken und Gläser

Keramiken sind anorganische Verbindungen aus Metallen und Nichtmetallen, wie Oxide, Karbide und Nitride. Anorganische Verbindungen lassen sich unterteilen in:

- Keramiken (z. B. Aluminiumoxid, Siliziumkarbid, Siliziumnitrid)
- Gläser
- Graphit
- Betone

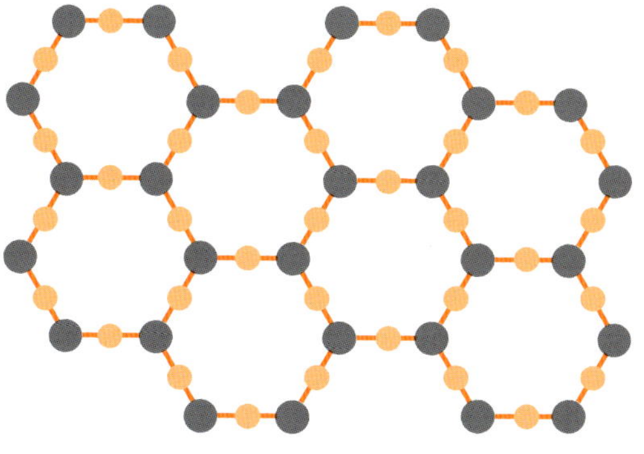

Bild 2.5
Beispiel einer keramischen Struktur mit zwei Ionen

Keramiken sind kovalent gebunden. Die Kristallstrukturen wiederholen sich regelmäßig, wobei verschiedene Kristallgitter (z. B. kubisch, rhombisch, monoklin) vorkommen. Keramiken sind verschleißfest, steif und fest. Obwohl der E-Modul und die Festigkeit denen von Metallen ähnlich sind, sind sie sehr hart, spröde und brechen leicht. Neue Entwicklungen weisen eine höhere Bruchzähigkeit auf, aber die Schadenstoleranz ist trotzdem gering. Die Formgebung erfolgt beispielweise durch Pressen und Gießen mit anschließendem Brennen. Durch die hohe Festigkeit und die Schwindung durch den Brennvorgang ist die Nachbearbeitung schwierig und teuer. Die thermische Wechselfestigkeit ist schlecht. Vorteile liegen in der relativ niedrigen Dichte, der extrem hohen Temperaturbeständigkeit, der Isolationsfähigkeit und Korrosionsbeständigkeit gegenüber Medien sowie eine mögliche optische Transparenz. Gute Gleiteigenschaften vieler Keramiken qualifizieren diese Werkstoffe für den Einsatz in tribologischen Systemen im

Maschinenbau, beispielweise für Wälzlager aus Siliziumnitrid im Einsatz bei hohen Temperaturen und korrosiven Medien.

2

4. Verbundwerkstoffe

Verbundwerkstoffe werde auch Komposite genannt. Durch die Kombination von zwei oder mehr der oben genannten Werkstoffklassen lassen sich die positiven Eigenschaften zweier Werkstoffgruppen sehr flexibel kombinieren. Eine Reihe natürlich vorkommender Materialien wie Holz oder Knochen zählen ebenfalls zu den Verbundwerkstoffen.

Es wird unterschieden in:

- Faserverbunde (GFK, CFK)
- Partikelverbunde (z. B. Metall mit Keramikpulver)
- Schichtverbundwerkstoffe oder Laminat (z. B. Fasermatten mit Schaumkern)
- Durchdringungsverbundwerkstoffe (z. B. Metallschaum mit einer zweiten Phase)

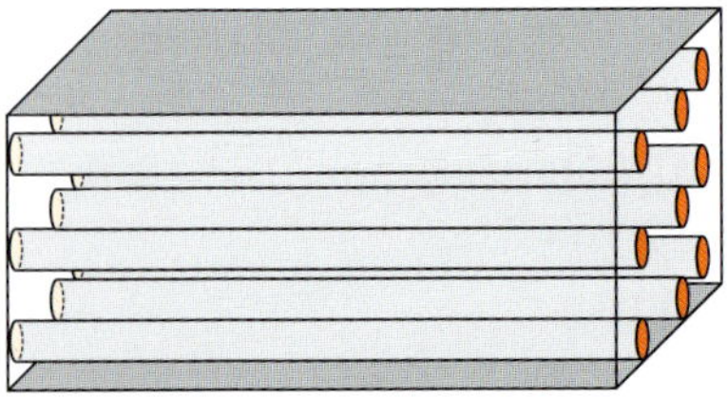

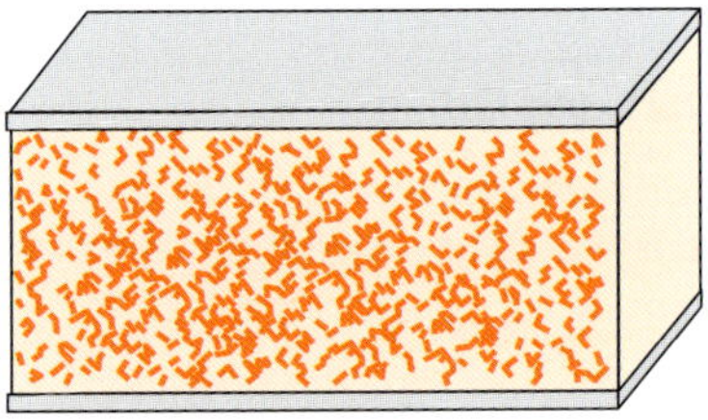

Bild 2.6 Schematische Darstellung zweier Verbundwerkstoffe; links Faserverbund, rechts Schichtverbund mit Partikelverbund

Verbunde wie GFK und CFK erreichen hohe Festigkeiten sowie hohe Steifigkeiten bei sehr geringem spezifischem Gewicht. Dabei werden die Fasern meistens in eine polymere Harzmatrix eingebettet. Durch die Anordnung der Fasern in Matten und Mattenaufbauten ist eine belastungsgerechte Optimierung von Bauteilen möglich. Durch duroplastische Matrizen werden gute chemische und thermische Beständigkeiten erreicht. Zu den Nachteilen zählen die relativ geringe Zähigkeit, die anisotropen Werkstoffeigenschaften durch den Schichtaufbau und hohe Fertigungskosten bei großen und komplizierten Teilen. Durch die dauerhafte Verbindung des Matrixsystems mit den Füllstoffen ist die Wieder- und Weiterverwertung schwierig. Ein großes Problem ist das Versagen der Verbunde. Ohne eine vorher sichtbare Verformung oder Schädigung ist katastrophales Versagen möglich, was die Überwachung der Bauteile im Einsatz erschwert.

■ 2.2 Werkstoffauswahl

Jeder Werkstoff hat Eigenschaften, die ihn für eine spezielle Anwendung empfehlen. Es gilt also, die im Einsatzfall auftretenden Beanspruchungen mit den Werkstoffeigenschaften in Einklang zu bringen. Nicht zuletzt ist heute der Preis ein wichtiges Kriterium für die Werkstoffauswahl, ebenso wie die Umweltverträglichkeit. Die Voraussetzung für ein Maschinenelement, welches den Belastungen standhält, ist ein entsprechender Werkstoff mit einer werkstoffgerechten Konstruktion und Fertigung. Beispielweise wird für Getriebewellen kein kerbempfindlicher Werkstoff Anwendung finden, da durch Nuten und Wellenabsätze die Kerbwirkung in diesen Maschinenelementen von sich aus erhöht ist.

die zugegebenen Legierungselemente das Gefüge und die Eigenschaften des Werkstoffs. Der Kohlenstoff und die weiteren Legierungselemente werden im metallischen Gitter eingelagert und je nach Gefüge werden dadurch die Festigkeit, Zähigkeit und Härte verändert. Bild 2.13 zeigt einen Überblick über die gebräuchlichsten Legierungselemente und ihre Einwirkung auf den Stahl.

Eigenschaft	C	Mn	Si	Cr	Ni	Co	Mo	V	W
Streckgrenze	⇧	⇧	⇧	⇧	⇧	⇧	⇧	⇧	⇧
Zugfestigkeit	⇧	⇧	⇧	⇧	⇧	⇧	⇧	⇧	⇧
Härtbarkeit	⇧	⇧	⇧	⇧	⇧	⇧	⇧	⇧	⇧
Schweißbarkeit	⇩	⇩	-	⇩	⇩	⇩	⇩	⇧	-
Zerspanbarkeit	-	⇩	⇩	-	⇩	-	⇩	-	⇩
Verschleißfestigkeit	⇧	⇩	⇩	⇧	⇩	⇧	⇧	⇧	⇧
Korrosionsbeständigkeit	⇩	-	-	⇧	⇧	-	⇧	-	-

Bild 2.13 Legierungselemente von Stahl und ihr Einfluss auf die Eigenschaften

Wärmebehandlung von Stahl

Die Eigenschaften hinsichtlich Härte, Zähigkeit und Zugfestigkeit des Stahls lassen sich nicht nur durch Legierungselemente beeinflussen, sondern auch durch Wärmebehandlungsverfahren oder durch Kaltumformung. DIN 17014 definiert Wärmebehandlung als Verfahren oder Verbindung mehrerer Verfahren zur Behandlung eines Werkstückes, wobei das Werkstück Änderungen der Temperatur oder des Temperaturablaufs unterworfen wird, um bestimmte Werkstoffeigenschaften zu erzielen. Dabei können umgebende Medien Änderungen, z.B. des Kohlenstoff- oder Stickstoffgehaltes, herbeiführen.

Bild 2.14 zeigt drei verschiedene Stähle mit unterschiedlicher Wärmebehandlung. Es ist sofort ersichtlich, wie verschieden der Einfluss des Wärmebehandlungsverfahrens auf die Festigkeitseigenschaften des Werkstoffs ist. Deutlich ist auch zu erkennen, dass der E-Modul von der Wärmebehandlung größtenteils unbeeinflusst bleibt.

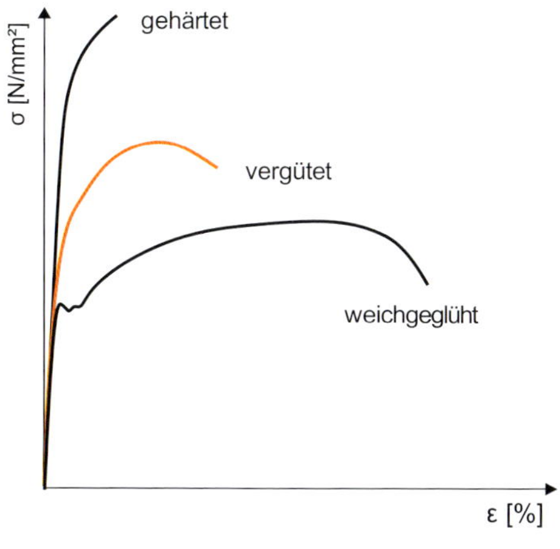

Bild 2.14
Spannungs-Dehnungs-Diagramm verschiedener wärmebehandelter Stähle

Durch die Zeit der Wärmebehandlung, die Atmosphäre und Abkühlung bzw. Abschreckung wird das Ergebnis stark beeinflusst. Beispielweise muss das Bauteil so lange erwärmt werden, dass das gesamte Bauteil die gleiche Temperatur aufweist, um den Verzug niedrig zu halten,

2

und die Temperatur muss hinreichend lange gehalten werden, sodass die gewünschten Gefügeänderungen stattfinden können. Durch Wechsel der Atmosphäre, wie die Erhöhung des Stickstoffanteils während der Erwärmung, können in die Randschicht des Stahls Elemente eindiffundieren, um beispielsweise die Randschichthärte zu erhöhen. Abschließend sorgt die geeignete Abkühlung dafür, dass die erzielten Eigenschaftsänderungen dauerhaft erhalten bleiben. Die Stahleigenschaften ändern sich mit zunehmender Abkühlgeschwindigkeit in Richtung steigender Härte. Die Wärmebehandlung von Stählen ist sehr variabel, aber wenig fehlertolerant. Aus diesem Grund ist das Verfahren Spezialisten vorbehalten.

Bild 2.15 zeigt einen Überblick über die Wärmebehandlungsverfahren nach DIN 17014. Dabei sind einige Spezialverfahren jedoch nicht dargestellt.

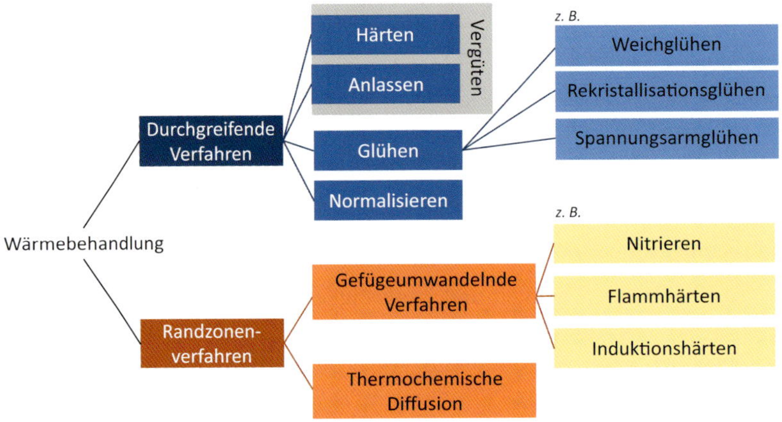

Bild 2.15 Übersicht über relevante Wärmebehandlungsverfahren nach DIN 17014

Es werden Verfahren, die eine durchgreifende Gefügeumwandlung bewirken, wie Härten oder Glühen, und Verfahren, die lediglich eine Umwandlung an der Oberfläche eines Werkstückes verursachen, wie Nitrieren oder Flammhärten, unterschieden. Thermochemische Verfahren sind meist Beschichtungsverfahren für die Oberflächenvergütung.

Das Grundprinzip des **Härtens** ist, den Austenit durch schnelles Abschrecken zu Martensit umzuwandeln. Betrachtet man dazu das Eisen-Kohlenstoff-Zustandsdiagramm, müssen mehrere Voraussetzungen für diese Umwandlung erfüllt werden. Zum einen ist ein gewisser Kohlenstoffanteil von mindestens 0,3 % erforderlich. Zum anderen muss die Temperatur etwa 40 °C über der Linie G-K-S liegen [2.7]. Beim anschließenden schnellen Abkühlen wandelt sich Austenit in Martensit um. Dabei ändert sich das kfz-Austenitraumgitter mit viel gelöstem Kohlenstoff abrupt in das krz-Martensitgitter um. Der Kohlenstoff bleibt durch die schlagartige Umwandlung im raumzentrierten Gitter zwangsgelöst (gefangen) und das Gitter hierdurch verspannt, was zu einer sehr hohen Festigkeit des Stahls führt. Durch die Aufweitung des Gitters ist jedoch gleichzeitig eine Versprödung verbunden. Ein Folgeschritt des Härtens ist in Konsequenz ein weiteres Erwärmen unterhalb der Umwandlungstemperatur, um das Gefüge teilweise zu entspannen und die Dehnungseigenschaften zu verbessern. Bei diesem sogenannten **Anlassen** wird die Zähigkeit verbessert, wobei die Festigkeit jedoch wieder reduziert wird. Es ist bei der Temperaturführung darauf zu achten, dass kein Austenit entsteht, da sich ansonsten der verbliebene Martensit wieder vollständig auflöst. Anschließend wird wieder abgeschreckt. Durch das nochmalige Erwärmen haben die überzähligen Kohlenstoffatome Zeit, einen Gitterplatz mit geringerer Verspannung aufzusuchen. Die geringere Gitterverzerrung führt zu geringerer Härte, aber auch einer gewünscht niedrigeren Sprödigkeit.

Der Gesamtvorgang aus Härten und Anlassen auf Temperaturen wird als **Vergüten** bezeichnet. Dabei entstehen Stähle relativ hoher Festigkeit bei gleichzeitig guter Zähigkeit [2.7].

Glühen erhitzt den Stahl auf eine bestimmte Temperatur: Das Bauteil wird dort gehalten und anschließend langsam und geregelt auf Raumtemperatur gekühlt. Die Temperaturen für die verschiedenen Glüharten richten sich nach dem C-Gehalt und den weiteren Legierungsbestandteilen. Die Gefügebeeinflussungen sind wieder im Eisen-Kohlenstoff-Diagramm nachzuvollziehen. Das **Normalglühen**, auch **Normalisieren**, verfeinert das Gefüge. Die Temperatur der Erwärmung ist dem Härten ähnlich; Ziel ist die Austenitentstehung. Im Unterschied zum Härten erfolgt die Abkühlung langsam, wobei je nach Kohlenstoffanteil aus dem Austenit ein Ferrit, Perlit oder Zementit entsteht. Da hierbei aus einem Austenitkorn mehrere Ferrit-, Perlit- oder Zementitkörner entstehen, wird das Gefüge feiner. Durch diese sogenannte Kornverfeinerung entsteht ein gleichmäßiges Gefüge, welches gute Verformbarkeitseigenschaften aufweist. Umwandlungsfreie Stähle, wie reine ferritische oder austenitische Stähle, können nicht normalisiert werden. Ein weiteres Glühverfahren ist das **Spannungsarmglühen**. Im Bauteil durch die Fertigung entstandene Eigenspannungen werden durch dieses Verfahren reduziert. Ohne diesen Vorgang können sich die Werkstücke bei nachfolgenden Wärmebehandlungen unkontrollierbar verziehen. Einen ähnlichen Effekt verfolgt das Rekristallisiationsglühen, bei dem eingebrachte Kaltverfestigungen gelöst werden.

Stahl	Wärmebehandlungszustand	Zugfestigkeit
1	normalisiert	670 N/mm²
2	gehärtet	1 782 N/mm²
3	gehärtet und auf 200 °C angelassen	1 684 N/mm²
4	gehärtet und auf 400 °C angelassen	1 246 N/mm²
5	gehärtet und auf 600 °C angelassen	748 N/mm²

Bild 2.16 Übersicht über die Zugfestigkeit eines C45-Stahls in verschiedenen Wärmebehandlungsstufen aus [2.8]

Beim **Nitrieren** wird der Stahl einer stickstoffhaltigen Atmosphäre bei ca. 500 °C ausgesetzt. An der Oberfläche bilden sich harte Nitride, wobei der unnitrierte Kern vorteilhafterweise weiterhin seine Zähigkeit behält. Nitrierte Bauteile weisen aufgrund der Oberflächenhärtung eine erhöhte Verschleißfestigkeit auf.

Bezeichnung von Stählen

Die Bezeichnung von Stählen ist genormt. Dabei wird nach **Kurznamen** und **Werkstoffnummern** unterteilt. Der Kurzname besteht aus Ziffern und Buchstaben, welche zur Charakterisierung des Werkstoffs hinsichtlich bestimmter Eigenschaften oder chemischer Zusammensetzung ausreichen. Die Kurznamen lassen sich in zwei Hauptgruppen unterteilen:

Kurznamen der Gruppe 1

Die meisten Werkstoffe dieser Gruppe werden gebräuchlich als unlegierte Baustähle bezeichnet. Die Benennung erfolgt nach der Mindeststreckgrenze (früher nach der Zugfestigkeit). Der Kurzname setzt sich aus Haupt- und Nebensymbolen zusammen. Das Hauptsymbol besteht aus dem Kennbuchstaben für die Stahlgruppe und der Mindeststreckgrenze. Die Zusatzsymbole geben weitere Kennzeichen oder die Eignung für besondere Verwendungszwecke an. Ein vorangestelltes G steht für Stahlguss.

Eigenschaften von Baustählen:

- kostengünstige Stähle
- im Anlieferungszustand zu verwenden
- unlegiert
- ferritisch-perlitisch
- keine Wärmebehandlung; nicht zum Härten oder Vergüten geeignet
- ungünstige Verschleißneigung
- 0,17 % < C < 0,5 %
- bis 0,2 % C schweißbar; Schweißeignung nimmt mit steigender Gütegruppe (G1–G4) zu
- Festigkeit ergibt sich durch unterschiedliche Kohlenstoffanteile
- gebräuchlichster allgemeiner Baustahl: S235JRG1
- Bauteile: Achsen, Wellen, Bolzen, schweißbare S-Stähle für Gestelle, Rahmen

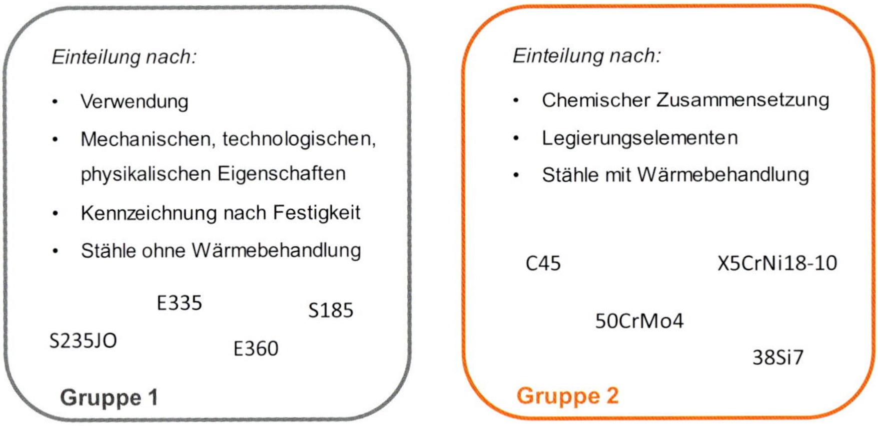

Bild 2.17 Hauptgruppen für die Bezeichnung von Stählen

Für Kurznamen unlegierter Baustähle siehe Tabelle 2.1, für Mindestfestigkeitswerte für warmgewalzte Erzeugnisse aus unlegiertem Baustahl siehe Tabelle 2.2, für weitere Festigkeitskennwerte siehe Tabelle 2.8.

Kurznamen der Gruppe 2

Die Kurznamen bestehen, wie in Gruppe 1, aus Haupt- und Zusatzsymbolen, wobei jede der einzelnen Untergruppen unterschiedliche Schreibweisen besitzen. Die Einteilung der Stähle der Gruppe 2 erfolgt nach deren chemischer Zusammensetzung.

Häufig verwendete niedriglegierte Stähle:

Vergütungsstahl: 0,2 % < C < 0,6 %, gut bei schwingender, wechselnder und stoßartiger Beanspruchung, hohe Festigkeit, nicht schweißbar, gute Gleiteigenschaften, Härtung über Legierungselemente (nicht über Gefüge), verzugsarmes Härten möglich, Randschichthärten, Flamm- und Induktionshärten, Dicke der Härteschicht von C-Gehalt und Legierung abhängig, bedingt spanend bearbeitbar, für gebräuchlichste Vergütungsstähle siehe Tabelle 2.1 und Tabelle 2.5, für Festigkeitskennwerte siehe Tabelle 2.8

Nitrierstähle: Legierungselemente Cr, Mo, V und Al, kein Verzug, hohe Verschleiß- und Dauerfestigkeit, Korrosionsneigung minimiert, nicht schweißbar, bei zu großer Belastung kann die Oberfläche abplatzen, z. B. 31CrMoV9

Federstähle: 0,5 % < C < 0,8 %, hohe Streckgrenze, elastisch und ermüdungsfest, z. B. 38Si7, 51CrV4

Einsatzstahl: 0,1 % < C < 0,25 %, gut formbar, hohe Oberflächenhärte (700 HV) bei gleichzeitig hoher Zähigkeit des Kerns, verschleißarm, stoßunempfindlich, hohe Dauerfestigkeit, für gebräuchlichste Einsatzstähle siehe Tabelle 2.5

Hauptsymbol Kennbuchstabe		Mindeststreckgrenze in N/mm²
S	Stahl für Stahlbau	maximal zulässige Spannung, bevor plastische Verformung eintritt
E	Maschinenbaustahl	
B	Betonstahl	
D	Flacherzeugnisse aus weichen Stählen zur Kaltumformung	bei Halbzeugen mit Bezugsdurchmesser
H	Flacherzeugnisse aus höherfesten Stählen zur Kaltumformung	
L	Rohrleitungsbaustahl	
M	Elektroblech	
P	Stahl für Druckbehälter	
R	Stahl für Schienen	
T	Feinst- und Weißblech und -band	
Y	Spannstahl	

Zusatzsymbol 1
Kerbschlagzähigkeit oder andere Merkmale

Kerbschlagzähigkeit:

Kerbschlagarbeit ***WK***			Prüftemperatur ***T***
27 J	40 J	60 J	in C°
JR	KR	LR	20
JO	KO	LO	0
J2	K2	L2	−20
J3	K3	L3	−30
J4	K4	L4	−40
J5	K5	L5	−50
J6	K6	L6	−60

andere Merkmale:

M	Thermomechanisch behandelt
N	Normalgeglüht
Q	Vergütet
G1 G2 G3/4	Unberuhigt Beruhigt Gütegruppen
B	Gasflaschen
S	Druckbehälter
T	Rohre
C	Kaltgezogener Draht
H	Warmgezogene oder vorgespannte Stähle
Mn	Hoher Mn-Gehalt
Cr	Chromlegiert
P	Phosphorlegiert

Zusatzsymbol 2
Spezielle Eigenschaften

C	Kaltumformbar
D	Schmelztaubar
E	Emaillierbar
F	Schmiedbar
H	Hohlprofile
L	Tieftemperatur
O	Offshore
S	Schiffsbau
W	Wetterfest
X	Hoch- und Tieftemperatur

Für Stahlerzeugnisse: (Besondere Anforderungen / Behandlungszustand / Überzug)

+C	Grobkorn
+F	Feinkorn
+H	Extra härtbar
+Z	Verzinkt
+A	Weichgeglüht

Bild 2.18 Haupt- und Nebensymbole der Kurznamen Gruppe 1

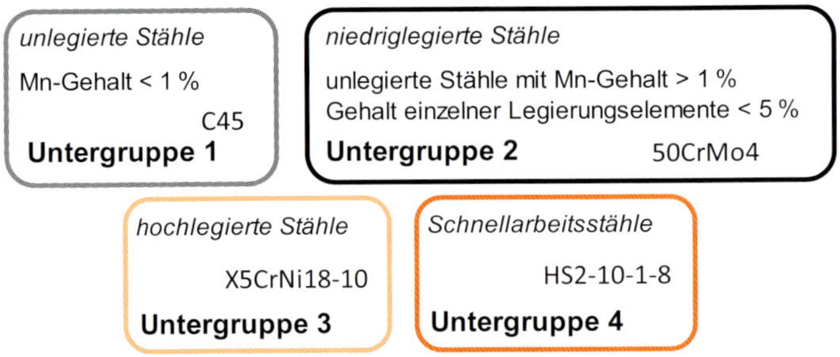

Bild 2.19 Die Untergruppen in Hauptgruppe 2 für die Bezeichnung von Stählen

Haupt-symbol	**Kohlenstoffgehalt Faktor 100**	**Zusatzsymbol** Spezielle Eigenschaften	
C		C	besondere Kaltumformbarkeit
		D	zum Drahtziehen
		E	vorgeschriebener max. S-Gehalt
		G	weitere Merkmale
		R	vorgeschriebender Bereich für S
		S	für Federn
		U	für Werkzeuge
		W	für Schweißdraht

Bild 2.20 Bezeichnung unlegierter Stähle

Kohlenstoffgehalt Faktor 100	**Legierungs-bestandteile**	**Gehalt der Legierungsbestandteile in der Reihenfolge der Nennung**	
		Faktor 4	für Cr, Co, Mn, Si, W, Ni
		Faktor 10	für Al, Be, Cu, Nb, Mo, Pb, Ti, V, Zr
		Faktor 100	für P, S, N, Ca
		Faktor 1000	für B

Bild 2.21 Bezeichnung niedriglegierter Stähle

Kennbuchstabe für hochlegiert	**Kohlenstoffgehalt Faktor 100**	**Legierungsbestandteile**	**Gehalt der Legierungs-bestandteile**
X		Cr, Co, Mn, Ni, Si, W, Al, Be, Cu, Mo, Nb, Pb, Ta, Ti, V, Zr, Ca, N, P, S, B	Faktor 1

Bild 2.22 Bezeichnung hochlegierter Stähle

Gusseisensorten

Als Gusseisen wird eine Eisen-Kohlenstoff-Legierung bezeichnet, die einen Massenanteil an Kohlenstoff von 2 – 4,5 % aufweisen. Im Vergleich zu Stahl weist es tiefere Festigkeitswerte und höhere Schmelztemperaturen auf. Es ist generell nicht schmiedbar und wenig plastisch verformbar. Je nach Art der Ausscheidung der Kohlenstoffphase bei der Abkühlung unterscheidet man verschiedene Gusseisensorten. Die Form der Kohlenstoffphase kann durch Legierungselemente beeinflusst werden. Der E-Modul ist stark vom Gefüge abhängig und viel niedriger als der von Stahl.

Grauguss mit Lamellengraphit (GJL)

- Aussehen: Lamellenförmige Graphiteinlagerungen, 2,7 % < C < 4,2 %, Lamellenform der Graphiteinlagerungen reduziert durch die am Lamellenende eingebrachten Spannungsspitzen die Festigkeit, Vorteil ist aber eine hohe Schwingungsdämpfung
- Verarbeitungseigenschaften: leicht fließend, geringe Schrumpfung, wenig Lunker, einfache kostengünstige Herstellung, Zerspanbarkeit durch spanbrechende Lamellen gut
- mechanische Eigenschaften: Spröde, geringe Bruchdehnung (< 1 %), geringe Zugfestigkeit (zwischen 100 N/mm^2 und 400 N/mm^2), Gleiteigenschaften durch Graphitlamellen gut, geringe Korrosionsneigung, durch Zugabe von Legierungselementen (Cr, Mo, V, Cu, Ni) höhere Festigkeitswerte erreichbar, siehe Tabelle 2.5
- Verwendung: Maschinenbetten wegen Schwingungsdämpfung, Druckrohre

Grauguss mit Sphärolith- oder Globulargraphit (GJS)

- Aussehen: Kohlenstoff liegt in Form von Graphitkugeln vor, C-Gehalt ca. 3,7 %, nicht so gut gießbar wie GJL
- Verarbeitungseigenschaften: gute Bearbeitbarkeit
- mechanische Eigenschaften: Bruchdehnung (2 %), Festigkeiten bis 1400 N/mm^2, günstiges Korrosionsverhalten, siehe Tabelle 2.5
- Verwendung: Gussteile für Baumaschinen, Tübbinge, Druckrohre

Grauguss mit Vermiculargraphit (GJV)

- Aussehen: kombiniert die positiven Eigenschaften von GJL und GJS, Einschlüsse nicht so lang wie Lamellen und keine Cluster
- Verarbeitungseigenschaften: besser gießbar als GJS
- mechanische Eigenschaften: hohe Dämpfung, gute Wärmeleitfähigkeit

Temperguss (GJM)

- Aussehen: wird in weißen Temperguss und schwarzen Temperguss unterschieden; 2,0 – 2,5 % C und 0,5 – 1 % Si, dadurch metastabil erstarrt; danach Temperung und Umwandlung zu Austenit und Temperkohle; keine Lamellen, sondern kugelig; ähnlich wie GJS aber schweißbar
- Verarbeitungseigenschaften: dickwandige Bauteile, schwierig herzustellen
- mechanische Eigenschaften: zäh, bei nachträglicher Behandlung durch Glühen (Tempern) stahlähnliche Eigenschaften, siehe Tabelle 2.5
- Verwendung: Beschläge, Rohrfittings, Armaturen

Hartguss (GJN)

- verschleißbeständig, niedrige C- und Si-Gehalte, erhöhte Mn- und P-Gehalte

Stahlguss (GS)

- Aussehen: wie Stahl, aber immer gegossen; es gibt auch vergütete Sorten; durch Guss grobes Gefüge, dadurch nicht besonders zäh; C-Gehalt unter 2,0 %.
- Verarbeitungseigenschaften: schwierig zu gießen, Diffussionsglühen zur Kornverfeinerung möglich, große Schwindung (2 %), hohe Temperaturen notwendig, Warmrissneigung, Gussformen aufwendig, begrenzt schweißbar
- mechanische Eigenschaften: Eigenschaften durch Wärmebehandlung veränderbar, siehe Tabelle 2.5
- Verwendung: hochbeanspruchte Gussteile, z. B. Motorblöcke, Pumpen

2

Nichteisenmetalle

Als Nichteisenmetalle, kurz NE-Metalle, werden alle reinen Metalle außer Eisen bezeichnet, die nach ihrer Dichte in Schwermetalle und Leichtmetalle unterschieden werden. Die meisten reinen Metalle sind weich und besitzen eine geringere Festigkeit als ihre Legierungen. Durch Legieren, bei dem das Basismetall mit mindestens einem Legierungsmetall gemischt wird, lassen sich die Werkstoffeigenschaften der reinen Metalle gezielt beeinflussen. Es ändern sich dadurch die physikalischen Eigenschaften, die Bearbeitbarkeit, die Korrosionsbeständigkeit und die Erscheinung der Metalle. NE-Metalllegierungen werden in Gusslegierungen und Knetlegierungen unterschieden. Werkstoffbezeichnungen und Festigkeitswerte finden sich in Tabelle 2.4, Tabelle 2.6 und Tabelle 2.7.

2.4 Berechnung von Maschinenelementen

Für die Berechnung von Maschinenelementen sind sowohl Bauteilkennwerte als auch Werkstoffkennwerte relevant. Doch worin liegt der Unterschied? Ein Material weist ein bestimmtes Verhalten gegenüber einer äußeren Last auf. Es verformt sich beispielsweise stark, es bricht sofort oder es benötigt mehr Kraft für die gleiche Verformung als ein anderes Material. Dieses Verhalten kann unter anderem durch den E-Modul des Materials beschrieben werden. Zwei Balken unterschiedlichen Querschnitts des gleichen Materials weisen jedoch unterschiedliche Durchbiegungen bei gleicher Last auf. Dies ist auf verschiedene Bauteilkennwerte zurückzuführen, und zwar auf das Flächenträgheitsmoment der unterschiedlichen Balkenquerschnitte. Weiterhin hat die Bauteildicke je nach Werkstoff unterschiedlichen festigkeitsreduzierenden Einfluss, die Festigkeit nimmt beispielhaft aufgrund zunehmender Materialfehlerhäufigkeit bei steigendem Bauteilquerschnitt unterschiedlich ab. Die vorliegenden Dimensionierungskennwerte aus Tabellenbüchern sind auf standardisierte Prüfmethoden bezogen, weshalb Abschlagsfaktoren in der Berechnung berücksichtigt werden müssen. Welche Kennwerte im Einzelnen wichtig sind, zeigen die nächsten Abschnitte.

Materialkennwerte

Die Güte von Materialkennwerten hängt stark von den zur Verfügung stehenden Prüfmöglichkeiten und gebräuchlichen Prüfmethoden ab. Jedes Material benötigt einen spezifischen Prüfaufbau. Beispielsweise können mittels Zugversuch nach DIN EN 10002 viele Werkstoffkennwerten zuverlässig ermittelt werden, wie E-Modul, Zugfestigkeit, und Kennwertfunktionen, wie ganze Spannungs-Dehnungs-Kurven. Dabei wird eine Probe mit konstanter Geschwindigkeit gezogen und ein Kraft-Weg-Diagramm aufgenommen. Der Versuch wird bis zum Bruch der Probe durchgeführt. Allerdings sind die ermittelten Werte nur bedingt auf ein Bauteil übertragbar, da ein Zugversuch mit einem ISO-Schulterstab oder einer zylindrischen Probe mit bestimmten Durchmesser durchgeführt wird.

Die zur Verfügung stehenden Kennwerte sind je nach Werkstoffklasse durch die auftretenden Werkstoffansiotropien unterschiedlich präzise: Der E-Modul von Stahl streut viel weniger als der von Kunststoffen oder Verbundwerkstoffen. Die Ermittlung der Kennwerte für Keramik müssen durch das spröde Verhalten der Materialien in Druckversuchen ermittelt werden, wobei hier immer der kritische Fehler im Material (Materialfehlerdichte) beachtet werden muss.

Aus dem Verhalten im Zugversuch lassen sich das Verhalten gegenüber äußerer Belastung und das auftretende Versagen vorhersagen. Es gibt zwei Verformungsarten: reversible, also bei Entlastung wieder zurückgehende Verformung (dies kann sofort oder zeitlich versetzt erfolgen) und irreversible Verformung, welche nach der Entlastung bestehen bleibt. Ein Bruch erfolgt unter der wirkenden Last, wobei das Material sowohl ohne Formänderung (Sprödbruch) oder mit Formänderung (Zähbruch, Verformungsbruch) versagen kann.

2

Während sich energieelastische Materialien linear verformen, erleben viskoelastische Materialien eine zeitabhängige Verformung und größere plastische Verformungen. Entropieelastische Materialien bauen äußere Spannungen kontinuierlich durch eine Verformung ab.

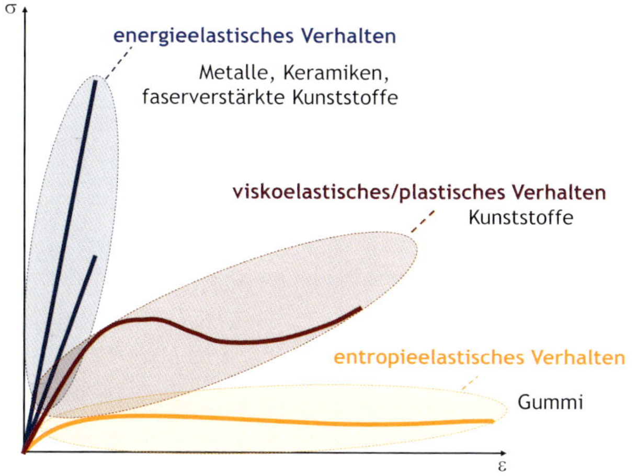

Bild 2.23 Materialverhalten auf äußere Belastung, ermittelbar durch den Zugversuch

Zwei wichtige Dimensionierungskennwerte für die Bauteilauslegung sind der E-Modul und die Querkontraktionszahl. Der E-Modul ist das Maß für den Widerstand eines Materials gegenüber elastischer Verformung. Er wird über die Steigung im linearen Bereich des Spannungs-Dehnungs-Diagramms bestimmt. Während der E-Modul meist vorliegt und die Werte in den Datenbanken erfahrungsgemäß nicht stark streuen, ist die Querkontraktionszahl schwerer zu erhalten. Die Querkontraktionszahl, auch Poissonzahl genannt, beschreibt das Verhältnis von Längs- zu Querdehnung und wird zur Berechnung des Schubmoduls verwendet, da dem Zugversuch äquivalente Torsionsversuche sehr aufwendig sind. Die Querkontraktionszahl ist bei linear elastischen Materialien leicht zu bestimmen, da sie einen nahezu konstanten Wert annimmt. Bei Materialien, die keine Vorzugsrichtung haben, liegt die Querkontraktionszahl zwischen 0,3 und 0,5, wobei ein Wert von 0,5 bedeutet, dass sich bei Beanspruchung des Werkstoffs dessen Volumen nicht ändert. Bei Verbundwerkstoffen oder Polymeren ist die Querkontraktion nicht isotrop, was zu einer starken Streuung der ermittelten Kennwerte führen kann.

Bild 2.24 zeigt ein typisches Spannungs-Dehnungs-Diagramm. Anfänglich wird das Material elastisch verformt, es nimmt nach Entlastung wieder die ursprüngliche Länge ein. Die Verformung ist reversibel. Während der Verformung nimmt der Querschnitt der Probe ab, aus diesem Effekt kann die Querkontraktion bestimmt werden. Ab der **Streckgrenze** beginnt die plastische und irreversible Verformung. Dabei ist immer ein Anteil der elastischen Verformung vorhanden, der bei Entlastung wieder zurückgeht. Nach Abzug der elastischen Verformung kann die **Gleichmaßdehnung** ermittelt werden. Ab der **Zugfestigkeit** beginnt die bleibende Einschnürung des Bauteils. Bei steigender Belastung verlängert sich der Prüfkörper im Bereich der Einschnürung bis zum **Bruch**. Die wichtigsten Festigkeitswerte sind im Einzelnen:

2

Elastizitätsmodul E, auch Zugmodul genannt, ist das Verhältnis aus der Spannung zur auftreten den Dehnung im linear-elastischen, sog. Hookeschen Bereich der Spannungs-Dehnungs-Kurve. Er besitzt die gleiche Einheit wie die mechanische Spannung: N/mm^2 oder auch MPa. Je größer der E-Modul ist, desto fester ist ein Material, man benötigt also mehr Kraft, um den Werkstoff elastisch zu verformen.

Streckgrenze R_e, oder auch Fließgrenze genannt, ist die Spannung, bei der keine dauerhafte plastische Verformung stattfindet. Manche Werkstoffe bilden eine obere (R_{eH}) und untere (R_{eL}) Streckgrenze aus. Die Einheit ist wieder die der mechanischen Spannung N/mm^2. Bei manchen Werkstoffen ist die Streckgrenze nicht bestimmbar. Als alternativer Wert wird die Dehngrenze bestimmt.

0,2-%-Dehngrenze $R_{p0.2}$ kann eindeutig aus dem Zugversuch bestimmt werden. Die bleibende Dehnung nach der Entlastung beträgt 0,2 %. Die Einheit ist wieder die der mechanischen Spannung N/mm^2.

Zugfestigkeit R_m ist die maximale ertragbare Zugspannung. Sie ist das Maximum der Spannungs-Dehnungs-Kurve. Die Einheit ist ebenfalls N/mm^2 oder MPa.

Bruchdehnung A gibt die bleibende Verlängerung der Probe nach dem Bruch an.

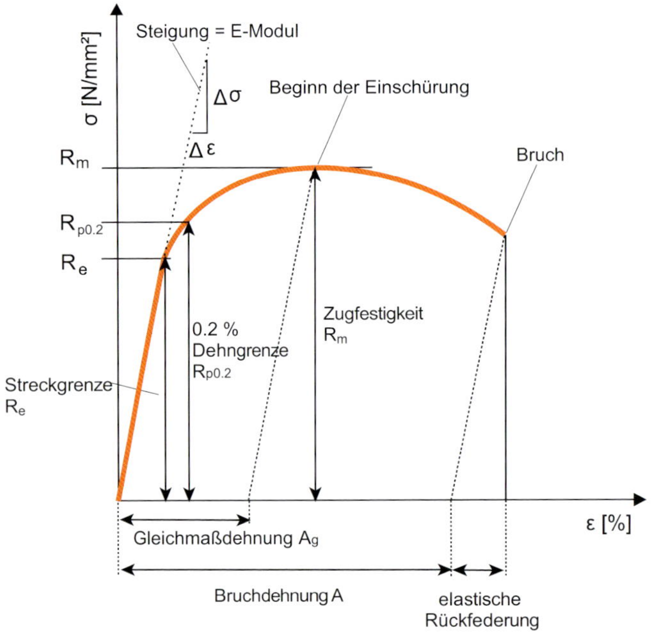

Bild 2.24 Spannungs-Dehnungs-Diagramm mit den wichtigsten Festigkeitskennwerten

Analog zu den Kennwerten aus dem Zugversuch können für Druck, Biegung und Torsion aus entsprechenden Belastungsversuchen belastungsabhängige Kennwerte ermittelt werden.

Dynamische Beanspruchung

Die eben diskutierten Festigkeitswerte gelten für eine rein statische Beanspruchung des Bauteils. Im Regelfall werden Bauteile jedoch dynamisch beansprucht, sei es durch wechselnde Kräfte oder auftretende Schwingungen im Gesamtsystem. Dabei ist es möglich, dass ein Bruch des Bauteils eintritt, obwohl die Zugfestigkeit noch lange nicht erreicht wurde. Die dynamische

Festigkeit kann durch Kerbwirkung, Umgebungseinflüsse wie Temperatur oder Korrosion zusätzlich negativ beeinflusst werden. Für diese Fälle werden daher andere Materialversuche zur Vorhersage der Bauteilfestigkeit verwendet. Das wichtigste Diagramm in diesem Zusammenhang ist das Wöhlerdiagramm. Der Ingenieur **August Wöhler** untersuchte 1875 den Eisenbahnunfall von Timelkam. Ein Zug entgleiste aufgrund eines Radreifenbruchs, obwohl kein Materialfehler vorlag. Wöhler entdeckte, dass eine schwingende Belastung zum Bruch führen kann, obwohl diese unterhalb der ertragbaren statischen Beanspruchung liegt. Daraufhin entwickelte er die nach ihm benannte Wöhlerlinie, welche den Zusammenhang zwischen Bruchlastspielzahl und Ausschlagsspannung darstellt. Hierzu wird eine Werkstoffprobe in der Regel sinusförmig wechselnd beansprucht und der Zusammenhang zwischen Spannungsamplitude σ_A und der Anzahl der wechselnden Belastungen, der Schwingspielzahl N_B, dokumentiert. Die Art der Belastung (Zug/Druck, Biegung, Torsion) kann frei gewählt werden, sollte jedoch der tatsächlichen Belastung entsprechen. Der Ausschlag der Spannung, ob schwellende Druckbelastung, schwellende Zugbelastung oder wechselnde Zug-Druck-Belastung, ist ebenfalls wählbar. Meist wird wechselnde Beanspruchung verwendet, da diese das Bauteil am stärksten schädigt. Der Versuch wird bis zum Bruch oder bis zur maximalen Schwingspielanzahl durchgeführt. Wie viele Lastwechsel ein Werkstoff ertragen kann, hängt im Wesentlichen vom Werkstoffgefüge ab. Die Prüfung erfolgt bei Werkstoffen, die im Dauerfestigkeitsbereich im Wöhlerdiagramm ein asymptotisches Verhalten zeigen, bis 10^7 Schwingspiele (Typ-I-Werkstoffe). Dies sind beispielweise ferritisch-perlitische Stähle. Die Spannungsamplitude, die ohne Werkstoffversagen bis zu dieser Schwingspielzahl ertragen wird, ist die sogenannte Dauerfestigkeit. Werkstoffe, deren Eigenschaften sich über die Dauer der Belastung konstant weiter verschlechtern, wie austenitische Stähle und Aluminiumlegierungen, werden auf 10^8 Lastwechsel geprüft (Typ-II-Werkstoffe). Bei diesen Werkstoffen liegt aber nie ein wirklicher Dauerfestigkeitswert vor.

Das Wöhlerdiagramm wird logarithmisch aufgetragen und in drei Bereiche unterteilt. Der erste Bereich ist die **statische Festigkeit** mit 10^1 Lastwechseln, hierfür gelten die Kennwerte der statischen Festigkeit. Danach kommt die **Kurzzeitfestigkeit** von 10^4 bis 10^5 Lastwechseln. Der nächste Bereich ist die Zeitfestigkeit (oder auch **Betriebsfestigkeit** genannt) von 10^4 bis $2 \cdot 10^6$ Lastwechseln. Der das Diagramm abschließende Bereich ist die **Dauerfestigkeit** ab $1 \ldots 5 \cdot 10^6$ Lastwechseln (Bild 2.25).

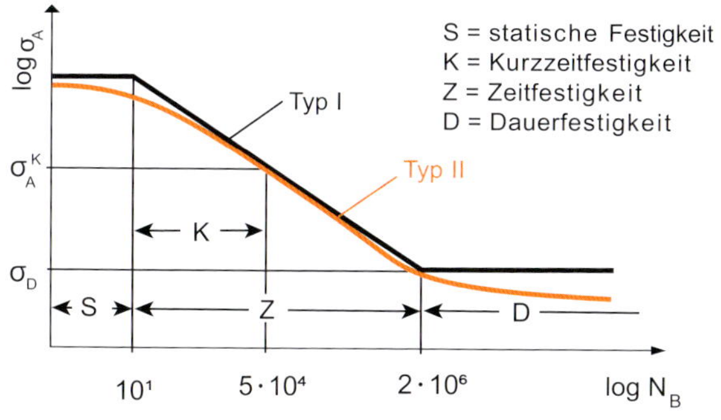

Bild 2.25
Wöhlerdiagramm mit zwei Wöhlerkennlinien unterschiedlicher Werkstoffe nach [2.5]

Die Wöhlerkurve wird bei konstanter Mittelspannung (statische Ruhelast) aufgenommen. Die Schwingfestigkeit eines Bauteils ist jedoch stark von der Mittelspannung σ_m abhängig. Um diesen Einfluss zu berücksichtigen, wurden verschiedene Dauerfestigkeitsschaubilder entwickelt. Die bekanntesten sind das Smith-Diagramm und das Haigh-Diagramm. Die experimentelle Ermittlung der Dauerfestigkeitsschaubilder ist sehr aufwendig, weshalb die Diagramme vereinfacht aus wenigen Festigkeitswerten konstruiert werden. Die genaue Konstruktion ist in Kapitel 3 beschrieben.

Das Smith-Diagramm gibt die ertragbare Ober- und die Unterspannung für die jeweilige Mittelspannung wieder. Für verschiedene Belastungsarten werden analoge Dauerfestigkeitsschaubilder verwendet. Das Haigh-Diagramm ist zum Smith-Diagramm äquivalent verwendbar. Es wird die Mittelspannung über der Ausschlagsspannung σ_A aufgetragen (Bild 2.26).

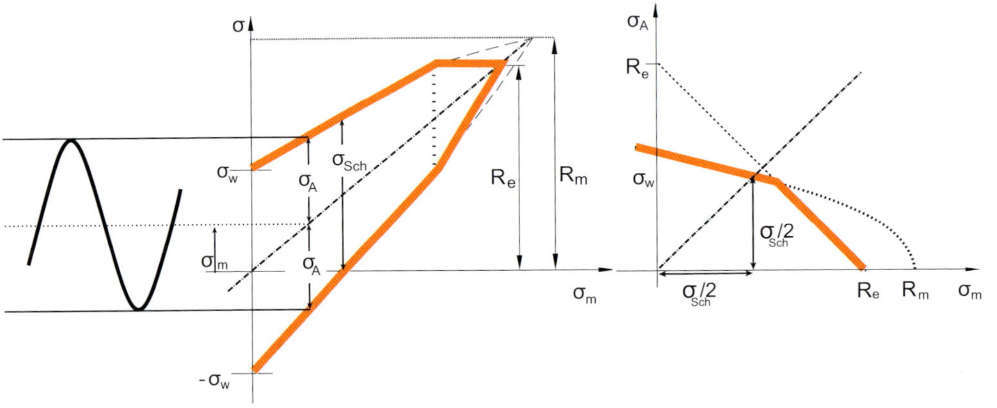

Bild 2.26 Dauerfestigkeitsschaubilder: Smith-Diagramm (links) und Haigh-Diagramm (rechts)

Bauteilkennwerte

Reale Bauteile unterscheiden sich in ihrer Größe, der Oberflächenbeschaffenheit und der Beanspruchung erheblich von den zur Kennwertidentifizierung verwendeten Materialprüfungen an Normprüfkörpern. Sowohl die Herstellung und Nachbearbeitung als auch der Einbau hat jedoch einen Einfluss auf die Bauteileigenschaften. Im Allgemeinen wird ein Bauteil in verschiedenen Richtungen belastet und nicht definiert wie im Versuch. Es kommt infolge der Belastungen zu Spannungsspitzen. Ein Bauteil kann im Einbau missbräuchlich behandelt werden, beispielsweise mit Hammerschlägen, wenn der Einbausitz nicht schnell genug erreicht werden kann. Zusätzlich können Schmiermittel, die als korrosive Medien wirken, verwendet werden, und es treten Verunreinigungen auf, beispielsweise Späne, Abrieb oder Schmutz. Alle Werkstoffe unterliegen einem Größeneinfluss, das heißt, die Festigkeitskennwerte sind von der Größe des Bauteils abhängig. Diesen Zusammenhang verdeutlichen Bild 2.27 bis Bild 2.29.

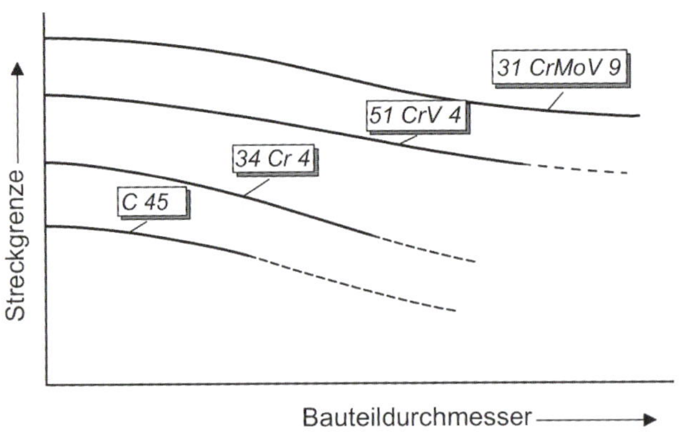

Bild 2.27
Zusammenhang von Vergütungsfestigkeit und Vergütungsquerschnitt verschiedener Vergütungsstähle [2.3]

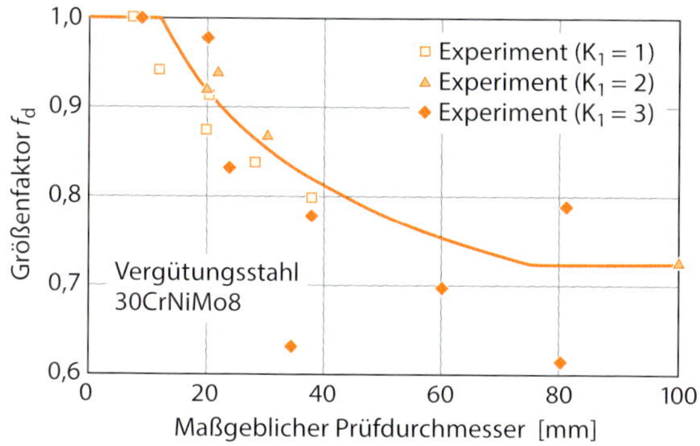

Bild 2.28
Größeneinfluss bei schwingender Beanspruchung in Abhängigkeit von der Bauteildicke [2.5]

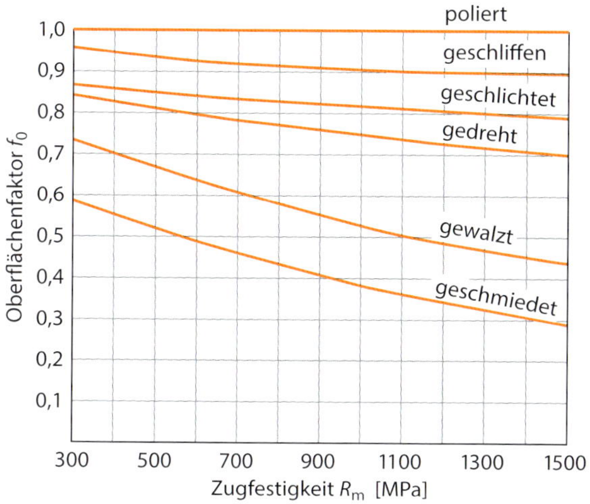

Bild 2.29
Einfluss der Oberflächenbearbeitung auf die Zugfestigkeit [2.5]

Um diesen Einflüssen Rechnung zu tragen und das Gefährdungspotenzial eines Bauteils für die Konstruktion zu minimieren, werden Sicherheitsbeiwerte bei der Berechnung verwendet. Es gibt nicht „den" Festigkeitswert für alle Maschinenelemente für einen Werkstoff. Ferner werden die Materialkennwerte für jedes Maschinenelement auf den entsprechenden Anwendungsfall angepasst. Die Zugfestigkeit einer Schraube darf also nicht für die Festigkeitsberechnung einer Welle verwendet werden. In Abschnitt 3.8 werden für die Festigkeit relevante Bauteilkennwerte erklärt.

2.5 Welche Werkstoffkennwerte wofür verwenden?

Die meisten Maschinenelemente werden nach einer DIN-Vorschrift ausgelegt. Dort ist genau verzeichnet, welcher Festigkeitskennwert zur Dimensionierung verwendet werden soll. Meist sind bereits Werkstoffkennwerte in der Norm mit angegeben. Diese sind bezüglich Probenform und Dicke auf den Anwendungsfall abgestimmt. So kann es sein, dass für ein und denselben Werkstoff in den folgenden Kapiteln verschiedene Festigkeitswerte verwendet werden. Es ist darauf zu achten, zuerst die Kennwerte des jeweiligen Kapitels zu verwenden. Nur wenn dort keine Materialwerte angegeben sind, kann man die allgemeinen Tabellen dieses Kapitels verwenden. Als Übersicht, welche Werkstoffwerte wo zu finden sind, dient Bild 2.30.

2

Maschinenelemente	Materialkennwert	Kap.	Tab.	Diagr.
Schmelzschweißverbindungen	• zulässige Schweißnahtspannungen • Festigkeitskennwert K	**4**	4.4 | 4.7 | 4.8 4.17 | 4.18	–
Punktschweißverbindungen	• zulässige Schweißnahtspannungen	**5**	5.2	–
Lötverbindungen	• Zugscherfestigkeit τ_{lb} • Zugfestigkeit R_m • zulässige Spannungen	**6**	6.2	–
Klebeverbindungen	• Zugscherfestigkeit τ_{Kb}	**7**	7.1 | 7.2	–
Nieten	• zulässige Spannungen • zulässige Aluminiumwerkstoffe • Mindestfestigkeitswerte R_m und $R_{p0.2}$	**8**	8.2 | 8.3 | 8.5 | 8.7	–
Pressverbände	• E-Modul E • Querkontraktionszahl ν • Wärmedehnzahl α	**9**	9.2	–
Schrauben	• Zugfestigkeit R_m • Streckgrenze R_e oder $R_{p0.2}$ • zulässige Flächenpressung p_{Bzul} • Vorspannung σ_v • zulässige Scherspannung $\tau_{a\ zul}$ • zulässige Leibung $\tau_{l\ zul}$	**10**	10.2 | 10.12 10.13 | 10.14	–
	• zulässige Vergleichsspannung Bewegungsschrauben $\sigma_{v\ zul}$	**11**	11.2	
Stifte / Bolzen	• zulässige Beanspruchungen	**13**	13.1	–
Federn	• Zugfestigkeit R_m • Streckgrenze R_e oder $R_{p0.2}$ • E-Modul E • Schubmodul G • zulässige Schubspannung τ_{zul} • Zeitfestigkeit $\tau_{kU\ zul}$ • Hubfestigkeit • zulässige Biegespannung $\sigma_{b\ zul}$	**14**	14.1 | 14.2 | 14.3 14.4 | 14.5 | 14.6 14.7 | 14.8 | 14.9 14.11 | 14.20 | 14.23 14.24	14.1 – 14.12
Achsen / Wellen	• Zugfestigkeit R_m • Streckgrenze R_e oder $R_{p0.2}$ • Biegegrenze σ_{bF} • Zug-Druck-Wechselfestigkeit σ_W • Schubwechselfestigkeit τ_W • Dynamische Stützziffer n_x • Oberflächenbeiwert b_1	**15**	15.1	15.1 15.2
Gleitlager	• Dehngrenze $R_{p0.2}$	**17**	17.6 | 17.7	–
Zahnräder	• Schwell-Dauerfestigkeit σ_{FE} • Dauerfestigkeit Flankenpressung $\sigma_{H\ lim}$ • Größenfaktor Zahnfuß-/Flankenfestigkeit • Lebensdauerfaktoren Y_{NT} und Z_{NT} • E-Modul E/Elastizitätsfaktoren Z_E • Zeitschwellfestigkeit σ_{FN} • Zeitwälzfestigkeit σ_{HN}	**23**	23.15 | 23.16 | 23.17 23.18 | 23.23 | 23.25	–
Schneckengetriebe	• Zugfestigkeit R_m • Streckgrenze R_e oder $R_{p0.2}$ • E-Modul E • Elastizitätsfaktoren Z_E • Wälzfestigkeit $\sigma_{H\ lim}$	**24**	24.6	–
Rohrleitungen	• Festigkeitskennwert K	**29**	29.14 | 29.15	–

Bild 2.30 Übersicht über die Materialkennwerte in den einzelnen Kapiteln und ihre Fundstellen

2.6 Verständnisfragen

1. Nennen Sie beispielhafte Möglichkeiten zur Einteilung von Stählen.
2. Nennen Sie ein Beispiel für den Einsatz von Kunststoffen in Maschinenelementen.
3. Aus welchen Elementen setzen sich Eisenwerkstoffe zusammen? Wie nennt man einen Eisenwerkstoff mit hohem Kohlenstoffgehalt?
4. Zeichnen Sie die Kurven eines gehärteten, eines vergüteten sowie eines weichgeglühten Stahls in ein Spannungs-Dehnungs-Diagramm.
5. Welche Struktur besitzen Keramiken und welche Eigenschaften resultieren daraus?
6. Nennen Sie jeweils zwei Vor- und Nachteile von Kompositwerkstoffen.
7. Erklären Sie grob den Vorgang des Glühens von Stahl. Warum wird das Verfahren angewendet?
8. Was ist der Elastizitätsmodul und welche Bauteileigenschaft kann daraus abgeleitet werden?
9. Wozu wird ein Wöhler-Diagramm verwendet und warum?

Literatur

[2.1] *Ashby, M. F.:* Materials Selection in Mechanical Design. 4. Auflage. Oxford: Butterworth-Heinemann, 2010

[2.2] *Moeller, E.:* Handbuch Konstruktionswerkstoffe. Auswahl, Eigenschaften, Anwendung. 1. Auflage. München: Carl Hanser Verlag, 2008

[2.3] *Bergmann, W.:* Werkstofftechnik 2. Werkstoffherstellung – Werkstoffverarbeitung – Werkstoffanwendung. 4., aktualisierte Auflage. München: Carl Hanser Verlag, 2009

[2.4] *Rieg, F.:* Schweißen für Hobbyschlosser und Oldtimerfans. 1. Auflage. Aachen: Shaker Verlag, 2015

[2.5] *Roos, E.; Maile, K.:* Werkstoffkunde für Ingenieure. Grundlagen, Anwendung, Prüfung. 5. Auflage. Berlin/Heidelberg: Springer Vieweg, 2015

[2.6] *Bergmann, W.:* Werkstofftechnik 1. Struktureller Aufbau von Werkstoffen – Metallische Werkstoffe – Polymerwerkstoffe – Nichtmetallisch-anorganische Werkstoffe. 7., neu bearbeitete Auflage. München: Carl Hanser Verlag, 2013

[2.7] *Rieg, F.; Kaczmarek, M.:* Taschenbuch der Maschinenelemente. 1. Auflage. München: Carl Hanser Verlag, 2006

[2.8] *Kammer, K.; Läpple, V.:* Werkstoffkunde für Praktiker. 6. Auflage. Haan-Gruiten: Europa Lehrmittel Verlag, 2009

DIN 17014 Ausgabe: 1988-08. Wärmebehandlung von Eisenwerkstoffen; Begriffe

DIN EN 10020 Ausgabe: 2000-07. Begriffsbestimmungen für die Einteilung der Stähle

3 Festigkeitsberechnungen

3.1 Einführung

Für die Einführung in die Festigkeitslehre sollen in diesem Kapitel – soweit sie für die Behandlung der Maschinenelemente wichtig ist – einige Begriffe und Regeln der Technischen Mechanik wiederholt werden, was ein gründliches Studium der Technischen Mechanik und der einschlägigen Lehrbücher selbstverständlich nicht ersetzen kann.

1. Kräfte

Den Begriff der Kraft benutzt jedermann im Alltag, aber was sind Kräfte eigentlich genau? Zunächst ist für sie typisch, dass man sie – wie viele physikalische Größen bzw. Phänomene, etwa Elektrizität, Schwerkraft, Röntgen- und radioaktive Strahlung – selbst nicht sehen kann, sondern nur ihre Auswirkungen. Um sie einer Berechnung zuführen zu können, muss man sie sichtbar machen. Dies geschieht durch *Freischneiden* (Bild 3.1). Man schneidet also dort, wo man etwas sehen will, durch und macht damit die Kräfte sichtbar. Dies ist ein grundlegendes Vorgehen in der Technischen Mechanik.

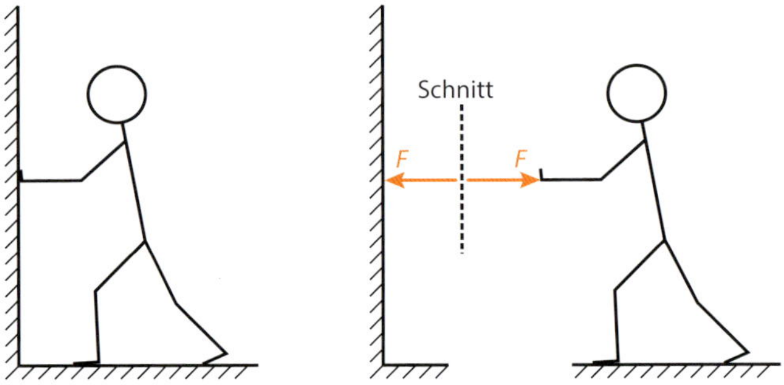

Bild 3.1 Sichtbarmachen einer Druckkraft durch *Freischneiden*, nach [3.1]

Aus Bild 3.1 kann man drei typische Kennzeichen einer Kraft ableiten. Es kommt an auf:

- die *Größe* – Kräfte werden nach dem internationalen Einheitensystem in *Newton* N gemessen
- die *Richtung*
- den *Angriffspunkt*

Sie drücken mit z. B. 100 N (Größe) auf die Wand. Sie drücken genau waagrecht (Richtung) und Sie drücken mit Ihren Händen auf einen Punkt der Wand, der, sagen wir, 1,20 m über dem Fußboden liegt (Angriffspunkt). Physikalisch bedeutet das, dass Kräfte wegen der Kennzeichen Größe und Richtung *Vektoren* sind. Damit gelten bei mehreren Kräften die mathematischen Gesetze der Vektoralgebra. Doch Bild 3.1 macht noch eine fundamentale Tatsache deutlich: Auf die Hand wirkt dieselbe Kraft wie auf die Wand, und diesen Zusammenhang hat bereits *Isaac Newton* im 17. Jahrhundert herausgefunden:

$$\mathit{Actio} = \mathit{Reactio}$$

Eine Kraft bedingt also immer auch eine Gegenkraft. Ebenfalls hat *Newton* die grundlegende Beziehung für die Kraft entdeckt: Die Kraft F ist das Produkt aus der Masse m und ihrer Beschleunigung a, also:

$$F = m \cdot a \qquad (3.1)$$

Daraus kann man sofort die Gewichtskraft F_G, volkstümlich nur einfach Gewicht genannt, definieren, wobei g die Fallbeschleunigung mit $g = 9{,}81\frac{\text{m}}{\text{s}^2} \approx 10\frac{\text{m}}{\text{s}^2}$ ist:

$$F_G = m \cdot g$$

Zur Verdeutlichung sei ein Beispiel genannt: Sie hängen sich in Ihrem Fitness-Studio an ein Seil (Bild 3.2).

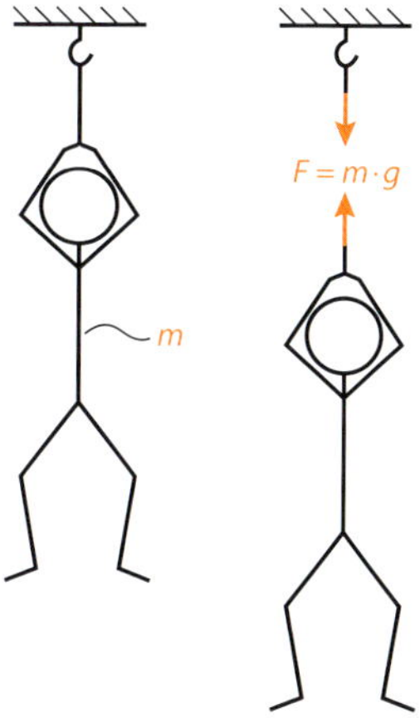

Bild 3.2
Eine Zugkraft wird nach *Freischneiden* sichtbar

Mal angenommen, Sie wiegen 75 kg (das ist Ihre Masse m), dann wirkt im Seil eine *Zugkraft* von

$$F = F_G = m \cdot g = 75\,\text{kg} \cdot 9{,}81\frac{\text{m}}{\text{s}^2} = 736\frac{\text{kg} \cdot \text{m}}{\text{s}^2} = 736\,\text{N}$$

Es gibt also Zug- und Druckkräfte. Was tun, wenn mehrere Kräfte angreifen? Stellen Sie sich eine Szene aus der *Schatzinsel* vor: *Jim Hawkins* und *Long John Silver* wollen eine Schatzkiste wegziehen, um sie aufs Schiff zu bringen (Bild 3.3). Dabei ziehen sie jeweils unter einem Winkel α, damit sie sich nicht gegenseitig im Weg sind. Damit es etwas einfacher wird, sei $\alpha = 90°$.

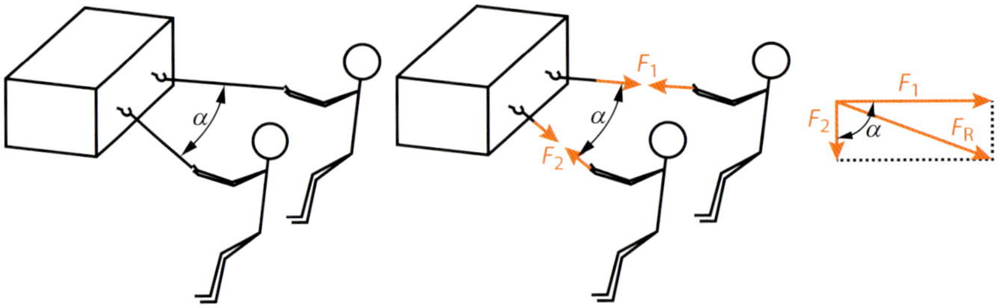

Bild 3.3 Die Addition zweier Kräfte in einer Ebene

Die Addition der beiden Kräfte F_1 (Jim Hawkins) und F_2 (Long John Silver) kann nun entweder *grafisch* erfolgen, indem man beide Kräfte mit dem jeweiligen Winkel maßstäblich auf Karopapier aufträgt und die Resultierende F_R abliest (das wurde früher sehr häufig gemacht, als es noch keine Taschenrechner gab) oder *rechnerisch* nach den Regeln der Vektoraddition, und α soll ja 90° sein; damit können wir den Satz des Pythagoras anwenden (andernfalls müssten wir den Kosinussatz nutzen):

$$F_R^2 = F_1^2 + F_2^2 \rightarrow F_R = \sqrt{F_1^2 + F_2^2} \tag{3.2}$$

Die Skizze in Bild 3.3 mit den beiden Kräfte F_1 und F_2 nennt man den Lageplan. Da man Vektoren bekanntlich im Raum verschieben kann, kann man die Situation auch in Form des sogenannten Kräfteplans darstellen (Bild 3.4).

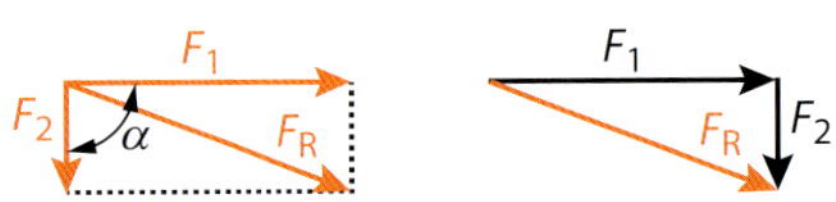

Bild 3.4
Lageplan und Kräfteplan für die beiden Kräfte in der Ebene

Nun spielt sich die Berechnung von Maschinenelementen zum sehr großen Teil in der *XY*-Ebene ab, im Falle von z. B. Getriebewellen dann auch in mehreren, voneinander getrennt zu betrachtenden Ebenen *XY*, *XZ* etc., sodass wir die weiteren Betrachtungen ohne Weiteres in der Ebene durchführen können.

Damit der jeweilige Körper in Ruhe bleibt, müssen jeweils die Summen der horizontalen Kräfte F_X und der vertikalen Kräfte F_Y null sein:

$$\sum F_X = 0$$
$$\sum F_Y = 0$$

Nach dem Newton'schen Axiom bleibt ein Körper in Ruhe oder dem Zustand der gleichförmigen Bewegung, wenn keine Kräfte auf ihn wirken.

Wir müssen aber diese beiden Gleichgewichtsbedingungen sofort um eine weitere ergänzen.

2. Momente

Betrachten wir einen Schwimmer der Masse m auf einem Sprungbrett (Bild 3.5). Der Schwimmer übt eine Gewichtskraft F auf das Sprungbrett aus. Dies nennt man eine *äußere Kraft*. Um die Belastungen des Sprungbretts an der Einspannstelle A zu sehen, müssen wir dort das Sprungbrett durchschneiden, also *freischneiden*. Damit sieht man die *inneren Kräfte*, die *Schnittkräfte*. Da wir die Betrachtung in der Ebene ausführen, kann es Kräfte in horizontaler Richtung A_X und in vertikaler Richtung A_Y geben. Am Schnittbild erkennen wir, dass es keine äußeren

3

Kräfte, also aufgeprägte Lasten in X-Richtung gibt; daher müssen die Schnittkräfte in horizontaler Richtung A_X null sein, denn wo sollen sie herkommen?

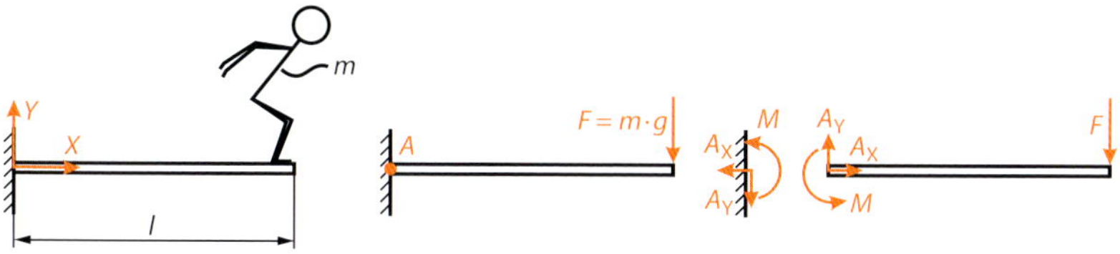

Bild 3.5 Schwimmer auf einem Sprungbrett, nach [3.2]

Wir können also festhalten:

$$\sum F_X = 0 = A_X \qquad \rightarrow A_X = 0$$
$$\sum F_Y = 0 = A_Y - F \rightarrow A_Y = F$$

Nun gibt es eine weitere Kraft, eine Drehkraft, ein sogenanntes *Moment*. Ein Moment ist das Produkt aus Kraft und Hebelarm. Hier ist die Kraft F und der Hebelarm ist l. Da dieses Moment – wie jeder weiß (vgl. Bild 3.6) – das Sprungbrett durchbiegen will, nennt man es in der Technischen Mechanik ein *Biegemoment* und kürzt es üblicherweise mit M ab. Aus Sicht der Technischen Mechanik ist unser Sprungbrett ein sog. *Biegebalken*, genau genommen, ein einseitig eingespannter Biegebalken.

$$M = F \cdot l \tag{3.3}$$

Nehmen wir einmal an, dass der Schwimmer 80 kg wiegt und das Sprungbrett eine Länge l von 3 m haben möge, dann ergeben sich folgende Zahlenwerte für die Kräfte und das Biegemoment an der Einspannstelle des Sprungbretts:

Horizontalkraft: $A_X = 0$

Vertikalkraft: $A_Y = F = m \cdot g = 80\,\mathrm{kg} \cdot 9{,}81 \frac{\mathrm{m}}{\mathrm{s}^2} = 785 \frac{\mathrm{kg} \cdot \mathrm{m}}{\mathrm{s}^2} = 785\,\mathrm{N}$

Biegemoment: $M = F \cdot l = 785\,\mathrm{N} \cdot 3\,\mathrm{m} = 2355\,\mathrm{Nm}$

Damit ein Körper in Ruhe bleibt, müssen die jeweiligen Summen der Kräfte und der Biegemomente null sein, und es gilt für die Ebene:

$$\sum F_X = 0$$
$$\sum F_Y = 0$$
$$\sum M = 0$$

Dabei ist mit M das Biegemoment um die Z-Achse gemeint (Bild 3.6). Genau genommen müsste man daher M_Z schreiben, aber da in der XY-Ebene sowieso nichts Anderes möglich ist, schenkt man sich diesen zusätzlichen Index Z.

Im Raum gibt es dann zusätzlich Biegemomente um die X- und um die Y-Achse. Damit kann man sofort die sechs Gleichgewichtsbedingungen für den Raum aufstellen; aber das wird bei den Maschinenelementen eher weniger gebraucht, weil man die meisten Berechnungen auf die Ebenen reduzieren kann:

$$\sum F_X = 0 \quad \sum F_Y = 0 \quad \sum F_Z = 0 \tag{3.4}$$

$$\sum M_X = 0 \quad \sum M_Y = 0 \quad \sum M_Z = 0 \tag{3.5}$$

Damit ist nach wie vor das Newton'sche Axiom erfüllt, denn Momente sind Drehkräfte.

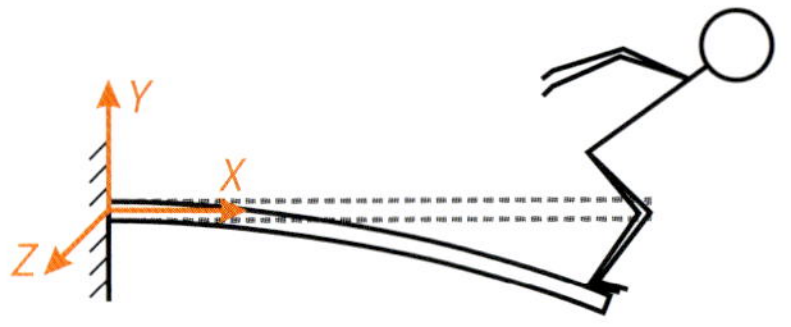

Bild 3.6
Durchbiegung des Sprungbretts

Nun will man sehr oft den Verlauf der Kräfte und Momente längs der Balkenachse wissen. Diese trägt man in den sogenannten *N*-, *Q*- und *M*-Linien auf (Bild 3.7). Dabei steht *N* für *Normalkräfte*, d. h. die Kräfte, die senkrecht (mathematisch nennt man das „normal") zum Balkenquerschnitt stehen, *Q* für *Querkräfte*, d. h. Kräfte, die quer zur Balkenachse liegen.

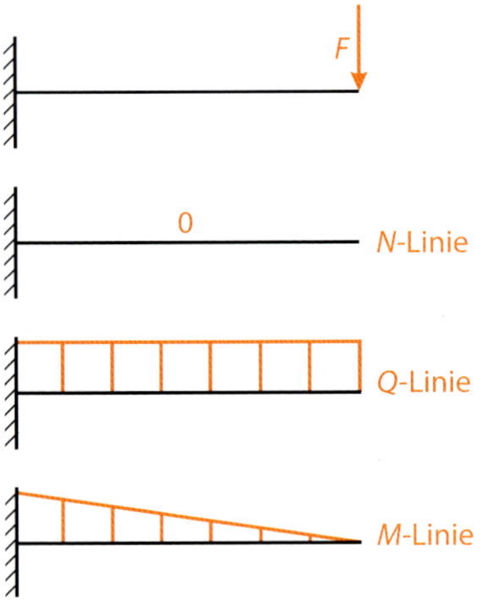

Bild 3.7
Verlauf von Kräften und Momenten längs der Balkenachse

Wie kommt man auf diese Verläufe? Das ist leicht: Man schneidet einfach den Balken an ausgewählten Stellen durch. Die inneren Kräfte müssen an beiden Schnittufern gleich sein, denn der Balken ist ja an dieser Stelle in Ruhe. Betrachten wir Bild 3.8: Wir schneiden unser Sprungbrett, den Biegebalken, in der Mitte durch bei $x = \frac{l}{2}$. Wieder müssen die Summen aller Kräfte und Momente null sein:

Horizontalkraft: $N_s = 0$

Vertikalkraft: $Q_s = F = m \cdot g = 80\,\text{kg} \cdot 9{,}81\frac{\text{m}}{\text{s}^2} = 785\frac{\text{kg} \cdot \text{m}}{\text{s}^2} = 785\,\text{N}$

Biegemoment: $M_s = F \cdot \frac{l}{2} = 785\,\text{N} \cdot 1{,}5\,\text{m} = 1178\,\text{Nm}$

3

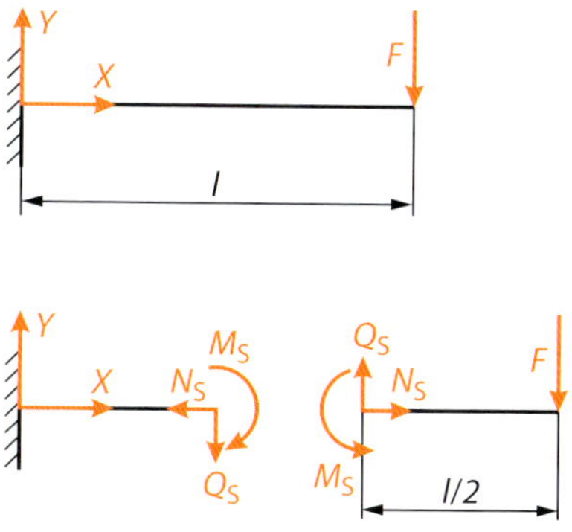

Bild 3.8
Schneiden des Biegebalkens in der Mitte, um dort seine Schnittkräfte und -momente sichtbar zu machen

Das kann man an jeder beliebigen Stelle machen und kann so die Verläufe punktweise konstruieren. Später, wenn man die Technische Mechanik gründlich studiert und eine Reihe von Übungsaufgaben gerechnet hat, weiß man in vielen Fällen bereits die Verläufe und braucht nur noch ein, zwei Eckdaten zu berechnen.

Nun kann man noch Vorzeichenregeln definieren. Diese Vorzeichenregeln sind „Tradition" in der Technischen Mechanik und entsprechen nicht unbedingt dem, was man zunächst vermuten würde [3.3]: Die Balkenachse entspricht der *X*-Achse, *X* zählt positiv nach rechts, und senkrecht nach unten zeigt die *Z*-Achse! *Q* ist dann positiv, wenn am positiven Schnittufer – dort, wo +*X* die Normale ist – *Q* nach unten zeigt, also in positiver *Z*-Richtung. Bei der Biegemomentenlinie legt man sich auf die Ober- oder die Unterseite des Balken fest (meist ist es die Unterseite, aber das bestimmen Sie), und wenn diese gerade von Ihnen definierte Seite unter der Last gezogen wird, dann zählt das Moment als positiv. Diese sogenannten *gezogene Faser* kennzeichnet man in der Skizze mit einer gestrichelten Linie (Bild 3.9). Bei Normalkräften ist es einfach: Zugkräfte sind positiv, Druckkräfte negativ. Bild 3.10 fasst die Vorzeichenregeln zusammen.

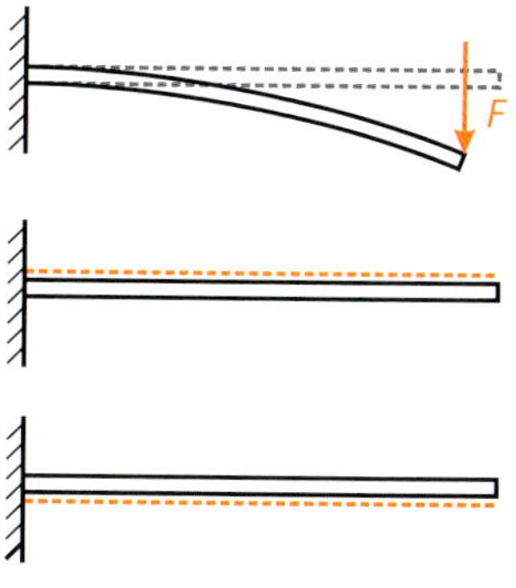

Bild 3.9
Zur Definition der Vorzeichen bei Biegemomenten

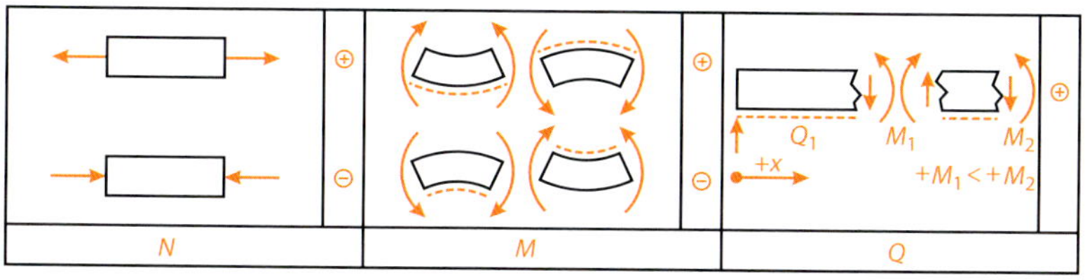

Bild 3.10 Vorzeichenregeln für Biegebalken, nach [3.2]

Wenn wir bei unserem Beispiel des Sprungbretts die gezogene Faser – wie meist üblich – auf der Unterseite festlegen, dann sehen die Vorzeichen so wie in Bild 3.11 aus.

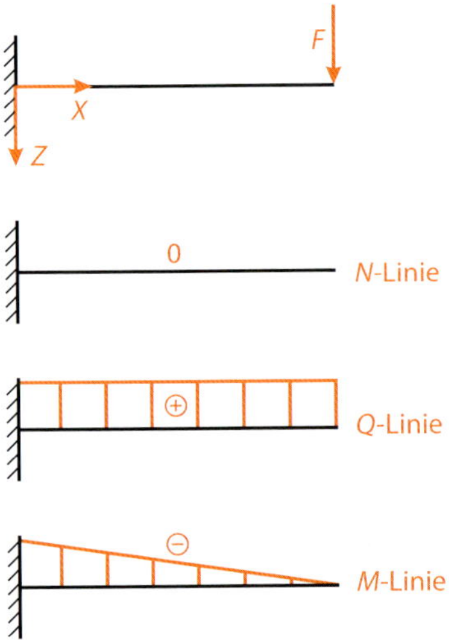

Bild 3.11
Vorzeichen für das Beispiel „Sprungbrett"

3. Lager

Bei dem Beispiel des Sprungbretts wurde die linke Seite fest eingespannt, also z. B. in eine Wand eingemauert oder an einer Stahlkonstruktion festgeschweißt. Um derartige Balken – und typische Maschinenelemente wie Getriebewellen, Nockenwellen und Kurbelwellen sind nichts Anderes als Biegebalken – zu lagern, gibt es in der Technischen Mechanik vier idealisierte Typen von möglichen Einspannungen, nämlich:

- gelenkige Einspannungen, horizontal verschieblich: *Loslager*
- gelenkige Einspannungen, horizontal nicht verschieblich: *Festlager*
- verschiebliche Einspannungen
- feste Einspannungen

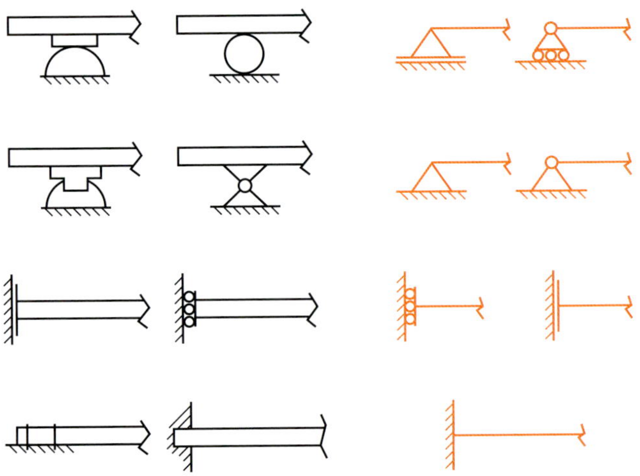

Bild 3.12 Die vier idealisierten Lager für Biegebalken

Reale Lager im Bauwesen können dagegen wie Bild 3.13 oder Bild 3.14 aussehen. Anhand dieser Abbildungen wird auch deutlich, woher die Symbole für Fest- und Loslager in der Technischen Mechanik kommen.

Bild 3.13 *Loslager*: Die Abbildung zeigt ein altes Mehrrollenbrückenlager an einer Eisenbahnbrücke über die Spree in Cottbus [3.4]. Dabei sorgt der obere zentrale Bolzen für die Kippbeweglichkeit und die unteren drei Rollen für die horizontale Verschieblichkeit.

Bild 3.14 *Festlager*: Die Abbildung zeigt ein altes Einrollenbrückenlager an einer Eisenbahnbrücke über die Spree in Cottbus [3.5]. Dabei sorgt der obere zentrale Bolzen für die Kippbeweglichkeit. Der untere Teil ist fest und hat keine horizontale Verschieblichkeit.

Im Maschinenbau ist das Erkennen von Lagern etwas subtiler und für den Anfänger nicht immer ganz einfach (Bild 3.16 und Bild 3.17). Zum Verständnis soll daher zunächst ein Kugellager betrachtet werden (Bild 3.15): Der Innenring ist üblicherweise auf die Welle aufgepresst und gegebenenfalls noch mit Seegerringen seitlich fixiert. Der Außenring sitzt üblicherweise mit einer Übergangspassung im Gehäuse, und dazwischen rollen die Kugeln ab. Durch das für eine einwandfreie Funktion notwendige Spiel zwischen Innenring, Kugeln und Außenring hat das Lager in sich eine gewisse Winkelbeweglichkeit. Diese Winkelbeweglichkeit ist an sich klein und beträgt bei Standard-Kugellagern bis ca. 15 Winkelminuten, aber das reicht, um eine

Kippbeweglichkeit analog Bild 3.13 und Bild 3.14 sicherzustellen. Der Konstrukteur muss beim Entwurf der Lagerung sicherstellen, dass die Biegewinkel der Wellen an den Lagerstellen durch die elastische Verformung der Wellen nicht größer sind als die zulässige Kippbeweglichkeit der jeweiligen Lagertypen. Andernfalls wird auf z. B. Pendelkugellager, Pendelrollenlager und Tonnenlager (vgl. Kapitel 18) ausgewichen, die größere Kippwinkel durch ihre Bauart erlauben.

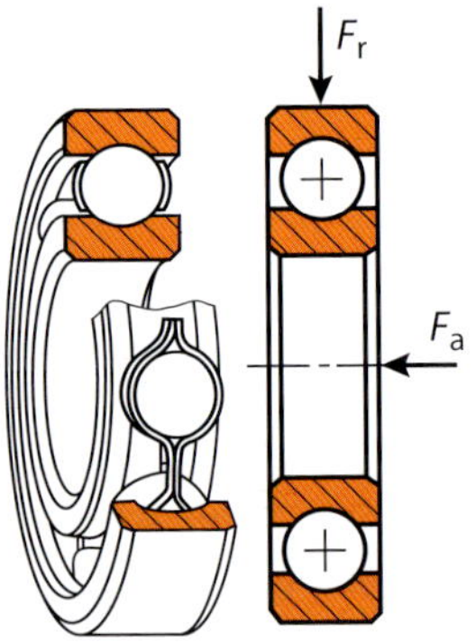

Bild 3.15
Ein Kugellager, genauer: ein Rillenkugellager

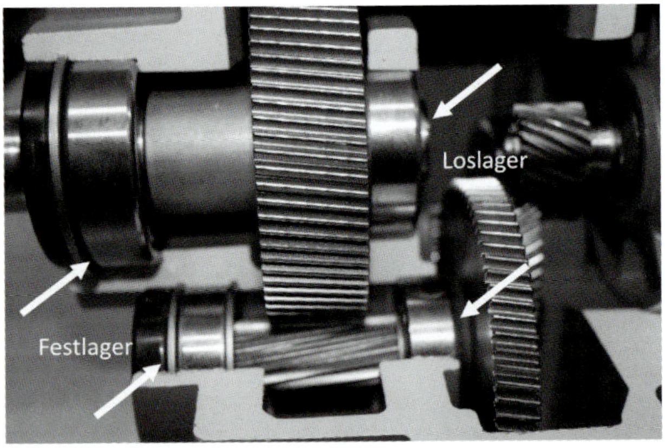

Bild 3.16
Wellen mit Zahnrädern eines Getriebemotors von SEW-EURODRIVE: Bei beiden Wellen sitzen die Festlager jeweils links (die Lageraußenringe sind unverschieblich) und die Loslager jeweils rechts (die Lageraußenringe sind verschieblich).

Bild 3.17
Geöffneter Motor-Getriebe-Block einer Kawasaki Z900 aus dem Jahr 1977: Bei der Getriebeeingangswelle in der Bildmitte sitzt das Festlager links (der Lageraußenring wird mit einem Halbmondring und Nut festgehalten) und das Loslager rechts. Dabei handelt es sich um ein Rollenlager, das in sich selbst verschieblich ist. Bei der Getriebeausgangswelle unten in der Abbildung ist die Anordnung genau umgekehrt.

Bild 3.18 führt die Kapitel „Kräfte“ und „Lager“ anhand eines realen Beispiels zusammen. Die Abbildung zeigt oben links einen Hallenkran, der links ein Festlager und rechts ein Loslager aufweist und der eine Abdeckhaube an einem Seil hebt. Im Folgenden ist dieses Realbeispiel ingenieurstechnisch aufzubereiten. Die Traverse des Krans stellt nichts anderes als einen Balken dar. Die Lager können nach dem Abschnitt Lager vereinfacht dargestellt werden und an dem Seil hängt einen Masse m (Bild 3.18 oben rechts). Das letztendlich aufbereitete Berechnungsmodell mit resultierender Biegelinie befindet sich in Bild 3.18 unten mittig. Der zuvor noch breite Balken reduziert sich auf eine Linie und die Masse m auf eine Kraft F. Die resultierende Biegelinie ist gestrichelt dargestellt.

Bild 3.18 Hallenkran der Universität Bayreuth (links oben); erste schematische Vereinfachung des Realmodells (rechts oben); technische Darstellung des Biegebalkens mit Biegelinie (unten)

4. Allgemeine Festigkeitsberechnung

Die Festigkeitsrechnung dient im Allgemeinen der Auslegung von Maschinenelementen und Bauteilen. Zur Kosteneinsparung und Minimierung von Prüfstandsversuchen werden hauptsächlich rechnerische Festigkeitsnachweise durchgeführt. Diese sollen unter Berücksichtigung von auftretenden ruhenden oder auch dynamischen Belastungen den sicheren Betrieb von Bauteilen oder Konstruktionen gewährleisten.

Ist ein Bauteil in Ruhe, d.h., das Bauteil wird nicht beschleunigt, befinden sich innere und äußere Kräfte im Gleichgewicht. Wie bereits eingangs beschrieben, können durch das sogenannte Freischneiden (Bild 3.1) die im Inneren wirkenden Kräfte an einer gedanklichen Schnittfläche über statische Gleichgewichtsbedingungen sichtbar gemacht werden. Gleiches gilt für die im Folgenden beschriebenen Spannungen (Bild 3.19).

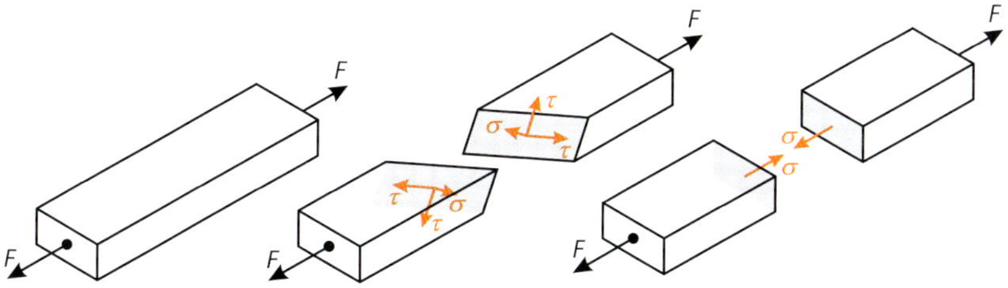

Bild 3.19 Schnittkräfte eines Zugstabs

Wird eine Konstruktion im Einsatz stärker belastet (zunehmende Belastung), nehmen sowohl die äußeren als auch die entgegenwirkenden inneren Kräfte zu. Der Bezug der inneren Kräfte auf deren Wirkfläche liefert nach folgender Gleichung:

3

Spannung $\sigma = \frac{F}{A}$ (3.6)

Folglich ist die Spannung σ ein Maß für die Beanspruchung und kann als mechanische bzw. technische Spannung interpretiert werden. Stellt die Wirkfläche den unverformten Ausgangsquerschnitt dar, erhält man die sogenannte Nennspannung. Um den Begriff der Spannung zu veranschaulichen, ist in Bild 3.20 ein Zugstab mit der wirkenden Kraft F und der runden Querschnittsfläche A dargestellt. Die Kraft wirkt senkrecht zum Querschnitt A des Stabes und wird daher auch als Normalkraft bezeichnet. Die resultierende Zugspannung ergibt sich wie folgt:

Zugspannung eines Rundstabs $\sigma_Z = \frac{F}{A} = \frac{F \cdot 4}{\pi \cdot d^2}$

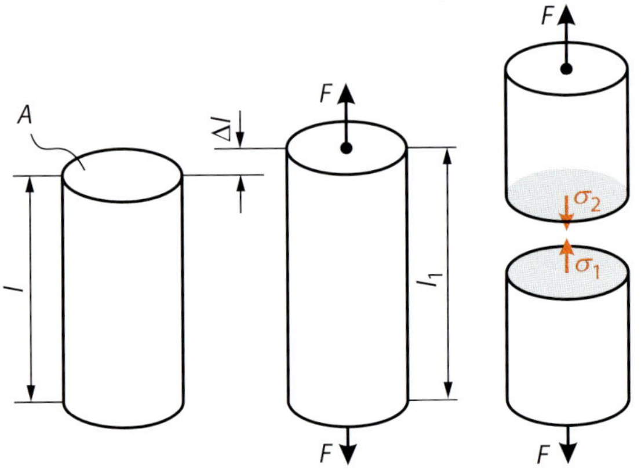

Bild 3.20
Zugstab

In der ingenieurwissenschaftlichen Praxis besteht die Notwendigkeit, Bauteile und Konstruktionen dahingehend zu untersuchen, ob sie unter ihrer Beanspruchung zerstört bzw. funktionsbeeinträchtigend verformt werden. Um dies zu verhindern, darf die maximale Beanspruchbarkeit keinesfalls überschritten werden. Genauer darf die vorhandene Spannung σ_{vorh} eine bestimmte zulässige Spannung σ_{zul} nicht überschreiten.

$$\sigma_{\text{vorh}} \leq \sigma_{\text{zul}}$$

Demzufolge kann die zulässige Spannung auch als Festigkeitsgrenze angesehen werden. Festigkeitskennwerte werden im Rahmen der Werkstoffprüfung durch Versuche ermittelt und sind materialabhängig. Die Einheit der entsprechenden Festigkeitskennwerte ist ebenfalls N/mm^2. Während des Berechnungsprozesses müssen zur Berechenbarkeit des Realmodells ingenieurmäßige Vereinfachungen getroffen werden, die natürlich zu gewissen Unsicherheiten führen. Um dies zu berücksichtigen, wird die Werkstofffestigkeit bzw. der Werkstoffkennwert K durch eine Sollsicherheit S (üblicherweise $S > 1$) korrigiert. Als Werkstoffkennwert K dient abhängig vom Belastungsfall beispielsweise die Streckgrenze R_e oder $R_{p0,2}$ sowie die Zugfestigkeit R_m.

$$\sigma_{\text{vorh}} \leq \sigma_{\text{zul}} = \frac{K}{S}$$

Ein weiterer wichtiger Aspekt – neben der Beurteilung der Tragfähigkeit eines Bauteils – ist die unter Belastung auftretende Verformung. Die Verformung (z. B. Verlängerung eines Stabes infolge der Zugkraft – Δl in Bild 3.20) bezogen auf den Ausgangszustand (Ausgangslänge des Stabes – l_0 in Bild 3.20) liefert ein dimensionsloses Maß für die auftretende Verformung, die sogenannte Dehnung ε:

$$\varepsilon = \frac{\Delta l}{l_0} = \frac{l_1 - l_0}{l_0} \tag{3.7}$$

Der Zusammenhang zwischen der Beanspruchung, also der inneren Spannung σ, und der Dehnung ε wird durch ein Stoffgesetz beschrieben. Im Falle eines isotropen, linear-elastischen Materials gilt beispielsweise:

$$\sigma = E \cdot \varepsilon \tag{3.8}$$

E beschreibt hierbei das Elastizitätsmodul, auch E-Modul genannt. Das Stoffgesetz ist werkstoffabhängig, kann experimentell bestimmt und in einem Spannungs-Dehnungs-Diagramm dargestellt werden. Dies ist ebenfalls Gegenstand dieses Kapitels.

5. Vorgehensweise bei einer Festigkeitsberechnung

1 Analyse der äußeren Belastung

- Bestimmung der äußeren Belastungen (Kräfte und Momente)
- Einteilung in Belastungsart (Zug, Druck, Biegung, Scherung, Torsion, Pressung)
- Zeitlicher Verlauf (statisch, dynamisch, stoßartig)

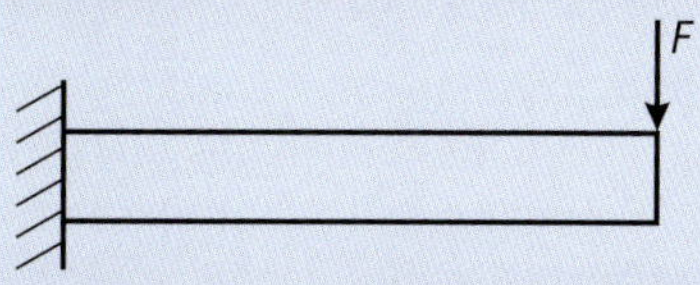

2 Ermitteln der inneren Beanspruchung

- Berechnung der inneren Spannungen (Größe, Richtung, Verteilung)
- Ermittlung der Vergleichsspannung (bei mehrachsigen Spannungszuständen)

3 Beanspruchbarkeit des Werkstoffs

- Betreffenden Werkstoffkennwert (K) ermitteln
- Festlegung der notwendigen Sollsicherheit
- Berechnung der zulässigen Spannung

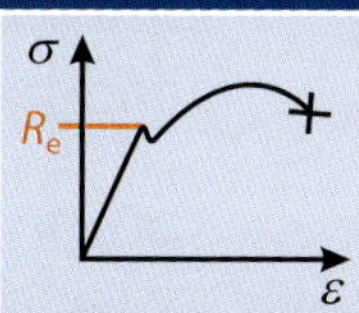

4 Vergleich von Beanspruchbarkeit und Beanspruchung

- Vergleich der Beanspruchung σ_{vorh} mit der Beanspruchbarkeit σ_{zul}

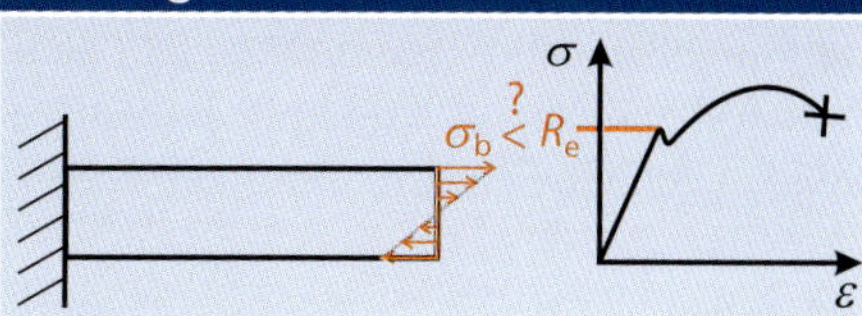

3

6. Beanspruchungen

Im Betrieb unterliegen Bauteile häufig komplexen Belastungszuständen, welche sich unter anderem aus den Grundbeanspruchungen Zug, Druck, Biegung, Torsion und Schub zusammensetzen (Bild 3.21). Zur Erläuterung und Veranschaulichung der Beanspruchungen dient nachfolgend beispielhaft ein Stab bzw. Balken.

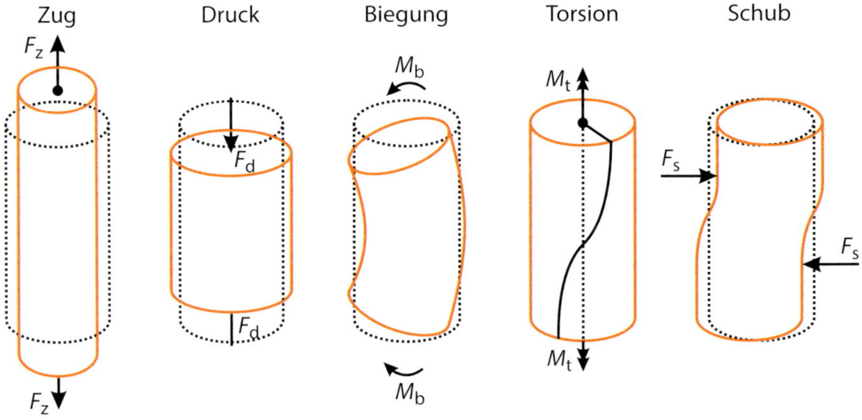

Bild 3.21 Grundbeanspruchungsarten nach [3.6]

Die Berechnung der inneren Spannung erfolgt für gewöhnlich am höchstbelasteten Querschnitt. Dementsprechend muss auch das Freischneiden an genau dieser Stelle stattfinden. In Abhängigkeit von Belastung und Schnittfläche können also Spannungen senkrecht zur Schnittfläche, sogenannte Normalspannungen σ, und Schubspannungen τ, welche in der Schnittebene liegen, auftreten (Bild 3.19). Normalspannungen σ treten infolge von Normalkräften F_N (oder N), die bei Zug-, Druck- und Biegebeanspruchung wirken, auf. Schubspannungen τ hingegen sind ein Resultat vorherrschender Querkräfte F_Q (oder Q), hervorgerufen durch Scher- und Torsionsbeanspruchung. Neben der Richtungsabhängigkeit ist der zeitliche Verlauf der Belastung von entscheidender Bedeutung. Diesbezüglich findet im Anschluss an die Behandlung der Grundbeanspruchungsarten eine Thematisierung der Auswirkung von ruhenden, schwellenden und wechselnden Beanspruchungen sowie deren Einfluss auf die Beanspruchbarkeit statt.

Zugbeanspruchung

Bauteile wie beispielsweise Seile oder auch Fachwerkstäbe, welche unter dem Einfluss einer Zuglast stehen, unterliegen ausschließlich einer Zugspannung σ_z. Dabei wird vorausgesetzt, dass die Schnittebene senkrecht zur Wirklinie der Kraft liegt (Bild 3.22 Mitte). Für diesen Fall gelten die unter den allgemeinen Festigkeitsrechnungen dargelegten Beziehungen für die Spannung σ und die Dehnung ε. Ist die Schnittführung jedoch nicht senkrecht zur Wirklinie der Kraft angelegt (Bild 3.22 rechts), teilt sich die Kraft in Komponenten normal zur Schnittebene und parallel dazu auf. Ergebnis der Aufteilung ist das zusätzliche Auftreten von in der Schnittebene liegenden Schubspannungen τ.

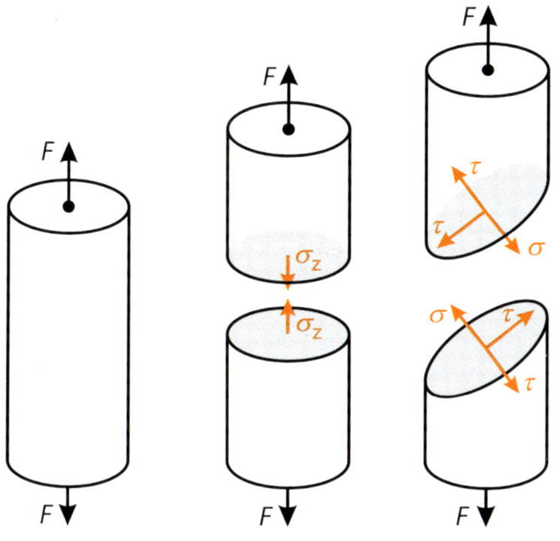

Bild 3.22
Zugbeanspruchung

Druckbeanspruchung

Liegt die Belastung ebenfalls in der Stablängsachse, führt jedoch nicht zu einer Längung, sondern zu einer Stauchung des Stabes, spricht man von einer Druckbeanspruchung. Es wird davon ausgegangen, dass sich die auftretende *Druckkraft* F_D gleichmäßig über den Querschnitt A verteilt. Dementsprechend wird die Druckspannung σ_D wie folgt berechnet:

$$\sigma_D = \frac{F_D}{A}$$

Es zeigt sich die Analogie zur Berechnung der Zugbeanspruchung. Unterschieden werden die auftretenden Spannungen anhand des Vorzeichens. Zugspannungen sind stets mit positiven Vorzeichen, Druckspannungen mit negativen Vorzeichen zu behandeln (analog Abschnitt 3.1, Absatz „1. Kräfte"). Weiterhin können auch Druckspannungen in Normal- und Schubspannungsanteil zerlegt werden. Außerdem ist zu beachten, dass sehr schlanke druckbeanspruchte Bauteile im Zuge des Festigkeitsnachweises auch unter dem Aspekt der Knickung zu analysieren sind.

Bauteile, die über Berührflächen in Kontakt stehen (beispielsweise ein Träger auf einem Fundament), unterliegen ebenfalls einer Druckbeanspruchung, der *Flächenpressung*. Hierbei wird angenommen, dass die aus einer Kraft F hervorgerufene Pressung p über der Berührfläche A gleichmäßig verteilt ist.

$$p = \frac{F}{A} \qquad (3.9)$$

Insofern zylindrische Berührflächen vorliegen (beispielsweise ein Zapfen in einer Lagerschale, Bild 3.23), wird als Berührfläche die in Kraftrichtung projizierte Fläche A_{proj} angenommen.

$$p = \frac{F}{A_{proj}} \qquad (3.10)$$

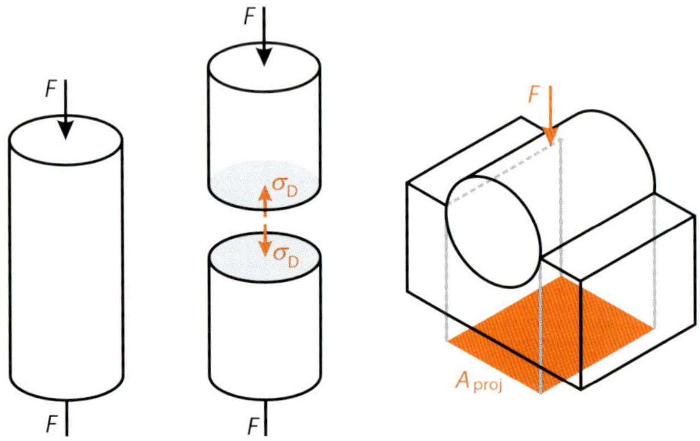

Bild 3.23 Druckbeanspruchung und Flächenpressung

Biegebeanspruchung

Eine weitere wichtige Grundbeanspruchungsart ist die Biegebeanspruchung. Diese tritt beispielsweise bei der Kurbelwelle eines Verbrennungsmotors auf. Wird ein Balken infolge äußerer Kräfte oder Momente gebogen, unterliegt er einer Biegebeanspruchung. Der Balken zeichnet sich unter anderem dadurch aus, dass sein Querschnitt stets kleiner als seine Länge ist und die Übertragung von Querkräften sowie Momenten erlaubt. Hingegen diente zur vorangegangenen Erläuterung der Zug- und Druckbeanspruchung jeweils ein Stab. Dieser hat die Eigenschaft, dass er lediglich Belastungen in Stablängsachse übertragen kann.

Tritt eine Biegung infolge von Querkräften oder auch Biegemomenten auf, ist zwischen der geraden und der schiefen Biegung zu unterscheiden. Fällt der resultierende Momentenvektor mit einer der Hauptachsen zusammen, wird von einer geraden Biegung gesprochen. Die schiefe Biegung zeichnet sich dadurch aus, dass der Momentenvektor nicht mit einer der Hauptachsen zusammenfällt. Dies kann aus einer unsymmetrischen Belastung oder auch einem unsymmetrischen Balkenquerschnitt resultieren. Ein weiteres Unterscheidungskriterium stellt die Balkenstatik dar. Hier ist zwischen der klassischen Balkentheorie nach *Bernoulli* und der Theorie nach *Timoshenko* zu unterscheiden. Die Bernoulli-Theorie geht hierbei von einem schubstarren Balken aus, d. h., die Schubverformung infolge des Querkrafteinflusses wird vernachlässigt. Veranschaulicht bedeutet dies, dass ein Balkenquerschnitt, der vor der Verformung senkrecht zur Balkenlängsachse stand, auch durch die Verformung senkrecht bleibt. Hingegen erlaubt die schubweiche Timoshenko-Theorie eine Verdrehung der Balkenquerschnitte durch die Verformung [3.7; 3.8].

Die im Folgenden zu untersuchende Spannungsverteilung beruht auf den Annahmen nach *Bernoulli* und dem Beispiel einer geraden Balkenbiegung. Bild 3.24 zeigt schematisch einen Balken mit einem eingeprägten Biegemoment. Diese Art der Belastung führt zu inneren Kräften, die paarweise in entgegengesetzter Richtung auftreten. Der Balken ist somit sowohl Zug- als auch Druckspannungen ausgesetzt. Im Schnittpunkt der Hauptträgheitsachsen, der sogenannten neutralen Faser, ist die Biegespannung null. Die Analyse des Spannungsverlaufs über den Balkenquerschnitt zeigt einen linearen Verlauf. In Richtung des Randes steigt die Spannung bis zum Maximum an. Der formelmäßige Zusammenhang der Biegespannung σ_b wird anhand eines eingespannten Balkens mit der Querschnittsfläche A erläutert. Als äußere Kraft wirkt am freien Ende ein Biegemoment M_b um die y-Achse. Die Normalspannung σ_b über den Balkenquerschnitt ergibt sich wie folgt:

$$\sigma_b(z) = \frac{M_b}{I_y} \cdot z \tag{3.11}$$

I_y beschreibt das Flächenträgheitsmoment des Balkenquerschnittes um die y-Achse. Hierbei handelt es sich um ein Moment zweiter Ordnung. Wirkt das Biegemoment M_b um die z-Achse, muss dementsprechend auch das Flächenträgheitsmoment I_z um die z-Achse berechnet und angewandt werden. Die Dimension des Flächenträgheitsmomentes ist (Länge)^4, SI-Einheit m^4.

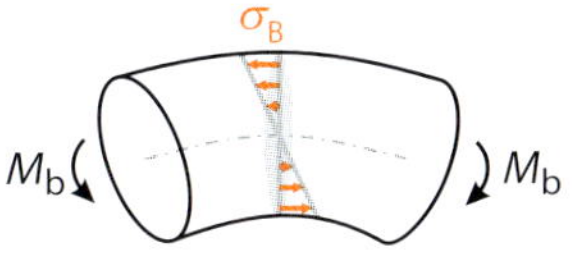

Bild 3.24
Biegebeanspruchung

Die Berechnung der betragsmäßig maximalen Biegespannung ist demzufolge eine Auswertung der vorangegangenen Gleichung an der Stelle z_{max}.

$$|\sigma_{b,max}(z_{max})| = \left|\frac{M_b}{I_y} \cdot z_{max}\right|$$

Meist ist lediglich die maximale Biegespannung von Interesse. Dann findet das Biegewiderstandsmoment W_b Anwendung, das durch den Quotienten aus entsprechenden Flächenträgheitsmoment und maximalen Randabstand z_{max} definiert ist.

$$W_{b,y} = \frac{I_y}{z_{max}}$$

$$\sigma_{b,max} = \frac{M_b}{W_{b,y}} \tag{3.12}$$

Die *Flächenträgheitsmomente* I_y und I_z werden nach [3.7] folgendermaßen berechnet:

$$I_y = \int z^2 \, dA$$

$$I_z = \int y^2 \, dA$$

Demzufolge sind die Flächenträgheitsmomente von der Lage des Koordinatensystems abhängig. Tabelle 3.2 enthält für häufig vorkommende Querschnittsflächen Gleichungen zur Berechnung des Biegewiderstandsmoments W_b, des axialen Flächenträgheitsmoments I und des Abstands $e(=z_{max})$ des Flächenrands von der neutralen Faser. Für Achsen- und Wellenquerschnitte liegt eine detaillierte Aufstellung in Tabelle 15.2 (mit $I_b = I$) vor. Ist eine Querschnittsfläche nicht tabelliert, setzt sich aber aus mehreren elementaren Querschnittsflächen zusammen, kann das resultierende Flächenträgheitsmoment unter Anwendung des Satzes von *Steiner* berechnet werden. Hierfür ist zunächst aus der Gesamtfläche, den Teilflächen und den Teilflächenschwerpunkten der Gesamtflächenschwerpunkt zu ermitteln. Anschließend kann unter Verwendung der Flächenträgheitsmomente der elementaren Teilquerschnittsflächen das gesamte Flächenträgheitsmoment bestimmt werden [3.7].

Resultiert das Biegemoment aus einer Querkraft, ist es nicht über die Balkenlänge konstant. Für diese Fälle sind meist mehrere Freischnitte nötig und es empfiehlt sich, einen sogenannten Momentenverlauf, wie zu Beginn beschrieben, grafisch darzustellen. Somit können Maximalwerte besser erkannt werden. Für einige Standardfälle sind in Tabelle 3.1 sowohl die Querkraft-

als auch die Biegemomentenverläufe dargestellt. Weiterhin sind in dieser Tabelle die Gleichungen zur Berechnung der Lagerkräfte und der maximalen Biegemomente angegeben.

Schubbeanspruchung

Eine Schubbeanspruchung liegt vor, sobald beispielsweise ein Bolzen, eine Welle oder auch ein Balken mit einer Querkraft Q belastet wird. Diese innere Querkraft führt in der Schnittebene zu einer Schubspannung τ. Biegebalken sind meist ebenfalls Schubbeanspruchungen ausgesetzt. Hier kann sie jedoch bei großem Längen-zu-Durchmesser-Verhältnis aufgrund der überwiegenden Biegebeanspruchung vernachlässigt werden. Zur Erläuterung der formelmäßigen Zusammenhänge wird ein Balken mit der Querschnittsfläche A^* herangezogen (Bild 3.25).

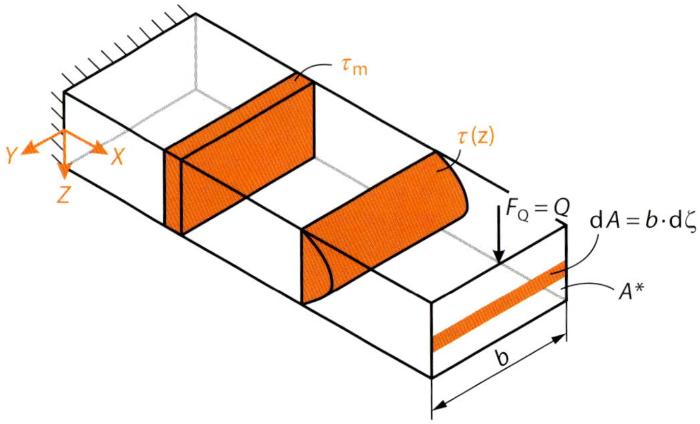

Bild 3.25 Balken unter dem Einfluss einer Querkraft

Dieser wird mit einer zur Balkenlängsachse senkrecht stehenden Querkraft Q (oder F_Q) belastet. Die Summation der resultierenden Schubspannung τ über die Schnittfläche liefert die Querkraft Q:

$$Q = \int \tau \, \mathrm{d}A$$

Im Allgemeinen hat die Schubspannung τ einen nichtlinearen Verlauf über die Schnittfläche. Ihre Einheit ist N/mm² und wird nach [3.8] wie folgt ermittelt:

$$\tau(z) = \frac{Q \cdot S_y(z)}{I_y \cdot b(z)}$$

Vereinfachend wird in den meisten Fällen eine über den Querschnitt konstante Schubspannung τ_m angenommen.

$$\tau_\mathrm{m} = \frac{Q}{A} \qquad (3.13)$$

Durch diese Annahme wird jedoch die Schubspannung in der Balkenlängsachse unter und an den Rändern überbewertet. Dies soll folgend für das vorangegangene Beispiel unter Auswertung von $\tau(z)$ gezeigt werden. Q beschreibt die wirkende Querkraft, I_y das Flächenträgheitsmoment, $b(z)$ die Breite in Abhängigkeit von der Richtung z und $S_y(z)$ das statische Moment abhängig von z. Der vorangehend aufgeführte Balken besitzt eine konstante Breite. Somit vereinfacht sich die Gleichung:

$$\tau(z) = \frac{Q \cdot S_y(z)}{I_y \cdot b}$$

3

Das Flächenträgheitsmoment kann wie folgt berechnet werden:

$$I_y = \frac{b \cdot h^3}{12}$$

Abschließend wird nach [3.8] das statische Moment $S_y(z)$ über die Teilfläche A^* wie folgt ermittelt:

$$S_y(z) = \int \zeta \, dA = \int_z^{h/2} \zeta (b d\zeta) = \frac{b}{2} \left[\zeta^2 \right]_z^{h/2} = \frac{b \cdot h^2}{8} \left(1 - \frac{4 \cdot z^2}{h^2} \right)$$

Zusammengefasst ergibt sich somit aus den drei vorangegangenen Bezeichnungen folgender Zusammenhang für die Schubspannung:

$$\tau(z) = \frac{Q \cdot S_y(z)}{I_y \cdot b} = \frac{Q \cdot 12 \cdot b \cdot h^2}{b \cdot b \cdot h^3 \cdot 8} \left(1 - \frac{4 \cdot z^2}{h^2} \right) = \frac{3}{2} \frac{Q}{b \cdot h} \left(1 - \frac{4 \cdot z^2}{h^2} \right)$$

Es zeigt sich ein parabolischer Verlauf der Schubspannung. Das Maximum liegt auf der Balkenlängsachse mit z gleich null.

$$\tau(z = 0) = \frac{3}{2} \frac{Q}{b \cdot h} = \frac{3}{2} \frac{Q}{A} = \frac{3}{2} \tau_m$$

Der berechnete Maximalwert der Schubspannung ist um das 1,5-fache höher als der zuvor angenommene Wert infolge der Annahme einer konstanten Schubspannung über den Querschnitt.

Einen Sonderfall der Schubbeanspruchung stellt die Scherbeanspruchung nach Bild 3.26 dar. Sie tritt dann auf, wenn die äußeren Kräfte paarweise entgegengesetzt zur Balkenlängsachse angreifen. Einer derartigen Beanspruchung sind beispielsweise Niete, Stifte, Bolzen oder Werkstücke im Schneidprozess ausgesetzt.

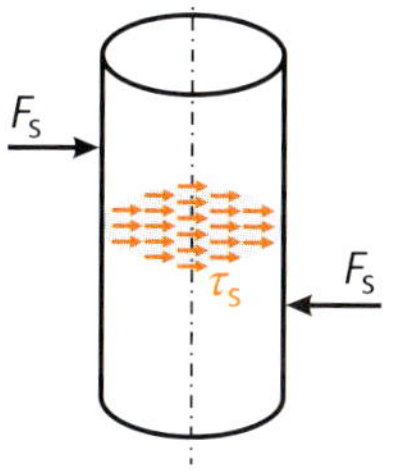

Bild 3.26
Scherbeanspruchung

Torsionsbeanspruchung

Eine Torsionsbeanspruchung liegt vor, sobald ein Bauteil durch ein Drehmoment (auch Torsionsmoment genannt) belastet wird. Typische torsionsbeanspruchte Bauteile sind beispielsweise Wellen oder Schraubenfedern. Das als äußere Kraft eingebrachte Drehmoment M_t (oder T) führt zu inneren, in der Schnittebene liegenden Tangentialkräften. Die Kräfte treten paarweise in einer senkrecht zur Balkenlängsachse liegenden Querschnittsebene auf. Die Tangentialkräfte führen letztlich zur Torsionsspannung τ_t. Bild 3.27 stellt die Spannungsverhältnisse in der Schnittebene dar. Anhand des in Bild 3.27 dargestellten Balkens mit kreisförmigen Querschnitt wird der Spannungsverlauf deutlich. Kreisförmige Querschnitte zeigen einen linearen Verlauf der Torsionsspannungen von der Balkenmitte hin zum Rand:

$$\tau_t(z) = \frac{M_t}{I_t} \cdot z \qquad (3.14)$$

Die Torsionsspannung ist eine dimensionsbehaftete Größe mit der Einheit N/mm². I_t beschreibt ein Flächenmoment zweiter Ordnung und trägt die Bezeichnung Torsionsflächenträgheitsmoment bzw. polares Flächenträgheitsmoment I_p. Die Berechnung des polaren Flächenträgheitsmomentes erfolgt nach [3.7] mittels eines Flächenintegrals über das Abstandsquadrat:

$$I_p = \int r^2 \, \mathrm{d}A = \int \left(z^2 + y^2\right) \mathrm{d}A$$

Dies angewandt auf das Beispiel mit rundem Querschnitt liefert folgendes Torsionsflächenträgheitsmoment:

$$I_p = \int r^2 \, \mathrm{d}A = \int_0^R \int_0^{2\pi} r^3 \, \mathrm{d}\varphi \, \mathrm{d}r = \frac{R^4 \cdot 2\pi}{4} = \frac{\left(\frac{D}{2}\right)^4 \cdot \pi}{2} = \frac{D^4 \cdot \pi}{32}$$

Folglich geht in das Torsionsflächenträgheitsmoment der Durchmesser in vierter Potenz ein. Folglich ist die Einheit des Torsionsflächenträgheitsmomentes m⁴. Analog zur Biegebeanspruchung interessiert meist lediglich die maximale Torsionsspannung. Diese liegt beim größten Randfaserabstand. Bezogen auf das Beispiel bedeutet dies $z = D/2$. Zusammen mit der vorangegangenen Gleichung ergibt sich die maximale Torsionsspannung $\tau_{t,max}$:

$$\tau_{t,max}\left(z = \frac{D}{2}\right) = \frac{M_t}{I_t} \cdot \frac{D}{2} = \frac{M_t}{W_t} \qquad (3.15)$$

W_t ist das Torsionswiderstandsmoment und lautet für das Beispiel:

$$W_t = \frac{2 \cdot I_t}{D}$$

Nachdem das Torsionsflächenträgheitsmoment mit der Dimension (Länge)⁴ behaftet ist und zur Berechnung des Torsionswiderstandsmomentes durch den Durchmesser dividiert wird, ergibt sich für eben dieses die Einheit m³.

In Tabelle 15.2 sind Gleichungen zur Berechnung von W_t für weitere kreisförmige Flächen hinterlegt. Auf die Verformung infolge Torsionsbeanspruchung sowie den Verdrehwinkel wird in Abschnitt 14.8 und Abschnitt 15.7 näher eingegangen.

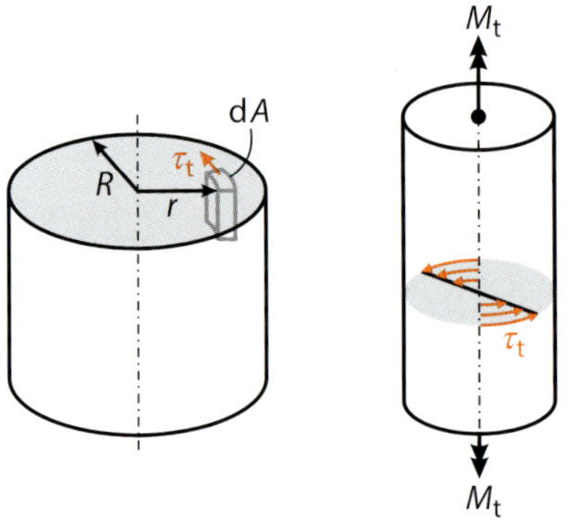

Bild 3.27
Torsionsbeanspruchung

3

Zusammengesetzte Beanspruchung

In den vorangegangenen Abschnitten wurde auf die einzelnen isoliert auftretenden Belastungen eingegangen. In den meisten realen technischen Anwendungen treten diese Grundbeanspruchungsarten jedoch selten einzeln, sondern als Kollektiv auf. So liegt beispielsweise neben der Zug-/Druckbeanspruchung zusätzlich eine Biegebelastung vor.

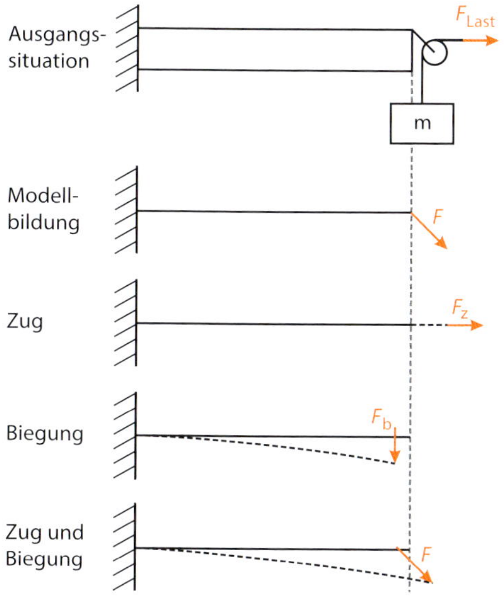

Bild 3.28
Balken unter dem Einfluss von Zug-, Biege- und Schubbeanspruchung

Das Resultat eines Belastungskollektivs ist letztlich ein mehrachsiger Spannungszustand innerhalb des Bauteils. Bild 3.29 zeigt ein infinitesimales Volumenelement eines derartig belasteten Bauteils mit den resultierenden Spannungskomponenten des räumlichen Spannungszustandes.

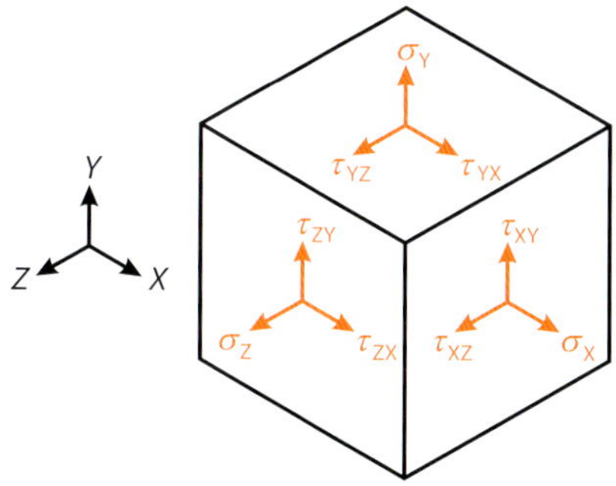

Bild 3.29
Räumlicher Spannungszustand

σ_x, σ_y, σ_z stellen die Normalspannungen und τ_{xy}, τ_{yx}, τ_{yz}, τ_{zy}, τ_{xz}, τ_{zx} die Schubspannungen dar. Aufgrund der Gleichheit der Schubspannungen gilt [3.9]:

$$\tau_{xy} = \tau_{yx}, \tau_{yz} = \tau_{zy}, \tau_{zx} = \tau_{xz}$$

Dementsprechend kann der räumliche Spannungszustand durch jeweils drei Normalspannungs- und Schubspannungskomponenten beschrieben werden. Liegt ein ebener Spannungszustand vor, treten lediglich noch eine Normalspannungskomponente und zwei in der Ebene liegende Schubspannungskomponenten auf. Analoge Überlegungen gelten für die Betrachtung des Dehnungszustandes. Für den räumlichen Fall setzt sich dieser aus den drei Normaldehnungen ε_x, ε_y, ε_z und den sogenannten Scherdehnungen (auch Gleitungen) γ_{xy}, γ_{yz}, γ_{zx} zusammen.

Für nachfolgenden Berechnungen sind neben den Normal- und Schubspannungen noch die Hauptspannungen (Hauptnormalspannungen) von Interesse. Diese sind nach [3.9] wie folgt definiert: Jeder Punkt eines Körpers, der einem Spannungszustand unterworfen ist, hat drei zueinander senkrechte Schnittebenen, auf welchen die Schubspannungen zu null werden und demzufolge die Spannungsvektoren senkrecht auf den Schnittebenen stehen. Eine detaillierte Herleitung hierzu befindet sich in [3.8]. Bild 3.30 links stellt den ebenen Spannungszustand (links) und die Hauptspannungen σ_1, σ_2 sowie das zugehörige Hauptachsensystem (rechts) dar.

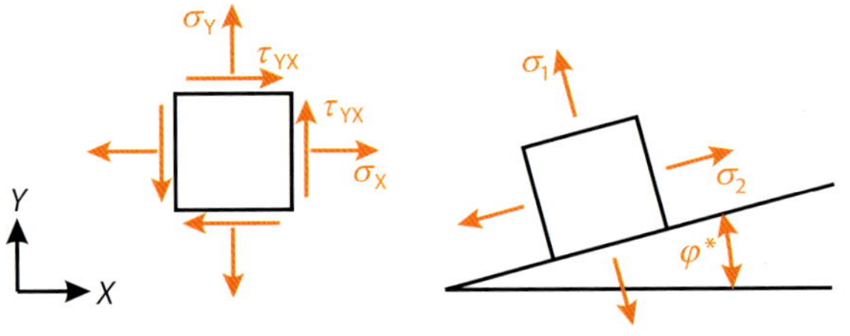

Bild 3.30 Ebener Spannungszustand (links) und Hauptnormalspannungen mit Hauptachsensystem (rechts) nach [3.7]

Nach [3.8] berechnen sich die Hauptspannungen im ebenen Spannungszustand wie folgt:

$$\sigma_1 = \frac{\sigma_x + \sigma_y}{2} + \sqrt{\left(\frac{\sigma_x - \sigma_y}{2}\right)^2 + \tau_{xy}^2} \tag{3.16}$$

$$\sigma_2 = \frac{\sigma_x + \sigma_y}{2} - \sqrt{\left(\frac{\sigma_x - \sigma_y}{2}\right)^2 + \tau_{xy}^2} \tag{3.17}$$

Die Berechnung des Winkels φ^* für die Hauptrichtungen stellt in der Festigkeitsrechnung eine untergeordnete Rolle dar. Hierfür sei auf [3.7] und [3.8] verwiesen.

Grundsätzlich muss zur Durchführung eines Festigkeitsnachweises ein Vergleich der vorhandenen Spannung mit der zulässigen Spannung erfolgen. Die zulässige Spannung, die einen Werkstoffkennwert darstellt, ist letztlich aus Versuchen ermittelt, die auf einen einachsigen Spannungszustand zurückzuführen sind. Um schließlich einen aussagekräftigen Vergleich der mehrachsigen Beanspruchung mit der einachsigen Beanspruchbarkeit durchführen zu können, ist es daher notwendig, den mehrachsigen Spannungszustand in einen einachsigen Spannungszustand zu überführen.

Die Art und Weise der Überführung des mehrachsigen Spannungszustands in den einachsigen ist abhängig von der Richtung der Spannungskomponenten. Sind die Komponenten gleichgerichtet, wie es der Fall bei auftretender Zug-/Druck- zusammen mit Biegebeanspruchung ist, können die Spannungskomponenten mit dem aus der Mechanik bekannten Superpositionsprinzip zusammengefasst werden.

$$\sigma_{max} = \sigma_Z + \sigma_{b,max}$$

$$\sigma_{min} = \sigma_Z - \sigma_{b,max}$$

Sind die Spannungskomponenten nicht gleich gerichtet, d. h., es treten beispielsweise Zug-/Druck-, Biege- und Torsionsbelastung in Kombination auf, so ist dieser mehrachsige Beanspruchungszustand mithilfe der sogenannten Festigkeitshypothesen in einen einachsigen Beanspruchungszustand zu überführen. Die Festigkeitshypothesen berücksichtigen den Versagensmechanismus des Werkstoffs und haben ihren Ursprung in der Kontinuumsmechanik. Das Ergebnis der Festigkeitshypothese ist die Vergleichsspannung σ_V, die den mehrachsigen Beanspruchungszustand auf eine einachsige Vergleichsspannung reduziert. Grundsätzlich gibt es eine Reihe von Festigkeitshypothesen [3.7; 3.9], in der Praxis haben sich jedoch folgende Hypothesen bewährt:

- Normalspannungshypothese (NH)
- Schubspannungshypothese (SH)
- Gestaltänderungsenergiehypothese (GEH)

Welche dieser Festigkeitshypothesen im Einzelfall verwendet werden muss, hängt von dem zu erwartenden Werkstoffversagen ab. Mithilfe der Normalspannungshypothese können in guter Näherung sog. Sprödbrüche abgebildet werden. Hierbei tritt das Versagen unter vernachlässigbarer Verformung auf. Der resultierende Bruch verläuft senkrecht zur Richtung der größten Normalspannung. Ist hingegen Fließen oder Schubbruch als Versagen des Werkstoffs detektiert, findet die Schubspannungshypothese Anwendung. Sie kann sowohl für spröde als auch für verformungsfähige Werkstoffe genutzt werden. Dennoch hat sich im Maschinenbau vorwiegend die Gestaltänderungsenergiehypothese für duktile Werkstoffe durchgesetzt. Im Folgenden werden die formelmäßigen Zusammenhänge der einzelnen Festigkeitshypothesen erläutert.

Normalspannungshypothese

Beschreibt das Werkstoffversagen einen Bruch, der senkrecht zur Richtung der größten Normalspannung verläuft, ist die Normalspannungshypothese (NH, *Rankine* 1861) anzuwenden. Dies tritt vor allem bei spröden Materialien wie beispielsweise Grauguss auf. Bei Anwendung der Normalspannungshypothese ist die Vergleichsspannung gleich der größten wirkenden Hauptspannung [3.9]. Die Hauptspannungen werden nachfolgend mit σ_1, σ_2 und σ_3 bezeichnet und sind absteigend sortiert, sodass σ_1 die größte Hauptspannung darstellt. Für die Vergleichsspannung gilt somit:

$$\sigma_V = |\sigma_1| < K \tag{3.18}$$

Das Bauteil versagt, sobald der Werkstoffkennwert *K* durch die Vergleichsspannung überschritten wird. Hierbei wird mit dem Werkstoffkennwert *K* die gleiche Festigkeitsgrenze für Zug- bzw. Druckbeanspruchung unterstellt. Führt die Beanspruchung zu einem ebenen Spannungszustand, ist die Vergleichsspannung nach Formel 3.16 zu ermitteln.

Schubspannungshypothese

Ist hingegen das Werkstoffversagen auf die größte wirkende Schubspannung τ_{max} zurückzuführen, ist die Vergleichsspannung nach der Schubspannungshypothese (SH, *Tresca*, 1868) zu berechnen. Das Werkstoffversagen äußert sich in Form eines Gleitbruches, welcher nach Überschreiten der Gleitfestigkeit eintritt. Die Festigkeitshypothese findet sowohl bei verformungsfähigen als auch bei spröden Werkstoffen Anwendung [3.8]. Die Vergleichsspannung im mehrachsigen Spannungszustand ermittelt sich aus der Differenz von größter Hauptspannung σ_{max} und kleinster σ_{min}:

$$\sigma_V = \sigma_{max} - \sigma_{min} = 2 \cdot \tau_{max}$$

Die maximale Schubspannung lautet demzufolge:

$$\tau_{max} = \frac{1}{2} \cdot (\sigma_{max} - \sigma_{min})$$

3

Für den einfacheren einachsigen Spannungszustand lautet der Zusammenhang:

$$\sigma_V = \sigma_{max} = 2 \cdot \tau_{max} \tag{3.19}$$

Im Maschinenbau findet die Schubspannungshypothese wenig Anwendung. Grund hierfür ist, dass die folgende Gestaltänderungsenergiehypothese ähnliche Ergebnisse liefert und im Bereich der duktilen Werkstoffe verbreitet angewandt wird [3.10].

Gestaltänderungsenergiehypothese

Die Gestaltänderungsenergiehypothese (GEH, *v. Mises* 1913), die aus der Fließbedingung nach *von Mises* ableitbar ist und daher auch als „Von-Mises-Hypothese" bezeichnet wird, findet Anwendung zur Berechnung von zähen Werkstoffen (z. B. Stahl). Nach der GEH lässt sich das Versagen auf plastische Deformation zurückführen, d. h., entscheidend für die Werkstoffbeanspruchung ist die gespeicherte Gestaltänderungsenergie [3.11]. Für den räumlichen Spannungszustand ergibt sich die Vergleichsspannung wie folgt:

$$\sigma_V = \sqrt{\sigma_x^2 + \sigma_y^2 + \sigma_z^2 - (\sigma_x \cdot \sigma_y + \sigma_y \cdot \sigma_z + \sigma_x \cdot \sigma_z) + 3 \cdot (\tau_{xy}^2 + \tau_{yz}^2 + \tau_{zx}^2)} \tag{3.20}$$

Die Vergleichsspannung für den zwei- und einachsigen Spannungszustand vereinfacht sich zu folgenden Gleichungen:

$$\sigma_V = \sqrt{\sigma_x^2 + \sigma_y^2 - \sigma_x \cdot \sigma_y + 3 \cdot \tau_{xy}^2} \tag{3.21}$$

$$\sigma_V = \sqrt{\sigma_x^2 + 3 \cdot \tau_{xy}^2} \tag{3.22}$$

Die Gestaltänderungsenergiehypothese ist sowohl für ruhende als auch für schwingende Beanspruchungen anwendbar.

Knickung

In den vorangegangenen Abschnitten wurden die Grundbeanspruchungsarten und deren Kombinationen im Hinblick auf die Festigkeitsrechnung diskutiert. Diese Berechnungen berücksichtigen jedoch keine Stabilitätsprobleme wie beispielsweise die Knickung. Knickung kann bei schlanken (wesentlich kleinere Querschnittsfläche im Vergleich zur Stablänge) druck- und/oder torsionsbelasteten Stäben auftreten. Beispielsweise muss der Pleuel eines Verbrennungsmotors auf Knickung untersucht werden. Infolge des Verbrennungsdrucks wirkt auf den Pleuel eine Druckkraft, unter der die Gefahr besteht, dass der Pleuel seine nichtausgeknickte Gleichgewichtslage verlässt. Maßgeblich beeinflusst wird die Knickung von der Querschnittsfläche und vom Flächenträgheitsmoment I, woraus sich der Trägheitsradius i ergibt [3.8]:

$$i = \sqrt{\frac{I}{A}} \tag{3.23}$$

Ist das Ausknicken um zwei Achsen möglich, sind durch Einsetzen des entsprechenden Flächenträgheitsmomentes beide Richtungen auf Knickung zu untersuchen. Unter Verwendung des Trägheitsradius i und der freien Knicklänge l_K erfolgt die Berechnung des Schlankheitsgrads λ:

$$\lambda = \frac{l_K}{i} \tag{3.24}$$

Je höher die Gefahr des Ausknickens und je schlanker ein Bauteil ist, desto höher ist der Schlankheitsgrad λ. Die freie Knicklänge l_K stellt eine von der Einspannung abhängige Größe dar. Bild 3.31 zeigt die vier unterschiedlichen Fälle nach *Euler* [3.7], wobei mit l die Ausgangslänge bezeichnet wird.

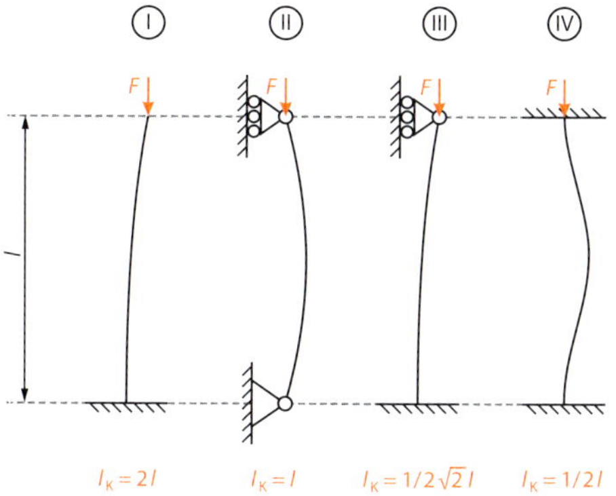

Bild 3.31
Die vier Knickfälle nach *Euler*

Im Anschluss an die Berechnung des Schlankheitsgrads ist zum Vergleich der Grenzschlankheitsgrad λ_{Grenz} zu ermitteln:

$$\lambda_{Grenz} = \pi \sqrt{\frac{E}{\sigma_p}} \tag{3.25}$$

E stellt hierbei das Elastizitätsmodul und σ_p die Proportionalitätsgrenze dar. Ist die Proportionalitätsgrenze unbekannt, dient an deren Stelle häufig die Dehngrenze $R_{p0,2}$ oder die Streckgrenze R_e. Unter Verwendung des Schlankheitsgrads λ und des Grenzschlankheitsgrads λ_{Grenz} erfolgt die Differenzierung zwischen der elastischen Knickung nach *Euler* und der unelastischen Knickung nach *Tetmajer* [3.8]:

$$\lambda < \lambda_{Grenz}: \textit{Knickung nach Tetmajer} \tag{3.26}$$

$$\lambda \geq \lambda_{Grenz}: \textit{Knickung nach Euler} \tag{3.27}$$

Nach der Identifikation des Knickfalls (*Euler* oder *Tetmajer*) ist die Knickspannung σ_K zu ermitteln. Dies ist die Spannung, ab der die Gefahr des Ausknickens vorhanden ist. Kann für den vorliegenden Knickfall eine elastische Knickung nach *Euler* angenommen werden, ermittelt sich die Knickspannung σ_K wie folgt:

$$\sigma_K = \sigma_{K,Euler} = \frac{\pi^2 \cdot E}{\lambda^2} \tag{3.28}$$

Im Falle unelastischer Knickung nach *Tetmajer* ergeben sich folgende materialabhängige Zusammenhänge [3.12]:

$$\sigma_K = \sigma_{K,Tetmajer} = 310 - 1{,}14 \cdot \lambda \qquad \textit{für Stähle S235J, E335} \tag{3.29}$$

$$\sigma_K = \sigma_{K,Tetmajer} = 335 - 0{,}62 \cdot \lambda \qquad \textit{für Federstahl} \tag{3.30}$$

$$\sigma_K = \sigma_{K,Tetmajer} = 776 - 12 \cdot \lambda + 0{,}053 \cdot \lambda^2 \qquad \textit{für Grauguss} \tag{3.31}$$

Die nach einer der vorangegangenen Gleichungen ermittelte Knickspannung σ_K dient abschließend dem Knicknachweis. In diesem Zusammenhang ist die vorhandene Spannung σ_{vorh} mit der Knickspannung σ_K und einer Sicherheit S (abhängig vom Knickfall) zu vergleichen [3.12]:

$$S = \frac{\sigma_K}{\sigma_{vorh}} = \frac{\sigma_K}{\sigma_d} > \begin{matrix} 5 \ldots 10 & \textit{Knickfall nach Euler} \\ 3 \ldots 8 & \textit{Knickfall nach Tetmajer} \end{matrix} \tag{3.32}$$

Im Falle der Knickung setzt sich die vorhandene Spannung meist lediglich aus einer Druckspannung σ_d zusammen. Die Berechnung des Ausknickens zeigt eine starke Divergenz zwischen Theorie und Praxis. Aufgrund dessen werden dem Knicknachweis die hohen Sicherheiten zugrunde gelegt.

Stabilitätsprobleme können unter anderem auch bei Schalen oder Platten vorkommen. In diesem Zusammenhang wird von Beulen anstelle von Knickung gesprochen.

Hertz'sche Pressung

Die Theorie von *Heinrich Rudolf Hertz* (1857 - 1894) beschreibt die Verhältnisse im Kontaktbereich zweier Körper mit gekrümmter Fläche, auf die eine Druckkraft F wirkt. Beispiele hierfür sind die Kontaktzone zweier Zahnflanken oder auch der Kontakt zwischen Wälzkörpern und deren Laufbahn. Ersteres führt zu einem linienförmigen und Letzteres zu einem punktförmigen Kontakt. Theoretisch betrachtet existiert somit keine Kontaktfläche, sodass die Berechnung der Normalspannung im Kontakt nicht angewandt werden kann. Allerdings führt die auf die Körper wirkende Druckkraft zu einer Abplattung im Kontaktbereich, wodurch kreis-, ellipsen- oder rechteckförmige Berührflächen entstehen. Die Theorie von *Hertz* erlaubt die Berechnung von Verformung und Spannung unter folgenden Voraussetzungen:

- homogenes und isotropes Material
- in der Berührfläche ausschließlich Druckspannungen
- ausschließlich elastische Verformung

Die auf die Berührfläche wirkende Pressung zieht Schubspannungen nach sich, deren Maximum nicht auf der Bauteiloberfläche, sondern im Inneren erzielt wird. Die Schubspannungen führen somit zu einer Schädigung unterhalb der Bauteiloberfläche. Nachfolgend werden die Berührungszustände Kugel gegen Kugel, Kugel gegen Ebene, Zylinder gegen Zylinder und Zylinder gegen Ebene formelmäßig diskutiert.

Kugel gegen Kugel

Mittels einer Druckkraft F werden zwei Kugeln mit dem Radius r_1 und r_2 aufeinandergepresst (Bild 3.32).

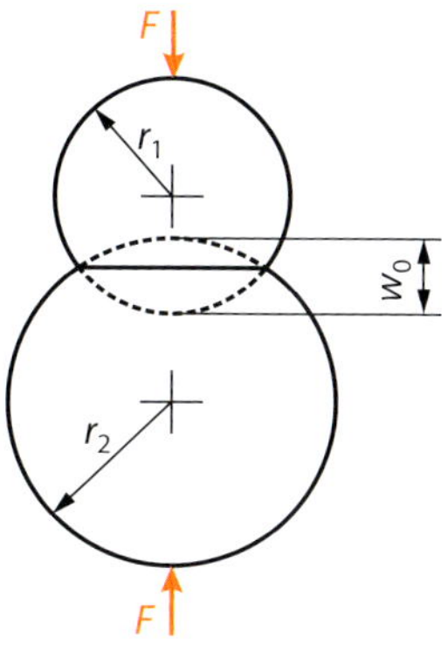

Bild 3.32
Hertz'sche Pressung zwischen zwei Kugeln nach [3.12]

Dies führt zu einer Abplattung in der Berührzone. Die somit entstandene Berührfläche beschreibt einen Kreis mit dem Radius a [3.14]:

$$a = \sqrt[3]{\frac{1{,}5 \cdot F \cdot \left(1 - \nu^2\right)}{E \cdot \varrho}} \qquad (3.33)$$

Die Krümmung ϱ ist der reziproke Wert des Radius r und berechnet sich aus den Einzelkrümmungen der Kugeln [3.12]:

$$\varrho = \varrho_1 + \varrho_2$$

Die durch die Druckkraft resultierende Druckspannung σ_d bildet sich halbkreisförmig aus. Ihr Maximum $\sigma_{d,max}$ ist mittig in der Berührfläche und wird als p_0 bezeichnet [3.12].

$$p_0 = \frac{1{,}5 \cdot F}{A} = \frac{1{,}5 \cdot F}{\pi \cdot a^2}$$

$$\sigma_{d,max} = -\varrho_0 = \frac{1}{\pi} \sqrt[3]{\frac{1{,}5 \cdot F \cdot E^2 \cdot \varrho^2}{\left(1 - \nu^2\right)^2}} \qquad (3.34)$$

Neben der senkrecht auf der Kontaktzone stehenden Druckspannung wirken zusätzlich in der Druckfläche die Spannungen σ_r und σ_t. Im Falle des Kontakts zwischen zwei Kugeln sind diese betragsmäßig gleich groß. Ihr Maximum ist in der Mitte der Druckfläche vorzufinden.

$$\sigma_r = \sigma_t = \frac{\sigma_{d,max}}{2}(1 + 2\nu)$$

Des Weiteren ergibt sich die maximale Abplattung ω_0 nach [3.13].

$$\omega_0 = \sqrt[3]{\frac{2{,}25 \cdot F^2 \cdot \left(1 - \nu^2\right)^2 \cdot \varrho}{E^2}} \qquad (3.35)$$

3

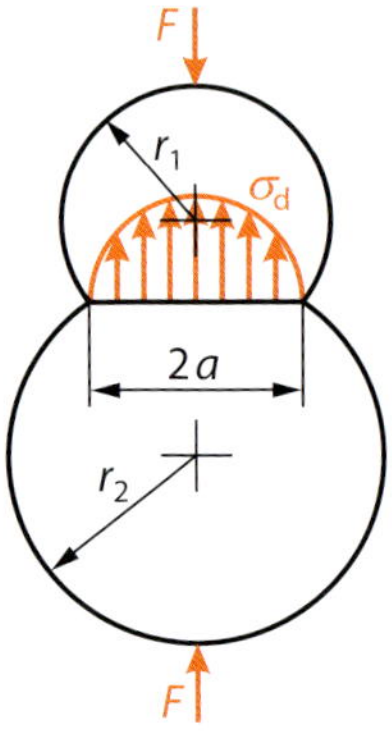

Bild 3.33
Resultierende Spannungsverhältnisse infolge Hertz'scher Pressung zwischen zwei Kugeln nach [3.12]

Kugel gegen Ebene

Im Falle eines Kugel-Ebene-Kontakts ist lediglich die Krümmung ϱ_2 der Ebenen null zu setzen (eine Ebene besitzt einen unendlich großen Radius). Der Spannungsverlauf σ_d besitzt folglich weiterhin seine Gültigkeit. Außerdem können die Gleichungen für die Spannungen σ_r und σ_t, die maximale Abplattung ω_0 sowie für den Radius a übernommen werden. Neben der Gültigkeit der Formeln des Kugel-Kugel-Kontakts treten im Kugel-Ebene-Kontakt infolge der Pressung Schubspannungen unterhalb der Berührzone auf (Bild 3.34).

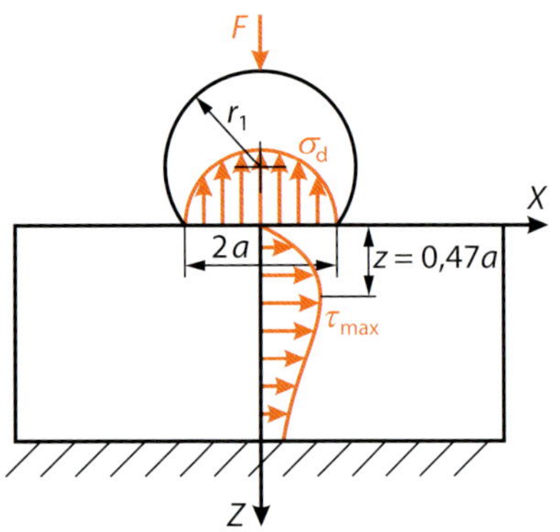

Bild 3.34
Resultierende Spannungsverhältnisse infolge Hertz'scher Pressung zwischen einer Kugel und einer Ebene nach [3.12]

Die maximalen Schubspannung τ_{max} und deren Ort z ist wie folgt gegeben [3.13]:

$$\tau_{max} = 0{,}31 \cdot \sigma_{d,max} \tag{3.36}$$

$$z = 0{,}47 \cdot a \tag{3.37}$$

Zylinder gegen Zylinder

Analog zu der vorangegangenen Beschreibung der Abplattung tritt diese auch im Zylinder-Zylinder-Kontakt auf. Die resultierende Berührzone bildet jedoch keinen kreisförmigen, sondern einen rechteckförmigen Bereich. Grundlage der folgenden Darstellungen ist die Berührung unendlich langer Zylinder. Dennoch kann die Theorie nach *Hertz* in Näherung auf endlich lange Zylinder mit der Berührlänge l angewandt werden. Nach Bild 3.35 wirkt auf zwei Zylinder die Druckkraft F.

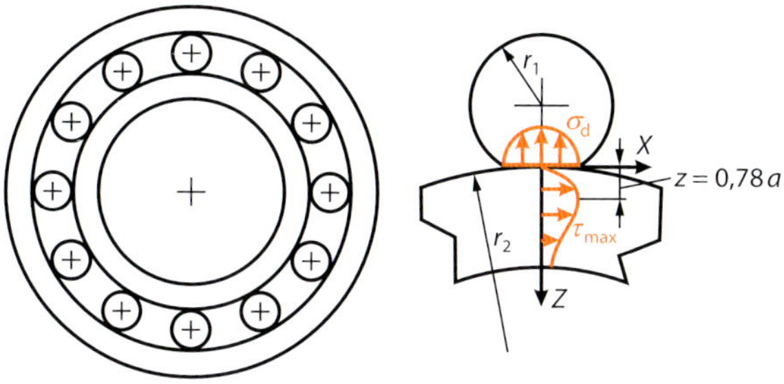

Bild 3.35 Resultierende Spannungsverhältnisse infolge Hertz'scher Pressung zwischen zwei Zylindern am Beispiel eines Wälzlagers

Infolgedessen entsteht eine Linienlast, die gleichmäßig verteilt ist. Die Breite $2a$ der resultierenden rechteckförmigen Berührfläche lautet formelmäßig:

$$a = \sqrt{\frac{8 \cdot F \cdot \left(1-\nu^2\right)}{\pi \cdot E \cdot l \cdot \varrho}} \tag{3.38}$$

Der Druckspannungsverlauf ist auch bei dem Zylinder-Zylinder-Kontakt halbkreisförmig. Die maximale Druckspannung $\sigma_{d,max}$ bzw. p_0 bildet sich in der Mitte der Berührfläche aus [3.12].

$$p_0 = \frac{4 \cdot F}{\pi \cdot A} = \frac{4 \cdot F}{\pi \cdot 2 \cdot a \cdot l} = \frac{2 \cdot F}{\pi \cdot a \cdot l}$$

$$\sigma_{d,max} = -p_0 = -\sqrt{\frac{F \cdot E \cdot \varrho}{2 \cdot \pi \cdot l \cdot \left(1-\nu^2\right)}} \tag{3.39}$$

Zusätzlich treten in der Berührfläche Spannungen in Längsrichtung σ_x und in Querrichtung σ_y auf. Sie betragen in der Zylindermitte:

$$\sigma_x = 0{,}6 \cdot \sigma_{d,max}$$

$$\sigma_y = \sigma_z = \sigma_{d,max}$$

Wie beim Kugel-Ebene-Kontakt treten auch bei dieser Konfiguration Schubspannungen unterhalb der Oberfläche auf. Ihr Maximum liegt bei

$$z = 0{,}78 \cdot a \tag{3.40}$$

und beträgt

$$\tau_{max} = 0{,}30 \cdot \sigma_{d,max} \tag{3.41}$$

Die endlichen Zylinderlänge l verkompliziert die Berechnung der Abplattung infolge der Druckkraft. Daher wird diese nach der Theorie von *Hertz* nicht berechnet [3.14].

Zylinder gegen Ebene

Für die Kontaktkonfiguration Zylinder gegen Ebene kann der komplette Formelsatz des Zylinder-Zylinder-Kontakts übernommen werden. Lediglich die Krümmung ϱ_2 der Ebenen ist null zu setzen.

3

7. Beanspruchbarkeit

Der vorangegangene Abschnitt behandelte die Beanspruchung und somit die Berechnung der vorhandenen Spannung innerhalb eines Bauteils. Diese auf ein Material einwirkende Beanspruchung muss durch dieses selbst kompensiert bzw. ertragen werden. Kommt es zur Überschreitung der sogenannten Festigkeitsgrenzen, tritt das Versagen des Bauteils ein. Die Festigkeitsgrenzen sind abhängig vom Material, der Belastungsart (Zug/Druck, Biegung und Torsion) und dem Lastfall (statisch, dynamisch). Die Bestimmung der Werkstoffkennwerte, die anschließend zum Vergleich der Beanspruchung mit der Beanspruchbarkeit notwendig sind, erfolgt in entsprechenden Werkstoffprüfversuchen nach DIN- und ISO-Standards. Der folgende Abschnitt thematisiert die notwendigen Festigkeitskennwerte im Falle statischer und dynamischer Beanspruchung.

Ruhende Beanspruchung

Folgt eine Belastung dem zeitlichen Verlauf nach Bild 3.36, so ist eine ruhende oder auch statische Beanspruchung gegeben.

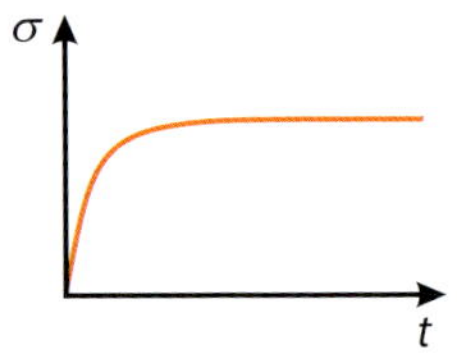

Bild 3.36
Ruhende Beanspruchung

Die Beanspruchung unterliegt keiner Schwankung, sondern wirkt konstant über einen langen Zeitraum auf das Bauteil ein. Die für den Festigkeitsnachweis notwendigen Festigkeitskennwerte werden mittels eines Zugversuches nach DIN EN 10002 ermittelt. Resultat dieses Versuches ist zunächst ein Kraft-Weg-Diagramm. Eine genormte Zugprobe erfährt eine konstante Geschwindigkeit, welche bis zum Bruch wirkt. Gleichzeitig erfasst ein Messinstrument die wirkende Kraft. Infolge der Prüfung kommt es zum einen zu einer Dehnung ε der Probe und zum anderen zu einer Querdehnung ε_q. Ausgehend von der Verlängerung Δl berechnet sich die Dehnung ε nach Formel 3.7. Für die Querdehnung ε_q mit dem Probenausgangsdurchmesser d_0 und der Durchmesseränderung Δd gilt:

$$\varepsilon_q = \frac{\Delta d}{d_0}$$

Das Verhältnis aus Dehnung zu Querdehnung beschreibt die *Querkontraktionszahl* oder *Poissonzahl* (Poisson's Ratio) v:

$$v = \frac{\varepsilon_q}{\varepsilon}$$

Der Bezug der ermittelten Kraft F zur Ausgangsfläche A_0 liefert die Spannung. Anhand dieser Größen kann das Kraft-Weg-Diagramm in das Spannungs-Dehnungs-Diagramm überführt werden. Bild 3.37 zeigt schematische Spannungs-Dehnungs-Diagramme mit den darin ableitbaren Festigkeitskennwerten. Das Verhältnis von Spannung σ zu Dehnung ε steigt zunächst linear an. Diese Gerade wird auch *Hooke'sche Gerade* genannt, mit der Steigung

$$E = \frac{\sigma}{\varepsilon}$$

3

E beschreibt hierbei den werkstoffabhängigen *Elastizitätsmodul*. Die Streckgrenze R_e (oder σ_s) stellt den maximal erreichbaren Spannungswert innerhalb des linear-elastischen Bereichs dar. Sinkt die Spannung anschließend ab, unterteilt sich die Streckgrenze in obere R_{eH} und untere R_{eL} Streckgrenze auf (siehe Tabelle 2.2). Ist keine ausgeprägte Streckgrenze des Werkstoffs vorhanden, ist die Dehngrenze $R_{p0,2}$ zum Festigkeitsnachweis heranzuziehen. Die Durchführung eines Zugversuches liefert weiterhin die Zugfestigkeit R_m, die Gleichmaßdehnung und die Bruchdehnung. Alle Festigkeitskennwerte werden mit genormten Proben und unter definierten Bedingungen ermittelt. Allerdings zeigen die ermittelten Werte eine Vielzahl von Abhängigkeiten. Zum Beispiel weisen viele Eisenwerkstoffe bei zunehmender Bauteildicke eine abfallende Zugfestigkeit und Streckgrenze auf (siehe Tabelle 2.2 und Tabelle 2.5). Hohe Temperaturen führen ebenfalls zu einer sinkenden Streckgrenze. Daher ist bei hohen Betriebstemperaturen die Warmstreckgrenze von Interesse (siehe Tabelle 4.17 und Tabelle 4.18).

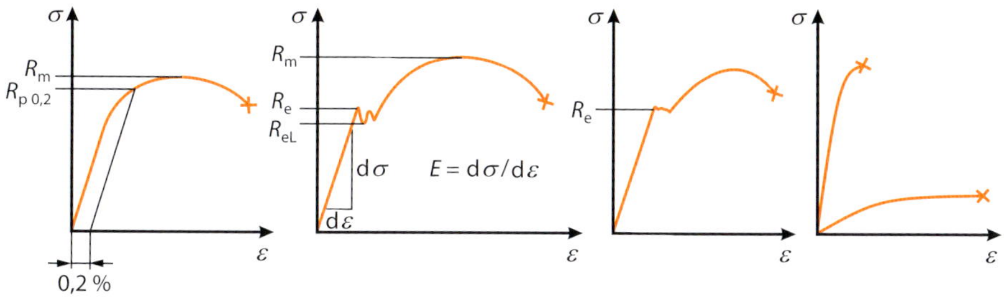

Bild 3.37 Spannungs-Dehnungs-Diagramm

Wie bereits erwähnt, basieren die gewonnenen Festigkeitskennwerte auf einem Zugversuch. Korrespondierende Festigkeitswerte für Druck, Biegung oder Torsionsbelastung können aus entsprechenden Belastungsversuchen ermittelt werden. Zur Vermeidung derartiger Versuche erfolgt die Definition sogenannter Ersatzwerte, welche auf Zugversuchen basieren (siehe Tabelle 2.9). Die bei Druckbeanspruchung notwendige Quetschgrenze σ_{dF} entspricht der Streckgrenze und die Druckfestigkeit σ_{dB} der Zugfestigkeit R_m. Im Falle von Biegebeanspruchung lässt sich die Biegefließgrenze σ_{bF} und die Biegefestigkeit σ_{bB} definieren. Beide Festigkeitskennwerte sind abhängig vom verwendeten Querschnitt. Die Querschnittsformzahl f_q (Tabelle 2.10) berechnet sich aus dem Verhältnis von σ_{bF}/R_e bzw. σ_{bB}/R_m und ist bei der Berechnung der Ersatzwerte (Tabelle 2.9) zu berücksichtigen. Liegt Torsionsbeanspruchung vor, ist die Torsionsfestigkeitsgrenze τ_{tF} oder die Torsionsfestigkeit τ_{tB} anstelle der Streckgrenze und Zugfestigkeit zu verwenden. Scherbeanspruchung ist gegen die Scherfestigkeit τ_{aB} auszulegen.

Dynamische Beanspruchung

Im Betrieb unterliegen die wenigsten Bauteile einer ruhenden bzw. statischen Belastung. Vielmehr wirken zeitlich veränderliche Lasten auf das Bauteil ein. Die dynamische Last, welche meist regellose Schwingungen darstellen, werden näherungsweise durch eine statische *Mittelspannung* σ_m und eine dynamische *Ausschlagspannung* σ_a zusammengesetzt. Diese führen zu einem früheren Bauteilversagen als bei statischer Beanspruchung. Neben der Höhe der Mittel- und Ausschlagspannung ist die Anzahl der Lastzyklen – auch *Schwingspiele* oder *Lastspiele* genannt – entscheidend für die Lebensdauer der Bauteile. Der bei dynamischer Belastung durchzuführende Festigkeitsnachweis bedarf gesonderter Festigkeitskennwerte, welche aus Dauerschwingversuchen nach DIN 50100 ermittelt werden. Analog der ruhenden Beanspruchung sind somit die Festigkeitskennwerte für jeden Belastungsfall (Zug/Druck, Torsion, Biegung) ermittelbar. Im Dauerschwingversuch unterliegen die Prüfkörper einer periodischen Belastung nach Bild 3.38, obwohl technische Bauteile im Allgemeinen regelloser Schwingungen ausgesetzt sind. Bild 3.38 zeigt den Verlauf eines Lastwechsels (komplettes Schwingspiel) mit den darin enthaltenen wichtigen Kenngrößen.

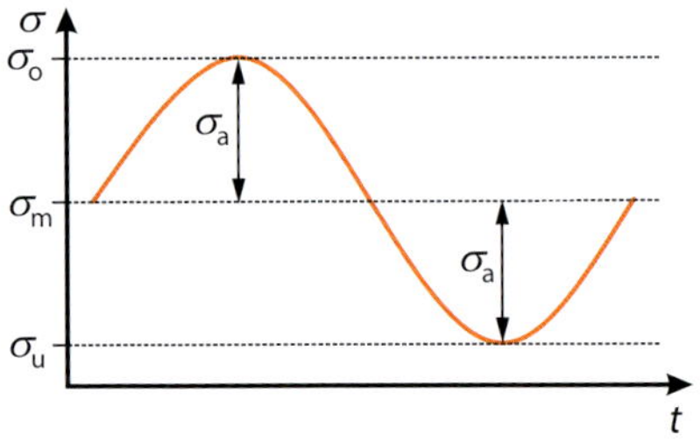

Bild 3.38
Schwingspiel bzw. Lastwechsel

Die Mittelspannung σ_m ist aus der *Oberspannung* σ_o und der *Unterspannung* σ_u berechenbar:

$$\sigma_m = \frac{\sigma_o + \sigma_u}{2} \tag{3.42}$$

Anhand der gleichen Größen kann die Ausschlagspannung σ_a ermittelt werden:

$$\sigma_a = \frac{\sigma_o - \sigma_u}{2} \tag{3.43}$$

Sind hingegen die Mittelspannung und die Ausschlagspannung bekannt, ist über folgende Beziehungen die Oberspannung σ_o und die Unterspannung σ_u feststellbar:

$$\sigma_o = \sigma_m + \sigma_a \tag{3.44}$$

$$\sigma_u = \sigma_m - \sigma_a \tag{3.45}$$

Eine weitere Kenngröße zur Charakterisierung dynamischer Beanspruchungen stellt das Spannungsverhältnis R dar:

$$R = \frac{\sigma_u}{\sigma_o} \tag{3.46}$$

Der in Bild 3.38 darstellte Lastfall zeigt lediglich ein exemplarisches Beispiel eines Schwingspiels. *Carl Julius von Bach* (1847 - 1931) unterteilte die Schwingspiele in die drei im Folgenden idealisierten Lastfälle.

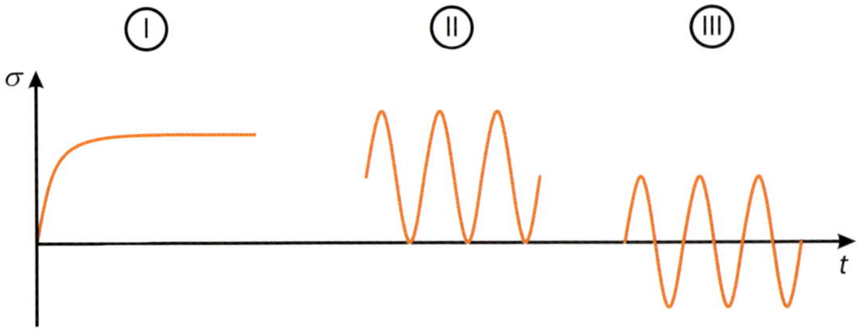

Bild 3.39 Lastfälle nach *Bach* - ruhende Beanspruchung (I), schwellende Beanspruchung (II) und wechselnde Beanspruchung (III)

Lastfall (I) beschreibt die ruhende Belastung. Unter Berücksichtigung von Formel 3.42 bis Formel 3.46 zeichnet sie sich dadurch aus, dass die Oberspannung σ_o gleich der Unterspannung σ_u ist. Folglich gilt für die wirkende Spannung σ:

$$\sigma = \sigma_m = \sigma_o = \sigma_u$$

Rein schwellende Belastung, beschrieben durch den zweiten Lastfall nach *Bach*, definiert sich durch eine Unterspannung von null. Es ergibt sich die Oberspannung σ_o:

$$\sigma_o = 2 \cdot \sigma_m$$

Die Ausschlagspannung σ_a entspricht der Mittelspannung:

$$\sigma_a = \sigma_m$$

Der dritte Lastfall behandelt rein wechselnde Belastung, welche definitionsgemäß eine Mittelspannung σ_m von null aufweist. Dementsprechend ergeben sich folgende Beziehungen für die die Oberspannung σ_o und die Unterspannung σ_u:

$$\sigma_o = \sigma_a$$

$$\sigma_u = -\sigma_a$$

Der nach *Bach* definierte Lastfall (I) stellt die zuvor beschriebene ruhende Beanspruchung dar. Hingegen beschreiben die Lastfälle (II) und (III) Sonderfälle des allgemeinen dynamischen Lastfalls, der sogenannten schwingenden Belastung, dem sogenannten Lastfall (IV) nach Bild 3.40.

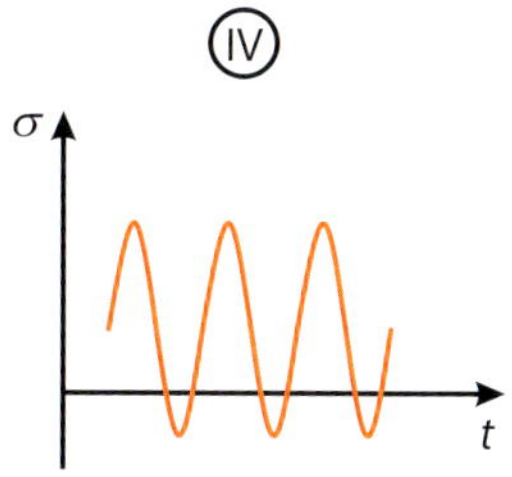

Bild 3.40
Lastfall IV – schwingende Belastung

Dieser allgemeine Fall stellt keine gesonderten Ansprüche an die Mittelspannung σ_m. Die Spannung pendelt zwischen der Oberspannung σ_o und der Unterspannung σ_u, bei einem beliebigen Mittelspannungswert σ_m.

Wie bereits zu Beginn dieses Abschnitts erwähnt, tritt das Bauteilversagen bei dynamischer Belastung früher auf. Eine Aussage diesbezüglich liefert das sogenannte Wöhlerdiagramm.

Wöhlerdiagramm

Prüfstäbe werden bei einer konstanten Mittelspannung σ_m und unterschiedlichen Ausschlagspannungen σ_a oder auch Spannungsverhältnissen R bis zum Bruch einem Schwingversuch unterzogen. Jede Probe wird so lange belastet, bis sie bricht. Die Auftragung der Messergebnisse, auf der Abszisse die Schwingspielzahl N und auf der Ordinate die Ausschlagspannung σ_a, liefert die Wöhlerkurve bzw. das Wöhlerdiagramm (Bild 3.41).

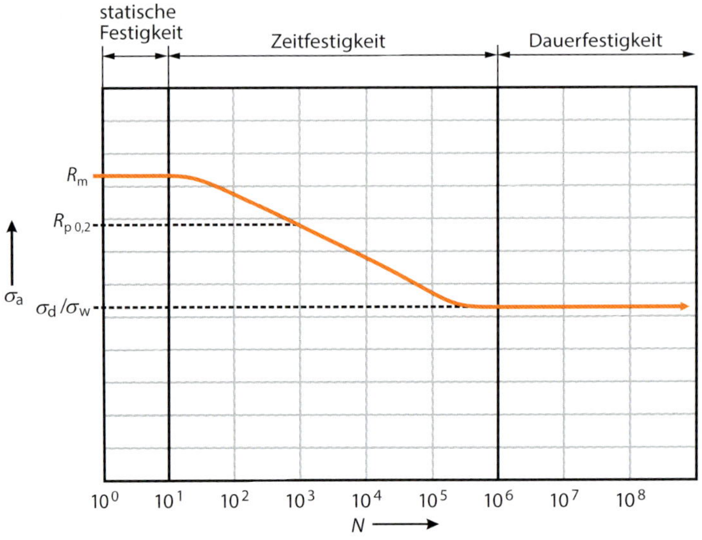

Bild 3.41 Wöhlerdiagramm nach [3.11]

Bereits ingenieurtechnische Vorüberlegungen lassen vermuten, dass bei geringen Ausschlagspannungen eine höhere Schwingspielzahl als bei hohen Ausschlagspannungen erreicht wird. Genau dies spiegelt sich anhand des Wöhlerdiagramms wieder. Wird die Schwingspielzahl logarithmisch aufgetragen, zeigen sich in der Wöhlerkurve zudem drei nahezu lineare Bereiche. Im Schwingspielzahlbereich von ca. 10^1 bis 10^2 können die aus der statischen Festigkeitsrechnung bekannten Festigkeitskennwerte angewandt werden. An diesen Bereich anschließend folgt die Zeitfestigkeit. Innerhalb dieses Schwingspielfensters erträgt der Werkstoff in Abhängigkeit von der Ausschlagspannung zwischen 10^1 und 10^6 Lastwechsel. Der letzte Abschnitt innerhalb des Diagramms verläuft waagerecht zur Abszisse und wird als Dauerfestigkeitsbereich bezeichnet. Wird die sogenannte Grenzlastwechselzahl erreicht, hält der Werkstoff eine beliebig weitere Anzahl an Lastwechseln aus, er ist dauerfest. Bei Stählen beträgt die Grenzlastwechselzahl etwa $2 \cdot 10^6$ bis 10^7 Lastwechsel. Die zugehörige Grenzspannung wird als Dauerschwingfestigkeit bzw. Dauerfestigkeit σ_D bezeichnet.

$$\sigma_D = \sigma_m \pm \sigma_a \tag{3.47}$$

Alle dargestellten Übergänge zwischen den Bereichen stellen keine scharfen Kanten dar, sondern vielmehr Bänder, innerhalb derer die einzelnen Bereiche ineinander übergehen. Das Wöhlerdiagramm ist abhängig vom verwendeten Material, von der Probengeometrie, der Beanspruchung, aber auch den Umgebungsbedingungen.

Dauerfestigkeitsschaubild nach Smith

Die Ermittlung der Wöhlerkurve kommt, wie zuvor beschrieben, durch das Testen mehrerer Prüfstäbe bei konstanter Mittelspannung σ_m und unterschiedlichen Ausschlagspannungen σ_a bzw. Spannungsverhältnissen R zustande. Die somit festgestellten Dauerfestigkeitswerte können in Form eines Dauerfestigkeitsschaubilds nach *J. H. Smith* (Smith-Diagramm) abhängig von der Mittelspannung dargestellt werden. Bild 3.42 zeigt schematisch zwei Konstruktionsmöglichkeiten eines Dauerfestigkeitsschaubilds (DFS) nach *Smith*: links auf Basis der Wechselfestigkeit σ_w, der Streckgrenze R_e sowie der Zugfestigkeit R_m, und rechts mittels der Schwellfestigkeit σ_{sch} anstelle der Zugfestigkeit R_m. Grundsätzlich ist auf der Abszisse die Mittelspannung σ_m

und auf der Ordinate die Dauerfestigkeit σ_D aufgetragen. Für die vereinfachte Konstruktion ist zunächst die Winkelhalbierende des ersten Quadranten zu zeichnen. Als horizontale Begrenzung dient die Streck- bzw. Dehngrenze. Eine weitere horizontale Hilfslinie zwischen der Winkelhalbierenden auf Höhe der Zugfestigkeit (Bild 3.42, links) dient zum Eintragen der Geraden für die Oberspannung σ_o zwischen der Wechselfestigkeit (bei einer Mittelspannung von null) und der Streck- bzw. Dehngrenze. Sie schneiden sich im halben Abstand der Wechselfestigkeit σ_W. Zur Konstruktion der beiden Geraden unterhalb der 45°-Linie für die Unterspannung σ_u wird der Abstand zwischen Winkelhalbierender und Übergang zur Streckgrenze nach unten angetragen. Ausgehend von der negativen Wechselfestigkeit erfolgt eine Verbindung zum zuvor entstandenen Punkt. Abschließend ist eine weiterführende Gerade zum Schnittpunkt der Streckgrenze mit der Winkelhalbierenden zu zeichnen. Die Gerade der Oberspannung σ_o kann ebenfalls durch Verwendung der Schwellfestigkeit σ_{sch} (Unterspannung gleich null) konstruiert werden. In den meisten Werkstofftabellen ist die Schwellfestigkeit σ_{sch} kleiner als die Wechselfestigkeit σ_W. Dies liegt daran, dass nach FKM-Richtlinie [3.17] die Schwellfestigkeit σ_{sch} als Amplitudenwert definiert ist. Aus Gründen der Übersichtlichkeit wird der Wert der Schwellfestigkeit nach Tabelle 2.8 demzufolge mit $\sigma_{sch,a}$ bezeichnet. Im Falle reiner schwellender Beanspruchung ist die Mittelspannung σ_m gleich der Amplitude der Schwellfestigkeit $\sigma_{sch,a}$.

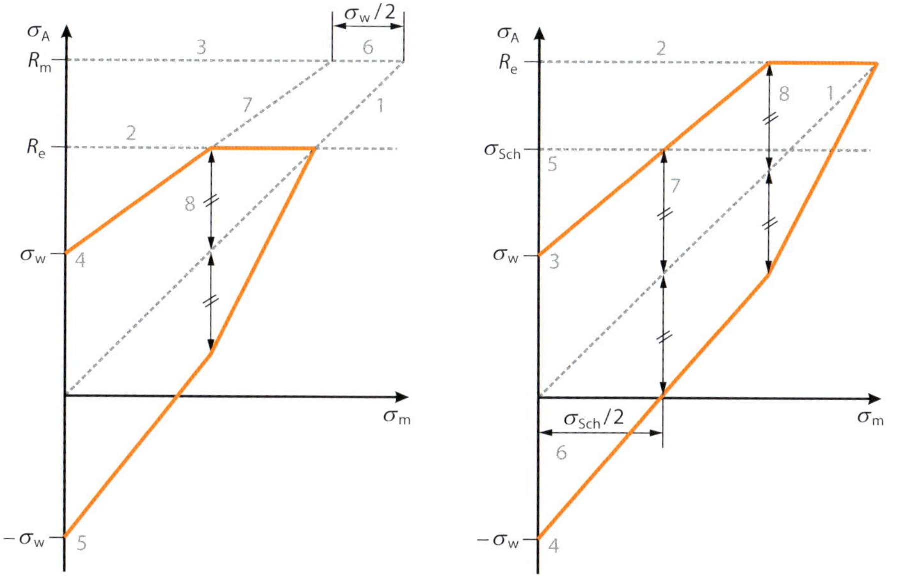

Bild 3.42 Dauerfestigkeitsschaubild nach *Smith*

Anhand des Smith-Diagramms wird deutlich, dass mit zunehmender Mittelspannung σ_m lediglich noch kleine Ausschlagspannungen σ_a für den Werkstoff ertragbar sind. DFS sind nicht nur auf Zug-/Druckbelastung, sondern auch auf Biege- und Torsionsbelastung anwendbar.

Dauerfestigkeitsschaubild nach Haigh

Das nach *B. P. Haigh* benannte Dauerfestigkeitsschaubild stellt eine alternative Darstellungsweise zum zuvor beschriebenen Smith-Diagramm dar. Es bietet die Möglichkeit, die Ausschlagspannungen σ_a zum einen für den Dauerfestigkeitsbereich, aber zum anderen auch für den Zeitfestigkeitsbereich in Abhängigkeit von der Mittelspannung σ_m und dem Spannungsverhältnis R zu ermitteln. Analog zum Smith-Diagramm liegt beim Haigh-Diagramm die Mittelspannung σ_m auf der Abszisse, hingegen ist auf der Ordinate die Ausschlagspannung σ_a aufgetragen.

Ursprungsgeraden mit der Steigung α stellen Beanspruchungen gleichen Spannungsverhältnisses R dar. Für ein Spannungsverhältnis von R gleich eins fällt die Ursprungsgerade mit der Abszisse zusammen. Somit beträgt die Ausschlagspannung null und es resultiert eine ruhende Beanspruchung. Der zweite Grenzfall mit R gleich minus eins liefert eine Mittelspannung von null und folglich reine wechselnde Beanspruchung.

$$\tan\alpha = \frac{\sigma_a}{\sigma_m} = \frac{1-R}{1+R} \quad (3.48)$$

Das in Bild 3.43 gezeigte Haigh-Diagramm weist drei zu unterscheidende Bereiche auf. Kleine Mittelspannungen liegen im sogenannten Wechselbereich. Bis zu einem Spannungsverhältnis von R gleich null erstreckt sich der Zug-Wechsel-Bereich. Der Schnittpunkt der 45°-Linie mit der Grenzlinie liefert die halbe Schwellfestigkeit. Von dort ausgehend schließt der Schwellbereich an den Wechselbereich an. Die Zugfestigkeit stellt grundsätzlich die obere Dauerfestigkeitsgrenze bei einer Ausschlagspannung von null dar. Die praktische obere Dauerfestigkeitsgrenze (aufgrund stark streuender Versuchsergebnisse) ist jedoch die Streckgrenze bzw. Dehngrenze.

Aufgrund einer Vielzahl notwendiger Versuche zur Erstellung eines Haigh-Diagramms kann ein vereinfachtes Haigh-Diagramm unter Verwendung der Wechselfestigkeit σ_w und der Zugfestigkeit R_m ermittelt werden. Für eine Beanspruchung zäher Werkstoffe unter Normalspannung (Zug/Druck und Biegung) ergibt sich ein parabolischer Verlauf für die Ausschlagspannung in Abhängigkeit von der Mittelspannung. Schubbeanspruchung führt hingegen zu einem elliptischen Zusammenhang.

$$\sigma_a = \sigma_w \sqrt{1-\left(\frac{\sigma_m}{R_m}\right)} \quad (3.49)$$

Im Falle der Verwendung von spröden Werkstoffen ergeben sich lineare Zusammenhänge, welche auf *Goodman* (Goodman-Gerade) zurückgehen [3.6]. Für Normalbeanspruchung ist diese:

$$\sigma_a = \sigma_w \left(1-\frac{\sigma_m}{R_m}\right) \quad (3.50)$$

Neben bereits beschriebenen Informationen ist es möglich, in ein Haigh-Diagramm die Versagenslinien für Fließen, Zähbruch und Dauerbruch zu zeichnen. Beispielsweise tritt Fließen genau dann ein, sobald die Oberspannung die Streckgrenze erreicht.

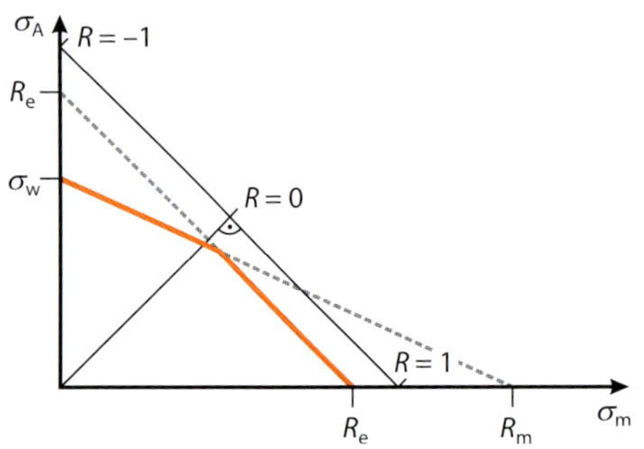

Bild 3.43 Dauerfestigkeitsschaubild nach *Haigh*

8. Negative Einflüsse auf die Festigkeit

Die Ermittlung der in den vorangegangenen Abschnitten erläuterten Werkstoffkennwerte und Festigkeitsdefinitionen erfolgt an definierten, glatten und polierten Prüfkörpern. Diesen Gegebenheiten unterliegen reale technische Bauteile in der Regel nicht. Diverse Gründe (technischer und wirtschaftlicher Art) führen beispielsweise zu starken Querschnittsänderungen, unterschiedlichen Oberflächengüten, aber auch Kerbstellen, welche technisch zum Einbringen von Sicherungsringen unumgänglich sind. Diese Faktoren haben einen deutlichen Einfluss auf die Festigkeit. Um diesen Umstand Rechnung zu tragen, muss eine Korrektur der zuvor berechneten Spannung erfolgen. Die Dauerfestigkeit σ_D realer Bauteile liegt somit meist unterhalb des idealen Werkstoffkennwerts und wird als Gestaltfestigkeit σ_G bezeichnet.

Größeneinfluss

Größere Bauteilgrößen als bei definierten Prüfkörpern, mit welchen die Werkstoffkennwerte ermittelt werden, weisen eine geringere Schwingfestigkeit auf. Gründe hierfür sind eine höhere Wahrscheinlichkeit von Fehlstellen (statischer Größeneinfluss), ein geringer Spannungsgradient bei gleicher Randspannung (geometrischer Größeneinfluss) und somit ein über den Querschnitt größerer gemittelter Spannungswert, fertigungsbedingte Effekte, die beispielsweise beim Schmelzen, Härten oder Gießen auftreten (technologischer Größeneinfluss). Eine differenzierte Betrachtung und Berücksichtigung dieser Einflüsse erfolgt nach DIN 743 (siehe Abschnitt 15.9). Zu Beginn soll hier jedoch aus Gründen der Durchsichtigkeit für Lernende eine einfache Methode aus [3.15] angewandt werden, wenngleich diese nicht dem aktuellen Stand der Forschung entspricht. Zur Vereinfachung werden die beschriebenen Einflüsse zusammen in dem sogenannte Größenbeiwert bzw. Größenfaktor b_2 zusammengefasst, mithilfe dessen die Festigkeitskennwerte korrigiert werden können.

$$\sigma_{\text{Bauteil}} = b_2 \cdot \sigma_{\text{Probe}} \tag{3.51}$$

σ_{Probe} steht hierbei stellvertretend für die in Tabelle 2.8 aufgeführten Festigkeitskennwerte. Der Größenfaktor b_2 ist Diagramm 15.3 zu entnehmen. Die resultierende korrigierte Spannung ist mit σ_{Bauteil} beschrieben.

Oberflächeneinfluss

Im Vergleich zu den polierten Oberflächen der Prüfkörper weisen reale Bauteile Oberflächenrauheiten auf, welche wie kleine Kerben wirken (siehe nächster Abschnitt). Dies führt ebenfalls zu einer Reduktion der Bauteilfestigkeit. Während spröde Werkstoffe vernachlässigbar sensitiv auf die Oberflächenbeschaffenheit reagieren, sind zähe schwingbeanspruchte Werkstoffe stark davon abhängig. Analog zum Größeneinfluss muss auch hier eine Korrektur der zulässigen Probenspannung erfolgen. Die Literatur schlägt hierfür mehrere Verfahren vor. Abschnitt 15.9 beschreibt die Berücksichtigung des Oberflächeneinflusses nach DIN 743. Zu Beginn sei hier jedoch ebenfalls eine einfachere und durchsichtigere Methode angewandt [3.15]. Dieses Verfahren korrigiert die zulässige Probenspannung unter Verwendung des Oberflächenbeiwerts bzw. -faktors b_1.

$$\sigma_{\text{Bauteil}} = b_1 \cdot \sigma_{\text{Probe}} \tag{3.52}$$

Der Oberflächenfaktor b_1 ist Diagramm 15.2 zu entnehmen. Die resultierende korrigierte Spannung ist mit σ_{Bauteil} beschrieben. Wie beschrieben ist der Oberflächeneinfluss bei spröden Werkstoffen vernachlässigbar. Der Oberflächenbeiwert b_1 ist somit eins zu setzen.

3

Kerbwirkung

Kerbwirkung stellt unter den aufgeführten Einflüssen auf die Festigkeit den relevantesten dar. Sie tritt bei abrupter Querschnittsänderung wie beispielsweise bei Wellenabsätzen, Nuten, Bohrungen und dergleichen auf. Dies führt unter Belastung im Bereich des Randes der Kerbe, dem sogenannten Kerbgrund, zu einer Spannungsüberhöhung gegenüber der Nennspannung σ, die rein aus der Größe der Querschnittsfläche errechenbar ist (Bild 3.44).

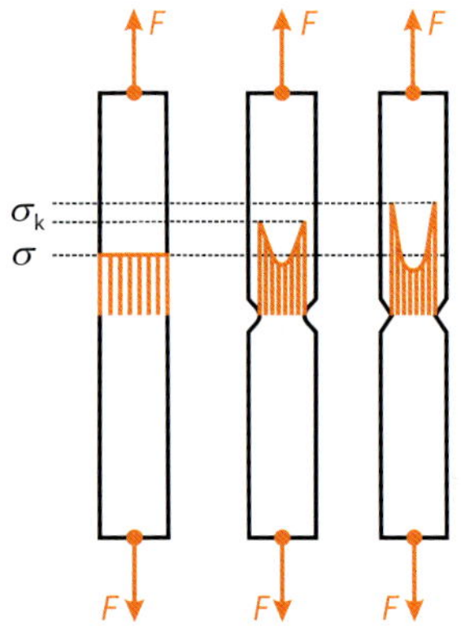

Bild 3.44
Kerbwirkung

Die überhöhte Spannung am Kerbgrund wird Kerbspannung σ_k genannt. Sie nimmt mit zunehmender Kerbtiefe *t* und abnehmendem Kerbradius *r* zu. Zur Berechnung von Kerbwirkung stellt die aktuelle DIN 743 und die FKM-Richtlinie 183 den aktuellen Stand der Forschung dar. Ein Beispiel zur Anwendung der DIN 743 ist in Abschnitt 15.9 zu finden. Zum Einstieg in die Kerbwirkungsberechnung soll an dieser Stelle zum einen aus Gründen der Durchsichtigkeit für Lernende und zum anderen wegen vorherrschenden Praxisrelevanz auf die Berechnung nach *Siebel* näher eingegangen werden [3.16].

Formzahl (bei ruhender Beanspruchung)

Die Form- bzw. Kerbzahl α_k beschreibt bei ruhender Beanspruchung den Zusammenhang zwischen der Kerbspannung σ_k und der Nennspannung σ.

$$\sigma_k = \alpha_k \cdot \sigma \tag{3.53}$$

Im Falle rein elastischer Beanspruchung ist die Kerbzahl ausschließlich von der Geometrie der Kerbe und der Beanspruchungsart abhängig. Zur Kennzeichnung der Beanspruchungsart erhält die Formzahl die entsprechenden Indizes der Beanspruchung. Somit ist im Falle von Torsionsbeanspruchung die Formzahl σ_{kt}, für Biegebeanspruchung σ_{kb} und für Zug- bzw. Druckbeanspruchung $\sigma_{kz,d}$. Wirkt auf das Bauteil aufgrund Torsionsbeanspruchung eine Torsionsspannung τ ein, lässt sich dies folgend darstellen:

$$\tau_k = \alpha_k \cdot \tau \tag{3.54}$$

Die Bestimmung der Formzahl erfolgt im Experiment oder mittels Finite-Elemente-Analyse; ihre Werte liegen in einem Bereich von $\alpha_k = 1 \ldots 5$. Spitze Kerben führen im Allgemeinen zu einer höheren Formzahl als Rundkerben (Bild 3.44). Es ist daher zur Verringerung von Kerbspannung anzustreben, Querschnittsübergänge nicht abrupt, sondern stetig verlaufen zu lassen. Hohe Werte der Formzahl führen letztlich dazu, dass bereits bei geringen Nennspannungen sehr hohe Kerbspannungen erzeugt werden, wodurch es zum Materialversagen kommen kann.

Anhand einer Welle mit einem Absatz soll das Vorgehen der Formzahlberechnung mittels Finite-Elemente-Analyse kurz beschrieben werden. Für den Wellenabsatz nach Bild 3.45 gilt: $D = 240\,\text{mm}$, $d = 180\,\text{mm}$, $r = 5\,\text{mm}$ und $t = 30\,\text{mm}$.

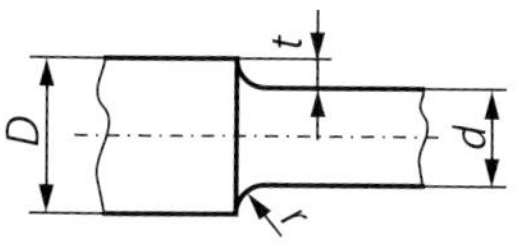

Bild 3.45
Wellenabsatz [3.9]

Nach Tabelle 3.3 berechnet sich die Formzahl für Zug- bzw. Druckbeanspruchung wie folgt:

$$\alpha_{kz,d} = \alpha_{\sigma,zd} = 1 + \frac{1}{\sqrt{0{,}62\frac{r}{t} + 7\frac{r}{t}\left(1 + 2\frac{r}{d}\right)^2}}$$

Mit den eingesetzten Werten beträgt $\alpha_{kz,d} = 2{,}77$. Dieser Wert dient als Referenz. Bild 3.46 zeigt die FE-Modellierung der Kerbe (links) und den Spannungsverlauf nach Aufgabe der Randbedingungen (rechts).

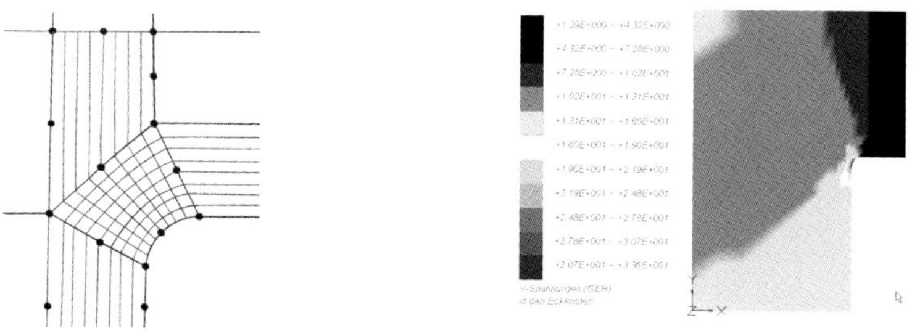

Bild 3.46 FE-Modellierung der Kerbe (links) und Spannungsauswertung (rechts) [3.9]

Wie gezeigt kann die Formzahl aus dem Verhältnis von Kerbspannung σ_k und Nennspannung σ bestimmt werden. Für das vorangegangene FE-Beispiel bedeutet dies, dass die maximale Spannung im Kerbgrund der Nennspannung gegenüberzustellen ist.

$$\alpha_{kz,d} = \frac{\sigma_{V,\text{Element}\,285}}{\sigma_{V,\text{Element}\,455}} = \frac{35{,}5}{12{,}9} = 2{,}75$$

Eine detailliertere Beschreibung zur Bestimmung der Formzahl mittels Finite-Elemente-Analyse findet sich in [3.9].

Für typische Kerbgeometrien können die Formzahlen, abhängig vom Belastungszustand, Tabelle 3.3 und Tabelle 15.3 bis Tabelle 15.5 entnommen werden.

Kerbwirkungszahl (bei dynamischer Beanspruchung)

Die Kerbwirkungszahl β_k wird für dynamische Beanspruchung allgemein durch das Verhältnis aus Dauerfestigkeit des ungekerbten Prüfkörpers σ_D zu Dauerfestigkeit des Prüfkörpers mit Kerbe σ_{kD} beschrieben.

$$\beta_k = \frac{\sigma_D}{\sigma_{kD}} \tag{3.55}$$

3

Entgegen der Formzahl berücksichtigt die Kerbwirkungszahl β_k den Lastfall, die Kerbgeometrie und den verwendeten Werkstoff. Des Weiteren erfolgt die Unterscheidung des Beanspruchungsfalls analog der Formzahl durch die entsprechenden Indizes. Für Zug-/Druckbeanspruchung lautet die Kerbwirkungszahl $\beta_{kz,d}$, für Biegebeanspruchung β_{kb} und für Torsionsbeanspruchung β_{kt}. Im Gebiet der Dauerfestigkeit kann der Wertebereich der Kerbwirkungszahl im Bereich $1 \leq \beta_k \leq \alpha_k$ liegen. Eine nähere Betrachtung der Grenzfälle zeigt, dass für $\beta_k = \alpha_k$ die größte Kerbwirkung existiert und für $\beta_k = 1$ keine Kerbempfindlichkeit vorhanden ist. Während die Formzahl analytisch oder auch numerisch bestimmbar ist, kann die Kerbwirkungszahl lediglich in aufwendigen Versuchen ermittelt werden. Aus diesem Grund entwickelten sich diverse Verfahren zu ihrer rechnerischen Bestimmung. Im Rahmen dieses Kapitels soll, aus den eingangs erwähnten Gründen, auf das Verfahren nach *Siebel*, welches sicherlich eines der bekanntesten und am weitesten verbreiteten darstellt, eingegangen werden [3.16]. Zur Berechnung der Kerbwirkungszahl ist zunächst das bezogene Spannungsgefälle χ erforderlich. Es beschreibt den Spannungsgradienten an der maximal beanspruchten Stelle (Kerbgrund). Tabelle 15.6 enthält das bezogene Spannungsgefälle für verschiedene Beanspruchungsarten und Kerbformen nach *Siebel* [3.15]. Formel 3.56 bis Formel 3.58 zeigen einen Auszug aus dieser Tabelle. Die Formeln können auf das in Bild 3.45 dargestellte Bespiel angewandt werden.

Zug-/Druckbeanspruchung $$\chi = \frac{2}{r} \tag{3.56}$$

Biegebeanspruchung $$\chi = \frac{4}{D+d} + \frac{2}{r} \tag{3.57}$$

Torsionsbeanspruchung $$\chi = \frac{4}{D+d} + \frac{1}{r} \tag{3.58}$$

Im Nachfolgenden ist die dynamische Stützziffer n_χ zu berechnen.

$$n_\chi = \frac{1+\sqrt{s_g \cdot \chi}}{1+\sqrt{s_g \cdot \chi_0}}$$

s_g ist hierbei die Gleitschichtbreite, χ beschreibt das bezogene Spannungsgefälle im gekerbten Zustand und χ_0 das bezogene Spannungsgefälle im ungekerbten Zustand lediglich unter Berücksichtigung der Beanspruchungsart. Das bezogene Spannungsgefälle χ_0 kann ebenfalls Tabelle 15.6 entnommen werden. Für die theoretische Berechnung entspricht die Gleitschichtbreite s_g dem mittleren Korndurchmesser. Diese steht in der Praxis jedoch selten zur Verfügung, sodass die dynamische Stützziffer n_χ nach *Siebel* auch mittels Diagramm 15.1 zu bestimmen ist. Beim Auftreten eines Dauerbruches trifft sie eine Aussage, um welchen Betrag die theoretische Spannungsspitze über der Dauerfestigkeit liegt. In Abhängigkeit vom verwendeten Werkstoff ist zum Auslesen der dynamischen Stützziffer die Streckgrenze R_e bei zähen und die Zugfestigkeit R_m bei spröden Werkstoffen zu berücksichtigen. Nachdem zuvor die Formzahl α_k bereits berechnet wurde, ist die Kerbwirkungszahl β_k jetzt wie folgt zu ermitteln:

$$\beta_k = \frac{\alpha_k}{n_\chi} \tag{3.59}$$

Für Spannung unter Berücksichtigung der dynamischen Kerbwirkung gilt also:

$$\sigma_k = \beta_k \cdot \sigma \tag{3.60}$$

Unter wirkender Torsionsbeanspruchung gilt entsprechend:

$$\tau_k = \beta_k \cdot \tau \tag{3.61}$$

Auswirkung der Kerbwirkung auf die Festigkeitshypothesen

Die Ausführungen der Formzahl und der Kerbwirkung beziehen sich auf jeweils einzeln auftretende Belastungszustände. In der Regel treten in Kerben jedoch mehrachsige Beanspruchungszustände auf, welche analog den vorangegangenen Ausführungen zur zusammengesetzten Beanspruchung zur Vergleichbarkeit auf einen einachsigen Beanspruchungszustand zurückzuführen sind. Im Falle auftretender Kerbwirkung müssen die Belastungen zunächst in ruhende und dynamische bzw. schwingende aufgetrennt und anschließend mit der Formzahl α_k und Kerbwirkungszahl β_k korrigiert werden. Die maximal auftretende Spannung σ_{max} einer schwingenden Beanspruchung unter der Berücksichtigung von Kerbwirkung ergibt sich demnach wie folgt:

$$\sigma_{max} = \alpha_k \cdot \sigma_m + \beta_k \cdot \sigma_a \tag{3.62}$$

Im Falle eines mehrachsigen Beanspruchungszustandes ist für die Mittelspannung σ_m die Vergleichsmittelspannung σ_{Vm} unter Berücksichtigung der Gestaltänderungsenergiehypothese zu berechnen.

$$\sigma_{Vm} = \sqrt{\left(\alpha_{kz,d} \cdot \sigma_{zm} + \alpha_{kb} \cdot \sigma_{bm}\right)^2 + 3 \cdot \left(\alpha_{kt} \cdot \tau_{tm}\right)^2} \tag{3.63}$$

Gleiches gilt für die Ausschlagspannung σ_a, jedoch handelt es sich hierbei um eine dynamische Spannung, sodass die Kerbwirkungszahl anzuwenden ist.

$$\sigma_{Va} = \sqrt{\left(\beta_{kz,d} \cdot \sigma_{za} + \beta_{kb} \cdot \sigma_{ba}\right)^2 + 3 \cdot \left(\beta_{kt} \cdot \tau_{ta}\right)^2} \tag{3.64}$$

Auf Basis dieser Kenntnis kann jetzt die obere Vergleichsspannung σ_{Vo} nach Formel 3.66 ermittelt werden.

$$\sigma_{Vo} = \sigma_{Vm} + \sigma_{Va} \tag{3.65}$$

Die Berechnung der Vergleichsspannung ist im Nachfolgenden noch mit der zulässigen Festigkeit des Werkstoffs zu vergleichen. Hierfür ist jedoch die entsprechende Dauerfestigkeit σ_D, welche an glatten und genormten Proben ermittelt wurde, mit dem Größeneinfluss b_2 und Oberflächeneinfluss b_1 sowie mit einer Sicherheit S nach Formel 3.67 zu korrigieren.

$$\sigma_{Vo} \le \sigma_{Dzul} = \frac{\sigma_D \cdot b_1 \cdot b_2}{S} = \frac{\left(\sigma_m + \sigma_A\right) \cdot b_1 \cdot b_2}{S} \tag{3.66}$$

Einen alternativen Weg zum Führen des Vergleichs stellt die Verwendung der Vergleichsmittelspannung σ_{Vm} mithilfe des Dauerfestigkeitsschaubilds dar. Hierzu wird mit der Vergleichsmittelspannung σ_{Vm} die entsprechende Ausschlagspannung σ_A aus dem Smith-Diagramm ausgelesen. Anschließend erfolgt der Vergleich mit der Vergleichsausschlagspannung σ_{Va} unter Berücksichtigung des Oberflächen- und Größeneinflusses sowie der Sicherheit.

$$\sigma_{Va} \le \sigma_{Azul} = \frac{\sigma_A \cdot b_1 \cdot b_2}{S} \tag{3.67}$$

Typische Sicherheitswerte S in Abhängigkeit von der Beanspruchung und dem Lastfall sind:

- statische Beanspruchung
  - gegen Bruch: $S = 2 \ldots 4$
  - gegen Instabilität: $S = 3 \ldots 5$
  - gegen zu große Verformung: $S = 1{,}2 \ldots 2$
- dynamische Beanspruchung
  - gegen Bruch: $S = 2 \ldots 4$
  - gegen Instabilität: $S = 3 \ldots 5$
  - gegen zu große Verformung: $S = 1{,}2 \ldots 2$
  - gegen Dauerbruch: $S = 2 \ldots 3$

Unter Betriebsfestigkeit wird die Zeitfestigkeit (bei begrenzter Lebensdauer) oder die Dauerfestigkeit eines Bauteils verstanden, bei der möglichst alle Einflüsse berücksichtigt werden, denen das Bauteil im Betriebszustand ausgesetzt ist. Dazu gehören außer den bereits genannten Einflüssen die Betriebstemperatur, die Korrosion, der Verschleiß und vor allem die meistens regellos verlaufenden Beanspruchungsschwankungen mit unterschiedlichen Schwingungsamplituden bei konstanter oder variabler Mittelspannung. Versuche ergaben, dass einzelne Spannungsspitzen durchaus über der Dauerfestigkeit des Werkstoffs liegen dürfen. Von besonderer Bedeutung ist eine möglichst wirklichkeitsnahe Erfassung des Beanspruchungs-Zeit-Verlaufs. Hierfür gibt es dank intensiver Forschung einige bewährte Verfahren, worauf in Abschnitt 3.2 sowie in [3.14] und [3.17] eingegangen wird.

9. Festigkeitsnachweis

Der sogenannte Festigkeitsnachweis beendet den Abschnitt zur Festigkeitsberechnung. An dieser Stelle ist für gefährdete Bauteilquerschnitte nachzuweisen, dass die Beanspruchungen zulässig sind oder mit Sicherheit ertragen werden können. Grundsätzlich sind diverse Nachweise beispielsweise bezüglich der Dauerfestigkeit, dem Knicken usw. möglich. Der Ingenieur prüft (auch auf Basis seiner Erfahrung) die Notwendigkeit des Festigkeitsnachweises und führt einen oder mehrere durch.

Am häufigsten wird ein Spannungsnachweis, der die vorhandene Spannung im Bauteil σ_{vorh} bzw. τ_{vorh} mit einer zulässigen Spannung σ_{zul} bzw. τ_{zul} vergleicht, durchgeführt.

$$\sigma_{\text{vorh}} \leq \sigma_{\text{zul}} \quad \text{bzw.} \quad \tau_{\text{vorh}} \leq \tau_{\text{zul}} \tag{3.68}$$

Die vorhandenen Spannungen σ_{vorh} bzw. τ_{vorh} können das Ergebnis einer Vergleichsspannung oder beispielsweise im Falle einer Zugbeanspruchung eine einachsige Belastung sein. Die zulässigen Spannungen σ_{zul} bzw. τ_{zul} werden anhand eines Werkstoffkennwertes K ermittelt. Häufig wird dieser mit einer für den Betrieb erforderlichen Sicherheit S_{erf} korrigiert. Als Werkstoffkennwert K wird für zähe Werkstoffe bei Zugbeanspruchung vorwiegend die Fließgrenze R_{e} bzw. $R_{\text{p0,2}}$, bei Biegebeanspruchung σ_{bF} und bei Torsionsbeanspruchung τ_{tF} eingesetzt. Werden hingegen spröde Werkstoffe betrachtet, dient bei Zugbeanspruchung die Bruchfestigkeit R_{m}, bei Biegebeanspruchung σ_{bB} und bei Torsionsbeanspruchung τ_{tB} als Festigkeitskennwert.

$$\sigma_{\text{zul}} = \frac{K}{S_{\text{erf}}} \quad \text{bzw.} \quad \tau_{\text{zul}} = \frac{K}{S_{\text{erf}}}$$

Anstelle des Spannungsnachweises kann auch ein Sicherheitsnachweis mit Nennspannungen stattfinden. Dabei erfolgt ein Vergleich der vorhandenen Sicherheit S_{vorh} mit der erforderlichen Sicherheit S_{erf}.

$$S_{\text{vorh}} = \frac{K}{\sigma_{\text{vorh}}} \geq S_{\text{erf}} \quad \text{bzw.} \quad S_{\text{vorh}} = \frac{K}{\tau_{\text{vorh}}} \geq S_{\text{erf}} \tag{3.69}$$

Für viele Maschinenelemente und die verwendeten Werkstoffe sind Erfahrungswerte für zulässige Spannungen und erforderliche Sicherheiten bekannt, die in den jeweiligen Kapiteln angegeben werden.

Erfolgt bei schwingender Beanspruchung ein Nachweis auf Dauerhaltbarkeit (Versagensart: Ermüdungsbruch), so ist dieser auf Basis von σ_{vo} durchzuführen. Für die erforderliche Sicherheit gegen Dauerbruch enthält die Fachliteratur unterschiedliche Angaben. Anhaltswerte können Tabelle 3.7 entnommen werden.

Neben den dargelegten Ausführungen liefert u. a. die DIN 743 ein Verfahren zur Tragfähigkeitsberechnung von Wellen und Achsen, welches jedoch wesentlich aufwendiger als das hier dargelegte Verfahren ist. Eine ausführliche Darstellung findet sich in Kapitel 15. Weiterhin kann der rechnerische Festigkeitsnachweis nach der Richtlinie 183 (Rechnerischer Festigkeitsnachweis für Maschinenbauteile aus Stahl, Eisenguss- und Aluminiumwerkstoffen) des Forschungskuratoriums Maschinenbau erfolgen. Eine ausführliche Erläuterung der FKM-Richtlinie wird in Abschnitt 3.2 gegeben. Sie basiert auf der Richtlinie VDI 2226, mehreren TGL-Standards der DDR, einigen FKM-Forschungsheften und anderer einschlägiger Fachliteratur sowie auf den neuesten wissenschaftlichen Erkenntnissen.

Allgemein wird zwischen den folgenden vier Nachweisformen unterschieden:

- Statischer Festigkeitsnachweis mit Nennspannungen
- Statischer Festigkeitsnachweis mit örtlichen Spannungen
- Ermüdungsfestigkeitsnachweis mit Nennspannungen
- Ermüdungsfestigkeitsnachweis mit örtlichen Spannungen

Die Berechnungen beziehen sich auf nicht geschweißte und auf geschweißte stabförmige, flächenförmige und volumenförmige Bauteile. Mit ihren umfangreichen Werkstofftabellen unter Berücksichtigung der neuen Werkstoffbezeichnungen und den ausführlichen Angaben der vielen Einflussfaktoren ermöglicht diese Richtlinie eine exakte Durchführung nahezu aller in der Praxis des Maschinenbaus vorkommenden Festigkeitsberechnungen.

Weiterhin bieten Software- bzw. Online-Produkte wie die Bayreuther Maschinenelemente-Programme (*www.baymp.de*, Bild 3.47) die Möglichkeit, diverse Maschinenelemente (z. B. Tellerfedern, Schrauben) komfortabel auf Basis der entsprechenden Normen zu berechnen [3.18].

3

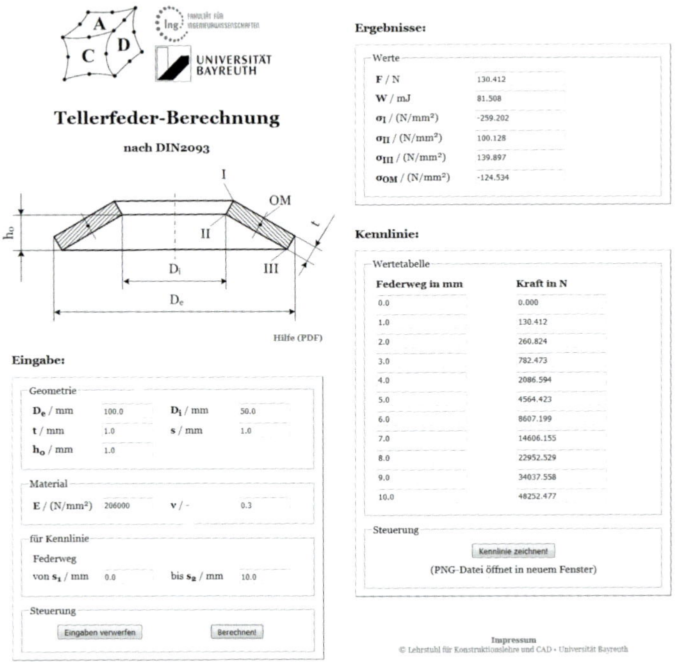

Bild 3.47 Berechnung einer Tellerfeder nach DIN 2093 mittels der Onlineplattform BayMP [3.18]

Bei Berechnungen während des Konstruktionsprozesses sollte man beachten, dass aufwendige Berechnungsverfahren wenig nutzen, wenn die angreifenden Kräfte oder Momente nur ungenau bekannt sind und auch über die zulässigen Beanspruchungen wenig Klarheit besteht. Liegen jedoch fundierte Erkenntnisse über die Belastungen, die Festigkeitswerte der Werkstoffe und die erforderlichen Sicherheiten für eine geplante Konstruktion vor, so ist es mittels geeigneter Berechnungsprogramme unproblematisch und vom zeitlichen Aufwand her vertretbar, umfangreiche Berechnungen durchzuführen, um optimale Lösungen zu erreichen.

3.2 Betriebsfestigkeit nach der FKM-Richtlinie

Einführung

Die FKM-Richtlinie „Rechnerischer Festigkeitsnachweis für Maschinenbauteile" erschien erstmals 1994. Derzeit erscheint sie in der 6. Auflage [3.17], ist mittlerweile verbreitet und anerkannt und gilt als Stand der Technik bei der Berechnung der Betriebsfestigkeit. Die Berechnung der **Betriebsfestigkeit** wird hier in einem separaten Kapitel vorgestellt, weil deren Verständnis nicht zwingend für das Verständnis des gesamten Buches erforderlich ist. Aufgrund des Umfangs der FKM-Richtlinie kann diese hier nicht vollständig wiedergegeben werden. Zum Durchführen eigener Betriebsfestigkeitsnachweise ist es unerlässlich, die FKM-Richtlinie in der aktuellen Fassung vorliegen zu haben. Ebenfalls sehr hilfreich und das Verständnis fördernd ist das von *E. Haibach*, dem maßgeblichen Mitgestalter dieser Richtlinie, herausgegebene Buch „Betriebsfestigkeit". Der Aufwand zum Durchführen von Betriebsfestigkeitsnachweisen entsprechend der FKM-Richtlinie ist so groß, dass der Einsatz von entsprechenden Computerprogrammen zu empfehlen ist. Die Erarbeitung der FKM-Richtlinie erfolgte basierend auf TGL-

Standards der DDR, der VDI-Richtlinie 2226, Regelungen der DIN 18800, der DIN 4113-2, dem Eurocode 3 und 9, den IIW Empfehlungen sowie weiteren Forschungsergebnissen.

Anwendung

Die Berechnung der Betriebsfestigkeit erfordert im Vergleich zur Berechnung der Dauerfestigkeit wesentlich mehr Aufwand. Aus diesem Grund sollte man sich immer überlegen, ob eine derartige Berechnung sinnvoll und nützlich ist. Dazu muss man die Kostenreduzierung durch Materialeinsparung einerseits und den erhöhten Berechnungsaufwand andererseits beachten. Daraus lässt sich ableiten, dass eine Betriebsfestigkeitsberechnung dann sinnvoll ist, wenn

- große Stückzahlen hergestellt werden sollen (Kosten durch Materialeinsparung),
- die Erzeugnisse aus sehr teurem Material bestehen,
- schnell bewegte Bauteile dimensioniert werden (hier erhöht sich die Dynamik des Produktes und es können Energiekosten während des Betriebs gespart werden, z.B. im Fahrzeugbau), und
- durch die leichtere Dimensionierung die Funktion erst einmal ermöglicht wird, z.B. im Flugzeugbau.

Zusammenhänge der Betriebsfestigkeit

Die Streckgrenze R_e bzw. die 0,2-%-Dehngrenze $R_{p\,0.2}$ sind die maximal ertragbaren Spannungen, die ein Bauteil einmal ertragen würde. Das bedeutet, dass einmaliges Überschreiten dieser Spannung zu bleibenden Verformungen des Bauteils führt. Den Nachweis hinsichtlich dieser Größen bezeichnet man als *Maximalspannungsnachweis*. Im Gegensatz dazu bezeichnet die Dauerfestigkeit σ_D die Spannung, die ein Bauteil beliebig oft erträgt. Dazwischen liegt der Bereich der *Zeitfestigkeit*. Der geneigte Teil der Wöhlerlinie entsteht, wenn die Zeitfestigkeit bei einer konstanten Mittelspannung für unterschiedliche Spannungsamplituden ermittelt wird. Jedoch wird jeder einzelne Punkt der Wöhlerlinie mit einer Belastung ermittelt, die aus vielen konstanten Spannungsausschlägen besteht. In der Praxis tritt jedoch meist eine Belastung mit *unterschiedlichen Spannungsamplituden* auf. Würde man ein Bauteil nach der maximalen auftretenden Spannungsamplitude, gekoppelt mit der Schwingspielzahl, auslegen, führte dies zu überdimensionierten Bauteilen. Das Bauteil wäre so dimensioniert, dass es die Belastung ertragen könnte, wenn jeder Spannungsausschlag mit der Maximalamplitude erfolgen würde. Möchte man derartige Phänomene berücksichtigen, muss man Verfahren der Betriebsfestigkeit heranziehen.

Die in Bild 3.48 eingezeichnete *Lebensdauerlinie* kann experimentell oder durch Simulation ermittelt werden, wobei der zu erwartende Beanspruchungsverlauf zugrunde liegen muss. Die Häufigkeit des Auftretens einzelner Beanspruchungswerte wird mit sogenannten **Beanspruchungskollektiven** beschrieben. Je größer der Anteil im Vergleich zum höchsten Beanspruchungswert an kleinen Spannungsausschlägen mit kleinen Spannungsamplituden ist, umso mehr weicht die Lebensdauerlinie von der Wöhlerlinie ab. Die Lebensdauerlinie ist im Vergleich zur Wöhlerlinie in Richtung der höheren Schwingspielzahl versetzt. Weiterhin hat es auf die Haltbarkeit des Bauteils einen Einfluss, in welcher Reihenfolge die unterschiedlichen Belastungen erfolgen. Hierfür müsste man die Belastungen mit Belastungszeit-Funktionen beschreiben.

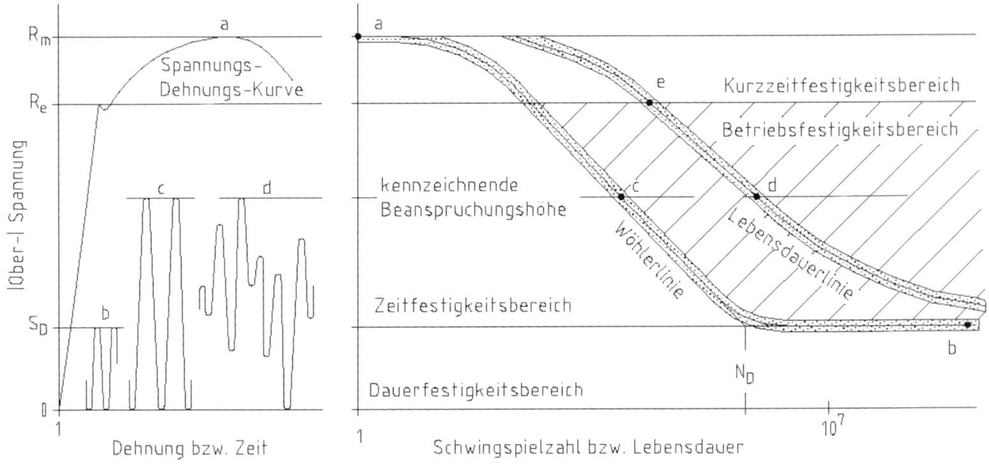

Bild 3.48 Entstehung von Wöhler- und Lebensdauerlinie [3.19]
a) Spannungs-Dehnungs-Kurve des Werkstoffs, b) Dauerfestigkeit (beliebig oft ertragbar), c) Zeitfestigkeit, gleiche Spannungsamplituden, endliche Lebensdauer, d) Zeitfestigkeit, ungleiche Spannungsamplituden, endliche Lebensdauer

Anwendungsbereiche

Die FKM-Richtlinie ist für die Anwendung im Maschinenbau und artverwandten Industriebereichen gedacht. Sie gilt für den *statischen Festigkeitsnachweis* und den *Ermüdungsfestigkeitsnachweis*, der je nach Beanspruchungsart ein Dauerfestigkeitsnachweis, ein Zeitfestigkeitsnachweis oder ein Betriebsfestigkeitsnachweis sein kann. Die Richtlinie gilt für Bauteile aus Walzstahl, Schmiedestahl, Eisenguss und Aluminium mit folgenden Begrenzungen des Temperaturbereichs:

Stahl	-40...500 °C
Eisenguss	-25...500 °C
Aluminium	-25...250 °C

Es können geschweißte und nicht geschweißte Bauteile berechnet werden. Die statische Berechnung geht vom einmaligen Auftreten der Maximalspannung aus.

Die Ermüdungsbeanspruchung wird ab 10^4 Zyklen als Ein-Stufen- oder Kollektivbeanspruchung bewertet. Bei weniger als 10^4 Lastzyklen erfolgt keine weitere Abminderung im Vergleich zu 10^4 Lastzyklen. Des Weiteren wird ein korrosionsfreies Umgangsmedium vorausgesetzt.

In der Richtlinie erfolgt nur eine Bewertung der Spannung. Die Bestimmung der Spannungen ist nicht Gegenstand der Richtlinie. Hier werden geeignete und anerkannte Berechnungen vorausgesetzt. Genauso wird vorausgesetzt, dass die Bauteile hinsichtlich Konstruktion, Werkstoff und Verarbeitung fachgerecht und fehlerfrei ausgeführt sind.

Das Sicherheitskonzept der Richtlinie geht von einer Überlebenswahrscheinlichkeit $P_u = 97{,}5\%$ bei den Materialdaten aus. Die Lastannahmen sind so zu wählen, dass sie auf der sicheren Seite liegen (Bild 3.49).

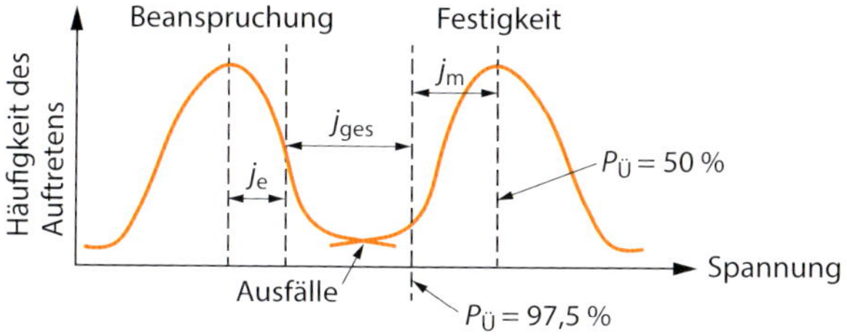

Bild 3.49 Sicherheitskonzept der FKM-Richtlinie

In der Richtlinie werden folgende Dinge nicht beachtet:

- niederzyklische Ermüdung $N < 10^4$
- Stabilitätsprobleme
- Sprödbruchversagen
- Verformungen, Deformationen
- stoßartige Belastungen und hohe Frequenzen
- Lastannahmen
- Spannungsberechnung

Der Nachweis kann mit Nennspannungen oder mit numerisch bestimmten örtlichen Spannungen erfolgen. Beim Nennspannungsnachweis muss ein definierter Querschnitt vorhanden sein, die Formzahl darf nicht zu groß sein ($K_t < 5$) und die Bruchdehnung muss größer als 6 % sein. Der Nachweis für örtliche Spannungen gilt für alle Werkstoff- und Bauteilarten und erfordert keinen definierten Querschnitt.

Ablauf der Berechnung

Für den statischen Festigkeitsnachweis und für den Ermüdungsfestigkeitsnachweis werden ähnliche Berechnungsabläufe vorgeschlagen (siehe folgende Abbildungen). Weiterhin wird eine Bearbeitungsreihenfolge vorgeschlagen, die eine Umsetzung in Berechnungsprogrammen erleichtert. Um den Festigkeitsnachweis zu erbringen, sind die Spannungskennwerte den Bauteilfestigkeitswerten unter Beachtung erforderlicher Sicherheitsfaktoren gegenüberzustellen. Der Nachweis ist in jedem kritischen Querschnitt neu zu führen. Der Festigkeitsnachweis gemäß der FKM-Richtlinie ist modular aufgebaut. Nur an der Indizierung ist erkennbar, welche Spannungskomponente gerade berechnet wird (zd – Druck/Zug, b – Biegung, s – Schub, t – Torsion).

Die örtlichen Spannungen werden mit σ und t und die Nennspannung mit S und T bezeichnet. Folgerichtig ist die Richtlinie in vier Kapitel mit vergleichbarem Aufbau untergliedert:

- Statischer Festigkeitsnachweis mit Nennspannungen (I)
- Ermüdungsfestigkeitsnachweis mit Nennspannungen (II)
- Statischer Festigkeitsnachweis mit örtlichen Spannungen (III)
- Ermüdungsfestigkeitsnachweis mit örtlichen Spannungen (IV)

In den folgenden Darstellungen werden die römischen Zahlen zur Bezeichnung der Art des Nachweises verwendet. Um eine vertiefende weitere Bearbeitung mit der FKM-Richtlinie zu erleichtern, wurden die dort vorgesehenen Formelzeichen beibehalten. Eventuelle Abweichungen zur sonstigen Darstellung im Buch wurden bewusst in Kauf genommen.

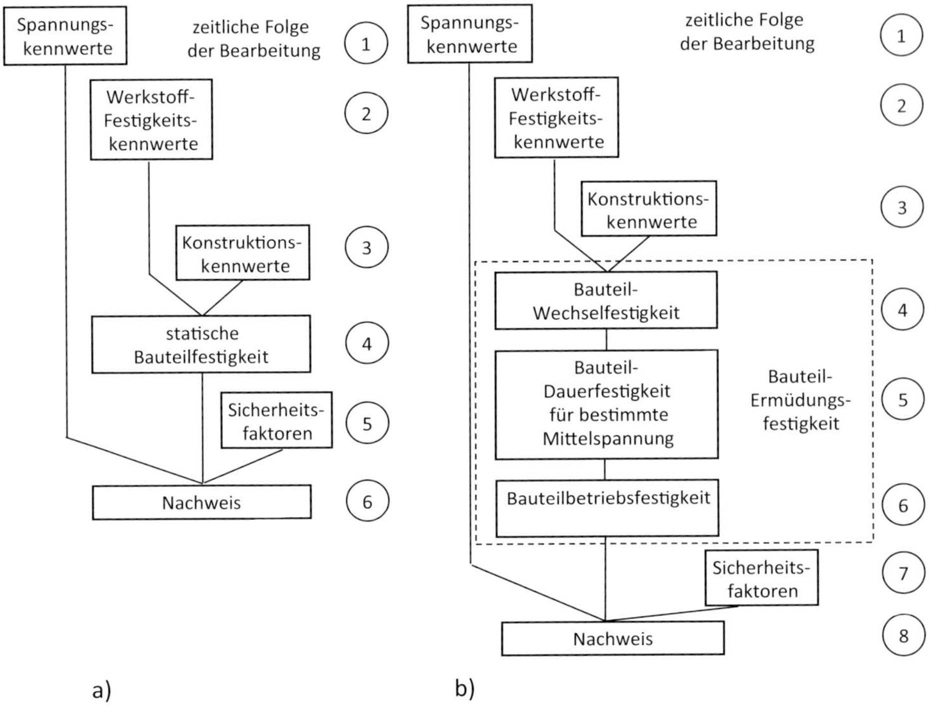

Bild 3.50 Ablauf des Festigkeitsnachweises nach der FKM-Richtlinie [3.17]
a) Statischer Betriebsfestigkeitsnachweis, b) Ermüdungsfestigkeitsnachweis

In den folgenden Abbildungen sind die für den Nachweis erforderlichen Formeln im Einzelnen aufgelistet. Die in Bild 3.50 vergebenen Nummern zur zeitlichen Folge der Bearbeitung finden sich in den Bildunterschriften der folgenden Abbildungen wieder. Im Anschluss an die Abbildungen sind die bis dahin benötigten Informationen und Übersichten aufgeführt. Auf eine doppelte Darstellung gleicher Inhalte konnte verzichtet werden, weil analoge Arbeitsschritte immer in einem Bild dargestellt sind. In dieser Beziehung weicht die hier gewählte Darstellung von der in der FKM-Richtlinie ab. Gemäß der folgenden Abbildung werden die Spannungskennwerte ermittelt. Je genauer es hier gelingt, den Lastfall zu beschreiben, umso genauer wird die gesamte Berechnung. Ab ca. 10 000 Zyklen ist ein *Ermüdungsfestigkeitsnachweis* zu führen. Beim Ermüdungsfestigkeitsnachweis sollte nicht der Aufwand gescheut werden, das Spannungskollektiv genau zu beschreiben. Aus dem Spannungskollektiv wird ein *Völligkeitsmaß* gebildet. Bei einstufiger Belastung ist das Völligkeitsmaß $v = 1$. Je kleiner das Völligkeitsmaß im Vergleich zu 1 ist, umso größer wäre die Überdimensionierung, wendete man die FKM-Richtlinie nicht an.

Die in der folgenden Tabelle aufgeführten Spannungen sind zu berechnen.

<table>
<tr><th>Art des Nachweises</th><th></th></tr>
<tr><td rowspan="2">Statischer Festigkeitsnachweis mit Nennspannungen</td><td>Nicht geschweißte Bauteile:
▪ $S_{min, zd}$, $S_{max, zd}$ - Zug-/Druckbelastung
▪ $S_{min, by}$, $S_{max, by}$ - Biegung um y-Achse
▪ $S_{min, bz}$, $S_{max, bz}$ - Biegung um z-Achse
▪ $T_{min, sy}$, $T_{max, sy}$ - Schubbelastung, y-Richtung
▪ $T_{min, sz}$, $T_{max, sz}$ - Schubbelastung, z-Richtung
▪ $T_{min, t}$, $T_{max, t}$ - Torsionsbelastung
Vorzeichen: Zug +, Druck –
Jeweils betragsmäßig größeren Wert berücksichtigen. Zug- und Druckbelastung auch infolge von Biegung müssen bei unterschiedlicher Zug-/Druckfestigkeit des Werkstoffs get
ennt betrachtet werden.</td></tr>
<tr><td>Geschweißte Bauteile:
Grundwerkstoff und Wärmeübergangszone wie nicht geschweißt
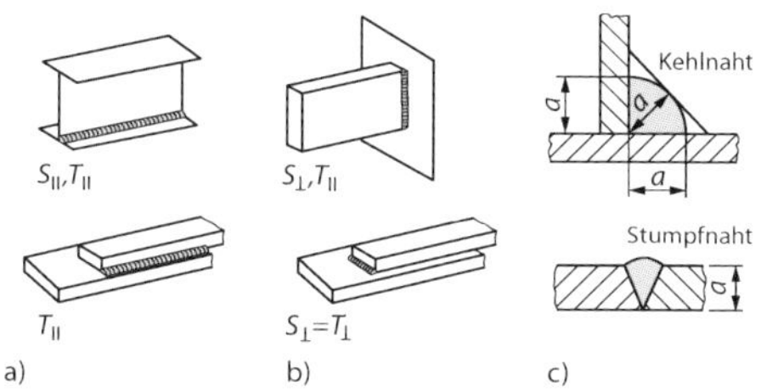

a) Schweißnaht liegt längs zur Stabachse
b) Schweißnaht liegt quer zur Stabachse
c) Querschnittsabmessungen Schweißnähte
$S_{\perp, zd}$ - Normalspannung senkrecht zur Naht infolge Zug-/Druckkraft F_{zd}
$S_{\perp, by}$ - Normalspannung senkrecht zur Naht infolge Biegung um y
$S_{\perp, bz}$ - Normalspannung senkrecht zur Naht infolge Biegung um z
T_{II} - Schubspannung parallel zur Naht, zusammen aus den Querkräften und dem Torsionsmoment
Berechnung der Spannungen wie bei nicht geschweißtem Bauteil, allerdings mit den Querschnitten der Naht $A = a \cdot l$ (a - siehe Bild und l - Nahtlänge)</td></tr>
<tr><td>Ermüdungsfestigkeitsnachweis mit Nennspannungen</td><td>Nicht geschweißte Bauteile:
Die Amplituden und dazugehörenden Mittelwerte für alle auftretenden Spannungen und alle Kollektivstufen $i = 1$ bis j sowie die dazugehörenden Zyklenanzahlen n_i:
▪ $S_{a, zd, i}$, $S_{m, zd, i}$ - Zug/Druckbelastung
▪ $S_{a, by, i}$, $S_{m, by, i}$ - Biegung um y-Achse
▪ $S_{a, bz, i}$, $S_{m, bz, i}$ - Biegung um z-Achse
▪ $T_{a, sy, i}$, $T_{m, sy, i}$ - Schubbelastung, y-Richtung
▪ $T_{a, sz, i}$, $T_{m, sz, i}$ - Schubbelastung, z-Richtung
▪ $T_{a, t, i}$, $T_{m, t, i}$ - Torsionsbelastung
Die Spannungsverhätnisse ergeben sich aus $R = (S_m - S_a) / (S_m + S_a)$.</td></tr>
</table>

Bild 3.51 Spannungskennwerte für Nennspannungen, Arbeitsschritt 1 gemäß Bild 3.50a bzw. Bild 3.50b

	Geschweißte Bauteile: Der Nachweis im Bereich des Grundwerkstoffs ist nur erforderlich, wenn die Maximalspannungen nicht in der Schweißnaht auftreten. Die Amplituden und dazugehörenden Mittelwerte für alle auftretenden Spannungen und alle Kollektivstufen $i = 1$ bis j sowie die dazugehörenden Zyklenanzahlen n_i. $S_{a,\perp,i}$, $S_{m,\perp,i}$, $S_{a,\|,i}$, $S_{m,\|,i}$, $T_{a,i}$, $T_{m,i}$. (Die Spannungen resultieren aus den 6 Spannungskomponenten, siehe nicht geschweißte Bauteile.) Die Spannungsverhätnisse ergeben sich aus $R = (S_m - S_a)/(S_m + S_a)$.

Bild 3.51 Spannungskennwerte für Nennspannungen, Arbeitsschritt 1 gemäß Bild 3.50a bzw. Bild 3.50b *(Fortsetzung)*

Art des Nachweises	
Statischer Festigkeitsnachweis mit örtlichen Spannungen	**Nicht geschweißte Bauteile:** Für alle Hauptspannungen sind σ_{min} und σ_{max} vorzeichenbehaftet zu ermitteln. Für duktile Materialien (Bruchdehnung > 6 %): $\sigma_v = \sqrt{\frac{1}{2}\left[(\sigma_1 - \sigma_2)^2 + (\sigma_2 - \sigma_3)^2 + (\sigma_3 - \sigma_1)^2\right]}$, $f_\sigma = 1$, $K_{NL} = 1$ Für semiduktile und spröde Materialien gilt eine kombinierte Festigkeitshypothese: $\bar{\sigma}_i = \frac{\sigma_i}{f_{\sigma,i} \cdot K_{NL,i}}$ mit $i = 1,2,3$, f_σ Druckfestigkeitsfaktor, K_{NL} Graugussfaktor, siehe Tabelle 3.9. $\sigma_{NH,q} = \text{MAX}\left\{\lvert\bar{\sigma}_1\rvert; \lvert\bar{\sigma}_2\rvert; \lvert\bar{\sigma}_3\rvert\right\}$ $\sigma_{GH,q} = \sqrt{\frac{1}{2}\left[(\bar{\sigma}_1 - \bar{\sigma}_2)^2 + (\bar{\sigma}_2 - \bar{\sigma}_3)^2 + (\bar{\sigma}_3 - \bar{\sigma}_1)^2\right]}$ $q = \frac{\sqrt{3} - 1/f_\tau}{\sqrt{3} - 1}$ siehe Tabelle 3.8, f_τ Schubfestigkeitsfaktor $\sigma_v = q \cdot \sigma_{NH,q} + (1 - q) \cdot \sigma_{GH,q}$ Mehrachsigkeit: $\sigma_H = \frac{1}{3}(\sigma_1 + \sigma_2 + \sigma_3)$; $h = \frac{\sigma_H}{\sigma_v}$ Mehrachsigkeit tritt auf, wenn alle 3 Hauptspannungen relativ groß sind.
	Geschweißte Bauteile: Grundwerkstoff (GW) und Wärmeübergangszone (WEZ) wie nicht geschweißt berechnen. Schweißnaht (SN): $\sigma_{\|}$ - Normalspannung parallel (wird nicht verwendet) $\sigma_\perp$ - Normalspannung senkrecht $\tau = \tau_{\|}$ - Schubspannung parallel $\sigma_{vw} = \sqrt{\sigma_\perp^2 + \tau}$ $\sigma_\perp = \tau_\perp$ - in Kehlnähten

Bild 3.52 Spannungskennwerte für örtliche Spannungen, Arbeitsschritt 1 gemäß Bild 3.50a bzw. Bild 3.50b

Ermüdungsfestigkeitsnachweis mit örtlichen Spannungen	**Nicht geschweißte Bauteile:** Die Amplituden und dazugehörenden Mittelwerte für alle auftretenden Spannungen und alle Kollektivstufen $i = 1$ bis j sowie die dazugehörenden Zyklenanzahlen n_i ▪ $\sigma_{a,1,i}$, $\sigma_{m,1,i}$ - Hauptspannungen ▪ $\sigma_{a,2,i}$, $\sigma_{m,2,i}$ ▪ $\sigma_{a,3,i}$, $\sigma_{m,3,i}$ Unabhängig vom Betrag der Hauptspannungen liegen die Richtungen 1 und 2 parallel zur Bauteiloberfläche und die Richtung 3 senkrecht dazu. Die Spannungsverhätnisse ergeben sich aus $R = (\sigma_m - \sigma_a)/(\sigma_m + \sigma_a)$
	Geschweißte Bauteile: Der Nachweis im Bereich des Grundwerkstoffs ist nur erforderlich, wenn die Maximalspannungen nicht in der Schweißnaht auftreten. Die Amplituden und dazugehörenden Mittelwerte für alle auftretenden Spannungen und alle Kollektivstufen $i = 1$ bis j sowie die dazugehörenden Zyklenanzahlen *ni* ▪ $\sigma_{a,\perp,i}$, $\sigma_{m,\perp,i}$, $\sigma_{a,\|\|,i}$, $\sigma_{m,\|\|,i}$, $\tau_{a,i}$, $\tau_{m,i}$ (Das Koordinatensystem ist an der Schweißnaht auszurichten.) Die Spannungsverhätnisse ergeben sich aus $R = (S_m - S_a)/(S_m + S_a)$

Bild 3.52 Spannungskennwerte für örtliche Spannungen, Arbeitsschritt 1 gemäß Bild 3.50a bzw. Bild 3.50b *(Fortsetzung)*

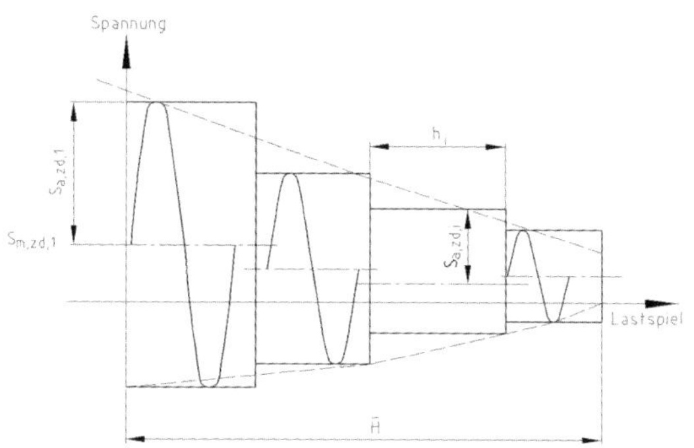

Bild 3.53 Spannungskollektive und deren Kennwerte am Beispiel von Zug-/Druck- und Normalspannungen

$S_{a,zd,1}$ größte Amplitude, $i = 1$ (Kollektivgrößtwert)
$S_{m,zd,1}$ Mittelwert zu $S_{a,zd,1}$, Stufe 1
$S_{a,zd,i}$ Amplitude in Stufe i $S_{a,zd,i} > 0$, $\frac{S_{a,zd,i} + 1}{S_{a,zd,i}} \leq 1$,
$S_{m,zd,i}$: Mittelwert in Stufe i
$\bar{N}$ Gesamtzyklenanzahl eines gegebenen Kollektivs (summiert von 1 bis j)
$\bar{N} = N_j = \sum n_i$
n_i zugehörige Zyklenanzahl in Stufe i
i Kollektivstufe, $i = 1$ bis j
j letzte Kollektivstufe bzw. Anzahl aller Kollektivstufen
v_{zd} Völligkeitsmaß

Der zweite Arbeitsschritt ist nun das Bestimmen der *Werkstoffkennwerte*. Hier wird von Normwerten für die Zugfestigkeit und die Fließgrenze ausgegangen. Über Einflussfaktoren werden die Größe des Bauteils, die Temperatur und der Einfluss wechselnder Beanspruchung berücksichtigt. Der Größeneinfluss findet gemäß der in Tabelle 3.25 dargestellten Zusammenhänge Berücksichtigung, wobei die Größe über einen effektiven Durchmesser d_{eff} definiert wird. Dieser Durchmesser ist unter Berücksichtigung von Tabelle 3.19 zu wählen.

3

Art des Nachweises	Nicht geschweißte Bauteile	Geschweißte Bauteile
Statische Festigkeitsnachweise	$K_{d,m}$ u. $K_{d,p}$ $R_m = K_{d,m} \cdot K_A \cdot R_{m,N}$ $R_p = K_{d,p} \cdot K_A \cdot R_{p,N}$ } K_A; $R_{m,N}$ u. $R_{p,N}$ $R_{m,T} = K_{T,m} \cdot R_m$ $R_{p,T} = K_{T,p} \cdot R_p$ } $K_{T,m} = K_{T,p} = 1$; $K_{T,m}$ u. $K_{T,p}$ f_σ Druckfestigkeitsfaktor, siehe Tabelle 3.8 f_τ Schubfestigkeitsfaktor, siehe Tabelle 3.8 R_m Zugfestigkeit R_p Fließgrenze allgemein $R_{m,T}$ Warmfestigkeit bei T $R_{p,T}$ 0,2-%-Warmdehngrenze bei T	- technologischer Größeneinflussfaktor siehe Tabelle 3.25 - Anisotropiefaktor siehe Tabelle 3.10 - Halbzeug - Normwerte für Zugfestigkeit und Fließgrenze siehe Tabellen in Kapitel 2, „Werkstoffe" - für normale Temperaturen, siehe Hinweise - Temperaturfaktoren
	Hinweis: Für verschiedene Werkstoffe gibt es verschiedene Temperaturbereiche, in denen eine Abminderung aufgrund von Temperatur zu erfolgen hat (Faktoren siehe Tabelle 3.28). Für folgende Temperaturbereiche erfolgt keine Abminderung aufgrund von Temperatur: ▪ Feinkornstahl im Bereich von -40 °C bis +60 °C ▪ anderer Stahl im Bereich von -40 °C bis +100 °C ▪ Eisengusswerkstoff im Bereich von -25 °C bis +100 °C ▪ aushärtbarer Aluminiumwerkstoff im Bereich von -25 °C bis +50 °C ▪ nichtaushärtbarer Aluminiumwerkstoff im Bereich von -25 °C bis +100 °C	
Ermüdungsfestigkeitsnachweise	$\sigma_{W,zd} = f_{W,\sigma} \cdot R_m$ $\tau_{W,s} = f_{W,\tau} \cdot \sigma_{W,zd}$ } Werkstoffwechselfestigkeit für Zugdruck und Schub $f_{W,\sigma}$, $f_{W,\tau}$, Zugdruck- und Schubwechselfestigkeitsfaktor, siehe Tabelle 3.13	Es wird nur zwischen Stahl- und Aluminiumwerkstoffen unterschieden. Es gelten schweißnahtspezifische Wechselfestigkeitskennwerte (siehe Arbeitsschritt 3 und 4).
	$\sigma_{W,zd,T} = K_{T,D} \cdot \sigma_{W,zd}$ und $\tau_{W,s,T} = K_{T,D} \cdot \tau_{W,s}$ mit Temperaturfaktor $K_{T,D}$ (Tabelle 3.28). Bei Temperatureinfluss wird genau wie im statischen Nachweis verfahren (siehe oben).	

Bild 3.54 Werkstoffkennwerte, Arbeitsschritt 2 gemäß Bild 3.50a bzw. b

Der Druckfestigkeitsfaktor f_σ dient zur Bestimmung der Druckfestigkeit aus der Zugfestigkeit. Der Schubfestigkeitsfaktor f_τ dient zur Bestimmung der Schubfestigkeit aus der Zugfestigkeit.

Die Konstruktionskennwerte sind für geschweißte und nicht geschweißte Bauteile sowie für jede Spannungsart einzeln und getrennt zu berechnen. Konstruktionskennwerte für die statischen Nachweise sind:

- plastische Stückzahl n_{pl}: Ausschöpfung der Traglastreserve nach Überschreiten der elastischen Grenzlast (siehe Bild 3.55)
- Schweißnahtfaktor α_W zur Abminderung der Festigkeit der Schweißnaht im Vergleich zum benachbarten Werkstoff (GW bzw. WEZ)
- effektiver Entfestigungsfaktor p_W zur Erfassung der anteiligen Abminderung in der WEZ

Für die Ermüdungsfestigkeitsnachweise werden die Konstruktionsfaktoren K_{WK} berechnet, die folgende Faktoren enthalten:

- Kerbwirkungszahl K_f
- Schutzschichtfaktor K_s
- Rauheitsfaktor K_{Ro}
- Randschichtfaktor K_V
- Faktor $K_{NL,E}$ zur Berücksichtigung des nichtlinearen Spannungs-Dehnungs-Verhaltens von GJL

Art des Nachweises	Nicht geschweißte Bauteile	Geschweißte Bauteile
Statischer Festigkeitsnachweis mit Nennspannungen	$n_{pl,by} = MIN\left(\sqrt{R_{p,max} / R_p}; K_{p,by}\right)$ $n_{pl,bz} = MIN\left(\sqrt{R_{p,max} / R_p}; K_{p,bz}\right)$ $n_{pl,t} = MIN\left(\sqrt{R_{p,max} / R_p}; K_{p,bt}\right)$ $R_{p,max} = \frac{E \cdot \varepsilon_{ertr}}{K_t^2}$ für $K_t > 3$ K_t - Formzahl siehe Tabelle 3.3 $R_{p,max}$ für $K_t \le 3$ siehe Tabelle 3.29 ε_{ertr} siehe Tabelle 3.29 $K_{p,b}; K_{p,t}$ siehe Erklärungen	$n_{pl,bz}; n_{pl,by}$ wie nicht geschweißt α_W Schweißnahtfaktor (siehe Tabelle 3.11) Für entfestigende Aluminiumwerkstoffe ist in der WEZ anteilig ein Entfestigungsfaktor zu berücksichtigen (siehe DIN 4113). Wird eine Wärmebehandlung mit dem Ergebnis der ursprünglichen Festigkeit nach dem Schweißen durchgeführt, gilt $p_w = 1$. Für alle anderen Werkstoffe: $p_w = 1$.
Ermüdungsfestigkeitsnachweis mit Nennspannungen	$K_{WK,...} = \left(K_{f,...} + \frac{1}{K_{R,\sigma}} - 1\right) \cdot \frac{1}{K_V} \cdot \frac{1}{K_{NL}}$ Index ...: zd, b, x, y $K_{WK,...} = \left(K_{f,...} + \frac{1}{K_{R,\tau}} - 1\right) \cdot \frac{1}{K_V}$ Index ...: s, t $K_{f,...} = \frac{K_{t,...}}{n_\sigma(r)}$ Index ...: zd, x, y $K_{f,s} = \frac{K_{t,s}}{n_\tau(r)}$, $K_{f,b} = \frac{K_{t,b}}{n_\sigma(r) \cdot n_\sigma(d)}$, $K_{f,t} = \frac{K_{t,t}}{n_\tau(r) \cdot n_\tau(d)}$ (siehe Bemessung beim Ermüdungsfestigkeitsnachweis) $K_{NL,E} = 1$ für GJL (siehe Tabelle 3.9) $K_S = 1$ für alle Werkstoffe außer Aluminium mit Schutzschicht $K_S = 1 - 0{,}27 \cdot \log(d_s)$ Aluminium mit Schutzschicht d_s Schichtdicke in \mum K_S Schutzschichtfaktor K_f Kerbwirkungszahl	$FAT_{\perp...}$ Bauteilklasse (Tabelle 3.14) $f_{FAT\sigma} = 0{,}37$ Umrechnungsfaktor von Bauteilklasse $f_{FAT\tau} = 0{,}23$ auf Bauteilwechselfestigkeit f_t Dickenfaktor $f_t = 1$ für $t \le 25$ mm $f_t = \left(\frac{25mm}{t}\right)^n$ für $t > 25$ mm $n = 0{,}1$ blecheben geschliffene Stumpfstöße längsbeanspruchte Schweißnähte Anbauteile $n = 0{,}2$ Nahtübergang geschliffen $n = 0{,}3$ alle anderen Fälle

Bild 3.55 Konstruktionskennwerte, Arbeitsschritt 3 gemäß Bild 3.50a bzw. b

Art des Nachweises	Nicht geschweißte Bauteile	Geschweißte Bauteile
Statischer Festigkeitsnachweis mit örtlichen Spannungen	$n_{pl} = \text{MIN}\left(\sqrt{E\cdot\varepsilon_{ertr}/R_p};K_p\right)$ $\varepsilon_{ertr} = \begin{cases}\varepsilon_{ref} & \text{für } h\le 1/3 \\ \varepsilon_0 + 0{,}3\left(\frac{\varepsilon_{ref}-\varepsilon_0}{0{,}3}\right)^{3h} & \text{für } h>1/3\end{cases}$ $h =$ siehe Arbeitsschritt 1 $\varepsilon_{ref} = A$ für duktile Werkstoffe $\varepsilon_{ref} = 0{,}4A$ für semiduktile und spröde Werkstoffe A Bruchdehnung $K_{NL} = 1$ für GJL, siehe Tabelle 3.9, Graugussfaktor	Nachweis mit Strukturspannungen $n_{pl} = \text{MIN}\left(\sqrt{E\cdot\varepsilon_{ertr}/R_p\cdot p_W};K_p\right)$ ε_{ertr} wie nicht geschweißte Bauteile
Ermüdungsfestigkeitsnachweis mit örtlichen Spannungen	$K_{WK,\sigma} = \frac{1}{n_\sigma}\left[1+\frac{1}{\tilde{K}_f}\cdot\left(\frac{1}{K_R}-1\right)\right]\cdot\frac{1}{K_V\cdot K_S\cdot K_{NL,E}}$ $K_{WK,\tau} = \frac{1}{n_\tau}\left[1+\frac{1}{\tilde{K}_f}\cdot\left(\frac{1}{K_R}-1\right)\right]\cdot\frac{1}{K_V\cdot K_S}$ n_σ, n_τ Stützzahl (siehe Bemerkungen im Text) $\tilde{K}_f$ Schätzwert der Kerbwirkungszahl (siehe Tabelle 3.18) K_R Rauheitsfaktor (siehe Bemerkungen im Text) K_V Randschichtfaktor (siehe Bemerkungen im Text) $K_S =$ 1 - für alle Werkstoffe außer Aluminium mit Schutzschicht $K_S =$ 1 - 0,27 · $l_g(d_s)$ - für Aluminium mit Schutzschicht d_s Schichtdicke in µm K_S Schutzschichtfaktor $K_{NL,E}$ Zug-Druck-Faktor (siehe Tabelle 3.9) ε_0 minimale ertragbare Gesamtdehnung (siehe Tabelle 3.29)	$FAT_{\perp...}$ Bauteilklasse (Tabelle 3.14) $f_{FAT\sigma} = 0{,}37$ Umrechnungsfaktor von Bauteilklasse $f_{FAT\tau} = 0{,}23$ auf Bauteilwechselfestigkeit f_t Dickenfaktor $f_t = 1$ für $t \le 25$ mm $f_t = \left(\frac{25\,\text{mm}}{t}\right)^n$ für $t > 25$ mm $n = 0{,}1$ blecheben geschliffene Stumpfstöße längsbeanspruchte Schweißnähte Anbauteile $n = 0{,}2$ Nahtübergang geschliffen $n = 0{,}3$ alle anderen Fälle

Bild 3.55 Konstruktionskennwerte, Arbeitsschritt 3 gemäß Bild 3.50a bzw. b *(Fortsetzung)*

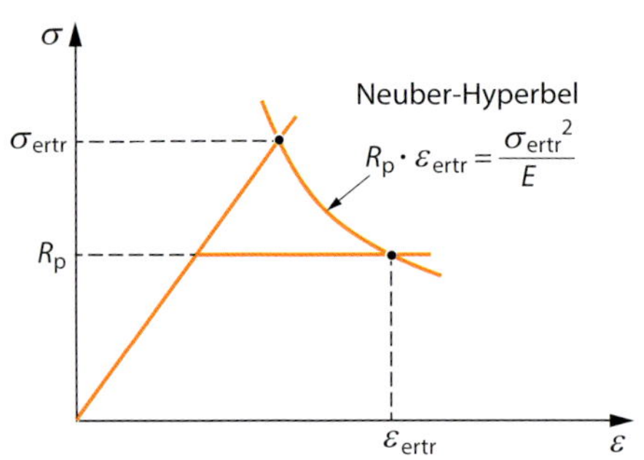

Bild 3.56
Zusammenhänge der Neuber-Hyperbel zur Bestimmung der plastischen Stützzahl

Die **plastische Stützzahl** berücksichtigt die plastische Formzahl K_p und ein Dehnungskriterium.

Bei geschweißten Bauteilen ist die Berücksichtigung der plastischen Stützzahl nur im Grundwerkstoff (GW) und in der Wärmeeinflusszone (WEZ) bei durchgeschweißten und querschnittsdeckenden Nähten und nur infolge von Biegung erlaubt.

Die plastischen Stützzahlen n_{pl} sind durch die *plastischen Formzahlen* $K_{p,\sigma}$, $K_{p,\tau}$ begrenzt.

$$K_{p,\sigma}, K_{p,\tau} = \frac{\text{vollplastische Traglast}}{\text{elastische Traglast}}$$

Die elastische Traglast gilt für Fließbeginn unter der Kerbspannung am Nachweispunkt. Die vollplastische Traglast des Bauteils ist durch eine elastisch-plastische FEM-Rechnung unter Ansatz einer idealisierten elastische-idealplastischen Spannungs-Dehnungs-Kurve zu bestimmen.

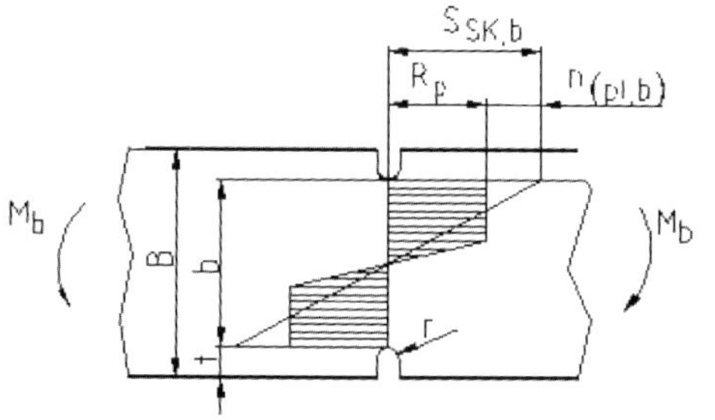

Bild 3.57 Definition der plastischen Stützzahl am Beispiel eines gekerbten Stabes

Für folgende Querschnittsformen können die plastischen Formzahlen wie folgt angesetzt werden.

Rechteck $K_{p,b} = 1{,}5$

Kreis $K_{p,b} = 1{,}7,\ K_{p,t} = 1{,}33$

Kreisring $K_{p,b} = 1{,}27,\ K_{p,t} = 1$

Die *Kerbwirkungszahlen* K_f berechnen sich aus den Formzahlen entsprechend der Bauteilform (siehe Tabelle 3.3) und den Stützzahlen.

Die Stützzahlen nach *Stieler* für Normalspannung, $n_\sigma(r)$ und $n_\sigma(d)$ sind je nach bezogenen Spannungsgefälle $G_\sigma(r)$ bzw. $G_\sigma(d)$ nach folgenden Gleichungen zu berechnen:

$$\text{für } G_\sigma \leq 0{,}1\,\text{mm}^{-1} \text{ gilt } \quad n_\sigma = 1 + G_\sigma \cdot \text{mm} \cdot 10^{-\left(a_G - 0{,}5 + \frac{R_m}{b_G \cdot \text{MPa}}\right)}$$

$$\text{für } 0{,}1\,\text{mm}^{-1} < G_\sigma \leq 0{,}1\,\text{mm}^{-1} \text{ gilt } \quad n_\sigma = 1 + \sqrt{G_\sigma \cdot \text{mm}} \cdot 10^{-\left(a_G + \frac{R_m}{b_G \cdot \text{MPa}}\right)}$$

$$\text{für } 1\,\text{mm}^{-1} < G_\sigma \leq 100\,\text{mm}^{-1} \text{ gilt } \quad n_\sigma = 1 + \sqrt[4]{G_\sigma \cdot \text{mm}} \cdot 10^{-\left(a_G + \frac{R_m}{b_G \cdot \text{MPa}}\right)}$$

a_G und b_G sind Tabelle 3.20 zu entnehmen.

Das *bezogenes Spannungsgefälle* infolge der Konstruktion, $G_\sigma(r)$ und $G_\tau(r)$, ist nach Tabelle 3.21 zu bestimmen.

Im Falle von Bauteilformen, die nach Tabelle 3.21 nicht einordenbar sind, ist das bezogene Spannungsgefälle senkrecht zur Spannungsrichtung wie folgt zu bestimmen:

3

$$\bar{G}_\sigma = \frac{1}{\sigma_{1a}} \cdot \frac{\Delta\sigma_a}{\Delta s} = \frac{1}{\Delta s} \cdot \left(1 - \frac{\sigma_{2a}}{\sigma_{1a}}\right)$$

$$\bar{G}_\tau = \frac{1}{\tau_{1a}} \cdot \frac{\Delta\tau_a}{\Delta s} = \frac{1}{\Delta s} \cdot \left(1 - \frac{\tau_{2a}}{\tau_{1a}}\right)$$

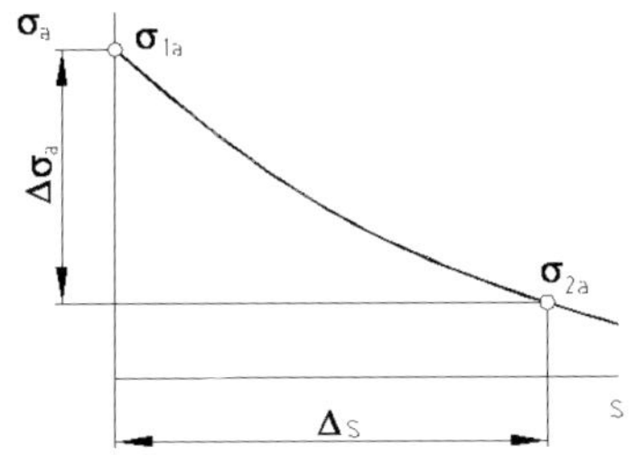

Bild 3.58 Bezogenes Spannungsgefälle

Das bezogene lokale Spannungsgefälle infolge der Belastung (Biegung, Torsion) $G_0(d)$ und $G_\tau(d)$ ist je nach Abmessung d

$$\bar{G}_\sigma(d) = \bar{G}_\tau(d) = \frac{2}{d}$$

Das Gesamt-Spannungsgefälle berechnet sich aus

$$G_\sigma = G_\sigma(d) + G_\sigma(r) \text{ bzw. } G_\tau = G_\tau(d) + G_\tau(r)$$

Die **Stützzahlen** für Schubspannung $n_\tau(r)$ und $n_\tau(d)$ werden mit den gleichen Gleichungen berechnet, wobei R_m zusätzlich mit dem Schubwechselfestigkeitsfaktor $f_{w,s}$ zu multiplizieren ist.

Der **Rauheitsfaktor** $K_{R,\sigma}$ bzw. $K_{R,\tau}$ berücksichtigt den Einfluss der Oberflächenrauheit auf die Ermüdungsfestigkeit des Bauteiles. Für polierte Bauteile gilt der Rauheitsfaktor

$$K_{R,\sigma} = K_{R,\tau} = 1$$

Für Walzhaut, Schmiedehaut und Gusshaut gilt die mittlere Rauheit $R_z = 200\,\mu m$. Der Rauheitsfaktor für Normalspannung, und für Schubspannung ist

$$K_{R,\sigma} = 1 - a_{R,\sigma} \cdot \lg\left(\frac{R_z}{\mu m}\right) \cdot \lg\left(\frac{2R_m}{R_{m,N,min}}\right)$$

$$K_{R,\tau} = 1 - f_{W,\tau} \cdot a_{R,\sigma} \cdot \lg\left(\frac{R_z}{\mu m}\right) \cdot \lg\left(\frac{2R_m}{R_{m,N,min}}\right)$$

mit $R_{m,N,min}$ und a_{Rs} entsprechend Tabelle 3.22.

Mit dem **Randschichtfaktor** K_v kann der Einfluss einer Randschicht auf die Ermüdungsfestigkeit des Bauteils berücksichtigt werden. Ohne Randschichtverfestigung ist $K_v = 1$ zu setzen. Verfahren zur Randschichtverfestigung sind Härten, Nitrieren, Kugelstrahlen und Walzen. Für diese Verfahren liegt der K_v-Faktor bei 1,1 und größer, wobei nur Bereiche angegeben werden und der Anwender selbst wählen muss.

Der **Dickenfaktor** f_t hat einen Einfluss bei der Berechnung der Ermüdungsfestigkeit bei den Nennspannungen von querbelasteten Schweißnähten. Der Dickenfaktor ist ohne Einfluss, d. h. $f_t = 1$,

- wenn keine Schweißnaht vorliegt,
- wenn keine querbelastete Schweißnaht vorliegt bzw. für die Blechdicke $t \leq 25$ mm gilt.

Durch die **Bauteilklasse** FAT wird der Formeinfluss des Bauteils und der Schweißnaht berücksichtigt. Bei den Bauteilklassen wird zwischen Nennspannungs- und Strukturspannungsnachweis unterschieden. Eine umfangreiche Darstellung zu den Bauteilklassen ist bei *Hobbacher*

[3.20] und in der FKM-Richtlinie zu finden. Ein Auszug hieraus zu wesentlichen Fällen ist in Tabelle 3.14 zu finden.

Der **Mittelspannungsfaktor** $K_{AK,zd}$ ist vom Überlastungsfall abhängig.

Es werden vier Überlastungsfälle F_1 bis F_4 unterschieden. Der Überlastfall F_2 ist für die meisten Anwendungen der am besten geeignete.

- F_1 – konstante Mittelspannung S_m
- F_2 – konstantes Spannungsverhältnis R
- F_3 – konstante Minimalspannung S_{min}
- F_4 – konstante Maximalspannung S_{max}

Um den richtigen Überlastfall zu wählen, ist zu überlegen, welche Bedingung F_1, F_2, F_3 oder F_4 bei einer allgemeinen Überlastung erfüllt ist.

Die **Spannungswerte** $S_{m,zd}$, $S_{min,zd}$ und $S_{max,zd}$ ergeben sich gemäß Bild 3.53. Bei gemischten Spannungswerten ist eine Vergleichsspannung in Analogie zu Arbeitsschritt 6 (statischer Nachweis) zu berechnen.

Der **Eigenspannungsfaktor** $K_{E,\sigma}$ bzw. $K_{E,\tau}$ ist für nicht geschweißte Bauteile gleich 1 und für geschweißte Bauteile entsprechend Tabelle 3.16 zu setzen.

Die **Mittelspannungsempfindlichkeit** M_σ bzw. M_τ berechnet sich für nicht geschweißte Verbindungen gemäß der folgenden Gleichungen. Für geschweißte Verbindungen ist sie Tabelle 3.16 zu entnehmen.

$$M_\sigma = \frac{a_M \cdot 10^{-3} \cdot R_m}{\text{MPa}} + b_M, \text{ mit } M_\tau = f_{W,\tau} \cdot M_\sigma, \text{und } a_M \text{ und } b_M \text{ gemäß Tabelle 3.23}$$

Art des Nachweises	Nicht geschweißte Bauteile	Geschweißte Bauteile
Statischer Festigkeitsnachweis mit Nennspannung	$S_{SK,zd} = f_\sigma \cdot R_p$ $S_{SK,by} = f_\sigma \cdot R_p \cdot n_{pl,by}$ $S_{SK,bz} = f_\sigma \cdot R_p \cdot n_{pl,bz}$ $T_{SK,sy} = f_\tau \cdot R_p$ $T_{SK,sz} = f_\tau \cdot R_p$ $T_{SK,t} = f_\tau \cdot R_p \cdot n_{pl,t}$ f_σ Druckfestigkeitsfaktor (Tabelle 3.27) f_τ Schubfestigkeitsfaktor (Tabelle 3.27) R_p Fließgrenze (Arbeitsschritt 2) $n_{pl...}$ plastische Stützzahlen (Arbeitsschritt 3)	Für Grundwerkstoff (GW) und Wärmeeinflusszonen (WEZ) für alle Werkstoffe außer entfestigende Aluminiumwerkstoffe gilt: $S_{SK,zd} = f_\sigma \cdot R_p$ $S_{SK,by} = f_\sigma \cdot R_p \cdot n_{pl,by}$ $S_{SK,bz} = f_\sigma \cdot R_p \cdot n_{pl,bz}$ $T_{SK,sy} = f_\tau \cdot R_p$ $T_{SK,sz} = f_\tau \cdot R_p$ $T_{SK,t} = f_\tau \cdot R_p$ In der Schweißnaht (SN) gilt für diese Werkstoffe: $S_{SK,\perp zd} = f_\sigma \cdot R_p \cdot \alpha_W$ $S_{SK,\perp by} = f_\sigma \cdot R_p \cdot \alpha_W \cdot n_{pl,by}$ $S_{SK,\perp bz} = f_\sigma \cdot R_p \cdot \alpha_W \cdot n_{pl,bz}$ $T_{SK\Vert} = R_p \cdot \alpha_W$ α_W Schweißnahtfaktor (Arbeitsschritt 3) f_σ Druckfestigkeitsfaktor (Tabelle 3.27) $f\tau$ Schubfestigkeitsfaktor (Tabelle 3.27) R_p Fließgrenze (Arbeitsschritt 2) $n_{pl...}$ plastische Stützzahlen (Arbeitsschritt 3)

Bild 3.59 Bauteilfestigkeit, Arbeitsschritt 4 gemäß Bild 3.50a; Bauteilwechselfestigkeit, Bauteil-Dauerfestigkeit mit Mittelspannung und Bauteilbetriebsfestigkeit, Arbeitsschritte 4, 5, 6 gemäß Bild 3.50b

3

Art des Nachweises	Nicht geschweißte Bauteile	Geschweißte Bauteile
Ermüdungsfestigkeits-nachweis mit Nennspannung	Bauteilwechselfestigkeit $S_{WK,...} = \sigma_{W,zd} / K_{WK,...}$ Index: zd, by, bz $T_{WK,...} = \tau_{W,s} / K_{WK,...}$ Index: sy, sz, t σ_W, τ_W Werkstoffwechselfestigkeit (Arbeitsschritt 2) $K_{WK...}$ Konstruktionsfaktor (Arbeitsschritt 3)	Bauteilwechselfestigkeit $S_{WK,\parallel} = FAT_{\parallel} \cdot f_{FAT,\sigma} \cdot f_t \cdot K_V \cdot K_{NL,E}$ $S_{WK,\perp} = FAT_{\perp} \cdot f_{FAT,\sigma} \cdot f_t \cdot K_V \cdot K_{NL,E}$ $T_{WK} = FAT_{\tau} \cdot f_{FAT,\tau} \cdot f_t \cdot K_V$ FAT... · $f_{FAT...}$, f_t (Arbeitsschritt 3) K_V Randschichtfaktor (siehe Bemerkungen im Text) $K_{NL,E}$ Zug-/Druckfaktor (siehe Tabelle 3.9 für Gusseisen); für alle anderen Materialien $K_{NL,E} = 1$
	Bauteildauerfestigkeit je nach Mittelspannung $S_{AK,...} = K_{AK,...} \cdot S_{WK,...}$ Index: zd, by, bz $T_{AK,...} = K_{AK,...} \cdot T_{WK,...}$ Index: sy, sz, t $K_{AK,...}$ Mittelspannungsfaktor siehe Bem. im Text, Tabelle 3.26	Bauteildauerfestigkeit je nach Mittelspannung $S_{AK,\perp} = K_{AK,\perp} \cdot K_{E,\sigma} \cdot S_{WK,\perp}$ $S_{AK,\parallel} = K_{AK,\parallel} \cdot K_{E,\sigma} \cdot S_{WK,\parallel}$ $T_{AK} = K_{AK,\tau} \cdot K_{E,\tau} \cdot T_{WK}$ K_{AK} Mittelspannungsfaktor (siehe Bemerkungen im Text, Tabelle 3.26) $K_{E,...}$ Eigenspannungsfaktor (Tabelle 3.16)
	Bauteilbetriebsfestigkeit $S_{BK,...} = K_{BK,...} \cdot S_{AK,...}$ Index: zd, by, bz $T_{BK,...} = K_{BK,...} \cdot T_{AK,...}$ Index: sy, sz, t $K_{BK,...}$ Betriebsfestigkeitsfaktor $S_{BK,max,zd} = 0{,}75 \cdot R_p$ $S_{BK,max,by} = 0.75 \cdot R_p \cdot n_{pl,by}$ $S_{BK,max,bz} = 0.75 \cdot R_p \cdot n_{pl,bz}$ $T_{BK,max,bz} = 0.75 \cdot f_\tau \cdot R_p$ $T_{BK,max,t} = 0.75 \cdot f_\tau \cdot R_p \cdot n_{pl,t}$ Falls die entsprechenden Werte größer sind, ist mit den Maximalwerten weiterzurechnen. $K_{BK} = \left(\frac{A_{ele} \cdot N_D \cdot D_m}{\bar{N}} \right)^{\frac{1}{k}}$ $\bar{N}$ geforderte Zyklenzahl N_D Knickpunktzahl der Bauteil-Wöhlerlinie (Tabelle 3.17) A_{ele} Abstand zwischen Lebensdauer- und Wöhlerlinie D_m effektive Miner-Summe $D_m = \frac{2}{\sqrt[4]{A_{ele}}}$, $D_{m,max} = 1$ $D_{m,min}$ 0; 3 Stahl, GS, Alu $D_{m,min}$ 1 (GJS, GJM, GJL)	Bauteilbetriebsfestigkeit $S_{BK,\perp} = K_{BK,\perp} \cdot S_{AK,\perp}$ $S_{BK,\parallel} = K_{BK,\parallel} \cdot S_{AK,\parallel}$ $T_{BK} = K_{BK,\tau} \cdot T_{AK}$ K_{BK} Betriebsfestigkeitsfaktor (siehe nicht geschweißte Bauteile) $S_{BK,max,\perp} = 0{,}75 \cdot R_p \cdot n_{pl} \cdot \alpha_W \cdot p_{WEZ}$ $S_{BK,max,\parallel} = 0{,}75 \cdot R_p \cdot n_{pl} \cdot \alpha_W \cdot p_{WEZ}$ $T_{BK,max} = 0{,}75 \cdot R_p \cdot \alpha_W \cdot p_{WEZ}$

Bild 3.59 Bauteilfestigkeit, Arbeitsschritt 4 gemäß Bild 3.50a; Bauteilwechselfestigkeit, Bauteil-Dauerfestigkeit mit Mittelspannung und Bauteilbetriebsfestigkeit, Arbeitsschritte 4, 5, 6 gemäß Bild 3.50b *(Fortsetzung)*

Art des Nachweises	Nicht geschweißte Bauteile	Geschweißte Bauteile
	$A_{ele} = \frac{1}{\sum_{i=1}^{j} \frac{n_i}{N} \cdot \left(\frac{S_{a,i}}{S_{a,1}} \right)^2}$ n_i Zyklen im i-ten Bereich k Neigungsexponent der Bauteil-Wöhlerlinie (siehe auch Tabelle 3.17)	
Statischer Festigkeitsnachweis mit örtlichen Spannungen	Bauteilfestigkeit $\sigma_{SK} = R_p \cdot n_{pl}$ R_p Fließgrenze (Arbeitsschritt 2) n_{pl} plastische Stützzahlen (Arbeitsschritt 3) σ_{SK} statische Bauteilfestigkeit	Für Grundwerkstoff (GW) Wärmeeinflusszone (WEZ) für alle Werkstoffe außer für entfestigende Aluminiumwerkstoffe gilt: $\sigma_{SK} = R_p \cdot n_{pl}$ In der Schweißnaht gilt für diese Werkstoffe: $\sigma_{SK,W} = R_p \cdot \alpha_W \cdot n_{pl}$ R_p Fließgrenze (Arbeitsschritt 2) n_{pl} plastische Stützzahlen (Arbeitsschritt 3) α_W Schweißnahtfaktor (siehe Tabelle 3.11)
Ermüdungsfestigkeitsnachweis mit örtlichen Spannungen	Bauteilwechselfestigkeit $\sigma_{WK} = \sigma_{W,zd} / K_{WK}$ $\tau_{WK} = \tau_{W,s} / K_{WK}$ $\sigma_{W,zd}, \tau_{W,s}$ Werkstoffwechselfestigkeit (Arbeitsschritt 2) K_{WK} Konstruktionsfaktor (Arbeitsschritt 3)	Bauteilbetriebsfestigkeit $\sigma_{WK,\parallel} = FAT_{\parallel} \cdot f_{FAT,\sigma} \cdot f_t \cdot K_v \cdot K_{NL,E}$ $\sigma_{WK,\perp} = FAT_{\perp} \cdot f_{FAT,\sigma} \cdot f_t \cdot K_v \cdot K_{NL,E}$ $\tau_{WK} = FAT_{\tau} \cdot f_{FAT,\tau} \cdot f_t \cdot K_v$ $FAT_{...}$; $f_{FAT...}$; f_t (Arbeitsschritt 3) K_V Randschichtfaktor (siehe Bemerkungen im Text) $K_{NL;E}$ Zug-/Druckfaktor (siehe Tabelle 3.9)
Ermüdungsfestigkeitsnachweis mit örtlichen Spannungen	Bauteildauerfestigkeit je nach Mittelspannung $\sigma_{AK} = K_{AK,\sigma} \cdot \sigma_{WK}$ $\tau_{AK} = K_{AK,\tau} \cdot \tau_{WK}$ K_{AK} Mittelspannungsfaktor (siehe Bemerkungen im Text, Tabelle 3.26)	Bauteildauerfestigkeit je nach Mittelspannung $\sigma_{AK,\perp} = K_{AK,\perp} \cdot K_{E,\sigma} \cdot \sigma_{WK,\perp}$ $\sigma_{AK,\parallel} = K_{AK,\parallel} \cdot K_{E,\sigma} \cdot \sigma_{WK,\parallel}$ $\tau_{AK} = K_{AK,\tau} \cdot \tau_{WK}$ τ_{AK} Mittelspannungsfaktor (siehe Bemerkungen im Text, Tabelle 3.26) $K_{E,...}$ Eigenspannungsfaktor (Tabelle 3.16)
	Bauteilbetriebsfestigkeit $\sigma_{BK} = K_{BK,\sigma} \cdot \sigma_{AK}$ $\tau_{BK} = K_{BK,\tau} \cdot \tau_{AK}$ $K_{BK,...}$ Betriebsfestigkeitsfaktor $\sigma_{BK,max} = 0{,}75 \cdot R_p \cdot n_{pl}$ $\tau_{BK,max} = 0{,}75 \cdot f_{\tau} \cdot R_p \cdot n_{pl}$ Falls die entsprechenden Werte größer sind, ist mit den Maximalwerten weiterzurechnen.	Bauteilbetriebsfestigkeit $\sigma_{BK,\perp} = K_{BK,\perp} \cdot \sigma_{AK,\perp}$ $\sigma_{BK,\parallel} = K_{BK,\parallel} \cdot \sigma_{AK,\parallel}$ $\tau_{BK} = K_{BK,\tau} \cdot \tau_{AK}$ K_{BK} Betriebsfestigkeitsfaktor $\sigma_{BK,max,\perp} = 0{,}75 \cdot R_p \cdot n_{pl} \cdot \alpha_W \cdot p_{WEZ}$ $\sigma_{BK,max,\parallel} = 0{,}75 \cdot R_p \cdot n_{pl} \cdot \alpha_W \cdot p_{WEZ}$ $\tau_{BK,max} = 0{,}75 \cdot R_p \cdot \alpha_W \cdot p_{WEZ}$

Bild 3.59 Bauteilfestigkeit, Arbeitsschritt 4 gemäß Bild 3.50a; Bauteilwechselfestigkeit, Bauteil-Dauerfestigkeit mit Mittelspannung und Bauteilbetriebsfestigkeit, Arbeitsschritte 4, 5, 6 gemäß Bild 3.50b *(Fortsetzung)*

3

3

	Geschweißte und nicht geschweißte Bauteile
Statischer Festigkeitsnachweis mit Nennspannungen	$j_{ges} = j_z \cdot j_z \cdot \mathrm{MAX}\left(\frac{j_m}{K_{T,m}} \cdot \frac{R_p}{R_m};\ \frac{j_p}{K_{Tp}};\ \frac{j_{mt}}{K_{Tt,m}} \cdot \frac{R_p}{R_m};\ \frac{j_{pt}}{K_{Tt,p}}\right)$ j_s Lastfaktor; $j_s = 1$, wenn die Last ausreichend sicher angenommen wurde j_p Nachweis gegen Fließen bei normalen und kurzzeitigen hohen Temperaturen gegen die Fließgrenze R_p Bei $R_p/R_m > 0{,}75$ entfällt dieser Anteil. j_z zusätzlicher Sicherheitsfaktor für Gussteile und geschweißte Bauteile (siehe Tabelle 3.31) j_m Nachweis gegen Bruch bei normalen und kurzzeitig höheren Tempera-turen gegen Zugfestigkeit R_m oder Wärmefestigkeit R_{mt} (siehe Tabelle 3.12) Bei $R_p/R_m \leq 0{,}75$ entfällt dieser Anteil. j_{mt} Nachweis gegen Bruch bei lange wirkenden hohen Temperaturen gegen Zeitstandfestigkeit $R_{m,Tt}$ (siehe Tabelle 3.12) Bei $R_p/R_m \leq 0{,}75$ und normalen Temperaturen entfällt dieser Anteil. j_{pt} Nachweis gegen Fließen bei lange wirkenden hohen Temperaturen gegen Zeitdehngrenze $R_{p,Tt}$ Bei $R_p/R_m > 0{,}75$ und normalen Temperaturen entfällt dieser Anteil.
Ermüdungsfestigkeitsnachweis mit Nennspannungen und Ermüdungsfestigkeitsnachweis mit örtlichen Spannungen	$j_D = j_s \cdot \frac{j_F \cdot j_G}{K_{T,D}}$ $K_{T,D}$ Temperaturfaktor (siehe Tabelle 3.28) j_s Lastfaktor $j = 1$, wenn die Last ausreichend sicher angenommen wurde j_G Gussfaktor (zerstörungsfrei geprüfte Gussstücke $j_G = 1{,}4$, alle anderen Materialien $j_G = 1$) j_F Materialsicherheitsfaktor (siehe Tabelle 3.32)
Statischer Festigkeitsnachweis mit örtlichen Spannungen	$j_{ges} = j_s \left[j_z \cdot \mathrm{MAX}\left(\frac{j_m}{K_{T,m}} \cdot \frac{R_p}{R_m};\frac{j_p}{K_{T,p}};\frac{j_{mt}}{K_{Tt,m}} \cdot \frac{R_p}{R_m};\frac{j_{pt}}{K_{Tt,p}}\right) + \Delta j \right]$ Δj Summand für nicht duktile Gussbauteile mit Bruchdehnung $A < 6\%$ $\Delta j = 0{,}5 - \sqrt{A / 24\%}$ Alle anderen Faktoren siehe statischer Festigkeitsnachweis mit Nennspannungen.

Bild 3.60 Sicherheitsfaktoren, Arbeitsschritt 5 bzw. 7 gemäß Bild 3.50

Diese Sicherheitswerte gelten für hohe Schadensfolgen und hohe Wahrscheinlichkeit des Auftretens der Spannungskombination.

Folgende Abminderungen sind möglich (auch beide gleichzeitig):

- geringe Wahrscheinlichkeit des Auftretens der Spannungskombination 10 %
- geringe Schadensfolgen 15 %

	Geschweißte und nicht geschweißte Bauteile
Statischer Festigkeitsnachweis mit Nennspannungen	Auslastungsgrad für jede Spannungsart einzeln ermitteln. Bei unterschiedlicher Zug-/Druckfestigkeit ist ein Maximal- und ein Minimalspannungsnachweis erforderlich, ansonsten betragsmäßig mit dem größten Spannungswert rechnen. Für nicht geschweißte Bauteile sowie GW und WEZ gilt: $a_{SK,...} = \left[\frac{S...}{S_{SK,...} / j_{ges}}\right] \leq 1$, Index: zd, by, bz $a_{SK,...} = \left[\frac{T...}{T_{SK,...} / j_{ges}}\right] \leq 1$, Index: sy, sz, t

Bild 3.61 Nachweise mit Auslastungsgraden, Arbeitsschritt 6 bzw. 8 gemäß Bild 3.50: *s* und *t* entsprechen den Auslastungsgraden der einzelnen Spannungsarten. Es muss zwischen Normal- und Tangentialspannungen unterschieden werden.

	Geschweißte und nicht geschweißte Bauteile
	mit dem Vergleichsauslastungsgrad $a_{SK,Sv} = q \cdot a_{NH} + (1-q) \cdot a_{GH} < 1$ $q = \frac{\sqrt{3} - (1/f_\tau)}{\sqrt{3}-1}$ $a_{NH} = \frac{1}{2} - \lvert s \rvert + \sqrt{s^2+4t^2}; a_{GH} = \sqrt{s^2+t^2}$ mit: $s = a_{SK,zd} + a_{SK,by} + a_{SK,bz}$ (Vorzeichen beachten) $t = a_{SK,sy} + a_{SK,sz} + a_{SK,bz,t}$ (dünnwandige Profile) $t = \sqrt{a^2_{SK,sy}, + a^2_{SK,sz},} + a_{SK,bz,t}$ (prismatische Querschnitte) Für die Schweißnaht (SN) gilt: $a_{SK\perp zd} = \frac{S_{\perp zd}}{S_{SK\perp zd}/j_{ges}} \le 1$ $\quad s = a_{SK\perp zd} + a_{SK\perp by} + a_{SK\perp bz}$ $t = a_{SK\parallel}$ $a_{SK\perp by} = \frac{S_{\perp by}}{S_{SK\perp by}/j_{ges}} \le 1$ $\quad a_{SK,SN} = \sqrt{s^2+t^2} \le 1$ $a_{SK\perp bz} = \frac{S_{\perp bz}}{S_{SK\perp bz}/j_{ges}} \le 1$ $a_{SK\parallel} = \frac{T_{\parallel}}{T_{SK\parallel}/j_{ges}} \le 1$
Ermüdungsfestigkeitsnachweis mit Nennspannungen	Auslastungsgrad für jede Spannungsart einzeln ermitteln. Für nicht geschweißte Bauteile gilt: $a_{BK,\dots} = \left[\frac{S_{a,\dots,1}}{S_{BK,\dots}/j_D}\right] \le 1$, Index: zd. by, bz $a_{BK\dots} = \left[\frac{T_{a,\dots,1}}{T_{BK,\dots}/j_D}\right] \le 1$, Index: sy, st, t mit dem Vergleichsauslastungsgrad $a_{BK,Sv} = q \cdot a_{NH} + (1-q) \cdot a_{GH} < 1$ $q = \frac{\sqrt{3} - (1/f_{W,\tau})}{\sqrt{3}-1}$ $a_{NH} = \frac{1}{2} - \lvert s \rvert + \sqrt{s^2+4t^2}; a_{GH} = \sqrt{s^2+t^2}$ mit: $s = a_{BK,zd} + a_{BK,by} + a_{BK,bz}$ (Vorzeichen beachten) $t = a_{BK,sy} + a_{BK,sz} + a_{BK,bz,t}$ (dünnwandige Profile) $t = \sqrt{a^2_{BK,sy}, a^2_{BK,sz},} + a_{BK,bz,t}$ (prismatische Querschnitte)

Bild 3.61 Nachweise mit Auslastungsgraden, Arbeitsschritt 6 bzw. 8 gemäß Bild 3.50: *s* und *t* entsprechen den Auslastungsgraden der einzelnen Spannungsarten. Es muss zwischen Normal- und Tangentialspannungen unterschieden werden. *(Fortsetzung)*

	Geschweißte und nicht geschweißte Bauteile
Ermüdungsfestigkeits-nachweis mit Nennspannungen	Für geschweißte Bauteile gilt: $a_{BK\perp zd} = \frac{S_{\perp zd}}{S_{SK\perp zd} / j_{ges}} \leq 1 \quad a_{BK\perp bz} = \frac{S_{\perp bz}}{S_{SK\perp bz} / j_{ges}} \leq 1$ $a_{BK\perp by} = \frac{S_{\perp by}}{S_{SK\perp by} / j_{ges}} \leq 1 \quad a_{BK\parallel} = \frac{T_{\parallel}}{T_{SK\parallel} / j_{ges}} \leq 1$ mit $s_{a,\perp} = a_{BK,\perp}, s_{a,\parallel} = a_{BK,\parallel}, ta = a_{BK,\tau}^2$ $a_{BK,SV} = \frac{1}{2} \cdot \left(\left\| s_{a,\perp} + s_{a,\parallel} \right\| + \sqrt{\left(s_{a,\perp} - s_{a,\parallel} \right)^2 + 4 \cdot ta} \right) \leq 1$ für zusammengesetzte Spannungen
Statischer Festigkeits-nachweis mit örtlichen Spannungen	Für nicht geschweißte Bauteile sowie GW und WEZ gilt: $a_{SK} = \frac{\sigma_V}{\sigma_{SK} / j_{ges}}$ (Mehrachsigkeit, h < 1,333 prüfen, siehe Arbeitsschritt 1; wenn das nicht erfüllt ist, sind weitere Nachweise erforderlich, siehe FKM-Richtlinie) σ_V Vergleichsspannung im Nachweispunkt (Arbeitsschritt 1) σ_{SK} statische Bauteilfestigkeit (Arbeitsschritt 5) j_{ges} Gesamtsicherheitsfaktor Für die Schweißnaht (SN) gilt: $a_{SK,W} = \frac{\sigma_{VW}}{\sigma_{SK,W/} / j_{ges}}$
Ermüdungsfestigkeits-nachweis mit örtlichen Spannungen	Die zyklischen Auslastungsgrade sind bei nicht geschweißten Bauteilen für alle Spannungskomponenten zu berechnen. $a_{BK,\sigma} = \frac{\sigma_{a,1}}{\sigma_{BK} / j_D} \leq 1$ $a_{BK,\tau} = \frac{\tau_{a,1}}{\tau_{BK} / j_D} \leq 1$ mit dem Vergleichsauslastungsgrad $a_{BK,Sv} = q \cdot a_{NH} + (1-q) \cdot a_{GH} < 1$ $q = \frac{\sqrt{3} - (1/f_\tau)}{\sqrt{3} - 1}$ $a_{NH} = \mathrm{MAX}\left(\left\| a_{BK,\sigma 1} \right\|, \left\| a_{BK,\sigma 2} \right\|, \left\| a_{BK,\sigma 3} \right\| \right)$ $a_{GH} = \sqrt{\frac{1}{2} \left(a_{BK,\sigma 1} - a_{BK,\sigma 2} \right)^2 + \left(a_{BK,\sigma 2} - a_{BK,\sigma 3} \right)^2 + \left(a_{BK,\sigma 3} - a_{BK,\sigma 1} \right)^2}$ Die zyklischen Auslastungsgrade für geschweißte Bauteile ergeben sich aus $a_{BK\perp} = \frac{\sigma_{a\perp,1}}{\sigma_{BK,\perp} / j_D} \leq 1; a_{BKII} = \frac{\sigma_{a,\parallel,1}}{\sigma_{BK,\perp} / j_D} \leq 1 a_{BK\tau} = \frac{\tau_{a,1}}{\tau_{BK,\tau} / j_D} \leq 1$ mit $a_{BK\sigma V} = \frac{1}{2} \cdot \left(\left\| a_{BK,\perp} + a_{BK,\parallel} \right\| + \sqrt{\left(\left\| a_{BK,\perp} + a_{BK,\parallel} \right\| \right)^2 + 4 \cdot a_{BK,\tau}^2} \right) \leq 1$ für zusammengesetzte Spannungen

Bild 3.61 Nachweise mit Auslastungsgraden, Arbeitsschritt 6 bzw. 8 gemäß Bild 3.50: s und t entsprechen den Auslastungsgraden der einzelnen Spannungsarten. Es muss zwischen Normal- und Tangentialspannungen unterschieden werden. *(Fortsetzung)*

Nachweis mit Auslastungsgraden

Die Nachweise für jede einzelne Spannungsart und für jede zusammengesetzte Spannungsart sind getrennt durchzuführen.

Es ist zwischen den extremen Minimal- und Maximalspannungen bei Zug und Druck bzw. bei Biegung und Biegedruck zu unterscheiden. Es ist immer die betragsmäßig höhere Spannung maßgeblich.

Eine Ausnahme hiervon ist bei Werkstoffen mit unterschiedlicher statischer Zug-/Druckfestigkeit, wie z. B. bei Eisengusswerkstoff und bei unsymmetrischem Querschnitt, zu machen. Der Nachweis erfolgt über die *statischen Auslastungsgrade*. Der **Auslastungsgrad** wird definiert als Quotient aus der vorhandenen externen Spannung und der statisch zulässigen Spannung im Nachweispunkt. Die **statisch zulässige Spannung** wird definiert als der Quotient aus der statisch ertragbaren Spannung und dem erforderlichen Gesamtsicherheitsfaktor. Der statische Auslastungsgrad ist immer positiv.

Für die Auswertung von zusammengesetzten Spannungsarten wird eine *Festigkeitshypothese* verwendet. Diese Festigkeitshypothese setzt sich aus einem Anteil der Normalspannungshypothese und einem Anteil der Gestaltänderungsenergiehypothese zusammen. Beide Anteile werden in Abhängigkeit von der Duktilität des Werkstoffs durch die Konstante q, welche von dem Schubfestigkeitsfaktor abhängig ist, getrennt. Für Stahl und Aluminiumknetlegierung ist $q = 0$, sodass die Gestaltänderungsenergiehypothese gilt.

Es gelten folgende **Vorzeichenregeln**: Wenn die einzelnen Spannungsarten im Nachweispunkt gleichsinnig wirken und aus einer einzigen auf das Bauteil wirkenden Belastung stammen, sind die Auslastungsgrade mit gleichen positiven Vorzeichen in der Gleichung einzusetzen. Wenn sie immer gegensinnig wirken, sind sie mit unterschiedlichem Vorzeichen (Subtraktion) in die Gleichung einzusetzen.

Beispiel 3.1: Statischer Nachweis mit Nennspannungen

Ein Bolzen wird mit einer zwischen 80 kN und 120 kN schwingenden Zugkraft belastet. Dies sind gleichzeitig auch die maximalen Einzelbelastungen. Der Bolzen besteht aus Stahl E335. Die Umgebungstemperaturen liegen zwischen -10 und +30 °C.

1. Schritt

$d = 40\,\text{mm} \qquad A = \frac{\pi}{4} \cdot d^2$ Querschnitt des Bolzens

$F_{max} = 120000\,\text{N} \qquad S_{max,zd} = \frac{F_{max}}{A} \qquad S_{max,zd} = 95{,}493 \frac{\text{N}}{\text{mm}^2}$

$F_{min} = 80000\,\text{N} \qquad S_{min,zd} = \frac{F_{min}}{A} \qquad S_{min,zd} = 63{,}662 \frac{\text{N}}{\text{mm}^2}$

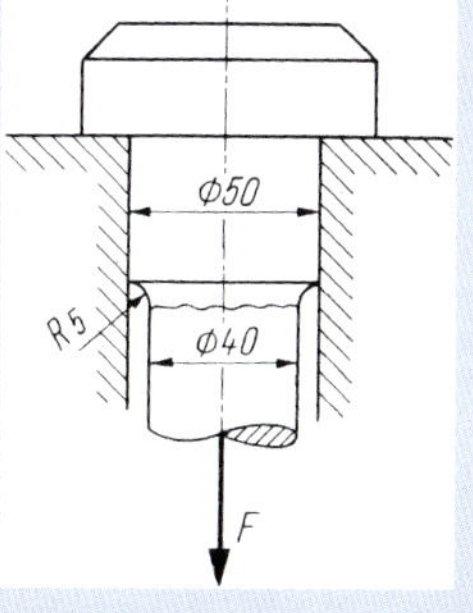

Bild 3.62 Zugstangenkopf

3

2. Schritt

$R_{m,N} = 590\frac{N}{mm^2}$ $R_{p,N} = 335\frac{N}{mm^2}$

$K_{d,m} = 1$ $K_{d,p} = 1$ Größeneinflussfaktor (Tabelle 3.25)

$K_A = 0{,}9$ Anisotropiefaktor(Tabelle 3.10)

$R_m = K_{d,m} \cdot K_A \cdot R_{m,N}$ $R_m = 531\frac{N}{mm^2}$ Zugfestigkeit

$R_p = K_{d,p} \cdot K_A \cdot R_{p,N}$ $R_p = 301{,}5\frac{N}{mm^2}$ Fließgrenze

$K_{T,m} = 1$ $K_{T,p} = 1$ Temperaturfaktor (Tabelle 3.28)

$R_{m,T} = K_{T,m} \cdot R_m$ $R_{m,T} = 531\frac{N}{mm^2}$ Zugfestigkeit mit Temperatureinfluss

$R_{p,T} = K_{T,p} \cdot R_p$ $R_{p,T} = 301{,}5\frac{N}{mm^2}$ Fließgrenze mit Temperatureinfluss

3. Schritt

In diesem Beispiel tritt keine statische Stützwirkung auf, weil die Spannung über den gesamten Querschnitt gleich ist.

4. Schritt

$f_\sigma = 1$ Druckfestigkeitsfaktor, siehe Tabelle3.27

$S_{SK,zd} = f_\sigma \cdot R_p$ $S_{SK,zd} = 301{,}5\frac{N}{mm^2}$

5. Schritt

$j_S = 1$ $j_Z = 1$

$j_m = 1{,}75$ Nachweis gegen Bruch (siehe Tabelle 3.12), mittlere Schadensfolgen

$j_{ges} = j_s \cdot j_z \cdot \frac{j_m \cdot R_p}{K_{T,m} \cdot R_m}$ Die restlichen Anteile entfallen, weil $\frac{R_p}{R_m} = 0{,}568$ und keine hohen Temperaturen vorliegen.

$j_{ges} = 0{,}994$

6. Schritt

$a_{SK,zd} = \frac{S_{zd}}{\frac{S_{SK,zd}}{j_{ges}}}$ $a_{SK,zd} = 0{,}315$ Der Auslastungsgrad für diesen Lastfall beträgt 31,5 %.

Ermüdungsnachweis mit Nennspannungen

1. Schritt

$d = 40\,\text{mm}$ $\quad A_s = \frac{\pi}{4} \cdot d^2$ $\quad$ Querschnitt des Bolzens

$D = 50\,\text{mm}$ $\quad r = 5\,\text{mm}$ $\quad R_Z = 10\,\mu\text{m}$

$n_1 = 2000000$ $\quad$ Zyklenzahl Lastzyklus 1

$E = 210000 \frac{\text{N}}{\text{mm}^2}$

$A = 0{,}05$ $\quad$ Bruchdrehung

$F_{\max,1} = 120000\,\text{N}$ $\quad S_{\max,zd,1} = \frac{F_{\max,1}}{A_S}$ $\quad S_{\max,zd,1} = 95{,}493 \frac{\text{N}}{\text{mm}^2}$ $\quad$ Maximale Spannung Lastzyklus 1

$F_{\min x,1} = 80000\,\text{N}$ $\quad S_{\min,zd,1} = \frac{F_{\max,1}}{A_S}$ $\quad S_{\min,zd,1} = 63{,}662 \frac{\text{N}}{\text{mm}^2}$ $\quad$ Minimale Spannung Lastzyklus 1

$S_{a,zd,1} = \frac{S_{\max,zd,1} - S_{\min,zd,1}}{2}$ $\quad S_{a,zd,1} = 15{,}915 \frac{\text{N}}{\text{mm}^2}$ $\quad$ Amplitude

$S_{m,zd,1} = \frac{S_{\max,zd,1} + S_{\min,zd,1}}{2}$ $\quad S_{m,zd,1} = 79{,}577 \frac{\text{N}}{\text{mm}^2}$ $\quad$ Mittelspannung Lastzyklus 1

2. Schritt

$R_{m,N} = 590 \frac{\text{N}}{\text{mm}^2}$ $\quad R_{p,N} = 335 \frac{\text{N}}{\text{mm}^2}$

$K_{d,m} = 1$ $\quad K_{d,p} = 1$ $\quad$ Größeneinflussfaktor (Tabelle 3.25)

$K_A = 0{,}9$ $\quad$ Anisotropiefaktor (Tabelle 3.10)

$R_m = K_{d,m} \cdot K_A \cdot R_{m,N}$ $\quad R_m = 531 \frac{\text{N}}{\text{mm}^2}$ $\quad$ Zugfestigkeit

$R_p = K_{d,p} \cdot K_A \cdot R_{p,N}$ $\quad R_p = 301{,}5 \frac{\text{N}}{\text{mm}^2}$ $\quad$ Fließgrenze

$f_{W\sigma} = 0{,}45$ $\quad \sigma_{W,zd} = f_{W\sigma} \cdot R_m$ $\quad \sigma_{W,zd} = 238{,}95 \frac{\text{N}}{\text{mm}^2}$ $\quad$ Werkstoffwechselfestigkeit (Tabelle 3.13)

$f_{W\tau} = 577$ $\quad \tau_{W,s} = f_{W\tau} \cdot \sigma_{W,zd}$ $\quad \tau_{W,s} = 107{,}528 \frac{\text{N}}{\text{mm}^2}$ $\quad$ Werkstoffwechselfestigkeit für Scherbelastung (Tabelle 3.13)

$K_{T,D} = 1$ $\quad$ Temperaturfaktor (Tabelle 3.28)

3

$\sigma_{W,zd,T} = K_{T,D} \cdot \sigma_{W,zd}$ | $\sigma_{W,zd,T} = 238{,}95 \frac{N}{mm^2}$ | Werkstoffwechselfestigkeit für Temperatureinfluss

$\tau_{W,s,T} = K_{T,D} \cdot \tau_{W,s}$ | $\tau_{W,s,T} = 107{,}528 \frac{N}{mm^2}$ | Werkstoffwechselfestigkeit für Scherbelastung mit Temperatureinfluss

3. Schritt

Die Kerbwirkungszahlen werden aus den Formzahlen und den Stützzahlen berechnet.

$G_\sigma(d) = \frac{2}{d}$ | $G_\sigma(d) = 0{,}05 \frac{1}{mm}$ | Globales (Nenn-)Spannungsgefälle

$G_\tau(d) = \frac{2}{d}$ | $G_\tau(d) = 0{,}05 \frac{1}{mm}$

$t = \frac{D-d}{2}$ | $t = 5mm$ | Lokales Spannungsgefälle; wegen $\frac{t}{d} < 0{,}25$ (siehe Tabelle 3.21) gilt:

$\varphi = \frac{1}{\sqrt[4]{\frac{t}{r}} + 2}$ | $\varphi = 0{,}167$

$G_\sigma(r) = \frac{2{,}3}{r} \cdot (1+)$ | $G_\sigma(r) = 0{,}4 \frac{1}{mm}$

$G_\sigma(r) = \frac{2{,}3}{r} \cdot (1+\varphi)$ | $G_\sigma(r) = 0{,}4 \frac{1}{mm}$

$G_\sigma = G_\sigma(d) + G_\sigma(r)$ | $G_\sigma = 0{,}604 \frac{1}{mm}$ | Gesamt-Spannungsgefälle

$G_\tau = G_\tau(d) + G_\tau(r)$ | $G_\tau = 0{,}259 \frac{1}{mm}$

Die Stieler'schen Stützzahlen werden nach folgender Gleichung berechnet. Für den weiteren Lösungsweg werden hier nicht alle Stützzahlen benötigt.

$a_G = 0{,}5$ | $b_G = 2700$ | siehe Tabelle 3.20

$G_\sigma(d) = \frac{2}{d}$ | $n_\sigma(d) = 1 + G_\sigma(d) mm \cdot 10^{-\left(a_G - 0{,}5 + \frac{R_m}{b_G \frac{N}{mm^2}}\right)}$ | $n_\sigma(d) = 1{,}032$

$G_\tau(d) = \frac{2}{d}$ | $n_\tau(d) = 1 + G_\tau(d) mm \cdot 10^{-\left(a_G - 0{,}5 + \frac{R_m}{b_G \frac{N}{mm^2}}\right)}$ | $n_\tau(d) = 1{,}032$

3

$$G_\sigma(r) = \frac{2{,}3}{r}\cdot(1+\varphi) \qquad n_\sigma(r) = 1+\sqrt{G_\sigma(r)\,\mathrm{mm}}\cdot 10^{-\left(a_G+\frac{R_m}{b_G\frac{N}{mm^2}}\right)} \qquad n_\sigma(r) = 1{,}147$$

$$G_\tau(r) = \frac{1{,}15}{r} \qquad n_\tau(r) = 1+\sqrt{G_\tau(r)\,\mathrm{mm}}\cdot 10^{-\left(a_G+\frac{R_m}{b_G\frac{N}{mm^2}}\right)} \qquad n_\tau(r) = 1{,}096$$

$$K_{t,zd} = 1+\frac{1}{\sqrt{0{,}62\cdot\frac{r}{d}+7\cdot\frac{r}{d}\cdot\left(1+2\cdot\frac{r}{d}\right)^2}} \qquad K_{t,zd} = 1{,}832$$ Formzahl (Tabelle 3.3)

$$K_{f,zd} = \frac{K_{t,zd}}{n_\sigma(r)} \qquad K_{f,zd} = 1{,}597$$ Kerbwirkungszahl

$$a_{R,\sigma} = 0{,}22 \qquad R_{m,N,min} = 400\frac{N}{mm^2}$$ siehe Tabelle 3.22

$$K_{R,\sigma} = 1-a_{R,\sigma}\cdot\lg\left(\frac{R_Z}{\mu m}\right)\cdot\lg\left(\frac{2\cdot R_m}{R_{m,N,min}}\right) \qquad K_{R,\sigma} = 0{,}907$$ Rauheitsfaktor

$K_V = 1$ ohne Randschichtverfestigung

$K_S = 1$ Stahl

$K_{NL,E} = 1$ keine GJL

$$K_{WK,zd} = \left(K_{f,zd}+\frac{1}{K_{R,\sigma}}-1\right)\cdot\frac{1}{K_V}\cdot\frac{1}{K_{NL,E}} \qquad K_{WK,zd} = 1{,}7$$ Konstruktionsfaktor

4. Schritt

$$S_{WK,zd} = \sigma_{W,zd}\cdot K_{WK,zd} \qquad S_{WK,zd} = 406{,}138\frac{N}{mm^2}$$ Bauteilwechselfestigkeit

Gewählt: Überlastfall 2 $R_{zd} = \frac{S_{min,zd,1}}{S_{max,zd,1}}$ $R_{zd} = 0{,}667$ Gewählt: Bereich 4

$a_M = 0{,}35$ $b_M = -0{,}1$ siehe Tabelle 3.23

$$M_\sigma = \frac{a_M\cdot\frac{R_m}{\frac{N}{mm^2}}}{1000}+b_M \qquad M_\sigma = 0{,}086$$

3

$$K_{\text{AK,zd}} = \frac{3 + M_\sigma}{3 \cdot \left(1 + M_\sigma\right)^2}$$

$$S_{\text{AK,zd}} = K_{\text{AK,zd}} \cdot S_{\text{WK,zd}}$$

$S_{\text{WK,zd}} = 354{,}313 \frac{\text{N}}{\text{mm}^2}$ Bauteilfestigkeit je nach Mittelspannung

$\bar{N} = 2000000$ geforderte Zyklenzahl

$N_{\text{D}} = 1000000$ Knickpunkt der Bauteil-Wöhlerlinie

$A_{\text{ele}} = 1$ Abstand zwischen Lebensdauer und Wöhlerlinie

$D_{\text{m}} = \frac{2}{\sqrt[4]{A_{\text{ele}}}}$ $D_{\text{m}} = 2$ $D_{\text{m,max}} = 1$ $D_{\text{m}} = 1$

$k = 5$ Neigungsexponent der Bauteil-Wöhlerlinie (Tabelle 3.17)

$K_{\text{BK,zd}} = \left(\frac{A_{\text{ele}} \cdot N_{\text{D}} \cdot D_{\text{M}}}{\bar{N}}\right)^{\frac{1}{k}}$ $K_{\text{BK,zd}} = 0{,}871$

$S_{\text{BK,zd}} = K_{\text{BK,zd}} \cdot S_{\text{AK,zd}}$ $S_{\text{BK,zd}} = 308{,}448 \frac{\text{N}}{\text{mm}^2}$ Bauteilbetriebsfestigkeit

5. Schritt

$j_{\text{s}} = 1$ $j_{\text{G}} = 1$

$j_{\text{F}} = 1{,}4$ siehe Tabelle 3.30, mittlere Schadensfolgen, keine regelmäßige Inspektion

$K_{\text{T,D}} = 1$ keine hohen Temperaturen

$$j_{\text{D}} = j_{\text{s}} \cdot \frac{j_{\text{F}} \cdot j_{\text{G}}}{K_{\text{T,D}}}$$

$j_{\text{D}} = 1{,}4$

6. Schritt

$a_{\text{SK,zd}} = \frac{S_{\text{a,zd,1}}}{\frac{S_{\text{BK,zd}}}{j_{\text{D}}}}$ $a_{\text{SK,zd}} = 0{,}209$ Der Auslastungsgrad für diesen Lastfall beträgt 20,9%.

■

Beispiel 3.2: Statischer Nachweis mit örtlichen Spannungen

Das Einzelteil eine Kugelgelenkverbindung, durch die mehrere Streben in einem Punkt beweglich miteinander verbunden sind, wird während des Betriebes in der in Bild 3.63 gezeigten Weise beansprucht. Diese gezielte Beweglichkeit ist erforderlich, um die gesamte Baugruppe vor Zerstörung zu schützen. Die Kontur des Gehäuseteils stellt den Anschlag dar, bis zu dem die gezielte Beweglichkeit möglich ist. Für das Einzelteil sind ein statischer Festigkeitsnachweis und ein Ermüdungsfestigkeitsnachweis mit örtlichen Spannungen zu führen. Die Hauptspannungen wurden mit der FEA berechnet.

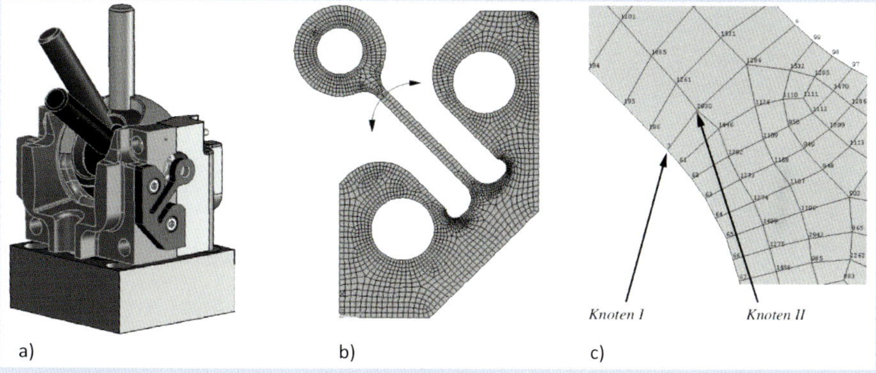

Bild 3.63 Einzelteil der Kugelgelenkverbindung
a) Gesamtbaugruppe, b) Einzelteil mit angreifender Kraft und Beweglichkeiten,
c) FEM-Modell mit nachzuweisenden Querschnitt

1. Schritt

$$\sigma_{1,\max} = 727\frac{\text{N}}{\text{mm}^2} \qquad \sigma_{2,\max} = 9\frac{\text{N}}{\text{mm}^2} \qquad \sigma_{3,\max} = 0\frac{\text{N}}{\text{mm}^2} \qquad \text{Maximale Hauptspannungen}$$

$$\sigma_{1,\min} = -727\frac{\text{N}}{\text{mm}^2} \qquad \sigma_{2,\max} = -9\frac{\text{N}}{\text{mm}^2} \qquad \sigma_{3,\min} = 0\frac{\text{N}}{\text{mm}^2} \qquad \text{Minimale Hauptspannung}$$

Die Bruchdehnung des Materials Baustahl E 335 ist größer als 6 %, deshalb ist die Vergleichsspannung für duktile Materialien berechnen.

$$\sigma_1 = 727\frac{\text{N}}{\text{mm}^2} \qquad \sigma_2 = 9\frac{\text{N}}{\text{mm}^2} \qquad \sigma_3 = 0\frac{\text{N}}{\text{mm}^2}$$

ungünstige Spannungskombination

$$\sigma_\text{V} = \sqrt{\left(\frac{1}{2}\right)\cdot\left[\left(\sigma_1-\sigma_2\right)^2+\left(\sigma_2-\sigma_3\right)^3+\left(\sigma_3-\sigma_1\right)^2\right]} \qquad \sigma_\text{V} = 731{,}542\frac{\text{N}}{\text{mm}^2}$$

$$\sigma_\text{H} = \frac{1}{3}\cdot\left(\sigma_1+\sigma_2+\sigma_3\right) \qquad \sigma_\text{H} = 239{,}333\frac{\text{N}}{\text{mm}^2} \qquad h = \frac{\sigma_\text{H}}{\sigma_\text{V}} \quad h = 0{,}327$$

Mehrachsigkeit

3

2. Schritt

$E = 210000 \frac{N}{mm^2}$	$A = 0{,}06$	Bruchdehnung
$R_{m,N} = 590 \frac{N}{mm^2}$	$R_{p,N} = 335 \frac{N}{mm^2}$	Nennzugfestigkeit und Nennfließgrenze
$K_{d,m} = 1$	$K_{d,p} = 1$	Größeneinflussfaktor (Tabelle 3.25)
$K_A = 0{,}9$		Anisotropiefaktor (Tabelle 3.10)
$R_m = K_{d,m} \cdot K_A \cdot R_{m,N}$	$R_m = 531 \frac{N}{mm^2}$	Zugfestigkeit
$R_p = K_{d,p} \cdot K_A \cdot R_{p,N}$	$R_p = 301{,}5 \frac{N}{mm^2}$	Fließgrenze
$K_{T,m} = 1$	$K_{T,p} = 1$	Temperaturfaktor (Tabelle 3.28)
$R_{m,T} = K_{T,m} \cdot R_m$	$R_{m,T} = 351 \frac{N}{mm^2}$	Zugfestigkeit mit Temperatureinfluss
$R_{p,T} = K_{T,p} \cdot R_p$	$R_{p,T} = 301{,}5 \frac{N}{mm^2}$	Fließgrenze mit Temperatureinfluss

3. Schritt

$\varepsilon_{ref} = A$ duktiles Material

$\varepsilon_0 = 0{,}05$ minimale ertragbare Gesamtdehnung (Tabelle 3.29)

$\varepsilon_{ertr} = \varepsilon_{ref}$ $\varepsilon_{ertr} = 0{,}06$ für $h > \frac{1}{3}$

$K_p = 1{,}3$ plastische Formzahl mit FEM ermittelt

$$n_{pl} = \text{MIN}\left(\sqrt{E \cdot \frac{\varepsilon_{ertr}}{R_p}}, K_p\right) \qquad n_{pl} = 1{,}3$$

$K_{NL} = 1$

4. Schritt

$\sigma_{SK} = n_{pl} \cdot R_p$ $\sigma_{SK} = 391{,}95 \frac{N}{mm^2}$ Bauteilfestigkeit

3

5. Schritt

$j_s = 1$ $\quad j_z = 1$

$j_m = 1{,}85$

Nachweis gegen Bruch (siehe Tabelle 3.12), mittlere Schadensfolge und hohe Auftretenswahrscheinlichkeit

$$j_{ges} = j_s \cdot j_z \frac{j_m \cdot R_p}{K_{T,m} \cdot R_m}$$

Die restlichen Anteile entfallen, weil $\frac{R_p}{R_m} = 0{,}568$ und keine hohen Temperaturen vorliegen.

$j_{ges} = 1{,}05$

6. Schritt

$$a_{SK,zd} = \frac{\frac{\sigma_v}{\sigma_{SK}}}{j_{ges}} \qquad a_{SK,zd} = 1{,}157$$

Der Auslastungsgrad für diesen Lastfall beträgt 115%.

Ermüdungsfestigkeitsnachweis mit örtlichen Spannungen

1. Schritt

$R_Z = 10\,\mu m$

$\sigma_{1,max} = 727\frac{N}{mm^2} \qquad \sigma_{2,max} = 9\frac{N}{mm^2} \qquad \sigma_{3,max} = 0\frac{N}{mm^2}$ maximale Hauptspannung

$\sigma_{1,min} = -727\frac{N}{mm^2} \qquad \sigma_{2,min} = -9\frac{N}{mm^2} \qquad \sigma_{3,min} = 0\frac{N}{mm^2}$ minimale Hauptspannung

$\sigma_{1,a,1} = \frac{\sigma_{1,max} - \sigma_{1,min}}{2} \qquad \sigma_{1,a.1} = 727\frac{N}{mm^2}$ Amplitude Hauptspannung 1, Lastzyklus 1

$\sigma_{1,m,1} = \frac{\sigma_{1,max} + \sigma_{1,min}}{2} \qquad \sigma_{1,m.1} = 0\frac{N}{mm^2}$ Mittelspannung, Hauptspannung 1, Lastzyklus 1

$\sigma_{2,a,1} = \frac{\sigma_{2,max} - \sigma_{2,min}}{2} \qquad \sigma_{2,a.1} = 9\frac{N}{mm^2}$ Amplitude Hauptspannung 2, Lastzyklus 1

$\sigma_{2,m,1} = \frac{\sigma_{2,max} + \sigma_{2,min}}{2} \qquad \sigma_{2,m.1} = 0\frac{N}{mm^2}$ Mittelspannung, Hauptspannung 2, Lastzyklus 1

$\sigma_{3,a,1} = \frac{\sigma_{3,max} - \sigma_{3,min}}{2} \qquad \sigma_{3,a.1} = 0\frac{N}{mm^2}$ Amplitude Hauptspannung 3, Lastzyklus 1

$\sigma_{3,m,1} = \frac{\sigma_{3,max} + \sigma_{3,min}}{2} \qquad \sigma_{3,m.1} = 0\frac{N}{mm^2}$ Mittelspannung, Hauptspannung 3, Lastzyklus 1

3

2. Schritt

$R_{m,N} = 590 \frac{N}{mm^2}$ $R_{p,N} = 335 \frac{N}{mm^2}$

$K_{d,m} = 1$ $K_{d,p} = 1$ Größeneinflussfaktor (Tabelle 3.25)

$K_A = 0{,}9$ Anisotropiefaktor (Tabelle 3.10)

$R_m = K_{d,m} \cdot K_A \cdot R_{m,N}$ $R_m = 531 \frac{N}{mm^2}$ Zugfestigkeit

$R_p = K_{d,p} \cdot K_A \cdot R_{p,N}$ $R_p = 301{,}5 \frac{N}{mm^2}$ Fließgrenze

$f_{W\sigma} = 0{,}45$ $\sigma_{W,zd} = f_{W\sigma} \cdot R_m$ $\sigma_{W,zd} = 238{,}95 \frac{N}{mm^2}$ Werkstofffestigkeit (Tabelle 3.13)

$f_{W\tau} = 0{,}577$ $\tau_{W,s} = f_{W\tau} \cdot \sigma_{W,zd}$ $\tau_{W,s} = 137{,}874 \frac{N}{mm^2}$ Werkstoffestigkeit für Scherbelastungung (Tabelle 3.33)

$K_{T,D} = 1$ Abstand der Knoten Temperaturfaktor (Tabelle 3.28)

$\sigma_{W,zd,T} = K_{T,D} \cdot \sigma_{W,zd} \sigma_{W,zd,T} = 238{,}95 \frac{N}{mm^2}$ Werkstoffwechselfestigkeit für Temperatureinfluss

$\tau_{W,s,T} = K_{T,D} \cdot \tau_{W,s}$ $\tau_{W,s,T} = 137{,}874 \frac{N}{mm^2}$ Werkstoffwechselfestigkeit für Scherbelastung bei Temperatureinfluss

3. Schritt

Die Kerbwirkungszahlen werden aus den Formzahlen und den Stützzahlen berechnet.

$\sigma_{1,a,1} = 727 \frac{N}{mm^2}$ Amplitude Hauptspannung 1, Lastzyklus 1 für Knoten an der Oberfläche

$\sigma_{2,a,1} = 9 \frac{N}{mm^2}$ Amplitude Hauptspannung 2, Lastzyklus 1 für Knoten an der Oberfläche

$\sigma_{1,a,1s} = 9 \frac{N}{mm^2}$ Amplitude Hauptspannung 1, Lastzyklus 1 für Knoten im Bausteilinnern

$\Delta s = 0{,}3438\,mm$ Abstand der Knoten

$\sigma_{2,a,1s} = 8 \frac{N}{mm^2}$ Amplitude Hauptspannung 2, Lastzyklus 1 für Knoten im Bauteilinnern

$$G_{\sigma 1} = \frac{1}{\Delta s} \cdot \left(1 - \frac{\sigma_{1,a,1s}}{\sigma_{1,a,1}}\right) \quad G_{\sigma 1} = 2{,}873 \frac{1}{mm}$$ Gesamt-Spannungsgefälle

$$G_{\sigma 2} = \frac{1}{\Delta s} \cdot \left(1 - \frac{\sigma_{2,a,1s}}{\sigma_{2,a,1}}\right) \quad G_{\sigma 2} = 0{,}323 \frac{1}{mm}$$

Die Stieler'sche Stützzahl wird nach folgender Gleichung berechnet.

$a_G = 0{,}5$ $\quad b_G = 2700$ siehe Tabelle 3.20

$$n_{\sigma 1} = 1 + \sqrt{G_{\sigma 1} \cdot mm} \cdot 10^{-\left(a_G + \frac{R_m}{b_G \frac{N}{mm^2}}\right)} \quad n_{\sigma 1} = 1{,}341$$

$$n_{\sigma 2} = 1 + \sqrt[4]{G_{\sigma 2} \cdot mm} \cdot 10^{-\left(a_G + \frac{R_m}{b_G \frac{N}{mm^2}}\right)} \quad n_{\sigma 2} = 1{,}152$$

$a_{R,\sigma} = 0{,}22$ $\quad R_{m,N,min} = 400 \frac{N}{mm^2}$ siehe Tabelle 3.22

$$K_{R,\sigma} = 1 - a_{R,\sigma} \cdot \lg\left(\frac{R_Z}{\mu m}\right) \cdot \lg\left(\frac{2 \cdot R_m}{R_{m,N,min}}\right) \quad K_{R,\sigma} = 0{,}907$$ Rauheitsfaktor

$K_V = 1$ ohne Randschichtverfestigung

$K_S = 1$ Stahl

$K_{NL,E} = 1$ keine GJL

$K_f = 2$ Schätzwert der Kerbwirkungszahl (Tabelle 3.18)

$$K_{WK,\sigma 1} = \frac{1}{n_{\sigma 1}} \left[1 + \frac{1}{K_f} \cdot \left(\frac{1}{K_{R,\sigma}} - 1\right)\right] \cdot \frac{1}{K_V} \cdot \frac{1}{K_{NL,E}} \cdot \frac{1}{K_S} \quad K_{WK,\sigma 1} = 0{,}784$$ Konstruktionsfaktor

$$K_{WK,\sigma 2} = \frac{1}{n_{\sigma 2}} \left[1 + \frac{1}{K_f} \cdot \left(\frac{1}{K_{R,\sigma}} - 1\right)\right] \cdot \frac{1}{K_V} \cdot \frac{1}{K_{NL,E}} \cdot \frac{1}{K_S} \quad K_{WK,\varsigma 2} = 0{,}913$$

3

4. Schritt

$$K_{WK,\sigma 1} = \frac{\sigma_{W,zd}}{K_{WK,\sigma 1}} \qquad \sigma_{WK,\sigma 1} = 303{,}627 \frac{N}{mm^2}$$

$$K_{WK,\sigma 2} = \frac{\sigma_{W,zd}}{K_{WK,\sigma 2}} \qquad \sigma_{WK,\sigma 2} = 261{,}71 \frac{N}{mm^2}$$ Bauteilwechselfestigkeit

Gewählt: Überlastfall 2 $R_{zd} = \frac{\sigma_{1,min}}{\sigma_{1,max}}$ $R_{zd} = -1$ Gewählt: Bereich 2

$a_M = 0{,}35$ $b_M = -0{,}1$ siehe Tabelle 3.23

$$M_\sigma = \frac{a_M \frac{R_m}{\frac{N}{mm^2}}}{1000} + b_M \qquad M_\sigma = 0{,}086$$

$$K_{AK,\sigma 1} = \frac{1}{1 + M_\sigma \frac{\sigma_{1,m,1}}{\sigma_{1,a.1}}} \qquad K_{AK,\sigma 2} = \frac{1}{1 + M_\sigma \frac{\sigma_{2,m,1}}{\sigma_{2,a.1}}}$$

$$\sigma_{AK,\sigma 1} = K_{AK,\sigma 1} \cdot \sigma_{WK,\sigma 1} \qquad \sigma_{AK,\sigma 2} = K_{AK,\sigma 2} \cdot \sigma_{WK,\sigma 2}$$

$$\sigma_{AK,\sigma 1} = 303{,}627 \frac{N}{mm^2} \qquad \sigma_{AK,\sigma 2} = 261{,}71 \frac{N}{mm^2}$$ Bauteildauerwechselfestigkeit je nach mittelspannung

$\bar{N} = 50000$ geforderte Zyklenzahl

$N_D = 1000000$ Knickpunkt der Bauteil-Wöhlerlinie

$A_{ele} = 1$ Abstand zwischen Lebensdauer und Wöhlerlinie

$D_m = \frac{2}{\sqrt[4]{A_{ele}}}$ $D_m = 2$ $D_{m,max} = 1$; daraus folgt: $D_m = 1$

$k = 5$ Neigungsexponent der Bauteil-Wöhlerlinie (Tabelle 3.17)

$$K_{BK,zd} = \left(\frac{A_{ele} \cdot N_D \cdot D_m}{\bar{N}} \right)^{\frac{1}{k}} \qquad K_{BK,zd} = 1{,}821$$

$$\sigma_{BK,\sigma 1} = K_{BK,zd} \cdot \sigma_{AK,\sigma 1} \qquad \sigma_{BK,\sigma 1} = 552{,}772 \frac{N}{mm^2}$$ Bauteilbetriebsfestigkeit

$$\sigma_{BK,\sigma 2} = K_{BK,zd} \cdot \sigma_{AK,\sigma 2} \qquad \sigma_{BK,\sigma 2} = 476{,}461 \frac{N}{mm^2}$$

5. Schritt

$j_S = 1, j_G = 1, j_F = 1{,}4$ siehe Tabelle 3.32, mittlere Schadensfolgen, keine regelmäßige Inspektion

$K_{T,D} = 1$ keine hohen Temperaturen

$j_D = j_s \dfrac{j_F \cdot j_G}{K_{T,D}}$ $j_D = 1{,}4$

6. Schritt

$a_{SK,\sigma 1} = \dfrac{\sigma_{1,a,1}}{\dfrac{\sigma_{BK,\sigma 1}}{j_D}}$ $a_{SK,\sigma 1} = 0{,}575$ Einzelauslastungsgrade

$a_{SK,\sigma 2} = \dfrac{\sigma_{2,a,1}}{\dfrac{\sigma_{BK,\sigma 2}}{j_D}}$ $a_{SK,\sigma 2} = 0{,}026$

$a_{SK,\sigma 3} = 0$

$f_\tau = 0{,}578$ Schubfestigkeitsfaktor nach Tabelle 3.27

$q = \dfrac{\sqrt{3} - \dfrac{1}{f_\tau}}{\sqrt{3} - 3}$ $q = 0{,}00$

$a_{NH} = a_{SK,\sigma 1}$ Maximalwert der Einzelauslastungsgrade

$a_{GH} = \sqrt{\left(a_{SK,\sigma 1} - a_{SK,\sigma 2}\right)^2 + \left(a_{SK,\sigma 2} - a_{SK,\sigma 3}\right)^2 + \left(a_{SK,\sigma 3} - a_{SK,\sigma 1}\right)^2}$ $a_{GH} = 0{,}795$

$a_{SV} = q \cdot a_{NH} + (1 - q) \cdot a_{GH}$ $a_{SV} = 0{,}794$

Der Auslastungsgrad für diesen Lastfall beträgt 79 %.

Formelzeichen, Abkürzungen für Festigkeitsberechnungen nach FKM-Richtlinie

F	Überlastungsfall (F1, F2, F3, F4)
FAT	Bauteilklasse (für geschweißte Bauteile)
GS	Stahlguss und Vergütungsstahlguss
GJL	Gusseisen mit Lamellengraphit, alt: GG
GJS	Gusseisen mit Kugelgraphit, alt: GGG
GJM	Temperguss, alt: GT

Indizes

a	Amplitude
b	Biegung
eff	effektiv
ex	extrem
ges	gesamt
i	Nummer einer Stufe des Spannungskollektivs
j	Anzahl der Stufen, Nummer der letzten Stufe des Spannungskollektivs (kleinste Amplitude)
M	mittel
max	maximal
min	minimal
s	Schub
t	Torsion
v	Vergleichs-
wv	Vergleichs- (für geschweißte Bauteile beim statischen Festigkeitsnachweis)
x, y, z	Koordinatenrichtungen, bei stabförmigen Bauteilen: *x* in Richtung der Stabachse, *y* und *z* senkrecht zur Stabachse
zd	Zug, Druck oder Zugdruck
AK	Bauteil-Dauerfestigkeit
BK	Bauteil-Betriebsfestigkeit
K	effektive Kerbspannung
SK	statische Bauteilfestigkeit
W	geschweißt
WK	Bauteil-Wechselfestigkeit
1	Nummer der ersten Stufe des Spannungskollektivs (größte Amplitude)
1, 2, 3	Hauptspannungsrichtungen für volumenförmige Bauteile, dritte Hauptspannungsrichtung senkrecht zur Oberfläche in das Bauteilinnere weisend
σ	Normalspannung
τ	Schubspannung

Kleinbuchstaben

$a_{d,m}$	Konstante für K_d[1]
a_{BK}	zyklischer Auslastungsgrad für den Ermüdungsfestigkeitsnachweis[2]
$a_{BK,Sv}$	a_{BK} für zusammengesetzte Spannungsarten
$a_{G,...}$	Konstanten für n_σ
$a_{M,...}$	Konstanten für M_σ
$a_{R,\sigma}$	Konstante für $K_{R,\sigma}$
$a_{\sigma SK}$	statischer Auslastungsgrad (für den statischen Festigkeitsnachweis)[2]
$a_{SK,Sv}$	a_{SK} für zusammengesetzte Spannungsarten
$a_{SK,wv}$	a_{SK} bei geschweißten Bauteilen, Vergleichsspannung für eine Spannungsart
$a_{SK,Swv}$	a_{SK} bei geschweißten Bauteilen für zusammengesetzte Lastarten
$a_{T,m}$	Konstante für $K_{T,m}$[1]
$a_{T,D}$	Konstante für $K_{T,D}$
$a_{Tt,M,...}$	Konstanten für $K_{Tt,m}$[1]
b	Breite
d	Durchmesser
d_{eff}	effektiver Durchmesser des Halbzeugs oder des Rohgusses
$d_{eff,m}$	d_{eff} für $R_{m,N}$[1]
$d_{eff,N,m}$	$d_{eff,m\ \text{für}\ Rm,N}$[1]
d_L	Längsbohrungsdurchmesser

1) Dies gilt für R_m. Für R_p ist der Index m durch p zu ersetzen.

2) Zuordnung zu Spannungsarten über weitere Indizierung: zd, b, s, t, ...

d_P	Durchmesser des „kleinsten" Bauteils (der Probe)
d_0	Durchmesser der Werkstoffprobe, d_0 = 7,5 mm
f_t	Dickenfaktor für geschweißte Bauteile
f_{FAT}	Umrechnungsfaktor von Bauteilklassen auf Bauteil-Wechselfestigkeit
$f_{W,\sigma}$	Zugdruckwechselfestigkeitsfaktor
$f_{W,\tau}$	Schubwechselfestigkeitsfaktor
f_σ	Druckfestigkeitsfaktor
f_τ	Schubfestigkeitsfaktor
h	Mehrachsigkeitsgrad
j	Sicherheitsfaktor
j_{ges}	Gesamtsicherheitsfaktor
j_m	j für R_m und $R_{m,T}$[1)]
j_{mt}	j für $R_{m,Tt}$[1)]
j_D	j für σ_W bzw. τ_W
j_G	Teilsicherheitsfaktor für zulässige Fehler in Gussstücken
k_{II}	Neigungsexponent der Wöhlerlinie für $N > N_D$
k	Neigungsexponent der Wöhlerlinie für $N \leq N_D$
n_{bm}	bruchmechanische Stützzahl
n_i	Zyklenzahl in Stufe i des geforderten Spannungskollektivs
n_{pl}	plastische Stützzahl für die statische Festigkeit
n_σ	Stützzahl für die Ermüdungsfestigkeit[3)]
$n_\sigma(d)$	n_σ für die Belastung (Biegung, Torsion)[3)]
$n_\sigma(r)$	n_σ für die Konstruktion, für das „große" Bauteil[3)]
$n_\sigma(r_P)$	n_σ für die Konstruktion, für das „kleine" Bauteil (die Probe)[3)]
n_{st}	statische Stützzahl
n_{vm}	verformungsmechanische Stützzahl
q	Konstante für $a_{SK,Sv,...}$
r	Kerbradius des „großen" Bauteils
r_P	Kerbradius des „kleinen" Bauteils (der Probe)
s	Dicke des Bauteils
t	Betriebsdauer bei der Temperatur T
t	Kerbtiefe
v	Völligkeitsmaß des Spannungskollektivs

Großbuchstaben

A	Bruchdehnung (auch A3, A5)
B	Breite
C_m	Larsen-Miller-Konstanten für $K_{Tt,m}$[1)]
D	Durchmesser
D_m	effektive Miner-Summe
$D_{m,min}$	Untergrenze der effektiven Miner-Summe
F	Axialkraft (Zug, Druck oder Zugdruck)
G_σ	bezogenes Spannungsgefälle[3)]
K_d	technologischer Größenfaktor
$K_{d,m}$	K_d für R_m bzw. σ_W
$K_{d,p}$	K_d für R_p
$\tilde{K}_f$	Konstante, Näherung für K_f
K_f	Kerbwirkungszahl[2)], gilt für das „große" Bauteil der Abmessungen d_{eff} und r
$K_{f(dp)}$	K_f[2)] des „kleinen" Bauteils (der Probe) der Abmessungen d_p und r_p
K_p	plastische Formzahl[2)]
K_t	Formzahl[2)]
K_A	Anisotropiefaktor
K_{AK}	Mittelspannungsfaktor[2)]
K_{BK}	Betriebsfestigkeitsfaktor[2)]
$K_{E,\sigma}$	Eigenspannungsfaktor[3)]
K_{NL}	Konstante zur Berücksichtigung des nichtlinearelastischen Spannungs-Dehnungsverhaltens von GJL
$K_{R,\sigma}$	Rauheitsfaktor[3)]

1) Dies gilt für R_m. Für R_p ist der Index m durch p zu ersetzen.

2) Zuordnung zu Spannungsarten über weitere Indizierung: zd, b, s, t, ...

3) Dies gilt für die Normalspannung. Für die Schubspannung wird x_x durch x_x ersetzt.

3

K_{SK}	Konstruktionsfaktor[2)]
K_T	Temperaturfaktor
$K_{T,m}$	K_T für $R_{m,T}$[1)]
$K_{T,D}$	K_T für σ_W
$K_{Tt,m}$	K_T für $R_{m,Tt}$[1)]
K_V	Randschichtfaktor
K_{WK}	Konstruktionsfaktor[2)]
M_b	Biegemoment
M_t	Torsionsmoment
M_σ	Mittelspannungsempfindlichkeit[3)]
N	Zyklenzahl
$\bar{N}$	Gesamtzyklenzahl des geforderten Spannungskollektivs (geforderter Kollektivumfang, geforderte Bauteil-Lebensdauer)
N_C	Bezugszyklenzahl für geschweißte Bauteile
N_D	Knickpunktzyklenzahl der Bauteil-Wöhlerlinie Typ I und II[3)]
$N_{D,II}$	zweite Knickpunktzyklenzahl der Bauteil-Wöhlerlinie Typ II[3)]
O	Oberfläche des betrachteten Bauteilausschnitts
P_m, P_p	Larsen-Miller-Parameter für die Langzeitwarmfestigkeit
$P_Ü$	Überlebenswahrscheinlichkeit
$R_{c,m}$	Druckfestigkeit
$R_{c,p}$	Druckfließgrenze
R_e	Streckgrenze
R_m	Zugfestigkeit, „Bauteil-Normwert" für d_{eff}
$R_{m,I}$	„Bauteil-Istwert" von R_m
$R_{m,N}$	Normwert von R_m für $d_{eff,N,m}$
$R_{m,N,min}$	Konstante für $K_{R,\sigma}$[3)]
$R_{m,T}$	Warmfestigkeit bei T
$R_{m,Tt}$	Zeitstandfestigkeit bei T und t
$R_{m,Z}$	Bauteil-Zeichnungswert von R_m
R_p	Fließgrenze als Verallgemeinerung von R_e oder $R_{p0,2}$ „Bauteil-Normwert" für d_{eff},
$R_{p,max}$	Konstante für $n_{pl,b}$ (Biegung) und $n_{pl,t}$ (Torsion)
$R_{p,I}$	„Bauteil-Istwert" von R_p
$R_{p,N}$	Normwert von R_p für $d_{eff,N,p}$
$R_{p,T}$	0,2-%-Warmdehnungsgrenze bei T
$R_{p,Tt}$	1-%-Zeitdehngrenze bei T und t
$R_{p0,2}$	0,2-%-Dehngrenze
$R_{s,m}$	Schubfestigkeit
$R_{s,p}$	Schubfließgrenze
R_z	mittlere Rauheit der Oberfläche
R	Spannungsverhältnis[2) 3)]
S	Normalspannung bei Nennspannungen
S_a	Spannungsamplitude[2) 3)]
$S_{äqu}$	Äquivalentspannungsamplitude[2) 3)]
$S_{a,i}$	S_a der Stufe i des Spannungskollektivs[2) 3)]
$S_{a,1}$	S_a der Stufe 1 des Spannungskollektivs, größte Amplitude[2) 3)]
S_m	Mittelspannung[2) 3)]
$S_{m,i}$	S_m der Stufe i des Spannungskollektivs[2) 3)]
$S_{m,1}$	S_m zu $S_{a,1}$[2) 3)]
S_{max}	Maximalspannung im Spannungskollektiv[2) 3)]
$S_{max,ex}$	extreme Maximalspannung[2) 3)]
$S_{max,ex,wv}$	extreme Maximalspannung zu S_{wv}[2) 3)]
S_{min}	Minimalspannung im Spannungskollektiv[2) 3)]
$S_{min,ex}$	extreme Minimalspannung[2) 3)]
$S_{min,ex,wv}$	extreme Minimalspannung zu $S_{wv,zd}$[2) 3)]
$S_{m,v}$	Vergleichsmittelspannung
S_{wv}	Vergleichsspannung (geschweißtes Bauteil)[2) 3)]
S_{AK}	ertragbare Amplitude der Bauteil-Dauerfestigkeit für S_m bzw. für $S_{m,v}$[2) 3)]

1) Dies gilt für R_m. Für R_p ist der Index m durch p zu ersetzen.
2) Zuordnung zu Spannungsarten über weitere Indizierung: zd, b, s, t, ...
3) Dies gilt für die Normalspannung. Für die Schubspannung wird x_x durch x_x ersetzt.

$S_{AK,II}$ ertragbare Grenzspannungsamplitude für $N \to \infty$ für S_m bzw. für $S_{m,v}$ 2) 3)

S_{BK} ertragbare Amplitude (Größtwert) der Bauteil-Betriebsfestigkeit für S_m bzw. für $S_{m,v}$ 2) 3)

S_{SK} statische Bauteilfestigkeit 2) 3)

S_{WK} Bauteil-Wechselfestigkeit 2) 3)

$S_{||}$ Normalspannung parallel zur Schweißnahtrichtung 2)

$S_{\perp}$ Normalspannung senkrecht zur Schweißnahtrichtung 2)

T Temperatur

T Schubspannung bei Nennspannungen

$T_{||}$ Schubspannung an Schweißnaht 2)

V Volumen des betrachteten Bauteilausschnittes

Griechische Buchstaben

α_w Konstante für die Schweißnaht

ε_{ertr} ertragbare Gesamtdehnung

ϱ_{WEZ} Entfestigungsfaktor (geschweißtes Bauteil)

σ örtliche Spannung (nichtgeschweißtes Bauteil) oder Strukturspannung (geschweißtes Bauteil)

σ_K Kerbspannung (geschweißtes Bauteil) 3)

$\sigma_{Sch,zd}$ Zugdruckschwellfestigkeit

σ_W Werkstoff-Wechselfestigkeit für Normalspannung, „Bauteil-Normwert“ für $d_{eff,N,m}$ 2)

$\sigma_{W,N}$ Normwert von σ_W für $d_{eff,N,m}$ 2)

$\sigma_{W,T}$ Warmwechselfestigkeit für erhöhte Temperatur 2)

σ_1 erste Hauptspannung 3)

$\sigma_{1,a}$ Randspannungsamplitude 3)

τ_W Werkstoff-Wechselfestigkeit für Schubspannung (Schubwechselfestigkeit), „Bauteil-Normwert“ für $d_{eff,m}$ 2)

$\tau_{W,N}$ Normwert von τ_W für $d_{eff,N,m}$ 2)

$\tau_{W,T}$ Warmwechselfestigkeit für erhöhte Temperatur 2)

ω Neigungswinkel eines geeigneten Querschnittsübergangs

Δj Summand zu j für nicht duktilen Werkstoff

1) Dies gilt für R_m. Für R_p ist der Index m durch p zu ersetzen.

2) Zuordnung zu Spannungsarten über weitere Indizierung: zd, b, s, t, ...

3) Dies gilt für die Normalspannung. Für die Schubspannung wird x_τ durch x_τ ersetzt.

3.3 Einführung in die Finite-Elemente-Analyse

In den 50er-Jahren entwickelten die Ingenieure *J. Turner* und *R. Clough* bei Boeing in Seattle die Matrizenkraftmethode und die Matrizenverschiebungsmethode für die statische Berechnung von Flugzeugzellen und -flügeln, weil derartige Tragwerke mit den bekannten klassischen Rechenverfahren nicht zu berechnen waren. Schon Ende der 40er-Jahre hatte *J. Argyris* in England nachgewiesen, dass man Kontinua durch Zerlegen in kleinere Teilbereiche in vereinfachter Form beschreiben kann. Und das ist genau der Grundgedanke: Zerlege ein kompliziertes Bauteil in (kleine) Teilbereiche – in finite Elemente –, die durch einfache Mechanikansätze beschrieben werden können. Den Begriff *Finite Elemente* scheint *R. Clough* in 1960 auf einer Konferenz geprägt zu haben.

Diese **Finite-Elemente-Methode** ist heute *das* Berechnungswerkzeug für komplizierte Bauteile überhaupt (z. B. Bild 3.64). Einen Kolben aus einem Verbrennungsmotor kann man hinsichtlich der Verformungen und Spannungen niemals auch nur halbwegs genau mit den klassischen Methoden der Festigkeitslehre berechnen, mit diesem Verfahren aber fast beliebig genau (Bild 3.66), nachdem man ein FE-Netz erzeugt und die Belastungen und Lagerungen angebracht hat (Bild 3.65).

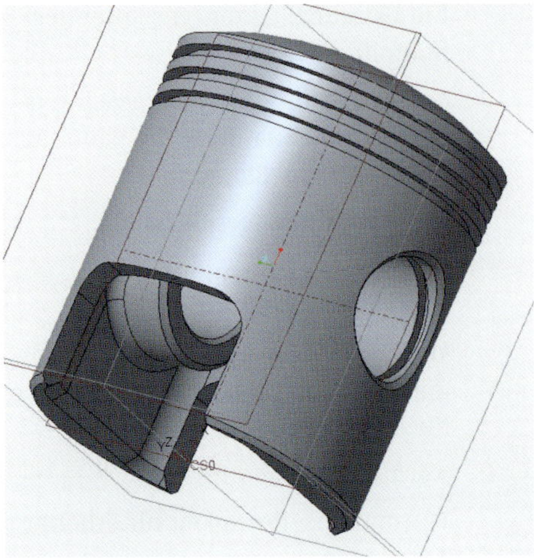

Bild 3.64 Kolben aus einem Zweitaktmotor; mit klassischen Rechenverfahren nicht zu berechnen (Bild aus dem 3D-CAD-System Creo)

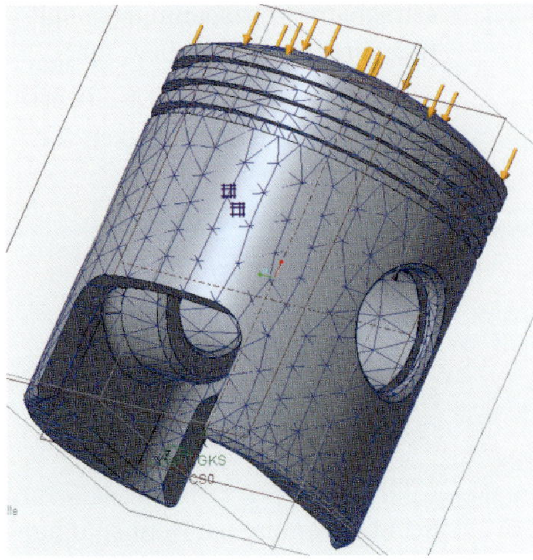

Bild 3.65 Belastungen und Lagerungen des Kolbens; Netzerzeugung im 3D-CAD-System Creo

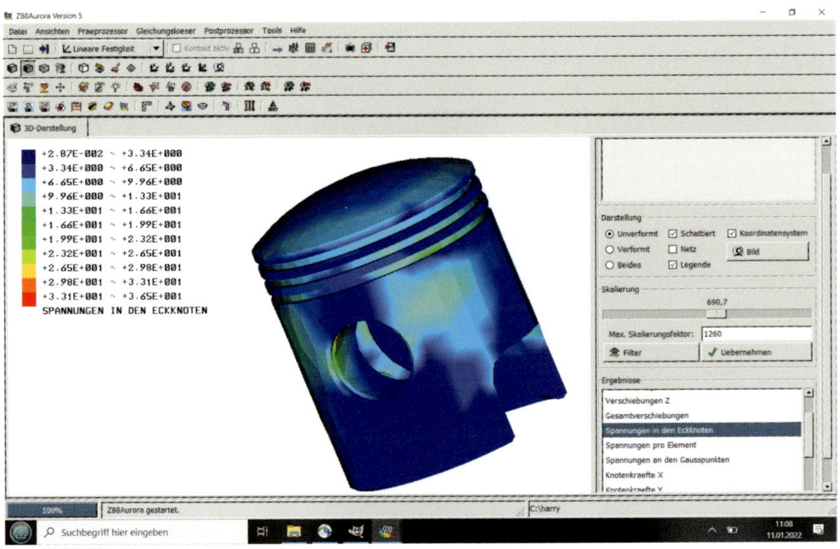

Bild 3.66 Spannungsberechnung des Kolbens mit dem FEA-Programm Z88Aurora® [3.9]

Die Finite-Elemente-Methode (FEM) oder besser *Finite-Elemente-Analyse* (FEA) ist im Prinzip außerordentlich einfach. Das Besondere daran ist das streng formalisierte Vorgehen, welches für einen Computereinsatz geeignet ist. Bei der Vorstellung des grundlegenden Vorgehens nähert man sich ganz bewusst von der Elastostatik her und arbeitet nur mit Stäben und Balken. Damit wird das wesentliche Vorgehen schnell deutlich. Aber bereits damit kann man ebene und räumliche Stab- und Balkenfachwerke, aber auch Maschinenwellen, berechnen.

Zu Beginn soll eine ganz einfache *Zugfeder* aus Stahl betrachtet werden, die an einem Ende eingespannt und am anderen Ende belastet ist. Das Belasten kann prinzipiell auf zwei Arten erfolgen, entweder mit einer bekannten Kraft von z. B. 100 N oder durch Verlängerung der Feder um einen bestimmten Weg von z. B. 5 mm. Für die Feder gilt das *Hooke'sche Gesetz* $F = K \cdot U$, nach dem die Federkraft F das Produkt aus Federsteifigkeit K und Federweg U ist.

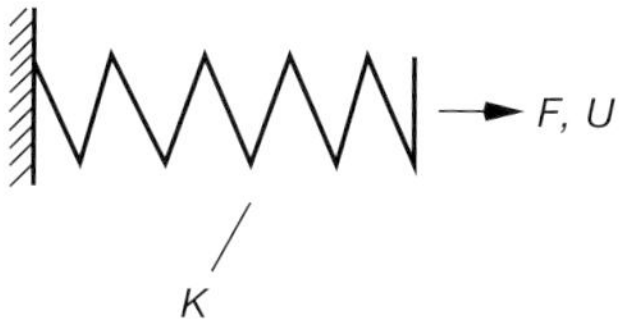

Bild 3.67 Zum Hooke'schen Gesetz

Nun verhalten sich die meisten Gegenstände des täglichen Lebens wie diese Schraubenfeder, d. h., sie verformen sich linear-elastisch: Kraft F und Weg U sind einander proportional. Jede noch so kleine Kraft bedingt einen Weg bzw. eine Verschiebung bzw. eine Verformung. So hat ein Seil oder ein Zugstab der Länge l, des Querschnitts A und des Elastizitätsmoduls E die Kraft-Weg-Beziehung:

$$F = \frac{E \cdot A}{l} \cdot U$$

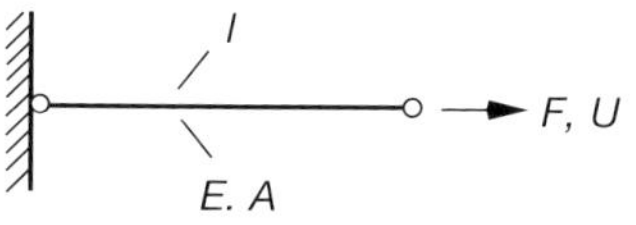

Bild 3.68 Zugstab

Wenn man setzt $K = (E \cdot A)/l$, dann erkennt man wieder das *Hooke'sche Gesetz*:

$$F = K \cdot U \quad \text{mit} \quad K = \frac{E \cdot A}{l}$$

Jetzt definieren wir einen Stab ganz allgemein, indem wir an seinem linken Ende eine Verformung U_1 bzw. eine Kraft F_1 und an seinem rechten Ende eine Verformung U_2 bzw. eine Kraft F_2 aufgeben (Bild 3.69).

Bild 3.69 Der allgemein definierte Stab

Bilden wir das *Kräftegleichgewicht*, dann ist

$$F_1 = K \cdot U_1 - K \cdot U_2; \quad F_2 = K \cdot U_2 - K \cdot U_1$$

Dieser Gleichungssatz – dargestellt in Matrizen-Schreibweise – ergibt

$$\begin{bmatrix} K & -K \\ -K & K \end{bmatrix} \begin{bmatrix} U_1 \\ U_2 \end{bmatrix} = \begin{bmatrix} F_1 \\ F_2 \end{bmatrix}$$

Den Ausdruck

$$\begin{bmatrix} K & -K \\ -K & K \end{bmatrix} = \begin{bmatrix} EA/l & -EA/l \\ -EA/l & EA/l \end{bmatrix}$$

nennen wir die **Element-Steifigkeitsmatrix**. Sie gilt hier für einen waagerecht liegenden Stab in der Ebene.

3

Beispiel 3.3

Wir geben auf einen Stab mit der Länge $l = 1000\,\text{mm}$, dem Elastizitätsmodul $E = 200000\,\text{N/mm}^2$ und der Querschnittsfläche $A = 100\,\text{mm}^2$ die beiden Kräfte $F_1 = -1000\,\text{N}$ und $F_2 = +1000\,\text{N}$ (Bild 3.70).

Bild 3.70
Kräfte an einem Stab

Damit wird

$$K = \frac{200000 \cdot 100}{1000}\,\text{N/mm} = 20000\,\text{N/mm}$$

Diese Zahlenwerte eingesetzt, ergibt:

$$\begin{bmatrix} 20000 & -20000 \\ -20000 & 20000 \end{bmatrix} \begin{bmatrix} U_1 \\ U_2 \end{bmatrix} = \begin{bmatrix} -1000 \\ +1000 \end{bmatrix}$$

Wenn man dieses kleine Gleichungssystem lösen würde (versuchen Sie es einmal), würde man feststellen, dass es nicht lösbar ist, *weil das System statisch unterbestimmt ist*. Man muss also noch eine sogenannte *Randbedingung* einführen, zum Beispiel, indem man das linke Ende festhält (Bild 3.71).

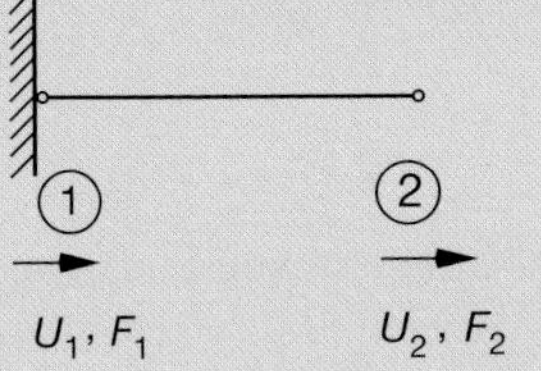

Bild 3.71
Wenn sich am Punkt 1 ein Festlager befindet, dann ist die Verschiebung $U_1 = 0$

Diese sogenannten *homogenen Randbedingungen*, d. h., Verschiebung ist null, also gesperrt, werden im Gleichungssystem wie folgt berücksichtigt:

Vorgehen 1: Einbau homogene Randbedingung $U_j = 0$

V1.1: Setze in $\boldsymbol{K}$ Zeile j zu 0.

V1.2: Setze in $\boldsymbol{K}$ Spalte j zu 0.

V1.3: Setze Diagonalelement j in $\boldsymbol{K}$ zu 1.

V1.4: Setze Kraft F_j in $\boldsymbol{F}$ zu 0.

Also:

$$\begin{bmatrix} 0 & 0 \\ 0 & K \end{bmatrix} \begin{bmatrix} U_1 \\ U_2 \end{bmatrix} = \begin{bmatrix} F_1 \\ F_2 \end{bmatrix} \quad \begin{bmatrix} 1 & 0 \\ 0 & K \end{bmatrix} \begin{bmatrix} U_1 \\ U_2 \end{bmatrix} = \begin{bmatrix} F_1 \\ F_2 \end{bmatrix} \quad \begin{bmatrix} 1 & 0 \\ 0 & K \end{bmatrix} \begin{bmatrix} U_1 \\ U_2 \end{bmatrix} = \begin{bmatrix} 0 \\ F_2 \end{bmatrix}$$

V1.1 und V1.2 — V1.3 — V1.4

Das Ausrechnen ergibt:

$$1 \cdot U_1 + 0 \cdot U_2 = 0 \rightarrow U_1 = 0$$

$$0 \cdot U_1 + K \cdot U_2 = F_2 \rightarrow U_2 = F_2 / K$$

Damit sind die beiden Verschiebungen berechnet, wobei ja U_1 mit null vorgegeben war (der obige Rechengang hat dies bestätigt; eine gute Kontrolle!). Die Aufgabe ist gelöst, denn Finite-Elemente-Analyse, das ist das Berechnen der Verschiebungen der Struktur. Aus den Verschiebungen können dann (hier nicht dargestellt) die Spannungen und Knotenkräfte als innere Kräfte rückgerechnet werden.

3

Beispiel 3.4

Es sei:

$F_1 = 0$

$F_2 = 0$

$F_3 = 5000\,\text{N}$

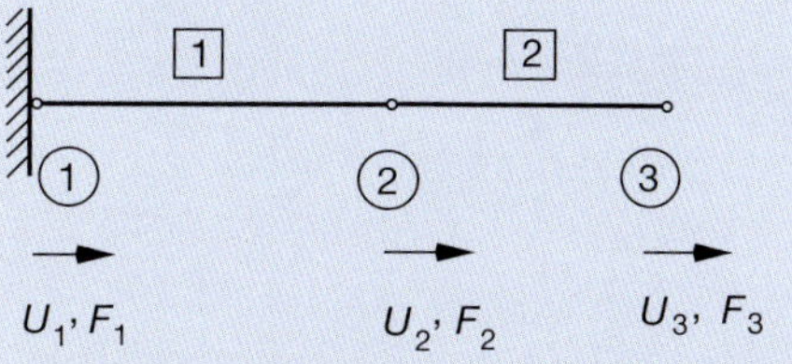

Bild 3.72 Beispiel mit zwei Stäben

Stab 1:

$\ell_1 = 500\,\text{mm}$, $E_1 = 206000\,\text{N/mm}^2$, $A_1 = 100\,\text{mm}^2$

Stab 2:

$\ell_2 = 400\,\text{mm}$, $E_2 = 206000\,\text{N/mm}^2$, $A_2 = 40\,\text{mm}^2$

Daher werden mit $K = E \cdot A / \ell$: $K_1 = 41200\,\text{N/mm}$, $K_2 = 20600\,\text{N/mm}$.

Elemente-Steifigkeitsmatrizen:

$$\text{Erster Stab} = \text{FE}_1: \begin{bmatrix} K_1 & -K_1 \\ -K_1 & K_1 \end{bmatrix} = \begin{bmatrix} 41200 & -41200 \\ -41200 & 41200 \end{bmatrix} = \boldsymbol{K}_1^e$$

$$\text{Zweiter Stab} = \text{FE}_2: \begin{bmatrix} K_2 & -K_2 \\ -K_2 & K_2 \end{bmatrix} = \begin{bmatrix} 20600 & -20600 \\ -20600 & 20600 \end{bmatrix} = \boldsymbol{K}_2^e$$

Diese beiden Element-Steifigkeitsmatrizen müssen zur Gesamt-Steifigkeitsmatrix zusammengebaut werden. Diesen Vorgang nennt man **Compilation**. Es gilt:

$$\boldsymbol{K} = \sum_i \boldsymbol{K}_i^e$$

Hier:

$$\underset{\text{Element1}}{\begin{bmatrix} K_1 & -K_1 \\ -K_1 & K_1 \end{bmatrix} \begin{bmatrix} U_1 \\ U_2 \end{bmatrix}} \quad \underset{\text{Element2}}{\begin{bmatrix} K_2 & -K_2 \\ -K_2 & K_2 \end{bmatrix} \begin{bmatrix} U_2 \\ U_3 \end{bmatrix}}$$

Damit entsteht die Gesamtsteifigkeitsmatrix, indem man die Werte an gemeinsamen Freiheitsgraden (hier U_2 am Knoten 2) addiert:

$$\begin{bmatrix} K_1 & -K_1 & 0 \\ -K_1 & K_1 + K_2 & -K_2 \\ 0 & -K_2 & K_2 \end{bmatrix} = \begin{bmatrix} 41200 & -41200 & 0 \\ -41200 & 61800 & -20600 \\ 0 & -20600 & 20600 \end{bmatrix}$$

3

Also wird das Gleichungssystem zunächst

$$\begin{bmatrix} 41200 & -41200 & 0 \\ -41200 & 61800 & -20600 \\ 0 & -20600 & 20600 \end{bmatrix} \begin{bmatrix} U_1 \\ U_2 \\ U_3 \end{bmatrix} = \begin{bmatrix} 0 \\ 0 \\ 5000 \end{bmatrix}$$

Nunmehr müssen die Randbedingungen eingebaut werden: $U_1 = 0$ nach Vorgehen 1:

$$\begin{bmatrix} 1 & 0 & 0 \\ 0 & 61800 & -20600 \\ 0 & -20600 & 20600 \end{bmatrix} \begin{bmatrix} U_1 \\ U_2 \\ U_3 \end{bmatrix} = \begin{bmatrix} 0 \\ 0 \\ 5000 \end{bmatrix}$$

Die Lösung dieses Gleichungssystems ist dann

$$\begin{bmatrix} U_1 \\ U_2 \\ U_3 \end{bmatrix} = \begin{bmatrix} 0 \\ 0{,}1214 \\ 0{,}3641 \end{bmatrix}$$

Anstelle von Kräften können auch Verschiebungen aufgezwungen werden oder beides gemischt. Wir geben jetzt keine äußeren Kräfte auf. Das Gleichungssystem hat zunächst folgende Form:

$$\begin{bmatrix} 41200 & -41200 & 0 \\ -41200 & 61800 & -20600 \\ 0 & -20600 & 20600 \end{bmatrix} \begin{bmatrix} U_1 \\ U_2 \\ U_3 \end{bmatrix} = \begin{bmatrix} 0 \\ 0 \\ 0 \end{bmatrix}$$

Es soll nun eine Verschiebung von $U_3 = 0{,}3641\,\text{mm}$ aufgegeben werden. Da sie von 0 verschieden ist, nennt man sie eine *inhomogene Randbedingung*:

Vorgehen 2: Einbau inhomogener Randbedingung (RB)

Die inhomogene Randbedingung habe den Wert C_j und gelte am Freiheitsgrad j.

V2.1: Subtrahiere von rechter Seite $\boldsymbol{F}$ den Spaltenvektor, der das Produkt aus C_j und Spalte j von $\boldsymbol{K}$ ist.

V2.2: Wende Vorgehen 1 an.

V2.3: Ersetze F_j durch C_j.

Schritt V2.1:

$U_3 = 0{,}3641 = C_j$ d.h. $j = 3$

$$\begin{bmatrix} 41200 & -41200 & 0 \\ -41200 & 61800 & -20600 \\ 0 & -20600 & 20600 \end{bmatrix} \begin{bmatrix} U_1 \\ U_2 \\ U_3 \end{bmatrix} = \begin{bmatrix} 0 - 0{,}3641 \cdot 0 \\ 0 - 0{,}3641 \cdot (-20600) \\ 0 - 0{,}3641 \cdot 20600 \end{bmatrix} = \begin{bmatrix} 0 \\ +7500{,}46 \\ -7500{,}46 \end{bmatrix}$$

Schritt V2.2:

Vorgehen 1 anwenden, also Zeile 3 und Spalte 3 in $\boldsymbol{K}$ je 0, Diagonalelement K_{33} zu 1, F_3 zu 0:

$$\begin{bmatrix} 41200 & -41200 & 0 \\ -41200 & 61800 & 0 \\ 0 & 0 & 1 \end{bmatrix} \begin{bmatrix} U_1 \\ U_2 \\ U_3 \end{bmatrix} = \begin{bmatrix} 0 \\ +7500{,}46 \\ 0 \end{bmatrix}$$

Es wäre aber so $U_3 = 0$, also eindeutig falsch! Daher müssen wir nun setzen: F_3 zu $C_3 = U_3 = 0{,}3641$.

Schritt V2.3:

$$\begin{bmatrix} 41200 & -41200 & 0 \\ -41200 & 61800 & 0 \\ 0 & 0 & 1 \end{bmatrix} \begin{bmatrix} U_1 \\ U_2 \\ U_3 \end{bmatrix} = \begin{bmatrix} 0 \\ 7500{,}46 \\ 0{,}3641 \end{bmatrix}$$

Nun wird noch die Randbedingung $U_1 = 0$, also das linke Festlager, eingebaut gemäß Vorgehen 1:

$$\begin{bmatrix} 1 & 0 & 0 \\ 0 & 61800 & 0 \\ 0 & 0 & 1 \end{bmatrix} \begin{bmatrix} U_1 \\ U_2 \\ U_3 \end{bmatrix} = \begin{bmatrix} 0 \\ 7500{,}46 \\ 0{,}3641 \end{bmatrix}$$

Die Lösung des Gleichungssystems ist

$$\begin{bmatrix} U_1 \\ U_2 \\ U_3 \end{bmatrix} = \begin{bmatrix} 0 \\ 0{,}1214 \\ 0{,}3641 \end{bmatrix} \quad \text{… und das stimmt}$$

Beispiel 3.5

Balken in der Ebene (am Beispiel eines Trägers):

Das System ist einfach statisch überbestimmt. Das stört nicht, denn einer der großen Vorteile der FEA ist, dass man mit ihr beliebige, statisch überbestimmte Systeme berechnen kann.

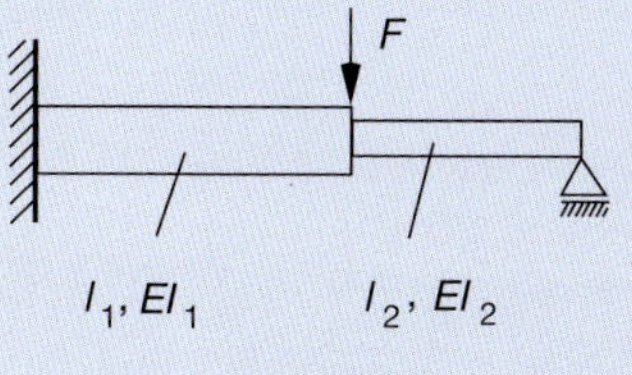

Bild 3.73
Kräfte am Balken

Gegenüber der „Handrechnung" der Technischen Mechanik, die mit jeder weiteren Überbestimmten sprunghaft aufwendiger wird, steigt der Rechenaufwand bei der FEA praktisch nicht. Daher ist die FEA geeignet, um beliebige, statisch überbestimmte Stab- und Balkenfachwerke oder Durchlaufträger (Maschinenwellen!) zu berechnen.

Waagerecht in der Ebene liegender Balken:

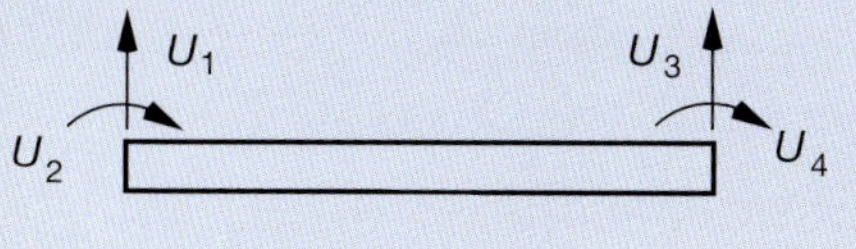

Bild 3.74
Verschiebungen am Balken

3

Dessen Element-Steifigkeitsmatrix ist wie folgt:

$$EI \cdot \begin{bmatrix} \frac{12}{\ell^3} & \frac{-6}{\ell^2} & \frac{-12}{\ell^3} & \frac{-6}{\ell^2} \\ \frac{-6}{\ell^2} & \frac{4}{\ell} & \frac{6}{\ell^2} & \frac{2}{\ell} \\ \frac{-12}{\ell^3} & \frac{6}{\ell^2} & \frac{12}{\ell^3} & \frac{6}{\ell^2} \\ \frac{-6}{\ell^2} & \frac{2}{\ell} & \frac{6}{\ell^2} & \frac{4}{\ell} \end{bmatrix} \begin{bmatrix} U_1 \\ U_2 \\ U_3 \\ U_4 \end{bmatrix} = \begin{bmatrix} F_1 \\ F_2 \\ F_3 \\ F_4 \end{bmatrix}$$

Derartige Element-Steifigkeitsmatrizen findet man in [3.9].

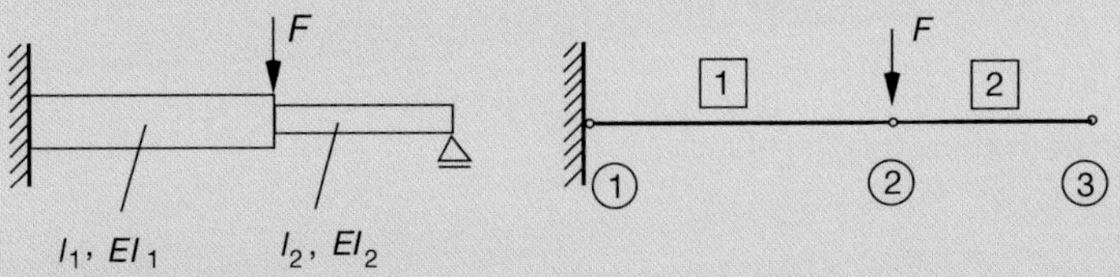

Bild 3.75 Darstellung des Beispiels 3.5

Natürlich können auch noch die E-Module unterschiedlich sein: $E_1 \neq E_2$. Hier wird der Einfachheit halber gesetzt:

$$E_1 = E_2 = E = 206000\,\text{N/mm}^2 = 206 \cdot 10^9\,\text{N/m}^2$$

Balken 1: IPB 100: $l = 3\,\text{m}$

$I_1 = 450\,\text{cm}^4 = 450 \cdot 10^{-8}\,\text{m}^4$

Balken 2: I 100: $l = 2\,\text{m}$

$I_2 = 171\,\text{cm}^4 = 171 \cdot 10^{-8}\,\text{m}^4$

$F = -5000\,\text{N}$ (wirkt nach unten, siehe Bild 3.76).

Dabei ist zu beachten, dass die FEA nicht an feste Maßsysteme gebunden ist. Die Einheiten können beliebig sein, müssen aber innerhalb der Struktur konsistent sein (also z. B. alles in mm und N einsetzen, aber nicht den E-Modul in N/mm² und die Längen in m). Ferner gibt keine genormten Koordinatensysteme und Vorzeichenregeln. Sie variieren von FEA-System zu FEA-System.

Da gemäß Bild 3.76 die Vorzeichen definiert sind, ist hier die Kraft *F* negativ einzusetzen.

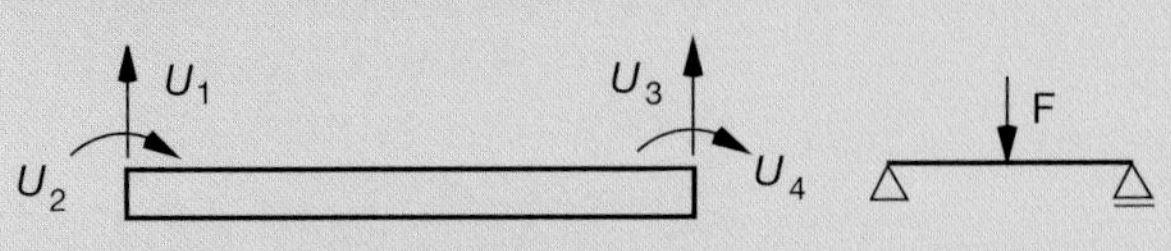

Bild 3.76 Darstellung der definierten Vorzeichenrichtungen

Mit den Zahlenwerten wird die Element-Steifigkeitsmatrix des ersten Balkenabschnitts $\boldsymbol{K}_1^e$

$$\begin{bmatrix} 412000 & -618000 & -412000 & -618000 \\ -618000 & 1236000 & 618000 & 618000 \\ -412000 & 618000 & 412000 & 618000 \\ -618000 & 618000 & 618000 & 1236000 \end{bmatrix}$$

Die Element-Steifigkeitsmatrix des zweiten Balkenabschnitts $\boldsymbol{K}_2^e$ ist

$$\begin{bmatrix} 528390 & -528390 & -528390 & -528390 \\ -528390 & 704520 & 528390 & 352260 \\ -528390 & 528390 & 528390 & 528390 \\ -528390 & 352260 & 528390 & 704520 \end{bmatrix}$$

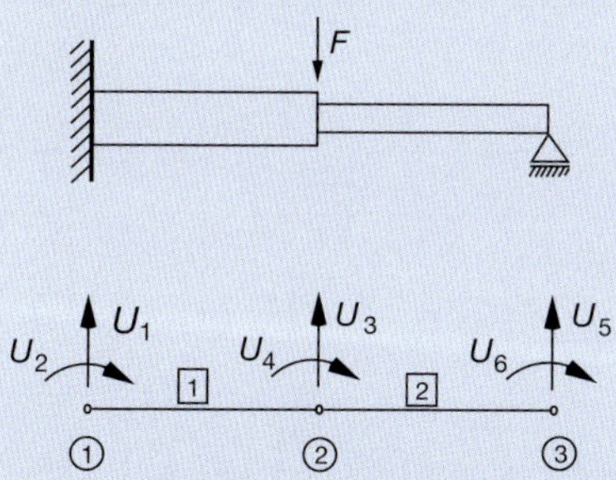

Bild 3.77 Darstellung der Freiheitsgrade im Beispiel 1.6

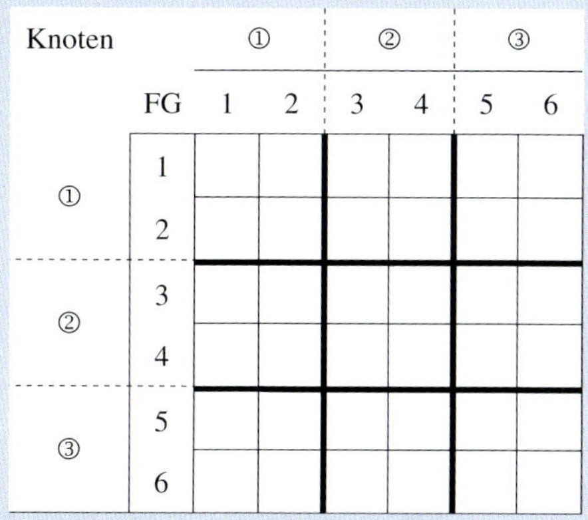

Bild 3.78 Hilfsraster zur Ermittlung der Gesamt-Steifigkeitsmatrix *Freiheitsgrade am Gesamtsystem*:

Um sich den Vorgang der **Compilation** zu verdeutlichen, legt man ein leeres 6 × 6-Feld (wegen der 6 Freiheitsgrade) (Bild 3.79) an. Jeder Knoten belegt zwei Zeilen und zwei Spalten, weil hier in diesem Fall jeder Knoten wieder jeweils zwei Freiheitsgrade *per definitionem* hat (bei einem „richtigen" Balken, z. B. Z88-Typ Balken Nr. 2, hätte man 6 Freiheitsgrade pro Knoten: 3 Verschiebungen in *X*-, *Y*- und *Z*-Richtung und drei Rotationen um die *X*-, *Y*- und *Z*-Achse):

Element-Steifigkeitsmatrizen:

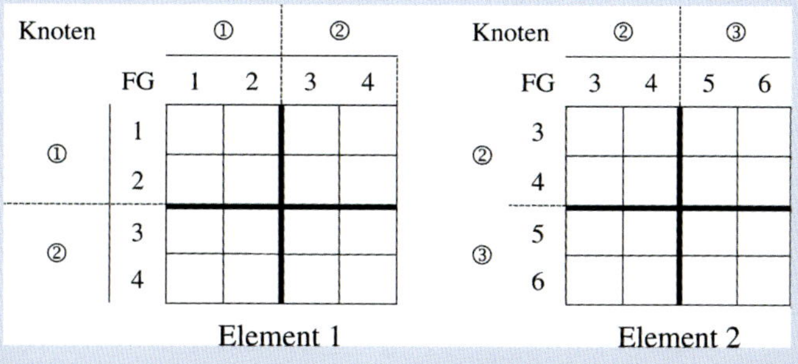

Bild 3.79 Hilfsraster zur Ermittlung der Element-Steifigkeitsmatrizen

3

Gesamt-Steifigkeitsmatrix:

	1	2	3	4	5	6 = FG
1	412 000	-618 000	-412 000	-618 000	0	0
2	-618 000	1 236 000	618 000	618 000	0	0
3	-412 000	618 000	412 000 + 528 390 = 940 390	618 000 + -528 390 = 89 610	-528 390	-528 390
4	-618 000	618 000	618 000 + -528 390 = 89 610	1 236 000 + 704 520 = 1 940 520	528 390	352 260
5	0	0	-528 390	528 390	528 390	528 390
6 = FG	0	0	-528 390	352 260	528 390	704 520

Damit können wir nun das Gleichungssystem mit den Kräften, aber noch ohne Lager aufstellen:

412 000	-618 000	-412 000	-618 000	0	0	U_1		0
-618 000	1 236 000	618 000	618 000	0	0	U_2		0
-412 000	618 000	940 390	89 610	-528 390	-528 390	U_3	=	-5000
-618 000	618 000	89 610	1 940 520	528 390	352 260	U_4		0
0	0	-528 390	528 390	528 390	528 390	U_5		0
0	0	-528 390	352 260	528 390	704 520	U_6		0

Nun erfolgt der Einbau der Lage ($U_1 = 0$, $U_2 = 0$, $U_5 = 0$):

1	0	0	0	0	0	U_1		0
0	1	0	0	0	0	U_2		0
0	0	940 390	89 610	0	-528 390	U_3	=	-5000
0	0	89 610	1 940 520	0	352 260	U_4		0
0	0	0	0	1	0	U_5		0
0	0	-528 390	352 260	0	704 520	U_6		0

Dieses Gleichungssystem kann mit einem leistungsfähigen Taschenrechner oder einem Computer-Algebraprogramm (z. B. *MATHEMATICA*) ausgerechnet werden. Die Lösung ist

$$U = \begin{pmatrix} 0 \\ 0 \\ -0{,}01056746 \\ 0{,}00211904 \\ 0 \\ -0{,}0089851 \end{pmatrix} = \begin{pmatrix} U_1 \\ U_2 \\ U_3 \\ U_4 \\ U_5 \\ U_6 \end{pmatrix} = \begin{pmatrix} \text{Absenkung} \\ \text{Verdrehung} \\ \text{Absenkung} \\ \text{Verdrehung} \\ \text{Absenkung} \\ \text{Verdrehung} \end{pmatrix}$$

Aus diesem Beispiel erkennt man, dass FEA ohne Computereinsatz mehr oder weniger *unmöglich* ist. Es ist klar, dass man selbst mit diesem Primitiv-Balkenelement beliebig komplizierte Durchlaufträger behandeln kann (Bild 3.80).

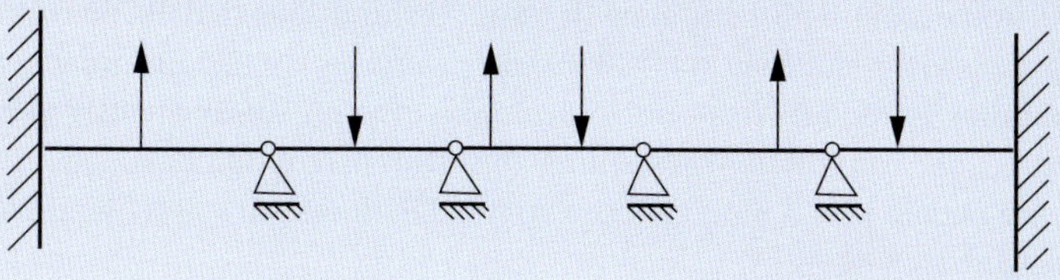

Bild 3.80 Beispiel eines komplexen Lastfalles am Beispiel des Durchlaufträgers

Im Folgenden wird die FEA in ihrem grundsätzlichen Verfahren noch einmal zusammengefasst.

Vorgehen 3: Gesamtproblem

V3.1: Definiere eine FE-Struktur.

V3.2: Berechne die Element-Steifigkeitsmatrizen ESM.

V3.3 Compilation: Addiere die ESM zur Gesamt-Steifigkeitsmatrix.

V3.4: Füge die Randbedingungen ein:

- Kräfte
- definierte Verschiebungen ungleich 0
- Lager, d. h. Verschiebungen = 0

V3.5: Löse das Gleichungssystem. Dies liefert U.

V3.6: Führe gegebenenfalls Rückrechnungen aus. Dies ergibt innere Kräfte und Spannungen.

Diese FEA erfolgt auch bei kompliziertesten, größten Strukturen der linearen Statik (z. B. Motorblöcke, Flugzeuge oder Supertanker). Auch für viele Alltagsaufgaben des Technikers und Ingenieurs kann das Verfahren außerordentlich nutzbringend eingesetzt werden (Weiterführende Literatur: [3.9]).

Moderne **FEA-Programme** bieten verschiedene Elementtypen an:

- Stäbe in der Ebene und im Raum
- Balken in der Ebene und im Raum
- Scheiben für den ebenen Spannungszustand
- ringförmige Elemente, sogenannte Toruselemente
- Platten
- Schalen
- Volumenelemente, wie Tetraeder und Hexaeder

Dabei werden Stäbe in der Ebene und im Raum für *Stab-Fachwerke* und Balken in der Ebene und im Raum für *Balken-Fachwerke* und *Durchlaufträger* eingesetzt. Mitunter werden „mutierte" Balkenelemente als Wellenelemente angeboten, die generell längs der X-Achse laufen und so weniger Eingabeaufwand erfordern. Sehr vielseitig verwendbare Elemente sind *Scheiben* für den ebenen Spannungszustand, denn viele räumliche Probleme können als ebene Strukturen behandelt werden, wenn sich die Dicke nicht oder selten ändert. Eine Abwandlung davon sind ringförmige Elemente, sogenannte *Toruselemente*, die bei rotationssymmetrischen Strukturen

3

und rotationssymmetrischer Belastung mit großen Erfolg eingesetzt werden können. Plattenaufgaben wie Geschossdecken, Behälterwände werden mit Plattenelementen berechnet. Sehr dünnwandige räumliche Strukturen (z. B. Flugzeugrümpfe) erfordern *Schalenelemente* (die aber in ihrer Anwendung nicht unproblematisch sind). Da die Welt dreidimensional ist, funktionieren Volumenelemente immer, sie bedingen aber die mit Abstand längsten Rechenzeiten und größten Speicherbedarfe, sodass man sie nur verwendet, wenn es nicht mit einfacheren Elementen geht. Dabei können Tetraeder-Netze nur maschinell erzeugt werden – hier versagt bei mehr als drei Elementen die räumliche Vorstellung des Durchschnittsmenschen. Hexaeder, besonders mit 20 Knoten gemäß Bild 3.84n, gehören zu den leistungsstärksten Elementen, aber die Netze sind schwierig zu erzeugen.

Mit einer derartigen Elementauswahl können praktisch alle realen Bauteile mit jeweils passenden Elementtypen abgebildet werden. Während früher zur Nutzung von FEA-Programmen noch Großcomputer eingesetzt werden mussten, können heute selbst auf einfachen PCs Strukturen mit Millionen von Freiheitsgraden und relativ kurzen Rechenzeiten berechnet werden, z. B. mit Z88®.

Beispiel 3.6:

Der Kolben nach Bild 3.64 ist mit ca. 12 500 Volumenelementen, sogenannten Tetraedern (Vierflächnern), wie in Bild 3.66 modelliert. Das Gleichungssystem hat ca. 64 000 Freiheitsgrade. Es muss also ein Gleichungssystem mit rund 64 000 Gleichungen gelöst werden. Dank sehr ausgeklügelter Speicher- und Rechentechnik in solchen FEA-Programmen bewältigen dies moderne PCs in wenigen Sekunden bei einem Hauptspeicherbedarf von 55 MB.

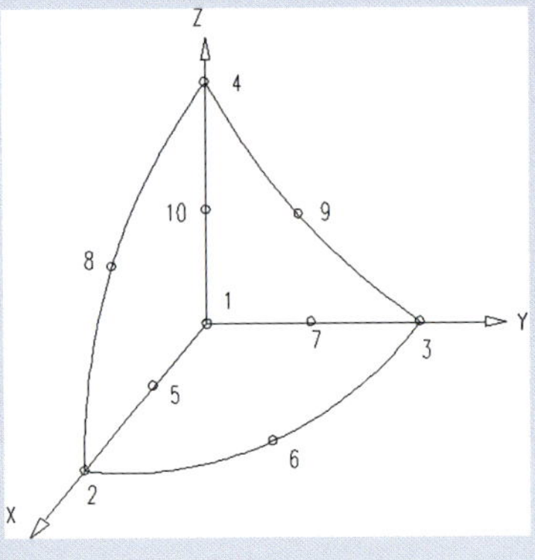

Bild 3.81
Tetraederelement mit 10 Knoten

Doch wie eingangs erwähnt, kann man mit derartigen Programmen auch „einfache" Aufgaben (Maschinenwellen oder Fachwerke) berechnen (siehe Abschnitt 15.6).

Welche FEA-Programme gibt es am Markt? Für Studierende sind natürlich kostenlose Programme aus dem Internet besonders interessant. Manche sind sehr einfach und können nur im 2D-Bereich rechnen, andere können es in der Leistung durchaus mit den sehr teuren kommerziellen Programmen aufnehmen. Ein wichtiges Thema dabei ist die Importmöglichkeit von in CAD-Programmen erstellten FE-Netzen. Hier sei als Beispiel das Freeware FEA-Programm Z88Aurora® [3.9] genannt. Z88Aurora®für Windows, MacOS und Linux ist einschließlich umfangreicher deutscher Dokumentation unter *www.z88.de* zu finden. Bild 3.82 und Bild 3.83 zeigen, dass auch freie FEA-Programme ernsthaft nutzbar sind. Der Dieselmotorkolben (der viel ausgefeilter modelliert ist als der eingangs betrachtete einfache Zweitaktkolben) hat 1,25 Mio. Freiheitsgrade.

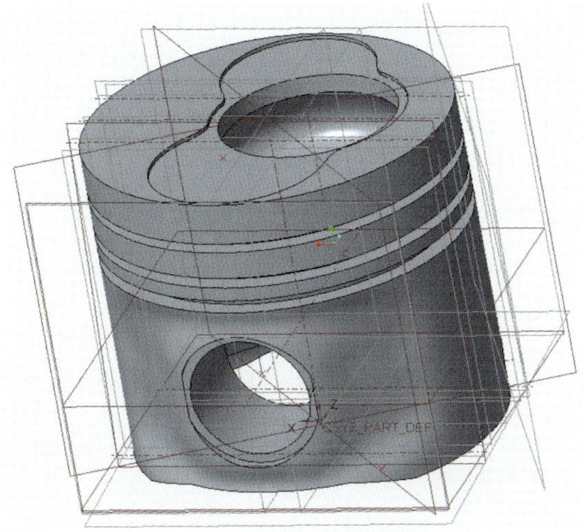

Bild 3.82
Kolben eines modernen Dieselmotors (ähnlich AUDI), modelliert mit dem 3D-CAD-System Creo

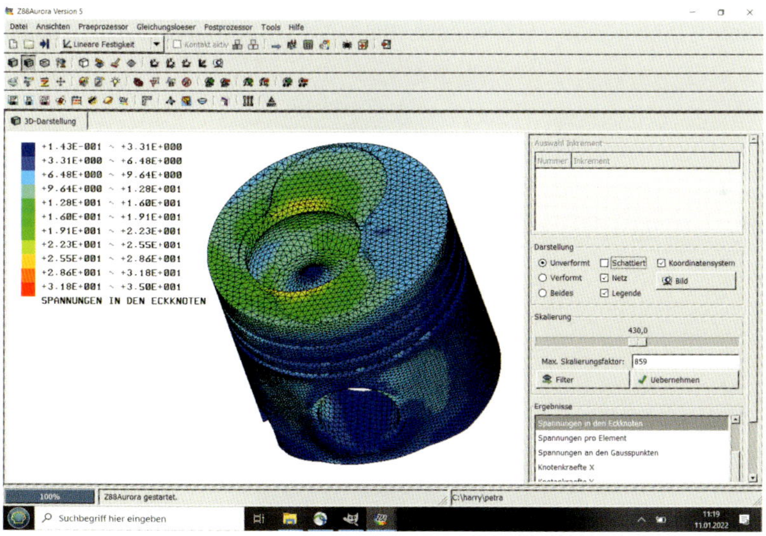

Bild 3.83 Ein Kolben (ähnlich AUDI) mit einem FEA-Netz von 1,25 Mio. Freiheitsgraden, mit Z88Aurora® [3.9] berechnet; hier Darstellung der Vergleichsspannungen

Die kommerziellen Programme stammen fast ausnahmslos aus den USA und sind mitunter sehr teuer. Mitunter gibt es leistungsbeschränkte Studentenversionen, die aber dann oft nur wenige Tausend Freiheitsgrade verarbeiten können und für ein ernsthaftes Arbeiten ungeeignet sind. Beispiele sind ADINA, ABAQUS, ANSYS, COSMOS, MARC, NASTRAN und Creo. Neben diesen Universalprogrammen gibt es Spezialprogramme wie PAM-STAMP für die Umformtechnik oder MOLDEX für die Spitzgusssimulation.

3

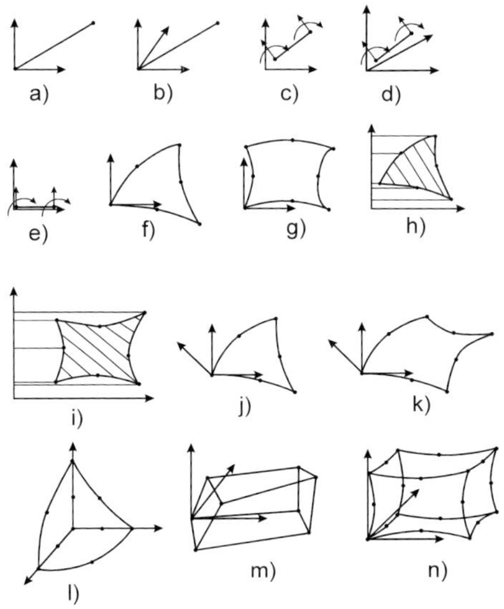

Bild 3.84
Typische Auswahl von Finite-Elemente-Typen
a) Stab in der Ebene, b) Stab im Raum, c) Balken in der Ebene, d) Balken im Raum, e) Wellenelement, f) und g) Scheibenelemente, h) und i) Toruselemente, j) und k) Plattenelemente, l) Tetraeder, m) und n) Hexaeder

Die wichtigsten acht **Regeln der Finite-Elemente-Analyse** lauten:

1. Regel

Nie statisch unterbestimmt, immer statisch bestimmt (kinematisch bestimmt) oder beliebig statisch überbestimmt

2. Regel

FEA = Berechnen der Verschiebungen des Systems

3. Regel

Gesamt-Steifigkeitsmatrix = Summe der Element-Steifkeitsmatrizen

4. Regel

Die FEA ist nicht an feste Maßsysteme gebunden. Die Maßeinheiten können beliebig sein, müssen aber innerhalb der Struktur konsistent sein.

5. Regel

Es gibt keine genormten Koordinatensysteme und Vorzeichenregeln. Sie variieren von FEA-System zu FEA-System. Die Vorzeichen hängen allein von der Definition der Element-Steifigkeitsmatrizen bzw. der Gesamtstruktur ab.

6. Regel

Die Element-Steifigkeitsmatrizen sind immer symmetrisch. Die Gesamt-Steifigkeitsmatrix ist immer symmetrisch. Ihre Ordnungen sind die Anzahl der Freiheitsgrade.

7. Regel

Die heutige FEA ist eine Verallgemeinerung des Verschiebungsgrößen-Verfahrens der Mechanik. Das Vorgehen ist streng formalisiert und daher sehr geeignet für einen Computereinsatz.

8. und oberste Regel

Die lineare FEA entspricht im Grunde genommen dem *Hooke'schen Federgesetz* in Matrixform.

3.4 Verständnisfragen

1. Aus welchen Größen setzt sich die Kerbwirkungszahl β_k zusammen?
2. Welche Grundbeanspruchungen gibt es?
3. Welche Beanspruchung liegt vor, wenn ein Bauteil durch ein Drehmoment belastet wird?
4. Zeichnen Sie das Spannungs-Dehnungs-Diagramm und beschriften Sie die wichtigsten Festigkeitskennwerte.
5. Welche Beanspruchung liegt vor, wenn die Belastung eines Stabs entlang seiner Längsachse erfolgt, und eine Stauchung des Stabs hervorruft?
6. Welche Maschinenelemente sind beispielsweise einer Scherbeanspruchung ausgesetzt?
7. Wie nennt man eine gelenkige Einspannung, die horizontal nicht verschieblich ist?
8. Bei welchen beiden typischen Maschinenelementen ist die Hertz'sche Pressung die Hauptbelastung?

Literatur

[3.1] *Gross, D. et al.:* Technische Mechanik 1. Statik. Berlin/Heidelberg: Springer, 2004

[3.2] *Mann, W.:* Vorlesungen über Statik und Festigkeitslehre. Stuttgart: B. G. Teubner, 1997

[3.3] *Marguerre, K.:* Technische Mechanik. Erster Teil. Berlin/Heidelberg/New York: Springer, 1973

[3.4] *Tschaut, M.:* Mehrrollenbrückenlager in Cottbus (Sungamoipics). Privatfotografie. Lizenziert unter CC BY-SA 3.0 über Wikimedia Commons. *https://commons.wikimedia.org/wiki/File: Mehrrollenbr%C3%BCckenlager_in_Cottbus.jpg*

[3.5] *Tschaut, M.:* Einrollenkipplager in Cottbus (Sungamoipics). Privatfotografie. Lizenziert unter CC BY-SA 3.0 über Wikimedia Commons. *https://commons.wikimedia.org/wiki/File:Einrollenkipplager_ in_Cottbus.jpg*

[3.6] *Issler, L.; Ruoß, H.; Häfele, P.:* Festigkeitslehre. Grundlagen. Berlin/Heidelberg: Springer, 1997

[3.7] *Gross, D. et al.:* Technische Mechanik 2. Elastostatik. Berlin/Heidelberg: Springer, 2014

[3.8] *Szabo, I.:* Höhere Technische Mechanik. Berlin/Heidelberg: Springer, 2001

[3.9] *Rieg, F.; Hackenschmidt, R.; Alber-Laukant, B.:* Finite Elemente Analyse für Ingenieure. Grundlagen und praktische Anwendungen mit Z88 Aurora. 6. Auflage. München: Carl Hanser Verlag, 2019

[3.10] *Niemann, G.; Winter, H.; Höhn, B.-R.:* Maschinenelemente. Band 1: Konstruktion und Berechnung von Verbindungen, Lagern, Wellen. Berlin/Heidelberg: Springer, 2005

[3.11] *Schlecht, B.:* Maschinenelemente 1. Festigkeit, Wellen, Verbindungen, Federn, Kupplungen. Hallbergmoos: Pearson Studium, 2015

[3.12] *Rieg, F.; Steinhilper, R.:* Handbuch Konstruktion. München/Wien: Carl Hanser Verlag, 2012

[3.13] *Föppl, L.:* Der Spannungszustand und die Anstrengung des Werkstoffes bei der Berührung zweier Körper. Forschung auf dem Gebiet des Ingenieurwesens. Band 7 (1936), 209 – 221

[3.14] *Grote, K.-H.; Feldhusen, J.:* Dubbel. Taschenbuch für den Maschinenbau. Berlin/Heidelberg: Springer, 2014

[3.15] *Steinhilper, W.; Röper, R.:* Maschinen- und Konstruktionselemente 1. Grundlagen der Berechnung und Gestaltung. Berlin/Heidelberg: Springer, 1994

[3.16] *Wellinger, K.; Dietmann, H.:* Festigkeitsberechnung. Grundlagen und technische Anwendung. Stuttgart: Alfred Kröner Verlag, 1976

[3.17] FKM-Richtlinie: Rechnerischer Festigkeitsnachweis für Maschinenbauteile. Frankfurt am Main: VDMA Verlag, 2012

[3.18] *Rieg, F.:* Die Bayreuther Maschinenelemente-Programme. *www.baymp.de* (Stand: 01. 06. 2016)

[3.19] *Haibach, E.:* Betriebsfestigkeit. Berlin: Berlin/Heidelberg: Springer, 2002

[3.20] *Hobbacher, A.:* Empfehlungen zur Schwingfestigkeit geschweißter Verbindungen und Bauteile. Düsseldorf: DVS Verlag GmbH, 1997 (II W Empfehlungen)

DIN 50100 Werkstoffprüfung; Dauerschwingversuch, Begriffe, Zeichen, Durchführung, Auswertung

TEIL 2
Nichtlösbare Verbindungen

4 Schmelzschweißverbindungen

Vorbemerkung: Schweißen ist neben dem Löten und Kleben das einzige Fertigungsverfahren, das in fast allen Büchern über Maschinenelemente behandelt wird. Eigentlich gehört es auf den ersten Blick nur in Bücher über Fertigungstechnik. Seine Behandlung in diesem Buch resultiert aus der Tatsache, dass die Berechnung von Schweißnähten essenziell für die ganze Konstruktion ist – bei Dreh- und Fräsprozessen gibt es nichts hinsichtlich der Festigkeit zu berechnen! – und dass Schweißkonstruktionen von Schmiede- und Gusskonstruktionen mitunter vollkommen abweichen. Die Schweißnaht ist sozusagen ein Maschinenelement. Schweißen und Schweißprozesse sind heutzutage ein riesiges Wissensgebiet, daher können in diesem Kapitel nur die wesentlichen Grundzüge hinsichtlich Verfahren und Berechnung behandelt werden. Wer sich eingehend mit der Theorie des Schweißens befassen will, sollte [4.1] und [4.2] konsultieren. Wer sich eher für die praktische Anwendung interessiert, dem sei [4.7] empfohlen. Hinweise für den industriellen Einsatz gibt [4.8]. Eine große Auswahl an Büchern und Druckschriften zu allen möglichen Themen rund ums Schweißen bietet der *DVS*, der *Deutsche Verband für Schweißen und verwandte Verfahren*.

Schmelzschweißen von Metallen ist das Vereinigen von artgleichen Werkstoffen unter Anwendung von Wärme in der Schweißzone im schmelzflüssigen Zustand mit oder ohne Schweißzusatz, aber grundsätzlich ohne die Anwendung von Druck.

Schweißen ist eines der wichtigsten Verbindungsverfahren, da es außer der Ersparnis an Modell- oder Werkzeugkosten häufig den Vorteil des geringeren Werkstoffaufwandes gegenüber Guss- und Schmiedeteilen bietet. Ein Schweißteil kann bei geschickter Gestaltung ohne Einbußen an Festigkeit und Steifigkeit wesentlich leichter werden. Unsere ganze technische Kultur baut auf dem Schweißen auf: Moderne Autos, Getreidesilos, Milch- und Biertanks, Geländer, Zäune, Brücken, Stahlbauten und Schiffe sind ohne die verschiedenen Schweißverfahren völlig undenkbar. Während noch die Profile des Eiffelturms und die Schiffsbaubleche der Titanic mit warm geschlagenen Nieten – die im glühenden Zustand in die Bohrlöcher eingebracht und per Vorschlag- oder Presslufthammer geformt wurden – verbunden wurden, würden solche technischen Gebilde heutzutage definitiv geschweißt werden: Das Schweißen bietet gegenüber dem Nieten und Schrauben mehrere Vorteile: Es geht viel schneller und ist damit wesentlich billiger, gleichzeitig ist aber die Festigkeit höher, und gerade im Falle von Schiffen und Behältern gilt: Schweißnähte sind dicht. Gleichzeitig können verschiedene Schweißverfahren sehr leicht automatisiert werden. Denken Sie nur an die Schweißroboter, welche die Karosserien moderner Autos zusammenschweißen.

Die wenigen Nachteile des Schweißens sind folgende: Es können nur artgleiche Werkstoffe gefügt werden, durch die mehr oder weniger hohe Wärmeeinbringung können sich die Werkstücke merklich verziehen, und in der Schweißzone können schädliche Gefügeumwandlungen erfolgen.

Ferner ist das Sicherstellen der Festigkeit und Qualität der Schweißnaht nur durch aufwendige Prüfverfahren wie Röntgen oder durch zerstörende Prüfung von Musterteilen möglich.

4.1 Verfahren

Die Schweißverfahren werden eingeteilt nach

- der Art des Energieträgers: z. B. Gas, Strahl, elektrischer Strom,
- der Art des Grundwerkstoffs: z. B. Eisenmetalle, Nichteisenmetalle,
- dem Zweck des Schweißens: Verbindungsschweißen, Auftragsschweißen,
- nach dem Grad der Mechanisierung: z. B. Handschweißen, teil- oder vollmechanisiertes Schweißen.

Verbindungsschweißen ist das Fügen mehrere Werkstücke zu einem Schweißteil. Dabei ergibt sich ein kontinuierlicher innerer Aufbau der verbundenen Metalle. Der Werkstoff eines Werkstücks heißt Grundwerkstoff, ggf. wird ein Zusatzwerkstoff zugeführt. Dieser Zusatzwerkstoff wird in Form von Stäben oder Drähten artgleichen Werkstoffs zugeführt und in der Schweißzone abgeschmolzen. Sollte eine derartig entstandene Schweißnaht nicht ausreichen, dann wird mehrlagig geschweißt. Die zum Schweißen nötige Energie wird von außen zugeführt.

Es gibt sehr viele Schweißverfahren, und es kommen fast im Jahresabstand neue dazu, weil die Industrie – allen voran die Autoindustrie – nach immer effizienteren Verfahren verlangt. So werden seit einiger Zeit Autobleche hergestellt, die in verschiedenen Zonen unterschiedliche Dicken aufweisen, um dann nach dem Pressen optimale Dicken und Eigenschaften zu haben, und diese sog. Tailored Blanks werden **lasergeschweißt**. Hochbeanspruchte Bauteile der Luft- und Raumfahrttechnik werden im Vakuum **elektronenstrahlgeschweißt**. Moderne verzinkte Autobleche, die gegenüber normalen Stahlblechen weitaus korrosionsfester sind, werden **schweißgelötet**, was eigentlich gar kein Schweißen mehr ist. Große Behälter werden automatisch **unterpulvergeschweißt**. Es gibt heute für fast jede Spezialanwendung auch ein genau passendes Schweißverfahren. Diese Spezialverfahren sind meist technisch sehr aufwendig und verlangen große Investitionen und Spezialwissen. Meist findet man sie nur in hochspezialisierten Fabriken, und die Masse der Studierenden kommt damit zumindest während des Studiums so gut wie nicht in Berührung.

Daher sollen hier nur einige wenige, aber dafür weitverbreitete und klassische Schweißverfahren näher erläutert werden, vgl. auch [4.7], damit Studierende das Grundsätzliche kennenlernen. Alle hochspezialisierten Verfahren mögen der schweißtechnischen Speziallliteratur vorbehalten bleiben, z. B. [4.1] und [4.2]. Den Schweißverfahren werden sog. *Ordnungsnummern* nach DIN EN ISO 4063 zugeordnet, was die eindeutige internationale Verständigung erleichtert. Die gängigen Lichtbogenschweißprozesse kann man wie folgt charakterisieren:

	Schweißprozess			
	MIG/MAG	WIG	E-Hand	Unterpulver
Grundwerkstoffe	alle	alle	Stahllegierungen	Stahllegierungen
Dickenbereich	ab 0,5 mm	ab 1 mm	ab 2 mm	ab 30 mm
Abschmelzleistung	hoch	niedrig	niedrig	sehr hoch
Schweißposition	alle	alle	alle	PA, PB
Mechanisierungsgrad	hoch	mittel	-	hoch

4

Gasschmelzschweißen bzw. Autogenschweißen

Das Autogenverfahren ist das älteste und klassischste Schmelzschweiß-Verfahren: Es wird mit einer Acetylen-Sauerstoff-Flamme gearbeitet, der Zusatzwerkstoff wird, wenn nötig, separat zugegeben. Es wird etwa seit 1905 genutzt – seit der Erfindung der Luftverflüssigung durch *Carl von Linde*. Das Verfahren ist das universellste aller Schweißverfahren, denn es können damit an und für sich praktisch alle Metalle geschweißt werden. Da es aber sehr langsam ist und viel Übung des Schweißers verlangt, ist es aus der Industrie eigentlich ganz verschwunden und wird nur noch stellenweise im Handwerk und speziell bei Rohrschweißungen eingesetzt.

Bild 4.1
Nach-Rechts-Autogenschweißen von 5 mm dicken Stahlblechen S235 JR [4.7]

Das klassische Autogenverfahren arbeitet immer mit Acetylen und Sauerstoff, Ordnungsnummer 311. Für untergeordnete Zwecke, z. B. zum Brennschneiden, kann man als Brenngas auch Propan oder Wasserstoff nehmen, aber Acetylen hat den überragenden Vorteil gegenüber anderen Brenngasen, dass es erstens zusammen mit Sauerstoff die höchste Flammentemperatur, nämlich rund 3200 °C, erreicht, und, was genauso wichtig ist, zweitens die höchste Flammenenergie abgibt.

Acetylen ist ein farbloses brennbares Gas, das erst 1836 entdeckt wurde. In der Natur kommt es, soweit bekannt, nicht vor, sondern es muss technisch erzeugt werden. Dies kann erfolgen durch Pyrolyse von Erdöl oder über die Reaktion von Calciumcarbid und Wasser. Großverbraucher wie Schiffswerften erzeugen mit Acetylenentwicklern dieses Brenngas selbst, aber meist wird Acetylen in Form von Druckgasflaschen geliefert, und zwar in Stahlflaschen zu 10 l, 20 l, 40 l und 50 l. Dabei haben die modernen Flaschen nach Norm eine *kastanienbraune Farbe*; früher waren sie gelb. Acetylen hat die Eigenschaft, dass es bei einem Druck von mehr als 2 bar und gleichzeitigem Erhitzen explosionsartig in seine Bestandteile Kohlenstoff und Wasserstoff zerfällt. Daher kann man es nicht wie Sauerstoff mit 200 bar in Stahlflaschen pressen. Man bedient sich dabei eines Tricks: Die Acetylenflaschen werden mit einer schwammartigen Masse aus Calciumsilicathydrat gefüllt, in die Aceton gegeben wird. Aceton kann Acetylen in größeren Mengen lösen, und zwar löst 1 l Aceton bei Raumtemperatur je 1 bar 25 l Acetylen. Das bedeutet, dass eine volle Acetylenflasche mit 40 l bei 19 bar Druck und 13 l Acetonfüllung gut 6000 l Acetylen enthält. An Acetylenflaschen dürfen nur speziell dafür vorgesehene Druckminderer verwendet werden, die mit einem Bügelverschluss an die Acetylenflasche gegeben werden, damit man niemals die Armaturen verwechseln kann. Dann kommt direkt hinter dem Druckminderer eine sog. Sicherheitsvorlage, die Flammenrückschläge verhindert. Die dann zum Brenner führenden Schläuche sind rot.

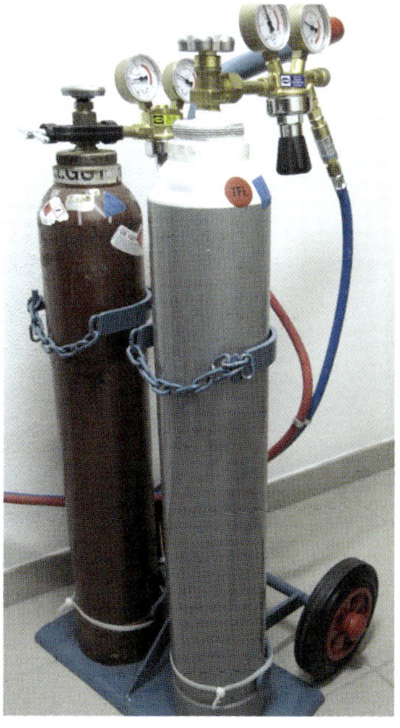

Bild 4.2
Acetylen- und Sauerstofflaschen, jeweils 10 l, mit den jeweiligen Druckminderern und Sicherheitsvorlagen [4.7] (Flaschenfarbcodierung, vgl. Tabelle 4.7)

Sauerstoff selbst ist unbrennbar, aber er wirkt extrem brandbeschleunigend, daher niemals an den Sauerstoff führenden Leitungen und Armaturen z. B. die Gewinde mit Öl oder Fett schmieren! Der Flaschendruck beträgt üblicherweise 200 bar, die modernen Flaschen haben eine *weiße Flaschenschulter*, früher waren die Sauerstoffflaschen vollständig blau. Die zum Brenner führenden Schläuche sind blau.

Folgende Arbeitsdrücke werden gefahren: Bei Acetylen als Richtwert 0,5 bar, das kann je nach Brenner und Anwendung zwischen 0,2 und 0,5 bar variieren, und bei Sauerstoff 2,5 bar.

Durch entsprechendes Regulieren des Acetylenventils am Brenner können folgende Flammen eingestellt werden (vgl. Bild 4.4):

- **mit Acetylenüberschuss**: nur zum Hartlöten und Gusseisenschweißen. Die Flamme wirkt aufkohlend und ggf. aufhärtend.
- **neutral**: die übliche Einstellung. Die Flamme wirkt reduzierend: Ein guter Schutz der Schweißstelle vor Atmosphärensauerstoff. Die heißeste Zone ist 2 bis 3 mm *vor* der Spitze des inneren Flammenkegels.
- **mit Sauerstoffüberschuss**: nur zum Messingschweißen und für verzinkte Bleche. Die Flamme wirkt oxidierend.

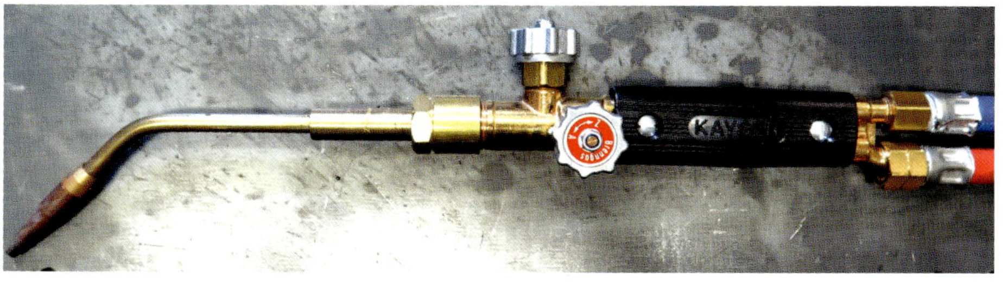

Bild 4.3 Schweißbrenner mit auswechselbarem Einsatz sowie Acetylen- und Sauerstoffventil [4.7]

Heute wird das Autogenschweißen weitgehend nur für das Schweißen von Stählen genutzt. Es gibt typischerweise vier Güten für die Zusatzstäbe (vgl. Tabelle 4.5). Meist wird die Güte O III verwendet.

Ein Vorzug des Autogenschweißens ist, dass kein elektrischer Strom gebraucht wird und kein Schutzgas; damit kann es problemlos im Freien, auch in unwegsamen Gegenden eingesetzt werden.

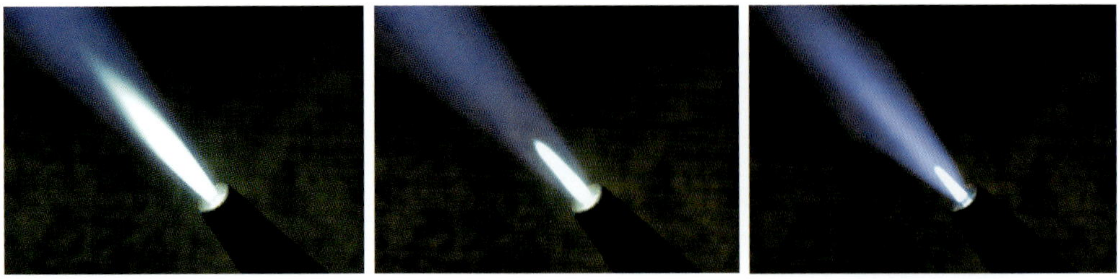

Bild 4.4 Links Flamme mit Acetylenüberschuss, Mitte neutrale Flamme, rechts Flamme mit Sauerstoffüberschuss [4.7]

Lichtbogenhandschweißen

Das **Lichtbogenhandschweißen**, kurz **E-Handschweißen**, Ordnungsnummer 111, arbeitet mit einem elektrischen Lichtbogen und einer abschmelzenden Elektrode, die aus metallurgischen Gründen mit gewissen Zusatzstoffen umhüllt ist. Die gleichzeitig abschmelzende Umhüllung schirmt das Schmelzbad vom zerstörerischen Luftsauerstoff ab. Die durch die Umhüllung gebildete Schlacke auf der Schweißnaht ist metallurgisch durch das langsame Erstarren der Schweißnaht sehr wertvoll. Dieses Verfahren garantiert, richtig ausgeführt, sehr hochwertige Schweißnähte. Es ist das typische Schweißverfahren, das man im Fernsehen sieht. Damit schweißt z. B. die Polizei die Kanaldeckel zu, wenn der amerikanische Präsident Deutschland besucht. Das Verfahren ist seit Anfang des 20. Jahrhunderts bekannt, und da es sehr geringen apparativen Aufwand braucht, ist es nach wie vor recht beliebt. Da kein Schutzgas gebraucht wird, kann es ganz problemlos im Freien eingesetzt werden.

An und für sich ist es für sehr viele Metalle geeignet, aber sein Hauptanwendungsgebiet ist Baustahl ab 3 mm Dicke. Nach oben gibt es kaum Grenzen, und im Brückenbau etc. wird mehrlagig geschweißt. Pipelines werden sehr häufig mit Elektroden geschweißt. Dieses Verfahren funktioniert sogar unter Wasser, und ohne E-Handschweißen wären keine Bohrplattformen und Ähnliches möglich. Nichtrostender Stahl kann mit entsprechenden Elektroden recht gut geschweißt werden. Für dünne Bleche, also Karosseriebleche, ist es ungeeignet.

Bild 4.5 Lichtbogenhandschweißen im Freien (Werkbild EWM AG, Mündersbach)

E-Handschweißen wird entweder mit Wechselstrom oder mit Gleichstrom ausgeführt. Typische Wechselstromquellen bestehen aus einem einfachen Transformator mit – wegen der Stromstärken bis über 300 A – sehr dicken Kupferwicklungen auf Eisenblechen. Die Stromstärke wird durch Wicklungsanzapfungen oder Verschieben eines sog. Streukerns eingestellt. Baustähle, die in sog. Wannenlage PA verschweißt werden, können mit Wechsel- oder Gleichstrom geschweißt werden. Gleichstrom ist nur wirklich erforderlich bei speziellen Elektroden, z. B. zelluloseumhüllte Elektroden für Fallnähte PG oder Elektroden für Aluminium-Gussreparaturen. Gleichstrom wird entweder über sog. Schweißumformer, Schweißgleichrichter oder Inverter erzeugt. Dabei sind **Inverter** die modernen, zukunftsorientierten Gleichstromquellen (Bild 4.5). Das sind überdimensionale Schaltnetzteile: Der Wechselstrom aus dem Licht- oder Drehstromnetz wird zunächst gleichgerichtet und dann über Hochleistungs-Halbleiter zerhackt. Damit entsteht ein gepulster Gleichstrom, der jetzt, weil er gemäß dem Faraday'schen Induktionsgesetz eine magnetische Flussänderung bewirken kann, auf den Schweißstrom mit einem Transformator umgespannt wird und anschließend wieder gleichgerichtet wird. Dabei ist das Besondere, dass die Trafogröße direkt von der Frequenz abhängt; je höher die Frequenz, desto kleiner der Transformator. Es können durch die hohe Frequenz viel kleinere und leichtere Transformatoren eingebaut werden, die dann mitunter nur noch ein Zehntel der normalen Schweißtrafos wiegen. Die Inverter haben weitere Vorteile gegenüber den traditionellen Transformatoren: Da kleine Prozessrechner integriert sind, können folgende Eigenschaften realisiert werden: Durch *Arc Force* ist die Lichtbogenstabilität besser, durch *Hot Start* wird ein erhöhter Zündstrom geliefert und durch *Anti Stick* wird ein Festkleben der Elektroden verhindert.

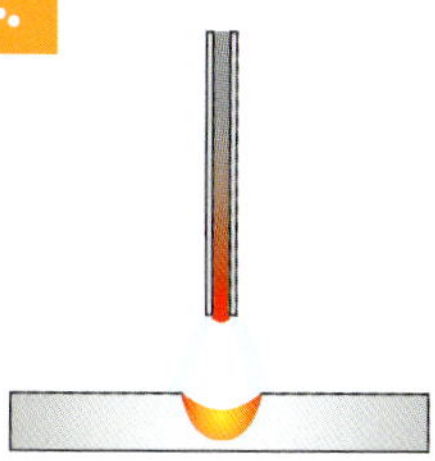

Bild 4.6
Lichtbogen mit abschmelzender Stabelektrode (Werkbild EWM AG, Mündersbach)

Die gängigen Elektrodendurchmesser liegen zwischen 2 und 5 mm, und man rechnet ganz grob 40 A pro 1 mm Elektrodendurchmesser. Manche Elektrodentypen sind für Wechsel- und Gleichstrom geeignet, manche nur für Gleichstrom; dann wird üblicherweise die Elektrode an den Minuspol und das Werkstück an den Pluspol der Schweißstromquelle gegeben. Es gibt eine große Auswahl an Elektrodentypen, z. B. für unlegierte, niedriglegierte und hochlegierte Stähle. Bei den hochlegierten Typen kann wiederum in Elektroden für nichtrostende, hitzebeständige, warmfeste und Duplexstähle unterschieden werden. Es gibt speziell fallnaht-geeignete und über-Kopf-geeignete Elektroden. Dabei spielt der Typ der Elektrodenumhüllung eine große Rolle: Man unterscheidet z. B. Rutil-umhüllte, basisch-umhüllte und Cellulose-umhüllte Elektroden und deren Mischformen. Das Angebot ist fast unüberschaubar, und der Leser möge die Druckschriften der einschlägigen Anbieter konsultieren.

Es wurde gesagt, dass Schmelzschweißen das Verschmelzen von Bauteilen gleichen oder doch sehr ähnlichen Materials durch Zugabe von Zusatzwerkstoff auch wieder gleichen Materials ist. Wie weit geht die Verwandtschaft? Ohne Frage können Sie bedenkenlos S235JR und S275JR miteinander verschweißen, aber prinzipiell geht Stahl mit Stahl, z. B. auch Stahlguss mit Walzstahl, wenn man die richtigen Elektroden nimmt. Ein recht exotischer Fall sind sog. *Schwarz-Weiß-Verbindungen*, bei denen normaler Kohlenstoffstahl (*schwarzer Stahl*) mit nichtrostendem Edelstahl (*weißer Stahl*) verschweißt wird. So etwas braucht man mitunter, und mit der passenden Elektrode ist das kein Problem.

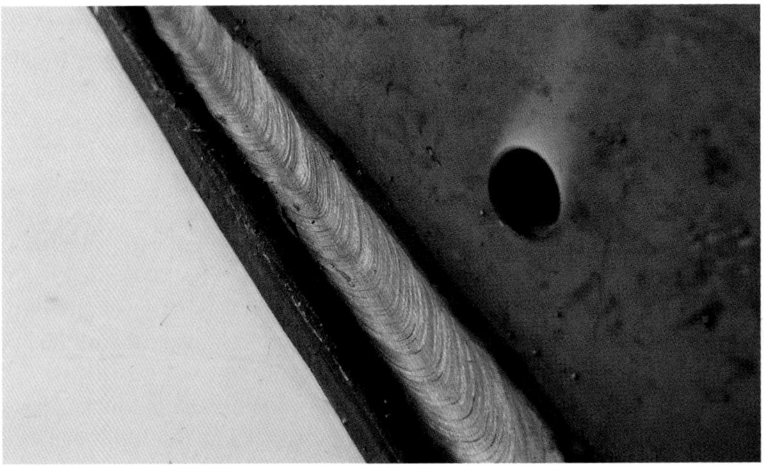

Bild 4.7 Eine Kehlnaht an zwei 10 mm dicken Stahlblechen, geschweißt mit 4-mm-Elektroden bei 170 A [4.7]

MIG/MAG-Schweißen

Das MIG/MAG-Schweißen, volkstümlich auch *Schutzgasschweißen* oder unter älteren Schlossern auch *SIGMA-Schweißen* genannt, ist mit ca. 80 % Anteil an den Schweißverfahren, bezogen auf das Abschmelzvolumen, das am meisten verbreitete Schweißverfahren in Industrie und Handwerk. Dieses Verfahren, kurz nach dem Zweiten Weltkrieg von den Amerikanern entwickelt und von den Russen in den 50er-Jahren maßgeblich weiterentwickelt, kann teil- oder vollautomatisiert werden, und es hat von allen gängigen Handschweißverfahren mit Abstand die höchste Abschmelzleistung. Daher hat es die klassischen Verfahren wie Autogenschweißen und E-Handschweißen weitgehend verdrängt. Roboter-Schweißungen funktionieren nur mit MIG/MAG-Verfahren, an Autogen oder E-Hand ist da nicht zu denken. MIG/MAG ist dem

E-Handschweißen verwandt: Eine Metallelektrode erzeugt den Lichtbogen und schmilzt gleichzeitig ab. Nur ist diese Elektrode nicht mehr ein Metallstab, der nach dem Abbrennen durch einen neuen ersetzt werden muss, sondern eine endlose Drahtelektrode, die kontinuierlich von der Schweißmaschine nachgeführt wird. Ummantelt ist dieser Draht auch nicht; die Schutzfunktion vor dem Luftsauerstoff übernimmt ein Schutzgas, welches das Schmelzbad umspült. Ursprünglich nahm man als Schutzgas ein chemisch inertes Gas wie Helium oder Argon, daher rührt auch die alte Bezeichnung *S. I. G. M. A: shielded inert gas metal arc*. Dieses Verfahren, also mit chemisch inertem Gas, gibt es immer noch, man nennt es heute *MIG: Metall-Inert-Gas*, Ordnungsnummern 131, und das wendet man beispielsweise beim Aluminiumschweißen an. Die Russen entdeckten in den 50er-Jahren, dass besonders beim Stahlschweißen ein chemisch aktives Gas wie z.B. CO_2 eigentlich viel besser ist, weil dieses Gas zwar vor dem Luftsauerstoff schützt, aber gleichzeitig metallurgisch sehr positiv mit dem Schmelzbad reagiert. Das nennt man *MAG: Metall-Aktiv-Gas*, Ordnungsnummern 135, es ist typisch für Kohlenstoffstahl. Wobei reines CO_2 heute wenig in Europa, aber viel in Asien und Osteuropa verwendet wird, ganz typisch in Europa sind heute sog. Mischgase, und das typische Mischgas für Baustahl ist M21, das ist ein Gemisch aus 82 % Argon und 18 % CO_2. Doch es gibt eine ganze Reihe von anderen Inert-, Aktiv- und Mischgasen für alle möglichen Spezialzwecke. Daher spricht man von MIG/MAG-Schweißgeräten, weil sie den gleichen Aufbau haben und sich nur durch die Art des verwendeten Schutzgases und vom verwendeten Zusatzwerkstoff unterscheiden. Volkstümlich nennt man das MIG/MAG-Verfahren auch *Schutzgasschweißen*, obwohl das nicht ganz korrekt ist, denn WIG ist auch ein Schutzgas-Schweißverfahren, aber das heißt halt nur *WIG*.

Bild 4.8 MAG-Schweißen von Baustahl. Oberes Modul: Drahtzuführungskoffer, mittleres Modul: Schweißstromquelle, unteres Modul: Wasserkühlung (Werkbild EWM AG, Mündersbach)

Zur Schweißstromquelle und der Drahtzuführungseinheit gehören ferner das Schlauchpaket für die Zuführung von Strom, Draht und ggf. Kühlwasser (ab ca. 300 A) zum Brenner, der Brenner selbst und die Gasflasche für das Schutzgas. MIG/MAG wird normalerweise mit Gleichstrom geschweißt, daher werden traditionelle Schweißgleichrichter und zunehmend die viele Vorteile bietenden Inverter genutzt. Üblicherweise liegt der Pluspol am Brenner und der Minuspol am Werkstück – also genau umgekehrt wie beim E-Handschweißen und beim WIG-Schweißen.

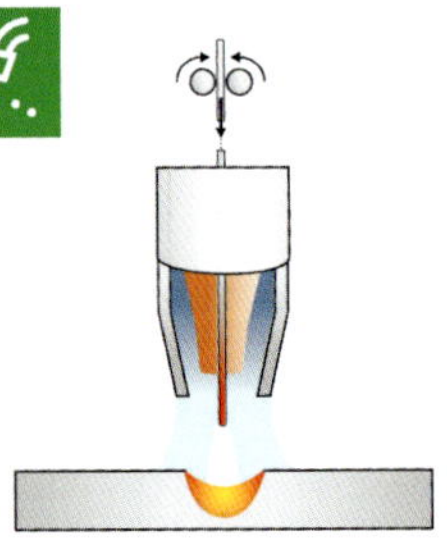

Bild 4.9
MIG/MAG-Schweißen bedeutet eine vom Schutzgas umspülte, im Lichtbogen abschmelzende und daher ständig nachgeführte Drahtelektrode (Werkbild EWM AG, Mündersbach)

Als grober Richtwert werden etwa 10 l/min Schutzgas gerechnet. Folgende Schutzgase finden häufig Verwendung, eine Übersicht bietet Tabelle 4.6:

- Zum Schweißen von Baustahl wird heute meist das Mischgas M21 mit 82 % Argon und 18 % CO_2, seltener auch reines CO_2, verwendet.
- Aluminium schweißt man mit reinem Argon oder einem Argon-Helium-Gemisch.
- Edelstahl wird oft mit einem Gemisch aus Argon mit geringer Sauerstoffzumischung geschweißt, oft mit 98 % Argon und 2 % Sauerstoff, oder auch 98 % Argon und 2 % CO_2.

Dabei treten folgende Besonderheiten auf, für nähere Informationen wird auf die Fachliteratur [4.1], [4.3] und [4.5] verwiesen; hinsichtlich der Liefermöglichkeiten und verfügbaren Flaschengrößen erkundigen Sie sich bei den einschlägigen Gasherstellern wie z. B. *Linde* oder *Messer*:

- Ein Helium-Lichtbogen brennt deutlich heißer als ein Argon-Lichtbogen. Damit kann man Lichtbögen erzeugen, die einem wesentlich stärkeren Schweißgerät entsprechen würden.
- Oxidierende Schutzgase enthalten O_2 oder CO_2. Dabei sorgt der Sauerstoff für den Abbrand von Legierungselementen, der Kohlenstoff aus dem CO_2 bewirkt eine Aufkohlung.
- Der Wasserstoff H_2 reduziert Metalloxide im Schweißgut, die sich durch den Luftsauerstoff gebildet haben.
- Stickstoff bildet Austenite bei hochlegiertem Stahl.
- Wasserstoff-Stickstoff-Gemische werden als *Formiergase* verwendet, d. h. zum Wurzelschutz beim WIG-Schweißen.

Schweißdrähte werden üblicherweise in Rollen mit 300 mm oder 200 mm Durchmesser oder in Fässern zu 250 kg geliefert, und die gängigen Drahtstärken sind 0,8, 1,0, 1,2 und 1,6 mm. Stahldrähte werden häufig verkupfert geliefert, damit die Kontaktgabe im Brenner durch die sogenannte Stromdüse verbessert wird. Die einschlägigen Lieferanten liefern sogenannte Massivdrahtelektroden für praktisch jeden Anwendungsfall, und die Auswahl ist ähnlich groß wie bei den Stabelektroden.

Speziell für das Schweißen von *Grauguss*, *Temperguss* und *Sphäroguss* gibt es Nickel-Basis-Massivdrahtelektroden mit 55 % Nickel von den einschlägigen Herstellern. Auch das Schweißen von Aluminiumlegierungen ist mit dem MIG-Verfahren möglich.

Bild 4.10 Drahtrollen für das MIG/MAG-Schweißen: links 200 mm Kleinspulen, rechts die Standardspule als Korbspule mit 300 mm Durchmesser und 15 kg Stahldraht

Eine Besonderheit sind hohle Schweißdrähte, die sogenannten Fülldrahtelektroden. Eine Fülldrahtelektrode, auch Röhrchenelektrode genannt, ist eine hohle Drahtelektrode, die mit Zusatzstoffen ähnlich den E-Handelektroden gefüllt ist. Daher bilden die Fülldrahtelektroden Schlacke, was durchaus für ein langsames Abkühlen der Naht erwünscht ist. Der metallurgische Vorgang ist also ähnlich dem E-Handschweißen, und mit sogenannten *selbstschützenden* Fülldrahtelektroden kann man ohne Schutzgas im Freien schweißen – wie bei E-Hand. Dies wird z. B. im Schiffsbau genutzt. Man hat die Vorteile des E-Handschweißens, braucht aber nicht dauernd die Elektrode zu wechseln und kann daher sehr schnell schweißen. Fülldrahtelektroden werden häufig zusammen mit einem *zusätzlichen Schutzgas* verschweißt. Die wesentlichen Vorteile des gasgeschützten Fülldrahts gegenüber den herkömmlichen Massivdrahtelektroden sind: geringere Porenanfälligkeit, geringere Spritzerneigung und einfacheres Schweißen in Zwangslagen.

WIG-Schweißen

Mit dem WIG-Verfahren, Ordnungsnummer 141, können an sich alle Metalle verschweißt werden, und dies bei höchster Festigkeit und Umweltfreundlichkeit; es entstehen so gut wie keinerlei Schweißrauche. Es ist sehr geeignet für das Schweißen von *Aluminium, nichtrostendem Edelstahl, Kupfer* und *Titan*. Das WIG-Verfahren *Wolfram-Inert-Gas* arbeitet ebenfalls mit einem Lichtbogen, der hier aber im Unterschied zu E-Hand und MIG/MAG zwischen Werkstück und einer *nicht abschmelzenden* Wolframelektrode brennt. Es wird ein Schutzgas durch das Schlauchpaket und den Brenner auf die Schweißstelle geleitet. Der Zusatzwerkstoff wird manuell oder teilmechanisiert zugeführt. Die Wahl der Schweißstromquelle hängt von den zu verschweißenden Metallen ab: Für *Baustahl, nichtrostenden Edelstahl,* aber auch *Titan* genügt ein *Gleichstromgerät,* eine sogenannte DC-Maschine. Beim Aluminium-WIG-Schweißen arbeitet man heute mit einem *Inverter*, der *Wechselstrom AC* liefert. Dabei handelt es sich um einen Wechselstrom höherer Frequenz mit verschiedenen Kurvenformen, wie Sinusform, Trapezform und Rechteckform. Bei diesen Wechselstromkurven können meist noch Pulsfunktionen überlagert werden, und die gesamte Welle kann entweder stärker in den positiven oder stärker in den negativen Bereich verschoben werden, das ist die sogenannte Balance. Selbstverständlich gibt es auch kombinierte Stromquellen, die sowohl Gleichstrom als auch Wechselstrom liefern können.

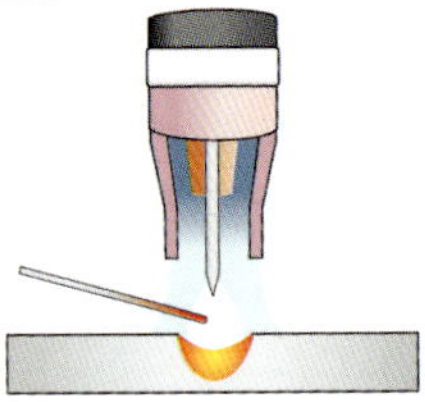

Bild 4.11
WIG-Schweißen (Werkbild EWM AG, Mündersbach)

Bild 4.12 WIG-Schweißen mit diesen Hauptkomponenten: Brenner, Zusatzstab, wassergekühlte Schweißmaschine, Schutzgasflasche (Werkbild EWM AG, Mündersbach)

Je nach Stromstärke gibt es verschieden leistungsfähige Brenner, und ab Stromstärken von ca. 250 A DC bzw. 200 A AC bzw. bei PA werden wassergekühlte Brenner genutzt. Die Wolframelektroden werden in Durchmessern von typischerweise 1,6, 2,4, 3,2 und 4,0 mm geliefert; im Allgemeinen werden sie mit verschiedenen chemischen Elementen versetzt, z. B. die Universalsorten WL15 mit ca. 1,5 % Lanthanoxid und WC20 mit ca. 2 % Ceroxid. Zur besseren Unterscheidung werden die Elektroden farbig codiert, z. B. WL15 mit goldener und WC20 mit grauer Farbe. Diese chemischen Dotierungen verbessern das Zündverhalten und die Strombelastbarkeit. Man rechnet bei Stahl mit etwa 30 ... 40 A pro 1 mm Blechdicke und bei Aluminium mit etwa 40 A pro Millimeter Blechdicke.

Bei den Zusatzwerkstoffen gibt es eine ähnlich große Auswahl wie bei MIG/MAG. Als Schutzgase werden inerte Gase verwendet, sehr oft reines Argon oder auch Argon-Helium-Gemische.

Unterpulverschweißen

Dieses Verfahren wird maschinell ausgeführt: Eine abbrennende Drahtelektrode (Prozess 121) oder Bandelektrode (Prozess 122) erzeugt den Lichtbogen, und es wird ein mineralisches Schweißpulver ständig zugeführt. Der Lichtbogen brennt in einer Kaverne unter der Pulverschicht, die als flüssige Schmelze auf dem metallischen Schmelzbad schwimmt und so den Luftsauerstoff abhält. Die Schlacke sorgt für langsames Erstarren der Schweißnaht wie beim E-Handschweißen; sie löst sich meist von selbst ab, und nicht aufgeschmolzenes Pulver kann wiederverwendet werden. Die Abschmelzleistungen sind sehr hoch; es wird üblicherweise in Wannenlage gearbeitet.

Bild 4.13 Unterpulverschweißen (Werkbild WELDEC, Erndtebrück)

Schweißstromquellen

Das Zünden des Lichtbogens erfolgt bei E-Hand und MIG/MAG über einen Kurzschluss, indem also die Elektrode das Werkstück berührt. Dadurch fließt ein Kurzschlussstrom, der die Elektrode im Zündbereich schmilzt. Gleichzeitig bildet sich durch die hohe Stromdichte in diesem Zündbereich eine ionisierte Metalldampfwolke mit einer elektrisch leitenden Gasstrecke. Beim WIG-Verfahren wird die berührungslose Zündung durch Hochspannungs-Zündimpulse bewirkt.

Nun ist es bei den Schweißverfahren E-Hand und WIG als typisch handgeführte Verfahren so, dass die Lichtbogenlänge, einfach durch den Schweißer bedingt, mehr oder weniger schwankt. Damit nun der Schweißstrom halbwegs konstant bleibt, verwendet man bei E-Hand und WIG *Konstantstromquellen*: Eine Änderung des Lichtbogenabstands bedingt nur eine geringe Änderung der Stromstärke. Bei solchen Stromquellen wird der Strom als einziger Schweißparameter eingestellt, und das ist typisch für E-Hand und WIG.

Beim MIG/MAG-Verfahren sieht das etwas anders aus: Hier hat man systembedingt *zwei* Einstellparameter, nämlich den Drahtvorschub und die Schweißspannung – nicht den Schweißstrom! Hier arbeitet man mit *Konstantspannungsquellen*, die ein weitgehend horizontales Kennlinienfeld liefern. Der Hintergrund dafür liegt in der Veränderbarkeit der Drahtvorschubgeschwindigkeit: Wird der Drahtvorschub für dickere Schweißnähte erhöht, will der stärker nachdrängende Draht den Lichtbogen verkürzen, und damit steigt der Strom an. Um diesen kürzeren Lichtbogen auszugleichen, muss nun die Spannung erhöht werden, um einen stabilen Lichtbogen zu bekommen. Das bedeutet: Zu jeder Drahtvorschubgeschwindigkeit gehört eine passende Lichtbogenspannung, und diese ideale Kombination nennt man *Arbeitspunkt*. Er ist an einem charakteristischen Lichtbogengeräusch erkennbar.

4.2 Schweißbare Werkstoffe

Die wichtigsten schmelzschweißbaren Metalle sind im Folgenden aufgeführt.

Stähle

Zur **Schweißbarkeit** bei Stählen: Bei reinem Kohlenstoffstahl ist eine problemlose Schweißbarkeit unter 0,22 % C-Gehalt gegeben; ist der Stahl legiert, kann man als Äquivalent den sogenannten *K*-Wert bestimmen:

$$K = C\% + \frac{Mn\%}{6} + \frac{Cr\%}{5} + \frac{Mo\%}{4} + \frac{Ni\%}{15}$$

Wenn dieser *K*-Wert unter 0,4 liegt, passt alles für Blechdicken bis 25 mm. Ab 0,45 und größeren Blechdicken muss dann ggf. vorgewärmt bzw. auf genaue Temperaturführung geachtet werden, vgl. [4.1].

Unlegierte Baustähle: Die Sorten S235J, S275J und S355J sind gut schweißbar. Für den einfachen Baustahl S185 ist eine generelle Schweißeignung nicht immer gegeben. Die Sorten E295, E335 und E360 sind im Einzelfall zu prüfen.

Vergütungsstähle: Sie sind nicht uneingeschränkt schweißbar, prüfen! Kohlenstoffgehalte merklich über 0,3 % sorgen für unkontrolliertes Aufhärten der Schweißnaht. Eventuell vorwärmen, nach dem Schweißen wärmebehandeln.

Einsatzstähle: Sie sind meist im nicht eingesetzten Zustand wegen des niedrigen Kohlenstoffgehalts schweißbar.

Warmfeste Stähle: Sie werden im Kessel- und Druckbehälterbau verwendet und sind üblicherweise unter Beachtung der Wärmeführung gut schmelzschweißbar.

Nichtrostende Stähle: Oft gut schweißbar, ggf. bei den Schweißmaschinen- und Schweißmaterial-Lieferanten nachfragen.

Stahlguss: Prüfen, eine generelle Schweißeignung ist nicht gegeben. GS-38 und GS-45 sind meist schweißbar.

Gusseisen: Hier sollte die Spezialliteratur zu Rate gezogen werden, z. B. [4.11].

Aluminiumlegierungen: Aluminiumlegierungen, die geschmiedet, gewalzt oder stranggepresst werden können, nennt man Knetlegierungen. Sie haben meist unter 5 % Legierungsanteile. Aluminiumlegierungen, die vergossen werden sollen, zum Beispiel zu Zylinderkurbelgehäusen, Zylinderköpfen und weiteren Automobilteilen, nennt man Gusslegierungen. Sie können bis zu 15 % Legierungsanteile haben.

Sonstige Metalle: Die häufig verwendeten Legierungen AW 5083, 5754 und 6060 sind sehr gut bzw. gut schweißbar. Dagegen ist AW 7075 schlecht schweißbar. Gusslegierungen sind im Allgemeinen gut schweißbar. Kupfer, Messing und Bronze sind schweißbar, wenn man sie nicht lieber gleich lötet. Titan, sowohl Reintitan als auch Titanlegierungen, ist sehr gut schweißbar. Hier bietet sich das WIG-Verfahren an.

4.3 Schweißpositionen, Stoß- und Nahtarten, Zertifizierung im Metallbau

Schweißpositionen

Die Schweißpositionen sind mit standardisierten Bezeichnungen versehen (Bild 4.14). Dabei sind: PA = Wannenlage, PB = Horizontalposition, PC = Querposition, PD = Horizontal-Überkopflage, PE = Überkopfposition, PF = Steignaht, PG = Fallnaht.

Der Konstrukteur sollte, wenn immer es möglich ist, die Positionen PA, PB und PC möglich machen. Die Positionen PD, PE, PF und PG, die sog. *Zwangslagen*, stellen besondere Anforderungen an den Schweißer, aber auch an die Schweißmaschine: Digital gesteuerte Maschinen können das Zwangslagenschweißen durch den ständigen Wechsel von zwei Energieniveaus einfacher machen.

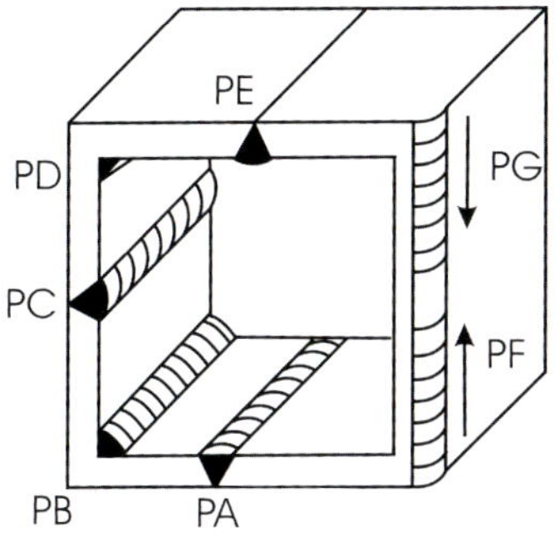

Bild 4.14
Schweißpositionen mit ihren Kurzzeichen [4.7]

Schweißstöße

Der Schweißstoß ist der Bereich, in dem die Teile durch Schweißen miteinander verbunden werden (Bild 4.15). Manche Stoßarten brauchen ab gewissen Blechdicken Naht- bzw. Fugenvorbereitungen. Die Stoßart wird durch die konstruktive Anordnung der Teile zueinander bestimmt – der Konstrukteur bestimmt also die Stoßart (Näheres in [4.4]).

Nahtarten

Man unterscheidet folgende Nahtarten:

1. Stumpfnähte

Die Teile liegen in einer Ebene und bilden eine Fuge, in der die Naht gezogen wird (Bild 4.16a und b).

2. Kehlnähte

Die Teile liegen in zwei Ebenen rechtwinklig zueinander und bilden eine Kehlfuge, in der die Naht gezogen wird. Man unterscheidet zwischen Kehlnaht (Bild 4.16c) und Doppelkehlnaht (Bild 4.16d).

3. Sonstige Nähte

Nähte, die weder der Stumpfnaht noch der Kehlnaht zugeordnet werden können oder Kombinationen aus beiden sind, werden als sonstige Nähte bezeichnet (Bild 4.16e und f).

Stoßart	Lage der Teile	Beschreibung
Stumpfstoß		Die Teile liegen in einer Ebene und stoßen stumpf gegeneinander.
Parallelstoß		Die Teile liegen parallel aufeinander.
Überlappstoß		Die Teile liegen parallel aufeinander und überlappen sich.
T-Stoß		Die Teile stoßen rechtwinklig (T-förmig) **auf**einander.
Doppel-T-Stoß		Zwei in einer Ebene liegende Teile stoßen rechtwinklig (doppel-T-förmig) **auf** ein dazwischenliegendes drittes.
Schrägstoß		Ein Teil stößt schräg **gegen** ein anderes.
Eckstoß		Zwei Teile stoßen unter beliebigem Winkel **an**einander (Ecke).
Mehrfach-stoß		Drei oder mehr Teile stoßen unter beliebigem Winkel **an**einander.
Kreuzungs-stoß		Zwei Teile liegen kreuzend **über**einander.

Bild 4.15 Stoßarten

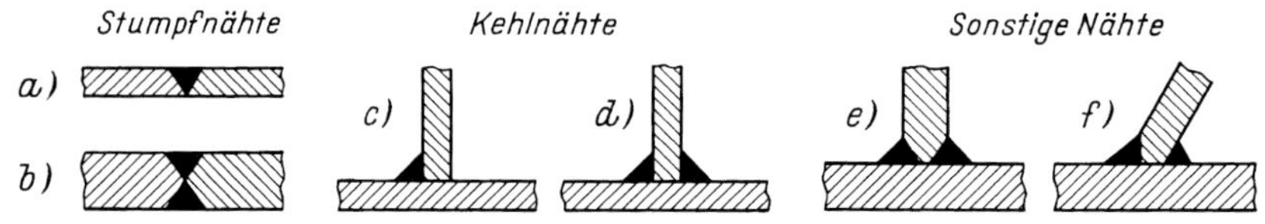

Bild 4.16 Nahtarten
a) V-Naht, b) Doppel-V-Naht (X-Naht), c) Kehlnaht, d) Doppelkehlnaht, e) Doppel-HY-Naht mit Doppelkehlnaht (K-Stegnaht mit Doppelkehlnaht), f) HY-Naht mit Kehlnähten am Schrägstoß

Die **Nahtdicke** ***a*** ist bei durchgeschweißten Stumpfnähten (Bild 4.17a) gleich der Dicke der zu verbindenden Teile, wobei im Stoß verschieden dicker Teile die kleinere Dicke maßgebend ist. Bei Kehlnähten (Bild 4.17b bis d) ist sie gleich der Höhe des größten gleichschenkligen Dreiecks, das in den Nahtquerschnitt eingetragen werden kann. Bei den sonstigen Nähten ist die Nahtdicke sinngemäß festzulegen.

Die Nahtform richtet sich nach der Dicke der zu verbindenden Teile und nach der erforderlichen Festigkeit der Schweißverbindung. Die wichtigsten Nahtformen sind in Bild 4.18 zusammengestellt und deren Symbole angegeben, mit denen die Nähte in den Zeichnungen gekennzeichnet werden. Die farbig angelegten sind **Grundsymbole**, alle anderen **zusammengesetzte Symbole**. Zu diesen gibt es noch **Zusatzsymbole** und **Ergänzungssymbole** (Bild 4.19).

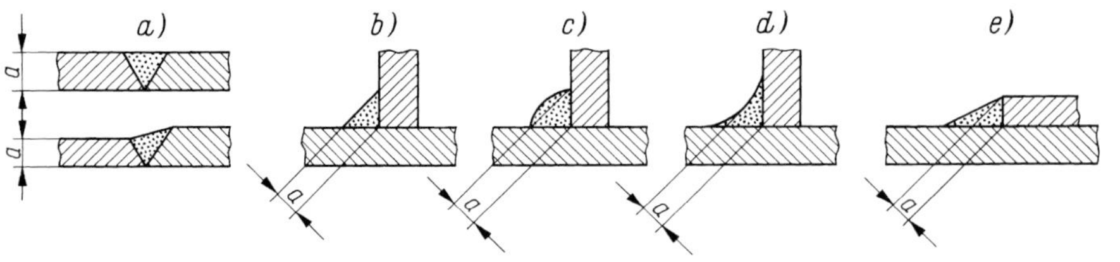

Bild 4.17 Nahtdicke *a*
a) Stumpfnähte, b) Flachkehlnaht, c) Wölbkehlnaht, d) Hohlkehlnaht, e) ungleichschenklige Flachkehlnaht

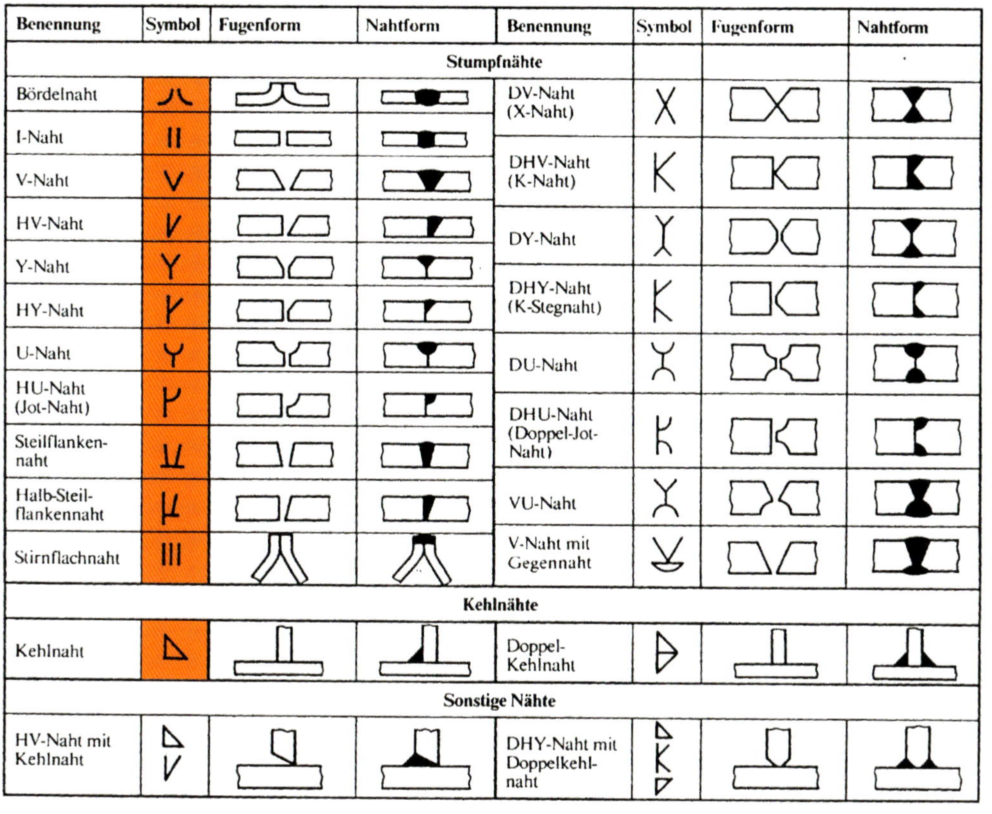

Bild 4.18 Nahtformen beim Schmelzschweißen nach DIN EN 22553 (DIN 1912-5, Auszug)
Vorsatzbuchstaben: H Halb, D Doppel. Die farbig angelegten Symbole sind Grundsymbole.

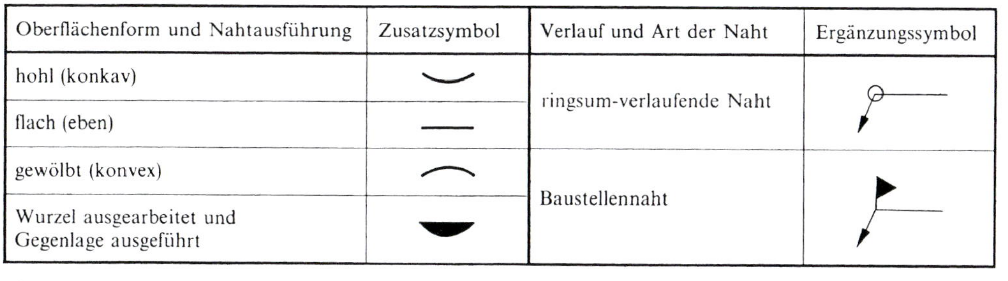

Bild 4.19 Zusatz- und Ergänzungssymbole nach DIN EN 22553 (DIN 1912-5, Auszug)

Die Anwendung der Symbole ist an einigen Beispielen in Bild 4.20 gezeigt.

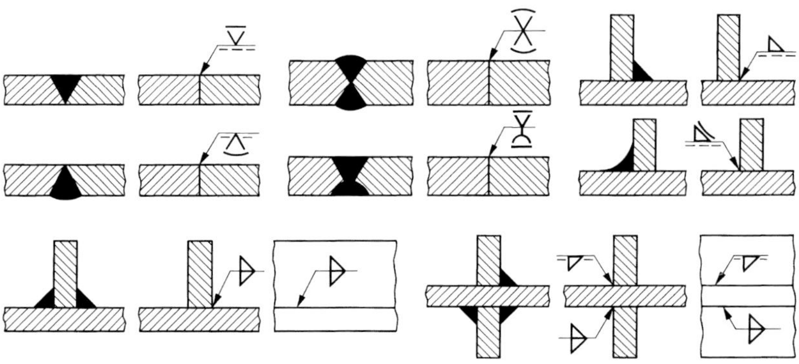

Bild 4.20 Beispiele für die Anwendung der Schweißnahtsymbole zur symbolischen Darstellung

Die symbolische Nahtdarstellung enthält außer dem Symbol eine Pfeillinie, die unter einem Winkel von 60° mit der Pfeilspitze auf den Stoß zeigt, und eine Bezugslinie aus zwei parallelen Linien, einer Volllinie und einer Strichlinie. Letztere entfällt jedoch bei symmetrischen Nähten.

Die Pfeillinie weist auf die Pfeilseite des Stoßes hin. Als Gegenseite wird die andere Stoßseite bezeichnet. Wird das Symbol auf die Seite der Bezugsstrichlinie gesetzt, so befindet sich die Naht auf der Gegenseite des Stoßes (siehe Bild 4.20). Das Kehlnahtsymbol zeigt stets mit seiner Spitze nach rechts.

Die **Fuge** ist die Stelle, an der die Teile am Schweißstoß durch Schweißen vereinigt werden sollen. Sie kann sich ohne Bearbeitung ergeben, z. B. I- oder Kehlfuge, oder kann bearbeitet sein, z. B. V-, U- oder Y-Fuge. Der **Spalt** ist der Bereich zwischen zwei parallelen Flächen oder Kanten. Je nach Fugenform wird der Spalt durch Stirnflächenabstand und Werkstückdicke oder durch Stegabstand, Kantenabstand, Stirnseitenabstand und Steghöhe bestimmt.

Tabelle 4.1 gibt einen Überblick über die je nach Blechdicke möglichen Fugenformen und Schweißverfahren für Stahlwerkstoffe.

Bild 4.21 zeigt die Entstehung einer Bördelnaht, bei der die Bördel niedergeschmolzen werden, Bild 4.22 eine einseitige I-Naht, die mit einer Lage geschweißt wird und Bild 4.23 eine nicht durchgeschweißte Y-Naht.

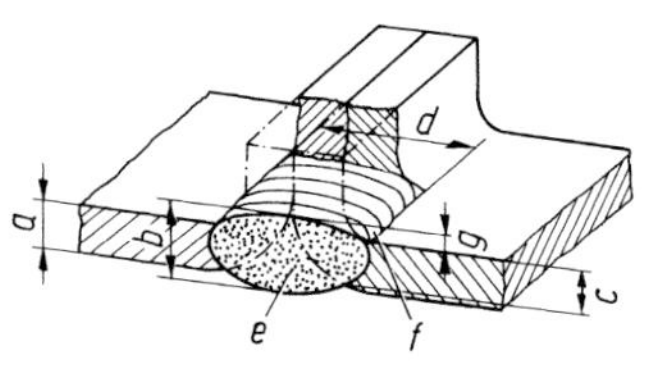

Bild 4.21 Bördelnaht
a Werkstückdicke, b Nahthöhe, c Nahtdicke, d Nahtbreite, e Bördel niedergeschmolzen, f Schuppung, g Nahtüberhöhung

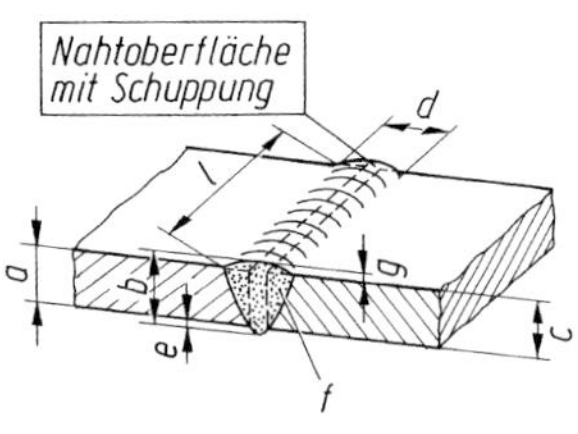

Bild 4.22 I-Naht einseitig
a Werkstückdicke, b Nahthöhe, c Nahtdicke, d Nahtbreite, e Wurzelüberhöhung (durchgeschweißt), f Flankeneinbrand, g Nahtüberhöhung, l Nahtlänge

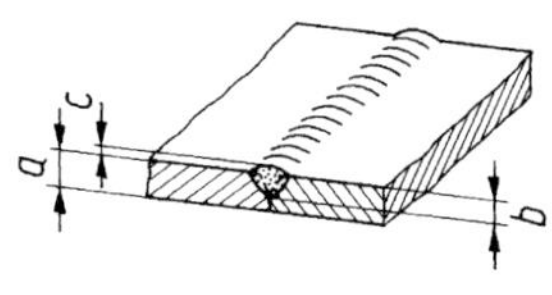

Bild 4.23 Y-Naht (nicht durchgeschweißt)
a Werkstückdicke, b Nahtdicke, c Nahtüberhöhung

Ein schlechter Einbrand (Bild 4.24) verursacht an der Nahtwurzel hohe Kerbwirkungen (Spannungsspitzen), die bei Schwingbeanspruchung zur Dauerbruchentwicklung führen können. Derartig beanspruchte Nähte erhalten am besten eine Gegenlage oder werden als DV-Nähte (X-Nähte) ausgeführt. Ungleichmäßig oder wellig gezogene Nähte wirken ebenfalls wie Kerben. Ein Einebnen oder Nachhämmern vermindert die Kerbwirkungen. An jedem Nahtanfang und -ende bilden sich Einbrandkrater, die ebenfalls Spannungsspitzen hervorrufen. Beim Schweißen können Vorkehrungen getroffen werden, um die Einbrandkrater zu vermeiden (Auslaufbleche vor und hinter der Naht, die mit angeschweißt und nach dem Schweißen abgeschnitten werden), aber auch durch ein Abfräsen dieser Nahtenden lassen sich die Kerbwirkungen mildern.

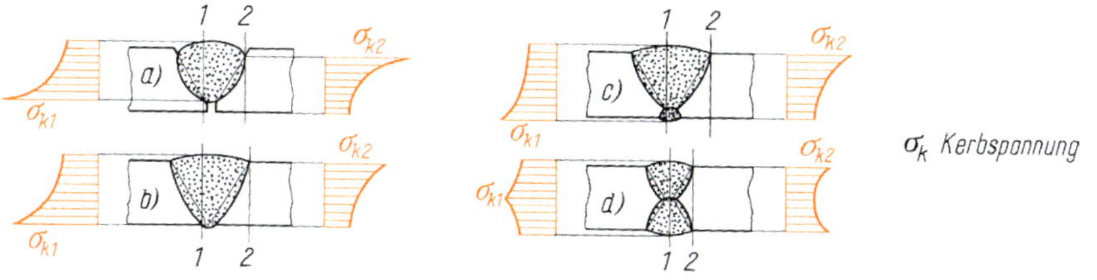

Bild 4.24 Spannungsverteilung in Stumpfstößen
a) V-Naht mit schlechtem Einbrand, b) V-Naht mit gutem Einbrand, c) V-Naht mit Gegenlage, d) DV-Naht (X-Naht)

Ab gewissen Blechdicken wird mehrlagig geschweißt (Bild 4.25). Durch moderne volldigital gesteuerte Inverter-Schweißmaschinen werden traditionelle Nahtformen obsolet (Bild 4.26). Viele Angaben zu Winkeln und Prozessen in der Literatur gelten daher nicht mehr.

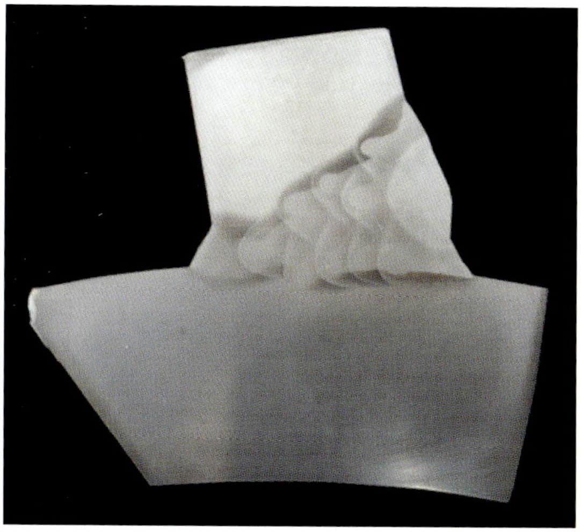

Bild 4.25 Eine mehrlagige Schweißnaht (Werkbild EWM AG, Mündersbach)

Beim Schweißen können Fehler auftreten, die die Güte und Haltbarkeit der Schweißverbindungen beeinflussen. Je nach den Anforderungen müssen die Fehler in bestimmten Grenzen bleiben. Zur Sicherung der Güte von Schweißarbeiten sind in DIN EN 729 Richtlinien für Qualitätssicherungssysteme enthalten. Für Lichtbogenschweißverbindungen an Stahl wurden in DIN EN 25817 Richtlinien für die Bewertungsgruppen von Unregelmäßigkeiten festgelegt und für Stumpf- und Kehlnähte gleiche Symbole vorgesehen.

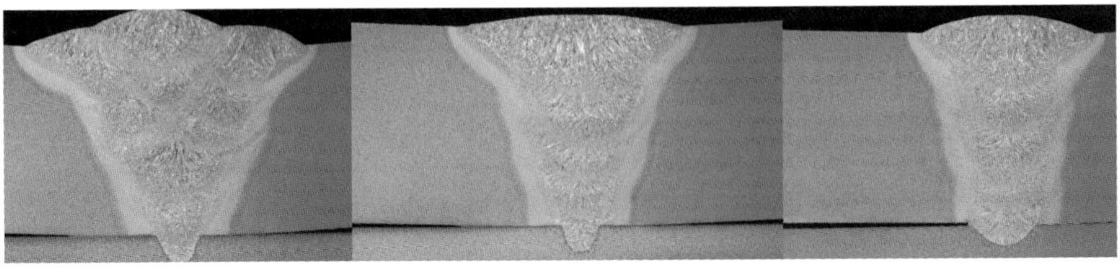

Bild 4.26 Stahl S355, 20 mm dick
Links: V-Winkel 60°, Standard-Sprühlichtbogen, 11 Raupen; Mitte: V-Winkel 40°, 5 Raupen, forceArc-Lichtbogen; rechts: V-Winkel 30°, 5 Raupen, forceArc-Lichtbogen, 50 % kürzere Schweißzeit (Werkbild und Warenzeichen forceArc: EWM AG, Mündersbach)

Es werden drei **Bewertungsgruppen** mit folgenden Symbolen und Bedeutungen unterschieden:

D = niedrig C = mittel und B = hoch

Die Bewertungsgruppen beziehen sich auf die Fertigungsqualität der Schweißnaht und nicht auf das ganze Bauteil. Sie umfassen die zulässigen Grenzwerte für Risse, Einschlüsse, Einbrandkerben, Nahtüberhöhung, Wurzelüberhöhung, Wurzelkerbe und andere Unregelmäßigkeiten an Schweißnähten (siehe Tabelle 4.2).

Innere, nicht sichtbare Unregelmäßigkeiten, wie Poren, Gaseinschlüsse, Lunker und Bindefehler, lassen sich nur durch eine Ultraschall- oder Durchstrahlungsprüfung erkennen. Von der Oberfläche ausgehende Risse und dgl. können durch eine Magnetpulver- oder Farbeindringprüfung festgestellt werden.

Bei der **Wahl der Bewertungsgruppe** für eine Schweißnaht oder ein Schweißteil sind die konstruktiven Gegebenheiten, z. B. Prüfmöglichkeiten, die Belastungsart (statisch oder dynamisch), die Betriebsbedingungen, die Fehlerfolgen und wirtschaftliche Faktoren zu beachten. Sie kann etwa nach folgenden Gesichtspunkten erfolgen:

Gruppe **D** Bei geringer Beanspruchung, wenn ein Bruch der betreffenden Schweißnaht die Gebrauchsfähigkeit des Bauteils kaum beeinträchtigt, und bei statischer oder geringer dynamischer Belastung, wie z. B. an Vorrichtungen, Gestellen, Kästen, Verkleidungen.

Gruppe **C** Bei mittlerer Beanspruchung, wenn ein Bruch der betreffenden Schweißnaht nicht zum Ausfall der Hauptfunktion führen würde, und bei mittlerer dynamischer Belastung, wie z. B. an bestimmten Gehäuseteilen, Stützen, Lagerböcken.

Gruppe **B** Bei hoher Beanspruchung, wenn ein Bruch der betreffenden Schweißnaht lebensgefährlich wäre oder zum Ausfall der Hauptfunktion führen würde, und bei hoher dynamischer Belastung, wie an Fahrzeugen, Triebwerksteilen, Pressen, Hebeln und dergleichen, oder wenn eine Sondergüte verlangt wird, wie z. B. im Kessel- und Druckbehälterbau, im Stahl- und Kranbau.

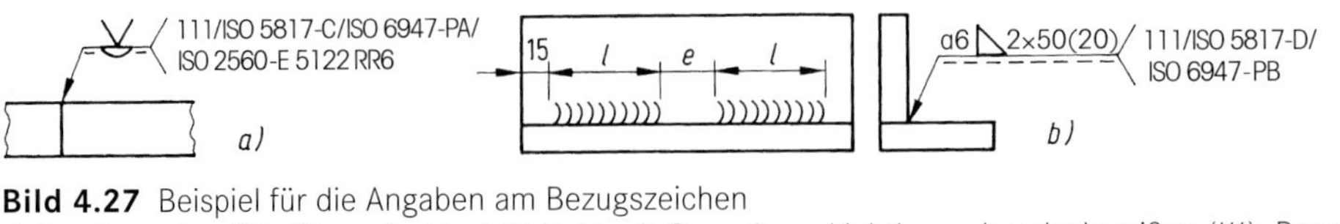

Bild 4.27 Beispiel für die Angaben am Bezugszeichen
a) Durchgeschweißte Stumpfnaht als V-Naht mit Gegenlage, Lichtbogenhandschweißen (111). Bewertungsgruppe C, Wannenposition PA. Stabelektroden E5122 RR6; b) Unterbrochene Flachkehlnaht $a = 6$ mm dick, $n = 2$ Nähte, $l = 50$ mm lang, Zwischenraum $e = 20$ mm, mit Vormaß $v = 15$ mm, Lichtbogenhandschweißen (111), Bewertungsgruppe D, Horizontalposition PB

Falls erforderlich, können nach DIN EN 22553 in der Schweißzeichnung in einer Gabel an der Bezugslinie folgende Angaben gemacht werden (Bild 4.27): Schweißverfahren (durch eine Kennziffer nach DIN EN ISO 6947), Bewertungsgruppe, Schweißposition, Schweißzusatz. Die einzelnen Angaben sind durch Striche abzutrennen.

Zertifizierung im Metallbau

Produkte des Metallbaus müssen seit 2014 mit einem CE-Zeichen versehen werden; dies ist in der Norm DIN EN 1090 geregelt, sie ersetzt die bekannte Stahlbaunorm DIN 18800. Um das CE-Zeichen auf Ihren Arbeiten anbringen zu dürfen, muss die „werkseigene Produktionskontrolle des Herstellers auf Basis einer Erstinspektion von einer unabhängigen Überwachungs- und Zertifizierungsstelle („Notified Body") zertifiziert werden".

Das bedeutet, dass die verschiedenen Typen und Dicken der im jeweiligen Betrieb verwendeten Schweißnähte (z. B. 4-mm-Kehlnaht bei S235, 8-mm-Kehlnaht bei S235 usw.) von einer entsprechend zugelassenen Zertifizierungsagentur, die in Ihre Firma kommt, begutachtet und zertifiziert werden müssen. Dafür muss eine Schweißverfahrensprüfung durchgeführt werden: Es werden Probestücke geschweißt, die dann metallurgisch untersucht, Bruchproben unterzogen werden usw. Dies muss für jede Nahtart mit jeder Dicke bzw. *a*-Maß für jedes Material gesondert zertifiziert werden; das sind dann die sogenannten WPQR-Zertifikate.

Man kann diese selbst durchgeführte Schweißverfahrensprüfung zumindest in Teilbereichen dadurch umgehen, genauer: solange man sich im Geltungsbereich der EXC 1 bzw. EXC 2 bewegt, indem man ein sog. WPQR-Paket (*Welding Procedure Quality Report*) für die Norm DIN EN 1090 von einem Schweißmaschinen-Hersteller erwirbt. Das muss man sich folgendermaßen vorstellen: Der Schweißmaschinen-Hersteller hat das, was Sie eigentlich machen sollen, vorweggenommen, indem er verschiedene Nahtarten bei verschiedenen Dicken bzw. *a*-Maßen mit definiertem Lagenaufbau, definiertem Material, definierten Spannungen und Strömen bei definiertem Schutzgas und allen sonstigen Parametern, die für das Gelingen einer Schweißnaht wichtig sind, unter Aufsicht einer zugelassenen Zertifizierungsstelle geschweißt hat; diese Arbeitsproben sind dann entsprechend untersucht und auf Festigkeit geprüft und für gut befunden worden. Dies alles ist in relativ umfangreichen Druckschriften zusammengetragen worden, die Sie erwerben können – oder beim Kauf einer neuen Schweißmaschine mitbekommen.

Berechnung nach	Fertigung nach	Zertifikat	Kennzeichnung der Produkte
Eurocode 3 – DIN EN 1993 ff. (Stahlbauten)	EN 1090-2	EG-Konformitätszertifikat nach EN 1090-1	CE- Kennzeichnung
Eurocode 4 – DIN EN 1994 ff. (Verbundtragwerke aus Stahl und Beton)			
Eurocode 9 – DIN EN 1999 (Aluminiumtragwerke)	EN 1090-3		
Ausnahme bis 01.07.2014			
DIN 18800-1 bis -4	18800-7	Bescheinigung nach DIN 18800-7	Ü- Zeichen
DIN 4113-1 bis -2	DIN V 4113-3	Bescheinigung nach DIN V 4113-3	

Bild 4.28 Es ist nach EN 1090 zu fertigen, wenn nach Eurocode berechnet wurde (Werkbild EWM AG, Mündersbach).

Bild 4.29 zeigt eine WPS für Kehlnähte 9 ... 12 mm bei S355.

	Schweißanweisung (WPS)	WPS-Nr.: 156-3	Rev.
	EN 1090 forceArc	Seite 1 von 1	

Ort:	Mündersbach	Prüfer oder Prüfstelle:	
WPAR-Nr.:	01202644-SB-220098-004-12	Art der Vorbereitung und Reinigung:	keine
Schweißer-qualifikation:		Bearbeitung der Wurzellage:	
Schweißprozess:	(MAG)	Spezifikation der Grundwerkstoffes:	
Nahtart:	Kehlnaht	1) 1.0557	S355J2+N
Kunde:	EWM	2) 1.0557	S355J2+N
Auftrags-Nr.:		Werkstoffdicke:	18,0 mm
Zeichnungs-Nr.:		Außendurchmesser:	
Teile-Nr.:		Schweißposition:	PB

Maße:

b=0

Gestaltung der Verbindung

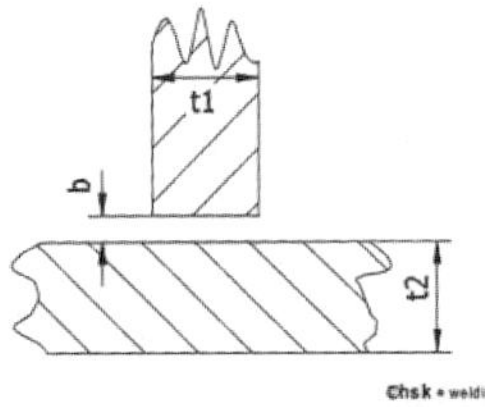

Schweißfolge

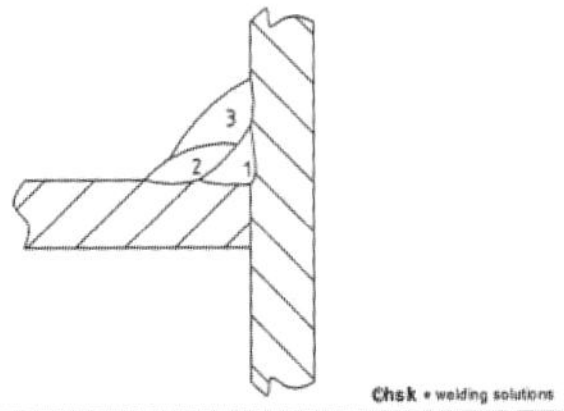

Bemerkung:

Einzelheiten für das Schweißen

	Schweißlage	Prozess	Ø Schweiß-zusatz [mm]	Strom Typ	Strom Bereich	Spannung [V]	Stromart / Polung	Drahtvorschub	Schweiß-geschwindigkeit [cm/min]	Wärme-einbringung [kJ/cm]
A)	Wurzel forceArc	135	1,2	Grund	300-320 A	28-30	= / +	11,0 m/min	50	8,57 - 9,79
B)	Decklage forceArc 1	135	1,2	Grund	300-320 A	28-30	= / +	11,0 m/min	50	8,57 - 9,79
C)	Decklage forceArc 2	135	1,2	Grund	300-320 A	28-30	= / +	11,0 m/min	55	7,79 - 8,90

Schweißzusatz / Schweißpulver

	Bezeichnung	Markenname	Hersteller	Sondervorschriften für Trocknung Zeit [h]	Temperatur [°C]
A)	G 46 4 M G4Si1 / G 38 3 C G4Si1	SW 70S G4	EWM		
B)	G 46 4 M G4Si1 / G 38 3 C G4Si1	SW 70S G4	EWM		
C)	G 46 4 M G4Si1 / G 38 3 C G4Si1	SW 70S G4	EWM		

Schutzgas

	Typ	Durchfluss [l/min]	Vorström-zeit [s]	Nachström-zeit [s]	Wurzelschutz	Durchfluss [l/min]	Vorström-zeit [s]	Nachström-zeit [s]
A)	M21 (RestAr 5-25%CO2)	12	0,5	0,1				
B)	M21 (RestAr 5-25%CO2)	12	0,5	0,1				
C)	M21 (RestAr 5-25%CO2)	12	0,5	0,1				

Weitere Informationen

	Parameter	Wert
A)	Werkstoffübergang Kontaktrohrabstand	Sprühlichtbogen 15 mm
B)	Werkstoffübergang Kontaktrohrabstand	Sprühlichtbogen 15 mm
C)	Werkstoffübergang Kontaktrohrabstand	Sprühlichtbogen 15 mm

Pendeln: Strichraupe

Vorwärmtemperatur[°C]:

Zwischenlagentemperatur [°C]:

Bemerkung:

Datum / Erstellt:	Datum / Geprüft:	Datum / Freigegeben:
14.05.2012 B.Ivanov		
Unterschrift	Unterschrift	Unterschrift

Bild 4.29 Eine WPS für Bleche S355, 18 mm dick, Kehlnähte (Werkbild EWM AG, Mündersbach)

Nun müssen Sie nur noch selbst nach dieser jeweiligen WPS (*Welding Procedure Specification*) schweißen, und damit sind Sie CE-konform – wenn Sie auch noch die folgenden Schritte realisiert haben:

- Qualifizierung der Mitarbeiter
- Einführung einer werkseigenen Produktionskontrolle WPK
- Erstellung der Schweißanweisungen (WPS) auf Grundlage der WPQR-Zertifikate

- Auditierung
- Zertifizierung

Alle namhaften Schweißmaschinen-Hersteller haben solche WPS erarbeitet, und sie sind natürlich an bestimmte Schweißmaschinen und Schweißprozesse gebunden. Was bedeutet das für den Schweißbetrieb, der solche herstellerspezifischen WPS nutzen will?

- Er wird die *Schweißmaschinen des Herstellers* nutzen müssen, die in den WPS spezifiziert sind. Das sind immer moderne Synergie- bzw. volldigitale Maschinen, bei denen Spannung und Strom ablesbar sind, denn wie sollen sonst die beiden wichtigsten Maschinenparameter geprüft bzw. eingestellt werden? Bei Nutzung der in den WPS spezifizierten Maschinen können Baustähle bei Materialdicken bis 25 mm und einer Streckgrenze bis zu 355 N/mm², z. B. ein S355, DIN-EN-1090-konform geschweißt werden.
- Eine weitere Möglichkeit der Zertifizierung geht über die Verwendung von geprüften Schweiß-Zusatzwerkstoffen, die in den WPQR-Zertifikaten aufgeführt sind. Dann können Baustähle bei Materialdicken bis 25 mm und einer Streckgrenze bis zu 275 N/mm², z. B. ein S275, DIN-EN-1090-konform geschweißt werden.

Dies gilt für die Ausführungsklassen EXC 1 und EXC 2. Die Ausführungsklassen EXC 3 und EXC 4 müssen in jedem Fall individuell zertifiziert werden. Dies sind die vier Ausführungsklassen für Stahl:

EXC 1: Ganz grob betrachtet, handelt es sich dabei um vorwiegend ruhend beanspruchte Bauteile oder Tragwerke aus Baustahl mit einer Streckgrenze bis zu 275 N/mm². Beispiele: Treppen und Geländer in Wohngebäuden, landwirtschaftliche Gebäude ohne regelmäßigen Personenverkehr (z. B. Scheunen, Gewächshäuser), Wintergärten an Wohngebäuden usw.

EXC 2: In diese Ausführungsklasse fallen vorwiegend ruhend und nicht vorwiegend ruhend beanspruchte Bauteile oder Tragwerke aus Stahl bis zur Festigkeitsklasse S700, die nicht den Ausführungsklassen EXC 1, EXC 3 und EXC 4 zuzuordnen sind.

EXC 3: In diese Ausführungsklasse fallen vorwiegend ruhend und nicht vorwiegend ruhend beanspruchte Bauteile oder Tragwerke aus Stahl bis zur Festigkeitsklasse S700, für die mindestens einer der folgenden Punkte zutrifft: Großflächige Dachkonstruktionen von Versammlungsstätten/Stadien, Gebäude mit mehr als 15 Geschossen, folgende nicht vorwiegend ruhend beanspruchte Tragwerke oder deren Bauteile:

- Geh- und Radwegbrücken
- Straßenbrücken
- Eisenbahnbrücken
- fliegende Bauten
- Türme und Maste wie z. B. Antennentragwerke
- Kranbahnen
- zylindrische Türme wie z. B. Stahlschornsteine

EXC 4: In diese Ausführungsklasse fallen alle Bauteile oder Tragwerke der Ausführungsklasse EXC 3 mit extremen Versagensfolgen für Menschen und Umwelt, wie z. B.:

- Straßenbrücken und Eisenbahnbrücken über dicht besiedeltem Gebiet oder über Industrieanlagen mit hohem Gefährdungspotenzial
- Sicherheitsbehälter in Kernkraftwerken

Für Aluminiumtragwerke gibt es entsprechende Ausführungsklassen. Ihre Schweißmaschine muss also in der Lage sein, Spannung und Strom im Schweißbetrieb anzuzeigen, damit reproduzierbare Einstellungen möglich sind. Damit scheiden alle älteren Geräte aus – zumindest, was den sog. geregelten Bereich der Norm DIN EN 1090 betrifft.

Interessanterweise gibt es für den Maschinen- und Anlagenbau, den Kraftfahrzeugbau, die Luft- und Raumfahrtechnik bislang keine derartigen Vorschriften, es sei denn, dass übergeordnete Normen und Regelwerke wie beispielsweise die FKM-Richtlinie 183, die Kranbau-Norm CEN/TC 147, die AD-Merkblätter und die verschiedenen Merkblätter des DVS betroffen sind.

4.4 Gestaltung

Zur Gestaltung zweckentsprechender Schweißkonstruktionen sind bestimmte, grundsätzliche Richtlinien zu beachten. Jeder Konstrukteur sollte daher seine Entwürfe kritisch und gewissenhaft auf schweißgerechte Gestaltung prüfen. Wichtige Gestaltungsrichtlinien sind:

1. Kraftumlenkungen in der Schweißzone vermeiden!

Von entscheidender Bedeutung für die Nahtfestigkeit ist der Kraftfluss. Seine Ab- oder Umlenkung ruft Spannungsspitzen hervor (Bild 4.30). Bei ruhender Beanspruchung mindern die Kerbwirkungen zwar nicht die Festigkeit, senken aber die plastische Verformungsfähigkeit und bilden dadurch die Gefahr fließloser Trennbrüche. Bei Schwingbeanspruchung wird der Werkstoff schneller zerrüttet, d. h. seine Dauerfestigkeit gesenkt. Wie sich Kraftumlenkungen in Schweißnähten vermeiden lassen, veranschaulicht Bild 4.31. Eine Stumpfnaht besitzt eine höhere Schwingfestigkeit als eine Kehlnaht, weil in ihr der Kraftfluss nicht umgelenkt wird. Von den Kehlnähten (Bild 4.32) besitzt die Hohlkehlnaht die höchste Schwingfestigkeit, weil in ihr der Kraftfluss am sanftesten umgelenkt wird. Im Allgemeinen wird jedoch die billigere Flachkehlnaht bevorzugt.

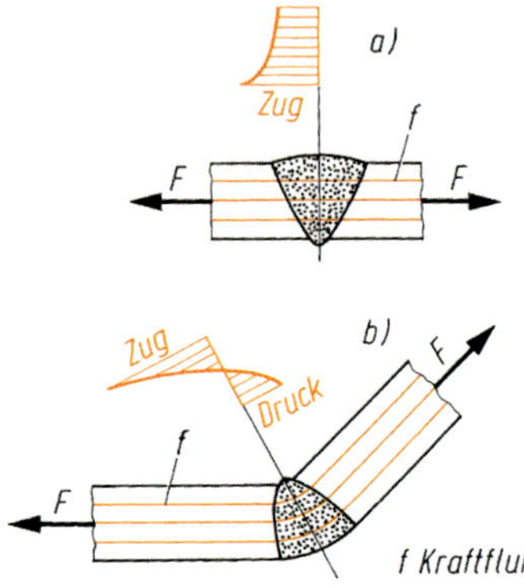

Bild 4.30 Spannungsverteilung in Schweißnähten
a) in einem Stumpfstoß, b) in einem Eckstoß mit Kraftfluss-umlenkung

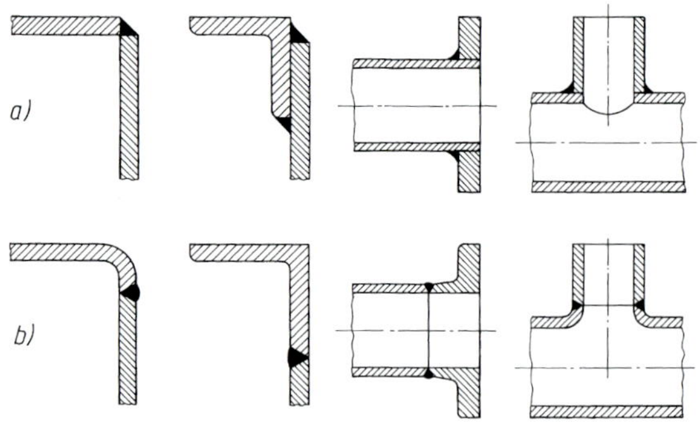

Bild 4.31 Unzweckmäßige (a) und zweckmäßige (b) Gestaltung von Schweißteilen bei Schwingbeanspruchung

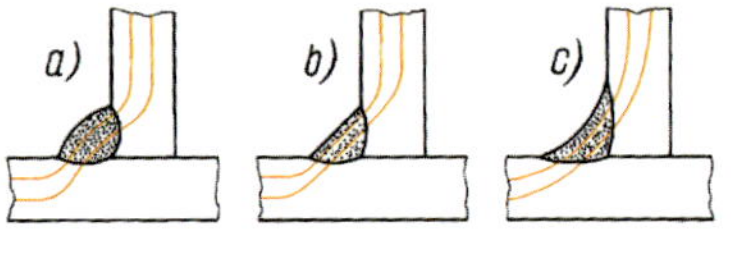

Bild 4.32
Kraftfluss in Kehlnähten
a) Wölbkehlnaht, b) Flachkehlnaht, c) Hohlkehlnaht

2. Zugbeanspruchung der Nahtwurzel vermeiden!

Die Nahtwurzel ist besonders gegen Zugbeanspruchung empfindlich. Sie soll möglichst in die Druckzone gelegt werden (Bild 4.33).

3. Nahthäufungen vermeiden!

Das örtliche Erwärmen beim Schweißen und das anschließende Erkalten führen zu Schrumpfspannungen, die das Schweißteil verziehen. Je mehr Nähte in einem Punkt zusammenlaufen und je dicker die Nähte sind, umso stärker wird der Verzug. Das Schrumpfen der Nähte macht sich besonders in ihrer Längsrichtung bemerkbar, und Formänderungen an weniger steifen Stellen des Schweißteils sind die Folge. Erfahrungsgemäß steigen die Verziehungen in der Reihenfolge Widerstands-, Lichtbogen-, Gasschweißen. Wie man das Zusammentreffen mehrerer Nähte umgeht, veranschaulicht Bild 4.34. Bei ruhender Belastung ist eine Nahtanhäufung jedoch zulässig. Sie ist bei schwingender Belastung unbedingt zu vermeiden, ebenso sollten offene, nicht rundum geschweißte Nähte vermieden und Ausführungen entsprechend Bild 4.34b gewählt werden. Querrippen sind mit Kehlnähten von 3...4 mm Dicke anzuschließen. Die Schweißnähte sind nicht dicker und nicht länger auszuführen als erforderlich. Verzogene Schweißteile müssen durch Glühen und Hämmern gerichtet werden.

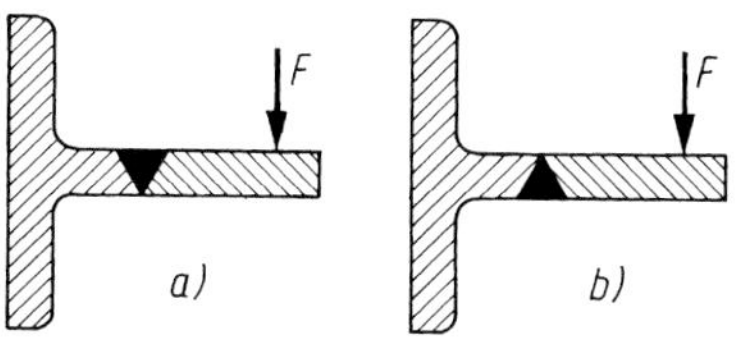

Bild 4.33 Biegebeanspruchte Schweißnähte
a) Nahtwurzel druckbeansprucht, b) Nahtwurzel zugbeansprucht

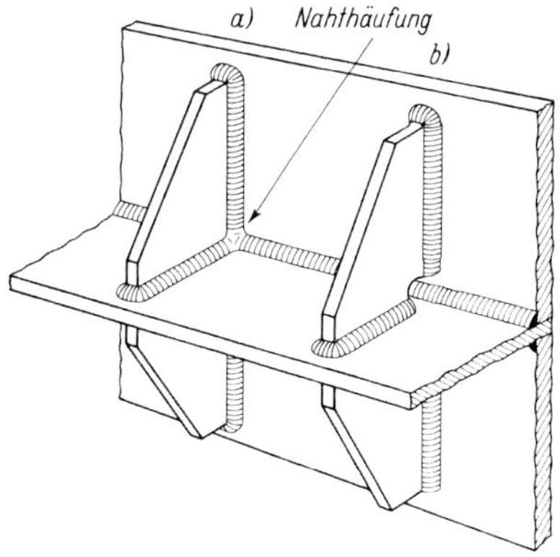

Bild 4.34 Angeschweißte Rippen
a) unzweckmäßig, da Nahthäufung, b) zweckmäßig

4. Geringes Nahtvolumen anstreben!

Die Kosten wachsen etwa proportional mit dem Nahtvolumen. Lange dünne Nähte sind kostengünstiger als kurze dicke mit gleicher tragender Nahtfläche.

5. Halbzeuge bevorzugen!

Ein Schweißteil wird billiger, wenn Halbzeuge verwendet werden. Man bevorzugt Flach- und Profilstäbe, Rohre, abgekantete oder gebogene Bleche oder brenngeschnittene Bleche. Falls diese zu kompliziert werden, schweißt man auch Guss-, Schmiede-, Stanz- oder Ziehteile in ein Schweißteil ein.

6. Teure Vorarbeiten vermeiden!

Zuschnittarbeiten und spanende Bearbeitungen verteuern eine Konstruktion. Deshalb sind möglichst gedrehte Absätze, schräg oder rund laufende Kanten an Blechen, Profilen und dergleichen zu vermeiden (Bild 4.35). Die Entscheidung richtet sich nach der Stückzahl, weil im Falle Bild 4.35b eine Vorrichtung zum Schweißen erforderlich ist, im Falle Bild 4.35a jedoch

4

nicht. Durch Abbiegen oder Abkanten der Teile lassen sich oftmals Schweißnähte einsparen (Bild 4.36).

7. Auf Zugänglichkeit der Nähte achten!

Die Schweißwerkzeuge müssen an die zu ziehenden Nähte herangebracht werden können.

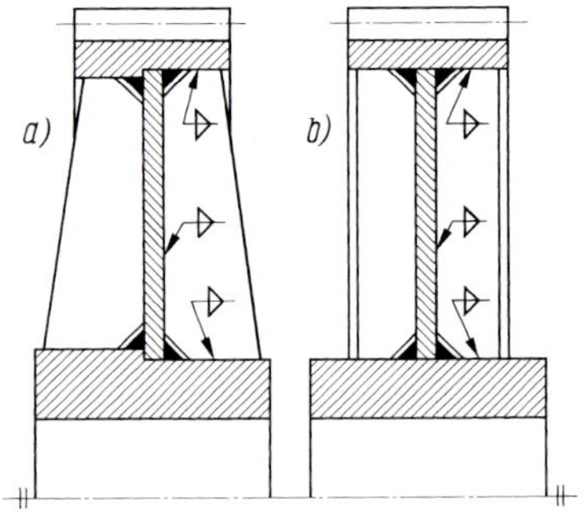

Bild 4.35
Geschweißtes Zahnrad
a) unzweckmäßig, da Dreharbeiten an Nabe und Kranz sowie Zuschnittarbeiten an den Rippen, b) zweckmäßig

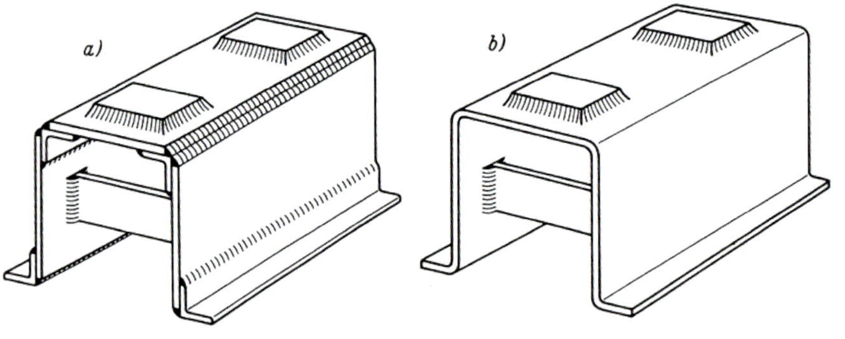

Bild 4.36 Geschweißter Untersatz
a) unzweckmäßig, da viele Einzelteile und viele Schweißnähte, b) zweckmäßig

Die Allgemeintoleranzen (früher Freimaßtoleranzen) für Schweißkonstruktionen nach DIN EN ISO 13920 (DIN 8570) sind in Tabelle 4.3 wiedergegeben.

4.5 Berechnung der Spannungen in Schweißnähten

Die präzise Berechnung der in Schweißnähten auftretenden Spannungen ist sehr schwierig und außerordentlich unübersichtlich: Man unterscheidet in **geregelte** (es gibt Vorschriften) und **ungeregelte** (keine direkten Vorschriften) Bereiche, und selbst in den geregelten Bereichen ist das Vorgehen mitunter vollkommen unterschiedlich. Zum sogenannten geregelten Bereich gehören u. a. der Stahlbau, der Kranbau, die Druckbehälter, aber auch Fahrzeuge und Bauwerke der Deutschen Bahn. Jeweils gelten dort sehr unterschiedliche Vorschriften, und sie sind gerade sehr stark im Umbau und Umbruch begriffen, um eine europäische Harmonisierung zu erreichen. Dagegen gehören der Maschinenbau, der Fahrzeugbau bis hin zur Luft- und Raumfahrttechnik bemerkenswerterweise zum *ungeregelten* Bereich. Sie können also, übertrieben gesprochen, rechnen, wie Sie es für richtig halten. Man kann nun auch im ungeregelten Bereich nach (selbst) ausgewählten Vorschriften von geregelten Bereichen rechnen, aber der Autor dieses Kapitels hält dies nicht für sinnvoll.

Es wäre unsinnig und dem Charakter eines Lehrbuchs nicht angemessen, hier sämtliche Spezialvorschriften, die sich außerdem seit Jahren ständig ändern, wiederzugeben. Der Leser, der Kräne berechnen will, möge die Kranbau-Normen CEN/TC 147 bzw. DIN EN 13001 studieren. Berechnungen des Stahlbaus gehören ohnehin nicht in ein Maschinenelemente-Lehrbuch, das ist Sache der Stahlbauliteratur und -normen, z. B. DIN EN 1993, Eurocode 3. Aluminiumtragwerke werden in DIN EN 1999, Eurocode 9 beschrieben. Bild 4.37 zeigt eine Tabelle, die verschiedene Bereiche mit ihren Normen, Vorschriften und Richtlinien für die Festigkeitsberechnung geschweißter Bauteile zusammenstellt.

4

Für den ungeregelten Bereich des Maschinenbaus, des Fahrzeugbaus bis hin zur Luft- und Raumfahrttechnik gibt es nach Ansicht des Autors dieses Kapitels zurzeit nur zwei vernünftige Lösungen:

- Entweder man macht es gleich richtig und rechnet nach der FKM-Richtlinie 183 [4.10], was auf Finite-Elemente-Berechnungen hinausläuft [4.9]. Dazu möge man noch zusätzlich die Bewertungskonzepte des IIW, des *International Institute of Welding,* studieren [4.12].
- Oder man nutzt – besonders zu Lehr- und Lernzwecken – ein sehr einfaches und übersichtliches Verfahren, um das Wesentliche zu erkennen. Dieses einfache und bewährte Verfahren wird sogleich erläutert.

Bild 4.37 zeigt die aktuell gültigen Normen, Vorschriften und Richtlinien für die Festigkeitsberechnung geschweißter Bauteile.

Die Beanspruchungen aller tragenden Nähte müssen errechnet und mit zulässigen Spannungen verglichen werden. In diesem Abschnitt wird nur die Berechnung der Spannungen in Schweißnähten behandelt.

Grundsätzlich geht man wie bei nicht geschweißten Bauteilen vor: An den gefährdeten Stellen denkt man sich einen Schnitt und setzt in der Schnittebene die Kräfte und Momente an, die das Gleichgewicht des betrachteten Teilstücks wieder herstellen. Man nennt das Freischneiden. Schnittgröße ist der Oberbegriff für **Schnittkraft** und **Schnittmoment**. Aus den so ermittelten inneren Kräften und Momenten, die nun wie äußere erscheinen, erkennt man die Beanspruchungsart (Spannungsart). Bei Schweißverbindungen denkt man sich sinngemäß das Schweißteil an seinen Schweißstellen freigeschnitten.

An den Verbindungen mit **Stumpfnähten** ist die für die Beanspruchung maßgebende **Schweißnahtfläche A_w** durch **$\Sigma (a \cdot l)$** gegeben, wenn a die einzelnen Schweißnahtdicken und l die zugehörigen Schweißnahtlängen darstellen, die sich in der Schnittebene befinden.

Bei Anschlüssen mit Kehlnähten denkt man sich die Nahtdicke a in die Anschlussebene geklappt, sodass wie bei Stumpfnähten eine maßgebende, rechnerische **Schweißnahtfläche** $A_w = \Sigma(a \cdot l)$ entsteht. Mit dieser verfährt man so, als handele es sich um einen Anschluss mit Stumpfnähten. Selbstverständlich ist das keine theoretisch einwandfreie Lösung, bringt aber eine vertretbare Vereinfachung, da die zulässigen Spannungen unter diesen Gesichtspunkten festgelegt worden sind.

In den folgenden Abbildungen sind die Schnitt- oder Anschlussebenen, die Schnittgrößen und die Spannungen farbig gekennzeichnet. **Die Schnitt- oder Anschlussebene wird jeweils dem abgeschnitten gedachten Teilstück des Schweißteiles zugeordnet, an dem Belastungskraft oder/und -moment angreifen.** Das betrachtete Teilstück ist jeweils durch einen farbigen Streifen an der Schnitt- oder Anschlussebene gekennzeichnet.

Anwendungsgebiet	Allgemeine Grundsätze	Schweißnahtberechnung
Geschweißte Konstruktionen aus Stahl und Aluminiumlegierungen	*IIW-Recommendations for fatigue design of welded joints and components.* IIW document XIII-2151-07/XV-1254-07. Welding Research Council New York, WRC-Bulletin 520, 2016	
Maschinenbau	*FKM-Richtlinie:* Rechnerischer Festigkeitsnachweis für Maschinenbauteile. 6. Aufl. VDMA-Verlag, Frankfurt/Main, 2012	
Stahlbau	*DIN EN 1993, Eurocode 3:* Bemessung und Konstruktion von Stahlbauten Teil 1: Allgemeine Regeln Teil 2: Stahlbrücken Teil 3: Türme, Maste und Schornsteine Teil 4: Silos Teil 5: Pfähle und Spundwände Teil 6: Kranbahnen	*DIN EN 1993-1-8:2010-12, Eurocode 3:* Bemessung und Konstruktion von Stahlbauten – Teil 1-8: Bemessung von Anschlüssen; *DIN EN 1993-1-9:2010-12, Eurocode 3:* Bemessung und Konstruktion von Stahlbauten – Teil 1-9: Ermüdung
Aluminiumbau	*DIN EN 1999, Eurocode 9:* Bemessung und Konstruktion von Aluminiumtragwerken	*DIN EN 1999-1-1:2014-03, Eurocode 9:* Bemessung und Konstruktion von Aluminiumtragwerken – Teil 1-1: Allgemeine Bemessungsregeln; *DIN EN 1999-1-3:2011-11, Eurocode 9:* Bemessung und Konstruktion von Aluminiumtragwerken – Teil 1-3: Ermüdungsbeanspruchte Tragwerke
Kranbau	*DIN EN 13001: Krane – Konstruktion allgemein; DIN EN 1993, Eurocode 3:* Bemessung und Konstruktion von Stahlbauten	*DIN EN 13001-3-1:2013-12: Krane – Konstruktion allgemein – Teil 3-1:* Grenzzustände und Sicherheitsnachweis von Stahltragwerken
Schienenfahrzeugbau	*DIN EN 12663:2015-03,* Bahnanwendungen – Festigkeitsanforderungen an Wagenkästen von Schienenfahrzeugen. Teil 1: Lokomotiven und Personenfahrzeuge, Teil 2: Güterwagen; *DIN EN 13749:2011-06,* Bahnanwendungen – Radsätze und Drehgestelle – Festlegungsverfahren für Festigkeitsanforderungen an Drehgestellrahmen;	*DVS-Richtlinie 1612:* Gestaltung und Dauerfestigkeitsbewertung von Schweißverbindungen an Stählen im Schienenfahrzeugbau. DVS Media GmbH Düsseldorf, August 2014 *DVS-Richtlinie 1608:* Gestaltung und Festigkeitsbewertung von Schweißverbindungen an Aluminiumlegierungen im Schienenfahrzeugbau. DVS Media GmbH Düsseldorf, September 2011

Bild 4.37 Normen, Vorschriften und Richtlinien für die Festigkeitsberechnung geschweißter Bauteile nach [4.10; 4.12; 4.13]

Anwendungsgebiet	Allgemeine Grundsätze	Schweißnahtberechnung
	DIN EN 15827:2011-06, Bahnanwendungen – Anforderungen für Drehgestelle und Fahrwerke.	
Fördertechnik	*DIN 4118:1981-06,* Fördergerüste und Fördertürme für den Bergbau; Lastannahmen, Berechnungs- und Konstruktionsgrundlagen; *DIN EN 1993, Eurocode 3:* Bemessung und Konstruktion von Stahlbauten	
Windenergieanlagen	*DIN EN 61400:2011-08,* Windenergieanlagen	*DIN EN 1993-1-8:2010-12, Eurocode 3:* Bemessung und Konstruktion von Stahlbauten – Teil 1-8: Bemessung von Anschlüssen; *DIN EN 1993-1-9:2010-12, Eurocode 3:* Bemessung und Konstruktion von Stahlbauten – Teil 1-9: Ermüdung
Gerüste	*DIN 4420-1:2004-03, Arbeits- und Schutzgerüste* – Teil 1: Schutzgerüste – Leistungsanforderungen, Entwurf, Konstruktion und Bemessung; *DIN EN 1993, Eurocode 3:* Bemessung und Konstruktion von Stahlbauten	
Druckbehälterbau	*DIN EN 13445:2015-1:* Unbefeuerte 2 Druckbehälter, Teil 1: Allgemeines, Teil 2: Werkstoffe, Teil 3: Konstruktion, Teil 4: Herstellung, Teil 5: Inspektion und Prüfung	*DIN EN 13445-3:2015-12,* Unbefeuerte Druckbehälter – Teil 3: Konstruktion
Rohrleitungsbau	*DIN EN 13480:2014-12:* Metallische industrielle Rohrleitungen Teil 1: Allgemeines, Teil 2: Werkstoffe, Teil 3: Konstruktion und Berechnung, Teil 4: Fertigung und Verlegung, Teil 5: Prüfung, Teil 6: Zusätzliche Anforderungen an erdgedeckte Rohrleitungen, Teil 8: Zusatzanforderungen an Rohrleitungen aus Aluminium und Aluminiumlegierungen	*DIN EN 13480-3:2014-12,* Metallische industrielle Rohrleitungen – Teil 3: Konstruktion und Berechnung

Bild 4.37 Normen, Vorschriften und Richtlinien für die Festigkeitsberechnung geschweißter Bauteile nach [4.10; 4.12; 4.13] *(Fortsetzung)*

1. Zug- oder Druckbeanspruchung

Wirkt die Schnittkraft senkrecht (normal) auf die Schnitt- oder Anschlussebene, so wird die Schweißnaht auf Zug oder Druck beansprucht (Bild 4.38 und Bild 4.39).

Aus den Abbildungen geht hervor, dass mit der jeweiligen Schnittkraft die Summe der Kräfte gleich Null ist. Momente treten nicht auf. Die Richtung der jeweiligen Schnittkraft auf die Schnitt- oder Anschlussebene lässt die Spannungsart erkennen: **Zieht die Schnittkraft an der**

Schnitt- bzw. Anschlussebene, so wird die Schweißnaht auf Zug beansprucht, drückt sie auf diese, so wird die Schweißnaht auf Druck beansprucht.

Man geht davon aus, dass sich die Normalspannungen (Zug oder Druck) gleichmäßig über die Schweißnahtfläche verteilen, und es beträgt in der Schweißnaht (Index w für welded = geschweißt) die

$$\textit{Normalspannung} \quad \sigma_w = \frac{F}{A_w} = \frac{F}{\Sigma(a \cdot l)} \tag{4.1}$$

σ_w in N/mm² Zug- oder Druckspannung in der Schweißnaht quer zur Nahtrichtung,
F in N Schnittkraft = Belastungskraft,
A_w in mm² Schweißnahtfläche $= \Sigma(a \cdot l)$.

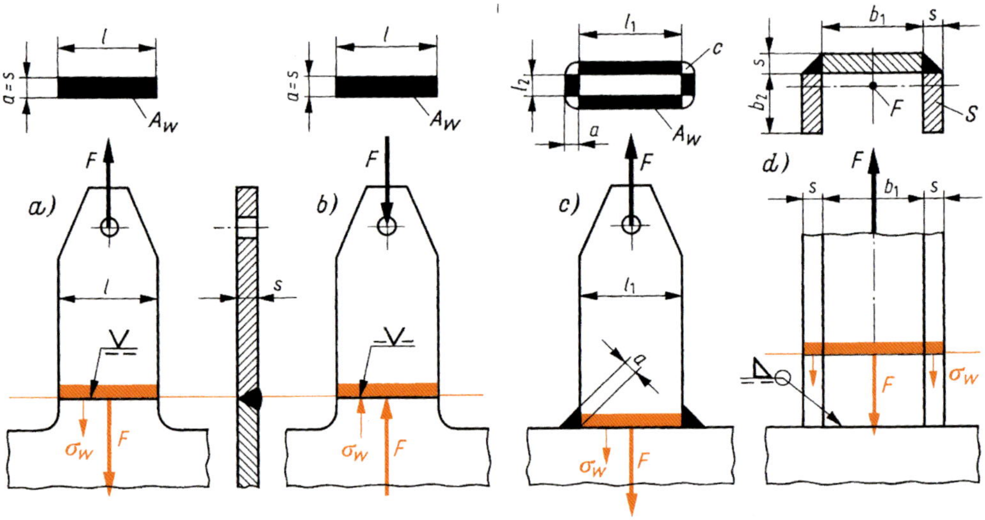

Bild 4.38 Zug- oder druckbeanspruchte Schweißnähte
a) zugbeanspruchte Stumpfnaht, b) druckbeanspruchte Stumpfnaht, c) zugbeanspruchte Kehlnaht, d) zugbeanspruchte Längskehlnaht

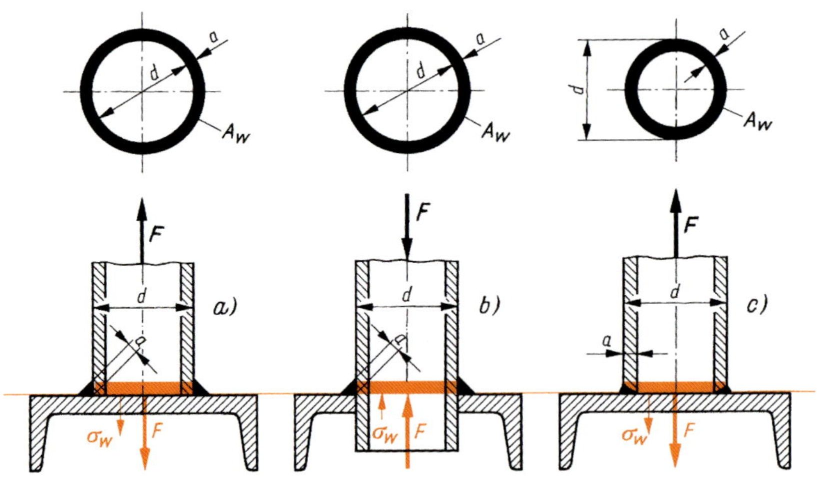

Bild 4.39 Zug- oder druckbeanspruchte Schweißnähte
a) zugbeanspruchte Kehlnaht, b) druckbeanspruchte Kehlnaht, c) zugbeanspruchte HV-Naht

Für die einzelnen Anschlüsse beträgt die Schweißnahtfläche

nach Bild 4.38a und b: $A_w = a \cdot l$

nach Bild 4.38c: $A_w = 2a(l_1 + l_2)$

nach Bild 4.39a und b: $A_w = a(d + a)\pi$

nach Bild 4.39c: $A_w = a(d - a)\pi$

Die durch das Herumschweißen um die Ecken noch vorhandenen Nahtstücke c (Bild 4.38c) werden nicht in die Schweißnahtfläche einbezogen. **Maßgebend sind die Längen der Nahtwurzeln!**

Das Bauteil nach Bild 4.38d besteht aus drei längs mit Kehlnähten (Ecknähten) verbundenen Flachstäben. Die Querschnitte dieser Längskehlnähte gehören dem Bauteilquerschnitt an und werden mit diesem gleichhoch auf Zug (ggf. Druck) beansprucht, d. h. es ist $\sigma_w = \sigma = F / S$ mit $S = s(b_1 + 2b_2)$. Die Nahtquerschnitte werden in derartigen Fällen nicht mit in Rechnung gesetzt.

2. Schubbeanspruchung

Wirkt die Schnittkraft tangential (längs) in der Schnitt- oder Anschlussebene, so wird die Schweißnaht auf Schub beansprucht (Bild 4.40). Hierbei wird angenommen, dass sich die Spannungen gleichmäßig über die Schweißnahtfläche verteilen, und es beträgt die

Schubspannung $$\tau_w = \frac{F}{A_w} = \frac{F}{\Sigma(a \cdot l)} \tag{4.2}$$

τ_w in N/mm² Schubspannung in der Schweißnaht,
F in N Schnittkraft = Belastungskraft,
A_w in mm² Schweißnahtfläche $= \Sigma(a \cdot l)$.

Für den Fall nach Bild 4.40a ist $A_w = \Sigma(a \cdot l) = a(2l_1 + l_2)$. Bei schmalen Blechen gehen nur die Flankenkehlnähte in die Berechnung ein (siehe Beispiel 4.1).

Nach Bild 4.40a bilden Belastungskraft F und Schnittkraft F ein Kräftepaar mit dem Abstand $s/2$, sodass noch ein Biegemoment $F \cdot s/2$ wirkt. Dieses wird als unbedeutend vernachlässigt.

Die Nähte mit den Längen l_1 heißen **Flankenkehlnähte**, weil sie sich an den Flanken des aufgeschweißten Teiles befinden, die Naht der Länge l_2 **Stirnkehlnaht**, weil sie sich an der Stirn befindet.

In dem Fall nach Bild 4.40b sind zwei Anschlussebenen vorhanden. Das auf den Hebel wirkende Drehmoment M will den Hebel auf der Nabe rechtsherum drehen. Das verhindern die Schweißnähte. Denkt man sich die Nahtflächen aus vielen kleinen Teilen bestehend, so wirkt jedes Flächenteilchen dem Drehmoment M mit einer linksdrehenden Kraft ΔF an der Nahtwurzel entgegen, also mit einem linksdrehenden kleinen Moment $\Delta F \cdot r$. Die Gesamtheit dieser kleinen Schnittmomente hält dem Belastungsdrehmoment M das Gleichgewicht, und es muss $\Sigma(\Delta F \cdot r) - M = 0$ sein oder $M = \Sigma(\Delta F \cdot r)$. Denkt man sich die Flächen der beiden Nähte aufgeschnitten und gestreckt, so bildet die Summe aller Kraftanteile ΔF die die gesamte Nahtfläche $A_w = \Sigma(a \cdot l) = 2a(d + a)\pi$ beanspruchende Schnittkraft F als am Radius r wirkende Umfangskraft, die sich somit aus $F = M / r$ errechnet. Die Kraftanteile ΔF sind hinsichtlich der Bedingung $\Sigma F = 0$ untereinander im Gleichgewicht, da jeweils die Summe ihrer waagerechten und ihrer senkrechten Komponenten gleich null ist.

4

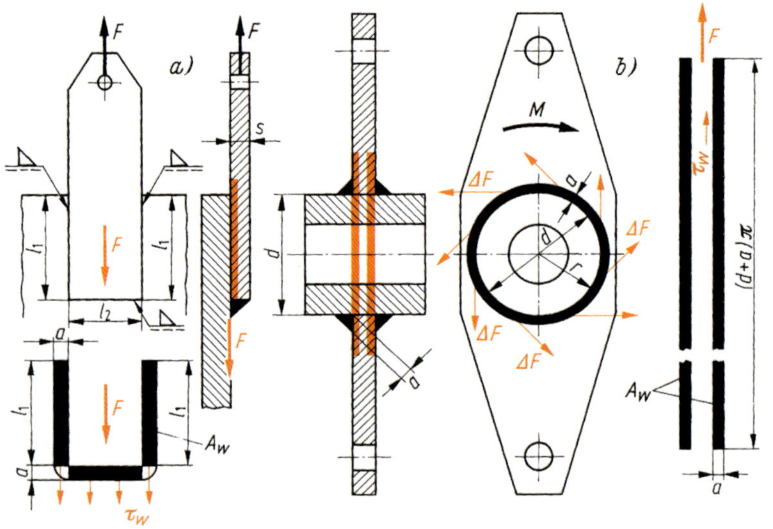

Bild 4.40 Schubbeanspruchte Kehlnähte
a) an einer aufgeschweißten Lasche, b) an einem aufgeschweißten Hebel

3. Biegebeanspruchung

In Bild 4.41 sind auf Biegung beanspruchte Schweißnähte dargestellt. Schneidet man sie frei, so muss der Belastungskraft F zunächst eine gleichgroße Schnittkraft F_q entgegenwirken. Bei Biegeträgern heißt diese Schnittkraft Querkraft. Sie wirkt tangential in der Schnitt- bzw. Anschlussebene und erzeugt somit Schubspannungen τ_w in der Schweißnaht. Bei Gültigkeit des Hookeschen Gesetzes verteilen sich diese nicht gleichmäßig über die Schweißnahtfläche, sondern sind in der Mitte am größten und nehmen zu den Rändern hin bis auf Null ab (Bild 4.41a). Bei den Anschlüssen nach den Bild 4.41b und c rechnet man der Einfachheit halber mit einer durchschnittlichen Schubspannung τ_w, wobei im Falle Bild 4.41b nur die Kehlnähte der Länge l als schubbeansprucht gelten (Näheres siehe unter 5. und 7.).

Die Kräfte F und F_q üben als Kräftepaar ein rechtsdrehendes Moment $F \cdot L$ aus, dem die Schweißnahtfläche ein gleichgroßes linksdrehendes Schnittmoment, das **Biegemoment** M_{wb}, entgegensetzen muss. Dies geschieht durch Zugspannungen im oberen Teil der Schweißnahtfläche und durch Druckspannungen im unteren Teil. **Die Pfeilspitze des angetragenen Schnittmomentes** M_{wb} **weist stets zur Druckseite hin**, hier also nach unten.

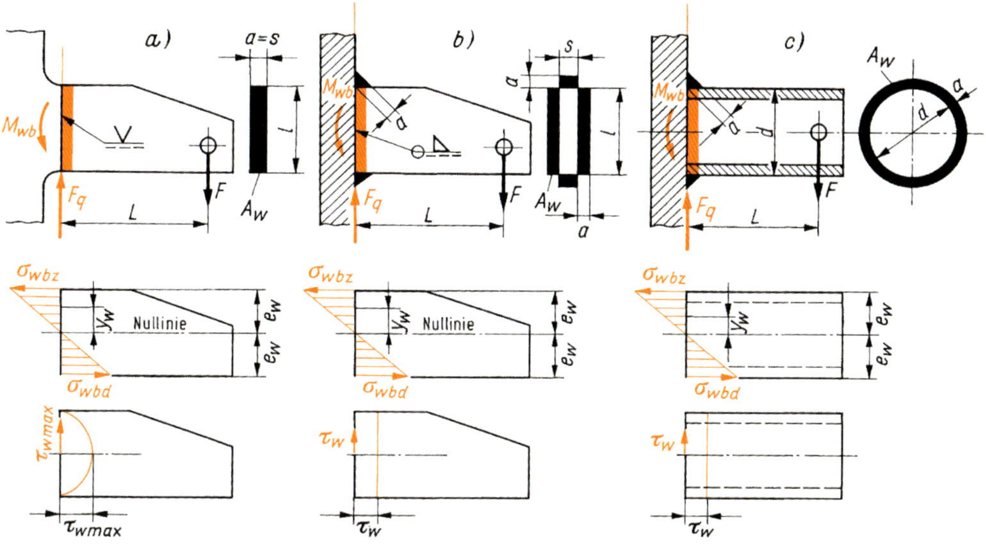

Bild 4.41 Biegebeanspruchte Schweißnähte
a) Stumpfnaht, b) Kehlnaht am Flachstahl, c) Kehlnaht am Rohr

Im Abstand e_w von der Nulllinie (Schwerachse der Schweißnahtfläche) beträgt die

Biegespannung $$\sigma_{wb} = \frac{M_{wb}}{I_w} e_w \qquad (4.3)$$

σ_{wb}	in N/mm²	Biegezug- oder Biegedruckspannung in der Schweißnaht im Abstand e_w von der Schwerachse,
M_{wb}	in Nmm	Biegemoment $= F \cdot L$ auf der Schweißnahtfläche,
I_w	in mm⁴	Flächenmoment 2. Grades (auch Flächenträgheitsmoment genannt) der Schweißnahtfläche, bezogen auf deren Schwerachse,
e_w	in mm	Randabstand der Schweißnahtfläche von ihrer Schwerachse, bei äußeren Kehlnähten der Abstand der Nahtwurzel von dieser Schwerachse.

Bei Kehlnähten ist die Spannung der Wurzel maßgebend, obwohl der Abstand des Nahtflächenrandes von der Schwerachse größer ist.

Falls eine Spannung im Abstand y_w von der Schwerachse der Schweißnahtfläche (Nulllinie) errechnet werden muss, so ist in Formel 4.3 anstelle von e_w der Abstand y_w einzusetzen.

Die Flächenmomente 2. Grades betragen für die Anschlüsse

nach Bild 4.41a: $$I_w = \frac{a \cdot l^3}{12}$$

nach Bild 4.41b: $$I_w = 2\frac{a \cdot l^3}{12} + 2\frac{a \cdot s \cdot l^2}{4} + 2\frac{s \cdot a^3}{12}$$

nach Bild 4.41c: $$I_w = \pi \frac{(d + 2a)^4 - d^4}{64}$$

Bei zusammengesetzten Nahtflächen ist es möglich, die Eigenflächenmomente der parallel zur Flächenschwerachse verlaufenden Nahtflächenteile wegen ihres geringen Einflusses zu vernachlässigen und nach dem Steinerschen Satz nur die Verschiebeanteile einzusetzen.

Nähere Angaben zur Berechnung der Flächenmomente I_w von zusammengesetzten Nahtflächen sind unter 7. und im Beispiel 4.3 zu finden.

4

4. Biege- mit Zug- oder Druckbeanspruchung

Bild 4.42 zeigt Freiträger, an denen die Belastungskraft F schräg zur Anschlussebene angreift. In diesem Fall wird F in die Komponenten F_x und F_y senkrecht und parallel zur Anschlussebene zerlegt. Die Komponente F_x ruft in der Anschlussebene als Schnittkraft die Längskraft F_l hervor, die die Schweißnaht auf Zug oder Druck beansprucht (Formel 4.1). Die Komponente F_y ruft die Querkraft F_q hervor, die die Schweißnaht auf Schub beansprucht.

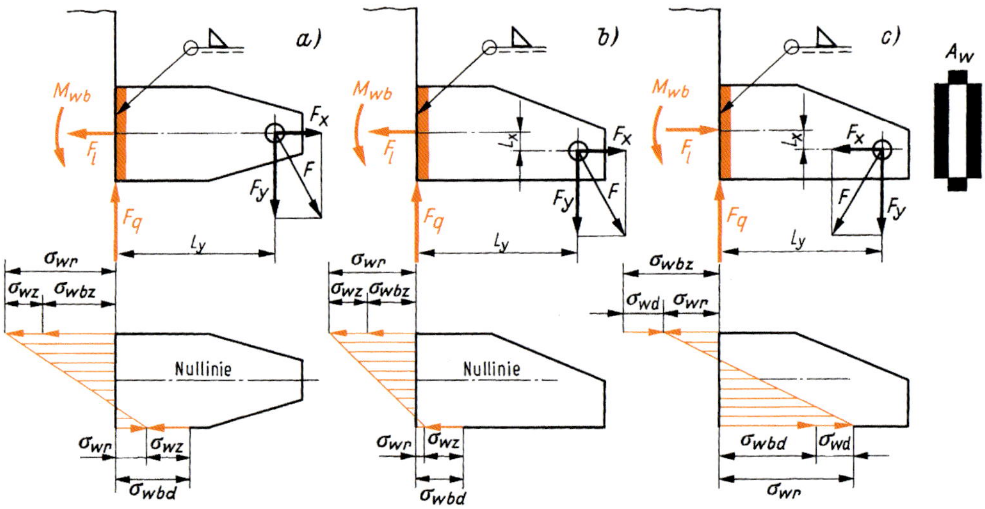

Bild 4.42 Biege- und zug- oder druckbeanspruchte Schweißnähte
a) mit Zug, b) mit Zug bei verringerter Biegung, c) mit Druck bei verstärkter Biegung

Das die Biegespannungen σ_{wb} (Formel 4.3) erzeugende Biegemoment M_{wb} ist in den drei Fällen jedoch **verschieden** groß, nämlich

nach Bild 4.42a: $M_{wb} = F_y \cdot L_y$

nach Bild 4.42b: $M_{wb} = F_y \cdot L_y - F_x \cdot L_x$

nach Bild 4.42c: $M_{wb} = F_y \cdot L_y + F_x + L_x$

Biegespannung und Zug- oder Druckspannung sind Normalspannungen und werden daher am höchstbeanspruchten Punkt der Schweißnaht addiert zur

resultierenden Normalspannung $\sigma_{wr} = \sigma_{wb} \pm \sigma_w$ (4.4)

σ_{wb} Biegezugspannung σ_{wbz} bzw. Biegedruckspannung σ_{wbd} Formel 4.3 in der Schweißnaht,
σ_w Zugspannung σ_{wz} bzw. Druckspannung σ_{wd} Formel 4.1 an demselben Punkt der Schweißnaht.

Das Pluszeichen gilt, wenn σ_{wb} und σ_w beide entweder Zug- oder Druckspannungen sind, das Minuszeichen, wenn eine von beiden eine Zug-, die andere eine Druckspannung ist. Für den Spannungsnachweis ist die größere der beiden resultierenden Normalspannungen σ_{wr} maßgebend.

5. Normal- mit Schubbeanspruchung

Bild 4.43 zeigt ein mit Kehlnähten auf eine Welle geschweißtes Kettenrad. Durch das angreifende Drehmoment M werden die Nähte mit τ_w auf Schub beansprucht (Formel 4.2), wobei $F = M / r$ und $A_w = 2a(d + a)\pi$ zu setzen sind (siehe 2.).

Durch die beiden an den Nahtanschlussstellen in der Welle wirkenden Biegemomente werden die Nahtwurzeln gleichhoch mit der Welle auf Zug bzw. Druck beansprucht. Maßgebend ist das größere der beiden Biegemomente M_b, das in der betreffenden Schweißnaht die Normalspannung $\sigma_w = \sigma_b = M_b / W_b$ mit $W_b \approx 0{,}1 d^3$ bei Vollwellen erzeugt.

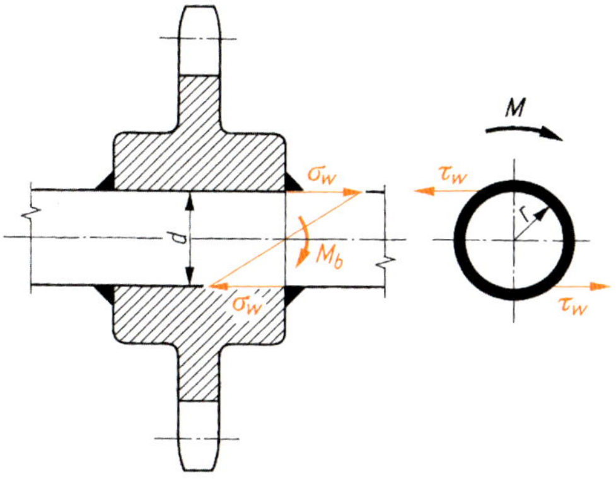

Bild 4.43
Normal- und Schubspannungen an einem Nahtpunkt

Wirken eine Normalspannung σ_w quer zur Nahtrichtung und eine Schubspannung τ_w an einem gefährdeten Kehlnahtpunkt (mit σ_w oder τ_w hochbeanspruchten Punkt), so werden sie zu einer Vergleichsspannung σ_{wv} zusammengefasst. Diese Vergleichsspannung ist als eine allein wirkende Normalspannung aufzufassen, die in Bezug auf Festigkeit die beiden gleichzeitig wirkenden Spannungen ersetzt. Aus Versuchen ergab sich, dass man rechnen kann mit der

$$\textit{Vergleichsspannung} \quad \sigma_{wv} = \sqrt{\sigma_w^2 + 1{,}8\tau_w^2} \tag{4.5}$$

σ_w Normalspannung an einem Punkt der Kehlnaht,
τ_w Schubspannung an demselben Punkt der Kehlnaht.

Streng genommen gilt diese Gleichung nur für Stirnkehlnahtverbindungen. Es empfiehlt sich jedoch, sie auch in anderen Fällen anzuwenden. Sie entspricht keiner der bekannten Festigkeitshypothesen.

Achtung! In den Fällen, in denen biegebeanspruchte Flach-, Rund- oder Hohlstäbe umlaufend mit Kehlnähten angeschlossen sind, muss mit der Vergleichsspannung gerechnet werden, wobei bei Flachstäben und viereckigen Hohlstäben als schubbeansprucht nur die sog. Stegnähte mit der Länge l wie in Bild 4.41b gelten. Sind Flachstäbe nur mit Kehlnähten der Länge l angeschlossen, d. h. ohne die Stirnnähte der Länge s, so entfällt die Vergleichsspannung.

Im Stahlbau gilt Formel 4.5 nicht!

6. Schubbeanspruchung von Flanken- und Stirnkehlnähten durch ein Drehmoment

Bei dem Schweißanschluss nach Bild 4.44 geht man davon aus, dass die Belastungskraft F die Lasche auf ihrer Unterlage rechtsherum um den Schwerpunkt S_0 der Schweißnahtfläche drehen will, sodass die Schweißnahtfläche ein linksdrehendes Moment $M_w = F \cdot R$ entgegensetzen muss. In der Nahtfläche werden daher linksdrehende Schubspannungen τ_{wt} hervorgerufen, die jeweils dem Abstand zum Drehpunkt proportional sind. Die größten Schubspannungen τ_{wt} treten daher an den von S_0 am weitesten entfernten Nahtpunkten auf. Dies trifft für die Wurzelpunkte am Radius r zu. Unter dieser Voraussetzung muss die Schubspannung τ_{wt} mit dem polaren Flächenmoment 2. Grades I_{wp} der Schweißnahtfläche errechnet werden. Dieses ist gleich der Summe der beiden senkrecht aufeinanderstehenden axialen Flächenmomente I_{wx} und I_{wy}. Für Bild 4.44b betragen $I_{wx} = 2 \cdot a \cdot l (b/2)^2$ und $I_{wy} = 2 \cdot a \cdot l^3 / 12 = a \cdot l^3 / 6$, für Bild 4.44c sinngemäß $I_{wx} = a \cdot l \cdot b^2 / 2 + a \cdot b^3 / 12$ und $I_{wy} = 2 \cdot a \cdot l^3 / 3 - a(2l + b)c^2$ (entsprechend den Angaben unter 7.). Damit erhält man (zusammengefasst und vereinfacht) das

4

polares Flächenmoment 2. Grades

nach Bild 4.44b: $$I_{wp} = \frac{a \cdot l}{6}\left(3b^2 + l^2\right) \tag{4.6}$$

nach Bild 4.44c: $$I_{wp} = \frac{a \cdot l}{6}\left(3b^2 + \frac{b^3}{2l} + 4l^2\right) - a(2l + b)c^2 \tag{4.7}$$

Diese Auffassung ist nur für Kehlnähte vertretbar. Für verdrehbeanspruchte Stumpfnähte und für Bauteile ist mit dem Widerstandsmoment W_t gegen Torsion, das auch Torsionswiderstandsmoment genannt wird, zu rechnen! Dieses ist nicht gleich dem polaren Widerstandsmoment.

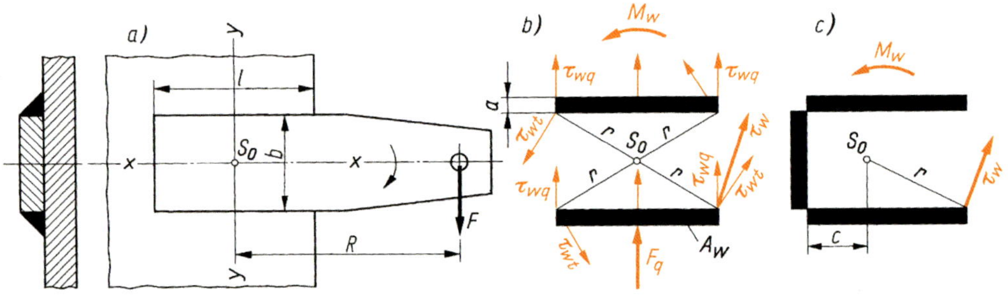

Bild 4.44 Durch ein Drehmoment *M* beanspruchte Flanken- und Stirnkehlnähte
a) Belastetes Bauteil (ohne symbolische Nahtdarstellung), b) Nahtfläche mit Flankenkehlnähten,
c) Nahtfläche mit Stirnkehlnaht und Flankenkehlnähten

Zur Herstellung des Gleichgewichts muss die Nahtfläche auch die Querkraft $F_q = F$ aufnehmen, sodass noch eine Schubspannung $\tau_{wq} = F_q / A_w$ hinzukommt. τ_{wt} und τ_{wq} müssten geometrisch zu einer resultierenden Schubspannung τ_w addiert werden. Praktisch genügt es, sie arithmetisch zu addieren zur

Schubspannung $$\tau_w \approx \tau_{wt} + \tau_{wq} = \frac{M_w}{I_{wp}} r + \frac{F_q}{A_w} \tag{4.8}$$

τ_w	in N/mm²	resultierende Schubspannung in der Schweißnaht,
M_w	in Nmm	Drehmoment $= F \cdot R$,
I_{wp}	in mm⁴	polares Flächenmoment 2. Grades der Schweißnahtfläche zum Schwerpunkt S_0 (Formel 4.6 oder Formel 4.7),
r	in mm	Abstand des entferntesten Nahtwurzelpunktes vom Schwerpunkt S_0,
F_q	in N	Querkraft in der Nahtfläche $= F$,
A_w	in mm²	Schweißnahtfläche $= \Sigma(a \cdot l)$.

Greift die Belastungskraft F schräg an, so wird sie in Komponenten F_x und F_y zerlegt. Mit F_y ergeben sich wie mit F in Bild 4.45 die Schubspannungen τ_{wt} und τ_{wq}. Durch F_x kommt in x-Richtung eine Schubspannung $\tau_{wl} = F_x / A_w$ hinzu. Die drei Spannungen müssen dann geometrisch addiert werden.

7. Normal- und Schubbeanspruchung von Kehlnahtanschlüssen an Biegeträgern

Für die Schweißnahtfläche des **biegesteifen Kehlnahtanschlusses** nach Bild 4.45 erfolgt das Freischneiden in der gleichen Weise wie unter 3. Die Schweißnahtfläche muss ein Biegemoment $M_{wb} = F \cdot L$ und eine Querkraft $F_q = F$ aufnehmen.

Um die Biegespannungen errechnen zu können, muss zunächst die Lage der Schwerachse (x-Achse) der Schweißnahtfläche ermittelt werden. Dazu geht man zweckmäßig von der unteren u-Achse aus. In Bild 4.44 gehen die Abstände v_2 und v_3 jeweils bis zur Wurzellinie der Nähte, obwohl sie eigentlich bis an die Schwerachsen der einzelnen Flächenstücke 2 und 3 gehen müssten. Diese zulässige Vereinfachung beeinflusst das Ergebnis nur unwesentlich. Für den in Bild 4.45 dargestellten Fall wäre der

$$\textit{Schwerachsenabstand} \quad e_{wd} = \frac{\Sigma(A_{wi} \cdot v_i)}{\Sigma A_{wi}} \tag{4.9}$$

Es ist einfacher, zunächst das auf die u-Achse bezogene Flächenmoment 2. Grades zu errechnen. Hierbei vernachlässigt man die unbedeutenden Eigenflächenmomente der Flanschnähte 2 und 3 und der Nahtstücke 4 und 5 und rechnet gemäß dem Steinerschen Satz für diese nur mit ihren Verschiebeanteilen $a_2 \cdot l_2 \cdot v_2^2$, $a_3 \cdot l_3 \cdot v_3^2$ und $2a_4 \cdot t \cdot v_4^2$. Der Abstand v_5 ist gleich null.

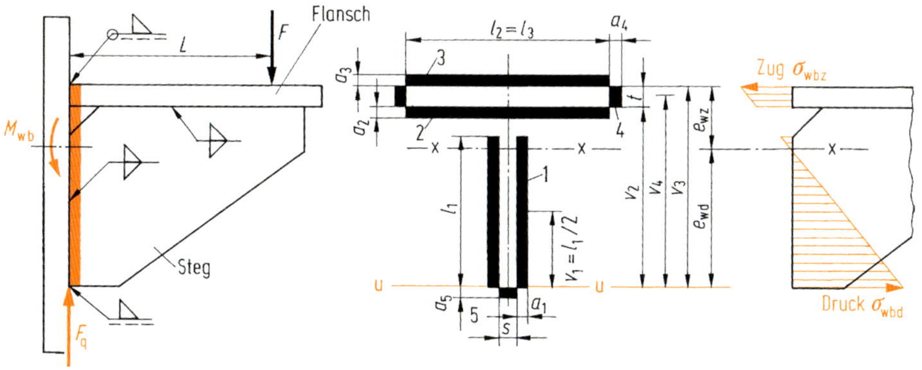

Bild 4.45 Biegesteifer Kehlnahtanschluss

Wenn Rechtecke mit einer Seite auf der Bezugsachse stehen wie die Nähte 1 und 5 auf der u-Achse, dann ist deren Flächenmoment jeweils $I_{wu1} = a_1 \cdot l_1^3 / 3$ bzw. $I_{wu5} = s \cdot a_5^3 / 3$.

Das gesamte Flächenmoment I_{wu} ist gleich der Summe der einzelnen Flächenmomente, also $I_{wu} = \Sigma I_{wui}$. Mit dem Steinerschen Satz erhält man das auf die x-Achse bezogene

$$\textit{Flächenmoment 2. Grades} \quad I_w = I_{wu} - A_w \cdot e_{wd}^2 \tag{4.10}$$

Selbstverständlich darf die u-Achse auch an den oberen Rand gelegt werden. In diesem Fall tritt in Formel 4.10 statt e_{wd} der Randabstand e_{wz}. Die Abstände v_i sind dann entsprechend von dieser oberen u-Achse zu bilden.

Unter dieser Voraussetzung errechnet man die Biegespannung σ_{wbd} mit $e_w = e_{wd}$ nach Formel 4.3. Durch die Querkraft F_q wird der Schweißanschluss noch mit τ_w auf Schub beansprucht. Unter 3. wurde erläutert, dass sich die durch die Querkraft hervorgerufenen Schubspannungen τ_w nicht gleichmäßig über die Nahtfläche verteilen, sondern zu den Rändern hin bis auf null abnehmen. Deshalb sind die Flanschnähte 2 und 3 an der Übertragung der Querkraft nur gering beteiligt, während die Stegnähte 1 den Hauptteil aufzunehmen haben. **Aus diesem**

Grund setzt man in Formel 4.2 **zur Errechnung von τ_w nur die Schweißnahtfläche $A_{w1} = 2a_1 \cdot l_1$ der Stegnähte ein!** σ_{wbd} und τ_w sind dann zur Vergleichsspannung σ_{wv} (Formel 4.5) zusammenzufassen.

Bild 4.46 zeigt einen **zur x-Achse symmetrischen biegesteifen Trägeranschluss, der noch mit einer Längskraft $F_l = F_x$ beansprucht wird,** die eine Zugspannung (ggf. Druckspannung) hervorruft. Somit wirken

4

eine **Biegespannung σ_{wb}** Formel 4.3

eine **Zugspannung σ_w** Formel 4.1

eine **Schubspannung τ_w** Formel 4.2

Die Biegespannungen sind in den Flanschnähten groß und in den Stegnähten klein, sodass die Flanschnähte den Hauptteil des Biegemomentes aufnehmen. Die Zugspannung (ggf. Druckspannung) durch die Längskraft F_l verteilt sich gleichmäßig über die gesamte Nahtfläche, sodass diese Kraft von allen Nähten aufgenommen wird. Aus diesen Gründen gilt folgende Regel:

Für die Nähte eines biegesteifen Trägeranschlusses mit den Schnittgrößen Biegemoment, Querkraft und Längskraft darf auf den Nachweis der Vergleichsspannung verzichtet werden, wenn die Aufnahme des größten Biegemomentes M_{wb} durch die Flanschnähte allein, der größten Querkraft F_q durch die Stegnähte allein und der Längskraft F_l durch alle Nähte möglich ist.

In Formel 4.3 ist dann nur das Flächenmoment für die Flanschnähte

$$I_{wF} = 4a_2 \cdot l_2 \cdot y_2^2 + 2a_3 \cdot l_3 \cdot y_3^2 + 4a_4 \cdot t \cdot y_4^2$$

in Formel 4.2 die Fläche der Stegnähte $A_{w1} = 2a_1 \cdot l_1$ und in Formel 4.1 die gesamte Nahtfläche $A_w = 2a_1 \cdot l_1 + 4a_2 \cdot l_2 + 2a_3 \cdot l_3 + 4a_4 \cdot t$ einzusetzen.

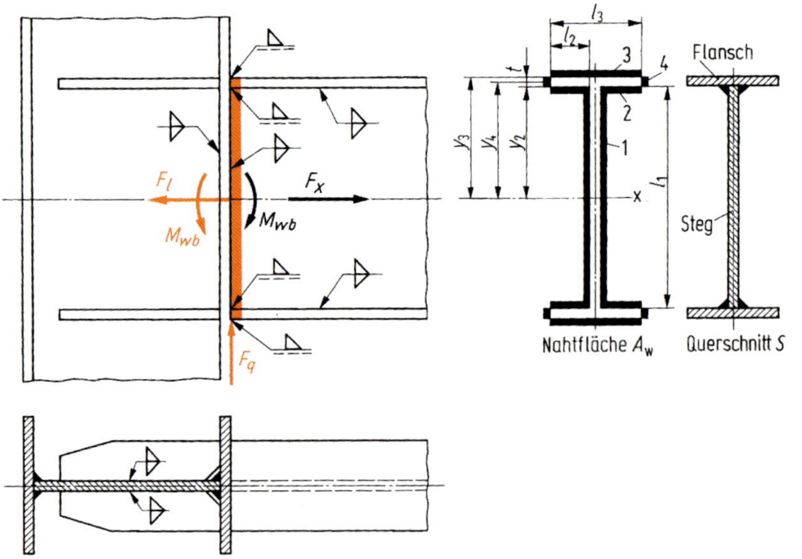

Bild 4.46 Biegesteifer Trägeranschluss mit Kehlnähten

Wenn nicht nach dieser Regel verfahren wird oder verfahren werden kann, so muss mit der gesamten Nahtfläche die resultierende Normalspannung σ_{wr} (Formel 4.4) in der Wurzel der äußeren Flanschnähte (im Abstand y_3 von der x-Achse) nachgewiesen werden. Außerdem ist die Vergleichsspannung σ_{wv} (Formel 4.5) am äußeren Punkt der Stegnähte (im Abstand y_2 von der

x-Achse) zu errechnen. Auch hierbei dürfen zur Errechnung von τ_w mit Formel 4.2 nur die Stegnahtflächen eingesetzt werden.

Die Ermittlung des Flächenmomentes 2. Grades erfolgt sinngemäß wie im Falle nach Bild 4.45, wobei jedoch unmittelbar auf die x-Achse bezogen werden kann.

8. Normal- und Schubbeanspruchung von Längsnähten in Biegeträgern

Die in Bild 4.47 gezeigten Querschnitte der Träger werden auf Biegung beansprucht. Da die Querschnitte der Längsnähte den Trägerquerschnitten angehören, werden sie mit einer Zug- oder Druckspannung σ_w in Nahtlängsrichtung beansprucht, die sich aus dem Spannungsverlauf über den Trägerquerschnitt ergibt. Diese Spannung σ_w braucht nicht errechnet zu werden, da sie die Bauteilspannung an dieser Stelle nicht überschreitet. Das gilt für die in Längsrichtung auf Zug oder Druck mit dem Bauteil gleichhoch beanspruchten Schweißnähte.

Außerdem werden die Nahtflächen in Längsrichtung auf Schub beansprucht, weil das Biegemoment in dieser Richtung stetig zu- bzw. abnimmt:

$$\text{Schubspannung} \quad \tau_w = \frac{F_q \cdot H}{I \cdot \Sigma a} \qquad (4.11)$$

τ_w	in N/mm²	Schubspannung im Längsschnitt der Längsnähte,
F_q	in N	Querkraft im betreffenden Trägerquerschnitt,
H	in mm³	Flächenmoment 1. Grades des Randflächenstückes (auch statisches Flächenmoment genannt) zur x-Achse. Siehe unten stehende Erläuterung.
I	in mm⁴	Flächenmoment 2. Grades des gesamten Trägerquerschnitts zur x-Achse,
Σa	in mm	Summe der Nahtdicken der Längsnähte im Schweißanschluss (in der Linie L des Trägerquerschnitts).

Das Flächenmoment 1. Grades H bezieht sich nur auf das Querschnittsstück, das sich zum Rand hin oberhalb der Wurzellinien der jeweils betrachteten Längsnähte befindet (farbig angelegt), und zwar zur x-Achse des Trägerquerschnitts. Somit ergibt sich für den Fall

nach Bild 4.47a: $H = S_1 \cdot y_1$

nach Bild 4.47b: $H = S_1 \cdot y_1 + S_2 \cdot y_2$

wobei die Abstände y_1 und y_2 von der x-Achse bis zur Schwerlinie der einzelnen Querschnittsflächenstücke $S_1 = b \cdot t$ und $S_2 = c \cdot s$ reichen. Im Fall nach Bild 4.47a beträgt $\Sigma a = 2a$, im Fall nach Bild 4.47b jedoch nur $\Sigma a = a$.

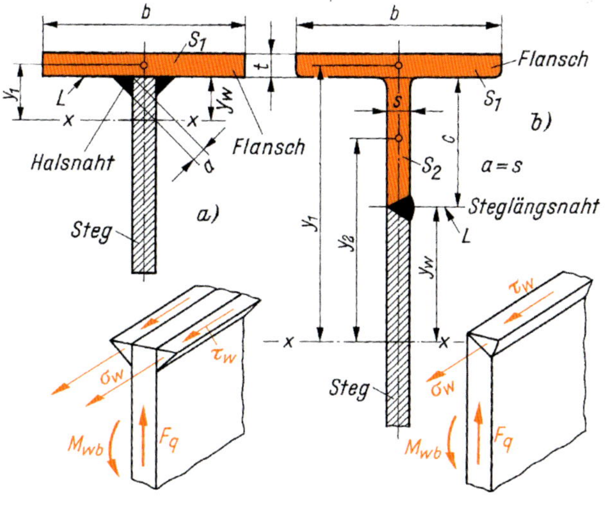

Bild 4.47
Normal- und Schub-spannungen in Längs-nähten von Biegeträgern a) in zwei Kehlnähten eines geschweißten T-Trägers, b) in der Stumpfnaht eines Stegblechträgers (geschweißten Doppel-T-Trägers)

4

9. Zusammenfassung

In Bild 4.48 sind die Normal- und Schubspannungen an Kehlnähten, wie sie bisher vorkamen, zusammengestellt. Alle in Längsrichtung der Naht wirkenden Spannungen sind zusätzlich mit dem Index l, alle quer zur Naht wirkenden mit dem Index q gekennzeichnet. Die einzelnen Spannungen können auch in entgegengesetzter Richtung wirken (z.B. Druck- statt Zugspannungen). Die dargestellten Fälle treten auf:

a in Bild 4.38a, b, Bild 4.39a, b, c

b in Bild 4.38d

c in Bild 4.40a, b

d in Bild 4.40a

e in Bild 4.41, Bild 4.42, Bild 4.43, Bild 4.45, Bild 4.46

f in Bild 4.45, Bild 4.46

g in Bild 4.47

h in Bild 4.44

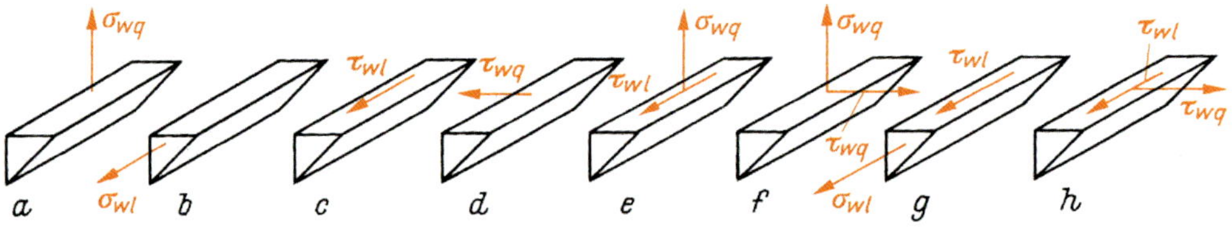

Bild 4.48 Spannungen in Kehlnähten

Für die Fälle e und f ist die Vergleichsspannung σ_{wv} (Formel 4.5) zu bilden, nicht aber für den Fall g!

Wirken τ_{wl} und τ_{wq} an einem Nahtpunkt wie im Fall h, so ist zu rechnen mit der

resultierenden Schubspannung $$\tau_w = \sqrt{\tau_{wl}^2 + \tau_{wq}^2} \qquad (4.12)$$

τ_{wl} Schubspannung in Nahtlängsrichtung,
τ_{wq} Schubspannung in Nahtquerrichtung an demselben Nahtpunkt.

Beim Zusammenwirken von Stumpf- und Kehlnähten in einem Anschluss (Bild 4.49) kann gerechnet werden:

- Entweder mit der Summe der Schweißnahtflächen von Stumpf- und Kehlnähten $A_w = A_{wS} + A_{wK}$. Zulässig sind dann die Spannungen für Kehlnähte.
- Oder nur mit dem Stumpfnahtanteil $A_w = A_{wS}$. Dann sind die Spannungen für diese Stumpfnähte zulässig.

Besitzt die Naht wie nach Bild 4.49c einen Steg mit der Höhe c, so ist dieser nicht in die Nahtdicke einzubeziehen. Üblich: $c \leq 0{,}2\ t \leq 3$ mm, wenn t die kleinste Blechdicke am Anschluss ist. Ist die Kehlnaht wie in Bild 4.49d ungleichschenklig, so ist nur der Stumpfnahtanteil in Rechnung zu setzen.

Die jeweils errechneten größten Spannungen σ_w, σ_{wr}, σ_{wv} oder τ_w dürfen die zulässigen Spannungen $\sigma_{w\,zul}$ oder $\tau_{w\,zul}$ nicht überschreiten! Falls mit der Vergleichsspannung gerechnet werden muss, dann ist die Zulässigkeit der zugehörigen Spannungen σ_w und τ_w nicht im Einzelnen zu prüfen, sondern nur $\sigma_{wv} \leq \sigma_{w\,zul}$! Im Stahlbau gilt eine hiervon abweichende Regel.

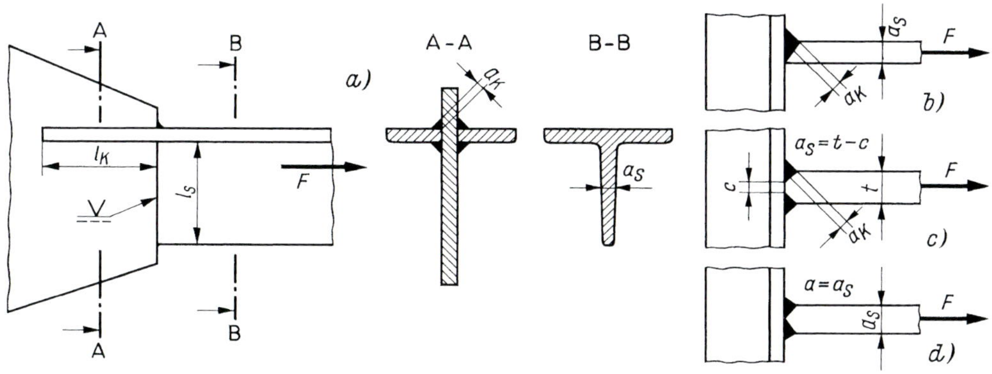

Bild 4.49 Zusammenwirken von Stumpf- und Kehlnähten
a) V-Naht und Kehlnähte, b) HV-Naht mit Kehlnaht, c) DHY-Naht mit Doppelkehlnaht, d) DHV-Naht

4.6 Schweißverbindungen im Maschinen- und Gerätebau

Im Maschinen- und Gerätebau werden beispielsweise Riemenscheiben, Zahnräder, Seilscheiben und -trommeln, Getriebekästen, Lagerkörper und -böcke, Stützfüße und Konsole, Gehäuse, Zug- und Gelenkstangen, Hebel, Vorrichtungen und dergleichen als Schweißteile ausgebildet.

Die Berechnung der Spannungen in den tragenden Schweißnähten ist nach Abschnitt 4.5 vorzunehmen. **Bei Stumpfnähten entfällt der Nachweis einer Vergleichsspannung** (Formel 4.5).

Bei Kehlnahtanschlüssen sind auch gefährdete Bauteil-Anschlussquerschnitte *S* (siehe Bild 4.50 und Bild 4.51), die sich unmittelbar neben der Kehlnaht befinden, **auf Festigkeit nachzurechnen.** Es ist durchaus möglich, dass die Schweißnaht hält, während das Bauteil wegen der Kerbwirkungen neben der Naht bricht. Man setzt diesen Querschnitt im Abstand a einer Kehlnahtdicke von der Nahtwurzel an.

In Tabelle 4.4 sind Anhaltswerte für zulässige Spannungen in den Schweißnähten und Anschlussquerschnitten der Bauteile bei ruhender und schwingender Beanspruchung in Abhängigkeit von den Bewertungsgruppen für Schweißnahtgüten (siehe Abschnitt 4.3) angegeben. Ein Endkraterabzug von der ausgeführten Nahtlänge, wie er manchmal für kurze endliche Nähte empfohlen wird, ist bei diesen zulässigen Werten nicht erforderlich. Sie enthalten eine relativ hohe Sicherheit. Die Werte für die **Doppelflachkehlnaht** sind nur dann anzuwenden, wenn die zwischen den beiden Kehlnähten befindliche Blechdicke nicht größer als $s \approx 5a$ ist.

Allgemein gültige zulässige Spannungen lassen sich nicht erstellen, da die Festigkeit der Schweißnähte und Bauteile außerordentlich von der Gestaltung der Schweißteile (vom ungestörten oder gestörten Kraftfluss) und von der Schweißausführung abhängt. Serienfertigungen machen vorausgehende Dauerversuche unerlässlich. Ein auf neuen wissenschaftlichen Erkenntnissen basierender umfangreicher Festigkeitsnachweis für Schweißverbindungen im Maschinenbau ist in [4.10] enthalten.

Beim Festlegen der die Bauteile beanspruchenden Kräfte oder Momente ist besondere Aufmerksamkeit geboten, denn zu niedrig angesetzte Belastungsgrößen ergeben auch zu niedrige Spannungen! Besonders bei stoßhaftem Betrieb, bei beschleunigten und verzögerten Bauteilen und, wenn die Kräfte oder Momente nur ungenau bekannt sind, ist es notwendig, deren Nennwerte mit erfahrungsmäßigen Anwendungs- oder Stoßfaktoren (Betriebsfaktoren) zu multiplizieren. Man erhält dann als maximale Belastungsgrößen:

4

Kraft $F = K_A \cdot F_N$ (4.13a)

Moment $M = K_A \cdot M_N$ (4.13b)

F, M für die Festigkeitsberechnung maßgebende Kraft bzw. maßgebendes Moment (Biege- oder Drehmoment),
K_A Anwendungs- oder Stoßfaktor (Betriebsfaktor) nach Tabelle 23.1,
F_N, M_N Nennkraft bzw. Nennmoment.

Bei umlaufenden Maschinenteilen ergeben sich Nennkraft und Nennmoment meistens aus der Nennleistung der Maschine und deren Drehzahl.

Beispiel 4.1

Die Tragöse nach Bild 4.50 aus S355J2G3 wird biegesteif angeschlossen und durch eine Belastungskraft von höchstens $F = 30\,\text{kN}$ schwellend beansprucht. Genügen Schweißnaht (Bewertungsgruppe C) und Bauteil den Beanspruchungen, wenn die Kraft F unter verschiedenen Winkeln angreifen kann, und zwar

1. senkrecht zur Anschlussebene ($\alpha = 0°$),
2. schräg zur Anschlussebene ($\alpha = 45°$),
3. parallel zur Anschlussebene ($\alpha = 90°$)?

Hinweis zu den Lösungen:

Es befinden sich eine Stumpfnaht mit der Dicke a_S und eine Doppelkehlnaht mit der Gesamtdicke $2a_K$ an dem Anschluss. Daher kann mit $A_w = A_{wS} + A_{wK}$ oder $A_w = A_{wS}$ gerechnet werden. Da sich im zweiten Fall höhere Spannungen ergeben, wird dieser Fall zugrundegelegt. Die zulässigen Spannungen werden der Tabelle 4.4 für Stumpfnähte mit Gegenlage, der Bewertungsgruppe C, dem Lastfall schwellend und dem Bauteilwerkstoff S355 entnommen.

Lösung:

1. Kraft *F* senkrecht zur Anschlussebene

Mit $A_w = a_S \cdot l = 10\,\text{mm} \cdot 80\,\text{mm} = 800\,\text{mm}^2$ beträgt die Zugspannung nach Formel 4.1 in der Schweißnaht

$$\sigma_w = \frac{F}{A_w} = \frac{30000\,\text{N}}{800\,\text{mm}^2} = 37{,}5\,\text{N/mm}^2 < \sigma_{w\,zul} = 105\,\text{N/mm}^2$$

2. Kraft *F* schräg zur Anschlussebene

Die Kraft F wird zerlegt in die waagerechte Komponente $F_x = F \cdot \cos\alpha = 30\,\text{kN} \cdot \cos 45° = 21{,}2\,\text{kN}$ und die senkrechte Komponente $F_y = F \cdot \sin\alpha = 21{,}2\,\text{kN}$. F_x ruft eine Längskraft F_l hervor, F_y eine Querkraft F_q. Die Längskraft F_l erzeugt Zugbeanspruchung und das Kräftepaar F_q und F_y Biegebeanspruchung.

Es betragen:

$$M_{\text{wb}} = F_{\text{y}} \cdot L = 21200\,\text{N} \cdot 4\,\text{cm} = 84800\,\text{Ncm}$$

$$I_{\text{w}} = \frac{a_{\text{S}} \cdot l^3}{12} = \frac{1\,\text{cm} \cdot (8\,\text{cm})^3}{12} = 42{,}7\,\text{cm}^4$$

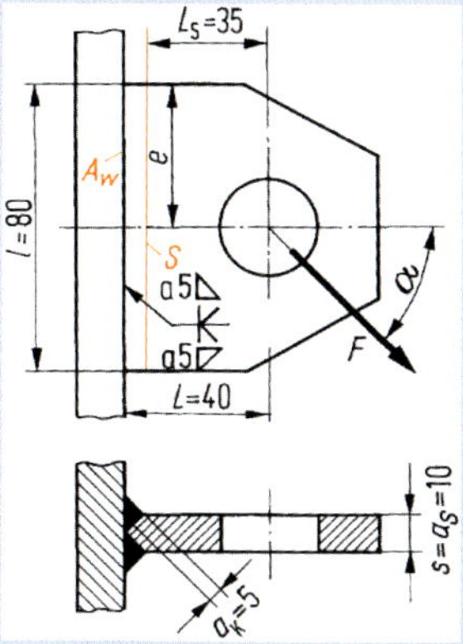

Bild 4.50
Geschweißte Tragöse

Damit erhält man mit Formel 4.1, Formel 4.3 und Formel 4.4:

$$\sigma_{\text{wz}} = \frac{F_1}{A_{\text{w}}} = \frac{21200\,\text{N}}{800\,\text{mm}^2} = 26{,}5\,\text{N/mm}^2$$

$$\sigma_{\text{wbz}} = \frac{M_{\text{wb}}}{I_{\text{w}}} e_{\text{wz}} = \frac{84800\,\text{Ncm}}{42{,}7\,\text{cm}^4} 4\,\text{cm} = 7944\,\text{N/cm}^2 \approx 79{,}4\,\text{N/mm}^2$$

$$\sigma_{\text{wr}} = \sigma_{\text{wbz}} + \sigma_{\text{wz}} = (79{,}4 + 26{,}5)\,\text{N/mm}^2 \approx 106\,\text{N/mm}^2 \approx \sigma_{\text{w zul}} = 105\,\text{N/mm}^2$$

3. Kraft *F* parallel zur Anschlussebene

Die Kraft F ruft Biegebeanspruchung hervor. Mit Formel 4.3 und $I_{\text{w}} = 42{,}7\,\text{cm}^4$ erhält man:

$$M_{\text{wb}} = F \cdot L = 30000\,\text{N} \cdot 4\,\text{cm} = 120000\,\text{Ncm}$$

$$\sigma_{\text{wb}} = \frac{M_{\text{wb}}}{I_{\text{w}}} e_{\text{w}} = \frac{120000\,\text{Ncm}}{42{,}7\,\text{cm}^4} 4\,\text{cm} = 11241\,\text{N/cm}^2 \approx 112{,}4\,\text{N/mm}^2 > \sigma_{\text{wb zul}} = 105\,\text{N/mm}^2$$

Schlussfolgerung

Der Schweißanschluss wäre für den 3. Fall nicht ausreichend bemessen. Deshalb wird dieser noch einmal mit $A_{\text{w}} = A_{\text{wS}} + A_{\text{wK}}$ gerechnet und die Spannung im Bauteilquerschnitt S neben der Kehlnaht auf Zulässigkeit geprüft. Die zulässige Schweißnahtspannung ist dann Tabelle 4.4 für die Doppelflachkehlnaht zu entnehmen.

Zweite Lösung zu 3

Für die Schweißnähte betragen:

$$I_{\text{w}} = \frac{(a_{\text{S}} + 2 \cdot a_{\text{K}})\,l^3}{12} = \frac{(1\,\text{cm} + 2 \cdot 0{,}5\,\text{cm})(8\,\text{cm})^3}{12} = 85{,}3\,\text{cm}^4$$

$$\sigma_{\text{wb}} = \frac{M_{\text{wb}}}{I_{\text{w}}} e_{\text{w}} = \frac{120000\,\text{Ncm}}{85{,}3\,\text{cm}^4} 4\,\text{cm} = 5627\,\text{N/cm}^2 \approx 56{,}3\,\text{N/mm}^2 < \sigma_{\text{w zul}} = 95\,\text{N/mm}^2$$

4

Für den Bauteilquerschnitt S betragen

$$M_b = F \cdot L_S = 30000\,\text{N} \cdot 3{,}5\,\text{cm} = 105000\,\text{Ncm}, \quad W_b = \frac{s \cdot l^2}{6} = \frac{1\,\text{cm} \cdot (8\,\text{cm})^2}{6} = 10{,}67\,\text{cm}^3$$

$$\sigma_b = \frac{M_b}{W_b} = \frac{105000\,\text{Ncm}}{10{,}67\,\text{cm}^3} = 9841\,\text{N/cm}^2 = 98{,}4\,\text{N/mm}^2 < \sigma_{b\,zul} = 145\,\text{N/mm}^2$$

so dass die Abmessungen der Tragöse nicht vergrößert zu werden brauchen.

Beispiel 4.2

Der auf die Welle geschweißte Flansch einer aus Blechscheiben gedrückten Keilriemenscheibe (Bild 4.51) an einem Gebläse (umlaufende Maschine wie ein Verdichter) hat ein ruhendes Nenndrehmoment $M_N = 90\,\text{Nm}$ zu übertragen, Werkstoff S235JR. Das Nennbiegemoment an der Welle am Schweißanschluss beträgt $M_{bN} = 77\,\text{Nm}$. Sind die Schweißnähte der Bewertungsgruppe D und die Bauteilschnittfläche A ausreichend bemessen? Die Festigkeitsrechnung des Wellenquerschnitts S ist in Kapitel 15 „Achsen und Wellen" erläutert.

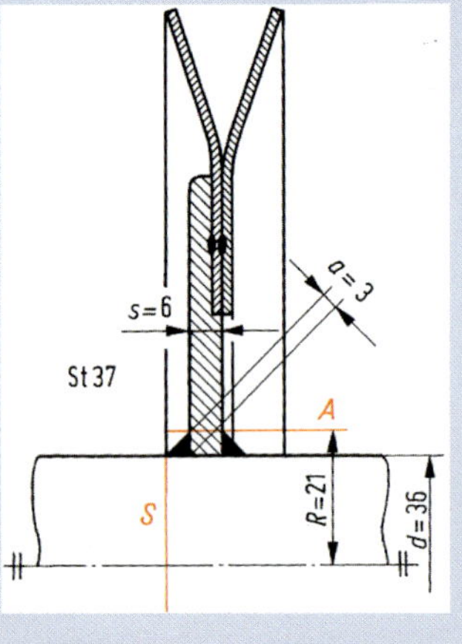

Bild 4.51
Auf eine Welle geschweißte Keilriemenscheibe

Lösung:
Rechnet man gemäß Tabelle 23.1 mit einem Stoßfaktor $K_A = 1{,}1$, so werden nach Formel 4.13b die Momente

$$M = K_A \cdot M_N = 1{,}1 \cdot 90\,\text{Nm} \approx 100\,\text{Nm}, \quad M_b = K_A \cdot M_{bN} = 1{,}1 \cdot 77\,\text{Nm} \approx 85\,\text{Nm}$$

Mit dem Widerstandsmoment des Wellenquerschnitts von $W_b \approx 0{,}1 d^3 = 0{,}1(36\,\text{mm})^3 = 4666\,\text{mm}^3$ ergibt sich die Normalspannung in der Schweißnaht zu

$$\sigma_w = \frac{M_b}{W_b} = \frac{85000\,\text{Nmm}}{4666\,\text{mm}^3} = 18{,}2\,\text{N/mm}^2$$

Durch das Drehmoment wird die Nahtfläche (Nahtdicken a in die beiden Anschlussebenen geklappt gedacht), auf Schub beansprucht. Die Nahtfläche beträgt $A_w = 2a(d+a)\pi = 2 \cdot 3\,\text{mm}(36\,\text{mm} + 3\,\text{mm})\pi = 735\,\text{mm}^2$, die Umfangskraft $F = M/r = 100000\,\text{Nmm}/18\,\text{mm} = 5555\,\text{N}$. Damit ergibt sich nach Formel 4.2 eine Schubspannung

$$\tau_w = \frac{F}{A_w} = \frac{5555\,\text{N}}{735\,\text{mm}^2} = 7{,}6\,\text{N/mm}^2$$

Mit σ_w und τ_w folgt die Vergleichsspannung nach Formel 4.5 zu

$$\sigma_{wv} = \sqrt{\sigma_w^2 + 1{,}8\tau_w^2} = \sqrt{18{,}2^2 + 1{,}8 \cdot 7{,}6^2}\,\text{N/mm}^2 = 20{,}9\,\text{N/mm}^2 < \sigma_{wv\,zul} = 35\,\text{N/mm}^2$$

Aus Tabelle 4.4 wurde die zulässige Spannung bei S235 und der Bewertungsgruppe D für die Doppelkehlnaht bei wechselnder Beanspruchung abgelesen, weil Biegezug- und Biegedruckspannung am Wellenumfang infolge der Drehbewegung ständig wechseln.

Der Rundschnitt A im Flansch wird auf Schub beansprucht. Es betragen $A = 2R \cdot \pi \cdot s = 2 \cdot 21\,\text{mm} \cdot \pi \cdot 6\,\text{mm} = 792\,\text{mm}^2$ und die Umfangskraft $F = M/R = 100000\,\text{Nmm}/21\,\text{mm} = 4762\,\text{N}$. Daraus folgt die Schubspannung

$$\tau = \frac{F}{A} = \frac{4762\,\text{N}}{792\,\text{mm}^2} = 6\,\text{N/mm}^2 < \tau_{zul} = 85\,\text{N/mm}^2$$

In Tabelle 4.4 wurde für ruhende Beanspruchung abgelesen, weil das Drehmoment M ruhend wirkt. Es sei bemerkt, dass die Schubspannung in derartigen Rundschnitten stets klein ist und von vornherein auf einen Spannungsnachweis verzichtet werden kann. ■

Beispiel 4.3

Der in Bild 4.52 dargestellte Wandlagerbock aus S235J2G3 wird mit einer schwellend wirkenden Kraft $F = 4\,\text{kN}$ belastet. Sind folgende Beanspruchungen zulässig: 1. im Schweißanschluss A_w am Fuß, 2. im Bauteilquerschnitt S am Fuß?

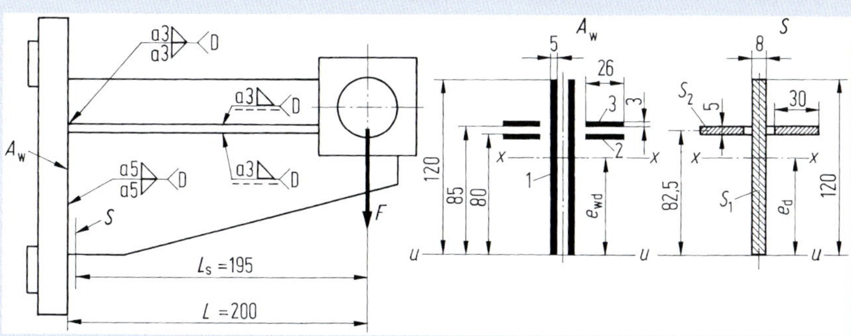

Bild 4.52 Geschweißter Wandlagerbock

4

Lösung:

1. Schweißanschluss A_w am Fuß

Der besseren Übersicht wegen werden zunächst die einzelnen Schweißnahtflächen errechnet:

$$A_{w1} = 2a_1 \cdot l_1 = 2 \cdot 0{,}5\,\text{cm} \cdot 12\,\text{cm} = 12\,\text{cm}^2$$
$$A_{w2} = 2a_2 \cdot l_2 = 2 \cdot 0{,}3\,\text{cm} \cdot 2{,}6\,\text{cm} = 1{,}56\,\text{cm}^2$$
$$A_{w3} = A_{w2} = 1{,}56\,\text{cm}^2$$
$$A_w = A_{w1} + A_{w2} + A_{w3} = (12 + 1{,}56 + 1{,}56)\,\text{cm}^2 = 15{,}12\,\text{cm}^2$$

Nach Formel 4.9 ist

$$e_{wd} = \frac{\Sigma(A_{wi} \cdot v_i)}{A_w} = \frac{A_{w1} \cdot v_1 + A_{w2} \cdot v_2 + A_{w3} \cdot v_3}{A_w}$$
$$= \frac{12 \cdot 6 + 1{,}56 \cdot 8 + 1{,}56 \cdot 8{,}5}{15{,}12}\,\text{cm} = 6{,}46\,\text{cm}$$

Auf die u-Achse bezogen betragen die Flächenmomente 2. Grades:

$$I_{wu1} = 2\frac{a_1 \cdot l_1^3}{3} = 2\frac{0{,}5\,\text{cm} \cdot (12\,\text{cm})^3}{3} = 576\,\text{cm}^4$$
$$I_{wu2} = A_{w2} \cdot v_2^2 = 1{,}56\,\text{cm}^2 (8\,\text{cm})^2 = 99{,}8\,\text{cm}^4$$
$$I_{wu3} = A_{w3} \cdot v_3^2 = 1{,}56\,\text{cm}^2 (8{,}5\,\text{cm})^2 = 112{,}7\,\text{cm}^4$$
$$I_{wu} = \Sigma I_{wui} = (576 + 99{,}8 + 112{,}7)\,\text{cm}^4 = 788{,}5\,\text{cm}^4$$

Nach Formel 4.10 wird

$$I_w = I_{wu} - A_w \cdot e_{wd}^2 = (788{,}5 - 15{,}12 \cdot 6{,}46^2)\,\text{cm}^4 = 157{,}5\,\text{cm}^4$$

Weiterhin betragen entsprechend Formel 4.3 und der zulässigen Spannung nach Tabelle 4.4 (Doppelflachkehlnaht, S235, Bewertungsgruppe D, schwellende Beanspruchung):

$$M_{wb} = F \cdot L = 4000\,\text{N} \cdot 20\,\text{cm} = 80000\,\text{Ncm}$$
$$\sigma_{wb} = \frac{M_{wb}}{I_w} e_{wd} = \frac{80000\,\text{Ncm}}{157{,}5\,\text{cm}^4} 6{,}46\,\text{cm} = 3281\,\text{N/cm}^2 = 32{,}8\,\text{N/mm}^2 < \sigma_{w\,zul} = 60\,\text{N/mm}^2$$

2. Bauteilquerschnitt *S* am Fuß

Prinzipiell wird wie unter 1. gerechnet.

$$S_1 = 0{,}8\,\text{cm} \cdot 12\,\text{cm} = 9{,}6\,\text{cm}^2$$

$$S_2 = 2 \cdot 0.5\,\text{cm} \cdot 3\,\text{cm} = 3\,\text{cm}^2$$

$$S = S_1 + S_2 = 9{,}6\,\text{cm}^2 + 3\,\text{cm}^2 = 12{,}6\,\text{cm}^2$$

$$e_\text{d} = \frac{9{,}6 \cdot 6 + 3 \cdot 8{,}25}{12{,}6}\,\text{cm} = 6{,}54\,\text{cm}$$

$$I_{\text{u}1} = \frac{s_1 \cdot h_1^3}{3} = \frac{0{,}8\,\text{cm} \cdot (12\,\text{cm})^3}{3} = 460{,}8\,\text{cm}^4$$

$$I_{\text{u}2} = S_2 \cdot v_2^2 = 3\,\text{cm}^2 (8{,}25\,\text{cm})^2 = 204{,}2\,\text{cm}^4$$

$$I_\text{u} = I_{\text{u}1} + I_{\text{u}2} = (460{,}8 + 204{,}2)\,\text{cm}^4 = 665\,\text{cm}^4$$

$$I = I_\text{u} - S \cdot e_\text{d}^2 = (665 - 12{,}6 \cdot 6{,}54^2)\,\text{cm}^4 = 126\,\text{cm}^4$$

$$M_\text{b} = F \cdot L_\text{s} = 4000\,\text{N} \cdot 19{,}5\,\text{cm} = 78000\,\text{Ncm}$$

$$\sigma_\text{b} = \frac{M_\text{b}}{I} e_\text{d} = \frac{78000\,\text{Ncm}}{126\,\text{cm}^4} 6{,}54\,\text{cm} = 4049\,\text{N/cm}^2 \approx 40{,}5\,\text{N/mm}^2 < \sigma_{\text{b zul}} = 110\,\text{N/mm}^2$$

Schlussfolgerung

Alle Spannungen liegen unter den zulässigen, sodass die Schweißanschlüsse und Bauteile den Belastungen standhalten dürften. Die Verringerung einiger Abmessungen ist zweckmäßig, um den Werkstoff besser auszunutzen und um Kosten zu sparen.

4.7 Verständnisfragen

1. Mit welchen Gasen arbeitet das Autogenschweißen?
2. Welches Schweißverfahren eignet sich zum Schweißen von Titan und welches zum Schweißen von Stahl?
3. Welche Farben haben die Flaschen der jeweils zum Schweißen verwendeten Gase?
4. Eignet sich das Lichtbogenhandschweißen für einen Einsatz im Freien? Falls ja: Warum?
5. Legen Sie die Unterschiede zwischen dem WIG-Schweißen und dem MIG/MAG-Schweißen dar.
6. Stellen Sie eine Kehlschweißnaht mithilfe einer Zeichnung dar.
7. Stellen Sie eine V-Naht mithilfe ihres Symbols und ihrer Nahtform dar.
8. Welche Bewertungsgruppen gibt es beim Schweißen?
9. Erklären Sie jede der Bewertungsgruppen kurz.
10. Welche Schmelzschweißverfahren lassen sich automatisieren und welche nicht?

Literatur

[4.1] *Matthes, K.J.; Schneider, W. (Hrsg.):* Schweißtechnik. München: Fachbuchverlag Leipzig im Carl Hanser Verlag, 2016

[4.2] *Reisgen, U.; Stein, L.:* Grundlagen der Fügetechnik. Fachbuchreihe Schweißtechnik, Band 161. Düsseldorf: DVS Media, 2016

[4.3] *Schoer, H.:* Schweißen und Hartlöten von Aluminiumwerkstoffen. Düsseldorf: DVS-Verlag, 2002

[4.4] *Scheermann, H.:* Leitfaden für den Schweißkonstrukteur. Düsseldorf: DVS-Verlag, 1997

[4.5] *Killing, R.:* Handbuch der Schweißverfahren. Teil 1: Lichtbogenschweißverfahren. Düsseldorf: DVS-Verlag, 1999

[4.6] *Böhme, D.; Hermann, F.-D.:* Handbuch der Schweißverfahren. Teil II: Autogentechnik, Thermisches Schneiden, Elektronen-/Laserstrahlschweißen, Reib-, Ultraschall- und Diffusionsschweißen. Düsseldorf: DVS-Verlag, 1992

[4.7] *Rieg, F.:* Schweißen für Hobbyschlosser und Oldtimerfans. Aachen: Shaker Verlag, 2015

[4.8] EWM-Schweißlexikon: E-Hand-, WIG-, MIG/MAG-, Plasma-Fibel. Mündersbach: EWM AG, Ausgabe 2009

[4.9] *Rieg, F.; Hackenschmidt, R.; Alber-Laukant, B.:* Finite Elemente Analyse für Ingenieure. München: Carl Hanser Verlag, 2014

[4.10] FKM-Richtlinie 183: Rechnerischer Festigkeitsnachweis im Maschinenbau. Frankfurt am Main: VDMA Verlag, 2012

[4.11] VDG-Merkblatt N 40 Schweißen von Gusseisenwerkstoffen. Oktober 1985

[4.12] IIW-Recommendations for fatigue design of welded joints and components. New York: WRC-Bulletin, 2016

[4.13] *Grote, K.; Feldhusen J.:* Dubbel – Taschenbuch für den Maschinenbau. Berlin/Heidelberg: Springer Verlag, 2014

DIN 4118	Fördergerüste und Fördertürme für den Bergbau; Lastannahmen, Berechnungs- und Konstruktionsgrundlagen
DIN 4420	Arbeits- und Schutzgerüste
DIN EN 1993	Eurocode 3 Bemessung und Konstruktion von Stahlbauten
DIN EN 1999	Eurocode 9 Bemessung und Konstruktion von Aluminiumtragwerken
DIN EN 12663	Bahnanwendungen – Festigkeitsanforderungen an Wagenkästen von Schienenfahrzeugen
DIN EN 13001	Krane – Konstruktion allgemein DIN EN 12663 Bahnanwendungen – Festigkeitsanforderungen an Wagenkästen von Schienenfahrzeugen
DIN EN 13445	Unbefeuerte Druckbehälter
DIN EN 13480	Metallische industrielle Rohrleitungen
DIN EN 61400	Windenergieanlagen
DIN EN ISO 4063	Schweißen und verwandte Prozesse – Liste der Prozesse und Ordnungsnummern
DVS 1612	Gestaltung und Dauerfestigkeitsbewertung von Schweißverbindungen an Stählen im Schienenfahrzeugbau
DVS 1608	Gestaltung und Festigkeitsbewertung von Schweißverbindungen an Aluminiumlegierungen im Schienenfahrzeugbau

5 Pressschweißverbindungen

Unter Pressschweißen versteht man ein Schweißen **mit Anwendung von Kraft** ohne oder mit Schweißzusatz. Ein örtlich begrenztes Erwärmen ggf. bis zum Schmelzen ermöglicht oder erleichtert das Schweißen. Das Pressschweißen ist in der Technik weit verbreitet, da es im Vergleich zum Schmelzschweißen einen viel geringeren Zeitaufwand erfordert und deshalb besonders für Serienfertigungen geeignet ist. Es kommt aber im Wesentlichen nur zum Verbinden von Teilen in Betracht, die wie Bleche flächig aufeinanderliegen oder wie Bolzen stirnseitig befestigt werden müssen.

5.1 Verfahren, Werkstoffe

Die zu verbindenden Teile können auf verschiedene Weise erwärmt werden, z. B. durch Heizelemente, durch Umgießen mit einem flüssigen Energieträger, durch ein Brenngas, durch Ofenfeuer, durch Reibung, durch Ultraschall oder durch den elektrischen Strom im Widerstand der Werkstücke. Im Maschinen-, Geräte-, Leichtmetall- und Fahrzeugbau ist das letztgenannte Verfahren von Bedeutung, und zwar das **Widerstandspressschweißen R mit konduktiv (unmittelbar) über Elektroden zugeführtem Strom**:

1. Punktschweißen RP

Strom und Kraft werden durch Punktschweißelektroden übertragen. Die Werkstücke werden an den Stoßflächen nach ausreichendem Erwärmen unter Druck linsenförmig geschweißt. Es kann ein Punkt (Einzelpunktschweißen) oder es können gleichzeitig zwei oder mehr Punkte (Vielpunktschweißen) geschweißt werden. Je nach der Stromzuführung unterscheidet man zwischen den im Folgenden genannten Varianten.

Zweiseitiges Punktschweißen RPZ (Bild 5.1), wenn der Strom durch sich unmittelbar gegenüberstehende Elektroden von beiden Werkstückseiten zugeführt wird.

Einseitiges Punktschweißen RPE (Bild 5.2), wenn der Strom durch nebeneinander stehende Elektroden von einer Werkstückseite zugeführt wird.

5

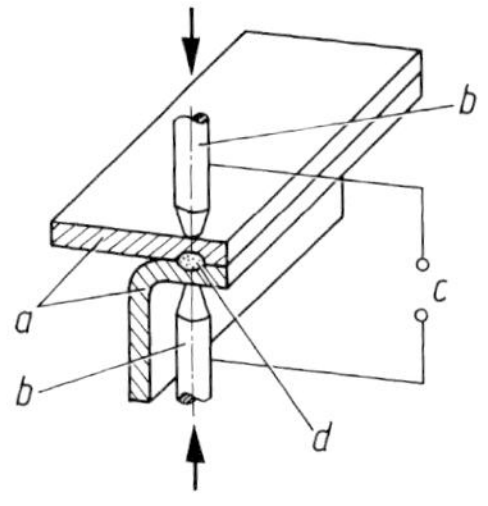

Bild 5.1 Zweiseitiges Punktschweißen
a Werkstück, b Punktschweißelektrode,
c Stromquelle, d Schweißpunkt

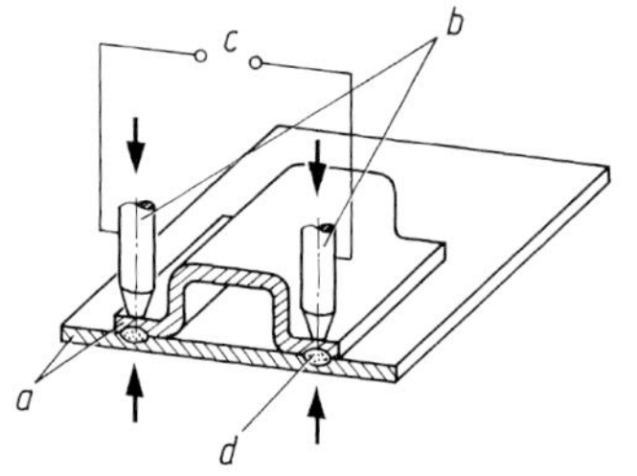

Bild 5.2 Einseitiges Punktschweißen

2. Buckelschweißen RB

Strom und Kraft werden durch Elektroden übertragen. Die Werkstücke berühren sich am vorgefertigten Buckel und werden an dieser Stelle nach ausreichendem Erwärmen unter Druck geschweißt. Der Buckel wird während des Schweißens ganz oder teilweise eingeebnet. Statt verschiedenartiger Buckelformen können auch Kanten oder entsprechend geformte Beilagen benutzt werden. Es kann ein Buckel (Einzelbuckelschweißen) oder es können gleichzeitig zwei oder mehr Buckel (Vielbuckelschweißen) geschweißt werden. Je nach Art der Stromzuführung unterscheidet zwischen den im Folgenden genannten Varianten.

Zweiseitiges Buckelschweißen RBZ (Bild 5.3), wenn der Strom durch sich unmittelbar gegenüberstehende Elektroden von beiden Werkstückseiten zugeführt wird.

Einseitiges Buckelschweißen RBE (Bild 5.4), wenn der Strom durch nebeneinander stehende Elektroden von einer Werkstückseite her zugeführt wird.

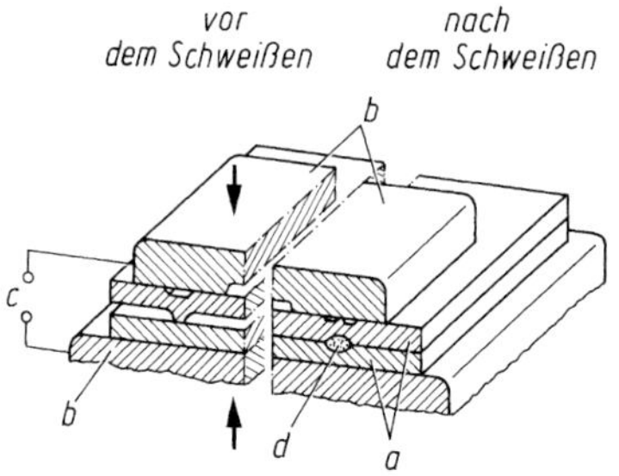

Bild 5.3 Zweiseitiges Buckelschweißen
a Werkstück, b Elektrode, c Stromquelle,
d Schweißnaht

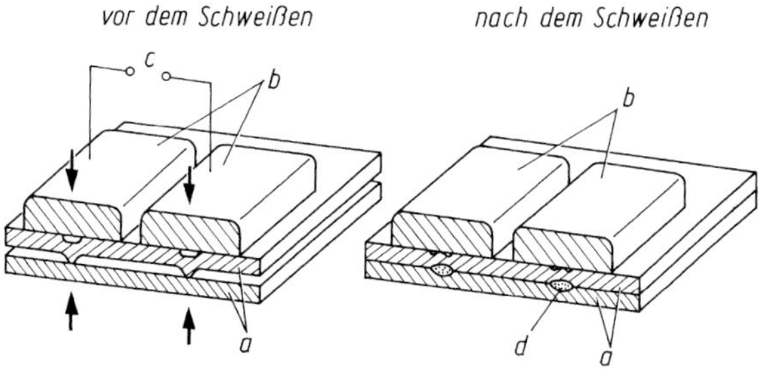

Bild 5.4 Einseitiges Buckelschweißen
a Werkstück, b Elektrode, c Stromquelle, d Schweißnaht

3. Bolzenschweißen RBO

Das Bolzenschweißen ist eine Sonderform des Buckelschweißens, bei dem bolzenförmige Teile aufgeschweißt werden. Nach Bild 5.5 ist der Bolzen in eine Elektrode eingesetzt. Durch den Strom wird die runde Stoßkante aufgeschmolzen, sodass Berührungsflächen entstehen, die unter Druck verschweißt werden. Bild 5.6 zeigt außerdem aufschweißbare Gewindebolzen und Stifte für **Spitzenzündung**, bei denen die Spitze durch den elektrischen Strom aufgeschmolzen wird. Geschweißt wird ohne Bildung eines Lichtbogens.

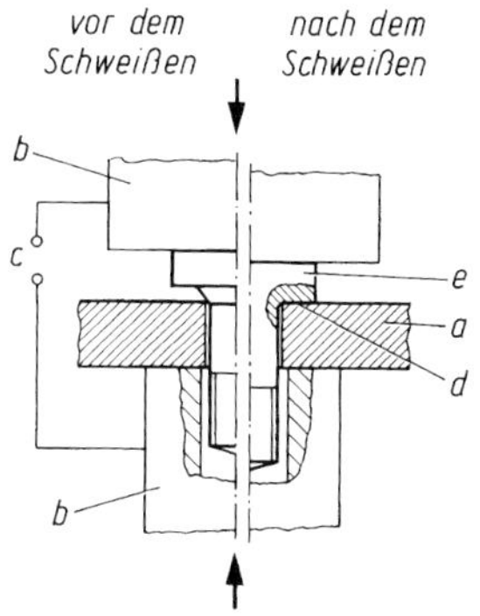

Bild 5.5 Widerstandsbolzenschweißen
a Werkstück, b Elektrode, c Stromquelle, d Schweißnaht, e Bolzen

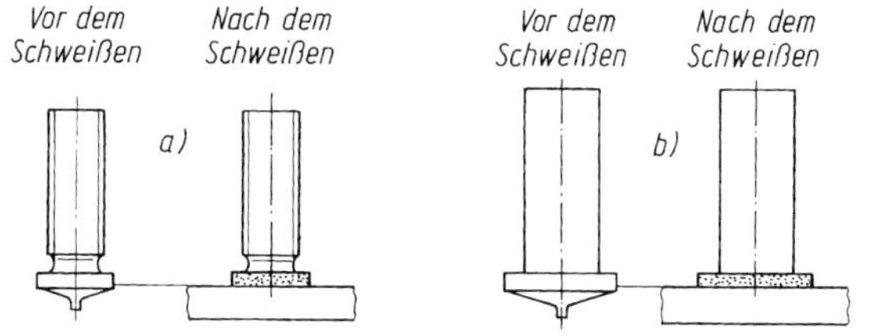

Bild 5.6 Aufschweißbare Bolzen für Spitzenzündung
a) Gewindebolzen, b) Zylinderstift

Des Weiteren gibt es Bolzen für **Hubzündung** (Bild 5.7). Der Bolzen wird in eine Elektrode eingesetzt und mit dem Werkstück in Berührung gebracht. Beim Einschalten des Stromes wird zunächst ein Kurzschluss erzeugt, dann der Bolzen automatisch ein kleines Stück zurückgezogen. Dadurch bildet sich ein Lichtbogen, der die Spitze des Bolzens und die Oberfläche des Werkstücks örtlich aufschmilzt. Danach wird unter Druck verschweißt.

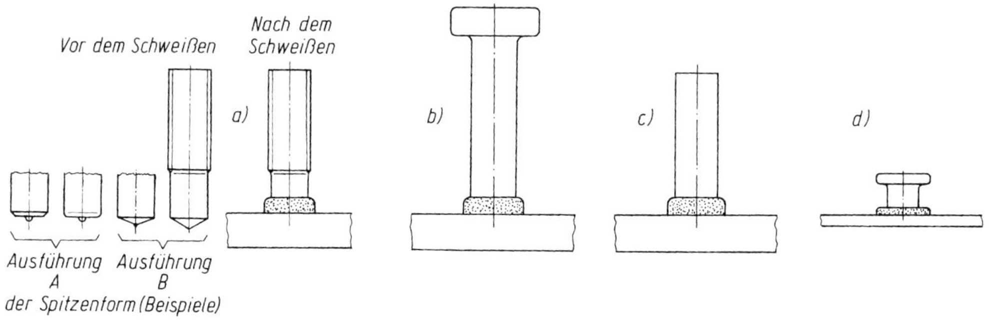

Bild 5.7 Aufschweißbare Bolzen für Hubzündung
a) Gewindebolzen, b) Kopfbolzen, c) Zylinderstift, d) T-Stift

Die Gewindebolzen und Stifte für Spitzenzündung sind zum Aufschweißen auf Dünnbleche bis unter 1 mm Dicke geeignet. Werkstoff aller aufgeführten Bolzen ist meistens Schraubenstahl 4.8, der etwa dem Baustahl S235JR entspricht. Die Gewindebolzen für Hubzündung werden auch im Stahlbau verwendet. Sie ersparen andere, teure Verbindungsmittel.

4. Rollennahtschweißen RR

Die Werkstücke werden an den Stoßflächen erwärmt und unter Anwendung von Kraft geschweißt (Bild 5.8). Strom und Kraft werden von beiden Werkstückseiten (zweiseitig) durch ein Rollenelektrodenpaar oder durch eine Rollenelektrode und einen Dorn übertragen. Der Schweißvorgang ist prinzipiell der gleiche wie beim Punktschweißen, jedoch ohne Nahtunterbrechung.

Das **Foliennahtschweißen RF** ist eine Variante des Rollennahtschweißens, bei der der Schweißstoß ein- oder beidseitig durch bandförmige Kontaktfolie abgedeckt wird. Es können Stumpf- oder Liniennähte (letzte überlappt) geschweißt werden.

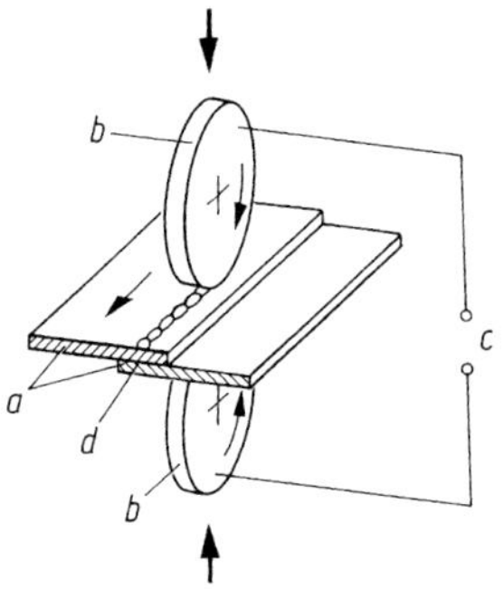

Bild 5.8 Rollennahtschweißen
a Werkstück, b Rollenelektrode, c Stromquelle,
d Schweißnaht, e Kontaktfolie

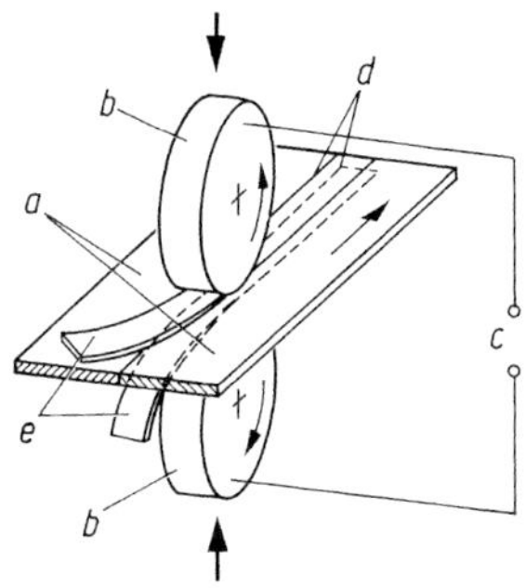

Bild 5.9 Folienstumpfnahtschweißen
a Werkstück, b Rollenelektrode, c Stromquelle,
d Schweißnaht, e Kontaktfolie

5. Abbrennstumpfschweißen RA

Die Werkstücke werden an den Stoßflächen unter leichtem Berühren durch Bildung von Schmorkontakten erwärmt, wobei schmelzflüssiger Werkstoff durch Metalldampfdruck aus dem Stoßflächenbereich herausgeschleudert wird (Abbrennen), und unter Anwendung von Kraft durch schlagartiges Stauchen geschweißt. Dem Abbrennen kann Vorwärmen durch wiederholtes Berühren (Reversieren mit einzelnen Stromstößen) oder durch Fremderwärmung vorangehen. Strom und Kraft werden von Spannbacken übertragen (Bild 5.10).

6. Pressstumpfschweißen RPS

Die Werkstücke werden an den Stoßflächen erwärmt und unter Anwendung stetiger Kraft geschweißt (Bild 5.11). Strom und Kraft werden von Spannbacken übertragen.

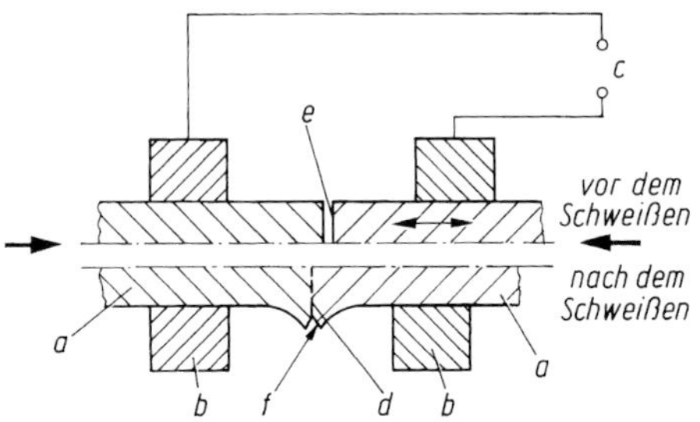

Bild 5.10 Abbrennstumpfschweißen
a Werkstück, b Spannbacken, c Stromquelle,
d Schweißnaht, e Abbrennen, f Grat, g Wulst

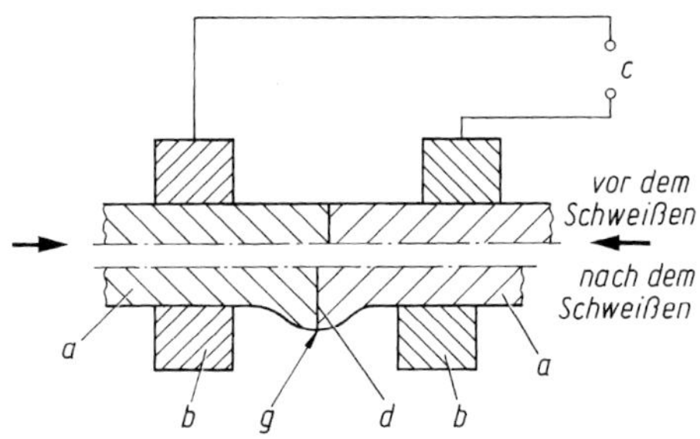

Bild 5.11 Pressstumpfschweißen
a Werkstück, b Spannbacken, c Stromquelle,
d Schweißnaht, e Abbrennen, f Grat, g Wulst

Außer den genannten Verfahren gibt es noch das Rollentransformatorschweißen RT, das Schleifkontaktschweißen RS und das Induktive Widerstandspressschweißen RI, auf die hier nicht eingegangen wird.

In Bild 5.12 sind die wichtigsten Schweißsymbole für die vereinfachte Darstellung in Zeichnungen wiedergegeben.

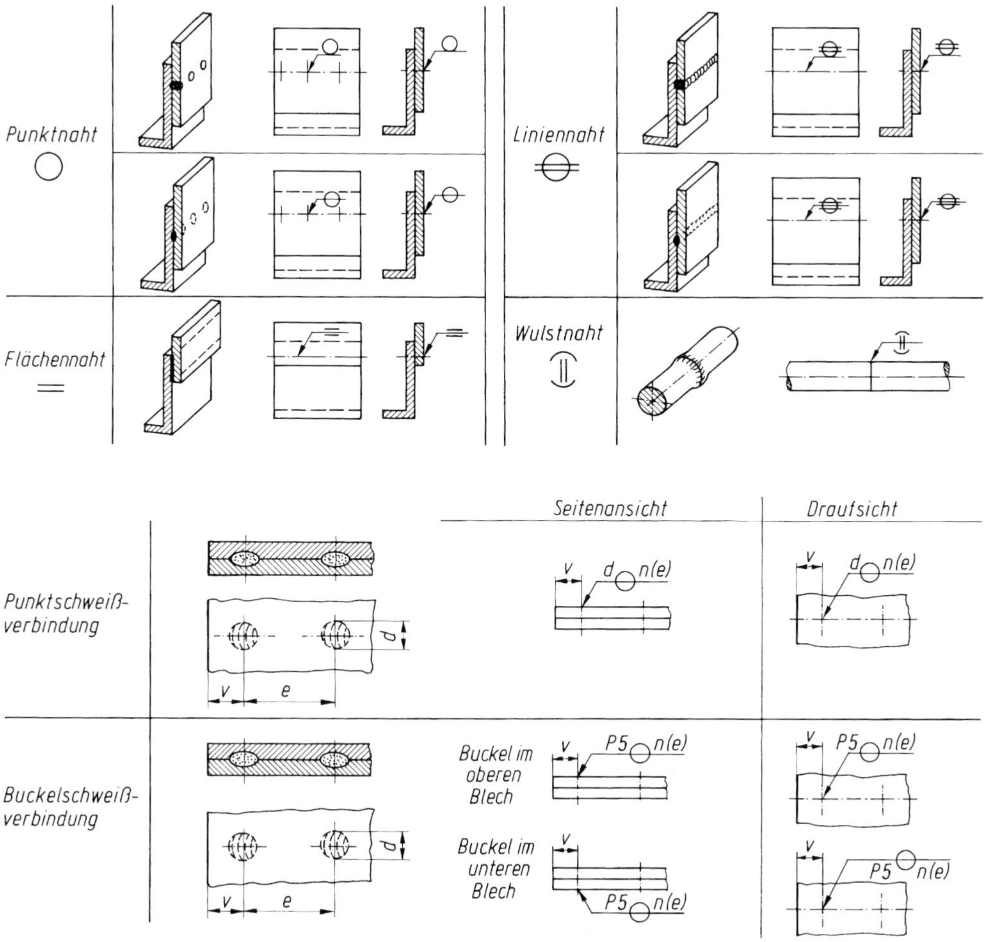

Bild 5.12 Symbole für Pressschweißpunkte bzw. -nähte nach DIN EN 2553
d Punktdurchmesser, *e* Punktabstand, *u* Vormaß, *n* Anzahl der Schweißpunkte

Pressschweißbare Werkstoffe sind u. a. die im Folgenden genannten.

1. Stähle

Allgemeine Baustähle DIN EN 10025 sämtliche, Feinkornbaustähle DIN EN 10025-1 sämtliche, Vergütungsstähle DIN EN 10083 sämtliche für Abbrennstumpfschweißung, sonst Schweißeignung bis auf C 22 und C 22E (Ck 22) nicht gewährleistet. Das gilt auch für die Einsatzstähle DIN EN 10084 bis auf C 10, C 15, Ck 10 und Ck 15. Nichtrostende Stähle DIN EN 10088-2 mit Ausnahme der kohlenstoff- und schwefelreichen sind geeignet. Besonders für das Punkt- und Buckelschweißen eignen sich Band und Blech aus weichen unlegierten Stählen DIN EN 10130, DIN 1623 bis 3 mm Dicke und DIN EN 10139 bis 6 mm Dicke. Bei Stahlguss Schweißeignung nicht sicher.

Bleche, Bänder und Formteile zum Punkt-, Buckel- oder Rollennahtschweißen müssen mindestens der Oberflächenart 03 entsprechen, d. h. sie müssen zunderfrei sein, kleine Narben und Walzriefen sind jedoch zulässig.

2. Leicht- und Schwermetalle

Aluminium und Aluminiumlegierungen DIN EN 573, Magnesiumlegierungen DIN 1729, Nickel DIN 1701 und 17740, Nickel-Knetlegierungen DIN 17741 und 17745, Kupfer DIN EN 1976 und 1787, Kupfer-Knetlegierungen, Messing, Zinnbronze und Aluminiumbronze sind gut geeignet.

Es lassen sich auch Werkstoffe mit Überzügen oder Beschichtungen sowie plattierte Metalle und Kombinationen unterschiedlicher Metalle pressschweißen.

5.2 Punktschweißverbindungen

Durch Setzen von regelmäßig angeordneten Schweißpunkten lassen sich Nähte ziehen, die einreihig (Bild 5.13a) oder mehrreihig (Bild 5.13b und c) sein können. Richtlinien für die Abmessungen der Punkte und ihrer Abstände sind in Tabelle 5.1 angegeben.

Im Geräte-, Maschinen- und Stahlleichtbau ist das Fügen von Dünnblechen oder blechähnlichen Teilen ein wirtschaftliches Verfahren, besonders in der Fahrzeugindustrie, wo dafür Roboter eingesetzt werden (Bild 5.14).

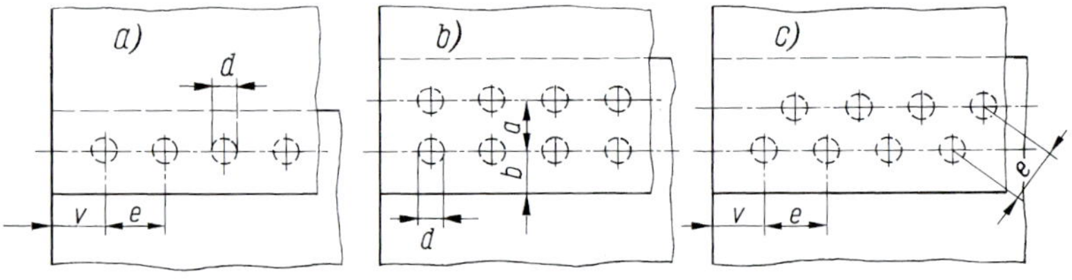

Bild 5.13 Punktschweißnähte
a) einreihige Punktnaht, b) zweireihige Punktnaht, c) zweireihige Punktnaht versetzt

Bild 5.14
Punktschweißroboter beim Herstellen einer Automobilkarosserie (KUKA Group)

Mit den heute zur Verfügung stehenden Punktschweißmaschinen können zwei Stahlbleche von je 30 mm Dicke verschweißt werden, jedoch geht man in der Regel nicht über 6 mm bei Stahl, je 3 mm bei Aluminium und je 2,5 mm bei Kupfer. Es ist aber kein Problem, beispielsweise ein

100 mm dickes Bauteil mit zwei 1 mm dicken Blechen zu verschweißen oder ein Blechpaket mit 10 Blechen von je 1 mm Dicke oder mit 20 Blechen von je 0,5 mm Dicke. Von diesen Möglichkeiten macht man im Maschinen- und Gerätebau Gebrauch.

Richtlinien für die Gestaltung von Punktschweißverbindungen:

- Bei Kraft- und Heftverbindungen nicht mehr als drei Teile durch Schweißpunkte miteinander verbinden.
- Die Gesamtdicke der zu verbindenden Teile sollte nicht größer als 15 mm, bei Verbindung von zwei Einzelteilen die Dicke eines Teiles nicht größer als 5 mm sein. Bei drei Einzelteilen sollte keines der außen liegenden Teile dicker als 5 mm sein.
- Das Dickenverhältnis der zu verschweißenden Teile nicht größer als 1:3 wählen.
- In Kraftrichtung nicht weniger als zwei und nicht mehr als fünf Schweißpunkte hintereinander anordnen (Bild 5.15).
- Die Verbindung möglichst auf Scherbeanspruchung der Schweißpunkte (Schweißlinsen) konstruieren, da Zugbeanspruchungen (Kopfzugbeanspruchungen) gefährlich sind (Bild 5.16). Einschnittige Verbindungen werden – insbesondere bei Dünnblechen unter 2 mm – auf Biegung und Kopfzug beansprucht (Bild 5.17a und b). Die Kraftkomponente F_t beansprucht die Schweißlinse auf Schub, die Komponente F_n auf Zug. Durch eine zweireihige Laschenverbindung (Bild 5.17c) werden diese Nachteile behoben.
- Winkel, Laschen und Profile sind möglichst so anzuschweißen, dass die Schweißlinsen fast nur auf Schub beansprucht werden. Günstige und ungünstige Fälle veranschaulicht Bild 5.18.
- Bei biegebeanspruchten Schweißteilen die Schweißpunkte möglichst in die neutrale Ebene des Biegeträgers legen, um die Beanspruchung der Schweißlinsen gering zu halten.
- Auf gute Zugänglichkeit der Schweißstellen achten, damit die Elektroden mühelos herangeführt werden können. Bei kastenförmigen Bauteilen aus geprägten Blechen die Schweißnähte immer nach außen legen.

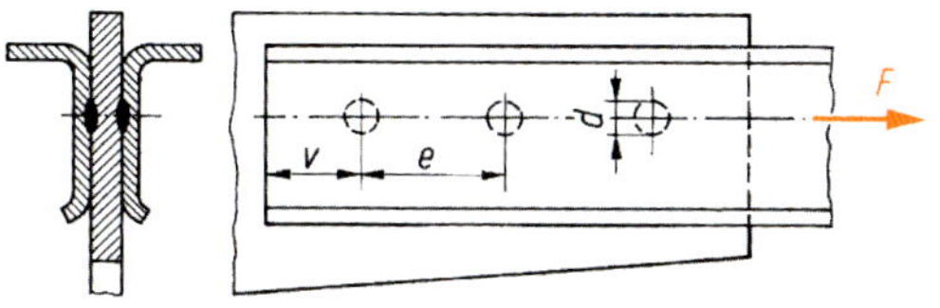

Bild 5.15 Kraftbeanspruchte Punktschweißverbindung im Stahlleichtbau

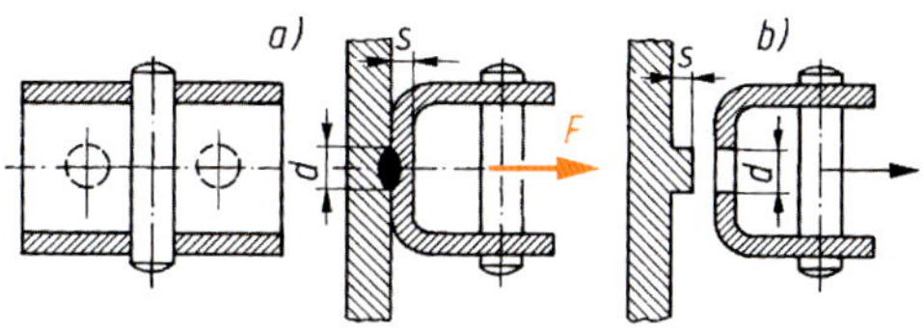

Bild 5.16 Ungünstige Punktschweißverbindung im Maschinen- oder Gerätebau
a) Schweißlinsen zugbeansprucht, b) bei gewaltsamer Zerstörung stehen gebliebener „Stifte“

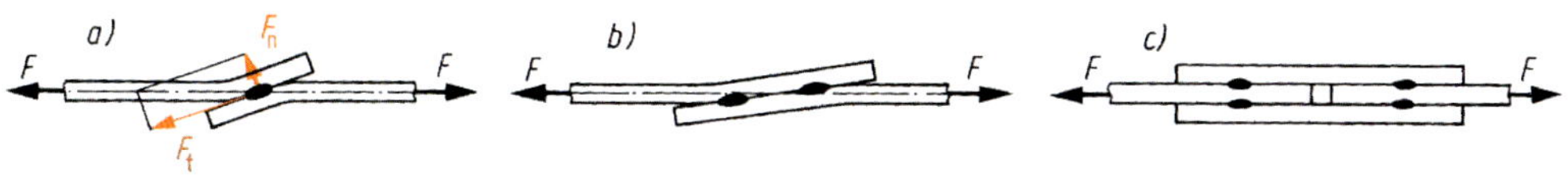

Bild 5.17 Punktschweißverbindungen von Blechen oder Bändern
a) einreihige einschnittige Punktschweißung (hoher Kopfzug), b) zweireihige einschnittige Punktschweißung (niedriger Kopfzug), c) zweireihige zweischnittige Punktschweißung (kein Kopfzug)

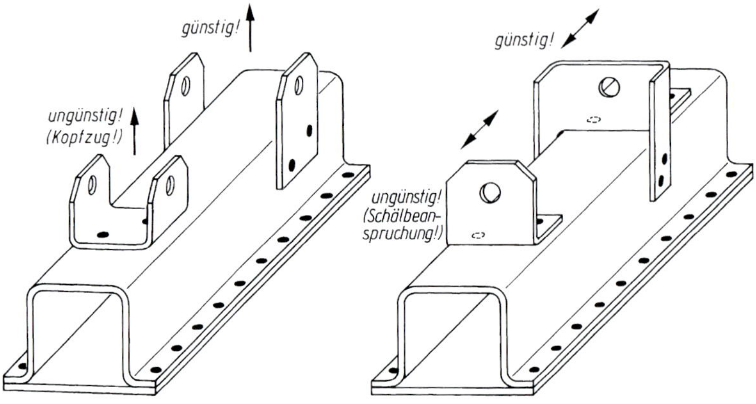

Bild 5.18 Günstige und ungünstige Punktschweißverbindungen

Wenn eine Punktschweißverbindung nach Bild 5.19 durch „Ausknöpfen“ gewaltsam zerstört wird, bleibt ein stiftförmiger Pfropfen auf der Schweißlinse haften, sofern das Punktschweißen ordnungsgemäß vollzogen wurde. Deshalb stellt man sich zur Festigkeitsberechnung einen Schweißpunkt als auf Abscheren beanspruchten Stift vor (Bild 5.20a und b). Wegen der von der Blechdicke abhängenden Dicke des stehen bleibenden Pfropfens darf in die **Berechnung nach DIN 18801** nur eingesetzt werden ein

Schweißpunktdurchmesser $d = \sqrt{25\,\text{mm} \cdot s_{\text{min}}}$ (5.1)

Das gilt, wenn der tatsächliche Schweißpunktdurchmesser größer sein sollte.

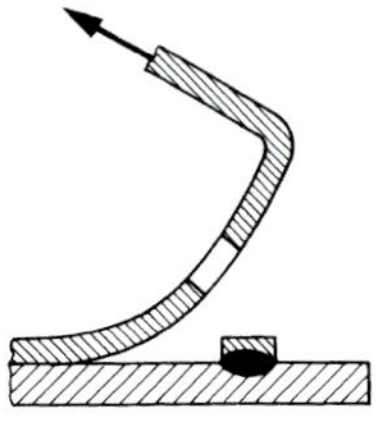

Bild 5.19 Ausknöpfen einer Punktschweißverbindung

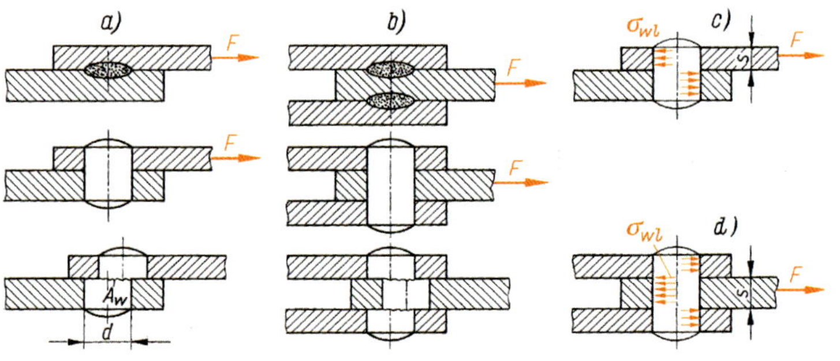

Bild 5.20 Scher- und Leibungsbeanspruchung von Punktschweißverbindungen
a) Abscheren einer einschnittigen Verbindung, b) Abscheren einer zweischnittigen Verbindung, c) Leibung einer einschnittigen Verbindung, d) Leibung einer zweischnittigen Verbindung

Jeder „Stift“ hat in Kraftrichtung einen der Kraft F entsprechenden Anteil aufzunehmen, wenn die Wirklinie von F durch den Schwerpunkt des Schweißanschlusses geht, bei n Schweißpunkten also F/n. Man unterscheidet **ein-** und **zweischnittige** Verbindungen (Schnittzahl $m = 1$ bzw. 2). Bei zweischnittigen Verbindungen verteilt sich somit der Kraftanteil F/n auf $m = 2$ Schnittflächen. Daraus resultiert für die Beanspruchung auf **Abscheren** die

$$\textit{Scherspannung} \quad \tau_{wa} = \frac{F}{n \cdot m \cdot A_w} \tag{5.2}$$

τ_{wa}	in N/mm²	Scherspannung in der Schweißlinse,
F	in N	Schubkraft = Betriebskraft,
n		Anzahl der Schweißpunkte im Anschluss,
m		Schnittzahl der Verbindung,
A_w	in mm²	Querschnittsfläche einer Schweißlinse $= d^2 \cdot \pi / 4$, ggf. d nach Formel 5.1.

5

Das Produkt $n \cdot m$ stellt die Anzahl aller Schweißlinsen (aller Stiftschnittflächen) im Anschluss dar.

Wegen der Vorstellung der Schweißpunkte als Stifte wird auch eine Berechnung auf **Leibung** vorgenommen. Unter Leibung versteht man die Pressung der Lochwandung (Bild 5.20c). Ihr Betrag ergibt sich, indem man den auf eine Lochwandung entfallenden Kraftanteil F/n durch die in Kraftrichtung projizierte Fläche $d \cdot s$ des Loches dividiert. Bei verschieden dicken Teilen im Anschluss können daher auch unterschiedliche Leibungen auftreten, und die größte darf die zulässige nicht überschreiten.

$$\textit{Leibung} \quad \sigma_{wl} = \frac{F}{n \cdot d \cdot s} \tag{5.3}$$

σ_{wl}	in N/mm²	Leibung oder Leibungsdruck am Schweißpunkt,
d	in mm	Schweißpunktdurchmesser, ggf. nach Formel 5.1,
s	in mm	maßgebende Blechdicke (siehe Bild 5.20). Ist die Summe der Dicken der außen liegenden Teile kleiner als die Dicke des mittleren Teiles, so ist diese Summe für s einzusetzen.

Die zulässigen Spannungen für den Stahlleichtbau sind im oberen Teil der Tabelle 5.2 angegeben, unverbindliche Anhaltswerte für den Maschinen- und Gerätebau im unteren Teil.

Die einen Punkt beanspruchende Größtkraft in einem Momentenanschluss wird wie bei Nietanschlüssen (siehe Bild 8.15 und Bild 8.16) ermittelt.

Wenn die Betriebskraft F nicht oder nur ungenau bekannt ist, wird auch so konstruiert, **dass die Punktschweißverbindung so haltbar wie das maßgebende der verschweißten Bauteile wird.** Um eine Schweißlinse abzuscheren, wäre eine Kraft $A_w \cdot \tau_{wB}$ erforderlich, wenn τ_{wB} die Scherfestigkeit der Schweißlinse darstellt. Bei $n \cdot m$ Schweißlinsen ist dann eine Kraft $F_{wB} = n \cdot m \cdot A_w \cdot \tau_{wB}$ erforderlich. Um das betreffende Bauteil zu brechen, muss eine Kraft $F_B = S \cdot R_m$ aufgebracht werden, wenn S dessen zugbeanspruchte Querschnittsfläche und R_m die Zugfestigkeit des Werkstoffs darstellen. In diesem Falle gilt:

$$\begin{array}{c}\textit{Abscherkraft der}\\ \textit{Schweißverbindung}\end{array} \quad F_{wB} = n \cdot m \cdot A_w \cdot \tau_{wB} \approx S \cdot R_m = F_B \quad \begin{array}{c}\textit{Zugbruchkraft}\\ \textit{des Bauteils}\end{array} \tag{5.4}$$

F_{wB}	in N	Scherbruchkraft aller Schweißlinsen,
F_B	in N	Zugbruchkraft des Bauteils,
$n \cdot m$		Anzahl der Schweißlinsen im Anschluss,
A_w	in mm²	Querschnittsfläche $d^2 \cdot \pi/4$ einer Schweißlinse mit d ggf. nach Formel 5.1,
S	in mm²	zugbeanspruchte Querschnittsfläche des Bauteils,
τ_{wB}	in N/mm²	Scherfestigkeit der Schweißlinsen,
R_m	in N/mm²	Zugfestigkeit des Bauteilwerkstoffs.

Falls die Scherfestigkeit τ_{wB} nicht durch Versuche bekannt sein sollte, kann erfahrungsgemäß $\tau_{wB} = 0{,}65 R_m$ gesetzt werden. Eine Kontrolle von σ_{wl} ist dann nicht mehr erforderlich. Durch Freistellen von n aus Formel 5.4 lässt sich die erforderliche Anzahl von Schweißpunkten errechnen.

Bei der Punktschweißverbindung nach Bild 5.16 werden die **Schweißlinsen zugbeansprucht**. Da das Bauteil bei einer gewaltsamen Zerstörung über die „Stifte" hinweggeschoben werden würde, tritt an deren Mantelflächen $d \cdot \pi \cdot s$ eine Schubbeanspruchung auf. Wenn n Schweißpunkte die Betriebskraft F aufnehmen, beträgt die

Schubspannung $$\tau_{ws} = \frac{F}{n \cdot d \cdot \pi \cdot s} \tag{5.5}$$

mit s als kleinster Bauteildicke am Anschluss (zulässige Schubspannungen siehe Tabelle 5.2). Derartige Anschlüsse sind jedoch möglichst zu vermeiden.

Beispiel 5.1

Bild 5.21 zeigt den Anschluss einer Schiene aus S235JR im Maschinenbau, der mit $F = 5{,}3\,\text{kN}$ schwellend beansprucht wird. Es ist rechnerisch zu untersuchen, ob die Verbindung ausreichend bemessen ist.

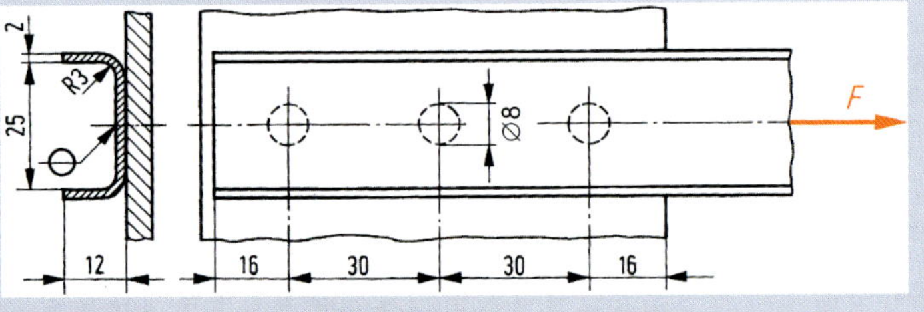

Bild 5.21 Durch Punktschweißen befestigte Schiene

Lösung:

Nach Formel 5.1 darf der Schweißpunktdurchmesser nicht größer als

$$d = \sqrt{25\,\text{mm} \cdot s_{min}} = \sqrt{25\,\text{mm} \cdot 2\,\text{mm}} = 7{,}07\,\text{mm}$$

sein. Da dieser exakte Wert technologisch nicht immer eingehalten werden kann, wird hier auf der sicheren Seite mit 7 mm weiter gerechnet. Diese Vorgehensweise findet man häufig im Ingenieurbereich. Die Querschnittsfläche einer Schweißlinse beträgt dann $A_w = (7\,\text{mm})^2 \cdot \pi/4 = 38{,}5\,\text{mm}^2$. Somit ergibt sich nach Formel 5.2 die Scherspannung

$$\tau_{wa} = \frac{F}{n \cdot m \cdot A_w} = \frac{5300\,\text{N}}{3 \cdot 1 \cdot 38{,}5\,\text{mm}^2} = 45{,}9\,\text{N/mm}^2$$

Nach Tabelle 5.2 ist $\tau_{wa\,zul} = 57\,\text{N/mm}^2$ (bei $R_m = 360\,\text{N/mm}^2$ nach Tabelle 2.2). Nach Formel 5.3 beträgt die Leibung

$$\sigma_{wl} = \frac{F}{n \cdot d \cdot s} = \frac{5300\,\text{N}}{3 \cdot 7\,\text{mm} \cdot 2\,\text{mm}} = 126{,}2\,\text{N/mm}^2,$$

die $\sigma_{wl\,zul} = 155\,\text{N/mm}^2$ (aus Tabelle 5.2) nicht überschreitet. Die Verbindung ist also ausreichend bemessen.

5

Beispiel 5.2

Wie viele Schweißpunkte müssten für die Verbindung nach Bild 5.21 vorgesehen werden, damit sie die gleiche Bruchkraft besitzt wie das Bauteil?

Lösung:
Die Scherfestigkeit der Schweißpunkte beträgt $\tau_{wB} = 0{,}65 R_m = 0{,}65 \cdot 360\,\text{N/mm}^2 = 234\,\text{N/mm}^2$, der volle Bauteilquerschnitt ist $S = (19\,\text{mm} + 2 \cdot 7\,\text{mm} + 4\,\text{mm} \cdot \pi) 2\,\text{mm} = 91{,}1\,\text{mm}^2$. Gemäß Formel 5.4 errechnet sich mit der Querschnittsfläche $A_w = 38{,}5\,\text{mm}^2$ (aus Beispiel 5.1) die erforderliche Anzahl von Schweißpunkten zu

$$n = \frac{S \cdot R_m}{A_w \cdot \tau_{wB} \cdot m} = \frac{91{,}1\,\text{mm}^2 \cdot 360\,\text{N/mm}^2}{38{,}5\,\text{mm}^2 \cdot 234\,\text{N/mm}^2 \cdot 1} = 3{,}64$$

In diesem Falle müssten also 4 Schweißpunkte angeordnet werden.

Beispiel 5.3

Eine Punktschweißverbindung nach Bild 5.16 aus St 203 LG (LG = leicht nachgewalzt) DIN EN 10139 mit mindestens $R_m = 270\,\text{N/mm}^2$, $n = 2$ Punkten von $d = 10\,\text{mm}$ und einer Blechdicke $s = 4\,\text{mm}$ mm soll mit einer wechselnd wirkenden Kraft F beansprucht werden. Wie groß darf die Kraft F höchstens sein?

Lösung:
Nach Formel 5.1 darf der rechnerische Schweißpunktdurchmesser nicht größer als

$$d = \sqrt{25\,\text{mm} \cdot s_{min}} = \sqrt{25\,\text{mm} \cdot 4\,\text{mm}} = 10\,\text{mm}$$

sein. Nach Tabelle 5.2 beträgt die zulässige Schubspannung $\tau_{ws\,zul} = 55\,\text{N/min}^2$. Die nach F umgeformte Formel 5.5 ergibt:

$$F_{zul} = n \cdot d \cdot \pi \cdot s \cdot \tau_{ws\,zul} = 2 \cdot 10\,\text{mm} \cdot \pi \cdot 4\,\text{mm} \cdot 55\,\text{N/mm}^2 = 13823\,\text{N} = 13{,}8\,\text{kN}$$

5.3 Buckelschweißverbindungen

Gegenüber dem Punktschweißen bietet das Buckelschweißen den Vorteil, dass Schweißstrom und Elektrodenkraft durch die punkt- oder linienförmige Berührung der Teile bei Schweißbeginn auf die Buckel konzentriert werden und deshalb die Festigkeit der Schweißstellen weniger streut. Im Gegensatz zu Punktschweißverbindungen **müssen alle Buckel an einem Anschluss gleichzeitig niedergeschweißt werden** (Vielbuckelschweißen bei mehreren Buckeln an einem Anschluss). Die übliche Ausbildung von Buckeln zeigt Bild 5.22. Tabelle 5.3 zeigt die Abmessungen verschiedener Buckel.

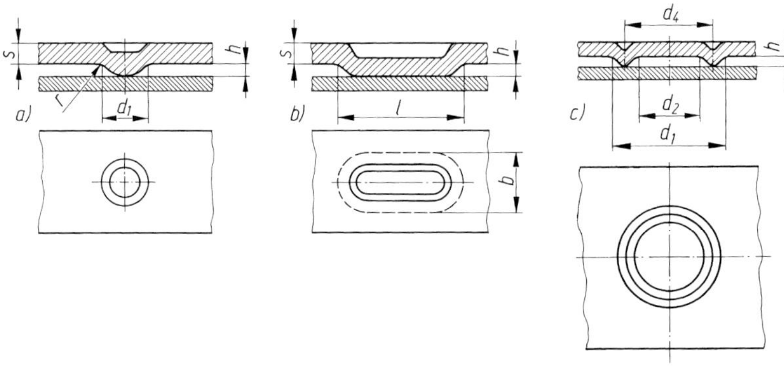

Bild 5.22 Schweißbuckel
a) Rundbuckel, b) Langbuckel, c) Ringbuckel

Als Werkstoffe empfiehlt DIN 8519:

DIN EN 10025: S235JRG1, S235JRG2, S235JO, DIN EN 10083: C 22, C 22E, DIN EN 10084: C 10, C 15, CE 10, CE 15, DIN EN 10130: FeP01, FeP03, FeP04.

Bereits bei der Herstellung der Teile werden die Buckel eingedrückt (Bild 5.23), angeschmiedet oder angegossen. Die Buckelschweißung kann besonders vorteilhaft angewendet werden, wenn ohnehin eine Umformung der Teile vor dem Verschweißen erforderlich ist und bei der Umformung die Buckel ohne zusätzliche Kosten angebracht werden können. Hierzu wird auf die Schweißmuttern DIN 928 und 929 hingewiesen, die an einer Stirnfläche 3 oder 4 Warzen zum Buckelschweißen auf Bleche besitzen. Für Rundbuckel gilt DIN EN 28167, für Lang- und Ringbuckel DIN 8519.

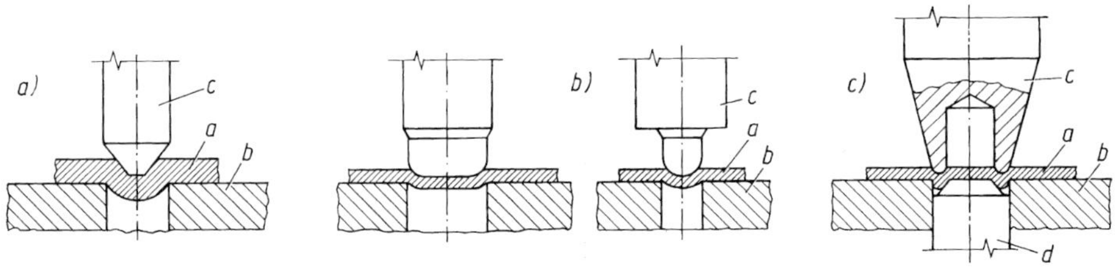

Bild 5.23 Herstellung von Buckeln
a) Rundbuckel, b) Langbuckel, c) Ringbuckel
a Blech, b Lochplatte, c Stempel, d eingesetzter Gegenstempel

Handelt es sich um Teile mit stark unterschiedlichem Volumen, so sieht man die Buckel auf dem volumengrößeren Teil vor, sonst im dickeren der beiden Teile. Wenn nur eines der beiden Teile umgeformt wird, dann erhält dieses die Buckel. Ringbuckel nach Bild 5.22c sind bei dünnen Blechen vorteilhaft, da sie deren Steifigkeit erhöhen. Verbindungsmöglichkeiten von senkrecht zueinander stehenden Teilen zeigt Bild 5.24. Bild 5.25 zeigt Verbindungsmöglichkeiten von Blechen und Formteilen mit Rohren.

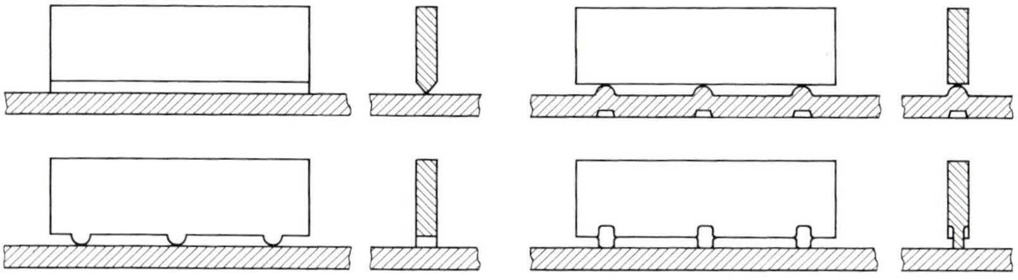

Bild 5.24 Buckel an senkrecht zueinander stehenden Teilen

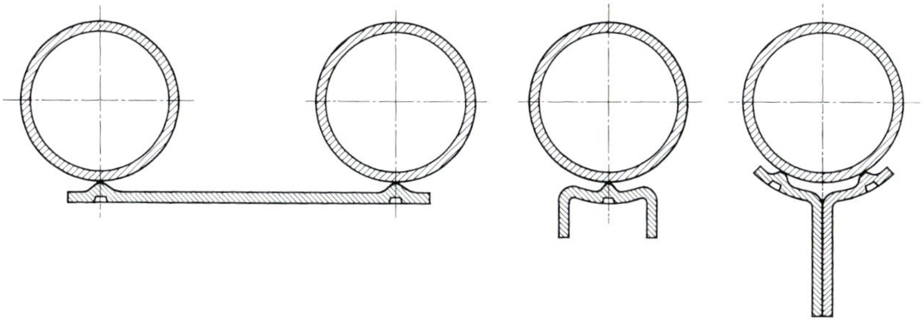

Bild 5.25 Buckel an Formteilen zum Anschweißen an Rohre

Die **Festigkeitsberechnung** der Rundbuckel erfolgt wie bei Punktschweißverbindungen, d. h. es gelten Formel 5.2 bis Formel 5.5. Formel 5.1 ist nicht anzuwenden. Lang- und Ringbuckelverbindungen werden nur auf Abscheren mit Formel 5.2 oder nach Formel 5.4 berechnet. Als Schnittzahl ist $m = 1$ und als Querschnittsflächen der Schweißbuckel sind einzusetzen bei

Rundbuckeln $A_w = d_1^2 \cdot \pi / 4$

Langbuckeln $A_w \approx (l - 0{,}5b)b$

Ringbuckeln $A_w = (d_1^2 - d_2^2)\pi / 4$

Die zulässigen Spannungen sind dem unteren Teil von Tabelle 5.2 zu entnehmen.

Beispiel 5.4

Der in Bild 5.26 gezeigte Topf aus Stahl DIN EN 10130-FeP01 mit mindestens $R_m = 270\,\text{N/mm}^2$ dient zur Aufnahme des Belages einer Reibbremse und soll mit $n = 3$ Buckeln von $d_1 = 4\,\text{mm}$ auf seine Unterlage geschweißt werden. Er hat ein schwellendes Drehmoment $M = 50\,\text{Nm}$ aufzunehmen. Genügt die Verbindung den Anforderungen?

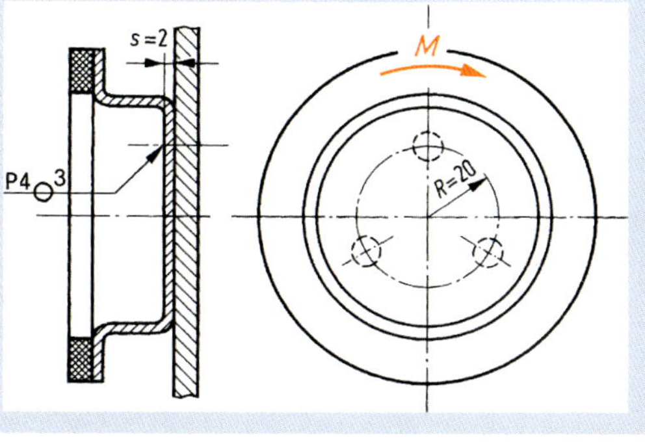

Bild 5.26
Durch Buckelschweißen befestigter Reibbelagträger

5

Lösung:

Die von den Schweißlinsen aufzunehmende Umfangskraft beträgt

$$F = \frac{M}{R} = \frac{50000\,\text{Nmm}}{20\,\text{mm}} = 2500\,\text{N}$$

Die Querschnittsfläche einer Schweißlinse beträgt $A_w = d_1^2 \cdot \pi/4 = (4\,\text{mm})^2 \cdot \pi/4 = 12{,}6\,\text{mm}^2$. Nach Formel 5.2 ist

$$\tau_{wa} = \frac{F}{n \cdot m \cdot A_w} = \frac{2500\,\text{N}}{3 \cdot 1 \cdot 12{,}6\,\text{mm}^2} = 66\,\text{N/mm}^2$$

die größer als $\tau_{wa\,zul} \approx 45\ \text{N/mm}^2$ (aus Tabelle 5.2) ist. Nach Formel 5.3 ist

$$\sigma_{wl} = \frac{F}{n \cdot d \cdot s} = \frac{2500\,\text{N}}{3 \cdot 4\,\text{mm} \cdot 2\,\text{mm}} = 104\,\text{N/mm}^2$$

die $\sigma_{wl\,zul} \approx 120\ \text{N/mm}^2$ nicht überschreitet.

Die Verbindung ist also wegen $\tau_{wa} > \tau_{wa\,zul}$ nicht ausreichend bemessen. Es müssten $n = 5$ Punkte (Buckel) oder Buckel P 5 vorgesehen werden.

5.4 Abbrenn-Stumpfschweißverbindungen

Ein besonderer Vorteil der Abbrennstumpfschweißung ist die Festigkeit der Schweißstelle von 90 ... 100 % der Bauteilfestigkeit. Man wendet das Verfahren an, wenn sich mit ihm wesentliche Einsparungen an Werkstoff erzielen lassen oder eine einfache, billige Gestaltung gegenüber aus einem Stück hergestellten Teilen möglich ist. Die Querschnitte der zu schweißenden Teile können bis etwa 1000 cm² groß sein.

Das Verfahren wird zum Zusammenschweißen von Rund- und Profilstählen sowie Blechen angewendet. Das Verschweißen von Einzelteilen zu verwickelt geformten Werkstücken wie Kurbelwellen, Hebel, Ziehteile u. dgl. wird oftmals besonders wirtschaftlich. Bild 5.27 und Bild 5.28 (Werkbilder IDEAL-Werk Lippstadt) zeigen einige Beispiele.

Bild 5.27 Durch Abbrennstumpfschweißen gefügte Werkzeuge (Werkbild IDEAL)

Bild 5.28 Durch Abbrennstumpfschweißen gefügte Felge (Werkbild IDEAL)

5.5 Schweißen von Kunststoffen

Thermoplastische Kunststoffe (Thermoplaste) lassen sich im teigigen Zustand schweißen. Bei Verflüssigung besteht die Gefahr des Zersetzens. Deshalb muss stets unter Anwendung von Kraft geschweißt werden. Das Schweißen lohnt sich nur, wenn die Stückzahl für gepresste Formmassen zu gering und damit unwirtschaftlich wäre. Thermoplaste werden wie Metalle in Tafeln, Flach- und Rundstäben sowie Rohren geliefert. Wie beim Metallschweißen können Nähte auch mit Zusatzwerkstoffen in Form von Schweißstäben gezogen werden, sogar in mehreren Lagen übereinander.

Die nachfolgenden Verfahren seien beispielhaft aufgeführt.

1. Heizelementschweißen

Die Werkstücke werden an den Stoßflächen mit einem Heizelement erwärmt und unter Anwendung von Kraft ohne oder mit Schweißzusatz geschweißt. Die Kraft wird von Hand, mechanisch oder durch Presssitz bzw. infolge Wärmedehnung der Werkstücke aufgebracht. Je nach der Lage des Heizelementes unterscheidet man zwischen direktem und indirektem Heizelementschweißen.

1.1 Direktes Heizelementschweißen: Erwärmt wird mit dem Heizelement durch Wärmeleitung oder Wärmestrahlung. Das Heizelement ist auf der Stoßflächenseite der Werkstücke angeordnet. Bild 5.29 veranschaulicht das Stumpfschweißen, Bild 5.30 das Nutschweißen, Bild 5.31 das Schwenkbiegeschweißen, Bild 5.32 das Muffenschweißen und Bild 5.33 das Heizkeilschweißen.

1.2 Indirektes Heizelementschweißen: Erwärmt wird durch die Werkstücke hindurch. Das Heizelement ist auf der der Stoßfläche gegenüberliegenden Seite des Werkstücks angeordnet.

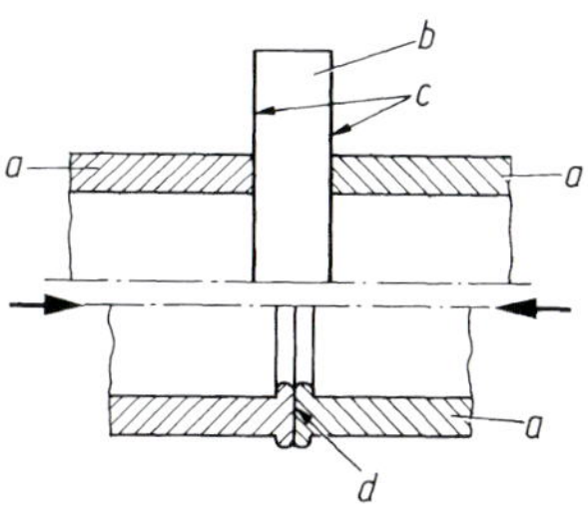

Bild 5.29 Heizelementstumpfschweißen
a Werkstück, b Heizelement, c Nutzfläche, d Schweißnaht

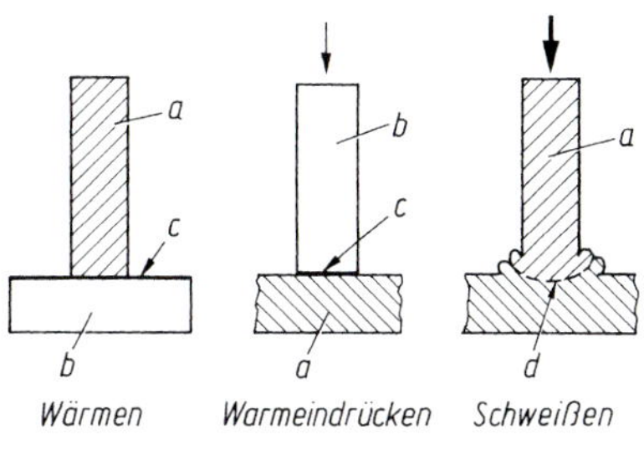

Bild 5.30 Heizelementnutschweißen

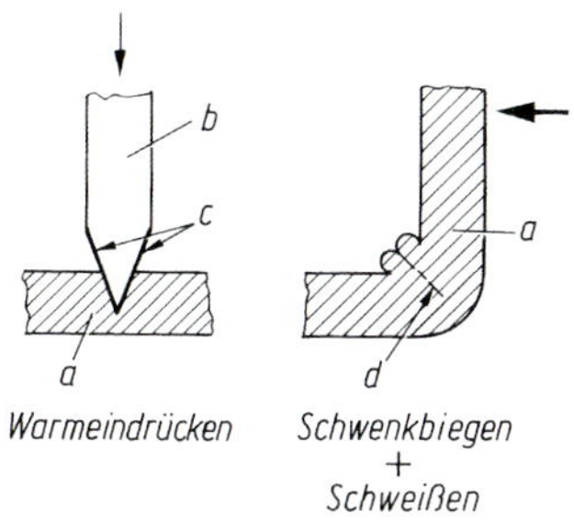

Bild 5.31 Heizelement-Schwenkbiegeschweißen
a Werkstück, b Heizelement, c Nutzfläche, d Schweißnaht

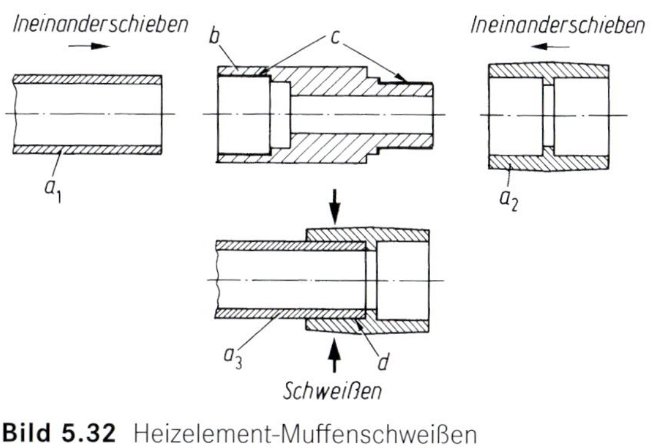

Bild 5.32 Heizelement-Muffenschweißen
a_1 Rohr-Werkstück, a_2 Muffen-Werkstück, a_3 fertiges Schweißteil, b Heizelement, c Nutzfläche, d Schweißnaht

5

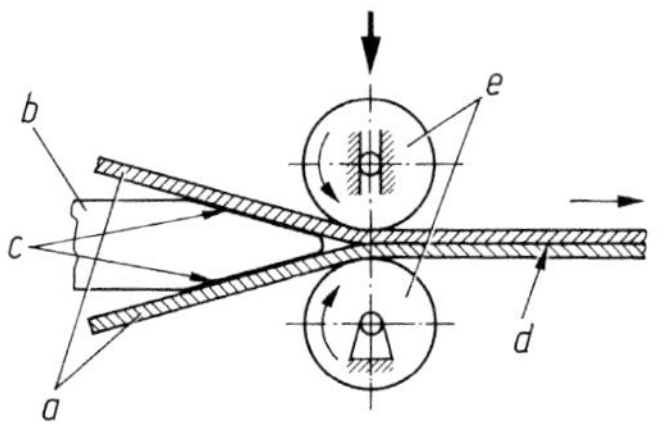

Bild 5.33 Heizkeilschweißen
a Werkstück, b Heizkeil, c Nutzfläche, d Schweißnaht, e Transport- und Andrückrollen

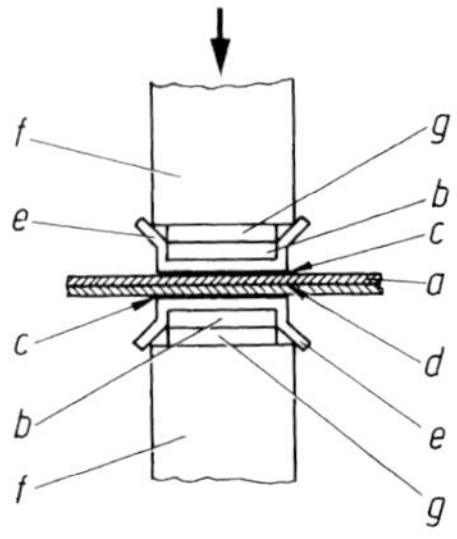

Bild 5.34 Heizelement-Wärmeimpulsschweißen
a Werkstück, b Heizelement, c Nutzfläche, d Schweißnaht, e Trennfolie, f Stempel, g elastische Wärmeisolierung

Bild 5.34 veranschaulicht das Wärmeimpulsschweißen (das Heizelement ist nur während des Erwärmens beheizt. Die Kraft wirkt auch während des Abkühlens).

2. Warmgasschweißen

Die Werkstücke werden an den Stoßflächen mit warmem Gas erwärmt und unter Anwendung von Kraft mit oder ohne Schweißzusatz geschweißt. Die Kraft wird von Hand oder mechanisch aufgebracht. Bild 5.35 veranschaulicht das Fächelschweißen (die Schweißdüse wird fächelnd zwischen den Werkstücken und dem Schweißzusatz geführt, die Kraft über den Schweißzusatz aufgebracht), Bild 5.36 das Ziehschweißen (der Schweißzusatz wird im Schweißgerät geführt und vorgewärmt, die Kraft über das Schweißgerät oder ein Werkzeug aufgebracht) und Bild 5.37 das Überlappschweißen (die Schweißdüse wird zwischen den Stoßflächen der sich überlappenden Werkstücke geführt, Schweißzusatz wird nicht verwendet, die Kraft mit der Hand oder über ein Werkzeug aufgebracht).

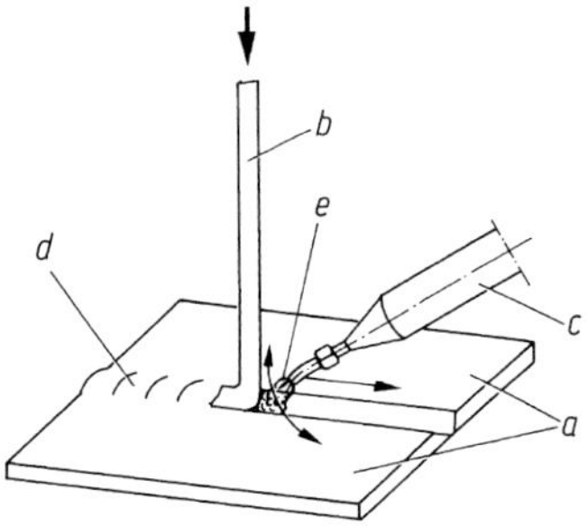

Bild 5.35 Warmgas-Fächelschweißen

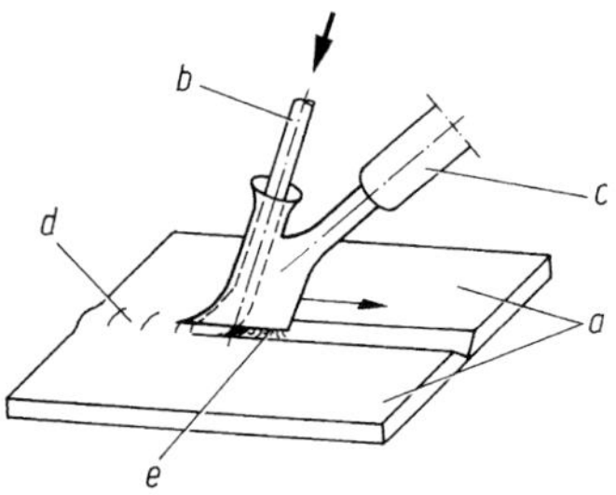

Bild 5.36 Warmgas-Ziehschweißen
a Werkstück, b Schweißzusatz, c Schweißgerät, e Warmgas

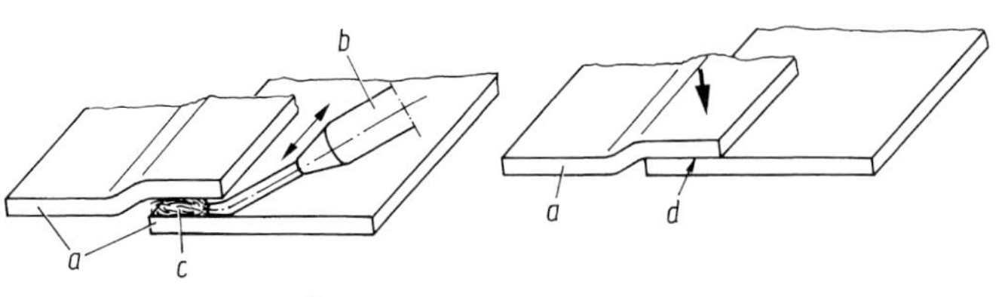

Bild 5.37 Warmgas-Überlappschweißen
a Werkstück, b Schweißgerät mit Flachdüse, c Warmgas, d Schweißnaht

3. Lichtstrahlschweißen

Die Werkstücke werden an den Stoßflächen durch gebündelte nicht kohärente Strahlung eines Frequenzbandes erwärmt und unter Anwendung von Kraft mit oder ohne Schweißzusatz geschweißt.

4. Ultraschallschweißen

Die Werkstücke werden an den Stoßflächen vorzugsweise ohne Schweißzusatz durch Einwirkung von Ultraschall erwärmt und unter Anwendung von Kraft geschweißt.

5. Reibschweißen

Die Werkstücke werden an den Stoßflächen durch Reibung erwärmt und unter Anwendung von Kraft vorzugsweise ohne Schweißzusatz geschweißt. Die Wärme kann durch Relativbewegung der Werkstücke zueinander oder von einem Reibelement erzeugt werden.

6. Hochfrequenzschweißen

Die Werkstücke werden an den Stoßflächen zwischen den aufliegenden Elektroden in einem elektrischen Wechselfeld hoher Frequenz erwärmt und unter Anwendung von Kraft ohne oder mit Schweißzusatz geschweißt. Die Kraft wird mechanisch aufgebracht.

Die Wahl des „richtigen" Schweißverfahrens von Kunststoffen kann nur in engem Zusammenspiel zwischen dem Rohstoffhersteller, dem Konstrukteur der Teile, dem Hersteller der Teile und der Fertigung erfolgen, da eine große Anzahl von Parametern zu beachten sind. Dazu gehören unter anderem die im Folgenden genannten Parameter.

Werkstoffdaten

- Verarbeitungsvorschriften und Bedingungen des Werkstoffs
  - Gefüge
  - Schmelzindex
  - Füll- und Verstärkungsstoffe
- Anforderungen an die Fügenaht
- Aussehen/Optik
- Festigkeit
- Dichtigkeit gegen Gase und Fluide

Form und Größe der Bauteile

- Wanddicken
- Fügeflächenform und -lage
- Produktionstaktzeiten
- Schweißdruck aufbringbar?
- Reproduzierbarkeit des Fügeprozesses

Maschinen- und Fertigung

- Prozessdaten
- Drücke
- Schwingungsverhalten
- Wärmeeintrag

5

5.6 Verständnisfragen

1. Legen Sie die Unterschiede zwischen zweiseitigem und einseitigem Punktschweißen dar.
2. Als was kann die Scherfestigkeit τ_{wB} beim Punktschweißen angenommen werden, falls sie nicht bekannt ist?
3. Wie unterscheiden sich Buckelschweißverbindungen von Punktschweißverbindungen?
4. Welche Schweißformen verwenden Bolzen?
5. Stellen Sie den Unterschied zwischen einer zweireihigen und einer zweireihig versetzten Punktnaht anhand einer Skizze dar.
6. Warum sind Punktschweißverbindungen möglichst nur auf Scherbeanspruchung zu konstruieren?
7. Wie lässt sich dieses Problem bei einschnittigen Verbindungen, bei denen die Schweißlinse auf Schub und Zug beansprucht wird, umgehen?
8. Erklären Sie den Begriff des „Ausknöpfens“ mithilfe einer Skizze.
9. Was versteht man unter Leibung?
10. Nennen Sie drei beispielhafte Möglichkeiten, um Kunststoff zu schweißen.

Literatur

[5.1] DIN-DVS-Taschenbuch 532. Schweißtechnik 16: Strahlschweißen, Bolzenschweißen, Reibschweißen. Düsseldorf: DVS Media, 2020

[5.2] DIN-DVS-Taschenbuch 312. Schweißtechnik 9: Widerstandsschweißen. Düsseldorf: Beuth, 2017

[5.3] USB – Stick Taschenbuch DVS-Merkblätter und -Richtlinien. Band 68/3: Widerstandsschweißtechnik. Düsseldorf: DVS Media, 2016

[5.4] *Behnisch, K. (Hrsg.):* Kompendium der Schweißtechnik. 4 Bände. Düsseldorf: DVS Media, 1997 – 2002

[5.5] *Matthes, K.-J.; Schneider, W.:* Schweißtechnik. Schweißen von metallischen Konstruktionswerkstoffen. München: Fachbuchverlag Leipzig im Carl Hanser Verlag, 2016

[5.6] DVS Fachbücher. Band 68/4. Taschenbuch DVS-Merkblätter und -Richtlinien: Fügen von Kunststoffen. Düsseldorf: DVS Media, 2022

[5.7] Fügen von Kunststoffen in der Serienfertigung und im Rohrleitungs- und Behälterbau. Vorträge der gleichnamigen Sondertagung in Würzburg am 8. und 9. Oktober 2003. Düsseldorf: DVS Media, 2003

[5.8] *Gabriel, S.; Strohfuß, W.:* Schweißverbindungen – Verfahren und Maschinen. In: Konstruieren mit Kunststoffen. VDI – Wissensforum. Düsseldorf: Springer VDI Verlag, 2003

[5.9] *Potente, H.:* Fügen von Kunststoffen. Grundlagen, Verfahren, Anwendung. München: Carl Hanser Verlag, 2004

[5.10] *Ehrenstein, G.:* Handbuch Kunststoff-Verbindungstechnik. München: Carl Hanser Verlag, 2004

DIN 1910-3:1977-9	Schweißen von Kunststoffen. Verfahren
DIN 1910-100:2008-02	Schweißen und verwandte Prozesse – Begriffe – Teil 100: Metallschweißprozesse mit Ergänzungen zu DIN EN 14610:2005
DIN EN 12814	Prüfen von Schweißverbindungen aus thermoplastischen Kunststoffen. Mehrteilig. 2000 – 2005
DVS 2202-1	Fehler an Schweißverbindungen aus thermoplastischen Kunststoffen – Merkmale, Beschreibung, Bewertung. 2006
DVS 2218-3	Schweißen von thermoplastischen Kunststoffen in der Serienfertigung – Rotationsreibschweißen von Formteilen und Halbzeugen aus Polyamiden (PA). 2006

6 Lötverbindungen

Löten ist das Vereinigen von metallischen Werkstoffen (den Fügeteilwerkstoffen) durch schmelzende Zulegestoffe oder Zusätze (Lote), deren Schmelzpunkt unter dem der Fügeteilwerkstoffe (Bauteilwerkstoffe) liegt. Es ist ein thermisches Verfahren zum stoffschlüssigen Fügen und Beschichten von Werkstoffen. Gelötet werden beispielsweise Stahlrahmen, Kraftfahrzeugkühler, Karosserien, Kleinbehälter, Stahlleichtbauten, Maschinen- und Geräteteile.

Vorteile: Es lassen sich verschiedenartige Metalle miteinander verbinden und auch an Stellen, die für andere Verbindungsverfahren unzugänglich sind. Wegen der relativ niedrigen Arbeitstemperaturen sind Gefügeschädigungen der Fügeteilwerkstoffe oder Zerstörungen metallischer Oberflächenschutzschichten nicht zu befürchten. Die Bauteile werden nicht wie bei den Nietverbindungen durch Löcher geschwächt, die hohe Kerbwirkungen hervorrufen.

Nachteile: Große Lötstellen sind unwirtschaftlich, da sie erhebliche Mengen des teuren Lotes erfordern. Besonders bei Aluminiumbauteilen besteht die Gefahr einer elektrolytischen Zerstörung der Lötstellen, weil zwischen dem Fügeteilwerkstoff und den Legierungsbestandteilen des Lotes ein großer Abstand in der Spannungsreihe der Elemente besteht. Flussmittelreste können zu einer chemischen Reaktion und damit zur Korrosion führen. Die Festigkeit von Lötverbindungen, besonders der Weichlotverbindungen ist wesentlich geringer als die von Schweißverbindungen.

6.1 Verfahren, Lote

Es wird zwischen **Weich**- und **Hartlöten** unterschieden. Beim Weichlöten schmilzt das Lot unterhalb von etwa 450 °C, beim Hartlöten oberhalb von etwa 450 °C. Beim Hartlöten mit einer Schmelztemperatur des Lotes über 900 °C spricht man vom **Hochtemperaturlöten**.

Nach DIN ISO 857-2 versteht man unter dem **Schmelzbereich** eines Lotes den Temperaturbereich vom Beginn des Schmelzens (Solidustemperatur) bis zur vollständigen Verflüssigung (Liquidustemperatur). Die **Arbeitstemperatur** ist die niedrigste Oberflächentemperatur an der Lötstelle, bei der das Lot benetzt oder sich durch Grenzflächendiffusion eine flüssige Phase bildet. Die **Löttemperatur** ist die an der Lötstelle herrschende Temperatur. Sie liegt oberhalb der Arbeitstemperatur.

Die Erwärmung bewirkt eine Beschleunigung der Atome. Über die Grenzfläche Lot/Fügeteilwerkstoff findet ein Platzwechsel und damit eine Diffusion (ein Anlegieren) statt. Deshalb müssen die Lötflächen möglichst glatt (Rautiefe nicht über 20 µm) und gut gereinigt sein. Damit noch vorhandene Oberflächenfilme beseitigt werden und das Lot die Lötfläche gut benetzen kann, werden Flussmittel benutzt. Auch Schutzgase werden verwendet, die eine Oxidation der Lötflächen vor dem Erreichen der Arbeitstemperatur verhindern oder reduzieren.

Weichlöten

Die überwiegende Anzahl der Weichlote ist auf Zinn- und/oder Bleibasis aufgebaut. Für spezielle Anwendungsfälle gibt es Sonderweichlote, z. B. für das Weichlöten von Leichtmetallen, für das Weichlöten von Bauteilen für niedrige oder höhere Betriebstemperaturen und anderes.

Weichlöten und Beschichten mit Weichloten wird üblicherweise unter Verwendung von Flussmitteln vorgenommen. Bezüglich der Kombinationsmöglichkeiten zwischen Schwermetall und Leichtmetallen bestehen nur wenige Einschränkungen, sofern vor allem die Flussmittel in geeigneter Weise ausgewählt werden.

Bei Weichlötverbindungen stehen dichtende und/oder elektrisch leitende Eigenschaften im Vordergrund. Wenn Festigkeitsanforderungen wie im Rohrleitungsbau erfüllt werden müssen, sind entsprechend konstruktive Maßnahmen zu treffen.

Die niedrigen Arbeitstemperaturen erfordern eine geringe Wärmeeinbringung in die zu lötenden Teile. Die Erwärmungsprozesse sind daher meistens unproblematisch, gut steuerbar und mechanisierbar.

Die wichtigsten **Weichlötverfahren** sind folgende:

- **Kolbenlöten** ist das Erwärmen der Lötstelle und das Abschmelzen des Lotes mit einem von Hand oder maschinell geführten Lötkolben. Unter Zuhilfenahme von Flussmittel werden beide Verbindungspartner mit dem Lot auf Arbeitstemperatur gebracht, bevor der eigentliche Lötvorgang beginnen kann.
- **Lotbadlöten**: Die Verbindungspartner werden in ein Bad aus flüssigem Lot getaucht.
- **Flammlöten**: Die Erwärmung wird durch die Verbrennung eines Brenngases erzielt. Die Flamme darf jedoch nicht direkt auf die mit Flussmittel versehene Lötstelle gerichtet sein, da sonst eine Flussmittelschädigung erfolgt. Das Lot wird eingelegt oder bei Erreichen der Löttemperatur zugeführt (Bild 6.1).

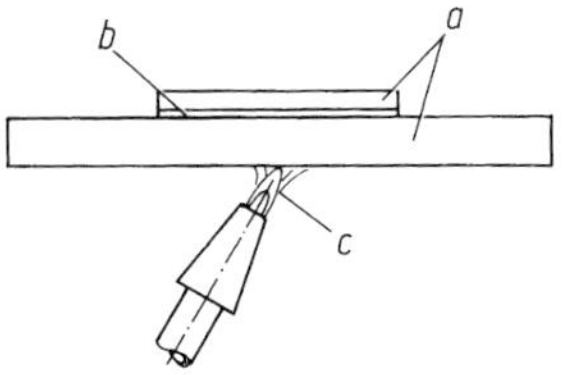

Bild 6.1
Flammlöten
a Werkstück, b Flussmittel und Lot, c Flamme

- **Warmgaslöten**: Angesaugte Luft wird über einer elektrischen Heizung erwärmt und durch ein Düsensystem geblasen. Nach dem Aufbringen des Flussmittels wird das Lot eingelegt oder bei Erreichen der Löttemperatur zugeführt.
- **Löten im Gasofen**: Das Lötteil wird in der gasbeheizten Ofenkammer erwärmt. Lot und Flussmittel werden vorher zugegeben.
- **Lichtstrahllöten**: Im Brennpunkt eines halbelliptischen Spiegels befindet sich eine Strahlungsquelle. Die ausgesandten Strahlen werden in einem zweiten Brennpunkt scharf gebündelt und treffen dort auf das Werkstück. Die meisten metallischen Werkstücke reflektieren einen Teil der einfallenden Strahlen an ihrer Oberfläche, der andere Teil wird in einer Tiefe von einigen Mikrometern in Wärme umgesetzt. Lot und Flussmittel werden vorher zugegeben.

- **Induktionslöten an Luft**: Hierbei wird die Erzeugung von Wärme in einem Lötteil durch einen induzierten Wechselstrom im Bereich der Oberfläche des Lötteils erlangt. Das Lot wird eingelegt oder nach Erreichen der Löttemperatur zugeführt. Das Lötteil ist vorher mit Flussmittel behandelt.
- **Widerstandslöten**: Es wird die durch Kontaktieren (Kontaktgeben) und Anlegen einer Spannung an die Lötstelle die beim Stromdurchgang oder -übergang erzeugte Wärme zum Löten benutzt (Bild 6.2). Für die Erwärmung ist der elektrische Widerstand an den Übergangsstellen und der Elektroden und Werkstücke maßgebend. Typische Elektrodenwerkstoffe sind Kohle, Wolfram, Molybdän und Kupferlegierungen. Lot und Flussmittel werden vorher zugegeben.
- **Ofenlöten mit Flussmittel**: Die zu lötenden Teile werden in einer Ofenkammer von elektrischen Heizelementen durch Wärmeleitung, Strahlung und Konvektion erwärmt. Sie werden vorher mit Lot und Flussmittel bestückt bzw. behandelt. Das Verfahren eignet sich für die Mengenfertigung von kleinen bis mittelgroßen Teilen. Die Teile werden in ihrer Lage fixiert. Es können Lotformteile verwendet werden.

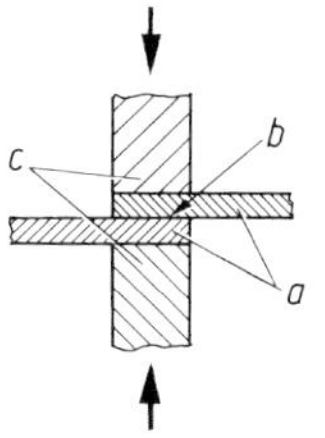

Bild 6.2
Widerstandslöten
a Werkstück, z. B. verzinntes Kupferband, b Lötnaht, c Elektroden

Hartlöten

Die Hartlote für Schwermetalle sind überwiegend kupferhaltige, oft auch edelmetallhaltige Nichteisenmetalllegierungen. Außer den Standard-Hartloten für eine breit gefächerte Verwendung gibt es verschiedene Gruppen von Spezial-Hartloten mit speziellen Eigenschaften für gezielte vorgegebene Einsatzgebiete. Für Leichtmetalle stehen Aluminium/Silicium-Hartlote zur Verfügung.

Hartlöten wird üblicherweise unter Verwendung von Flussmitteln vorgenommen, wobei die technisch gebräuchlichen Schwermetalle mit sich selbst und nahezu beliebiger Kombination untereinander verbunden werden können. Leichtmetalle werden untereinander hartgelötet. Das flussmittelfreie Hartlöten ist beschränkt auf Kupfer als Grundwerkstoff mit phosphorhaltigen Hartloten.

Die Festigkeit hartgelöteter Verbindungen hängt in erster Linie von der lötgerechten Konstruktion und dem angewandten Verfahren ab. Sie erreicht in vielen Fällen die Festigkeit der Grundwerkstoffe.

Für die Auswahl geeigneter Wärmequellen steht ein breites Energieträger-Angebot zur Verfügung. Flamm- und Induktionserwärmung stehen dabei im Vordergrund. Sie erlauben bevorzugt eine Mechanisierung des Lötvorganges.

Das Ofenlöten ohne Flussmittel bei Löttemperaturen unter 900 °C hat bei Schwermetallen nur eine begrenzte, bei Leichtmetallen dagegen eine erhebliche Bedeutung.

Die wichtigsten **Hartlötverfahren** sind folgende:

- **Lotbadlöten** ist das Erwärmen der zu lötenden Teile durch Eintauchen in ein Bad aus geschmolzenem Lot. Phosphorhaltige Hartlote benötigen keine Flussmittelabdeckung, bei anderen Hartloten ist eine Flussmittelabdeckung des Lotbades erforderlich, auch die zu lötenden Werkstücke müssen dann im Allgemeinen vor dem Eintauchen mit Flussmittel versehen werden.

6

- **Flammlöten**: Als Wärmequelle dient ein gasbetriebener Brenner. Unterteilt wird in:

  Spaltlöten (Bild 6.3) mit oder ohne Flussmittel. Beim mechanisierten bzw. automatisierten Löten (Bild 6.4) wird meistens das zu lötende Werkstück bewegt. Brenngase sind Acetylen, Propan, Wasserstoff oder Erdgas, zusammen mit Sauerstoff, Druckluft oder angesaugter Luft.

  Fugenlöten mit Flussmittel (Bild 6.5) ist eine dem Gasschweißen ähnliche Arbeitsweise. Es wird ein Brenner mit Acetylen/Sauerstoff-Flamme benutzt.

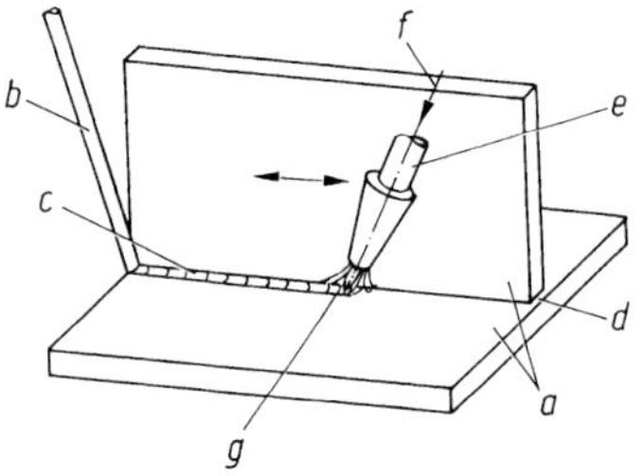

Bild 6.3 Spaltlöten mit Einzelbrenner (Brenner bewegt, Werkstück fest)
a Werkstück, b Lot, c Lötnaht, d Lötspalt, e Brenner, f Brenngasgemisch

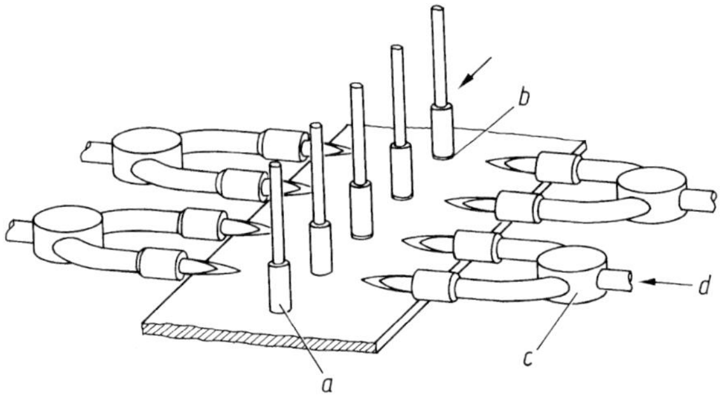

Bild 6.4 Spaltlöten mit Flammfeldbrenner (Brenner fest, Werkstück bewegt)
a Werkstück, b Lot, c Flammfeldbrenner, d Brenngasgemisch

- **Lichtbogenlöten**: Die auf Oberflächenbereiche beschränkte rasche Erwärmung auf Löttemperatur zum Fugenlöten oder Beschichten erfolgt durch Einwirken eines Lichtbogens, der zwischen einer nicht abschmelzenden Elektrode und dem Werkstück brennt. Das Lot wird stromlos in geeignetem Abstand hinter oder neben dem Lichtbogen hervorgezogen (Bild 6.6).

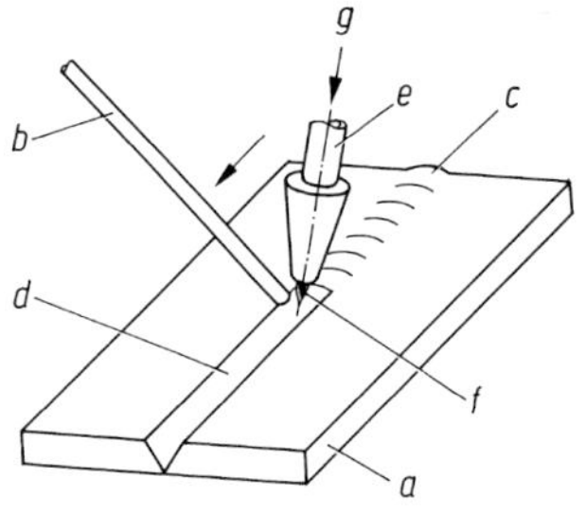

Bild 6.5 Fugenlöten
a Werkstücke, b Lot, c Lötnaht, d Lötfuge, e Brenner, f spitze Flamme

- **Lichtstrahllöten**: Hierbei wird die Erwärmung durch Absorption von Strahlung im sichtbaren Bereich erzeugt. Es kann an Luft mit Flussmittel, unter Gasabdeckung im Schutzgas oder im Vakuum gelötet werden.

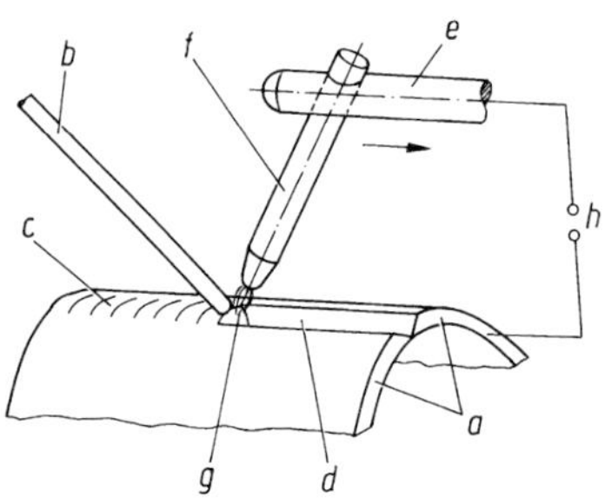

Bild 6.6 Fugenlöten mit Kohle-Lichtbogen
a Werkstücke, b Hartlot, c Lötnaht, d Lötfuge, e Stabelektrodenhalter, f Kohleelektrode, g Lichtbogen, h Stromquelle

- **Laserstrahllöten**: Die Wärme wird durch Absorption energetischer monochromatischer Strahlung erzeugt.
- **Induktionslöten an Luft**: Die erforderliche Wärme wird durch einen in den zu lötenden Teilen induzierten Wechselstrom erzeugt. Üblicherweise wird an der Luft mit Flussmittel gearbeitet, der Einsatz von schutzgasdurchströmten Abdeckhauben ist möglich.
- **Widerstandslöten**: Die Wärme wird durch den elektrischen Widerstand in den zu lötenden Teilen an der Lötstelle erzeugt (Joulesche Wärme). Man unterscheidet das indirekte Widerstandslöten nach Bild 6.7 (Strom fließt nicht über die Lötstelle) und das direkte Widerstandslöten nach Bild 6.8 (Strom fließt über die Lötstelle).

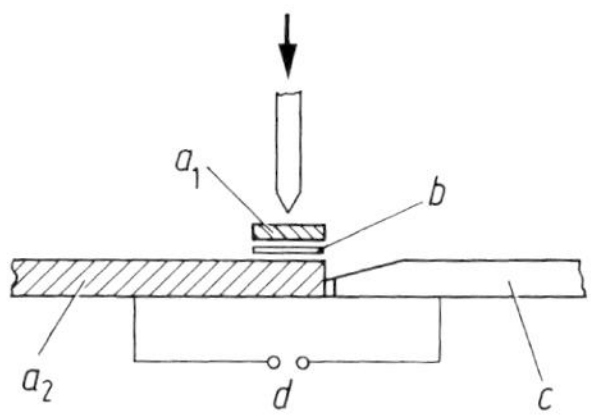

Bild 6.7 Indirektes Widerstandslöten
a_1 Werkstück, z. B. Hartmetall, a_2 Werkstück, z. B. Trägerstahl, b Lot und Flussmittel, c Kupferelektrode, d Stromquelle

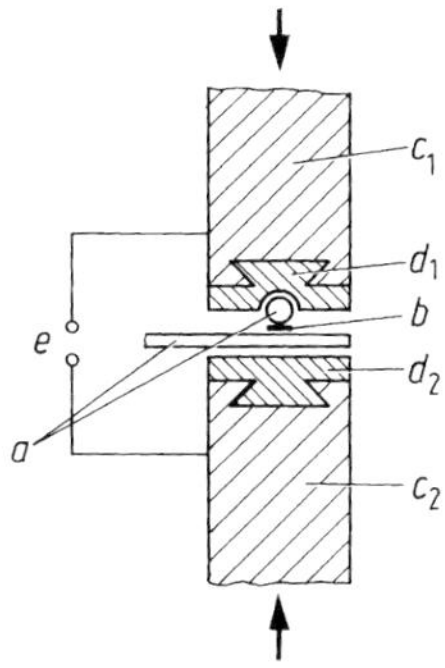

Bild 6.8 Direktes Widerstandslöten
a Werkstücke, b Lot und Flussmittel, c_1 Elektrode (Träger), c_2 Gegenelektrode (Träger), d_1 geformte Elektrodenspitze (Kohle), d_2 Elektrodenspitze (Kohle, Wolfram)

- **Ofenlöten mit Flussmittel**: Die zu lötenden Teile werden in einer durch elektrische Heizelemente beheizten Ofenkammer vorwiegend durch Wärmestrahlung sowie auch durch Konvektion der heißen Ofengase erwärmt. Die zu lötenden Teile müssen gegenseitig fixiert und neben Flussmittel mit Lot als Draht oder Blechformteil bzw. Lotpulver oder mit einer flussmittelhaltigen Lotpaste versehen werden. Zusätzlich kann ein Schutzgas verwendet werden. Dadurch soll ein Verzundern bzw. Oxidieren der ungeschützten Werkstückoberfläche verhindert werden.

  in reduzierendem Schutzgas, *in inertem Schutzgas* oder *im Vakuum*: Bei letzterem wird ohne Flussmittel gelötet.

Hochtemperaturlöten

Die meisten verwendeten Lote sind Nickel-Basislote, Gold-Nickel- und andere Edelmetalllote sowie Kupfer- und Kupferbasislote. Für Sonderwerkstoffe werden u. a. Lote auf Titan-, Zirconium-, Cobalt- und Niobbasis verwendet. Der Anwendungsschwerpunkt liegt beim Fügen von Stählen, Nickel- und Cobaltlegierungen.

Es wird flussmittelfrei im Vakuum oder in einer Schutzgasatmosphäre gelötet. Man erreicht damit hohe Füllgrade mit geringen Poren- und Lunkeranteilen bei guter Benetzung auf sauberen und anlauffarbenfreien Werkstückoberflächen. Die Festigkeit der gelöteten Verbindungen erreicht oftmals die Festigkeit der Grundwerkstoffe.

Die wichtigsten **Hochtemperaturlötverfahren** sind folgende:

- **Laserstrahllöten**: Die Lötstelle wird in einer Vakuum- oder Schutzgasatmosphäre durch den Laserstrahl erwärmt. Es können hohe Leistungsdichten bei minimalen Wärmeeinbringflächen erzielt werden, die auch höchstschmelzende Sondermetall-Lote zum Schmelzen bringen.
- **Elektronenstrahllöten**: Aufgrund der hohen Energiedichte können an großen Bauteilen begrenzte Lötstellen auf Löttemperatur bei geringer thermischer Beeinflussung der Umgebung erwärmt werden.
- **Induktionslöten**

  in reduziertem Schutzgas: Die Wärme wird durch einen im zu lötenden Teil induzierten Wechselstrom erzeugt. Schutzgas ist üblicherweise Wasserstoff. Die reduzierte Wirkung des Schutzgases muss auf Grundwerkstoff und Lot abgestimmt sein.

  in inertem Schutzgas: Als Schutzgas kommen Helium oder Argon, z.T. auch Stickstoff in Betracht.

  im Vakuum: Es kommen nur Lote und Grundwerkstoffe mit niedrigen Verdampfungsdrücken zum Einsatz.
- **Ofenlöten**

  in reduziertem Schutzgas, *in inertem Schutzgas* oder *im Vakuum*

Weichlote für Schwermetalle und für Aluminium siehe DIN EN ISO 9453. Bezeichnungsbeispiele für ein Blei-Zinn-Lot, antimonhaltig: S-Pb78Sn20Sb2 (rund 20 % Zinn). Löten ohne Blei ist in der EU seit 1. Juli 2006 obligatorisch (EG Richtlinie 2002/95/EG). Für die Hersteller besteht die Herausforderung, die üblichen Sn60Pb40-Lote durch SnAg- oder SnAgCu-Lote zu ersetzen und in den Produktionsprozess einzuführen. Erschwerend bringt die Verwendung von Elementen wie Zinn, Silber und Kupfer anstelle von Blei einige Probleme, wie z.B. höhere Verarbeitungstemperaturen, ein engeres Zeitfenster für den Aufschmelzprozess, die Vielzahl neuer Lötmetalle mit unterschiedlichsten Eigenschaften und zu wenig Langzeiterkenntnisse über die Zuverlässigkeit bleifreier Lötverbindungen.

Hartlote und deren Arbeitstemperaturen sind in Tabelle 6.1 aufgeführt. Sie dienen vorwiegend zum Löten von Eisen-, Kupfer- und Nickelwerkstoffen, aber auch für andere Schwer- und Edelmetalle, die Aluminiumbasislote für Aluminium und dessen Legierungen (Näheres siehe DIN EN ISO 17672). Die Nickelbasislote sind zum Hochtemperaturlöten vorgesehen. Die Zahl (1 bis 8) gibt nicht den Gewichtsanteil des Nickels an, während bei allen anderen die Zahl hinter dem Elementkennzeichen den Anteil in Gewichtsprozenten des betreffenden Metalls angibt, z.B. hat das Lot AG 106 einen Anteil von 34 % Silber. Auch nicht genormte Lote befinden sich im Handel, z.B. Palladiumlote zum Löten von Beryllium, Cobalt, Wolfram, Gold u.a.

Mögliche Fehler an Lötverbindungen sind Risse, Hohlräume, Poren, Blasen, Einschlüsse, Bindefehler, Kerben, Kantenversatz, Verzug usw.

6.2 Gestaltung von Lötverbindungen

Nach der Form der Lötstelle wird unterschieden in

- **Spaltlöten**, bei dem die zu verbindenden Oberflächen einen kleinen, möglichst gleich bleibenden Abstand (Lötspalt) voneinander haben, der im Allgemeinen $h = 0{,}25\,\text{mm}$ nicht überschreitet. Das Lot wird durch Kapillarwirkung in den Lötspalt gesaugt (Bild 6.9).
- **Fugenlöten**, bei dem die zu verbindenden Oberflächen einen größeren Abstand als $h = 0{,}5\,\text{mm}$ mm voneinander haben oder die Lötstelle (Lötfuge) V- oder X-förmig ausgebildet ist. Im letzten Fall entstehen wie beim Schmelzschweißen Nähte, sodass man dann auch vom Schweißlöten spricht (siehe hierzu die Stoßarten nach Bild 4.6 und die Nahtformen nach Bild 4.9).

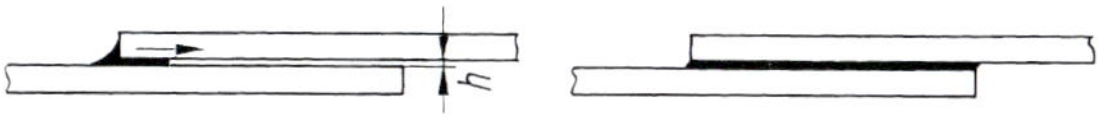

Bild 6.9 Kapillarwirkung im Lötspalt

Die Lötspalte müssen so gestaltet sein, dass das Lot gut einfließen kann. Erweiterungen im Lötspalt vermindern die Kapillarwirkung, Verengungen beeinträchtigen den Durchfluss des mit Oxiden angereicherten Flussmittels. Besonders kritisch sind Verengungen, die sich Spalterweiterungen anschließen. Beispiele für falsche und richtige Ausbildung von Lötspalten veranschaulicht Bild 6.10.

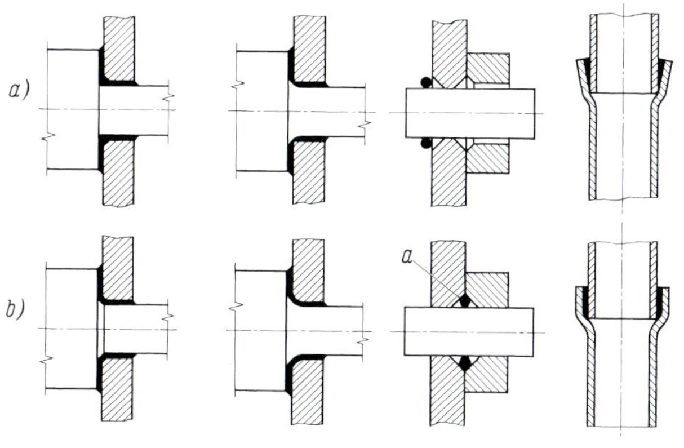

Bild 6.10 Ausbildung der Lötspalte
a) falsch, b) richtig

Senkrecht zum Lötfluss laufende Bearbeitungsriefen behindern das Fließen, wenn sie tiefer als 0,05…0,1 mm sind. Riefen in Flussrichtung wirken wie Kanäle und begünstigen das Fließen, sodass sie mitunter vorgesehen werden (Bild 6.11), wenn z. B. ein genauer zentrischer Sitz der Verbindungspartner verlangt wird.

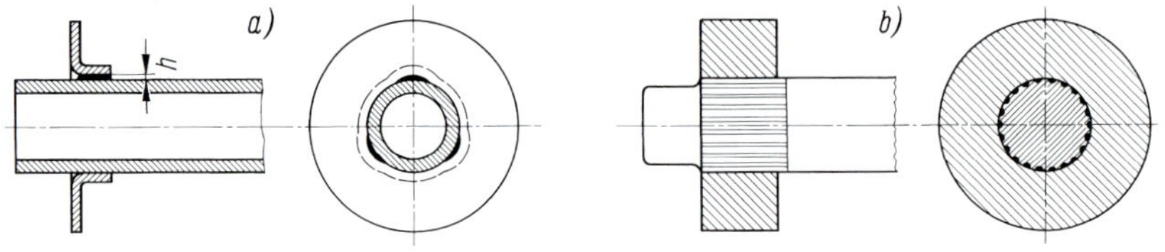

Bild 6.11 Kanalierte Lötspalte
a) Teile mit Dreipunkt-Presssitz gefügt, b) Teile mit Rändelung gefügt

Bild 6.12 bis Bild 6.16 zeigen übliche Lötverbindungen.

1. Bleche

Stumpfstöße sind wegen ihrer zu kleinen Lötfläche ungeeignet. Am besten sind Überlapp- und Laschenstöße (Bild 6.12). Durch eine Zuschärfung der Bauteile oder Laschen an der Lötstelle wird der Kraftfluss sanfter umgelenkt und damit die Festigkeit gesteigert. Zweckmäßige Überlapplänge $l = 3 \ldots 4s$ (s = Blechdicke). Am festesten ist die Falznaht (Bild 6.12g).

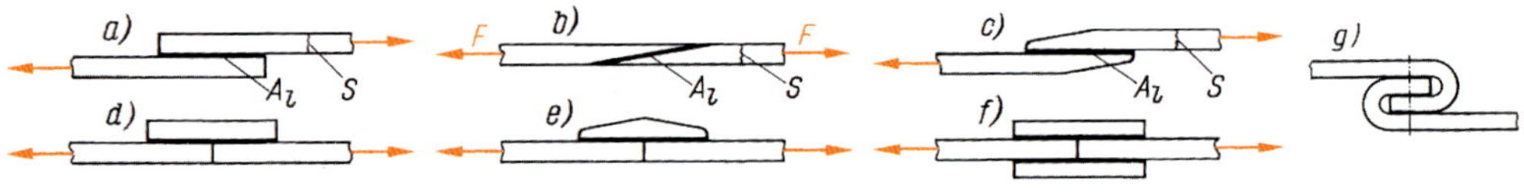

Bild 6.12 Gelötete Blechstöße
a) Überlappung, b) Schäftung, c) zugeschärfte Überlappung, d) Laschung, e) zugeschärfte Laschung, f) Doppellaschung (zweischnittig), g) Falznaht
A_l Lötfugenfläche, S Bauteilquerschnitt

2. Rohre

Stumpfstöße (Bild 6.13a) werden zweckmäßig hartgelötet. Die kegeligen Ausbildungen der Enden vergrößert die Lötfläche. Rohre unter 2 mm Wanddicke und weichzulötende Rohre werden an der Verbindungsstelle gemufft (Bild 6.13b) oder an einem Ende aufgeweitet (Bild 6.13c).

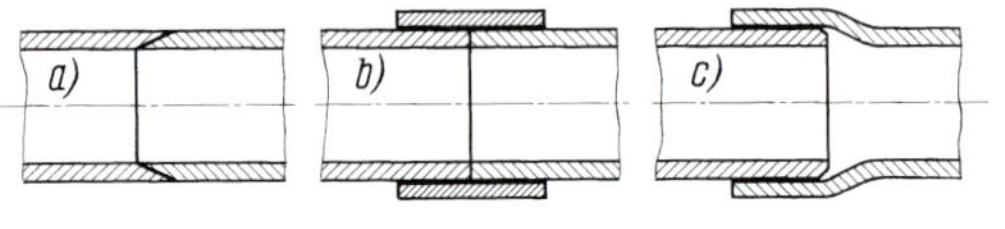

Bild 6.13 Gelötete Rohrstöße
a) kegeliger Stumpfstoß, b) Muffen-stoß, c) Überlappstoß

3. Rundstäbe

Das stirnflächige Anlöten von Stabenden (Bild 6.14a) ist nicht zu empfehlen. Besser ist das Einsetzen in eine Bohrung, die Spiel zum Einfließen des Lotes lässt (Bild 6.14b und c). Bild 6.14e und f veranschaulichen, wie durch eine entsprechende Formgebung von Naben der Kraftfluss sanfter umgelenkt werden kann. Besonders die Verjüngung der Nabe nach Bild 6.14f macht diese an ihrem rechten Ende elastischer (nachgiebiger) und baut deshalb Kerbwirkungen merkbar ab, falls der Rundstab auf Biegung beansprucht wird.

Bild 6.15 zeigt in Blechteile gelötete Stäbe. Durch jeweils zwei Stützpunkte (Lötstellen) sind die Verbindungen besonders steif und fest, insbesondere die Ausführung mit der Tülle nach Bild 6.15b, da sie breite Lötstellen besitzt.

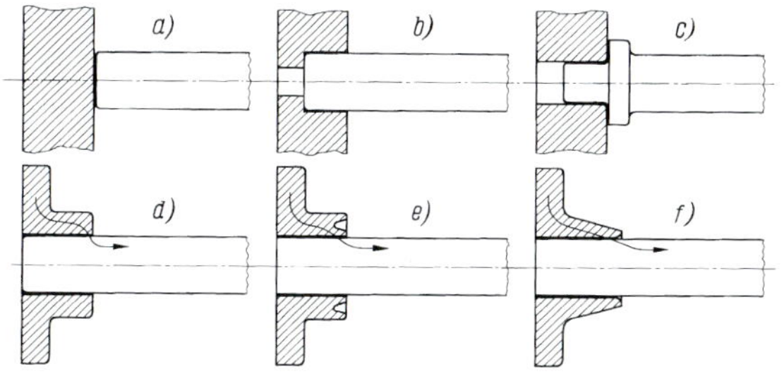

Bild 6.14 An- und eingelötete Stäbe
a) an der Stabstirn, b) am Stabumfang, c) am Zapfenumfang, d) in starre Nabe, e) und f) ein elastisch gestaltetes Nabenende

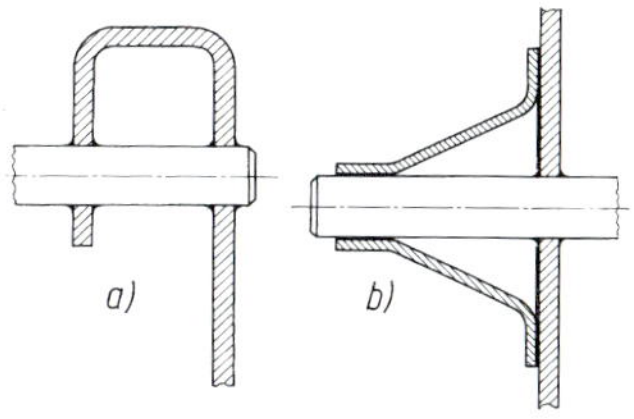

Bild 6.15 Doppelte Lagerung von Rundstäben
a) in einem u-förmig gebogenen Hebel, b) in einer Kegeltülle

6

4. Behälter

Für Behälterlötungen gilt sinngemäß das für Bleche Gesagte. Eingelötete Behälterböden zeigt Bild 6.16.

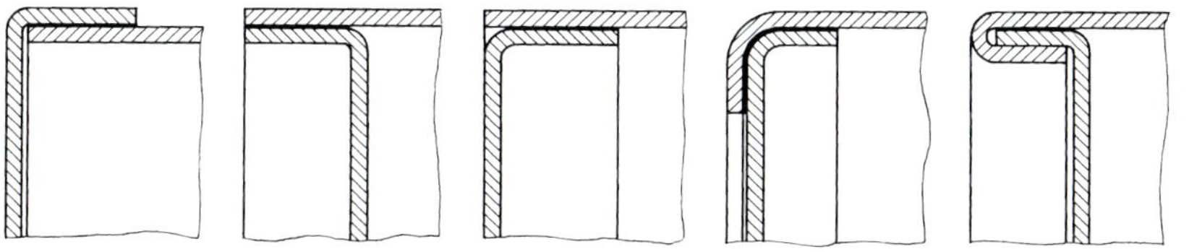

Bild 6.16 Eingelötete Behälterböden

6.3 Berechnung von Lötverbindungen

Lötverbindungen werden zweckmäßig auf Abscheren beansprucht. In der Regel wird der Lötschicht die annähernd gleiche rechnerische Bruchkraft gegeben wie dem zugbeanspruchten Bauteil, d. h., die Lötfuge wird so bemessen, dass die Lötschicht etwa bei der gleichen Kraft brechen würde wie das Bauteil. In diesem Falle gilt:

$$\textit{Abscherkraft der Lötschicht} \quad F_{\mathrm{lB}} = A_{\mathrm{l}} \cdot \tau_{\mathrm{lB}} \approx S \cdot R_{\mathrm{m}} = F_{\mathrm{B}} \quad \textit{Zugbruchkraft des Bauteils} \qquad (6.1)$$

F_{lB}	in N	Abscherkraft = Scherbruchkraft der Lötschicht,
τ_{lB}	in N/mm²	Zugscherfestigkeit des Hartlotes (Tabelle 6.2),
A_{l}	in mm²	Lötfläche,
S	in mm²	Querschnittsfläche des Bauteils,
R_{m}	in N/mm²	Zugfestigkeit des Bauteilwerkstoffs,
F_{B}	in N	Zugbruchkraft des Bauteils.

Die Scherfestigkeit der Lote (Lötschicht) wird als **Zugscherfestigkeit** bezeichnet, um anzudeuten, dass sie bei Zugbeanspruchung der Fügeteile ermittelt wurde (siehe hierzu Bild 6.12). Sie ist die Scherspannung, bei der das Abscheren (die Zerstörung) erfolgt.

In Tabelle 6.2 sind die Zugscherfestigkeit τ_{lB} und die Zugfestigkeit σ_{lB} von Hartloten angegeben. Die jeweils kleinen Werte gelten bei Lötspalten von etwa h = 0,1 mm, die großen etwa bei h = 0,25 mm (Zwischenwerte abschätzen). Die Zugscherfestigkeit der Aluminiumhartlote AL 103 oder AL 104 erreicht etwa die Zugfestigkeit der Aluminiumbauteile. Bei schwellender oder wechselnder Beanspruchung erreicht die Zugscherfestigkeit der Hartlötverbindungen etwa 80 % der Schwell- bzw. Wechselfestigkeit der Fügeteilwerkstoffe, bei Spalten über h = 0,2 mm etwa 60 %.

Es sei hervorgehoben, dass die Festigkeitswerte außerordentlich streuen, da sie von vielen Einflüssen abhängen. Eine optimale Festigkeit ist nur dann zu erwarten, wenn die Richtlinien hinsichtlich Gestaltung, Spaltbreiten und Rautiefen eingehalten wurden und einwandfrei gelötet wurde. Serienfertigungen machen vorausgehende Versuche unerlässlich.

6

Mit überdimensionierten Bauteilen würde die Lötfläche bei Bemessung nach der Bruchkraft unnötig groß werden. In diesen Fällen rechnet man mit der mittleren

Scherspannung $$\tau_l = \frac{F}{A_l} \tag{6.2}$$

τ_l in N/mm² Scherspannung in der Lötschicht,
F in N Belastungskraft (Betriebskraft),
A_l in mm² Lötfläche.

Zugspannung $$\sigma_l = \frac{F}{A_l} \tag{6.3}$$

σ_l in N/mm² Zugspannung in der Lötschicht,
F in N Belastungskraft (Betriebskraft),
A_l in mm² Lötfläche.

Zu Anhaltswerten für zulässige Spannungen siehe Tabelle 6.2.

Weichlötverbindungen verlieren sehr schnell an Festigkeit und sind für schwingende Beanspruchung und für Zugbeanspruchung nicht geeignet. Bei ruhender Beanspruchung soll deren Scherspannung $\tau_l \approx 2\ldots3$ N/mm² nicht überschreiten.

Gelötete Behälter sind mit denselben Gleichungen zu berechnen wie die geschweißten. Die AD-Merkblätter geben hierzu folgende Richtlinien:

Sicherheit gegen Zugfestigkeit $S = 4$, Wertigkeit der Lötnähte $v = 0{,}7$ bei überlappt hartgelöteten Nähten als Normalbewertung, höchstzulässige Wanddicke hierbei $s = 5\,\text{mm}$, $v = \ldots0{,}9$ bei überlappt hartgelöteten Nähten, wenn die Überlappungsbreite mindestens das 6fache der Wanddicke beträgt, höchstzulässige Wanddicke hierbei $s = 8\,\text{mm}$, $v = 0{,}8$ bei mit durchlaufender Lasche hergestellten Weichlötverbindungen an Kupferblech, wenn die Laschenbreite auf beiden Seiten des Stoßes mindestens das 12-fache der Wanddicke beträgt, höchstzulässige Wanddicke hierbei $s = 4\,\text{mm}$, höchstzulässiger Betriebsüberdruck $p = 0{,}2\,\text{N/mm}^2 = 2\,\text{bar}$. Überlappt weichgelötete Rundnähte können an Kupferblech bei mindestens 10-facher Überlappungsbreite bis zu einer Wanddicke von $s = 6\,\text{mm}$ und bis zu $D_i \cdot p = 250\,\text{N/mm}$ ausgeführt werden. Überlappt weichgelötete Längsnähte sind nicht zulässig. Die Wanddicke hartgelöteter Druckbehälter, mit Ausnahme solcher aus Reinaluminium oder ähnlich weichen Aluminiumlegierungen, darf $s = 2\,\text{mm}$ nicht unterschreiten. Für Druckbehälter aus den letztgenannten Werkstoffen beträgt die Mindestwanddicke $s = 3\,\text{mm}$.

6

Beispiel 6.1

Auf die Rotornabe eines Kleinmotors soll die Haltescheibe mit Kupferlot Cu 101 hart aufgelötet werden (Bild 6.17). Dazu wird das Blechpaket zusammengepresst und in diesem Zustand die Scheibe gelötet. Nach Fortnahme der Presskraft drückt das Blech-Lamellenpaket mit einer Axialkraft $F = 2500\,\text{N}$ auf die Scheibe. Bauteile aus Stahl S235JR.

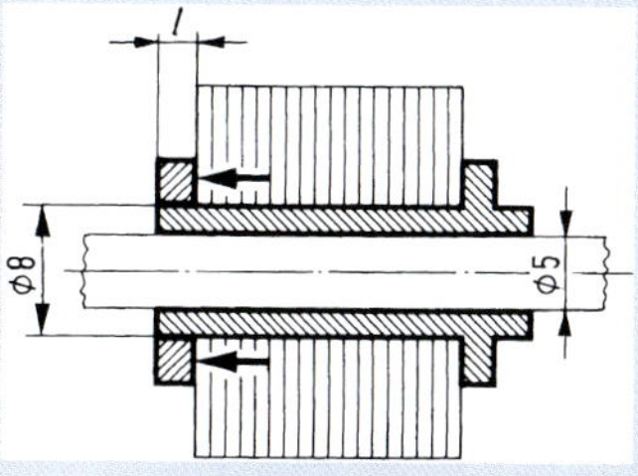

Bild 6.17
Rotornabe mit aufgelöteter Scheibe

1. Welche Fugenlänge muss mindestens ausgeführt werden?
2. Es ist zu prüfen, ob die Lötverbindung bei der nach 1. gewählten Länge l annähernd die gleiche Bruchkraft besitzt wie die Nabe.

Lösung:

1. Erforderliche Fugenlänge *l*

Kleinstwert der Zugscherfestigkeit der Kupferlote $\tau_{lB} = 150\,\text{N/mm}^2$ (Tabelle 6.2), zulässige Scherspannung bei ruhender Beanspruchung $\tau_{l\text{zul}} = 50\,\text{N/mm}^2$. Damit ergibt sich gemäß Formel 6.2 die erforderliche Lötfläche $A_l = F / \tau_{l\text{zul}}$ und aus $A_l = d \cdot \pi \cdot l$ die erforderliche Fugenlänge

$$l = \frac{F}{\tau_{l\text{zul}} \cdot d \cdot \pi} = \frac{2500\,\text{N}}{50\,\text{N/mm}^2 \cdot 8\,\text{mm} \cdot \pi} = 2\,\text{mm}$$

2. Bruchkräfte F_B und F_{lB}

Entsprechend Formel 6.1 beträgt mit dem Bauteilquerschnitt $S = \left(8^2 - 5^2\right)\text{mm}^2 \cdot \pi / 4 = 30{,}6\,\text{mm}^2$ und $R_m = 340\,\text{N/mm}^2$ (Tabelle 2.2) die Zugbruchkraft der Nabe

$$F_B = S \cdot R_m = 30{,}6\,\text{mm}^2 \cdot 340\,\text{N/mm}^2 \approx 10400\,\text{N}$$

und die Abscherkraft der Lötschicht

$$F_{lB} = A_l \cdot \tau_{lB} = 8\,\text{mm} \cdot \pi \cdot 2\,\text{mm} \cdot 150\,\text{N/mm}^2 = 7540\,\text{N}$$

Schlussfolgerung

Da die Lötschicht eine kleinere Bruchkraft als die Nabe hat, wird $l = 3\,\text{mm}$ gewählt.

6.4 Verständnisfragen

1. Was ist der Unterschied zwischen Weich- und Hartlöten?
2. Nennen Sie drei Weichlötverfahren.
3. Welcher Beanspruchung unterliegen Lötverbindungen zweckmäßig?
4. Erklären Sie den Begriff des Lötens.
5. In welche Verfahren lässt sich das Flammlöten unterteilen?
6. Welche Größe des Lötspalts darf beim Spaltlöten nicht überschritten werden?

6

Literatur

[6.1] *Iversen, K.:* Innovative Schweiß- und Lötreparaturen. Schadensbeispiele und Problemlösungen. Düsseldorf: DVS Media, 2002

[6.2] *Matthes, K.-J.; Riedel, F.:* Fügetechnik. Überblick – Löten – Kleben – Fügen durch Umformen. München: Fachbuchverlag Leipzig im Carl Hanser Verlag, 2003

[6.3] DIN-DVS-Taschenbuch 196/1. Schweißtechnik 5 – Hartlöten. Berlin: Beuth, 2017

[6.4] DIN-DVS-Taschenbuch 196/2. Schweißtechnik 12 – Weichlöten, gedruckte Schaltungen. Berlin: Beuth, 2017

[6.5] *SAXONIA Technical Materials GmbH:* Firmenschriften, u. a.: Grundlagen des Lötens. Lötgerechtes Gestalten. Auswahlregeln für Lote und Flußmittel. Hanau, Stand 2021. Siehe auch: *https://www.saxonia-tm.de/Brazetec/de/Downloads/Technisches%20Know-How/index.html*

[6.6] DVS-Merkblätter 2602-2614. Düsseldorf: DVS Media

[6.7] *Rahn, A.:* Bleifrei löten – ein Leitfaden für die Praxis. Bad Saulgau: Leuze, 2004

DIN 1707-100:2017-10	Weichlote – Chemische Zusammensetzung und Lieferformen
DIN 8514:2006-04	Lötbarkeit
DIN 8593-7:2003-09	Fertigungsverfahren Fügen – Fügen durch Löten: Einordnung, Unterteilung, Begriffe
DIN EN 1045:1997-08	Hartlöten – Flußmittel zum Hartlöten – Einteilung und technische Lieferbedingungen
DIN EN 12797:2000-12	Hartlöten – Zerstörende Prüfung von Hartlötverbindungen
DIN EN 14324:2004-12	Hartlöten – Anleitung zur Anwendung hartgelöteter Verbindungen
DIN EN ISO 9453:2021-01	Weichlote – Chemische Zusammensetzung und Lieferformen
DIN EN ISO 17672:2017-01	Hartlöten – Lote
DIN EN ISO 18279:2004-04	Hartlöten – Unregelmäßigkeiten in hartgelöteten Verbindungen
DIN EN 29454-1:1995-11	Flußmittel zum Weichlöten
DIN ISO 857-2:2007-03	Schweißen und verwandte Prozesse – Begriffe – Teil 2: Weichlöten, Hartlöten und verwandte Begriffe

7 Klebverbindungen

Unter Kleben versteht man das Verbinden von Körpern (Fügeteilen als Verbindungspartner) durch Oberflächenhaftung mittels Klebstoff. Klebverbindungen bieten den Vorteil, dass sie wenig Raum und Gewicht erfordern, dass sich die Spannungen an der Verbindungsstelle gleichmäßiger als bei anderen Verbindungen verteilen, dass sie dichthalten, korrosionsbeständig sind und die Werkstoffeigenschaften der Verbindungspartner nicht verändern. Nachteile sind die geringe Festigkeit gegenüber anderen Verbindungsarten (Schweißen, Löten, Nieten) sowie die teilweise schwierige Demontage. Es werden beispielsweise Versteifungen auf Blechwände geklebt, Flugzeugtragflächenholme, Gebläseräder, Lüfterflügel, Brems- und Kupplungsbeläge auf ihre Träger und dergleichen (Bild 7.1).

Bild 7.1
Industrielles Kleben von Autoscheiben
(Werkbild KUKA Group)

In diesem Kapitel werden nur die für das Gebiet Maschinenelemente wichtigen Metallklebverbindungen besprochen. Das sind Klebungen von Metallen untereinander oder mit anderen Stoffen. Für Kunststoffklebverbindungen wird auf die Literatur am Kapitelende verwiesen.

7.1 Wirkmechanismen

Werden zwei Bauteile über einen Klebstoff flächig und stoffschlüssig miteinander verbunden, so muss dieser, um Kräfte übertragen zu können, einerseits auf den Oberflächen der beiden Bauteile haften und andererseits eine ausreichende innere Festigkeit besitzen.

Das Haftvermögen bezeichnet man als **Adhäsion** (vom lat. *adhaerere* – „anhaften“), wobei unterschieden wird zwischen der formschlüssigen Adhäsion, deren Haftkräfte infolge der mechanischen Verankerung des Klebstoffs in die Werkstückoberfläche entstehen (Anteil der Haftkräfte beträgt etwa 30% der Gesamtfestigkeit), und der spezifischen Adhäsion. Die hier auftretenden Bindungskräfte beruhen auf den verschiedenen Arten der chemischen Bindung sowie auf den zwischenmolekularen Kräften infolge der Wechselwirkungen zwischen Atomen und/oder Molekülen.

Die „innere Festigkeit" des Klebstoffs wird als **Kohäsion** (vom lat. *cohaerere* – „zusammenhängen") bezeichnet. Man versteht darunter das Wirken von Anziehungskräften zwischen Atomen bzw. Molekülen innerhalb eines Stoffes. Die Kohäsionsfestigkeit ist eine werkstoff- und temperaturabhängige Größe. Quantitative Anhaltspunkte für die Kohäsionsfestigkeit erhält man über die Zugfestigkeit und das Dehnungsvermögen der Werkstoffe. Bei Klebschichten ist die Kohäsionsfestigkeit insbesondere für das Kriechen bzw. Fließen unter mechanischer Belastung eine charakteristische Eigenschaft.

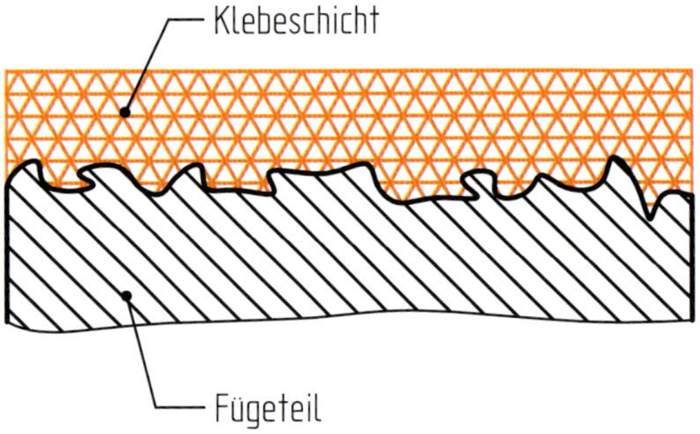

Bild 7.2
Formschlüssige Adhäsion

Verantwortlich für die Güte der Verbindung sind die Klebstoffeigenschaften Viskosität und Benetzungsfähigkeit sowie die Oberflächenrauigkeit, Sauberkeit und Haftfestigkeit der zu verklebenden Bauteile.

Viskosität

Ein Klebstoff soll das Fügeteil gut benetzen und in vorhandene Oberflächenvertiefungen vollständig eindringen. Bei sehr geringen Fügespalten ist eine Kapillarwirkung erwünscht. Bei Vergusswerkstoffen soll der Klebstoff alle Teile blasenfrei benetzen und nivellieren. In diesen Fällen ist ein niedrigviskoser, dünnflüssiger Klebstoff vorteilhaft.

In anderen Anwendungsfällen ist ein hochviskoses Medium erforderlich, z.B. zur Überbrückung großer Spalten, wenn der Klebstoff nicht in einen vorhandenen Spalt eindringen darf, oder beim Verkleben von porösen Materialien.

Benetzung

Das Benetzungsverhalten des Klebstoffs auf der Fügeoberfläche ist zum einen von der **Viskosität** und zum anderen von der **Oberflächenspannung** abhängig. Charakteristisch ist in diesem Zusammenhang der sich zwischen dem flüssigen Klebstoff und der Fügeteiloberfläche ausbildende Benetzungswinkel α. Je geringer dieser ist, desto besser ist die Benetzung. Von einer guten Benetzung spricht man, wenn die Werte von α unter 30° liegen.

Neben Flüssigkeiten besitzen auch feste Körper, z.B. Metalle, Gläser, Kunststoffe, eine für das Auge nicht sichtbare Oberflächenspannung, die aber messtechnisch erfasst werden kann. Je größer die Differenz der beiden Oberflächenspannungen ist, umso besser ist die Benetzungsfähigkeit des Fügeteils mit dem Klebstoff.

Klebstoffoberflächenausprägung		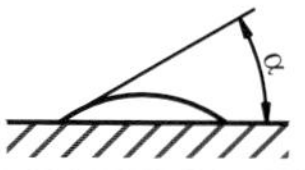	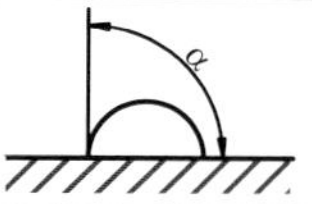	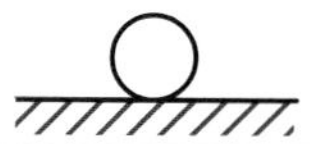
Benetzungswinkel α	0	< 30°	90°	180°
Benetzung	sehr gut	gut	nicht ausreichend	keine

Bild 7.3 Benetzungsfähigkeit und Benetzungswinkel α

Oberflächenrauigkeit, Sauberkeit und Haftfestigkeit von Beschichtungen

Für die Haltbarkeit und Beständigkeit einer Klebverbindung ist die Beschaffenheit der Klebfugenflächen von außerordentlicher Bedeutung. Grenzflächenkräfte (Adhäsionskräfte) werden nur wirksam, wenn der Haftgrund sauber und entfettet ist. Ein Aufrauen vergrößert durch Bilden von Mikrogebirgen die haftende Oberfläche.

Verunreinigungen auf den Klebeflächen wie Schmutz, Farbreste, Zunder, Rost und dergleichen müssen gründlich entfernt werden. Auch blanke Metalloberflächen können noch mit Öl- oder Fettresten behaftet sein. Deshalb müssen die Oberflächen stets entfettet werden. Dies geschieht mit organischen Lösungsmitteln wie Aceton, Methylenchlorid, Perchlorethylen oder Trichloräthylen oder mit wässrigen Reinigungsmitteln, das sind alkalische, neutrale oder saure Lösungen. Nach dem Entfetten müssen die Klebflächen mit vollentsalztem oder destilliertem Wasser gespült und sofort getrocknet werden.

Oftmals sind die Metalloberflächen nicht nur verunreinigt, sondern auch von einer Oxidschicht überzogen. In diesen Fällen genügt ein Entfetten nicht, vielmehr ist eine mechanische Oberflächenbehandlung unerlässlich. Die Klebflächen werden dann aufgeraut mit harten Stahlbürsten, durch Schmirgeln oder Schleifen ohne Schmiermittel sowie Sandstrahlen (Korngröße 100...150, bei sehr dünnen Fügeteilen 400 – 600) mit fettfreiem Strahlgut und fettfreier Pressluft. Die Rauheit darf nicht so fein und tief sein, dass der Klebstoff nicht mehr in die Mikrotäler dringt.

Bei plattierten Fügeteilen besteht die Gefahr, dass beim Strahlen die Plattierschicht durchbrochen wird. Chemische Aufrauverfahren mit Beizen (z. B. Pickling- oder Chemoxal-Beize) unter erhöhten Temperaturen eignen sich im Wesentlichen nur bei Aluminium- und Titanlegierungen.

Art und Umfang der jeweiligen Vorbehandlungen bestimmen maßgeblich die zu erwartende Bindefestigkeit der Klebschicht. In Tabelle 7.3 sind die Vorbehandlungen angegeben, die erforderlich sind für eine

- **niedrige Bindefestigkeit** mit einer Zugscherfestigkeit bis 5 N/mm^2. Einsatz in geschlossenen Räumen, kein Kontakt mit Wasser. Gebiete: Feinmechanik, Elektrotechnik, Modellbau, Schmuckindustrie, Möbelbau.
- **mittlere Bindefestigkeit** mit einer Zugscherfestigkeit über 5 bis 10 N/mm^2. Einsatz in gemäßigtem Klima, auch bei Öl- und Treibstoffzutritt. Gebiete: Maschinen- und Fahrzeugbau.
- **hohe Bindefestigkeit** mit einer Zugscherfestigkeit über 10 N/mm^2. Einsatz unter sämtlichen Klimaten, direkte Berührung mit wässrigen Lösungen, Ölen, Treibstoffen, Lösungsmitteln. Gebiete: Fahrzeug-, Flugzeug-, Schiffs- und Behälterbau.

Auch nach dem Bürsten, Schmirgeln, Schleifen oder Sandstrahlen müssen die Klebflächen gespült werden, um den zurückgebliebenen Abrieb (die Staubpartikel) restlos zu entfernen. Werden höchste Ansprüche an die Klebverbindung gestellt, so ist eine Vorbehandlung durch Beizen oder Ätzen zweckmäßig.

7.2 Klebstoffe

In der Richtlinie VDI 2229 *Metallkleben* werden die Klebstoffe nach der Art des Abbindens (des Abbindemechanismus) eingeteilt in:

1. **Physikalisch abbindende Klebstoffe**

   Bei ihnen entsteht die Klebschicht durch Ablüften von Lösungsmitteln vor dem Fügen, Erstarren einer Schmelze oder einer Gelierung. Die Klebschichten sind thermoplastisch und neigen daher unter Belastung zum Kriechen. Mit ihnen werden zumeist gut verformbare Klebschichten mit mittlerer Zugscherfestigkeit (über 5 bis 10 N/mm^2) erzielt. Diese Klebstoffe werden eingeteilt in

   Kontaktklebstoffe, die auf gelösten Kautschuken basieren. Sie werden beidseitig aufgetragen, abgelüftet und unter kurzem starken Druck zusammengefügt.

   Schmelzklebstoffe, die man im geschmolzenen Zustand (meistens 150...190 °C) aufträgt. Vor dem Erstarren werden die Verbindungspartner zusammengefügt.

   Plastisole, die lösungsmittelfrei sind, im teigigen Zustand aufgetragen werden und bei 140...200 °C abbinden. Sie basieren meistens auf einer Dispersion von PVC (feinverteiltem Polyvinylchlorid) in Weichmachern. Sie können Öl und Fett aufnehmen.

2. **Chemisch abbindende Klebstoffe (Reaktionsklebstoffe)**

   Das sind Klebstoffe, die aus niedermolekularen Verbindungen bestehen und während des Abbindens in der Klebfuge in hochmolekulare Verbindungen (vernetzte Polymere) übergehen, d.h. durch einen Vernetzungsprozess aushärten, in welchem sich die vielgliedrigen Makromoleküle aufbauen und räumlich zueinander anordnen. Es handelt sich um flüssige bis pastöse oder filmförmige Stoffe. Sie binden durch einen Katalysator (Härter), durch erhöhte Temperatur, durch Luftfeuchtigkeit oder durch Entzug von Sauerstoff ab. Ein Katalysator ist eine geringe Fremdstoffmenge, die die chemische Abbindereaktion einleitet und beschleunigt. Je nach Reaktionstyp unterscheidet man

   Polymerisationsklebstoffe, in denen die Makromoleküle durch den Zusammentritt mehrerer Moleküle entstehen.

   Polyadditionsklebstoffe, die durch die Reaktion zweier chemisch unterschiedlicher Stoffe abbinden, die gemischt werden.

   Polykondensationsklebstoffe, die durch Abspalten flüchtiger Stoffe reagieren und abbinden. Zu ihrem Abbinden unter 120...130 °C ist ein Pressdruck von 40...100 N/cm^2 erforderlich.

   Bei den Reaktionsklebstoffen wird zwischen **Ein-** und **Zweikomponentenklebern** unterschieden. Die Einkomponentenkleber bestehen aus einem Kunststoff (flüssig bis pastös oder filmförmig) oder aus mehreren, die bereits miteinander gemischt geliefert werden. Die Zweikomponentenkleber bestehen entweder aus zwei Kunststoffen (Komponenten A und B), die vor der Verarbeitung gemischt werden, oder aus einer Komponente A, der eine geringe Menge Härter als zweite Komponente C vor der Verarbeitung zugegeben wird.

Die Klebstoffe binden kalt (bei Raumtemperatur von mindestens 20 °C) oder warm ab. Man spricht daher auch von **Kalt-** und **Warmhärtern.** Eine Reihe von Klebstoffen sind zugleich Kalt- und Warmhärter. Das Kaltaushärten kann Stunden oder sogar Tage dauern, das Warmaushärten mitunter nur wenige Minuten. Für das Abbinden der Warmhärter ist ein wesentlich höherer Investitionsaufwand erforderlich (Trockenöfen, Heizplatten, Vorrichtungen). Es ist jedoch nicht möglich, auf die Warmhärter zu verzichten, da sie eine wesentlich höhere Bindefestigkeit als die Kalthärter erreichen. Eine Auswahl von Klebstoffen ist in Tabelle 7.1 (Warmhärter und Klebfilme) und Tabelle 7.2 (Kalt- und Kalt-/Warmhärter) zu finden.

Es gibt eine große Anzahl von Klebstoffen, die je nach Werkstoff der zu klebenden Teile, der verlangten Temperaturbeständigkeit, der Auftragungstechnik und der verlangten Festigkeit der Klebfuge ausgewählt werden können. Es ist deshalb zweckmäßig, sich vom Klebstoffhersteller beraten zu lassen.

Die Zweikomponentenklebstoffe werden vor dem Auftragen gemischt. Die Zeit vom Mischen bis zum Gelieren ist die *Topfzeit,* während der die Mischung verarbeitet werden muss.

Die Klebung ist umso besser, je frühzeitiger der Klebstoff nach der Oberflächenbehandlung aufgebracht wird. Der Klebstoff wird mit einem Pinsel, Spachtel oder Rakel (messerartiges Gerät) aufgetragen. Die Klebfuge muss vollständig mit Klebstoff ausgefüllt sein. Einkomponentenkleber in Festform werden auf die Fugenflächen aufgeschmolzen, Klebfolien aufgelegt.

Danach werden die Verbindungspartner zusammengelegt und mit Klammern, Leisten oder Zwingen gegen Verschieben gesichert. Wenn während des Abbindens Druck auf die Klebfläche ausgeübt werden muss, so muss dieser gleichmäßig über die Fugenfläche verteilt sein. Auch für eine gleichmäßige Ofentemperatur in der vorgeschriebenen Höhe muss bei den Warmhärtern gesorgt werden. Zur Vermeidung von Verwerfungen muss langsam abgekühlt werden. Bei Temperaturen unter 18 °C binden die meisten Kleber entweder gar nicht oder nur sehr langsam ab.

7.3 Gestaltung und Festigkeit der Klebverbindungen

Für die Haltbarkeit einer Klebverbindung ist deren Gestaltung von besonderer Bedeutung. Es ist auf die Krafteinleitung in den Fügebereich und die sich daraus ergebende Beanspruchung der Klebschicht zu achten. **Zugbeanspruchungen (Bild 7.4a) sollten vermieden werden,** da die Eigenfestigkeit der Klebstoffe gegenüber der der Fügeteile wesentlich geringer ist und damit die Festigkeit der Fügeteile nicht ausgenutzt werden kann. Damit die Klebschicht bei der Kraftüberleitung von einem Fügeteil auf das andere auf Abscheren beansprucht wird, ist die **Klebschicht in Kraftrichtung zu legen** (Bild 7.4b). Gegen Schälbeanspruchung (Bild 7.4c) ist die Klebschicht besonders empfindlich. Derartige Beanspruchungen sind zu vermeiden.

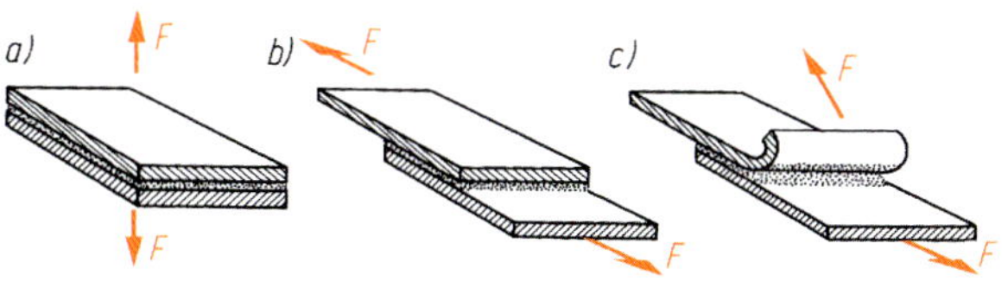

Bild 7.4
Beanspruchung der Klebverbindungen
a) Zug, b) Scheren, c) Schälen

Für die sonstige Gestaltung gilt das in Abschnitt 6.2 für Lötverbindungen zu Bild 6.12 bis Bild 6.14 Gesagte. Da die Zugscherfestigkeit wesentlich unter der von Lötverbindungen liegt, wird eine große Klebfuge benötigt. Als günstige Kleblänge hat sich $l = 10 \ldots 20\,s$ (s Werkstückdicke) erwiesen (Bild 7.5). Bild 7.6 veranschaulicht ungünstige und günstige Winkelverbindungen. Als Beispiel zeigt Bild 7.7a die herkömmliche Ausführung eines Luftpressergehäuses in Kokillenguss, Bild 7.7b die billigere Druckgussausführung mit eingeklebtem Boden. In Bild 7.8 ist die Entstehung eines geklebten Tragflächenholmes wiedergegeben. Bild 7.9 zeigt Biegeträger und Platten in Schicht- und Stegbauweise, die trotz des Leichtbaus außerordentlich steif sind.

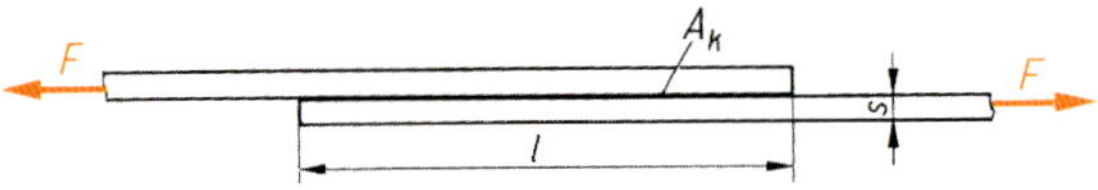

Bild 7.5 Klebverbindung von überlappten Blechen
A_k Klebfläche, l Klebfugenlänge

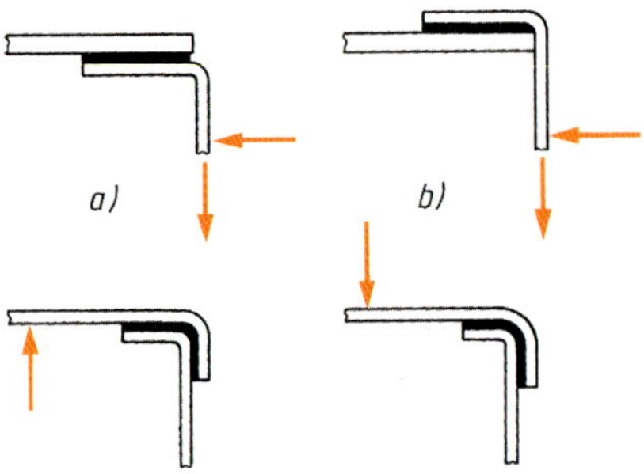

Bild 7.6 Winkelverbindungen
a) ungünstig, b) günstig

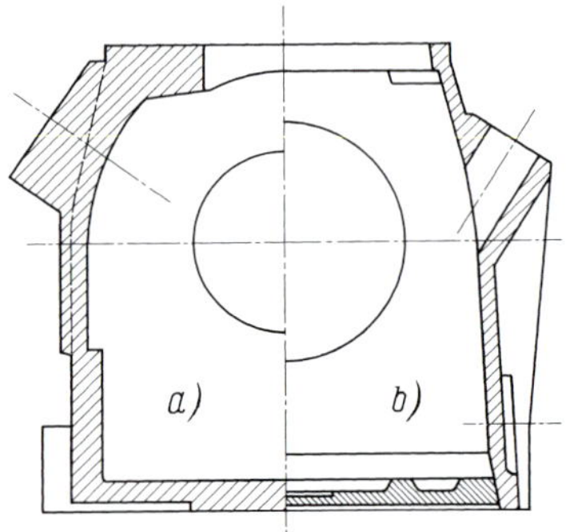

Bild 7.7 Kurbelgehäuse eines Luftpressers
a) aus Kokillenguss, b) aus Druckguss mit eingeklebtem Boden

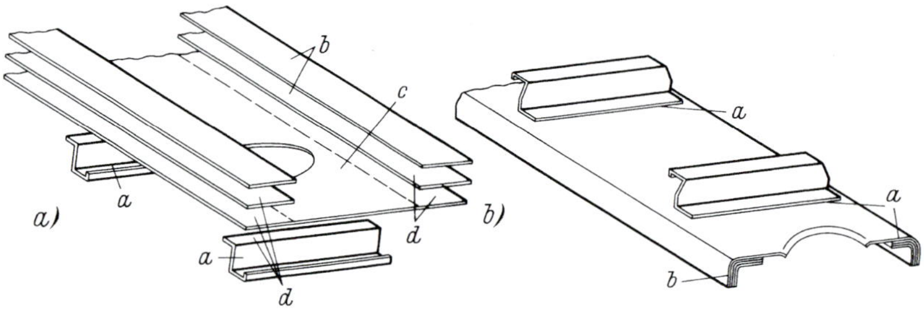

Bild 7.8 Geklebter Tragflächenholm eines Flugzeugs
a) vor dem Kleben (a Stegversteifungen, b Gurtplatten, c Stegblech, d Klebflächen), b) nach dem Kleben (a mit Redux geklebt, b nach dem Kleben gebogene Gurte)

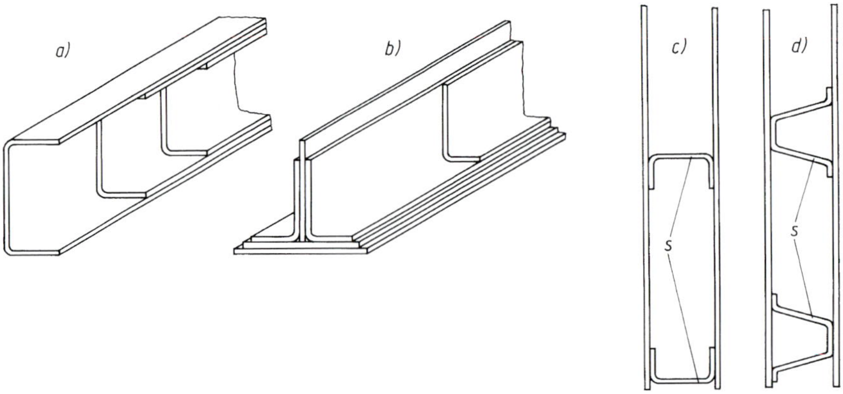

Bild 7.9 Geklebte Träger
a) und b) Biegeträger, c) und d) Platten (s Stege)

Beim Fügen von zylindrischen Teilen kommt es häufig vor, dass scharfe Kanten den Klebstoff wegschieben. Durch Fügefasen von 15...35° wird eine gute Benetzung erreicht (Bild 7.10).

Werden Werkstoffe mit sehr unterschiedlichen Wärmeausdehnungskoeffizienten miteinander verklebt, so können bei Temperaturänderungen hohe Spannungen in der Klebstelle entstehen. Ist das Werkstück mit dem größeren Ausdehnungskoeffizienten das Innenteil einer Welle-Nabe-Verbindung, so kann der Klebstoff die Kräfte aufnehmen. Andernfalls muss eine Presspassung gewählt werden.

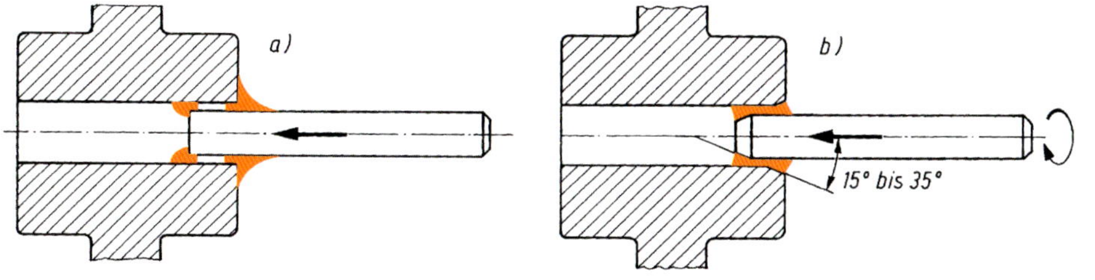

Bild 7.10 Fügen eines Stiftes in ein Bauteil
a) schlechte Spaltfüllung, Kanten schieben Klebstoff weg, b) gute Spaltfüllung, Stift beim Fügen möglichst drehen

Ein Kombinieren von Kleben und Nieten oder Punktschweißen kann sehr vorteilhaft sein. Mit derartigen Kombinationen wird die Tragfähigkeit einer Verbindung außerordentlich gesteigert. Außerdem erreicht man eine bessere Dichtigkeit und eine erhöhte Korrosionsbeständigkeit.

Im Leichtmetallbau werden besonders Kleben und Nieten kombiniert. Dadurch entstehen großflächige Verbindungen mit gleichmäßiger Kraftüberleitung. Die Klebschicht isoliert und verhindert elektrolytische Reaktionen bei Verbindungen unterschiedlicher Metalle. Die Niete werden während oder nach dem Abbinden des Klebstoffs geschlagen (siehe auch Abschnitt 8.6).

Beim Kombinieren mit dem Punktschweißen kann nach dem Punktschweißen ein niedrigviskoser Klebstoff eingegossen und anschließend ausgehärtet werden. Dieses Verfahren dient vorwiegend als Korrosionsschutz. Es kann aber auch vor dem Punktschweißen ein pastöser Klebstoff aufgetragen werden. Durch den Elektrodendruck wird der Klebstoff an der Schweißstelle verdrängt. Nach dem Schweißen wird der Klebstoff kalt oder warm ausgehärtet. Außer dem erreichten Korrosionsschutz kann die Tragfähigkeit gegenüber den Punktschweißverbindungen auf das Drei- bis Vierfache gesteigert werden.

Die **Festigkeit** einer Klebverbindung hängt von vielen Einflüssen ab, sodass es nicht möglich ist, allgemein gültige Festigkeitswerte anzugeben.

Die Scherspannungen verteilen sich nicht gleichmäßig über die Klebfläche. In Kraftrichtung sind sie an den beiden Enden infolge der Dehnungen der Fügeteile größer als in der Mitte. Eine Vergrößerung der Fügeteildicke bewirkt in einer Überlappverbindung (Bild 7.5) eine Abnahme der Spannungen an den Enden, weil sich die Bauteile dann durch die Belastungskraft weniger stark dehnen. Es stellt sich ein gleichmäßigerer Spannungszustand ein, der die Tragfähigkeit erhöht. Dafür sinkt die Ausnutzung der Festigkeit der Fügeteile. Auch mit einer Vergrößerung der Klebschichtdicke verteilen sich die Spannungen gleichmäßiger, weil sich die Klebschicht dann den Bauteildehnungen besser anpassen kann. Beim Aushärten entstehen aber infolge eines Volumenschwunds einiger Klebstoffe Eigenspannungen, die mit der Klebschichtdicke wachsen, sodass der Festigkeitsgewinn teilweise wieder abgebaut wird. Andererseits soll die Klebschicht möglichst dünn sein, theoretisch gleich der Moleküldicke, weil die Adhäsionskräfte meistens größer als die Kohäsionskräfte sind. Für Klebstoffe auf Epoxidbasis hat sich eine Klebschichtdicke von etwa 0,1 ... 0,2 mm als optimal herausgestellt. Die Tragfähigkeit nimmt aber proportional mit einer Vergrößerung der Klebschichtbreite zu.

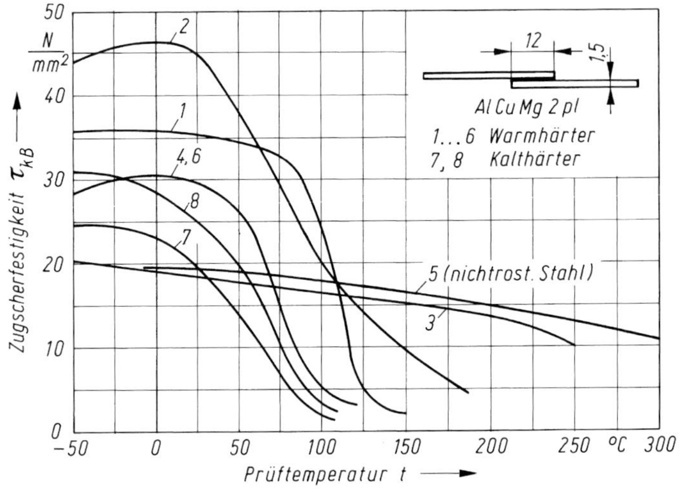

Bild 7.11 Kurzzeit-Bindefestigkeit von Überlappklebungen (aus VDI 2229)

Gering elastische Klebstoffe haben trotz hoher Kohäsionsfestigkeit meistens eine kleinere Zugscherfestigkeit als elastische Klebstoffe mit geringerer Kohäsionsfestigkeit. Das hängt damit zusammen, dass bei den wenig elastischen Klebstoffen die Spannungen am Fugenende wesentlich höher sind als bei elastischen. Die elastischen können sich den Dehnungen der Fügeteile durch die Belastungskraft besser anpassen. Umgekehrt gilt das für die Fügeteilwerkstoffe, d. h. je größer deren Elastizitätsmodul ist, umso gleichmäßiger verteilen sich die Scherspannungen über die Klebfläche, weil sie den Klebstoff weniger dehnen.

Die Festigkeit einer Klebverbindung nimmt nach einem Maximum mit zunehmender Umgebungs- bzw. Betriebstemperatur ab. Die Warmhärter verhalten sich günstiger als die Kalthärter. Bild 7.10 zeigt das Verhalten einiger Klebstoffe in Abhängigkeit von der Temperatur. Spezielle Klebstofftypen besitzen sogar bis 350 °C eine relativ hohe Zugscherfestigkeit.

Durch Umwelteinflüsse kann sich die Festigkeit einer Klebverbindung ändern, z. B. durch eindiffundierende Feuchtigkeit, die das Bindemittel plastifiziert und Kohäsion und Adhäsion senkt. Infolge Alterung sinkt die Festigkeit mit der Zeit bis auf etwa 70 ... 80 % der Anfangsfestigkeit ab. Die Warmhärter sind beständiger als die Kalthärter. Gegenüber organischen Lösungsmitteln, wie chlorierten Kohlenwasserstoffen, sind viele Klebstoffe nicht beständig.

Die meisten der in Tabelle 7.1 und Tabelle 7.2 angegebenen Klebstoffe kleben nicht nur Metalle, sondern auch Keramik, Marmor, Holz, Reibbeläge, Kunststoffe und dgl. Die angegebenen Zugscherfestigkeiten beziehen sich auf Überlappklebungen gemäß Bild 7.11. Bei schwellender Beanspruchung sinken die Scherfestigkeiten auf etwa 60 %, bei wechselnder Beanspruchung auf etwa 40 % ab. Prüfungen von Metallklebstoffen und Metallklebungen sind u. a. nach den Normen DIN EN 15336, 53287und 54455 sowie DIN EN ISO 10123 vorzunehmen.

7.4 Berechnung von Klebverbindungen

Die Berechnung von Klebverbindungen ist nicht trivial. Die Komplexität und zum Teil noch nicht hinreichend erforschten Wirkmechanismen dieses stoffschlüssigen Werkstoffverbundes erfordern höchste Sorgfalt und eine enge Zusammenarbeit mit den Klebstoffherstellern sowie die Durchführung von Vorversuchen, um z. B. bei Serienfertigung im Praxisbetrieb eine funktionierende Lösung gewährleisten zu können.

Eine optimale Festigkeit ist nur dann zu erwarten, wenn die Richtlinien hinsichtlich Gestaltung, Vorbehandlung, Verarbeitung der Klebstoffe und Herstellung von Klebverbindungen eingehalten wurden. Beispielsweise kann mit einer Vorbehandlung, die einer mittleren Bindefestigkeit entspricht, keine hohe Bindefestigkeit erzielt werden.

Der auf Abscheren beanspruchten Klebschicht gibt man etwa die gleiche rechnerische Bruchkraft wie dem maßgebenden zugbeanspruchten Fügeteil (Bauteil), wenn die Klebschicht eine hohe Bindefestigkeit besitzt und zumindest eines der Fügeteile als maßgebendes dünn ist (Blech, Rohr), sodass die Klebfläche nicht unvertretbar groß wird. Bei mindestens einem dünnen Fügeteil gilt dann:

Abscherkraft der Klebschicht $$F_{kB} = A_k \cdot \tau_{kB} \approx S \cdot R_m = F_B$$ *Zugbruchkraft des Bauteils* (7.1)

F_{kB}	in N/mm²	Abscherkraft = Scherbruchkraft der Klebschicht,
A_k	in mm²	Klebfläche,
τ_{kB}	in N/mm²	Zugscherfestigkeit der Klebschicht (Tabelle 7.1 und Tabelle 7.2),
S	in mm²	Querschnittsfläche des Bauteils,
R_m	in N/mm²	Zugfestigkeit des Bauteilwerkstoffs,
F_B	in N	Zugbruchkraft des Bauteils.

In allen anderen Fällen rechnet man mit der mittleren

Scherspannung $$\tau_k = \frac{F}{A_k}$$ (7.2)

τ_k	in N/mm²	Scherspannung in der Klebschicht,
F	in N	Belastungskraft (Betriebskraft),
A_k	in mm²	Klebfläche.

Als zulässige Spannungen werden etwa gesetzt: $\tau_{k\,zul} \approx 0{,}2 \ldots 0{,}4\tau_{kB}$, wobei der kleine Wert bei wechselnder, ein mittlerer bei schwellender und der große bei ruhender Beanspruchung gilt. Hierbei ist mit τ_{kB} der in Tabelle 7.1 und Tabelle 7.2 aufgeführte Wert für die Zugscherfestigkeit gemeint, wenn die Vorbehandlungen (Tabelle 7.3) diese erwarten lassen.

Beispiel 7.1

Das in Bild 7.12 dargestellte Rohr aus S235JR soll in das Auge eines Graugussgehäuses mit einem Kalthärter eingeklebt werden. Im Betrieb ist mit einer Umgebungstemperatur von 50 °C zu rechnen. Zur Erzielung einer zum Einkleben geeigneten Oberfläche ist das Rohr am Einklebende auf $d = 15{,}5$ mm abgedreht und geschmirgelt. Als Klebstoff wurde Araldit AV 138 (Tabelle 7.2) gewählt, der bei einer Schichtdicke von 0,1 bis 0,3 mm gute Festigkeitseigenschaften besitzt.

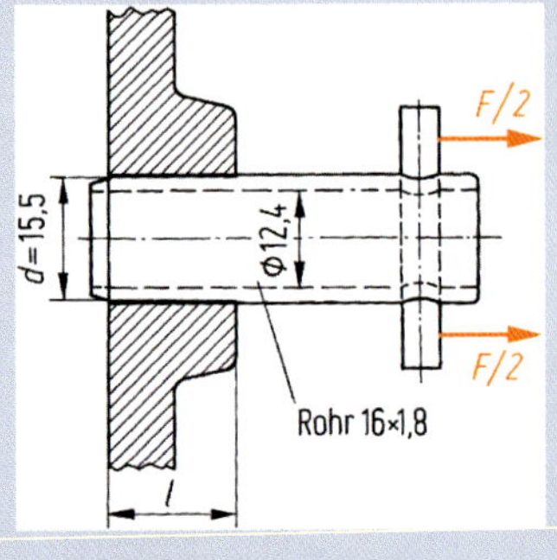

Bild 7.12
Eingeklebtes Rohr

7

1. Welche Fugenlänge l müsste vorgesehen werden, damit die Abscherkraft der Klebschicht etwa gleich der Zugbruchkraft des Rohrs ist? $R_m \approx 360\,\text{N/mm}^2$ (Tabelle 2.2).
2. Welche Fugenlänge l ist erforderlich, wenn eine schwellende Betriebskraft $F = 2000\,\text{N}$ wirkt?

Lösung:

1. Erforderliche Fugenlänge *l* bei gleicher Bruchkraft

Die Querschnittsfläche des abgedrehten Rohrendes beträgt $S = \left(15{,}5^2 - 12{,}4^2\right)\,\text{mm}^2 \cdot \pi/4 = 68\,\text{mm}^2$. Nach Formel 7.1 ist die Zugbruchkraft des Bauteils

$$F_B = S \cdot R_m = 68\,\text{mm}^2 \cdot 360\,\text{N/mm}^2 = 24\,480\,\text{N} \approx F_{kB}$$

Tabelle 7.2 gibt bei 55 °C eine Zugscherfestigkeit $\tau_{kB} = 18\,\text{N/mm}^2$ an, die eine Vorbehandlung für eine hohe Bindefestigkeit erfordert. Da diese aber nur einer mittleren Bindefestigkeit entspricht, kann schätzungsweise mit $\tau_{kB} \approx 9\,\text{N/mm}^2$ gerechnet werden. Nach Formel 7.1 ist dann $A_k = F_{kB} / \tau_{kB}$, und aus $A_k = d \cdot \pi \cdot l$ folgt

$$l = \frac{F_{kB}}{d \cdot \pi \cdot \tau_{kB}} = \frac{24\,480\,\text{N}}{15{,}5\,\text{mm} \cdot \pi \cdot 9\,\text{N/mm}^2} = 55{,}9\,\text{mm}$$

Das Ergebnis zeigt, dass die Fugenlänge l im Vergleich zum Fugendurchmesser d viel zu groß ist.

2. Erforderliche Fugenlänge *l* bei *F* = 2000N

Nach den Angaben unter der Legende zu Formel 7.2 ist bei schwellender Beanspruchung $\tau_{k\,zul} \approx 0{,}3\tau_{kB} = 0{,}3 \cdot 9\,\text{N/mm}^2 = 2{,}7\,\text{N/mm}^2$ anzunehmen. Aus Formel 7.2 folgt die erforderliche Fugenlänge

$$l = \frac{F}{d \cdot \pi \cdot \tau_{k\,zul}} = \frac{2000\,\text{N}}{15{,}5\,\text{mm} \cdot \pi \cdot 2{,}7\,\text{N/mm}^2} = 15{,}2\,\text{mm}$$

Gewählt: $l = 16\,\text{mm}$.

In [7.9] wird die Scherfestigkeit τ_{kB} unter Berücksichtigung der verschiedensten Einflüsse mithilfe von Einflussfaktoren $f_1 \ldots f_8$ errechnet:

Zugscherfestigkeit $\tau_{kB} = \tau_N \cdot f_1 \cdot f_2 \cdot f_3 \cdot f_4 \cdot f_5 \cdot f_6 \cdot f_7 \cdot f_8$ (7.3)

τ_N in N/mm² nominelle Scherfestigkeit der Klebstelle nach Tabelle 7.4,
f_1 Faktor zur Berücksichtigung der Metallart der Werkstücke nach Tabelle 7.5,
f_2 Faktor zur Berücksichtigung der Klebschichtdicke nach Tabelle 7.5,
f_3 Faktor zur Berücksichtigung der Oberflächen nach Tabelle 7.5,
f_4 Faktor zur Berücksichtigung des Verhältnisses b/d (Breite zum Durchmesser) bei Welle-Nabe-Verbindungen und bei ebenen Flächen nach Tabelle 7.5,
f_5 Faktor zur Berücksichtigung der Belastungsrichtung, und zwar nach Tabelle 7.5 bei Umfangsbelastung (Drehmoment). Hierbei ist die kleinere der beiden Rautiefen maßgebend. Bei Axialbelastung ist $f_5 = 1$,
f_6 Faktor zur Berücksichtigung des Lastfalles nach Tabelle 7.5,
f_7 Faktor zur Berücksichtigung der Betriebstemperatur. Da hierzu die 12 Diagramme nicht wiedergegeben werden können, kann durchschnittlich mit den Werten nach Tabelle 7.5 gerechnet werden. Für genauere Berechnungen ist selbstverständlich [7.9] maßgebend,
f_8 Faktor zur Berücksichtigung der Aushärtung des Klebstoffs nach Tabelle 7.5.

Die Einflussfaktoren werden weitgehend durch Erfahrungswissen der Klebstoffhersteller beeinflusst.

Falls die vorhandene Scherspannung τ_k mit Formel 7.2 errechnet wird, ist die Sicherheit gegen Bruch nach Formel 7.4 zu prüfen:

Sicherheit gegen Brunch $S_B = \tau_{kB} / \tau_k \geq 2$ (7.4)

τ_{kB} in N/mm² Scherfestigkeit nach Formel 7.3,
τ_k in N/mm² vorhandene Scherspannung nach Formel 7.2.

Da in τ_{kB} bereits der Lastfall berücksichtigt ist, genügt durchweg eine Sicherheit $S_B = 2$.

7

Beispiel 7.2

Die in Beispiel 7.1 (Bild 7.12) berechnete Klebverbindung soll mit dem Produkt Loctite Nr. 638 mit hoher Bindefestigkeit (Scherfestigkeit) $\tau_N = 28 \text{N/mm}^2$ (Tabelle 7.4) hergestellt werden. Gegeben sind: Werkstücke aus S235JR (Rohr) und EN-GJL-250 (Nabe). Belastungskraft $F = 2000\text{N}$ axial schwellend. Breite $b = 16\text{mm}$ ($= l$ in Bild 7.12). Durchmesser $d = 15{,}5\text{mm}$. Klebschichtdicke = 0,1 mm, Aushärtung bei 120 °C, Rautiefe der Rohroberfläche $R_z = 10 \mu\text{m}$, der Bohrungsoberfläche $R_z = 25 \mu\text{m}$, Umgebungstemperatur (Betriebstemperatur) + 50 °C. Wie groß ist die Sicherheit gegen Bruch?

Lösung:
Nach der Legende zu Formel 7.3 sind zu setzen: $f_1 = 0{,}6$ (für Grauguss), $f_2 = 0{,}75$ (aus Tabelle 7.5), $f_3 = 1{,}1$ (aus Tabelle 7.5 Kurve A bei $R_z = 10 \mu\text{m}$), $f_4 \approx 1{,}2$ (aus Tabelle 7.5 bei $b/d \approx 1$ und $A_k = 1{,}55 \cdot \pi \cdot 1{,}6 \text{cm}^2 \approx 8 \text{cm}^2$), $f_5 = 1$ (Axialbelastung), $f_6 = 0{,}7$, $f_7 = 0{,}85$, $f_8 = 1{,}2$. Somit nach Formel 7.3:

$$\begin{aligned} \tau_{kB} &= \tau_N \cdot f_1 \cdot f_2 \cdot f_3 \cdot f_4 \cdot f_5 \cdot f_6 \cdot f_7 \cdot f_8 \\ &= 28 \text{N/mm}^2 \cdot 0{,}6 \cdot 0{,}75 \cdot 1{,}1 \cdot 1{,}2 \cdot 1 \cdot 0{,}7 \cdot 0.85 \cdot 1{,}2 \\ &= 11{,}9 \text{N/mm}^2 \end{aligned}$$

Nach Formel 7.2 beträgt die vorhandene Scherspannung

$$\tau_k = \frac{F}{A_k} = \frac{2000\,\text{N}}{800\,\text{mm}^2} = 2{,}5\,\text{N/mm}^2$$

Nach Formel 7.4 ist die Sicherheit gegen Bruch

$$S_B = \tau_{kB} / \tau_k = 11{,}9 / 2{,}5 = 4{,}76$$

die bei weitem ausreicht. Es könnte ein weniger fester Klebstoff gewählt werden.

7

Bei mit Niet- oder Punktschweißverbindungen kombinierten Klebverbindungen lässt sich der Anteil der einzelnen Verbindungsarten an der Kraftaufnahme kaum vorherbestimmen. Es empfiehlt sich dann, die Abscherkraft F_{kB} der Klebverbindung und F_{nB} der Nietverbindung bzw. F_{wB} der Punktschweißverbindung zu einer Gesamtbruchkraft F_{gB} zu addieren und mit der Zugbruchkraft F_B des maßgebenden Bauteils zu vergleichen.

Abscherkraft der Nietverbindung $F_{nB} = n \cdot A_n \cdot \tau_{nB}$ (7.5)

Abscherkraft der Punktschweißverbindung $F_{wB} = n \cdot A_w \cdot \tau_{wB}$ (7.6)

n		Anzahl der Niete bzw. Schweißpunkte,
A_n	in mm²	Querschnitt eines geschlagenen Niets (siehe A in Tabelle 8.1),
A_w	in mm²	Querschnitt einer Schweißlinse,
τ_{nB}	in N/mm²	Abscherspannung des Niets ≈ $0{,}65 R_m$,
τ_{wB}	in N/mm²	Abscherspannung der Schweißlinse ≈ $0{,}65 R_m$,
R_m	in N/mm²	Zugfestigkeit des Niet- bzw. Schweißteilwerkstoffs.

Wenn das maßgebende Bauteil nicht zugbeansprucht oder dessen Festigkeit nicht ausgenutzt wird, lässt sich auch mit Formel 7.2 rechnen. Die Scherspannung τ_k darf dann eine für die kombinierte Verbindung zulässige Scherspannung $\tau_{kk\,zul}$ nicht überschreiten. Diese kann wie folgt angenommen werden:

Zulässige Scherspannung der kombinierten Verbindung $\tau_{kk\,zul} \approx \dfrac{F_{gB}}{F_{kB}} \tau_{k\,zul}$ (7.7)

$\tau_{kk\,zul}$	in N/mm²	zulässige Scherspannung für die kombinierte Verbindung, bezogen auf die Klebverbindung,
F_{gB}	in N	Gesamtbruchkraft der kombinierten Verbindung $= F_{kB} + F_{nB}$ bzw. $F_{kB} + F_{wB}$,
F_{kB}	in N	Abscherkraft der Klebverbindung $= A_k \cdot \tau_{kB}$,
$\tau_{k\,zul}$	in N/mm²	zulässige Scherspannung für die Klebverbindung, siehe die Angaben nach Formel 7.2.

Beispiel 7.3

Bild 7.13 zeigt den Reibbelagträger einer Reibkupplung. Die Reibbeläge a sind auf den Träger b geklebt. Der Träger b aus Stahl S235JR ist an den Flansch c der Nabe geklebt und punktgeschweißt (6 Punkte am Umfang). Die Klebflächen sind entfettet und sandgestrahlt. Als Kleber wurde Metallon E 2701 (Tabelle 7.1) gewählt. Die Betriebstemperatur kann 50 °C erreichen. Das Reibmoment (Kupplungsdrehmoment) wirkt schwellend. Die Beläge werden von den Reibscheiben mit $p = 40\,\text{N/cm}^2$ gepresst, die Reibzahl beträgt $\mu = 0{,}4$.

1. Ist die Scherspannung an den Klebflächen der Reibbeläge zulässig?
2. Ist die Scherspannung an der Klebfläche des Nabenflansches zulässig?

$R_m = 370\,N/mm^2$

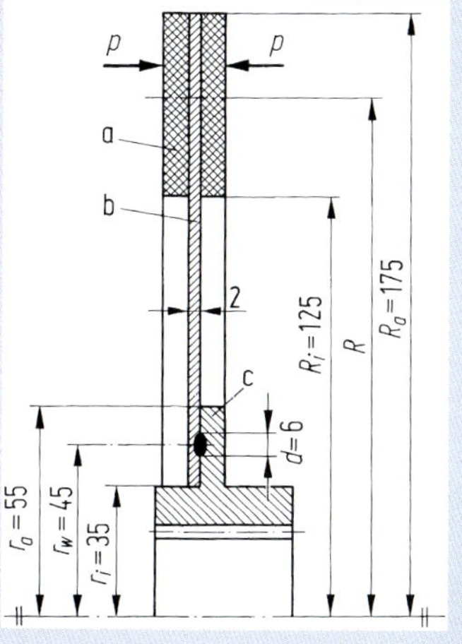

Bild 7.13
Reibbelagträger

Lösung:

1. Klebfläche am Reibbelag

Die Flächenpressungen p denkt man sich zu einer resultierenden Normalkraft $F_N = A \cdot p$ zusammengefasst, wobei $A = \left(R_a^2 - R_i^2\right)\pi = \left(17{,}5^2 - 12{,}5^2\right)cm^2 \cdot \pi = 471\,cm^2$ eine Reibfläche ist. Also

$$F_N = A \cdot p = 471\,cm^2 \cdot 40\,N/cm^2 = 18840\,N$$

Die Reibkraft als Umfangs- und Belastungskraft ist dann

$$F_t = F_N \cdot \mu = 18840\,N \cdot 0{,}4 = 7536\,N$$

Nach Formel 7.2 ist mit $A = A_k$ und $F_t = F$

$$\tau_k = \frac{F}{A} = \frac{7536\,N}{47100\,mm^2} = 0{,}16\,N/mm^2$$

Diese ist so klein, dass ein Vergleich mit der zulässigen Scherspannung nicht erforderlich ist. Das gilt in der Regel für alle Reibbelagklebungen, sodass für diese ein Spannungsnachweis entfällt.

2. Klebfläche am Nabenflansch

Die beiden Reibkräfte F_t greifen am Wirkradius R an. Das ist der Radius, von dem die Flächenteile nach außen und innen gleich groß sind, d. h. es ist

$$\left(R_a^2 - R^2\right)\pi = \left(R^2 - R_i^2\right)\pi$$

Daraus folgt als Wirkradius: $R = \sqrt{\frac{R_a^2 + R_i^2}{2}} = \sqrt{\frac{17{,}5^2 + 12{,}5^2}{2}}\,cm = 15{,}2\,cm.$

Das zu übertragende Drehmoment ist bei den $i=2$ Reibbelägen

$$M = i \cdot F_t \cdot R = 2 \cdot 7536\,\text{N} \cdot 15{,}2\,\text{cm} = 229094\,\text{Ncm}$$

Somit muss am Radius r_w eine Umfangskraft $F = M / r_w =$ $229094\,\text{Ncm} / 4{,}5\,\text{cm} = 50910\,\text{N}$ übertragen werden.

Die Querschnittsfläche einer Schweißlinse beträgt $A_w = d^2 \cdot \pi/4 = 6^2\,\text{mm}^2 \cdot \pi/4 = 28{,}3\,\text{mm}^2$. Dann ist die Klebfläche unter Abzug der Querschnitte der $n=6$ Schweißpunkte

$$A_k = \left(r_a^2 - r_i^2\right)\pi - n \cdot A_w = \left(55^2 - 35^2\right)\text{mm}^2 \cdot \pi - 6 \cdot 28{,}3\,\text{mm}^2 = 5485\,\text{mm}^2$$

Nach Formel 7.2 ergibt sich

$$\tau_k = \frac{F}{A_k} = \frac{50910\,\text{N}}{5485\,\text{mm}^2} = 9{,}3\,\text{N/mm}^2$$

Die Abscherkraft der Punktschweißverbindung beträgt nach Formel 7.6

$$F_{wB} = n \cdot A_w \cdot \tau_{wB} = 6 \cdot 28{,}3\,\text{mm}^2 \cdot 0{,}65 \cdot 370\,\text{N/mm}^2 = 40837\,\text{N}$$

Die Abscherkraft der Klebverbindung errechnet sich mit $\tau_{kB} = 30\,\text{N/mm}^2$ (Tabelle 7.1 bei 55 °C) zu

$$F_{kB} = A_k \cdot \tau_{kB} = 5485\,\text{mm}^2 \cdot 30\,\text{N/mm}^2 = 164550\,\text{N}$$

Die Gesamtbruchkraft ist dann

$$F_{gB} = F_{kB} + F_{wB} = 164550\,\text{N} + 40837\,\text{N} = 205387\,\text{N}$$

Bei schwellender Beanspruchung ist $\tau_{k\,zul} \approx 0{,}3\tau_{kB} = 0{,}3 \cdot 30\,\text{N/mm}^2 = 9\,\text{N/mm}^2$. Nach Formel 7.7 beträgt

$$\tau_{kk\,zul} \approx \frac{F_{gB}}{F_{kB}}\tau_{k\,zul} = \frac{205387}{164550} 9\,\text{N/mm}^2 = 11{,}2\,\text{N/mm}^2$$

Also ist $\tau_k = 9{,}3\,\text{N/mm}^2 < \tau_{kk\,zul} = 11{,}2\,\text{N/mm}^2$. Die Verbindung ist ausreichend bemessen. ■

7.5 Verständnisfragen

1. In welche Gruppen werden Klebstoffe laut der VDI-Richtlinie 2229, „Metallkleben“, eingeteilt?
2. Welcher Begriff bezeichnet die innere Festigkeit eines Klebstoffs?
3. Welche Beanspruchung der Klebeschicht ist zu vermeiden? Warum?
4. Mit welchen Verfahren lässt sich Kleben vorteilhaft kombinieren?
5. Wovon hängt das Benetzungsverhalten eines Klebstoffs ab?

6. Wie werden Klebstoffe nach der VDI-Richtlinie 2229, „Metallkleben“, eingeteilt?
7. Unter welchen Umständen ist ein hochviskoser Klebstoff von Vorteil?
8. Welche Sicherheit gegen Bruch genügt durchwegs beim Kleben? Warum?
9. Was versteht man unter einem Kalthärter?

Literatur

[7.1] *Henkel Loctite Deutschland GmbH (Hrsg.):* Klebetechnik – das Handbuch zur Lösung technischer Probleme. 6. Ausgabe. Firmenschrift. München, 2008

[7.2] *Ehrenstein, G.:* Handbuch Kunststoff-Verbindungstechnik. München: Carl Hanser Verlag, 2004

[7.3] *Gruber, W.:* Klebeverbindungen. In: Taschenbuch der Maschinenelemente. München: Carl Hanser Verlag, 2006

[7.4] *Habenicht, G.:* Kleben. Grundlagen, Technologien, Anwendungen. Berlin: Springer Verlag, 2009

[7.5] *Brockmann, W.:* Klebetechnik. Klebstoffe, Anwendungen und Verfahren. Weinheim: Wiley-VCH, 2005

[7.6] *Rotheiser, J.:* Joining of plastics – handbook for designers and engineers. München: Carl Hanser Verlag, 2009

[7.7] *Brandenburg, A.:* Kleben metallischer Werkstoffe. Düsseldorf: DVS-Verlag, 2001

[7.8] *Matthes, K.-J.; Riedel, F.:* Fügetechnik. Überblick – Löten – Kleben – Fügen durch Umformen. München: Fachbuchverlag Leipzig im Carl Hanser Verlag, 2003

[7.9] *Rasche, M.:* Handbuch Klebetechnik. München: Carl Hanser Verlag, 2012

[7.10] *Loctite European Group (Hrsg.):* Loctite Worldwide Design Handbook. Deutsche Ausgabe. München, 1998

[7.11] *Hexel Composits (Hrsg.):* Redux Bonding Technology. Firmenschrift. Duxford, 2003. *https://de.hexcel.com/user_area/content_media/raw/Adhesive_Bonding_Technology.pdf, abgerufen am 15.10.2021*

[7.12] *Henkel AG:* Interaktiver Materialleitfaden für Strukturelles Kleben. 2021. *http://www.360bonding.com*

DIN 8593-8:2003-08	Fertigungsverfahren Fügen – Teil 8: Kleben; Einordnung, Unterteilung, Begriffe
DIN 53281:2006-06	Prüfung von Klebeverbindungen – Probenherstellung
DIN 53287:2018-07	Prüfung von Metallklebstoffen und Metallklebungen – Bestimmung der Beständigkeit gegenüber Flüssigkeiten
DIN 54452:1981-11	Prüfung von Metallklebstoffen und Metallklebungen – Druckscherversuch
DIN 54455:2016-09	Prüfung von Metallklebstoffen und Metallklebungen – Torsionsscherversuch
DIN 54461:2021-03	Strukturklebstoffe- Prüfung von Klebverbindungen – Biegeschälversuch
DIN EN 13887:2003-11	Strukturklebstoffe – Leitlinien für die Oberflächenvorbehandlung von Metallen und Kunststoffen vor dem Kleben
DIN EN 1465:2009-07	Klebstoffe – Bestimmung der Zugscherfestigkeit von Überlappungsklebungen
DIN EN 15336:2007-05	Klebstoffe – Bestimmung der Zeit bis zum Bruch geklebter Fügeverbindungen unter statischer Belastung
DIN EN 15870:2009-08	Klebstoffe – Bestimmung der Zugfestigkeit von Stumpfklebungen
DIN EN ISO 9142:2004-05	Klebstoffe – Auswahlrichtlinien für Labor-Alterungsbedingungen zur Prüfung von Klebverbindungen
DIN EN ISO 10123:2019-10	Klebstoffe – Bestimmung der Scherfestigkeit von anaeroben Klebstoffen unter Verwendung von Bolzen-Hülse-Probekörpern
DIN EN ISO 10365:1995-08	Klebstoffe – Bezeichnung der wichtigsten Bruchbilder
VDI Richtlinie 3821	Kunststoffkleben. 1978

8 Nietverbindungen

Nietverbindungen sind in vielen Bereichen durch Schweißverbindungen verdrängt worden, weil das Bohren der Löcher und Schlagen der Niete im Allgemeinen einen höheren Arbeitsaufwand erfordert, Schweißteile eine einfachere Gestalt erhalten, leichter sind und nicht durch Löcher geschwächt werden. Vorteilhaft ist jedoch, dass beim Nieten keine ungünstigen Werkstoffbeeinflussungen wie Gefügeumwandlungen stattfinden und kein Verziehen durch Wärmewirkungen auftritt. Ferner lassen sich auch ungleichartige Werkstoffe miteinander verbinden. Deshalb greift man oftmals noch auf die als unbedingt sicher geltenden Nietverbindungen zurück, ganz besonders im Leichtmetallbau. Als Alternative kann oft das Kleben verwendet werden.

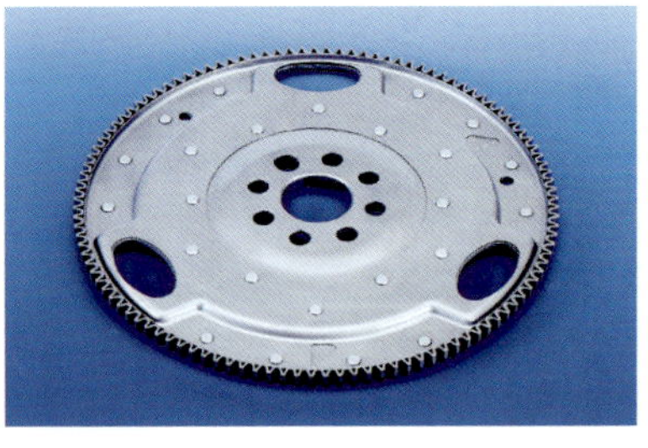

Bild 8.1
Stanznietverbindung an einem Schwungrad aus Stahl (Werkbild Böllhoff)

8.1 Nietformen, Werkstoffe, Herstellung der Verbindungen

Ein **Rohniet** (Bild 8.2) besteht aus dem **Schaft** mit dem Durchmesser d_1 und dem angestauchten Kopf, dem **Setzkopf**. Bevorzugt wird der Halbrundkopf, während andere Kopfformen in der Regel nur für Sonderfälle in Betracht kommen. Niete und Bauteile sollen möglichst aus dem gleichen Grundwerkstoff bestehen, weil bei Werkstoffunterschieden Lockerungs- und Korrosionsgefahr besteht. Übliche Nietwerkstoffe sind: Stahl (St) QSt 32-3 oder QSt 36-3 (nach Wahl des Herstellers) nach DIN 1624-2 ($R_{m\,min} = 290\,N/mm^2$), Kupfer-Zink-Legierung (CuZn) CuZn 37 nach DIN 17677-1 ($R_{m\,min} = 290\,N/mm^2$), Kupfer (Cu) SF-Cu nach DIN 17677-1 ($R_{m\,min} = 200\,N/mm^2$), Aluminium (Al) Al 99,5 nach DIN EN 1301 ($R_{m\,min} = 100\,N/mm^2$). Das Werkstoffkurzzeichen für die Nietbezeichnung ist jeweils in der Klammer angegeben.

Die Nietlöcher werden gebohrt oder gestanzt, gestanzte zweckmäßig nachgebohrt oder nachgerieben, da Haarrissbildungen durch das Stanzen zu einem Bruch führen können. **Im Stahlbau ist das Stanzen von Löchern untersagt!** Die Lochränder müssen angesenkt werden (Bild 8.3a), um einen guten Übergang zwischen Schaft und Kopf zu ermöglichen.

Stahlniete mit dem Nenndurchmesser = Rohnietdurchmesser bis $d_1 = 8\,\text{mm}$ und alle Nichteisenmetallniete werden kalt geschlossen, Stahlniete ab $d_1 = 10\,\text{mm}$ warm, d. h. nach Erwärmen auf Hellrotglut von rund 1000 °C. Der Setzkopf wird mit einem Gegenhalter gestützt und der Niet mit einem Kopfmacher (auch Schellhammer oder Döpper genannt) auf einer Nietmaschine unter gleichmäßigem Druck oder mit einem Presslufthammer unter Schlägen geschlossen, d. h. der **Schließkopf** gebildet (Bild 8.3b und c). Beim Maschinennieten findet ein ununterbrochenes Prägen statt, das den Niet auf der ganzen Länge staucht und das Loch besser ausfüllt als beim Hammernieten.

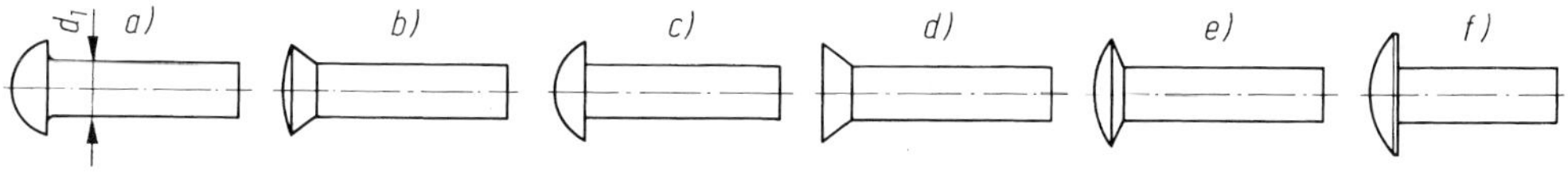

Bild 8.2 Gebräuchliche Stahlniete
a) Halbrundniet für den Stahlbau, b) Senkniet für den Stahlbau, c) Halbrundniet, d) Senkniet, e) Linsenniet, f) Flachrundniet

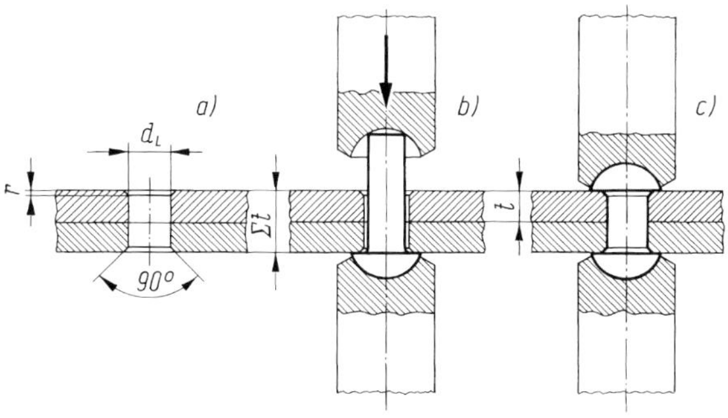

Bild 8.3 Herstellung einer Nietverbindung
a) Ausbildung des Loches, b) vor dem Schließen, c) nach dem Schließen eines Halbrundkopfes

Warmniete schrumpfen beim Erkalten und pressen die gefügten Teile aufeinander. Beim Schrumpfen wird der Nietschaft erheblich gespannt und auf Zug beansprucht. Da die Schrumpfspannung der Nietlänge proportional ist, soll die Klemmlänge $\Sigma t \leq 4d_1$ sein (Bild 8.3). Zur Bildung eines einwandfreien Schließkopfes muss die Rohnietlänge l um ein bestimmtes Maß größer als die Klemmlänge Σt sein. Hierüber geben die betreffenden Normen über Niete Auskunft.

Da die **Kaltniete** nicht wie die Warmniete schrumpfen, brauchen die Köpfe den Schaft nur gegen axiales Verschieben zu sichern. Deshalb genügen kleine Schließköpfe. Vorherrschend sind Halbrundniete, Senkniete, Linsenniete und Flachrundniete (Bild 8.2c bis f). Bild 8.4 zeigt Sonderformen von Leichtmetallnieten.

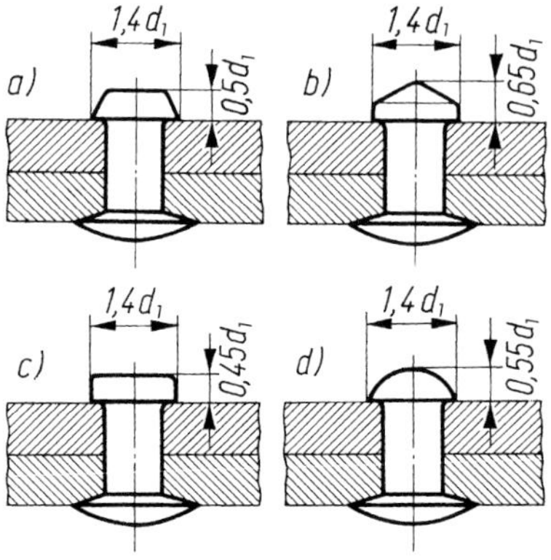

Bild 8.4
Sonderformen von Leichtmetallnieten (unten Setzkopf des Linsenniets)
a) Pfannenkopf, b) Kegelkopf, c) Flachkopf, d) Halbrundkopf

8

Teile aus elastischen oder besonders spröden Werkstoffen lassen sich wegen der hohen Schließungskräfte nicht mit Halbrund- oder Senkvollnieten verbinden. Für sie sind Niete in den Formen nach DIN 7338 (Bild 8.5a), Hohlniete DIN 7339 (Bild 8.5b) und Rohrniete DIN 7340 (Bild 8.5b) geeignet.

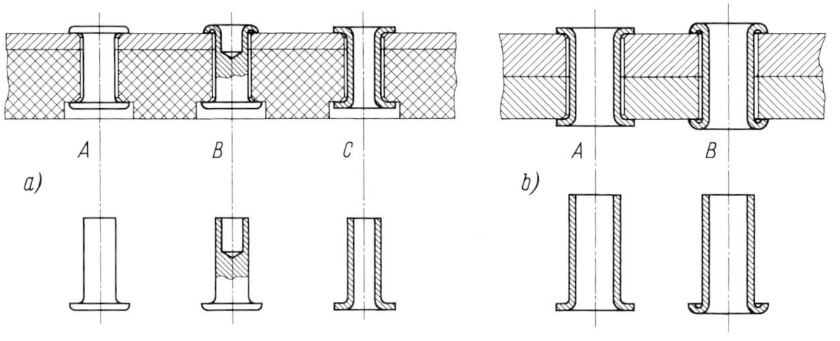

Bild 8.5 Voll-, Halbhohl- und Rohrniete für niedrige Schließungskräfte
a) nach DIN 7338 für Brems- und Kupplungsbeläge, b) nach DIN 7339 und 7340

Blindniete gestatten Vernietungen von nur einseitig zugänglichen Bauteilen, wie z. B. an Halbhohl- und Hohlprofilen (Bild 8.6 bis Bild 8.8).

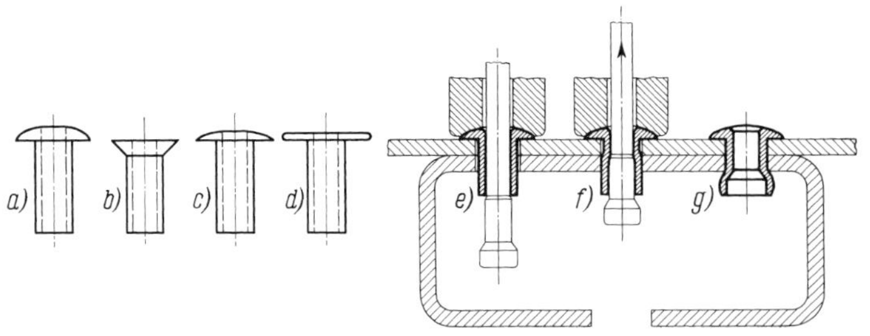

Bild 8.6 Dornniet
a) mit Rundkopf, b) mit Senkkopf, c) mit Flachrundkopf, d) mit Flachkopf, e) eingesetzter Niet, f) Einziehen des Dorns, g) geschlossener Niet

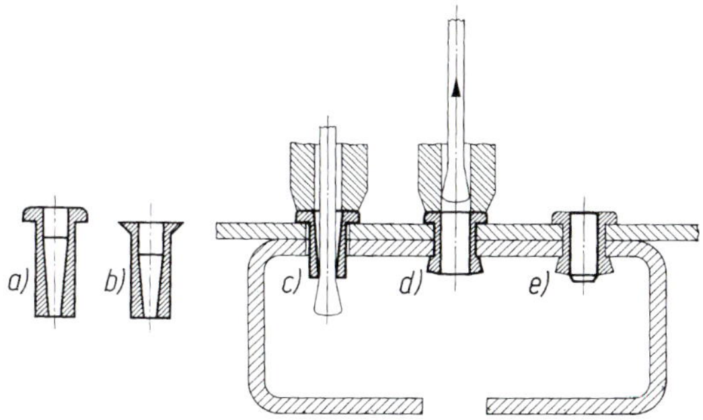

Bild 8.7 Durchziehniet
a) Flachrundniet, b) Senkniet, c) eingesetzter Niet, d) Durchziehen des Kegeldorns, e) mit Füllstift verschlossener Niet

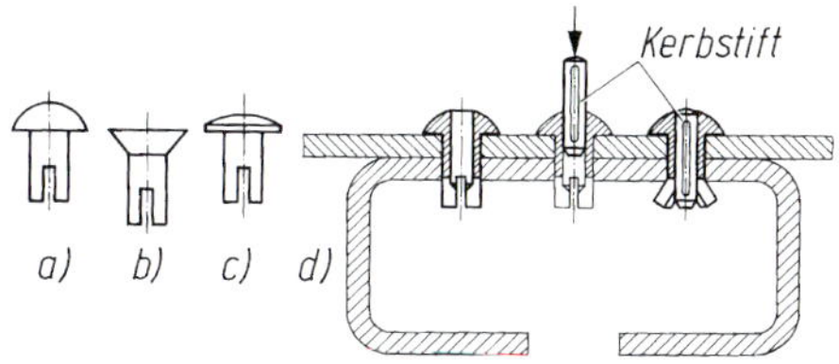

Bild 8.8 Blindniet
a) Halbrundniet, b) Senkniet, c) Flachrundniet, d) Schließen eines Blindniets

8

8.2 Berechnung von Nietverbindungen

Wenn die Wirklinie der Belastungskraft F wie in Bild 8.9 durch den Schwerpunkt des Nietanschlusses geht, wird vorausgesetzt, dass jeder Niet gleich hoch an der Kraftübertragung beteiligt ist. Jeder Niet setzt dann der Belastungskraft F einen Widerstand $F_n = F / n$ entgegen, wenn n die Anzahl der Niete bedeutet. Anstelle des betreffenden Bauteils kann man sich um jeden Niet ein Band geschlungen denken, sodass jeder Strang mit der anteiligen Kraft $\Delta F = F / 2n$ zieht. Aus Bild 8.9 geht hervor, dass der Bauteilquerschnitt 1 die volle Zugkraft $F = 8\Delta F$ aufzunehmen hat, der Querschnitt 2 nur 6 ΔF und der Querschnitt 3 nur 2 ΔF. Die Bauteile werden demzufolge in der jeweils ersten Nietreihe am stärksten beansprucht und am stärksten gedehnt. Um die Unterschiede nicht zu groß werden zu lassen, ordnet man in der Regel nicht mehr als drei bis vier Nietreihen an.

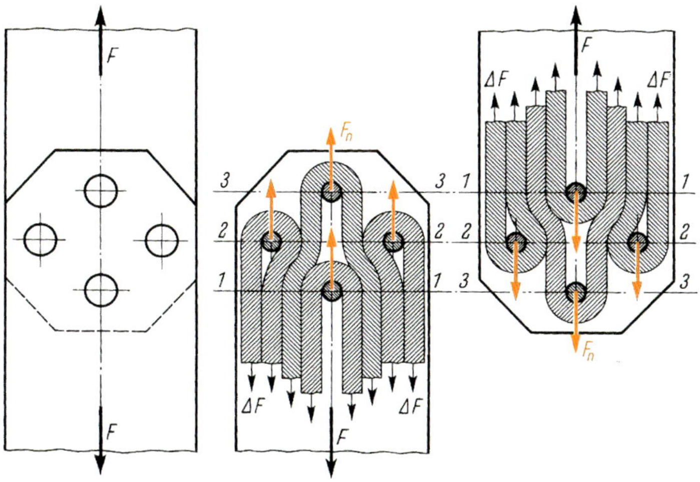

Bild 8.9 Kraftverhältnisse an einer mehrreihigen Nietverbindung

Zerstört man eine Nietverbindung gewaltsam (Bild 8.10), so zerschneiden die Bauteile den Nietschaft, falls nicht die Bauteile zuvor brechen. Nach der Anzahl der Schnitte an einem Nietschaft kennt man ein- und mehrschnittige, allgemein ***m*-schnittige Nietverbindungen.** Die Bauteile (z. B. Bleche) wirken auf die Nietschäfte wie die Schneiden von Scheren (Bild 8.11a). Die Nietschäfte werden daher auf Abscheren beansprucht (das ist auch eine Schubbeanspruchung), wobei die Belastungskraft F (Betriebskraft) von $n \cdot m$ Scherflächen A (Nietquerschnitten) aufgenommen wird. Obwohl sich diese Schubspannung nicht gleichmäßig über den Nietquerschnitt verteilt, rechnet man gemäß Bild 8.11b mit der mittleren Scherspannung (Formel 8.1).

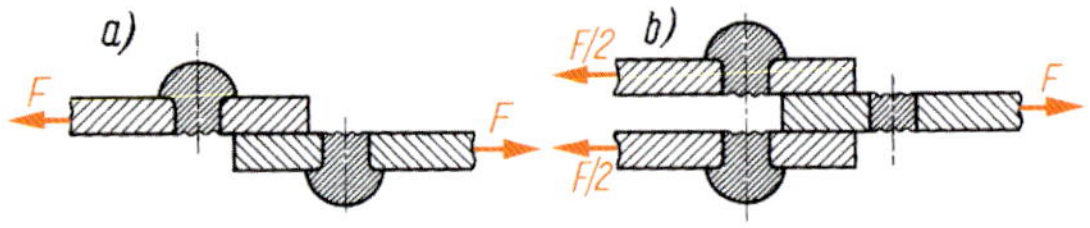

Bild 8.10 Gewaltsam zerstörte Nietverbindung
a) einschnittige, b) zweischnittige

Scherspannung $$\tau_a = \frac{F}{n \cdot m \cdot A} = \frac{F_n}{m \cdot A} \qquad (8.1)$$

τ_a	in N/mm²	Scherspannung im Nietquerschnitt,
F	in N	Belastungskraft als Zug- oder Druckkraft in den Bauteilen,
n		Anzahl der Niete in einem Anschluss,
m		Schnittzahl = Anzahl der Schnittflächen an einem Nietschaft,
A	in mm²	Querschnitt des geschlagenen Niets (Tabelle 8.1),
F_n	in N	von einem Niet aufzunehmende Kraft.

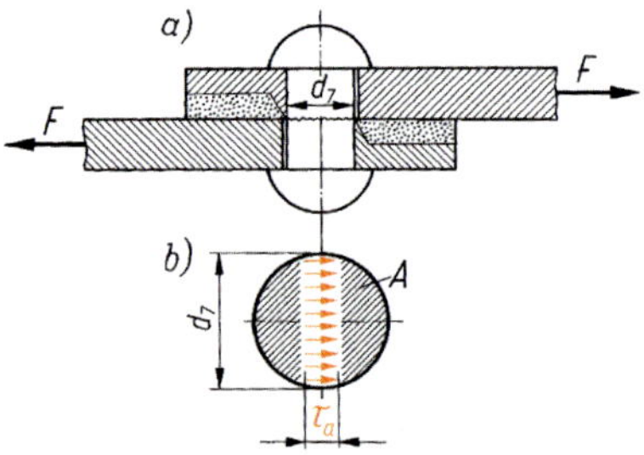

Bild 8.11 Scherbeanspruchung eines Niets
a) gedachte Scherwirkung, b) mittlere Scherspannung

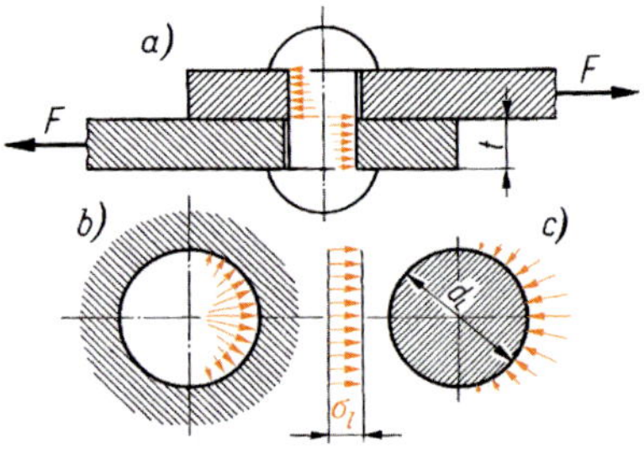

Bild 8.12 Leibungsbeanspruchung einer Nietverbindung
a) Entstehung der Leibung, b) Pressung des Nietloches, c) Pressung des Nietschaftes

Mit der von einem Niet aufzunehmenden Kraft F_n wird nur dann gerechnet, wenn sich die Belastungskraft F nicht gleichmäßig auf alle Niete verteilt, d. h. wenn die Wirklinie der Kraft F nicht durch den Schwerpunkt der Nietgruppe geht und ein Moment erzeugt (siehe Bild 8.15).

Da Warmniete durch das Schrumpfen beim Erkalten bis an die Streckgrenze beansprucht werden können, ist es unsicher, ob die Bauteile so stark aufeinandergepresst werden, dass die Kraftübertragung allein durch Reibung möglich ist. Die Presskraft kann nämlich durch Nachlassen der Schrumpfspannung stark absinken. Deshalb vernachlässigt man diese und rechnet gemäß Bild 8.11 nur mit der Beanspruchung auf Abscheren Formel 8.1.

Die Belastungskraft F presst den Nietschaft nach Bild 8.12a gegen die Lochwand. Man spricht von **Lochleibung**. Eine zu hohe Pressung erweitert das Loch beträchtlich und quetscht die Ränder hoch. Im gleichen Maße wird der Nietschaft gepresst (Bild 8.12c). Die an den Lochwänden und Nietschäften auftretende Flächenpressung, der Leibungsdruck, darf daher einen bestimmten Betrag nicht überschreiten. Praktisch rechnet man mit der mittleren Pressung (gedrückte Fläche als ebene Projektion $d_L \cdot t$ gedacht), der

$$\textit{Leibung} \quad \sigma_l = \frac{F}{n \cdot d_L \cdot t} = \frac{F_n}{d_L \cdot t} \qquad (8.2)$$

σ_l in N/mm² Leibungsdruck an Loch und Nietschaft
d_L in mm Nietlochdurchmesser = Durchmesser d_7 des geschlagenen Niets (Tabelle 8.1),
t in mm maßgebende Bauteildicke. Bei mehrschnittigen Verbindungen ist die Bauteildicke einzusetzen, die die größte Leibung ergibt.
F, F_n, n siehe Legende zu Formel 8.1.

Mitunter lässt sich eine Zugbeanspruchung der Nietschäfte nicht vermeiden. In diesem Fall (Bild 8.13) beträgt die

$$\textit{Zugspannung} \quad \sigma_z = \frac{F}{n \cdot A} = \frac{F_z}{A} \qquad (8.3)$$

σ_z in N/mm² Zugspannung im Nietschaft,
F, F_n, n, A siehe Legende zu Formel 8.1,
F_z in N auf einen Niet wirkende Zugkraft.

Bauteile wie nach Bild 8.14 werden durch die Belastungskraft F auf Zug oder Druck beansprucht. Bei Zugbeanspruchung wirken die Nietlöcher als Querschnittsschwächung, bei Druckbeanspruchung dagegen tragen die Nietschäfte mit, sodass dann mit dem vollen Bauteilquerschnitt zu rechnen ist. Deshalb gilt:

$$\textit{Zugspannung im Bauteilquerschnitt} \quad \sigma = \frac{F}{S_n} \qquad (8.4)$$

$$\textit{Druckspannung im Bauteilquerschnitt} \quad \sigma = \frac{F}{S} \qquad (8.5)$$

σ in N/mm² Zug- bzw. Druckspannung im Bauteilquerschnitt,
F in N Belastungskraft (Zug- bzw. Druckkraft),
S_n in mm² gefährdeter Querschnitt = Netzquerschnitt des Bauteils als durch die Nietlöcher geschwächter Querschnitt $= S - \Sigma(d_L \cdot t)$,
S in mm² Vollquerschnitt des Bauteils.

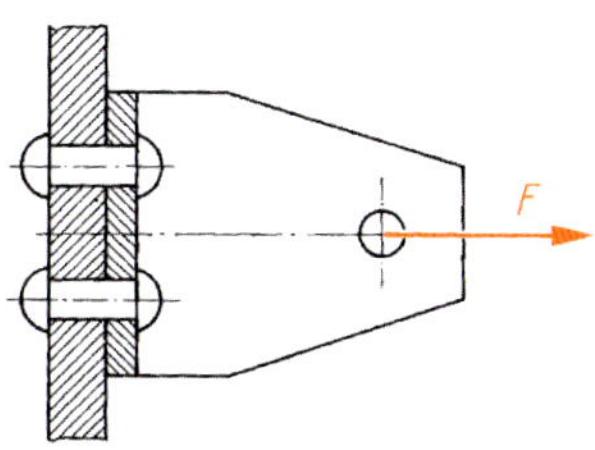

Bild 8.13 Zugbeanspruchte Niete

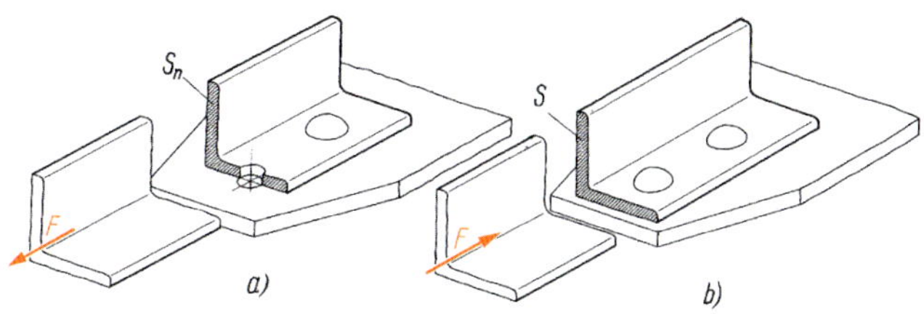

Bild 8.14 Zug- und Druckstäbe
a) Zugstab, b) Druckstab

8

Die Nietlöcher schwächen nicht nur die Bauteilquerschnitte, sondern rufen auch Kerbwirkungen hervor, die die Dauerfestigkeit und die Verformungsfähigkeit senken, sodass bei Massenwirkungen fließlose Trennbrüche möglich sind. Die Kerbwirkungen sind umso größer, je kleiner die Nietlöcher sind, weil dann der Kraftfluss schärfer umgelenkt wird. Andererseits schwächen kleine Nietlöcher die Bauteile weniger stark.

Bild 8.15 zeigt einen **Momentenanschluss** mit zwei Nieten. Man stellt sich vor, dass sich die angenietete Lasche durch Wirkung der Kraft F um den Schwerpunkt S_0 der Nietgruppe drehen will. Die Kraft F denkt man sich in eine Horizontalkomponente F_x und eine Vertikalkomponente F_y zerlegt. Dem äußeren Moment $M = F_y \cdot l$ setzen die Niete ein inneres Moment $n \cdot F_M \cdot r$ entgegen, wenn $n = 2$ die Anzahl der Niete am Anschluss ist. Die Kräfte F_M zerlegt man zweckmäßig jeweils in eine Vertikalkomponente F_v und eine Horizontalkomponente F_h. Von der Nietgruppe müssen noch die Querkraft $F_q = F_y$ und die Längskraft $F_l = F_x$ aufgebracht werden. Bei gleichmäßiger Verteilung auf die Niete muss jeder Niet einen Anteil $F_{qi} = F_q / n$ und $F_{li} = F_l / n$ beitragen. An jedem Niet setzen sich nun die vier Kräfte F_{vi}, F_{hi}, F_{qi} und F_{li} zu einer Resultierenden F_{ni} zusammen. Mit der größten Resultierenden F_{ni} ist dann der Niet zu berechnen. Aus Bild 8.15 geht hervor, dass bei dieser Anordnung der Niet 1 am höchsten belastet wird, nämlich mit der

$$\textit{Größtkraft} \quad F_{n1} = \sqrt{\left(F_{v1} + F_{q1}\right)^2 + \left(F_{h1} + F_{l1}\right)^2} \qquad (8.6)$$

F_{v1} in N Vertikalkraft am Niet 1,
F_{q1} in N Querkraft am Niet 1,
F_{h1} in N Horizontalkraft am Niet 1,
F_{l1} in N Längskraft am Niet 1.

Sind mehr als zwei Niete vorhanden und die Radien r, an denen sich die Niete befinden, verschieden groß, z. B. r_1 und r_2, so setzen die äußeren Niete einen entsprechend größeren Widerstand entgegen, d. h. es gilt $F_{M1} / F_{M2} = r_1 / r_2$. Aus diesem Verhältnis lassen sich F_{M1} und F_{M2} errechnen, weil $M = F_{M1} \cdot r_1 + F_{M2} \cdot r_2 + \ldots$ sein muss. Dann geht man wie zuvor beschrieben weiter vor.

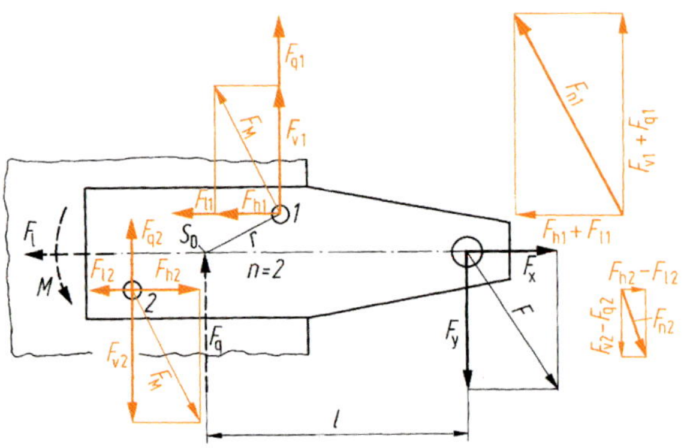

Bild 8.15 Momentenanschluss mit zwei Nieten

Einen **Momentenanschluss aus dem Stahlbau** zeigt Bild 8.16. Bei ihm verteilen sich die Reaktionskräfte $F_1 \ldots F_g$ der Niete näherungsweise wie Biegespannungen, wenn sich mindestens 5 Niete wie bei der Nietgruppe 1 in einer der Reihen befinden oder wenn nur eine Nietreihe vorhanden ist (siehe Bild 8.25). Gemäß Bild 8.16 ist $M \approx F_1 \cdot e_1 + F_2 \cdot e_2 + \ldots + F_g \cdot e_g$. Da $F_1 = F_g \cdot e_1 / e_g$, $F_2 = F_g \cdot e_2 / e_g$ usw. ist, wird $M \approx F_g \left(e_1^2 + e_2^2 + \ldots e_g^2\right) / e_g$.

Daraus erhält man die in den äußersten Nieten wirkende

$$\textit{Größtkraft} \quad F_g \approx M \frac{e_g}{\Sigma e^2} \qquad (8.7)$$

F_g	in N	von den äußersten Nieten dem Biegemoment entgegengesetzte Reaktionskraft,
M	in Nmm	Moment im Schwerpunkt S_0 der betreffenden Nietgruppe,
e	in mm	Nietabstände symmetrisch zum Schwerpunkt S_0 der Nietgruppe,
e_g	in mm	größter Nietabstand in der Nietgruppe.

Auf einen der äußersten Niete entfällt damit der Anteil $F_a = F_g / n_a$, wenn n_a die Anzahl dieser Niete bedeutet (in Bild 8.16 ist $n_a = 2$). Wenn wie in Bild 8.16 jedoch $F_3 > F_g / 2 = F_g / n_a$ ist, so ist $F_a = F_3$ zu setzen.

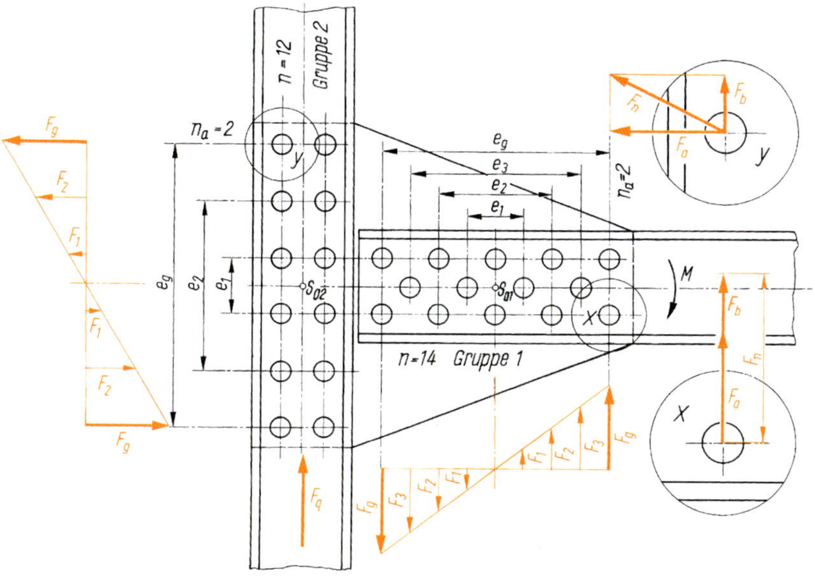

Bild 8.16 Momentenanschluss mit zwei Nietgruppen

Jede Nietgruppe bringt noch die Querkraft F_q auf, die mit der entsprechenden Belastungskraft F (nicht gezeigt) ein Kräftepaar bildet. Dieses erzeugt das Moment M. Jeder Niet wird daher mit dem Anteil $F_b = F_q / n$ beansprucht, wobei n die Anzahl der Niete in der betreffenden Nietgruppe ist.

Die Kräfte F_a und F_b setzen sich zur resultierenden Kraft F_n zusammen, die einen der äußersten Niete beansprucht bzw. die größte, einen Niet beanspruchende Kraft ist. Gemäß Bild 8.16 ist die

$$\textit{Größtkraft in Nietgruppe 1:} \quad F_n = F_a + F_b \qquad (8.8)$$

$$\textit{Nietgruppe 2:} \quad F_n = \sqrt{F_a^2 + F_b^2} \qquad (8.9)$$

Mit F_n ist dann auf Abscheren und Lochleibung (Formel 8.1 und Formel 8.2) zu rechnen. Die gefährdeten Querschnitte in den Bauteilen (jeweils Querschnitt in der ersten Nietreihe jeder Gruppe von M aus gesehen) müssen außerdem noch auf Biegebeanspruchung nachgerechnet werden (Schwächung durch die Nietlöcher beachten!).

Die mit Formel 8.1 bis Formel 8.5 errechneten Spannungen dürfen die zulässigen Spannungen nicht überschreiten. Hierzu erfolgen die Angaben in den betroffenen Abschnitten.

8.3 Nietverbindungen im Maschinen- und Gerätebau

Im Maschinen- und Gerätebau herrschen Verbindungen mit Kaltnieten unter $d_1 = 10\,\text{mm}$ vor (Halbrundniete DIN 660 und Senkniete DIN 661 nach Tabelle 8.1). Als Beispiel zeigt Bild 8.17 die mit Halbrundnieten verbundenen Polringe einer elektromagnetischen Kupplung. Die Schließköpfe sind Senkköpfe. Mitunter werden auch Teile stirnseitig an Stäbe oder Achsen genietet (Bild 8.18).

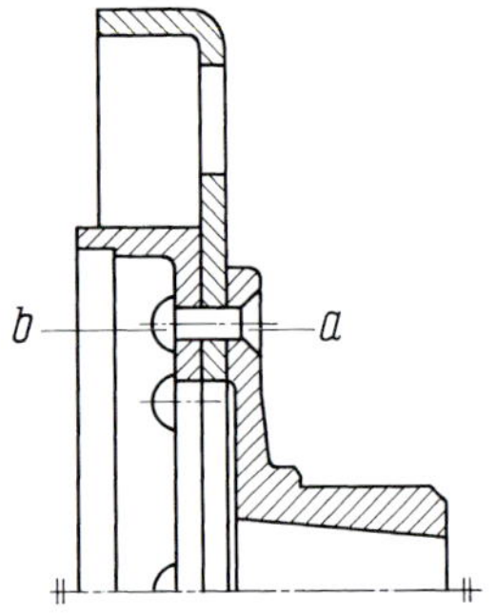

Bild 8.17 Genietete Polringe einer elektromagnetischen Kupplung
a Setzkopf, b Schließkopf

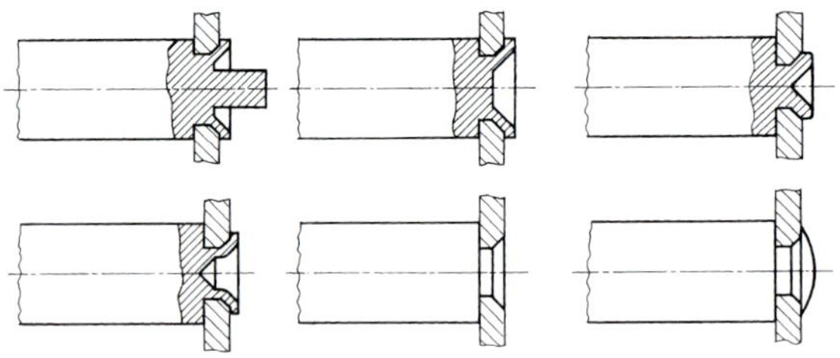

Bild 8.18 Stirnnietungen an Rundstäben

Weitere Verbindungselemente sind **Nietstifte** DIN 7341 zum Anstauchen von zwei Flach- oder Senkköpfen (Bild 8.19).

Blindniete (siehe Bild 8.6 bis Bild 8.8) aus Stahl oder anderen Metallen werden auch im Maschinenbau verwendet.

Zum Vernieten von Teilen aus empfindlichen Werkstoffen wie Weichgummi, Pressstoff, Hartpapier und dergleichen dienen die Niete nach Bild 8.5, die niedrige Schließungskräfte erfordern. Unter die Rohrnietköpfe müssen Metallscheiben gelegt werden, um die Druckfläche zu vergrößern (Bild 8.20). **Hohlniete** DIN 7339 (wie Form C in Bild 8.5) haben eine größere Wanddicke als die **Rohrniete.** Sie dienen vorwiegend zum Befestigen von Brems- und Kupplungsbelägen.

Die Berechnung der Verbindungen erfolgt nach Abschnitt 8.2 (zu Anhaltswerten für zulässige Spannungen siehe Tabelle 8.2).

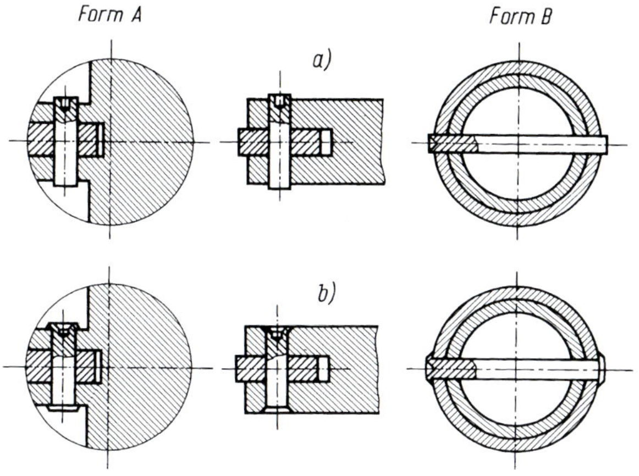

Bild 8.19 Nietstifte DIN 7341, Form A für höhere Schließungskräfte, Form B für niedrige Schließungskräfte
a) vor dem Nieten, b) nach dem Nieten

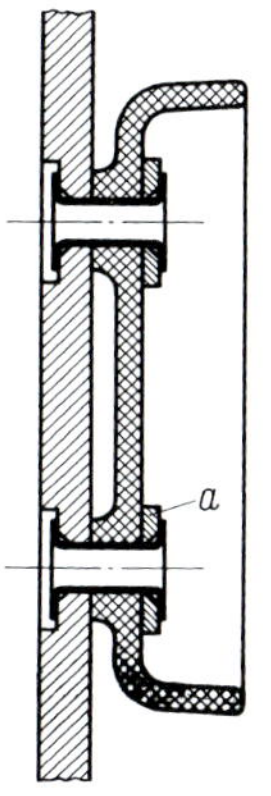

Bild 8.20 Mit Rohrnieten befestigtes Pressstoffteil
a Metallscheibe

8

Beispiel 8.1

Nach Bild 8.21 sind das Kettenrad und der Mitnehmer aus S275JR einer Lamellenkupplung mit der Nabe durch 6 Niete verbunden. Es ist ein wechselndes Drehmoment $M = 800\,\text{Nm}$ zu übertragen. Genügt die Nietverbindung den Anforderungen?

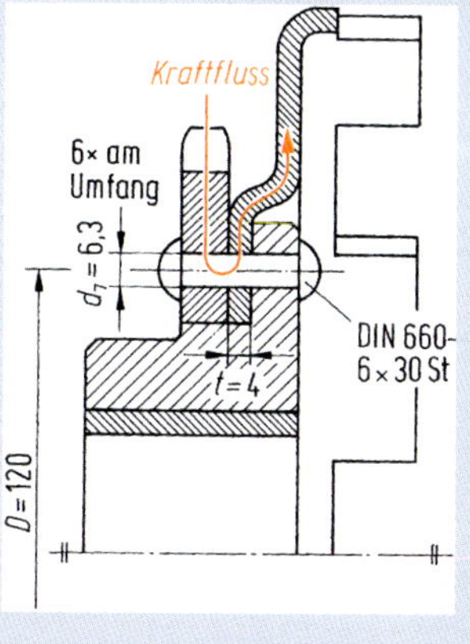

Bild 8.21
An einen Nabenflansch genietetes Kettenrad

Lösung:
Am Teilkreis der Niete beträgt die Umfangskraft
$F = M / R = 80000\,\text{Ncm} / 6\,\text{cm} = 13333\,\text{N}$. Da der Kraftfluss unmittelbar in den Mitnehmer läuft, die Nabe also kein Drehmoment zu übertragen hat, wird die Verbindung nur einschnittig ($m = 1$) beansprucht. Mit $n = 6$ Nieten, dem Querschnitt eines geschlagenen Niets $A_1 = 31{,}2\,\text{mm}^2$ (Tabelle 8.1) und der Kraft F ergibt sich mit Formel 8.1:

$$\tau_a = \frac{F}{n \cdot m \cdot A} = \frac{13333\,\text{N}}{6 \cdot 1 \cdot 31{,}2\,\text{mm}^2} = 71{,}2\,\text{N/mm}^2$$

Der 4 mm dicke Flansch des Mitnehmers ist das dünnste Teil am Anschluss. Er ist für die Berechnung auf Leibung maßgebend. Nach Formel 8.2 ist

$$\sigma_l = \frac{F}{n \cdot d_L \cdot t} = \frac{13333\text{N}}{6 \cdot 6{,}3\text{mm} \cdot 4\text{mm}} = 88{,}2\text{N/mm}^2$$

Die zulässigen Spannungen nach Tabelle 8.2 und unter Verwendung der Materialkennwerte aus Tabelle 2.2 sind:

$$\tau_{a\,zul} = 85\text{N/mm}^2 > \tau_a = 71{,}2\text{N/mm}^2$$

für die Niete: $\sigma_{lzul} = 170\text{N/mm}^2 > \sigma_l = 88{,}2\text{N/mm}^2$

für das Bauteil: $\sigma_{lzul} = 187\text{N/mm}^2 > \sigma_l = 88{,}2\text{N/mm}^2$

Somit genügt die Verbindung den Anforderungen.

8

Beispiel 8.2

Die an einem Handhebel befindliche Rolle (Bild 8.22) dient zum Betätigen einer Hubvorrichtung. Der Drehpunkt des Hebels ist in einem U-förmig gebogenen Halter aufgenommen, der Halter wiederum mit zwei Halbrundnieten DIN 660-5 × 14-St an einer Profilstange befestigt, Halter und Profilstange aus S235JR. In der gezeichneten Stellung wird auf die Rolle die größte Kraft $F_R = 350\text{N}$ ausgeübt. Sind die im höchstbelasteten Niet auftretenden Beanspruchungen zulässig?

Unmittelbar vor dem Erreichen des höchsten Punktes der Rolle wirkt am Hebel die Kraft $F_V = 20\text{N}$. Sie dient zur Überwindung der Reibung in den Lagern von Rolle und Hebel. Die Reibungskräfte selbst können vernachlässigt werden.

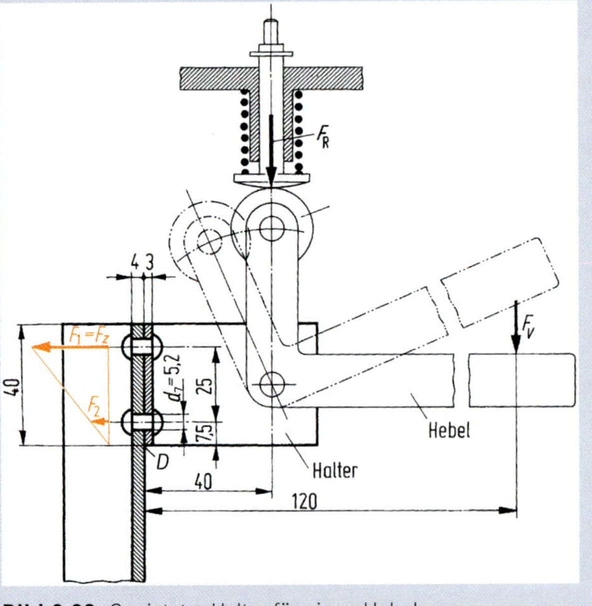

Bild 8.22 Genieteter Halter für einen Hebel

Lösung:
Es wird vorausgesetzt, dass sich der angenietete Halter am Punkt D abstützt und dieser als Drehpunkt angesehen werden kann, um den die Kräfte F_R und F_V den Halter drehen wollen. Dadurch werden die Niete mit den verschieden großen Kräften F_1 und F_2 auf Zug beansprucht. Wegen des Gleichgewichts muss die Summe der Momente um den Punkt D gleich 0 sein:

$$F_1(7{,}5+25)\text{mm}+F_2\cdot 7{,}5\text{mm}-F_R\cdot 40\text{mm}-F_V\cdot 120\text{mm}=0$$

Da $F_2/F_1=7{,}5/32{,}5$ ist, folgt aus der Gleichgewichtsbedingung $F_1\cdot 32{,}5\text{mm}+F_1\cdot 7{,}5\text{mm}\cdot 7{,}5/32{,}5=350\text{N}\cdot 40\text{mm}+20\text{N}\cdot 120\text{mm}=16400\text{Nmm}$ und daraus:

$$F_1=\frac{16400\text{N}}{32{,}5+7{,}5\cdot 7{,}5/32{,}5}=480\text{N}$$

Die Kraft F_1 ist gleich der größten Kraft F_z, die einen der Niete auf Zug beansprucht. Somit beträgt die Zugspannung im Nietschaft nach Formel 8.3 mit $A=21{,}2\text{mm}^2$ (Tabelle 8.1):

$$\sigma_z=\frac{F_z}{A}=\frac{480\text{N}}{21{,}2\text{mm}^2}=22{,}6\text{N/mm}^2$$

Nach Tabelle 8.2 ist für schwellende Beanspruchung $\sigma_{z\,zul}=50\text{N/mm}^2$, die bei Weitem nicht erreicht wird.

Durch die Kraft $F=F_R+F_V$ werden beide Niete noch gleichhoch auf Abscheren und Leibung beansprucht. Nach Formel 8.1 und Formel 8.2 und den zulässigen Spannungen (Tabelle 8.2) ergeben sich

$$\tau_a=\frac{F}{n\cdot m\cdot A}=\frac{(350+20)\text{N}}{2\cdot 1\cdot 21{,}2\text{mm}^2}=8{,}7\text{N/mm}^2<\tau_{a\,zul}=100\text{N/mm}^2$$

$$\sigma_l=\frac{F}{n\cdot d_L\cdot t}=\frac{370\text{N}}{2\cdot 5{,}2\text{mm}\cdot 3\text{mm}}=11{,}9\text{N/mm}^2<\sigma_{l\,zul}=170\text{N/mm}^2$$

für das Bauteil, da dieser Wert kleiner als der für die Niete ist.

Schlussfolgerung: Alle Spannungen sind wesentlich kleiner als die zulässigen, sodass kleinere Niete vorgesehen werden können. ■

8.4 Nietverbindungen im Leichtmetallbau

Leichtmetallnietungen haben sich gegenüber Schweißverbindungen behauptet, weil kaltgeschlagene Niete die Löcher voll ausfüllen (kein Schrumpfspiel!). Das Schweißen beeinflusst die Eigenschaften der Leichtmetalle derart ungünstig, dass Nietverbindungen trotz der hohen Kerbwirkungen durch die Löcher haltbarer als Schweißverbindungen sind. Leichtmetallnietungen werden vorwiegend im Fahrzeug-, Schiffs-, Flugzeug- und auch im Hoch-, Kran- und Brückenbau angewendet.

Im Flugzeugbau werden die Niete sogar unter Presspassung eingesetzt, indem sie vor dem Einstecken in die entsprechend tolerierten Löcher unterkühlt werden, sodass sie sich beim Erwärmen auf die Raumtemperatur wieder ausdehnen und mit dem Nietloch verpressen. Erst danach erfolgt das Schlagen des Schließkopfes. Damit wird eine besonders haltbare, feste und rüttelsichere Verbindung geschaffen. Es genügen dann sogar Setz- und Schließköpfe mit einem Durchmesser $\approx 1{,}25 d_1$ (siehe Bild 8.4). Bei Nietverbindungen im Flugzeugbau sind die *Luftfahrt-Normen* zu beachten, z. B. mit dem Titel „Nietrechnungswerte bei statischer Beanspruchung" die Normen LN 29730 für Universal-Nietverbindungen, LN 2931 für Senknietverbindungen, LN 29734 und LN 29735 für Blindniete.

Bild 8.23 zeigt den Knoten eines Leichtmetalltragwerks. Stangen und Drähte für Niete aus Aluminium.

8

Als Vorteile stehen den Stahlkonstruktionen das geringe Gewicht, die annähernd gleichhohe Festigkeit und die Korrosionsbeständigkeit gegenüber, als Nachteile der höhere Preis und der geringe Elastizitätsmodul ($E = 70\,000\,\text{N/mm}^2$, dagegen Stahl mit $E \approx 210\,000\,\text{N/mm}^2$). Das wirtschaftliche Strangpressen ermöglicht die Verwendung von Sonder-, Halbhohl- und Hohlprofilen (Bild 8.24).

Für die Ausführung und Berechnung von Aluminiumkonstruktionen unter vorwiegend ruhender Beanspruchung ist DIN 4113-1/A1 maßgebend. Sinngemäß wird dort u. a. ausgeführt:

1. Für Aluminiumniete sind die in Tabelle 8.3 aufgeführten Werkstoffe zu verwenden. Diese Tabelle enthält auch die zulässigen Scherspannungen für die Lastfälle H und HZ. Die Zahl hinter dem F, W oder G von Aluminiumwerkstoffen gibt den zehnten Teil der Zugfestigkeit in N/mm^2 an. Zum Beispiel hat AlMg5F31 eine Zugfestigkeit $R_m = 310\,\text{N/mm}^2$. F heißt gezogen, W weich und G rückgeglüht.
2. Die Klemmlängen dürfen $5d$ nicht überschreiten, Mindestnietdurchmesser $d = 6\,\text{mm}$, Rand- und Lochabstände nach Tabelle 8.4 (Nenndurchmesser $d = d_1$ in Tabelle 8.1).
3. Jeder Querschnitt ist in der Kraftrichtung mit mindestens 2 und höchstens 5 Kraftnieten hintereinander in jeder Reihe anzuschließen. Ausnahmen sind nur bei Vergitterungen, Geländern und gering beanspruchten Bauteilen zulässig.
4. Für die Bauteile werden die Werkstoffe nach Tabelle 8.5 empfohlen, in der auch die zulässigen Spannungen bei den Lastfällen H und HZ sowie die zulässigen Leibungsspannungen angegeben sind.
5. Die Teile dürfen nicht dünner als 2 mm sein, die Anschlussschenkel nicht schmaler als 25 mm.
6. Aluminiumkonstruktionen können bei normaler Atmosphäre im Allgemeinen ohne Korrosionsschutz bleiben, wenn sie baulich so durchgebildet sind, dass sie keine Stellen aufweisen, die schlecht belüftet und gleichzeitig schwer zugänglich sind oder an denen Kontaktkorrosion auftreten kann. Wassersäcke sind zu vermeiden.

   Bei Korrosionsgefahr ist die Gesamtkonstruktion vor oder unmittelbar nach dem Zusammenbau zu beschichten, z. B. mit Bitumen oder bituminösen Kombinationen. Dazu ist vorher eine gründliche Reinigung vorzunehmen. Berührungsflächen zwischen Aluminiumteilen mit Stahl sind zu beschichten.
7. Wenn konstruktiv oder fertigungstechnisch begründet, dürfen kalt- oder warmzuschlagende Stahlniete eingezogen werden (Korrosionsschutz beachten!). Es empfiehlt sich dann, cadmierte Stahlscheiben unter die Köpfe zu legen, um die Druckfläche am Leichtmetall zu vergrößern. Ähnliches gilt für Stahlschrauben.

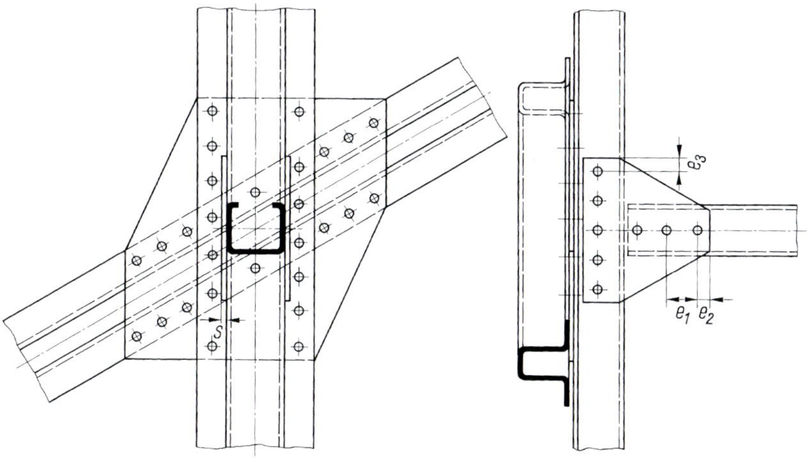

Bild 8.23 Knoten eines Leichtmetalltragwerks

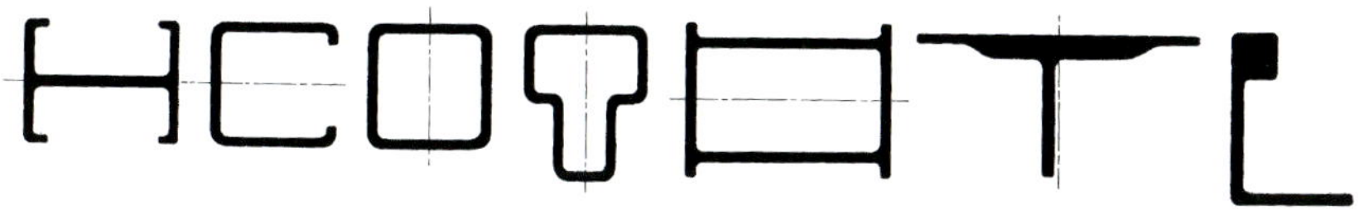

Bild 8.24 Beispiele für Strangpressprofile aus Leichtmetall

Druckstäbe sind nach dem Omega-Verfahren auf Knickung zu berechnen und Knickzahlen ω nach Tabelle 8.6 für einige der aufgeführten Aluminiumwerkstoffe.

Beim Berechnen und Gestalten von Leichtmetallkonstruktionen ist zu beachten, dass mehrere DIN-Normen für Werkstoffe und Halbzeuge geändert bzw. zurückgezogen und durch DIN EN-Normen ersetzt wurden. Dabei haben sich teilweise die Bezeichnungen für Aluminium und Aluminiumlegierungen sowie deren chemische Zusammensetzungen, die Angaben von Werkstoffzuständen und die Festigkeitseigenschaften verändert.

Eine Auswahl der neuen Bezeichnungen mit Festigkeitsangaben ist in Tabelle 8.7 zu finden.

Beispiel 8.3

An einem Momentenanschluss sind zwei Aluminiumprofile durch beidseitig angenietete Knotenbleche miteinander verbunden. Nietanzahl und -anordnung sowie sämtliche für die Nachrechnung der Anschlüsse erforderlichen Maße sind in Bild 8.25 enthalten. Das Flächenmoment zweiten Grades des Profils am Anschluss 1 beträgt für den ungeschwächten Querschnitt $I_x = 38800\,\text{mm}^4$. Im Abstand $a_1 = 200\,\text{mm}$ vom Schwerpunkt des Nietanschlusses 1 wirkt eine Kraft $F = 1000\,\text{N}$. Werkstoffe der Profile und Knotenbleche: AlMgSi1 F32, der Niete: AlMg5 F31. Genügen die Niete und Bauteile für den Lastfall HZ in den Anschlüssen 1 und 2 den Anforderungen?

8

Lösung:

Nietgruppe 1 (Anschluss 1)

Das zu übertragende Moment beträgt $M_1 = F \cdot a_1 = 1000\,\text{N} \cdot 200\,\text{mm} = 200\,000\,\text{Nmm}$. Nach Formel 8.7 ist dann

$$F_g = M_1 \frac{e_g}{\Sigma e^2} = 200\,000\,\text{Nmm} \frac{40\,\text{mm}}{(40\,\text{mm})^2} = 5000\,\text{N}$$

Da wegen des zweiteiligen Anschlusses $n_a = 2$ ist, wird $F_a = F_g / n_a = 5000\,\text{N}/2 = 2500\,\text{N}$. Die Querkraft $F_q = F = 1000\,\text{N}$ verteilt sich auf $n = 6$ Niete. Somit ist der Anteil je Niet $F_b = F_q / n = 1000\,\text{N}/6 = 167\,\text{N}$. Die einen Niet beanspruchende Kraft ist dann nach Formel 8.8:

$$F_n = F_a + F_b = 2500\,\text{N} + 167\,\text{N} = 2667\,\text{N}$$

Mit Formel 8.1 und Formel 8.2 sowie $A = 31{,}2\,\text{mm}^2$ (Tabelle 8.1) und den zulässigen Spannungen ergeben sich:

$$\tau_a = \frac{F_n}{m \cdot A} = \frac{2667\,\text{N}}{1 \cdot 31{,}2\,\text{mm}^2} = 85{,}5\,\text{N/mm}^2 \approx \tau_{a\,zul} = 85\,\text{N/mm}^2 \text{ (Tabelle 8.3)}$$

$$\sigma_1 = \frac{F_n}{d_L \cdot t} = \frac{2667\,\text{N}}{6{,}3\,\text{mm} \cdot 3{,}5\,\text{mm}} = 121\,\text{N/mm}^2 < \sigma_{1zul} = 240\,\text{N/mm}^2 \text{ (Tabelle 8.5)}$$

Der Profilquerschnitt am ersten Nietloch muss noch auf Biegebeanspruchung nachgerechnet werden. Die Schwächung durch die beiden Nietlöcher beträgt $A_s = 2d_L \cdot t = 2 \cdot 6{,}3\,\text{mm} \cdot 3{,}5\,\text{mm} = 44{,}1\,\text{mm}^2$. Somit beträgt das Flächenmoment 2. Grades des Profils

$$I = I_x - 2\frac{t \cdot d_L^3}{12} = c^2 \cdot A_s = 38\,800\,\text{mm}^4 - 2\frac{3{,}5\,\text{mm}(6{,}3\,\text{mm})^3}{12} - (4\,\text{mm})^2 \cdot 44{,}1\,\text{mm}^2$$
$$= 37\,949\,\text{mm}^4$$

Das Biegemoment in diesem Querschnitt ist $M_{b1} = F(a_1 - 20\,\text{mm}) = 1000\,\text{N} \cdot 180\,\text{mm} = 180\,000\,\text{Nmm}$. Damit beträgt die Biegezugspannung

$$\sigma = \frac{M_{b1}}{I} e_z = \frac{180\,000\,\text{Nmm}}{37\,949\,\text{mm}^4} 24\,\text{mm} = 113{,}8\,\text{N/mm}^2$$

Nach Tabelle 8.5 ist $\sigma_{zul} = 165\,\text{N/mm}^2 > \sigma$.

Nietgruppe 2 (Anschluss 2)

Der Wirkabstand der Kraft F ist $a_2 = a_1 + 50\,\text{mm} = 250\,\text{mm}$. Damit beträgt das Moment $M_2 = F \cdot a_2 = 1000\,\text{N} \cdot 250\,\text{mm} = 250\,000\,\text{Nmm}$. Nach Formel 8.7 ist dann

$$F_g = M_2 \frac{e_g}{\Sigma e^2} = 250\,000\,\text{Nmm} \frac{50\,\text{mm}}{(50\,\text{mm})^2} = 5000\,\text{N}$$

Damit werden wie beim Anschluss 1 wegen der gleichen Nietanzahl $F_a = 2500\text{N}$ und $F_b = 167\text{N}$. Die einen Niet beanspruchende Kraft ist dann nach Formel 8.9:

$$F_n = \sqrt{F_a^2 + F_b^2} = \sqrt{2500^2 + 167^2}\text{N} = 2506\text{N}$$

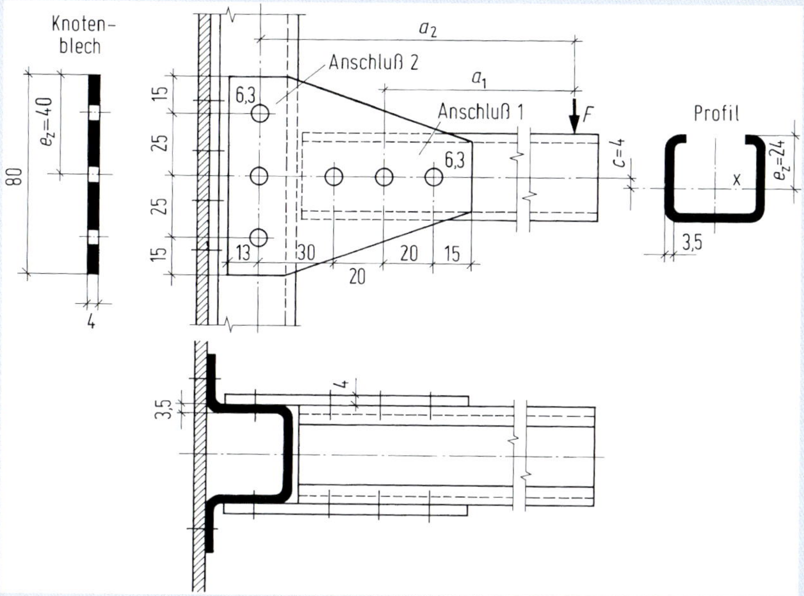

Bild 8.25 Momentenanschluss im Leichtmetallbau

Scherspannung und Leibung werden somit etwas kleiner als am Anschluss 1, sodass sich deren Errechnung erübrigt.

Der durch die Nietlöcher geschwächte Querschnitt der Knotenbleche muss noch auf Biegebeanspruchung nachgerechnet werden. Unter Berücksichtigung der Schwächung durch die Nietlöcher beträgt das Flächenmoment 2. Grades für ein Blech:

$$I \approx \frac{4\text{mm}\,(80\text{mm})^3}{12} - 3\frac{4\text{mm}\cdot 6{,}3^3\,\text{mm}^3}{12} - 2\cdot 6{,}3\text{mm}\cdot 4\text{mm}\cdot (25\text{mm})^2$$
$$= 138917\text{mm}^4$$

Mit dem Biegemoment $M_{b2} = M_2 = 250000\text{Nmm}$ beträgt die Biegezugspannung, da zwei Knotenbleche angeordnet sind:

$$\sigma = \frac{M_{b2}}{2I} e_z = \frac{250000\text{Nmm}}{2\cdot 138917\text{mm}^4} 40\text{mm} = 36\text{N/mm}^2 < \sigma_{zul} = 165\text{N/mm}^2$$

Schlussfolgerung

In der Nietgruppe 1 wird die zulässige Scherspannung nur unwesentlich überschritten. Bei den anderen Beanspruchungen werden die zulässigen Spannungen in keinem Falle erreicht.

8

8.5 Stanznieten

Während bei den klassischen Nietverfahren eine zeit- und kostenintensive Vorlochoperation durchgeführt werden muss, ermöglicht das Stanznieten eine Verbindung von Blech- oder Profilteilen ohne diesen Verfahrensschritt. Je nach Form der Stanzniet wird unterschieden in Stanznieten **mit Vollniet** oder Stanznieten **mit Halbhohlniet**.

Bild 8.26
Stanzniete an einer Rohkarosserie aus Aluminium (Werkbild Böllhoff)

Beim **Vollnietverfahren** werden die zu fügenden Werkstücke mit einem Niederhalter auf der Matrize fixiert. Im Anschluss erfolgt das Lochen der zu fügenden Teile durch den gleichzeitig als Schneidstempel fungierenden Vollniet. Nach Erreichen eines Anschlagpunkts wird mit der nun geschlossenen Fläche von Nietstempel und Niederhalter das Werkstück gegen die Matrize gedrückt. Durch die Kontur der Matrize und die über Nietstempel und Niederhalter aufgebrachte Druckkraft fließt der Werkstoff des unteren Bleches in die umlaufende Schaftnut des Nietes. Hierbei erfolgt der Werkstofffluss entgegen der Richtung von Stempel- und Niederhalterbewegung.

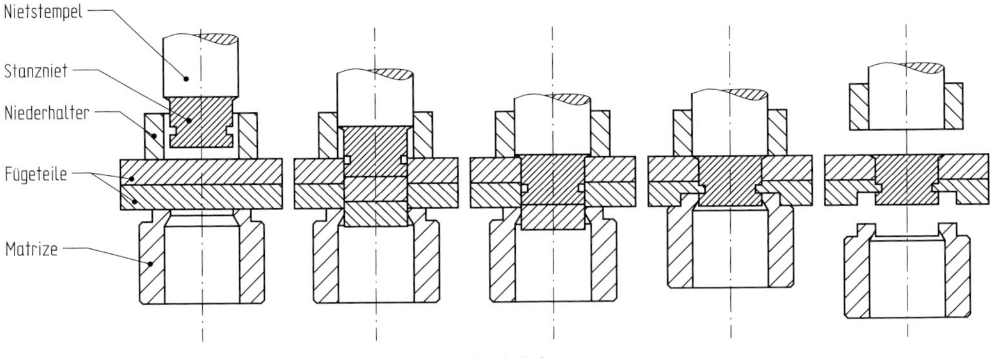

Bild 8.27 Verfahrensabläufe beim Stanznieten mit Vollniet

Beim **Stanznieten mit Halbhohlniet** wirkt ein als Schneidstempel ausgebildetes Hilfsfügeteil, der Stanzniet, zunächst als Schneidstempel. Er wird im weiteren Verfahrensablauf derart plastisch verformt, dass er mit den zu verbindenden Fügeteilen eine mechanisch belastbare, gas- und flüssigkeitsdichte Verbindung eingeht.

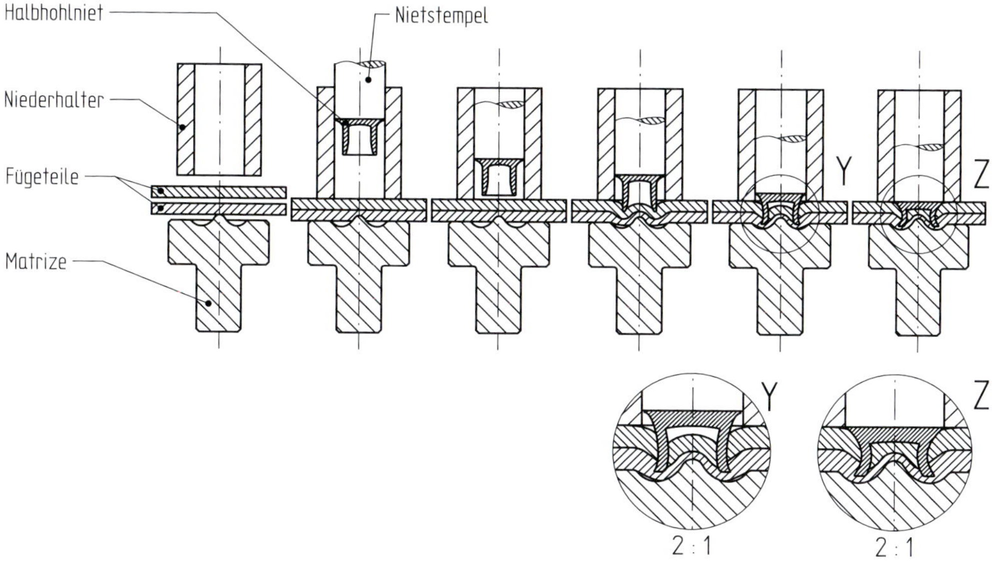

Bild 8.28 Verfahrensschritte beim Stanznieten mit Halbhohlniet (Quelle Böllhoff)

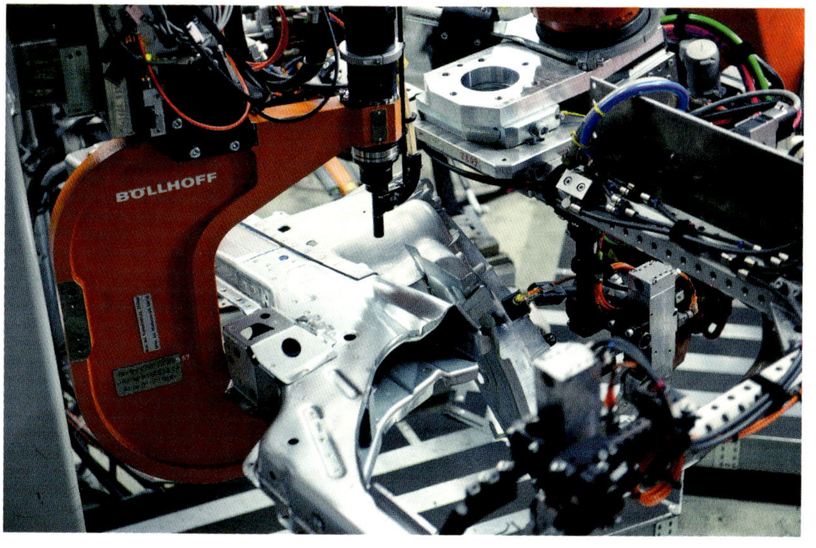

Bild 8.29 Fügen des Z-Trägers mit Stanznieten im Karosseriebau (Sportwagenbau) (Werkbild Böllhoff)

Durch Stanznieten lassen sich auch gleichartige Werkstoffe, wie Aluminium mit Aluminium, aber auch unterschiedliche Werkzeugklassen, wie Polymere und Metalle, verbinden. Hierbei sind jedoch die unterschiedlichen Wärmeausdehnungskoeffizienten der Fügeteil- und Nietenwerkstoffe bei der Auslegung der Verbindung zu berücksichtigen. Zusätzlich sind auch mehr als zweilagige Verbindungen möglich.

Das Verfahren ist besonders in der Automobilkarosseriefertigung verbreitet. So wurden beispielsweise bereits im Audi TT (Baujahr 2008) über 1700 Stanznieten verarbeitet, darunter 96 Vollstanznieten, die im Sichtbereich platziert nach der Lackierung praktisch unsichtbar sind.

Weiterentwickelte **Sonderverfahren** nach DVS/EFB 3410-2, z. B. das Stanznieten mit Halbhohlstanzniet in Vollmaterial, das Stanznieten mit flachem Amboss, das Bördelstanznieten, das Impulsstanznieten oder das Hydrostanznieten, wurden im Wesentlichen entwickelt, um einerseits die notwendigen Fügekräfte und damit die Masse und das Handhabungsgewicht der Fügezangen zu verringern und andererseits schwer oder nicht umformbare Materialien und extreme Blechdicken technologisch zu erschließen.

Die Auslegung von solcherart mechanisch gefügten Verbindungen richtet sich nach der ausreichenden Tragfähigkeit des Baumaterials und der des Verbindungselements. Exakte Angaben zu den in der Verbindung auftretenden Kräften und Beanspruchungen stehen hierbei häufig nicht zur Verfügung. Dies gilt auch bei der Anwendung von FEM-Berechnungen. Deshalb geht an der versuchstechnischen Ermittlung der benötigten Festigkeitskennwerte meist kein Weg vorbei.

8.6 Hybridfügen – Stanznietkleben

Kombinierte Fügeverfahren, bei denen elementare Fügeverfahren wie das Stanznieten und das Kleben miteinander unter dem Begriff **Hybridfügen**, hier Stanznietkleben, gekoppelt werden, dienen gemäß DVS/EFB 3450-1

1. der Verbesserung der mechanischen Eigenschaften bzw. der Lebensdauerverlängerung von Verbindungen,
2. der Vermeidung von Kontaktkorrosion sowie
3. der Erweiterung der funktionalen Eigenschaften (z. B. Nahtabdichtung, Nahtisolation, Dämpfung).

Tendenziell zeigen hybridgefügte Bauteile bessere mechanische Eigenschaften im Vergleich zu konventionell gefertigten Fügeteilen sowohl bei quasistatischen als auch bei schwingenden Belastungen. Nach o. g. Merkblatt sind dies gleichmäßigere Spannungsverteilung im Fügebereich, erhöhte Schwingfestigkeit, verbesserte Schwingungs- und Schalldämpfung, erhöhte Verbindungssteifigkeit sowie eine bessere Korrosionsbeständigkeit.

Für die Dimensionierung gelten die Hinweise aus Kapitel 7 (Klebverbindungen).

8.7 Verständnisfragen

1. Warum werden gestanzte Nietlöcher nachgebohrt?
2. Erklären Sie grob das Prinzip der Warmniete.
3. Zeichnen Sie ein Beispiel für eine Stirnnietung.
4. Was passiert, wenn die Wirklinie der Belastungskraft nicht durch den Schwerpunkt des Niets verläuft?
5. Auf welche Belastungsart werden Nietschäfte beansprucht?
6. Wann spricht man von Lochleibung?
7. Nennen Sie einen Vorteil und einen Nachteil, den kleine Nietlöcher mit sich bringen.
8. Welche Form von Nieten wird im Maschinen- und Gerätebau bevorzugt?
9. Warum haben sich Niete im Vergleich zu Schweißverbindungen im Leichtmetallbau durchgesetzt?

Literatur

[8.1] *Aluminium-Zentrale (Hrsg.):* Aluminium Merkblätter. V5: Nieten von Aluminium. Düsseldorf, 1992

[8.2] *Matthes, K.-J.; Riedel, F.:* Fügetechnik. Überblick – Löten – Kleben – Fügen durch Umformen. München: Fachbuchverlag Leipzig im Carl Hanser Verlag, 2003

[8.3] *Böllhoff GmbH (Hrsg.):* Blaue Seiten – Das Handbuch der Verbindungstechnik. Bielefeld, 2014. *http://blaueseiten-online.de* (u. a. Produktdatenblätter mit DIN-Verweisen)

[8.4] DIN-Taschenbuch 43 – Mechanische Verbindungselemente 2 – Bolzen, Stifte, Niete, Keile, Sicherungsringe. Berlin: Beuth Verlag, 2012

[8.5] Taschenbuch DVS-Merkblätter und -Richtlinien. Mechanisches Fügen. Düsseldorf: DVS Media, 2009

DIN 7331:2011-03	Hohlniete, zweiteilig
DIN 29730-1ff	Luft- und Raumfahrt; Nietrechnungswerte bei statischer Beanspruchung für Universalnietverbindungen. 1989
DIN EN 1999-1-1:2014-03	Eurocode 9: Bemessung und Konstruktion von Aluminiumtragwerten – Teil 1-1: Allgemeine Bemessungsregeln. 2014
DVS/EFB 3410-1	Merkblatt: Stanznieten – Überblick. 2014
DVS/EFB 3410-2	Merkblatt: Stanznieten – Sonderverfahren. 2007
DVS/EFB 3430	Merkblatt: Blindnieten. 2006
DVS/EFB 3450-1	Merkblatt: Hybridfügen – Clinchkleben – Stanznietkleben – Überblick. 2007
DVS/EFB 3470	Merkblatt: Mechanisches Fügen Konstruktion und Auslegung. 2006
DVS/EFB 3490	Merkblatt: Anlagen zum Stanznieten. 2015

TEIL 3
Lösbare Verbindungen

9 Reibschlüssige Welle-Nabe-Verbindungen

Das Fügen von Teilen mit einem Pressvorgang schafft dauerhafte und rüttelsichere Verbindungen, die große und schlagartig einsetzende oder wechselnde Kräfte übertragen können. Da sie keine Verbindungselemente wie Passfedern oder Längskeile enthalten, die als Kerben wirkende Nuten benötigen, haben sie eine hohe Gestaltfestigkeit (Betriebsfestigkeit). Sie werden im Getriebe-, Großmaschinen- und Kranbau angewendet, wo es mitunter keine andere Möglichkeit zum Übertragen großer Kräfte bzw. Momente gibt. So werden umlaufende Maschinenteile wie Zahnräder, Laufräder, Turbinenläufer, Gebläseräder, Ankerscheiben und dergleichen auf Achsen oder Wellen gepresst. Auch im Gerätebau und in der Feinwerktechnik bieten sich viele Möglichkeiten zur wirtschaftlichen Anwendung der Pressverbände. In DIN 7190-1 werden Berechnungsgrundlagen und Gestaltungsregeln für zylindrische Pressverbände angegeben.

9.1 Zylindrische Pressverbände

9.1.1 Fügevorgang und Gestaltung

Zur Herstellung eines Pressverbands ist eine Übermaßpassung mit einem Übermaß U erforderlich, wobei der Bohrungsdurchmesser kleiner als der Wellendurchmesser ist (siehe Abschnitt 1.2). Infolge dieses Übermaßes werden die Fügeflächen von **Außenteil** (Nabe) und **Innenteil** (Welle) aufeinander gepresst und durch Haftreibung die Übertragung von Umfangskräften, Längskräften oder beiden ermöglicht. Man unterscheidet zwischen den im Folgenden genannten Varianten.

1. Längspressverbände

Durch Längseinpressen der Fügeteile nach Bild 9.1a. Damit sich das Innenteil in das Außenteil einführen lässt und während des Fügens kein Werkstoff weggeschabt wird, muss das Teil mit der höheren Streckgrenze eine Einführungsfase erhalten (in der Regel das Innenteil). Der Fasenwinkel soll höchstens $\varphi = 5°$ betragen. Weil $D_e \ll D_F - U_g$ sein soll (U_g = Höchstübermaß), ist die Fasenlänge $l_e \approx \sqrt[3]{D_F \cdot 1\,\text{mm}^2}$ auszuführen. Die Einpressgeschwindigkeit soll etwa 50 mm/s betragen.

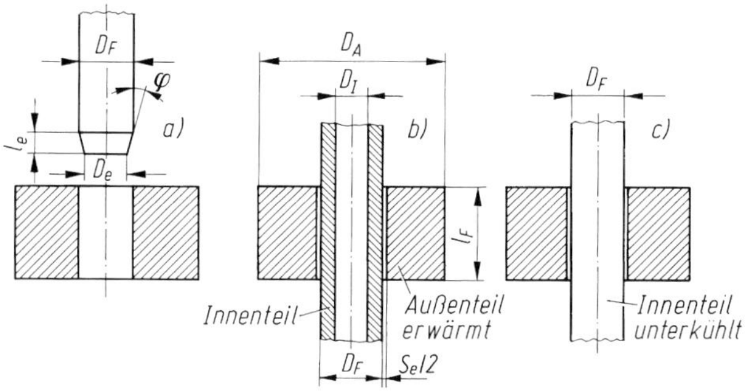

Bild 9.1 Fügen von Pressverbänden
a) Längseinpressen des Innenteils, b) Schrumpfen des Außenteils, c) Dehnen des Innenteils
S_e Fügespiel, Index F ≙ Fuge, A ≙ Außenteil, I ≙ Innenteil

9

2. Querpressverbände

2.1. durch Schrumpfen des Außenteils (Schrumpfverband) nach Bild 9.1b. Das Außenteil wird durch Erwärmen so weit gedehnt (aufgeweitet), bis es sich leicht auf das Innenteil schieben lässt. Beim Erkalten schrumpft das Außenteil und presst sich gegen das Innenteil. Erwärmt werden kann auf elektrischen Heizplatten, mit elektrischen Heizkernen oder mit Ringbrennern. Bei einer örtlichen Überhitzung kann sich das Außenteil verziehen. Besser ist deshalb ein gleichmäßiges Erwärmen in einem Ölbad. Wenn die Passflächen jedoch trocken bleiben müssen, um eine höhere Haftfähigkeit zu erreichen, so wird in Heißluftöfen erwärmt. Im Ölbad und im Heißluftofen sind Temperaturen bis 400 °C erreichbar. Bei zu hohen Temperaturen, die vom Werkstoff abhängen (z.B. max. 350 °C für Baustahl niederer Festigkeit, Stahlguss und Gusseisen mit Kugelgraphit, 300 °C für Stahl oder Stahlguss vergütet), besteht die Gefahr eines Festigkeitsabbaus des Außenteilwerkstoffs. Sich auf den Fügeflächen bildende Oxidschichten erhöhen die Haftreibung. Bei wechselnd wirkenden Betriebskräften können diese Schichten zu einer Reibkorrosion und damit zum Absinken der Haftreibung führen. Im letzten Fall sollten die Passflächen von den Oxidschichten befreit werden. Bei dieser Fügeart ist eine Einführungsfase an einem der Teile zweckmäßig.

2.2. durch Dehnen des Innenteils (Dehnverband) nach Bild 9.1c. Das Innenteil wird durch Unterkühlen so weit geschrumpft, bis es sich leicht in das Außenteil schieben lässt. Beim Erwärmen auf Raumtemperatur dehnt sich das Innenteil und presst sich in das Außenteil. In Kohlensäureschnee oder in Trockeneis sind –78 °C, in flüssigem Stickstoff –196 °C zu erreichen. Eine Einführungsfase an einem der beiden Teile ist sinnvoll.

2.3. durch Schrumpfen des Außenteils und Dehnen des Innenteils (Schrumpf-Dehnverband) als Kombination der Verfahren 2.1 und 2.2, wenn durch einen thermischen Prozess allein kein ausreichendes Fügespiel (siehe Abschnitt 9.1.5) erreicht werden kann.

2.4. durch Schrumpfen des Außenteils und Dehnen des Innenteils (Druckölverband), nachdem durch Drucköl das Außenteil aufgeweitet und das Innenteil eingeschnürt wurde (Bild 9.2a und Bild 9.2b). Dieses Verfahren lässt sich nur bei leicht kegeligen Fügeflächen anwenden (Kegelneigung 1:30). Das Innenteil wird in das Außenteil geschoben, bis die Fügeflächen aufeinandersitzen. Dann wird das Öl hineingedrückt und das Außenteil entsprechend dem entstandenen Spiel am Kegel weiter hinaufgeschoben. Sobald der Öldruck aufhört, pressen sich die beiden Fügeteile gegeneinander. Das Öl wird über Bohrungen in Außen- oder Innenteil und Rillen oder Nuten an den Fügeflächen zugeführt. Bei zylindrischen Fügeflächen lässt sich das Druckölverfahren nur zum Lösen des Verbandes anwenden (Bild 9.2c und d), zum Fügen nur bei abgestuften Fügeflächen (Bild 9.3). Bild 9.4 zeigt den zylindrischen Sitz von Wälzlagern. Hierzu wird auf DIN 15055 (Druckölverbände) verwiesen.

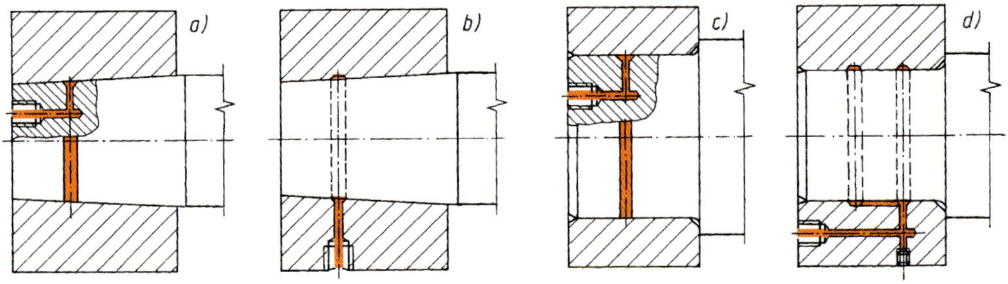

Bild 9.2 Druckölverbände
a) kegeliger Verband mit Ölzuführung durch die Welle, b) mit Ölzuführung durch die Nabe, c) zylindrischer Verband mit Ölzuführung durch die Welle, d) mit Ölzuführung durch die Nabe

Für die Übertragung großer Drehmomente bzw. Längskräfte durch Pressverbände als reibschlüssige Welle-Nabe-Verbindungen (besonders schwingend belasteter) wird empfohlen, nur volle Innenteile und nicht zu dünnwandige Außenteile ($D_F/D_A \leq 0{,}5$) zu verwenden. Bei schwingender Belastung können in der Fuge Gleitbewegungen (Schlupf) auftreten, die man durch entsprechende Gestaltung reduzieren oder verhindern kann. Dafür und zur Verminderung von Kerbwirkungen haben sich Ausführungen mit $D_F \approx 1{,}1d$, $r \approx 2(D_F - d)$ und $a \geq 0$ nach Bild 9.5 bewährt.

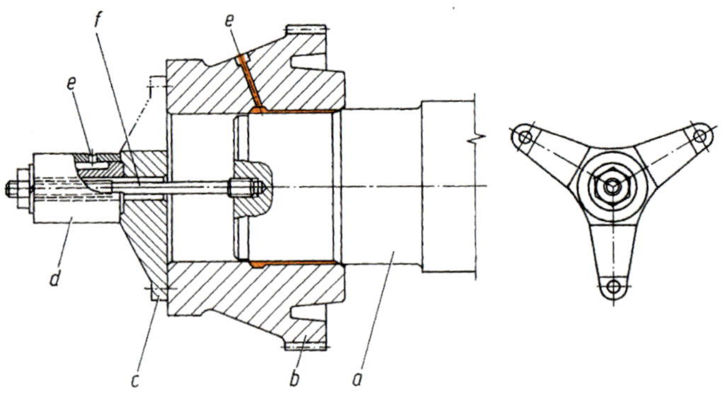

Bild 9.3 Fügevorgang für einen zylindrischen, abgestuften Druckölverband
a Wellenende, b Kupplungsnabe, c Pressstern, d Hohlkolbenpresse, e Druckölanschluss, f Fugbolzen

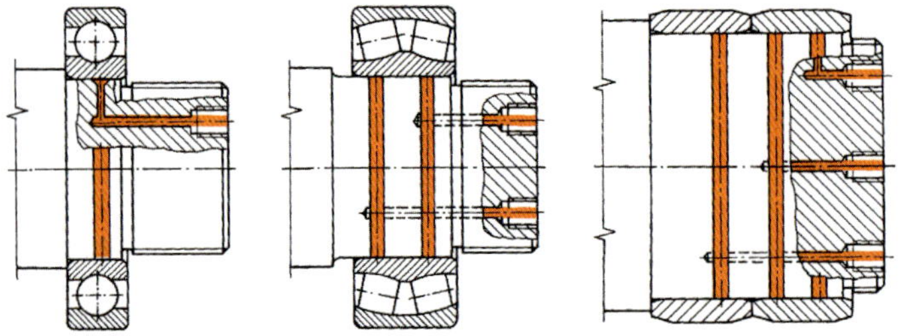

Bild 9.4 Zylindrische Pressverbände mit Wälzlagern

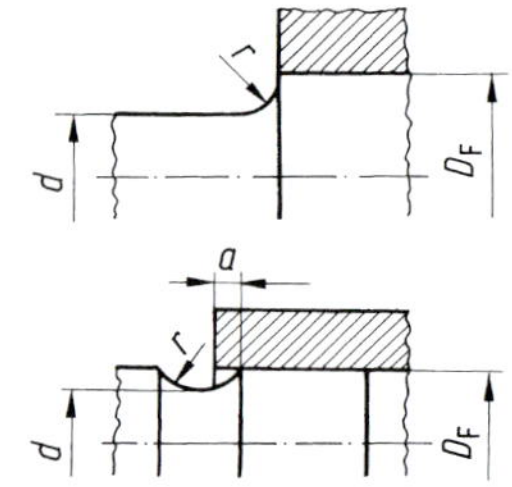

Bild 9.5 Gestaltung von Pressverbänden

Folgende **Toleranzen** und Oberflächenrauheiten werden empfohlen: Für **Bohrungen** mit $D_F \leq 500\,\text{mm}$ die Toleranzklasse H7 und der Mittenrauwert $R_a = 1{,}6\,\mu\text{m}$, mit $D_F > 500\,\text{mm}$ H8 und $R_a = 3{,}2\,\mu\text{m}$, für **Wellen** mit $D_F \leq 500\,\text{mm}$ der Grundtoleranzgrad IT 6 und $R_a = 0{,}8\,\mu\text{m}$, mit $D_F > 500\,\text{mm}$ IT 7 und $R_a = 1{,}6\,\mu\text{m}$, Zylinderformtoleranz (siehe Abschnitt 1.3) ein Drittel der Maßtoleranz für die Nabe bzw. Welle.

9.1.2 Grundlagen der Berechnung zylindrischer Pressverbände

Ein Pressverband muss an den Fügeflächen einen genügend hohen Widerstand gegen Verschieben oder Verdrehen der gefügten Teile aufbringen. Dieser Widerstand wird **Haftkraft F_F** genannt. Sie wird wesentlich vom Übermaß bestimmt. Ein Berechnungsverfahren ist in DIN 7190-1 angegeben, nach dem hier vorgegangen wird. In dieser Norm sind die Gleichungen enthalten, mit denen das erforderliche Übermaß U errechnet werden kann.

Die in früheren Ausgaben von DIN 7190 enthaltenen zahlreichen Rechenschaubilder, mit deren Hilfe ohne langwierige Rechenoperationen U bestimmt werden konnte, basierten auf der Theorie von *Lundberg*, aus der verhältnismäßig komplizierte Gleichungen für die Auslegung hervorgingen. Sie sind für eine optimale Nutzung elektronischer Datenverarbeitungsanlagen wenig geeignet.

In DIN 7190:1988-07 wurden erstmals die Berechnungsgleichungen von *Kollmann* und *Önöz* angegeben [9.2]. Sie sind einfacher und lassen sich gut mit technisch-wissenschaftlichen Taschenrechnern auswerten. Dieses Verfahren wird auch in der aktuellen Norm DIN 7190-1:2017-02 beibehalten. Die Norm enthält ein umfangreiches Flussdiagramm zum Aufbau eines Rechenprogramms (siehe Bild 9.9 und Bild 9.12). Auf die Herleitung der Gleichungen wird hier wie in der Norm verzichtet und auf Spezialliteratur verwiesen.

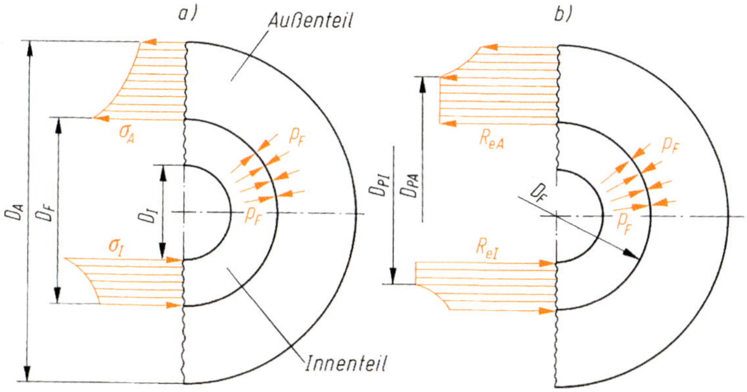

Bild 9.6 Beanspruchung der Fügeteile von Pressverbänden
a) rein elastische Beanspruchung, b) elastisch-plastische Beanspruchung

Der Pressvorgang erzeugt auf den Fügeflächen einen **Fugendruck,** die radiale **Fugenpressung p_F** (Bild 9.6), die die zur Kraftübertragung erforderliche Haftkraft F_F hervorruft. Das Außenteil wird aufgeweitet (gedehnt) und dadurch in Umfangsrichtung (tangential) auf Zug beansprucht, das Innenteil eingeschnürt (gestaucht) und auf Druck beansprucht. Die Dehnungen bzw. Stauchungen nehmen in jedem Teil von innen nach außen hin ab. Die tangentialen Zug- und Druckspannungen verteilen sich nach Bild 9.6a proportional zu diesen Dehnungen und Stauchungen, wenn sie die Streckgrenze bzw. Quetschgrenze nicht erreichen. Mit σ_A ist die größte Zugspannung im Außenteil bezeichnet, mit σ_I die größte Druckspannung im Innenteil. Man unterscheidet:

1. die rein elastische Beanspruchung (Bild 9.6a)

Bei ihr bleiben sämtliche Spannungen unterhalb der Streckgrenzen (Fließgrenzen) R_{eA} und R_{eI} der Werkstoffe. Im Grenzfall darf $\sigma_A = R_{eA}$ sein, in der Regel ist $\sigma_A < R_{eA}$. Bei Werkstoffen mit nicht ausgeprägter Streckgrenze gilt die 0,2-%-Dehngrenze als Streckgrenze (Tabelle 2.2, Tabelle 2.5 und Tabelle 2.6). Bei Grauguss als sprödem Werkstoff werden ersatzweise ca. 50 % der Zugfestigkeit R_m angenommen (Tabelle 2.5). Für die Druckspannung σ_I im Innenteil ist die Quetschgrenze maßgebend, die mit dem Wert der Streckgrenze R_{eI} angenommen werden kann. Bei Grauguss braucht wegen dessen hoher Druckfestigkeit die Druckspannung nicht nachgerechnet zu werden.

2. die elastisch-plastische Beanspruchung (Bild 9.6b)

Im Außenteil erreicht ein Teil der Spannungen die Streckgrenze R_{eA}, und zwar vom Fugendurchmesser D_F bis zum Durchmesser D_{PA}. Es ist also $D_{PA} > D_F$. Sinngemäß gilt das auch für die Druckspannungen im Innenteil, wobei $D_{PI} < D_F$ ist.

9

Anzustreben ist eine elastische Beanspruchung des Außenteils. Da die Quetschgrenze des Innenteils meistens größer als die Streckgrenze des Außenteils ist, wird auch das Innenteil elastisch beansprucht. Falls eine elastische Beanspruchung nicht zu realisieren ist, kann ohne Weiteres eine elastisch-plastische Beanspruchung in Kauf genommen werden, jedoch keine plastische Beanspruchung, bei der $D_{PA} = D_A$ wäre. Es ist zu beachten, dass bei Außenteilen aus sprödem Werkstoff (z. B. Grauguss) nur eine rein elastische Beanspruchung zulässig ist.

Da im Außenteil tangentiale Zug- und radiale Druckspannungen, im Innenteil tangentiale und radiale Druckspannungen auftreten (die radialen durch die Fugenpressung p_F), muss mit einer Vergleichsspannung gerechnet werden. Den Gleichungen in DIN 7190-1 liegt die modifizierte Schubspannungshypothese (MSH) zugrunde.

Die zu übertragende **Betriebskraft** $\boldsymbol{F}$ kann nach Bild 9.7 eine **Umfangskraft** $\boldsymbol{F_u}$, eine **Längskraft** $\boldsymbol{F_l}$ oder eine **resultierende Kraft** $\boldsymbol{F_r = \sqrt{F_u^2 + F_l^2}}$ sein. Die Umfangskraft errechnet sich aus $F_u = M / r_F$, wenn M das zu übertragende Drehmoment und $r_F = D_F / 2$ den Fugenradius darstellen.

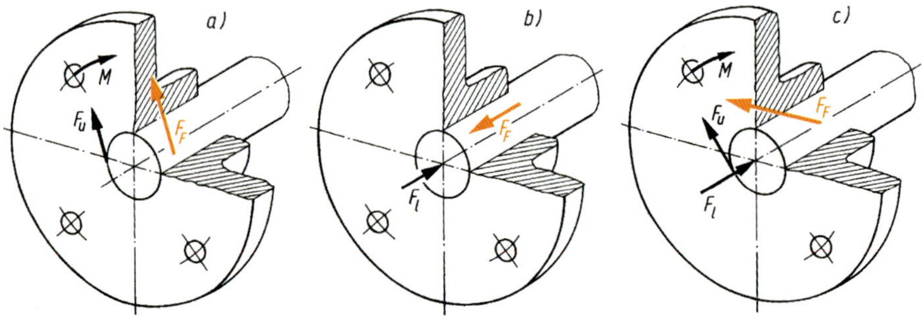

Bild 9.7 Kräfte an Pressverbänden
a) in Umfangsrichtung, b) in Längsrichtung, c) in resultierender Richtung

Damit die Betriebskraft F sicher übertragen werden kann, muss die Haftkraft F_F an den Fügeflächen entsprechend größer sein:

$$\textit{Haftkraft} \quad F_F \geq F \cdot S_H \tag{9.1}$$

F	in N	größte zu übertragende Betriebskraft an den Fügeflächen,
S_H		erforderliche Haftsicherheit nach Tabelle 9.1.

In der Regel sollen die in Tabelle 9.1 angegebenen Haftsicherheiten (Sicherheiten gegen Rutschen) nicht unterschritten werden.

Mit der Haftkraft F_F lässt sich errechnen die erforderliche

$$\textit{Fugenpressung} \quad p_F = \frac{F_F}{A_F \cdot \mu} = \frac{F_F}{D_F \cdot \pi \cdot l_F \cdot \mu} \tag{9.2}$$

p_F in N/mm^2 erforderliche Fugenpressung (Fugendruck p in DIN 7190-1),
F_F in N erforderliche Haftkraft nach Formel 9.1,
A_F in mm^2 Fugenfläche $= D_F \cdot \pi \cdot l_F$,
D_F in mm Fugendurchmesser,
l_F in mm Fugenlänge,
μ Haftbeiwert nach Tabelle 9.1.

Diese Gleichung gilt theoretisch nur für den Stillstand. Bei rotierenden Pressverbänden ist auch die Fliehkraft zu berücksichtigen, die bei hohen Drehzahlen zu einer unzulässigen Verminderung der Fugenpressung führen kann. Berechnung der zulässigen Drehzahl oder der erforderlichen Fugenpressung bei Beanspruchung durch Fliehkraft siehe DIN 7190-1.

Der Haftbeiwert μ ist das Verhältnis der gemessenen Rutschkraft zur errechneten Normalkraft $F_N = D_F \cdot \pi \cdot l_F \cdot p_F$. Er ist nicht identisch mit der Haftreibungszahl, bei deren Ermittlung auch die Normalkraft gemessen wird. Falls keine experimentell bestimmten Werte zur Verfügung stehen, kann mit den auf der sicheren Seite liegenden Richtwerten von Tabelle 9.1 gerechnet werden.

Das Übermaß muss umso größer sein, je dünner die Fügeteile sind. So kann beispielsweise ein aufgepresster dünner Ring wegen seiner Nachgiebigkeit gegenüber einem dicken Ring bei gleichem Übermaß nur eine entsprechend kleine Fugenpressung erzeugen. Für die Berechnung des erforderlichen Übermaßes sind deshalb wichtig die

$$\textit{Durchmesserverhältnisse} \quad Q_A = \frac{D_F}{D_A} \tag{9.3}$$

$$\text{und} \quad Q_I = \frac{D_I}{D_F} \tag{9.4}$$

D_F Fugendurchmesser,
D_A Außendurchmesser des Außenteils,
D_I Innendurchmesser des Innenteils. Bei Vollwellen ist $D_I = 0$ und somit auch $Q_I = 0$.

Aus den Istmaßen D_{iW} der Welle und D_{iB} der Bohrung ergibt sich das Istübermaß $U_i = D_{iW} - D_{iB}$. Allgemein werden für den Außendurchmesser des Innenteils und den Innendurchmesser des Außenteils, die den Fugendurchmesser D_F als gemeinsames Nennmaß haben, ISO-Passungen festgelegt. Mit den daraus folgenden oberen Abmaßen *ES*, *es* und unteren Abmaßen *EI*, *ei* können nach Formel 2.5 und Formel 2.6 das Höchstübermaß U_g und das Mindestübermaß U_k errechnet werden, zwischen denen das Istübermaß liegt. Für die bei Pressverbänden üblichen Übermaßpassungen sind U_k und U_g in Tabelle 9.3 enthalten (siehe auch Bild 9.8b).

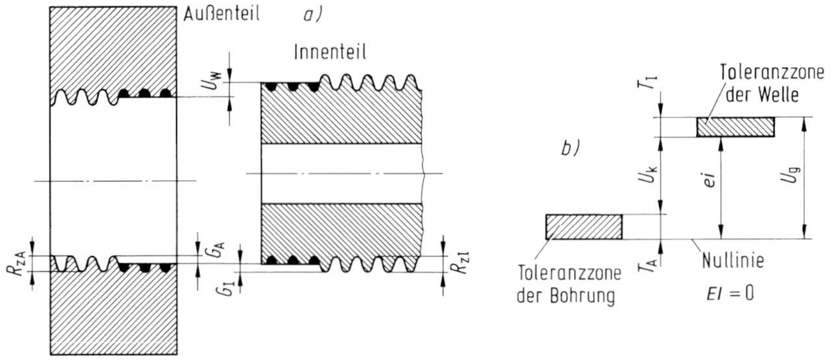

Bild 9.8 Abmaße, Übermaße und Toleranzzonen bei Fügeteilen
a) Oberflächenglättung durch den Pressvorgang
G_A Glättung am Außenteil $\approx 0{,}2\,R_{zA}$, G_I Glättung am Innenteil $\approx 0{,}2\,R_{zI}$, U_w wirksames Übermaß
b) Toleranzzonen und Übermaße beim System Einheitsbohrung
U_k Mindestübermaß, U_g Höchstübermaß $= es$, T_A Maßtoleranz des Außenteils $= ES$, $T_I =$ Maßtoleranz des Innenteils

9

Durch den Pressvorgang werden die Fugenflächen geglättet, d. h., ihre Rauheitsspitzen werden in die Täler gedrückt (Bild 9.8a). Dadurch geht ein Teil des Übermaßes verloren, sodass im gefügten Zustand nur noch das wirksame Übermaß U_W zur Verfügung steht. Ausgehend von den gemittelten Rautiefen R_{zA} für das Außenteil und R_{zI} für das Innenteil kann die Glättung erfasst werden mit dem

Übermaßverlust $$U_V = 0{,}4\left(R_{zA} + R_{zI}\right) \tag{9.5}$$

In DIN 7190-1:2017-02 wurde die Glättung halbiert, da praktische Erfahrung und neuere Forschungsergebnisse zeigen, dass die bisherige Vorgehensweise zu konservativ war. In Tabelle 1.10 sind die erreichbaren Rautiefen R_z in Abhängigkeit vom Fertigungsverfahren angegeben. Damit wird das

wirksame Übermaß $$U_w = U - U_V \tag{9.6}$$

Je nach Rechnungsgang ist U_g oder U_k für U einzusetzen.

Für die Auslegung von Pressverbänden werden außerdem das

bezogene wirksame Übermaß $$Z_w = \frac{U_w}{D_F} \tag{9.7}$$

benötigt (ξ_w in DIN 7190-1) und als Werkstoffkennwerte die Querdehnzahl ν sowie der Elastizitätsmodul E (siehe Tabelle 9.2).

In der Praxis ergeben sich überwiegend folgende zwei **Fälle**:

A. Passung gesucht, d. h., die erforderliche Fugenpressung p_F für die Übertragung der Betriebskraft F ist errechenbar, das dafür erforderliche wirksame Übermaß U_w muss ermittelt werden, um die Passung bestimmen zu können,

B. Passung gegeben, d. h., das wirksame Übermaß U_w ist errechenbar, die damit erreichbare Fugenpressung p_F muss ermittelt werden, um die Haftsicherheit überprüfen oder die übertragbare Betriebskraft F bestimmen zu können.

Immer muss durch den Rechnungsgang sichergestellt werden, dass beim Mindestübermaß U_k die erforderliche Fugenpressung und damit die verlangte Haftsicherheit gewährleistet und beim Höchstübermaß U_g eine Überbeanspruchung der Fügeteile ausgeschlossen ist. Erforderlichenfalls muss der Werkstatt ein Istübermaß U_i vorgeschrieben werden.

9.1.3 Berechnung bei rein elastischer Beanspruchung

Die Berechnung wird erleichtert durch die in DIN 7190-1 eingeführte

$$\textit{Hilfsgröße}\quad K=\frac{E_A}{E_I}\left(\frac{1+Q_I^2}{1-Q_I^2}-\nu_I\right)+\frac{1+Q_A^2}{1-Q_A^2}+\nu_A \qquad (9.8)$$

Bei vollem Innenteil ist $Q_I=0$, damit gilt:

$$\textit{Hilfsgröße}\quad K=\frac{E_A}{E_I}\left(1-\nu_I\right)+\frac{1+Q_A^2}{1-Q_A^2}+\nu_A \qquad (9.9)$$

Sind die Werkstoffe beider Fügeteile gleichartig (z.B. aus Stahl), d.h. Elastizitätsmodul $E=E_A=E_I$ und Querdehnzahl $\nu=\nu_A=\nu_I$, so folgt aus Formel 9.8 für die

$$\textit{Hilfsgröße}\quad K=\frac{\left(1+Q_I^2\right)}{\left(1-Q_I^2\right)}+\frac{\left(1+Q_A^2\right)}{\left(1-Q_A^2\right)} \qquad (9.10)$$

E_A, E_I in N/mm² Elastizitätsmoduln von Außen- und Innenteilwerkstoffen (Tabelle 9.2),
Q_A, Q_I Durchmesserverhältnisse nach Formel 9.3 und Formel 9.4,
ν_A, ν_I Querdehnzahlen von Außen- und Innenteilwerkstoffen (Tabelle 9.2).

Ist bei gleichartigen Werkstoffen $Q_I=0$, braucht K nicht berechnet zu werden (siehe Formel 9.12, Formel 9.17 und Formel 9.18).

Fall A: Rechnungsgang, wenn die „Passung gesucht" ist

Nachdem mit Formel 9.1 die mindestens notwendige Haftkraft und damit nach Formel 9.2 die erforderliche kleinste Fugenpressung p_F errechnet wurde, erhält man das erforderliche kleinste

$$\textit{bezogene wirksame Übermaß}\quad Z_w=K\frac{p_F}{E_A} \qquad (9.11)$$

Bei vollem Innenteil und gleichartigen Werkstoffen (z.B. Stahl) beider Fügeteile ($E_A=E_I=E$ und $\nu_A=\nu_I=\nu$) folgt für das kleinste

$$\textit{bezogene wirksame Übermaß}\quad Z_w=\frac{2p_F}{\left(1-Q_A^2\right)E} \qquad (9.12)$$

p_F in N/mm² erforderliche kleinste Fugenpressung nach Formel 9.2,
E_A, E in N/mm² Elastizitätsmoduln der Fügeteilwerkstoffe (Tabelle 9.2),
K Hilfsgröße nach Formel 9.8, Formel 9.9 oder Formel 9.10,
Q_A Durchmesserverhältnis nach Formel 9.3.

Aus Formel 9.7 ergibt sich dann das erforderliche kleinste wirksame Übermaß U_w und aus Formel 9.6 das erforderliche

Mindestübermaß $U_{min} = U_w + U_V$ (9.13)

U_{min}	in mm	erforderliches Mindestübermaß,
U_w	in mm	kleinstes wirksames Übermaß aus Formel 9.7,
U_V	in mm	Übermaßverlust nach Formel 9.5.

Zur Bestimmung des zulässigen Höchstübermaßes U_{max} wird das zulässig bezogene wirksame Übermaß $Z_{w\,zul}$ benötigt. Entsprechend beträgt das

zulässige bezogene wirksame Übermaß

für das Außenteil $$Z_{wA\,zul} = K\frac{\left(1-Q_A^2\right)R_{eA}}{\sqrt{3}\cdot S_P\cdot E_A} \quad (9.14)$$

für ein hohles Innenteil $$Z_{wI\,zul} = K\frac{\left(1-Q_I^2\right)R_{eI}}{\sqrt{3}\cdot S_P\cdot E_A} \quad (9.15)$$

für ein volles Innenteil $$Z_{wI\,zul} = K\frac{2R_{eI}}{\sqrt{3}\cdot S_P\cdot E_A} \quad (9.16)$$

Wenn $Q_I = 0$ ist bei gleichartigen Werkstoffen für Außen- und Innenteil ($E_A = E_I = E$ und $\nu_A = \nu_I = \nu$), so gilt

für das Außenteil $$Z_{wA\,zul} = \frac{2R_{eA}}{\sqrt{3}\cdot S_P\cdot E} \quad (9.17)$$

für das volle Innenteil $$Z_{wI\,zul} = \frac{4R_{eI}}{\sqrt{3}\cdot S_P\left(1-Q_A^2\right)E} \quad (9.18)$$

K		Hilfsgröße nach Formel 9.8, Formel 9.9 oder Formel 9.10,
Q_A, Q_I		Durchmesserverhältnisse nach Formel 9.3 und Formel 9.4,
R_{eA}, R_{eI}	in N/mm²	Streckgrenzen von Außen- und Innenteil (Tabelle 2.2, Tabelle 2.5 und Tabelle 2.6), bei Grauguss für $R_{eA} \approx R_m/2$ einsetzen,
E_A, E	in N/mm²	Elastizitätsmoduln der Fügeteilwerkstoffe (Tabelle 9.2),
S_P		Sicherheit gegen plastische Verformung ≈ 1,2.

Der jeweils kleinere Wert, $Z_{wA\,zul}$ oder $Z_{wI\,zul}$, ist dann $Z_{w\,zul}$. Damit folgt aus Formel 9.7 das zulässige wirksame Übermaß $U_{w\,zul}$ und aus Formel 9.6 das

zulässige Höchstübermaß $U_{max} = U_{w\,zul} + U_V$ (9.19)

Nach Tabelle 9.3 wird nun eine Passung gewählt, bei der das Mindestübermaß $U_k \geq U_{min}$ und das Höchstübermaß $U_g \leq U_{max}$ ist.

Einen Ablaufplan (Flussdiagramm) für diesen Fall zeigt Bild 9.9. Falls keine geeignete Passung gefunden wird, sind Änderungen erforderlich (Abmessungen oder/und Werkstoff) oder der Werkstatt muss ein Istübermaß U_i vorgeschrieben werden.

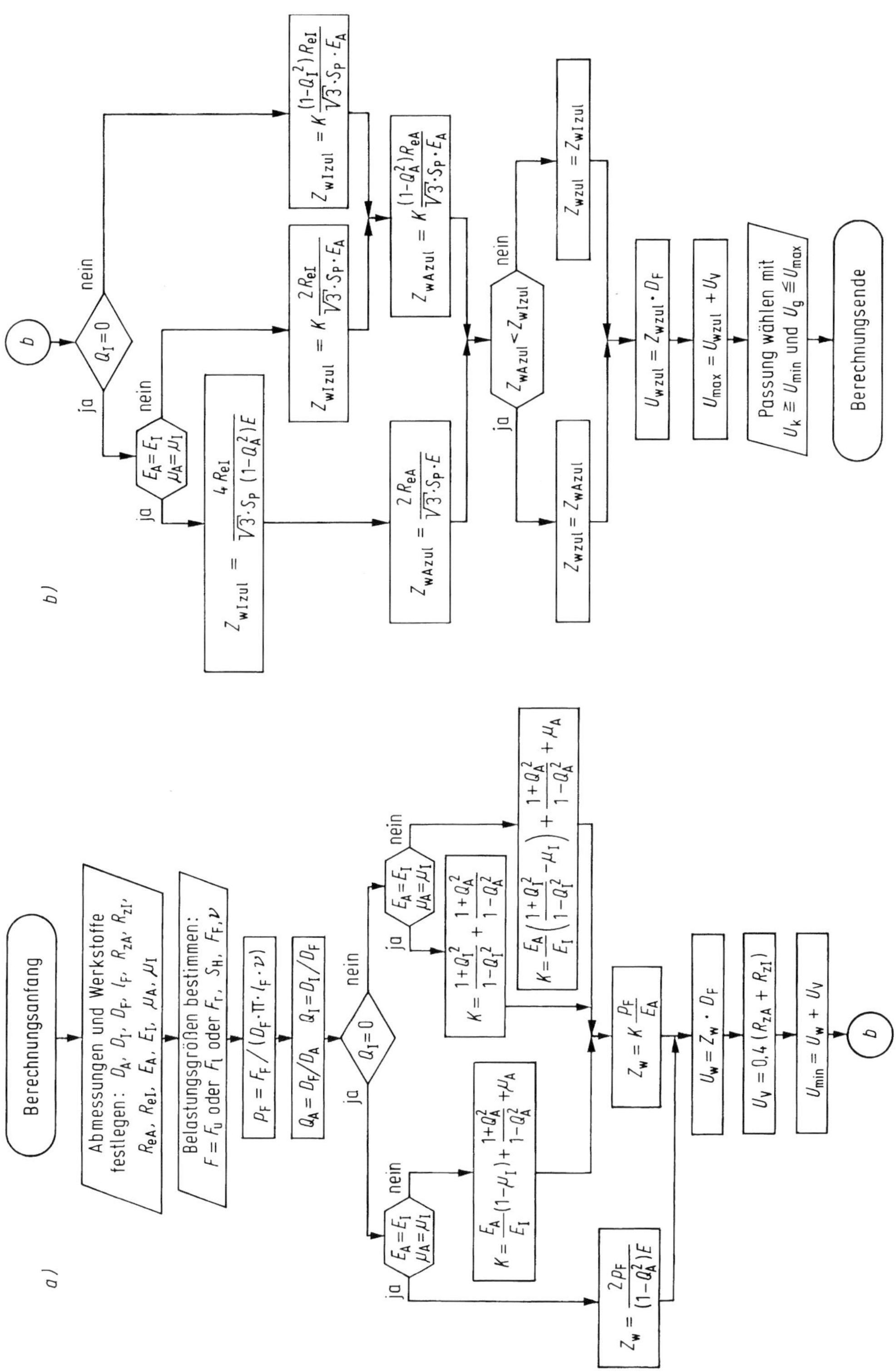

Bild 9.9 Ablaufplan (Flussdiagramm) für den **Fall A**: Rechnungsgang bei rein elastischer Beanspruchung, wenn die Passung gesucht ist
a) Ermittlung von U_{min}, b) Ermittlung von U_{max} und Passungswahl

Wird die Dehnung eines Außenteils oder die Einschnürung eines Innenteils durch Rippen oder Arme wie nach Bild 9.10 behindert, so muss der Elastizitätsmodul für dieses Teil entsprechend höher angesetzt werden. Falls keine konkreten Werte vorliegen, könnte man die Erhöhung mit vielleicht 30 % annehmen.

Bei der Festlegung des Außendurchmessers D_A des Außenteils ist zu beachten, dass der zugehörige Umfang keine Werkstoffunterbrechungen aufweisen darf. Deshalb muss z. B. bei Zahnrädern der Fußkreisdurchmesser angesetzt werden (siehe hierzu Bild 9.10b).

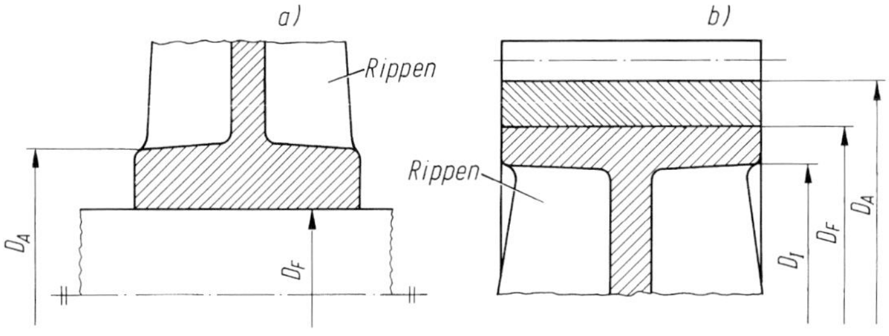

Bild 9.10 Durch Rippen versteifte Fügeteile
a) Außenteil, b) Innenteil

Beispiel 9.1 „Passung gesucht“

Das in Bild 9.11 skizzierte Ritzel hat ein maximales Drehmoment $M = 350\text{Nm}$ zu übertragen. Da häufig angefahren wird, liegt schwellende Belastung vor. Für rein elastische Beanspruchung dieses Schrumpfverbandes ist eine Übermaßpassung nach Tabelle 9.3 zu bestimmen. Werkstoffe: Ritzel aus 37Cr4, Welle aus E295. Erforderlichenfalls sind andere Werkstoffe zu wählen.

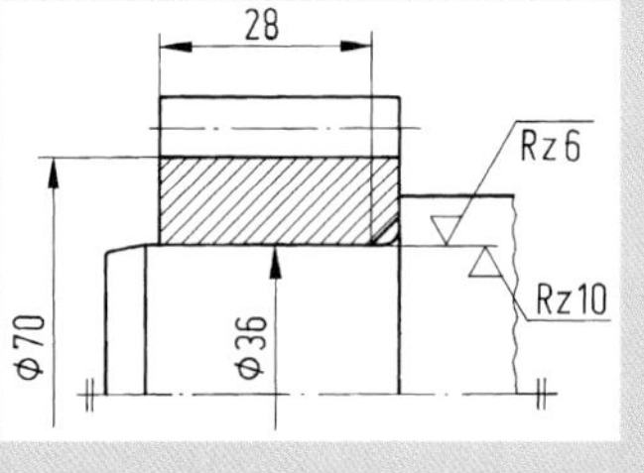

Bild 9.11
Aufgeschrumpftes Ritzel

Lösung:

1. Fugenpressung und Durchmesserverhältnisse

Die Umfangskraft an der Fugenfläche beträgt $F_u = F = M / r_F = 350000\text{Nmm} / 18\text{mm} = 19444\text{N}$. Mit einer Haftsicherheit $S_H = 1{,}8$ für schwellende Belastung muss nach Formel 9.1 die Haftkraft $F_F \geq F \cdot S_H = 19444\text{N} \cdot 1{,}8 = 35000\text{N}$ betragen.

Aus Tabelle 9.1 folgt der Haftbeiwert $\mu = 0{,}14$ und nach Formel 9.2 die erforderliche kleinste Fugenpressung:

$$p_F = \frac{F_F}{D_F \cdot \pi \cdot l_F \cdot \mu} = \frac{35000\text{N}}{36\text{mm} \cdot \pi \cdot 28\text{mm} \cdot 0{,}14} = 78{,}9\text{N/mm}^2$$

Die Durchmesserverhältnisse werden mit Formel 9.3 und Formel 9.4 errechnet:

$$Q_A = D_F / D_A = 36/70 = 0{,}51 \quad \text{und} \quad Q_I = 0 \quad (\text{Vollwelle})$$

2. Ermittlung des Mindestübermaßes U_{min}

Aus Tabelle 9.2 wird für beide Fügeteile aus Stahl der Elastizitätsmodul $E \approx 210\,000\ \text{N/mm}^2$ entnommen und nach Formel 9.12 das kleinste bezogene wirksame Übermaß errechnet

$$Z_w = \frac{2p_F}{(1-Q_A^2)E} = \frac{2 \cdot 78{,}9\text{N/mm}^2}{(1-0{,}51^2) \cdot 210000\text{N/mm}^2} = 1{,}016 \cdot 10^{-3}$$

und damit aus Formel 9.7 das erforderliche kleinste wirksame Übermaß

$$U_w = Z_w \cdot D_F = 1{,}016 \cdot 10^{-3} \cdot 36\text{mm} = 36{,}6 \cdot 10^{-3}\text{mm}$$

Mit dem Übermaßverlust nach Formel 9.5:

$$U_V = 0{,}4(R_{zA} + R_{zI}) = 0{,}4(10+6)\mu\text{m} = 6{,}4\mu\text{m} = 6{,}4 \cdot 10^{-3}\text{mm}$$

folgt nach Formel 9.13 das erforderliche Mindestübermaß

$$U_{min} = U_w + U_V = (36{,}6 + 6{,}4)10^{-3}\text{mm} = 43 \cdot 10^{-3}\text{mm} = 43\mu\text{m}$$

3. Ermittlung des Höchstübermaßes U_{max} und Passungswahl

Aus Tabelle 2.5 wird die Streckgrenze $R_{eA} = 510\text{N/mm}^2$ entnommen und $R_{eI} = 285\text{N/mm}^2$ aus Tabelle 2.2. Mit der Sicherheit $S_P = 1{,}2$ gegen plastische Verformung betragen nach Formel 9.17 und Formel 9.18 die zulässigen bezogenen wirksamen Übermaße:

$$Z_{wA\,zul} = \frac{2R_{eA}}{\sqrt{3} \cdot S_P \cdot E} = \frac{2 \cdot 510\text{N/mm}^2}{\sqrt{3} \cdot 1{,}2 \cdot 210000\text{N/mm}^2} = 2{,}337 \cdot 10^{-3}$$

$$Z_{wI\,zul} = \frac{4R_{eI}}{\sqrt{3} \cdot S_P(1-Q_A^2)E} = \frac{4 \cdot 285\text{N/mm}^2}{\sqrt{3} \cdot 1{,}2(1-0{,}51^2) \cdot 210000\text{N/mm}^2} = 3{,}530 \cdot 10^{-3}$$

Wegen $Z_{wA\,zul} < Z_{wI\,zul}$ ist $Z_{wA\,zul} = Z_{w\,zul}$. Damit folgt aus Formel 9.17 das zulässige wirksame Übermaß

$$U_{w\,zul} = Z_{w\,zul} \cdot D_F = 2{,}337 \cdot 10^{-3} \cdot 36\text{mm} = 84{,}1 \cdot 10^{-3}\text{mm}$$

und nach Formel 9.19:

$$U_{max} = U_{w\,zul} + U_V = (84{,}1 + 6{,}4)10^{-3}\text{mm} = 90{,}5 \cdot 10^{-3}\text{mm} = 90{,}5\mu\text{m}$$

Nach Tabelle 9.3 ist die Passung H7/v6 geeignet mit dem Mindestübermaß $U_k = 48\mu\text{m} > U_{min} = 43\mu\text{m}$ und dem Höchstübermaß $U_g = 84\mu\text{m} < U_{max} = 90{,}5\mu\text{m}$. ■

Fall B: Rechnungsgang, wenn die „Passung gegeben" ist

Aus Tabelle 9.3 bzw. Abschnitt 1.2 werden für die gegebene Passung das Mindestübermaß U_k und das Höchstübermaß U_g entnommen. Mit U_k erhält man nach Formel 9.6 mit dem Übermaßverlust U_V nach Formel 9.5 das kleinste wirksame Übermaß U_{wk} und damit nach Formel 9.7 das kleinste bezogene wirksame Übermaß Z_{wk}. Dieses ergibt entsprechend Formel 9.11 die kleinste

$$\textit{Fugenpressung} \quad p_{Fk} = Z_{wk} \frac{E_A}{K} \tag{9.20}$$

Bei vollem Innenteil ($Q_I = 0$) und gleichen elastischen Konstanten für Außen- und Innenteilwerkstoff ($E_A = E_I = E$ und $\nu_A = \nu_I = \nu$) wird entsprechend Formel 9.12 die kleinste

$$\textit{Fugenpressung} \quad p_{Fk} = Z_{wk} \frac{1-Q_A^2}{2} E \tag{9.21}$$

9

p_{Fk} in N/mm² kleinste Fugenpressung,
Z_{wk} kleinstes bezogenes wirksames Übermaß nach Formel 9.7,
E_A, E in N/mm² Elastizitätsmoduln der Fügeteilwerkstoffe (Tabelle 9.2),
K Hilfsgröße nach Formel 9.8, Formel 9.9 oder Formel 9.10,
Q_A in N/mm² Durchmesserverhältnis nach Formel 9.3.

Mit p_{Fk} folgt aus Formel 9.2 die kleinste Haftkraft F_{Fk} und damit aus Formel 9.1 die zulässige Betriebskraft F_{zul}, die mindestens so groß sein muss wie die zu übertragende Betriebskraft F.

Die Überprüfung auf elastische Beanspruchung der Fügeteile erfolgt mit dem Höchstübermaß U_g. Das größte bezogene wirksame Übermaß Z_{wg} nach Formel 9.7 mit U_{wg} nach Formel 9.6 ergibt entsprechend Formel 9.11 die größte

$$\textit{Fugenpressung} \quad p_{Fg} = Z_{wg} \frac{E_A}{K} \tag{9.22}$$

oder bei $Q_I = 0$ sowie gleichen Werten für E und ν beider Fügeteile entsprechend Formel 9.12 die größte

$$\textit{Fugenpressung} \quad p_{Fg} = Z_{wg} \frac{1-Q_A^2}{2} E \tag{9.23}$$

p_{Fg} in N/mm² größte Fugenpressung,
Z_{wg} größtes bezogenes wirksames Übermaß nach Formel 9.7 mit U_{wg} nach Formel 9.6,
E_A, E in N/mm² Elastizitätsmoduln der Fügeteilwerkstoffe (Tabelle 9.2),
K Hilfsgröße nach Formel 9.8, Formel 9.9 oder Formel 9.10,
Q_A in N/mm² Durchmesserverhältnis nach Formel 9.3.

Aus Formel 9.20 und Formel 9.22 bzw. Formel 9.21 und Formel 9.23 erhält man mit Formel 9.7 das

Pressungsverhältnis $$\frac{p_{Fg}}{p_{Fk}} = \frac{U_{wg}}{U_{wk}} \quad (9.24)$$

Daraus lässt sich p_{Fg} leicht errechnen.

Die größte Fugenpressung darf die zulässige Fugenpressung nicht überschreiten. Entsprechend DIN 7190-1 gelten für die rein elastische Beanspruchung folgende Festigkeitsbedingungen:

Zulässige Fugenpressung

für das Außenteil $$p_{A\,zul} = \frac{1-Q_A^2}{\sqrt{3}\cdot S_P} R_{eA} \geq p_{Fg} \quad (9.25)$$

für ein hohles Innenteil $$p_{I\,zul} = \frac{1-Q_I^2}{\sqrt{3}\cdot S_P} R_{eI} \geq p_{Fg} \quad (9.26)$$

für ein volles Innenteil $$p_{I\,zul} = \frac{2}{\sqrt{3}\cdot S_P} R_{eI} \geq p_{Fg} \quad (9.27)$$

Q_A, Q_I		Durchmesserverhältnisse nach Formel 9.3 und Formel 9.4,
R_{eA}, R_{eI}	in N/mm²	Streckgrenzen von Außen- und Innenteil (Tabelle 2.2 und Tabelle 2.5 bis Tabelle 2.8), bei Grauguss für $R_{eA} \approx R_m/2$ einsetzen,
S_P		Sicherheit gegen plastische Verformung ≈ 1,2.

Einen Ablaufplan (Flussdiagramm) für diesen Fall zeigt Bild 9.12. Sollte sich $p_{Fg} > p_{zul}$ ergeben, so kann aus der für p_{zul} zutreffenden Gleichung der zulässige Wert für p_{Fg} und damit das Höchstübermaß U_{max} zwecks Wahl einer neuen Passung ermittelt werden. Andererseits lässt sich auch die erforderliche Streckgrenze zur Wahl eines festeren Werkstoffs bestimmen.

Mit dem üblichen Wert für S_P folgt aus Formel 9.27 für volle Innenteile $p_{I\,zul} \approx R_{eI}$. Eine Welle als Innenteil ist zusätzlich auf Gestaltfestigkeit nachzurechnen. Bei Graugussinnenteilen kann wegen der hohen Druckfestigkeit auf die Kontrolle von p_{Fg} verzichtet werden (erforderlichenfalls $R_{eI} = R_m$ annehmen).

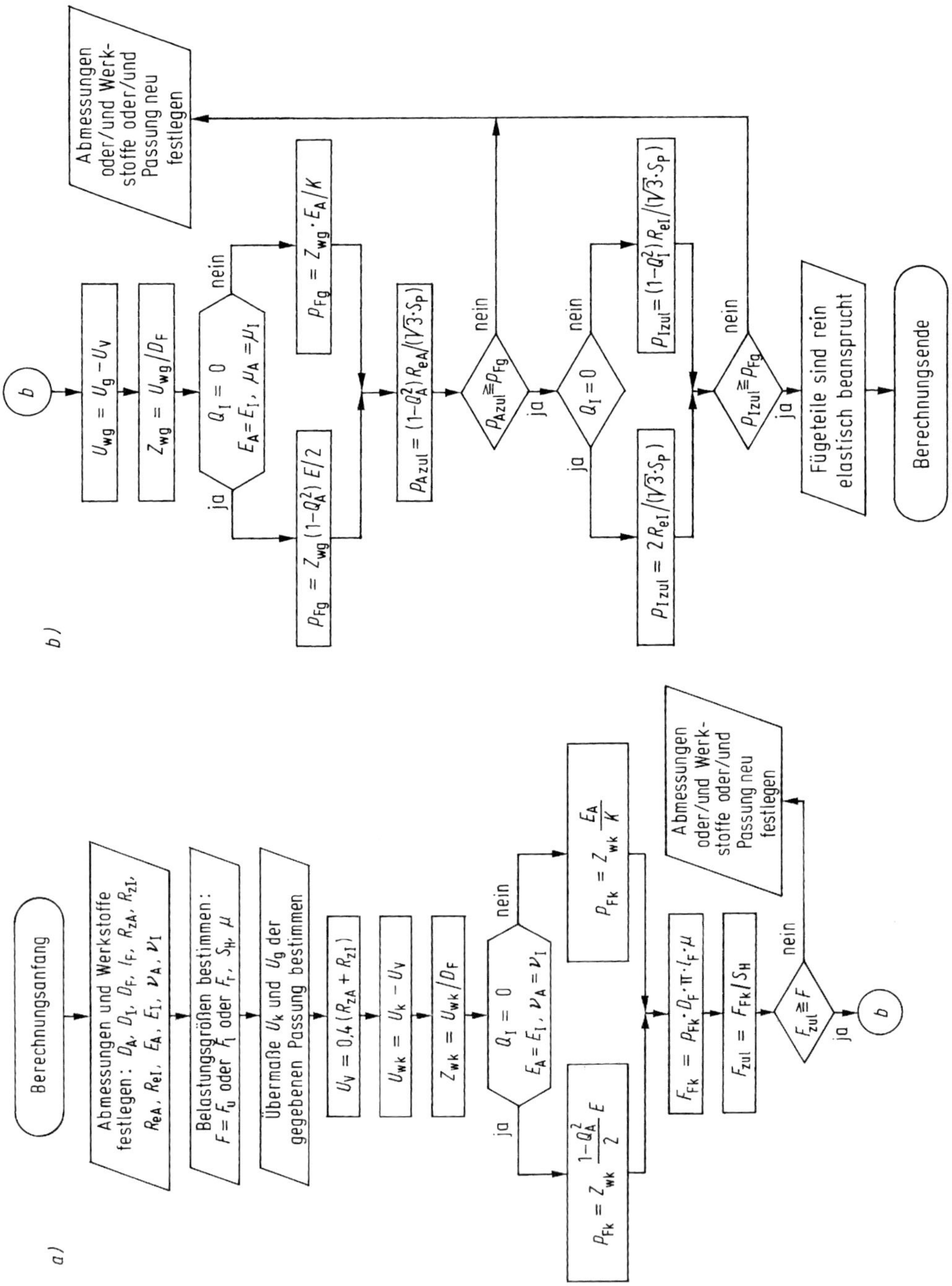

Bild 9.12 Ablaufplan (Flussdiagramm) für den **Fall B**: Rechnungsgang bei rein elastischer Beanspruchung, wenn die Passung gegeben ist
a) Kontrolle der Übertragungsfähigkeit, b) Überprüfung der Beanspruchung

Beispiel 9.2 „Passung gegeben"

Bild 9.13 zeigt einen Bronzering aus CuSn12Ni2-C (Schleuderguss), der auf ein Stahl-Innenteil aus S235JR aufgeschrumpft ist. Er dient als Axiallager und hat daher eine Längskraft und eine geringe Umfangskraft zu übertragen.

1. Welche kleinste Haftkraft F_{Fk} ist beim Mindestübermaß U_k zu erwarten?
2. Tritt beim Höchstübermaß U_g rein elastische Beanspruchung auf?

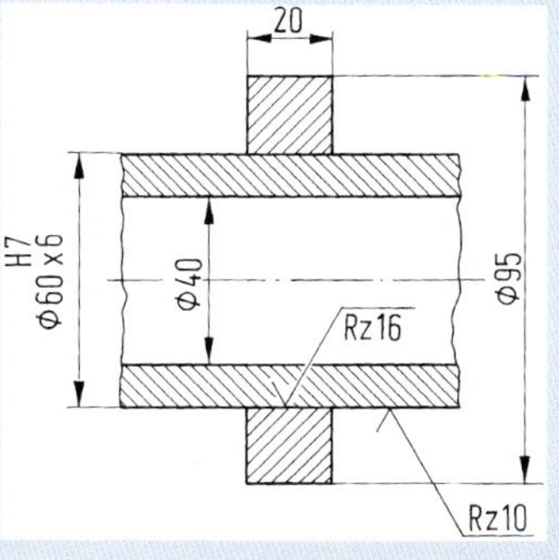

Bild 9.13
Aufgeschrumpfter Ring

Lösung:

1. Kleinste Haftkraft F_{Fk}

Aus Tabelle 9.3 werden entnommen: Übermaße $U_k = 92\,\mu m$ und $U_g = 141\,\mu m$, aus Tabelle 9.2: Elastizitätsmoduln $E_A = 80000\,N/mm^2$, $E_I = 210000\,N/mm^2$ und Querdehnzahlen $\nu_A = 0{,}35$, $\nu_I = 0{,}3$, aus Tabelle 2.7: 0,2%-Dehngrenze (Ersatzstreckgrenze) $R_{eA} = 180\,N/mm^2$, aus Tabelle 2.2: Streckgrenze $R_{eI} = 215\,N/mm^2$, aus Tabelle 9.1: Haftbeiwert $\mu = 0{,}17$.

Nach Formel 9.3 und Formel 9.4 betragen die Durchmesserverhältnisse

$$Q_A = \frac{D_F}{D_A} = \frac{60}{95} = 0{,}63 \quad \text{und} \quad Q_I = \frac{D_I}{D_F} = \frac{40}{60} = 0{,}67$$

Nach Formel 9.8 beträgt die Hilfsgröße

$$K = \frac{E_A}{E_I}\left(\frac{1+Q_I^2}{1-Q_I^2} - \nu_I\right) + \frac{1+Q_A^2}{1-Q_A^2} + \nu_A$$

$$= \frac{80000}{210000}\left(\frac{1+0{,}67^2}{1-0{,}67^2} - 0{,}3\right) + \frac{1+0{,}63^2}{1-0{,}63^2} + 0{,}35$$

$$= 3{,}553$$

Mit dem Übermaßverlust nach Formel 9.5

$$U_V = 0{,}4\left(R_{zA} + R_{zI}\right) = 0{,}4\left(16+10\right)\mu m = 10{,}4\,\mu m$$

folgt nach Formel 9.6 das kleinste wirksame Übermaß

$$U_{wk} = U_k - U_V = \left(92 - 10{,}4\right)\mu m = 81{,}6\,\mu m = 81{,}6 \cdot 10^{-3}\,mm$$

und damit nach Formel 9.7 das kleinste bezogene wirksame Übermaß

$$Z_{wk} = \frac{U_{wk}}{D_F} = \frac{81{,}6 \cdot 10^{-3}}{60} = 1{,}36 \cdot 10^{-3}$$

Mit der kleinsten Fugenpressung nach Formel 9.20

$$p_{Fk} = Z_{wk} \frac{E_A}{K} = 1{,}36 \cdot 10^{-3} \frac{80000\,\text{N}}{3{,}553\,\text{mm}^2} = 30{,}62\,\text{N/mm}^2$$

folgt aus Formel 9.2 die gesuchte kleinste Haftkraft

$$F_{Fk} = p_{Fk} \cdot D_F \cdot \pi \cdot l_F \cdot \mu = 30{,}62\,\text{N/mm}^2 \cdot 60\,\text{mm} \cdot \pi \cdot 20\,\text{mm} \cdot 0{,}17 = 19624\,\text{N}$$

9

2. Kontrolle der Beanspruchung

Größtes wirksames Übermaß nach Formel 9.6:

$$U_{wg} = U_g - U_V = (141 - 10{,}4)\,\mu\text{m} = 130{,}6\,\mu\text{m}$$

Damit ergibt sich aus Formel 9.24 die größte Fugenpressung:

$$p_{Fg} = \frac{U_{wg}}{U_{wk}} p_{Fk} = \frac{130{,}6}{81{,}6} 30{,}62\,\text{N/mm}^2 = 49\,\text{N/mm}^2$$

Zulässige Fugenpressung für das Außenteil nach Formel 9.25:

$$p_{A\,zul} = \frac{1 - Q_A^2}{\sqrt{3} \cdot S_P} R_{eA} = \frac{1 - 0{,}63^2}{\sqrt{3} \cdot 1{,}2} 180\,\text{N/mm}^2 = 52{,}2\,\text{N/mm}^2 > p_{Fg}$$

für das Innenteil nach Formel 9.26:

$$p_{I\,zul} = \frac{1 - Q_I^2}{\sqrt{3} \cdot S_P} R_{eI} = \frac{1 - 0{,}67^2}{\sqrt{3} \cdot 1{,}2} 215\,\text{N/mm}^2 = 57\,\text{N/mm}^2 > p_{Fg}$$

Im Außen- und im Innenteil tritt somit reine elastische Beanspruchung auf.

Hinweis: Variationsrechnungen, um die Auswirkung von Last- und Parameteränderungen zu untersuchen, lassen sich sehr gut mit dem BayMP Programm zur Pressverbandsberechnung nach DIN 7190-1 durchführen (*www.baymp.de*). Die dort voreingetragenen Werte entsprechen Beispiel 9.2.

Besitzt das Außenteil Stufen wie in Bild 9.7, d.h. verschiedene Außendurchmesser D_A, so nimmt man zweckmäßig eine Übermaßpassung an und rechnet wie bei Fall B (Passung gegeben) für jede Stufe die Haftkraft aus und addiert sie zur Gesamthaftkraft. Das Ergebnis zeigt, ob die gewählte Übermaßpassung genügt oder eine andere vorgesehen werden muss.

Beispiel 9.3 „Gestuftes Außenteil"

Bild 9.14 zeigt einen im Ölbad erwärmten, auf eine Welle aus S275JR aufgeschrumpften Kupplungsflansch aus EN GJL-300, der bei schwellender Belastung ein Drehmoment $M = 500\text{Nm}$ zu übertragen hat. Welche Übermaßpassung ist dafür vorzusehen?

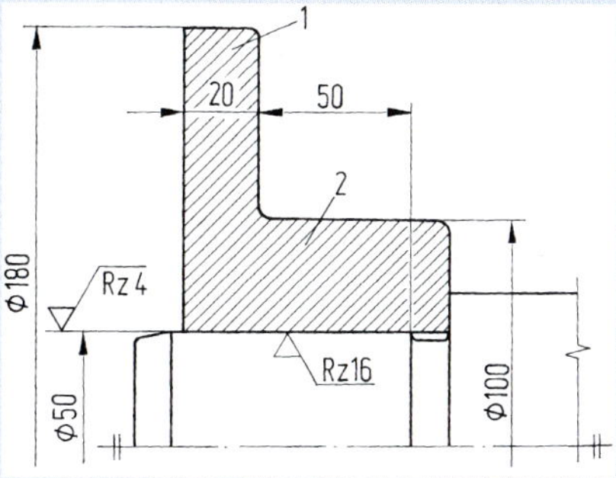

Bild 9.14
Aufgeschrumpfter Kupplungsflansch

Lösung:

1. Voraussetzungen und Ausgangswerte

Das Außenteil wird in die Teilstücke 1 und 2 zerlegt gedacht. Wegen der Erwärmung im Ölbad ist mit dem Haftbeiwert $\mu = 0{,}1$ zu rechnen (Tabelle 9.1). Zunächst wird die Presspassung H7/u6 gewählt mit den Übermaßen $U_k = 45\mu\text{m}$ und $U_g = 86\mu\text{m}$ (Tabelle 9.3). Nach Formel 9.5 beträgt der Übermaßverlust

$$U_V = 0{,}4\left(R_{zA} + R_{zI}\right) = 0{,}4\left(16 + 4\right)\mu\text{m} = 8\mu\text{m}$$

und nach Formel 9.6 das kleinste wirksame Übermaß

$$U_{wk} = U_k - U_V = \left(45 - 8\right)\mu\text{m} = 37\mu\text{m} = 37 \cdot 10^{-3}\,\text{mm}$$

Damit beträgt nach Formel 9.7 das kleinste bezogene wirksame Übermaß

$$Z_{wk} = U_{wk} \,/\, D_F = 37 \cdot 10^{-3} \,/\, 50 = 0{,}74 \cdot 10^{-3}$$

Aus Tabelle 9.2 werden entnommen: $E_A = 130000\text{N/mm}^2$, $E_I = 210000\text{N/mm}^2$, $\nu_A = 0{,}25$, $\nu_I = 0{,}3$. Für das Innenteil ist $Q_I = 0$.

2. Haftkraft F_{F1} des Teilstückes 1

Nach Formel 9.3 ist

$$Q_{A1} = D_F \,/\, D_{A1} = 50 \,/\, 180 \approx 0{,}28$$

und nach Formel 9.9

$$K_1 = \frac{E_A}{E_I}\left(1 - \nu_I\right) + \frac{1 + Q_{A1}^2}{1 - Q_{A1}^2} + \nu_A = \frac{130000}{210000}\left(1 - 0{,}3\right) + \frac{1 + 0{,}28^2}{1 - 0{,}28^2} + 0{,}25 = 1{,}853$$

Damit wird nach Formel 9.20

$$p_{Fk1} = Z_{wk} \cdot E_A \,/\, K_1 = 0{,}74 \cdot 10^{-3} \cdot 130000 \,/\, 1{,}853 = 51{,}9\text{N/mm}^2$$

9

Aus Formel 9.2 folgt damit

$$F_{F1} = p_{Fk1} \cdot D_F \cdot \pi \cdot l_{F1} \cdot \mu = 51{,}9\,N/mm^2 \cdot 50\,mm \cdot \pi \cdot 20\,mm \cdot 0{,}1 = 16305\,N$$

3. Haftkraft F_{F2} des Teilstückes 2

Sinngemäß zum Teilstück 1 ergeben sich:

$$Q_{A2} = D_F / D_{A2} = 50 / 100 = 0{,}5$$

$$K_2 = \frac{130000}{210000}(1-0{,}3) + \frac{1+0{,}5^2}{1-0{,}5^2} + 0{,}25 = 2{,}35$$

$$p_{Fk2} = p_{pk1} \cdot K_1 / K_2 = 51{,}9 \cdot 1{,}853 / 2{,}35 = 40{,}9\,N/mm^2$$

$$F_{F2} = p_{Fk2} \cdot D_F \cdot \pi \cdot l_{F2} \cdot \mu = 40{,}9\,N/mm^2 \cdot 50\,mm \cdot \pi \cdot 50\,mm \cdot 0{,}1 = 32123\,N$$

4. Gesamte Haftkraft F_{Fk} und Haftsicherheit S_H

Die gesamte kleinste Haftkraft beträgt

$$F_{Fk} = F_{F1} + F_{k2} = 16{,}305\,kN + 32{,}123\,kN \approx 48{,}4\,kN$$

Mit der zu übertragenden Umfangskraft als Betriebskraft $F = M / r_F = 500\,Nm / 0{,}025\,m = 20000\,N = 20\,kN$ folgt aus Formel 9.1 die Haftsicherheit

$$S_H = F_F / F = 48{,}4 / 20 \approx 2{,}4 > S_{Herf} = 1{,}8 \qquad \text{(Tabelle 9.1)}$$

5. Kontrolle der Beanspruchung

Aus Tabelle 2.5 wird $R_m = 300\,N/mm^2$ für EN 1561-GJL-300 entnommen. In Formel 9.25 ist für R_{eA} einzusetzen $R_m / 2 = 150\,N/mm^2$.

Nach Formel 9.6 wird

$$U_{wg} = U_g - U_V = (86 - 8)\,\mu m = 78\,\mu m$$

Teilstück 1:

$$p_{Fg1} = p_{Fk1} \cdot U_{wg} / U_{wk} = 51{,}9\,N/mm^2 \cdot 78 / 37 = 109{,}4\,N/mm^2$$

$$p_{A1zul} = \frac{1-Q_{A1}^2}{\sqrt{3} \cdot S_p} R_{eA} = \frac{1-0{,}28^2}{\sqrt{3} \cdot 1{,}2} 150\,N/mm^2 = 66{,}5\,N/mm^2 < p_{Fg1}$$

Teilstück 2:

$$p_{Fg2} = p_{Fk2} \cdot U_{wg} / U_{wk} = 40{,}9\,N/mm^2 \cdot 78 / 37 = 86{,}2\,N/mm^2$$

$$p_{A2zul} = \frac{1-0{,}5^2}{\sqrt{3} \cdot 1{,}2} = 150\,N/mm^2 = 54{,}1\,N/mm^2 < p_{Fg2}$$

Eine Kontrolle des Innenteils ist wegen seiner höheren Festigkeit nicht erforderlich.

Die Ergebnisse zeigen, dass bei der gewählten Passung eine Überbeanspruchung des Außenteils auftritt. Da bei Grauguss nur elastische Beanspruchung zulässig ist, muss ein festerer Werkstoff gewählt werden. Außerdem ist der Werkstatt eine feinere Passung vorzugeben oder es sind Abmessungen zu ändern. ■

9.1.4 Berechnung bei elastisch-plastischer Beanspruchung

Die in der Fuge übertragbare Betriebskraft ist bei rein elastischer Auslegung eines Pressverbandes sehr eingeschränkt. Unter bestimmten Voraussetzungen ist eine elastisch-plastische Beanspruchung der Fügeteile zulässig, um die Festigkeit der Werkstoffe besser auszunutzen. Dabei wird in einem begrenzten, vom Innendurchmesser ausgehenden Bereich des Außen- und/oder Innenteils eine Überschreitung der Streckgrenze zugelassen (Bild 9.6b), was jedoch nicht bei spröden, sondern nur bei zähen (duktilen) Werkstoffen möglich ist (Bruchdehnung $A \geq 10\,\%$, Brucheinschnürung $Z \geq 30\,\%$). Ein volles Innenteil kann nur rein elastisch oder vollplastisch, aber nicht elastisch-plastisch beansprucht werden.

9

Fall A: Passung gesucht

In Anlehnung an DIN 7190-1 wird nachfolgend ein relativ einfaches Berechnungsverfahren angegeben. Es ist an folgende **Voraussetzungen** gebunden: **volles Innenteil** ($Q_I = 0$) und **gleiche Elastizitätskonstanten** für beide Fügeteile ($E_A = E_I = E$, $\nu_A = \nu_I = \nu$). Andere Fälle sind nach DIN 7190-1 oder nach den in der Spezialliteratur angegebenen Verfahren zu berechnen.

Eine elastisch-plastische Auslegung von Pressverbänden ist nur möglich, wenn $R_{eI} \geq R_{eA}\left(1-Q_A^2\right)/2$ ist. Andernfalls wird das Innenteil bereits vollplastisch, wenn das Außenteil noch rein elastisch beansprucht ist. Wird die Bedingung erfüllt, muss die erforderliche Fugenpressung p_F nach Formel 9.2 errechnet und mit p_{zul} verglichen werden. Es beträgt die

zulässige Fugenpressung des Außenteils

$$\text{bei } Q_A \leq 0{,}368: \quad p_{A\,zul} = \frac{2}{\sqrt{3} \cdot S_{PA}} R_{eA} \tag{9.28}$$

$$\text{bei } Q_A > 0{,}368: \quad p_{A\,zul} = \frac{2 \cdot \ln Q_A}{\sqrt{3} \cdot S_{PA}} R_{eA} \tag{9.29}$$

R_{eA} in N/mm² Streckgrenze des Außenteils (Tabelle 2.2, Tabelle 2.5 und Tabelle 2.6),
Q_A Durchmesserverhältnis nach Formel 9.3,
S_{PA} Sicherheit gegen vollplastische Beanspruchung $\geq 1{,}25$.

Die zulässige Fugenpressung $p_{I\,zul}$ für das volle Innenteil ist nach Formel 9.27 zu berechnen, wobei als Mindestsicherheit $S_{PI} = 1{,}1$ (nach Anhang DIN 7190-1) genügt.

Es muss nach Formel 9.25 $p_F \geq p_{A\,zul}$ bzw. $p_{I\,zul}$ (wenn $p_{A\,zul} > p_{I\,zul}$) sein, außerdem $p_F > R_{eA}\left(1-Q_A^2\right)/\sqrt{3}$, damit im Außenteil elastisch-plastische Beanspruchung auftritt.

Den plastischen Bereich im Außenteil begrenzt der Plastizitätsdurchmesser D_{PA} (siehe Bild 9.6b). Der **bezogene Plastizitätsdurchmesser $\zeta = D_{PA} / D_F$** ist von Q_A und dem Verhältnis p_F/R_{eA} abhängig. Er kann durch Auflösen einer in DIN 7190-1 enthaltenen transzendenten Gleichung nach einem Iterationsverfahren bestimmt werden und muss der Bedingung $1 \leq \zeta \leq 1/Q_A$ genügen. In Tabelle 9.4 sind einige Anhaltswerte für ζ angegeben. Zwischenwerte können interpoliert werden.

Mit diesem Wert ist das Querschnittsverhältnis $q = q_{PA} / q_A$ des durch D_{PA} begrenzten plastischen Querschnittsanteils q_{PA} zum Gesamtquerschnitt des Außenteils q_A zu überprüfen. Es gilt für das

Querschnittsverhältnis $$q = \frac{(\zeta^2 - 1) Q_A^2}{1 - Q_A^2} \leq q_{zul} \qquad (9.30)$$

9

ζ bezogener Plastizitätsdurchmesser (Tabelle 9.4),
Q_A Durchmesserverhältnis nach Formel 9.3,
q_{zul} zulässiges Querschnittsverhältnis, erfahrungsgemäß $= 0{,}3$.

Für die Fugenpressung p_F ist erforderlich das kleinste

bezogene wirksame Übermaß $$Z_{wk} = \frac{2}{\sqrt{3}} \cdot \frac{R_{eA}}{E} \zeta^2 \qquad (9.30a)$$

Z_{wk} erforderliches bezogenes wirksames Übermaß,
E in N/mm² Elastizitätsmodul beider Fügeteilwerkstoffe (Tabelle 9.2),
ζ siehe Legende zu Formel 9.30 ,
R_{eA} in N/mm² siehe Legende zu Formel 9.29.

Aus Formel 9.7 ergibt sich damit das erforderliche kleinste wirksame Übermaß U_{wk} und nach Formel 9.13 das erforderliche Mindestübermaß U_{min}, mit dem eine Passung gewählt wird, deren Mindestübermaß $U_k \geq U_{min}$ sein muss.

Vom Höchstübermaß U_g der gewählten Passung ausgehend, ist dann das größte bezogene wirksame Übermaß Z_{wg} zu ermitteln, Formel 9.6 und Formel 9.7. Bei $Z_{wg} < 2/\sqrt{3} \cdot R_{eA} / E$ liegt ein rein elastisch beanspruchtes Außenteil vor (Kontrolle nicht erforderlich, da $U_k < U_g$).

Der zulässige bezogene Plastizitätsdurchmesser ζ_{zul} kann Tabelle 9.4 entnommen werden. Er wird bei $p_{I\,zul} \leq p_{A\,zul}$ mit $p_F = p_{I\,zul}$ bestimmt und bei $p_{I\,zul} > p_{A\,zul}$ mit $p_F = p_{A\,zul}$.

Damit die Sicherheit gegen vollplastische Beanspruchung gewährleistet ist, gilt für das zulässige

bezogene wirksame Übermaß $$Z_{w\,zul} = \frac{2}{\sqrt{3}} \cdot \frac{R_{eA}}{E} \zeta_{zul}^2 \geq Z_{wg} \qquad (9.31)$$

E in N/mm² Elastizitätsmodul beider Fügeteilwerkstoffe (Tabelle 9.2),
ζ_{zul} zulässiger bezogener Plastizitätsdurchmesser (Tabelle 9.4),
Z_{wg} größtes bezogenes wirksames Übermaß nach Formel 9.7,
R_{eA} in N/mm² siehe Legende zu Formel 9.29.

Bei dem durch die gewählte Passung bedingten Z_{wg} stellt sich ein der

bezogene Plastizitätsdurchmesser $$\zeta_g = \sqrt{\frac{\sqrt{3} \cdot Z_{wg} \cdot E}{2 \cdot R_{eA}}} = 0{,}931 \sqrt{\frac{Z_{wg} \cdot E}{R_{eA}}} \qquad (9.32)$$

Damit ergibt sich eine größte

$$\textit{Fugenpressung} \quad p_{\mathrm{Fg}} = \frac{R_{\mathrm{eA}}}{\sqrt{3}}\left[1 + 2\ln\zeta_{\mathrm{g}} - \left(Q_{\mathrm{A}} \cdot \zeta_{\mathrm{g}}\right)^2\right] \tag{9.33}$$

Sie darf $p_{\mathrm{A\,zul}}$ und $p_{\mathrm{I\,zul}}$ nicht überschreiten. Abschließend ist mit dem bezogenen Plastizitätsdurchmesser ζ_{g} nach Formel 9.32 das Querschnittsverhältnis q_{g} nach Formel 9.30 zu überprüfen.

Beispiel 9.4 „Passung gesucht“

Ein Pressverband soll in der Fuge bei einem Haftbeiwert $\mu = 0{,}2$ eine wechselnd wirkende Betriebskraft $F = 180\,\mathrm{kN}$ übertragen. Folgende Daten sind angegeben: Die Durchmesser $D_{\mathrm{A}} = 100\,\mathrm{mm}$, $D_{\mathrm{F}} = 50\,\mathrm{mm}$, $D_{\mathrm{I}} = 0$, die Fugenlänge $l_{\mathrm{F}} = 60\,\mathrm{mm}$, die Rautiefen $R_{\mathrm{zA}} = 12\,\mathrm{\mu m}$, $R_{\mathrm{zI}} = 8\,\mathrm{\mu m}$ und die Werkstoffe C50 für das Außenteil, 34Cr4 für das Innenteil.

Es ist eine geeignete Passung für elastisch-plastische Beanspruchung des Außenteils zu ermitteln.

Lösung:

1. Ausgangswerte und Voraussetzungen

Es handelt sich um einen Pressverband mit vollem Innenteil ($Q_{\mathrm{I}} = 0$) sowie den Elastizitätskonstanten $E \approx 210\,000\ \mathrm{N/mm^2}$ und $\nu \approx 0{,}3$ (Tabelle 9.2) für beide Fügeteile mit den Streckgrenzen $R_{\mathrm{eA}} = 400\,\mathrm{N/mm^2}$ und $R_{\mathrm{eI}} = 460\,\mathrm{N/mm^2}$ (Tabelle 2.5).

Nach Formel 9.3 beträgt

$$Q_{\mathrm{A}} = 50/100 = 0{,}5 > 0{,}368$$

und es ist $R_{\mathrm{eA}}\left(1 - Q_{\mathrm{A}}^2\right)/2 = 400\,\mathrm{N/mm^2} \cdot \left(1 - 0{,}5^2\right)/2 = 150\,\mathrm{N/mm^2} < R_{\mathrm{eI}}$, sodass eine elastisch-plastische Auslegung möglich wird.

Mit der für wechselnde Belastung erforderlichen Haftsicherheit $S_{\mathrm{H}} = 2{,}2$ (Tabelle 9.1) folgt aus Formel 9.1 die Haftkraft $F_{\mathrm{F}} \geq S_{\mathrm{H}} \cdot F = 2{,}2 \cdot 180\,\mathrm{kN} = 396\,\mathrm{kN}$ und nach Formel 9.2 die erforderliche Fugenpressung

$$p_{\mathrm{F}} = \frac{F_{\mathrm{F}}}{D_{\mathrm{F}} \cdot \pi \cdot l_{\mathrm{F}} \cdot \mu} = \frac{396000\,\mathrm{N}}{50\,\mathrm{mm} \cdot \pi \cdot 60\,\mathrm{mm} \cdot 0{,}2} \approx 210\,\mathrm{N/mm^2}$$

Nach Formel 9.29 wird

$$p_{\mathrm{A\,zul}} = -\frac{2 \cdot \ln Q_{\mathrm{A}}}{\sqrt{3} \cdot S_{\mathrm{PA}}} R_{\mathrm{eA}} = -\frac{2 \cdot \ln 0{,}5}{\sqrt{3} \cdot 1{,}25} 400\,\mathrm{N/mm^2} = 256{,}1\,\mathrm{N/mm^2} > p_{\mathrm{F}}$$

und nach Formel 9.27 mit $S_{\mathrm{PI}} = 1{,}1$:

$$p_{\mathrm{Izul}} = \frac{2}{\sqrt{3} \cdot S_{\mathrm{PI}}} R_{\mathrm{eI}} = \frac{2}{\sqrt{3} \cdot 1{,}1} 460\,\mathrm{N/mm^2} = 482{,}9\,\mathrm{N/mm^2} > p_{\mathrm{F}}$$

Ferner ist $R_{\mathrm{eA}}\left(1 - Q_{\mathrm{A}}^2\right)/\sqrt{3} = 400\,\mathrm{N/mm^2} \cdot \left(1 - 0{,}5^2\right)/\sqrt{3} = 173{,}2\,\mathrm{N/mm^2} < p_{\mathrm{F}}$, sodass im Außenteil eine zulässige elastisch-plastische Beanspruchung auftritt.

9

9

2. Ermittlung der Passung

Mit $p_F / R_{eA} = 210 / 400 = 0{,}525$ folgt aus Tabelle 9.4 durch Interpolation $\zeta \approx 1{,}12$, womit das Querschnittsverhältnis nach Formel 9.30 kontrolliert wird:

$$q = \frac{(\zeta^2 - 1)Q_A^2}{1 - Q_A^2} = \frac{(1{,}12^2 - 1)0{,}5^2}{1 - 0{,}5^2} = 0{,}085 < 0{,}3 \text{ - also zulässig.}$$

Das für p_F erforderliche kleinste bezogene wirksame Übermaß ergibt sich nach Formel 9.30a:

$$Z_{wk} = \frac{2}{\sqrt{3}} \cdot \frac{R_{eA}}{E} \zeta^2 = \frac{2}{\sqrt{3}} \cdot \frac{400}{210000} 1{,}12^2 = 2{,}76 \cdot 10^{-3}$$

Erforderliches kleinstes wirksames Übermaß aus Formel 9.7:

$$U_{wk} = Z_{wk} \cdot D_F = 2{,}76 \cdot 10^{-3} \cdot 50\,\text{mm} = 0{,}138\,\text{mm} = 138\,\mu\text{m}$$

Übermaßverlust nach Formel 9.5:

$$U_V = 0{,}4(R_{zA} + R_{zI}) = 0{,}4(12 + 8)\,\mu\text{m} = 8\,\mu\text{m}$$

Erforderliches Mindestübermaß nach Formel 9.1:

$$U_{min} = U_{wk} + U_V = (138 + 8)\,\mu\text{m} = 146\,\mu\text{m}$$

Demnach ist geeignet die Passung H7/za6 (Tabelle 9.3) mit dem Mindestübermaß $U_k = 155\,\mu\text{m} > U_{min}$ und dem Höchstübermaß $U_g = 196\,\mu\text{m}$.

3. Beanspruchung beim Höchstübermaß U_g

Sinngemäß zu 2. wird $U_{wg} = U_g - U_V = (196 - 8)\,\mu\text{m} = 188\,\mu\text{m} = 188 \cdot 10^{-3}\,\text{mm}$ und $Z_{wg} = U_{wg} / D_F = 188 \cdot 10^{-3} / 50 = 3{,}76 \cdot 10^{-3}$.
Für $p_{A\,zul} / R_{eA} = 256{,}1 / 400 = 0{,}64$ folgt aus Tabelle 9.4 der zulässige bezogene Plastizitätsdurchmesser $\zeta_{zul} \approx 1{,}31$. Damit wird nach Formel 9.31:

$$Z_{w\,zul} = \frac{2}{\sqrt{3}} \cdot \frac{R_{eA}}{E} \zeta_{zul}^2 = \frac{2}{\sqrt{3}} \cdot \frac{400}{210000} 1{,}31^2 = 3.77 \cdot 10^{-3} > Z_{wg}$$

Nach Formel 9.32 beträgt

$$\zeta_g = \sqrt{\frac{Z_{wg} \cdot E}{R_{eA}}} = 0{,}931 \sqrt{\frac{3{,}76 \cdot 10^{-3} \cdot 210000}{400}} = 1{,}31 < 1 / Q_A = 1 / 0{,}5 = 2$$

Nach Formel 9.33 wird

$$p_{Fg} = \frac{R_{eA}}{\sqrt{3}} \left[1 + 2 \ln\zeta_g - (Q_A \cdot \zeta_g)^2\right]$$

$$= \frac{400\,\text{N/mm}^2}{\sqrt{3}} \left[1 + 2 \ln 1{,}31 - (0{,}5 \cdot 1{,}31)^2\right]$$

$$= 256{,}6\,\text{N/mm}^2 > p_{A\,zul}$$

und nach Formel 9.30

$$q_g = \frac{\left(\zeta_g^2 - 1\right)Q_A^2}{1 - Q_A^2} = \frac{\left(1{,}31^2 - 1\right)0{,}5^2}{1 - 0{,}5^2} = 0{,}24 < 0{,}3$$

Die elastisch-plastische Beanspruchung des Außenteils ist zulässig.

9.1.5 Einpresskraft und Fügetemperaturen

Für das Fügen eines Längspressverbandes beträgt die erforderliche

Einpresskraft $$F_e = p_{Fg} \cdot D_F \cdot \pi \cdot l_F \cdot \mu_e \qquad (9.34)$$

F_e	in N	mindestens erforderliche Presskraft,
p_{Fg}	in N/mm^2	größte Fugenpressung,
D_F	in mm	Fugendurchmesser,
l_F	in mm	Fugenlänge,
μ_e		Haftbeiwert beim Einpressen.

Falls für den Haftbeiwert μ_e keine Erfahrungswerte vorliegen, können die 1,25-fachen Werte der Tabelle 9.1 angenommen werden. Das Einpressen ohne Schmierung ermöglicht eine größere Haftkraft in der Fuge, es besteht jedoch die Gefahr des Fressens. Eine ausreichende Presskraftreserve (etwa $2{,}5F_e$) wirkt sich vorteilhaft aus. Die Beanspruchung eines Pressverbandes ist erst 24 Stunden nach dem Fügen ratsam.

Vor dem Fügen durch Schrumpfen muss das Außenteil so weit erwärmt werden, dass sich das Innenteil leicht einführen lässt, oder zum Fügen durch Dehnen das Innenteil entsprechend unterkühlt werden. Es betragen die

Erwärmungstemperatur des Außenteils $$t_A = \frac{U_i + S_e}{\alpha_A \cdot D_F} + t \qquad (9.35)$$

Unterkühlungstemperatur des Innenteils $$t_I = \frac{U_i + S_e}{\alpha_I \cdot D_F} + t \qquad (9.36)$$

t_A, t_I	in °C	Fügetemperatur,
U_i	in mm	Istübermaß, ggf. Höchstübermaß U_g,
S_e	in mm	Fügespiel ≥ $0{,}001D_F$,
α_A, α_I	in 1/K	Längenausdehnungskoeffizient nach Tabelle 9.2,
D_F	in mm	Fugendurchmesser,
t	in °C	Raumtemperatur.

Bei Schrumpf-Dehnverbänden ist das Übermaß U_i bzw. U_g auf Außen- und Innenteil zu verteilen. Die Wahl des Fügeverfahrens richtet sich nach der Wirtschaftlichkeit und den Möglichkeiten der Werkstatt. Außerdem ist die zulässige Fügetemperatur des Außenteils zu beachten, die in der Zeichnung angegeben werden muss. Überwiegend wird der Schrumpfverband angewendet.

Beispiel 9.5

Das Ritzel aus Vergütungsstahl 37Cr4 entsprechend Bild 9.11 in Beispiel 9.1 soll auf den Wellenzapfen mit dem Durchmesser $D_F = 36\,\text{mm}$ aufgeschrumpft werden. Bei der gewählten Passung H7/v6 beträgt das Höchstübermaß $U_g = 84\,\mu\text{m}$. Auf welche Temperatur muss das Außenteil zum Fügen bei $t = 20\,°\text{C}$ Raumtemperatur erwärmt werden

Lösung:

Aus Tabelle 9.2 folgt für Stahl der Längenausdehnungskoeffizient $\alpha_A = 11 \cdot 10^{-6}\,/\text{K}$. Gewählt wird das Fügespiel $S_e = 0{,}001 \cdot D_F = 0{,}001 \cdot 36\,\text{mm} = 0{,}036\,\text{mm}$. Nach Formel 9.35 wird dann mit $U_i = U_g = 0{,}084\,\text{mm}$ die erforderliche Erwärmungstemperatur

$$t_A = \frac{U_g + S_e}{\alpha_A \cdot D_F} + t = \frac{(0{,}084 + 0{,}036)\,\text{mm}}{11 \cdot 10^{-6}\,/K \cdot 36\,\text{mm}} + 20\,°\text{C} \approx 323\,°\text{C}$$

Für vergüteten Stahl beträgt die zulässige Fügetemperatur 300 °C. Demnach wäre der Fertigung ein zulässiges Höchstübermaß von 75 µm vorzuschreiben, was sich aus Formel 9.35 mit $t_{A\,zul} = 300\,°\text{C}$ leicht errechnen lässt.

Abschließend sei noch darauf hingewiesen, dass die für Pressverbände dargelegten Berechnungsverfahren besonders wegen der nur ungefähr bekannten Haftbeiwerte mit Unsicherheiten behaftet sind, die jedoch durch die Haftsicherheit und die Sicherheiten gegen plastische Verformung aufgefangen werden. Außerdem gelten die Gleichungen theoretisch nur für Fügeteile von gleicher Länge. Sie können näherungsweise auch angewendet werden, wenn das Innenteil länger ist als das Außenteil [9.3].

9.2 Spannelementverbindungen

Neben den Pressverbänden existiert eine große Vielfalt weiterer konstruktiver Lösungen zur Übertragung von Kräften und Momenten mithilfe von Reibungskräften. Hierbei wird in der Regel unterschieden nach der Art des Reibschlusses (unmittelbar - mittelbar), der Erzeugung der Vorspannkraft (intern - extern) und der Anzahl der Wirkflächenpaare [9.1; 9,4]. Beispiele hierfür sind Ringkegel-Spannelemente, Kegel-, Doppelkegel- und Vierfachkegelspannsätze, Schrumpfscheiben, Sternscheiben, Druckhülsen oder hydraulische Hohlmantel-Spannbuchsen.

Da an den Wellen keine Nuten, Zähne und andere Kerben notwendig sind, entspricht ihre Dauerfestigkeit fast der von glatten Wellen.

9.2.1 Kegelspannsysteme

Kegelspannsysteme nutzen das Wirkprinzip des Kegels als Kraftverstärker. Eine axiale Spannkraft ruft eine Pressung in radialer Richtung hervor, die Reibschluss zwischen Welle und Nabe herstellt. Kegelspannsysteme folgen im Inneren den grundlegenden Gesetzmäßigkeiten des kegeligen Pressverbands und nach außen denen des zylindrischen Pressverbands. Es werden

Innenspannsysteme, Zwischenspannsysteme (Spannelemente, Spannsätze) und Außenspannsysteme (Schrumpfscheiben) unterschieden.

Alle Kegelspannsysteme erlauben leichtes, auch wiederholtes Montieren und Demontieren der Verbindung. Sie sind spielfrei, drehsicher und für große Drehmomente, auch wechselnde und stoßhafte, sowie zur Aufnahme von Axialkräften geeignet. Mit Kegelspannsystemen lassen sich Zahnräder, Kettenräder, Schwungräder, Riemenscheiben, Bandtrommeln, Betätigungs- und Steuernocken, Kupplungsnaben, Bremsscheiben und dergleichen auf Wellen befestigen.

Ringkegel-Spannelemente

Kompakt bauende Ringkegel-Spannelemente nach dem System RINGFEDER (Bild 9.15) besitzen zwei ineinandergreifende kegelige Ringe aus vergütetem Sonderstahl, die zwischen Nabe und Welle eingesetzt werden (Bild 9.16). Die Ringe können geschlossen oder geschlitzt ausgeführt sein. Durch axiale Schraubenkraft werden die Ringe radial gespannt und die erzeugte Fugenpressung ruft wie bei Pressverbänden (siehe Abschnitt 9.1) einen Haftwiderstand hervor, der das Drehmoment überträgt. Ringkegel-Spannelemente sind nicht selbstzentrierend, gegebenenfalls ist ein separater Zentrierring vorzusehen (Bild 9.16a). Derartige Spannelemente werden einbaufertig von verschiedenen Firmen geliefert.

Zum Anziehen der Verbindung können wahlweise eine oder mehrere Spannschrauben vorgesehen werden (Bild 9.16). Bohrungspassmaß in der Nabe H7 bis D = 44 mm, darüber hinaus H8, Wellenpassmaß h6 bis d = 38 mm, darüber hinaus h8.

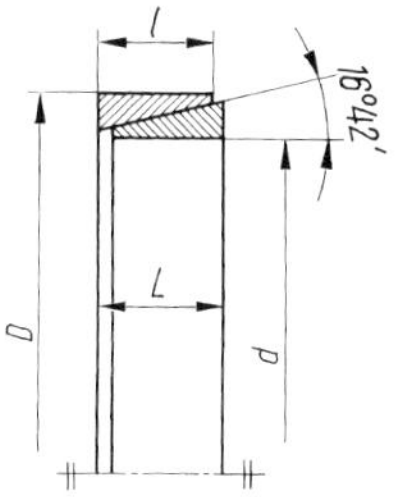

Bild 9.15 Ringkegel-Spannelement

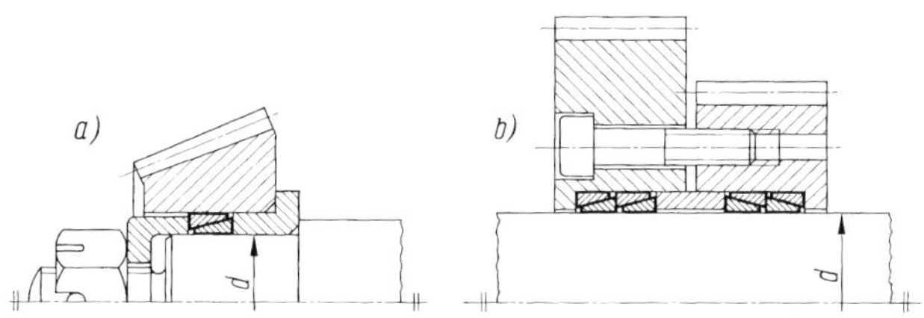

Bild 9.16 Spannelement-Verbindungen
a) mit einer Spannschraube, b) mit mehreren Spannschrauben

Im ungespannten Zustand besteht zwischen Bohrung und Außenring sowie zwischen Innenring und Welle ein Spiel, das **Einbauspiel**. Die Längskraft, die den Außenring weitet und den Innenring einschnürt, um das Einbauspiel zu beseitigen, ist die Kraft F_0. Erst bei Steigerung der Längskraft auf $F_0 + F_p$ wird eine Fugenpressung p_I am Innenring/Welle und p_A am Außenring/Nabe erzeugt, d. h. F_p ist die wirksame Spannkraft. Zur Montage wird das Spannelement in den Nabensitz eingefügt und auf die Welle geschoben. Anschließend werden die Schrauben angezogen, bis der Innenring mit der Welle und der Außenring mit der Nabe in Kontakt kommt. Danach werden die Spannschrauben stufenweise und gleichmäßig über Kreuz angezogen, bis das vom Hersteller vorgegebene Schraubenanzugsmoment erreicht wird.

Genügt ein Ringkegel-Spannelement nicht zur Übertragung des Drehmoments, so können mehrere Elemente derart hintereinander angeordnet werden, dass sich die Längskraft fortpflanzt und auch die folgenden Elemente spannt. Bedingt durch die Reibungsgesetze nimmt die Längspresskraft und damit die Fugenpressung von Element zu Element ab (Bild 9.17). **Es lohnt sich deshalb nicht, mehr als drei bis vier Elemente vorzusehen.**

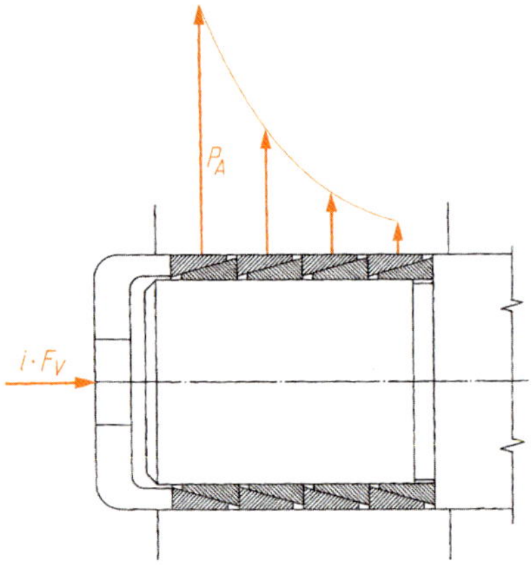

Bild 9.17
Pressungsverteilung auf hintereinanderliegende Elemente

9

In Tabelle 9.5 sind – außer den Abmessungen der Spannelemente – angegeben

- die erforderliche **Längskraft F_0** in kN zur Beseitigung des Einbauspiels,
- die wirksame **Spannkraftrate *c*** in $\dfrac{\text{N}}{\text{N/mm}^2} = \text{mm}^2$ zur Erzeugung einer Fugenpressung von 1 N/mm² zwischen dem Innenring des ersten Spannelements und der Welle,
- die **Widerstandsrate *f*** in $\dfrac{\text{N}}{\text{N/mm}^2} = \text{mm}^2$ als der vom ersten Spannelement in Längsrichtung (axial) mit einer Fugenpressung von 1 N/mm² an der Welle erzeugte Haftreibwiderstand, der bei Wirkung einer Betriebslängskraft das Rutschen in dieser Richtung verhindert,
- die **Drehmomentrate *m*** in $\dfrac{\text{Nm}}{\text{N/mm}^2} = \text{m} \cdot \text{mm}^2$ als das vom ersten Spannelement mit einer Fugenpressung von 1 N/mm² an der Welle erzeugte Haftreibdrehmoment, das bei Wirkung des Betriebsdrehmomentes das Rutschen in Umfangsrichtung verhindert.

Zur Erzeugung der Fugenpressung p_I am ersten Element ist je Schraube erforderlich eine

Vorspannkraft $$F_V = \frac{F_0 + c \cdot p_I}{i} \qquad (9.37)$$

F_V	in N	Vorspannkraft einer Spannschraube,
F_0	in N	Längskraft zur Beseitigung des Einbauspiels (Tabelle 9.5),
c	in mm²	wirksame Spannkraftrate (Tabelle 9.5),
p_I	in N/mm²	gewünschte bzw. erforderliche Fugenpressung am ersten Spannelement,
i		Anzahl der Spannschrauben.

Bei dieser Vorspannkraft ergeben sich:

Übertragbares Drehmoment $$M_F = k \cdot m \cdot p_I \qquad (9.38)$$

Übertragbare Längskraft $$F_F = k \cdot f \cdot p_I \qquad (9.39)$$

M_F	in Nm	übertragbares Drehmoment der Verbindung,
F_F	in N	übertragbare Längskraft der Verbindung,
k		Minderungsfaktor bei a hintereinander geschalteten Elementen = 1 bei a = 1, = 1,55 bei a = 2, = 1,86 bei a = 3, = 2 bei a = 4,
m	in m · mm²	Drehmomentrate (Tabelle 9.5),
f	in mm²	Widerstandsrate (Tabelle 9.5).

Die Spannschrauben sollten stets mit einem Drehmomentenschlüssel angezogen werden. Wegen der auch dann noch stark streuenden Schraubenvorspannkraft F_V (Anziehfaktor $\alpha_A \approx 1{,}6$!) legt man das übertragbare Drehmoment $M_F \approx 2M$ aus, wenn M das Betriebsdrehmoment darstellt. Das gilt sinngemäß auch für die Übertragung einer Betriebslängskraft F_l, d. h. $F_F \approx 2F_l$.

Die Spannschrauben sind mit $M_A \le M_{A\,zul}$ anzuziehen. Unter Berücksichtigung des Setzens ist dann mit einer maximalen Vorspannkraft $F_V \approx 0{,}9F_M$ zu rechnen. Anziehdrehmoment $M_{A\,zul}$ und Montagevorspannkraft $F_{M\,zul}$ nach Tabelle 10.8 bei $\mu_G = \mu_k = 0{,}12$. Siehe hierzu auch Beispiel 9.7.

Mit Formel 9.3, Formel 9.4, Formel 9.25, Formel 9.27 sowie Formel 9.28 bis Formel 9.30 kann wie bei den zylindrischen und kegeligen Pressverbänden kontrolliert werden, ob elastische oder plastische Beanspruchung der Fügeteile gewährleistet ist. Die Pressung der Nabenbohrung beträgt $p_A = p_l \cdot d / D$.

Die Abmessungen der Elemente und die Berechnung ihrer Übertragungsfähigkeit sind je nach Lieferfirma verschieden. Es empfiehlt sich daher, deren Unterlagen zu benutzen.

9

Beispiel 9.6

Das Zahnradpaar nach Bild 9.16b mit $d = 40\,\text{mm}$ hat ein maximales Drehmoment $M = 280\,\text{Nm}$ zu übertragen, Werkstoff der Zahnräder 20Cr4 mit $R_{eA} = 350\,\text{N/mm}^2$ und Werkstoff der Welle E295 mit $R_{el} = 275\,\text{N/mm}^2$ (Tabelle 2.2). Der Fußkreisdurchmesser des kleinen Rades beträgt $D_A \approx 80$ mm. Als Spannschrauben sind Zylinderschrauben ISO 4762 - M10 - 8.8 mit Innensechskant vorgesehen. Wie viele Schrauben sind erforderlich und welches Schraubenanziehmoment ist vorzuschreiben? Ist elastische oder elastisch-plastische Beanspruchung gewährleistet?

Lösung:

1. Anzahl *i* der Schrauben

Aus Tabelle 9.5 werden entnommen: Spannelemente 40 × 45 mit $L = 8\,\text{mm}$, $l = 6{,}6\,\text{mm}$, $F_0 = 13{,}8\,\text{kN}$, $c = 450\,\text{mm}^2$, $f = 99{,}5\,\text{mm}^2$, $m = 2\,\text{m}\cdot\text{mm}^2$. Mit $M_F \approx 2M = 2 \cdot 280\,\text{Nm} = 560\,\text{Nm}$ und $k = 1{,}55$ (bei $a = 2$ Elementen, da jeweils ein Rad das Drehmoment auf die Welle übertragen muss und dem betreffenden Rad dazu zwei Elemente dienen) beträgt nach Formel 9.38 die erforderliche Fugenpressung

$$p_l = \frac{M_F}{k \cdot m} = \frac{560\,\text{Nm}}{1{,}55 \cdot 2\,\text{m} \cdot \text{mm}^2} \approx 181\,\text{N/mm}^2$$

Nach Tabelle 10.8 sind $F_{M\,zul} = 27{,}5\,\text{kN}$ und $M_{A\,zul} = 46\,\text{Nm}$. Somit wird die größtmögliche Vorspannkraft $F_V \approx 0{,}9F_{M\,zul} = 0{,}9 \cdot 27{,}5\,\text{kN} \approx 25\,\text{kN}$. Nach Formel 9.37 sind

$$i = \frac{F_0 + c \cdot p_l}{F_V} = \frac{13800\,\text{N} + 450\,\text{mm}^2 \cdot 181\,\text{N/mm}^2}{25000\,\text{N}} = 3{,}81$$

$$\approx 4 \text{ Spannschrauben erforderlich}$$

2. Vorzuschreibendes Schraubenanziehmoment M_A

Nach den Angaben unter Formel 9.39 kann somit $M_A = M_{A\,zul} \cdot 3{,}81 / 4 \approx 44\,\text{Nm}$ vorgeschrieben werden.

3. Kontrolle der Beanspruchung

Die Fugenpressung an der Nabenbohrung beträgt $p_A = p_I \cdot d / D = 181\,\text{N/mm}^2 \cdot 40 / 45 \approx 161\,\text{N/mm}^2$. Nach Formel 9.3 und Formel 9.4 betragen: $Q_A = D_F / D_A = 45 / 80 = 0{,}56$, $Q_I = 0$. Mit $S_P = 1{,}2$ als Sicherheit gegen plastische Verformung erhält man nach Formel 9.25 die zulässige Fugenpressung für das Außenteil bei rein elastischer Beanspruchung

$$p_{A\,zul} = \frac{1 - Q_A^2}{\sqrt{3} \cdot S_P} R_{eA} = \frac{1 - 0{,}56^2}{\sqrt{3} \cdot 1{,}2} 350\,\text{N/mm}^2 = 115{,}6\,\text{N/mm}^2 < p_A$$

und nach Formel 9.27 für das volle Innenteil

$$p_{I\,zul} = \frac{2}{\sqrt{3} \cdot S_P} R_{eI} = \frac{2}{\sqrt{3} \cdot 1{,}2} 275\,\text{N/mm}^2 = 264{,}6\,\text{N/mm}^2 > p_I$$

9

Die Welle wird demnach rein elastisch beansprucht. Da aber $p_A > p_{A\,zul}$ ist, muss geprüft werden, ob im Außenteil eine zulässige elastisch-plastische Beanspruchung auftritt.

Da $R_{eA}\left(1 - Q_A^2\right) / 2 = 350\,\text{N/mm}^2 \cdot \left(1 - 0{,}56^2\right) / 2 = 120{,}1\,\text{N/mm}^2 < R_{eI}$ ist, kann im Innenteil keine plastische Beanspruchung auftreten (siehe Abschnitt 9.4). Für das Außenteil beträgt bei elastisch-plastischer Beanspruchung die zulässige Fugenpressung nach Formel 9.29

$$p_{A\,zul} = -\frac{2 \cdot \ln Q_A}{\sqrt{3} \cdot S_{PA}} R_{eA} = -\frac{2 \cdot \ln 0{,}56}{\sqrt{3} \cdot 1{,}25} 350\,\text{N/mm}^2 = 187{,}5\,\text{N/mm}^2 > p_A$$

Ferner ist $R_{eA}\left(1 - Q_A^2\right) / \sqrt{3} = 350\,\text{N/mm}^2 \cdot \left(1 - 0{,}56^2\right) / \sqrt{3} = 138{,}7\,\text{N/mm}^2 < p_A$, sodass im Außenteil eine zulässige elastisch-plastische Beanspruchung auftritt.

Es muss nun noch das Querschnittsverhältnis q nach Formel 9.30 überprüft werden. Dafür folgt aus Tabelle 9.4 für $p_F / R_{eA} = 161 / 350 = 0{,}46$ der bezogene Plastizitätsdurchmesser $\zeta \approx 1{,}1$ (geschätzt) $< 1 / Q_A \approx 1{,}8$. Somit wird

$$q = \frac{\left(\zeta^2 - 1\right) Q_A^2}{1 - Q_A^2} = \frac{\left(1{,}1^2 - 1\right) 0{,}56^2}{1 - 0{,}56^2} \approx 0{,}1 < 0{,}3$$

d. h. das erfahrungsgemäß zulässige Verhältnis wird nicht überschritten. ■

Spannsätze

Neben den beschriebenen Spannelementen liefern zahlreiche Firmen auch einbaufertige Spannsätze, die bereits die Spannschrauben enthalten, sodass für die Montage keine zusätzlichen Spannorgane erforderlich sind. Ihre Abmessungen sind dementsprechend größer, dafür entfallen Gewindebohrungen an Welle bzw. Nabe. Spannsätze können selbstzentrierend ausgeführt sein und weisen dann einen genauen Rundlauf auf.

Die Spannsätze nach dem System RINGFEDER (Bild 9.18) bestehen aus zwei Außenringen mit Innenkegel und zwei Innenringen mit Außenkegel bzw. aus einem Außenring mit Doppelinnenkegel und einem Innenring mit Doppelaußenkegel, welche durch zwei Druckringe mit Außen- und Innenkegel zusammengehalten werden.

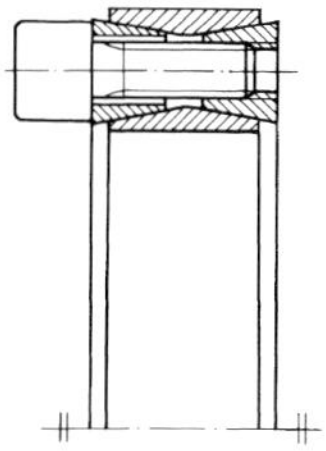

Bild 9.18
Spannsatz nach dem System RINGFEDER

Spannsätze nach dem System TOLLOK (Bild 9.19) mit Nutmutter weisen geringen radialen Bauraum auf. Sie sind für die Übertragung kleinerer und mittlerer Drehmomente geeignet.

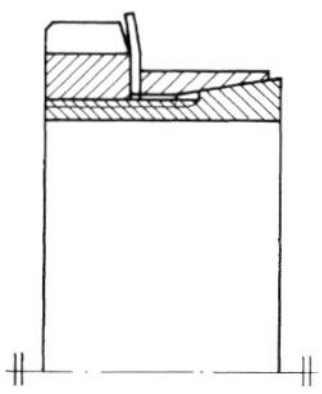

Bild 9.19
Spannsatz nach dem System TOLLOK

Weitere Ausführungen von Spannsätzen nach dem System BIKON zeigt Bild 9.20.

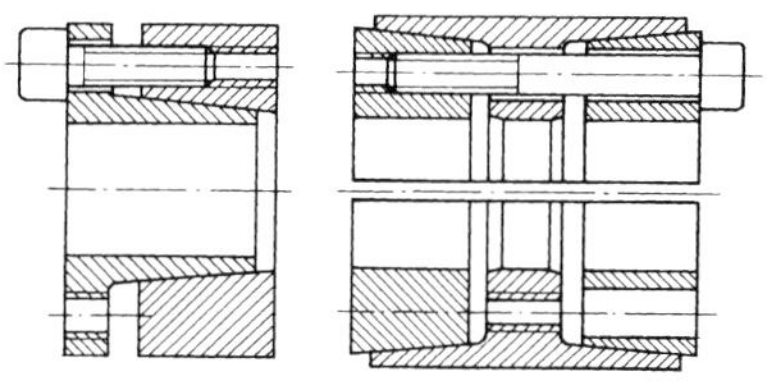

Bild 9.20
Bikon- und Dobikon-Spannsatz

Schrumpfscheiben

Bei Schrumpfscheibenverbindungen wird die Nabe von außen auf die Welle gestaucht (Bild 9.21), der Kraftfluss erfolgt dabei unmittelbar von der Welle auf die Nabe. Sie können zweiteilig oder dreiteilig ausgeführt sein. Schrumpfscheiben sind besonders geeignet für dünnwandige Naben und Hohlwellen, beispielsweise werden sie für die Befestigung von Maschinenwellen in Hohlwellen-Aufsteckgetrieben eingesetzt.

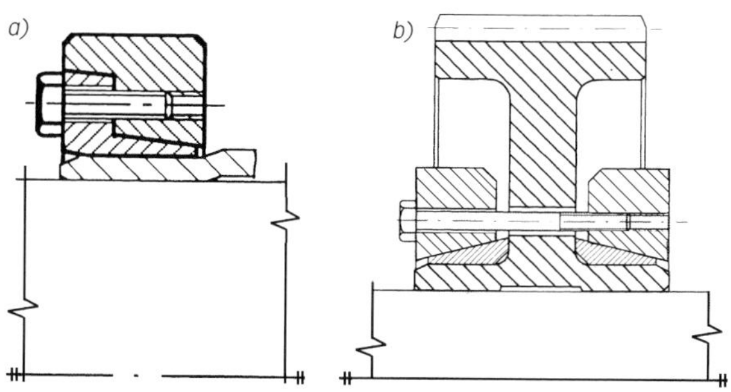

Bild 9.21 Schrumpfscheiben-Verbindungen
a) Standardausführung, b) geteilte Ausführung mit Zahnrad

9.2.2 Systeme mit federnden Zwischenelementen

Sternscheiben

Sternscheiben nach dem System RINGSPANN (Bild 9.22 und Bild 9.23) sind flachkegelige Ringscheiben aus gehärtetem Federstahl, mit denen ähnlich wie mit den Ringkegel-Spannelementen spielfreie und dauerhaltbare Mitnehmerverbindungen hergestellt werden können. Sie bauen axial sehr kompakt und eignen sich besonders für häufiges Spannen und Lösen. Die Sternscheiben sind abwechselnd vom Außen- und Innenrand her radial geschlitzt und dadurch außerordentlich elastisch.

In Tabelle 9.6 sind ihre Abmessungen, das je Scheibe übertragbare Drehmoment M_1 und die erforderliche Längsspannkraft F_1 je Scheibe angegeben. Wird F_1 kleiner als der Tabellenwert gewählt, dann sinkt M_1 im gleichen Maße. Bild 9.23 zeigt als Beispiel eine Sternscheibenverbindung.

9

Die Scheiben besitzen gegenüber der Nabenbohrung ein Übermaß und werden in diese unter Vorspannung eingesetzt. Zwischen den Sternscheiben und der Welle bleibt aber ein Spiel, das beim Anziehen der Spannschrauben verschwindet und in eine radiale Spannwirkung übergeht. Diese erzeugt eine Fugenpressung, sodass ein Drehmoment durch Kraftschluss übertragen werden kann.

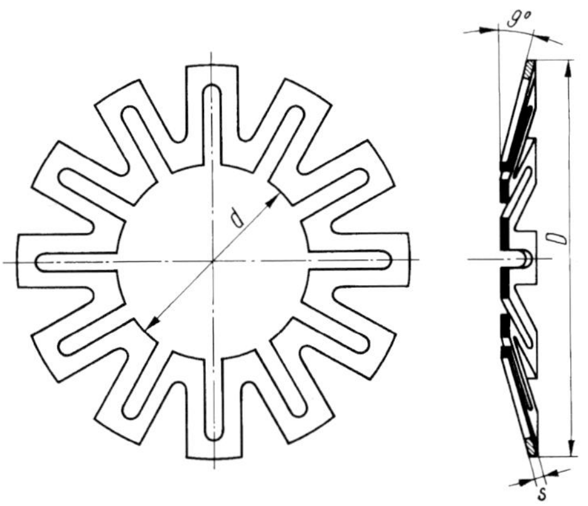

Bild 9.22 RINGSPANN-Sternscheibe

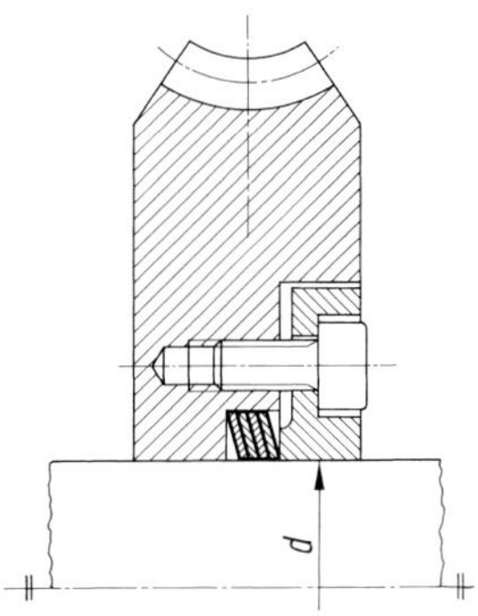

Bild 9.23 Sternscheibenverbindung

Die Bohrung muss in den Toleranzklassen H7, H8, H9, F7, F8 oder G7 ausgeführt werden, die Welle in den Toleranzklassen h6 … h9, k6 … k8, f6 … f8, n6, n7, m6, m7, j6, j7, g6 oder e6. Als Wellenwerkstoff ist E335 oder E360 vorzusehen.

Die Verbindung ist je Schraube anzuziehen mit einer

Vorspannkraft $F_V = a \cdot F_1 / i$ (9.40)

F_V	in N	Vorspannkraft einer Spannschraube,
a		Anzahl der Sternscheiben in der Verbindung,
F_1	in N	Vorspannkraft je Sternscheibe (Tabelle 9.6),
i		Anzahl der Spannschrauben.

Mit dieser Vorspannkraft ergibt sich das

übertragbare Drehmoment $T_F = a \cdot T_1$ (9.41)

T_F	in Nm	Haftmoment infolge des Kraftschlusses,
a		Anzahl der Sternscheiben in der Verbindung,
T_1	in Nm	Haftmoment je Sternscheibe (Tabelle 9.6).

Für die Auslegung der Spannschrauben einer Sternscheiben-Verbindung gelten die Ausführungen für Spannelement-Verbindungen unterhalb Formel 9.39. Eine Kontrolle auf elastische oder elastisch-plastische Beanspruchung der Fügeteile ist nicht erforderlich, wenn die Streckgrenze des Nabenwerkstoffs $R_{eA} \geq 300\ N/mm^2$ ist. Anderenfalls ist die Anzahl a der Sternscheiben zu erhöhen.

Üblicherweise werden nicht mehr als $a = 16$ Sternscheiben zu einem Paket zusammengefasst. Bei Paketen mit mehr als 16 Sternscheiben übertragen die darüberhinausgehenden Sternscheiben nur noch etwa 50 % des Haftmoments je Sternscheibe. Die maximale Anzahl von Sternscheiben je Paket ist auf 25 begrenzt.

Die Sternscheiben gibt es auch in allseitig geschliffener Ausführung (Bild 9.24). Damit kann hochpräzise gespannt werden, z. B. für Präzisions-Welle-Nabe-Verbindungen oder im Werkzeugbau.

Bild 9.24
Einbaubeispiel Sternscheibenpaket (Werkbild RINGSPANN)

Beispiel 9.7

Eine Nabenverbindung gemäß Bild 9.23 soll mit RINGSPANN-Sternscheiben $d \times D = 60 \times 80$ ausgeführt werden. Es ist ein Drehmoment $T = 240\text{Nm}$ zu übertragen. Wie viele Sternscheiben sind erforderlich Wie viele Spannschrauben M8-8.8 müssen angeordnet werden Welches Anziehmoment T_A ist für die Schrauben vorzuschreiben?

Lösung:
Nach den Angaben unterhalb Formel 9.39 soll $T_F \approx 2T = 2 \cdot 240\text{Nm}$ sein. Mit $T_1 = 112\text{Nm}$ nach Tabelle 9.6 sind gemäß Formel 9.41

$$a = T_F / T_1 = 480 / 112 = 4{,}3 \approx 5$$

Sternscheiben erforderlich. Nach Tabelle 10.8 sind für die vorgesehenen Schrauben bei $\mu_G = \mu_K = 0{,}12$ die Spannkraft $F_{M\,zul} = 17{,}2\text{kN}$ und das Spannmoment $T_{A\,zul} = 23\text{Nm}$. Somit ist mit maximal $F_V \approx 0{,}9 F_{M\,zul} = 0{,}9 \cdot 17{,}2\text{kN} \approx 15{,}5\text{kN}$ zu rechnen. Daraus resultieren nach Formel 9.40 mit $F_1 = 6{,}8\text{kN}$ (Tabelle 9.6)

$$i = \frac{a \cdot F_1}{F_V} = \frac{5 \cdot 6{,}8}{15{,}5} = 2{,}2 \approx 3 \text{ Spannschrauben}$$

Das Anziehmoment muss dann mit $T_A \approx T_{A\,zul} \cdot 2{,}2 / 3 = 23\text{Nm} \cdot 2{,}2 / 3 \approx 17\text{Nm}$ vorgeschrieben werden.

Druckhülsen

Die Druckhülsen nach dem System SPIETH gemäß Bild 9.25a sind einteilige zylindrische Spannelemente aus federhartem Sonderstahl, die durch äußere und innere trapezförmige Ausnehmungen einen gewellten Längsschnitt aufweisen, der sie außerordentlich elastisch macht. Wie die Ringkegel-Spannelemente verspannen sich die Fügeteile infolge der axialen Schraubenkraft radial, wobei sich aufgrund des rotationssymmetrischen Aufbaus eine sehr gleichmäßige Flächenpressung einstellt. Die Druckhülsen werden unter geringem Spiel eingesetzt, das beim Anziehen der Schrauben verschwindet.

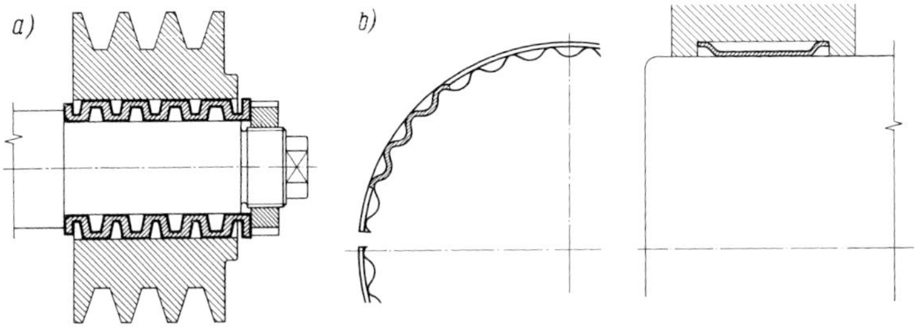

Bild 9.25 Druckhülse und Toleranzring
a) mittels Druckhülse auf einer Welle befestigte Keilriemenscheibe, b) Toleranzring-Verbindung

Toleranzringe

Bild 9.25b zeigt einen gewellten, geschlitzten Toleranzring nach dem System STAR aus Federstahl. Toleranzringe können frei zwischen Welle und Nabe eingebaut werden, was sehr wirtschaftlich ist, jedoch keine Zentrierung ermöglicht. Daher werden sie meist vor der Montage in eine Nabenaussparung eingelegt und die Nabe auf die Welle gedrückt. Andere Bauformen können auch in Wellenaussparungen eingelegt werden. Damit entsteht eine Pressverbindung. Toleranzringe dienen außer zur Übertragung kleinerer Drehmomente auch zum Ausgleich von Wärmedehnungen, Fertigungstoleranzen und Fluchtfehlern. Sie eignen sich zudem zur Aufnahme von Stoßkräften (sie rutschen dann in Umfangsrichtung) und deren Dämpfung.

Hydraulische Hohlmantel-Spannbuchsen

Eine hydraulische Hohlmantel-Spannbuchse nach dem System ETP als einbaufertiges Welle-Nabe-Verbindungselement zeigt Bild 9.26. Die ETP-Buchse besteht aus einer doppelwandigen gehärteten Stahlhülse, gefüllt mit einem Druckmedium, sowie aus einem Dichtring, einem hohlzylindrischen Kolben, einem Druckflansch und mehreren Spannschrauben. Beim Anziehen der Schrauben pressen sich die Hülsenwandungen gegen Welle und Nabe und bewirken zwischen diesen eine reibschlüssige Verbindung. Werden die Schrauben gelöst, geht die Buchse in ihren Ausgangszustand zurück und kann leicht demontiert werden. Die ETP-Spannbuchsen lassen sich leicht montieren, sie bieten genaue Justiermöglichkeit und gute Rundlaufgenauigkeit. Aufgrund der unterschiedlichen thermischen Ausdehnungskoeffizienten von Druckmedium und Spannbuchse sowie Welle und Nabe fällt das übertragbare Drehmoment bei tiefen Temperaturen ab und steigt bei höheren an. Handelsübliche ETP-Spannbuchsen sollten daher nur in einem Temperaturbereich von −30 … +85 °C eingesetzt werden.

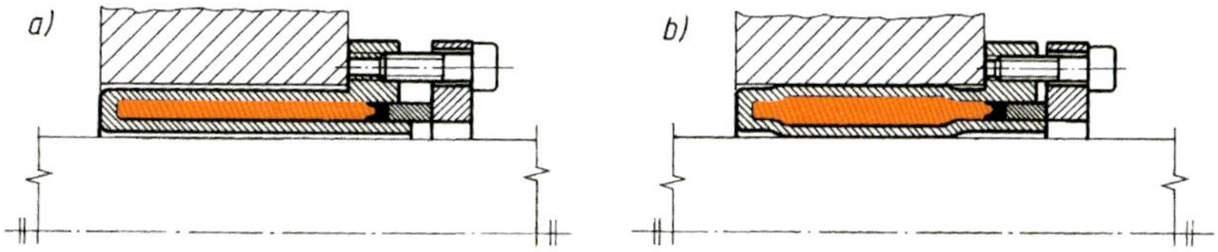

Bild 9.26 Hydraulische Hohlmantel-Spannbuchse
a) ungespannt zwischen Welle und Nabe platziert, b) Pressung zwischen Welle und Nabe nach Anziehen der Schrauben

Unterlagen über die vorstehend ausgeführten und gezeigten Verbindungselemente sowie Einbauregeln und Berechnungsangaben können bei den Herstellern angefordert werden.

9.3 Klemmverbindungen

Anders als bei Pressverbindungen wird die Fugenpressung p_F nicht durch ein Übermaß erzeugt, sondern durch Klemmen der Nabe auf die Welle mittels Schraubenkraft. Bild 9.27 zeigt Klemmverbindungen **mit geteilter Nabe** und **mit geschlitzter Nabe**. Sie eignen sich zur stufenlosen Längs- und Umfangseinstellung von Naben. Wegen der Unsicherheit der von Fugenpressung und Reibungszahl abhängigen Übertragungsfähigkeit werden Klemmverbindungen meist nur bei relativ kleinen und wenig schwankenden Drehmomenten angewendet. Allerdings sind mit solchen Klemmverbindungen früher auch Kurbelwellen der Sternmotoren für Flugzeuge gebaut worden. Heute würde man solche Hochleistungsverbindungen mit einem FE-Programm berechnen, vgl. Abschnitt 3.3. Werkstoffe für geteilte Naben sind: Stahl, Stahlguss, Temperguss, Gusseisen, für geschlitzte Naben nur Stahl.

Eine gute Justiermöglichkeit ist nur dann zu erreichen, wenn sich bei gelösten Klemmschrauben die Naben leicht auf der Welle bewegen lassen. Das erfordert eine Spielpassung (üblich **H7/g6**). Deshalb geht von der Schraubenvorspannkraft F_V der Anteil bis zur Herstellung des Kontaktes mit der Welle (die Kontaktkraft als Kraft zum Vorbiegen der Nabenschenkel) der eigentlichen Klemmkraft verloren. Nach der Herstellung des Kontaktes bilden Nabe und Welle eine steife Einheit.

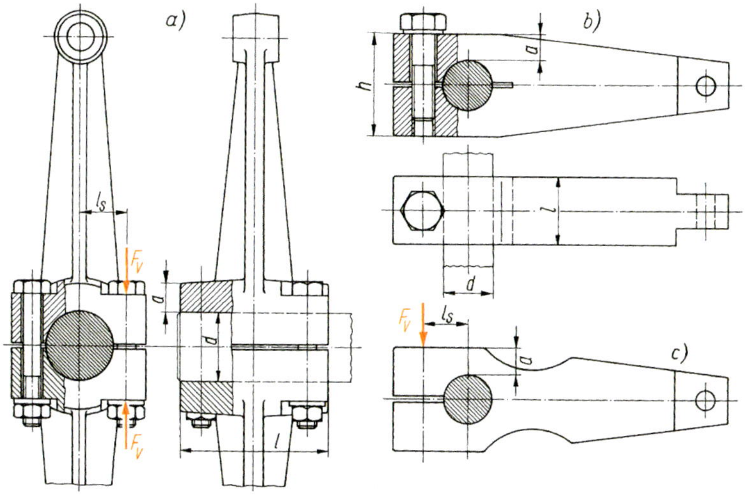

Bild 9.27 Klemmverbindungen
a) mit geteilter Nabe,
b) mit geschlitzter Nabe und weitergeführtem Schlitz,
c) mit geschlitzter Nabe und Ausnehmungen an der Nabe

Um die Kontaktkraft bei ungeteilten Naben möglichst klein zu halten, ist es zweckmäßig, den Schlitz über die andere Seite der Klemmbohrung hinaus weiterzuführen (Bild 9.27b) oder Ausnehmungen an der Klemmnabe vorzusehen (Bild 9.27c), damit die Klemmschenkel nachgiebiger werden. Üblich sind $h / d = 1{,}6\ldots2$ und $l / d = 0{,}8\ldots1$.

Für die Ausführungen nach Bild 9.27 setzt man näherungsweise als

Fugenpressung $$p_F \approx K_F \frac{F_V \cdot i}{d \cdot l} \tag{9.42}$$

p_F	in N/mm²	Fugenpressung zwischen Nabenbohrung und Welle,
K_F		Formfaktor ≈ 1,2 bei geteilten Naben, ≈ 1,5 bei geschlitzten Naben,
F_V	in N	Vorspannkraft einer Klemmschraube,
i		Anzahl der Klemmschrauben,
d	in mm	Wellendurchmesser,
l	in mm	Traglänge der Klemmverbindung.

9

Mit der Fugenpressung p_F können die Verbindungen wie Querpressverbindungen betrachtet werden (siehe Formel 9.1 und Formel 9.2). Aus Versuchen hat sich bei leicht geölten Fugenflächen ein Haftbeiwert $\mu = 0{,}1\ldots0{,}2$ (im Mittel 0,14) ergeben. Die Haftsicherheit ist zweckmäßig $S_H \geq 1{,}5$ vorzusehen.

Da die Schrauben meistens „gefühlsmäßig" von Hand angezogen werden, kann man mit den in Tabelle 10.13 angegebenen mittleren Vorspannungen σ_V im Spannungsquerschnitt rechnen, sodass $F_V = A_S \cdot \sigma_V$ ist (A_s nach Tabelle 10.1). Falls mit einem Drehmomentenschlüssel angezogen wird, kann bis auf $F_V \approx 0{,}9 F_{M\,zul}$ bei $\mu_G = \mu_K = 0{,}12$ (siehe Tabelle 10.8) gegangen werden. Im kleinsten, als gefährdet anzusehenden Nabenquerschnitt tritt infolge des Vorbiegens ein komplizierter Spannungszustand auf, der sich theoretisch nicht ohne weiteres erfassen lässt. Da die Nabenschenkel durch die Welle versteift werden, darf nicht wie bei einem Freiträger gerechnet werden. Deshalb wird ein erfahrungsmäßiger Versteifungsfaktor $K_N < 1$ eingeführt. Mit diesem gilt näherungsweise:

Biegespannung $$\sigma_b \approx K_N \frac{F_V \cdot m \cdot l_S}{W_b} \tag{9.43}$$

σ_b	in N/mm²	Biegezugspannung im kleinsten Nabenquerschnitt,
K_N		Versteifungsfaktor ≈ 0,2 bei geteilten Naben, ≈ 0,3 bei geschlitzten Naben,
F_V	in N	Vorspannkraft einer Klemmschraube,
m		Anzahl der Schrauben im Abstand l_S von der Wellenmitte. Für den Fall nach Bild 9.27a ist $m = i / 2 = 2$, für die Fälle nach Bild 9.27b und c ist $m = i$,
l_S	in mm	Abstand der Schrauben von der Wellenmitte,
W_b	in mm³	Widerstandsmoment gegen Biegung des kleinsten Nabenquerschnitts $= l \cdot a^2 / 6$.

Als zulässige Biegespannung kann $\sigma_{b\,zul} \approx 0{,}7 R_e$ gesetzt werden bzw. $\approx 0{,}5 R_m$ bei Grauguss (für R_e und R_m siehe Tabelle 2.5 und Tabelle 2.6).

Beispiel 9.8

Der Hebel aus S275JR eines Steuergestänges soll nach Bild 9.27b mit einer Schraube auf die Welle geklemmt werden. Es betragen: $d = 20\,\text{mm}$, $l = 20\,\text{mm}$, $h = 36\,\text{mm}$, $a = 8\,\text{mm}$. Die Verbindung hat ein maximales Drehmoment $T = 15\,\text{Nm}$ aufzunehmen. Welche Schraubengröße ist vorzusehen, um eine Haftsicherheit $S_H = 1{,}5$ zu erreichen Der Haftbeiwert ist mit $\mu = 0{,}15$ anzunehmen. Ist die Biegespannung in der Nabe zulässig?

Lösung:
Die Umfangskraft an der Welle beträgt $F_u = F = 2T / d = 2 \cdot 15000\,\text{Nmm} / 20\,\text{mm} = 1500\,\text{N}$. Dann ist nach Formel 9.1 eine Haftkraft $F_F = F \cdot S_H = 1500\,\text{N} \cdot 1{,}5 = 2250\,\text{N}$ erforderlich. Daraus folgt nach Formel 9.2 mit $D_F = d$ und $l_F = l$ die Fugenpressung

$$p_F = \frac{F_F}{d \cdot \pi \cdot l \cdot \mu} = \frac{2250\,\text{N}}{20\,\text{mm} \cdot \pi \cdot 20\,\text{mm} \cdot 0{,}15} \approx 12\,\text{N/mm}^2$$

Gemäß Formel 9.42 ist hierfür eine Vorspannkraft

$$F_V = \frac{d \cdot l \cdot p_F}{K_F \cdot i} = \frac{20\,\text{mm} \cdot 20\,\text{mm} \cdot 12\,\text{N/mm}^2}{1{,}5 \cdot 1} = 3200\,\text{N}$$

aufzubringen. Bei einer geschätzten Vorspannung $\sigma_V \approx 350\,\text{N/mm}^2$ (Tabelle 10.13) wird ein Spannungsquerschnitt

$$A_S = \frac{F_V}{\sigma_V} = \frac{3200\,\text{N}}{350\,\text{N/mm}^2} = 9{,}14\,\text{mm}^2$$

erforderlich. Hierfür wird aus Tabelle 10.1 die nächste Schraubengröße M5 mit $A_S = 14{,}2\,\text{mm}^2$ gewählt, sodass $F_V \approx 5000\,\text{N}$ wird.

Mit $W_b = l \cdot a^2 / 6 = 20\,\text{mm} \cdot 8^2\,\text{mm}^2 / 6 = 213\,\text{mm}^3$ und $l_S = 15\,\text{mm}$ (nach der gewählten Schraubengröße M5 geschätzt) beträgt nach Formel 9.43 die Biegespannung

$$\sigma_b \approx K_N \frac{F_V \cdot m \cdot l_S}{W_b} = 0{,}3 \frac{5000\,\text{N} \cdot 1 \cdot 15\,\text{mm}}{213\,\text{mm}^3} \approx 106\,\text{N/mm}^2$$

Nach Tabelle 2.2 ist $R_e = 265\,\text{N/mm}^2$, also $\sigma_{b\,zul} = 0{,}7 \cdot 265\,\text{N/mm}^2 \approx 185\,\text{N/mm}^2$, sodass die Biegespannung nicht zu hoch ist. ■

9.4 Verständnisfragen

1. Wie erfolgt die Übertragung von Drehmomenten und Längskräften bei zylindrischen Pressverbänden?
2. Auf welche vier Möglichkeiten lassen sich Querpressverbände realisieren?
3. Welche Spannungen treten infolge des Pressvorgangs in den Fügeteilen auf und wo erreichen sie ihre maximalen Werte?
4. Durch welche Spannung wird die zulässige Fugenpressung begrenzt?
5. Aus welchen beiden Anteilen setzt sich das Mindestübermaß zusammen?
6. Wie berechnet sich das Ist-Übermaß?
7. Wodurch begründet sich der sogenannte Übermaßverlust?
8. Welches Durchmesserverhältnis Q_I besitzt eine Vollwelle?
9. Welche zwei Fälle der Berechnung zylindrischer Pressverbände sind zu unterscheiden?

10. Unter welchen Voraussetzungen kann ein zylindrischer Pressverband elastisch-plastisch beansprucht werden und welcher Vorteil ist damit verbunden?
11. Welchen wesentlichen Vorteil liefern Kegelspannsysteme gegenüber zylindrischen Pressverbänden?
12. Worin besteht der wesentliche Unterschied zwischen Spannsätzen und Schrumpfscheiben?
13. Aus welchem Grund ist es nicht sinnvoll, mehr als drei bis vier Ringkegel-Spannelemente hintereinander anzuordnen?

Literatur

[9.1] *Leidich, E.:* Reibschlüssige Welle-Nabe-Verbindungen. In: *Steinhilper, W.; Sauer, B. (Hrsg.):* Konstruktionselemente des Maschinenbaus 1. Grundlagen der Berechnung und Gestaltung von Maschinenelementen. Reibschlüssige Welle-Nabe-Verbindungen. Berlin: Springer Verlag, 2012

[9.2] *Kollmann, F. G.; Önöz, E.:* Ein verbessertes Auslegungsverfahren für elastisch-plastisch beanspruchte Pressverbände. In: Konstruktion Bd. 35 (1983) Nr. 11, S. 439 – 444

[9.3] *Leidich, F.:* Beanspruchung von Pressverbindungen im elastischen Bereich und Auslegung gegen Dauerbruch. Dissertation. Technische Hochschule Darmstadt, 1983

[9.4] *Kollmann, F. G.:* Welle-Nabe-Verbindungen. Gestaltung, Auslegung, Auswahl. Konstruktionsbücher, Band 32. Berlin: Springer Verlag, 1984

DIN 7190-1:2017-02 Pressverbände – Teil 1: Berechnungsgrundlagen und Gestaltungsregeln für zylindrische Pressverbände

DIN 15055:1982-07 Hütten- und Walzwerksanlagen und Krane; Drucköl-Pressverbände; Anwendung, Maße, Gestaltung

Firmenschriften

BIKON-Technik GmbH, Neuss

Bosch Rexroth AG, Lohr am Main

ETP Transmission AB, Linköping

KTR Systems GmbH, Rheine

Lenze SE, Hameln

Rexnord Industries, LLC, Milwaukee

RINGFEDER Power Transmission GmbH, Groß-Umstadt

RINGSPANN GmbH, Bad Homburg

Spieth-Maschinenelemente GmbH & Co. KG, Esslingen

Stüwe GmbH & Co. KG, Hattingen a. d. Ruhr

Dr. Tretter Maschinenelemente GmbH & Co. KG, Rechberghausen

10 Befestigungsschrauben

Schrauben sind die am meisten verwendeten Elemente zum Verbinden von Bauteilen. Gegenüber Schweiß-, Löt-, Kleb-, Niet- und Pressverbindungen lassen sich die Bauteile zerstörungsfrei lösen und abermals verbinden. So werden Maschinenteile, Maschinen- und Getriebegehäuse, Rohr- und Kupplungsflansche, Lagerkörper und dergleichen miteinander verschraubt. Außer zur Befestigung dienen Schrauben auch zum Einstellen, Messen und Spannen. Schrauben und Muttern und deren Gewinde sind weitgehend genormt.

10.1 Gewinde

Schrauben besitzen Gewinde, deren Gänge sich mit der **Steigung *P*** um einen zylindrischen **Kern** mit dem Durchmesser d_K winden. Der Betrag der Steigung P ist gleich der Axialverschiebung bei einer Umdrehung. Mit der Abwicklung eines Ganges, der sog. **Flankenlinie**, am Flankendurchmesser d_2 als mittlerem Gewindedurchmesser ergibt sich ein Dreieck mit dem Steigungswinkel α (Bild 10.1). Die Gleit- und Reibungsverhältnisse beim Zusammenwirken mit dem Gewinde der Mutter bzw. des Werkstückes sind dieselben wie auf einer um den Winkel α geneigten schiefen Ebene, die zusätzlich in der senkrecht liegenden Richtung noch um den Flankenwinkel β geneigt ist.

Das **Außengewinde** wird auch als **Bolzengewinde** und das **Innengewinde** als **Muttergewinde** bezeichnet. Besitzt der Schaft wie in Bild 10.1 den gleichen Durchmesser d wie das Gewinde, dann spricht man von **Schaftschrauben**. Sie werden auch *Vollschaftschrauben* genannt im Gegensatz zu den *Dünnschaftschrauben* mit einem Schaftdurchmesser ungefähr gleich dem Flankendurchmesser d_2 (als Ausgangsmaß des Rundstabes für gerolltes Gewinde), beispielsweise bei Kombi-Schrauben nach DIN 6900. Bei **Taillen- oder Dehnschrauben** (Dehnschaftschrauben) ist der Schaft- oder Taillendurchmesser d_T kleiner als der Gewinde-Kerndurchmesser $d_K = d_3$, üblich $d_T \approx 0{,}9 d_K$.

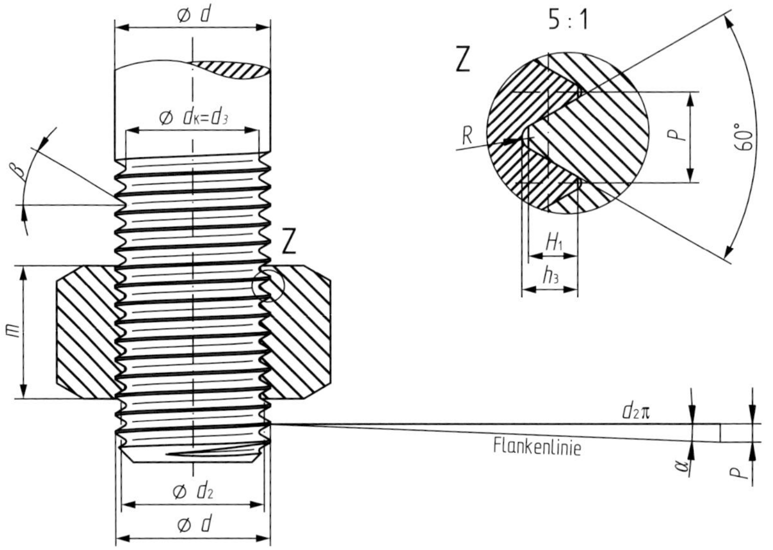

Bild 10.1 Metrisches ISO-Gewinde nach DIN 13: Schraubenschaft mit Gewinde und Mutter

α	Steigungswinkel, $\tan\alpha = \dfrac{P}{d_2 \cdot \pi} \approx 0{,}32 \cdot P / d_2$	H_1	Gewindetragtiefe = 0,54127P
β	Teilflankenwinkel = 30° = halber Flankenwinkel	h_3	Gewindetiefe = 0,61343P
d	Außen- und Nenndurchmesser	m	Mutternhöhe
d_2	Flankendurchmesser = d – 0,64952P	P	Steigung
$d_3 = d_K$	Kerndurchmesser = d – 1,22687P	R	Rundungsradius = 0,14434P

Eine Schaftschraube hat den **Schaftquerschnitt** $\boldsymbol{A}$ mit dem Durchmesser d, somit $A = d^2 \cdot \pi / 4$, eine Taillenschraube den **Taillenquerschnitt** $\boldsymbol{A_T}$ mit dem Durchmesser d_T, womit $A_T = d_T^2 \cdot \pi / 4$ wird. Im Gewinde sind wichtig der **Kernquerschnitt** $\boldsymbol{A_K}$ mit dem Durchmesser $d_K = d_3$ am Gewindegrund, also $A_K = d_K^2 \cdot \pi / 4$, und der **Spannungsquerschnitt** $\boldsymbol{A_S}$ als Bezugsgröße für Festigkeitsberechnungen, der mit dem Durchmesser $d_S = (d_2 + d_3)/2$ errechnet wird: $A_S = (d_2 + d_3)^2 \cdot \pi / 16$ (Bild 10.2).

Für einige wichtige Größen des metrischen ISO-Gewindes nach DIN 13 sind die genannten Durchmesser und Querschnitte in Tabelle 10.1 angegeben.

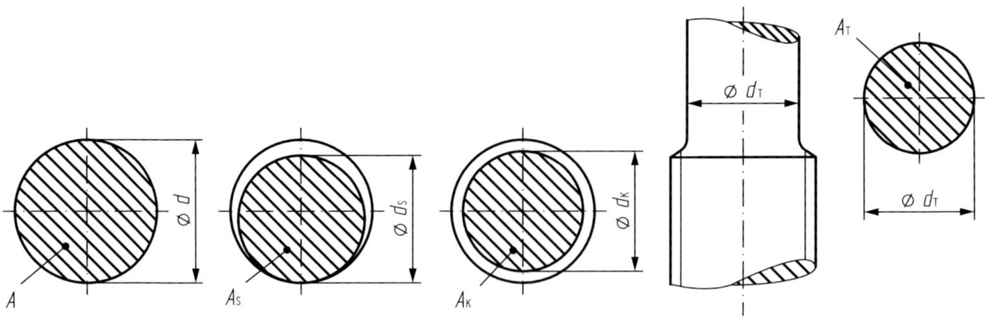

Bild 10.2 Metrisches ISO-Gewinde nach DIN 13: Querschnittsdefinitionen

A	Schaftquerschnitt	A_S	Spannungsquerschnitt
d	Außen- und Nenndurchmesser	d_S	Spannungsdurchmesser = 0,5 (d_2 + d_3)
A_K	Kernquerschnitt	A_T	Taillenquerschnitt
d_K	Kerndurchmesser = d – 1,22687P	d_T	Taillendurchmesser einer Dehnschraube = 0,9d_3

Die Grundformen der gebräuchlichsten Gewinde werden im Wesentlichen nach DIN 202 durch die Form des Profils, z. B. Trapez oder Dreieck, die Steigung P, die Gangzahl (ein- oder mehrgängig) und ihren Einsatzzweck unterschieden. Grundformen sind: metrische Gewinde mit einem Flankenwinkel von 60°, Whitworth-Gewinde mit einem Flankenwinkel von 55°, Rundgewinde, Sägengewinde und Trapezgewinde (Bild 10.3).

Die üblichen Befestigungsgewinde besitzen ein dreieckförmiges Profil mit dem Flankenwinkel $2\beta = 60°$ und dem Teilflankenwinkel $\beta = 30°$ (siehe Bild 10.1). Beim metrischen Gewinde sind die Außendurchmesser d in einer Reihe des metrischen Maßsystems gestuft.

Das **metrische ISO-Gewinde** wird entsprechend DIN 13 in folgenden Toleranzklassen ausgeführt: **fein f** für Gewinde von großer Genauigkeit, wenn nur geringes Spiel auftreten darf (Toleranzfelder[1] 4H oder 5H/4 h oder 4e für Mutterngewinde/Bolzengewinde), **mittel m** für allgemeine Anwendung (Toleranzfelder 6H/6 g), **grob g**, wenn keine Anforderungen an die Genauigkeit gestellt werden (Toleranzfelder 7H/8 g). Die Toleranzfelder und deren Abmaße für die Durchmesser d, d_2 und d_3 sind in DIN 13 angegeben. Die Toleranzklasse m als vorherrschende braucht in Bestellungen nicht genannt zu werden.

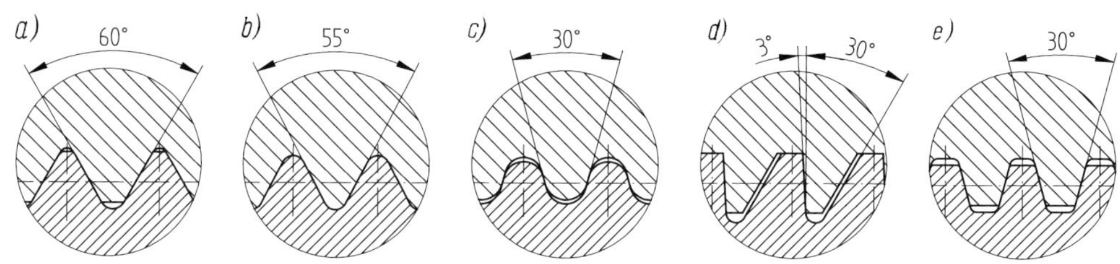

Bild 10.3 Gängige Gewinde-Grundformen
a) metrisches Gewinde, b) Whitworth-Gewinde, c) Rundgewinde, d) Sägengewinde, e) Trapezgewinde

Es wird zwischen **Regel**- und **Feingewinden** unterschieden. Die Letzten haben gegenüber den Regelgewinden eine kleinere Gewindetiefe h_3 und eine dementsprechend kleinere Steigung P. Sie eignen sich bei kurzen Schraublängen, auf dünnwandigen Rohren, als Stellgewinde oder bei höheren Tragfähigkeitansprüchen (z. B. Führungsbolzen bei Bremssätteln). In Tabelle 10.1 sind die nach DIN 13 genormten drei Auswahlreihen für Regel- und Feingewinde zusammengestellt. Regelgewinde sind den Feingewinden möglichst vorzuziehen, außerdem soll jeweils die vorhergehende Reihe der nachfolgenden vorgezogen werden, um die Anzahl der Fertigungs- und Messwerkzeuge auf ein Minimum zu beschränken.

Üblich sind Rechtsgewinde wie in Bild 10.1, die durch Rechtsdrehung angezogen werden. Linksgewinde kommen nur für Sonderfälle in Betracht, sind jedoch in englischsprachigen Ländern verbreitet.

Lampen- und Sicherungsfassungen oder Verbindungen, die der Witterung ausgesetzt sind und/oder öfter gelöst werden müssen, wie Armaturen und Wagonkupplungen, werden in der Regel mit dem robusten, unempfindlichen **Rundgewinde** versehen (Bild 10.3). Bezeichnungsbeispiel mit 50 mm Außendurchmesser und 7 mm Steigung: DIN 264-Rd 50 × 7.

Für Rohre mit Zollabmessungen wie Gas- und Wasserleitungsrohre, für Armaturen, Fittings und Gewindeflansche werden auch heute noch die **Whitworth-Rohrgewinde** (Bild 10.3) verwendet, und zwar nach DIN 3858 und DIN EN ISO 228. Mit kegeligem Außengewinde und

[1] Im Gegensatz zum ISO-Toleranzsystem (siehe Abschnitt 2.3) wird bei Gewinden die Ziffer vor den Buchstaben gesetzt.

zylindrischem Innengewinde ist es zum Dichthalten geeignet. Im Profil ist es dem metrischen ISO-Gewinde ähnlich.

Für Verschraubungen elektrotechnischer Installationsrohre ist ein **Stahlpanzerrohrgewinde** mit DIN 40430 genormt. Bezeichnungsbeispiel: DIN 40430-Pg 21, das einen Außendurchmesser von 28,3 mm besitzt.

Außer den genannten Gewinden seien noch die **Trapez**- und **Sägengewinde** erwähnt. Da diese nicht als Befestigungsgewinde dienen, sind sie bei den Bewegungsschrauben dargestellt (siehe Kapitel 11, Bild 11.3).

Nicht vergessen werden sollte die weite Verbreitung von im deutschsprachigen Raum selten verwendeten Gewindetypen, z. B. dem **UNC-Gewinde** ANSI B1.1. Das UNC (Unified Coarse Thread Series) ist das amerikanische Einheits-Grobgewinde. Die alte Bezeichnung NC ist vergleichbar mit dem metrischen Gewinde, die Bezeichnung UNC mit dem metrischen ISO-Gewinde. NC- und UNC-Gewinde sind auswechselbar (entsprechend dem metrischen und ISO-metrischen Gewinde).

Der **Unified Thread Standard** (UTS) spezifiziert die Form, Größenabstufung, Toleranz usw. für US-amerikanische Zoll-Gewinde. Er besteht aus den Spezifikationen Unified Coarse (UNC), Unified Fine (UNF), Unified Extra Fine (UNEF) und Unified Special (UNS).

10.2 Ausführung von Schrauben und Muttern

Schrauben und Muttern werden nach DIN ISO 4759 in den **Produktklassen** (Ausführungsgüten) **A** (bisher m = mittel), **B** (bisher mg = mittelgrob), **C** (bisher g = grob) und **F** (bisher f = fein) hergestellt. Für Teile von Schraubenverbindungen aus kaltzähen oder warmfesten Werkstoffen heißen die Produktklassen T1 (bisher f), T2 (bisher m) und T3 (bisher mg). Schrauben und Muttern werden in der Regel in der Produktklasse A verwendet. Die Klassen unterscheiden sich nach Oberflächenbeschaffenheit, Maß- und Formgenauigkeit gemäß DIN 267-2 und DIN ISO 4759-1. In DIN ISO 8992 sind die allgemeinen Anforderungen für Schrauben und Muttern festgelegt sowie die zugehörigen Normen angegeben.

Die Darstellung und Namen von Verbindungselementen sind mit DIN 918 und DIN ISO 1891 genormt. Bild 10.4 zeigt eine Auswahl genormter **Kopfschrauben**. In Bild 10.5 ist dargestellt, mit welchen Werkzeugen verschiedene Kopfschrauben angezogen werden. Um ein unbefugtes Lösen auszuschließen, werden oft Sonderköpfe vorgesehen, wie Bild 10.5 veranschaulicht.

Dreikantverschraubungen DIN 22416 für schlagwetter- und explosionsgeschützte Geräte dürfen nur mit einem Dreikantschlüssel angezogen und gelöst werden. Sechskantschrauben und -muttern werden mit Gabel- oder Ringschlüsseln angezogen. Beim **TORX-Schraubsystem** nach Bild 10.6 (links), das von verschiedenen Schraubenherstellern angeboten wird, besitzt der Schraubenkopf eine sechseckige Sternform mit gerundeten Ecken. Dadurch wird die Kraft beim Anziehen durch Flächen übertragen, während dies beim Sechskantkopf nur über Angriffslinien geschieht (Bild 10.6 rechts). Auch bei hohen Anziehdrehmomenten bleiben die Werkzeuge sicher im Eingriff und gleiten nicht aus. Das robuste Profil ist unempfindlich, besonders für maschinelle Montagen und dort geeignet, wo Schrauben oft gelöst werden müssen. Die Firma Bergner, Schwabach, liefert auch von ihr als **Ribe-Triform** bezeichnete Schrauben, deren Gewinde am Ende mit voller Gewindetiefe konisch auslaufen und an diesem Auslauf dreimal am Umfang angeflächt sind. Dadurch lassen sich die Schrauben leicht in das Gewindeloch einführen und einschrauben.

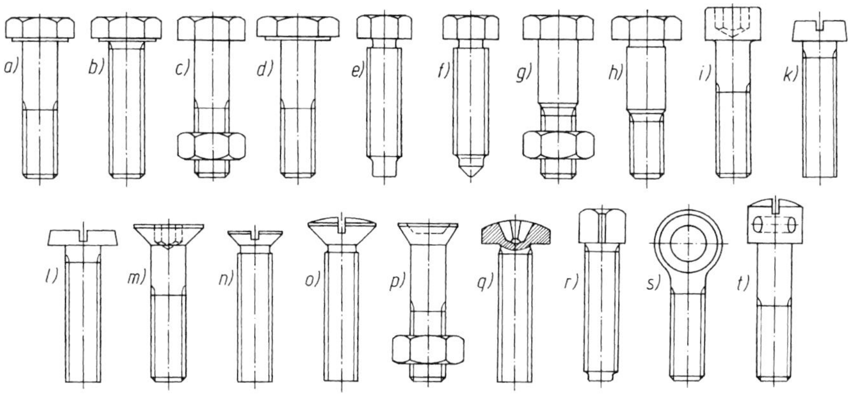

Bild 10.4 Auswahl verschiedener Kopfschrauben (die Buchstaben A, B und C geben die Produktklasse an)
a) Sechskantschraube mit Schaft A, B DIN EN 24014 (DIN 931), C DIN EN 24016, mit Feingewinde A, B DIN EN 28765, **b)** Sechskantschraube mit Gewinde bis Kopf A, B DIN EN 24017 (DIN 933), C DIN EN 24018, mit Feingewinde A, B DIN EN 28676, **c)** Sechskantschraube mit Mutter für Stahlkonstruktionen DIN 7990, **d)** Sechskantschraube mit großer Schlüsselweite für HV-Verbindungen in Stahlkonstruktionen DIN 6914, **e)** Sechskantschraube mit Zapfen, kleinem Sechskant und Gewinde bis Kopf DIN 561, **f)** Sechskantschraube mit Ansatzspitze, kleinem Sechskant und Gewinde bis Kopf DIN 564, **g)** Sechskantpassschraube mit Mutter für Stahlkonstruktionen DIN 7968, **h)** Sechskantpassschraube mit langem Gewindezapfen DIN 609, **i)** Zylinderschraube mit Innensechskant A DIN EN ISO 4762 (DIN 912), mit niedrigem Kopf und Schlüsselführung DIN 6912, mit niedrigem Kopf DIN 7984, **k)** Zylinderschraube mit Schlitz A, B DIN EN ISO 1207 (DIN 84), **l)** Flachkopfschraube mit Schlitz DIN EN ISO 1580 (DIN 85), **m)** Senkschraube mit Innensechskant A DIN EN ISO 10642 (DIN 7991), **n)** Senkschraube mit Schlitz A DIN EN ISO 2009 (DIN 963), **o)** Linsensenkschraube mit Schlitz A DIN EN ISO 2010 (DIN 964), **p)** Senkschraube mit Schlitz mit oder ohne Mutter für Stahlkonstruktionen DIN 7969, **q)** Linsenschraube mit Kreuzschlitz DIN EN ISO 7045 (DIN 7985), **r)** Vierkantschraube mit Kernansatz DIN 479, mit Bund und Ansatzkuppe DIN 480, **s)** Augenschraube A, B, C DIN 444, **t)** Kreuzlochschraube mit Schlitz DIN 404

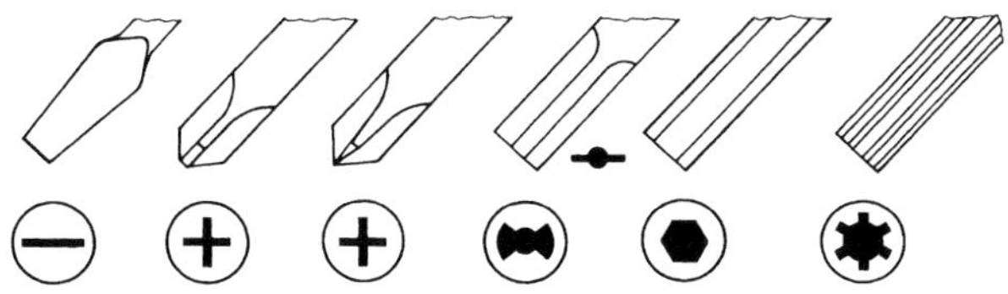

Bild 10.5 Bedienwerkzeuge für verschiedene Schraubenkopfformen

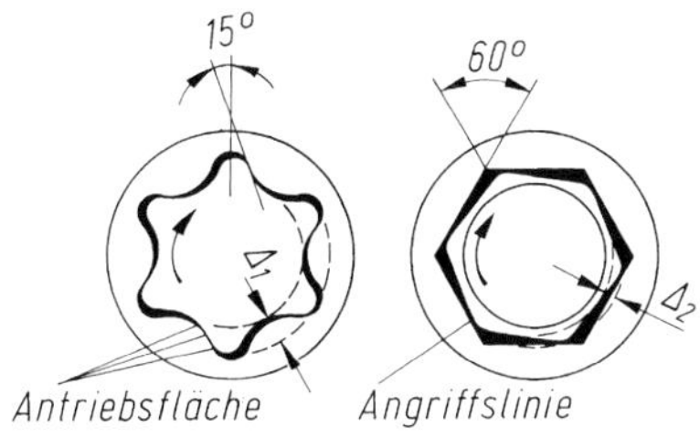

Bild 10.6 TORX-Schraubsystem (links) und Sechskantkopf

Mit DIN 7500 sind **gewindefurchende Schrauben** für metrisches ISO-Gewinde M2 bis M10 genormt, und zwar außer den Abmessungen auch Richtwerte für die Kernlochdurchmesser. Hierbei handelt es sich um Schrauben, die sich beim Einschrauben in ein vorgebohrtes Kernloch ihr Gewinde selbst spanend formen (gewindefurchende Schrauben sowie Gewinde-Schneidschrauben DIN 7513 und 7516). Dazu gehören auch Bohrschrauben, die jedoch beim Einschrauben ihr Kernloch selbst bohren und das Gegengewinde spanlos formen. DIN 7504 enthält Bohrschrauben mit Blechschrauben-Gewinde nach DIN EN ISO 1478, das vom metrischen ISO-Gewinde abweicht.

Die **Stiftschrauben** nach Bild 10.7 besitzen ein Einschraubende mit einer Übergangspassung (unten) und ein Mutternende (oben). Das Einschraubende wird nicht wieder gelöst. Es sitzt rüttelsicher im Bauteil fest. Zum Eindrehen dient ein Spezialschlüssel, ein sog. Stiftsetzer. Für Leichtmetalle (einschließlich Aluminium) sollen vorzugsweise Stiftschrauben DIN 949 (in Bild 10.7 nicht dargestellt) verwendet werden, Form A mit ≈ $2d$ und Form B mit ≈ $2{,}5d$ langem Einschraubende, auf dem sich Festsitzgewinde nach DIN 8141 befindet.

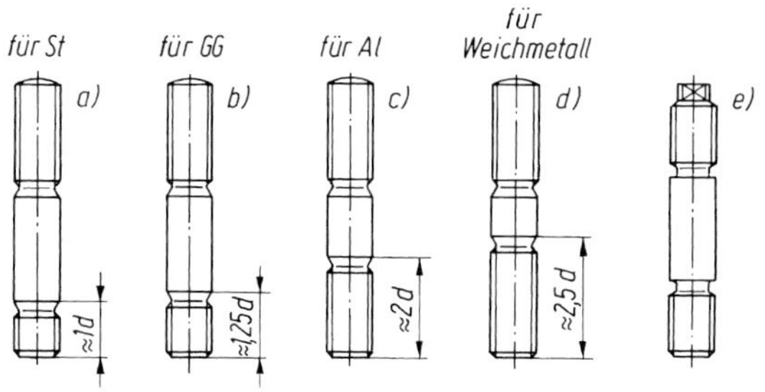

10

Bild 10.7 Auswahl genormter Stiftschrauben und Schraubenbolzen
a) Stiftschraube DIN 938 mit Einschraubende 1*d*, b) DIN 939 mit Einschraubende 1,25*d*, c) DIN 835 mit Einschraubende 2*d*, d) DIN 940 mit Einschraubende 2,5*d*, e) Schraubenbolzen DIN 2509

Anschweißenden DIN 525 (hier nicht gezeigt) besitzen ein gewindeloses Ende, mit dem sie in oder an Bauteile geschweißt werden und dann die Aufgaben der Stiftschrauben erfüllen. Zu erwähnen sind noch die kopflosen **Gewindestifte**, die vorwiegend zur Sicherung gegen Verschieben von Bauteilen dienen (Bild 10.8). **Genormte Schraubenenden** zeigt Bild 10.9. Bestellangaben für Formen und Ausführungen von Schrauben und Muttern siehe DIN 962.

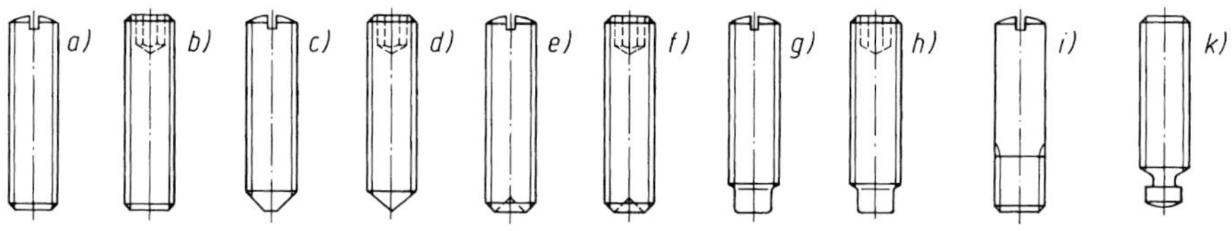

Bild 10.8 Auswahl genormter Gewindestifte
a) Gewindestift mit Schlitz und Kegelkuppe DIN EN 24766 (DIN 551), **b)** mit Innensechskant und Kegelkuppe DIN 913, **c)** mit Schlitz und Spitze DIN EN 27434 (DIN 553), **d)** mit Innensechskant und Spitze DIN 914, **e)** mit Schlitz und Ringschneide DIN EN 27436 (DIN 438), **f)** mit Innensechskant und Ringschneide DIN 916, **g)** mit Schlitz und Zapfen DIN EN 27435 (DIN 417), **h)** mit Innensechskant und Zapfen DIN 915, **i)** Schaftschraube mit Schlitz und Kegelkuppe DIN 427, **k)** Gewindestift mit Druckzapfen DIN 6332

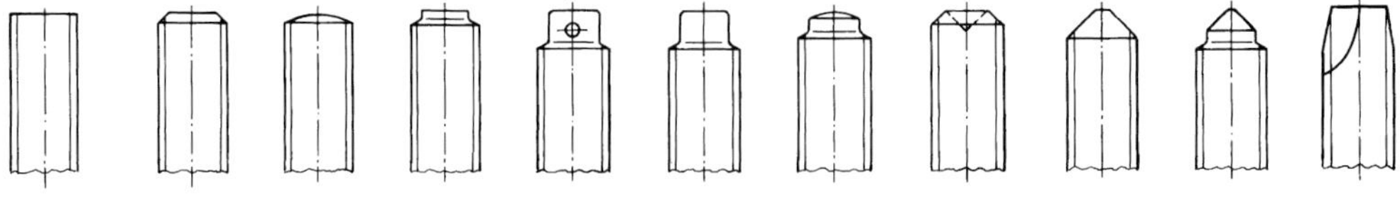

Bild 10.9 Schraubenenden nach DIN 78
Ko ohne Kuppe, K Kegelkuppe, L Linsenkuppe, Ks Kegelstumpf, Spz Splintzapfen, Za Zapfen, Ak Ansatzkuppe, Rs Ringschneide, Sp Spitze, Asp Ansatzspitze, Sb Schabenut (zum Gewindeschneiden)

In Tabelle 10.3 sind die Durchgangslöcher für Schrauben, in Tabelle 10.4 die Abmessungen der am meisten verwendeten Schraubenköpfe, Muttern und Unterlegscheiben wiedergegeben. Mit DIN ISO 272 sind Schlüsselweiten SW für Sechskantschrauben und -muttern festgelegt, die gegenüber den früher in Deutschland üblichen nach DIN 931 und 934 teilweise etwas kleiner sind (alte DIN-Werte in Klammern): M10 SW 16 (17), M12 SW 18 (19), M14 SW 21 (22) und M22 SW 32 (34).

Um den Anforderungen einer optimalen Belastbarkeit von Schraubenverbindungen zu genügen, wurden international zwei Mutterntypen genormt, die höher sind ($m > 0{,}8d$) als Muttern nach der zurückgezogenen DIN 934 ($m \approx 0{,}8d$) und somit größere Prüfkräfte erreichen. Der Typ 2 ist gegenüber dem Typ 1 um ca. 10 % höher, jedoch nur für die Festigkeitsklassen 8, 9 und 12 vorgesehen. Die Prüfkräfte sind in DIN EN 20898 festgelegt.

Eine **Auswahl genormter Muttern** zeigt Bild 10.10. **Schweißmuttern** DIN 928 und 929 besitzen stirnseitig vier bzw. drei Warzen, mit denen sie an Bleche buckelgeschweißt werden. Mit ihnen wird auch an Dünnblechen die gleiche Belastbarkeit erzielt wie mit Muttern DIN EN 24032. Ihre Anwendung ist sehr rationell, da sie Montagearbeiten auch an schwer zugänglichen Stellen erheblich erleichtern. Sechskantschweißmuttern DIN 977 haben einen Flansch mit einem Durchmesser ≈ $3d$, auf dessen Unterseite sich die Warzen befinden.

10

Neuere Verfahren wie FORMDRILL® erzeugen Muttergewinde in Blechmaterialien durch Innenrollieren direkt. Dadurch wird die Anzahl der benötigten Teile einer Konstruktion verringert.

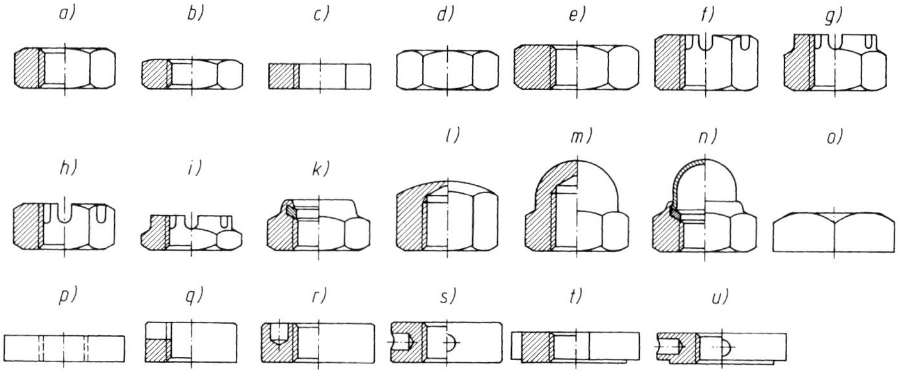

Bild 10.10 Auswahl genormter Muttern (Die Buchstaben A, B und C geben die Produktklasse an)
a) Sechskantmutter, Typ 1, A, B DIN EN 24032 und DIN EN 28673, Typ 2, A, B DIN EN 28674, **b)** niedrige Form A, B DIN EN 24035 (DIN 439-2) sowie DIN EN 28675, **c)** wie b), B DIN EN 24036, **d)** wie b), C DIN EN 24034, 1,5d hoch DIN 6330, **e)** mit großer Schlüsselweite für HV-Verbindungen in Stahlkonstruktionen DIN 6915, **f)** Kronenmutter A, B bis M10 DIN 935-1, **g)** wie f), jedoch ab M12 C DIN 935-3, **h)** Kronenmutter niedrige Form bis M10 DIN 937, **i)** wie h), jedoch ab M12, **k)** Sechskantmutter mit Klemmteil (selbstsichernd durch nichtmetallischen Einsatz) niedrige Form, A, B DIN EN ISO 10511 (DIN 985), Typ 1, mit Regelgewinde A, B DIN EN ISO 7040 (DIN 6924), mit Feingewinde A, B DIN EN ISO 10512 (DIN 982), **l)** Sechskant-Hutmutter niedrige Form DIN 917, **m)** wie l), jedoch hohe Form DIN 1587, **n)** Sechskant-Hutmutter mit Klemmteil (selbstsichernd durch nichtmetallischen Einsatz) DIN 986, **o)** Vierkantmutter C DIN 557, **p)** Vierkantmutter niedrige Form DIN 562, **q)** Schlitzmutter DIN 546, **r)** Zweilochmutter DIN 547, **s)** Kreuzlochmutter DIN 548, **t)** Nutmutter DIN 1804 und DIN 981, **u)** Kreuzlochmutter DIN 1816

Erwähnt seien noch die **Einsatzbuchsen** wie ENSAT® (Bild 10.11), die ein Außen- und ein Innengewinde besitzen und am Ende geschlitzt oder gelocht sind. Beim Eindrehen in glatte Bohrlöcher schneiden sie sich mit den scharfen Kanten an diesen Schlitzen oder Löchern in die Bohrlochwandungen und verankern sich. Die Befestigungsschrauben werden dann in die

Innengewinde der Buchsen wie in die Gewindelöcher von Bauteilen eingedreht. Mit diesen Einsatzbuchsen lassen sich auch hervorragend Bauteile aus Leichtmetall, Grauguss, Kunststoff, Holz oder Faserstoff hochfest und dauerhaltbar verschrauben. Noch günstigere Festigkeitseigenschaften haben die sog. HELICOIL®-Einsätze. Dies sind Drahtwendel aus rhombusförmigem Draht. Sie werden in das mit einem Spezialgewindebohrer geschnittene Gewinde eingedreht. Die elastische Stahlwendel verteilt die Belastung sehr gleichmäßig (Bild 10.12).

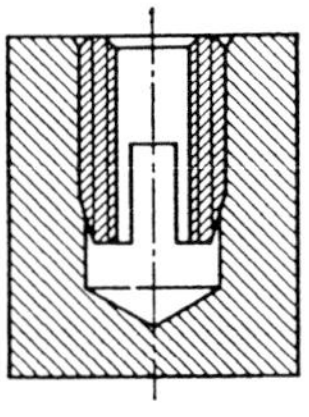

Bild 10.11 ENSAT®-Einsatzbuchse

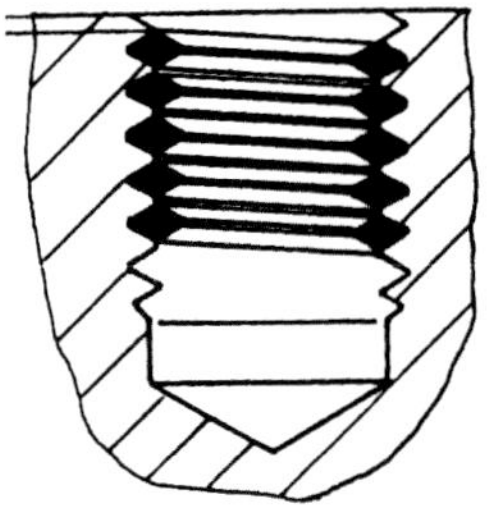

Bild 10.12 Gewinde-Sackloch mit eingedrehtem HELICOIL®-Einsatz (Werkbild Böllhoff)

10

In der Automobil- und Haushaltsgeräteindustrie werden für Dünnblechkonstruktionen auch **Blechmuttern** nach Bild 10.13 verwendet. Das Muttergewinde wird durch ein ausgestanztes Loch und zwei hochgebogene Lappen gebildet, die sich beim Anziehen der Schraube in den Gewindegrund stemmen und dadurch auch eine Sicherung gegen Lockern bieten.

Bild 10.13 Blechmuttern

Bei der Auswahl der Schrauben- und Mutternform spielt die Zugänglichkeit für die Bedienwerkzeuge (Schraubenschlüssel, Schraubendreher, Hakenschlüssel und dergleichen) eine Rolle. Es muss stets für eine gute Montage- und Demontagemöglichkeit gesorgt werden. An umlaufenden Maschinenteilen sollten keine Schraubenköpfe oder Muttern vorstehen, da sie eine ständige Unfallgefahr darstellen. Zur leichten Säuberung der Maschinen, insbesondere Werkzeugmaschinen, werden die Köpfe meistens versenkt. Die Wahl muss sich selbstverständlich auch nach wirtschaftlichen Gesichtspunkten richten. Bild 10.14 zeigt verschiedene Möglichkeiten einer Deckelbefestigung. Die Durchsteckverschraubung (Bild 10.14a) ist die billigste, weil kein Gewinde in ein Bauteil geschnitten zu werden braucht. Die Verbindung mit Augenschraube und Flügelmutter oder Kegelgriff ist die teuerste, aber am einfachsten zu bedienen.

Man bevorzugt sie, wenn ein fortwährendes Lösen und Anziehen wie in Arbeitsvorrichtungen notwendig ist, sodass sie durch die erzielte Zeitersparnis wirtschaftlicher ist.

Bei der **Bezeichnung von Schrauben und Muttern** nach DIN EN-Normen, in denen ISO-Normen übernommen wurden, entfällt die Ziffer 2 am Anfang der Norm-Nummer, und es wird wie folgt verfahren:

Bezeichnungsbeispiel für eine Schraube nach DIN EN 24014: Sechskantschraube ISO 4014 M12 × 80-8.8, für eine Mutter nach DIN EN 24032: Sechskantmutter ISO 4032-M12-8.

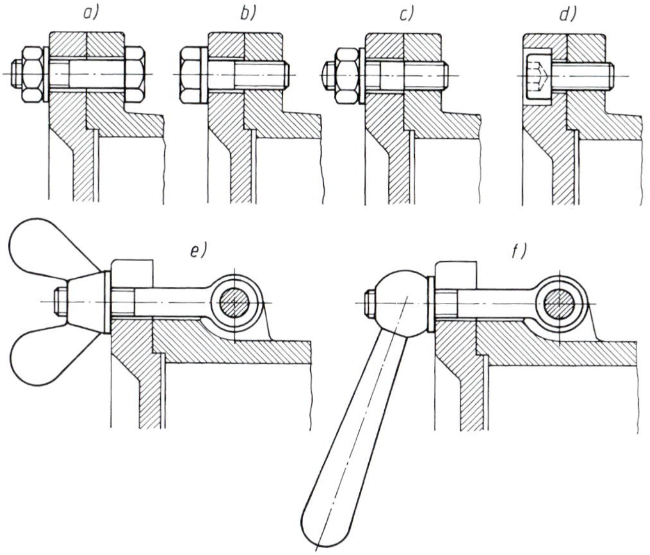

Bild 10.14 Verschiedene Möglichkeiten einer Deckelbefestigung
a) mit Sechskantschraube DIN EN 24014 und Sechskantmutter DIN EN 24032, b) mit Sechskantschraube DIN EN 24014, c) mit Stiftschraube DIN 938 und Sechskantmutter DIN EN 24032, d) mit Zylinderschraube mit Innensechskant DIN EN ISO 4762, e) mit Augenschraube DIN 444 und Flügelmutter DIN 315, f) mit Augenschraube DIN 444 und Kegelgriff DIN 99

10.3 Werkstoffe

Werkstoffe der Befestigungsschrauben und -muttern ist hauptsächlich zäher Stahl mit verschiedenen Festigkeits- und Dehnungseigenschaften. Die technischen Lieferbedingungen für mechanische Verbindungselemente nach DIN 267 wurden in den vergangenen Jahren weitgehend durch DIN ISO- und DIN EN-Normen ersetzt. Nach diesen Normen wird die **Festigkeit von Stahlschrauben** durch ein Kennzeichen ausgedrückt, das die Festigkeitsklasse angibt und sich aus zwei Zahlen zusammensetzt. Die erste Zahl ist gleich dem hundertsten Teil der Nennzugfestigkeit in N/mm^2, die zweite das zehnfache Verhältnis der Nennstreckgrenze zur Nennzugfestigkeit, bezogen auf den Spannungsquerschnitt. Mit DIN EN 20898 und DIN EN ISO 898 sind Festigkeitsklassen in Verbindung mit Festigkeitswerten genormt (Auszug siehe Tabelle 10.2). Für Berechnungen sind die Mindestwerte maßgebend. Die Verwendung von Stahl mit niedrigem Kohlenstoffgehalt bei der Festigkeitsklasse 10.9 ist durch einen Strich unter dem Kennzeichen anzugeben: $\underline{10.9}$.

Das Bezeichnungssystem für *nichtrostende Schrauben* richtet sich nach DIN EN ISO 3506, Teile 1 bis 4. Die Bezeichnung des Werkstoffs besteht aus zwei Blöcken, die durch einen Bindestrich getrennt sind. Der erste Block bezeichnet die *Stahlsorte*, der zweite die *Festigkeitsklasse*. Die Bezeichnung der Stahlsorte besteht aus den Buchstaben

A für austenitischen Stahl,

C für martensitischen Stahl,

F für ferritischen Stahl,

welche die Stahlgruppe angeben, und einer Ziffer, die den Bereich der chemischen Zusammensetzung innerhalb dieser Stahlgruppe angibt. Die Bezeichnung der Festigkeitsklasse im zweiten Block besteht aus zwei Ziffern, die 1/10 der Zugfestigkeit der Schraube angeben.

Beispiel: A3-70 bezeichnet: austenitischer Stahl, kaltverfestigt, Zugfestigkeit > 700 N/mm^2.

Alle die DIN EN ISO 3506 erfüllenden Sechskant- und Zylinderschrauben mit Innensechskant oder Innensechsrund und Gewinde-Nenndurchmessern ≥ 5 mm sind deutlich mit Stahlsorte, Festigkeitsklasse und Herstellerzeichen zu kennzeichnen.

Der Bruch einer Schraubenverbindung hängt von mehreren Faktoren ab. Neben den Gewindeabmessungen und der Höhe der Beanspruchung sind vorrangig die Gewindeüberdeckung (Mutterhöhe bzw. Einschraubtiefe) und die Festigkeiten von Schrauben- und Mutter-Gegenkörper-Werkstoff maßgebend. Die in [10.1] und [10.2] beschriebenen Versuche ergaben, dass bei zu geringer Einschraubtiefe in Abhängigkeit vom Werkstoff ein Abstreifen (Abscheren) der verschraubten Gewinde an einem Durchmesser innerhalb des Bereichs vom Außendurchmesser bis zum Kerndurchmesser möglich ist und dass bei genügend großer Einschraubtiefe ein Bruch im nicht eingeschraubten, d. h. im freien belasteten Gewindeteil der Schraube auftritt.

10

In Bild 10.15 sind bei Muttern die drei möglichen Grenzfälle dargestellt, die beim Bruch einer Schraubenverbindung infolge Überlastung auftreten können:

1. Abstreifen des Muttergewindes (Bild 10.15a), d. h. Abscheren der Innengewindegänge,
2. Abstreifen des Bolzengewindes (Bild 10.15b), d. h. Abscheren der Außengewindegänge,
3. Bruch im freien belasteten Gewindeteil einer Schaftschraube (bei Dehnschrauben Bruch des Schaftes).

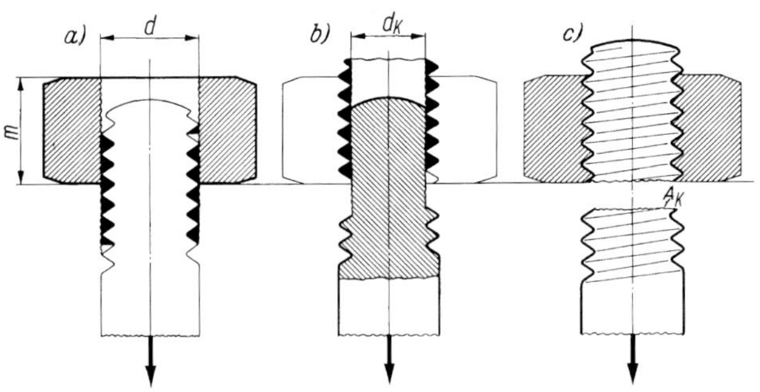

Bild 10.15 Grenzfälle der gewaltsamen Zerstörung einer Schraubenverbindung
a) Muttergewinde abgestreift, b) Bolzengewinde abgestreift, c) Bolzengewinde im Kern gebrochen

Die ersten beiden Fälle können nur eintreten, wenn zu wenig tragende Gewindegänge vorhanden sind, d. h. wenn die Einschraubtiefe zu gering oder die Mutter nicht hoch genug ist. Bei genormten Muttern unterscheidet man zwischen folgenden Muttern:

1. **Muttern** mit festgelegten Prüfkräften für Schraubenverbindungen **mit voller Belastbarkeit**: Das sind Muttern mit Nennhöhen $m \geq 0{,}8d$. Sie werden mit einer Zahl bezeichnet, die der höchsten Schraubenfestigkeitsklasse entspricht, mit der die Mutter gepaart werden kann. Bei einer Paarung von Schrauben mit Muttern gleicher Festigkeitsklasse, wie in Tabelle 10.2 angegeben, entstehen Schraubenverbindungen, bei denen die Muttern der Schraubenbelastbarkeit angepasst sind. Es ergeben sich Verbindungen, die bis zu den in DIN EN 20898-1 für Schrauben und Muttern mit Regelgewinde festgelegten Prüfkräften belastet werden können, ohne dass ein Abstreifen der Gewinde zu erwarten ist. Für Feingewinde gilt DIN EN ISO 898-6 entsprechend.

2. **Muttern** mit festgelegten Prüfkräften für Schraubenverbindungen **mit eingeschränkter Belastbarkeit**: Das sind Muttern mit Nennhöhen $m = 0{,}5\ldots < 0{,}8d$. Sie werden mit einer zweistelligen Zahl gekennzeichnet. In DIN EN 20898 und DIN EN ISO 898 sind nur die Festigkeitsklassen 04 und 05 genormt. Die Null weist u. a. darauf hin, dass Verbindungen mit diesen Muttern geringer belastbar sind als die unter 1. beschriebenen. Die zweite Ziffer gibt den hundertsten Teil der Nenn-Prüfspannung in N/mm^2 an.
3. **Muttern** für Schraubverbindungen **ohne festgelegte Belastbarkeit**: Sie werden nach DIN 267-24 mit einer Zahlen-Buchstaben-Kombination gekennzeichnet, wobei die Zahl für ein Zehntel der Mindest-Vickershärte und ein H für Härte steht. Genormt sind die Festigkeitsklassen (Härteklassen) 11H, 14H, 17H und 22H.

Mit derselben Bedeutung wie unter 3. sind in DIN EN ISO 898-5 für **Gewindestifte** die Festigkeitsklassen 14H, 22H, 33H und 45H festgelegt.

Für die Auslegung einer Schraubenverbindung ist die Streckgrenze R_e bzw. die 0,2-%-Dehngrenze $R_{p0,2}$ des Schraubenwerkstoffs bei entspr. Festigkeit der Mutter von ausschlaggebender Bedeutung. Im Leichtbau, wo Gewicht und Baumaße klein gehalten werden müssen, wird zu hochbelastbaren Verbindungen gegriffen. Bild 10.16 veranschaulicht die Einsparung durch hochfeste Schrauben.

10

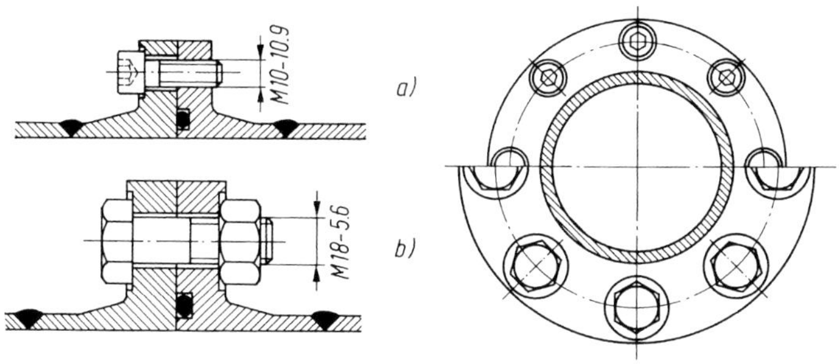

Bild 10.16 Gewichts- und Raumeinsparung durch hochfeste Schrauben (aus [10.6])
a) hochfeste, b) übliche Schraubenverbindung

Selbstverständlich ist der erfolgreiche Einsatz dieser Verbindungen auch von der Vorspannkraft bei der Montage abhängig, da hochfeste Schrauben verhältnismäßig stark vorgespannt werden müssen. Ein Anziehen von Hand mit Gabel- oder Ringschlüsseln genügt nicht, vielmehr sind messende Anziehverfahren erforderlich, z. B. mit Drehmomentschlüsseln (siehe Abschnitt 10.10).

Heute setzt inzwischen ein Trend zur Montage in den plastischen Bereich durch z. B. streckgrenzen- oder drehwinkelgesteuertes Anziehen ein, da die plastischen Reserven bis zum Bruch der Schraube erheblich sind und ein Mehrfaches des elastischen Bereichs betragen. Es ist wegen des Größeneinflussses meistens günstiger, mehrere kleine Schrauben einzusetzen als eine geringere Anzahl großer Schrauben (siehe auch Abschnitt 10.15 und Tabelle 10.11).

Neben Stahlwerkstoffen werden auch **Nichteisenmetalle** für die Herstellung von Schrauben und Muttern verwendet. Wegen ihrer guten Leitfähigkeit kommen Kupfer-Zink-Legierungen (Messing) für Klemmschrauben und -muttern in der Elektrotechnik in Betracht. Schrauben aus Leichtmetallen werden zum Verschrauben von Leichtmetallteilen oder von Holz- und Kunststoffteilen verwendet. Leichtmetallkonstruktionen werden in zunehmendem Maße auch mit korrosionsbeständigen Schrauben aus austenitischen Chrom-Nickel-Stählen, z. B. X2CrNi19-11 nach DIN 10088-1 verbunden.

Seit vielen Jahren haben sich auch Schrauben und Muttern aus **thermoplastischen Kunststoffen** durchgesetzt. Wegen der durch die Normung festgelegten Fertigungs- und Montagewerkzeuge entsprechen sie in Maß und Form denen aus metallischen Werkstoffen, die für Thermoplaste jedoch nicht optimal sind. Vorteile gegenüber metallischen Werkstoffen: geringes Gewicht, Sollbruchstelle bei Überlastung, höhere Dehnung, Schwingungs- und Geräuschdämpfung, kaum zusätzliche Kraftwirkung auf die Bauteile bei Erwärmung oder Abkühlung, thermische und elektrische Isolation, keine Korrosion, beständig gegen aggressive Medien. Nachteile: ungeeignet zur Übertragung hoher Kräfte, nur geringes Anziehmoment möglich, die nach dem Anziehen erreichte Klemmkraft kann verloren gehen, insbesondere bei Erwärmung, Änderung der Festigkeit, der Steifigkeit und des elektrischen Widerstandes bei Feuchtigkeitsaufnahme oder Austrocknen, Abhängigkeit der Festigkeit, Härte und Dehnung von der Temperatur.

An thermoplastischen Kunststoffen werden vorwiegend **Polyamid PA 66** ohne und mit Glasfaserverstärkung und **Polyoxymethylen POM** eingesetzt, seltener Polyamid PA 6 und PA 12, Polycarbonat PC und Polystyrol PS schlagfest. Die Streckspannung (vergleichbar mit der Streckgrenze) beträgt nur 85 N/mm^2 bei PA 66, 190 N/mm^2 bei PA 66 glasfaserverstärkt und 70 N/mm^2 bei POM. Der Elastizitätsmodul von PA 66 und POM liegt bei 3000 N/mm^2, von PA 66 glasfaserverstärkt bei 9500 N/mm^2. Bei Aufnahme von Luftfeuchtigkeit sinken diese Werte noch beträchtlich ab (bis auf etwa 70 %).

10

10.4 Korrosionsschutz

Korrosionsgefährdete metallische Verbindungselemente (insbesondere stählerne) müssen einen geeigneten Oberflächenschutz erhalten. Gegen die Atmosphäre schützt in der Regel nach der Montage ein anorganischer Anstrich der Schraubenköpfe und Muttern mit einem Kunststofflack, der von Zeit zu Zeit erneuert werden muss. Durch folgende Medien können Korrosionsbeanspruchungen auftreten: atmosphärische Luft, die zeitweise feucht und mit unterschiedlichen Gehalten korrosiver Gase wie Schwefeldioxid SO_2 gemischt ist (es bestehen Unterschiede zwischen Land-, Stadt-, Industrie- und Meeresluft); Schwitzwasser oder Wasser mit evtl. gelösten Salzen wie Meerwasser; Laugen und reduzierte und oxidierende Säuren.

Als Oberflächenschutz kommen in Betracht:

1. Nichtmetallische Schutzschichten

Einen guten Schutz bis zum Einbau der Schrauben und Muttern aus Stahl bietet die geschwärztgeölte Oberfläche. Das ist eine dünne ölkohlehaltige eingebrannte Oxidschicht. Phosphatiertgeölte Oberflächen bieten über eine gewisse Zeit einen Schutz gegen die freie Atmosphäre. In einem Bad werden die Schrauben und Muttern mit einer mittel- bis feinkristallinen Phosphatschicht überzogen und geölt. Die Schicht hält auch höheren Druckbelastungen stand, sodass die Verbindungen öfter gelöst werden können, ohne das Reibverhalten zu ändern. Phosphatschichten zerfallen bei höheren Temperaturen, sodass die Einsatztemperatur nicht höher als 70 °C sein darf.

2. Galvanisch aufgebrachte metallische Schutzschichten

Als Überzugsmetalle kommen vorwiegend Zink Zn und Zinkvarianten (z. B. Gelbchromatieren) infrage. Sie bieten für eine längere Zeit einen Schutz gegen die freie Atmosphäre. Die Schutzschicht wird allmählich aufgezehrt. Der Schutz hält also umso länger an, je dicker die Schichten sind. Durch ein nachträgliches Chromatisieren lässt sich die Korrosionsbeständigkeit wesentlich erhöhen. Außer Zink werden mitunter auch Kupfer Cu, Nickel Ni, Chrom Cr, Zinn Sn und andere galvanisch aufgetragen. Auch sie bieten für eine längere Zeit Schutz gegen die freie Atmosphäre.

3. Feuerverzinkung

Durch Eintauchen in schmelzflüssiges Zink entsteht eine Oberflächenschicht von 50...100 µm Dicke. Da galvanische Überzüge nur eine solche von 3...20 µm haben, hält der Korrosionsschutz wesentlich länger an, platzt jedoch oftmals ab.

4. Dünnschichtlackierungen

Diese Verfahren ermöglichen eine sehr geringe Schichtdicke, sodass die Gewindetoleranzen eingehalten werden können. Die Beschichtungen werden durch Tauchen oder Sprühen aufgebracht. Besonders bewährt haben sich Einbrennlackierungen mit einer Temperaturbeständigkeit bis 300 °C. Grundlage für diese Beschichtungsmittel sind vorwiegend Acryl- und Epoxidharze sowie Fluorkunststoffe. Sie können auch mit winzigen Metallteilchen angereichert werden. Bekannt sind derartige Produkte z.B. unter Handelsnamen wie DACROMET, Delta-Seal, Xylan, Klevercol. Ihre Korrosionbeständigkeit übertrifft bei weitem die von galvanisch aufgebrachten Schutzschichten.

10

5. Korrosionsbeständige Werkstoffe

Bei der Forderung nach einer Langzeitbeständigkeit und der Beständigkeit gegen aggressive Medien wie Wasser, Säuren, Laugen und Gase kommen als Werkstoffe für Schrauben und Muttern martensitische Chromstähle und austenitische Chrom-Nickel-Stähle in Betracht. Gut beständig in freier Atmosphäre und gegen viele Korrosionsmedien sind Aluminium- und Titanlegierungen sowie Kunststoffe.

Bezüglich der Schutzschichten und deren Dicken sowie der Verbindungselemente aus nicht rostenden Stählen wird auf DIN ISO 4042 und DIN EN ISO 3506 verwiesen.

10.5 Herstellung der Schrauben und Muttern

Die Herstellung kann nach zwei verschiedenen Verfahren erfolgen:

1. Spanende Formung

In diesem Fall dient als Ausgangswerkstoff meistens Automatenstahl, der seiner guten Zerspanbarkeit wegen relativ spröde ist. Automatenstahl ist nur für Schrauben der Festigkeitsklassen 5.8 und 6.8 und Muttern der Klassen 5, 6, 04, 11H, 14H und 17H zugelassen.

Mitunter kommt auch Vergütungsstahl in Betracht, wenn vorgepresste Rohlinge durch Drehen und Schleifen zu Taillen- oder Passschrauben fertigbearbeitet werden.

Zum Einsatz kommt das Verfahren bei kleineren Losgrößen bis zu einigen Tausend Stück.

2. Spanlose Formung

Durch die Weiterentwicklung der spanlosen Umformverfahren, insbesondere des Fließpressens, werden genormte Schrauben und Muttern ausschließlich spanlos erzeugt: Warmformung bei kleineren Losgrößen bis 100 000 Stück, großem Stauchverhältnis und Abmessungen etwa über M24, Kaltformung bei großen Serien ab 100 000 Stück, kleinem bis mittlerem Stauchverhältnis und Abmessungen bis etwa M24. Die Kaltformung läuft meistens in mehreren Stufen ab, das Schraubengewinde wird eingewalzt (eingerollt), das Mutterngewinde geschnitten.

Schrauben ab Festigkeitsklasse 8.8 werden durch eine Wärmebehandlung vergütet. In Bild 10.17 sind die einzelnen Fertigungsstufen an einer Sechskantschraube gezeigt.

Bild 10.17
Werdegang einer kaltfließgepressten Sechskantschraube

10.6 Sichern von Schraubenverbindungen

Aufgabe einer Schraubenverbindung ist es, die Bauteile mit einer bestimmten Kraft zusammenzuklemmen und während der gesamten Betriebszeit eine genügend große Klemmkraft zu erhalten. Die Reibung im Gewinde und an den Kopfauflageflächen gewährleistet Selbsthemmung, sodass sich ordnungsgemäß angezogene Schraubenverbindungen auch unter schwingenden oder stoßhaften Betriebskräften nicht von selbst lösen. Beim Anziehen werden die Gewindeflanken, die Kopf- und Mutterauflageflächen und alle Trennflächen der Bauteile aufeinander gepresst, wobei sich deren Oberflächenrauigkeiten einebnen. Dieser Vorgang wird als **Setzen** bezeichnet. Er tritt auch noch nach der Montage auf. Darüber hinaus kann es in einer vorgespannten Schraubenverbindung zum Kriechen der beanspruchten Werkstoffe kommen, besonders bei hohen Betriebstemperaturen. Beide Vorgänge, das Setzen und das Kriechen, führen zum Nachlassen der Klemmkraft infolge des eingetretenen Vorspannkraftverlustes, was ein **Lockern** der Verbindung bewirkt. Ein selbsttätiges **Losdrehen** kann bei dynamischer Beanspruchung auftreten, wenn es zu Relativbewegungen zwischen den Berührungsflächen kommt. Das ist besonders bei Belastungskräften senkrecht zur Schraubenachse der Fall, sobald durch eine Klemmkraftverringerung der notwendige Reibschluss zwischen den verspannten Bauteilen nicht mehr gegeben ist. Schwingende axiale Belastungskräfte können die Reibung zwischen den Gewindeflanken und in den Kopf- und Mutterauflageflächen so verringern, dass ein Losdrehmoment wirksam wird, wodurch ein teilweises oder vollständiges Losdrehen möglich ist.

Im Allgemeinen ist eine richtig gestaltete und beanspruchungsgerecht ausgelegte Schraubenverbindung, die ordnungsgemäß vorgespannt wurde, ausreichend gegen Lockern und Losdrehen gesichert. Das gilt vor allem für hochvorgespannte Verbindungen mit Schrauben aus hochfesten Werkstoffen (Festigkeitsklasse 8.8 und höher), insbesondere mit Dehnschrauben, und geringer Trennfugenzahl sowie kleinen Rautiefen. Sie benötigen keine zusätzlichen Sicherungselemente.

Die **Sicherungselemente** kann man **nach ihrer Wirksamkeit** in folgende drei Gruppen einteilen und darin nach ihrer *Funktion* unterscheiden:

- **Unwirksame Unterlegelemente**, die weit verbreitet und als Konstruktionselemente genormt, trotzdem aber nachweislich eher nutzlos und in ihrer Funktion unberechenbar sind. Vor einem Einsatz muss ausdrücklich gewarnt werden. Beispiele sind Federringe, Federscheiben, Zahn- und Fächerscheiben (Bild 10.18a bis g).
- **Verliersicherungen**, die zwar ein teilweises Losdrehen nicht verhindern können, jedoch ein totales Auseinanderfallen der Verbindung ausschließen, wozu *formschlüssige Elemente* und *klemmende Elemente* gehören.

- **Losdrehsicherungen**, mit denen das bei der Relativbewegung innerhalb der Verbindung entstehende Losdrehmoment verhindert oder blockiert werden soll, was durch *sperrende Elemente* und durch *klebende Elemente* erreicht wird.

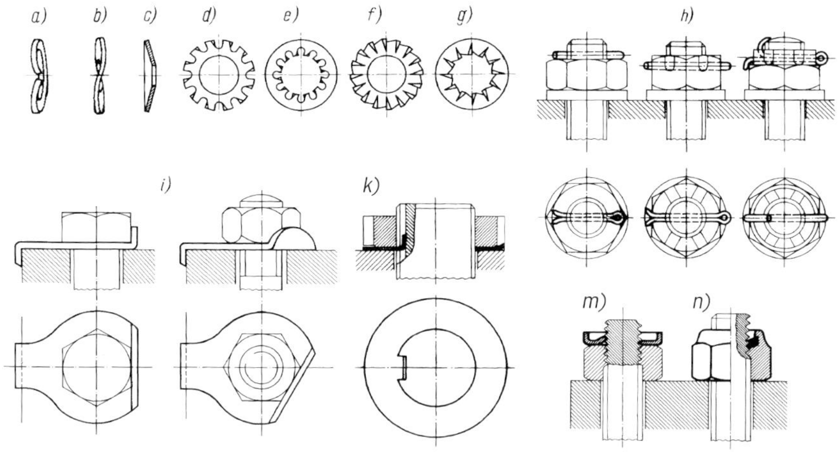

Bild 10.18 Auswahl von Schraubensicherungen
a) Federring, b) Federscheibe, c) Spannscheibe DIN 6796, d) Zahnscheibe A außengezahnt und V versenkt (für Senkschrauben), e) Zahnscheibe J innengezahnt, f) Fächerscheibe A außengezahnt und V versenkt, g) Fächerscheibe J innengezahnt, h) Splint DIN EN ISO 1234, i) Scheibe mit Lappen, k) Sicherungsblech mit Innennase DIN 462 für Nutmuttern DIN 1804, m) Sicherungsmutter DIN 7967, n) Sechskantmutter mit Klemmteil – nichtmetallischer Einsatz DIN EN ISO 7040

Formschlüssige Elemente sind in der Lage, ein begrenztes Losdrehmoment aufzunehmen, und sichern eine Schraubenverbindung nach dem Setzen vorzugsweise gegen Verlieren (Auseinanderfallen). Dazu gehören alle Sicherungsverfahren mittels **Splint** DIN EN ISO 1234 (Bild 10.18 h) oder **Draht**, z. B. in Verbindung mit **Kronenmuttern** DIN 935 oder **Schrauben mit Splintloch** bzw. Sicherungsloch entsprechend DIN 962, außerdem **Sicherungsbleche**, z. B. Scheiben mit Lappen (Bild 10.18i), mit zwei Lappen, mit Außennase und mit Innennase DIN 462 (Bild 10.18k) für Nutmuttern DIN 1804. Diese Sicherungen sollten nur bei Schrauben im niederen Festigkeitsbereich (≤ 6.8) angewendet werden. Bei vergüteten Schrauben sind sie als Schraubensicherung ungeeignet.

Klemmende Elemente bewirken einen hohen Reibschluss im Gewinde, der durch Verformungen des Muttergewindes oder durch Klemmung an Kunststoffeinlagen hervorgerufen wird wie bei den sogenannten **selbstsichernden Muttern**. Hierzu gehören z. B. die Sechskantmuttern mit Klemmteil als Ganzmetall-Muttern (mit stellenweise verformtem Gewinde) DIN EN ISO 7042 und die Sechskantmuttern mit Klemmteil als nichtmetallischem Einsatz (Kunststoffeinlage) DIN EN ISO 7040 (Bild 10.18n), außerdem die Sicherungsmuttern (Bild 10.18 m) aus Federstahl, die wie Kontermuttern aufgeschraubt werden. Gleichartige Wirkung haben auch Schrauben mit Kunststoffbeschichtung im Gewinde und gewindefurchende Schrauben DIN 7500. Bei Schrauben und Muttern mit Kunststoffeinsätzen oder -beschichtungen ist die Temperaturabhängigkeit zu beachten. Ein zuverlässiger Schutz gegen Losdrehen ist durch Kontermuttern und Sicherungsmuttern nicht gegeben.

Sperrende Elemente wie **Sperrzahnschrauben** (Bild 10.19a) und **Sperrzahnmuttern** (Bild 10.19b) verhindern das Losdrehen durch Rippen oder Zähne in der Auflagefläche von Schraube oder Mutter, die sich in nichtgehärtete Oberflächen eingraben. Dadurch wird das Losdrehmoment blockiert und die Klemmkraft erhalten. Auf gehärteten Oberflächen sind sperrende Elemente unwirksam.

10

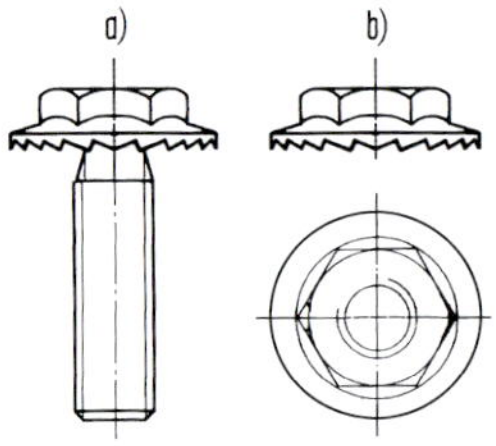

Bild 10.19 Sperrende Schraubensicherungen
a) Sperrzahnschraube, b) Sperrzahnmutter

Klebende Elemente sichern durch Stoffschluss im Gewinde, der von Klebstoffen hervorgerufen wird, die vor der Montage aufgebracht werden und danach aushärten. Damit werden Relativbewegungen zwischen den Gewindeflanken verhindert. Innere Losdrehmomente können nicht auftreten. Der Klebstoff wird entweder bei der Schraubenherstellung in Mikrokapseln eingeschlossen, die beim Einschrauben platzen, oder kurz vor dem Einsatz flüssig aufgetragen. Für Betriebstemperaturen über ca. +150 °C ist diese Schraubensicherung nicht geeignet. Vorbeschichtete Schrauben haben sich in der Serienfertigung hervorragend bewährt, sind in der DIN 267-27 genormt und können grifftrocken als Schüttgut angeliefert werden.

10

Als Beispiel für klebende Sicherungselemente seien hier die Produkte der Firma *LOCTITE* erwähnt, die mit folgenden Eigenschaften angeboten werden:

niedrigfest: mit normalem Werkzeug wieder leicht lösbar,

mittelfest: mit normalem Werkzeug noch lösbar,

hochfest: mit normalem Werkzeug nicht mehr lösbar.

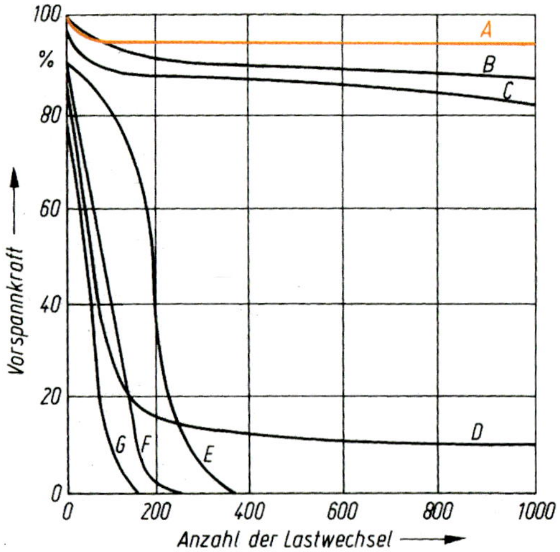

Bild 10.20 Das typische Losdrehverhalten von verschiedenen Gewindesicherungen beim Test auf dem LOCTITE-Schraubenprüfstand
A Normschraube mit LOCTITE-Schraubensicherung, B Federkopfschraube, C Sperrzahnschraube mit Verriegelungszähnen (Bild 10.19a), D Mutter mit Polyamidring (Bild 10.18n), E Schraube mit Zahnscheibe, F Schraube mit Federring, G ungesicherte Normschraube

Bei der Verwendung von niedrigfesten Produkten lassen sich die Loctite-gesicherten Schrauben ohne großen Kraftaufwand mit normalem Werkzeug losdrehen. Da der Klebstoff zusätzlich als Korrosionsschutz wirkt, können die Schrauben nicht aufgrund von Korrosion im Gewinde festsitzen. Die Wiederverwendung der Schrauben ist besonders für den Reparaturbetrieb wichtig. Bei niedrig- und mittelfesten Produkten können die gesicherten Schrauben losgedreht werden, ohne dass die Schrauben beschädigt werden. Bild 10.20 veranschaulicht das Absinken der Vorspannkraft durch Änderungen der Belastungskraft, wenn diese geringfügige Verschiebungen der Schraube bewirkt. Sobald die Vorspannkraft auf Null abgesunken ist, dreht sich die Schraubenverbindung los.

Im Großmaschinenbau werden auch Schweißnähte (Kehlnähte) an Sechskantflächen von Schrauben und Muttern als stoffschlüssige Losdrehsicherung angewendet.

10.7 Berechnung: Grundlagen und Verbindungsarten

Schraubenverbindungen sind lösbare Verbindungen, in denen zwei oder mehrere Teile durch eine oder mehrere Schrauben so zusammengehalten werden, dass Kräfte und Momente übertragen werden können. Nach der Montage unterscheidet man zwischen nicht vorgespannten und vorgespannten Verbindungen.

Nicht vorgespannte Schraubenverbindungen kommen verhältnismäßig selten vor, z. B. in Spannschlössern, Abziehvorrichtungen und Einstellvorrichtungen. Sie sind vor dem Auftreten einer Betriebskraft nicht belastet. Eine *vorgespannte Schraubenverbindung* dagegen wird bei der Montage bereits belastet, und zwar durch die beim Anziehen der Schraube oder der Mutter entstehende Vorspannkraft, mit der die verschraubten Teile gegeneinandergedrückt werden. Sie kann als *Durchsteckverbindung* (siehe Bild 10.23a) mit Kopfschraube und Mutter oder als *Einschraubverbindung* (siehe Bild 10.23b) mit Stiftschraube und Mutter oder mit Kopfschraube ausgeführt sein. Zusätzlich zur Vorspannkraft ist eine Betriebskraft zu übertragen. Diese Verbindungsart ist die Regel und auch Gegenstand der nachfolgenden Betrachtungen.

Weiterhin wird nach der Schraubenanzahl einer Verbindung unterschieden zwischen Mehrschraubenverbindungen und Einschraubenverbindungen, die wiederum nach weiteren Gesichtspunkten (Geometrie, Belastung) eingeteilt werden.

Mehrschraubenverbindungen kommen am häufigsten vor, so z. B. bei Flanschverbindungen, Gehäuseverschraubungen, Zylinderkopfverschraubungen, Lagerbefestigungen usw. Bild 10.21 zeigt zwei Beispiele in vereinfachter Darstellung. Sie sind oftmals sehr komplex belastet und so gestaltet, dass ihre exakte Berechnung äußerst schwierig ist und umfangreicher Kenntnisse und Erfahrungen bedarf. Meistens werden sie wie eine Einschraubenverbindung berechnet, die dabei vereinfacht als Ausschnitt aus einer äußerst biegesteifen Mehrschraubenverbindung aufgefasst wird. Bedingung ist, dass die Schraubenachsen parallel zueinander und senkrecht zur Trennfugenfläche verlaufen.

Einschraubenverbindungen können als Zylinder- oder Balkenverbindung auftreten und zentrisch oder exzentrisch belastet sein (Bild 10.22). Eine zentrisch belastete zylindrische oder prismatische Einschraubenverbindung lässt sich relativ einfach und ausreichend genau berechnen. Bei der Berechnung exzentrisch belasteter Verbindungen muss außer der Zug- und Druckbeanspruchung noch eine Biegeverformung berücksichtigt werden.

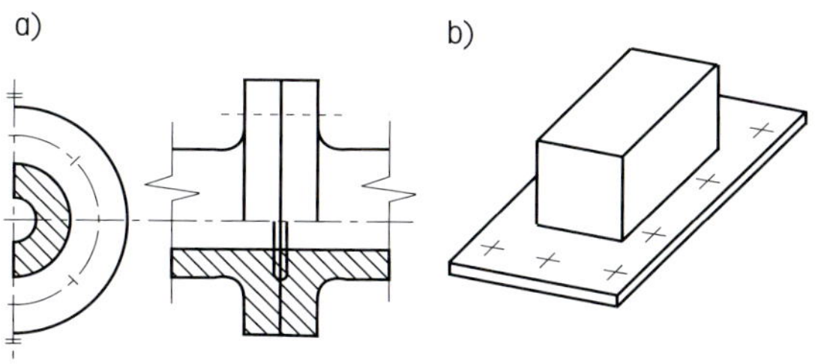

Bild 10.21 Mehrschraubenverbindungen (Beispiele)
a) Flanschverbindung, b) rechteckige Verbindung

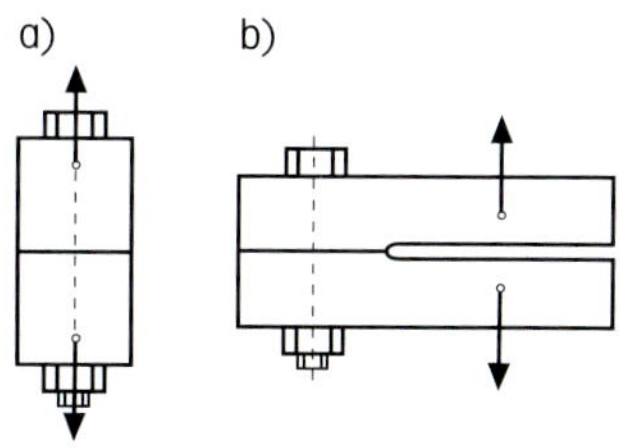

Bild 10.22 Einschraubenverbindungen
a) zentrische Zylinderverbindung,
b) Balkenverbindung

Eine bewährte Grundlage für die Berechnung von Schraubenverbindungen ist die Richtlinie VDI 2230 *Systematische Berechnung hochbeanspruchter Schraubenverbindungen - Zylindrische Einschraubenverbindungen*. Sie enthält auch Empfehlungen für die Gestaltung von Schraubenverbindungen. Für die Abmessungen der Trennfugenfläche von zylindrischen Schraubenverbindungen wird als Grenzwert $G = D_K + L_{min}$ angegeben, worin L_{min} die kleinste Bauteildicke innerhalb der Klemmlänge L_K bedeutet.

Behandelt werden die Auslegung sowohl von zentrisch vorgespannten und zentrisch belasteten als auch von exzentrisch vorgespannten und belasteten Zylinderverbindungen.

In Anlehnung an diese Richtlinie werden nachfolgend Berechnungen erläutert, nach denen Schraubenverbindungen ausgelegt und nachgerechnet werden können. Zum leichteren Verständnis der Zusammenhänge wurden einige Vereinfachungen vorgenommen, die sich auf die Ergebnisse jedoch nicht negativ auswirken. Die Ausführungen beschränken sich auf zentrisch vorgespannte und zentrisch belastete zylindrische Einschraubenverbindungen. Näherungsweise kann man danach auch andere Verbindungen berechnen.

10.8 Berechnung: Vordimensionierung und Überschlag

Eine Schraubenverbindung, die als komplexes, technisches System zu betrachten ist, hängt von einer Vielzahl von Parametern ab. Die Dimensionierung **hochbeanspruchter Schraubenverbindungen** kann daher erst durch sorgfältige Berechnung, z.B. nach VDI 2230-1 oder durch eine entsprechende Finite-Elemente-Analyse betriebssicher erfolgen.

Die Durchführung dieser Verfahren kann recht aufwendig sein und ist für minderbeanspruchte Schraubenverbindungen oder zur Vordimensionierung wenig geeignet. Es gibt daher am Markt mehrere Methoden zur Überschlagsberechnung von Schraubenverbindungen. Hier eine Auswahl:

- Die VDI-Richtlinie zur systematischen Berechnung hochbeanspruchter Schraubenverbindungen [VDI 2230-1, S. 115] liefert ein vereinfachtes Verfahren zur Abschätzung des Durchmesserbereiches von Schrauben. Die Dimensionierung erfolgt nach einem einfachen Stufenmodell, ausgehend von Kräften, Belastungsarten und dem verwendeten Montageverfahren.
- In [10.4] wird eine Auswahltabelle zur Annäherung und groben Kalkulation von Schraubenverbindungen in Abhängigkeit der Betriebs- und Vorspannkräfte dargestellt.
- Ein vereinfachtes Berechnungsverfahren erläutert auch [10.8]. Danach kann unter Berücksichtigung der Betriebskraft, der geforderten Klemmkraft, der Klemmlänge, des Anziehverfahrens, der Gewindereibung, der Festigkeitsklasse und der Schraubenart der erforderliche Spannungs- oder Taillenquerschnitt errechnet werden.
- Das Schrauben Vademecum [10.6] der Fa. TEXTRON bietet die Vordimensionierung zentrisch vorgespannter, betriebsbeanspruchter Schraubenverbindungen aufgrund von Tabellen.
- Kayser [10.10], Fa. KAMAX, ermittelt den mindestens benötigten Spannungsquerschnitt des Schraubengewindes bei bekannter Betriebskraft, Mindestklemmkraft, Schraubenfestigkeitsklasse und Anziehverfahren anhand einer vereinfachten Gleichung.
- Eine andere Methode zur Schraubenberechnung, die von der VDI 2230 abweicht, ist in [10.1] und [10.2] angegeben.

Für nicht hochbeanspruchte Schrauben genügt im Allgemeinen eine überschlägige Dimensionierung nach Erfahrungswerten. Es muss dann sein der erforderliche

$$\textit{Spannungsquerschnitt} \quad A_S \geq \frac{F_A}{\sigma_{zul}} \tag{10.1}$$

F_A in N Betriebslängskraft,
σ_{zul} in N/mm² zulässige Betriebsspannung in der Schraube, für die Anhaltswerte in Tabelle 10.13 angegeben sind.

Damit wird aus Tabelle 10.1 ein passendes Gewinde gewählt.

Schrauben für untergeordnete Verbindungen werden üblicherweise von Hand mit Gabel-oder Ringschlüsseln angezogen, wobei die erreichte Vorspannung σ_V vom Gefühl des Monteurs abhängt und damit stark streut. Es ist dann mit der Vorspannkraft $F_V = A_S \cdot \sigma_V$ zu rechnen. Die auf Erfahrung beruhenden mittleren Vorspannungen σ_V sind in Tabelle 10.13 angegeben. Mit Stiftschlüsseln für Innensechskantschrauben werden etwa 30% der vorgenannten Spannungen erreicht.

Die **Streckgrenze des Schraubenwerkstoffs** sollte mindestens $R_e = 1{,}5\sigma_V$ betragen. Um eine Überbeanspruchung bereits beim gefühlsmäßigen Anziehen zu vermeiden, ist für Schrauben unter $d = 6$ mm die Festigkeitsklasse 8.8 zweckmäßig.

10

Beispiel 10.1

Auf einen Lagerdeckel wirkt eine schwellende Kraft $F = 6000$N. Er soll mit 4 Sechskantschrauben befestigt werden, sodass jede Schraube eine Axialkraft $F_A = 1500$N aufzunehmen hat. Welche Gewindegröße ist für die Festigkeitsklasse 4.6 erforderlich Genügt diese Klasse für gefühlsmäßiges Anziehen?

Lösung:

1. Gewindegröße

Nach Tabelle 10.2 besitzt der Schraubenwerkstoff die Streckgrenze $R_e = 240\text{N/mm}^2$. Für diese kann laut Tabelle 10.13 gesetzt werden: $\sigma_{zul} \approx 0{,}2R_e = 0{,}2 \cdot 240\text{N/mm}^2 = 48\text{N/mm}^2$. Damit wird nach Formel 10.1

$$A_S \geq \frac{F_A}{\sigma_{zul}} = \frac{1500\text{N}}{48\text{N/mm}^2} = 31{,}2\text{mm}^2$$

Nach Tabelle 10.1 kommt hierfür M8 mit $A_S = 36{,}6\text{mm}^2$ in Betracht.

2. Kontrolle der Festigkeitsklasse

Für M8 ist nach Tabelle 10.13 mit $\sigma_V \approx 280\text{N/mm}^2$ zu rechnen. Die Streckgrenze soll mindestens $R_e = 1{,}5\sigma_V = 1{,}5 \cdot 280\text{N/mm}^2 = 420\text{N/mm}^2$ betragen. Der gewählte Werkstoff genügt also nicht. Es muss auf die Festigkeitsklasse 5.8 mit $R_e = 420\text{N/mm}^2$ gegangen werden. ■

10.9 Berechnung: Kraftfluss, Kerbwirkungen, Gestaltung

Beim Anziehen einer Verbindung wird der Schraubenschaft mit dem Gewinde gedehnt, die Bauteile aber werden gestaucht. Die Druckspannungen in den verschraubten Bauteilen beschränken sich nicht auf das unmittelbare Gebiet unter dem Schraubenkopf oder der Mutter sondern breiten sich entsprechend Bild 10.23 aus, bei $L_K \geq 8d$ sogar bis auf $D_B \approx 3D_K$, wenn die Bauteilabmessungen das zulassen. Bei hülsenförmigen Bauteilen ist das nicht möglich. Der Außendurchmesser D_K der Kopf- bzw. Mutterauflagefläche kann bei Sechskantschrauben und -muttern überschlägig gleich der Schlüsselweite angenommen werden. Er ist in Tabelle 10.4 enthalten und in den Maßnormen mit dem Maßbuchstaben d_w angegeben.

Da die Mutter axial gestaucht, die Schraube aber gedehnt wird, entstehen Steigungsunterschiede zwischen Innen- und Außengewinde, die Gangdurchbiegungen bewirken. Da diese in Bauteilnähe am größten sind, verteilt sich die Kraft nicht gleichmäßig, und es tragen meistens nur die ersten sechs Gewindegänge.

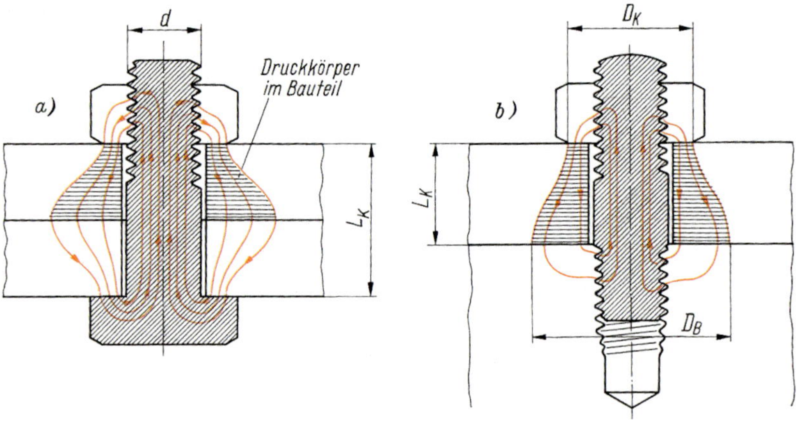

Bild 10.23 Kraftfluss in Schraubenverbindungen
a) Verbindung mit Durchsteckschraube, b) Verbindung mit Stiftschraube

Nach Erreichen der Streckgrenze im ersten Gang findet in diesem keine Spannungssteigerung bei Kraftzunahme mehr statt, bis die Streckgrenze nach und nach in allen Gängen erreicht wird. Eine Krafterhöhung führt demnach zu einer gleichmäßigeren Kraftverteilung, aber auch zu unerwünschten und schädlichen plastischen Verformungen des Gewindes.

Eine ungleichmäßige Kraftverteilung wie in **Druckmuttern** (Normmuttern) setzt die Dauerschwingfestigkeit (Dauerhaltbarkeit) der Schrauben herab. **Stulp**- und **Zugmuttern** verbessern die Kraftverteilung (Bild 10.24), da sie teilweise zugbeansprucht werden, wie aus dem Kraftfluss hervorgeht.

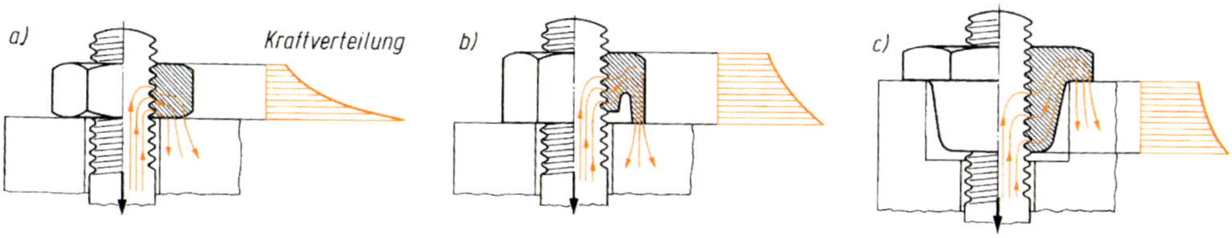

Bild 10.24 Kraftfluss und Kraftverteilung in Schraubenverbindungen
a) mit Normmutter (Druckmutter), b) mit Stulpmutter, c) mit Zugmutter

Beim Anziehen wird der Schraubenschaft mit dem Gewinde auf Zug und Verdrehung beansprucht. Eine Betriebslängskraft erhöht dann noch die Zugbeanspruchung. Die eingearbeiteten Gänge sind Reihenkerben, die fließbehindernd wirken und Bruch- und Streckgrenze erhöhen, die Dauerhaltbarkeit aber senken. Auch alle Querschnittsübergänge rufen Spannungsspitzen hervor, die mit der Übergangsschärfe wachsen. Sie sind zwischen Schaft und Kopf, Schaft und Schraubengewinde und ggf. zwischen dem Schaft und einem Bund vorhanden. Die Spannungsspitzen werden zwar nicht so hoch wie im Kern, können bei zusätzlicher Biegebeanspruchung jedoch gefährlich werden, beispielsweise bei schiefer Kopfauflage. Spannungsspitzen am Schaftübergang von Taillenschrauben verschwinden fast, wenn dieser sanft gerundet wird. Stoßbeanspruchte Schrauben werden zweckmäßig als Dehnschrauben (Taillenschrauben) ausgebildet, die gegenüber unverjüngten Schaftschrauben einen auf $d_T \approx 0{,}9 d_3$ verjüngten Schaft (Dehnschaft) besitzen. Dehnschrauben sind nachgiebiger und wirken stoßdämpfend (für derartige Schrauben und Verbindungen siehe Bild 10.25 und DIN 2510: Schraubenverbindungen mit Dehnschaft).

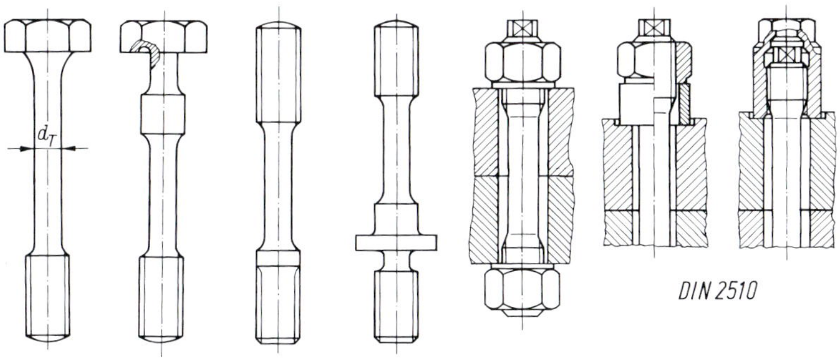

Bild 10.25 Verschiedene Schrauben und Schraubenverbindungen mit Dehnschaft

Bereits in Abschnitt 10.3 wurde erwähnt, dass die Haltbarkeit einer Verbindung durch eine höhere Anzahl kleinerer Schrauben gegenüber weniger großen Schrauben und durch die Wahl einer hohen Festigkeitsklasse (≥ 8.8) günstig beeinflusst wird. Außerdem ist es vorteilhaft, Schubbeanspruchung durch Querkräfte zu vermeiden, z. B. durch Absätze oder Bunde, und Biegebeanspruchung zu verhindern, z. B. durch genaue Bearbeitung der Auflageflächen und möglichst zentrischen Kraftangriff.

Durch übermäßiges Anziehen einer Schraubenverbindung, die zu wenig tragende Gewindegänge besitzt, wird an den Gewindeflanken eine so hohe Pressung erzeugt, dass die Verbindung festfressen kann und sich nur noch durch Zerstören des Gewindes lösen lässt. Wenn Schraube und Mutter bzw. Bauteil aus Werkstoffen unterschiedlicher Härte bestehen und die erforderliche Mindesteinschraubtiefe nicht unterschritten wurde, ist ein Festfressen nicht zu befürchten.

Auch um ein Abstreifen (Abscheren) der verschraubten Gewindegänge bei Belastung auszuschließen, bedarf es einer *Mindesteinschraubtiefe* des Schraubengewindes im Muttergewinde. Sie ist von mehreren Einflussfaktoren abhängig, wie Gewindeabmessungen und -toleranzen, Mutterform, Durchgangsloch für die Schraube, Reibungszahlen, Festigkeitseigenschaften von Schrauben- und Mutter- bzw. Bauteilwerkstoff u. a.

Bei Verwendung von genormten Schrauben und Muttern ist eine Ermittlung der erforderlichen Mutterhöhe nicht notwendig, sofern die Zuordnung der Festigkeitsklassen nach DIN EN 20898 und DIN EN ISO 898 erfolgt (siehe Abschnitt 10.3 und Tabelle 10.2). In diesem Fall bricht bei Überlastung das Schraubengewinde im nicht eingeschraubten, dem freien belasteten Teil bzw. der verjüngte Schaft einer Dehnschraube. Ein Abstreifen der Gewindegänge tritt dann nicht auf. Für Einschraubgewinde (Durchgangs- oder Sacklochgewinde) in Bauteilen können die Einschraubenden genormter Stiftschrauben (siehe Bild 10.7) und die Angaben in Tabelle 10.5 als Richtwerte für die erforderliche Mindesteinschraubtiefe m_{erf} gelten.

10

Für nicht genormte Schraubenverbindungen muss die erforderliche Einschraubtiefe oder Mutterhöhe errechnet werden. Dafür enthält die Richtlinie VDI 2230 ein Berechnungsverfahren, auf das hier nicht näher eingegangen werden kann. Eine weitere Methode, deren Ergebnisse durch Versuche überprüft wurden, wird in [10.1] und [10.2] vorgestellt. Darin sind überwiegend Verbindungen mit Mutter- und Bauteilwerkstoffen untersucht worden, die von den genormten Mutterwerkstoffen abweichen. Von besonderem Interesse für die Praxis sind die nach diesen Versuchen ermittelten Scherspannungsfaktoren (Verhältnis Scherfestigkeit zur Zugfestigkeit) verschiedener Werkstoffe und die damit errechneten Anhaltswerte für Mindesteinschraubtiefen und Mutterhöhen. Sie sind meistens größer als nach Tabelle 10.5 und der VDI-Richtlinie. Liegen keine zuverlässigen Erfahrungswerte vor, sind der Konstruktion vorausgehende Versuche unerlässlich.

10.10 Anziehverfahren

Die Funktionstüchtigkeit einer Schraubenverbindung wird wesentlich durch die bei der Montage erreichte Klemmkraft bestimmt, die gleich der Vorspannkraft der Schraube ist. Das Anziehen kann erfolgen:

1. Von Hand mit Gabel- oder Ringschlüsseln

Der Monteur beurteilt nach Gefühl, ob er die Schraubenverbindung richtig, d. h. fest genug angezogen hat. Hierbei spielen die Schlüssellänge und die physische Kraft eine große Rolle. Selbst von zuverlässigen Versuchspersonen konnten vor allem dickere Schrauben nicht genügend fest angezogen werden. Ein Anziehen nach Gefühl kommt daher nur für untergeordnete Verbindungen in Betracht, die keine oder nur geringfügige ruhende Kräfte zu übertragen haben und für die Schraubenwerkstoffe der Festigkeitsklassen unter 8.8 ausreichen.

2. Mit Verlängerungsbegrenzung

Hierbei wird die Schraube so lange angezogen, bis sie die mit der gewünschten Vorspannkraft errechnete Verlängerung erfahren hat. Die Länge der Schraube wird vor und während der Montage gemessen. Das Verfahren ist jedoch nur bei großen Klemmlängen sinnvoll, da bei einer Klemmlänge von 10 mm eine Längenzunahme von 5 μm bereits eine Spannungserhöhung von 100 N/mm² bewirkt.

Bei großen Schrauben wird das Verfahren abgewandelt angewendet. Vor der Montage wird der Schraubenbolzen so weit erwärmt, bis er sich um den gewünschten Betrag gedehnt hat, während die Bauteile kalt bleiben. In diesem Zustand wird ohne Kraftaufwand verschraubt. Beim Erkalten zieht sich der Schraubenbolzen zusammen und erzeugt die erforderliche Vorspannkraft.

Eine Abart sind Schrauben mit einem Interferenzplättchen in der Schraubenkopfoberfläche, das über einen zentralen Stift durch die Längenänderung verformt wird und im auffallenden Licht Interferenzfarben anzeigt.

Beim hydraulischen Anziehen, wie es im Großkesselbau bei großen Flanschen erfolgt, wird der Gewindebolzen an seinem freien, über die Mutter hinausstehenden Ende gefasst, gezogen und dadurch verlängert. In diesem Zustand wird die Mutter bis zur Anlage geschraubt. Das Zurückfedern der Bauteile bedingt einen gewissen Verlust an Klemmkraft, der berücksichtigt werden muss.

3. Mit Winkelbegrenzung

Hierbei wird davon ausgegangen, dass die Schraube oder Mutter, nachdem sie mit einem bestimmten Drehmoment vorangezogen wurde, noch um einen bestimmten Drehwinkel nachgezogen werden muss, um im Gewindebolzen die Streckgrenze zu erreichen. Schädigungen der Schraubenverbindung treten trotz Anziehens bis zur nominellen Streckgrenze nicht auf, da hochfeste Schrauben keine ausgeprägte Streckgrenze besitzen und durch Setzen (Nachlassen der Vorspannung) die Vorspannkraft wieder abnimmt. Derartig angezogene Verbindungen sind meistens haltbarer als andere, da durch die elastisch-plastische Beanspruchung die Spannungsspitzen an den Kerbstellen abgebaut werden. Zusätzliche axiale Betriebsbelastungen führen anfangs zu geringen bleibenden Längungen und Abnahme der Klemmkraft. Die Klemmkraft ist aber immer noch höher als bei anderen Anziehverfahren, mit denen unter der Streckgrenze geblieben werden muss. Die mit Winkelbegrenzung angezogenen Schrauben sind nur bedingt wieder verwendbar.

4. Mit Streckgrenzenkontrolle

Wird beim Anziehen im Gewindebolzen die Streckgrenze erreicht, so steigt das Anziehdrehmoment weniger stark an. Da aber der Drehwinkel stetig zunimmt, sinkt das Verhältnis Drehmomentzunahme/Winkelzunahme merkbar ab. Es wurden motorisch betriebene Anziehgeräte entwickelt, die das genannte Verhältnis stetig messen und den Anziehvorgang bei einem entspr. eingestellten Kleinstwert selbsttätig beenden.

5. Mit Drehmomentbegrenzung

Das Anziehdrehmoment (kurz Anziehmoment) bietet sich als Basis zum Anziehen auf bestimmte Klemmkräfte an. Während des Anziehens tritt an allen gegeneinander bewegten Flächen Reibung auf, die überwunden werden muss. Sie tritt somit an den Gewindeflanken und an der Kopf- bzw. Mutterauflagefläche auf. Die Reibwerte hängen vom Schmierungszustand, von der Oberflächenrauigkeit, von der Flächenpressung, von der Gleitgeschwindigkeit und von der Länge der Gleitwege ab. Verlässliche Reibwerte lassen sich nicht angeben. Zum Anziehen dienen Drehmomentenschlüssel, an denen das jeweils aufgewendete Drehmoment angezeigt wird oder die beim eingestellten Drehmoment ausrasten.

6. Durch motorische Verfahren

In der Serienfertigung muss die Montage von Schraubenverbindungen handlich sein und schnell erfolgen. Hierzu stehen verschiedene pneumatisch oder elektrisch betriebene Schrauber zur Verfügung. Man unterscheidet grundsätzlich zwischen folgenden Schraubern:

- **Drehschrauber**, die ein Drehmoment auf die Schraubenverbindung übertragen. Das Drehmoment kann durch eine einstellbare Rutschkupplung begrenzt werden.

- **Schlagschrauber**, die über ein Schlagwerk Drehschläge erzeugen. Jeder Drehimpulsschlag erhöht stufenweise die Vorspannkraft. Starke Schläge bewirken ein schnelles Anziehen, schwache können ggf. nicht ausreichen, die Verbindung schnell und stark genug anzuziehen. Schlagschrauber lassen sich nicht auf ein vorgegebenes Anziehmoment einstellen, sondern nur nach Erprobung an der betreffenden Schraubenverbindung.

Nur mit den unter 3. und 4. beschriebenen Anziehverfahren kann eine bestimmte Montage-Vorspannkraft ziemlich genau erreicht werden. Bei allen anderen Verfahren treten zum Teil erhebliche Streuungen auf, wie in Tabelle 10.6 angegeben. Sie sind vor allem durch die großen Schwankungen der Gewindereibung bedingt und werden bei der Schraubenberechnung mit dem versuchsmäßig bestimmten Anziehfaktor α_A berücksichtigt, in dem auch die Unsicherheit in Bezug auf die bei der Montage in der Schraube erreichte Spannung zum Ausdruck kommt. Je größer die Streuung ist, umso mehr muss die Verbindung überdimensioniert werden. Deshalb ist eine sorgfältige Auswahl des Anziehverfahrens notwendig.

10.11 Berechnung: Schraubenanziehmoment, Schraubenbeanspruchung beim Anziehen, Anziehfaktor

Beim Anziehen einer Schraubenverbindung pressen sich die Gänge des Außen- und Innengewindes mit ihren Flanken aufeinander und erzeugen einen Reibwiderstand, den die Kraft am Schraubenschlüssel überwinden muss. Außerdem drücken der zu drehende Schraubenkopf oder die zu drehende Mutter auf ihre Unterlage, sodass dort ein Reibwiderstand hinzukommt.

Zur Veranschaulichung der Kraftverhältnisse denkt man sich einen Gewindegang am Flankendurchmesser d_2 abgewickelt. Er stellt eine schiefe Ebene unter dem Steigungswinkel α dar (siehe hierzu Bild 10.1), die senkrecht zur Steigung noch um den Winkel β_N geneigt ist (Bild 10.26). Bedingt durch die Steigung der Gänge ist nämlich der im Normalschnitt liegende Flankenwinkel β_N kleiner als der im Achsschnitt liegende Teilflankenwinkel β (vergleiche Bild 10.27a und b). Aus Bild 10.1 und Bild 10.26 folgen:

$$\tan\alpha = \frac{P}{d_2 \cdot \pi} \approx 0{,}32\frac{P}{d_2} \quad \text{und} \quad \tan\beta_N = \tan\beta \cdot \cos\alpha$$

Wegen des kleinen Steigungswinkels α, für den $\cos\alpha \approx 1$ ist, kann ohne nennenswerten Fehler $\beta_N = \beta$ gesetzt werden.

Die Gewindeflanken werden durchschnittlich mit der Pressung p belastet, sodass auf die gesamte tragende Flankenfläche A_F eine Normalkraft $F_N = p \cdot A_F$ wirkt (im Normalschnitt: Bild 10.26b). Sie ruft den Reibwiderstand $F_N \cdot \mu_G$ hervor, der auf der Gangabwicklung gemäß Bild 10.26b senkrecht zu F_N steht. μ_G ist der Reibwert im Gewinde. Im Normalschnitt zerlegt sich F_N in die Radialkomponente F_r und die Längskomponente $F_l = F_N \cdot \cos\beta_N \approx F_N \cdot \cos\beta$. In der Gangabwicklung setzen sich F_l und $F_N \cdot \mu_G$ zur Resultierenden F zusammen, die mit F_l den Reibwinkel ϱ_G einschließt. Daraus folgt: $\tan\varrho_G = F_N \cdot \mu_G \,/\, F_l = \mu_G \,/\cos\beta$. Bei $\beta = 30°$ ist $\tan\varrho_G \approx 1{,}16\mu_G$.

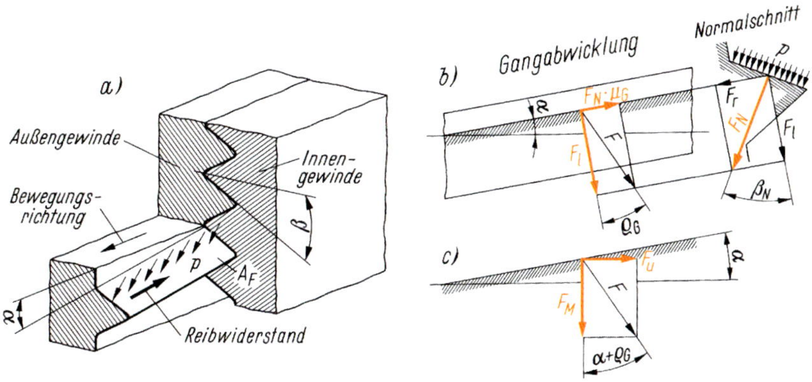

Bild 10.26 Kräfte am Gewinde beim Anziehen einer Schraubenverbindung
a) Pressung der Schrauben-Gewindeflanke und Richtung des Reibwiderstandes, b) Pressung p, Normalkraft F_N und Reibwiderstand $F_N \cdot \mu_G$, c) Vorspannkraft F_M und Umfangskraft F_u

10

Die Resultierende F wird nun nach Bild 10.26c zerlegt in die axiale Vorspannkraft F_M der Schraube (Montagevorspannkraft) und in die, die Anziehbewegung hemmende Umfangskraft F_u. Aus Bild 10.26c folgt: $F_u = F_M \cdot \tan(\alpha + \varrho_G)$. Wegen der kleinen Winkel α und ϱ_G kann mit ausreichender Genauigkeit $\tan(\alpha + \varrho_G) = \tan\alpha + \tan\varrho_G$ gesetzt werden. Bei $\beta = 30°$ ist dann

$$F_u \approx F_M \left(\frac{0{,}32P}{d_2} + 1{,}16\,\mu_G \right)$$

Um F_u zu überwinden, muss ein Drehmoment $M_G = F_u \dfrac{d_2}{2}$ aufgebracht werden. Bei $\beta = 30°$ beträgt dieses

Gewindeanziehmoment $$M_G \approx F_M \left(\frac{0{,}32P}{d_2} + 1{,}16\mu_G \right) \frac{d_2}{2}$$

Durch die Montagevorspannkraft F_M wird die Schraube mit der Spannung $\sigma_M = F_M / A_0$ auf Zug beansprucht, wenn A_0 den maßgebenden Querschnitt darstellt. Dieser ist bei Schaftschrauben der Spannungsquerschnitt A_S, bei Taillenschrauben der Taillenquerschnitt A_T. Bei fast allen Anziehverfahren (mit Ausnahme der unter 2. in Abschnitt 10.10 beschriebenen, bei denen kein Anziehmoment ausgeübt wird) wird die Schraube auch mit $\tau_t = M_G / W_t$ auf Torsion beansprucht, wenn $W_t = \pi \cdot d_0^3 / 16$ das Widerstandsmoment bedeutet. Zug- und Torsionsspannung denkt man sich durch eine Vergleichsspannung σ_v als äquivalente Zugspannung ersetzt. Nach der Hypothese der größten Gestaltänderungsenergie beträgt diese

Vergleichsspannung $$\sigma_v = \sqrt{\sigma_M^2 + 3\tau_t^2}$$

Um die Schraube nicht zu überlasten, darf die Vergleichsspannung einen bestimmten Grenzwert nicht überschreiten. Deshalb muss mit dieser die Zugspannung σ_M aus der vorstehenden Gleichung freigestellt werden. Dazu werden beide Seiten durch σ_M dividiert:

$$\frac{\sigma_v}{\sigma_M} = \sqrt{\left(\frac{\sigma_M}{\sigma_M}\right)^2 + 3\left(\frac{\tau_t}{\sigma_M}\right)^2}, \quad \text{also} \quad \sigma_M = \frac{\sigma_v}{\sqrt{1+3\left(\frac{\tau_t}{\sigma_M}\right)^2}}$$

$$\text{Mit} \quad \tau_t = \frac{M_G}{W_t} = \frac{F_M\left(\frac{0{,}32P}{d_2} + 1{,}16\mu_G\right)\frac{d_2}{2}}{\pi \cdot d_0^3/16} \quad \text{und} \quad \sigma_M = \frac{F_M}{A_0} = \frac{F_M}{d_0^2 \cdot \pi/4}$$

$$\text{wird} \quad \frac{\tau_t}{\sigma_M} = \frac{F_M\left(\frac{0{,}32P}{d_2} + 1{,}16\mu_G\right)16 \cdot d_0^2 \cdot \pi \cdot d_2}{\pi \cdot d_0^3 \cdot F_M \cdot 4 \cdot 2} = \frac{\left(\frac{0{,}32P}{d_2} + 1{,}16\mu_G\right)2d_2}{d_0}$$

Somit ergibt sich die

10

Montagevorspannung $\sigma_M = \dfrac{\sigma_v}{\sqrt{1+3\left[\dfrac{2d_2}{d_0}\left(\dfrac{0{,}32P}{d_2} + 1{,}16\mu_G\right)\right]^2}}$ (10.2)

σ_M	in N/mm²	Zugspannung im maßgebenden Querschnitt der Schraube,
σ_v	in N/mm²	Vergleichsspannung, die beim Anziehen zugelassen werden soll, in der Regel $\sigma_v = 0{,}9R_{p0,2}$ (90 % der 0,2 %-Dehngrenze),
P	in mm	Steigung des Gewindes (Tabelle 10.1),
d_0	in mm	maßgebender Durchmesser = d_S bei Schaftschrauben und d_T bei Taillenschrauben,
d_2	in mm	Flankendurchmesser des Gewindes (Tabelle 10.1),
μ_G		Reibwerte des Gewindes (Tabelle 10.7).

Mit σ_M lässt sich nun errechnen die

Montagevorspannkraft $F_M = A_0 \cdot \sigma_M$ (10.3)

F_M	in N	Zugkraft in der Schraube beim Anziehen,
σ_M	in N/mm²	Montagevorspannung nach Formel 10.2,
A_0	in mm²	maßgebender Schraubenquerschnitt = A_S bei Schaftschrauben und A_T bei Taillenschrauben (Tabelle 10.1).

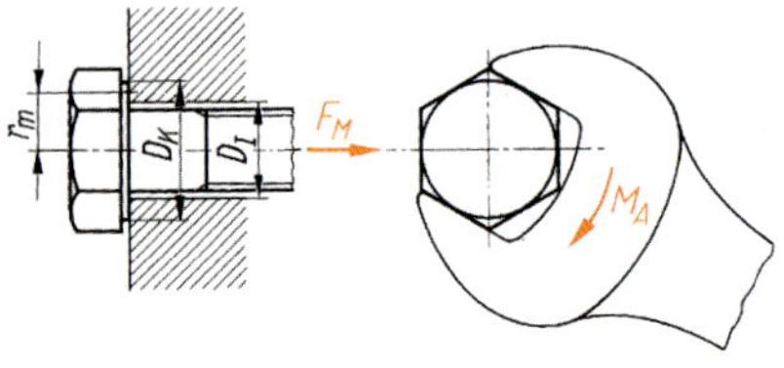

Bild 10.27
Montagevorspannkraft F_M und Schraubenanziehmoment M_A

Der anzuziehende Schraubenkopf oder die anzuziehende Mutter drückt mit der Kraft F_M auf die Unterlage und erzeugt einen Reibwiderstand $F_M \cdot \mu_K$, wenn μ_K der Reibwert an der Auflagefläche bedeutet. Um diesen Reibwiderstand zu überwinden, der am mittleren Auflageradius r_m anzusetzen ist (Bild 10.27), muss aufgebracht werden ein

Kopf- bzw. Mutteranziehmoment $M_K = F_M \cdot \mu_K \cdot r_m$

Um eine Schraubenverbindung auf eine bestimmte Montagevorspannkraft F_M anzuziehen (Bild 10.27), muss insgesamt ein Anziehmoment $M_A = M_G + M_K$ aufgebracht werden. Durch Einsetzen der zuvor gefundenen Gleichungen für M_G und M_K erhält man für $\beta = 30°$ das

Schraubenanziehmoment $M_A \approx F_M \left(0{,}16P + 0{,}58\mu_G \cdot d_2 + \mu_K \cdot r_m\right)$ (10.4)

M_A	in Nmm	erforderliches Anziehmoment,
F_M	in N	Montagevorspannkraft nach Formel 10.3,
P	in mm	Steigung des Gewindes (Tabelle 10.1),
μ_G		Reibwert im Gewinde (Tabelle 10.7),
d_2	in mm	Flankendurchmesser des Gewindes (Tabelle 10.1),
μ_K		Reibwert an der Kopf- bzw. Mutterauflagefläche (Tabelle 10.7),
r_m	in mm	mittlerer Auflageradius = 0,25 (D_K + D_l) nach Bild 10.27.

Die Reibwerte (Tabelle 10.7) schwanken in weiten Grenzen. Sie schwanken sogar während des Anziehens und von Fertigungslos zu Fertigungslos gleicher Schrauben. Auch mehrfaches Lösen und Anziehen der Schrauben führt zu einer Veränderung der Reibwerte und kann unter Umständen bis zum *„Fressen"* führen. Keine Abhilfe bringt hier das Schmieren der Verbindung. Deshalb müssen die Montagevorspannkraft F_M mit $\mu_{G\,min}$ und das Schraubenanziehmoment M_A mit $\mu_{K\,min}$ errechnet werden. Mit den Maximalwerten würde sich ein höheres Anziehmoment ergeben, und für den Fall, dass die Reibwerte tatsächlich kleiner als $\mu_{G\,max}$ und $\mu_{K\,max}$ sind, könnte sich eine zu hohe, die Streckgrenze überschreitende Vorspannung einstellen.

10

Für die Montage muss ein bestimmtes Schraubenanziehmoment vorgeschrieben werden. Je nach Anziehverfahren schwankt dieses mehr oder weniger zwischen einem Größtwert $M_{A\,max}$ und einem Kleinstwert $M_{A\,min}$. Wegen der nur ungenau bekannten Reibwerte μ_G und μ_K schwankt die erreichte Montagevorspannkraft in noch größerem Maße zwischen $F_{M\,max}$ und $F_{M\,min}$. Das Verhältnis dieser Grenzvorspannkräfte wird bezeichnet als

Anziehfaktor $\alpha_A = \dfrac{F_{M\,max}}{F_{M\,min}}$ (10.5)

Erfahrungswerte sind in Tabelle 10.6 angegeben. Die zulässigen Montagevorspannkräfte $F_{M\,zul}$ und die zulässigen Schraubenanziehmomente $M_{A\,zul}$ bei 90-prozentiger Ausnutzung der 0,2-%-Dehngrenze enthalten Tabelle 10.8 und Tabelle 10.9, und zwar für Schaft- und für Taillenschrauben mit metrischem Regelgewinde M4 bis M36 und Reibwerte von 0,08 bis 0,24. Diese können auch als erster Anhalt für Schrauben mit Feingewinde dienen.

Da μ_G und μ_K im Allgemeinen verschieden groß sind, ergeben sich eine Vielzahl möglicher Anziehmomente M_A. Nach der Richtlinie VDI 2230 wird mit unterschiedlichen Reibwerten gerechnet, in [10.6] dagegen mit einer Reibwert $\mu_{ges} = \mu_G = \mu_K$. Hier wird nach der VDI-Methode verfahren. Wenn jedoch μ_G oder/und μ_K nicht bekannt sind, so setze man $\mu_G = 0{,}12$ bzw. $\mu_K = 0{,}12$.

Die Torsionsbeanspruchung im Schraubenbolzen kann vermieden werden, wenn der Bolzen beim Anziehen an einer Drehbewegung gehindert wird, beispielweise mit einem Schraubenschlüssel. Dazu muss der Bolzen am Mutterende eine Anflächung oder einen Vierkant besitzen (siehe hierzu Bild 10.25). Dadurch kann die Streckgrenze ausschließlich für die Zugbeanspruchung ausgenutzt werden.

Beispiel 10.2

Eine Zylinderschraube mit Innensechskant ISO 4762 M10 × 60-10.9 soll mit einem messenden Drehmomentenschlüssel gleichmäßig angezogen werden. Außengewinde gewalzt, schwarz vergütet, geölt. Innengewinde in Stahl geschnitten, blank. Schraubenkopf gepresst, schwarz, geölt. Bauteiloberfläche (Gegenlage) Stahl, geschliffen, trocken. Durchgangsloch mittel nach DIN EN 20273 (Tabelle 10.3).

Wie groß ist die zulässige Montagevorspannkraft $F_{M\,zul}$? Wie groß ist das zulässige Schraubenanziehmoment $M_{A\,zul}$? Bis auf welchen Minimalwert $F_{M\,min}$ kann die Vorspannkraft sinken, wenn $F_{Mmax} = F_{Mzul}$ beträgt?

Lösung:

1. Zulässige Montagevorspannkraft $F_{M\,zul}$

Nach Tabelle 10.1 betragen $P = 1{,}5\,\text{mm}$, $d_2 \approx 9{,}03\,\text{mm}$ und $A_S = 58\,\text{mm}^2$ sowie nach Tabelle 10.2 beträgt die Dehngrenze $R_{p0,2} = 940\,\text{N/mm}^2$. In Tabelle 10.7 ist angegeben: $\mu_G = 0{,}10 \ldots 0{,}16$, sodass mit $\mu_G = 0{,}1$ gerechnet werden muss. Nach Formel 10.2 wird mit $\sigma_v = 0{,}9 R_{p0,2} = 0{,}9 \cdot 940\,\text{N/mm}^2 = 846\,\text{N/mm}^2$ und $d_0 = d_S$ die zulässige Montagespannung

$$\sigma_{Mzul} = \frac{\sigma_v}{\sqrt{1 + 3\left[\frac{2d_2}{d_S}\left(\frac{0{,}32P}{d_2} + 1{,}16\mu_G\right)\right]^2}}$$

$$= \frac{846\,\text{N/mm}^2}{\sqrt{1 + 3\left[\frac{2 \cdot 9{,}03}{8{,}59}\left(\frac{0{,}32 \cdot 1{,}5}{9{,}03} + 1{,}16 \cdot 0{,}1\right)\right]^2}}$$

$$= 720{,}3\,\text{N/mm}^2$$

Nach Formel 10.3:

$$F_{Mzul} = A_S \cdot \sigma_M = 58\,\text{mm}^2 \cdot 720{,}3\,\text{N/mm}^2 = 41777\,\text{N} \approx 42000\,\text{N} = F_{Mmax}$$

2. Zulässiges Schraubenanziehmoment $M_{A\,zul}$

Aus Tabelle 10.7 folgt $\mu_K = 0{,}16 \ldots 0{,}22$, sodass mit $\mu_K = 0{,}16$ zu rechnen ist. Es werden entnommen: $D_l = 11\,\text{mm}$ aus Tabelle 10.3 und $D_K = 16\,\text{mm}$ aus Tabelle 10.4, sodass $r_m = 0{,}25(D_K + D_l) = 0{,}25(16 + 11)\,\text{mm} \approx 6{,}8\,\text{mm}$ beträgt.

Nach Formel 10.4 wird dann

$$M_{A\,zul} \approx F_{Mzul}\left(0{,}16P + 0{,}58\mu_G \cdot d_2 + \mu_K \cdot r_m\right)$$

$$= 42\,\text{kN}\left(0{,}16 \cdot 1{,}5\,\text{mm} + 0{,}58 \cdot 0{,}1 \cdot 9{,}03\,\text{mm} + 0{,}16 \cdot 6{,}8\,\text{mm}\right)$$

$$= 77{,}773\,\text{Nm} \approx 78\,\text{Nm}$$

In Tabelle 10.8 ist $M_{A\,zul} = 80\,\text{Nm}$ angegeben. Der Unterschied liegt darin, dass der Tabellenwert mit $\mu_G = 0{,}12$ errechnet wurde.

3. Minimale Montagevorspannkraft $F_{M\,min}$

Nach Tabelle 10.6 ist bei gleichmäßigem Anziehen mit einem messenden Drehmomentenschlüssel $\alpha_A = 1{,}6$.

Somit wird nach Formel 10.5:

$$F_{Mmin} = \frac{F_{Mmax}}{\alpha_A} = \frac{42000\,\text{N}}{1{,}6} \approx 26000\,\text{N}$$

■

10.12 Berechnung: Nachgiebigkeit von Schraube und Bauteilen

Durch das Anziehen einer Schraubenverbindung wird die Schraube gedehnt, die verschraubten Bauteile werden gestaucht. Unter der elastischen Nachgiebigkeit δ eines Körpers versteht man den Betrag, um den er sich unter der Wirkung einer Einheitskraft (z.B. 1 N) verlängert oder verkürzt.

Nach der Elastizitätslehre gilt bei gleich bleibendem Querschnitt:

$$\text{Nachgiebigkeit} \quad \delta = \frac{f}{F} = \frac{l}{E \cdot A}$$

Hierin ist f die Längenänderung, F die beanspruchende Kraft, l die Ausgangslänge, E der Elastizitätsmodul und A die Querschnittsfläche.

Bild 10.28 zeigt eine Taillenschraube. Diese kann entspr. ihren verschiedenen Querschnitten in die Einzelelemente der Längen l_1 bis l_3 aufgeteilt werden. Erfahrungsgemäß sind $l_K \approx 0{,}4d$ und $l_G \approx 0{,}5d$ als Ersatzlängen für den Anteil des Schraubenkopfes und des Gewindekerns an der Formänderung einzusetzen. Die Verformung der Schrauben- und Muttergewindegänge wird mit der zusätzlichen Ersatzlänge $l_M \approx 0{,}4d$ erfasst. Da die einzelnen Elemente hintereinander geschaltet sind, werden ihre einzelnen Nachgiebigkeiten addiert:

$$\textit{Nachgiebigkeit der Schraube} \quad \delta_S = \frac{1}{E_S}\left(\frac{l_1}{A_1} + \frac{l_2}{A_2} + \frac{l_3}{A_3} + \ldots + \frac{l_M}{A}\right) \tag{10.6}$$

δ_S in mm/N Nachgiebigkeit der Schraube,
E_S in N/mm² Elastizitätsmodul des Schraubenwerkstoffs, für Stahlschrauben ≈ 210.000 N/mm²,
l_M in mm Ersatzlänge für die Verformung im Gewinde,
A_i in mm² Querschnittsflächen der Einzelelemente, für den Fall in Bild 10.28 ist
$A_1 = A$ der Schaftquerschnitt (Nennquerschnitt $= d^2 \cdot \pi / 4$),
$A_2 = A_T$ der Taillenquerschnitt (Tabelle 10.1),
$A_3 = A_K$ der Kernquerschnitt (Tabelle 10.1).

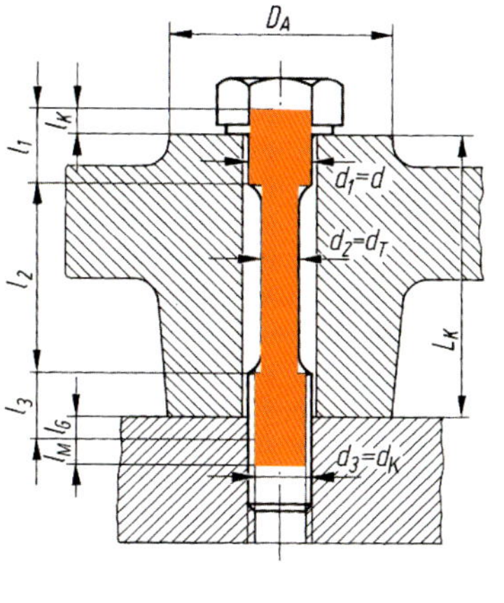

Bild 10.28
Verbindung mit Taillenschraube

Für andere Schraubenformen ist δ_S sinngemäß zu ermitteln. Damit beträgt die **Verlängerung der Schraube** beim Anziehen $f_{SM} = F_M \cdot \delta_S$ mit F_M als Montagevorspannkraft.

In der Regel werden platten- oder hülsenförmige Bauteile miteinander verschraubt oder auf ein Bauteil aufgeschraubt wie beispielsweise nach Bild 10.29. Auf der Klemmlänge L_K breitet sich die Druckspannung tonnenförmig aus, wie bereits in Bild 10.23 dargestellt wurde. Den Druckspannungskörper denkt man sich durch einen volumengleichen zylindrischen Körper[2] mit einer Querschnittsfläche A_B und den Einzellängen $L_1, L_2, \ldots$ ersetzt, die zusammen die Klemmlänge L_K bilden. Das ist theoretisch zwar nicht ganz korrekt, genügt aber den praktischen Anforderungen.

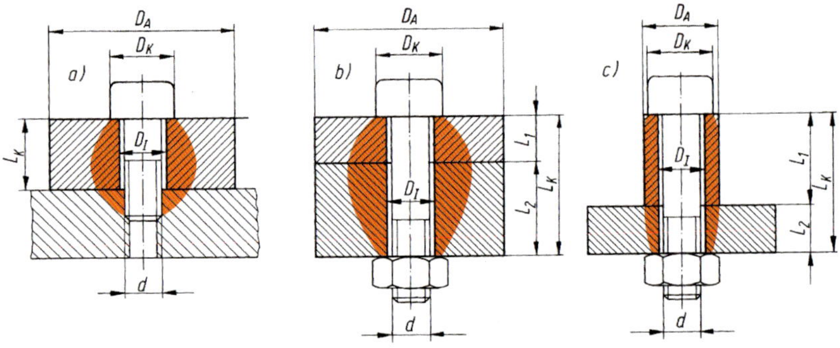

Bild 10.29 Schraubenverbindungen
a) Platte aufgeschraubt, b) Platten miteinander verschraubt, c) Hülse und Platte miteinander verschraubt

Entsprechend gilt für die

Ersatzquerschnitte

bei $D_A \le D_K$: $$A_B = \frac{\pi}{4}\left(D_A^2 - D_I^2\right) \tag{10.7}$$

bei $D_K < D_A < D_K + L_K$: $$A_B = \frac{\pi}{4}\left(D_K^2 - D_I^2\right) + \frac{\pi}{8} D_K \left(D_A - D_K\right)\left[\left(x_1 + 1\right)^2 - 1\right] \tag{10.8}$$

bei $D_A \ge D_K + L_K$: $$A_B = \frac{\pi}{4}\left(D_K^2 - D_I^2\right) + \frac{\pi}{8} D_K L_K \left[\left(x_2 + 1\right)^2 - 1\right] \tag{10.9}$$

A_B	in mm²	Querschnittsfläche des Ersatzzylinders für die verschraubten Bauteile,
D_A	in mm	Außendurchmesser bzw. Breite der Bauteile,
D_I	in mm	Lochdurchmesser (Tabelle 10.3),
D_K	in mm	Auflagedurchmesser des Schraubenkopfes oder der Mutter an den Bauteilen,
L_K	in mm	Klemmlänge der Schraubenverbindung,
x_1		$= \sqrt[3]{L_K D_K / D_A^2}$,
x_2		$= \sqrt[3]{L_K D_K / \left(L_K + D_K\right)^2}$.

Die Gleichungen gelten sowohl für Durchsteck- als auch für Sacklochverschraubungen. Formel 10.8 ist für $D_K < D_A \le 1{,}5 D_K$ auf ein Klemmlängenverhältnis $L_K / d \le 10$ begrenzt.

Sinngemäß zur Nachgiebigkeit der Schraube beträgt die

Nachgiebigkeit der Bauteile $$\delta_B \approx \frac{1}{A_B}\left(\frac{L_1}{E_{B1}} + \frac{L_2}{E_{B2}} + \ldots\right) \tag{10.10}$$

δ_B	in mm/N	Nachgiebigkeit der Bauteile,
L_i	in mm	Einzeldicken der Bauteile,
E_{Bi}	in N/mm²	Elastizitätsmoduln der einzelnen Bauteilwerkstoffe (siehe Tabelle 9.2),
A_B	in mm²	Querschnittsfläche des Ersatzzylinders der Bauteile nach Formel 10.7 bis Formel 10.9.

[2] Kegelstumpf in der VDI 2230.

Die **Bauteile** erfahren somit eine **Dickenabnahme** $f_{BM} = F_M \cdot \delta_B$ mit F_M als Montagevorspannkraft.

Bei wesentlich anders geformten Bauteilen als nach Bild 10.29 ist der voraussichtlich sich bildende Druckkörper abzuschätzen und nach diesem ein gleichvolumiger Ersatzzylinder anzunehmen.

Beispiel 10.3

Die Verbindung mit einer Dehnschraube aus Stahl nach Bild 10.28 besitzt folgende Abmessungen: $D_K = 14{,}6\,\text{mm}$, $D_l = 11\,\text{mm}$, $d_1 = d = 10\,\text{mm}$, $A = A_1 = 78{,}5\,\text{mm}^2$, $d_2 = d_T \geq 7{,}3\,\text{mm}$, $A_2 = A_T = 41{,}9\,\text{mm}^2$, $d_3 = d_K = 8{,}16\,\text{mm}$, $A_3 = A_K = 52{,}3\,\text{mm}^2$, $l_1 = 12\,\text{mm}$, $l_2 = 30\,\text{mm}$, $l_3 = 12\,\text{mm}$, $L_K = 45\,\text{mm}$. Es wird das Auge eines Graugusskörpers aus EN-GJL-250 mit $E_B = 130\,\text{kN/mm}^2$ (Tabelle 9.2) aufgeschraubt, das eine Breite $b = D_A = 35\,\text{mm}$ besitzt. Wie groß sind die Nachgiebigkeiten δ_S der Schraube und δ_B des Bauteils?

Lösung:

1. Nachgiebigkeit δ_S der Schraube

Nach Formel 10.6 ist mit $l_M = 0{,}4d = 0{,}4 \cdot 10\,\text{mm} = 4\,\text{mm}$:

$$\delta_S = \frac{1}{E_S}\left(\frac{l_1}{A_1} + \frac{l_2}{A_2} + \frac{l_3}{A_3} + \frac{l_M}{A}\right)$$

$$= \frac{1}{210\,\text{kN/mm}^2}\left(\frac{12}{78{,}5} + \frac{30}{41{,}9} + \frac{12}{52{,}3} + \frac{4}{78{,}5}\right)\frac{\text{mm}}{\text{mm}^2}$$

$$= 5{,}48 \cdot 10^{-6}\,\text{mm/N}$$

2. Nachgiebigkeit δ_B des Bauteils

Bei $D_K = 14{,}6\,\text{mm} < D_A = 35\,\text{mm} < D_K + L_K = (14{,}6 + 45)\,\text{mm} = 59{,}6\,\text{mm}$ kommt

für A_B Formel 10.8 in Betracht mit $x_1 = \sqrt[3]{L_K D_K / D_A^2} = \sqrt[3]{45 \cdot 14{,}6 / 35^2} = 0{,}8125$

$$A_B = \frac{\pi}{4}\left(D_K^2 - D_l^2\right) + \frac{\pi}{8} D_K \left(D_A - D_K\right)\left[\left(x_1 + 1\right)^2 - 1\right]$$

$$= \frac{\pi}{4}\left(14{,}6^2 - 11^2\right)\text{mm}^2 + \frac{\pi}{8} 14{,}6(35 - 14{,}6)\left[(0{,}8125 + 1)^2 - 1\right]\text{mm}^2$$

$$= 339{,}66\,\text{mm}^2$$

Mit $L_i = L_K$ wird nach Formel 10.10:

$$\delta_B = \frac{L_K}{E_B \cdot A_B} = \frac{45\,\text{mm}}{130\,\text{kN/mm}^2 \cdot 339{,}66\,\text{mm}^2} = 1{,}019 \cdot 10^{-6}\,\text{mm/N}$$

■

10

10

10.13 Berechnung: Bleibende Verformung durch Setzen

Das Vorspannen (Anziehen) einer Schraubenverbindung wird grafisch dargestellt, indem man die Verlängerung (Dehnung) f_{SM} der Schraube als positive und die Dickenabnahme (Stauchung) f_{BM} der Bauteile als negative Längenänderung aufträgt. Die beiden einzelnen Diagramme werden gewissermaßen „addiert", wobei die Längungs- und Kürzungslinien sich bei F_V als der gemeinsamen, auf Schraube und Bauteile wirkenden Kraft treffen (Bild 10.30). Ein derartiges Schaubild heißt **Verspannungsschaubild**. Die Verlängerung der Schraube lässt sich nach Abschnitt 10.12 berechnen mit $f_{SM} = F_M \cdot \delta_S$, die Stauchung der Platte analog mit $f_{BM} = F_M \cdot \delta_B$.

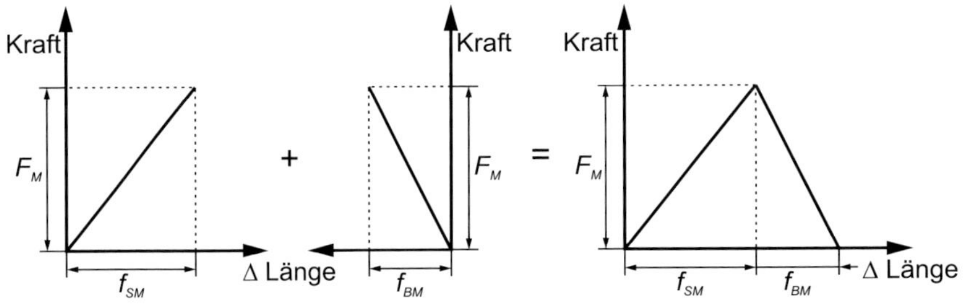

Bild 10.30 Herleitung des Verspannungsschaubilds

Ersichtlich ist, dass die Nachgiebigkeiten δ_S und δ_B die Steigungen der Verläufe im Diagramm darstellen.

Außer den elastischen Formänderungen treten Setzerscheinungen auf (siehe Abschnitt 10.6). Die Dicke der Bauteile und die Länge der Schraube ändern sich zusammen um einen Setzbetrag f_Z (Bild 10.31b). Durch das Setzen geht die Montagevorspannkraft F_M um den Vorspannkraftverlust F_Z auf die Vorspannkraft F_V zurück (Bild 10.31b).

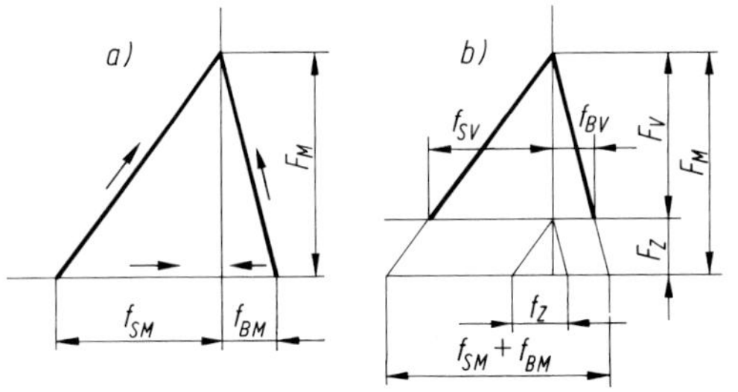

Bild 10.31
Verspannungsschaubild einer vorgespannten Schraubenverbindung
a) vor und b) nach dem Setzen

Aus den ähnlichen Dreiecken folgt:

$$\frac{F_Z}{F_M} = \frac{f_Z}{f_{SM} + f_{BM}} = \frac{f_Z}{\delta_S \cdot F_M + \delta_B \cdot F_M}, \text{ also } F_Z = \frac{f_Z}{\delta_S + \delta_B}$$

Unter Vorgriff auf die Kraftverhältnisse im Betriebszustand (siehe Abschnitt 10.14) wird eingeführt das

$$\textit{Kraftverhältnis}\quad \Phi_K = \frac{\delta_B}{\delta_S + \delta_B} \tag{10.11}$$

δ_B in mm/N Nachgiebigkeit der Bauteile nach Formel 10.10,
δ_S in mm/N Nachgiebigkeit der Schraube nach Formel 10.6.

Mit dem Kraftverhältnis errechnet sich der

$$\textit{Vorspannkraftverlust}\quad F_Z = \frac{f_Z \cdot \Phi_K}{\delta_B} \tag{10.12}$$

F_Z in N Vorspannkraftverlust nach der Montage der Schraubenverbindung,
f_Z in mm Setzbetrag (Richtwerte nach Tabelle 10.10),
δ_B in mm/N Nachgiebigkeit der Bauteile nach Formel 10.10.

Damit verbleibt eine

$$\textit{Vorspannkraft}\quad F_V = F_M - F_Z \tag{10.13}$$

F_M in N Montagevorspannkraft nach Formel 10.3,
F_Z in N Vorspannkraftverlust nach Formel 10.12.

In der aktuellen Richtlinie VDI 2230, Stand 2015, wird die Trennfugenzahl **berücksichtigt** (zur Berechnung des Setzbetrages f_z siehe Tabelle 10.10).

10

Beispiel 10.4

Für die Schraubenverbindung nach Bild 10.28 gemäß Beispiel 10.3 sind gegeben: $\delta_S = 5{,}48 \cdot 10^{-6}\,\text{mm/N}$, $\delta_B = 1{,}019 \cdot 10^{-6}\,\text{mm/N}$, $F_{Mmax} = 26{,}3\,\text{kN}$, $\alpha_A = 1{,}6$. In welchen Grenzen $F_{V\,max}$ und $F_{V\,min}$ kann die Vorspannkraft schwanken, wenn der Setzbetrag $f_z = 5{,}5 \cdot 10^{-3}\,\text{mm}$ beträgt?

Lösung:
Nach Formel 10.11 bis Formel 10.13 werden

$$\Phi_K = \frac{\delta_B}{\delta_S + \delta_B} = \frac{1{,}019 \cdot 10^{-6}}{5{,}48 \cdot 10^{-6} + 1{,}019 \cdot 10^{-6}} = \frac{1{,}019}{5{,}48 + 1{,}019} = 0{,}157$$

$$F_z = \frac{f_z \cdot \Phi_K}{\delta_B} = \frac{5{,}5 \cdot 10^{-3}\,\text{mm} \cdot 0{,}157}{1{,}019 \cdot 10^{-6}\,\text{mm/N}} \approx 847\,\text{N}$$

$$F_{Vmax} = F_{Mmax} - F_Z = 26{,}3\,\text{kN} - 0{,}847\,\text{kN} \approx 25{,}45\,\text{kN}$$

und aus Formel 10.5 folgt:

$$F_{Vmin} = \frac{F_{Mmax}}{\alpha_A} - F_Z = \frac{26{,}3\,\text{kN}}{1{,}6} - 0{,}847\,\text{kN} \approx 15{,}59\,\text{kN}$$

■

10

10.14 Berechnung: Betriebskräfte Zug, Druck und Schwingungen auf vorgespannte Schraubenverbindungen

1. Lastfall: Zug

Nach der Montage und nach dem Setzen ist die Schraubenverbindung mit der Kraft F_V vorgespannt (Bild 10.32a). Die Klemmkraft an der Trennfuge der Bauteile ist dann gleich der Vorspannkraft F_V (Bild 10.33a). Wird jetzt eine äußere Betriebslängskraft F_A (axiale Betriebskraft, Zug) über die verspannten Bauteile eingeleitet, wird dadurch die Schraube weiter gedehnt und gleichzeitig der Flansch weniger gestaucht. Die Schraube muss durch die Aufbringung insgesamt die zusätzliche Beanspruchung F_{SA} ertragen (Bild 10.32a).

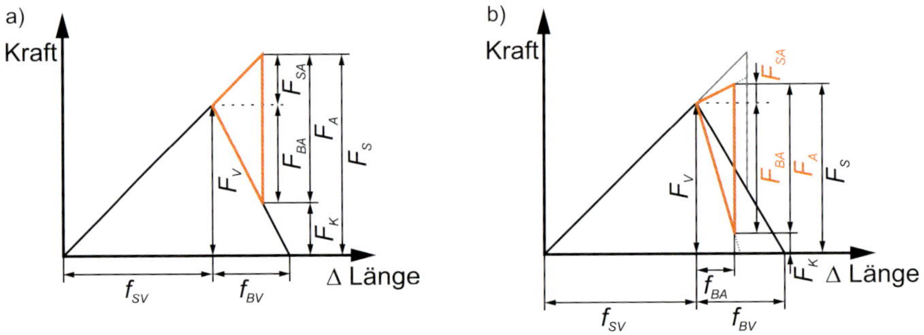

Bild 10.32 Verspannungsschaubild bei Belastung mit $n = 1$ (a) und $n = 0{,}5$ (b)

Dabei handelt es sich um den Idealfall, bei dem die Betriebskraft direkt am Schraubenkopf und an der Mutter angreift. In der Realität greift die Kraft im Abstand L_A innerhalb der Klemmlänge L_K an (Bild 10.33b). Dadurch wird das Teilstück der Länge L_A der Bauteile entlastet und dehnt sich, während das Teilstück der Länge $L_K - L_A$ stärker belastet und weiter gestaucht wird. Die Schraube wird dadurch insgesamt auf die Größtkraft F_S belastet (Bild 10.33c), die Bauteilfugen dagegen werden bis auf die Restklemmkraft F_K entlastet. Die Differenz der Kräfte F_S und F_K ist dann gleich der axialen Betriebskraft F_A.

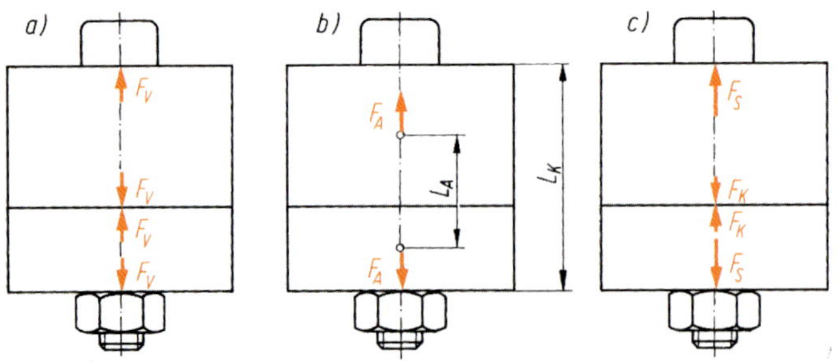

Bild 10.33 Kräfte an einer Schraubenverbindung
a) Vorspannkraft F_V, b) Betriebslängskraft F_A, c) Größtkraft F_S und Restklemmkraft F_K

Es ist nicht immer einfach, den Angriffspunkt der Betriebskraft F_A innerhalb der Klemmlänge festzustellen, und häufig ist man anhand der Konstruktion auf eine gefühlsmäßige Schätzung angewiesen, d.h. man muss erwägen, an welcher Stelle der Übergang von der Entlastung zur weiteren Belastung der Bauteile stattfindet. Dazu zeigt Bild 10.34 drei kaum voneinander verschiedene Schraubenverbindungen. Im Fall nach Bild 10.34a scheint die Betriebskraft F_A am Schraubenkopf anzugreifen. Dies trifft aber nicht zu, da der obere Bauteilabschnitt vom Schraubenkopf gestaucht, der untere aber entlastet wird. Man kann $L_A = 0,7 L_K$ annehmen. Im Fall nach Bild 10.34b ist eindeutig $L_A \approx L_K / 2$ zu setzen (Normalfall). Im Fall nach Bild 10.34c greift die Belastungskraft F_A nicht an der Trennfuge an, da auch hier der obere Bauteilabschnitt gestaucht, der untere aber entlastet wird. Für diesen Fall kann $L_A \approx 0,3 L_K$ angenommen werden.

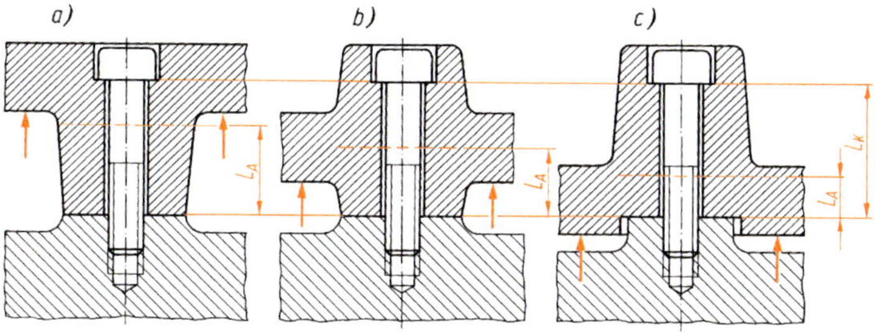

Bild 10.34 Schraubenverbindungen mit verschiedenen Kraftangriffspunkten
a) mit $L_A \approx 0,7L_K$, b) mit $L_A \approx 0,5L_K$, c) mit $L_A \approx 0,3L_K$

Zur Veranschaulichung der Verspannungsverhältnisse kann man sich nach Bild 10.35a die Bauteile in die Teilstücke A mit der Länge L_A und B mit der Länge $L_B = L_K - L_A$ zerlegt und übereinander gesetzt denken, sodass die Betriebskraft F_A an der Trennfuge der beiden gedachten Teile angreift, die mit F_V vorgespannt waren. Durch die Wirkung von F_A wächst die Kraft im Teil B, das an den Schraubenkopf stößt, von F_V um die Schraubendifferenzkraft F_{SA} auf die Größtkraft F_S (Bild 10.35b), während im Teil A die Kraft von F_V um die Bauteildifferenzkraft F_{BA} auf die Restklemmkraft F_K sinkt (Bild 10.35c). Bild 10.35d zeigt das Verspannungsbild.

Die weitere Stauchung des Teils B und die weitere Dehnung der Schraube werden also von F_{SA} hervorgerufen, die weitere Dehnung des Teils A von F_{BA}. Dadurch erscheinen die Bauteile steifer als zuvor, die Schraube aber nachgiebiger.

Es wird also ein

$$\textit{Krafteinleitungsfaktor} \quad n = L_A / L_K \qquad (10.14)$$

eingeführt, der den realen Fall darstellt und als solcher natürlich auch einen Einfluss auf das Verspannungsschaubild hat. So sieht bei $n = 1$ das Schaubild noch wie Bild 10.32a aus, bei $n = 0,5$ jedoch ergibt sich ein Schaubild nach Bild 10.32b.

Außerdem muss mit $L_A = n \cdot L_K$ die Nachgiebigkeit des Teils A auf $\delta_{BA} = \delta_B \cdot L_A / L_K = n \cdot \delta_B$ sinken und mit $L_B = L_K - n \cdot L_K = L_K(1-n)$ des Teils B auf $\delta_{BB} = \delta_B \cdot L_B / L_K = (1-n)\delta_B$. Hierin ist δ_B die Nachgiebigkeit der Bauteile auf der Klemmlänge L_K nach Formel 10.10. Mit δ_S als Nachgiebigkeit der Schraube nach Formel 10.6 und $F_{BA} = F_A - F_{SA}$ nach Bild 10.35d werden somit:

$$f_{BA} = F_{BA} \cdot \delta_{BA} = F_{BA} \cdot n \cdot \delta_B = (F_A - F_{SA}) n \cdot \delta_B$$

$$f_{SA} + f_{BB} = F_{SA}(\delta_S + \delta_{BB}) = F_{SA}\left[\delta_S + (1-n)\delta_B\right]$$

10

Aus der Beziehung $f_{SA} + f_{BB}$ (Bild 10.35b) folgt:

$$F_{SA}\left[\delta_S + (1-n)\delta_B\right] = (F_A - F_{SA})n \cdot \delta_B$$

$$F_{SA}\left[\delta_S + (1-n)\delta_B + n \cdot \delta_B\right] = F_A \cdot n \cdot \delta_B$$

$$F_{SA}(\delta_S + \delta_B) = F_A \cdot n \cdot \delta_B, \quad \text{also } F_{SA} = n\frac{\delta_B}{\delta_S + \delta_B}F_A$$

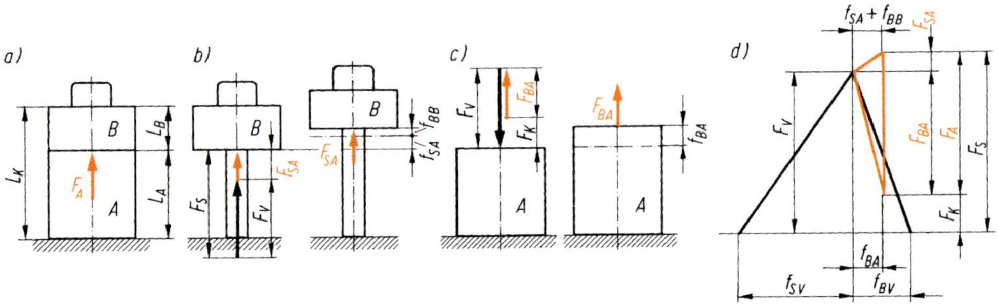

Bild 10.35 Längsverformungen durch die Kräfte an einer Schraubenverbindung
a) gedachte Teile A und B, Beanspruchung durch eine axiale Betriebskraft F_A, b) Kraftanstieg im Teil B, c) Kraftabnahme im Teil A, d) Verspannungsbild

In der letzten Gleichung ist das Kraftverhältnis Φ_K nach Formel 10.11 enthalten, und mit diesem errechnet sich die

Schraubenzusatzkraft in der Schraube $F_{SA} = n \cdot \Phi_K \cdot F_A$ (10.15)

F_{SA}	in N	Kraftdifferenz zwischen der Größtkraft F_S und der Vorspannkraft F_V,
n		Krafteinleitungsfaktor nach Formel 10.14[3],
Φ_K		Kraftverhältnis nach Formel 10.11,
F_A	in N	Betriebslängskraft, die im Abstand L_A innerhalb der Klemmlänge L_K angreift.

Aus dem Verspannungsbild (Bild 10.35d) folgen

Flanschentlastungskraft in den Bauteilen $F_{BA} = F_A - F_{SA} = (1 - n \cdot \Phi_K)F_A$ (10.16)

Größtkraft in der Schraube $F_S = F_V + F_{SA}$ (10.17)

Restklemmkraft der Bauteile $F_K = F_S - F_A$ (10.18)

mit F_V als Vorspannkraft nach Formel 10.13. Aus Sicherheitsgründen ist die Restklemmkraft F_K mit $F_{S\,min}$ zu berechnen.

Mitunter wird von einer Schraubenverbindung eine bestimmte Mindestklemmkraft (Restklemmkraft) gefordert, beispielsweise zur Erzielung einer genügend großen Dichtwirkung. In diesem Falle muss nach der Wahl der Schraubengröße von der Restklemmkraft ausgehend die erforderliche Montagevorspannkraft $F_{M\,max}$ errechnet werden. Da die Summe von Mindestklemmkraft F_K, Differenzkraft F_{BA} und Vorspannkraftverlust F_Z gleich der Montagevorspannkraft $F_{M\,min}$ sein muss, wird mit $F_{M\,max} = \alpha_A \cdot F_{M\,min}$ die erforderliche

[3] Eine ausführliche Berechnung von n ist in der VDI 2230 erläutert.

Montagevorspannkraft $F_{M\,max} = \alpha_A \left(F_K + F_{BA} + F_Z\right)$ (10.19)

α_A Anziehfaktor nach Tabelle 10.6,
F_K in N erforderliche Mindestklemmkraft der Bauteile,
F_{BA} in N Differenzkraft in den Bauteilen nach Formel 10.16,
F_Z in N Vorspannkraftverlust durch Setzen nach Formel 10.12.

Mit $F_{M\,max}$ kann das Schraubenanziehmoment M_A mit Formel 10.4 errechnet und vorgeschrieben werden. M_A darf nicht größer als das zulässige nach Tabelle 10.8 bzw. Tabelle 10.9 sein.

Je größer die Betriebskraft F_A im Verhältnis zur Vorspannkraft F_V ist, umso kleiner wird die Restklemmkraft F_K. Bei $F_A = F_S$ wird $F_K = 0$. Wenn F_A noch größer wird, **heben die Bauteile voneinander ab.**

Formel 10.15 zeigt, dass die Zunahme F_{SA} der Schraubenkraft umso kleiner wird, je kleiner der Krafteinleitungsfaktor n und je kleiner das Kraftverhältnis Φ_K ist. Dies bedeutet gleichzeitig, dass die Nachgiebigkeiten direkten Einfluss auf F_{SA} haben. Mit einem „harten" Bauteil und einer „weichen" Schraube wirkt nur eine geringe Kraft auf die Schraube; der Großteil der Kraft wird vom Bauteil getragen.

Im umgekehrten Fall trägt die Schraube die größere Last, wodurch eine Überlastung der Schraube und ein eventueller Bruch derselben riskiert werden.

Daraus geht hervor, dass ein Kraftangriff in Nähe der Bauteiltrennfugen, steife Bauteile und nachgiebige Schrauben günstig sind. **Dehnschrauben werden gegenüber Schaftschrauben** (auch Starrschrauben genannt) **bei gleicher Vorspannung durch die Betriebskraft weniger hoch beansprucht**.

10

2. Lastfall: Druck

Wirkt eine Betriebslängskraft F_A nach Bild 10.36 als **Druckkraft** auf die Bauteile, so nimmt die Bauteildicke auf der Länge L_A um f_{BA} ab, die Schraube wird um f_{SA} kürzer und das Bauteil auf der Länge L_K - L_A um f_{BB} dicker. Die Schraubenkraft nimmt von F_V um F_{SA} auf F_S ab, während die Klemmkraft der Bauteile von F_V um F_{BA} auf F_K zunimmt.

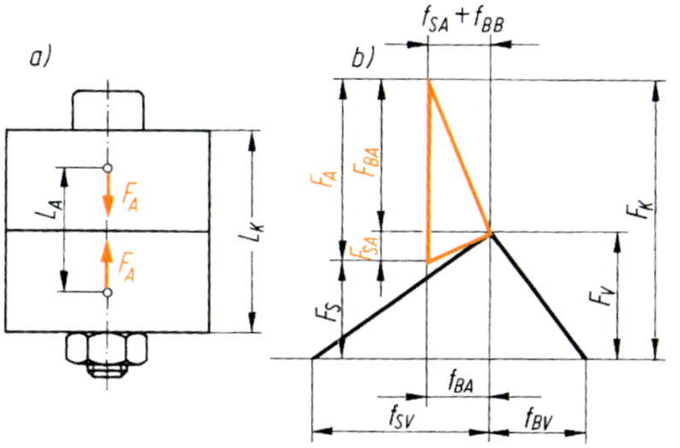

Bild 10.36
Durch eine Betriebsdruckkraft F_A beanspruchte Schraubenverbindung
a) Angriffspunkt der Betriebskraft,
b) Verspannungsschaubild

3. Lastfall: Schwingungen

Bei Schraubenverbindungen, die von einer zwischen F_{Ao} (Oberkraft) und F_{Au} (Unterkraft) **schwingenden Betriebskraft** nach Bild 10.37 belastet werden, wird die Schraube mit dem Kraftausschlag F_a beansprucht, nämlich der

Kraftamplitude $F_a = 0{,}5n \cdot \Phi_K \left(F_{Ao} - F_{Au}\right)$ (10.20)

n		Krafteinleitungsfaktor nach Formel 10.14,
Φ_K		Kraftverhältnis nach Formel 10.11,
F_{Ao}	in N	Oberkraft des Lastspiels,
F_{Au}	in N	Unterkraft des Lastspiels.

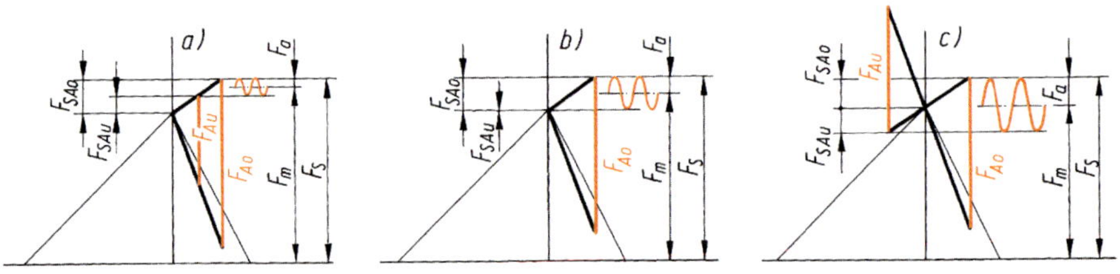

Bild 10.37 Verspannungsschaubilder bei schwingender Betriebslängskraft F_A
a) Zugkraft schwingend zwischen F_{Ao} und F_{Au}, b) Zugkraft schwingend zwischen F_{Ao} und $F_{Au} = 0$ (schwellend), c) Längskraft schwingt zwischen Zugkraft F_{Ao} und Druckkraft F_{Au} (wechselnd)

Hierzu beträgt die Mittelkraft (Bild 10.37), um die die Kraftamplitude nach oben und unten ausschlägt:

Mittelkraft des Lastspiels in der Schraube $F_m = F_S - F_a = F_M - F_Z + 0{,}5n \cdot \Phi_K \left(F_{Ao} + F_{Au}\right)$ (10.21)

F_S	in N	Größtkraft in der Schraube = F_{Smax} nach Formel 10.17,
F_a	in N	Kraftamplitude nach Formel 10.20,
F_M	in N	Montagevorspannkraft = F_{Mmax} nach Formel 10.3, ggf. nach Formel 10.19,
F_Z	in N	Vorspannkraftverlust nach Formel 10.12,
n, Φ_K,	F_{Ao}, F_{Au}	siehe Legende zu Formel 10.20.

Unter einem **Lastspiel** versteht man eine volle Schwingung der Betriebskraft F_A. Ist F_{Au} wie in Bild 10.37c eine **Druckkraft**, so ist ihr Betrag mit **negativem Vorzeichen** in Formel 10.20 und Formel 10.21 einzusetzen. Bei $F_{Au} = 0$ ist $F_a = 0{,}5F_{SA}$.

Beispiel 10.5

Die Schraubenverbindungen nach Bild 10.34a bis c mit einer Klemmlänge $L_K = 45\text{mm}$ entsprechen in ihren Abmessungen denen aus Beispiel 10.3 und Beispiel 10.4 zu Bild 10.28. Sie werden mit einer Betriebslängskraft $F_A = 12\text{kN}$ beansprucht. Bisher wurden errechnet: $F_{V\,max} = 25{,}45\text{kN}$, $F_{V\,min} = 15{,}59\text{kN}$, $\Phi_K = 0{,}157$. Wie groß werden folgende, für die Berechnung der Verbindungen jeweils wichtigen Kräfte: Die Differenzkraft F_{SA} in der Schraube, die Differenzkraft F_{BA} im Bauteil, $F_{S\,max}$ und $F_{S\,min}$, zwischen denen die Größtkraft in der Schraube schwanken kann, und die Restklemmkraft F_K der Bauteile?

Lösung:

Nach Formel 10.15 bis Formel 10.18 werden

1. bei der Ausführung nach Bild 10.34a
   Mit $n \approx 0{,}7$ ist

$$F_{SA} = n \cdot \Phi_K \cdot F_A = 0{,}7 \cdot 0{,}157 \cdot 12\,kN = 1{,}32\,kN$$

$$F_{BA} = F_A - F_{SA} = 12\,kN - 1{,}32\,kN = 10{,}68\,kN$$

$$F_{S\max} = F_{V\max} + F_{SA} = 25{,}45\,kN + 1{,}32\,kN = 26{,}77\,kN$$

$$F_{S\min} = F_{V\min} + F_{SA} = 15{,}59\,kN + 1{,}32\,kN = 16{,}91\,kN$$

$$F_K = F_{S\min} - F_A = 16{,}91\,kN - 12\,kN = 4{,}91\,kN$$

2. bei der Ausführung nach Bild 10.34b
   Mit $n \approx 0{,}5$ ist

$$F_{SA} = 0{,}5 \cdot 0{,}157 \cdot 12\,kN = 0{,}94\,kN$$

$$F_{BA} = 12\,kN - 0{,}94\,kN = 11{,}06\,kN$$

$$F_{S\max} = 25{,}45\,kN + 0{,}94\,kN = 26{,}39\,kN$$

$$F_{S\min} = 15{,}59\,kN + 0{,}94\,kN = 16{,}53\,kN$$

$$F_K = 16{,}53\,kN - 12\,kN = 4{,}53\,kN$$

3. bei der Ausführung nach Bild 10.34c
   Mit $n \approx 0{,}3$ ist

$$F_{SA} = 0{,}3 \cdot 0{,}157 \cdot 12\,kN = 0{,}565\,kN$$

$$F_{BA} = 12\,kN - 0{,}565\,kN = 11{,}44\,kN$$

$$F_{S\max} = 25{,}45\,kN + 0{,}565\,kN = 26{,}02\,kN$$

$$F_{S\min} = 15{,}59\,kN + 0{,}565\,kN = 16{,}16\,kN$$

$$F_K = 16{,}16\,kN - 12\,kN = 4{,}16\,kN$$

4. Schlussbetrachtung
   In Bezug auf die Schraubenbeanspruchung ist der Fall nach Bild 10.34c der günstigste, jedoch ist bei ihm die Restklemmkraft am kleinsten. In kritischen Fällen ist daher zu erwägen, welcher Konstruktion der Vorzug zu geben ist.

Beispiel 10.6

Die Schraubenverbindung nach Bild 10.34b aus Beispiel 10.3 bis Beispiel 10.5 soll mit einem Drehschrauber (Anziehfaktor $\alpha_A = 1{,}6$) so angezogen werden, dass eine Mindestklemmkraft $F_K = 2\,kN$ gewährleistet wird. Auf die Verbindung wirkt eine Betriebslängskraft $F_A = 12\,kN$. Es sind bereits bekannt: $F_{BA} = 11{,}06\,kN$, $F_Z = 0{,}847\,kN$, $P = 1{,}5\,mm$, $\mu_G = 0{,}1$, $\mu_K = 0{,}16$, $d_2 = 9{,}03\,mm$, $D_K = 14{,}6\,mm$, $D_I = 11\,mm$. Welches Schraubenanziehmoment M_A ist vorzuschreiben?

Lösung:
Nach Formel 10.19 wird
$F_{Mmax} = \alpha_A(F_K + F_{BA} + F_Z) = 1{,}6(2 + 11{,}06 + 0{,}847)\text{kN} \approx 22{,}25\text{kN}$, und nach Formel 10.4 mit $r_m = 0{,}25(D_K + D_i) = 0{,}25(14{,}6 + 11)\text{mm} = 6{,}4\text{mm}$:

$$M_{Amax} = F_{Mmax}(0{,}16P + 0{,}58\mu_G \cdot d_2 + \mu_K \cdot r_m)$$
$$= 22{,}52\text{kN}(0{,}16 \cdot 1{,}5 + 0{,}58 \cdot 0{,}1 \cdot 9{,}03 + 0{,}16 \cdot 6{,}4)\text{mm} \approx 39{,}78\text{Nm}$$

Nach Tabelle 10.9 ist für Taillenschrauben der Festigkeitsklasse 10.9 bei $\mu_K = 0{,}16$ ein Anziehmoment $M_{A\,zul} = 55\text{Nm}$ angegeben. Somit kann $M_A = 40\text{Nm}$ vorgeschrieben werden. Hätte sich $M_{A\,max} > M_{A\,zul}$ ergeben, so müsste eine größere Schraube oder eine höhere Festigkeitsklasse gewählt werden.

■

10

Beispiel 10.7

Die Schraubenverbindung nach Bild 10.34b aus Beispiel 10.5 wird mit einer Oberkraft $F_{Ao} = 12\text{kN}$ (Zugkraft) und einer Unterkraft $F_{Au} = -8\text{kN}$ (Druckkraft) schwingend beansprucht. Bereits ermittelt wurden: $n = 0{,}5$, $\Phi_K = 0{,}157$, $F_{Smax} = 26{,}39\text{kN}$. Wie groß werden Kraftamplitude F_a und Mittelkraft F_m des Lastspiels in der Schraube?

Lösung:
Nach Formel 10.20 und Formel 10.21 werden

$$F_a = 0{,}5n \cdot \Phi_K(F_{Ao} - F_{Au}) = 0{,}5 \cdot 0{,}5 \cdot 0{,}157(12 + 8)\text{kN} \approx 0{,}79\text{kN}$$
$$F_m = F_{S\,max} - F_a = 26{,}39\text{kN} - 0{,}79\text{kN} = 25{,}6\text{kN}$$

■

Muss beim Anziehen einer Schraubenverbindung wie nach Bild 10.38 der Widerstand einer **Dichtung** mit überwunden werden, so besitzt die Bauteilkürzungslinie einen Knick und ist der Dichtung entsprechend länger. Die Kürzungslinie der Dichtung kann je nach deren Art gerade oder gekrümmt sein. In derartigen Fällen kann die Berechnung der Kräfte in der Schraubenverbindung so erfolgen, dass die Kürzungslinie der Bauteile bis auf die Nulllinie verlängert wird. F_D ist die Klemmkraft der Dichtung, F_K die Restklemmkraft der Bauteile, f_{BD} die Ersatzquetschung der Bauteile, f_D die Dickenabnahme der Dichtung.

Greift die Betriebslängskraft F_A wie nach Bild 10.39 **exzentrisch** zu den Schraubenachsen an, dann verteilen sich die Pressungen nicht mehr gleichmäßig über die Bauteiltrennflächen und die Schraubenkopfauflagefläche, sodass Restklemmkraft F_K und Schraubenkraft F_S neben der Schraubenachse wirken. Dadurch wird die Schraube zusätzlich auf Biegung beansprucht. Die Berechnung wird dann kompliziert und aufwendig. Deshalb wird hier nicht darauf eingegangen. Sie ist in der Richtlinie VDI 2230 zu finden. Da auch diese Berechnungen mit Unsicherheiten behaftet sind, empfiehlt es sich praktisch, die Montagevorspannkraft $F_{M\,max}$ und damit das Schraubenanziehmoment M_A um einen gewissen Prozentsatz niedriger anzusetzen, um noch Reserve für die Biegebeanspruchung zu lassen. Derartige exzentrische Belastungen treten bei allen Flansch- und Deckelverschraubungen auf. Sie werden umso geringer, je dicker die Flansche oder Deckel sind.

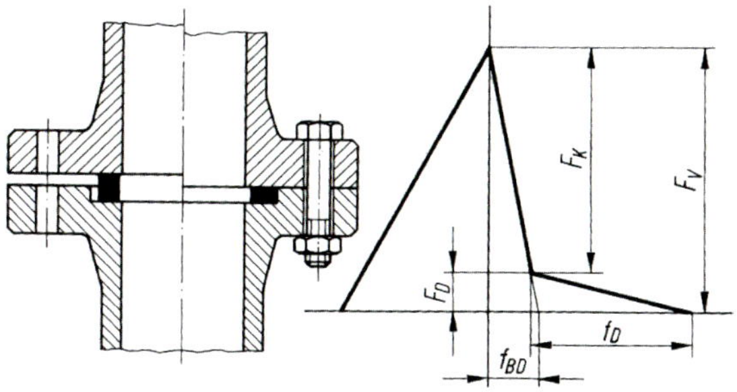

Bild 10.38 Schraubenverbindung mit vorangezogener Dichtung

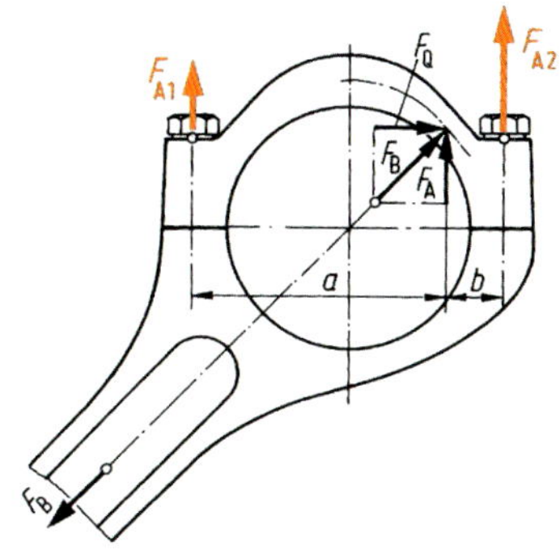

Bild 10.39 Exzentrisch betriebsbeanspruchte Pleuelverschraubung

10.15 Berechnung: Haltbarkeit der Schraubenverbindungen

Das Schraubenanziehmoment M_A wird gemäß Abschnitt 10.11 so festgelegt, dass die Vergleichsspannung im maßgebenden Schraubenquerschnitt unter Berücksichtigung der Streuungen die 0,9-fache 0,2-%-Dehngrenze nicht überschreitet. Infolge des Setzens nimmt diese Beanspruchung ab. Für die Spannungszunahme durch die Schraubenzusatzkraft F_{SA} steht mit Sicherheit noch die 0,1-fache 0,2-%-Dehngrenze zur Verfügung. Deshalb gilt:

Spannungsdifferenz $$\sigma_{sa} = \frac{F_{SA}}{A_0} \leq 0{,}1 R_{p0,2} \qquad (10.22)$$

σ_{sa} in N/mm² Spannungszunahme gegenüber der Vorspannung durch die Betriebslängskraft F_A,
F_{SA} in N Differenzkraft in der Schraube nach Formel 10.15,
A_0 in mm² maßgebender Schraubenquerschnitt = A_s bei Schaftschrauben und A_T bei Dehnschrauben (Tabelle 10.1).

Bei einer schwingenden Betriebslängskraft F_A besteht die Gefahr eines **Dauerbruchs der Schraube**. Gefährdet sind alle Stellen, an denen stärkere Kerbwirkungen auftreten (siehe hierzu Abschnitt 10.9). Im Allgemeinen ist ein Dauerbruch bei einer hohen, aber nicht zu hohen Vorspannung selten. Die Schwingbeanspruchung wird jedoch bei Verlust der Restklemmkraft oder bei unvorgespannten Schrauben besondes hoch. Der glatte Schaft von Taillenschrauben ist kaum dauerbruchgefährdet und bedarf meistens keiner Nachrechnung. Besonders gefährdet ist der Gewindebolzen an der Übergangsstelle zur Mutter oder zu einem Gewindeloch im Bauteil. Nach VDI 2230-1 ist für die Dauerhaltbarkeit der Spannungsquerschnitt A_S maßgebend. In diesem beträgt der

Spannungsausschlag $$\sigma_a = \frac{F_a}{A_S} \qquad (10.23)$$

σ_a in N/mm² Spannungsausschlag im Schraubenkern bei schwingender Betriebslängskraft F_A,
F_a in N Kraftamplitude nach Formel 10.20,
A_S in mm² Spannungsquerschnitt der Schraube (Tabelle 10.1).

Die **Ausschlagsfestigkeit σ_A** des Gewindekerns als Dauerhaltbarkeit ist in Tabelle 10.11 angegeben. Die Tabellenwerte zeigen, dass mit größer werdendem Gewinde die Festigkeit abnimmt. Bei Verwendung von Stulpmuttern sind die Werte um etwa 8 % höher, bei Zugmuttern um etwa 15 %. Bei Feingewinden liegen die Werte für σ_A um etwa 15 % niedriger. Als zulässiger Spannungsausschlag kann $\sigma_{a\,zul} \approx 0{,}9\sigma_A$ gesetzt werden. Liegt zusätzlich Biegebeanspruchung vor, also exzentrischer Kraftangriff, so sind entspr. niedrigere Werte anzusetzen.

Schraubenkopf und Mutter werden mit der Größtkraft F_S auf die Bauteiloberflächen gepresst. Damit die Bauteile nicht örtlich zu stark oder gar plastisch verformt werden und der Setzbetrag durch Kriechen zunimmt, muss die Flächenpressung p_B in bestimmten Grenzen bleiben. Es gilt für die

Flächenpressung $$p_B = \frac{F_S}{A_P} \qquad (10.24)$$

p_B	in N/mm²	durch die Größtkraft F_S hervorgerufene Flächenpressung am Bauteil,
F_S	in N	Größtkraft $F_{S\,max}$ in der Schraube nach Formel 10.17,
A_P	in mm²	am Bauteil vom Schraubenkopf oder von der Mutter gepresste Fläche.

10

Bei der Errechnung der gepressten Fläche A_P ist die übliche Lochanfasung zu berücksichtigen. In Tabelle 10.12 sind Richtwerte für die zulässige Flächenpressung $p_{B\,zul}$ einiger Bauteilwerkstoffe angegeben. Sollte die Flächenpressung den zulässigen Wert überschreiten, so müssen Bundschrauben oder -muttern verwendet oder Scheiben untergelegt werden. Für nicht aufgeführte Werkstoffe kann $p_{B\,zul} \approx 1{,}2 R_e$ gesetzt werden (für Streckgrenzen R_e verschiedener Metalle siehe Tabelle 2.2, Tabelle 2.5 und Tabelle 2.6). Eine nominelle Überschreitung der Streckgrenze schadet nicht, da es sich nicht um Zugbeanspruchung handelt.

Beispiel 10.8

Die Schraubenverbindung nach Bild 10.34b aus Beispiel 10.7 wird mit einer Schraubenzusatzkraft $F_{SA} = 0{,}94\,\text{kN}$ und einer Kraftamplitude $F_a = 0{,}79\,\text{kN}$ beansprucht. Die Größtkraft in der Schraube beträgt $F_{S\,max} = 26{,}39\,\text{kN}$. Entsprechend den vorhergehenden Beispielen sind gegeben: Gewinde M10, Festigkeitsklasse 10.9, $A_T = 41{,}9\,\text{mm}^2$, $A_S = 58{,}0\,\text{mm}^2$ (Tabelle 10.1), $R_{p0.2} = 940\,\text{N/mm}^2$, Kopfdurchmesser $D_K = 14{,}6\,\text{mm}$, Innendurchmesser $D_{IK} = 12\,\text{mm}$ (11 mm Lochdurchmesser + 1 mm Lochanfasung). Bauteilwerkstoff EN-GJL-250. Sind Spannungsdifferenz σ_{sa}, Spannungsausschlag σ_a und Flächenpressung p_B zulässig?

Lösung:

1. Spannungsdifferenz σ_{sa}

Nach Formel 10.22:

$$\sigma_{sa} = \frac{F_{SA}}{A_T} = \frac{940\,\text{N}}{41{,}9\,\text{mm}^2} = 22{,}43\,\text{N/mm}^2 < 0{,}1 R_{p0,2} = 94\,\text{N/mm}^2$$

2. Spannungsausschlag σ_a

Nach Formel 10.23:

$$\sigma_a = \frac{F_a}{A_S} = \frac{790\,\text{N}}{58{,}0\,\text{mm}^2} = 13{,}6\,\text{N/mm}^2$$

Aus Tabelle 10.11 wird $\sigma_A \approx 50\,\text{N/mm}^2$ entnommen. Somit ist $\sigma_{a\,zul} \approx 0{,}9\sigma_A = 0{,}9 \cdot 50\,\text{N/mm}^2 = 45\,\text{N/mm}^2$, die nicht erreicht werden.

3. Flächenpressung p_B

Mit $A_P = (D_K^2 - D_{IK}^2)\pi / 4 = (14{,}6^2 - 12^2)\text{mm}^2 \cdot \pi / 4 = 54{,}32\text{mm}^2$ beträgt nach Formel 10.24 die Flächenpressung

$$p_B = \frac{F_{S\max}}{A_P} = \frac{26390\text{N}}{54{,}32\text{mm}^2} \approx 485{,}8\text{N/mm}^2$$

In Tabelle 10.12 ist $p_{B\,zul} = 850\text{N/mm}^2$ für EN-GJL-250 angegeben, sodass die Flächenpressung nicht zu hoch ist.

10.16 Systematische Berechnung längsbeanspruchter Schraubenverbindungen

10

Die bisher erläuterte Berechnung ist nur für Verbindungen mit Schrauben ab Festigkeitsklasse 8.8 sinnvoll und erfolgt zweckmäßig in festgelegten Rechenschritten. Diese sind im Einzelnen:

1. Ermittlung der die Verbindung beanspruchenden Betriebslängskraft F_A. Befinden sich in einem Anschluss (Flansch, Deckel und dergleichen) mehrere Schrauben, so muss die gesamte Betriebskraft entspr. auf die Schrauben aufgeteilt werden. Danach Abschätzen der Montagevorspannkraft $F_{M\max} \approx 2 \ldots 3F_A$, Wahl der Schraubenart (abhängig von der Konstruktion und den Montagemöglichkeiten) und deren Festigkeitsklasse (Tabelle 10.2), vorläufige Wahl der Schraubengröße nach der zulässigen Montagevorspannkraft $F_{M\,zul}$ (Tabelle 10.8 bzw. Tabelle 10.9).
2. Bestimmung des Anziehfaktors α_A nach der vorgesehenen Anziehmethode (Tabelle 10.6).
3. Falls erforderlich, Bestimmung der Mindestklemmkraft F_K nach den Erfordernissen der Konstruktion.
4. Bestimmung der Nachgiebigkeiten δ_S und δ_B von Schraube und Bauteilen nach Formel 10.6 und Formel 10.10 und des Kraftverhältnisses Φ_K nach Formel 10.11, falls dieses nicht aus Erfahrung bekannt ist.
5. Bestimmung des Vorspannkraftverlustes F_Z durch Setzen nach Formel 10.12, falls auch für diesen kein Erfahrungswert bekannt ist.
6. Bestimmung der erforderlichen Montagevorspannkraft $F_{M\max}$ nach Formel 10.19. Falls keine Mindestklemmkraft vorgeschrieben ist, also nicht mit Formel 10.19 gerechnet werden muss, Wahl von $F_{M\max}$ und Kontrolle mit Formel 10.18, ob ein Abheben der Bauteile sicher vermieden wird. Bei zusätzlicher Biegebeanspruchung (exzentrischem Kraftangriff) $F_{M\max} < F_{M\,zul}$!
7. Bestimmung des Schraubenanziehmoments M_A nach Formel 10.4 mit $F_{M\max}$; es darf das zulässige $M_{A\,zul}$ nach Tabelle 10.8 bzw. Tabelle 10.9 nicht überschreiten!
8. Überprüfung der Haltbarkeit der Schraubenverbindung, d. h. Kontrolle nach Formel 10.22 bis Formel 10.24, ob Spannungsdifferenz σ_{sa}, Spannungsausschlag σ_a und Flächenpressung p_B zulässig sind.

Es sei noch darauf hingewiesen, dass wegen der starken Streuungen einiger Werte ein sinnvolles Runden der Berechnungsergebnisse zweckmäßig ist.

10

Beispiel 10.9

Bild 10.40 zeigt einen Hydraulikzylinder mit Zentralverschraubung zwischen Kolben und Kolbenstange (aus VDI 2230). Der Kolben wird mit einem Druck $p = 55\,\text{bar} = 5{,}5\,\text{N/mm}^2$ beaufschlagt. Wegen der ständigen Arbeitshübe der Presse wirkt die Betriebslängskraft schwellend ($F_{\text{Au}} = 0$). Vorgesehen ist eine Zylinderschraube mit Innensechskant nach DIN EN ISO 4762, Kolbenwerkstoff C45. Die Klemmstelle von Kolben und Kolbenstange erfordert wegen ihrer Dichtfunktion eine Mindestflächenpressung $p_{\text{Ko}} = 10\,\text{N/mm}^2$. Die Verbindung soll mit einem messenden Drehmomentenschlüssel angezogen werden. Welche Schraubengröße ist zu wählen?

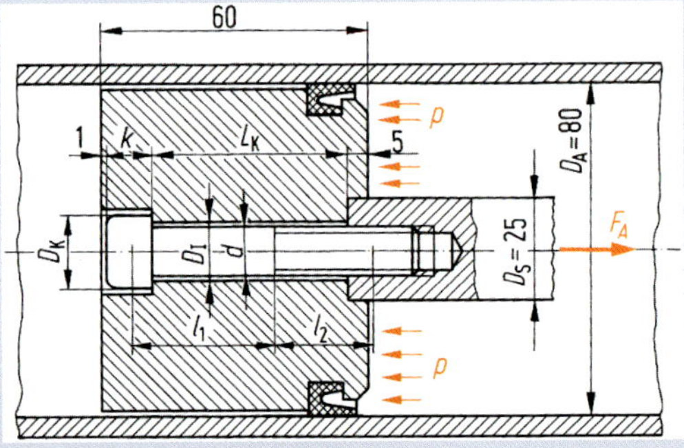

Bild 10.40 Zentralverschraubung von Kolben und Kolbenstange in einem Hydraulikzylinder (nach VDI 2230)

Lösung:

1. Schritt

Mit der beaufschlagten Kolbenfläche $A = \left(D_{\text{A}}^2 - D_{\text{S}}^2\right)\pi/4 = \left(80^2 - 25^2\right)\text{mm}^2 \cdot \pi/4 = 4536\,\text{mm}^2$ beträgt die Betriebslängskraft $F_{\text{A}} = F_{\text{Ao}} = A \cdot p = 4536\,\text{mm}^2 \cdot 5{,}5\,\text{N/mm}^2 = 24948\,\text{N}$. Geschätzt wird $F_{\text{Mmax}} \approx 2{,}5 F_{\text{A}} = 2{,}5 \cdot 24948\,\text{N} \approx 62000\,\text{N}$. Bei geschwärzten und trockenen Schrauben ist nach Tabelle 10.7 mit $\mu_{\text{Gmin}} = 0{,}12$ zu rechnen. Für diese Reibungszahl wird zunächst die Gewindegröße M12 angenommen, bei der eine Schaftschraube der Festigkeitsklasse 12.9 nach Tabelle 10.8 die zulässige Montagevorspannkraft $F_{\text{Mzul}} = 69\,\text{kN} > 62\,\text{kN}$ aufweist.

2. Schritt

Nach Tabelle 10.6 ist für das Anziehen mit messendem Drehmomentenschlüssel der Anziehfaktor α_{A} = 1,6 anzunehmen.

3. Schritt

Unter Berücksichtigung der Loch- und Stangenanfasung beträgt der Innendurchmesser der Stangenanlagefläche $D_{\text{IK}} = 13{,}5\,\text{mm} + 1\,\text{mm} = 14{,}5\,\text{mm}$ (Lochdurchmesser $D_{\text{l}} = 13{,}5\,\text{mm}$, siehe Tabelle 10.3, mittel), der Stangendurchmesser $D_{\text{IS}} = 25\,\text{mm} - 1\,\text{mm} = 24\,\text{mm}$, somit gepresste Fläche $A_{\text{Ko}} = \left(D_{\text{IS}}^2 - D_{\text{IK}}^2\right)\pi/4 = \left(24^2 - 14{,}5^2\right)\text{mm}^2 \cdot \pi/4 = 287\,\text{mm}^2$. Damit wird eine Mindestklemmkraft erforderlich von

$$F_{\text{K}} = A_{\text{Ko}} \cdot p_{\text{Ko}} = 287\,\text{mm}^2 \cdot 10\,\text{N/mm}^2 = 2870\,\text{N} \approx 2{,}9\,\text{kN}$$

4. Schritt

Vorgesehen wird eine Zylinderschraube ISO 4762 - M12 × 6 - 12.9 mit einer Gewindelänge von 30 mm, einem Kopfdurchmesser $D_K = 18\,\text{mm}$ und einer Kopfhöhe $k = 12\,\text{mm}$ (siehe Tabelle 10.4). Unter Berücksichtigung der Ersatzlängen für den Schraubenkopf $l_K \approx 0{,}4d$ und für den Gewindekern $l_G \approx 0{,}5d$ ergeben sich:

$$l_1 = 30\,\text{mm} + 0{,}4d = (30 + 0{,}4 \cdot 12)\,\text{mm} \approx 35\,\text{mm}$$

$$L_K = (60 - 5 - 1)\,\text{mm} - k = (54 - 12)\,\text{mm} = 42\,\text{mm}$$

$$l_2 = L_K - 30\,\text{mm} + 0{,}5d = (42 - 30 + 0{,}5 \cdot 12)\,\text{mm} = 18\,\text{mm}$$

Mit $A_1 = A = 113\,\text{mm}^2$, $A_2 = A_K = 76{,}3\,\text{mm}^2$ (Tabelle 10.1) und der Ersatzlänge für die Gewindeverformung $l_M \approx 0{,}4d = 0{,}4 \cdot 12\,\text{mm} \approx 5\,\text{mm}$ wird nach Formel 10.6 die Nachgiebigkeit der Schraube

$$\delta_S = \frac{1}{E_S}\left(\frac{l_1}{A_1} + \frac{l_2}{A_2} + \frac{l_M}{A}\right) = \frac{1}{210000\,\text{N/mm}^2}\left(\frac{35}{113} + \frac{18}{76{,}3} + \frac{5}{113}\right)\frac{\text{mm}}{\text{mm}^2}$$
$$\approx 2{,}8 \cdot 10^{-6}\,\text{mm/N}$$

Mit $x_2 = \sqrt[3]{L_K D_K / (L_K + D_K)^2} = \sqrt[3]{42 \cdot 18 / (42 + 18)^2} = 0{,}594$ wird nach Formel 10.9 der Ersatzquerschnitt des Bauteils

$$A_B = \frac{\pi}{4}\left(D_K^2 - D_l^2\right) + \frac{\pi}{8} D_K L_K \left[(x_2 + 1)^2 - 1\right]$$
$$= \frac{\pi}{4}\left(18^2 - 13{,}5^2\right)\text{mm}^2 + \frac{\pi}{8} 18\,\text{mm} \cdot 42\,\text{mm}\left[(0{,}594 + 1)^2 - 1\right] \approx 569\,\text{mm}^2$$

und nach Formel 10.10 die Nachgiebigkeit des Bauteils

$$\delta_B = \frac{L_K}{E_B \cdot A_B} = \frac{42\,\text{mm}}{210000\,\text{N/mm}^2 \cdot 569\,\text{mm}^2} \approx 0{,}35 \cdot 10^{-6}\,\text{mm/N}$$

Kraftverhältnis nach Formel 10.11:

$$\Phi_K = \frac{\delta_B}{\delta_S + \delta_B} = \frac{0{,}35}{2{,}8 + 0{,}35} = 0{,}111$$

5. Schritt

Der Setzbetrag sei $f_Z \approx 8 \cdot 10^{-3}\,\text{mm}$. Vorspannkraftverlust nach Formel 10.12:

$$F_Z = \frac{f_Z \cdot \Phi_K}{\delta_B} = \frac{8 \cdot 10^{-3}\,\text{mm} \cdot 0{,}111}{0{,}35 \cdot 10^{-6}\,\text{mm/N}} = 2537\,\text{N}$$

6. Schritt

Da die Krafteinleitung der nach Bild 10.34c entspricht, wird $n = L_A / L_K \approx 0{,}3$ entsprechend Formel 10.14 angenommen. Differenzkraft im Bauteil nach Formel 10.16:

$$F_{BA} = (1 - n \cdot \Phi_K)F_A = (1 - 0{,}3 \cdot 0{,}111)25\,\text{kN} = 24{,}17\,\text{kN}$$

10

10

Nach Formel 10.19 wird dann die erforderliche Montagevorspannkraft

$$F_{\text{Mmax}} = \alpha_A (F_K + F_{BA} + F_Z) = 1{,}6(2{,}9 + 24{,}17 + 2{,}5)\,\text{kN} \approx 47{,}3\,\text{kN}$$

Diese ist kleiner als die im 1. Schritt mit 62 kN angenommene.

7. Schritt

Mit $P = 1{,}75\,\text{mm}$, $d_2 = 10{,}86\,\text{mm}$ (Tabelle 10.1), $r_m = 0{,}25(D_K + D_l) = 0{,}25(18 + 13{,}5)\,\text{mm} \approx 7{,}9\,\text{mm}$, $\mu_{G\min} = 0{,}12$ und $\mu_{K\min} = 0{,}12$ nach Tabelle 10.7 (Bauteil und Schraubenkopf trocken) wird nach Formel 10.4:

$$M_A \approx F_{\text{Mmax}} (0{,}16P + 0{,}58\mu_G \cdot d_2 + \mu_K \cdot r_m)$$
$$= 47{,}3\,\text{kN}(0{,}16 \cdot 1{,}75 + 0{,}58 \cdot 0{,}12 \cdot 10{,}86 + 0{,}12 \cdot 7{,}9)\,\text{mm} \approx 93{,}8\,\text{Nm} < M_{A\,\text{zul}} = 135\,\text{Nm}$$

Für die Montage vorzuschreibendes Anziehdrehmoment $M_A = 94\,\text{Nm}$ (gewählt), sodass $F_{\text{Mmax}} \approx 47{,}3\,\text{kN} \cdot 94 / 93{,}8 \approx 47{,}4\,\text{kN}$ wird.

8. Schritt

Nach Formel 10.15 beträgt die Differenzkraft in der Schraube

$$F_{SA} = n \cdot \Phi_K \cdot F_A = 0{,}3 \cdot 0{,}111 \cdot 24948\,\text{N} = 831\,\text{N}$$

Nach Tabelle 10.2 ist $R_{p0,2} = 1100\,\text{N/mm}^2$. Mit $A_0 = A_S = 84{,}3\,\text{mm}^2$ ist nach Formel 10.22 die Spannungsdifferenz

$$\sigma_{sa} = \frac{F_{SA}}{A_S} = \frac{831\,\text{N}}{84{,}3\,\text{mm}^2} = 9{,}86\,\text{N/mm}^2 < 0{,}1R_{p0,2} = 110\,\text{N/mm}^2$$

Nach Formel 10.20 beträgt die Kraftamplitude

$$F_a = 0{,}5n \cdot \Phi L_K (F_{Ao} - F_{Au}) = 0{,}5 \cdot 0{,}3 \cdot 0{,}111(24948 - 0)\,\text{N} = 415\,\text{N}$$

Mit dem Spannungsquerschnitt $A_S = 84{,}3\,\text{mm}^2$ (Tabelle 10.1) beträgt nach Formel 10.23 der Spannungsausschlag

$$\sigma_a = \frac{F_a}{A_S} = \frac{415\,\text{N}}{84{,}3\,\text{mm}^2} \approx 4{,}92\,\text{N/mm}^2$$

Aus Tabelle 10.11 wird für Gewinde M12 die Ausschlagfestigkeit $\alpha_A \approx 50\,\text{N/mm}^2$ abgelesen, sodass $\sigma_{a\,\text{zul}} \approx 0{,}9\sigma_A = 0{,}9 \cdot 50\,\text{N/mm}^2 = 45\,\text{N/mm}^2$ beträgt. Der vorhandene Spannungsausschlag $\sigma_a \approx 4{,}92\,\text{N/mm}^2$ liegt also weit darunter.

Mit $D_K = 18\,\text{mm}$ und $D_{IK} = 14{,}5\,\text{mm}$ (einschließlich Lochfase) ist die durch den Schraubenkopf gepresste Bauteilfläche $A_P = (D_K^2 - D_{IK}^2)\pi / 4 = (18^2 - 14{,}5^2)\,\text{mm}^2 \cdot \pi / 4 = 89\,\text{mm}^2$. Nach Formel 10.13 und Formel 10.17 wird die Größtkraft in der Schraube

$$F_{\text{Smax}} = F_{\text{Mmax}} - F_Z + F_{SA} = 47{,}4\,\text{kN} - 2537\,\text{N} + 831\,\text{N} = 45{,}7\,\text{kN}$$

Somit beträgt die Flächenpressung an der Kopfauflagefläche nach Formel 10.24:

$$p_B = \frac{F_{\text{Smax}}}{A_P} = \frac{45700\,\text{N}}{89\,\text{mm}^2} \approx 513\,\text{N/mm}^2$$

Tabelle 10.12 gibt für C 45 als zulässige Pressung $p_{B\,\text{zul}} = 600\,\text{N/mm}^2$ an.

Schlussbetrachtung

Die gewählte Schraube genügt allen Anforderungen. Ihre Festigkeit wird nicht ausgenutzt. Es ist deshalb zu prüfen, welche geringere Fertigkeitsklasse als 12.9 noch ausreicht. Wegen der Flächenpressung an der Kopfauflagefläche kommt ein kleineres Gewinde nicht in Betracht.

Für Schraubenverbindungen, von denen keine hohe Festigkeit verlangt wird, genügen Schrauben unter der Festigkeitsklasse 8.8. Selbstverständlich können auch sie nach der vorhergehend dargelegten Methode berechnet werden. Hierzu kann man sich der Tabelle 10.8 bedienen, wenn man die dort angegebenen Montagevorspannkräfte und Schraubenanziehmomente mit dem Streckgrenzenverhältnis multipliziert, z. B. beträgt für eine Schraube der Festigkeitsklasse 4.8 die zulässige

$$\text{Montagevorspannkraft} \quad F_{M(4.8)} = \frac{F_{M(8.8)}}{R_{p0,2(8.8)}} R_{e(4.8)}$$

Für die Streckgrenzen R_e bzw. 0,2 %-Dehngrenzen $R_{p0,2}$ siehe Tabelle 10.2. Falls die Reibwerte im Gewinde und an der Kopfauflagefläche nicht bekannt sind, so setze man $\mu_G = \mu_K = 0{,}12$.

Da **Taillenschrauben** nur für wichtige Verbindungen verwendet werden, sollten sie stets mit einem Drehmomentenschlüssel oder nach einem geeigneten Verfahren angezogen werden. Sie erfordern eine ausführliche Berechnung.

Die Berechnung von Schrauben im Kessel- und Druckbehälterbau ist mit dem AD-Merkblatt B7 vorgeschrieben (AD = Arbeitsgemeinschaft Druckbehälter).

10.17 Gestaltung und Berechnung querbeanspruchter Schraubenverbindungen

Zur Übertragung von Querkräften, beispielsweise über zwei Kupplungshälften, benutzt man form- oder reibschlüssige Verbindungen:

1. **Passschrauben** nach DIN 609 (Bild 10.41a), in Stahlkonstruktionen DIN 7968: Der Schraubenschaft muss mit engem Spiel in den Löchern sitzen, damit diese nicht ausschlagen. Wegen ihres genauen Sitzes eignen sie sich auch zur Übertragung von Wechselkräften. Sie fixieren die verbundenen Bauteile recht genau zueinander. Das Gewinde soll möglichst wenig in das Loch hineinragen.
2. **Spannstifte** (Spannhülsen) leicht, nach DIN EN ISO 13337, und schwer, nach DIN EN ISO 8752, aus Federstahl (Bild 10.41b): Sie sind längsgeschlitzt und erfordern nur gebohrte Löcher, da sie sich elastisch an die Lochwände schmiegen. Ihre Nachgiebigkeit wirkt auch stoßmildernd.
3. **Scherbuchsen** (Bild 10.41c): Sie müssen wie die Passschrauben mit engem Spiel in den Löchern sitzen, können aber größere Kräfte als diese übertragen. Üblicher Werkstoff: Stahl E335. Sie sind nicht genormt.
4. **Durchsteckschrauben** (Bild 10.41d) nach DIN EN ISO 4016, DIN EN ISO 4014 und DIN EN ISO 4762, die so stark angezogen sein müssen, dass die Querkraft F_Q durch Reibhemmung an den Bauteilfugen übertragen werden kann. Sie sind am billigsten, aber für Stoß- und Wechselkräfte weniger geeignet.

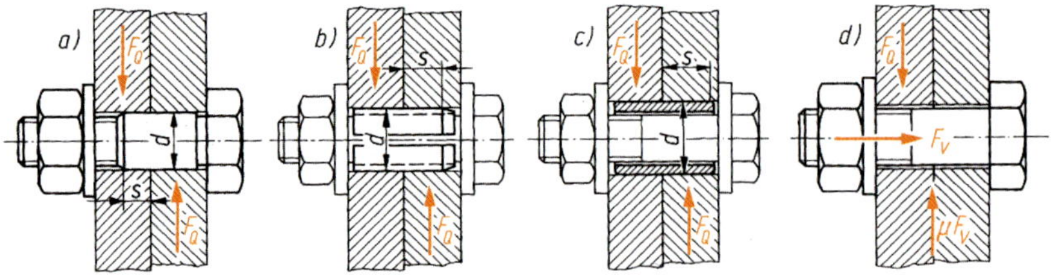

Bild 10.41 Querbeanspruchte Schraubenverbindungen
a) Passschraube, b) Spannhülse, c) Scherbuchse, d) Durchsteckschraube

Passschrauben, Spannhülsen und Scherbuchsen werden wie Niete auf Abscheren und Lochleibung berechnet (siehe Abschnitt 8.2). Aus Sicherheitsgründen wird die durch das Vorspannen der Schrauben erzeugte Reibhemmung in der Regel nicht mit in Ansatz gebracht. Somit gelten:

10

Scherspannung $$\tau_a = \frac{F_Q}{m \cdot A} \tag{10.25}$$

Leibung $$\sigma_l = \frac{F_Q}{d \cdot s} \tag{10.26}$$

τ_a	in N/mm²	Scherspannung im maßgebenden Querschnitt,
F_Q	in N	Betriebsquerkraft je Schraube bzw. Element,
m		Schnittzahl = Anzahl der Schnittflächen,
A	in mm²	maßgebender, auf Scheren beanspruchter Querschnitt der Schraube oder des Scherelements,
σ_l	in N/mm²	Leibungsdruck im Bauteilloch bzw. am Schaft des Scherelements,
d	in mm	Außendurchmesser des tragenden Teils von Schraube oder Scherelement,
s	in mm	kleinste tragende Länge an Schraube oder Scherelement im Bauteil.

Für den **Maschinenbau** sind in Tabelle 10.14 einige Anhaltswerte für zulässige Scherspannungen $\tau_{a\,zul}$ und zulässige Leibungsspannungen $\sigma_{l\,zul}$ zusammengestellt.

Eine vorgespannte Schraube erzeugt an jedem Bauteil-Reibflächenpaar einen Reibwiderstand $\mu \cdot F_V$, wenn F_V die Vorspannkraft der Schraube und μ der Haftreibwert an den Bauteilfugen darstellt. Wenn die Verbindung gleitsicher allein durch die Reibhemmung halten soll, dann darf die Betriebsquerkraft F_Q den Reibwiderstand mit entsprechender Sicherheit nicht erreichen. Es gilt:

Haftsicherheit $$S_H = \frac{\mu \cdot F_V \cdot m}{F_Q} \tag{10.27}$$

μ		Haftreibwert an den Klemmflächen der Bauteile (siehe Tabelle 10.15),
F_V	in N	Vorspannkraft der Schraube = $F_{V\,min}$ nach Formel 10.13 oder Spannkraft $F_{M\,zul}/\alpha_A$ nach Tabelle 10.8 und Tabelle 10.9 unter Abzug eines geschätzten Vorspannkraftverlustes F_Z,
m		Anzahl der Bauteil-Reibflächenpaare = Schnittzahl,
F_Q	in N	Betriebsquerkraft je Schraube.

Tabelle 10.15 enthält einige Erfahrungswerte für Haftreibwerte und erforderliche Haftsicherheiten.

Wenn Schrauben eine Querkraft F_Q gleitfest aufzunehmen haben und **gleichzeitig durch eine Axialkraft F_A beansprucht werden**, so muss in Formel 10.27 anstelle der Vorspannkraft F_V die Mindestklemmkraft F_K eingesetzt werden. Um diese zu erreichen, ist die Montagevorspannkraft $F_{M\,max}$ nach Formel 10.19 zu errechnen und mit dieser das vorzuschreibende Schraubenanziehmoment M_A nach Formel 10.4 zu bestimmen.

Beispiel 10.10

Das in Bild 10.42 dargestellte Schneckenrad aus GS-CuSn12-C mit $R_e = 140 \text{N/mm}^2$ (Tabelle 2.6) hat ein schwellendes Drehmoment $M = 3850 \text{Nm}$ zu übertragen. Es wurden $i = 6$ Passschrauben DIN 609-M12-5.6 am Felgenkranz aus EN-GJL-200 vorgesehen. Genügt die Verbindung den Anforderungen?

Lösung:

Die Querkraft je Schraube beträgt

$$F_Q = \frac{M}{i \cdot R} = \frac{3850 \cdot 10^3 \text{Nmm}}{6 \cdot 135 \text{mm}} = 4753 \text{N}$$

die Scherfläche $A = d^2\pi / 4 = 13^2 \text{mm}^2 \cdot \pi / 4 \approx 133 \text{mm}^2$. Damit wird nach Formel 10.25 die Scherspannung

$$\tau_a = \frac{F_Q}{A} = \frac{4753 \text{N}}{133 \text{mm}^2} \approx 36 \text{N/mm}^2$$

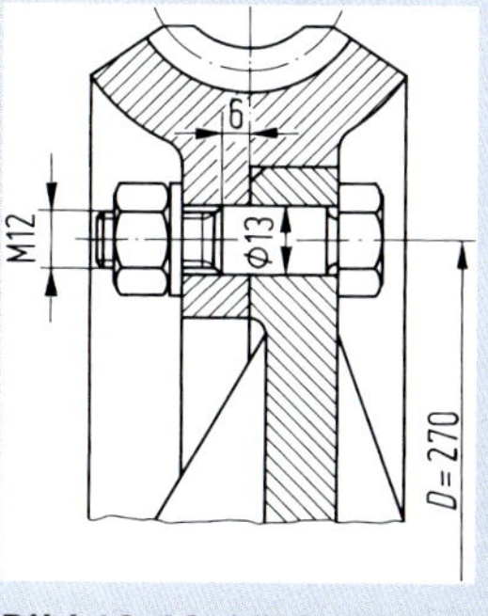

Bild 10.42 Mit Passschrauben befestigter Schneckenradkranz

Nach Tabelle 10.2 hat die Festigkeitsklasse 5.6 eine Streckgrenze $R_e = 300 \text{N/mm}^2$.

Somit $\tau_{a\,zul} \approx 0{,}5 R_e = 150 \text{N/mm}^2 > \tau_a$ (Tabelle 10.14).

Leibung nach Formel 10.26:

$$\sigma_l = \frac{F_Q}{d \cdot s} = \frac{4753 \text{N}}{13 \text{mm} \cdot 6 \text{mm}} = 61 \text{N/mm}^2$$

Zulässige Leibung (Tabelle 10.14) im Loch des Schneckenrads: $\sigma_{l\,zul} \approx 0{,}9 R_e = 0{,}9 \cdot 140 \text{N/mm}^2 = 126 \text{N/mm}^2 > \sigma_l$.

Schlussbetrachtung

Die Festigkeit der Verbindung wird bei weitem nicht ausgenutzt. Es wäre zu prüfen, ob Passschrauben M8 noch ausreichen.

10

Beispiel 10.11

Der Zahnkranz eines Kegelrades aus Vergütungsstahl soll nach Bild 10.43 am Radkörper aus GS-38 mit $i = 12$ Sechskantschrauben nach DIN EN ISO 4017 gleitsicher befestigt werden. Für DIN EN ISO 4017 gelten die gleichen Abmessungen wie für DIN EN ISO 4014, lediglich das Gewinde geht bis annähernd Kopf. Es ist ein schwellendes Drehmoment $M = 1150\,\text{Nm}$ zu übertragen. Welche Schraubengröße und welche Festigkeitsklasse kommen in Betracht, wenn die Schrauben phosphatiert sein sollen und mit einem Präzisionsdrehschrauber angezogen werden?

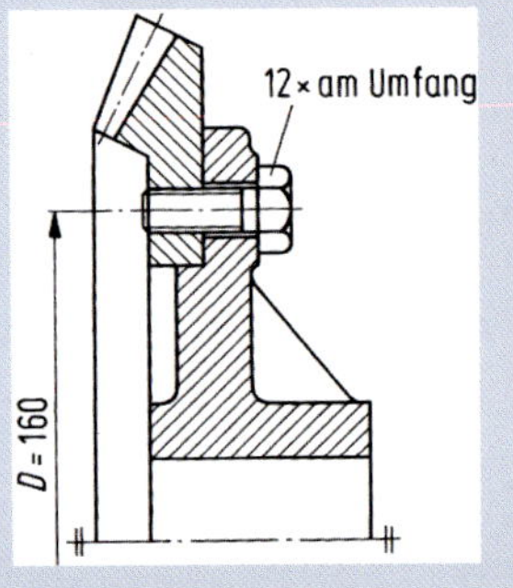

Bild 10.43 Auf eine Felge geschraubtes Kegelrad

Lösung:

1. Querkraft F_Q je Schraube

$$F_Q = \frac{M}{i \cdot R} = \frac{1150 \cdot 10^3\,\text{Nmm}}{12 \cdot 80\,\text{mm}} \approx 1200\,\text{N}$$

2. Erforderliche Vorspannkraft $F_{V\,min}$

Nach Tabelle 10.15 ist für die Paarung Stahl auf Stahl der Klemmflächen mit $\mu = 0{,}15...0{,}2$ zu rechnen. Es wird $\mu = 0{,}2$ angenommen. Bei schwellender Belastung soll $S_H \approx 1{,}5$ sein. Damit ergibt sich aus Formel 10.27 die erforderliche Vorspannkraft

$$F_{V\,min} = \frac{S_H \cdot F_Q}{\mu \cdot m} = \frac{1{,}5 \cdot 1200\,\text{N}}{0{,}2 \cdot 1} = 9000\,\text{N}$$

3. Wahl der Schraubengröße und der Festigkeitsklasse

Wegen des Setzens der Verbindung wird $F_Z = 3\,\text{kN}$ geschätzt, somit ist $F_{M\,min} \approx 12\,\text{kN}$. Nach Tabelle 10.6 beträgt der Anziehfaktor $\alpha_A = 1{,}6$. Nach Formel 10.5 ist

$$F_{M\,max} = \alpha_A \cdot F_{M\,min} = 1{,}6 \cdot 12\,\text{kN} \approx 19{,}2\,\text{kN}$$

Für phosphatierte Schrauben ist $\mu_G = \mu_K = 0{,}1$ (Tabelle 10.7) anzunehmen. Hierfür wird aus Tabelle 10.8 eine Schraube M8-10.9 mit $F_{M\,zul} = 26\,\text{kN}$ und $M_{A\,zul} = 30\,\text{Nm}$ gewählt.

Als Schraubenanziehmoment kann $M_A \approx 30\,\text{Nm}$ vorgeschrieben werden, sodass $F_M = 26\,\text{kN} \cdot 22/30 \approx 19\,\text{kN}$ wird. Eine Kontrolle auf Setzen erübrigt sich, da bereits $F_Z = F_M/\alpha_A - F_{V\min} = 19\,\text{kN}/1{,}6 - 9\,\text{kN} = 2875\,\text{N}$ einkalkuliert sind, die wahrscheinlich nicht erreicht werden.

4. Kontrolle auf Haltbarkeit

Da keine Betriebslängskraft wirkt, ist lediglich die Bauteilpressung am Schraubenkopf zu kontrollieren. Nach Tabelle 10.4 ist $D_K = 11{,}6\,\text{mm}$, $D_{IK} = (9 + 0{,}6)\,\text{mm} = 9{,}6\,\text{mm}$ einschließlich Fase (Durchgangsloch mittel nach Tabelle 10.3). Somit ist

$$A_P = \left(D_K^2 - D_{IK}^2\right)\pi/4 = \left(11{,}6^2 - 9{,}6^2\right)\text{mm}^2 \cdot \pi/4 = 33{,}3\,\text{mm}^2$$

Für F_S wird $F_{V\max} = F_M - F_Z = 19\,\text{kN} - 3\,\text{kN} = 16\,\text{kN}$ angenommen. Dann ist nach Formel 10.23:

$$p_B = \frac{F_{V\max}}{A_P} = \frac{16000\,\text{N}}{33{,}3\,\text{mm}^2} = 480{,}5\,\text{N/mm}^2$$

In Tabelle 10.11 ist für Stahl S235, der etwa dem GS-38 entspricht, $p_{B\,zul} = 300\,\text{N/mm}^2$ angegeben, sodass eine Scheibe untergelegt werden muss. ■

10

10.18 Spezialschrauben

Die vorangegangenen Betrachtungen gelten für „Normalfälle" im klassischen Maschinenelemente-Bereich, seien sie auch noch so komplex. Es existieren jedoch zusätzlich umfangreiche Vorschriften, Normen und Technische Regeln für Schraubenverbindungen spezieller und besonders sicherheitsrelevanter Art. Diese müssen im entsprechenden Fall ausdrücklich befolgt werden. Es wird auf die umfangreiche Spezialliteratur verwiesen. Vier Bereiche seien als Beispiel genannt:

Stahlbau

In der DIN 18800 ff. werden umfangreiche Hinweise zur Bemessung und Konstruktion von Schraubenverbindungen in Stahlbauten gegeben. Es wird auf die ausführliche Literatur verwiesen.

Nuklearbereich

Dieser hochkritische Bereich wird durch umfangreiche, über die VDI 2230 hinausgehende Vorschriften und Leitlinien ergänzt.

Beispiel 10.12

Für das Verschließen (Deckelsystem) und die Handhabung (Tragzapfensystem) von Transportbehältern für radioaktive Stoffe werden meist Schrauben bis zu einer Größe von M42 verwendet [10.12]. Diese sind in Bezug auf das *Deckelsystem* neben den betrieblichen Belastungen aus der Verpressung der Deckeldichtringe und der Verspannung der Deckelflansche (durch Fallprüfungen bis zu 9 m Höhe auf ein unnachgiebiges Fundament ermittelt) auch stoßartigen Belastungen ausgesetzt.

In einem von der Fachgruppe **„Sicherheit von Transport- und Lagerbehältern“** der Bundesanstalt für Materialforschung und -prüfung (BAM) entwickelten Leitlinienentwurf werden neben den Berechnungsverfahren, insbesondere zur FE-basierten Berechnung, Hinweise für die Modellbildung, Lastannahmen, Werkstoffkennwerte, das Ermitteln der wirksamen Beanspruchungen sowie deren Bewertung gegeben. Die Bewertung umfasst dabei auch die Festlegung und Herleitung von Sicherheitsfaktoren. Der Bezug zu anderen, bereits existierenden Richtlinien wird dargestellt. ■

Biomedizin-Bereich

Schrauben werden hier in vielfältiger Form benötigt, ob bei Dentalimplantaten, chirurgischen Fixierungen oder in der Orthopädietechnik. In Abhängigkeit von der angezeigten Indikation (z. B. Ausdehnung und Form eines Knochenbruchs oder Knochendefekts, Belastung, Dauer des Heilungsprozesses) sind entsprechende mechanische Initialeigenschaften, ihre In-vitro Langzeitverträglichkeit sowie das Wissen über den Zeitpunkt der vollständigen Resorption des Materials gefordert. Neuartige Verbundmaterialien wie Titan-Keramik, nanostrukturierte Schrauben mit antibakteriellen Wirkstoffeinlagerungen oder sich selbst auflösende „Bio“-Schrauben erfordern neue Wege der Berechung und Auslegung von Schraubenverbindungen wie z. B. nichtlineare Finite-Elemente-Analysen.

Sonderschrauben

Der Trend zu anwendungsspezifischen Spezial- und Sondereinzellösungen führt zu einer Vielzahl von Verbindungs- und Befestigungssystemen. Ziel ist in der Regel nicht nur die rein technische Lösung, sondern Material-, Fertigungs- und sonstige Kosteneinsparung.

Bild 10.44
Sonderschrauben (Werkbild KOLB)

10.19 Verständnisfragen

1. Nennen Sie drei Gewinde-Grundformen.
2. Was unterscheidet Regelgewinde von Feingewinden?
3. Die folgende Abbildungzeigt ein metrisches ISO-Gewinde nach DIN 13. Beschriften Sie die eingezeichneten Größen bzw. Werte.

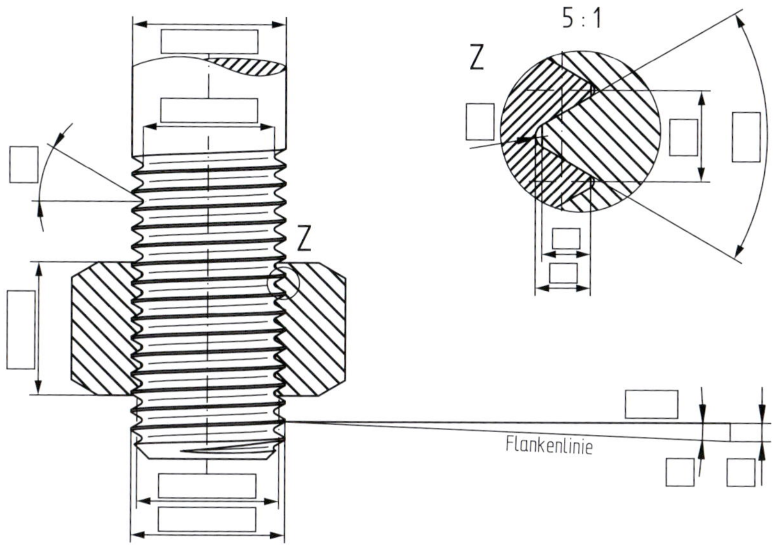

4. Was versteht man unter einer Mutter der Produktklasse B (DIN ISO 4759)?
5. Was bedeutet die Werkstoffkennung C3-80 einer Stahlschraube laut DIN EN ISO 3506?
6. Welche Muttern haben eine volle Belastbarkeit?
7. Welche Beanspruchung erfährt ein Schraubenschaft mit Gewinde beim Anziehen?
8. Nennen Sie drei Beispiele für Anziehverfahren.
9. Beschriften Sie die in der folgenden Abbildung dargestellte Verbindung mit einer Taillenschraube.

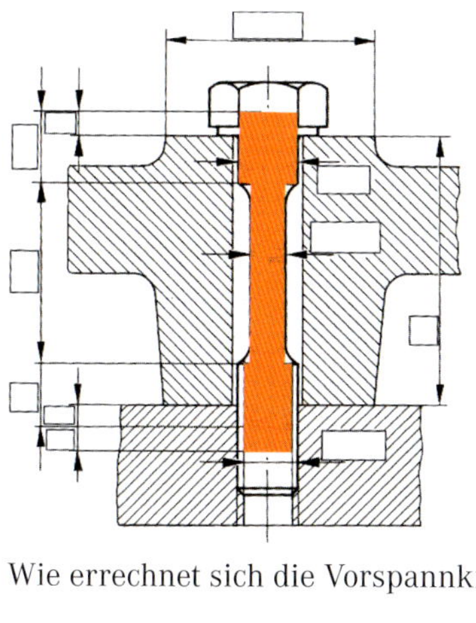

10. Wie errechnet sich die Vorspannkraft?

Literatur

[10.1] *Dose, G. F.; Pittner, K.-J.:* Neuartige Berechnung von Schrauben unter Berücksichtigung der Werkstoffkennwerte. In: Z. für Konstruktion 48/1996

[10.2] *Dose, G. F.:* Ermittlung der Scherspannungsfaktoren für die neuartige Schraubenberechnung. In: Z. Konstruktion 49/1997

[10.3] *Klingel, R.:* Anziehverfahren für hochfeste Schraubenverbindungen auf Basis akustischer Emissionen. München: Herbert Utz Verlag, 2002

[10.4] *Esser, J.:* Schraubenverbindungen. In: *Rieg, F.; Kaczmarek, M. (Hrsg.):* Taschenbuch der Maschinenelemente. München: Fachbuchverlag Leipzig im Carl Hanser Verlag, 2006

[10.5] *Textron Verbindungstechnik GmbH & Co. Ohg (Hrsg.):* Ermüdungsbruch – Einführung in die neuzeitliche Schraubenberechnung. Firmenschrift. Neuss, 1998

[10.6] *Illgner, K. H.; Esser, J.:* Schrauben Vademecum. Bramsche: Rasch, 2001

[10.7] *KAMAX-Werke (Hrsg.):* Schrauben-Brevier. 4. Auflage. Homberg, 2015

[10.8] *Kübler, K.-H.:* Vereinfachtes Berechnen von Schraubenverbindungen. In: Z. Verbindungstechnik 10/78

[10.9] *Steinhilper, W.; Sauer, B. (Hrsg.):* Konstruktionselemente des Maschinenbaus 1. Berlin: Springer Verlag, 2012

[10.10] *Kayser, K.:* Hochfeste Schraubenverbindungen. Auslegung, Montage, Sichern. Die Bibliothek der Technik, Band 52. Landsberg/Lech: verlag moderne industrie, 1991

[10.11] *Strelow, D.:* Reibungszahl und Werkstoffpaarung in der Schraubenmontage. In: Verbindungstechnik 13 (1981) 5, S. 19 – 24

[10.12] *Koch, F.; Ballheimer, V.; Zeisler, P.:* Berechnung und Bewertung hochbelasteter Schrauben in Deckel- und Tragzapfensystemen von Transportbehältern für radioaktive Stoffe. VDI-Bericht 1903: Schraubenverbindungen – Berechnung, Gestaltung, Anwendung. Düsseldorf: VDI Verlag, 2005, S. 193 – 210

[10.13] DIN-Taschenbuch 10. Mechanische Verbindungselemente 1 – Schrauben. Nationale Normen. Berlin: Beuth Verlag, 2017

[10.14] DIN-Taschenbuch 362. Mechanische Verbindungselemente 6 – Schrauben. Europäische Normen. Berlin: Beuth Verlag, 2012

[10.15] DIN-Taschenbuch 45. Gewinde. Berlin: Beuth Verlag, 2018

[10.16] DIN-Taschenbuch 55. Mechanische Verbindungselemente 3 – Technische Lieferbedingungen für Schrauben, Muttern und Unterlegteile. Berlin: Beuth Verlag, 2016

[10.17] DIN-Taschenbuch 140. Mechanische Verbindungselemente 4 – Muttern, Zubehörteile für Schraubenverbindungen. Berlin: Beuth Verlag, 2016

[10.18] DIN-Taschenbuch 193. Verbindungselemente 5. Grundnormen. Berlin: Beuth Verlag, 2018

[10.19] ISO Standards Handbook. Fasteners and screw threads. Ed. 5, Volume 1 – 3. 2001

DIN 2244:2002-05	Gewinde – Begriffe und Bestimmungsgrößen für zylindrische Gewinde
DIN EN 10088	Nichtrostende Stähle. Teil 1 – 5. 2009 – 2014
DIN EN ISO 898-1:2013-05	Mechanische Eigenschaften von Verbindungselementen aus Kohlenstoffstahl und legiertem Stahl – Teil 1: Schrauben
DIN EN ISO 898-2:2012-08	Mechanische Eigenschaften von Verbindungselementen aus Kohlenstoffstahl und legiertem Stahl – Teil 1: Muttern
DIN EN ISO 3506-1:2020-08	Mechanische Eigenschaften von Verbindungselementen aus nichtrostenden Stählen – Teil 1. Schrauben
DIN EN ISO 3506-2:2020-08	Mechanische Eigenschaften von Verbindungselementen aus nichtrostenden Stählen – Teil 1. Muttern
DIN EN ISO 4014:2011-06	Sechskantschrauben mit Schaft

DIN EN ISO 4017:2015-05	Sechskantschrauben mit Gewinde bis Kopf
DIN EN ISO 4762:2004-06	Zylinderschrauben mit Innensechskant
DIN EN ISO 8676:2011-07	Sechskantschrauben mit Gewinde bis Kopf und metrischem Feingewinde – Produktklassen A und B
DIN EN ISO 8765:2011-06	Sechskantschrauben mit Schaft und metrischem Feingewinde
VDA-Standard 235-101	Reibungszahleinstellung von mechanischen Verbindungselementen mit metrischen Gewinden. 2009
VDI 2230-1	Systematische Berechnung hochbeanspruchter Schraubenverbindungen – Zylindrische Einschraubenverbindungen. Technische Regeln. 2015. Siehe auch die dazugehörige VDI-Software auf CD-ROM. 2016

11 Bewegungsschrauben

Bewegungsschrauben werden zur Umwandlung einer Drehbewegung in eine Längsbewegung eingesetzt und als **Spindeln** bezeichnet. Spindelmuttern führen die Längsbewegung aus oder stehen bei längsbewegter Spindel still. Nachteilig ist die relativ hohe Reibung im Gewinde, die wegen der Wärmeentwicklung im Dauerbetrieb zu Schwierigkeiten führt. Deshalb wurden auch Muttern mit druckölgespeisten Taschen oder Ölnuten in den Spindelflanken ausgeführt. Diese sind jedoch recht teuer.

11.1 Bauformen

Man findet Leitspindeln an Drehmaschinen, Druckspindeln in Pressen, Ventilspindeln in Absperrorganen und dergleichen. Bild 11.1 und Bild 11.2 zeigen Beispiele. Für Bewegungen in Transport-, Handhabungs- und Fertigungseinrichtungen (Vorrichtungen, Roboter) werden meistens Spindelhubgetriebe als selbstständige Baueinheiten verwendet. Spindel und Spindelmutter befinden sich dann in einem Getriebekasten. Auf diesem Einsatzgebiet wurden sie jedoch von hydraulischen und pneumatischen Einrichtungen weitgehend verdrängt.

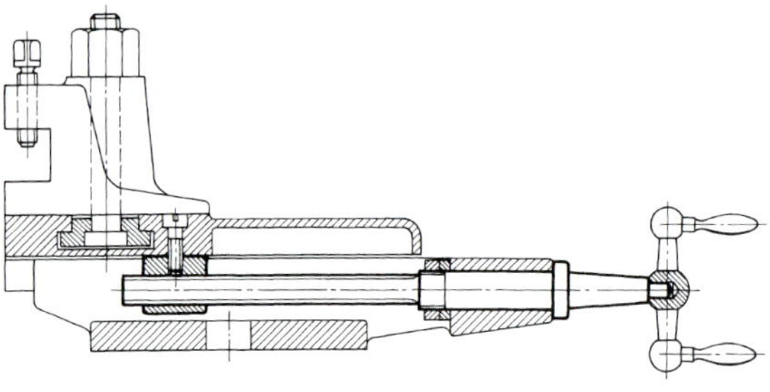

Bild 11.1
Bewegungsschraube in einem Maschinensupport (Spindelmutter wird axial bewegt)

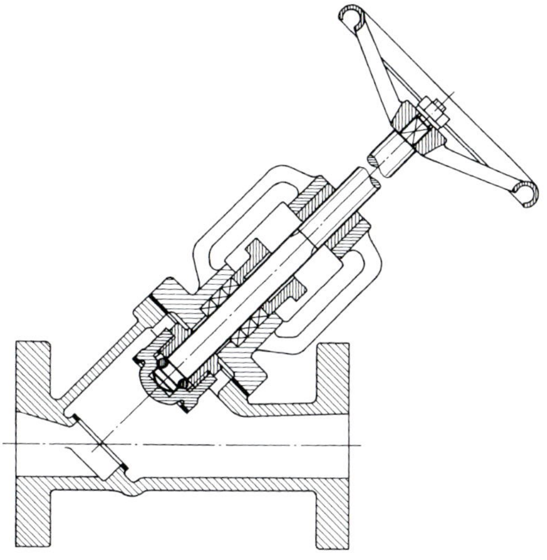

Bild 11.2
Bewegungsschraube in einem Schrägsitz-Durchgangsventil (Spindel wird axial bewegt)

11.2 Gewinde, Werkstoffe

Für Bewegungsschrauben sind die Kapitel 10 behandelten Regel- und Feingewinde wegen ihrer geringen Steigungen nicht geeignet. Es kommt deshalb vorwiegend **ISO-Trapezgewinde** (Bild 11.3a, Tabelle 11.1) in Betracht. Nicht genormte Flachgewinde (Bild 11.3b) sind im Reibungsverhalten günstiger, werden aber wegen ihrer schwierigen Herstellung nicht mehr angewendet. Zur Aufnahme einseitiger Druckkräfte eignen sich die **Sägengewinde** (Bild 11.3c, Tabelle 11.1) hervorragend, da ihre druckseitigen Flanken fast senkrecht zur Schraubenachse stehen.

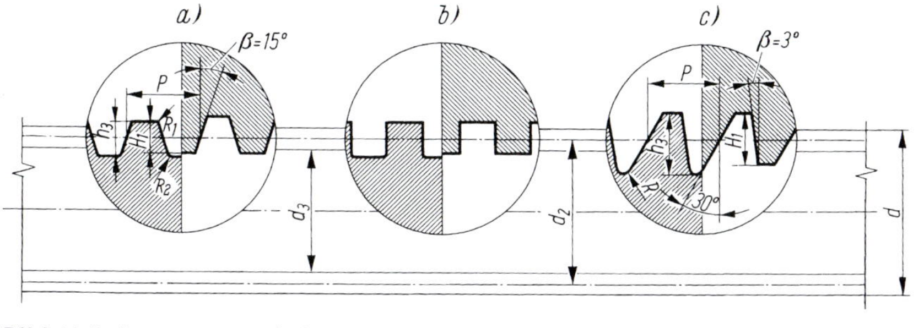

Bild 11.3 Bewegungsgewinde
a) Trapezgewinde, b) Flachgewinde, c) Sägengewinde
P Teilung, *β* Flankenwinkel, h_3 Gewindetiefe, H_1 Gewindetragtiefe, *R* Rundungsradius, *d* Gewindedurchmesser, d_3 Kerndurchmesser, d_2 Flankendurchmesser

Schnellere Längsbewegungen sind mit mehrgängigen Gewinden (Bild 11.4b) erreichbar. Bei diesen laufen mehrere Gänge (*n* Gänge) nebeneinander um den Kern. Die **Steigung einer mehrgängigen Spindel** beträgt dann

Steigung $P_\mathrm{h} = P \cdot n$ (11.1)

P	in mm	Teilung des Gewindes = Steigung eingängiger Gewinde,
n		Gangzahl.

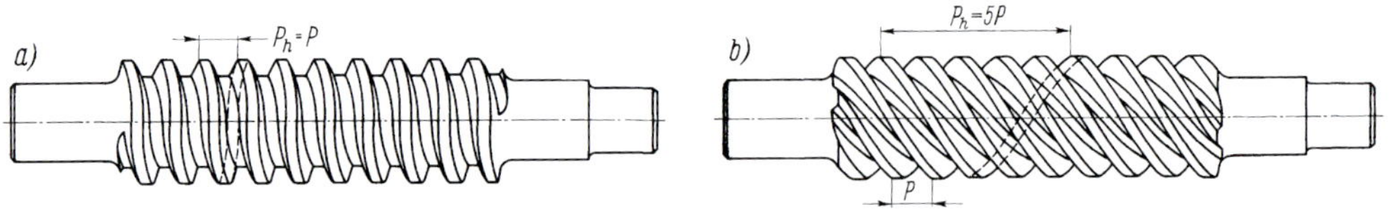

Bild 11.4 Verschiedengängige Gewinde a) eingängiges Trapezgewinde, b) fünfgängiges Trapezgewinde

Gute Gleitverhältnisse an den Flanken schaffen Muttern aus Kupfer-Gusslegierungen DIN EN 1982 (Aluminiumbronze, Zinnbronze sowie Rotguss) und Grauguss DIN EN 1651 (siehe hierzu Tabelle 2.7, Tabelle 17.6 und Tabelle 17.7). Werkstoff der Spindeln ist vorwiegend E295 oder E335, bei gehärteten Flanken Einsatzstahl DIN EN 10084. Besonders gute Gleiteigenschaften werden mit gehärteten und geschliffenen Flanken erzielt.

11

11.3 Kräfte, Reibung, Wirkungsgrad, Selbsthemmung

Auf die in Bild 11.5a dargestellte Spindel drückt die unter der Betriebskraft F_A stehende Mutter. Diese soll durch Spindeldrehung aufwärts bewegt werden, und zwar durch Rechtsdrehung am Handrad. Sie selbst dreht sich nicht, sondern hebt die Last. Dazu muss die Mutter drehsicher geführt sein. Die hier gezeigte Aufwärtsbewegung unter Last sei als **Arbeitshub** bezeichnet, das Zurückdrehen bei Abwärtsbewegung als **Rückhub**, da die Bewegungen je nach Aufgabe der Bewegungsschrauben auch in anderen als senkrechten Lagen erfolgen können.

Im Prinzip liegen die gleichen Kraft- und Reibverhältnisse wie bei den Befestigungsschrauben vor, jedoch wirkt sich die größere Steigung auf die Reibverluste und damit auf den Wirkungsgrad aus. Das Mutterngewinde drückt mit seinen Flanken auf die des Spindelgewindes. Man denkt sich die auf die Flanken verteilte Kraft zu einer punktförmig angreifenden Normalkraft F_N zusammengefasst, die senkrecht auf der Spindelflanke steht (Bild 11.5b). Zur Veranschaulichung ist in Bild 11.5c ein abgewickelter Gang als schiefe Ebene mit dem Steigungswinkel α dargestellt. Es ist $\tan\alpha = P_\mathrm{h} / \left(d_2 \cdot \pi\right)$.

Im Normalschnitt senkrecht zur schiefen Ebene (Bild 11.5c) ist der Flankenwinkel β_N kleiner als der im Axialschnitt liegende Winkel β (siehe Bild 11.5c). Es ist $\tan\beta_\mathrm{N} = \tan\beta \cdot \cos\alpha$.

Die Normalkraft F_N wird in die Längskraft $F_\mathrm{l} = F_\mathrm{N} \cdot \cos\beta_\mathrm{N}$ und die Radialkraft F_r zerlegt. Die Normalkraft F_N erzeugt den Reibwiderstand $F_\mathrm{N} \cdot \mu_\mathrm{G}$ mit μ_G als Gleitreibwert im Gewinde. Es ist

$$\tan\varrho_\mathrm{G} = F_\mathrm{N} \cdot \mu_\mathrm{G} / F_\mathrm{l} = F_\mathrm{N} \cdot \mu_\mathrm{G} / \left(F_N \cdot \cos\beta_\mathrm{N}\right) = \mu_\mathrm{G} / \cos\beta_\mathrm{N},$$

$$\text{also} \qquad \tan\varrho_\mathrm{G} = \mu_\mathrm{G} / \cos\beta_\mathrm{N}$$

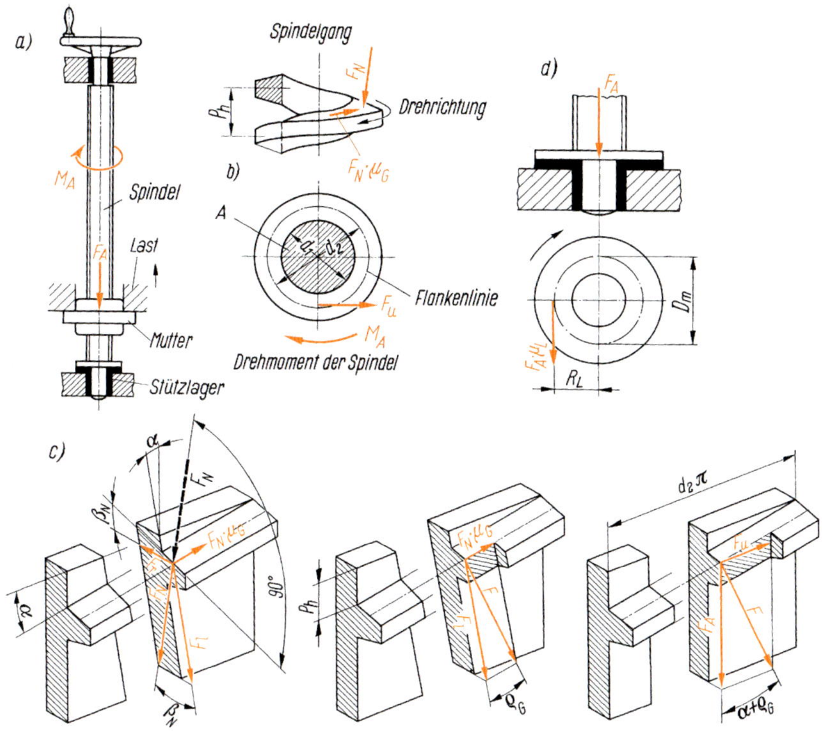

Bild 11.5 Lastheben mit einer Bewegungsschraube
a) Antriebsschema, b) Spindelgang, c) Kräfte der Mutter an einem abgewickelten Spindelgang,
d) Reibung am Stützlager

11

Aus den bisherigen Darlegungen folgen für die Winkel α, β_N und ϱ_G:

$$\tan\alpha = \frac{P_h}{d_2 \cdot \pi} \tag{11.2}$$

$$\tan\beta_N = \tan\beta \cdot \cos\alpha \tag{11.3}$$

$$\tan\varrho_G = \frac{\mu_G}{\cos\beta_N} \tag{11.4}$$

α Steigungswinkel des Gewindes,
P_h Steigung des Gewindes nach Formel 11.1,
d_2 Flankendurchmesser des Gewindes (Tabelle 11.1),
β_N Flankenwinkel im Normalschnitt,
β Flankenwinkel im Achsschnitt = 15° beim Trapezgewinde, = 3° beim Sägengewinde,
ϱ_G Reibwinkel des Gewindes,
μ_G Reibwert im Gewinde.

Anhaltswerte für Reibzahlen im Gewinde bei gut geschmierten und bei fast trockenen Flanken enthält Tabelle 11.2.

F_l und $F_N \cdot \mu_G$ werden zur Resultierenden F vereinigt. Diese wird wiederum in die Umfangskraft F_u und die Belastungskraft F_A zerlegt. Aus Bild 11.5c geht hervor, dass F und F_A den Winkel $\alpha + \varrho_G$ einschließen. Da die Belastungskraft F_A gegeben ist, muss für ihre Arbeitsbewegung eine in Drehrichtung wirkende Umfangskraft $F_u = F_A \cdot \tan(\alpha + \varrho_G)$ aufgebracht werden.

Bei einer Spindelumdrehung wird die Last um die Steigung P_h gehoben und somit eine Nutzarbeit $F_A \cdot P_h$ verrichtet. Hierfür muss an der Spindel die Arbeit $F_u \cdot d_2 \cdot \pi = F_A \cdot \tan(\alpha + \varrho_G) \cdot d_2 \cdot \pi$ aufgewendet werden. Das Verhältnis dieser beiden Arbeiten ist der Wirkungsgrad η_A. Da in diesem $P_h / (d_2 \cdot \pi) = \tan\alpha$ enthalten ist, beträgt der

Wirkungsgrad beim Arbeitshub $$\eta_A = \frac{\tan\alpha}{\tan(\alpha + \varrho_G)} \quad (11.5)$$

Daraus geht hervor, dass der Wirkungsgrad umso größer ist, je größer der Steigungswinkel α ist. Große Steigungswinkel sind also günstig.

Wenn kein Drehmoment die Spindel treibt (das Handrad losgelassen wird), so will die Kraft F_A die Spindel rückwärts drehen und diese antreiben. Wegen der Umkehr der Bewegungsrichtung wirkt auch der Reibwiderstand in entgegengesetzter Richtung. Die Kraft F_A der Mutter erzeugt daher an der Spindel eine Umfangskraft $F_u = F_A \cdot \tan(\alpha - \varrho_G)$. Die Nutzarbeit ist dann $F_u \cdot d_2 \cdot \pi = F_A \cdot \tan(\alpha - \varrho_G) \cdot d_2 \cdot \pi$ und der Arbeitsaufwand $F_A \cdot P_h$. Das Verhältnis der beiden Arbeiten ist gleich dem

11

Wirkungsgrad beim Rückhub $$\eta_R = \frac{\tan(\alpha - \varrho_G)}{\tan\alpha} \quad (11.6)$$

Ist $\varrho_G > \alpha$, dann wird tan (α - ϱ_G) negativ, also auch η_R negativ. Das bedeutet **Selbsthemmung**, und keine noch so große Kraft F_A vermag die Spindel rückwärts zu drehen. Das Rückwärtsdrehen ist dann nur wie beim Lösen von Befestigungsschrauben mit einem Rückwärtsdrehmoment möglich. Selbsthemmung ist oftmals als Sicherung gegen selbsttätige Rücklaufbewegungen erwünscht. Selbsthemmung tritt umso eher ein, je kleiner der Steigungswinkel α ist.

Um die Spindel beim Arbeitshub unter Last zu drehen, ist ein Drehmoment $M_{GA} = F_u \cdot r_2 = F_A \cdot \tan(\alpha + \varrho_G) \cdot r_2$ erforderlich. Die Spindel muss sich aber in einem Längslager abstützen (Stützlager, siehe Bild 11.5a), das der Betriebskraft F_A das Gleichgewicht hält. In diesem Lager tritt ein Reibmoment $M_L = F_A \cdot \mu_L \cdot R_L$ auf (Bild 11.5d), das vom Antriebsdrehmoment M_A mit überwunden werden muss. μ_L ist der Reibwert im Lager, R_L der mittlere Radius der Lagerstützfläche. Somit muss am Antrieb (Handrad) aufgebracht werden ein

Antriebsdrehmoment $$M_A = M_{GA} + M_L = F_A \cdot \tan(\alpha + \varrho_G) \cdot r_2 + F_A \cdot \mu_L \cdot R_L \quad (11.7)$$

M_A	in Nmm	Antriebsdrehmoment einschl. Lagerreibung,
F_A	in N	Betriebslängskraft (Axialkraft),
α	in °	Steigungswinkel des Gewindes nach Formel 11.2,
ϱ_G	in °	Reibwinkel des Gewindes nach Formel 11.4,
r_2	in mm	Flankenradius des Gewindes = $d_2/2$ (Tabelle 11.1),
μ_L		Reibwert im Lager (bei Gleitlagerung meistens etwa gleich μ_G),
R_L	in mm	mittlerer Radius der Lagerstützfläche.

Bei Abstützung der Spindel in einem Wälzlager (beispielsweise Axial-Rillenkugellager) ist die Reibung geringer (siehe Tabelle 11.2). R_L ist der Radius, an dem sich die Wälzkörper befinden.

Für den Rückhub unter Last muss wegen der umgekehrten Bewegungsrichtung ein

Rückdrehmoment $$M_R = M_L - M_{GR} = F_A \cdot \mu_L \cdot R_L - F_A \cdot \tan(\alpha - \varrho_G) \cdot r_2 \quad (11.8)$$

am Antrieb (Handrad) aufgebracht werden. Es ergibt sich aus dem Reibmoment M_L am Stützlager, von dem das durch die Kraft F_A aufgebrachte Moment M_{GR} im Gewinde abzuziehen ist. Sollte sich M_R als negativ erweisen, so wäre die Kraft F_A allein in der Lage, die Rückwärtsbewegung zu bewerkstelligen, also auch die Lagerreibung zu überwinden. Nur bei positivem Ergebnis muss am Antrieb ein rückwärtsdrehendes Moment M_R aufgebracht werden (das Handrad rückwärts gedreht werden), denn dann ist das System **selbsthemmend**.

Durch die Lagerreibung verschlechtert sich der Wirkungsgrad des Schraubengetriebes beträchtlich. Während des Arbeitshubs wird bei einer Umdrehung die Nutzarbeit $F_A \cdot P_h$ verrichtet, am Antrieb (Handrad) muss hierfür eine Arbeit $F_u \cdot d_2 \cdot \pi + F_A \cdot \mu_L \cdot D_L \cdot \pi = F_A \cdot \tan(\alpha + \varrho_G) \cdot d_2 \cdot \pi + F_A \cdot \mu_L \cdot D_L \cdot \pi$ aufgewendet werden. Hierin ist $D_L = 2R_L = D_m$ (Bild 11.5d). Das Verhältnis der beiden Arbeiten ist der

Gesamtwirkungsgrad $$\eta = \frac{P_h}{\tan(\alpha + \varrho_G) \cdot d_2 \cdot \pi + \mu_L \cdot D_L \cdot \pi} \quad (11.9)$$

Anstelle des Handrades kann selbstverständlich auch ein Antriebsaggregat treten, z. B. ein Motor mit Getriebe.

11.4 Berechnung der Haltbarkeit und der Stabilität

Durch die Betriebslängskraft F_A wird der Kernquerschnitt der Spindel auf Zug oder Druck beansprucht, durch das Drehmoment auf Torsion:

Zug- oder Druckspannung $$\sigma = \frac{F_A}{A_K} \quad (11.10)$$

Torsionsspannung $$\tau_t = \frac{T}{W_t} \quad (11.11)$$

σ in N/mm^2 Zug- bzw. Druckspannung in der Spindel,
F_A in N Betriebslängskraft,
A_K in mm^2 Kernquerschnitt der Spindel $= d_3^2 \cdot \pi / 4$ (d_3 nach Tabelle 11.1),
τ_t in N/mm^2 Torsionsspannung in der Spindel,
T in Nmm das die Spindel beanspruchende Torsionsmoment = M_A nach Formel 11.7. Wird das Lagerreibmoment nicht über die Spindel geleitet, dann ist $T = M_{GA}$ in Formel 11.7,
W_t in mm^3 Widerstandsmoment des Kernquerschnitts gegen Torsion $\approx 0{,}2 d_3^3$.

Beide Beanspruchungen werden zusammengefasst zur

Vergleichsspannung $$\sigma_v = \sqrt{\sigma^2 + 3\tau_t^2} \quad (11.12)$$

Für die zulässige Vergleichsspannung $\sigma_{v\,zul}$ sind in Tabelle 11.2 einige Erfahrungswerte angegeben. Sie gelten für den Regelfall. Wegen der gegenüber Trapezgewinde geringeren Kerbwirkung im Sägengewinde (größere Ausrundung des Gewindegrundes) liegen die Werte hierfür um ca. 25 % höher.

Druckbeanspruchte Spindeln müssen außerdem auf **Knicksicherheit**, siehe ausführlich Abschnitt 3.1, nachgerechnet werden. Bild 11.6 zeigt im Prinzip die fast ausschließlich vorkommenden Knickfälle. Die Knicksicherheit hängt vom Schlankheitsgrad λ der Spindel ab. Für Stahlspindeln gilt

bei $\lambda \geq 90$: *Knicksicherheit nach Euler* $$S_K = \frac{\pi^2 \cdot E}{\lambda^2 \cdot \sigma} \geq 2{,}6 \ldots 6 \quad (11.13)$$

$$\text{bei } \lambda < 90: \quad \textit{Knicksicherheit nach Tetmajer} \quad S_K = \frac{\sigma_0 - \lambda \cdot k}{\sigma} \geq 1{,}7 \ldots 4 \qquad (11.14)$$

E	in N/mm^2	Elastizitätsmodul des Spindelwerkstoffs ≈ 210 000 N/mm^2 für Stahl,
λ		Schlankheitsgrad der Spindel = 8 l/d_3 bei Knickfall 1, = 4 l/d_3 bei Knickfall 2 (freie Länge l und Knickfall siehe Bild 11.6),
σ	in N/mm^2	Druckspannung nach Formel 11.10,
σ_0	in N/mm^2	ideelle Druckfestigkeit ≈ 350 N/mm^2 für E295 und E335,
k	in N/mm^2	Knickspannungsrate ≈ 0,6 N/mm^2 für E295 und E335.

Kleine Werte für die Knicksicherheit sind bei seltenem Betrieb, größere bei Dauerbetrieb zu wählen, außerdem zunehmend mit steigendem Schlankheitsgrad λ. Bei $\lambda < 50$ ist eine Berechnung auf Knicksicherheit nicht erforderlich.

Da die Spindel- und Muttergewindeflanken aufeinander gleiten, nutzen sie sich ab. Um den Verschleiß in erträglichen Grenzen zu halten, darf die Flankenpressung nicht zu hoch sein. Die Flankenpressung p ergibt sich durch Division der Belastungskraft F_A durch die zu F_A senkrechte Projektionsfläche aller tragenden Flanken. Ist m die Mutternhöhe, dann besitzt sie m/P Gangwindungen. Jede Gangwindung hat eine Projektionsfläche $H_1 \cdot d_2 \cdot \pi$. Daraus folgt unter der Berücksichtigung, dass nicht alle Gänge voll tragen, die

11

$$\textit{Flankenpressung} \quad p = \frac{F_A \cdot P}{m \cdot d_2 \cdot \pi \cdot H_1 \cdot k} \qquad (11.15)$$

p	in N/mm^2	Pressung der Flanken des Gewindes,
F_A	in N	Betriebslängskraft,
P	in mm	Teilung des Gewindes (Tabelle 11.1),
m	in mm	tragende Mutternhöhe,
d_2	in mm	Flankendurchmesser des Gewindes (Tabelle 11.1),
H_1	in mm	Gewindetragtiefe (siehe Bild 11.3 und Tabelle 11.1),
k		Gewindetragfaktor, im Allgemeinen = 0,75.

Für zulässige Flankenpressung p_{zul} siehe Tabelle 11.2, bei Kunststoffmuttern abhängig von der Gleitgeschwindigkeit $v \approx d \cdot \pi \cdot n$ (Spindelaußendurchmesser d in m, Drehzahl n in min^{-1}).

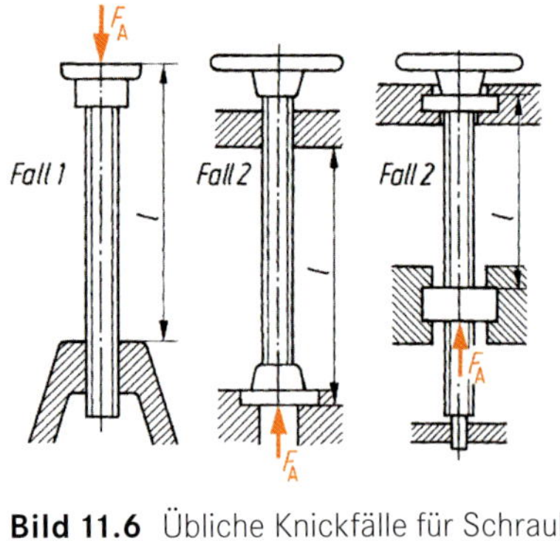

Bild 11.6 Übliche Knickfälle für Schraubenspindeln

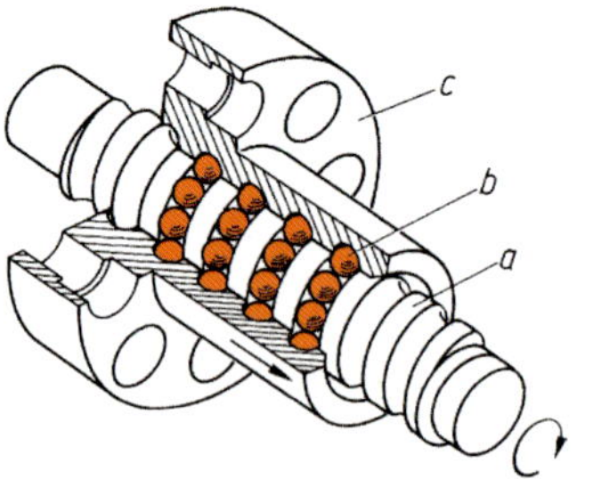

Bild 11.7 Prinzip der Kugelumlaufspindel
a Spindelwelle, b Kugeln, c Mutter

11.5 Kugelgewindetrieb

Zur Vermeidung der hohen Erwärmung und der Energieverluste wurden Kugelgewindetriebe entwickelt (Bild 11.7). Spindeln und Muttern besitzen halbkreisförmige Schraubennuten, in denen sich Stahlkugeln befinden, die bei einer Rollbewegung die Last übertragen (Kugellagerung). Nach dem Durchlauf durch das kugelförmige Gewinde werden die Kugeln über Umlenkkanäle an den Gewindeanfang zurückgeführt. Vorteile: geringer Verschleiß, Wirkungsgrad größer als 80%, geringe Erwärmung, kein Stick-Slip-Effekt (Reibungsschwingungen). Nachteilig ist jedoch, dass keine Selbsthemmung mehr vorhanden ist, sodass zusätzliche Bremsen vorgesehen werden müssen.

Für Werkzeugmaschinen sind Kugelgewindetriebe mit DIN 69051 genormt.

11

Beispiel 11.1

In einer Presse hat die Spindel aus E335 nach Bild 11.8 eine Presskraft $F_A = 100 \text{kN}$ auszuüben. Die Spindel wird über das als Mutter dienende Schneckenrad angetrieben. Demzufolge dreht sich die Mutter bei axialem Stillstand, während die Pressspindel ohne Drehbewegung eine Axialbewegung ausführt. Eine zusätzliche Reibung entsteht daher an der Nabenstirnfläche des Schneckenrades, deren Reibmoment M_L überwunden werden muss.

Zur Erzielung eines hohen Wirkungsgrades ist ein dreigängiges Sägengewinde DIN 513 - S 52 × 24P8 vorgesehen. Wegen reichlicher Fettschmierung können $\mu_G = 0{,}08$ und $\mu_L = 0{,}08$ angenommen werden (siehe Tabelle 11.2). Die Knicksicherheit soll mindestens $S_K = 3$ nach Euler bzw. 2 nach Tetmajer betragen.

Wie groß sind der Wirkungsgrad η_A, das Antriebsmoment M_A während des Pressvorganges und der Gesamtwirkungsgrad η? Welches Moment M_R muss beim Beginn des Rückhubes aufgebracht werden? Genügen Spindel und Mutter bei Dauerbetrieb den Anforderungen an Haltbarkeit und Stabilität?

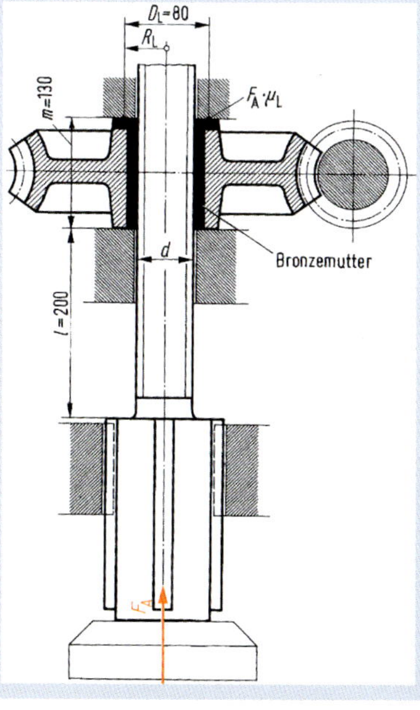

Bild 11.8
Spindel in einer Presse

11

Lösung:

1. Wirkungsgrad η_A beim Arbeitshub

Nach den Angaben in Tabelle 11.1 werden errechnet:

$$d_2 = d - 0{,}75P = 52\,\text{mm} - 0{,}75 \cdot 8\,\text{mm} = 46\,\text{mm}$$
$$d_3 = d - 2h_3 = 52\,\text{mm} - 2 \cdot 6{,}94\,\text{mm} \approx 38{,}1\,\text{mm}$$

Nach Formel 11.2 bis Formel 11.4 sind mit $P_h = P \cdot n = 8\,\text{mm} \cdot 3 = 24\,\text{mm}$ nach Formel 11.1:

$$\tan\alpha = \frac{P_h}{d_2 \cdot \pi} = \frac{24}{46 \cdot \pi};\ \alpha = 9{,}43°$$
$$\tan\beta_N = \tan\beta \cdot \cos\alpha = \tan 3° \cdot \cos 9{,}43;\ \beta_N = 2{,}96°$$
$$\tan\varrho_G = \frac{\mu_G}{\cos\beta_N} = \frac{0{,}08}{\cos 2{,}96°};\ \varrho_G = 4{,}6°$$

Nach Formel 11.5:

$$\eta_A = \frac{\tan\alpha}{\tan(\alpha + \varrho_G)} = \frac{\tan 9{,}43°}{\tan(9{,}43° + 4{,}6°)} = 0{,}665$$

2. Antriebsmoment M_A

Nach Formel 11.7:

$$\begin{aligned} M_A &= M_{GA} + M_L \\ &= F_A \cdot \tan(\alpha + \varrho_G) \cdot r_2 + F_A \cdot \mu_L \cdot R_L \\ &= 100\,\text{kN} \cdot \tan(9{,}43° + 4{,}6°) \cdot 23\,\text{mm} + 100\,\text{kN} \cdot 0{,}08 \cdot 40\,\text{mm} \\ &\approx 575\,\text{kNmm} + 320\,\text{kNmm} = 895\,\text{Nm} \end{aligned}$$

3. Gesamtwirkungsgrad η

Nach Formel 11.9:

$$\begin{aligned} \eta &= \frac{P_h}{\tan(\alpha + \varrho_G) d_2 \cdot \pi + \mu_L \cdot D_L \cdot \pi} \\ &= \frac{24}{\tan(9{,}43° + 4{,}6°) 46 \cdot \pi + 0{,}08 \cdot 80 \cdot \pi} \approx 0{,}43 \end{aligned}$$

4. Rückdrehmoment M_R

Nach Formel 11.8:

$$\begin{aligned} M_R &= F_A \cdot \mu_L \cdot R_L - F_A \cdot \tan(\alpha - \varrho_G) r_2 \\ &= 100\,\text{kN} \cdot 0{,}08 \cdot 40\,\text{mm} - 100\,\text{kN} \cdot \tan(9{,}43° - 4{,}6°) 23\,\text{mm} \approx 126\,\text{Nm} \end{aligned}$$

Da es positiv ist, besteht Selbsthemmung. Zum Zurückdrehen muss also bei Beginn des Spindelhubs ein Moment von 126 Nm aufgewendet werden.

5. Vergleichsspannung σ_v

Mit

$$A_K = d_3^2 \cdot \pi / 4 = 38{,}1^2\,mm^2 \cdot \pi / 4 = 1140\,mm^2$$

$$T = M_{GA}$$

$$W_t \approx 0{,}2 d_3^3 = 0{,}2 \cdot 38{,}1^3\,mm^3 = 11061\,mm^3$$

werden nach Formel 11.10 bis Formel 11.12:

$$\sigma = \frac{F_A}{A_K} = \frac{100000\,N}{1140\,mm^2} = 87{,}7\,N/mm^2$$

$$\tau_t = \frac{T}{W_t} = \frac{M_{GA}}{W_t} = \frac{575000\,Nmm}{11061\,mm^3} = 52\,N/mm^2$$

$$\sigma_v = \sqrt{\sigma^2 + 3\tau_t^2} = \sqrt{87{,}7^2 + 3 \cdot 52^2}\,N/mm^2 = 125{,}7\,N/mm^2$$

Mit $R_m = 570\,N/mm^2$ aus Tabelle 2.2 beträgt nach Tabelle 11.2 die zulässige Vergleichsspannung

$$\sigma_{v\,zul} \approx 0{,}25 R_m = 0{,}25 \cdot 570\,N/mm^2 = 142{,}5\,N/mm^2 > \sigma_v$$

6. Knicksicherheit S_K

Schlankheitsgrad $\lambda = 4l / d_3 = 4 \cdot 200 / 38{,}1 = 21 < 50$, sodass die Knickberechnung entfällt.

7. Flankenpressung p

Mit $H_1 = 6\,mm$ (Tabelle 11.1) wird nach Formel 11.15:

$$p = \frac{F_A \cdot P}{m \cdot d_2 \cdot \pi \cdot H_1 \cdot k} = \frac{100000\,N \cdot 8\,mm}{130\,mm \cdot 46\,mm \cdot \pi \cdot 6\,mm \cdot 0{,}75} \approx 9{,}5\,N/mm^2$$

$$< p_{zul} = 10\,N/mm^2$$

(siehe auch Tabelle 11.2).

8. Schlussbemerkung

Die Spindel genügt in jeder Hinsicht den Anforderungen.

Beispiel 11.2

Die Spindel in der Presse nach Beispiel 11.1 soll mit einer Länge $l = 800\,mm$ ausgeführt werden. Gegeben sind: $\sigma = 87{,}7\,N/mm^2$, $d_3 = 38{,}1\,mm$, Werkstoff E295. Ist die Spindel stabil genug, wenn die Knicksicherheit mindestens $S_K = 3$ nach Euler bzw. 2 nach Tetmajer betragen soll?

Lösung:
Schlankheitsgrad $\lambda = 4l / d_3 = 4 \cdot 800 / 38{,}1 \approx 84 < 90$, sodass nach Tetmajer mit Formel 11.14 zu rechnen ist:

$$S_K = \frac{\sigma_0 - \lambda \cdot k}{\sigma} = \frac{350 - 84 \cdot 0{,}6}{87{,}7} = 3{,}4 > S_{K\,erf} = 2$$

Die Stabilität ist also groß genug.

11.6 Verständnisfragen

1. Was ist der Zweck einer Bewegungsschraube?
2. Nennen Sie einen Nachteil von Spindeln.
3. Welche Gewindeart findet meist in Bewegungsschrauben Verwendung?
4. Wie kann eine Spindel rückwärts gedreht werden?
5. Wann ist ein Spindelsystem selbsthemmend?
6. Spindeln müssen auf Knicksicherheit nachgerechnet werden. Welche Berechnungsart wird bei einem Schlankheitsgrad unter 90 gewählt?
7. Welchen Zweck habe Kugelgewinde?

Literatur

[11.1] *Verein Deutscher Werkzeugmaschinenfabriken:* Abdichtung kleiner Spindeln in Werkzeugmaschinen bei kleinem Dichtungsbauraum und extremen Betriebsbedingungen. Forschungsberichte, 24 03. Institut für Maschinenelemente, Universität Stuttgart, 1995

[11.2] DIN-Taschenbuch 45. Gewinde. Berlin: Beuth, 2018

DIN 69051-2:1989-05	Werkzeugmaschinen; Kugelgewindetriebe; Nenndurchmesser und Nennsteigungen ISO 3408-1:2006-06 Ball screws – Part 1: Vocabulary and designation
DIN EN 1982:2017-11	Kupfer und Kupferlegierungen – Blockmetalle und Gussstücke
DIN ISO 3408-1:2011-04	Kugelgewindetriebe; Teil 1: Begriffe und Bezeichnungssystem
DIN ISO 3408-4:2011-04	Kugelgewindetriebe; Teil 4: Statische axiale Steifigkeit
DIN ISO 3408-5:2011-04	Kugelgewindetriebe; Teil 5: Statische und dynamische axiale Tragzahl und Lebensdauer
ISO 3408-4:2006-04	Ball screws – Part 4: Static axial rigidity
ISO 3408-5:2006-06	Ball screws – Part 5: Static and dynamic axial load ratings and operational lifetime

12 Formschlüssige Welle-Nabe-Verbindungen

Wellen tragen Maschinenteile wie Riemenscheiben, Schwung- und Laufräder, Zahn- und Kettenräder, Kupplungen, Hebel und dergleichen. Deren Naben müssen drehfest und meistens auch unverschiebbar befestigt sein. Hierfür gibt es viele Möglichkeiten. Die Auswahl hängt von den zu übertragenden Kräften, von der erforderlichen Genauigkeit der Zentrierung, vom Werkstoff der Maschinenteile und auch von den jeweiligen Fertigungs- und Montagemöglichkeiten sowie von der Wirtschaftlichkeit ab.

Man unterscheidet **formschlüssige** Welle-Nabe-Verbindungen (*Formschlussverbindungen*, z. B. mit Passfeder oder Keil- und Zahnwellenverbindungen), bei denen die Kraftübertragung durch ihre Form erfolgt, und **kraftschlüssige**, die durch Reibschluss übertragen (*Reibschlussverbindungen*). Zu diesen gehören die in Kapitel 9 erläuterten Pressverbände, sofern es sich um die Verbindung einer Welle mit einer Nabe handelt, und auch Kegel-, Klemm- und Spannelementverbindungen. **Vorgespannte** Welle-Nabe-Verbindungen (z. B. mit Keilen) übertragen teils durch Kraftschluss, teils durch Formschluss, was kaum berechenbar ist.

12.1 Längskeilverbindungen

Längskeile sitzen unter Vorspannung in einer Wellen- und einer Nabennut und stellen eine kraft- und formschlüssige Verbindung her (Mitnehmerverbindung mit Anzug). Sie sind bis zu mittleren Drehzahlen von etwa 1200 min^{-1} geeignet (bei höheren spürbare Unwucht!). Wegen ihrer Unempfindlichkeit gegen Verunreinigungen werden sie im Landmaschinen-, Baumaschinen- und Förderanlagenbau bevorzugt. **Derartige Längskeilverbindungen sind technisch veraltet!**

Genormte **Längskeile** haben eine Neigung 1:100, d. h. auf einer Länge von 100 mm nimmt ihre Höhe h um 1 mm ab (Bild 12.1a und c). In Bild 12.1b ist eine Verbindung mit **Einlegekeil**, in Bild 12.1d mit **Treibkeil** gezeigt. Durch das Auftreiben der Nabe oder Eintreiben des Keils wird der Keilbauch gegen den Wellennutgrund, der Keilrücken gegen den Nabennutgrund gepresst (Bild 12.1e). Diese radiale Pressung p_r ermöglicht die Übertragung eines Drehmoments durch Kraftschluss. Er braucht bei Nutkeilen nicht zur gesamten Kraftübertragung auszureichen. Überschreitet nämlich das zu übertragende Drehmoment das Haftmoment, dann tragen die Keilflanken mit. Sie werden von Naben- und Wellennutflanke mit der Flächenpressung p gedrückt.

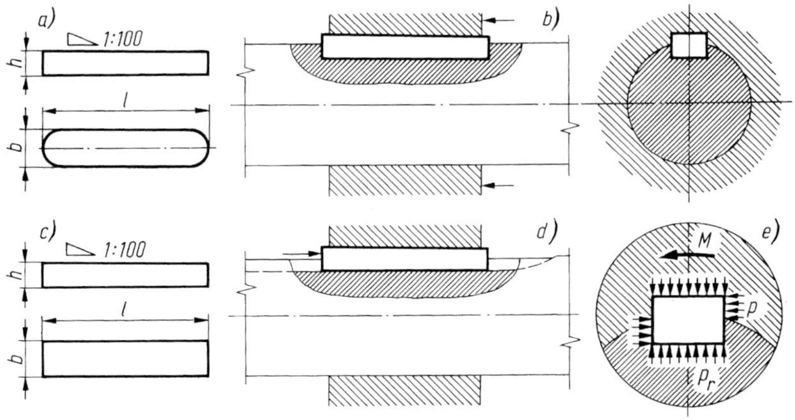

Bild 12.1 Längskeilverbindungen
a) Einlegekeil, b) Verbindung mit Einlegekeil, c) Treibkeil, d) Verbindung mit Treibkeil, e) radiale Keilpressung p_r und Flankenpressung p

12

Durch das Verkeilen wird die Nabe gedehnt, die Welle aber gestaucht. Dadurch sitzen beide nicht mehr zentrisch zueinander (Bild 12.2a). An der Verkeilungsstelle berühren sich Welle und Nabe über den Keil mittelbar, an der gegenüberliegenden Stelle unmittelbar. Man spricht von einer **Zweipunktanlage**. Ordnet man zwei um 120° versetzte Keile an, so ergibt sich eine für Wechsel- oder Stoßbeanspruchungen günstige **Dreipunktanlage** (Bild 12.2b). Um die Exzentrizität zwischen Welle und Nabe klein zu halten, ist eine Haftpassung zweckmäßig.

Zur Verringerung von Kerbwirkungen werden die Nutgrundkanten in Welle und Nabe gerundet. Die Keilkanten sind deshalb gebrochen. Herstellung der Längskeile aus Keilstahl DIN 6880, Werkstoff **C45K**.

In Bild 12.3 sind Verbindungen mit genormten Längskeilen gezeigt:

1. **Einlegekeil** DIN 6886 (Bild 12.3a), der runde Stirnflächen besitzt. Die Wellennut wird mit einem Schaftfräser eingearbeitet. Er heißt **Keil A.** Abmessungen siehe Tabelle 12.2.
2. **Treibkeil** DIN 6886 (Bild 12.3b) mit geraden Stirnen. Er heißt **Keil B**. Abmessungen siehe Tabelle 12.2.
3. **Nasenkeil** DIN 6887 (Bild 12.3c), der sich an seiner Nase, die zum Eintreiben dient, wieder herausziehen lässt.
4. **Hohlkeil** DIN 6881 (Bild 12.3d). Sein Bauch ist der Wellenform angepasst. Die Welle bleibt ungenutzt. Die Nabe kann an jeder beliebigen Stelle der Welle aufgekeilt werden. Hohlkeile übertragen nur durch Kraftschluss.
5. **Nasenhohlkeil** DIN 6889 (Bild 12.3e). Für ihn gilt das unter 3. und 4. Gesagte.
6. **Flachkeil** DIN 6883 (Bild 12.3f), für den die Welle angeflächt werden muss. Flachkeile übertragen überwiegend durch Kraftschluss, jedoch ein höheres Drehmoment als Hohlkeile.
7. **Nasenflachkeil** DIN 6884 (Bild 12.3 g). Für ihn gilt das unter 3. und 6. Gesagte.
8. **Scheibenkeil**, genormt als Scheibenfeder DIN 6888 (Bild 12.3 h), der sich auf die Nabennutneigung selbst einstellt und wie ein Einlegekeil wirkt. Die tiefe Nut in der Welle ruft jedoch starke Kerbwirkungen und eine erhebliche Schwächung des Wellenquerschnitts hervor.

Eine Sonderstellung nehmen die **Tangentkeile** DIN 271 und 268 ein.

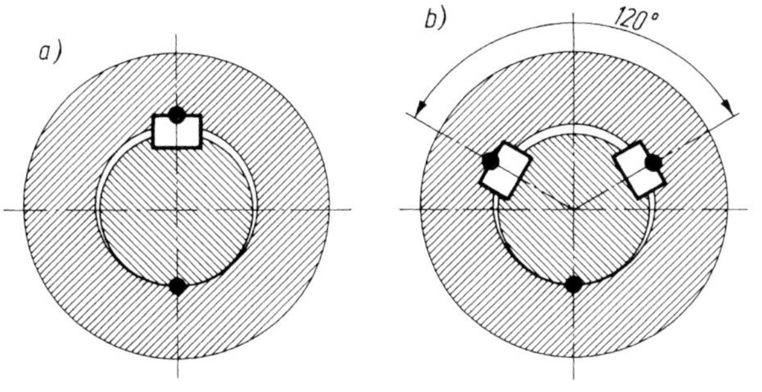

Bild 12.2 Exzentrischer Sitz von Nabe und Welle nach dem Verkeilen
a) Zweipunktanlage, b) Dreipunktanlage

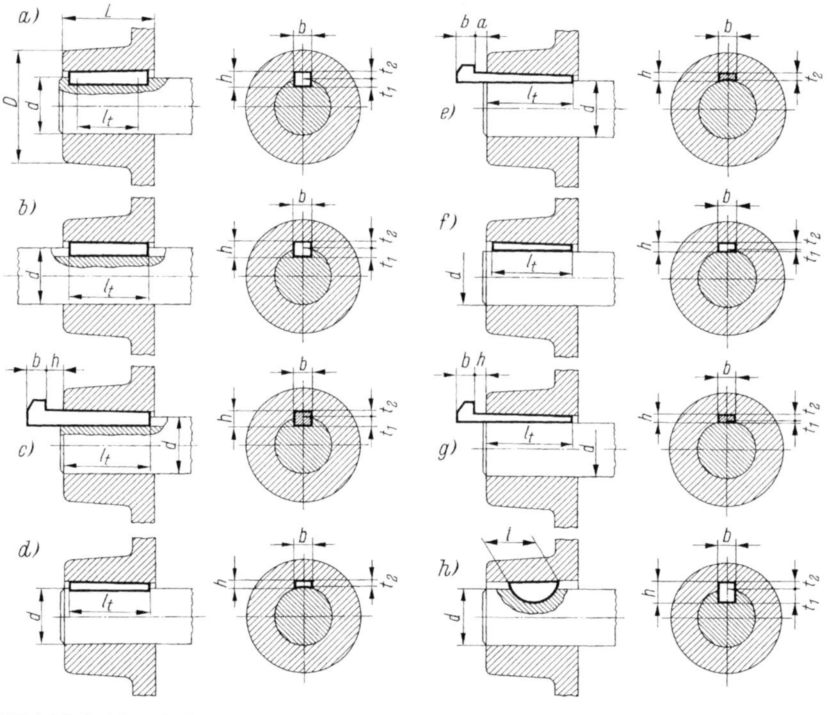

Bild 12.3 Längskeile
a) Einlegekeil A DIN 6886, b) Treibkeil B DIN 6886, c) Nasenkeil DIN 6887, d) Hohlkeil DIN 6881, e) Nasenhohlkeil DIN 6889, f) Flachkeil DIN 6883, g) Nasenflachkeil DIN 6884, h) Scheibenfeder DIN 6888

Da eine wirklichkeitsgetreue **Festigkeitsberechnung** von Längskeilverbindungen wegen der unbestimmten Eintreibkräfte nicht möglich ist, rechnet man unter Vernachlässigung der Vorspannung mit der Flankenpressung p und vergleicht sie mit zulässigen Erfahrungswerten (Überschlagsrechnung). Als Belastungskraft wird die Umfangskraft F_u an der Welle angenommen, als tragende Flankenfläche näherungsweise $t_2 \cdot l_t$. Auch die Tragfähigkeit der Hohl- und Flachkeile wird mit einer erfahrungsmäßigen zulässigen Flankenpressung berechnet, obwohl deren Flanken nicht gepresst werden. Es handelt sich also nur um einen Vergleichswert. Daher gilt für alle Längskeilverbindungen unter Berücksichtigung der Anzahl i der am Umfang angeordneten Keile:

Flankenpressung $$p \approx \frac{F_u}{t_2 \cdot l_t \cdot i} \quad (12.1)$$

p	in N/mm^2	Pressung der Keil- und Nutflanken in der Nabe,
F_u	in N	Umfangskraft an der Welle = M/r = $2M/d$ mit M als zu übertragendes Drehmoment und r als Wellenradius bzw. d als Wellendurchmesser,
t_2	in mm	Nabennuttiefe (Tabelle 12.2).
l_t	in mm	tragende Keillänge
i		Anzahl der am Umfang angeordneten Keile.

Zu Erfahrungswerten für zulässige Flankenpressungen siehe Tabelle 12.1, Abmessungen der Nutkeile nach Tabelle 12.2.

Beispiel 12.1

In einer Landmaschine mit stark stoßhaftem Betrieb ist eine Kupplungshälfte aus Grauguss über einen Nasenkeil DIN 6887-18 × 11-C45K mit der Welle aus Stahl verbunden (Bild 12.4). Es ist ein einseitiges Drehmoment $M = 500\,\text{Nm}$ zu übertragen. Ist die Verbindung ausreichend bemessen?

Lösung:

Mit $r = 30\,\text{mm}$ ergibt sich die Umfangskraft an der Welle zu $F_u = M/r = 500000\,\text{Nmm}/30\,\text{mm} = 16667\,\text{N}$. Mit der Nuttiefe $t_2 = 3{,}4\,\text{mm}$ (Tabelle 12.2) errechnet sich die Flankenpressung nach Formel 12.1:

$$p \approx \frac{F_u}{t_2 \cdot l_t \cdot i} = \frac{16667\,\text{N}}{3{,}4\,\text{mm} \cdot 80\,\text{mm} \cdot 1} \approx 61\,\text{N/mm}^2$$

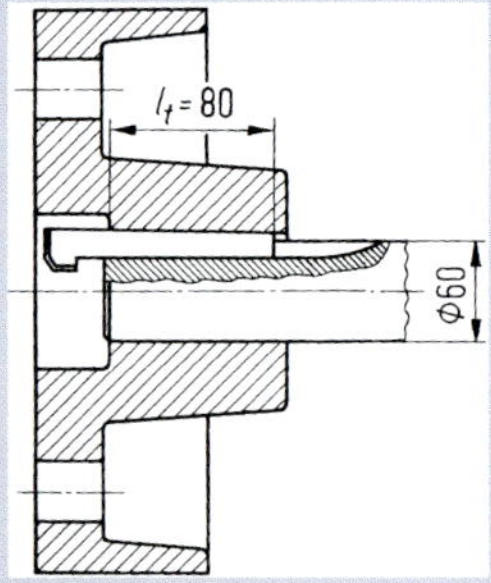

Bild 12.4
Mit Nasenkeil befestigte Kupplungshälfte

Tabelle 12.1 gibt $p_{zul} = 0{,}75 p_0 = 0{,}75 \cdot 90\,\text{N/mm}^2 \approx 68\,\text{N/mm}^2$ an, sodass die Verbindung ausreichend bemessen ist.

12.2 Passfederverbindungen

Wenn die Exzentrizität zwischen Nabe und Welle, wie sie bei Längskeilverbindungen entsteht, nicht zugelassen werden darf oder aus Montagegründen Längskeile nicht angewendet werden können, werden Passfedern ohne Keilanzug mit parallelen Bauch- und Rückenflächen vorgesehen (Mitnehmerverbindungen ohne Anzug). Ihre Flanken müssen fest in den Nuten sitzen, um nicht auszuschlagen. Zwischen Passfeder und Nabennut bleibt gewöhnlich ein Rückenspiel

(Bild 12.5a und b). Passfedern übertragen nur durch Formschluss. Meistens werden sie für einseitige Drehrichtung vorgesehen, weil bei wechselnden Drehrichtungen die Gefahr des Ausschlagens und der Passungsrostbildung besteht.

Passfedern, auf denen Naben während des Betriebes verschoben werden müssen, wie z.B. Schiebezahnräder, erhalten an den Flanken einen Gleitsitz (siehe Tabelle 12.3) und werden mit Zylinderschrauben DIN EN ISO 1207 (DIN 84) in der Welle befestigt (Bild 12.5c).

Die mit DIN 6885 **genormten Passfedern** in den Formen A bis J sind in Bild 12.6 zusammengestellt. Die Formen E und F besitzen Gewindelöcher für Abdrückschrauben, die Formen G bis J Bauchschrägen für Abdrückwerkzeuge. Die Form J wird durch einen Spannstift gegen Verschieben gesichert.

Im Werkzeugmaschinen- und Kraftfahrzeugbau wird wegen ihrer Wirtschaftlichkeit oftmals eine **Scheibenfeder** DIN 6888 (Bild 12.7) anstelle einer Passfeder verwendet.

Eine exakte **Berechnung von Passfederverbindungen** unter Berücksichtigung aller möglichen Einflüsse ist sehr schwierig und aufwendig. Untersuchungen haben ergeben, dass die Beanspruchung der Passfeder auf Abscheren vernachlässigt werden kann. Kritisch sind meistens die Beanspruchung des Wellenquerschnitts (Umlaufbiegung und/oder schwingende Torsion) und die Flächenpressung an der Passfeder sowie an der Wellen- und Nabennut. Diese Pressung ist über der tragenden Länge der Verbindung nicht gleichmäßig verteilt. Ihr Verlauf hängt wesentlich davon ab, wie und an welcher Stelle das Drehmoment ein- und abgeleitet wird. Bild 12.8 zeigt dazu verschiedene Möglichkeiten. Daraus geht hervor, dass sich bei der linken Ausführung die Flankenpressung über die gesamte Länge verteilt, sodass diese Gestaltung möglichst zu bevorzugen ist. Am ungünstigsten ist die rechte Ausführung, da hierbei die Kraftübertragung sehr einseitig erfolgt und eine Konzentration der Pressung bewirkt.

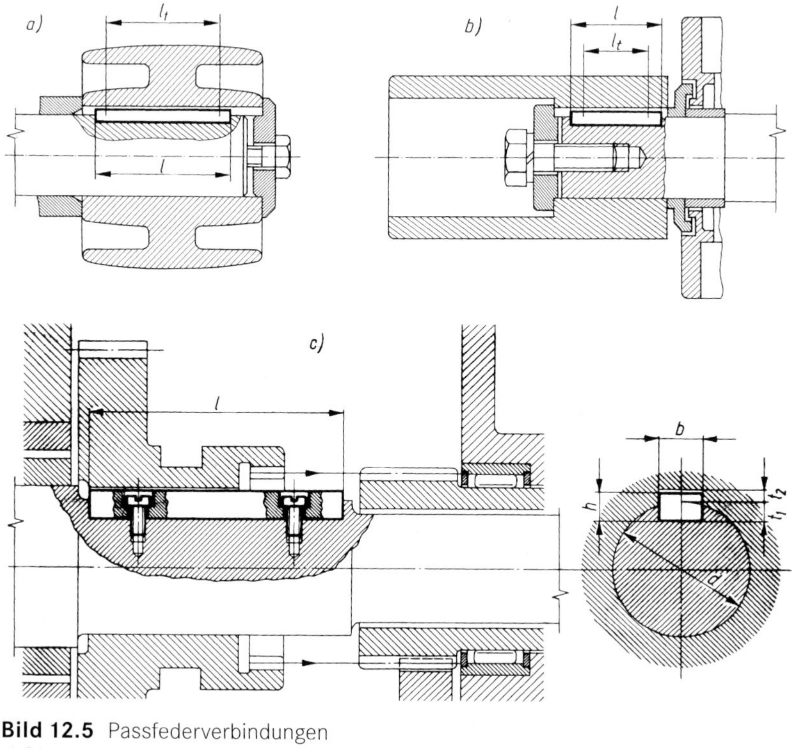

Bild 12.5 Passfederverbindungen
a) Riemenscheibe mit Welle, b) Riemenrolle mit Welle, c) Schiebezahnrad mit Welle

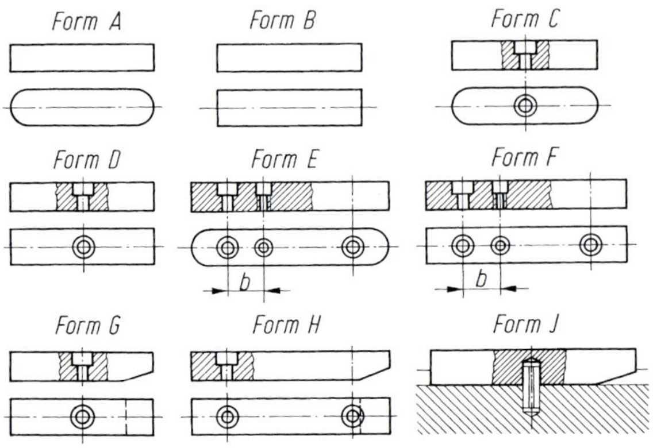

Bild 12.6 Passfederformen nach DIN 6885

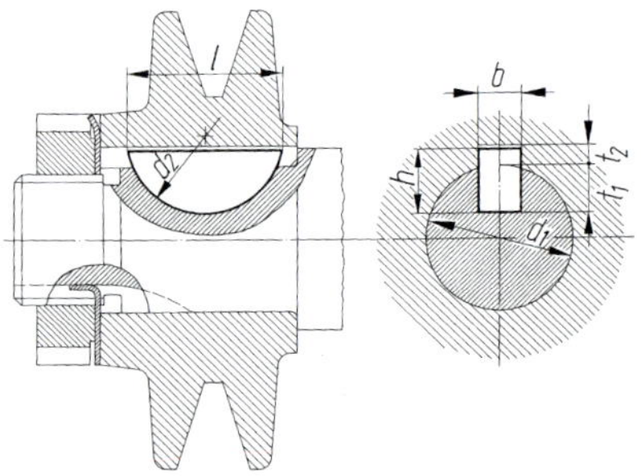

Bild 12.7 Scheibenfederverbindung nach DIN 6888

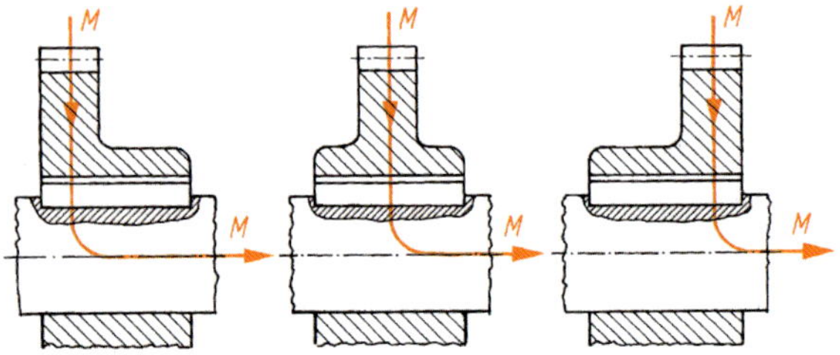

Bild 12.8 Ableitung des Drehmoments

In DIN 6892 *Passfedern - Berechnung und Gestaltung* sind Berechnungsverfahren angegeben, wonach auf der Grundlage der neuesten Forschungsergebnisse ein Festigkeitsnachweis für Passfederverbindungen durchgeführt werden kann. Darin werden drei Methoden mit nachfolgender Beschreibung unterschieden (Seite 264):

Methode A: Es handelt sich um einen experimentellen Festigkeitsnachweis am Bauteil unter Praxisbedingungen und/oder um eine umfassende rechnerische Beanspruchungsanalyse der kompletten Passfederverbindung, bestehend aus Welle, Passfeder und Nabe.

Methode B: Die Auslegung erfolgt aufgrund einer genauen Berücksichtigung der auftretenden Flächenpressungen. Außerdem wird ein Festigkeitsnachweis für die Welle nach dem Nennspannungskonzept durchgeführt.

Methode C: Überschlägige Berechnung der Flächenpressungen und daraus resultierende Abschätzung für die Wellenbeanspruchung.

Für die Methode A wird noch kein Berechnungsverfahren angegeben. Die Methode B, als vereinfachte Berechnung bezeichnet, berücksichtigt u. a. Drehmomentstöße mit dem Anwendungsfaktor K_A (wie bei Zahnrädern, siehe Tabelle 23.1), die Fasen an den Passfederkanten bei der Festlegung der tragenden Nuttiefen, die wegen der fertigungsbedingten Form- und Lageabweichungen beim Einsatz von zwei Passfedern reduzierte Tragfähigkeit und die ungleichmäßige Lastverteilung über die Nutlänge in Abhängigkeit von der Lastein- bzw. -ableitung an Welle und Nabe. Wegen ihres Berechnungsumfangs kann diese Methode hier nicht ausführlich behandelt werden.

Bei der Methode C handelt es sich um eine Überschlagsrechnung, bei der eine konstante Flächenpressung über der Nutfläche angenommen wird ohne Berücksichtigung von Fasen. Sie ist auf eine tragende Länge ≤ 1,3d begrenzt und für Verbindungen mit Richtungsumkehr des Drehmoments nicht vorgesehen.

In Anlehnung an die Methode C wird nachfolgend eine überschlägige Berechnung der Flankenpressung von Passfederverbindungen wie bei Längskeilverbindungen erläutert. Sind zwei Passfedern am Umfang angeordnet, so ist wegen der Fertigungstoleranzen nicht damit zu rechnen, dass beide gleichhoch an der Kraftübertragung teilnehmen. Das wird durch einen Tragfaktor k berücksichtigt. Als tragende Flankenfläche ist $(h - t_1)l_t$ einzusetzen. Somit gilt:

Flankenpressung $$p \approx \frac{F_u}{(h-t_1)l_t \cdot i \cdot k} \tag{12.2}$$

p	in N/mm²	Pressung der Passfeder- und Nabennutflanken,
F_u	in N	Umfangskraft an der Welle = T/r = $2T/d$ mit T als zu übertragendes Drehmoment und r als Wellenradius bzw. d als Wellendurchmesser,
h	in mm	Höhe der Passfeder (Tabelle 12.3 und Tabelle 12.4),
t_1	in mm	Wellennuttiefe (Tabelle 12.3 und Tabelle 12.4),
l_t	in mm	tragende Passfederlänge,
i		Anzahl der Passfedern am Umfang = 1 oder = 2,
k		Tragfaktor = 1 bei einer, ≈ 0,75 bei zwei am Umfang angeordneten Passfedern.

12

Für die rundstirnigen Ausführungen (siehe Bild 12.6) beträgt bei einer Nabenlänge > l (Bild 12.5a) die tragende Länge $l_t = l - b$. Nach DIN 6892 leisten Traglängen über 1,3d keinen nennenswerten Beitrag zur Drehmomentübertragung.

Zu Erfahrungswerten für zulässige Flankenpressungen siehe Tabelle 12.1, Abmessungen der Passfedern niedrige Form nach Tabelle 12.3, hohe Form nach Tabelle 12.4, Scheibenfedern nach Tabelle 12.5.

Die Passfedern werden aus Keilstahl DIN 6880 hergestellt (Werkstoff **C45K**). Bei der Verwendung mehrerer Passfedern empfiehlt es sich, einen weniger festen Werkstoff für die Federn zu verwenden, da durch schon geringes Fließen des Werkstoffes eine Vergleichmäßigung des Tragverhaltens eintritt.

Beispiel 12.2

Die Verbindung einer Stahlwelle mit einer Graugussriemenscheibe nach Bild 12.5a soll mit einer Passfeder DIN 6885 - A 12 × 8 erfolgen. Wellendurchmesser $d = 40\,\text{mm}$. Bei leichten Stößen ist ein einseitiges Drehmoment $T = 120\,\text{Nm}$ zu übertragen. Welche Länge l muss die Passfeder mindestens erhalten?

Lösung:
Die Umfangskraft beträgt $F_u = 2T / d = 2 \cdot 120000\,\text{Nmm} / 40\,\text{mm} = 6000\,\text{N}$. Nach Tabelle 12.3 ist $t_1 = 5\,\text{mm}$ und nach Tabelle 12.1 ist $p_{zul} \approx 0{,}7\,p_0 = 0{,}7 \cdot 90\,\text{N/mm}^2 = 63\,\text{N/mm}^2 \approx 60\,\text{N/mm}^2$. Gemäß Formel 12.2 wird

$$l_t = \frac{F_u}{(h-t_1) i \cdot k \cdot p_{zul}} = \frac{6000\,\text{N}}{(8-5)\,\text{mm} \cdot 1 \cdot 1 \cdot 60\,\text{N/mm}^2} = 33{,}3\,\text{mm}$$

Dann beträgt $l_{min} = l_t + b = 33{,}3\,\text{mm} + 12\,\text{mm} = 45{,}3\,\text{mm} \approx 45\,\text{mm}$.

Die Passfeder wird praktisch so lang ausgeführt, wie die Nabe das zulässt, jedoch nicht kleiner als l_{min} und nicht größer als $l_{max} = 1{,}3d = 1{,}3 \cdot 40\,\text{mm} = 52\,\text{mm}$. ■

12.3 Keilwellenverbindungen

Keilwellen tragen am Umfang eine gerade Zahl „Keile“, die als Passfedern aufzufassen sind (Bild 12.9). Eine **leichte Reihe** und eine **mittlere Reihe** sind mit DIN ISO 14 genormt, eine **schwere** mit DIN 5464, Keilwellen **für Werkzeugmaschinen** mit DIN 5471 (4 Keile) und 5472 (6 Keile). Der Name Keilwelle ist aus der ehemaligen Bezeichnung „Keile ohne Anzug“ für Passfedern entstanden. Die Darstellung in technischen Zeichnungen erfolgt nach DIN ISO 6413.

Der zentrische Sitz der Nabe auf der Welle wird erreicht durch

- **Innenzentrierung** (Bild 12.10a) als genaueste. Sie kommt für Verbindungen nach DIN ISO 14 und für Werkzeugmaschinen ausschließlich in Betracht.

oder

- **Flankenzentrierung** (Bild 12.10b) mit Spiel zwischen Bohrungs- und Wellendurchmesser. Sie ist schwieriger herzustellen als die Innenzentrierung. Die Flankenanlage macht sie aber für Stoß- und Wechselbelastungen besonders geeignet.

12

Der symmetrische Wellenquerschnitt vermeidet gegenüber Passfederverbindungen eine einseitige Nabenmitnahme. Mit Keilwellen lassen sich wesentlich größere Kräfte übertragen, insbesondere Stoß- und Wechselkräfte. Die Keilwellen sind austauschbar und zentrieren die Naben auf den Wellen sehr genau. Hochleistungsfähige Bearbeitungsverfahren halten die Herstellungskosten verhältnismäßig niedrig. Bild 12.11 zeigt beispielhaft die Getriebewelle eines Schleppers, auf der Zahnräder verschiebbar angeordnet sind.

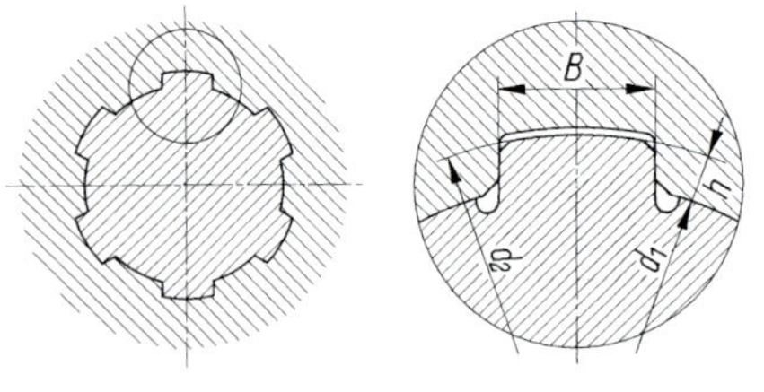

Bild 12.9 Keilwellen- und Keilnabenprofil

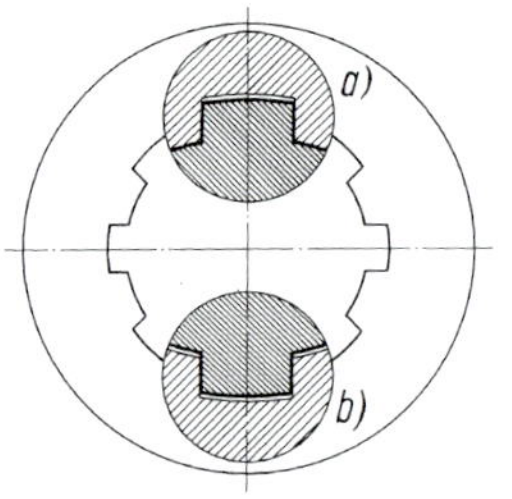

Bild 12.10 Zentrierung der Keilprofile
a) Innenzentrierung, b) Flankenzentrierung

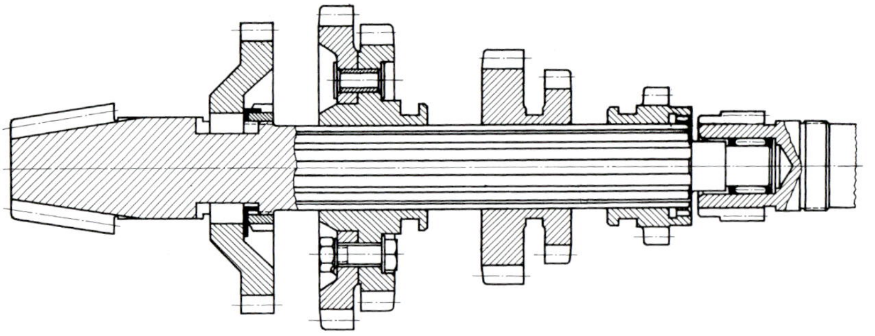

Bild 12.11 Keilwelle als Getriebewelle

Die „Keile“ werden prinzipiell wie Passfedern beansprucht und demzufolge auf Flankenpressung berechnet. Wegen der unvermeidlichen Herstellungstoleranzen tragen nur 75 bis 90 % der Flanken, was durch einen Tragfaktor k berücksichtigt wird. Somit gilt:

Flankenpressung $$p \approx \frac{F_u}{h \cdot l_t \cdot i \cdot k} \tag{12.3}$$

p	in N/mm^2	Pressung der Keil- und Nabennutflanken,
F_u	in N	Umfangskraft an der Welle = T/r_m mit T als zu übertragendem Drehmoment und $r_m = 0{,}25(d_1 + d_2)$ als mittlerem Radius der Welle (Tabelle 12.6),
h	in mm	Keilhöhe = $0{,}5(d_2 - d_1)$ gemäß Tabelle 12.6,
l_t	in mm	Traglänge der Verbindung,
i		Anzahl der Keile am Umfang,
k		Tragfaktor ≈ 0,75 bei Innenzentrierung, ≈ 0,9 bei Flankenzentrierung.

Zu Erfahrungswerten für zulässige Flankenpressungen siehe Tabelle 12.1, Abmessungen der Keilwellen nach Tabelle 12.6, Passungen für Keilwellen und Keilnaben je nach deren Funktion siehe Tabelle 12.7 und DIN ISO 14.

Wie bei den Passfederverbindungen kann auch diese einfache Berechnungsmethode den wirklichen Verhältnissen nicht Rechnung tragen. Sehr problematisch ist die Kraftaufteilung auf die einzelnen Keile und über die Länge der Verbindung. Für die Dimensionierung sei auf DIN 5466 *Tragfähigkeitsberechnung von Zahn- und Keilwellenverbindungen* verwiesen.

Beispiel 12.3

12

Bild 12.12 zeigt eine Gelenkwelle. Zum Längenausgleich ist die eine Hälfte des Kardangelenks aus Stahlguss auf einer Keilwelle drehfest, jedoch axialbeweglich aufgenommen. Unter Drehrichtungswechsel und stark stoßhaftem Betrieb ist eine Drehmomentspitze von $T = 1750\,Nm$ aufzunehmen. Ist die auftretende Flankenpressung zulässig?

Lösung:

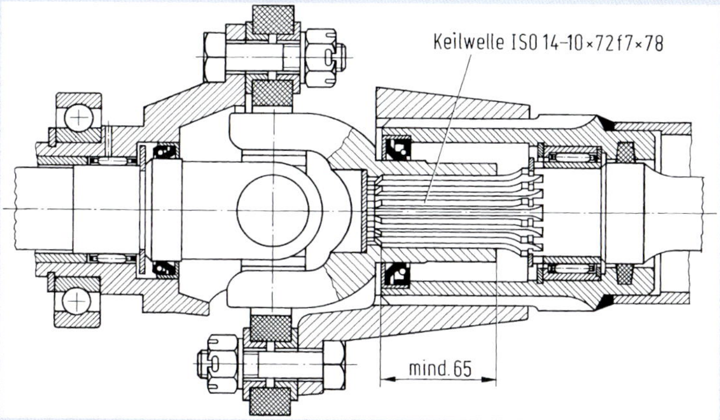

Bild 12.12 Auf einer Keilwelle sitzendes Kardangelenk

Mit $r_m = 0{,}25(d_1 + d_2) = 0{,}25(72 + 78)\,mm = 37{,}5\,mm$ (Tabelle 12.6) ergibt sich die Umfangskraft an der Welle zu $F_u = T / r_m = 1{,}75 \cdot 10^6\,Nmm / 37{,}5\,mm = 46667\,N \approx 46700\,N$.

Mit $h = 0{,}5(d_2 - d_1) = 0{,}5(78 - 72)\,mm = 3\,mm$, $i = 10$ Keilen (Tabelle 12.6) und dem Tragfaktor $k \approx 0{,}75$ (Innenzentrierung) beträgt die Flankenpressung nach Formel 12.3:

$$p \approx \frac{F_u}{h \cdot l_t \cdot i \cdot k} = \frac{46700\,\text{N}}{3\,\text{mm} \cdot 65\,\text{mm} \cdot 10 \cdot 0{,}75} \approx 32\,\text{N/mm}^2$$

Nach Tabelle 12.1 ist $p_{zul} \approx 0{,}25 p_0 = 0{,}25 \cdot 150\,\text{N/mm}^2 \approx 37\,\text{N/mm}^2$. Die Flankenpressung ist also zulässig.

12.4 Zahnwellenverbindungen

Anstelle der „Keile“ an den Keilwellen können auch Zähne treten. Derartige Zahnprofile zeigt Bild 12.13. Bild 12.13a zeigt ein **Kerbzahnprofil** mit dreieckförmigen Zähnen und Bild 12.13b ein **Evolventenzahnprofil**. Die vielen Zähne sind in der Lage, besonders große und stoßweise Kräfte zu übertragen, sodass sich die Zahnprofile für schmale Naben eignen. Vorteilhaft ist auch die Verstellmöglichkeit der Nabe von Zahn zu Zahn, z.B. zum Einstellen von Hebeln. Die Verzahnungen lassen sich im Abwälzverfahren wirtschaftlich herstellen. Üblich ist die Flankenzentrierung, beim Evolventenzahnprofil ist auch Innen- und Außenzentrierung möglich. Die Evolventenzahnprofile werden vorzugsweise mit dem Eingriffswinkel 30° ausgeführt. Als Anwendungsbeispiel zeigt Bild 12.14 eine pneumatisch geschaltete Reibkupplung, deren Innenlamellen **a** auf einer Zahnwelle, und deren Außenlamellen **b** in einer Zahnnabe mit Evolventenzahnprofil sitzen.

Die Berechnung erfolgt als Überschlagsrechnung wie bei den Keilwellenverbindungen nach der

Flankenpressung $$p \approx \frac{F_u}{h \cdot l_t \cdot z \cdot k} \qquad (12.4)$$

p	in N/mm²	Flankenpressung der Zähne,
F_u	in N	Umfangskraft in der Zahnprofilmitte = T/r_m mit T als zu übertragendem Drehmoment und $r_m = 0{,}25(d_3 + d_2)$,
h	in mm	tragende Zahnhöhe = $0{,}5(d_3 - d_2)$ (Tabelle 12.8 und Tabelle 12.9),
l_t	in mm	Traglänge der Verbindung,
z		Zähnezahl (Tabelle 12.8 und Tabelle 12.9),

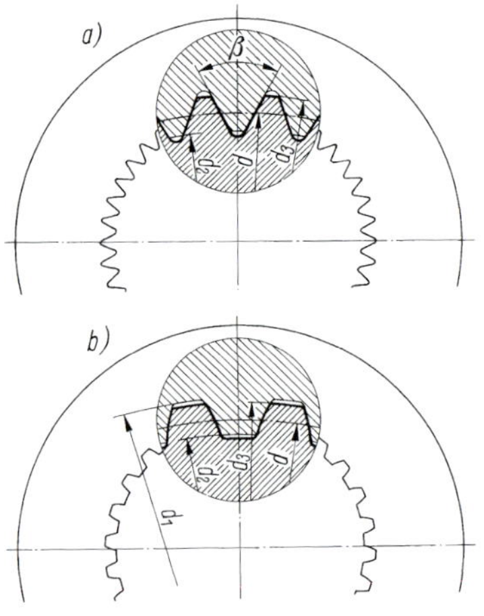

Bild 12.13 Zahnprofile
a) Kerbzahnprofil, b) Evolventenzahnprofil

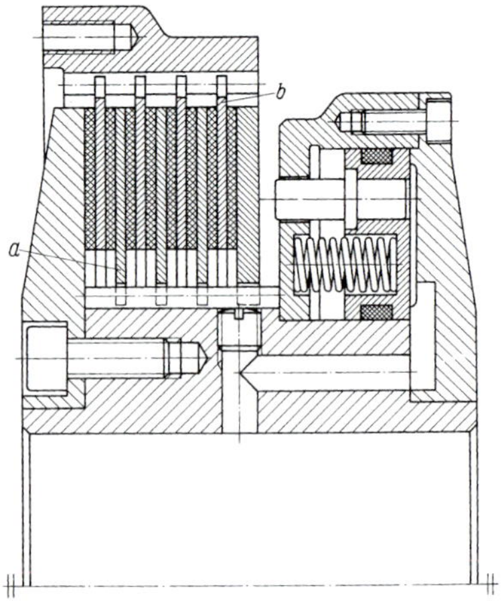

Bild 12.14 Pneumatisch geschaltete Lamellenkupplung

Zu Erfahrungswerten für zulässige Flankenpressungen siehe Tabelle 12.1, Abmessungen der Zahnprofile nach Tabelle 12.8 und Tabelle 12.9. Eine genaue Berechnung von Zahnwellen-Verbindungen ist nach DIN 5466 möglich.

Beispiel 12.4

Die stählernen, 4 mm ≈ Reibkupplung nach Bild 12.14 sind mit einer Zahnwellen-Verbindung DIN 5480 - 80 × 2 drehfest, jedoch axialbeweglich verbunden. Lamellenträger aus E295. Die Kupplung hat bei wechselnder Drehrichtung unter starken Stößen ein Drehmoment von 400 Nm zu übertragen. Ist die auftretende Flankenpressung zulässig, wenn jede der Stahllamellen nach der Anzahl ihrer Reibflächen anteilmäßig an der Drehmomentenbewegung beteiligt ist?

Lösung:
Das Drehmoment von 400 Nm wird von insgesamt 8 Reibflächen übertragen. Jede Lamelle hat 2 Reibflächen und überträgt somit 1/4 des Drehmoments, also $T = 100000\,\text{Nmm}$. Nach Tabelle 12.9 ist $d_2 = d_1 - 2m = 80\,\text{mm} - 2 \cdot 2\,\text{mm} = 76\,\text{mm}$, $d_3 = d_1 - 0{,}2m = 80\,\text{mm} - 0{,}2 \cdot 2\,\text{mm} = 79{,}6\,\text{mm}$. Somit ist $r_m = 0{,}25(d_2 + d_3) = 0{,}25(76 + 79{,}6)\,\text{mm} = 38{,}9\,\text{mm}$.

Die Umfangskraft $F_u = T / r_m = 100000\,\text{Nmm} / 38{,}9\,\text{mm} \approx 2570\,\text{N}$. Mit $h = 0{,}5(d_3 - d_2) = 0{,}5(79{,}6 - 76)\,\text{mm} = 1{,}8\,\text{mm}$ und $z = 38$ (Tabelle 12.9) beträgt die Flankenpressung nach Formel 12.4:

$$p \approx \frac{F_u}{h \cdot l_t \cdot z \cdot k} = \frac{2570\,\text{N}}{1{,}8\,\text{mm} \cdot 4\,\text{mm} \cdot 38 \cdot 0{,}75} = 12{,}5\,\text{N/mm}^2$$

Nach Tabelle 12.1 ist $p_{zul} \approx 0{,}25 p_0 = 0{,}25 \cdot 150\,\text{N/mm}^2 \approx 37\,\text{N/mm}^2 > p$, sodass die Beanspruchung zulässig ist.

12.5 Polygonwellenverbindungen

Während bei den Keil- und Zahnwellenverbindungen ausgeprägte Vorsprünge (Keile, Zähne) die Mitnahme bewirken, wächst die Mitnehmerwirkung in den **Polygon-Profilen** (Bild 12.15) als symmetrische Unrunde kontinuierlich. Die Profile lassen sich innen und außen in der Toleranzqualität 6 herstellen, sodass sie eine genaue Zentrierung gewährleisten. Da sich auf der Oberfläche keine krassen Vorsprünge befinden, machen sich Kerbwirkungen kaum bemerkbar.

Tabelle 12.10 enthält die Abmessungen des **Profils P3G** nach DIN 32711 **für Haft- und Presssitze** und des **Profils P4C** nach DIN 32712 **für Gleit- und Presssitze**. Bild 12.16 veranschaulicht die Pressungsverteilung am Umfang.

Bild 12.17 zeigt als Beispiel den mit Polygonprofilen gefügten Schaufelträger eines Gebläses.

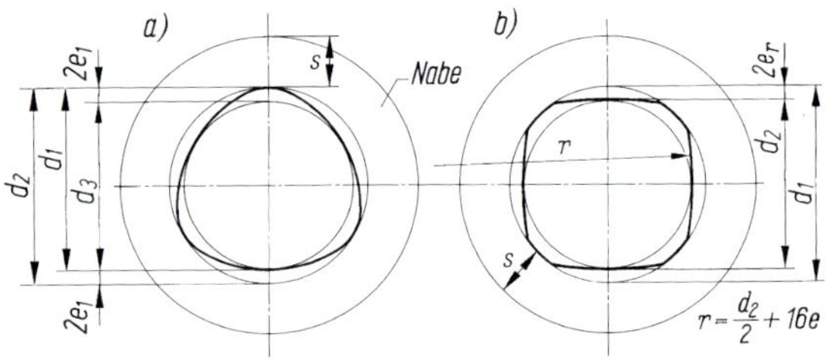

Bild 12.15 Polygon-Profile
a) P3G für Haft- und Presssitze, b) P4C für Gleit- und Presssitze

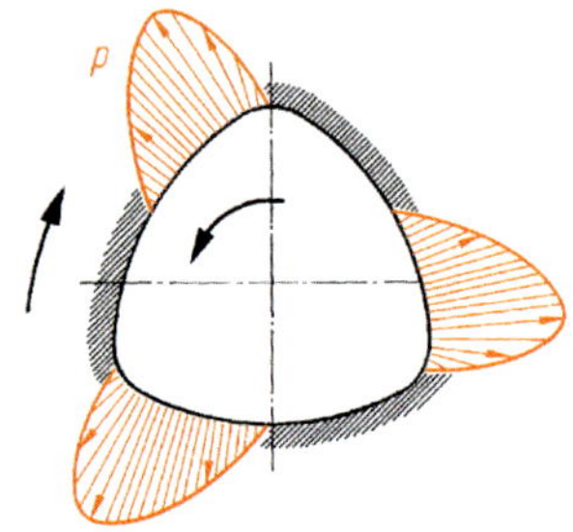

Bild 12.16 Pressungsverlauf beim P3G-Profil

12

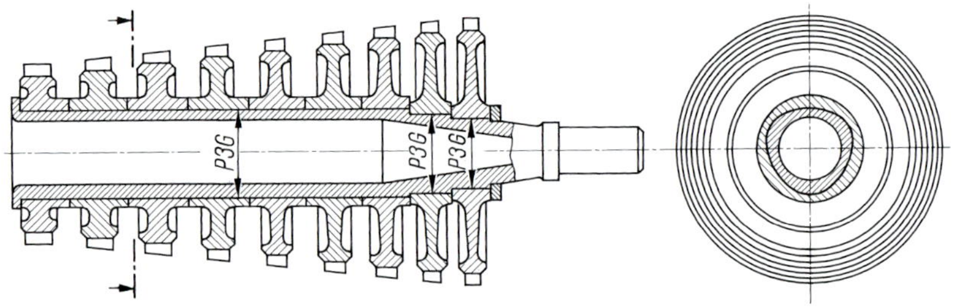

Bild 12.17 Mit Polygonprofilen gefügter Schaufelträger eines Gebläses

Durch das Drehmoment werden Welle und Nabenbohrung aufeinander gepresst. Wie Bild 12.16 zeigt, verteilt sich die Pressung wellenförmig über den Umfang. Es beträgt die größte

Flächenpressung beim P3G-Profil $$p = \frac{T}{l_t\left(2{,}36 \cdot d_1 \cdot e_1 + 0{,}05 d_1^2\right)} \tag{12.5}$$

Flächenpressung beim P4C-Profil $$p = \frac{T}{l_t\left(\pi \cdot d_r \cdot e_r + 0{,}05 d_r^2\right)} \tag{12.6}$$

T	in Nmm	zu übertragendes Drehmoment,
l_t	in mm	Traglänge des Profils,
d_1	in mm	Gleichdickdurchmesser,
d_r	in mm	maßgebender, rechnerischer Durchmesser = $d_2 + 2e$,
e_1, e_r	in mm	Exzentrizität des Profils.

Zu Anhaltswerten für zulässige Flächenpressungen siehe Tabelle 12.1, zu Abmessungen der Profile siehe Tabelle 12.10.

Für den allgemeinen Anwendungsfall müssen für P3G-Profile nach DIN 32711-2 oder für P4C-Profile nach DIN 32712-2 alle maßgeblichen Wirkungsparameter bei der Dimensionierung der Polygon-Welle-Nabe-Verbindung berücksichtigt werden. Dies sind hier **Torsions- und Biegespannungen in der Welle, Zugspannungen in der Nabe** und die daraus resultierende kleinste Nabenwanddicke s sowie die **Flächenpressung** p nach Formel 12.5 oder Formel 12.6. Die errechneten Spannungswerte sind wie üblich für die Berechnung von Sicherheiten mit den zulässigen Materialkennwerten zu vergleichen.

Beispiel 12.5

Die in Bild 12.17 gezeigte Schaufelreihe ist mit dem Profil DIN 32711 - P3G 80 verbunden. Die Welle besteht aus Stahl E295, die Schaufeln aus der Aluminium-Gusslegierung EN AC-AlSi10Mg(a). Welches Drehmoment kann eine Schaufel bei einseitiger Belastung und leichten Stößen übertragen, wenn die Traglänge $l_t = 30\,\text{mm}$ beträgt?

Lösung:

Mit $d_1 = 80\,\text{mm}$, $e_1 = 3{,}35\,\text{mm}$ (aus Tabelle 12.10) sowie $p_{zul} \approx p_0 = 70\,\text{N/mm}^2$ (Tabelle 12.1) ergibt sich gemäß Formel 12.5 das übertragbare Drehmoment zu

$$T = l_t\left(2{,}36 \cdot d_1 \cdot e_1 + 0{,}05 d_1^2\right) p_{zul}$$

$$= 30\,\text{mm}\left(2{,}36 \cdot 80\,\text{mm} \cdot 3{,}35\,\text{mm} + 0{,}05 \cdot 80^2\,\text{mm}^2\right) 70\,\text{N/mm}^2$$

$$\approx 2000000\,\text{Nmm} = 2000\,\text{Nm}$$

12

12.6 Kegelverbindungen

Kegel zentrieren die auf ihnen sitzenden Naben von selbst (Bild 12.18). Sie lassen sich spielfrei fügen, wenn Innen- und Außenkegel genau übereinstimmen. Nach DIN 254 kennzeichnet

$$\text{Kegel } C = \frac{D-d}{L}$$

die Abnahme des Kegeldurchmessers auf einer Längeneinheit. Der Winkel α heißt **Kegelwinkel**. Er ergibt sich nach Bild 12.18 aus

$$\tan\frac{\alpha}{2} = \frac{D-d}{2L} = \frac{C}{2}$$

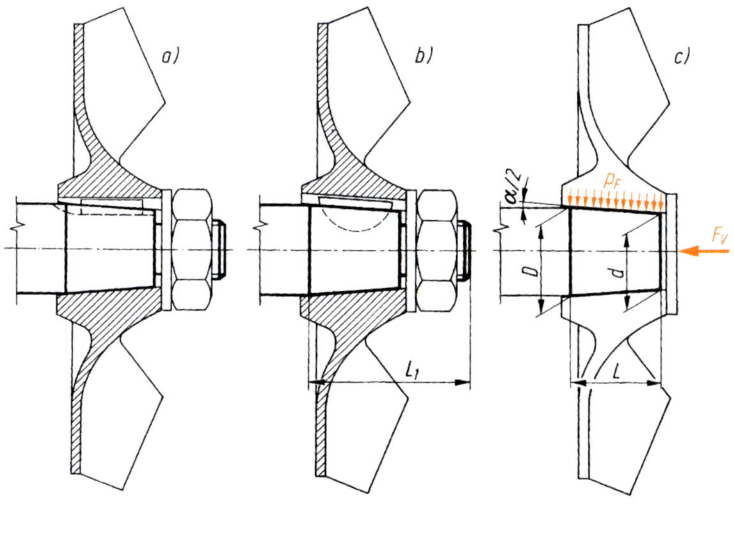

Bild 12.18
Kegelverbindungen
a) mit Passfeder,
b) mit Scheibenfeder,
c) Fugenpressung p_F und Vorspannkraft F_V
(Ausführungen a) und b) vermeiden)

Kegelige Wellenenden mit Kegel C = 1:10 (kurz Kegel 1:10) mit α = 5,724° für die Aufnahme von Zahnrädern, Kupplungen, Riemenscheiben und dergleichen. sind mit DIN 1448 genormt. Bis D = 220 mm besitzen sie eine zur Achse parallele Längsnut für Passfedern nach DIN 6885 und am Ende einen Schraubenbolzen zum Anziehen der Verbindung (Bild 12.18a). Ist D > 220 mm, so liegt die Passfedernut parallel zur Mantellinie des Kegels. Bei der Verbindung nach Bild 12.18b dient eine Scheibenfeder DIN 6888 zur Lagesicherung. Mit DIN 1449 sind kegelige Wellenenden mit Innengewinde genormt (Bild 12.19). Metrische Kegel sind mit DIN 228 genormt. Die normgerechte Bemaßung von Kegeln erfolgt nach DIN ISO 3040.

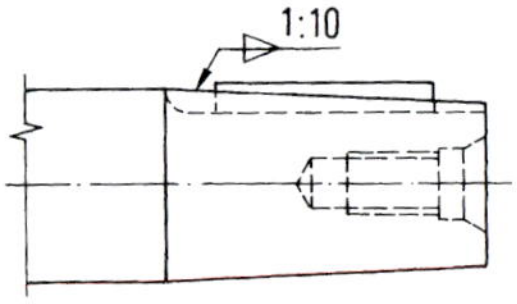

Bild 12.19
Kegeliges Wellenende mit Innengewinde DIN 1449

Eine Kegelverbindung darf nicht als selbsthemmender Pressverband mit zusätzlicher Pass- oder Scheibenfeder ausgeführt werden. Es findet nämlich bei der ersten Belastung durch ein Drehmoment eine schraubenförmige Aufschubbewegung des verspannten Außenteils auf das Innenteil statt. Ein zur Lagesicherung vorgesehenes Element behindert diese Bewegung, wodurch die Fugenpressung nicht voll zur Drehmomentübertragung wirksam werden kann. Empfehlenswert ist das Nachziehen der Schraubenverbindung nach der ersten Belastung.

12

Wenn die Verbindung nach Bild 12.18c durch eine Schraubenkraft F_V vorgespannt wird, werden die Kegelmantelflächen mit der Fugenpressung p_F aufeinander gepresst. Bild 12.20 zeigt die Kraftverhältnisse beim Fügen, und zwar die auf die Nabenbohrung wirkenden Kräfte. Auf jedes Flächenteilchen ΔA der Nabenbohrung wirkt eine Normalkraft $\Delta F_N = \Delta A \cdot p_F$ (Bild 12.20a). Sie ruft den sich der Anziehbewegung entgegensetzenden Reibwiderstand $\Delta F_N \cdot \mu$ hervor. ΔF_N und $\Delta F_N \cdot \mu$ werden zur Resultierenden ΔF zusammengefasst, die mit ΔF_N den Reibwinkel ϱ einschließt. ΔF wird nun zerlegt in die Radialkomponente ΔF_r und die Längskomponente ΔF_l (Axialkomponente). ΔF_r und ΔF schließen den Winkel $\alpha/2 + \varrho$ ein (Bild 12.20b). Daraus folgen:

$$\Delta F_l = \Delta F \cdot \sin(\alpha/2+\varrho), \text{ und } \Delta F = \Delta F_N / \cos\varrho, \text{ also}$$

$$\Delta F_l = \frac{\Delta F_N \cdot \sin(\alpha/2+\varrho)}{\cos\varrho} = \frac{\Delta A \cdot p_F \cdot \sin(\alpha/2+\varrho)}{\cos\varrho}$$

Man begeht nur einen unbedeutenden Fehler, wenn man der Einfachheit halber für

$$\sin(\alpha/2+\varrho)/\cos\varrho \approx \tan(\alpha/2+\varrho) \text{ setzt}$$

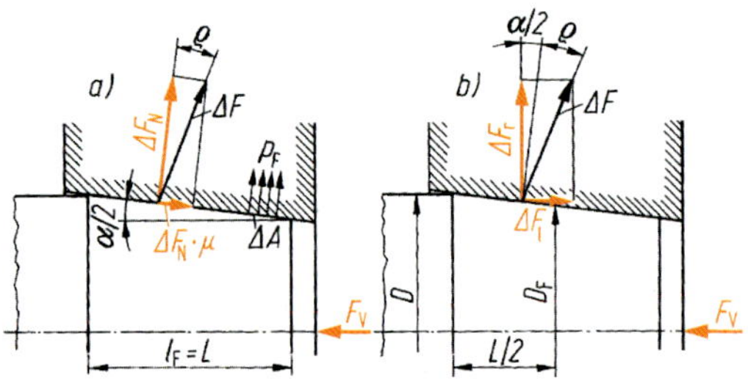

Bild 12.20
Kraftverhältnisse beim Anziehen einer Kegelverbindung
a) Normalkräfte ΔF_N und Reibwiderstände $\Delta F_N \cdot \mu$, b) Radialkräfte ΔF_r und Längskräfte ΔF_l

Da an allen Umfangsstellen gleiche Kraftverhältnisse herrschen, werden alle Längskräfte ΔF_l zu einer Resultierenden zusammengefasst, die der Vorspannkraft F_V das Gleichgewicht hält, d. h. es muss $\Sigma \Delta F_l = F_V$ sein. Die Summe aller Flächenteilchen $\Sigma \Delta A$ ist gleich der Mantelfläche des Kegels. Diese beträgt $\Sigma \Delta A = D_F \cdot \pi \cdot l_F$ mit D_F als mittlerem Kegeldurchmesser.

Somit erhält man für die

Fugenpressung $$p_F \approx \frac{F_V}{D_F \cdot \pi \cdot l_F \cdot \tan(\alpha/2 + \varrho)} \qquad (12.7)$$

p_F	in N/mm²	Pressung der Kegelmantelfläche,
F_V	in N	Vorspannkraft der Schraube (siehe hierzu die nachfolgenden Hinweise),
D_F	in mm	Fugendurchmesser = mittlerer Kegeldurchmesser = $D - C \cdot L/2$, beim Kegel 1:10 ist $C = 0{,}1$,
l_F	in mm	Fugenlänge = Traglänge, in der Regel = L,
ϱ	in °	Reibwinkel, $\varrho = \arctan \mu$,
α	in °	Kegelwinkel. Beim Kegel 1:10 ist $\alpha = 5{,}724°$.

Beim gefühlsmäßigen Anziehen der Schraubenverbindung von Hand kann man erfahrungsgemäß mit den mittleren Vorspannungen σ_V im Spannungsquerschnitt A_S nach Tabelle 10.13 rechnen, sodass eine Vorspannkraft $\boldsymbol{F_V \approx A_S \cdot \sigma_V}$ zu erwarten ist (A_S siehe Tabelle 12.11). Beim Anziehen mit Drehmomentenschlüssel ist nach dem 10. Kapitel ein Anziehdrehmoment M_A nach Formel 10.3 unter Berücksichtigung des Setzens und der Streuungen beim Anziehen vorzuschreiben.

12

Zu Abmessungen der kegeligen Wellenenden siehe DIN 1448 nach Tabelle 12.11.

Mit der Fugenpressung p_F, die mit der Vorspannkraft F_V der Schraube nach Formel 12.7 errechnet wurde, kann die Verbindung wie eine **Längspressverbindung** betrachtet werden (siehe Formel 9.1 und Formel 9.2, Haftbeiwert $\mu \approx 0{,}1 \ldots 0{,}12$ entsprechend $\varrho \approx 6 \ldots 7°$). Formel 9.3 und Formel 9.4 sowie Formel 9.25 und Formel 9.27 ermöglichen eine Überprüfung, ob eine elastische Beanspruchung der Fügeteile gewährleistet ist (siehe hierzu Beispiel 12.7). Wird elastisch-plastische Beanspruchung des Außenteils zugelassen, so ist nach Abschnitt 9.4 mit Formel 9.28 bis Formel 9.30 zu rechnen.

Andererseits kann auch nach dem zu übertragenden Drehmoment T die erforderliche Vorspannkraft F_V errechnet und danach unter Berücksichtigung des Anziehfaktors α_A das Schraubenanziehmoment M_A ermittelt und vorgeschrieben werden, und zwar mit Formel 9.1, Formel 9.2, Formel 10.3, Formel 10.4 und Formel 12.7.

Selbsthemmung tritt ein, wenn $\alpha/2 < \varrho$ ist. Beim Demontieren würde sich die Kegelverbindung dann nämlich nicht von selbst lösen.

Bei entsprechender Drehrichtung können geringfügige Umfangsverschiebungen der Nabe auf der Welle zum Losdrehen der Schraubenverbindung führen. Besonders wichtig ist deshalb ein ausreichendes Anziehen der Verbindung, damit die erforderliche Fugenpressung erreicht wird.

Es sei noch erwähnt, dass für **Werkzeughalterungen** vorwiegend der metrische Kegel 1:20 nach DIN 228 benutzt wird. Er sitzt selbsthemmend.

Beispiel 12.6

Ein Zahnrad aus Vergütungsstahl C45E ist mit einem Wellenende DIN 1448 – 60 × 105 verbunden, Wellenwerkstoff E295. Bei einseitiger Drehrichtung hat es ein Drehmoment $T = 800\,\text{Nm}$ zu übertragen. Genügt der Kraftschluss zur Übertragung des Drehmoments, wenn die Mutter gefühlsmäßig von Hand angezogen wird?

Lösung:
Nach Tabelle 12.11 betragen $L = l_F = 70\,\text{mm}$, $D_F = D - C \cdot L/2 = 60\,\text{mm} - 0{,}1 \cdot 35\,\text{mm} = 56{,}5\,\text{mm}$ und Gewinde M42 × 3 mit $A_S = 1206\,\text{mm}^2$. Somit wird mit $\sigma_V \approx 80\,\text{N/mm}^2$ (aus Tabelle 10.13) die Vorspannkraft $F_V \approx A_S \cdot \sigma_V = 1206\,\text{mm}^2 \cdot 80\,\text{N/mm}^2 = 96480\,\text{N}$. Angenommen $\varrho = 6{,}5°$, also $\alpha/2 + \varrho \approx 2{,}9° + 6{,}5° = 9{,}4°$. Nach Formel 12.7 beträgt dann die Fugenpressung

$$p_F \approx \frac{F_V}{D_F \cdot \pi \cdot l_F \cdot \tan(\alpha/2 + \varrho)} = \frac{96480}{56{,}5\,\text{mm} \cdot \pi \cdot 70\,\text{mm} \cdot \tan 9{,}4°} \approx 47\,\text{N/mm}^2$$

Bei $\varrho = 6{,}5°$ ist $\mu = \tan\varrho \approx 0{,}11$. Nach Formel 9.2 wird die Haftkraft

$$F_F = D_F \cdot \pi \cdot l_F \cdot \mu \cdot p_F = 56{,}5\,\text{mm} \cdot \pi \cdot 70\,\text{mm} \cdot 0{,}11 \cdot 47\,\text{N/mm}^2 \approx 64200\,\text{N}$$

Zu übertragen ist eine Umfangskraft $F_u = 2T/D_F = 2 \cdot 800000\,\text{Nmm}/56{,}5\,\text{mm} \approx 28320\,\text{N}$. Damit ergibt sich gemäß Formel 9.1 eine Haftsicherheit

$$S_H = F_F/F_u = 64200/28320 \approx 2{,}3$$

die größer als die erforderliche von 1,5 ist.

Beispiel 12.7

Für die Kegelverbindung mit $D_F = 56{,}5\,\text{mm}$ aus Beispiel 12.6 wurde eine Fugenpressung $p_F \approx 47\,\text{N/mm}^2$ errechnet. Das Zahnrad als Außenteil mit $D_A = 150\,\text{mm}$ Fußkreisdurchmesser besitzt eine Streckgrenze $R_{eA} = 370\,\text{N/mm}^2$, die Welle als Innenteil $R_{eI} = 275\,\text{N/mm}^2$ (siehe Tabelle 2.5 für C45E und Tabelle 2.2 für E295). Ist für beide elastische Beanspruchung gewährleistet?

Lösung:
Nach Formel 9.3 und Formel 9.4 betragen: $Q_A = D_F/D_A = 56{,}5/150 = 0{,}38$, $Q_I = 0$. Mit $S_P = 1{,}2$ als Sicherheit gegen plastische Verformung erhält man nach Formel 9.25 die zulässige Fugenpressung für das Außenteil

$$p_{A\,zul} = \frac{1 - Q_A^2}{\sqrt{3} \cdot S_P} R_{eA} = \frac{1 - 0{,}38^2}{\sqrt{3} \cdot 1{,}2} 370\,\text{N/mm}^2 = 152{,}3\,\text{N/mm}^2 > p_F$$

und nach Formel 9.27 für das volle Innenteil

$$p_{I\,zul} = \frac{2}{\sqrt{3} \cdot S_P} R_{eI} = \frac{2}{\sqrt{3} \cdot 1{,}2} 275\,\text{N/mm}^2 = 264{,}6\,\text{N/mm}^2 > p_F$$

Es liegt also rein elastische Beanspruchung vor.

12.7 Stirnzahnverbindungen

Für Drehmoment übertragende Verbindungen hat sich die **Stirnverzahnung** (auch Hirth-Verzahnung genannt) gut bewährt. Sie ist robust und dauerhaltbar zur Übertragung von Stoß- und Wechselkräften geeignet. Die Bauteile erhalten stirnseitig radial laufende dreieckförmige Zähne, die in Eingriff gebracht werden. Die Zähne zentrieren die verbundenen Bauteile zueinander. Bild 12.21a zeigt ein mit Stirnverzahnung unter Schraubenkraft an eine Welle gefügtes Kegelrad. Auch Kurbelwellen werden mitunter aus stirnverzahnten Einzelteilen gefügt. Weiterhin findet man stirnverzahnte Wellen-Schaltkupplungen.

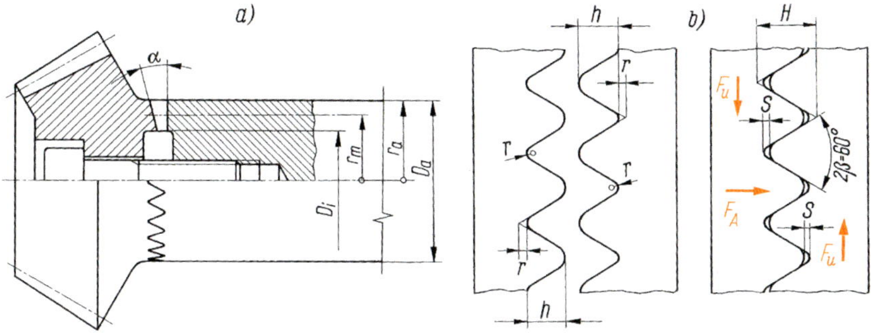

Bild 12.21 Stirnverzahnung
a) gefügtes Kegelrad, b) Zahnform am Außenumfang

Bild 12.21b gibt die Gestalt der Zähne und Tabelle 12.12 ihre Abmessungen wieder. Die Längsspannkraft F_A (axiale Spannkraft) presst die Zahnflanken der beiden Fügeteile aufeinander. Das Drehmoment T wirkt in der Zahnbreitenmitte mit der Umfangskraft F_u, die die Flankenpressung in Drehrichtung einseitig erhöht.

Die Umfangskraft F_u will die beiden Verzahnungen zum Ausrasten bringen (auseinander drücken). Daher muss die Längsspannkraft $F_A > F_u \cdot \tan(\beta - \varrho)$ sein, bei einem Flankenwinkel $\beta = 30°$ und einem Reibwinkel $\varrho = 8°$ also $F_A > 0{,}4F_u$.

Es genügt, die Flankenpressung durch die Umfangskraft F_u mit zulässigen Pressungen zu vergleichen. Als gepresste Fläche ist die Projektion der Zahnflanken senkrecht zu F_u anzusetzen. Infolge der Fertigungstoleranzen verteilt sich die Umfangskraft nicht gleichmäßig auf alle Zähne. Das wird durch einen Tragfaktor k berücksichtigt. Da die Abmessungen auf den Außenumfang bezogen sind, muss auf den mittleren Umfang mit r_a/r_m umgerechnet werden. Damit ergibt sich die

Flankenpressung $$p \approx \frac{F_u}{z \cdot b(H - 5S)k} \cdot \frac{r_a}{r_m} \qquad (12.8)$$

p	in N/mm²	Pressung der Zahnflanken durch das zu übertragende Drehmoment,
F_u	in N	Umfangskraft = T/r_m mit T als zu übertragendes Drehmoment und $r_m = 0{,}25(D_a + D_i)$ als mittlerem Radius der Verzahnung,
z		Zähnezahl (Tabelle 12.12),
b	in mm	Zahnbreite = $0{,}5(D_a + D_i)$,
H	in mm	Spitzenhöhe der Zähne (Tabelle 12.12),
S	in mm	Kopfspiel der Verzahnung (Tabelle 12.12),
k		Tragfaktor ≈ 0,75,
r_a		Außenradius der Verzahnung,
r_m		mittlerer Radius der Verzahnung.

Als zulässige Flankenpressung können die Werte nach Tabelle 12.1, Spalte Zahnwellen, angenommen werden.

Wird F_A durch Schrauben erzeugt, dann ist die Längsspannkraft $F_A \approx F_u$ festzulegen. Die Vorspannkraft je Schraube ist dann $F_V = F_A / i$ mit i als Anzahl der Spannschrauben. Ermittlung der Vorspannkraft F_V bzw. der Schraubengröße wie bei den Klemmverbindungen (Abschnitt 9.7).

Beispiel 12.8

Das Kegelrad nach Bild 12.21a soll durch eine Stirnverzahnung mit $D_a = 30\,\text{mm}$ und $D_i = 22\,\text{mm}$ mit der Welle verbunden werden. Werkstoffe: Kegelrad E360, Welle S275. Es ist ein einseitiges Drehmoment $T = 80\,\text{Nm}$ bei starken Stößen zu übertragen. Ist die Flankenpressung zulässig? Welche Schraubengröße der Festigkeitsklasse 6.8 ist vorzusehen?

Lösung:

Nach Tabelle 12.12 werden gewählt: Gruppe B, $z = 12$, $r = 0{,}6\,\text{mm}$, $S = 0{,}6\,\text{mm}$, $H = 0{,}226 D_a = 0{,}226 \cdot 30\,\text{mm} \approx 6{,}8\,\text{mm}$, $b = 0{,}5(D_a - D_i) = 0{,}5(30 - 22)\,\text{mm} = 4\,\text{mm}$, $r_m = 0{,}25(D_a + D_i) = 0{,}25(30 + 22)\,\text{mm} = 13\,\text{mm}$, $r_a = D_a / 2 = 15\,\text{mm}$.

Die Umfangskraft beträgt $F_u = T / r_m = 80000\,\text{Nmm} / 13\,\text{mm} \approx 6150\,\text{N}$.

Flankenpressung nach Formel 12.8:

$$p \approx \frac{F_u}{z \cdot b(H - 5S)k} \cdot \frac{r_a}{r_m} = \frac{6150\,\text{N}}{12 \cdot 4\,\text{mm}(6{,}8 - 5 \cdot 0{,}6)\,\text{mm} \cdot 0{,}75} \cdot \frac{15}{13}$$
$$= 51{,}9\,\text{N/mm}^2$$

Nach Tabelle 12.1 ist $p_{zul} = 0{,}6 p_0 = 0{,}6 \cdot 150\,\text{N/mm}^2 = 90\,\text{N/mm}^2$, die bei weitem nicht erreicht werden.

Bei einer Spannschraube ist $F_V = F_A = F_u = 6150\,\text{N}$ anzunehmen. Beim Anziehen von Hand wird schätzungsweise erforderlich $A_S = F_V / \sigma_V = (6150\,\text{N}) / (280\,\text{N/mm}^2) = 22\,\text{mm}^2$ (σ_V nach Tabelle 10.13 geschätzt). Nach Tabelle 10.1 kommt eine Schraube M8 mit $A_S = 36{,}6\,\text{mm}^2$ in Betracht. ■

12.8 Verständnisfragen

1. Erklären Sie den Unterschied zwischen formschlüssigen und kraftschlüssigen Welle-Nabe-Verbindungen.
2. Zeichnen Sie ein Beispiel für eine Verbindung mit Einlegekeil.
3. Welchen Vorteil haben Scheibenfedern gegenüber Passfedern?
4. Welche Keilwellen sind in DIN 5471 genormt?
5. Auf welche Arten kann der zentrische Sitz der Nabe auf der Keilwelle erreicht werden?
6. Wann tritt Selbsthemmung in Kegelverbindungen ein?
7. Wie groß ist der Kegelwinkel beim Kegel 1:10?
8. Welche Verbindung eignet sich am besten für Drehmoment übertragende Verbindungen?

Literatur

[12.1] *Sauer, B. (Hrsg.):* Konstruktionselemente des Maschinenbaus 1. Grundlagen der Berechnung und Gestaltung von Maschinenelementen. Formschlüssige Welle-Nabe-Verbindungen. Berlin: Springer Verlag, 2016

[12.2] *VDI-Gesellschaft Entwicklung, Konstruktion, Vertrieb:* Welle-Nabe-Verbindungen. Gestaltung, Fertigung, Anwendungen. Tagung Wiesloch, 19. und 20. November 2003. VDI-Berichte, Band 1790. Düsseldorf: VDI Verlag, 2003

[12.3] *Oldendorf, U.:* Lastübertragungsmechanismen und Dauerhaltbarkeit von Passfederverbindungen. Dissertation. TU Darmstadt/Shaker Verlag, Aachen 1999

[12.4] *Leidich, E.; Smetana, T.:* Einfluss der Fertigungsgenauigkeit auf die Beanspruchung von Passfederverbindungen. FVA-Abschlussbericht. 2004

[12.5] *Dietz, P.; Garzke, M.:* Statische und dynamische Beanspruchung von Zahnwellen-Verbindungen und elastisches und teilplastisches Werkstoffverhalten. DFG-Abschlussbericht. 1998

[12.6] DIN-Taschenbuch 43. Mechanische Verbindungselemente 2. Bolzen, Stifte, Niete, Keile, Sicherungsringe. Berlin: Beuth, 2012

[12.7] *Ziaei, M.:* Analytische Untersuchung unrunder Profilfamilien und numerische Optimierung genormter Polygonprofile für Welle-Nabe-Verbindungen. Habilitation. TU Chemnitz, 2003

DIN 5464:2010-03 Passverzahnungen mit Keilflanken – Schwere Reihe

DIN 5466-1:2010-03 Tragfähigkeitsberechnung von Zahn- und Keilwellen-Verbindungen – Teil 1: Grundlagen

DIN 6892:2012-08 Mitnehmerverbindungen ohne Anzug – Paßfedern – Berechnung und Gestaltung. Berichtigung 2014-05

DIN 32711-1:2009-03 Welle-Nabe-Verbindung – Polygonprofil P3G – Teil 1: Allgemeines und Geometrie

DIN 32711-2:2009-03 Welle-Nabe-Verbindung – Polygonprofil P3G – Teil 2: Berechnung und Dimensionierung

DIN 32712-1:2009-03 Welle-Nabe-Verbindung – Polygonprofil P4C – Teil 1: Allgemeines und Geometrie

DIN 32712-2:2012-03 Welle-Nabe-Verbindung – Polygonprofil P4C – Teil 2: Berechnung und Dimensionierung

DIN ISO 14:1986-12 Keilwellen-Verbindungen mit geraden Flanken und Innenzentrierung. Maße, Toleranzen, Prüfung

13 Stift- und Bolzenverbindungen

13.1 Stifte

Stifte dienen zum Verbinden, Befestigen, Mitnehmen, Halten, Zentrieren, Fixieren, Sichern, Verschließen und dergleichen von Maschinenteilen. Sie sind nur für das Übertragen kleiner, stoßfreier und möglichst nicht wechselnder Drehmomente geeignet. Ihrer Form nach unterscheidet man grundsätzlich zwischen **Zylinderstiften** (Bild 13.1), **Kegelstiften** (Bild 13.2) und **Kerbstiften** (Bild 13.3). Im Bauteil oder in den Bauteilen sitzen sie mit Vorspannung. Kerbstifte besitzen drei eingepresste Längskerben, deren überstehende Wulste sich beim Einschlagen mit hohem Druck gegen die Lochwand legen und das Loch elastisch aufweiten (Bild 13.4).

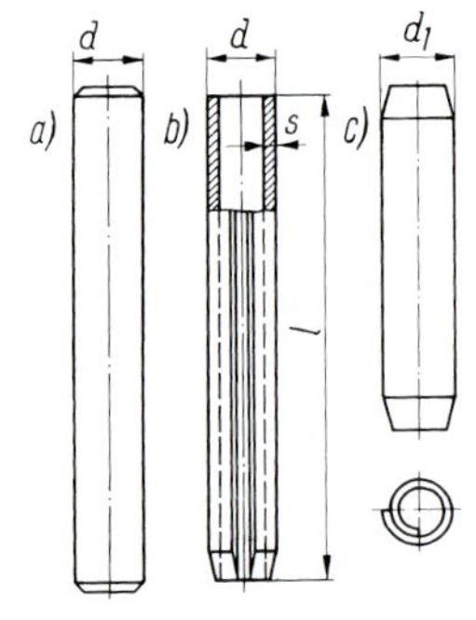

Bild 13.1 Zylinderstifte und Spannstifte
a) Zylinderstifte ungehärtet DIN EN ISO 2338 und gehärtet DIN EN ISO 8734, mit Innengewinde ungehärtet DIN EN ISO 8733 und gehärtet DIN EN ISO 8735,
b) Spannstifte(-hülsen) geschlitzt, schwere Ausführung DIN EN ISO 8752 und leichte Ausführung DIN EN ISO 13337, c) Spiralspannstifte, schwere Ausführung DIN EN ISO 8748, Regelausführung DIN EN ISO 8750 und leichte Ausführung DIN EN ISO 8751

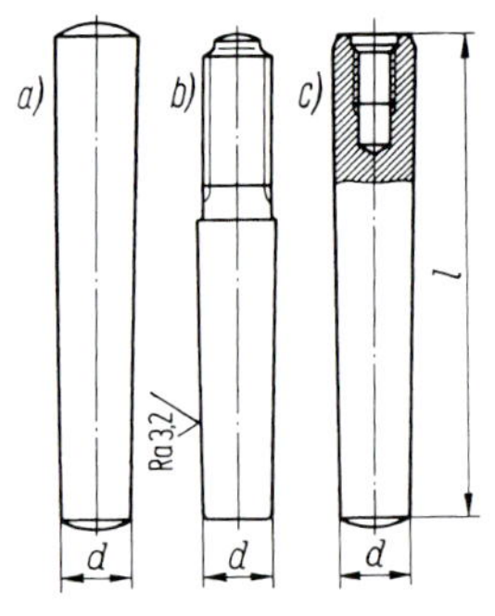

Bild 13.2 Kegelstifte mit Kegel 1:50
a) DIN EN 22339, Typ A (geschliffen, $R_a = 0{,}8\,\mu m$) und B (gedreht, $R_a = 3{,}2\,\mu m$),
b) mit Gewindezapfen, DIN EN 28737 ($R_z = 16\,\mu m$), c) mit Innengewinde, DIN EN 28736, Typ A und B wie bei a)

Zylinderstifte (Bild 13.1a) ungehärtet sind mit den Toleranzklassen **m6** (Oberflächenrauheit $R_a \leq 0{,}8\ \mu m$) und **h8** ($R_a \leq 1{,}6\ \mu m$) genormt, die gehärteten nur mit m6. Beide Toleranzklassen erfordern auf Passmaß geriebene Löcher. Die Stifte mit m6 werden vorwiegend als Passstifte zur Lagesicherung zweier Bauteile benutzt (Bild 13.5a). Die h8-Stifte dienen als Verbindungs- oder Befestigungsstifte (Bild 13.5b). In die Bohrung der zu fügenden Teile werden sie unter Übermaß eingetrieben.

Spannstifte (-hülsen) (Bild 13.1b) und **Spiralspannstifte** (Bild 13.1c) aus rundgebogenem bzw. rund (spiralförmig) gewickeltem Federstahlband (Stahlsorte nach Wahl des Herstellers, vergütet auf maximal 560 HV) legen sich elastisch gegen die Lochwände. Deshalb benötigen sie nur gebohrte Löcher. Spannstifte (-hülsen) dienen zur Aufnahme von Querkräften (siehe Bild 10.41b) und als Sicherungs- oder Passstifte (Bild 13.5c), wofür auch Spiralspannstifte geeignet sind.

Kegelstifte (Bild 13.2) fixieren die zu fügenden Bauteile außerordentlich gut. Da die Löcher aufgerieben werden müssen, sind die Verbindungen teuer, sodass man sie möglichst vermeidet. Gegenüber Zylinderstiften ist jedoch ihre fast unbegrenzte Füge- und Lösemöglichkeit von Vorteil. Bild 13.5d zeigt die Befestigung eines Kegelrads. Kegelstifte mit Gewindezapfen eignen sich für Sacklöcher, aus denen sie mithilfe von Abdrückmuttern gezogen werden können.

Kerbstifte (Bild 13.3 und Bild 13.4) ersparen das teure Einpassen der Zylinderstifte. Für die elastischen Kerbwulste genügen gebohrte Löcher. Die Wulste lassen ein etwa 25-maliges Ein- und Austreiben zu. Die Kerben rufen jedoch Spannungsspitzen hervor (Kerbwirkungen), durch die die Verbindungen nicht so haltbar sind wie die mit glatten Stiften. Kerbstifte mit Hals dienen zum Einhängen von Federn, Aufschieben von Sicherungsringen oder -scheiben oder zum Herausziehen aus Sacklöchern. Zum Einschlagen wird jeder Stift mit dem Ende eingeführt, an dem die Kerben auslaufen (siehe Bild 13.3).

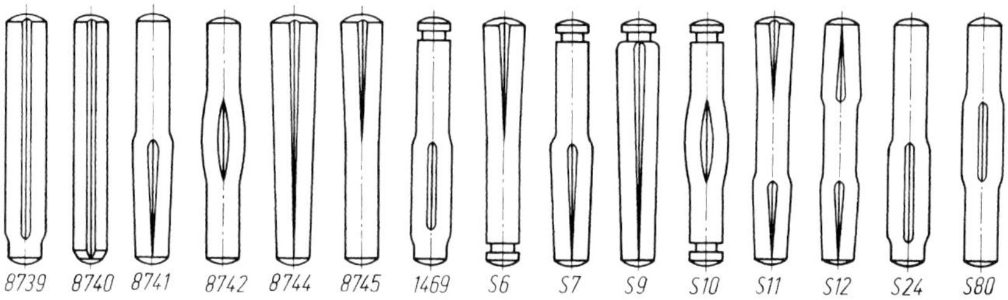

Bild 13.3 Kerbstifte (die Zahlen geben die DIN EN ISO-Nr. bzw. die DIN-Nr. an, die S-Stifte sind handelsübliche Ausführungen der Kerb-Konus GmbH, Schnaittenbach)
DIN EN ISO 8739 Zylinderkerbstift mit Einführende
DIN EN ISO 8740 Zylinderkerbstift mit Fase
DIN EN ISO 8741 Steckkerbstift
DIN EN ISO 8742 Knebelkerbstift mit kurzer Kerbe
und DIN EN ISO 8743 mit langer Kerbe (nicht dargestellt)
DIN EN ISO 8744 Kegelkerbstift
DIN EN ISO 8745 Passkerbstift
DIN 1469 Passkerbstift mit Hals
S6 Passkerbstift mit Hals
S7 Steckkerbstift mit Hals
S9 Kegelkerbstift mit Hals
S10 Knebelkerbstift mit zwei Hälsen
S11, S12 Doppelkerbstifte
S24 Passkerbstift
S80 Knebelkerbstift

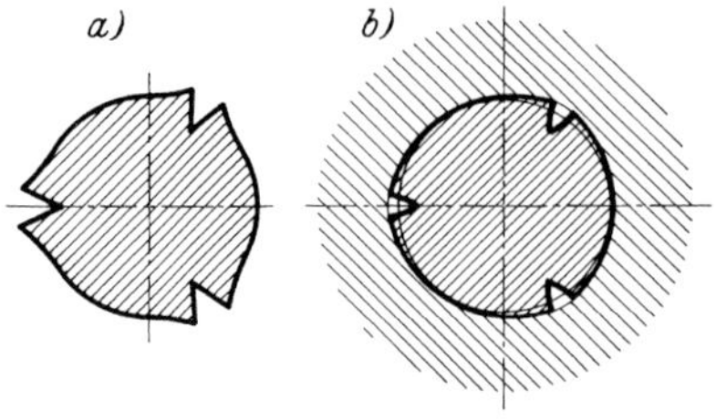

Bild 13.4
Querschnitt eines Kerbstifts
a) vor dem Einschlagen, b) nach dem Einschlagen

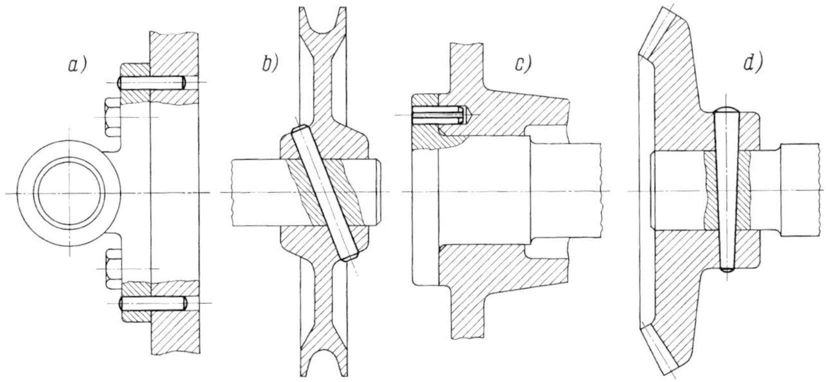

Bild 13.5 Anwendung von Zylinder- und Kegelstiften
a) Zylinderstift m6 als Passstift, b) Zylinderstift h8 als Verbindungsstift (die schräge Bohrung ist sehr ungünstig!), c) Spannstift als Sicherungsstift, d) Kegelstift als Befestigungs- und Verbindungsstift

Kerbnägel sind zum Befestigen von Schildern, Blechen, Scharnieren, Schellen, Vorreibern und dergleichen auf Metallteilen vorgesehen. Bild 13.6 zeigt Beispiele.

Der Stift soll aus einem härteren Werkstoff bestehen als die Bauteile, damit er sich beim Einschlagen nicht verformt und beim Austreiben nicht anstaucht. Durch den Härteunterschied wird auch ein Festfressen im Loch vermieden. Werkstoffe der Stifte: Bei Angabe St wird Automatenstahl mit einer Härte von 125 bis 245 HV geliefert; andere Werkstoffe sowie Kunststoffe oder besondere Wärmebehandlungen nach Vereinbarung.

Die **Bezeichnung von Stiften** erfolgt sinngemäß wie bei Schrauben (siehe Abschnitt 10.4). Bezeichnungsbeispiel für einen Zylinderstift nach DIN EN ISO 2238 in der Toleranzklasse m6: Zylinderstift ISO 2238 – 8 m6 × 40 – St, für einen Kegelstift nach DIN EN 22339 Typ B: Kegelstift ISO 2339 – B – 6 × 30 – St. Gleiches gilt auch für Bolzen.

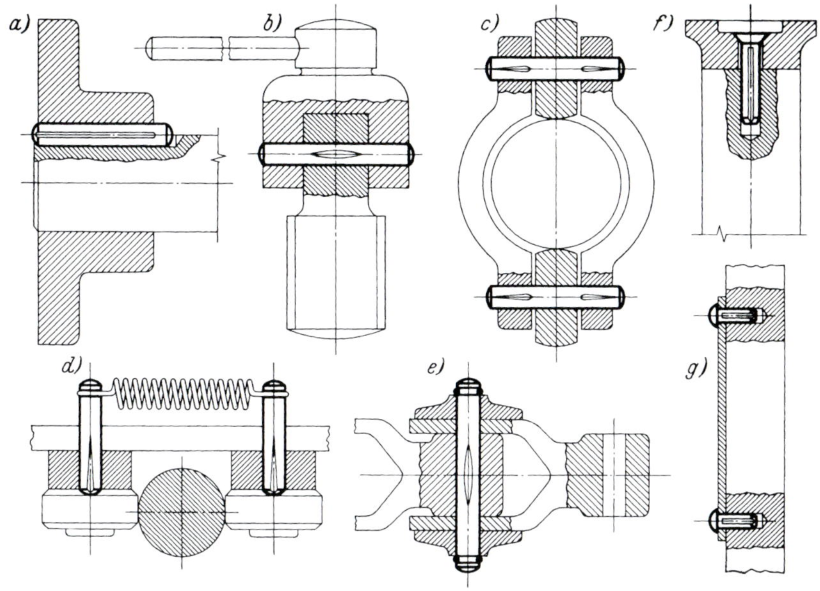

Bild 13.6 Anwendung von Kerbstiften und -nägeln
a) Zylinderkerbstift DIN EN ISO 8739 als Längsstift, b) Knebelkerbstift DIN EN ISO 8742 an einer Verschlussschraube, c) Doppelkerbstifte S12 als Achsstifte für Rollen, d) Passkerbstifte mit Hals S6 als Haltestifte einer Feder, e) Knebelkerbstift mit zwei Hälsen S10 als Gelenkstift in einem Kettenglied, f) Senkkerbnagel DIN EN ISO 8747 als Befestigungsstift, g) Halbrundkerbnägel DIN EN ISO 8746 als Befestigungsstifte für ein Schild

13.2 Bolzen

Bolzen stellen **Gelenkverbindungen** her und sitzen mit Spielpassung in den Bauteilen. Bild 13.7 gibt genormte Bolzen mit ohne Kopf sowie mit und ohne Splintlöcher wieder. Bild 13.8 zeigt Beispiele von Bolzenverbindungen. Die Spielpassung macht eine Sicherung gegen Herausfallen erforderlich. Für Splinte müssen die Bolzen Querlöcher erhalten, für Sicherungsringe und -scheiben Rillen.

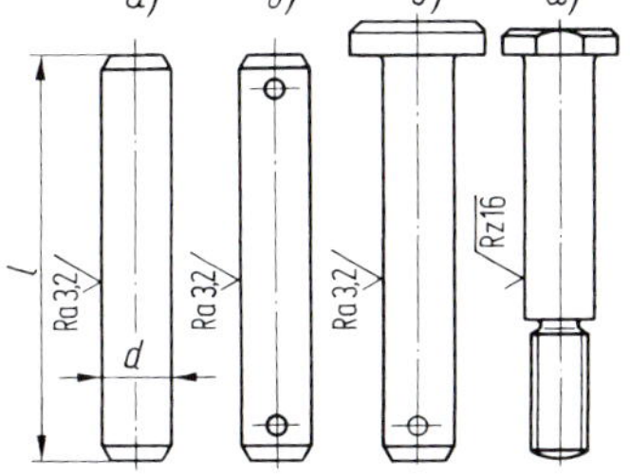

Bild 13.7
Genormte Bolzen
a) ohne Kopf, DIN EN 22340, Form A; b) wie a) jedoch mit Splintlöchern, Form B; c) mit Kopf, DIN EN 22341, Form B (ohne Splintlöcher: Form A); d) mit Kopf und Gewindezapfen DIN 1445

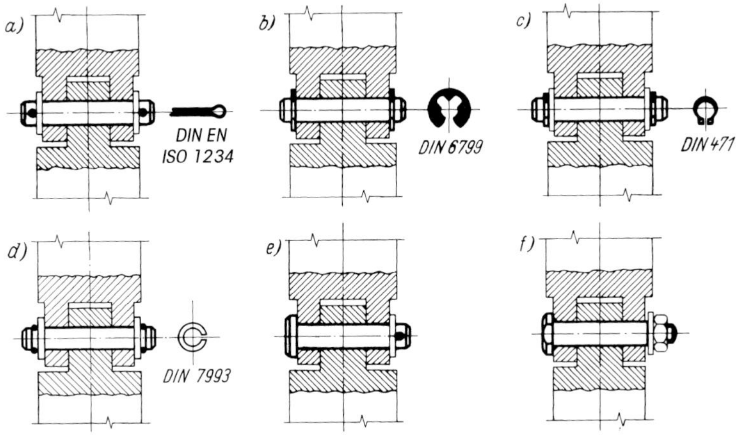

Bild 13.8 Bolzenverbindungen
a) Bolzen DIN EN 22340 mit Splinten, b) Bolzen DIN EN 22340 mit Sicherungsscheiben, c) Bolzen DIN EN 22340 mit Sicherungsringen, d) Bolzen DIN EN 22340 mit Runddraht- oder Vierkant-Sprengringen, e) Bolzen mit Kopf DIN EN 22341 mit Splint, f) Bolzen mit Gewindezapfen DIN 1445 mit Sechskantmutter

Bolzen ohne Kopf werden aus Preisgründen bevorzugt. Bolzen mit Kopf werden verwendet, wenn dies die Montage (Zugänglichkeit) erfordert. Bolzen, die nicht überstehen dürfen, wie z. B. Kolbenbolzen, werden beidseitig mit Sicherungsringen gehalten (Bild 13.9). In Tabelle 13.2 sind die Abmessungen der Sicherungsringe für Wellen nach DIN 471 und für Bohrungen nach DIN 472 aufgeführt, in Tabelle 13.3 die genormten Durchmesser *d* und Längen *l* von Stiften und Bolzen.

Übliche Sicherungselemente gemäß Bild 13.8 und Bild 13.9 für Bolzen sind: Splinte DIN EN ISO 1234, Sicherungsscheiben (Haltescheiben) für Wellen DIN 6799, Sicherungsringe (Halteringe) für Wellen DIN 471, Sicherungsringe (Halteringe) für Bohrungen DIN 472, Runddraht-Sprengringe DIN 7993.

Die Bolzen werden meistens in der Toleranzklasse h11 ausgeführt, die Bohrung je nach zulässigem Spiel mit D9, D11, C11, B12 oder A11. Für genormte Bolzenabmessungen siehe Tabelle 13.3. Zu Scheiben für Bolzen siehe DIN EN 28738.

Die Werkstoffe für Bolzen sind dieselben wie für Stifte (siehe Abschnitt 13.1).

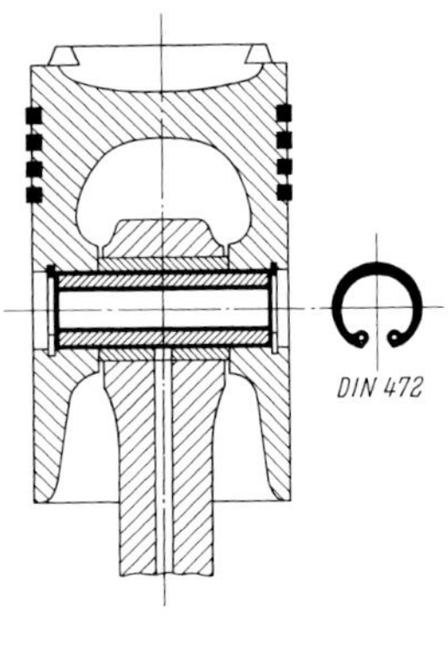

Bild 13.9
Mit Sicherungsringen gesicherter Kolbenbolzen

13.3 Festigkeitsberechnung

Die Festigkeitsberechnung der Stiftverbindungen stößt auf Schwierigkeiten, da sowohl die Stifte als auch die Bauteile durch das Eintreiben unter Übermaß vorgespannt werden. Der Stift muss als quasi elastisch gebetteter Träger unter örtlich veränderlicher Flächenlast verstanden werden. Die Vorspannung ist rechnerisch nicht zu erfassen, da sie außer von den Fertigungstoleranzen von der Bauteilgestalt und von den Werkstoffen abhängt. Deshalb lässt man die Vorspannung außer Betracht und vergleicht die aus den Belastungskräften errechneten Nennspannungen mit zulässigen Beanspruchungen, für die in Tabelle 13.1 Erfahrungswerte angegeben sind. Dabei wird unterschieden zwischen glatten Stiften mit Presssitz, Stiften mit gekerbtem Bereich (Kerbstiften) und Bolzen oder glatten Stiften, die mit Spiel in den Bauteilen sitzen (Gleitsitz).

1. Gelenkstifte oder Bolzen (Bild 13.10)

Die Betriebskraft F beansprucht die Lagerstellen auf Flächenpressung. Zu deren Berechnung dient wie für die Leibungsdrücke die Projektion des Loches (siehe Abschnitt 8.2). Außerdem wird der Stift bzw. Bolzen auf Scheren und Biegung beansprucht. Die Strecklasten denkt man sich nach Bild 13.10 durch Einzelkräfte $F_a = F/2$ ersetzt. Das Biegemoment ist dann gleich $F_a \cdot c$ mit $c = a/2 + b/4$. Zusammengefasst ergeben sich:

Flächenpressungen $$p_a = \frac{F}{2a \cdot d} \tag{13.1}$$

und $$p_i = \frac{F}{b \cdot d} \tag{13.2}$$

Scherspannung $$\tau_a = \frac{F}{2A} \tag{13.3}$$

Biegespannung $$\sigma_b \approx \frac{F(a + b/2)}{4W_b} \tag{13.4}$$

p_a, p_i	in N/mm²	Pressung der Lochwände der Bauteile,
F	in N	Belastungskraft der Verbindung,
a, b	in mm	Bauteildicken,
d	in mm	Stift- bzw. Bolzendurchmesser,
τ_a	in N/mm²	Scherspannung im Stift- bzw. Bolzenquerschnitt,
A	in mm²	Stift- bzw. Bolzenquerschnitt,
σ_b	in N/mm²	Biegespannung im Stift- bzw. Bolzenquerschnitt,
W_b	in mm³	Widerstandsmoment gegen Biegung ≈ $0{,}1d^3$ beim Vollquerschnitt

13

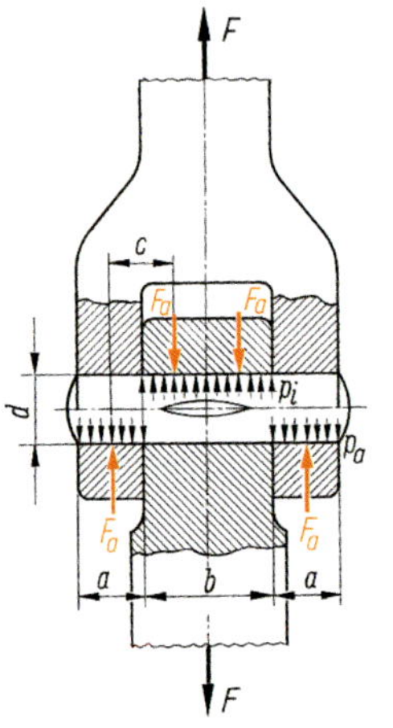

Bild 13.10
Gelenkstift oder -bolzen

13

Beispiel 13.1

Das Gelenk eines Gestänges gemäß Bild 13.10 wird mit $F = 200\,\text{N}$ schwellend beansprucht. Außen- und Innenteil bestehen aus S235, $a = 8\,\text{mm}$, $b = 14\,\text{mm}$. Als Gelenkstift dient ein Knebelkerbstift nach DIN EN ISO 8742, und zwar Kerbstift ISO 8742 - 4 × 30 - St. Sind die Beanspruchungen zulässig?

Lösung:
Nach Formel 13.1 bis Formel 13.4 mit $A = 12{,}6\,\text{mm}^2$, $W_\text{b} \approx 0{,}1d^3 = 0{,}1 \cdot 4^3\,\text{mm}^3 = 6{,}4\,\text{mm}^3$ und den zulässigen Beanspruchungen nach Tabelle 13.1 ergeben sich:

$$p_\text{a} = \frac{F}{2a \cdot d} = \frac{200\,\text{N}}{2 \cdot 8\,\text{mm} \cdot 4\,\text{mm}} = 3{,}1\,\text{N/mm}^2 < p_\text{zul} = 24\,\text{N/mm}^2$$

(Gleitsitz glatter Bolzen)

$$p_\text{i} = \frac{F}{b \cdot d} = \frac{200\,\text{N}}{14\,\text{mm} \cdot 4\,\text{mm}} = 3{,}6\,\text{N/mm}^2 < p_\text{zul} = 52\,\text{N/mm}^2$$

(Sitz mit gekerbtem Teil)

$$\tau_\text{a} = \frac{F}{2A} = \frac{200\,\text{N}}{2 \cdot 12{,}6\,\text{mm}^2} = 7{,}9\,\text{N/mm}^2 < \tau_\text{a zul} = 50\,\text{N/mm}^2$$

(Sitz mit gekerbtem Teil)

$$\sigma_\text{a} = \frac{F(a + b/2)}{4W_\text{b}} = \frac{200\,\text{N}(8+7)\,\text{mm}}{4 \cdot 6{,}4\,\text{mm}^3} = 117{,}2\,\text{N/mm}^2 < \sigma_\text{b zul} = 120\,\text{N/mm}^2$$

(Sitz mit gekerbtem Teil)

2. Steckstifte unter Biegekraft *F* (Bild 13.11)

Die Belastungskraft *F* presst den Stift gegen die Lochwand und erzeugt eine Flächenpressung F/A mit $A = d \cdot s$ als Projektionsfläche der Lochwand. Die Kraft *F* versucht aber auch, den Stift schief zu stellen, sodass sich dieser Flächenpressung eine weitere, sich nicht gleichmäßig über die Lochwand verteilende Flächenpressung überlagert (Bild 13.11b), so wie sich eine Biegespannung einer Druckspannung überlagern würde.

Für die rechteckige Projektionsfläche des Loches muss daher das axiale Widerstandsmoment eines Rechtecks $W = d \cdot s^2 / 6$ eingesetzt werden und als beanspruchendes Moment $M_b = F \cdot L$. Die größte Flächenpressung ist dann gleich die Summe der beiden:

$$p = \frac{F}{A} + \frac{M_b}{W} = \frac{F}{d \cdot s} + \frac{F \cdot L}{d \cdot s^2 / 6}$$

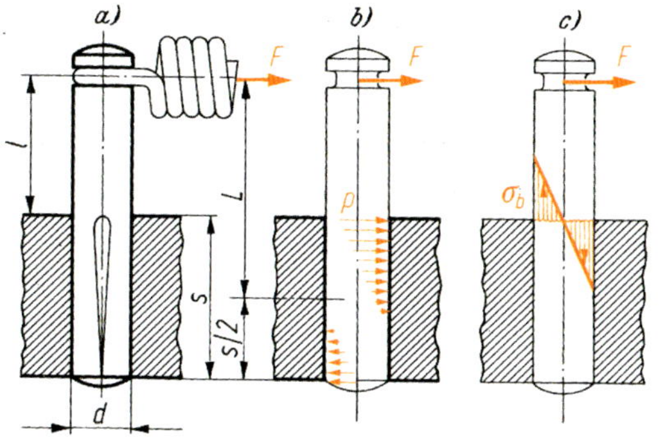

Bild 13.11
Steckstift unter Biegekraft
a) Stift mit eingehängter Zugfeder, b) Flächenpressung im Bauteil, c) Biegebeanspruchung des Stifts

Da der Stift außerdem mit dem Biegemoment $F \cdot l$ beansprucht wird, gelten zusammengefasst:

Flächenpressung $$p = \frac{F}{d \cdot s}\left(1 + 6\frac{L}{s}\right) \tag{13.5}$$

Biegespannung $$\sigma_b = \frac{F \cdot l}{W_b} \tag{13.6}$$

p	in N/mm²	Flächenpressung der Lochwand im Bauteil,
F	in N	Belastungskraft,
d	in mm	Stiftdurchmesser,
s	in mm	tragende Länge der Lochwand,
L	in mm	Abstand der Kraft *F* von der Lochwandmitte,
σ_b	in N/mm²	Biegespannung im Stiftquerschnitt. **Als zulässig können die 0,7-fachen Werte aus Tabelle 13.1 angenommen werden.**
l	in mm	Abstand der Kraft *F* vom biegebeanspruchten Stiftquerschnitt,
W_b	in mm³	Widerstandsmoment gegen Biegung ≈ $0{,}1 d^3$ beim Vollquerschnitt.

Bei sehr kurzem Abstand *l* ist eine Kontrolle der Scherspannung im Stift sinnvoll, da diese gefährlicher als die Biegespannung sein kann.

Beispiel 13.2

Ein Passkerbstift DIN 1469 sitzt in einem Rollenhalter aus Grauguss und dient über eine Feder zum Andrücken einer Laufrolle nach Bild 13.6d. Die Feder zieht mit $F = 2250\,\text{N}$ an dem Stift mit $d = 16\,\text{mm}$ aus St. Es betragen gemäß Bild 13.11: $s = 46\,\text{mm}$, $l = 19\,\text{mm}$, $L = 42\,\text{mm}$. Sind die Beanspruchungen (schwellend) zulässig?

Lösung:
Mit $W_d \approx 0{,}1d^3 = 0{,}1 \cdot 16^3\,\text{mm}^3 \approx 410\,\text{mm}^3$ werden nach Formel 13.5 und Formel 13.6 sowie Tabelle 13.1

$$p = \frac{F}{d \cdot s}\left(1 + 6\frac{L}{s}\right) = \frac{2250\,\text{N}}{16\,\text{mm} \cdot 46\,\text{mm}}\left(1 + 6\frac{42}{46}\right)$$
$$= 19{,}8\,\text{N/mm}^2 < p_{zul} = 36\,\text{N/mm}^2$$

(Sitz mit gekerbtem Teil, Bauteil aus Grauguß)

$$\sigma_b = \frac{F \cdot l}{W_b} = \frac{2250\,\text{N} \cdot 19\,\text{mm}}{410\,\text{mm}^3} = 104{,}3\,\text{N/mm}^2 > \sigma_{b\,zul}$$
$$= 0{,}7 \cdot 120\,\text{N/mm}^2 \approx 85\,\text{N/mm}^2$$

(Sitz mit gekerbtem Teil)

Somit muss ein größerer Stiftdurchmesser gewählt werden. ■

3. Querstifte unter Drehmoment *T* (Bild 13.12)

Durch das Drehmoment werden die Lochwände der Nabe auf Flächenpressung beansprucht, die sich nicht gleichmäßig über die Lochwände verteilt. Es genügt aber, eine gleichmäßige Verteilung anzunehmen. Die beanspruchende Kraft ist gleich der Tangentialkraft $F_t = T / r_m$ am mittleren Radius $r_m = 0{,}25(D_a + D_i)$ der Nabe, die Projektion des gepressten Loches $(D_a - D_i)d$. Die Flächenpressung an der Lochwand der Welle verteilt sich über die Lochlänge wie eine Biegespannung, sodass mit dem Widerstandsmoment $d \cdot D_i^2 / 6$ der rechteckigen Lochwandprojektion gerechnet werden muss. Das pressende Moment ist dann gleich dem Drehmoment T. Außerdem wird der Stift an zwei Querschnitten durch die Umfangskraft $F_u = T / R_i = 2T / D_i$ auf Scheren beansprucht. Entsprechend zusammengefasst gelten:

Flächenpressungen $$p_a = \frac{4T}{(D_a^2 - D_i^2)d} \qquad (13.7)$$

$$p_i = \frac{6T}{D_i^2 \cdot d} \qquad (13.8)$$

Scherspannung $$\tau_a = \frac{T}{D_i \cdot A} \qquad (13.9)$$

p_a, p_i	in N/mm²	Flächenpressung der Lochwände in den Bauteilen,
T	in Nmm	zu übertragendes Drehmoment,
D_a, D_i	in mm	Naben- und Wellendurchmesser,
d	in mm	Stiftdurchmesser,
τ_a	in N/mm²	Scherspannung im Stiftquerschnitt,
A	in mm²	Stiftquerschnitt.

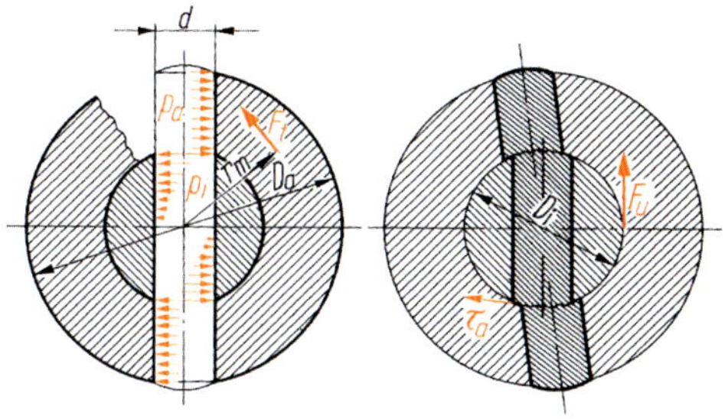

Bild 13.12
Querstift unter Drehmoment
a) Flächenpressung in Welle und Nabe,
b) Abscheren des Stifts

Beispiel 13.3

Ein Zahnrad aus E295 ist mit einem Kegelstift ISO 2339 - 6 × 60 - St als Querstift auf der Welle aus S275 befestigt. $D_a = 60\,\text{mm}$, $D_i = 30\,\text{mm}$. Es ist ein ruhendes Drehmoment $T = 24\,\text{Nm}$ zu übertragen. Ist die Verbindung ausreichend bemessen?

Lösung:
Nach Formel 13.7 bis Formel 13.9, mit $A = 28{,}3\,\text{mm}^2$ und Tabelle 13.1 betragen:

$$p_a = \frac{4T}{\left(D_a^2 - D_i^2\right)d} = \frac{4 \cdot 24000\,\text{Nmm}}{\left(60^2 - 30^2\right)\text{mm}^2 \cdot 6\,\text{mm}} \quad \text{(E295, Presssitz glatter Stifte)}$$
$$= 5{,}9\,\text{N/mm}^2 < p_{\text{zul}} = 104\,\text{N/mm}^2$$

$$p_i = \frac{6T}{D_i^2 \cdot d} = \frac{6 \cdot 24000\,\text{Nmm}}{30^2\,\text{mm}^2 \cdot 6\,\text{mm}} \quad \text{(S275, Presssitz glatter Stifte)}$$
$$= 26{,}7\,\text{N/mm}^2 < p_{\text{zul}} = 100\,\text{N/mm}^2$$

$$\tau_a = \frac{T}{D_i \cdot A} = \frac{24000\,\text{Nmm}}{30\,\text{mm} \cdot 28{,}3\,\text{mm}^2} \quad \text{(Presssitz glatter Stifte)}$$
$$= 28{,}3\,\text{N/mm}^2 < \tau_{a\,\text{zul}} = 80\,\text{N/mm}^2$$

Die Verbindung genügt den Anforderungen. ■

4. Längsstifte unter Drehmoment *T* (Bild 13.13)

Der eingetriebene Stift wirkt ähnlich wie eine Passfeder (siehe Abschnitt 12.2). Bei Verwendung eines Kegelstiftes spricht man auch vom **Rundkeil,** der jedoch für schwellende oder wechselnde Kräfte nicht geeignet ist.

Durch die Umfangskraft F_u werden die Lochwandungen auf Flächenpressung beansprucht, der Längsschnitt des Stifts auf Abscheren. Näherungsweise wird $F_u = T / R$ mit $R = D / 2$ gesetzt. Die Projektionsfläche der Lochwand ist $0{,}5d \cdot l$ als tragende Stiftlänge. Es gelten daher:

Flächenpressung $$p \approx \frac{4T}{D \cdot d \cdot l} \tag{13.10}$$

$$\text{Scherspannung} \quad \tau_a = \frac{2T}{D \cdot d \cdot l} = 0{,}5p \qquad (13.11)$$

p	in N/mm²	Flächenpressung der Lochwände in den Bauteilen,
T	in Nmm	zu übertragendes Drehmoment,
D	in mm	Wellendurchmesser,
d	in mm	Stiftdurchmesser,
l	in mm	tragende Stiftlänge,
τ_a	in N/mm²	Scherspannung im Stiftlängsschnitt.

Es empfiehlt sich, diese Verbindungen mit den halben zulässigen Beanspruchungen nach Tabelle 13.1 zu berechnen.

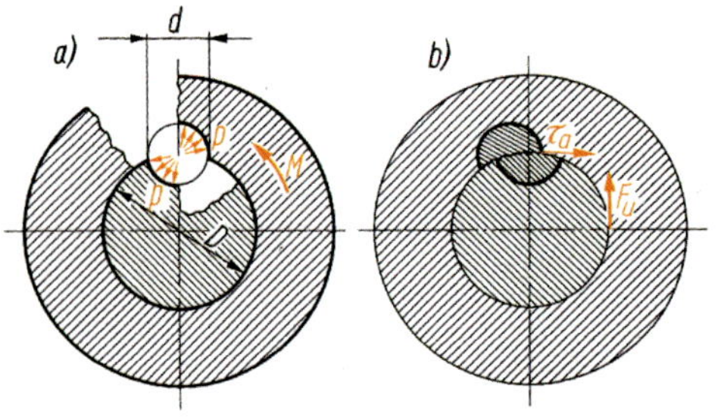

Bild 13.13
Längsstift unter Drehmoment
a) Flächenpressung in Welle und Nabe,
b) Abscheren des Stifts

Beispiel 13.4

Eine Riemenscheibe aus S235 ist wie nach Bild 13.6a mit einem Zylinderkerbstift ISO 8739 - 8 × 45 - St als Längsstift verbunden. Wellendurchmesser $D = 40\,\text{mm}$. Es ist ein gleich bleibendes Drehmoment $T = 80\,\text{Nm}$ zu übertragen. Genügt die Verbindung den Anforderungen?

Lösung:
Nach Formel 13.10 und Formel 13.11 sowie Tabelle 13.1 betragen:

$$p \approx \frac{4T}{D \cdot d \cdot l} = \frac{4 \cdot 80000\,\text{Nmm}}{40\,\text{mm} \cdot 8\,\text{mm} \cdot 45\,\text{mm}} = 22{,}2\,\text{N/mm}^2 < p_{\text{zul}}$$

$$= 0{,}5 \cdot 69\,\text{N/mm}^2 \approx 35\,\text{N/mm}^2$$

(S235, ruhend, Sitz mit gekerbtem Teil)

$$\tau_a = 0{,}5p = 0{,}5 \cdot 22{,}2\,\text{N/mm}^2 \approx 11\,\text{N/mm}^2 < \tau_{\text{a zul}}$$

$$= 0{,}5 \cdot 65\,\text{N/mm}^2 \approx 33\,\text{N/mm}^2$$

(Sitz mit gekerbtem Teil)

Der Stift genügt den Anforderungen.

Die Berechnung von Verbindungen mit **Spannstiften** DIN EN ISO 8752 und DIN EN ISO 13337 sowie mit **Spiralspannstiften** DIN ISO 8748 und 8750 ist mit denselben Gleichungen durchzuführen, es sind lediglich als Widerstandsmoment gegen Biegung $W_b \approx 0{,}785(d-s)^2 \cdot s$ und als Querschnitt $A \approx \pi(d-s) \cdot s$ zu setzen, wobei s die Wanddicke des Stifts bedeutet. Als zulässige Beanspruchung können die doppelten Werte nach Tabelle 13.1 für σ_b und τ_a beim Presssitz glatter Stifte angenommen werden.

13.4 Verständnisfragen

1. Wodurch wird das Loch bei Kerbstiften elastisch aufgeweitet?
2. Welchen entscheidenden (wirtschaftlichen) Vorteil haben Kerbstifte gegenüber Zylinderstiften?
3. Welchen (mechanischen) Nachteil bringen Kerbstifte gegenüber Zylinderstiften mit sich?
4. Welches Merkmal eines Stifts sollte sich von dem des Bauteils, in welches er eingebracht wird, unterscheiden? Was wird dadurch verhindert?
5. Mit welcher Passung sitzen Bolzen in den Bauteilen? Was wird somit erforderlich?
6. In welcher Toleranzklasse werden Bolzen meistens ausgeführt?
7. Welcher Fehler entsteht bei Überbelastung von Stiften unter Drehmoment?

Literatur

[13.1] *Sauer, B. (Hrsg.):* Konstruktionselemente des Maschinenbaus 1. Berlin: Springer Verlag, 2016

[13.2] DIN-Taschenbuch 43. Mechanische Verbindungselemente 2. Bolzen, Stifte, Niete, Keile, Sicherungsringe. Berlin: Beuth, 2012

Firmenschriften

Böllhoff GmbH, Bielefeld

Connex AG, Reiden (CH)

Inovan GmbH & Co. KG, Stolberg

Fa. W. Hedtmann, Hagen

14 Federn

Federn dienen als elastische Verbindungselemente beispielsweise zur Rückführung von Ventiltellern oder Steuergestängen, zum Antrieb von Wickeltrommeln, als Stoßdämpfer, zur Kraftbegrenzung, zur Kraftmessung und dergleichen. Ihrer Form nach kennt man **Schrauben-, Teller-, Blatt-, Stabfedern** usw. und ihrer Verformung nach **Druck-, Zug-, Biege- und Drehfedern**.

14.1 Kennlinien, Federarbeit

Die Eigenschaften der Federn werden nach ihrer **Kennlinie** beurteilt. Die **Kennlinien** in Bild 14.1 sind progressiv, linear und degressiv. Viele technische Federn haben lineare Kennlinien.

Man definiert die **Federsteifigkeit** als Verhältnis von Federkraft F zu Federweg s bzw. als Verhältnis von Federdrehmoment M_t zum Drehwinkel φ bei Drehfedern.

Lineare Kennlinie:

Federsteifigkeit bei Zug-, Druck- und Biegefedern $c = \frac{F}{s}$ (14.1)

Federsteifigkeit bei Drehfedern $c_t = \frac{M_t}{\varphi}$ (14.2)

c in N/mm
Die Benennung der Federrate ist uneinheitlich. In manchen Federnormen heißt sie R, in anderen, z. B. DIN 2095, jedoch c. Da sich im allgemeinen technisch-physikalischen Gebrauch der Buchstabe c durchgesetzt hat, wird hier c bzw. c_t verwendet (wie auch in DIN 740). Es sei aber ausdrücklich darauf hingewiesen, dass in manchen DIN-Normen auch R bzw. R_t benutzt wird.

c_t in Nmm/rad

s in mm

M_t in Nmm

φ in rad

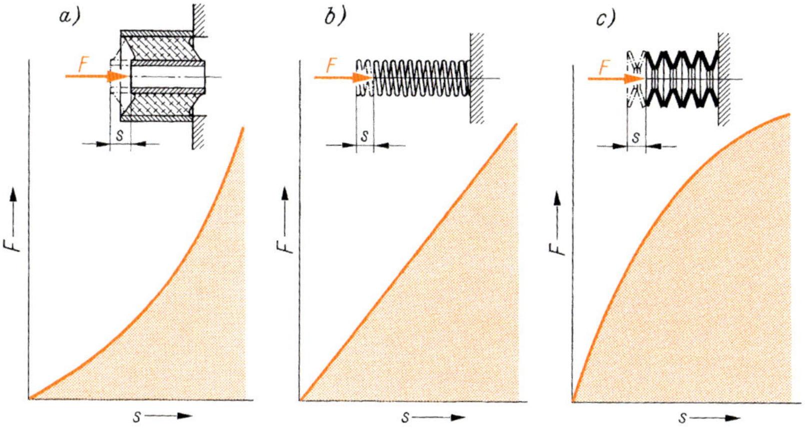

Bild 14.1 Federkennlinien
a) progressive einer Gummifeder, b) gerade einer zylindrischen Schraubenfeder, c) degressive einer Tellerfedersäule

Bei nichtlinearen Federkennlinien gilt:

$$c = \frac{\mathrm{d}F}{\mathrm{d}s}, \quad c_\mathrm{t} = \frac{\mathrm{d}M_\mathrm{t}}{\mathrm{d}\varphi}$$

Gegebenenfalls wird die Federkennlinie abschnittsweise berechnet. Der Kehrwert der Federsteifigkeit heißt **Federnachgiebigkeit δ**. Es gilt:

$$\delta = \frac{1}{c} \qquad (14.1a)$$

bzw.

$$\delta_\mathrm{t} = \frac{1}{c_\mathrm{t}} \qquad (14.2a)$$

Eine Feder muss so dimensioniert werden, dass die gewünschte Federsteifigkeit erreicht und die zulässige Beanspruchung nicht überschritten wird. Hierzu sind oftmals mehrere Berechnungen und wiederholte Abmessungsannahmen notwendig, um beide Forderungen zu erfüllen. Ohne diese Angleichung ist eine optimale Gestaltung nicht möglich.

Beim Spannen einer Feder wird Arbeit verrichtet, die die Feder, abgesehen von inneren oder äußeren Reibungsverlusten, beim Entspannen wieder abgibt. Da die Arbeit das Produkt von Kraft und Weg ist, kennzeichnet die in Bild 14.1 farbig angelegte Fläche die **Federarbeit**. Es gilt:

$$W = \int_0^{s_\mathrm{max}} F \cdot \mathrm{d}s \quad \text{bzw.} \quad W_\mathrm{t} = \int_0^{\varphi_\mathrm{max}} M_\mathrm{t} \cdot \mathrm{d}\varphi$$

Bei gerader Kennlinie ist sie das Produkt aus der durchschnittlichen Federkraft $F/2$ und dem zurückgelegten Weg s bzw. aus dem durchschnittlichen Federdrehmoment $M_\mathrm{t}/2$ und dem zurückgelegten Winkel φ:

Federarbeit von Zug-, Druck- und Biegefedern $$W = \frac{F}{2} s \qquad (14.3)$$

Federarbeit von Drehfedern $W_t = \frac{M_t}{2}\varphi$ (14.4)

W, W_t	in Nmm	Federarbeit,
F	in N	Federkraft,
s	in mm	Federweg,
M_t	in Nmm	Federdrehmoment,
φ	in rad	Federdrehwinkel.

14.2 Schwingverhalten

Eine mit einer Feder beweglich verbundene Masse gerät bei einem Kraftanstoß in gedämpfte Eigenschwingungen (Bild 14.2). Mitunter wird von derartigen Schwingsystemen eine bestimmte Eigenfrequenz gefordert, wie z. B. von Schwingsieben, Schüttelrutschen, Schwingtischen, Rüttlern, Waggon- und Kraftwagenfedern.

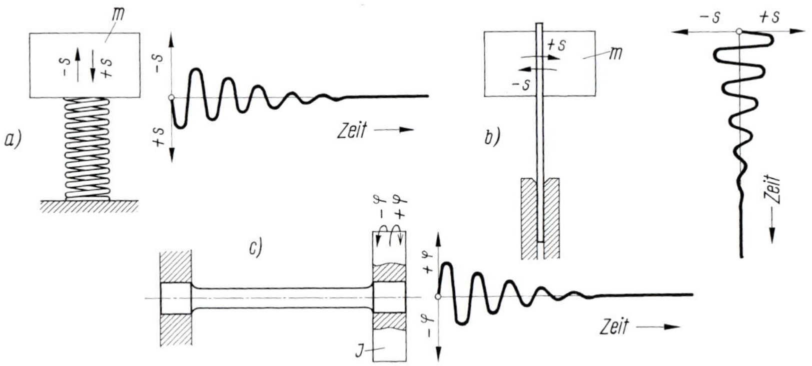

Bild 14.2 Feder-Schwingsysteme, gedämpfte Schwingung
a) mit einer Druckfeder, b) mit einer Biegefeder, c) mit einer Drehfeder

Eigenfrequenz eines Schwingsystems mit Zug-, Druck- oder Biegefeder $f_e = \frac{1}{2\pi}\sqrt{\frac{c}{m}}$ (14.5)

f_e	in s^{-1} = Hz	Eigenfrequenz des Federschwingsystems (Hz = Hertz),
c	in N/m	Federsteifigkeit,
m	in kg	abgefederte Masse.

Bei Drehfedern (Bild 14.2c) tritt an die Stelle der Masse m die Drehmasse J als Summe der Produkte aller Massenteilchen und dem Quadrat ihres Radius zur Drehachse. Man kann sich nämlich die Drehmasse J als eine Masse am Radius 1 und den Drehwinkel φ als Bogen mit dem Radius 1 vorstellen, sodass sich eine prinzipiell zu Formel 14.5 identische Gleichung ergibt:

Eigenfrequenz eines Schwingsystems mit Drehfeder $f_e = \frac{1}{2\pi}\sqrt{\frac{c_t}{J}}$ (14.6)

c_t	in Nm/rad	Federrate = Federkonstante,
J	in kg · m^2	Drehmasse oder Trägheitsmoment der abgefederten Masse zur Drehachse.

In Formel 14.5 und Formel 14.6 ist die Eigenmasse der Feder, die ja mitschwingt, nicht berücksichtigt. Auch ohne abgefederte Masse besitzen die elastischen Federn eine Eigenfrequenz.

14.3 Zusammenwirken mehrerer Federn

Aus konstruktiven Gründen müssen mitunter mehrere Federn zur Aufnahme von Kräften und Ausführung von Bewegungen dienen. Man unterscheidet:

1. Parallelschaltung von Federn (Bild 14.3a)

Die Federn werden so eingebaut, dass sich die äußere Belastung F anteilmäßig auf die einzelnen Federn aufteilt, aber der Weg der einzelnen Federn gleich groß ist. Somit wird $F = c_1 \cdot s + c_2 \cdot s + c_3 \cdot s = (c_1 + c_2 + c_3)s$. Daraus folgt die

Gesamtfedersteifigkeit $c_{ges} = c_1 + c_2 + c_3 + \ldots$ (14.7)

Es addieren sich also die Federsteifigkeiten.

2. Hintereinanderschaltung von Federn (Bild 14.3b)

Die Federn werden so miteinander gekoppelt, dass die äußere Belastung F an jeder einzelnen Feder angreift und die einzelnen Federwege s_i und Federsteifigkeiten c_i verschieden groß sind. Somit ist $s_{ges} = s_1 + s_2 + s_3$ oder $F \cdot \delta_{ges} = F \cdot \delta_1 + F \cdot \delta_2 + F \cdot \delta_3 = F(\delta_1 + \delta_2 + \delta_3)$. Daraus folgt die

Gesamtfedernachgiebigkeit $\delta_{ges} = \delta_1 + \delta_2 + \delta_3 + \ldots$ (14.8)

Es addieren sich also die Federnachgiebigkeiten.

3. Mischschaltung von Federn (Bild 14.3c)

Es werden mehrere Federn parallel und hintereinander geschaltet. Aus Bild 14.3 ist zu ersehen, dass für den dargestellten Fall gilt:

a) Federsteifigkeit c_{12} der Federn 1 und 2 = Parallelschaltung

$$c_{12} = c_1 + c_2, \quad \delta_{12} = \frac{1}{c_{12}} = \frac{1}{c_1 + c_2}$$

b) Federsteifigkeit c_{34} der Federn 3 und 4 = Parallelschaltung

$$c_{34} = c_3 + c_4, \quad \delta_{34} = \frac{1}{c_{34}} = \frac{1}{c_3 + c_4}$$

c) Die „Federn" 12 und 34 sind hintereinandergeschaltet:

$$\delta_{ges} = \delta_{12} + \delta_{34}, \quad c_{ges} = \frac{1}{\delta_{ges}}$$

$$c_{ges} = \frac{1}{\dfrac{1}{c_1 + c_2} + \dfrac{1}{c_3 + c_4}} \tag{14.9}$$

Entsprechend diesem Vorgehen werden Mischschaltungen in Parallel- und Hintereinanderschaltungen gedanklich zerlegt und Schritt für Schritt berechnet.

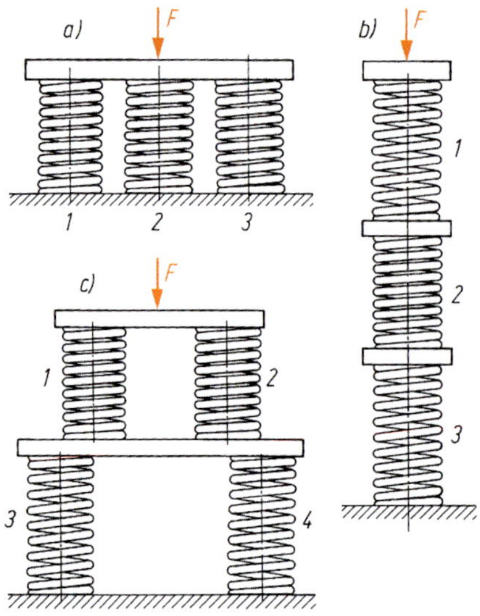

Bild 14.3
Zusammenwirken mehrerer Federn
a) Parallelschaltung, b) Hintereinanderschaltung,
c) Mischschaltung

4. Schaltung von Federn mit Anschlagbegrenzung (Bild 14.4)

Bei dem in Bild 14.4a gezeigten System mit drei parallelgeschalteten Federn ist im Bereich A die Gesamtfedersteifigkeit $c_{\text{ges}} = c_1$, im Bereich B ist $c_{\text{ges}} = c_1 + c_2$, und im Bereich C ist $c_{\text{ges}} = c_1 + c_2 + c_3$. Damit ergibt sich eine geknickte Kennlinie.

Bei dem in Bild 14.4b gezeigten System mit hintereinandergeschalteten Federn ist im Bereich A bis zum Anschlag der Feder 1: $1/c_{\text{ges}} = 1/c_1 + 1/c_2 + 1/c_3$, im Bereich B bis zum Anschlag der Feder 2 ist $1/c_{\text{ges}} = 1/c_2 + 1/c_3$, und im Bereich C ist bis zum Anschlag der Feder 3: $1/c_{\text{ges}} = 1/c_3$, d.h. $c_{\text{ges}} = c_3$. Damit ergibt sich ebenfalls eine geknickte Kennlinie.

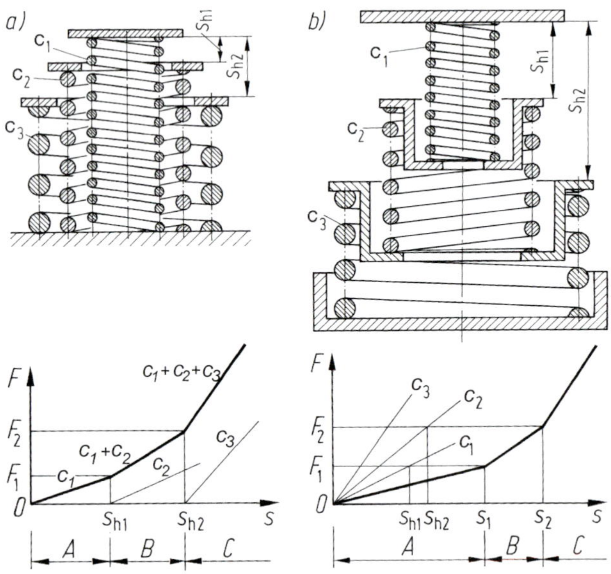

Bild 14.4 Zusammenwirken mehrerer Federn mit Anschlagbegrenzung (aus [14.7])
a) Parallelschaltung, b) Hintereinanderschaltung

14.4 Werkstoffe, Halbzeuge

Übliche Federwerkstoffe sind härtbare Kohlenstoffstähle, Chrom-, Silicium-, Silicium-Mangan-, Chrom-Vanadium- und nichtrostende Stähle. Hinzu kommen die Nichteisenmetalle Messing, verschiedene Bronzen, Neusilber und andere.

Die hohe Festigkeit erhalten die Federstähle durch Härten und ggf. anschließendes Anlassen oder anschließende Sonderbehandlungen. Dünne Drähte zeigen eine hohe Streckgrenze, wenn sie niedrig angelassen werden. Hohe Anlasstemperaturen und nochmaliges Abschrecken steigern die Dauerfestigkeit. Eine Dauerfestigkeitserhöhung tritt auch durch Überschleifen nach den Härten ein, das die entkohlte, kerbwirkungsbildende Oberflächenschicht entfernt. Kugelstrahlen verdichtet die Oberflächenschicht und erhöht ebenfalls die Dauerfestigkeit. Ein Polieren mildert die Kerbwirkungen, die durch die Oberflächenrauigkeit entstehen. Es ist ratsam, höchstbeanspruchte Federn einem Dauerversuch zu unterziehen, falls nicht ausreichende Erfahrungswerte zur Verfügung stehen. Die Dauerfestigkeit der Federn nimmt wie bei jedem Maschinenteil mit zunehmender Dicke ab.

In Tabelle 14.1 bis Tabelle 14.13 sind genormte Federwerkstoffe mit Festigkeitswerten, Anwendungshinweisen und Halbzeugabmessungen aufgeführt. Für die Eigenschaften von Federdraht und Federband von Kupferlegierungen CuZn, CuSn, CuNi, CuMn, CuCr und CuBe vergleiche die entsprechenden DIN-Normen.

Die Federsteifigkeit von Metallfedern hängt bei Zug- und Biegebeanspruchung vom **Elastizitätsmodul** E, bei Torsionsbeanspruchung vom **Schubmodul** G ab (für Werte für E und G siehe Tabelle 14.8 und Tabelle 14.9).

14

14.5 Zylindrische Schraubenfedern aus runden Drähten oder Stäben

Aus Runddraht gewickelte zylindrische Druckfedern kommen am häufigsten vor (Bild 14.5). **Das sind Federn aus runden Drähten, die nach der Kaltformgebung nur einem Anlassen zum Abbau von Eigenspannungen unterworfen werden.** Sie können bis zu einem Drahtdurchmesser von etwa $d = 17\,\text{mm}$ hergestellt werden, Windungsdurchmesser $D \leq 200\,\text{mm}$, Federlänge $L_0 \leq 630\,\text{mm}$, Anzahl der federnden (wirksamen) Windungen $n \geq 2$, Wickelverhältnis $w = D/d = 4 \ldots 20$.

Die zur Überleitung der Federkraft auf die Anschlusskörper dienenden Federenden sind so auszubilden, dass bei jeder Federstellung ein möglichst axiales Einfedern bewirkt wird. Dies wird im Allgemeinen durch Verminderung der Steigung an je einer auslaufenden Windung erreicht. Um rechtwinklig zur Federachse ausreichende Auflageflächen zu erhalten, werden die Drahtenden entsprechend Bild 14.5a plangeschliffen. Bei Drahtdurchmessern unter 1 mm oder bei einem Wickelverhältnis $w = D/d > 15$ werden die Enden meistens nicht geschliffen (Bild 14.5b).

Da die angelegten Enden nicht federn, ist zwischen der Anzahl n der federnden Windungen und n_t der Gesamtwindungen zu unterscheiden. Bei den Ausführungen nach Bild 14.5 ist

$$n = n_t - 2 \quad \text{kaltverformte Federn}$$

Für Werkstoffe und Drähte siehe Tabelle 14.1 bis Tabelle 14.13.

Für die kaltgeformten Federn sind **drei Gütegrade** vorgesehen, wobei der Gütegrad 1 die geringsten Abweichungen zulässt. Ohne Angaben eines Gütegrades gilt der Gütegrad 2. Der Gütegrad 1 ist nur bei zwingender Notwendigkeit vorzuschreiben. Hierbei brauchen nicht alle Größen dem Gütegrad 1 anzugehören.

In Tabelle 14.12 sind die **genormten Baugrößen** von Druckfedern mit $d = 0{,}5\ldots10\,\text{mm}$ aufgeführt, auf die möglichst zurückzugreifen ist.

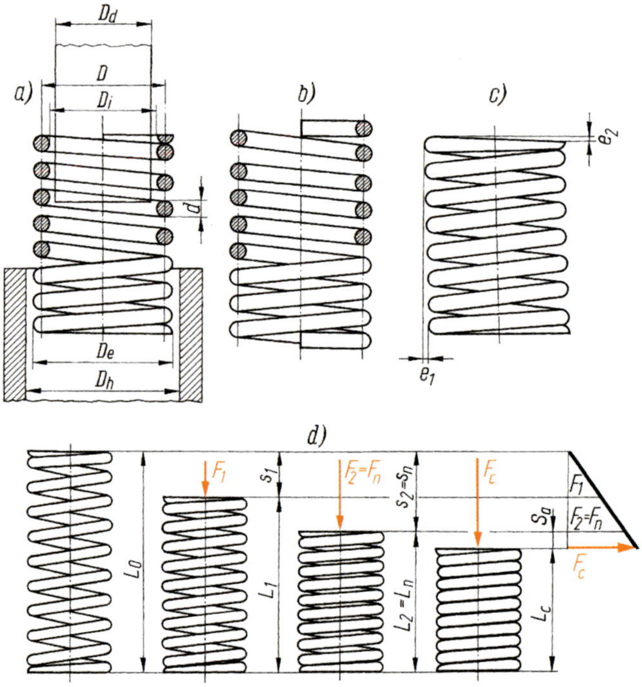

14

Bild 14.5 Kaltgeformte Druckfedern nach DIN EN 1580
a) Endwindungen angelegt und geschliffen, b) Endwindungen angelegt, c) Formabweichungen,
d) Kräfte und Federlängen

In Bild 14.6 sind **warmgeformte Druckfedern aus Rundstäben** gezeigt. Sie werden nach der Formgebung vergütet. Die Federn werden entweder aus warmgewalzten Stäben oder nach dem Warmwalzen bearbeiteten (geschälten, gedrehten oder geschliffenen) Stäben hergestellt.

Bis zu $d = 14\,\text{mm}$ werden die Federn meistens nach Bild 14.6a, ab $d > 14\,\text{mm}$ nach Bild 14.6b ausgeführt. Bei Ausführungen mit unbearbeitet bleibenden Federenden nach Bild 14.6c müssen die Federenden in Steigungstellern entspr. Bild 14.6d aufgenommen werden (üblich in der Großserienfertigung). Bei den Federn nach Bild 14.8 ist

$$n = n_t - 1{,}5 \quad \text{warmverformte Federn}$$

zu rechnen.

Alle Schraubendruckfedern werden in der Regel rechtssteigend gewickelt. Um beim Setzen auf Block ein gleichmäßiges Anliegen der Windungen zu erreichen, soll n_t auf 0,5 enden, also $n_t = 5{,}5;\ 6{,}5;\ 7{,}5$ usw.

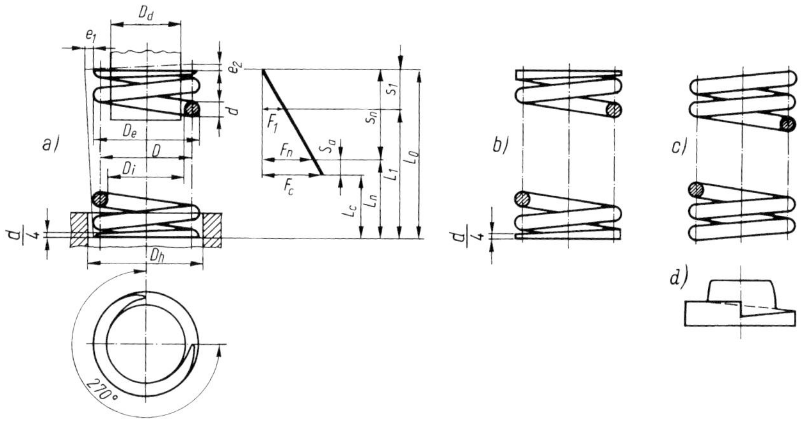

Bild 14.6 Warmgeformte Druckfedern aus Rundstäben nach DIN 2096
a) Federenden angelegt und aus dem Vollen geschliffen, b) Federenden angelegt, geschmiedet und geschliffen, c) Federenden unbearbeitet, d) Steigungsteller

Die **zulässigen Abweichungen** für die drei Gütegrade der kaltgeformten Druckfedern und für nur einen Gütegrad der warmgeformten Druckfedern (bezüglich der Abweichung der Federkraft jedoch zwei: A und B) beziehen sich auf die Windungsdurchmesser D_e, D_i und D, die Länge L_0 der unbelasteten Feder, e_1 der Mantellinie von der Senkrechten, e_2 der Parallelität der Federstirnen und die Federkraft F. Sie sind in DIN EN 15800 bzw. DIN 2096 angegeben. Die zulässige Abweichung für den Innendurchmesser D_i ist vorzuschreiben, wenn die Feder über einen Dorn arbeitet, für den Außendurchmesser D_e, wenn sie in einer Hülse arbeitet (siehe Bild 14.5a und Bild 14.6a). Zweckmäßig wird der größte Dorndurchmesser D_d oder der kleinste Hülsendurchmesser D_h angegeben.

Mit DIN EN 13906-1 ist die Berechnung und Konstruktion von zylindrischen Schraubendruckfedern aus runden Drähten oder Stäben genormt.

Bei der kleinsten, zulässigen Federlänge $L_n = L_c + S_a$ soll die *Summe der lichten Mindestabstände zwischen den einzelnen wirksamen Windungen* (S_a) betragen für

kaltgeformte Federn $$S_a = \left(0{,}0015\frac{D^2}{d} + 0{,}1d\right)n \qquad (14.10)$$

warmgeformte Federn $$S_a = 0{,}02(D + d)n \qquad (14.11)$$

D	in mm	mittlerer Windungsdurchmesser,
d	in mm	Drahtdurchmesser,
n		Anzahl der wirksamen Windungen.

Bei dynamischer Beanspruchung der Federn ist der **S_a-Wert** bei warmgeformten Federn zu **verdoppeln,** bei kaltgeformten Federn muss er **das 1,5-Fache** betragen.

Im zusammengedrückten Zustand (Bild 14.5d), wenn alle Windungen aneinanderliegen, beträgt die größtmögliche

Blocklänge der Druckfeder $L_c = k_n \cdot d_{max}$ (14.12)

k_n Windungszahlbeiwert,
bei kaltgeformten Federn mit angelegten, geschliffenen Federenden $= n_t$,
bei kaltgeformten Federn mit angelegten, unbearbeiteten Federenden $= n_t + 1{,}5$,
bei warmgeformten Federn mit angelegten, planbearbeiteten Federenden $= n_t - 0{,}3$,
bei warmgeformten Federn mit unbearbeiteten Federenden $= n_t + 1{,}1$,
n_t Gesamtzahl der Windungen,
d_{max} in mm Nennmaß des Draht- bzw. Stabdurchmessers (Tabelle 14.4 bis Tabelle 14.6), vermehrt um das obere Abmaß (Tabelle 14.13).

Damit beträgt die

kleinste zulässige Länge der mit F_n *belasteten Druckfeder* $L_n = L_c + S_a$ (14.13)

Beim Zusammendrücken einer Schraubendruckfeder wird der Windungsdurchmesser geringfügig größer. Bei der Blocklänge L_c und freier Lagerung der Federenden beträgt die

Vergrößerung des äußeren Windungsdurchmessers $\Delta D_e = 0{,}1 \dfrac{m^2 - 0{,}8m \cdot d - 0{,}2d^2}{D}$ (14.14)

m in mm Windungsabstand (Steigung),
für Federn mit angelegten, planbearbeiteten Enden $= \dfrac{L_0 - d}{n}$,
für Federn mit unbearbeiteten Enden $= \dfrac{L_0 - 2{,}5d}{n}$,
L_0 in mm Länge der ungespannten Feder,
n Anzahl der wirksamen Windungen,
d, D siehe Legende zu Formel 14.11.

14

Beispiel 14.1

Für eine kaltumgeformte Druckfeder DIN 2098 - 4 × 32 × 120, Drahtsorte SM, DIN EN 10270-1, Federenden angelegt und geschliffen, sind zu errechnen: Die Summe S_a des Mindestabstandes zwischen den Windungen, die Blocklänge L_c, die kleinste zulässige Länge L_n und die Vergrößerung ΔD_e des äußeren Windungsdurchmessers.

Lösung:

1. Summe S_a der Mindestabstände

Mit $D = 32\,\text{mm}$, $d = 4\,\text{mm}$ und $n = 8{,}5$ (aus Tabelle 14.12) wird nach Formel 14.10:

$$S_a = \left(0{,}0015\frac{D^2}{d} + 0{,}1d\right)n = \left(0{,}0015\frac{32^2}{4} + 0{,}1 \cdot 4\right)\text{mm} \cdot 8{,}5 \approx 6{,}7\,\text{mm}$$

2. Blocklänge L_c

Nach Tabelle 14.13 ist das obere Abmaß $A_o = 0{,}030\,\text{mm}$ für die Drahtsorte SM. Somit $d_{max} = 4{,}030\,\text{mm}$. Damit wird mit $k_n = n_t$ und $n_t = n + 2 = 8{,}5 + 2 = 10{,}5$ nach Formel 14.12:

$$L_c = k_n \cdot d_{max} = 10{,}5 \cdot 4{,}030\,\text{mm} \approx 42{,}3\,\text{mm}$$

3. Kleinste zulässige Länge L_n

Nach Formel 14.13 ist

$$L_n = L_c + S_a = 42{,}3\,\text{mm} + 6{,}7\,\text{mm} = 49\,\text{mm}$$

4. Vergrößerung ΔD_e des äußeren Windungsdurchmessers

Mit $m = \dfrac{L_0 - d}{n} = \dfrac{120\,\text{mm} - 4\,\text{mm}}{8{,}5} \approx 13{,}6\,\text{mm}$ wird nach Formel 14.14:

$$\Delta D_e = 0{,}1\frac{m^2 - 0{,}8m \cdot d - 0{,}2d^2}{D} = 0{,}1\frac{13{,}6^2 - 0{,}8 \cdot 13{,}6 \cdot 4 - 0{,}2 \cdot 4^2}{32}\,\text{mm}$$
$$= 0{,}43\,\text{mm}$$

Bild 14.7 zeigt die Ausführung einer Zugfeder mit angebogenen Ösen. **Kaltgeformte Zugfedern** sind mit DIN 2097 genormt. Drahtdurchmesser bis $d = 17\,\text{mm}$ und Werkstoffe wie bei den kaltgeformten Druckfedern. Ab $d = 10\,\text{mm}$ können Zugfedern ohne Vorspannung auch aus gezogenen oder gewalzten nicht vergüteten Stäben warmgeformt und anschließend vergütet werden. Dieses Verfahren wird aber kaum angewendet. Stabdurchmesser und Werkstoffe wie bei den warmgeformten Druckfedern.

Zur Überleitung der Federkraft dienen die in Bild 14.8 gezeigten Ösen und Anschlusselemente. Bei der Wahl der Ösenform ist zu berücksichtigen, dass der kleinste Innenradius der Öse nicht kleiner als der Drahtdurchmesser d sein sollte.

Abstand der Öseninnenkante vom Federkörper $L_H = k_H \cdot D_i$ (14.15)

k_H		Hakenbeiwert (siehe Legende zum Bild 14.8),
D_i	in mm	Innendurchmesser der Feder.

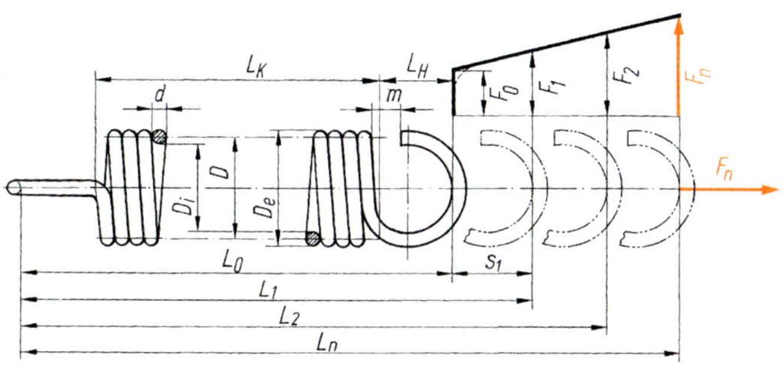

Bild 14.7 Zylindrische Schraubenzugfeder aus Runddraht mit eingewundener Vorspannung nach DIN 2097

Bei den Federn nach Bild 14.8a bis h ist die Anzahl der Gesamtwindungen n_t gleich der Anzahl der federnden Windungen n, also $n_t = n$, bei den anderen $n_t = n + n_s$ mit n_s als Anzahl der durch Einschrauben nicht federnden Windungen.

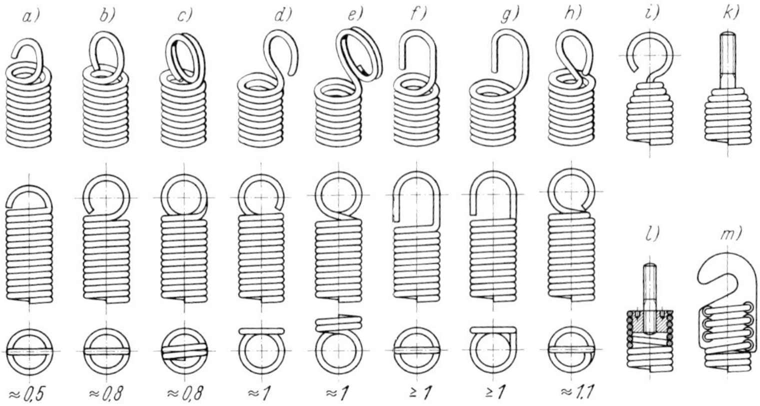

Bild 14.8 Ösenformen und Anschlusselemente von zylindrischen Schraubenzugfedern aus runden Drähten nach DIN 2097
a) halbe deutsche Öse, $k_H = 0{,}55\ldots0{,}8$, b) ganze deutsche Öse, $k_H = 0{,}8\ldots1{,}1$, c) doppelte deutsche Öse, $k_H = 0{,}8\ldots1{,}1$, d) ganze deutsche Öse seitlich hochgestellt, $k_H \approx 1$, e) doppelte deutsche Öse seitlich hochgestellt, $k_H \approx 1$, f) Hakenöse, $k_H \approx 1$, g) Hakenöse seitlich hochgestellt, $k_H \approx 1$, h) englische Öse, $k_H \approx 1{,}1$, i) Haken eingerollt, k) Gewindebolzen eingerollt, l) Gewindestopfen eingeschraubt, $n_s = 2\ldots4$, m) Lasche eingeschraubt, $n_s = 2\ldots4$

Die **innere Vorspannkraft F_0** ist die zum Öffnen der aneinanderliegenden Windungen erforderliche Federkraft. Sie entsteht dadurch, dass die Windungen mit einer gewissen Pressung aneinander gewickelt werden. Das Einwickeln einer inneren Vorspannkraft ist nur bei kaltgeformten, nicht schlussvergüteten Zugfedern möglich.

Bei Zugfedern mit innerer Vorspannkraft liegen die Windungen stramm aneinander. Bei Zugfedern, deren Windungen ohne innere Vorspannkraft aneinanderliegen sollen, muss eine geringe Vorspannkraft in Kauf genommen werden, da eine gleichmäßig spannungslose Wicklung nicht möglich ist.

Warmgeformte Zugfedern lassen sich nicht mit innerer Vorspannkraft herstellen, und durch die Wärmebehandlung entsteht zwischen den Windungen ein Spiel.

Wenn die Windungen im unbelasteten Zustand der Feder aneinanderliegen, ist die

Länge des Federkörpers $L_K \leq (n_t + 1)\, d_{max}$ (14.16)

Länge der unbelasteten Feder $L_0 = L_K + 2L_H$ (14.17)

n_t		Anzahl der Gesamtwindungen,
d_{max}	in mm	Nennmaß des Draht- bzw. Stabdurchmessers (Tabelle 14.4 bis Tabelle 14.6), vermehrt um das obere Abmaß (Tabelle 14.13),
L_H	in mm	Abstand der Öseninnenkante vom Federkörper nach Formel 14.15.

Für kaltgeformte Zugfedern sind die Gütegrade 1 bis 3 wie für kaltgeformte Druckfedern festgelegt. Die zulässigen Abweichungen für warmgeformte Zugfedern sind mit dem Hersteller zu vereinbaren.

Stehen die Ösen einer Feder wie nach Bild 14.7 um 90° zueinander versetzt, so endet die Gesamtzahl n_t der Windungen auf 0,25, stehen sie um 180° versetzt, auf 0,5.

Ist die Hakenöffnungsweite m nicht vorgeschrieben, so muss die Öse geschlossen ausgeführt werden, um ein Ineinanderhaken (besonders kleiner Federn) zu vermeiden.

Bei eingewundener Vorspannung verharrt die Öse infolge Reibung zwischen den Windungen innerhalb eines bestimmten Bereiches in jeder Stellung, in die sie gebracht wurde, sodass die Ösenstellungsabweichung vergrößert erscheint.

Für Zug- und Druckfedern gilt:

Für die Prüfkraft F_p (das kann F_1, F_n oder eine andere sein), sind je nach Gütegrad die folgenden Abweichungen A_F in N gemäß DIN EN 15800 und DIN 2097 zulässig:

für kaltgeformte Druck- oder Zugfedern $$A_F = \pm\left(a_F \cdot k_f + 0{,}015 F_p\right) Q \qquad (14.18)$$

für warmgeformte Druckfedern $$A_F = \pm f\left(L_0 + s_p\right)\left(2/n + 1\right)c \qquad (14.19)$$

$$k_f = -\frac{1}{3\cdot n^2} + \frac{8}{5\cdot n} + 0{,}803$$

$$a_F = 65{,}92\cdot\frac{d^{3,3}}{D^{1,6}}\cdot\left[-0{,}84\cdot\left(\frac{w}{10}\right)^3 + 3{,}781\cdot\left(\frac{w}{10}\right)^2 - 4{,}244\cdot\frac{w}{10} + 2{,}274\right] \text{ in N}$$

$$w = \frac{D}{d}$$

Für die Anwendung dieser Gleichungen muss das Wickelverhältnis $4 \le w \le 20$ betragen.

$Q = 0{,}63$ bei Gütegrad 1

$Q = 1{,}00$ bei Gütegrad 2

$Q = 1{,}60$ bei Gütegrad 3

F_p	in N	Prüfkraft,
f		Kraftbeiwerte
		= 0,015 bei Federn aus gewalzten Stäben,
		= 0,012 bei Federn aus spanend gefertigten Stäben (z. B. geschliffenen),
L_0	in mm	Länge der unbelasteten Feder,
s_p	in mm	Federweg, zugeordnet der Prüfkraft, (siehe Formel 14.23),
n		Anzahl der federnden Windungen,
c	in N/mm	Federsteifigkeit (siehe Formel 14.22).

Um je nach Belastungsfall die zulässigen Abweichungen einhalten zu können, braucht der Hersteller einen **Fertigungsausgleich** durch Freigabe einzelner Abmessungen. Wenn ein oder zwei Kräfte F und die zugehörigen Federlängen L eingehalten werden müssen, sind L_0 und d oder L_0 und n u. dgl. freizugeben. In der Regel ist also L_0 freigegeben und gilt nur als Richtwert.

Beispiel 14.2

Die kaltgeformte Druckfeder DIN 2098 – 4 × 32 × 120 nach Beispiel 14.1 soll bis auf die kleinstzulässige Länge L_n zusammengedrückt werden. Wie groß ist die Federkraft F_n und ihre zulässige Abweichung beim Gütegrad 2?

Lösung:

Nach Tabelle 14.12 sind $F_n = F_p = 666\text{N}$ und $n = 8{,}5$. Aus Formel 14.18 werden entnommen: $a_F = 21{,}7\text{N}$, $k_f \approx 1$ und $Q = 1$. Somit gilt nach Formel 14.18:

$$A_F = \pm\left(a_F \cdot k_f + 0{,}015 F_n\right) Q = \pm\left(21{,}7\text{N}\cdot 1 + 0{,}015\cdot 666\text{N}\right)\cdot 1 \approx \pm 31{,}7\text{N}$$

14

Beispiel 14.3

Eine warmgeformte Druckfeder aus geschliffenem Rundstab mit $d = 18\text{mm}$, $n = 7$, $D = 90\text{mm}$, $c = 202\text{N/mm}$, Ausführung nach Bild 14.6b (Federenden angelegt und plangeschliffen) soll abwechselnd mit $F_1 = 5000\text{N}$ und $F_2 = F_n = 10000\text{N}$ belastet werden. Diese Kräfte sollen auch die Prüfkräfte sein. Wie groß ist die Länge L_0 der unbelasteten Feder als Richtwert? Wie groß sind die zulässigen Abweichungen A_F der Federkräfte bei den zugehörigen Federwegen s_1 und s_2?

Lösung:
Nach Formel 14.11 ist die Summe der Mindestabstände:

$$S_a = 0{,}02(D + d)n = 0{,}02(90 + 18)\text{mm} \cdot 7 = 15{,}1\text{mm}$$

Die Gesamtzahl der Windungen ist $n_t = n + 1{,}5 = 7 + 1{,}5 = 8{,}5$. Nach der Legende zu Formel 14.12 ist der Windungszahlbeiwert $k_n = n_t - 0{,}3 = 8{,}5 - 0{,}3 = 8{,}2$. Aus Tabelle 14.13 wird $d_{max} = (18 + 0{,}09)\text{mm} = 18{,}09\text{mm}$ entnommen. Nach Formel 14.12 ist die Blocklänge:

$$L_c \leq k_n \cdot d_{max} = 8{,}2 \cdot 18{,}09\text{mm} \approx 148{,}3\text{mm}$$

14

Nach Formel 14.1 betragen die Federwege:

$$s_1 = \frac{F_1}{c} = \frac{5000\text{N}}{202\text{N/mm}} \approx 24{,}8\text{mm}, \quad s_2 = \frac{F_2}{c} = \frac{10000\text{N}}{202\text{N/mm}} \approx 49{,}5\text{mm}$$

Entsprechend Bild 14.6 ergibt sich die Länge der unbelasteten Feder mit $s_n = s_2$ zu

$$L_0 = L_c + S_a + s_n = (148{,}3 + 15{,}1 + 49{,}5)\text{mm} \approx 213\text{mm}$$

Nach Formel 14.19 ist die zulässige Kraftabweichung

$$A_F = \pm f(L_0 + s_p)\left(\frac{2}{n} + 1\right)c$$

Mit $f = 0{,}012$ für geschliffene Stäbe und mit $s_p = s_1$ bzw. s_2 betragen:

$$A_{F1} = \pm 0{,}012(213 + 24{,}8)\text{mm} \cdot (2/7 + 1)202\text{N/mm} \approx \pm 740\text{N}$$

$$A_{F2} = \pm 0{,}012(213 + 49{,}5)\text{mm} \cdot (2/7 + 1)202\text{N/mm} \approx \pm 820\text{N}$$

Durch die Belastungskraft = Federkraft F (Bild 14.9a) werden die Draht- bzw. Stabquerschnitte überwiegend auf Torsion beansprucht. Das Torsionsmoment beträgt $T = F \cdot D / 2$ mit D als mittlerem Windungsdurchmesser. Die Torsionsspannung ist $\tau_t = T / W_t$ mit $W_t = \pi \cdot d^3 / 16$ als Widerstandsmoment des Drahtquerschnitts. Diese Torsionsspannung ist die

Schubspannung $$\tau_t = \frac{8}{\pi} \cdot \frac{D}{d^3} F \qquad (14.20)$$

D	in mm	mittlerer Windungsdurchmesser der Feder,
d	in mm	Draht- bzw. Stabdurchmesser,
F	in N	Federkraft.

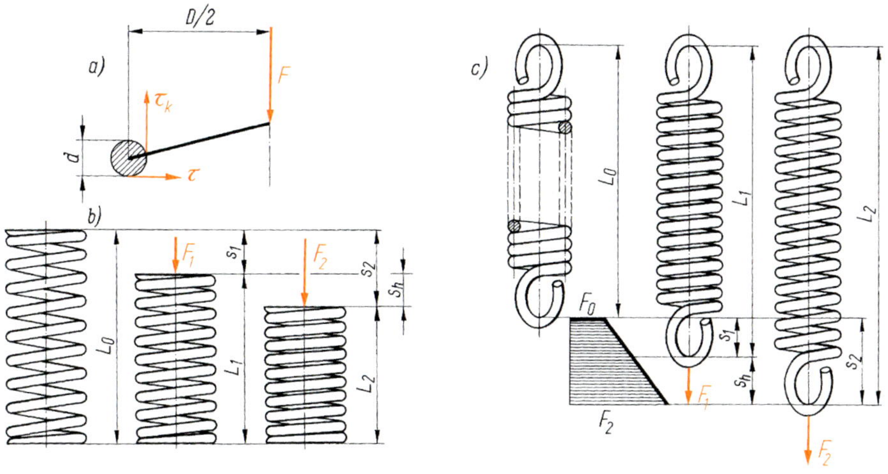

Bild 14.9 Beanspruchungen und Federwege von zylindrischen Schraubenfedern
a) Schubspannung τ_t und größte Schubspannung τ_k, b) Druckfeder, c) Zugfeder mit innerer Vorspannkraft F_0

Infolge der Drahtkrümmung verteilt sich die Schubspannung aber nicht gleichmäßig über den Drahtumfang. An der Innenseite der Windung ist sie größer als an der Außenseite:

größte Schubspannung $\tau_k = k \cdot \tau_t$ (14.21)

τ_k in N/mm² Schubspannung an der Innenseite der Windung,
k Beiwert zur Berücksichtigung der Drahtkrümmung $\approx \frac{w+0{,}5}{w-0{,}75}$, mit $w = D/d$,
τ_t in N/mm² Schubspannung nach Formel 14.20.

Die Schraubenfeder ist eigentlich ein gewundener Drehstab. Dessen Länge l_f ist ungefähr:

$$l_f \approx \pi \cdot D \cdot n$$

Der Verdrehwinkel φ des Drehstabs ist:

$$\varphi = \frac{M_t \cdot l_f}{G \cdot I_t}$$

Der Federweg s ist dann Radius $D/2$ mal Verdrehwinkel φ

$$s = \frac{D}{2} \cdot \varphi = \frac{M_t \cdot l_f}{G \cdot I_t} \cdot \frac{D}{2} \approx \frac{8 \cdot F \cdot D^3}{G \cdot d^4} \cdot n$$

und da $c = F/s$, wird die Federsteifigkeit der Schraubenfeder:

Federsteifigkeit $c = \frac{G \cdot d^4}{8D^3 \cdot n} = \frac{F}{s}$ (14.22)

c in N/mm Federsteifigkeit,
G in N/mm² Schubmodul des Federwerkstoffs (Tabelle 14.8 und Tabelle 14.9),
d in mm Draht- bzw. Stabdurchmesser,
n Anzahl der federnden Windungen,
F in N Federkraft,
s in mm Federweg.

Mit der Federsteifigkeit c ergeben sich gemäß Bild 14.9:

Federweg von Druckfedern und nicht vorgespannten Zugfedern $$s = \frac{F}{c} \tag{14.23}$$

Federweg von vorgespannten Zugfedern $$s = \frac{F - F_0}{c} \tag{14.24}$$

Federhub durch zwei Kräfte F_1 und F_2 $$s_h = \frac{F_2 - F_1}{c} \tag{14.25}$$

s	in mm	Federweg,
s_h	in mm	Federhub = Arbeitsweg der Feder,
F	in N	Federkraft,
F_0	in N	eingewundene innere Vorspannkraft,
F_1, F_2	in N	Federkräfte, wobei $F_2 > F_1$,
c	in N/mm	Federsteifigkeit nach Formel 14.22.

Beispiel 14.4

Die kaltgeformte Druckfeder 4 × 32 × 120 aus patentiert-gezogenem Federstahldraht DIN EN 10270-1 nach Beispiel 14.1 mit $d = 4\,\text{mm}$, $D = 32\,\text{mm}$, $n = 8{,}5$ und L_0 = 120 mm wird abwechselnd mit $F_1 = 300\,\text{N}$ und $F_2 = 500\,\text{N}$ belastet. Wie groß sind die größte Schubspannung τ_{k2} bei $F_2 = 500\,\text{N}$, die Federsteifigkeit c und der Hub s_h?

Lösung:

Nach Formel 14.20:

$$\tau_{t2} = \frac{8}{\pi} \cdot \frac{D}{d^3} F_2 = \frac{8}{\pi} \cdot \frac{32\,\text{mm}}{(4\,\text{mm})^3} 500\,\text{N} = 637\,\text{N/mm}^2$$

Bei $w = D/d = 32/4 = 8$ ist nach der Legende zu Formel 14.21 der Beiwert

$$k \approx \frac{w + 0{,}5}{w - 0{,}75} = \frac{8 + 0{,}5}{8 - 0{,}75} = 1{,}17.$$

Somit gilt nach Formel 14.21:

$$\tau_{k2} = k \cdot \tau_{t2} = 1{,}17 \cdot 637\,\text{N/mm}^2 = 745\,\text{N/mm}^2$$

Mit $G = 81500\,\text{N/mm}^2$ nach Tabelle 14.9 wird mit Formel 14.22:

$$c = \frac{G \cdot d^4}{8D^3 \cdot n} = \frac{81500\,\text{N/mm}^2 \cdot (4\,\text{mm})^4}{8(32\,\text{mm})^3 \cdot 8{,}5} = 9{,}36\,\text{N/mm}$$

Nach Formel 14.25:

$$s_h = \frac{F_2 - F_1}{c} = \frac{500\,\text{N} - 300\,\text{N}}{9{,}36\,\text{N/mm}} = 21{,}4\,\text{mm}$$

■

Nach DIN EN 13906- (1: Druckfedern, 2: Zugfedern, 3: Drehfedern) unterscheidet man zwischen **ruhender (statischer) Belastung** und **schwingender (dynamischer) Belastung**. Der erste Fall bezieht sich auf Federn, die statisch oder nur gering dynamisch belastet sind bzw.

deren Belastung sich nur gelegentlich mit nicht mehr als 10000 Lastspielen während der gesamten Lebensdauer ändert (quasistatische Belastung). Eine schwingende Belastung liegt vor, wenn sich die Belastung ständig zwischen zwei Kräften F_1 und F_2 ändert und dabei die Hubspannung $\tau_{kh} > 0{,}1\tau_{kH}$ ist, τ_{kh} und τ_{kH} siehe Formel 14.26 und Formel 14.27.

Zulässige Beanspruchungen von zylindrischen Schraubendruckfedern

1. Zulässige Schubspannung bei Blocklänge

Kaltgeformte Druckfedern: Aus fertigungstechnischen Gründen müssen alle Federn auf Blocklänge zusammengedrückt werden können. Hierbei beträgt die zulässige Schubspannung $\tau_{c\,zul} = 0{,}56 R_m$. Zum Mindestzugfestigkeitswert R_m für den angelassenen bzw. warmausgelagerten Zustand siehe Tabelle 14.4 bis Tabelle 14.6.

Beispiel 14.5

Die kaltgeformte Schraubendruckfeder 4 × 32 × 120 nach DIN 2098 der Drahtsorte SH hat laut Beispiel 14.4 eine Federsteifigkeit $c = 9{,}36\,\text{N/mm}$ und laut Beispiel 14.1 eine Blocklänge $L_c = 42{,}3\,\text{mm}$. Mindestzugfestigkeit $R_m = 1740\,\text{N/mm}^2$ (Tabelle 14.4). Ist die Schubspannung τ_c bei der Blocklänge L_c zulässig?

Lösung:
Mit $s_c = L_0 - L_c = 120\,\text{mm} - 42{,}3\,\text{mm} = 77{,}7\,\text{mm}$ wird $F_c = c \cdot s_c = 9{,}36\,\text{N/mm} \cdot 77{,}7\,\text{mm} = 727{,}3\,\text{N}$. Somit ergibt sich mit Formel 14.20 die Schubspannung

$$\tau_c = \frac{8}{\pi} \cdot \frac{D}{d^3} F_c = \frac{8}{\pi} \cdot \frac{32\,\text{mm}}{(4\,\text{mm})^3} 727{,}3\,\text{N} = 926\,\text{N/mm}^2$$

Nach Tabelle 14.11 ist $\tau_{c\,zul} = 0{,}56 R_m = 0{,}56 \cdot 1740\,\text{N/mm}^2 \approx 974\,\text{N/mm}^2 > \tau_c$, also zulässig. ■

Beispiel 14.6

Die warmgeformte Druckfeder 18 × 90 × 213 ($d \times D \times L_0$) aus 51CrV4, Tabelle 14.1 nach Beispiel 14.3, hat $n = 7$ federnde Windungen und eine Blocklänge $L_c = 148{,}3\,\text{mm}$. Ist die Schubspannung τ_c zulässig?

Lösung:
Mit $G = 78500\,\text{N/mm}^2$ nach Tabelle 14.9 wird nach Formel 14.22 die Federsteifigkeit

$$c = \frac{G \cdot d^4}{8D^3 \cdot n} = \frac{78500\,\text{N/mm}^2 \cdot (18\,\text{mm})^4}{8(90\,\text{mm})^3 \cdot 7} = 202\,\text{N/mm}$$

Bei dem Federweg $s_c = L_0 - L_c = (213 - 148{,}3)\,\text{mm} = 64{,}7\,\text{mm}$ beträgt gemäß Formel 14.23 die Blockkraft

$$F_c = s_c \cdot c = 64{,}7\,\text{mm} \cdot 202\,\text{N/mm} \approx 13070\,\text{N}$$

14

Nach Formel 14.20 ist dann

$$\tau_c = \frac{8}{\pi} \cdot \frac{D}{d^3} F_c = \frac{8}{\pi} \cdot \frac{90\,\text{mm}}{(18\,\text{mm})^3} 13070\,\text{N} \approx 514\,\text{N/mm}^2$$

Nach Tabelle 14.11 ist $\tau_{c\,zul} = 850\,\text{N/mm}^2$, sodass τ_c zulässig ist.

2. Zulässige Schubspannung bei statischer bzw. quasistatischer Beanspruchung

Im Allgemeinen genügt die Auslegung einer Druckfeder nach der zulässigen Schubspannung $\tau_{c\,zul}$ bei der Blocklänge (siehe Tabelle 14.11). Nur bei hohen Anforderungen an die Konstanz der Federkraft wird die zulässige Betriebsbeanspruchung durch die je nach Anwendungsfall vertretbare **Relaxation** (Erschlaffung, Nachlassen der Elastizität) begrenzt. Hier versteht man unter Relaxation einen spannungs-, temperatur- und zeitabhängigen Kraftverlust bei konstanter Einspannlänge. Er wird als prozentualer Verlust dargestellt und kann nach DIN EN 13906-1 und -2 ermittelt werden. Wegen des großen Umfangs an Diagrammen wurde hier darauf verzichtet.

Alle Druckfedern **setzen** sich durch die Belastung, d.h., sie werden etwas kürzer. Deshalb kann L_0 von vornherein etwas größer ausgeführt werden. Die Federn können auf Wunsch auch entspr. vorgesetzt geliefert werden, sodass sie nach dem Vorsetzen die gewünschten Abmessungen aufweisen. Trotzdem macht sich danach eine (meistens geringfügige) Relaxation bemerkbar.

14

3. Zulässige Hubspannung bei dynamischer Beanspruchung

Da sich die Schubspannung an den Innenrändern der Windungen ständig zwischen τ_{k1} und τ_{k2} ändert, besteht an diesen höchstbeanspruchten Stellen die Gefahr eines Anrisses und damit eines Dauerbruches. Um diesen innerhalb der geplanten Lebensdauer der Feder zu vermeiden, darf die die Hubfestigkeit τ_{kH} der Zeit- bzw. Dauerfestigkeit des Federwerkstoffes nicht überschreiten. Bild 14.10 zeigt ein für Federwerkstoffe übliches Dauerfestigkeitsschaubild (Goodman-Diagramm). Es wird begrenzt durch die Oberspannung τ_{kO} der Dauerfestigkeit und der Unterspannung τ_{kU} der Dauerfestigkeit. Die Differenz zwischen τ_{kO} und τ_{kU} ist die **Hubfestigkeit τ_{kH}**. Das ist die Hubspannung, die vom Federwerkstoff entweder bis 10^5, 10^6 oder $2 \cdot 10^6$ Schwingspiele (Zeitfestigkeit) oder über 10^7 Schwingspiele und somit dauernd (Dauerfestigkeit) ertragen wird. In Bild 14.10 sind auch Schwingspiele (Lastspiele) mit τ_{k1} (Unterspannung) und τ_{k2} (Oberspannung) eingetragen.

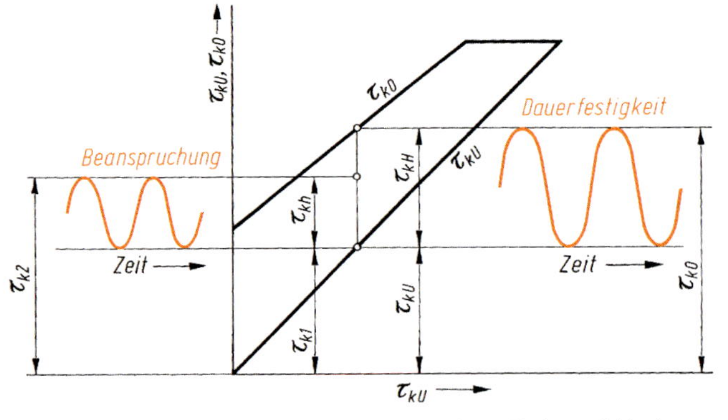

Bild 14.10 Dauerfestigkeitsschaubild für einen Federstahldraht

Hubspannung $\tau_{kh} = \tau_{k2} - \tau_{k1}$ (14.26)

Die zulässige Hubfestigkeiten entnehmen Sie Diagramm 14.1 bis Diagramm 14.12.

Alle dynamisch beanspruchten Federn sollten zur Festigkeitserhöhung kugelgestrahlt werden. Das lässt sich im Allgemeinen bei Schraubendruckfedern mit einem Drahtdurchmesser $d \geq 1\text{mm}$, einem Wickelverhältnis $w = D/d < 15$ und einem lichten Windungsabstand $a_0 > d$ durchführen.

Für die Hubfestigkeit ergibt sich folgende Gleichung:

Hubfestigkeit $\tau_{kH} = \tau_{kO} - \tau_{kU}$ (14.27)

τ_{kH} in N/mm² Hubfestigkeit (vgl. Diagramm 14.1 bis Diagramm 14.12),
τ_{kO} in N/mm² Oberspannung der Schwingfestigkeit (vgl. Bild 14.10),
τ_{kU} in N/mm² Unterspannung der Schwingfestigkeit = Unterspannung des Schwingspiels $= \tau_{k1}$.

Beispiel 14.7

Die kaltgeformte Druckfeder 4 × 32 × 120 ($d \times D \times L_0$) aus Federstahldraht SH kugelgestrahlt ($R_m = 1740\text{N/mm}^2$ nach Tabelle 14.4) nach Beispiel 14.1, Beispiel 14.2, Beispiel 14.4 und Beispiel 14.5 wird mit $F_1 = 300\text{N}$ und $F_2 = 500\text{N}$ schwingend belastet. In Beispiel 14.4 wurde $\tau_{k2} = 745\text{N/mm}^2$ errechnet. Ist die Schwingbeanspruchung auf Dauer zulässig?

Lösung:
Aus den Proportionen $\tau_{k1}/\tau_{k2} = F_1/F_2$ ergibt sich $\tau_{k1} = \frac{F_1}{F_2}\tau_{k2} = \frac{300}{500}745\text{N/mm}^2 = 447\text{N/mm}^2$.

Hubspannung nach Formel 14.26: $\tau_{kh} = \tau_{k2} - \tau_{k1} = (745 - 447)\text{N/mm}^2 = 298\text{N/mm}^2$.

Aus Diagramm 14.3 liest man für 4 mm Drahtdurchmesser etwa $\tau_{kh} \approx 430\text{N/mm}^2$ ab (d. h. bei $\tau_{k1} = \tau_{kU} = 447\text{N/mm}^2$ und $\tau_{kO} \approx 880\text{N/mm}^2$).

Damit ist $\tau_{kH} = 430\text{N/mm}^2 > \tau_{kh} = 298\text{N/mm}^2$ und die Schwingbeanspruchung bei 10^6 Lastwechseln in Ordnung. ■

14

Stabilitätsberechnung von zylindrischen Schraubendruckfedern

Eine schlanke Druckfeder knickt aus (Bild 14.11), wenn bei der Schlankheit L_0/D die Federung s/L_0 je nach Lagerungsfall der Feder einen bestimmten Grenzwert gemäß der Diagrammkurve nach Tabelle 14.14 überschreitet bzw. wenn die *Knicklänge* L_K unterschritten wird. Der Lagerungsfall wird durch den Lagerungsbeiwert v berücksichtigt. Wenn Knickgefahr besteht, muss die Konstruktion geändert werden.

Die Knicksicherheit kann auch mit einer Gleichung festgestellt werden. Danach wird der *Knickfederweg* s_K errechnet und das Verhältnis s_K/s gebildet. Bei $s_K/s > 1$ ist die Feder knicksicher.

$$s_K = L_0 \cdot \frac{0{,}5}{1 - \frac{G}{E}} \cdot \left[1 - \sqrt{1 - \frac{1 - \frac{G}{E}}{0{,}5 + \frac{G}{E}} \cdot \left(\frac{\pi \cdot D}{v \cdot L_0}\right)^2}\right]$$

Die Knicksicherheit ist theoretisch gegeben für imaginären Wurzelwert und für $s_K / s > 1$.

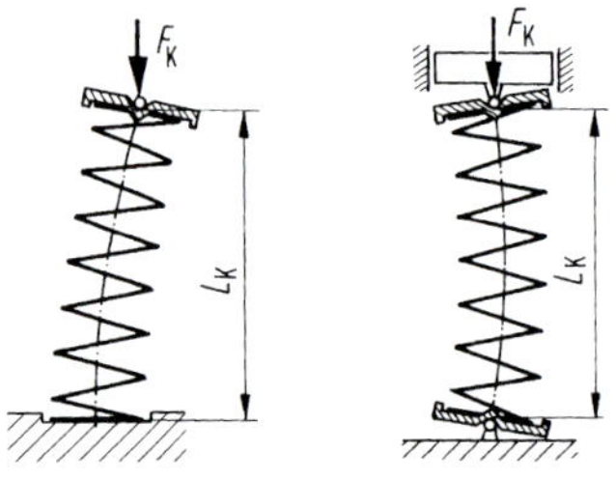

Bild 14.11
Ausknicken von zylindrischen Schraubendruckfedern

Es sei noch erwähnt, dass eine Schraubendruckfeder nicht nur in Längsrichtung, sondern zusätzlich auch in Querrichtung beansprucht werden kann. Die umfangreichen Berechnungsgleichungen hierfür sind in DIN EN 13906-1 angegeben.

Beispiel 14.8

Ist die Druckfeder 4 × 32 × 120 ($d \times D \times L_0$) nach Beispiel 14.1 knicksicher, wenn sie nach Fall 4 ($\nu = 0{,}7$) gemäß Tabelle 14.14 gelagert ist und bei $F_2 = 500\,\text{N}$ um $s = 53{,}4\,\text{mm}$ durchfedert?

Lösung:
Es betragen $s / L_0 = 53{,}4 / 120 = 0{,}445$ und $\nu \cdot L_0 / D = 0{,}7 \cdot 120 / 32 = 2{,}625$. Der Schnittpunkt beider Werte liegt im Diagramm von Tabelle 14.14 im Bereich der Knicksicherheit.

Zulässige Beanspruchungen von zylindrischen Schraubenzugfedern

1. Zulässige Schubspannung bei statischer bzw. quasistatischer Beanspruchung

Kaltgeformte Zugfedern aus Runddrähten: Bei der größten auftretenden Federkraft ist $\tau_{zul} = 0{,}45\,R_m$ (siehe auch Tabelle 14.11). Für die Zugfestigkeit R_m von Federstahldraht siehe Tabelle 14.4 bis Tabelle 14.6.

Die durch eine innere Vorspannkraft F_0 auftretende Beanspruchung wird **innere Schubspannung** τ_0 genannt. Die erreichbare Vorspannkraft F_0 richtet sich nach dem Herstellungsverfahren, und zwar Wickeln auf Wickelbank bei kleineren Stückzahlen, Wickeln auf Federwindeautomat bei großen Stückzahlen.

τ_0 beträgt für die Drahtsorten SL, SM, DM, SH, DH und FD beim

$$\textit{Wickeln auf Wickelbank} \qquad \tau_0 = \left(0{,}135 - 0{,}00625 \cdot \frac{D}{d}\right) \cdot R_m$$

$$\textit{Winden auf Federwindeautomaten} \qquad \tau_0 = \left(0{,}075 - 0{,}00375 \cdot \frac{D}{d}\right) \cdot R_m \qquad (14.28)$$

R_m	in N/mm²	vgl. Tabelle 14.4 und Tabelle 14.5,
D, d	in mm	vgl. Bild 14.5.

Siehe hierzu Beispiel 14.9.

Warmgeformte Zugfedern aus runden Stäben: Die zulässige Schubspannung τ_{zul} bei der größten Federkraft F_n ist in Tabelle 14.11 angegeben.

Beispiel 14.9

Eine kaltgeformte zylindrische Schraubenzugfeder mit $d = 2\,\text{mm}$, $n = 12{,}5$ und $D = 12\,\text{mm}$ aus Federstahldraht DM nach Tabelle 14.4 soll vorgespannt gewickelt und mit $F = 125\,\text{N}$ beansprucht werden. Welche Vorspannkraft F_0 ist beim Wickeln auf Wickelbank erreichbar? Ist die Beanspruchung mit $F = 125\,\text{N}$ zulässig?

Lösung:

$$\tau_0 = \left(0{,}135 - 0{,}00625 \cdot \frac{12}{2}\right) \cdot 1760\,\text{N/mm}^2 = 172\,\text{N/mm}^2$$

Durch Freistellen von F aus Formel 14.20 wird

$$F_0 = \frac{\pi \cdot d^3 \cdot \tau_0}{8D} = \frac{\pi \cdot (2\,\text{mm})^3 \cdot 172\,\text{N/mm}^2}{8 \cdot 12\,\text{mm}} = 45\,\text{N}$$

Bei $F = 125\,\text{N}$ ist wegen der Proportionalität $\tau_t / \tau_0 = F / F_0$:

$$\tau_t = \frac{F}{F_0}\tau_0 = \frac{125}{45} \cdot 172\,\text{N/mm}^2 = 478\,\text{N/mm}^2$$

Nach Tabelle 14.11 ist $\tau_{zul} = 0{,}45 R_m = 0{,}45 \cdot 1760\,\text{N/mm}^2 \approx 792\,\text{N/mm}^2 > \tau_t$, sodass die Beanspruchung zulässig ist. ■

2. Zulässige Schubspannung bei dynamischer Beanspruchung

Die Lebensdauer von Zugfedern wird maßgeblich von der Form der Ösen und Endstücke beeinflusst. An den Übergängen vom Federkörper zu den Ösen treten zusätzliche Spannungsspitzen auf, die wesentlich über denen in den Windungen liegen können. Deshalb lassen sich keine Dauerfestigkeitswerte angeben.

Können Zugfedern mit schwingender Belastung nicht vermieden werden, so wähle man kaltgeformte Zugfedern mit eingerollten oder eingeschraubten Endstücken. Sind jedoch aus konstruktiven Gründen angebogene Ösen oder Haken notwendig, so muss der Krümmungsradius am Übergang möglichst groß sein. Wird die zulässige Grenze erreicht, d. h. ist $\tau_{k2} = \tau_{k2zul} = 0{,}45 R_m$, so muss damit gerechnet werden, dass nach einer gewissen Betriebszeit die Kraft F_2 kleiner wird, weil die Vorspannkraft F_0 nachlässt. Auch Brüche wegen Übermüdung des Werkstoffs sind nicht auszuschließen. Für den Federkörper selbst gelten die gleichen Hubfestigkeitswerte wie für Druckfedern. Wegen des Aneinanderliegens der Windungen im unbelasteten Zustand ist ein Kugelstrahlen erfolglos. Warmgeformte Zugfedern sind nicht zu empfehlen. In besonderen Fällen berate man sich mit dem Hersteller.

Es ist kein Problem, eine gegebene Feder nachzurechnen, mitunter aber schwierig, für einen bestimmten Fall eine geeignete Feder zu finden. Dem Konstrukteur bleibt oftmals nichts anderes übrig, als eine Feder anzunehmen und diese nachzurechnen. Das Ergebnis zeigt ihm dann, welche Änderungen er vornehmen muss, um die erforderlichen Eigenschaften zu erreichen.

14.6 Tellerfedern als Druckfedern

Tellerfedern sind kegelförmige Ringschalen (Bild 14.12), die zu Säulen geschichtet werden können. Ihre Anwendung erstreckt sich von Spannelementen für Vorrichtungen und Werkzeuge über Betätigungsorgane für Ventile bis zur schwingungsdämpfenden Abfederung von Fahrzeugen, Maschinen und Fundamenten. Tellerfedern sind besonders bei großen Kräften und kleinen Federwegen geeignet.

Die Federteller in den Säulen müssen geführt werden, entweder innen mit einem Bolzen (Bild 14.12c) oder außen mit einer Hülse. **Innenführung ist zu bevorzugen.** Die Führungsbolzen und die Auflageflächen für die Federn sollen möglichst einsatzgehärtet sein (Einsatztiefe ≈ 0,8 mm, Mindesthärte 55 HRC). Die Oberfläche des Führungselements muss glatt sein (möglichst fein geschliffen), um die Reibung gering zu halten. Am Anfang und Ende einer Federsäule sollen die Federteller zweckmäßig mit ihrem Außenrand auf den Auflageflächen der Betätigungselemente aufliegen (Bild 14.12c).

In der Ausführung der Federteller unterscheidet man nach DIN 2093 drei Gruppen:

Gruppe 1: gestanzt, kaltgeformt, Kanten gerundet, Tellerdicke $t < 1{,}25$ mm (Bild 14.12a)

Gruppe 2: gestanzt, kaltgeformt, Außendurchmesser D_e und Innendurchmesser D_i gedreht, Kanten gerundet, Tellerdicke $t = 1{,}25 \ldots 6$ mm (Bild 14.12a)

Gruppe 3: kalt- oder warmgeformt, allseits gedreht, mit Auflageflächen und gerundeten Kanten (Bild 14.12b). Damit sie die gleiche Kennlinie wie die der Gruppe 2 erreichen, ist die Tellerdicke auf $t' \approx 0{,}94t$ (Reihen A und B) bzw. $\approx 0{,}96t$ (Reihe C) verringert, wobei t die Nenndicke bedeutet, $t > 6 \ldots 14$ mm.

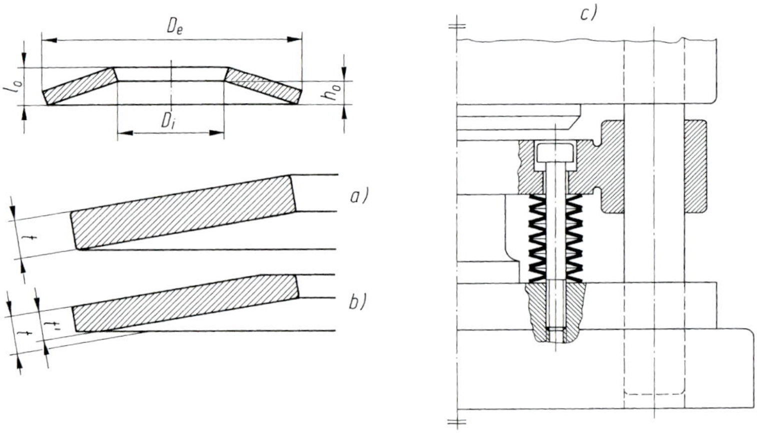

Bild 14.12 Tellerfedern
a) Einzelteller der Gruppen 1 und 2, b) Einzelteller mit Auflageflächen und reduzierter Dicke der Gruppe 3, c) Federsäule aus Einzeltellern im Gestell eines Schnittwerkzeugs

Werkstoff der Tellerfedern: Edelstähle nach Tabelle 14.1 und Tabelle 14.2, die Ck-Stähle jedoch nur für Teller der Gruppe 1. Für Sonderfälle kommen auch Kupfer-Legierungen in Betracht.

Mit DIN 2093 sind drei Reihen von Einzeltellerfedern genormt (Tabelle 14.16), und zwar **Reihe A** mit $D_e / t \approx 18$ und $h_0 / t \approx 0{,}4$, **Reihe B** mit $D_e / t \approx 28$ und $h_0 / t \approx 0{,}75$, **Reihe C** mit $D_e / t \approx 40$ und $h_0 / t \approx 1{,}3$. Die Tellerfedern der Reihe A sind am steifsten, d. h. sie besitzen die größte Federsteifigkeit. In Tabelle 14.16 sind die Abmessungen und auch die Federkräfte F_n bei der größtzulässigen Durchfederung $s_n = 0{,}75 h_0$ der Tellerfedern angegeben.

In Tabelle 14.17 sind die Grenzabmaße A_t für die Federtellerdicke t bzw. t', A_l für die Bauhöhe l_0 und die Grenzabweichung A_F für die Federkraft F zusammengestellt, ferner das empfohlene Spiel zwischen Führungselement und Tellerdurchmesser D_i bzw. D_e in Tabelle 14.18.

Für die Länge L_0 einer Federsäule ist zu beachten, dass sich das Grenzabmaß auf $A_L = i \cdot A_l$ vervielfacht, wenn i die Anzahl der Federteller bedeutet. Es empfiehlt sich daher grundsätzlich, die Anzahl der Federteller so zu beschränken, dass $L_0 \leq 3D_e$ wird.

Die Kraft wird nach Bild 14.13 über die Stellen I und III eingeleitet. Bild 14.13b veranschaulicht den kürzeren Hebelarm der Tellerfedern der Gruppe 3 gegenüber denen der Gruppe 2 (Bild 14.13a). Wenn beide die gleiche Tellerdicke hätten, würden die der Gruppe 3 weniger federn. Deshalb ist ihre Tellerdicke auf t' reduziert.

Die exakte Berechnung von Tellerfedern ist kompliziert; eine sehr gute Näherung sind die Gleichungen von Almen und László:

$$\textit{Federkraft} \quad F = \frac{4 \cdot E}{1-\nu^2} \cdot \frac{t^4}{K_1 \cdot D_e^2} \cdot \frac{s}{t} \cdot \left[\left(\frac{h_0}{t} - \frac{s}{t}\right) \cdot \left(\frac{h_0}{t} - \frac{s}{2t}\right) + 1\right] \qquad (14.29)$$

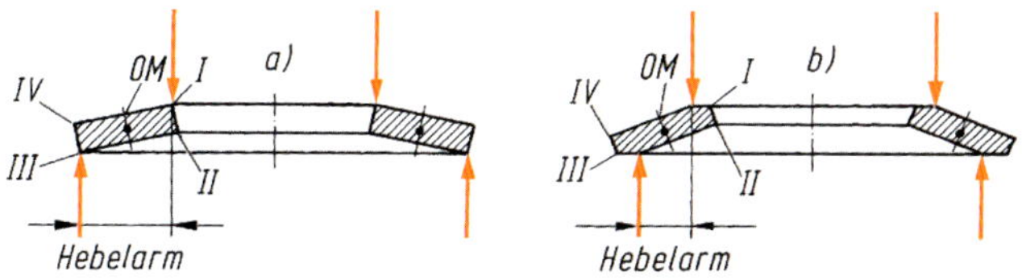

Bild 14.13
Krafteinleitung in Tellerfedern
a) der Gruppe 1 und 2,
b) der Gruppe 3

$$\textit{Federsteifigkeit} \quad c = \frac{\mathrm{d}F}{\mathrm{d}s} = \frac{4 \cdot E}{1-\nu^2} \cdot \frac{t^3}{K_1 \cdot D_e^2} \left[\left(\frac{h_0}{t}\right)^2 - 3 \cdot \frac{h_0}{t} \cdot \frac{s}{t} + \frac{3}{2}\left(\frac{s}{t}\right)^2 + 1\right] \qquad (14.30)$$

$$\textit{Federarbeit} \quad W = \int_0^s F \cdot \mathrm{d}s = \frac{2 \cdot E}{1-\nu^2} \cdot \frac{t^5}{K_1 \cdot D_e^2} \cdot \left(\frac{s}{t}\right)^2 \cdot \left[\left(\frac{h_0}{t} - \frac{s}{2t}\right)^2 + 1\right] \qquad (14.31)$$

Hilfswerte:

$$\left.\begin{aligned} \delta &= \frac{D_e}{D_i} \\ K_1 &= \frac{1}{\pi} \cdot \frac{\left(\frac{\delta - 1}{\delta}\right)^2}{\frac{\delta + 1}{\delta - 1} - \frac{2}{\ln \delta}} \\ K_2 &= \frac{6}{\pi} \cdot \frac{\frac{\delta - 1}{\ln \delta} - 1}{\ln \delta} \\ K_3 &= \frac{3}{\pi} \cdot \frac{\delta - 1}{\ln \delta} \end{aligned}\right\} \qquad (14.32)$$

F	in N	Federkraft,
E	in N/mm^2	Elastizitätsmodul,
ν	-	Querkontraktionszahl, für Stahl ist $\nu \approx 0{,}3$,
t	in mm	Dicke des Federtellers, bei Gruppe 3 t' einsetzen,
h_0	in mm	Innenhöhe des unbelasteten Federtellers,
s	in mm	Federweg,
D_e	in mm	Außendurchmesser des Federtellers,
D_i	in mm	Innendurchmesser des Federtellers.

Trägt man Federkraft über Federweg auf, erkennt man, dass die Federkennlinie je nach Verhältnis h_0/t von linear bis stark nichtlinear gehen kann. Kleine Verhältnisse h_0/t ergeben fast lineare Kennlinien, aber mit größeren h_0/t-Verhältnissen können sich sogar negative Federsteifigkeiten in bestimmten Abschnitten ergeben. Dieses Verhalten ist bei Federn einzigartig und kann nutzbringend für manche Konstruktionsideen wie Schalter und Überlastkupplungen eingesetzt werden. Bild 14.14 zeigt eine fast lineare Kennlinie ($h_0 / t = 0{,}5$), Bild 14.15 dagegen eine extrem nichtlineare Kennlinie ($h_0 / t = 4$); diese Feder „schlägt durch".

Die Spannungen in den Punkten OM I bis IV (Bild 14.13) werden mit den Hilfswerten aus Formel 14.32 wie folgt berechnet:

$$\sigma_I = -\frac{4 \cdot E}{1-\nu^2} \cdot \frac{t^2}{K_1 \cdot D_e^2} \cdot \frac{s}{t} \cdot \left[K_2 \cdot \left(\frac{h_0}{t} - \frac{s}{2t}\right) + K_3\right] \tag{14.33}$$

$$\sigma_{II} = -\frac{4 \cdot E}{1-\nu^2} \cdot \frac{t^2}{K_1 \cdot D_e^2} \cdot \frac{s}{t} \cdot \left[K_2 \cdot \left(\frac{h_0}{t} - \frac{s}{2t}\right) - K_3\right] \tag{14.34}$$

$$\sigma_{III} = -\frac{4 \cdot E}{1-\nu^2} \cdot \frac{t^2}{K_1 \cdot D_e^2} \cdot \frac{1}{\delta} \cdot \frac{s}{t} \cdot \left[(K_2 - 2 \cdot K_3) \cdot \left(\frac{h_0}{t} - \frac{s}{2t}\right) - K_3\right] \tag{14.35}$$

$$\sigma_{IV} = -\frac{4 \cdot E}{1-\nu^2} \cdot \frac{t^2}{K_1 \cdot D_e^2} \cdot \frac{1}{\delta} \cdot \frac{s}{t} \cdot \left[(K_2 - 2 \cdot K_3) \cdot \left(\frac{h_0}{t} - \frac{s}{2t}\right) + K_3\right] \tag{14.36}$$

$$\sigma_{OM} = -\frac{4 \cdot E}{1-\nu^2} \cdot \frac{t^2}{K_1 \cdot D_e^2} \cdot \frac{s}{t} \cdot \frac{3}{\pi} \tag{14.37}$$

F	in N	Federkraft,
E	in N/mm^2	Elastizitätsmodul,
ν	-	Querkontraktionszahl, für Stahl ist $\nu \approx 0{,}3$,
t	in mm	Dicke des Federtellers, bei Gruppe 3 t' einsetzen,
h_0	in mm	Innenhöhe des unbelasteten Federtellers,
s	in mm	Federweg,
D_e	in mm	Außendurchmesser des Federtellers,
D_i	in mm	Innendurchmesser des Federtellers.

14

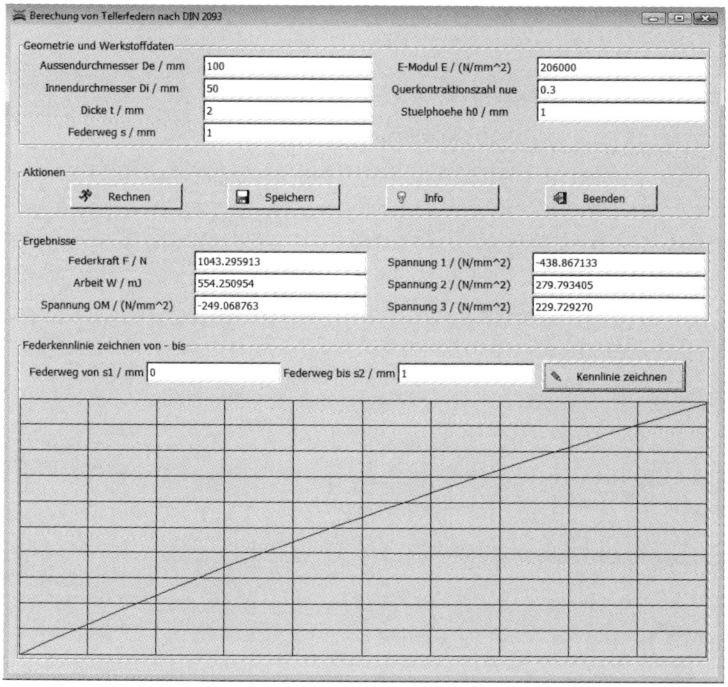

Bild 14.14 Fast lineare Tellerfeder-Kennlinie, $h_0 / t = 0{,}5$ (berechnet mit PC-Programm ZTFEDER, das unter *www.baymp.de* zur Verfügung steht)

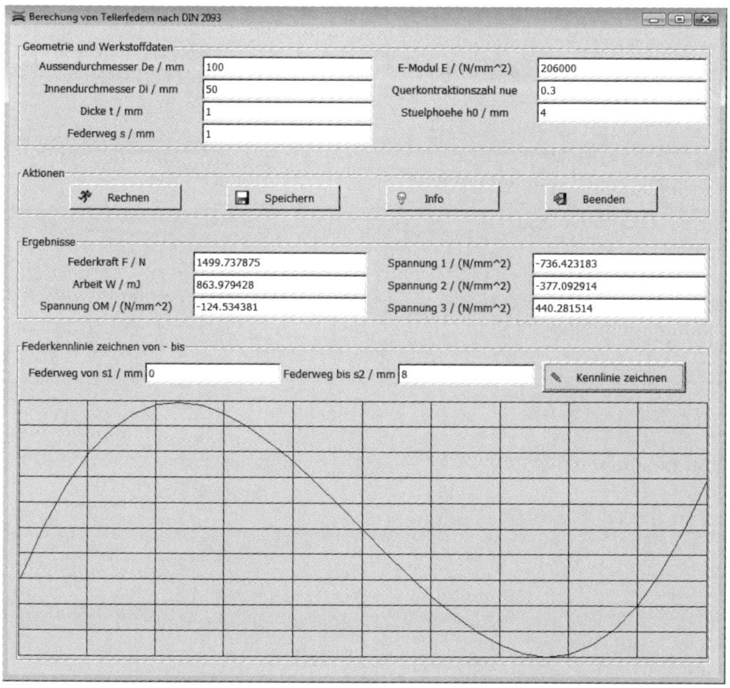

Bild 14.15 Extrem nichtlineare Tellerfeder-Kennlinie, $h_0 / t = 4$ (berechnet mit PC-Programm ZTFEDER, das unter *www.baymp.de* zur Verfügung steht)

14

Zu Formel 14.33 bis Formel 14.37 ist anzumerken:

- Die Spannung IV ist bedeutungslos.
- Bei statischer Beanspruchung ist Spannung I maßgebend.
- Bei dynamischer Beanspruchung sind die Spannungen II und III maßgebend.

Anmerkung: Bei Tellerfedern mit Anlageflächen kommt in Formel 14.29 bis Formel 14.31 und Formel 14.33 bis Formel 14.37 ein Faktor K_4 hinzu. Die Formeln werden dann zu

$$F = \frac{4 \cdot E}{1-\nu^2} \cdot \frac{t^4}{K_1 \cdot D_e^2} \cdot K_4^2 \cdot \frac{s}{t} \cdot \left[K_4^2 \cdot \left(\frac{h_0}{t} - \frac{s}{t} \right) \cdot \left(\frac{h_0}{t} - \frac{s}{2t} \right) + 1 \right]$$

$$\text{mit} \quad K_4 = \sqrt{-0{,}5 \cdot g_1 + \sqrt{(0{,}5 \cdot g_1)^2 + g_2}}$$

wobei

$$g_1 = \frac{(t'/t)^2}{(0{,}25 \cdot l_0/t - t'/t + 0{,}75) \cdot (0{,}625 \cdot l_0/t - t'/t + 0{,}375}$$

$$g_2 = \left[0{,}156 \cdot \left(\frac{l_0}{t} - 1 \right)^2 + 1 \right] \cdot \frac{g_1}{\left(\frac{t'}{t} \right)^3}$$

14

Damit wird die Federsteifigkeit:

$$c = \frac{4 \cdot E}{1-\nu^2} \cdot \frac{t^3}{K_1 \cdot D_e^2} \cdot K_4^2 \left(K_4^2 \left[\left(\frac{h_0}{t} \right)^2 - 3 \cdot \frac{h_0}{t} \cdot \frac{s}{t} + \frac{3}{2} \cdot \left(\frac{s}{t} \right)^2 \right] + 1 \right)$$

Die Spannungen σ_{OM} an der oberen Mantelfläche und die Spannungen $\sigma_{I \ldots IV}$ werden:

$$\sigma_I = -\frac{4 \cdot E}{1-\nu^2} \cdot \frac{t^2}{K_1 \cdot D_e^2} \cdot \frac{s}{t} \cdot K_4 \left[K_4 \cdot K_2 \cdot \left(\frac{h_0}{t} - \frac{s}{2t} \right) + K_3 \right]$$

$$\sigma_{II} = -\frac{4 \cdot E}{1-\nu^2} \cdot \frac{t^2}{K_1 \cdot D_e^2} \cdot \frac{s}{t} \cdot K_4 \left[K_4 \cdot K_2 \cdot \left(\frac{h_0}{t} - \frac{s}{2t} \right) - K_3 \right]$$

$$\sigma_{III} = -\frac{4 \cdot E}{1-\nu^2} \cdot \frac{t^2}{K_1 \cdot D_e^2} \cdot \frac{1}{\delta} \cdot \frac{s}{t} \cdot K_4 \left[K_4 \cdot (K_2 - 2 \cdot K_3) \cdot \left(\frac{h_0}{t} - \frac{s}{2t} \right) - K_3 \right]$$

$$\sigma_{IV} = -\frac{4 \cdot E}{1-\nu^2} \cdot \frac{t^2}{K_1 \cdot D_e^2} \cdot \frac{1}{\delta} \cdot \frac{s}{t} \cdot K_4 \left[K_4 \cdot (K_2 - 2 \cdot K_3) \cdot \left(\frac{h_0}{t} - \frac{s}{2t} \right) + K_3 \right]$$

$$\sigma_{OM} = -\frac{4 \cdot E}{1-\nu^2} \cdot \frac{t^2}{K_1 \cdot D_e^2} \cdot \frac{s}{t} \cdot \frac{3}{\pi} \cdot K_4$$

Formel 14.33 bis Formel 14.36 ergeben nur rechnerische Spannungen. Wegen der durch unterschiedliche Herstellverfahren bedingten Eigenspannungen weichen die tatsächlichen Werte hiervon etwas ab.

Beispiel 14.10

Eine Tellerfeder DIN 2093 - B 50 soll um den höchstzulässigen Federweg zusammengedrückt werden. Laut Tabelle 14.16 betragen $D_e = 50\,\text{mm}$, $D_i = 25{,}4\,\text{mm}$, $t = 2\,\text{mm}$, $l_0 = 3{,}4\,\text{mm}$ und $h_0 = 1{,}4\,\text{mm}$. Wie groß sind bei $s_n = 0{,}75 h_0 = 0{,}75 \cdot 1{,}4\,\text{mm} = 1{,}05\,\text{mm}$ die Federkraft F_n, die Federsteifigkeit c_n, die Federarbeit W_n, die Druck- bzw. Zugspannungen σ_n an den Stellen I, II und III des Tellers?

Lösung:

Mit $E = 206000\,\text{N/mm}^2$, $\nu = 0{,}3$ und $\delta = D_e / D_i = 50 / 25{,}4 \approx 2$ wird:

$$K_1 = \frac{1}{\pi} \cdot \frac{\left(\frac{\delta - 1}{\delta}\right)^2}{\frac{\delta + 1}{\delta - 1} - \frac{2}{\ln\delta}} = \frac{1}{\pi} \cdot \frac{\left(\frac{2 - 1}{2}\right)^2}{\frac{2 + 1}{2 - 1} - \frac{2}{\ln 2}} = 0{,}69$$

$$K_2 = \frac{6}{\pi} \cdot \frac{\frac{\delta - 1}{\ln\delta} - 1}{\ln\delta} = \frac{6}{\pi} \cdot \frac{\frac{2 - 1}{\ln 2} - 1}{\ln 2} = 1{,}22$$

$$K_3 = \frac{3}{\pi} \cdot \frac{\delta - 1}{\ln\delta} = \frac{3}{\pi} \cdot \frac{2 - 1}{\ln 2} = 1{,}38$$

1. Federkraft:

$$F = \frac{4 \cdot E}{1 - \nu^2} \cdot \frac{t^4}{K_1 \cdot D_e^2} \cdot \frac{s}{t} \left[\left(\frac{h_0}{t} - \frac{s}{t}\right) \cdot \left(\frac{h_0}{t} - \frac{s}{2t}\right) + 1\right]$$

$$= \frac{4 \cdot 206000}{1 - 0{,}3^2} \cdot \frac{2^4}{0{,}69 \cdot 50^2} \cdot \frac{1{,}05}{2} \cdot \left[\left(\frac{1{,}4}{2} - \frac{1{,}05}{2}\right) \cdot \left(\frac{1{,}4}{2} - \frac{1{,}05}{2 \cdot 2} + 1\right)\right] \text{N}$$

$$= 4747\,\text{N}$$

2. Federsteifigkeit:

$$c = \frac{4 \cdot E}{1 - \nu^2} \cdot \frac{t^3}{K_1 \cdot D_e^2} \cdot \left[\left(\frac{h_0}{t}\right)^2 - 3 \cdot \frac{h_0}{t} \cdot \frac{s}{t} + \frac{3}{2} \cdot \left(\frac{s}{t}\right)^2 + 1\right]$$

$$= \frac{4 \cdot 206000}{1 - 0{,}3^2} \cdot \frac{2^3}{0{,}69 \cdot 50^2} \cdot \left[\left(\frac{1{,}4}{2}\right)^2 - 3 \frac{1{,}4}{2} \cdot \frac{1{,}05}{2} + \frac{3}{2}\left(\frac{1{,}05}{2}\right)^2 + 1\right] \text{N/mm}$$

$$= 3363\,\text{N/mm}$$

3. Federarbeit:

$$W = \frac{2 \cdot E}{1 - \nu^2} \cdot \frac{t^5}{K_1 \cdot D_e^2} \cdot \left(\frac{s}{t}\right)^2 \left[\left(\frac{h_0}{t} - \frac{s}{2t}\right)^2 + 1\right]$$

$$= \frac{2 \cdot 206000}{1 - 0{,}3^2} \cdot \frac{2^5}{0{,}69 \cdot 50^2} \cdot \left(\frac{1{,}05}{2}\right)^2 \left[\left(\frac{1{,}4}{2} - \frac{1{,}05}{2 \cdot 2}\right)^2 + 1\right] \text{Nmm}$$

$$= 2758\,\text{N/mm} \approx 2{,}76\,\text{Nm} = 2{,}76\,\text{J}$$

14

4. Druckspannung σ_n am Punkt I:

$$\sigma_I = -\frac{4\cdot E}{1-\nu^2}\cdot\frac{t^2}{K_1\cdot D_e^2}\cdot\frac{s}{t}\left[K_2\cdot\left(\frac{h_0}{t}-\frac{s}{2t}\right)+K_3\right]$$
$$= -\frac{4\cdot 206000}{1-0,3^2}\cdot\frac{2^2}{0,69\cdot 50^2}\cdot\frac{1,05}{2}\left[1,22\left(\frac{1,4}{2}-\frac{1,05}{2\cdot 2}\right)+1,38\right]\text{N/mm}^2$$
$$= -2110\,\text{N/mm}^2$$

5. Zugspannung σ_n am Punkt II:

$$\sigma_{II} = -\frac{4\cdot E}{1-\nu^2}\cdot\frac{t^2}{K_1\cdot D_e^2}\cdot\frac{s}{t}\left[K_2\cdot\left(\frac{h_0}{t}-\frac{s}{2t}\right)-K_3\right]$$
$$= -\frac{4\cdot 206000}{1-0,3^2}\cdot\frac{2^2}{0,69\cdot 50^2}\cdot\frac{1,05}{2}\left[1,22\left(\frac{1,4}{2}-\frac{1,05}{2\cdot 2}\right)-1,38\right]\text{N/mm}^2$$
$$= 933\,\text{N/mm}^2$$

6. Zugspannung σ am Punkt III:

$$\sigma_{III} = -\frac{4\cdot E}{1-\nu^2}\cdot\frac{t^2}{K_1\cdot D_e^2}\cdot\frac{1}{\delta}\cdot\frac{s}{t}\left[(K_2-2\cdot K_3)\cdot\left(\frac{h_0}{t}-\frac{s}{2t}\right)-K_3\right]$$
$$= -\frac{4\cdot 206000}{1-0,3^2}\cdot\frac{2^2}{0,69\cdot 50^2}\cdot\frac{1}{2}\cdot\frac{1,05}{2}\left[(1,22-2\cdot 1,38)\left(\frac{1,4}{2}-\frac{1,05}{2\cdot 2}\right)-1,38\right]\text{N/mm}^2$$
$$= 1132\,\text{N/mm}^2$$

■

Kombinationsmöglichkeiten der Federteller zu Federsäulen veranschaulicht Tabelle 14.21. In dieser sind auch die Berechnungsgleichungen für die Säulenkräfte F_S, die Federwege s der Säulen, die Säulenfedersteifigkeit c_S und die Längen L_0 der unbelasteten Säulen je nach Schichtung angegeben. In Säulen mit Federtellern verschiedener Dicke erreichen die dünnsten Federteller zuerst ihren größtzulässigen Federweg s_n. Die Säulenkraft F_S soll die dünnsten Federteller möglichst nicht plandrücken. Geschieht dies dennoch, so ergeben sich geknickte Kennlinien für die Säulen, da die plangedrückten Federteller nicht mehr federn (Bild 14.16).

Bei den in Tabelle 14.21 dargestellten Beispielen betragen bei der

Schichtung **T:** $i = 8$ Einzelfederteller,
P: $n = 5$ Einzelfederteller,
GP: $n = 3$ Einzelfederteller, $i = 4$ Federpakete,
VT: $i_1 = 6$, $i_2 = 4$, $i_3 = 2$ Einzelfederteller,
VP: $n_1 = 5$, $n_2 = 3$, $n_3 = 2$ Einzelfederteller, $i_1 = 1$, $i_2 = 3$, $i_3 = 1$ Federpakete.

Auf diese Weise sind viele verschiedene Kombinationen von Federsäulen möglich und fast jede gewünschte Kennlinie erreichbar. Sehr lange Federsäulen mit vielen Einzeltellerfedern sollten jedoch möglichst vermieden werden.

14

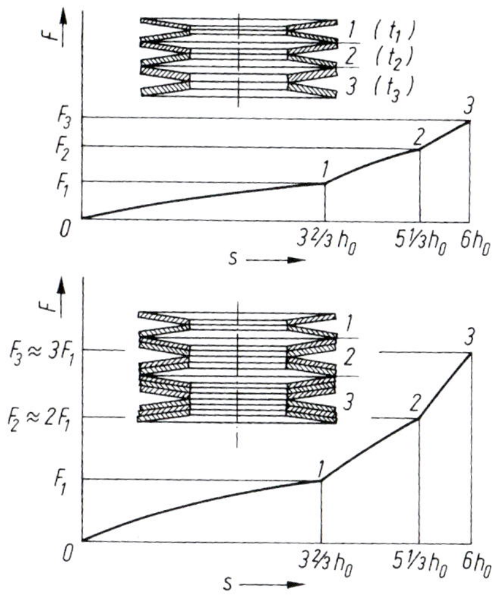

Bild 14.16
Geknickte Kennlinien von Tellerfedersäulen mit verschieden dicken Federtellern bzw. -paketen

An den Führungen und zwischen den Federtellern eines Federpaketes tritt **Reibung** auf. Die erste kann wegen Geringfügigkeit vernachlässigt werden. Die Belastungskraft F_{SB} einer Federsäule mit Federpaketen muss beim Zusammendrücken um die axiale Komponente F_R der Reibkräfte größer als die Säulenkraft F_S sein, beim Zurückfedern (Entlasten) die Belastungskraft F_{SE} jedoch um F_R kleiner als F_S, also $F_{SB} = F_S + F_R$ und $F_{SE} = F_S - F_R$ (Bild 14.17). Bei n - 1 Reibflächen in einem Paket mit n Federtellern kann näherungsweise gesetzt werden:

axiale Komponente derReibkräfte in einer Federsäule mit Federpaketen

$$F_R \approx (n-1)^2 \cdot \mu \cdot F \tag{14.38}$$

F_R	in N	axiale Reibkraft,
n		Anzahl der Federteller in einem Paket,
μ		Reibwert Tabelle 14.21, bezogen auf leicht geölte, mit Molybdändisulfid behandelte oder mit Gleitlack bestrichene Federteller,
F	in N	auf einen Federteller entfallende theoretische Federkraft ohne Berücksichtigung der Reibung (Formel 14.29).

Um die Reibverluste klein zu halten, empfiehlt es sich, nicht mehr als drei bis vier Teller in einem Paket anzuordnen, falls nicht stärkere Reibkräfte erwünscht sind, um die Säule als Dämpfungsglied arbeiten zu lassen, z.B. als Schwingungsdämpfer zur Umsetzung mechanischer Arbeit in Reibwärme. Die farbig angelegte Fläche in Bild 14.17 stellt diese Arbeit dar.

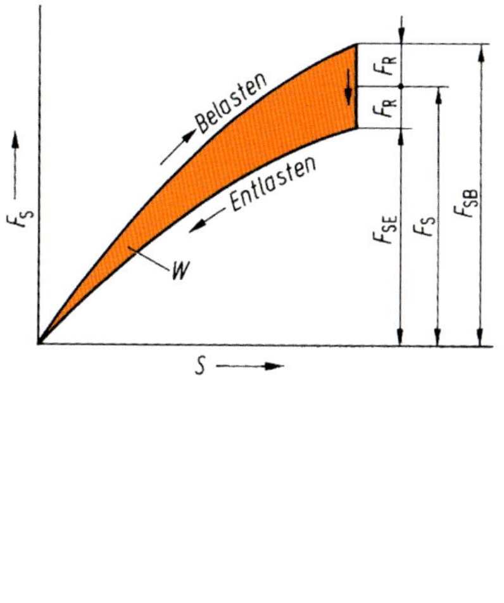

Bild 14.17
Kennlinie einer Tellerfedersäule mit Tellerpaketen

Beispiel 14.11

Eine mit $n = 3$ Einzeltellern je Paket und $i = 4$ Paketen geschichtete Tellerfedersäule (Schichtung GP gemäß Tabelle 14.21) aus Tellerfedern DIN 2093 - B 50 mit $t = 2\,\text{mm}$ und $h_0 = 1{,}4\,\text{mm}$ soll um $S = 4\,\text{mm}$ zusammengedrückt werden. Mit welcher Kraft F_{SB} muss die Säule belastet werden, um auch die Reibung zwischen den Tellern zu überwinden? Bei welcher Belastungskraft F_{SE} beginnt das Zurückfedern? Wie groß wird die Länge L der belasteten Säule?

Lösung:

Da 4 Pakete vorhanden sind, muss jedes und damit jeder Teller um $s = S / i = 4\,\text{mm} / 4 = 1\,\text{mm}$ durchfedern.

Nach Formel 14.38 ist mit $\mu \approx 0{,}025$ (Tabelle 14.21) die axiale Komponente der Reibkräfte

$$F_R \approx (n-1)^2 \cdot \mu \cdot F = (3-1)^2 \cdot 0{,}025 \cdot 4577\,\text{N} = 458\,\text{N}$$

Die Säule muss dann mit

$$F_{SB} = F_S + F_R = n \cdot F + F_R = 3 \cdot 4577\,\text{N} + 458\,\text{N} = 14189\,\text{N}$$

$$F = \frac{4 \cdot 206000}{1 - 0{,}3^2} \cdot \frac{2^4}{0{,}69 \cdot 50^2} \cdot \frac{1}{2}\left[\left(\frac{1{,}4}{2} - \frac{1}{2}\right)\left(\frac{1{,}4}{2} - \frac{1}{2 \cdot 2}\right) + 1\right]\text{N} = 4577\,\text{N}$$

belastet werden. Das Zurückfedern beginnt, wenn die Belastungskraft auf

$$F_{SE} = F_S - F_R = n \cdot F - F_R = 3 \cdot 4577\,\text{N} - 458\,\text{N} = 13273\,\text{N}$$

abgesunken ist.

Nach Tabelle 14.21 ist die Bauhöhe eines Pakets $l_P = h_0 + n \cdot t = 1{,}4\,\text{mm} + 3 \cdot 2\,\text{mm} = 7{,}4\,\text{mm}$. Somit wird die Länge der unbelasteten Säule $L_0 = i \cdot l_P = 4 \cdot 7{,}4\,\text{mm} = 29{,}6\,\text{mm}$.

Länge der belasteten Säule:

$$L = L_0 - S = 29{,}6\,\text{mm} - 4\,\text{mm} = 25{,}6\,\text{mm}$$

Bei der Berechnung von Tellerfedern ist zwischen **ruhender Belastung** und **schwingender Belastung** zu unterscheiden. Der erste Fall bezieht sich auf Tellerfedern, die statisch belastet werden oder deren Belastung sich nur gelegentlich mit nicht mehr als 10 000 Schwingspielen während der gesamten Lebensdauer ändert (quasistatische Belastung). Eine schwingende Belastung liegt vor, wenn sich die Belastung ständig zwischen zwei Kräften F_1 und F_2 ändert.

1. **Festigkeitsberechnung bei ruhender Belastung**

   Bei diesem Lastfall dürfen die mit DIN 2093 genormten Tellerfedern (Tabelle 14.16) bis $s_n = 0{,}75 h_0$ gespannt werden, ohne dass es einer Spannungsberechnung bedarf. Darüber hinaus kann es zu Setzerscheinungen kommen (Nachlassen der Federwirkung durch Verringerung der Bauhöhe l_0). Bei nicht genormten Tellerfedern aus Edelstahl soll die Druckspannung am Punkt I, Formel 14.33, $\sigma_n = 2000 \ldots 2400\,\text{N/mm}^2$ nicht überschreiten, bei $s_c = h_0$ in Planlage $\sigma_c = 2600 \ldots 3000\,\text{N/mm}^2$ und am Punkt OM auf der Mantelfläche (Formel 14.37), etwa der Streckgrenze $R_e = 1400 \ldots 1600\,\text{N/mm}^2$ entsprechen.

2. **Festigkeitsberechnung bei schwingender Belastung**

An den zugbeanspruchten Stellen ändert sich die Spannung ständig zwischen σ_1 und σ_2. Dort besteht die Gefahr eines Anrisses und damit eines Dauerbruches. Die höchste Zugspannung kann an der Stelle II oder an der Stelle III auftreten. Liegt das Verhältnis h_0/t bzw. $K_4 \cdot h_0' / t'$ unter dem im Folgenden angegebenen Bereich, so ist die Stelle II maßgebend, liegt es darüber, die Stelle III. Liegt es jedoch **im** angegebenen Bereich, so kann die höchste Zugspannung sowohl am Punkt II als auch am Punkt III auftreten.

$\delta = D_e / D_i =$	1,4	1,6	2	2,4	2,8	3,2	3,6	4
h_0 / t bzw.	0,35	0,45	0,67	0,8	0,93	1,13	1,15	1,24
$K_4 \cdot h_0' / T'$	bis	bis	bis	bis	bis	bis	bis	bis
	0,28	0,35	0,5	0,6	0,75	0,85	0,93	1

Um einen Bruch vor Ablauf der geplanten Lebensdauer der Tellerfeder zu vermeiden, darf die

Hubspannung $\sigma_h = \sigma_2 - \sigma_1$ (14.39)

an der maßgebenden Stelle II bzw. III die Zeit- bzw. Dauerhubfestigkeit des Federtellers nicht überschreiten. Bild 14.18 zeigt ein Dauerfestigkeitsschaubild. Es wird begrenzt durch die Oberspannung σ_O der Dauerfestigkeit und der Unterspannung σ_U der Dauerfestigkeit. Die Differenz zwischen σ_O und σ_U ist die **Hubfestigkeit** $\boldsymbol{\sigma_H}$. Das ist die Hubspannung, die vom Federwerkstoff bis zu einer bestimmten Grenzschwingspielzahl N ertragen wird. Bei Tellerfedern betrachtet man die Festigkeit bei $N \geq 2 \cdot 10^6$ Lastspielen als **Dauerfestigkeit** (bei Schraubendruckfedern dagegen bei $N \geq 10^7$), darunter, z. B. bei $N = 10^5$, als **Zeitfestigkeit.** Da in den Diagrammen nach DIN 2092 alle σ_O-Linien parallel laufen und die gleiche Steigung besitzen, lässt sich die Hubfestigkeit nach einer einfachen Gleichung berechnen, nämlich:

Hubfestigkeit $\sigma_H \approx \sigma_F - 0{,}5\sigma_U$ (14.40)

σ_F in N/mm² Hubfestigkeit einer Tellerfeder aus Edelstahl bei der Unterspannung $\sigma_U = 0$ nach Tabelle 14.20,
σ_U in N/mm² Unterspannung der Schwingfestigkeit = Unterspannung des Schwingspiels $= \sigma_1$.

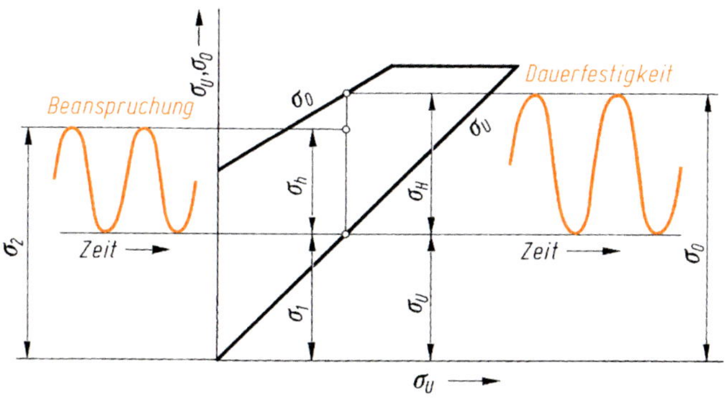

Bild 14.18 Dauerfestigkeitsschaubild für eine Tellerfeder

Die angegebene Hubfestigkeit gilt aber nur für Einzelfederteller und für Federsäulen mit $i \leq 6$ in Schichtung T (Tabelle 14.21), wenn die Federteller mindestens mit einem Vorspannfederweg $s_1 = 0{,}15 \ldots 0{,}2 h_0$ eingebaut wurden, um Anrissen an der Stelle I infolge von Zugeigenspannungen vorzubeugen. Es wird eine Oberflächenverfestigung der Federteller empfohlen, z. B. durch Kugelstrahlen.

14

Zur Gewährleistung einer Dauerschwingbeanspruchung darf die Hubspannung σ_h die Hubfestigkeit σ_H nicht erreichen. Unter anderen Voraussetzungen als vorstehend angegeben, z.B. bei Federpaketen, ist σ_H entsprechend niedriger anzusetzen, am besten nach Rücksprache mit dem Hersteller der Federteller.

Außerdem darf die Oberspannung σ_2 des Schwingspiels die Grenze $\sigma_{O\,max}$ nach Tabelle 14.20 nicht überschreiten.

Beispiel 14.12

An welcher Stelle tritt an der Tellerfeder DIN 2093 - B 50 mit $\delta \approx 2$ und $h_0 / t = 1{,}4 / 2 = 0{,}7$ die höchste Zugspannung auf?

Lösung:
Bei $\delta = 2$ liegt das Verhältnis $h_0 / t = 0{,}7$ über dem angegebenen Bereich 0,67 ... 0,5, sodass die Stelle III maßgebend ist. Die Zugspannungen sind also mit Formel 14.35 zu berechnen.

Beispiel 14.13

Eine Tellerfedersäule in Schichtung T gemäß Tabelle 14.21 mit $i = 10$ Tellerfedern DIN 2093 - B 50 soll schwingend mit $F_1 = 2000\,\text{N}$ und $F_2 = 3000\,\text{N}$ belastet werden. Bei Planlage eines Tellers ist $F_c = 5880\,\text{N}$, bei $s_n = 0{,}75 \cdot h_0 = 1{,}05$ ist $F_n = 4747\,\text{N}$. Es betragen $D_e = 50\,\text{mm}$, $D_i = 25{,}4\,\text{mm}$, $h_0 = 1{,}4\,\text{mm}$, $t = 2\,\text{mm}$. Sind die Beanspruchungen dauernd ($N > 2 \cdot 10^6$ Schwingspiele) zulässig, wenn wegen $i > 6$ sicherheitshalber mit $\sigma_{h\,zul} \approx 0{,}7\sigma_H$ und $\sigma_{2\,zul} \approx 0{,}8\sigma_{O\,max}$ zu rechnen ist?

Lösung:
Mit $F_1 / F_c = 2000 / 5880 = 0{,}34$ und $F_2 / F_c = 3000 / 5880 = 0{,}51$ werden in Diagramm 14.13 abgelesen: $s_1 / h_0 = 0{,}25$ und $s_2 / h_0 = 0{,}41$. Somit $s_1 = 0{,}25 h_0 = 0{,}25 \cdot 1{,}4\,\text{mm} = 0{,}35\,\text{mm}$ und $s_2 = 0{,}41 h_0 = 0{,}41 \cdot 1{,}4\,\text{mm} = 0{,}574\,\text{mm}$. In Beispiel 14.13 wurde ermittelt, dass mit der Zugspannung an der Stelle III, Formel 14.35 zu rechnen ist:

$$\sigma_{III} = -\frac{4 \cdot E}{1 - \nu^2} \cdot \frac{t^2}{K_1 \cdot D_e^2} \cdot \frac{1}{\delta} \cdot \frac{s}{t} \cdot \left[(K_2 \cdot 2 \cdot K_3) \cdot \left(\frac{h_0}{t} - \frac{s}{2t} \right) - K_3 \right]$$

Mit $\delta = 50 / 25{,}4 \approx 2$ und den bereits in Beispiel 14.10 berechneten Werten $K_1 = 0{,}69$, $K_2 = 1{,}22$ und $K_3 = 1{,}38$ wird:

$$\sigma_1 = -\frac{4 \cdot 206000}{1 - 0{,}3^2} \cdot \frac{2^2}{0{,}69 \cdot 50^2} \cdot \frac{1}{2} \cdot \frac{0{,}35}{2} \cdot \left[(1{,}22 - 2 \cdot 1{,}38) \left(\frac{1{,}4}{2} - \frac{0{,}35}{2 \cdot 2} \right) - 1{,}38 \right] \text{N/mm}$$
$$= 427\,\text{N/mm}$$

$$\sigma_2 = -\frac{4 \cdot 206000}{1 - 0{,}3^2} \cdot \frac{2^2}{0{,}69 \cdot 50^2} \cdot \frac{1}{2} \cdot \frac{0{,}574}{2} \cdot \left[(1{,}22 - 2 \cdot 1{,}38) \left(\frac{1{,}4}{2} - \frac{0{,}574}{2 \cdot 2} \right) - 1{,}38 \right] \text{N/mm}$$
$$= 674\,\text{N/mm}$$

Hubspannung nach Formel 14.39:

$$\sigma_h = \sigma_2 - \sigma_1 = (674 - 427)\text{N/mm}^2 = 247\text{N/mm}^2$$

Mit $\sigma_F = 710\text{N/mm}^2$ (aus Tabelle 14.20) wird mit Formel 14.40:

$$\sigma_H \approx \sigma_F - 0{,}5\sigma_U = 710\text{N/mm}^2 - 0{,}5 \cdot 427\text{N/mm}^2 = 496\text{N/mm}^2$$

Somit ist $\sigma_{h\,zul} = 0{,}7\sigma_H = 0{,}7 \cdot 496\text{N/mm}^2 = 347\text{N/mm}^2 > \sigma_h$.
Des Weiteren ist mit $\sigma_{O\max} = 1250\text{N/mm}^2$ (Tabelle 14.20):

$$\sigma_{2\,zul} = 0{,}8\sigma_{O\max} = 0{,}8 \cdot 1250\text{N/mm}^2 = 1000\text{N/mm}^2 > \sigma_2$$

Die Beanspruchungen sind also zulässig.

Ergänzend zu erwähnen sind die **Tellerfedern aus Kunststoff** (Handelsname Polysorb-Tellerfeder) der Firma igus GmbH, Köln, die als Einzelteller in Anlehnung an DIN 2093 mit Außendurchmessern von 10 bis 40 mm, Innendurchmessern von 5,2 bis 20,4 mm und Dicken von 0,5 bis 2,25 mm geliefert werden.

14.7 Gewundene Schenkelfedern als Drehfedern

Schenkelfedern sind biegebeanspruchte **Schraubendrehfedern** (Bild 14.19). Meistens werden sie als Rückführer von Hebeln oder Deckeln benutzt. Das eine Federende muss am beweglichen Teil, das andere am stillstehenden Teil eingehängt oder eingespannt werden. In der Ausgangslage ist die Feder mit der Kraft F_1 vorgespannt und drückt das bewegliche Teil gegen einen Anschlag (Bild 14.19). Bei der Betätigung wird die Feder dann auf die Kraft F_2 oder bis auf F_n gespannt.

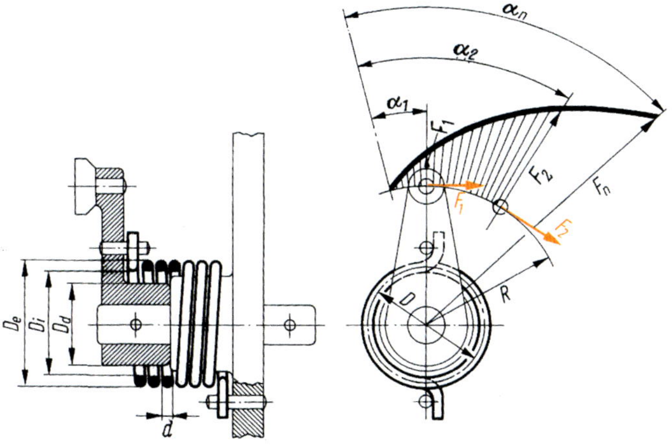

Bild 14.19 Schenkelfeder als Rückzugsfeder für einen Schalthebel

Im Interesse einer wirtschaftlichen Fertigung ist eine möglichst einfache Ausführung der Schenkel anzustreben, d. h. tangentiale Schenkel nach Bild 14.20a. Der kleinste innere Biegeradius r an den Schenkeln soll nicht kleiner als der Drahtdurchmesser d sein (Bild 14.20b).

Grenzwerte: Wickelverhältnis $w = D / d = 4 \ldots 20$, der mittlere Windungsdurchmesser $D \leq 340\,\text{mm}$, die Länge der unbelasteten Feder $L_{K0} \leq 630\,\text{mm}$ und die Anzahl der federnden Windungen $n \geq 2$. Um Reibung zwischen den Windungen zu vermeiden, sollen diese auch bei beschränkter Einbaulänge nicht oder nur mit geringfügiger Spannung aneinanderliegen. Muss eine größere Einbaulänge ausgefüllt werden, so erreicht man das besser mit einer Verringerung des mittleren Windungsdurchmessers D und einer Erhöhung der Anzahl n der federnden Windungen als mit übergroßen Steigungen (großen Abständen a zwischen den Windungen). Erreichbar ist als größter Windungsabstand $a_{max} = (0{,}24w - 0{,}64)d^{0{,}83}$.

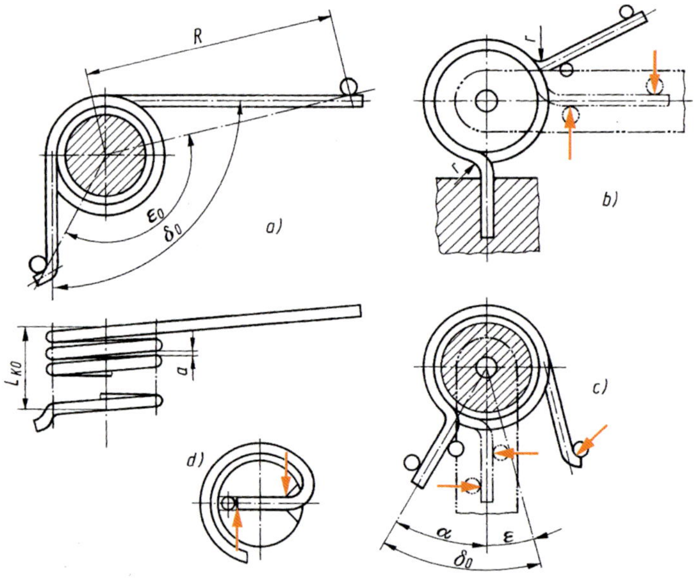

14

Bild 14.20 Ausbildung der Schenkel und deren Halterung von Drehfedern nach DIN EN 13906-3
a) mit tangentialen Schenkeln ohne Einspannung, b) fest eingespannte radiale Schenkel, c) ruhender Schenkel nicht eingespannt, bewegter Schenkel fest eingespannt, d) in einem Dorn fest eingespannter Schenkel

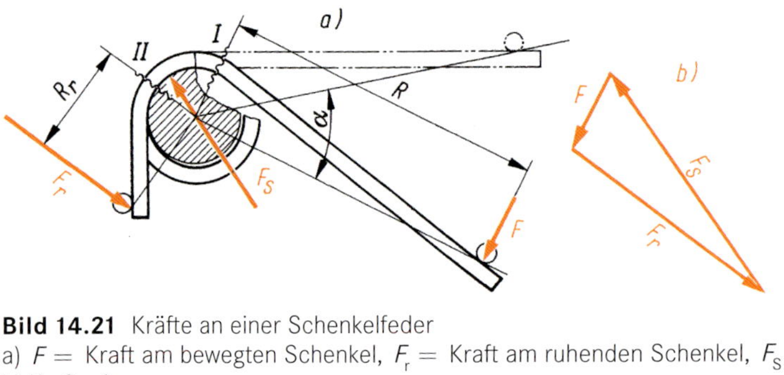

Bild 14.21 Kräfte an einer Schenkelfeder
a) F = Kraft am bewegten Schenkel, F_r = Kraft am ruhenden Schenkel, F_S = Stützkraft am Dorn, b) Krafteck

Die Drehfedern sollen möglichst nur im Windungssinn gespannt werden, sodass die Außenseite der Windungen auf Zug beansprucht wird. Bei entgegengesetztem, öffnendem Drehsinn besteht wegen der Eigenspannungen der Feder eine Neigung zum Setzen (Nachlassen der Federungseigenschaften).

Zylindrische Drehfedern bis zu einer Drahtdicke $d = 17\,\text{mm}$ werden kaltgeformt. Zu Federstahldrähten für die Kaltformgebung siehe Tabelle 14.3 bis Tabelle 14.5. Die kaltgeformten Federn werden nach dem Wickeln zum Abbau von Eigenspannungen lediglich angelassen. Auch Nichteisenmetalle kommen in Betracht: Zinnbronze CuSn, Messing CuZn, Kupfer-Beryllium CuBe und Neusilber CuNi.

Die Biegespannung beträgt $\sigma_b = M_b / W_b$ mit $W_b = \pi \cdot d^3 / 32$ als Widerstandsmoment bei Kreisquerschnitten.

Biegespannung $$\sigma_b = \frac{M_b}{W_b} = \frac{32F \cdot R}{\pi \cdot d^3} \qquad (14.41)$$

M_b	in Nmm	Biegemoment = Federdrehmoment,
F	in N	Belastungskraft am Radius R,
R	in mm	Wirkabstand der Belastungskraft F zum Federdrehpunkt,
d	in mm	Draht- bzw. Stabdurchmesser.

Infolge der Krümmung der Windungen verteilen sich die Spannungen nicht symmetrisch über die Drahtquerschnitte, sondern sind an der Innenseite der Windungen größer:

größte Biegespannung $$\sigma_q = q \cdot \sigma \qquad (14.42)$$

σ_q	in N/mm²	Biegespannung an der Innenseite der Windungen,
q		Spannungsbeiwert (Tabelle 14.22) zur Berücksichtigung der Drahtkrümmung $= (w + 0{,}07)/(w - 0{,}75)$ bzw. $(2 \cdot r / d + 1{,}07)/(2 \cdot r / d + 0{,}25)$,
σ	in N/mm²	Biegespannung nach Formel 14.41.

Es ist der

Drehwinkel des bewegten Federendes $$\alpha = \frac{M_b \cdot l}{E \cdot I} = \frac{64F \cdot R \cdot l}{E \cdot \pi \cdot d^4} \qquad (14.43)$$

α	in rad	Drehwinkel des Schenkels durch das Belastungsmoment M ($1\,\text{rad} = 57{,}3°$),
M_b	in Nmm	Belastungsdrehmoment $= F \cdot R$,
l	in mm	gestreckte Länge der federnden Windungen nach Formel 14.45,
E	in N/mm²	Elastizitätsmodul des Federwerkstoffes nach Tabelle 14.9, für Federstahl ≈ 206 000 N/mm²,
d	in mm	Draht- bzw. Stabdurchmesser (Tabelle 14.4 bis Tabelle 14.6).

Aus dieser Gleichung lässt sich auch die Federsteifigkeit errechnen:

Federsteifigkeit $$c = \frac{M_b}{\alpha} = \frac{E \cdot \pi \cdot d^4}{64l} \qquad (14.44)$$

c	in Nmm/rad	Federsteifigkeit,
M_b, α, E, d, l		siehe Legende zu Formel 14.43.

Gestreckte Länge der federnden Windungen $$l \approx D \cdot \pi \cdot n \qquad (14.45)$$

Länge des unbelasteten Federkörpers ohne Windungsabstand $$L_K \leq (n + 1{,}5) d_{max} \qquad (14.46)$$

mit Windungsabstand	$L_{K0} \leq n(a + d_{max}) + d_{max}$	(14.47)

D	in mm	mittlerer Windungsdurchmesser,
n		Anzahl der federnden (wirksamen) Windungen,
d_{max}	in mm	Höchstmaß des Draht- oder Stabdurchmessers = Nennmaß d (Tabelle 14.4 bis Tabelle 14.6), vermehrt um das obere Abmaß (Tabelle 14.13),
a	in mm	lichter Abstand zwischen den federnden Windungen der unbelasteten Feder (siehe Bild 14.20).

Alle aufgeführten Gleichungen gelten genau genommen nur für Federn mit eingespannten, kreisförmig geführten Enden ohne Reibung.

In Formel 14.43 ist der Teil des Drehwinkels vernachlässigt, der infolge der Durchbiegung langer Schenkel zusätzlich entsteht (Bild 14.22). Diese Durchbiegung ist etwa ab $R > 10d$ zu berücksichtigen. Es betragen:

Drehwinkelvergrößerung eines langen tangentialen Schenkels	$\beta \approx 1{,}7 \dfrac{F(4R^2 - D^2)}{E \cdot d^4}$	(14.48)

Drehwinkelvergrößerung eines langen radialen Schenkels	$\beta \approx 0{,}85 \dfrac{F(2R - D)^3}{E \cdot R \cdot d^4}$	(14.49)

β	in rad	Drehwinkelvergrößerung des langen, nicht fest eingespannten Schenkels infolge Durchbiegung nach Bild 14.22,
F	in N	Belastungskraft am Radius R,
R	in mm	Wirkabstand der Kraft F,
D	in mm	mittlerer Windungsdurchmesser,
E	in N/mm²	Elastizitätsmodul des Federwerkstoffs (Tabelle 14.9).

14

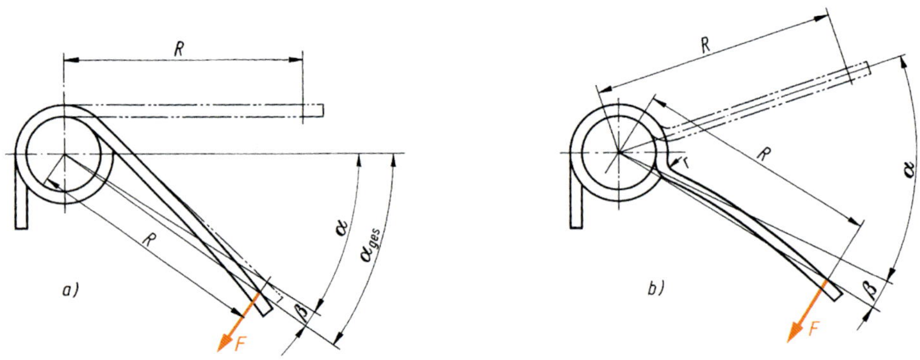

Bild 14.22 Durchbiegung eines langen Schenkels
a) tangentialer, b) radialer Schenkel

Formel 14.48 und Formel 14.49 gelten unabhängig davon, ob der lange Schenkel der bewegte oder der ruhende ist. Sind beide Schenkel einer Feder lang, so sind für beide die Winkel β zu berücksichtigen. Der gesamte Drehwinkel des Kraftangriffspunktes am bewegten Schenkel beträgt somit $\alpha_{ges} = a + \beta$ (Bild 14.22), bei zwei langen Schenkeln mit β als Summe der Drehwinkel beider Schenkel, bei zwei gleichlangen Schenkeln ist $\alpha_{ges} = a + 2\beta$.

Wird die Drehfeder auf einem Dorn (Bolzen oder Nabe wie nach Bild 14.19) oder in einer Hülse geführt, so ist darauf zu achten, dass zwischen Feder und Führung genügend Spiel bleibt, damit sich die Windungen nicht festklemmen. Als Anhalt für den Durchmesser eines Dornes kann $D_d = 0{,}8 \ldots 0{,}9\,D_i$, für den einer Hülse $D_h = 1{,}1 \ldots 1{,}9\,D_e$ angenommen werden.

Beim Spannen der Feder in ihrem Windungssinn verringert sich deren Innendurchmesser von D_i auf $D_{i\alpha}$, beim Spannen entgegen ihrem Windungssinn vergrößert sich ihr Außendurchmesser von D_e auf $D_{e\alpha}$. Es muss stets $D_{i\alpha} > D_d$ und $D_{e\alpha} < D_h$ sein.

Innendurchmesser der im Windungssinn gespannten Feder $$D_{i\alpha} \approx \frac{D \cdot n}{n + \alpha / 2\pi} - d \qquad (14.50)$$

Außendurchmesser der entgegen dem Windungssinn gespannten Feder $$D_{e\alpha} \approx \frac{D \cdot n}{n - \alpha / 2\pi} + d \qquad (14.51)$$

D	in mm	mittlerer Windungsdurchmesser der unbelasteten Feder,
n		Anzahl der federnden Windungen,
α	in rad	Federdrehwinkel nach Formel 14.43,
d	in mm	Draht- bzw. Stabdurchmesser.

Es ist zwischen **ruhender Belastung** und **schwingender (dynamischer) Belastung** zu unterscheiden. Der erste Fall bezieht sich auf Schenkelfedern, die statisch belastet werden oder deren Belastung sich nur gelegentlich mit nicht mehr als 10 000 Schwingspielen während der gesamten Lebensdauer ändert (quasistatische Belastung). Eine schwingende Belastung liegt vor, wenn sich die Belastung ständig zwischen zwei Kräften F_1 und F_2 ändert.

Maßgebend für die Festigkeit ist jeweils die Biegezugspannung. Deshalb wird bei ruhender Belastung und Betätigung der Feder im Windungssinn mit der Biegespannung σ nach Formel 14.41 und bei Betätigung entgegen dem Windungssinn mit der größten Biegespannung σ_q nach Formel 14.42 gerechnet. Bei schwingender Belastung ist immer mit σ_q zu rechnen. Federn, deren Schenkel radial mit dem Radius r abgebogen sind (Bild 14.20b), werden auch mit σ_q berechnet, wenn sie im Windungssinn gespannt werden, weil hierbei die Spannungserhöhung am Innenrand der Abbiegung auftritt. Der Beiwert q (Tabelle 14.22) hängt in diesem Fall vom Abbiegeverhältnis r/d ab.

14

1. **Festigkeitsberechnung bei ruhender Belastung**

   Beim größten Drehwinkel α_n beträgt die zulässige Biegespannung $\sigma_{zul} = 0{,}7 R_m$ (siehe auch Tabelle 14.22). Für die Zugfestigkeit R_m siehe Tabelle 14.4 bis Tabelle 14.6.

2. **Festigkeitsberechnung bei schwingender Belastung**

   Vorzugsweise wird der Federstahldraht Sorte DH nach Tabelle 14.4 verwendet. Ein Kugelstrahlen der Federn ist zu empfehlen. Dies ist aber nur sinnvoll, wenn die Windungen einen genügend großen Abstand a besitzen, damit das Strahlgut alle Stellen trifft.

   Da sich die Biegespannung ständig zwischen σ_{q1} und σ_{q2} ändert, besteht die Gefahr eines Anrisses und damit eines Dauerbruches. Um diesen zu vermeiden, darf die

   Hubspannung $$\sigma_{qh} = \sigma_{q1} - \sigma_{q2} \qquad (14.52)$$

   die Hubfestigkeit σ_{qH} des Federdrahts bzw. die zulässige Hubspannung $\sigma_{qh\,zul}$ nicht überschreiten. Das mit Bild 14.18 gezeigte Dauerfestigkeitsschaubild gilt prinzipiell auch für die Windungen der Schenkelfedern. Gemäß DIN EN 13906-3 folgt für $N \geq 10^7$ Schwingspiele die

   zulässige Hubspannung $$\sigma_{qh\,zul} \approx \sigma_{q0} - 0{,}22\sigma_{q1} \qquad (14.53)$$

σ_{q0}	in N/mm²	zulässige Hubspannung bei $\sigma_{q1} = 0$. Für Federstahldraht DH ist $\sigma_{q0} = 670\,\text{N/mm}^2$, kugelgestrahlt $\approx 900\,\text{N/mm}^2$,
σ_{q1}	in N/mm²	Unterspannung des Schwingspiels.

Außerdem darf die Oberspannung σ_{q2} des Schwingspiels nicht größer sein als $\sigma_{q2\ zul}$ nach Tabelle 14.22. Es ist auch möglich, die Federn für eine begrenzte Lebensdauer (Zeitfestigkeit) auszulegen. Dann ist $\sigma_{qh} > \sigma_{qh\ zul}$.

Beispiel 14.14

Eine gewundene Schenkelfeder nach Bild 14.20a aus Federstahldraht DH mit $D = 30\,\text{mm}$, $d = 3\,\text{mm}$, $a = 1\,\text{mm}$, $n = 5{,}25$ und $R = 65\,\text{mm}$ soll zwischen $\alpha_{1\text{ges}} = 15° = 0{,}2618\,\text{rad}$ und $\alpha_{2\text{ges}} = 75° = 1{,}3089\,\text{rad}$ schwingend beansprucht werden. Die Feder wird im Windungssinn betätigt. Ist die Beanspruchung der kugelgestrahlten Feder zulässig? Wie groß ist die Länge l_{K0} des unbelasteten Federkörpers? Auf welchen Durchmesser $D_{i\alpha}$ nimmt der Innendurchmesser D_i der Feder beim Betätigen ab?

Lösung:

1. Festigkeitsberechnung

Da $R = 65\,\text{mm} > 10d = 10 \cdot 3\,\text{mm}$ ist, muss die Durchbiegung des einen langen Schenkels berücksichtigt werden. Die gestreckte Länge der Windungen beträgt nach Formel 14.45:

$$l \approx D \cdot \pi \cdot n = 30\,\text{mm} \cdot \pi \cdot 5{,}25 = 495\,\text{mm}$$

Nach Formel 14.43 und Formel 14.48 muss daher sein:

$$\alpha_{\text{ges}} = \alpha + \beta = \frac{64}{\pi}\frac{F \cdot R \cdot l}{E \cdot d^4} + 1{,}7\frac{F\left(4R^2 - D^2\right)}{E \cdot d^4}$$

Hieraus F freigestellt:

$$F = \frac{\alpha_{\text{ges}} \cdot E \cdot d^4}{20{,}37R \cdot l + 1{,}7\left(4R^2 - D^2\right)}$$

Bei $\alpha_{1\text{ ges}}$ ist

$$F_1 = \frac{0{,}2618 \cdot 206000\,\text{N/mm}^2 \cdot 3^4\,\text{mm}^4}{20{,}37 \cdot 65\,\text{mm} \cdot 495\,\text{mm} + 1{,}7\left(4 \cdot 65^2 - 30^2\right)\text{mm}^2} = 6{,}4\,\text{N}$$

Da $F_1 / F_2 = \alpha_{1\text{ges}} / \alpha_{2\text{ges}}$ ist, folgt

$$F_2 = F_1 \cdot \alpha_{2\text{ges}} / \alpha_{1\text{ges}} = 6{,}4\,\text{N} \cdot 75° / 15° = 32\,\text{N}$$

Für $w = D / d = 30 / 3 = 10$ folgt aus Tabelle 14.22 der Spannungsbeiwert $q = 1{,}09$ und damit nach Formel 14.41 und Formel 14.42:

$$\sigma_{q1} = q\frac{32F_1 \cdot R}{\pi \cdot d^3} = 1{,}09\frac{32 \cdot 6{,}4\,\text{N} \cdot 65\,\text{mm}}{\pi \cdot 3^3\,\text{mm}^3} = 171\,\text{N/mm}^2$$

Somit gilt:

$$\sigma_{q2} = \sigma_{q1} \cdot \alpha_{2\text{ges}} / \alpha_{1\text{ges}} = 171\,\text{N/mm}^2 \cdot 75° / 15° = 855\,\text{N/mm}^2$$

Hubspannung nach Formel 14.52:

$$\sigma_{qh} = \sigma_{q2} - \sigma_{q1} = \left(855 - 171\right)\text{N/mm}^2 = 684\,\text{N/mm}^2$$

Zulässige Hubspannung nach Formel 14.53:

$$\sigma_{qh\,zul} \approx \sigma_{q0} - 0{,}22\sigma_{q1} = 900\,\text{N/mm}^2 - 0{,}22 \cdot 171\,\text{N/mm}^2 \approx 862\,\text{N/mm}^2 > \sigma_{qh} = 684\,\text{N/mm}^2$$

Nach Tabelle 14.4 ist $R_m = 1840\,\text{N/mm}^2$. Damit wird entsprechend den Angaben in Tabelle 14.22 die zulässige Oberspannung $\sigma_{q2\,zul} = 0{,}69 R_m = 0{,}69 \cdot 1840\,\text{N/mm}^2 = 1270\,\text{N/mm}^2 > \sigma_{q2} = 855\,\text{N/mm}^2$.

Die Feder genügt festigkeitsmäßig allen Anforderungen.

2. Länge L_{K0} des unbelasteten Federkörpers

Nach Formel 14.47 mit $d_{max} = 3{,}03\,\text{mm}$: $L_{K0} = n(a + d_{max}) + d_{max} = 5{,}25(1 + 3{,}03)\,\text{mm} + 3{,}03\,\text{mm} = 24{,}19\,\text{mm}$.

3. Innendurchmesser $D_{i\alpha}$ der belasteten Feder

Nach Formel 14.43 ist

$$\alpha_2 = 20{,}37 \frac{F_2 \cdot R \cdot l}{E \cdot d^4} = 20{,}37 \frac{32\,\text{N} \cdot 65\,\text{mm} \cdot 495\,\text{mm}}{206000\,\text{N/mm}^2 \cdot 3^4\,\text{mm}^4} = 1{,}257\,\text{rad} = 72°$$

Im unbelasteten Zustand ist $D_i = D - d = 30\,\text{mm} - 3\,\text{mm} = 27\,\text{mm}$. Im belasteten Zustand beträgt nach Formel 14.50

$$D_{i\alpha} = \frac{D \cdot n}{n + \alpha_2 / 2\pi} - d = \frac{30\,\text{mm} \cdot 5{,}25}{5{,}25 + 1{,}257 / 2\pi} - 3\,\text{mm} = 25{,}9\,\text{mm}$$

sodass ein Führungsdorn mit $D_d = 0{,}9 D_i = 0{,}9 \cdot 27\,\text{mm} = 24{,}3\,\text{mm}$ genügend Spiel bietet.

14.8 Stabfedern als Drehfedern

Runde Drehstabfedern (Bild 14.23) werden in Fahrzeugen als Drehschwingungsdämpfer (Bild 14.24 und Bild 14.25) oder als Drehstabilisator, zur Drehkraftmessung, in Drehmomentenschlüsseln, elastischen Wellenkupplungen und dergleichen eingesetzt. Sie federn durch Verdrehen ihres verjüngten Schaftes. Verschiedene Einspannenden zeigt Bild 14.23. Mit kerbverzahnten Enden ist eine Verstellung von Zahn zu Zahn möglich (Kerbverzahnung siehe Abschnitt 12.4).

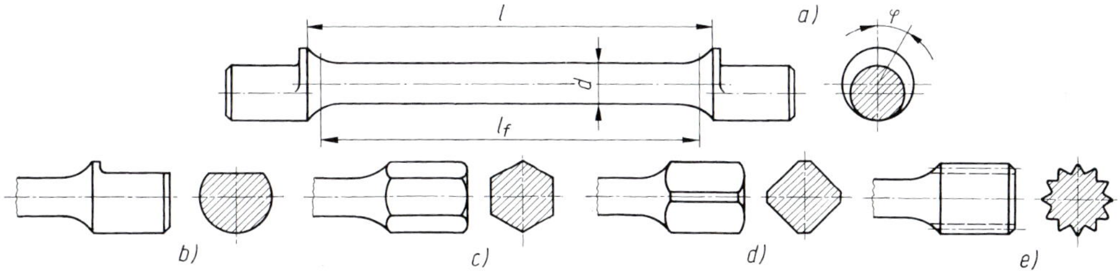

Bild 14.23 Runde Drehstabfeder mit verschiedenen Einspannenden
a) Exzenter, b) Anflächung, c) Sechskant, d) Vierkant, e) Kerbverzahnung

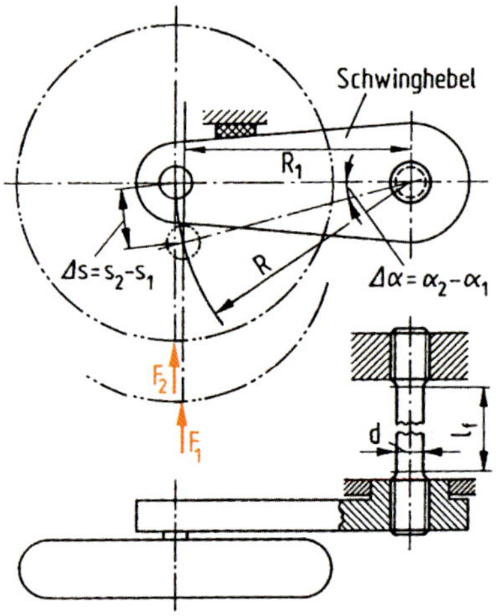

Bild 14.24 Prinzipdarstellung der Drehstabfederung eines Fahrzeugrads

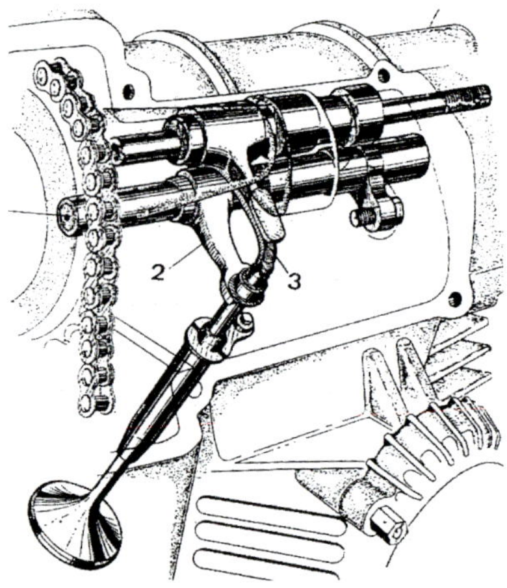

Bild 14.25 Drehstabfeder als Ventilfeder in einer Honda CB 450 (Werkbild Honda Motors)

Wegen der Kerbwirkungen an den Einspannstellen sind die Federenden verstärkt und der Übergang zum Schaft gut gerundet. Ein Nachdrücken, Kugelstrahlen oder Feinschleifen des Schaftes erhöht dessen Schwingfestigkeit.

14

Vorsetzen: Nicht wechselnd beanspruchte Drehstabfedern mit rundem Querschnitt werden häufig nach dem Vergüten vorgesetzt, d. h. über ihre Fließgrenze hinaus in Richtung der späteren Betriebsbeanspruchung verformt. Nach der anschließenden Entlastung bleiben Eigenspannungen im Stab zurück, die in den höchstbeanspruchten Randzonen den Betriebsspannungen entgegengesetzt sind. Hierdurch wird eine günstige Verteilung der Betriebsspannungen im Stabquerschnitt und eine Entlastung der Randzone erreicht. Da vorgesetzte Drehstäbe nur in ihrer Vorsetzrichtung beansprucht werden dürfen, muss die Vorsetzrichtung an den Stirnflächen der Köpfe kenntlich gemacht werden.

Für Näheres siehe DIN 2091.

Berechnungsgleichungen:

Schubspannung (Torsionsspannung) $$\tau = \frac{T}{W_t} = \frac{16T}{\pi \cdot d^3} \qquad (14.54)$$

Verdrehwinkel $$\varphi = \frac{T \cdot l_f}{G \cdot I_t} = \frac{32T \cdot l_f}{G \cdot \pi \cdot d^4} \qquad (14.55)$$

Federsteifigkeit $$c_t = \frac{T}{\varphi} = \frac{G \cdot \pi \cdot d^4}{32 l_f} \qquad (14.56)$$

τ	in N/mm^2	Torsionsspannung im Schaftquerschnitt,
T	in Nmm	Federtorsionsmoment = Belastungsmoment $= F \cdot R$
W_t	in mm^3	Drillwiderstandsmoment des Schaftquerschnitts $= \pi \cdot d^3 / 16$,
d	in mm	Schaftdurchmesser,
l_f	in mm	federnde Länge des Federschafts (siehe Bild 14.23), genauere Angaben sind in DIN 2091 zu finden,
G	in N/mm^2	Schubmodul des Federwerkstoffs $\approx 75500\,\text{N/mm}^2$ für Federstahl nach DIN EN 10089, für andere Werkstoffe Tabelle 14.9,
I_t	in mm^4	polares Flächenmoment 2. Grades des Schaftquerschnitts $\approx \pi \cdot d^4 / 32$,
c_t	in Nmm/rad	Drehfedersteifigkeit,
φ	in rad	Federdrehwinkel.

Formel 14.55 wurde bereits in Abschnitt 14.5 nach Formel 14.21 hergeleitet.

Zulässige Beanspruchungen:

1. **bei statischer Belastung**

   Bei Werkstoffen nach DIN EN 10089 (Tabelle 14.1) gelten für τ_{zul} die Angaben im oberen Teil Tabelle 14.23.DiedurchVergütenerreichteZugfestigkeitbeträgt $R_m = 1600$ bis $1800\,N/mm^2$.

2. **bei dynamischer Belastung**

   Wie bei den bisher behandelten Federn darf die

Hubspannung $\tau_h = \tau_2 - \tau_1$ (14.57)

die Hubfestigkeit τ_H nicht überschreiten. Für geschliffene und kugelgestrahlte sowie vorgesetzte Drehstabfedern sind in DIN 2091 Zeit- und Dauerfestigkeitsschaubilder abgedruckt. Auch für diese ergibt sich eine einfache Gleichung:

Hubfestigkeit $\tau_H \approx \tau_F - 0{,}3\tau_U$ (14.58)

τ_F in N/mm^2 Hubfestigkeit bei $\tau_U = 0$ nach Tabelle 14.23,
τ_U in N/mm^2 Unterspannung der Schwingfestigkeit $= \tau_1$ des Schwingspiels.

Außerdem darf die Oberspannung τ_2 des Schwingspiels bei vorgesetzten Federn $\tau_{2zul} = 1020\,N/mm^2$ nicht überschreiten.

Beispiel 14.15

Welche Federsteifigkeit besitzt eine Drehstabfeder von $d = 25\,mm$ und $l_f = 300\,mm$ aus 51CrV4? Bis auf welches Torsionsmoment T darf sie gespannt und ruhend belastet werden, und wie groß ist hierbei der Federdrehwinkel φ? Die Feder ist nicht vorgesetzt.

Lösung:

1. Federsteifigkeit c_t

Mit $G \approx 78\,500\,N/mm^2$ wird nach Formel 14.56:

$$c_t \approx \frac{G \cdot \pi \cdot d^4}{32 l_f} = \frac{78500\,N/mm^2 \cdot \pi \cdot 25^4\,mm^4}{32 \cdot 300\,mm} \approx 10{,}03 \cdot 10^6\,Nmm/rad$$
$$= 10030\,Nm/rad$$

2. Zulässiges Torsionsmoment T

Mit $\tau_{zul} = 700\,N/mm^2$ (Tabelle 14.23) ergibt sich aus Formel 14.54:

$$T = \frac{\tau_{zul} \cdot \pi \cdot d^3}{16} = \frac{700\,N/mm^2 \cdot \pi \cdot 25^3\,mm^3}{16} \approx 2{,}148 \cdot 10^6\,Nmm = 2148\,Nm$$

3. Federdrehwinkel φ

Aus Formel 14.56:

$$\varphi = \frac{T}{c_t} = \frac{2148\,Nm}{10030\,Nm/rad} = 0{,}214\,rad \approx 12{,}3°$$

■

Beispiel 14.16

Eine Drehstabfeder soll als Schwingfeder ständig zwischen $T_1 = 3000\,\text{Nm}$ und $T_2 = 9000\,\text{Nm}$ belastet werden. Stabdurchmesser $d = 40\,\text{mm}$, federnde Länge $l_f = 1000\,\text{mm}$, Werkstoff 51CrV4, geschliffen und kugelgestrahlt, vorgesetzt. Ist die Beanspruchung als Dauerbeanspruchung zulässig? Wie groß ist der größte Verdrehwinkel φ_2?

Lösung:
1. Festigkeitsberechnung

Nach Formel 14.54 beträgt:

$$\tau_1 = \frac{16T_1}{\pi \cdot d^3} = \frac{16 \cdot 3 \cdot 10^6\,\text{Nmm}}{\pi \cdot 40^3\,\text{mm}^3} = 239\,\text{N/mm}^2$$

Damit wird $\tau_2 = \tau_1 \cdot T_2 / T_1 = 239\,\text{N/mm}^2 \cdot 9000 / 3000 = 717\,\text{N/mm}^2$.

Hubspannung nach Formel 14.57: $\tau_h = \tau_2 - \tau_1 = (717 - 239)\,\text{N/mm}^2 = 478\,\text{N/mm}^2$.

Hubfestigkeit nach Formel 14.58 mit $\tau_F = 660\,\text{N/mm}^2$ aus Tabelle 14.23:

$$\tau_H = \tau_F - 0{,}3\tau_U = 660\,\text{N/mm}^2 - 0{,}3 \cdot 239\,\text{N/mm}^2 \approx 588\,\text{N/mm}^2 > \tau_h = 478\,\text{N/mm}^2$$

Weiterhin ist $\tau_2 = 717\,\text{N/mm}^2 < \tau_{2\,zul} = 1020\,\text{N/mm}^2$. Die Festigkeit reicht also aus.

2. Verdrehwinkel φ_2

Mit $I_t = \pi \cdot d^4 / 32 = \pi \cdot 40^4\,\text{mm}^4 / 32 = 251327\,\text{mm}^4$ wird nach Formel 14.55:

$$\varphi_2 = \frac{T_2 \cdot l_f}{G \cdot I_t} = \frac{9 \cdot 10^6\,\text{Nmm} \cdot 1000\,\text{mm}}{78{,}5 \cdot 10^3\,\text{N/mm}^2 \cdot 251{,}327 \cdot 10^3\,\text{mm}^4} = 0{,}456\,\text{rad} \approx 26^\circ$$

Drehstabfedern werden auch aus **Flachstäben** ausgeführt oder aus mehreren, übereinander geschichteten Flachstäben (Federblättern). Ein berühmtes Beispiel dazu ist die Vorderachse des VW Käfer. Auf diese Federn wird hier jedoch nicht näher eingegangen.

14.9 Spiralfedern als Drehfedern

Spiralfedern (Bild 14.26) sind meistens nach einer Archimedischen Spirale gewundene Biegefedern, deren Windungsabstand a konstant bleibt. Sie werden aus Runddraht oder Bändern gewickelt (Federstahl, siehe Tabelle 14.1 bis Tabelle 14.4, oder Kupferlegierungen). Man verwendet sie als Arbeitsspeicher für Uhrwerke, Rücksteller der Zeiger von Messinstrumenten, Bindeglieder elastischer Kupplungen und dergleichen. Betätigt wird entweder das äußere oder das innere Ende.

Wie ersichtlich, sind die Federenden innen und außen eingespannt. Beim Betätigen ziehen sich nicht alle Windungen gleichmäßig zusammen. Die Federn sollen nicht so weit gespannt werden, dass sich die Windungen berühren, um Reibungsverluste zu vermeiden. Sie können je nach Anzahl und Abstand der Windungen bis zu mehreren Umdrehungen verdreht werden.

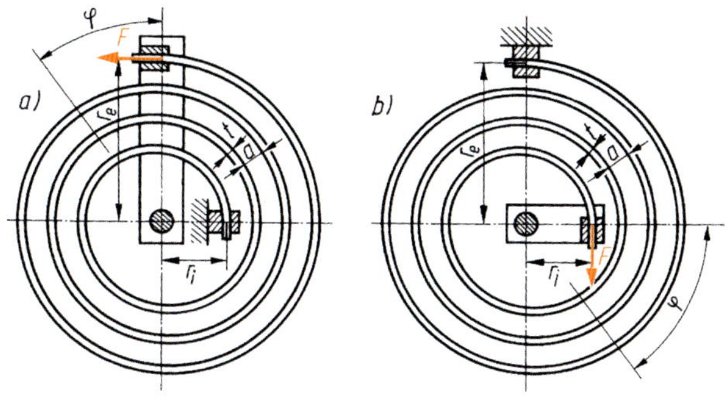

Bild 14.26
Spiralfedern
a) Außenbetätigung,
b) Innenbetätigung

Bei derart großen Drehwinkeln würde die Feder an den eingespannten Enden zusätzlich gebogen, sodass es zu Brüchen kommen kann. Deshalb ist dann eine radiale Beweglichkeit oder gelenkige Lagerung der Federenden erforderlich.

Die Windungen der Spiralfeder werden auf Biegung beansprucht.

Berechnungsgleichungen:

Drehmoment = Biegemoment $M_b = F \cdot r$ (14.59)

F	in N	Belastungskraft,
r	in mm	Wirkabstand der Kraft F zum Drehpunkt $= r_e$ bei Außenbetätigung, $= r_i$ bei Innenbetätigung.

Biegespannung $\sigma_b = \dfrac{M_b}{W_b}$ (14.60)

M_b	in Nmm	Biegemoment nach Formel 14.59,
W_b	in mm³	Widerstandsmoment des Windungsquerschnitts $= \pi \cdot d^3 / 32$ bei Runddraht, $= b \cdot t^2 / 6$ bei Flachband mit der Breite b und der Dicke t.

Verdrehwinkel $\varphi = \dfrac{M_b \cdot l}{E \cdot I}$ (14.61)

φ	in rad	Verdrehwinkel,
l	in mm	gestreckte Länge der Windungen nach Formel 14.62,
E	in N/mm²	Elastizitätsmodul des Federwerkstoffes (Tabelle 14.8 und Tabelle 14.9),
I	in mm⁴	axiales Flächenmoment 2. Grades des Windungsquerschnitts $= \pi \cdot d^4 / 64$ bei Runddraht, $= b \cdot t^3 / 12$ bei Flachband.

Gestreckte Länge der Windungen $l = \pi (r_e + r_i) n$ (14.62)

Äußerer Radius $r_e = r_i + n(t + a)$ (14.63)

r_i	in mm	innerer Radius nach Bild 14.26
n		Anzahl der Windungen (in Bild 14.26 ist n = 3,25),
t	in mm	Draht- bzw. Flachbanddicke,
a	in mm	Windungsabstand.

Bei **statischer Belastung** kann $\sigma_{zul} \approx 0{,}7 R_m$ gesetzt werden, bei **dynamischer Belastung** sind die Hubspannung σ_h nach Formel 14.52 und die zulässige Hubspannung $\sigma_{h\,zul}$ nach Formel 14.53 zu berechnen (ohne den Index q). Für Flachband aus warmgewalzten Stählen DIN EN 10089 kann $\sigma_0 \approx 500\,\text{N/mm}^2$ angenommen werden. Für Federstahldraht DIN EN 10270-1 ist $\sigma_0 \approx 670\,\text{N/mm}^2$, kugelgestrahlt $\approx 900\,\text{N/mm}^2$. Außerdem ist $\sigma_{2zul} \approx 0{,}7\,R_m$.

14

Beispiel 14.17

Eine Spiralfeder nach Bild 14.26a soll zwischen $\varphi_1 = 30°$ und $\varphi_2 = 270°$ bewegt werden. Abmessungen: Flachband 20 × 2 aus 61SiCr7 ($R_m = 1550 \text{N/mm}^2$), $n = 8{,}5$, $a = 2\text{mm}$, $r_i = 18\text{mm}$. Ist die Biegebeanspruchung zulässig? Welche Arbeit wird beim Spannen der Feder von 30° auf 270° verrichtet?

Lösung:

1. Errechnung der Drehmomente = Biegemomente

Nach Formel 14.63 beträgt der äußere Radius

$$r_e = r_i + n(t + a) = 18\text{mm} + 8{,}5(2+2)\text{mm} = 52\text{mm}$$

Somit nach Formel 14.62 die gestreckte Länge der Windungen

$$l \approx \pi(r_e + r_i)n = \pi(52+18)\text{mm} \cdot 8{,}5 = 1869\text{mm}$$

Nach Tabelle 14.9 ist $E = 206000 \text{N/mm}^2$. Das axiale Flächenmoment 2. Grades beträgt $I = b \cdot t^3 / 12 = 20\text{ mm}$. Damit wird aus Formel 14.61 mit $\varphi_2 = 270° = 4{,}712\text{rad}$:

$$M_{b2} = \frac{\varphi_2 \cdot E \cdot I}{l} = \frac{4{,}712 \cdot 206000\text{N/mm}^2 \cdot 13{,}33\text{mm}^4}{1869\text{mm}} = 6923\text{Nmm}$$

Somit ist $M_{b1} = M_{b2} \cdot \varphi_1 / \varphi_2 = 6923\text{Nmm} \cdot 30/270 = 769\text{Nmm}$.

2. Errechnung der Biegespannungen

Mit $W_b = b \cdot t^2 / 6 = 20\text{mm} \cdot 2^2\text{mm}^2 / 6 = 13{,}33\text{mm}^3$ wird

$$\sigma_2 = \frac{M_{b2}}{W_b} = \frac{6923\text{Nmm}}{13{,}33\text{mm}^3} \approx 519\text{N/mm}^2$$

und damit $\sigma_1 = \sigma_2 \cdot \varphi_1 / \varphi_2 = 519\text{N/mm}^2 \cdot 30 / 270 \approx 58\text{N/mm}^2$.

3. Kontrolle auf Zulässigkeit der Spannungen

Nach Formel 14.52 ist $\sigma_h = \sigma_2 - \sigma_1 = (519 - 58)\text{N/mm}^2 = 461\text{N/mm}^2$.

Nach Formel 14.53 ist die zulässige Hubspannung

$$\sigma_{h\,zul} = \sigma_0 - 0{,}22\sigma_1 = 500\text{N/mm}^2 - 0{,}22 \cdot 58\text{N/mm}^2 = 487\text{N/mm}^2 > \sigma_h$$

Weiterhin ist $\sigma_2 < \sigma_{2\,zul} = 0{,}7R_m = 0{,}7 \cdot 1550\text{N/mm}^2 = 1085\text{N/mm}^2$.

4. Verrichtete Arbeit zwischen 30° und 270°

Mit $\varphi_1 = 0{,}5236\text{rad}$ und $\varphi_2 = 4{,}712\text{rad}$ wird nach Formel 14.4:

$$W = \frac{M_{b2} \cdot \varphi_2}{2} - \frac{M_{b1} \cdot \varphi_1}{2} = \frac{6923\text{Nmm} \cdot 4{,}712}{2} - \frac{769\text{Nmm} \cdot 0{,}5236}{2}$$
$$= 16311\text{Nmm} - 201\text{Nmm} = 16110\text{Nmm} \approx 16{,}1\text{Nm} = 16{,}1\text{J}$$

Rollfedern (Bild 14.27) sind ebenfalls Spiralfedern. Sie arbeiten mit zwei achsparallelen Federtrommeln derart, dass das Federband von der Vorratstrommel auf die Abtriebstrommel aufgewickelt und gespannt wird. Die gespannte Feder will sich auf die Vorratstrommel zurückwickeln, sodass an der Antriebstrommel ein Rückstellmoment erzeugt wird.

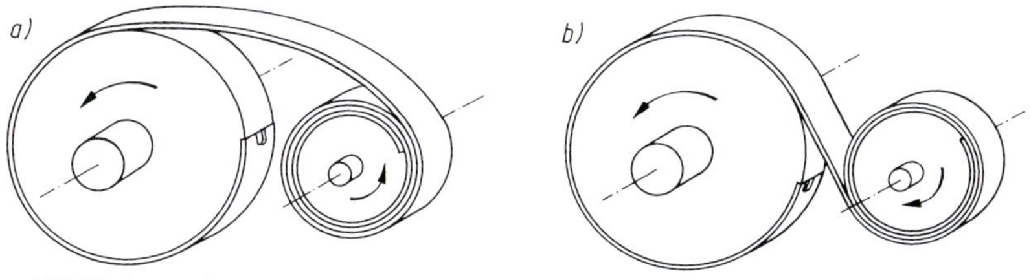

Bild 14.27 Rollfedern mit konstant bleibendem Drehmoment (aus [7])
a) Federband mit gleichsinniger Krümmung über den Federtrommeln, b) Federband mit gegensinniger Krümmung über den Federtrommeln

Derartige Rollfedern werden z. B. als selbsttätige Aufwickler von Kabeln, Sicherheitsgurten und dergleichen benutzt. Wie Bild 14.27 zeigt, werden die Rollfedern mit gleichsinniger oder mit gegensinniger Krümmung des Federbandes der beiden Trommeln ausgeführt. Bei gegenseitiger Krümmung ist das Rückstellmoment der Abtriebstrommel größer.

14.10 Blattfedern als Biegefedern

Einfache ein- und zweiarmige Blattfedern (Bild 14.28) werden beispielsweise als Andrückfedern von Schiebern, Ankern, Klinken in Gesperren, als Kontaktfedern in Schaltern und dergleichen eingesetzt. Die Dreieckfedern nach Bild 14.28b und e sind **Körper gleicher Biegebeanspruchung**, bei denen die Biegespannung in allen Querschnitten gleichhoch ist. Sie werden festigkeitsmäßig voll ausgenutzt, sind aber praktisch nicht ausführbar. Werkstoff für einfache Blattfedern: Federstähle (Tabelle 14.2) und Kupferlegierungen.

Geschichtete Blattfedern (Bild 14.29) dienen vorwiegend zur Abfederung von Straßen- und Schienenfahrzeugen. Sie setzen harte Fahrbahnstöße in lange, weiche und gedämpfte Schwingungen um. Eine geschichtete Blattfeder entsteht aus einer zweiarmigen Trapezfeder, d. h., die einzelnen, verschieden langen Federblätter werden aus einer Trapezfeder herausgeschnitten und übereinander gelegt (Bild 14.30). Die Federblätter werden aus warmgewalztem Flachstahl oder gerippten Flachstahl hergestellt und (elliptisch) gekrümmt (Querschnittsformen siehe Bild 14.31). Werkstoff: Qualitäts- oder Edelstahl (Tabelle 14.1).

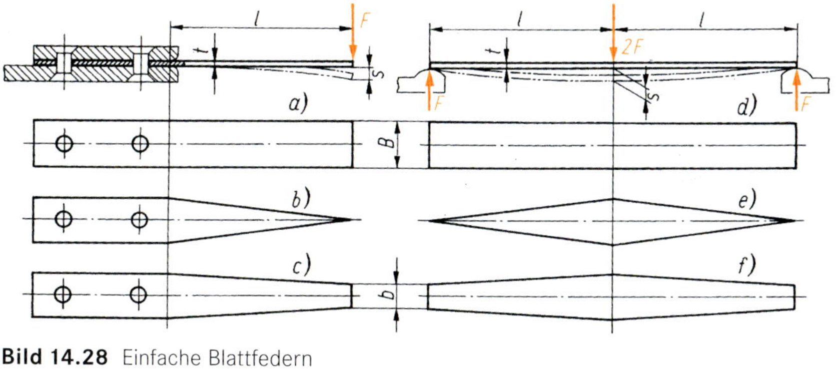

Bild 14.28 Einfache Blattfedern
a) einarmige Rechteckfeder, b) einarmige Dreieckfeder, c) einarmige Trapezfeder, d) zweiarmige Rechteckfeder, e) zweiarmige Dreieckfeder, f) zweiarmige Trapezfeder

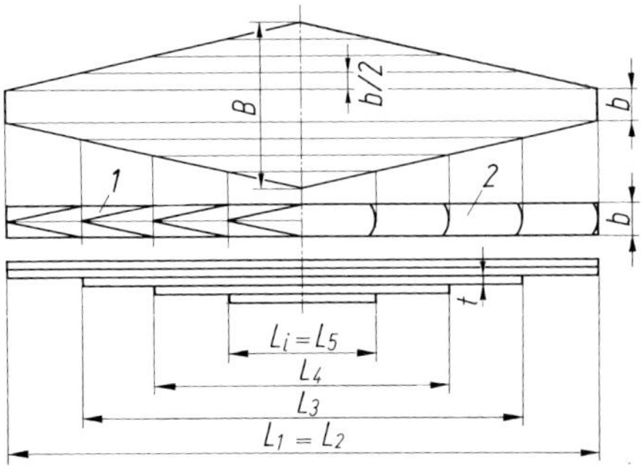

Bild 14.29
Entstehung der geschichteten Blattfeder
1 theoretische Form, 2 praktische Form

Gegen Querverschiebungen sichern entweder die Querschnittsprofile selbst (z. B. DIN 1570) oder **Federklammern** (z. B. DIN 4621). Die Blattbündel müssen zusammengehalten werden, damit die Belastungskraft sicher auf alle Blätter übertragen wird.

Aus Bild 14.29 ergibt sich, wie lang die einzelnen Blätter sein müssen. Wegen der Einspannung der Blätter in die Federmitte wird das unterste Blatt in der Regel je nach Halterung der Blätter um $a \approx 25\ldots40\,\text{mm}$ länger ausgeführt als theoretisch erforderlich wäre, d. h.

gestreckte Länge des untersten Federblattes $$L_i = \frac{L}{i-1} + a \quad (14.64)$$

14

Daraus folgt für die weiteren Blätter die

Blattlängendifferenz $$\Delta L = \frac{L - L_i}{i-2} \quad (14.65)$$

L gestreckte Länge des Hauptblattes ohne eingerollte oder angebogene Enden,
L_i gestreckte Länge des untersten Blattes,
i Anzahl der Blätter,
a Längenzugabe zum untersten Blatt $= 25\ldots40\,\text{mm}$.

Mit ΔL werden $L_3 = L_2 - \Delta L$, wobei $L_2 = L_1 = L$ ist, $L_4 = L_3 - \Delta L$, $L_5 = L_4 - \Delta L$ usw.

Biegespannung $$\sigma_b = \frac{M_b}{W_b} = \frac{F \cdot l}{W_b} \quad (14.66)$$

Federweg $$s \approx k_1 \cdot k_2 \frac{F \cdot l^3}{3E \cdot I_b} \quad (14.67)$$

Federsteifigkeit $$c = \frac{F}{s} = \frac{3E \cdot I_b}{k_1 \cdot k_2 \cdot l^3} \quad (14.68)$$

σ_b in N/mm² Biegespannung in den Blattquerschnitten der Federmitte, bei einarmigen Federn an der Einspannstelle,
M_b in Nmm Biegemoment,
F in N Belastungskraft am Federende = Federkraft,
l in mm Abstand der Kraft F vom maßgebenden Querschnitt,
W_b in mm³ Widerstandsmoment des maßgebenden Querschnitts $= B \cdot t^2 / 6$ mit t als Blattdicke und B als Gesamtbreite der Feder, bei geschichteten Blattfedern $= i \cdot b$ mit i als Anzahl der Blätter und b als Blattbreite,
s in mm Federweg der Kraft F,
k_1 Formbeiwert nach Tabelle 14.24, der die Trapezform berücksichtigt,
k_2 Federungsbeiwert $= 1$ bei einfachen Blattfedern, $\approx 0{,}75$ bei geschichteten Blattfedern, siehe unten stehende Erläuterung,
E in N/mm² Elastizitätsmodul ≈ 206 000 N/mm² für Federstahl, für andere Metalle nach Tabelle 14.9,
I_b in mm⁴ axiales Flächenmoment 2. Grades des maßgebenden Querschnitts $= B \cdot t^3 / 12$,
c in N/mm Federsteifigkeit.

Die geschichteten Blattfedern arbeiten mit Reibung zwischen den Blättern. Der Anteil der Reibung an der Belastungskraft hängt vorwiegend vom Oberflächenzustand der Blätter ab. So wurden Anteile von 5 % im geölten Neuzustand, bis 40 % im angerosteten Zustand gemessen. Des Weiteren ist in Betracht zu ziehen, dass die Federblätter gekrümmt sind, die Einspannung der Blätter und die Verlängerung des untersten Blattes nach Formel 14.64 die Feder versteifen. Die dadurch bedingte Verringerung des Federweges s wird mit dem Beiwert k_2 berücksichtigt.

Für die Festigkeitsberechnung liegen nur wenig Anhaltspunkte vor. Bei **einfachen Blattfedern** kann die zulässige Biegespannung $\sigma_{\text{b zul}}$ mit ca. 70 % von R_m bei ruhender, ca. 50 % bei schwellender und ca. 30 % bei wechselnder Belastung angenommen werden (siehe auch Tabelle 14.24, R_m = Zugfestigkeit des Federwerkstoffs).

Geschichtete Blattfedern werden schwellend beansprucht. Wegen der nicht erfassbaren Stöße und Schwingungen während des Fahrens kann die Beanspruchung nur mit der statischen Belastung durch die Gesamtlast des Fahrzeugs berechnet und bei dieser $\sigma_{\text{b zul}} \approx 0{,}5 R_\text{m}$ bei Straßenfahrzeugen, $\approx 0{,}55 R_\text{m}$ bei Schienenfahrzeugen gesetzt werden.

Für **Fahrzeugfedern** ist eine **progressive Kennlinie** erwünscht, damit das Fahrzeug nicht zu stark durchfedert und die Schwingungen gedämpft schnell zum Stillstand kommen. Zur Geräuschmilderung und Stoßdämpfung werden die Federenden meistens über Gummielemente abgestützt.

Progressive Kennlinien können durch folgende Maßnahmen erreicht werden:

1. Abstützen eines Federendes oder beider Federenden derart, dass sich beim Einfedern die wirksame Federlänge verkürzt.
2. Anordnung der Federblätter derart, dass sich beim Einfedern die Zahl der wirksamen Federblätter vergrößert.

Hierzu zeigt Bild 14.30 einige Möglichkeiten.

Um eine doppelt so große Durchfederung zu erreichen und damit eine nur halb so große Eigenfrequenz, werden mitunter auch zwei Blattbündel so zusammengebaut, dass das obere spiegelbildlich zum unteren gekrümmt ist.

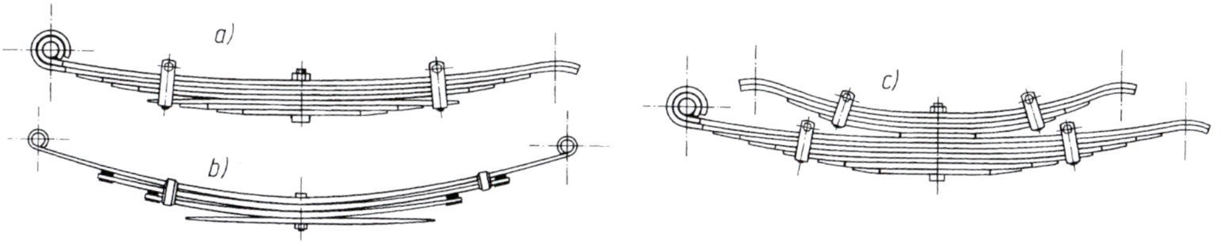

Bild 14.30 Geschichtete Blattfedern mit progressiver Kennlinie gemäß DIN 2094
a) mit Spalt, b) mit Unterfeder, c) mit Oberfeder

14.11 Ringfedern als Druckfedern

Eine **Ringfeder** besteht nach Bild 14.31 aus ineinander greifenden doppelkegeligen Innen- und Außenringen. Bei Belastung werden die Außenringe geweitet, die Innenringe eingeschnürt. Dadurch schieben sich die Ringe der Federsäule unter beträchtlicher Reibung ineinander. Die Belastungskennlinie weicht von der Entlastungskennlinie stark ab. Die hohe Reibarbeit macht die Ringfeder als Stoßdämpfer geeignet, insbesondere als Pufferfeder im Eisenbahnwesen.

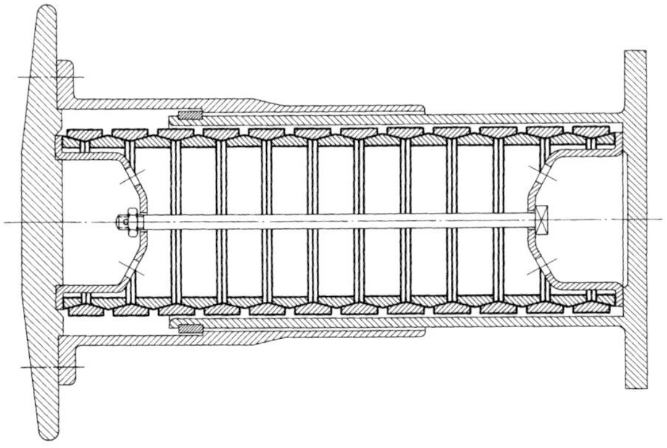

Bild 14.31
Eisenbahnpuffer mit eingebauter Ringfeder

Bild 14.32 zeigt die Verhältnisse, dabei ist W_D die Dämpfungsarbeit. Nimmt man α für den halben Kegelwinkel an und sei F die (axiale) Federkraft, dann ist die Radialkraft F_r

$$F_r = \frac{F}{\tan(\alpha + \varrho)}$$

mit $\varrho = \arctan \mu$ „Reibwinkel". Damit wird die Rücklaufkraft F':

$$F' = F_r \cdot \tan(\alpha - \varrho) = F \frac{\tan(\alpha - \varrho)}{\tan(\alpha + \varrho)} \quad (14.69)$$

14

F	in N	(axiale) Federkraft,
α	in °	halber Kegelwinkel,
ϱ	in °	Reibwinkel = arctan μ,
μ	in °	Reibwert Stahl/Stahl.

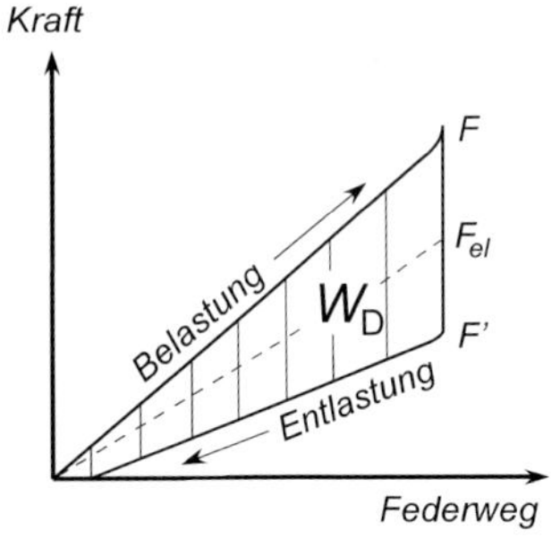

Bild 14.32 Kennlinie der Ringfeder mit F (axiale) Tragkraft, Rücklaufkraft F' und Dämpfungsarbeit W_D

Wie ersichtlich, kann die Feder nur zurückfedern, wenn keine Selbsthemmung vorhanden ist. Das ist dann der Fall, wenn der Steigungswinkel (= halber Kegelwinkel) größer als der Reibwinkel ϱ ist:

$$\alpha > \arctan \mu = \varrho$$

Diese Bedingung gilt bekanntlich auch für Bewegungsgewinde. Da beide Ringe dünn sind, können die Tangentialspannungen ganz gut mit der „Kesselformel" abgeschätzt werden mit s_i und s_a Wandstärken.

$$\sigma_{t_{\text{Innenring}}} = -\frac{p \cdot r_m}{s_i} = \sigma_{ti}$$

$$\sigma_{t_{\text{Aussenring}}} = +\frac{p \cdot r_{\text{m}}}{s_{\text{a}}} = \sigma_{\text{ta}}$$

Dabei ist r_{m} der mittlere Radius zwischen Innen- und Außenring (Bild 14.33). Der Fugendruck p ist dann

$$p = \frac{2 \cdot F_{\text{r}}}{\text{Mantelfläche}} = \frac{2 \cdot F_{\text{r}}}{2 \cdot r_{\text{m}} \cdot \pi \cdot b} = \frac{F}{r_{\text{m}} \cdot \pi \cdot b \tan(\alpha + \varrho)}$$

mit b Ringbreite. Damit werden die Tangentialspannungen

$$\sigma_{\text{ti}} = -\frac{F}{\pi \cdot b \cdot s_{\text{i}} \cdot \tan(\alpha + \varrho)}$$

$$\sigma_{\text{ta}} = +\frac{F}{\pi \cdot b \cdot s_{\text{a}} \cdot \tan(\alpha + \varrho)}$$

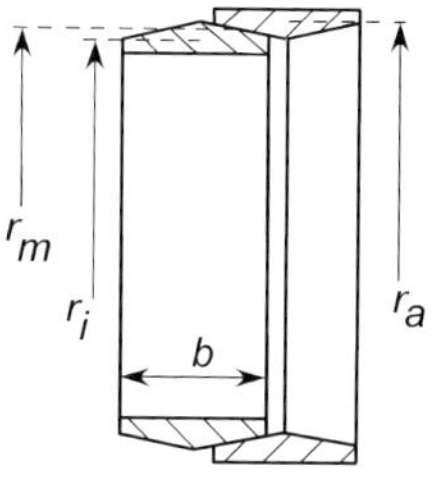

Bild 14.33
Ein Ringfederpaar

Wenn Innen- und Außenring ineinander gepresst werden, legen sie dabei durch die elastische Aufdehnung bzw. Stauchung einen Axialweg f_0 zurück. Dieser ist:

$$f_0 = \frac{\Delta r_{\text{a}}}{\tan\alpha} + \frac{\Delta r_{\text{i}}}{\tan\alpha}$$

Die Dehnung des Außenrings ist

$$\varepsilon_{\text{a}} = \frac{\Delta r_{\text{a}}}{r_{\text{a}}}$$

und für den Innenring:

$$\varepsilon_{\text{i}} = \frac{\Delta r_{\text{i}}}{r_{\text{i}}}$$

Damit wird $\Delta r_{\text{a}} = \frac{\sigma_{\text{ta}} \cdot r_{\text{a}}}{E_{\text{a}}}$ und $\Delta r_{\text{i}} = \frac{\sigma_{\text{ti}} \cdot r_{\text{i}}}{E_{\text{i}}}$. Somit ist der Federweg für ein Ringpaar

$$f_0 = \frac{\sigma_{\text{ta}} \cdot r_{\text{a}} + \sigma_{\text{ti}} \cdot r_{\text{i}}}{E \cdot \tan\alpha}$$

wenn wir für Innen- und Außenring gleiche E-Moduli unterstellen. Bei z Ringpaaren wird der

Gesamtfederweg $$f = z \cdot \frac{\sigma_{\text{ta}} \cdot r_{\text{a}} + \sigma_{\text{ti}} \cdot r_{\text{i}}}{E \cdot \tan\alpha} \quad (14.70)$$

$\sigma_{\text{ta}}, \sigma_{\text{ti}}$	in N/mm²	Tangentialspannungen am Außen- und Innenring,
$r_{\text{a}}, r_{\text{i}}$	in mm	mittlere Radien für Außen- und Innenring,
E	in N/mm²	E-Modul, für Stahl 206 000 N/mm².

Folgende Erfahrungswerte können verwendet werden: σ_{ta}, $\sigma_{ti} \approx 1000\,\text{N/mm}^2$, $\alpha \approx 15°$, $\varrho \approx 9°$ (nach Niemann).

Derartige Federn werden von der Firma RINGFEDER, Krefeld, geliefert.

14.12 Luftfedern

Luftfedern werden heute in Luxuslimousinen, Geländemotorrädern (BMW), LKW und Bussen eingesetzt, denn damit kann mit wenig Aufwand eine Niveau-Regulierung verwirklicht werden. Derartige Systeme werden u. a. von der Firma Continental angeboten, Luftfedern selbst liefern Elastogran, Phoenix, cplusw, ZFSachs (Bild 14.34). Luftfederelemente DIN 95407 dienen zur schwingungsdämpfenden Lagerung von Aggregaten.

Bild 14.34 Beispiel einer Luftfeder (Werkbild Contitech)

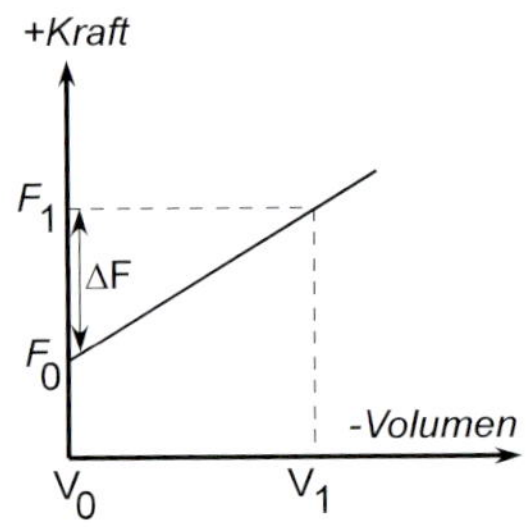

Bild 14.35 „Federkennlinie" von Luftfedern

Die Berechnung einer Luftfeder geht von den Zustandsgleichungen der Thermodynamik der Gase aus. Bei einem idealen Gas und Druckänderung bei konstanter Temperatur (isotherme Zustandsänderung) könnte man vom Boyle-Mariotteschen Gesetz $p \cdot V = \text{const.}$ ausgehen, aber bei schneller Druckänderung ohne Temperaturausgleich (adiabatische Zustandsänderung) gilt dies so nicht. Je nach Belastungsgeschwindigkeit und Wärmezufuhr liegt die Realität zwischen

Isothermer Zustandsänderung $p \cdot V = \text{const.}$

Adiabatischer Zustandsänderung $p \cdot V^{\varkappa} = \text{const.}$

Sei das Ursprungsgasvolumen der Feder V_0, der Ursprungsdruck p_0, dann gilt für das eingefederte Volumen V_1 und den sich einstellenden Druck p_1:

$$p_0 \cdot V_0^n = p_1 \cdot V_1^n$$

mit n = 1 isotherme Zustandsänderung
n = $\varkappa$ adiabatische Zustandsänderung

Damit ist

$$p_1 = p_0 \cdot \left(\frac{V_0}{V_1}\right)^n$$

und die Federkraft F_0 bei der wirksamen Kolben- bzw. Membranfläche A und dem Ursprungsdruck p_0:

$$F_0 = p_0 \cdot A$$

und Federkraft F_1:

$$F_1 = p_1 \cdot A = p_0 \left(\frac{V_0}{V_1}\right)^n \cdot A$$

Die Kraftänderung ΔF ist dann

$$\Delta F = F_1 - F_0 = p_0 \cdot A \left(\frac{V_0}{V_1}\right)^n - p_0 \cdot A$$

$$\Delta F = p_0 \cdot A \left[\left(\frac{V_0}{V_1}\right)^n - 1\right] \qquad (14.71)$$

ΔF	in N	Federkraft,
p_0	in N/mm²	Ursprungsdruck,
A	in mm²	Kolben- bzw. Membranfläche,
V_0	in mm³	Ursprungsvolumen,
V_1	in mm³	eingefedertes Volumen,
n		Polytropen-Exponent.

14

Wie wählt man den Polytropen-Exponent? Bei sehr langsamer Federbetätigung wäre $n = 1$, also isothermische Zustandsänderung. In der Praxis – gerade bei Fahrzeugen und Fahrbahnstößen – wird man jedoch eine eher adiabatische Zustandsänderung annehmen; damit ist

$$n = \varkappa \approx 1{,}4 \quad \text{für Luft}$$

Bei Luftfedern mit zylindrischem Kolben kann man setzen:

$$V_0 = A \cdot h_0$$

$$V_1 = A \cdot h_1$$

Damit ist ΔF dann:

$$\Delta F = p_0 \cdot A \left[\left(\frac{h_0}{h_1}\right)^n - 1\right]$$

Die Federsteifigkeit ist die Ableitung der Federkraft durch den Federweg, d. h. die Steigung der Federkennlinie (wobei Volumen ~ Weg):

$$c = \frac{\mathrm{d}F}{\mathrm{d}V_1} = \frac{\mathrm{d}\left\{A \cdot p_0 \left[\left(\frac{V_0}{V_1}\right)^n - 1\right]\right\}}{\mathrm{d}V_1}$$

$$= \frac{\mathrm{d}\left[A \cdot p_0 \cdot \left(V_0^n / V_1^n - 1\right)\right]}{\mathrm{d}V_1} = \frac{\mathrm{d}\left(A \cdot p_0 \cdot V_0^n \cdot V_1^{-n} - A \cdot p_0\right)}{\mathrm{d}V_1}$$

$$\frac{dF}{dV_1} = A \cdot p_0 \cdot V_0^n (-n) \cdot V_1^{-n-1}$$

$$= -\frac{n \cdot A \cdot p_0 \cdot V_0^n}{V_1^{n+1}}, \quad \text{mit} \quad p_0 = p_1 \left(\frac{V_1}{V_0} \right)^n$$

ist $\frac{dF}{dV_1} = -\frac{n \cdot A \cdot p_1 \cdot V_1^n \cdot V_0^n}{V_1^{n+1} \cdot V_0^n} = -\frac{n \cdot A \cdot p_1}{V_1}$

Das ist die Federsteifigkeit, volumenbezogen:

$$c_{V_1} = \frac{dF}{dV_1} = -\frac{n \cdot A \cdot p_1}{V_1} \qquad (14.72)$$

Bei zylindrischen Kolben ist der Federweg $s_1 = \frac{V_1}{A}$, sodass die wegbezogene Federsteifigkeit c_{s1} ist:

$$c_{s1} = \frac{dF}{ds_1} = -\frac{n \cdot A^2 \cdot p_1}{V_1} \qquad (14.73)$$

A	in mm^2	Kolben- bzw. Membranfläche,
n	-	Polytropenexponent: quasistatische Belastung: $n = 1$, schwingende Belastung: $n = 1{,}4$ bei Luft,
p_1	in N/mm^2	Druck, eingefedert,
V_1	in mm^3	Volumen, eingefedert.

14

Die Federarbeit der Luftfeder erhält man, wenn man den Druck über das Volumen integriert. So entsteht für schwingende Belastung:

$$W = -\frac{p_0 \cdot V_0}{n-1} \left[\left(\frac{V_1}{V_0} \right)^{1-n} - 1 \right]$$

Im Übrigen sei auf die herstellerspezifischen Tabellen und Berechnungsverfahren hingewiesen.

14.13 Weitere Metallfedern

Bei beengten Raumverhältnissen werden Druckfedern auch aus **Flachstahl** nach Bild 14.36 hergestellt. Die Berechnung ist mit DIN 2090 genormt. Seltener kommen **kegelige Druckfedern** nach Bild 14.37 vor, die gekrümmte Kennlinien besitzen. Der besondere Vorteil der Ausführungen c und d liegt in ihrer Zusammendrückbarkeit bis auf eine Drahtdicke d bzw. Drahthöhe a.

Bemerkenswert ist die einteilige **Schraubentellerfeder** nach Bild 14.38. Diese einer Tellerfedersäule ähnliche Feder besteht aus zwei gleichen, ineinander geschraubten Schraubendruckfedern mit tellerfederähnlichem Querschnitt aus Bandstahl. Sie hat gegenüber einer Tellerfedersäule beachtliche Vorteile: Einteiliges Bauelement, kein Zerfall in Einzelteller, dadurch leichte Montage, keine fehlerhafte Diagrammbeeinflussung durch falsche Schichtung, geringe Bruchgefahr, da Herstellung aus Bandmaterial mit nicht unterbrochenem Faserverlauf, hohe Betriebssicherheit, keine Dorn- und Hülsenreibung, da bei entsprechender Federsteifigkeit eine durchgehende Federführung entfällt. Diese Federart hat sich u.a. bewährt in Werkzeugspannvorrichtungen, als Federkraftspeicher für Seilklemmen von Skiliften und Umlaufbahnen sowie zur Drehmomentdämpfung in Motorradgetrieben. Eine Schraubentellerfeder kann auch mit Windungsabstand gewickelt werden, sodass sie anfangs die Kennlinie einer Schraubendruckfeder aufweist und erst bei Berührung der Windungen die von Tellerfedern. Dadurch entsteht eine Kennlinie mit geknicktem Verlauf. Bei Bedarf sind Federkombinationen aus verschiedenen Federarten möglich, z.B. mit Runddraht-, Flachdraht- und/oder Schraubentellerfedern. Derartige Federn liefert die Firma Röhrs.

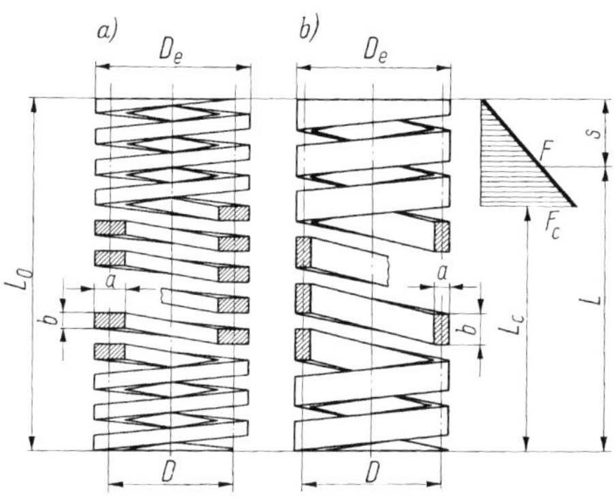

Bild 14.36 Zylindrische Schraubendruckfedern aus Flachstahl nach DIN 2090
a) hochkant gewickelt, b) flachkant gewickelt

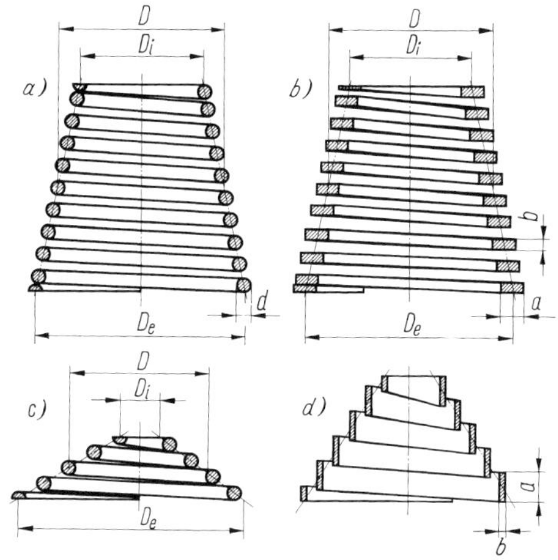

Bild 14.37 Kegelfedern
a) aus Runddraht, b) aus Flachstahl, c) aus Runddraht, Windungen ineinander schiebbar, d) aus Flachstahl, Windungen ineinander schiebbar

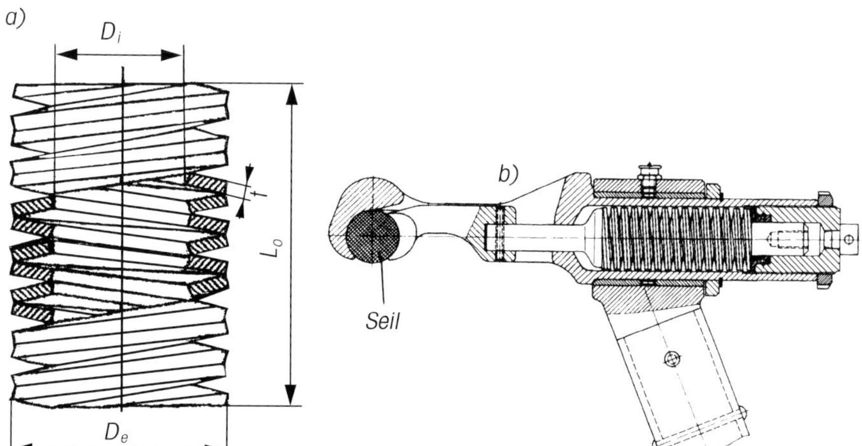

Bild 14.38 Schraubentellerfeder (Werkbild Röhrs)
a) Federkörper, b) Einsatz in einer Seilklemme für Skilifte und Umlaufbahnen

Eine Besonderheit stellen die **Schraubendruckfedern mit inkonstantem Draht- bzw. Stabdurchmesser** dar (Bild 14.39), die eine progressive Kennlinie besitzen. Sie werden als zylindrische Federn und auch als Kegelfedern ausgeführt. Die letzten lassen sich bis auf die Drahtdicke d_{max} zusammendrücken.

Geschlitzte Tellerfedern (Bild 14.40) haben ein weites Anwendungsgebiet gefunden. Ihr Vorteil besteht darin, dass ihre Kennlinie einen waagerechten oder sogar abfallenden Teil besitzt, also auf diesem Teil des Federweges während des Durchfederns keine Kraftzunahme erfolgt, sondern ggf. sogar ein Kraftabfall. Mit der Kraft dieser Federn ist auch die Übertragung eines Drehmoments möglich. Das Drehmoment wird von einem Innenkörper über die Zungen der Tellerfeder und am Außenrand aufgenietete Mitnehmerlaschen auf den Außenkörper übertragen. Am bekanntesten ist der Einsatz in Kraftfahrzeugkupplungen. Die Tellerfeder als Zentralfeder hat teilweise eine negative Kennlinie. Beim Ausrücken der Kupplung fällt die Druckkraft im Gegensatz zu herkömmlichen Schraubendruckfedern ab, sodass die Pedalarbeit wesentlich geringer ist. Durch Verschleiß des Reibbelages lässt der Federdruck nicht nach, sondern steigt sogar an, sodass ein Nachstellen des Reibbelages nicht erforderlich ist.

Eine analytische Berechnung der beschriebenen Druckfedern mit inkonstantem Drahtdurchmesser, der geschlitzten Tellerfedern und aller Sonderfedern mit komplizierten Formen, wie z. B. der Schleifkontaktarme in Drehwählern wäre außerordentlich schwierig. Deshalb ist man auf Versuche oder FE-Rechnungen angewiesen. Die Federhersteller geben die entsprechenden Kennlinien an. Sie sind auch bei der Berechnung von Federn und der Lösung von Federungsproblemen behilflich. Von verschiedenen Herstellern werden Berechnungsprogramme für Federn angeboten.

Mit DIN ISO 2162-1 ist die symbolische Darstellung von Metallfedern genormt.

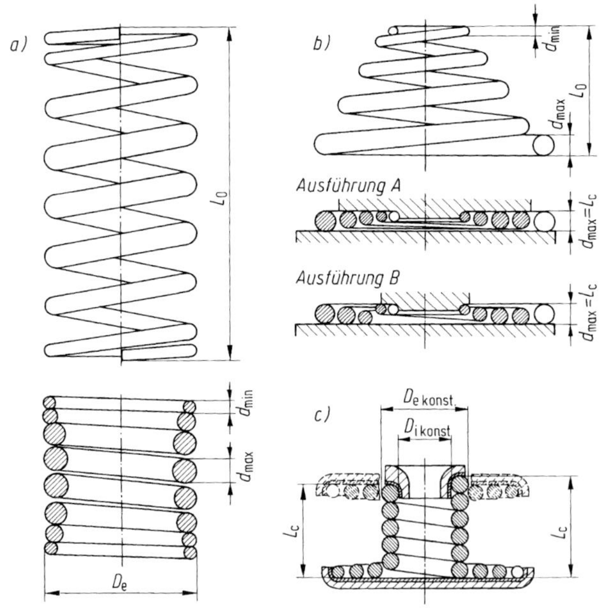

Bild 14.39 Schraubendruckfedern mit inkonstantem Druck- bzw. Stabdurchmesser (Werkbild Ahle Federn)
a) zylindrische Schraubendruckfeder, b) kegelige Schraubendruckfeder, c) doppelkegelige Schraubendruckfeder mit zylindrischem Teil

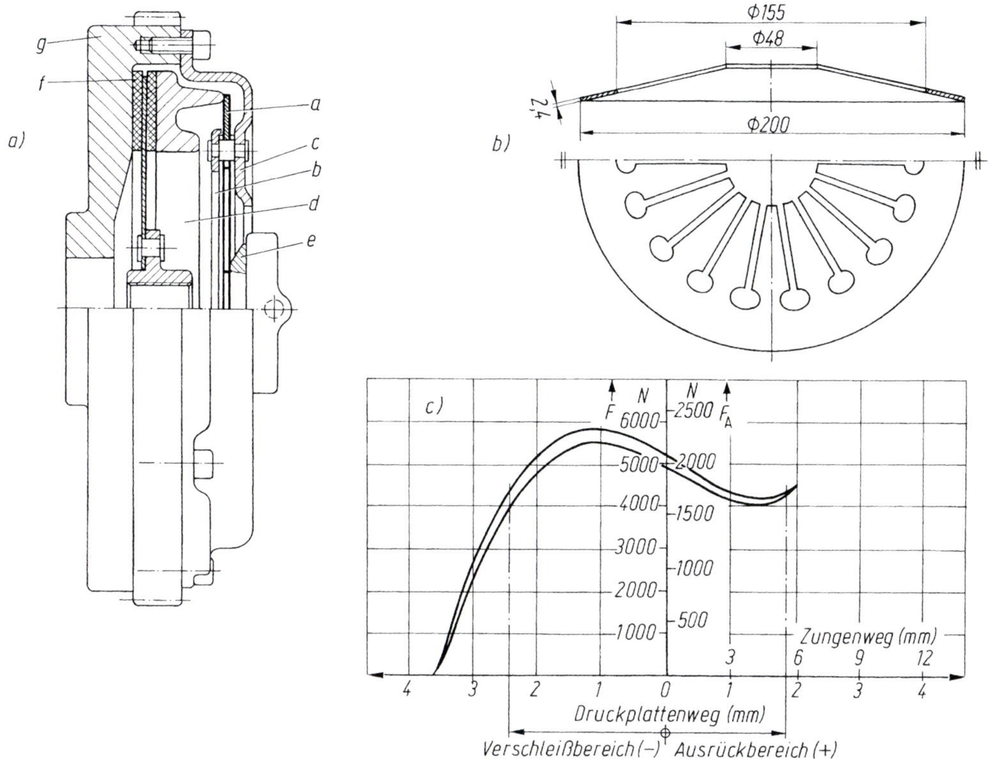

Bild 14.40 Kraftfahrzeugkupplung (Werkbild Häussermann Lamellen)
a) Kupplungsaufbau, b) zentrale Tellerfeder, c) Federkennlinie; a Tellerfeder, b Grundplatte, c Kupplungsdeckel, d Druckplatte, e Druckstück, f Kupplungsscheibe, g Schwungscheibe; F = Anpresskraft, F_A = Ausrückkraft

14.14 Gummifedern

Gummifedern werden vorwiegend zur Dämpfung von Schwingungen und Stößen verwendet, z. B. als Fundamentfedern oder Bindeglieder elastischer Kupplungen. Der in Metallplatten oder -hülsen vulkanisierte Gummi, der unter verschiedenen Handelsnamen bekannt ist, wie Schwingmetall (ContiTech, Hannover), Metallgummi (Phönix-Gummiwerk AG, Hamburg-Harburg), Metalastik (Carl Freudenberg, Weinheim/Bergstr.), kann auf Druck oder Schub beansprucht werden. Einige Ausführungen zeigt Bild 14.41.

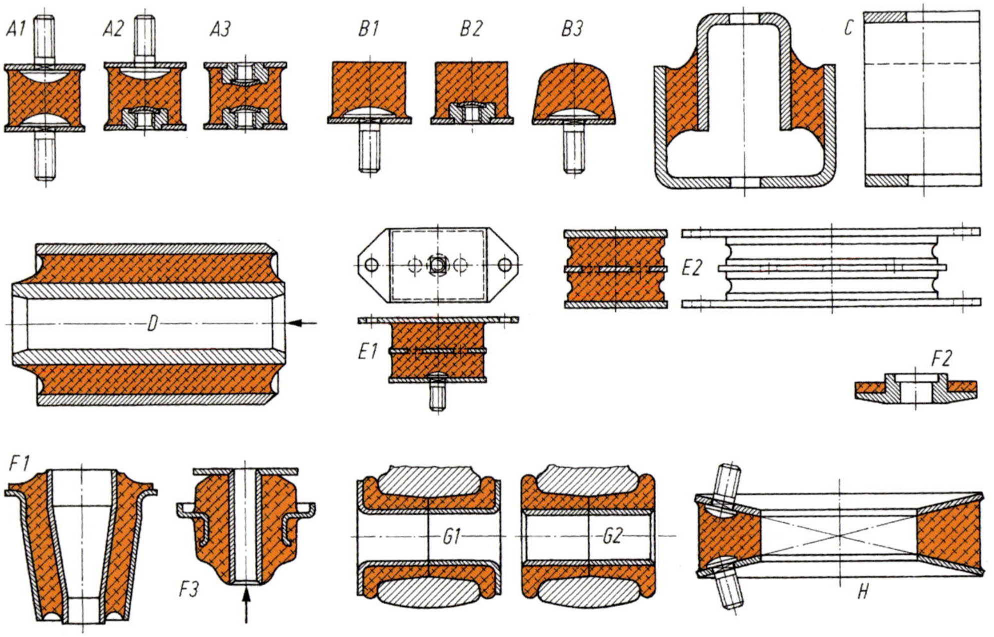

Bild 14.41 Metalastic-Federn (Werkbild Freudenberg)
A Rundlager, B Puffer, C Doppel-U-Lager, D Ultrabuchse, E Flachlager, F Metacone-Lager, G Kegel-Flansch-Buchse, H Elastik-Kupplung

14

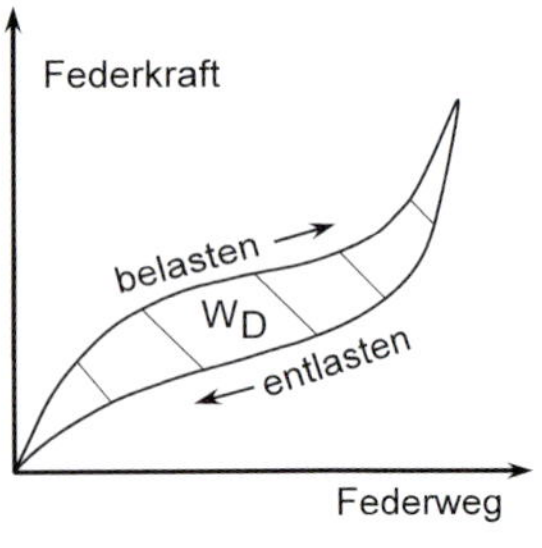

Bild 14.42 Federkennlinie für Elastomer- und Kautschukfedern

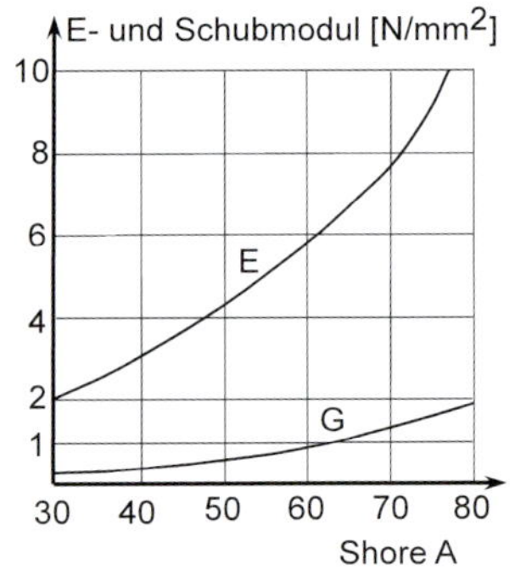

Bild 14.43 Elastizitätsmodul E und Schubmodul G von Gummi

Gummi ist inkompressibel. Er kann seine Gestalt, nicht aber sein Volumen ändern. Bei allseitigem Einschluss würde er seine elastischen Eigenschaften verlieren. Als Werkstoff dienen **Elastomere** und **Kautschuk**. **Vulkanisation** ist ein Verfahren, bei dem der Kautschuk durch Änderung seiner chemischen Struktur z.B. durch Vernetzung in einen Zustand übergeführt wird, der ihm elastische Eigenschaften verleiht, sie wieder herstellt oder über einen breiteren Temperaturbereich ausweitet.

Gummi altert durch langandauernde Licht-, Wärme- oder Sauerstoffeinwirkungen, und zwar erhärtet Kunstgummi, während Naturgummi unter Rissbildungen erweicht. Zugbeanspruchungen beschleunigen das Altern (Zugfedern vermeiden!). Synthetischer Gummi ist gegen Wärme, Öl und Benzin weniger empfindlich als Naturgummi. Zwischen –20 °C und –70 °C gefriert Gummi, d. h. wird hart und spröde.

Der Dehnungs-Spannungsverlauf von Gummi wird nach DIN 53504 bestimmt. Beispielsweise bedeutet σ_{200} = 12 N/mm², dass sich der Werkstoff bei dieser Spannung um 200% dehnt. Die Spannung σ_{100} ist dann gleich dem Elastizitätsmodul. Dieser hängt weitgehend von der Härte des Gummis ab, die meistens in Shore A angegeben wird. Die Härteskala geht von 0 ... 100. Die für Federn in Betracht kommenden Gummisorten haben eine Härte von etwa **40 ... 70 Shore A**.

Die Shore-A-Härte entspricht nahezu der internationalen Härte IRHD nach DIN 53519. Diese wird bis 40 IRHD mit 5 mm Kugeln, darüber hinaus mit 2,5 mm Kugeln gemessen. Es kann beispielsweise 50 Shore A = 50 IRHD gesetzt werden.

Unter Druckbeanspruchung verhindern die Metallplatten der Gummifedern eine freie Querdehnung des Gummis. Aus diesem Grunde hängen die Kennlinien der Druckfedern nicht nur von der Härte des Werkstoffs, sondern weitgehend auch von der Formgebung ab. Die Form wird durch einen **Formfaktor** k_F erfasst, der das Verhältnis der krafteinleitenden Oberfläche zur freien Oberfläche darstellt (Tabelle 14.25). In Diagramm 14.14 ist der **Elastizitätsmodul** E in Abhängigkeit von Härte und Formfaktor angegeben, der allein von der Gummihärte abhängige **Schubmodul** G ist ebenfalls Diagramm 14.14 zu entnehmen.

Gummifedern haben gekrümmte Kennlinien. Bei kleinen Verformungen können diese näherungsweise als gerade angenommen werden, d. h. mit konstanter Federsteifigkeit c bzw. c_t. Bei schwingender Beanspruchung versteift sich die Feder, und ihre Kennlinie weicht von der statischen ab. Die Abweichung wird mit einem Faktor k erfasst:

dynamische Federsteifigkeit $$c_{dyn} = k \cdot c \quad \text{bzw.} \quad c_{t\,dyn} = k \cdot c_t \qquad (14.74)$$

c_{dyn}	in N/mm oder $c_{t\,dyn}$ in Nmm/rad	Federsteifigkeit bei Schwingbelastung,
c	in N/mm oder c_t in Nmm/rad	Federsteifigkeit bei statischer Belastung (Tabelle 14.25),
k	–	Korrekturfaktor (Tabelle 14.25).

Es sei hier besonders darauf hingewiesen, dass die dynamische Federsteifigkeit auch von der Frequenz der Schwingungen und von der Höhe der Beanspruchung abhängt. Bei Schwingungen bis 50 Hz können E-Modul und G-Modul bis zu 20% zunehmen, über 50 Hz sogar bis etwa 50%. Der Faktor k kann daher nur als grober Anhalt gewertet werden. Bei Elastomeren ist der Mullins-Effekt zu beachten: Bei Erstbelastung sind Festigkeit und Steifigkeit wesentlich höher als bei den darauffolgenden Lastspielen.

Die Elastomere dämpfen sehr gut, und zwar „verschlucken" sie infolge innerer Reibung bis zu 30% der eingeleiteten Energie.

In Tabelle 14.26 sind die erfahrungsgemäß zulässigen Spannungen angegeben. Die Berechnungen liefern nur annähernde Werte. Falls erforderlich, ist mit dem Federnhersteller Rücksprache zu nehmen.

Beispiel 14.18

Eine Drehschub-Hülsenfeder (Form DSH nach Tabelle 14.25) mit $r_e = 50\text{mm}$, $r_i = 50\text{mm}$ und $b = 30\text{mm}$ aus Gummi mit 40 Shore A soll bei schwingender Dauerbelastung mit $M = 50\text{Nm}$ verdreht werden. Ist die Beanspruchung zulässig? Ist der statische Federwinkel α zulässig? Wie groß ist die statische Federsteifigkeit c_t Wie groß sind die dynamische Federsteifigkeit $c_{t\,dyn}$ und der dynamische Drehwinkel α_{dyn}?

14

Lösung:
Nach Tabelle 14.25 ist

$$\tau_t = \frac{M}{2r^2 \cdot \pi \cdot b} = \frac{50000\,\text{Nmm}}{2 \cdot 20^2\,\text{mm}^2 \cdot \pi \cdot 30\,\text{mm}} = 0{,}663\,\text{N/mm}^2$$

Nach Tabelle 14.26 ist $\tau_{zul} \approx 1\,\text{N/mm}^2 > \tau$.

Aus Diagramm 14.14 wird $G = 0{,}43\,\text{N/mm}^2$ entnommen. Damit wird nach Tabelle 14.25

$$\alpha = \frac{M}{4\pi \cdot b \cdot G}\left(\frac{1}{r_i^2} - \frac{1}{r_e^2}\right) = \frac{50000\,\text{Nmm}}{4\pi \cdot 30\,\text{mm} \cdot 0{,}43\,\text{N/mm}^2}\left(\frac{1}{20^2} - \frac{1}{50^2}\right)\frac{1}{\text{mm}^2}$$

$$= 0{,}648\,\text{rad} \approx 37° < \alpha_{zul} = 40°$$

Federsteifigkeit nach Formel 14.2:

$$c_t = \frac{M_t}{\alpha} = \frac{50\,\text{Nm}}{0{,}648\,\text{rad}} = 77{,}2\,\text{Nm/rad} = 1{,}35\,\text{Nm/°}$$

Nach Formel 14.74 wird mit $k \approx 1{,}15$ (Tabelle 14.25):

$$c_{t\,dyn} = k \cdot c_t = 1{,}15 \cdot 1{,}35\,\text{Nm/°} = 1{,}55\,\text{Nm/°}$$

wird und damit der Drehwinkel

$$\alpha_{dyn} = \frac{M_t}{c_{t\,dyn}} = \frac{50\,\text{Nm}}{1{,}55\,\text{Nm/°}} \approx 32{,}3°$$

14

14.15 Verständnisfragen

1. Anhand welcher Kriterien lassen sich Federn charakterisieren?
2. Zeichnen Sie jeweils eine Parallelschaltung und eine Hintereinanderschaltung von Schraubendruckfedern.
3. Welche Werte addieren sich bei der Hintereinanderschaltung von Federn?
4. Wovon hängt die Federsteifigkeit von Metallfedern bei Torsionsbeanspruchung ab?
5. In welches Fertigungselement müssen Federausführungen mit unbearbeitet bleibenden Enden in Großserienproduktion eingelegt werden?
6. Welche Länge hat eine Druckfeder im vollständig zusammengedrückten Zustand?
7. Wie sollten Tellerfedersäulen geführt werden?
8. Skizzieren Sie die Kennlinie einer Tellerfedersäule mit Tellerpaketen.
9. Welcher Wert ergibt sich aus der Differenz zwischen der Oberspannung der Dauerfestigkeit und der Unterspannung der Dauerfestigkeit?
10. Wodurch federn Stabfedern?
11. Wo finden geschichtete Blattfedern vorwiegend Anwendung? Welche Kennlinie wäre hierbei wünschenswert?

Literatur

[14.1] *Gross, S.:* Berechnung und Gestaltung von Metallfedern. Berlin: Springer Verlag, 1960

[14.2] *Szabó, I.:* Höhere Technische Mechanik. Berlin: Springer Verlag, 2001

[14.3] *Hagedorn, P.:* Technische Mechanik, Band 2: Festigkeitslehre. Frankfurt am Main: Deutsch, 2003

[14.4] *Niemann, G. et al.:* Maschinenelemente. Band 1. Berlin: Springer Verlag, 2005

[14.5] *Haibach, E.:* Betriebsfestigkeit. Berlin: Springer Verlag, 2002

[14.6] Dubbel Taschenbuch für den Maschinenbau. Berlin: Springer Verlag, 2007

[14.7] *Steinhilper, W.; Sauer, B.:* Konstruktionselemente des Maschinenbaus 1. Berlin: Springer Verlag, 2005

[14.8] *Meissner, M.; Schorcht, H. J.:* Metallfedern. Berlin: Springer Verlag, 2007

[14.9] *Rieg, F.; Kaczmarek, M. (Hrsg.):* Taschenbuch der Maschinenelemente. München: Fachbuchverlag Leipzig im Carl Hanser Verlag, 2006

[14.10] DIN-Taschenbuch 29. Federn 1. Berlin: Beuth, 2003

[14.11] DIN-Taschenbuch 349. Federn 2. Berlin: Beuth, 2002

DIN 2090	Zylindrische Schraubendruckfedern aus Flachstahl. Berechnung
DIN 2091	Drehstabfedern mit rundem Querschnitt; Berechnung und Konstruktion
DIN 2094	Blattfedern für Straßenfahrzeuge; Anforderungen, Prüfung
DIN 2096-1	Zylindrische Schraubendruckfedern aus runden Drähten und Stäben
DIN 2097	Zylindrische Schraubenfedern aus runden Drähten. Kaltgeformte Zugfedern
DIN EN 10132-1	Kaltband aus Stahl für eine Wärmebehandlung
DIN EN 10140	Kaltband; Grenzabmaße und Formtoleranzen
DIN EN 10151	Federband aus nichtrostendem Stahl
DIN EN 10270-1	Stahldraht für Federn. Teil 1: Patentiert-gezogener unlegierter Federstahldraht
DIN EN 12163	Kupfer- und Kupferlegierungen – Stangen zur allgemeinen Verwendung
DIN EN 12166	Kupfer- und Kupferlegierungen – Drähte zur allgemeinen Verwendung
DIN EN 13906-1	Berechnung und Konstruktion. Teil 1: Druckfedern
DIN EN 13906-3	Berechnung und Konstruktion. Teil 3: Drehfedern
DIN EN 15800	Zylindrische Schraubenfedern aus runden Drähten
DIN EN 16983	Tellerfedern; Qualitätsanforderungen, Maße
DIN EN 16984	Tellerfedern; Berechnung
DIN ISO 1629	Kautschuk und Latice
DIN ISO 2162-1	Technische Produktdokumentation – Federn

Firmenschriften und Online-Kataloge

Gutekunst Federn Metzingen (*www.gutekunst-co.com*)

Mubea, Daaden (*www.mubea-tellerfedern.de*)

RINGSPANN, Bad Homburg (*www.ringspann.de*)

Scherdel, Marktredwitz (*www.scherdel.de*)

Schnorr, Sindelfingen (*www.schnorr.de*)

Wer liefert was? Lieferanten-Suchmaschine (*www.wlw.de*)

Dr. Werner Röhrs, Sonthofen (*www.roehrs.de*)

TEIL 4
Drehbewegungs-elemente

15 Achsen und Wellen

Achsen (Bild 15.1a und b) tragen ruhende oder umlaufende Maschinenteile, wie Riemenscheiben, Zahnräder, Laufräder, Trommeln und dergleichen. Sie können stillstehen, sodass sich auf ihnen gelagerte Maschinenteile drehen, oder mit den auf ihnen sitzenden Maschinenteilen umlaufen. **Achsen** werden auf Biegung beansprucht, **übertragen aber kein Drehmoment.**

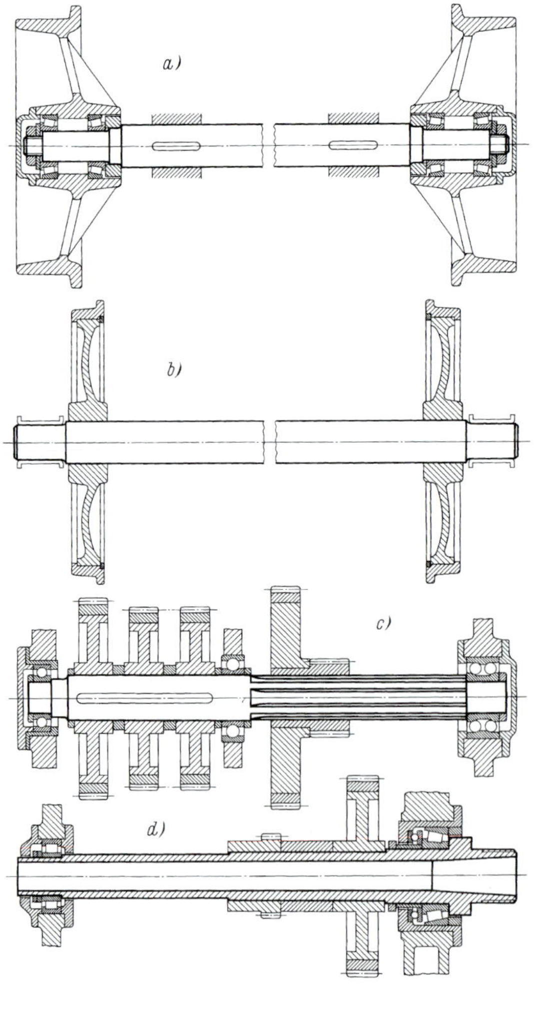

Bild 15.1
Beispiele für Achsen und Wellen
a) stillstehende Vollachse, b) umlaufende Vollachse, c) Vollwelle, d) Hohlwelle

Wellen (Bild 15.1c und d) tragen wie Achsen Maschinenteile, **laufen aber stets um und übertragen immer ein Drehmoment.** Sie werden auf Biegung und Torsion beansprucht. Wellen mit zentrischer Längsbohrung heißen **Hohlwellen** (Bild 15.1d).

15.1 Werkstoffe, Gestaltung

Im Allgemeinen werden Achsen und Wellen aus S275JR (St 44-2) oder E295 (St 50-2) und hochbeanspruchte aus E335 (St 60-2) hergestellt. Bei höheren Ansprüchen kommen auch C35E (CK 35), 28 Mn 6, 34 Cr 4, 41 Cr 4 und dergleichen infrage, im Fahrzeugbau auch 16 MnCr 5, 20 MnCr 5, 15 CrNi 6 und dergleichen. Der Einsatz legierter Stähle lohnt sich bei Wechselbiegung nur, wenn die Kerbwirkungen weitgehend ausgeschaltet sind, weil die hochfesten Stähle äußerst kerbempfindlich sind. Für die Werkstoffwahl kann auch das Korrosionsverhalten ausschlaggebend sein.

Gerade Achsen und Wellen bis etwa 150 mm Durchmesser werden meistens aus Rundstahl gedreht, geschält oder kalt gezogen, dickere oder mehrmals abgesetzte aus Schmiedeteilen spanend gefertigt. Die Zapfen und Absätze werden je nach den Anforderungen feingedreht, geschliffen, prägepoliert, gedrückt oder geläppt, höchstbeanspruchte auch oberflächengehärtet (der Kern muss zäh bleiben) und feinstbearbeitet. Achsen und Wellen aus hochfesten Stählen sind wegen des gleichen Elastizitätsmoduls nicht steifer als solche aus den allgemeinen Baustählen. Hohlwellen mit einem Bohrungsdurchmesser von $0{,}5d$ wiegen 25 % weniger als Vollwellen, besitzen aber noch rund 95 % Widerstandsmoment gegen Biegung bzw. Torsion.

15

Achsen und Wellen, die mit $n \geq 1500\ \text{min}^{-1} = 25\ \text{s}^{-1}$ umlaufen, müssen möglichst steif, starr gelagert und ausgewuchtet sein.

Zu bevorzugende Durchmesser der Achsen und Wellen gehen aus den Normzahlen DIN 323 hervor (siehe Kapitel 2).

Die zylindrischen, kegeligen oder kugeligen Umdrehungskörper an Achsen oder Wellen, die in den Lagern laufen oder ruhen, heißen **Zapfen** (Lauf- oder Ruhezapfen). Eine Übersicht bietet Bild 15.2. Kugelzapfen ermöglichen zwar eine Winkelbeweglichkeit, eignen sich wegen ungünstiger Reibverhältnisse aber weniger als Laufzapfen. Aus fertigungstechnischen oder werkstoffbedingten Gründen ist manchmal ein eingeschraubter oder eingepresster Einzelzapfen vorteilhaft, wie z. B. ein Kurbelzapfen.

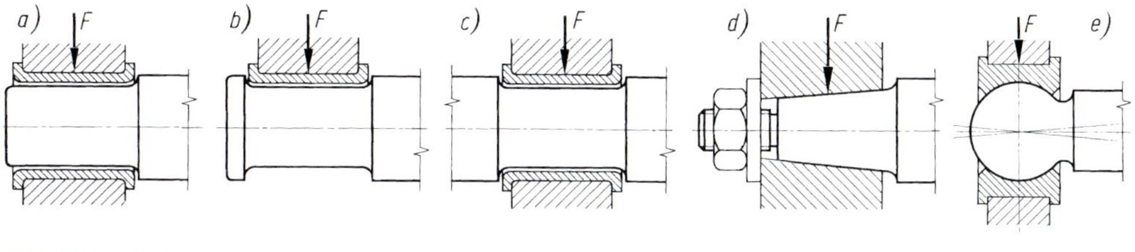

Bild 15.2 Zapfen
a) zylindrischer Lauf-Stirnzapfen, b) zylindrischer Lauf-Stirnzapfen mit Bund, c) zylindrischer Halszapfen, d) kegeliger Ruhezapfen, e) kugeliger Lauf- oder Ruhezapfen

Zur axialen Lagesicherung von Maschinenteilen dienen Absätze, Bunde, aufgesetzte Ringe (Bild 15.3) und Sicherungsringe, sogenannte „Seegerringe“ (DIN 471 und 472). Auch Distanzrohre sind ein leicht montierbares Mittel zur axialen Fixierung.

Die Wechselbiegebeanspruchung der umlaufenden Achsen und Wellen führt an allen Querschnittsübergängen, Eindrehungen, Nuten und dergleichen wegen der **Kerbwirkungen** zu einer Dauerbruchgefahr. Die Spannungsspitzen lassen sich durch verschiedene Gestaltungsmaßnahmen abbauen. In welchem Maße sich die Spannungsspitzen bemerkbar machen, veranschaulicht Bild 15.4. Spannungsspitzen bilden sich auch durch aufgesetzte Naben. Der Kraftfluss, der längs durch eine Achse oder Welle läuft, ist für die Festigkeit von ausschlaggebender Bedeutung. Aus den Beispielen in Bild 15.4 ist ersichtlich, welche Form den Kraftfluss am sanftesten umlenkt und damit die Gestaltfestigkeit (Dauerhaltbarkeit) am wenigsten senkt. Auch durch Entlastungskerben (E in Bild 15.4) lässt sich der Kraftfluss sanfter umlenken. Es empfiehlt sich, wechselbiegebeanspruchte Achsen und Wellen auf ihren Kraftfluss zu untersuchen.

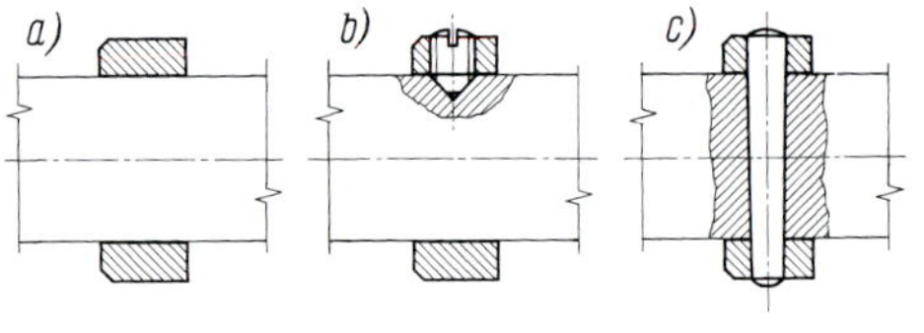

Bild 15.3 Ringe als Wellenbunde
a) Schrumpfring, b) Stellring DIN 705 mit zwei um 135° versetzten Gewindestiften,
c) Stellring DIN 705 mit Kegelstift; Achtung: b) und c) nur für untergeordnete Anwendungen

Hier sei besonders darauf hingewiesen, dass an den Enden von Nabensitzen in den Achsen oder Wellen Kerbwirkungen entstehen. Deshalb ist es wichtig, auch an den Nabenenden für eine sanfte Umlenkung des Kraftflusses zu sorgen (siehe hierzu Bild 6.14 und laufende Nr. 1 bis 4 in Tabelle 15.3).

15

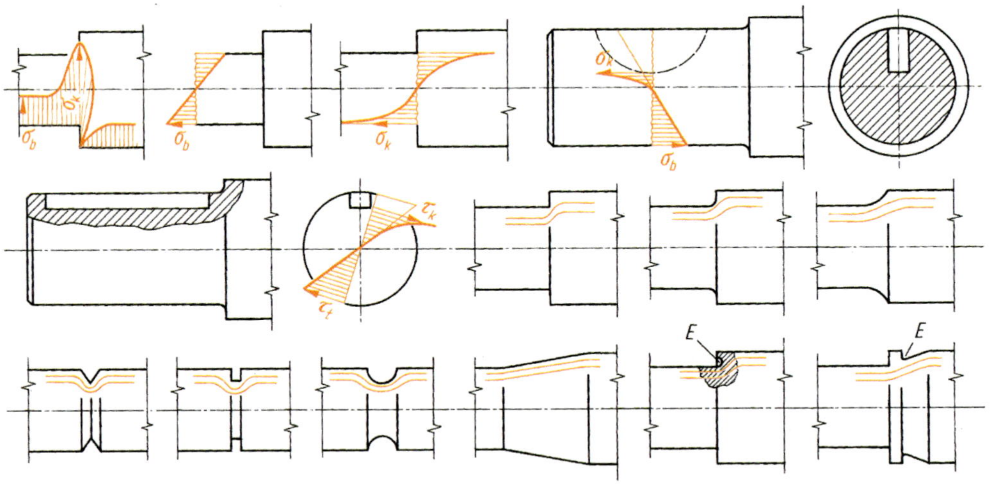

Bild 15.4 Kerbwirkungen und Kraftfluss in Achsen und Wellen (beim obersten linken Bild sind die Randspannungen σ_b und σ_k in die Zeichenebene geklappt)
σ_b, τ_t Nennspannungen; σ_k, τ_k Kerbspannungen

15.2 Biegemomente, Längskräfte und Torsionsmomente

Die meisten Achsen und Wellen sind **Träger auf zwei Stützen** (auf Gleit- oder Wälzlagern). Durch die Belastungskräfte, das sind Zahnkräfte, Riemen- oder Kettenzugkräfte und dergleichen, werden in den Lagerstellen die Stützkräfte F_A und F_B hervorgerufen. Wenn alle diese Kräfte nicht in einer Ebene wirken, werden sie in zwei senkrecht zueinander stehende Ebenen zerlegt (x- und y-Ebene). Die Biegemomente M_x und M_y in diesen beiden Ebenen werden jeweils zu einem resultierenden Biegemoment M_b geometrisch addiert: $M_b = \sqrt{M_x^2 + M_y^2}$.

Dieses erzeugt im betreffenden Querschnitt die **Biegespannung σ_b**.

Auch Längskräfte F_l können auftreten, z. B. hervorgerufen durch Axialkräfte F_a an Schrägzahn- oder Kegelrädern. Sie erzeugen in den von ihnen beanspruchten Querschnitten **Zug**- oder **Druckspannungen σ_z** bzw. **σ_d**.

Da Wellen stets ein Drehmoment übertragen, werden die betreffenden Querschnitte mit einer **Torsionsspannung τ_t** beansprucht. Das Drehmoment, das auf die Welle als Torsionsmoment T wirkt, läuft meistens nicht durch den gesamten Wellenstrang. Von einem Maschinenteil (z. B. Riemenscheibe oder Zahnrad) wird es eingeleitet, von einem anderen ausgeleitet.

Bild 15.5a zeigt als Beispiel die Zwischenwelle eines Zahnradgetriebes, auf das die **Zahnkräfte** in verschiedenen Ebenen wirken. Am jeweils getriebenen Rad (hier Rad 2) wirkt die Tangentialkraft F_t in Drehrichtung, am treibenden Rad (hier Rad 3) entgegen der Drehrichtung. Wie die Zahnkräfte F_r und F_a entstehen, ist in Abschnitt 23.1 (Zahnkräfte) erläutert. In Beispiel 15.1 sind die Berechnungsgleichungen angegeben. Die Radialkraft F_r zeigt immer zur Drehachse des betreffenden Rades, die Axialkraft F_a bei Schrägverzahnung je nach Steigungssinn der Zähne in die Richtung, in die das Gegenrad das betreffende Rad schieben will.

15

Zur Ermittlung der Biegemomente denkt man sich den Träger jeweils an einer Stelle quer durchschnitten (Bild 15.5c) und den linken oder rechten Teil stehen gelassen (den mit weniger Kräften). Nach Anbringen der Schnittkräfte und -momente am stehen gelassenen Teil (das sind die Kräfte und Momente in der Schnittfläche am linken oder rechten Schnittufer) muss der betrachtete Trägerteil im Gleichgewicht sein, sodass für ihn $\Sigma M = 0$, $\Sigma F_y = 0$ und $\Sigma F_x = 0$ gilt. Es ist darauf zu achten, dass beim Stehenlassen des linken Teiles mit dem linken Schnittufer die linksdrehenden Biegemomente auf der Schnittfläche positiv, beim Stehenlassen des rechten Teiles mit dem rechten Schnittufer die rechtsdrehenden Biegemomente auf der Schnittfläche positiv angenommen werden, da anderenfalls dieselben Biegemomente entgegengesetzte Vorzeichen erhalten würden. Bei positiven Biegemomenten liegt die Druckseite oben. Aufwärts gerichtete Kräfte werden positiv angenommen. Bei den Längskräften F_l in Achsrichtung der Welle sind Zugkräfte positiv. **Die Spannungsberechnung erfolgt nur mit den absoluten Beträgen der Schnittgrößen.**

Es ist sinnvoll, den Verlauf von Torsionsmoment T, Biegemomente M_x und M_y sowie der Längskräfte F_l über der Trägerlänge maßstäblich aufzuzeichnen, sodass die in einem bestimmten Querschnitt wirkenden Momente und Kräfte sofort überblickt und ermittelt werden können (siehe hierzu Beispiel 15.1).

Es sei noch bemerkt, dass sich in Wirklichkeit die Zahnkräfte über die gesamte Zahnbreite verteilen, also keine Punktkräfte sind. Das Torsionsmoment T nimmt in der Nabenverbindung kontinuierlich zu (siehe Bild 15.6). Wegen der angenommenen Punktkräfte ist es auch üblich, das volle Torsionsmoment von Radmitte bis Radmitte anzusetzen. Für die praktische Berechnung genügt diese vereinfachende Annahme.

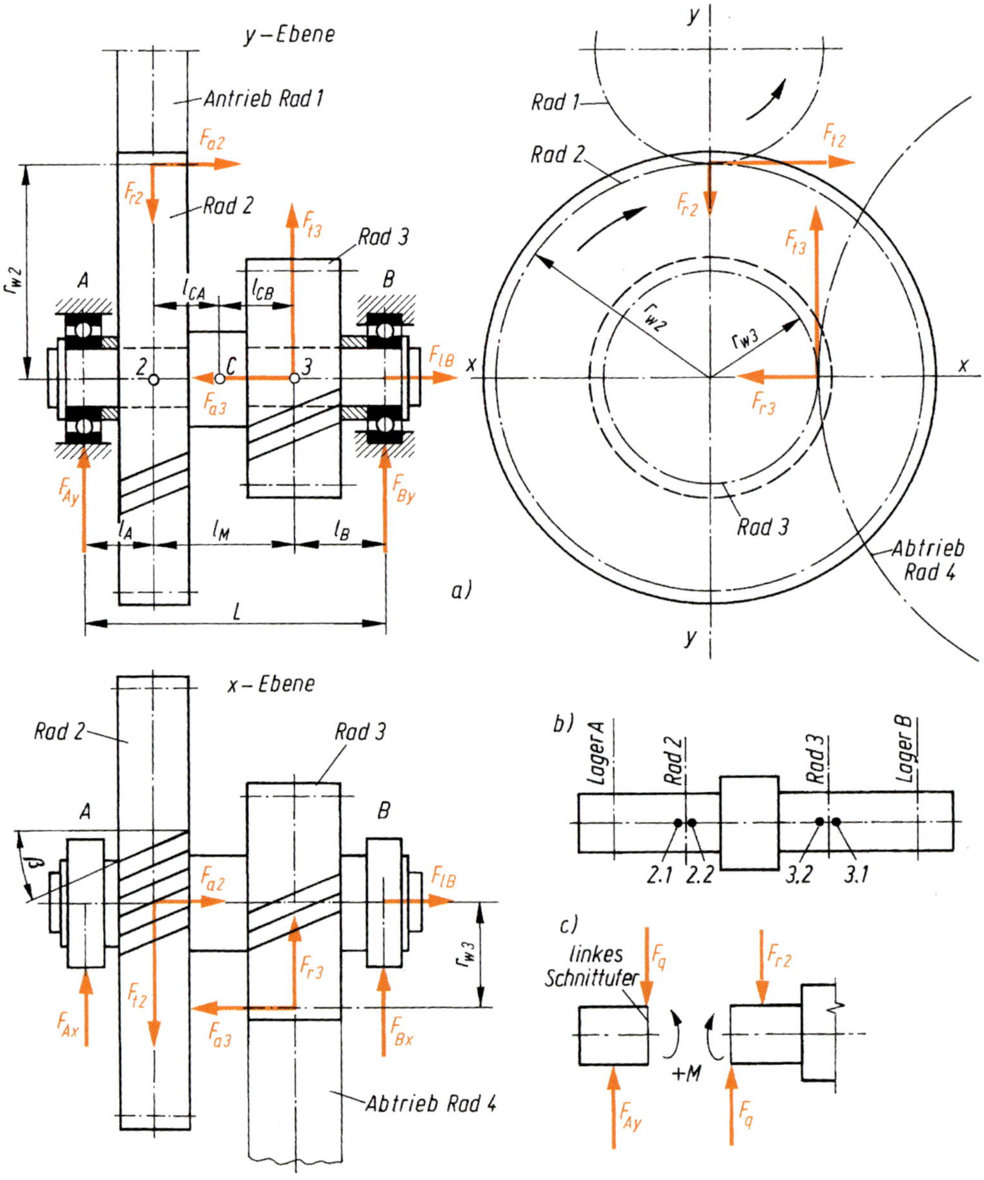

Bild 15.5 Kräfte an der Zwischenwelle eines Zahnradgetriebes
a) Getriebewelle, b) Berechnungspunkte, c) Freischneiden

Beispiel 15.1

Die in Bild 15.5 gezeigte Zwischenwelle eines Getriebes mit Schrägzahnrädern hat ein Drehmoment = Torsionsmoment $T = 320 \text{Nm}$ zu übertragen. Der Eingriffswinkel der Schrägverzahnung beträgt an beiden Rädern $\alpha_w = 21{,}9°$, der Schrägungswinkel an beiden Rädern $\beta = 25°$. α_{w2} und α_{w3} bzw. β_2 und β_3 können jeweils auch verschieden groß sein. Wälzkreisradien der Räder: $r_{w2} = 179{,}3 \text{mm}$, $r_{w3} = 88{,}2 \text{mm}$, Abstände: $l_A = 55 \text{mm}$, $l_M = 120 \text{mm}$, $l_B = 65 \text{mm}$, $l_{CA} = 60 \text{mm}$, $l_{CB} = 60 \text{mm}$, $L = 240 \text{mm}$. Es betragen jeweils:

$$\text{Tangentialkraft}\, F_t = \frac{T}{r_w} \quad \text{Radialkraft}\, F_r = F_t \cdot \tan\alpha_w \quad \text{Axialkraft}\, F_a = F_t \cdot \tan\beta$$

Es sind alle Kräfte und alle Biegemomente zu errechnen, die zur Aufzeichnung des gesamten Biegemomentenverlaufs und der Längskräfte erforderlich sind.

Hinweis: Die Punkte 2 und 3 wurden jeweils unterteilt in 2.1 und 2.2 bzw. 3.1 und 3.2, wenn die Axialkräfte F_{a2} und F_{a3} gerade noch zu den Teilpunkten 2.2 und 3.2 wirken, nicht aber mehr zu den Teilpunkten 2.1 und 3.1. Man muss sich die Teilpunkte jeweils unmittelbar nebeneinander ohne definierbaren Abstand vorstellen (siehe hierzu Bild 15.5b).

Lösung:

1. Tangentialkräfte F_{t2} und F_{t3}

$$F_{t2} = \frac{T}{r_{w2}} = 32000 \text{ Ncm} / 17{,}93 \text{ cm} \approx 1785 \text{ N}$$

$$F_{t3} = \frac{T}{r_{w3}} = 32000 \text{ Ncm} / 8{,}82 \text{ cm} \approx 3630 \text{ N}$$

2. Radialkräfte F_{r2} und F_{r3}

$$F_{r2} = F_{t2} \cdot \tan\alpha_w = 1785 \text{ N} \cdot \tan 21{,}9° \approx 720 \text{ N}$$

$$F_{r3} = F_{t3} \cdot \tan\alpha_w = 3630 \text{ N} \cdot \tan 21{,}9° \approx 1460 \text{ N}$$

3. Axialkräfte F_{a2} und F_{a3}

$$F_{a2} = F_{t2} \cdot \tan\beta = 1785 \text{ N} \cdot \tan 25° \approx 830 \text{ N}$$

$$F_{a3} = F_{t3} \cdot \tan\beta = 3630 \text{ N} \cdot \tan 25° \approx 1690 \text{ N}$$

15

15

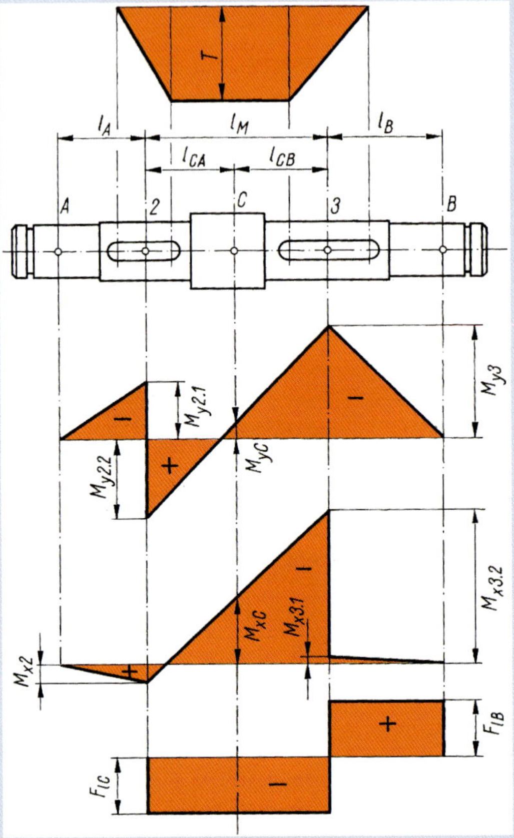

Bild 15.6
Drehmomenten-, Biegemomenten- und Längskraftverlauf an der Zwischenwelle

4. Stützkräfte F_{Ay} und F_{By}

Für die Gleichgewichtsbedingung $\Sigma M = 0$ wird B als Bezugspunkt gewählt:

$$\Sigma M_{(B)} = 0 = -F_{Ay} \cdot L + F_{r2}\left(l_M + l_B\right) - F_{a2} \cdot r_{w2} - F_{t3} \cdot l_B$$

$$F_{Ay} = \frac{F_{r2}\left(l_M + l_B\right) - F_{a2} \cdot r_{w2} - F_{t3} \cdot l_B}{L}$$

$$= \frac{720\,\text{N} \cdot 18{,}5 - 830\,\text{N} \cdot 17{,}93 - 3630\,\text{N} \cdot 6{,}5}{24}$$

$$= -1048\,\text{N}$$

Der negative Betrag weist darauf hin, dass F_{Ay} entgegen der Annahme abwärtsgerichtet ist.

$$\Sigma F_y = 0 = F_{Ay} - F_{r2} + F_{t3} + F_{By}$$

$$F_{By} = F_{r2} - F_{Ay} - F_{t3}$$

$$= 720\text{N} + 1048\text{N} - 3630\text{N} = -1862\text{N}$$

Auch F_{By} ist entgegen der Annahme abwärtsgerichtet.

5. Stützkräfte F_{Ax} und F_{Bx}

$$M_{(B)} = 0 = -F_{Ax} \cdot L + F_{t2}(l_M + l_B) - F_{a3} \cdot r_{w3} - F_{r3} \cdot l_B$$

$$F_{Ax} = \frac{F_{t2}(l_M + l_B) - F_{a3} \cdot r_{w3} - F_{r3} \cdot l_B}{L} = \frac{1785\,\text{N} \cdot 18{,}5 - 1690\,\text{N} \cdot 8{,}82 - 1460\,\text{N} \cdot 6{,}5}{24} = 359{,}4\,\text{N}$$

$$\Sigma F_x = 0 = F_{Ax} - F_{t2} + F_{r3} + F_{Bx}$$

$$F_{Bx} = F_{t2} - F_{Ax} - F_{r3} = 1785\,\text{N} - 359{,}4\,\text{N} - 1460\,\text{N} = -34{,}4\,\text{N}$$

F_{Bx} ist entgegen der Annahme abwärtsgerichtet.

6. Biegemomente in der *y*-Ebene

$$M_{y2.1} = +F_{Ay} \cdot l_A = -1048\,\text{N} \cdot 5{,}5\,\text{cm} = -5764\,\text{Ncm}$$

$$M_{y2.2} = +F_{Ay} \cdot l_A + F_{a2} \cdot r_{w2} = -1048\,\text{N} \cdot 5{,}5\,\text{cm} + 830\,\text{N} \cdot 17{,}93\,\text{cm} = +9118\,\text{Ncm}$$

$$M_{y3} = +F_{By} \cdot l_B = -1862\,\text{N} \cdot 6{,}5\,\text{cm} = -12103\,\text{Ncm}$$

$$M_{yC} = +F_{Ay}(l_A + l_{CA}) - F_{r2} \cdot l_{CA} + F_{a2} \cdot r_{w2} =$$

$$-1048\,\text{N} \cdot 11{,}5\,\text{cm} - 720\,\text{N} \cdot 6\,\text{cm} + 830\,\text{N} \cdot 17{,}93\,\text{cm} = -1490\,\text{Ncm}$$

Oder:

$$M_{yC} = +F_{By}(l_B + l_{CB}) + F_{t3} \cdot l_{CB} = -1862\,\text{N} \cdot 12{,}5\,\text{cm} + 3630\,\text{N} \cdot 6\,\text{cm} = -1495\,\text{Ncm}$$

Der geringe Unterschied in den Beträgen der beiden M_{yC} ist auf vorherige Auf- und Abrundungen zurückzuführen.

7. Biegemomente in der *x*-Ebene

$$M_{x2} = +F_{Ax} \cdot l_A = +359{,}4\,\text{N} \cdot 5{,}5\,\text{cm} = +1977\,\text{Ncm}$$

$$M_{x3.1} = +F_{Bx} \cdot l_B = -34{,}4\,\text{N} \cdot 6{,}5\,\text{cm} = -224\,\text{Ncm}$$

$$M_{x3.2} = +F_{Bx} \cdot l_B - F_{a3} \cdot r_{w3} = -34{,}4\,\text{N} \cdot 6{,}5\,\text{cm} - 1690\,\text{N} \cdot 8{,}82\,\text{cm} = -15129\,\text{Ncm}$$

$$M_{xC} = +F_{Ax}(l_A + l_{CA}) - F_{t2} \cdot l_{CA} = +359{,}4\,\text{N} \cdot 11{,}5\,\text{cm} - 1785\,\text{N} \cdot 6\,\text{cm} = -6577\,\text{Ncm}$$

Oder:

$$M_{xC} = +F_{Bx}(l_B + l_{CB}) + F_{r3} \cdot l_{CB} - F_{a3} \cdot r_{w3} =$$

$$-34{,}4\,\text{N} \cdot 12{,}5\,\text{cm} + 1460\,\text{N} \cdot 6\,\text{cm} - 1690\,\text{N} \cdot 8{,}82\,\text{cm} = -6576\,\text{Ncm}$$

Auch hier gilt das unter 6. Gesagte.

15

8. Längskräfte an den Stellen B und C

$$F_{IB} = F_{a3} - F_{a2} = 1690\,\text{N} - 830\,\text{N} = 860\,\text{N}\,(\text{Zugkraft})$$

$$F_{IC} = -F_{a2} = -830\,\text{N}\,(\text{Druckkraft})$$

9. Auswertung der Ergebnisse

In Bild 15.6 sind die Ergebnisse der vorstehenden Berechnungen maßstäblich wiedergegeben.

15.3 Überschlagsberechnung auf Torsion und Biegung

Es ist zweckmäßig, für einen torsionsbeanspruchten Wellenstrang den erforderlichen kleinsten Durchmesser nach zulässigen Erfahrungsbeanspruchungen vorauszubestimmen. Aus der Beziehung $\tau_t = T / W_t \le \tau_{t\,zul}$ ergibt sich für Vollwellen mit $W_t \approx 0{,}2d^3$ der erforderliche

Mindestdurchmesser $$d_{min} \approx \sqrt[3]{\frac{T}{0{,}2\tau_{t\,zul}}} \qquad (15.1)$$

15

d_{min} in mm erforderlicher kleinster Wellendurchmesser im torsionsbeanspruchten Wellenstrang,
T in Nmm Betriebsdrehmoment = Torsionsmoment,
$\tau_{t\,zul}$ in N/mm² zulässige Torsionsspannung nach Tabelle 15.1.

Befindet sich im betreffenden Wellenstrang eine **Passfedernut**, so braucht für diese **kein Zuschlag** zu d_{min} gemacht zu werden, da $\tau_{t\,zul}$ niedrig angesetzt ist und die Nabe des Maschinenteils die Welle versteift.

Wenn die Welle nach diesem Durchmesser entworfen wurde, empfiehlt sich eine überschlägige Kontrolle auf Biegefestigkeit nach erfahrungsmäßig zulässigen Spannungen (Tabelle 15.1), bevor sie auf Gestaltfestigkeit (Abschnitt 15.5) nachgerechnet wird. Obwohl die Werte in Tabelle 15.1 für Dicken von durchschnittlich 50 mm angegeben sind, können sie allgemein benutzt werden.

Im jeweils gefährdeten Querschnitt beträgt die

Biegespannung $$\sigma_b = \frac{M_b}{W_b} \qquad (15.2)$$

σ_b in N/mm² Biegespannung im gefährdeten Querschnitt,
M_b in Nmm Biegemoment im gefährdeten Querschnitt,
W_b in mm³ Widerstandsmoment gegen Biegung des gefährdeten Querschnitts nach Tabelle 15.2.

Auch für **Achsen** kann eine Überschlagsberechnung auf Biegung nach Formel 15.2 vorgenommen werden. Dazu müssen allerdings die Abmessungen der Achsen bekannt bzw. gefühlsmäßig angenommen worden sein. Zur Ermittlung der Achsendurchmesser bei vorgegebener zulässiger Biegespannung (Tabelle 15.1) siehe Abschnitt 15.4.

Beispiel 15.2

Die Zwischenwelle eines Zahnradgetriebes nach Beispiel 15.1 hat ein Drehmoment $T = 320\text{Nm}$ zu übertragen. Die Welle soll aus S275JR hergestellt werden. Wie groß ist der kleinste Wellendurchmesser innerhalb des torsionsbeanspruchten Wellenstranges auszuführen? Ist die Biegespannung im höchstbeanspruchten Querschnitt zulässig? Hierzu sind die in Beispiel 15.1 ermittelten Biegemomente einzusetzen (siehe Bild 15.6).

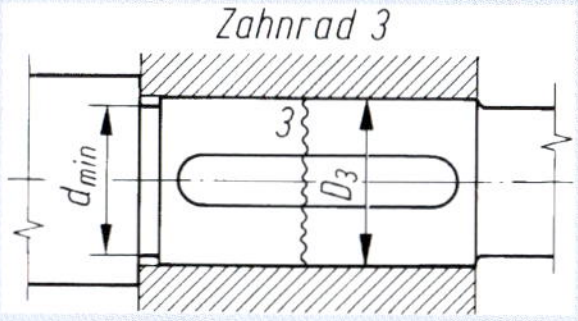

Bild 15.7
Berechnungsskizze

Lösung:

Der kleinste Wellendurchmesser im torsionsbeanspruchten Strang tritt im Bereich der Zahnradnaben auf (das volle Torsionsmoment wirkt bei Rad 2 an der rechten, bei Rad 3 an der linken Radstirn), siehe hierzu Bild 15.6. Mit $\tau_{\text{t zul}} = 22\text{N/mm}^2$ aus Tabelle 15.1 wird nach Formel 15.1 an diesen Stellen gemäß Bild 15.7:

$$d_{\text{min}} \approx \sqrt[3]{\frac{T}{0{,}2\tau_{\text{t zul}}}} = \sqrt[3]{\frac{320000\text{Nmm}}{0{,}2 \cdot 22\text{N/mm}^2}} = 41{,}7\text{mm}$$

Gewählt wird $d_{\text{min}} = 42\text{mm}$. Der Durchmesser am Nabensitz wird $D_3 = 45\text{mm}$ gewählt.

Das größte Biegemoment tritt im Querschnitt 3 (Bild 15.6) auf, in dem $M_x = M_{x3.2} = 15129\text{Ncm}$ Ncm und $M_y = M_{y3} = 12103\text{Ncm}$ Ncm wirken (siehe Beispiel 15.1). Dann beträgt das resultierende Biegemoment

$$M_{\text{b}} = \sqrt{M_x^2 + M_y^2} = \sqrt{15129^2 + 12103^2}\ \text{Ncm} = 19374\ \text{Ncm}$$

Mit $d = D_3$ ist nach Tabelle 15.2: $W_{\text{b}} \approx 0{,}1D_3^3 = 0{,}1 \cdot 4{,}5^3\text{cm}^3 = 9{,}1\text{cm}^3$. Biegespannung nach Formel 15.2:

$$\sigma_{\text{b}} = \frac{M_{\text{b}}}{W_{\text{b}}} = \frac{19374\ \text{Ncm}}{9{,}1\text{cm}^3} = 2129\ \text{N/cm}^2 \approx 21{,}3\ \text{N/mm}^2$$

Tabelle 15.1 gibt $\sigma_{\text{b zul}} = 45\text{N/mm}^2$ an, die bei Weitem nicht erreicht wird. Deshalb braucht hier die niedrige Druckspannung durch die Längskraft F_{l} nicht in Betracht gezogen zu werden.

15

15.4 Achsen und Wellen gleicher Biegebeanspruchung

Die Festigkeit eines Biegeträgers wird im Allgemeinen nur an der Stelle des größten Biegemoments ausgenutzt, während alle anderen Querschnitte ein höheres Moment aufnehmen könnten. Aus Gründen der Werkstoff- und Raumersparnis ist es mitunter besonders bei großen Achsen oder Wellen sinnvoll, diese so zu gestalten, dass alle Querschnitte gleichhoch beansprucht werden. Für einen beliebigen Querschnitt x im Abstand l_x von der Kraft F gilt entsprechend Bild 15.8 die Beziehung

Widerstandsmoment $$W_{bx} = \frac{M_{bx}}{\sigma_{bzul}} \qquad (15.3)$$

W_{bx}	in mm^3	erforderliches Widerstandsmoment des Querschnitts x,
M_{bx}	in Nmm	Biegemoment an der Stelle x,
$\sigma_{b\,zul}$	in N/mm^2	zulässige Biegespannung (Tabelle 15.1).

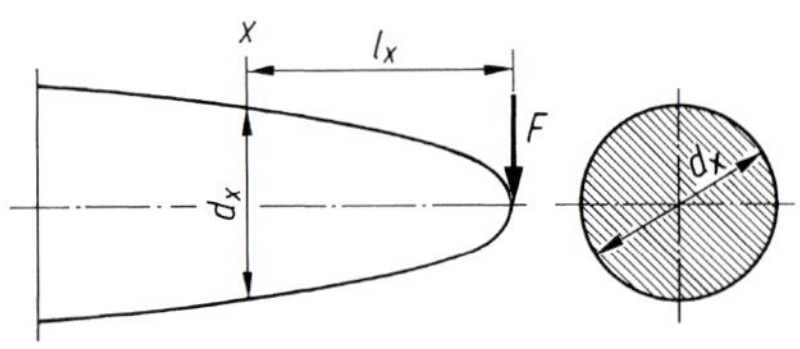

Bild 15.8
Kubische Parabel als Körper gleicher Biegebeanspruchung mit Kreisquerschnitt

15

Beim Kreisquerschnitt mit $W_{bx} \approx 0{,}1 d_x^3$ ergibt sich der

Achsen- oder Wellendurchmesser $$d_x \approx \sqrt[3]{\frac{10 M_{bx}}{\sigma_{bzul}}} = C\sqrt[3]{M_{bx}} \qquad (15.4)$$

d_x	in mm	Durchmesser an der Stelle x,
$\sigma_{b\,zul}$	in N/mm^2	zulässige Biegespannung (Tabelle 15.1),
$C = \sqrt[3]{10/\sigma_{b\,zul}}$	in $\sqrt[3]{mm^2/N}$	Berechnungskonstante,
M_{bx}	in Nmm	Biegemoment an der Stelle x.

Praktisch muss die Achse oder Welle so geformt werden, dass die sich ergebende kubische Parabel an keiner Stelle geschnitten wird (siehe hierzu Beispiel 15.3).

Beispiel 15.3

Die in Bild 15.9 dargestellte Kettenradwelle aus E335 ist als Körper gleicher Biegebeanspruchung auszubilden. Zulässige Biegespannung $\sigma_{b\,zul} = 63 N/mm^2$ (Tabelle 15.1), Kraft $F_1 = 57500 N$, Kraft $F_2 = 20000 N$. Es sind für die Querschnitte 1 ... 8 die theoretisch erforderlichen Durchmesser d_x zu errechnen.

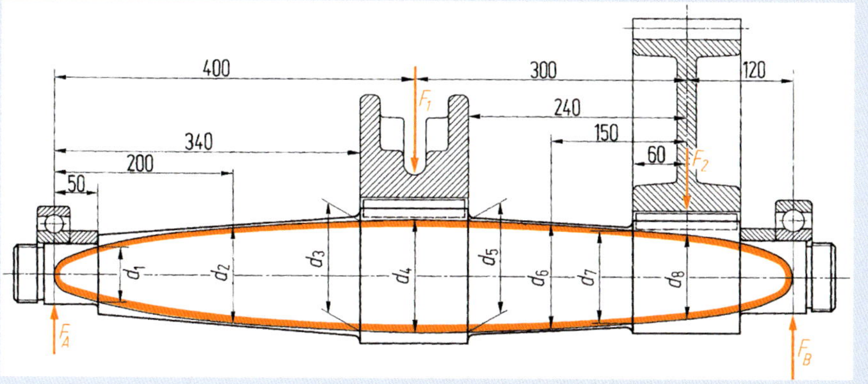

Bild 15.9 Kettenradwelle als Körper annähernd gleicher Biegebeanspruchung

Lösung:

1. Auflagerkräfte F_A und F_B

Aus den Gleichgewichtsbedingungen $\Sigma M = 0$ und $\Sigma F = 0$ folgen:

$$F_A = \frac{57500\,\text{N} \cdot 420\,\text{mm} + 20000\,\text{N} \cdot 120\,\text{mm}}{820\,\text{mm}} = 32400\,\text{N}$$

$$F_B = 57500\,\text{N} + 20000\,\text{N} - 32400\,\text{N} = 45100\,\text{N}$$

2. Biegemomente M_b

$$M_{b1} = 32400\,\text{N} \cdot 50\,\text{mm} = 1620 \cdot 10^3\,\text{Nmm}$$

$$M_{b2} = 32400\,\text{N} \cdot 200\,\text{mm} = 6480 \cdot 10^3\,\text{Nmm}$$

$$M_{b3} = 32400\,\text{N} \cdot 340\,\text{mm} = 11016 \cdot 10^3\,\text{Nmm}$$

$$M_{b4} = 32400\,\text{N} \cdot 400\,\text{mm} = 12960 \cdot 10^3\,\text{Nmm}$$

$$M_{b5} = 45100\,\text{N} \cdot 360\,\text{mm} - 20000\,\text{N} \cdot 240\,\text{mm} = 11436 \cdot 10^3\,\text{Nmm}$$

$$M_{b6} = 45100\,\text{N} \cdot 270\,\text{mm} - 20000\,\text{N} \cdot 150\,\text{mm} = 9177 \cdot 10^3\,\text{Nmm}$$

$$M_{b7} = 45100\,\text{N} \cdot 180\,\text{mm} - 20000\,\text{N} \cdot 60\,\text{mm} = 6918 \cdot 10^3\,\text{Nmm}$$

$$M_{b8} = 45100\,\text{N} \cdot 120\,\text{mm} = 5412 \cdot 10^3\,\text{Nmm}$$

3. Durchmesser $d_1 \ldots d_8$

Gemäß Formel 15.4 folgt:

$$C = \sqrt[3]{10 / \sigma_{b\,zul}} = \sqrt[3]{10 / \left(63\,\text{N/mm}^2\right)} = 0{,}5414 \sqrt[3]{\text{mm}^2/\text{N}}$$

Somit sind:

$$d_1 = 0{,}5414 \sqrt[3]{1620 \cdot 10^3}\,\text{mm} \approx 64\,\text{mm}$$

15

$$d_2 = 0{,}5414\sqrt[3]{6480 \cdot 10^3}\,\text{mm} \approx 101\,\text{mm}$$

$$d_3 = 0{,}5414\sqrt[3]{11016 \cdot 10^3}\,\text{mm} \approx 120\,\text{mm}$$

$$d_4 = 0{,}5414\sqrt[3]{12960 \cdot 10^3}\,\text{mm} \approx 127\,\text{mm}$$

$$d_5 = 0{,}5414\sqrt[3]{11436 \cdot 10^3}\,\text{mm} \approx 122\,\text{mm}$$

$$d_6 = 0{,}5414\sqrt[3]{9177 \cdot 10^3}\,\text{mm} \approx 113\,\text{mm}$$

$$d_7 = 0{,}5414\sqrt[3]{6918 \cdot 10^3}\,\text{mm} \approx 103\,\text{mm}$$

$$d_8 = 0{,}5414\sqrt[3]{5412 \cdot 10^3}\,\text{mm} \approx 95\,\text{mm}$$

■

■ 15.5 Berechnung auf Gestaltfestigkeit (Dauerhaltbarkeit)

15

Auf Gestaltfestigkeit werden die als gefährdet anzusehenden Querschnitte berechnet. Das sind die hochbeanspruchten und diejenigen, in denen Kerbwirkungen auftreten. Anhand der Konstruktion und des Verlaufes der Biegemomente kann man meistens schnell abschätzen, an welchen Stellen ein Bruch eintreten könnte. Hierbei ist in Betracht zu ziehen, dass die Naben der aufgesetzten Maschinenteile das System versteifen. Der Bruch einer Achse oder Welle innerhalb eines Nabensitzes ist deshalb unwahrscheinlich, sodass sich in der Regel die Gestaltfestigkeitsberechnung von Querschnitten innerhalb von Nabensitzen erübrigt. Die Nabenenden rufen jedoch Kerbwirkungen hervor, sodass ein Dauerbruch unmittelbar neben einer Nabe oder vor einem Nabenende nicht auszuschließen ist. Passfeder- oder Keilnuten über den Nabensitz hinaus sind deshalb nicht zweckmäßig. In einem gefährdeten Wellenquerschnitt können auftreten:

Biegespannung $$\sigma_b = \frac{M_b}{W_b} \tag{15.5}$$

Zug- oder Druckspannung $$\sigma_{z,d} = \frac{F_l}{A} \tag{15.6}$$

Torsionsspannung $$\tau_t = \frac{T}{W_t} \tag{15.7}$$

σ_b, $\sigma_{z,d}$, τ_t	in N/mm²	Normal- und Tangentialspannungen im gefährdeten Querschnitt,
M_b, T	in Nmm	größtes Biege- bzw. Torsionsmoment im gefährdeten Querschnitt unter Berücksichtigung von betriebsbedingten Stößen oder Belastungsspitzen,
F_l	in N	Längskraft im betreffenden Querschnitt,
W_b, W_t	in mm³	Widerstandsmoment des betreffenden Querschnitts gegen Biegung bzw. Torsion nach Tabelle 15.2,
A	in mm²	Querschnittsfläche.

In Achsen tritt keine Torsionsspannung τ_t auf. Wirken Biege- und Zug- oder Druckspannung in einem Querschnitt gleichzeitig, so sind sie zur größten Normalspannung arithmetisch zu addieren zur

Oberspannung $\sigma_o = \sigma_{z,d} + \sigma_b$ (15.8)

In **umlaufenden** Achsen oder Wellen **wirkt die Biegespannung** trotz stillstehender Belastungskräfte **wechselnd**, weil während jeder halben Umdrehung Biegezug- und Biegedruckspannung an einem Querschnittsrandpunkt einander abwechseln, die **Zug**- oder **Druckspannung** aber **ruhend** bleibt. In derartigen Fällen ist die ruhende Spannung $\sigma_{z,d}$ gleich der Mittelspannung σ_m des Lastspiels (Schwingspiels), der sich die wechselnde Biegespannung σ_b als Spannungsausschlag σ_a überlagert (Bild 15.10), d.h., die Normalbeanspruchung beträgt $\sigma = \sigma_m \pm \sigma_a = \sigma_{z,d} \pm \sigma_b$.

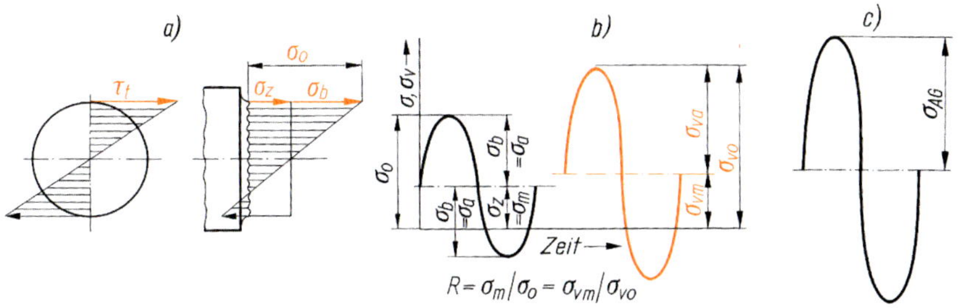

Bild 15.10 Beanspruchung eines Wellenquerschnitts bei Wechselbiegung und ruhender Zugbelastung a) Spannungsverteilung, b) Schwingspiel (Lastspiel) der Vergleichsspannung, c) Schwingspiel der Gestaltfestigkeit (σ_{AG} = Spannungsausschlag der Gestaltfestigkeit)

Bei der Berechnung von Wellen können verschiedene Wege gegangen werden:

- Anwendung relativ einfacher Verfahren (oft für die Praxis ausreichend)
- Vorgehen nach DIN 743 *Tragfähigkeitsberechnung für Achsen und Wellen* (vgl. Kapitel 15.9)
- Ermittlung der Betriebsfestigkeit nach der FKM-Richtlinie 183 (vgl. Abschnitt 1.5):

Die beiden letzten Verfahren sind nach dem neuesten Stand der Wissenschaft formuliert, allerdings nicht immer ganz einfach in ihrer Anwendung. Oft reicht es in der betrieblichen Praxis aus, einfachere Verfahren zu nutzen, bei kritischen Bauteilen muss aber unbedingt nach DIN 743 oder sogar nach der FKM-Richtlinie 183 vorgegangen werden.

Relativ einfaches Verfahren

Im Folgenden sei zunächst ein relativ einfaches Verfahren aus [15.10] dargestellt, das zwar nicht mehr den letzten Stand des Wissens darstellt, aber den Vorteil hat, dass es gerade für den Lernenden sehr durchsichtig und durchgängig ist – und mit Bedacht durchaus auch betrieblich genutzt werden kann:

Da bei Achsen und Wellen meist Biegespannungen σ_b und Torsionsspannungen τ_t, ggf. auch Zug-Druckspannungen $\sigma_{z,d}$ und Schubspannungen τ_s aus der Querkraft existieren, müssen diese Spannungen in einer Vergleichsspannungshypothese vereinigt werden, d.h. gedanklich auf einen einachsigen Zugspannungszustand zurückgeführt werden. Da Achsen und Wellen meist aus duktilen, also zähen Stählen hergestellt werden, ist die **Gestaltänderungsenergie-Hypothese GEH**, im Englischen auch *v.-Mises-Spannung* genannt, richtig, und zwar für den *einachsigen Spannungszustand* $\sigma_V = \sqrt{\sigma_x^2 + 3\tau_{xy}^2}$ (15.9)

Wenn nun gleichzeitig $\sigma_{z,d}$, σ_b, τ_t und τ_s wirken, dann dürfen jeweils die Zug-Druck- und die Biegespannungen und die Torsions- und Schubspannungen algebraisch addiert werden, weil sie jeweils gleichgerichtet sind:

Addition $\sigma_V = \sqrt{(\sigma_{z,d} + \sigma_b)^2 + 3(\tau_t + \tau_s)^2}$ (15.10)

Nun muss bei diesen Einzelspannungen jeweils die Kerbwirkung berücksichtigt werden, und zwar **bei Spannungen, die statisch wirken, die Formzahl** $\boldsymbol{\alpha_k}$, und **bei Spannungen, die dynamisch wirken, die Kerbwirkungszahl** $\boldsymbol{\beta_k}$.

Die **Formzahlen** $\boldsymbol{\alpha_{kb}}$ bei Biegung und $\boldsymbol{\alpha_{kt}}$ bei Torsion geben an, wie viel mal so hoch die Kerbspannung σ_k bzw. τ_k am Kerbgrund gegenüber der Nennspannung σ_b (Biegespannung ohne Kerbwirkung) bzw. τ_t (Torsionsspannung ohne Kerbwirkung) ist (siehe hierzu Bild 15.11). Die Formzahlen sind unabhängig vom Werkstoff, d.h., sie gelten bei vollkommener Homogenität und Elastizität des Werkstoffs. Aus Tabelle 15.3 und den Diagrammen aus Tabelle 15.4 und Tabelle 15.5 können Formzahlen in Abhängigkeit von der Form und den Abmessungsverhältnissen der Kerben entnommen werden.

Die Formzahlen α_k werden aus Versuchen oder (heute) mit der FEA (Abschnitt 1.6) bestimmt. α_k kann Werte von 1 bis 5 (!) annehmen.

15

Die realen Werkstoffe sind verschieden kerbempfindlich, die hochfesten Stähle mehr als die Baustähle. Außerdem spielt das sich in einem Querschnitt bildende Spannungsgefälle eine Rolle. Je steiler dieses ist, umso mehr stützt die gering beanspruchte Zentralzone des Querschnitts die schmale, hochbeanspruchte Randzone, d.h. mildert die Gefährlichkeit der Kerbspannung. Bild 15.11 zeigt die Spannungsverteilung über einem gekerbten, biegebeanspruchten Querschnitt.

Unter dem bezogenen Spannungsgefälle χ versteht man das Verhältnis der Steigung $\Delta\sigma/\Delta x$ zur Kerbspannung σ_k:

bezogenes Spannungsgefälle $\chi = \dfrac{\Delta\sigma / \Delta x}{\sigma_k}$

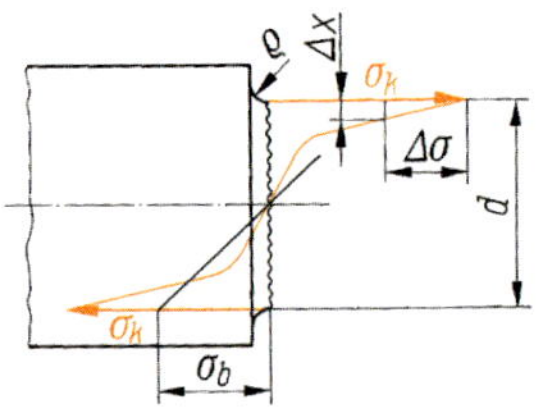

Bild 15.11
Spannungsgefälle infolge Kerbwirkung bei Biegung mit ϱ Ausrundungsradius, Großdurchmesser D, Kleindurchmesser d

Nach Siebel (in [15.11], vgl. Tabelle 15.6) beträgt bei einem Wellenabsatz das

bezogene Spannungsgefälle in Strängen mit Zugbeanspruchung $\chi = \frac{2}{\varrho}$ (15.11)

bezogene Spannungsgefälle in Strängen mit Biegebeanspruchung $\chi = \frac{4}{D+d} + \frac{2}{\varrho}$ (15.12)

bezogene Spannungsgefälle in Strängen mit Torsionsbeanspruchung $\chi = \frac{4}{D+d} + \frac{1}{\varrho}$ (15.13)

χ in mm^{-1} bezogenes Spannungsgefälle im Kerbquerschnitt. Bei gleichzeitiger Biegung und Torsion gilt Formel 15.12,
d in mm Durchmesser des Kerbquerschnitts,
ϱ in mm Rundungsradius der Kerbe.

Bei scharfkantigen Kerben mit $\varrho = 0$ würde χ unendlich groß. Da das praktisch nicht möglich ist, rechnet man mit $\chi \leq 10\,\text{mm}^{-1}$, wobei $\varrho = 0{,}25\,\text{mm}$ in Formel 15.11 bis Formel 15.13 einzusetzen ist. Bei glatten, ungekerbten Achsen- oder Wellensträngen ist $\varrho = \infty$ und damit $2/\varrho = 1/\varrho = 0$.

Die Kerbwirkung, die Kerbempfindlichkeit des Werkstoffs und die Stützwirkung berücksichtigt die von der Formzahl abhängige

Kerbwirkungszahl $\beta_k = \frac{\alpha_k}{n_\chi}$ (15.14)

α_k Formzahlen nach Tabelle 15.3 bis Tabelle 15.5,
n_χ dynamische Stützziffer nach Bild 15.12 bzw. Diagramm 15.1.

Dann gilt, wenn α_k und β_k ermittelt sind:

$$\sigma_{max} = \alpha_k \cdot \sigma_m + \beta_k \cdot \sigma_a \quad (15.15)$$

Damit können die Vergleichs-Mittelspannung σ_{Vm} und die Vergleichs-Ausschlags spannung σ_{Va} berechnet werden, wobei der meist sehr kleine Anteil der Schubspannungen τ_s aus der Querkraft vernachlässigt wird:

Vergleichs-Mittelspannung $\sigma_{Vm} = \sqrt{\left(\alpha_{kz,d} \cdot \sigma_{z,dm} + \alpha_{kb} \cdot \sigma_{bm}\right)^2 + 3\left(\alpha_{kt} \cdot \tau_{tm}\right)^2}$

Vergleichs-Ausschlagsspannung $\sigma_{Va} = \sqrt{\left(\beta_{kz,d} \cdot \sigma_{z,da} + \beta_{kb} \cdot \sigma_{ba}\right)^2 + 3\left(\beta_{kt} \cdot \tau_{ta}\right)^2}$ (15.16)

$\alpha_{kz,d}$ Formzahl für Zug/Druck,
$\sigma_{z,dm}$ in N/mm^2 Zug- bzw. Druckspannung, mittlerer (= statischer) Anteil,
α_{kb} Formzahl für Biegung,
σ_{bm} in N/mm^2 Biegespannung, mittlerer (= statischer) Anteil,
α_{kt} Formzahl für Torsion,
τ_{tm} in N/mm^2 Torsionsspannung, mittlerer (= statischer) Anteil,
$\beta_{kz,d}$ Kerbwirkungszahl für Zug/Druck,
$\sigma_{z,da}$ in N/mm^2 Zug- bzw. Druckspannung, Ausschlagsanteil (= dynamisch),
β_{kb} Kerbwirkungszahl für Biegung,
σ_{ba} in N/mm^2 Biegespannung, Ausschlagsanteil (= dynamisch),
β_{kt} Kerbwirkungszahl für Torsion,
τ_{ta} in N/mm^2 Torsionsspannung, Ausschlagsanteil (= dynamisch).

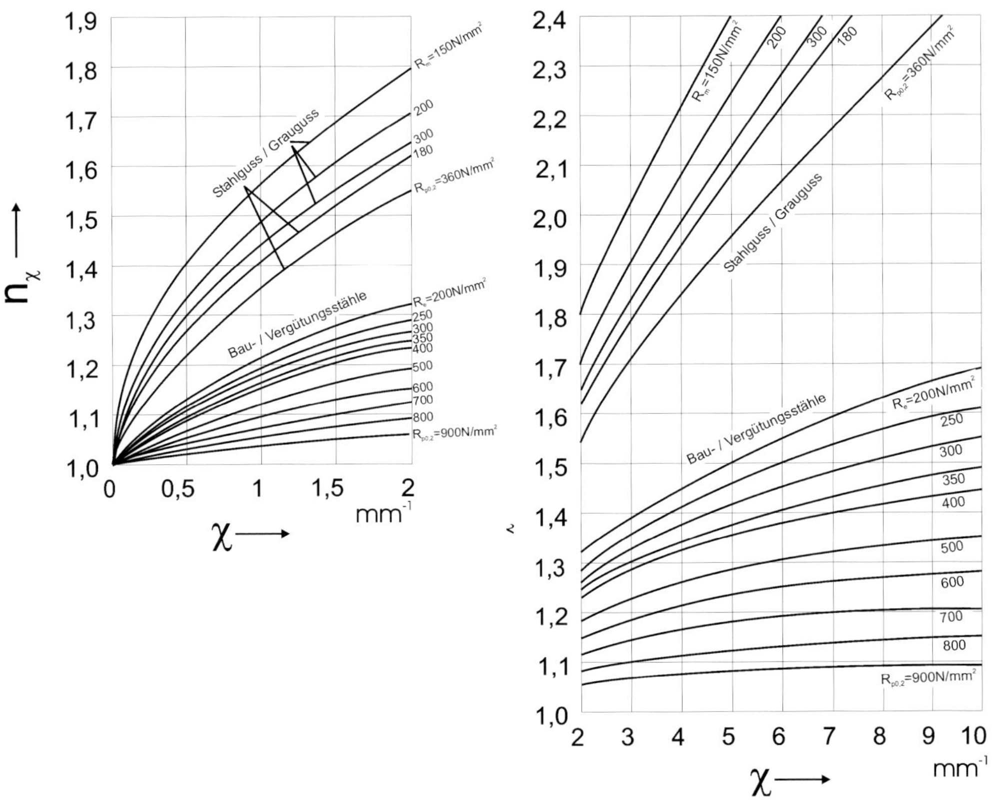

Bild 15.12 Stützziffer n_χ nach Siebel [15.11]

Mit der mittleren Vergleichsspannung σ_{Vm} liest man im Smith-Diagramm nach DIN 50100 (Dauerfestigkeitsschaubild, Bild 15.13) die zulässige Ausschlagsspannung σ_A ab, wobei man bei Nichtvorliegen eines fertigen Smith-Diagramms dies auch entweder aus σ_w, σ_{schw} und R_e oder aus σ_w, R_m und R_e annähernd selbst konstruieren kann.

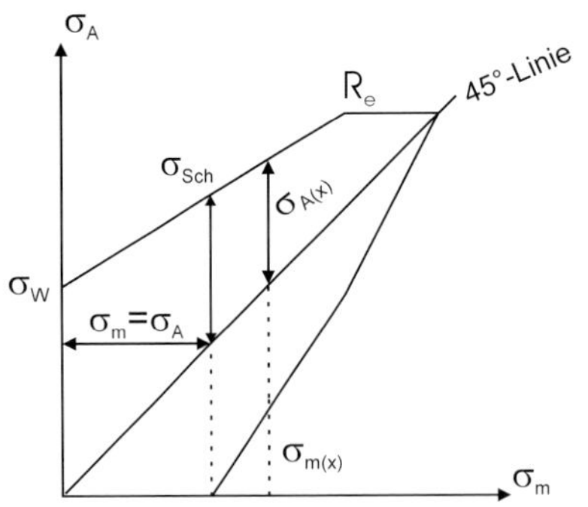

Bild 15.13
Dauerfestigkeitsschaubild (Darstellung nach Smith)

Bevor die zulässige Ausschlagsspannung σ_A mit dem gerade berechneten Wert der Vergleichs-Ausschlagsspannung σ_{Va} verglichen werden kann, müssen die Werkstoffkennwerte um den **Oberflächeneinfluss** und den **Größeneinfluss** (besonders im Kerbbereich) korrigiert werden.

Der **Oberflächenbeiwert** b_1 nach Bild 15.14 berücksichtigt, dass z. B. polierte Oberflächen kleinere und weniger Mikrokerben als gedrehte Oberflächen haben und so bei dynamischer Belastung weniger leicht Anrisse entstehen können. Aus diesem Grund ist eine wichtige Tuningmaßnahme bei Sportmotoren, die Pleuel und die Radien vom Übergang der Gleitlagerstellen zu den Kurbelwangen zu polieren, damit der getunte, höher drehende Motor die dynamischen Belastungen verkraftet.

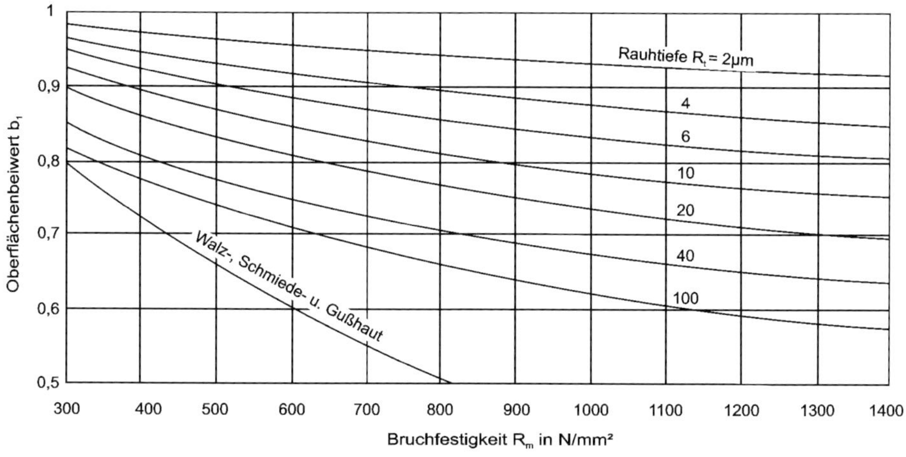

Bild 15.14 Oberflächenbeiwert b_1 in Abhängigkeit von der Bruchfestigkeit

Der **Größenbeiwert b_2** nach Bild 15.15 berücksichtigt, dass dickere Halbzeuge – bedingt durch die Herstellung – kleinere Werkstoffkennwerte als die typischen 10-mm-Normproben liefern. Das kommt daher, dass große Werkstoffquerschnitte in ihrem Gefüge etwas inhomogener und nicht ganz so gut durchgeschmiedet, durchgeknetet oder durchgewalzt sind wie kleine Rundstäbe.

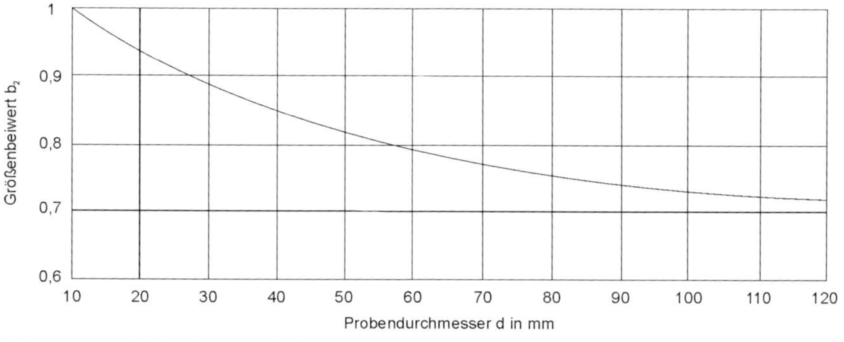

Bild 15.15 Größenbeiwert b_2 in Abhängigkeit vom Probendurchmesser

Nun kann der Festigkeitsnachweis auf zwei Arten geführt werden:

1. Möglichkeit: Ermittlung der

oberen Vergleichsspannung $\sigma_{Vo} = \sigma_{Vm} + \sigma_{Va}$ (15.17)

Nun muss gelten:

$$\sigma_{Vo} \leq \sigma_{Dzul} = \frac{\sigma_D \cdot b_1 \cdot b_2}{S} = \frac{(\sigma_m + \sigma_A) \cdot b_1 \cdot b_2}{S} \quad (15.18)$$

2. Möglichkeit: Mit σ_{Vm} im Dauerfestigkeitsschaubild (Bild 15.16) σ_A ablesen, dann berechnen:

$$\sigma_{Va} \leq \frac{\sigma_A \cdot b_1 \cdot b_2}{S} \tag{15.19}$$

Nun wäre noch zu klären, *welches* Dauerfestigkeitsschaubild man verwendet – das für Zug/Druck (an sich logisch), für Biegung oder Torsion. Hier ist die Lehrmeinung durchaus uneinheitlich. Nach [15.11] ist der Sinn einer Vergleichsspannung, einen *einzigen* Spannungswert herzuleiten, der in Bezug auf das Festigkeitsverhalten des Werkstoffs der Hauptspannung bei einachsiger Beanspruchung gleichwertig ist. Es empfiehlt sich, im Zweifelsfall das Dauerfestigkeitsschaubild für Zug/Druck zu verwenden, das auch die größten Sicherheitsreserven beinhaltet, weil die entsprechenden Schaubilder für Biegung praktisch immer höhere Festigkeitswerte liefern. Streng genommen müssten die sog. *Grenzlinien der ertragbaren Spannungsamplituden* bei Zug/Druck, Biegung und Torsion mit Mittelspannungen nach der Gestaltänderungsenergie-Hypothese (GEH) bestimmt werden, was aber in der Praxis nicht unbedingt nötig ist (Näheres vgl. [15.11]).

Welche Sicherheiten sind zu wählen? Behördlich vorgeschriebene Rechenverfahren und Sicherheitswerte gibt es nur für relativ wenige Bereiche, z. B. für den Kranbau, den Stahlhochbau und für Druckbehälter. Verblüffenderweise gibt es für den allgemeinen Maschinenbau, die Verfahrenstechnik, den Automotive-Bereich und die Luft- und Raumfahrtindustrie keine genormten, verbindlichen Sollsicherheiten. Orientierung für die Sollsicherheit S geben folgende Wertebereiche:

15

1. Statische Beanspruchung:

gegen Bruch:	$S = 2\ldots4$
gegen Instabilität:	$S = 3\ldots5$
gegen zu große Verformung:	$S = 1{,}2\ldots2$

2. Dynamische Beanspruchung (nach [15.11]):

gegen Bruch:	$S = 2\ldots4$
gegen Instabilität:	$S = 3\ldots5$
gegen zu große Verformung:	$S = 1{,}2\ldots2$
gegen Dauerbruch:	$S = 2\ldots3$

Diese Aussage hat weitgehende Konsequenzen. Da es für die meisten Bereiche des Maschinenbaus keine behördlichen Vorschriften hinsichtlich der Berechnung gibt, ist die Wahl des Rechenverfahrens und der Sicherheiten frei. Im Falle eines Schadens mit schwerer Schädigung von Gesundheit oder gar Todesfolge muss der verantwortliche Berechner darlegen, dass er verantwortlich und nach letztem Stand der Technik gehandelt hat. Was als letzter Stand der Technik betrachtet wird, hängt vom Einzelfall ab (Berechnung nach einem einfachen Verfahren, nach der DIN 743 oder nach FKM-Richtlinie?, vgl. Kapitel 15 und [15.12]). Wurden FEA-Berechnungen (vgl. Abschnitt 3.3) durchgeführt und vielleicht auch begleitende Versuche? Wie sicher waren die Werkstoffkennwerte? Aus diesen Bemerkungen ist zu schließen: Je höher die Gefährdung von Leib und Leben durch das Bauteil, durch die Konstruktion ist, umso genauer und aufwendiger muss gerechnet werden.

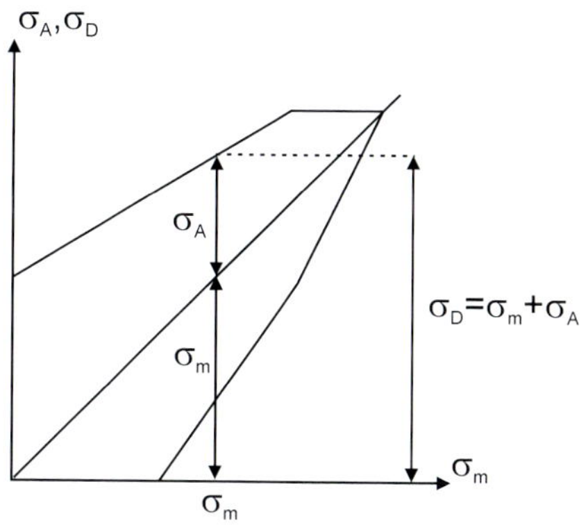

Bild 15.16
Ablesen von σ_D bzw. von σ_A

Beispiel 15.4

Gegeben sei ein Wellenabsatz (Bild 15.11) mit dem kleinen Durchmesser $d = 30\,\text{mm}$, dem großen Durchmesser $D = 40\,\text{mm}$ und dem Ausrundungsradius $\varrho = 2{,}5\,\text{mm}$. Der Wellenabsatz wird statisch auf Zug mit $F = 21500\,\text{N}$, wechselnd auf Biegung mit $M_b = 135\,\text{Nm}$ und schwellend auf Torsion mit $T = 420\,\text{Nm}$ belastet. Der Werkstoff E295 (St50-2) hat ein R_e von ca. 300 N/mm² bei Zug. Rautiefe 20 µm.

Zugspannung: $\sigma_z = \frac{F}{A} = \frac{21500}{\frac{\pi \cdot 30^2}{4}}\,\text{N/mm}^2 \approx 30\,\text{N/mm}^2$

Das bedeutet: $\sigma_{zm} = 30\,\text{N/mm}^2,\ \sigma_{za} = 0\,\text{N/mm}^2$

Biegespannung: $\sigma_b = \frac{M_b}{W_b} = \frac{135000}{\frac{\pi \cdot 30^3}{32}}\,\text{N/mm}^2 \approx 51\,\text{N/mm}^2$

Das bedeutet: $\sigma_{bm} = 0\,\text{N/mm}^2,\ \sigma_{ba} = 51\,\text{N/mm}^2$

Torsionsspannung: $\tau_t = \frac{T}{W_t} = \frac{211000}{\frac{\pi \cdot 30^3}{16}}\,\text{N/mm}^2 \approx 40\,\text{N/mm}^2$

Das bedeutet: $\tau_{tm} = 40\,\text{N/mm}^2,\ \tau_{ta} = 40\,\text{N/mm}^2$

T ist hier $T_m = (1/2)T$ = Mittelspannung.

Bestimmung der Formzahlen a_k mit

$$\frac{t}{r} = \frac{t}{\varrho} = \frac{5}{2{,}5} = 2 \qquad \frac{r}{t} = \frac{\varrho}{t} = \frac{2{,}5}{5} = 0{,}5 \quad \text{und} \quad \frac{d}{D} = \frac{30}{40} = 0{,}75$$

15

Zug: aus Tabelle 3.3: $\alpha_{kz} \approx 1{,}95$

Biegung: aus Tabelle 15.4a: $\alpha_{kb} \approx 1{,}8$

Torsion: aus Tabelle 15.4b: $\alpha_{kt} \approx 1{,}5$

Bestimmung der dynamischen Stützziffer n_χ aus dem bezogenen Spannungsgefälle χ, Tabelle 15.6 bzw. Formel 15.11 bis Formel 15.13:

Zug: $$\chi_z = \frac{2}{\varrho} = \frac{2}{2{,}5}\,\text{mm}^{-1} = 0{,}8\,\text{mm}^{-1}$$

Biegung: $$\chi_b = \frac{4}{D+d} + \frac{2}{\varrho} = \left(\frac{4}{40+30} + \frac{2}{2{,}5}\right)\text{mm}^{-1} = 0{,}86\,\text{mm}^{-1}$$

Torsion: $$\chi_t = \frac{4}{D+d} + \frac{1}{\varrho} = \left(\frac{4}{40+30} + \frac{1}{2{,}5}\right)\text{mm}^{-1} = 0{,}46\,\text{mm}^{-1}$$

Es gilt nach Formel 15.14:

$$\beta_k = \frac{\alpha_k}{n_\chi}$$

Daher liest man aus Bild 15.12 bzw. Diagramm 15.1 die jeweiligen n_χ ab:

Zug: $n_{\chi z} \approx 1{,}13$

Biegung: $n_{\chi b} \approx 1{,}13$

Torsion: $n_{\chi t} \approx 1{,}08$

Damit werden die Kerbwirkungszahlen β_k:

Zug: Entfällt, da nur statischer Anteil

Biegung: $$\beta_{kb} = \frac{\alpha_{kb}}{n_{\chi b}} = \frac{1{,}8}{1{,}13} = 1{,}6$$

Torsion: $$\beta_{kt} = \frac{\alpha_{kt}}{n_{\chi t}} = \frac{1{,}5}{1{,}08} = 1{,}4$$

Damit können nun die Vergleichsspannungen nach der Formel 15.16 berechnet werden:

$$\sigma_{Vm} = \sqrt{\left(\alpha_{kz,d} \cdot \sigma_{z,dm} + \alpha_{kb} \cdot \sigma_{bm}\right)^2 + 3\left(\alpha_{kt} \cdot \tau_{tm}\right)^2}$$
$$= \sqrt{\left(1{,}95 \cdot 30 + 0\right)^2 + 3\left(1{,}5 \cdot 40\right)^2}\,\text{N/mm}^2 = 119\,\text{N/mm}^2$$

$$\sigma_{Va} = \sqrt{\left(\beta_{kz,d} \cdot \sigma_{z,da} + \beta_{kb} \cdot \sigma_{ba}\right)^2 + 3\left(\beta_{kt} \cdot \tau_{ta}\right)^2}$$
$$= \sqrt{\left(0 + 1{,}6 \cdot 51\right)^2 + 3\left(1{,}4 \cdot 40\right)^2}\,\text{N/mm}^2 = 127\,\text{N/mm}^2$$

Damit wird die obere Vergleichsspannung nach Formel 15.17:

$$\sigma_{Vo} = \sigma_{Vm} + \sigma_{Va} = (119 + 127)\,N/mm^2 = 246\,N/mm^2$$

Nun muss nach Formel 15.18 gelten:

$$\sigma_{Vo} \leq \sigma_{Dzul} = \frac{\sigma_D \cdot b_1 \cdot b_2}{S} = \frac{(\sigma_m + \sigma_A) \cdot b_1 \cdot b_2}{S}$$

Den Oberflächenbeiwert b_1 ermittelt man aus Bild 15.14 oder Diagramm 15.2 zu 0,83. Den Größenbeiwert b_2 ermittelt man aus Bild 15.15 oder Diagramm 15.3 zu 0,85. Aus dem Smith-Diagramm Diagramm 3.1 liest man ab: $\sigma_D = \sigma_m + \sigma_A \approx 300\,N/mm^2$.

Als Sicherheit gegen Dauerbruch wird S = 2 gewählt. Damit wird Formel 15.18 zu:

$$\sigma_{Vo} = 246\,N/mm^2 \leq \text{nein!}$$

$$\sigma_{Dzul} = \frac{\sigma_D \cdot b_1 \cdot b_2}{S} = \frac{300 \cdot 083 \cdot 085}{2}\,N/mm^2 = 106\,N/mm^2$$

Die Bedingung ist nicht erfüllt. Es muss ein hochwertigerer Werkstoff gewählt werden.

15.6 Durchbiegung

Achsen und Wellen werden durch die Belastungskräfte gebogen. Die gebogene Mittellinie heißt **elastische Linie** oder **Biegelinie**. Mitunter können lange und dünne Wellen durchaus genügend fest sein, sich aber funktionsstörend verformen, z. B. Eingriffsabweichungen in Zahnradgetrieben oder Heißlaufen von Lagern infolge Schiefstellens der Zapfen herbeiführen. In kritischen Fällen müssen daher die Durchbiegung an der maßgebenden Stelle und die Schiefstellung der Zapfen in den Lagern errechnet und auf Zulässigkeit geprüft werden.

Die Berechnung der Durchbiegung ist mindestens genauso wichtig wie die Festigkeitsberechnung, denn viele Bauteile werden ausschließlich nach Verformung ausgelegt. So sind bei üblichen Getriebewellen die rechnerischen Sicherheiten hinsichtlich der Spannungen 10…15, weil es viel eher darauf ankommt, dass sich die Welle samt ihren Zahnrädern nicht schief stellt und zu stark absenkt. Dies würde zu Zahn- und Lagerschäden führen. Die Wellen von Turbinenläufern werden ebenfalls in erster Linie auf (möglichst) geringe Verformung ausgelegt.

Um die Durchbiegung der Welle zu berechnen, gibt es mehrere Möglichkeiten. Nachfolgend werden vier Verfahren erläutert, die jeweils für sich Vor- und Nachteile haben:

1. die Grundgleichungen der Balkenbiegung,
2. der Satz von Castigliano,
3. das Übertragungs- oder Reduktionsverfahren,
4. die Finite-Elemente-Analyse.

1. Die Grundgleichungen der Balkenbiegung

Die Grundgleichungen der Balkenbiegung werden hier wegen der elementaren Bedeutung für alle anderen Verfahren kurz hergeleitet. Wir gehen von einem sehr kleinen Balkenstück der Länge dx gemäß Bild 15.17 aus:

Die Berechnung der Querkraft an der Stelle $x_0 + \mathrm{d}x$ erfolgt mit der Taylor-Entwicklung:

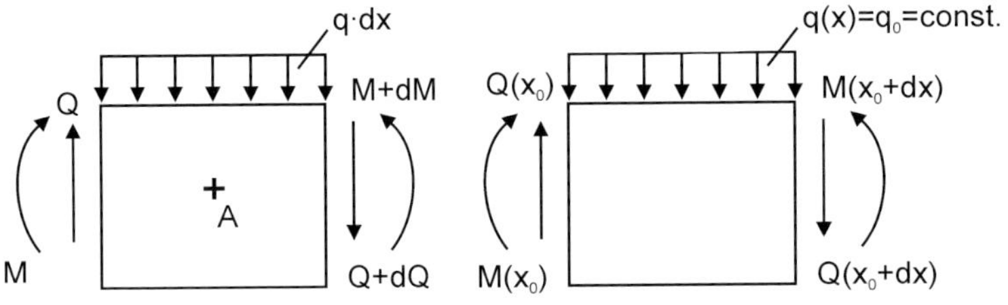

Bild 15.17 Kräfte und Momente an einem Balkenstück

$$f(x_0 + h) = f(x_0) + \frac{h}{1!} f'(x_0) + \frac{h^2}{2!} f''(x_0) + \ldots + \frac{h^{\mathrm{n}}}{n!} f^{(\mathrm{n})}(x_0) + R_{\mathrm{n}}$$

Für $Q(x_0 + \mathrm{d}x)$ ergibt sich damit:

$$Q(x_0 + \mathrm{d}x) = Q(x_0) + \frac{\mathrm{d}Q(x_0)}{\mathrm{d}x} \cdot \mathrm{d}x + \frac{\mathrm{d}^2 Q(x_0)}{\mathrm{d}x^2} \cdot \frac{\mathrm{d}x^2}{2} + \ldots + R_{\mathrm{n}} \quad \text{mit} \quad \frac{\mathrm{d}x^2}{2} \approx 0$$

Daraus folgt: $Q = (x_0 + \mathrm{d}x) = Q(x_0) + \mathrm{d}Q(x_0)$

$$\uparrow: \quad Q - q \cdot \mathrm{d}x - (Q + \mathrm{d}Q) \quad = 0$$

$$-q \cdot \mathrm{d}x - \mathrm{d}Q = 0 \qquad |: \mathrm{d}x$$

$$-q \frac{\mathrm{d}x}{\mathrm{d}x} - \frac{\mathrm{d}Q}{\mathrm{d}x} = 0$$

$$-q = \frac{\mathrm{d}Q}{\mathrm{d}x} = Q'$$

Daraus folgt: $Q' = -q$

$$\hat{\mathrm{A}}: \quad M + Q \cdot \frac{\mathrm{d}x}{2} + (Q + \mathrm{d}Q) \cdot \frac{\mathrm{d}x}{2} - (M + \mathrm{d}M) = 0$$

$$Q \cdot \frac{\mathrm{d}x}{2} + Q \cdot \frac{\mathrm{d}x}{2} + \mathrm{d}Q \cdot \frac{\mathrm{d}x}{2} - \mathrm{d}M = 0, \quad \text{da} \quad \mathrm{d}Q \cdot \frac{\mathrm{d}x}{2} \approx 0 \quad \text{folgt:}$$

$$Q \cdot \mathrm{d}x = \mathrm{d}M \qquad |: \mathrm{d}x$$

$$Q = \frac{\mathrm{d}M}{\mathrm{d}x} = M' \Rightarrow M' = Q; \quad M'' = -q$$

Für die Berechnung des Biegewinkels ψ (Herleitung vgl. z. B. [15.9]) ergibt sich:

$$\psi' = \frac{M}{EI}$$

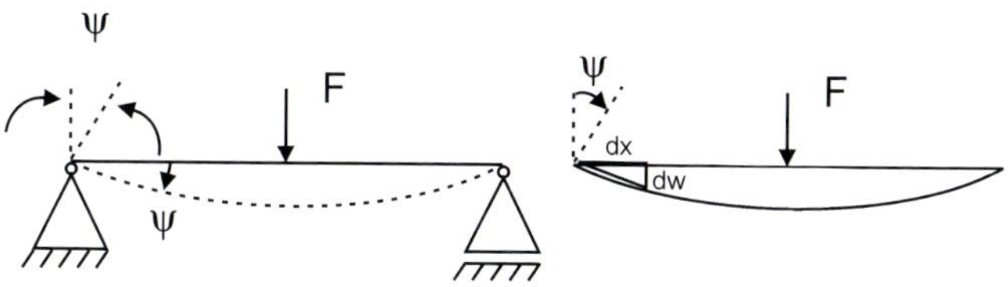

Bild 15.18 Zur Herleitung des Neigungswinkels der Biegelinie

Die Absenkung w wird:

$$\tan\psi = \frac{\mathrm{d}w}{\mathrm{d}x}; \quad \text{für kleine Winkel gilt:} \quad \tan\alpha \approx \alpha \rightarrow \psi = \frac{\mathrm{d}w}{\mathrm{d}x} = w'$$

Nach Konvention gilt: Winkel gegen den Uhrzeigersinn sind positiv! Danach wird $w' = -\psi$.

Damit ergeben sich die Grundgleichungen der Balkenbiegung:

$$\begin{aligned} Q' &= -q & &\rightarrow & Q &= -\int q \cdot \mathrm{d}x \\ M' &= Q & &\rightarrow & M &= \int Q \cdot \mathrm{d}x \\ \psi' &= \frac{M}{EI} & &\rightarrow & \psi &= \frac{1}{EI}\int M \cdot \mathrm{d}x \\ w' &= -\psi & &\rightarrow & w &= -\int \psi \cdot \mathrm{d}x \end{aligned} \quad (15.20)$$

Beispiel 15.5

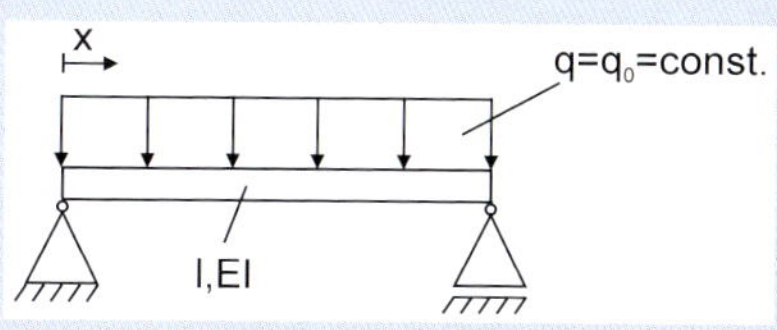

Bild 15.19
Balken mit Gleichstreckenlast

1. $q = q_0$ (Gleichstreckenlast)
2. $Q = -\int q \cdot \mathrm{d}x = -q_0 \cdot \int \mathrm{d}x = -q_0 \cdot x + C_1$ ($C_1 =$ Integrationskonstante)
3. $M = \int Q \cdot \mathrm{d}x = \int \left(-q_0 \cdot x + C_1\right) \mathrm{d}x = -q_0 \frac{x^2}{2} + C_1 \cdot x + C_2$
4. $$\psi = \frac{1}{EI}\int M \cdot \mathrm{d}x = \frac{1}{EI}\int \left(-q_0 \frac{x^2}{2} + C_1 \cdot x + C_2\right)\mathrm{d}x$$
   $$= \frac{1}{EI}\left(-q_0 \frac{x^3}{6} + C_1 \frac{x^2}{2} + C_2 \cdot x + C_3\right)$$
5. $$w = -\int \psi \cdot \mathrm{d}x = -\frac{1}{EI}\int \left(-q_0 \frac{x^3}{6} + C_1 \frac{x^2}{2} + C_2 \cdot x + C_3\right)\mathrm{d}x$$
   $$= -\frac{1}{EI}\left(-q_0 \frac{x^4}{24} + C_1 \frac{x^3}{6} + C_2 \frac{x^2}{2} + C_3 \cdot x + C_4\right)$$

Die Bestimmung der 4 Integrationskonstanten $C_1 \ldots C_4$ erfolgt über die Randbedingungen:

Am linken Lager (d. h. bei $x = 0$) ist bekannt:

$$M = 0 \quad (1); \qquad w = 0 \quad (2)$$

Am rechten Lager (d. h. bei $x = l$) ist bekannt:

$$M = 0 \quad (3); \qquad w = 0 \quad (4)$$

1. Randbedingung (1) in *M*-Gleichung einsetzen:

$$M = 0 = -q_0 \frac{x^2}{2} + C_1 \cdot x + C_2 \Rightarrow C_2 = 0$$

2. Randbedingung (2) in *w*-Gleichung einsetzen:

$$w = 0 = \frac{-1}{EI}\left(-q_0 \frac{x^4}{24} + C_1 \frac{x^3}{6} + C_2 \frac{x^2}{2} + C_3 \cdot x + C_4\right) \Rightarrow C_4 = 0$$

3. Randbedingung (3) in *M*-Gleichung einsetzen:

$$M = 0 = -q_0 \frac{l^2}{2} + C_1 \cdot l + C_2; \qquad 0 = -q_0 \frac{l^2}{2} + C_1 \cdot l \Rightarrow C_1 = q_0 \frac{l}{2}$$

4. Randbedingung (4) in *w*-Gleichung einsetzen:

$$w = 0 = \frac{-1}{EI}\left(-q_0 \frac{l^4}{24} + C_1 \frac{l^3}{6} + C_2 \frac{l^2}{2} + C_3 \cdot l + C_4\right)$$

$$0 = -q_0 \frac{l^4}{24} + q_0 \frac{l}{2} \cdot \frac{l^3}{6} + C_3 \cdot l$$

$$C_3 = q_0 \frac{l^3}{24} - q_0 \frac{l^3}{12} \Rightarrow C_3 = -q_0 \frac{l^3}{24}$$

Durch Einsetzen der Integrationskonstanten C_1 bis C_4 ergibt sich:

$$w = \frac{1}{EI}\left(q_0 \frac{x^4}{24} - q_0 \frac{l}{2} \cdot \frac{x^3}{6} + q_0 \frac{l^3}{24} x\right) \rightarrow w = \frac{q_0}{EI \cdot 24}\left(x^4 - 2l \cdot x^3 + l^3 \cdot x\right);$$

$$\psi = \frac{q_0}{EI}\left(-\frac{x^3}{6} + \frac{lx^2}{4} - \frac{l^3}{24}\right)$$

■

Damit können die Biegelinie $w(x)$ und die Neigungslinie $\psi(x)$ für alle möglichen Fälle berechnet werden. Dies funktioniert aber nur einfach, wenn die Balkensteifigkeit EI konstant bleibt. Ist sie veränderlich, kann wie oben gearbeitet werden, wenn man das sogenannte *Föppl-Symbol* einbringt. Hier wird auf die Literatur zur Technischen Mechanik [15.9] verwiesen. Doch mit den Grundgleichungen der Balkenbiegung können Sie alle statisch bestimmt gelagerten Balken mit konstantem EI darstellen. Die wichtigsten Fälle entnehmen Sie dem Tabellenband (Tabelle 15.7).

15

2. Der Satz von Castigliano

Maschinenwellen (Bild 15.20), die statisch bestimmt sind, können mit dem Satz von Castigliano berechnet werden:

1. Die partielle Ableitung der elastischen Deformationsenergie (Arbeitssatz!) nach der Last F_k ist gleich der Verformung f_k.
2. Die partielle Ableitung der elastischen Deformationsenergie (Arbeitssatz!) nach dem Moment M_k ist gleich dem Neigungswinkel β_k.

Die Herleitung dieser Formel findet man z. B. in [15.9]. Hier werden anstelle der in der Mechanik üblichen Bezeichnungen w für die Absenkung oder Durchbiegung und ψ für den Neigungswinkel die in der Maschinenelemente-Literatur üblichen Bezeichnungen f und β verwendet:

$$\frac{\partial U_{el}}{\partial F_k} = f_k \quad \text{bzw.} \quad \frac{\partial U_{el}}{\partial M_k} = \beta_k$$

$$f_k \text{ bzw. } \beta_k = \int \frac{M\bar{M}_k}{EI} dx \quad \text{mit} \quad \bar{M}_k = \frac{\partial M}{\partial F_k} \quad \text{bzw.} \quad \bar{M}_k = \frac{\partial M}{\partial M_k} \tag{15.21}$$

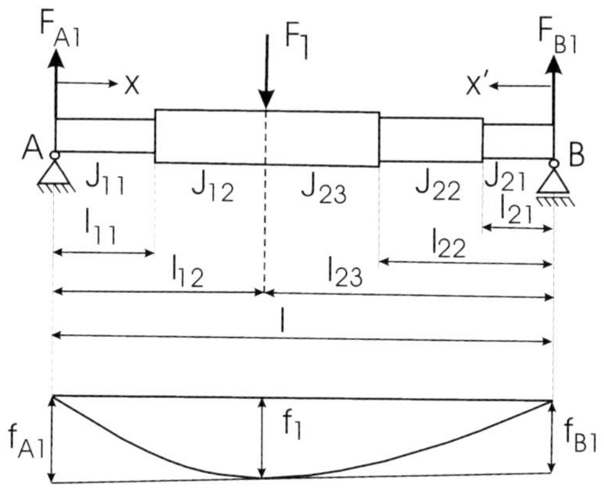

Bild 15.20
Berechnung der Wellendurchbiegung mit dem Satz von Castigliano

Diese Formel enthält momentan nur Biegemomente, sie kann aber ggf. um Normalkräfte, Torsionsmoment und Querkräfte erweitert werden. Nun denkt man sich die Welle im Angriffspunkt der Last festgehalten und bestimmt die Verschiebungen der Auflager durch die von der Last erzeugten Auflagerkräfte F_A und F_B. Nach Bild 15.20 sind die Auflagerkräfte:

$$F_{A1} = \frac{l_{23}}{l} \cdot F_1; \qquad F_{B1} = F_1 - F_A$$

Das Moment M an einer beliebigen Stelle x, wobei x beim linken Auflager startet, ist:

$$M = F_A \cdot x$$

Dies in die Castigliano-Formel eingesetzt, liefert die Verschiebung f_A am Auflager A, wobei gilt $\frac{\partial M}{\partial F_A} = x$

$$f_A = \frac{F_A}{E} \int_0^{l_{11}} \frac{x^2}{I_{11}} \cdot dx + \frac{F_A}{E} \int_{l_{11}}^{l_{12}} \frac{x^2}{I_{12}} \cdot dx$$

$$f_A = \frac{F_A}{E \cdot I_{11}} \left[\frac{x^3}{3} \right]_0^{l_{11}} + \frac{F_A}{E \cdot I_{12}} \left[\frac{x^3}{3} \right]_{l_{11}}^{l_{12}} = \frac{F_A}{E \cdot I_{11}} \left(\frac{l_{11}^3}{3} \right) + \frac{F_A}{E \cdot I_{12}} \left(\frac{l_{12}^3 - l_{11}^3}{3} \right)$$
$$f_A = \frac{F_A}{3 \cdot E} \left(\frac{l_{11}^3}{I_{11}} \right) + \frac{F_A}{3 \cdot E} \left(\frac{l_{12}^3 - l_{11}^3}{I_{12}} \right) + \ldots = \frac{F_A}{3 \cdot E} \left(\frac{l_{11}^3}{I_{11}} + \frac{l_{12}^3 - l_{11}^3}{I_{12}} + \ldots \right) \quad (15.22)$$

f_A	in mm	Absenkung,
F_A	in N	Querkraft,
E	in N/mm²	E-Modul, bei Stahl 206 kN/mm²,
l_{xy}	in mm	Länge,
I_{xy}	in mm⁴	Biege-Trägheitsmoment.

Es wird also immer soweit integriert, solange das Trägheitsmoment der Welle sich nicht ändert. Für f_B berechnet man, wobei wir zweckmäßigerweise x' vom Auflager B nach links laufen lassen:

$$f_B = \frac{F_A}{3 \cdot E} \left(\frac{l_{21}^3}{I_{21}} + \frac{l_{22}^3 - l_{21}^3}{I_{22}} + \frac{l_{23}^3 - l_{22}^3}{I_{23}} + \ldots \right) \quad (15.23)$$

Die *Durchbiegung* f_1 unter der Last F_1 ist dann nach Bild 15.20 (Strahlensatz!):

$$f_1 = f_{A1} + (f_{B1} - f_{A1}) \frac{l_{12}}{l} \quad (15.24)$$

und die Gesamtdurchbiegung unter n Lasten ist dann:

15

$$f_{gesamt} = f_1 + f_2 + \ldots + f_n \quad (15.25)$$

Herleitung der Formeln für die Neigungswinkel β: Es ist, wie zu Anfang des Abschnitts erwähnt: Das Moment M an einer beliebigen Stelle x, wobei x beim linken Auflager startet, ist:

$$M = F_A \cdot x$$

Dies in die Castigliano-Formel eingesetzt, liefert den Neigungswinkel β_A am Auflager A, wobei gilt $\dfrac{\partial M}{\partial M_A} = 1$,

$$\beta_A = \frac{F_A}{E} \int_0^{l_{11}} \frac{x}{I_{11}} \cdot dx + \frac{F_A}{E} \int_{l_{11}}^{l_{12}} \frac{x}{I_{12}} \cdot dx$$

$$\beta_A = \frac{F_A}{E \cdot I_{11}} \left[\frac{x^2}{2} \right]_0^{l_{11}} + \frac{F_A}{E \cdot I_{12}} \left[\frac{x^2}{2} \right]_{l_{11}}^{l_{12}}$$

Also:

$$\beta_A = \frac{F_A}{2 \cdot E} \left(\frac{l_{11}^2}{I_{11}} \right) + \frac{F_A}{2 \cdot E} \left(\frac{l_{12}^2 - l_{11}^2}{I_{12}} \right) + \ldots = \frac{F_A}{2 \cdot E} \left(\frac{l_{11}^2}{I_{11}} + \frac{l_{12}^2 - l_{11}^2}{I_{12}} + \ldots \right) \quad (15.26)$$

β_A	in rad	Neigungswinkel,
F_A	in N	Querkraft,
E	in N/mm²	E-Modul, bei Stahl 206 kN/mm²,
l_{xy}	in mm	Längen,
I_{xy}	in mm⁴	Biege-Trägheitsmoment.

	Belastungsfall	Berechnungsformel	Formel-Nr.
1	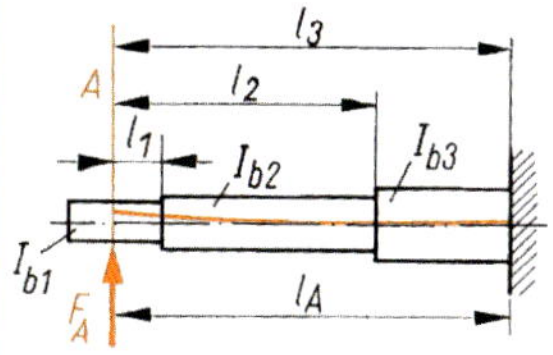	$\beta_{AA} = \frac{F_A}{2E}\left(\frac{l_1^2}{I_{b1}} + \frac{l_2^2 - l_1^2}{I_{b2}} + \frac{l_3^2 - l_2^2}{I_{b3}}\right)$	(15.27)
		$f_{AA} = \frac{F_A}{3E}\left(\frac{l_1^3}{I_{b1}} + \frac{l_2^3 - l_1^3}{I_{b2}} + \frac{l_3^3 - l_2^3}{I_{b3}}\right)$	(15.28)
2	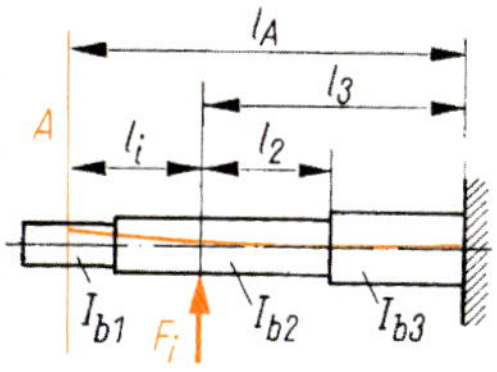	$\beta_{Ai} = \frac{F_i}{2E}\left(\frac{l_2^2}{I_{b2}} + \frac{l_3^2 - l_2^2}{I_{b3}}\right)$	(15.29)
		$f_{Ai} = \frac{F_i}{3E}\left(\frac{l_2^3}{I_{b2}} + \frac{l_3^3 - l_2^3}{I_{b3}}\right) + \beta_{Ai} \cdot l_i$	(15.30)
3	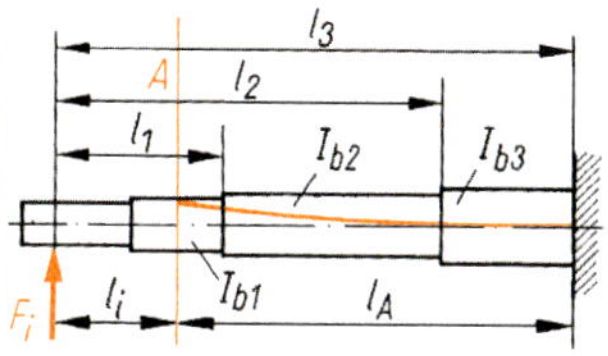	$\beta_{Ai} = \frac{F_i}{2E}\left(\frac{l_1^2 - l_i^2}{I_{b1}} + \frac{l_2^2 - l_1^2}{I_{b2}} + \frac{l_3^2 - l_2^2}{I_{b3}}\right)$	(15.31)
		$f_{Ai} = \frac{F_i}{3E}\left(\frac{l_1^3 - l_i^3}{I_{b1}} + \frac{l_2^3 - l_1^3}{I_{b2}} + \frac{l_3^3 - l_2^3}{I_{b3}}\right) - \beta_{Ai} \cdot l_i$	(15.32)
4	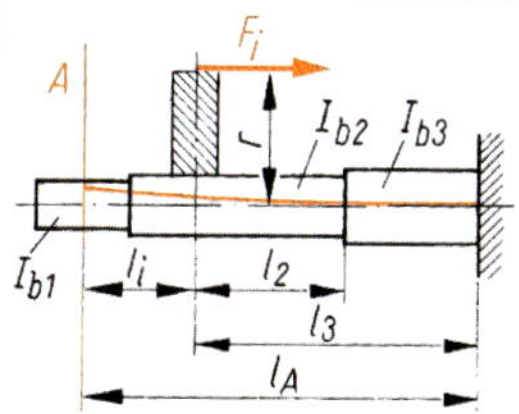	$\beta_{Ai} = \frac{F_i \cdot r}{E}\left(\frac{l_2}{I_{b1}} + \frac{l_3 - l_2}{I_{b3}}\right)$	(15.33)
		$f_{Ai} = \frac{F_i \cdot r}{2E}\left(\frac{l_2^2}{I_{b2}} + \frac{l_3^2 - l_2^2}{I_{b3}}\right) + \beta_{Ai} \cdot l_i$	(15.34)
5	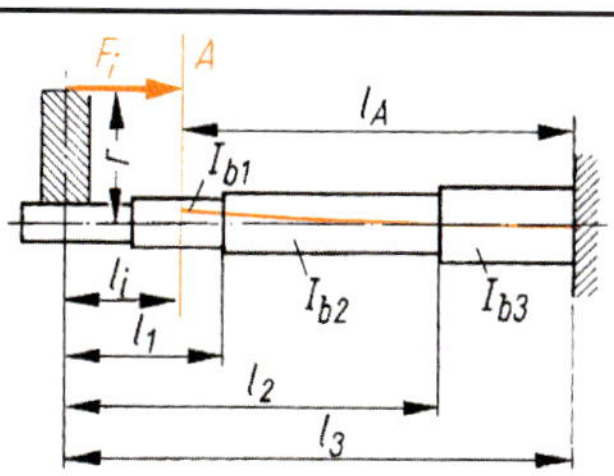	$\beta_{Ai} = \frac{F_i \cdot r}{E}\left(\frac{l_1 - l_i}{I_{b1}} + \frac{l_2 - l_1}{I_{b2}} + \frac{l_3 - l_2}{I_{b3}}\right)$	(15.35)
		$f_{Ai} = \frac{F_i \cdot r}{2E}\left(\frac{l_1^2 - l_i^2}{I_{b1}} + \frac{l_2^2 - l_1^2}{I_{b2}} + \frac{l_3^2 - l_2^2}{I_{b3}}\right) - \beta_{Ai} \cdot l_i$	(15.36)

β_A in rad Neigungswinkel an der Lagerstelle A,
f_A in cm Durchbiegung an der Lagerstelle A,
F_A, F_i in kN Belastungskräfte,
E in kN/cm^2 Elastizitätsmodul ≈ $20{,}6 \cdot 10^3$ kN/cm^2 für Stahl,
l_i, l_n in cm Trägerteillängen (Index n = 1, 2, 3 …),
I_{bn} in cm^4 axiale Flächenmomente 2. Grades der Querschnitte (Tabelle 15.2)

Bild 15.21 Neigungswinkel β_{Ai} und Durchbiegungen f_{Ai} von Achsen und Wellen an der Lagerstelle *A*

Genauso berechnet sich β_B:

$$\beta_B = \frac{F_A}{2 \cdot E}\left(\frac{l_{21}^2}{I_{21}} + \frac{l_{22}^2 - l_{21}^2}{I_{22}} + \frac{l_{23}^2 - l_{22}^2}{I_{23}} + \ldots\right) \quad (15.37)$$

Nach den vorstehenden Grundgleichungen sind in Bild 15.21 für verschiedene Fälle die Berechnungsgleichungen für gestufte Stränge der Seite A mit dem Lagerabstand l_A zusammengestellt.

Es ist besonders darauf zu achten, dass bei umgekehrter Kraftrichtung oder umgekehrtem Moment die Beträge der Kräfte mit **negativem Vorzeichen** einzusetzen sind. Mit anderen Worten: Gehen Neigungswinkel β_{Ai} und Durchbiegung f_{Ai} nach oben, so ist der Betrag der betreffenden Kraft F_i positiv, gehen beide nach unten, so ist der Betrag von F_i negativ zu setzen. Für die Seite B mit dem Lagerabstand l_B liegen die Belastungsfälle spiegelbildlich zu denen von Bild 15.21, und der Index A ist lediglich durch B zu ersetzen.

Um nicht mit sehr großen Zahlenwerten rechnen zu müssen, sind in Bild 15.21 die zweckmäßigen Einheiten angegeben.

Mit den Gleichungen von Bild 15.21 berechnet man für jede Kraft F_i getrennt die Neigungswinkel β_{Ai} und β_{Bi} und die Durchbiegungen f_{Ai} und f_{Bi} an den Lagerstellen A und B, also für den Fall nach Bild 15.22: β_{AA} und f_{AA} mit der Kraft F_A; β_{A1} und f_{A1} mit der Kraft F_1 auf der Seite A; β_{BB} und f_{BB} mit der Kraft F_B; β_{B2} und f_{B2} mit der Kraft F_2 auf der Seite B. Auf jeder Seite sind die Neigungswinkel und Durchbiegungen dann unter Beachtung der Vorzeichen ihrer Beträge zu addieren:

$$\beta_A = \beta_{AA} + \beta_{A1} \quad \text{und} \quad f_A = f_{AA} + f_{A1}, \quad \beta_B = \beta_{BB} + \beta_{B2} \quad \text{und} \quad f_B = f_{BB} + f_{B2}$$

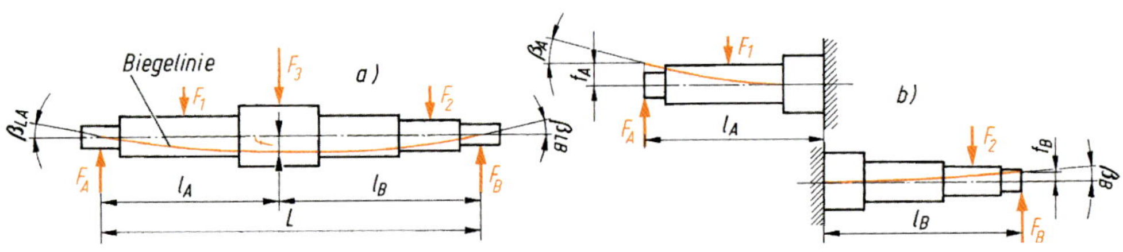

Bild 15.22 Durchgebogene Welle
a) Neigungswinkel β_{LA} und β_{LB} der Zapfen in den Lagern und Durchbiegung f, b) in zwei Freiträger der Längen l_A und l_B zerlegt

Wirken noch mehr Kräfte oder sind noch mehr Stufen vorhanden, als in Bild 15.21 angegeben, so ist entsprechend zu verfahren.

Die beiden wieder zusammengefügten Biegelinien zeigt Bild 15.23a. Da die Lager A und B tatsächlich auf gleicher Höhe stehen, muss die Biegelinie entsprechend Bild 15.23b verschoben werden. Erst in dieser Lage zeigen sich die wirklichen Neigungswinkel β_{LA} und β_{LB} der Zapfen in den Lagern.

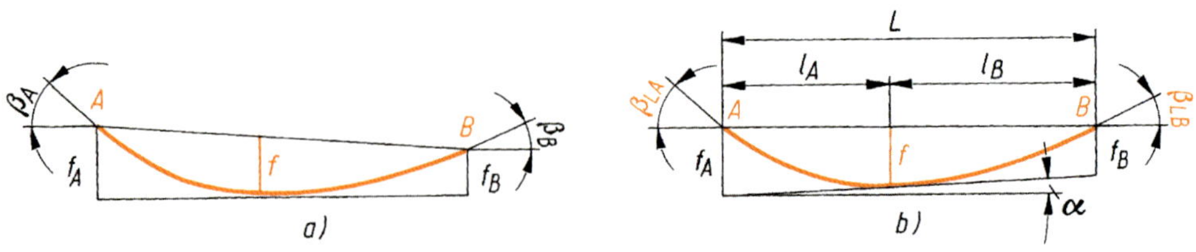

Bild 15.23 Zusammengefügte Freiträger der Längen l_A und l_B
a) Lagerstellen A und B nicht gleich hoch, b) Lagerstellen A und B auf gleiche Höhe geschoben

Da alle Winkel sehr klein sind, darf ohne Weiteres $\tan\alpha = \alpha$ gesetzt werden (α in rad). Somit gilt:

Neigungswinkel der Tangente an der Biegelinie $$\alpha = \frac{f_A - f_B}{L} \qquad (15.38)$$

Mit diesem Winkel ergeben sich in der betreffenden Kraftebene:

Neigungswinkel der Zapfen in den Lagern $\beta_{LA} = \beta_A - \alpha$ (15.39)

$\beta_{LB} = \beta_B + \alpha$ (15.40)

Durchbiegung $f = f_A - \alpha \cdot l_A$ (15.41)

In der Regel wirken die Biegekräfte an einer Achse oder Welle nicht in einer Ebene, sodass die Neigungswinkel und Durchbiegungen in der *x*- und in der *y*-Ebene errechnet werden müssen. Für die *x*-Ebene sind in Formel 15.38 bis Formel 15.41 dann $\alpha_x, f_{Ax}, f_{Bx}, \beta_{Lax}, \beta_{LBx}, \beta_{Ax}, \beta_{Bx}$ und f_x, für die *y*-Ebene sinngemäß $\alpha_y, f_{Ay}, f_{By}, \beta_{LAy}, \beta_{LBy}, \beta_{Ay}, \beta_{By}$ und f_y zu setzen. Die Neigungswinkel und Durchbiegungen in den beiden Ebenen werden dann wie Biegemomente geometrisch addiert:

Gesamtneigungswinkel $\beta_{LA} = \sqrt{\beta_{LAx}^2 + \beta_{LAy}^2}$ (15.42)

$\beta_{LB} = \sqrt{\beta_{LBx}^2 + \beta_{LBy}^2}$ (15.43)

Gesamtdurchbiegung $f = \sqrt{f_x^2 + f_y^2}$ (15.44)

β_{LAx}, β_{Lay}	in rad	Neigungswinkel des Zapfens im Lager A in der x- bzw. y-Ebene nach Formel 15.39,
β_{LBx}, β_{Lby}	in rad	Neigungswinkel des Zapfens im Lager B in der x- bzw. y-Ebene nach Formel 15.40,
f_x, f_y	in cm	Durchbiegung der Achse oder Welle in der x- bzw. y-Ebene nach Formel 15.41.

15

Erfahrungsgemäß wird für die Gesamtneigungswinkel $\beta_{LA\,zul}$ und $\beta_{LBzul} = (1 \ldots 2) \cdot 10^{-3}$ rad gewählt (kleine Werte bei Langgleitlagern, große bei Kurzgleitlagern und Wälzlagern), für die Gesamtdurchbiegung $f_{zul} = (0{,}3 \ldots 0{,}5) \cdot 10^{-3} \cdot L$ (kleiner Wert bei Drehzahlen $n > 1500$ min^{-1}). Wenn sich die Lager auf die Zapfenneigung einstellen können (siehe die Abschnitte 17.3 und 18.2), sind auch höhere Werte zulässig.

Beispiel 15.6

Bild 15.24 zeigt die Zwischenwelle eines Zahnradgetriebes nach Beispiel 15.1 und Beispiel 15.2. Die schmalen Ringrillen links und rechts neben der mittleren Stufe (Ø 45) sind vernachlässigt. Die axialen Flächenmomente $I_b \approx 0{,}05 d^4$ sind in cm^4 in der Skizze angegeben. Die Kräfte betragen (siehe Beispiel 15.1):

$F_{Ay} = 1{,}05\,\text{kN},\ F_{By} = 1{,}86\,\text{kN},\ F_{Ax} = 0{,}36\,\text{kN},\ F_{Bx} = 0{,}0344\,\text{kN},\ F_1 = F_{r2} = 0{,}72\,\text{kN},$

$F_2 = F_{a2} = 0{,}83\,\text{kN},\ F_3 = F_{t2} = 1{,}79\,\text{kN},\ F_4 = F_{t3} = 3{,}63\,\text{kN},$

$F_5 = F_{r3} = 1{,}46\,\text{kN},\ F_6 = F_{a3} = 1{,}69\,\text{kN}$

Die Welle läuft mit $n = 900\,\text{min}^{-1} = 15\,\text{s}^{-1}$.

Es sind die Neigungswinkel β_{LA} und β_{LB} der Zapfen in den Lagern zu errechnen und auf Zulässigkeit zu prüfen. Ferner ist die Durchbiegung *f* an der durch Schraffur markierten Stelle zu errechnen und auf Zulässigkeit zu prüfen.

Da sich die zunächst nach Beispiel 15.2 gewählten Durchmesser nach Beispiel 15.4 als weit ausreichend ergaben, wurden sie auf die Werte nach Bild 15.24 reduziert.

Hinweis: Wegen des großen Umfangs sind die Berechnungsgleichungen vor den jeweiligen Ausrechnungen fortgelassen. Es werden die Einheiten gemäß Bild 15.21 verwendet, wobei die sich herauskürzenden Einheiten der Einfachheit halber nicht geschrieben sind.

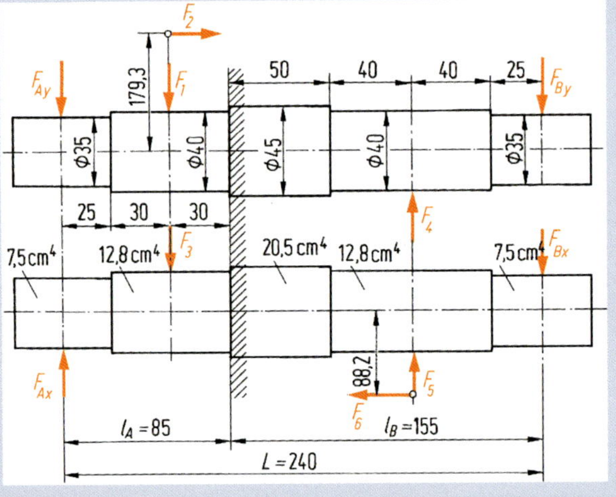

Bild 15.24 Berechnungsskizze zur Durchbiegung der Zwischenwelle eines Zahnradgetriebes

Lösung:

1. Neigungswinkel β_{Ay} und Durchbiegung f_{Ay} in der y-Ebene

Nach Formel 15.27 und Formel 15.28 mit F_{Ay} (Bild 15.21, Belastungsfall 1):

$$\beta_{AAy} = -\frac{1{,}05}{2 \cdot 21 \cdot 10^3}\left(\frac{2{,}5^2}{7{,}5} + \frac{8{,}5^2 - 2{,}5^2}{12{,}8}\right) = -0{,}1497 \cdot 10^{-3}\,\text{rad}$$

$$f_{AAy} = -\frac{1{,}05}{3 \cdot 21 \cdot 10^3}\left(\frac{2{,}5^3}{7{,}5} + \frac{8{,}5^3 - 2{,}5^3}{12{,}8}\right)\text{cm} = -0{,}814 \cdot 10^{-3}\,\text{cm}$$

Nach Formel 15.29 und Formel 15.30 mit F_1 (Bild 15.21, Belastungsfall 2):

$$\beta_{A1y} = -\frac{0{,}72}{2 \cdot 21 \cdot 10^3} \cdot \frac{3^2}{12{,}8} = -0{,}0121 \cdot 10^{-3}\,\text{rad}$$

$$f_{A1y} = -\frac{0{,}72}{3 \cdot 21 \cdot 10^3} \cdot \frac{3^3}{12{,}8}\,\text{cm} - 0{,}0121 \cdot 10^{-3} \cdot 55\,\text{cm} = -0{,}0907 \cdot 10^{-3}\,\text{cm}$$

Nach Formel 15.33 und Formel 15.34 mit F_2 (Bild 15.21, Belastungsfall 4):

$$\beta_{A2y} = \frac{0{,}83 \cdot 17{,}93}{21 \cdot 10^3} \cdot \frac{3}{12{,}8} = 0{,}1661 \cdot 10^{-3}\,\text{rad}$$

$$f_{A2y} = \frac{0{,}83 \cdot 17{,}93}{2 \cdot 21 \cdot 10^3} \cdot \frac{3^2}{12{,}8}\,\text{cm} + 0{,}1661 \cdot 10^{-3} \cdot 5{,}5\,\text{cm} = 0{,}1627 \cdot 10^{-3}\,\text{cm}$$

Zusammenfassung:

$$\beta_{Ay} = \beta_{AAy} + \beta_{A1y} + \beta_{A2y} = (-0{,}1497 - 0{,}0121 + 0{,}1661)10^{-3} = 0{,}0043 \cdot 10^{-3}\,\text{rad}$$

$$f_{Ay} = f_{AAy} + f_{A1y} + f_{A2y} = (-0{,}814 - 0{,}0907 + 1{,}1627)10^{-3}\,\text{cm} = 0{,}258 \cdot 10^{-3}\,\text{cm}$$

2. Neigungswinkel β_{By} und Durchbiegung f_{By} in der *y*-Ebene

Nach Formel 15.27 und Formel 15.28 mit F_{By}:

$$\beta_{BBy} = -\frac{1{,}86}{2 \cdot 21 \cdot 10^3}\left(\frac{2{,}5^2}{7{,}5} + \frac{10{,}5^2 - 2{,}5^2}{12{,}8} + \frac{15{,}5^2 - 10{,}5^2}{20{,}5}\right) = -0{,}6776 \cdot 10^{-3}\,\text{rad}$$

$$f_{BBy} = -\frac{1{,}86}{3 \cdot 21 \cdot 10^3}\left(\frac{2{,}5^3}{7{,}5} + \frac{10{,}5^3 - 2{,}5^3}{12{,}8} + \frac{15{,}5^3 - 10{,}5^3}{20{,}5}\right)\text{cm} = -6{,}3915 \cdot 10^{-3}\,\text{cm}$$

Nach Formel 15.29 und Formel 15.30 mit F_4:

$$\beta_{B4y} = \frac{3{,}63}{2 \cdot 21 \cdot 10^3}\left(\frac{4^2}{12{,}8} + \frac{9^2 - 4^2}{20{,}5}\right) = 0{,}3821 \cdot 10^{-3}\,\text{rad}$$

$$f_{B4y} = \frac{3{,}63}{3 \cdot 21 \cdot 10^3}\left(\frac{4^3}{12{,}8} + \frac{9^3 - 4^3}{20{,}5}\right)\text{cm} + 0{,}3821 \cdot 10^{-3} \cdot 6{,}5\,\text{cm} = 4{,}6409 \cdot 10^{-3}\,\text{cm}$$

Zusammenfassung:

$$\beta_{By} = \beta_{BBy} + \beta_{B4y} = (-0{,}6776 + 0{,}3821)10^{-3} = -0{,}2955 \cdot 10^{-3}\,\text{rad}$$

$$f_{By} = f_{BBy} + f_{B4y} = (-6{,}3915 + 4{,}6409)10^{-3}\,\text{cm} = -1{,}7506 \cdot 10^{-3}\,\text{cm}$$

3. Neigungswinkel β_{LAy} und β_{LBy} und Durchbiegung f_y in der *y*-Ebene

Nach Formel 15.38 ist der Neigungswinkel der Tangente

$$\alpha_y = \frac{f_{Ay} - f_{By}}{L} = \frac{0{,}258 + 1{,}7506}{24}10^{-3} = 0{,}0837 \cdot 10^{-3}\,\text{rad}$$

Nach Formel 15.39 und Formel 15.40 betragen die Neigungswinkel

$$\beta_{LAy} = \beta_{Ay} - \alpha_y = (0{,}0043 - 0{,}0837)10^{-3} = -0{,}0794 \cdot 10^{-3}\,\text{rad}$$

$$\beta_{LBy} = \beta_{By} + \alpha_y = (-0{,}2955 + 0{,}0837)10^{-3}\,\text{cm} = -0{,}2118 \cdot 10^{-3}\,\text{cm}$$

Nach Formel 15.41 beträgt die Durchbiegung

$$f_y = f_{Ay} - \alpha_y \cdot l_A = (0{,}258 - 0{,}0837 \cdot 8{,}5)10^{-3}\,\text{cm} = -0{,}4535 \cdot 10^{-3}\,\text{cm}$$

4. Neigungswinkel β_{Ax} und Durchbiegung f_{Ax} in der x-Ebene

Da in der x-Ebene dieselben Abmessungsverhältnisse wie in der y-Ebene vorliegen, kann vereinfacht mit Proportionen gerechnet werden:

$$\beta_{AAx} = \frac{F_{Ax}}{F_{Ay}}\beta_{AAy} = \frac{0{,}36}{1{,}05}0{,}1497\cdot 10^{-3} = 0{,}0513\cdot 10^{-3}\ \text{rad}$$

$$f_{AAx} = \frac{F_{Ax}}{F_{Ay}}f_{AAy} = \frac{0{,}36}{1{,}05}0{,}814\cdot 10^{-3}\ \text{cm} = 0{,}2791\cdot 10^{-3}\ \text{cm}$$

$$\beta_{A3x} = \frac{F_3}{F_1}\beta_{A1y} = -\frac{1{,}79}{0{,}72}0{,}0121\cdot 10^{-3} = -0{,}0301\cdot 10^{-3}\ \text{rad}$$

$$f_{A3x} = \frac{F_3}{F_1}f_{A1y} = -\frac{1{,}79}{0{,}72}0{,}0907\cdot 10^{-3}\ \text{cm} = -0{,}2255\cdot 10^{-3}\ \text{cm}$$

Zusammenfassung:

$$\beta_{Ax} = \beta_{AAx} + \beta_{A3x} = (0{,}0513 - 0{,}0301)10^{-3} = 0{,}0212\cdot 10^{-3}\ \text{rad}$$

$$f_{Ax} = f_{AAx} + f_{A3x} = (0{,}2791 - 0{,}2255)10^{-3}\ \text{cm} = 0{,}0536\cdot 10^{-3}\ \text{cm}$$

5. Neigungswinkel β_{Bx} und Durchbiegung f_{Bx} in der x-Ebene

15

$$\beta_{BBx} = \frac{F_{Bx}}{F_{By}}\beta_{BBy} = -\frac{0{,}0344}{1{,}86}0{,}6776\cdot 10^{-3} = -0{,}0125\cdot 10^{-3}\ \text{rad}$$

$$f_{BBx} = \frac{F_{Bx}}{F_{By}}f_{BBy} = -\frac{0{,}0344}{1{,}86}6{,}3915\cdot 10^{-3}\ \text{cm} = -0{,}1182\cdot 10^{-3}\ \text{cm}$$

$$\beta_{B5x} = \frac{F_5}{F_4}\beta_{B4y} = \frac{1{,}46}{3{,}63}0{,}3821\cdot 10^{-3} = 0{,}1537\cdot 10^{-3}\ \text{rad}$$

$$f_{B5x} = \frac{F_5}{F_4}f_{B4y} = \frac{1{,}46}{3{,}63}4{,}6409\cdot 10^{-3}\ \text{cm} = 1{,}8666\cdot 10^{-3}\ \text{cm}$$

$$\beta_{B6x} = -\frac{1{,}69\cdot 882}{21\cdot 10^{3}}\left(\frac{4}{12{,}8} + \frac{9-4}{20{,}5}\right) = -0{,}3949\cdot 10^{-3}\ \text{rad}$$

$$f_{B6x} = -\frac{1{,}69\cdot 8{,}82}{2\cdot 21\cdot 10^{-3}}\left(\frac{4^2}{12{,}8} + \frac{9^2-4^2}{20{,}5}\right)\text{cm} - 0{,}3949\cdot 10^{-3}\cdot 6{,}5\ \text{cm} = -4{,}1358\cdot 10^{-3}\ \text{cm}$$

Zusammenfassung:

$$\beta_{Bx} = \beta_{BBx} + \beta_{B5x} + \beta_{B6x} = (-0{,}0125 + 0{,}1537 - 0{,}3949)10^{-3} = -0{,}2537\cdot 10^{-3}\ \text{rad}$$

$$f_{Bx} = f_{BBx} + f_{B5x} + f_{B6x} = (-0{,}1182 + 1{,}8666 - 4{,}1358)10^{-3}\ \text{cm} = -2{,}3874\cdot 10^{-3}\ \text{cm}$$

6. Neigungswinkel β_{LAx} und β_{LBx} und Durchbiegung f_x in der *x*-Ebene

Nach Formel 15.38 ist der Neigungswinkel der Tangente

$$\alpha_x = \frac{f_{Ax} - f_{Bx}}{L} = \frac{0{,}0536 + 2{,}3874}{24} 10^{-3} = +0{,}1017 \cdot 10^{-3}\ \text{rad}$$

Nach Formel 15.39 und Formel 15.40 betragen die Neigungswinkel

$$\beta_{LAx} = \beta_{Ax} - \alpha_x = (0{,}0212 - 0{,}1017)10^{-3} = -0{,}0805 \cdot 10^{-3}\ \text{rad}$$

$$\beta_{LBx} = \beta_{Bx} + \alpha_x = (-0{,}2537 + 0{,}1017)10^{-3} = -0{,}1520 \cdot 10^{-3}\ \text{rad}$$

Nach Formel 15.41 beträgt die Durchbiegung

$$f_x = f_{Ax} - \alpha_x \cdot l_A = (0{,}0536 - 0{,}1017 \cdot 8{,}5)10^{-3}\ \text{cm} = -0{,}8109 \cdot 10^{-3}\ \text{cm}$$

7. Gesamtneigungswinkel β_{LA} und β_{LB}

Nach Formel 15.42 und Formel 15.43 betragen die Gesamtneigungswinkel

$$\beta_{LA} = \sqrt{\beta_{LAx}^2 + \beta_{LAy}^2} = \sqrt{0{,}0805^2 + 0{,}0794^2} \approx 0{,}1131 \cdot 10^{-3}\ \text{rad}$$

$$\beta_{LB} = \sqrt{\beta_{LBx}^2 + \beta_{LBy}^2} = \sqrt{0{,}1520^2 + 0{,}2118^2} \approx 0{,}2607 \cdot 10^{-3}\ \text{rad}$$

Da die Welle in Wälzlagern läuft, ist $\beta_{LA\,zul} = \beta_{LB\,zul} = 2 \cdot 10^{-3}$ rad. Die Neigungswinkel sind also bei weitem zulässig.

8. Gesamtdurchbiegung *f*

Nach Formel 15.44:

$$f = \sqrt{f_x^2 + f_y^2} = \sqrt{0{,}8109^2 + 0{,}4535^2}\ 10^{-3}\ \text{cm} \approx 0{,}93 \cdot 10^{-3}\ \text{cm} = 93\ \mu\text{m}$$

Da $n < 1500\ \text{min}^{-1}$ ist, beträgt $f_{zul} \approx 0{,}5 \cdot 10^{-3} \cdot L = 0{,}5 \cdot 10^{-3} \cdot 24\,\text{cm} = 12 \cdot 10^{-3}\,\text{cm} = 120\,\mu\text{m}$, sodass auch die Durchbiegung bei Weitem zulässig ist. Die Verringerung der Wellendurchmesser, wie sie nach Beispiel 15.4 zweckmäßig erschien, kann also erfolgen.

Hinweis: Die Kraft F_{Bx} hätte wegen Geringfügigkeit vernachlässigt werden können. Sie ist nur der Vollständigkeit wegen einbezogen.

3. Das Übertragungs- oder Reduktionsverfahren

Dieses aus der Baustatik stammende Verfahren ist sehr geeignet für sogenannte Durchlaufträger, also auch Maschinenwellen. Es geht von der Betrachtung eines Balkenstücks aus (Bild 15.25).

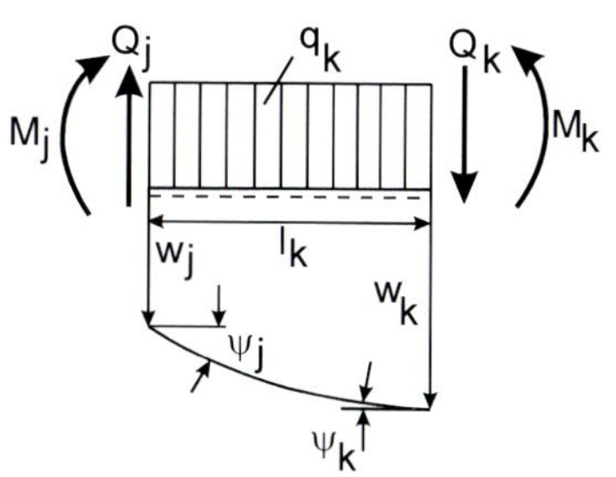

Bild 15.25
Ein Balkenstück der Länge l_k mit linkem Ende (Index j) und rechtem Ende (Index k) sowie der möglichen Streckenlast q_k und den Querkräften *Q* und Biegemomenten *M*

Es werden die elementaren Integrale der Biegetheorie nach Formel 15.20 angesetzt:

$$Q(x) = -\int q(x)\mathrm{d}x = -qx + C_1$$

$$M(x) = \int Q(x)\mathrm{d}x = -\frac{q}{2}x^2 + C_1 x + C_2$$

$$\psi(x) = -\frac{1}{EI}\int M(x)\mathrm{d}x = \frac{q}{6EI}x^3 - \frac{C_1}{2EI}x^2 - \frac{C_2}{EI}x + C_3$$

$$w(x) = \int \psi(x)\mathrm{d}x = \frac{q}{24EI}x^4 - \frac{C_1}{6EI}x^3 - \frac{C_2}{2EI}x^2 + C_3 x + C_4$$

Hier treten vier Integrationskonstanten C_1 bis C_4 auf. Diese können leicht bestimmt werden: Am linken Trägerende, d. h., für $x = 0$, gilt:

$$Q(0) = Q_\mathrm{j} = q \cdot 0 + C_1 \rightarrow C_1 = Q_\mathrm{j}$$

$$M(0) = M_\mathrm{j} = -\frac{q}{2}0 + Q_\mathrm{j}0 + C_2 \rightarrow C_2 = M_\mathrm{j}$$

$$\psi(0) = \psi_\mathrm{j} = C_3$$

$$w(0) = w_\mathrm{j} = C_4$$

Am rechten Trägerende, d. h., für $x = l_\mathrm{k}$, gilt:

$$Q(l_\mathrm{k}) = Q_\mathrm{k} = -q \cdot l_\mathrm{k} + Q_\mathrm{j}$$

$$M(l_\mathrm{k}) = M_\mathrm{k} = -\frac{q}{2}l_\mathrm{k}^2 + Q_\mathrm{j} l_\mathrm{k} + M_\mathrm{j}$$

$$\psi(l_\mathrm{k}) = \psi_\mathrm{k} = \frac{q}{6EI_\mathrm{k}}l_\mathrm{k}^3 - \frac{Q_\mathrm{j}}{2EI_\mathrm{k}}l_\mathrm{k}^2 - \frac{M_\mathrm{j}}{EI_\mathrm{k}}l_\mathrm{k} + \psi_\mathrm{j}$$

$$w(l_\mathrm{k}) = w_\mathrm{k} = \frac{q}{24EI_\mathrm{k}}l_\mathrm{k}^4 - \frac{Q_\mathrm{j}}{6EI_\mathrm{k}}l_\mathrm{k}^3 - \frac{M_\mathrm{j}}{2EI_\mathrm{k}}l_\mathrm{k}^2 + \psi_\mathrm{j} l_\mathrm{k} + w_\mathrm{j}$$

In anderer Schreibweise für die vier Gleichungen:

$$w_\mathrm{k} = w_\mathrm{j} + l_\mathrm{k}\psi_\mathrm{j} - \frac{1}{2EI_\mathrm{k}}l_\mathrm{k}^2 M_\mathrm{j} - \frac{1}{6EI_\mathrm{k}}l_\mathrm{k}^3 Q_\mathrm{j} + \frac{1}{24EI_\mathrm{k}}l_\mathrm{k}^4 q$$

$$\psi_\mathrm{k} = \psi_\mathrm{j} - \frac{1}{EI_\mathrm{k}}l_\mathrm{k} M_\mathrm{j} - \frac{1}{2EI_\mathrm{k}}l_\mathrm{k}^2 Q_\mathrm{j} + \frac{1}{6EI_\mathrm{k}}l_\mathrm{k}^3 q$$

$$M_\mathrm{k} = M_\mathrm{j} + l_\mathrm{k} Q_\mathrm{j} - \frac{1}{2}l_\mathrm{k}^2 q$$

$$Q_\mathrm{k} = Q_\mathrm{j} - l_\mathrm{k} q$$

Matrixform der Gleichungen (die fünfte Zeile wird ergänzt, weil in w_k fünf Terme stehen):

$$\begin{bmatrix} w_\mathrm{k} \\ \psi_\mathrm{k} \\ M_\mathrm{k} \\ Q_\mathrm{k} \\ 1 \end{bmatrix} = \begin{bmatrix} 1 & l_\mathrm{k} & -\frac{1}{2EI_\mathrm{k}}l_\mathrm{k}^2 & -\frac{1}{6EI_\mathrm{k}}l_\mathrm{k}^3 & \frac{1}{24EI_\mathrm{k}}l_\mathrm{k}^4 q \\ 0 & 1 & -\frac{1}{EI_\mathrm{k}}l_\mathrm{k} & -\frac{1}{2EI_\mathrm{k}}l_\mathrm{k}^2 & \frac{1}{6EI_\mathrm{k}}l_\mathrm{k}^3 q \\ 0 & 0 & 1 & l_\mathrm{k} & -\frac{1}{2}l_\mathrm{k}^2 q \\ 0 & 0 & 0 & 1 & -l_\mathrm{k} q \\ 0 & 1 & 0 & 0 & 1 \end{bmatrix} \begin{bmatrix} w_\mathrm{j} \\ \psi_\mathrm{j} \\ M_\mathrm{j} \\ Q_\mathrm{j} \\ 1 \end{bmatrix} \quad (15.45)$$

Dabei steht links der Vektor des rechten Rands, rechts der Vektor des linken Rands, der sog. **Anfangsvektor**. Die Matrix ist die sog. **Abschnitts**- oder **Übertragungsmatrix** A_k des Balkenabschnitts. Diese Beziehung lautet in symbolischer Matrizenschreibweise:

$$v_k = A_k v_j \tag{15.46}$$

Bei n Abschnitten mit dem Anfangsvektor v_0 gilt:

$$v_n = A_1 \cdot A_2 \cdot \ldots \cdot A_n \cdot v_0 = \prod_{i=1}^{n} A_i \cdot v_0 \tag{15.47}$$

Für jeden Balkenabschnitt existiert eine Abschnitts- oder Übertragungsmatrix. Der Balken wird in Abschnitte zerteilt, in denen keine Änderung der Zustandsgrößen auftritt. Nun müssen noch die freien **Anfangskonstanten**, die sogenannte *Freigrößen*, die **Endbedingungen** als Rand bedingungen und ggf. die **Zwischenbedingungen** eingebaut werden.

Beispiele für freie Anfangskonstanten = Freigrößen am linken Ende:

Feste Einspannung:	unbekannt sind M_0 und Q_0
Gelenkiges Lager:	unbekannt sind ψ_0 und Q_0
Freies Balkenende:	unbekannt sind ψ_0 und w_0
Querkraftgelenk:	unbekannt sind M_0 und w_0

Beispiele für Endbedingungen = Randbedingungen am rechten Ende:

Feste Einspannung:	bekannt sind $w_n = 0$ und $\psi_n = 0$
Gelenkiges Lager:	bekannt sind $w_n = 0$ und $M_n = 0$
Freies Balkenende:	bekannt sind $M_n = 0$ und $Q_n = 0$
Querkraftgelenk:	bekannt sind $Q_n = 0$ und $\psi_n = 0$

Daraus ist ersichtlich, dass immer nur zwei Gleichungen mit zwei Unbekannten vorkommen können. Diese Gleichungen sind immer eindeutig lösbar. Man versteht das Verfahren am besten durch Betrachten von Beispielen.

Einfaches Beispiel ohne Zahlenwerte

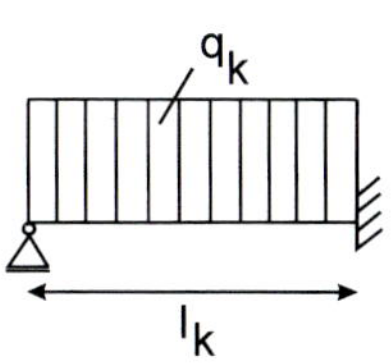

Bild 15.26
Ein Einfeldträger mit Gleichstreckenlast

Es wird lediglich ein Balkenabschnitt betrachtet. Daher gilt:

$$v_1 = A_1 \cdot v_0$$

Man beginnt am linken Rand mit den beiden unbekannten Freigrößen Q_j und ψ_j. Damit wird der Anfangsvektor:

$$\boldsymbol{v}_0 = \begin{pmatrix}0\\0\\0\\0\\0\end{pmatrix}\cdot w_0 + \begin{pmatrix}0\\1\\0\\0\\0\end{pmatrix}\cdot \psi_0 + \begin{pmatrix}0\\0\\0\\0\\0\end{pmatrix}\cdot M_0 + \begin{pmatrix}0\\0\\0\\1\\0\end{pmatrix}\cdot Q_0 + \begin{pmatrix}0\\0\\0\\0\\1\end{pmatrix}\cdot 1$$

Dieser Anfangsvektor wird aus Gründen der Übersicht (damit das Vorgehen später zu den Punktmatrizen für die Zwischenbedingungen „passt“) als Anfangsmatrix dargestellt.

$$\boldsymbol{v}_0 = \begin{pmatrix}0 & 0 & 0 & 0 & 0\\ 0 & \psi_0 & 0 & 0 & 0\\ 0 & 0 & 0 & 0 & 0\\ 0 & 0 & 0 & Q_0 & 0\\ 0 & 0 & 0 & 0 & 1\end{pmatrix}$$

Die Abschnittsmatrix A_1 ist:

$$\boldsymbol{A}_1 = \begin{bmatrix} 1 & l_k & -\frac{1}{2EI_k} l_k^2 & -\frac{1}{6EI_k} l_k^3 & \frac{1}{24EI_k} l_k^4 q \\ 0 & 1 & -\frac{1}{EI_k} l_k & -\frac{1}{2EI_k} l_k^2 & \frac{1}{6EI_k} l_k^3 q \\ 0 & 0 & 1 & l_k & -\frac{1}{2} l_E^2 q \\ 0 & 0 & 0 & 1 & -l_k q \\ 0 & 0 & 0 & 0 & 1 \end{bmatrix}$$

Durch Bildung des Matrixproduktes $\boldsymbol{A}_1 \cdot \boldsymbol{v}_0$ (am besten mit dem Falkschen Schema „Zeile × Spalte“) entsteht $\boldsymbol{v}_1$:

$$\left[\begin{array}{ccccc|ccccc}
 & & & & & 0 & 0 & 0 & 0 & 0 \\
 & & & & & 0 & \psi_0 & 0 & 0 & 0 \\
 & & & & & 0 & 0 & 0 & 0 & 0 \\
 & & & & & 0 & 0 & 0 & Q_0 & 0 \\
 & & & & & 0 & 0 & 0 & 0 & 1 \\
\hline
1 & l_k & -\frac{1}{2EI_k} l_k^2 & -\frac{1}{6EI_k} l_k^3 & \frac{1}{24EI_k} l_k^4 q & 0 & l_k \cdot \psi_0 & 0 & -\frac{1}{6EI_k} l_k^3 \cdot Q_0 & \frac{1}{24EI_k} l_k^4 q \\
0 & 1 & -\frac{1}{EI_k} l_k & -\frac{1}{2EI_k} l_k^2 & \frac{1}{6EI_k} l_k^3 q & 0 & \psi_0 & 0 & -\frac{1}{2EI_k} l_k^2 \cdot Q_0 & \frac{1}{6EI_k} l_k^3 q \\
0 & 0 & 1 & l_k & -\frac{1}{2} l_k^2 q & 0 & 0 & 0 & l_k \cdot Q_0 & -\frac{1}{2} l_k^2 q \\
0 & 0 & 0 & 1 & -l_k q & 0 & 0 & 0 & Q_0 & -l_k q \\
0 & 0 & 0 & 0 & 1 & 0 & 0 & 0 & 0 & 1
\end{array}\right]$$

$$A_1 \cdot v_0 = \begin{bmatrix} 0 & l_k \cdot \psi_0 & 0 & -\frac{1}{6EI_k} l_k^3 \cdot Q_0 & \frac{1}{24EI_k} l_k^4 q \\ 0 & \psi_0 & 0 & -\frac{1}{2EI_k} l_k^2 \cdot Q_0 & \frac{1}{6EI_k} l_k^3 q \\ 0 & 0 & 0 & l_k \cdot Q_0 & -\frac{1}{2} l_k^2 q \\ 0 & 0 & 0 & Q_0 & -l_k q \\ 0 & 0 & 0 & 0 & 1 \end{bmatrix} = v_1$$

Nun können die Randbedingungen am rechten Rand verwendet werden: $\psi_k = 0$ und $w_k = 0$.

$$\begin{bmatrix} 0 & l_k \cdot \psi_0 & 0 & -\frac{1}{6EI_k} l_k^3 \cdot Q_0 & \frac{1}{24EI_k} l_k^4 q \\ 0 & \psi_0 & 0 & -\frac{1}{2EI_k} l_k^2 \cdot Q_0 & \frac{1}{6EI_k} l_k^3 q \\ 0 & 0 & 0 & l_k \cdot Q_0 & -\frac{1}{2} l_k^2 q \\ 0 & 0 & 0 & Q_0 & -l_k q \\ 0 & 0 & 0 & 0 & 1 \end{bmatrix} = v_1 = \begin{pmatrix} 0 = w_1 \\ 0 = \psi_1 \\ M_1 \\ Q_1 \\ 1 \end{pmatrix}$$

Wenn man die beiden oberen Gleichungen (die mit den bekannten Randbedingungen) aufschreibt, erhält man zwei Gleichungen mit den beiden Unbekannten ψ_0 und Q_0:

$$l_k \cdot \psi_0 - \frac{1}{6EI_k} l_k^3 \cdot Q_0 + \frac{1}{24EI_k} l_k^4 q = 0$$

$$\psi_0 - \frac{1}{2EI_k} l_k^2 \cdot Q_0 + \frac{1}{6EI_k} l_k^3 q = 0$$

Zur Lösung dieser zwei Gleichungen mit den beiden Unbekannten ψ_0 und Q_0 kann man die zweite Gleichung nach ψ_0 auflösen und in die erste einsetzen:

$$\psi_0 = \frac{1}{2EI_k} l_k^2 \cdot Q_0 - \frac{1}{6EI_k} l_k^3 q$$

$$l_k \cdot \left(\frac{1}{2EI_k} l_k^2 \cdot Q_0 - \frac{1}{6EI_k} l_k^3 q \right) - \frac{1}{6EI_k} l_k^3 \cdot Q_0 + \frac{1}{24EI_k} l_k^4 q = 0$$

$$Q_0 \cdot \left(\frac{1}{2EI_k} l_k^3 - \frac{1}{6EI_k} l_k^3 \right) = \frac{1}{6EI_k} l_k^4 q - \frac{1}{24EI_k} l_k^4 q$$

$$\underline{\underline{Q_0 = \frac{3}{8} l_k q}}$$

Q_0 in die zweite Gleichung eingesetzt, liefert

$$\psi_0 = \frac{1}{2EI_k} l_k^2 \cdot \frac{3}{8} l_k q - \frac{1}{6EI_k} l_k^3 q$$

$$\underline{\underline{\psi_0 = \frac{1}{48} \cdot \frac{l_k^3 q}{EI_k}}}$$

15

Damit ist der **erste Schritt** des Übertragungsverfahrens durchgeführt, nämlich die Bestimmung der beiden unbekannten Freigrößen am linken Rand. Der Anfangsvektor ist somit bekannt, und nun können von Abschnitt zu Abschnitt die Werte für den jeweils rechten Rand berechnet werden, denn es gilt:

$$\boldsymbol{v}_1 = \boldsymbol{A}_1 \cdot \boldsymbol{v}_0$$

Im **zweiten Schritt** wird das Matrizenprodukt $A_1 \cdot v_0$ gebildet, man erhält die Werte für den rechten Rand.

$$\boldsymbol{A}_1 = \begin{bmatrix} 1 & l_k & -\frac{1}{2EI_k} l_k^2 & -\frac{1}{6EI_k} l_k^3 & \frac{1}{24EI_k} l_k^4 q \\ 0 & 1 & -\frac{1}{EI_k} l_k & -\frac{1}{2EI_k} l_k^2 & \frac{1}{6EI_k} l_k^3 q \\ 0 & 0 & 1 & l_k & -\frac{1}{2} l_k^2 q \\ 0 & 0 & 0 & 1 & -l_k q \\ 0 & 0 & 0 & 0 & 1 \end{bmatrix}$$

$$\boldsymbol{v}_0 = \begin{pmatrix} 0 & 0 & 0 & 0 & 0 \\ 0 & \frac{1}{48} \cdot \frac{l_k^3 q}{EI_k} & 0 & 0 & 0 \\ 0 & 0 & 0 & 0 & 0 \\ 0 & 0 & 0 & \frac{3}{8} l_k q & 0 \\ 0 & 0 & 0 & 0 & 1 \end{pmatrix}$$

$$\begin{bmatrix} 0 & l_k \cdot \frac{1}{48} \cdot \frac{l_k^3 q}{EI_k} & 0 & -\frac{1}{6EI_k} l_k^3 \cdot \frac{3}{8} l_k q & \frac{1}{24EI_k} l_k^4 q \\ 0 & \frac{1}{48} \cdot \frac{l_k^3 q}{EI_k} & 0 & -\frac{1}{2EI_k} l_k^2 \cdot \frac{3}{8} l_k q & \frac{1}{6EI_k} l_k^3 \\ 0 & 0 & 0 & l_k \cdot \frac{3}{8} l_k q & -\frac{1}{2} l_k^2 q \\ 0 & 0 & 0 & \frac{3}{8} l_k q & -l_k q \\ 0 & 0 & 0 & 0 & 1 \end{bmatrix} = \boldsymbol{v}_1 = \begin{pmatrix} 0 = w_1, \text{ stimmt} \\ 0 = \psi_1, \text{ stimmt} \\ M_1 \\ Q_1 \\ 1 \end{pmatrix}$$

Die oberen beiden Zeilen ergeben wegen der festen Einspannung null (gute Kontrolle). Die dritte und vierte Zeile liefert:

$$M_1 = l_k \cdot \frac{3}{8} l_k q - \frac{1}{2} l_k^2 q = \underline{\underline{-\frac{1}{8} l_k^2 q = M_1}}$$

$$Q_1 = \frac{3}{8} l_k q - l_k q = \underline{\underline{-\frac{5}{8} l_k q = Q_1}}$$

Das Übertragungs- oder Reduktionsverfahren läuft also immer in zwei Schritten ab:

1. Schritt: Berechne die beiden unbekannten Freigrößen des linken Rands. Dies liefert den Anfangsvektor $\boldsymbol{v}_0$.

2. Schritt: *Nur ein Trägerabschnitt*: Multipliziere die Abschnittsmatrix $\boldsymbol{A}_1$ mit dem Anfangsvektor $\boldsymbol{v}_0$ und erhalte die beiden Unbekannten des rechten Rands.

Mehrere Trägerabschnitte: Es gilt: $\boldsymbol{v}_k = \boldsymbol{A}_k \cdot \boldsymbol{v}_j$, damit kann mit $\boldsymbol{v}_0$ und $\boldsymbol{A}_1$ dann $\boldsymbol{v}_1$ berechnet werden, mit $\boldsymbol{v}_1$ und $\boldsymbol{A}_2$ kann $\boldsymbol{v}_2$ berechnet werden usw., bis man am rechten Trägerrand angekommen ist. Oder man berechnet direkt die beiden Unbekannten des rechten Rands, denn bei n Abschnitten mit dem Anfangsvektor $\boldsymbol{v}_0$ gilt:

$$\boldsymbol{v}_n = \boldsymbol{A}_1 \cdot \boldsymbol{A}_2 \cdot \ldots \cdot \boldsymbol{A}_n \cdot \boldsymbol{v}_0 = \prod_{i=1}^{n} \boldsymbol{A}_i \cdot \boldsymbol{v}_0$$

Das Ergebnis hätte man auf anderem Wege unter Umständen natürlich auch einfacher erzielen können. Die eigentliche Leistungsstärke des Verfahrens erschließt sich erst bei komplizierteren Aufgaben mit mehreren Zwischenbedingungen.

Nun werden noch andere Übertragungsmatrizen benötigt, wenn keine Gleichstreckenlasten, sondern äußere Kräfte oder Momente aufgegeben werden sollen. Begonnen wird mit einer Einzellast gemäß Bild 15.27.

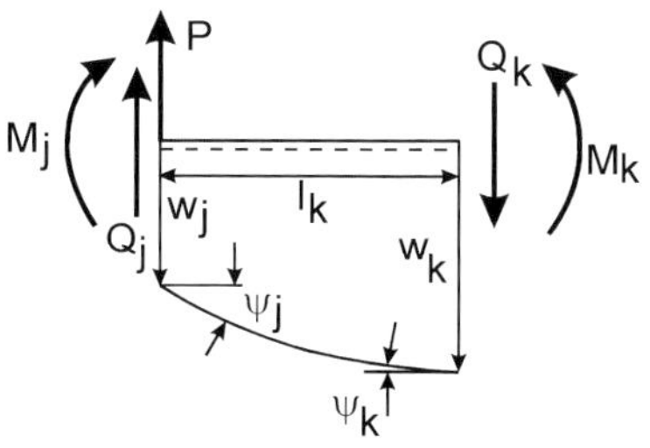

Bild 15.27
Zur Herleitung der Übertragungsmatrix für eine Einzellast *P*

Die Grundgleichungen werden wie bei der Gleichstreckenlast aufgestellt:

$$Q(x) = P + Q_j$$

$$M(x) = \int Q(x)dx = Px + Q_j x + C_1$$

$$\psi(x) = -\frac{1}{EI}\int M(x)dx = -\frac{P}{2EI}x^2 - \frac{Q_j}{2EI}x^2 - \frac{C_1}{EI}x + C_2$$

$$w(x) = \int \psi(x)dx = -\frac{P}{6EI}x^3 - \frac{Q_j}{6EI}x^3 - \frac{C_1}{2EI}x^2 + C_2 x + C_3$$

Die Integrationskonstanten sind: $C_1 = M_j, C_2 = \psi_j, C_3 = w_j$

Damit ergibt sich die *Übertragungsmatrix eines Trägerabschnitts mit einer Einzellast P*:

$$\boldsymbol{A}_k = \begin{bmatrix} 1 & l_k & -\frac{1}{2EI_k}l_k^2 & -\frac{1}{6EI_k}l_k^3 & \frac{P}{6EI_k}l_k^3 \\ 0 & 1 & -\frac{1}{EI_k}l_k & -\frac{1}{2EI_k}l_k^2 & -\frac{P}{2EI_k}l_k^2 \\ 0 & 0 & 1 & l_k & Pl_k \\ 0 & 0 & 0 & 1 & P \\ 0 & 0 & 0 & 0 & 1 \end{bmatrix} \tag{15.48}$$

Die Berechnung des Einzelmoments M erfolgt nach Bild 15.28.

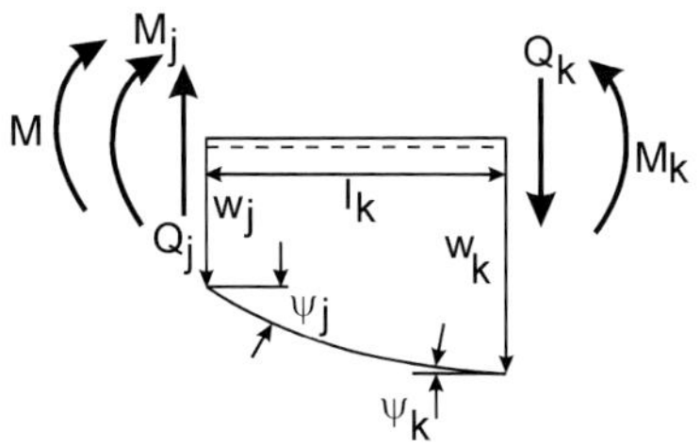

Bild 15.28
Zur Herleitung der Übertragungsmatrix für ein Einzelmoment *M*

Die Grundgleichungen werden wie bei der Gleichstreckenlast aufgestellt, und es entsteht die *Übertragungsmatrix für ein Einzelmoment M*:

$$\boldsymbol{A}_k = \begin{bmatrix} 1 & l_k & -\frac{1}{2EI_k}l_k^2 & -\frac{1}{6EI_k}l_k^3 & -\frac{M}{2EI_k}l_k^2 \\ 0 & 1 & -\frac{1}{EI_k}l_k & -\frac{1}{2EI_k}l_k^2 & -\frac{M}{EI_k}l_k \\ 0 & 0 & 1 & l_k & M \\ 0 & 0 & 0 & 1 & 0 \\ 0 & 0 & 0 & 0 & 1 \end{bmatrix} \tag{15.49}$$

Das Verfahren ist leistungsstark, wenn Zwischenbedingungen (wie gelenkige Lager, Gerbergelenke, Querkraftgelenke, senkrecht geführte Lager und elastische Stützen) beliebig eingebaut werden können. Dies wird durch Multiplikation der Übertragungsmatrizen mit den neu hinzukommenden **Punktmatrizen** erreicht, welche die Einführung von Sprunggrößen erlauben. Die Sprunggrößen sind zunächst unbekannt und gehen in die Berechnung ein. Man stellt sich zwei Balkenabschnitte vor: Der erste Balkenabschnitt hat die Ränder j (links) und k (rechts), dann kommt die Sprunggröße Z_k, dann der nächste Balkenabschnitt mit den Rändern l (links) und m (rechts), siehe Bild 15.29.

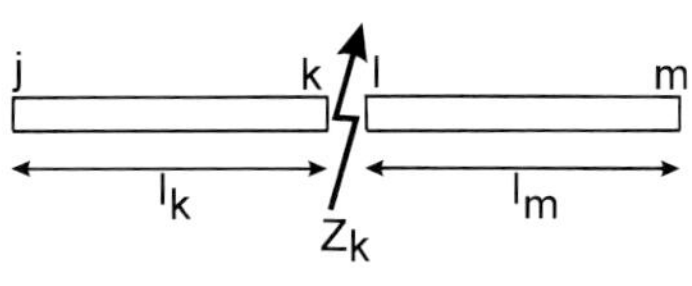

Bild 15.29
Berücksichtigen von Sprunggrößen

Es gilt: $\boldsymbol{v}_1 = \boldsymbol{Z}_k \cdot \boldsymbol{v}_k$. Die Punktmatrizen $\boldsymbol{Z}_k$ leitet man recht einfach über die Betrachtung der Kraft- und Verformungsgrößen an einer Feldgrenze her. Die Punktmatrizen sind:

Gelenkiges Lager
= Querkraftsprung um Lagerkraft Q_{Zk}:

$$\boldsymbol{Z}_k = \begin{pmatrix} 1 & 0 & 0 & 0 & 0 \\ 0 & 1 & 0 & 0 & 0 \\ 0 & 0 & 1 & 0 & 0 \\ 0 & 0 & 0 & 1 & Q_{Zk} \\ 0 & 0 & 0 & 0 & 1 \end{pmatrix} \tag{15.50}$$

Gerbergelenk
= Winkeländerung am Gelenk ψ_{Zk}:

$$\boldsymbol{Z}_k = \begin{pmatrix} 1 & 0 & 0 & 0 & 0 \\ 0 & 1 & 0 & 0 & \psi_{Zk} \\ 0 & 0 & 1 & 0 & 0 \\ 0 & 0 & 0 & 1 & 0 \\ 0 & 0 & 0 & 0 & 1 \end{pmatrix} \tag{15.51}$$

Querkraftgelenk
= Sprung um die Absenkung w_{Zk}:

$$\boldsymbol{Z}_k = \begin{pmatrix} 1 & 0 & 0 & 0 & w_{Zk} \\ 0 & 1 & 0 & 0 & 0 \\ 0 & 0 & 1 & 0 & 0 \\ 0 & 0 & 0 & 1 & 0 \\ 0 & 0 & 0 & 0 & 1 \end{pmatrix} \tag{15.52}$$

Senkrecht geführtes Lager
= Momentensprung mit M_{Zk}:

$$\boldsymbol{Z}_k = \begin{pmatrix} 1 & 0 & 0 & 0 & 0 \\ 0 & 1 & 0 & 0 & 0 \\ 0 & 0 & 1 & 0 & M_{Zk} \\ 0 & 0 & 0 & 1 & 0 \\ 0 & 0 & 0 & 0 & 1 \end{pmatrix} \tag{15.53}$$

Elastisch senkbares Lager
mit der Federsteifigkeit k_k:

$$\boldsymbol{Z}_k = \begin{pmatrix} 1 & 0 & 0 & 0 & 0 \\ 0 & 1 & 0 & 0 & 0 \\ 0 & 0 & 1 & 0 & 0 \\ -k_k & 0 & 0 & 1 & 0 \\ 0 & 0 & 0 & 0 & 1 \end{pmatrix} \tag{15.54}$$

Elastisch senkbares Lager
mit der Drehfedersteifigkeit φ_k:

$$\boldsymbol{Z}_k = \begin{pmatrix} 1 & 0 & 0 & 0 & 0 \\ 0 & 1 & 0 & 0 & 0 \\ 0 & -\varphi_k & 1 & 0 & 0 \\ 0 & 0 & 0 & 1 & 0 \\ 0 & 0 & 0 & 0 & 1 \end{pmatrix} \tag{15.55}$$

15

15

Beispiel 15.7

Zweifeldträger, also beispielsweise eine Getriebewelle, die einfach statisch überbestimmt ist und an deren linkem Ende ein Einzelmoment angreift (z. B. aus einem Getrieberitzel via Zahnaxialkraft) und ferner eine Gleichstreckenlast (z. B. eine über einen Pressverband eingeleitete senkrechte Radialkraft aus einem aufgeschrumpften Zahnrad):

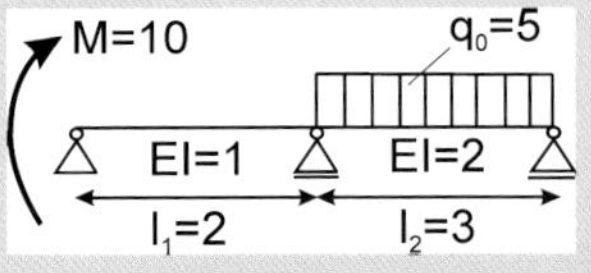

Bild 15.30
Ein Balken auf drei Stützen (= Welle mit drei Lagern) mit Momentenbelastung

Der Zustandsvektor, d. h. die „Anfangsmatrix" der linken Seite, $\boldsymbol{v}_0$ ist:

$$\boldsymbol{v}_0 = \begin{pmatrix} 0 & 0 & 0 & 0 & 0 \\ 0 & \psi_0 & 0 & 0 & 0 \\ 0 & 0 & 0 & 0 & 0 \\ 0 & 0 & 0 & Q_0 & 0 \\ 0 & 0 & 0 & 0 & 1 \end{pmatrix}$$

Die Abschnittsmatrix A_1 des ersten Balkenabschnitts mit dem Einzelmoment ist:

$$\boldsymbol{A}_1 = \begin{bmatrix} 1 & 2 & -2 & -\frac{4}{3} & -20 \\ 0 & 1 & -2 & -2 & -20 \\ 0 & 0 & 1 & 2 & 10 \\ 0 & 0 & 0 & 1 & 0 \\ 0 & 0 & 0 & 0 & 1 \end{bmatrix}$$

Nun kann der Zustandsvektor $\boldsymbol{v}_{1vS}$ aufgestellt werden:

$$\boldsymbol{v}_{1vS} = \boldsymbol{A}_1 \cdot \boldsymbol{v}_0 = \begin{bmatrix} 1 & 2 & -2 & -\frac{4}{3} & -20 \\ 0 & 1 & -2 & -2 & -20 \\ 0 & 0 & 1 & 2 & 10 \\ 0 & 0 & 0 & 1 & 0 \\ 0 & 0 & 0 & 0 & 1 \end{bmatrix} \cdot \begin{bmatrix} 0 & 0 & 0 & 0 & 0 \\ 0 & \psi_0 & 0 & 0 & 0 \\ 0 & 0 & 0 & 0 & 0 \\ 0 & 0 & 0 & Q_0 & 0 \\ 0 & 0 & 0 & 0 & 1 \end{bmatrix} = \begin{bmatrix} 0 & 2\psi_0 & 0 & -\frac{4}{3}Q_0 & -20 \\ 0 & \psi_0 & 0 & -2Q_0 & -20 \\ 0 & 0 & 0 & 2Q_0 & 10 \\ 0 & 0 & 0 & Q_0 & 0 \\ 0 & 0 & 0 & 0 & 1 \end{bmatrix}$$

Dies ist der Zustandsvektor $\boldsymbol{v}_{1vS}$ **vor** der Sprunggröße. Die Multiplikation des Sprungvektors $\boldsymbol{Z}_1$ mit dem Zustandsvektor vor dem Sprung ergibt den Zustandsvektor $\boldsymbol{v}_{1nS}$ **nach** dem Sprung:

$$\boldsymbol{Z}_1 = \begin{bmatrix} 1 & 0 & 0 & 0 & 0 \\ 0 & 1 & 0 & 0 & 0 \\ 0 & 0 & 1 & 0 & 0 \\ 0 & 0 & 0 & 1 & Q_{zk} \\ 0 & 0 & 0 & 0 & 1 \end{bmatrix}$$

$$\boldsymbol{v}_{1nS} = \boldsymbol{Z}_1 \cdot \boldsymbol{v}_{1vS} = \begin{bmatrix} 1 & 0 & 0 & 0 & 0 \\ 0 & 1 & 0 & 0 & 0 \\ 0 & 0 & 1 & 0 & 0 \\ 0 & 0 & 0 & 1 & Q_{zk} \\ 0 & 0 & 0 & 0 & 1 \end{bmatrix} \cdot \begin{bmatrix} 0 & 2\psi_0 & 0 & -\frac{4}{3}Q_0 & -20 \\ 0 & \psi_0 & 0 & -2Q_0 & -20 \\ 0 & 0 & 0 & 2Q_0 & 10 \\ 0 & 0 & 0 & Q_0 & 0 \\ 0 & 0 & 0 & 0 & 1 \end{bmatrix}$$

$$= \begin{bmatrix} 0 & 2\psi_0 & 0 & -\frac{4}{3}Q_0 & -20 \\ 0 & \psi_0 & 0 & -2Q_0 & -20 \\ 0 & 0 & 0 & 2Q_0 & 10 \\ 0 & 0 & 0 & Q_0 & Q_{zk} \\ 0 & 0 & 0 & 0 & 1 \end{bmatrix}$$

Nun wird die Abschnittsmatrix des zweiten Abschnitts $\boldsymbol{A}_2$ mit Gleichstreckenlast aufgestellt, und der Zustandsvektor $\boldsymbol{v}_2$ berechnet:

$$\boldsymbol{A}_2 = \begin{bmatrix} 1 & 3 & -\frac{9}{4} & -\frac{9}{4} & \frac{135}{16} \\ 0 & 1 & -\frac{3}{2} & -\frac{9}{4} & \frac{45}{4} \\ 0 & 0 & 1 & 3 & -\frac{45}{2} \\ 0 & 0 & 0 & 1 & -15 \\ 0 & 0 & 0 & 0 & 1 \end{bmatrix}$$

$$\boldsymbol{v}_2 = \boldsymbol{A}_2 \cdot \boldsymbol{v}_{1nS} = \begin{bmatrix} 1 & 3 & -\frac{9}{4} & -\frac{9}{4} & \frac{135}{16} \\ 0 & 1 & -\frac{3}{2} & -\frac{9}{4} & \frac{45}{4} \\ 0 & 0 & 1 & 3 & -\frac{45}{2} \\ 0 & 0 & 0 & 1 & -15 \\ 0 & 0 & 0 & 0 & 1 \end{bmatrix} \cdot \begin{bmatrix} 0 & 2\psi_0 & 0 & -\frac{4}{3}Q_0 & -20 \\ 0 & \psi_0 & 0 & -2Q_0 & -20 \\ 0 & 0 & 0 & 2Q_0 & 10 \\ 0 & 0 & 0 & Q_0 & Q_{zk} \\ 0 & 0 & 0 & 0 & 1 \end{bmatrix}$$

$$\boldsymbol{v}_2 = \boldsymbol{A}_2 \cdot \boldsymbol{v}_{1nS} = \begin{bmatrix} 0 & 5\psi_0 & 0 & -\frac{169}{12}Q_0 & -\frac{9}{4}Q_{zk} - \frac{1505}{16} \\ 0 & \psi_0 & 0 & -\frac{29}{4}Q_0 & -\frac{9}{4}Q_{zk} - \frac{95}{4} \\ 0 & 0 & 0 & 5Q_0 & 3Q_{zk} - \frac{25}{2} \\ 0 & 0 & 0 & Q_0 & Q_{zk} - 15 \\ 0 & 0 & 0 & 0 & 1 \end{bmatrix}$$

15

Damit gilt:

$$\begin{bmatrix} 0 & 5\psi_0 & 0 & -\frac{169}{12}Q_0 & -\frac{9}{4}Q_{zk}-\frac{1505}{16} \\ 0 & \psi_0 & 0 & -\frac{29}{4}Q_0 & -\frac{9}{4}Q_{zk}-\frac{95}{4} \\ 0 & 0 & 0 & 5Q_0 & 3Q_{zk}-\frac{25}{2} \\ 0 & 0 & 0 & Q_0 & Q_{zk}-15 \\ 0 & 0 & 0 & 0 & 1 \end{bmatrix} = \begin{bmatrix} w_k \\ \psi_k \\ M_k \\ Q_k \\ 1 \end{bmatrix}$$

Einsetzen der Randbedingungen: rechtes Lager $w_2 = 0$ und $M_2 = 0$

$$\begin{bmatrix} 0 & 5\psi_0 & 0 & -\frac{169}{12}Q_0 & -\frac{9}{4}Q_{zk}-\frac{1505}{16} \\ 0 & \psi_0 & 0 & -\frac{29}{4}Q_0 & -\frac{9}{4}Q_{zk}-\frac{95}{4} \\ 0 & 0 & 0 & 5Q_0 & 3Q_{zk}-\frac{25}{2} \\ 0 & 0 & 0 & Q_0 & Q_{zk}-15 \\ 0 & 0 & 0 & 0 & 1 \end{bmatrix} = \begin{bmatrix} 0 \\ \psi_2 \\ 0 \\ Q_2 \\ 1 \end{bmatrix}$$

Die erste und dritte Gleichung liefern:

(1) $5\psi_0 - \frac{169}{12}Q_0 - \frac{9}{4}Q_{zk} - \frac{1505}{16} = 0$

(2) $5Q_0 + 3Q_{zk} - \frac{25}{2} = 0$

Einsetzen der Zwischenbedingung: mittleres Lager: $w_1 = 0$, eingesetzt in v_{1ns}

$$\begin{bmatrix} 0 & 2\psi_0 & 0 & -\frac{4}{3}Q_0 & -20 \\ 0 & \psi_0 & 0 & -2Q_0 & -20 \\ 0 & 0 & 0 & 2Q_0 & 10 \\ 0 & 0 & 0 & Q_0 & Q_{zk} \\ 0 & 0 & 0 & 0 & 1 \end{bmatrix} = \begin{bmatrix} 0 \\ \psi_1 \\ M_1 \\ Q_1 \\ 1 \end{bmatrix}$$

Die erste Gleichung liefert:

(3) $2\psi_0 - \frac{4}{3}Q_0 - 20 = 0$

Damit stehen drei Gleichungen für die drei Unbekannten Q_0, ψ_0, Q_{zk} bereit, die nun zu lösen sind:

(1) $5\psi_0 - \frac{169}{12}Q_0 - \frac{9}{4}Q_{zk} - \frac{1505}{16} = 0$

(2) $5Q_0 + 3Q_{zk} - \frac{25}{2} = 0$

(3) $2\psi_0 - \frac{4}{3}Q_0 - 20 = 0$

$$\rightarrow (2)\,Q_0 = -\frac{3}{5}Q_{zk} + \frac{5}{2}$$

$$(1)\,5\psi_0 - \frac{169}{12}\left(-\frac{3}{5}Q_{zk} + \frac{5}{2}\right) - \frac{9}{4}Q_{zk} - \frac{1505}{16} = 0$$

$$5\psi_0 + \frac{169}{20}Q_{zk} - \frac{845}{24} - \frac{9}{4}Q_{zk} - \frac{1505}{16} = 0$$

$$5\psi_0 + \frac{31}{5}Q_{zk} - \frac{6205}{48} = 0$$

$$\rightarrow (1)\,\psi_0 = -\frac{31}{25}Q_{zk} + \frac{1241}{48}$$

(1) und (2) einsetzen in $(3)\,2\psi_0 - \frac{4}{3}Q_0 - 20 = 0$

$$2\left(-\frac{31}{25}Q_{zk} + \frac{1241}{48}\right) - \frac{4}{3}\left(-\frac{3}{5}Q_{zk} + \frac{5}{2}\right) - 20 = 0$$

$$-\frac{62}{25}Q_{zk} + \frac{1241}{24} + \frac{4}{5}Q_{zk} - \frac{10}{3} - 20 = 0$$

$$-\frac{42}{25}Q_{zk} + \frac{227}{8} = 0$$

$$\rightarrow Q_{zk} = \frac{5675}{336} = \underline{\underline{16{,}8899 = Q_{zk}}}$$

$$\rightarrow Q_0 = -\frac{3}{5}\cdot\frac{5675}{336} + \frac{5}{2} = -\frac{855}{112} = \underline{\underline{-7{,}63393 = Q_0}}$$

$$\rightarrow \psi_0 = -\frac{31}{25}\cdot\frac{5675}{336} + \frac{1241}{48} = \frac{275}{56} = \underline{\underline{4{,}91071 = \psi_0}}$$

Der erste Schritt des Übertragungs- oder Reduktionsverfahrens ist damit erfolgt. Nun würde der hier nicht weiter ausgeführte zweite Schritt folgen. ■

Damit ist das Grundprinzip des Verfahrens erläutert, welches gegenüber dem Verfahren nach Castigliano den enormen Vorteil hat, dass mehrfache statische Unbestimmtheit absolut nicht stört und den Rechenaufwand praktisch nicht vergrößert.

Die praktische Nutzung des Übertragungsverfahrens verlangt allerdings noch einige Über legungen mehr, es wird auf die Literatur [15.3] verwiesen, wobei Kersten [15.6] die wirkliche Basisliteratur darstellt.

Ferner muss betont werden, dass sich das Übertragungsverfahren eigentlich nicht für die „Handrechnung" eignet. Man wird immer ein Rechenprogramm nutzen. Es gibt eine ganze Reihe von kommerziellen Programmen, und zwar besonders aus dem Bauingenieurbereich. Einfachere Programme für die Lehre sind in [15.7] und [15.8] zu finden.

4. Die Finite-Elemente-Analyse

Die dritte Möglichkeit, Balkenprobleme zu lösen, führt über die Finite-Elemente-Analyse. Praktisch jedes FEA-Programm weist Balkenelemente auf, wobei dies dann meistens kombinierte Stab-Balken-Torsionsstab-Elemente sind, d. h., diese Elemente können nicht nur Biegung, sondern auch Zug/Druck und Torsion aufnehmen, z. B. das Wellenelement Nr. 5 aus Z88 [15.2].

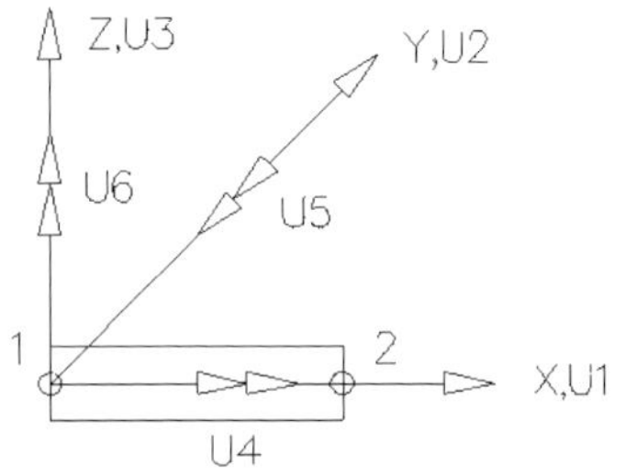

Bild 15.31 Ein Wellenelement Nr. 5 (= Balken, der nur längs der *X*-Achse laufen kann) aus dem FEA-System Z88

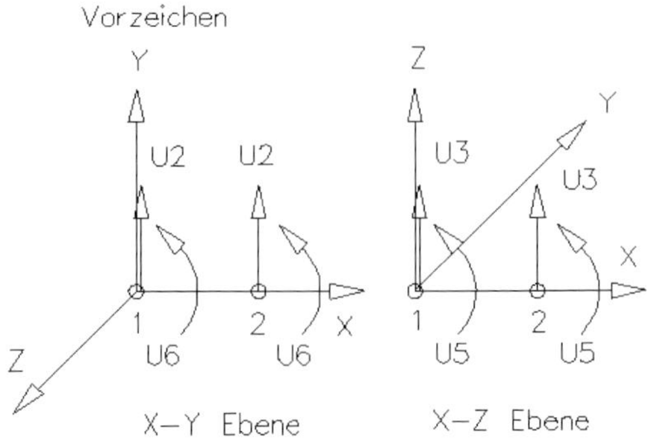

Bild 15.32 Vorzeichendefinitionen des Wellenelements Nr. 5 aus dem FEA-System Z88

Nun soll damit eine Getriebewelle mit zwei schrägverzahnten Rädern und **drei** Lagern gemäß Bild 15.33 berechnet werden. Dieses Beispiel ist sehr leicht mit Z88 ([15.1] bzw. [15.2], dort jeweils das dritte Beispiel) nachzuvollziehen.

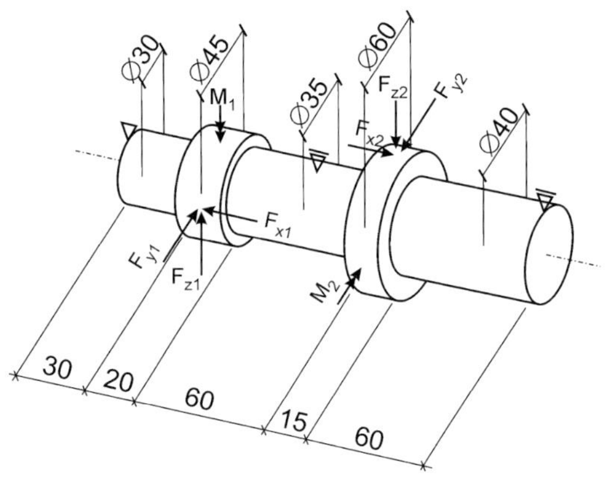

Bild 15.33
Getriebewelle, statisch überbestimmt gelagert, mit Kraft- und Momentenangriffen in den *XY*- und *XZ*-Ebenen

Beispiel 15.8

Eine Getriebewelle besteht aus:

- Wellenabschnitt, $D = 30\,mm$, $L = 30\,mm$, Festlager am linken Ende
- Zahnrad 1, Teilkreis-Durchmesser = 45 mm, $L = 20\,mm$
- Wellenabschnitt, $D = 35\,mm$, $L = 60\,mm$, Loslager in der Mitte
- Zahnrad 2, Teilkreis-Durchmesser =60 mm, $L = 15\,mm$
- Wellenabschnitt, $D = 40\,mm$, $L = 60\,mm$, Loslager am rechten Ende

Für die Belastungen stellt man sich die Welle körperlich mit folgendem Koordinatensystem vor: Schaut man auf die Welle als Hauptansicht, dann sei der Ursprung am linken Wellenende, Wellenmitte. X läuft längs der Welle, Z nach oben, Y nach hinten.

1. Am Zahnrad 1 wirken im (körperlichen) Punkt $X_1 = 40; Y_1 = -22{,}5; Z_1 = 0$ folgende Zahnkräfte: $F_{x1} = -10801\,N$; $F_{y1} = 6809\,N; F_{z1} = 18708\,N$. Aus F_{x1} resultiert ein Biegemoment M_1 um die Z-Achse von -243023 Nmm.
2. Am Zahnrad 2 wirken im (körperlichen) Punkt $X_2 = 117{,}5; Y_2 = 0; Z_2 = 30$ folgende Zahnkräfte: $F_{x2} = 8101\,N$; $F_{y2} = -14031\,N$; $F_{z2} = -5107\,N$. Aus F_{x2} resultiert ein Biegemoment M_2 um die Y-Achse von 243 030 Nmm.
3. Daher ergeben sich Belastungen in der XY- und der XZ-Ebene. Für die FE-Rechnung existieren die „körperlichen" Punkte natürlich nicht, denn ein Wellenelement besteht rechnerisch nur aus zwei Punkten längs der X-Achse. Die Y- und Z-Koordinaten sind immer null.
4. Die Welle wird in acht Wellenelemente Nr. 5 unterteilt = 9 Knoten. Die Lagerung erfolgt in den Knoten 1, 5 und 9. Am Knoten 1 wird zusätzlich der Freiheitsgrad 4 (der Torsionsfreiheitsgrad) gesperrt, um die Wellenverdrehung zwischen den beiden Zahnrädern berechnen zu können.

   Wie bereits aus Kapitel 1 bekannt ist, müssen für eine FEA-Berechnung folgende Daten bereitgestellt werden, was üblicherweise in Dateien erfolgt:

   Strukturangaben (bei Z88 in der Datei Z88I1.TXT):

   a) allgemeine Strukturangaben (Anzahl Knoten, Elemente, Freiheitsgrade etc.)
   b) Knotenkoordinaten
   c) Koinzidenzliste (welche Knoten definieren welches Element)
   d) Typen der jeweiligen Elemente
   e) Materialgesetze (z. B. E-Modul, Querschnitte, Widerstandsmomente)

   Randbedingungen (bei Z88 in der Datei Z88I2.TXT):

   a) Kräfte und Momente
   b) Wege gleich null = Lager
   c) Wege ungleich null = aufgezwungene Verschiebungen

Betrachten wir dazu die Eingabedatei Z88I1.TXT:

3	9	8	54	3	0	0	0	0	(*3-dim, 9 Knoten, 8 Ele, 54 FG, 3 E-Gesetze, Flags 0*)
1	6		0	0	0				(*Knoten 1, 6 FG, X-, Y- und Z-Koordinate*)
2	6		30	0	0				(*Knoten 2, 6 FG, X-, Y- und Z-Koordinate*)
3	6		40	0	0				
4	6		50	0	0				
5	6		80	0	0				
6	6		110	0	0				
7	6		117.5	0	0				
8	6		125	0	0				
9	6		185	0	0				
1	5								(*Element 1, Welle Nr. 5*)
1	2								(*Koinzidenz Ele 1*)
2	5								(*Element 2, Typ 5*)
2	3								(*Koinzidenz Ele 2*)
3	5								
3	4								
4	5								
4	5								
5	5								
5	6								
6	5								
6	7								
7	5								
7	8								
8	5								
8	9								
1	3	206000	0.3	1	30				(*E-Gesetz von Ele 1 bis 3, E, nue, QPARA = 30*)
4	7	206000	0.3	1	35				(*E-Gesetz von Ele 4 bis 7, E, nue, QPARA = 35*)
8	8	206000	0.3	1	40				(*E-Gesetz von Ele 8 bis 8, E, nue, QPARA = 40*)

Dann werden noch die Randbedingungsdatei Z88I2.TXT (in anderen FEA-Programmen sind manchmal sämtliche Angaben in einer einzigen Datei gegeben) benötigt:

15

18				*(18 Randbedingungen)*
1	1	2	0	*(Knoten 1, FG 1 (= X) gesperrt)*
1	2	2	0	*(Knoten 1, FG 2 (= Y) gesperrt)*
1	3	2	0	*(Knoten 1, FG 3 (= Z) gesperrt)*
1	4	2	0	*(Knoten 1, FG 4 (= Torsion) gesperrt)*
3	1	1	-10801	*(Knoten 3, FG 1 (= X), Kraft -10801 N)*
3	2	1	+6809	*(Knoten 3, FG 2 (= Y), Kraft 6809 N)*
3	3	1	+18708	*(Knoten 3, FG 3 (= Z), Kraft 18708 N)*
3	4	1	-420930	*(Knoten 3, FG 4 (Torsion), Moment -420930 Nmm)*
3	6	1	-243023	*(Knoten 3, FG 6 (Biegemoment um Z), Moment -243023 Nmm)*
5	2	2	0	
5	3	2	0	
7	1	1	+8101	
7	2	1	-14031	
7	3	1	-5107	
7	4	1	+420930	
7	5	1	-243030	
9	2	2	0	
9	3	2	0	

Mithilfe eines Programms, z. B. mit dem direkten Cholesky-Solver Z88F, erhält man folgende Verschiebungen, z. B.

Knoten 1, also am linken Lager:

$U_1 = U_2 = U_3 = U_4 = 0$ alle Verschiebungen sind null

$U_5 = 0{,}000687$ Neigungswinkel in der *XZ*-Ebene (in rad)

$U_6 = 0{,}000534$ Neigungswinkel in der *XY*-Ebene (in rad)

Knoten 3, also Mitte des ersten Zahnrads:

$U_1 = -0{,}000742$ Verschiebung *X* (horizontal) (in mm)

$U_2 = -0{,}0117$ Verschiebung *Y* (in mm)

$U_3 = -0{,}0172$ Verschiebung *Z* (in mm)

$U_4 = 0$ Verdrehung (Torsion) (in rad)

$U_5 = -0{,}000080$ Neigungswinkel in der *XZ*-Ebene (in rad)

$U_6 = -0{,}000187$ Neigungswinkel in der *XY*-Ebene (in rad)

Knoten 5, also am mittleren Lager:

$U_1 = -0{,}00104$ Verschiebung X (horizontal) (in mm)

$U_2 = U_3 = 0$ Verschiebungen sind Null

$U_4 = -0{,}00175$ Verdrehung (Torsion) (in rad)

$U_5 = -0{,}000480$ Neigungswinkel in der XZ-Ebene (in rad)

$U_6 = -0{,}000387$ Neigungswinkel in der XY-Ebene (in rad)

Knoten 7, also Mitte des zweiten Zahnrads:

$U_1 = 0{,}00257$ Verschiebung X (horizontal) (in mm)

$U_2 = -0{,}0124$ Verschiebung Y (in mm)

$U_3 = -0{,}0125$ Verschiebung Z (in mm)

$U_4 = 0{,}0031$ Verdrehung (Torsion) (in rad)

$U_5 = -0{,}00019$ Neigungswinkel in der XZ-Ebene (in rad)

$U_6 = -0{,}00012$ Neigungswinkel in der XY-Ebene (in rad)

15

Knoten 9, also am rechten Lager:

$U_1 = 0{,}00257$ Verschiebung X (horizontal) (in mm)

$U_2 = U_3 = 0$ Verschiebungen sind null

$U_4 = 0{,}0031$ Verdrehung (Torsion) (in rad)

$U_5 = 0{,}000344$ Neigungswinkel in der XZ-Ebene (in rad)

$U_6 = 0{,}000312$ Neigungswinkel in der XY-Ebene (in rad)

Ferner können nun auch die Spannungen und die inneren Kräfte berechnet werden. Bei den Spannungen muss beachtet werden, dass logischerweise nur nominelle Spannungen berechnet werden. Die Spannungsüberhöhung durch Kerbwirkung wird nicht berücksichtigt.

Fast alle FEA-Programme erlauben das sofortige Anzeigen der verformten Struktur. Bild 15.34 zeigt die Verformungen der Getriebewelle in der XY-Ebene, wobei alle Veformungen zur besseren Darstellung um den Faktor 1000 vergrößert wurden.

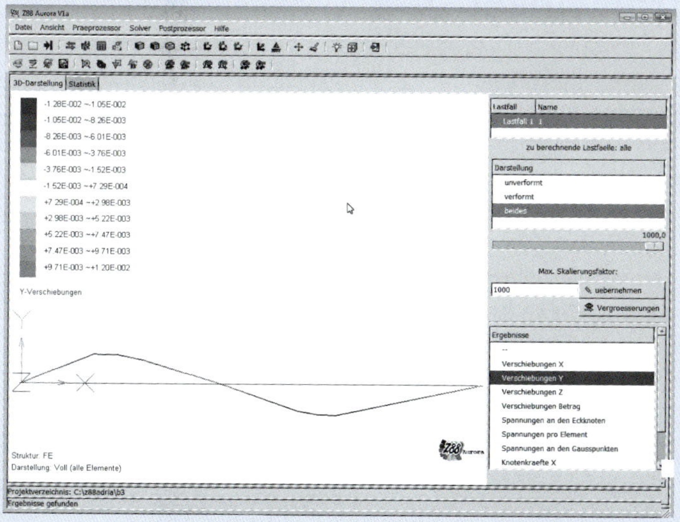

Bild 15.34 Verformungen der Getriebewelle in der *XY*-Ebene [15.2]

Alle hier gezeigten Verfahren zur Balkenberechnung haben Vor- und Nachteile (siehe folgende Tabelle). Das Castigliano-Verfahren lässt sich gut „von Hand" berechnen, ist aber mehr oder weniger auf statisch bestimmte Strukturen fixiert. Mehrfach gelagerte Balken, wie z. B. Getriebewellen oder Nockenwellen von Verbrennungsmotoren, scheiden aus. Dafür ist das Übertragungsverfahren oder die FEA anwendbar. Die FEA selbst funktioniert mit solchen Balkenstrukturen fast immer (solange keine Gerbergelenke etc. vorkommen), aber der Eingabeaufwand ist größer. Dafür ist die FEA absolut universell. Kommen ganz typische Durchlaufträger, möglichst noch mit elastischen Lagern, senkrecht geführten Lagern, Gerbergelenken und Querkraftgelenken vor, dann empfiehlt sich das Übertragungs- oder Reduktionsverfahren.

Vor- und Nachteile der verschiedenen Verfahren zur Balkenberechnung:

Verfahren	Statische Bestimmtheit	Ebenen	Eingabeaufwand	Arbeitsmittel	Grafik	Gelenke, elastische Lager
Verfahren nach Castigliano	nur statisch bestimmt	getrennt berechnen	hoch	Handrechnung	nein	nein
Übertragungsverfahren	beliebig überbestimmt	getrennt berechnen	minimal	prog. Taschenrechner, Computer	bedingt	ja
FEA-Verfahren	beliebig überbestimmt	alle automatisch	mittel	nur Computer	ja	nur mit Spezialelementen

15.7 Verdrehwinkel

Das Torsionsmoment verdreht die Wellenquerschnitte gegeneinander. Lange Wellen wie Transmissionswellen werden bereits durch ein verhältnismäßig kleines Torsionsmoment beachtlich verformt. Diese Formänderung kann infolge der Wellenelastizität zu unliebsamen Drehpendelungen der aufgesetzten Maschinenteile führen. Deshalb begrenzt man den Verdrehwinkel auf einen zulässigen Erfahrungswert.

Zwei Querschnitte im Abstand l eines glatten Wellenstranges werden nach Bild 15.35 um den Winkel α verdreht. Nach der Elastizitätslehre ist der Schubwinkel $\gamma = \tau_t / G$ mit τ_t als Torsionsspannung und G als Gleitmodul des Werkstoffs. Aus Bild 15.35 geht hervor, dass der Verdrehbogen am Wellenumfang gleich $\gamma \cdot l$ ist und somit $\alpha = \gamma \cdot l / r = \tau_t l / (G \cdot r)$ mit r als Wellenradius. Setzt man nun noch für $\tau_t = T \cdot r / I_t$ ein, so kürzt sich r heraus, und es wird der

Verdrehwinkel $\alpha = \dfrac{T \cdot l}{G \cdot I_t}$

Hierin ergibt sich α in rad. T ist das Torsionsmoment und I_t das polare Flächenmoment 2. Grades des Stabquerschnitts.

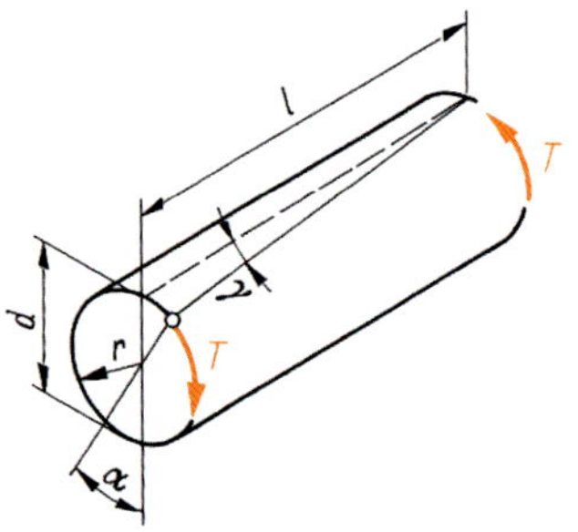

Bild 15.35
Verdrehung eines glatten Wellenstrangs

Ist die Welle innerhalb des torsionsbeanspruchten Stranges gestuft (Bild 15.36), so sind die Verdrehwinkel der einzelnen Stufen zu addieren. Die Naben der aufgesetzten Maschinenteile versteifen die Welle, sodass diese Wellenteile in die Berechnung nicht mit einbezogen zu werden brauchen, zumal das Torsionsmoment erst an der Nabenstirn seine volle Höhe erreicht. Entsprechend Bild 15.36 gilt:

Verdrehwinkel $\alpha = \dfrac{T}{G}\left(\dfrac{l_1}{I_{t1}} + \dfrac{l_2}{I_{t2}} + \ldots\right)$ (15.56)

α	in rad	Verdrehwinkel des torsionsbeanspruchten Wellenstranges,
T	in Ncm	Torsionsmoment im Wellenstrang,
G	in N/cm²	Gleitmodul des Wellenwerkstoffs $\approx 8300 \cdot 10^3\,\text{N/cm}^2$ für Stahl,
l_i	in cm	Teillängen im torsionsbeanspruchten Wellenstrang,
I_{ti}	in cm⁴	polare Flächenmomente 2. Grades der Wellenquerschnitte (Tabelle 15.2). Für runde Vollquerschnitte ist $I_t \approx 0{,}1 d^4$.

Üblich $\alpha_{zul} = (4 \ldots 9) \cdot 10^{-3}\,\text{rad/m} \cdot L_T$ mit L_T in m als Mittenabstand der Maschinenteile, die das Torsionsmoment übertragen. Kleine Werte gelten für Transmissionswellen, große für Getriebe-, Fahrwerks- und andere Wellen.

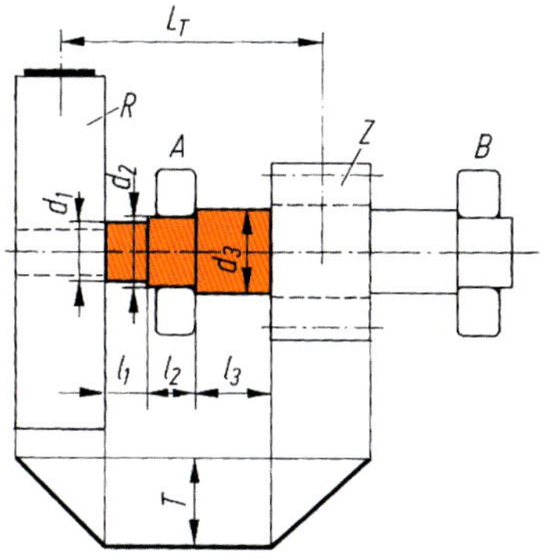

Bild 15.36
Torsionsbeanspruchter Wellenstrang zwischen einer Riemenscheibe R und einem Zahnrad Z

Beispiel 15.9

Die Welle nach Bild 15.36 hat ein Drehmoment = Torsionsmoment $T = 180\,\text{Nm}$ zu übertragen. Abmessungen:

$$d_1 = 65\,\text{mm}, d_2 = 70\,\text{mm}, d_3 = 75\,\text{mm}, l_1 = 30\,\text{mm}, l_2 = 35\,\text{mm}, l_3 = 35\,\text{mm}, L_T = 165\,\text{mm}$$

Ist der Verdrehwinkel α zulässig?

Lösung:
Die Flächenmomente betragen: $I_{t1} \approx 0{,}1 d_1^4 = 0.1 \cdot 6{,}5^4\,\text{cm}^4 = 178{,}5\,\text{cm}^4$, $I_{t2} \approx 240{,}1\,\text{cm}^4, I_{t3} \approx 316{,}4\,\text{cm}^4$.
Nach Formel 15.56:

$$\alpha = \frac{T}{G}\left(\frac{l_1}{I_{t1}} + \frac{l_2}{I_{t2}} + \frac{l_3}{I_{t3}}\right) = \frac{18000\,\text{Ncm}}{8300 \cdot 10^3\,\text{N/cm}^2}\left(\frac{3}{178{,}5} + \frac{3{,}5}{240{,}1} + \frac{5}{316{,}4}\right)\frac{\text{cm}}{\text{cm}^4}$$
$$= 01 \cdot 10^{-3}\,\text{rad}$$

Zulässig ist $\alpha_{zul} = \left(9 \cdot 10^{-3}\,\text{rad/m}\right) \cdot L_T = 9 \cdot 10^{-3} \cdot 0{,}165 \approx 1{,}5 \cdot 10^{-3}\,\text{rad}$, der bei Weitem nicht erreicht wird.

15.8 Kritische Drehzahlen

Achsen und Wellen sind wie Federn biegeelastisch und bilden mit ihren aufgesetzten Maschinenteilen ein Schwingsystem (siehe Kapitel 14, „Federn"). Durch einen Kraftanstoß geraten sie in gedämpfte Eigenschwingungen. Bei ihrem Umlauf oder dem Umlauf auf ihr sitzender Massen werden periodische Fliehkraftimpulse in Drehzahlfolge wirksam (Bild 15.37). Hat nun zufälligerweise die Betriebsdrehzahl die Höhe der Eigenfrequenz des Achsen- oder Wellen-Schwingsystems, dann tritt **Resonanz** auf. Unruhig laufend schwingt die Achse oder Welle bis zum Bruch weiter aus. Hinzu kommt, dass die Erschütterungen auf die Lager und Fundamente übertragen werden. Die Resonanzdrehzahl heißt **biegekritische Drehzahl n_K**.

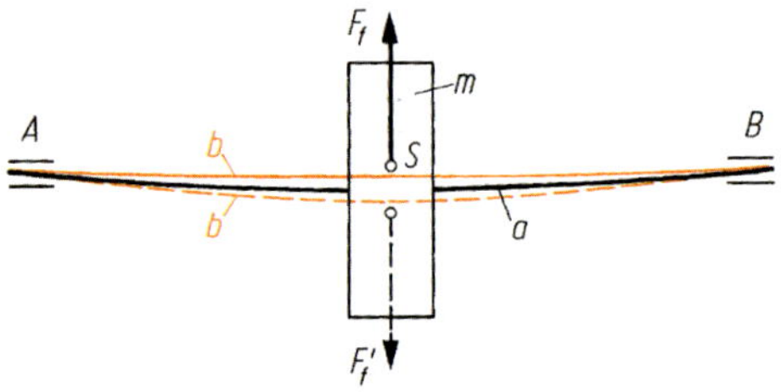

Bild 15.37 Schwingungen einer umlaufenden Achse oder Welle infolge Schwerpunktverlagerung
a durch die Belastungskräfte statisch vorgebogene Achse oder Welle, b Ausschläge der Achse oder Welle, *m* aufgesetzte Masse, *S* Schwerpunkt der Masse, F_f Fliehkraft, F_f' Fliehkraft nach einer halben Umdrehung, *A* bzw. *B* Lager

Falls die biegekritische Drehzahl n_K kleiner als die Betriebsdrehzahl *n* ist, muss durch schnelles Anfahren der Maschinen dafür gesorgt werden, dass der Gefahrenpunkt rasch überschritten wird. Lange und dünne Achsen oder Wellen haben eine niedrige, kurze und dicke eine hohe biegekritische Drehzahl.

Die Durchbiegung der Achse oder Welle durch statische Belastungskräfte hat auf die Eigenschwingungszahl keinen Einfluss, da die Durchbiegung an der gleichen Stelle bleibt und die Schwingungsausschläge von dieser vorgebogenen Achse oder Welle ausgehen. Die Eigenfrequenz eines Schwingsystems hängt von der Federsteifigkeit *c* und von der schwingenden Masse *m* ab.

15

Befindet sich nur eine einzige Masse *m* auf der Achse oder Welle, so gilt:

biegekritische Drehzahl $$n_K \approx \frac{K}{2\pi}\sqrt{\frac{c}{m}} = \frac{K}{2\pi}\sqrt{\frac{g}{f_G}} \qquad (15.57)$$

n_K	in s^{-1}	biegekritische Drehzahl bei nur einer aufgesetzten Masse *m*,
K		Lagerungsbeiwert = 1 für frei in Lagern umlaufende Achsen oder Wellen (Bild 15.38a), = 1,3 für beiderseits eingespannte Achsen (Bild 15.38b), = 0,9 für einseitig fliegende Achsen oder Wellen (Bild 15.38c),
c	in N/m	Federsteifigkeit des Schwingsystems an der Stelle des Schwerpunkts der Masse *m*, d. h., $c = m \cdot g / f_G$,
m	in kg	Masse des Schwingsystems,
g	in m/s^2	Fallbeschleunigung $= 9{,}81\,m/s^2$,
f_G	in m	Durchbiegung durch die Gewichtskraft $F_G = m \cdot g$ der aufgesetzten Masse unter dem Schwerpunkt dieser Masse.

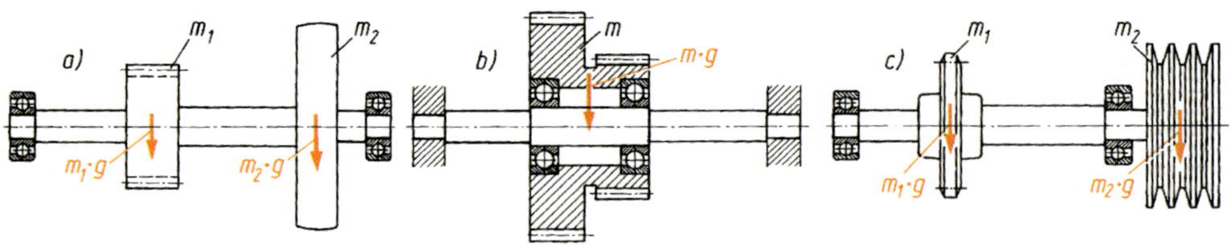

Bild 15.38 Schemata verschiedener Achsen- und Wellenlagerungen
a) frei in Lagern umlaufend, b) beidseitig eingespannt, c) einseitig fliegend

Befinden sich mehrere Massen m_1, m_2, m_3... auf der Achse oder Welle, so ist mit jeder Einzelmasse nach Formel 15.57 deren biegekritische Drehzahl n_{K1}, n_{K2}, n_{K3}, ... zu errechnen. Mit ausreichender Näherung kann dann empirisch nach *Dunkerley* die biegekritische Drehzahl n_K des gesamten Achsen- oder Wellensystems errechnet werden aus

$$\frac{1}{n_K^2} \approx \frac{1}{n_{K1}^2} + \frac{1}{n_{K2}^2} + \frac{1}{n_{K3}^2} + \dots \qquad (15.58)$$

n_K in s^{-1} biegekritische Drehzahl des gesamten Schwingsystems, d. h. einer Achse oder Welle mit allen aufgesetzten Massen,

n_{Ki} in s^{-1} biegekritische Drehzahl der Achse oder Welle mit jeweils einer aufgesetzten Masse m_i nach Formel 15.57.

Die biegekritische Drehzahl ist unabhängig von der Einbaulage der Achse oder Welle!

Da die Eigenmasse der Achse oder Welle in die Berechnung nicht einbezogen wird, liegt die errechnete biegekritische Drehzahl etwas über der tatsächlichen. Die Abweichung nimmt mit dem Anteil der Masse und der Eigendurchbiegung zu. Deshalb ist ein Achsen- oder Wellensystem so zu bemessen, dass seine rechnerische kritische Drehzahl n_K mit genügender Sicherheit ober- oder unterhalb der Betriebsdrehzahl n liegt (ca. ±30 %). Für Systeme mit schweren Achsen oder Wellen und leichten Maschinenteilen erhält man genauere Werte von n_K, wenn die Eigengewichtskräfte der Teilstränge als Einzelkräfte in ihren jeweiligen Schwerpunkten hinzugefügt und mit Formel 15.57 die biegekritische Drehzahl der Achse oder Welle ohne Maschinenteile errechnet wird und als n_{Ki} dann wiederum in Formel 15.58 eingesetzt wird. Doch auch das ist nicht genau, weil die Stränge ja Streckenlasten darstellen.

Beispiel 15.10

In Bild 15.39 ist die Zwischenwelle eines Zahnradgetriebes skizziert. Es betragen:

$l_{A1} = 55$ mm $l_{B1} = 185$ mm $l_{A2} = 175$ mm $l_{B2} = 65$ mm $L = 240$ mm

Der Einfachheit halber ist eine glatte Welle mit dem mittleren Durchmesser $d_m = 40$ mm angenommen ($I_b \approx 12{,}8\,\text{cm}^4$). Genauer müsste mit der gestuften Welle gerechnet werden. Die Zahnräder wiegen

$m_1 = 47{,}6\,\text{kg}\,(\text{Rad2}), m_2 = 15{,}3\,\text{kg}\,(\text{Rad3})$. Die Gewichtskräfte betragen somit $F_{G1} = 467\,\text{N}$ und $F_{G2} = 150\,\text{N}$.

Die Welle läuft mit $n = 900\,\text{min}^{-1} = 15\,\text{s}^{-1}$. Besteht die Gefahr, dass die biegekritische Drehzahl n_K in der Nähe der Betriebsdrehzahl n liegt?

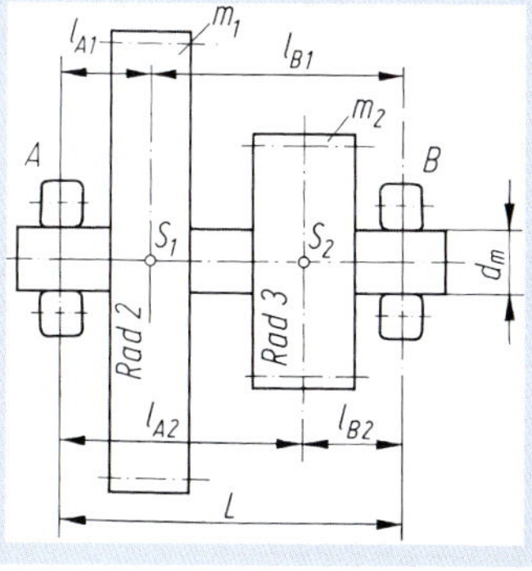

Bild 15.39
Skizze der Zwischenwelle eines Getriebes

Lösung:

1. Durchbiegung f_{G1} durch die Gewichtskraft F_{G1}
   Auflagerkräfte

$$F_{A1} = \frac{F_{G1} \cdot l_{B1}}{L} = \frac{467\,\text{N} \cdot 185}{240} = 360\,\text{N} = 0{,}36\,\text{kN}$$

$$F_{B1} = F_{G1} - F_{A1} = 467\text{N} - 360\text{N} = 107\text{N} = 0{,}107\text{kN}$$

Durchbiegungen an den Lagerstellen A und B

$$f_{A1} = \frac{F_{A1} \cdot l_{A1}^3}{3E \cdot I_b} = \frac{0{,}365 \cdot 5{,}5^3}{3 \cdot 21 \cdot 10^3 \cdot 12{,}8}\text{cm} = 0{,}0743 \cdot 10^{-3}\,\text{cm}$$

$$f_{B1} = \frac{F_{B1} \cdot l_{B1}^3}{3E \cdot I_b} = \frac{0{,}107 \cdot 185^3}{3 \cdot 21 \cdot 10^3 \cdot 12{,}8}\text{cm} = 0{,}84 \cdot 10^{-3}\,\text{cm}$$

Neigungswinkel der Tangente

$$\alpha_1 = \frac{f_{A1} - f_{B1}}{L} = \frac{0{,}0743 - 0{,}84}{24}\,10^{-3} = -0{,}032 \cdot 10^{-3}\,\text{rad}$$

Durchbiegung $f_{G1} = f_{A1} = \alpha_1 \cdot l_{A1} = \left(0{,}0743 + 0{,}032 \cdot 5{,}5\right)10^{-3}\text{cm} =$
$0{,}25 \cdot 10^{-3}\,\text{cm}$.

2. Durchbiegung f_{G2} durch die Gewichtskraft F_{G2}
   Sinngemäß zu 1. werden

$$F_{A2} = \frac{F_{G2} \cdot l_{B2}}{L} = \frac{150\,\text{N} \cdot 65}{240} = 40{,}6\,\text{N} \approx 0{,}041\text{kN}$$

$$F_{B2} = F_{G2} - F_{A2} = 150\text{N} - 41\text{N} = 109\text{N} = 0{,}109\text{kN}$$

$$f_{A2} = \frac{F_{A2} \cdot l_{A2}^3}{3E \cdot I_b} = \frac{0{,}041 \cdot 17{,}5^3}{3 \cdot 21 \cdot 10^3 \cdot 12{,}8}\,\text{cm} = 0{,}2725 \cdot 10^{-3}\,\text{cm}$$

$$f_{B2} = \frac{F_{B2} \cdot l_{B2}^3}{3E \cdot I_b} = \frac{0{,}109 \cdot 6{,}5^3}{3 \cdot 21 \cdot 10^3 \cdot 12{,}8}\,\text{cm} = 0{,}0371 \cdot 10^{-3}\,\text{cm}$$

$$\alpha_2 = \frac{f_{A2} - f_{B2}}{L} = \frac{0{,}2725 - 0{,}0371}{24}\,10^{-3} = 0{,}0098 \cdot 10^{-3}\,\text{rad}$$

$$f_{G2} = f_{A2} - \alpha_2 \cdot l_{A2} = \left(0{,}2725 - 0{,}0098 \cdot 17{,}5\right)10^{-3}\,\text{cm} = 0{,}101 \cdot 10^{-3}\,\text{cm}$$

3. Kritische Drehzahlen n_{K1} und n_{K2} durch die Einzelmassen
   Nach Formel 15.57 werden mit $K = 1$ (frei umlaufende Welle)

$$n_{K1} \approx \frac{K}{2\pi}\sqrt{\frac{g}{f_{G1}}} = \frac{1}{2\pi}\sqrt{\frac{981\,\text{cm/s}^2}{0{,}25 \cdot 10^{-3}\,\text{cm}}} \approx 315\,\text{s}^{-1}$$

$$n_{K2} \approx \frac{K}{2\pi}\sqrt{\frac{g}{f_{G2}}} = \frac{1}{2\pi}\sqrt{\frac{981\,\text{cm/s}^2}{0{,}101 \cdot 10^{-3}\,\text{cm}}} \approx 496\,\text{s}^{-1}$$

4. Biegekritische Drehzahl n_K
   Nach Formel 15.58 ist

$$\frac{1}{n_K^2} \approx \frac{1}{n_{K1}^2} + \frac{1}{n_{K2}^2} = \frac{1}{315^2\,s^{-2}} + \frac{1}{496^2\,s^{-2}} \approx \frac{1}{266^2\,s^{-2}}$$

   Also ist $n_K = 266\,s^{-1} = 15960\,min^{-1}$, sodass die Betriebsdrehzahl mit $n = 900\,min^{-1}$ sehr weit von der biegekritischen Drehzahl entfernt ist.

Da eine Welle auch als Drehstabfeder wirkt, gerät sie mit ihren aufgesetzten Massen durch einen Drehmomentenstoß in gedämpfte Drehschwingungen (Drehpendelungen). Hat eine Welle Drehmomentenimpulse in Drehzahlfolge aufzunehmen, wie z. B. die Kurbelwellen in Kolbenmaschinen, so tritt auch bei Drehschwingungen Resonanz auf, wenn die Stoßfrequenz mit der Eigenfrequenz des Schwingsystems übereinstimmt. Diese **verdrehkritische Drehzahl** ist so gefährlich wie die biegekritische. Da die Wellen von Kolben-Kraft- und Arbeitsmaschinen überwiegend mit einer elastischen Kupplung verbunden werden, entsteht ein Zweimassensystem oder ein Mehrmassensystem (für Näheres hierzu siehe Abschnitt 20.4 und Abschnitt 20.12).

15.9 Tragfähigkeitsberechnung von Wellen und Achsen nach DIN 743

15

Vorbetrachtung: Zur Festigkeitsberechnung allgemein, also nicht nur für den (sehr wichtigen) Spezialfall Wellen und Achsen, gibt es generell zwei grundsätzlich unterschiedliche Vorgehensweisen:

- das **Kerbspannungskonzept**,
- das **Nennspannungskonzept**.

Das *Kerbspannungskonzept* ist bekannt: In Abschnitt 15.5 wurde ein relativ einfaches Verfahren zur Festigkeitsberechnung für Wellen und Achsen dargelegt. Die wesentlichen Gleichungen dafür waren Formel 15.16 und Formel 15.19.

Wesentliche Vorgehensschritte sind:

1. Berechnung der *Nennspannungen* für Zug/Druck, Biegung und Torsion nach den elementaren Formeln der Technischen Mechanik.
2. Korrektur dieser Normalspannungen mit den Formzahlen bzw. den Kerbwirkungszahlen, um die realen Spannungen im Kerbgrund, also die *Kerbspannungen* zu erhalten.
3. Berechnung der statischen und der dynamischen Anteile der Vergleichsspannungen.
4. Korrektur der aus dem Dauerfestigkeitsschaubild erhaltenen Werkstoffkennwerte um den Größen- und Oberflächeneinfluss.
5. Sicherheitsnachweis: Ist der *reale* dynamische Anteil der Vergleichsspannungen kleiner als der korrigierte Werkstoffkennwert aus Schritt 4?

Da bei diesem Berechnungsansatz von wirklichen, im Kerbgrund wirkenden Maximalspannungen - den *Kerbspannungen* - ausgegangen wird, nennt man ein derartiges Vorgehen **Kerbspannungskonzept**.

Die Berechnung nach DIN 743 geht umgekehrt vom **Nennspannungskonzept** aus. Hier wird nun auf der Spannungsseite **nur** mit den *Nennspannungen* gearbeitet, weil diese sich auch bei sehr komplizierten Kerbspannungszuständen, z. B. Schweißnähten, immer berechnen lassen:

Zug/Druckspannung $\sigma_{z,d} = \dfrac{F}{A}$

Biegespannung $\sigma_b = \dfrac{M_b}{W_b}$

Torsionsspannung $\tau_t = \dfrac{T}{W_t}$

Diese werden mit den jeweiligen Werkstoffkennwerten für Zug/Druck, Biegung und Torsion verglichen, die ihrerseits Korrekturwerte für die Bauteileinflüsse wie Kerben, Oberfläche, Stützwirkung usw. enthalten.

Der rechnerische Nachweis gemäß DIN 743 ist weitaus aufwendiger als das einfache Verfahren nach Abschnitt 15.5, daher soll hier nur das Wesentliche dargestellt werden. Genaue Berechnungen erfordern in jedem Fall Kenntnisse der DIN 743-1 (Grundlagen), 743-2 (Formzahlen und Kerbwirkungszahlen) und DIN 743-3 (Werkstoff-Festigkeitswerte). Hilfreich bzw. unverzichtbar ist auch das Beiblatt 1 zur DIN 743 (Anwendungsbeispiele). Zu beachten sind wichtige Anwendungsgrenzen der Norm, z. B.:

- Temperaturbereich von -40...150 °C,
- korrosionsfreie Umgebungsmedien (Luft, säurefreies Öl),
- kein dominierender Querkraftschub, kein Knicken.

15

Nachweis des Vermeidens von Dauerbrüchen nach DIN 743

Die Sicherheit S muss größer als die Mindestsicherheit S_{min} sein, die ihrerseits mindestens 1,2 betragen soll:

$$S = \frac{1}{\sqrt{\left(\dfrac{\sigma_{zda}}{\sigma_{zdADK}} + \dfrac{\sigma_{ba}}{\sigma_{bADK}}\right)^2 + \left(\dfrac{\tau_{ta}}{\tau_{tADK}}\right)^2}} \geq S_{min} \geq 1{,}2 \qquad (15.59)$$

σ_{zda} in N/mm² vorhandene Ausschlagsspannung Zug/Druck,
σ_{ba} in N/mm² vorhandene Ausschlagsspannung Biegung,
τ_{ta} in N/mm² vorhandene Ausschlagsspannung Torsion,
σ_{zdADK} in N/mm² ertragbare Ausschlagsspannung Zug/Druck,
σ_{bADK} in N/mm² ertragbare Ausschlagsspannung Biegung,
τ_{tADK} in N/mm² ertragbare Ausschlagsspannung Torsion.

$$\sigma_{zda} = \frac{F_{zda}}{A} \quad \text{mit} \quad A = \frac{\pi\left(d^2 - d_i^2\right)}{4}$$

$$\sigma_{ba} = \frac{M_{ba}}{W_b} \quad \text{mit} \quad W_b = \frac{\pi\left(d^4 - d_i^4\right)}{32 \cdot d} \qquad (15.60)$$

$$\tau_{ta} = \frac{T_a}{W_t} \quad \text{mit} \quad W_t = \frac{\pi\left(d^4 - d_i^4\right)}{16 \cdot d}$$

d Bauteildurchmesser im Kerbquerschnitt,
d_i Innendurchmesser.

Nun wird der Kehrwert der Sicherheit gebildet:

$$\frac{1}{S} = \sqrt{\left(\frac{\sigma_{\text{zda}}}{\sigma_{\text{zdADK}}} + \frac{\sigma_{\text{ba}}}{\sigma_{\text{bADK}}}\right)^2 + \left(\frac{\tau_{\text{ta}}}{\tau_{\text{tADK}}}\right)^2}$$

Es werden also die jeweils vorhandenen Zug/Druck-, Biege- bzw. Torsionsausschlagsspannungen jeweils durch die ertragbaren Ausschlagsspannungen geteilt, gleich gerichtete Spannungen werden superponiert, also algebraisch addiert (Zug/Druck und Biegung). Aus den Spannungsquotienten mit unterschiedlicher Raum richtung (Normalspannungen und Schubspannungen) wird ein *resultierender Vektor* gebildet.

Die vorhandenen Ausschlagsspannungen im Zähler der Brüche können nun nach Formel 15.60 berechnet werden. Im Nenner stehen die jeweils ertragbaren Ausschlagsspannungen, auch **Gestaltfestigkeitswerte** genannt. Ihre Berechnung erfolgt in mehreren Schritten, wobei wir hier nur den ersten Fall der Norm betrachten, dass die Mittelspannungen konstant bleiben und sich bei Änderung der Betriebsbelastung nur die Spannungsamplitude ändert (die Norm enthält einen zweiten Fall, in der bei Änderung der Betriebsbelastung das Verhältnis zwischen Ausschlagsspannung und Mittelspannung konstant bleibt):

Gestaltfestigkeitswerte, d. h. ertragbare Ausschlagsspannungen:

Wenn gilt:

$$\sigma_{\text{mv}} \leq \frac{\sigma_{\text{zdFK}} - \sigma_{\text{zdWK}}}{1 - \psi_{\text{zd}\sigma\text{K}}} \quad \text{bzw.}$$

$$\sigma_{\text{mv}} \leq \frac{\sigma_{\text{bFK}} - \sigma_{\text{bWK}}}{1 - \psi_{\text{b}\sigma\text{K}}} \quad \text{bzw.}$$

$$\tau_{\text{mv}} \leq \frac{\tau_{\text{tFK}} - \tau_{\text{tWK}}}{1 - \psi_{\tau\text{K}}}$$

dann ist: (15.61)

$$\sigma_{\text{zdADK}} = \sigma_{\text{zdWK}} - \psi_{\text{zd}\sigma\text{K}} \cdot \sigma_{\text{mv}}$$

$$\sigma_{\text{bADK}} = \sigma_{\text{bWK}} - \psi_{\text{b}\sigma\text{K}} \cdot \sigma_{\text{mv}}$$

$$\tau_{\text{tADK}} = \tau_{\text{tWK}} - \psi_{\tau\text{K}} \cdot \sigma_{\text{mv}}$$

andernfalls:

$$\sigma_{\text{zdADK}} = \sigma_{\text{zdFK}} - \sigma_{\text{mv}}$$

$$\sigma_{\text{bADK}} = \sigma_{\text{bFK}} - \sigma_{\text{mv}}$$

$$\tau_{\text{tADK}} = \tau_{\text{tFK}} - \sigma_{\text{mv}}$$

σ_{zdADK}	in N/mm²	Gestaltfestigkeitswert Zug/Druck,
σ_{bADK}	in N/mm²	Gestaltfestigkeitswert Biegung,
τ_{tADK}	in N/mm²	Gestaltfestigkeitswert Torsion,
σ_{zdFK}	in N/mm²	Bauteilfließgrenze Zug/Druck,
σ_{bFK}	in N/mm²	Bauteilfließgrenze Biegung,
τ_{tFK}	in N/mm²	Bauteilfließgrenze Torsion,
σ_{zdWK}	in N/mm²	Wechselfestigkeit Zug/Druck,
σ_{bWK}	in N/mm²	Wechselfestigkeit Biegung,
τ_{tWK}	in N/mm²	Wechselfestigkeit Torsion,
$\psi_{\text{zd}\sigma\text{K}}$	–	Einflussfaktor Mittelspannungsempfindlichkeit Zug/Druck,
$\psi_{\text{b}\sigma\text{K}}$	–	Einflussfaktor Mittelspannungsempfindlichkeit Biegung,
$\psi_{\tau\text{K}}$	–	Einflussfaktor Mittelspannungsempfindlichkeit Torsion.

15

Um die Bedingung in Formel 15.61 prüfen zu können, müssen die Bauteilfließgrenzen, die Wechselfestigkeiten und die Einflussfaktoren der Mittelspannungsempfindlichkeit bestimmt werden.

Bauteilfließgrenzen:

$$\sigma_{zdFK} = K_1\left(d_{eff}\right)\cdot K_{2F}\cdot\gamma_F\cdot\sigma_S\left(d_B\right)$$
$$\sigma_{bFK} = K_1\left(d_{eff}\right)\cdot K_{2F}\cdot\gamma_F\cdot\sigma_S\left(d_B\right) \qquad (15.62)$$
$$\tau_{tFK} = \frac{K_1\left(d_{eff}\right)\cdot K_{2F}\cdot\gamma_F\cdot\sigma_S\left(d_B\right)}{\sqrt{3}}$$

$K_1(d_{eff})$	-	technologischer Größeneinfluss (Bild 15.40, Tabelle 15.8),
d_{eff}	in mm	für die Wärmebehandlung maßgebender Durchmesser,
K_{2F}	-	statische Stützwirkung (Tabelle 15.9),
γ_F	-	Erhöhung der Fließgrenze (Tabelle 15.10),
$\sigma_s(d_B)$	in N/mm²	Streckgrenze R_e, $R_{p0,2}$, mit d_B Bezugsdurchmesser.

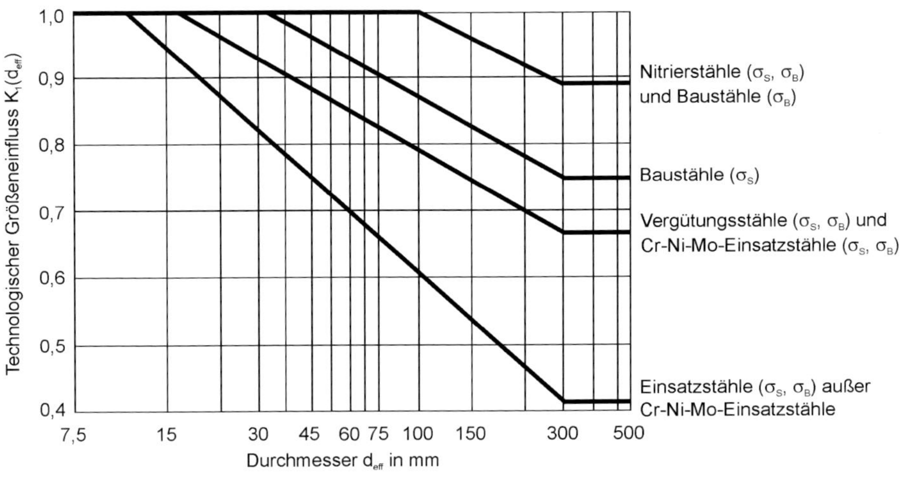

Bild 15.40 Technologischer Größeneinfluss $K_1(d_{eff})$ (nach DIN 743-2)

Wechselfestigkeiten:

$$\sigma_{zdWK} = \frac{\sigma_{zdW}\left(d_B\right)\cdot K_1\left(d_{eff}\right)}{K_\sigma}$$
$$\sigma_{bWK} = \frac{\sigma_{bW}\left(d_B\right)\cdot K_1\left(d_{eff}\right)}{K_\sigma} \qquad (15.63)$$
$$\tau_{tWK} = \frac{\tau_{tW}\left(d_B\right)\cdot K_1\left(d_{eff}\right)}{K_\tau}$$

σ_{zdWK}	in N/mm²	Zug/Druck-Wechselfestigkeit des gekerbten Bauteils,
σ_{bWK}	in N/mm²	Biegewechselfestigkeit des gekerbten Bauteils,
τ_{tWK}	in N/mm²	Torsions-Wechselfestigkeit des gekerbten Bauteils,
σ_{zdW}	in N/mm²	Zug/Druck-Wechselfestigkeit des glatten Probestabs (DIN 743-3),
σ_{bW}	in N/mm²	Biege-Wechselfestigkeit des glatten Probestabs (DIN 743-3),
τ_{tW}	in N/mm²	Torsions-Wechselfestigkeit des glatten Probestabs (DIN 743-3),
$K_1(d_{eff})$	-	technologischer Größeneinfluss (vgl. Bild 15.40 bzw. Tabelle 15.8),
d_{eff}	in mm	für die Wärmebehandlung maßgebender Durchmesser,
K_σ	-	Gesamteinflussfaktor für Zug/Druck und Biegung,
K_τ	-	Gesamteinflussfaktor für Torsion.

Bestimmung der Gesamteinflussfaktoren:

$$K_\sigma = \left(\frac{\beta_\sigma}{K_2(d)} + \frac{1}{K_{F\sigma}} - 1 \right) \cdot \frac{1}{K_V}$$
$$K_\tau = \left(\frac{\beta_\tau}{K_2(d)} + \frac{1}{K_{F\tau}} - 1 \right) \cdot \frac{1}{K_V} \qquad (15.64)$$

β_s - Kerbwirkungszahl (nach DIN 743-2),
$K_2(d)$ - geometrischer Größeneinfluss (Bild 15.41, Tabelle 15.11),
$K_{F\sigma}$ - Einflussfaktor der Oberflächenrauheit bei Zug/Druck und Biegung,
$K_{F\tau}$ - Einflussfaktor der Oberflächenrauheit bei Torsion,
K_V - Einflussfaktor der Oberflächenverfestigung.

Die Kerbwirkungszahlen werden sinngemäß ähnlich wie in Abschnitt 15.5. bestimmt, allerdings sind Benennungen und auch resultierende Zahlenwerte etwas anders. Die **Kerbwirkungszahl** ergibt sich aus der Formzahl, geteilt durch die Stützzahl. Nach DIN 743-2 gilt:

$$\beta_\sigma = \frac{\alpha_\sigma}{n} \qquad \beta_\tau = \frac{\alpha_\tau}{n} \qquad (15.65)$$

Dabei sind α_σ und α_τ die Formzahlen, n ist die Stützzahl (in Abschnitt 15.5 die Stützziffer n_χ). Hier soll exemplarisch nur der Fall des Wellenabsatzes (Bild 15.41) betrachtet werden. Andere Kerbformen sind der DIN 743-2 zu entnehmen. Die **Formzahlen für Wellenabsätze** können nach Formel 15.66 berechnet werden, wenn $r/t \geq 0{,}03$ und $d/D \leq 0{,}98$ sowie α_s bzw. $\alpha_t \leq 6$ ist.

Zug: $$\alpha_\sigma = 1 + \frac{1}{\sqrt{0{,}62 \cdot \frac{r}{t} + 7 \cdot \frac{r}{d} \cdot \left(1 + 2 \cdot \frac{r}{d}\right)^2}}$$

Biegung: $$\alpha_\sigma = 1 + \frac{1}{\sqrt{0{,}62 \cdot \frac{r}{t} + 11{,}6 \cdot \frac{r}{d} \cdot \left(1 + 2 \cdot \frac{r}{d}\right)^2 + 0{,}2 \cdot \left(\frac{r}{t}\right)^3 \cdot \frac{d}{D}}} \qquad (15.66)$$

Torsion: $$\alpha_\tau = 1 + \frac{1}{\sqrt{3{,}4 \cdot \frac{r}{t} + 38 \cdot \frac{r}{d} \cdot \left(1 + 2 \cdot \frac{r}{d}\right)^2 + \left(\frac{r}{t}\right)^2 \cdot \frac{d}{D}}}$$

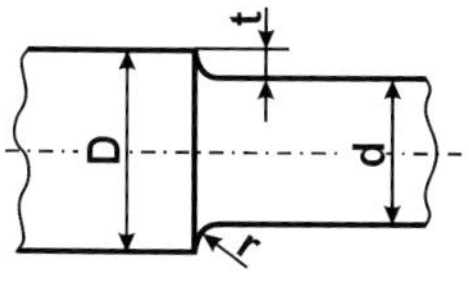

Bild 15.41
Wellenabsatz

Nun kann die Stützzahl n berechnet werden, wenn das bezogene Spannungsgefälle G' (Bezeichnung in Abschnitt 15.5: χ) bekannt ist. Für das **bezogene Spannungsgefälle** gilt:

Zug/Druck: $$G' = \frac{2{,}3 \cdot (1 + \varphi)}{r}$$

Biegung: $$G' = \frac{2{,}3 \cdot (1 + \varphi)}{r} \qquad (15.67)$$

Torsion: $$G' = \frac{1{,}15}{r}$$

Wenn $d/D > 0{,}67$ und $r > 0$:

$$\varphi = \frac{1}{4 \cdot \sqrt{\frac{t}{r}} + 2}$$

Andernfalls: $\varphi = 0$.

Damit kann die **Stützzahl** n berechnet werden (oder aus Bild 15.42 abgelesen werden), wobei zwei Fälle zu unterscheiden sind:

a) Bei vergüteten, normalisierten Wellen oder einsatzgehärteten Wellen mit nicht aufgekohlten Konturen gilt:

$$n = 1 + \sqrt{G' \cdot \text{mm}} \cdot 10^{-\left(0{,}33 + \frac{\sigma_S(d)}{712\,\text{N/mm}^2}\right)} \quad (15.68a)$$

mit $\sigma_S(d) = K_1(d_{\text{eff}}) \cdot \sigma_S(d_B)$

b) Bei harter Randschicht gilt:

$$n = 1 + \sqrt{G' \cdot \text{mm}} \cdot 10^{-0{,}7} \quad (15.68b)$$

Damit sind alle Ausgangsgrößen für die Berechnung der **Kerbwirkungszahlen** β_σ und β_τ nach Formel 15.65 definiert.

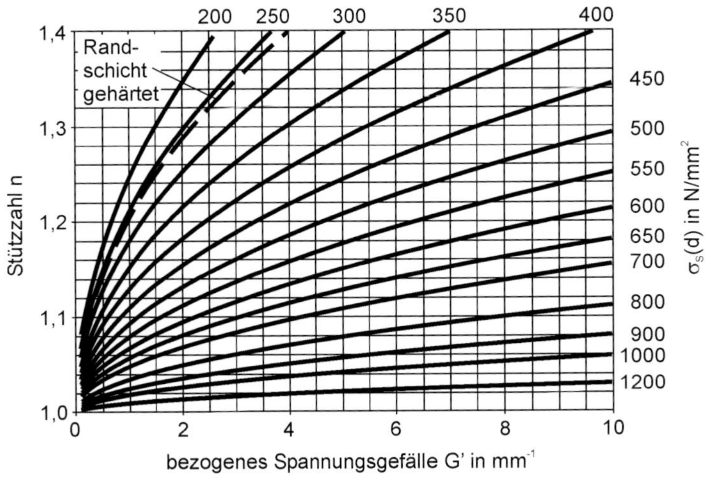

Bild 15.42 Stützzahl *n* (nach DIN 743-2)

Die verschiedenen Einflussfaktoren werden nachfolgend bestimmt, wobei die Werte entweder aus den Diagrammen abgelesen werden (besser für das Verständnis) oder mit den Gleichungen aus den Tabellen berechnet werden können (für das Programmieren).

Geometrischer Größeneinfluss (Bild 15.43 oder Tabelle 15.11)

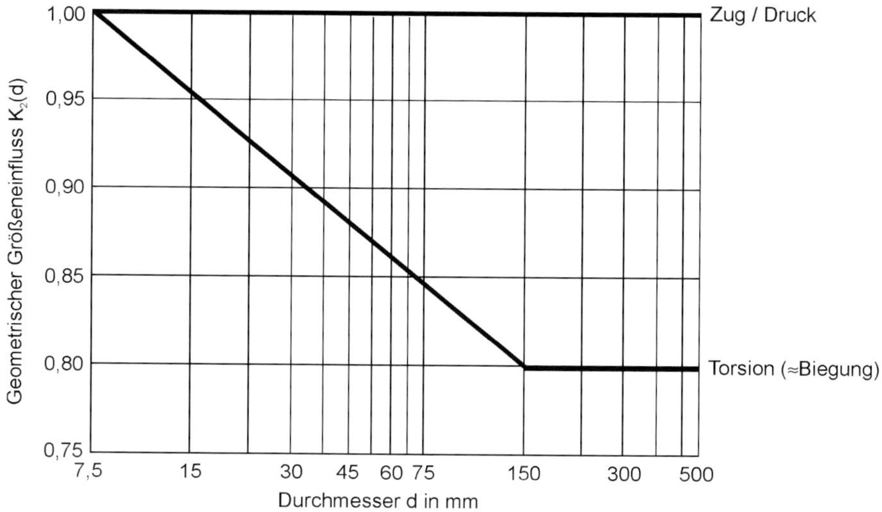

Bild 15.43 Geometrischer Größeneinfluss $K_2(d)$ (nach DIN 743-2)

Einflussfaktor der Oberflächenrauheit (Bild 15.44 oder Tabelle 15.12)

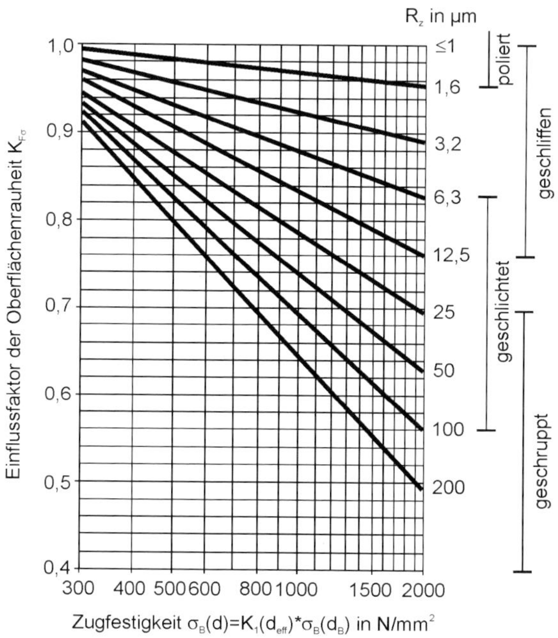

Bild 15.44
Einflussfaktor der Oberflächenrauheit (nach DIN 743-2)

Einflussfaktor der Oberflächenverfestigung (Tabelle 15.13)

Hier gilt K_V nur für die Erhöhung der Dauerfestigkeit der glatten, oberflächenverfestigten Probe gegenüber der glatten, nicht oberflächenverfestigten Probe. Zu Werten für gekerbte Proben siehe DIN 743-2, Tabelle 4.

Anmerkung: Alle drei Berechnungsbeispiele des Beiblatts 1 zur DIN 743 setzen für K_V gleich 1.

Einflussfaktoren der Mittelspannungsempfindlichkeit:

$$\psi_{zd\sigma K} = \frac{\sigma_{zdWK}}{2 \cdot K_1(d_{eff}) \cdot \sigma_B(d_B) - \sigma_{zdWK}}$$

$$\psi_{b\sigma K} = \frac{\sigma_{bWK}}{2 \cdot K_1(d_{eff}) \cdot \sigma_B(d_B) - \sigma_{bWK}} \qquad (15.69)$$

$$\psi_{\tau K} = \frac{\tau_{tWK}}{2 \cdot K_1(d_{eff}) \cdot \sigma_B(d_B) - \tau_{tWK}}$$

$K_1(d_{eff})$	-	technologischer Größeneinfluss (Bild 15.40),
d_{eff}	mm	für die Wärmebehandlung maßgebender Durchmesser,
σ_B	N/mm²	Zugfestigkeit für den Probendurchmesser d_B.

Vergleichsmittelspannungen:

$$\sigma_{mv} = \sqrt{(\sigma_{zdm} + \sigma_{bm})^2 + 3 \cdot \tau_{tm}^2}$$

Sollte $\sigma_{zdm} + \sigma_{bm} < 0$ sein, dann gilt:

$$\sigma_{mv} = \frac{H}{|H|} \cdot \sqrt{|H|} \quad \text{mit} \quad H = \frac{(\sigma_{zdm} + \sigma_{bm})^3}{|(\sigma_{zdm} + \sigma_{bm})|} + 3 \cdot \tau_{tm}^2 \qquad (15.70)$$

$$\tau_{mv} = \frac{\sigma_{mv}}{\sqrt{3}}$$

15

Damit sind alle wesentlichen Berechnungsgleichungen und Hilfsfaktoren vorhanden. Der Dauerfestigkeitsnachweis nach DIN 743 läuft also in diesen Schritten ab:

1. Bestimmung der Gesamteinflussfaktoren für Zug/Druck, Biegung und Torsion (Formel 15.64)
   a) Formzahlen bestimmen (Formel 15.66)
   b) bezogene Spannungsgefälle bestimmen (Formel 15.67)
   c) technologische Größeneinflüsse bestimmen (Tabelle 15.8)
   d) Stützzahlen bestimmen (Formel 15.68)
   e) Kerbwirkungszahlen bestimmen (Formel 15.65)
   f) geometrische Größeneinflussfaktoren bestimmen (Tabelle 15.11)
   g) Einflussfaktoren Oberflächenrauheit bestimmen (Tabelle 15.12)
   h) Einflussfaktoren Oberflächenverfestigung bestimmen (Tabelle 15.13)
   i) Gesamteinfussfaktoren berechnen (Formel 15.64)
2. Vergleichsspannungen berechnen (Formel 15.70)
3. Bauteilwechselfestigkeit berechnen (Formel 15.63)
4. Einflussfaktoren der Mittelspannungsempfindlichkeit berechnen (Formel 15.69)
5. Bauteilfließgrenzen bestimmen (Formel 15.62)
6. Spannungsamplituden der Bauteilfestigkeit berechnen (Formel 15.61)
7. vorhandene Sicherheitszahl berechnen (Formel 15.59)

Beispiel 15.11

Es soll die Dauerfestigkeit eines Wellenabsatzes mit Zug-, Biege- und Torsionsbelastung gemäß Bild 15.45 überprüft werden.

Die Abmessungen sind: $D = 50\,\text{mm}$, $d = 40\,\text{mm}$, $r = 3\,\text{mm}$, $t = 5\,\text{mm}$. Oberflächenrauheit $R_z = 5\,\mu\text{m}$. Werkstoff 36CrNiMo4 (vergütet) mit folgenden Festigkeitswerten nach DIN 743-3 bei $d_B \leq 16$ mm: $\sigma_B = 1100\,\text{N/mm}^2$, $\sigma_s = 900\,\text{N/mm}^2$, $\sigma_{zdW} = 440\,\text{N/mm}^2$, $\sigma_{bW} = 550\,\text{N/mm}^2$, $\tau_{tW} = 330\,\text{N/mm}^2$.

Die Belastungen im Querschnitt *d* sind mit Formel 15.60 berechnet worden:

aus N: $\sigma_{zdm} = 200\,\text{N/mm}^2, \sigma_{zda} = 50\,\text{N/mm}^2$

aus M_b: $\sigma_{bm} = 300\,\text{N/mm}^2, \sigma_{ba} = 60\,\text{N/mm}^2$

aus T: $\tau_{tm} = 100\,\text{N/mm}^2, \tau_{ta} = 40\,\text{N/mm}^2$

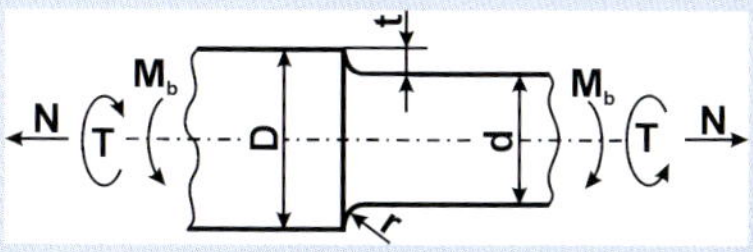

Bild 15.45
Wellenabsatz mit Zug-, Biege- und Torsionsbelastung

Zug

Bestimmung des Gesamteinflussfaktors

a) Formzahl bestimmen (Formel 15.66):

$$\alpha_\sigma = 1 + \frac{1}{\sqrt{062 \cdot \frac{r}{t} + 7 \cdot \frac{r}{d} \cdot \left(1 + 2 \cdot \frac{r}{d}\right)^2}} = 1 + \frac{1}{\sqrt{062 \cdot \frac{3}{5} + 7 \cdot \frac{3}{40} \cdot \left(1 + 2 \cdot \frac{3}{40}\right)^2}} = 1{,}97$$

b) bezogenes Spannungsgefälle bestimmen (Formel 15.67):

$$\text{wenn } \frac{d}{D} > 0{,}67 \quad \text{und} \quad r > 0: \quad \varphi = \frac{1}{4 \cdot \sqrt{\frac{t}{r}} + 2} = \frac{1}{4 \cdot \sqrt{\frac{5}{3}} + 2} = 0{,}14$$

trifft zu, weil $d / D = 0{,}8$ und $r > 0$

$$G' = \frac{2{,}3 \cdot (1 + \varphi)}{r} = \frac{2{,}3 \cdot (1 + 0{,}14)}{3\,\text{mm}} = 0{,}87 \frac{1}{\text{mm}}$$

c) technologischen Größeneinfluss bestimmen (Tabelle 15.8):

$$K_1 = 1 - 0{,}26 \cdot \lg\left(\frac{d_{eff}}{d_B}\right) = 1 - 0{,}26 \cdot \lg\left(\frac{50}{16}\right) = 0{,}87$$

d) Stützzahl bestimmen (Formel 15.68a), weil keine harte Randschicht:

$$\sigma_S(d) = K_1(d_{eff}) \cdot \sigma_S(d_B) = 0{,}87 \cdot 900\,\text{N/mm}^2 = 783\,\text{N/mm}^2$$

$$n = 1 + \sqrt{G' \cdot \text{mm}} \cdot 10^{-\left(0{,}33 + \frac{\sigma_S(d)}{712\,\text{N/mm}^2}\right)} = 1 + \sqrt{0{,}87} \cdot 10^{-\left(0{,}33 + \frac{783\,\text{N/mm}^2}{712\,\text{N/mm}^2}\right)} = 1{,}03$$

15

e) Kerbwirkungszahl bestimmen (Formel 15.65):

$$\beta_\sigma = \frac{\alpha_\sigma}{n} = \frac{1{,}97}{1{,}03} = 1{,}91$$

f) geometrischen Größeneinflussfaktor bestimmen (Tabelle 15.11):

$$K_2 = 1$$

g) Einflussfaktoren Oberflächenrauheit bestimmen (Tabelle 15.12):

$$\sigma_B(d) = K_1(d_{eff}) \cdot \sigma_B(d_B) = 1100\,\text{N/mm}^2 \cdot 0{,}87 = 957\,\text{N/mm}^2$$

$$K_{F\sigma} = 1 - 0{,}22 \cdot \lg\left(\frac{R_Z}{\mu m}\right) \cdot \left(\lg\left(\frac{\sigma_B(d)}{20\,\text{N/mm}^2}\right) - 1\right)$$

$$= 1 - 0{,}22 \cdot \lg\left(\frac{5\,\mu m}{\mu m}\right) \cdot \left(\lg\left(\frac{957\,\text{N/mm}^2}{20\,\text{N/mm}^2}\right) - 1\right) = 0{,}90$$

h) Einflussfaktor Oberflächenverfestigung bestimmen (Tabelle 15.13): Es ist keine Oberflächenverfestigung erfolgt, daher $K_V = 1$.

i) Gesamteinflussfaktor berechnen (Formel 15.64):

$$K_\sigma = \left(\frac{\beta_\sigma}{K_2(d)} + \frac{1}{K_{F\sigma}} - 1\right) \cdot \frac{1}{K_V} = \left(\frac{1{,}91}{1} + \frac{1}{0{,}9} - 1\right) \cdot \frac{1}{1} = 2{,}02$$

15

Biegung

Bestimmung des Gesamteinflussfaktors

a) Formzahl bestimmen (Formel 15.66):

$$\alpha_\sigma = 1 + \frac{1}{\sqrt{0{,}62 \cdot \frac{r}{t} + 11{,}6 \cdot \frac{r}{d} \cdot \left(1 + 2 \cdot \frac{r}{d}\right)^2 + 0{,}2 \cdot \left(\frac{r}{t}\right)^3 \cdot \frac{d}{D}}}$$

$$= 1 + \frac{1}{\sqrt{0{,}62 \cdot \frac{3}{5} + 11{,}6 \cdot \frac{3}{40} \cdot \left(1 + 2 \cdot \frac{3}{40}\right)^2 + 0{,}2 \cdot \left(\frac{3}{5}\right)^3 \cdot \frac{40}{50}}} = 1{,}80$$

b) bezogenes Spannungsgefälle bestimmen (Formel 15.67):

wenn $\frac{d}{D} > 0{,}67$ und $r > 0$: $\varphi = \frac{1}{4 \cdot \sqrt{\frac{t}{r}} + 2} = \frac{1}{4 \cdot \sqrt{\frac{5}{3}} + 2} = 0{,}14$

trifft zu, weil $d / D = 0{,}8$ und $r > 0$

$$G' = \frac{2{,}3 \cdot (1 + \varphi)}{r} = \frac{2{,}3 \cdot (1 + 0{,}14)}{3\,\text{mm}} = 0{,}87 \frac{1}{\text{mm}}$$

c) technologischen Größeneinfluss bestimmen (Tabelle 15.8):

$$K_1 = 1 - 0{,}26 \cdot \lg\left(\frac{d_{\text{eff}}}{d_B}\right) = 1 - 0{,}26 \cdot \lg\left(\frac{50}{16}\right) = 0{,}87$$

d) Stützzahl bestimmen (Formel 15.68a), weil keine harte Randschicht:

$$\sigma_S(d) = K_1(d_{\text{eff}}) \cdot \sigma_S(d_B) = 0{,}87 \cdot 900\,\text{N/mm}^2 = 783\,\text{N/mm}^2$$

$$n = 1 + \sqrt{G' \cdot \text{mm}} \cdot 10^{-\left(0{,}33 + \frac{\sigma_S(d)}{712\,\text{N/mm}^2}\right)} = 1 + \sqrt{0{,}87} \cdot 10^{-\left(0{,}33 + \frac{783\,\text{N/mm}^2}{712\,\text{N/mm}^2}\right)} = 1{,}03$$

e) Kerbwirkungszahlen bestimmen (Formel 15.65):

$$\beta_\sigma = \frac{\alpha_\sigma}{n} = \frac{1{,}80}{1{,}03} = 1{,}75$$

f) geometrischen Größeneinflussfaktor bestimmen (Tabelle 15.11):

$$K_2 = 1 - 02 \cdot \frac{\lg\left(\frac{d}{7{,}5\,\text{mm}}\right)}{\lg 20} = 1 - 02 \cdot \frac{\lg\left(\frac{40\,\text{mm}}{7{,}5\,\text{mm}}\right)}{\lg 20} = 0{,}89$$

g) Einflussfaktoren Oberflächenrauheit bestimmen (Tabelle 15.12):

$$\sigma_B(d) = K_1(d_{\text{eff}}) \cdot \sigma_B(d_B) = 1100\,\text{N/mm}^2 \cdot 0{,}87 = 957\,\text{N/mm}^2$$

$$K_{F\sigma} = 1 - 0{,}22 \cdot \lg\left(\frac{R_Z}{\mu\text{m}}\right) \cdot \left(\lg\left(\frac{\sigma_B(d)}{20\,\text{N/mm}^2}\right) - 1\right)$$

$$= 1 - 0{,}22 \cdot \lg\left(\frac{5\,\mu\text{m}}{\mu\text{m}}\right) \cdot \left(\lg\left(\frac{957\,\text{N/mm}^2}{20\,\text{N/mm}^2}\right) - 1\right) = 0{,}90$$

h) Einflussfaktor Oberflächenverfestigung bestimmen (Tabelle 15.13): Es ist keine Oberflächenverfestigung erfolgt, daher $K_V = 1$.

i) Gesamteinflussfaktor berechnen (Formel 15.64):

$$K_\sigma = \left(\frac{\beta_\sigma}{K_2(d)} + \frac{1}{K_{F\sigma}} - 1\right) \cdot \frac{1}{K_V} = \left(\frac{1{,}75}{0{,}89} + \frac{1}{0{,}9} - 1\right) \cdot \frac{1}{1} = 2{,}08$$

Torsion

1. Bestimmung des Gesamteinflussfaktors

a) Formzahl bestimmen (Formel 15.66):

$$\alpha_\tau = 1 + \frac{1}{\sqrt{3{,}4 \cdot \frac{r}{t} + 38 \cdot \frac{r}{d} \cdot \left(1 + 2 \cdot \frac{r}{d}\right)^2 + \left(\frac{r}{t}\right)^2 \cdot \frac{d}{D}}}$$

$$= 1 + \frac{1}{\sqrt{3{,}4 \cdot \frac{3}{5} + 38 \cdot \frac{3}{40} \cdot \left(1 + 2 \cdot \frac{3}{40}\right)^2 + \left(\frac{3}{5}\right)^2 \cdot \frac{40}{50}}} = 1{,}40$$

b) bezogenes Spannungsgefälle bestimmen (Formel 15.67):

$$G' = \frac{1{,}15}{r} = \frac{1{,}15}{3\,\text{mm}} = 0{,}38\frac{1}{\text{mm}}$$

c) technologischen Größeneinfluss bestimmen (Tabelle 15.8):

$$K_1 = 1 - 0{,}26 \cdot \lg\left(\frac{d_{\text{eff}}}{d_B}\right) = 1 - 0{,}26 \cdot \lg\left(\frac{50}{16}\right) = 0{,}87$$

d) Stützzahl bestimmen (Formel 15.68a), weil keine harte Randschicht:

$$\sigma_S(d) = K_1(d_{\text{eff}}) \cdot \sigma_S(d_B) = 0{,}87\ \text{N/mm}^2 \cdot 900\,\text{N/mm}^2 = 783\,\text{N/mm}^2$$

$$n = 1 + \sqrt{G' \cdot \text{mm}} \cdot 10^{-\left(0{,}33 + \frac{\sigma_S(d)}{712\,\text{N/mm}^2}\right)} = 1 + \sqrt{0{,}38} \cdot 10^{-\left(0{,}33 + \frac{783\,\text{N/mm}^2}{712\,\text{N/mm}^2}\right)} = 1{,}02$$

e) Kerbwirkungszahlen bestimmen (Formel 15.65):

$$\beta_\tau = \frac{\alpha_\tau}{n} = \frac{1{,}40}{1{,}02} = 1{,}37$$

f) geometrischen Größeneinflussfaktor bestimmen (Tabelle 15.11):

$$K_2 = 1 - 0{,}2 \cdot \frac{\lg\left(\frac{d}{7{,}5\,\text{mm}}\right)}{\lg 20} = 1 - 0{,}2 \cdot \frac{\lg\left(\frac{40\,\text{mm}}{7{,}5\,\text{mm}}\right)}{\lg 20} = 0{,}89$$

g) Einflussfaktoren Oberflächenrauheit bestimmen (Tabelle 15.12):

$$\sigma_B(d) = K_1(d_{\text{eff}}) \cdot \sigma_B(d_B) = 1100\,\text{N/mm}^2 \cdot 0{,}87 = 957\,\text{N/mm}^2$$

$$K_{F\sigma} = 1 - 0{,}22 \cdot \lg\left(\frac{R_Z}{\mu\text{m}}\right) \cdot \left(\lg\left(\frac{\sigma_B(d)}{20\,\text{N/mm}^2}\right) - 1\right)$$

$$= 1 - 0{,}22 \cdot \lg\left(\frac{5\,\mu\text{m}}{\mu\text{m}}\right) \cdot \left(\lg\left(\frac{957\,\text{N/mm}^2}{20\,\text{N/mm}^2}\right) - 1\right) = 0{,}90$$

$$K_{F\tau} = 0{,}575 \cdot K_{F\sigma} + 0{,}425 = 0{,}575 \cdot 0{,}9 + 0{,}425 = 0{,}94$$

h) Einflussfaktor Oberflächenverfestigung bestimmen (Tabelle 15.13): Es ist keine Oberflächenverfestigung erfolgt, daher $K_V = 1$.

i) Gesamteinflussfaktor berechnen (Formel 15.64):

$$K_\tau = \left(\frac{\beta_\tau}{K_2(d)} + \frac{1}{K_{F\tau}} - 1\right) \cdot \frac{1}{K_V} = \left(\frac{1{,}37}{0{,}89} + \frac{1}{0{,}94} - 1\right) \cdot \frac{1}{1} = 1{,}60$$

2. Vergleichsspannungen berechnen (Formel 15.70)

$$\sigma_{mv} = \sqrt{(\sigma_{zdm} + \sigma_{bm})^2 + 3 \cdot \tau_{tm}^2} = \sqrt{(200 + 300)^2 + 3 \cdot 100^2\,\text{N/mm}^2} = 529\,\text{N/mm}^2$$

$$\tau_{mv} = \frac{\sigma_{mv}}{\sqrt{3}} = \frac{529}{\sqrt{3}}\text{N/mm}^2 = 305\,\text{N/mm}^2$$

3. Bauteilwechselfestigkeit berechnen (Formel 15.63)

$$\sigma_{zdWK} = \frac{\sigma_{zdW}(d_B)\cdot K_1(d_{eff})}{K_\sigma} = \frac{440\cdot 0{,}87}{2{,}02}\,N/mm^2 = 190\,N/mm^2$$

$$\sigma_{bWK} = \frac{\sigma_{bW}(d_B)\cdot K_1(d_{eff})}{K_\sigma} = \frac{550\cdot 0{,}87}{2{,}08}\,N/mm^2 = 230\,N/mm^2$$

$$\tau_{tWK} = \frac{\tau_{tW}(d_B)\cdot K_1(d_{eff})}{K_\tau} = \frac{330\cdot 0{,}87}{1{,}60}\,N/mm^2 = 179\,N/mm^2$$

4. Einflussfaktoren der Mittelspannungsempfindlichkeit berechnen (Formel 15.69)

$$\psi_{zd\sigma K} = \frac{\sigma_{zdWK}}{2\cdot K_1(d_{eff})\cdot\sigma_B(d_B)-\sigma_{zdWK}} = \frac{190}{2\cdot 0{,}87\cdot 1100-190} = 0{,}11$$

$$\psi_{b\sigma K} = \frac{\sigma_{bWK}}{2\cdot K_1(d_{eff})\cdot\sigma_B(d_B)-\sigma_{bWK}} = \frac{230}{2\cdot 0{,}87\cdot 1100-230} = 0{,}14$$

$$\psi_{\tau K} = \frac{\tau_{tWK}}{2\cdot K_1(d_{eff})\cdot\sigma_B(d_B)-\tau_{tWK}} = \frac{179}{2\cdot 0{,}87\cdot 1100-179} = 0{,}10$$

5. Bauteilfließgrenzen berechnen (Formel 15.62)

Aus Tabelle 15.9 bzw. Tabelle 15.10 lesen wir jeweils die Faktoren K_{2F} und γ_F für Zug/Druck, Biegung und Torsion ab.

$$\sigma_{zdFK} = K_1(d_{eff})\cdot K_{2F}\cdot\gamma_F\cdot\sigma_S(d_B) = 0{,}87\cdot 1{,}0\cdot 1{,}05\cdot 900\,N/mm^2 = 822\,N/mm^2$$

$$\sigma_{bFK} = K_1(d_{eff})\cdot K_{2F}\cdot\gamma_F\cdot\sigma_S(d_B) = 0{,}87\cdot 1{,}2\cdot 1{,}05\cdot 900\,N/mm^2 = 987\,N/mm^2$$

$$\tau_{tFK} = \frac{K_1(d_{eff})\cdot K_{2F}\cdot\gamma_F\cdot\sigma_S(d_B)}{\sqrt{3}} = \frac{0{,}87\cdot 1{,}2\cdot 1{,}00\cdot 900\,N/mm^2}{\sqrt{3}} = 542\,N/mm^2$$

6. Spannungsamplituden der Bauteilfestigkeit berechnen (Formel 15.61)

Test: Gelten diese Bedingungen?

$$\sigma_{mv} \le \frac{\sigma_{zdFK}-\sigma_{zdWK}}{1-\psi_{zd\sigma K}} = \frac{822-190\,N/mm^2}{1-0{,}11} = 710\,N/mm^2 \ge 529\,N/mm^2 \quad \text{ja!}$$

$$\sigma_{mv} \le \frac{\sigma_{bFK}-\sigma_{bWK}}{1-\psi_{b\sigma K}} = \frac{987-230\,N/mm^2}{1-0{,}14} = 880\,N/mm^2 \ge 529\,N/mm^2 \quad \text{ja!}$$

$$\tau_{mv} \le \frac{\tau_{tFK}-\tau_{tWK}}{1-\psi_{tK}} = \frac{542-179\,N/mm^2}{1-0{,}10} = 403\,N/mm^2 \ge 305\,N/mm^2 \quad \text{ja!}$$

Da alle drei Tests positiv sind, wird der erste Gleichungssatz aus Formel 15.61 angewendet:

$$\sigma_{zdADK} = \sigma_{zdWK} - \psi_{zd\sigma K}\cdot\sigma_{mv} = (190-0{,}11\cdot 529)\,N/mm^2 = 132\,N/mm^2$$

$$\sigma_{bADK} = \sigma_{bWK} - \psi_{b\sigma K}\cdot\sigma_{mv} = (230-0{,}14\cdot 529)\,N/mm^2 = 156\,N/mm^2$$

$$\tau_{tADK} = \tau_{tWK} - \psi_{\tau K}\cdot\tau_{mv} = (179-0{,}10\cdot 305)\,N/mm^2 = 149\,N/mm^2$$

15

7. vorhandene Sicherheitszahl berechnen (Formel 15.59)

$$S = \frac{1}{\sqrt{\left(\frac{\sigma_{zda}}{\sigma_{zdADK}} + \frac{\sigma_{ba}}{\sigma_{bADK}}\right)^2 + \left(\frac{\tau_{ta}}{\tau_{tADK}}\right)^2}} = \frac{1}{\sqrt{\left(\frac{50}{132} + \frac{60}{156}\right)^2 + \left(\frac{40}{149}\right)^2}} = 1{,}24$$

$S \geq S_{min} \geq 1{,}2$ Bedingung erfüllt!

Damit ist der Nachweis auf Dauerhaltbarkeit durchgeführt.

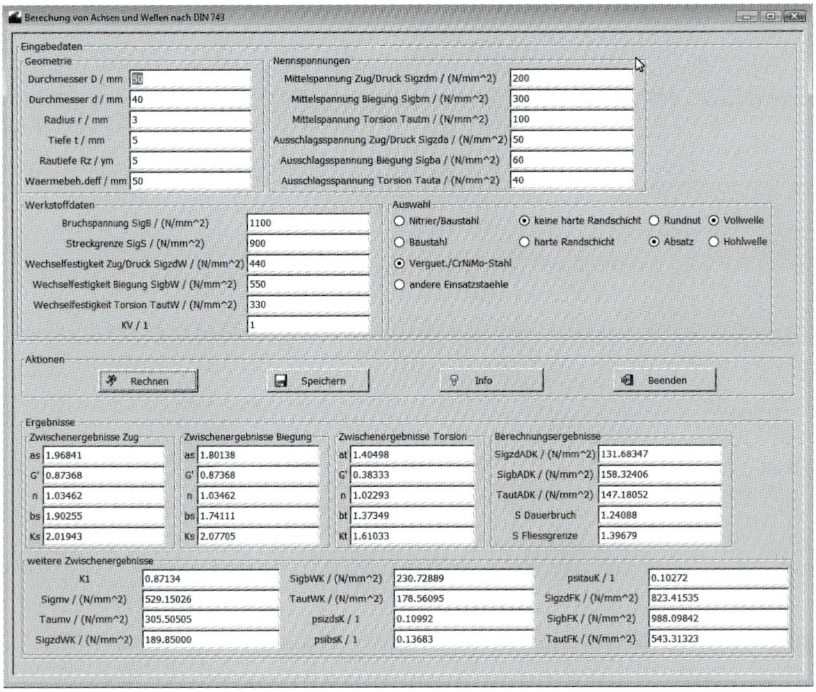

Bild 15.46 Berechnen des Leitbeispiels zur DIN 743 mit dem Programm ZN743 für Windows, Mac OS X und Linux

15.10 Verständnisfragen

1. Was unterscheidet Achsen von Wellen?
2. Wie heißen Wellen mit zentrischer Längsbohrung?
3. Was besagt die Stützziffer?
4. Durch welche zwei Zahlen geht die Kerbwirkung in die GEH ein und wie werden sie bestimmt?
5. Zeichnen Sie ein beliebiges Smith-Diagramm und zeigen Sie auf, wie man daraus bei vorgegebener Mittelspannung die Dauerfestigkeit ablesen kann.

6. Warum ist die Berechnung der Durchbiegung genauso wichtig wie die Festigkeitsberechnung?
7. Wann treten bei Wellen Resonanzen auf? Welche Resonanzen treten auf?
8. Warum hat die Durchbiegung einer Welle durch statische Belastungskräfte keine Auswirkung auf die Eigenschwingungszahl?
9. Welchen Wert darf die Mindestsicherheit bei der klassischen Festigkeitsrechnung nicht unterschreiten?

Literatur

[15.1] *Rieg, F.; Hackenschmidt, R.:* Finite Elemente Analyse für Ingenieure. 3. Auflage. München/Wien: Carl Hanser Verlag, 2009

[15.2] *Rieg, F.:* Z88 AURORA – Das kompakte Finite Elemente System. Version 13.0. *www.z88.de*. Herausgegeben vom Lehrstuhl Konstruktionslehre und CAD, Fakultät für Angewandte Naturwissenschaften, Universität Bayreuth, 2010

[15.3] *Hirschfeld, K.:* Baustatik. Berlin: Springer Verlag, 2008

[15.4] *Zienkiewicz, O. C.; Taylor, R. L.:* The Finite Element Method. Volume 1: The Basis. 5th Edition. Oxford: Butterworth Heinemann, 2002

[15.5] *Bathe, H. J.:* Finite-Elemente-Methoden. 2. Auflage. Berlin: Springer Verlag, 2002

[15.6] *Kersten, R.:* Das Reduktionsverfahren der Baustatik. 2. Auflage. Berlin: Springer Verlag, 1982

[15.7] *Rieg, F.:* Programm XBALKEN für Taschenrechner Texas Instruments TI89/92/ Voyage200 *(www.decker-maschinenelemente.de)*

[15.8] Windows-Programm AbaS. Institut für Massivbau der TU Hamburg-Harburg

[15.9] *Hagedorn, P.:* Technische Mechanik. Band 2, Festigkeitslehre. 4. Auflage. Frankfurt a. M.: Harri Deutsch, 2006

[15.10] *Steinhilper, W.; Röper, R.:* Maschinen- und Konstruktionselemente 1. 6. Auflage. Berlin: Springer Verlag, 2006

[15.11] *Wellinger, K.; Dietmann, H.:* Festigkeitsrechnung. Stuttgart: Alfred Kröner, 1976

[15.12] Forschungskuratorium Maschinenbau (FKM): FKM-Richtlinie – Rechnerischer Festigkeitsnachweis für Maschinenbauteile. 5. Auflage. Frankfurt am Main: VDMA Verlag GmbH, 2003

DIN 323-1 Ausgabe: 1974 08. Normzahlen und Normzahlreihen; Hauptwerte, Genauwerte, Rundwerte

DIN 323-2 Ausgabe: 1974-11. Normzahlen und Normzahlreihen; Einführung

DIN 705 Norm-Entwurf, 2006-03, Stellringe

DIN 743 Beiblatt 1. Ausgabe: 2000-10. Tragfähigkeitsberechnung von Wellen und Achsen – Anwendungsbeispiele

DIN 743-1 Ausgabe: 2000-10. Tragfähigkeitsberechnung von Wellen und Achsen – Teil 1: Einführung, Grundlagen

DIN 743-2 Ausgabe: 2000-10. Tragfähigkeitsberechnung von Wellen und Achsen – Teil 2: Formzahlen und Kerbwirkungszahlen

DIN 743-3 Ausgabe: 2000-10. Tragfähigkeitsberechnung von Wellen und Achsen – Teil 3: Werkstoff-Festigkeitswerte

DIN 748-1 Ausgabe: 1970-01. Zylindrische Wellenenden; Abmessungen, Nenndrehmomente

DIN 1448 Ausgabe: 1970-01 Kegelige Wellenenden mit Außengewinde; Abmessungen

DIN 1449 Ausgabe: 1970-01. Kegelige Wellenenden mit Innengewinde; Abmessungen

DIN 50100 1978-02. Werkstoffprüfung; Dauerschwingversuch, Begriffe, Zeichen, Durchführung, Auswertung

16 Tribologie: Reibung, Schmierung und Verschleiß

Reibung, Schmierung und Verschleiß sind die drei Teilgebiete der **Tribologie**. Das ist die Wissenschaft von aufeinander einwirkenden Berührungsflächen in Relativbewegung. Bei mangelhafter Schmierung kommt es infolge der Reibung zum Verschleiß dieser Flächen.

16.1 Reibung

Unter Reibung versteht man den Widerstand, der in den Paarungsflächen zweier Körper auftritt und einer Relativbewegung durch Gleiten, Rollen oder Abwälzen entgegenwirkt oder sie unmöglich macht.

1. Grundbegriffe

- Die Reibung wirkt der Relativbewegung sich berührender Körper entgegen. Die in der Kontaktfläche wirkende Reibung wird gelegentlich als **äußere Reibung** bezeichnet, um sie von der **inneren Reibung** zu unterscheiden, die bei der Relativbewegung von Volumenelementen innerhalb von festen, flüssigen oder gasförmigen Körpern auftritt.
- **Bewegungsreibung** (dynamische Reibung) ist die Reibung zwischen zueinander bewegten Körpern.
- **Ruhereibung** (Haftreibung, statische Reibung) ist die Reibung zwischen zueinander ruhenden Körpern, bei denen die angreifende Kraft oder das angreifende Moment nicht ausreicht, eine Relativbewegung hervorzurufen.
- **Anlaufreibung** ist die Reibung zu Beginn der Bewegung.
- **Auslaufreibung** ist die Reibung gegen Ende der Bewegung, d. h. bei gegen Null gehender Geschwindigkeit.

2. Reibungsarten

Gleitreibung ist die Bewegungsreibung zwischen Körpern, deren Geschwindigkeiten in der Berührungsfläche nach Betrag und/oder Richtung unterschiedlich sind.

Rollreibung ist die idealisierte Bewegungsreibung zwischen sich punkt- oder linienförmig berührenden Körpern, deren Geschwindigkeiten im gemeinsamen Kontaktbereich nach Betrag und Richtung gleich sind und bei der mindestens ein Körper eine Drehbewegung um eine momentane, im Kontaktbereich liegende Drehachse vollführt. Die Punkte der beiden Körper, die sich im Bewegungsablauf nacheinander berühren, bestimmen auf diesen gleiche Bogenlängen.

Wälzreibung ist eine Rollreibung, der eine Gleitkomponente (Schlupf) überlagert ist. Die Punkte der beiden Körper, die sich beim Bewegungsablauf nacheinander berühren, bestimmen auf diesen ungleiche Bogenlängen.

3. Reibungszustände

Festkörperreibung ist die Reibung beim unmittelbaren Kontakt der Reibpartner (Bild 16.1a). Ein Sonderfall dieser Reibung wird als **Grenzreibung** bezeichnet, bei der die Oberflächen der Reibpartner mit einem molekularen, von einem Schmierstoff stammenden Film bedeckt sind.

Flüssigkeitsreibung (auch Schwimmreibung genannt) ist die Reibung in einem die Reibpartner lückenlos trennenden, flüssigen Film (Bild 16.1b). Wenn der zum Tragen notwendige Druck allein durch die Bewegung der Körper hervorgerufen wird, nennt man ihn **hydrodynamisch**, entsteht er durch fremdangetriebene Pumpen, **hydrostatisch**. Die Reibung entsteht durch die Viskosität (Zähigkeit) der tragenden Flüssigkeitsschicht.

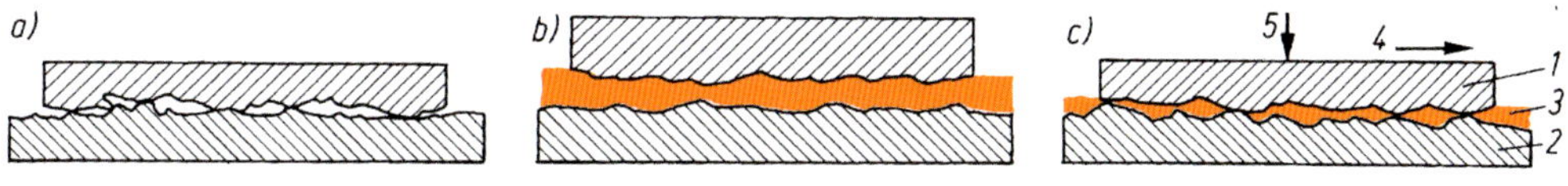

Bild 16.1 Reibungszustände
a) Trockenreibung ohne Trennschicht, b) Flüssigkeitsreibung (Schwimmreibung) mit Trennschicht, c) Mischreibung (teilweise Trockenreibung, teilweise Flüssigkeitsreibung); 1 sich bewegender Körper, 2 stillstehender Körper, 3 Zwischenschicht, 4 Bewegung, 5 Belastung

Mischreibung ist die Reibung, bei der an den Paarungsflächen teilweise Festkörperreibung und teilweise Flüssigkeitsreibung auftritt (Bild 16.1c).

Ausgangspunkt ist das

Amontons-Coulombsche Reibungsgesetz $F_R = \mu \cdot F_N$ (16.1)

F_R	in N	Reibungskraft,
F_N	in N	Normalkraft,
μ	-	Reibwert (siehe Tabelle 16.1).

Die **Reibkraft** ist also direkt proportional der senkrecht auf die Reibfläche wirkenden Kraft, der Normalkraft und einem Faktor μ, dem Reibwert. Dem eigentlichen Wesen der Reibung ist sehr schwer beizukommen. Es gibt viele Erklärungsversuche: So konnte man experimentell zeigen, dass bei reiner Trockenreibung und chemisch reinen Oberflächen an den Berührungsstellen eine *Kontaktverschweißung* eintritt. Diese Mikroverschweißungen reißen bei einer Relativbewegung der Reibpartner ab, und der Reibwert ist dann das Verhältnis der Schweiß-Scherspannungen zur Fließgrenze (Abreißen der Mikroverschweißung):

$$\mu_{Tr} = \frac{F_R}{F_N} = \frac{A \cdot \tau}{A \cdot \sigma} = \frac{\tau}{\sigma}$$

Diese Theorie passt jedoch nicht zur Reibpaarung Metall-Kunststoff. Hier vermutet man ein Verhaken der Oberflächenrauheiten und gleichzeitig Adhäsionskräfte. Daher sind Kunststoffe wie PTFE, die also geringe Adhäsion aufweisen, gute Reibpartner für Metalle. Ferner gibt es Theorien zur Grenz- und zur Mischreibung (Näheres dazu in [16.1] und [16.2]).

Die grundlegenden **Reibungsmechanismen** – und zwar unabhängig von den Begriffen wie Trocken-, Grenz-, Misch und Flüssigreibung – sind:

1. **Adhäsion und Scherung:** Es werden Adhäsionsbindungen in den Kontaktflächen gebildet und zerstört. Hier spielen Elektronenstrukturen (Edelmetalle mit hoher Dichte beweglicher

Elektronen neigen eher zur Adhäsion als normale Metalle), Oberflächenschichten, Zwischenstoffe und Umgebungsmedien eine Rolle.

2. **Deformation:** Eine Kontaktdeformation tritt durch die tangentiale Relativbewegung der Rauheitshügel der Kontaktpartner ein, wodurch sich Energieverluste ergeben. Nach neueren Studien geht man davon aus, dass die Reibungsenergie als Arbeit zur plastischen Deformation angesehen werden kann. Einen möglichen Rechenansatz bietet [16.1].
3. **Abrasive Beanspruchung:** Die härteren Rauheitshügel oder eingebetteten Verschleißpartikel dringen bei Kontakt in den weicheren Werkstoff ein. Die Reibkraft entsteht als Wirkung des Widerstandes gegen diese Furchenbildung.
4. **Elastische Hysterese:** Durch die Reibungsvorgänge, d.h. durch elastische und plastische Deformation der Rauheitshügel, entstehen mechanische Schwingungen, die eine Energieabsorption (Entstehung von Gitterschwingungen, Versetzungen und Gitterfehlern) und eine Energieemission (Schallemission, Triboluminiszenz und Elektronenemission) zur Folge haben.

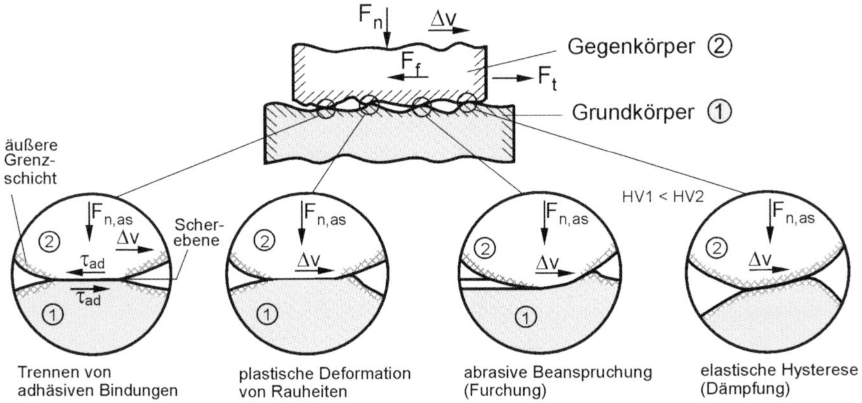

Bild 16.2 Die grundlegenden Reibungsmechanismen (Deters [16.4], in Anlehnung an [16.1])

Der Konstrukteur dagegen geht vom **Amontons-Coulomb'schen Reibungsgesetz** (Formel 16.1) aus, ohne die für den Tribologen sehr wichtigen Reibungsmechanismen näher zu betrachten. Während die eine Komponente, nämlich die Normalkraft, meist leicht bestimmt werden kann, ist man beim Reibwert zunächst auf Literaturangaben angewiesen. Als erster Anhaltspunkt dient Tabelle 16.1, wobei diese Werte für reale Berechnungen mitunter zu grob sind. Es gibt viele Maschinenelemente, die auf dem Prinzip der Reibung basieren: Im Falle von Reibbelägen für Kupplungen und Bremsen wird man detaillierte Angaben von den einschlägigen Reibbelagherstellern bekommen, ebenso bei Freiläufen. Im Zweifelsfall sind bei wichtigen Entwicklungen eigene Versuche unumgänglich.

Bei den bereits genannten **Reibungsarten** treten auch Kombinationen, wie *Wälzreibung* als Überlagerung von Roll- und Gleitreibung (z.B. in Kugellagern, denn an den Schultern der Lagerringe tritt Gleiten auf), *Roll-Bohrreibung* als Überlagerung von Roll- und Bohrreibung (z.B. in Schrägkugellagern) sowie *Gleit-Bohrreibung* als Überlagerung von Gleit- und Bohrreibung auf.

Zur *Rollreibung* sei angemerkt, dass es in der Technik keine reines Abrollen gibt. Ein Autoreifen verformt sich im Kontaktbereich merklich, ähnliche Effekte beobachtet man auch bei den Kugeln und Rollen in Wälzlagern. Hier tritt im Kontaktbereich eine elastische Verformung durch die Hertz'sche Pressung auf, was zu sog. *Mikroschlupf* führt. Derartige Verformungen in den Kontaktbereichen existieren auch bei Gleit- und Bohrreibung.

16.2 Verschleiß

Verschleiß ist der fortschreitende Materialverlust an der Oberfläche eines festen Körpers (Grundkörper), hervorgerufen durch mechanische Ursachen, d. h. Kontakt- und Relativbewegung eines festen, flüssigen oder gasförmigen Gegenkörpers. Grundlegende Verschleißmechanismen sind dabei [16.1] (vgl. Bild 16.3):

1. **Oberflächenzerrüttung:** Die Beanspruchung durch Normal- und Tangentialspannungen in den Mikrokontakten erfolgt häufig periodisch, sodass es zu einer Schadensakkumulation mit Werkstoffermüdung kommt. Besonders gefährdet sind Hertz'sche Kontakte in Wälzlagern und Zahnflanken. Hier tritt dann die sog. *Grübchenbildung* (Pittings) auf, wobei die maximalen Spannungen unter der Oberfläche bestehen und so Materialteilchen heraussprengen.
2. **Abrasion:** Hier werden entweder durch den härteren Gegenkörper oder durch harte Fremdpartikel (z. B. Stahlabrieb im Öl, der in die Gleitlager eingeschwemmt wird) Furchen in den tribologisch beanspruchten Körper gezogen (*Mikropflügen*, wird Material abgespant, so nennt man dies *Mikrospanen*).
3. **Adhäsion:** Durch stoffliche Wechselwirkungen auf atomarer und molekularer Ebene entstehen bei tribologischer Beanspruchung aufgrund hoher lokaler Flächenpressungen Verletzungen der schützenden Oberflächenschichten. Es kommt zu Grenzflächenbindungen. Bei Metallen sind diese Grenzflächenbindungen *Kaltverschweißungen*. Durch die Relativbewegung der Kontaktpartner werden diese örtlichen Verschweißungen, die mitunter eine höhere Festigkeit als die Ausgangsmaterialien haben können, wieder auseinandergerissen. Es kommt zum adhäsiven Materialübertrag. Typisch sind die bekannten Kolbenfresser in Verbrennungsmotoren.
4. **Tribochemische Reaktionen:** Durch Reaktion der tribologisch beanspruchten Oberflächen mit dem Umgebungsmedium entstehen Reaktionsprodukte, die abgerieben werden. Da an den Kontaktstellen erhöhte Temperaturen entstehen und die Kontaktstellen mechanisch aktiviert sind, ist dort eine erhöhte Reaktionsfreudigkeit gegeben. Es bilden sich bei Metallen sogenannte *Oxidinseln*. Diese neigen zum spröden Ausbrechen.

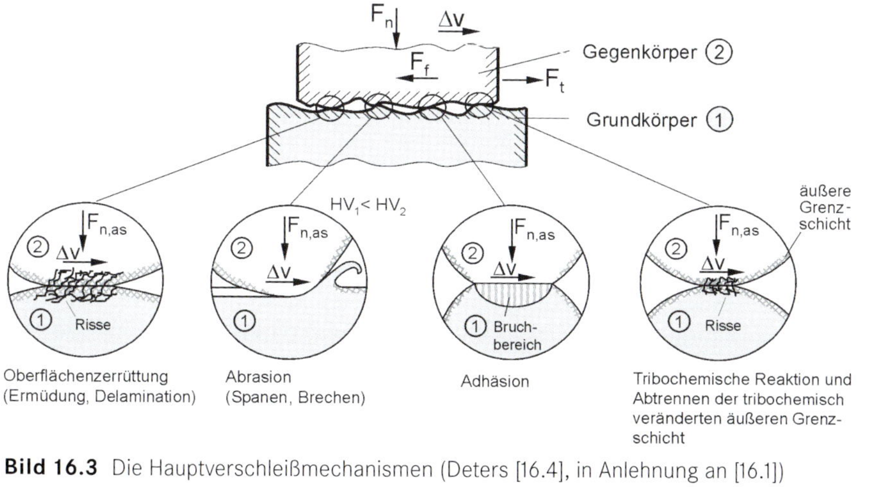

Bild 16.3 Die Hauptverschleißmechanismen (Deters [16.4], in Anlehnung an [16.1])

Maßnahmen zur Verschleißverringerung

Diese Maßnahmen müssen die Wirkung der genannten Hauptverschleißmechanismen verringern: Die *Oberflächenzerrüttung* kann durch harte und zähe Werkstoffe, durch sehr homogene Werkstoffe (wie 100Cr6 Wälzlagerstahl) und durch Druckeigenspannungen in der Oberfläche (durch Aufkohlen, Nitrieren und Carbonitrieren) vermindert werden.

Der *Abrasion* kann man durch

- harte Phasen (durch Carbide in zäher Matrix – z. B. Beschichtungen von Zylinderlaufbahnen – Nikasil, Galnikal),
- durch eine mindestens 1,3-fach höhere Härte des angegriffenen Werkstoffs gegenüber der Härte des Gegenkontakts oder
- durch zähes Material, wenn das angreifende Material härter ist als der Werkstoff,

begegnen. Die *Adhäsion* kann

- durch Schmierung,
- durch EP-Zusätze im Schmierstoff (Extreme-pressure-Zusätze, z. B. durch sogenanntes Hypoidöl in Hypoidgetrieben),
- durch Vermeiden des Durchbrechens von Schmier- und Werkstoffreaktionsschichten (also keine Überbeanspruchung)

vermindert werden. [16.1] empfiehlt ferner die Vermeidung der Paarung Metall/Metall und den Ersatz dieser durch folgende Paarungen: Kunststoff/Metall, Keramik/Metall, Kunststoff/Kunststoff, Keramik/Keramik und Kunststoff/Keramik. Das mag vom Standpunkt der Tribologie aus richtig sein, aber die Paarung Metall/Metall (z. B. im Verbrennungsmotor: Reibstellen Kolben/Zylinder, Kurbelwelle/Gleitlager, Nockenwelle/Zylinderkopf usw.) ist in der Praxis unverzichtbar. Ferner wird empfohlen, bei metallischen Paarungen in Bezug auf die Gitterstruktur keine kubisch-flächenzentrierten Metalle, sondern kubisch-raumzentrierte und hexagonale Metalle einzusetzen.

Tribochemische Reaktionen können

- durch formschlüssige anstelle kraftschlüssiger Verbindungen,
- durch das Nichtverwenden von Metallen (konstruktiv oft schwierig),
- durch Zwischenstoffe und Umgebungsmedien ohne oxidierende Bestandteile und
- durch hydrodynamische Schmierung

vermieden werden.

Ganz generell kann man sich an die alte Konstrukteursregel halten, dass man möglichst Reibpartner aus dem gleichen Metall vermeiden soll. So ist die Reibpaarung Leichtmetall/Leichtmetall – wenn nicht besondere Oberflächenschichten vorliegen – sehr verschleißfreudig (z. B. Leichtmetallkolben in unbeschichtetem Aluminiumzylinder), aber auch die Kombination weicher Stahl/weicher Stahl. Sehr gut laufen Grauguss auf Grauguss aufeinander und – was weniger bekannt ist – gehärteter Stahl auf gehärtetem Stahl, wenn gute Schmierung gegeben ist. Die Schmierstoffe sind aus Konstrukteurssicht einer der wichtigsten Schlüssel zur Verschleißminderung.

16.3 Schmierstoffe (Übersicht)

Schmierstoffe sind Maschinenelemente!

Reibung tritt in den Lagern von Achsen und Wellen, an den Flanken von Bewegungsschrauben, Zahn- und Kettenrädern und dergleichen auf. Um das Gleiten der Paarungsflächen zu erleichtern und um den Verschleiß zu vermindern oder sogar zu verhindern, werden Schmierstoffe verwendet. Diese sollten die Gleitstellen benetzen, an den Werkstoffen haften, die Unebenheiten der Paarungsflächen voneinander trennen, selbst geringe innere Reibung haben, die Werkstoffe nicht angreifen und diese vor Korrosion schützen, womöglich noch kühlen, Druck übertragen, abdichten und die Schmierstellen vor Schmutz und Wasserzutritt bewahren. Als Schmierstoffe kommen infrage:

1. **Fluide Schmierstoffe:** Das sind Flüssigkeiten und Gase. Meist erfüllen Öle am besten die Anforderungen, zumal sich mit ihnen eine hydrodynamische Schmierung erreichen lässt. Zu den *Ölen* gehören die Mineralöle, die Syntheseöle und die Fettöle tierischen bzw. pflanzlichen Ursprungs (Knochenöl, Specköl, Walratöl, Rüböl, Olivenöl, Erdnussöl und Rizinusöl). Seltener kommen auch *Emulsionen*, *Dispersionen* und *Suspensionen* in Betracht. Mitunter wird *Wasser* als Schmierstoff bei Sonderlagern aus Kunstharzen, Pockholz, Keramik oder Gummi verwendet. Eine relativ seltene Anwendung sind sehr schnell laufende *luftgeschmierte Lager*.
2. **Konsistente Schmierstoffe:** *Schmierfette* bestehen aus mineralischen oder synthetischen Ölen als Basis, die durch Verdickungsstoffe wie Metallseifen ihre konsistente Struktur bekommen, ggf. werden auch organische Fette (Hammeltalg, Rindertalg, Schweinefett und Speck) verwendet. *Schmierwachse* mit einer Basis aus hochmolekularen synthetischen Kohlenwasserstoffen gehen ab einer bestimmten Temperatur von einer konsistenten in eine flüssige Struktur über. Dieser Vorgang ist reversibel. *Schmierpasten* bestehen aus einem mineralischen oder synthetischen Grundöl, Additiven und Festschmierstoffen.
3. **Feste Schmierstoffe:** Hierzu zählen die sog. *Festschmierstoffe*, d.h. feste Stoffe in Pulver- oder Schuppenform (Graphit, Talkum oder Molybdändisulfid), die an den Gleitflächen gut haften und diese gleitfähiger machen. Meistens werden sie in Verbindung mit Ölen, Fetten oder Kunststoffen verwendet. *Kunststoffe* wie Polyamid PA, Polyoxymethylen POM, Polytetrafluorethylen PTFE und Polyfluorethylen-Propylen PFEP werden für Gleitschienen, Lager, Wellendichtungen und Zahnräder verwendet. Es lassen sich auch Festschmierstoffe in Kunststoffe einbetten (inkorporieren), um sie gleitfähiger zu machen, beispielsweise in Kunststoff-Lagerschalen. Manche *Metalle* enthalten ihren Schmierstoff sozusagen in sich, z.B. Grauguss, in dem laminares Graphit eingelagert ist. Dieser dient nach wie vor als sehr guter Zylinderlaufbahn-Werkstoff. *Gleitlacke* bestehen aus Festschmierstoffen, Bindern und Lösemittel.

Eine entsprechende Übersicht liefert Bild 16.4.

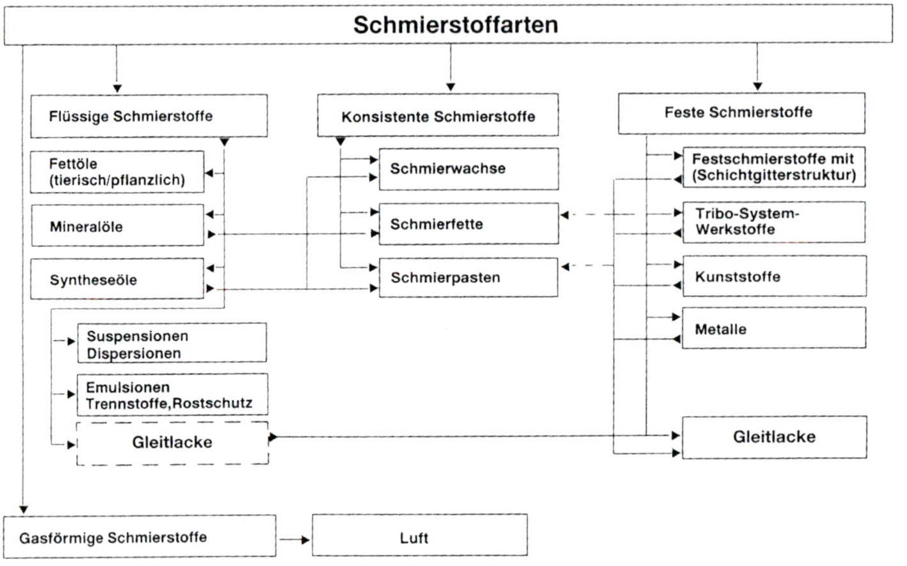

Bild 16.4 Schmierstoffarten (Werkbild Klüber Lubrication, München)

16.4 Schmieröle

16

Öle sind die wichtigsten Schmiermittel für Lager. Meistens werden die relativ preiswerten Mineralöle gegenüber den synthetischen Ölen bevorzugt. Mit DIN 51502 ist die Bezeichnung der Schmieröle und deren Kennzeichnung genormt, z. B.: Normalschmieröle **AN**, **ATF** (Automatic Transmission Fluid), bitumenhaltige Schmieröle **B**, Umlaufschmieröle **C**, Gleitbahnöle **CG**, Druckluftöle **D**, Luftfilteröle **F**, Hydrauliköle **H** und **HV**, Hypoidöle **HYP**, Motoröle **HD**, Kältemaschinenöle **K**, Korrosionsschutzöle **R**, Luftverdichteröle **V** u. a. Synthese- oder Teilsyntheseöle: Esteröle **E**, Fluorkohlenwasserstofföle **FK**, Polyclycoöle **PG** und Silikonöle **SI**. Dazu können noch Zusatzbuchstaben kommen, z. B. für Schmieröle in Mischung mit Wasser (Emulsionen) **E**, für Festschmierstoffzusätze wie Graphit oder Molybdändisulfid **F**, für Wirkstoffzusätze zum Erhöhen des Korrosionsschutzes und/oder der Alterungsbeständigkeit **L**, für Wirkstoffe zum Herabsetzen der Reibung und des Verschleißes im Mischreibungsgebiet oder zur Erhöhung der Belastbarkeit **P**. Ausgenommen hiervon sind die Schmieröle für Verbrennungsmotoren und Kraftfahrzeug-Getriebe.

Jede Flüssigkeit fließt mehr oder weniger zäh und setzt Bewegungen innere Reibung entgegen. Wenn zwei Flächen unter Ölschmierung aufeinander gleiten, dann werden auch die einzelnen Ölschichten gegeneinander unter Reibung verschoben. Je größer diese Reibung ist, umso zäher ist die Flüssigkeit. Diese Zähigkeit nennt man **Viskosität**.

Eine unter Gleitreibung stehende Flüssigkeit, wie die tragende Zwischenschicht (der Schmierfilm) bei hydrodynamischer Schmierung, kann man sich in einzelne, sehr dünne Schichten wie in einem Stoß Spielkarten aufgelöst denken (Bild 16.5). Bei gegenseitigem Verschieben in Längsrichtung wirkt zwischen den einzelnen Schichten eine Schubspannung τ, deren Betrag von der Zähigkeit und von dem Geschwindigkeitsunterschied der einzelnen Schichten abhängt.

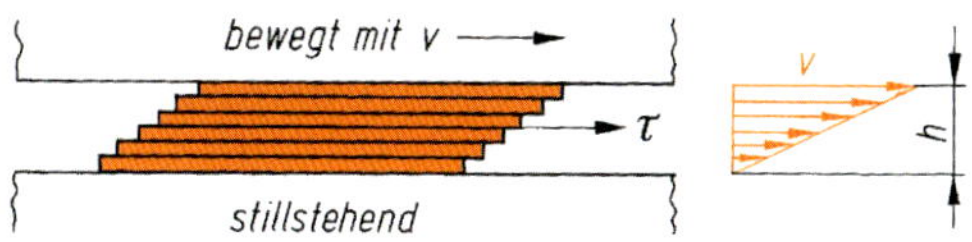

Bild 16.5
Verschiebung der Ölschichten im Schmierspalt

Dieses Gesetz hat bereits Newton vorgeschlagen:

$$\tau = \eta \cdot \frac{\mathrm{d}v}{\mathrm{d}h} \tag{16.2}$$

Das Geschwindigkeitsgefälle $\mathrm{d}v/\mathrm{d}h$ ist bei sog. Newtonschen Flüssigkeiten – das sind die meisten fluiden Schmierstoffe in der Technik, also auch die Öle – konstant. Deshalb wird Formel 16.2 zu

$$\tau = \eta \cdot \frac{v}{h} \tag{16.3}$$

Damit ergibt sich nach Formel 16.2 bzw. Formel 16.3 die **dynamische** oder **absolute Viskosität** (Zähigkeit) η mit der Maßeinheit

$$[\eta] = \frac{\text{Kraft} \cdot \text{Zeit}}{\text{Länge}^2} = \frac{\text{N} \cdot \text{s}}{\text{m}^2} = \text{Pa} \cdot \text{s} \quad \text{oder} \quad 10^{-3} \frac{\text{N} \cdot \text{s}}{\text{m}^2} = \text{mPa} \cdot \text{s} = 1\text{cP (veraltet)} \tag{16.4}$$

Die Einheit Pa · s (also Druck · Zeit) ergibt sich formal (hat aber keinen physikalischen Sinn) und ist genormt. Die nach Jean-Louis-Marie Poiseuille benannte, SI-fremde Einheit Poise bzw. cP (Poise bzw. Centipoise, 1 cP = 1 mPa · s) wird häufiger verwendet. Wasser hat bei Normaldruck und einer Temperatur von 20,2 °C die dynamische Viskosität von 1 cP oder 1 mPa · s.

Für die Auslegung von hydrodynamischen Gleitlagern ist einzig und allein die dynamische oder absolute Viskosität η wichtig.

Technisch als Lieferangabe wird dagegen meist die **kinematische Viskosität ν** angegeben, weil sie sich in Kapillar- und Kugelfallviskosimetern (nach DIN 53012 und DIN 53015) leichter messen lässt als die für die Berechnung maßgebende dynamische Viskosität η (Tabelle 16.2). Es besteht folgender Zusammenhang:

$$\nu = \frac{\eta}{\varrho} \quad \text{mit} \quad \varrho \quad \text{Dichte} \tag{16.5}$$

Die kinematische Viskosität hat die Maßeinheit

$$[\nu] = \frac{\text{Länge}^2}{\text{Zeit}} = \frac{\text{m}^2}{\text{s}} \quad \text{oder} \quad 10^{-6} \frac{\text{m}^2}{\text{s}} = \frac{\text{mm}^2}{\text{s}} = 1\text{cSt (veraltet)} \tag{16.6}$$

Die üblicherweise verwendete Einheit ist mm^2/s oder cSt (Centi-Stokes, nicht mehr genormte, SI-fremde Bezeichnung, benannt nach George Gabriel Stokes). Im Ausland werden teilweise andere Maßeinheiten verwendet, z. B. in England die Redwood-Sekunde, in den USA die Saybolt-Universal-Sekunde (SUS).

Alle flüssigen Schmierstoffe werden mit steigender Temperatur dünnflüssiger, d. h., ihre Viskositäten nehmen ab. Deshalb muss die Viskosität immer im Zusammenhang mit der Temperatur angegeben werden, z. B. $\nu_{80} = 33\,\text{mm}^2/\text{s}$ oder $\nu = 33\,\text{mm}^2/\text{s}$ bei 80 °C. Nach DIN 51519 sind die Schmieröle auf Mineralölbasis international in **Viskositätsklassen** aufgeteilt, und zwar in ISO VG 2, 3, 5, 7, 10, 15, 22, 32, 46, 68, 100, 150, 220, 320, 460, 680, 1000, 1500, 2200 und 3200. Die Zahl gibt jeweils die kinematische Viskosität in mm^2/s bei 40 °C an. Tabelle 16.3 zeigt eine Umschlüsselung der Einheiten ISO VG und der amerikanischen SAE-Klassen für Motor- und Getriebeöle.

Dabei wird die *Winterviskosität* mit dem Zusatzbuchstaben W bei 0 °F (etwa –18 °C) mit einem Rotationsviskosimeter gemessen. Ein Elektromotor mit konstantem Drehmoment treibt einen Rotor, dessen Drehzahl sich entsprechend den viskosimetrischen Eigenschaften der zu messenden Flüssigkeit einstellt. mithilfe einer Eichkurve, die unter Verwendung von Eichölen aufgestellt wurde, wird die dynamische Viskosität in mPa · s ermittelt. Dabei erfolgt die Einteilung in die Winter-Viskositätsklassen 0 W, 5 W, 10 W, 15 W, 20 W, 25 W. Je kleiner die Zahl ist, umso dünnflüssiger ist das Öl in der Kälte.

Die *Sommerviskosität* (ohne Zusatzbuchstaben) wird bei einer Prüftemperatur von 210 °F (etwa 100 °C) mit einem Kapillarviskosimeter gemessen. Es ist also eine kinematische Viskosität. Man unterscheidet die SAE-Sommer-Viskositätsklassen 20, 30, 40, 50, 60. Je größer die Zahl ist, umso dickflüssiger ist das Öl bei etwa 100 °C. Auffallend ist, dass Motor- und Getriebeöle unterschiedliche Bezeichnungen für die gleiche Viskosität haben: Ein Getriebeöl SAE 80 W ist nicht etwa doppelt so viskos wie ein Motorenöl SAE 40, sondern entspricht in seiner Viskosität etwa einem Motorenöl SAE 20 W/20, ein Getriebeöl SAE 90 etwa einem Motorenöl SAE 40 oder SAE 50, vgl. Tabelle 16.3 (nach Castrol).

Besonders **Motorenöle** müssen sehr vielfältige Aufgaben bewältigen (nach Angaben von Aral):

1. **Schmieren:** Bei Gleitlagern für Kurbelwellen und Nockenwellen tritt ab einer bestimmten Drehzahl *Flüssigreibung* auf, bei oszillierenden Kontakten (von z. B. Kolben und Zylinderlaufbahnen, den Ventilschäften in den Ventilführungen) in den Umkehrpunkten jeweils kurz *Teilschmierung*, während im Bereich höherer Gleitgeschwindigkeiten *Vollschmierung* herrscht. Weiterhin ist je nach konstruktiver Auslegung mit Teilschmierung an der Paarung von Nocken und Stößel zu rechnen. Um bei Teilschmierung überhöhten Verschleiß durch metallischen Kontakt zu verhindern, werden den Ölen *Verschleißschutzadditive* zugegeben.
2. **Kräfteübertragung:** Bei Kolben und Pleueln werden die auf den Kolben ausgeübten Verbrennungsdrücke bzw. Massenkräfte nur mithilfe des im oberen und unteren Pleuellagers vorhandenen geringen Motorölvolumens im Schmierspalt auf die Kurbelwelle übertragen. Wenn dieser Schmierfilm infolge der hohen dynamischen Kräfte auch nur kurzzeitig durchbrochen wird, kommt es zu metallischer Berührung der Reibpartner unter hoher Last und damit zu Verschleiß und Motorschaden. Gleiches gilt auch für den Bereich Nocken/Stößel oder Nocken/Schlepphebel bzw. für Getriebe, die vom Motorenöl mitversorgt werden (in Viertakt-Motoren von Motorrädern). Die dabei entstehenden Drücke im sehr dünnen Schmierfilm können bis zu 10 000 bar betragen.
3. **Kühlung:** Die durch die Verbrennung thermisch hochbelasteten Kolben können konstruktionsbedingt nur mithilfe des Motorenöls gekühlt werden. Einerseits wird die Wärme vom Kolben über die Kolbenringe und das abdichtende Motorenöl an die Zylinderlaufflächen und weiter an das Kühlmittel geleitet, andererseits kühlt das im Kurbelgehäuse umherspritzende Motorenöl den Kolben direkt. Bei großen Kolben (z. B. bei Kreuzkopfmaschinen, wie sie im Schiffsmaschinenbau üblich sind) wird das Kühlöl über die Schubstangen in Kühlkanälen in den Kolben zugeführt.
4. **Abdichtung:** Die eigentliche Abdichtung von Kolben und Zylinderlaufbahnen erfolgt ausschließlich über die Kolbenringe und deren Feinabdichtung durch das Motorenöl. Doch auch bei optimaler Abdichtung gelangen bis zu 2 % der Verbrennungsgase an den Kolben vorbei

ins Kurbelgehäuse (Blow-by-Gase), die das Motorenöl wegen ihrer aggressiven Bestandteile und Verschmutzung belasten.

5. **Schutz:** Das Motorenöl muss vor Ablagerungen, Korrosion, Rost, Verschleiß und sog. Spiegelflächenbildung schützen.

Motorenöle werden entweder nach der **API**- oder der **ACEA-Klassifikation** in ihrer Qualität beurteilt. Die US-amerikanische API-Klassifikation unterscheidet zwischen S-Klassen und C-Klassen. Dabei steht die S-Klasse für Öle für Otto-Motoren (S für Service Stations = Benzin-Tankstellen in den USA) und die C-Klasse für Öle für Dieselmotoren (C für Commercial = Lastwagen). Der zweite Buchstabe hinter dem S bzw. C gibt den jeweiligen Leistungsstand der Motorenöle wieder. Der alphabetisch höhere Buchstabe schließt die vorhergehenden Leistungsstandards mit ein.

API Service-Klassen

SA: unlegierte Öle, *SB*: Öle mit Zusätzen für den Alterungsschutz und Antiverschleiß-Additiven, *SC*: Öle dieser Klasse deckten 1964–1967 die Anforderungen der amerikanischen Motorenhersteller ab, *SD*: für US-Fahrzeuge der Baujahre 1968–1971, *SE*: verbessertes SD für die Baujahre 1972–1980, *SF*: verbesserter Schutz gegen Oxidation, Verschleiß, Ablagerungen und Korrosion entsprechend den Anforderungen der US-Motorenhersteller ab 1980, *SG*: seit März 1988 gültig mit erhöhten Anforderungen bezüglich Alterung und Kaltschlamm, *SH*: seit 1993 gültig, diese Öle müssen die vorgeschriebenen unterschiedlichen Testprozeduren unter strengen, kontrollierten Bedingungen bestehen, *SJ*: seit 1996 gültig, gegenüber SH geringerer Phosphorgehalt, geringere Verdampfungsneigung, höhere Alterungsstabilität. Die beste Qualität ist aktuell *SP*.

API Commercial-Klassen

CA: vorzugsweise für Dieselmotoren mit geringer Belastung entsprechend MIL 2104 A aus dem Jahr 1954, *CB*: für mittlere Belastung entsprechend MIL 2104 A Supplement 1, *CC*: für mittlere Belastungen entsprechend MIL 2104B aus dem Jahre 1961, *CD*: Öle für schwere Belastungen entsprechend MIL 2104C, *CE*: für Pkw- und Nutzfahrzeug-Dieselmotoren in Europa ohne Bedeutung, *CF*: wie CD, jedoch sind die Testprozeduren mit Prüfmotoren der neuen Generation aufgebaut.

ACEA-Klassen

Seit 1996 besteht das europäische Klassifikationssystem für Motorenöle ACEA (Association des Constructeurs Européens d'Automobiles). Die ACEA beschreibt die Mindestanforderungen an Motorenöle. Auch hier gibt eine Buchstaben-Zahlen-Kombination Aufschluss über den Einsatzzweck der Öle (nach Angaben von Castrol): A1, A2, A3, A4 und A5 sind Leistungsklassen für Ottomotorenöle, B1, B2, B3, B4 und B5 sind Leistungsklassen für Dieselmotorenöle in Pkw und leichten Nutzfahrzeugen, E2, E3, E4 und E5 sind Leistungsklassen für den Lkw-Diesel-Bereich. Mit steigender Zahl steigt die Qualität. Ergänzt wird die Buchstaben-Zahlen-Kombination häufig mit einer Jahreszahl, die auf das Ausgabedatum der Klassifikation hinweist.

Bei **Getriebeölen** für Kraftfahrzeuge gibt es die API-Spezifikationen *GL 1*: spiralverzahnte Kegelradgetriebe, Schneckengetriebe und handgeschaltete Getriebe bei niedrigen Gleitgeschwindigkeiten und geringer Flächenpressung der Zahnflanken, *GL 2*: Schneckengetriebe mit Anforderungen an das Lasttragevermögen, das Temperaturniveau und die Gleitgeschwindigkeit, sodass Öle nach GL 1 nicht mehr genügen, *GL 3*: spiralverzahnte Kegelradgetriebe und Handschaltgetriebe unter mäßig erschwerten Bedingungen hinsichtlich Last und Drehzahl, *GL 4*:

gerad- und stirnverzahnte Getriebe, auch mit leichtem Achsversatz, *GL 5*: hypoidverzahnte Getriebe mit großem Achsversatz in Pkw und anderen Fahrzeugen unter schockartiger Belastung bei hoher Drehzahl. Besonders GL-4- und GL-5-Öle haben sogenannte *EP-Zusätze* (extreme pressure). Praktische Bedeutung haben heute nur Getriebeöle nach API GL 3, GL 4 und GL 5. Dabei sind Öle nach API GL 4 die typischen Öle für quer eingebaute Transaxle-Getriebe, während Getriebeöle nach API GL 5 heute vorzugsweise in Hinterachsdifferentialen eingesetzt werden.

Für **automatische Getriebe** in Kraftfahrzeugen wird *ATF* (automatic transmission fluid) eingesetzt. Dies ist ein Hydrauliköl für besonderen Anforderungen. Es hat sehr gutes VT- und Tieftemperaturverhalten, hohe Scher- und Oxidationsstabilität, ausgezeichnetes Schaumverhalten und Luftabgabevermögen, definiertes Reibverhalten und EP-Eigenschaften. Mitunter werden diese Öle auch in normalen Pkw-Handschaltgetrieben verwendet. Hier gibt es unterschiedliche herstellerspezifische Normen und Qualitäten wie DEXRON (General Motors), MERCON (Ford), Allison, Caterpillar, MAN-Normen, Mercedes-Benz Betriebsstoff-Vorschriften, Renk, Voith, VW-Normen, ZF TE-ML.

Weitere beschreibende Parameter für Öle sind der **Pourpoint** als Fließgrenze (auch *Stockpunkt* genannt, das ist die Temperatur, bei der das Öl zu erstarren beginnt), der **Flammpunkt** (die Temperatur, bei der sich der Öldampf entflammt, nicht aber das Öl selbst) und die **Alterungsbeständigkeit** (für die Zunahme von Koksrückständen im Öl nach einer bestimmten Zeit). Der **Viskositätsindex** *VI* ist ein Maß für die Temperaturabhängigkeit der Viskosität (Einbereichsöle $VI \approx 100$, Mehrbereichsöle $VI \leq 190$). Typische Mehrbereichsöle im Automotive-Bereich besitzen als Zusatz sog. *VI-Verbesserer*, d. h. Viskositätsindex-Verbesserer, langkettige Polymerverbindungen, die bei Wärme aufquellen und so das dünnflüssige Grundöl quasi eindicken und über einen weiteren Temperaturbereich nutzbar machen.

16

Für bestimmte Wälz- und Gleitlager-, Zahnrad- und Kupplungsversuche, wie sie z. B. von der FVA Forschungsvereinigung Antriebstechnik durchgeführt werden, kommen sog. *Referenzöle* [16.8] zum Einsatz, damit reproduzierbare Messergebnisse auch bei Jahre andauernden Versuchen gewährleistet sind. Dies sind die **FVA-Referenzöle** Nr. 1, 2, 3 und 4, die als Basistypen unlegiert sind und die ISO-Viskositätsklassen 15, 32, 100 und 460 abdecken. Zwischenviskositäten können durch Mischen erzeugt werden, ebenso können Additive zugesetzt werden. Sie entsprechen den Schmierölen C nach DIN 51517 bzw. H nach DIN 51524. Diese Öle sollen nicht über 70 °C Ölsumpftemperatur eingesetzt werden, um vorzeitige Alterung zu vermeiden. Sonst ist Frischöl-Verlustschmierung vorzusehen.

Fast allen Ölen ist gemeinsam, dass sie eine mehr oder weniger ausgeprägte Viskositäts-Temperaturabhängigkeit haben (vgl. Bild 16.6). Es sind in der Literatur mehrere Formeln dahingehend bekannt geworden, wobei die gängigste die Gleichung von Vogel ist:

$$\eta = a \cdot \exp\left(\frac{b}{\vartheta + c}\right) \tag{16.7}$$

mit den Koeffizienten *a*, *b* und *c* (siehe auch Tabelle 16.3), die je nach SAE-Klasse unterschiedlich sind. So hat z. B. ein Öl SAE 30 die Koeffizienten $a = 0{,}1531 \cdot 10^8$, $b = 720$ und $c = 71$. Für die ISO-VG-Klassen kann aus dem Diagramm 16.1 die dynamische Viskosität η in mPa · s bei Temperaturen von 20 … 160 °C abgelesen werden.

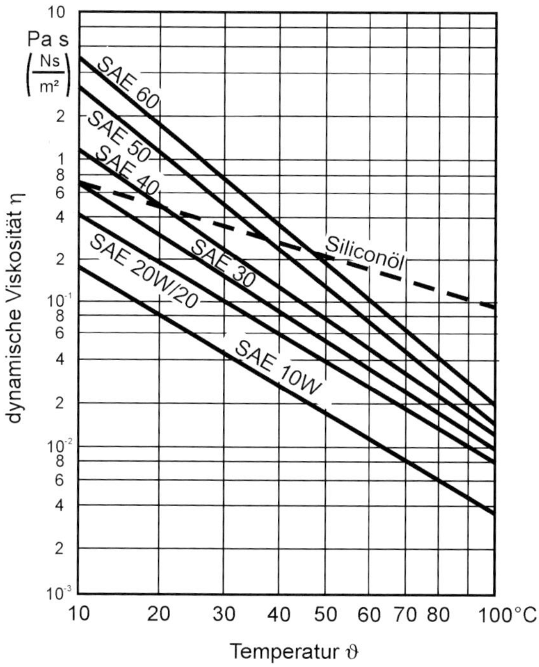

Bild 16.6
Viskositäts-Temperatur-Verhalten von Motorenölen und Siliconöl im doppelt-logarithmischen Diagramm nach [16.2]. Für ISO-VG-Öle siehe Diagramm 16.1.

Auch die Dichte des Öls ändert sich mit der Temperatur. Dabei kann Formel 16.8 nach Vogelpohl [16.7] verwendet werden:

$$\varrho = \varrho_{20}\left[1 - 65 \cdot 10^{-5} \cdot (\vartheta - 20)\right] \tag{16.8}$$

ϱ_{20} in g/cm³ Dichte bei 20 °C,
ϑ in °C Temperatur.

Ferner ändert sich die Dichte des Öls mit dem Druck nach folgender Beziehung [16.7]:

$$\varrho = \varrho_0\left[1 + 45{,}89 \cdot 10^{-6} \cdot (p - p_0)\right] \tag{16.9}$$

ϱ_0 in g/cm³ Dichte bei $p_0 = 0\,\text{bar}$,
p in bar Druck.

Beide Abhängigkeiten zeigt Bild 16.7. In der Praxis begnügt man sich oft damit, eine mittlere Dichte von 900 kg/m³ anzunehmen und die Temperaturabhängigkeit sowie die Druckabhängigkeit nicht weiter zu berücksichtigen.

Für die richtige Auslegung von Gleitlagern ist zur Ermittlung des Schmierstoffbedarfs die spezifische Wärmekapazität c wichtig. Bild 16.8 zeigt die spezifische Wärmekapazität c von Mineralölen verschiedener Dichte. Der Wärmeleitkoeffizient λ ist für derartige Öle nur wenig bekannt. Er beträgt für Olivenöl etwa 0,17 W/(m · K), für Zylinderöl etwa 0,15 W/(m · K) bei $\vartheta = 50\,°\text{C}$ (Näheres in [16.2]).

16

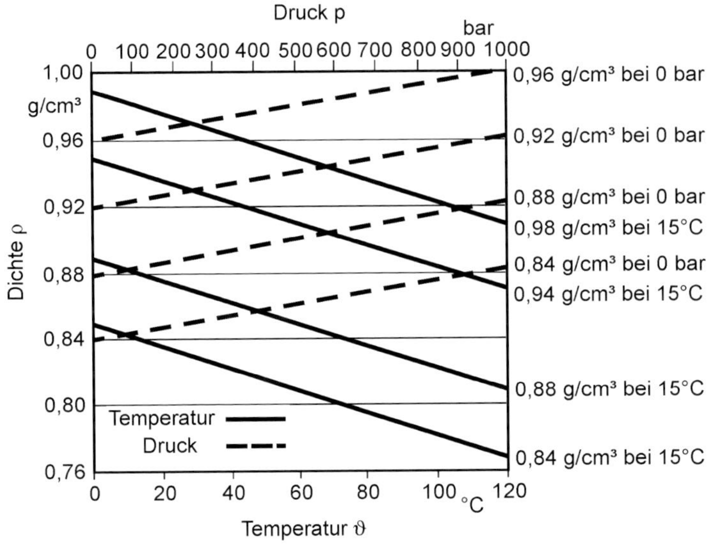

Bild 16.7 Abhängigkeit der Dichte von der Temperatur bzw. dem Druck nach [16.2]

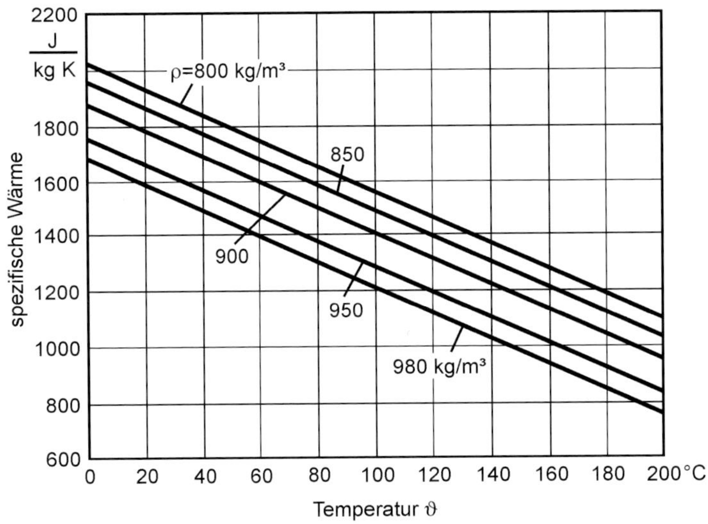

Bild 16.8 Spezifische Wärmekapazität *c* von Mineralölen verschiedener Dichte nach [16.2]

Bei den **Mineralölen** unterscheidet man:

- Normalparaffinische (bzw. einfach nur **paraffinische**) oder gestreckt kettenparaffinische gesättigte **Kohlenwasserstoffe**. Vorkommen: Pennsylvania. Gute Alterungsbeständigkeit, gutes VI-Verhalten, hoher Flammpunkt, hoher Stockpunkt.
- Isoparaffinische oder **aliphatische** oder verzweigt kettenparaffinische gesättigte **Kohlenwasserstoffe**. Sie kommen praktisch nicht als Schmieröl vor.
- Zyklische oder **naphthenische Kohlenwasserstoffe** oder Ringparaffine. Bei Doppelbindungen in den Ringen sind es aromatische Kohlenwasserstoffe. Alterungsbeständigkeit, VI-Verhalten und Flammpunkt sind ungünstiger als bei den paraffinischen Ölen. Der Stockpunkt liegt niedriger, wodurch das Öl besser für tiefe Temperaturen geeignet ist, besseres Disper-

giervermögen. Diese Erdöle kommen als Gemisch zusammen mit paraffinischen Kohlenwasserstoffen aus Baku, Rumänien, Arabien und Deutschland [16.2].

Erdöle werden wie folgt weiterverarbeitet [16.2]:

- **Destillate**, durch Destillation von Erdölprodukten gewonnen. Bei höheren Temperaturen tritt erhöhte Zersetzung ein, daher eher für Frischölschmierung geeignet.
- **Raffinate** durch Raffination aus Destillaten in ihren Eigenschaften verbesserte Öle. Je schärfer sie ausraffiniert werden, umso besser ist die Alterungsbeständigkeit, aber umso schlechter wird die Schmierfähigkeit.
- **Fettöle** werden aus Mineralölen und tierischen bzw. pflanzlichen Ölen gemischt, weil damit die guten Eigenschaften beider Öltypen kombiniert werden können: die sehr gute Schmierwirkung von tierischen bzw. pflanzlichen Ölen mit der guten Alterungsbeständigkeit von Mineralölen. Durch den Gehalt an freien Fettsäuren sind sie sehr grenzflächenaktiv und bilden an den Metalloberflächen Metallseifen, die für sehr gute Notlaufeigenschaften sorgen. Sie neigen aber bei höheren Temperaturen zum Verharzen.
- **Legierte Öle** haben als Basisöl ein hochwertiges Raffinat oder ein Syntheseöl, wobei besondere Wirkstoffe, die sogenannten *Additive*, beigemischt sind:
  - Antioxidantien oder Oxidationsinhibitoren, die das Oxidieren des Öls bei hohen Temperaturen verhindern,
  - Dispersants verhindern das Absetzen von Abrieb- und Verkokungsteilchen,
  - Detergents lösen Ölkohleansätze und Verbrennungsrückstände,
  - Extreme-pressure-(EP-)Zusätze steigern die Schmierwirkung und Druckaufnahme. Physikalisch wirkende EP-Zusätze sind Graphit, Zinksulfid und Molybdändisulfid, die eine dünne Gleitschicht bilden. Chemisch wirkende EP-Zusätze sind z. B. Bleiseifen und Zinkdialkyldithiophosphate. Sie gehen mit der Metalloberfläche eine chemische Verbindung ein.
  - Stockpunkterniedriger,
  - VI-Verbesserer (z. B. Polymethacrylate),
  - Korrosionsinhibitoren, Entschäumer, Benetzungsmittel und Haftverbesserer.
- **Syntheseöle** als künstliche Öle. Sie haben einen niedrigen Pourpoint, ein sehr gutes Viskositäts-Temperatur-Verhalten, eine wesentlich höhere Alterungsbeständigkeit, bessere Oxidationsbeständigkeit und einen höheren Flammpunkt als die Mineralöle. Sie decken also einen weiteren Temperaturbereich ab, vertragen höhere Betriebstemperaturen als normale Mineralöle und sind langlebiger (Ölwechselintervalle bei Pkw!). Ausgangsbasis für die Herstellung ist u. a. Mineralöl. Da sie sehr teuer sind, werden sie nur dort eingesetzt, wo sie Vorteile bringen oder (bei Rennmotoren) aufgrund der Einsatzbedingungen unverzichtbar sind. Auch die Syntheseöle werden meist mit Additiven legiert. Prinzipiell ist die Schmierwirkung nicht unbedingt besser als bei reinen Mineralölen. Die Benetzungsfähigkeit ist oft geringer (Zusammenstellung der Eigenschaften in Tabelle 16.5).

Ein Pflanzenöl mit besonderen Eigenschaften ist das **Rizinusöl**. Seine Schmiereigenschaften sind überragend, weshalb es gerne in (Zweitakt-)Rennmotoren eingesetzt wird. Allerdings neigt es zum Verharzen, sodass die Motoren schon nach einem Rennen vollkommen zerlegt und gereinigt werden müssen.

Als reine Mineralöle sind genormt:

- **Schmieröle C** nach DIN 51517-1 vorwiegend für Umlaufschmierung, Viskositätsklassen: ISO VG 7 bis ISO VG 680, Pourpoint −3 ... −21 °C.

- **Schmieröle CL** nach DIN 51517-2 vorwiegend für Umlaufschmierung, wenn höhere Anforderungen an die Alterungsbeständigkeit und/oder den Korrosionsschutz gestellt werden, wenn sich z. B. durch den Einfluss von Wasser Korrosionen bilden können oder wenn sich bei hohen Schmieröltemperaturen mit Schmierölen C zu kurze Gebrauchszeiten ergeben würden. Pourpoint wie bei C, Viskositätsklassen: ISO VG 5 bis ISO VG 480.
- **Schmieröle CLP** nach DIN 51517-3 vorwiegend für Umlaufschmierung, wenn an den Verschleißschutz im Mischreibungsgebiet erhöhte Anforderungen gestellt werden. Empfohlen, wenn infolge hoher Belastung für die Reibstellen erhöhter Verschleißschutz im Mischreibungsgebiet benötigt wird und/oder Oberflächenschäden wie Fresser bei Überlastung verhindert werden soll. Viskositätsklassen: ISO VG 46 bis ISO VG 680, Pourpoint −3...−15 °C.
- **Schmieröle VB und VC** ohne Wirkstoffe und mit Wirkstoffen und Schmieröle **VDL** nach DIN 51506 für Luftverdichter mit ölgeschmierten Druckräumen ohne Einspritzkühlung. Diese Schmieröle können auch in Luftvakuumpumpen eingesetzt werden. Viskositätsklassen: ISO VG 22 bis ISO VG 150, Pourpoint 0 °C...−9 °C.
- **Schmier- und Regleröle L-TD** nach DIN 51515 für Dampfturbinen mit Wirkstoffen zum Erhöhen des Korrosionsschutzes und der Alterungsbeständigkeit. Viskositätsklassen: ISO VG 32 bis ISO VG 100. Pourpoint −6 °C.
- **Kältemaschinenöle KA (KAA, KAB), KC, KD und KE** nach DIN 51503 zur Schmierung und Kühlung von Kältemittelverdichtern ohne oder mit Wirkstoffen in den Viskositätsklassen ISO VG 15 bis ISO VG 100.

Für Schmieröle von Verbrennungsmotoren und Kraftfahrzeuggetrieben gelten die SAE-Viskositätsklassen. SAE = Society of Automative Engineers Inc., Warrendale, Pa./USA. Die SAE-Klassen sind in Tabelle 16.1 wiedergegeben.

16.5 Schmierfette

Schmierfette sind durch Metallseifen eingedickte Öle. Ein Seifengerüst (ein fester Seifenschaum) umschließt die Öltröpfchen und gibt diese zur Schmierung nur in kleinsten Mengen frei. Schmierwirksam ist also im Wesentlichen das Öl, das während der Bewegung aus den Poren gedrückt wird. Unter Verseifung versteht man allgemein die Behandlung von Fetten oder Fettsäuren mit anorganischen Laugen, hier vorwiegend mit den Hydroxiden von Calcium, Natrium oder Lithium. Man kennt daher Calcium- (Kalk-), Natrium- und Lithiumfette. Die salbenartige Beschaffenheit, nämlich streichfähig und leicht plastisch verformbar zu sein, bezeichnet man als **Konsistenz**, die durch die **Penetration** ausgedrückt wird. Nach DIN 51818 wird bei 25 °C die Eindringtiefe eines genormten Prüfkegels gemessen und in Einheiten (Zehntelmillimetern) angegeben. So bedeutet z. B. Penetration 310, dass der Prüfkegel 310 · 0,1 mm = 31 mm tief in das Fett eindringt. Gelagerte Fette ergeben die sogenannte **Ruhpenetration**, vorher gewalkte (geknetete) Fette ergeben die **Walkpenetration**. Ein Schmierfett ist umso besser, je geringer der Unterschied zwischen beiden Penetrationen ist. Fließfette als sehr weiche Fette haben eine Walkpenetration von 355...475 (Konsistenzklasse 0, 00 und 000), weiche Fette von 220...340 (Konsistenzklasse 1...3), härtere Fette von 85...205 (Konsistenzklasse 4...6). Die Konsistenzklassen werden als **NLGI-Klassen** bezeichnet (NLGI = National Lubricating Grease Institute). Siehe hierzu Tabelle 16.2. Die Konsistenz nimmt mit steigender Temperatur ab, jedoch nicht in dem Maße wie die Viskosität der Öle. Die technisch verwendeten Fette sind:

- **Calciumseifen-Schmierfette:** Sie genügen einfachen Schmieraufgaben von −35...+50 °C, sind Wasser abweisend und daher für Schmierstellen im Freien geeignet (an Baumaschinen, Fahrgestellen, einfachen Gleitlagern). Nachschmierungen sind in kürzeren Zeitabständen erforderlich. Für Wälzlager sind sie von −20...+50 °C geeignet.
- **Natriumseifen-Schmierfette:** Sie sind von fasriger Struktur, gut schmierfähig, aber wasseraufnehmend. Die Gebrauchstemperatur beträgt −30...+110 °C. Sie sind für Gleit- und Wälzlager geeignet, werden bei Wasserzutritt aber ausgewaschen.
- **Lithiumseifen-Schmierfette:** Sie sind kurzfasrig und Wasser abweisend, ihre Gebrauchstemperatur beträgt −30...+125 °C, kurzzeitig (bis 100 h insgesamt) auch +140 °C. Sie enthalten Zusätze, die ihnen Hochdruckeigenschaften verleihen.
- **Komplexverseifte Schmierfette:** Es handelt sich um mehrere Metallseifen (Barium/Calcium oder Lithium/Strontium), die chemisch miteinander Komplexe (Verbindungen) bilden. Sie sind Wasser abweisend, ihre Gebrauchstemperatur beträgt −25...+150 °C. Für Gleit- und Wälzlager sind sie uneingeschränkt verwendbar. Wegen ihres hohen Preises kommen sie nur in Betracht, wenn billige Schmierfette versagen.
- **Blockfette** (Fettbriketts): Sie sind harte, in quaderförmigen Stücken gelieferte Fette, die in die Kammern von Gleitlagern eingesetzt werden. Ihre Penetration beträgt 20...85, Gebrauchstemperatur bis 160 °C. Sie werden in den Rollganglagern der Walzwerke, in Kalandern (Walzmaschinen mit Rollen) der Kunststoff- und Gummiverarbeitung, grundsätzlich in schweren, langsam laufenden Maschinen mit heißen Lagerstellen verwendet.

Genormt sind:

- **Schmierfette K** nach DIN 51825 in den NLGI-Klassen 0...4 zur Schmierung von Wälzlagern, Gleitlagern und Gleitflächen. In der Norm sind Anforderungen und Bezeichnungen festgelegt und Anwendungshinweise gegeben. Schmierfette K sind konsistente Schmierstoffe, die aus Mineralöl und/oder Syntheseöl sowie einem Dickungsmittel bestehen. Zulässig sind Zusätze von Wirkstoffen und/oder Festschmierstoffen, woraus sich folgende Einteilung ergibt:

  Schmierfette **KP** mit Wirkstoffen zum Herabsetzen der Reibung, des Verschleißes im Mischreibungsgebiet und zur Erhöhung der Belastbarkeit,

  Schmierfette **KF** mit Festschmierstoff-Zusätzen (siehe Abschnitt 16.8),

  Schmierfette **KPF** mit Wirkstoffen wie bei KP und Festschmierstoff-Zusätzen.

  Die Eigenschaften der früheren Schmierfette KT sind jetzt in die Schmierfette K einbezogen.

  Durch Kennzahlen und Zusatzbuchstaben nach DIN 51502 werden die Eigenschaften in der genormten Bezeichnung angegeben. Es bedeuten z. B.: **−60** für Temperaturen bis −60 °C, **−20** für Temperaturen bis −20 °C, **C** und **D** für Temperaturen bis +60 °C, **G** und **H** bis +100 °C, **N** bis +140 °C, **U** über +220 °C. Die Zusatzbuchstaben geben auch Auskunft über das Verhalten gegenüber Wasser.

  Schmierfette K sollen bei Belastung die Reibung und den Verschleiß mindern, die Wirkungsweise der Abdichtungen unterstützen, vor Korrosion schützen und infolge ihrer Eigenschaften für den angegebenen Gebrauchs-Temperaturbereich eine angemessene Schmierfrist erreichen lassen.
- **Schmierfette G** nach DIN 51826 in den NLGI-Klassen 000...1 für den Gebrauchs-Temperaturbereich −20 °C...+100 °C zur Schmierung in geschlossenen Getrieben mit Tauchschmierung, z. B. in Getriebemotoren, Trommelmotoren, Stellantrieben, Zahnkupplungen, wo aufgrund der Dichtungsverhältnisse oder Betriebsbedingungen Fettschmierung günstiger als Ölschmierung ist.

16

- Weiterhin gibt es noch **Schmierfette KN** gemäß DIN 51502 für Gebrauchs-Temperaturen über 140 °C, **Schmierfette OG** für offene Getriebe und Verzahnungen, **Schmierfette M** für Gleitlagerungen und Dichtungen.

Schmierfette auf Synthesebasis werden in ihren Grundeigenschaften wie diejenigen auf Mineralölbasis bezeichnet.

16.6 Schmierpasten

Schmierpasten sind konsistente Schmierstoffe. Sie bestehen aus einem Grundöl, d. h. Mineralöl und/oder Syntheseöl, Additiven sowie einem Festschmierstoffanteil. Die Anwendung erfolgt hauptsächlich bei extremen Bedingungen. Die Pasten wirken gegen Tribokorrosion, (Passungsrost), verhindern Stick-Slip-Effekte sowie Fressen. Bei Verwendung von metallhaltigen Pasten werden Gebrauchstemperaturen bis 1200 °C beherrscht. Eine Zuordnung der Schmierpasten ist wie folgt möglich:

- **Festschmierstoffart:** Molybdändisulfid, Graphit, Metalle, PTFE, andere Kunststoffe
- **Grundöl:** Syntheseöl, Mineralöl und Mischungen daraus
- **Anwendungsgebiet:** Schmier- und Montagepaste, Hochtemperaturpaste, Leitpaste
- **Spezielle Merkmale:** Farbe, Hochdruckmerkmale und andere

Schmierpasten erfüllen folgende Aufgaben:

16

- **Schmier- und Montagepaste:** Der Festschmierstoff dient dazu, das Schmierverhalten des verwendeten Grundöles zu verbessern.
- **Hochtemperaturpasten:** Das Öl hat die Aufgabe, den Festschmierstoff an der Reibstelle zu verteilen. Bei einer Temperatur von mehr als 160 ... 200 °C verdampft das Grundöl rückstandsfrei, sodass ein geschlossener Film auf der Reibstelle zurückbleibt. Dieser tragfähige Festschmierstofffilm übernimmt dann die Schmierung.
- **Leitpasten:** Sowohl bei wärmeleitenden als auch bei elektrisch leitenden Pasten wird die Isolationswirkung des eingesetzten Grundöles durch Festschmierstoffe aufgehoben.
- **Schraubenpasten** und **Hochtemperaturschraubenpasten:** Sie werden verwendet, um eine präzise Montage (Anzugsmoment) zu ermöglichen. Näheres in [16.9].

16.7 Schmierwachse

Schmierwachse bestehen aus synthetischen Kohlewasserstoffen und weiteren Wirkstoffen. Als Schmierwachs-Emulsion enthalten sie zusätzlich Emulgatoren und Wasser. Neben den Schmierfetten und -pasten gewinnt diese Art konsistenter Schmierstoffe zunehmend an Bedeutung.

Typisch für Schmierwachse ist, dass ab einer bestimmten Temperatur die konsistente Struktur in eine flüssige übergeht. Der Schmelzpunkt ist abhängig von den Bausteinen des Schmierwachses, die Struktur ist reversibel. Der Vorteil von Schmierwachsen und Schmierwachs-Emulsionen gegenüber traditionellen Schmierstoffen ist, dass ihre natürlichen guten Schmierleistungen mit besonderem Rostschutzverhalten gepaart sind. Außerdem liegen unterhalb des Schmelzpunktes relativ „grifftrockene“ Schmier- und Schutzfilme vor. Dieses typische Verhalten erlaubt die Auswahl und die Anwendung im Grenz- und Mischreibungsgebiet. Dabei ist der wachstrockene Film ein Vorteil, da die Staub- bzw. Schmutzbindung geringer ist. Dieser wachstrockene Schmierfilm erlaubt eine **Quasi-Trockenschmierung**. Bei entsprechender Reibungswärme an der Reibstelle schmilzt das Schmierwachs und verteilt sich neu, während an den Randzonen unterhalb des Schmelzpunkts der Film wachstrocken bleibt. Die Schmierwachse und Schmierwachs-Emulsionen sind für eine Reihe von Maschinenelementen sehr geeignet, z. B. Bolzen und Dichtungen, Federn, Gleitstellen, Schalter, Steckkontakte, Schrauben, Seile, Stifte und Ketten (z. B. Motorradketten). Näheres in [16.9].

16.8 Festschmierstoffe

Als **Festschmierstoffe** haben Graphit und Molybdändisulfid als Stoffe mit Schichtgitterstruktur (in Schichten angeordnete kleinste lamellenartige Teilchen) die größte Bedeutung. Sie werden dort angewendet, wo keine hydrodynamische Schmierung erreicht werden kann, d. h. bei kleiner Gleitgeschwindigkeit, hin- und hergehender Bewegung oder bei Stoßbelastung, die den Schmierfilm durchbrechen würde. Auch bei ungünstigen Werkstoffpaarungen wie Stahl auf Stahl ist die Trennwirkung durch Festschmierstoffe vorteilhaft. Die festhaftenden Gleitfilme werden nicht so leicht weggequetscht wie ein Ölfilm, vor allem auch unter sehr hohen Temperaturen nicht, unter denen sogar synthetische Öle versagen.

Die lamellenartigen Teilchen der Festschmierstoffe können sich leicht gegeneinander verschieben und zahlreiche Lamellen betten sich in die Oberflächenrauigkeiten der Gleitwerkstoffe ein und haften dort, sodass sich die eigentlichen Paarungsflächen nicht mehr berühren. Nachteilig ist allerdings, dass sich so kleine Reibwerte wie mit einer hydrodynamischen Schmierung nicht erreichen lassen.

Molybdändisulfid MoS_2 ist von −180…+450 °C einsatzfähig, unter Luftabschluss sogar bis 700 °C. Es wird handelsüblich in Pulverform oder eingemischt in Pasten, Fetten oder Ölen geliefert. Die Reibzahl im Lager sinkt mit zunehmender Belastung und liegt zwischen 0,02 und 0,12.

Graphit ist aus Kohlenstoffatomen aufgebaut und gegenüber MoS_2 besser wärmeleitend, besitzt aber kein so großes Haftvermögen, weil nur Adhäsionskräfte wirksam werden. Durch Graphit wird das Druckaufnahmevermögen von Fetten und Ölen nicht so stark erhöht wie mit MoS_2. Es wird meistens in Verbindung mit anderen Trägern oder Schmierstoffen eingesetzt. Graphit wird in Flocken- oder Pulverform geliefert und ist wesentlich billiger als MoS_2. Bei 400 °C beginnt es zu oxidieren und verbrennt oberhalb 550 °C zu Kohlendioxid.

Auch **duktile Metalle** (stark verformbare Metalle) wie Aluminium, Blei oder Kupfer in Pulverform werden in Schmierstoffe eingearbeitet und verhüten im Mischreibungsgebiet ein Fressen der Gleitflächen.

16.9 Gleitlacke

Gleitlacke bestehen aus Festschmierstoffen, Bindern und Lösemitteln. Das tribologische Verhalten wird von der Art und der Menge der Festschmierstoffe bestimmt. Die Binderbasis ist der beeinflussende Faktor für die Verschleißfestigkeit. Das Lösemittel ist für die Verteilung des Gleitlacks auf dem Bauteil verantwortlich und verdunstet während der Aushärtezeit. Gleitlacke bilden nach der Applikation eine weitgehend geschlossene Schicht. Die Schichtdicke ist produktabhängig und liegt zwischen 3 und 15 µm. Gleitlacke haben einen extrem breiten Gebrauchstemperaturbereich von -180...450 °C und eine hohe chemische Beständigkeit. Die Schmierwirkung kann durch die Variation des Festschmierstoffes eingestellt werden. So haben graphithaltige Produkte ein gutes tribologisches Verhalten bei Feuchtigkeit, molybdändisulfidhaltige Gleitlacke finden ihre Anwendung u. a. im Vakuumbereich. Systeme mit PTFE als Festschmierstoff haben einen sehr niedrigen Reibwert. Diese Festschmierstoffversion hat auch den Vorteil, dass in vielen Fällen die Haftreibung niedriger ist als die Gleitreibung, sodass Stick-Slip-Effekte vermieden werden können.

Gleitlacke sind vorteilhaft, wenn

- traditionelle Schmierstoffe Verschmutzung verursachen,
- es durch Kriechen zu Funktionsstörungen kommen kann,
- die Gebrauchstemperaturgrenzen von Schmierölen und Schmierfetten unter- bzw. überschritten werden,
- aggressive Medien, Feuchtigkeit und Staub auf die Reibstellen einwirken,
- Schmieröle und Schmierfette den Produktionsablauf stören,
- weitgehend konstante tribologische Bedingungen über einen breiten Gebrauchstemperaturbereich herrschen sollen und
- Korrosionsschutz für das ganze Bauteil gefordert wird.

Die Wirkung des Gleitlacks beruht auf Schichtabtrag. Wenn der Schmierstoffvorrat verbraucht ist, kommt es zum tribologischen Versagen der Reibstelle. Gleitlacke lassen sich durch Tauchen, Sprühen, Trommeln und elektrostatisches Lackieren auftragen. Sie werden in vielen Bereichen der Technik angewendet, z. B. bei Wälzlagern, Bolzen, Schrauben, Federn, Seilen, Gleitführungen, Zahnrädern, Zahnstangen, Runddichtringen, Karosserieabdichtungen, Radialwellendichtringen, Gewindespindeln usw. Näheres in [16.9].

16.10 Verständnisfragen

1. Bringen Sie die Begriffe Reibung, Schmierung und Verschleiß in einen sinnvollen Zusammenhang.
2. Was sind Schmierfette und wann werden sie verwendet?
3. Zu welcher Kraft ist die Reibkraft direkt proportional?
4. Nennen Sie jeweils eine Maßnahme zur Verschleißverringerung bei
   - Abrasion,
   - Adhäsion und
   - tribochemischen Reaktionen.
5. Wie kann man der starken Abhängigkeit von Ölviskosität und Temperatur entgegenwirken?
6. Nennen Sie fünf Aufgaben von Motorölen.
7. Bedeutet die Bezeichnung SAE 50 bei Motorölen und Getriebeölen dasselbe? Falls nein: Wie unterscheiden sich die Bezeichnungen?
8. Was bedeuten dynamische und kinematische Viskosität und welche Bedeutung haben sie für Motoröle?

9. Nennen Sie typische fluide Schmierstoffe.
10. Welches überragende Schmieröl auf Pflanzenbasis kennen Sie? Warum verwendet man es nur bei Rennmotoren?

Literatur

[16.1] *Czichos, H.; Habig, K. H.:* Tribologie Handbuch. Braunschweig/Wiesbaden: Vieweg, 1992

[16.2] *Lang, O. R.; Steinhilper, W.:* Gleitlager. Berlin/Heidelberg/New York: Springer Verlag, 1978

[16.3] *Affenzeller, J.; Gläser, H.:* Lagerung und Schmierung von Verbrennungsmotoren. Wien/New York: Springer Verlag, 1996

[16.4] *Deters, L.:* Gleitlager. In: *Rieg, F.; Kaczmarek, M. (Hrsg.):* Taschenbuch der Maschinenelemente. München: Fachbuchverlag Leipzig im Carl Hanser Verlag, 2006

[16.5] *Niemann, G. et al.:* Maschinenelemente. Band 1. 4. Auflage. Berlin/Heidelberg/New York: Springer Verlag 2005

[16.6] nach Angaben der RINGSPANN GmbH, Bad Homburg v. d. H

[16.7] *Vogelpohl, G.:* Betriebssichere Gleitlager. Band 1: Grundlagen und Rechnungsgang. Zweite Auflage. Berlin/Heidelberg/New York: Springer Verlag 1967

[16.8] *Forschungsvereinigung Antriebstechnik e. V.:* Referenzöle. FVA-Heft 180, Frankfurt am Main, 1985

[16.9] *Klüber Lubrication München KG:* Mit intelligenter Schmierung Kosten sparen. Ausgabe 04.01

DIN 51502 Ausgabe 1990-08. Kurzbezeichnung der Schmierstoffe und Kennzeichnung der Schmierstoffbehälter, Schmiergeräte und Schmierstellen

DIN 51503-1 Ausgabe 1997-08. Kältemaschinenöle

DIN 51503-2 Ausgabe 1998-11. Kältemaschinenöle

DIN 51506 Ausgabe 1985-09. Schmieröle VB und VC ohne Wirkstoffe und mit Wirkstoffen und Schmieröle VDL

DIN 51515-1 Ausgabe 2001-06. Schmierstoffe und Reglerflüssigkeiten für Turbinen

DIN 51515-2 Ausgabe 2004-11. Schmierstoffe und Reglerflüssigkeiten für Turbinen – Teil 2: L-TG für erhöhte thermische Beanspruchungen, Anforderungen

DIN 51517-1 Ausgabe 2004-01. Schmierstoffe – Schmieröle – Teil 1: Schmieröle C; Mindestanforderungen

DIN 51517-2 Ausgabe 2004-01. Schmierstoffe – Schmieröle – Teil 2: Schmieröle CL; Mindestanforderungen

DIN 51517-2 Berichtigung 1 Ausgabe 2005-12. Schmierstoffe – Schmieröle – Teil 2: Schmieröle CL, Mindestanforderungen, Berichtigungen zu DIN 51517-2:2004-01

DIN 51517-3 Ausgabe 2004-01. Schmierstoffe – Schmieröle – Teil 2: Schmieröle CLP; Mindestanforderungen

DIN 51517-3 Berichtigung 1: Ausgabe 2005-12. Schmierstoffe – Schmieröle – Teil 3: Schmieröle CLP; Mindestanforderungen, Berichtigungen zu DIN 51517-3:2004-01

DIN 51519 Ausgabe 1998-08. ISO-Viskositätsklassifikation für flüssige Industrie-Schmierstoffe

DIN 51524-1 Ausgabe 2006-09. Druckflüssigkeiten – Hydrauliköle – Teil 1: Hydrauliköle HL; Mindestanforderungen, Berichtigungen zu DIN 51524-1:2006-04

DIN 51524-2 Ausgabe 2006-09. Druckflüssigkeiten – Hydrauliköle – Teil 2: Hydrauliköle HLP; Mindestanforderungen, Berichtigungen zu DIN 51524-1:2006-04

DIN 51524-3 Ausgabe 2006-09. Druckflüssigkeiten – Hydrauliköle – Teil 3: Hydrauliköle HVLP; Mindestanforderungen, Berichtigungen zu DIN 51524-3:2006-04

DIN 51818 Ausgabe 1981-12. Konsistenz-Einteilung für Schmierfette

DIN 51825 Ausgabe 2004-06. Schmierstoffe – Schmierfett K – Einteilung und Anforderungen

DIN 51826 Ausgabe 2005-01. Schmierstoffe – Schmierfette G – Einteilung und Anforderungen

DIN 53012 Ausgabe 2003-03. Viskosimetrie – Messung der Viskosität newtonscher Flüssigkeiten – Fehlerquellen und Korrektionen

DIN 53014-1 Ausgabe 1994-02. Viskosimetrie; Kapillarviskosimeter mit Kreis- und Rechteckquerschnitt zur Bestimmung von Fließkuren; Grundlagen, Begriffe, Benennungen

DIN 53014-2 Ausgabe 1994-02. Viskosimetrie; Kapillarviskosimeter mit Kreis- und Rechteckquerschnitt zur Bestimmung von Fließkuren; Systematische Abweichungen, Ursachen und Korrektionen

DIN 53015 Ausgabe 2001-02. Viskosimetrie – Messung der Viskosität mit dem Kugelfallviskosimeter nach Höppler

17 Gleitlager

Gleitlager nehmen die Laufzapfen von Achsen oder Wellen auf. Man unterscheidet **Radiallager** für Querkräfte (auch Traglager genannt) und **Axiallager** für Längskräfte (auch Stützlager genannt). Außerdem kennt man noch **Führungslager**, die die Welle lediglich in ihrer Lage führen und keine definierbaren Kräfte aufzunehmen haben. Die einzelnen Lagerarten lassen sich auch zu Baueinheiten kombinieren. Die Zapfen laufen mit Gleitreibung unter Öl-, Fett- oder Feststoffschmierung in Lagerbuchsen oder -schalen um.

Die große Schmierfläche der Gleitlager wirkt schwingungs- und geräuschdämpfend, sodass Gleitlagerungen allgemein ruhiger als Wälzlagerungen laufen. Gleitlager können ohne Schwierigkeiten auch geteilt hergestellt werden, was z. B. für Mehrzylinder-Verbrennungsmotoren mit einteiligen Kurbelwellen unabdingbar ist. Bei reiner Flüssigkeitsreibung erreichen sie eine fast unbegrenzte Lebensdauer und können mit höchsten Drehzahlen laufen.

17.1 Hydrostatisch und hydrodynamisch geschmierte Gleitlager, Mehrflächenlager, Grenzschichtschmierung

Ideale Verhältnisse bietet die Flüssigkeitsreibung (siehe Abschnitt 16.1), bei der sich die gleitenden Flächen nicht berühren, weil ein tragender Ölfilm die Kämme der Oberflächenrauigkeiten voneinander trennt. Dazu ist ein entsprechender Öldruck erforderlich, um den Belastungskräften das Gleichgewicht zu halten.

Bei **hydrostatisch geschmierten Gleitlagern** wird das Schmieröl unter hohem Druck (bis zu 200 bar) zwischen die gleitenden Teile gepresst, sodass diese in einem bestimmten Abstand von wenigen Hundertstel Millimetern gehalten werden, unabhängig davon, ob die Gleitflächen bewegt werden oder stillstehen. Die Gleitflächen können sich daher nicht abnutzen. Der Öldruck wird in einer Pumpe außerhalb des Lagers erzeugt. Bei diesen sog. **Druckkammerlagern** (Bild 17.1) sind die Gleitflächen durch seichte Räume (Kammern K) unterbrochen, denen das Drucköl über Bohrungen und Kanäle zugeführt wird. In den Druckkammern herrscht der volle Zulaufdruck p_0, im Schmierspalt jedoch nur noch ein mittlerer Druck p, der etwa gleich dem halben Zulaufdruck ist. Die Reibverluste in hydrostatisch geschmierten Lagern sind geringer als in allen anderen Lagern. Durch Druckunterschiede zwischen den einzelnen Kammern mittels vorgeschalteter Drosseln (D) (Bild 17.1) lässt sich sogar die Wellenlage beeinflussen, was bei Präzisionsmaschinen von Bedeutung ist. Hydrostatische Gleitlager haben sich trotz aller

Vorteile nicht allgemein durchsetzen können, weil verlässliche Hochdruckpumpen und dichte Zuleitungen einen entsprechend hohen Baukostenaufwand erfordern.

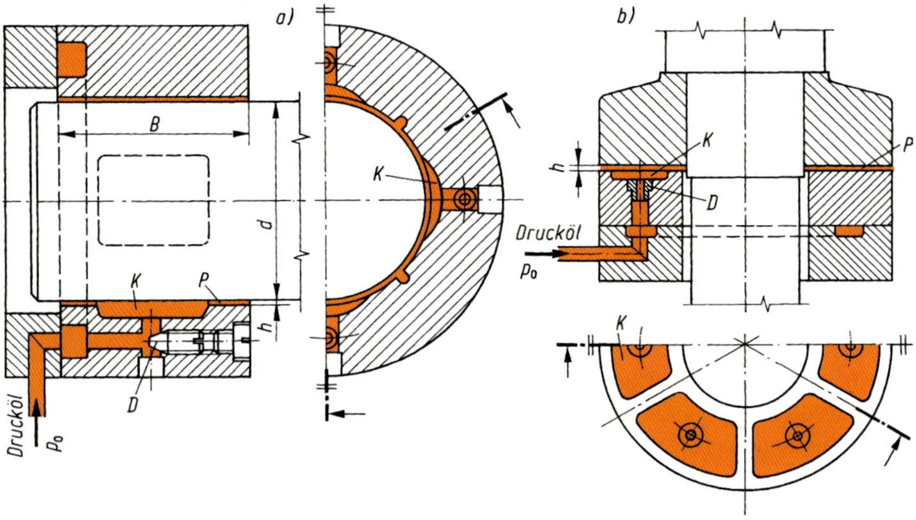

Bild 17.1 Hydrostatisch geschmierte Druckkammerlager (K = Kammer, D = Drossel, h = Schmierspalthöhe, d = Wellendurchmesser, B = Lagerbreite)
a) Radiallager, b) Axiallager

Bei *hydrodynamisch geschmierten Gleitlagern* bildet sich ein tragender Schmierfilm, wenn sich die Gleitflächen aufeinander bewegen, keilförmig angestellt sind (Bild 17.2) und die Gleitgeschwindigkeit u groß genug ist. Das „Aufschwimmen" lässt sich mit den Vorgängen beim Wasserskifahren vergleichen. Nur durch die Bewegung und die schräg zur Wasseroberfläche angestellten Skibretter wird ein genügend hoher Wasserdruck erzeugt, der den Fahrer tragen kann.

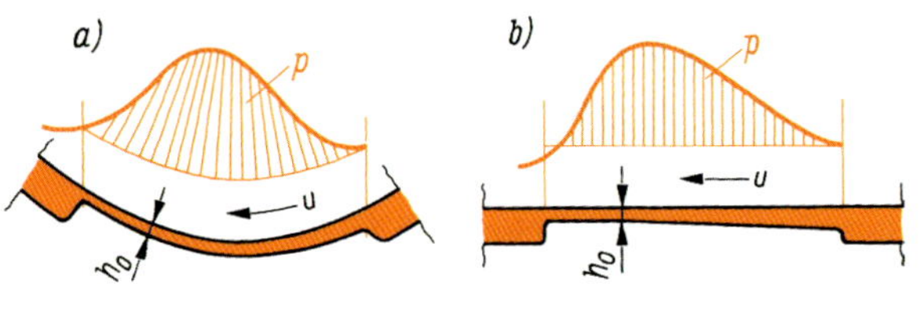

Bild 17.2
Hydrodynamische Schmierung
a) bei gekrümmten Gleitflächen,
b) bei geraden Gleitflächen

Im Gleitlager übernimmt ein **Keilspalt** die Aufgabe des Schräganstellens. Da das Öl an den Gleitflächen haftet, wird es von der sich bewegenden Gleitfläche mitgenommen und in den Keilspalt hineingedrückt. Dadurch nimmt der Druck auf die Spaltlänge ständig zu und erreicht kurz vor der engsten Stelle h_0 sein Maximum. Danach fällt der Druck bis auf Null ab und geht in der folgenden Erweiterung in einen Unterdruck über. Es spielt keine Rolle, ob die Gleitflächen wie beim Radiallager gekrümmt oder wie beim Axiallager gerade sind. Für die Druckentwicklung kommt es auf die Spalthöhe, die Länge und die Breite des Staufeldes an.

Bereits die einfachste Form eines Radiallagers nach Bild 17.3 kann mit hydrodynamischer Schmierung laufen. Im Stillstand ruht der Zapfen exzentrisch in der Lagerbuchse mit $e = S / 2$ (Bild 17.3a), sodass ein Keilspalt gebildet wird. Der Raum zwischen Lagerbuchse und Zapfen ist mit Schmieröl angefüllt, das während des Laufens ständig nachfließen muss. Die Drehbewegung des Zapfens beginnt mit Festkörperreibung, die in Mischreibung übergeht, wobei der Anteil der Festkörperreibung abnimmt und der Anteil der Flüssigkeitsreibung zunimmt. Die

Zapfenoberfläche nimmt das an ihr haftende Öl mit und presst es in den Keilspalt. Der dadurch ansteigende Druck verlagert den Zapfen (Bild 17.3b). Mit steigender Gleitgeschwindigkeit u vergrößert sich der Druck, bis der Zapfen angehoben wird und auf dem sich gebildeten Schmierfilm mit der Dicke h_0 schwimmt und mit der exzentrischen Verlagerung $e = S/2 - h_0$ in der Lagerbuchse läuft (Bild 17.3c). Die Mischreibung geht damit in die Flüssigkeitsreibung über. Dieser Vorgang wird **Ausklinken** genannt, die zugehörige Drehzahl **Übergangsdrehzahl** $n_{ü}$. Mit steigender Gleitgeschwindigkeit verringert sich die Exzentrizität, und bei unendlich groß gedachter Gleitgeschwindigkeit würde der Zapfen sogar zentrisch (koaxial) in der Lagerbuchse umlaufen (Bild 17.3d).

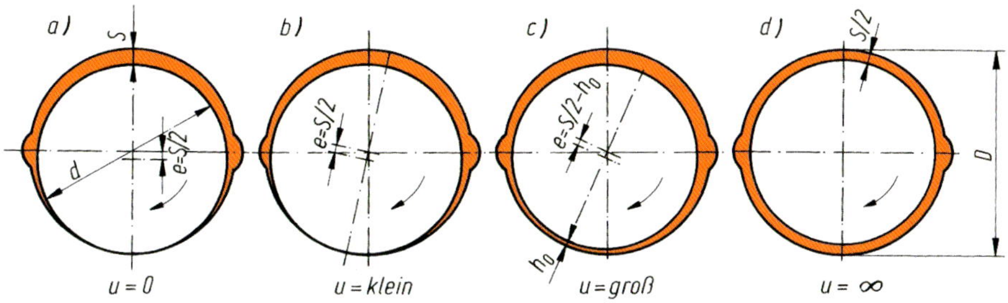

Bild 17.3 Zapfenlage bei verschiedenen Gleitgeschwindigkeiten u eines einfachen Radiallagers (d Zapfendurchmesser, S Lagerspiel, h_0 kleinste Schmierspalthöhe)

Bild 17.4 gibt den Verlauf der Reibzahl μ in Abhängigkeit von der Drehzahl n wieder (**Stribeck-Kurve**). Im Gebiet MR herrscht Mischreibung (Gebiet der Mangelschmierung). Das Gebiet FR ist das der Flüssigkeitsreibung, in welchem die Reibzahl infolge der Viskosität des Schmieröls mit der Drehzahl ansteigt (zunehmende Schubspannung in den Ölschichten, siehe Bild 16.2).

Die Schmierfilmdicke h_0 (Bild 17.3c) hängt von der Belastung des Lagers ab. Eine Kraftsteigerung verkleinert sie, und bei zu hoher Kraft, also zu hoher Flächenpressung, wird der Schmierfilm sogar durchbrochen. Je höher die Flächenpressung und je geringer die Gleitgeschwindigkeit ist, umso größer muss die Viskosität des Schmierstoffes sein. Umgekehrt ist bei hohen Gleitgeschwindigkeiten ein niedrigviskoser Schmierstoff sinnvoll, weil die innere Reibung im Schmierstoff mit der Zähigkeit wächst und die Erwärmung und die Energieverluste steigen.

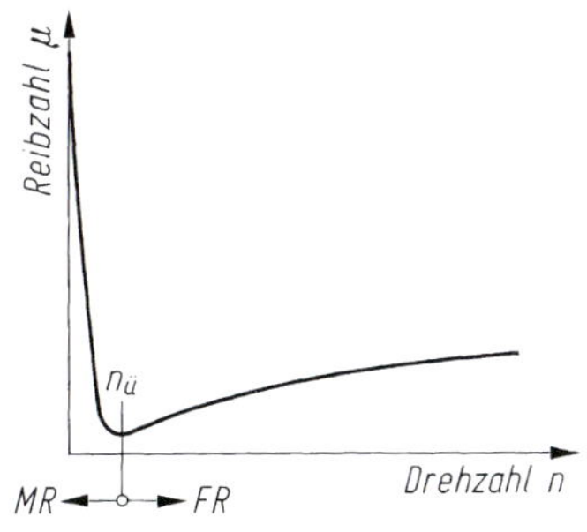

Bild 17.4
Reibzahl in Abhängigkeit von der Drehzahl bei hydrodynamischer Schmierung (Stribeck-Kurve)

Bei Lagerungen mit zylindrischer Bohrung wie nach Bild 17.3 entsteht nur ein einziger Keilspalt und damit auch nur ein einziges Staufeld, in dem hydrodynamische Drücke gebildet werden. Mit vom Kreis abweichenden Lagerbohrungen lassen sich wie nach Bild 17.5 mehrere Verengungen im Durchflussquerschnitt bilden, die jeweils hydrodynamische Druckberge entstehen lassen und damit den Zapfen von mehreren Seiten abstützen. Man spricht dann vom **Mehrflächenlager** (**MF-Lager**).

17

Wird eine vertikale Welle in einem einfachen Gleitlager (Bild 17.3) aufgenommen, so kann im unbelasteten Zustand kein hydrodynamischer Druck entstehen. Beim Mehrflächenlager bilden sich aber auch in diesem Zustand Druckberge und damit Kräfte, die sich in der genauen Mittellage der Welle aufheben (miteinander im Gleichgewicht sind) und damit für einen stabilen zentrischen Lauf sorgen. Unter Belastung genügt schon eine geringe Exzentrizität, um den Staudruck an der betreffenden Fläche zu erhöhen und der Auslenkung entgegenzuwirken (Bild 17.5). Dadurch ist bei Mehrflächenlagern ein stabiler und zentrierter Lauf auch bei hohen Drehzahlen zu erwarten. Hinzu kommt, dass sie ein kleineres Lagerspiel erhalten können. Derartige Lager werden bei Turbinenwellen und Genauigkeits-Werkzeugmaschinenspindeln sowie dort verwendet, wo mit hohen Drehzahlen gefahren werden muss.

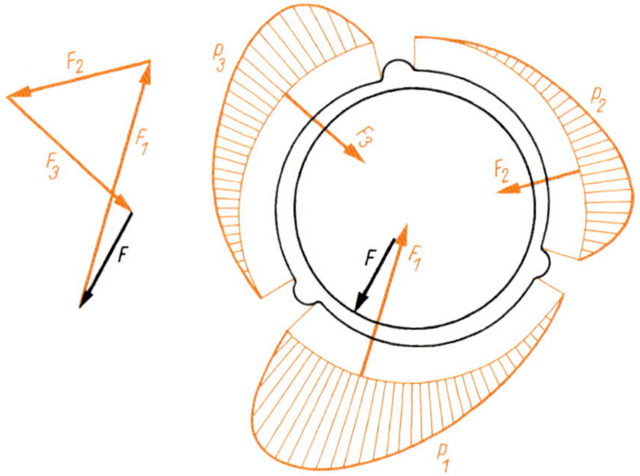

Bild 17.5
Mehrflächenlager zur Laufstabilisierung

17

Bild 17.6 zeigt mehrere Möglichkeiten der Ausbildung von Mehrflächenlagern. Das Zweiflächenlager (Bild 17.6a) heißt wegen seiner Ähnlichkeit mit einer Zitrone auch **Zitronenspiellager**. Für wechselnde Drehrichtungen erhalten die Bohrungen Keilspalte in beiden Richtungen, sodass jeweils die Keilspalte für die andere Drehrichtung unausgenutzt bleiben. Die Tragkraft ist dementsprechend geringer. Die Ausführungen mit einer Raststrecke R bieten im Stillstand bessere Auflagemöglichkeiten für den Zapfen.

Mehrflächenlager können auch aus Teilen mit zylindrischen Gleitflächen zusammengesetzt werden, deren Krümmungsradius größer als der Zapfenradius ist (Bild 17.7).

Für geradlinige Bewegungen verwendet man **Führungen**, für deren hydrodynamische Schmierung dasselbe wie für Axiallager gilt. Bei **Flachführungen** wird die gesamte Gleitfläche in Keil- und Rastflächen unterteilt. Da Flachführungen nur für hin- und hergehende Teile in Betracht kommen, müssen sie doppelt wirkend sein, d. h. für beide Gleitrichtungen ausgelegt werden. Verhältnis der Rastfläche zur Keilfläche etwa 1 : 4. Bild 17.8 zeigt eine Rundführung, die insofern ideal ist, da das Öl seitlich nicht entweichen kann. Üblich $K \approx 0{,}5d$, Spiel $S \approx 10 \ldots 15\,\mu m$ an der engsten Stelle.

Das An- und Auslaufen (Anfahren und Anhalten) hydrodynamisch geschmierter Lager geschieht im Bereich $n < n_ü$ mit Mischreibung. Liegt der Mischreibungsbereich bei Gleitgeschwindigkeiten unter $u = 1\,m/s$ und wird er schnell durchfahren, so entsteht erfahrungsgemäß kein Schaden.

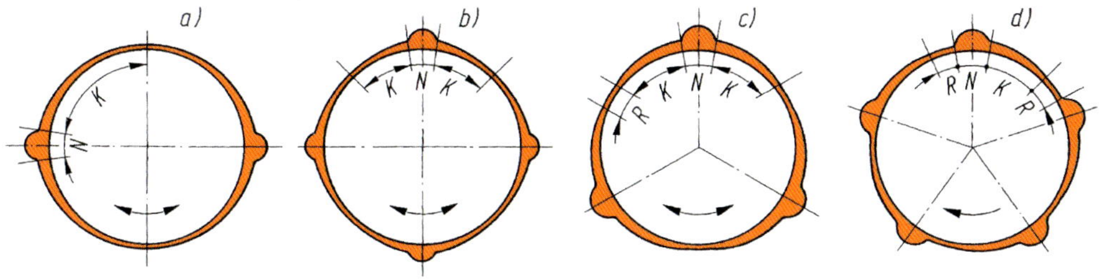

Bild 17.6 Verschiedene Mehrflächen-Gleitlager (K = Keillänge, N = Nutbreite, R =Raststrecke)
a) Zweiflächenlager (Lager mit Zitronenspiel), b) Vierflächenlager, c) Dreiflächenlager, d) Fünfflächenlager für nur eine Drehrichtung

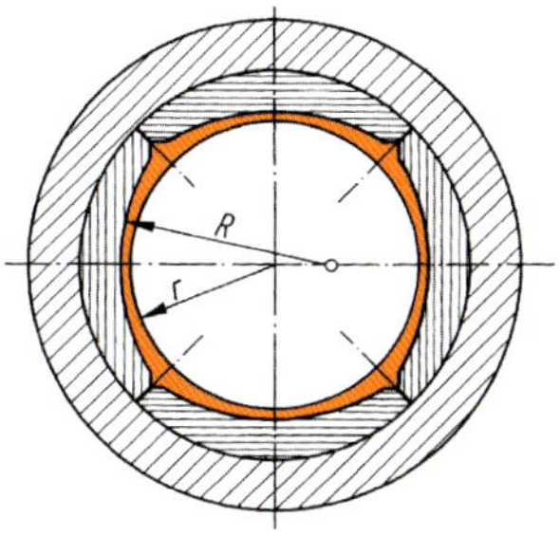

Bild 17.7 Aus Segmenten zusammengesetztes Vierflächenlager

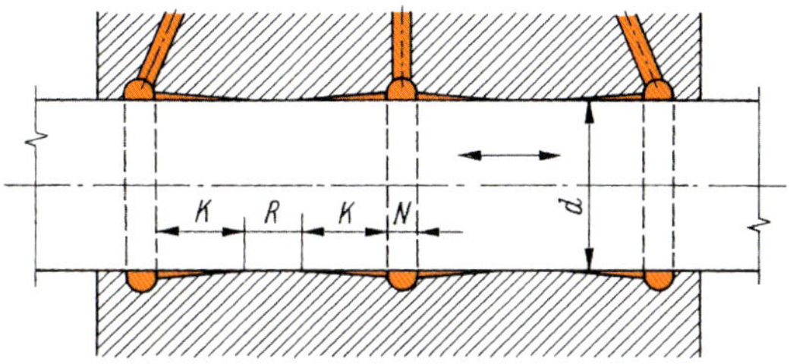

Bild 17.8 Schema einer runden Geradführung mit hydrodynamischer Schmierung (K = Keillänge, R = Raststrecke, N = Nutbreite)

17

17.2 Schmierstoffzufuhr, Schmiersysteme

Der Gleitraum muss ständig mit Schmierstoff versorgt werden. Für die Zuführung sind Kanäle (Bohrungen, Löcher) in den Lagerkörpern erforderlich (siehe hierzu Bild 17.1), die in achsparallelen **Schmiernuten** münden, von denen der Schmierstoff über die Lagerbreite verteilt wird. Sie unterbrechen die Gleitflächen und gehen gut gerundet in diese über. Scharfe Kanten sind ungünstig. Für gleich bleibenden Drehsinn werden die Profile **a** und **e** nach Bild 17.9 angewendet, für wechselnden Drehsinn die Profile **b**, **c**, **d** und **f**. Sinngemäß gilt das für die genormten Formen C bis F nach DIN ISO 12128. Für Abmessungen der genormten Schmierlöcher, Schmiernuten und Schmiertaschen siehe Tabelle 17.1 bis Tabelle 17.4. Ebene Gleitflächen erhalten entspr. Profile. **Schmiertaschen** werden vorgesehen, wenn größere Schmierräume erwünscht sind. Die Form K kommt bei hin- und hergehenden geradlinigen Bewegungen in Betracht.

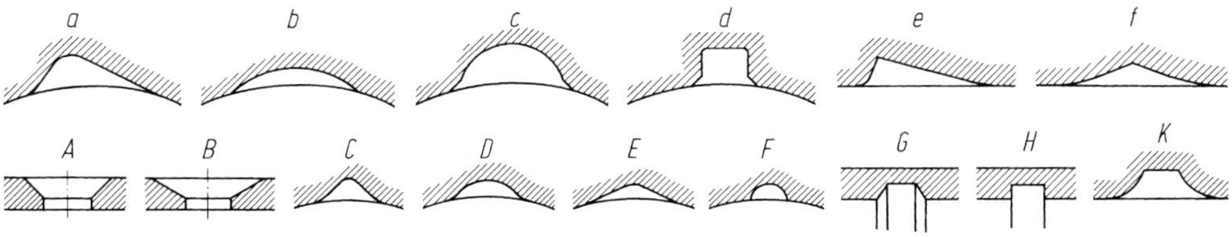

Bild 17.9 Schmiernuten, Schmiertaschen, Schmierlöcher
a bis c übliche Formen, A bis K Formen nach DIN ISO 12128 (C und K Schmiertaschen, A und B Schmierlöcher, G und H Ringnuten)

Bei Radiallagern geht das volle Schmiernutenprofil nicht bis an die Gleitflächenenden, sondern wird knapp vor dem Lagerrand auf etwa ¼ des Querschnitts reduziert, um den seitlichen Schmierstoffabfluss zu drosseln. Ein vollkommener Abschluss soll vermieden werden, um das Herausspülen von Verunreinigungen und Abriebteilchen zu ermöglichen. Bild 17.10 zeigt die falsche und die richtige Ausbildung von Schmiernuten.

Bei hydrodynamisch geschmierten Lagern müssen die **Schmiernuten unbedingt außerhalb der Druckzone** liegen, damit sie den tragenden Ölfilm nicht unterbrechen. Zweckmäßig wird das Schmieröl in der Unterdruckzone hinter der engsten Schmierspaltstelle angeboten. Bild 17.11 veranschaulicht die richtige und die falsche Lage der Schmiernuten.

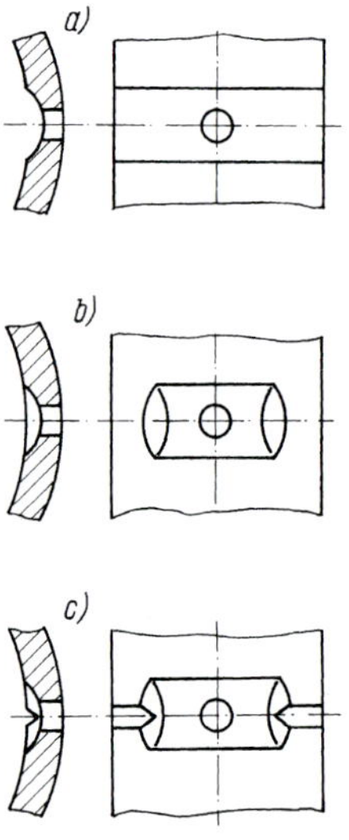

Bild 17.10
Anordnung von Schmiernuten
a) und b) falsch, c) richtig (kann auch auf einer Seite geschlossen sein)

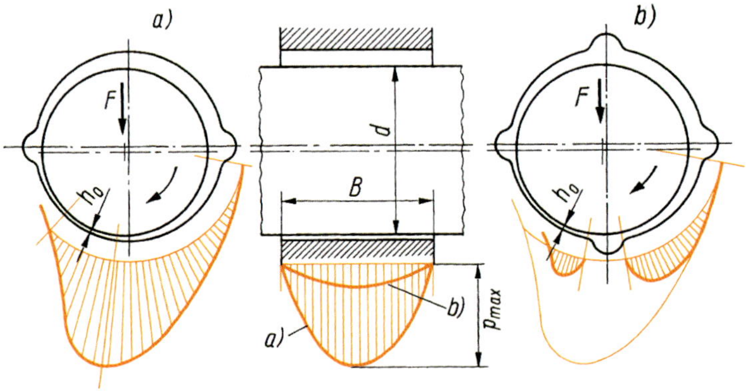

Bild 17.11 Lage der Schmiernuten beim hydrodynamisch geschmierten Gleitlager
a) richtig außerhalb der Druckzone, b) falsch in der Druckzone

Die **Schmiernuten sind stets am stillstehenden Teil** anzubringen, damit der Schmierstoff außerhalb der Druckzone zugeführt werden kann. Steht der Zapfen still, so ist beispielsweise eine Anflächung am Zapfen als Schmiernut geeignet (nach Bild 17.12 am Achsbolzen). Der Kanal für die Schmierstoffzuführung mündet dann in der Anflächung.

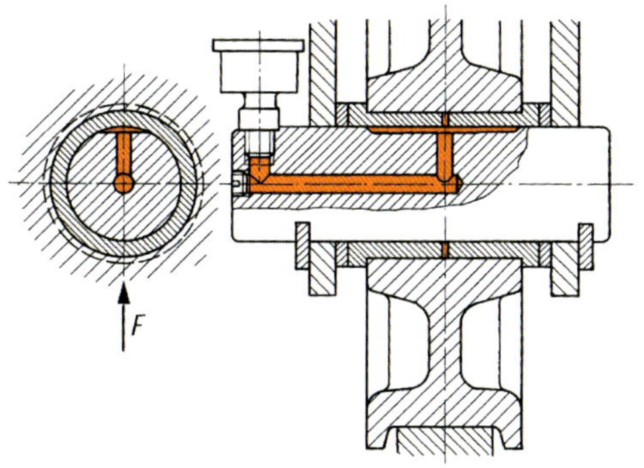

Bild 17.12
Schmierstoffzufuhr durch einen stillstehenden Achsbolzen hindurch

Fettschmierung für gering belastete Lager und Gelenke sowie für Lager in staubiger Umgebung ist einfach und billig. Überschüssiges Fett tropft von den Lagerstellen nicht ab, sondern quillt als gegen Verunreinigungen dichtender Kragen heraus. Mit Fettschmierung lässt sich nur Mischreibung erreichen, und **Gleitgeschwindigkeiten über** $u = 2\,\mathrm{m/s}$ **sollten möglichst vermieden werden**.

Zur sicheren Versorgung der Gleitflächen mit Schmierstoff bedarf es entsprechenden Einrichtungen, die den Schmierstoff aus einem Vorratsbehälter in den Gleitraum befördern.

Dazu dienen z. B. **Staufferbuchsen** DIN 3411 (Bild 17.13a). Durch Drehen der Überwurfmutter an der fettgefüllten Staufferbuchse wird der erforderliche Pressdruck erzeugt. Werden die Zuführungskanäle mit **Kegelschmiernippeln** DIN 71412 (Bild 17.13c) verschlossen, so muss von Zeit zu Zeit mit Fettpressen Fett nachgedrückt werden, wodurch auch das verbrauchte Fett aus dem Lager quillt. Besser sind **Fettdruckbuchsen** (Fettschmierbuchsen), in denen ein federbelasteter Kolben ständig auf den Fettvorrat drückt und die Schmierstelle selbsttätig mit Fett versorgt (Bild 17.13d). Befindet sich im Lagerkörper ein Fettvorrat (Bild 17.13e), der mit seinem Gewicht auf den Laufzapfen drückt und für ständige Schmierung sorgt, dann spricht man von **Fettkammerschmierung**. Nicht bemerktes Heißlaufen eines Lagers führt aber wegen Verflüssigung des gesamten Fettes zur Entleerung der Vorratskammer und damit zum sog. Lagerbrand.

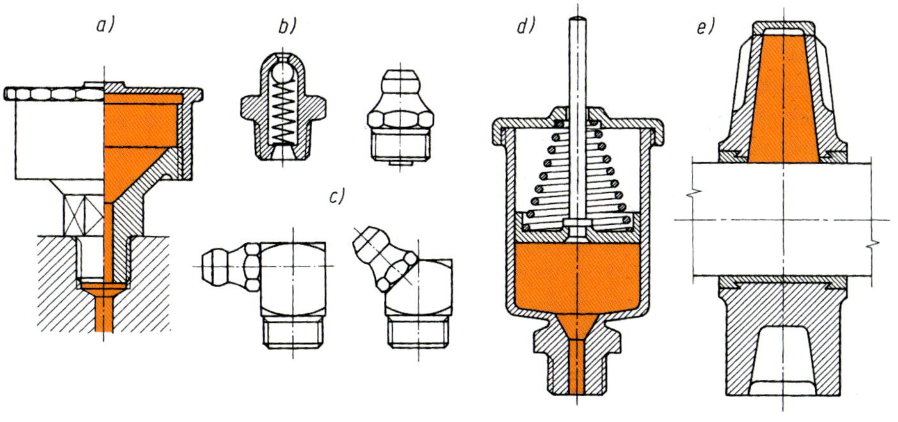

Bild 17.13 Einrichtungen für Fettschmierung
a) Staufferbuchse DIN 3411, b) Kugelschmierkopf, c) Kegelschmiernippel DIN 71412, d) selbsttätige Fettschmierbuchse, e) Fettkammerlager

Für untergeordnete Zwecke, wie zur Schmierung von Gelenken, einfachen und leicht zugänglichen Nebenlagern, kommt die **Öl-Handschmierung** in Betracht. Das Schmiermittel wird aus einer Öl- oder Ölspritzkanne über ein Schmierloch zugeführt. Dabei erhält das Lager nur so viel Öl, dass es nicht heißläuft. Zur Aufnahme einer genügenden Ölmenge muss das Schmierloch größer als bei Fettschmierung sein. Gegen Verunreinigungen wird das Schmierloch mit einem Einschraub-Kugelöler (Bild 17.14a), einem Einschlag-Deckelöler (Bild 17.14b) oder einem Einschraub-Deckelöler (Bild 17.14c) verschlossen. **Selbsttätige Schmiereinrichtungen** versorgen die Lagerstelle aus Gefäßen ständig mit Öltropfen in begrenzter Anzahl (5...40 Tropfen/min). Bild 17.14d und e zeigen **Docht**- und **Tropföler**.

Es ist auch möglich, mit einer Schmiereinrichtung mehrere Lager gleichzeitig zu versorgen, wenn der Schmierstoffkanal zu den einzelnen Lagerstellen abzweigt und die Schmierstoffmenge ausreicht.

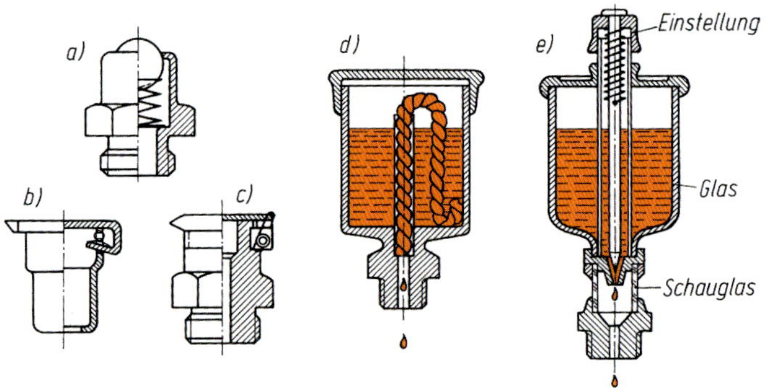

Bild 17.14 Einrichtungen für Ölschmierung
a) Einschraub-Kugelöler, b) Einschlag-Klappdeckelöler, c) Einschraub-Klappdeckelöler, jeweils nach DIN 3410, d) Dochtöler, e) Tropföler

17

Die **Tauchschmierung** ist einfach, sicher und sparsam. Umlaufende Scheiben oder Ringe tauchen in ein Ölbad und schleudern Schmiermittel in die Zuführungskanäle zu den Gleitflächen. Wegen der Reibung im Öl dürfen die Schleuderscheiben oder -ringe nur wenig eintauchen (sonst höhere Erwärmung und Energieverluste). Für waagerecht liegende Zapfen hat sich als Tauchschmierung die **Ringschmierung** nach Bild 17.15 bewährt. In der Lagerbuchse befindet sich ein radialer Schlitz, in dem ein dünner Schmierring DIN 322 lose auf dem Zapfen hängt (Bild 17.15a). Der umlaufende Zapfen nimmt den Ring mit, der das an ihm haftende Öl nach oben befördert, wo es in die Schmiernuten läuft. Die Ringschmierung kann auch mit einem festen, mitumlaufenden Ring erfolgen (Bild 17.15b). Das vom Ring geförderte Öl nimmt ein Abstreifer an der höchsten Stelle ab. Es läuft dann außen über die Schale in die Schmiernuten. Bei beiden Ringschmierarten läuft das Öl nach Erfüllung seiner Schmieraufgabe über Durchbrüche oder Löcher im Lagergehäuse in den Ölraum zurück. Mit losem Schmierring kann bis $u \approx 20\,\text{m/s}$, mit festem Schmierring bis $u \approx 13\,\text{m/s}$ Gleitgeschwindigkeit geschmiert werden.

Bei der **Schleuderdruckschmierung** rotiert neben dem Lager eine ins Ölbad tauchende Scheibe. Diese besitzt radiale Nuten, die in einem äußeren Kragen münden. Dadurch arbeitet die Scheibe wie eine Kreiselpumpe und fördert das Öl nach außen. Von dort läuft es über Kanäle und Bohrungen zu den Schmiernuten der Lagerbuchse.

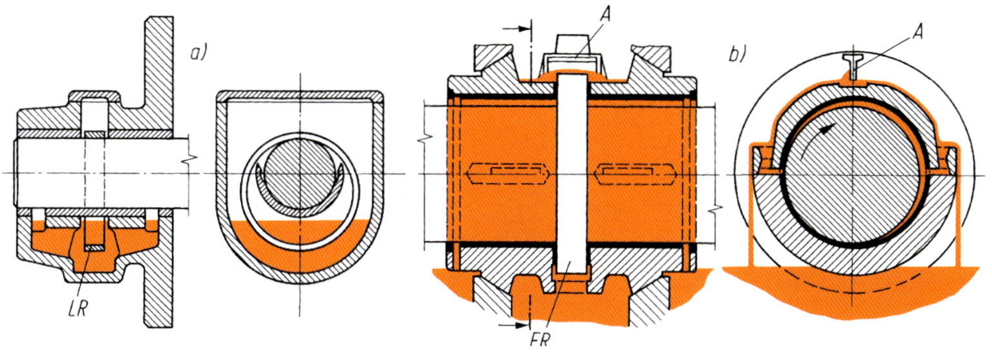

Bild 17.15 Ringschmierung
a) mit losem Ring LR nach DIN 322, b) mit festem Ring FR, A Abstreifer (RENK)

Auch eine **hydrodynamische Ölförderung** wird angewendet. Unmittelbar an der Lagerstirnwand läuft eine dünne, schief gestellte Tauchscheibe (Taumelscheibe) mit. Die ölbenetzte Taumelscheibe erzeugt stirnseitig einen hydrodynamischen Druckberg, der im Kreise herumwandert. In der Lagerstirnwand befindet sich eine Bohrung, die zur Schmierstelle führt. Sobald der Druckberg die Bohrung passiert, wird Öl in diese hineingedrückt.

Die bisher aufgeführten Schmiersysteme sind nur für niedrigere Anforderungen geeignet. Hochleistungsgleitlager verlangen immer eine Pumpen-Umlaufschmierung; sie kann viele Schmierstellen mit Öl versorgen. Über ein Röhrensystem wird das Öl von einer Pumpe zu den Lagern gefördert. Das ablaufende Öl, das auch die Reibwärme abführt, wird gefiltert, ggf. zwischengekühlt und gesammelt, um von der Pumpe erneut in die Lager gedrückt zu werden. Es ist dadurch viel leichter, die Reinheit und die Temperatur des Schmieröls zu sichern als mit einem inneren Ölkreislauf der zuvor beschriebenen Arten (z. B. Ringschmierung). Die Umlaufschmierung genügt den höchsten Anforderungen betriebswichtiger Lager. Der Ölüberdruck liegt bei üblichen Kfz-Motoren bei 1 … 6 bar. Bei hohen Drehzahlen und hoher Belastung, also entsprechend hoher Wärmeentwicklung, ist die Umlaufschmierung nicht zu entbehren.

17

In DIN 31692 *Hinweise für die Schmierung von Gleitlagern* wird ausgeführt: Schmieröle ISO VG 15 … 150. In der Ölzulaufleitung sind Filter mit einer Maschenweite ≤ 63 µm und ggf. ein Ölkühler vorzusehen. Die Geschwindigkeit für Ölumlauf im Zulauf soll ≤ 2 m/s sein. Der Überdruck in der Ölanlage soll 5 bar nicht überschreiten. Die Ölrücklaufleitung sollte ein stetiges Gefälle von 1 : 20 besitzen. Der Rohrleitungsquerschnitt soll so ausgeführt sein, dass bei den ungünstigen Betriebsverhältnissen nur eine Querschnittfüllung von 70 % erreicht wird, wobei die Geschwindigkeit ≤ 0,25 m/s beträgt.

Besonders bei Fahrzeugmotoren werden deutlich höhere Anforderungen gestellt. Bei Personen- und Lastkraftwagen sowie den meisten Motorrädern verwendet man meist eine **Nasssumpfschmierung**. Eine Ölpumpe, meist eine *Zahnradpumpe* (Bild 17.16) oder eine *Eaton-Pumpe* (Bild 17.17), saugt aus der Ölwanne unten am Motor das Schmieröl an, drückt es durch einen Mikrofilter (im Allgemeinen eine auswechselbare Patrone oder ein Einsatz) und von dort in den Hauptölkanal, der dann zu den Kurbelwellen- und Pleuellagern sowie zur Nockenwelle abzweigt. Die Zylinderlaufbahnen und Kolben werden oft durch das Spritzöl aus den Lagern mitversorgt, mitunter – auch zur Kolbenkühlung – aus separaten Spritzdüsen. Das Öl, das aus den Lagern seitlich austritt, sammelt sich wieder unten in der Ölwanne. Früher wurden mitunter auch Kolbenpumpen (Bild 17.18) eingesetzt, aber nur zur Schmierung der Nockenwellengleitlager (die Kurbelwelle war rollengelagert). Kolbenpumpen in höchst primitiver Bauart werden aber in enormen Stückzahlen eingesetzt für Billigst-Einzylinderviertakter, die z. B. Rasenmäher und kleine Stromaggregate antreiben.

Bild 17.16 Zahnradpumpe aus einem VW-Motor, teilzerlegt

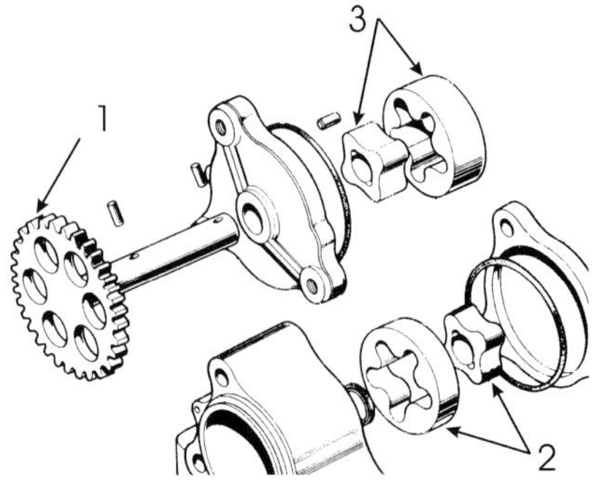

Bild 17.17 Eaton-Pumpe
1 Antrieb, 2 Innen- und Außenrotor der Druckpumpe, 3 Innen- und Außenrotor der Saugpumpe (Werkbild Honda Motor, modifiziert)

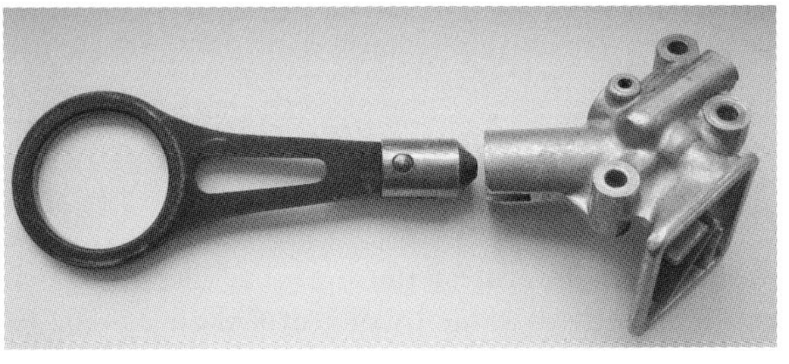

Bild 17.18
Kolbenpumpe eines Motorrads (Honda CB 250). Der Antrieb der Schubstange erfolgt über einen Exzenter; die Ölflusssteuerung wird durch federbelastete Kugelventile im Pum pengehäuse erreicht.

17

Für manche Motorradmotoren (z. B. BMW F650 GS) und besonders für Kolbenflugmotoren wird die sehr effiziente, aber aufwendige und teure **Trockensumpfschmierung** eingesetzt (Bild 17.19).

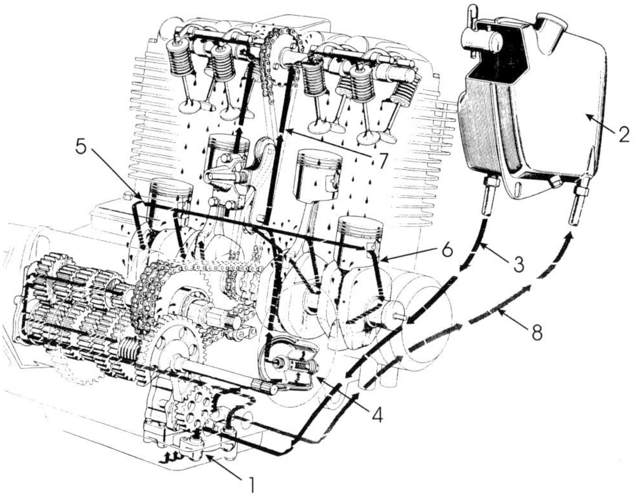

Bild 17.19 Trockensumpfschmierung bei einem Motorradmotor
1 Doppelpumpe, 2 Öltank, 3 Ölzulauf, 4 Ölfilter, 5 Hauptverteilerleitung, 6 Kurbelwellenlager-Leitung, 7 Nockenwellenleitung, 8 Ölrücklauf. Der Betriebsdruck liegt bei ca. 4 bar.
(Honda CB 750 K0-K7, Werkbild Honda Motors, modifiziert)

Eine Ölpumpe **(1)**, und zwar deren Druckteil (2 nach Bild 17.17), fördert aus einem Öltank **(2)** über die Zulaufleitung **(3)** Öl zum Ölfilter **(4)** und von dort zur Hauptverteilerleitung **(5)**. Dort wird das Öl einerseits in die Kurbelwellenlager-Leitungen **(6)** gedrückt (und von dort über die Kurbelwellen-Lagerzapfen durch schräge Bohrungen in der Kurbelwelle zu den Pleuellagern gefördert) und andererseits in die Nockenwellenleitungen **(7)** gedrückt. Das aus den Lagern herausspritzende bzw. abtropfende Öl sammelt sich unten im Motor, wird dort aber sofort vom Saugteil der Ölpumpe (3 nach Bild 17.17) zum Öltank (2 nach Bild 17.19) gefördert.

Der Saugteil hat ein größeres Fördervolumen, was sich durch die größere Breite der Läufer ausdrückt, damit immer sichergestellt ist, dass der Öltank voll ist. Im Stillstand verhindert ein Pumpenrückschlagventil, dass der Inhalt des Öltanks ungewollt in den Motor läuft. Die Trockensumpfschmierung hat folgende Vorteile: Das Schmiersystem ist weitgehend lageunabhängig, was für Geländemotorräder und Flugmotoren sehr wichtig ist. Ferner kann man dadurch flachere Motoren bauen, und der Motor erhält immer abgekühltes und beruhigtes Öl (das Öl kann im Öltank ausgasen). Bei hohen Motortemperaturen wird das Öl zusätzlich durch einen Ölkühler geschickt. Dies wird aber auch bei der Nasssumpfschmierung genutzt.

Verlustschmierungen bei Viertaktmotoren gab es bis in die 1930er-Jahre. Kleine Kolbenpumpen förderten aus einem Frischöltank das Öl tropfenweise zu den Lagerstellen. Dies ist für moderne Motoren vollkommen unzureichend. Allerdings wird bis heute bei kleinen Zweitaktmotoren für Mofas, Leichtroller, Baumsägen, Außenbordmotoren und bei leichten Zweitakt-Flugmotoren die Verlustschmierung eingesetzt. Entweder man mischt dem Kraftstoff das Öl im Verhältnis 25 : 1, 50 : 1 oder 100 : 1 (Außenbordmotoren) bei, was betriebssicher und konstruktiv einfach ist, oder sehr genaue Ölpumpen bringen das Öl wie bei der oben geschilderten Viertakt-Verlustschmierung direkt in sehr kleinen Mengen zu den Schmierstellen (Bild 17.20). Das Öl verbrennt dann im Zweitaktmotor, nachdem es geschmiert hat (Problematik Umweltbelastung!).

17

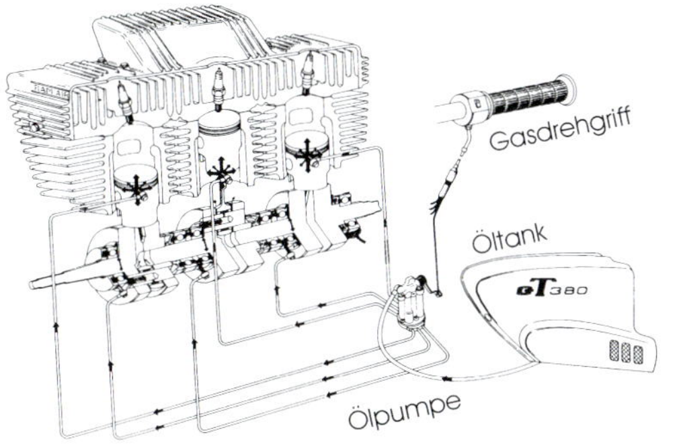

Bild 17.20
Frischölschmierung an einem Dreizylinder-Zweitaktmotor. Die Ölpumpe fördert drehzahl- und lastabhängig. Separate Ölleitungen führen zu den Kurbelwellen-Kugellagern und den Zylinderlaufbahnen (Werkbild Suzuki, modifiziert).

17.3 Abweichungen von der Lagergeometrie

Die an den Zahnrädern, Riemen, Rollen, Walzen, Ketten u. dgl. wirkenden Kräfte biegen die Welle, sodass sich die Zapfen neigen (Bild 17.21a). Ein derartiges Neigen kann auch durch nicht fluchtende Bohrungen der beiden Lager einer Welle hervorgerufen werden. Auch der Zapfen kann durchgebogen sein (Bild 17.21b), wenn er sich in einem Wellenstrang befindet. Bei starren und breiten Lagern führt das zu Kantenpressungen und somit zum Verschleiß, zum Heißlaufen und ggf. zum Festfressen. In solchen Fällen muss durch konstruktive Maßnahmen Abhilfe geschaffen werden, z. B. durch:

1. **Erweitern der Lagerbohrung an ihren Enden** (Bild 17.22a).
2. **Verringern der Abstützbreite der Lagerbuchse** (Bild 17.22b und c), sodass sie sich an ihren Enden elastisch verformen und der Zapfenneigung anpassen kann.
3. **Verringern der Lagerbreite** (Bild 17.22d), sodass sich der absolute Betrag der Schiefstellung verringert.
4. **Ausführung als Dehnkörperlager** (Bild 17.23), das sich ebenfalls an den Enden elastisch verformen kann.
5. **Ausführung als Schlauchlager** (Bild 17.24). Das ist eine zylindrische Buchse mit Ringnuten verschiedener Tiefe vom Außenrand her. Dadurch kann sich die Buchse leichter biegen und der Zapfenlage anpassen.
6. **Elastische Ausbildung des Tragkörpers** (Bild 17.25), sodass sich der gesamte Lagerkörper der Schiefstellung anpasst bzw. angepasst werden kann.
7. **Kippbeweglichkeit der Lagerschale durch eine kugelige Auflage** (Bild 17.26). Diese erfordert aber ein größeres Lagerspiel, weil zur Bewegung des Gelenkes dessen hohe Ruhereibung überwunden werden muss und auch im Gelenk ein Spiel erforderlich ist. Das macht sich besonders bei Belastungsschwankungen bemerkbar, weil dann die engste Stelle h_0 des Spaltes hin- und herwandert. Die Welle läuft dann unruhig und kann in Schwingungen geraten. Zusätzlich schaffen ggf. Mehrflächenlager Abhilfe.

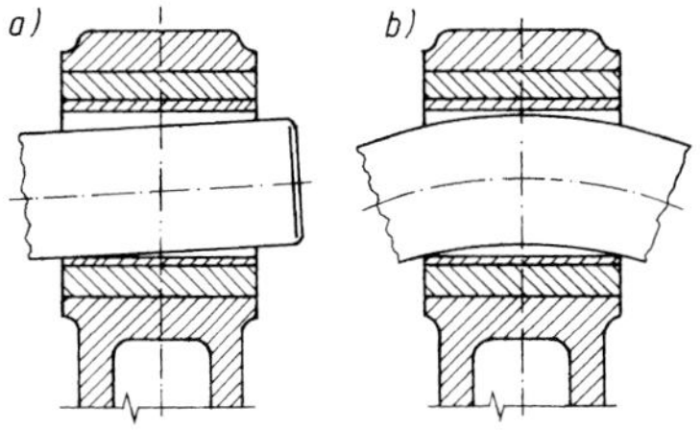

Bild 17.21 Kantenpressung in starren Lagern
a) bei Schiefstellung des Zapfens,
b) bei Krümmung des Zapfens

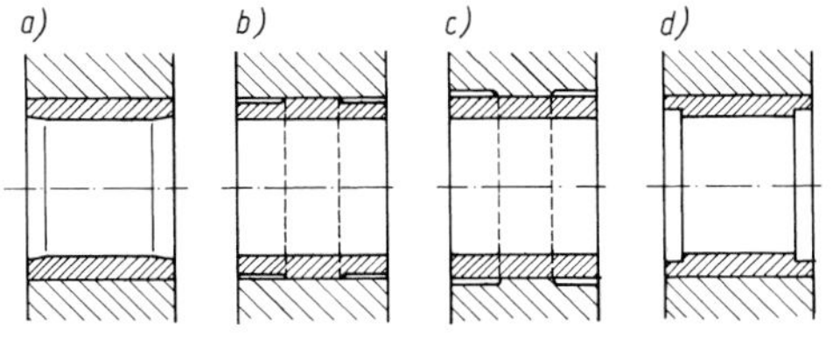

Bild 17.22 Verringerung der Kantenpressung durch
a) Erweitern der Bohrungsenden, b) und
c) Verringern der Lagerkörper-Stützbreite,
d) Verringerung der Lagerbreite

17

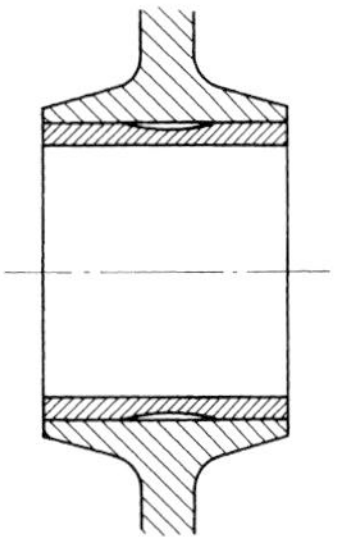

Bild 17.23 Elastische Ausbildung der Stützkörperenden

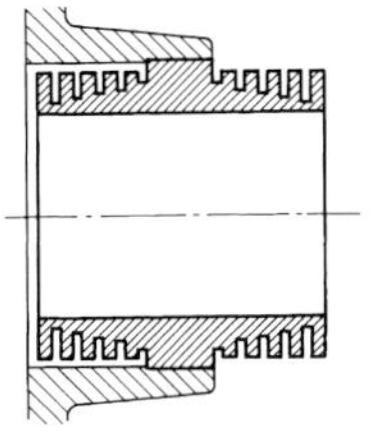

Bild 17.24 Schlauchlager

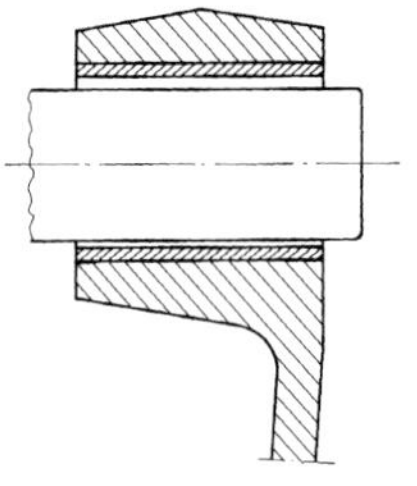

Bild 17.25 Elastisches Kippen des Lagerkörpers

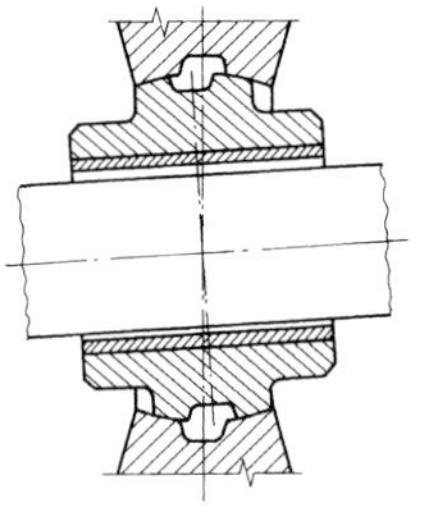

Bild 17.26 Kippbeweglichkeit des Lagerkörpers

17.4 Gleitwerkstoffe

Am Gleitvorgang sind der Zapfenwerkstoff, der Lagerwerkstoff (der Gleitwerkstoff) und der Schmierstoff beteiligt. Diese drei bilden ein Tribosystem (von griechisch tribo = reiben). Die hydrodynamisch geschmierten Lager laufen beim Anfahren und Anhalten unter Last mit Mischreibung, die fettgeschmierten stets mit Mischreibung. Hierbei kommt es darauf an, dass eine schützende Schmierstoff-Grenzschicht haften bleibt und nicht weggedrückt wird, d. h. die Gleitflächen den Schmierstoff mit molekularen Kräften binden. Deshalb ist die Wahl des Lagerwerkstoffes wichtig, da meistens aus wirtschaftlichen Gründen nicht das bestgeeignete Öl verwendet werden kann, insbesondere, wenn es mehrere Aufgaben zu erfüllen hat wie das Schmieren von Zahnrädern und Lagern. An die Gleitwerkstoffe werden eine Reihe von Anforderungen gestellt. DIN 50282 *Das tribologische Verhalten von metallischen Gleitwerkstoffen* erläutert:

1. **Mechanische Belastungsgrenze:** maximal mögliche Belastung der Lagerschale bei noch sicherem Lauf, oberhalb der ein Versagen des Gleitlagers durch Auftreten einer unzulässigen bleibenden Verformung des Gleitwerkstoffs, durch Gewaltbruch oder Dauerbruch eintritt.
2. **Belastbarkeit:** Belastung, die ein Gleitwerkstoff in einem Gleitlager dauernd unter einer bestimmten Beanspruchungsart ertragen kann, ohne die mechanische Belastungsgrenze und einen bestimmten Verschleißbetrag zu überschreiten. Dabei ist der zulässige Verschleißbetrag durch die erwartete Gebrauchsdauer des Gleitlagers begrenzt.
3. **Schmiegsamkeit:** Fähigkeit eines Gleitwerkstoffs, sich den Beanspruchungen ohne bleibende Störung des Gleitverhaltens durch elastische oder elastisch-plastische Verformungen anzupassen.
4. **Anpassungsfähigkeit:** Fähigkeit eines Gleitwerkstoffs, sich ohne bleibende Störung des Gleitverhaltens den Beanspruchungen durch Schmiegung und/oder durch Verschleiß anzupassen.
5. **Verschweißwiderstand (Fressunempfindlichkeit):** Widerstand eines Gleitwerkstoffs gegen die Bildung von adhäsiven Bindungen mit dem Gegenwerkstoff.
6. **Riefenbildungswiderstand:** Widerstand eines Gleitwerkstoffs gegen die Bildung von Riefen und Kratzern an der Oberfläche des Gegenwerkstoffs.
7. **Verträglichkeit mit dem Gegenwerkstoff:** Widerstand gegen Verschweißung (siehe 5.) und Riefenbildung (siehe 6.).
8. **Fähigkeit zur Bildung einer Reaktionsschicht:** Fähigkeit des Gleitwerkstoffs, mit Bestandteilen des Schmierstoffes eine tribochemische, im Allgemeinen verschleißmindernde Reaktionsschicht zu bilden.
9. **Schmierstoffbenetzbarkeit:** Fähigkeit eines Gleitwerkstoffs, auf seiner Oberfläche einen Schmierfilm auszubilden.
10. **Einbettfähigkeit:** Fähigkeit eines Gleitwerkstoffs, harte Partikel in der Laufschicht aufzunehmen.
11. **Einlaufverhalten:** Fähigkeit eines Gleitwerkstoffs, die erhöhte Anfangsreibung und den erhöhten Anfangsverschleiß durch Anpassung der Gleitflächen in kurzer Zeit herabzusetzen.
12. **Notlaufverhalten:** Fähigkeit eines Gleitwerkstoffes, beim Auftreten unvorhergesehener ungünstiger Schmierbedingungen noch ein Gleiten während einer begrenzten Zeitspanne aufrechtzuerhalten.

13. **Verschleißwiderstand:** Widerstand eines Gleitwerkstoffs gegen Verschleiß infolge tribologischer Beanspruchungen während des Gleitvorgangs. Er wird ausgedrückt durch den Reziprokwert des Verschleißbetrags.

Es gibt keinen Werkstoff, der alle optimalen Eigenschaften besitzt. Nach den jeweiligen Betriebsverhältnissen muss deshalb eine geeignete Kombination von Zapfen- und Lagerwerkstoff gewählt werden.

1. Zapfenwerkstoff

Als grundsätzliche Richtlinie gilt, dass die Zapfenoberfläche 3...5-mal so hart wie der Gleitwerkstoff sein soll, damit sich der Verschleiß auf die Lagerbuchsen bzw. -schalen beschränkt. Als Zapfenwerkstoff kommt fast ausschließlich **Stahl** in Betracht. Wichtig ist, dass er für Oberflächen höchster Glätte geeignet ist. Hierfür haben sich harte Stähle mit feinem Gefüge besser bewährt als weiche. Am besten sind Oberflächen mit einer Härte 64 HRC, mehr als 50 HRC sollten es immer sein. Einsatzgehärtete reine Kohlenstoffstähle besitzen sehr gute Laufeigenschaften, aber auch brenngehärtete oder nitrierte Laufflächen haben sich bewährt. Ungehärtete, durch Prägepolieren geglättete Laufflächen sind nur bei kleineren Flächenpressungen geeignet. Nickellegierte Stähle sollten vermieden werden, da Nickel zum Fressen neigt. Chromlegierte dagegen sind günstig.

Die Laufflächen werden in der Regel fein geschliffen, am besten anschließend noch geläppt oder gehont. Die Stahllauffläche kann durch Hartverchromen widerstandsfähiger gemacht werden, da Chrom gute Gleiteigenschaften zeigt und weniger zum Fressen neigt als Stahl. Die galvanisch aufgetragene Chromschicht (ca. 0,3 mm) wird geschliffen und poliert. Besondere Vorteile bietet das Maßverchromen mit einer Schichtdicke von etwa 20 µm. Bei Sphäroguss (z. B. gegossene Kurbelwellen) ist die Schleifrichtung sehr wichtig, damit später keine Schuppen gegen das Lagermetall laufen [17.3].

17

2. Lagermetalle

Ein Lagermetall muss sich mit glatter Oberfläche herstellen lassen. Bei der Bearbeitung lässt sich nicht verhindern, dass kleine Teilchen herausgerissen werden und die Oberfläche mikroskopisch zerklüften. Knetlegierungen sind in dieser Beziehung besser als Gusslegierungen, lassen sich aber schwieriger bearbeiten. Bei sehr weichen oder nicht abriebfesten Lagerwerkstoffen, die sich durch eine plastische Verformung oder durch Abrieb der Mikrokämme während des Betriebes glätten, d. h. einlaufen, braucht die Oberfläche nicht übermäßig glatt zu sein.

Wichtig ist auch die Wärmedehnzahl (siehe hierzu Tabelle 9.2). Je größer der Unterschied gegenüber dem Wellenwerkstoff ist, umso mehr verändert sich das Lagerspiel bei der Erwärmung des Lagers. Mit zunehmender Temperatur erweichen die Lagermetalle. Dadurch sind sie nur in einem bestimmten Temperaturbereich zu verwenden, und zwar Blei- und Zinnlegierungen bis 80 °C, Zinklegierungen bis 100 °C, Leichtmetalle und Sondermessing bis 150 °C, Gussbronzen bis 250 °C, Zinnknetlegierungen bis 300 °C. Zinnlegierungen werden als Weißmetalle bezeichnet.

Empfindlich gegen Kantenpressungen sind Gusseisen, Knetbronzen, Sondermessing und Sintermetalle, unempfindlich dagegen Blei- und Zinnlegierungen und Kunststoffe. Rotguss, Gussbronzen und Bleibronzen passen sich durch Abrieb an den Kanten an.

Empfindlich gegen Stöße sind Blei- und Zinnlegierungen, Gusseisen und Sintermetalle, empfindlich gegen hohe Gleitgeschwindigkeiten die Sintermetalle wegen Störung der Schmierfilmbildung infolge ihrer Porösität. Empfindlich gegen Ölmangel sind die kupferhaltigen Legierungen (Ausnahme Bleibronzen) und Aluminiumlegierungen. Gute Notlaufeigenschaften zeigen Kunststoffe, Sintermetalle, Blei- und Zinnlegierungen und Bleibronzen, die bei Ölmangel kurze Zeit ohne Schaden weiterlaufen können.

Als Basis der Gleitwerkstoffe kommen folgende Metalle in Betracht:

Eisen im kohlenstoffreichen Gusseisen und im Stahl, dessen Oberfläche mit Kohlenstoff oder Stickstoff angereichert ist (einsatzgehärtete bzw. nitrierte Oberflächen), Sintereisen, wenn die Zapfenoberfläche härter ist. Infolge Reiboxidation kann sich jedoch Passungsrost bilden.

Zinn mit Blei, Kupfer, Antimon u. a. legiert. Es zeigt ausgezeichnete Gleiteigenschaften, benötigt wegen seiner Weichheit aber Stützkörper. Bei Betriebsstörungen greift es den Zapfen nicht an, nimmt geometrische Abweichungen gut auf. Abriebteilchen betten sich unschädlich ein. Der Vorteil des Zinns kann auch dadurch genutzt werden, dass man es als dünne Laufschicht von wenigen µm Dicke auf andere Gleitwerkstoffe galvanisiert.

Zink in Legierungen mit Aluminium, Kupfer u. a. Zink besitzt gute Gleiteigenschaften, ist ein robuster, anspruchsloser Gleitwerkstoff für untergeordnete Lagerungen. Zudem ist es billig.

Blei legiert mit Kupfer, Zinn, Zink, Wismut u. a. besitzt eine besondere Schmierfähigkeit. Wegen seiner Plastizität passt es sich Abweichungen von der Lagergeometrie gut an. Üblich bei groben Lagerungen (Wagonachsen), unempfindlich gegen Schmierstörungen, aber wenig verschleißfest. Heute geht wegen der EU-Altautoverordnung der Trend zu bleifreien Laufschichten in Automotive-Gleitlagern.

Kupfer mit mehr als 50 % Anteil in verschiedenen Bronzen wird am meisten angewendet. Dieses Metall hat eine besonders hohe Wärmeleitfähigkeit, verleiht den Legierungen hohe Festigkeit und gute technologische Eigenschaften. Geringe Zusätze nichtmetallischer Stoffe verleihen den Bronzen gute Gleiteigenschaften. Die relative Unnachgiebigkeit erfordert eine exakte Einhaltung der Lagergeometrie bzw. die in Abschnitt 17.3 beschriebenen Maßnahmen. Es besteht kaum eine Einbettungsfähigkeit für Abriebteilchen, sodass für eine gute Öldurchströmung gesorgt werden muss.

Aluminium mit Anteilen an Kupfer, Eisen, Zink, Mangan, Silicium, Zinn u. a. wird für Lagerbuchsen verwendet, die in Leichtmetallgehäuse eingepresst werden. Damit wird wegen der gleichen Wärmedehnung einer Lockerungsgefahr begegnet. Bei modernen Viertaktmotoren werden die Nockenwellen direkt im Leichtmetall-Zylinderkopf gelagert.

In Tabelle 17.5 bis Tabelle 17.8 sind genormte Lagermetalle und Hinweise für deren Anwendung aufgeführt.

Typische metallische Gleitlagerwerkstoffe [17.5]

Nach üblicher Definition ist *Bronze* eine Kupfer-Zinnlegierung, *Messing* eine Kupfer-Zinklegierung und *Rotguss* eine Kupfer-Zinn-Zinklegierung.

Diese Definitionen werden aber bei Lagermetallen weiter gefasst:

- **Weißmetall auf Bleibasis:** Sehr gute Gleiteigenschaften, sehr gute Einbettfähigkeit, sehr gute Notlaufeigenschaften, aber nur ausreichende Belastbarkeit und mangelhafte Korrosionsfestigkeit. LgPbSn5 (76 % Blei, 15 % Antimon, 6 % Zinn) oder LgPbSn10 (73 % Blei, 16 % Antimon, 10 % Zinn).
- **Weißmetall auf Zinnbasis:** Gute Gleiteigenschaften, gute Einbettfähigkeit, gute Notlaufeigenschaften, aber nur befriedigende Belastbarkeit und Korrosionsfestigkeit. LgSn80 (80 % Zinn, 12 % Antimon, 6 % Kupfer, 2 % Blei) oder LgSn89 (89 % Blei, 7,5 % Antimon, 3,5 % Kupfer).
- **Bronze auf Bleibasis:** Befriedigende Gleiteigenschaften und Einbettfähigkeit, gute Notlaufeigenschaften, aber gute Belastbarkeit bei ausreichender Korrosionsfestigkeit. Mit ternären Laufschichten können dann jedoch gute Gleiteigenschaften, Einbettfähigkeiten sowie sehr gute Notlaufeigenschaften erreicht werden. G-CuPb25 (74 % Kupfer, 25 % Blei, 1 % Zinn) oder G-CuPb11 (78 % Kupfer, 11 % Blei, 8 % Zinn) und weitere.

- **Bronze auf Blei-Zinnbasis:** G-CuPb10Sn (80 % Kupfer, 10 % Blei, 10 % Zinn) oder G-CuPb23Sn (76 % Kupfer, 23 % Blei, 1 % Zinn).
- **Bronze auf Zinnbasis:** Befriedigende Gleiteigenschaften, Einbettfähigkeit und Notlaufeigenschaften, aber gute Belastbarkeit bei befriedigender Korrosionsfestigkeit. G-CuSn10Zn (88 % Kupfer, 10 % Zinn, 2 % Zink).
- **Rotguss:** G-CuSn7ZnPb (83 % Kupfer, 7 % Zinn, 4 % Zink, 6 % Blei).
- **Messing:** CuZn31Si (68 % Kupfer, 31 % Zink).
- **Aluminium-Bronze:** Befriedigende Gleiteigenschaften und Einbettfähigkeit, gute Notlaufeigenschaften bei guter Belastbarkeit und Korrosionsfestigkeit. CuAl9Mn (88 % Kupfer, 9 % Aluminium).
- **Aluminium-Legierung:** Befriedigende bis gute Gleiteigenschaften und Einbettfähigkeiten (besonders zusammen mit ternären Laufschichten), gute bis sehr gute Notlaufeigenschaften bei guter Belastbarkeit und Korrosionsfestigkeit. AlZn5Si (91 % Aluminium, 5 % Zink, je 1 % Kupfer und Blei). Im Gegensatz dazu eine Kolbenlegierung AlSi12CuNiMg (85 % Aluminium, 12 % Silizium, je 1 % Kupfer, Nickel und Magnesium) als relativ feste Legierung, weniger für Gleitlager geeignet.
- **Aluminium-Walzplattierung:** AlSn6 (90 % Aluminium, 6 % Zinn, 3 % Silizium).
- **Ternäre Galvanik:** PbSn10Cu (88 % Blei, 10 % Zinn, 2 % Kupfer), Dicke 10...30 µm.

Moderne Gleitlager sind Hochleistungsmaschinenlemente! Besonders für Verbrennungsmotoren im Automotive-Bereich mit ihren hoch- und höchstbelasteten Gleitlagern (als Kurbelwellen- und Pleuellager) wird der Konstrukteur fertige Gleitlagerschalen von Spezialfirmen beziehen. An diese Gleitlager werden folgende, sich teilweise widersprechende Forderungen gestellt [17.1]:

a) Verträglichkeit mit dem Gleitpartner,

b) Fähigkeit zur geometrischen Anpassung,

c) geringer Verschleiß,

d) Unempfindlichkeit gegen Belastungsstöße,

e) hohe Dauerfestigkeit,

f) Schutz vor Zerstörung der umgebenden Maschinenteile,

g) Möglichkeit der Schmutzeinbettung,

h) Widerstand gegen Korrosion, Erosion und Kavitation und deren Kombinationen,

i) zuverlässige Herstellbarkeit in gleichbleibender Qualität.

Moderne Gleitlager sind durchweg *Mehrstofflager* (Bild 17.27 und Bild 17.28), um den teilweise konträren Forderungen mit einem bestmöglichen Kompromiss zu begegnen. Gute Gleiteigenschaften haben Blei und Zinn, hohe Ermüdungsfestigkeit und gutes Verschleißverhalten zeigen Aluminium und Kupfer. Ein Mehrstofflager besteht aus einem Stützkörper aus Stahl, der mit einem Lagermetall beschichtet ist, und einer sehr dünnen Gleitschicht aus einem weicheren Lagermetall. Dünne Zwischenschichten zwischen Stahl und Lagermetall sowie zwischen Lagermetall und Gleitschicht verbessern die Bindung und wirken ggf. als Diffusionshemmer. Diese Zwischenschichten zählt man nicht mit. Mitunter erhält die Lagerschale noch einen sehr dünnen *„Flash"* als Korrosionsschutz vor dem Einbau. Die verschiedenen Schichten sind durch Gießen, Sintern oder Walzplattieren auf einen Stahlrücken aufgebracht. Dies erfolgt im kontinuierlichen Verfahren auf Stahlblechstreifen, die dann aufgecoilt werden. Mitunter wird die nur wenige µm dicke Laufschicht im PVD-Verfahren aufgesputtert. Die Dauerfestigkeit des

Lagermetalls ist umso höher, je geringer die Schichtdicke ist. Gleichzeitig braucht man eine Mindestschichtdicke, um harte Teilchen („Urschmutz" aus der Motorenherstellung oder Motorenüberholung oder Abrieb) einbetten zu können. Die Lagermetall-Schichtdicken betragen 0,15...0,5 mm, die Gleitschichtdicken 0,01...0,03 mm. Die Zwischenschichten haben eine Dicke von 0,001...0,005 mm. Typische spezifische Lagerbelastungen und Gleitgeschwindigkeiten können Tabelle 17.28 entnommen werden. Bild 17.29 zeigt verschiedene Kurbelwellen- und Pleuellagerschalen. Bild 17.30 zeigt ein kombiniertes Radial-Axiallager. Ein derartiges Lager ist als Festlager in Verbrennungsmotoren eingebaut; u.a. nimmt es die Kräfte aus der Kupplungsbetätigung auf. Manchmal werden auch separate Anlaufscheiben nach Bild 17.31 als Axiallager eingesetzt. Aus Kostengründen werden in Nutzfahrzeugmotoren durchaus Sputter- und „normale" Dreistofflager kombiniert, wobei die jeweils höherbelastete Lagerschale die Sputterschale ist (Bild 17.32).

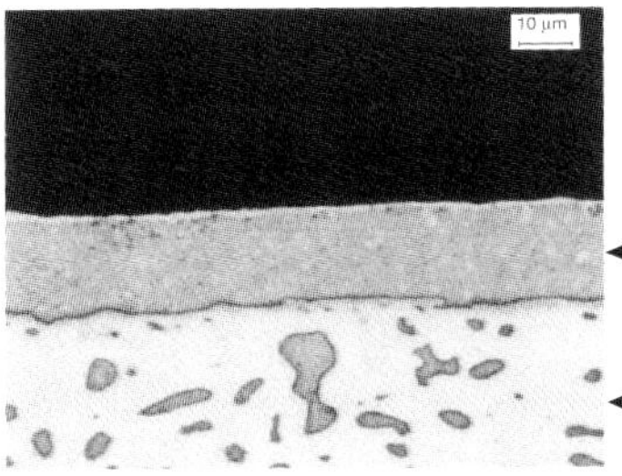

Bild 17.27 Schnitt durch die Schichten einer Pleuellagerschale für Otto- und Dieselmotoren mittlerer Leistung. Der Werkstoff ist KS S30G und bis 65 N/mm^2 belastbar (Werkbild KS Gleitlager, um die rechts stehenden Angaben ergänzt).

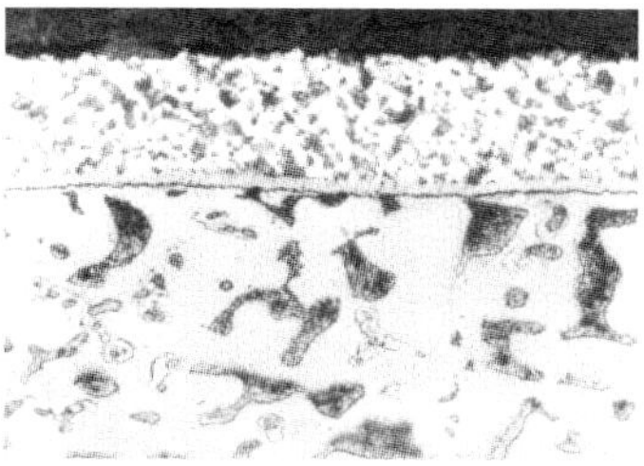

Bild 17.28 Schnitt durch den Schichtverbundwerkstoff GLYCO 199, Stahl/CuPb22Sn/NiCr/AlSn20. Sowohl die NiCr-Zwischenschicht als auch die AlSn20-Gleitschicht werden im PVD-Verfahren aufgesputtert (Werkbild Federal-Mogul GLYCO).

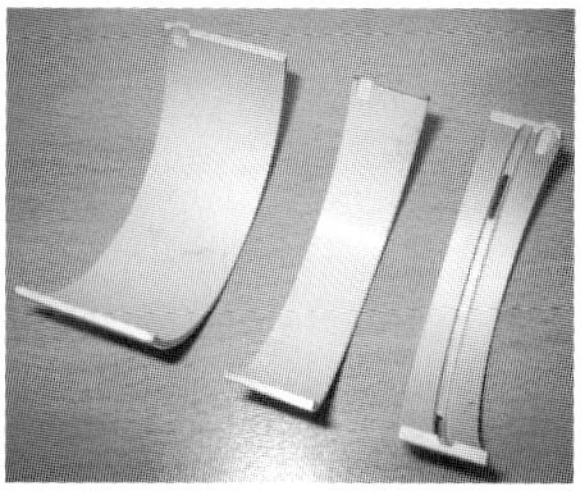

Bild 17.29 Verschiedene Kurbelwellen- und Pleuellagerschalen (KS Gleitlager)

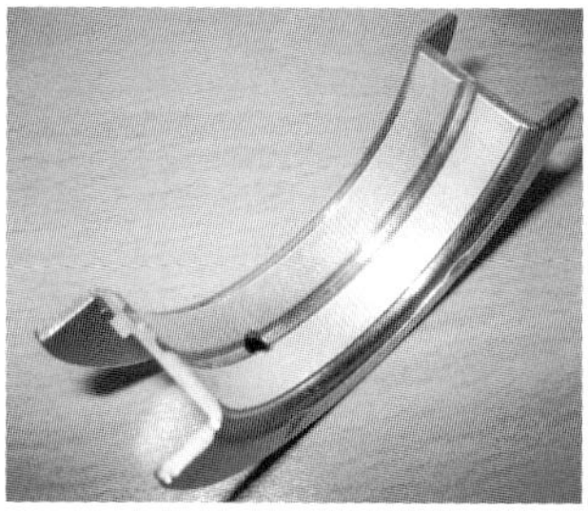

Bild 17.30 Kombiniertes Radial-Axiallager für Kurbelwellen (KS Gleitlager)

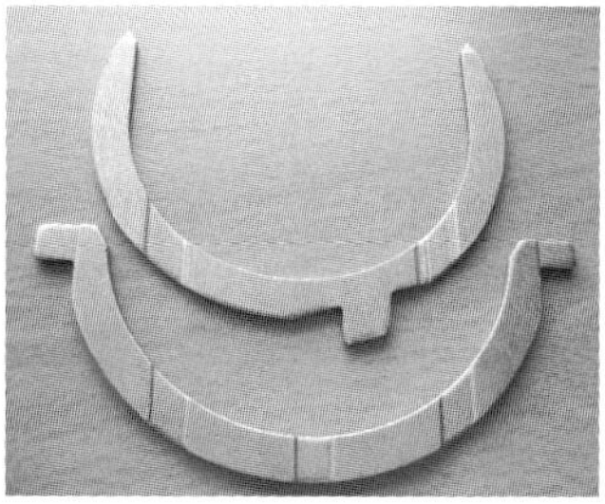

Bild 17.31 Anlaufscheiben als Kurbelwellen-Axiallager (KS Gleitlager)

Konventionelle Dreistofflager erreichen bei höchsten Belastungen nur begrenzte Laufleistungen [17.2]. Nach langen Laufzeiten verschleißt die Gleitschicht schon bei mittleren Belastungen, und die darunter liegende Bleibronze wird freigelegt. Damit steigen die Fressgefahr und die Empfindlichkeit gegen Störeinflüsse wie Fremdkörper, die Notlaufeigenschaften nehmen ab. Außerdem nimmt die Härte der (ohnehin weichen) Gleitschicht mit steigender Temperatur ab, und so können Dreistofflager in modernen Pkw-Motoren bei Öltemperaturen von bis zu 150 °C im Lager nicht die Lebensdauer wie die von bei niedrigeren Öltemperaturen laufenden Lkw-Motoren erreichen [17.2]. Hier hat man sehr gute Erfahrungen mit den Sputterlagern gemacht. Bei den kombinierten Lagern (Bild 17.32) nehmen die weichen Gleitschichten der Dreistofflagerschalen etwaige Fremdkörper auf, betten sie ein und schonen so die hochbelasteten Sputterschalen.

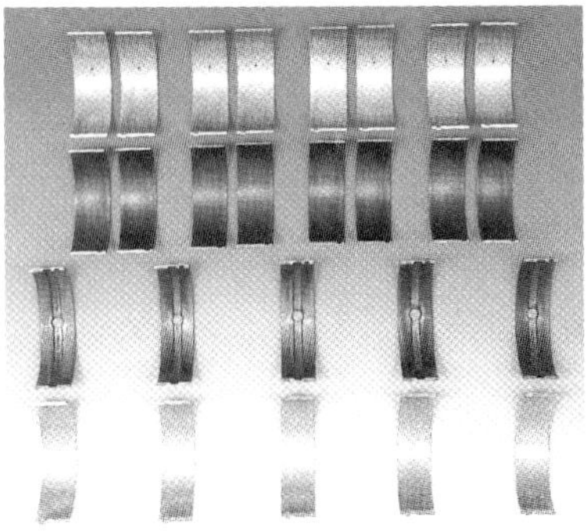

Bild 17.32 Lager aus einem V8-Lkw-Motor. Hell: Dreistofflager, dunkel: Sputterlager. Berechnete Lagerbelastung der Pleuellager 65 N/mm², Kurbelwellenlager 45 N/mm² (Werkbild Federal-Mogul GLYCO [17.2]).

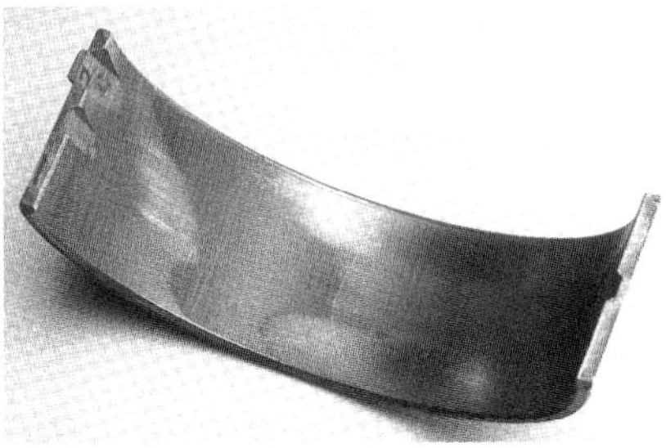

Bild 17.33 Flächenhafter Gleitschichtverschleiß an einem Stahl-Bleibronze-Dreischichtlager infolge Abrasion [17.3]

17

Die Beurteilung von *Lagerschäden* durch den Nicht-Gleitlager-Spezialisten ist sehr schwierig, es wird auf z. B. [17.3], [17.6] verwiesen. Hier sollen nur einige Beispiele gezeigt werden. Bild 17.33 zeigt flächenhaften Gleitschichtverschleiß infolge Abrasion, d. h. normalen betrieblichen Verschleiß nach Langzeiteinsatz. Es ist kein echter Lagerschaden, allerdings empfiehlt [17.3], dieses Lager auszuwechseln. Bild 17.34 und Bild 17.35 zeigen Pleuellagerschalen aus einem 4-Zylinder-Motorradmotor. Der Motor lief mechanisch unauffällig, die stark erodierte Lagerschalen müssen bei einer Revision aber unbedingt ersetzt werden, weil die Gefahr des Fressens und des Totalausfalls stark ansteigt. Schadensursachen dürften mangelnde Pflege und Sauberkeit sein - im Motor fanden sich nicht unerhebliche Mengen an Abrieb und Stahlspänen. Dies stützt die These von Engel [17.3], dass eine genaue *Schadensanalyse* auch Informationen über die anderen beteiligten Maschinenkomponenten und über die Betriebsbedingungen erfordert. Bild 17.36 zeigt das Schliffbild eines Dreischichtlagers. Weder der darunterliegende Nickeldamm noch die Bleibronze sind geschädigt. Da die Teilchen nicht aus der Oberfläche ragen, sind sie für den weiteren Betrieb unschädlich. Die Gleitschicht ist also ihrer Aufgabe, Fremdkörper einzubetten, vollkommen gerecht geworden. Bild 17.37 zeigt Fresserscheinungen durch Ölmangel. Häufig sind Schäden, die als Ölmangel definiert werden, Folgen von Überhitzung. Das Öl hat wegen der zu hohen Temperaturen seine Schmierfähigkeit verloren. Dies ist der typische Schaden bei Kolbenfressern.

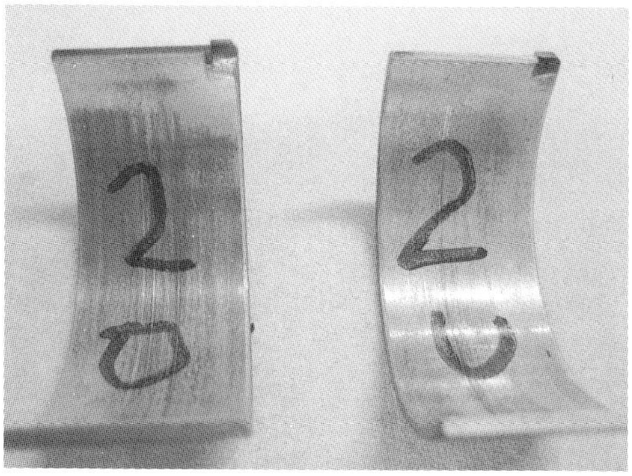

Bild 17.34 Pleuellagersschalen aus einem Motorradmotor, 2. Zylinder. Links: stangenseitige Lagerschale. Riefenbildung durch Fremdkörper, also Abrieb und Schmutz. Gleitschicht teilweise stark beschädigt. Lagerdaten: $d = 36\,\text{mm}$, $n = 8000\,\text{min}^{-1}$, daher Gleitgeschwindigkeit 16 m/s (Honda CB 750 K2).

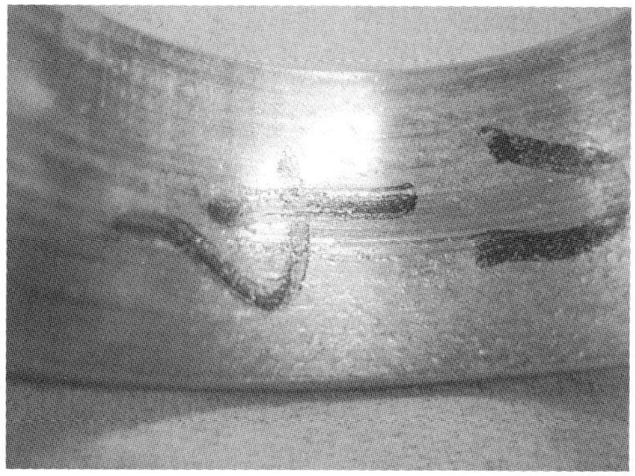

Bild 17.35 Untere Pleuellagersschale aus einem Motorradmotor, 4. Zylinder. Gleitschicht teilweise stark ausgebröckelt und erodiert (Honda CB 750 K2).

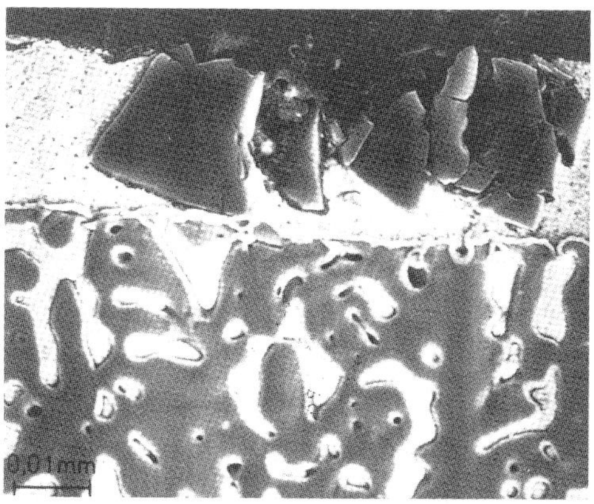

Bild 17.36 Schliffbild eines Dreischichtlagers mit vollkommen in die Gleitschicht eingebetteten Quarzteilchen (= Sand) [17.3]

Bild 17.37 Beginnende Fresserscheinungen in einem Zweischichtlager durch Ölmangel [17.3]

Ermüdungserscheinungen in dynamisch beanspruchten Gleitlagern werden durch Schubspannungen unter der Lauffläche hervorgerufen, wenn die Dauerfestigkeit des Werkstoffs überschritten wird. Auslöser sind der zeitlich veränderliche Schmierfilmdruck als Wechselbeanspruchung und der örtliche Druckgradient. Dabei tritt keine Oberflächenberührung auf, und der Lagerwerkstoff bröckelt wegen interkristallin entstehenden Rissen pflastersteinartig aus. Besonders bei Lagern mit gegossener Weißmetallschicht (z. B. Schiffsdieselmotoren) kann es zu fast senkrecht ins Lagermetall verlaufenden Rissen kommen, weil die Dauerfestigkeit von Weißmetallen nur gering ist. Diese Risse werden an den Stahlstützschalen gestoppt und wandern dann parallel zur Stützschale weiter, bis sie auf andere Risse treffen. Es kommt zur sog. *Pflastersteinbildung*. Treten diese Ermüdungsrisse nur in den dünnen Gleitschichten auf, sind sie wesentlich feiner und erinnern an Fraßspuren des Borkenkäfers. Daher wird dieses Schadensbild *Borkenkäfer* genannt. Abhilfe dagegen sind dünnere Gleit- und Lagerschichten aus ggf. härterem Material, die dann aber wieder nicht so gut Fremdkörper einbetten können. Weitere

Schäden sind Erosionsschäden und Kavitationsschäden, die oft gemeinsam auftreten. Unter *Erosionsschäden* versteht man Materialauswaschungen aus der Lageroberfläche durch sehr feine, im Öl mitgeschwemmte Fremdkörper wie Schmutz, Verbrennungsrückstände und Ruß. *Kavitationsschäden* dagegen entstehen durch örtlich starke Geschwindigkeitserhöhungen, wodurch der Druck bis zum Dampfdruck des Öls absinkt (Bernoulli'sches Gesetz). Kavitationserscheinungen sind z. B. bei Wasserturbinen und Pumpen bekannt. Im Gleitlager bilden sich im Öl Gas- und Dampfblasen, die schlagartig zusammenfallen und damit starke Druckstöße erzeugen, die auf kleinste Bereiche der Oberfläche wirken. Dadurch kommt es zu Werkstoffausbrüchen. Weitere Schäden entstehen durch tribochemische Reaktionen und Korrosion. Es entstehen auch Schäden am Rücken der Stahlstützschale wie z. B. Passungsrost (Näheres siehe [17.6]).

Bild 17.38 Völlig ausgelaufenes Pleuellager aus einem modernen Motorradmotor. Die Ölzufuhr zum Pleuellager war durch eine unsachgemäße Montage – zu viel Flüssigdichtmittel verstopfte den Ölkanal – unterbrochen. Die Lagerschale ist in die Kurbelwellenausrundung regelrecht eingewalzt worden.

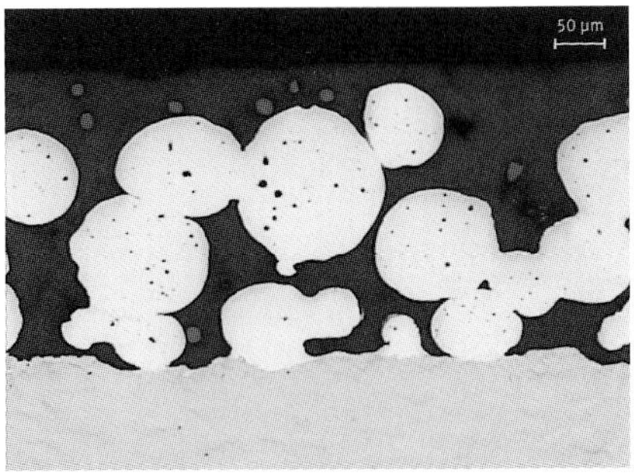

Bild 17.39 Schichtaufbau eines Metall-Kunststoff-Verbundlagers (Werkbild KS Gleitlager)

17

3. Nichtmetallische Lagerstoffe

Sie werden u. a. eingesetzt, wenn

a) nicht mit Öl oder Fett geschmiert werden darf (z. B. in der Textil- und Lebensmittelbranche),

b) erhöhte Korrosionsgefahr besteht,

c) sehr elastische Lagerbuchsen gefragt sind oder

d) Kosten gespart werden sollen.

Hierzu eignen sich **thermoplastische Kunststoffe** (vgl. Tabelle 17.29). Bekannt sind Polyamide (Handelsnamen: Nylon, Perlon, Dralon, Kevlar u. a.), Polyethylen (Plastikbeutel) und Polytetrafluorethylen (Handelsname: Teflon). Diese können jeweils für sich allein, in Kombination oder mit Zusatzstoffen als Gleitlager eingesetzt werden. Kunststoffe haben aber generell zwei schwerwiegende Nachteile: Sie neigen unter Dauerbelastung zum Kriechen und sie haben einen etwa zehnfach höheren Ausdehnungskoeffizienten. Die Laufspiele sind merklich größer als bei Metall-Gleitlagern. Darauf muss der Konstrukteur besonders achten. Der Vorteil, besonders von PTFE, ist die hohe Wärmebeständigkeit von bis zu 300 °C, aber auch sehr tiefe Temperaturen werden vertragen. Der Reibwert ist äußerst gering und kann bis zu 0,01 reichen, sodass man mit sehr wenig oder keiner Schmierung auskommen kann. Für niedrige Gleitgeschwindigkeiten sind Kunststoff-Gleitlager oft besser geeignet als Metall-Gleitlager, die dann im Mischreibungsgebiet bei entsprechendem Verschleiß arbeiten würden. Gleitlager aus **duroplastischen Kunststoffen** (Phenol- oder Epoxidharzen) haben hohe Reibwerte (durch den Kunststoff), müssen daher mit PTFE oder Graphit gefüllt werden. Durch die hohe Sprödigkeit ist eine Verstärkung durch Fasern nötig [17.8]. Bei Trockenlauf und Gleitgeschwindigkeiten unter 1 m/s sind Flächenpressungen bis 1 N/mm^2 möglich, bei entsprechender Schmierung auch mehr. Kunstharz-Pressstofflager, die durch Formpressen hergestellt wurden, sind mit Papier und/oder Textilien gefüllt und können bei guter Schmierung bei Gleitgeschwindigkeiten von 10 m/s Flächenpressungen bis 20 N/mm^2 ermöglichen [17.4]. Auch hier wird der Konstrukteur wieder auf fertige Lagerbuchsen der einschlägigen Hersteller zurückgreifen, z. B. *igus-Polymer-Gleitlager*, die aus thermoplastischen Legierungen, einer Fasermatrix und Festschmierstoffen bestehen.

Die Firma igus bietet fertige Lagerbuchsen aus verschiedenen Materialien an, die sehr bemerkenswerte Eigenschaften aufweisen: So erlaubt das Standardmaterial *iglidur G* Flächenpressungen bis 80 N/mm^2 bei Temperaturen von −40 ... 130 °C bei Rotationsgleitgeschwindigkeiten von 1 m/s und Lineargleitgeschwindigkeiten von 5 m/s, das Material *iglidur X* Flächenpressungen bis 150 N/mm^2 bei Temperaturen von −100 ... 250 °C und Rotationsgleitgeschwindigkeiten von 1,5 m/s sowie Lineargleitgeschwindigkeiten von 6 m/s. **Metall-Kunststoff-Verbundlager** weisen eine poröse Bronze-Gleitschicht auf, die auf einen Stahlrücken gesintert ist. Das Porenvolumen liegt bei 30 %. In diese Poren wird eine Feststoffschmiermasse imprägniert und thermisch behandelt (Bild 17.39). So besteht das Lagermaterial *KS P141* von KS Gleitlager aus Stahl DC04, Dicke 0,7 ... 3,2 mm, CuSn10-Bronze als Gleitschicht, Dicke 0,2 ... 0,35 mm, Porenvolumen 30 %. In den Hohlräumen ist Festschmierstoff auf PTFE-Basis eingebracht, der auch als Einlaufschicht über der Bronze liegt (Schichtdicke 0,005 ... 0,03 mm). Kennwerte: Flächenpressung 250 N/mm^2 bei Temperaturen von −60 ... 260 °C und Gleitgeschwindigkeiten von 2 m/s (Trockenlauf) bzw. 5 m/s (Nasslauf). Ähnliche Lagermaterialien bietet auch Federal-Mogul GLYCO als *GLYCODUR* an.

Keramische Lager aus Oxidkeramik werden in Kesselspeisepumpen und in Pumpen zum Fördern von agressiven Medien verwendet. [17.4] nennt Drücke von 200 N/mm^2 bei 1700 °C für in Gasturbinen als Lager verwendetes heißisostatisch gepresstes Siliziumnitrid.

Holzlager sind wahrscheinlich die ältesten Lager überhaupt, bestehend aus Pockholz oder Eiche. Schmierung mit Wasser.

Kunstkohle ist ein poröser keramischer Werkstoff, der die Wärme besser leitet als die vorgenannten Kunststoffe. Vergleich der Wärmeleitfähigkeiten λ: Stahl 50, Bronze 120, Sinterbronze 46, Sintereisen 26, Graphit 23, Hartkohle 1,7 und thermoplastische Kunststoffe 0,25 W/(m · K). Durch Beimengung von metallischen Gleitwerkstoffen oder von Kunstharz lassen sich die Gleiteigenschaften von Kunstkohle verbessern. Kohle lässt sich mit Wasser schmieren, nicht aber mit Öl oder Fett, da diese mit den Abriebteilchen zu einer festen Paste werden. Die Sprödigkeit der Kohle bedingt eine sorgfältige Rundung aller Kanten. Da die Presssitze der Kohlebuchsen in den Metallgehäusen mit zunehmender Temperatur nachlassen, müssen von vornherein strammere Sitze als bei Metallbuchsen vorgesehen werden. Kunstkohle kann bei extremen Temperaturen bis zu 400 °C eingesetzt werden, allerdings dann ohne Schmierung.

Gummi (Hartgummi) als Naturkautschuk oder synthetischer Kautschuk eignet sich besonders für Wasserschmierung bei Unterwasserlagerungen. Günstig sind die elastische Verformbarkeit und die Unempfindlichkeit gegen Verunreinigungen.

17.5 Wärmewirkungen, Kühlung

Jedes Gleitlager erwärmt sich durch die Reibung an den Gleitflächen mehr oder weniger je nach Größe der Reibzahl und der Gleitgeschwindigkeit.

Lager, die mit niedrigen Gleitgeschwindigkeiten laufen, bedürfen meistens keiner besonderen Kühlung. Die entstandene Reibwärme wird über die Lager- und Gehäuseoberfläche an die umgebende Luft abgeführt. Die Kühlwirkung kann durch oberflächenvergrößernde Rippen am Lagergehäuse wesentlich erhöht werden. Siehe auch Gehäusegleitlager DIN 31693.

Als obere Grenze der **Betriebstemperatur** werden normalerweise **70...100 °C** angesehen. Darüber hinaus muss die Wärme abgeführt werden. Hierfür kann als Träger das bei einer Umlauf-Spülschmierung durchfließende Öl dienen. Für 1 kW Reibleistung sind etwa 2,4 l/min erforderlich, wenn sich das Öl um 15 °C erwärmt. Die eigentliche Wärmeableitung erfolgt im Kühler des Umlaufsystems. Hierzu zeigt Bild 17.40 ein komplettes Ölaggregat. Der Ölbehälter für 40 l ist mit Kühlrippen versehen. Im Bedarfsfall kann in die Druckleitung ein regelbares Luftstrom-Kühlaggregat eingebaut werden (wie nach Bild 17.40). Die Öltemperatur wird dann automatisch geregelt. Als Druckpumpe dient eine Zahnradpumpe.

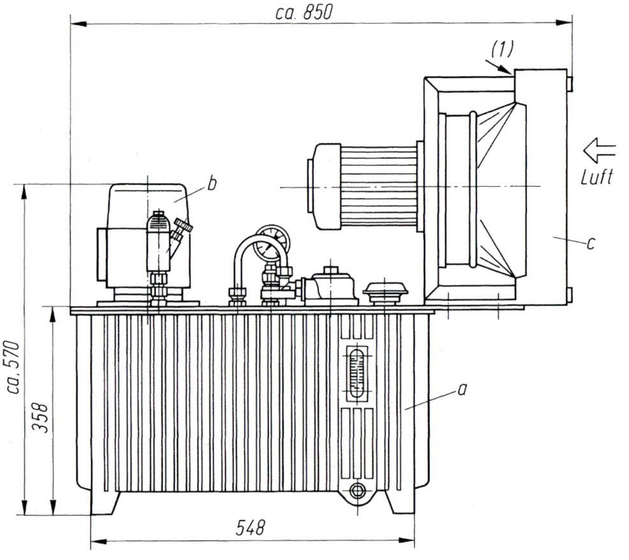

Bild 17.40 Komplettes Ölaggregat
a) Ölbehälter, b) Druckpumpe, c) Kühler, (1) Druckleitungsanschluss

Mit **Wasser** wird im Allgemeinen dort gekühlt, wo nicht nur die Reibwärme abzuführen ist, sondern auch die Wärme von anderen Quellen, z. B. von Heißluftventilatoren. Dazu besitzt der Lagerkörper Kammern, in die das Wasser läuft und das Lager umspült. Zur Abführung von 1 kW Reibleistung ist etwa 1 l/min erforderlich, wenn sich das Wasser um 15 °C erwärmt. Das abfließende Wasser wird meistens nicht wiederverwendet.

Auch durch einen **Luftstrom** kann mittels eines Ventilators oder durch den Fahrwind eines Fahrzeugs gekühlt werden, z. B. Achslager. Es ist zu berücksichtigen, dass heiße Lager in kühlen Gehäusen an ihrer Dehnung behindert werden.

Ferner ist eine **Wärmeableitung durch die Welle** möglich, wenn die Welle weit genug über das Lager hinaussteht, um von der Kühlluft umspült zu werden. Zur Erhöhung der Kühlwirkung werden dann auch mitrotierende Aluminiumscheiben aufgezogen, die jedoch nicht weiter als $4d$ vom Lagerende entfernt sein dürfen, um noch genügend zur Wärmeableitung beizutragen.

Die im Lager entwickelte Reibwärme dehnt die Teile nicht nur radial, sondern auch axial. Wird eine Welle durch zwei Anlaufflächen (Bunde an Buchsen) axial geführt (Bild 17.41), so muss konstruktiv dafür gesorgt werden, dass die Dehnungen das axiale Spiel vergrößern. Wenn möglich, ist das axiale Spiel so groß auszuführen, dass sich auch bei verkleinertem Spiel die Welle nicht festklemmen kann.

Wichtige Lager werden mit **elektronischen Thermofühlern** überwacht, die bei Betriebsstörungen (Überhitzung) die Abschaltung der Anlage herbeiführen.

Über Begriffe, Merkmale und Ursachen von Veränderungen und Schäden an Gleitlagern gibt DIN 31661 Auskunft.

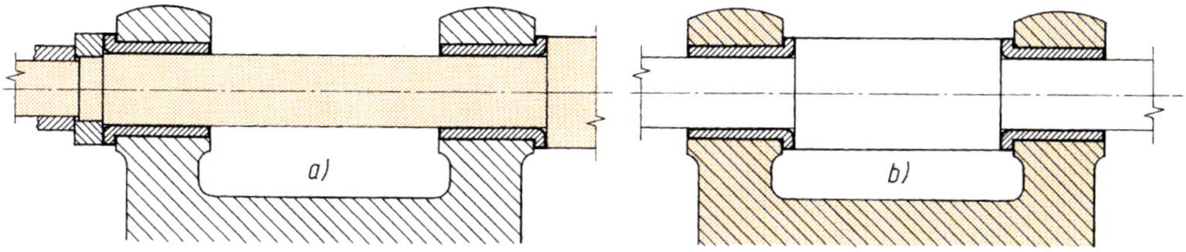

Bild 17.41 Anordnung von Bundbuchsen bei axialer Wellenfixierung
a) Welle wärmer, b) Lagergehäuse wärmer

17.6 Gestaltung der Radiallager

Bei hohen Flächenpressungen, wie sie bei hydrodynamischer Schmierung örtlich auftreten, sind dichte und porenfreie Gleitwerkstoffe Voraussetzung. Lässt sich die Welle durch seitliches Einschieben montieren, so sind ungeteilte Lager mit **Massivbuchsen** nach DIN ISO 4379 das Gegebene (Bild 17.42a und b, Tabelle 17.9), für Schienenfahrzeuge als Einpressbuchsen oder Aufpressbuchsen nach DIN 1552. Aus kaltgewalzten Bändern **gerollte Buchsen** DIN ISO 3547 (entsprechend Form G nach Bild 17.42c) werden in der Serienfertigung bevorzugt. All diese Buchsen bestehen z. B. aus Bronze oder Kunststoff oder aus Stahl mit einer Laufschicht aus Blei- oder Zinnlegierung oder Bleibronze und werden mit Schmiernuten oder -taschen für Flüssig- oder Feststoffschmierung ausgestattet (siehe hierzu auch Abschnitt 17.10). Dicker als die gerollten Buchsen sind die **Einspannbuchsen** DIN 1498 (Bild 17.42c) in der Regel aus auf 43...49 HRC vergütetem Federstahl 51Si7, die besonders bei rauem Betrieb ohne ausreichende Schmierung geeignet sind (z. B. in Baggeranlagen), wenn grobe Passungen und verschleißmildernde große Spiele gewählt werden können. Der Schlitz darf nicht in der Belastungszone liegen. Als Zapfenwerkstoff wird C45 oberflächengehärtet empfohlen. Die Werkstoffwahl richtet sich jedoch danach, welches der Gleitteile verschleißen soll. Analog zu den Einspannbuchsen gibt es auch **Aufspannbuchsen** DIN 1499 nach Bild 17.42c, die auf die Zapfen gepresst werden. Die Zapfen laufen dann nicht um. Wegen des geringen Bearbeitungsaufwandes erreicht man mit allen diesen Buchsen eine einfache Konstruktion, weil sie in die Maschinengehäuse, Rahmen oder Gestelle eingepresst werden und mit diesen eine Einheit bilden (siehe Bild 17.42a und b) bzw. auf die Zapfen gepresst werden. Für die Zuführung des Schmierstoffs muss in der beschriebenen Weise gesorgt werden.

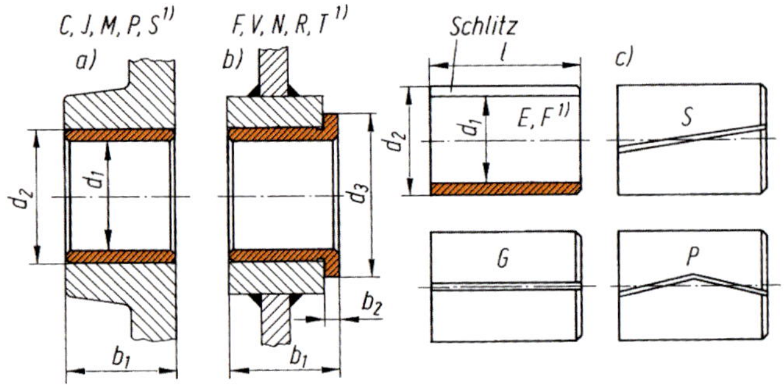

1) Die Formen unterscheiden sich voneinander in den Fasen, Passungen und Oberflächengüten.

Bild 17.42 Lagerbuchsen
a) ohne Bund, Form C (DIN ISO 4379-1) für Kupferlegierungen DIN ISO 4382-1 oder 4382-2, Form J (DIN 1850-3) für Sintermetall, M (DIN 1850-4) für Kunstkohle, P (DIN 1850-5) für Duroplast, S (DIN 1850-6) für Thermoplast
b) mit Bund, Form F Norm und Werkstoff wie C, V wie J, N wie M, R wie P, T wie S
c) Einspannbuchsen (DIN 1498) und Aufspannbuchsen (DIN 1499), Formen G, P und S bis auf Schlitze wie die Grundformen E und F

Müssen auch geringe, nicht definierbare Axialkräfte aufgenommen werden, um die Welle axial zu führen, so werden **Bundbuchsen** vorgesehen (siehe Bild 17.41). Der Bund darf nicht mit eingepresst werden, da er die Wärmedehnung behindern würde (Bild 17.43).

Die Buchsen (Bild 17.42a und b) können mit Schmierlöchern, Längs- oder Ringnuten oder Schmiertaschen geliefert werden. Für Fett- oder Ölhandschmierung sind auch **Schrauben-**, **8er-** und **Ovalnuten** geeignet (Bild 17.44). Durch ihre Anordnung verteilt sich das Schmiermittel über die gesamte Gleitfläche. Bei hydrodynamischer Ölschmierung sind sie jedoch ungeeignet, weil sie den Schmierfilm unterbrechen würden.

Buchsen aus Sintermetall (Sinterbronze, Sintereisen) für geringe Belastungen und geringe Gleitgeschwindigkeiten benötigen keine Schmiernuten, da sie das Öl in ihren Poren beherbergen. Sie werden vor der Montage mit heißem Öl getränkt. Ihre Abmessungen siehe DIN 1850-3, für Elektro-Klein- und -Kleinstmotoren DIN 1495. Die Letzten sind gegen Wälzlager austauschbar.

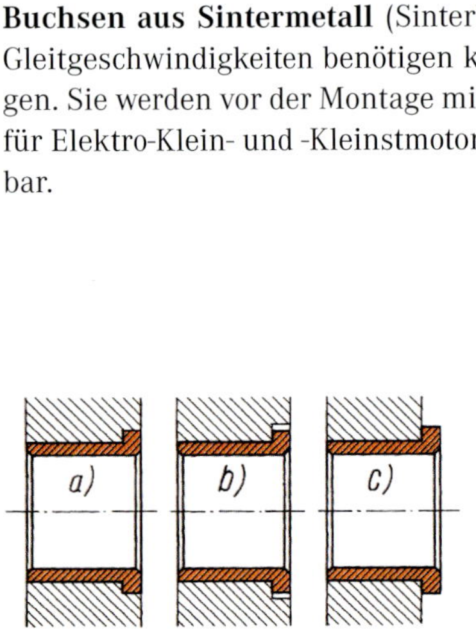

Bild 17.43 Eingepresste Bundbuchsen
a) falsch, b) richtig, c) richtig und billiger als b

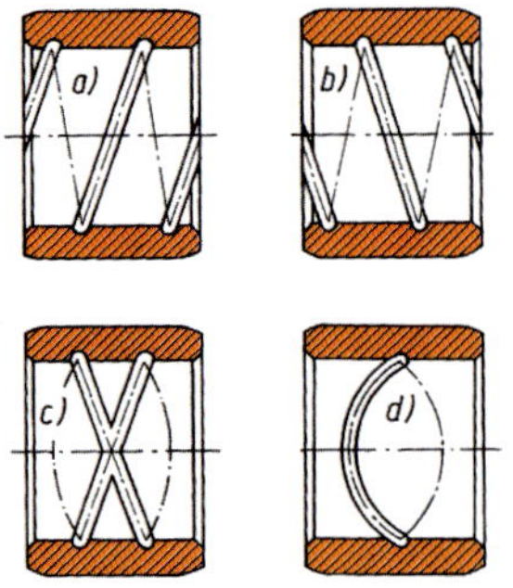

Bild 17.44 Schmiernuten
a) Schraubennut mit Nutwindung rechts,
b) Nutwindung links, c) 8er-Nut, d) Ovalnut.
Alle sind für Kupferlegierungen geeignet,
a) und b) auch für Kunstkohle, c) und d) auch für Duroplaste und Thermoplaste.

Gleitlager werden auch als selbstständige Baueinheiten ausgeführt, z. B. als **Augenlager** nach Bild 17.45a oder **Flanschlager** nach Bild 17.45b. Diese Lager lassen sich in beliebiger Lage anbauen. Sie können auch auf Sohlplatten DIN 189 montiert werden.

Wenn ein seitliches Einschieben der Welle nicht möglich ist, müssen die Lager geteilt werden. Die Teilfuge sollte möglichst senkrecht zur Belastungskraft stehen, diese wiederum auf den Lagerfuß gerichtet sein. **Geteilte Lager** bestehen aus einem Lagerkörper als Unterteil und einem Deckel als Oberteil, die je mit einer Lagerhalbschale ausgestattet sind (Bild 17.46). Der Lagerkörper muss starr und kräftig (schwingungssteif) ausgebildet sein. Der Lagerdeckel darf sich beim Anziehen der Schrauben (günstig Taillenschrauben) nicht merklich verziehen. Das gilt sinngemäß auch für geteilte Maschinen- oder Getriebegehäuse, die Gleitlager enthalten. Das Lager nach Bild 17.46 ist ein **Deckel-Stehlager**. Zur gegenseitigen Fixierung besitzen Lagerkörper und Lagerdeckel eine Zentrierstufe oder werden mit Passstiften zentriert, wie das bei Maschinen- und Getriebegehäusen für Unter- und Oberteil üblich ist. Buchsen für Gleitlager nach DIN 502 bis 504 sind mit DIN 8221 genormt. **Gehäusegleitlager**, das sind ebenfalls Deckel-Stehlager (vorwiegend für den Elektromaschinenbau), bestehend aus Gehäuse, Lagerschalen, Schmierringen, Dichtungen und Abschlussdeckeln, siehe DIN 31690.

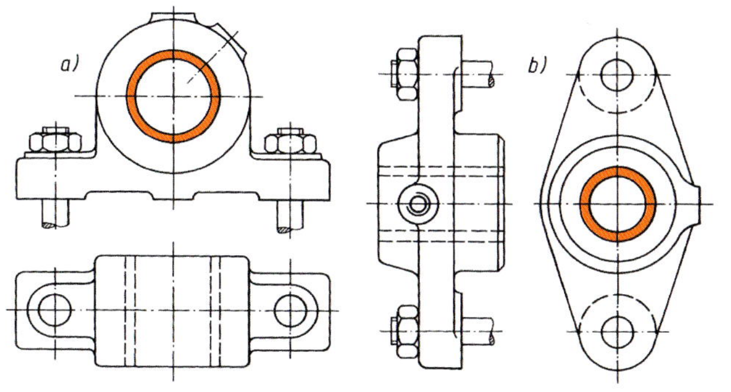

Bild 17.45 Augen- und Flanschlager
a) Augenlager DIN 504 für Staufferschmierung (Form A mit Lagerbuchse, Form B ohne),
b) Flanschlager DIN 502 für Staufferschmierung (Form A mit Lagerbuchse, Form B ohne)

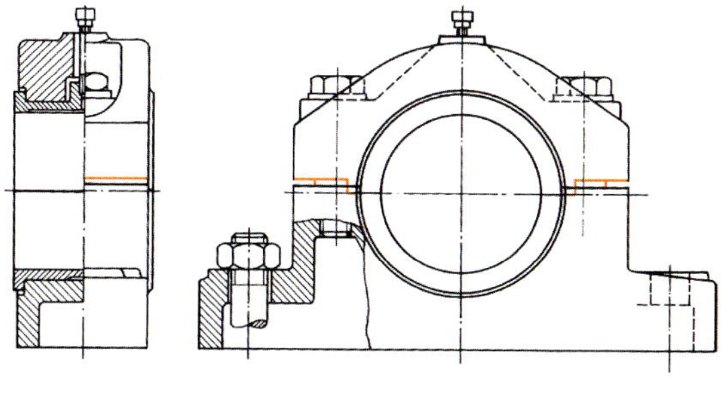

Bild 17.46
Deckel-Stehlager nach DIN 505

Gelenklager können sich auf eine geneigte Welle einstellen (sich dieser anpassen). Sie werden besonders dort eingesetzt, wo während des Betriebes Gelenkbewegungen ausgeführt werden müssen. Wegen der kugeligen Lauffläche ist der Außenring bei großen Lagern axial oder radial geteilt, damit sich das Lager leicht einbauen lässt.

Sehr hohe Anforderungen werden an **Gleitlager für Verbrennungsmotoren** gestellt. Heute werden in Viertaktmotoren – von wenigen Ausnahmen bei Einzylindermotoren abgesehen – ausschließlich teilbare Gleitlager verwendet. Diese Teilbarkeit ist neben der Laufruhe der Hauptvorteil von Gleitlagern, besonders bei Mehrzylindermotoren, weil Kurbelwellen aus Festigkeits- und Steifigkeitsgründen bevorzugt einteilig geschmiedet oder (besonders in den USA) auch gegossen werden. Nicht teilbare Wälzlager würden mehrteilige verpresste oder verschraubte Kurbelwellen erfordern, die früher bei Flugmotoren (z. B. der Sternmotor BMW 801) und bis in die 1980er-Jahre auch bei manchen Motorradmotoren eingesetzt wurden. Radial teilbare Wälzlager als Alternative haben sich nicht sonderlich bewährt.

Bild 17.47 zeigt den Kurbeltrieb eines 4-Zylinder-Viertakt-Motorradmotors. Alle neun Gleitlager, d. h. fünf Kurbelwellenlager und vier Pleuellager, sind teilbar und als Mehrstofflagerschalen ausgeführt. Haltenasen **(11)** (vgl. auch Bild 17.29 und Bild 17.48) greifen in entsprechende Ausfräsungen der Lagersitze **(10)**, um die Lagerschalen am axialen Wandern zu hindern. Die Verschraubung erfolgt generell mit (meist ungenormten Spezial-)Dehnschrauben **(3)**, die bei jeder Revision erneuert werden müssen, weil sie enorme Wechsellasten aus den Gas- und besonders den Massenkräften ertragen müssen. Schraubenqualität ist mindestens 10.9, 12.9 und 14.9 sind nicht selten. Die Aufnahmebohrungen der Lagerschalen werden feinbearbeitet und gehont, damit sie möglichst rund und zylindrisch sind. Formabweichungen (selbst kleine Partikel zwischen Aufnahme und Lagerschale stören bereits) würden sich sofort auf die dünnen Lagerschalen übertragen. Die Lagerschalen selbst sitzen mit Vorspannung in den Bohrungen, damit sich nach Verschrauben ein genau definierter Presssitz einstellt (Bild 17.48). Die Lagerstühle in den Zylinderkurbelgehäusen sind ggf. seitenelastisch (Bild 17.23). Damit können keine Kantenträger auftreten, weil die Durchbiegungen von Kurbelwellen besonders bei Volllast durchaus erheblich sind. Es wird auf die Spezialliteratur [17.6] verwiesen. Ferner ist zu beachten, dass wegen der sehr engen Toleranzen des Lagerspiels Kurbelwelle (oder Pleuel), Lagerschale und Lagerstuhl eine Toleranzkette bilden: Je nach wirklichen Maßen von Lagerzapfen und Lagerbohrung müssen die passenden Lagerschalen eingebaut werden (Bild 17.50 und Tabelle 17.30). Dabei werden die entsprechenden Realmaße bereits im Werk mit entsprechenden Schlüsseln (Buchstaben, Ziffern, Farben) auf den Bauteilen vermerkt (Bild 17.50).

Es sei noch die Schmierung der Pleuellager in Bild 17.48 näher erläutert: Die Kurbelwellenlagerschalen (6 in Bild 17.47) erhalten das Drucköl über Bohrungen. Da die Lager in der Mitte eine umlaufende Nut haben (es sind also in Wirklichkeit zwei Gleitlager nebeneinander; so werden sie auch berechnet – vgl. auch Bild 17.51), kann damit Öl *in die Kurbelwelle* geleitet werden. Bohrungen **(8)** in der Kurbelwelle nehmen dieses Öl auf und leiten es durch schräge Bohrungen in der Kurbelwelle, die zu den Pleuellagerzapfen führen, welche umlaufen und daher nicht von außen aus dem Kurbelgehäuse mit Öl versorgt werden können. Diese schrägen Ölversorgungsbohrungen werden an ihren Enden mit Stopfen **(9)** verschlossen.

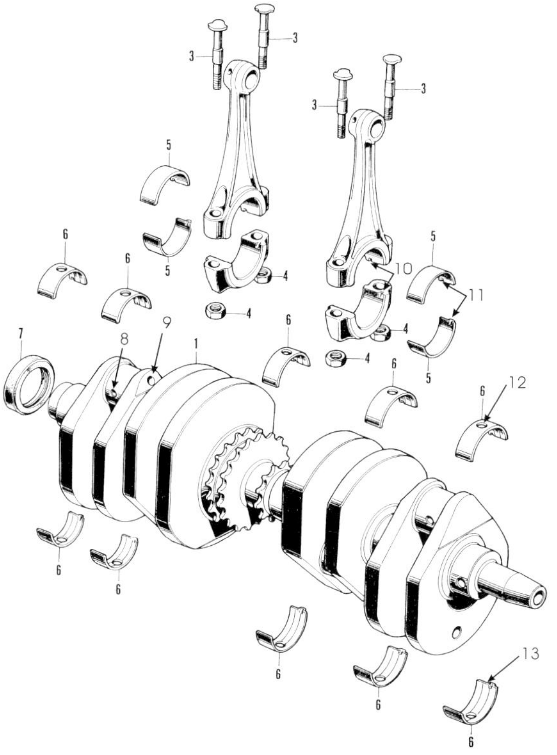

Bild 17.47
Explosionsdarstellung des Kurbeltriebs eines 4-Zylinder-Viertakt-Motorradmotors 3 Dehnschrauben, 5 Pleuellagerschalen, 6 Kurbelwellenschalen, 8 Bohrungen in der Kurbelwelle, 9 Stopfen, 10 Lagersitze, 11 Haltenasen (Werkbild Honda Motor, modifiziert)

Bild 17.48 Die Lagerschalen sitzen mit Vorspannung in den Aufnahmebohrungen (die ihrerseits feinbearbeitet und gehont sind). Die Farbmarkierung auf der Seite der Pleuellagerschale verweist auf die Toleranzklasse.

Bild 17.49 Vollständig rollengelagerte Kurbelwelle (fünf Hauptlager, vier Pleuellager) eines älteren 4-Zylinder-Viertakt-Motorradmotors (Kawasaki Z 1000, 1978)

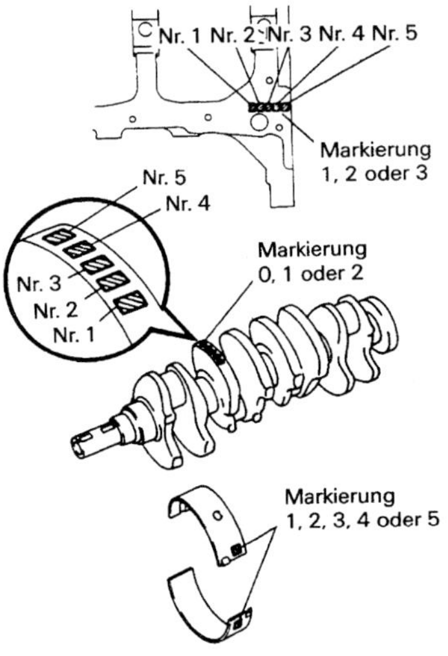

Bild 17.50 An diesen Stellen sind die jeweiligen Realmaße der Bohrungen und Zapfen vom Herstellerwerk (vgl. Tabelle 17.30) kodiert vermerkt; andere Hersteller machen das sinngemäß (Werkbild Toyota Motor).

Bild 17.51 Kurbelwellengleitlager. Die umlaufende Mittennut sorgt für die Ölversorgung der Pleuellager (KS Gleitlager).

Besonders im Automotive-Bereich werden sehr viele **wartungsfreie Gleitlager** eingesetzt. Eine Nachschmierung aller möglichen Gelenke bei den Inspektionen erübrigt sich. Bei Gleitlagern für Scharniere an Türen, Heckklappen, Motorhauben, Sitzverstellungen, aber auch bei Scheibenwischermechanismen und Riemenspannsystemen für Zahn- und Poly-V-Riemen wird heute von der Lebensdauerschmierung ausgegangen. Bild 17.52 zeigt eine mögliche Anwendung.

Besonders Turbinenlager werden als Mehrflächengleitlager – und zwar als sog. **Kippsegmentlager** – ausgeführt (Wellendurchmesser bis 900 mm; Umfangsgeschwindigkeiten bis 135 m/s; z. B. Turbinendrehzahl 3000 min^{-1}, d. h., $u = r \cdot \omega = r \cdot 2\pi \cdot n = 0{,}45 \cdot 2\pi \cdot 3000 / 60\,\text{m/s} = 141\,\text{m/s}$). Durch die Einstellbarkeit der Kippsegmente sind geringere Laufspiele und größere Wellenschiefstellungen möglich. In Bild 17.53 trägt das untere, größere Kippsegment das Eigengewicht des Läufers, während die beiden kleineren Segmente zur Stabilisierung beitragen. Dieses Lager erhält während des An- und Auslaufens des Läufers eine hydrostatische Hilfe. Näheres in [17.5].

Bild 17.52
Lagerschale eines größeren Dieselmotors der MAN, Durchmesser 320 mm

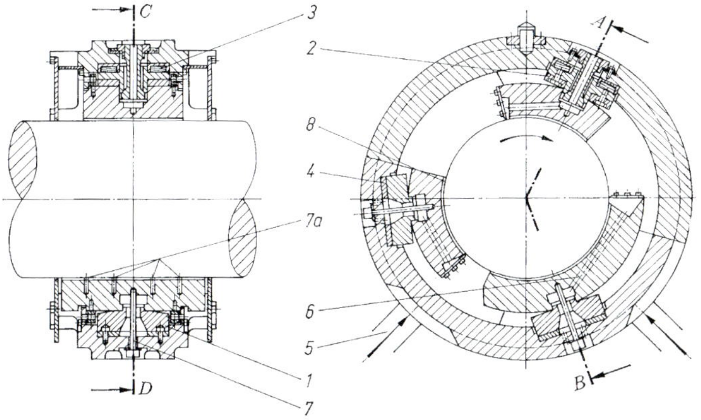

Bild 17.53 Schweres Radial-Kippsegmentlager für Dampfturbinen
(Werkbild Brown, Boveri & Cie (BBC), Baden, heute ABB)
2 Beilagen zum Lagerspieleinstellen, 3 Tellerfedern zum Andrücken des Segments, 4 Beilage für Lagekorrektur der Welle, 5 und 6 Ölzufuhr, 7a hydrostatische An- und Auslaufhilfe, 8 Kippsegmente

17.7 Berechnung der hydrodynamisch geschmierten Radiallager

Alle nachfolgend erläuterten Berechnungsgleichungen beziehen sich auf Einflächenlager. Bei Mehrflächenlagern mit ihren verschiedenen Staufeldern und Kraftwirkungen sind die Verhältnisse so kompliziert, dass sie hier nicht behandelt werden können. Bereits bei Zweiflächenlagern (Lager mit Zitronenspiel) ergibt sich ein aufwendiger Rechnungsgang (siehe hierzu auch die Richtlinie VDI 2204, *Auslegung von Gleitlagern*). Für die Berechnung von Radial-Gleitlagern im stationären Betrieb liegen mehrere Normen vor, und zwar für hydrostatische ölgeschmierte Lager ohne Zwischennuten DIN 31655, mit Zwischennuten DIN 31656, für hydrodynamische Lager als Mehrflächen- und Kippsegmentlager DIN 31657, als Kreiszylinderlager DIN 31652. Die Berechnungen dieses Abschnitts erfolgen nach DIN 31652.

Bei der DIN 31652, Teile 1 bis 3, ist zu beachten, dass zum Zeitpunkt der Drucklegung dieses Buches parallel ein überarbeiteter Normentwurf existierte. Die eigentliche Basisliteratur sind nach wie vor *Vogelpohl* [17.11] und *Lang/Steinhilper* [17.5].

1. Spezifische Belastung und Reibleistung

Durch die Belastungskraft F werden die Gleitflächen gepresst. Man rechnet mit der mittleren Flächenpressung, der **spezifischen Lagerbelastung** $\overline{p}$, als Verhältnis der Belastungskraft F zur senkrechten Projektion $B \cdot D$ der gedrückten Fläche (Bild 17.54):

$$\text{spezifische Lagerbelastung} \quad \overline{p} = \frac{F}{D \cdot B} \qquad (17.1)$$

$\overline{p}$ in N/mm² spezifische Lagerbelastung = mittlere Flächenpressung p_m,
F in N Belastungskraft,
D in mm Lagernenndurchmesser,
B in mm Lagerbreite.

Die Zapfenoberfläche bewegt sich in der Lagerbuchse oder -schale mit der

Gleitgeschwindigkeit $u = d \cdot \pi \cdot n$ (17.2)

Winkelgeschwindigkeit $\omega = 2\pi \cdot n$ (17.3)

u	in m/s	Gleitgeschwindigkeit,
ω	in rad/s	Winkelgeschwindigkeit,
d	in m	Zapfennenndurchmesser,
n	in s^{-1}	Betriebsdrehzahl.

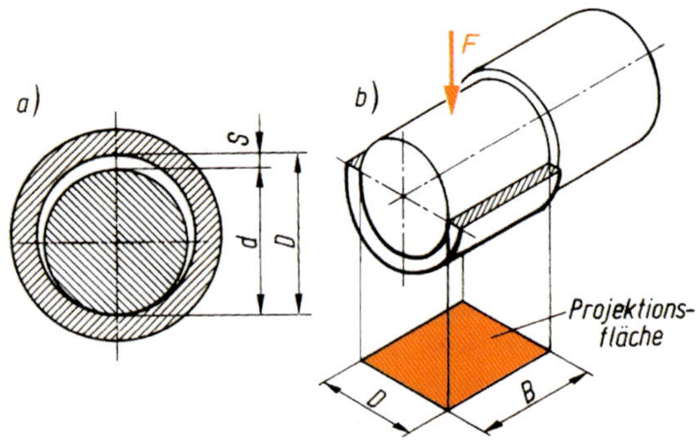

Bild 17.54 Prinzip des Radial-Gleitlagers
a) absolutes Lagerspiel, b) belastete Projektionsfläche

In Tabelle 17.11 sind Anhaltswerte für zulässige Gleitgeschwindigkeiten u und spezifische Lagerbelastungen $\overline{p}$ und in Tabelle 17.12 Richtwerte für $\overline{p}$ hydrodynamischer Lager angegeben. Zapfen und Lager haben allgemein gleiche Nenndurchmesser.

17

Unter der **relativen Lagerbreite** B/D versteht man das Verhältnis der Lagerbreite B zum Lagernenndurchmesser D (siehe hierzu Bild 17.54). Versuche und Berechnungen erwiesen, dass Kurzgleitlager mit $B/D < 1$ relativ tragfähiger als Langgleitlager mit $B/D > 1$ sind. Eine optimale Tragfähigkeit wird im Bereich $B/D \approx 0{,}3 \ldots 0{,}7$ erreicht. Im Allgemeinen wird $B/D = 0{,}5 \ldots 1{,}5$ ausgeführt, bei Gleitlagern für Verbrennungsmotoren sind Verhältnisse $B/D \approx 0{,}2$ nicht selten (vgl Bild 17.54). Allein schon wegen der Gefahr von Kantenpressungen sind Langgleitlager zu vermeiden.

Beim **Einpressen von Buchsen** verringert sich deren Bohrungsdurchmesser, sodass für diesen E7 vorzuschreiben ist, um H7 zu erhalten (wie bei den Buchsen nach Tabelle 17.9), oder das obere Abmaß der Welle ist entsprechend herabzusetzen.

Durch die Erwärmung dehnen sich Zapfen, Lagerbuchse oder -schale und das Lagergehäuse. Wegen der unterschiedlichen Temperaturen und Wärmedehnungen der einzelnen Teile kann es je nach den Längenausdehnungskoeffizienten zur Vergrößerung oder Verringerung des Lagerspiels kommen.

Die Reibung der Gleitflächen führt zu einem Leistungsverlust, der sich in Wärme umsetzt:

Reibleistung $P_f = F \cdot \mu \cdot u$ (17.4)

P_f	in W	Reibleistung (Reibleistungsverlust) = abzuführender Wärmestrom P_0,
F	in N	Belastungskraft,
μ		Reibwert, Erfahrungswerte siehe Tabelle 17.13,
u	in m/s	Gleitgeschwindigkeit nach Formel 17.2.

2. Wärmeabführung durch Konvektion

Einfache Gleitlager (z. B. mit Fett- oder Tropfölschmierung) und Gleitlager mit druckloser Umlaufschmierung (Ringschmierung) führen den durch Reibung entstehenden Wärmestrom ausschließlich durch **Konvektion** ab, d. h. durch Wärmeleitung über Lagerschale und Gehäuse von der Oberfläche des Gehäuses an die umgebende Luft und über die Welle.

Umlaufgeschmierte Lager mit Ölzuführung unter Druck (druckölgeschmierte Lager) führen nur einen kleinen Teil des Wärmestroms durch Konvektion ab, den Hauptteil über das abfließende Öl. Praktisch ist je nach Schmierungsart eine der beiden Abfuhrarten (durch Konvektion oder durch Öl) dominierend. Durch die Vernachlässigung der jeweils anderen Abfuhrart ergibt sich bei der Auslegung des Lagers eine zusätzliche Sicherheit.

Die komplexen Vorgänge bei der **Wärmeabführung durch Konvektion** werden zusammengefasst [17.11], und es errechnet sich der

Wärmestrom über Gehäuse und Welle an die Umgebung $P_A = k \cdot A\left(t_B - t_a\right)$ (17.5)

P_A	in W	Wärmestrom, bei ausschließlicher Konvektion drucklos geschmierter Lager $= P_f$ nach Formel 17.4,
k	in W/(m² · K)	Wärmeübergangszahl zwischen der Oberfläche A des Lagergehäuses und der Umgebungsluft $= 15\ldots20\,\mathrm{W}/\left(\mathrm{m}^2\cdot\mathrm{K}\right)$ bei leicht bewegter Luft im Normalfall, sonst nach Formel 17.6,
A	in m²	wärmeabgebende Oberfläche des Lagergehäuses, ggf. nach Formel 17.7 bis Formel 17.9,
t_B	in °C	Temperatur an den Gleitflächen (Lagertemperatur) des betriebswarmen Lagers, die in der Regel 70 ... 100 °C nicht überschreiten soll,
t_a	in °C	Temperatur der umgebenden Luft (Umgebungstemperatur), im Normalfall $= 20\,°\mathrm{C}$.

Bei Anblasung des Lagergehäuses mit Luft bei $w_a > 1{,}2$ m/s ist die

Wärmeübergangszahl $k \approx 7 + 12\sqrt{w_a}$ in $W/\left(m^2 \cdot K\right)$ (17.6)

wenn die Luftgeschwindigkeit w_a in m/s eingesetzt wird.

Falls die wärmeabgebende Oberfläche A des Lagergehäuses nicht genau bekannt ist, kann nach DIN 31652-1 näherungsweise eingesetzt werden:

bei zylindrischen Gehäusen $A = \frac{\pi}{2}\left(D_H^2 - D^2\right) + \pi \cdot D_H \cdot B_H$ (17.7)

bei Stehlagern $A = \pi \cdot H\left(B_H + H/2\right)$ (17.8)

bei Lagern im Maschinenverband (z.B. in Werkzeugmaschinen) $A = \left(15\ldots20\right) D \cdot B$ (17.9)

B_H	in m	Gehäusebreite in Achsrichtung,
D_H	in m	Gehäuseaußendurchmesser,
H	in m	Stehlagergesamthöhe.

Beispiel 17.1

Ein fettgeschmiertes Radiallager in einem Maschinenverband (Werkzeugmaschine) mit einer Buchse ISO 4379 – 60 × 75 × 60 ($d_1 \times d_2 \times b_1$ nach Tabelle 17.9) aus GZ-CuSn7Zn4Pb7-C (Rotguss) nach Tabelle 17.6 wird bei $n = 300\,\mathrm{min}^{-1} = 5\,\mathrm{s}^{-1}$ mit $F = 1\,\mathrm{kN}$ belastet. Sind spezifische Lagerbelastung und Gleitgeschwindigkeit zulässig? Welche ISO-Passung ist zu wählen? Ist die Lagertemperatur zulässig, und welches Schmierfett ist geeignet?

17

Lösung:

1. Spezifische Lagerbelastung $\overline{p}$

Nach Formel 17.1 ist

$$\overline{p}=\frac{F}{D\cdot B}=\frac{1000\,\text{N}}{60\,\text{mm}\cdot 60\,\text{mm}}\approx 0{,}28\,\text{N/mm}^2<0{,}6\,\text{N/mm}^2 \text{ nach Tabelle 17.11, zulässig}$$

2. Gleitgeschwindigkeit u

Nach Formel 17.2 beträgt

$$u=d\cdot\pi\cdot n=0{,}06\,\text{m}\cdot\pi\cdot 5\,\text{s}^{-1}\approx 0{,}94\,\text{m/s} \text{ nach Tabelle 17.11, zulässig}$$

3. ISO-Passung

Nach Tabelle 2.9 kommt 60 F8/h6 in Betracht. Wegen des Einpressens ist 60 D8/h6 zu wählen, um F8/h6 zu erhalten.

4. Lagertemperatur t_B und Schmierfett

Mit $\mu\approx 0{,}08$ (Mittelwert aus Tabelle 17.13) ist nach Formel 17.4:

$$P_f=F\cdot\mu\cdot u=1000\,\text{N}\cdot 0{,}08\cdot 0{,}94\,\text{m/s}\approx 75\,\text{W}$$

Oberfläche des Lagergehäuses nach Formel 17.9 mit einem mittleren Faktor 18:

$$A\approx 18\,D\cdot B=18\cdot 0{,}06\,\text{m}\cdot 0{,}06\,\text{m}\approx 0{,}065\,\text{m}^2$$

Nimmt man $k\approx 18\,\text{W}/(\text{m}^2\cdot\text{K})$ an, so ergibt sich aus Formel 17.5 mit $P_A=P_f$

$$t_B=\frac{P_A}{k\cdot A}+t_a=\frac{75\,\text{W}\cdot\text{m}^2\cdot\text{K}}{18\,\text{W}\cdot 0{,}065\,\text{m}^2}+20\,°\text{C}\approx 84\,°\text{C}$$

die nach der Legende zu Formel 17.5 zulässig ist. Für diese Temperatur ist ein entsprechendes Schmierfett zu wählen. Nach Abschnitt 16.4 wäre u.a. das Schmierfett KPH (bis 100 °C) geeignet.

5. Schlussbemerkung

Bei höherer Belastung und/oder höherer Gleitgeschwindigkeit würde die Lagertemperatur zu hoch, und es müsste ein Ölumlauf-Druckschmierung gewählt oder das Maschinengehäuse mit Kühlrippen versehen werden. ■

17

3. Wärmeabführung durch den Schmierstoff

Im Fall einer Druckumlaufschmierung oder einer Wasserkühlung wird ein Wärmestrom P_Q vom abfließenden Schmieröl bzw. Wasser abgeführt, der nur dann gleich der Reibleistung P_f anzunehmen ist, wenn die Konvektion nicht berücksichtigt wird. Es ist der

Wärmestrom über das Schmieröl bzw. das Kühlwasser $P_Q=\varrho\cdot c\cdot Q(t_2-t_1)$ (17.10)

P_Q	in W	Wärmestrom über das Schmieröl bzw. Kühlwasser,
ϱ	in kg/m³	Dichte des Schmieröls ≈ 900 kg/m³, des Kühlwassers = 1000 kg/m³,
c	in J/(kg · K)	spezifische Wärme des Schmieröls ≈ 2000 J/(kg · K), des Wassers ≈ 4200 J/(kg · K),
$\varrho\cdot c$	in J/(m³ · K)	volumenspezifische Wärme des Schmieröls ≈ 1,8 · 10⁶ J/(m³ · K), des Kühlwassers ≈ 4,2 · 10⁶ J/(m³ · K),
Q	in m³/s	Schmieröldurchsatz (siehe unter 5.) bzw. Kühlwasserdurchsatz,
t_2	in °C	Austrittstemperatur des Schmieröls bzw. Wassers,
t_1	in °C	Eintrittstemperatur des Schmieröls bzw. Wassers, in der Regel wird in beiden Fällen von $t_2-t_1=20\,\text{K}$ ausgegangen.

Als effektive **Schmierfilmtemperatur** t_{eff} der hydrodynamischen Lager ist näherungsweise der Mittelwert aus t_2 und t_1 des Schmieröls anzunehmen, also $t_{eff} = t_B = 0{,}5(t_2 + t_1)$ mit t_B als Betriebstemperatur des Lagers.

4. Lagerspiel

Unter dem **absoluten Lagerspiel *S*** versteht man die Differenz zwischen Bohrungs- und Zapfendurchmesser (siehe Bild 17.54). Das auf eine Längeneinheit des Lagernenndurchmessers D (ohne Abmaße) bezogene Lagerspiel heißt **relatives Lagerspiel** $\psi = S / D$. Da die Spielpassung zwischen einem Größtspiel und einem Kleinstspiel schwanken kann, rechnet man mit einem **mittleren relativen Lagerspiel** ψ_m. Für verschiedene mittlere relative Lagerspiele sind die Abmaße der Welle und die absoluten Spiele in Tabelle 17.10 nach DIN 31698 aufgeführt.

Das Lagerspiel ist von großem Einfluss auf das Betriebsverhalten eines Gleitlagers. In der Praxis hat sich nach [17.11] und DIN 31652 für **hydrodynamische Schmierung** bewährt

mittleres relatives Lagerspiel $\psi_m \approx 0{,}8\sqrt[4]{u}$ in ‰ (17.11)

wenn die Gleitgeschwindigkeit u in m/s eingesetzt wird.

Für schnellerlaufende und ölgeschmierte Gleitlager liegt ψ bei 1 ~ 2,5 ‰, und für Verbrennungsmotoren ist 0,5 ~ 1 ‰ ein guter Wert (vgl. Bild 17.55 und Tabelle 17.10).

Sofern sich die Längenausdehnungskoeffizienten α_S der Welle und α_B des Lagers nicht unterscheiden, ist das Warmspiel gleich dem Kaltspiel. Anderenfalls gilt:

thermische Änderung des relativen Lagerspiels $\Delta\psi = (\alpha_B - \alpha_S)\cdot(t_B - 20\,°C)$ (17.12)

α_B	in K^{-1}	Längenausdehnungskoeffizient des Lagers (Lagerschale und Gehäuse),
α_S	in K^{-1}	Längenausdehnungskoeffizient der Welle,
t_B	in °C	Lagertemperatur (Betriebstemperatur).

Für Längenausdehnungskoeffizienten verschiedener Werkstoffe siehe Tabelle 9.2. In die Berechnung ist dann das **effektive relative Lagerspiel** $\psi_{eff} = \psi_m + \Delta\psi$ einzusetzen.

17

5. Schmieröldurchsatz

Durch den im Schmierspalt entwickelten Druck (Eigendruck) wird Schmieröl seitlich aus dem Lager hinausgefördert und fließt in den Ölbehälter zurück. Daraus folgt der

Schmieröldurchsatz infolge Eigendruckentwicklung $Q_1 = D^3 \cdot \psi_{eff} \cdot \omega \cdot q_1$ (17.13)

Q_1	in m^3/s	Schmieröldurchsatz infolge Eigendrucks,
D	in m	Lagernenndurchmesser,
ψ_{eff}		effektives relatives Lagerspiel $= \psi_m$ nach Tabelle 17.10 bzw. $= \psi_m + \Delta\psi$ nach Formel 17.12,
ω	in s^{-1}	Winkelgeschwindigkeit der Gleitfläche nach Formel 17.3,
q_1		bezogener Schmieröldurchsatz nach Tabelle 17.18.

Wird das Schmieröl jedoch unter einem Überdruck p_E zugeführt (üblich $p_E = 0{,}5 \sim 5\,\text{bar}$), der deutlich unter der spezifischen Lagerbelastung $\overline{p}$ liegen soll, so wird über Q_1 hinaus zusätzlich Schmieröl aus dem Lager herausgefördert:

zusätzlicher Schmieröldurchsatz infolge Zuführdruck $Q_2 = \dfrac{D^3 \cdot \psi_{eff}^3 \cdot p_E}{\eta} q_2$ (17.14)

Q_2	in m^3/s	zusätzlicher Schmieröldurchsatz,
D, ψ_{eff}		siehe Legende zu Formel 17.13,
p_E	in Pa	Ölzuführdruck, dabei ist $1\,\text{Pa} = \dfrac{1\,\text{N}}{\text{m}^2}$, somit sind $10^5\,\text{Pa} = 1\,\text{bar}$,
η	in Pa · s	effektive dynamische Viskosität des Schmieröls im Betriebszustand,
q_2		bezogener Schmieröldurchsatz je nach Anforderung der Schmieröl-Zuführungselemente nach Tabelle 17.19.

Der bezogene Schmieröldurchsatz q_1 bzw. q_2 ist abhängig von der relativen Exzentrizität ε nach Formel 17.16. Bei **druckloser Schmierung** ist der gesamte Schmieröldurchsatz $Q = Q_1$, bei **Druckschmierung** $Q = Q_1 + Q_2$.

6. Vermeidung thermischer Überbeanspruchung

Die höchstzulässige Lagertemperatur t_B ist abhängig vom Lagerwerkstoff und vom Schmieröl. Mit steigender Temperatur fallen Härte und Festigkeit der Lagerwerkstoffe ab. Außerdem verringert sich mit steigender Temperatur die Viskosität des Schmieröls.

Weiterhin tritt bei Temperaturen über 80 °C eine verstärkte Alterung der Schmieröle auf Mineralölbasis in Erscheinung. Im stationären Betrieb des Gleitlagers liegt ein konstantes Temperaturfeld vor. Bei der Gleitlager-Berechnung ist es ausreichend, die thermische Lagerbeanspruchung durch die Lagertemperatur t_B bzw. die Schmierölaustrittstemperatur t_2 zu beschreiben und sicherzustellen, dass diese die zulässige nicht überschreitet. Die in Tabelle 17.14 enthaltenen Angaben stellen allgemeine Erfahrungswerte für die Grenze von t_B dar, bei denen berücksichtigt ist, dass der Maximalwert des Temperaturfeldes über der berechneten Lagertemperatur t_B liegt. Von der gesamten für die Lagerschmierung zur Verfügung stehenden Schmierölmenge befindet sich immer nur ein kleiner Teil im Schmierspalt und damit auf erhöhtem Temperaturniveau. Das bedeutet, dass nicht nur t_B, sondern auch das Verhältnis vom Gesamtschmieröldurchsatz Q zum Schmieröldurchsatz Q_1 für die Lebensdauer des Schmieröls maßgebend ist. Dieses Verhältnis ist im Allgemeinen bei umlaufgeschmierten Lagern günstiger als bei eigengeschmierten Lagern (z. B. Ringschmierung).

7. Berechnung hydrodynamischer Radiallager

Die Sicherheit gegen Verschleiß ist nur dann gegeben, wenn der Schmierstoff die Gleitpartner vollständig trennt. Ein ständiger Betrieb im Mischreibungsgebiet führt zum sehr baldigen Ausfall. Mischreibung beim Anfahren und Auslaufen ist unvermeidbar und führt meistens nicht zu Lagerschäden. Einlauf- und Anpassungsverschleiß zum Ausgleich der Oberflächen-Formabweichungen sind zulässig, solange diese örtlich und zeitlich begrenzt und ohne Überlasten auftreten. Ein gezielter Einlauf kann vorteilhaft sein, was sich durch die Werkstoffwahl beeinflussen lässt.

Bei **Automotive-Gleitlagern** ist eine Einlaufschicht vorhanden. Der Einlaufvorgang ist durch Reibleistungsversuche messbar. Die Reibleistung kann zwei- bis viermal so hoch wie im späteren Betrieb sein. Die Einlaufphase selbst ist durch Oberflächenanpassungen sowie das Einbetten und Beseitigen der Produktionsverschmutzung (sog. Urschmutz) bedingt. Je nach Fahrweise und Betrieb liegt diese Einlaufdauer zwischen 500 und 1500 km. Sie kann sich durch viele Startvorgänge und Mischreibung verkürzen. Mit Lagerschäden in der Einlaufphase ist heute nicht mehr zu rechnen, da durch die aktuellen Gleitlagertoleranzen im Vergleich zu früheren Lagern eine deutlich geringere Reibleistung entsteht. Ferner sind die Gleitlager heute eher überdimensioniert [17.12].

Aus der Tatsache, dass beim Anfahren und Stoppen von Gleitlagern zwangsläufig Mischreibungszustände auftreten, folgt der Schluss, dass ein Gleitlager ideale Betriebsbedingungen hat, wenn es möglichst wenig gestartet und gestoppt wird. Daher halten Motoren von Kraftfahrzeugen, die fast nur auf Autobahnen gefahren werden, erfahrungsgemäß länger als solche, die im Kurzstreckenbetrieb betrieben werden.

Oft treten Störeinflüsse auf, die bei der Lagerauslegung noch unbekannt sind und rechnerisch nicht erfasst werden können, wie z. B. Unwuchten, Schwingungen, Fertigungstoleranzen, Montageabweichungen, Schmierstoffverunreinigungen, Korrosion, Elektroerosion usw. Deshalb wird mit entsprechenden Sicherheiten gerechnet.

Bei der Berechnung von hydrodynamischen Radial-Gleitlagern im stationären Betrieb (Berechnung von Kreiszylinderlagern) nach DIN 31652 werden vorausgesetzt:

- Der Schmierstoff entspricht einer Newtonschen Flüssigkeit (siehe Abschnitt 16.3), er haftet voll an den Gleitflächen und ist inkompressibel.
- Alle Strömungsvorgänge des Schmierstoffs sind laminar (ohne Wirbel).
- Trägheitswirkungen, Gravitations- und Magnetkräfte des Schmierstoffs sind vernachlässigbar.
- Der Schmierspalt ist vollständig mit Schmierstoff gefüllt.
- Die Bauteile, die den Schmierspalt bilden, sind starr bzw. ihre Verformung vernachlässigbar.
- Die Krümmungsradien der relativ zueinander bewegten Oberflächen sind groß im Vergleich zu den Schmierfilmdicken.
- Die Schmierfilmdicke ist konstant.
- Druckänderungen im Schmierfilm senkrecht zu den Gleitflächen sind vernachlässigbar.
- Eine Bewegung normal (senkrecht) zu den Gleitflächen findet nicht statt.
- Der Schmierstoff ist im gesamten Schmierspalt isoviskos (die Viskosität bleibt gleich) und wird am Beginn der Lagerschale bzw. im weitesten Schmierspalt zugeführt. Die Höhe des Zuführdruckes ist vernachlässigbar gegenüber den Schmierfilmdrücken selbst.

Die **Reynolds-Zahl** ist eine Schlüsselgröße der Strömungsmechanik. Sie beschreibt das Verhältnis der Trägheitskräfte zu den Reibungskräften in einem Fluid (Flüssigkeit und Gas).

$$\textit{Reynolds-Zahl} \quad Re = \frac{l v \varrho}{\eta} \tag{17.15a}$$

l in m charakteristische Länge,
v in m/s Strömungsgeschwindigkeit,
ϱ in kg/m^3 Dichte des strömenden Mediums,
η kg/(m · s) dynamische Viskosität (Zähigkeit).

Die Strömung um zwei geometrisch ähnliche Körper ist dann geometrisch ähnlich, wenn die beiden Reynolds-Zahlen gleich sind.

Die Strömung in einem Rohr ist laminar, wenn $Re < 2300$ bzw. andernfalls turbulent. Bei hydrodynamisch geschmierten Gleitlagern ist die Strömung dann laminar, wenn gilt:

$$\textit{Reynolds-Zahl} \quad Re = \frac{\varrho \cdot u \cdot S}{2\eta} \leq 41{,}3\sqrt{\frac{D}{S}} \tag{17.15b}$$

ϱ in kg/m^3 Dichte des Schmierstoffs, für Öl ≈ 900 kg/m^3,
u in m/s Gleitgeschwindigkeit nach Formel 17.2,
S in m absolutes Lagerspiel $= D - d = \psi_{\text{eff}} \cdot D$,
η in Pa · s dynamische Viskosität des Schmieröls im betriebswarmen Zustand.

Als **relative Exzentrizität** ε bezeichnet man das Verhältnis der sich während des Laufs einstellenden Exzentrizität e (Bild 17.55) zur durchschnittlichen Spalthöhe $h = S/2$ mit $S = D - d$ als Lagerspiel:

$$\textit{relative Exzentrizität} \quad \varepsilon = \frac{e}{S/2} = \frac{e}{(D-d)/2} \tag{17.16}$$

e Exzentrizität der Zapfen- zur Bohrungsmitte während des Laufs,
S absolutes Lagerspiel.

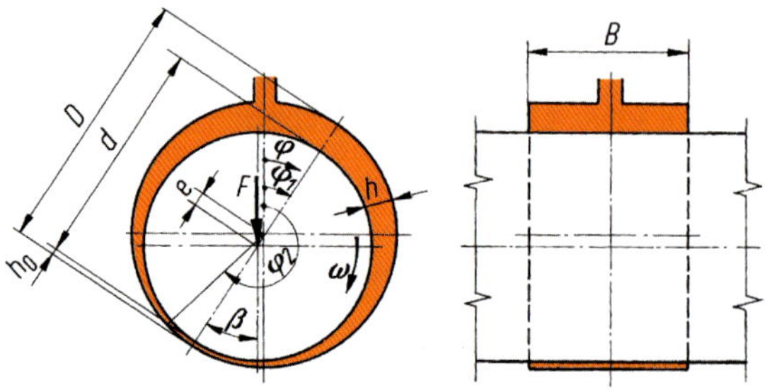

Bild 17.55
Skizze zur Berechnung hydrodynamischer Radial-Gleitlager (Kreiszylinderlager)

Mit einer dimensionslosen Kennzahl, der **Sommerfeld-Zahl** *So*, lassen sich hydrodynamische Radiallager hinsichtlich ihres Lauf- und Reibverhaltens miteinander vergleichen. **Geometrisch ähnliche Gleitlager sind hydrodynamisch ähnlich, wenn sie die gleiche Sommerfeld-Zahl und die gleiche Reibungskennzahl haben.**

$$\text{Sommerfeld-Zahl} \quad So = \frac{\overline{p} \cdot \psi_{\text{eff}}^2}{\eta \cdot \omega} \qquad (17.17)$$

$\overline{p}$	in N/mm^2	spezifische Lagerbelastung nach Formel 17.1,
ψ_{eff}		effektives relatives Lagerspiel = S / d,
η	in $N \cdot s/mm^2$	dynamische Viskosität des Schmieröls in betriebswarmen Zustand bei der Lagertemperatur t_B (siehe hierzu Diagramm 16.1), Beachte: $10^{-9}\,N \cdot s/mm^2 = 1\,mPa \cdot s$
ω	in $rad/s = s^{-1}$	Winkelgeschwindigkeit nach Formel 17.3.

Es gelten Lager mit Sommerfeldzahlen

$So \leq 1$ im **Schnelllaufbereich** als leicht beansprucht,

$So > 1 \ldots 3$ im **Mittellastbereich** als mittel beansprucht,

$So > 3$ im **Schwerlastbereich** als schwer beansprucht.

Die **Sommerfeld-Zahl** lässt sich aus der Reynolds'schen Differentialgleichung numerisch berechnen. Für ein vollumschlossenes Kreiszylinderlager hat *Butenschön* [17.13] folgende Gleichung ermittelt, die in die DIN 31652, T2 übernommen wurde:

$$So = \left(\frac{B}{D}\right)^2 \cdot \frac{\varepsilon}{2\left(1-\varepsilon^2\right)^2} \cdot \sqrt{\pi^2\left(1-\varepsilon^2\right)+16\varepsilon^2} \cdot \frac{\alpha_1(\varepsilon-1)}{\alpha_2+\varepsilon}$$

mit

$$\alpha_1 = 1{,}1642 - 1{,}9456\left(\frac{B}{D}\right) + 7{,}1161\left(\frac{B}{D}\right)^2 - 10{,}1073\left(\frac{B}{D}\right)^3 + 5{,}0141\left(\frac{B}{D}\right)^4 \qquad (17.18)$$

$$\alpha_2 = -1{,}000026 - 0{,}023634\left(\frac{B}{D}\right) - 0{,}4215\left(\frac{B}{D}\right)^2 - 0{,}038817\left(\frac{B}{D}\right)^3 - 0{,}090551\left(\frac{B}{D}\right)^4$$

Die Sommerfeld-Zahl ist eine Funktion der relativen Exzentrizität ε und des Breiten-Durchmesser-Verhältnisses B / D. Trägt man diese Funktion auf, ergibt sich Bild 17.56, wobei hier nicht B / D, sondern der Kehrwert D / B als Parameter verwendet wird.

Zu beachten ist, dass für den Tragfähigkeitsnachweis die relative Exzentrizität e als Funktion der Sommerfeld-Zahl und des Breiten-Durchmesser-Verhältnisses $B\,/\,D$ verwendet wird. Wertet man Bild 17.56 bzw. die Tabelle DIN 31652, T2, S. 2 aus, kommt man auf folgenden Formelsatz, der sich leicht in ein Rechenprogramm einbauen lässt (Achtung: Formel 17.19 ist vom Verfasser dieses Kapitels berechnet worden und ist nicht Teil der DIN 31652! Er dient als überschlägige Rechenhilfe für den Leser; eine geschlossene Formel mit den Variablen *So* und $B\,/\,D$ lässt sich zwar prinzipiell darstellen, wird aber zu ungenau):

$$
\begin{aligned}
0{,}125 < B/D \le 0{,}167:&\quad \varepsilon = 10^{0{,}0614368(\lg So)^3 + 0{,}0459025(\lg So)^2 + 0{,}0761622\lg So - 0{,}0350305}\\
0{,}167 < B/D \le 0{,}20:&\quad \varepsilon = 10^{0{,}0609246(\lg So)^3 - 0{,}0009578(\lg So)^2 + 0{,}0644066\lg So - 0{,}0502757}\\
0{,}20 < B/D \le 0{,}25:&\quad \varepsilon = 10^{0{,}0624507(\lg So)^3 - 0{,}0251849(\lg So)^2 + 0{,}0715752\lg So - 0{,}0594245}\\
0{,}25 < B/D \le 0{,}33:&\quad \varepsilon = 10^{0{,}0608744(\lg So)^3 - 0{,}0657667(\lg So)^2 + 0{,}0868669\lg So - 0{,}0710114}\\
0{,}33 < B/D \le 0{,}40:&\quad \varepsilon = 10^{0{,}0592091(\lg So)^3 - 0{,}114519(\lg So)^2 + 0{,}129530\lg So - 0{,}0912981}\\
0{,}40 < B/D \le 0{,}50:&\quad \varepsilon = 10^{0{,}0583217(\lg So)^3 - 0{,}145226(\lg So)^2 + 0{,}168221\lg So - 0{,}108936}\\
0{,}50 < B/D \le 0{,}75:&\quad \varepsilon = 10^{0{,}0545729(\lg So)^3 - 0{,}183951(\lg So)^2 + 0{,}228868\lg So - 0{,}136875}\\
0{,}75 < B/D \le 1{,}00:&\quad \varepsilon = 10^{0{,}0191334(\lg So)^3 - 0{,}288190(\lg So)^2 + 0{,}5015910\,g\,So - 0{,}281377}
\end{aligned}
\qquad (17.19)
$$

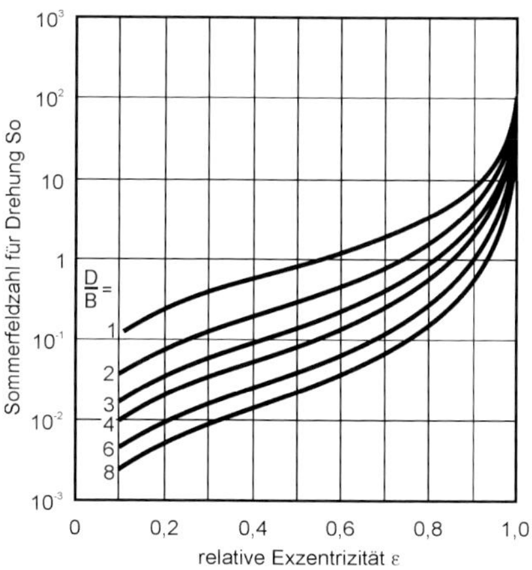

Bild 17.56
Sommerfeld-Zahl als Funktion von ε und $D\,/\,B$ für ein 360-Lager nach *Lang/Steinhilper* [17.5]. Ein genaues Diagramm gibt DIN 31652 T2 wieder, entsprechende Werte enthält Tabelle 17.15.

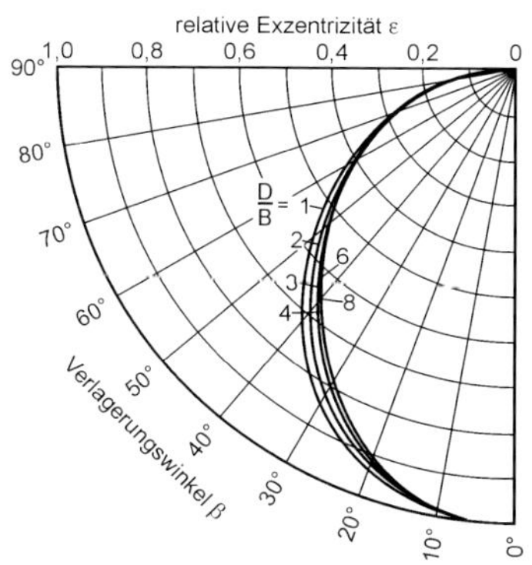

Bild 17.57
Verlagerungswinkel β als Funktion der relativen Exzentrizität ε und des Durchmesser-Breiten-Verhältnisses $D\,/\,B$ nach *Lang/Steinhilper* [17.5]. Diese Kurve(n) nennt man den *Gümbel'schen Halbkreis* (vgl. auch Tabelle 17.16).

17

Wenn die relative Exzentrizität ε abgelesen, aus Tabelle 17.15 interpoliert oder mit Formel 17.19 berechnet worden ist, ergibt sich der **Verlagerungswinkel** β nach *Butenschön* [17.13] wie folgt:

$$\beta = \left[\sum_{i=1}^{5} \alpha_i \varepsilon^{i-1}\right] \cdot \arctan\left(\frac{\pi \cdot \sqrt{1-\varepsilon^2}}{2\varepsilon}\right)$$

mit

$$\alpha_1 = 1{,}152624 - 0{,}105465\left(\frac{B}{D}\right)$$

$$\alpha_2 = -2{,}5905 + 0{,}798745\left(\frac{B}{D}\right) \qquad (17.20)$$

$$\alpha_3 = 8{,}73393 - 2{,}3291\left(\frac{B}{D}\right)$$

$$\alpha_4 = -13{,}3415 + 3{,}424337\left(\frac{B}{D}\right)$$

$$\alpha_5 = 6{,}6294 - 1{,}591732\left(\frac{B}{D}\right)$$

Dieser Sachverhalt lässt sich in Bild 17.57 darstellen.

Für ein Radiallager mit exzentrischer Wellenlage lautet die

Spaltfunktion $h = 0{,}5D \cdot \psi_{\text{eff}}\left(1 + \varepsilon \cdot \cos\varphi\right)$ (17.21)

h	in mm	Spalthöhe (siehe Bild 17.55),
D	in mm	Lagernenndurchmesser,
ψ_{eff}		effektives relatives Lagerspiel, meistens $= \psi_m$ oder $\psi_m + \Delta\psi$,
ε		relative Exzentrizität entsprechend Formel 17.16, ggf. nach Tabelle 17.15 oder Formel 17.19,
φ	in rad	Polarwinkel des Gleitlagers nach Bild 17.55.

17

Damit lässt sich die Spalthöhe h für jeden Polarwinkel φ_1, φ_2 usw. berechnen. Daraus folgt die

minimale Schmierfilmdicke $h_0 = 0{,}5D \cdot \psi_{\text{eff}}\left(1 - \varepsilon\right)$ (17.22)

h_0	in mm	kleinste, sich einstellende Schmierfilmdicke,
D, ψ_{eff}, ε		siehe Legende zu Formel 17.21.

Diese **mindestens erforderliche Schmierfilmdicke** $h_{0\,\text{min}}$ muss größer sein als die Rauigkeiten R_z von Welle und Lagerschale. *Peeken* [17.14] gibt hier die im Folgenden genannte Formel an (Achtung: nicht DIN 31652), in der berücksichtigt ist, dass sich die härtere Welle weniger einläuft als das weiche Lager. Daher wird die Welle stärker gewichtet:

$$h_{0\,\text{min}} = 1{,}5 \cdot R_{z\,\text{Welle}} + 0{,}5 \cdot R_{z\,\text{Bohrung}} + \text{Formabweichungen} \qquad (17.23)$$

Diese Formel steht sinngemäß auch in der VDI-Richtlinie 2204. DIN 31652, T3 berücksichtigt außerdem noch Verkantung, mittlere Durchbiegung und Welligkeiten. Näheres dort, wenngleich man für die Rechenpraxis sagen muss, dass diese an sich völlig richtigen Einflüsse nicht ganz leicht zu erfassen sind. Man orientiere sich dann an Tabelle 17.20, die Erfahrungswerte für $h_{0\,\text{min}}$ nach DIN 31652, T3 aufführt.

Die **Reibungsverluste** in einem hydrodynamischen Gleitlager werden durch das *Amonton'sche Reibungsgesetz* (auch Coulomb'sches Reibungsgesetz genannt) beschrieben:

$$F_\mathrm{f} = \mu \cdot F \tag{17.24}$$

F in N Lagerkraft,
F_f in N Reibkraft,
μ - Reibwert.

Die **Reibleistung** bzw. der durch die Reibung erzeugte Wärmestrom ist dann einfach:

$$P_\mathrm{f} = P_0 = F_\mathrm{f} \cdot u_\mathrm{s} \tag{17.25}$$

P_f in W Reibleistung im Lager,
P_0 in W Wärmestrom, bedingt durch Reibung,
F_f in N Reibkraft,
u_s in m/s Gleitgeschwindigkeit der Welle.

Der noch fehlende **Reibwert** wird über die bezogene Reibungszahl μ/ψ_eff berechnet:

$$\begin{aligned}
&\frac{\mu}{\psi_\mathrm{eff}} = 10^Y \\
&\text{mit} \\
&Y = C + E \cdot \lg So + F \cdot (\lg So)^2 + G \cdot (\lg So)^3 + H \cdot (\lg So)^4 \\
&C = 1{,}153423 - 2{,}69332 \cdot \left(\frac{B}{D}\right) + 6{,}552763 \cdot \left(\frac{B}{D}\right)^2 - 7{,}81938 \cdot \left(\frac{B}{D}\right)^3 + 3{,}405146 \cdot \left(\frac{B}{D}\right)^4 \\
&E = -0{,}7441784 + 0{,}104245 \cdot \left(\frac{B}{D}\right) - 0{,}343503 \cdot \left(\frac{B}{D}\right)^2 + 0{,}4677244 \cdot \left(\frac{B}{D}\right)^3 - 0{,}215028 \cdot \left(\frac{B}{D}\right)^4 \\
&F = -0{,}0105921 + 0{,}342048 \cdot \left(\frac{B}{D}\right) - 0{,}459955 \cdot \left(\frac{B}{D}\right)^2 + 0{,}381193 \cdot \left(\frac{B}{D}\right)^3 - 0{,}1056112 \cdot \left(\frac{B}{D}\right)^4 \\
&G = -0{,}000397154 - 0{,}01669 \cdot \left(\frac{B}{D}\right) + 0{,}00966612 \cdot \left(\frac{B}{D}\right)^2 - 0{,}0191126 \cdot \left(\frac{B}{D}\right)^3 - 0{,}01094135 \cdot \left(\frac{B}{D}\right)^4 \\
&H = 0{,}00258444 - 0{,}00870384 \cdot \left(\frac{B}{D}\right) - 0{,}00157289 \cdot \left(\frac{B}{D}\right)^2 + 0{,}01759905 \cdot \left(\frac{B}{D}\right)^3 - 0{,}006688832 \cdot \left(\frac{B}{D}\right)^4
\end{aligned} \tag{17.26}$$

17

Es hat sich bei Versuchen mit hohen Belastungen, niedrigen Drehzahlen oder geringen Spaltweiten gezeigt, dass die Tragfähigkeit durchaus höher sein kann als mit den hier dargestellten Gleichungen ermittelt, die von der klassischen Hydrodynamik ausgehen. Dies liegt daran, dass sich Welle und Lagerschale im Bereich der Druckzone elastisch verformen und anpassen. Diese Tragfähigkeitszunahme kann, ausgehend von der **Elastohydrodynamik**, berechnet werden (Näheres in der VDI 2204 Blatt 2).

Bisher wurde von Newtonschen Schmierstoffen und laminarer Strömung ausgegangen. **Fettgeschmierte Gleitlager** können prinzipiell aber ähnlich berechnet werden, wenn man die rheologischen Eigenschaften des Fettes berücksichtigt und von Verlustschmierung ohne Wärmeabfuhr durch den Schmierstoff ausgeht. Die Scheinviskosität η_eff wird dann:

$$\eta_\mathrm{eff} = \tau_\mathrm{s} \cdot \frac{1}{\mathrm{d}u/\mathrm{d}y} + \eta_\mathrm{s} = \tau_\mathrm{s} \cdot \frac{1}{U/h_\mathrm{min}} + \eta_\mathrm{s}$$

η_s in Pa · s Bingham-Viskosität des Fettes,
U in m/s Gleitgeschwindigkeit,
h_min in mm minimale Schmierspalthöhe.

Näheres dazu in der VDI-Richtlinie 2204. Hier wird auch die Berechnung von z.B. Zitronenspiellagern beschrieben.

Zu den **Betriebszuständen** wird in DIN 31652-1 ausgeführt: Soll das Gleitlager in mehreren unterschiedlichen Betriebszuständen über längere Zeit betrieben werden, so sind die Betriebszustände zu überprüfen, bei denen $\overline{p}$, h_0 und t_B am ungünstigsten sind. Zunächst ist die Frage zu entscheiden, ob das Lager drucklos geschmiert werden kann und die Wärmeabfuhr allein durch Konvektion ausreichend ist. Dazu muss der thermisch ungünstigste Fall untersucht werden, der in der Regel einem Betriebszustand mit hoher Drehzahl und gleichzeitig hoher Belastung entspricht. Treten bei reiner Konvektion zu hohe Lagertemperaturen auf, die auch durch Vergrößerung der Lagerabmessungen oder der Gehäuseoberfläche im vorgegebenen Rahmen nicht auf zulässige Werte abgesenkt werden können, so ist Druckschmierung und Ölrückkühlung erforderlich. Folgt auf einen Betriebszustand mit hoher Belastung (geringe dynamische Schmierölviskosität) unmittelbar ein anderer mit hoher spezifischer Lagerbelastung und niedriger Drehzahl, so sollte dieser neue Betriebszustand unter Beibehaltung des thermischen Zustandes aus dem vorhergehenden Betriebspunkt untersucht werden.

Der Übergang in die Mischreibung erfolgt beim Kontakt der Rauheitsspitzen von Welle und Lager entsprechend dem Kriterium für $h_{0\,\mathrm{lim}}$, wobei auch Verformungen zu berücksichtigen sind.

Diesem Wert kann eine

relative Übergangs-Exzentrizität $$\varepsilon_{\ddot{u}} = 1 - \frac{2h_{0\,\mathrm{lim}}}{D \cdot \psi_{\mathrm{eff}}} \qquad (17.27)$$

sowie eine

Übergangs-Sommerfeld-Zahl $$So_{\ddot{u}} = \frac{\overline{p} \cdot \psi_{\mathrm{eff}}^2}{\eta \cdot \omega} \qquad (17.28)$$

zugeordnet werden. Daraus können die einzelnen Übergangsbedingungen (Last, Viskosität, Drehzahl) ermittelt werden. Der Übergangszustand kann also nur durch diese drei gekoppelten Angaben beschrieben werden. Um eine davon ermitteln zu können, müssen die beiden übrigen in der diesem Zustand angemessenen Weise eingesetzt werden.

Beim raschen Auslaufen der Maschine entspricht der thermische Zustand meistens dem zuvor anhaltend gefahrenen Betriebszustand hoher thermischer Belastung. Setzt die Kühlung beim Abstellen der Maschine sofort aus, so kann es zu einem Wärmestau im Lager kommen, sodass für η sogar ein ungünstiger Wert gewählt werden muss. Läuft die Maschine langsam aus, so ist auch mit einer Absenkung der Schmieröl- bzw. Lagertemperatur zu rechnen.

Die effektive dynamische Viskosität η wird bei der effektiven Schmierfilmtemperatur t_{eff} ermittelt, d.h., η ergibt sich aus der Mittelwertbildung der Ein- und Austrittstemperaturen t_1 und t_2 des Schmieröls und nicht aus der Mittelwertbildung der dynamischen Viskositäten η bei diesen Temperaturen.

Zum **Berechnungsverfahren** führt DIN 31652-1 aus: Im Berechnungsablauf sind zunächst nur die Betriebsdaten t_a (Temperatur der umgebenden Luft) bzw. t_1 (Temperatur des zulaufenden Öls) bekannt, nicht jedoch die effektive Temperatur t_{eff} des Schmierfilms, die bereits am Anfang der Berechnung benötigt wird. Die Lösung erfolgt in der Weise, dass man zunächst mit einer geschätzten Temperaturerhöhung im Fall

der Wärmeabführung durch Konvektion $t_{B.0} - t_a = 20\,\mathrm{K}$

der Wärmeabführung durch Schmieröl $t_{2.0} - t_1 = 20\,\mathrm{K}$

und den dazu entsprechenden Betriebstemperaturen t_{eff} den Berechnungsgang beginnt. Aus der Wärmebilanz ergeben sich korrigierte Temperaturen $t_{B.1}$ und $t_{2.1}$, die durch Mittelwertbildung mit den vorher zugrunde gelegten Temperaturen $t_{B.0}$ bzw. $t_{2.0}$ solange iterativ (durch Wiederholung) verbessert werden, bis die Differenz zwischen den Werten mit dem Index 0 und 1 vernachlässigbar klein wird, beispielsweise 2 K. Der dann erreichte Zustand entspricht dem Beharrungszustand (Wärmegleichgewicht). Die Iteration konvergiert in der Regel rasch. Sie kann in der Weise ersetzt werden, dass für die Berechnung des Wärmestroms infolge Reibleistung $P_0 = P_f$ und des Wärmestroms durch Gehäuse und Welle P_A bzw. des Wärmestroms durch das Schmieröl P_Q mehrere Temperaturstufen vorgegeben werden. Trägt man die Wärmeströme P_0 und P_A bzw. P_Q in einem Diagramm auf, dann ergibt sich im Schnittpunkt der beiden Kurven der Beharrungszustand (Bild 17.58).

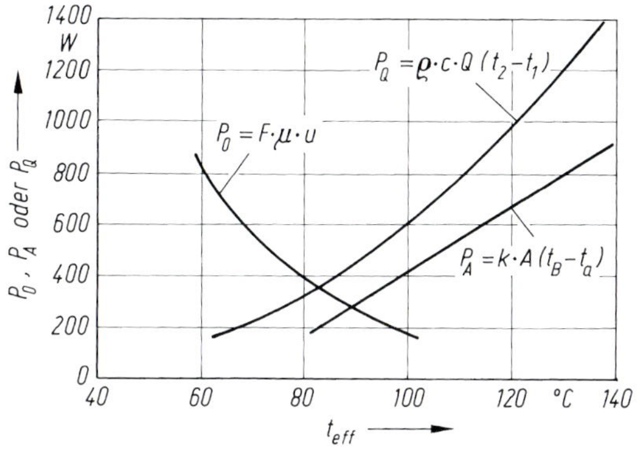

Bild 17.58
Ermittlung des Beharrungszustandes eines hydrodynamisch geschmierten Gleitlagers nach DIN 31652 im Schnittpunkt der beiden Kurven P_0 und P_A oder P_0 und P_Q
P_0 = Wärmestrom infolge der Reibleistung,
P_A = Wärmestrom über Gehäuse und Welle,
P_Q = Wärmestrom über das abfließende Schmieröl

Die Differenz der Schmieröltemperaturen $t_2 - t_1$ darf nicht beliebig hoch angenommen werden, weil das Öl Zeit braucht, die Wärme aufzunehmen. Deshalb ist mit $t_2 - t_1 \leq 20$ K zu rechnen.

Der Berechnungsablauf ist in Bild 17.59 in Form eines Ablaufplanes wiedergegeben.

Es wird darauf hingewiesen, dass sich die hier behandelten Berechnungen auf vollumschlossene Lager (Umschließungswinkel 360°) beziehen. Für halbumschlossene Lager (Umschließungswinkel 180°), bei denen die Welle in einer Halbschale läuft, siehe DIN 31652.

Beispiel 17.2

Zu untersuchen ist ein vollumschlossenes Radial-Gleitlager mit $D = d = 100$mm, $B = 50$mm, $B / D = 0{,}5$, gemittelte Rautiefen: Welle $R_{zS} = 2$µm, Bohrung $R_{zB} = 4$µm. Es wird mit $F = 25000$N belastet und läuft mit $n = 1200\,\text{min}^{-1} = 20\,\text{s}^{-1}$, Werkstoff der Massivlagerschalen GS-CuSn10Pb10-C nach DIN EN 1982 (Tabelle 17.7). Das Lagergehäuse hat eine Oberfläche $A = 0{,}28\,\text{m}^2$. Wärmedehnungsbeiwerte gemäß Tabelle 9.2: Welle $\alpha_S = 11 \cdot 10^{-6}\,\text{K}^{-1}$, Lagerschale $\alpha_B = 13 \cdot 10^{-6}\,\text{K}^{-1}$ (wegen Dehnungsbehinderung durch das Gehäuse statt $16 \cdot 10^{-6}\,\text{K}^{-1}$ für Bronze). Die Ölversorgung erfolgt über eine Bohrung von $d_H = 6$mm (Fall 1 nach Tabelle 17.19, Lochdurchmesser nach Tabelle 17.3).

Zunächst soll untersucht werden, ob das Lager ohne Druckumlaufschmierung auskommt, also mit druckloser Ölumlaufschmierung (z. B. Ringschmierung) laufen kann. Die Umgebungstemperatur beträgt $t_a = 20\,°C$ und die höchstzulässige Lagertemperatur $t_{B\,lim} = 90\,°C$ (nach Tabelle 17.14). Falls $t_{B\,lim}$ überschritten oder die minimale Schmierfilmdicke $h_{0\,lim}$ unterschritten wird, ist Druckschmierung mit externer Ölrückkühlung vorzusehen. Hierbei wird zunächst angenommen, dass das Schmieröl mit einem Überdruck $p_E = 0{,}5\,MPa$ und einer Eintrittstemperatur $t_1 = 50\,°C$ zugeführt wird. Vorausgesetzt wird ein Schmieröl ISO VG 68.

Lösung:

1. Voraussetzungen für die Eingabe der Betriebsdaten gemäß Bild 17.59

Nach Formel 17.2: $u = d \cdot \pi \cdot n = 0{,}1\,m \cdot \pi \cdot 20\,s^{-1} = 6{,}28\,m/s$,

nach Formel 17.3: $\omega = 2 \cdot \pi \cdot n = 2 \cdot \pi \cdot 20\,s^{-1} = 125{,}66\,s^{-1}$,

nach Formel 17.11: $\psi_m \approx 0{,}8 \cdot \sqrt[4]{u} = 0{,}8 \cdot \sqrt[4]{6{,}28} \approx 1{,}27\,‰ = 1{,}27 \cdot 10^{-3}$,

nach Tabelle 17.10 wird gewählt $\psi_m = 1{,}32 \cdot 10^{-3}$.

Als Lagertemperatur wird $t_{B.0} = t_{eff} = 40\,°C$ angenommen, also $t_B - t_a = 20\,K$.

Nach Formel 17.12:

$$\Delta\psi = (\alpha_B - \alpha_S)(t_{B.0} - 20\,°C) = (13 - 11)10^{-6}\,K^{-1}(40 - 20)\,K = 40 \cdot 10^{-6} = 0{,}04 \cdot 10^{-3}$$

$$\psi_{eff} = \psi_m + \Delta\psi = (1{,}32 + 0{,}04)10^{-3} = 1{,}36 \cdot 10^{-3}$$

$$S = \psi_{eff} \cdot D = 1{,}36 \cdot 10^{-3} \cdot 100\,mm = 136 \cdot 10^{-3}\,mm = 136\,\mu m$$

2. Betriebskennwert $\bar{p}$

Nach Formel 17.1:

$$\bar{p} = \frac{F}{D \cdot B} = \frac{25000\,N}{100\,mm \cdot 50\,mm} = 5\,N/mm^2 + < \bar{p}_{zul} = 7\,N/mm^2\ \text{(Tabelle 17.12)}$$

3. Reynolds-Zahl *Re*

Nach Diagramm 16.1 beträgt bei $t_{B.0} = 40\,°C$ die dynamische Viskosität des Schmieröls $\eta = 66\,mPa \cdot s$, damit nach Formel 17.15:

$$Re = \frac{\varrho \cdot u \cdot S}{2\eta} = \frac{900\,kg/m^3 \cdot 6{,}28\,m/s \cdot 0{,}136 \cdot 10^{-3}\,m}{2 \cdot 66 \cdot 10^{-3}\,Pa \cdot s} = 5{,}82$$

$$< 41{,}3\sqrt{\frac{D}{S}} = 41{,}3\sqrt{\frac{100\,mm}{0{,}136\,mm}} = 1120,\ \text{also } Re = 5{,}82 < 1120,\ \text{Strömung laminar}$$

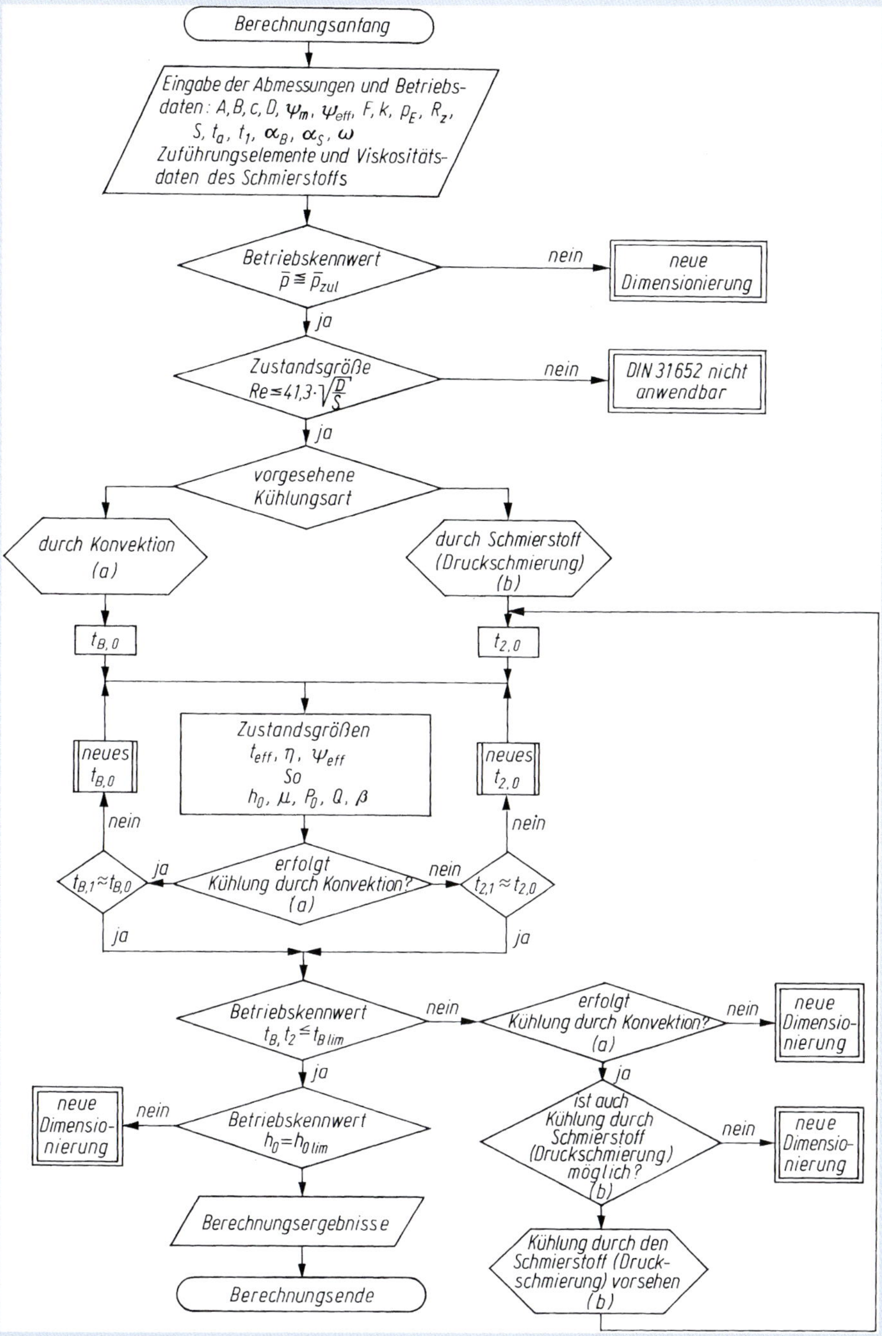

Bild 17.59 Ablaufplan für die Berechnung von hydrodynamisch geschmierten Radial-Gleitlagern nach DIN 31652

17

4. Wärmeabfuhr durch Konvektion

4.1 Erster Rechenschritt

Nach Formel 17.17: $So = \dfrac{\overline{p} \cdot \psi_{eff}^2}{\eta \cdot \omega} = \dfrac{5 \cdot 10^6\,\text{Pa} \cdot 1{,}36^2 \cdot 10^{-6}}{66 \cdot 10^{-3}\,\text{Pa} \cdot \text{s} \cdot 125{,}66\,\text{s}^{-1}} = 1{,}115$

Nach Tabelle 17.15: $\varepsilon = 0{,}7292$ (interpoliert)

Nach Formel 17.22:

$h_0 = 0{,}5D \cdot \psi_{eff}(1-\varepsilon) = 0{,}5 \cdot 100\,\text{mm} \cdot 1{,}36 \cdot 10^{-3} \cdot (1-0{,}7292) = 18{,}4 \cdot 10^{-3}\,\text{mm}$

$= 18{,}4\,\mu\text{m}$,

Nach Tabelle 17.17: $\mu / \psi_{eff} = 4{,}7308$ (interpoliert)

$$\mu = \frac{\mu}{\psi_{eff}} \psi_{eff} = 4{,}7308 \cdot 1{,}36 \cdot 10^{-3} = 6{,}434 \cdot 10^{-3} = 0{,}006434$$

Nach Formel 17.4: $P_0 = P_t = F \cdot \mu \cdot u = 25000\,\text{N} \cdot 0{,}006434 \cdot 6{,}28\,\text{m/s} = 1010\,\text{W}$

Bei Wärmeabführung durch Konvektion ist $P_0 = P_t = P_A$. Mit $k = 20\,\text{W/(m}^2 \cdot \text{K)}$ wird nach Formel 17.5:

$$t_{B.1} = \frac{P_A}{k \cdot A} + t_a = \frac{1010\,\text{W} \cdot \text{m}^2 \cdot \text{K}}{20\,\text{W} \cdot 0{,}28\,\text{m}^2} + 20\,°\text{C} = (180{,}4 + 20)\,°\text{C} = 200{,}4\,°\text{C}$$

Da $t_{B.1} = 200{,}4\,°\text{C} > t_{B.0} = 40\,°\text{C}$ ist, muss die Annahme der Lagertemperatur korrigiert werden auf

$$t_{eff} = t_{B.0} = 0{,}5(40 + 200{,}4)\,°\text{C} \approx 120\,°\text{C}$$

In dieser Weise ist die Berechnung so lange zu wiederholen, bis $t_{B.0} \approx t_{B.1}$ ist.

17

4.2 Zweiter Rechenschritt mit $t_{B.0} = 120\,°\text{C}$

$\Delta\psi = (13-11)10^{-6}\,\text{K}^{-1} \cdot (120-20)\,\text{K} = 200 \cdot 10^{-6} = 0{,}2 \cdot 10^{-3}$

$\psi_{eff} = (1{,}32 + 0{,}2)10^{-3} = 1{,}52 \cdot 10^{-3}$,

$S = 1{,}52 \cdot 10^{-3} \cdot 100\,\text{mm} = 152 \cdot 10^{-3}\,\text{mm} = 152\,\mu\text{m}$

$\eta = 4{,}4\,\text{mPa} \cdot \text{s}$ bei $120\,°\text{C}$

$$So = \frac{5 \cdot 10^6\,\text{Pa} \cdot 1{,}52^2 \cdot 10^{-6}}{4{,}4 \cdot 10^{-3}\,\text{Pa} \cdot \text{s} \cdot 125{,}66\,s^{-1}} = 20{,}89$$

$\varepsilon = 0{,}964$ (interpoliert)

$h_0 = 0{,}5 \cdot 100\,\text{mm} \cdot 1{,}52 \cdot 10^{-3} \cdot (1-0{,}964) = 2{,}736 \cdot 10^{-3}\,\text{mm} \approx 2{,}74\,\mu\text{m}$

$\dfrac{\mu}{\psi_{eff}} = 0{,}704$ (interpoliert)

$\mu = 0{,}704 \cdot 1{,}52 \cdot 10^{-3} = 1{,}07 \cdot 10^{-3} = 0{,}00107$

$P_A = P_f = 25000\,\text{N} \cdot 0{,}00107 \cdot 6{,}28\,\text{m/s} = 168\,\text{W}$

$$t_{B.1} = \frac{168\,\text{W} \cdot \text{m}^2 \cdot \text{K}}{20\,\text{W} \cdot 0{,}28\,\text{m}^2} + 20\,°\text{C} = (30 + 20)\,°\text{C} = 50\,°\text{C}$$

Da $t_{B.1} = 50°C < t_{B.0} = 120°C$ ist, muss die Annahme der Lagertemperatur nochmals korrigiert werden auf

$$t_{B.0} = 0{,}5(120 + 50)°C = 85°C$$

4.3 Dritter Rechenschritt mit $t_{B.0} = 85°C$

$$\Delta\psi = (13 - 11)10^{-6}K^{-1} \cdot (85 - 20)K = 130 \cdot 10^{-6} = 0{,}13 \cdot 10^{-3}$$

$$\psi_{eff} = (1{,}32 + 0{,}13)10^{-3} = 1{,}45 \cdot 10^{-3}$$

$$S = 1{,}45 \cdot 10^{-3} \cdot 100\,mm = 145 \cdot 10^{-3}\,mm = 145\,\mu m$$

$$\eta = 10\,mPa \cdot s \text{ bei } 85°C$$

$$So = \frac{5 \cdot 10^6\,Pa \cdot 1{,}45^2 \cdot 10^{-6}}{10 \cdot 10^{-3}\,Pa \cdot s \cdot 125{,}66\,s^{-1}} = 8{,}366$$

$$\varepsilon = 0{,}92 (\text{interpoliert})$$

$$h_0 = 0{,}5 \cdot 100\,mm \cdot 1{,}45 \cdot 10^{-3} \cdot (1 - 0{,}92) = 5{,}8 \cdot 10^{-3}\,mm = 5{,}8\,\mu m$$

$$\frac{\mu}{\psi_{eff}} = 1{,}3166 (\text{interpoliert})$$

$$\mu = 1{,}3166 \cdot 1{,}45 \cdot 10^{-3} \approx 1{,}91 \cdot 10^{-3} = 0{,}00191$$

$$P_A = P_f = 25000\,N \cdot 0{,}00191 \cdot 6{,}28\,m/s \approx 300\,W$$

$$t_{B.1} = \frac{300\,W \cdot m^2 \cdot K}{20\,W \cdot 0{,}28\,m^2} + 20°C = (53{,}6 + 20)°C = 73{,}6°C$$

4.4 Schlussfolgerung

Da $t_{B.1} = 73{,}6°C < 85°C$ ist, müsste die Berechnung mit $t_B = 0{,}5(73{,}6 + 85)°C \approx 79°C$ fortgesetzt werden. Diese würde die zulässige Temperatur von 90 °C nicht überschreiten. Es ergäbe sich aber eine minimale Schmierfilmdicke von ca. $h_0 = 0{,}5(2{,}74 + 5{,}8)\mu m \approx 4{,}3\mu m$. Nach Tabelle 17.20 sind jedoch $h_{0lim} = 9\mu m$ erforderlich. Dieses $h_{0\,lim}$ könnte nur mit einem Öl höherer Viskosität erreicht werden. Dann würde aber die Lagertemperatur zu hoch. Infolgedessen ist eine Druckumlaufschmierung unerlässlich.

5. Wärmeabführung durch das Schmieröl

5.1 Erster Rechenschritt

Angenommene Ölaustrittstemperatur

$$t_{2.0} = t_1 + 20K = 50°C + 20K = 70°C$$

Effektive Schmierfilmtemperatur $t_{eff} = 0{,}5(t_{2.0} = t_1) = 0{,}5(70 + 50)°C = 60°C$.

17

$\eta = 26\,\text{mPa}\cdot\text{s}$ bei 60°C

$\Delta\psi = (13-11)10^{-6}\,\text{K}^{-1}\cdot(60-20)\,\text{K} = 80\cdot 10^{-6} = 0{,}08\cdot 10^{-3}$

$\psi_{\text{eff}} = (1{,}32+0{,}08)10^{-3} = 1{,}4\cdot 10^{-3}$

$$So = \frac{5\cdot 10^{6}\,\text{Pa}\cdot 1{,}4^{2}\cdot 10^{-6}}{26\cdot 10^{-3}\,\text{Pa}\cdot\text{s}\cdot 125{,}66\,\text{s}^{-1}} = 3{,}0$$

$\varepsilon = 0{,}8377\,(\text{interpoliert})$

$h_0 = 0{,}5\cdot 100\,\text{mm}\cdot 1{,}4\cdot 10^{-3}\cdot(1-0{,}8377) = 11{,}36\,\text{mm}^{-3} = 11{,}36\,\mu\text{m} > h_{0\text{lim}} = 7\,\mu\text{m}$

$\mu/\psi_{\text{eff}} = 2{,}619\,(\text{interpoliert})$

$\mu = 2{,}617\cdot 1{,}4\cdot 10^{-3} = 3{,}6666\cdot 10^{-3} \approx 0{,}003667$

$P_Q = P_f = 25000\,\text{N}\cdot 0{,}003667\cdot 6{,}28\,\text{m/s} \approx 576\,\text{W}$

Schmierstoffdurchsatz:

Nach Tabelle 17.18 und Formel 17.13 ist

$$q_1 = \frac{1}{4}\left[\frac{B}{D} - 0{,}223\left(\frac{B}{D}\right)^{3}\right]\varepsilon = \frac{1}{4}(0{,}5-0{,}223\cdot 0{,}5^{3})0{,}8377 = 0{,}11803\cdot 0{,}8377 \approx 0{,}099$$

$$Q_1 = D^{3}\cdot\psi_{\text{eff}}\cdot\omega\cdot q_1 = 0{,}1^{3}\,\text{m}^{3}\cdot 1{,}4\cdot 10^{-3}\cdot 125{,}66\,\text{s}^{-1}\cdot 0{,}099 = 0{,}0174\cdot 10^{-3}\,\text{m}^{3}/\text{s}$$

Nach Tabelle 17.19 mit $d_H/B = 6/50 = 0{,}12$:

$$q_H = 1{,}204 + 0{,}368\cdot 0{,}12 - 1{,}046\cdot 0{,}12^{2} + 1{,}942\cdot 012^{3} = 1{,}2365$$

$$q_2 = \frac{\pi}{48}\cdot\frac{(1+\varepsilon)^{3}}{\left(\ln\frac{B}{d_H}\right)q_H} = \frac{\pi}{48}\cdot\frac{(1+0{,}8377)^{3}}{(\ln 8{,}333)1{,}2365} = 0{,}155$$

Nach Formel 17.14:

$$Q_2 = \frac{D^{3}\cdot\psi_{\text{eff}}^{2}\cdot p_E}{\eta}q_2 = \frac{0{,}1^{3}\,\text{m}^{3}\cdot 1{,}4^{3}\cdot 10^{-9}\cdot 0{,}5\cdot 10^{6}\,\text{Pa}}{26\cdot 10^{-3}\,\text{Pa}\cdot\text{s}}0{,}155 = 8{,}1792\cdot 10^{-6}\,\text{m}^{3}/\text{s}$$

$$\approx 0{,}00818\cdot 10^{-3}\,\text{m}^{3}/\text{s}$$

$$Q = Q_1 + Q_2 = (0{,}0174 + 0{,}00818)10^{-3}\,\text{m}^{3}/\text{s} \approx 0{,}0256\cdot 10^{-3}\,\text{m}^{3}/\text{s} = 0{,}0256\,\text{dm}^{3}/\text{s}$$

$$= 0{,}0256\,\text{dm}^{3}/\text{s} \approx 1{,}54\,\text{l/min}$$

$$t_{2.1} = \frac{P_Q}{\varrho\cdot c\cdot Q} + t_1 = \frac{576\,\text{W}\cdot\text{m}^{3}\cdot\text{K}\cdot\text{s}}{1{,}8\cdot 10^{6}\,\text{J}\cdot 0{,}0256\cdot 10^{-3}\,\text{m}^{3}} + 50\,°\text{C} = (12{,}5+50)\,°\text{C} = 62{,}5\,°\text{C}$$

Da $t_{2.1} = 62{,}5\,°\text{C} < t_{2.0} = 70\,°\text{C}$ ist, wird die Annahme der Schmierstoffaustrittstemperatur korrigiert auf

$$t_{2.0} = 0{,}5(70+62{,}5)\,°\text{C} \approx 66\,°\text{C}$$

5.2 Zweiter Rechenschritt

Damit $t_2 - t_1 = 20\,\text{K}$ wird, wird angenommen, dass das Schmieröl mit 46 °C zufließt. Dann wird

$$t_{\text{eff}} = 0{,}5(46+66)\,°\text{C} = 56\,°\text{C}$$

$$\eta = 30\,\text{mPa}\cdot\text{s bei } 56\,°\text{C}$$

$$\Delta\psi = (13-11)10^{-6}\,\text{K}^{-1}\cdot(56-20)\,°\text{C} = 72\cdot10^{-6} = 0{,}072\cdot10^{-3}$$

$$\psi_{\text{eff}} = (1{,}32+0{,}072)10^{-3} \approx 1{,}39\cdot10^{-3}$$

$$So = \frac{5\cdot10^6\,\text{Pa}\cdot1{,}39^2\cdot10^{-6}}{30\cdot10^{-3}\,\text{Pa}\cdot\text{s}\cdot125{,}66\,\text{s}^{-1}} = 2{,}563$$

$$\varepsilon = 0{,}8247\,(\text{interpoliert})$$

$$h_0 = 0{,}5\cdot100\,\text{mm}\cdot1{,}39\cdot10^{-3}\cdot(1-0{,}8247) = 12{,}18\cdot10^{-3}\,\text{mm} \approx 12{,}2\,\mu\text{m} > h_{0\text{lim}} = 7\,\mu\text{m}$$

$$\frac{\mu}{\psi_{\text{eff}}} = 2{,}832, \quad \mu = 2{,}832\cdot1{,}39\cdot10^{-3} \approx 3{,}94\cdot10^{-3} = 0{,}00394$$

$$P_\text{Q} = 25000\,\text{N}\cdot0{,}00394\cdot6{,}28\,\text{m/s} \approx 619\,\text{W}$$

$$q_1 = 0{,}11803\cdot0{,}8247 = 0{,}09734$$

$$Q_1 = 0{,}1^3\,\text{m}^3\cdot1{,}39\cdot10^{-3}\cdot125{,}67\,\text{s}^{-1}\cdot0{,}09734 = 0{,}017\cdot10^{-3}\,\text{m}^3/\text{s}$$

$$q_\text{H} = 1{,}2365, \quad q_2 = \frac{\pi}{48}\cdot\frac{(1+0{,}8247)^3}{(\ln 8{,}333)1{,}2365} \approx 0{,}152$$

$$Q_2 = \frac{0{,}1^3\,\text{m}^3\cdot1{,}39^3\cdot10^{-9}\cdot0{,}5\cdot10^6\,\text{Pa}}{30\cdot10^{-3}\,\text{Pa}\cdot\text{s}}0{,}152 = 6{,}8\cdot10^{-6}\,\text{m}^3/\text{s} = 0{,}0068\cdot10^{-3}\,\text{m}^3/\text{s}$$

$$Q = (0{,}017+0{,}0068)10^{-3}\,\text{m}^3/\text{s} = 0{,}0238\cdot10^{-3}\,\text{m}^3/\text{s} \approx 1{,}43\,\text{l/min}$$

$$t_{2.1} = \frac{619\,\text{W}\cdot\text{m}^3\cdot\text{K}\cdot\text{s}}{1{,}8\cdot10^6\,\text{J}\cdot0{,}0238\cdot10^{-3}\,\text{m}^3} + 46\text{C} = (14{,}45+46)\,°\text{C} \approx 60{,}5\,°\text{C}$$

5.3 Schlussbetrachtung

Damit ist $t_{2.1} = 60{,}5\,°\text{C} < t_{2.0} = 66\,°\text{C}$. Hier wird die Berechnung abgebrochen, und die zuletzt errechneten Daten werden angenommen, zumal die Konvektion nicht berücksichtigt worden ist. Somit müssen $Q \approx 1{,}5$ l/min Schmieröl zugeführt werden.

17

Beispiel 17.3

Für das hydrodynamische Radial-Gleitlager nach Beispiel 17.2 wurden errechnet bzw. sind bekannt: Lagernenndurchmesser $D = 100\,\text{mm}$, relative Lagerbreite $B/D = 0{,}5$, spezifische Lagerbelastung $\overline{p} = 5\cdot 10^6\,\text{Pa} = 5\,\text{N/mm}^2$, Winkelgeschwindigkeit $\omega = 125{,}66\,\text{s}^{-1}$, Betriebsdrehzahl $n = 1200\,\text{min}^{-1} = 20\,\text{s}^{-1}$, Schmieröl ISO VG 68, mittleres relatives Lagerspiel $\psi = 1{,}32\cdot 10^{-3}$ bei 20 °C, Grenzschmierfilmdicke $h_{0\text{lim}} = 7\,\mu\text{m}$ nach Tabelle 17.20, Wärmedehnungsbeiwerte Welle $\alpha_S = 11\cdot 10^{-6}\,\text{K}^{-1}$ und Lagerschale einschließlich Gehäuse $\alpha_B = 13\cdot 10^{-6}\,\text{K}^{-1}$.

Während des stationären Betriebes beträgt die Öleintrittstemperatur $t_1 = 46\,°\text{C}$, die Ölaustrittstemperatur $t_2 = 60{,}5\,°\text{C}$. Wie hoch ist die Übergangsdrehzahl $n_ü$, wenn die Welle bei $t_a = 20\,°\text{C}$ unter Last anfährt, sodass zu Betriebsbeginn auch der Schmierfilm eine Temperatur $t_{\text{eff}} = 20\,°\text{C}$ hat? Wie hoch ist die Übergangsdrehzahl $n_ü$, wenn die Welle aus dem betriebswarmen Zustand unter Last ausläuft und durch Aufrechterhaltung der Kühlung dafür gesorgt wird, dass kein Wärmestau entsteht?

Lösung:

1. Übergangsdrehzahl bei Betriebsbeginn

Nach Diagramm 16.1 ist $\eta = 240\,\text{mPa}\cdot\text{s}$ bei 20 °C. Relative Übergangs-Exzentrizität nach Formel 17.27 mit $\psi_{\text{eff}} = \psi_m$:

$$\varepsilon_ü = 1 - \frac{2h_{0\text{lim}}}{D\cdot\psi_{\text{eff}}} = 1 - \frac{2\cdot 7\cdot 10^{-6}\,\text{m}}{0{,}1\,\text{m}\cdot 1{,}32\cdot 10^{-3}} = 1 - 0{,}106 = 0{,}894$$

Aus Tabelle 17.15 folgt die Sommerfeldzahl $So_ü = 4{,}8868$ (interpoliert). Damit ergibt sich aus Formel 17.28:

$$\omega_ü = \frac{\overline{p}\cdot\psi_{\text{eff}}^2}{\eta\cdot So_ü} = \frac{5\cdot 10^6\,\text{Pa}\cdot 1{,}32^2\cdot 10^{-6}}{240\cdot 10^{-3}\,\text{Pa}\cdot\text{s}\cdot 4{,}8868} = 7{,}428\,\text{s}^{-1}$$

$$n_ü = \frac{\omega_ü}{2\pi} = \frac{7{,}428\,\text{s}^{-1}}{2\pi} = 1{,}182\,\text{s}^{-1} = 70{,}9\,\text{min}^{-1}$$

Das bedeutet, dass das Lager im kalten Zustand bei $n = 70{,}9\,\text{min}^{-1}$ in die Flüssigkeitsreibung übergeht.

2. Übergangsdrehzahl beim Auslaufen

Die effektive Lagertemperatur beträgt

$$t_{\text{eff}} = t_B = 0{,}5(t_1 + t_2) = 0{,}5(46 + 60{,}5)\,°\text{C} \approx 53\,°\text{C}$$

Bei dieser Temperatur ist $\eta = 36\,\text{mPa}\cdot\text{s}$. Thermische Änderung des relativen Lagerspiels nach Formel 17.12:

$$\Delta\psi = (\alpha_B - \alpha_S)(t_B - 20\text{C}) = (13 - 11)10^{-6}\,\text{K}^{-1}\cdot(53 - 20)\,\text{K} = 0{,}066\cdot 10^{-3}$$

$$\psi_{\text{eff}} = \psi_m + \Delta\psi = (1{,}32 + 0{,}066)10^{-3} \approx 1{,}39\cdot 10^{-3}$$

Daraus folgt:

$$\varepsilon_{\ddot{u}} = 1 - \frac{2h_{0\text{lim}}}{D \cdot \psi_{\text{eff}}} = 1 - \frac{2 \cdot 7 \cdot 10^{-6}\,\text{m}}{0{,}1\text{m} \cdot 1{,}39 \cdot 10^{-3}} = 0{,}8993$$

Sommerfeldzahl $So_{\ddot{u}} \approx 5{,}1$ (interpoliert) und

$$\omega_{\ddot{u}} = \frac{\bar{p} \cdot \psi_{\text{eff}}^2}{\eta \cdot So_{\ddot{u}}} = \frac{5 \cdot 10^6\,\text{Pa} \cdot 1{,}39^2 \cdot 10^{-6}}{36 \cdot 10^{-3}\,\text{Pa} \cdot \text{s} \cdot 5{,}1} = 52{,}62\,\text{s}^{-1},$$

$$n_{\ddot{u}} = \frac{\omega_{\ddot{u}}}{2\pi} = \frac{52{,}62\,\text{s}^{-1}}{2\pi} = 8{,}375\,\text{s}^{-1} = 502{,}5\,\text{min}^{-1}.$$

Da das Lager mit $n = 1200\,\text{min}^{-1}$ läuft, liegt die Betriebsdrehzahl genügend hoch über der Übergangsdrehzahl.

Gleitlager in Verbrennungsmotoren werden dynamisch (**instationär**) beansprucht, weil die Lastrichtung für Kurbelwellen- oder Pleuellager über eine Kurbelwellenumdrehung durch die Kinematik des Kurbeltriebs nicht konstant ist. Dies gilt auch für andere Kolbenmaschinen (Kompressoren und Pumpen). Die Größe ändert sich mit Drehzahl und Last. So sind den Gaskräften die Massenkräfte überlagert, diese steigen mit dem Quadrat der Drehzahl. Bild 17.60 zeigt das *Lagerkraftpolardiagramm* eines 4-Zylinder-Viertakt-Ottomotors.

Die Berechung der Lagerkräfte ist kompliziert. Die Schwierigkeiten beginnen bereits bei der Modellbildung: So kann z. B. eine fünffach gelagerte 4-Zylinder-Kurbelwelle gedanklich in einzelne, statisch bestimmte Kröpfungen zerlegt werden. Dieses Verfahren ist sehr lange angewendet worden. Eine Verbesserung ist die Berechnung als mehrfach statisch überbestimmter Durchlaufträger mit starren Gelenklagern, mit z. B. dem Reduktions- bzw. Übertragungsverfahren (vgl. Kapitel 15). Die nächste Stufe der Modellbildung wäre ein mehrfach statisch überbestimmter Durchlaufträger mit elastischen Lagern, die Ölfilm und Nachgiebigkeit der Lagerstühle darstellen sollen. Moderne Berechnungsmodelle auf FEA-Basis (vgl. Kapitel 1) gehen noch sehr viel weiter, und die Motorenhersteller, die großen Forschungsinstitute sowie die Gleitlagerhersteller benutzen hier hochspezialisierte Rechenprogramme (Näheres siehe [17.6]).

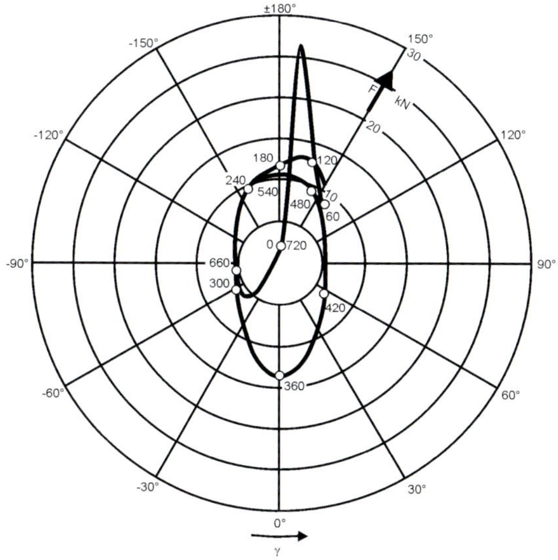

Bild 17.60
Lagerkraftpolardiagramm des Pleuellagers eines 4-Zylinder-Viertakt-Ottomotors bei Volllast und 4500 min^{-1} (nach *Affenzeller/ Gläser* [17.6])

17.8 Gestaltung der Axiallager

Die einfachste Ausführung eines Axiallagers ist das **Ringspurlager** nach Bild 17.61 mit ebenen Gleitflächen. Die Stirnfläche des Zapfens läuft auf einer Spurplatte aus Gleitwerkstoff. Der Schmierstoff (meistens Fett, seltener Öl) wird von innen zugeführt. Die Lauffläche der Spurplatte ist durch radiale Schmiernuten oder durch eine exzentrische Ringnut unterbrochen, die das Schmiermittel über die Breite der Ringfläche verteilen. Der Schmierstoff wird über entspr. Bohrungen in der Spurplatte zugeführt. Ringspurlager sind nur für geringe Gleitgeschwindigkeiten und geringe Flächenpressungen geeignet. Sie arbeiten im Mischreibungsgebiet. Spurplatten aus Kunststoff oder mit eingelagerten Festschmierstoffen kommen wie die entsprechenden Radiallager auch ohne Schmierung aus.

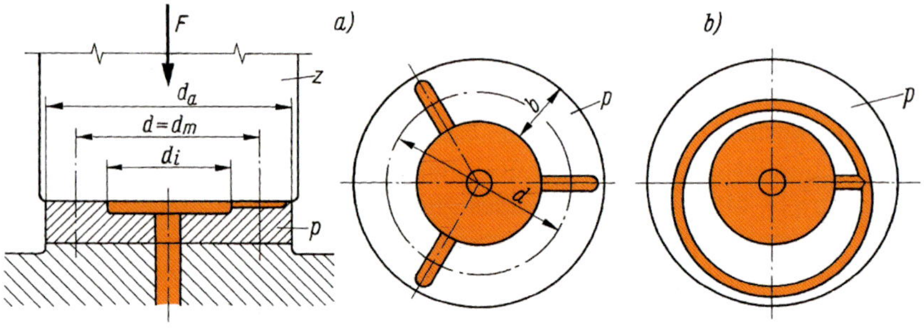

Bild 17.61 Einfaches Ringspurlager
a) mit radialen Schmiernuten, b) mit exzentrischer Ringschmiernut; z Zapfen, p Spurplatte

17

Mit DIN ISO 6525 sind aus Blechstreifen hergestellte Gleitlagerscheiben genormt (Bild 17.62). Es sind dies dünne Spurplatten, die mit Schmiernuten versehen sind. Sie werden vorwiegend in kombinierten Radial-Axial-Lagern verwendet. Das Axiallager wird gleichzeitig mit dem Radiallager ölumlaufgeschmiert. Die Schmiernuten verteilen das Öl über die Reibflächen. Eine hydrodynamische Schmierung ist natürlich nicht möglich. Die Schmiernuten müssen jedoch manchmal tiefer als erforderlich sein, damit das Schmieröl aus dem unter Druck geschmierten Zapfenlagern entweichen kann. Gleitlager-Halbscheiben für den gleichen Zweck siehe DIN ISO 6526. Diese sind jedoch mit einer metallischen Laufschicht versehen. Wellen mit Spurscheiben für Radial-Axiallager (Bild 17.63) sind mit DIN 31699 genormt.

Ungünstig ist bei allen Axiallagern die unterschiedliche Gleitgeschwindigkeit am Außen- und Innenumfang. Deshalb nutzen sie sich außen schneller ab.

Für höhere Belastungen werden **hydrodynamische Axiallager** in Form von **Segment-Spurlagern** verwendet. Sie bestehen nach Bild 17.64 aus einem mit der Welle fest verbundenen Laufring, der auf einem feststehenden, mit dem Lagergehäuse fest verbundenen Tragring (Axiallagerring) gleitet. Dessen gesamte Ringfläche besteht nach Bild 17.65 aus einem System von Segmenten mit Schmierkeilen und Schmiernuten für eine Drehrichtung oder für wechselnde Drehrichtung. Bei wechselnder Drehrichtung bleibt die Hälfte der Lauffläche unausgenutzt. Günstig ist: Feldbreite $b \approx$ Staufeldlänge l. Bei hohen Drehzahlen wird zur besseren Wärmeabfuhr auch bis auf $b \approx 1{,}25l$ gegangen.

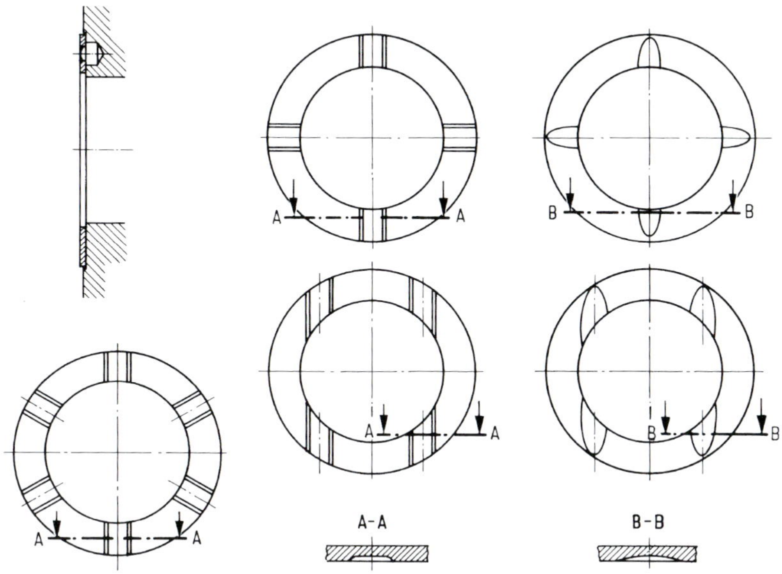

Bild 17.62 Gleitlagerscheiben mit typischen Schmiernuten nach DIN ISO 6525

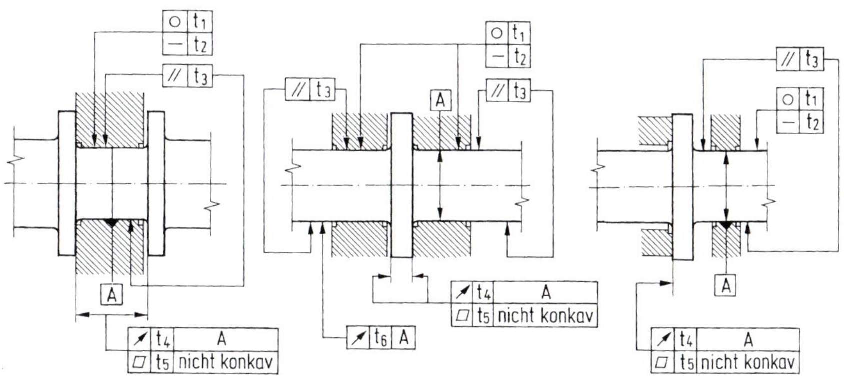

Bild 17.63 Form- und Lagetoleranzen für Wellen, Bunde und Spurscheiben nach DIN 31699 in drei Genauigkeitsgraden.
Je nach Genauigkeitsgrad: $t_1 = 6...15 \mu m$, $t_2 = 10...20 \mu m$, $t_3 = 20...40 \mu m$, $t_4 = 8...18 \mu m$, $t_5 = 8...18 \mu m$, t_6 richtet sich nach den Betriebsverhältnissen.
Oberflächenrauheit $R_z = 4...6{,}3 \mu m$

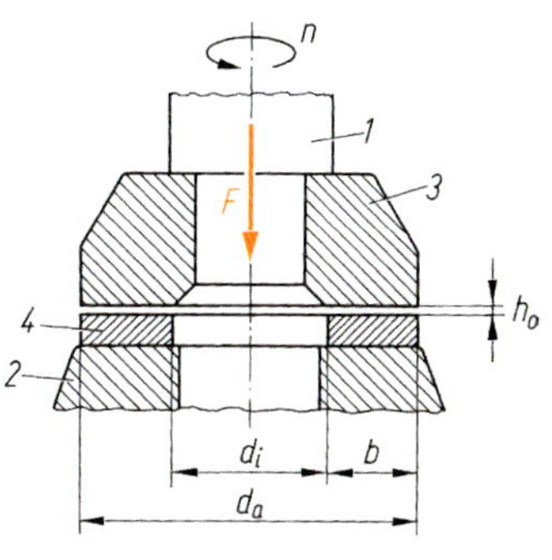

Bild 17.64
Hydrodynamisches Axiallager
1 Welle, 2 Lagergehäuse, 3 Laufring, 4 Axiallagerring (Tragring)

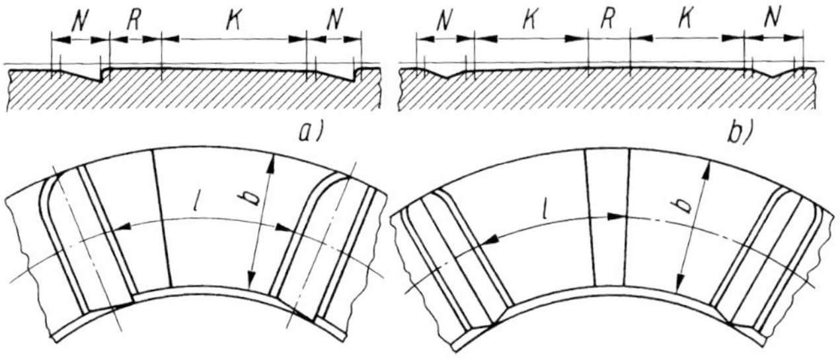

Bild 17.65 Keil- und Nutensystem an einem Segment-Spurlager
a) für eine Drehrichtung, b) für wechselnde Drehrichtung
K Keillänge, *R* Raststrecke, *N* Nutbreite

Es gibt auch Axiallagerringe, die auf beiden Seiten Gleitflächen besitzen, sodass sie wechselnde Längskräfte aufnehmen können. Diese Tragringe werden an ihrem Außenrand im Gehäuse aufgenommen. Die Einbaumaße der Ringe für einseitige und wechselnde Belastung sind mit DIN 31696 und 31697 genormt.

Falls die Welle nicht winkelrecht zum Gehäuse steht, kann ein Ausgleich durch eine nachgiebige Unterlage, durch federnde Unterlegelemente oder durch ein kugeliges Zwischenstück herbeigeführt werden (Bild 17.66).

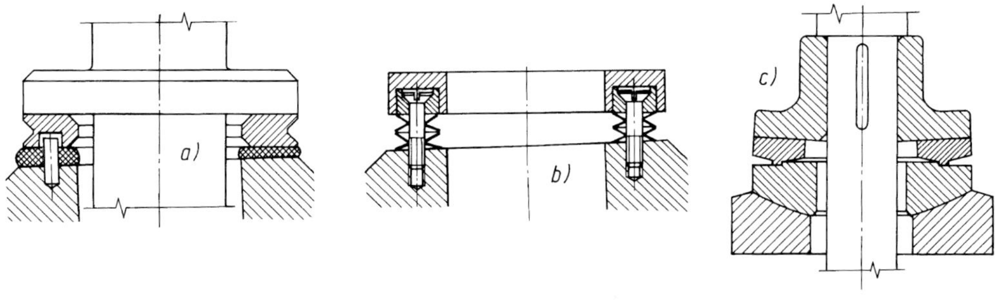

Bild 17.66 Ausgleich von Schiefstellungen der Welle
a) durch eine nachgiebige Unterlage, b) durch federnde Unterlegelemente, c) durch kugelige, kippbewegliche Unterlage

Anstelle der festen Keilsegmente werden besonders bei großen Lagern **Kippsegmente** vorgesehen, die sich wie bei den Kippsegment-Radiallagern von selbst neigen und so den erforderlichen Keilspalt bilden. Bild 17.67 zeigt hierzu einige Möglichkeiten der Ausbildung von Kippsegmenten, die auch Gleitschuhe oder Gleitklötze genannt werden. Ein mit einem Kippsegment-Radiallager kombiniertes Kippsegment-Axiallager zeigt Bild 17.68. Die Kippsegmente bestehen meistens aus Stahl mit einer Gleitschicht aus Lagermetall (Sn-Legierung, Bronze). Die Tragringe werden auch geteilt ausgeführt, um sie radial einschieben zu können.

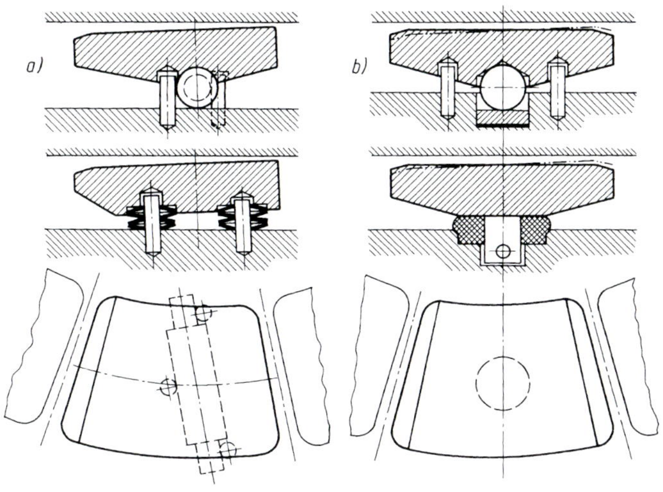

Bild 17.67 Kippsegmente von Axial-Gleitlagern
a) für einseitige Drehrichtung,
b) für wechselnde Drehrichtung

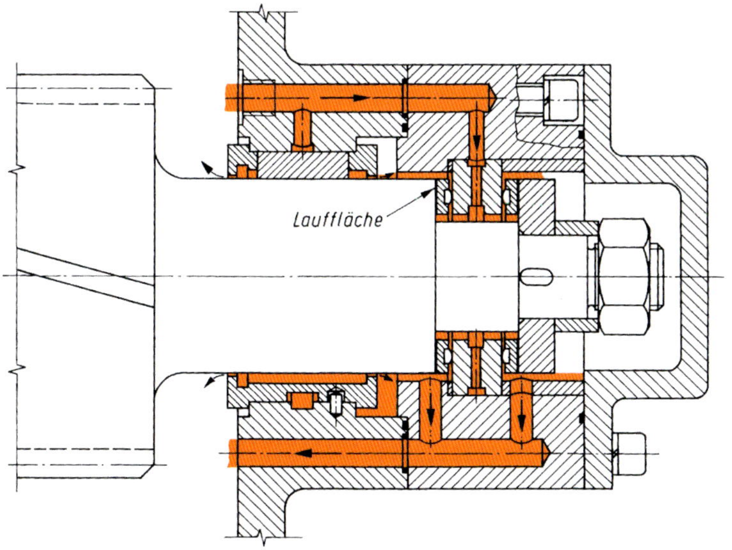

Bild 17.68 Zweiseitiges Kipp-segment-Axiallager, kombiniert mit einem Kippsegment-Radiallager

17.9 Berechnung der Axiallager

Prinzipiell sind die Berechnungsgleichungen dieselben wie bei den Radiallagern, unterscheiden sich von diesen lediglich in den geometrischen Verhältnissen:

spezifische Lagerbelastung $$\bar{p} = \frac{F}{A_L} \quad (17.29)$$

$\bar{p}$	in N/mm²	durchschnittliche Flächenpressung der Gleitfläche, d. h. spezifische Lagerbelastung.
F	in N	Belastungskraft,
A_L	in mm²	gedrückte Fläche $= \left(d_a^2 - d_i^2\right)\pi/4 = d_m \cdot \pi \cdot b$ bei Ringspurlagern, $= z \cdot b \cdot l$ bei hydrodynamischen Segment-Spurlagern. z ist die Anzahl der Segmente, b deren Breite und l deren mittlere Länge.

Die Anzahl z der Segmente soll eine gerade Zahl sein, erfahrungsgemäß $z = 4...12$. Es wird mit der **mittleren** Gleitgeschwindigkeit u gerechnet. Sie ergibt sich mit Formel 17.2, wenn $d = d_m = 0{,}5(d_a + d_i)$ gesetzt wird. Reibleistung P_f nach Formel 17.4, Anhaltswerte für Reibzahlen μ nach Tabelle 17.13, Lagertemperatur im Normalfall $t_B = 70...90\,°C$.

Anstelle der Sommerfeldzahl *So* bei den Radiallagern tritt bei hydrodynamischen Axiallagern die dimensionslose

$$\text{Tragzahl}\quad So_{ax} = \frac{\bar{p} \cdot h_0^2}{\eta \cdot u \cdot b} \tag{17.30}$$

$\bar{p}$	in N/mm²	spezifische Lagerbelastung nach Formel 17.29,
h_0	in mm	minimale Schmierfilmdicke,
η	in N · s/mm²	dynamische Viskosität des Schmieröls (siehe hierzu Diagramm 16.1), ($10^{-9}\,\text{N} \cdot \text{s/mm}^2 = 1\,\text{mPa} \cdot \text{s}$),
u	in mm/s	mittlere Gleitgeschwindigkeit nach Formel 17.2,
b	in mm	Lagerbreite $= 0{,}5(d_a - d_i)$.

In Bild 17.69 sind die Abmessungsverhältnisse an Fest- und Kippsegment-Axiallagern dargestellt. Wenn So_{ax} nach Tabelle 17.26 gewählt wird, lässt sich bei gegebener Ölviskosität die sich einstellende Schmierfilmdicke h_0 aus Formel 17.30 errechnen. Falls aber So_{ax} und h_0 gewählt werden können, folgt die erforderliche Ölviskosität η aus Formel 17.30.

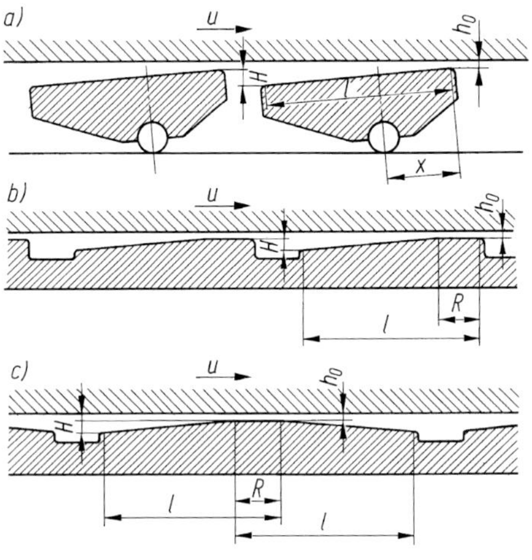

Bild 17.69
Gleitraumformen von Axiallagern (l = wirksame Keilspalt- oder Staufeldlänge, R = Länge der Rastfläche ≈ 0,25 l, h_0 = kleinster Schmierspalt, H = Keil- bzw. Staufeldhöhe, u = Gleitgeschwindigkeit, x = Unterstützungsabstand)
a) ebener Keilspalt durch selbsttätige Einstellung kippbeweglicher Elemente, b) ebener Keilspalt durch eingearbeitete Keilflächen, c) wie b, jedoch für beide Drehrichtungen

Unter der **relativen Schmierfilmdicke** $\boldsymbol{\delta = h_0 / H}$ (auch Keilspaltverhältnis genannt) versteht man das Verhältnis der Schmierfilmdicke h_0 zur Keilhöhe H. Bei gewähltem δ muss der Unterstützungspunkt bei kippbeweglichen Segmenten im Abstand $x = \varepsilon \cdot l \cdot d_s / d_m$ von der ablaufenden Kante des Segments liegen. d_s ist das geometrische Mittel aus Außen- und Innendurchmesser des Lagers: $d_s = \sqrt{0{,}5(d_a^2 + d_i^2)}$. Zwischen der relativen Schmierfilmdicke δ und dem Faktor ε besteht folgender Zusammenhang:

$\delta =$	∞	2	1,25	1	0,8	0,67	0,5	0,4
$\varepsilon =$	0,5	0,462	0,445	0,432	0,42	0,408	0,39	0,378

Die **größte Tragfähigkeit** ergibt sich bei $\delta = 0{,}8$ und $\varepsilon = 0{,}42$. Daraus folgt der günstigste Unterstützungsabstand x.

Bei Flüssigkeitsreibung beträgt die

Reibzahl $$\mu \approx \frac{K \cdot h_0}{b\sqrt{So_{ax}}} \tag{17.31}$$

K		Reibbeiwert nach Tabelle 17.26,
h_0	in mm	Schmierfilmdicke,
b	in mm	Lagerbreite,
So_{ax}		Tragzahl nach Tabelle 17.26.

Weiterhin sind zu errechnen die

Übergangsdrehzahl $$n_{ü} = \left(\frac{h_{ü}}{h_0}\right)^2 \cdot n \tag{17.32}$$

Mindestdrehzahl $$n_{min} = \left(\frac{h_{0\,lim}}{h_0}\right)^2 \cdot n \tag{17.33}$$

$h_{ü}$	in mm	Schmierfilmdicke beim Übergang von der Mischreibung zur Flüssigkeitsreibung nach Tabelle 17.27,
$h_{0\,lim}$	in mm	kleinste Schmierfilmdicke zum sicheren Arbeiten des Lagers mit Flüssigkeitsreibung nach Tabelle 17.27,
h_0	in mm	Schmierfilmdicke bei der Betriebsdrehzahl,
n	in mm^{-1}	Betriebsdrehzahl.

Bei der Mindestdrehzahl n_{min} wird die Flüssigkeitsreibung gewährleistet. Die Betriebsdrehzahl n sollte deshalb mindestens so groß wie n_{min} sein, somit $h_0 > h_{0\,lim}$.

Zur Aufrechterhaltung der Flüssigkeitsreibung ist erforderlich ein

Schmieröldurchsatz infolge Eigendruckentwicklung $$Q_1 = \varphi \cdot b \cdot h_0 \cdot u \cdot z \tag{17.34}$$

Q_1	in m^3/s	Tragöldurchsatz = erforderlicher Ölvolumenstrom,
φ		Durchsatzfaktor ≈ 0,7,
b	in m	Lagerbreite,
h_0	in m	Schmierfilmdicke bei der Betriebsdrehzahl,
u	in m/s	Gleitgeschwindigkeit nach Formel 17.2 mit $d = d_m$,
z		Anzahl der Segmente.

17

Die Wärmebilanz ist grundsätzlich wie bei den Radiallagern unter 7. in Abschnitt 17.7 vorzunehmen, d. h., es ist zunächst durch Iteration festzustellen, ob die Wärmeabführung durch Konvektion allein ausreicht. Ist dies nicht der Fall, so ist eine Ölumlaufschmierung vorzusehen. Die Schmierölmenge Q_1 nach Formel 17.34 reicht mitunter zur Kühlung nicht aus, und der Schmieröldurchsatz muss auf $Q > Q_1$ erhöht werden. Bei großen Lagern wird die Wärmeabführung durch Konvektion meistens mit in Ansatz gebracht, und es ist der

Wärmestrom durch Konvektion und über das Schmieröl

$$P_0 = P_A + P_Q = k \cdot A(t_B - t_a) + \varrho \cdot c \cdot Q(t_2 - t_1) \tag{17.35}$$

P_0	in W	gesamter Wärmestrom infolge Reibleistung P_f nach Formel 17.4,
P_A	in W	Wärmestrom über Lager und Gehäuse nach Formel 17.5,
P_Q	in W	Wärmestrom über das Schmieröl nach Formel 17.10,
k	in $W/(m^2 \cdot K)$	Wärmeübergangszahl zwischen der Oberfläche A des Lagergehäuses und der Umgebungsluft $= 15 \ldots 20\,W/(m^2 \cdot K)$ bei leicht bewegter Luft im Normalfall, sonst nach Formel 17.6,
A	in m^2	wärmeabgebende Oberfläche des Lagergehäuses,
t_B	in °C	Temperatur an den Gleitflächen (Lagertemperatur) des betriebswarmen Lagers, die in der Regel 70…90 °C nicht überschreiten soll,
t_a	in °C	Temperatur der umgebenden Luft (Umgebungstemperatur), im Normalfall = 20 °C,
$\varrho \cdot c$	in $J/(m^3 \cdot K)$	volumenspezifische Wärme des Schmieröls ≈ $1{,}8 \cdot 10^6\, J/(m^3 \cdot K)$,
Q	in m^3/s	gesamter Schmieröldurchsatz,
t_2	in °C	Temperatur des abfließenden Öls (Austrittstemperatur),
t_1	in °C	Temperatur des zufließenden Öls (Eintrittstemperatur), in der Regel wird von $t_2 - t_1 = 15 \ldots 20\,K$ ausgegangen.

Setzt man voraus, dass bis auf Q alle Daten bekannt sind, so ergibt sich mit der effektiven Schmierfilmtemperatur $t_{eff} = t_B = 0{,}5(t_2 - t_1)$ wie bei den Radiallagern der

gesamte, erforderliche Schmieröldurchsatz $$Q = \frac{P_0 - k \cdot A(t_B - t_a)}{\varrho \cdot c \cdot 2(t_2 - t_B)} \qquad (17.36)$$

Für die Legende hierzu siehe Formel 17.35.

Für eine ausführliche Berechnung hydrodynamischer Axial-Gleitlager im stationären Betrieb stehen folgende Normen zur Verfügung: DIN 31653 *Berechnung von Axialsegmentlagern* und DIN 31654 *Berechnung von Axial-Kippsegmentlagern.*

Beispiel 17.4

Das Axiallager mit Kippsegmenten eines senkrechten 60 MW-Wasserkraftgenerators (ähnlich Bild 17.70) wird mit $F = 2300\,\text{kN}$ belastet und läuft mit $n = 330\,\text{min}^{-1} = 5{,}5\,\text{s}^{-1}$ (nach VDI 2204). Es hat folgende Abmessungen: $d_a = 1484\,\text{mm}$, $d_i = 866\,\text{mm}$, $l = 216\,\text{mm}$ und $z = 12$ (Segmente mit Sn-Lagermetall-Auflage). Schmieröl ISO VG 68. Falls die Konvektion zur Wärmeabführung nicht ausreicht, soll die Wärme mit dem Schmieröl so weit abgeführt werden, dass bei $t_a = 20\,°\text{C}$ die Lagertemperatur $t_{eff} \approx 70\,°\text{C}$ beträgt. Wärmeabgebende Oberfläche des Lagergehäuses $A \approx 4{,}5\,\text{m}^2$. Es sind die erforderlichen Berechnungen durchzuführen.

Das Radiallager dient zur Führung der Welle und hat deshalb nur kleine, undefinierbare Kräfte aufzunehmen, sodass die Reibleistung dieses Lagers gering ist. Die Belastungskraft F ist so groß angenommen, dass mit ihr auch die Reibleistung des Radiallagers erfasst wird. Die Ölversorgung des Radiallagers müsste jedoch getrennt errechnet werden, schätzungsweise mit einer radialen Belastungskraft von 10 kN.

17

Lösung:

1. Spezifische Lagerbelastung $\bar{p}$

Mit $b = 0{,}5(d_a - d_i) = 0{,}5(1484 - 866)\,\text{mm} = 309\,\text{mm}$, $l = 216\,\text{mm}$ und $z = 12$ ist die gepresste Fläche $A_L = z \cdot b \cdot l = 12 \cdot 309\,\text{mm} \cdot 216\,\text{mm} = 800928\,\text{mm}^2$. Somit gilt nach Formel 17.29:

$$\bar{p} = \frac{F}{A_L} = \frac{2300000\,\text{N}}{800928\,\text{mm}^2} = 2{,}87\,\text{N/mm}^2 = 2{,}87 \cdot 10^6\,\text{Pa}$$

2. Gleitgeschwindigkeit u

Es ist $d = d_m = 0{,}5(d_a + d_i) = 0{,}5(1{,}484 + 0{,}866)\,\text{m} = 1{,}175\,\text{m}$.

Nach Formel 17.2: $u = d_m \cdot \pi \cdot n = 1{,}175\,\text{m} \cdot \pi \cdot 5{,}5\,\text{s}^{-1} = 20{,}3\,\text{m/s}$

3. Reibleistung P_f = Wärmestrom P_0

Bei $t_{eff} = 70\,°\text{C}$ beträgt nach Diagramm 16.1 die dynamische Viskosität des Schmieröls $\eta = 17\,\text{mPa} \cdot \text{s} = 0{,}017\,\text{Pa} \cdot \text{s}$. Bei Wahl von $\delta = 0{,}8$ Bei folgt bei $l / b = 216 / 309 = 0{,}7$ aus Tabelle 17.26 (Diagramm a) die Tragzahl $So_{ax} \approx 0{,}063$. Mit dieser wird aus Formel 17.30 die minimale Schmierfilmdicke errechnet:

$$h_0 = \sqrt{So_{ax} \frac{\eta \cdot u \cdot b}{\overline{p}}} = \sqrt{0{,}063 \frac{0{,}017\,\text{Pa} \cdot \text{s} \cdot 20{,}3\,\text{m/s} \cdot 0{,}309\,\text{m}}{2{,}87 \cdot 10^6\,\text{Pa}}} = 48{,}4 \cdot 10^{-6}\,\text{m}$$

$$= 48{,}4\,\mu\text{m} > h_{0\text{lim}} = 16\,\mu\text{m nach Tabelle 17.27}$$

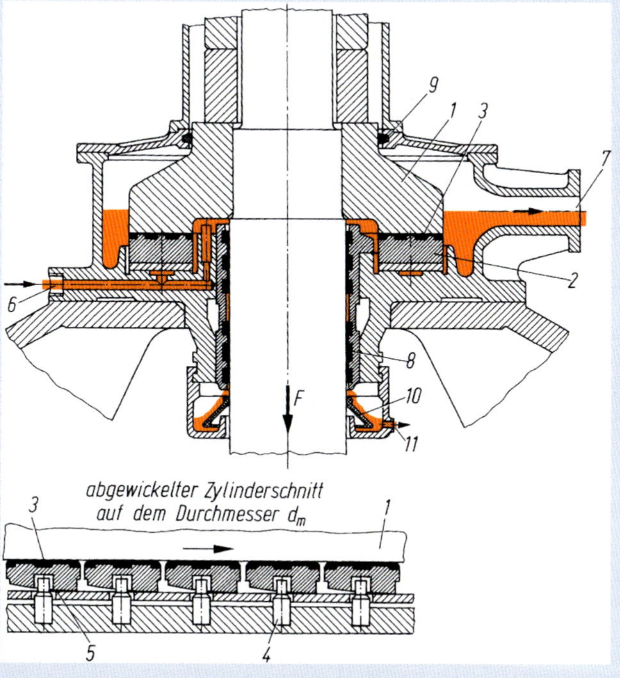

Bild 17.70 Axial- bzw. Längslager: Segmentlager für senkrechte Welle (Lager einer Wasserturbine) (aus [4])
1 Druckring auf der Welle, 2 Lagerring und Segmente mit (Ausguss), 3 Weißmetall-Ausguss der Segmente, 4 Führungszapfen für Segmente, 5 radiale Kante der Segmentfläche, 6 und 7 Ölzu- bzw. -abfluss, 8 an gleicher Stelle eingebautes Radiallager, 9 und 10 obere bzw. untere Lagerdichtung, 11 Ölablauf für Radiallager

Aus Tabelle 17.26 (Diagramm b) wird bei $l / b = 0{,}7$ und $\delta = 0{,}8$ der Reibbeiwert $K \approx 2{,}87$ abgelesen. Damit ist nach Formel 17.31

$$\mu \approx \frac{K \cdot h_0}{b\sqrt{So_{ax}}} = \frac{2{,}87 \cdot 0{,}0484 \cdot 10^{-3}\,\text{m}}{0{,}309\,\text{m}\sqrt{0{,}063}} = 0{,}00179$$

Reibleistung nach Formel 17.4: $P_f = F \cdot \mu \cdot u = 2300\,\text{kN} \cdot 0{,}00179 \cdot 20{,}3\,\text{m/s} = 83{,}6\,\text{kW}$

4. Wärmeabführung durch Konvektion

Mit $P_A = P_f = 83600\,\text{W}$, $k = 20\,\text{W/(m}^2 \cdot \text{K)}$, $A = 4{,}5\,\text{m}^2$ und der Umgebungstemperatur $t_a = 20\,°\text{C}$ wird nach Formel 17.5 die Lagertemperatur

$$t_B = \frac{P_A}{k \cdot A} + t_a = \frac{83600\,\text{W} \cdot \text{m}^2 \cdot \text{K}}{20\,\text{W} \cdot 4{,}5\,\text{m}^2} + 20\,°\text{C} = 949\,°\text{C}$$

Eine so hohe Lagertemperatur ist unmöglich, und ein Weiterrechnen wäre sinnlos. Es muss eine Ölumlaufschmierung mit Ölrückkühlung vorgesehen werden.

5. Schmieröldurchsatz infolge Eigendruckentwicklung

Nach Formel 17.34 erfolgt ein Schmieröldurchsatz im Axiallager von

$$Q_1 = \varphi \cdot b \cdot h_0 \cdot u \cdot z = 0{,}7 \cdot 0{,}309\,\text{m} \cdot 0{,}0484 \cdot 10^{-3}\,\text{m} \cdot 20{,}3\,\text{m/s} \cdot 12$$
$$= 2{,}55 \cdot 10^{-3}\,\text{m}^3/\text{s} = 2{,}55\,\text{dm}^3/\text{s} = 153\,\text{l/min}$$

6. Gesamter erforderlicher Schmieröldurchsatz zur Kühlung

Mit $P_0 = P_f$, $k = 20\,\text{W/(m}^2 \cdot \text{K)}$, $A = 4{,}5\,\text{m}^2$, $t_B = 70\,°\text{C}$, $t_a = 20\,°\text{C}$, $\varrho \cdot c = 1{,}8 \cdot 10^6\,\text{J/(m}^3 \cdot \text{K)}$, $t_2 = 80\,°\text{C}$ (bei $t_B = t_m = 70\,°\text{C}$, also $t_2 - t_1 = 20\,\text{K}$) wird nach Formel 17.36:

$$Q = \frac{P_0 - k \cdot A(t_B - t_a)}{\rho \cdot c \cdot 2(t_2 - t_B)} = \frac{83600\,\text{W} - 20\,\text{W/}(\text{m}^2 \cdot \text{K}) \cdot 4{,}5\,\text{m}^2 \cdot (70 - 20)\,°\text{C}}{1{,}8 \cdot 10^6\,\text{J/}(\text{m}^3 \cdot \text{K}) \cdot 2 \cdot (80 - 70)\,°\text{C}}$$
$$\approx 2{,}2 \cdot 10^{-3}\,\text{m}^3/\text{s} = 2{,}2\,\text{dm}^3/\text{s} = 132\,\text{l/min}.$$

Damit ist $Q = 132\,\text{l/min} < Q_1 = 153\,\text{l/min}$, sodass allein das Tragöl zur Kühlung genügt. Wenn die Konvektion nicht einbezogen wird, ergäbe sich $Q = 139\,\text{l/min}$. Hieraus ist zu ersehen, dass die Konvektion bei derartigen Lagern kaum eine Rolle spielt. Das Öl muss mit $t_1 = 60\,°\text{C}$ zulaufen.

7. Lage der Kippsegmente

Aus der relativen Schmierfilmdicke $\delta = h_0 / H$ folgt die sich einstellende Keilhöhe $H = h_0 / \delta = 48{,}4\,\mu\text{m} / 0{,}8 \approx 60\,\mu\text{m}$, wenn der Abstand $x = \varepsilon \cdot l \cdot d_s / d_m$ eingehalten wird. Nach den Angaben vor Formel 17.31 ist bei $\delta = 0{,}8$ der Faktor $\varepsilon = 0{,}42$. Weiterhin ist

$$d_s = \sqrt{0{,}5\left(d_a^2 + d_i^2\right)} = \sqrt{0{,}5\left(1484^2 + 866^2\right)}\,\text{mm} = 1215\,\text{mm}$$

Somit gilt $x = 0{,}42 \cdot 216\,\text{mm} \cdot 1215 / 1175 = 94\,\text{mm}$.

8. Übergangsdrehzahl $n_ü$ und Mindestdrehzahl n_{min}

Nach Tabelle 17.27 sind $h_ü = 6\,\mu\text{m}$ und $h_{0lim} = 16\,\mu\text{m}$. Damit betragen im betriebswarmen Zustand nach Formel 17.32 und Formel 17.33:

$$n_ü = \left(\frac{h_ü}{h_0}\right)^2 \cdot n = \left(\frac{6}{48{,}4}\right)^2 \cdot 330\,\text{min}^{-1} = 5\,\text{min}^{-1}$$

$$n_{min} = \left(\frac{h_{0lim}}{h_0}\right)^2 \cdot n = \left(\frac{16}{48{,}4}\right)^2 \cdot 330\,\text{min}^{-1} = 36\,\text{min}^{-1}$$

9. Schlussbemerkung

Die vorangegangenen Berechnungen zeigen, dass die Verhältnisse $n/n_ü$ und n/n_{min} sehr hoch sind, also eine kleinere Schmierfilmdicke h_0 ausreichen würde. Das bedingt ein Schmieröl mit geringerer Viskosität. Wählt man $h_0 \approx 1{,}8 h_{0lim} = 1{,}8 \cdot 16\,\mu\text{m} \approx 29\,\mu\text{m}$, so folgt mit $So_{ax} = 0{,}063$ die bei $t_{eff} = 70\,°\text{C}$ erforderliche Ölviskosität

$$\eta = \frac{\overline{p} \cdot h_0^2}{So_{ax} \cdot u \cdot b} = \frac{2{,}87 \cdot 10^6\,\text{Pa} \cdot 0{,}029^2 \cdot 10^{-6}\,\text{m}^2}{0{,}063 \cdot 20{,}3\,\text{m/s} \cdot 0{,}309\,\text{m}} = 0{,}0061\,\text{Pa} \cdot \text{s}$$

Nach Diagramm 16.1 käme dafür das Schmieröl ISO VG 22 mit $\eta = 0{,}007\,\text{Pa}\cdot\text{s}$ bei $t_{\text{eff}} = 70\,°\text{C}$ in Betracht. Damit ergeben sich:

$$h_0 = 31\,\mu\text{m},\quad \mu = 0{,}00115,\quad P_f = 54\,\text{kW},\quad Q_1 = 98\,\text{l/min},\quad Q = 82{,}5\,\text{l/min},$$

$$n_{ü} = 12{,}4\,\text{min}^{-1},\quad n_{\min} = 88\,\text{min}^{-1}$$

Es ist zu erkennen, dass sich hiermit wesentlich günstigere Verhältnisse einstellen. Die Wahl hängt selbstverständlich von den Betriebsverhältnissen ab, d. h. ob noch andere Maschinenteile mit dem gleichen Öl versorgt werden müssen. ■

17.10 Wartungsfreie Gleitlager

Wartungsfreie Gleitlager sind Gleitlager, die ohne fremde Schmierung auskommen und bei denen der Schmierstoff bereits in das Lager eingebettet ist. Ein breites Einsatzfeld finden solche Lager (nach igus) im Automotive-Bereich (z. B. in Sitzverstellungen, Pedallagerungen, Lenkwellen, Schaltgabeln, Drosselklappen, Schaltsaugrohren, Querlenkern, Achsschenkellagerungen, Bremssattellagerungen, Sattelkupplungen, Türscharnieren) und der Konsumgüterindustrie (z. B. in Haushaltsmaschinen, Unterhaltungselektronik, Sportgeräten und Spielzeugen). Diese Gleitlager sind heute hoch spezialisiert, Konstrukteure sollten hierzu die einschlägigen Hersteller konsultieren. Normen und Richtlinien können an dieser Stelle nur ergänzende Informationen liefern. Die Hersteller liefern nicht nur fertige Buchsen (Bild 17.71), Buchsen mit Bund und Anlaufscheiben, sondern bei Abnahme entsprechender Stückzahlen fast beliebige Sonderbauformen (Bild 17.72).

17

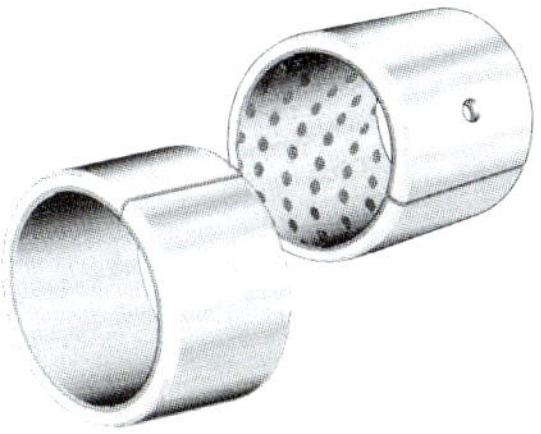

Bild 17.71 Wartungsfreie Gleitlagerbuchse (Werkbild KS Gleitlager)

Bild 17.72 Sonderbauformen von wartungsfreien Gleitlagern (Werkbild Federal-Mogul Glyco)

Es werden die verschiedensten Werkstoffe mit ganz erstaunlichen Eigenschaften verwendet. Diese erlauben Temperaturbereiche von −200 bis 300 °C, Flächenpressungen bis zu 250 N/mm² (im statischen Fall). Grob unterscheidet man metallische und polymere Basiswerkstoffe. Bei metallischen Grundwerkstoffen werden entweder PTFE oder POM – ggf. mit weiteren Zusätzen – in die poröse Bronzeschicht eingebettet. Handelsnamen sind Permaglide und Glycodur. Bei iglidur handelt es sich um thermoplastische Legierungen mit Fasermatrix und einem Gemisch aus Festschmierstoffen. Die Berechnung erfolgt nach den sehr umfangreichen Angaben der Hersteller, es wird hier auf die entsprechenden Druckschriften bzw. Internet-Seiten verwiesen. Alle Hersteller verwenden eine Art „Grundformel", die hier nicht zum genauen Berechnen angegeben wird, sondern zum Erkennen der verschiedenen Einflussfaktoren:

$$L_\mathrm{h} = \frac{K_\mathrm{f}}{(p \cdot v)^{\mathrm{ex}}} \cdot f_\mathrm{A} \cdot f_\mathrm{P} \cdot f_\mathrm{v} \cdot f_\vartheta \cdot f_\mathrm{W} \cdot f_\mathrm{R}$$

L_h	in h	nominelle Lebensdauer,
K_f	–	firmenspezifischer fixer Faktor: 300 … 1900 (typisch ca. 400 … 500),
ex	–	firmenspezifischer Exponent, je nach Gleitlagermaterial und Lagerart 1 … 3 (typisch 1 … 1,2),
F	in N	Lagerkraft
D	in mm	Bohrung der Buchse,
B	in mm	Breite der Buchse,
p	in N/mm²	Flächenpressung, $p = \frac{F}{D \cdot B}$, Formel 17.1,
v	in m/s	Gleitgeschwindigkeit, $v = \frac{D \cdot \pi \cdot n}{60 \cdot 1000}$,
n	in min⁻¹	Drehzahl,
f_A	–	Korrekturfaktor Belastungsfall (z. B. 1 bei Punktlast),
f_P	–	Korrekturfaktor Last (0,2 … 1),
f_v	–	Korrekturfaktor Gleitgeschwindigkeit (0,4 … 1),
f_ϑ	–	Korrekturfaktor Temperatur (0,2 … 1),
f_W	–	Korrekturfaktor Werkstoff für die Gegenlauffläche (z. B. 1 für Stahl),
f_R	–	Korrekturfaktor Rautiefe (0,1 … 1).

Eine große Rolle spielt das Produkt aus Flächenpressung und Gleitgeschwindigkeit. Daraus kann man für den Einsatz solcher Lager schließen, dass entweder kleine Gleitgeschwindigkeiten und hohe Lagerbelastungen oder große Gleitgeschwindigkeiten und niedrigen Lagerbelastungen möglich sind. Beispielsweise ist für das Material Glycodur-F (Federal-Mogul) bemerkenswert, dass der Reibwert bei kleiner Gleitgeschwindigkeit und hoher Lagerbelastung deutlich geringer ist (bis < 0,05) als bei großer Gleitgeschwindigkeit und niedriger Lagerbelastung (0,18 … 0,25). Die Eigenschaften dieser Lager sind so unterschiedlich, dass hier die Druckschriften der Hersteller für genaue Angaben empfohlen werden. Dies gilt auch für Einbaumaße und Toleranzen.

17.11 Verständnisfragen

1. Welchen Vorteil haben Gleitlager gegenüber Wälzlagern? Und welche Nachteile haben sie gegenüber Wälzlagern?
2. Wie verhält sich der Zapfen in hydrodynamisch geschmierten Gleitlagern bei Stillstand und was ist der sogenannte Ausklinkpunkt?
3. Welcher geometrisch bedeutende Zwischenraum entsteht zwischen Lager und Zapfen und wie groß muss er mindestens sein?
4. Wo dürfen Schmiernuten in hydrodynamisch geschmierten Gleitlagern nicht liegen?
5. Was sind hydrostatische Gleitlager und mit welchen Öldrücken wird hier gearbeitet? Wann verwendet man sie?

6. Zeichnen Sie die Stribeck-Kurve und erläutern Sie diese.
7. Was sind typische Gleitlagerwerkstoffe?
8. Wie werden Zweitaktmotoren geschmiert?
9. Mit welcher dimensionslosen Kennzahl kann man hydrodynamische Radiallager bezüglich Lauf- und Reibverhalten miteinander vergleichen?
10. Welche Bauarten von Ölpumpen kennen Sie?

Literatur

[17.1] *Steeg, M.; Engel, U.; Roemer, E.:* Hochleistungsfähige metallische Mehrschicht-Verbundwerkstoffe für Gleitlager. GLYCO Ingenieurberichte Nr. 1/91. Firmenschrift. Federal-Mogul

[17.2] GLYCO Sputterlager. Firmenschrift. Federal-Mogul GLYCO

[17.3] *Engel, U.*: Schäden an Gleitlagern in Kolbenmaschinen. Ingenieurbericht Nr. 8/87. GLYCO-Metall-Werke

[17.4] *Hodes, E.; Mann, G.; Roemer, E.:* Lagerwerkstoffe – Übersicht. Firmenschrift. GLYCO-Metall-Werke

[17.5] *Lang, O. R.; Steinhilper, W.:* Gleitlager. Berlin: Springer Verlag, 1978

[17.6] *Affenzeller, J.; Gläser, H.:* Lagerung und Schmierung von Verbrennungsmotoren. Wien/New York: Springer Verlag, 1996

[17.7] *Bartz, W. et al.*: Gleitlager als moderne Maschinenelemente. Kontakt & Studium, Band 400. Technische Akademie. Esslingen: Expert, 1993

[17.8] *Bartz, W. et al.*: Selbstschmierende und wartungsfreie Gleitlager. Kontakt & Studium, Band 422. Technische Akademie. Esslingen: Expert, 1993

[17.9] *Deters, L.*: Gleitlager. In: *Steinhilper, W.; Sauer, B.:* Konstruktionselemente des Maschinenbaus 2. Berlin/Heidelberg: Springer Verlag, 2006

[17.10] *Deters, L.*: Gleitlager. In: *Rieg, F.; Kaczmarek, M. (Hrsg.):* Taschenbuch der Maschinenelemente. München: Fachbuchverlag Leipzig im Carl Hanser Verlag, 2006

[17.11] *Vogelpohl, G.:* Betriebssichere Gleitlager. Band 1: Grundlagen und Rechnungsgang. 2. Auflage. Berlin: Springer Verlag, 1967

[17.12] KS Gleitlagersymposium, Gespräch der Herren W. Schubert und T. Storch (beide KS Gleitlager) mit A. Dörnhöfe. Universität Bayreuth, September 2006

[17.13] *Butenschön, H.-J.:* Das hydrodynamische, zylindrische Gleitlager endlicher Breite unter instationärer Belastung. Dissertation :TU Karlsruhe, 1976

[17.14] Dubbel – Taschenbuch für den Maschinenbau. 18. Auflage. Berlin: Springer Verlag, 1995

DIN 118-1 Ausgabe: 1977-07. Steh-Gleitlager für allgemeinen Maschinenbau

DIN 31652-1 Norm-Entwurf: 2002-05. Hydrodynamische Radial-Gleitlager im stationären Betrieb

DIN 31652-2 Norm Entwurf: 2002-05. Hydrodynamische Radial-Gleitlager im stationären Betrieb

DIN 31652-3 Norm Entwurf: 2002-05. Hydrodynamische Radial-Gleitlager im stationären Betrieb

DIN 31652, Teil 1 Ausgabe: 1983-04. Hydrodynamische Radial-Gleitlager im stationären Betrieb

DIN 31652, Teil 2 Ausgabe: 1983-02. Hydrodynamische Radial-Gleitlager im stationären Betrieb

DIN 31652, Teil 3 Ausgabe: 1983-04. Hydrodynamische Radial-Gleitlager im stationären Betrieb

DIN 31653-1 Ausgabe: 1991-05. Gleitlager; Hydrodynamische Axial-Gleitlager im stationären Betrieb; Berechnung von Axialsegmentlagern

DIN 31653-2 Ausgabe: 1991-05. Gleitlager; Hydrodynamische Axial-Gleitlager im stationären Betrieb; Funktionen für die Berechnung von Axialsegmentlagern

DIN 31653-3	Ausgabe: 1991-06. Gleitlager; Hydrodynamische Axial-Gleitlager im stationären Betrieb; Betriebsrichtwerte für die Berechnung von Axialsegmentlagern
DIN 31654-1	Ausgabe: 1991-05. Gleitlager; Hydrodynamische Axial-Gleitlager im stationären Betrieb; Berechnung von Axial-Kippsegmentlagern
DIN 31654-2	Ausgabe: 1991-05. Gleitlager; Hydrodynamische Axial-Gleitlager im stationären Betrieb; Funktionen für die Berechnung von Axial-Kippsegmentlagern
DIN 31654-3	Ausgabe: 1991-06. Gleitlager; Hydrodynamische Axial-Gleitlager im stationären Betrieb; Betriebsrichtwerte für die Berechnung von Axial-Kippsegmentlagern
DIN 31655, Teil 1	Ausgabe: 1991-06. Hydrostatische Radial-Gleitlager im stationären Betrieb
DIN 31656, Teil 1	Ausgabe: 1991-06. Hydrostatische Radial-Gleitlager im stationären Betrieb
DIN 31656, Teil 2	Ausgabe: 1991-04. Hydrostatische Radial-Gleitlager im stationären Betrieb
DIN 31657-1	Ausgabe: 1996-03. Hydrodynamische Radial-Gleitlager in stationären Betrieb
DIN 31657-2	Ausgabe: 1996-03. Hydrodynamische Radial-Gleitlager im stationären Betrieb
DIN 31670-8	Ausgabe: 1986-07. Gleitlager; Qualitätssicherung von Gleitlagern; Prüfung der Form- und Lageabweichungen und Oberflächenrauheit an Wellen, Bunden und Spurscheiben
DIN 31692-1	Ausgabe: 1996-03. Gleitlager
DIN 31692-2	Ausgabe: 1996-03. Gleitlager
DIN 31692-3	Ausgabe: 1996-03. Gleitlager
DIN 31692-4	Ausgabe: 1997-12. Gleitlager
DIN 31692-5	Ausgabe: 2000-12. Gleitlager
DIN 31696	Ausgabe: 1978-02. Axialgleitlager; Segment-Axiallager, Einbaumaße
DIN 31697	Ausgabe: 1978-02. Axialgleitlager; Ring-Axiallager, Einbaumaße
DIN 31699	Ausgabe 1986-07. Gleitlager; Wellen, Bunde, Spurscheiben; Form- und Lagetoleranen und Oberflächenrauheit
DIN 50282	Ausgabe: 1979-02. Das tribologische Verhalten von metallischen Gleitwerkstoffen
DIN ISO 6525	Ausgabe: 1986-05. Gleitlager; Dünnwandige aus Band hergestellte Axiallager-Ringe; Maße und Toleranzen; identisch mit ISO 6525, Ausgabe 1983
DIN ISO 6526	Ausgabe: 1986-05. Gleitlager; Dünnwandige aus Band hergestellte Axiallager-Halbscheiben; Merkmale und Toleranzen; identisch mit ISO 6526, Ausgabe 1983
VDI Richtlinie 2204	Auslegung von Gleitlagern. Blatt 1: Grundlagen (2005)
VDI Richtlinie 2204	Auslegung von Gleitlagern. Blatt 2: Berechnung (2005)
VDI Richtlinie 2204	Auslegung von Gleitlagern. Blatt 3: Kennzahlen und Beispiele für Radiallager (2005)
VDI Richtlinie 2204	Auslegung von Gleitlagern. Blatt 4: Kennzahlen und Beispiele für Axiallager (2005)

18 Wälzlager

Wälzlager nehmen wie Gleitlager die Zapfen von Achsen oder Wellen auf. Zwischen stählernen Ringen oder Scheiben rollen Wälzkörper. Wegen der Rollreibung ist die Reibzahl 25...50% niedriger als bei hydrodynamisch geschmierten Gleitlagern, sodass sie sich weniger erwärmen und mit geringeren Energieverlusten arbeiten. Weiterhin werden sie mit einem kleineren Betriebsspiel ausgestattet, sodass sie genauer als Einflächen-Gleitlager laufen, was besonders im Elektro- und Werkzeugmaschinenbau wichtig ist. Sie beanspruchen wenig Raum, sind in Wartung und Schmiermittelbedarf anspruchslos und bedürfen keines Einlaufs. Ihre internationale Normung gewährleistet die Austauschbarkeit. Als nachteilig müssen gegenüber Gleitlagern ihre Stoßempfindlichkeit und ihr geräuschvollerer Lauf genannt werden. Sie können nicht mit so hohen Drehzahlen laufen wie Gleitlager mit Flüssigkeitsreibung. Gegenüber einfachen Gleitlagern sind sie teurer. Der Ein- und Ausbau der einteiligen Wälzlager ist meistens schwieriger als der von ungeteilten oder geteilten Gleitlagern.

18.1 Aufbau, Kennzeichen

Es werden zwei Hauptbauformen unterschieden:

1. **Radiallager**, bei denen die Wälzlager zwischen einem Innenring und einem Außenring laufen (Bild 18.1a und b). Man nennt sie deshalb auch **Ringlager**.
2. **Axiallager**, bei denen die Wälzkörper zwischen zwei Scheiben laufen (Bild 18.1c). Sie heißen deshalb auch **Scheibenlager**.

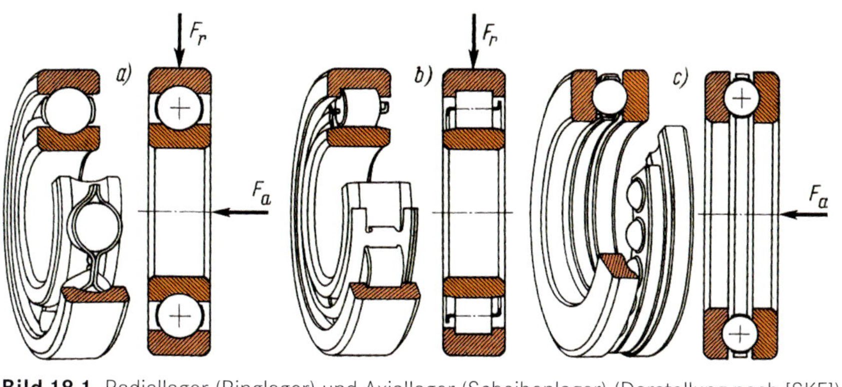

Bild 18.1 Radiallager (Ringlager) und Axiallager (Scheibenlager) (Darstellung nach [SKF])
a) Radial-Rillenkugellager, b) Zylinderrollenlager, c) Axial-Rillenkugellager

Nach der Form der Wälzkörper unterscheidet man:

1. **Kugellager** (Bild 18.2a), die überwiegend angewendet werden. Wenn die Kugeln wie nach den Bild 18.1a und c in Rillen der Ringe oder Scheiben laufen, spricht man von Rillenkugellagern.
2. **Rollenlager**. Als Rollen gelten Zylinder (Bild 18.2b), Kegel (Bild 18.2c), Tonnen (Bild 18.2d) und Nadeln (Bild 18.2e). So kennt man Zylinderrollenlager, Kegelrollenlager, Tonnenlager und Nadellager in verschiedenen Ausführungen.

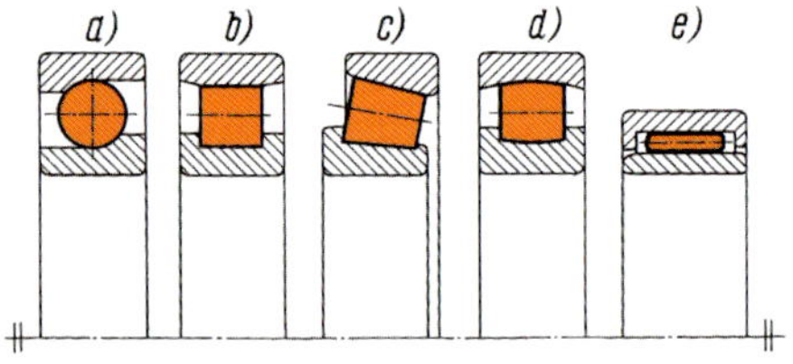

Bild 18.2
Wälzkörperformen
a) Kugel DIN 5401, b) Zylinder DIN 5402, c) Kegel, d) Tonne, e) Nadel DIN 5402

Bei den üblichen Wälzlagern bestehen die Ringe, Scheiben und Wälzkörper aus chromlegiertem Sonderstahl. Die Wälzkörper und Wälzbahnen sind gehärtet, geschliffen und poliert.

Die Wälzkörper werden in einem **Käfig** geführt, der ihre gegenseitige Berührung verhindert und sie gleichmäßig am Umfang verteilt (Bild 18.3). Die Käfige bestehen meistens aus Stahlblech, seltener aus Messing, Leichtmetall oder Kunststoff (Phenoplaste, das sind Kunststoffe mit Gewebeeinlage, oder Polyamide). Durch Kunststoffkäfige wird das Laufgeräusch gemildert und die Reibung am Käfig verringert.

Die äußeren Abmessungen der Wälzlager sind mit **Maßplänen** international genormt. Nach DIN 616 enthalten diese neun **Durchmesserreihen 7 8 9 0 1 2 3 4 5**. In jeder Durchmesserreihe ist einer Bohrung ein bestimmter Außendurchmesser zugeordnet, wobei die Reihe 7 die kleinsten Außendurchmesser, die Reihe 5 die größten aufweist. Jeder Durchmesserreihe sind mehrere **Breitenreihen** (bei Radiallagern) bzw. **Höhenreihen** (bei Axiallagern) zugeordnet, und zwar die **Breitenreihen 7 8 9 0 1 2 3 4 5 6**, wobei die Reihe 7 die kleinste, die Reihe 6 die größte Breite bzw. Höhe aufweist. Die **Maßreihe** wird durch zwei Ziffern gekennzeichnet: erste Ziffer Breitenreihe, zweite Ziffer Durchmesserreihe (Bild 18.4). Beispielsweise bedeutet Maßreihe 13, dass das Lager nach der Breitenreihe 1 und der Durchmesserreihe 3 bemessen ist.

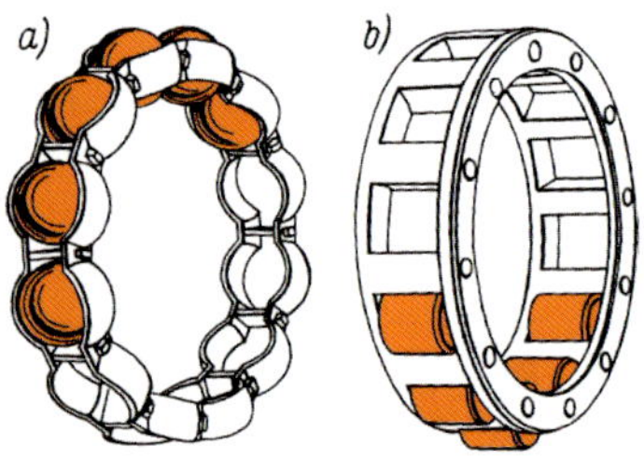

Bild 18.3 Wälzlager-Käfige
a) Blechkäfig für Kugeln,
b) Massivkäfig für Rollen

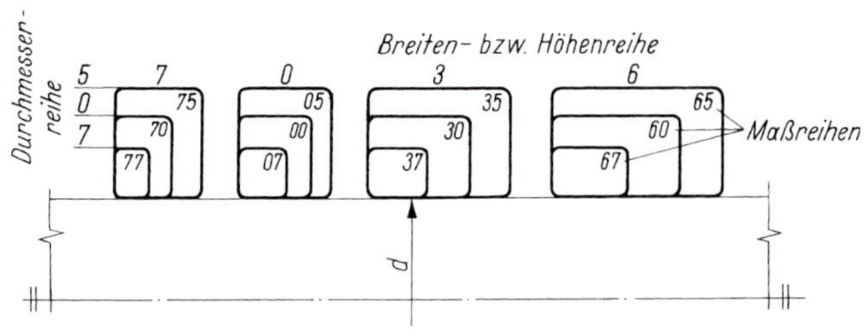

Bild 18.4 Maßreihen der Wälzlager, die sich aus einer Breiten- bzw. Höhen- und einer Durchmesserreihe zusammensetzen

Nach DIN 623 werden die Wälzlager mit **Kurzzeichen** gekennzeichnet. Lager mit gleichen Kurzzeichen sind gegeneinander austauschbar. Das Kurzzeichen besteht

1. **aus dem Basiszeichen.** Dieses setzt sich aus dem Zeichen für die Lagerreihe und dem Zeichen für die Lagerbohrung zusammen:

Das **Zeichen für die Lagerreihe** enthält verschlüsselt die Bauform (Lagerart) und die Maßreihe. Beispielsweise bedeutet 60 Radial-Rillenkugellager der Maßreihe 10, das Zeichen 514 Axial-Rillenkugellager der Maßreihe 14, das Zeichen N4 Zylinderrollenlager mit Innenbord der Maßreihe 04, das Zeichen 230 Pendelrollenlager der Maßreihe 30, das Zeichen NA 48 Nadellager der Maßreihe 48. Zu Bauformzeichen für Zylinderrollenlager siehe Bild 18.5.

Das **Zeichen für die Lagerbohrung** besteht bei Bohrungen über 17 bis 480 mm aus einer Zahl, die mit 5 multipliziert die Lagerbohrung in mm ergibt. Die Zahl 06 kennzeichnet somit einen Bohrungsdurchmesser von 30 mm. Des Weiteren bedeuten $00 = 10\,\text{mm}$, $01 = 12\,\text{mm}$, $02 = 15\,\text{mm}$, $03 = 17\,\text{mm}$ Bohrungsdurchmesser. In anderen Fällen wird der Bohrungsdurchmesser unverschlüsselt in mm angegeben, z. B. bedeutet 230/500 Pendelrollenlager der Lagerreihe 230 (Maßreihe 30) mit 500 mm Bohrungsdurchmesser.

Beispiele für Basiszeichen siehe Bild 18.6.

2. **aus einem Nachsetzzeichen**, wenn das Lager von der normalen Ausführung abweicht. Es kann sich beziehen auf

   2.1 Abweichung der inneren Konstruktion: A, B, C, D oder E, die im Einzelnen nicht festgelegt sind.

   2.2 Abweichung der äußeren Form, z. B. J ohne Bordscheibe, K mit kegeliger Bohrung, N mit Ringnut im Außenring, P mit geteiltem Außenring usw., X abweichende Abmessungen.

   2.3 die Abdichtung, z. B. RS mit einer Dichtscheibe, Z mit einer Deckscheibe, 2Z mit zwei Deckscheiben, ZN mit Deckscheibe und Ringnut für Sprengring (Bild 18.7).

   2.4 die Käfigausführung: F Käfig aus Stahl oder Sondergusseisen, L aus Leichtmetall, M aus Messing, T aus Phenoplast, TN aus Polyamid.

   2.5 die Käfigbauart, z. B. A Führung im Außenring, S mit Schmiernuten in den Führungsflächen, H Schnappkäfig, J aus Stahlblech, Y aus Messingblech, V ohne Käfig.

   2.6 die Toleranzklasse durch P und eine Zahl, z. B. P5 für die Toleranzklasse 5.

   2.7 das Lagerspiel (die Lagerluft) durch C und eine Zahl, z. B. C2 kleiner als normal, C4 größer als C3 größer als normal. Nachsetzzeichen nach 2.6 und 2.7 werden zusammengezogen. Zum Beispiel entspricht P63 der Kombination von P6 und C3: $P63 = P6 + C3$.

   2.8 die Wärmebeständigkeit durch S und eine Zahl, z. B. S2 für eine Grenztemperatur von 250 °C.

3. **ggf. aus einem Vorsetzzeichen**, durch das lediglich Lagerteile (Einzelteile) gekennzeichnet werden, z. B. K Käfig mit Wälzkörpern, L freier Lagerring eines zerlegbaren Lagers, R Lagerring mit Rollen- oder Nadelkranz.

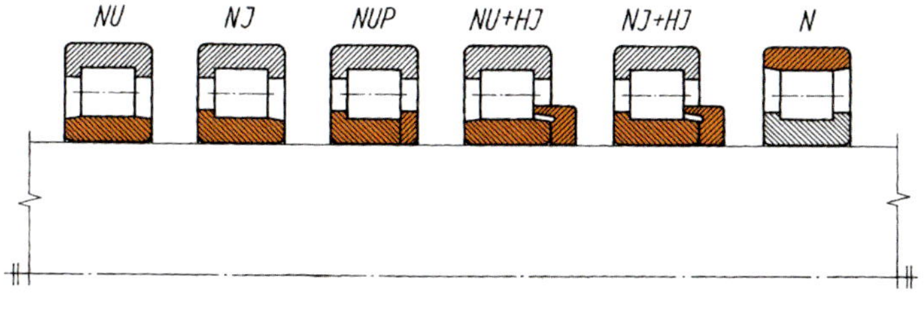

Bild 18.5
Beispiele für Bauformzeichen der Zylinderrollenlager

18

Die DIN-Kurzzeichen stimmen nicht mit den ISO-Kurzzeichen überein! Das ISO-Zeichen besteht aus drei Teilen: Bohrung in mm, Lagerart in Buchstaben, Maßreihe. Z. B. hat ein Rillenkugellager 6210 das ISO-Kurzzeichen 50 BC 02. Es ist vorerst nicht beabsichtigt, die ISO-Kurzzeichen zu übernehmen. Lediglich für Kegelrollenlager soll bei Neukonstruktionen die Bezeichnung nach DIN ISO 355 bevorzugt angewendet werden, z. B. ISO 355 - T3DE065 für DIN 720 - 33113.

In DIN 5418 sind die Einbaumaße (Anschlussmaße) für Wälzlager angegeben. Die zulässigen Toleranzen für Einbaumaße und für die Laufgenauigkeit sind in DIN 620 festgelegt. Mit DIN ISO 8826 ist die vereinfachte Darstellung von Wälzlagern in technischen Zeichnungen genormt.

Die Radiallager besitzen im Anlieferungszustand zwischen den Wälzkörpern und den Laufringen ein **Radialspiel** (das Anlieferungsspiel). Beim Einbau mit Übermaß zwischen Außenring und Gehäusebohrung sowie zwischen Innenring und Wellenzapfen wird der Außenring eingeschnürt, der Innenring aufgeweitet. Das Spiel darf auf keinen Fall verloren gehen. Die Normallager sind so gefertigt, dass bei den üblichen Passungen noch ein ausreichendes **Betriebsspiel** verbleibt. Erfordern die Betriebs- oder Temperaturverhältnisse eine festere Presspassung, so muss das Lager mit einem entsprechend größeren Radialspiel gefertigt werden. Wird jedoch eine höhere Führungsgenauigkeit verlangt, so werden die Lager mit einem kleineren Radialspiel (Lagerluft) hergestellt. Die Lager können auch durch Wahl einer feineren Toleranzklasse eine **erhöhte Laufgenauigkeit** erhalten, z. B. für die Lagerung genau laufender Arbeitsspindeln in Werkzeugmaschinen.

Aus Bild 18.5 und Bild 18.6 ist zu ersehen, dass einige Bauformen **zerlegbar** sind. So lassen sich aus den Zylinderrollenlagern NU und NJ die Innenringe herausziehen, von N der Außenring abziehen. Aus dem Vierpunktlager nach Bild 18.6b lassen sich die beiden Hälften des Innenringes herausnehmen. Das Schulterkugellager nach Bild 18.6c ist dem Rillenkugellager nach Bild 18.6a ähnlich, hat jedoch am Außenring nur eine Schulter, sodass der Außenring abgezogen werden kann. Auch vom Kegelrollenlager nach Bild 18.6h lässt sich der Außenring abziehen. Zerlegbar in Außenring, Innenring und Wälzkörperkranz ist das Schrägkugellager nach Bild 18.6e, nicht aber das nach Bild 18.6d. Das Axial-Rillenkugellager nach Bild 18.6i lässt sich in die beiden Scheiben und den Wälzkörperkranz zerlegen. Das gilt auch für das Axial-Pendelrollenlager nach Bild 18.6k. Die Zerlegbarkeit von Lagern erleichtert die Montage.

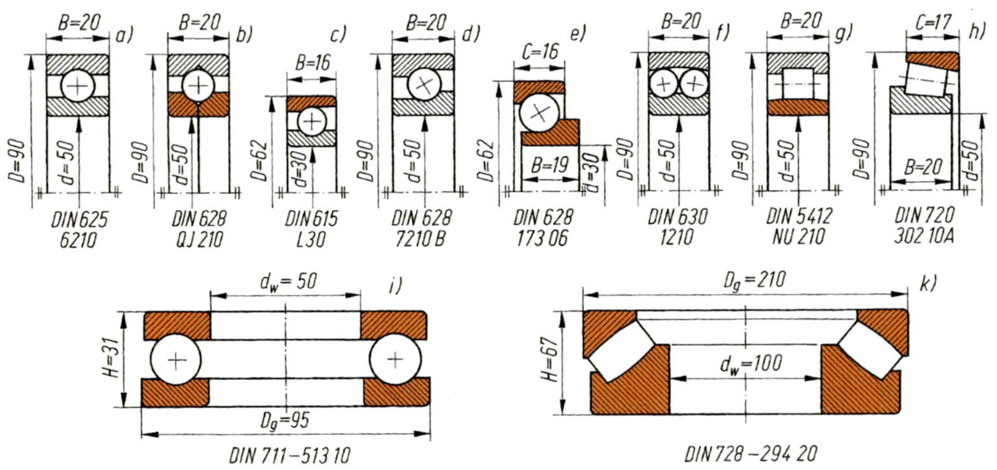

Bild 18.6 Beispiele für Basiszeichen von Wälzlagern
a) Rillenkugellager, b) Vierpunktlager, c) Schulterkugellager, d) und e) Schrägkugellager, f) Pendelkugellager, g) Zylinderrollenlager, h) Kegelrollenlager, i) Axial-Rillenkugellager, k) Axial-Pendelrollenlager

(Radial-)Rillenkugellager und Nadellager werden auch mit seitlichen **Deck-** oder **Dichtscheiben** geliefert (Bild 18.7). Deckscheiben verhindern eine Beschädigung des Laufsystems durch äußere Fremdkörper, Dichtscheiben ein Austreten von Schmierfett aus dem Lager. Sie ersparen

Dichtungen an anderen Stellen. Zur axialen Festlegung der Außenringe können diese auch mit **Ringnuten für Sprengringe** (Nachsetzzeichen N) und mit Sprengringen geliefert werden.

Die vielen lieferbaren Ausführungen sind den Katalogen der Hersteller zu entnehmen, da es nicht möglich ist, hier auf alle einzugehen.

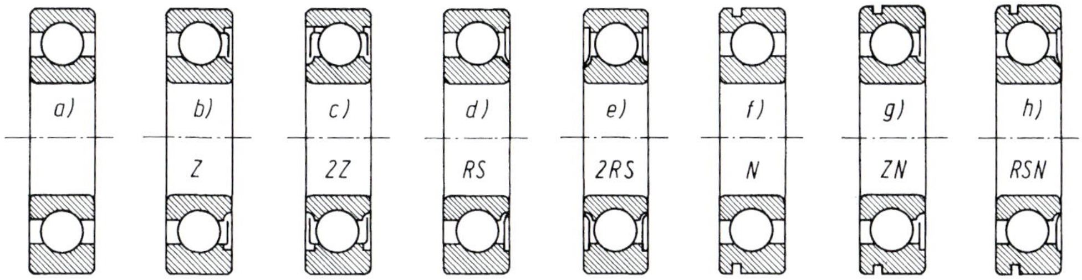

Bild 18.7 Ausführungsarten von Rillenkugellagern DIN 625
a) normale Ausführung, b) mit einer Deckscheibe, c) mit zwei Deckscheiben, d) mit einer Dichtscheibe, e) mit zwei Dichtscheiben, f) mit Ringnut für Sprengring, g) mit Ringnut und einer Deckscheibe, h) mit Ringnut und einer Dichtscheibe

18.2 Belastungsmöglichkeiten, Einbaurichtlinien

Alle Radialkugellager sind zur Aufnahme von radialen und axialen Kräften geeignet, da sich die Kugeln an den Schultern der Ringe abstützen. Von den in Bild 18.6 dargestellten Lagern können somit außer radialen auch axiale Kräfte aufnehmen: das Rillenkugellager nach Bild 18.6a, das Vierpunktlager nach Bild 18.6b und das zweireihige Pendelkugellager nach Bild 18.6f in beiden Richtungen, das Schulterkugellager nach Bild 18.6c und die Schrägkugellager nach Bild 18.6d und e in einer Richtung. Das Zylinderrollenlager nach Bild 18.6g kann nur radiale Kräfte aufnehmen. Die Zylinderrollenlager NJ bis NJ + HJ nach Bild 18.5 geben zwar der Welle eine axiale Führung in beiden Richtungen, können aber nur axiale Kräfte von höchstens 35 % der Radialkraft aufnehmen, da die Stirnseiten der Rollen an den Schultern der Ringe oder Borde schleifen. Das Kegelrollenlager nach Bild 18.6h dagegen ist auch zur Aufnahme einer hohen axialen Kraft geeignet. Es besitzt den Vorteil, dass sich das Spiel durch Längsverschieben eines Ringes ein- und nachstellen lässt.

Axialkugellager (Bild 18.6i) **sind nur mit Axialkräften belastbar**, da sie radial nicht führen (nicht zentrieren). Dagegen kann das Axial-Pendelrollenlager nach Bild 18.6k auch radial belastet werden.

Zur axialen Führung einer Achse oder Welle wird eines der beiden Lager in der Regel als **Festlager** ausgebildet. Wegen der Toleranzen und Wärmedehnungen sind zwei Festlager nicht möglich, weil die Wälzkörper zu stark gegen ihre seitlichen Laufbahnen gepresst werden könnten (Bild 18.8a) und in kurzer Zeit heiß- und festlaufen würden. Es muss stets eine Ausgleichsmöglichkeit vorgesehen werden! **Festlager** können Kräfte beliebiger Richtung aufnehmen, d. h. deren radiale und axiale Komponenten. **Loslager** dagegen können nur radial belastet werden und lassen eine zwanglose Längsverschiebung der Welle zu.

Das in Bild 18.8 überwiegend gezeigte **Rillenkugellager** ist wegen seiner Eignung als Festlager universell einsetzbar und wird am meisten verwendet. Da es wegen seiner engen Schmiegung

18

der Kugeln an die Laufrillen nur geringfügig winkelverlagerbar ist, müssen die beiden Lagerstellen gut zueinander fluchten.

Als Festlager wird ein Rillenkugellager mit Innen- und Außenring festgelegt, als Loslager dagegen nur mit einem Ring, sodass sich der andere zwanglos im Gehäuse (Bild 18.8b) oder auf dem Zapfen (Bild 18.8c) verschieben kann. Zylinderrollenlager N und NU sowie Nadellager NA sind in sich axialbeweglich und werden daher auch als Loslager mit beiden Ringen festgelegt (Bild 18.8d und e). Falls für die Welle ein geringes Längsspiel zugelassen werden darf, können auch zwei Loslager eingebaut werden, deren Längsspiel durch Anschläge im Gehäuse begrenzt wird (Bild 18.8f). Das Längsspiel lässt sich auch durch elastische Federn beseitigen, die die Wälzlager ständig unter geringer Axialbelastung halten (Bild 18.8g).

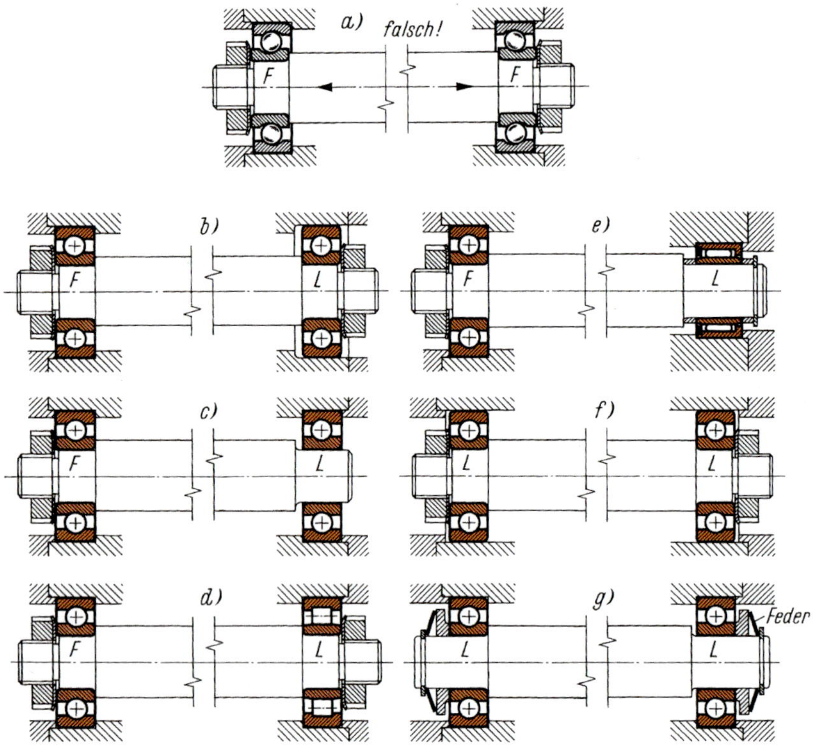

Bild 18.8 Anordnung von Fest- und Loslagern (F Festlager, L Loslager)
a) zwei Rillenkugellager als Festlager (falsch, da Verklemmung!), b) Loslager mit Axialbeweglichkeit in der Gehäusebohrung, c) Loslager mit Axialbeweglichkeit auf dem Wellenzapfen, d) Zylinderrollenlager als Loslager, e) Nadellager als Loslager, f) zwei Loslager mit Längsspiel in der Gehäusebohrung, g) zwei Loslager unter Federspannung

Um die Tragfähigkeit der Lager voll auszunutzen, müssen die Laufringe radial festgespannt werden. Dies geschieht durch einen strammen Sitz, der sie unterstützt und versteift. Das hierzu erforderliche Übermaß hängt von der Belastung und von Betriebsstößen ab. Für eine überschlägliche Einschätzung des Betriebsspiels kann man annehmen, dass das Übermaß des Zapfens den Innenring um 70 % dieses Übermaßes aufweitet, das Übermaß des Außenringes diesen um 50 % des Übermaßes einschnürt. Zieht man beide vom Anlieferungsspiel ab, so muss unter Berücksichtigung von Wärmedehnungen noch ein ausreichendes Betriebsspiel verbleiben.

Ein strammer Sitz der beiden Ringe eines Radiallagers ist aus Funktions- oder Montagegründen nicht immer möglich. Nach Richtung und Art der Belastungskräfte ist dann zu entscheiden, welchem der beiden Ringe der lose Sitz (die Spielpassung) gegeben werden darf. Hierfür sind folgende Lastfälle für den betreffenden Ring maßgebend:

1. **Umfangslast**, wenn Ring und Belastungskraft relativ zueinander umlaufen. Dies ist z.B. der Fall, wenn sich der Innenring zusammen mit der Welle dreht und die Belastungskraft an einer Stelle verharrt (Umfangslast für den Innenring) oder wenn sich der Außenring zusammen mit einer Nabe (z.B. eines Zahnrades) dreht und die Belastungskraft an einer Stelle verharrt (Umfangslast für den Außenring).
2. **Punktlast**, wenn Ring und Belastungskraft relativ zueinander stillstehen. Dies ist z.B. der Fall, wenn der Außenring mit dem Gehäuse stillsteht und die Belastungskraft an einer Stelle verharrt (Punktlast für den Außenring), wenn der Innenring zusammen mit der Achse stillsteht und die Belastungskraft an einer Stelle verharrt (Punktlast für den Innenring) oder wenn der betreffende Ring synchron mit der Belastungskraft umläuft.
3. **Pendellast**, wenn der betreffende Ring und die Belastungskraft relativ zueinander pendeln. Dies ist z.B. der Fall, wenn der Innenring mit der Welle hin- und herpendelt und die Belastungskraft an einer Stelle verharrt (Pendellast für den Innenring) oder der Außenring mit einer Nabe auf einer stillstehenden Achse hin- und herpendelt und die Belastungskraft an einer Stelle verharrt (Pendellast für den Außenring).

Bei Umfangs- oder Pendellast ist ein strammer Sitz des betreffenden Rings unbedingt notwendig, **bei Punktlast darf er lose (verschiebbar) sitzen**, da ihn die Belastungskraft nicht zum Wandern in Umfangsrichtung veranlasst. Für übliche Passmaße für die Zapfen (Wellen) und Gehäusebohrungen siehe Tabelle 18.1 und Tabelle 18.2. Es ist wichtig, sich an diese Richtlinien zu halten, um zu stramme oder zu lose Sitze zu vermeiden.

Die Laufringe werden in Längsrichtung durch Bunde, Absätze, Sicherungsringe, Deckel, Muttern und dergleichen festgelegt (Bild 18.9 und Bild 18.10). **Am sichersten ist das axiale Festspannen durch eine Verschraubung.** Alle Anlageflächen von Wellenabsätzen, Bunden, Buchsen und Rohren mit den Wälzlagerringen müssen winkelrecht stehen, um die Lager nicht zu verspannen. Zu Einbaumaßen für Radiallager siehe DIN 5418.

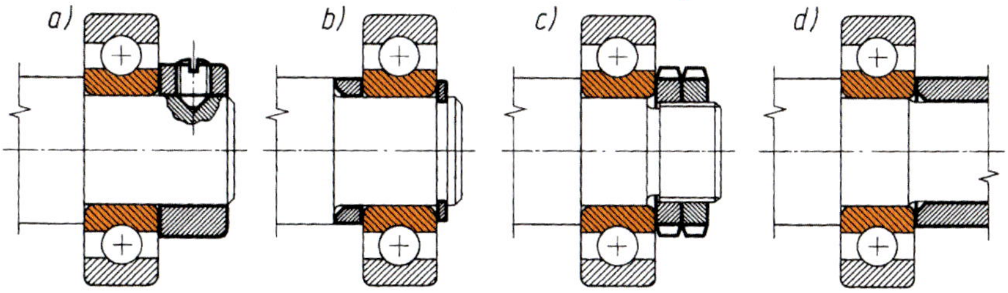

Bild 18.9 Beispiele für die axiale Festlegung der Wälzlager-Innenringe
a) mit Stellring, b) mit Distanzscheibe und Sicherungsring oder Sprengring, c) mit Doppelmuttern (Nutmuttern), d) mit Abstandsrohr

Bild 18.11 zeigt einige Beispiele der **Gestaltung von Festlagern**, hierbei Bild 18.11b mit zwei einreihigen Schrägkugellagern. Da jedes Schrägkugellager nur in einer Richtung axial belastbar ist, muss stets ein Zweites angestellt werden, das die Gegenführung übernimmt. Das zweite Schrägkugellager kann sich auch an der zweiten Lagerstelle befinden (anstelle des Loslagers). Das Pendelrollenlager nach Bild 18.11d sitzt mit seiner kegeligen Bohrung auf einer geschlitzten Spannhülse. Diese bietet den Vorteil der leichteren Montage, da der Innenring nicht auf den

Zapfen gepresst zu werden braucht. Durch Anziehen der Mutter verpressen sich Innenring, Spannhülse und Zapfen miteinander. Mit Spannhülsen lassen sich Lager auch auf glatten Wellen an jeder Stelle montieren (siehe Bild 18.12d).

In Bild 18.12 sind einige Möglichkeiten der **Gestaltung von Loslagern** gezeigt. Die beiden Schrägkugellager nach Bild 18.12b bewerkstelligen lediglich eine genaue Zentrierung und gewährleisten eine hohe radiale Tragfähigkeit.

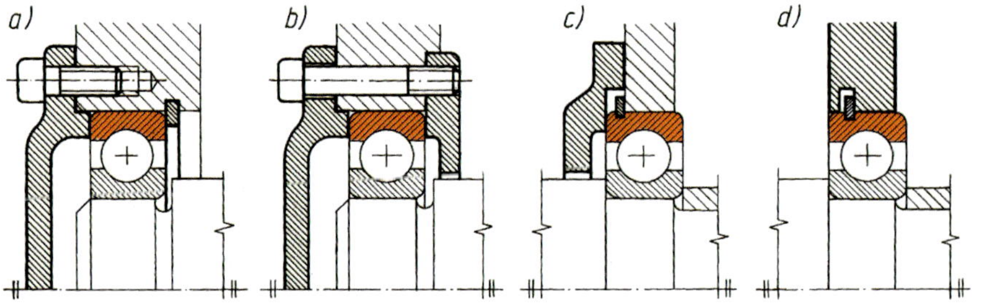

Bild 18.10 Beispiele für die axiale Festlegung der Wälzlager-Außenringe
a) Loslager mit Sprengring und Deckel, b) Loslager mit zwei Deckeln, c) Festlager mit Sprengring und Deckel, d) Festlager mit Sprengring bei geteiltem Gehäuse

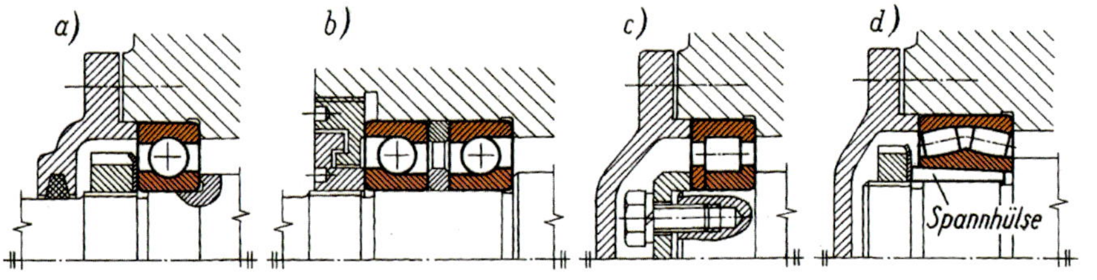

Bild 18.11 Beispiele für die Gestaltung von Festlagern
a) mit Rillenkugellager DIN 625, b) mit zwei Schrägkugellagern DIN 628, c) mit Zylinderrollenlager DIN 5412, d) mit Pendelrollenlager DIN 635

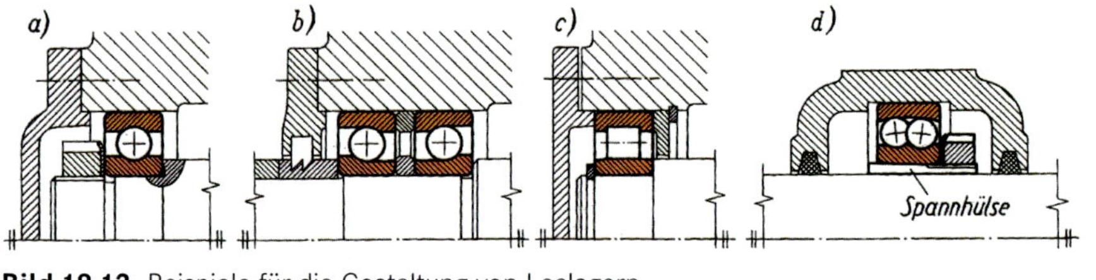

Bild 18.12 Beispiele für die Gestaltung von Loslagern
a) mit Rillenkugellager, b) mit zwei Schrägkugellagern, c) mit Zylinderrollenlager, d) mit Pendelkugellager auf Spannhülse

Fluchten die beiden Bohrungen in den Gehäusen einer Wellenlagerung nicht, so müssen winkelbewegliche Pendelkugel- oder Pendelrollenlager eingebaut werden (Bild 18.13), die Verklemmungen vermeiden.

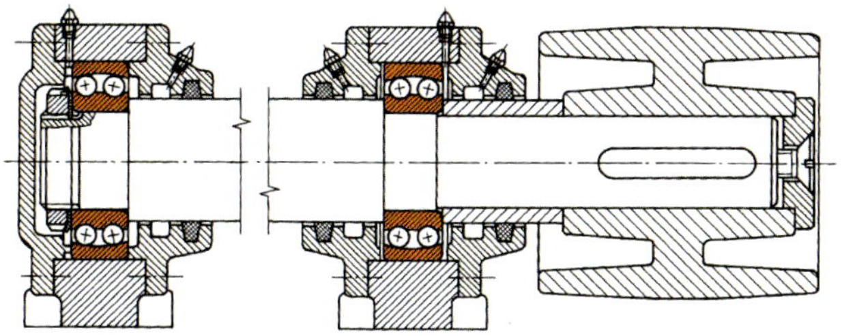

Bild 18.13
Antriebswelle einer Holzbearbeitungsmaschine (nach [FAG])

Wegen ihres geringen Einbauraumes gegenüber Kugel- und Zylinderrollenlagern und wegen ihrer relativ hohen Belastbarkeit sind **Nadellager** bedeutungsvoll. Z. B. werden die Pleuel hochtouriger Benzinmotoren, die Wellen elektrischer Geräte, die Naben elektromagnetischer Kupplungen, Zahnräder in Werkzeugmaschinen, Rollen aller Art und dgl. nadelgelagert. Einbaubeispiele zeigt Bild 18.14. Für Seitenanlauf gibt es Nadellager mit Bord (Bild 18.14b). Nadellager werden mit oder ohne Innenring geliefert. Die Nadeln können nämlich auch unmittelbar auf einem gehärteten, geschliffenen und polierten Zapfen laufen, sodass noch weniger Raum benötigt wird (Bild 18.15a und b). Auch die Bohrungswand des Gehäuses kann als Lauffläche dienen. Die Nadeln erhalten dann weder einen Innenring noch einen Außenring (Bild 18.15c). Nadellager sind im Wesentlichen den Zylinderrollenlagern NU gleichzusetzen, können also keine Axialkräfte aufnehmen. Es wurden aber auch Bauformen mit Kugellagerteilen entwickelt (Bild 18.15d), die Längskräfte abfangen.

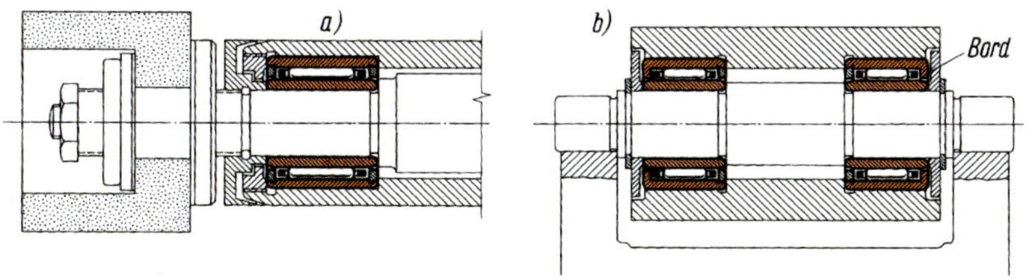

Bild 18.14 Einbau von Nadellagern DIN 617 mit Außen- und Innenring
a) als Loslager in einer Innenschleifspindel, b) zwei Loslager mit Bord zum Seitenanlauf in einer Stützrolle

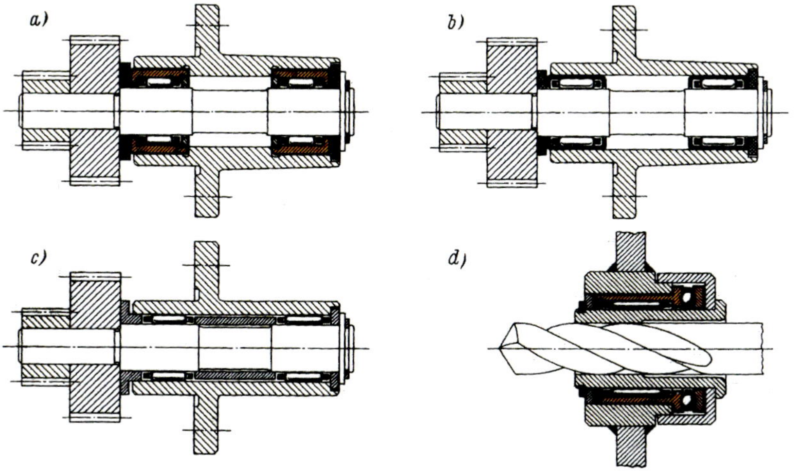

Bild 18.15 Nadellager ohne Innenring DIN 617 sowie mit Axialkugellager
a) mit Außenring, b) mit Nadelhülse DIN 618, c) nur mit Nadelkranz DIN 5405, d) Nadel-Axialkugellager in einer umlaufenden Bohrbuchse (Nadel-Axialzylinderrollenlager siehe DIN 5429)

Bei **Schulterkugellagern** (Bild 18.16a) sind die Laufbahnen so ausgebildet, dass die Welle ein geringes Axialspiel erhält. Dadurch können sich Längentoleranzen und Wärmedehnungen ausgleichen. In der gezeigten Ausführung lässt sich das erforderliche Axialspiel mithilfe des Gewinderinges einstellen. Da Schulterkugellager vorwiegend in kleine elektrische Geräte eingebaut werden, sind sie nur bis $d = 30\,\text{mm}$ genormt.

Das radiale Betriebsspiel des nach Bild 18.16b eingebauten **Kegelrollenlagers** lässt sich durch den Gewindering einstellen und ist daher für Präzisionslagerungen geeignet. Die Axialkraft wird in der gezeigten Ausführung durch ein Axial-Rillenkugellager abgefangen. Da Kegelrollenlager besonders zur Aufnahme von axialen Stoßbelastungen geeignet sind, werden sie zur Lagerung der Laufräder von Kraftfahrzeugen bevorzugt. Die nach Bild 18.17 angeordneten Kegelrollenlager können hohe und wechselnde Axialkräfte aufnehmen, jedes Lager in einer Richtung. Das gilt gleichermaßen auch für Schrägkugellager.

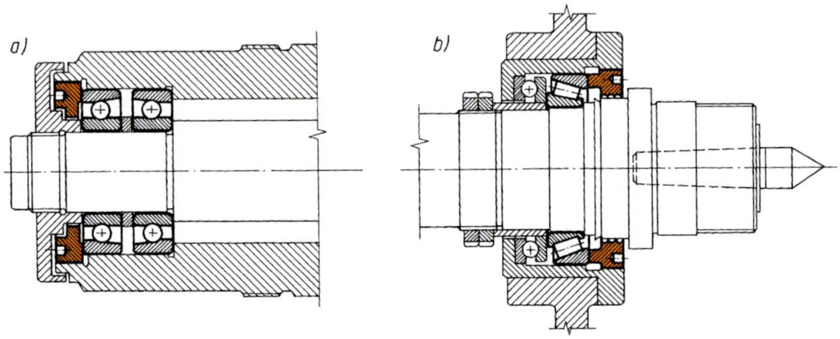

Bild 18.16 Lagerungen mit Spieleinstellung
a) axiales Spiel bei Schulterkugellagern DIN 615, b) radiales Spiel bei einem Kegelrollenlager DIN 720

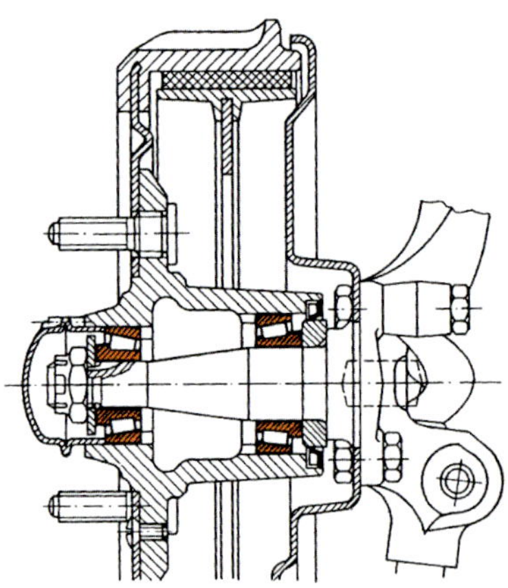

Bild 18.17
Vorderradlagerung eines Kraftfahrzeugs (nach [FAG])

Auch ungeteilte und geteilte **Steh- und Flanschlager** werden mit Wälzlagern ausgerüstet, als Fest- und auch als Loslager (Bild 18.18).

Bild 18.19 zeigt ein **Spannlager** nach DIN 626-1. Dieses besitzt einen exzentrischen Spannring, mit dem das Lager auf der Welle festgespannt wird. Die kugelförmige Außenringmantelfläche ermöglicht in entsprechend kugelförmig gestalteten Gehäusen Einstellbewegungen zum Ausgleich von Fluchtfehlern. Gehäuse für diese Lager zeigen Bild 18.20 bis Bild 18.22. Sie werden dort eingesetzt, wo leichte Maschinenrahmen, die Einsparung von teuren Bearbeitungsgängen am Rahmen oder die Verwendung gezogener Wellen erwünscht sind. Die Lager können mit verschiedenartigen Dichtungen geliefert werden, außerdem können Nachschmierbohrungen für Fettschmierung vorgesehen werden.

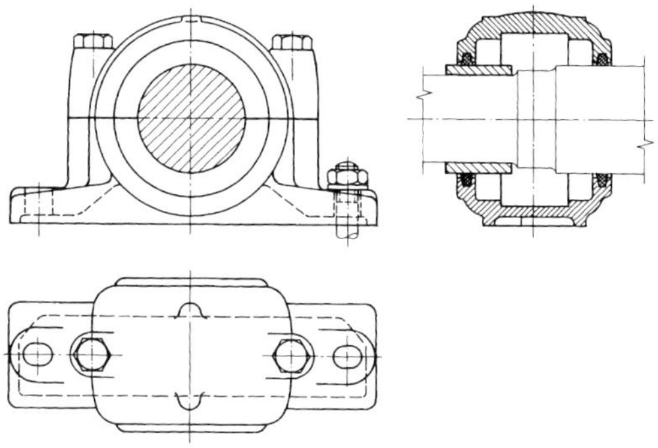

Bild 18.18 Stehlagergehäuse für Wälzlager mit zylindrischer Bohrung DIN 738 und 739 (für Wälzlager mit kegeliger Bohrung und Spannhülse siehe DIN 736 und 737)

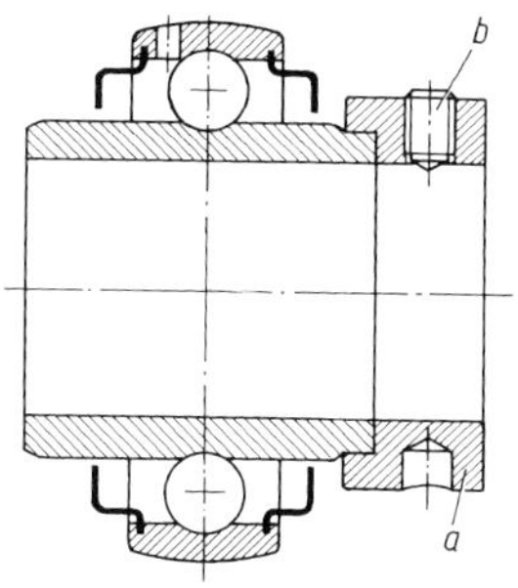

Bild 18.19 Spannlager DIN 626 Bauformen YEL und YEN
a exzentrischer Spannring, b Gewindestift

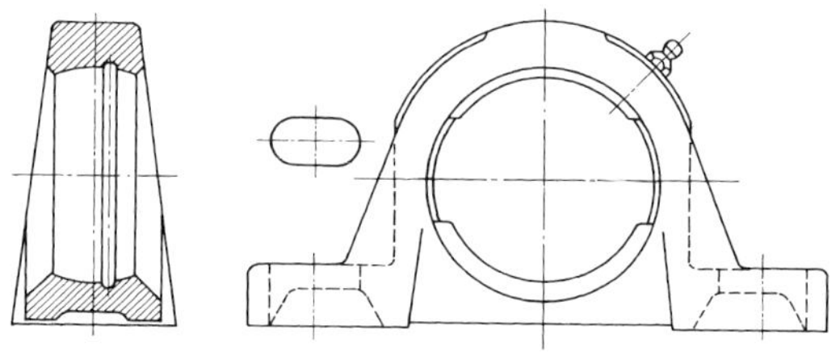

Bild 18.20 Gussgehäuse DIN 626 Bauform SG Y für Spannlager

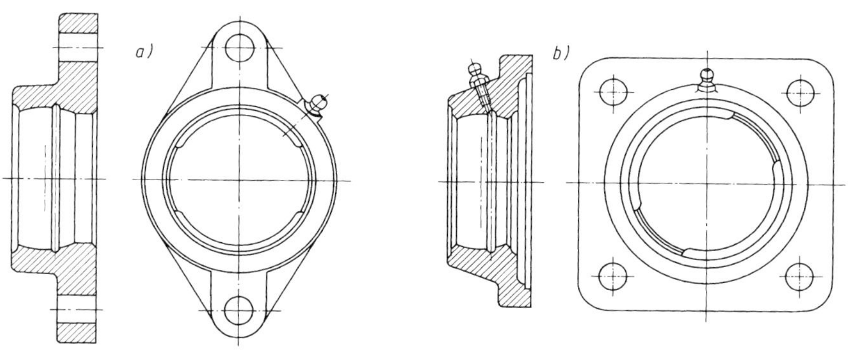

Bild 18.21 Gussgehäuse DIN 626 für Spannlager
a) Form EG Y, b) Form VG Y

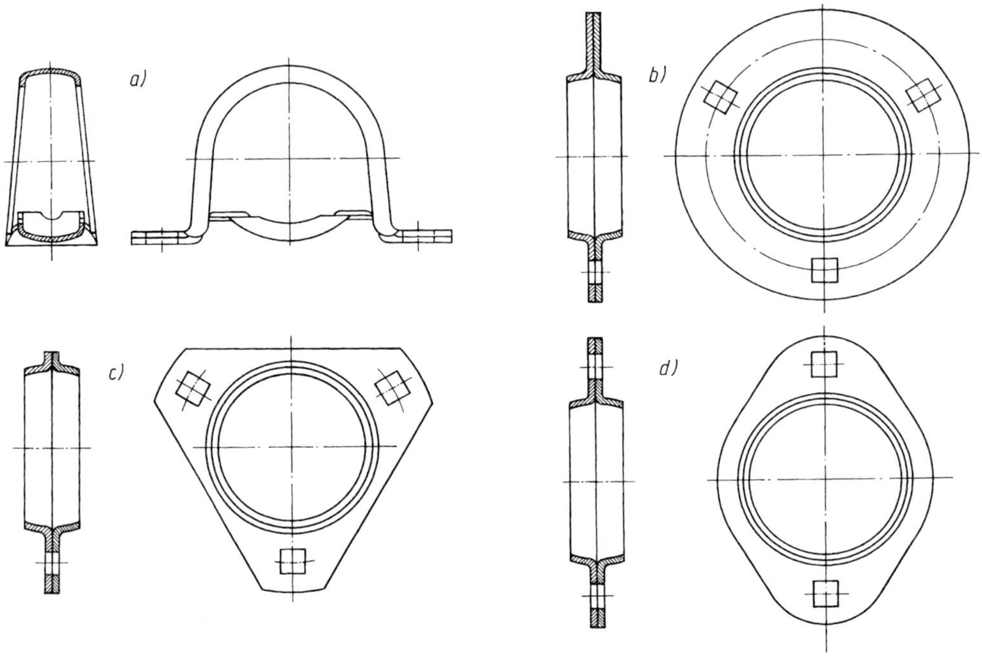

Bild 18.22 Blechgehäuse DIN 626 für Spannlager
a) Form SB Y, b) Form RB Y, c) Form DB Y, d) Form EB Y

Axiallager geben keine Radialführung! Eine Scheibe ist im Gehäuse, die Gegenscheibe auf dem Zapfen zu zentrieren. **Axial-Rillenkugellager und Axial-Nadellager sind gegen Achsverlagerungen empfindlich** (Bild 18.23a). Bei Winkelverlagerungen sind kugelige Gehäusescheiben (Bild 18.23d) oder Axial-Pendelrollenlager (Bild 18.23e) geeignet. **Axial-Pendelrollenlager** können sogar noch radial bis zu 55 % der Axialkraft belastet werden. Für wechselnd wirkende Längskräfte (Axialkräfte) gibt es zweiseitige Axial-Rillenkugellager DIN 715 mit drei Scheiben und zwei Kugelkränzen (siehe Bild 18.29).

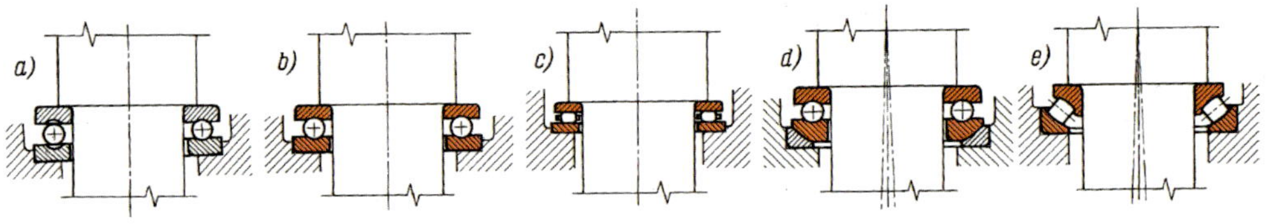

Bild 18.23 Einbau von Axiallagern
a) falscher Einbau eines Axial-Rillenkugellagers, b) richtiger Einbau eines Axial-Rillenkugellagers DIN 711, c) Axialnadellager DIN 5405, d) Axial-Rillenkugellager mit kugeliger Gehäusescheibe DIN 711, e) Axial-Pendelrollenlager DIN 728

18.3 Besondere Ausführungen von Wälzlagern

Bei Korrosionsgefahr durch aggressive Medien werden auch **Rillenkugellager aus Kunststoff** verwendet. Innen- und Außenring bestehen aus Polyacetal, der Käfig aus Polyamid und die Kugeln aus Glas. Derartige Lager eignen sich aber nur für kleine Drehzahlen, geringe Belastungen (4...5 % der Stahllager) und Betriebstemperaturen bis 100 °C. Sie zeichnen sich durch geräuscharmen Lauf aus und bedürfen keiner Wartung (kein Schmiermittel erforderlich).

Bild 18.24 zeigt ein zweireihiges Schrägkugellager in den Abmessungen eines einreihigen Rillenkugellagers. Es ist in den Lagerreihen UK (Maßreihe 20), UL (Maßreihe 02) und UM (Maßreihe 03) mit DIN 628 genormt und wird unter dem Handelsnamen **UKF-Lager** von der **U**niversal-**K**ugellager-**F**abrik GmbH, Berlin, hergestellt. Die Tragkugeln **(1)** werden statt durch einen Käfig mit kleinen Trennkugeln **(2)** auf Abstand gehalten. Diese Trennkugeln laufen in einem Führungsring **(3)**. Da sich während der Bewegung eine Tragkugel immer nur mit einer Trennkugel berührt, tritt zwischen beiden keine Gleitreibung auf. Die Gleitreibung der Trennkugeln am Führungsring ist wegen ihres kleinen Durchmessers unbedeutend. Der Außenring ist in beiden Hälften **(4)** geteilt, wodurch das Lager mit vielen Tragkugeln gefüllt werden kann. Der Außenring wird durch eingepresste Ringe **(5)** zusammengehalten. Der Innenring ist ungeteilt. Durch die sphärische Laufbahnanordnung pendelt sich das Lager von selbst auf geringe Fluchtfehler der Lagerbohrungen ein und sorgt für eine gleichmäßige Belastung der Kugeln bei ihrem Lauf.

Die genannte Firma UKF liefert auch zweireihige Schrägkugellager als UKF-Spindellager mit einem einteiligen Außenring in den Abmessungen von zwei einreihigen Schrägkugellagern in O-Anordnung. Der für Loslager besonders günstige einteilige Außenring mit zwei gemeinsam gefertigten Laufbahnen ergibt gegenüber zwei Einzellagern eine höhere Steifigkeit und bessere Laufeigenschaften.

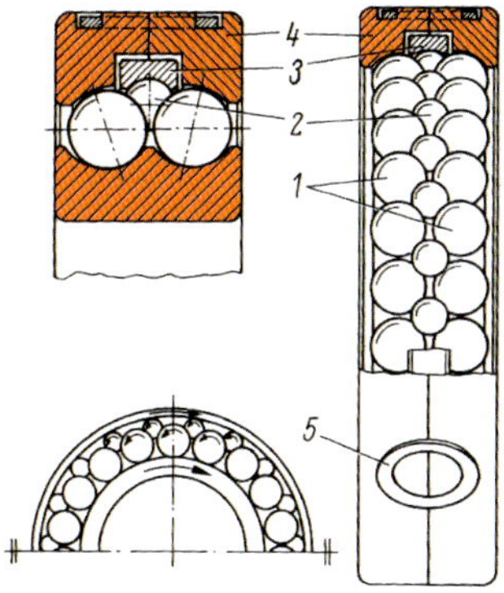

Bild 18.24
Zweireihiges Schrägkugellager mit Trennkugeln DIN 628 [172e]

Bild 18.25 zeigt ein **Drahtkugellager** der Firma Franke GmbH, Aalen/Württ. Bei ihm laufen die Kugeln auf angeschliffenen und oberflächengehärteten Stahldrahtringen. Diese werden unmittelbar in entspr. Ausnehmungen der umschließenden Bauteile eingesetzt. Die Bauteile können aus beliebigem Metall bestehen und beispielsweise außen- oder innenverzahnte Kränze von Zahnrädern sein. Die Drahtkugellager können in kleinen und auch sehr großen Abmessungen (sogar bis 7 m Durchmesser!) hergestellt werden. Die Lagerung lässt sich auch mit nachstellbarem Betriebsspiel gestalten, sodass eine hohe Laufgenauigkeit möglich ist. Der Aufbau der Lager macht sie für Belastungen in allen Richtungen geeignet. Anstelle der Kugeln können auch Rollen treten.

Auch Geradführungen werden wälzgelagert, z.B. mit einem Drahtkugellager (Bild 18.26). Nachteilig ist jedoch, dass sich die Käfige mit der halben Geschwindigkeit des bewegten Bauteiles bewegen müssen, sodass sie die Bauteile nur auf deren halber Länge abstützen können.

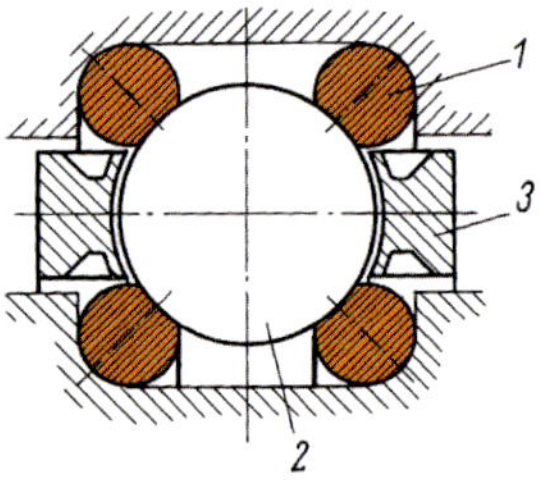

Bild 18.25 Drahtkugellager
1 Draht, 2 Kugel, 3 Käfig

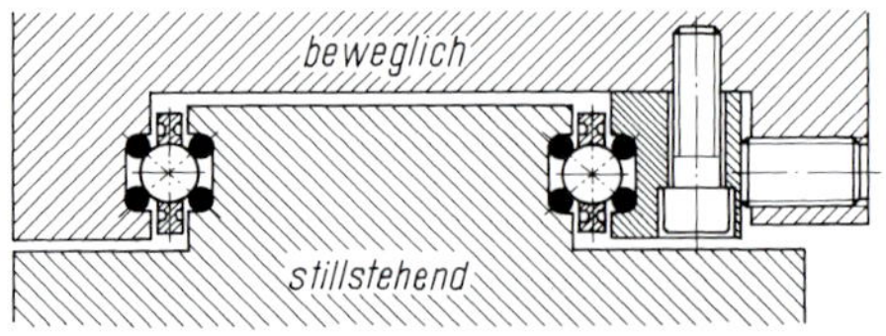

Bild 18.26 UKF-Drahtkugellager in einer Geradführung

Unter der Bezeichnung **Linearführungen** werden von verschiedenen Herstellern (z.B. THK, NSK, SFERAX, INA u.a.) wälzgelagerte Systeme für die lineare Bewegungstechnik angeboten. Als Wälzkörper kommen dabei sowohl Kugeln als auch Rollen und Nadeln zum Einsatz. Die als Baueinheit gelieferten Linearsysteme zeichnen sich aus durch hohe Lauf- und Positioniergenauigkeit, große Steifigkeit und lange Lebensdauer sowie einfache Instandhaltung. Sie haben sich besonders im Werkzeugmaschinen- und Roboterbau bewährt, ebenso im Automobilbau und im allgemeinen Maschinenbau, überall wo höchste Präzision, linearer Leichtlauf unter Belastung und Wirtschaftlichkeit verlangt werden. DIN ISO 14728 enthält Angaben zu den dynamischen und statischen Tragzahlen für Linear-Kugellager, für Profilschienen-Kugelführungen und für Linearführungen ohne Wälzkörperumlauf. Maße und Toleranzen von Führungsschienen für Linearlager sind in DIN 644 angegeben.

18

Bild 18.27 zeigt als Beispiel ein **Linear-Kugellager**. Es wird als **Kugelbüchse** von der Fa. Rexroth Star GmbH, Schweinfurt, geliefert. In einer Stahlhülse **(1)** befinden sich mehrere zweibahnige Käfige **(2)**, deren Bahnen an den Enden halbkreisförmig verbunden sind (zusammenlaufen), sodass sich die Kugeln in einem Kreislauf unbegrenzt fortbewegen können. Eine Käfigbahn hält die jeweils tragenden Kugeln **(3)**, während die Kugeln **(4)** zurücklaufen und sich nicht mit der Gegenbahn des Führungsbolzens **(5)** berühren. Derartige Kugelbüchsen arbeiten gegenüber Gleitführungen mit weniger Reibung, laufen mit geringerem Spiel und sind hinsichtlich Schmierung und Wartung anspruchslos.

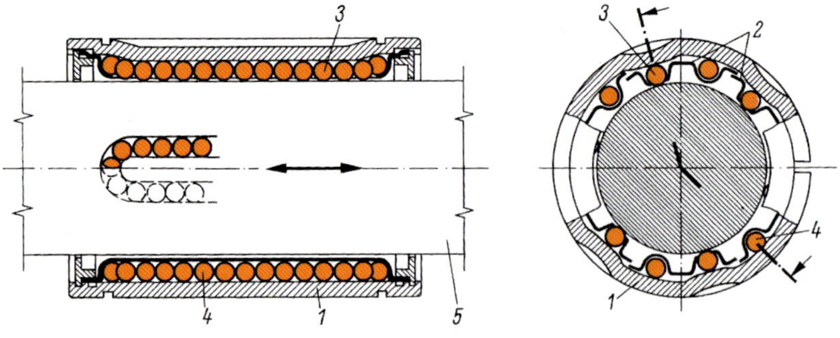

Bild 18.27 Kugelbüchse [Rexroth]

18.4 Tragfähigkeit und Lebensdauer

Je nach ihrer Aufgabe haben die Wälzlager während ihres Laufs radiale Kräfte F_r oder axiale Kräfte F_a oder beide gleichzeitig aufzunehmen. Im letzten Fall spricht man von kombinierter Belastung. Für die Berechnung denkt man sich eine kombinierte Belastung durch eine äquivalente (gleichwertige) Belastung P ersetzt, die allein wirkend die gleiche Werkstoffermüdung hervorrufen würde wie Radial- und Axialbelastung zusammen:

Dynamisch äquivalente Belastung $$P = X \cdot F_r + Y \cdot F_a \qquad (18.1)$$

X		Radialfaktor (Tabelle 18.3, Tabelle 18.4, Tabelle 18.8 und Tabelle 18.9),
Y		Axialfaktor (Tabellen wie für X),
F_r	in kN	radiale Belastungskraft während des Laufs,
F_a	in kN	axiale Belastungskraft während des Laufs.

Bei Rillenkugellagern sind X und Y auch vom Faktor f_0 (Tabelle 18.3) abhängig, der die Vergrößerung des Druckwinkels mit zunehmender Axialbelastung erfasst.

Für Nadellager und Zylinderrollenlager (Tabelle 18.5 bis Tabelle 18.7) ist $P = F_r$. Bei den Axiallagern (Tabelle 18.10) ist $P = F_a$, mit Ausnahme $P = F_a + 1{,}2F_r$ bei Axial-Pendelrollenlagern, wenn $F_r \leq 0{,}55F_a$ ist ($F_r > 0{,}55F_a$ ist unzulässig!).

Die **radialen Belastungskräfte F_r** werden in der Mitte der Lagerbreite angesetzt, mit Ausnahme bei Schrägkugellagern und Kegelrollenlagern (hierzu siehe Abschnitt 18.5).

Die Berechnung der Lebensdauer von Wälzlagern ist mit DIN ISO 281 genormt. Nach dieser Norm ist unter der Lebensdauer eines Lagers die Anzahl der Umdrehungen zu verstehen, die das Lager ohne Anzeichen einer Werkstoffermüdung an Ringen, Scheiben oder Wälzkörpern unter der Belastung P aushält. Eine Werkstoffermüdung macht sich durch kleine Risse bemerkbar, die später in Ausbröckelungen übergehen. Um die Lebensdauer eines Lagers errechnen zu können, muss seine **dynamische Tragzahl C** bekannt sein. Sie ist die konstante äquivalente dynamische Belastung, bei der eine größere Anzahl gleicher Lager unter üblichen Betriebsbedingungen mit 90 % Erlebenswahrscheinlichkeit (bzw. 10 % Ausfallwahrscheinlichkeit) eine rechnerische oder nominelle Lebensdauer von 10^6 Umdrehungen erreicht.

18

Ist die im Betrieb auftretende Belastung kleiner als die dynamische Tragzahl C, so ist die Lebensdauer entsprechend größer als 10^6 Umdrehungen, nämlich

nominelle Lebensdauer $$L_{10} = \left(\frac{C}{P}\right)^{p} \cdot 10^6 \qquad (18.2)$$

L_{10} Anzahl der Umdrehungen unter der Belastung P bis zur Werkstoffermüdung,
C dynamische Tragzahl (Tabelle 18.3 bis Tabelle 18.10),
P Belastung während des Laufs, bei kombinierter Belastung nach Formel 18.1,
p Lebensdauerexponent;
für Rollenlager: $p = 10/3$
für Kugellager: $p = 3$

Umgerechnet in Betriebsstunden beträgt bei konstanter Drehzahl die

nominelle Lebensdauer $$L_{10h} = \frac{L_{10}}{n} \qquad (18.3)$$

L_{10}		nominelle Lebensdauer in Umdrehungen nach Formel 18.2,
n	in h^{-1}	Betriebsdrehzahl des Lagers ($1\ min^{-1} = 60\ h^{-1}$).

Bei Betriebstemperaturen über etwa $t = 120\,°C$ machen sich in Normallagern Gefügeumwandlungen bemerkbar, die die Lager verziehen. Deshalb werden Lager für höhere Betriebstemperaturen (gekennzeichnet durch nachgestelltes S1, S2 oder S3) in einem besonderen Behandlungsverfahren stabilisiert. Das führt zu einer Minderung der Tragzahl. Der Tabellenwert von C ist dann mit einem Temperaturfaktor f_T zu multiplizieren, der in Tabelle 18.11 angegeben ist.

Ändern sich die Belastung und/oder die Drehzahl eines Lagers während seiner gesamten Laufzeit, beispielsweise wie in Krangetrieben durch verschieden große Hakenlasten und Hubgeschwindigkeiten, so kann mit der höchsten Belastung und mit der dabei höchsten Drehzahl die *Volllastlebensdauer* als nominelle Lebensdauer errechnet werden. Die Gebrauchsdauer (Ermüdungslaufzeit) ist dann entsprechend länger (für besondere Fälle siehe Abschnitt 18.6, für übliche Lebensdauern siehe Tabelle 18.12). Andererseits führen ins Lager gelangte Verunreinigungen, Schmierungsmängel oder Korrosionswirkungen (z.B. durch Schwitzwasser) zu einem vorzeitigen Verschleiß, der das Betriebsspiel des Lagers vergrößert. Dadurch verstärkt sich das Laufgeräusch, die Führungsgenauigkeit lässt nach und die Gebrauchsdauer verkürzt sich.

Wenn die Betriebsbedingungen (z.B. Belastungskräfte, Drehzahlen, Schmierung, Temperatur, Wellendurchbiegung) und die spezielle Ausführung eines Lagers genau bekannt sind, so kann nach DIN ISO 281 die **erweiterte modifizierte Lebensdauer L_{nm}** für eine erwünschte Erlebenswahrscheinlichkeit (bzw. Ausfallwahrscheinlichkeit) errechnet werden.

erweiterte modifizierte Lebensdauer $L_{nm} = a_1 \cdot a_{ISO} \cdot L_{10}$ (18.4)

Index n Ausfallwahrscheinlichkeit in %
a_1 Lebensdauerbeiwert für eine Erlebenswahrscheinlichkeit, die von 90 % abweicht (vgl. Tabelle 18.16),
a_{ISO} Lebensdauerbeiwert für die Betriebsbedingungen

$$a_{ISO} = f\left(\frac{e_c \cdot C_u}{P}, \kappa\right) \text{ (vgl. Tabelle 18.17),}$$

L_{10} nominelle Lebensdauer in Umdrehungen nach Formel 18.2.

Der Index n gibt die Ausfallwahrscheinlichkeit in % an. Bei 90 % Erlebenswahrscheinlichkeit (10 % Ausfallwahrscheinlichkeit) ist $a_1 = 1$ (Normalfall) und $L_{10m} = a_{ISO} \cdot L_{10}$ mit L_{10} nach Formel 18.2. Bei z.B. 96 % Erlebenswahrscheinlichkeit (4 % Ausfallwahrscheinlichkeit) wird $L_{4\,m}$ mit $a_1 = 0{,}55$ gerechnet. Der *Lebensdauerbeiwert* a_{ISO} wird in Abhängigkeit von dem Verunreinigungsbeiwert e_c, dem Verhältnis der Ermüdungsgrenzbelastung C_u zur dynamisch äquivalenten Lagerbelastung P und dem Viskositätsverhältnis κ bestimmt.

Wälzlager können auch während des Stillstands hoch beansprucht sein. Nach DIN ISO 76 bestimmt man analog zur dynamisch äquivalenten Belastung die

statisch äquivalente Belastung $P_0 = X_0 \cdot F_{r0} + Y_0 \cdot F_{a0}$ (18.5)

X_0 Radialfaktor (Tabelle 18.3, Tabelle 18.4, Tabelle 18.8 und Tabelle 18.9),
Y_0 Axialfaktor (Tabellen wie für X_0),
F_{r0} in kN radiale Belastungskraft während des Stillstands,
F_{a0} in kN axiale Belastungskraft während des Stillstands.

Bei Axiallagern ist $P_0 = F_{a0}$, mit Ausnahme $P_0 = F_{a0} + 2{,}7\,F_{r0}$ bei Axial-Pendelrollenlagern, wenn $F_{r0} \leq 0{,}55 F_{a0}$ ist. Bei Zylinderrollenlagern ist $P_0 = F_{r0}$. Keinesfalls darf mit $P_0 < F_{r0}$ gerechnet werden.

Unter der **statischen Tragfähigkeit** eines Lagers versteht man die statische Belastung, die am Wälzkörper eine bleibende Verformung an der Berührungsstelle mit der Rollbahn hervorruft, die die Funktion des Lagers noch nicht beeinträchtigt. Aus der Praxis hat sich ergeben, dass diese Belastung als **statische Tragzahl C_0** so groß sein darf, dass die Verformung 1/10 000 des Wälzkörperdurchmessers erreicht. Läuft das Lager nach einer statischen Belastung, also nach einer Belastung im Stillstand, mit geringer Drehzahl um und werden nur geringe Anforderungen an die Laufruhe gestellt, so kann eine viel größere plastische Verformung in Kauf genommen werden. Bei besonders hohen Anforderungen an die Laufruhe und das Reibverhalten müssen die plastischen Verformungen jedoch kleiner sein. Zur Beurteilung dient die

statische Kennzahl $$f_s = \frac{C_0}{P_0} \quad (18.6)$$

C_0 statische Tragzahl des Lagers (Tabelle 18.3 bis Tabelle 18.10),
P_0 statische Belastung, ggf. nach Formel 18.5.

Allgemein strebt man an (nach FAG): $f_s = 1{,}5 \ldots 2{,}5$ bei hohen, $= 1{,}0 \ldots 1{,}5$ bei normalen, $= 0{,}7 \ldots 1{,}0$ bei geringen Ansprüchen an Laufruhe und Reibverhalten. Für Axial-Pendelrollenlager sollte $f_s \geq 4$ sein. Wenn $f_s > 8$ ist, gelten Wälzlager als dauerfest.

Hinweis: In DIN ISO 76 und 281 haben die Formelzeichen für die Tragzahlen C und C_0 sowie für die äquivalenten Belastungen P und P_0 zusätzlich die Indizes r und a zur Unterscheidung von radial und axial, worauf hier der Einfachheit wegen verzichtet wurde.

Beispiel 18.1

Das in Bild 18.28 gezeigte Festlager einer Maschinenwelle, ein Rillenkugellager 6214, wird mit $F_r = 4{,}2\text{kn}$ und $F_a = 3{,}4\text{kN}$ bei $n = 900\text{min}^{-1} = 54 \cdot 10^3\text{h}^{-1}$ belastet. Welche Lebensdauer in h ist von dem Lager zu erwarten?

Lösung:
Aus Tabelle 18.3a werden entnommen: $d = 70\text{mm}$, $D = 125\text{mm}$, $C = 62\text{kN}$, $C_0 = 44\text{kN}$, $C_u = 2{,}9\text{kN}$ und aus Tabelle 18.3b $f_0 = 14{,}4$. Damit ist $f_0 \cdot F_a / C_0 = 14{,}4 \cdot 3{,}4 / 44 = 1{,}11$. Hierfür beträgt nach Tabelle 18.3c $e \approx 0{,}29$, sodass $F_a / F_r = 3{,}4 / 4{,}2 = 0{,}8 > e$ ist. Demnach sind zu setzen $X = 0{,}56$ und $Y = 1{,}54$ (interpoliert).

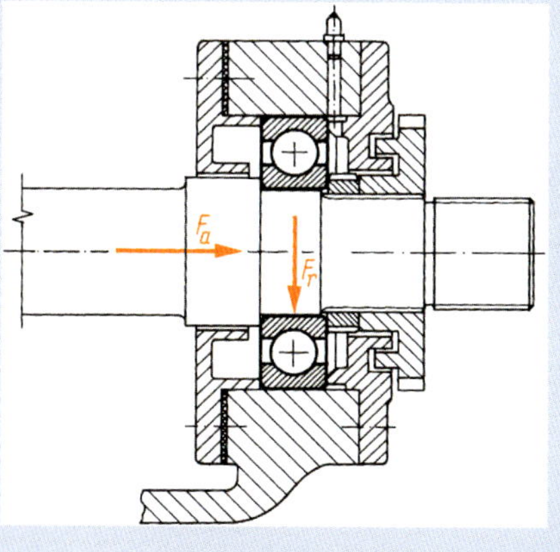

Bild 18.28
Festlager einer Maschinenwelle

Dynamisch äquivalente Belastung nach Formel 18.1:

$$P = X \cdot F_r + Y \cdot F_a = 0{,}56 \cdot 4{,}2\text{kN} + 1{,}54 \cdot 3{,}4\text{kN}$$
$$= 7{,}59\text{kN}$$

18

Nominelle Lebensdauer nach Formel 18.2 mit $p = 3$:

$$L_{10} = \left(\frac{C}{P}\right)^3 \cdot 10^6 = \left(\frac{62}{7{,}59}\right)^3 \cdot 10^6 \approx 545 \cdot 10^6$$

und in Betriebsstunden nach Formel 18.3:

$$L_{10h} = \frac{L_{10}}{n} = \frac{545 \cdot 10^6}{54 \cdot 10^3\,\mathrm{h}^{-1}} = 10{,}09 \cdot 10^3\,\mathrm{h} = 10090\,\mathrm{h}$$

Erweiterte modifizierte Lebensdauer nach Formel 18.4

Zunächst bestimmen wir mithilfe von Tabelle 18.18a für den mittleren Lagerdurchmesser $d_m = 97{,}5\,\mathrm{mm}$ und die Drehzahl $n = 900\,\mathrm{min}^{-1}$ die Bezugsviskosität $v_1 = 16\,\mathrm{mm}^2/\mathrm{s}$. Mit diesem Wert und einer vorgegebenen Betriebstemperatur von 60 °C erhalten wir aus Tabelle 18.18b den Wert für die Betriebsviskosität $v = 9\,\mathrm{mm}^2/\mathrm{s}$. Damit wird das Viskositätsverhältnis κ:

$$\kappa = \frac{v}{v_1} = \frac{9}{16} = 0{,}56$$

Es herrsche hohe Sauberkeit, der Verunreinigungsbeiwert e_C nach Tabelle 18.19 sei 0,7. Mit der Ermüdungsgrenzbelastung $C_u = 2{,}9\,\mathrm{kN}$ wird

$$e_C \cdot \frac{C_u}{P} = 0{,}7 \cdot \frac{2{,}9}{7{,}59} = 0{,}27$$

Mit diesem Wert als Abszissenwert und $\kappa = 0{,}56$ erhalten wir aus Tabelle 18.7a den Wert 1,1 für a_{ISO}. Wenn wir weiter von einer Ausfallwahrscheinlichkeit von 10 % ausgehen, erhalten wir mit dem Lebensdauerbeiwert $a_1 = 1$ aus Tabelle 18.16:

$$L_{10m} = a_1 \cdot a_{ISO} \cdot L_{10} = 1 \cdot 1{,}1 \cdot 545 \cdot 10^6 = 600 \cdot 10^6$$

Für die Lebensdauer in Betriebsstunden erhalten wir nun:

$$L_{10hm} = \frac{L_{10m}}{n} = \frac{600 \cdot 10^6}{54 \cdot 10^3 \cdot \mathrm{h}^{-1}} = 11{,}11 \cdot 10^3\,\mathrm{h} = 11110\,\mathrm{h}$$

Die festgestellte Erhöhung der Lebensdauer ist in diesem Beispiel der angenommenen hohen Sauberkeit geschuldet. Bei Annahme einer normalen Sauberkeit mit einem Verunreinigungsbeiwert e_C von 0,6 ergäbe sich $a_{ISO} = 1$. Die Lebensdauer wäre dann unverändert. ■

18

Beispiel 18.2

Bild 18.29 zeigt die Lagerung der Welle eines Schneckengetriebes für wechselnde Drehrichtung. Der Antriebsmotor läuft mit $n = 1400\,\text{min}^{-1}$. Aus der Getriebeberechnung ergab sich an der Eingriffsstelle von Schnecke und Schneckenrad eine Radialkraft $F_r = 3{,}6\,\text{kN}$, eine Umfangskraft $F_t = 2{,}6\,\text{kN}$ (senkrecht zur Zeichenebene) und eine Axialkraft $F_a = 6{,}6\,\text{kN}$. Für die Lagerzapfen ist ein Durchmesser $d = 40\,\text{mm}$ vorgesehen. Die Lebensdauer der Lager soll $L_{10h} \geq 20\,000$ h betragen. Für die Aufnahme der Radialkräfte sind Zylinderrollenlager NU 208 E, für die Axialkraft ist ein Axial-Rillenkugellager 52 310 ($d_w = 40\,\text{mm}$ nach Katalog) vorgesehen. Sind die Wälzlager ausreichend? Die in Bild 18.29 eingezeichneten Kräfte F_{rA}, F_{rB} und F_a sind die von der Welle auf die Lager ausgeübten Kräfte, nicht aber deren Stützreaktionen.

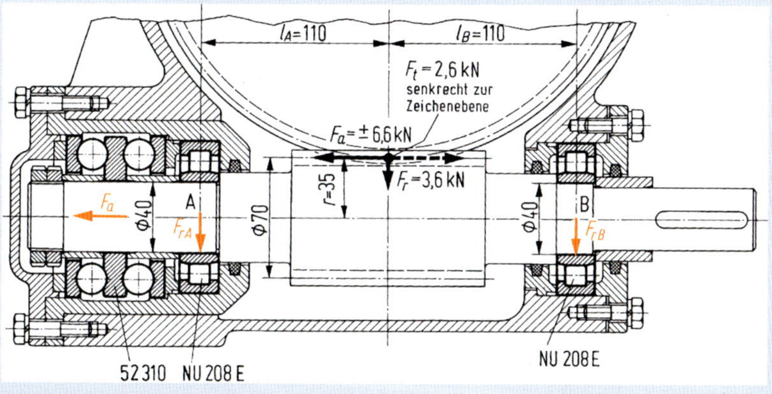

Bild 18.29 Lagerung einer Schneckenwelle

Lösung:

1. Radiale Belastungskräfte F_{rA} und F_{rB}

Bei der angegebenen Drehrichtung sind in der x-Ebene (in der Zeichenebene)

$$F_{Ax} = \frac{F_a \cdot r + F_r \cdot l_B}{l_A + l_B} = \frac{6{,}6\,\text{kN} \cdot 35 + 3{,}6\,\text{kN} \cdot 110}{110 + 110} = 2{,}85\,\text{kN}$$

$$F_{Bx} = F_r - F_{Ax} = 3{,}6\,\text{kN} - 2{,}85\,\text{kN} = 0{,}75\,\text{kN}$$

und in der *y*-Ebene

$$F_{Ay} = F_{By} = F_t / 2 = 2{,}6\,\text{kN} / 2 = 1{,}3\,\text{kN}$$

Damit ergeben sich die Radialbelastungen der Lager zu

$$F_{rA} = \sqrt{F_{Ax}^2 + F_{Ay}^2} = \sqrt{2{,}85^2 + 1{,}3^2}\,\text{kN} = 3{,}13\,\text{kN}$$

$$F_{rB} = \sqrt{F_{Bx}^2 + F_{By}^2} = \sqrt{0{,}75^2 + 1{,}3^2}\,\text{kN} = 1{,}5\,\text{kN}$$

Da es sich um zwei gleiche Lager handelt, die wechselweise mit 3,13 kN radial belastet werden, ist als Radialbelastung $F_{rA} = 3{,}13\,\text{kN}$ zu setzen.

18

2. Nominelle Lebensdauer der Zylinderrollenlager NU 208 E

Nach Tabelle 18.6 ist $C = 63\text{kN}$. Somit wird mit $P = F_{rA}$ nach Formel 18.2 mit $p = 10/3$ und Formel 18.3:

$$L_{10} = \left(\frac{C}{P}\right)^{10/3} \cdot 10^6 = \left(\frac{63}{3{,}13}\right)^{10/3} \cdot 10^6 = 22181 \cdot 10^6$$

$$L_{10h} = \frac{L_{10}}{n} = \frac{22181 \cdot 10^6}{84 \cdot 10^3\,\text{h}^{-1}} \approx 264 \cdot 10^3\,\text{h} = 264000\,\text{h}$$

3. Nominelle Lebensdauer des Axial-Rillenkugellagers 52 310

Nach Tabelle 18.10 ist die dynamische Tragzahl $C = 86{,}5\text{kN}$. Mit $P = F_a = 6{,}6\text{kN}$ werden nach Formel 18.2 mit $p = 3$ und Formel 18.3:

$$L_{10} = \left(\frac{C}{P}\right)^{3} \cdot 10^6 = \left(\frac{86{,}5}{6{,}6}\right)^{3} \cdot 10^6 = 2251 \cdot 10^6$$

$$L_{10h} = \frac{L_{10}}{n} = \frac{2251 \cdot 10^6}{84 \cdot 10^3\,\text{h}^{-1}} = 26{,}8 \cdot 10^3\,\text{h} = 26800\,\text{h}$$

Schlussfolgerung:

Mit den Lebensdauern von 264 000 h und 26 800 h ist die Bedingung $L_{10h} \geq 20\,000$ h erfüllt. Die Gebrauchsdauer ist entsprechend länger, weil die Lager je nach Drehrichtung verschieden hoch beansprucht werden, die Zylinderrollenlager abwechselnd mit 3,13 kN und 1,5 kN, jeder Kugelkranz des Axial-Rillenkugellagers mit 6,6 kN und 0. Das leichtere Zylinderrollenlager NU 1008 mit $C = 33{,}5\text{kN}$ würde $L_{10h} = 32165\text{h}$ erreichen und somit auch ausreichen. ■

18

Beispiel 18.3

Das Rillenkugellager 6214 nach Beispiel 18.1 wird auch im Stillstand von $F_{r0} = 4{,}2\text{kN}$ und $F_{a0} = 3{,}4\text{kN}$ belastet. Es werden hohe Ansprüche an Laufruhe und Reibverhalten gestellt. Werden diese erfüllt?

Lösung:

Nach Tabelle 18.3a ist $C_0 = 44\text{kN}$. Nach Tabelle 18.3c sind $X_0 = 0{,}6$ und $Y_0 = 0{,}5 (F_{a0}/F_{r0} = 3{,}4/4{,}2 \approx 0{,}81 > 0{,}8)$. Damit wird nach Formel 18.5:

$$P_0 = X_0 \cdot F_{r0} + Y_0 \cdot F_{a0} = 0{,}6 \cdot 4{,}2\text{kN} + 0{,}5 \cdot 3{,}4\text{kN} = 4{,}22\text{kN}$$

Nach Formel 18.6 ist dann die statische Kennzahl

$$f_s = \frac{C_0}{P_0} = \frac{44}{4{,}22} \approx 10.4 > 2{,}5$$

sodass hohe Ansprüche an Laufruhe und Reibverhalten gewährleistet sind. Hätte sich $P_0 < F_{r0} = 4{,}2\text{kN}$ ergeben, so hätte mit $P_0 = F_{r0}$ gerechnet werden müssen. ■

18.5 Belastung von Kegelrollen- und Schrägkugellagern

Wenn eine Welle in Kegelrollenlagern oder Schrägkugellagern aufgenommen wird, so müssen die radialen Belastungskräfte F_{rA} und F_{rB} im Schnittpunkt der Drucklinien der Lager mit der Wellenachse nach Bild 18.30 angesetzt werden. In diesem Bild sind F_{rA}, F_{rB} und F_{aW} die Aktionskräfte, mit denen die Welle auf die Lager wirkt, nicht etwa die Reaktionskräfte der Lager auf die Welle. Die Lager können so eingebaut werden, dass der Abstand der Radialkräfte größer als der Lagerabstand ist (Bild 18.30a und b) oder kleiner als dieser (Bild 18.30c und d). In der Regel wird die O-Anordnung nach Bild 18.30a und b bevorzugt, weil sie die Wellenlage stabilisiert, die X-Anordnung nach Bild 18.30c und d ist jedoch nicht so empfindlich gegen Fluchtfehler. Die Wahl hängt vorwiegend von den Montagemöglichkeiten und einer leicht zu bewerkstelligenden Einstellung des Betriebsspiels der Lager ab.

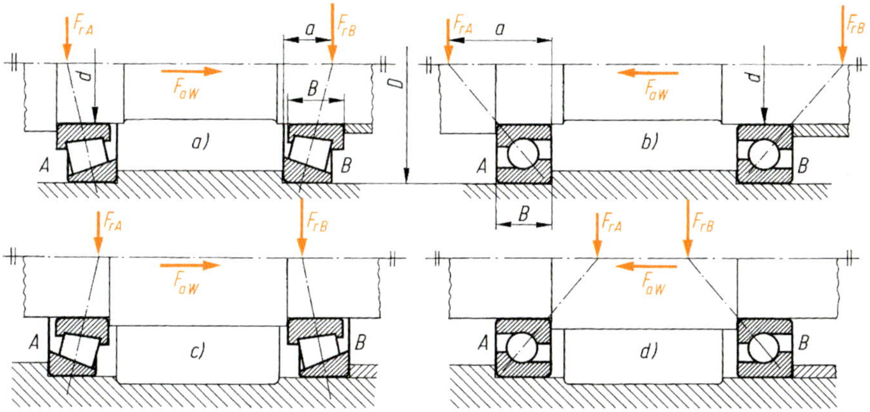

Bild 18.30 Anordnung von Kegelrollen- und Schrägkugellagern
a) und b) Drucklinien nach außen (O-Anordnung), c) und d) Drucklinien nach innen (X-Anordnung)

Um sich über die Belastung der Lager Klarheit zu verschaffen, kann man sich diese der Einfachheit halber durch Kegelgleitlager ersetzt denken. In Bild 18.31 ist hierzu der Fall nach Bild 18.30a angenommen. Zunächst werden F_{rA} und F_{rB} jeweils in die Normalkomponenten F_{nA} und F_{nB} und die Längskomponenten F_{lA} und F_{lB} zerlegt (Bild 18.31a). Es betragen $F_{lA} = F_{rA} / 2Y_A$ und $F_{lB} = F_{rB} / 2Y_B$, wobei Y_A und Y_B die Axialfaktoren der Lager A und B bedeuten (Tabelle 18.4, Tabelle 18.8 und Tabelle 18.9).

Nunmehr werden nach Bild 18.31b die Normalkomponenten F_{nA} und F_{nB} in ihrer Wirkungslinie bis zu den Laufflächen verschoben und an diesen in die Komponenten F_{rA} und F_{lA} bzw. F_{rB} und F_{lB} zerlegt. In der Wellenachse wirken nunmehr nur noch die Längskräfte F_{lA}, F_{aW} und F_{lB}, die nach Bild 18.31c zu einer Resultierenden $F_{lW} = F_{aW} + F_{lB} - F_{lA}$ zusammengefasst werden. Diese Resultierende will die Welle nach rechts schieben. Die Verschiebung kann nur das Lager A verhindern, weil das Lager B eine zwanglose Verschiebung der Welle nach rechts zulässt. Somit muss die Lauffläche des Lagers A diese Resultierende F_{lW} aufnehmen. Das Lager A wird daher außer mit der Radialkraft F_{rA} und der Axialkraft F_{lA} noch mit der Axialkraft F_{lW} belastet, also axial mit $F_{aA} = F_{lA} + F_{lW} = F_{lA} + F_{aW} + F_{lB} - F_{lA} = F_{aW} + F_{lB}$, weil sich die beiden Kräfte F_{lA} herauskürzen. Das Lager A ist daher mit der Radialkraft F_{rA} und der Axialkraft $F_{aA} = F_{aW} + F_{lB}$ belastet, das Lager B mit der Radialkraft F_{rB} und der Axialkraft $F_{aB} = F_{lB}$. Die Axialkraft F_{lB}

braucht bei der Berechnung nicht in Betracht gezogen zu werden, da sie im Verhältnis zur Radialkraft F_{rB} klein ist, d. h. es ist das Verhältnis $F_{aB}/F_{rB} < e$, sodass $P_B = F_{rB}$ zu setzen ist.

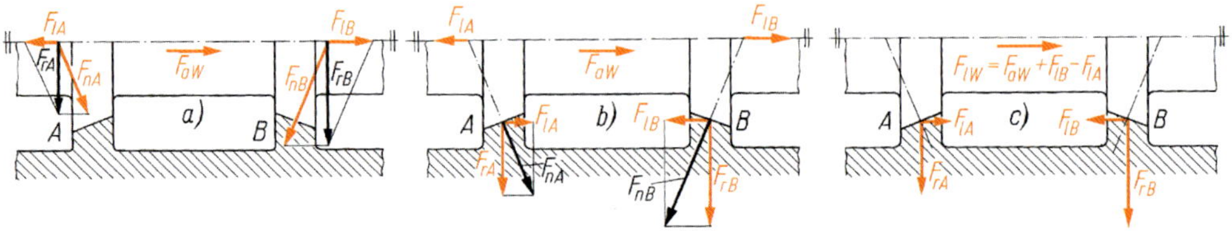

Bild 18.31 Schema der Belastung von Kegelrollen- oder Schrägkugellagern in der Anordnung nach Bild 18.30a
a) Radialkräfte F_r zerlegt in Normal- und Axialkomponenten, b) Verschiebung der Normalkomponenten F_n und deren Zerlegung in Radial- und Axialkomponenten, c) Bildung der Resultierenden F_{lW} der Axialkräfte der Welle

Unter diesen Voraussetzungen sind in Tabelle 18.13 die für die Lebensdauerberechnung maßgebenden Axialbelastungen F_{aA} bzw. F_{aB} für die vier Möglichkeiten nach Bild 18.30 zusammengestellt. Hierbei spielt es keine Rolle, ob F_{rA} und F_{rB} gleichsinnig oder gegensinnig zueinander wirken. Die Lager A und B können auch verschieden groß sein.

Beispiel 18.4

Die Ritzelwelle nach Bild 18.32 ist in Kegelrollenlagern DIN 720 - 32308 A bzw. ISO 355 - T2FD040 (Lager A) und 30205 A bzw. T3CC025 (Lager B) aufgenommen. Es betragen: $F_{rA} = 10\,\text{kN}$, $F_{rB} = 3\,\text{kN}$, $F_{aW} = 5\,\text{kN}$. Maximale Drehzahl der Ritzelwelle $n = 700\,\text{min}^{-1} = 42 \cdot 10^3\,\text{h}^{-1}$.

Welche nominelle Lebensdauer L_{10h} ist von jedem der beiden Lager zu erwarten?

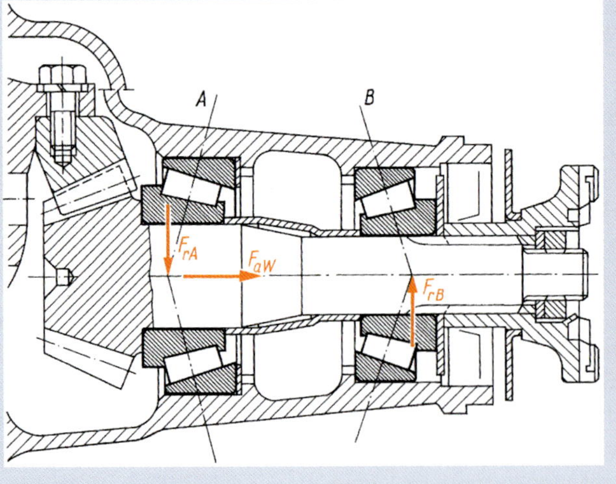

Bild 18.32 Ritzelwelle mit Kegelrollenlagern

18

Lösung:

1. Axialbelastungen der Lager A und B

Aus Tabelle 18.8 und Tabelle 18.9 werden entnommen: $Y_A = 1{,}74$ und $Y_B = 1{,}6$.
Es liegt der Fall nach Bild 18.30a vor. Gemäß Tabelle 18.13 ist

$$F_{aW} + \frac{F_{rB}}{2Y_B} = 5\,\text{kN} + \frac{3\,\text{kN}}{2 \cdot 1{,}6} = 5{,}94\,\text{kN} > \frac{F_{rA}}{2Y_A} = \frac{10\,\text{kN}}{2 \cdot 1{,}74} = 2{,}87\,\text{kN}$$

Somit werden:

$$F_{aA} = F_{aW} + \frac{F_{rB}}{2Y_B} = 5{,}94\,\text{kN}, \quad F_{aB} = 0$$

2. Nominelle Lebensdauer L_{10h} des Lagers A

Nach Tabelle 18.9 sind $C = 120\,\text{kN}$, $e = 0{,}35$, $Y = 1{,}74$ und $X = 0{,}4$. Es ist $F_a / F_r = 5{,}94 / 10 = 0{,}594 > e$. Somit gilt nach Formel 18.1:

$$P = X \cdot F_r + Y \cdot F_a = 0{,}4 \cdot 10\,\text{kN} + 1{,}74 \cdot 5{,}94\,\text{kN} = 14{,}3\,\text{kN}$$

Nach Formel 18.2 mit $p = 10/3$ und Formel 18.3 werden:

$$L_{10} = \left(\frac{C}{P}\right)^{10/3} \cdot 10^6 = \left(\frac{120}{14{,}3}\right)^{10/3} \cdot 10^6 = 1200{,}8 \cdot 10^6$$

$$L_{10h} = \frac{L_{10}}{n} = \frac{1200{,}8 \cdot 10^6}{42 \cdot 10^3\,\text{h}^{-1}} \approx 28590\,\text{h}$$

3. Nominelle Lebensdauer L_{10h} des Lagers B

Nach Tabelle 18.8 ist $C = 32{,}5\,\text{kN}$. Mit $P = F_{rB} = 3\,\text{kN}$ wird nach Formel 18.2 mit $p = 10/3$ und Formel 18.3:

$$L_{10} = \left(\frac{C}{P}\right)^{10/3} \cdot 10^6 = \left(\frac{32{,}5}{3}\right)^{10/3} \cdot 10^6 = 2813{,}2 \cdot 10^6$$

$$L_{10h} = \frac{L_{10}}{n} = \frac{2813{,}2 \cdot 10^6}{42 \cdot 10^3\,\text{h}^{-1}} \approx 66980\,\text{h}$$

■

Einreihige Schrägkugellager werden mitunter in einer **Universal-Ausführung** als Fest- oder Loslager **paarweise** eingebaut. Dadurch wird bei relativ kleinen Abmessungen der Lagerstelle eine größere Starrheit verliehen (höhere Führungsgenauigkeit) und eine hohe Tragfähigkeit erreicht. Gepaart werden kann in:

1. **Tandem-Anordnung** nach Bild 18.33a zur Aufnahme einer besonders hohen axialen Kraft in einer Richtung. Die Axialkraft F_a verteilt sich gleichmäßig auf beide Lager.
2. **O-Anordnung** nach Bild 18.33b, die bei Einbau als Festlager axiale Kräfte in beiden Richtungen aufnehmen kann. Sie wird bevorzugt, wenn die Welle wärmer als das Lagergehäuse ist, weil sich dann das Betriebsspiel nicht verringert. Diese Anordnung ist jedoch gegen Fluchtfehler zwischen Gehäusebohrung und Welle empfindlich.
3. **X-Anordnung** nach Bild 18.33c, die bei Einbau als Festlager ebenfalls axiale Kräfte in beiden Richtungen aufnehmen kann. Sie wird bevorzugt, wenn das Lagergehäuse wärmer als die Welle ist. Diese Anordnung ist gegen Fluchtfehler weniger empfindlich. Hierzu zeigt Bild 18.33d ein Einbaubeispiel für eine Kreiselpumpenlagerung.

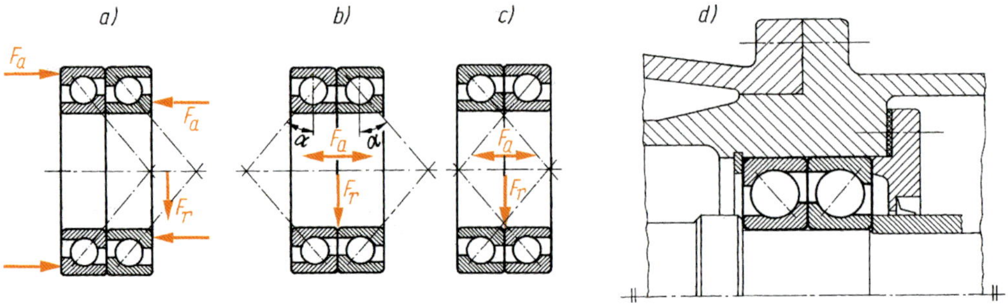

Bild 18.33 Schrägkugellager in Universal-Ausführung
a) Tandem-Anordnung, b) O-Anordnung, c) X-Anordnung, d) Einbaubeispiel für ein Festlager

Alle Schrägkugellager mit dem Nachsetzzeichen UA, UO oder UL können beliebig zur Tandem-, O- oder A-Anordnung zusammengesetzt werden. Die Welle ist mit dem Passmaß J5, die Gehäusebohrung mit J6 auszuführen. Die Nachsetzzeichen kennzeichnen das Lagerspiel (die Lagerluft), und zwar wie folgt:

UA geringes Spiel

UO spielfrei

UL leichte Vorspannung

Die Ausführung UO und UL geben der Welle eine besonders starre, spielfreie Führung, sodass sie für Werkzeugmaschinenspindeln oder Wellen von Maschinen bevorzugt werden, die genau zentrisch laufen und axial fixiert sein müssen, wie z.B. Kreiselpumpen oder Turbinen. Die Gebrauchsdauer derartiger Lager ist jedoch kürzer als der mit Spiel laufenden.

Für paarweise eingebaute Schrägkugellager in Tandem-, O- oder X-Anordnung gilt: Die dynamische Tragzahl des **Lagerpaares** ist das 1,625-fache der dynamischen Tragzahl C eines Einzellagers, bei O- oder X-Anordnung: Radialfaktor $X = 1$, Axialfaktor $Y = 0{,}55$ bei $F_a/F_r \leq e$ (e nach Tabelle 18.4), jedoch $X = 0{,}57$ und $Y = 0{,}93$ bei $F_a/F_r > e$. Bei Tandem-Anordnung ist sonst wie bei einem Einzellager zu verfahren. Die statische Tragzahl eines Lagerpaares ist jeweils das Zweifache von C_0 eines Einzellagers, bei O- oder X-Anordnung sind $X_0 = 1$ und $Y_0 = 0{,}52$.

Der Effekt der UO- und UL-Lager kann auch mit normalen Schrägkugellagern DIN 628 erreicht werden, wenn zwischen die beiden Lager passgerechte Scheiben gesetzt werden (siehe hierzu Bild 18.11b und Bild 18.12b).

Sind zwei gleiche Kegelrollenlager unmittelbar nebeneinander in O- oder X-Anordnung eingebaut, so ist die dynamische Tragzahl des Lagerpaares das 1,715fache eines Einzellagers, bei $F_a/F_r \leq e$ gilt $X = 1$ und der 1,12-fache Tabellenwert für Y, bei $F_a/F_r > e$ ist $X = 0{,}67$ und Y der 1,68-fache Tabellenwert. Für die statische Tragzahl C_0 und X_0 gilt dasselbe wie bei Schrägkugellagern in O- oder X-Anordnung, Y_0 ist der zweifache Tabellenwert (Tabelle 18.8 und Tabelle 18.9).

■ 18.6 Besondere Belastungsfälle

Wenn sich die Lagerbelastung zwischen einem Höchstwert P_{max} und einem Kleinstwert P_{min} periodisch ändert, wie bei Kurbelwellenlagern von Kraftmaschinen oder wie bei Hobelmaschinenlagern, so ist die

$$\textit{äquivalente Belastung} \quad P = \frac{P_{\text{min}} + 2P_{\text{max}}}{3} \qquad (18.7)$$

P_{min}, P_{max} in kN äquivalente Belastungen nach Formel 18.1.

Bei veränderlichen Belastungen $P_1, P_2, P_3, \ldots$ während der Zeiten $t_1, t_2, t_3, \ldots$, jedoch gleichbleibenden Drehzahlen, beträgt die

$$\textit{äquivalente Belastung} \quad P = \left(\frac{P_1^3 \cdot t_1 + P_2^3 \cdot t_2 + P_3^3 \cdot t_3 + \ldots}{t_{\text{ges}}} \right)^{1/3} \qquad (18.8)$$

Anstelle der tatsächlichen Zeiten t_i können diese auch mit ihren prozentualen Anteilen eingesetzt werden, sodass dann $t_{\text{ges}} = 100$ ist (siehe hierzu Beispiel 18.5).

Ändern sich außerdem die Drehzahlen wie in Werkzeugmaschinen, so ist die

$$\textit{äquivalente Belastung} \quad P = \left(\frac{P_1^3 \cdot N_1 + P_2^3 \cdot N_2 + P_3^3 \cdot N_3 + \ldots}{N_{\text{ges}}} \right)^{1/3} \qquad (18.9)$$

N_i Anzahl der Überrollungen mit der Belastung P_i,
N_{ges} Anzahl der Gesamtüberrollungen (z. B. Lebensdauer L).

Anstelle der tatsächlichen Überrollungen N_i können diese auch mit ihren prozentualen Anteilen eingesetzt werden, sodass dann $N_{\text{ges}} = 100$ ist.

Beispiel 18.5

Das Wälzlager der Welle des Treibrades eines Aufzuges wird zu 15 % mit $P_1 = 30\,\text{kN}$, zu 60 % mit $P_2 = 15\,\text{kN}$ und zu 25 % mit $P_3 = 8\,\text{kN}$ beansprucht. Mit welcher äquivalenten Belastung ist zu rechnen?

Lösung:
Nach Formel 18.8 ist

$$P = \left(\frac{P_1^3 \cdot t_1 + P_2^3 \cdot t_2 + P_3^3 \cdot t_3}{t_{\text{ges}}} \right)^{1/3} = \left(\frac{30^2 \cdot 15 + 15^3 \cdot 60 + 8^3 \cdot 25}{100} \right)^{1/3} \text{kN} \approx 18{,}4\,\text{kN}$$

■

■ 18.7 Grenzdrehzahl

Je höher die Rollgeschwindigkeit der Wälzkörper ist, umso mehr steigen die Reibverluste und die Erwärmung, und umso mehr machen sich Fliehkräfte unliebsam bemerkbar, die die Wälzkörper nach außen drücken. Dadurch ist jedes Lager in seiner Drehzahl nach oben begrenzt. Für Normallager gilt als Richtwert:

$$\textit{Grenzdrehzahl} \quad n_g \approx \frac{K \cdot Z_S \cdot Z_K}{K_D} \qquad (18.10)$$

n_g in min^{-1} Grenzdrehzahl der Normallager,
K in min^{-1} Drehzahlkonstante in Abhängigkeit von der Lagerbauform nach Tabelle 18.14,
Z_S Beiwert zur Berücksichtigung der Schmierungsart und Lagergröße nach Tabelle 18.15,
Z_K Beiwert zur Berücksichtigung kombinierter Belastung nach Tabelle 18.15,
K_D Durchmesserbeiwert nach Tabelle 18.15.

Die Grenzdrehzahl nach Formel 18.10 gilt nur für Lager in normaler Ausführung, wenn $F_r \leq 0{,}1C$ bei Radiallagern und $F_a \leq 0{,}1C$ bei Axiallagern ist. Bei $n > n_g$ müssen die Lager eine erhöhte Laufgenauigkeit erhalten. Ferner tragen Sonderkäfige und Verbesserungen in der Schmierung und Kühlung zur Erhöhung der Grenzdrehzahl bei. In der Praxis sind die Angaben zur Grenzdrehzahl in den Katalogen der Wälzlagerhersteller zu beachten. Bei Sonderfällen ist eine Beratung durch den Lagerlieferanten erforderlich.

Falls in den Katalogen die Grenzdrehzahl bei Fett- und bei Ölschmierung angegeben ist, muss sie bei kombinierter Belastung mit dem Beiwert Z_K multipliziert werden.

Bei eingebauten Dichtscheiben ist die Grenzdrehzahl um rund 20 % niedriger.

Beispiel 18.6

Das Kegelrollenlager 32308 nach Beispiel 18.4 mit $C = 120\,\text{kN}$ hat eine Radialkraft $F_r = 10\,\text{kN}$ und eine Axialkraft $F_a \approx 6\,\text{kN}$ aufzunehmen. Es läuft mit $n = 700\,\text{min}^{-1}$. Wie groß ist seine Grenzdrehzahl bei Fettschmierung?

Lösung:
Da $F_r / C = 10/120 \leq 0{,}1$ ist, darf mit Formel 18.10 gerechnet werden. Nach Tabelle 18.9 ist $D = 90\,\text{mm}$. Mit $K = 320000\,\text{min}^{-1}$ (Tabelle 18.14), $Z_S = 1$, $K_D = D - 10 = 90 - 10 = 80$, und $Z_K = 0{,}83$ aus Tabelle 18.15 bei $F_a / F_r = 6/10 = 0{,}6$ wird mit Formel 18.10:

$$n_g = \frac{K \cdot Z_S \cdot Z_K}{K_D} = \frac{320000\,\text{min}^{-1} \cdot 1 \cdot 0{,}83}{80} = 3320\,\text{min}^{-1}$$

Gegen den Einsatz eines Normallagers bestehen somit keine Bedenken, da $n < n_g$. ■

18

18.8 Schmierung der Wälzlager

Einer vollständigen Trennung der Paarungsflächen Wälzkörper/Rollbahnen durch einen tragfähigen Schmierfilm kommt wegen der Abwälzbewegung der Rollkörper bei weitem nicht die Bedeutung zu wie bei Gleitlagern. In den meisten Fällen wird eine betriebssichere Schmierung mit Fetten oder Ölen beliebiger Konsistenz bzw. Viskosität erreicht.

Fettschmierung:

Wegen der einfachen Abdichtung und der bequemen Nachschmierung werden die Wälzlager bevorzugt mit Fett geschmiert. Zur Einsatzfähigkeit der einzelnen Fette je nach Betriebstemperatur siehe Abschnitt 16.4.

Für die **Fettauswahl** gilt erfahrungsgemäß: Bei $n/n_g \leq 1$ und $f \cdot P/C \leq 0{,}16$ kommen die normalen Wälzlagerfette nach DIN 51825 in Betracht, bei $n/n_g = 0{,}3 \ldots 0{,}5$ und $f \cdot P/C \geq 0{,}16$ Hochdruckfette (z. B. Calcium-Komplex-Seifenfette), bei $n/n_g > 1$ Fette für schnelllaufende Lager (z. B. Barium-Komplex-Seifenfette oder Polyharnstoff-Fette). Hierbei ist f der Belastungsfaktor, und zwar $f = 1$ für beliebig belastete Kugellager und überwiegend radial belastete Rollenlager ($F_a/F_r \leq 1$), $f = 2$ für überwiegend axial belastete Rollenlager ($F_a/F_r > 1$).

Wenn die Reibung im Lager besonders klein sein muss, dann werden weiche Fette gewählt, z. B. wenn kleine Einstellbewegungen ruckfrei erfolgen sollen oder die Antriebsmaschine nur Lagerreibung zu überwinden hat. Das gilt auch, wenn aus dem kalten Zustand rasch angefahren werden muss. Weiche Fette werden auch dort angewendet, wo sie durch lange Kanäle zu den Schmierstellen gepresst werden müssen. Steifere Fette werden dagegen bevorzugt, wenn die Laufgeräusche möglichst gering sein müssen. Das gilt auch, wenn das Fett am Wellenaustritt einen dichtenden Kragen bilden soll, um den Eintritt von Staub, Fremdkörpern und Wasser zu verhindern.

Besteht die Gefahr, dass das Fett infolge seiner Schwerkraft aus dem Lager austreten kann, wie z. B. bei senkrecht stehenden Wellen, besonders dann, wenn das Fett durch höhere Temperaturen sehr weich wird, dann sind haftfähige Fette mit höherer Gebrauchstemperatur zu wählen.

Derzeitig geht der Trend zur **For-life-Schmierung**, d. h. zur einmaligen Schmierung für die gesamte Lebensdauer der Lager. Das setzt walkstabile und alterungsbeständige Fette voraus. Da die Fette bei höheren Temperaturen rasch altern, müssen außerdem Fette verwendet werden, deren Gebrauchstemperatur beträchtlich über der zu erwartenden Betriebstemperatur liegt. Dafür eignen sich Lithiumseifenfette oder entsprechende Spezialfette.

Die **einzufüllende Fettmenge** richtet sich vorwiegend nach der Betriebsdrehzahl. Die eigenen Hohlräume des Wälzlagers sollten stets vollgefüllt werden, damit alle Funktionsflächen Schmierstoff erhalten. Der Gehäuseraum neben dem Lager soll bei $n/n_g < 0{,}2$ voll, bei $n/n_g = 0{,}2 \ldots 0{,}8$ zu einem Drittel gefüllt werden und bei $n/n_g > 0{,}8$ leer bleiben. Bei niedrigen Drehzahlen wirkt sich die Walkreibung im Fett nicht störend aus, sodass dann eine große Fettmenge die Nachschmierfristen verlängert. Wälzlager mit beidseitigen Dichtscheiben werden zu 20 ... 30 % mit Fett gefüllt, das meistens für die Lebensdauer des Lagers ausreicht.

Bild 18.34 zeigt Beispiele fettgeschmierter Lager. Nach Bild 18.34a befindet sich neben dem Lager eine dicke Scheibe, durch deren Bohrungen den Wälzkörpern das Fett zugeführt wird. Beim Nachschmieren sammelt sich das alte, verdrängte Fett in einer Kammer, aus der es von Zeit zu Zeit entfernt werden muss. Auch die Kammer links neben dem Filzring wird mit Fett gefüllt, um die Abdichtung zu verbessern. Bei der Ausführung nach Bild 18.34b liegt die dicke Scheibe zwischen den beiden Lagern, sodass durch deren Bohrungen beide Lager in Höhe der Wälzkörper mit Fett versorgt werden. Eine Stauung des Fettes wird vermieden, weil es durch die Fliehkraft (Pfeile) nach außen gefördert wird.

18

Ölschmierung:

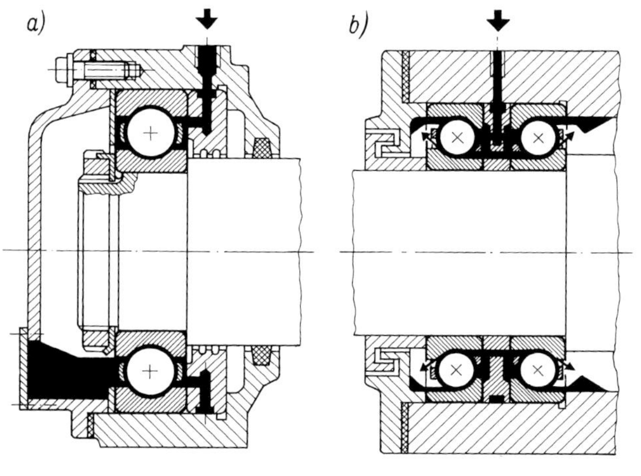

Bild 18.34
Fettschmierung von Wälzlagern (nach FAG)
a) eines Rillenkugellagers,
b) zweier Schrägkugellager

Zu einer Minimalschmierung, die im Allgemeinen ausreicht, benutzt man vorwiegend kleine Pumpenaggregate, die viele Stellen gleichzeitig versorgen und jedem Lager je nach Größe und Drehzahl 0,1 ... 5 cm^3 Öl/min über Bohrungen zuführen.

Zur Schmierung insbesondere schnelllaufender Lager hat sich die **Ölnebelschmierung** bewährt. Es wird Druckluft über ein Saugrohr geblasen, dessen unteres Ende in einem Ölbad steht. Vom Luftstrom werden Öltröpfchen empor- und mitgerissen. Die ölgeschwängerte Luft wird den Lagern über Rohrleitungen zugeführt, die kurz vor den Wälzkörpern der Lager enden. Die Ölnebelschmierung bietet den Vorteil, dass der Luftstrom gleichzeitig die Lager kühlt und durch seinen Überdruck das Eindringen von Staub und Fremdkörpern verhindert.

Bei den beiden vorgenannten Schmierungsarten fließt das Öl in Sammelbehälter zurück.

Einfach und sicher ist die **Tauchschmierung** (Bild 18.35a). Bei jeder Umdrehung werden die Wälzkörper mit Öl benetzt. Der untere Wälzkörper darf nur etwa bis zur Hälfte in das Öl eintauchen, weil es bei höherem Ölstand zu Schaumbildungen und Temperaturerhöhungen kommt. Dadurch altert das Öl schneller. Lediglich bei $n/n_g < 0{,}4$ darf mehr Öl eingefüllt werden. In Getrieben genügt das von den Zahnrädern abgespritzte Öl meistens zur Schmierung der Wälzlager. Es muss aber sichergestellt sein, dass das Spritzöl auch an die Lager gelangt, beispielsweise durch Rinnen oder Rippen an den Gehäusewandungen.

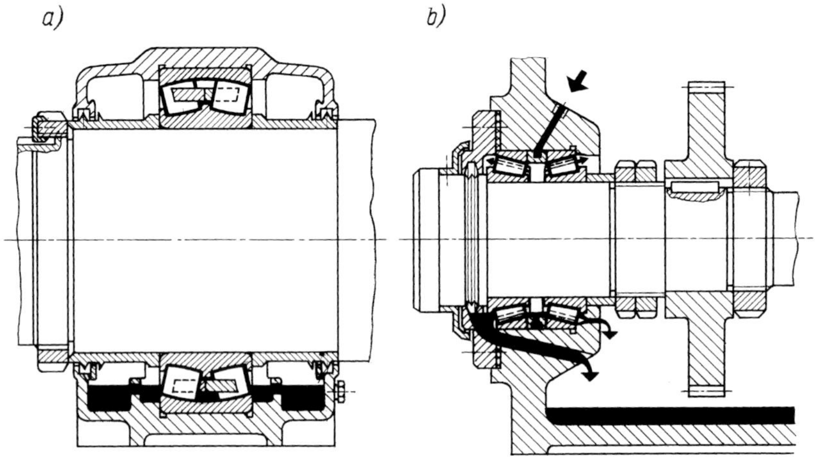

Bild 18.35 Ölschmierung von Wälzlagern (nach FAG)
a) Tauchschmierung, b) Umlaufschmierung

Wenn bei mittleren bis hohen Drehzahlen und hohen Umgebungstemperaturen Wärme abgeführt werden muss, so können in einer **Ölumlaufschmierung** entsprechend große Ölströme zugeführt werden (Bild 18.35b). Da jedes Wälzlager dem durchfließenden Öl einen Widerstand entgegensetzt, kann nicht beliebig viel Öl hindurchgepumpt werden. Man rechnet etwa bei

D	=	30	50	100	200	500	1000 mm
Q_s	=	0,001	0,003	0,01	0,05	0,3	0,5 dm^3/min
Q_k	=	0,003	0,07	0,3	1	7	12 dm^3/min

Hierin ist Q_s der zur Schmierung ausreichende Schmieröldurchsatz, Q_k der zur Kühlung maximal mögliche Öldurchsatz (bei unsymmetrischen Lagern noch etwas höher). Am einfachsten wird das Öl an einer Stirnseite des Lagers über Bohrungen oder Rohre zugeführt. Es fließt an der anderen Stirnseite ab und über Kanäle oder direkt zum Sammelbehälter zurück.

Als grundsätzliche Richtlinie gilt, dass die kinematische Viskosität des Schmieröls **mindestens 12 mm²/s** bei der Betriebstemperatur betragen soll.

Ausführliche Hinweise zur optimalen Schmierung von Wälzlagern können auch den Druckschriften der Herstellerfirmen entnommen werden.

18.9 Verständnisfragen

1. Nennen Sie die jeweiligen Vor- und Nachteile von berührungsfreien Dichtungen und schleifenden Dichtungen.
2. Welche Dichtung kommt bei Wälzlagern üblicherweise zum Einsatz?
3. Was unterscheidet die Form AS bei den weit verbreiteten Radial-Wellendichtringen von der Form A?
4. Wie wirken berührungsfreie Dichtungen?
5. Wie funktionieren Labyrinthe als Dichtungen?
6. Was muss bei Dichtung mit Labyrinth gegen Ölaustritt beachtet werden?

Literatur

[18.1] *Albert, M.; Köttritsch, H.:* Wälzlager. Theorie und Praxis. Wien: Springer Verlag, 2013

[18.2] *Brändlein, J.; Eschmann, P.; Hasbargen, L.:* Die Wälzlagerpraxis. 3. Auflage. Mainz: Vereinigte Fachverlage GmbH, 1998

[18.3] *Kleinlein, E. et al.:* Einsatz von Wälzlagern bei extremen Betriebs- und Umgebungsbedingungen. Optimierung durch geeignete Konstruktion und Entwicklung von Wälzlagern, Schmierung und Abdichtung. Renningen: Expert, 1998

[18.4] DIN-Taschenbuch 24: Wälzlager – Grundnormen. 10. Auflage. Berlin: Beuth, 2021

[18.5] DIN-Taschenbuch 264: Wälzlager – Produktnormen. 3. Auflage. Berlin: Beuth, 2011

[18.6] *Bartz, W. J. et al.:* Keramiklager. Werkstoffe – Gleit- und Wälzlager – Dichtungen. Renningen: Expert, 2003

[18.7] *Birkhofer, H.; Kümmerle, T.:* Feststoffgeschmierte Wälzlager. Einsatz, Grundlagen und Auslegung. VDI-Buch. Wiesbaden: Springer Vieweg, 2012

[18.8] *Dahlke, H.:* Handbuch Wälzlager-Technik. Bauarten, Gestaltung, Betrieb. Wiesbaden: Vieweg + Teubner, 2014

[18.9] *Schaeffler Technologies AG & Co KG (Hrsg.):* Wälzlagerpraxis. Handbuch zur Gestaltung und Berechnung von Wälzlagerungen. 4. Auflage. Mainz: Vereinigte Fachverlage GmbH, 2015

DIN 615:2008-01	Wälzlager – Schulterkugellager – Einreihig, nicht selbsthaltend
DIN 616:2000-06	Wälzlager – Maßpläne
DIN 617:2008-10	Wälzlager – Nadellager mit Käfig – Maßreihen 48, 49 und 69
DIN 618:2008-10	Wälzlager – Nadellager – Nadelhülsen und Nadelbüchsen, mit Käfig
DIN 620-1:1982-06	Wälzlager; Meßverfahren für Maß- und Lauftoleranzen
DIN 620-2:1988-02	Wälzlager; Wälzlagertoleranzen; Toleranzen für Radiallager
DIN 620-3:1982-06	Wälzlager; Toleranzen für Axiallager
DIN 620-4:2004-06	Wälzlager – Wälzlagertoleranzen – Teil 4: Radiale Lagerluft
DIN 620-6:2004-06	Wälzlager – Wälzlagertoleranzen – Teil 6: Grenzmaße für Kantenabstände

DIN 623-1:2020-06	Wälzlager – Grundlagen – Teil 1: Bezeichnung, Kennzeichnung
DIN 625-1:2011-04	Wälzlager – Radial-Rillenkugellager – Teil 1: Einreihig
DIN 626-1:1999-07	Wälzlager – Rillenkugellager mit kugelförmiger Außenringmantelfläche und verbreitertem Innenring – Teil 1: Spannlager
DIN 626-2:1999-07	Wälzlager – Rillenkugellager mit kugelförmiger Außenringmantelfläche und verbreitertem Innenring – Teil 2: Gehäuse für Spannlager
DIN 628-1:2008-01	Wälzlager – Radial-Schrägkugellager – Teil 1: Einreihig, selbsthaltend
DIN 628-3:2008-02	Wälzlager – Radial-Schrägkugellager – Teil 3: Zweireihig
DIN 628-4:2008-02	Wälzlager – Radial-Schrägkugellager – Teil 4: Einreihig, zweiseitig wirkend – nicht selbsthaltend, mit geteiltem Innenring (Vierpunktlager)
DIN 628-5:2011-06	Wälzlager – Radial-Schrägkugellager – Teil 5: Zweireihig, mit Trennkugeln
DIN 628-6:1999-07	Wälzlager – Radial-Schrägkugellager – Teil 6: Einreihig, Berührungswinkel 15° und 25°
DIN 630:2011-02	Wälzlager – Radial-Pendelkugellager – Zweireihig, zylindrische und kegelige Bohrung
DIN 635-1:2010-05	Wälzlager – Radial-Pendelrollenlager – Teil 1: Einreihig, zylindrische und kegelige Bohrung (Tonnenlager)
DIN 635-2:2009-01	Wälzlager – Radial-Pendelrollenlager – Teil 2: Zweireihig, zylindrische und kegelige Bohrung
DIN 644:2016-12	Linearwälzlager – Lineare Schienenführung mit Flachkäfig – Maße und Toleranzen
DIN 711:2010-05	Wälzlager – Axial-Rillenkugellager, einseitig wirkend
DIN 715:2011-02	Wälzlager – Axial-Rillenkugellager, zweiseitig wirkend
DIN 720:2008-08	Wälzlager – Kegelrollenlager
DIN 728:1991-02	Wälzlager; Axial-Pendelrollenlager, einseitig wirkend, mit unsymmetrischen Rollen
DIN 736:2011-06	Wälzlager – Stehlagergehäuse für Wälzlager der Durchmesserreihe 2, mit kegeliger Bohrung und Spannhülse
DIN 737:2011-06	Wälzlager – Stehlagergehäuse für Wälzlager der Durchmesserreihe 3, mit kegeliger Bohrung und Spannhülse
DIN 738:2011-06	Wälzlager – Stehlagergehäuse für Wälzlager der Durchmesserreihe 2, mit zylindrischer Bohrung
DIN 739:2011-06	Wälzlager – Stehlagergehäuse für Wälzlager der Durchmesserreihe 3, mit zylindrischer Bohrung
DIN 5401:2002-08	Wälzlager Kugeln für Wälzlager und allgemeinen Industriebedarf
DIN 5402-1:2014-05	Wälzlager – Wälzlagerteile – Teil 1: Zylinderrollen
DIN 5402-3:2012-04	Wälzlager – Wälzlagerteile – Teil 3: Nadelrollen
DIN 5405-1:2016-12	Wälzlager – Nadellager – Teil 1: Radial-Nadelkränze
DIN 5405-2:2019-04	Wälzlager – Nadellager – Teil 2: Axial-Nadelkränze
DIN 5405-3:2016-12	Wälzlager – Nadellager – Teil 3: Axialscheiben
DIN 5412-1:2005-08	Wälzlager – Zylinderrollenlager – Teil 1: Einreihig, mit Käfig, Winkelringe
DIN 5412-4:2000-04	Wälzlager – Zylinderrollenlager – Teil 4: Zweireihig, mit Käfig, erhöhte Genauigkeit
DIN 5418:1993-02	Wälzlager; Maße für den Einbau
DIN 5429-1:2005-08	Wälzlager – Kombinierte Nadellager – Teil 1: Nadel-Axialzylinderrollenlager, Nadel-Axialkugellager

DIN 5429-2:2005-08	Wälzlager – Kombinierte Nadellager – Teil 2: Nadel-Schrägkugellager
DIN 51825:2004-06	Schmierstoffe – Schmierfette K – Einteilung und Anforderungen
DIN ISO 76:2019-04	Wälzlager – Statische Tragzahlen (ISO 76:2006 + Amd. 1:2017)
DIN ISO 281:2010-10	Wälzlager – Dynamische Tragzahlen und nominelle Lebensdauer (ISO 81:2007)
DIN ISO 8826-1:1990-12	Technische Zeichnungen; Wälzlager; Teil 1: Allgemeine, vereinfachte Darstellung (ISO 8826-1:1989)
DIN ISO 8826-2:1995-10	Technische Zeichnungen – Wälzlager – Teil 2: Detaillierte vereinfachte Darstellung (ISO 8826-2:1994)
DIN ISO 14728-1:2018-10	Wälzlager – Linear-Wälzlager – Teil 1: Dynamische Tragzahlen und nominelle Lebensdauer (ISO 14728-1:2017)
DIN ISO 14728-2:2018-10	Wälzlager – Linear-Wälzlager – Teil 2: Statische Tragzahlen (ISO 14728-2:2107)

Firmenschriften und Online-Kataloge

Bosch Rexroth AG, Schweinfurt (*www.boschrexroth.com*)

FAG – eine Marke der Schaeffler KG (*www.fag.de*)

Franke GmbH, Aalen/Württ. (*www.franke-gmbh.de*)

INA – eine Marke INA der Schaeffler KG, Herzogenaurach (*www.ina.de*)

NSK Deutschland GmbH, Ratingen (*www.nskeurope.de*)

SFERAX GmbH, Emmendingen (*www.sferax.de*)

SKF GmbH, Schweinfurt (*www.skf.com*)

THK GmbH, Düsseldorf (*www.thk.com/de*)

UKF Universal-Kugellager-Fabrik GmbH, Berlin (*www.ukf.de*)

19 Lager- und Wellendichtungen

Dichtungen verhindern den Austritt von Schmiermitteln und das Eindringen von Fremdkörpern, Staub usw. in das Lager oder den Lagerraum. Hierzu können schleifende Dichtungen oder berührungsfreie Dichtungen dienen. Schleifende Dichtungen verursachen eine zusätzliche Reibung und damit Erwärmung und Energieverluste, berührungsfreie können jedoch nicht ohne Weiteres gegen Über- oder Unterdruck abdichten und sind nicht immer sicher gegen das Eindringen von Staub.

19.1 Schleifende Dichtungen

Für untergeordnete Anwendungen genügen *Filzringe* DIN 5419 nach Bild 19.1 (siehe auch Tabelle 19.1). Vor dem Einbau werden sie mit heißem Öl oder Fett getränkt. Die trapezförmigen Gehäuserillen verformen den Rechteckquerschnitt des Ringes und drücken ihn mit Spannung auf die Welle. Da die Spannung mit der Zeit nachlässt, sind Filzringe als Öldichtung nur in Verbindung mit anderen Dichtelementen zu gebrauchen. Die Dichtwirkung kann durch Hintereinanderlegen mehrerer Filzringe verstärkt werden (Bild 19.1b). Noch sicherer sind Stopfbuchs-Dichtungen (Bild 19.1c), in denen eine Brille die Filzringe unter Spannung hält. Die Reibung ist dann allerdings höher, sodass sie nur bei kleinen Gleitgeschwindigkeiten zu empfehlen sind.

Für Wälzlager haben sich *Nilosringe* als dünne Blechteller (Bild 19.2) gut bewährt. Sie werden für Außenringdichtung (Bild 19.2a) und Innenringdichtung (Bild 19.2b) geliefert. Eine scharfe Kante drückt auf die Stirnseite des Außen- oder Innenringes des Lagers und schleift in diesen eine feine Rille ein, sodass ein Fettaustritt verhindert wird. Nilosringe sind wegen des dünnen Bleches gegen Stöße empfindlich, und bereits kleine Beulen machen sie unbrauchbar. Ihr Einbau muss daher sehr sorgfältig erfolgen. Von Vorteil sind ihr leichter, einfacher Einbau und ihr niedriger Preis.

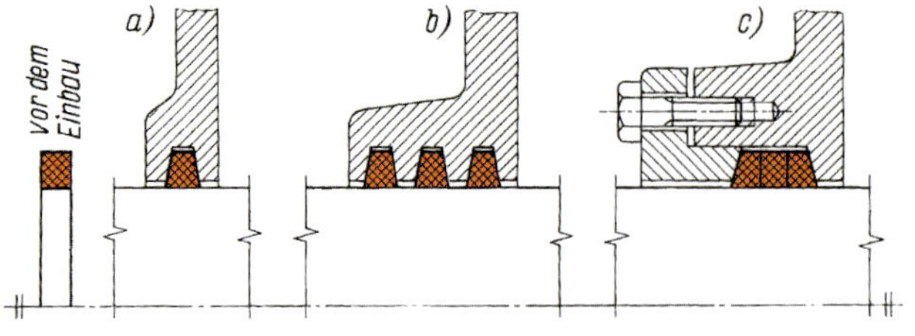

Bild 19.1
Filzringdichtungen
a) mit einem Ring, b) mit hintereinander angeordneten Ringen, c) mit drei Ringen in einer Stopfbuchse

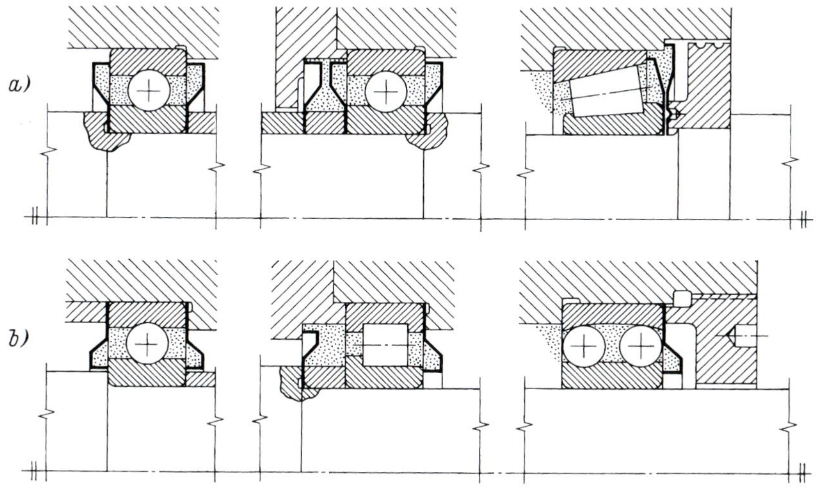

Bild 19.2 Nilosringe zur Abdichtung von Wälzlagern (Ziller, Hilden)
a) außen dichtend, b) innen dichtend

Weit verbreitet sind *Radial-Wellendichtringe* DIN 3760 (Bild 19.3) in den Formen A mit einer Dichtlippe und AS mit einer zusätzlichen Schutzlippe. Es sind unter radialer Federspannung stehende Manschetten aus Elastomeren (Kautschuk). Die Form AS bietet den Vorteil, dass Verschmutzungen von der eigentlichen Dichtstelle ferngehalten werden. Zweckmäßig wird der Raum zwischen beiden Lippen mit Fett gefüllt, um den Verschleiß der Dichtlippe zu verringern und die Korrosion der Welle zu verzögern. Die Dichtlippe muss immer dem abzudichtenden Medium zugekehrt sein und darf nicht trockenlaufen. Als Elastomere werden eingesetzt: Acrylnitril-Butadien-Kautschuk NBR und Fluor-Kautschuk FKM, aber auch PTFE (Teflon), ACM (Acrylat-Kautschuk) und HNBR (nitrierter NBR). In Tabelle 19.2 sind die abdichtbaren Medien und die geeigneten Elastomere aufgeführt. Aus Bild 19.4 ist zu entnehmen, welche Elastomere in Abhängigkeit von der Umfangsgeschwindigkeit v der Welle und vom Wellendurchmesser d_1 geeignet sind. Der Druckunterschied des Mediums gegenüber der Außenluft darf betragen bei

$n \leq$	1000	2000	3000 min^{-1}
$v \leq$	2,8	3,15	5,6 m/s
$p \leq$	0,5	0,35	0,2 bar

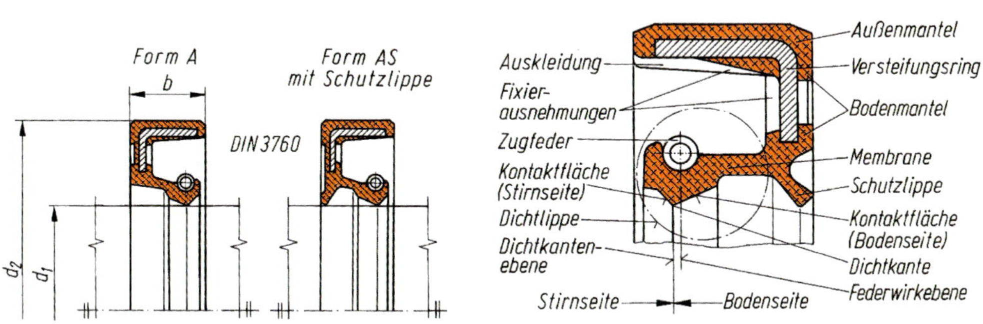

Bild 19.3 Radial-Wellendichtringe in den Formen A und AS nach DIN 3760 und Querschnitt durch einen Dichtring (nach Federal Mogul Goetze)

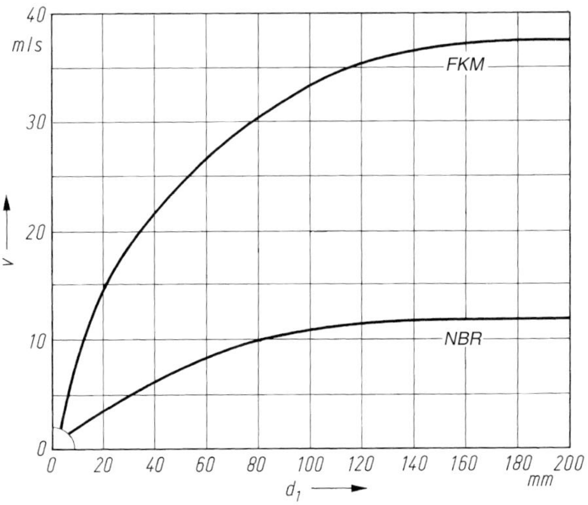

Bild 19.4 Einsatzfähigkeit der Elastomere für Radialdichtringe nach DIN 3760

Um die Abdichtung zwischen Lippe und Welle sicherzustellen, muss die Welle im Laufflächenbereich eine Rautiefe $R_z = 1...4\,\mu m$ haben. Die Bearbeitung darf keine Drallorientierung zeigen, die bei Undichtheit das Medium hinausbefördert. Die Wellenoberfläche soll eine Härte von mindestens 45 HRC aufweisen, bei Zutritt von verschmutzten Medien oder bei Umfangsgeschwindigkeiten über 12 m/s eine Härte von mindestens 60 HRC, Einhärtetiefe mindestens 0,3 mm [19.1]. Die erforderliche Rundlaufgenauigkeit ist je nach Wellendurchmesser und Drehzahl entsprechenden Diagrammen in DIN 3760 zu entnehmen. Die Welle soll im Einstich geschliffen werden, ggf. ist auch Hartdrehen zulässig; wichtig ist eine drallfreie Oberfläche. Als Wellentoleranz ist ISO h11 ausreichend.

19

Ein metallischer Versteifungsring gibt dem Elastomerteil den Halt. Bild 19.5 zeigt verschiedene Bauformen von Dichtringen, die auch ein metallisches Schutzgehäuse (einen Blechmantel) erhalten können, mit dem sie eingepresst werden. Einige weitere Ausführungen zeigt Bild 19.6. Bild 19.7 zeigt Ausführungen ohne Schutzmantel. Wie aus Bild 19.6 und Bild 19.7 ersichtlich ist, können die Dichtlippen auch am Außenumfang liegen, wenn dies aus Montage- oder Funktionsgründen günstiger ist. Des Weiteren kann auch ein Laufring auf die Welle gepresst werden, auf dem die Dichtlippe läuft (Bild 19.8). In diesem Falle wird das Härten und Schleifen der Wellenoberfläche erspart. Bild 19.13a zeigt ein Wälzlager, zwischen dessen Ringen ein Radialdichtring eingebaut ist, Bild 19.13b einen an der Stirnseite eines Wälzlagers eingebauten Dichtring und Bild 19.14 die Abdichtung einer besonders schmutzbeaufschlagten Stelle.

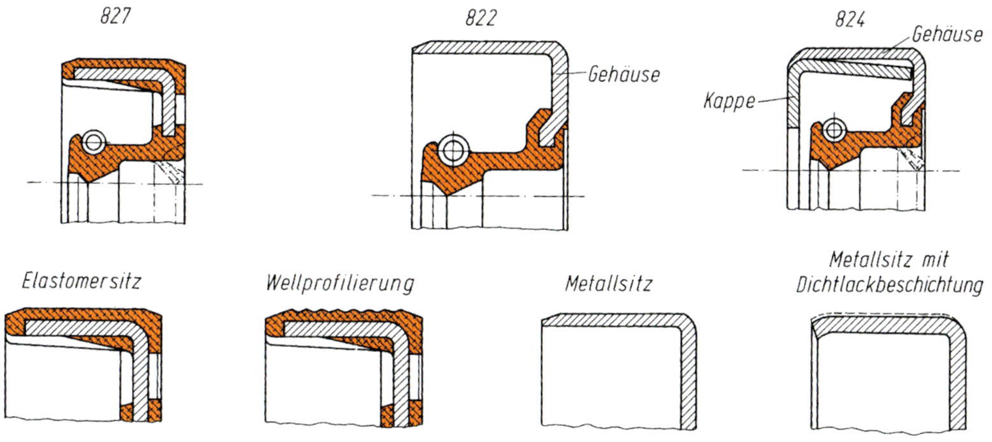

Bild 19.5 Bauformen und äußere Sitzfläche von Radial-Wellendichtringen (Federal Mogul Goetze)

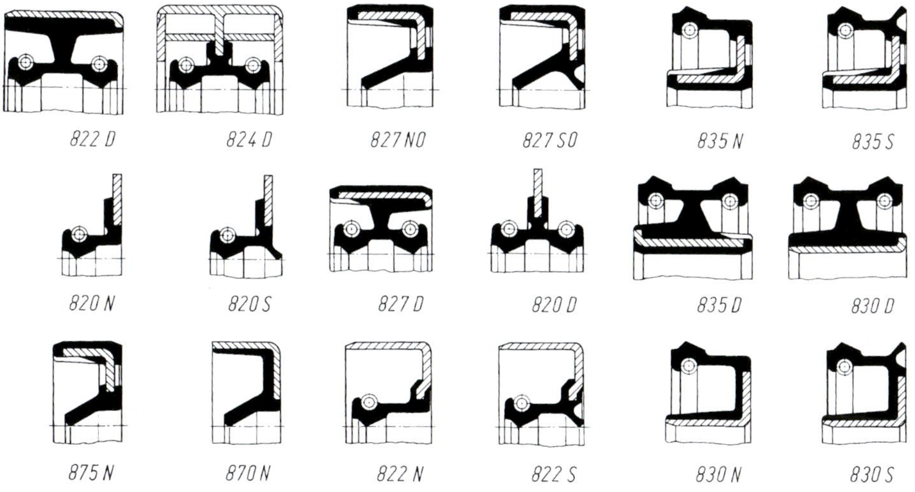

Bild 19.6 Weitere Formen von Radialdichtringen (Federal Mogul Goetze)

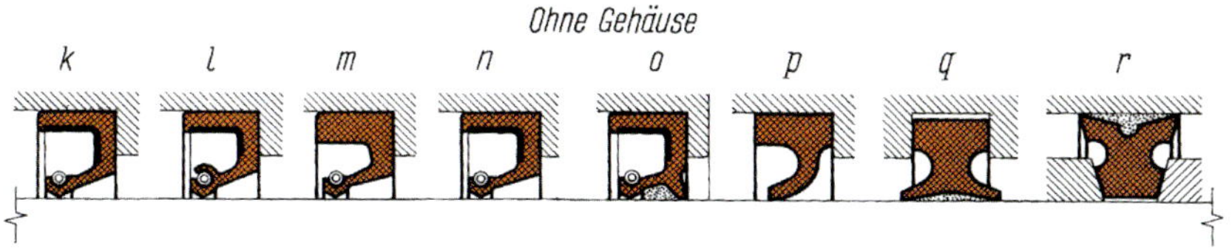

Bild 19.7 Radialdichtringe ohne Außenmantel (Freudenberg Simrit): Die Formen p, q und r dienen nur für untergeordnete Zwecke bei Langsamlauf.

19

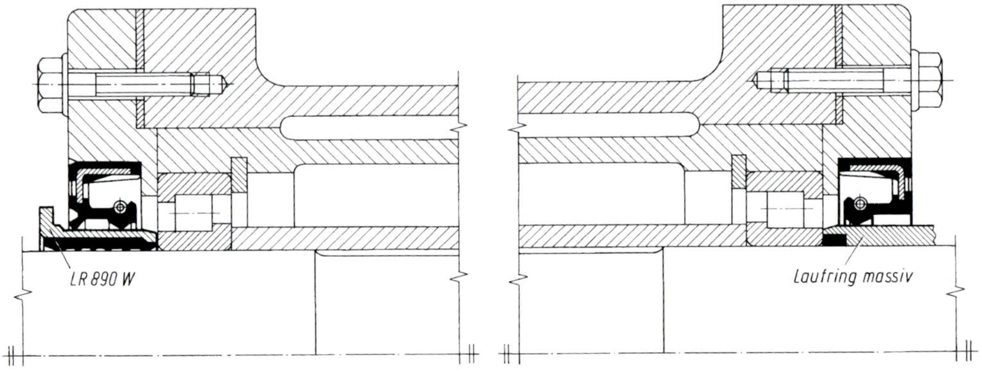

Bild 19.8 Radialdichtringe mit Laufringen auf der Welle (Federal Mogul Goetze)

Die Gehäusebohrung zur Aufnahme des Dichtringes nach DIN 3760 ist mit H8 und $R_z \leq 16$ µm zu fertigen. Die Wellendichtringe müssen zentrisch und winkelrecht eingebaut sein. Spritzringe, Labyrinthe u. dgl. dürfen nicht vor den Dichtring gesetzt werden, um den Zutritt des Mediums (Fett, Öl) an die Dichtringe nicht zu behindern. Auch Luftpolster können den Zutritt des Mediums verhindern. In solchen Fällen schaffen Entlüftungsnuten oder -bohrungen Abhilfe (Bild 19.15).

Für Abmessungen der genormten Radial-Wellendichtringe siehe Tabelle 19.3. Mit DIN 3761 sind Radialdichtringe für den Kraftfahrzeugbau genormt.

Hier ist eine nähere Erläuterung zum Dichtungsmechanismus des Radial-Wellendichtrings RWDR, auch Simmerring[1] genannt (Fa. Freudenberg Simrit), nötig. Die eigentliche Dichtlippe ist unsymmetrisch, der Winkel auf der Ölseite beträgt 35...60°, der luftseitige Winkel 12...30°. Durch eine Schlauchfeder wird die Dichtlippe angepresst; diese Pressung darf nicht zu stark sein, damit Reibung und Verschleiß nicht zu groß werden, aber andererseits muss die Dichtfunktion sichergestellt werden. Es entsteht eine ungleichförmige Pressungsverteilung mit einem Druckmaximum und steilem Anstieg auf der Ölseite und einem flachen Abfall auf der Luftseite (Bild 19.9).

19

Durch diese asymmetrische Pressungsverteilung entsteht im RWDR eine unsymmetrische Verformungsstruktur, ein sogenannter *Mikrodrall*, der Dichtlippe in der Kontaktfläche (Bild 19.10). Dieser Mikrodrall ergibt zusammen mit der rotierenden Welle eine *Mikro-Pumpwirkung*, die das Öl wieder auf die Ölseite zurückfördert (Bild 19.11). Deshalb benötigen derartige RWDR eine Einlaufphase, und es muss von Anfang an für ausreichende *Schmierung* schon bei der Montage, z. B. durch Fett, gesorgt werden. Die Welle darf auf keinen Fall trocken laufen. Mit beginnender Rotation der Welle geht der Reibungszustand ähnlich wie bei einem Gleitlager von der Grenzreibung über Mischreibung zur hydrodynamischen Schmierung über. Es muss also darauf geachtet werden, dass der RWDR Schmiermittel erhält. Manche Wälzlager (z. B. Kegelrollenlager) haben eine eigene Pumpwirkung, und es muss sichergestellt werden, dass die Schmierung der Dichtkante nicht gefährdet wird.

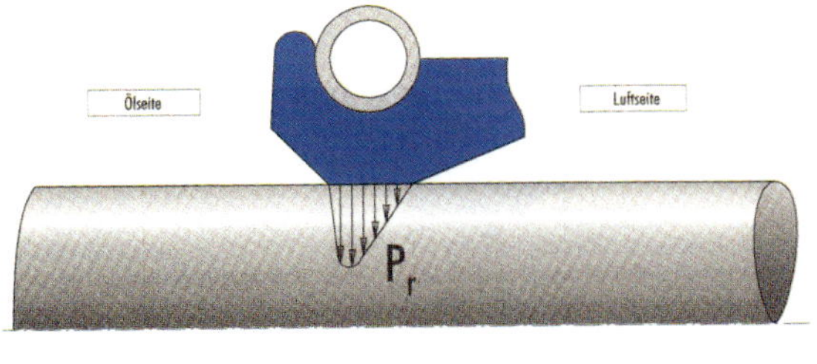

Bild 19.9
Druckverteilung in der Kontaktzone der Dichtlippe (Werkbild Freudenberg Simrit [19.1])

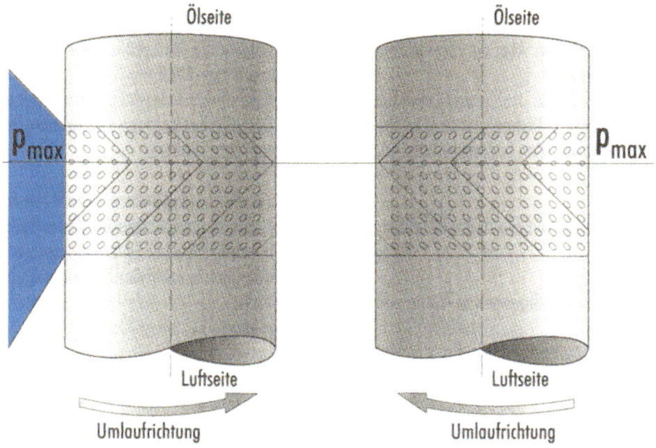

Bild 19.10
Verformungsstruktur (Mikrodrall) des Elastomers in der berührenden Kontaktzone der Dichtlippe (Werkbild Freudenberg Simrit [19.1])

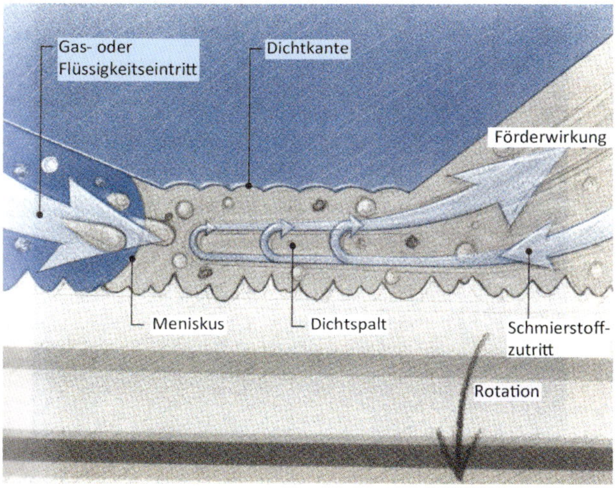

Bild 19.11
Mikro-Pumpwirkung der Dichtlippe in der Kontaktzone Welle Dichtlippe (Werkbild Freudenberg Simrit [19.1])

Aufgrund dieses komplexen Mechanismus werden RWDR durch falsche Rauigkeiten der Welle, Kratzer, Poren und andere Beschädigungen von Welle und Dichtlippe, Verunreinigungen und Zersetzungsprodukte des Öls und Verhärtungen und Risse in der Dichtkante undicht. Schon bei der Montage muss man durch spezielle *Montagehülsen* eventuell vorhandene scharfe Wellenabsätze abdecken, weil sonst die sehr empfindliche Dichtlippe sofort beschädigt wird. Schlechte Montage ist übrigens eine häufige Ausfallursache.

Die Reibleistung derartiger RWDR ist nicht unerheblich: Sie beträgt bei einem Wellendurchmesser von 80 mm, einer Drehzahl von 3000 min^{-1}, bei Motorenöl SAE20 und einer Temperatur von 100 °C 150 W. Selbst bei kleineren Pkw-Motoren ergeben sich sehr schnell unerwartet hohe Reibleistungen (1,05-l-Ottomotor: 85 mm Dichtlippendurchmesser am Schwungscheibenflansch, Nenndrehzahl 5600 min^{-1} ergibt eine Umfangsgeschwindigkeit von 25 m/s und eine Leistung von fast 300 W)! Dadurch stellen sich an der Dichtlippe Übertemperaturen von ca. 30 °C oder mehr ein [19.1]. Konstrukteuren ist für die Auslegung von RWDR das Studium der Unterlagen der einschlägigen Hersteller zu empfehlen.

RWDR sind für drucklosen Betrieb oder für nur sehr geringe Überdrücke bis etwa 0,5 bar ausgelegt. Bei Sonderbauformen oder durch Abstützen der Dichtlippe mit sogenannten *Stützringen* sind höhere Drücke zugelassen (je nach Wellendurchmesser bis zu 5…10 bar), aber nur bei ganz geringen Drehzahlen, d. h. weit unter 1000 min^{-1} [19.1].

Bei einem Dichtlippendurchmesser von 100 mm, einer Wellendrehzahl von 3000 min^{-1}, Motoröl SAE20, Ölstand Wellenmitte ergibt sich bei drucklosem Betrieb des RWDR eine Übertemperatur von ca. 30 °C, bei 1,5 bar Überdruck bereits von 60 °C. Da Motorenöl im Betrieb eine Temperatur von 100 °C und mehr annehmen kann, ist daraus die Belastung des RWDR erkennbar. RWDR aus Sondermaterialien verbessern zusammen mit reibarmen Synthetiköl die Situation merklich.

Als *Wellenwerkstoffe* sind die üblichen Maschinenbaustähle wie C35 und C45 geeignet, bei Kugelgraphit- und Temperguss sind Lunkerfreiheit und eine Porentiefe von unter 0,5 mm Voraussetzung. Aufgespritzte Hartmetallschichten sowie CVD- und PVD-Beschichtungen sind günstig. Mit Vorsicht einzusetzen sind Hartchromschichten (wegen des teilweise ungleichmäßigen Verschleißes) und Kunststoffe, die wegen ihrer schlechten Wärmeleitung große Temperaturerhöhungen an der Dichtkante bedingen. RWDR und Welle sollen möglichst koaxial laufen, außerdem sind kleine Lagerspiele mit nahe bei den Lagern sitzenden RWDR anzustreben.

Bei höheren Temperaturen und/oder Betriebsdrücken werden sog. *Gleitringdichtungen* eingesetzt (Bild 19.12). Gleitringdichtungen dienen zur Abdichtung von drehenden Wellen gegen stationäre Gehäuse, z. B. in Pumpen und Rührwerken. Der „stationäre“ Teil der Dichtung sitzt in der Regel am Gehäuse, der „rotierende“ Teil ist auf der Welle befestigt. Die absolut planbearbeiteten Gleitflächen beider Teile laufen axial gegeneinander. Durch Federkraft werden die Gleitflächen aneinandergedrückt, und das Öffnen der Dichtung wird verhindert. Nebendichtungen (z. B. O-Ringe) dichten die Gleitringe zum Gehäuse und zur Welle hin statisch ab. Durch Eintritt des geförderten Mediums in den minimalen Dichtspalt zwischen den Gleitflächen wird ein Schmierfilm erzeugt. Der Abdichteffekt ist damit erreicht.

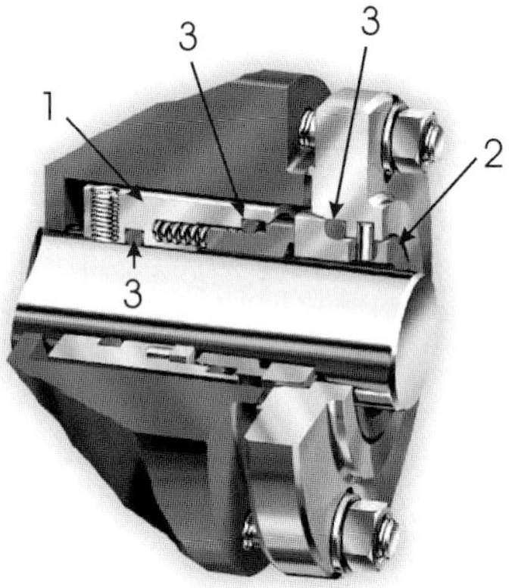

Bild 19.12 Gleitringdichtung
1 rotierender, durch Feder angedrückter Dichtungsteil, 2 feststehender Dichtungsteil, 3 Sekundärdichtungen (Werkbild DEPAC, USA, modifiziert)

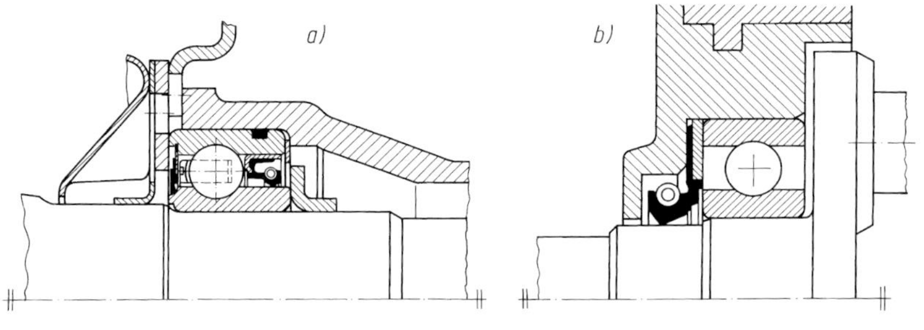

Bild 19.13 Radialdichtringe an Wälzlagern
a) zwischen Außen- und Innenring, b) an der Stirnseite des Wälzlagers

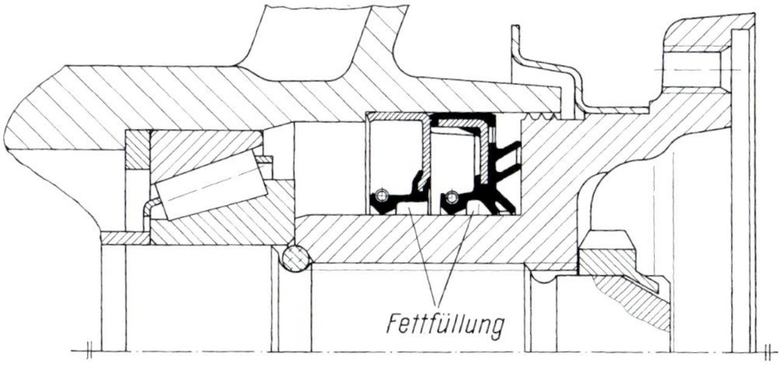

Bild 19.14
Abdichtung einer besonders schmutz-beaufschlagten Stelle (Federal Mogul Goetze)

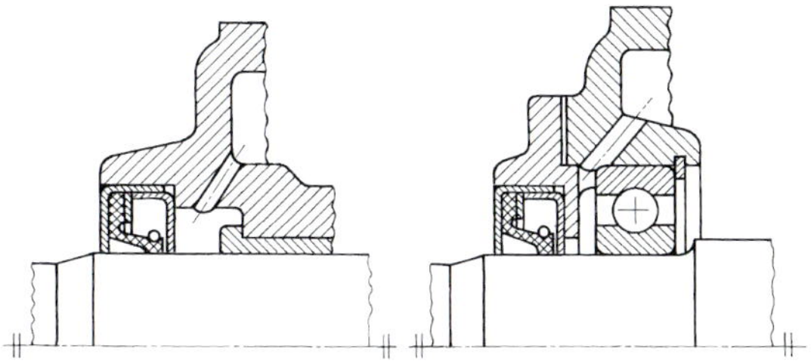

Bild 19.15
Entlüftungsbohrungen zur Verhinderung von Luftpolstern

Nach Firmenangaben sind Wellendurchmesser von 5...500 mm, Drücke bis 250 bar, Temperaturen von -200...+450 °C und Gleitgeschwindigkeiten bis zu 150 m/s möglich. Beispiele (Burgmann): CO_2-Kompressor, Druck bis 28 bar, Drehzahl rund 35 000 min^{-1}, Kraftwerk-Kesselumwälzpumpe, Druck 75 bar, Temperatur 290 °C bei 1450 min^{-1}.

Eine einfache, billige Dichtung ist die mit einem O-Ring DIN 3771 nach Bild 19.16, der jedoch nur beschränkt eingesetzt werden kann (siehe unten). Er besteht aus einem Elastomer. Die O-Ringe dienen zum Abdichten ruhender Teile, bewegter Teile bei hin- und hergehender Bewegung (Hydraulik, Pneumatik) oder sich zueinander drehender Teile, die keinem Dauerbetrieb unterliegen, z. B. Armaturspindeln.

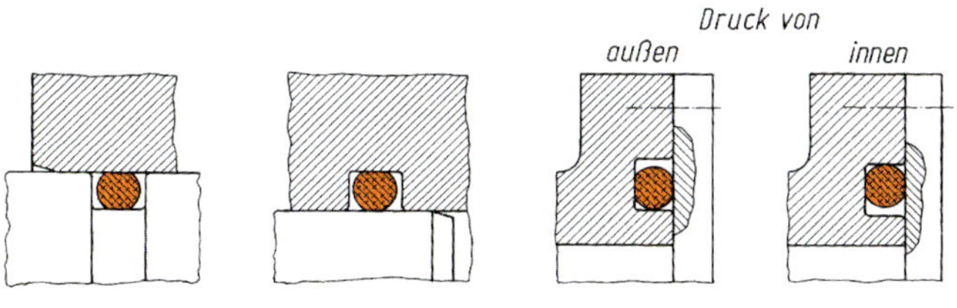

Bild 19.16
Einbau von O-Ringen DIN 3771

19.2 Berührungsfreie Dichtungen

Berührungsfreie Dichtungen wirken durch austrittsverhindernde Wirbelbildungen oder Stauungen des Schmiermittels in einem Spalt. Die *einfache Spaltdichtung* (Bild 19.17) darf nur bei kleinen Drehzahlen und geringer Erwärmung angewendet werden, weil das im Spalt befindliche Fett zäh bleiben muss. Wirkungsvoller sind *Fangrillen* (Bild 19.18), in denen sich ein dichtendes Fettpolster hält. Die schraubenförmigen Rillen (Bild 19.18b) müssen in dem Drehsinn angeordnet sein, dass durch den Wellenumlauf das Fett in Lagerrichtung geschoben wird. Übliche Weite der Dichtungsspalte 0,1...0,15 mm.

Filzringdichtungen können durch *Schleuderringe* (Bild 19.19) verbessert werden. Herantretendes Fett schleudern sie tangential ab, und es gelangt nicht bis zum Filzring, der gegen Schmutzeintritt dichtet (auch als Öldichtung geeignet). Zusätzliche Labyrinthe an den Lagergehäusen (Bild 19.20 und Bild 19.21) verhindern Fettaustritt und Fremdkörpereintritt. *Einfache Stauscheiben* (Bild 19.22) stauen das Fett am Lager und verhindern dessen Wanderung nach außen.

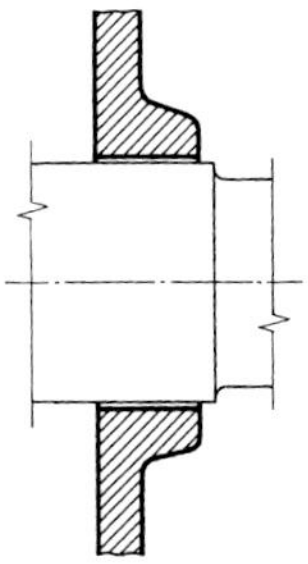

Bild 19.17 Einfache Spaltdichtung

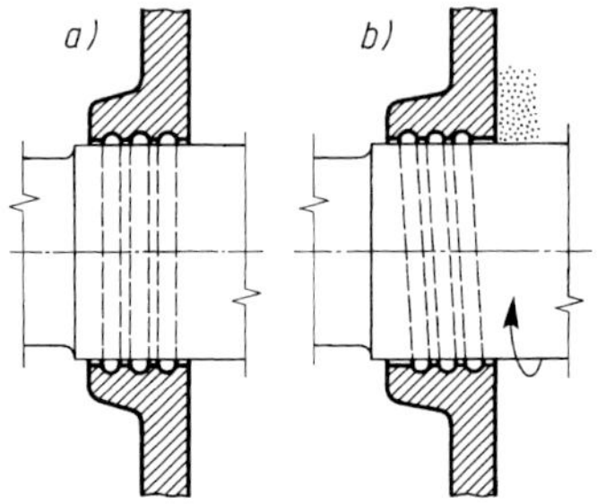

Bild 19.18 Fangrillen
a) gerade umlaufend,
b) schraubenförmig umlaufend

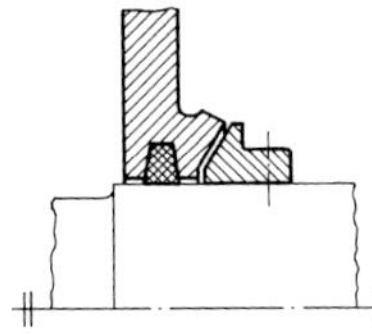

Bild 19.19 Vor Filzring angeordneter Schleuderring

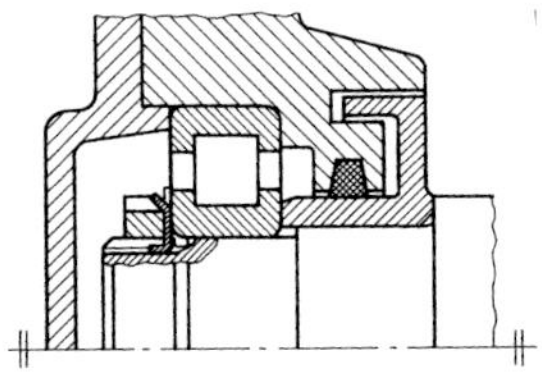

Bild 19.20 Nach dem Filzring angeordnetes Labyrinth

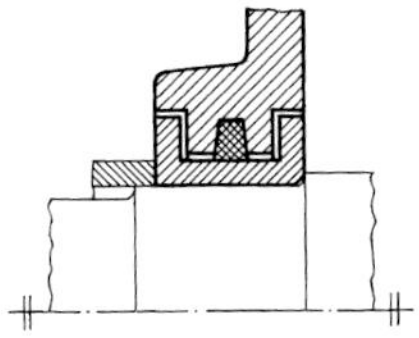

Bild 19.21 Filzring- und Labyrinthdichtung bei einem geteilten Lagergehäuse

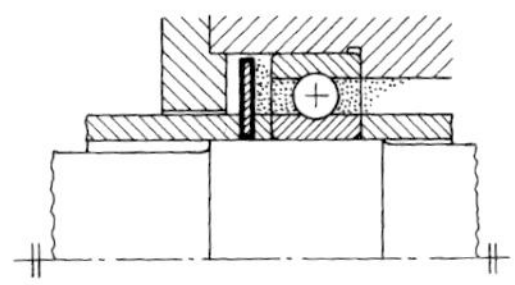

Bild 19.22 Einfache Stauscheibe hinter einem Lager

Axiale Labyrinthe für ungeteilte Gehäuse und *radiale Labyrinthe* für geteilte Gehäuse (Bild 19.23) sind die besten berührungsfreien Dichtungen gegen Fettaustritt. In ihren Kammern wird das Fett gewirbelt. Gegen Staub- und Schmutzeintritt ist auch die *Fettrillendichtung* mit anschließendem Labyrinth (Bild 19.24) geeignet. Die übliche Weite der Labyrinthspalte ist 0,5...0,75 mm.

Alle Spalte und Labyrinthe werden beim Einbau mit Fett gefüllt. Sicher arbeiten die berührungsfreien Dichtungen nur, wenn kein innerer Überdruck herrscht, der das Fett hinausdrücken kann, und wenn die Spalte oder Labyrinthe zentrisch laufen, da sie sonst wie Kreiselpumpen arbeiten und das Schmiermittel hinausbefördern.

Ölgeschmierte Lager laufen meistens mit höheren Drehzahlen als fettgeschmierte. Durch *umlaufende Spritzrillen* oder *Spritzringe* (Bild 19.25) kann Öl leicht mit verhältnismäßig großer Fliehkraft über Ausflussbohrungen in den Ölraum zurückbefördert werden.

Labyrinthe dichten gegen Ölaustritt nur mit vorgeschaltetem Spritzring sicher, da ohne diesen das dünnflüssige Medium nach und nach hinausgeschleudert werden würde.

Derartige Labyrinthe sind sehr geeignet, um die Wellen von Turbomaschinen (d.h. Dampf- und Gasturbinen, Kompressoren) abzudichten. Es können Drücke (hohes Vakuum bis zu mehrere hundert Bar) zuverlässig abgedichtet werden. Man ordnet eine Reihe von einzelnen (Wirbel-) Kammern hintereinander an, und in jeder tritt ein Druckverlust durch die mehrfache Umlenkung auf (Bild 19.26).

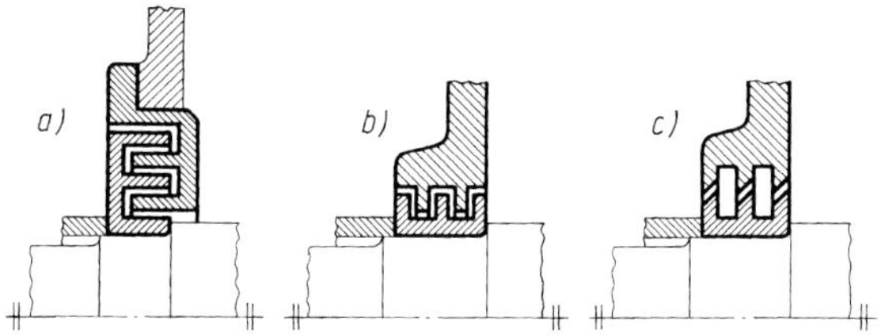

Bild 19.23 Labyrinthdichtungen
a) axiales Labyrinth, b) radiales Labyrinth bei geteiltem Gehäuse, c) axiales Labyrinth bei pendelnder Achse und geteiltem Gehäuse

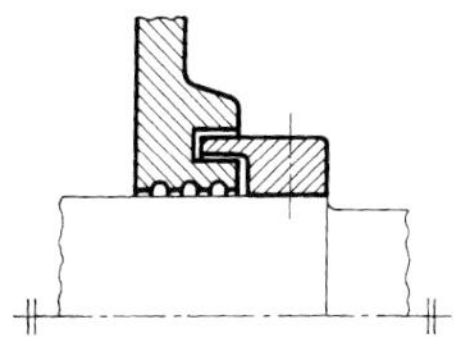

Bild 19.24 Fettrillendichtung mit anschließendem einfachen Labyrinth

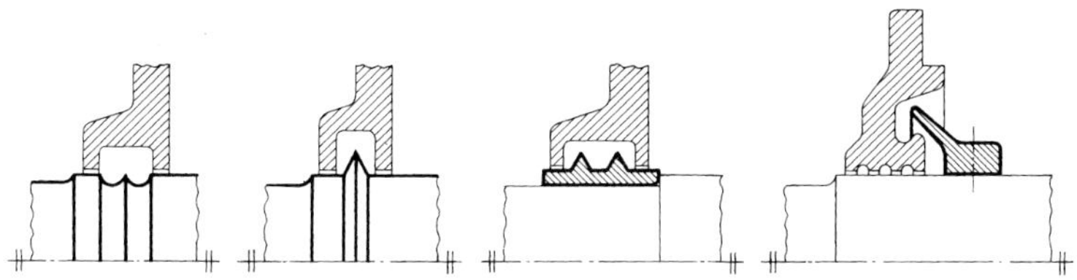

Bild 19.25
Spritzrillen und -ringe zur Dichtung gegen Ölaustritt

Bild 19.26
Drosseleffekt durch Wirbelkammern nach Leyer [19.2]

Eine konstruktive Lösung ist, dass man aus rostfreiem Stahlband Streifendichtungen mit einer Dicke von nur 0,2…0,4 mm fertigt, die in entsprechende Rillen eingelegt und zusammen mit einem Stahldraht verstemmt werden (Bild 19.27 und Bild 19.28). Diese Kämme können bei einem eventuellen Anstreifen leicht ausgewechselt werden.

Eine andere Möglichkeit besteht darin, ein Berühren der Kämme durch federnde Bauteile abzumildern: Bild 19.29 zeigt die Buchsenhälfte einer Labyrinthdichtung mit nachgiebigem Futter. Diese besteht aus mehreren Segmenten, die durch Federn in ihrer Lage gehalten werden.

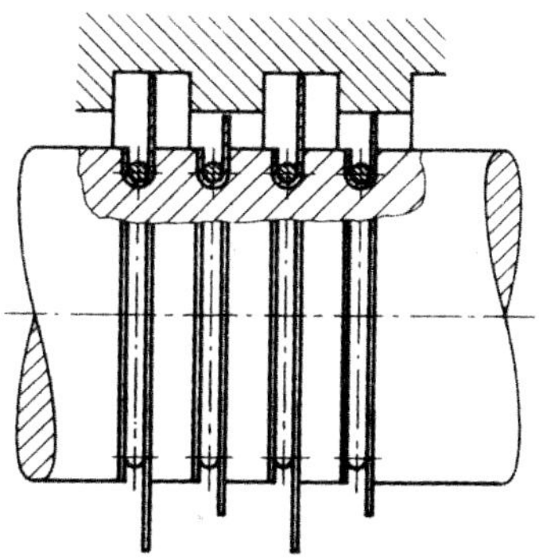

Bild 19.27 In die Welle eingesetzte Dichtstreifen aus Blech: Prinzipdarstellung nach Leyer [19.2]

Bild 19.28 In die Welle einer Dampfturbine eingesetzte Dichtstreifen aus Blech nach Leyer [19.2] (Werkbild Brown, Boveri & Cie., heute ABB)

Bild 19.29
Buchsenhälfte einer Labyrinthdichtung mit nachgiebigem Futter nach Leyer [19.2] (Werkbild Escher Wyss)

19.3 Verständnisfragen

1. Nennen Sie die jeweiligen Vor- und Nachteile von berührungsfreien Dichtungen und schleifenden Dichtungen.
2. Welche Dichtung kommt bei Wälzlagern üblicherweise zum Einsatz?
3. Was unterscheidet die Form AS bei den weit verbreiteten Radial-Wellendichtringen von der Form A?
4. Wie wirken berührungsfreie Dichtungen?
5. Wie funktionieren Labyrinthe als Dichtungen?
6. Was muss bei Dichtung mit Labyrinth gegen Ölaustritt beachtet werden?

Literatur

[19.1] Simrit Katalog, Ausgabe 2005, Freudenberg Simrit KG, Weinheim/Bergstraße

[19.2] *Leyer, A.:* Maschinenkonstruktionslehre. Heft 4: Spezielle Gestaltungslehre, 2. Teil. Basel/Stuttgart: Birkhäuser, 1968

DIN 3760 Ausgabe: 1996-09. Radial-Wellendichtringe

DIN 3761-1 Ausgabe: 1984-01. Radial-Wellendichtringe für Kraftfahrzeuge; Begriffe; Maßbuchstaben, zulässige Abweichungen, Radialkraft

DIN 3761-2 Ausgabe: 1983-11. Radial-Wellendichtringe für Kraftfahrzeuge; Anwendungshinweise

DIN 3761-3 Ausgabe: 1984-01. Radial-Wellendichtringe für Kraftfahrzeuge; Werkstoffanforderungen und Prüfung

DIN 3761-4 Ausgabe: 1984-01. Radial-Wellendichtringe für Kraftfahrzeuge; Sichtbare Unregelmäßigkeiten

DIN 3761-5 Ausgabe: 1984-01. Radial-Wellendichtringe für Kraftfahrzeuge; Prüfung; Meßbedingungen und Meßmittel

DIN 3771-1 Ausgabe: 1984-12. Fluidtechnik; O-Ringe; Maße nach ISO 3601/1

DIN 3771-2 Ausgabe: 1984-12. Fluidtechnik; O-Ringe; Prüfung, Kennzeichnung

DIN 3771-3 Ausgabe: 1984-12. Fluidtechnik; O-Ringe; Werkstoffe, Einsatzbereich

DIN 3771-4 Ausgabe: 1984-12. Fluidtechnik; O-Ringe; Form- und Oberflächenabweichungen

DIN 3771-5 Ausgabe: 1993-11. Fluidtechnik; O-Ringe; Berechnungsverfahren und Maße der Einbauräume

DIN 5419 Ausgabe: 1959-09. Filzringe, Filzstreifen, Ringnuten für Wälzlagergehäuse

DIN 65202 Ausgabe: 1999-07. Luft- und Raumfahrt - O-Ringe aus Elastomeren; Maße

20 Wellenkupplungen und -bremsen

Wellenkupplungen dienen zur Verbindung zweier Wellen, z. B. der Wellen von Kraft- und Arbeitsmaschinen (der Antriebs- und Lastseiten) oder von Transmissionswellen, oder zum Verbinden einer Welle mit einem auf ihr drehbeweglich sitzenden Maschinenteil, wie Zahnrad, Riemenscheibe oder Kettenrad, um dieses nach Belieben zu- oder abschalten zu können.

Bremsen dienen zum Anhalten von sich bewegenden Massen, z. B. der Hublasten von Kranen. Sie sind prinzipiell Abwandlungen von Reibkupplungen.

Die erforderlichen Berechnungen zur Bestimmung der Kupplungsgröße werden in den entsprechenden Abschnitten behandelt. Aufgrund der Vielzahl der angebotenen Kupplungsbauformen kann nur eine Auswahl besprochen werden, und von diesen wiederum nur die Grundbauformen, die sich in vielfältigster Weise variieren lassen.

In DIN 740 und in den meisten Firmenkatalogen sind die maßgebenden Drehmomente mit T bezeichnet.

20.1 Einteilung der Wellenkupplungen

Je nach Aufgaben und Bauarten von Kupplungen unterscheidet man nach der Richtlinie VDI 2240 zwischen folgenden Arten:

1. **Nichtschaltbare Kupplungen**, die form- oder kraftschlüssig **starr** oder formschlüssig **nachgiebig** sein können, und zwar längs-, quer- und winkelnachgiebig. Sie dienen zum Ausgleich von Wellenverlagerungen (Ausgleichskupplungen). Zusätzlich drehnachgiebige Kupplungen mildern Stöße oder dämpfen Schwingungen und wirken gleichzeitig als Ausgleichskupplungen. Auch **kraftschlüssig drehnachgiebige** Kupplungen werden mitunter eingesetzt. Das sind Schlupfkupplungen, die beispielsweise hydrodynamisch wirken (Strömungskupplungen) oder elektrodynamisch (Induktionskupplungen) und das Drehmoment durch Drehzahlschlupf der beiden Kupplungshälften übertragen.
2. **Schaltbare Kupplungen**, die **fremdbetätigt** (Schaltkupplungen), **drehzahlbetätigt** (Fliehkraftkupplungen), **momentbetätigt** (Sicherheitskupplungen) oder **richtungsbetätigt** (Freilaufkupplungen) sein können. Diese Kupplungen können jeweils für Form- oder Kraftschluss ausgebildet sein.

Bild 20.1 zeigt in einer übersichtlichen Darstellung die systematische Einteilung der Wellenkupplungen nach ihren Eigenschaften.

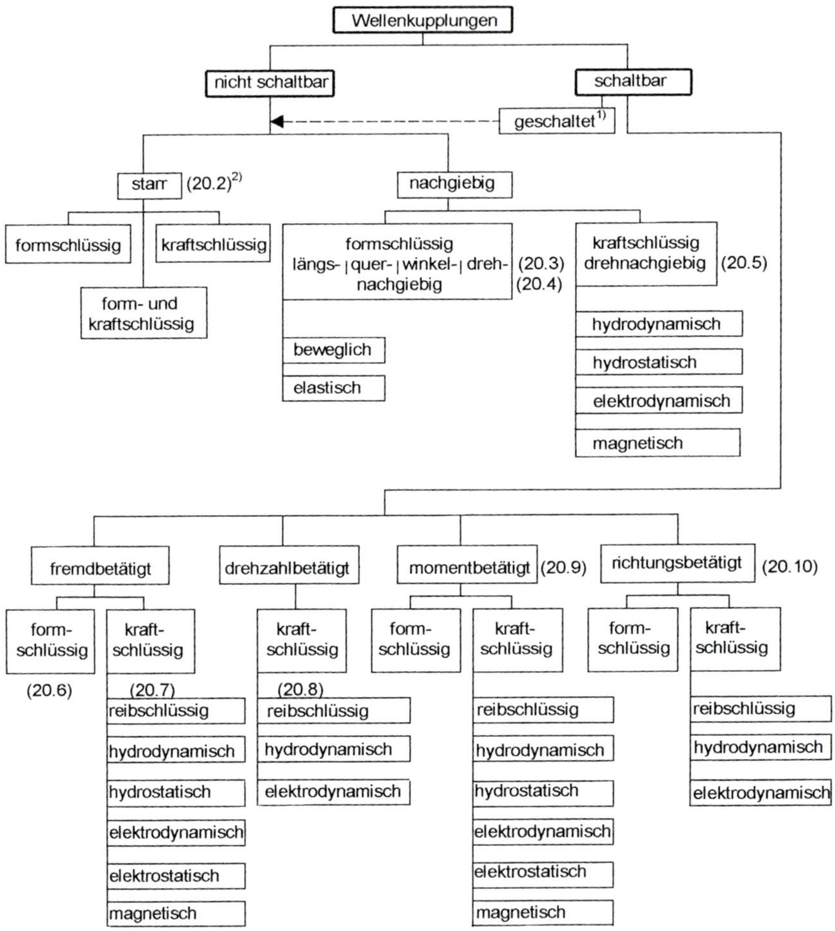

[1)] Im geschalteten Zustand können schaltbare Kupplungen auch Eigenschaften der nicht schaltbaren aufweisen.

[2)] Die Ziffern geben den Abschnitt an, in dem die betreffende Kupplungsart erläutert wird.

Bild 20.1 Systematische Einteilung der Wellenkupplungen nach ihren Eigenschaften (nach VDI 2240)

20.2 Starre Kupplungen

Da starre Kupplungen keine Drehmomentstöße mildern, werden sie nur bei geringen Drehmomentschwankungen verwendet. Sie kommen ausschließlich bei fluchtenden Wellenenden in Betracht, was in der Praxis selten vorkommt. Solche starren Kupplungen sollten bei modernen Konstruktionen nicht oder nur nach genauester Überprüfung der Verhältnisse eingesetzt werden (vgl. Bild 20.2 und Bild 20.3).

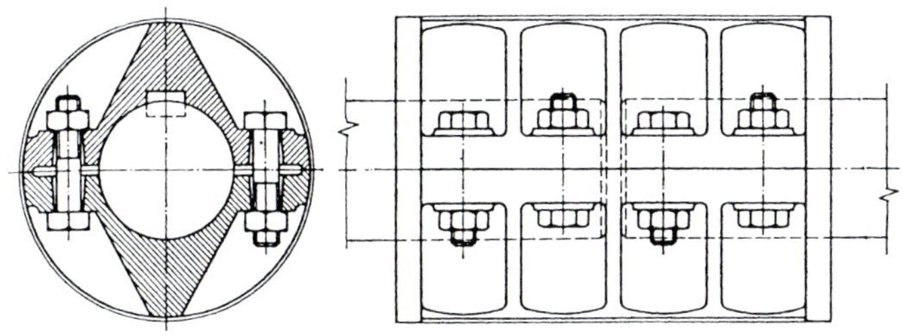

Bild 20.2
Schalenkupplung DIN 115
für Transmissionen

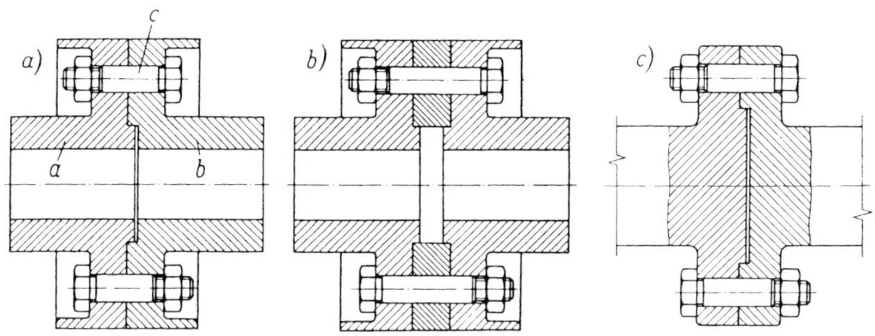

Bild 20.3 Scheibenkupplungen
a) mit Zentrierrand, Form A, DIN 116; b) mit zweiteiliger Zwischenscheibe (Zentrierscheibe), Form B, DIN 116; c) mit an die Wellenenden geschmiedeten Flanschen (Flanschkupplung)

20.3 Drehsteife Ausgleichskupplungen

Antriebsmaschine und Arbeitsmaschine müssen über eine Ausgleichskupplung miteinander verbunden werden, um Fundament- und Montageungenauigkeiten sowie Temperaturdehnungen auszugleichen (Bild 20.4).

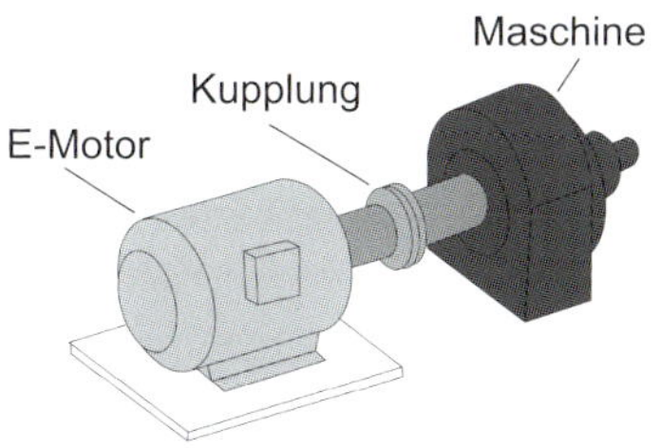

Bild 20.4
Einsatz einer Ausgleichskupplung

Diese Kupplungen gleichen aus (Bild 20.5):

1. Axialversatz ΔK_a,
2. Radialversatz ΔK_r,
3. Winkelversatz ΔK_w.

Die grundlegende Berechnung geht immer von der physikalischen Formel *Leistung* = *Drehmoment* × *Winkelgeschwindigkeit* aus:

$$P = T \cdot \omega = T \cdot 2\pi \cdot n$$

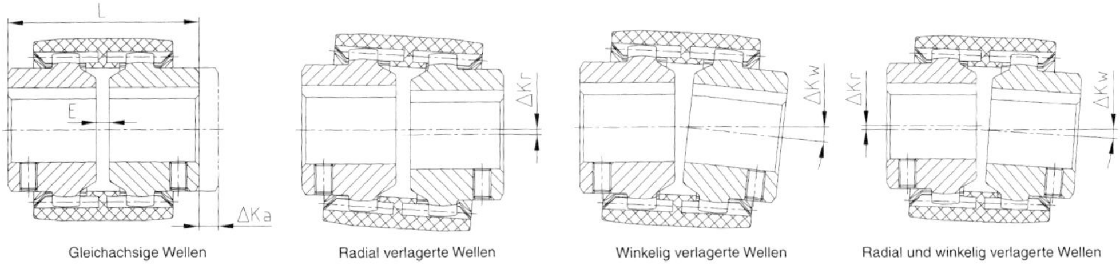

Bild 20.5 Verlagerungsarten bei Ausgleichskupplungen (Werkbild KTR)

Nach T aufgelöst, muss das zulässige Nenndrehmoment der Kupplung T_{KN} größer oder gleich dem Nenn-Lastmoment T_{LN} sein:

$$T_{KN} \geq T_{LN} = \frac{P_{LN}}{\omega} = \frac{P_{LN}}{2\pi n} \qquad (20.1)$$

T_{LN} in Nm Nenn-Lastmoment,
P_{LN} in W Nenn-Leistung der Arbeitsmaschine, also der Lastseite,
ω in s^{-1} Winkelgeschwindigkeit,
n in s^{-1} Drehzahl.

Diese Gleichung ist die Basis für Verfeinerungen, denn in der Realität müssen ungleichförmige Belastungen, Anfahrstöße, Schwingungsvorgänge, Temperatureinflüsse und vieles mehr berücksichtigt werden. Dann wird das *Nenn-Lastmoment* T_{LN} mit verschiedenen Faktoren modifiziert, z.B. $T_{Kmax} \geq T_{LN} \cdot K$. Dabei ist der *Kupplungsbeiwert* K (eigentlich ein Korrekturfaktor) meist eine Kombination aus mehreren Faktoren, welche die o.g. Einflüsse mehr oder weniger gut abbilden.

Die folgenden Abbildungen zeigen Baumuster drehsteifer Ausgleichskupplungen bekannter Hersteller. Genaue Angaben zu den übertragbaren Drehmomenten, Drehmassen und zulässigen Versatzen sind den Druckschriften der Hersteller zu entnehmen. Allgemeingültige Angaben lassen sich nicht machen.

20

Die **Bogenzahn-Kupplung** (geschützter Begriff) ist ein Klassiker der drehstarren Ausgleichskupplungen. Während bei den geradverzahnten Kupplungen bei Winkel- und Radialverlagerungen Kantenpressungen (Bild 20.6) auftreten, wird dies bei bogenverzahnten Kupplungen vermieden (Bild 20.7).

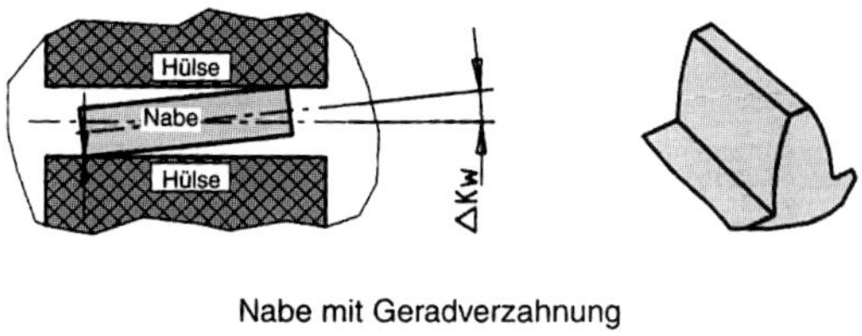

Bild 20.6
Kantenpressung bei Geradverzahnung (Werkbild KTR)

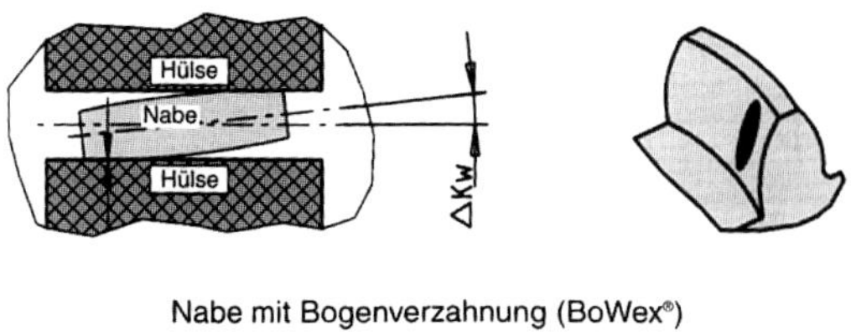

Bild 20.7
Keine Kantenpressung bei Bogenverzahnung (BoWex) (Werkbild KTR)

Eine sehr bewährte Bauart zeigt Bild 20.8: Die BoWex-Bogenzahnkupplung besteht aus einer oder zwei Naben aus Stahl und einer Hülse aus Kunststoff. Für höchste Ansprüche, z.B. im Turbinenbereich, empfehlen sich die von der Fa. Tacke entwickelten Ganzstahl-Bogenzahnkupplungen mit Ölfüllung (Bild 20.9). Diese Kupplungen können beeindruckende Dimensionen erreichen (Bild 20.10). Die Kinematik, das Verschleißverhalten und die Temperaturentwicklung solcher Kupplungen sind sehr kompliziert. Es sei auf die Literatur [20.1] bis [20.4] verwiesen.

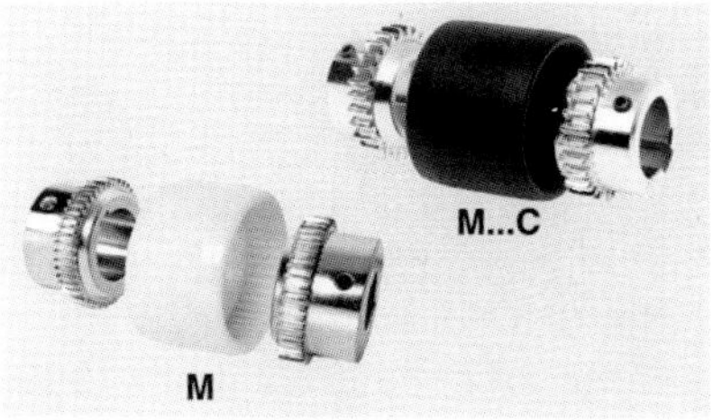

Bild 20.8 Doppelkardanische Bogenzahnkupplung, Werkstoffpaarung Kunststoff/Stahl. Bauart M...C mit der Hülse aus kohlefaserverstärktem PA ist ex-sicher (Werkbild KTR)

Bild 20.9 Ganzstahl-Bogenzahnkupplung für höchste Beanspruchung, ölgefüllt (Werkbild Renk, Rheine)

Bild 20.10
Fertigung von schweren Bogenzahnkupplungen (Werkbild Renk, Rheine)

Ein altes, aber bewährtes Prinzip ist die **Oldham-Kupplung** (Bild 20.11). Kinematisch funktioniert sie wie ein Doppelschleifengetriebe. Solche Kupplungen werden u.a. in der Feinwerktechnik eingesetzt. Ddie Ausgleichskupplung nach Bild 20.12 ist auch für größere Leistungen geeignet. Die Naben bestehen aus Stahl bzw. Sphäroguss und die Ausgleichsscheibe aus hoch verschleißfestem Hartgewebe. Diese Kupplung hat, wie auch die Bogenzahnkupplung, sehr geringe Rückstellkräfte.

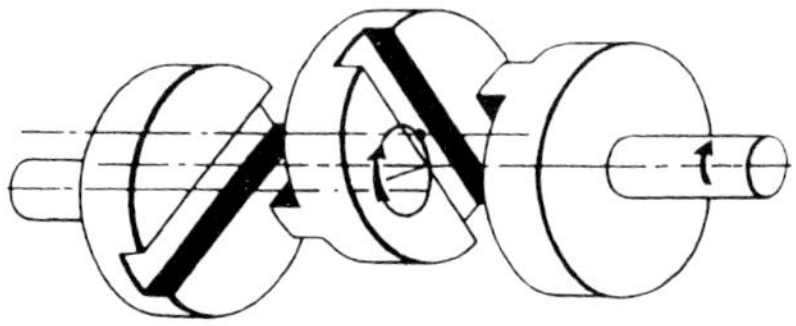

Bild 20.11 Oldham-Kupplung [20.5]

Bild 20.12 Ausgleichskupplung nach dem Oldham-Prinzip (Werkbild RINGSPANN)

Eine völlig verschleißfreie Bauart ist die **Stahl-Lamellenkupplung**. Zwischen Stahlflanschen sind in Drehrichtung extrem steife Lamellen aus (rostfreiem) Federstahl angebracht; durch die Ganzstahlausführung sind Einsatztemperaturen bis zu 280 °C möglich. Diese Kupplungen kommen wegen ihres Preises nur für höherwertige Anwendungen in Betracht. Bild 20.13 bis Bild 20.15 zeigen drei typische Baumuster.

Bild 20.13 RADEX®-N-Stahl-Lamellenkupplung (Werkbild KTR)

Bild 20.14 ROBA®-DS-Ganzstahlkupplung (Werkbild Mayr)

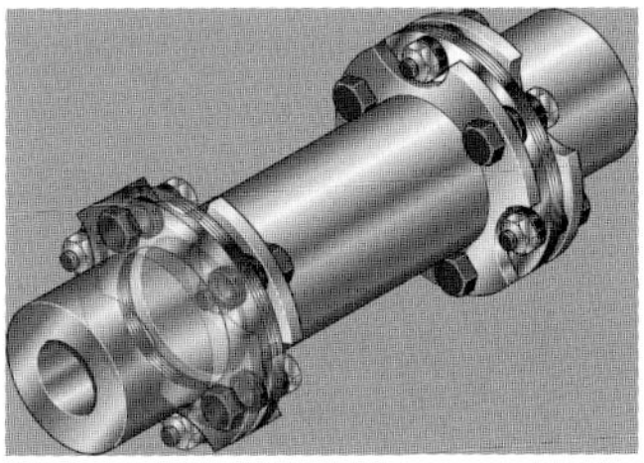

Bild 20.15 POSIMIN®-Lamellenkupplung (Werkbild Tschan)

Im weiteren Sinne zählen auch die **Gelenkwellen** („Kardanwellen“) zu den drehstarren, aber radial-, axial- und winkelbeweglichen Kupplungen. Normalerweise werden winkelbewegliche Kreuzgelenke eingesetzt (Bild 20.16 und Bild 20.17).

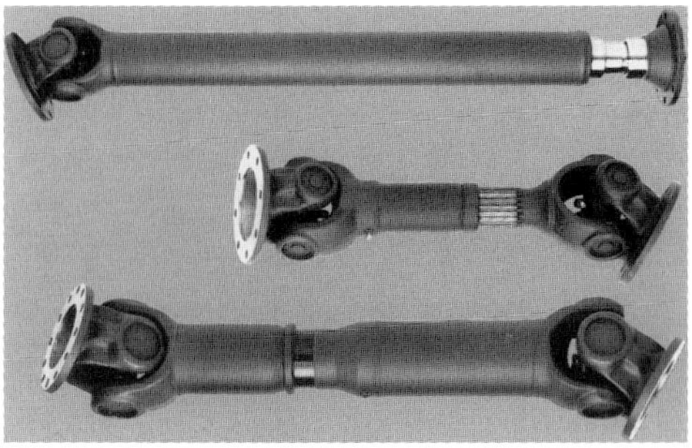

Bild 20.16
Kardan-Gelenkwellen (Werkbild Elbe)

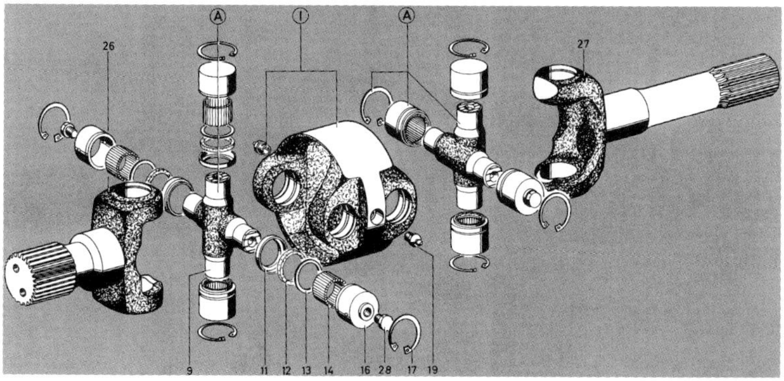

Bild 20.17 Doppelgelenkwelle für Lenkachsen; 9 Gelenkkreuz, 14 Lagernadeln (Werkbild Elbe)

Damit tritt aber an der Welle 2 eine ungleichmäßige Winkelgeschwindigkeit auf (vgl. Bild 20.18): Für die Stellung des Kreuzgelenks in Bild 20.18 links gilt:

Am Punkt A ist die Umfangsgeschwindigkeit für die Welle 1: $u_1 = \omega_1 \cdot R$ und die Umfangsgeschwindigkeit für die Welle 2: $u_2 = \omega_2 \cdot R \cdot \cos\alpha$. Diese beiden Umfangsgeschwindigkeiten sind natürlich gleich: $u_1 = u_2$. Daraus folgt:

$$\omega_2 = \omega_1 \cdot \frac{1}{\cos\alpha}$$

Die Umfangskraft am Punkt A ist:

$$F_t = \frac{T_1}{R} = \frac{T_2}{R \cdot \cos\alpha}$$

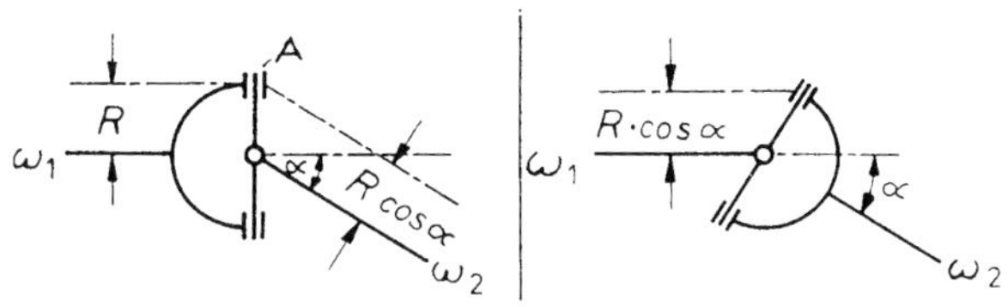

Bild 20.18 Ausgelenktes Kreuzgelenk; links Ausgangsstellung, rechts um $\varphi = 90°$ weitergedreht [20.5].

Damit ist das Verhältnis von Antriebsdrehmoment zu Abtriebsmoment:

$$\frac{T_1}{T_2} = \frac{1}{\cos\alpha} = \frac{\omega_2}{\omega_1}$$

Wird das Kreuzgelenk um 90° weitergedreht (Bild 20.18 rechts): $\omega_2 = \omega_1 \cdot \cos\alpha$.

Damit wird nun das Verhältnis von Antriebsdrehmoment zu Abtriebsmoment:

$$\frac{T_1}{T_2} = \cos\alpha = \frac{\omega_2}{\omega_1}$$

Der Ungleichförmigkeitsgrad δ ergibt sich aus:

$$\delta = \frac{\omega_{max} - \omega_{min}}{\omega_{mittel}} \text{ mit } \omega_{mittel} = \frac{\omega_{max} + \omega_{min}}{2}$$

Zahlenbeispiel

Es sei das Kreuzgelenk um $\alpha = 20^\circ$ ausgelenkt und $\omega_1 = 1$:

$$\text{Ausgangsstellung: } \omega_2 = \omega_1 \cdot \frac{1}{\cos\alpha} = 1\frac{1}{\cos 20^\circ} = 1{,}06$$

Um 90° weitergedreht: $\omega_2 = \omega_1 \cdot \cos\alpha = 1 \cdot \cos 20^\circ = 0{,}94$.

Es ergibt sich der Ungleichförmigkeitsgrad δ:

$$\delta = \frac{1{,}06 - 0{,}94}{1} = 0{,}12 = 12\,\%$$

Damit schwankt die Drehzahl (und das Drehmoment) der Abtriebswelle gegenüber der gleichförmigen Bewegung der Antriebswelle, und zwar umso stärker, je größer der Beugewinkel α ist. Bei 45° ist der Ungleichförmigkeitsgrad bereits 70 %! Daher sind die von den Herstellern empfohlenen Beugewinkel maximal 20...35°. Bei stärkeren Beugewinkeln sollen **homokinetische Gelenke**, sog. Gleichlaufgelenke, eingesetzt werden (Bild 20.20). Als Literatur zu diesem Komplex sei [20.6] empfohlen.

Diesen Ungleichförmigkeitsgrad kann man jedoch durch zwei Kreuzgelenke kompensieren, entweder in *M-Anordnung* oder in *Z-Anordnung* (Bild 20.19). Damit läuft zwar die Zwischenwelle nach wie vor ungleichförmig, aber das zweite Kreuzgelenk kompensiert dies. Es muss darauf geachtet werden, dass die Gelenkgabeln der Zwischenwelle in einer Ebene liegen, d. h. nicht zueinander verdreht sind. Sonst werden die Ungleichförmigkeiten sogar noch verstärkt.

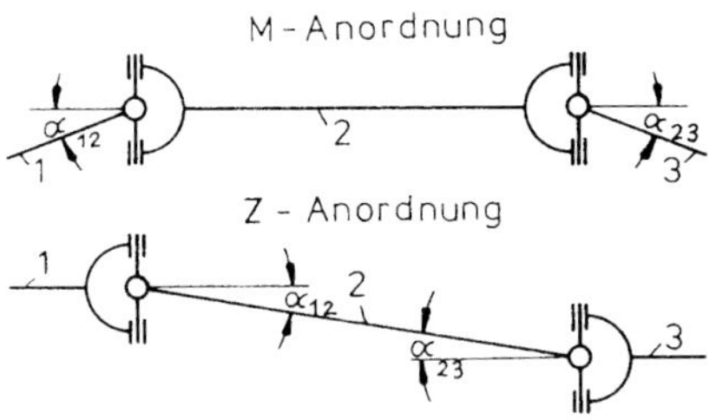

Bild 20.19 Zwei Kreuzgelenke können die prinzipbedingte Ungleichförmigkeit ausgleichen [20.5].

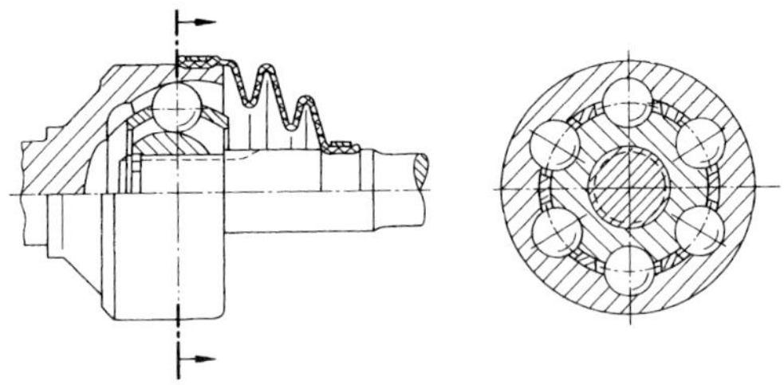

Bild 20.20 Gleichlaufgelenk (Werkbild Löbro)

Für weniger anspruchsvolle Aufgaben (Langsamlauf, Handantrieb) empfehlen sich **Wellengelenke** nach DIN 808 (Bild 20.21). Sie sind meist gleitgelagert (dann liegen die zulässigen Drehzahlen unter 1000 min^{-1}), erlauben aber bei niedrigeren Drehzahlen Beugewinkel bis 45°. Allerdings beträgt dann das zulässige Drehmoment nur noch etwa ¼ des normalerweise zulässigen Drehmoments. Bei nadelgelagerter Ausführung sind bis 4000 min^{-1} möglich. Näheres entnehme man den einschlägigen Katalogen.

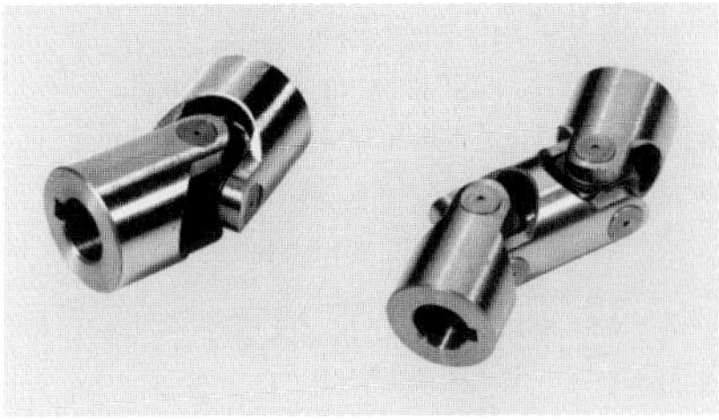

Bild 20.21
Wellengelenke DIN 808 (Werkbild KTR)

Eine recht neuartige Entwicklung sind die **Metallbalgkupplungen** (Bild 20.22). Der Balg besteht meist aus Edelstahl, die Naben sind aus Aluminium oder Stahl gefertigt. Bei korrekter Auslegung sind diese Kupplungen dauerfest und wartungsfrei. Werden solche Kupplungen mit Klemmnaben eingesetzt, sind sie völlig spielfrei, was für Präzisionsantriebe, Servomotoren usw. wichtig ist. Sie sind auch in steckbarer Ausführung lieferbar, welche die Montage sehr erleichtern kann.

Aus zwei Metallbalgkupplungen und einem Zwischenrohr lassen sich torsionssteife „Gelenkwellen" erzeugen (Bild 20.23). Längen bis zu 6 m sind lieferbar. Als Material für die Zwischenrohre wird Aluminium, Stahl oder CFK verwendet. Die einschlägigen Hersteller geben dazu Berechnungshinweise.

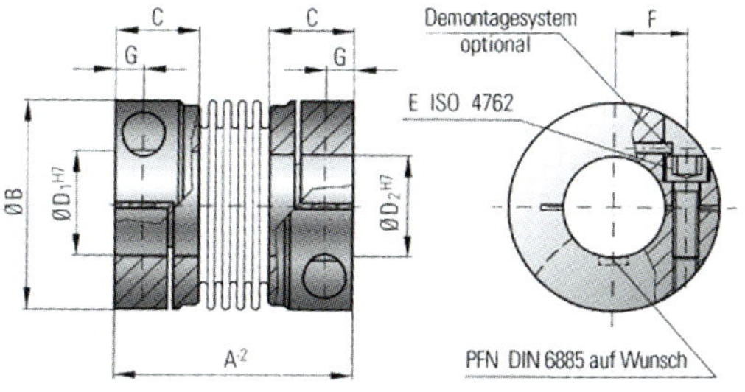

Bild 20.22 Metallbalgkupplung (Werkbild R+W Antriebselemente)

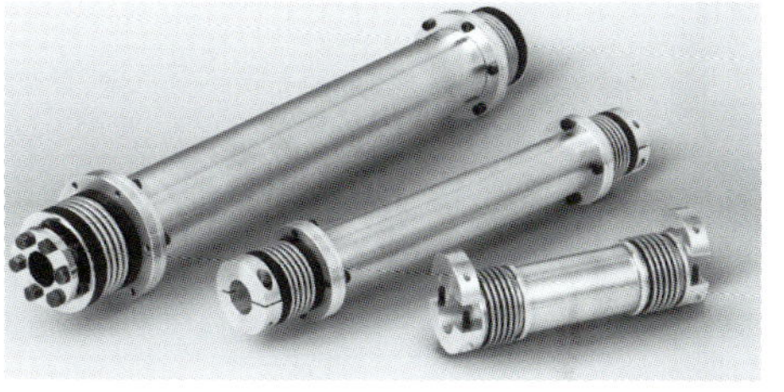

Bild 20.23 Gelenkwellen mit zwei Metalbalgkupplungen (Werkbild R+W Antriebselemente)

20.4 Formschlüssig nachgiebige, drehelastische Wellenkupplungen

Wellenkupplungen dieser Art besitzen elastische Bindeglieder (Zwischenglieder), die außer dem Ausgleich von Wellenverlagerungen auch Drehmomentspitzen abbauen. Die Bindeglieder können metallelastisch (Metallfedern) oder gummielastisch (Gummifedern) sein. Drehmomentspitzen treten beim Anfahren von Maschinen auf, besonders beim schnellen Hochfahren. Periodische Drehmomentschwankungen treten bei allen Kolbenmaschinen als Kraft- oder Arbeitsmaschinen auf, umso stärker, je weniger Zylinder die Kolbenmaschinen besitzen.

In Bild 20.24 sind schematisch zwei Kupplungshälften mit den möglichen Verlagerungen dargestellt. Durch das zu übertragende Drehmoment werden die beiden Kupplungshälften gegeneinander verdreht. Bei einem Drehstoß vergrößert sich der Drehwinkel, und das elastische Bindeglied nimmt die Stoßarbeit auf, sodass der Stoß gemildert wird. Bei Beendigung des Stoßes gibt die Kupplung durch Rückstellung ihrer Bindeglieder die aufgenommene Arbeit ganz oder teilweise wieder zurück. Dadurch wird die von der Kraft- oder Arbeitsmaschine (Antriebs- oder Lastseite) stammende Stoßspitze zwar gemildert, zeitlich aber verlängert, wie Bild 20.25 in Gegenüberstellung veranschaulicht.

20

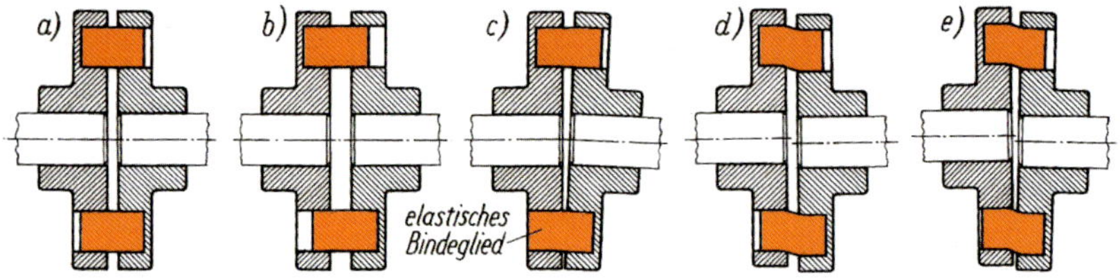

Bild 20.24 Ausgleich von Achsverlagerungen durch elastische Kupplungen
a) keine Verlagerung, b) Axialverlagerung ΔK_a, c) Winkelverlagerung ΔK_w, d) Radialverlagerung ΔK_r,
e) Radial- und Winkelverlagerung

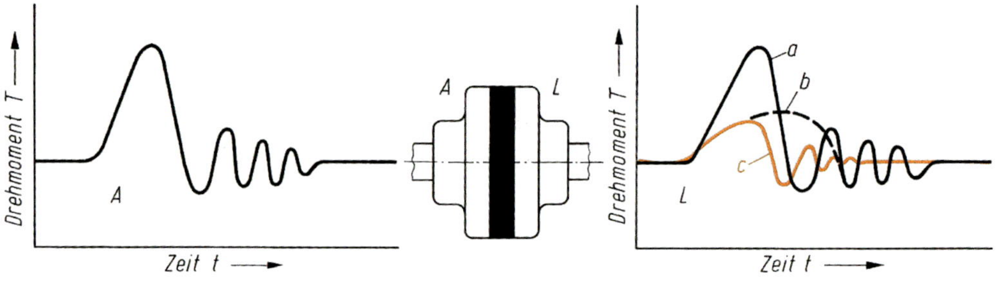

Bild 20.25 Wirkungsweise verschiedener Kupplungen
A Antriebsseite, L Lastseite (Abtriebsseite)
a starre Kupplung, b stoßmildernde Kupplung, c stoßdämpfende Kupplung

Nachstehend sollen einige Baumuster drehelastischer Ausgleichskupplungen bekannter Hersteller erläutert werden. Genaue Angaben zu den übertragbaren Drehmomenten, Drehmassen, zulässigem Versatz sind den Druckschriften der Hersteller zu entnehmen. Allgemeingültige Angaben lassen sich nicht machen. Manche Hersteller unterscheiden zwischen **elastischen** und **hochelastischen Kupplungen**. Die Grenzen sind aber fließend. Bei elastischen Kupplungen gibt es fast noch mehr verschiedene Baumuster wie bei den drehstarren Kupplungen.

20

Das Wesentliche an diesen Kupplungen ist neben dem Ausgleich von Axial-, Winkel- und Radialversatz besonders das Verhalten hinsichtlich Torsionssteifigkeit und Dämpfung, was für die Auslegung von Antriebssträngen von ganz zentraler Bedeutung ist.

Eine sehr bewährte Ausführung arbeitet mit sternförmigen Zahnkränzen, die aus Polymeren mit verschiedenen Shore-Härten bestehen (z. B. 80 Sh A, 92 Sh A, 95/98 Sh A und 64 Sh D-F) (Bild 20.26). Typische Zahnkranzmaterialien sind Polyurethan oder Hytrel. Übliche Verdrehwinkel bei Nennmoment liegen bei etwa 3°.

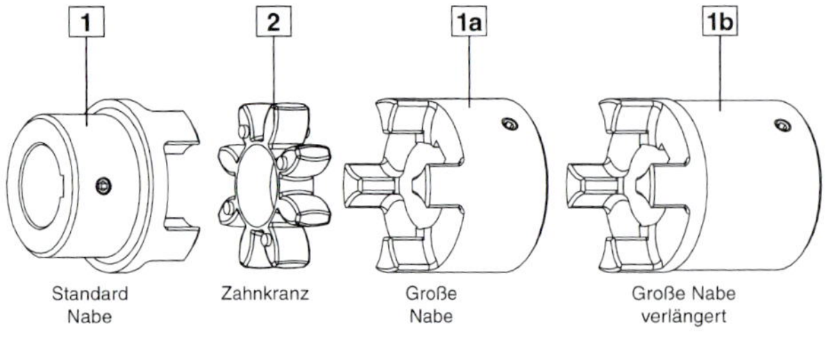

Bild 20.26
Drehelastische ROTEX®-Kupplung
(Werkbild KTR)

Normalerweise sind die Zähne ballig, aber für Präzisionsantriebe werden spezielle **spielfreie Kupplungen** mit geraden Zähnen geliefert, z. B. die ROTEX® GS (Bild 20.27). Hier sitzen die Zähne mit Vorspannung in den Naben. Solche Baumuster werden in den unterschiedlichsten Wellenanschlüssen und Ausführungen hergestellt (Bild 20.28). Eine ganz neue Entwicklung sind derartige Wellenkupplungen in Voll-Kunststoffausführung (Bild 20.29). Nicht nur die Sterne, sondern auch die Naben hier bestehen aus (Spezial-)Kunststoff. Umfangreiche Untersuchungen und Dauertests zeigten, dass diese Voll-Kunststoffkupplungen ohne Weiteres die Leistung von Metallnabenkupplungen erreichen können. Auch die Lebensdauertests sind sehr positiv verlaufen.

Bild 20.27 Spielfreie Wellenkupplung ROTEX® GS (Geradzahl, spielfrei) (Werkbild KTR)

Bild 20.28 SERVOMAX® Elastomer-Kupplungen (Werkbild R+W)

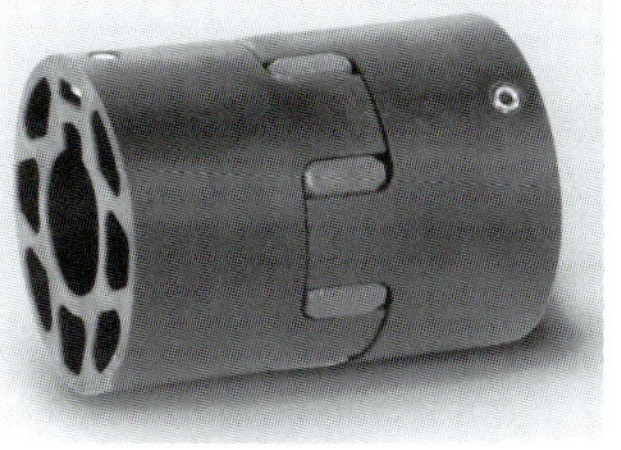

Bild 20.29 Voll-Kunststoffkupplung (Werkbild R+W)

Bild 20.30 und Bild 20.31 zeigen zwei sehr bewährte Ausführungen von elastischen Kupplungen. Besonders die N-EUPEX (Flender) ist in der chemischen Industrie sehr verbreitet. Für den Anbau an Verbrennungsmotoren gibt es **hochelastische Flanschkupplungen** (Bild 20.32 und Bild 20.33), die direkt an die Schwungräder diverser Verbrennungsmotoren (meist Dieselmotoren) geflanscht werden können. Wegen der geringen Shorehärten von 40, 50 bzw. 65 Sh A sind bei Nennmoment sehr große Verdrehwinkel von zum Teil 17° möglich. Der Radialversatz ΔK_r kann bei kurzzeitigem Anfahrbetrieb den sehr großen Wert von 7,5 mm annehmen. Die verhältnismäßige Dämpfung ψ beträgt 0,6 … 1,2 (siehe dazu auch Abschnitt zur Kupplungsberechnung). Solche Kupplungen werden häufig bei Industriedieselmotoren verwendet, die Hydraulikpumpen antreiben (z. B. Bagger).

Bild 20.30 Elastische Wellenkupplung NOR-MEX (Werkbild Tschan)

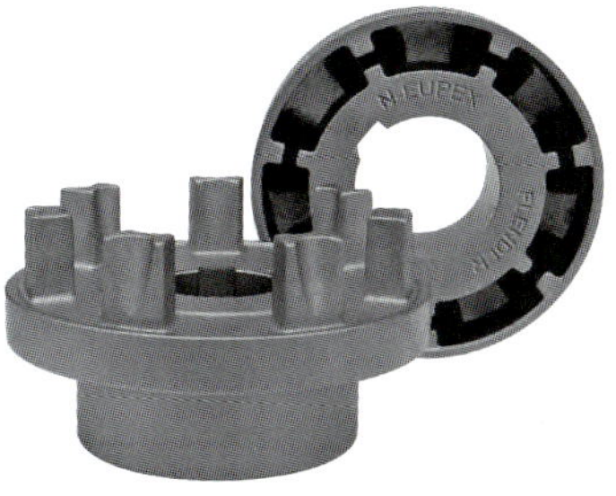

Bild 20.31 Elastische Wellenkupplung N-EUPEX (Werkbild Flender)

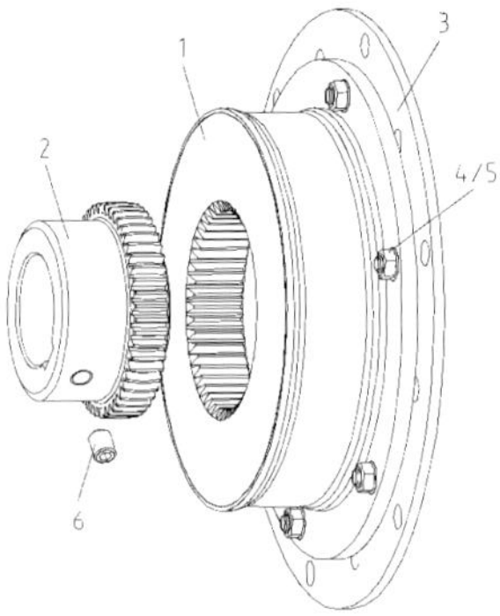

Bild 20.32 Hochelastische Flanschkupplung BoWex-ELASTIC® für den Anbau an Verbrennungsmotoren (Werkbild KTR)

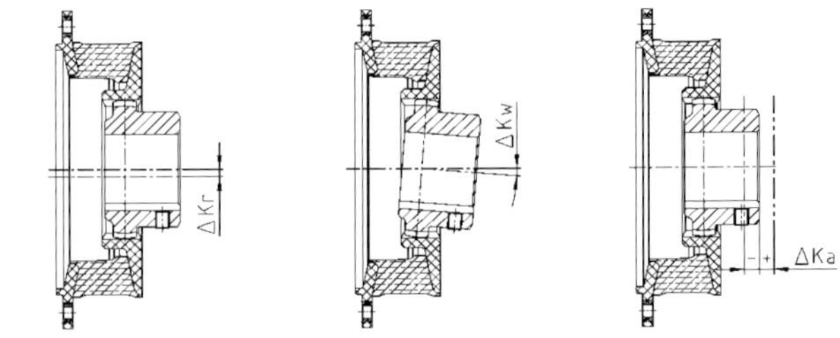

Bild 20.33 Hochelastische Flanschkupplung BoWex-ELASTIC® (Werkbild KTR)

Bei allen, besonders aber bei elastischen Kupplungen muss ggf. auf sogenannte ex-geschützte Ausführungen für den Einsatz in der chemischen Industrie geachtet werden. Viele der vorangehend genannten Kupplungen sind wahlweise in Ex-Ausführung lieferbar.

Berechnung der drehelastischen Kupplungen

Die dynamischen Eigenschaften einer elastischen Kupplung werden durch ihr Feder- und Dämpfungsverhalten definiert. Durch die elastische Federwirkung werden Stoßanregungen im Antriebsstrang vermindert. Je größer der Verdrehwinkel φ ist, umso mehr Arbeit W wird gespeichert und das Spitzenmoment T_S verringert:

$$W = \int_{\varphi_1}^{\varphi_2} T_K \cdot d\varphi$$

Federsteifigkeiten

20

Elastische Kupplungen haben Torsionssteifigkeiten, Axial-, Radial- und Winkelfedersteifigkeiten, die für teilweise nicht unerhebliche Rückstellkräfte sorgen. Deren Kenntnis ist wesentlich für die Kupplungs- und Antriebsstrangauslegung.

Die Federsteifigkeiten

c_t statische Torsionsfedersteifigkeit,

$c_{t\,dyn}$ dynamische Torsionsfedersteifigkeit,

c_a statische Axialfedersteifigkeit,

$c_{a\,dyn}$ dynamische Axialfedersteifigkeit,

c_r statische Radialfedersteifigkeit,

$c_{r\,dyn}$ dynamische Radialfedersteifigkeit,

c_w statische Winkel- oder Angularfedersteifigkeit, und

$c_{w\,dyn}$ dynamische Winkel- oder Angularfedersteifigkeit

sind die jeweiligen Steigungen der Federkurven im Torsionsmoment-Federwinkel-Diagramm bzw. Kraft-Weg-Diagramm. Bei linearen Torsionsmoment-Winkel-Verläufen bzw. linearen Kraft-Weg-Verläufen sind die Federsteifigkeiten

$$c_t = \frac{\Delta T}{\Delta \varphi} = \frac{T}{\varphi} \text{ bzw. } c = \frac{\Delta F}{\Delta s} = \frac{F}{s}$$

Gerade elastische Kupplungen haben sehr häufig nichtlineare Kennlinien (vgl. auch Kapitel 14). Die Federsteifigkeit ist die Ableitung des Drehmoments nach dem Drehwinkel bzw. die Ableitung der Kraft nach dem Weg (was natürlich auch für den linearen Fall gilt, der ein Spezialfall der allgemeinen Federkennlinie ist) (Bild 20.34):

$$c_t = \frac{dT}{d\varphi} \text{ bzw. } c = \frac{dF}{ds}$$

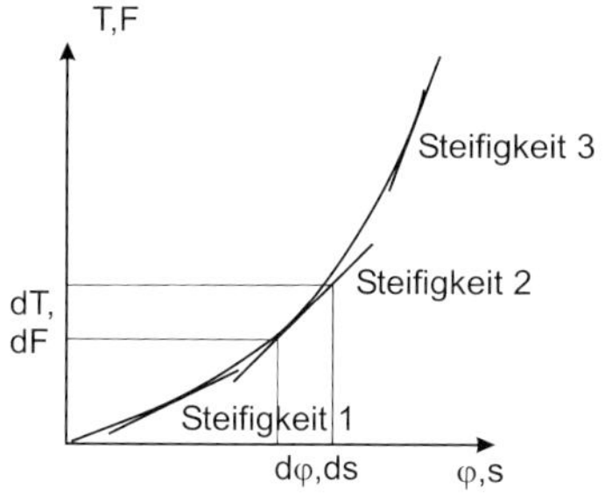

Bild 20.34
Steifigkeiten einer progressiven Federkennlinie = Kupplungskennlinie

Da die Federsteifigkeit nicht mehr konstant ist (typisch für Elastomerkupplungen), muss je nach Auslenkung oder Belastung der Kupplung mit verschiedenen Federsteifigkeiten gerechnet werden. Um dieses Problem zu lösen, bieten sich mehrere Wege an:

a) Die *Kupplungskennlinie* wird abschnittsweise linear eingegeben. Die einschlägigen Hersteller geben in ihren Katalogen dynamische Steifigkeiten für $0{,}25 \cdot T_{KN}$, $0{,}50 \cdot T_{KN}$, $0{,}75 \cdot T_{KN}$ und $1{,}00 \cdot T_{KN}$ an. Dies ist für die Praxis meist ausreichend. Solche abschnittsweisen Steifigkeiten für statische Belastungen sind eher ungebräuchlich, da der Einsatzzweck von elastischen Kupplungen dynamisch beanspruchte Antriebsstränge sind.

b) Eine elegante Methode, die sich für hochentwickelte Drehschwingungs-Simulationsprogramme, aber auch für ein genaueres Vorgehen bei der „Handrechnung" anbietet, bildet die gemessene Kurve zunächst mithilfe einer Gleichung ab, z. B. durch *Polynom-Approximation* (z. B. 2. oder 3. Grades) oder einen Potenzansatz (vgl. mathematische Literatur, z. B. [20.11]):

$$y(x) = ax^3 + bx^2 + cx + d, \qquad y(x) = ax^b$$

$$c_{tdyn} = a \cdot T_{KN}^3 + b \cdot T_{KN}^2 + c \cdot T_{KN} + d, \qquad c_{tdyn} = a \cdot T_{KN}^b$$

Eine solche Approximationskurve kann dann leicht differenziert werden.

c) Das Verfahren aus b) kann weiter verfeinert werden, indem die Messungen bei verschiedenen Temperaturen und Frequenzen durchgeführt werden. Da die Steifigkeit von drei Parametern, nämlich Drehmoment T (bzw. Auslenkung), Temperatur ϑ und Frequenz f abhängt, käme ein sog. Potenzproduktansatz infrage [20.12]:

$$y(x_1, x_2, x_3) = a \cdot x^{b1} \cdot x^{b2} \cdot x^{b3}$$

$$c_{tdyn} = a \cdot T_{KN}^{b1} \cdot \vartheta^{b2} \cdot f^{b3}$$

Weitere Einflüsse sind Vorspannung der Kupplung, Belastungsdauer und Alter.

Man kann davon ausgehen, dass die dynamische Drehfedersteifigkeit bei Elastomerkupplungen proportional zur Vorlast (also der „statischen" Vorspannung) und zur Frequenz ist. Sie ist

20

etwa 1,3-…1,5-mal größer als die statische Drehfedersteifigkeit (die man sehr leicht messen kann), wobei dies streng genommen nur für $f = 10\,\text{Hz}$ und $\vartheta = 10...30\,°\text{C}$ (die in DIN 740 üblichen Werte) gilt. Meist beziehen die Hersteller ihre Katalogangaben auf diese Prüftemperaturen und -frequenzen. Sehr ungünstig sind niedrige Temperaturen. Es kann zur Kaltsprödigkeit kommen. Umgekehrt stellt sich besonders bei Elastomeren bei zu hohen Betriebstemperaturen eine beschleunigte Alterung ein. Die elastischen Federelemente „zerbröseln" sozusagen von innen heraus, nämlich durch das Aufbrechen der Makromoleküle an den Stellen maximaler Beanspruchung. Die Temperaturmessung an Elastomeren bei schnell laufenden Kupplungen ist nicht einfach. Es müssen Thermoelemente **in** die Elastomerbauteile appliziert werden, denn die Elastomere werden durch die Dämpfungsarbeit (die an sich ja erwünscht ist) durchaus sehr warm.

Typische Materialien für elastische Federelemente sind Synthesegummis (wie Buna, Neopren, Silikonkautschuk und Perbunan), aber auch Naturgummi sowie Polyurethan, Viton und Polyamid. Für diese Elemente gilt: Nicht auf Zug beanspruchen, sondern nur auf Druck oder Schub! Naturgemäß ist man bei Elastomerkupplungen hinsichtlich des Temperatureinsatzbereichs beschränkt. KTR [20.13] sieht für Polyurethan-Zahnkränze (ROTEX®-Kupplung) je nach Shore-Härte Dauertemperaturen von −50…+130 °C vor. Mit speziellen Kunststoffen sind Grenzwerte von −60…+150 °C (oder extrem +250 °C für PEEK) erreichbar, wobei diese Werte für den Kurzzeitbetrieb gelten. Bei höheren Anforderungen hinsichtlich der Temperatur wird auf elastische Metallkupplungen übergegangen. Da hier Federstahl verwendet wird, muss die Temperatur unterhalb der Anlasstemperatur bleiben. Trotzdem haben die Elastomerkupplungen die Welt der Antriebstechnik erobert und die früher häufig eingesetzten elastischen Metallkupplungen in bestimmte Nischen verdrängt.

Dämpfung

Die relativ starke Dämpfung von Elastomerelementen in elastischen Kupplungen ist sehr erwünscht, um Drehschwingungen des Antriebsstrangs zu dämpfen. Diese *Schwingungsdämpfung* ist eine Kombination aus innerer Dämpfung, d. h. der Werkstoffdämpfung, und der äußeren Dämpfung, d. h. Reibungseffekten in den Kontaktflächen. Die Dämpfung ist bei (Natur-) Gummi und bei Polymeren wesentlich größer als bei reinen Metallkupplungen. Die Dämpfungseigenschaften werden wie folgt beschrieben:

20

Dämpfungskonstante k_t

Abklingkonstante $\delta = \dfrac{k_t}{2 \cdot J}$

Dämpfungsgrad $D = \dfrac{\delta}{\omega_0} = \dfrac{k_t \cdot \omega_0}{2 \cdot c_t} = \dfrac{\psi}{4 \cdot \pi}$

Zwischen dem Dämpfungsgrad D und der verhältnismäßigen Dämpfung y besteht ein direkter linearer Zusammenhang. Anhaltswerte für den Dämpfungsgrad sind (siehe Literatur):

$D = 0{,}001...0{,}01$	Wellen aus Stahl
$D = 0{,}04...0{,}08$	Getriebeverzahnungen
$D = 0{,}04...0{,}2$	elastische Kupplungen
$D = 0{,}01...0{,}04$	Zahnkupplungen, Gelenkwellen, Ganzstahlkupplungen

Der Dämpfungsgrad D kann nicht direkt bestimmt werden. Im Versuch wird die verhältnismäßige Dämpfung ψ ermittelt und umgerechnet:

$$D = \frac{\psi}{4\pi} \qquad (20.2)$$

$$\psi = \frac{\text{Dämpfungsarbeit}}{\text{elastische Verformungsarbeit}} = \frac{A_D}{A_e} \qquad (20.3)$$

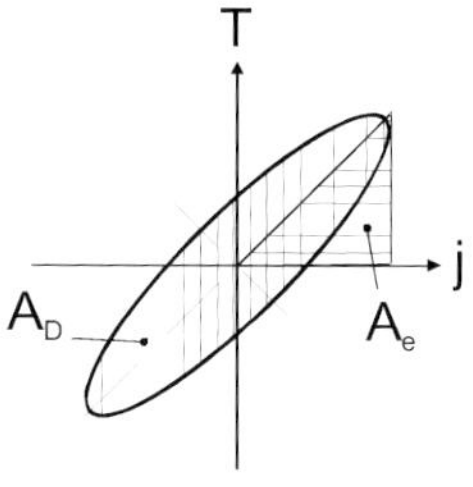

Bild 20.35 Theoretische Kupplungskennlinie einer elastischen Kupplung

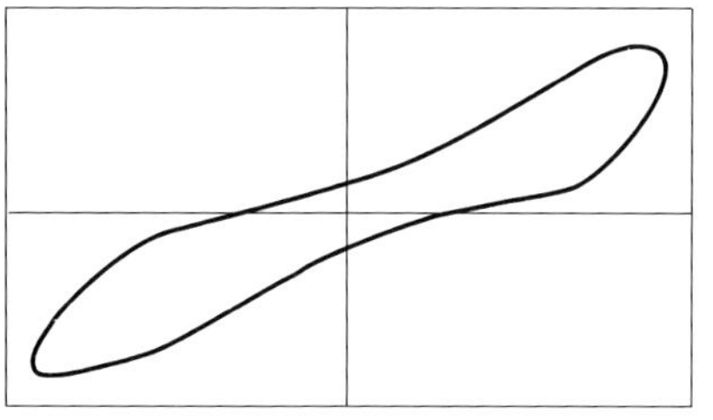

Bild 20.36 Reale gemessene Kupplungskennlinie einer elastischen Kupplung bei einer Prüffrequenz von 20 Hz (Universität Bayreuth)

Mit geeigneten Prüfständen (Bild 20.37) werden die realen Kupplungskennlinien gemessen, und dann werden über grafische oder numerische Integration (= Flächenermittlung) die Anteile der Dämpfungsarbeit A_D und der elastischen Verformungsarbeit A_e bestimmt. Die Verläufe der Kupplungskennlinien hängen sehr stark von der (Prüf-)Frequenz ab. Üblicherweise wird mit einer Prüffrequenz von 10 Hz gearbeitet. Natürlich soll später im Betrieb die Arbeitsfrequenz etwa der vorher bei der Auslegung zugrunde gelegten Prüffrequenz entsprechen.

Bild 20.37 Verspannungsprüfstand mit 1200 kW Prüfleistung (Universität Bayreuth)

20

Herstellerangaben für ψ:

$\psi = 0{,}3 \ldots 0{,}5$	R+W Elastomerkupplungen EK (bei 20 °C)
$\psi = 0{,}6 \ldots 1{,}2$	KTR BoWex-ELASTIK hochelastische Kupplungen (bei 60 °C)

Schwingungsverhalten

Es wird von einem Einmassen-Drehschwinger (Bild 20.38) oder Zweimassen-Drehschwinger (Bild 20.39) ausgegangen. Die Schwingungs-Differenzialgleichung lautet beim Einmassenschwinger analog zum Einmassen-Linearschwinger:

$$J \cdot \ddot{\varphi} + k_t \cdot \dot{\varphi} + c_t \cdot \varphi = T(t) \qquad (20.4)$$

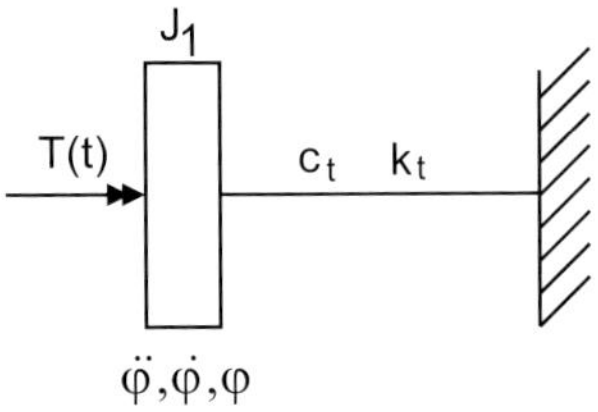

Bild 20.38 Einmassen-Drehschwinger mit Erregermoment *T(t)*

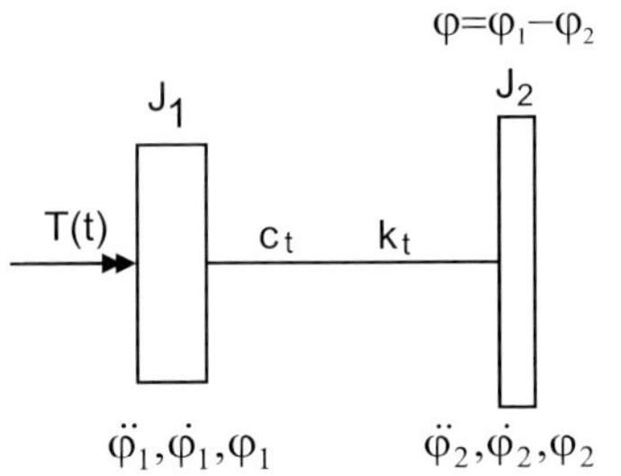

Bild 20.39 Zweimassen-Drehschwinger mit Erregermoment *T(t)*

Zweimassenschwinger

$$\ddot{\varphi}+\frac{k_t}{J^*}\dot{\varphi}+\frac{c_t}{J^*}\varphi=\frac{T(t)}{J_1} \quad \text{mit} \quad \varphi=\varphi_1-\varphi_2$$
$$\text{und} \quad J^*=\frac{J_1\cdot J_2}{J_1+J_2} \tag{20.5}$$

Dann wird die erste Eigenkritische der Torsion ohne Berücksichtigung der Dämpfung:

$$\omega_0=\sqrt{\frac{c_t}{J}} \quad \text{bzw.} \quad \omega_0=\sqrt{\frac{c_t}{J^*}}$$
$$\omega=2\cdot\pi\cdot f, \quad \text{Schwingungsdauer} \quad T=\frac{2\pi}{\omega}, \quad f=\frac{1}{T} \tag{20.6}$$

ω	in s^{-1}	Kreisfrequenz,
f	in s^{-1}	Frequenz,
T	in s	Schwingungsdauer,
c_t	in Nm/rad	Torsionssteifigkeit,
J	in kgm^2	Drehmasse, Massenträgheitsmoment – Anmerkung: Mitunter wird auch der (veraltete) Begriff Schwungmoment GD^2 verwendet. Die Umrechnung ist: $J=GD^2/(4g)$ mit g Erdbeschleunigung.

20

Für einen Kreiszylinder (typisch für Schwungräder, Kupplungen, Elektromotorenläufer) mit der Masse m und dem Radius r gilt:

$$J=\frac{1}{2}mr^2 \tag{20.7}$$

Die Lösung der Schwingungs-Differenzialgleichung ist:

$$T(t)=T_0\cdot\cos(\Omega t) \quad \text{Erregermoment}$$

$$\varphi=\varphi_{\mathrm{h(omogen)}}+\varphi_{\mathrm{p(artikulär)}}$$

Dann ist die homogene Lösung:

$$\varphi_\mathrm{h}=A\cdot e^{(-\delta\cdot t)}\cdot\cos(\omega t-\gamma)$$

A und γ werden aus den Anfangsbedingungen bestimmt.

$$\varphi_\mathrm{p}=\frac{T_0^*}{c_t}\cdot\frac{1}{\sqrt{\left(1-\eta^2\right)^2+4D^2\eta^2}}\cdot\cos(\Omega t-\varepsilon)$$

mit

$$\tan\varepsilon = \frac{2D\eta}{1-\eta^2} \quad \text{Phasenwinkel}$$

$$\varphi_p = \frac{T_0^*}{c_t} \cdot V \cdot \cos(\Omega t - \varepsilon)$$

Frequenzverhältnis $\eta = \dfrac{\Omega}{\omega_0}$

$T_0^* = T_0$ beim Einmassenschwinger

$T_0^* = \dfrac{J_2}{J_1 + J_2} T_0$ beim Zweimassenschwinger

Folgender Term in der partikulären Lösung wird als **Vergrößerungsfunktion** bezeichnet:

$$V = \frac{1}{\sqrt{\left(1-\eta^2\right)^2 + 4D^2\eta^2}} = \frac{T}{T_0^*} \tag{20.8}$$

Das Diagramm der Vergrößerungsfunktion (Bild 20.40) zeigt, wie bei einer völlig ungedämpften Schwingung ($D = 0$) die Vergrößerungsfunktion V den Wert ∞ annimmt, also zu extrem starken Schwingungsausschlägen führt. Man kann in der Praxis beobachten, dass ein fast ungedämpfter Antriebsstrang, der in der Resonanzkreisfrequenz w_0 läuft, in kürzester Zeit zerstört wird. Umgekehrt ist bei genügender Dämpfung D (> 0,3 … 0,5) ein Aufschaukeln des Strangs theoretisch kaum noch möglich. Theoretisch deshalb, weil derart starke Dämpfungen, wie oben ausgeführt, schwer zu realisieren sind. Selbst eine hochelastische Flanschkupplung (z. B. BoWex-ELASTIC) mit $\psi = 1{,}2$ liefert Formel 20.2 nur einen Dämpfungsgrad $D = 0{,}1$!

In der Praxis muss daher unbedingt vermieden werden, einen Antriebsstrang bei oder in der Nähe der Resonanz zu fahren. Bild 20.40 zeigt deutlich, dass V je nach D schon vor Erreichen der Resonanzfrequenz (d. h. Frequenzverhältnis $\eta = 1$) stark ansteigt. Der Phasenverschiebungswinkel ε (Bild 20.41), der bei ungedämpfter Schwingung gleich π wäre, zeigt, wie sich die Schwingung des Strangs zur Erregerfrequenz verschiebt. Daher fährt man in der Praxis entweder

a) *unterkritisch:* Die Betriebsdrehzahl liegt mit genügendem Abstand unter der Resonanzdrehzahl. Dieser Fall ist an sich richtig, er lässt sich nur nicht immer verwirklichen.

b) *überkritisch:* Die Betriebsdrehzahl liegt über der Resonanzdrehzahl. Beim Hochfahren muss möglichst schnell durch die Resonanz gefahren werden. Dieser Fall kommt (leider) bei manchen Kraftfahrzeugen und Turbinenanlagen vor.

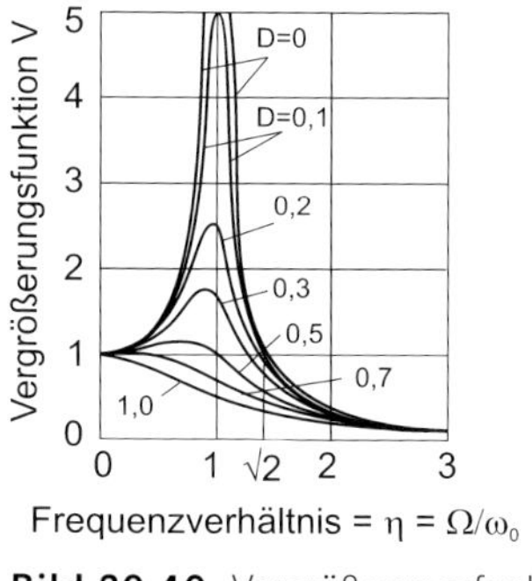

Bild 20.40 Vergrößerungsfunktion

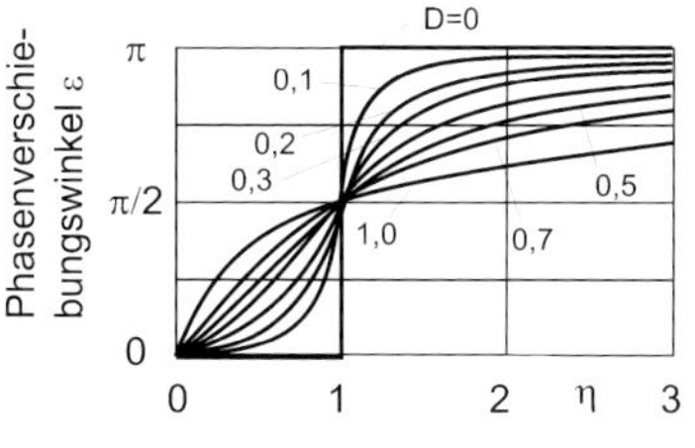

Bild 20.41 Phasenverschiebungswinkel

20

Wie kann man das beeinflussen? Nach Formel 20.6 kann zur Erhöhung der Resonanzkreisfrequenz entweder c_t (Kupplung und Maschinenwellen!) erhöht oder die Drehmasse J verringert werden. Natürlich gibt es hier (oftmals enge) Grenzen: Man kann nicht die Drehmasse J, die durch die Antriebs- bzw. Abtriebsmaschinen bestimmt wird, beliebig verkleinern und umgekehrt die Torsionssteifigkeit des Stranges, in die auch die Maschinenwellen eingehen, beliebig vergrößern. Daraus ist ersichtlich, welchen zentralen Einfluss elastische Wellenkupplungen auf das Schwingungsverhalten des Antriebsstrangs haben.

Übersetzungen werden wie im Folgenden dargelegt berücksichtigt (Bild 20.42).

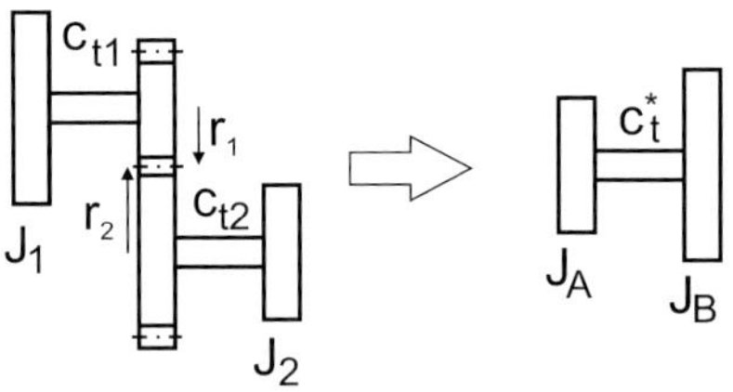

Bild 20.42
Übersetzungen

Eigenkritische des Zweimassenschwingers:

$$\omega_0 = \sqrt{c_t^* \cdot \frac{J_A + J_B}{J_A \cdot J_B}} \tag{20.9}$$

Ersatz-Drehfedersteifigkeit:

$$\frac{1}{c_t^*} = \frac{1}{c_{t2}} \cdot \left(\frac{r_2}{r_1}\right)^2 + \frac{1}{c_{t1}} \tag{20.10}$$

Drehmassen des Ersatzsystems:

$$J_A = J_1, \qquad J_B = \left(\frac{r_1}{r_2}\right)^2 J_2 \tag{20.11}$$

20

Bei komplizierteren Antriebssträngen, die verzweigt oder vermascht sind, mehrere Kupplungen, Wellen und Drehmassen aufweisen, spielbehaftete Elemente (Zahnspiel bei Getrieben!) oder Federsteifigkeiten mit Sprungcharakter (Freiläufe), diffizile, zeitlich veränderliche Erregermomente (Verbrennungsmotoren, aber auch das Anfahren von Asynchronmaschinen) beinhalten, wird man ein ganzes System von Differenzialgleichungen (Formel 20.4) zu lösen haben. Dafür gibt es bewährte Computerprogramme wie DRESP (entwickelt vom IME der RWTH Aachen) von der Forschungsvereinigung Antriebstechnik FVA [20.15] oder ITI-SIM [20.16; 20.17]. Diese Programme sind sehr hochentwickelt und nur mit entsprechendem Training und Erfahrung sachgerecht zu bedienen.

Glücklicherweise kann man recht viele Fälle in der Antriebspraxis durchaus mit dem sehr vereinfachten Ansatz des Zweimassenschwingers lösen. Dies liegt auch der DIN 740, Teil 2, zugrunde, wenn man nicht noch weiter vereinfacht nach Empfehlungen der Hersteller rechnen will.

Überschlägige Berechnung nach DIN 740 Teil 2

Wenn die Kupplungsbeanspruchungsgrößen bekannt sind und wenn die Kupplung praktisch das einzige drehelastische Element im Antriebsstrang ist, dann kann man in brauchbarer Näherung den Strang auf einen *Zweimassenschwinger* reduzieren (Programm XKUPP bzw. WKUPP).

1. Statische Beanspruchung

Das zulässige Nenndrehmoment der Kupplung bei jeder Betriebstemperatur muss größer oder gleich dem Nenndrehmoment der Lastseite sein:

$$T_{\mathrm{KN}} \geq T_{\mathrm{N}} \cdot S_{\vartheta} \qquad (20.12)$$

Dabei ist S_{ϑ} der sog. *Temperaturfaktor*, der neben der Temperatur auch den Elastomerwerkstoff berücksichtigt. $S_{\vartheta} = 1{,}0 \ldots 1{,}8$ (Näheres in Tabelle 20.3).

2. Beanspruchung durch Drehmomentstöße

Das zulässige Nenndrehmoment der Kupplung muss bei jeder Betriebstemperatur größer oder gleich dem Nenndrehmoment der Lastseite unter Berücksichtigung der Stoßhäufigkeit sein:

$$T_{\mathrm{Kmax}} \geq T_{\mathrm{S}} \cdot S_{\mathrm{Z}} \cdot S_{\vartheta} + T_{\mathrm{N}} \cdot S_{\vartheta} \qquad (20.13)$$

$$T_{\mathrm{S}} = T_{\mathrm{AS}} \cdot \frac{1}{m+1} \cdot S_{\mathrm{A}} + T_{\mathrm{L}} \quad \text{bzw.} \quad T_{\mathrm{S}} = T_{\mathrm{LS}} \cdot \frac{m}{m+1} \cdot S_{\mathrm{L}} + T_{\mathrm{L}} \qquad (20.14)$$

T_{N} Antriebs- bzw. Lastmoment,
T_{AS} Spitzenwert der nichtperiodischen Drehmomentstöße auf der Antriebsseite, der z. B. beim Anfahren und bei Drehzahländerung auftreten kann,
T_{LS} Spitzenwert der nichtperiodischen Drehmomentstöße auf der Lastseite, der z. B. bei Laständerungen und bei Blockierungen auftreten kann,
T_{L} nur addieren, wenn ein Lastdrehmoment während der Beschleunigung auftritt,
m Massenfaktor $m = J_{\mathrm{A}} / J_{\mathrm{L}}$,
S_{A} bzw. S_{L} Stoßfaktor, = 0...2 (nach DIN 740), in der Praxis ≈ 1,8 (weitere Werte in Tabelle 20.3),
S_{Z} Anlauffaktor, $S_{\mathrm{Z}} = 1{,}0 \ldots 1{,}3$ (Tabelle 20.3),
S_{ϑ} wie bei Formel 20.12 (Tabelle 20.3).

3. Beanspruchung durch ein periodisches Wechselmoment

3.1 Durchfahren der Resonanz

Unterhalb des Betriebsdrehzahlbereichs treten nur wenige Resonanzspitzen auf. Das Wechselmoment in Resonanz kann deshalb mit dem Maximaldrehmoment der Kupplung verglichen werden. Es gelten Formel 20.13 und

$$T_{\mathrm{S}} = T_{\mathrm{Ai}} \cdot \frac{1}{m+1} \cdot V_{\mathrm{R}} + T_{\mathrm{L}} \quad \text{bzw.} \quad T_{\mathrm{S}} = T_{\mathrm{Li}} \cdot \frac{m}{m+1} \cdot V_{\mathrm{R}} + T_{\mathrm{L}} \qquad (20.15)$$

T_{N} Antriebs- bzw. Lastmoment,
T_{Ai} Amplitude der auf die Antriebsseite einwirkenden äußeren Drehmomentanregungen *i*-ter Ordnung,
T_{Li} Amplitude der auf der Lastseite einwirkenden äußeren Drehmomentanregungen *i*-ter Ordnung,
T_{L} nur addieren, wenn ein Lastdrehmoment während der Beschleunigung auftritt
m Massenfaktor $m = J_{\mathrm{A}} / J_{\mathrm{L}}$,
S_{A} bzw. S_{L} Stoßfaktor, = 0 ... 2, in der Praxis ≈ 1,8,
S_{ϑ} wie bei Formel 20.12,
V_{R} Resonanzfaktor, $\approx 2\pi / \psi$.

3.2 Dauerwechseldrehmoment

Für das im Betriebsdrehzahlbereich auftretende Wechselmoment T_{Wi} muss das Wechseldrehmoment T_{KW} der Kupplung mit der Frequenz entsprechend der *i*-ten Harmonischen (das anregende Moment) verglichen werden

$$T_{\mathrm{KW}} \geq T_{\mathrm{Wi}} \cdot S_{\vartheta} \cdot S_{\mathrm{f}} \qquad (20.16)$$

$$T_{\mathrm{Wi}} = T_{\mathrm{Ai}} \cdot \frac{1}{m+1} \cdot V_{\mathrm{fi}} \quad \text{bzw.} \quad T_{\mathrm{Wi}} = T_{\mathrm{Li}} \cdot \frac{m}{m+1} \cdot V_{\mathrm{fi}} \qquad (20.17)$$

T_{Ai} Amplitude der auf die Antriebsseite einwirkenden äußeren Drehmomentanregungen *i*-ter Ordnung,
T_{Li} Amplitude der auf der Lastseite einwirkenden äußeren Drehmomentanregungen *i*-ter Ordnung,
m Massenfaktor $m = J_{\mathrm{A}} / J_{\mathrm{L}}$,
S_ϑ wie bei Formel 20.12, Tabelle 20.3,
S_{f} Faktor, der die Frequenzabhängigkeit des Dauerwechseldrehmoments berücksichtigt. Wenn T_{KW} durch Dämpfungswärme begrenzt ist, gilt:
$f \leq 10\,\mathrm{Hz}$: $S_{\mathrm{f}} = 1$,

$f > 10\,\mathrm{Hz}$: $S_{\mathrm{f}} = \sqrt{\frac{f_{\mathrm{i}}}{10}}$.

V_{fi} Drehmomentvergrößerungsfaktor

$$V_{\mathrm{fi}} = \sqrt{\frac{1 + \frac{\psi^2}{4\pi^2}}{\left(1 - \frac{f_{\mathrm{i}}^2}{f_{\mathrm{e}}^2}\right)^2 + \frac{\psi^2}{4\pi^2}}},$$

f_{i} Frequenz der *i*-ten Harmonischen des Drehmoments, das an der Kupplung wirkt, d. h. die anregende Frequenz und mit der Eigenfrequenz eines linearen Zweimassenschwingers

$$f_{\mathrm{e}} = \frac{1}{2\pi}\sqrt{C_{\mathrm{tdyn}}\left(\frac{1}{J_{\mathrm{A}}} + \frac{1}{J_{\mathrm{L}}}\right)}$$

vgl. Formel 20.9 und der Resonanzdrehzahl $n_{\mathrm{R}} = \frac{f_{\mathrm{e}}}{i}$.

3.3 Dämpfungswärme

Anstelle der Berechnung aus Absatz 3.2, „Dauerwechseldrehmoment" kann auch die Dämpfungsleistung mit der maximal zulässigen Dämpfungsleistung verglichen werden:

$$P_{\mathrm{KW}} \geq P_{\mathrm{Wi}} \cdot S_\vartheta \qquad (20.18)$$

$$P_{\mathrm{Wi}} = \frac{\pi}{V_{\mathrm{R}}} \cdot \frac{T_{\mathrm{Wi}}^2 \cdot f_{\mathrm{i}}}{C_{\mathrm{tdyn}}} \qquad (20.19)$$

P_{Wi} Dämpfungsleistung infolge der *i*-ten Harmonischen des Drehmoments, das an der Kupplung im stationären Betriebszustand wirkt (Formel 20.19),
T_{Wi} Amplitude der *i*-ten Harmonischen des Drehmoments, das an der Kupplung wirkt (Formel 20.17),
f_{i} Frequenz der *i*-ten Harmonischen des Drehmoments, das an der Kupplung wirkt, d. h. die anregende Frequenz,
S_ϑ wie bei Formel 20.12 (Tabelle 20.3),
V_{R} Resonanzfaktor $V_{\mathrm{R}} \approx 2\pi/\psi$,
C_{tdyn} dynamische Torsionsfedersteifigkeit.

20

4. Beanspruchung durch Wellenverlagerung

Während axiale Verlagerungen nur statische Kräfte in der Kupplung erzeugen, ergeben Radial- und Winkelversätze Wechselbeanspruchungen, die sich mit den anderen unter Umständen bereits wirkenden Wechsellasten überlagern. Dabei sind ΔK die vom Kupplungshersteller zulässigen Werte und ΔW die im Betrieb maximal auftretenden Verlagerungen. Es muss gelten:

$$\begin{aligned} \Delta K_{\mathrm{a}} &\geq \Delta W_{\mathrm{a}} \cdot S_\vartheta \\ \Delta K_{\mathrm{r}} &\geq \Delta W_{\mathrm{r}} \cdot S_\vartheta \cdot S_{\mathrm{n}} \\ \Delta K_{\mathrm{w}} &\geq \Delta W_{\mathrm{w}} \cdot S_\vartheta \cdot S_{\mathrm{n}} \end{aligned} \qquad (20.20)$$

S_ϑ wie bei Formel 20.12 (Tabelle 20.3),
S_{n} Drehzahlfaktor, in DIN 740 keine näheren Angaben, ggf. = 1 setzen oder auf Herstellerangaben ausweichen.

Durch die Wellenverlagerungen treten axiale, radiale Rückstellkräfte und Rückstellbiegemomente auf, welche die Lager und Wellen belasten können (Bild 20.43):

$$F_a \geq \Delta W_a \cdot c_a$$
$$F_r \geq \Delta W_r \cdot c_{r\,dyn} \qquad (20.21)$$
$$M_w \geq \Delta W_w \cdot c_{w\,dyn}$$

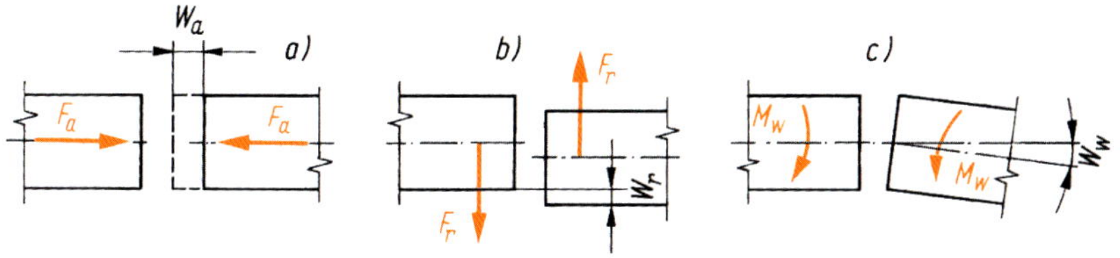

Bild 20.43 Rückstellkräfte und -momente bei Wellenverlagerungen
a) axial, b) radial, c) winklig

Beispiel 20.1

Ein Generator für $P_{LN} = 25\text{kW}$ mit leicht ungleichmäßiger Kraftentnahme soll bei $n = 1500\text{min}^{-1}$ durch einen Vierzylinder-Viertakt-Reihenmotor angetrieben werden. $J_{WA} = 2{,}3\text{kg}\,\text{m}^2$, periodisches Wechseldrehmoment $T_W = 80\text{Nm}$, $J_{WL} = 1\text{kg}\,\text{m}^2$, Umgebungstemperatur $t \approx 35\,°\text{C}$, Anfahrhäufigkeit $= 3\,/\,\text{Tag}$. Welche Kupplungsgröße nach Tabelle 20.2 kommt in Betracht?

Lösung:

1. Erforderliches Nenndrehmoment T_{KN} der Kupplung: Statische Beanspruchung

Winkelgeschwindigkeit $\omega = 2\pi \cdot n = 2\pi \cdot 25\text{s}^{-1} = 157\text{rad/s}$. Somit ist

$$T_{LN} = P_{LN} / \omega = 25000\text{W} / 157\text{s}^{-1} = 159\text{Nm}$$

Wenn Bindeglieder aus Polyurethan PUR gewählt werden, ist nach Tabelle 20.3 der Temperaturfaktor $S = 1{,}2$. Somit gilt nach Formel 20.12:

$$T_{KN} = T_{LN} \cdot S = 159\text{Nm} \cdot 1{,}2 = 191\text{Nm}$$

Nach Tabelle 20.1 wird eine Kupplung mit dem Nenndrehmoment von 265 Nm gewählt. Nach Herstellerangaben gelten für diese Baugröße

$$T_{Kmax} = 530\text{Nm},\ T_{KW} = 69\text{Nm},\ \psi = 0{,}8;\ J_{KA} = 0{,}0025\text{kgm}^2,\ J_{KL} = 0{,}0025\text{kgm}^2,$$
$$P_{KW} = 12\text{W}$$

2. Beanspruchung durch Drehmomentstöße

Nach Formel 20.13 muss sein:

$$T_{Kmax} \geq T_S \cdot S_Z \cdot S_\vartheta + T_N \cdot S_\vartheta$$

Mit Formel 20.14:

$$T_S = T_{LS} \cdot \frac{m}{m+1} \cdot S_L + T_L$$

Dabei ist m der Massenfaktor mit $m = \frac{J_A}{J_2}$.

$$J_A = (2{,}3 + 0{,}0025)\,\text{kg}\,\text{m}^2 \approx 2{,}3\,\text{kg}\,\text{m}^2$$

$$J_2 = (1 + 0{,}0025)\,\text{kg}\,\text{m}^2 \approx 1{,}0\,\text{kg}\,\text{m}^2$$

$$m = \frac{2{,}3}{1} = 2{,}3$$

Wir nehmen an, dass während des Hochfahrens der Generator elektrisch unbelastet ist, daher ist $T_L = 0$. Ferner nehmen wir an, dass bei Überlastung des Generators durch einen viel zu großen Verbraucher das Dreifache des Lastmoments auftritt. Damit gilt:

$$T_S = 3 \cdot 159 \cdot \frac{2{,}3}{2{,}3+1} \cdot 1{,}8\,\text{Nm} = 598\,\text{Nm}$$

Dabei ist $S_S = S_L = 1{,}8$. Mit $S_z = 1$ (3-mal Anfahren pro Tag) und $S_\vartheta = 1{,}2$ wird $T_{K\,max}$:

$$T_{K\,max} \geq (598 \cdot 1 \cdot 1{,}2 + 159 \cdot 1{,}2)\,\text{Nm} = 909\,\text{Nm}$$

Es wurde ein Zahnkranz mit 92 Shore A vorgesehen. Wenn man nun einen Zahnkranz mit 98 Sh A verwendet, sehen die Werte wie folgt aus:

$$T_{KN} = 450\,\text{Nm}, \; T_{K\,max} = 900\,\text{Nm}, \; T_{KW} = 117\,\text{Nm}$$

3. Resonanzdrehzahl

Für den Zweimassenschwinger gilt Formel 20.6:

$$\omega_0 = \sqrt{\frac{c_t}{J^*}}$$

Mit Formel 20.5

$$J^* = \frac{J_1 \cdot J_2}{J_1 + J_2}$$

Damit wird J^*:

$$J^* = \frac{2{,}3 \cdot 1}{2{,}3+1} = 0{,}70$$

Man kann keine konstante Drehfedersteifigkeit annehmen, weil die Drehfederkennlinie progressiv ist. Da das Lastmoment 159 Nm beträgt, ist das Verhältnis

$$\frac{T_{LN}}{T_{KN}} = \frac{159}{450} = 0{,}35$$

Für $0{,}25 \cdot T_{KN}$ ist c_{tdyn} laut Hersteller $c_{tdyn} = 2003\,\text{Nm/rad}$; für $0{,}50 \cdot T_{KN}$ ist c_{tdyn} laut Hersteller $c_{tdyn} = 3375\,\text{Nm/rad}$.

Also geht man von einem Mittelwert aus:

$$\frac{2003 + 3375}{2}\,\text{Nm/rad} = 2689\,\text{Nm/rad}$$

20

Damit wird ω_0:

$$\omega_0 = \sqrt{\frac{2689}{0{,}70}\mathrm{s}^{-1}} = 62\mathrm{s}^{-1}$$

$\omega = 2\pi \cdot n$, also ist

$$n = \frac{\omega_0}{2\pi} = \frac{62}{2\pi}\mathrm{s}^{-1} = 9{,}9\mathrm{s}^{-1} = 592\,\mathrm{min}^{-1}, \qquad n_\mathrm{R} = \frac{n}{i} = \frac{592}{2}\mathrm{min}^{-1} = 297\,\mathrm{min}^{-1}$$

Es herrscht also überkritischer Betrieb, wir müssen die Resonanzdrehzahl von 297 min^{-1} durchfahren. Es gilt Formel 20.13:

$$T_{\mathrm{K\,max}} \geq T_\mathrm{S} \cdot S_\mathrm{Z} \cdot S_\vartheta + T_\mathrm{N} \cdot S_\vartheta$$

Mit Formel 20.15:

$$T_\mathrm{S} = T_\mathrm{Ai} \cdot \frac{1}{m+1} \cdot V_\mathrm{R} + T_\mathrm{L}$$

Dabei ist T_Ai die Amplitude der auf die Antriebsseite einwirkenden äußeren Drehmomentanregung *i*-ter Ordnung. Dazu müsste man den Drehkraftverlauf dieser Verbrennungsmaschine (durch Messungen) kennen, denn dieser hängt nicht nur von dem Arbeitsverfahren (Zwei- oder Viertakt), dem thermodynamischen Prozess (Otto- oder Diesel-), der Zylinderanzahl, der Art der Kurbelwellenkröpfung und der Zylinderanordnung ab, sondern auch von den Schwungmassen. Wir nehmen hier einmal an, dass $T_\mathrm{Ai} = 80\mathrm{Nm}$ sei.

m hatten wir bereits mit 2,3 bestimmt und V_R ist:

$$V_\mathrm{R} \approx \frac{2\pi}{\psi} = \frac{2\pi}{0{,}8} = 7{,}9$$

Damit wird T_S:

$$T_\mathrm{S} = 80 \cdot \frac{1}{2{,}3+1} \cdot 7{,}9\mathrm{Nm} = 192\mathrm{Nm}$$

$$T_{\mathrm{S\,max}} = 192 \cdot 1 \cdot 1{,}2\mathrm{Nm} = 230\mathrm{Nm}$$

Dies ist kleiner als $T_{\mathrm{K\,max}} = 900\mathrm{Nm}$.

4. Dauerwechselmoment

Es gilt Formel 20.16:

$$T_\mathrm{KW} \geq T_\mathrm{Wi} \cdot S_\vartheta \cdot S_\mathrm{f}$$

Mit Formel 20.17:

$$T_\mathrm{Wi} = T_\mathrm{Ai} \cdot \frac{1}{m+1} \cdot V_\mathrm{fi}$$

Dabei ist $S_\mathrm{f} = \sqrt{\frac{f}{10}} = \sqrt{\frac{2 \cdot 25}{10}} = 2{,}24$.

20

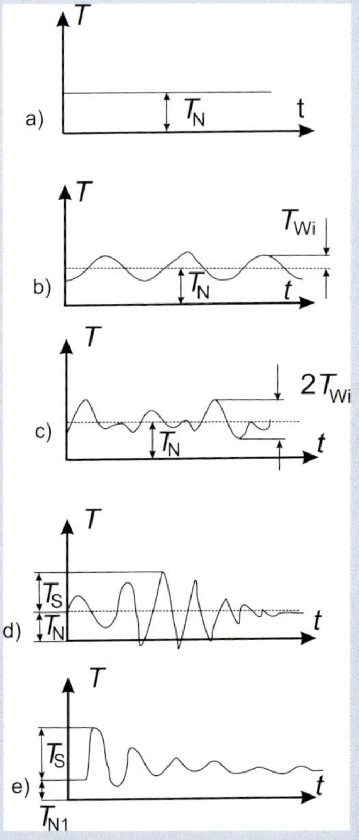

Bild 20.44
Banspruchungsarten
a) statische Beanspruchung, b) harmonische Beanspruchung, c) periodische Beanspruchung, d) Durchfahren einer Resonanz, e) Drehmomentstoß

Dazu muss Folgendes erklärt werden: Ein Einzylindermotor leistet nur bei jeder 2. Kurbelwellenumdrehung Arbeit = Kraftimpuls, ein Zweizylindermotor als Gleichläufer bei jeder Umdrehung und ein Vierzylinder-Reihenmotor als Viertakter jede halbe Kurbelwellenumdrehung. Also erfolgt bei einem Viertakt-Vierzylinder jede halbe Kurbelwellenumdrehung eine Anregung; daher setzen wir als Erregerfrequenz f_i an:

$$f_i = 2 \times \text{Betriebsdrehzahl.}$$

$$V_{fi} = \sqrt{\frac{1+\frac{\psi^2}{4\pi^2}}{\left(1-\frac{f_i^2}{f_e^2}\right)^2+\frac{\psi^2}{4\pi^2}}} = \sqrt{\frac{1+\frac{0{,}8^2}{4\pi^2}}{\left(1-\frac{(2\cdot 25)^2}{9{,}9^2}\right)^2+\frac{0{,}8^2}{4\pi^2}}} = 0{,}04$$

Damit wird

$$T_{Wi} = 80\cdot\frac{1}{2{,}3+1}\cdot 0{,}04 = 0{,}97$$

$$T_{KW} = 0{,}97\cdot 1{,}2\cdot 2{,}24 = 2{,}6\,\text{Nm}$$

Nach Herstellerangabe ist das zulässige Wechselmoment 117 Nm.

20.5 Kraftschlüssig drehnachgiebige Kupplungen

Mit diesen Kupplungen kann auf die Eigenart der Antriebe, insbesondere solcher mit Kolbenmaschinen, besonders gut eingegangen werden, da sie den jeweiligen Verhältnissen durch die Flüssigkeitsmenge oder die elektrische Stromstärke angepasst werden können. Durch sie wird ein besonders sanfter Anlauf der Arbeitsmaschinen erreicht.

Die **Voith-Turbokupplung** (Bild 20.45) besitzt antriebsseitig ein Pumpenrad **a** als Primärrad, abtriebsseitig ein Turbinenrad **b** als Sekundärrad. Beide sind von einem Gehäuse **c** umschlossen, das mit dem Pumpenrad verbunden und mit Öl gefüllt ist. Bei Synchronlauf beider Räder bildet sich unter der Fliehkraftwirkung im Schaufelraum ein Flüssigkeitsring (farbig eingezeichnet). Wenn die Drehzahl der Abtriebsseite durch Belastung gegenüber der Antriebsseite sinkt, strömt die Flüssigkeit, von den Pumpen- und Turbinenschaufeln geleitet, in Pfeilrichtung um und überträgt durch tangentiale Kraftwirkungen an den Schaufeln zwischen den beiden Rädern ein Drehmoment. Drehmoment und Schlupf lassen sich durch Verändern der Flüssigkeitsfüllung anpassen. Bild 20.46 zeigt einen hydraulischen Wandler aus dem Automobilbereich.

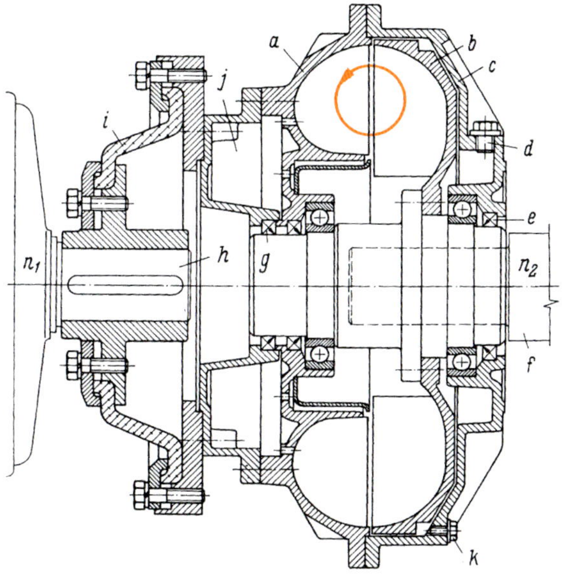

Bild 20.45 Voith-Turbokupplung (Werkbild Voith)
a Primärrad, b Sekundärrad, c Haube, d Öl-Einfüllöffnung, e Öldichtung (Radialdichtring), f Welle der Arbeitsmaschine, g Radialdichtring, h Motorwelle, i Elastik-Kupplung, j Füllungs-Verzögerungskammer, k Schmelzsicherungsschraube, n_1 Antriebsdrehzahl, n_2 Abtriebsdrehzahl

Magnetkupplungen nach Bild 20.47 sind dauermagnetische Synchronkupplungen, die das Drehmoment berührungslos durch die Magnetkräfte zwischen innerem und äußerem Rotor übertragen. Solche Kupplungen können heute erstaunlich hohe Drehmomente übertragen (bis zu 500 Nm bei Serienausführungen).

20

Bild 20.46 Hydraulischer Wandler für ein Automatikgetriebe (Werkbild LuK)

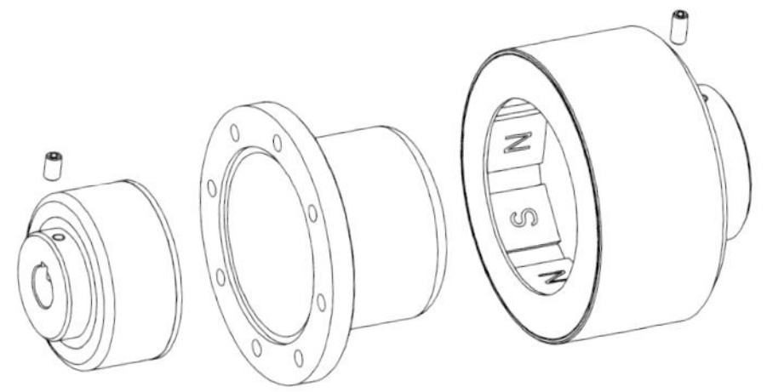

Bild 20.47 Magnetkupplung mit den drei Komponenten Innenrotor, Spalttopf und Außenrotor (Werkbild KTR)

In ihrer Hauptfunktion als Dichtungselement in Pumpen und Rührwerken garantieren sie eine hermetische Trennung von An- und Abtriebsseite. Bei kritischen Medien wie aggressiven Säuren, Basen usw. dienen sie als zuverlässige Abdichtung und verhindern Leckagen.

Die Kupplung besteht aus einem äußeren und inneren Rotor, wobei der *Außenrotor* auf der Innenseite und der *Innenrotor* auf der Außenseite mit hochwertigen Permanentmagneten (Neodym-Eisen-Bor oder Samarium-Kobalt) wechselnder Polarität bestückt sind. Der äußere Rotor ist in der Regel antriebsseitig befestigt, und die Magnete sind freiliegend in Nuten eingeklebt. Die Magnete des abtriebsseitigen Innenrotors sind dagegen zwecks Luftspaltminimierung rundgeschliffen und durch eine flüssigkeitsdicht verschweißte Magnetabdeckung nicht sichtbar verkapselt.

Im Ruhezustand stehen sich die jeweiligen Nord- und Südpole der Rotoren gegenüber. Das Magnetfeld ist vollkommen symmetrisch. Erst durch Verdrehung der Rotoren werden die Magnetfeldlinien ausgelenkt, wodurch Drehmomente über den Luftspalt hindurch übertragen werden können (Bild 20.48). Es stellt sich dann ein synchroner Betrieb unter einem konstanten Verdrehspiel ein.

20

Werden das maximale Kupplungsdrehmoment und der maximale Verdrehwinkel überschritten, wird die Kraftübertragung unterbrochen. Eine Magnetkupplung bietet somit einen *Überlastschutz* für Antrieb und Aggregat. Nach Behebung der Ursache für die Überlast (z. B. Lagerschaden, Blockieren des Innenrotors) können beide Rotoren wieder synchronisiert und neu beschleunigt werden.

Die eigentliche Hauptkomponente der Magnetkupplung ist der sog. *Spalttopf*, der fest am abtriebsseitigen Aggregat fixiert ist und Innen- und Außenrotor voneinander trennt. Er sorgt für eine vibrationsarme, ohne mechanische Verbindung funktionierende Drehmomentübertragung und garantiert eine vollkommen dichte Trennung von Produktraum und Atmosphäre (Bild 20.49). Die Abdichtung erfolgt statisch, z. B. mit einer Flachdichtung oder einem O-Ring, wodurch auf dynamisch belastete Dichtelemente verzichtet werden kann.

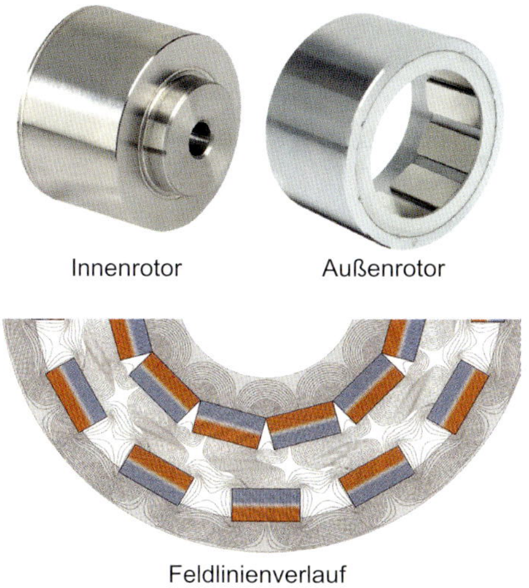

Bild 20.48 Funktionsweise einer Magnetkupplung (Werkbild KTR)

Bild 20.49 Magnetkupplung MINEX®S zum Verbinden eines Elektromotors mit einer Kreiselpumpe (Werkbild KTR)

Alle mediumberührten Teile, also Innenrotor und Spalttopf, sind standardmäßig aus Edelstahl 1.4571 bzw. Hastelloy ausgeführt. Die Magnete des Innenrotors sind flüssigkeitsdicht verkapselt und somit gegen äußere Einflüsse geschützt.

Da es sich beim Spalttopf um eine stationäre Komponente in einem rotierenden magnetischen Feld handelt, verursacht dieser Wirbel *Stromverluste*. Um diese gering zu halten, ist er ab bestimmten Baugrößen alternativ im Werkstoff Hastelloy erhältlich, der einen höheren elektrischen Widerstand gegenüber Edelstahl aufweist. Sind Wirbelstromverluste völlig auszuschließen, stehen Alternativmaterialien wie PEEK oder Keramik zur Wahl.

20.6 Formschlüssige Schaltkupplungen

Schaltkupplungen ermöglichen auf schnelle Weise das Verbinden oder Trennen von Wellen oder von auf Wellen gelagerten Maschinenteilen. Sie werden eingesetzt, wenn von einem Motor wechselweise mehrere Aggregate angetrieben oder zur Drehzahländerung in Getrieben verschiedene Zahnpaare in Krafteingriff gebracht werden müssen. Für den Formschluss werden Klauen oder Zähne benutzt, die sich nur im Stillstand oder Synchronlauf der Kupplungshälften schalten lassen. Nach ihrem Einschalten wirken sie wie starre Kupplungen.

Bei der schaltbaren **Klauenkupplung** nach Bild 20.50 können anstelle der Klauen auch Zähne verschiedener Form treten, und zwar **Trapezzähne** (Bild 20.51a) für beide Laufrichtungen, **Sägezähne** (Bild 20.51b) für eine Laufrichtung, **abweisende Zähne** (Bild 20.51c) zur Verhinderung eines Einrückvorganges in der Bewegung und **in jeder Stellung einrückbare Zähne** (Bild 20.51d).

In der **elektromagnetischen Zahnkupplung** nach Bild 20.52 ist der Anker **a** mit Stirnverzahnung eine Kupplungshälfte und der Elektromagnet **b** mit einem ebenfalls stirnverzahnten Ring die zweite. Beim Anziehen des Ankers durch den Magneten wird die Stirnverzahnung zum Eingriff gebracht. Die Stromzuführung zur Spule erfolgt über den am Außenumfang angebrachten Schleifring. Der andere Pol liegt an Masse. Im Allgemeinen werden elektromagnetische Kupplungen mit dem ungefährlichen Gleichstrom von 24 V Spannung gespeist.

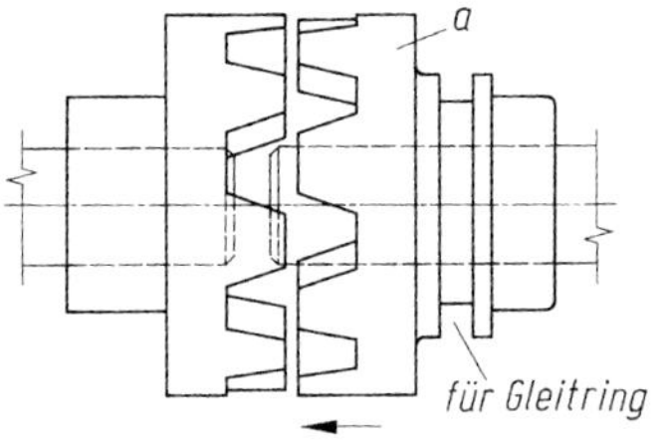

Bild 20.50 Schaltbare Klauenkupplung

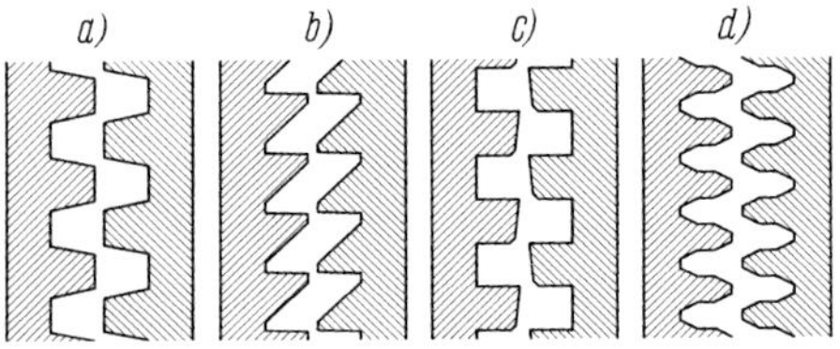

Bild 20.51 Zahnformen für Klauenkupplungen
a) Trapezzähne, b) Sägezähne, c) abweisende Zähne, d) in jeder Stellung einrückbare Zähne

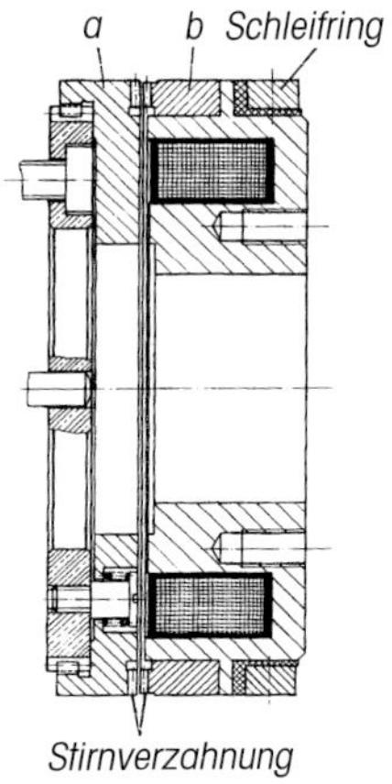

Bild 20.52
Elektromagnetische Zahnkupplung (Werkbild Ortlinghaus)

20

Derartige Zahnkupplungen können auch so gebaut sein, dass sie unter Federdruck eingeschaltet sind und durch Magnetkraft gelöst (ausgeschaltet) werden. Es sind außerdem schleifringlose Bauarten üblich, bei denen der Elektromagnet wälzgelagert ist.

Die Berechnung der Kupplungsgröße von formschlüssigen Schaltkupplungen erfolgt mit Formel 20.1.

Zur Betätigung einer formschlüssigen Kupplung gemäß Bild 20.50 muss die Kraft vom Schalthebel auf eine umlaufende, axialverschiebbare Schaltmuffe übertragen werden, die sich an einer Kupplungshälfte befindet. Hierzu werden vom Schalthebel gehaltene Gleitsteine oder Gleitringe benutzt, die in eine Ringnut der Schaltmuffe greifen. Es muss für eine reichliche Schmierung der Gleitstellen gesorgt werden. Die Kupplung soll so eingebaut werden, dass die Gleitmuffe beim Umlaufen der Kupplung entlastet ist, also nicht auf der durchlaufenden Antriebsseite, sondern auf der im ausgekuppelten Zustand stillstehenden Abtriebsseite sitzt. Bild 20.53 zeigt eine **Schaltvorrichtung** für wahlweise Hand- oder Druckluftbetätigung. Anstelle des Druckluftzylinders (unten rechts) kann auch ein Hydraulikzylinder oder ein Hubmagnet treten. Schaltvorrichtungen werden auch nur für Hand- oder nur für Druckluftbetätigung hergestellt. Anstelle des Gleitringes kann ein Rillenkugellager treten, um Gleitreibung zu vermeiden.

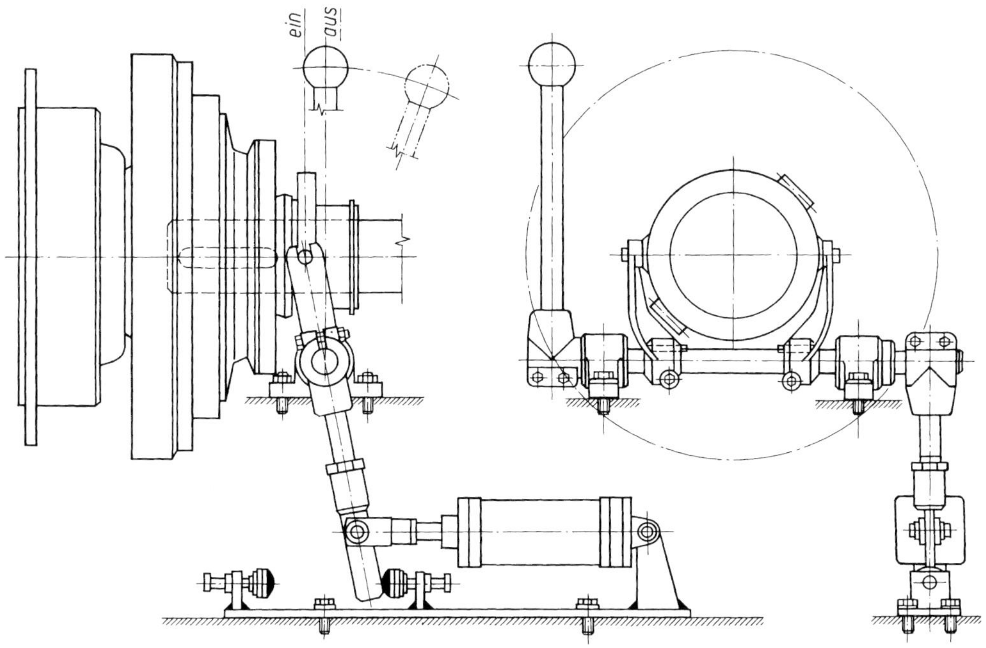

Bild 20.53 Mechanische Schaltvorrichtung für Wellenkupplungen (Werkbild VULKAN)

Eine millionenfach eingesetzte Form der formschlüssigen Schaltkupplung sind die *Synchroneinrichtungen* in den Getrieben von Kraftfahrzeugen (Bild 20.54).

Funktion: Die Gangräder sind auf den Getriebewellen mit Gleitbuchsen oder, wie hier gezeigt, nadelgelagert frei drehbar aufgeschoben. Die eigentliche Synchronisierung wird über eine nicht sichtbare *Kegelreibkupplung* erzwungen. Erst nach völligem Gleichlauf (was vorher die ebenfalls nicht gezeigte Synchronsperre verhindert) kann die Schaltmuffe mithilfe der Schaltgabel in die Zähne des jeweiligen in Eingriff zu bringenden Zahnrads geschoben werden. Die Verbindung zwischen Getriebewelle und Zahnrad ist starr gekuppelt. Schaltmuffe und Zahnrad bilden also jeweils eine formschlüssige Kupplung.

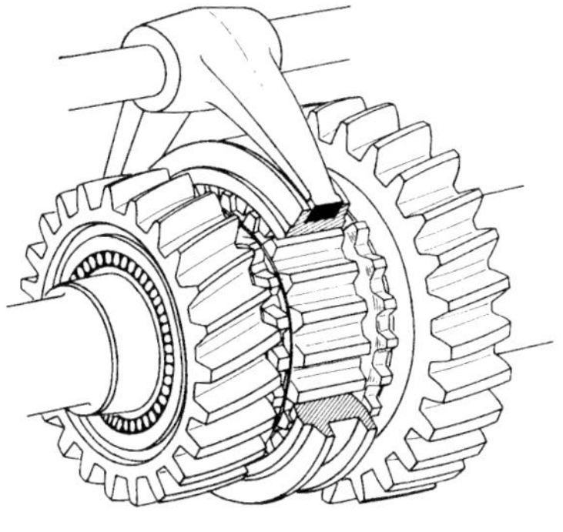

Bild 20.54
Synchroneinrichtung eines Schaltgetriebes (Werkbild ZF)

20.7 Reibkupplungen als kraftschlüssige Schaltkupplungen

Reibkupplungen als kraftschlüssige Schaltkupplungen bieten den Vorteil, dass sie in der Bewegung ein- und ausgerückt werden können und durch die Reibkraft in ihrem Drehmoment begrenzt sind. Dadurch arbeiten sie sanft und wirken gleichzeitig als Sicherheitskupplungen. Steuerungen in Produktions- und Baumaschinen aller Art sind ohne die schaltbaren Reibkupplungen, insbesondere der fernschaltbaren, im Zeitalter der Automation unentbehrlich. Die Schaltkraft wird dann mit Druckluft, Pressöl oder Magnetismus erzeugt, sodass man **pneumatische, hydraulische** und **elektromagnetische Kupplungen** kennt.

Bei allen Reibkupplungen wird zwischen einem **schaltbaren Drehmoment** T_s und einem **übertragbaren Drehmoment** $T_ü$ unterschieden. Das schaltbare Drehmoment ist das Gleitreibmoment während der Relativbewegung der Kupplungshälften, das von der Reibzahl der Bewegung μ_{dyn} abhängt. Das übertragbare Drehmoment ist das Haftreibmoment, das von der Reibzahl der Ruhe μ_{stat} bestimmt wird. Es ist deshalb stets $T_ü \geq T_s$.

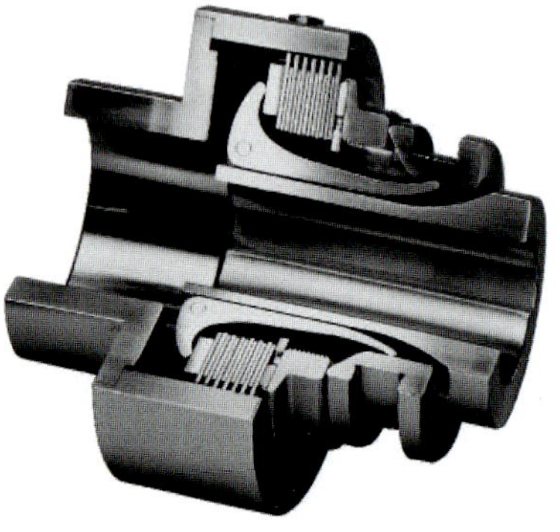

Bild 20.55
Mechanisch betätigte Lamellenkupplung (Werkbild Ortlinghaus)

Grundsätzlich unterscheidet man zwischen trockenlaufenden und nasslaufenden Kupplungen. Beide haben Vor- und Nachteile. Der Einsatzzweck bestimmt dabei, welche der beiden Bauarten genutzt wird. **Trockenkupplungen** haben meist nur eine im Durchmesser größere Reibscheibe (= 2 Reibflächen), wogegen **Nasskupplungen** für den Einsatz in Getrieben gedacht sind. Das Getriebeöl wird in Kauf genommen, denn durch den damit spürbar verminderten Reibwert sind meist mehrere Reibscheiben nötig. Dafür sind Nasskupplungen häufig kleiner im Durchmesser.

Außerdem unterscheidet man zwischen typischen *Industriekupplungen* für den Maschinen- und Anlagenbau und typischen *Kraftfahrzeugkupplungen*. Während Industriekupplungen im „Ruhezustand" offen sind und dann geschaltet werden, werden Kraftfahrzeugkupplungen im „Ruhezustand" geschaltet und durch Betätigung gelöst.

Typisches Beispiel für eine Industrie-Einscheiben-Trockenkupplung ist die RINGSPANN-Schaltkupplung (Bild 20.56). Das Drehmoment wird von der Mitnehmernabe **(2)** über eine Zahn- oder Bolzenverbindung in die Reibscheibe **(5)** eingeleitet. Die Reibscheibe überträgt das Drehmoment auf den Kupplungsring **(3)** und die Kupplungsnabe **(1)**. Der Kupplungsring ist gegenüber der Kupplungsnabe zwar längs verschiebbar, aber nicht zu verdrehen. Das wird durch Zylinderrollen **(19)** bewirkt, die jeweils mit der Hälfte ihres Durchmessers in Kupplungsnabe und Kupplungsring liegen. Der Kupplungsring **(3)** wird durch die Anpressfeder an die Reibscheibe **(5)** und die Kupplungsnabe **(1)** angepresst. Die Anpressfeder besteht aus vielen radial stehenden elastischen Hebeln und stützt sich gegen die Kupplungsnabe an der Kante A ab, die den Drehpunkt der Hebel bildet. Bewegt man mittels der Schaltbüchse **(8)** über die Tellerfeder **(28)** den Innenrand der Anpressfeder nach rechts, dann bewegen sich der Außenrand und damit der Einstellring **(4)** mit entsprechend dem Hebelverhältnis vervielfachter Kraft nach links. Der Einstellring **(4)** ist mehr oder weniger tief in den Kupplungsring eingeschraubt, so dass eine genau einstellbare Reibungskraft zwischen Kupplungsring **(3)**, Reibscheibe **(5)** und Nabe **(1)** erzeugt wird.

Die Verriegelung in der eingeschalteten Stellung erfolgt durch Kugeln **(13)**, die je zur Hälfte in einer Ringnut der Kupplungsnabe und in Bohrungen der Schaltbüchse **(8)** liegen. Der Schaltring **(10)** ist also in beiden Schaltstellungen entlastet. Beim Ausschalten wirkt die Anpressfeder **(7)** wie eine Tellerfeder und hebt den Kupplungsring **(3)** zwangsläufig von der Massiv-Reibscheibe **(5)** ab. Dadurch wird die Leerlaufreibung auf ein Minimum verringert. Konstruktion und Wirkungsweise der Schaltkupplung sind durch die Anpressfeder charakterisiert. Sie ist eine im Wesentlichen flachkegelige, abwechselnd vom Innen- und Außenrand geschlitzte Ringscheibe aus gehärtetem Federstahl. In der Kupplung wirkt sie gleichermaßen als federndes Hebelelement für den Einschaltvorgang wie als Lüftfeder während des Ausschaltvorgangs. Ihre Hebelwirkung beruht, wie Bild 20.57 zeigt, auf der konstruktiv einfach und funktionssicher gestalteten Anordnung der Kanten an Kupplungsnabe **(1)** und Einstellring **(4)**. Diese Kanten sind Schneidenlager für die Anpressfeder. Die Reibung während des Ein- und Ausschaltvorganges ist also minimal.

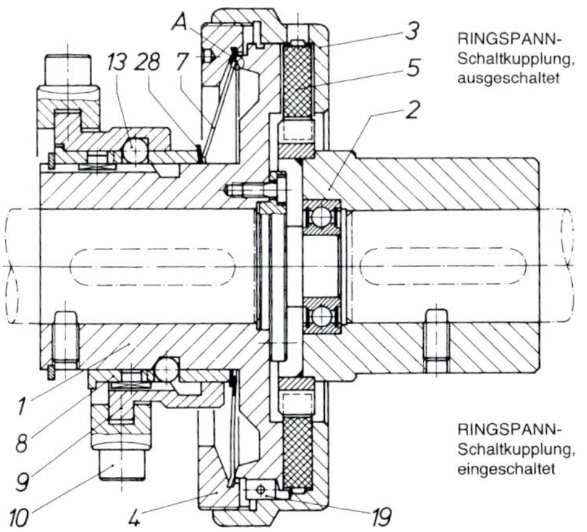

Bild 20.56 Industrie-Einscheiben-Trockenkupplung
1 Kupplungsnabe, 2 Mitnehmernabe, 3 Kupplungsring, 4 Einstellring mit Klemmschraube (nicht gezeichnet), 5 Massiv-Reibscheibe, 7 Anpressfeder, 8 Schaltbüchse, 9 Schaltmuffe, 10 Schaltring, 13 Kugeln, 19 Zylinderrollen, 28 Tellerfeder (Werkbild RINGSPANN)

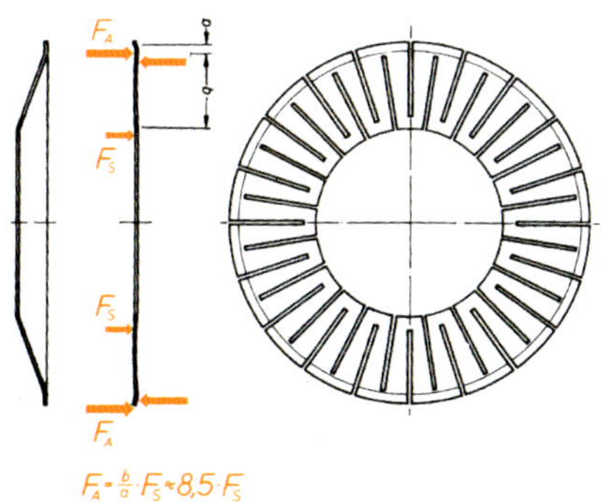

Bild 20.57 Anpressfeder (Werkbild RINGSPANN)

Reibbeläge für Trockenlauf bestehen z. B. aus Baumwoll- oder anderen Geweben mit Kunstharzbindung. Bei Flächenpressungen von $p = 25 \ldots 50\,\text{N/cm}^2$ liegt ihre Gleitreibzahl bei $\mu_{\text{dyn}} = 0{,}3 \ldots 0{,}4$. Die Pressungsgeschwindigkeit als Maß für die Belastbarkeit liegt je nach Belag bei $p \cdot v = 400 \ldots 800\,\text{W/cm}^2$ (p in N/cm^2, v in m/s als mittlere Gleitgeschwindigkeit). Andere Reibbeläge bestehen aus Bindungen von Kunstharz-Kunstkautschuk und Nichteisenmetallen. Diese lassen je nach Mischung Temperaturen bis 750 °C an der Reibfläche zu! Sie sind sogar bis $p \cdot v \approx 2000\,\text{W/cm}^2$ belastbar.

In der **Lamellenkupplung** nach Bild 20.55 befindet sich eine Vielzahl von Reibscheiben (Lamellen), sodass die Kupplung ein sehr hohes Drehmoment übertragen kann. Die gehärteten

Stahllamellen müssen mit Öl geschmiert werden (Tauchschmierung oder Umlaufschmierung über eine Wellenbohrung). Die Reibzahl ist dadurch entsprechend niedrig. Am besten sind Öle in den Viskositätsklassen ISO VG 46...68. Muss die Kupplung trocken laufen, dann erhält sie ebene Innenlamellen mit Reibbelägen für Trockenlauf oder mit Reibbelägen aus Sinterbronze, die zwar hoch belastbar sind, aber auch bei Trockenlauf Reibzahlen von nur etwa $\mu_{\text{dyn}} = 0{,}1...0{,}15$ erreichen.

Eine Einscheiben-Trockenkupplung für den Automobileinsatz zeigt Bild 20.58.

Die Kupplung ist bei gelöstem Kupplungspedal geschlossen. Im Kupplungsgehäuse **(1)** eingelassen sind Blechtöpfe **(2)**, die die Schraubenfedern **(3)** aufnehmen. Diese Federn pressen die Anpressplatte (4) in Richtung Schwungrad **(5)** und klemmen so die Kupplungsscheibe **(6)** ein. Das Drehmoment kann also über Schwungscheibe **(5)**, Kupplungsgehäuse **(1)** und Anpressplatte **(4)** auf die axial verschiebbare Kupplungsscheibe **(6)** übertragen werden, die sich auf der Getriebeeingangswelle **(8)** befindet. Dabei sitzt die Kupplungsscheibe verdrehfest, aber axial verschiebbar auf der Getriebeeingangswelle **(8)**, um die Axialbewegungen beim Anpressen und Lösen, aber auch die Verringerung der Dicke der Kupplungsscheibe durch Verschleiß zu kompensieren. Die Kupplung wird durch Treten des Kupplungspedals gelöst. Das Ausrück-oder Kupplungsdrucklager wird dadurch nach links auf die (meist drei) Kupplungshebel gedrückt; die Kupplungshebel ziehen dann die Anpressplatte **(4)** nach rechts und die Kupplung löst.

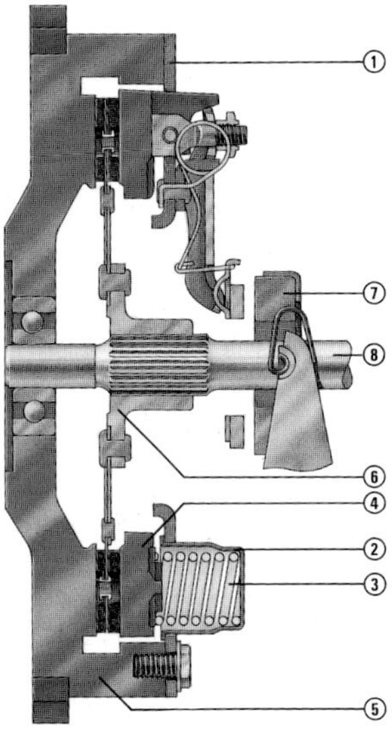

Bild 20.58
Schraubenfederkupplung. Erläuterungen im Text (Werkbild LuK).

Die gezeigte Bauweise wird heute immer mehr durch sog. **Tellerfederkupplungen** nach Bild 20.59 ersetzt, die als Vorteile geringere Bauhöhe, bessere Drehzahlfestigkeit, geringe Ausrückkräfte (die bei entsprechender Gestaltung der Tellerfeder während des Betätigens sogar abfallen können) und längere Lebensdauer bieten.

Die Hauptbauteile eines vollständigen Kupplungsaggregats sind (die folgende Beschreibung ist dem LuK Kupplungskurs entnommen) folgende: Die Kupplungsdruckplatte **(1)** mit den Einzelteilen Kupplungsgehäuse **(2)** (auch Kupplungsdeckel), Anpressplatte **(3)** als kupplungsseitiger Reibpartner der Kupplungsscheibe, Tellerfeder **(4)** zur Erzeugung der Anpresskraft, Tangentialblattfeder **(5)** als federndes, den Abhub sicherndes Verbindungselement zwischen Gehäuse und Anpressplatte, Stützring **(6)** und Distanzbolzen **(7)**, die Fixierung und Lagerung der Tellerfeder übernehmen. Die Kupplungsscheibe **(8)** mit den Einzelteilen Nabe **(12)**, Torsionsdämpfer

(9) mit Reibeinrichtung **(10)** und Anschlagbolzen **(23)**, Segmente zur Belagfederung und den damit vernieteten Reibbelägen **(11)**. Das Schwungrad **(13)** mit dem Pilotlager **(15)** (auch Kupplungsführungslager). Die Ausrückvorrichtung mit Führungshülse **(18)**, Ausrücklager **(19)** und Ausrückgabel **(20)**.

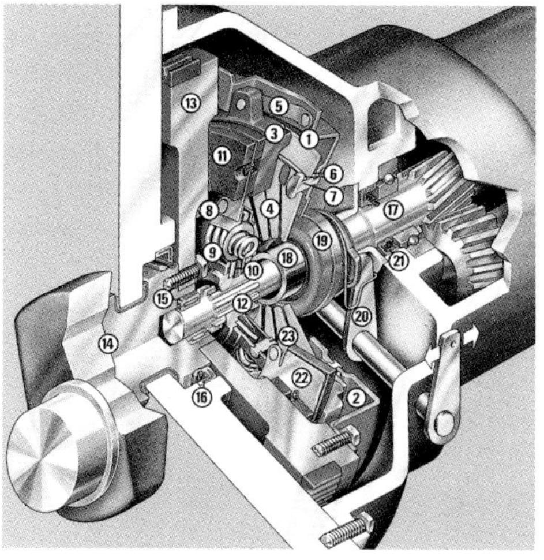

Bild 20.59
Funktionsschema einer Tellerfederkupplung. Erläuterungen im Text (Werkbild LuK).

Arbeitsweise der Kupplung

Bild 20.59 zeigt die Funktion einer Einscheiben-Trockenkupplung mit Tellerfeder. Im eingekuppelten Zustand (links) geht der von der Kurbelwelle **(14)** kommende Kraftfluss auf das Schwungrad **(13)** und die Kupplungsdruckplatte **(1)**. Die Mitnehmerscheibe **(8)** leitet den Kraftfluss formschlüssig über die Nabe **(12)** auf die Getriebeeingangswelle **(17)** weiter. Die Tellerfeder presst die axial bewegliche Anpressplatte gegen die Mitnehmerscheibe und das Schwungrad. Die Verbindung Motor-Getriebe ist damit hergestellt. Soll der Kraftfluss unterbrochen werden, wird durch Treten des Kupplungspedals über den Ausrückmechanismus (Gestänge, Zug, Hydraulik) die Ausrückgabel und das mit ihr verbundene Ausrücklager in Richtung Kupplung auf die Tellerfederspitzen gedrückt. Die Spitzen haben die Funktion eines Hebels. Bei weiterem Durchdrücken erfolgt über die Tellerfederlagerung eine Richtungsumkehr, die Anpressplatte **(3)** wird entlastet und über die Blattfedern **(5)** von der Kupplungsscheibe **(8)** abgehoben. Die Kupplungsscheibe kann sich frei drehen. Motor und Getriebe sind getrennt.

Die Belagfederung **(22)** ist im Kreisausschnitt zur Darstellung der Kupplung in ausgekuppeltem Zustand deutlich zu erkennen (vereinfachte Darstellung). Sie sorgt durch einen gleichmäßigen Druckaufbau für ein weiches Eingreifen der Kupplung. Funktionell zwar nicht notwendig, für den praktischen Einsatz aber von großer Bedeutung, ist der Torsionsdämpfer **(9)** in der Kupplungsscheibe. Er glättet durch eine motorspezifisch abgestimmte Kombination von Feder- und Reibelementen die ungleichförmigen Drehungen der Kurbelwelle und vermindert so Rasselgeräusche, Dröhnen und vorzeitigen Verschleiß im Getriebe. Das Pilotlager **(15)** dient der einwandfreien Führung bzw. Lagerung der Getriebeeingangswelle **(17)**. Die Führungshülse (18) führt das Ausrücklager **(19)** mittig auf die Kupplung. Die Wellendichtungen an Motor **(16)** und Getriebe **(21)** sollen die Kupplungsglocke ölfrei halten. Schon geringste Mengen Fett oder Öl auf den Kupplungsbelägen verschlechtert den Reibwert beträchtlich.

Bei den meisten Motorrädern sind der eigentliche Motor, die Kupplung und das Schaltgetriebe zusammengeblockt (Ausnahmen sind die BMW-Motorräder mit Zweizylinder-Boxermotoren, deren Antriebsstrang wie bei einem Pkw ausgeführt ist, also mit Einscheiben-Trockenkupplung und getrenntem Getriebe). Diese typischen zusammengeblockten Motorradmotoren haben eine gemeinsame Ölfüllung. Dadurch muss die Kupplung nass laufen und wegen des begrenzten radialen Bauraums mehrere Kupplungsscheiben haben.

Bild 20.60 zeigt eine solche Motorrad-Lamellen-Nasskupplung: Reibscheiben **(7)** wechseln sich mit Stahlscheiben **(8)** ab. Die Reibscheiben **(7)** sitzen mit ihren Stollen in Ausnehmungen im Kupplungskorb **(1)** axialverschiebbar zur Drehmomentübertragung, die Stahlscheiben **(8)** mit ihren Innenverzahnungen übertragen das Drehmoment auf den Kupplungszentrierring **(2)**, der über eine Innenverzahnung mit der Getriebeeingangswelle verbunden ist, verschraubt über die Mutter **(10)**. Der Kupplungskorb **(1)** sitzt mit einem Nadellager **(11)** frei drehbar ebenfalls auf der Getriebeeingangswelle. Sein äußerer Zahnkranz **(12)** wird vom Kurbelwellenritzel angetrieben. Die Druckplatte **(4)** wird über Schraubenfedern **(3)** an das Lamellenpaket gepresst, die Schrauben **(9)** gehen durch Federn und Bohrungen in der Druckplatte **(4)** und sind mit dem Kupplungszentrierring **(2)** verschraubt. Die Kupplung wird über den Kupplungsstößel **(6)** und das Drucklager **(5)** gelöst.

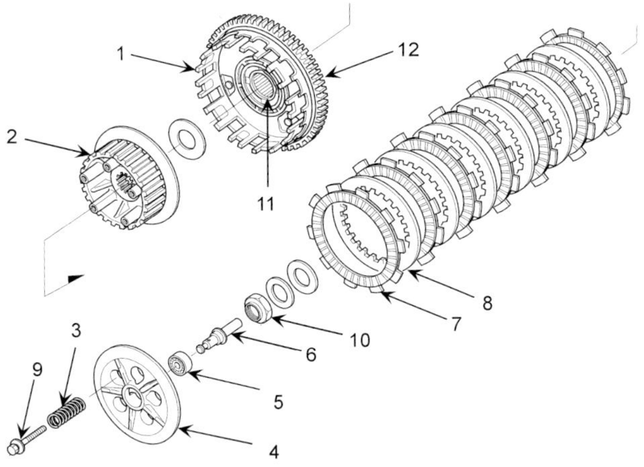

Bild 20.60 Motorrad-Lamellen-Nasskupplung, Bauart Honda CBR600
1 Kupplungskorb, 2 Kupplungszentrierring, 3 Schraubenfedern, 4 Druckplatte, 5 Drucklager, 6 Kupplungsstößel, 7 Reibscheiben, 8 Stahlscheiben (Werkbild Honda Motors)

Eine typische Industriekupplung ist die **Conax-Kupplung** (Bild 20.61). Zwischen kegelförmigen Tellerscheiben sitzt der lose bewegliche, symmetrische Keilreibring, der in Segmente unterteilt ist und durch eine Schlauchfeder zusammengehalten wird. Die Kupplung wird pneumatisch über einen ringförmigen Kolben betätigt.

Bei der **hydraulischen Kupplung** nach Bild 20.62 wird durch Betätigen eines Steuerventils der Zylinderraum **b** mit der Druckleitung der Ölpumpe verbunden, und der Kolben **c** drückt das Lamellenpaket a zusammen. Durch Umschalten des Steuerventils entleert sich der Zylinderraum teilweise über eine drucklose Rückleitung, sodass die Druckfedern den Kolben in seine Ausgangslage zurückschieben. Das noch im Druckzylinder befindliche Öl übt durch Fliehkräfte auch einen Axialdruck auf den Kolben aus. Sobald dieser die Federspannkraft überschreitet, schaltet die Kupplung von selbst ein! Deshalb sind bei derartigen hydraulischen Kupplungen die Drehzahlen nach oben begrenzt.

Bild 20.61 Pneumatisch betätigte Conax-Kupplung (Werkbild Desch)

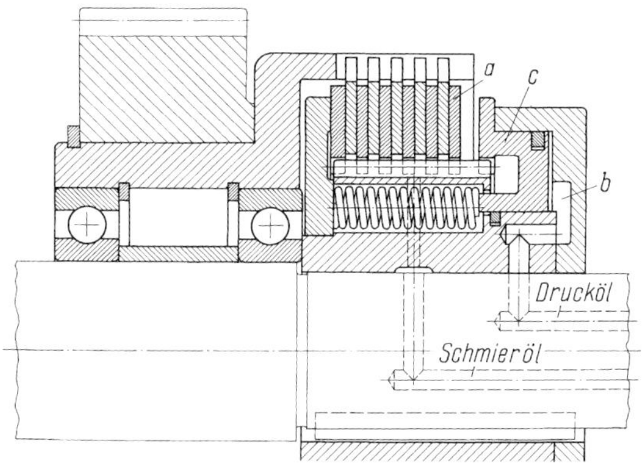

Bild 20.62 Hydraulisch betätigte Lamellenkupplung (Werkbild Ortlingshaus)

Eine *Zweischeibenkupplung,* Bauart Planox, zeigt Bild 20.63. Sie wird in Extrudern, Straßenfräsen, Baumaschinen und Schiffsantrieben eingesetzt. Derartig pneumatisch betätigte Kupplungen brauchen eine Druckluftanlage (Bild 20.64).

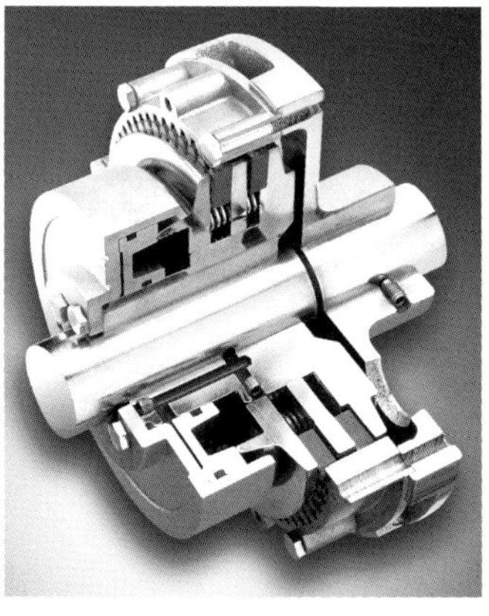

Bild 20.63
Planox-Kupplung, pneumatisch betätigt (Werkbild Desch)

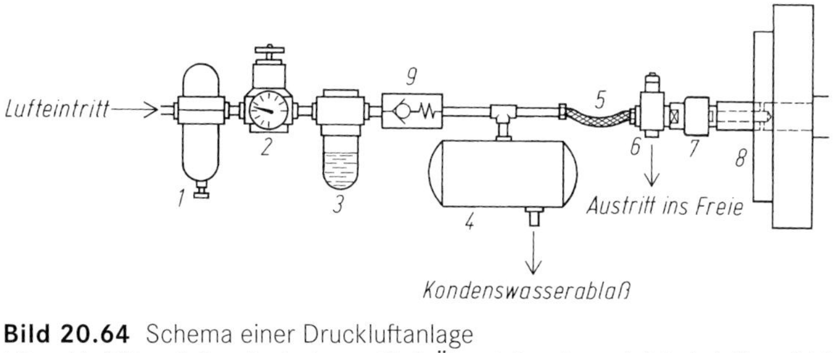

Bild 20.64 Schema einer Druckluftanlage
1 Druckluftfilter, 2 Druckminderventil, 3 Öler, 4 Druckausgleichsbehälter, 5 biegsamer Metallschlauch, 6 Elektromagnet-Dreiwegeventil, 7 Lufteinführung, 8 Kupplung oder Bremse, 9 Rückschlagventil

Eine ungewöhnliche, aber recht bekannte und verbreitete Kupplung aus den USA zeigt Bild 20.65. Die sog. **Luftschlauch-Kupplung** presst die Kupplungs- und Gegenscheiben mit einem elastischen Luftschlauch, der über eine Dreheinführung gespeist wird, zusammen. Die Kupplung ist sehr kompakt und kann hohe Drehmomente übertragen. Ähnliche Konstruktionen bietet der Hersteller auch zum Bremsen an.

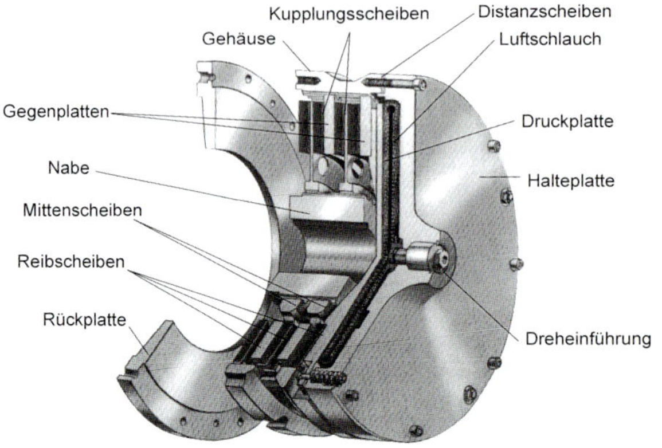

Bild 20.65
Luftschlauch-Kupplung
(Werkbild Wichita, USA)

Die **elektromagnetische Einflächenkupplung** nach Bild 20.66 zeichnet sich durch ihre robuste Bauweise aus. Der Magnet **(a)** ist die eine Kupplungshälfte, das Ankersystem **(b)** die andere. Auf dem Magneten sitzen Schleifringe **(c)**, die der Spule den Gleichstrom über Kohlebürsten zuführen. Bei Stromdurchgang zieht der Magnet den Anker an, der sich gegen die Reibscheibe **(d)** presst und den Kraftschluss zwischen beiden Teilen herstellt. Nach Stromabschaltung drücken die Federn **(f)** den Anker in seine Ausgangslage zurück. Auch im erregten Zustand bleibt zwischen Magnet und Anker ein Luftspalt. Wenn dieser infolge Abrieb des Reibbelags zu klein geworden ist, muss der Reibbelagträger e duch Beilegen von Scheiben nachgestellt werden.

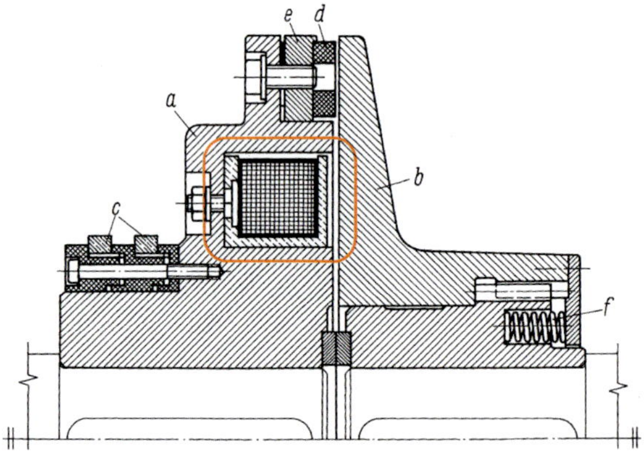

Bild 20.66
Elektromagnetische Einflächenkupplung
(Werkbild Stromag)

Eine andere **elektromagnetische Einflächenkupplung** zeigt Bild 20.67. Der Anker **(b)** ist über eine Membranfeder **(c)** mit der Nabe verschraubt. Sobald der Magnet **(a)** erregt wird, zieht er den Anker **(b)** an, presst Reibbelag **(e)** und Reibscheibe **(f)** aufeinander und stellt den Kraftschluss zwischen beiden Kupplungshälften her. Die Stromzuführung erfolgt über die Schleifringe **(d)**. Bei Stromabschaltung drückt die Feder **(c)** den Anker in seine Ausgangsstellung zurück.

Die **Polflächen-Kupplung** nach Bild 20.68 ist eine schleifringlose Einflächenkupplung. Der Magnetkörper **(a)** ist über seinen Zentrierflansch maschinenseitig verschraubt. Der Rotor **(b)** besitzt zwei magnetisch gegeneinander isolierte Polflächen, zwischen denen der Reibbelag **(c)** liegt. Der Rotor **(b)** wird mit der Antriebsseite verschraubt und zum Magnetkörper zentriert. Die Ankerscheibe **(d)** ist mit einer Membranfeder **(e)** vernietet. Im stromlosen Zustand drückt die Membranfeder die Ankerscheibe gegen einen Anschlag. Bei Erregung der Spule zieht der Magnetkörper den Anker an und verbindet beide Kupplungshälften über den Reibbelag kraftschlüssig miteinander.

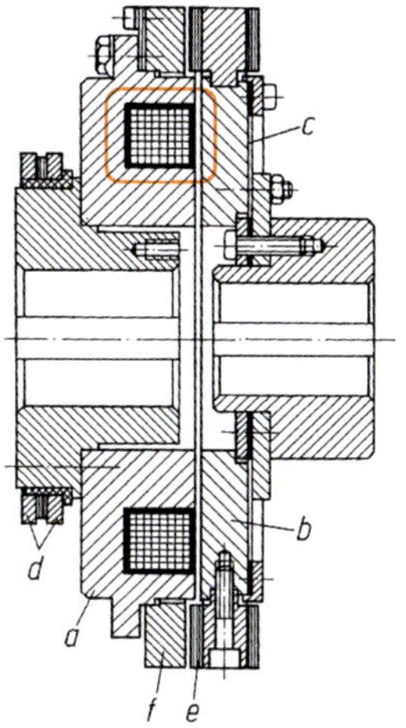

Bild 20.67 Elektromagnetische Einflächenkupplung (Werkbild Rexnord)
a Magnet, b Anker, c Feder, d Schleifringe, e Reibbelag, f Reibscheibe

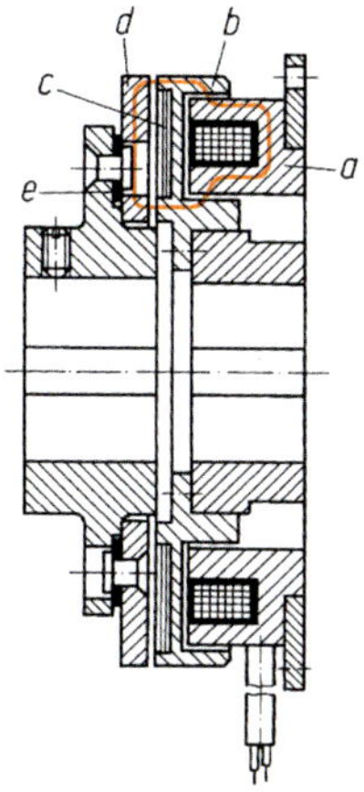

Bild 20.68 Elektromagnetische Polflächen-Kupplung (Werkbild Rexnord)

Für geringe Reibarbeiten haben sich **durchflutete Lamellenkupplungen** (Bild 20.69) bewährt. Das Lamellenpaket **(c)** liegt zwischen Magnet **(a)** und Anker **(b)**, sodass der Magnetfluss den farbig eingezeichneten Weg durch das Lamellenpaket nehmen muss, dieses also durchflutet.

Da die Lamellen aus magnetisierbarem Stahl bestehen müssen, kommen sie ohne Ölschmierung und -kühlung nicht aus. Die Kupplung ist zwar Raum sparend schmal, erzeugt aber durch Remanenz der stählernen Reibflächen relativ hohe Leerlaufmomente. Weiterhin sind sehr dünne Lamellen erforderlich, um den Magnetfluss nicht schon vor dem Anker im Lamellenpaket umzulenken. Die dünnen Lamellen haben eine geringe Wärmekapazität. Durchflutete Lamellenkupplungen sind vorwiegend in Werkzeugmaschinen-Getrieben zu finden, in denen nur kleine Massen zu beschleunigen sind und der Leerlauf begrenzt oder bei niedrigen Drehzahlen stattfindet. Wegen des die Schleifringe benetzenden Schmier- und Kühlöls wird der elektrische Strom z. B. über Bronzedrahtbürsten zugeführt, die den Ölfilm durchbrechen. Der besondere Vorteil der Kupplung besteht darin, dass sie keiner Nachstellung bedarf. Übertragbares Drehmoment $T_{ü} = 7 \dots 5800\,\text{Nm}$, Außendurchmesser von 70 ... 336 mm. Bild 20.70 zeigt als Beispiel die in ein Zahnradgetriebe eingebauten durchfluteten Lamellenkupplungen, die die Zahnräder mit der Welle verbinden oder von diesen lösen. Diese Kupplungen werden auch in schleifringloser Ausführung mit kugelgelagertem Spulenkörper hergestellt.

20

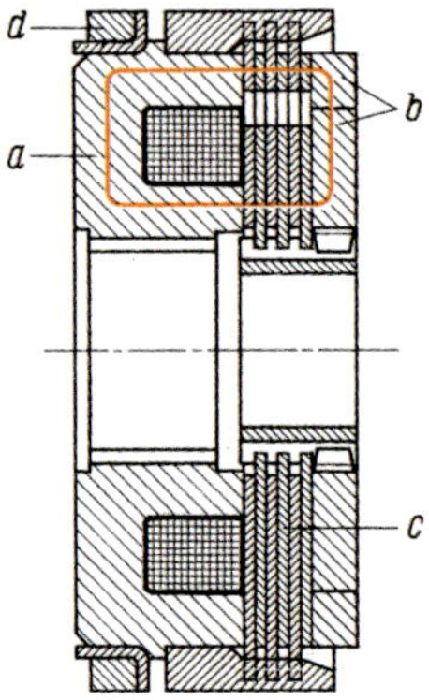

Bild 20.69 Durchflutete elektromagnetischeLamellenkupplung (Werkbild ZF)

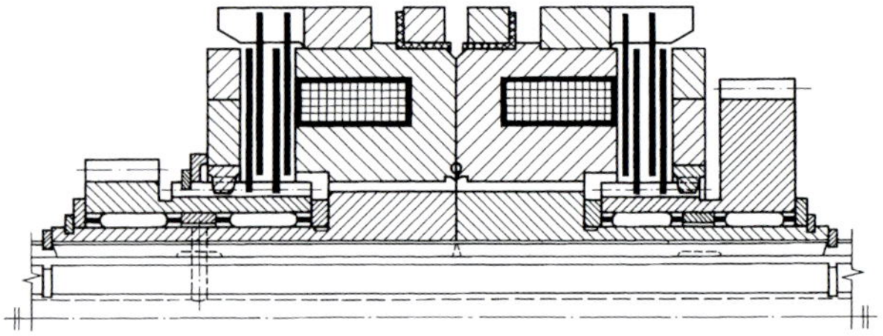

Bild 20.70 In ein Zahnradgetriebe eingebaute durchflutete elektromagnetische Lamellenkupplungen (Werkbild ZF)

Die nicht durchfluteten Lamellenkupplungen nach Bild 20.71 werden wahlweise für **Trockenlauf** oder für **Nasslauf** (Öllauf) geliefert. Die Außenlamellen bestehen aus gehärtetem Stahl, die Innenlamellen aus Stahl mit Sinterbronzeauflage, bei Trockenlauf auch mit einer Kunststoffbeschichtung. Die Kupplungen für Öllauf sind für Zahnradgetriebe gedacht und werden vom Schmieröl der Zahnräder benetzt. Günstig ist ein Ölstrahl auf die Kupplung oder eine Zentralschmierung von innen. Tauchschmierung ist wegen der Panschverluste möglichst zu vermeiden.

Bei den nicht durchfluteten Kupplungen ist auch bei angezogenem Anker zwischen diesem und dem Magnetkörper ein Luftspalt, damit die Reibflächen sicher aufeinandergepresst werden. Da sich die Reibflächen abnutzen, verringert sich der Luftspalt und muss in bestimmten Zeitabständen kontrolliert und ggf. nachgestellt werden.

Wenn der Magnetkörper rotiert, muss der Spule der elektrische Strom über Schleifringe und Bürsten zugeführt werden. Bei nur einem Schleifring liegt der zweite Pol an der Masse des Magnetkörpers und damit an der geerdeten Maschine. Wenn dies unsicher ist, sind zwei Schleifringe erforderlich. Bild 20.72a zeigt einen **Doppelbürstenhalter**, Bild 20.72b einen **Köcherbürstenhalter**. Die Halter für Trockenlauf und für Öllauf sind rein äußerlich gleich. Bei Öllauf dient ein Kupfergewebe oder ein Bronzedrahtbündel als Bürste, bei Trockenlauf Kupferkohle. Bei Nasslauf muss der Anpressdruck wesentlich größer als bei Trockenlauf sein, damit der isolierende Ölfilm sicher durchbrochen wird.

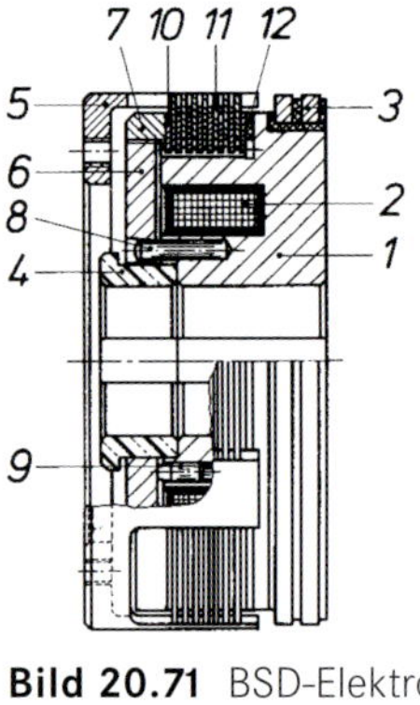

Bild 20.71 BSD-Elektromagnet-Kupplung, nicht durchflutete Lamellen
2 Spule, 3 Schleifring, 6 Ankerscheibe, 10, 11 Lamellen (Werkbild Rexnord)

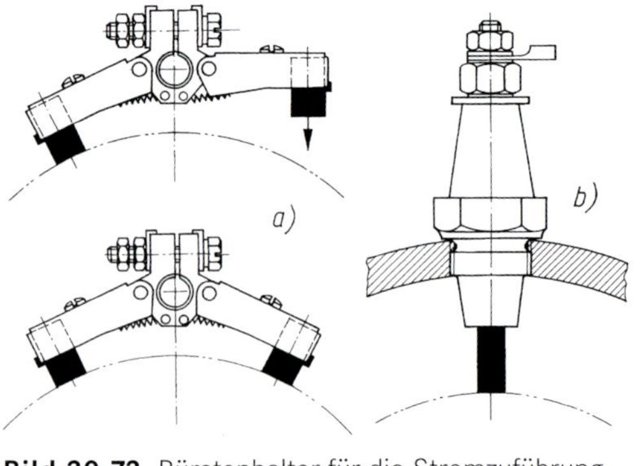

Bild 20.72 Bürstenhalter für die Stromzuführung von Schleifringkupplungen (Werkbild Binder Magnete)
a) Doppelbürstenhalter, b) Köcherbürstenhalter

Berechnung der Kupplungsgröße

Eine Reibkupplung muss so groß sein, dass ihr schaltbares Drehmoment T_K mit Sicherheit größer als das Betriebslastdrehmoment T_L beim Anfahren ist. Ist das Lastdrehmoment T_L nicht bekannt, so wird sinngemäß wie bei den formschlüssig nachgiebigen Kupplungen gerechnet, d. h., es muss sein das

schaltbare Drehmoment der Kupplung $$T_K > T_L = T_{LN} \cdot S_S = \frac{P_{LN}}{\omega} S_S \qquad (20.22)$$

T_L	in Nm	Lastdrehmoment,
T_{LN}	in Nm	Nenndrehmoment der Lastseite,
P_{LN}	in W	Nennleistung der Lastseite,
ω	in rad/s	Winkelgeschwindigkeit $= 2\pi \cdot n_A$ mit n_A in s^{-1} als Drehzahl der Antriebsseite (sie ist gleich der Betriebsdrehzahl der Abtriebsseite),
S_S		Stoßfaktor, für den Erfahrungswerte in Tabelle 20.3 angegeben sind.

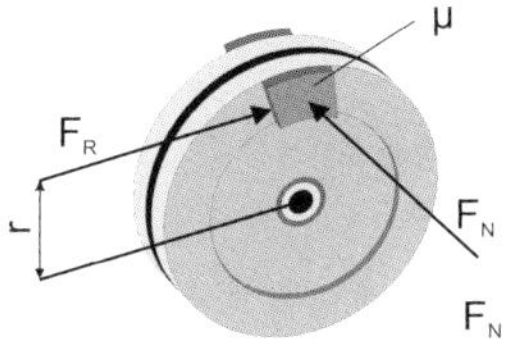

F_N = Normalkraft
F_R = Reibungskraft
μ = Reibwert
r = Kupplungsradius

Bild 20.73
Berechnungsgrößen einer Schaltkupplung

Das Kupplungsmoment T_K bei einer Einscheibenkupplung ist einfach Umfangskraft × Radius. Dabei ist die Umfangskraft die Reibkraft am Radius *r*. Die Reibkraft selbst ist Reibwert μ × Normalkraft F_N, die Normalkraft F_N ist die Anpresskraft bzw. wirkende Federkraft. Der Faktor 2 kommt von den zwei Reibflächen (Vorder- und Rückseite der Kupplungsscheibe):

$$T_K = \mu \cdot F_N \cdot r \cdot 2 \qquad (20.23)$$

Streng genommen müsste man anstelle des Gleichheitszeichens eigentlich ein ≤-Zeichen wegen des Reibwerts setzen. Bei Mehrscheibenkupplungen mit *z* aktiven Reibflächen (z. B. Bild 20.60) wird T_K:

$$T_K = \mu \cdot F_N \cdot r \cdot z \qquad (20.24)$$

Bei einer Mehrscheibenkupplung bzw. einer Lamellenkupplung ist üblicherweise $z = 2 \cdot n$, wobei *n* die Anzahl der Lamellen ist. Mitunter wirkt besonders bei den Endlamellen konstruktiv bedingt aber nur eine Seite!

Für den Radius *r* setzt man üblicherweise den mittleren Radius gemäß Bild 20.74 ein:

$$r = r_m \approx \frac{r_A + r_I}{2} \qquad (20.25)$$

Dieser Ansatz ist für die Praxis genau genug, aber exakt ist der mittlere Radius:

$$T = F_U \cdot r_m, \quad F_U = F_R, \quad \text{Umfangskraft} = \text{Reibkraft}$$
$$F_U = \mu \cdot F_N$$

20

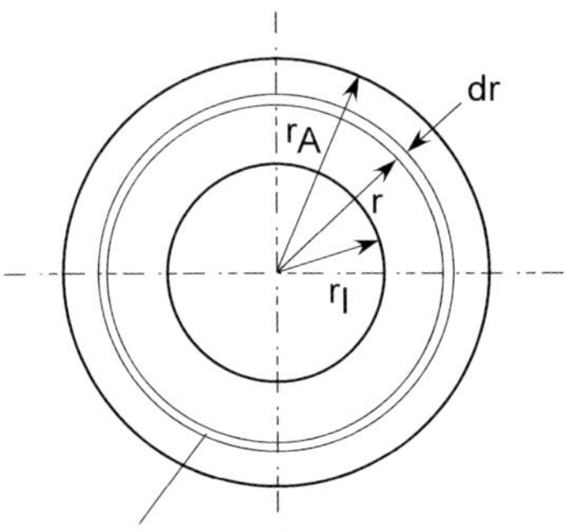

Bild 20.74
Zur Herleitung des exakten mittleren Radius

Das ringförmige Flächenelement hat die Fläche $\mathrm{d}A = 2\pi \cdot r \cdot \mathrm{d}r$. Damit ergibt sich die differenziell kleine *Normalkraft* (Normalkraft = Druck × Fläche)

$$\mathrm{d}F_\mathrm{N} = p \cdot \mathrm{d}A = p \cdot 2\pi \cdot r \cdot \mathrm{d}r$$

und die differenziell kleinen Umfangs- bzw. Drehmomente werden

$$\mathrm{d}F_\mathrm{U} = \mu \cdot \mathrm{d}F_\mathrm{N} = \mu \cdot p \cdot 2\pi \cdot r \cdot \mathrm{d}r$$

$$\mathrm{d}T = \mathrm{d}F_\mathrm{U} \cdot r$$

Integration auf beiden Seiten ergibt:

$$\int \mathrm{d}T = \int r \cdot \mu \cdot p \cdot 2\pi \cdot r \cdot \mathrm{d}r$$

$$T = p \cdot \mu \cdot 2\pi \int_{r_\mathrm{I}}^{r_\mathrm{A}} r^2 \mathrm{d}r$$

$$T = p \cdot \mu \cdot 2\pi \left[\frac{r^3}{3}\right]_{r_\mathrm{I}}^{r_\mathrm{A}} = p \cdot \mu \cdot \frac{2\pi}{3}\left(r_\mathrm{A}^3 - r_\mathrm{I}^3\right)$$

$$p = \frac{F_\mathrm{N}}{A} = \frac{F_\mathrm{N}}{\pi\left(r_\mathrm{A}^2 - r_\mathrm{I}^2\right)}$$

Für eine Reibfläche ergibt sich

$$T = F_\mathrm{N} \cdot \mu \cdot \frac{2}{3}\left(\frac{r_\mathrm{A}^3 - r_\mathrm{I}^3}{r_\mathrm{A}^2 - r_\mathrm{I}^2}\right)$$

und für z Reibflächen

$$T = F_\mathrm{N} \cdot \mu \cdot \frac{2}{3}\left(\frac{r_\mathrm{A}^3 - r_\mathrm{I}^3}{r_\mathrm{A}^2 - r_\mathrm{I}^2}\right) \cdot z \qquad (20.26)$$

Damit ist also der exakte *mittlere Radius*:

$$r_\mathrm{m} = \frac{2}{3}\left(\frac{r_\mathrm{A}^3 - r_\mathrm{I}^3}{r_\mathrm{A}^2 - r_\mathrm{I}^2}\right) \qquad (20.27)$$

Berechnung des Schaltvorgangs

Stellen wir uns einen einfachen Antriebsstrang gemäß Bild 20.75 vor.

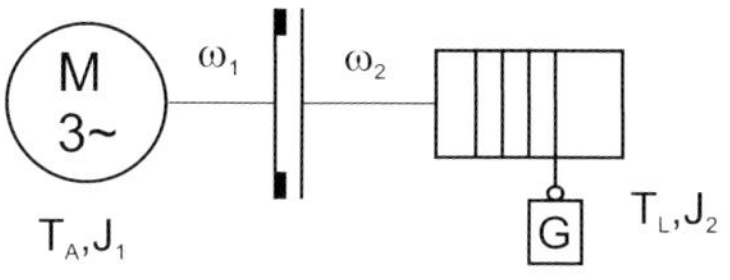

Bild 20.75
Antriebsstrang mit Elektromotor, Schaltkupplung und Last

Es wirken also das Antriebsmoment T_A, das Lastmoment T_L und das Beschleunigungsmoment T_B. Das *Beschleunigungsmoment* ist:

$$T_B = J \cdot \dot{\omega} \quad (\text{d.h. } F = m \cdot a) \tag{20.28}$$

Die *kinetische Energie* ist:

$$W = \frac{1}{2} J \cdot \omega^2 \quad \left(\text{d.h. } \frac{1}{2} m \cdot v^2\right) \tag{20.29}$$

Für den Anfahrvorgang gilt, dass die Summe der Drehmomente null sein muss:

$$\sum T = 0 \rightarrow T_A - T_L - T_B = 0$$

Also wird das Beschleunigungsmoment: $T_B = T_A - T_L = J \cdot \dot{\omega} = J \cdot \dfrac{d\omega}{dt}$.

Auflösen nach dω: $d\omega = \dfrac{T_B}{J} \cdot dt$

und integrieren; da J konstant ist, kann es vor das Integral gezogen werden:

$$\int_0^{\omega} d\omega = \int_0^t \frac{T_B}{J} \cdot dt = \frac{1}{J} \int_0^t T_B \cdot dt$$

Den zeitlichen Verlauf der Antriebssituation zeigt Bild 20.76. Dabei gelten folgende Zeiten: t_0 = einschalten, t_B = synchronisieren, t_C = Erreichen der Lastdrehzahl

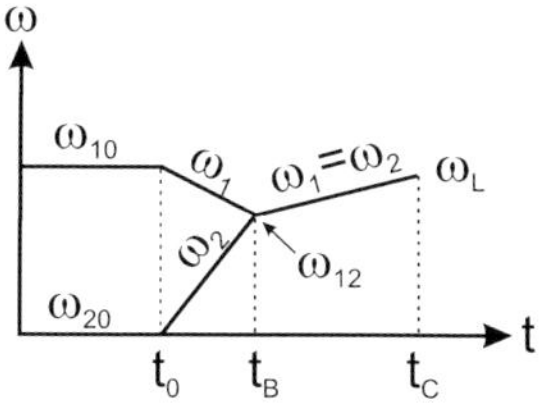

Bild 20.76
Zeitverläufe beim Schaltvorgang

Auf der Antriebsseite gilt: $\displaystyle\int_{\omega_{10}}^{\omega_1} d\omega = \int_{t_0}^{t} \frac{T_{B1}}{J_1} \cdot dt = \frac{1}{J_1} \cdot \int_{t_0}^{t} T_{B1} \cdot dt.$

Auf der Antriebsseite gilt: $\displaystyle\int_{\omega_{20}}^{\omega_2} d\omega = \int_{t_0}^{t} \frac{T_{B2}}{J_2} \cdot dt = \frac{1}{J_2} \cdot \int_{t_0}^{t} T_{B2} \cdot dt.$

Die Beschleunigungsmomente sollen konstant sein:

$T_{B1} = T_A - T_K = \text{const.}$ $\qquad$ $T_{B2} = T_K - T_L = \text{const.}$

In der Zeit t_0 bis t_B gilt auf der Antriebsseite: $\omega_1 - \omega_{10} = \dfrac{T_A - T_K}{J_1}(t - t_0)$.

In der Zeit t_0 bis t_B gilt auf der Antriebsseite: $\omega_2 - \omega_{20} = \dfrac{T_K - T_L}{J_2}(t - t_0)$.

Subtrahiert man diese beiden Gleichungen voneinander, ergibt sich:

$$\omega_1 - \omega_2 = \omega_{10} - \omega_{20} + \left(\frac{T_A - T_K}{J_1} - \frac{T_K - T_L}{J_2}\right)(t - t_0)$$

Zur Zeit t_B ist $\omega_1 = \omega_2 = \omega_{12} \rightarrow \omega_1 - \omega_2 = 0$. Daher ist:

$$t_B - t_0 = \frac{\omega_{10} - \omega_{20}}{\frac{T_K - T_L}{J_2} - \frac{T_A - T_K}{J_1}} = \frac{2 \cdot \pi \cdot (n_{10} - n_{20})}{\frac{T_K - T_L}{J_2} - \frac{T_A - T_K}{J_1}} \qquad (20.30)$$

Beachte:

$$T_K = \mu \cdot F_N \cdot r_m \cdot z$$

n	in s^{-1}	Drehzahl,
T_A, T_L, T_K	in Nm	Drehmomente,
J_1, J_2	in kgm^2	Drehmassen.

Zur Zeit t_B ist:

$$\omega_{12} = \left(\frac{T_K - T_L}{J_2}\right)(t_B - t_0) + \omega_{20} \qquad (20.31)$$

In der Zeit t_B bis t_C: gekuppeltes Gesamtsystem mit $\omega_1 = \omega_2 = \omega$, und es gilt:

$$\int_{\omega_{12}}^{\omega} d\omega = \int_{t_B}^{t} \frac{T_{B\,ges}}{J_1 + J_2} \cdot dt$$

Durch Integrieren ergibt sich:

$$\omega - \omega_{12} = \left(\frac{T_A - T_L}{J_1 + J_2}\right)(t - t_B)$$

Bei t_C ist $\omega = \omega_L$, daher

$$t_C - t_B = (\omega_L - \omega_{12})\frac{J_1 + J_2}{T_A - T_L} = 2 \cdot \pi \cdot (n_L - n_{12})\frac{J_1 + J_2}{T_A - T_L} \qquad (20.32)$$

n	in s^{-1}	Drehzahl,
T_A, T_L	in Nm	Drehmomente,
J_1, J_2	in kgm^2	Drehmassen.

Mit Formel 20.30 und Formel 20.32 können die Hochlaufzeiten berechnet werden (vgl. Programme XCLU und WCLU).

Es muss nachgeprüft werden, welche Erwärmung beim Schaltvorgang auftritt. Der Kupplung wird durch den Reibvorgang (= Verlustleistung!) ein Wärmestrom $\dot{Q}_{zu}$ zugeführt, Wärme wird gespeichert ($\dot{Q}_{sp}$), und Wärme wird über die Kupplungsoberfläche abgeführt ($\dot{Q}_{ab}$). Die Wärmeabfuhr über Wärmestrahlung und Wärmeleitung soll vernachlässigt werden (Bild 20.77).

Dabei ist die Reibarbeit

$$W_R = \frac{1}{2} \cdot T_K \cdot (\omega_{10} - \omega_{20}) \cdot t_B \qquad (20.33)$$

und die Verlustleistung

$$P_V = W_R \cdot Z \quad (20.34)$$

mit Z = Anzahl Schaltungen pro Zeit.

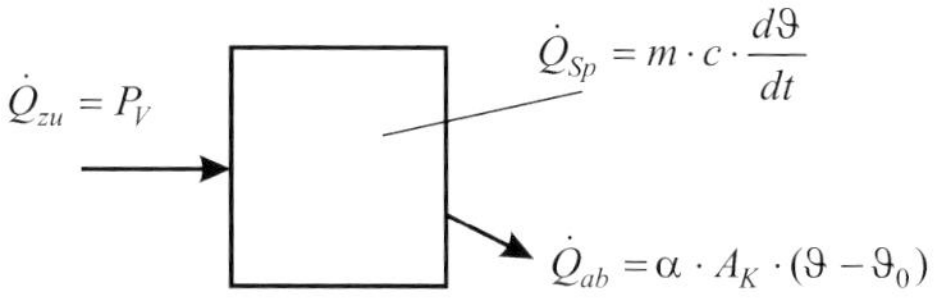

Bild 20.77
Wärmeströme beim Schalten einer Kupplung

Damit sind die Wärmeströme beim Aufheizen:

$$\dot{Q}_{zu} = P_V = \dot{Q}_{sp} + \dot{Q}_{ab} = m \cdot c \cdot \frac{d\vartheta}{dt} + \alpha \cdot A_K \cdot (\vartheta - \vartheta_0)$$

m Masse,
c spezifische Wärmekapazität,
α Wärmeübergangszahl,
A_K Oberfläche der Kupplung.

Die Lösung dieser Differenzialgleichung ist:

$$\vartheta - \vartheta_0 = \frac{P_V}{\alpha \cdot A_K} \cdot \left(1 - e^{\frac{-t}{T^*}}\right) \quad (20.35)$$

Dabei ist die Zeitkonstante

$$T^* = \frac{m \cdot c}{\alpha \cdot A_K} \quad (20.36)$$

ϑ	in °C, in K	Temperatur,
P_V	in W	Verlustleistung, Reibleistung,
t	in s	Rutschzeit,
α	in W/(m² K)	Wärmeübergangszahl,
m	in kg	Kupplungsmasse,
c	in J/(kg K)	spezifische Wärmekapazität,
A_K	in m²	Kupplungsoberfläche.

Umgekehrt gilt beim Abkühlen:

$$0 = -m \cdot c \cdot \frac{d\vartheta}{dt} + \alpha' \cdot A_K \cdot (\vartheta - \vartheta_0)$$

Die Lösung der Differenzialgleichung ist

$$\vartheta = \vartheta_e \cdot e^{\frac{-t'}{T'}} \quad (20.37)$$

und der Abkühlzeitkonstanten

$$T' = \frac{m \cdot c}{\alpha' \cdot A_K} \quad (20.38)$$

Die Wärmeübergangszahl α kann näherungsweise wie folgt angesetzt werden (v Umfangsgeschwindigkeit in m/s):

$$\alpha = 6 \cdot v^{0,75}\ \mathrm{W/(m^2 \cdot K)} \quad (20.39)$$

Die Zeitkonstanten T^* für Aufheizen und T' für Abkühlen zeigt Bild 20.78.

Jetzt ist festzustellen, ob *Schaltpausen* oder *Dauerschaltbetrieb* gegeben ist.

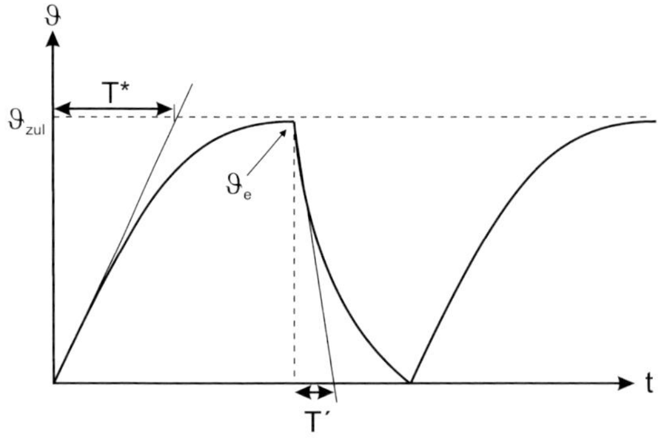

Bild 20.78
Aufheiz- und Abkühlvorgang beim Schalten

1. Fall: Die Schaltpausen sind größer als $(3\ldots4) \cdot T^*$:

$$P_{\text{Vzul}} \leq m \cdot c \cdot \frac{\vartheta_{\text{zul}} - \vartheta_0}{t_{\text{B}} - t_0} \tag{20.40}$$

ϑ	in °C, in K	Temperatur,
P_{Vzul}	in W	zulässige Verlustleistung, Reibleistung,
t	in s	Rutschzeit (vgl. Formel 20.30),
m	in kg	Kupplungsmasse,
c	in J/(kg K)	spezifische Wärmekapazität.

2. Fall: Dauerschaltbetrieb, d. h., die Kupplung hat keine Zeit mehr, zwischen den Schaltungen abzukühlen. Dann muss sein: $\dot{Q}_{\text{zu}} = \dot{Q}_{\text{ab}}$, und so ergibt sich:

$$P_{\text{Vzul}} \leq \alpha \cdot A_{\text{K}} \cdot \left(\vartheta_{\text{zul}} - \vartheta_0\right) \tag{20.41}$$

ϑ	in °C, in K	Temperatur,
P_{Vzul}	in W	zulässige Verlustleistung, Reibleistung,
α	in W/(m² K)	Wärmeübergangszahl (vgl. Formel 20.36),
A_{K}	in m²	Kupplungsoberfläche.

Bei den Reibwerten kann man sich an den Werten von Tabelle 20.6 orientieren, genaue Angaben sind den Druckschriften der Reibbelaghersteller zu entnehmen.

Wird eine Kupplung gesucht, wenn die Beschleunigungszeit t_{B} nach Formel 20.30 gegeben ist, dann ist T_{K}:

$$T_{\text{K}} = \frac{\dfrac{T_{\text{A}}}{J_1} + \dfrac{T_{\text{L}}}{J_2} + \dfrac{\omega_{10}}{t_{\text{B}}} - \dfrac{\omega_{20}}{t_{\text{B}}}}{\dfrac{1}{J_2} + \dfrac{1}{J_1}} \tag{20.42}$$

20.8 Fliehkraftkupplungen als drehzahlbetätigte Kupplungen

Hochtourige Elektromotoren laufen unter Last schwer an. Die hohen Anlaufmomente würden sehr große Motoren erfordern. Das wäre besonders bei großen umlaufenden Massen unwirtschaftlich, weil die hohe Motorleistung während des Betriebes nicht benötigt wird. Aus diesem Grunde werden in die Antriebe Anlaufkupplungen eingebaut, die den Motor (meistens Kurzschlussläufer) ohne Last hochlaufen lassen und danach die lastseitigen Massen mit begrenztem Drehmoment der Kupplung beschleunigen. Die Rotationsenergie des Motorankers unterstützt den Anfahrvorgang.

Als **Anlaufkupplungen** eignen sich die einfachen und robusten **Fliehkraftkupplungen** (Bild 20.79 und Bild 20.80). Sie kuppeln bei einer bestimmten Drehzahl automatisch ein und steigern mit zunehmender Drehzahl das von ihnen übertragbare Drehmoment. Wirtschaftlich sind sie aber nur ab 700 min^{-1}, weil sie erst bei dieser Drehzahl genügend hohe Fliehkräfte entwickeln können. Durch Fliehkraftwirkung werden die beiden Kupplungshälften kraftschlüssig miteinander verbunden.

Eine elegante Möglichkeit, Riemenscheibe und Fliehkraftkupplung zu integrieren, zeigt Bild 20.81.

Eine Alternative zu Fliehkraftkupplungen können heute *elektronische Sanftanlaufschaltungen* sein.

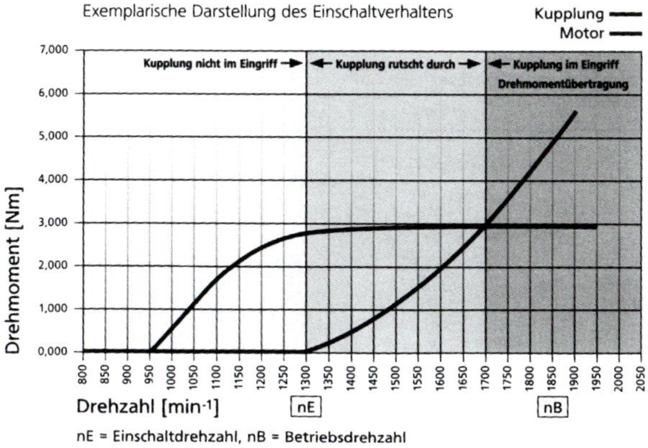

Bild 20.79
Darstellung des Einschaltverhaltens mit einer Fliehkraftkupplung (Werkbild SUCO)

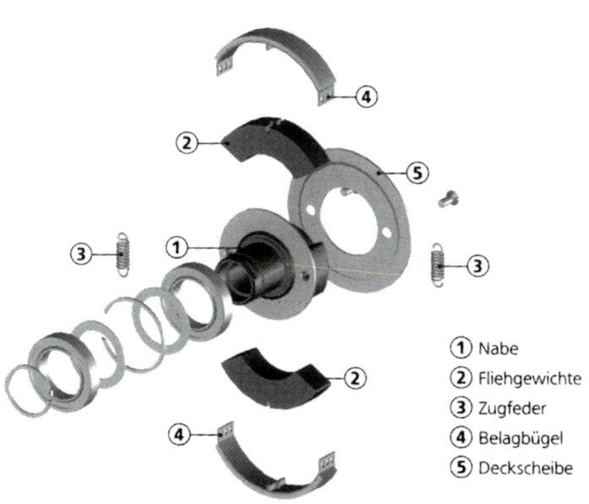

Bild 20.80 Selbstverstärkende Fliehkraftkupplung (Werkbild SUCO)

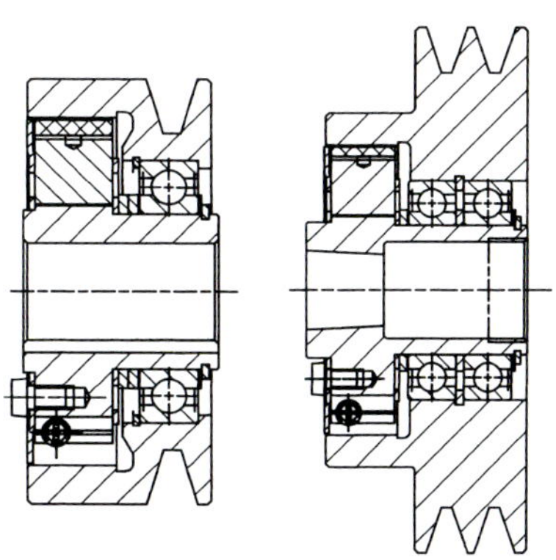

Bild 20.81 Fliehkraftkupplung, in Riemenscheibe integriert (Werkbild SUCO)

20

20.9 Momentbetätigte Kupplungen als Sicherheitskupplungen

Sicherheitskupplungen schützen nachfolgende Getriebeteile, Maschinen und Geräte bei Überlastungen vor Beschädigungen oder Bruch. Überlastungen können z. B. durch eingedrungene Fremdkörper (Steine, Metallteile) in Misch-, Mahl- oder Brechwerken auftreten, ferner durch Hemmungen wie Lagerfestlauf und dergleichen.

Mit **Rutschkupplungen** nach Bild 20.82 lassen sich Anlaufdrehmoment und Lastspitzen begrenzen. Bei der **Rimostat-Rutschkupplung** nach Bild 20.82a ist ein Kettenrad **(a)** über Reibscheiben **(b)** kraftschlüssig mit der Nabe **(c)** verbunden. Federn **(d)** erzeugen den erforderlichen Anpressdruck. Die Ausführung nach Bild 20.82b dient zur Verbindung zweier Wellenenden. Eine Duplex-Kette **(e)** verbindet die beiden Kettenräder und bewirkt eine leicht lösbare Verbindung, die auch geringe Fluchtfehler ausgleichen kann. Die Wirkungsweise derartiger Kupplungen veranschaulicht Bild 20.83.

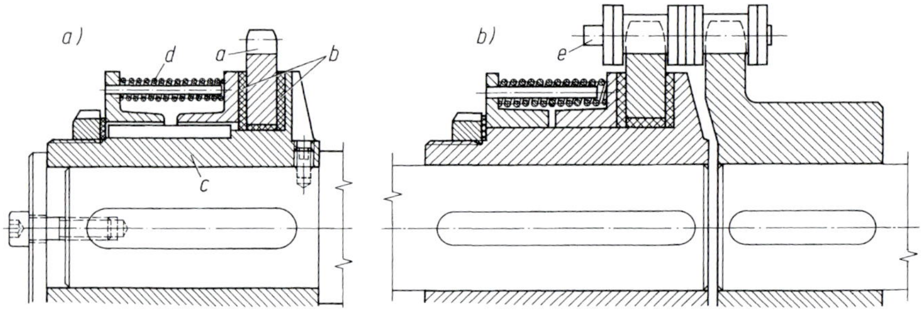

Bild 20.82 Rimostat-Rutschkupplungen (Werkbild RINGSPANN)
a) Rutschnabe mit Kettenrad, b) Verbindung zweier Naben

20

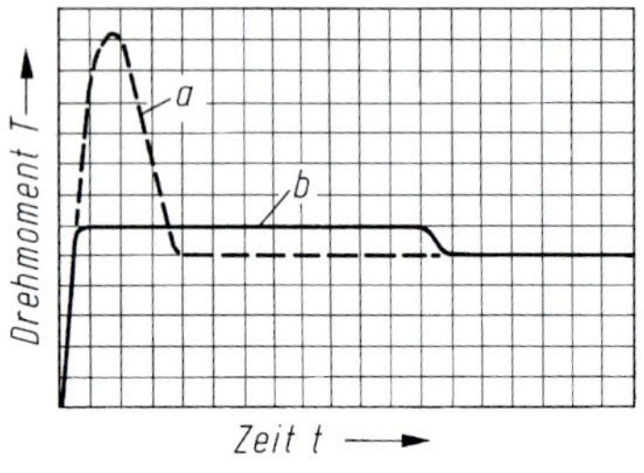

Bild 20.83
Drehmomentenverlauf beim Anlauf
a) ohne Rutschkupplung, b) mit Rutschkupplung

Das Durchrutschen von derartigen Rutschkupplungen lässt sich einfach durch **Drehzahlwächter** bewerkstelligen (Bild 20.84). Ein induktiver Näherungsschalter tastet Nocken, Schlitze oder Kettenzähne ab und gibt seine Impulse an eine mikroprozessor-gesteuerte Digitalschaltung. Dort ist die Betriebsdrehzahl vom Anlagenbetreiber hinterlegt, z. B. durch das Kodieren mit Dip-Schaltern. Bei Unter- oder Überschreiten der Drehzahlgrenze löst der Drehzahlwächter ein Schaltsignal aus. Typische Anwendungen sind Förderbänder, Rührwerke und Zentrifugen, Antriebsschnecken, Pumpen und Mühlen. Eine weitergehende Anwendung haben **Differenzdrehzahlwächter** nach Bild 20.85. Sie lösen nur aus, wenn die Drehzahldifferenz zwischen zwei Gebern einen gewissen Wert unter- oder überschreitet. Ändern sich beide Drehzahlen synchron, erfolgt kein Schaltsignal. Typische Anwendungen sind Reibkupplungen, Keilriemen, Antriebswellen, Getriebe, Förderanlagen, Kräne und Drehmomentbegrenzer.

Eine (genauere) Alternative zu den Überlastkupplungen auf Reibungsbasis sind die **formschlüssigen Überlastkupplungen**. Das Grundprinzip beruht auf der Keilwirkung. Federn pressen Formstücke wie Kugeln, Rollen, Nocken o. Ä. in entsprechende Gegenmulden. Bei Überschreitung des eingestellten Grenzmoments rollen oder gleiten die Formstücke aus den Gegenmulden, und die Kupplung „ratscht" durch. Als fortgeschrittene Variante gibt es derartige Überlastkupplungen, die bei Drehmomentüberschreitung nicht durchratschen, sondern freischalten und z. B. über einen Schaltring einen Näherungsschalter betätigen, der dann die Anlage ausschaltet. Manche dieser Kupplungen sind so konstruiert, dass sie erst nach 360° wieder einrasten können, damit nach Wiedereinschalten beide Wellen wieder winkeltreu stehen.

Bild 20.84 Drehzahlwächter zur Überwachung des Durchrutschens (Werkbild RINGSPANN)

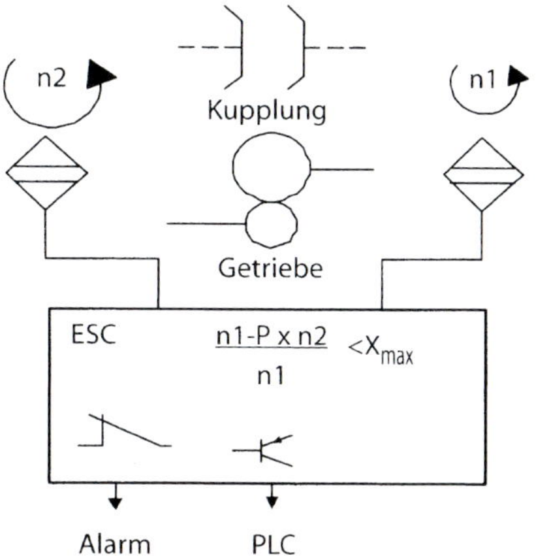

Bild 20.85 Differenzdrehzahlwächter (Werkbild RINGSPANN)

Es gibt sehr viele, teilweise patentrechtlich geschützte Ausführungen für fast jeden Anwendungszweck, daher soll hier nur eine kleine Auswahl gezeigt werden.

Die *EAS-NC-Kupplung* bzw. die *EAS-compact-Kupplung* (Bild 20.86 und Bild 20.87) arbeiten mit Kugeln und sind durch ihre Konstruktion spielfrei. Je nach Auslegung der Tellerfedern ist eine degressive Federkennlinie möglich. Die *Schraubflächen-SIKUMAT-Kupplung* (Bild 20.88) arbeitet mit einer Schraubflächenverzahnung und ist durch die ständige Flächenberührung auch während des Ausrastens sehr robust. Das Überlastmoment wird durch die Anzahl der Federn eingestellt. Eine raffinierte Bauweise zeigt die *SYNTEX-Kupplung* (Bild 20.89). Hier dient die Feder nicht nur zur Kraftbereitstellung, sondern obendrein zur Drehmomentübertragung und als Ausrastelement. Der Drehmomentfluss geht von den äußeren Kugeln über die Tellerfeder nach den inneren Kugeln. Der Hersteller liefert auch Ausführungen mit Spezialtellerfedern, auch für synchrone Widereinrastung.

20

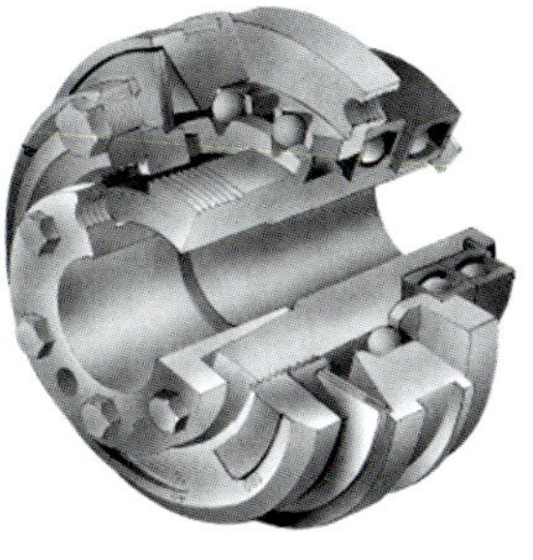

Bild 20.86 EAS®-NC-Kupplung (Werkbild Mayr)

Bild 20.87 EAS®-compact-Kupplung (Werkbild Mayr)

Bild 20.88 Schraubenflächen-SIKUMAT-Kupplung (Werkbild RINGSPANN)

Bild 20.89 SYNTEX®-Kupplung (Werkbild KTR)

Im Schwermaschinenbau werden abweichende Bauweisen eingesetzt, z. B. *Brechbolzenkupplungen* nach Bild 20.90 (nach Überlast werden die gebrochenen Bolzen durch neue ersetzt) oder die sog. HYGUARD®-Kupplung (Bild 20.91).

Das in die Kupplung integrierte HYGUARD®-Element besteht im Prinzip aus zwei ineinandergeschobenen Buchsen **(6)**, die an beiden Enden hochdruckdicht verschlossen sind. Der geringe Spalt zwischen den beiden Teilen wird über eine Ventilbohrung **(3)** mit Hydrauliköl gefüllt und unter Druck gesetzt. Dies führt zu einer Aufweitung im Durchmesser. Eingebaut zwischen Welle und Nabe wirkt dieses System wie eine Klemmbuchse. Die Drehmomentübertragung erfolgt durch Reibschluss zwischen den Kontaktflächen. Bestimmend für die Höhe des übertragbaren Drehmoments ist der Öldruck in dem Ringspalt. Dieser ist einstellbar und somit auch das Drehmoment. Übersteigt das Betriebsmoment den eingestellten Wert, beginnt das Sicherheitselement auf der profilierten Fläche zu rutschen, wobei der Unterbrecherbügel **(2)** den Kopf des Unterbrecherrohres **(4)** abschlägt. Innerhalb von Millisekunden wird das System drucklos, und die Verbindung ist gelöst. Für die Wiederinbetriebnahme wird ein neues Unterbrecherrohr eingesetzt, und die Kupplung wird erneut unter Druck gesetzt.

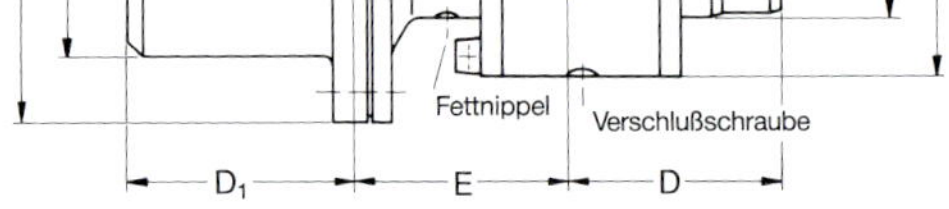

Bild 20.90 Brechbolzenkupplung, kombiniert mit einer Bogenzahnkupplung (Werkbild Renk)

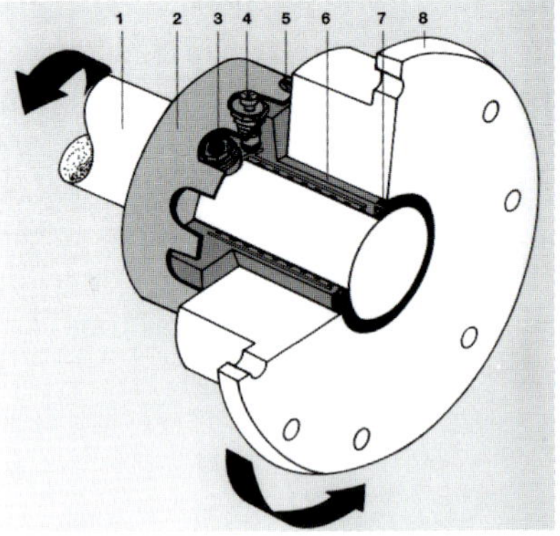

Bild 20.91 HYGUARD®-Sicherheitskupplung (Werkbild Renk)

20.10 Richtungsbetätigte Kupplungen als Freilaufkupplungen

Freiläufe sind *drehrichtungsgeschaltete Kupplungen*. Sie sind geeignet als

1. Vorschubfreiläufe,
2. Überholkupplungen,
3. Rücklaufsperren.

Bild 20.92 zeigt schematisch die Funktionsweise.

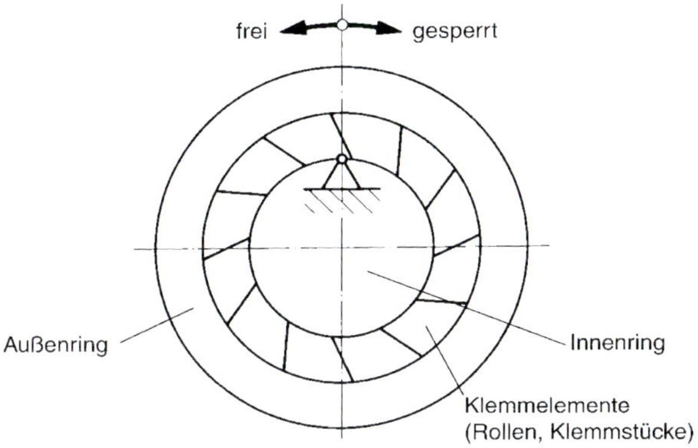

Bild 20.92
Funktionsweise eines Freilaufs (Werkbild RINGSPANN)

Man unterscheidet zwischen Klemmrollen- und Klemmstück-Freiläufen (Bild 20.93). Beide Bauarten haben Vorteile, wobei besonders hochwertige Freiläufe fast immer Klemmstücke aufweisen.

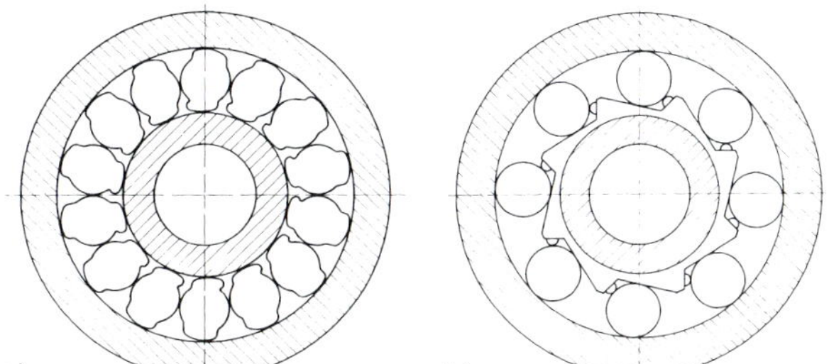

Bild 20.93
Arten von Freiläufen
a) Klemmstück-Freilauf, b) Klemmrollen-Freilauf (Werkbild RINGSPANN)

Wirkungsweise des Klemmstück-Freilaufs

Bei der in Bild 20.94 gezeigten Klemmstückanordnung kann der Freilauf-Außenring im Uhrzeigersinn frei gedreht werden. Will man den Außenring – ebenfalls bei festgestelltem Innenring – in entgegengesetzter Richtung drehen, so wird die Selbsthemmung wirksam. Die Klemmstücke verspannen sich schlupffrei zwischen den Laufbahnen. In dieser Drehrichtung kann ein großes Drehmoment übertragen werden. Auf der Wirkungslinie, welche die beiden Berührungspunkte verbindet, werden durch die Verspannung die Kräfte F_i und F_A erzeugt, die aufgrund des Kräftegleichgewichts gleich groß sind. Die Kräfte F_i und F_A lassen sich in die Normalkräfte F_{Ni} und F_{NA} sowie in die Tangentialkräfte F_{Ti} und F_{TA} zerlegen. Die Wirkungslinie bildet gegenüber der Kraft F_{Ni} den Klemmwinkel ε_i. Um *Selbsthemmung* zu erreichen, muss der Tangens des Klemmwinkels kleiner sein als der Reibwert μ:

$$\tan \varepsilon_i = \frac{F_{Ti}}{F_{Ni}} \leq \mu$$

Aufgrund der Beziehung $T = R_i \cdot F_{ti} = R_i \cdot F_{Ni} \cdot \mu$ passt sich die Verspannung der Klemmstücke selbsttätig dem vorhandenen Drehmoment T an. Die möglichst exakte Berechnung der Drehmomentübertragbarkeit setzt zunächst den geometrischen Zusammenhang zwischen Klemmkörper und den Freilaufringen voraus. Bei einem Klemmstück-Freilauf mit zylindrischem Innen- und Außenring ist die Formel für den Klemmwinkel e_i gemäß Bild 20.95:

$$\tan \varepsilon_i = \frac{R_a}{R_a - R_i} \sqrt{\frac{c^2 - (R_i + r_i - R_a + r_a)^2}{(R_i + r)(R_a - r_a)}}$$

Bei der Berechnung der Drehmomentübertragbarkeit muss neben der vorstehend beschriebenen Geometriebehandlung berechnet werden, welche Verformungen durch die Kräfte in den Freilaufringen entstehen. Es sind die Differenzialgleichungen zu lösen, welche die Zusammenhänge zwischen Spannungen und Verformungen in den Ringen ausdrücken. Die Hertz'sche Flächenpressungsverteilung wird durch Fourier-Reihen am Umfang dargestellt und als Randbedingungen in Differenzialgleichungen eingesetzt. Mithilfe der geometrischen Zusammenhänge und der Gleichungen für die Verformungen kann man für jeden Freilauf mithilfe eines umfangreichen Rechnerprogramms die Drehmomentübertragbarkeit bestimmen (Näheres dazu in [20.9]). Es werden je nach Freilaufgröße und Klemmkörperart verschiedene Grenzen zuerst erreicht. Diese Grenzen sind:

- Hertz'sche Pressung an den Berührungsstellen
- Positionswinkel
- Tangentialspannung in den Ringen
- Klemmwinkel

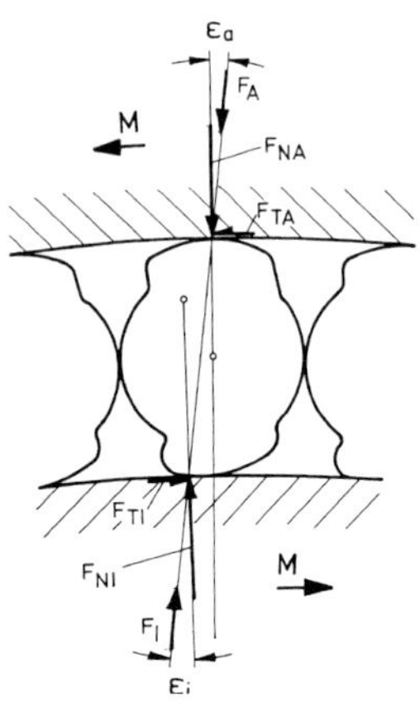

Bild 20.94 Wirkungsweise eines Klemmstückfreilaufs (Werkbild RINGSPANN)

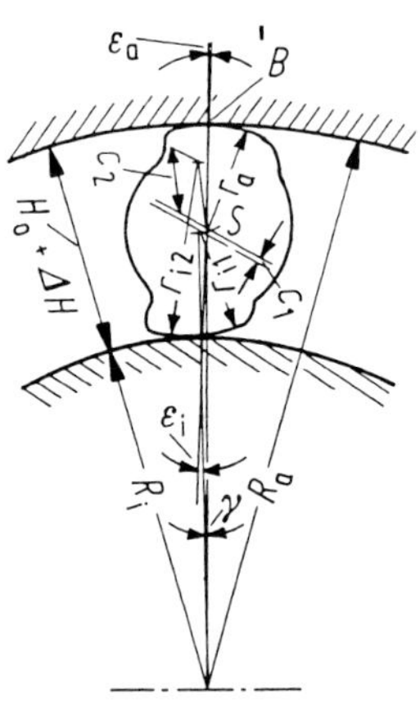

Bild 20.95 Ermittlung des Klemmwinkels (Werkbild RINGSPANN)

Wirkungsweise des Klemmrollen-Freilaufs

Klemmrollen-Freiläufe werden mit Klemmrampen am Innen- oder Außenring gebaut. Bild 20.93b zeigt einen Freilauf mit Klemmrampen am Innenring. Bei der hier gezeigten Einbauversion kann der Außenring im Uhrzeigersinn frei gedreht werden. Dreht man den Außenring in entgegengesetzter Drehrichtung, so wird die *Selbsthemmung* wirksam. Die Klemmrollen verspannen sich schlupffrei zwischen Außenring und den Klemmrampen am Innenring. Bezüglich der Kräfteverhältnisse gilt sinngemäß das Gleiche wie bei der Erläuterung des Klemmstück-Freilaufs.

Drehfederkennlinie

Für viele Anwendungsfälle spielt neben der Drehmomentübertragung auch das elastische Verhalten des Freilaufs in gesperrtem Zustand (Mitnahmebetrieb) eine entscheidende Rolle.

Wie Bild 20.96 zeigt, verdrehen sich Außenring und Innenring umso mehr gegeneinander, je höher das zu übertragende Drehmoment T ist. Der zahlenmäßige Zusammenhang zwischen dem Drehmoment T und dem elastischen Verdrehwinkel ist in der *Drehfederkennlinie* des Freilaufs wiedergegeben. Die Berechnung der Drehfederkennlinie erfolgt ebenfalls mit den geometrischen Kenngrößen und den Verformungsgleichungen. Wie wichtig die Drehfederkennlinie zum Beispiel in der Anwendung als Vorschub-Schaltfreilauf ist, zeigt Bild 20.97 auf anschauliche Weise. Hier sind die Drehfederkennlinien für einen „weichen" Freilauf (flache Kennlinie) und einen „harten" Freilauf (steile Kennlinie) dargestellt. Schwankt das Antriebsdrehmoment T zum Beispiel um den Wert ΔT, so ist die Auswirkung auf den Verdrehwinkel α bei dem Freilauf mit flacher Kennlinie viel größer als bei dem Freilauf mit steiler Kennlinie. In Vorschubantrieben wird man somit immer Freiläufe mit möglichst steiler Kennlinie wählen.

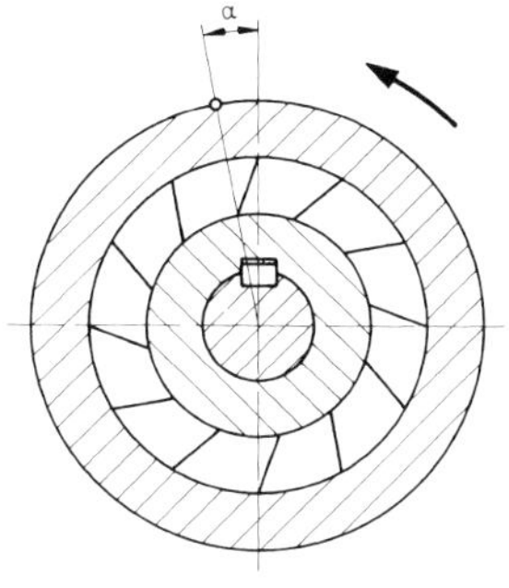

Bild 20.96 Verdrehwinkel α eines Freilaufs (Werkbild RINGSPANN)

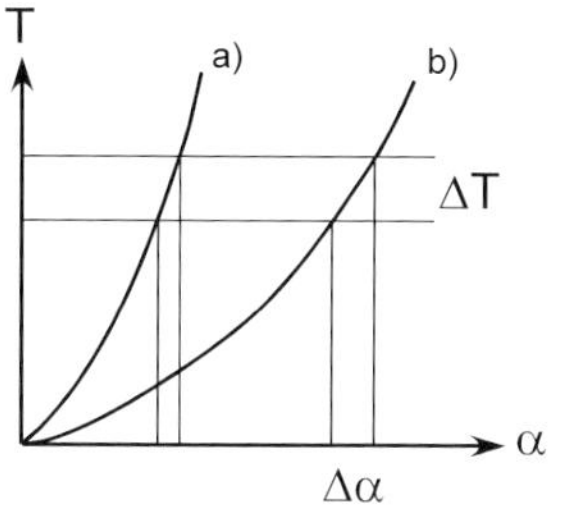

Bild 20.97 Drehfederkennlinien von „harten" (links) und „weichen" Freiläufen (rechts)

Vorschubfreiläufe (Bild 20.98) werden verwendet

a) in Material-Vorschubeinrichtungen an Stanzen, Schmiedepressen und Drahtverarbeitungsmaschinen,

b) zur Erzeugung schrittweiser Vorschübe in Verpackungs-, Papierverarbeitungs-, Druck- und Textilmaschinen,

c) als Untersetzungsgetriebe, ggf. mit stufenlos einstellbarer Untersetzung, in Sämaschinen, Durchlauföfen, Druckmaschinen und Starkstromschaltern,

d) zum automatischen Verschleißausgleich in Bremsen,

e) als Vorschubeinrichtung in Schleifmaschinen.

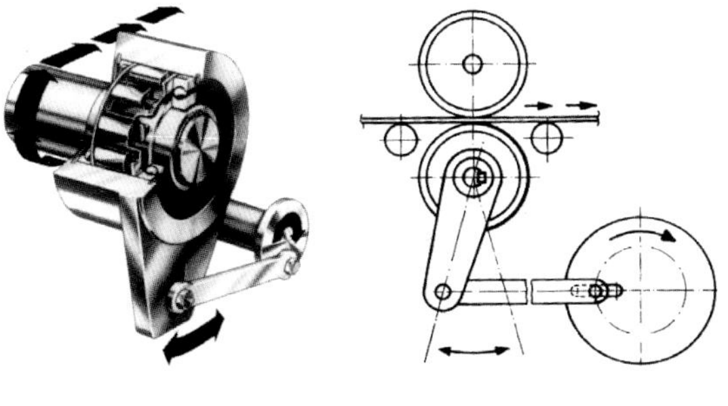

Bild 20.98
Vorschubfreilauf (Werkbild RINGSPANN)

Freiläufe als **Überholkupplungen** können vielfach Schaltkupplungen ersetzen:

a) Bei Kriechgangantrieben trennt der Freilauf den Kriechgangmotor vom Hauptmotor, sobald dieser eingeschaltet wird.

b) In Anlassern trennt der Freilauf den Anwurfmotor vom Verbrennungsmotor, sobald dieser angesprungen ist.

c) In Schaltgetrieben und Planetengetrieben übernimmt der Freilauf die Funktion von Schaltkupplungen und Bremsen, mit zwei Freiläufen lässt sich ein Zweigang-Schaltgetriebe ohne Schaltkupplung konstruieren.

d) In Windengetrieben ermöglicht der Freilauf ein kraftschlüssiges Senken der Last bei unveränderter Motordrehrichtung.

e) In Ventilatoren und Gebläsen trennt der Freilauf beim Abschalten die schnelllaufenden Teile vom Antrieb und verhindert, dass die Schwungmasse des Ventilators den Antrieb von rückwärts mitzieht.

f) In Rollgängen von Walzwerken, Durchlauföfen und Transportanlagen bewirkt der Freilauf, dass das Gut schneller über den Rollgang geschoben werden kann, als es der Antriebsdrehzahl der Rollen entspricht.

g) Bei Mehrmotorenantrieben kuppelt der Freilauf die nicht laufenden Motoren automatisch ab (Bild 20.99). Die Pumpe wird im Normalfall durch den Elektromotor angetrieben. Im Störfall wird durch die Sicherheitseinrichtung der Dieselmotor in Betrieb gesetzt und kann ohne Unterbrechung des Kühlmittelkreislaufs die Pumpe weiter antreiben. Die Gehäusefreiläufe kuppeln automatisch den jeweils arbeitenden Antrieb mit der Pumpe.

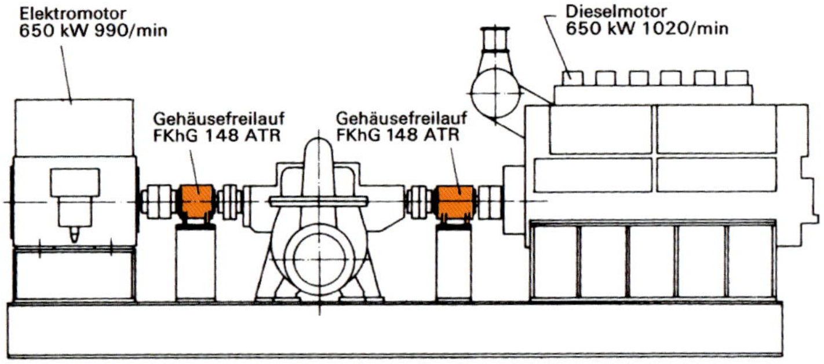

Bild 20.99 Sicherheits-Mehrmotorenantrieb einer Kühlmittelpumpe in einem Kernkraftwerk mit Freiläufen (Werkbild RINGSPANN)

Freiläufe als **Rücklaufsperren** werden verwendet

a) in Schrägförderbändern und Elevatoren, um zu verhindern, dass das Fördergut bei Stromausfall oder abgestelltem Motor zurückläuft,

b) in Pumpen, Gebläsen und Ventilatoren, um ein Rückwärtslaufen unter dem Druck des Fördermediums nach dem Abstellen zu verhindern,

c) in bzw. an Getrieben, Elektromotoren und Getriebemotoren für den Antrieb von Förderanlagen zum Verhindern des Rücklaufens nach dem Abstellen (Bild 20.102 und Bild 20.103),

d) in Drehmomentwandlern zur Abstützung des Leitrades bei Wandlerbetrieb,

e) in schaltbaren Planetengetrieben als Drehmomentabstützung,

f) in Kränen, Winden, Bauaufzügen und sonstigen Hebewerkzeugen.

Besonders bei Rücklaufsperren ist ein verschleißfreier Betrieb wichtig. Die Fliehkraftabhebung X (nach RINGSPANN) wird in Rücklaufsperren eingesetzt, wenn im Normalbetrieb (Leerlauf) der Freilauf-Innenring (Welle) mit hoher Drehzahl umläuft. Hier bewirkt die Fliehkraft F_c im Normalbetrieb ein Abheben des Klemmstücks von der Außenlaufbahn. In diesem Betriebszustand arbeitet der Freilauf verschleißfrei, also mit unbegrenzter Lebensdauer.

Bild 20.100a zeigt einen Freilauf mit Fliehkraftabhebung X im Normalbetrieb. Die Klemmstücke und der Stützring laufen mit dem Innenring um. Die Fliehkraft F_c hat das Klemmstück entgegen dem Uhrzeigersinn gedreht und an den Stützring angelegt. Dabei entsteht der Spalt a zwischen Klemmstück und Außenlaufbahn. Zwischen den umlaufenden Teilen und dem stillstehenden Außenring gibt es keine Berührung.

Sinkt die Innenring-Drehzahl so weit ab, dass die Wirkung der Fliehkraft auf das Klemmstück kleiner wird als die Anfederungskraft, so legt sich das Klemmstück wieder an den Außenring an, und der Freilauf ist sperrbereit (Bild 20.100b). Diese Rücklaufsperren dürfen auch unterhalb der Abhebedrehzahl betrieben werden. In diesem Fall ist entweder eine Tauchschmierung oder eine Ölzuführung zwischen Klemmstückkäfig und Außenlaufbahn vorzusehen. Dennoch ist bei diesen Betriebsverhältnissen die Lebensdauer begrenzt, sofern kein hydrodynamisches Aufschwimmen der Klemmstücke erreicht werden kann.

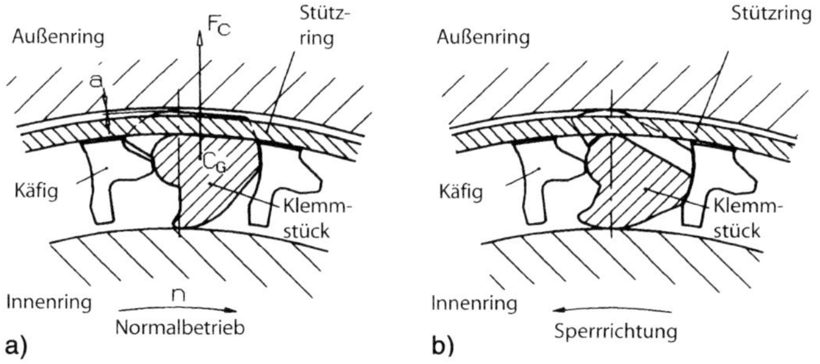

Bild 20.100 Fliehkraftabhebung X
a) das Klemmstück hat sich aufgrund der Fliehkraft vom Außenring weggeschwenkt;
b) der Freilauf ist sperrbereit (Werkbild RINGSPANN).

Doch auch bei Überholfreiläufen ist ein derartiger verschleißfreier Betrieb möglich: Die Fliehkraftabhebung Z (nach RINGSPANN) wird bei Überholkupplungen angewendet, wenn im Überholbetrieb (Leerlauf) der Freilauf-Außenring mit hoher Drehzahl umläuft und im Mitnahmebetrieb die Drehzahl niedrig ist. Im Überholbetrieb (Leerlaufbetrieb) bewirkt die Fliehkraft F_c ein Abheben der Klemmstücke von der Innenlaufbahn. Dadurch gibt es hierbei weder Reibung noch Verschleiß, und es ergibt sich eine unbegrenzte Gebrauchsdauer. Bild 20.101 zeigt einen Freilauf mit Fliehkraftabhebung Z im Leerlaufbetrieb. Die im Schwerpunkt S des Klemmstücks angreifende Fliehkraft F_c hat das Klemmstück im Gegenuhrzeigersinn gedreht und an den Außenring angelegt. Dadurch ergibt sich der Spalt a. Der Freilauf arbeitet berührungslos. Sinkt die Außenring-Drehzahl so weit ab, dass die Wirkung der Fliehkraft auf das Klemmstück kleiner wird als die Anfederungskraft, so legt sich das Klemmstück wieder an den Innenring an, und der Freilauf ist sperrbereit. Die Mitnahmedrehzahl soll dabei 40% der Abhebedrehzahl nicht überschreiten.

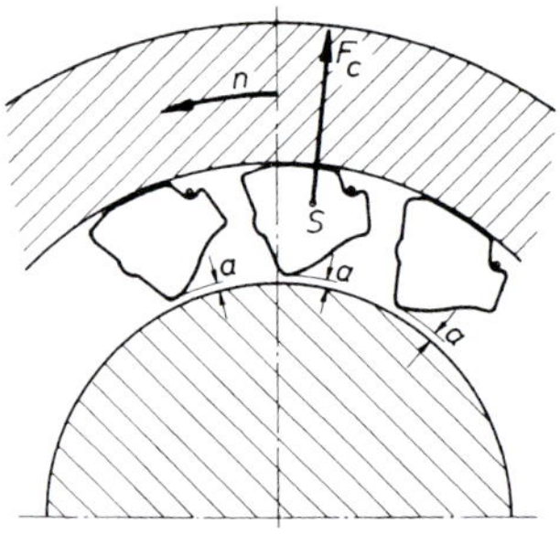

Bild 20.101 Fliehkraftabhebung Z. Das Klemmstück hat sich aufgrund der Fliehkraft vom Innenring weggeschwenkt (Werkbild RINGSPANN)

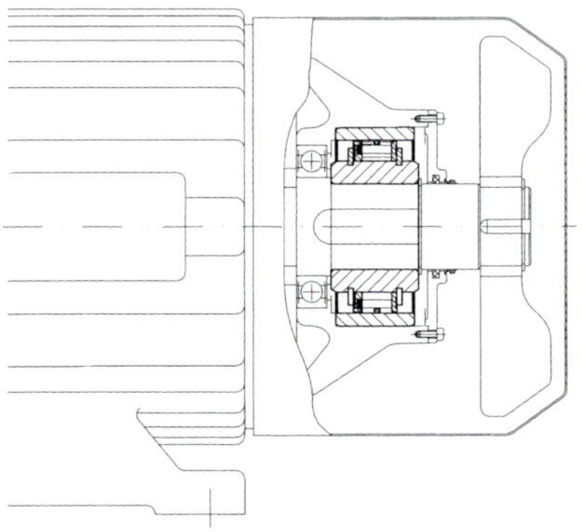

Bild 20.102 Rücklaufsperre an einem Elektromotor als integrierte Einheit (Werkbild RINGSPANN)

Bild 20.103
Schwere Rücklaufsperre für die primäre Kühlwasserpumpe in einem Kernkraftwerk mit $T = 500000\,\text{Nm}$, $n = 1485\,\text{min}^{-1}$ (Werkbild RINGSPANN)

20.11 Bremsen

Überall, wo angetrieben wird, muss zwangsläufig auch wieder irgendwann gebremst werden. Bremsen sind sehr wichtige Komponenten in der Antriebstechnik. Heutzutage unterscheidet man meist nach der Anordnung der Reibflächen zwischen

1. Trommelbremsen und
2. Scheibenbremsen.

Andere Bauarten wie Kegelbremsen usw. existieren zwar, spielen aber keine große Rolle mehr.

Trommelbremsen werden mit Außen- oder Innenbacken gebaut, wobei heute Außenbackenbremsen gemäß Bild 20.104 kaum noch verwendet werden; man sieht sie noch in älteren Krananlagen. Heute ist die typische Trommelbremse die Innenbackenbremsen. Im Allgemeinen werden zwei Bremsbacken genutzt; wenn beide Backen von einem gemeinsamen Bremsnocken oder einem gemeinsamen Nehmerzylinder (Pos. 1 in Bild 20.105) betätigt werden und sich auf der anderen Seite lediglich abstützen (Pos. 4 in Bild 20.105), läuft der eine Backen auf (Selbstverstärkung, in Bild 20.105 der linke Backen), während der andere Backen abläuft (Selbstschwächung, in Bild 20.105 der rechte Backen). Man spricht von einer Simplexbremse. Die wesentlichen Bauteile einer rein mechanisch betätigten Simplexbremse zeigt Bild 20.106.

Werden beide Backen jeweils von einem getrennten Nocken oder Nehmerzylinder betätigt, laufen in der einen Drehrichtung beide Backen auf, was zu einer beachtlichen Selbstverstärkung bei Vorwärtsfahrt führt. Man nennt diese Art der Bremsen **Duplexbremse** (Bild 20.107). Umgekehrt hat die Bremse beim Rückwärtsfahren eine sehr schlechte Wirkung, weil beide Bremsbacken selbstschwächend wirken.

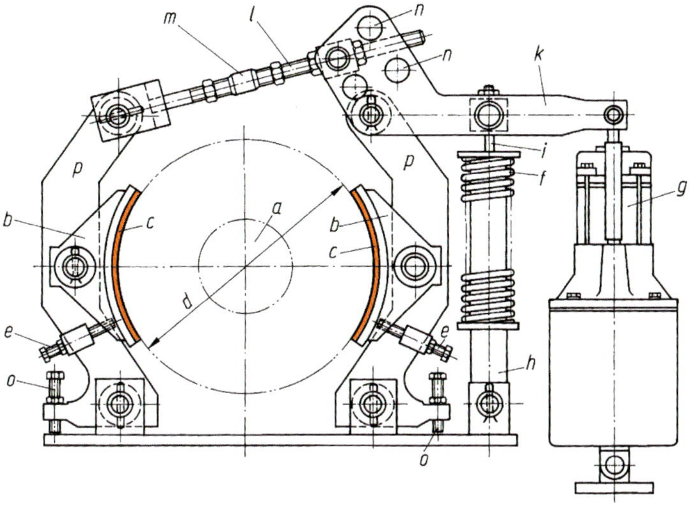

Bild 20.104 Außenbackenbremse als Kran-Stoppbremse, Bauart MAN

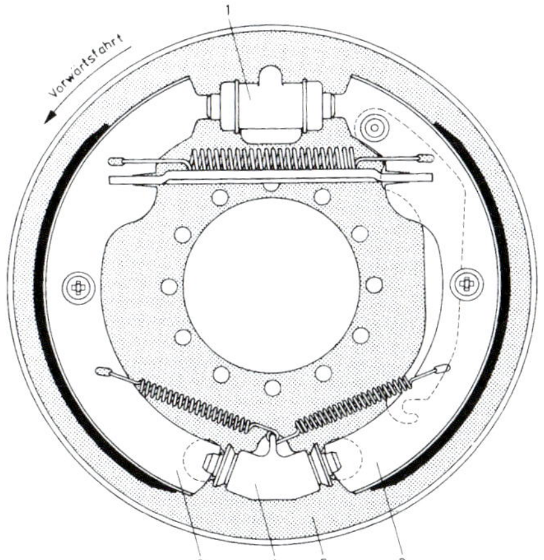

Bild 20.105 Simplexbremse mit einem oberen hydraulischen Nehmerzylinder (Werkbild Continental Teves)

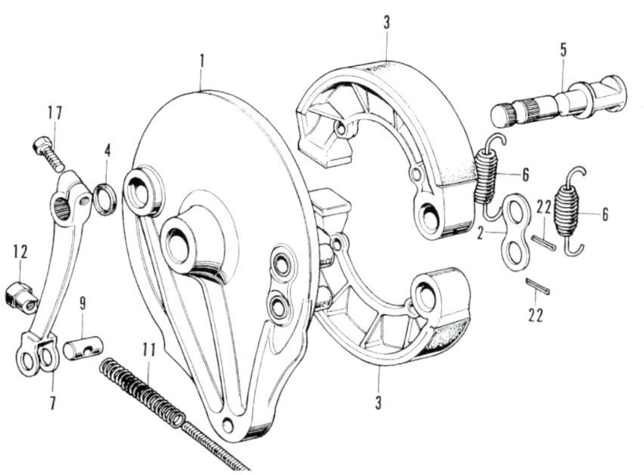

Bild 20.106 Rein mechanisch betätigte Simplexbremse eines Motorrads (Werkbild Honda Motors)
1 Bremsankerplatte, 3 Bremsbacken, 5 Bremsnocken, 6 Rückzugsfedern, 7 Bremshebel

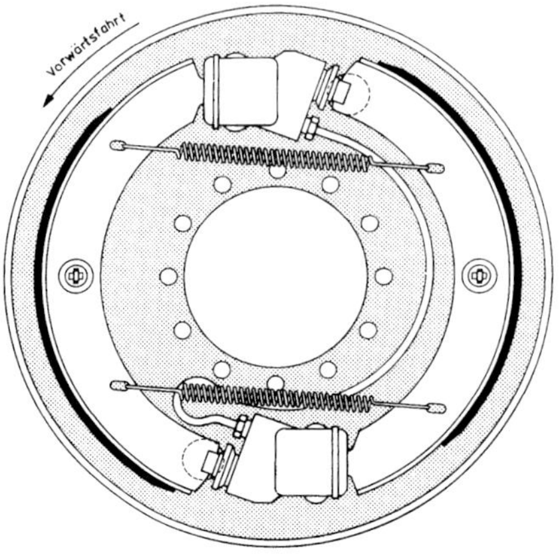

Bild 20.107
Duplexbremse mit zwei hydraulischen Nehmerzylindern (Werkbild Continental Teves)

Hier ist die Grenze zwischen sehr hoher Bremswirkung und Festbeißen der Bremse fließend, daher dürfen nur die vom Bremsenhersteller vorgesehenen Beläge verwendet werden. Durch den Selbstverstärkungseffekt liefern gut konstruierte Trommelbremsen durchaus höhere Bremsleistungen als vergleichbare Scheibenbremsen. Dafür sind die Kühlungsverhältnisse spürbar schlechter. Hochleistungs-Trommelbremsen werden daher gezielt innenbelüftet. Reibbeläge werden von den gleichen Firmen geliefert, die bereits im Abschnitt über Kupplungen genannt wurden *(Jurid, Textar, Bremskerl)*. Die Reibbeläge müssen schon seit vielen Jahren aus Gesundheitsgründen asbestfrei sein. Rein technisch gesehen haben asbesthaltige Reibbeläge ein optimales Reibungstemperatur-Verhalten. Trommelbremsen werden in Personenwagen und schweren Motorrädern praktisch nicht mehr eingebaut, lediglich in Leichtrollern und Mofas sind sie noch zu finden. Haupteinsatzgebiet der Trommelbremsen sind immer noch die schweren Lastkraftwagen, dort werden sie allerdings pneumatisch betätigt.

Scheibenbremsen

20

Hier ist deutlich zwischen **Fahrzeugbremsen** und **Industriebremsen** zu unterscheiden. Obwohl prinzipiell Bremsscheiben und Bremssättel aus Fahrzeugen auch für Industriezwecke verwendet werden könnten, ist dies aus wirtschaftlichen Gründen nicht sinnvoll. Im Maschinen- und Anlagenbau werden Scheibenbremsen meist von den Firmen geliefert, die auch die sonstigen Komponenten industrieller Antriebstechnik im Programm haben.

Scheibenbremsen (Bild 20.108 und Bild 20.109) weisen im Gegensatz zu Trommelbremsen keine Selbstverstärkungsmechanismen auf (obwohl es solche Konstruktionen gegeben hat).

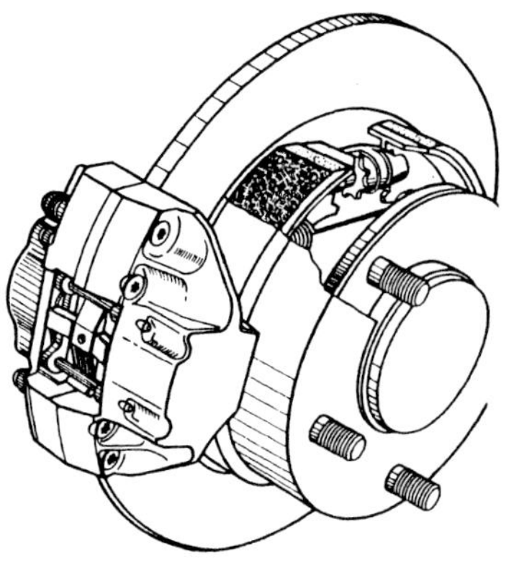

Bild 20.108
Kraftfahrzeug-Scheibenbremse

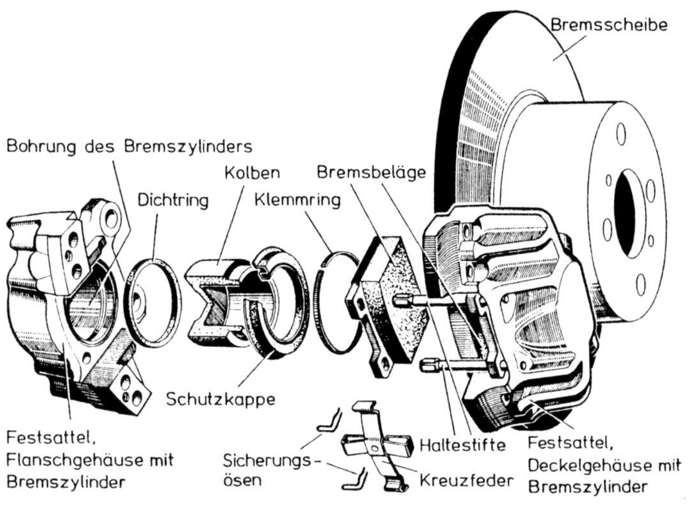

Bild 20.109 Einzelteile des Sattels der Scheibenbremse nach Bild 20.108 (Werkbild Continental Teves)

Die Betätigung erfolgt wegen der nötigen hohen Kräfte fast immer hydraulisch, nur mitunter bei Fahrrädern finden sich mechanisch betätigte Scheibenbremsen. Die *Geberzylinder* bei hydraulischer Betätigung (Bild 20.110) haben einen Vorratsbehälter, damit die Hydraulikflüssigkeit bei Belagverschleiß ins System nachfließen kann, ferner ein Bodenventil **(17)**, damit im System immer ein gewisser Vordruck gehalten wird. Der eigentliche Hydraulikkolben wird durch **(3)** gebildet. Als Druckmedium kann theoretisch jede hydraulische Flüssigkeit verwendet werden, z. B. Maschinen- oder Hydrauliköl. Nur im Automotive-Bereich wird eine spezielle *Bremsflüssigkeit* auf Glykolbasis verwendet, weil bei Fahrzeugen auf der einen Seite sehr niedrige Temperaturen (−40 °C im Winter in Nordeuropa) vorkommen können, aber umgekehrt bei z. B. Passabfahrten die Bremsscheiben mehr als 500 °C (teilweise bis Rotglut) erreichen können. Da diese Bremsflüssigkeit hygroskopisch (wasseraufnehmend) ist, soll sie nach Vorschriften der Fahrzeughersteller periodisch gewechselt werden. Das eben Gesagte gilt natürlich auch für hydraulisch betätigte Trommelbremsen.

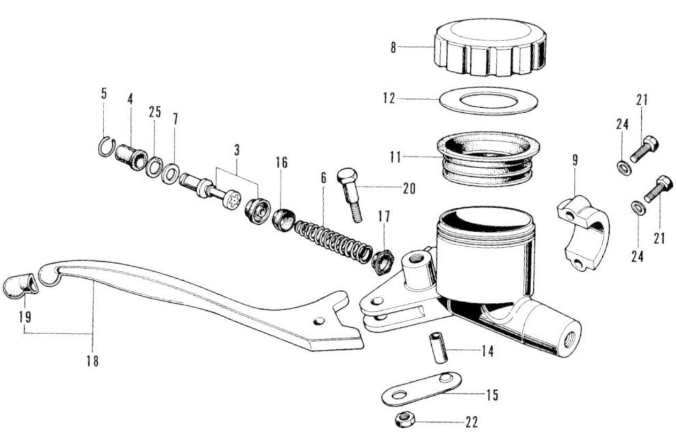

Bild 20.110
Handbremszylinder eines Motorrads mit drei Kolben
8 Verschlussdeckel des Vorratsbehälters, 11 Membran, um Luftzutritt zu verhindern, 17 Bodenventil (Werkbild Honda Motors)

Durch die nicht vorhandene Selbstverstärkung sind im Fahrzeugbereich Scheibenbremsen fast immer mit **Bremskraftverstärkern** gekoppelt, die entweder pneumatisch oder elektrisch arbeiten, zumindest bei allen Autos und bei manchen schweren Motorrädern (Bild 20.111, hier geht es meist noch ohne Servounterstützung, weil die abzubremsende Fahrzeugmasse viel geringer als bei einem Pkw ist). Bei Industrieanwendungen ist meist der Platz nicht so beengt, sodass man dann einfach einen größeren Scheibendurchmesser und/oder eine stärkere Bremszange vorsieht.

Bild 20.111
Doppel-Scheibenbremse mit ABS und elektrohydraulischer Servounterstützung an einem schweren Motorrad (BMW)

Die Berechnung einer Scheibenbremse ist identisch zu der Kupplungsberechnung (vgl. Bild 20.73). Es gilt auch hier analog: $T_B \leq \mu \cdot F_N \cdot r \cdot 2$.

Während die Scheibenbremsen bei Fahrzeugen fast immer hydraulisch betätigt werden, existieren bei **Industrie-Scheibenbremsen** folgende Möglichkeiten:

a) pneumatisch betätigt - federgelüftet

b) hydraulisch betätigt - federgelüftet

c) federbetätigt - pneumatisch gelüftet

d) federbetätigt - hydraulisch gelüftet

e) handbetätigt

Bild 20.112 zeigt eine kleine Bremszange, bei der die Anpresskraft mit Federn erzeugt wird, während das Öffnen mit Druckluft erfolgt. Das Bremsmoment beträgt 50 Nm bei 355 mm Bremsscheibendurchmesser. Eine pneumatisch betätigte und federgelüftete Bremszange gemäß Bild 20.113 kann bei 6 bar Luftdruck ein Bremsmoment von ca. 4400 Nm bei 355 mm Bremsscheibendurchmesser erzeugen. Die hydraulisch betätigte und federgelüftete Bremszange (Bremssattel) nach Bild 20.114 arbeitet mit Mineralöl und erzeugt bei 90 bar Betriebsdruck über 20 000 Nm Bremsmoment bei einem Scheibendurchmesser von 1100 mm. Diese Angaben sollen einen Überblick und erste Abschätzmöglichkeiten geben. Die Bremsscheiben solcher Industrie-Scheibenbremsen bestehen üblicherweise aus EN-GJS 500-7 (GGG-50) nach DIN 1693. Als Obergrenze der Scheibentemperatur werden 300 °C angegeben. Die Berechnung erfolgt wie bereits früher angegeben, dabei ist zu beachten, dass größere Bremsscheiben eine nicht unbeträchtliche Drehmasse haben. Bei einem Scheibendurchmesser von 520 mm als gängige Größe kann man von rund 0,8 kg m^2 ausgehen, dagegen hat eine Bremsscheibe mit 1600 mm Durchmesser eine Drehmasse von etwa 150 kg m^2! Auch bei diesen Industrie-Scheibenbremsen können von den Herstellern Beläge mit elektrischer Verschleißüberwachung geliefert werden.

Als **Haltebremsen** werden oft ruhestrombetätigte, elektromagnetische Federdruckbremsen eingesetzt (Bild 20.115). Sie sind im stromlosen Zustand geschlossen und dienen als Sicherheitshaltebremsen. Dann drücken Schraubenfedern **(11)** gegen die Ankerscheibe **(5)**. Die Reibbeläge **(8)** des Rotors **(35)**, der über eine Zahnnabe **(1)** mit der Antriebswelle verbunden ist, werden zwischen dieser Ankerscheibe **(5)** und der Anbaufläche der Bremse eingespannt. Wird

20

die Spule (**9**) mit Strom versorgt, baut sich ein Magnetfeld auf, das die Ankerscheibe (**5**) an den Spulenträger (**2**) zieht und so den Rotor (**35**) mit den Reibbelägen (**8**) freigibt. Die Bremse ist bei angelegter Spannung geöffnet.

Eine Kombination aus Bremse und Kupplung sind **Schrittmodule**, d. h. elektromagnetische Kupplungsbremsaggregate, die bei konstantem Durchlaufen des Antriebsmotors durch wechselseitiges Kuppeln und Bremsen einen Taktbetrieb ermöglichen (Bild 20.116).

Bild 20.112 Federbetätigte und pneumatisch belüftete Bremszange (Werkbild RINGSPANN)

Bild 20.113 Pneumatisch betätigte und federgelüftete Bremszange (Werkbild RINGSPANN)

Bild 20.114
Hydraulisch betätigte und federgelüfteter Bremssattel (Werkbild RINGSPANN)

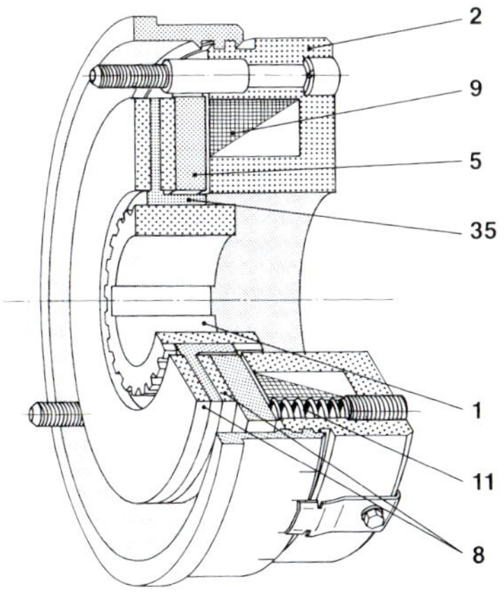

Bild 20.115 Elektromagnetische Sicherheitsbremse ROBA-stop (Werkbild Mayr)

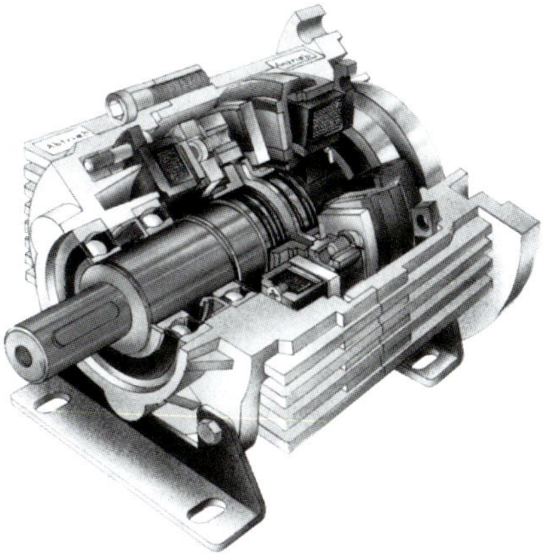

Bild 20.116 Kupplungs-Brems-Kombination ROBA-takt (Werkbild Mayr)

20.12 Mehrmassen-Torsionsschwinger

Viele Drehschwinger lassen sich bei ihrer Betrachtung auf Ein- oder Zweimassen-Drehschwinger reduzieren (vgl. Abschnitt 20.4). Bei Vier- oder Sechszylinder-Kurbelwellen, evtl. noch kombiniert mit Schaltkupplung, Getriebe, Differenzial und Fahrzeugmasse zu einem Gesamtsystem, wird man zum Ansatz des **Mehrmassen-Torsionsschwingers** greifen (Bild 20.117), wobei wir uns hier auf den Fall der freien und ungedämpften Schwingung, also ohne Erregermomente, beschränkten wollen.

Anmerkung: Das im Folgenden beschriebene Verfahren ist mathematisch anspruchsvoll, aber an sich sehr klar und überschaubar. Neben diesem geradezu klassischen Verfahren kann man in der Praxis auch weniger aufwendige Vorgehensweisen wie das sog. *Holzer-Verfahren* oder das sog. *Übertragungsverfahren* nutzen.

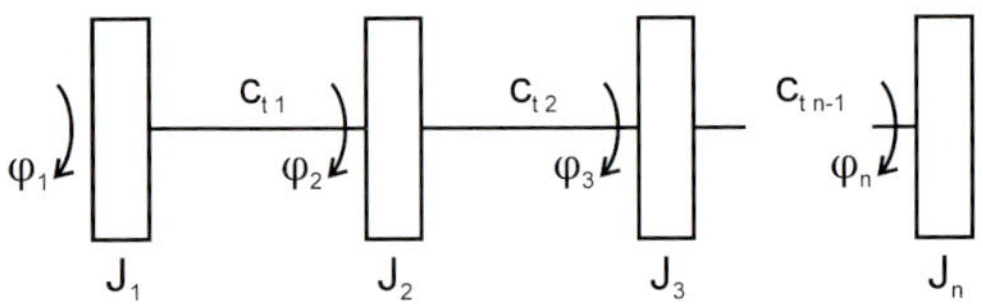

Bild 20.117
Mehrmassen-Torsionsschwinger mit den Drehmassen $J_1 \ldots J_n$ und den Drehfeder-Steifigkeiten $c_{t1} \ldots c_{tn-1}$

Für den Ansatz wird eine beliebige Drehmasse J_k freigeschnitten (Bild 20.118), man erhält die Bewegungsgleichung:

$$J_k \cdot \ddot{\varphi}_k - T_{k-1} + T_k = 0$$
$$J_k \cdot \ddot{\varphi}_k - c_{tk-1}\left(\varphi_{k-1} - \varphi_k\right) + c_{tk}\left(\varphi_k - \varphi_{k+1}\right) = 0$$

Die zugrunde liegende Systematik ist am besten an einem Beispiel zu erkennen: Bei drei Drehmassen und zwei Drehfedern entsteht (wobei es die Indizes 0 und 3 gar nicht gibt – sie sind also auf der rechten Seite null):

$$J_1 \cdot \ddot{\varphi}_1 - c_{t0}\left(\varphi_0 - \varphi_1\right) + c_{t1}\left(\varphi_1 - \varphi_2\right) = 0 = J_1 \cdot \ddot{\varphi}_1 + c_{t1}\left(\varphi_1 - \varphi_2\right)$$
$$J_2 \cdot \ddot{\varphi}_2 - c_{t1}\left(\varphi_1 - \varphi_2\right) + c_{t2}\left(\varphi_2 - \varphi_3\right) = 0$$
$$J_3 \cdot \ddot{\varphi}_3 - c_{t2}\left(\varphi_2 - \varphi_3\right) + c_{t3}\left(\varphi_3 - \varphi_4\right) = 0 = J_3 \cdot \ddot{\varphi}_3 + c_{t2}\left(\varphi_2 - \varphi_3\right)$$

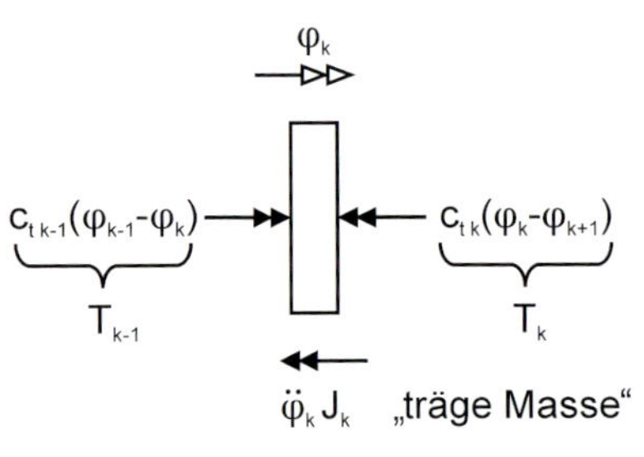

Bild 20.118
Freigeschnittene Drehmasse J_k mit den angreifenden Momenten

Dieses Gleichungssystem – in Matrixform geschrieben – lässt sehr gut den strukturellen Aufbau erkennen:

$$\begin{pmatrix} J_1 & 0 & 0 \\ 0 & J_2 & 0 \\ 0 & 0 & J_3 \end{pmatrix} \begin{pmatrix} \ddot{\varphi}_1 \\ \ddot{\varphi}_2 \\ \ddot{\varphi}_3 \end{pmatrix} + \begin{pmatrix} c_{t1} & -c_{t1} & 0 \\ -c_{t1} & c_{t1} + c_{t2} & -c_{t2} \\ 0 & -c_{t2} & c_{t2} \end{pmatrix} \begin{pmatrix} \varphi_1 \\ \varphi_2 \\ \varphi_3 \end{pmatrix} = \begin{pmatrix} 0 \\ 0 \\ 0 \end{pmatrix}$$

In symbolischer Matrixschreibweise ist dies $\boldsymbol{J} \cdot \ddot{\boldsymbol{\varphi}} + \boldsymbol{C}_t \cdot \boldsymbol{\varphi} = \boldsymbol{0}$.

Dies ist ein System von Differenzialgleichungen, das unter der Annahme einer harmonischen Schwingung in Sinusform vereinfacht werden kann (der Spitzenwert, die Amplitude, ist $\hat{\varphi}_i$). Aus der Beziehung für den Drehwinkel lässt sich durch einmaliges Differenzieren nach der Zeit (Kettenregel beachten) sofort die Geschwindigkeit und durch nochmaliges Differenzieren nach der Zeit die Drehbeschleunigung ermitteln:

$$\varphi_i = \hat{\varphi}_i \cdot \sin(\omega t)$$
$$\dot{\varphi}_i = \hat{\varphi}_i \cdot \cos(\omega t) \cdot \omega$$
$$\ddot{\varphi}_i = -\hat{\varphi}_i \cdot \sin(\omega t) \cdot \omega^2$$

Die Drehbeschleunigung lässt sich damit durch den Drehwinkel ausdrücken, was sofort ins vorangegangene Gleichungssystem eingesetzt werden kann. Nach Kürzen des Sinus entsteht:

$$\ddot{\varphi}_i = -\omega^2 \cdot \varphi_i$$
$$-\boldsymbol{J} \cdot \omega^2 \cdot \boldsymbol{\varphi} + \boldsymbol{C}_t \cdot \boldsymbol{\varphi} = 0$$
$$\boldsymbol{C}_t \cdot \boldsymbol{\varphi} = \boldsymbol{J} \cdot \omega^2 \cdot \boldsymbol{\varphi}$$

Wenn nun noch ω^2 durch λ ersetzt wird, entsteht ein Ausdruck, der in der Mathematik als die sog. *Allgemeine Eigenwertaufgabe* bekannt ist:

$$\boldsymbol{C}_t \cdot \boldsymbol{\varphi} = \lambda \cdot \boldsymbol{J} \cdot \boldsymbol{\varphi}$$

Dabei sind λ die Eigenwerte und $\boldsymbol{\varphi}$ die Eigenvektoren. Aus den Eigenwerten kann man über die Beziehungen $\omega = \sqrt{\lambda}$ und $f = \frac{\omega}{2\pi} = \frac{\sqrt{\lambda}}{2\pi}$ sofort die Eigenfrequenzen f, also die Frequenzen, bei denen das System in Eigenschwingungen gerät, berechnen. Die *Eigenvektoren* geben die Drehwinkel der jeweiligen Drehmassen bei der jeweiligen Eigenfrequenz an. Mathematisch gesehen werden **die** Vektoren, also die Eigenvektoren, gesucht, die jeweils mit der Matrix auf der linken Seite multipliziert den gleichen Vektor ergeben wie mit der Matrix auf der rechten Seite. Anschließend wird mit dem Faktor λ, dem Eigenwert, multipliziert.

Eigenwertaufgaben gehören zum schwierigsten Bereich der Numerischen Mathematik. Man kommt selbst bei sehr kleinen Systemen meist nicht ohne einen Computer oder leistungsfähigen Taschenrechner aus. Besonders schwierig ist, die sog. *Allgemeine Eigenwertaufgabe* zu lösen. Daher überführt man sie gern in die *spezielle Eigenwertaufgabe*:

$$\boldsymbol{C}_t \cdot \boldsymbol{\varphi} = \lambda \cdot \boldsymbol{J} \cdot \boldsymbol{\varphi} \rightarrow (\boldsymbol{A} - \lambda \cdot \boldsymbol{I}) \cdot \boldsymbol{\psi} = \boldsymbol{0}$$

Dabei ist $\boldsymbol{I}$ die Einheitsmatrix (Einsen auf der Hauptdiagonalen, Rest Nullen). Da alle Drehmassen größer als null sind, existiert folgende Matrix

$$\boldsymbol{J}^{1/2} = \begin{pmatrix} J_1^{1/2} & 0 & 0 \\ 0 & J_2^{1/2} & 0 \\ 0 & 0 & J_3^{1/2} \end{pmatrix}$$

bzw. im allgemeinen Fall dann

20

$$J^{1/2} = \begin{pmatrix} J_1^{1/2} & 0 & 0 & 0 \\ 0 & J_2^{1/2} & 0 & 0 \\ \dots & \dots & \dots & \dots \\ 0 & 0 & 0 & J_n^{1/2} \end{pmatrix}$$

Nun wird der Vektor $\boldsymbol{\psi} = \boldsymbol{J}^{1/2} \cdot \boldsymbol{\varphi} \rightarrow \boldsymbol{\varphi} = \boldsymbol{J}^{-1/2} \cdot \boldsymbol{\psi}$ eingeführt. Setzt man $\boldsymbol{\varphi} = \boldsymbol{J}^{-1/2} \cdot \boldsymbol{\psi}$ in die spezielle Eigenwertaufgabe ein und fügt man die Beziehung $\boldsymbol{J} = \boldsymbol{J}^{1/2} \cdot \boldsymbol{J}^{1/2}$ in

$$(\boldsymbol{C}_t - \lambda \cdot \boldsymbol{J}) \cdot \boldsymbol{\varphi} = \boldsymbol{0}$$

ein, dann entsteht

$$(\boldsymbol{C}_t - \lambda \cdot \boldsymbol{J}^{1/2} \cdot \boldsymbol{J}^{1/2}) \cdot \boldsymbol{J}^{-1/2} \cdot \boldsymbol{\psi} = \boldsymbol{0} \rightarrow (\boldsymbol{C}_t \cdot \boldsymbol{J}^{-1/2} - \lambda \cdot \boldsymbol{J}^{-1/2} \cdot \boldsymbol{J}^{1/2} \cdot \boldsymbol{J}^{1/2}) \cdot \boldsymbol{\psi} = \boldsymbol{0}$$

Dies wird mit $J^{-1/2}$ multipliziert.

$$(\boldsymbol{J}^{-1/2} \cdot \boldsymbol{C}_t \cdot \boldsymbol{J}^{-1/2} - \lambda \cdot \boldsymbol{J}^{-1/2} \cdot \boldsymbol{J}^{-1/2} \cdot \boldsymbol{J}^{1/2} \cdot \boldsymbol{J}^{1/2}) \cdot \boldsymbol{\psi} = \boldsymbol{0} \cdot \boldsymbol{J}^{-1/2} = \boldsymbol{0}$$

Es ist $\boldsymbol{J}^{-1/2} \cdot \boldsymbol{J}^{-1/2} \cdot \boldsymbol{J}^{1/2} \cdot \boldsymbol{J}^{1/2} = \boldsymbol{I}$, also $(\boldsymbol{J}^{-1/2} \cdot \boldsymbol{C}_t \cdot \boldsymbol{J}^{-1/2} - \lambda \cdot \boldsymbol{I}) \cdot \boldsymbol{\psi} = \boldsymbol{0}$.
Mit dem Ansatz $\boldsymbol{A} = \boldsymbol{J}^{-1/2} \cdot \boldsymbol{C}_t \cdot \boldsymbol{J}^{-1/2}$ kann damit die spezielle Eigenwertaufgabe formuliert werden:

$$(\boldsymbol{A} - \lambda \cdot \boldsymbol{I}) \cdot \boldsymbol{\psi} = \boldsymbol{0}$$

Das Lösen dieser Eigenwertaufgabe ist mathematisch mitunter sehr schwierig, es gibt eine ganze Reihe von Verfahren [20.11; 20.20; 20.21] dazu. Mathematikprogramme wie z. B. *Mathematica* oder *Matlab* bzw. moderne Taschenrechner haben diese Fähigkeit eingebaut (bei TI-89-Taschenrechnern z. B. die Funktionen *eigVl* und *eigVc* für die Ermittlung von Eigenwerten und Eigenvektoren). Im Internet findet man die sog. *EISPACK*-Routinen (EISPACK = Eigensystems Package), die man in eigene Programme einbauen kann. Danach müssen die Eigenvektoren mit der Beziehung $\boldsymbol{\varphi} = \boldsymbol{J}^{-1/2} \cdot \boldsymbol{\psi}$ rücktransformiert werden.

Damit wird die Drehmassenmatrix

20

$$\boldsymbol{J} = \begin{pmatrix} J_1 & 0 & 0 & 0 & 0 \\ 0 & J_2 & 0 & 0 & 0 \\ 0 & 0 & J_3 & 0 & 0 \\ \dots & \dots & \dots & \dots & \dots \\ 0 & 0 & 0 & 0 & J_n \end{pmatrix}, \boldsymbol{J}^{-1/2} = \begin{pmatrix} 1/\sqrt{J_1} & 0 & 0 & 0 & 0 \\ 0 & 1/\sqrt{J_2} & 0 & 0 & 0 \\ 0 & 0 & 1/\sqrt{J_3} & 0 & 0 \\ \dots & \dots & \dots & \dots & \dots \\ 0 & 0 & 0 & 0 & 1/\sqrt{J_n} \end{pmatrix}$$

Zu beachten ist, dass sich die Inverse $\boldsymbol{J}^{-1/2}$ nur deshalb so einfach berechnen lässt, weil J eine Diagonalmatrix ist. Sonst müsste man den sehr aufwendigen Prozess der Matrixinversion ausführen. Die Drehsteifigkeitsmatrix ist im allgemeinen Fall:

$$\boldsymbol{C}_t = \begin{pmatrix} c_{t1} & -c_{t1} & 0 & 0 & 0 \\ -c_{t1} & c_{t1} + c_{t2} & -c_{t2} & 0 & 0 \\ 0 & -c_{t2} & c_{t2} + c_{t3} & -c_{t3} & 0 \\ \dots & \dots & \dots & \dots & \dots \\ 0 & 0 & 0 & -c_{tn-1} & c_{tn-1} \end{pmatrix}$$

Sie ist bei unvermaschten und unverzweigten Drehschwingern immer eine sog. *Tridiagonalmatrix*, was das Lösen der Eigenwertaufgabe vereinfacht. So kann man damit die EISPACK-Routine IMTQL2 (Internet) einsetzen. Im Übrigen wird auf die mathematische Literatur zum Thema Eigenwerte und Eigenvektoren verwiesen, z. B. [20.11], [20.18], [20.19], [20.20] und [20.21].

Beispiel 20.2

Untersucht wird die Kurbelwelle eines Vierzylinder-Ottomotors (Bild 20.119 und Bild 20.120). Als Drehmassen werden lediglich die vier Gegengewichte angenommen. Die Pleuellagerzapfen des 1. und 2. Zylinders sowie der Grundlagerzapfen dazwischen werden zu einer Drehsteifkeit c_{t1} zusammengefasst, ebenso die Pleuellagerzapfen des 3. und 4. Zylinders sowie der dazwischen liegende Grundlagerzapfen ($= c_{t3}$).

Bild 20.119 Vierzylinder-Kurbelwelle eines Ottomotors

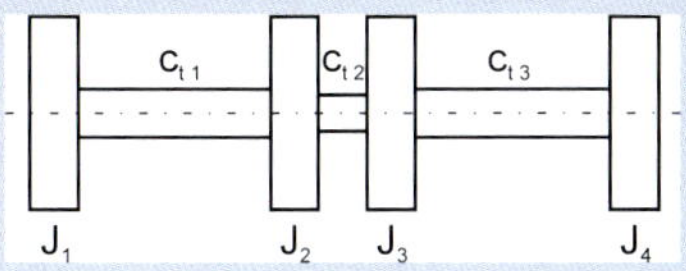

Bild 20.120
Modellbildung für die Vierzylinder-Kurbelwelle

Die vier Gegengewichte haben eine Drehmasse $J_1 \ldots J_4$ von jeweils 0,0024 kg m², die Drehfedersteifigkeiten seien $c_{t1} = c_{t3} = 314417 \text{Nm/rad}$ und $c_{t2} = 2579487 \text{Nm/rad}$. Es ist nun die Matrix A zu bestimmen mit $\boldsymbol{A} = \boldsymbol{J}^{-1/2} \cdot \boldsymbol{C}_t \cdot \boldsymbol{J}^{-1/2}$. Dabei ist dann

$$\boldsymbol{J}^{-1/2} = \begin{pmatrix} 1/\sqrt{J_1} & 0 & 0 & 0 \\ 0 & 1/\sqrt{J_2} & 0 & 0 \\ 0 & 0 & 1/\sqrt{J_3} & 0 \\ 0 & 0 & 0 & 1/\sqrt{J_4} \end{pmatrix} = \begin{pmatrix} 20{,}41 & 0 & 0 & 0 \\ 0 & 20{,}41 & 0 & 0 \\ 0 & 0 & 20{,}41 & 0 \\ 0 & 0 & 0 & 20{,}41 \end{pmatrix}$$

$$\boldsymbol{C}_t = \begin{pmatrix} c_{t1} & -c_{t1} & 0 & 0 \\ -c_{t1} & c_{t1} + c_{t2} & -c_{t2} & 0 \\ 0 & -c_{t2} & c_{t2} + c_{t3} & -c_{t3} \\ 0 & 0 & -c_{t3} & c_{t3} \end{pmatrix}$$

$$= \begin{pmatrix} 314417 & -314417 & 0 & 0 \\ -314417 & 2893904 & -2579487 & 0 \\ 0 & -2579487 & 2893904 & -314417 \\ 0 & 0 & -314417 & 314417 \end{pmatrix}$$

Nun können die beiden Matrixmultiplikationen – am besten nach dem Falkschen Schema – ausgeführt werden:

$$\begin{pmatrix} 314417 & -314417 & 0 & 0 \\ -314417 & 2893904 & -2579487 & 0 \\ 0 & -2579487 & 2893904 & -314417 \\ 0 & 0 & -314417 & 314417 \end{pmatrix}$$

$$\begin{pmatrix} 20{,}41 & 0 & 0 & 0 \\ 0 & 20{,}41 & 0 & 0 \\ 0 & 0 & 20{,}41 & 0 \\ 0 & 0 & 0 & 20{,}41 \end{pmatrix} \begin{pmatrix} 6417250 & -6417250 & 0 & 0 \\ -6417250 & 59064600 & -52647300 & 0 \\ 0 & -52647300 & 59064600 & -6417250 \\ 0 & 0 & -6417250 & 6417250 \end{pmatrix}$$

$$\begin{pmatrix} 20{,}41 & 0 & 0 & 0 \\ 0 & 20{,}41 & 0 & 0 \\ 0 & 0 & 20{,}41 & 0 \\ 0 & 0 & 0 & 20{,}41 \end{pmatrix} \begin{pmatrix} 1{,}30976E8 & -1{,}30976E8 & 0 & 0 \\ -1{,}30976E8 & 1{,}20551E9 & -1{,}07453E9 & 0 \\ 0 & -1{,}07453E9 & 1{,}20551E9 & -1{,}30976E8 \\ 0 & 0 & -1{,}30976E8 & 1{,}30976E8 \end{pmatrix}$$

Die Matrix unten rechts ist die Matrix A. Mit geeigneten Routinen zum Lösen der speziellen Eigenwertaufgabe (Mathematica, Matlab, TI-89, EISPACK-Routine IMTQL2) können die Eigenwerte zu $f_1 = 7614$, $f_2 = 2576$, $f_3 = 0$ (Starrkörperbewegung!) und $f_4 = 1765\text{Hz}$ berechnet werden, wobei $f = f = \sqrt{\lambda / 2\pi}$.

Die Eigenvektoren werden nach der Umrechnung $\varphi = \boldsymbol{J}^{-1/2} \cdot \psi$ und Normierung:

$$\varphi_1 = \begin{pmatrix} -0{,}043 \\ +0{,}706 \\ -0{,}706 \\ +0{,}043 \end{pmatrix}, \quad \varphi_2 = \begin{pmatrix} -0{,}5 \\ +0{,}5 \\ -0{,}5 \\ +0{,}5 \end{pmatrix}, \quad \varphi_4 = \begin{pmatrix} -0{,}706 \\ -0{,}043 \\ +0{,}043 \\ +0{,}706 \end{pmatrix}$$

Die Eigenvektoren stellt man am besten grafisch dar (Bild 20.121 und Bild 20.122). So entnimmt man Bild 20.121, dass die erste und vierte Drehmasse um einen Betrag von 0,5 nach z. B. links dreht. Die zweite und dritte Drehmasse dreht um einen Betrag von 0,5 nach rechts. Daher nennt man dies auch sehr treffend die Eigenformen. Die Absolutbeträge kann man nicht darstellen, denn bei einer ungedämpften Schwingung wären sie in einer Eigenresonanz theoretisch unendlich groß. In der Praxis wird man vor dem grafischen Auftragen der Eigenvektoren (der Eigenformen) diese auf z. B. die Länge 1 normieren.

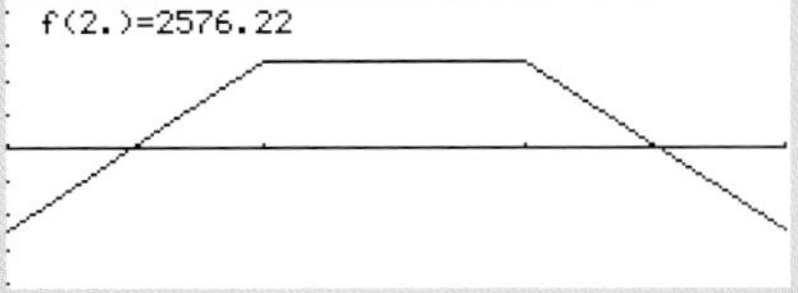

Bild 20.121 Eigenformen der Eigenfrequenz f_2

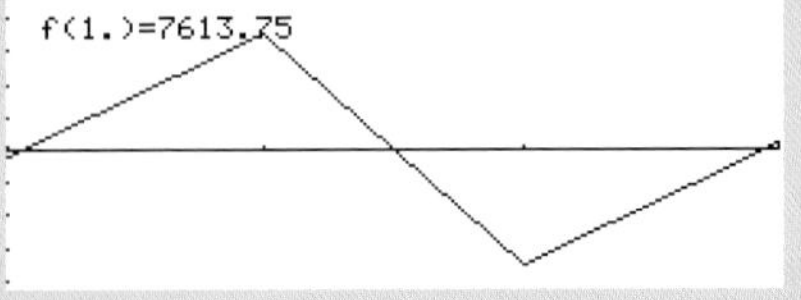

Bild 20.122 Eigenformen der Eigenfrequenz f_1

Beispiel 20.3

Es soll ein kompletter Fahrzeug-Antriebsstrang berechnet werden. Dieses Beispiel ist *Holzweißig/Dresig* [20.18] entnommen. Dabei sind $i = 12...15$ auf die Hauptwelle reduziert (Berücksichtigung der Übersetzung):

i	1	2	3	4	5
J_i (in kg m^2)	0,004	0,001	0,01	0,01	0,01
c_{ti} (in Nm/rad)	20 000	90 000	450 000	450 000	450 000

i	6	7	8	9	10
J_i (in kg m^2)	0,01	0,215	0,00028	0,00425	0,0025
c_{ti} (in Nm/rad)	450 000	1600	9000	60000	9000

i	11	12	13	14	15
J_i (in kg m^2)	0,0065	0,0024	0,00237	0,1241	4748
c_{ti} (in Nm/rad)	9000	54800	700	2900	-

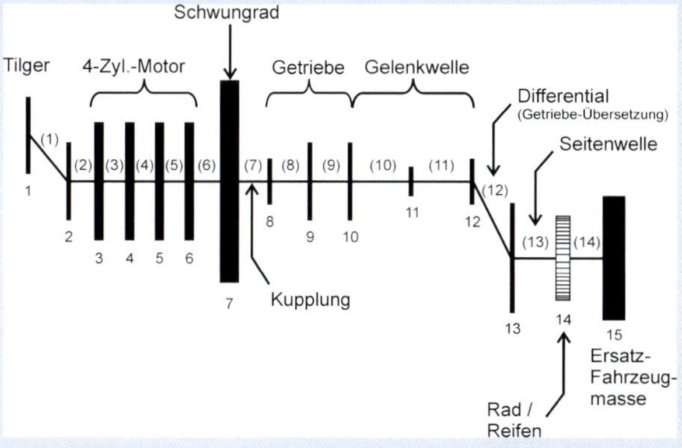

Bild 20.123 Fahrzeug-Antriebsstrang

Mit 15 Drehmassen scheidet eine Taschenrechner- oder PC-unterstützte Rechnung aufgrund der 15 · 15 Matrizen mehr oder weniger aus. Man wird ein Rechenprogramm verwenden. Es gibt verschiedene kommerzielle Lösungen wie ITI-SIM [20.16] oder DRESP [20.15], die natürlich auch - wenn gewünscht - mit Dämpfung und Erregermomenten rechnen und daher auch vermaschte und verzweigte Systeme behandeln können.

Zu beachten ist, dass die Eigenfrequenzen nicht nach ihrer Größe sortiert sind. Üblicherweise bezeichnet man in der Maschinendynamik die *niedrigste Frequenz als die erste Eigenfrequenz*. In diesem Fall entspricht die Eigenfrequenz $f(15) = 0$ der Starrkörperbewegung. Nachfolgend werden die ersten acht Eigenfrequenzen gezeigt, dann die Eigenformen für die ersten vier Eigenfrequenzen.

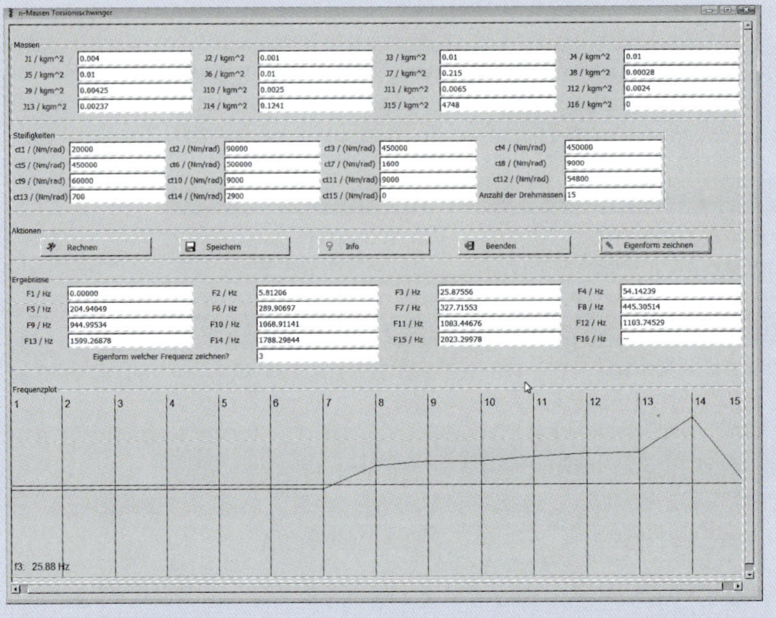

Bild 20.124 Die ersten acht Eigenfrequenzen und die Eigenformen für die ersten vier Eigenfrequenzen des Antriebsstrangs nach Bild 20.123 (Programm ZTORS)

20.13 Verständnisfragen

1. Wie nennt man drehzahlbetätigte schaltbare Kupplungen?
2. Warum müssen eine Antriebsmaschine und eine Arbeitsmaschine über eine Ausgleichskupplung miteinander verbunden werden?
3. Mit dem Produkt welcher Größen wird die Leistung hierbei grundlegend berechnet?
4. Welche zusätzlichen Elemente besitzen formschlüssig nachgiebige, drehelastische Wellenkupplungen und welche Aufgabe wird ihnen zu teil?
5. Nennen Sie drei Zahnformen für Klauenkupplungen.
6. Welche Form der formschlüssigen Schaltkupplung kommt in Kraftfahrzeugen zum Einsatz?
7. Was unterscheidet Industriekupplungen üblicherweise von Kraftfahrzeugkupplungen?
8. In den meisten Motorrädern sind Kupplung und Schaltgetriebe zusammengeblockt und nicht getrennt. Welche Folgen ergeben sich daraus für die Kupplung?
9. In welche zwei Sparten werden Bremsen nach der Anordnung der Reibflächen unterteilt?
10. Was kommt im Fahrzeugbereich zum Einsatz, um die nicht vorhandene Selbstverstärkung der Scheibenbremsen zu kompensieren?

20

Literatur

[20.1] *Fleiss, R.:* Das Radial- und Axialverhalten von Zahnkupplungen. Dissertation. Darmstadt, 1977

[20.2] *Heinz, R.:* Untersuchung der Kraft- und Reibungsverhältnisse in Zahnkupplungen für große Leistungen. Dissertation. Darmstadt, 1977

[20.3] *Strauß, E.:* Einsatzgrenzen und Einlaufverhalten von nichtgehärteten Zahnkupplungen. Dissertation. Darmstadt, 1984

[20.4] *Müller, N.:* Temperaturverteilung an ölgefüllten Zahnkupplungen. Dissertation. Darmstadt, 1986

[20.5] *Müller, H. W.:* Umdruck zur Vorlesung Maschinenelemente. Auflage 1974. Technische Hochschule Darmstadt

[20.6] *Graf von Seherr-Thoss, H. C.; Schmelz, F.; Aucktor, E.:* Gelenke und Gelenkwellen. 2. Auflage, Berlin: Springer Verlag, 2002

[20.7] *Oedekoven, A.:* Temperaturverhalten von trockenlaufenden Reibungs-Kupplungen. Dissertation. Darmstadt 1989

[20.8] *Wink, R.:* Die Reibungs- und Verschleißverhältnisse in oszillierenden Roll-Gleitkontakten. Dissertation. Darmstadt 1988

[20.9] *Timtner, K. H.:* Berechnung der Drehfederkennlinien und zulässiger Drehmomente bei Freilaufkupplungen mit Klemmkörpern. Dissertation. Darmstadt 1974

[20.10] *Peeken, H.; Troeder, C.:* Elastische Kupplungen. Berlin: Springer Verlag, 2006

[20.11] *Graf Finck von Finckenstein, K.:* Einführung in die Numerische Mathematik. München: Carl Hanser Verlag, 1977

[20.12] *Rieg, F.:* Mehrdimensionale Näherungsrechnung für Meßreihen. In: Werkstatt und Betrieb 118 (1985) 7, Carl Hanser Verlag, München, S. 401–405

[20.13] KTR Gesamtkatalog, 01/2006. KTR Kupplungstehnik GmbH, Rheine i. W.

[20.14] Katalog R+W Kupplungen für Servo- und Schrittmotoren 2006, Klingenberg am Main

[20.15] *Forschungsvereinigung Antriebstechnik e. V. (FVA):* Drehschwingungssimulationsprogramm DRESP 8. RWTH Aachen, IME, Prof. Gold. Frankfurt, 2006

[20.16] *ITI GmbH:* ITI-SIM Simulationssoftware. Dresden

[20.17] *Arla Maschinentechnik GmbH:* ITI-SIM Simulationssoftware. Kürten

[20.18] *Holzweißig, F.; Dresig, H.:* Lehrbuch der Maschinendynamik. 4. Auflage. Fachbuchverlag, Leipzig-Köln 1994

[20.19] *Smith, B. T. et al.:* Matrix Eigensystem Routines – EISPACK Guide. 2nd Edition. Berlin, Heidelberg, New York: Springer Verlag, 1976

[20.20] *Faddejew, D. K.; Faddejewa, W. N.:* Numerische Methoden der linearen Algebra. 4. Auflage. München/Wien: Oldenbourg Verlag, 1976

[20.21] *Schwarz, H. R.:* Methode der finiten Elemente. 2. Auflage. Stuttgart: Teubner Verlag, 1984

DIN-Taschenbuch 3: Maschinenbau, Normen für Studium und Praxis. 12. Auflage. Berlin: Beuth, 2003

DIN 740-1 Ausgabe 1986-08. Antriebstechnik; Nachgiebige Wellenkupplungen; Anforderungen, Technische Lieferbedingungen

DIN 740-2 Ausgabe 1986-08. Antriebstechnik; Nachgiebige Wellenkupplungen; Begriffe und Berechnungsgrundlagen

DIN 748-1 Ausgabe 1970-01. Zylindrische Wellenenden; Abmessungen, Nenndrehmomente

DIN 808 Entwurf 2003-01. Wellengelenke; Baugrößen, Anschlussmaße, Belastbarkeit, Einbau

DIN 1448-1 Ausgabe 1970-01. Kegelige Wellenenden mit Außengewinde; Abmessungen

DIN 1449 Ausgabe 1970-01. Kegelige Wellenenden mit Innengewinde; Abmessungen

DIN 6288 Ausgabe 2000-07. Hubkolben-Verbrennungsmotoren; Anschlussmaße und Anforderungen für Schwungräder und elastische Kupplungen

ISO 4863	Ausgabe 1984-11. Elastische Wellenkupplungen; von Anwendern und Herstellern anzugebende Informationen
ISO 11055	Ausgabe 1996-12. Schwungräder für Verbrennungsmotoren; Anschlußmaße für Kupplungen
DIN 15432	Ausgabe 1989-01. Antriebstechnik; Bremsscheiben; Hauptmaße
DIN 15437	Ausgabe 1989-01. Antriebstechnik; Bremstrommeln und Bremsscheiben; Technische Lieferbedingungen
DIN 15431	Ausgabe 1980-04. Antriebstechnik; Bremstrommeln, Hauptmaße
DIN 15435-1	Ausgabe 1992-04. Antriebstechnik; Trommelbremsen; Maße und Anforderungen
DIN 15435-2	Ausgabe 1992-04. Antriebstechnik; Trommelbremsen; Bremsbacken
DIN 15435-3	Ausgabe 1992-04. Antriebstechnik; Trommelbremsen; Bremsbeläge
DIN 15437	Ausgabe 1989-01. Antriebstechnik; Bremstrommeln und Bremsscheiben; Technische Lieferbedingungen
DIN 74200	Ausgabe 1991-04. Hydraulische Bremsanlagen; Zylinder; Maße, Einbau

TEIL 5

Zahnräder

21 Grundlagen für Zahnräder und Getriebe

Zahnräder übertragen die Drehbewegung von einer Welle auf eine zweite durch Formschluss der im Eingriff befindlichen Zähne. Bei verschieden großen Zahnrädern wirken sie auch als Drehmomentwandler. Durch den Formschluss können sie gegenüber Riementrieben erheblich höhere Kräfte übertragen, arbeiten jedoch nicht elastisch, kommen dafür aber mit wesentlich kleineren Achsabständen aus. Dieses Kapitel gibt einen Überblick über die Begriffe zur Beschreibung von Zahnrädern und Getrieben, das Verzahnungsgesetz und die üblichen Verzahnungsarten.

21.1 Rad- und Getriebearten

Es arbeiten immer ein **treibendes** Zahnrad und ein **getriebenes** Zahnrad zusammen, die ein **Radpaar** bilden. Je nachdem, wie die Achsen der beiden Räder zueinander liegen, ergeben sich folgende Radgrundformen:

1. **Stirnräder** (Zylinderräder) bei parallel liegenden Radachsen, und zwar **Außenradpaare** nach Bild 21.1a (Geradverzahnung) und b (Schrägverzahnung) und **Innenradpaare** nach Bild 21.1c. Beim Innenradpaar heißt das innenverzahnte Rad **Hohlrad**.
2. **Zahnstangen** als unendlich groß gedachte Stirnräder zur Umwandlung einer Drehbewegung mittels eines Außenrads in eine hin- und hergehende geradlinige Bewegung nach Bild 21.1d.
3. **Kegelräder** bei sich schneidenden Radachsen nach Bild 21.1e (Geradverzahnung) und f (Schrägverzahnung).
4. **Schraubenräder** bei sich kreuzenden Radachsen, und zwar nach Bild 21.1g in einem **Stirnrad-Schraubräderpaar**, nach Bild 21.1h in einem **Schneckenradsatz** und nach Bild 21.1i in einem **Kegelrad-Schraubräderpaar**.

Der Verlauf der Zähne wird nach dem Verlauf ihrer Flankenlinien gekennzeichnet. Unter einer **Flankenlinie** versteht man die Schnittlinie der Zahnflanke mit einem Zylinder beim Stirnrad bzw. Kegel beim Kegelrad, dessen Achse mit der Radachse zusammenfällt. So kennt man:

1. Gerad-, Stufen-, Schräg-, Doppelschräg- und Kreisbogenzahn-Stirnräder (Bild 21.2)
2. Gerad-, Schräg-, Spiral-, Evolventen- und Kreisbogenzahn-Kegelräder (Bild 21.3)

Nach DIN 868 (Allgemeine Begriffe und Bestimmungsgrößen) werden bezeichnet:

1. Ein beliebiges der beiden Räder eines Radpaares als **Rad**, das mit ihm gepaarte Rad als **Gegenrad**.
2. Das kleinere der beiden Räder eines Radpaares als **Ritzel** oder **Kleinrad**, das größere als **Großrad**. Das Ritzel erhält den Index 1, das Großrad den Index 2.
3. Das **treibende Rad** mit dem Index a, das **getriebene Rad** mit dem Index b. Diese Unterscheidung ist in der Regel nur bei treibendem Großrad erforderlich.
4. Als **Getriebezug** eine Kombination von zwei oder mehr Radpaaren, die miteinander in Wirkverbindung stehen (Bild 21.4).
5. Als **Getriebe** eine Baugruppe aus einem oder mehreren Radpaaren und dem die Radpaare umschließenden Gehäuse oder Gestell, das die Lagerungen für die ortsfesten Radachsen trägt. In einem Getriebe können Größe und/oder Richtung von Drehbewegung und Drehmoment in einer oder mehreren Getriebestufen umgewandelt werden. Man kennt **einstufige** und **mehrstufige Getriebe**, in denen jedes Radpaar eine Stufe darstellt.
6. Als **Standgetriebe** ein Getriebe, bei dem alle Radachsen lagenunveränderlich drehbar gelagert sind.
7. Als **Umlauf**- oder **Planetengetriebe** ein Getriebe nach Bild 21.5 mit mindestens drei in Wirkrichtung hintereinander angeordneten Zahnrädern, bei denen die Radachsen zweier Räder koaxial angeordnet sind und das dritte Rad als Zwischenrad **(Umlaufrad, Planetenrad)** in einem um die koaxialen Radachsen drehbaren Steg **(Planetenradträger)** gelagert ist und mit dem Steg umläuft. In Sonderfällen kann anstelle des Hohlrades ein Außenrad verwendet werden. In diesem Fall trägt die umlaufende Achse des Steges zwei fest miteinander verbundene außenverzahnte Zwischenräder. Der Umlaufgetriebezug besteht dann aus zwei in Wirkrichtung hintereinander angeordneten Außenradpaaren, von denen die beiden nicht miteinander verbundenen Außenräder koaxial sind (siehe ausführlich Abschnitt 21.5).

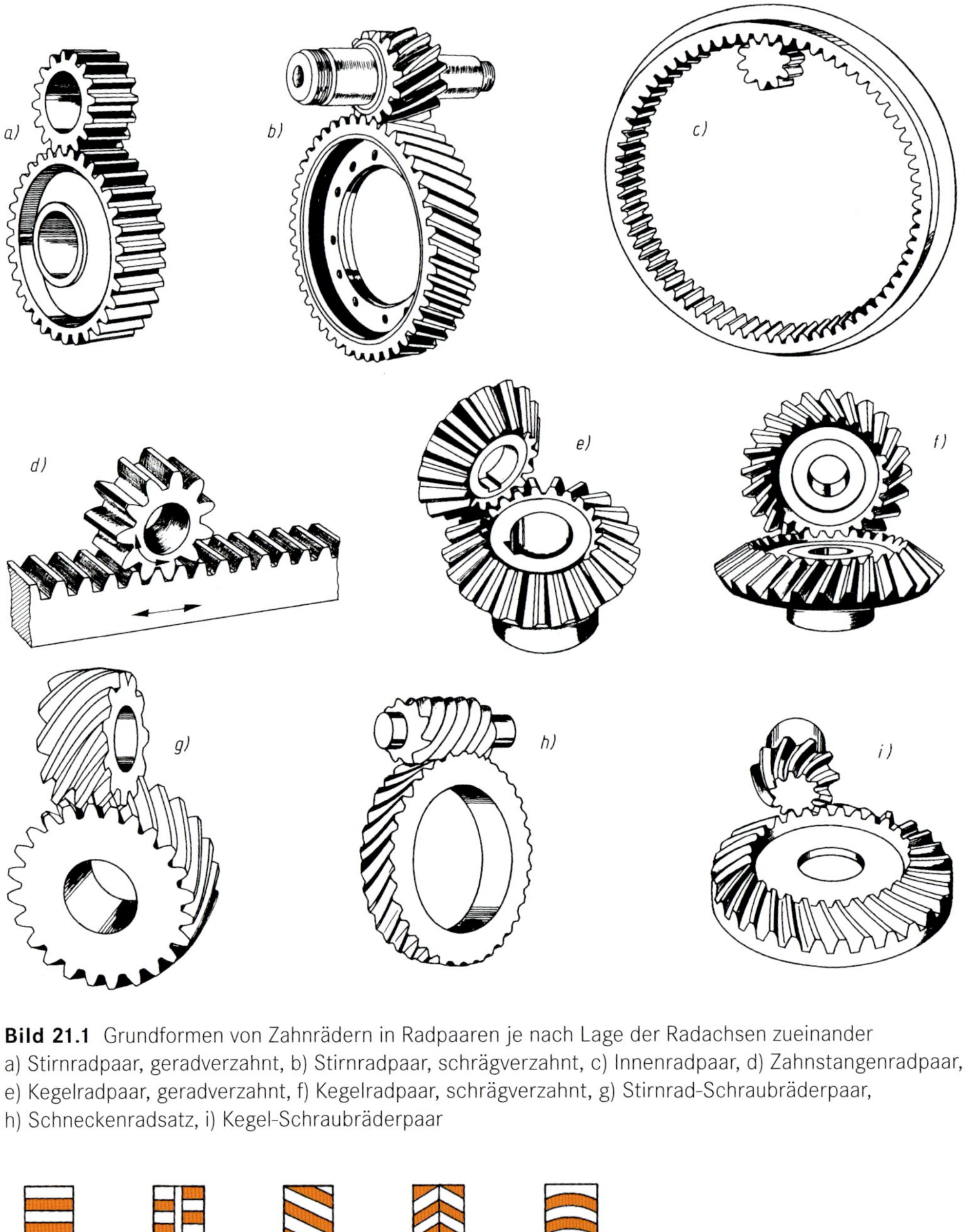

21

Bild 21.1 Grundformen von Zahnrädern in Radpaaren je nach Lage der Radachsen zueinander
a) Stirnradpaar, geradverzahnt, b) Stirnradpaar, schrägverzahnt, c) Innenradpaar, d) Zahnstangenradpaar, e) Kegelradpaar, geradverzahnt, f) Kegelradpaar, schrägverzahnt, g) Stirnrad-Schraubräderpaar, h) Schneckenradsatz, i) Kegel-Schraubräderpaar

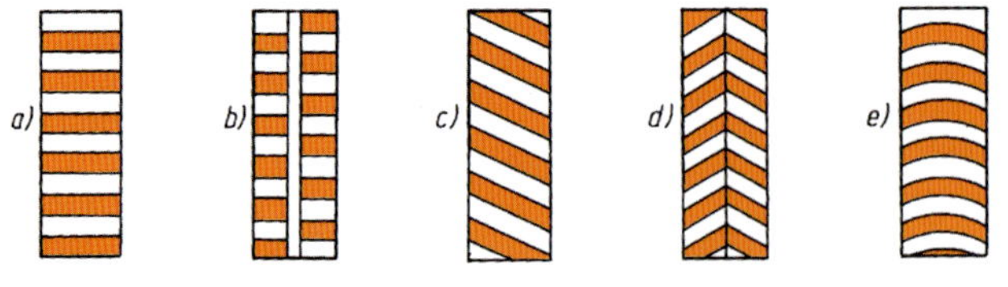

Bild 21.2 Zahnverlauf an Stirnrädern (auf dem abgewickelten Zylindermantel)
a) Geradzähne, b) Stufenzähne, c) Schrägzähne, d) Pfeilzähne (Doppelschrägzähne), e) Kreisbogenzähne

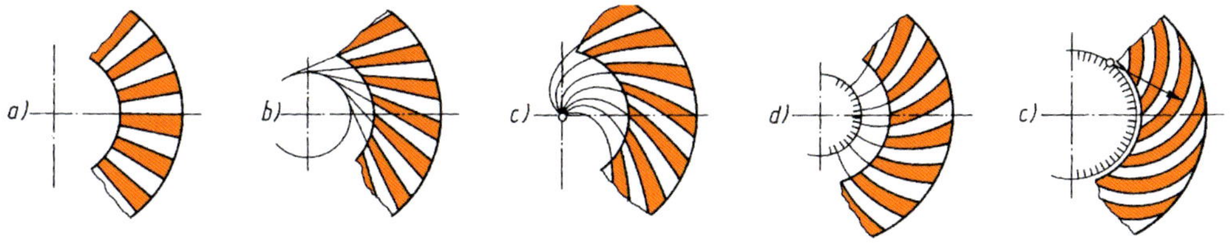

Bild 21.3 Zahnverlauf an Kegelrädern (auf dem abgewickelten Kegelmantel)
a) Geradzähne, b) Schrägzähne, c) Spiralzähne, d) Evolventenzähne, e) Kreisbogenzähne

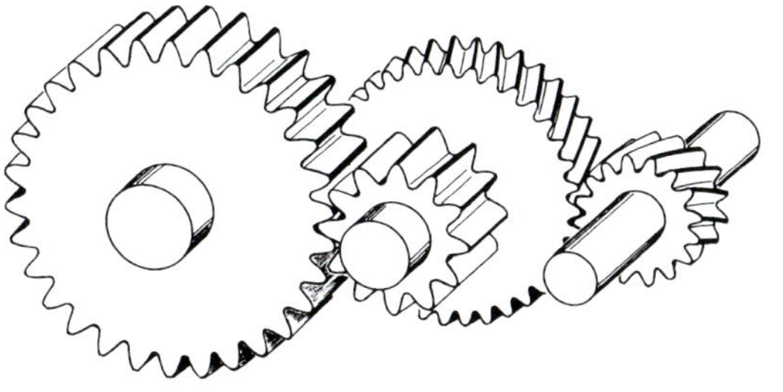

Bild 21.4 Zweistufiger Getriebezug (aus DIN 3998)

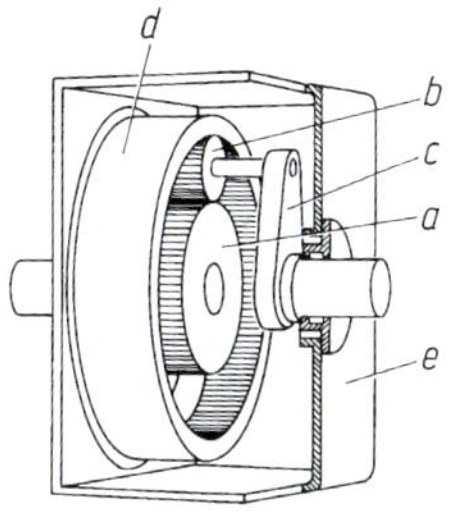

Bild 21.5 Planetengetriebe (aus DIN 868)
a Sonnenrad, b Planetenrad, c umlaufender Steg, d Hohlrad, e Gehäuse

Die Übersetzung i eines Radpaares ist das Verhältnis der Winkelgeschwindigkeit ω_a oder der Drehzahl n_a des treibenden Rades zur Winkelgeschwindigkeit ω_b oder Drehzahl n_b des getriebenen Rads:

Übersetzung $$i = \frac{\omega_a}{\omega_b} = \frac{n_a}{n_b} \qquad (21.1)$$

Bei einem Außenradpaar haben die beiden Räder entgegengesetzten Drehsinn. Deshalb ist ihre Übersetzung **negativ**. Beim Innenradpaar haben beide Räder gleichen Drehsinn, ihre Übersetzung ist **positiv**. Bei $|i| > 1$ spricht man von einer **Übersetzung ins Langsame**, bei $|i| < 1$ von einer **Übersetzung ins Schnelle**.

21

Das Verhältnis der Zähnezahl z_2 des Großrades zur Zähnezahl z_1 des Kleinrads ist das

Zähnezahlverhältnis $$u = \frac{z_2}{z_1} \qquad (21.2)$$

Bei Hohlrädern ist z_2 negativ, sodass Innenradpaare ein negatives Zähnezahlverhältnis u haben. Es ist stets $|u| \geq 1$.

Begriffe und Bestimmungsgrößen sind genormt (DIN 3960, DIN 3971, DIN 3998).

21.2 Verzahnungsgesetz

Bild 21.6 zeigt ein im Eingriff befindliches Zahnradpaar. Man stellt sich die Stirnräder zunächst wie bei einem Reibradpaar als glatte Zylinder vor, von denen der treibende Zylinder den getriebenen ohne Gleiten mitnimmt, sodass sich beide ohne Schlupf aufeinander abwälzen. An diesen Zylindern denkt man sich die Verzahnung teils erhöht, teils vertieft angebracht. Allgemein heißen die gedachten Flächen, die sich ohne Schlupf abwälzen, Wälzflächen, in Stirnrädern Wälzzylinder. In der Ebene erscheinen die Wälzflächen als Linien, in Stirnrädern als **Wälzkreise** w_1 und w_2 (Bild 21.6).

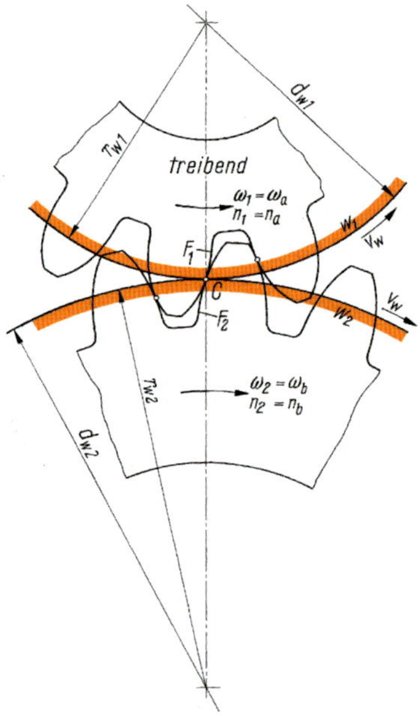

Bild 21.6
Wälzkreise und deren Umfangsgeschwindigkeit, Punktberührung der Flanken in der Eingriffsebene

Zwei Wälzkreise berühren sich im **Wälzpunkt C**, der auf der Verbindungslinie der Mittelpunkte der kämmenden Räder liegt. Die Umfangsgeschwindigkeit der Wälzkreise an beiden Rädern ist dann dem Betrag nach gleich:

Umfangsgeschwindigkeit der Wälzkreise $$|v_w| = d_{w1} \cdot \pi \cdot n_1 = d_{w2} \cdot \pi \cdot n_2 \qquad (21.3)$$

v_w in m/s Umfangsgeschwindigkeit der Wälzkreise,
d_{w1} in m Wälzkreisdurchmesser des Kleinrads (Ritzels),
d_{w2} in m Wälzkreisdurchmesser des Großrads,
n_1 in s^{-1} Drehzahl des Kleinrads,
n_2 in s^{-1} Drehzahl des Großrads.

Daraus folgt für ein Radpaar mit **treibendem Kleinrad** der Betrag der

Übersetzung $$|i| = \frac{n_a}{n_b} = \frac{n_1}{n_2} = \frac{d_{w2}}{d_{w1}} = \frac{r_{w2}}{r_{w1}} = \frac{\omega_1}{\omega_2} = \frac{z_2}{z_1} = u \qquad (21.4)$$

weil die Zähnezahlen z_1 und z_2 den Wälzkreisdurchmessern d_{w1} und d_{w2} direkt proportional sind. Bei **treibendem Großrad** ist $|i| = z_1 / z_2 = 1/u$.

Die Zahnflanken F_1 und F_2 (Bild 21.6) müssen so geformt sein, dass sie einen kontinuierlichen Bewegungsablauf gewährleisten, d.h. sie müssen bestimmten kinematischen Gesetzen gehorchen. In Bild 21.7 ist hierzu ein Flankenpaar in drei verschiedenen Bewegungsphasen gezeigt. Das in Pfeilrichtung bewegte Rad 1 nimmt das Rad 2 mit, sodass zwangsläufig die beiden gekrümmten Flanken in Kontakt bleiben. Es berühren sich jeweils die Flankenpunkte B_1 und B_2. Der Punkt B_1 besitzt die Absolutgeschwindigkeit v_1, der Punkt B_2 die Absolutgeschwindigkeit v_2. Die Vektoren von v_1 und v_2 stehen jeweils senkrecht auf den Radien R_1 und R_2. Durch den Berührpunkt der beiden Flanken sind eine Tangente T und eine Normale N (senkrecht zu T) gezogen. Zerlegt man nun die Absolutgeschwindigkeiten v_1 und v_2 in Tangential- und Normalgeschwindigkeiten v_{t1} und v_{n1} bzw. v_{t2} und v_{n2}, so zeigt sich nach den Gesetzen der Kinematik, dass die Normalgeschwindigkeiten v_{n1} und v_{n2} in jeder Bewegungsphase gleich groß sind! Bei willkürlich geformten Flanken wird aber das Rad 2 trotz gleichförmiger Drehbewegung des Rades 1 ungleichförmig bewegt. Das darf selbstverständlich bei Zahnrädern nicht geschehen. Außer der Berührbedingung, dass die Normalgeschwindigkeiten v_{n1} und v_{n2} in jeder Bewegungsphase gleich groß sein müssen, muss auch $i = \omega_1 / \omega_2$ konstant bleiben.

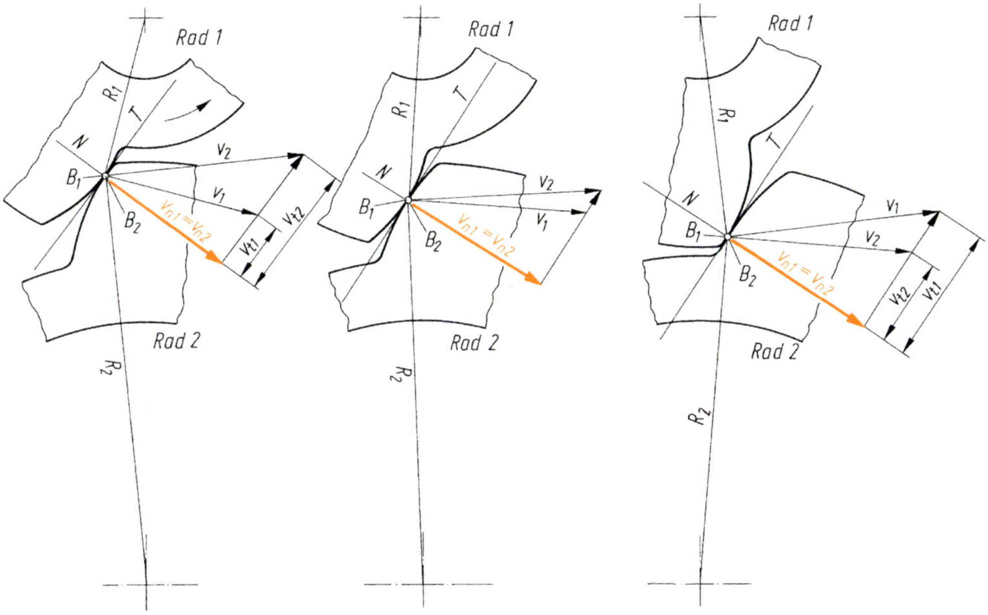

Bild 21.7 Geschwindigkeiten der Berührpunkte B_1 und B_2 zweier Radflanken

In Bild 21.8 sind die willkürlich geformten Zähne eines Radpaares im Eingriff dargestellt. Sie berühren sich momentan mit den beiden Flankenpunkten B_1 und B_2. Das Rad 1 dreht sich mit der Winkelgeschwindigkeit ω_1, das Rad 2 mit ω_2. Der Punkt B_1 bewegt sich somit momentan mit der Umfangsgeschwindigkeit (Absolutgeschwindigkeit) $v_1 = \omega_1 \cdot R_1$, der Punkt B_2 mit $v_2 = \omega_2 \cdot R_2$. Beide stehen als Vektoren jeweils senkrecht auf den zugehörigen Radialstrahlen R_1 und R_2. Zum Prüfen der Berührbedingung wird durch den Berührpunkt eine Tangente T gelegt und zu dieser eine Normale N errichtet. Die Zerlegung in Tangential- und Normalgeschwindigkeiten zeigt, dass die geforderte Bedingung $v_{n1} = v_{n2}$ nicht erfüllt ist. Die angenommenen Zahnflanken sind falsch geformt.

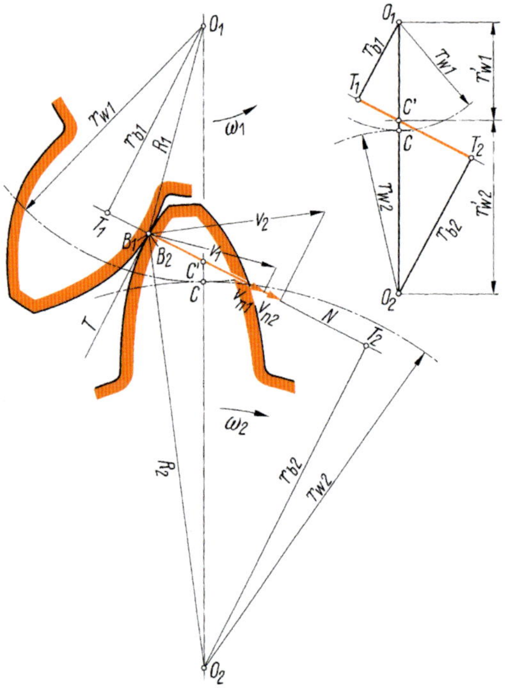

Bild 21.8
Geschwindigkeitsverhältnisse bei Berührung willkürlich geformter Flanken

Die Normalgeschwindigkeiten v_{n1} und v_{n2} kann man als Umfangsgeschwindigkeiten an den Radien r_{b1} und r_{b2} auffassen, weil aus den geometrischen Verhältnissen $v_{n1} = r_{b1} \cdot \omega_1$ und $v_{n2} = r_{b2} \cdot \omega_2$ folgt. Bei $v_{n1} = v_{n2}$ muss $r_{b1} \cdot \omega_1 = r_{b2} \cdot \omega_2$ sein. Mit $i = \omega_1 / \omega_2$ wird auch $|i| = r_{b2} / r_{b1} = r'_{w2} / r'_{w1}$. Da außerdem $|i| = r_{w2} / r_{w1}$ ist, muss $r'_{w2} / r'_{w1} = r_{w2} / r_{w1}$ sein. Daraus geht hervor, dass bei $v_{n1} = v_{n2}$ die Übersetzung i nur dann konstant bleibt, wenn sich der Punkt C′ mit dem Wälzpunkt C deckt, also $r'_{w1} = r_{w1}$ und $r'_{w2} = r_{w2}$ sind. Diese kinematischen Voraussetzungen führen zum **Verzahnungsgesetz**:

Die Normale im jeweiligen Berührungspunkt (Eingriffspunkt) zweier Zahnflanken muss stets durch den Wälzpunkt C gehen.

21

Dieses Gesetz stellt die Aufgabe, kinematisch richtig geformte Zahnflanken zu finden. Bild 21.9a zeigt hierzu die Wälzkreise w_1 und w_2 eines Radpaares und eine willkürlich gestaltete Flanke F_1 am Rad 1, zu der die zugehörige Flanke F_2 am Rad 2 gefunden werden soll. Voraussetzung für die (willkürliche) Gestaltung von F_1 ist jedoch, dass sämtliche Normalen N zu der Flanke den Wälzkreis w_1 schneiden (Bild 21.9a), da sonst das Verzahnungsgesetz nicht erfüllt werden kann. Fest steht fernerhin, dass sich beide Flanken im Wälzpunkt berühren müssen, weil ober- oder unterhalb von C die Normale nicht mehr durch C gehen kann.

Aus der gegebenen Flanke sei ein beliebiger Punkt B_1 nach Bild 21.9b herausgegriffen, durch diesen eine Tangente T gelegt und eine Normale N errichtet. Die Normale N schneidet den Wälzkreis w_1 im Punkt W_1. Zu diesem wird der zugehörige Punkt W_2 am Wälzkreis w_2 markiert, sodass der Bogen CW_2 gleich dem Bogen CW_1 ist. Nun denkt man sich beide Räder in Pfeilrichtung so weit gedreht, bis sich die Punkte W_1 und W_2 im Wälzpunkt C treffen. In diesem Augenblick geht die Normale N bzw. Strecke n durch den Wälzpunkt C, und die gegebene Flanke befindet sich in der gestrichelt gezeichneten Position. Ihr Punkt B_1 ist nach B gewandert. An dieser Stelle muss sich der Punkt B_1 mit einem Punkt B_2 der Gegenflanke berühren (weil N durch C geht), d. h. in B muss sich der Punkt B_1 mit einem Punkt B_2 der Gegenflanke F_2 treffen.

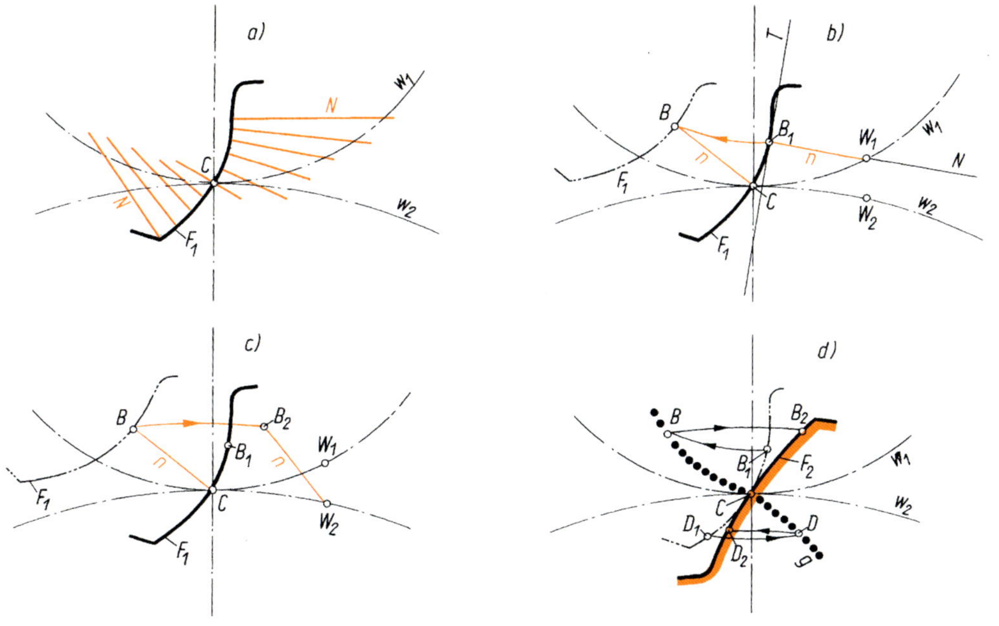

Bild 21.9 Ermitteln der Gegenflanke F_2 zu einer gegebenen Flanke F_1

Wenn man sich beide Räder nach Bild 21.9c um den gleichen Betrag zurückgedreht denkt, dann bewegt sich der in C befindliche Punkt des Rads 1 wieder nach W_1, der des Rads 2 nach W_2, die in B befindlichen nach B_1 und B_2. Der gesuchte Punkt B_2 an der Gegenflanke F_2 muss von W_2 den gleichen Abstand n haben wie B von C und wie B_1 von W_1, weil sich ja die drei Strecken n decken, wenn sich B_1 und B_2 in B berühren.

Führt man diese Konstruktion mit vielen Punkten B_1 an der Fußflanke bzw. D_1 an der Kopfflanke der gegebenen Flanke F_1 durch, so findet man eine Reihe von Punkten B_2 bzw. D_2, deren Verbindungslinie die gesuchte Flanke F_2 liefert, die in jeder Bewegungsphase mit der gegebenen Flanke F_1 das Verzahnungsgesetz erfüllt (Bild 21.9d).

Wenn sämtliche Eingriffspunkte B und D, in denen sich jeweils die zugehörigen Flankenpunkte B_1 und B_2 bzw. D_1 und D_2 berühren, verbunden werden, so entsteht die **Eingriffslinie g**, räumlich gesehen die **Eingriffsfläche** oder das **Eingriffsfeld. Die Eingriffslinie ist die absolute Bahn des Berührpunkts (Eingriffspunkts)**.

Andererseits wandert der Berührpunkt auch auf jeder Zahnflanke entlang: **Die Zahnflanken sind die relativen Bahnen des Berührpunkts**.

Aus den vorangegangenen Darlegungen geht hervor, dass zu einer gegebenen Zahnflanke eine ganz bestimmte Gegenflanke und eine bestimmte Eingriffslinie gehören. Umgekehrt gehört zu einer gegebenen Eingriffslinie ein bestimmtes Zahnflankenpaar. Wegen der Einheitlichkeit und einer wirtschaftlichen Fertigung wird der Eingriffslinie eine regelmäßige Form gegeben.

21.3 Zykloidenverzahnung

Besteht die **Eingriffslinie g aus zwei Kreisbögen**, dann ergibt sich eine Zykloidenverzahnung (Bild 21.10). Die Kreise, deren Bögen die Eingriffslinie bilden, sind die **Rollkreise** r_1 und r_2. Die Kopfflanke des Rads 2 (**Kopfflanke** = Flanke vom Wälzkreis w bis zum Kopfkreis a) entsteht, wenn man den Rollkreis r_1 auf dem Wälzkreis w_2 abrollt, d. h. w_2 als **Grundkreis** benutzt (Bild 21.10a). Die Bahn, die ein am Rollkreis befindlicher Punkt beschreibt, der sich mit dem Wälzpunkt C deckte, ist als **Epizykloide** die gesuchte Kopfflanke. Befindet sich der Rollkreis r_1 in der Position 1′, dann ist momentan die Strecke $B_2W_2 = \varrho_2$ der erzeugende Krümmungsradius der Zykloide und als dieser gleichzeitig die Normale zum Punkt B_2.

Der Bogen CW_2 ist gleich dem Bogen B_2W_2. Wenn das Rad 2 so weit in Pfeilrichtung gedreht wird, bis sich W_2 mit C deckt, dann läuft die Normale durch den Wälzpunkt C, und B_2 liegt auf der Eingriffslinie, d. h. befindet sich in B. Daraus folgt, dass der Bogen BC gleich dem Bogen B_2W_2 ist.

Durch Abrollen des Rollkreises r_1 auf dem Wälzkreis w_1 entsteht die Fußflanke des Rades 1 (**Fußflanke** = Flanke vom Wälzkreis w bis zum Fußkreis f) als **Hypozykloide** (Bild 21.10b). Das Abrollen sei um den Bogen CW_1 mit dem Betrag des Bogens CW_2 auf dem Wälzkreis w_1 erfolgt, sodass die Strecken $B_1W_1 = \varrho_1 = B_2W_2$ dem erzeugenden Krümmungsradius sind. Denkt man sich das Rad 1 in Pfeilrichtung so weit gedreht, bis sich W_1 mit C deckt, dann läuft die Normale durch den Wälzpunkt C, und B_1 ist nach B gewandert. B_1 und B_2 kommen nach Drehen beider Räder um die Bögen $CW_1 = CW_2$ in B zur Berührung, wo die sich dort deckenden Normalen durch den Wälzpunkt C laufen. Damit ist die Richtigkeit der Konstruktion bewiesen. Zur Entstehung der verschiedenen Zykloiden siehe Bild 21.11.

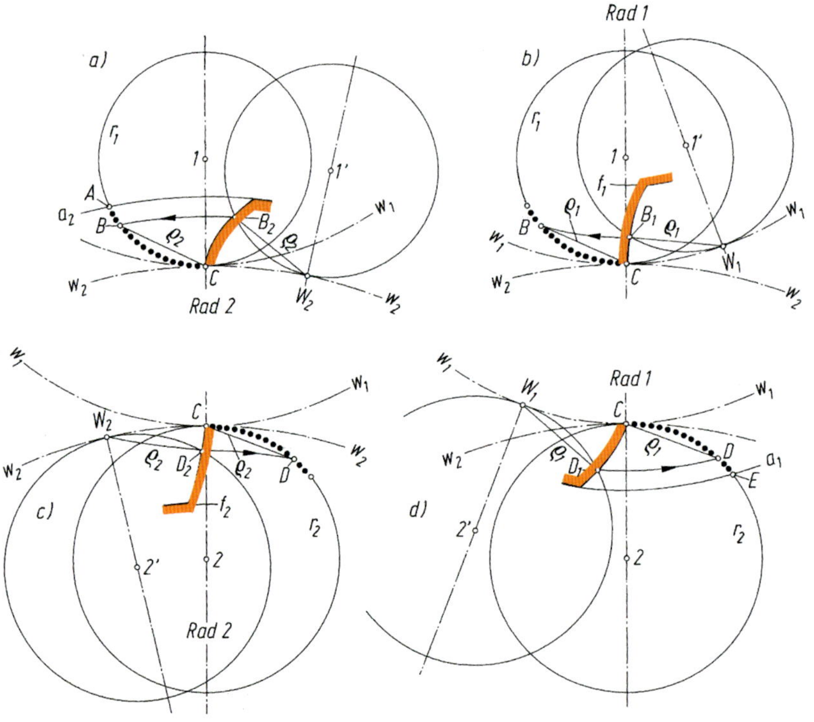

Bild 21.10 Zykloidenverzahnung
a) Entstehung der Kopfflanke am Rad 2, b) Entstehung der Fußflanke am Rad 1,
c) Entstehung der Fußflanke am Rad 2, d) Entstehung der Kopfflanke am Rad 1

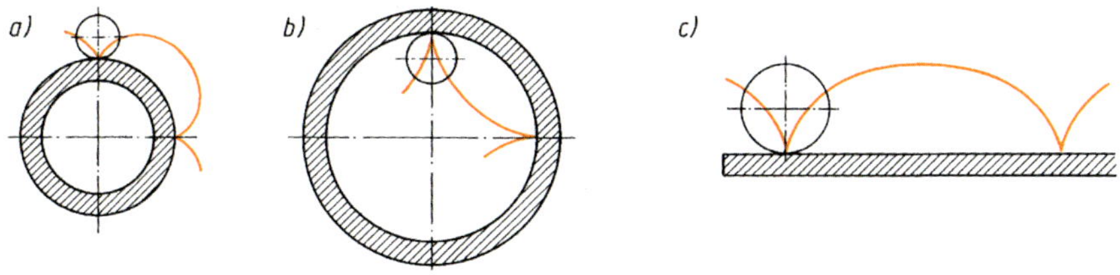

Bild 21.11 Entstehung der Zykloiden (zyklische Kurven)
a) Epizykloide, b) Hypozykloide, c) Orthozykloide

Mit dem Rollkreis r_2 ist sinngemäß zu verfahren (Bild 21.10c und d). Es ergeben sich dann die Fußflanke des Rads 2 und die Kopfflanke des Rads 1.

Hervorgehoben sei, dass die Krümmungsradien der beiden Flanken einer Zykloidenverzahnung im jeweiligen Berührpunkt gleich groß sind, d. h. jeweils $\varrho_1 = \varrho_2$.

Die Eingriffslinie wird durch die an den Kopfkreisen a_1 und a_2 der Räder liegenden Punkte A (Anfang) und E (Ende) begrenzt und heißt in dieser Länge **Eingriffsstrecke**. Außerhalb dieser beiden Kopfkreispunkte kann kein Eingriff mehr stattfinden.

In DIN 868 heißt es: Bei der doppelseitigen Zykloidenverzahnung liegen die beiden Rollkreise innerhalb der Wälzkreise eines Radpaares (Bild 21.12). Sie berühren sich im Wälzpunkt und bilden die Eingriffslinien. Bei einer Zahnstange sind die Profile von Kopf- und Fußflanken **Orthozykloiden** (die Rollkreise rollen auf einer Geraden ab).

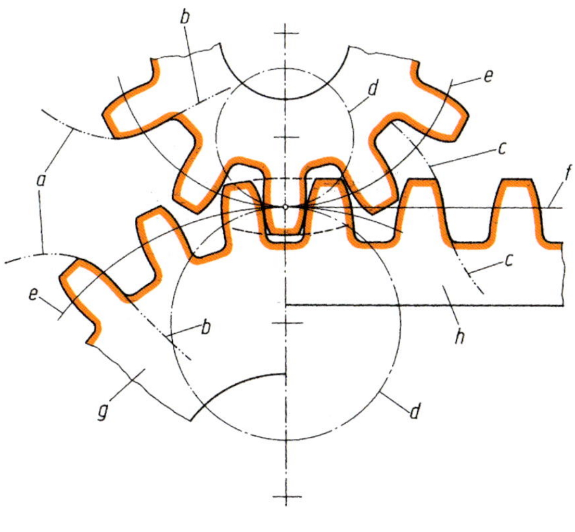

Bild 21.12
Doppelseitige Zykloidenverzahnung (nach DIN 868)
a Epizykloiden, b Hypozykloiden, c Orthozykloide, d Rollkreis, e Wälzkreis, f Wälzgerade, g Stirnrad, h Zahnstange

Bei der einseitigen Zykloidenverzahnung ist nur ein Rollkreis vorhanden. Die Verzahnung besteht bei einem der beiden Räder nur aus Kopfflanken, bei dem Gegenrad nur aus Fußflanken.

Wegen der Bedingung, dass die Rollkreise durch den Wälzpunkt gehen müssen, sind Zykloidenverzahnungen gegen Achsabstandsänderungen des Radpaares empfindlich.

Die **Punktverzahnung** ist eine einseitige Zykloidenverzahnung, bei der der Rollkreis mit einem Wälzkreis zusammenfällt. Die Kopfflanken des einen Rads sind Epizykloiden, die Fußflanken des Gegenrads schrumpfen zu Punkten zusammen.

Zur Realisierung dieser Verzahnungen werden die Punkte zu Kreisen erweitert, die durch **Triebstöcke** (zylindrische Bolzen, Zapfen, Zapfenrollen oder Nadeln) verwirklicht werden. Die Triebstöcke sind auf dem Wälzkreis = Teilkreis des Triebstockrads (bzw. auf der Wälzgeraden = Teilgeraden der Triebstock-Zahnstange) angeordnet (Bild 21.13). Die Profile der Gegenflanken entstehen als Äquidistanten zu den Epizykloiden (als zu ihnen gleichwertige Kurven). Diese Verzahnungen heißen **Triebstockverzahnungen**.

Wird aus dem die Zapfen tragenden Triebstockrad eine Triebstock-Zahnstange, dann gehen die Epizykloiden des Gegenrads und ihre Äquidistanten in Evolventen über (Begriff der Evolvente siehe Abschnitt 21.4).

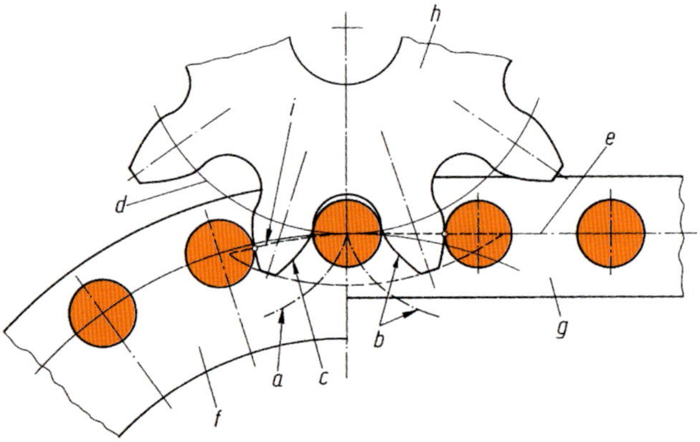

Bild 21.13 Triebstockverzahnung (nach DIN 868)
a Zykloide, b Evolventen, c Aquidistante zur Zykloide, d Wälzkreis = Teilkreis, e Wälzgerade = Teilgerade, f Triebstockrad, g Triebstock-Zahnstange, h Triebstock-Gegenrad, i Eingriffsstrecke

Die Zykloidenverzahnung hat für den Maschinenbau, mit Ausnahme der Triebstockverzahnung, keine Bedeutung. Deshalb wird sie nicht weiter behandelt.

Die in den Krafteingriff gelangenden Flanken nennt man **Arbeitsflanken** oder **aktive Flanken**. Es kommt jeweils die Rechtsflanke eines Zahns mit der Linksflanke des Gegenzahnes zur Berührung. **Allen Verzahnungen ist gemeinsam, dass niemals zwei Kopf- oder zwei Fußflanken zur Berührung kommen!**

21.4 Evolventenverzahnung

Bei einer **geraden Eingriffslinie** ergibt sich eine Evolventenverzahnung. Der Winkel, den die Eingriffslinie mit der Tangente am Wälzpunkt C bildet, heißt **Eingriffswinkel** α. Wegen ihrer Geradlinigkeit muss die Eingriffslinie in jeder Bewegungsphase gleichzeitig die Berührungsnormale sein. Sie tangiert in den Punkten T_1 und T_2 an den Grundkreisen b_1 und b_2 (Bild 21.14a und b). Wird nach Bild 21.14a die Eingriffslinie g_2 auf dem Grundkreis b_2 abgerollt, dann beschreibt ein Punkt auf ihr, der sich mit dem Wälzpunkt C deckte, eine **Evolvente**. Diese bildet die Flanke am Rad 2, und zwar Kopf- und Fußflanke zugleich, wenn nach oben bis zum Kopfkreis a_2 und nach unten bis zum Grundkreis b_2 abgerollt wird.

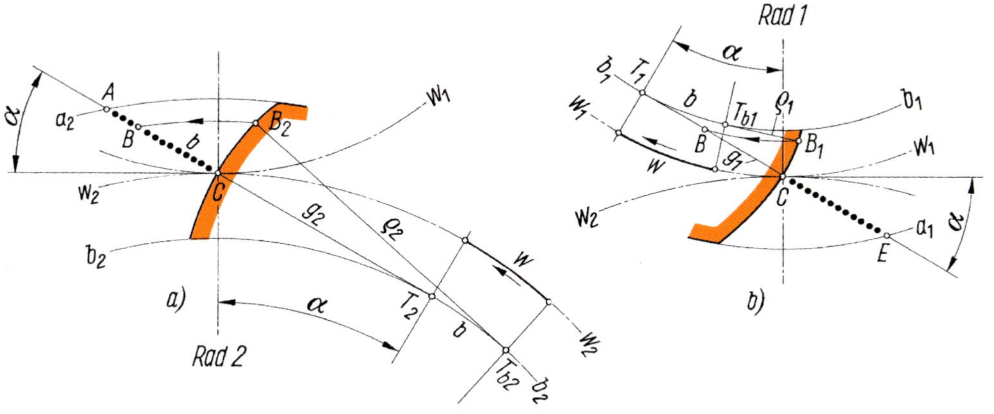

Bild 21.14 Evolventenverzahnung
a) Entstehung der Flanke am Rad 2, b) Entstehung der Flanke am Rad 1

In Bild 21.14a ist ein Punkt B_2 nach dem Abrollen um den Bogen $T_2T_{b2} = b$ gezeigt. Somit wurde die Gerade $CT_2 = g_2$ um b länger. In dieser Position dreht sich die Erzeugungsgerade $B_2T_{b2} = \varrho_2 = g_2 + b$ momentan um den Punkt T_{b2}, sodass sie als momentaner Krümmungsradius ϱ_2 gleichzeitig die Normale im Punkt B_2 ist.

Denkt man sich das Rad 2 linksherum gedreht (in Pfeilrichtung), bis sich T_{b2} mit T_2 deckt, dann deckt sich ϱ_2 mit der Eingriffslinie. B_2 ist nach B gewandert. Demzufolge ist die Strecke $BC = b$. In B muss also B_2 mit der Gegenflanke zur Berührung kommen.

Die Flanke am Rad 1 wird durch einen entsprechenden Abrollvorgang auf dem Grundkreis b_1 gebildet (Bild 21.14b). Es ist ein Punkt B_1 nach dem Abrollen der Eingriffslinie g_1 um den Bogen $T_1T_{b1} = b$ gezeigt. Somit wurde die Gerade $T_1C = g_1$ um b kürzer, sodass die momentane Erzeugungsgerade $T_{b1}B_1 = \varrho_1 = g_1 - b$ ist. Denkt man sich das Rad 1 rechtsherum in Pfeilrichtung gedreht, bis sich T_{b1} mit T_1 deckt, dann liegt ϱ_1 auf der Eingriffslinie, und B_1 ist nach B gewandert. Da die Grundkreise den Wälzkreisen proportional sind, haben beide Wälzkreise bei der Drehbewegung den gleichen Bogen w zurückgelegt (Bild 21.14a und b). Damit müssen die Flankenpunkte B_1 und B_2 in B zur Berührung kommen, was die Richtigkeit der Konstruktion beweist.

Bild 21.15 zeigt ein evolventenverzahntes Radpaar. Von den Grundkreisen b_1 und b_2 bis zu den Fußkreisen f_1 und f_2 können die Flanken beliebig ausgebildet werden, da diese Flankenteile niemals zum Eingriff kommen. Sie dürfen selbstverständlich den Eingriff nicht stören. Während des Eingriffs von A nach C arbeitet die Kopfflanke A_2C des Rads 2 mit der Fußflanke A_1C des Rads 1 zusammen, von C nach E die Kopfflanke CE_1 des Rads 1 mit der Fußflanke CE_2 des Rads 2. Bei umgekehrter Drehrichtung zeigt sich die Eingriffsstrecke als Spiegelbild.

Am Rad 1 sind die mit R bezeichneten Flanken **Rechtsflanken**, die mit L bezeichneten **Linksflanken**. Bei der angegebenen Drehrichtung sind die Rechtsflanken am Rad 1 die **Arbeitsflanken** oder **aktiven Flanken**, die die Kraftübertragung bewerkstelligen, die Linksflanken die **Rückflanken**.

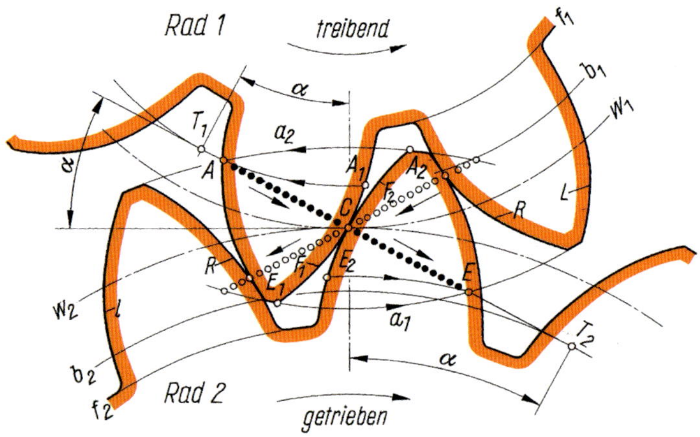

Bild 21.15 Evolventenverzahnung im Eingriff
F Arbeitsflanken, R Rechtsflanken, L Linksflanken, w Wälzkreise, b Grundkreise

Die Krümmungsradien ϱ_1 und ϱ_2 der beiden Flanken im jeweiligen Berührpunkt sind verschieden groß, jedoch bleibt ihre Summe konstant und ist gleich der Strecke T_1T_2. Somit ist mit den Wälzkreisradien r_{w1} und r_{w2}

$$\varrho_1 + \varrho_2 = (r_{w1} + r_{w2}) \sin \alpha$$

Bild 21.16a zeigt eine Evolventenflanke, die im Ursprungspunkt U am Grundkreis beginnt. Für den Punkt C am Radius r (z. B. am Wälzkreis) liegt der momentane Erzeugungsradius ϱ unter dem momentanen Erzeugungswinkel α (z. B. Eingriffswinkel).

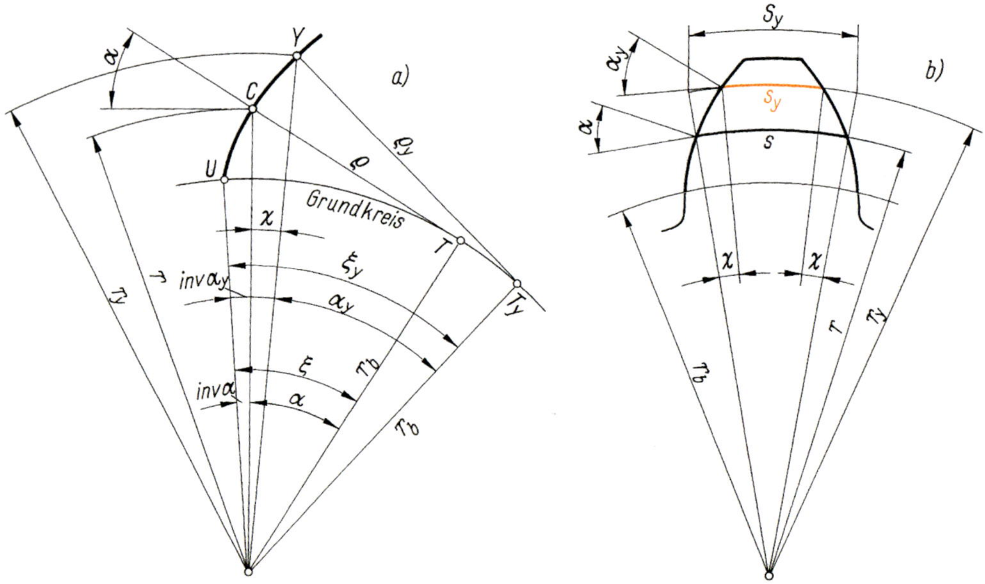

Bild 21.16 Evolventenfunktion
a) inv α und inv α_y, b) Zahndicke s_y

Es ist $\varrho = \text{UT} = \xi \cdot r_\text{b}$. Der Winkel inv α (sprich: involut α) ist die Evolventenfunktion (bisher $\text{ev}\,\alpha = \text{evolut}\,\alpha$). Aus Bild 21.16a folgt: $\text{inv}\,\alpha = \xi - \alpha$. Nun sind $\tan\alpha = \varrho / r_\text{b}$ und $\xi = \text{UT} / r_\text{b} = \varrho / r_\text{b}$. Also ist $\tan\alpha = \xi$. Somit beträgt nach ISO 701 mit $\hat{\alpha} = \alpha$ in rad die

Evolventenfunktion $\text{inv}\,\alpha = \tan\alpha - \hat{\alpha}$

Es sei nach Bild 21.16b die Dicke s eines Zahns als Bogen mit dem Radius r und dem zugehörigen Erzeugungswinkel α gegeben. Dazu soll die Dicke s_y am Bogen mit dem Radius r_y bestimmt werden. Da $S_\text{y} = s \cdot r_\text{y} / r$ ist, wird $S_\text{y} - 2\chi \cdot r_\text{y}$. Mit $\chi = \text{inv}\,\alpha_\text{y} - \text{inv}\,\alpha$ folgt:

$$s_\text{y} = s\frac{r_\text{y}}{r} - 2r_\text{y}\left(\text{inv}\,\alpha_\text{y} - \text{inv}\,\alpha\right) = 2r_\text{y}\left(\frac{s}{2r} + \text{inv}\,\alpha - \text{inv}\,\alpha_\text{y}\right)$$

Setzt man für $2r_\text{y} = d_\text{y}$ und für $2r = d$, so wird die

Zahndicke $$s_\text{y} = d_\text{y}\left(\frac{s}{d} + \text{inv}\,\alpha - \text{inv}\,\alpha_\text{y}\right) \qquad (21.5)$$

Aus Bild 21.16a folgt: $\cos\alpha_\text{y} = r_\text{b} / r_\text{y}$. Da $r_\text{b} = r \cdot \cos\alpha$ ist, wird $\cos\alpha_\text{y} = r \cdot \cos\alpha / r_\text{y}$ oder $\cos\alpha_\text{y} = \dfrac{d}{d_\text{y}}\cos\alpha$.

Beispiel 21.1

Ein Evolventenzahn hat beim Eingriffswinkel $\alpha = 20°$ am Wälzkreis mit dem Durchmesser $d_\text{w} = d = 68\,\text{mm}$ eine Dicke $s = 6{,}28\,\text{mm}$. Welche Dicke besitzt er bei $d_\text{y} = 76\,\text{mm}$?

Lösung:

Aus $\cos\alpha_\text{y} = d \cdot \cos\alpha / d_\text{y} = 68 \cdot \cos 20° / 76$ folgt $\alpha_\text{y} = 32{,}778°$. Es sind $20° = 0{,}34907\,\text{rad}$ und $32{,}778° = 0{,}57208\,\text{rad}$. Damit werden $\text{inv}\,20° = \tan 20° - 0{,}34907 = 0{,}01490$ und $\text{inv}\,32{,}778° = \tan 32{,}778° - 0{,}57208 = 0{,}071833$. Nach Formel 21.5 ist dann

$$s_\text{y} = d_\text{y}\left(\frac{s}{d} + \text{inv}\,\alpha - \text{inv}\,\alpha_\text{y}\right) = 76\,\text{mm}\left(\frac{6{,}28}{68} + 0{,}01490 - 0{,}071833\right) = 2{,}692\,\text{mm}$$

Die Werte für die Evolventenfunktion inv α bzw. inv α_y können auch Tabelle 22.2 entnommen werden, wobei Zwischenwerte zu interpolieren sind.

Die Zahnflanken wälzen sich nicht nur aufeinander ab, sondern gleiten auch. Die Flankenpunkte A_1 und A_2 (Bild 21.17c) kommen in A zur Berührung (Bild 21.17a), die Flankenpunkte B_1 und B_2 (Bild 21.17c) in B (Bild 21.17b). Demzufolge arbeitet in diesem Abschnitt der Flankenteil A_1B_1 mit dem Flankenteil A_2B_2 zusammen (Bild 21.17c). Da beide verschieden lang sind, kennzeichnet die Längendifferenz den Gleitweg. Der kürzere Flankenteil wird stärker abgenutzt.

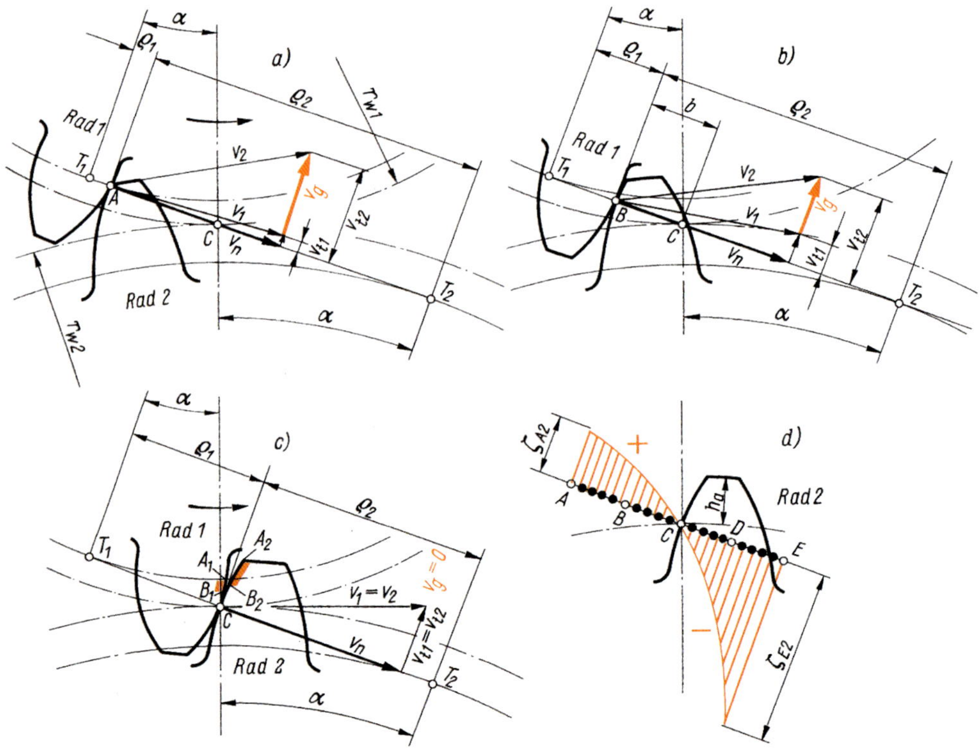

Bild 21.17 Wälzgleiten der Zahnflanken
a) Flankenpunkte A_1 und A_2 berühren sich am Eingriffsanfang A; b) Flankenpunkte B_1 und B_2 berühren sich in B; c) Berührung der Flanken im Wälzpunkt C; d) Verlauf des spezifischen Gleitens ζ_2 entlang der Eingriffsstrecke von A nach E

Die Gleitgeschwindigkeit v_g ist die Differenz der beiden Tangentialgeschwindigkeiten v_{t1} und v_{t2}, und zwar $v_g = v_{t1} - v_{t2}$ für Flankenpunkte am Rad 1 sowie $v_g = v_{t2} - v_{t1}$ für Flankenpunkte am Rad 2.

21

Nach DIN 3960 versteht man unter dem **spezifischen Gleiten** ζ (auch Gleitung genannt) als Maß für das Gleiten der Zahnflanken das Verhältnis der Gleitgeschwindigkeit v_g zur Tangentialgeschwindigkeit v_t des Berührpunkts der jeweils betrachteten Flanke, d.h. $\zeta_1 = v_g / v_{t1}$ und $\zeta_2 = v_g / v_{t2}$.

Aus den geometrischen Beziehungen ergibt sich an den Flanken das

spezifische Gleiten des Rads 1: $\zeta_1 = 1 - \dfrac{\varrho_2}{u \cdot \varrho_1}$ (21.6)

spezifische Gleiten des Rads 2: $\zeta_2 = 1 - \dfrac{u \cdot \varrho_1}{\varrho_2}$ (21.7)

Hierin sind u das Zähnezahlverhältnis nach Formel 21.2, ϱ_1 und ϱ_2 die Krümmungsradien der Flanken, deren Summe konstant bleibt. Es sind $\varrho_1 = r_{w1} \cdot \sin\alpha - b$ und $\varrho_2 = r_{w2} \cdot \sin\alpha + b$ entsprechend Bild 21.17b.

In Bild 21.17d ist das spezifische Gleiten entlang der Eingriffsstrecke für eine Arbeitsflanke des Rads 2 veranschaulicht. An den Endpunkten A und E sind die Beträge für ζ am größten und mit ζ_{A2} und ζ_{E2} bezeichnet. Die negative Gleitung der Fußflanke ist besonders ungünstig. Verschlissene Zähne sind an der Fußflanke am stärksten abgenutzt. Da die Differenz der Tangentialgeschwindigkeiten im Wälzpunkt C gleich Null ist, ist dort $v_g = 0$ und damit auch $\zeta_1 = \zeta_2 = 0$, sodass sich dort die Flanken nicht abnützen dürften. In Bezug auf geringen Verschleiß sind kleine Zahnkopfhöhen h_a günstig.

Beispiel 21.2

Wie groß ist das spezifische Gleiten ζ_1 und ζ_2 für die Berührpunkte eines Evolventen-Radpaares mit $z_1 = 17$, $z_2 = 81$, $r_{w1} = r_1 = 34\,\text{mm}$ und $\alpha = 20°$, wenn sich der Berührpunkt B im Abstand $b = 5\,\text{mm}$ vom Wälzpunkt C auf der Eingriffsstrecke befindet (Bild 21.17b)?

Lösung:

Nach Formel 21.2 ist $u = z_2 / z_1 = 81/17 = 4{,}765$, und nach Formel 21.4 ist

$$r_{w2} = r_2 = \frac{z_2}{z_1} r_{w1} = \frac{81}{17} 34\,\text{mm} = 162\,\text{mm}$$

Weiterhin sind gemäß Bild 21.17b

$$\varrho_1 = r_1 \cdot \sin\alpha - b = 34\,\text{mm} \cdot \sin 20° - 5\,\text{mm} = 6{,}63\,\text{mm}$$

$$\varrho_2 = r_2 \cdot \sin\alpha - b = 162\,\text{mm} \cdot \sin 20° + 5\,\text{mm} = 60{,}41\,\text{mm}$$

Somit werden nach Formel 21.6 und Formel 21.7

$$\zeta_1 = 1 - \frac{\varrho_2}{u \cdot \varrho_1} = 1 - \frac{60{,}41}{4{,}765 \cdot 6{,}63} = -0{,}912, \quad \zeta_2 = 1 - \frac{u \cdot \varrho_1}{\varrho_2} = 1 - \frac{4{,}765 \cdot 6{,}63}{60{,}41} = +0{,}477$$

21.5 Berechnung von Planetengetrieben

21

Einteilung der Planetengetriebe

Der Erfinder *James Watt* gilt mit großer Wahrscheinlichkeit als erster Anwender eines Planetengetriebes, indem er im 18. Jahrhundert ein solches bei einer Dampfmaschine installierte. Seit dieser Zeit haben sich Planetengetriebe immer mehr auf dem industriellen Markt etabliert, was nicht zuletzt an den hervorragenden Eigenschaften bezüglich spezieller Anwendungsaufgaben liegt. Typische Einsatzgebiete für Planetengetriebe sind

- Windenergieanlagen,
- Hybridkraftfahrzeuge,
- Kraftfahrzeug-Automatikgetriebe,
- Differenzialgetriebe,
- Nabenschaltungen von Fahrrädern.

Dies ist lediglich ein Auszug der möglichen Anwendungsgebiete. Die Eigenschaften von Planetengetrieben, welche die bevorzugte Anwendung in diesen Gebieten rechtfertigen, sind

1. koaxiale Anordnung der An- und Abtriebswellen (siehe Bild 21.18),
2. runde und kompakte Bauweise (siehe Bild 21.19),
3. geringe Masse,
4. mögliche extrem hohe oder niedrige Übersetzungen in wenigen Planetenradstufen,
5. hohe übertragbare Leistung je benötigter Raum des Getriebes,
6. mögliche Überlagerungen von Drehzahlen bzw. Bewegungen,
7. mögliche Leistungsverzweigung.

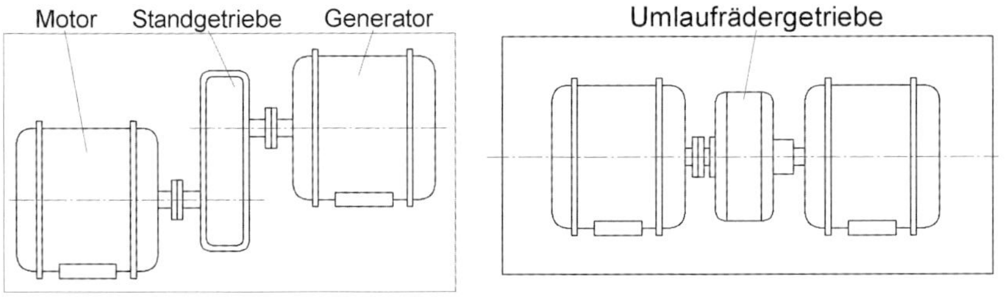

Bild 21.18 Vergleich einer Antriebsanlage bei der Umsetzung mittels a) Standgetriebe und b) Planetengetriebe

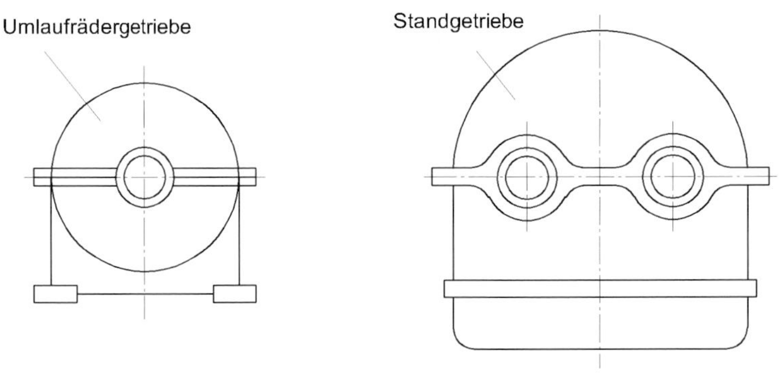

Bild 21.19 Vergleich der Größenverhältnisse zwischen Standgetriebe und Planetengetriebe

Die Eigenschaften aus 6. und 7. resultieren daraus, dass Planentengetriebe einen kinematischen Freiheitsgrad F = 2 aufweisen können - oder allgemeiner gesagt: Zusammengesetzte Planentengetriebe haben einen kinematischen Freiheitsgrad $F \geq 2$. Diese Eigenschaft ist gegenüber Standgetrieben besonders hervorzuheben und eröffnet einzigartige Anwendungen. Die anderen Vorteile resultieren aus der allgemeinen Konstruktion von Planetengetrieben. Jedoch sind diesen Vorteilen folgende Nachteile gegenüberzustellen:

- höherer Fertigungsaufwand gegenüber Standgetrieben
- komplizierterer Aufbau gegenüber Standgetrieben

Die folgenden Seiten geben eine kurze, jedoch detaillierte Einführung in die Berechnung von Planetengetrieben. Dabei wird sich an den Arbeiten von *Volmer* [21.1] und der VDI-Richtlinie 2157 orientiert. Für ein weiterführendes Studium ist die VDI-Richtlinie 2157 zu empfehlen, welche mit dem vorgestellten Berechnungskonzept übereinstimmt und somit eine schnelle tiefergehende Einarbeitung problemlos gestattet.

In Bild 21.20 ist ein **einfaches Planentengetriebe** (elementares Planetengetriebe) dargestellt. Für die Darstellung der Getriebesinnbilder wird die Darstellung von *Wolf* [21.2] verwendet. Im Allgemeinen besteht ein einfaches Planetengetriebe aus einem **Steg (5)** (auch **Planetenträger** genannt), in welchem die **Planetenräder (3)** gelagert sind. Diese stehen im Eingriff zu den beiden **Zahnrädern (2)** und **(4)**, wobei das Zentralrad **(2)** auch **Sonnenrad** und das Zentralrad **(4)** auch **Hohlrad** genannt werden. Dabei fluchten die zwei Zentralradwellen und die Stegwelle. Für ein einfaches Planetengetriebe sind in Tabelle Bild 21.21 einige gebräuchliche Bauformen dargestellt.

Als **rückkehrendes** Planetengetriebe wird ein Planetengetriebe mit koaxialen Anschlusswellen bezeichnet. Im Gegensatz zum weitverbreiteten Sprachgebrauch wird ein **Umlaufrädergetriebe** dadurch unterschieden, dass es sich dabei um ein einfaches Planetengetriebe handelt, bei welchem der Steg umlaufend und im Allgemeinen das Hohlrad fest ist. Damit entspricht dies einem **Zweiwellenbetrieb.** Für die Berechnung von Planetengetrieben wird jedoch der **Dreiwellenbetrieb** betrachtet. Schließlich ergibt sich der Zweiwellenbetrieb durch Festsetzen einer Welle im Dreiwellenbetrieb. Hierbei stehen die drei Drehmomente der Wellen im Gleichgewicht. Ob dabei wirklich drei bewegungsfähige Wellen vorhanden sind, ist für die Betrachtung unerheblich. Es müssen lediglich drei Glieder (Wellen) vorhanden sein, denen die Drehmomente für das Gleichgewicht zugeordnet werden können. Diese Systematik setzt sich auch bei **zusammengesetzten (gekoppelten) Planetengetrieben** fort.

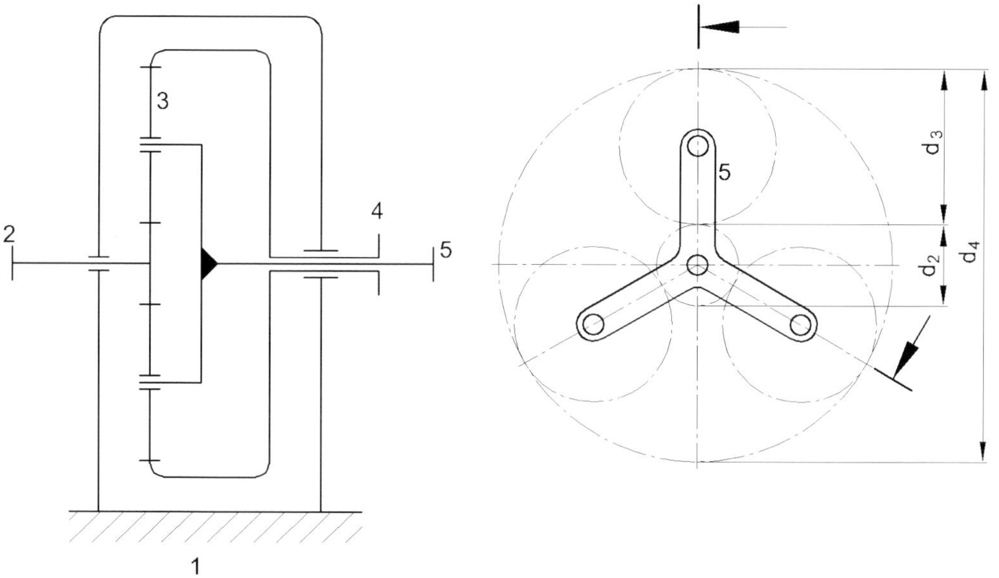

Bild 21.20 Normal-Planetengetriebe mit drei Planetenrädern und festem Hohlrad

21

Planetengetriebe mit Stirnrädern			
Bauform	Getriebesinnbild	Standübersetzung	Standgetriebewirkungsgrad
1	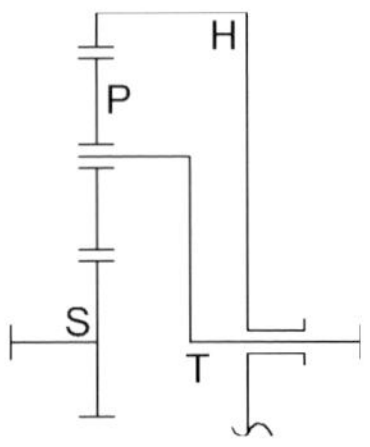	$i_0 = \frac{z_H}{z_S}$ $i_0 < 0$	$\eta_0 = \eta_{V,SP} \cdot \eta_{L,P} \cdot \eta_{V,PH}$ $\eta_0 \approx 98{,}0\,\%$
2	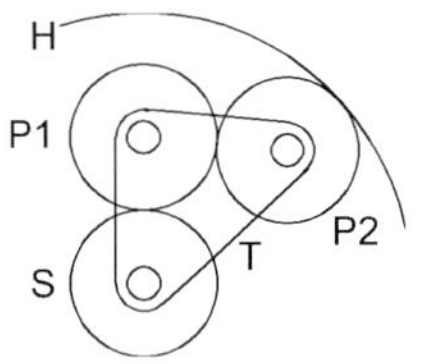	$i_0 = -\frac{z_H}{z_S}$ $i_0 > 0$	$\eta_0 = \eta_{V,SP1} \cdot \eta_{L,P1} \cdot \eta_{V,P1P2} \cdot \eta_{L,P2} \cdot \eta_{V,P2H}$ $\eta_0 \approx 96{,}5\,\%$
3	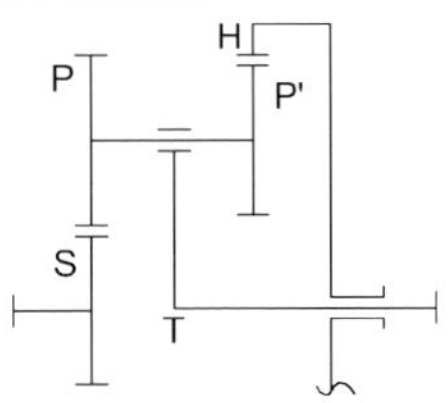	$i_0 = \frac{z_H \cdot z_P}{z_{P'} \cdot z_S}$ $i_0 < 0$	$\eta_0 = \eta_{V,SP} \cdot \eta_{L,P} \cdot \eta_{V,P'H}$ $\eta_0 \approx 98{,}0\,\%$
4	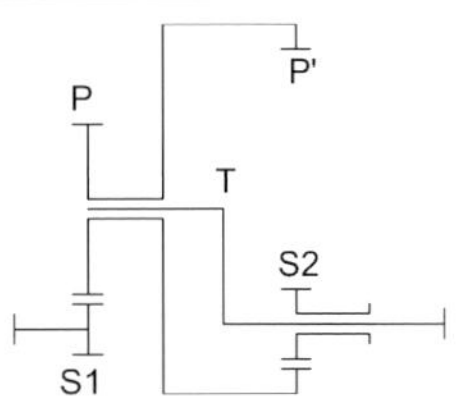	$i_0 = \frac{z_{S2} \cdot z_P}{z_{P'} \cdot z_{S1}}$ $i_0 < 0$	$\eta_0 = \eta_{V,S1P} \cdot \eta_{L,P} \cdot \eta_{V,P'S2}$ $\eta_0 \approx 98{,}0\,\%$
5	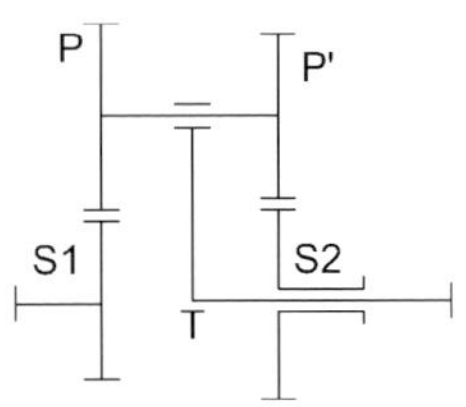	$i_0 = \frac{z_{S2} \cdot z_P}{z_{P'} \cdot z_{S1}}$ $i_0 > 0$	$\eta_0 = \eta_{V,S1P} \cdot \eta_{L,P} \cdot \eta_{V,P'S2}$ $\eta_0 \approx 97{,}5\,\%$
6	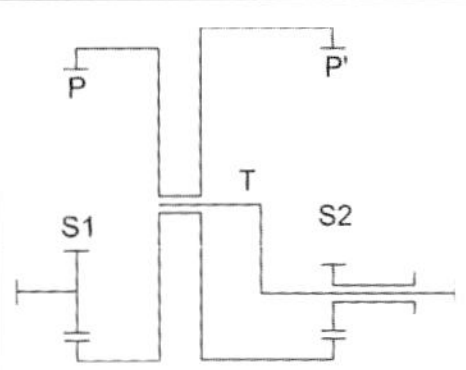	$i_0 = \frac{z_{S2} \cdot z_P}{z_{P'} \cdot z_{S1}}$ $i_0 > 0$	$\eta_0 = \eta_{V,S1P} \cdot \eta_{L,P} \cdot \eta_{V,P'S2}$ $\eta_0 \approx 98{,}5\,\%$

Bild 21.21 Systematik der einfachen rückkehrenden Umlaufrädergetriebe

Planetengetriebe mit Stirnrädern			
Bauform	Getriebesinnbild	Standübersetzung	Standgetriebewirkungsgrad
7	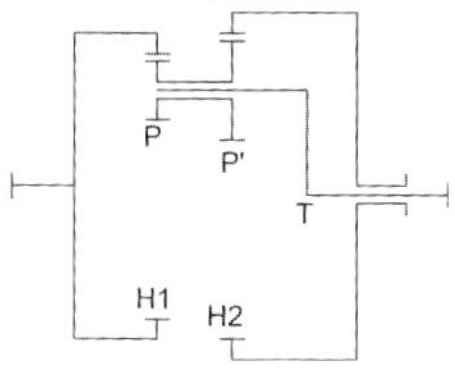	$i_0 = \frac{z_{H2} \cdot z_P}{z_{P'} \cdot z_{H1}}$ $i_0 > 0$	$\eta_0 = \eta_{V,H1P} \cdot \eta_{L,P} \cdot \eta_{V,P'H2}$ $\eta_0 \approx 98{,}5\ \%$
8	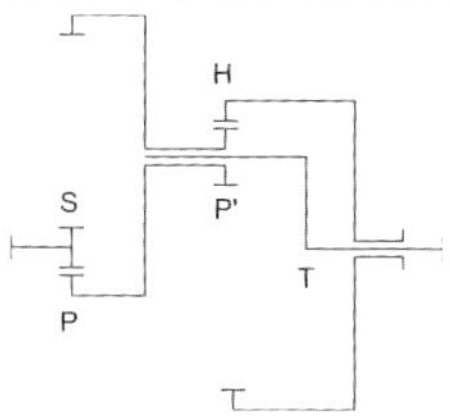	$i_0 = \frac{z_H \cdot z_P}{z_{P'} \cdot z_S}$ $i_0 > 0$	$\eta_0 = \eta_{V,SP} \cdot \eta_{L,P} \cdot \eta_{V,P'H}$ $\eta_0 \approx 98{,}5\ \%$
9	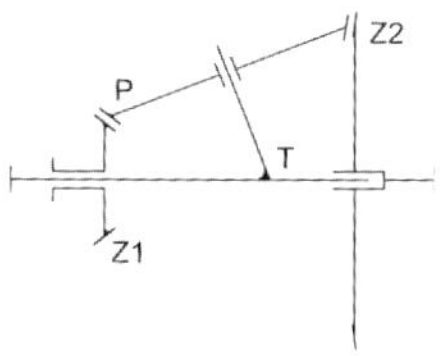	$i_0 = -\frac{z_{Z2}}{z_{Z1}}$ $i_0 < 0$	Für Planetengetriebe mit Kegelrädern ist eine allgemeingültige Angabe des Wirkungsgrades nicht möglich, da die Einzelwirkungsgrade von vielen konstruktiven Größen abhängen.
10	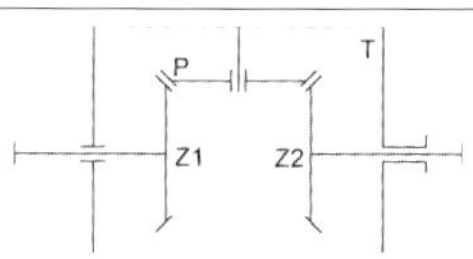	$i_0 = -\frac{z_{Z2}}{z_{Z1}}$ $i_0 = -1$	
11	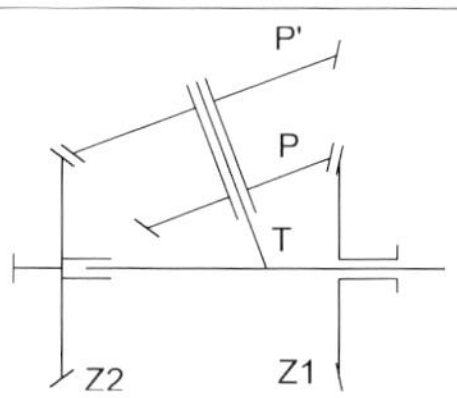	$i_0 = \frac{z_{H2} \cdot z_P}{z_{P'} \cdot z_{H1}}$ $i_0 < 0$	
12	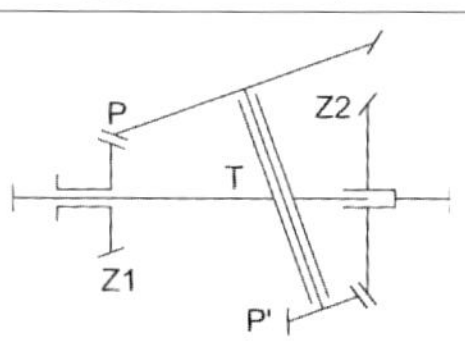	$i_0 = \frac{z_{Z2} \cdot z_P}{z_{P'} \cdot z_{Z1}}$ $i_0 < 0$	

i_0	Standübersetzung
z_H, z_{H1}, z_{H2}	Zähnezahl des Hohlrades
z_S, z_{S1}, z_{S2}	Zähnezahl des Sonnenrades
$z_P, z_{P'}$	Zähnezahl des Planetenrades
z_{z1}, z_{z2}	Zähnezahl eines allgemeinen Zahnrades
η_0	Standgetriebewirkungsgrad
$\eta_{V,xy}$	Verzahnungswirkungsgrad zwischen dem Zahnrad *x* und *y*
$\eta_{L,x}$	Lagewirkungsgrad des Zahnrades *x*

Bild 21.21 Systematik der einfachen rückkehrenden Umlaufrädergetriebe *(Fortsetzung)*

Berechnung von Planetengetrieben

In einem normalen Standgetriebe wird als Betrachtungspunkt für die Berechnungen das ortsfeste Gehäuse gewählt. Im allgemeinen Fall sind jedoch in einem einfachen Planetengetriebe drei bewegungsfähige Wellen vorhanden, wodurch die Betrachtungsweise geändert werden muss. Schließlich kann somit jede der drei Wellen Bezugswelle für die Berechnungen der Drehzahlen und Leistungen sein. Folglich wird die Berechnung nicht zwingend auf das Gehäuse bezogen und verallgemeinert.

Bei der Berechnung von Planetengetrieben spielt deren Betrachtung als Standgetriebe dennoch eine zentrale Rolle. Dabei bezeichnet ein Standgetriebe ein Getriebe, welches raumfeste Achsen oder Wellen besitzt. Somit sind beispielsweise aufgeflanschte Stirnradgetriebe oder Planetengetriebe mit festem Steg (daraus folgt, dass die Planetenachsen stillstehen) Standgetriebe. Bei solchen Standgetrieben stellt die Ermittlung der Drehzahlen und der Drehmomente an den jeweiligen Wellen keine Schwierigkeit dar. Deshalb ist es auch üblich, bei diesen Berechnungen nur die Beträge der jeweiligen Größen zu betrachten und die Vorzeichen zu vernachlässigen. Dies liegt auch daran, dass bei diesen Getrieben meist klar ersichtlich ist, welche Welle Antriebs- und welche Abtriebswelle ist. Diese vereinfachte Betrachtung lässt sich jedoch nicht auf Planetengetriebe übertragen, da aufgrund der Leistungsverzweigung nicht sofort ersichtlich ist, ob eine Welle den An- oder Abtrieb darstellt, wie später mit Formel 21.17, der Richtung des Gleitwälzflusses, gezeigt wird.

Alle hier aufgeführten Berechnungen lassen sich auf Standgetriebe übertragen. Schließlich stellen diese lediglich einen Spezialfall dieser Berechnung dar.

In Analogie zur Berechnung für Standgetriebe wird das Drehzahlverhältnis der beiden **Zentralradwellen** relativ zum feststehenden Steg als wichtigste Bezugsgröße genutzt. Dieses Verhältnis verkörpert wie bei Standgetrieben das Verhältnis zwischen An- und Abtriebsdrehzahl und wird folglich als **Standübersetzung (Standübersetzungsverhältnis)** bezeichnet.

In den Berechnungen bezeichnet die Indizierung der Drehzahl n_{23}, dass die Drehzahl der Welle 2 relativ zu 3 betrachtet wird. Der Index 1 steht dabei immer für das Getriebegehäuse. Bei **absoluten Größen** (auch als äußere Größen bezeichnet), das heißt bei Betrachtungen um das ruhende Getriebegehäuse, wird der Index 1 nicht explizit benannt $-n_{21} = n_2$. Diesem gegenüber stehen die **relativen Größen** (auch als innere Größen bezeichnet), wie z. B. n_{23}, welche die Betrachtung von einem beliebigen Punkt, hier dem Glied 3, aus beschreiben. Wird ein Verhältnis k_{ij} berechnet, dann gibt der erste Index den Zähler und der zweite den Nenner an, wie z. B. $k_{23} = n_{21} / n_{31} = n_2 / n_3$.

Wie bereits erwähnt, müssen bei den Berechnungen die Vorzeichen beachtet werden. Dabei wird eine eingehende Leistung als positiv (in Analogie zu endothermen Prozessen) und eine ausgehende Leistung als negativ (in Analogie zu exothermen Prozessen) definiert. Ähnlich dazu wird auch eine Unterscheidung bei den Zahnrädern getroffen. Ein außenverzahntes Zahnrad wird als positiv und ein innenverzahntes als negativ definiert.

Für ein Standgetriebe ergibt sich die Übersetzung (unter Beachtung der Drehrichtung bei z und unter Vernachlässigung von Wirkungsgraden bei den Drehmomenten) durch:

$$i_0 = \frac{z_{\text{Abtrieb}}}{z_{\text{Antrieb}}} = \frac{n_{\text{Antrieb}}}{n_{\text{Abtrieb}}} = -\frac{T_{\text{Abtrieb}}}{T_{\text{Antrieb}}} \qquad (21.8)$$

i		Standübersetzung,
z		Zähnezahl,
n	in min^{-1}	Drehzahl,
T	in Nm	Drehmoment.

21

Bei der Berechnung der Standübersetzung eines Planetengetriebes wird ausgenutzt, dass sich die Gesamtübersetzung als Produkt der Teilübersetzungen ergibt. Das bedeutet, dass ausgehend vom Antrieb alle Teilübersetzungen bis zum Abtrieb berechnet und im Anschluss daran das Produkt betrachtet wird. Weiterhin wird angenommen, dass der Antrieb über das Sonnenrad (oder Zahnrad z1) erfolgt und der Abtrieb über die Hohlradwelle (nach Definition der Standübersetzung ist die Stegwelle fest). Somit berechnet sich beispielsweise die Standübersetzung des Planetengetriebes 5 in Bild 21.21 nach:

$$i_0 = \left(-\frac{z_P}{z_{S1}}\right) \cdot \left(-\frac{z_{S2}}{z_{P'}}\right) = \frac{z_P \cdot z_{S2}}{z_{S1} \cdot z_{P'}}$$

Oder weiter das Getriebe 2:

$$i_0 = \left(-\frac{z_{P1}}{z_S}\right) \cdot \left(-\frac{z_{P2}}{z_{P1}}\right) \cdot \left(-\frac{z_H}{z_{P2}}\right) = -\frac{z_H}{z_S}$$

Oder weiter das Getriebe 11:

$$i_0 = \left(-\frac{z_P}{z_{Z1}}\right) \cdot \left(-\frac{z_{Z2}}{z_{P'}}\right) \cdot (-1) = -\frac{z_P \cdot z_{Z2}}{z_{Z1} \cdot z_{P'}}$$

Die Multiplikation mit −1 ist notwendig, um den Wechsel der Drehrichtung zu berücksichtigen. Bei Planetengetrieben ohne Kegelräder wird dies automatisch korrigiert, da die Innenverzahnung des Hohlrads als negativ angenommen wird. Bei Planetengetrieben mit Kegelrädern geschieht dies nicht, weil die Ausprägung des Hohlrads in ein Kegelrad übergegangen ist. Folglich muss ein Drehrichtungswechsel zwischen der An- und Abtriebswelle durch die Multiplikation mit −1 korrigiert werden.

Wird ein Planetengetriebe geplant, dann tritt hierbei die Besonderheit auf, dass eine **Einbaubedingung** beachtet werden muss. Dies bedeutet, dass die Zähnezahlen so gewählt werden müssen, dass die Planetenräder in dem Planetengetriebe montierbar sind. Schließlich wird mit der Montage des ersten Planetenrades die Lage der Zentralräder zueinander fixiert. Alle weiteren Planetenräder sind nur dann montierbar, wenn dem Planetenrad an der jeweiligen Position eine Zahnlücke in den Zentralrädern gegenübersteht. Dies ist genau dann gegeben, wenn der Stegteilungswinkel ein ganzzahliges Vielfaches des kleinsten Teilungswinkels ist. Für die Bauform 1 nach Bild 21.21 ergibt sich bei einer gleichmäßigen Verteilung der Planetenräder die Einbaubedingung:

$$g = \frac{z_S - z_H}{p} \tag{21.9}$$

g beliebige Ganzzahl,
p Anzahl der gleichmäßig verteilten Planetenräder,
z_S, z_H Zähnezahl des Hohlrads/Sonnenrads.

Dies bedeutet, dass p Planetenräder genau dann gleichmäßig über den Umfang verteilt werden können, wenn g eine Ganzzahl ist. Weiterhin sind neben dieser ersten „Kollisionsprüfung" auch eine Eingriffsstörung bei evolventen Innenverzahnungen sowie Gesichtspunkte zum Belastungsausgleich zu prüfen. Weitere Informationen hierzu sind in *Volmer* [21.1] zu finden.

Der folgende Berechnungsalgorithmus für Planetengetriebe ist unabhängig von der Art des Planetengetriebes. Alle Betrachtungen lassen sich analog übertragen. Allerdings wird von einem stationären Zustand des Getriebes ausgegangen. Dies bedeutet, dass das Getriebe nicht beschleunigt. Die Erweiterung der Berechnung um diesen Fakt sowie auf Selbsthemmung ist in der VDI-Richtlinie 2157 zu finden. Bei der Berechnung ist es unerheblich, in welche Richtung der positive Drehsinn definiert wird. Ist das Vorzeichen der Drehzahlen bei parallelen Wellen gleich, dann drehen diese in demselben Sinn. Ein negatives Vorzeichen verkörpert dementsprechend den Drehsinn in entgegengesetzter Richtung zur definierten. Eine der zentralen Rollen bei der Berechnung von Planetengetrieben spielt die **Drehzahlgrundgleichung** (auch **Willisgleichung**):

$$n_S + (i_0 - 1) \cdot n_T - i_0 \cdot n_H = 0 \tag{21.10}$$

n_S in min^{-1} Drehzahl des Sonnenrads,
n_T in min^{-1} Drehzahl Steg,
n_H in min^{-1} Drehzahl des Hohlrads,
i_0 Standübersetzung.

Dabei steht der Index S für das Sonnenrad des Planetengetriebes, T für den Steg (auch **Planetenträger** genannt) und H für das Hohlrad. In dieser Gleichung kommt auch die Bedeutung der Standübersetzung zum Tragen. Diese Gleichung enthält drei Unbekannte und ist folglich durch das Vorgeben von zwei Drehzahlen bestimmt. Dadurch wird der mögliche kinematische Freiheitsgrad 2 verkörpert.

Wird ein Planetengetriebe berechnet, so sind die **Relativdrehzahlen** für die wirkenden Kräfte von Bedeutung. Die Relativdrehzahl $\Delta n_{i,j}$ gibt dabei die relative Drehzahl der Welle *i* zur Welle *j* an und berechnet sich aus:

$$\Delta n_{i,j} = n_i - n_j = -\Delta n_{j,i} \tag{21.11}$$

$\Delta n_{i,j}$ in min^{-1} Relativdrehzahl der Welle *i* zur Welle *j*,
n_i, n_j in min^{-1} Drehzahl der Welle *i*/der Welle *j*.

Hierbei ist die Relativdrehzahl der Planetenräder relativ zum Steg von besonderer Bedeutung, da diese benötigt wird, um die Lager der Planetenräder auszulegen, welche starken Belastungen ausgesetzt sind. Diese Relativdrehzahl ergibt sich zu:

$$\Delta n_{P,T} = n_P - n_T = \Delta n_{S,T} \cdot \left(-\frac{z_S}{z_P} \right) = (n_T - n_S) \cdot \frac{z_S}{z_P} \tag{21.12}$$

21

$\Delta n_{P,T}$ in min^{-1} Relativdrehzahl des Planetenrads zum Steg,
$\Delta n_{S,T}$ in min^{-1} Relativdrehzahl des Sonnenrads zum Steg,
n_P, n_T, n_S in min^{-1} Drehzahl Planetenrad/Steg/Sonnenrad,
z_S, z_P Zähnezahl des Sonnenrads/Planetenrads.

Dabei steht der Index P für ein Planetenrad. Diese Gleichung berechnet sich aus den bekannten Größen in folgender Art:

$$\frac{\Delta n_{P,T}}{\Delta n_{S,T}} = -\frac{z_S}{z_P}$$

$$\Delta n_{P,T} = \Delta n_{S,T} \cdot \left(-\frac{z_S}{z_P} \right) = (n_T - n_S) \cdot \frac{z_S}{z_P}$$

Oder anders formuliert aus:

$$\Delta n_{\mathrm{P,T}} = \left(n_{\mathrm{T}} - n_{\mathrm{H}}\right) \cdot \frac{z_{\mathrm{H}}}{z_{\mathrm{P}}} \tag{21.13}$$

$\Delta n_{\mathrm{P,T}}$ in min^{-1} Relativdrehzahl des Planetenrade zum Steg,
n_{T}, n_{H} in min^{-1} Drehzahl des Stegs/Hohlrads,
z_{H}, z_{P} Zähnezahl des Hohlrads/Planetenrads.

Sind noch keine Zähnezahlen bekannt, wie in der Konzeptphase, dann kann folgende Näherung genutzt werden:

$$\Delta n_{\mathrm{P,T}} \approx f \cdot \left(n_{\mathrm{T}} - n_{\mathrm{S}}\right) \cdot \frac{2}{\left|i_0\right| - 1}$$
$$f = \begin{cases} 1 & \text{kein zusätzliches Planetenrad vorhanden} \\ 1{,}05 \ldots 1{,}15 & \text{zusätzliches Planetenrad vorhanden} \end{cases} \tag{21.14}$$

$\Delta n_{\mathrm{P,T}}$ in min^{-1} Relativdrehzahl des Planetenrads zum Steg,
n_{T}, n_{S} in min^{-1} Drehzahl des Stegs/Sonnenrads,
i_0 Standübersetzung,
f Korrekturfaktor.

Hierbei ist f ein Faktor, um eine Korrektur für die Bauform 2 (Bild 21.21) zu berücksichtigen.

Einen einfachen Weg der grafischen Ermittlung aller Drehzahlen liefert der **Drehzahlplan nach Kutzbach** (auch **Kutzbachplan**). Der Gültigkeit dieser Konstruktion liegt das Prinzip zugrunde, dass die Tangentialgeschwindigkeiten v_{T} an sich kämmenden Zahnrädern gleich groß sind und durch

$$v_{\mathrm{T}} = \omega \cdot r$$

zum Radius r proportional und durch die Proportionalitätskonstante der Winkelgeschwindigkeit ω miteinander verbunden sind. Aus mathematischer Sicht entspricht dies einer Ursprungsgeraden mit dem Anstieg ω und der Variablen r. Dieses Prinzip wird unter Ausnutzung von feststehenden und schnell ersichtlichen Momentanpolen (z. B. bei ortsfesten Wellen) angewendet. Dabei wird die Tangentialgeschwindigkeit von einem beliebigen Punkt zum Momentanpol betrachtet (Euler-Formel). Der Algorithmus zum Kutzbachplan ist folgender:

21

1. Führe einen Schnitt so durch das Getriebe, dass alle relevanten Getriebeglieder in diesem Schnitt erfasst werden.
2. Konstruiere senkrecht zu dieser Schnittlinie eine senkrechte Gerade, die sogenannte Kutzbachgerade.
3. Der Schnittpunkt einer Parallelen der Schnittlinie mit der Kutzbachgeraden verkörpert die Drehzahl 0.
4. Lege einen Drehzahlmaßstab und die positive Richtung der Kutzbachgeraden fest.
5. Trage auf der Kutzbachgeraden die gegebenen Drehzahlen ab.
6. Konstruiere zwischen den gegebenen Drehzahlen und den ersichtlichen Momentanpolen (Punkt, der zum Zeitpunkt der Betrachtung ruht) die Geschwindigkeitsprofilgeraden. Dabei schneiden die Geschwindigkeitsprofilgeraden die Senkrechte zur Drehzahl 0 in dem entsprechenden Momentanpol.
7. Der senkrechte Abstand von der Senkrechten zur Drehzahl 0 zu einer Geschwindigkeitsprofilgeraden ist proportional zur Tangentialgeschwindigkeit. Sind zwei Tangentialge-

schwindigkeiten eines Glieds oder eine Tangentialgeschwindigkeit und deren Momentanpol bekannt, so kann durch deren Verbindung die zugehörige Geschwindigkeitsprofilgerade konstruiert werden.

8. Der Schnittpunkt einer Geschwindigkeitsprofilgeraden, welche durch den Momentanpol des entsprechenden Gliedes verläuft, mit der Kutzbachgeraden verkörpert die Drehzahl des entsprechenden Glieds in dem festgelegten Maßstab.

Durch die iterative Ausführung der Schritte 7. und 8. können alle Drehzahlen ermittelt werden. Dabei entspricht der Abstand zwischen zwei Drehzahlen auf der Kutzbachgeraden ferner sogar der Relativdrehzahl zwischen diesen beiden Gliedern. Das folgende Beispiel soll die Anwendung verdeutlichen.

Die Drehzahlen eines einfachen Planetengetriebes sollen ermittelt werden. Dabei erfolgt der Antrieb über das Sonnenrad mit $n_S = 100\,\text{min}^{-1}$ und der Stegwelle mit $n_T = -200\,\text{min}^{-1}$. Der Abtrieb erfolgt über das Hohlrad. Bild 21.22 zeigt den Kutzbachplan.

In Bild 21.22 sind die Linien nach ihrer Konstruktionsreihenfolge nummeriert. Nach dem Antragen der gegebenen Drehzahlen kann die Geschwindigkeitsprofilgerade 1 des Sonnenrads konstruiert werden. Diese ergibt sich aus der Verbindungslinie der gegebenen Drehzahl und des Momentanpols. Er liegt im Zentrum des Sonnenrads. Die Geschwindigkeitsprofilgerade der Stegwelle wird äquivalent konstruiert. Die horizontalen Geraden verkörpern die Tangentialgeschwindigkeit in einem beliebigen Punkt. Das Planetenrad muss beim Kämmen mit dem Sonnenrad dessen Geschwindigkeit haben, ebenso beim Kämmen im Verbindungspunkt zum Steg. Folglich sind zwei Punkte für die Geschwindigkeitsprofilgerade des Planetenrades bekannt und Gerade 3 kann konstruiert werden. Da das Hohlrad mit dem Planetenrad kämmt, muss es in diesem Punkt dessen Tangentialgeschwindigkeit annehmen. Weiterhin ist für das Hohlrad der Momentanpol bekannt, das Zentrum des Sonnenrads. Somit kann durch die Verbindung dieser beiden Punkte die Geschwindigkeitsprofilgerade des Hohlrads konstruiert werden. Zusätzlich verkörpert der Schnittpunkt dieser Geraden mit der Kutzbachgeraden dessen Drehzahl mit $n_H = -275\,\text{min}^{-1}$.

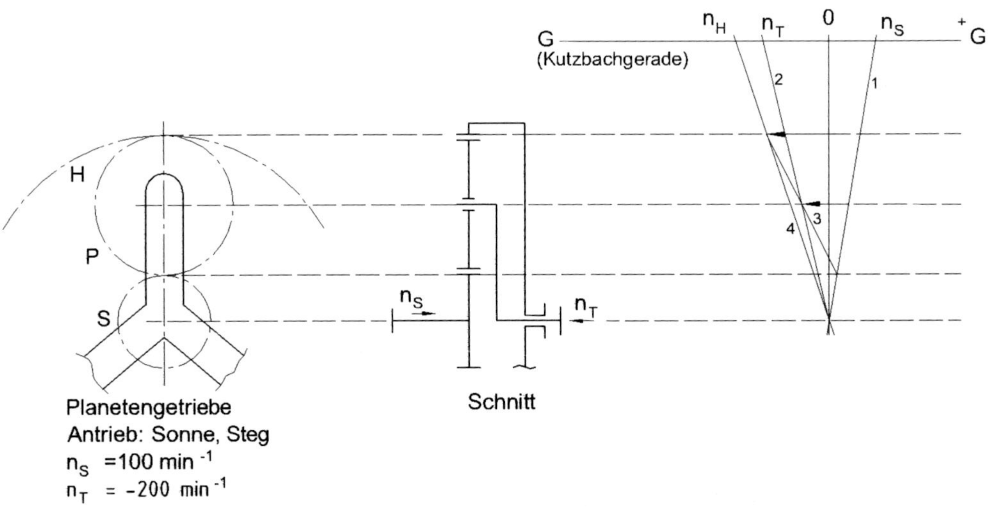

Bild 21.22 Kutzbachplan eines einfachen Planetengetriebes

Der Kutzbachplan ist dabei nicht auf die Anwendung von Planetengetrieben beschränkt, sondern gilt sogar allgemein für gleichförmig übersetzende Getriebe, in welchen die Achsen kollinear zueinander liegen. Um Zeichnungsungenauigkeiten und daraus resultierende Drehzahlfehler zu vermeiden, kann der Kutzbachplan in einem CAD-Programm konstruiert werden. Die so ermittelten Ergebnisse sind exakt.

Sind die Drehzahlen in den einzelnen Getriebegliedern bekannt, so können die wirkenden Drehmomente T (auch als Momente bezeichnet) berechnet werden. Dabei wird in einem ersten Schritt eine verlustfreie Betrachtung durchgeführt und im Anschluss daran die verlustbehaftete Berechnung durchgeführt.

Zwischen den einzelnen Zentralwellen des Planetengetriebes muss ein Drehmomenten-Gleichgewicht herrschen:

$$T_H + T_S + T_T = 0 \tag{21.15}$$

T_H, T_S, T_T in Nm Drehmoment der Hohlradwelle/Sonnenradwelle/Stegwelle.

Außerdem gilt nach der Definition der Standübersetzung:

$$\frac{T_H}{T_S} = -i_0 \rightarrow T_H + i_0 \cdot T_S = 0 \tag{21.16}$$

T_H, T_S in Nm Drehmoment der Hohlradwelle/Sonnenradwelle,
i_0 Drehmoment der Hohlradwelle/Sonnenradwelle.

Durch die gegebenen zwei Gleichungen sind die Drehmomente bestimmt, sobald ein Drehmoment vorgegeben wird.

Sind die verlustfreien Drehmomente bekannt, können die verlustbehafteten Drehmomente berechnet werden. Um zu berücksichtigen, dass das Sonnenrad sowohl An- als auch Abtrieb sein kann und der Wirkungsgrad je nachdem als Faktor oder Divisor auf die Standübersetzung wirkt, wird folgende Gleichung genutzt:

$$w = \operatorname{sgn}\left(\Delta n_{S,T} \cdot T_S\right) = \begin{cases} 1 & \text{für} \quad \Delta n_{S,T} \cdot T_S > 0 \\ 0 & \text{für} \quad \Delta n_{S,T} \cdot T_S = 0 \\ -1 & \text{für} \quad \Delta n_{S,T} \cdot T_S < 0 \end{cases} \tag{21.17}$$

$\Delta n_{S,T}$ in min^{-1} Relativdrehzahl des Sonnenrads zum Steg (siehe Formel 21.12),
T_S in Nm Drehmoment der Sonnenradwelle.

21

Die Funktion sgn wird auch als Signumsfunktion und w als **Richtung des Gleitwälzflusses** bezeichnet. Ein positiver Gleitwälzfluss steht folglich für einen Antrieb und ein negativer für einen Abtrieb. Damit ergibt sich die zuletzt formulierte Gleichung als:

$$T_H + \eta_0^w \cdot i_0 \cdot T_S = 0 \tag{21.18}$$

η_0 Standgetriebewirkungsgrad,
w Richtung des Gleitwälzflusses (siehe Formel 21.17),
i_0 Standübersetzung,
T_H, T_S in Nm Drehmoment der Hohlradwelle/Sonnenradwelle.

Dabei bezeichnet η_0 den **Standgetriebewirkungsgrad**. Aus dieser Gleichung wird der Einfluss der Richtung des Gleitwälzflusses schnell ersichtlich. Ist w gleich 1, so entspricht dies der Multiplikation mit η_0 und folglich muss T_S ein Antriebsdrehmoment sein. Dies entspricht auch der Interpretation der Richtung des Gleitwälzflusses. Dieser ist gleich 1, wenn

1. die Relativdrehzahl des Sonnenrades relativ zum Steg und das anliegende Drehmoment positiv sind, oder
2. die Relativdrehzahl des Sonnenrades relativ zum Steg und das anliegende Drehmoment negativ sind.

Beide Formulierungen entsprechen hierbei einem Antrieb, da das Drehmoment und die Relativdrehzahl die gleiche Wirkungsrichtung haben. Liegt dagegen ein Abtrieb vor, so müssen die Relativdrehzahl und das Moment entgegengesetzt wirken. Folglich wird $\omega = -1$ und bewirkt die Division des Getriebewirkungsgrades in der Gleichung. Dies ist für einen Abtrieb korrekt.

Auch bei der verlustbehafteten Drehmomentberechnung muss das Drehmoment-Gleichgewicht nach Formel 21.15 gelten:

$$T_H + T_S + T_T = 0$$

Der für die Berechnung benötigte Standgetriebewirkungsgrad kann nur über Experimente exakt ermittelt werden. Eine Näherung ergibt sich jedoch durch die Betrachtung der einzelnen Verzahnungswirkungsgrade η_V und Lagerwirkungsgrade η_L. Der Näherungswert für den Standgetriebewirkungsgrad ergibt sich aus:

$$\eta_0 = \eta_{V,1} \cdot \eta_{V,2} \cdot \ldots \cdot \eta_{V,m} \cdot \eta_{L,1} \cdot \eta_{L,2} \cdot \ldots \cdot \eta_{L,n} \tag{21.19}$$

η_0 Standgetriebewirkungsgrad,
$\eta_{V,i}$ Verzahnungswirkungsgrad der Verzahnung *i*,
$\eta_{L,j}$ Lagerwirkungsgrad der Lagerung *j*.

Dabei werden die Wirkungsgrade häufig angenommen als:

$$\eta_{V,AA} \approx 0{,}99$$

$$\eta_{V,AI} \approx 0{,}995$$

$$\eta_L \approx 0{,}995$$

Die Angaben für den Verzahnungswirkungsgrad gelten dabei nicht für Kegelräder. Für diese sind keine allgemeingültigen Aussagen formulierbar. Die Angaben AA und AI stehen für den Zahnkontakt Außenverzahnung-Außenverzahnung und Außenverzahnung-Innenverzahnung. Hierbei muss beachtet werden, dass der Lagerwirkungsgrad entsprechend der Anzahl der Lager multipliziert werden muss. In Bild 21.21 stehen die angegebenen Standgetriebewirkungsgrade für jeweils immer nur ein Planetenrad im Planetenträger, da aus der schematischen Darstellung die Anzahl der Planetenräder nicht ersichtlich wird.

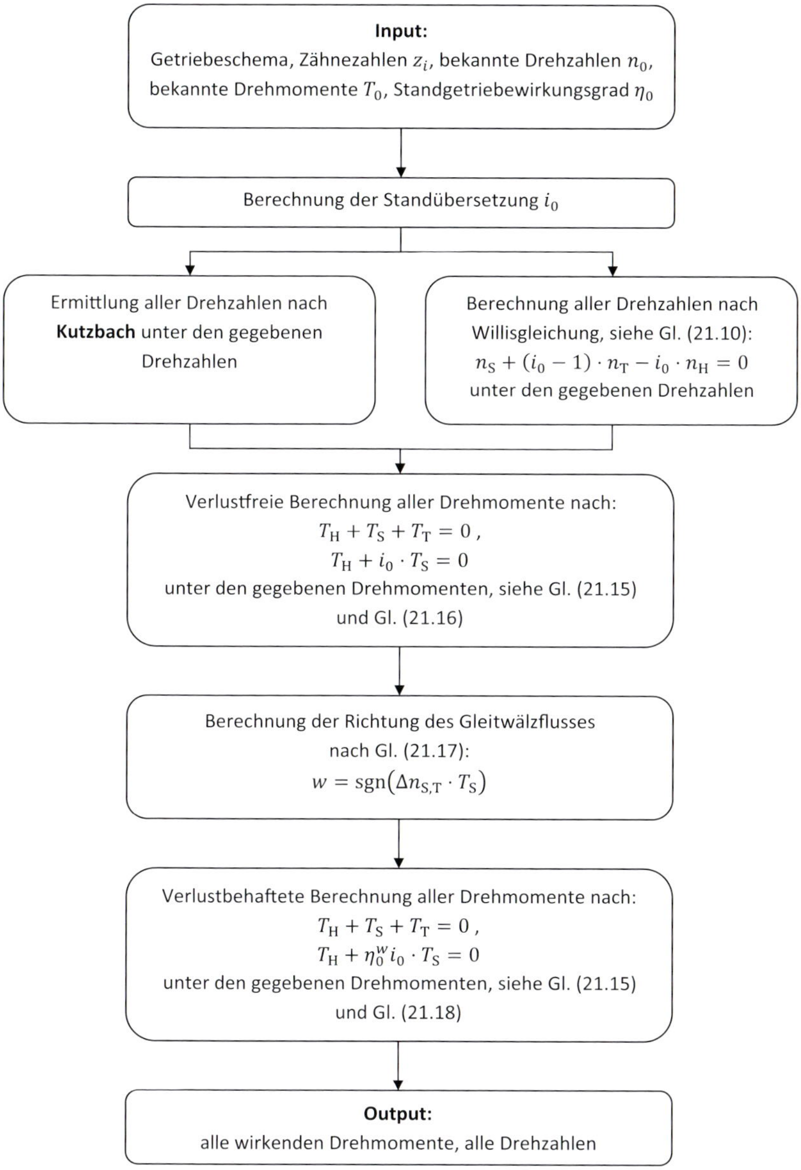

Bild 21.23 Berechnungsablauf eines verlustbehafteten Planetengetriebes im stationären Zustand

Beispiel 21.3 – Windenergieanlage

Bei diesem Konzept einer Windenergieanlage (siehe Bild 21.24) handelt es sich um ein zusammengesetztes Planetengetriebe aus zwei einfachen Planetengetrieben, welche nach der im Folgenden dargestellten Tabelle aufgebaut sind. Folglich müssen für die Berechnung die einzelnen Stufen durchnummeriert und die Gleichungen auf jede Stufe angewendet werden.

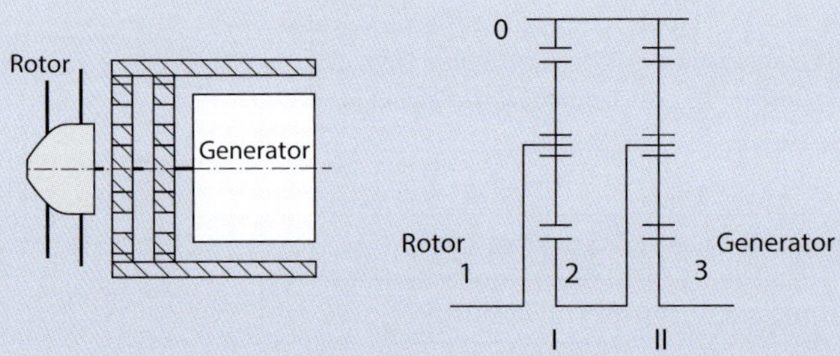

Bild 21.24 Prinzipskizze der Windenergieanlage und das daraus abgeleitete Getriebeschema

	Stufe I		Stufe II	
	Sonnenrad	**Hohlrad**	**Sonnenrad**	**Hohlrad**
Zähnezahl	$z_{SI} = 30$	$z_{HI} = -150$	$z_{SII} = 30$	$z_{HII} = -150$
Standübersetzung	$i_{0I} = \frac{z_{HI}}{z_{SI}} = -5$		$i_{0II} = \frac{z_{HII}}{z_{SII}} = -5$	
Standgetriebewirkungsgrad	$\eta_{0I} = 0{,}98$		$\eta_{0II} = 0{,}98$	

Weiterhin ist bei dieser Berechnung das Hohlrad (Gehäuse) fest und die Rotordrehzahl n_{Rotor} mit 20 mm^{-1} sowie das Drehmoment der Rotorwelle T_{Rotor} mit 100 kN · m gegeben. Somit ergibt die Anwendung der Willisgleichung (Formel 21.10) unter den gegebenen Randbedingungen Folgendes:

$$n_2 + (i_{0I} - 1) \cdot n_1 - i_{0I} \cdot n_0 = 0$$
$$n_3 + (i_{0II} - 1) \cdot n_2 - i_{0II} \cdot n_0 = 0$$
$$n_1 = n_{Rotor} = 20\,\text{min}^{-1}$$
$$n_0 = 0\,\text{min}^{-1}$$

Durch diese Gleichungen ergibt sich folgendes lineare Gleichungssystem:

$$\begin{pmatrix} -i_{0I} & i_{0I}-1 & 1 & 0 \\ -i_{0II} & 0 & i_{0II}-1 & 1 \\ 0 & 1 & 0 & 0 \\ 1 & 0 & 0 & 0 \end{pmatrix} \cdot \begin{pmatrix} n_0 \\ n_1 \\ n_2 \\ n_3 \end{pmatrix} = \begin{pmatrix} 0 \\ 0 \\ n_{Rotor} \\ 0 \end{pmatrix}$$

Mit den bekannten Größen ergibt sich das lineare Gleichungssystem zu:

$$\begin{pmatrix} 5 & -6 & 1 & 0 \\ 5 & 0 & -6 & 1 \\ 0 & 1 & 0 & 0 \\ 1 & 0 & 0 & 0 \end{pmatrix} \cdot \begin{pmatrix} n_0 \\ n_1 \\ n_2 \\ n_3 \end{pmatrix} = \begin{pmatrix} 0 \\ 0 \\ 20 \\ 0 \end{pmatrix}$$

21

Dessen Lösung liefert für die unbekannten Drehzahlen die Werte:

$$n_2 = 120\,\text{min}^{-1}$$

$$n_3 = n_{\text{Abtrieb}} = 720\,\text{min}^{-1}$$

Mit welchem Verfahren das lineare Gleichungssystem gelöst wird, ist dabei dem Anwender freigestellt. In diesem einfachen Beispiel wäre auch die Lösung durch systematisches Gleichsetzen bzw. Ineinander-Einsetzen der Gleichungen möglich gewesen (Gleichsetzungsverfahren, Einsetzungsverfahren).

Die grafische Ermittlung der Drehzahlen nach dem Kutzbachplan ist in Bild 21.25 dargestellt.

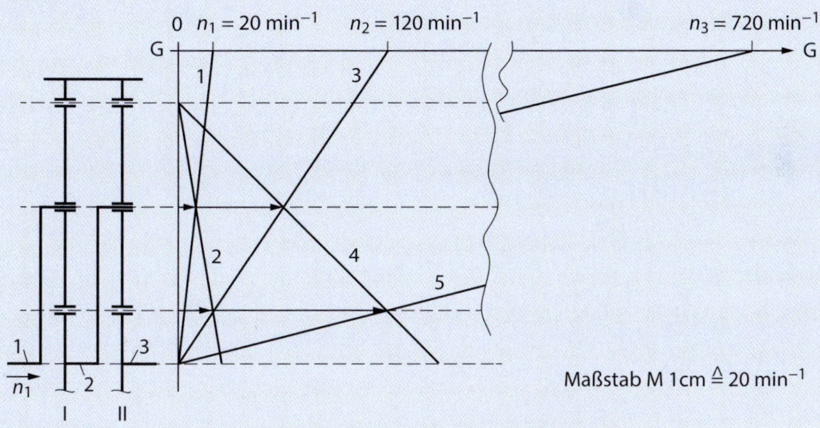

Bild 21.25 Kutzbachplan des Getriebes der Windenergieanlage

Zum leichteren Verständnis der Konstruktion sind die Geraden entsprechend ihrer Konstruktionsreihenfolge nummeriert. Sind die Drehzahlen ermittelt, so erfolgt eine verlustfreie Drehmomentberechnung. Für die erste Planetenstufe ergeben sich folgende Gleichungen (nach Formel 21.15 und Formel 21.16):

$$T_{\text{HI}} + i_{0\text{I}} \cdot T_{\text{SI}} = 0$$

$$T_{\text{HI}} + T_{\text{TI}} + T_{\text{SI}} = 0$$

Die Gleichungen für die zweite Stufe lauten analog:

$$T_{\text{HII}} + i_{0\text{II}} \cdot T_{\text{SII}} = 0$$

$$T_{\text{HII}} + T_{\text{TII}} + T_{\text{SII}} = 0$$

Zusätzlich sind folgende Randbedingungen bekannt:

$$T_{\text{TI}} = T_{\text{Rotor}} = 100\,\text{kN} \cdot \text{m}$$

$$0 = T_{\text{SI}} + T_{\text{TII}}$$

21

Letztere Gleichung drückt dabei aus, dass durch die Kopplung der beiden Planetenradstufen über das Sonnenrad SI und den Steg TII das Drehmomenten-Gleichgewicht in dieser Kopplungswelle 0 sein muss. Das Gleichungssystem ergibt sich mit den bekannten Größen zu:

$$\begin{pmatrix} -5 & 0 & 1 & 0 & 0 & 0 \\ 1 & 1 & 1 & 0 & 0 & 0 \\ 0 & 1 & 0 & 0 & 0 & 0 \\ 0 & 0 & 0 & -5 & 0 & 1 \\ 0 & 0 & 0 & 1 & 1 & 1 \\ 1 & 0 & 0 & 0 & 1 & 0 \end{pmatrix} \cdot \begin{pmatrix} T_{SI} \\ T_{TI} \\ T_{HI} \\ T_{SII} \\ T_{TII} \\ T_{HII} \end{pmatrix} = \begin{pmatrix} 0 \\ 0 \\ 100 \\ 0 \\ 0 \\ 0 \end{pmatrix}$$

Damit ergeben sich die unbekannten Größen zu:

$$T_{SI} = -16{,}6\overline{6}\,\mathrm{kN\cdot m}$$
$$T_{HI} = -83{,}3\overline{3}\,\mathrm{kN\cdot m}$$
$$T_{SII} = T_{Abtrieb} = -2{,}7\overline{7}\,\mathrm{kN\cdot m}$$
$$T_{TII} = 16{,}66\,\mathrm{kN\cdot m}$$
$$T_{HII} = -13{,}8\overline{8}\,\mathrm{kN\cdot m}$$

Nun erfolgt die verlustbehaftete Berechnung. Dafür muss die Richtung des Gleitwälzflusses nach Formel 21.17 ermittelt werden:

$$w_I = \mathrm{sgn}\left(\Delta n_{SI,TI} \cdot T_{SI}\right) = \mathrm{sgn}\left(\left(n_2 - n_1\right) \cdot T_{SI}\right) = -1$$

$$w_{II} = \mathrm{sgn}\left(\Delta n_{SII,TII} \cdot T_{SII}\right) = \mathrm{sgn}\left(\left(n_3 - n_2\right) \cdot T_{SII}\right) = -1$$

Damit ändern sich folgende zwei Gleichungen (nach Formel 21.18):

$$T_{HI} + \eta_{0I}^{w_I} \cdot i_{0I} \cdot T_{SI} = 0$$

$$T_{HII} + \eta_{0I}^{w_{II}} \cdot i_{0II} \cdot T_{SII} = 0$$

Im Gleichungssystem ändern sich in der Koeffizientenmatrix nur die folgenden beiden Zeilen:

$$\begin{pmatrix} -5 \cdot 0{,}98^{-1} & 0 & 1 & 0 & 0 & 0 \\ & & \vdots & & & \\ 0 & 0 & 0 & -5 \cdot 0{,}98^{-1} & 0 & 1 \\ & & \vdots & & & \end{pmatrix}$$

Die neue Lösung des Gleichungssystems ist:

$$T_{SI} \approx -16{,}4\,\mathrm{kN\cdot m}$$
$$T_{HI} \approx -83{,}6\,\mathrm{kN\cdot m}$$
$$T_{SII} = T_{Abtrieb} \approx -2{,}686\,\mathrm{kN\cdot m}$$
$$T_{TII} \approx 16{,}4\,\mathrm{kN\cdot m}$$
$$T_{HII} \approx -13{,}7\,\mathrm{kN\cdot m}$$

21

Der sich daraus ergebende Gesamtwirkungsgrad ist:

$$\eta_{ges} = -\frac{P_{Abtrieb}}{P_{Antrieb}} = -\frac{T_{Abtrieb} \cdot 2 \cdot \pi \cdot n_{Abtrieb}}{T_{Rotor} \cdot 2 \cdot \pi \cdot n_{Rotor}} = -\frac{T_{SII} \cdot n_3}{T_{TI} \cdot n_1} = \frac{2{,}7 \cdot 720}{100 \cdot 20} = 0{,}967$$

Die Gesamtübersetzung des Getriebes ist:

$$i_{ges} = \frac{n_{Rotor}}{n_{Abtrieb}} = \frac{20}{720} = 0{,}027\overline{7}$$

Beispiel 21.4 – Kraftfahrzeug-Ausgleichsgetriebe (Differenzial)

Ein Kraftfahrzeugdifferenzial hat die Aufgabe, unterschiedliche Drehzahlen der Räder bei Kurvenfahrten zu ermöglichen. Dabei erfolgt der Antrieb über die Stegwelle 5 und der Abtrieb zu den Rädern über die beiden Zentralwellen 2 und 4 (wobei eines der Zahnräder als Sonnenrad und eines als Hohlrad aufgefasst werden kann). Die Zahnräder 3 und 3' können als die Planetenräder interpretiert werden.

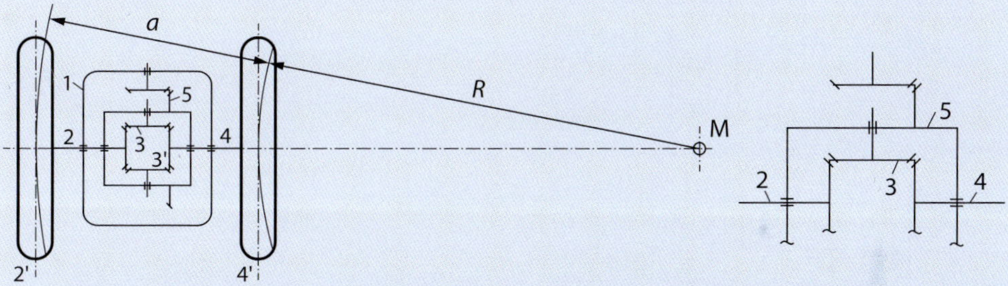

Bild 21.26 Prinzipskizze des Differenzials und das daraus abgeleitete Getriebeschema

Rotiert eines der beiden Räder bei ruhender Stegwelle 5, dann dreht sich das andere Rad mit der gleichen Drehzahl, aber in entgegengesetzte Richtung. Folglich ergibt sich daraus die Standübersetzung $i_0 = -1$. In diesem Belastungsfall sind die Drehmomente T_2 und T_4 immer gleich groß. Befindet sich das Fahrzeug in Geradeausfahrt, ist $n_2 = n_4 = n_5$. Der wichtigste Belastungsfall ergibt sich bei einer Kurvenfahrt. Das Drehzahlverhältnis zwischen den beiden Zentralwellen und damit zwischen den Rädern hängt in diesem Zustand vom Radabstand a und vom Kurvenradius R ab (sofern die Räder nicht rutschen). Da beide Räder als gleich groß angenommen werden, gilt für das Drehzahlverhältnis k_{24} zwischen den beiden Zentralwellen:

$$k_{24} = \frac{n_2}{n_4} = \frac{R+a}{R}$$

Dies wird ersichtlich, wenn die Drehzahlberechnung für einen kleinen Zeitabschnitt auf den zurückgelegten Weg eines äußeren Punkts des Rads bezogen wird. Es soll nun angenommen werden, dass es sich um ein Formula-Student-Rennfahrzeug handelt, welches einen Radabstand von 1,2 m aufweist und einen

Kurvenradius von 10 m fährt. Des Weiteren wird die Antriebsdrehzahl als $n_5 = n_{\text{Antrieb}} = 260\,\text{min}^{-1}$ angenommen. Dies entspricht bei einem Reifendurchmesser von 0,51 m in etwa einer Geschwindigkeit von 25 km/h. Die Fahrsituation erfordert ein Antriebsdrehmoment von $T_5 = T_{\text{Antrieb}} = 50\,\text{Nm}$. Der Standgetriebewirkungsgrad wird als 0,99 angenommen. Aus diesen Angaben folgt:

$$k_{24} = \frac{11{,}2}{10} = 1{,}12$$

Für dieses angegebene Differenzial sind die Zähnezahlen für die weiteren Berechnungen unerheblich. Die Welle 2 wird als Welle des Sonnenrads und die Welle 4 als Hohlradwelle betrachtet. Es ist unerheblich, in welcher Reihenfolge diese Bezeichnungen den Wellen zugeordnet werden. Jedoch muss sich während der Berechnung an die festgelegte Reihenfolge gehalten werden. Die zur Verfügung stehenden Gleichungen lauten nach Formel 21.10:

$$n_2 + (i_0 - 1) \cdot n_5 - i_0 \cdot n_4 = 0$$

$$k_{24} \cdot n_4 - n_2 = 0$$

In Matrixform ergibt sich Folgendes:

$$\begin{pmatrix} 1 & -i_0 & i_0 - 1 \\ -1 & k_{24} & 0 \\ 0 & 0 & 1 \end{pmatrix} \cdot \begin{pmatrix} n_2 \\ n_4 \\ n_5 \end{pmatrix} = \begin{pmatrix} 0 \\ 0 \\ n_{\text{Antrieb}} \end{pmatrix}$$

$$\begin{pmatrix} 1 & 1 & -2 \\ -1 & 1{,}12 & 0 \\ 0 & 0 & 1 \end{pmatrix} \cdot \begin{pmatrix} n_2 \\ n_4 \\ n_5 \end{pmatrix} = \begin{pmatrix} 0 \\ 0 \\ 260 \end{pmatrix}$$

Dessen Lösung liefert:

$$n_2 = 274{,}72\,\text{min}^{-1}$$

$$n_4 = 245{,}28\,\text{min}^{-1}$$

Eine Ermittlung der Drehzahlen mittels des Kutzbachplans ist in diesem Fall nicht möglich, da unter anderem die Geometrieabmessungen der Zahnräder fehlen. Für die verlustfreie Drehmomentberechnung stehen folgende Gleichungen zur Verfügung (nach Formel 21.15 und Formel 21.16):

$$T_2 + T_4 + T_5 = 0$$

$$T_4 + i_0 \cdot T_2 = 0$$

Eingesetzt in ein Gleichungssystem, folgt:

$$\begin{pmatrix} 1 & 1 & 1 \\ i_0 & 1 & 0 \\ 0 & 0 & 1 \end{pmatrix} \cdot \begin{pmatrix} T_2 \\ T_4 \\ T_5 \end{pmatrix} = \begin{pmatrix} 0 \\ 0 \\ T_{\text{Antrieb}} \end{pmatrix}$$

$$\begin{pmatrix} 1 & 1 & 1 \\ -1 & 1 & 0 \\ 0 & 0 & 1 \end{pmatrix} \cdot \begin{pmatrix} T_2 \\ T_4 \\ T_5 \end{pmatrix} = \begin{pmatrix} 0 \\ 0 \\ 500 \end{pmatrix}$$

Dessen Lösung ist wie erwartet:

$$T_2 = T_4 = -250\text{Nm}$$

Die Richtung des Gleitwälzflusses ist nach Formel 21.17:

$$w = \text{sgn}\left(\Delta n_{2,5} \cdot T_2\right) = -1$$

Verlustbehaftet ergibt sich die Lösung nach Formel 21.15 und Formel 21.18 zu:

$$\begin{pmatrix} 1 & 1 & 1 \\ -1 \cdot 0{,}99^{-1} & 1 & 0 \\ 0 & 0 & 1 \end{pmatrix} \cdot \begin{pmatrix} T_2 \\ T_4 \\ T_5 \end{pmatrix} = \begin{pmatrix} 0 \\ 0 \\ 500 \end{pmatrix}$$

$$T_2 = -248{,}74\text{Nm}$$

$$T_4 = -251{,}26\text{Nm}$$

Damit sind alle relevanten Größen ermittelt, um sowohl innere als auch äußere Leistungen zu berechnen.

Werden zur Auslegung eines Planetengetriebes relative Größen benötigt, dann ergeben sich diese analog zur Betrachtung der relativen Drehzahlen. Durch die gegebenen Gleichungen kann nun die Berechnung eines verlustbehafteten Planetengetriebes in einem stationären Zustand erfolgen. Dabei können die Gleichungen in einem linearen Gleichungssystem modelliert und gelöst werden. Dies ist besonders bei zusammengesetzten Planetengetrieben von Vorteil, welche sich einfach aus einer verketteten Berechnung der einzelnen Teilplanetengetriebe ergeben.

Ein allgemeiner Ablauf der Berechnung ist in Bild 21.23 zu finden.

Anwendungsbeispiele für Planetengetriebe

Die Vorteile von Planetengetrieben – hohe Leistungsdichte, eine mögliche Leistungsverzweigung und eine sehr hohe bzw. sehr geringe Übersetzung je Getriebestufe – führen zu zahlreichen Anwendungsfällen, von denen einige kurz vorgestellt werden sollen.

Das kleine links erkennbare/dargestellte Planetengetriebe in Bild 21.27 mit seinen vier Planetenrädern ist auf einer elektrisch getriebenen Niederflurachse AVE 130 eines Hybridantriebes in einem Stadtbus eingesetzt. Mit dem Hybridbus wird ein emissionsfreies Fahren über längere Zeit ermöglicht und der Kraftstoff im Stadtverkehr wird eingespart. Er besitzt eine Achslast von max. 13 000 kg, eine elektrische Antriebsleistung der zwei wassergekühlten Asynchronmotoren von 2 × 125 kW, und das Abtriebsmoment ist 2 × 11 000 Nm. Die Raddrehzahl beträgt 485 min^{-1} und die Übersetzung ist 22,66.

Bild 21.27 Elektroportalachse AVE mit integrierten Asynchronmotoren für Hybridbusse (Quelle: ZF Friedrichshafen AG)

Eine Windkraftanlage wandelt die Energie des Windes in elektrische Energie, um sie dann in ein Stromnetz einzuspeisen. Windkraftanlagen sind heute die wichtigste Form der Nutzung der Windenergie. Die häufigste Bauform ist die dreiblättrige Windkraftanlage mit horizontaler Achse. Das Maschinenhaus ist auf einem Turm montiert und wird der Windrichtung aktiv nachgeführt.

Die Rotordrehzahl wird von einem Getriebe an eine geeignete Generatordrehzahl angepasst. Bei größeren Anlagen ab ca. 100 kW kommen häufig Planetengetriebe in der ersten Getriebestufe zum Einsatz. Bei Anlagen über 2,5 MW werden auch bei der zweiten Stufe Planetengetriebe eingesetzt. Diese besitzen üblicherweise drei bis fünf Planeten und damit mehrere Eingriffspunkte, wodurch die einzelnen Komponenten durch die Aufteilung des Drehmomentes entlastet werden und zugleich das Getriebe kompakter gebaut werden kann.

Bild 21.28
Planetengetriebe einer Windkraftanlage
(Quelle: Schaeffler AG)

Neben diesen sehr großen Planetengetrieben gibt es auch Anwendungen für sehr kleine. In Bild 21.29 ist ein Planetengetriebe mit Kunststoffzahnrädern zu sehen. Das Getriebe hat bei einem Verzahnungsmodul 0,2 mm und einem Durchmesser von 16 mm ein Dauerdrehmoment 100 mN · m. Dieses beachtliche Moment, bezogen auf die Baugröße, ermöglicht einen Einsatz beim Antrieb von kleinen Geräten, Aktuatoren und Verstellelementen wie zum Beispiel Gurtstraffern im Automobil.

Bild 21.29
Planetengetriebe Micro Servo Drive (Quelle: Fa. imk automotive GmbH)

21.6 Verständnisfragen

1. Was bewirken verschieden große Zahnräder im Zusammenspiel?
2. Erläutern Sie den Begriff „Radpaar".
3. Wann spricht man von einer Übersetzung ins Langsame und wann von einer Übersetzung ins Schnelle?
4. Welche Kreise berühren sich bei zwei Zahnrädern in genau einem Punkt?
5. Wie lautet das Verzahnungsgesetz?
6. Was versteht man unter dem Begriff „Eingriffslinie"?
7. Was sind aktive Flanken und wie kann man sie noch bezeichnen?
8. Welche Verzahnung liegt bei gerader Eingriffslinie vor?
9. Wie heißt das Zahnrad in der Mitte eines einfachen Planetengetriebes?
10. Was muss für die Einbaubedingung eines Planetengetriebes gelten?

Literatur

[21.1] *Volmer, J.; Leistner, F.:* Getriebetechnik – Umlaufrädergetriebe. 4. Auflage. Berlin: Verlag Technik, 1990

[21.2] *Wolf, A.:* Die Grundgesetze der Umlaufrädergetriebe. Braunschweig: Vieweg, 1954

[21.3] VDI Richtlinie 2157 Planetengetriebe, 2012

DIN 868 Allgemeine Begriffe und Bestimmungsgrößen für Zahnräder, Zahnradpaare und Zahnradgetriebe

DIN 3960 Begriffe und Bestimmungsgrößen für Stirnräder (Zylinderräder) und Stirnradpaare (Zylinderradpaare) mit Evolventenverzahnung

DIN 3971 Begriffe und Bestimmungsgrößen für Kegelräder und Kegelradpaare

DIN 3998-1 Benennungen an Zahnrädern und Zahnradpaaren; Allgemeine Begriffe

DIN 3998-2 Benennungen an Zahnrädern und Zahnradpaaren; Stirnräder und Stirnradpaare (Zylinderräder und Zylinderradpaare)

DIN 3998-3 Benennungen an Zahnrädern und Zahnradpaaren; Kegelräder und Kegelradpaare, Hypoidräder und Hypoidradpaare

DIN 3998-4 Benennungen an Zahnrädern und Zahnradpaaren; Schneckenradsätze

ISO 701 Internationales Zahnradbezeichnungssystem – Zeichen für geometrische Größen

22 Abmessungen und Geometrie der Stirn- und Kegelräder

22.1 Null-Außenverzahnung

Unter der **Teilung** p versteht man die Länge eines Kreisbogens (Teilkreisbogens) zwischen zwei aufeinander folgenden gleichnamigen Flanken (Rechts- oder Linksflanken) nach Bild 22.1. Wenn der Wälzkreis als Teilkreis benutzt wird, spricht man von **Null-Rädern** mit **Null-Verzahnung**, um auszudrücken, dass keine Differenz zwischen Teilkreis und Wälzkreis besteht.

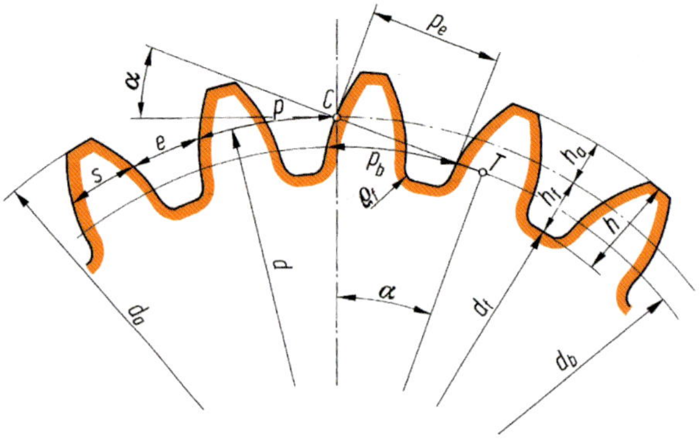

Bild 22.1 Null-Außenverzahnung

Der Teilkreisumfang muss dann gleich $z \cdot p$ sein, wenn z die Zähnezahl des Rads bedeutet. Andererseits ist der Teilkreisumfang auch gleich $d \cdot \pi$. Also wird $z \cdot p = d \cdot \pi$. Umgeformt ist $p / \pi = d / z$. Diesen Wert nennt man **Modul *m***. Der Modul ist lediglich ein Bezugsmaß. Als Teil des Teilkreisdurchmessers kann der Modul auch als Durchmesserteilung aufgefasst werden. Die Moduln sind genormt (Tabelle 22.1), um die Verzahn- und Messwerkzeuge auf ein Minimum zu beschränken. Die Reihe 1 ist der Reihe 2 vorzuziehen.

Wenn die Zahndicken von zwei gepaarten Rädern am Teilkreis gleich groß sind, so muss theoretisch die Lückenweite e gleich der Zahndicke s sein. Aus funktionstechnischen Gründen muss jedoch zwischen den nichtarbeitenden Flanken (den Rückflanken) ein Spiel bleiben, das **Normalflankenspiel** j_n als kürzester Abstand zwischen den Rückflanken. Dieses bestimmt das **Drehflankenspiel** j_t als den Bogen, um den sich das eine Rad gegenüber dem anderen innerhalb des Flankenspiels drehen lässt (Bild 22.2). Das erforderliche Flankenspiel richtet sich nach der Funktionsgenauigkeit des betreffenden Getriebes.

Normale Räder haben eine **Kopfhöhe** $h_a = m$. Die Fußhöhe muss etwas größer sein, damit sich Kopf- und Fußkreise der Räder nicht berühren. Die Differenz heißt **Kopfspiel** c (Bild 22.2). Nach DIN 867 soll das Kopfspiel zwischen $c = 0{,}1\ldots0{,}3m$ betragen, in Ausnahmefällen bis 0,4 m, wobei als Vorzugswerte 0,17 m, 0,25 m und 0,3 m je nach Verzahnwerkzeug vorgesehen sind. Hierbei betragen die maximalen Fußrundungsradien $\varrho_f = 0{,}25m$, $0{,}38m$ und 0,45 m (siehe Bild 22.1). **Als ISO-Standardwert nach ISO 53 gilt $c = 0{,}25m$ mit $\varrho_f = 0{,}38m$.**

Der Eingriffswinkel ist nach DIN 867 mit $\alpha = 20°$ genormt.

Unter der **Eingriffsteilung** p_e versteht man den Abstand auf der Eingriffsstrecke zwischen zwei aufeinander folgenden gleichnamigen Flanken (Bild 22.1). Aus Bild 22.1 geht hervor, dass eine Eingriffsteilung p_e gleich einer Grundteilung p_b ist (weil die Eingriffsstrecke auf dem Grundkreis abgerollt wird, sehe hierzu auch Bild 22.3). Somit muss $p_e / p = p_b / p = d_b / d = \cos\alpha$ sein.

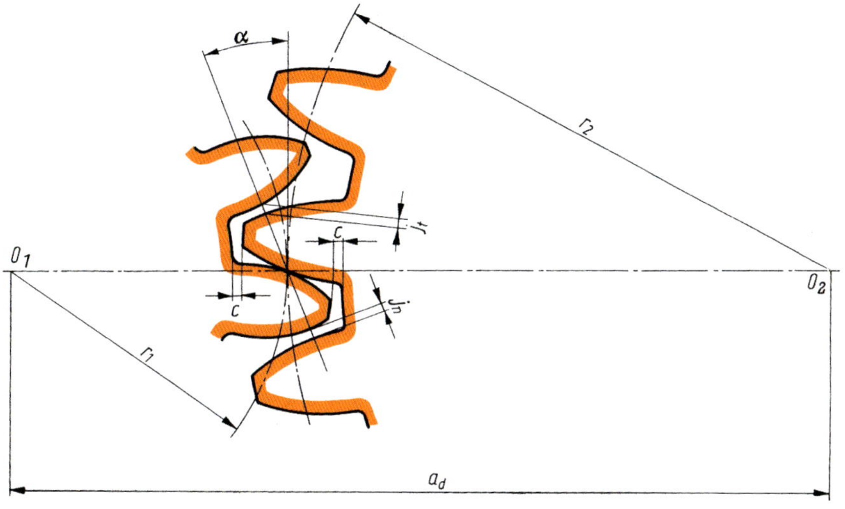

Bild 22.2 Zahnspiele, Null-Achsabstand

Unter diesen Voraussetzungen betragen an einem geradverzahnten Null-Außenrad:

$$\textit{Teilkreisdurchmesser} \quad d = z \cdot m \tag{22.1}$$

$$\textit{Kopfkreisdurchmesser (Außendurchmesser)} \quad d_a = d + 2h_a \tag{22.2}$$

$$\textit{Fußkreisdurchmesser} \quad d_f = d - 2h_f \tag{22.3}$$

$$\textit{Grundkreisdurchmesser} \quad d_b = d \cdot \cos\alpha \tag{22.4}$$

$$\textit{Teilung (Teilkreisteilung)} \quad p = m \cdot \pi \tag{22.5}$$

$$\textit{Eingriffsteilung} \quad p_e = p \cdot \cos\alpha = m \cdot \pi \cdot \cos\alpha \tag{22.6}$$

z		Zähnezahl des Rades,
h_a	in mm	Kopfhöhe, im Normalfall = Modul m,
h_f	in mm	Fußhöhe $= h_a + c$ mit dem Kopfspiel $c = 0{,}25m$ im Normalfall,
α	in °	Eingriffswinkel = 20° im Normalfall.

22

Ein geradverzahntes Außenradpaar (Bild 22.2) besitzt den

Null-Achsabstand $$a_d = r_1 + r_2 = \frac{m}{2}(z_1 + z_2) \qquad (22.7)$$

Beispiel 22.1

Welche Abmessungen und welchen Achsabstand haben die Null-Räder eines Außenradpaares mit $z_1 = 17$, $z_2 = 81$ und $m = 4\,\text{mm}$ bei $c = 0{,}25m$ und $\alpha = 20°$? Wie groß ist das Zähnezahlverhältnis u?

Lösung:
Mit $h_a = m = 4\,\text{mm}$ und $h_f = h_a + c = 4\,\text{mm} + 0{,}25 \cdot 4\,\text{mm}$ werden nach Formel 22.1 bis Formel 22.7:

$$d_1 = z_1 \cdot m = 17 \cdot 4\,\text{mm} = 68\,\text{mm}$$
$$d_2 = z_2 \cdot m = 81 \cdot 4\,\text{mm} = 324\,\text{mm}$$
$$d_{a1} = d_1 + 2h_a = 68\,\text{mm} + 2 \cdot 4\,\text{mm} = 76\,\text{mm}$$
$$d_{a2} = d_2 + 2h_a = 324\,\text{mm} + 2 \cdot 4\,\text{mm} = 332\,\text{mm}$$
$$d_{f1} = d_1 - 2h_f = 68\,\text{mm} - 2 \cdot 5\,\text{mm} = 58\,\text{mm}$$
$$d_{f2} = d_2 - 2h_f = 324\,\text{mm} - 2 \cdot 5\,\text{mm} = 314\,\text{mm}$$
$$d_{b1} = d_1 \cdot \cos\alpha = 68\,\text{mm} \cdot \cos 20° = 63{,}90\,\text{mm}$$
$$d_{b2} = d_2 \cdot \cos\alpha = 324\,\text{mm} \cdot \cos 20° = 304{,}46\,\text{mm}$$
$$p = m \cdot \pi = 4\,\text{mm} \cdot \pi = 12{,}566\,\text{mm}$$
$$p_e = m \cdot \pi \cdot \cos\alpha = 4\,\text{mm} \cdot \pi \cdot \cos 20° = 11{,}81\,\text{mm}$$
$$a_d = r_1 + r_2 = 34\,\text{mm} + 162\,\text{mm} = 196\,\text{mm}$$

Nach Formel 21.2:

$$u = z_2 / z_1 = 81 / 17 = 4{,}765$$

22

22.2 Planverzahnung, Bezugsprofil

Eine **Zahnstange** ist als Kranz eines Stirnrads mit unendlich großem Wälzkreis aufzufassen. Sie besitzt eine Wälzgerade, räumlich gesehen eine Wälzebene. Nach DIN 868 heißen ebene Verzahnungen **Planverzahnungen**.

Bei der Evolventenverzahnung wird auch der Grundkreis unendlich groß und damit ebenfalls die Krümmungsradien der Flanken, sodass diese gerade werden (Bild 22.3). Das ist ein besonderer Vorteil, weil mit einfachen, geradflankigen Werkzeugen jedes Außenrad im Abwälzverfahren verzahnt werden kann. Aus diesem Grunde wird nach DIN 867 ein Zahnstangenprofil für alle Räder als **Bezugsprofil** benutzt. Normenmäßig verzahnte Außenräder müssen mit dem Bezugsprofil einwandfrei zusammenarbeiten können. Die Teilgerade des Bezugsprofils heißt **Profilbezugslinie**.

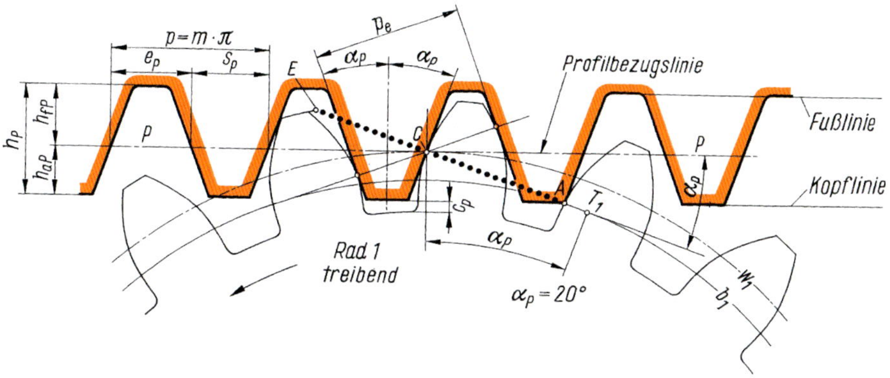

Bild 22.3 Evolventen-Planverzahnung (Zahnstangenprofil als Bezugsprofil)

Die geraden Flanken des Bezugsprofils schließen mit den Normalen zur Profilbezugslinie P den Profilwinkel $\alpha_P = 20°$ ein. Die Profilbezugslinie schneidet das Bezugsprofil so, dass auf ihr die Zahndicke $s_P =$ Lückenweite $e_P =$ halbe Teilung $p/2 = m \cdot \pi / 2$ ist. Die Profilhöhe h_P wird durch die Profilbezugslinie unterteilt in die Kopfhöhe $h_{aP} = m$ und die Fußhöhe $h_{fP} = h_{aP} c_P = m + c_P$.

Da die Zahnstange als Rad mit unendlich großem Wälzkreis aufzufassen ist, beträgt das Zähnezahlverhältnis eines Zahnstangenradpaares $u = \infty$.

22.3 Null-Innenverzahnung

Das Vergrößern des Wälzkreises bzw. Teilkreises kann noch weiter in den negativen Bereich erfolgen. Das Außenrad wird dann über die Zahnstange zum **Hohlrad**. Dadurch erhalten die Zähne die Form der Zahnlücken eines Außenrads und die Zahnlücken die Form der Zähne eines Außenrads (Bild 22.4).

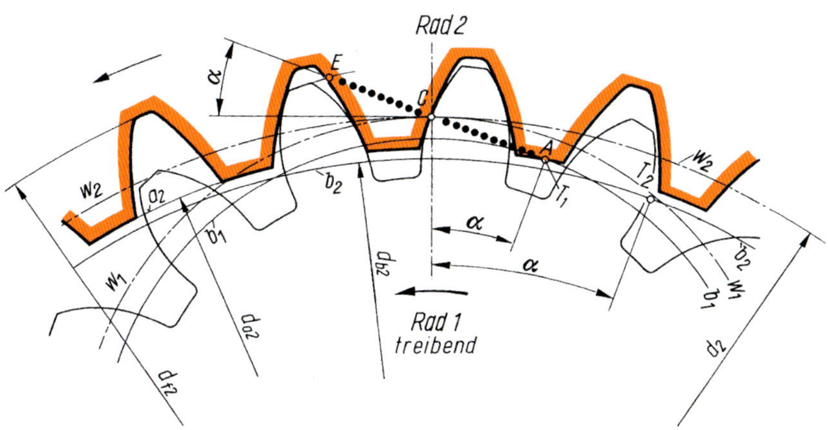

Bild 22.4 Evolventen-Innenverzahnung

Wegen der negativen Krümmung gegenüber einem Außenrad wird die **Zähnezahl des Hohlrads negativ**. Für die Abmessungen gelten damit dieselben Gleichungen wie für Null-Außenräder und -Radpaare nach Formel 22.1 bis Formel 22.7, wobei die Durchmesser d, d_a, d_f und d_b, der Achsabstand a_d und das Zähnezahlverhältnis u nach Formel 21.2 negativ werden. Zu beachten ist, dass der Grundkreisdurchmesser d_{b2} dem Betrag nach niemals größer als der Kopfkreisdurchmesser d_{a2} sein darf, da die Evolventenflanke am Grundkreis beginnt. Es muss also stets $|d_{b2}| \leq |d_{a2}|$ sein. Anderenfalls ist wie nach Bild 22.4 eine Kopfkürzung erforderlich.

Beispiel 22.2

Welche Abmessungen und welchen Achsabstand haben die Nullräder eines Innenradpaares mit $z_1 = 19$, $z_2 = -90$ und $m = 5\text{mm}$ bei $c = 0{,}25m$ und $\alpha = 20°$? Ist eine Kopfkürzung am Hohlrad erforderlich? Wie groß ist das Zähnezahlverhältnis u?

Lösung:
Mit $h_a = m = 5\text{mm}$ und $h_f = h_a + c = 5\text{mm} + 0{,}25 \cdot 5\text{mm} = 6{,}25\text{mm}$ werden nach Formel 22.1 bis Formel 22.7:

$$d_1 = z_1 \cdot m = 19 \cdot 5\text{mm} = 95\text{mm}$$
$$d_2 = z_2 \cdot m = -90 \cdot 5\text{mm} = -450\text{mm}$$
$$d_{a1} = d_1 + 2h_a = 95\text{mm} + 2 \cdot 5\text{mm} = 105\text{mm}$$
$$d_{a2} = d_2 + 2h_a = -450\text{mm} + 2 \cdot 5\text{mm} = -440\text{mm}$$
$$d_{f1} = d_1 - 2h_f = 95\text{mm} - 2 \cdot 6{,}25\text{mm} = 82{,}5\text{mm}$$
$$d_{f2} = d_2 - 2h_f = -450\text{mm} - 2 \cdot 6{,}25\text{mm} = -462{,}5\text{mm}$$
$$d_{b1} = d_1 \cdot \cos\alpha = 95\text{mm} \cdot \cos 20° = 89{,}27\text{mm}$$
$$d_{b2} = d_2 \cdot \cos\alpha = -450\text{mm} \cdot \cos 20° = -422{,}86\text{mm}$$
$$p = m \cdot \pi = 5\text{mm} \cdot \pi = 15{,}71\text{mm}$$
$$p_e = m \cdot \pi \cdot \cos\alpha = 5\text{mm} \cdot \pi \cdot \cos 20° = 14{,}76\text{mm}$$
$$a_d = r_1 + r_2 = 47{,}5\text{mm} - 225\text{mm} = -177{,}5\text{mm}$$

Da $|d_{b2}| = 422{,}86\text{mm} < |d_{a2}| = 440\text{mm}$, ist keine Kopfkürzung erforderlich.
Nach Formel 21.2 ergibt sich

$$u = \frac{z_2}{z_1} = \frac{-90}{19} = -4{,}737$$

22

22.4 Null-Schrägverzahnung

Schrägverzahnte Stirnräder besitzen schräg zu den Radachsen laufende Zähne (Bild 22.5). Der Winkel, den die Flankenlinien am Teilzylinder mit der Radachse bildet, heißt **Schrägungswinkel β**. Wenn zwei Schrägstirnräder gepaart werden, müssen beide Verzahnungen den gleichen, aber entgegengesetzt gerichteten Schrägungswinkel β besitzen. Deshalb unterscheidet man zwischen einer **Rechtssteigung** und einer **Linkssteigung** (Bild 22.6).

Da die Wälzflächen gekrümmt sind, haben auch die Zähne gekrümmte Flankenlinien, und auf einem sehr breiten Rad würden sich die Zähne wie Gewindegänge unter dem **Steigungswinkel**

$\gamma = 90° - \beta$ schraubenförmig um den Teilzylinder winden (Bild 22.5). Schrägzahnräder kann man deshalb auch als Schraubenräder bezeichnen. Bild 22.7 zeigt die Stirn eines Schrägzahnrads und die Abwicklung am Teilzylinder.

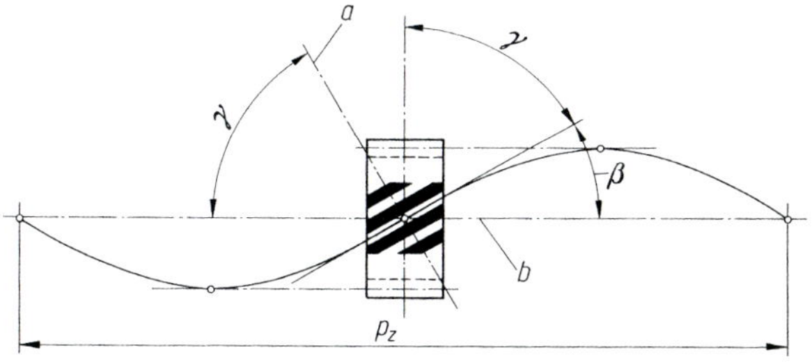

Bild 22.5 Schraubenlinie an einem Schrägstirnrad nach DIN 3960
a Ebene des Bezugsprofils, b Teilzylinder-Mantellinie, Radachse; p_z = Steigungshöhe, β = Schrägungswinkel, γ = Steigungswinkel

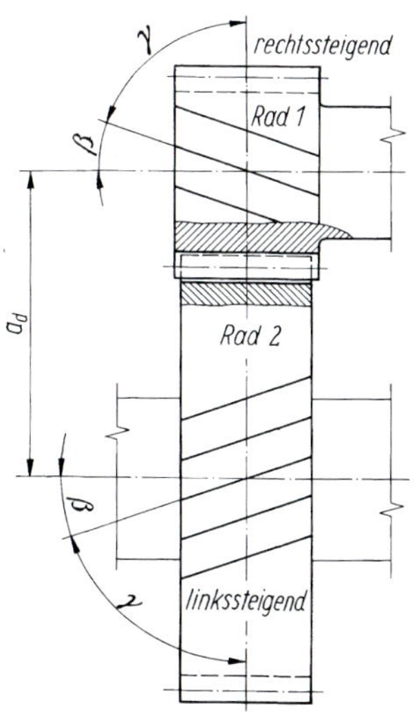

Bild 22.6 Schrägungs- und Steigungswinkel an gepaarten Stirnrädern, gemessen auf den Teilzylindern

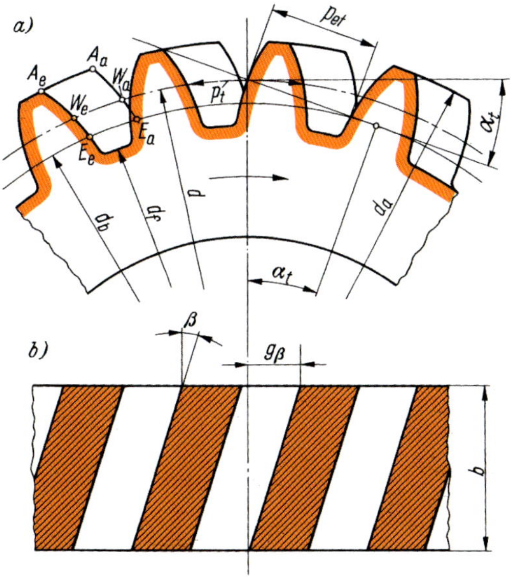

Bild 22.7 Schrägverzahntes Stirnrad
a) Stirn, b) Abwicklung des Teilzylinders

Die Schrägverzahnung lässt sich mit normalen Verzahnwerkzeugen herstellen, wenn diese um den Schrägungswinkel β zum Werkstück angestellt werden. Die 20°-Normverzahnung entsteht dann nicht mehr an der Zahnstirn, sondern im senkrecht zur Flankenlinie gelegten Normalschnitt (Bild 22.8). In diesen passt das Bezugsprofil nach DIN 867. Man unterscheidet daher zwischen einem **Normalprofil** mit dem **Normaleingriffswinkel** $\alpha_n = 20°$ und einem **Stirnprofil** mit dem **Stirneingriffswinkel** $\alpha_t > \alpha_n$. Der sich auf das Normalprofil beziehende Modul heißt **Normalmodul** $\boldsymbol{m_n}$. Er ist nach der Normreihe zu wählen (Tabelle 22.1). Der sich auf das Stirnprofil beziehende Modul heißt **Stirnmodul** $m_t = m_n / \cos\beta$.

Der Abstand zwischen Anfangs- und Endpunkt der Flankenlinie in Umfangsrichtung auf dem Teilzylinder ist der **Sprung** $g_\beta = b \cdot \tan\beta$ mit b als Zahnbreite (Bild 22.7). Bei einer Drehung in Pfeilrichtung beginnt der Kopfpunkt A_a den Eingriff, wenn A_e noch außer Eingriff steht. Erst wenn bei Drehung des Rads ein Punkt am Teilkreis den Weg $W_aW_e = g_\beta$ zurückgelegt hat, beginnt A_e den Eingriff. Beendet aber der Punkt E_a den Eingriff, dann steht E_e noch im Eingriff und beendet diesen erst, wenn am Teilkreis der Weg $W_aW_e = g_\beta$ zurückgelegt worden ist. Der Eingriff eines Schrägzahnpaares dauert also länger als der eines Geradzahnpaares. Da ein Zahn nicht plötzlich mit seiner vollen Breite in den Eingriff tritt, sondern allmählich Punkt für Punkt, laufen Schrägzahnräder wesentlich ruhiger als Geradzahnräder. Der Schrägungswinkel wird in der Regel $\beta = 8...25°$ gewählt. Kleinere Schrägungswinkel lohnen nicht, größere erzeugen einen sehr hohen Axialschub auf die Räder, der von den Lagern aufgenommen werden muss. Bei Doppelschrägverzahnung geht man allerdings bis etwa $\beta = 45°$, da sich die Axialkräfte kompensieren.

Der Teilzylinder stellt im Normalschnitt (Bild 22.8) eine Ellipse mit der kleinen Halbachse $a_k = r$ und der großen Halbachse $a_g = r / \cos\beta$ dar. Das wirkliche Normalprofil, wie es das Verzahnwerkzeug herstellt, erscheint nur an der kleinen Halbachse. Alle anderen Zähne sind infolge der gekrümmten Flankenlinien verzerrt. An der kleinen Halbachse besitzt die Ellipse den Krümmungsradius r_n. Man kann sich daher die Schrägverzahnung auf eine Geradverzahnung mit Normalprofil zurückgeführt denken, in die das Zahnstangen-Bezugsprofil passt (Bild 22.8). Die Normalzähne befinden sich dann auf einem Teilkreis mit dem Radius r_n, zu dem eine rechnerische Zähnezahl gehört, die **Ersatzzähnezahl** z_n. Für das Verzahnwerkzeug ist es so, als ob es eine Geradverzahnung mit der Zähnezahl z_n erzeugt.

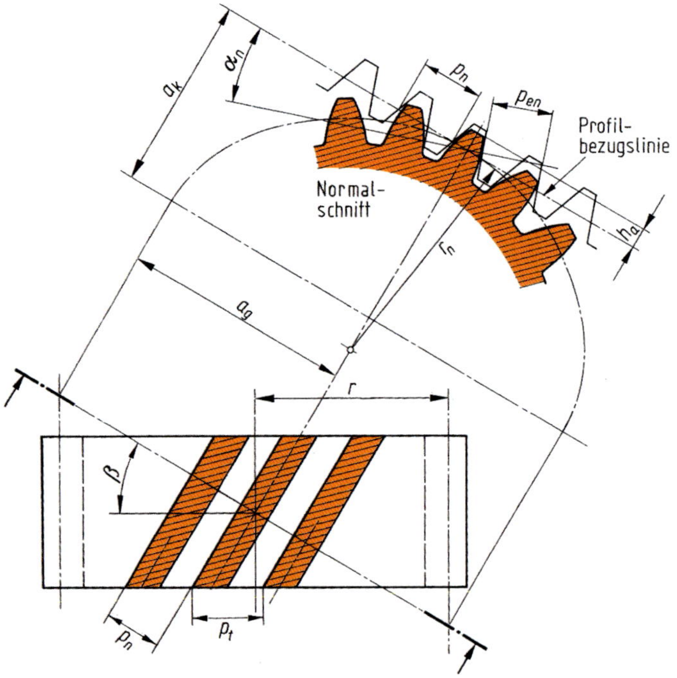

Bild 22.8 Normalschnitt durch ein schrägverzahntes Stirnrad

Nach den vorangegangenen Ausführungen sind für Null-Schrägzahnstirnräder nach DIN 3960 zu errechnen:

Stirneingriffswinkel $$\tan\alpha_t = \frac{\tan\alpha_n}{\cos\beta} \qquad (22.8)$$

Teilkreisdurchmesser $d = \dfrac{z \cdot m_n}{\cos\beta}$ (22.9)

Kopfkreisdurchmesser $d_a = d + 2h_a$ (22.10)

Fußkreisdurchmesser $d_f = d - 2h_f$ (22.11)

Grundkreisdurchmesser $d_b = d \cdot \cos\alpha_t$ (22.12)

Normalteilung $p_n = m_n \cdot \pi$ (22.13)

Normaleingriffsteilung $p_{en} = p_n \cdot \cos\alpha_n = m_n \cdot \pi \cdot \cos\alpha_n$ (22.14)

Stirnteilung $p_t = m_t \cdot \pi = \dfrac{m_n}{\cos\beta}\pi$ (22.15)

Stirneingriffsteilung $p_{et} = p_t \cdot \cos\alpha_t = \dfrac{m_n}{\cos\beta}\pi \cdot \cos\alpha_t$ (22.16)

Ersatzzähnezahl $z_n = \dfrac{z}{\cos^2\beta_b \cdot \cos\beta}$ (22.17)

Null-Achsabstand $a_d = r_1 + r_2 = \dfrac{m_n}{2\cos\beta}(z_1 + z_2)$ (22.18)

α_n	in °	Normaleingriffswinkel = 20° im Regelfall,
β	in °	Schrägungswinkel am Teilzylinder,
m_n	in mm	Normalmodul (Tabelle 22.1),
h_a	in mm	Zahnkopfhöhe, im Normalfall = m_n,
h_f	in mm	Zahnfußhöhe $= h_a + c$ mit $c = 0{,}25m$ im Normalfall,
β_b	in °	Schrägungswinkel am Grundzylinder aus Formel 22.19 oder Formel 22.20,
z_1, z_2		Zähnezahlen der Räder.

Wie beim Gewinde sind die Steigungs- bzw. Schrägungswinkel auf den Abwicklungen der verschiedenen Zylinder (auf den Zylindermänteln) auch verschieden groß. Der Schrägungswinkel β bezieht sich auf den Teilzylinder. Auf den Grundzylinder bezogen gilt für den

22

Grundschrägungswinkel $\cos\beta_b = \cos\beta \dfrac{\cos\alpha_n}{\cos\alpha_t} = \dfrac{\sin\alpha_n}{\sin\alpha_t}$ (22.19)

$\sin\beta_b = \sin\beta \cdot \cos\alpha_n$ (22.20)

Die Schrägungswinkel β sind mit DIN 3978 genormt, und zwar für die Steigungshöhen $p_{z0} = 960\pi$, 640π, 480π, 320π, 240π und 160π (siehe Bild 22.5). In Tabelle 22.3 sind die zugehörigen Winkelfunktionen $\sin\beta$ in Abhängigkeit von den Normalmoduln m_n für die Schrägungswinkelreihe 1 angegeben. Winkel nach dieser Norm erfüllen die Forderungen der Getriebekonstruktion nach enger Stufung der Schrägungswinkelreihe. Sie sind wegen der Austauschbarkeit der Herstellverfahren empfehlenswert. Die genormten Schrägungswinkel sind so festgelegt, dass alle außenverzahnten Schrägstirnräder und der größte Bereich der in Betracht kommenden innenverzahnten Schrägstirnräder mit zweckmäßigen Schneidrad-Zähnezahlen verzahnt werden können.

Hierzu heißt es in DIN 3978: Von den am häufigsten angewendeten Verfahren, Wälzfräsen und Wälzstoßen, ist das Wälzstoßen an Schraubenführungen gebunden, sodass eine Wirtschaftlichkeit eine begrenzte Anzahl von Schraubenführungen für den gesamten Schrägungswinkelbereich verlangt. Das Wälzfräsen dagegen ist weder aus Gründen der Wirtschaftlichkeit noch der Genauigkeit an bestimmte Schrägungswinkel gebunden, da jeder Winkel wirtschaftlich und genau durch Anwendung entsprechender Differenzial-Wechselräder erzeugt werden kann. Der Normung der Schrägungswinkel wurden deshalb die Bedingungen des Wälzstoßverfahrens zugrundegelegt.

Geradzahnräder können als Schrägzahnräder mit $\beta = 0°$ aufgefasst werden.

Beispiel 22.3

Für ein schrägverzahntes Null-Außenradpaar mit $z_1 = 17$, $z_2 = 81$, $m_n = 4\,\text{mm}$, $c = 0{,}25 m_n$, $\alpha_n = 20°$ und $\sin\beta = 0{,}4\,(\beta = 23{,}5782°)$ sind die Daten nach Formel 22.8 bis Formel 22.20 zu errechnen.

Lösung:

$$\tan\alpha_t = \frac{\tan\alpha_n}{\cos\beta} = \frac{\tan 20°}{\cos 23{,}5782°}, \quad \alpha_t = 21{,}6592°$$

$$d_1 = \frac{z_1 \cdot m_n}{\cos\beta} = \frac{17 \cdot 4\,\text{mm}}{\cos 23{,}5782°} = 74{,}19\,\text{mm}$$

$$d_2 = \frac{z_2 \cdot m_n}{\cos\beta} = \frac{81 \cdot 4\,\text{mm}}{\cos 23{,}5782°} = 353{,}51\,\text{mm}$$

Mit $h_a = m_n = 4\,\text{mm}$ und $h_f = h_a + c = 4\,\text{mm} + 0{,}25 \cdot 4\,\text{mm} = 5\,\text{mm}$ werden:

$$d_{a1} = d_1 + 2h_a = 74{,}19\,\text{mm} + 2 \cdot 4\,\text{mm} = 82{,}19\,\text{mm}$$

$$d_{a2} = d_2 + 2h_a = 353{,}51\,\text{mm} + 2 \cdot 4\,\text{mm} = 361{,}51\,\text{mm}$$

$$d_{f1} = d_1 - 2h_f = 74{,}19\,\text{mm} - 2 \cdot 5\,\text{mm} = 64{,}19\,\text{mm}$$

$$d_{f2} = d_2 - 2h_f = 353{,}51\,\text{mm} - 2 \cdot 5\,\text{mm} = 343{,}51\,\text{mm}$$

$$d_{b1} = d_1 \cdot \cos\alpha_t = 74{,}19\,\text{mm} \cdot \cos 21{,}6592° = 68{,}95\,\text{mm}$$

$$d_{b2} = d_2 \cdot \cos\alpha_t = 353{,}51\,\text{mm} \cdot \cos 21{,}6592° = 328{,}55\,\text{mm}$$

$$p_n = m_n \cdot \pi = 4\,\text{mm} \cdot \pi = 12{,}566\,\text{mm}$$

$$p_{en} = m_n \cdot \pi \cdot \cos\alpha_n = 4\,\text{mm} \cdot \pi \cdot \cos 20° = 11{,}809\,\text{mm}$$

$$p_t = \frac{m_n}{\cos\beta}\pi = \frac{4\,\text{mm}}{\cos 23{,}5782°}\pi = 13{,}71\,\text{mm}$$

$$p_{et} = \frac{m_n}{\cos\beta}\pi \cdot \cos\alpha_t = \frac{4\,\text{mm}}{\cos 23{,}5782°}\pi \cdot \cos 21{,}6592° = 12{,}743\,\text{mm}$$

$$z_{n1} = \frac{z_1}{\cos^2\beta_b \cdot \cos\beta} = \frac{17}{\cos^2 22{,}08° \cdot \cos 23{,}5782°} = 21{,}6$$

$$z_{n2} = \frac{z_2}{\cos^2\beta_b \cdot \cos\beta} = \frac{81}{\cos^2 22{,}08° \cdot \cos 23{,}5782°} = 102{,}9$$

$$a_d = \frac{m_n}{2\cos\beta}(z_1 + z_2) = \frac{4\,\text{mm}}{2 \cdot \cos 23{,}5782°}(17 + 81) = 213{,}854\,\text{mm}$$

$$\sin\beta_b = \sin\beta \cdot \cos\alpha_n = 0{,}4 \cdot \cos 20°, \quad \beta_b = 22{,}08°$$

■

22

22.5 Profilverschiebung

Im Gegensatz zur Zykloidenverzahnung ist die Evolventenverzahnung gegen Achsabstandsvergrößerungen unempfindlich. Sie bildet lediglich einen neuen, größeren Eingriffswinkel, den **Betriebs-Eingriffswinkel** $\alpha_w > \alpha$ bei Geradverzahnung, $\alpha_{wt} > \alpha_t$ bei Schrägverzahnung (Bild 22.9a) und größere **Betriebswälzkreise** mit den Durchmessern d_{w1} und d_{w2}. Obwohl sich die Teil- und Wälzkreise nun nicht mehr decken und Kopf- und Flankenspiel durch das Abrücken der Räder größer geworden sind, kämmen die Räder gesetzmäßig einwandfrei weiter.

Diese Eigenschaft kann zu einer Profilverschiebung ausgenutzt werden. Um nach dem Abrücken der Räder das Kopfspiel auf das ursprüngliche Maß zu bringen, muss nach Bild 22.9b der Kopfkreis des Rads 1 vergrößert werden. Weiterhin ist eine Verlängerung der Flanken bis zum neuen Kopfkreis und eine Vergrößerung des Fußkreises erforderlich. Zur Beseitigung des großen Flankenspiels müssen außerdem alle Linksflanken des Rads 1 in Umfangsrichtung verschoben werden. Aus dem Rad 1 wird nun ein V_{plus}-Rad, das mit dem Null-Rad 2 wie vor dem Abrücken in beiden Drehrichtungen gesetzmäßig einwandfrei kämmen kann. Diese positive Profilverschiebung bietet den **Vorteil**, dass durch die Verstärkung der Zahnfüße größere Kräfte übertragen werden können und der Achsabstand an bestimmte Einbauverhältnisse angepasst werden kann.

Profilverschobene Verzahnungen lassen sich ohne weiteres mit normalen Werkzeugen in Rad- oder Zahnstangenform im Abwälzverfahren schneiden, wenn das Werkzeug um den gewünschten Betrag vom Werkstück abgerückt wird.

Auch eine **negative Profilverschiebung** ist möglich, wenn der Kopfkreis des Rads kleiner gemacht und das Werkzeug entsprechend zugerückt wird. In der Paarung eines so hergestellten V_{minus}-Rads ergibt sich ein Betriebs-Eingriffswinkel $\alpha_w < \alpha$ bzw. $\alpha_{wt} < \alpha_t$. Die negative Profilverschiebung macht die Zähne schmaler.

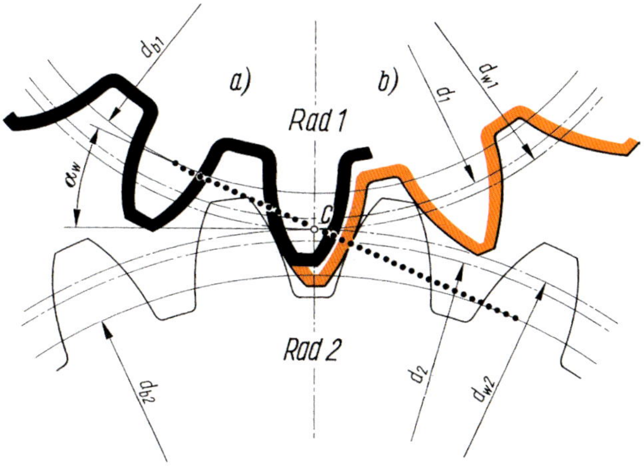

Bild 22.9
Positive Profilverschiebung
a) Null-Rad, b) V_{plus}-Rad

Unter dem Betrag der Profilverschiebung versteht man den Abstand der Profilbezugslinie der Zahnstange vom Teilkreis (Bild 22.10). Mit den **Profilverschiebungsfaktor** x wird er in Teilen des Normalmoduls ausgedrückt:

Profilverschiebung

$= x \cdot m$ bei Geradverzahnung

$= x \cdot m_n$ bei Schrägverzahnung

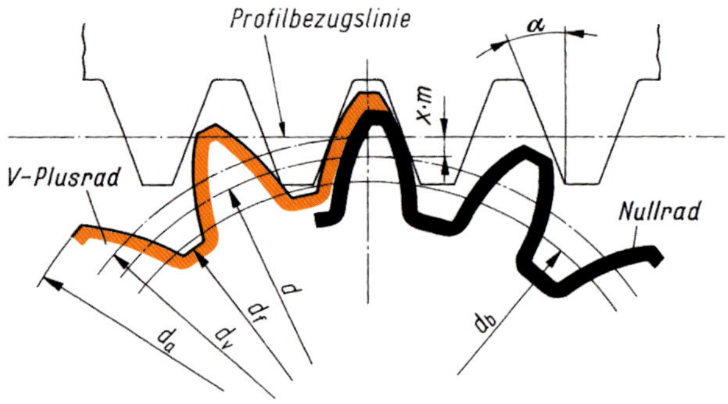

Bild 22.10
V_{plus}-Rad und Zahnstangen-Bezugsprofil

Null-Räder, V_{plus}- und V_{minus}-Räder lassen sich beliebig untereinander paaren. Der jeweilige Achsabstand richtet sich dann selbstverständlich nach dem Vorzeichen und dem Betrag der Profilverschiebung. Je nach Paarung kennt man folgende Radpaare:

1. **Null-Radpaar**, wenn zwei Null-Räder gepaart sind.
2. **V_{null}-Radpaar**, wenn ein V_{plus} und ein V_{minus}-Rad derart gepaart sind, dass ihr Achsabstand gleich dem Null-Achsabstand ist.
3. **V_{plus}-Radpaar**, wenn V-Räder oder ein V_{plus}- und ein Null-Rad gepaart sind, dass ihr Achsabstand größer als der Null-Achsabstand ist.
4. **V_{minus}-Radpaar**, wenn V-Räder oder ein V_{minus}- und ein Null-Rad gepaart sind, dass ihr Achsabstand kleiner als der Null-Achsabstand ist.

Nach DIN 3960 ist die Profilverschiebung

- **positiv**, wenn die Profilbezugslinie vom Teilkreis in Richtung zum Kopfkreis verschoben ist. Dabei ist die Zahndicke am Teilkreis größer als beim Nullrad.
- **negativ**, wenn die Profilbezugslinie vom Teilkreis in Richtung zum Fußkreis verschoben ist. Dabei ist die Zahndicke am Teilkreis kleiner als beim Nullrad.

Die Profilverschiebungsfaktoren x_1 und x_2 (positiv oder negativ) können grundsätzlich innerhalb gewisser Grenzen frei gewählt werden (siehe hierzu Abschnitt 22.6). Sie dürfen im Radpaar keine Eingriffsstörungen hervorrufen, d.h. es dürfen nur evolventenförmige Flankenteile zum Eingriff kommen.

22

An einem V-Rad betragen nach Bild 22.10:

V-Kreis-Durchmesser $d_v = d + 2x \cdot m_n$ (22.21)

Kopfkreisdurchmesser $d_a = d_v + 2h_a$ (22.22)

Fußkreisdurchmesser $d_f = d_v - 2h_f$ (22.23)

d	in mm	Teilkreisdurchmesser nach Formel 22.1 bzw. Formel 22.9,
h_a	in mm	Kopfhöhe des Bezugsprofils = m bzw. m_n im Normalfall,
h_f	in mm	Fußhöhe des Bezugsprofils $= h_a + c$ mit $c = 0{,}25 m_n$ im Normalfall.

Alle anderen Abmessungen sind dieselben wie bei Nullrädern.

Wenn zwei Räder zu einem V-Radpaar so gepaart werden, dass ihr Achsabstand gleich der Summe der V-Kreisradien ist, also um die Profilverschiebungen größer (oder kleiner) als der Null-Achsabstand a_d, ergibt sich der:

V-Achsabstand $a_v = r_{v1} + r_{v2} = a_d + (x_1 + x_2)m_n$ (22.24)

Betriebs-Eingriffswinkel $\cos\alpha_{wt} = \frac{a_d}{a_v}\cos\alpha_t$ (22.25)

a_d in mm Null-Achsabstand nach Formel 22.7 bzw. Formel 22.18,
α_t in ° Stirneingriffswinkel nach Formel 22.8.

Bei der Paarung mit dem V-Achsabstand a_v entsteht aber ein **zusätzliches Flankenspiel**, weil an den Betriebswälzkreisen die Zahnlücken breiter als die Zahndicken werden (Bild 22.11). Falls das größere Flankenspiel nicht zugelassen werden darf (z. B. in Getrieben mit wechselnder Drehrichtung oder mit Belastungsschwankungen), so müssen die Räder mit einem Achsabstand $a_w < a_v$ gepaart werden, bei dem kein zusätzliches Flankenspiel entsteht. In diesem Falle betragen:

Betriebs-Eingriffswinkel $\operatorname{inv}\alpha_{wt} = \operatorname{inv}\alpha_t + 2\frac{x_1 + x_2}{z_1 + z_2}\tan\alpha_n$ (22.26)

W-Achsabstand $a_w = a_d \frac{\cos\alpha_t}{\cos\alpha_{wt}}$ (22.27)

α_{wt} in ° Betriebs-Eingriffswinkel beim Achsabstand a_w (Evolventenfunktion inv α nach Tabelle 22.2),
α_t in ° Stirneingriffswinkel nach Formel 22.8,
x_1, x_2 Profilverschiebungsfaktoren der Räder,
z_1, z_2 Zähnezahlen der Räder,
α_n in ° Normaleingriffswinkel = 20° im Regelfall,
a_d in mm Achsabstand nach Formel 22.7 bzw. Formel 22.18.

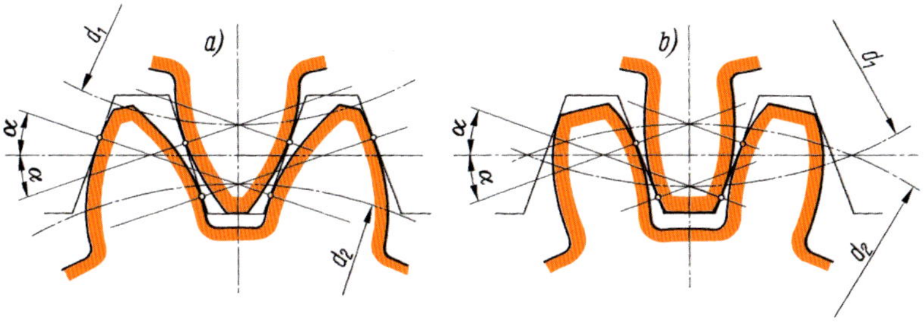

Bild 22.11 Entstehung des zusätzlichen Flankenspiels bei der Paarung von V-Rädern mit dem Achsabstand a_v
a) zwei V_{plus}-Räder, b) zwei V_{minus}-Räder

Bei V-Innenradpaaren darf a_v nicht ausgeführt werden, da sich das Flankenspiel verringert und die Flanken klemmen können (siehe hierzu Beispiel 22.6).

Ist ein bestimmter Achsabstand a_w einzuhalten, so sind erforderlich:

Betriebs-Eingriffswinkel $\cos\alpha_{wt} = \frac{a_d}{a_w}\cos\alpha_t$ (22.28)

Summe der Profilverschiebungsfaktoren $x_1 + x_2 = \frac{z_1 + z_2}{2\tan\alpha_n}(\operatorname{inv}\alpha_{wt} - \operatorname{inv}\alpha_t)$ (22.29)

Ist der Achsabstand a mit a_v oder a_w festgelegt, so betragen:

Betriebs-Wälzkreisdurchmesser $$d_{w1} = \frac{2a}{u+1} \quad (22.30)$$

$$d_{w2} = 2a - d_{w1} \quad (22.31)$$

Stirneingriffsteilung $$p_{et} = \frac{m_n}{\cos\beta} \pi \cdot \cos\alpha_{wt} \quad (22.32)$$

Bei $z_2 = \infty$ (Zahnstange) verändert auch eine noch so große Profilverschiebung das Profil nicht. Daraus geht hervor, dass eine Profilverschiebung am Großrad, besonders bei großer Zähnezahl, kaum einen Vorteil bringt. Zweckmäßig wird eine positive Profilverschiebung auf das Ritzel gelegt oder überwiegend auf dieses. Zur Erhöhung der Tragfähigkeit wird in Sonderfällen auch auf $\alpha = 26°$ oder $28°$ gegangen.

Beispiel 22.4

Ein schrägverzahntes V-Außenradpaar mit $z_1 = 17$, $z_2 = 81$, $m_n = 4\,\text{mm}$, $\alpha_n = 20°$ und $\sin\beta = 0{,}4\,(\beta = 23{,}5782°)$ soll mit $x_1 = +0{,}6$ und $x_2 = +0{,}3$ ausgeführt und auf den Achsabstand a_v gebracht werden. In Beispiel 22.3 wurden bereits ermittelt: $d_1 = 74{,}19\,\text{mm}$, $d_2 = 353{,}51\,\text{mm}$, $a_d = 213{,}854\,\text{mm}$, $h_a = 4\,\text{mm}$, $h_f = 5\,\text{mm}$, $\alpha_t = 21{,}6592°$ und $u = z_2 / z_1 = 81/17 = 4{,}765$.

Es sind die erforderlichen Berechnungen nach Formel 22.1 bis Formel 22.25, Formel 22.30 und Formel 22.31 vorzunehmen.

Lösung:

$$d_{v1} = d_1 + 2x_1 \cdot m_n = 74{,}19\,\text{mm} + 2 \cdot 0{,}6 \cdot 4\,\text{mm} = 78{,}99\,\text{mm}$$

$$d_{v2} = d_2 + 2x_2 \cdot m_n = 353{,}51\,\text{mm} + 2 \cdot 0{,}3 \cdot 4\,\text{mm} = 355{,}91\,\text{mm}$$

$$d_{a1} = d_{v1} + 2h_a = 78{,}99\,\text{mm} + 2 \cdot 4\,\text{mm} = 86{,}99\,\text{mm}$$

$$d_{a2} = d_{v2} + 2h_a = 355{,}91\,\text{mm} + 2 \cdot 4\,\text{mm} = 363{,}91\,\text{mm}$$

$$d_{f1} = d_{v1} - 2h_f = 78{,}99\,\text{mm} - 2 \cdot 5\,\text{mm} = 68{,}99\,\text{mm}$$

$$d_{f2} = d_{v2} - 2h_f = 355{,}91\,\text{mm} - 2 \cdot 5\,\text{mm} = 345{,}91\,\text{mm}$$

$$a_v = a_d + (x_1 + x_2) m_n = 213{,}854\,\text{mm} + (0{,}6 + 0{,}3) 4\,\text{mm} = 217{,}454\,\text{mm}$$

$$\cos\alpha_{wt} = \frac{a_d}{a_v} \cos\alpha_t = \frac{213{,}854}{217{,}454} \cos 21{,}6592°, \quad \alpha_{wt} = 23{,}9346°$$

$$d_{w1} = \frac{2a_v}{u+1} = \frac{2 \cdot 217{,}454\,\text{mm}}{4{,}765 + 1} = 75{,}439\,\text{mm}$$

$$d_{w2} = 2a_v - d_{w1} = 2 \cdot 217{,}454\,\text{mm} - 75{,}439\,\text{mm} = 359{,}469\,\text{mm}$$

■

22

Beispiel 22.5

Das schrägverzahnte V-Außenradpaar nach Beispiel 22.4 soll auf den Achsabstand a_w gebracht werden. Wie groß ist dieser? Wie groß werden die Betriebs-Wälzkreisdurchmesser?

Gegeben sind: $\alpha_t = 21{,}6592°$, $x_1 = +0{,}6$, $x_2 = +0{,}3$, $z_1 = 17$, $z_2 = 81$, $\alpha_n = 20°$, $a_d = 213{,}854\,\text{mm}$, $u = 4{,}765$.

Lösung:
Nach Formel 22.26 wird

$$\begin{aligned}\text{inv}\,\alpha_{wt} &= \text{inv}\,\alpha_t + 2\frac{x_1 + x_2}{z_1 + z_2}\tan\alpha_n = \text{inv}\,21{,}6592° + 2\frac{0{,}6 + 0{,}3}{17 + 81}\tan 20° \\ &= 0{,}0190993 + 0{,}018367 \cdot 0{,}36397 = 0{,}025784\end{aligned}$$

Nach Tabelle 22.2 ist $\alpha_{wt} = 23{,}835°$ (interpoliert). Mit diesem Winkel ist nach Formel 22.27:

$$a_w = a_d\frac{\cos\alpha_t}{\cos\alpha_{wt}} = 213{,}854\,\text{mm}\frac{\cos 21{,}6592°}{\cos 23{,}835°} = 217{,}287\,\text{mm}$$

Ein Vergleich mit dem Achsabstand $a_v = 217{,}454\,\text{mm}$ (siehe Beispiel 22.4) zeigt, dass der Unterschied mit 0,167 mm sehr gering ist. Der Unterschied wird umso größer, je kleiner die Zähnezahlen und je größer die Profilverschiebungen sind.

Nach Formel 22.30 und Formel 22.31 werden:

$$d_{w1} = \frac{2a_w}{u+1} = \frac{2 \cdot 217{,}287\ \text{mm}}{4{,}765+1} = 75{,}381\,\text{mm}$$

$$d_{w2} = 2a_w - d_{w1} = 2 \cdot 217{,}287\ \text{mm} - 75{,}381\,\text{mm} = 359{,}193\ \text{mm}$$

Beispiel 22.6

Das geradverzahnte Innenradpaar nach Beispiel 22.2 soll durch Profilverschiebungen auf den Achsabstand $a_w = -180\,\text{mm}$ gebracht werden. Wie groß muss bei $x_1 = 0{,}5$ der Profilverschiebungsfaktor x_2 werden? Ist die Bedingung $|d_{b2}| < |d_{a2}|$ erfüllt? Wie groß sind die Betriebs-Wälzkreisdurchmesser d_{w1} und d_{w2}? Wie groß ist die Differenz zwischen a_v und a_w?

Gegeben sind: $a_d = -177{,}5\,\text{mm}$, $\alpha = 20°$, $z_1 = 19$, $z_2 = -90$, $m = 5\,\text{mm}$, $u = -4{,}737$, $d_2 = -450\,\text{mm}$, $d_{b2} = -422{,}86\,\text{mm}$ und $h_a = 5\,\text{mm}$ (Kontrolle mit XGEAR bzw. ZGEAR, b beliebig).

Lösung:
Nach Formel 22.28 und Formel 22.29 werden:

$$\cos\alpha_w = \frac{a_d}{a_w}\cos\alpha = \frac{-177{,}5}{-180}\cos 20°,\quad a_w = 22{,}08°$$

$$x_1 + x_2 = \frac{z_1 + z_2}{2\tan\alpha}\left(\text{inv}\,\alpha_w - \text{inv}\,\alpha\right) = \frac{19 - 90}{2\tan 20°}\left(\text{inv}\,22{,}08° - \text{inv}\,20°\right) = -0{,}525$$

$$x_2 = \left(x_1 + x_2\right) - x_1 = -0{,}525 - 0{,}5 = -1{,}025$$

22

Nach Formel 22.21 und Formel 22.22 ergeben sich:

$$d_{v2} = d_2 + 2x_2 \cdot m = -450\,\text{mm} - 2 \cdot 1{,}025 \cdot 5\,\text{mm} = -460{,}25\,\text{mm}$$

$$d_{a2} = d_{v2} + 2h_a = -460{,}25\,\text{mm} + 2 \cdot 5\,\text{mm} = -450{,}25\,\text{mm}$$

Damit ist $|d_{b2}| = 422{,}86\,\text{mm} < |d_{a2}| = 450{,}25\,\text{mm}$, sodass keine Kopfkürzung erforderlich wird.

Mit Formel 22.30 und Formel 22.31 werden errechnet:

$$d_{w1} = \frac{2a_w}{u+1} = \frac{2(-180\,\text{mm})}{-4{,}737+1} = 96{,}33\,\text{mm}$$

$$d_{w2} = 2a_w - d_{w1} = 2(-180\,\text{mm}) - 96{,}33\,\text{mm} = -456{,}33\,\text{mm}$$

Nach Formel 22.24 ist

$$a_v = a_d + (x_1 + x_2)m = -177{,}5\,\text{mm} + (0{,}5 - 1{,}025)5\,\text{mm} = -180{,}125\,\text{mm}$$

Die Differenz beträgt $a_v - a_w = -180{,}125\,\text{mm} + 180\,\text{mm} = -0{,}125\,\text{mm}$. Da $|a_v| = 180{,}125\,\text{mm} > |a_w| = 180\,\text{mm}$ ist, könnte bei Paarung mit a_v das Flankenspiel verloren gehen und zum Festklemmen der Zähne führen. ■

22.6 Geometrische Grenzen

Relativ betrachtet umkreist bei einem Radpaar ein Rad das andere wie ein Planet die Sonne. Ein Kopfpunkt des kreisenden Rads beschreibt in der Zahnlücke des Gegenrads eine Bahn, die **relative Kopfbahn** (Bild 22.12a).

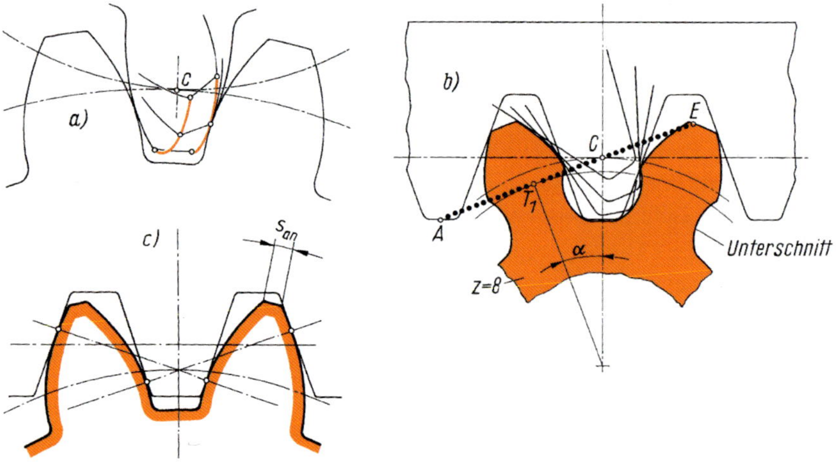

Bild 22.12 Verhältnisse bezüglich der geometrischen Grenzen der Evolventenverzahnung a) relative Kopfbahnen, b) Unterschnitt, c) Verringerung der Zahndicke am Kopfkreis durch Profilverschiebung

Sobald ein Eingriff außerhalb eines Tangentenberührpunkts T_1 oder T_2 stattfinden müsste, will die relative Kopfbahn des Gegenrads in die zum Eingriff benötigte Evolventen-Fußflanke des Rads eindringen. Ist das Gegenrad ein Verzahnwerkzeug, so schneidet es einen Teil der Evolventen-Fußflanke fort. Man nennt dies **Unterschnitt**. In Bild 22.12b ist der Unterschnitt durch eine als Schneidwerkzeug arbeitende Zahnstange veranschaulicht.

Der Unterschnitt durch das Verzahnwerkzeug lässt sich durch Wahl einer entsprechend großen Zähnezahl des Rads, durch eine positive Profilverschiebung oder durch Anwendung der Schrägverzahnung vermeiden, weil dann der Tangentenberührpunkt T_1 herausgerückt oder der Eingriffs-Anfangspunkt A hineingerückt wird (siehe Bild 22.12b).

Bei einer positiven Profilverschiebung werden die Zahnköpfe eines Außenrads gegenüber einem Nullrad spitzer (Bild 22.9). Eine entsprechend große Profilverschiebung kann sogar zur Spitzenbildung des Zahnkopfes unterhalb des Kopfkreises führen. In der Regel geht man mit der Profilverschiebung nur so weit, dass die Zahndicke am Kopfkreis noch $s_{an} = 0{,}2m_n$ beträgt, nur in Sonderfällen bis zur Spitzengrenze.

Praktisch lässt man bei der Herstellung der Räder einen geringen Unterschnitt durch das Verzahnwerkzeug zu. Dieser schadet nicht, wenn in der späteren Paarung das folgende Zahnpaar in den Eingriff tritt, bevor der fortgeschnittene Flankenteil arbeiten müsste. Ein Unterschnitt wird vollkommen unschädlich, wenn der fortgeschnittene Flankenteil sowieso nicht zum Eingriff kommen würde. Unterschnitt und Spitzgrenze begrenzen die für ein Außenrad ausführbare Zähnezahl nach unten. Für Geradverzahnung mit Bezugsprofil nach DIN 867 sind noch ausführbar:

$$\begin{aligned} z_{min} &= 17 \text{ mit } x = 0 \text{ ohne Unterschnitt} \\ &= 14 \text{ mit } x = 0 \text{ und geringem Unterschnitt} \\ &= 9 \text{ mit } x = +0{,}45 \text{ bei } s_{an} = 0{,}2m \\ &= 8 \text{ mit } x = +0{,}57 \text{ bei Spitzengrenze} \\ &= 7 \text{ mit } x = +0{,}41 \text{ bei geringem Unterschnitt} \end{aligned}$$

Des Weiteren soll der Kopfkreisdurchmesser eines Außenrads $d_a \geq d_b + 2m_n$ sein, um noch einwandfrei arbeiten zu können. Dadurch wird die Profilverschiebung nach unten begrenzt.

Bei negativer Profilverschiebung an Hohlrädern wird die Zahnlücke spitzer. Am Fußkreis soll sie den Betrag $e_{fn} = 0{,}2m_n$ nicht unterschreiten. Außerdem muss, wie in Abschnitt 22.3 bereits ausgeführt, $|d_b| \leq |d_a|$ sein. Die Spitzengrenze und die Grenze für den Kopfkreisdurchmesser begrenzen die für ein Hohlrad ausführbare Zähnezahl nach unten. Für Geradverzahnung mit Bezugsprofil nach DIN 867 ist

$$\begin{aligned} |z_{min}| &= 34 \text{ mit } x = 0 \text{ bei } d_a = d_b \\ &= 21 \text{ mit } x = -0{,}38 \text{ bei } e_{fn} = 0{,}2m \\ &= 16 \text{ mit } x = -0{,}52 \text{ bei Spitzgrenze der Zahnlücken} \end{aligned}$$

Bei Schrägverzahnung sind alle aufgeführten Mindestzähnezahlen auf die Ersatzzähnezahlen z_n zu beziehen.

In Diagramm 22.1 sind nach diesen Darlegungen die Grenzen für die Zähnezahlen und Profilverschiebungen aufgetragen. Wenn an einem Außenrad ein geringer Unterschnitt in Kauf genommen werden kann, so darf der sich aus Diagramm 22.1 ergebende Wert für x_{min} **bis um 0,17 vermindert** werden.

Beispiel 22.7

Welche positive und welche negative Profilverschiebung sind an einem schrägverzahnten Außenrad von $z = 30$ mit $\alpha_n = 20°$ und $\beta = 25°$ bei $s_{an} = 0{,}2m_n$ im Grenzfall möglich?

Lösung:

Aus $\sin\beta_b = \sin\beta \cdot \cos\alpha_n = \sin 25° \cdot \cos 20°$ nach Formel 22.20 folgt $\beta_b = 23{,}4°$ und mit Formel 22.17 die Ersatzzähnezahl

$$z_n = \frac{z}{\cos^2\beta_b \cdot \cos\beta} = \frac{30}{\cos^2 23{,}4° \cdot \cos 25° = 39{,}3}$$

Aus Diagramm 22.1 werden entnommen: $x_{max} \approx +1{,}5$ und $x_{min} \approx -1{,}15$.

Wird bei V-Außenradpaaren auf den Achsabstand a_w gegangen, so kann es bei besonders kleinen Zähnezahlen geschehen, dass die Eingriffsstrecke über den Tangentenberührpunkt T_1 hinausläuft und Eingriffsstörungen auftreten. Deshalb ist bei Radpaaren mit $z_1 + z_2 < 20$ eine Kopfkürzung an beiden Rädern um den Betrag $k \cdot m_n = a_v - a_w$ erforderlich, um das ursprüngliche Kopfspiel c wieder herzustellen. Hierbei ist k der **Kopfkürzungsfaktor**. Es sind dann auszuführen die Kopfkreisdurchmesser $d_k = d_a - 2k \cdot m_n$ mit d_a als ungekürztem Kopfkreisdurchmesser.

Mit DIN 3993 ist die geometrische **Auslegung von zylindrischen Innenradpaaren** genormt. Bei profilverschobenen Rädern (V-Radpaaren) ist die Ersatzzähnezahl mit z_{nx} bezeichnet.

Bei Innenradpaaren kann bei kleiner Zähnezahl z_1 am Hohlrad eine Kopfkürzung wie nach Bild 22.13 erforderlich werden.

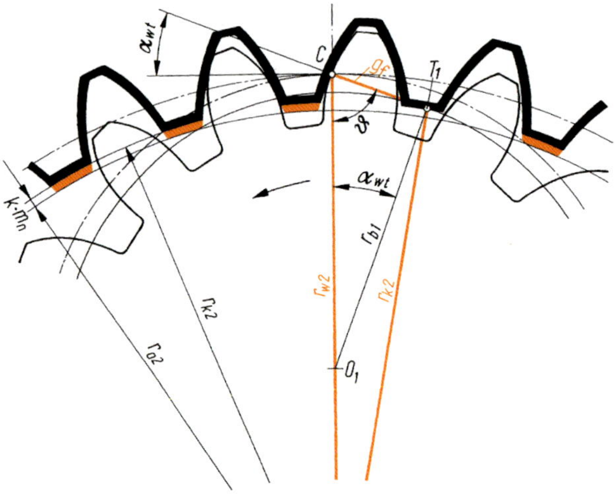

Bild 22.13 Kopfkürzung $k \cdot m_n$ an einem Hohlrad

Mit $\vartheta = 90° - \alpha_{wt}$ und $\cos\vartheta = \sin\alpha_{wt}$ ist nach dem Cosinussatz: $\cos\vartheta = \dfrac{g_t^2 + r_{w2}^2 - r_{k2}^2}{|2g_f \cdot r_{w2}|} = \sin\alpha_{wt}$

Setzt man $g_f = r_{w1} \cdot \sin\alpha_{wt}$, so ergibt sich am Hohlrad die erforderliche Kopfkürzung $k \cdot m_n = |r_{k2}| - |r_{a2}|$, und somit, wenn jeweils $r = d/2$ gesetzt wird:

Kopfkürzung am Hohlrad

$$k \cdot m_n = 0{,}5\left(d_{a2} + \sqrt{d_{w2}^2 + d_{w1}^2 \cdot \sin^2 \alpha_{wt} + 2d_{w1} \cdot d_{w2} \cdot \sin^2 \alpha_{wt}}\right) \quad (22.33)$$

d_{w1} in mm Wälzkreisdurchmesser des Außenrades,
d_{w2} in mm Wälzkreisdurchmesser des Hohlrads,
d_{a2} in mm Kopfkreisdurchmesser des Hohlrades im ungekürzten Zustand,
α_{wt} in ° Betriebs-Eingriffswinkel.

Sollte sich $k \cdot m_n$ als **negativ** erweisen, so ist **keine** Kopfkürzung erforderlich. Falls $k \cdot m_n$ **positiv** ist, so ist $d_{k2} = d_{a2} - 2k \cdot m_n$ auszuführen.

Besitzt beispielsweise ein Hohlrad die Zähnezahl $z_2 = -20$, so kann es nicht mit einem Außenrad kämmen, das $z_1 = 16$ besitzt. Die Zahnflanken würden sich überschneiden. Deshalb muss stets $|z_2| - z_1 \geq 10$ sein.

Beispiel 22.8

Ein geradverzahntes Null-Innenradpaar soll mit $z_1 = 14$ und $z_2 = -52$ bei $\alpha = 20°$ und $m = 10\,\text{mm}$ ausgeführt werden. Wie groß muss der Kopfkreisdurchmesser d_{k2} ausgeführt werden? Es betragen: $\alpha_{wt} = \alpha = 20°$, $d_{w1} = d_1 = 140\,\text{mm}$, $d_{w2} = d_2 = -520\,\text{mm}$, $d_{a2} = -500\,\text{mm}$.

Lösung:
Nach Formel 22.33 ist

$$\begin{aligned} k \cdot m &= 0{,}5\left(-500 + \sqrt{520^2 + 140^2 \cdot \sin^2 20° - 2 \cdot 140 \cdot 520 \cdot \sin^2 20°}\right)\text{mm} \\ &= 0{,}5(-500 + 505{,}63)\,\text{mm} \\ &= +2{,}82\,\text{mm} \end{aligned}$$

Somit ist auszuführen $d_{k2} = d_{a2} = -2(k \cdot m) = -500\,\text{mm} - 2 \cdot 2{,}82\,\text{mm} \approx -505{,}7\,\text{mm}$.
Der Kopfkürzungsfaktor beträgt $k = (k \cdot m) / m = 2{,}82 / 10 = 0{,}282$. ■

22.7 Profilüberdeckung

22

Um eine kontinuierliche, ununterbrochene Drehbewegung zu gewährleisten, muss ein Zahnpaar seinen Eingriff beginnen, bevor das gerade kämmende seinen Eingriff beendet, d. h., es muss eine Überdeckung vorhanden sein.

Wenn nach Bild 22.14 ein Berührpunkt auf der Eingriffsstrecke von A aus eine Eingriffsteilung p_{et} zurückgelegt hat, beginnt das nächste Zahnpaar seinen Eingriff. Es ist eine Überdeckung vorhanden, wenn die Eingriffsstrecke g_α größer als eine Eingriffsteilung p_{et} ist. Deshalb bezeichnet man als **Profilüberdeckung** ε_α das Verhältnis der Eingriffsstrecke g_α zur Eingriffsteilung p_{et}, d. h., $\varepsilon_\alpha = g_\alpha / p_{et}$. Der Wälzpunkt C unterteilt die Eingriffsstrecke g_a in die Kopf-Eingriffsstrecke g_a und die Fuß-Eingriffsstrecke g_f am Rad 1.

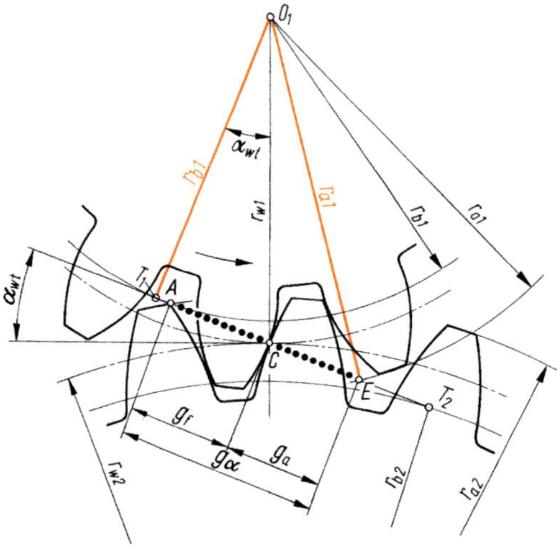

Bild 22.14
Skizze zur Profilüberdeckung

Gemäß Bild 22.14 ist $T_1E = \sqrt{r_{a1}^2 - r_{b1}^2}$ und $T_1C = r_{w1} \cdot \sin\alpha_{w1}$. Damit wird $g_a = T_1E - T_1C$. Sinngemäß dazu ist $g_f = T_2A - T_2C$, also $g_\alpha = T_1E - T_2A - (T_1C + T_2C)$. Da $T_1C + T_2C = (r_{w1} + r_{w2}) \cdot \sin\alpha_{wt} = a \cdot \sin\alpha_{wt}$ ist, beträgt unter Einsatz von $r_a = d_a / 2$ und $r_b = d_b / 2$ die

Profilüberdeckung

Außenradpaare
$$\varepsilon_\alpha = \frac{\sqrt{d_{a1}^2 - d_{b1}^2} + \sqrt{d_{a2}^2 - d_{b2}^2} - 2a \cdot \sin\alpha_{wt}}{2p_{et}} \qquad (22.34)$$

Zahnstangenradpaare
$$\varepsilon_\alpha = \frac{\sqrt{d_{a1}^2 - d_{b1}^2} + \dfrac{2h_a(1 - x_1)}{\sin\alpha_t} - d_1 \cdot \sin\alpha_t}{2p_{et}} \qquad (22.35)$$

Innenradpaare
$$\varepsilon_\alpha = \frac{\sqrt{d_{a1}^2 - d_{b1}^2} - \sqrt{d_{a2}^2 - d_{b2}^2} - 2a \cdot \sin\alpha_{wt}}{2p_{et}} \qquad (22.36)$$

d_{a1}, d_{a2}		Kopfkreisdurchmesser der Räder, bei Kopfkürzung = d_{k1} bzw. d_{k2},
d_{b1}, d_{b2}		Grundkreisdurchmesser der Räder,
d_1		Teilkreisdurchmesser des Außenrads,
α_{wt}	in °	Betriebs-Eingriffswinkel,
α_t	in °	Stirneingriffswinkel,
a		ausgeführter Achsabstand = a_d bzw. a_v oder a_w,
h_a		Kopfhöhe der Zahnstange von der Teilgeraden bis zur Kopfgeraden = m_n im Normalfall,
x_1		Profilverschiebungsfaktor am Rad 1,
p_{et}		Stirneingriffsteilung nach Formel 22.6 bzw. Formel 22.16 oder Formel 22.32.

Es soll stets $\varepsilon_\alpha \geq 1{,}1$ sein.

Bei der Ausrechnung brauchen die Einheiten mm nicht mitgeschrieben zu werden, da sich diese herauskürzen. Wenn der Modul von einem Radpaar noch nicht feststeht, so kann zur Errechnung der Profilüberdeckung einfach $m_n = 1$ (eine Einheit) gesetzt werden, da die absoluten Radabmessungen den Betrag der Profilüberdeckung nicht beeinflussen (siehe hierzu Beispiel 22.10).

Bei schrägverzahnten Radpaaren wird der Eingriff um den Sprung g_β verlängert (siehe Bild 22.7). Es kommt deshalb die

Sprungüberdeckung $$\varepsilon_\beta = \frac{g_\beta}{p_t} = \frac{b \cdot \tan\beta}{p_t} = \frac{b \cdot \sin\beta}{m_n \cdot \pi} \qquad (22.37)$$

hinzu, wobei b die Zahnbreite darstellt. Meistens wird $\varepsilon_\beta \approx 1$ ausgeführt.
Nunmehr beträgt die

Gesamtüberdeckung $$\varepsilon_\gamma = \varepsilon_\alpha + \varepsilon_\beta \qquad (22.38)$$

Beispiel 22.9

Für das schrägverzahnte V-Außenradpaar nach Beispiel 22.4 ist die Gesamtüberdeckung ε_γ zu errechnen. Es sind gegeben bzw. bereits errechnet worden:
$z_1 = 17$, $z_2 = 81$, $m_n = 4\,\text{mm}$, $\alpha_n = 20°$, $\beta = 23{,}5782°\ (\sin\beta = 0{,}4)$, $x_1 = +0{,}6$, $x_2 = +0{,}3$, $d_{a1} = 86{,}99\,\text{mm}$, $d_{a2} = 363{,}91\,\text{mm}$, $d_{b1} = 68{,}95\,\text{mm}$, $d_{b2} = 328{,}55\,\text{mm}$ (nach Beispiel 22.3), $a = a_v = 217{,}454\,\text{mm}$, $\alpha_{wt} = 23{,}9346°$, $b = 30\,\text{mm}$.

Lösung:
Nach Formel 22.32 ist

$$p_{et} = \frac{m_n}{\cos\beta}\pi \cdot \cos\alpha_{wt} = \frac{4\,\text{mm}}{\cos 23{,}5782°}\pi \cdot \cos 23{,}9346° = 12{,}532\,\text{mm}$$

und damit nach Formel 22.34:

$$\varepsilon_\alpha = \frac{\sqrt{d_{a1}^2 - d_{b1}^2} + \sqrt{d_{a2}^2 - d_{b2}^2} - 2a_v \cdot \sin\alpha_{wt}}{2p_{et}}$$

$$= \frac{\sqrt{86{,}99^2 - 68{,}95^2} + \sqrt{363{,}91^2 - 328{,}55^2} - 2 \cdot 217{,}454 \cdot \sin 23{,}9346°}{2 \cdot 12{,}532} = 1{,}32$$

Nach Formel 22.37 und Formel 22.38:

$$\varepsilon_\beta = \frac{b \cdot \sin\beta}{m_n \cdot \pi} = \frac{30 \cdot \sin 23{,}5782°}{4 \cdot \pi} \approx 0{,}95$$

$$\varepsilon_\gamma = \varepsilon_\alpha + \varepsilon_\beta = 1{,}32 + 0{,}95 = 2{,}27$$

■

Beispiel 22.10

Für ein geradverzahntes Null-Innenradpaar mit $z_1 = 18$ und $z_2 = -85$ (Bezugsprofil nach DIN 867) ist die Profilüberdeckung ε_α zu errechnen.

Lösung:
Da der Modul nicht gegeben ist, wird $m = 1$ gesetzt. Damit werden mit $d = z$ und $h_a = m = 1$:

$$d_{a1} = z_1 + 2 = 18 + 2 = 20, \quad d_{a2} = z_2 + 2 = -85 + 2 = -83$$

$$d_{b1} = z_1 \cdot \cos\alpha = 18 \cdot \cos 20° = 16{,}91, \quad d_{b2} = z_2 \cdot \cos\alpha = -85 \cdot \cos 20° = -79{,}87$$

$$2a_d = z_1 + z_2 = 18 - 85 = -67, \quad p_e = \pi \cdot \cos 20° = 2{,}95$$

Nach Formel 22.36:

$$\varepsilon_\alpha = \frac{\sqrt{d_{a1}^2 - d_{b1}^2} - \sqrt{d_{a2}^2 - d_{b2}^2} - 2a \cdot \sin\alpha}{2p_e}$$

$$= \frac{\sqrt{20^2 - 16{,}91^2} - \sqrt{83^2 - 79{,}87^2} + 67 \cdot \sin 20°}{2 \cdot 2{,}95} = 1{,}867$$

22.8 Geradverzahnte Kegelräder

Räumlich gesehen entsteht die Evolventenflanke eines geradverzahnten Stirnrades durch gestrecktes Abwickeln eines Zylindermantels (Bild 22.15a), bei Kegelrädern demzufolge durch gestrecktes Abwickeln eines Kegelmantels (Bild 22.15b). Beim Kegelrad haben alle Punkte einer Evolvente den Abstand R von der Spitze des Grundkegels. Die äußere Evolvente hat den Abstand R_e und die innere den Abstand R_i. Die erzeugten Evolventen liegen deshalb auf Kugeloberflächen und sind **Kugelevolventen** oder **sphärische Evolventen**. Das Charakteristische einer Kugel ist bekanntlich der gleiche Abstand aller Oberflächenpunkte vom Mittelpunkt.

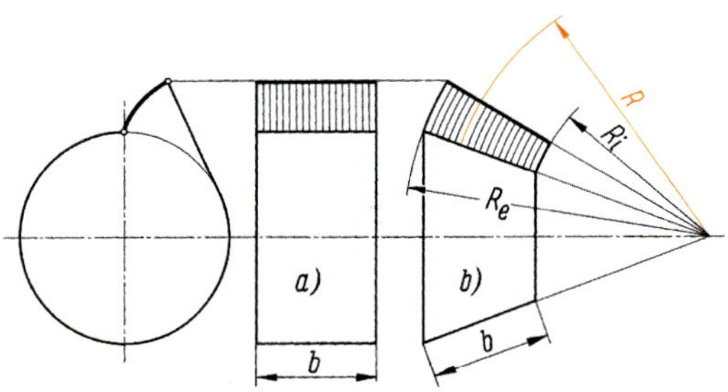

Bild 22.15
Entstehung der räumlichen Evolventenflanken
a) beim Stirnrad, b) beim Kegelrad

Die Kegelräder lassen sich mit zwei Verfahren herstellen (siehe auch DIN 3971, Begriffe und Bestimmungsgrößen für Kegelräder):

1. Im **Schablonenverfahren mit Spitzstichel**: Mit diesem werden einwandfreie Kugelevolventen erzeugt. Die Zahnflanken eines Planrades (einer Planverzahnung) sind doppelt gekrümmt (Bild 22.16a). Da dieses Verfahren umständlich und kostspielig ist, hat es wenig Bedeutung.
2. Im **Wälzverfahren mit einem geradflankigen Werkzeug** (vergleichbar mit der Erzeugung von Außenstirnrädern mit geradflankigen, zahnstangenförmigen Werkzeugen): Die Verzahnung der Planräder hat wie die Zahnstange gerade Flanken (Bild 22.16b). Die am Kegelrad erzeugten Flanken sind weder Kugelevolventen noch ebene Evolventen. Die Eingriffslinie wird zu einer Oktoide, einer achtförmigen Kurve (Bild 22.16b). Im Bereich der Verzahnung ist sie fast gerade. Eine derartige Verzahnung heißt **Oktoidenverzahnung**. Sie ist theoretisch einwandfrei.

Zur geometrischen Erfassung der Oktoidenverzahnung bedient man sich eines Näherungsverfahrens, bei dem man sich nach Bild 22.17 die Kugeloberflächen durch Kegeloberflächen ersetzt denkt, die im Bereich der Verzahnung nur unmerklich von Kugeln abweichen. Diese gedachten Kegel nennt man **Ergänzungskegel** und den äußeren **Rückenkegel**. Die Mäntel der Ergänzungskegel lassen sich in einer Ebene abwickeln und stellen Kreisausschnitte dar. In einer derartigen Abwicklung erscheinen die Zähne wie auf einem Stirnrad, in die das Zahnstangen-Bezugsprofil nach DIN 867 passt. Auf der Abwicklung des Ergänzungskegels sind die Zahnflanken ebene Evolventen.

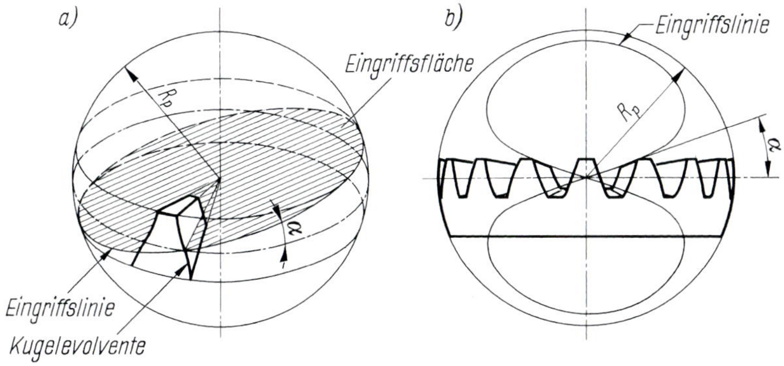

Bild 22.16 Kegelradverzahnungen nach DIN 3971
a) Kugelevolventenverzahnung, b) Oktoidenverzahnung

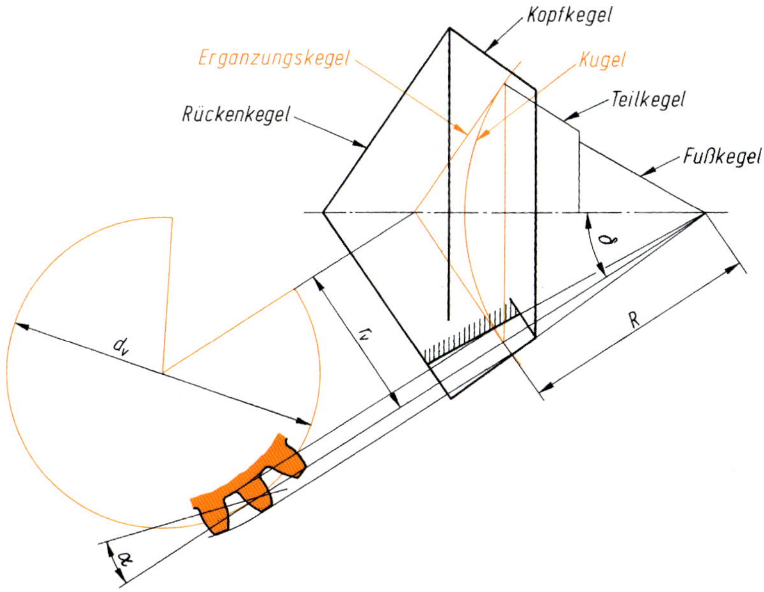

Bild 22.17 Ersatz der Kugel durch einen Ergänzungskegel

Wenn man den Kreisausschnitt schließt und die Verzahnung vervollständigt (ergänzt), so kann man diese als eine Stirnradverzahnung mit entsprechender Zähnezahl auffassen, die **virtuelle Zähnezahl** z_v heißt (virtuell = unwirklich). Zum absoluten Zähnezahlverhältnis u nach Formel 21.2 kommt noch ein **virtuelles Zähnezahlverhältnis** u_v nach Formel 22.56, hinzu.

Der Winkel, den die Achsen eines Kegelradpaares einschließen, ist der **Achsenwinkel** Σ (Bild 22.18). Dieser und die Übersetzung i sind im Allgemeinen vorgegeben. Damit ist auch das Zähnezahlverhältnis u bekannt. Mit diesen beiden Größen lassen sich die Teilkegelwinkel δ_1 und δ_2 eines Radpaares errechnen:

Teilkegelwinkel $$\tan\delta_1 = \frac{\sin\Sigma}{\cos\Sigma + u} \quad (22.39)$$

$$\delta_2 = \Sigma - \delta_1 \quad (22.40)$$

Bei $\Sigma = 90°$ wird $\tan\delta_1 = 1/u$ (22.41)

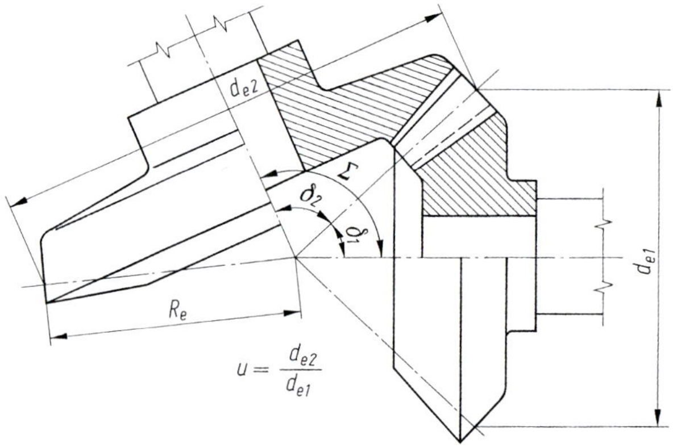

Bild 22.18
Kegelradpaar

Ein Rad mit dem Teilkegelwinkel δ = 90° besitzt eine Planverzahnung mit geraden Flanken (Bild 22.19), das als **Bezugs-Planrad** dient und für normale Verzahnungen dem Zahnstangen-Bezugsprofil nach DIN 867 entspricht.

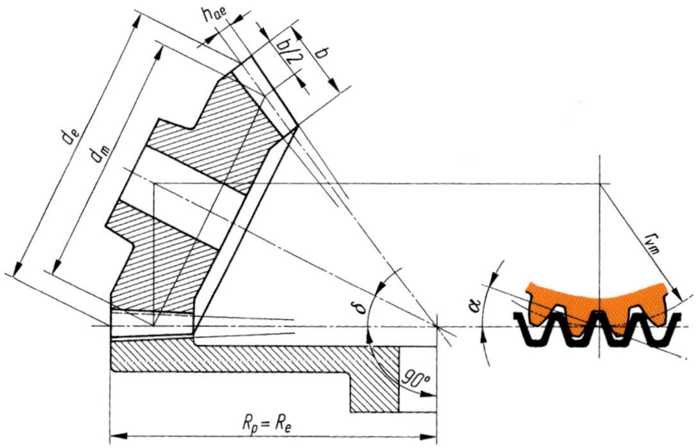

Bild 22.19
Kegelrad mit zugehörigem Planrad

Teilung und Zahnhöhe verjüngen sich zur Kegelspitze hin, sodass ein Kegelrad an jeder Stelle der Zahnbreite einen anderen Modul besitzt. Für die Herstellung sind wichtig: der **äußere Modul** m_e, der meistens gleich dem genormten nach Tabelle 22.1 gewählt wird, der **mittlere Modul** m_m in der Zahnbreitenmitte und der **innere Modul** m_i.

Bild 22.20 zeigt den Schnitt durch ein Kegelrad. **Teilkreis** ist jeder zur Radachse senkrechte Schnitt durch den Teilkegelmantel. Sein Durchmesser ist gleich dem Produkt aus der Zähnezahl z und dem Modul m in diesem Schnitt. Damit folgen aus den geometrischen Beziehungen:

Teilkreisdurchmesser $d = z \cdot m$ (22.42)

Kopfkreisdurchmesser $d_a = d + 2h_a \cdot \cos\delta$ (22.43)

Fußkreisdurchmesser $d_f = d - 2h_f \cdot \cos\delta$ (22.44)

Teilung $p = m \cdot \pi$ (22.45)

Teilkegellänge $R = \dfrac{d}{2\sin\delta}$ (22.46)

mittlerer Modul $m_m = m_e\left(1 - 0{,}5b / R_e\right)$ (22.47)

innerer Modul $m_i = m_e\left(1 - b / R_e\right)$ (22.48)

Kopfwinkel $\tan\vartheta_a = \dfrac{h_a}{R}$ (22.49)

Fußwinkel $\tan\vartheta_f = \dfrac{h_f}{R}$ (22.50)

Kopfkegelwinkel $\delta_a = \delta + \vartheta_a$ (22.51)

Fußkegelwinkel $\delta_f = \delta - \vartheta_f$ (22.52)

virtuelle Zähnezahl $z_v = \dfrac{z}{\cos\delta}$ (22.53)

Zähnezahl des Planrads $z_P = \dfrac{z}{\sin\delta}$ (22.54)

Planrad-Radius $R_P = \dfrac{d_e}{2\sin\delta}$ (22.55)

d	in mm	Teilkreisdurchmesser = d_e, d_m oder d_i,
z		Zähnezahl des Rads,
m	in mm	Modul = m_e, m_m oder m_i,
d_a	in mm	Kopfkreisdurchmesser = d_{ae}, d_{am} oder d_{ai},
d_f	in mm	Fußkreisdurchmesser = d_{fe}, d_{fm} oder d_{fi},
h_a	in mm	Kopfhöhe = m_e, m_m oder m_i im Normalfall,
h_f	in mm	Fußhöhe $= h_a + c$ mit $c = 0{,}25m$ im Normalfall,
R	in mm	Teilkegellänge = R_e, R_m oder R_i,
b	in mm	Zahnbreite.

Für ein Radpaar beträgt das

virtuelle Zähnezahlverhältnis $u_v = \dfrac{z_{v2}}{z_{v1}}$ (22.56)

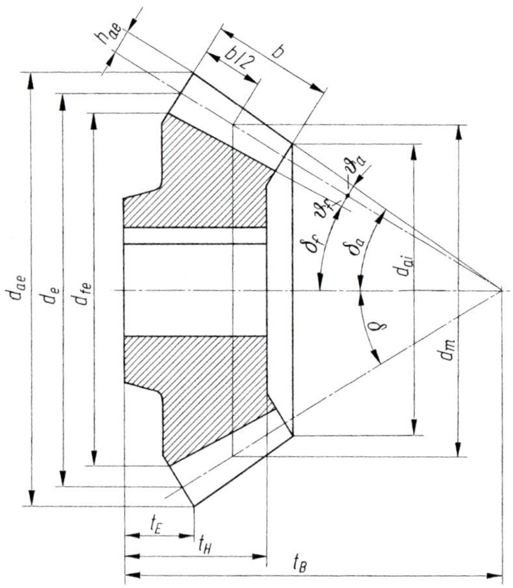

Bild 22.20
Abmessungen eines geradverzahnten Kegelrads
t_B Einbaumaß, t_H Hilfsebenenabstand, t_E Kopfkreisabstand

Für die Ermittlung der **geometrischen Grenzen** (Abschnitt 22.6) und der **Profilüberdeckung** (Abschnitt 22.7) sind die virtuellen Zähnezahlen z_v maßgebend, d. h. man denkt sich die Kegelräder durch Stirnräder mit den virtuellen Zähnezahlen nach Bild 22.21 ersetzt.

Bereits eine kleine axiale Verschiebung der Räder, z. B. durch Montagefehler, oder die Durchbiegung der Wellen bedingen eine Abweichung der Kegelspitzen vom geometrisch richtigen Schnittpunkt der Radachsen. Dadurch tragen die Zahnflanken ungleichmäßig über ihrer Breite, und es kann zu örtlichen Überlastungen kommen. Im Zusammenwirken mit den fertigungsbedingten Toleranzen sind ein unruhiger Lauf oder ggf. ein Klemmen der Zähne die Folge. Deshalb soll die **Zahnbreite** $b \leq 10 m_e \leq R_e / 3$ sein. Kegelräder werden nur angewendet, wenn sie sich nicht vermeiden lassen oder andere Konstruktionen unwirtschaftlich sind.

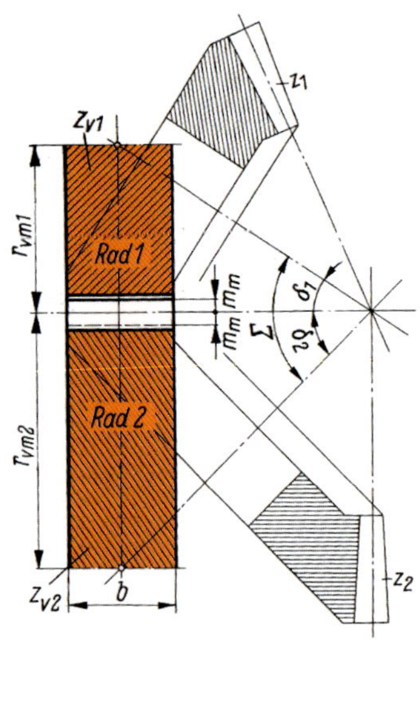

Bild 22.21
Mittlere virtuelle Stirnräder

Die Herstellung der Verzahnung von Kegelrädern ist schwieriger als die von Stirnrädern, weil sich Teilung und Zahnhöhe verjüngen. Mit Modul-Formfräsern, die sich auf die Kegelspitze vorschieben und die Zahnlücken kontinuierlich schmaler herausarbeiten, wird kein genaues Profil erzeugt. Dieses Verfahren ist nur für untergeordnete Zwecke geeignet. Meistens werden die Kegelräder im Abwälzverfahren mit nur einer Schneidkante gehobelt. Das Werkzeug ist ein hin- und hergehender Meißel mit gerader Schneidkante, die zum Werkstück wie ein Planrad bewegt (abgewälzt) wird.

Zwei Kegelräder können nur dann unter ihrem Achsenwinkel Σ einwandfrei miteinander kämmen, wenn die Teilkegel als Wälzkegel erhalten bleiben. Das ist bei **Null-Radpaaren** und bei **V_{null}-Radpaaren** ($x_2 = -x_1$ nach Bild 22.22) der Fall. Positive Profilverschiebungen an beiden Rädern sind nur ausführbar, wenn die Wälzkreisdurchmesser bei der Herstellung dem Radpaar erhalten bleiben. Die Fertigung wird dann aber recht schwierig. Hinzu kommt, dass der Achsenwinkel Σ nicht mehr gleich der Summe der Teilkegelwinkel ist.

Gegenüber den bisher besprochenen Profilhöhenverschiebungen sind jedoch **Profilseitenverschiebungen** ohne weiteres möglich, um die Zähne des kleinen Kegelrades dicker zu machen. Die Zähne des großen Kegelrades werden dann entsprechend dünner. Damit ist eine Anpassung auf gleiche Tragfähigkeit beider Räder möglich.

Die Behandlung der geometrischen Verhältnisse bei den verschiedenen Profilverschiebungsmöglichkeiten würde hier zu weit führen. Es wird auf DIN 3971 verwiesen.

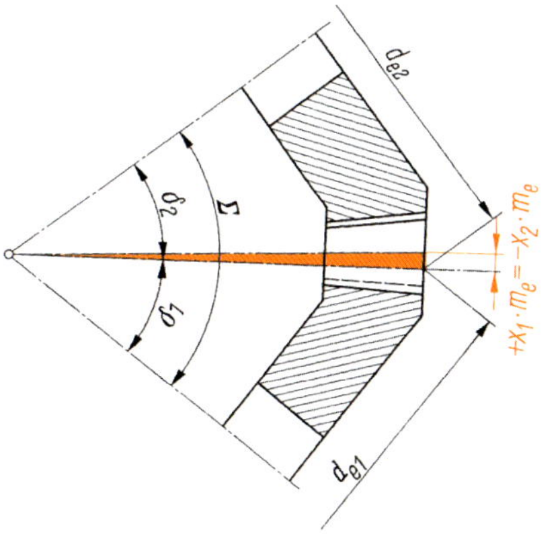

Bild 22.22
V_{null}-Kegelradpaar

Beispiel 22.11

Ein geradverzahntes Kegelradpaar soll mit $z_1 = 20$, $z_2 = 65$, $m_e = 6\,\text{mm}$, $h_{ae} = m_e = 6\,\text{mm}$, $h_{fe} = h_{ae} + c_e = 6\,\text{mm} + 0{,}25 \cdot 6\,\text{mm} = 7{,}5\,\text{mm}$ und $b = 50\,\text{mm}$ bei $\Sigma = 90°$ ausgeführt werden. Es sind die wichtigsten Abmessungen zu errechnen.

Lösung:

Nach den Formel 21.2 und Formel 22.41 bis Formel 22.52 werden:

$$u = z_2 / z_1 = 65 / 20 = 3{,}25, \quad \tan\delta_1 = 1 / u = 1 / 3{,}25; \quad \delta_1 = 17{,}1°$$

$$\delta_2 = \Sigma - \delta_1 = 90° - 17{,}1° = 72{,}9°$$

$$d_{e1} = z_1 \cdot m_e = 20 \cdot 6\,\text{mm} = 120\,\text{mm}, \quad d_{e2} = z_2 \cdot m_e = 65 \cdot 6\,\text{mm} = 390\,\text{mm}$$

$$d_{ae1} = d_{e1} + 2h_{ae} \cdot \cos\delta_1 = 120\,\text{mm} + 2 \cdot 6\,\text{mm} \cdot \cos 17{,}1° \approx 131{,}5\,\text{mm}$$

$$d_{ae2} = d_{e2} + 2h_{ae} \cdot \cos\delta_2 = 390\,\text{mm} + 2 \cdot 6\,\text{mm} \cdot \cos 72{,}9° \approx 393{,}5\,\text{mm}$$

$$d_{fe1} = d_{e1} - 2h_{fe} \cdot \cos\delta_1 = 120\,\text{mm} - 2 \cdot 7{,}5\,\text{mm} \cdot \cos 17{,}1° \approx 105{,}7\,\text{mm}$$

$$d_{fe2} = d_{e2} - 2h_{fe} \cdot \cos\delta_2 = 390\,\text{mm} - 2 \cdot 7{,}5\,\text{mm} \cdot \cos 72{,}9° \approx 385{,}6\,\text{mm}$$

$$p_e = m_e \cdot \pi = 6\,\text{mm} \cdot \pi = 18{,}85\,\text{mm}$$

$$R_e = d_{e1} / 2\sin\delta_1 = d_{e2} / 2\sin\delta_2 = 120\,\text{mm} / 2\sin 17{,}1° = 390\,\text{mm} / 2\sin 72{,}9° = 204\,\text{mm}$$

$$m_m = m_e\left(1 - 0{,}5b / R_e\right) = 6\,\text{mm}\left(1 - 25 / 204\right) = 5{,}265\,\text{mm}$$

$$m_i = m_e\left(1 - b / R_e\right) = 6\,\text{mm}\left(1 - 50 / 204\right) = 4{,}53\,\text{mm}$$

$$d_{m1} = z_1 \cdot m_m = 20 \cdot 5{,}265\,\text{mm} = 105{,}3\,\text{mm}, \quad d_{m2} = z_2 \cdot m_m = 65 \cdot 5{,}265\,\text{mm} = 342{,}2\,\text{mm}$$

$$d_{i1} = z_1 \cdot m_i = 20 \cdot 4{,}53\,\text{mm} = 90{,}6\,\text{mm}, \quad d_{i2} = z_2 \cdot m_i = 65 \cdot 4{,}53\,\text{mm} = 294{,}5\,\text{mm}$$

$$\tan\vartheta_a = h_{ae} / R_e = 6 / 204; \quad \vartheta_a = 1{,}68°, \quad \tan\vartheta_f = h_{fe} / R_e = 7{,}5 / 204; \quad \vartheta_f = 2{,}1°$$

$$\delta_{a1} = \delta_1 + \vartheta_a = 17{,}1° + 1{,}68° \approx 18{,}8°, \quad \delta_{a2} = \delta_2 + \vartheta_a = 72{,}9° + 1{,}68° \approx 74{,}6°$$

$$\delta_{f1} = \delta_1 - \vartheta_f = 17{,}1° - 2{,}1° = 15°, \quad \delta_{f2} = \delta_2 - \vartheta_f = 72{,}9° - 2{,}1° = 70{,}8°$$

Die Zahnbreite soll $b \le 10m_e \le R_e / 3$ sein. Da $b / m_e = 50 / 6 = 8{,}3 < 10$ und $R_e / b = 204 / 50 = 4{,}1 > 3$ sind, ist die Richtlinie für b eingehalten. ■

Beispiel 22.12

Wie groß ist die Profilüberdeckung ε_α des Kegelradpaares nach Beispiel 22.11? Gegeben sind: $z_1 = 20$, $\delta_1 = 17{,}1°$, $z_2 = 65$ und $\delta_2 = 72{,}9°$.

Lösung:

Nach Formel 22.53 betragen die virtuellen Zähnezahlen

$$z_{v1} = \frac{z_1}{\cos\delta_1} = \frac{20}{\cos 17{,}1°} = 20{,}93 \approx 21, \quad z_{v2} = \frac{z_2}{\cos\delta_2} = \frac{65}{\cos 72{,}9°} = 221$$

Um schnell zum Ziel zu gelangen, wird $m = 1$ gesetzt. Damit erhält man für die geradverzahnten virtuellen Null-Stirnräder:

$$d_{a1} = z_{v1} + 2 = 23, \quad d_{a2} = z_{v2} + 2 = 223$$

$$d_{b1} = z_{v1} \cdot \cos\alpha = 21 \cdot \cos 20° = 19{,}73, \quad d_{b2} = z_{v2} \cdot \cos\alpha = 221 \cdot \cos 20° = 207{,}67$$

$$a = 0{,}5\left(z_{v1} + z_{v2}\right) = 0{,}5\left(21 + 221\right) = 121, \quad p_e = \pi \cdot \cos\alpha = \pi \cdot \cos 20° = 2{,}95$$

Nach Formel 22.34 ist dann

$$\varepsilon_a = \frac{\sqrt{d_{a1}^2 - d_{b1}^2} + \sqrt{d_{a2}^2 - d_{b2}^2} - 2a \cdot \sin\alpha}{2p_e}$$

$$= \frac{\sqrt{23^2 - 19{,}73^2} + \sqrt{223^2 - 207{,}67^2} - 2 \cdot 121 \cdot \sin 20°}{2 \cdot 2{,}95} = 1{,}75$$

■

22

22.9 Schräg- und bogenverzahnte Kegelräder

Derartige Kegelräder (Bild 22.23) laufen wie Schrägzahn-Stirnräder ruhiger als geradverzahnte Kegelräder. Die Zähne (Flankenlinien) des einen Rades sind **rechts-**, die des anderen **linkssteigend**. Sinngemäß zu den geradverzahnten Kegelrädern denkt man sich die schräg- oder bogenverzahnten durch schrägverzahnte Stirnräder mit den virtuellen Zähnezahlen z_v und dem Schrägungswinkel β ersetzt (Bild 22.24). Am Außenumfang des abgewickelten Kegelmantels tritt der **Schrägungswinkel** β_e auf, am mittleren Umfang $\beta_m > \beta_e$ und am Innenumfang $\beta_i > \beta_m$. Bei bogenverzahnten Rädern werden die Winkel β **Spiralwinkel** genannt.

Da man sich die schrägverzahnten Stirnräder für die Herstellung durch geradverzahnte mit der Ersatzzähnezahl z_n ersetzt denken kann, so kann man sich sinngemäß die schräg- und bogenverzahnten Kegelräder durch geradverzahnte Stirnräder mit der

Ersatzzähnezahl $$z_{vn} \approx \frac{z_v}{\cos^3 \beta} = \frac{z}{\cos\delta \cdot \cos^3 \beta} \qquad (22.57)$$

ersetzt denken. Hierin sind z_v die virtuelle Zähnezahl nach Formel 22.53 und δ der Teilkegelwinkel.

Als Schrägungs- oder Spiralwinkel β wird meistens mit dem mittleren β_m gerechnet, der eine mittlere Ersatzzähnezahl liefert.

Die **Teilkegelwinkel** δ sind mit Formel 22.39 bis Formel 22.41 zu errechnen.

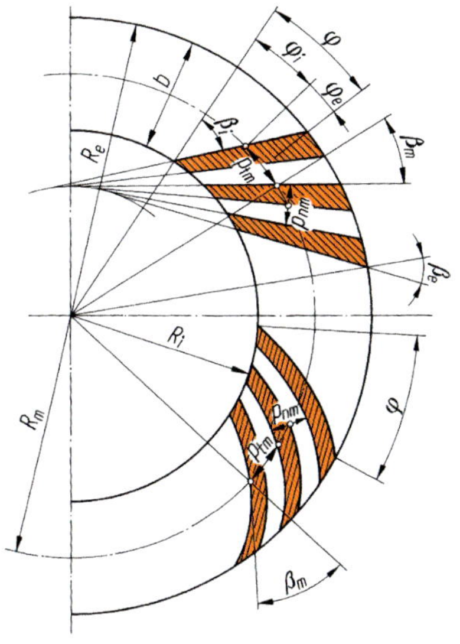

Bild 22.23 Abgewickelter Mantel von schräg- und bogenverzahnten Kegelrädern (rechtssteigend gezeichnet)

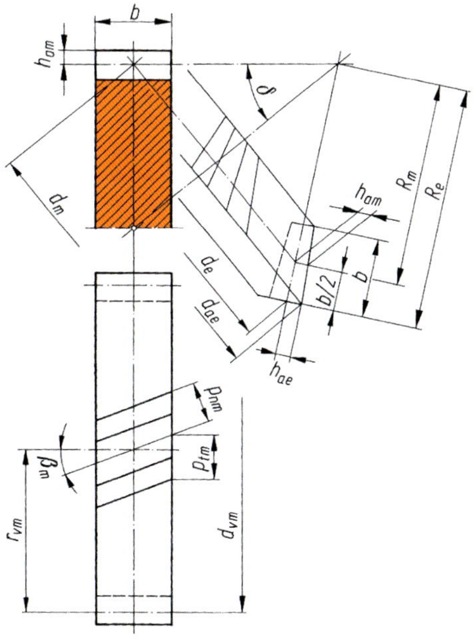

Bild 22.24 Zurückführen eines Schrägzahn-Kegelrads auf ein Schrägzahn-Stirnrad

Als Basisgröße für die Abmessungen einer Kegelradverzahnung dienen der **Stirnmodul** m_{te} an der äußeren Teilkegellänge R_e oder der m_{nm} an der mittleren Teilkegellänge R_m. Meistens wird der Normalmodul m_{nm} gleich dem genormten nach Tabelle 22.1 gewählt. Auf diesen bezogen sind für schrägverzahnte Kegelräder zu errechnen:

mittlere Stirnmodul $m_{tm} = \dfrac{m_{nm}}{\cos\beta_m}$ (22.58)

mittlere Stirnteilung $p_{tm} = \dfrac{m_{nm}}{\cos\beta_m}\pi$ (22.59)

mittlerer Teilkreisdurchmesser $d_m = \dfrac{z \cdot m_{nm}}{\cos\beta_m}$ (22.60)

mittlerer Kopfkreisdurchmesser $d_{am} = d_m + 2h_{am} \cdot \cos\delta$ (22.61)

mittlerer Fußkreisdurchmesser $d_{fm} = d_m - 2h_{fm} \cdot \cos\delta$ (22.62)

mittlere Teilkegellänge $R_m = \dfrac{d_m}{2\sin\delta}$ (22.63)

äußere Teilkegellänge $R_e = R_m + 0{,}5b$ (22.64)

innere Teilkegellänge $R_i = R_m - 0{,}5b$ (22.65)

äußerer Teilkreisdurchmesser $d_e = d_m \cdot R_e / R_m$ (22.66)

äußerer Stirnmodul $m_{te} = d_e / z$ (22.67)

innerer Teilkreisdurchmesser $d_i = d_m \cdot R_i / R_m$ (22.68)

äußerer Kopfkreisdurchmesser $d_{ae} = d_{am} \cdot R_e / R_m$ (22.69)

äußerer Fußkreisdurchmesser $d_{fe} = d_{fm} \cdot R_e / R_m$ (22.70)

22

m_{nm}	in mm	mittlerer Normalmodul (in der Regel nach Tabelle 22.1),
β_m	in °	mittlerer Schrägungs- bzw. Spiralwinkel,
h_{am}	in mm	mittlere Kopfhöhe = m_{nm} im Normalfall,
h_{fm}	in mm	im Normalfall mittlere Fußhöhe $= h_{am} + c_m = 1{,}25 m_{nm}$,
δ	in °	Teilkegelwinkel des betreffenden Rads,
b	in mm	Zahnbreite.

Alle anderen Abmessungen sind sinngemäß wie bei Geradzahn-Kegelrädern mit Formel 22.49 bis Formel 22.56 zu errechnen. Mitunter wird auch der äußere Normalmodul m_{ne} in den genormten Beträgen von Tabelle 22.1 ausgeführt. Dann sind die vorangehend aufgeführten Gleichungen sinngemäß anzuwenden. Der Index m ist entsprechend durch e zu ersetzen.

Ist bei einer Schrägverzahnung der mittlere Schrägungswinkel β_m festgelegt, so beträgt für den

äußeren Sprungwinkel $\cos\varphi_e = \dfrac{R_m(f_m - 1) + \sqrt{f_m\left(R_e^2 - R_m^2\right) + R_m^2}}{f_m \cdot R_e}$ (22.71) und für den

$$\textit{äußeren Schrägungswinkel}\quad \beta_e = \beta_m - \varphi_e \tag{22.72}$$

f_m Hilfsfaktor $= 1 + \tan^2 \beta_m$,
R_e äußere Teilkegellänge nach Formel 22.64,
R_m mittlere Teilkegellänge nach Formel 22.63.

Ist dagegen der äußere Schrägungswinkel β_e vorgegeben, so beträgt für den

$$\textit{äußeren Sprungwinkel}\quad \cos\varphi_e = \frac{R_e(f_e - 1) + \sqrt{f_e\left(R_m^2 - R_e^2\right) + R_e^2}}{f_e \cdot R_m} \tag{22.73}$$

und für den

$$\textit{mittleren Schrägungswinkel}\quad \beta_m = \varphi_e + \beta_e \tag{22.74}$$

f_e Hilfsfaktor $= 1 + \tan^2 \beta_e$,
R_e, R_m siehe Legende zu Formel 22.72.

Die **Profilüberdeckungen** ε_α, ε_α und ε_γ werden auf die mittleren Schrägzahn-Stirnräder der Zähnezahlen z_{v1} und z_{v2} bezogen (siehe hierzu Beispiel 22.14). Diese Berechnung ist theoretisch nicht exakt, weil an jeder Stelle der Teilkegellängen R andere Verhältnisse herrschen, genügt aber den praktischen Anforderungen.

Für die **geometrischen Grenzen** sind die Ersatzzähnezahlen z_{vn} maßgebend, und zwar an der Teilkegellänge R mit dem kleinsten Schrägungs- bzw. Spiralwinkel β.

Übliche Zahnbreite $b \leq 10 m_{nm} \leq R_e / 3{,}5$.

Es sei noch auf die **Palloidverzahnung** (Bild 22.25) hingewiesen, deren Flankenlinien evolventenförmig gekrümmt sind, sich aber nicht auf der gesamten Zahnbreite berühren. Die Zähne sind an beiden Enden etwas dünner, wodurch stets ein einwandfreier Lauf gewährleistet ist, auch wenn sich die Wellen infolge der Belastung stärker durchbiegen und den Eingriff normaler Räder stören würden. Bei Palloid-Kegelrädern kann man bis auf 6, in Sonderfällen sogar bis auf 4 Zähne heruntergehen und Zähnezahlverhältnisse bis $u = 15$ bewältigen. Verzahnt wird mit einem Kegelformfräser. Die Evolventen-Bogenzähne bieten außerdem den Vorteil, dass sie gegenüber anderen Verzahnungen über die gesamte Zahnbreite die gleiche Normalteilung p_n besitzen, d. h. die Flankenlinien von einem Zahn zum anderen stets den gleichen Abstand haben. Des Weiteren verjüngt sich die Zahnhöhe nicht, sondern bleibt über die Zahnbreite konstant.

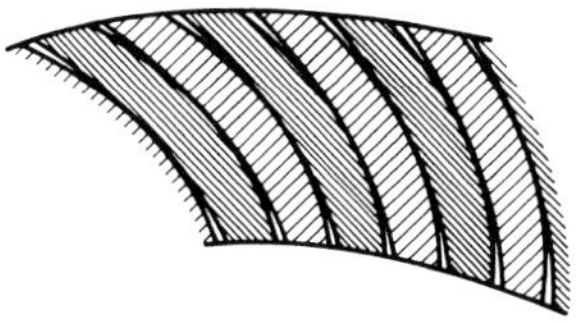

Bild 22.25
Eingriff der Palloid-Kegelrad-Verzahnung

Beispiel 22.13

Ein Schrägzahn-Kegelradpaar mit $z_1 = 17$ und $z_2 = 86$, $\beta_m = 22°$, $m_{nm} = 3\,\text{mm}$ und $b = 30\,\text{mm}$ soll unter einem Achsenwinkel $\Sigma = 120°$ arbeiten. Es betragen: $h_{am} = 3\,\text{mm}$ und $h_{fm} = 3{,}75\,\text{mm}$. Die wichtigsten Abmessungen sind zu errechnen.

Lösung:
Nach Formel 21.2, Formel 22.39 und Formel 22.40 betragen:

$$u = z_2 / z_1 = 86/17 = 5{,}059$$

$$\tan\delta_1 = \frac{\sin\Sigma}{\cos\Sigma + u} = \frac{\sin 120°}{\cos 120° + 5{,}059},$$

$$\delta_1 = 10{,}756°, \qquad \delta_2 = \Sigma - \delta_1 = 120° - 10{,}756° = 109{,}244°$$

Mit Formel 22.58 bis Formel 22.70 ergeben sich:

$$m_{tm} = \frac{m_{nm}}{\cos\beta_m} = \frac{3\,\text{mm}}{\cos 22°} = 3{,}236\,\text{mm}, \quad p_{tm} = \frac{m_{nm}}{\cos\beta_m}\pi = \frac{3\,\text{mm}}{\cos 22°}\pi = 10{,}165\,\text{mm}$$

$$d_{m1} = \frac{z_1 \cdot m_{nm}}{\cos\beta_m} = \frac{17 \cdot 3\,\text{mm}}{\cos 22°} = 55\,\text{mm}, \quad d_{m2} = \frac{z_2 \cdot m_{nm}}{\cos\beta_m} = \frac{86 \cdot 3\,\text{mm}}{\cos 22°} = 278{,}3\,\text{mm}$$

$$d_{am1} = d_{m1} + 2h_{am} \cdot \cos\delta_1 = 55\,\text{mm} + 2 \cdot 3\,\text{mm} \cdot \cos 10{,}756° = 60{,}9\,\text{mm}$$

$$d_{am2} = d_{m2} + 2h_{am} \cdot \cos\delta_2 = 278{,}3\,\text{mm} + 2 \cdot 3\,\text{mm} \cdot \cos 109{,}244° = 276{,}3\,\text{mm}$$

$$d_{fm1} = d_{m1} - 2h_{fm} \cdot \cos\delta_1 = 55\,\text{mm} - 2 \cdot 3{,}75\,\text{mm} \cdot \cos 10{,}756° = 47{,}6\,\text{mm}$$

$$d_{fm2} = d_{m2} - 2h_{fm} \cdot \cos\delta_2 = 278{,}3\,\text{mm} - 2 \cdot 3{,}75\,\text{mm} \cdot \cos 109{,}244° = 280{,}8\,\text{mm}$$

$$R_m = \frac{d_{m1}}{2\sin\delta_1} = \frac{55\,\text{mm}}{2\sin 10{,}756°} = 147{,}4\,\text{mm}$$

$$R_e = R_m + 0{,}5b = 147{,}4\,\text{mm} + 15\,\text{mm} = 162{,}4\,\text{mm}$$

$$R_i = R_m - 0{,}5b = 147{,}4\,\text{mm} - 15\,\text{mm} = 132{,}4\,\text{mm}$$

$$d_{e1} = d_{m1} \cdot R_e / R_m = 55\,\text{mm} \cdot 162{,}4 / 147{,}4 = 60{,}6\,\text{mm}$$

$$d_{e2} = d_{m2} \cdot R_e / R_m = 278{,}3\,\text{mm} \cdot 162{,}4 / 147{,}4 = 306{,}6\,\text{mm}$$

$$m_{te} = d_{e1} / z_1 = 60{,}6\,\text{mm} / 17 = 3{,}565\,\text{mm}$$

$$d_{i1} = d_{m1} \cdot R_i / R_m = 55\,\text{mm} \cdot 132{,}4 / 147{,}4 = 49{,}4\,\text{mm}$$

$$d_{i2} = d_{m2} \cdot R_i / R_m = 278{,}3\,\text{mm} \cdot 132{,}4 / 147{,}4 = 250{,}0\,\text{mm}$$

$$d_{ae1} = d_{am1} \cdot R_e / R_m = 60{,}9\,\text{mm} \cdot 162{,}4 / 147{,}4 = 67{,}1\,\text{mm}$$

$$d_{ae2} = d_{am2} \cdot R_e / R_m = 276{,}3\,\text{mm} \cdot 162{,}4 / 147{,}4 = 304{,}4\,\text{mm}$$

$$d_{fe1} = d_{fm1} \cdot R_e / R_m = 47{,}6\,\text{mm} \cdot 162{,}4 / 147{,}4 = 52{,}4\,\text{mm}$$

$$d_{fe2} = d_{fm2} \cdot R_e / R_m = 280{,}8\,\text{mm} \cdot 162{,}4 / 147{,}4 = 309{,}4\,\text{mm}$$

Nach Formel 22.49 bis Formel 22.52 werden:

$$\tan\vartheta_a = h_{am} / R_m = 3/147{,}4, \quad \vartheta_a = 1{,}166°, \quad \tan\vartheta_f = h_{fm} / R_m = 3{,}75/147{,}4, \quad \vartheta_f = 1{,}457°$$

$$\delta_{a1} = \delta_1 + \vartheta_a = 10{,}756° + 1{,}166° \approx 11{,}9°, \quad \delta_{a2} = \delta_2 + \vartheta_a = 109{,}244° + 1{,}166° \approx 110{,}4°$$

$$\delta_{f1} = \delta_1 - \vartheta_f = 10{,}756° - 1{,}457° \approx 9{,}3°, \quad \delta_{f2} = \delta_2 - \vartheta_f = 109{,}244° - 1{,}457° \approx 107{,}8°$$

Die Zahnbreite soll $b \le 10m_{nm} \le R_e/3{,}5$ sein. Da $b / m_{nm} = 30/3 = 10$ und $R_e / b = 162{,}4/30 = 5{,}4 > 3{,}5$ sind, ist die Richtlinie eingehalten.

22

Beispiel 22.14

Ein Schrägzahn-Kegelradpaar ist mit $\beta_e = 25°$, $R_m = 160\,\text{mm}$ und $R_e = 185\,\text{mm}$ bemessen. Wie groß ist der mittlere Schrägungswinkel β_m?

Lösung:
Mit $f_e = 1 + \tan^2 \beta_e = 1 + \tan^2 25° = 1{,}217$ wird nach Formel 22.73 und Formel 22.74:

$$\cos\varphi_e = \frac{185(1{,}217 - 1) + \sqrt{1{,}217(160^2 - 185^2) + 185^2}}{1{,}217 \cdot 160} = 0{,}99725, \quad \varphi_e = 4{,}25°$$

$$\beta_m = \varphi_e + \beta_e = 4{,}25° + 25° = 29{,}25°$$

22.10 Verständnisfragen

1. Welche Kreise stimmen bei der Null-Verzahnung überein?
2. Aus der Addition welcher beiden Werte ergibt sich der Null-Achsabstand?
3. Welchen Wert hat das Zähnezahlverhältnis u eines Zahnradpaares?
4. Was versteht man unter „Unterschnitt"?
5. Auf der Oberfläche welcher geometrischen Form liegt jede der Evolventen eines Kegelrads?
6. Nennen Sie das wirtschaftlichere Verfahren zur Herstellung von Kegelrädern.
7. Welchen Vorteil hat die Schrägverzahnung?
8. In welcher Verzahnung findet man die gleiche Normalteilung über die gesamte Zahnbreite?

Literatur

DIN 780-1 Modulreihe für Zahnräder; Moduln für Stirnräder

DIN 867 Bezugsprofile für Evolventenverzahnungen an Stirnrädern (Zylinderrädern) für den allgemeinen Maschinenbau und den Schwermaschinenbau

DIN 868 Allgemeine Begriffe und Bestimmungsgrößen für Zahnräder, Zahnradpaare und Zahnradgetriebe

DIN 3960 Begriffe und Bestimmungsgrößen für Stirnräder (Zylinderräder) und Stirnradpaare (Zylinderradpaare) mit Evolventenverzahnung

DIN 3971 Begriffe und Bestimmungsgrößen für Kegelräder und Kegelradpaare

DIN 3972 Bezugsprofile von Verzahnwerkzeugen für Evolventen-Verzahnungen nach DIN 867

DIN 3978 Schrägungswinkel für Stirnradverzahnungen

DIN 3993-1 Geometrische Auslegung von zylindrischen Innenradpaaren mit Evolventenverzahnung; Grundregeln

DIN 3993-2 Geometrische Auslegung von zylindrischen Innenradpaaren mit Evolventenverzahnung; Diagramme über geometrische Grenzen für die Paarung Hohlrad-Ritzel

DIN 3993-3 Geometrische Auslegung von zylindrischen Innenradpaaren mit Evolventenverzahnung; Diagramme zur Ermittlung der Profilverschiebungsfaktoren

DIN 3993-4	Geometrische Auslegung von zylindrischen Innenradpaaren mit Evolventenverzahnung; Diagramme über Grenzen für die Paarung Hohlrad-Schneidrad
DIN 3994	Profilverschiebung bei geradverzahnten Stirnrädern mit 05-Verzahnung; Einführung
DIN 3995	Geradverzahnte Außen-Stirnräder mit 05-Verzahnung
ISO 53	Stirnräder für den allgemeinen und Schwermaschinenbau – Standard-Bezugszahnstangen – Zahnprofile

23 Gestaltung und Tragfähigkeit der Stirn- und Kegelräder

23.1 Zahnkräfte an Stirnrädern

Alle Zahnkräfte, die auf das Rad 1 wirken, sind mit dem Index 1 gekennzeichnet, alle Kräfte, die auf das Rad 2 wirken, mit dem Index 2. Die an den Rädern angreifenden Zahnkräfte belasten die Wellen und damit auch deren Lager (siehe hierzu Bild 15.5 und Beispiel 15.1).

Die Kraftübertragung findet zwischen den sich berührenden Flanken der beiden Räder statt. Nach Bild 23.1a drückt die Flanke des treibenden Rades a (meistens Rad 1) auf die Flanke des getriebenen Rades b (meistens Rad 2) mit einer normalgerichteten Zahnkraft F_{N2}, weil das Rad 2 dem Rad 1 den Widerstand F_{N1} entgegensetzt. Aktions- und Reaktionskraft sind gleich groß, also $F_{N1} = F_{N2}$. Die Wirklinien der beiden Zahnkräfte gehen stets durch den Wälzpunkt C, sodass man sie sich bis dorthin verschoben und jeweils in die Tangential- und Radialkräfte F_{t1} und F_{r1} bzw. F_{t2} und F_{r2} zerlegt denken kann, und zwar in jeder Bewegungsphase der im Eingriff befindlichen Zahnflanken. Diese Kräfte setzt man der Einfachheit halber als Punktkräfte in der Zahnbreitenmitte an, obwohl sie sich über die Zahnbreite verteilen. Bei entgegengesetzter Drehrichtung kehren sich die Tangentialkräfte F_t spiegelbildlich um, während die Radialkräfte F_r zum jeweiligen Radmittelpunkt gerichtet bleiben:

Die Tangentialkraft F_t am getriebenen Rad wirkt stets in Drehrichtung, am treibenden Rad entgegen der Drehrichtung, wie Bild 23.1 veranschaulicht.

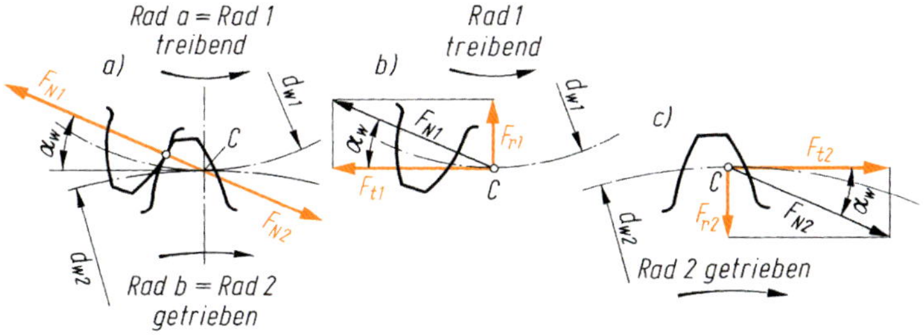

Bild 23.1 Kräfte an einem geradverzahnten Stirnradpaar
a) Kraftübertragung an den Flanken, b) Kräfte am treibenden Rad, c) Kräfte am getriebenen Rad

Das getriebene Rad zwingt dem treibenden eine Nennleistung P_{Nb} auf. Bei ungleichförmigem Betrieb, wie z. B. durch Kolbenmaschinen, ist die Leistungsspitze größer und wird durch einen Betriebsfaktor K_A erfasst, der in DIN 3990 **Anwendungsfaktor** genannt wird. Deshalb wird gerechnet mit der

Leistungsspitze $P_b = P_{Nb} \cdot K_A$ (23.1)

P_{Nb} in W vom getriebenen Rad aufgezwungene Nennleistung,
K_A Anwendungsfaktor (Anhaltswerte siehe Tabelle 23.1).

Die Werte in Tabelle 23.1 gelten für das Nennmoment der Arbeitsmaschine, ersatzweise für das Nennmoment des Antriebsmotors, sofern dieses dem Moment der Arbeitsmaschine entspricht. Sie gelten auch nur bei gleichmäßiger Leistung. Bei sehr schweren Belastungen, hohen Anlaufmomenten und außergewöhnlichen Stoßbelastungen sind höhere Werte anzunehmen. Für bestimmte Gebiete sind ggf. besondere Anwendungsfaktoren zu wählen, z. B. für Triebwerke im Kranbau und im Schiffbau. Hydraulische Kupplungen sowie drehelastische und schwingungsdämpfende Kupplungen gestatten evtl. eine Verminderung der K_A-Werte für mäßige, mittlere und starke Stöße.

Bild 23.2 zeigt die Kraftverhältnisse an einem schrägverzahnten Stirnradpaar, wenn sich die Flanken gerade im Wälzpunkt C berühren. Die Zahnkräfte F_{N1} und F_{N2} wirken im Normalschnitt der Zähne. Sie stehen senkrecht zum Berührpunkt und zur Flankenlinie. Dort werden sie in die Komponenten F_{n1} und F_{r1} bzw. F_{n2} und F_{r2} zerlegt. In der Draufsicht der Räder zerlegen sich nun wiederum F_{n1} und F_{n2} in die Tangential- und Axialkräfte F_{t1} und F_{a1} bzw. F_{t2} und F_{a2}. Die Axialkräfte wollen die Räder in Kraftrichtung axial verschieben. Gegen diese Verschiebung müssen sie entsprechend gesichert sein. Die in Bild 23.2 eingezeichneten Kräfte F_{b1} und F_{b2} sind die Resultierenden von F_{t1} und F_{r1} bzw. F_{t2} und F_{r2}, deren Wirklinien am Grundkreis tangieren.

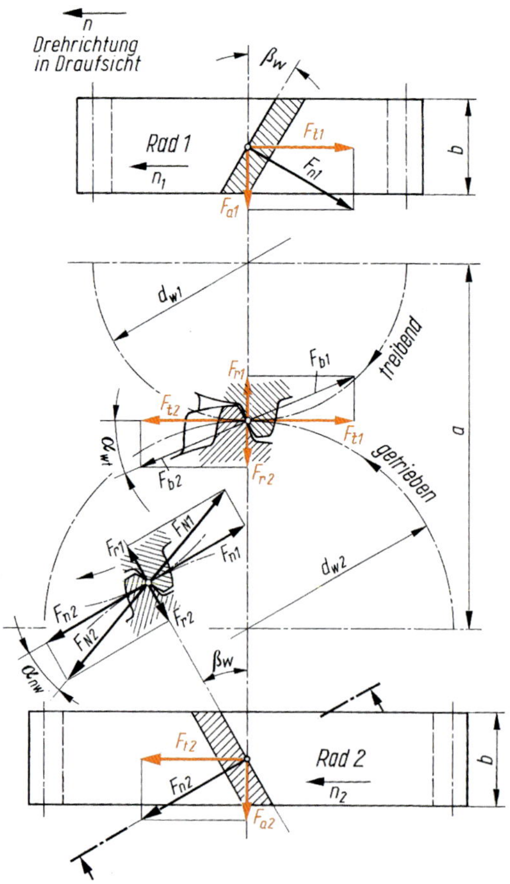

Bild 23.2
Kräfte am schrägverzahnten Stirnradpaar

23

Auf das **treibende Rad 1** eines schrägverzahnten Stirnradpaares wirken somit folgende Kräfte:

$$\textit{Tangentialkraft} \quad F_{t1} = \frac{P_b}{v_w} = F_{Nt} \cdot K_A \qquad (23.2)$$

$$\textit{Radialkraft} \quad F_{r1} = F_{t1} \cdot \tan\alpha_{wt} \qquad (23.3)$$

$$\textit{Axialkraft} \quad F_{a1} = F_{t1} \cdot \tan\beta_w \qquad (23.4)$$

P_b	in W	Leistungsspitze nach Formel 23.1,
v_w	in m/s	Umfangsgeschwindigkeit der Wälzkreise nach Formel 23.1,
F_{Nt}	in N	Nennumfangskraft am Wälzkreis,
K_A		Anwendungsfaktor nach Tabelle 23.1,
α_{wt}	in °	Betriebs-Eingriffswinkel nach Formel 22.25 bzw. Formel 22.28, bei Null-Schrägverzahnung = α_t nach Formel 22.8, bei Null-Geradverzahnung = α,
β_w	in °	Schrägungswinkel am Wälzkreis, der ≈ β gesetzt werden kann.

Auf das **getriebene Rad 2** wirken die *Tangentialkraft* $F_{t2} = F_{t1}$, die *Radialkraft* $F_{r2} = F_{r1}$ und die *Axialkraft* $F_{a2} = F_{a1}$, und zwar jeweils entgegengesetzt zu den Kräften am Rad 1. Bei umgekehrter Drehrichtung kehren sich bis auf F_{r1} und F_{r2} alle Kräfte um. Bei geradverzahnten Stirnrädern mit $\beta = 0°$ verschwinden die Axialkräfte F_{a1} und F_{a2}.

Das **Drehmoment** eines Rads ist jeweils $T = F_t \cdot r_w$, wenn die Reibkräfte an den Flanken vernachlässigt werden. Das gilt auch für Kegelräder (siehe Beispiel 23.3).

Beispiel 23.1

Es sind die an den Rädern des schrägverzahnten V-Stirnradpaares nach Beispiel 22.5 wirkenden Kräfte zu errechnen, wenn das Rad 1 treibt und bei $n_2 = n_b = 300\,\text{min}^{-1} = 5\,\text{s}^{-1}$ eine Nennleistung $P_{Nb} = 25\,\text{kW}$ zu übertragen ist. Anwendungsfaktor $K_A = 1{,}3$. Wie groß sind die Drehmomente der Räder?

Gegeben sind: $z_1 = 17$, $z_2 = 81$, $x_1 = 0{,}6$, $x_2 = 0{,}3$, $m_n = 4\,\text{mm}$,
$d_{w1} \approx 75{,}4\,\text{mm}$, $d_{w2} \approx 359{,}2\,\text{mm}$,
$\alpha_{wt} \approx 24°$, $\beta \approx 23{,}6°$.

Lösung:

Leistungsspitze nach Formel 23.1:

$$P_b = P_{Nb} \cdot K_A = 25\,\text{kW} \cdot 1{,}3 = 32{,}5\,\text{kW}$$

Die Umfangsgeschwindigkeit der Wälzkreise beträgt nach Formel 21.3:

$$v_w = d_{w2} \cdot \pi \cdot n_2 = 0{,}3592\,\text{m} \cdot \pi \cdot 5\,\text{s}^{-1} \approx 5{,}64\,\text{m/s}$$

Nach Formel 23.2 bis Formel 23.4 werden:

$$F_{t1} = F_{t2} = \frac{P_b}{v_w} = \frac{32500\,\text{W}}{5{,}64\,\text{m/s}} \approx 5762\,\text{N}$$

$$F_{r1} = F_{r2} = F_{t1} \cdot \tan\alpha_{wt} = 5762\,\text{N} \cdot \tan 24° \approx 2565\,\text{N}$$

$$F_{a1} = F_{a2} \approx F_{t1} \cdot \tan\beta = 5762\,\text{N} \cdot \tan 23{,}6° \approx 2517\,\text{N}$$

Drehmomente:

$$T_1 = F_{t1} \cdot r_{w1} = 5762\,\text{N} \cdot 0{,}0377\,\text{m} = 217\,\text{Nm}, \quad T_2 = F_{t2} \cdot r_{w2} = 5762\,\text{N} \cdot 0{,}1796\,\text{m} = 1035\,\text{Nm}$$

23

23.2 Zahnkräfte an Kegelrädern

Bild 23.3 zeigt den Längs- und den Normalschnitt durch ein geradverzahntes Kegelradpaar. Man setzt auch bei Kegelrädern voraus, dass die Zahnkraft in der Zahnbreitenmitte angreift. Wie bei den Stirnrädern drückt das treibende Rad 1 mit einer normalgerichteten Kraft F_{N2} auf das Rad 2, um den Widerstand F_{N1}, den das Rad 2 dem Rad 1 entgegensetzt, zu überwinden. Beide werden jeweils in Tangential- und Querkräfte F_{t1} und F_{q1} bzw. F_{t2} und F_{q2} zerlegt. F_{q1} und F_{q2} erscheinen auch im Längsschnitt (Axialschnitt) und stehen senkrecht auf den Mänteln der Teilkegel. Dort werden sie jeweils in Radial- und Axialkräfte F_{r1} und F_{a1} bzw. F_{r2} und F_{a2} zerlegt, die in Bild 23.3b und c größer herausgezeichnet sind.

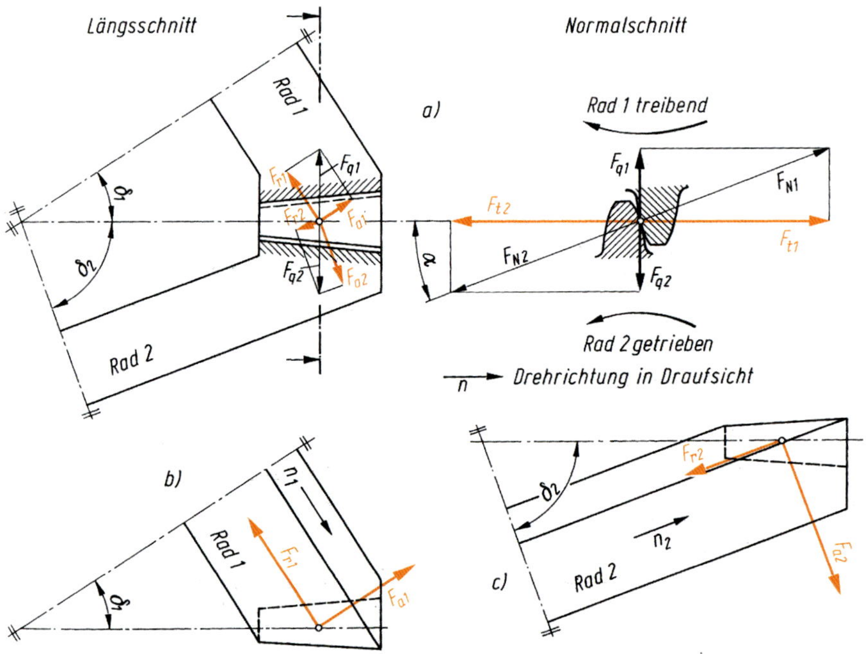

Bild 23.3 Kräfte am geradverzahnten Kegelradpaar
a) Zerlegung der Zahnkräfte, b) Axial- und Radialkraft am Rad 1, c) Axial- und Radialkraft am Rad 2

23

Folgende Kräfte wirken an den Flanken eines geradverzahnten Kegelradpaares:

	auf das **treibende Rad 1:**		auf das **getriebene Rad 2:**	
Tangentialkraft	$F_{t1} = \dfrac{P_b}{v_m}$	(23.5)	$F_{t2} = F_{t1}$	(23.8)
Axialkraft	$F_{a1} = F_{t1} \cdot \tan\alpha \cdot \sin\delta_1$	(23.6)	$F_{a2} = F_{t2} \cdot \tan\alpha \cdot \sin\delta_2$	(23.9)
Radialkraft	$F_{r1} = F_{t1} \cdot \tan\alpha \cdot \cos\delta_1$	(23.7)	$F_{r2} = F_{t2} \cdot \tan\alpha \cdot \cos\delta_2$	(23.10)

P_b	in W	Leistungsspitze nach Formel 23.1,
v_m	in m/s	Umfangsgeschwindigkeit der mittleren Teilkreise $= d_m \cdot \pi \cdot n$,
α	in °	Eingriffswinkel = 20° im Regelfall,
δ_1, δ_2	in °	Teilkegelwinkel der Räder nach Formel 22.39 bis Formel 22.41.

Bei umgekehrter Drehrichtung gegenüber Bild 23.3 kehren sich lediglich die Richtungen von F_{t1} und F_{t2} um.

Beispiel 23.2

Das geradverzahnte Kegelradpaar nach Beispiel 22.11 hat bei $n_1 = 300\,\text{min}^{-1} = 5\,\text{s}^{-1}$ eine Nennleistung $P_{Nb} = 2{,}8\,\text{kW}$ zu übertragen. Anwendungsfaktor $K_A = 1{,}5$. Welche Kräfte greifen an den Rädern an?

Gegeben sind: $z_1 = 20$, $z_2 = 65$, $m_e = 6\,\text{mm}$, $\Sigma = 90°$, $\delta_1 = 17{,}1°$, $\delta_2 = 72{,}9°$, $\alpha = 20°$, $b = 50\,\text{mm}$, $d_{m1} = 105\,\text{mm}$, $d_{m2} = 342\,\text{mm}$.

Lösung:

Nach Formel 21.3:

$$v_m = d_{m1} \cdot \pi \cdot n_1 = 0{,}105\,\text{m} \cdot \pi \cdot 5\,\text{s}^{-1} = 1{,}65\,\text{m/s}$$

Nach Formel 23.1:

$$P_b = P_{Nb} \cdot K_A = 2{,}8\,\text{kW} \cdot 1{,}5 = 4{,}2\,\text{kW}$$

Somit ergeben sich mit Formel 23.5 bis Formel 23.10:

$$F_{t1} = \frac{P_b}{v_m} = \frac{4200\,\text{W}}{1{,}65\,\text{m/s}} = 2545\,\text{N} = F_{t2}$$

$$F_{a1} = F_{t1} \cdot \tan\alpha \cdot \sin\delta_1 = 2545\,\text{N} \cdot \tan 20° \cdot \sin 17{,}1° = 272\,\text{N}$$

$$F_{r1} = F_{t1} \cdot \tan\alpha \cdot \cos\delta_1 = 2545\,\text{N} \cdot \tan 20° \cdot \cos 17{,}1° = 885\,\text{N}$$

$$F_{a2} = F_{t2} \cdot \tan\alpha \cdot \sin\delta_2 = 2545\,\text{N} \cdot \tan 20° \cdot \sin 72{,}9° = 885\,\text{N}$$

$$F_{r2} = F_{t2} \cdot \tan\alpha \cdot \cos\delta_2 = 2545\,\text{N} \cdot \tan 20° \cdot \cos 72{,}9° = 272\,\text{N}$$

Wie ersichtlich, sind bei $\Sigma = 90°$ die Kräfte $F_{a2} = F_{r1}$ und $F_{r2} = F_{a1}$. Bei $\Sigma \neq 90°$ sind sie unterschiedlich.

Bild 23.4 zeigt die Kraftverhältnisse an einem schrägverzahnten Kegelradpaar. Im Normalschnitt lassen sich die Zahnkräfte F_{N1} und F_{N2} in die Komponenten F_{n1} und F_{q1} bzw. F_{n2} und F_{q2} zerlegen. In der Draufsicht zerlegen sich F_{n1} und F_{n2} in die Tangential- und Längskräfte F_{t1} und F_{l1} bzw. F_{t2} und F_{l2}. Die Querkraft F_{q1} und die Längskraft F_{l1} werden zur Resultierenden F_{b1}, die Kräfte F_{q2} und F_{l2} zur Resultierenden F_{b2} zusammengesetzt und anschließend in Radial- und Axialkräfte F_{r1} und F_{a1} bzw. F_{r2} und F_{a2} zerlegt.

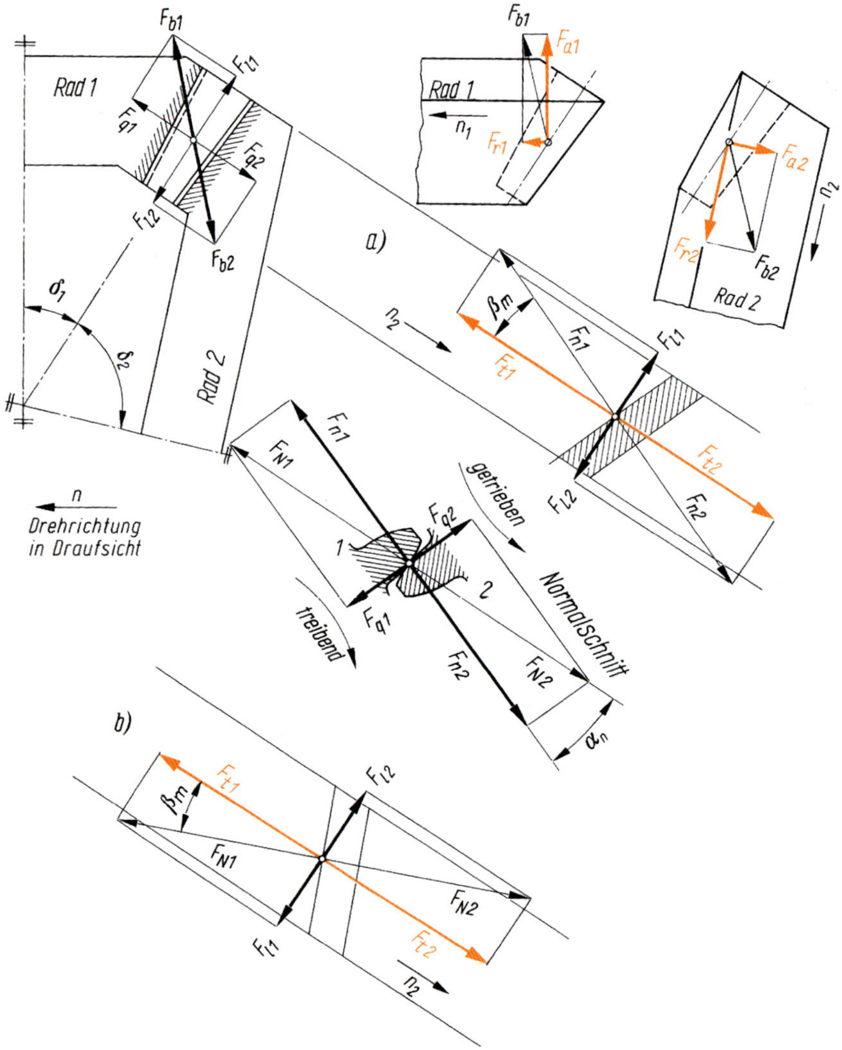

Bild 23.4 Kräfte am schrägverzahnten Kegelradpaar
a) Rad 1 linkssteigend, Rad 2 rechtssteigend, b) Rad 1 rechtssteigend, Rad 2 linkssteigend

Auf das **treibende Rad 1** eines schrägverzahnten Kegelradpaares wirken somit folgende Kräfte:

Tangentialkraft $$F_{t1} = \frac{P_b}{v_m} \qquad (23.11)$$

Axialkraft $$F_{a1} = F_{t1}\left(\tan\alpha_n \frac{\sin\delta_1}{\cos\beta_m} \pm \tan\beta_m \cdot \cos\delta_1\right) \qquad (23.12)$$

Radialkraft $$F_{r1} = F_{t1}\left(\tan\alpha_n \frac{\cos\delta_1}{\cos\beta_m} \mp \tan\beta_m \cdot \sin\delta_1\right) \qquad (23.13)$$

Auf das **getriebene Rad 2** wirken folgende Kräfte:

Tangentialkraft $F_{t2} = F_{t1}$ (23.14)

Axialkraft $$F_{a2} = F_{t2}\left(\tan\alpha_n \frac{\sin\delta_2}{\cos\beta_m} \mp \tan\beta_m \cdot \cos\delta_2\right) \quad (23.15)$$

Radialkraft $$F_{r2} = F_{t2}\left(\tan\alpha_n \frac{\cos\delta_2}{\cos\beta_m} \pm \tan\beta_m \cdot \sin\delta_2\right) \quad (23.16)$$

P_b	in W	Leistungsspitze nach Formel 23.1,
v_m	in m/s	Umfangsgeschwindigkeit der mittleren Teilkreise $= d_m \cdot \pi \cdot n$,
α_n	in °	Normaleingriffswinkel = 20° im Regelfall,
δ_1, δ_2	in °	Teilkegelwinkel der Räder nach Formel 22.39 bis Formel 22.41,
β_m	in °	mittlerer Schrägungswinkel der Verzahnung.

Die vorstehenden Gleichungen gelten nur für die in Bild 23.4 angegebenen Drehrichtungen. Die oberen Plus- oder Minuszeichen gelten für linkssteigendes Rad 1 (Bild 23.4a), die unteren für rechtssteigendes Rad (Bild 23.4b). Bei Drehrichtungsänderung kehren sich die Zahnkräfte F_{N1} und F_{N2} sowie F_{n1} und F_{n2} um und wirken spiegelbildlich. Die angreifenden Kräfte sind dann sinngemäß zu errechnen.

Auch für bogenverzahnte Kegelräder können die vorangegangenen Gleichungen benutzt werden. In diesem Falle ist β_m der mittlere Spiralwinkel.

Beispiel 23.3

Für das schrägverzahnte Kegelradpaar nach Beispiel 22.13 in der Ausführung nach Bild 23.4a sind die an den Rädern wirkenden Kräfte und Drehmomente zu errechnen. Bei $n_1 = 950\,\text{min}^{-1} = 15{,}83\,\text{s}^{-1}$ ist eine Leistungsspitze $P_b = 7\,\text{kW}$ zu übertragen.

Gegeben sind:

$z_1 = 17$, $z_2 = 86$, $\alpha_n = 20°$, $\beta_m = 22°$, $d_{m1} = 55\,\text{mm}$, $b = 30\,\text{mm}$, $\delta_1 = 109{,}2°$, $\Sigma = 120°$.

Lösung:

Mit $v_m = d_{m1} \cdot \pi \cdot n_1 = 0{,}055\,\text{m} \cdot \pi \cdot 15{,}83\,\text{s}^{-1} = 2{,}74\,\text{m/s}$ ergeben sich nach Formel 23.11 bis Formel 23.16:

$$F_{t1} = \frac{P_b}{v_m} = \frac{7000\,\text{W}}{2{,}74\,\text{m/s}} = 2555\,\text{N}$$

$$F_{a1} = F_{t1}\left(\tan\alpha_n \frac{\sin\delta_1}{\cos\beta_m} + \tan\beta_m \cdot \cos\delta_1\right) = 2555\,\text{N}\left(\tan 20° \frac{\sin 10{,}8°}{\cos 22°} + \tan 22° \cdot \cos 10{,}8°\right) \approx 1200\,\text{N}$$

$$F_{r1} = F_{t1}\left(\tan\alpha_n \frac{\cos\delta_1}{\cos\beta_m} - \tan\beta_m \cdot \sin\delta_1\right) = 2555\,\text{N}\left(\tan 20° \frac{\cos 10{,}8°}{\cos 22° - \tan 22° \cdot \cos 10{,}8°}\right) \approx 792\,\text{N}$$

$$F_{t2} = F_{t1} = 2555\,\text{N}$$

$$F_{a2} = F_{t2}\left(\tan\alpha_n \frac{\sin\delta_2}{\cos\beta_m} - \tan\beta_m \cdot \cos\delta_2\right) = 2555\,\text{N}\left(\tan 20° \frac{\sin 109{,}2°}{\cos 22°} - \tan 22° \cdot \cos 109{,}2°\right) \approx 1287\,\text{N}$$

$$F_{r2} = F_{t2}\left(\tan\alpha_n \frac{\cos\delta_2}{\cos\beta_m} + \tan\beta_m \cdot \cos\delta_2\right) = 2555\,\text{N}\left(\tan 20° \frac{\cos 109{,}2°}{\cos 22°} + \tan 22° \cdot \cos 109{,}2°\right) \approx 645\,\text{N}$$

Drehmomente:

$T_1 = F_{t1} \cdot r_{m1} = 2555\,\text{N} \cdot 0{,}0275\,\text{m} = 70{,}3\,\text{Nm}$, $T_2 = F_{t2} \cdot r_{m2} = 2555\,\text{N} \cdot 0{,}139\,\text{m} = 355\,\text{Nm}$

23.3 Reibung, Wirkungsgrad, Übersetzung

Die im Eingriff befindlichen Zähne drücken mit einer Kraft F_N aufeinander (F_{N1} auf das Rad 1, F_{N2} auf das Rad 2; siehe Abschnitt 23.1). Da die Flanken nicht nur abrollen, sondern auch gleiten, muss nach Bild 23.5 noch eine Reibkraft $F_N \cdot \mu$ überwunden werden. Diese Reibkraft wird mit der Gleitgeschwindigkeit v_g bewegt (siehe Abschnitt 21.4). Somit entsteht eine Reibleistung $P_f = F_N \cdot \mu \cdot v_g$, die sich in Wärme umsetzt. Zwingt das getriebene Rad b dem treibenden a eine Leistung P_b auf, so muss das Rad a eine um die Reibleistung P_f größere Leistung $P_a = P_b + P_f$ aufbringen. Außerdem muss die Reibung in den Lagern der Welle überwunden werden. Das Verhältnis der Abtriebsleistung P_b zur Antriebsleistung P_a ist der

Wirkungsgrad $\eta = P_b \,/\, P_a \leq 1$

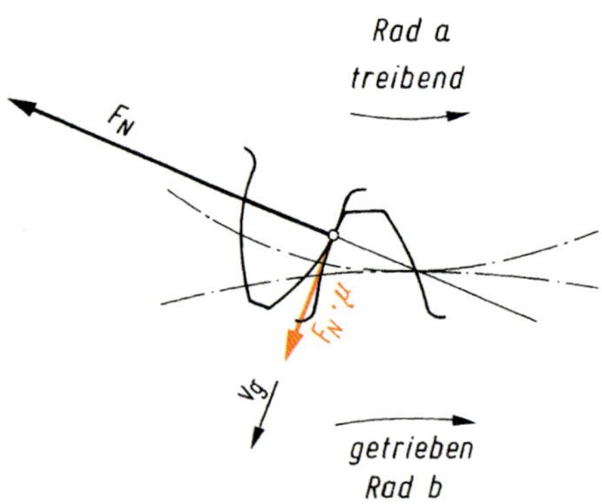

Bild 23.5
Reibkraft an den Flanken

Während des Zahneingriffs schwankt der Wirkungsgrad. Deshalb wird mit einem Mittelwert gerechnet. Erfahrungsgemäß beträgt er einschließlich Lagerreibung für ein Radpaar:

23

bei rohen, gegossenen Zähnen	$\eta \approx 0{,}9 \ldots 0{,}92$
bei geschlichteten und geschmierten Flanken	$\approx 0{,}94$
bei fein bearbeiteten Flanken unter Flüssigkeitsreibung	$\approx 0{,}96$
bei Paarung Stahlrad/Kunststoffrad	trocken $\approx 0{,}83$ geschmiert $\approx 0{,}88$
bei Paarung Kunststoffrad/Kunststoffrad	trocken $\approx 0{,}8$ geschmiert $\approx 0{,}85$

Mit einem Radpaar wird bei großen Übersetzungen das Großrad sehr groß. Dann ist eine **Aufteilung der Übersetzung in mehrere Stufen** angebracht. Bild 23.6 zeigt einen dreistufigen Getriebezug mit Stirn- und Kegelrädern. Das Kegelrad 6 ist das Abtriebsrad b, das Stirnrad 1 das Antriebsrad a. Da in jeder Stufe Reibverluste auftreten, ist der Gesamtwirkungsgrad entsprechend kleiner als der einer einzelnen Stufe, nämlich gleich dem Produkt der Einzelwirkungsgrade:

Gesamtwirkungsgrad $\eta_{ges} = \eta_{I} \cdot \eta_{II} \cdot \eta_{III} \cdots$ (23.17)

Damit ist erforderlich eine

Antriebsleistung $P_a = P_b \,/\, \eta_{ges}$ (23.18)

wenn P_b die Antriebsleistung des Getriebes bedeutet. In Bild 23.6 ist der Leistungsfluss eingezeichnet. In diesem sind $P_a = P_1$ und $P_b = P_6$.

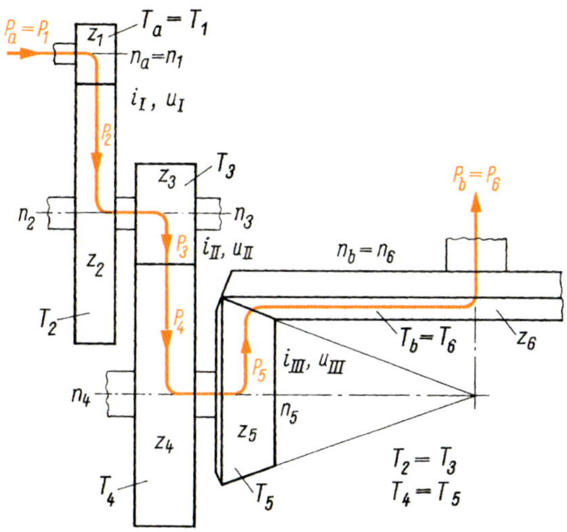

Bild 23.6 Schema eines dreistufigen Getriebezugs mit Stirn- und Kegelrädern

Die Gesamtübersetzung eines mehrstufigen Getriebezugs ist gleich dem Produkt der Einzelübersetzungen

Gesamtübersetzung $i_{ges} = i_{I} \cdot i_{II} \cdot i_{III} \cdots$ (23.19)

mit $i_I = n_1 \,/\, n_2$ und $i_{II} = n_3 \,/\, n_4$ und $i_{III} = n_5 \,/\, n_6$, wobei $n_3 = n_2$ und $n_5 = n_4$ sind.

Bei **Übersetzungen ins Langsame** ist auch die

Gesamtübersetzung $|i_{ges}| = u_{I} \cdot u_{II} \cdot u_{III} \cdots$ (23.20)

mit u als Zähnezahlverhältnisse nach Formel 21.2.

Die Gesamtübersetzung i_{ges} kann bei Übersetzungen ins Langsame wie folgt aufgeteilt werden:

$\lvert i_{ges}\rvert$	≈	10	20	30	40	50	70	100	200
u_I	≈	3,5	4,8	6,5	4,1	4,5	5,5	6,9	9,5
u_{II}	≈	2,9	4,2	4,6	3,3	3,5	3,9	4,5	5,5
u_{III}	≈	–	–	–	2,9	3,2	3,2	3,2	3,8

Es sind möglichst keine ganzzahligen Einzelübersetzungen zu wählen, damit nicht periodisch die gleichen Zahnpaare zum Eingriff kommen. Dadurch wird der Verschleiß gleichmäßiger auf alle Zahnflanken verteilt. Bei der Festlegung der Einzelübersetzungen ist man allerdings an die möglichen Zähnezahlverhältnisse gebunden.

Es haben sich etwa folgende Einzelübersetzungen bewährt:

in Getrieben des allgemeinen Maschinenbaus	$\lvert i \rvert = 3 \ldots 7$
in Hebemaschinen	$\lvert i \rvert = 7 \ldots 10$
in Umformern (Turbinengetrieben, Getrieben in Turbolokomotiven und Dieselmotorenantrieben und dergleichen)	$\lvert i \rvert = 15 \ldots 30$

Sind die Antriebsleistung P_a oder das Abtriebsdrehmoment (Lastdrehmoment) T_b bekannt, so beträgt das

Antriebsdrehmoment $$T_a = \frac{P_a}{\omega_a} = \frac{T_b}{\lvert i_{ges} \rvert \cdot \eta_{ges}} \tag{23.21}$$

mit ω_a als Winkelgeschwindigkeit des Antriebsrads. Die Drehmomente T der dazwischenliegenden Räder sind sinngemäß zu errechnen (siehe Beispiel 23.4).

Beispiel 23.4

Der in Bild 23.6 gezeigte dreistufige Getriebezug soll eine Gesamtübersetzung $\lvert i_{ges} \rvert \approx 120$ erhalten. Antriebsdrehzahl $n_a = n_1 = 2800\,\text{min}^{-1}$. Die Zahnflanken der ersten Stufe sollen wegen der hohen Umfangsgeschwindigkeit fein bearbeitet werden, alle anderen geschlichtet. Als Zähnezahlen sind vorgesehen: $z_1 = 20$, $z_3 = 17$ und $z_5 = 17$.

Wie groß sind die Zähnezahlverhältnisse der einzelnen Stufen auszuführen? Wie groß sind die Drehzahlen der einzelnen Räder, der Gesamtwirkungsgrad des Getriebes und die Drehmomente der einzelnen Räder, wenn der Einfachheit halber die Lagerreibung nicht gesondert in Ansatz gebracht wird und $T_b = T_6 = 10000\,\text{Nm}$ beträgt? Wie groß sind Abtriebsleistung P_b und Antriebsleistung P_a des Getriebes?

Lösung:

1. Aufteilung der Zähnezahlverhältnisse und Zähnezahlen

Nach der vorstehenden Richtlinie werden $u_I \approx 7{,}1$ und $u_{II} \approx 4{,}7$ angenommen. Dann wird

$$u_{III} = \frac{\lvert i_{ges} \rvert}{u_I \cdot u_{II}} = \frac{120}{7{,}1 \cdot 4{,}7} = 3{,}6$$

Somit wären zu wählen:

$$z_2 = z_1 \cdot u_I = 20 \cdot 7{,}1 = 142, \quad z_4 = z_3 \cdot u_{II} = 17 \cdot 4{,}7 \approx 80, \quad z_6 = z_5 \cdot u_{III} = 17 \cdot 3{,}6 \approx 61$$

Damit ergeben sich die genauen Zähnezahlverhältnisse zu $u_I = 7{,}1$, $u_{II} = 4{,}706$, $u_{III} = 3{,}588$ und die Gesamtübersetzung zu

$$\lvert i_{ges} \rvert = u_I \cdot u_{II} \cdot u_{III} = 7{,}1 \cdot 4{,}706 \cdot 3{,}588 = 119{,}88 \approx 120$$

23

2. Drehzahlen der Räder

Da die Zähnezahlverhältnisse u gleich den Beträgen der Einzelübersetzungen i sind, werden

$$n_2 = n_3 = \frac{n_1}{|i_\text{I}|} = \frac{2800\,\text{min}^{-1}}{7{,}1} = 394{,}4\,\text{min}^{-1}, \quad n_4 = n_5 = \frac{n_3}{|i_\text{II}|} = \frac{394{,}4\,\text{min}^{-1}}{4{,}706} = 83{,}8\,\text{min}^{-1}$$

$$n_6 = \frac{n_5}{|i_\text{III}|} = \frac{83{,}8\,\text{min}^{-1}}{3{,}588} = 23{,}36\,\text{min}^{-1}$$

3. Gesamtwirkungsgrad

Entsprechend den Angaben für η werden angenommen:

$$\eta_\text{I} = 0{,}96, \; \eta_\text{II} = 0{,}94, \; \eta_\text{III} = 0{,}94$$

Damit wird nach Formel 23.17:

$$\eta_\text{ges} = \eta_\text{I} \cdot \eta_\text{II} \cdot \eta_\text{III} = 0{,}96 \cdot 0{,}94 \cdot 0{,}94 = 0{,}85$$

4. Drehmomente der Räder

Sinngemäß zu Formel 23.21 werden:

$$T_5 = \frac{T_\text{b}}{|i_\text{III}| \cdot \eta_\text{III}} = \frac{10000\,\text{Nm}}{3{,}588 \cdot 0{,}94} = 2965\,\text{Nm}, \; T_4 = T_5 = 2965\,\text{Nm}$$

$$T_3 = \frac{T_4}{|i_\text{II}| \cdot \eta_\text{II}} = \frac{2965\,\text{Nm}}{4{,}706 \cdot 0{,}94} = 670\,\text{Nm}, \; T_2 = T_3 = 670\,\text{Nm}$$

$$T_\text{a} = T_1 = \frac{T_2}{|i_\text{I}| \cdot \eta_\text{I}} = \frac{670\,\text{Nm}}{7{,}1 \cdot 0{,}96} = 98\,\text{Nm} \;\text{ oder }\; T_\text{a} = \frac{T_\text{b}}{|i_\text{ges}| \cdot \eta_\text{ges}} = \frac{10000\,\text{Nm}}{119{,}88 \cdot 0{,}85} = 98\,\text{Nm}$$

5. Antriebsleistung und Abtriebsleistung

Mit $\omega_\text{a} = 2\pi \cdot n_\text{a} = 2800 / 62\text{s} = 293{,}2\,\text{rad/s}$ und $\omega_\text{b} = 2\pi \cdot n_\text{b} = 2\pi \cdot 23{,}36 / 60\text{s} = 2{,}45\,\text{rad/s}$ werden nach Formel 23.21:

$$P_\text{a} = T_\text{a} \cdot \omega_\text{a} = 98\,\text{Nm} \cdot 293{,}2\,\text{s}^{-1} = 28734\,\text{W}$$

$$P_\text{b} = T_\text{b} \cdot \omega_\text{b} = 10000\,\text{Nm} \cdot 2{,}45\,\text{s}^{-1} = 24500\,\text{W}$$

Die Differenz von ≈ 4,2 kW ist nicht gleich der Reibleistung. In Wärme wird die Nennreibleistung $P_\text{f} = (P_\text{a} - P_\text{b}) / \text{k}_\text{A}$ umgesetzt, d. h. die durchschnittliche Reibleistung.

23

23.4 Gestaltung der Räder aus Stahl und aus Gusseisen

Bei der Wahl der Zahnradwerkstoffe sind die Lebensdauer, Drehzahl und Leistung des Getriebes ausschlaggebend. Weiterhin spielen das Gewicht und der verfügbare Einbauraum eine Rolle. Für Umfangsgeschwindigkeiten bis $v = 1\,\mathrm{m/s}$, in Sonderfällen bis 2 m/s, eignen sich Grauguss- und Stahlgussräder mit unbearbeitet bleibenden Zähnen. Im Landmaschinenbau werden Tempergussräder wegen ihrer Zähigkeit und Widerstandsfähigkeit gegen harte Stöße bevorzugt. Die Gusshaut ist außerordentlich verschleißfest, und Gussräder eignen sich vorzüglich für Getriebe unter Staub-, Sand-, Feuchtigkeits- und Witterungseinflüssen, z. B. in Handwinden, Hebemaschinen, Landmaschinen, Baumaschinen und dergleichen. Derartige Räder können nicht sehr genau hergestellt werden, sodass größere Rundlauf-, Teilungs-, Wälz- und Flankenformabweichungen in Kauf genommen werden müssen. Bei höheren Umfangsgeschwindigkeiten würden diese Abweichungen allerdings zu unerträglichen Geräuschen und schnellem Bruch führen. An schnelllaufende Getriebe werden höhere Anforderungen gestellt:

- hohe Verschleißfestigkeit (lange Lebensdauer)
- geräuscharmer und gleichmäßiger Lauf
- hohe Dauerbiegefestigkeit der Zähne

Für sie kommen nur Räder mit bearbeiteten und ggf. gepressten Zähnen in Betracht. Der Verschleißfestigkeit nach lässt sich etwa folgende Werkstofffolge angeben:

1. Gusseisen mit Lamellengraphit (Grauguss)
2. Gusseisen mit Kugelgraphit (Sphäroguss)
3. Temperguss
4. Stahlguss
5. Baustahl
6. Vergütungsstahl
7. Einsatzstahl

Die **Ritzel** werden meistens aus einem festeren Werkstoff als ihre Gegenräder vorgesehen, da sie wegen der höheren Drehzahl (des öfteren Zahneingriffs) mehr beansprucht werden, und zwar ist eine um $\approx 50\,\mathrm{N/mm^2}$ höhere Schwellfestigkeit üblich.

23

Eine besonders hohe Verschleißfestigkeit erhalten die Zahnflanken von Stahlrädern durch eine Oberflächenvergütung oder -härtung. Zur elastischen Stoßaufnahme muss der Zahnkern zäh bleiben. Besonders geräuscharm und gleichmäßig laufen derartige Räder, wenn ihre Zahnflanken nach der Wärmebehandlung fein- oder feinstbearbeitet werden (geschliffen, geläppt, poliert). Ungehärtete Räder werden zuweilen maschinell nachgeschabt. Schnelllaufende Getriebe erfordern eine gute Schmierung, da ohne diese auch vergütete oder gehärtete Flanken schnell verschleißen.

Wenn ein Ritzel im Verhältnis zur Welle einen kleinen Teilkreisdurchmesser besitzt, so werden beide aus einem Stück hergestellt (Bild 23.7a und b), oder es wird vor dem Verzahnen ein Kranz auf die Welle geschweißt (Bild 23.7c), ggf. gepresst, um die Zerspanungsarbeit gering zu halten. Größere Ritzel werden mit einer Passfeder auf der Welle befestigt (Bild 23.7d), bei hohen Drehmomenten mit Keilwellen- oder Polygonprofil (siehe Abschnitt 12.3 und 12.5). Wegen der Kerbwirkungen durch die Nut soll der Abstand vom Kopfkreis bis zum Nutgrund mindestens $4 \cdot m$ betragen (m = Modul). Es ist üblich, die Zahnstirnen wie nach Bild 23.7 leicht anzufasen, um beim Eingriff eine Gratbildung zu vermeiden, oder eines der beiden Räder etwas breiter zu machen.

Zur Verringerung der umlaufenden Massen werden aus dem Vollen gefertigte **größere Stahlräder** mitunter ausgedreht (Bild 23.8a und b) oder mehrmals durchbohrt (Bild 23.8c). Gussräder werden mit einem Scheibensteg versehen (Bild 23.8d). Schieberäder erhalten zur drehfesten Mitnahme am besten ein Keilnabenprofil (siehe Abschnitt 12.3).

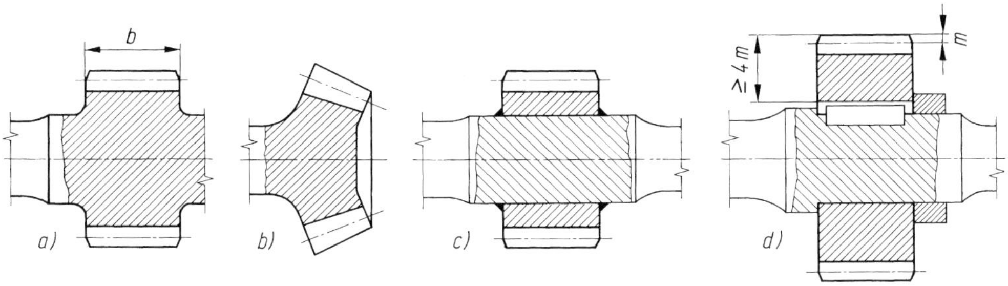

Bild 23.7 Ausführung von Ritzeln
a) und b) Ritzel und Welle aus einem Stück, c) auf die Welle geschweißter Zahnkranz, d) auf die Welle gesetztes und mit Passfeder befestigtes Ritzel

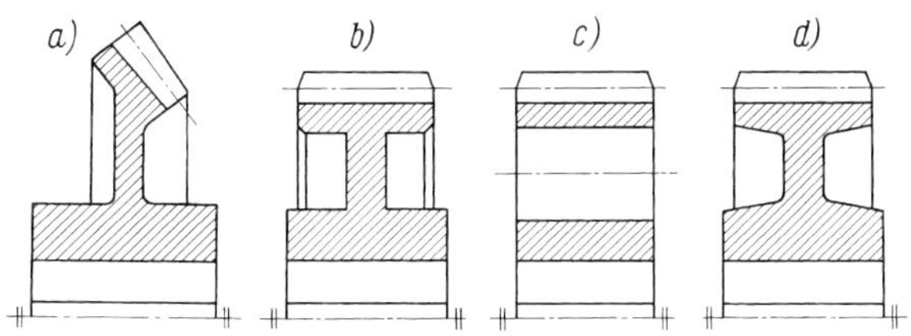

Bild 23.8 Ausführung von Stirn- und Kegelrädern
a) und b) aus dem Vollen gedreht mit Scheibensteg, c) aus dem Vollen gedreht mit Durchbohrungen, d) Gussrad mit Scheibensteg

Große Räder werden fast immer gegossen. Zahnkranz und Nabe werden mit Armen verbunden (Bild 23.9). Der I-Armquerschnitt wird bei besonders großen Rädern bevorzugt. Erfahrungsgemäß werden $Z = 4 \ldots 8$ Arme vorgesehen, und zwar

$$\text{Armzahl} \quad Z \approx \sqrt{f \cdot d} \tag{23.22}$$

f		$= 0{,}021\,\text{mm}^{-1}$ bei ungeteilten Rädern,
		$= 0{,}0156\,\text{mm}^{-1}$ bei geteilten Rädern,
d	in mm	Teilkreisdurchmesser des Rades.

Übliche Abmessungen gemäß Bild 23.9 sind dann:

Höhe der Hauptrippen	$H \approx 8 \ldots 10m$,	*Kranzdicke*	$K \approx 4m$,
Höhe der Nebenrippen	$h \approx 6 \ldots 8m$,	*Teilnabenlänge*	$l \approx 0{,}5d_B$,
Dicke der Hauptrippen	$S \approx 1{,}5 \ldots 2m$,	*Nabenlänge*	$L \approx b + 0{,}025d \geq 1{,}2d_B$,
Dicke der Nebenrippen	$s \approx 0{,}7S$,	*Nabenwanddicke*	$w \approx 0{,}4d_B + 10\,\text{mm}$ bei Grauguss
			$\approx 0{,}3d_B + 10\,\text{mm}$ bei Stahlguss

Hierin sind m der Modul und d_B der Bohrungsdurchmesser.

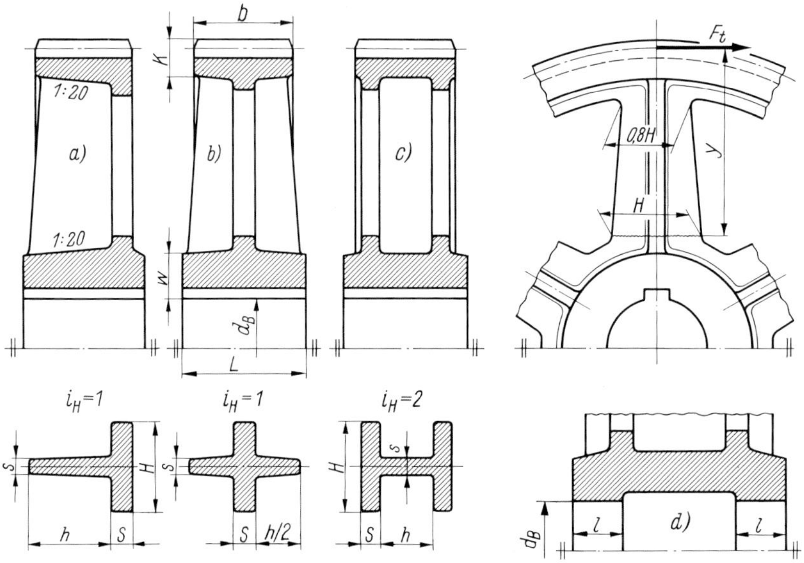

Bild 23.9 Große Gussräder

Die Höhe der **Hauptrippen** liegen in Umfangsrichtung und setzen der biegenden Umfangskraft F_t ein hohes Widerstandsmoment entgegen. Die **Nebenrippen** dienen nur zur Versteifung der Hauptrippen und tragen kaum zur Aufnahme der Umfangskraft bei.

Die **Bohrung langer Naben** wird in der Mitte erweitert (Bild 23.9d), sodass sie nur mit den Enden der Länge l auf der Welle sitzen. Das erleichtert und verbilligt die Fertigung.

Durch die am Teilkreis wirkende Tangentialkraft F_t nach Formel 23.2 werden die Arme auf Biegung beansprucht. Da sich diese Umfangskraft F_t nicht gleichmäßig auf alle Arme verteilt, werden erfahrungsgemäß nur ¼ der Arme als tragend gerechnet, und von diesen dann wiederum nur die Hauptrippen, da die Nebenrippen mit ihrem kleinen Widerstandsmoment unbedeutend sind.

Im gefährdeten Armquerschnitt beträgt die

Biegespannung $$\sigma_b = \frac{4F_t \cdot y}{Z \cdot W_b} \qquad (23.23)$$

23

σ_b	in N/mm²	Biegespannung im Armquerschnitt,
F_t	in N	Umfangskraft am Teilkreis entsprechend Formel 23.2,
y	in mm	Abstand der Umfangskraft vom gefährdeten Armquerschnitt,
Z		Anzahl der Arme nach Formel 23.23,
W_b	in mm³	Widerstandsmoment des Armquerschnitts $\approx i_H \cdot S \cdot H^2 / 6$, wenn i_H die Anzahl der Hauptrippen in einem Armquerschnitt ist.

Als zulässige Biegespannung kann $\sigma_{b\,zul} \approx 0{,}6 R_e$ angenommen werden (R_e = Streckgrenze bzw. 0,2 %-Dehngrenze des Radwerkstoffs, siehe Tabelle 2.5).

In der Einzelfertigung oder um leicht zu bauen, verwendet man auch **Schweißteile**. Auf die Nabe aus Rundstahl wird dann eine Scheibe geschweißt, die einen aus Flachstahl gebogenen Kranz aufnimmt. Eingeschweißte Rippen versteifen die Konstruktion (Bild 23.10). Gerade Rippen ersparen Verschnitt. Da Baustahl fester als Grauguss ist, werden die Räder wesentlich leichter. Folgende Richtlinien für die Abmessungen sind üblich:

Scheibendicke	$S \approx 0{,}8 \ldots 1m,$	*Nabenlänge*	$L \approx d_B,$
Rippendicke	$s \approx 0{,}7S,$	*Nabenwanddicke*	$w \approx 0{,}2d_B + 8\,\text{mm},$
		Kranzdicke	$K \approx 3 \ldots 3{,}5m.$

Aus Montage- und Transportgründen werden **sehr große Räder** (etwa ab $d = 2000\,\text{mm}$) meistens geteilt. Die Teilfuge wird mitten durch zwei Arme und durch zwei Zahnlücken gelegt. Die beiden Radhälften werden dann jeweils mit ihren Halbarmen verschraubt (siehe hierzu Bild 23.8).

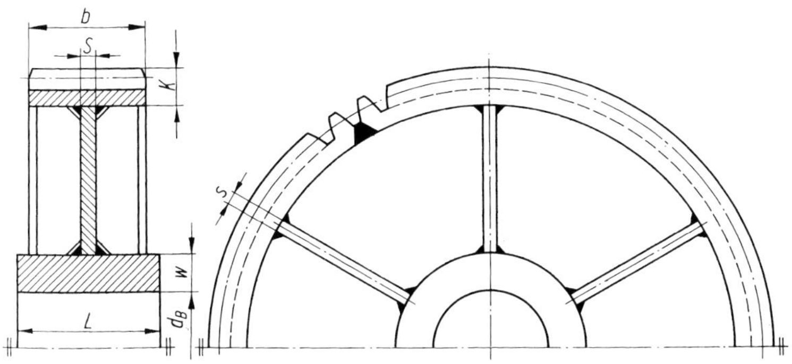

Bild 23.10 Geschweißtes Stirnrad

Da die **großen Räder in Hochleistungsgetrieben** einen Zahnkranz aus hochwertigem Werkstoff erhalten müssen, werden geschmiedete Stahlringe auf gusseiserne Felgen geschrumpft (Bild 23.11). Die Felge muss etwa zwischen jedem zweiten Arm radiale Einschnitte erhalten, damit sich Gussspannungen ausgleichen können. Erfahrungsgemäß werden ausgeführt:

Zahnkranzdicke	$K \approx 0{,}8 \ldots 1{,}4(d\,/\,80 + 10\,\text{mm}) + 2{,}5m$
Felgenkranzdicke	$k \approx 0{,}8 \ldots 1{,}4(d\,/\,80 + 18\,\text{mm})$

mit d als Teilkreisdurchmesser. Kleine Werte bei schmalen ($b \leq 15m$), große bei breiten Rädern. Bei **Kegelrädern** werden die hochwertigen Kränze auch angeschraubt (Bild 23.12).

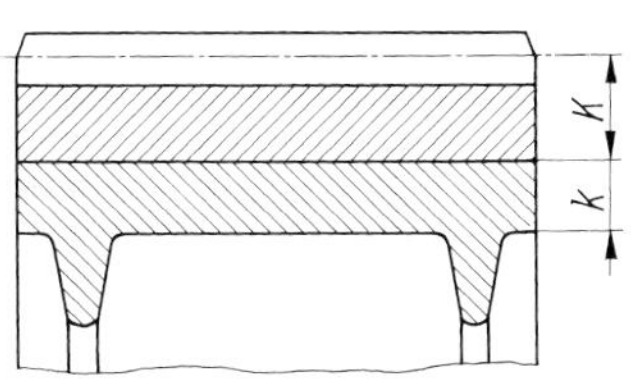

Bild 23.11 Aufgepresster Zahnkranz eines Stirnrads

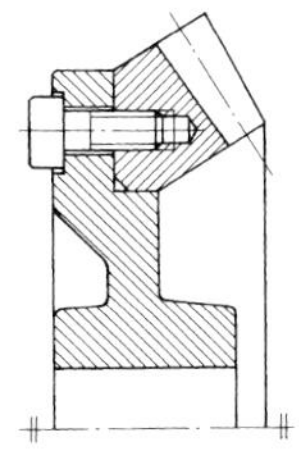

Bild 23.12 Aufgeschraubter Zahnkranz eines Kegelrads

Es hat keinen Sinn, die Zähne unnötig breit zu machen, um große Kräfte übertragen zu können, weil sie dann infolge von Verzahnungs- und Achslagenabweichungen nicht auf ihrer ganzen Breite tragen würden. Wenn z. B. die Radachsen etwas unparallel stehen, trägt sogar nur eine Zahnkante. Richtwerte für die **Zahnbreiten** sind in Tabelle 23.2 angegeben.

23

Die Räder von Hochleistungsgetrieben werden gegenüber den allgemeinen Getrieben zweckmäßig mit größeren Zähnezahlen und verhältnismäßig kleinen Moduln ausgeführt. Sie laufen dann ruhig und gleichmäßig und haben einen hohen Überdeckungsgrad. Aus diesem Grunde wird auch die Zähnezahl der Ritzel mit zunehmender Präzision größer gewählt (siehe Tabelle 23.2). **Schrägverzahnung wendet man etwa ab $v_w = 12$ m/s an.**

Zur Darstellung von Zahnrädern und Zahnradpaaren siehe DIN ISO 2203; zu Angaben für Verzahnungen in Zeichnungen siehe DIN 3966.

In die Zeichnungen sind folgende **Maße** einzutragen: Kopfkreisdurchmesser d_a, Teilkreisdurchmesser d, Fußkreisdurchmesser d_f (nur, wenn das Bezugsprofil von DIN 867 abweicht), Zahnbreite b, Oberflächenzeichen bei Bedarf (für die Flanken an der Teilzylinder- bzw. Teilkegel-Mantellinie), zulässige Rundlauf- und Planlauf-abweichungen des Radkörpers (nicht der Verzahnung) sowie Parallelität der Stirnflächen des Radkörpers.

In eine **Tabelle** neben der Zeichnung sind einzutragen: Zähnezahl z, Normalmodul m_n, Bezugsprofil, Profilverschiebungsfaktor x, Kopfhöhenänderung $k \cdot m_n$ (siehe Abschnitt 22.6), Zahnhöhe $h = h_a + h_f$, Schrägungswinkel β, Flankenrichtung (rechts- oder linkssteigend), Verzahnungsqualität, Toleranzfeld (siehe hierzu Abschnitt 23.6), größte Drehzahl n des Rads, Fabrikationsnummer des Gegenrads, Zähnezahl z des Gegenrads, Achsabstand a im Gehäuse mit Abmaßen. Gegebenenfalls sind noch weitere Angaben für die Abnahmeprüfung der Verzahnung zu machen, wie z. B. zulässige Flankenrichtungsabweichungen, zulässige Wälzabweichung und dergleichen (siehe hierzu Abschnitt 23.6).

Beispiel 23.5

Ein Stirnrad von $d = 1200$ mm, $b = 180$ mm, $m = 12$ mm hat eine Tangentialkraft $F_t = 36$ kN am Teilkreis zu übertragen. Bohrungsdurchmesser $d_B = 200$ mm, Werkstoff: GS-38. Es sind die einzelnen Abmessungen für das ungeteilte Rad festzulegen, wenn die Arme mit I-Querschnitten (Anzahl der Hauptrippen $i_H = 2$) nach Bild 23.9c ausgeführt werden sollen.

Lösung:
Armzahl nach Formel 23.22:

$$Z \approx \sqrt{f \cdot d} = \sqrt{0{,}021 \cdot 1200} = 5$$

Nach den Angaben für übliche Abmessungen von Gussrädern werden mit den Mittelwerten:

$$H \approx 9m = 9 \cdot 12 \text{ mm} = 108 \text{ mm} \approx 110 \text{ mm}, \quad h \approx 7m = 7 \cdot 12 \text{ mm} = 84 \text{ mm}$$

$$S \approx 1{,}8m = 1{,}8 \cdot 12 \text{ mm} \approx 22 \text{ mm}, s \approx 0{,}7S = 0{,}7 \cdot 22 \text{ mm} \approx 15 \text{ mm}$$

$$l \approx 0{,}5d_B = 0{,}5 \cdot 200 \text{ mm} = 100 \text{ mm}$$

$$L \approx b + 0{,}025d = 180 \text{ mm} + 0{,}025 \cdot 1200 \text{ mm}$$
$$= 210 \text{ mm} < 1{,}2d_B = 1{,}2 \cdot 200 \text{ mm} = 240 \text{ mm}$$

Somit wird $L = 240$ mm gewählt.

$$w \approx 0{,}3d_B + 10 \text{ mm} = 0{,}3 \cdot 200 \text{ mm} + 10 \text{ mm} = 70 \text{ mm},$$

$$K \approx 4m = 4 \cdot 12 \text{ mm} = 48 \text{ mm} \approx 50 \text{ mm}$$

Der Abstand der Kraft F_t vom gefährdeten Armquerschnitt beträgt somit

$$y = 0{,}5(d - d_B - 2w) = 0{,}5(1200 - 200 - 2 \cdot 70)\,\text{mm} = 430\,\text{mm}$$

Widerstandsmoment des Armquerschnitts

$$W_b \approx i_H \cdot S \cdot H^2 / 6 = 2 \cdot 2{,}2\,\text{cm} \cdot 11^2\,\text{cm}^2 / 6 = 88{,}7\,\text{cm}^3$$

Nach Formel 23.23 beträgt die Biegespannung

$$\sigma_b = \frac{4F_t \cdot y}{Z \cdot W_b} = \frac{4 \cdot 36000\,\text{N} \cdot 43\text{cm}}{5 \cdot 88{,}7\,\text{cm}^3} \approx 13960\,\text{N/cm}^2 \approx 140\,\text{N/mm}^2$$

Da $\sigma_{b\,zul} \approx 0{,}6Re = 0{,}6 \cdot 200 = 1200\ \text{N/mm}^2$ ist (siehe Tabelle 2.5), muss der Armquerschnitt vergrößert werden, zweckmäßig die Rippenhöhe H. Hierzu dient die Proportion:

$$\frac{\sigma_b}{\sigma_{bzul}} = \frac{W_{berf}}{W_b} = \frac{H_{erf}^2}{H^2}, \text{ sodass } H_{erf} = H\sqrt{\frac{\sigma_b}{\sigma_{bzul}}} = 110\,\text{mm}\sqrt{\frac{140}{120}} \approx 119\,\text{mm wird.}$$

23.5 Gestaltung der Räder aus Kunststoffen

Zahnräder aus Kunststoffen werden besonders dort eingesetzt, wo es auf geräuscharmen Lauf ankommt, da Kunststoffe schwingungsdämpfend wirken. Außerdem sind die Kunststoffe gegen Wasser, Laugen, Säuren, viele Chemikalien und schroffe Temperaturschwankungen unempfindlich. Da sie eine wesentlich geringere Festigkeit als Stahl besitzen, erfordern sie erheblich größere Abmessungen als Stahlräder. Sie kommen vorwiegend in Haushalts- und Büromaschinen in Betracht, aber auch überall dort, wo sie wirtschaftliche Vorteile bieten, d. h. in der Großserienfertigung. Kunststoffräder sollen möglichst mit Metallrädern hoher Flankenglätte gepaart werden, falls nicht das Korrosionsverhalten ausschlaggebend ist. Auf die Schrägverzahnung kann in der Regel verzichtet werden, weil die Laufruhe durch den Kunststoff bewirkt wird. Vorwiegend werden verwendet:

1. **Thermoplastische Kunststoffe** wie Polyamide und Polyurethane, die sich durch eine hohe Elastizität und geringes Gewicht auszeichnen. Mit ihnen wird eine besonders hohe Geräuschdämpfung erzielt. Nachteilig ist ihre mitunter hohe Feuchtigkeitsaufnahme, durch die sie quellen. Es können auch zwei Kunststoffräder gepaart werden.
2. **Duroplastische Schichtstoffe**, und zwar

   Hartgewebe, die aus Baumwollgewebelagen bestehen und mit Phenolharz unter hohem Druck und hoher Temperatur gebunden sind. Sie haben eine höhere Festigkeit als die Thermoplaste.

   Schichtpressstoffe, die aus dünnen Vulkanfiber- oder Buchenholzlagen bestehen und mit Phenolharz gebunden sind. Sie haben die höchste Festigkeit, neigen aber wegen ihrer Feuchtigkeitsaufnahme zum Quellen.

Zahnräder aus Thermoplasten werden bei kleineren Stückzahlen (bis etwa 1000) aus Halbzeugen (Rundstäben bis 250 mm Durchmesser, Platten bis 60 mm Dicke und 300 mm Breite) spanend gefertigt, darüber hinaus vorgegossen und bearbeitet. Alle Übergänge sind gut zu runden. Zweckmäßig werden nach Bild 23.13 ausgeführt:

Vollräder	bei	$d < 3d_B$
Scheibenräder	bei	$d \geq 3d_B$
Zahnkranzdicke		$K \approx 4{,}2 \ldots 4{,}7m$
Nabenwanddicke		$w \approx 0{,}3 \ldots 0{,}4d_B$
Stegdicke		$S \approx 3m \leq w$
Nabenlänge		$L \geq d_B$

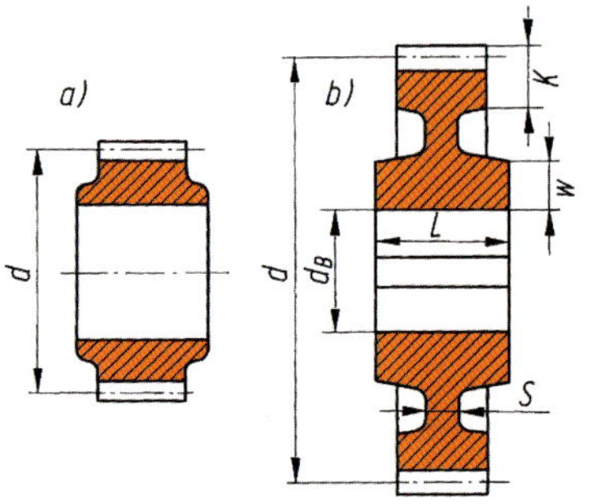

Bild 23.13
Zahnräder aus Thermoplasten
a) Vollrad, b) Scheibenrad

Bei größeren Stückzahlen (etwa über 1000) ist das Spritzgießen ein wirtschaftliches Verfahren. Eine Nachbearbeitung der Flanken ist dann nicht erforderlich. Kleinere Räder können auf Wellen geklebt oder unmittelbar aufgespritzt werden (Bild 23.14). Bild 23.15 zeigt hierzu ein dreistufiges Zahnrad, das durch eine Rändelung gehalten wird. Ein glockenförmig gestalteter Zahnkranz (Bild 23.16a) ist zu vermeiden, da in diesem Verzugsgefahr besteht. Besser ist die symmetrische Ausführung nach Bild 23.16b. Spritzgussteile können mit Wanddicken von etwa 0,5 … 15 mm hergestellt werden.

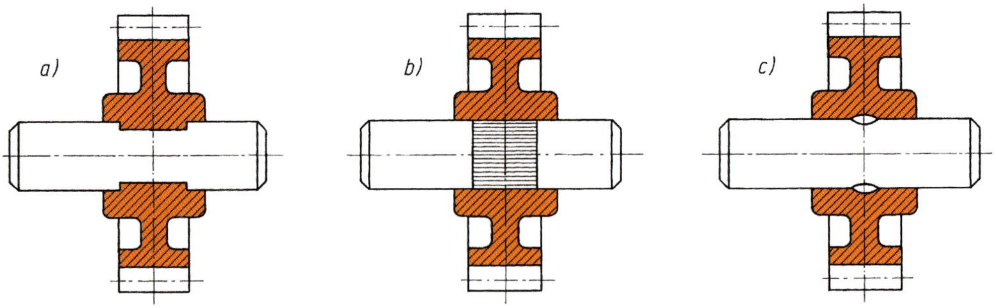

Bild 23.14 Auf Wellen aufgespritzte Polyamid-Zahnräder (aus VDI 2545)
a) mit angefrästen Flächen, b) mit Rändel, c) mit angestauchten Lappen

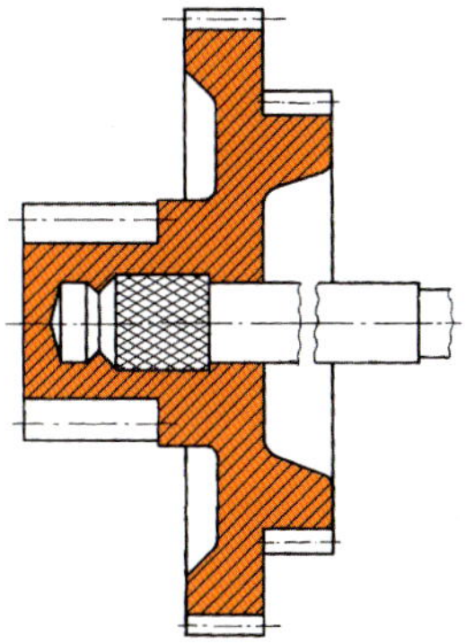

Bild 23.15 Auf eine Welle gespritztes dreistufiges Zahnrad aus Polyamid

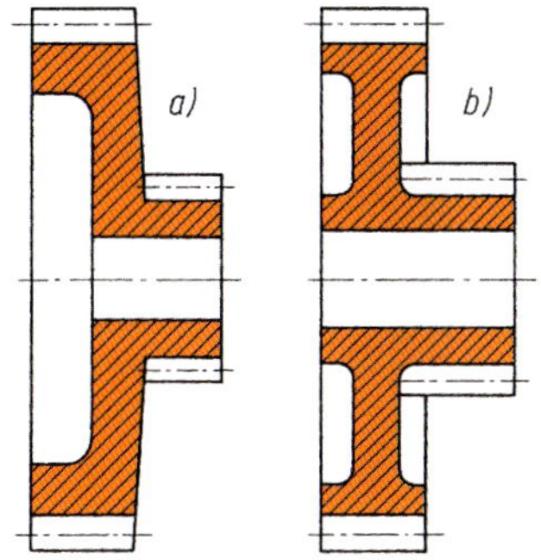

Bild 23.16 Spritzgegossener Radsatz mit zwei verschiedenen Verzahnungen (aus VDI 2545)
a) ungünstig, b) günstig

Bei großen Zahnrädern ist es zweckmäßig, nur den Zahnkranz aus Kunststoff herzustellen. Steg und Nabe sind aus Metall (Bild 23.17a). Werden Kunststoffkranz und Metallsteg miteinander verschraubt (Bild 23.17b), so dürfen die Stahlschrauben nur bis zu 30% ihres zulässigen Anziehmoments angezogen werden, damit sie bei Temperaturerhöhung infolge Wärmedehnung nicht abgerissen werden. Außerdem müssen sie gegen Lösen gesichert sein.

Durch Verwendung einer Nabe aus Metall (Bild 23.18) lässt sich die Kraftübertragung verbessern. Rippen können die Steifigkeit des Radkörpers erhöhen, bilden aber wegen der örtlichen Werkstoffanhäufung eine Verzugsgefahr.

Bei **Kegelrädern** wie nach Bild 23.19a muss die geringe Steifigkeit des Kunststoffs berücksichtigt werden, damit unzulässig hohe Verformungen bei Beginn des ungleichförmig verlaufenden Eingriffs vermieden werden. Bei Tellerrädern wie nach Bild 23.19b können die Zähne am Außenrand abgestützt werden.

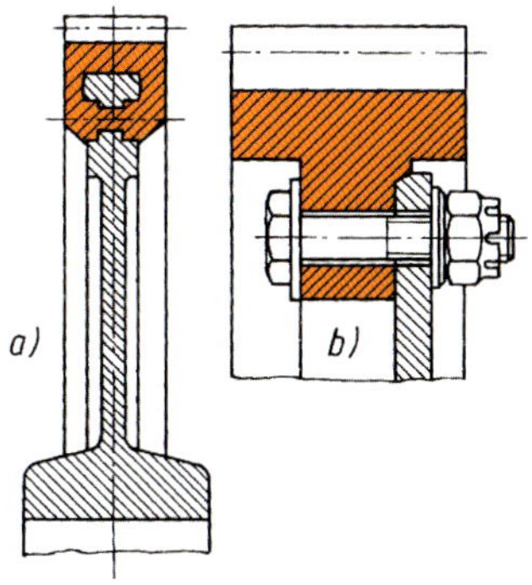

Bild 23.17 Kunststoffzahnräder mit metallischen Radkörpern (aus VDI 2545)
a) Zahnkreuz angespritzt, b) Zahnkranz angeschraubt

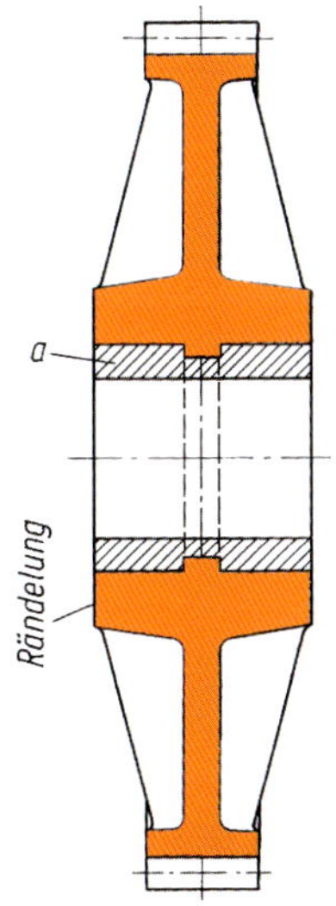

Bild 23.18 Polyamid-Zahnrad mit Metall-Nabenbuchse (aus VDI 2545)

23

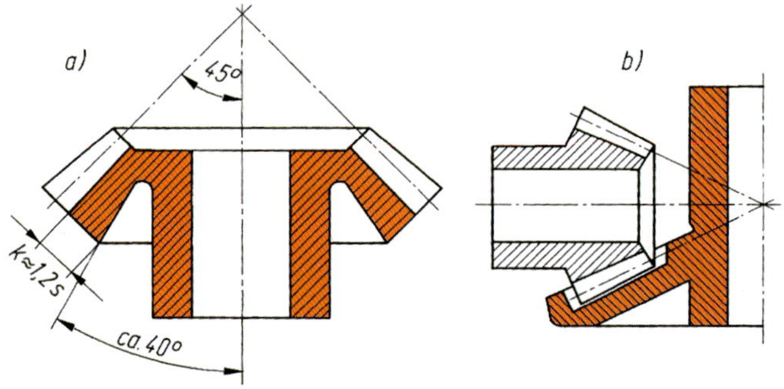

Bild 23.19 Gestalten von Kunststoff-Kegelrädern (aus VDI 2545)
a) Ritzel, b) Tellerrad s = Zahnfußdicke

Die Flankenpressung an **Passfederverbindungen** mit Naben aus Polyamid soll $p = 20\,\text{N/mm}^2$, aus glasfaserverstärkten Kunststoffen $p = 30 \ldots 40\,\text{N/mm}^2$ nicht überschreiten.

Die **Räder aus duroplastischen Schichtstoffen** werden aus Halbzeugen herausgearbeitet. Auf eine möglichst geringe Zerspanarbeit ist zu achten. Räder aus diesen Werkstoffen erfordern metallische Gegenräder.

Für die Eintragung von Maßen und Verzahnungsangaben in die Zeichnungen gelten ebenfalls die Ausführungen in Abschnitt 23.4.

23.6 Verzahnpasssysteme, Verzahnungsqualität

Nach DIN 3960 (für Stirnräder) und DIN 3971 (für Kegelräder) unterscheidet man fertigungsbedingte **Einzelabweichungen** F, die sich auf einzelne Bestimmungsgrößen wie Teilung, Profilform, Grundkreisdurchmesser, Eingriffswinkel, Flankenlinie und Schrägungswinkel beziehen, und **Gesamtabweichungen** F, die die gemeinsamen Auswirkungen mehrerer Einzelabweichungen erfassen. Nach DIN 3960 werden z. B. unterschieden:

1. Kreisteilungs-Abweichungen f_p für eine Teilung, F_p für mehrere Teilungen hinweg
2. Eingriffsteilung-Abweichungen f_{pe}
3. Flankenabweichungen f bzw. F mit verschiedenen Indices als Abweichungen des Stirnprofils, der Flankenlinie von der Erzeugenden der Evolvente
4. Rundlaufabweichungen f_r bzw. F_r infolge Außermittigkeit der Verzahnung
5. Lageabweichungen f_e der Verzahnungsachse zur Radachse
6. Schwankungen R als Unterschied zwischen dem größten und kleinsten Messwert gleichartiger Messgrößen
7. Tragbild: Eine Zahnflanke wird beim Abwälzen nicht in allen Punkten ihres aktiven Bereichs von den Gegenflanken berührt. Das Tragbild bezeichnet den Bereich, in welchem die Berührung stattfindet (siehe hierzu Bild 23.25).
8. Wälzabweichungen f_i bzw. F_i (siehe folgende Ausführungen)

Bei **Wälzprüfungen** werden Verzahnungen mit Gegenverzahnungen gepaart und die gemeinsamen Auswirkungen ihrer einzelnen geometrischen Abweichungen f_i bzw. F_i auf den Wälzvorgang als Wälzabweichung ermittelt. Gehört die Gegenverzahnung zu einem Lehrrad, so werden die Abweichungen dem Prüfling zugeordnet, gehört das Gegenrad zum Radpaar, so werden sie dem Radpaar zugeordnet. Wälzprüfungen erfolgen mit den Rechts- oder mit den Linksflanken eines Rads (Einflanken-Wälzprüfung) oder gleichzeitig an beiden (Zweiflanken-Wälzprüfung).

Hierzu heißt es in DIN 3960: Bei der **Einflanken-Wälzprüfung** werden zwei Zahnräder unter dem vorgeschriebenen Achsabstand miteinander abgewälzt. Von einer Anfangsstellung aus werden die auftretenden Drehwinkelabweichungen, d. h. Abweichungen der Drehstellungen des Rads gegenüber den durch die Stellungen des Gegenrades gegebenen Sollstellungen gemessen. Die Abweichungen werden in der Regel als Strecke längs des Umfangs eines Messkreises angegeben. Sie können aber auch im Winkelmaß angegeben werden. F_i' ist die größte Abweichung innerhalb einer Umdrehung, f_i' der Wälzsprung als größter Unterschied während der Dauer eines Zahn eingriffs.

Bei der **Zweiflanken-Wälzprüfung** werden zwei Zahnräder spielfrei miteinander abgewälzt, wobei unter dem Einfluss einer in Richtung des Achsabstands wirkenden Kraft stets eine linke und rechte Flanke der Zahnräder gleichzeitig im Eingriff bleiben (Zweiflanken-Eingriff). Dabei werden die Änderungen des Achsabstands gemessen. Dieser Achsabstand a'' ändert sich bei der Drehung von Rad und Gegenrad: Zweiflanken-Wälzabweichungen = Achsabstandsänderungen.

Bild 23.20 zeigt ein kreisförmiges Zweiflanken-Wälzdiagramm. F_i'' ist die Schwankung des Wälz achsabstands a'', d. h. ist die Differenz zwischen dem größten und dem kleinsten Wälzachsabstand innerhalb einer Prüflingsumdrehung. Der Wälzsprung f_i'' ist der größte Unterschied des Wälzachsabstands, der innerhalb der Dauer eines Zahneingriffs auftritt.

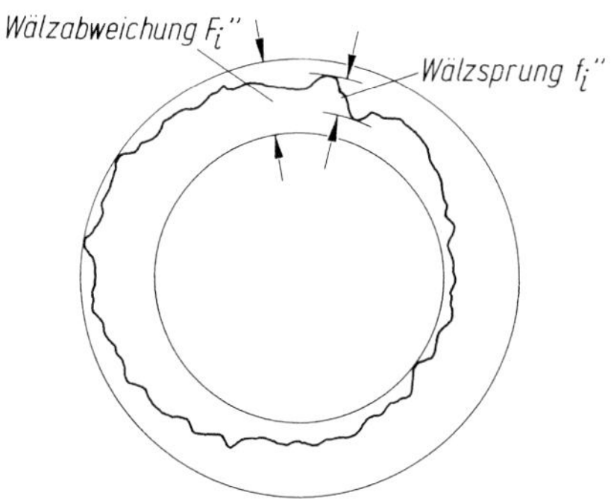

Bild 23.20
Kreisförmiges Zweiflanken-Wälzdiagramm

Die Achsen eines Radpaares können Abweichungen f^{Σ} von der Parallelität (bei Stirnrädern), vom Achswinkel und vom Achsenschnittpunkt (bei Kegelrädern) aufweisen. Außerdem können die Achsen eines Stirnradpaares zueinander geneigt und/oder geschränkt sein.

In DIN 3961 (Toleranzen für Stirnradverzahnungen nach DIN 867) wird ausgeführt: Um außer der durch die Anschlussmaße bedingten Austauschbarkeit der Räder von Zahnradgetrieben einen ruhigen Lauf, winkeltreue Übertragung sowie ordnungsgemäße Schmiermöglichkeit zu gewährleisten und die geforderte Belastbarkeit dauernd zu sichern, müssen die Abweichungen gewisser Bestimmungsgrößen der Verzahnungen sowie der Einbaumaße im Getriebegehäuse innerhalb bestimmter Grenzen gehalten werden. Bei jedem der beiden Zahnräder eines Radpaares müssen alle Formabweichungen, Teilungsabweichungen usw. innerhalb der Abmessungen zweier gedachter, fehlerfreier, konzentrischer Zahnräder liegen, bei denen die Zahndicken des einen um das obere, die des anderen um das untere Abmaß abweichen.

Ähnlich den Passsystemen Einheitsbohrung und Einheitswelle gibt es bei den Verzahnpassungen die Systeme **Einheits-Achsabstand** und **Einheits-Zahndicke**. Bei dem Ersten wird nur **ein** Toleranzfeld des Achsabstands benutzt und der Betrag des Flankenspiels durch verschiedene Toleranzfelder der Zahndicke bewirkt. Beim Zweiten ist es umgekehrt.

Es sind **12 Verzahnungsqualitäten** (Genauigkeitsklassen) mit entsprechenden Toleranzen der Abweichungen festgelegt, und zwar Qualität 1 als feinste sowie Qualität 12 als gröbste. Es gelten: DIN 3961 Toleranzen für Stirnradverzahnungen, DIN 3962 Toleranzen für Abweichungen einzelner Bestimmungsgrößen, DIN 3963 Toleranzen für Wälzabweichungen, DIN 3964 Achsabstandsabmaße und Achslagetoleranzen von Gehäusen für Stirnradgetriebe, DIN 3965 Toleranzen für Kegelradverzahnungen, DIN 3967 Flankenspiel, Zahndickenabmaße sowie Zahndickentoleranzen.

Die Verzahnungsqualitäten 1 bis 4 werden vorwiegend für Lehrzahnräder, 5 bis 12 für Getrieberäder verwendet. Die Wahl der Verzahnungsqualität und der mit dieser zusammenhängenden Oberflächengüte der Zahnflanken richtet sich bei Metallrädern nach der Umfangsgeschwindigkeit, mit der die Räder im Betrieb laufen (oberer Teil von Tabelle 23.3). Bei Rädern aus thermoplastischen Kunststoffen wird die Verzahnungsqualität nach dem Verwendungszweck und den Abmessungen bestimmt (unterer Teil von Tabelle 23.3).

In Tabelle 23.4 sind die Achsabstandsabmaße angegeben, in Tabelle 23.5 die Toleranzen für Achsschränkung $f^{\Sigma\beta}$ und Achsneigung $f^{\Sigma\delta}$, in Tabelle 23.6 die zulässigen Teilungsabweichungen f_{p} und Eingriffsteilungsabweichungen f_{pe}.

Je nach Verwendungszweck können die für verschiedene Qualitäten festgelegten Toleranzen der einzelnen Bestimmungsgrößen frei miteinander gekoppelt werden (DIN 3967). Eine Koppelung aus verschiedenen Toleranzen heißt **Toleranzfamilie**. Zum Beispiel kommt es bei hochbelasteten Rädern auf hohe Genauigkeit der Flankenrichtung an, bei großer Laufruhe auf hohe Genauigkeit der Flankenform und Teilung, bei großen Anforderungen an die Winkelübertragung auf geringe Ungenauigkeit der Gesamtabweichung F.

In Tabelle 23.7 sind die oberen Zahndickenabmaße in Stufen von a bis h (a größtes negatives Abmaß, h Abmaß Null) und die zugehörigen Toleranzen in einer Reihe 21 bis 30 (21 feinste Toleranz, 30 gröbste Toleranz) nach DIN 3967 wiedergegeben. Zu bevorzugen sind die Toleranzen 24 bis 27.

Beispiel für Verzahnungsqualität und Toleranzfeld:

Ist z. B. auf der Zahnradzeichnung in der Zeile „Verzahnungsqualität, Toleranzfeld" **8 e 26** angegeben, so ist die Verzahnung in der Qualität 8 und dem Toleranzfeld e26 herzustellen. Hat das betreffende Zahnrad einen Teilkreisdurchmesser $d = 100\,\mathrm{mm}$ und einen Modul $m = 5\,\mathrm{mm}$, so ist nach Tabelle 23.6 die zulässige Eingriffsteilungsabweichung $f_{\mathrm{pe}} = 16\,\mu\mathrm{m}$, nach Tabelle 23.7 das obere Abmaß der Zahndicke -40 µm (Stufe e) und die Toleranz 60 µm (Feld 26), sodass das untere Abmaß der Zahndicke -100 µm beträgt.

Die Zahndickenabmaße sind der Verzahnungsqualität nicht zugeordnet. Es sollte aber beachtet werden, dass kleine Zahndickentoleranzen die Einhaltung der Verzahnungsqualität ungünstig beeinflussen, da sie die Korrekturmöglichkeiten in der Fertigung unnötig begrenzen.

In DIN 3967 heißt es: Normalerweise können die Zahndickenabmaße aufgrund von Erfahrung der Tabelle entnommen werden (Tabelle 23.7), wobei in der Regel die oberen Abmaße für jedes

Rad so groß (Zahlenwert) sein sollte wie das untere Abmaß des Gehäuse-Achsabstandes. So weit keine Erfahrungswerte für Flankenspiel und Zahndickenabmaße vorliegen, müssen diese berechnet werden (nach DIN 3967).

Bezüglich der Zahndickenabmaße sind folgende Paarungen üblich:

- Kleinrad **e**/Großrad **f** für sehr ruhig laufende Getriebe, ungleichförmiger Antrieb, geschliffene oder geschabte Zahnflanken, kleines Flankenspiel (Räder für Werkzeugmaschinen bei Drehrichtungswechsel, Turbinenbau, Kraftfahrzeuge obere Gänge).
- Kleinrad **c**/Großrad **d** für Normalgetriebe, gleichförmiger Antrieb, geschabte oder gefräste Zahnflanken, mittleres Flankenspiel (Räder für Krangetriebe, Pressen, Stanzen, untere Gänge und Rückwärtsgang für Kraftfahrzeuge).
- Kleinrad **b**/Großrad **c** für Getriebe mit $v < 3$ m/s, großes Flankenspiel (Wanderrostantriebe, Anlasser).
- Kleinrad **a**/Großrad **a** für rohe, gegossene Zähne mit $v < 1$ m/s.

Wird für Zahndickenabmaße die Stufe h mit dem oberen Abmaß Null gewählt, so müssen hierfür entsprechende Achsabstands-Abmaße vorgeschrieben werden, um ein genügend großes Flankenspiel zu gewährleisten (Verzahnpasssystem Einheits-Zahndicke).

Bei **mehrstufigen Getrieben** ist das System Einheits-Zahndicke nicht anwendbar, weil der Achsabstand für mehrere Räder auf einer Welle nicht verschiedene Werte haben kann. Die zulässigen Achsabstandsabmaße haben dann das Vorzeichen ±.

Unter dem **Betriebs-Flankenspiel** versteht man das sich während des Betriebs einstellende. Es kann wesentlich vom Abnahme-Flankenspiel abweichen, besonders durch die Erwärmung der Räder und des Getriebegehäuses sowie infolge der Durchbiegung der Wellen.

23.7 Schmierung, Schmierstoffe

Die Schmierung soll die Zahnflankenreibung vermindern und außer einer Verschleißsenkung bewirken, dass im Dauerbetrieb unter Höchstlast 60 °C (höchstens 80 °C) an den Zahnflanken nicht überschritten werden, da höhere Temperaturen nicht nur die Schmiereigenschaften, sondern auch die Lebensdauer der Schmiermittel verringern. Außerdem dürfen die Schmierstoffe nicht an anderen Stellen nachteilig wirken, wie an Lagern, Dichtungen oder Kupplungen.

Nach DIN 51509 (Auswahl von Schmierstoffen für Zahnradgetriebe) genügt bei Umfangsgeschwindigkeiten **bis** $v = 1\,\text{m/s}$ das **Auftragen oder Aufsprühen von Haftschmierstoffen**. Auftragbare Haftschmierstoffe sind Pasten etwa in der Konsistenz von Zahnpasta, die den Schmierstoff (beispielsweise MoS_2) enthalten. Sprühstoffe enthalten zum Schmierstoff einen leichtflüchtigen Verdünner, sodass sie mit Spritzpistolen aufgesprüht werden können.

Bis $v = 4\,\text{m/s}$ ist eine **Fett-Tauchschmierung** mit weichem Getriebefett üblich, in das ein Zahnrad eintaucht, oder das Aufsprühen von Haftschmierstoff.

Bis $v = 15\,\text{m/s}$ ist die **Öl-Tauchschmierung** vorherrschend. Die Zahnräder oder ein mit ihnen kämmendes Tauchrad oder auch Spritzscheiben, Schöpfräder und dergleichen tauchen in das Öl, nehmen es mit und benetzen die Zähne. Das Öl kann den Zähnen auch durch Abtropfen von den Gehäusewänden über Fangbleche oder Kanäle zugeleitet werden, wenn es an die Gehäusewände gespritzt wird. Die Eintauchtiefe der Zahnräder soll nicht größer als 6 m und nicht kleiner als 1 m sein (m = Modul).

Über $v = 15\,\mathrm{m/s}$ ist eine **Öl-Spritzschmierung** erforderlich. Das Öl wird mithilfe einer Pumpe mit breitem Strahl meist radial kurz vor dem Zahneingriff eingespritzt, bei sehr hohen Umfangsgeschwindigkeiten wegen der höheren Erwärmung zur Kühlung auch noch hinter dem Zahneingriff.

Da die Flanken gekrümmt sind und aufeinander gleiten, bildet sich ein Keilspalt, in den das Schmieröl hineingedrückt wird, sodass eine hydrodynamische Schmierung mit Flüssigkeitsreibung möglich ist. Wegen der elastischen Abplattung der Flanken an der Berührstelle mit der Gegenflanke spricht man von einer **elastohydrodynamischen Schmierung**. Die dazu erforderliche Ölviskosität hängt von der Belastung und von der Gleitgeschwindigkeit, damit also auch von der Umfangsgeschwindigkeit der Teilkreise ab. Hierzu ergibt sich die

Stribecksche Wälzpressung $$k_S \approx \frac{3F_t}{b \cdot d_1} \cdot \frac{u+1}{u} \qquad (23.24)$$

k_S	in N/mm²	Stribecksche Wälzpressung,
F_t	in N	Umfangskraft am Teilkreis bei Stirnrädern bzw. mittleren Teilkreis bei Kegelrädern entsprechend Formel 23.2 und Formel 23.5,
b	in mm	Zahnbreite,
d_1	in mm	Durchmesser des Teilkreises, bei Kegelrädern des mittleren Teilkreises des Ritzels,
u		Zähnezahlverhältnis nach Formel 21.2, bei Kegelrädern u_v nach Formel 22.56.

Die Stribecksche Wälzpressung ist keine eigentliche Pressung, sondern nur ein Vergleichswert. Mit dieser wird der **Schmierkennwert** $\boldsymbol{k_S/v}$ in N/mm² · s/m gebildet, wobei v in m/s die Umfangsgeschwindigkeit der Teilkreise, bei Kegelrädern der mittleren Teilkreise ist. In Abhängigkeit von k_S/v kann aus Tabelle 23.8 die erforderliche Viskosität ν bzw. η bei 40 °C des Schmieröls abgelesen werden.

Die Tabellenwerte für ν sind zu **erhöhen:**

1. für je 10 K, mit denen die Umgebungstemperatur ständig über 25 °C liegt, um etwa 10 %.
2. wenn die Zahnpaarungen aus ähnlich zusammengesetzten Stählen oder aus CrNi-Stahl bestehen (ausgenommen oberflächengehärtete oder nitrierte Zahnflanken), um etwa 35 %.
3. bei fressempfindlichen Zahnpaarungen, wenn keine Schmierstoffe mit verschleißverringernden Wirkstoffen eingesetzt werden können, um etwa 35 %. Fressempfindlich sind gehärtete Zahnflanken.

Die Tabellenwerte für ν sind zu **senken:**

1. für je 3 K, mit denen die Umgebungstemperatur ständig unter 10 °C liegt, um etwa 10 %.
2. wenn die Zahnflanken phosphatiert, sulfuriert oder verkupfert sind, um etwa 25 %.

23

Für in Betracht kommende Viskositätsklassen siehe Diagramm 16.1, von denen die nächstliegende zu wählen ist.

Schmieröle mit verschleißverringernden Wirkstoffen sind bei gehärteten Zahnflanken zweckmäßig, wenn $k_S > 7{,}5$ N/mm² ist, besonders für Verzahnungen mit stark einseitiger Profilverschiebung, oder wenn $v_g/v > 0{,}3$ ist, v_g = größte Gleitgeschwindigkeit der Flanken nach Formel 23.27.

Zur Ermittlung der größten Gleitgeschwindigkeit sind zu errechnen bei Außenradpaaren für das Rad 1 die

Kopfeingriffsstrecke $$g_a = 0{,}5\left(\sqrt{d_{a1}^2 - d_{b1}^2} - d_{b1} \cdot \tan\alpha_{wt}\right) \qquad (23.25)$$

Fußeingriffsstrecke $g_f = 0{,}5\left(\sqrt{d_{a2}^2 - d_{b2}^2} - d_{b2} \cdot \tan\alpha_{wt}\right)$ (23.26)

d_{a1}, d_{a2}	in mm	Kopfkreisdurchmesser der Räder,
d_{b1}, d_{b2}	in mm	Grundkreisdurchmesser der Räder,
α_{wt}	in °	Betriebs-Stirneingriffswinkel.

Bei Kegelrädern sind die Durchmesser d_{vma} und d_{vmb} der mittleren virtuellen Stirnräder einzusetzen. Bei Innenradpaaren und Zahnstangenradpaaren ist entsprechend zu verfahren (siehe Abschnitt 22.7).

Mit den Eingriffsstrecken ergibt sich die

größte Gleitgeschwindigkeit $v_g = \omega_1 \cdot g_i (1 + 1/u)$ (23.27)

ω_1	in rad/s	Winkelgeschwindigkeit des Rads 1,
g_i	in m	maßgebende Eingriffsstrecke als größere von g_f und g_a,
u		Zähnezahlverhältnis nach Formel 21.2, bei Kegelrädern u_v nach Formel 22.56.

Übliche Getriebeöle sind: Schmieröle C und CL DIN 51517, L-AN DIN 51501, L-TD DIN 51515, Getriebeöle mit verschleißverringernden Wirkstoffen wie die Schmieröle CLP, mit Hochdruckzusätzen wie die Kraftfahrzeug-Getriebeöle HYP, ATF und HD-Motorenöle.

Bei zweistufigen Getrieben sind die Betriebsverhältnisse der Endstufe zugrunde zu legen. Bei dreistufigen Getrieben ist ein Mittelwert der für die zweite und dritte Stufe erforderlichen Nennviskosität zu bilden. Bei mehrstufigen Getrieben ist entsprechend zu verfahren. Ein flüssiger Schmierstoff ist zu bevorzugen. Nur bei bestimmten konstruktiven Gegebenheiten wie etwa offenen Getrieben oder geschlossenen, aber nicht öldichten Getrieben sind unter Beachtung der Richtwerte für die Umfangsgeschwindigkeit Getriebefette oder Haftschmierstoffe einzusetzen.

Bei **Öl-Tauchschmierung** ist je kW Reibleistung eine Ölmenge von 3...6 l im Getriebekasten erforderlich, bei **Öl-Spritzschmierung** je kW Reibleistung eine Ölmenge von 3...5 l/min. Die Reibleistung beträgt $P_f = P_{Na} - P_{Nb} = P_{Na} \cdot (1 - \eta)$ mit P_{Na} als Antriebs-, P_{Nb} als Abtriebsnennleistung und η als Wirkungsgrad (siehe Abschnitt 23.3).

Beispiel 23.6

Welches Schmieröl und welche Schmierungsart sind für ein geradverzahntes V_{plus}-Stirnradpaar mit folgenden Daten geeignet?

$z_1 = 17$, $x_1 = 0{,}5$, $z_2 = 65$, $x_2 = 0$, $d_1 = 68\,\text{mm}$, $d_{a1} = 80\,\text{mm}$, $d_{b1} = 63{,}9\,\text{mm}$, $d_{a2} = 268\,\text{mm}$, $d_{b2} = 244{,}3\,\text{mm}$, $\alpha_w = 21{,}8°$, $m = 4\,\text{mm}$, $b = 60\,\text{mm}$, $F_t = 6000\,\text{N}$, $n_1 = 2500\,\text{min}^{-1} = 41{,}7\,\text{s}^{-1}$, Werkstoff beider Räder: Einsatzstahl (gehärtete Zahnflanken), Umgebungstemperatur: ständig 40 °C.

Lösung:

Mit $u = z_2 / z_1 = 65/17 = 3{,}824$ wird nach Formel 23.24:

$$k_S = \frac{3F_t}{b \cdot d_1} \cdot \frac{u+1}{u} = \frac{3 \cdot 6000\,\text{N}}{60\,\text{mm} \cdot 68\,\text{mm}} \cdot \frac{4{,}824}{3{,}824} = 5{,}57\,\text{N/mm}^2$$

Mit $v = d_1 \cdot \pi \cdot n_1 = 0{,}068\,\text{m} \cdot \pi \cdot 41{,}7\,\text{s}^{-1} = 8{,}9\,\text{m/s}$ ist der Schmierkennwert

$$k_S / v = 5{,}57 / 8{,}9\,\text{N/mm}^2 \cdot \text{s/m} \approx 0{,}63\,\text{N/mm}^2 \cdot \text{s/m}$$

23

Aus Tabelle 23.8 wird hierfür $v \approx 162 \text{mm}^2/\text{s}$ (interpoliert) entnommen. Da die Umgebungstemperatur um 15 K über 25 °C liegt, wird mit 15 % Zuschlag, also mit $v \approx 186 \text{mm}^2/\text{s}$ bzw. $\eta \approx 167 \text{mPa} \cdot \text{s}$ gerechnet. Nach Diagramm 16.1 kommt als nächstgrößere die Viskositätsklasse ISO VG 220 in Betracht.

Obwohl $k_S < 7{,}5\ \text{N/mm}^2$ ist, muss noch das Geschwindigkeitsverhältnis u_g/u ermittelt werden. Nach Formel 23.25 und Formel 23.26 sind

$$g_a = 0{,}5\left(\sqrt{d_{a1}^2 - d_{b1}^2} - d_{b1} \cdot \tan\alpha_w\right) = 0{,}5\left(\sqrt{80^2 - 63{,}9^2}\ \text{mm} - 63{,}9\ \text{mm} \cdot \tan 21{,}8^\circ\right) = 11{,}3\ \text{mm}$$

$$g_f = 0{,}5\left(\sqrt{d_{a2}^2 - d_{b2}^2} - d_{b2} \cdot \tan\alpha_w\right) = 0{,}5\left(\sqrt{286^2 - 244{,}3^2}\ \text{mm} - 244{,}3\ \text{mm} \cdot \tan 21{,}8^\circ\right) \approx 6{,}2\ \text{mm}$$

Mit $\omega_1 = 2\pi \cdot n_1 = 2\pi \cdot 41{,}7 \text{s}^{-1} = 262 \text{rad/s}$ wird mit $g_i = g_a = 0{,}0113 \text{m}$ nach Formel 23.27:

$$v_g = \omega_1 \cdot g_i (1 + 1/u) = 262\ \text{s}^{-1} \cdot 0{,}0113\ \text{m}(1 + 1/3{,}824) = 3{,}73\ \text{m/s}$$

Damit ist das Verhältnis $v_g / v = 3{,}73 / 8{,}9 \approx 0{,}42 > 0{,}3$, sodass ein Schmieröl mit verschleißverringernden Wirkstoffen erforderlich ist, z. B. Schmieröl CLP der Klasse ISO VG 220. Falls ein Normalöl verwendet werden muss, ist die Viskosität um ≈ 35 % höher zu wählen.

Da $v = 8{,}9 \text{m/s} > 4 \text{m/s}$, aber < 15 m/s ist, kommt Öl-Tauchschmierung in Frage.

23.8 Begriffe der Tragfähigkeit

Mit DIN 3990 ist die Berechnung der Tragfähigkeit von Stirnrädern genormt. Auf die Herleitung der Berechnungsgleichungen muss wegen des großen Umfangs verzichtet werden. Es werden unterschieden:

1. **Zahnfußtragfähigkeit:** Sie ist die durch die zulässige Zahnfußbeanspruchung bestimmte Tragfähigkeit. Bild 23.21 zeigt die Zahnfußbeanspruchung bei Eingriffsbeginn, wenn nur dieses eine Zahnpaar trägt. Bei Überlastung würden die Zähne an der Stelle der Biegezugspannung σ_F einreißen und brechen.

   Beim **Zahnbruch** komm es zum Bruch ganzer Zähne oder von Teilen davon. Je nach Ursache wird zwischen Gewaltbruch und Dauerbruch unterschieden. Gewaltbrüche entstehen plötzlich, bei starken Überlastungen des Zahnradpaares. Maßgebend für diesen Bruch ist die Biegebeanspruchung. Die Bruchfläche zeichnet sich durch eine duktile und matte Oberfläche aus. Beispielsweise kann falsche Auslegung des Moduls für eines der Zahnradpaare zum Zahnbruch, wie in Bild 23.23a zu sehen ist, führen. Ein Dauerbruch hingegen entsteht durch wiederholende Beanspruchung und Überschreitung der Dauerfestigkeit des Werkstoffs. Anfangs bildet sich langsam ein wachsender Riss, der erst später zum plötzlichen Abbruch des Zahns führt. Hierbei ist eine glatte und matte Bruchfläche mit Rastlinien zu beobachten. Bild 23.23b zeigt einen Dauerbruch infolge einer geometriebedingten Kerbwirkung an der Nabe, durch die der Anriss entstand.

2. **Flanken- bzw. Grübchentragfähigkeit:** Sie ist die durch die zulässige Flankenpressung bestimmte Tragfähigkeit. Da die Werkstoffe elastisch sind, platten sie sich unter der Wirkung der Normalkraft F_N an der Berührstelle der Flanken ab (Bild 23.22), sodass über die Zahnbreite keine Linien-, sondern eine Flächenberührung stattfindet. Die Pressungen verteilen sich etwa proportional zu den Verformungen in der dargestellten Weise. Gegen Ende des 19. Jahrhunderts entwickelte der berühmte deutsche Physiker *Heinrich Hertz* für die Pressung von Walzenpaaren eine Theorie, nach der die größte Pressung, die **Hertz'sche Pressung** σ_H, errechnet werden kann. Beim Überschreiten der ertragbaren Hertz'schen Pressung lösen sich Teile der Zahnflanken heraus, sodass grübchenartige Vertiefungen entstehen, die englisch **Pittings** heißen (Bild 23.24e und f). Auch die Art der Gleitbewegungen, die Güte der Flanken, der Schmierdruck und dergleichen beeinflussen die Grübchenbildung. Eine Pittingbildung wird erst dann als nicht mehr zulässig angesehen, wenn die Anzahl der Grübchen ständig zunimmt oder die Grübchen wachsen.
3. **Fresstragfähigkeit:** Sie ist die durch die zulässige Fress-Verschleißbeanspruchung bestimmte Tragfähigkeit. Ein Fressen tritt ein, wenn die Schmierung versagt und die Flanken infolge zu hoher Erwärmung und zu hohen Druckes verschweißen und auseinandergerissen werden. Hierbei werden beide Flanken verletzt und vernarbt. Die ersten Anzeichen sind an den Zahnköpfen zu finden, weil dort die Gleitgeschwindigkeit am größten ist. Die Fresserscheinungen werden auch **Gallings** genannt (Bild 23.24a und b). Mit Radwerkstoffen hoher Warmfestigkeit, geringere Oberflächenrauigkeiten und Schmierung mit Hochdruckölen, die verschleißverringernde Wirkstoffe wie Schwefel, Phosphor oder Chlor enthalten, kann Abhilfe geschaffen werden. Zum Anfressen neigen die Zahnköpfe der getriebenen Räder und die Zahnfüße der treibenden Räder.
4. **Verschleißtragfähigkeit:** Sie ist die durch die Gleit-Verschleißbeanspruchung bestimmte Tragfähigkeit. Bei einer ungünstigen Kombination von Beanspruchung, Gleitgeschwindigkeit, Viskosität des Schmierstoffs, Oberflächenbeschaffenheit, Zahnform usw. tritt infolge Mischreibung oder sogar Trockenreibung Verschleiß auf, bei dem der Werkstoff von den Zahnflanken abgetragen wird.

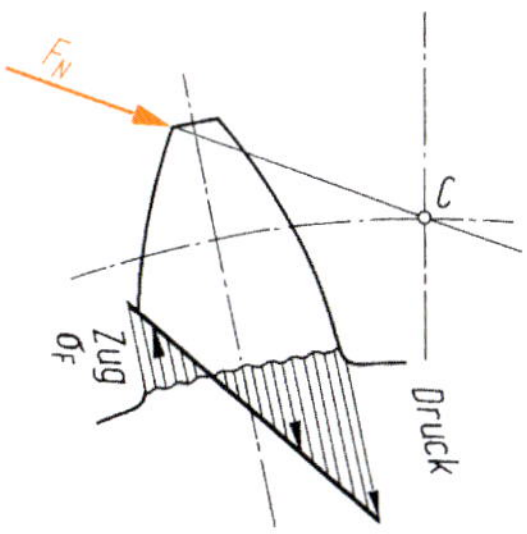

Bild 23.21 Biegebeanspruchung des Zahnfußes

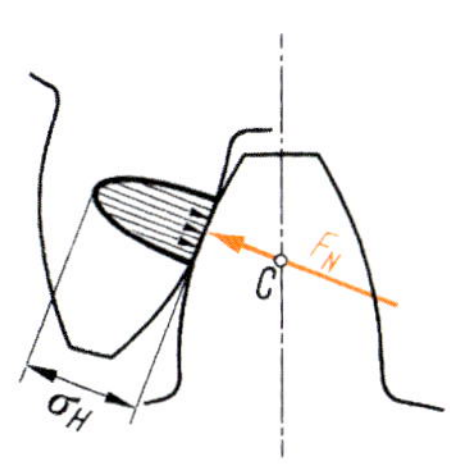

Bild 23.22 Pressung der Zahnflanken

23

a)

b)

Bild 23.23 Schadensbilder an Verzahnungen – Ermüdungs- und Gewaltbruch
a) Zahnbruch – hier entstanden durch die Paarung von Zahnrädern mit geringfügig unterschiedlichem Modul (Reparaturfehler)
b) Zahnbruch und Bruch der Nabe durch gleichzeitige Kerbwirkung am Zahnfuß und der Passfedernut

a)

b)

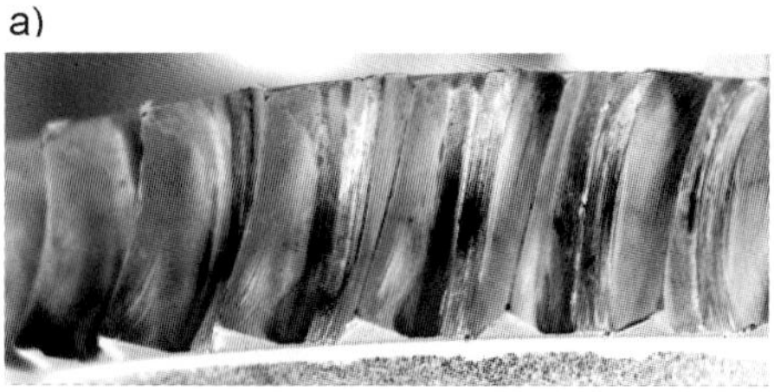
c)

d)

e)

f)

Bild 23.24 Schadensbilder an Verzahnungen Flankenschäden
a) Fressen über die gesamte Zahnbreite eines schrägverzahnten Stirnrads
b) Fressen im fortgeschrittenem Stadium, auch hohe Temperaturentwicklung
c), d) stark abgenutztes Schneckenrad, zu wenig/kein Öl im Getriebe, ein Teil des Zahnprofils ist schon angetragen
e) Grübchenbildung, Zahnrad stammt aus der Mechanik der Tower Bridge (London)
f) Grübchen, stark vergrößert

Über die Bezeichnung, Merkmale und Ursachen von Zahnschäden wird auf DIN 3979 hingewiesen. Die Fresstragfähigkeit und die Verschleißtragfähigkeit werden hier nicht behandelt, sodass sich die Berechnungen auf die Zahnfuß- und Grübchentragfähigkeit beschränken. Zur Fresstragfähigkeit siehe DIN 3990-4 und zur Verschleißtragfähigkeit siehe [23.1]. DIN 3990-6 enthält eine Betriebsfestigkeitsberechnung.

Unzureichende Ölversorgung und starke Verschmutzungen sind die häufigsten Ursachen für das Versagen von Getrieben. Damit hier wenig Verschleiß auftritt, muss der Einbau vorschriftsgemäß erfolgen.

23.9 Allgemeine Einflussfaktoren

Für die Ermittlung der Einflussfaktoren bzgl. der Tragfähigkeit sind in DIN 3990 verschiedene Methoden angegeben:

1. **Methode A:** Die Faktoren werden durch sorgfältige Messungen und/oder sorgfältige Systemanalyse bestimmt.
2. **Methode B:** Es wird die vereinfachende Annahme getroffen, dass jedes Zahnpaar ein elementares Massen- und Federsystem bildet, das die kombinierten Massen des Ritzels und des Rads umfasst. Der Einfluss anderer Stufen des Getriebes wird nicht in Betracht gezogen.
3. **Methode C:** Sie ist von der Methode B abgeleitet, jedoch mit folgenden vereinfachenden Annahmen: Das Radpaar arbeitet im unterkritischen Drehzahlbereich, die Räder sind Vollräder aus Eisenwerkstoffen, der Eingriffswinkel ist 20°, die Eingriffsteilungsabweichung f_{pe} ist gleich der Teilungsabweichung f_p u. a.
4. **Methode D:** Es gelten die vereinfachenden Annahmen wie für die Methode C, jedoch mit einer konstanten Linienbelastung von 350 N/mm.

Als **Detail-Methode** wird die Tragfähigkeitsberechnung nach DIN 3990-11 (Anwendungsnorm für Industriegetriebe) bezeichnet. Dieses Verfahren beruht auf der Methode C, ist jedoch etwas vereinfacht und auf die Grübchen- und die Fresstragfähigkeitsberechnung für Getriebe mit $n \leq 3600\ \text{min}^{-1}$ und Verzahnungsqualität 6 oder gröber begrenzt. Teil 21 von DIN 3990 ist eine Anwendungsnorm für Schnelllaufgetriebe, Teil 31 für Schiffsgetriebe und Teil 41 für Fahrzeuggetriebe.

Auf die Darlegung aller möglichen Methoden muss hier wegen des großen Umfangs und der außerordentlichen Vielfalt von Einflüssen verzichtet werden. Allein die ausführliche Erläuterung der Einflussfaktoren und deren Ermittlung würde ein Fachbuch ergeben (siehe [23.1], das Grundlage von DIN 3990 ist). Der praktische Wert einer Berechnung mit diesen vielen Einflussfaktoren hängt wesentlich von der Annahme des Anwendungsfaktors K_A ab. Muss dieser Faktor aufgrund von Anhaltswerten geschätzt werden, weil keine genauen Werte zur Verfügung stehen, so kann man diesen Mangel an Genauigkeit auch nicht durch eine anschließende umfangreiche Berechnung beseitigen. Außerdem streuen die Werkstoffkennwerte in weiten Grenzen.

Der Autor dieses Kapitels hat sich bemüht, die Berechnungen für die Methode C durch Vereinfachungen und Verallgemeinerungen übersichtlich darzustellen. Er ist sich bewusst, dass diese Methode die durch wissenschaftliche Forschung erkannten Zusammenhänge nur angenähert wiedergeben kann, ist aber auch der Meinung, damit den Erfordernissen der technischen Fach- und Hochschulen, wo für dieses Thema nur eine begrenzte Lehr- und Studienzeit zur Verfügung steht, und der Praxis, wo nicht immer eine ausführliche Berechnung möglich oder notwendig ist, weitgehend zu genügen. Wo es darauf ankommt und ausreichend genaue Daten zur Verfügung stehen, ist konsequent nach DIN 3990 zu rechnen.

Anwendungsfaktor K_A (Tabelle 23.1): Er erfasst alle Kräfte, die über die Nennumfangskraft F_{Nt} hinaus in das Getriebe eingeleitet werden, und die bereits in Abschnitt 23.1 besprochen wurden. Diese Zusatzkräfte hängen von der treibenden und von der getriebenen Maschine sowie von den Massen und Steifigkeiten des An- und Abtriebsstranges ab (z. B. Wellen und Kupplungen, Räder und dergleichen).

Dynamikfaktor K_v: Infolge von Flankenrichtungsabweichungen, Breitenballigkeit der Zahnflanken, Verformung der Zähne, des Gehäuses, der Wellen und der Radkörper sowie Schwingungen der Radmassen kommt es zu inneren dynamischen Zusatzkräften. Sie steigen mit der Umfangsgeschwindigkeit der Zahnkränze, nehmen aber mit steigender Belastung der Zähne ab. Die Kräfte werden berücksichtigt durch den

$$\text{Dynamikfaktor } K_v = 1 + \left(\frac{K_1}{K_A \cdot \frac{F_{Nt}}{b}} + K_2 \right) \cdot \frac{z_1 \cdot v}{100} \cdot \sqrt{\frac{u^2}{1+u^2}}, \text{ für } \varepsilon_\beta = 0 \text{ und } \varepsilon_\beta \geq 1 \qquad (23.29)$$

$$K_v = K_{v\alpha} - \varepsilon_\beta \cdot \left(K_{v\alpha} - K_{v\beta} \right), \text{ für } 0 < \varepsilon_\beta < 1$$

K_A		Anwendungsfaktor (nach DIN 3990) nach Tabelle 23.1,
K_1		Faktor nach Tabelle 23.9,
K_2		Faktor nach Tabelle 23.9,
z_1		Zähnezahl des Ritzels,
v	in m/s	Umfangsgeschwindigkeit der Teilkreise $= d_1 \cdot \pi \cdot n_1 = d_2 \cdot \pi \cdot n_2$,
u		Zähnezahlverhältnis nach Formel 21.2,
b	in mm	Zahnbreite,
$K_{v\alpha}$		Dynamikfaktor für $\varepsilon_\beta = 0$,
$K_{v\beta}$		Dynamikfaktor für $\varepsilon_\beta = 1$,
ε_β		Sprungüberdeckung nach Formel 22.37,
F_{Nt}	in N	Nennumfangskraft am Teilkreis.

Die Zahlenwerte für K_1 und K_2 sind nach Tabelle 23.9 zu bestimmen. Falls $F_{Nt}/b \cdot K_A < 100$ N/mm gilt, ist mit $F_{Nt} / b \cdot K_A = 100\,\text{N/mm}$ zu rechnen. Dieser Term wird auch als Linienbelastung w_t bezeichnet, sodass gilt $w_t = \left(F_{Nt} / b\right) \cdot K_A \cdot K_V = w \cdot K_V$ Bei Schrägverzahnung mit $\varepsilon < 1$ ist zwischen $\varepsilon_\beta = 0$ der Geradverzahnung und $\varepsilon_\beta \geq 1$ linear gemäß Formel 23.29 (untere Gleichung) zu interpolieren. Die Werte $K_{v\alpha}$ und $K_{v\beta}$ ergeben sich aus Formel 23.29 (obere Gleichung), wobei $K_{v\alpha}$ der Dynamikfaktor für $\beta = 0$ und $K_{v\beta}$ der Dynamikfaktor für $\beta \geq 1$ ist. Formel 23.29 gelten nur für den unterkritischen Drehzahlbereich, d. h. für

23

$$\frac{z_1 \cdot v}{100} \cdot \sqrt{\frac{u^2}{1+u^2}} < 10 \frac{m}{s} \text{ und für } z_1 < 50 \text{ und } \beta \leq 30°$$

Breitenfaktoren $K_{F\beta}$ und $K_{H\beta}$: Infolge der fertigungsbedingten zulässigen Verzahnungsfehler bzw. Toleranzen und Achsneigungen verteilt sich die Last nicht gleichmäßig über die Zahnbreite, gleicht sich aber durch Einlaufen mehr und mehr aus. Die Lastverteilung wird mit diesen Faktoren erfasst.

Breitenfaktor (Flanke)

$$K_{H\beta} = \sqrt{\frac{2F_{\beta y} \cdot c_Y}{(F_m / b)}}, \text{ für } \frac{F_{\beta y} \cdot c_Y}{2F_m / b} \geq 1$$

$$K_{H\beta} = 1 + \frac{F_{\beta y} \cdot c_Y}{2 \cdot (F_m / b)}, \text{ für } \frac{F_{\beta y} \cdot c_Y}{2F_m / b} < 1 \tag{23.30}$$

F_m	in N	mittlere Umfangskraft am Teilkreis für den berechneten Eingriff $F_m = F_{Nt} \cdot K_A \cdot K_v$,
$F_{\beta y}$	in µm	wirksame Flankenlinienabweichung (nach dem Einlauf, siehe folgende Gleichung),
b	in mm	im Eingriff befindliche Zahnbreite,
c_Y	in N/(mm · µm)	Eingriffsfedersteifigkeit: $c_Y \approx 20\,\text{N/(mm} \cdot \mu\text{m)}$ für Werkstoffpaarung Stahl/Stahl, $c_Y \approx 17\,\text{N/(mm} \cdot \mu\text{m)}$ für Werkstoffpaarung Gusseisen mit Kugelgraphit/Gusseisen mit Kugelgraphit, $c_Y \approx 12\,\text{N/(mm} \cdot \mu\text{m)}$ für Werkstoffpaarung Gusseisen mit Lamellengraphit/Gusseisen mit Lamellengraphit. Bei unterschiedlichen Werkstoffen ist der Mittelwert anzunehmen.

Wirksame Flankenlinienabweichung

$$\textit{(nach dem Einlauf)}\ F_{\beta y} = F_{\beta x} - y_\beta \tag{23.31}$$

$$\textit{(vor dem Einlauf)}\ F_{\beta x} = 1{,}33 \cdot f_{sh} + f_{ma};\ F_{\beta x} \geq F_{\beta x}\,\text{min}$$

$F_{\beta x}$	in µm	wirksame Flankenlinienabweichung vor dem Einlauf,
y_β	in µm	Einlaufbetrag (Flankenlinienabweichung, siehe Tabelle 23.12),
f_{sh}	in µm	Flankenlinienabweichung infolge Ritzel- und Wellenverformung (siehe folgende Gleichungen),
f_{ma}	in µm	Flankenlinienabweichung infolge von Herstellungsabweichungen, $f_{ma} = 0{,}5 \cdot f_{H\beta}$ für Radpaare mit Anpassungsmaßnahmen, wie z. B. einstellbare Lager oder Einläppen, $f_{ma} = 1{,}0 \cdot f_{H\beta}$ für Radpaare ohne Anpassungsmaßnahmen,
$f_{H\beta}$	in µm	Flankenlinienabweichung, siehe Tabelle 23.10.

Flankenlinienabweichung infolge Ritzel- und Wellenverformung

$$f_{sh} = \frac{F_m}{b} \cdot 0{,}023 \left[\left| 0{,}7 + K' \frac{l \cdot s}{d_1^2} \cdot \left(\frac{d_1}{d_{sh}} \right)^4 \right| + 0{,}3 \right] \cdot \left(\frac{b}{d_1} \right)^2 \tag{23.32}$$

F_m	in N	mittlere Umfangskraft am Teilkreis für den berechneten Eingriff $F_m = F_{Nt} \cdot K_A \cdot K_v$,
b	in mm	im Eingriff befindliche Zahnbreite,
d_1	in mm	Teilkreisdurchmesser des Ritzels,
d_{sh}	in mm	Wellendurchmesser an der Stelle des Ritzels,
l	in mm	Abstand der Lager, Lagerstützweite,
s	in mm	Lage des Ritzels zu den Lagern (siehe Tabelle 23.11),
K'		Faktor zur Berücksichtigung der Ritzellage (siehe Tabelle 23.11).

Breitenfaktor für die Zahnfußtragfähigkeit

$$K_{F\beta} = K_{H\beta}^{N_F}, \quad N_F = \frac{(b/h)^2}{1 + b/h + (b/h)^2} = \frac{1}{1 + h/b + (h/b)^2} \tag{23.33}$$

h in mm Zahnhöhe $h = h_a + h_f$,
$h = 2 \cdot m + c$,
$h \approx 2{,}25 \cdot m$ (siehe auch Abschnitt 22.4 und Abschnitt 22.5)

Für b / h ist der kleinere der Werte b_1/h_1 bzw. b_2/h_2 einzusetzen. Bei einem Verhältnis von $b / h < 3$ ist $b / h = 3$ zu setzen.
Beachte: Bei Kegelrädern b_{eH} verwenden!

Stirnfaktoren $K_{F\alpha}$ und $K_{H\alpha}$: Die Last verteilt sich meistens nicht gleichmäßig auf die jeweils im Eingriff befindlichen Zahnpaare. Inwieweit eine Aufteilung stattfindet, hängt von der Elastizität der gepaarten Werkstoffe und von der Verzahnungsqualität ab. Je elastischer die Werkstoffe sind und je genauer verzahnt ist, umso eher ist mit einer Lastaufteilung auf alle im Eingriff befindlichen Zahnpaare zu rechnen. Die Lastaufteilung wird mit einem Stirnfaktor $K_{F\alpha}$ bei der Zahnfußtragfähigkeit bzw. $K_{H\alpha}$ bei der Flankentragfähigkeit erfasst.

Stirnfaktor bei $\varepsilon_\gamma \le 2$: $$K_{F\alpha} = K_{H\alpha} = \frac{\varepsilon_\gamma}{2}\left(0{,}9 + 0{,}4\,\frac{c_\gamma\left(f_{pe} - y_\alpha\right)}{F_{tH}/b}\right)$$

Stirnfaktor bei $\varepsilon_\gamma > 2$: $$K_{F\alpha} = K_{H\alpha} = 0{,}9 + 0{,}4\sqrt{\frac{2\left(\varepsilon_\gamma - 1\right)}{\varepsilon_\gamma}\cdot\frac{c_\gamma\left(f_{pe} - y_\alpha\right)}{F_{tH}/b}} \qquad (23.34)$$

F_{tH}	in N	maßgebende Umfangskraft im Stirnschnitt $F_{tH} = F_{Nt}\cdot K_A \cdot K_v \cdot K_{H\beta}$,
ε_γ		Gesamtüberdeckung nach Formel 22.38, bei $\beta = 0$ ist $\varepsilon_\gamma = \varepsilon_\alpha$,
c_γ		in N/(mm µm) Eingriffssteifigkeit (Zahnsteifigkeit), siehe Bemerkung unter Formel 23.30,
f_{pe}	in µm	zulässige Eingriffsteilungsabweichung im Getriebe nach Tabelle 23.6,
y_α	in µm	Einlaufbetrag, um den sich die Eingriffsteilungsabweichung beim Einlaufen verringert (nach Tabelle 23.12b),
$K_{F\beta}$		Breitenfaktor nach Formel 23.31,
b	in mm	im Eingriff befindliche Zahnbreite.

Ergeben sich $K_{F\alpha} = K_{H\alpha} < 1$, so ist $K_{F\alpha} = K_{H\alpha} = 1$ einzusetzen. In diesem Falle erfolgt während des Eingriffs im Doppeleingriffsgebiet die Lastübertragung durch mehr als ein Zahnpaar. Wenn aber Formel 23.34 einen Wert ergibt, der gleich oder größer ist als nach Formel 23.35 bzw. Formel 23.36, dann überträgt nur ein Zahnpaar die Last während des Eingriffs und es ist dieser Wert für die Grenzbedingung einzusetzen, weil dann das Produkt $K_{F\alpha} = Y_\varepsilon = 1$ bzw. $K_{H\alpha}\cdot Z_\varepsilon^2 = 1$ wird, während es < 1 ist, wenn mehr als ein Zahnpaar trägt.

Grenzbedingung für die Zahnfußtragfähigkeit $$K_{F\alpha} = \frac{\varepsilon_\gamma}{\varepsilon_\alpha \cdot Y_\varepsilon} \qquad (23.35)$$

Grenzbedingung für die Flankentragfähigkeit $$K_{H\alpha} = \frac{\varepsilon_\gamma}{\varepsilon_\alpha \cdot Z_\varepsilon^2} \qquad (23.36)$$

Überdeckungsfaktor für die Zahnfußtragfähigkeit $$Y_\varepsilon = 0{,}25 + 0{,}75 / \left(\varepsilon_\alpha / \cos^2\beta_b\right) \qquad (23.37)$$

Überdeckungsfaktor für die Flankentragfähigkeit $$Z_\varepsilon = \sqrt{\frac{4-\varepsilon_\alpha}{3}\left(1-\varepsilon_\beta\right) + \frac{\varepsilon_\beta}{\varepsilon_\alpha}} \qquad (23.38)$$

In Formel 23.38 ist $\varepsilon_\beta = 1$ zu setzen, falls $\varepsilon_\beta > 1$ ist: Bei Geradverzahnung ist $\varepsilon_\beta = 0$, womit sich für $Z_\varepsilon = \sqrt{\left(4-\varepsilon_\alpha\right)/3}$ ergibt. Der Grundschrägungswinkel β_b ergibt sich aus Formel 22.19.

Beispiel 23.7

Für das schrägverzahnte V_{plus}-Radpaar nach Beispiel 22.3, Beispiel 22.4, Beispiel 22.9 und Beispiel 23.1 sind gegeben: $z_1 = 17$, $z_2 = 81$, $m_n = 4\,\text{mm}$, $\alpha_n = 20°$, $\beta \approx 23{,}6°$, $d_1 = 74{,}2\,\text{mm}$, $d_2 = 353{,}5\,\text{mm}$, $u = 4{,}765$, $b = 30\,\text{mm}$, $\varepsilon_\beta = 0{,}95$, $\varepsilon_\gamma = 2{,}27$, $\varepsilon_\alpha = 1{,}32$, $P_{Nb} = 25\,\text{kW}$, $K_A = 1{,}3$, $n_2 = 300\,\text{min}^{-1} = 5\,\text{s}^{-1}$, Rad 1 aus E 335, Rad 2 aus E 295. Welche Verzahnungsqualität ist zu wählen? Wie groß sind die Einflussfaktoren K_v, $K_{F\beta}$, $K_{H\beta}$, $K_{F\alpha}$ und $K_{H\alpha}$?

Lösung:

1. Verzahnungsqualität (Genauigkeitsklasse)

Umfangsgeschwindigkeit $v = d_2 \cdot \pi \cdot n_2 = 0{,}3535\,\text{m} \cdot \pi \cdot 5\,\text{s}^{-1} = 5{,}55\,\text{m/s}$.
Nach Tabelle 23.3 wird die Qualität 7 gewählt.

2. Dynamikfaktor K_v

Nennumfangskraft $F_{Nt} = P_{Nb} / v = 25\,\text{kW} / 5{,}55\,\text{m/s} \approx 4500\,\text{N}$. $K_1 = 13{,}6$, $K_2 = 0{,}0087$ nach Tabelle 23.9. Für eine Sprungüberdeckung $\varepsilon_\beta = 0{,}95$ ist der Dynamikfaktor für $\varepsilon_\beta = 0$ und $\varepsilon_\beta = 1$ zu berechnen und zu interpolieren.

$$K_v = 1 + \left[\frac{K_1}{K_A \frac{F_{Nt}}{b}} + K_2\right] \cdot \frac{z_1 \cdot v}{100} \sqrt{\frac{u^2}{1+u^2}},\ K_{v\varepsilon_\beta=0} = 1{,}09, K_{v\varepsilon_\beta=1} = 1{,}072$$

$$K_v = K_{v\varepsilon_\beta=0} - \varepsilon_\beta \cdot \left(K_{v\varepsilon_\beta=0} - K_{v\varepsilon_\beta=1}\right),\ K_v = 1{,}073$$

3. Breitenfaktor für Flankentragfähigkeit

Mittlere Umfangskraft am Teilkreis $F_m = F_{Nt} \cdot K_A \cdot K_v$, siehe auch Bemerkungen unter Formel 23.30. $K' = 1{,}33$ angenommene Ritzellage nach Tabelle 23.11. Die Größen s und l müssen der geplanten Konstruktion des Getriebes entsprechen, hier wurde $s = 21\,\text{mm}$, $d_{sh} = 32\,\text{mm}$ und $l = 70\,\text{mm}$ gewählt.

$$f_{sh} = \frac{F_m}{b} \cdot 0{,}023 \cdot \left[\left|0{,}7 + \frac{K' \cdot l \cdot s}{d_1^2} \cdot \left(\frac{d_1}{d_{sh}}\right)^4\right| + 0{,}3\right] \cdot \left(\frac{b}{d_1}\right)^2,$$ f_{sh} = 8,86 µm Flankenlinienabweichung infolge Ritzel und Wellenverformung nach Formel 23.32.

$f_{H\beta} = 13\,\mu\text{m}$ nach Tabelle 23.10, $f_{ma} = f_{H\beta}$ siehe Bemerkungen unter Formel 23.31

$F_{\beta x} = f_{ma} + 1{,}33 f_{sh}$, $F_{\beta x} = 24{,}8\,\mu\text{m}$ nach Formel 23.31

$$y_\beta = \frac{320\,\text{N/mm}^2}{\sigma_{Hlim}} \cdot F_{\beta x}$$ nach Tabelle 23.12a, bei unterschiedlichen Werkstoffen von Rad und Ritzel ist der Mittelwert zu bilden.

$$y_{\beta 1} = \frac{320 \frac{\text{N}}{\text{mm}}^2}{430 \frac{\text{N}}{\text{mm}}^2} \cdot F_{\beta x},\ y_{\beta 2} = \frac{320 \frac{\text{N}}{\text{mm}}^2}{370 \frac{\text{N}}{\text{mm}}^2} \cdot F_{\beta x},\ y_\beta = \frac{y_{\beta 1} + y_{\beta 2}}{2}$$

$$y_\beta = 19{,}9\,\mu\text{m}$$

$F_{\beta y} = F_{\beta x} - y_\beta$, $F_{\beta y} = 4{,}843$ nach Formel 23.31, $c_\gamma = 20 \frac{\text{N}}{\mu\text{m} \cdot \text{mm}}$ siehe Bemerkung unter Formel 23.30

$$K_{H\beta} = 1 + \frac{F_{\beta y} \cdot c_\gamma}{2 \cdot F_m / b},\ K_{H\beta} = 1{,}231,\ \frac{F_{\beta y} \cdot c_\gamma}{2F_m / b} = 0{,}231 < 1$$

23

4. Breitenfaktor für Zahnfußtragfähigkeit $K_{F\beta}$

Zahnhöhe $h = 2{,}25 \cdot m_n$, $h = 9\,\text{mm}$, $N_F = \dfrac{1}{1 + \left(\dfrac{h}{b}\right) + \left(\dfrac{h}{b}\right)^2} = 0{,}72$

$K_{F\beta} = K_{H\beta}^{NF}$, $K_{F\beta} = 1{,}161$

5. Stirnfaktoren

$y_\alpha = \dfrac{160\,\text{N/mm}^2}{\delta_{H\lim}} \cdot f_{pe}$ nach Tabelle 23.12b mit f_{pe} nach Tabelle 23.6, bei unterschiedlichen Werkstoffen für Rad und Ritzel ist der Mittelwert zu bilden

$y_{\alpha 1} = \dfrac{160\,\text{N/mm}^2}{430\,\text{N/mm}^2} \cdot 12\,\mu\text{m}$, $y_{\alpha 2} = \dfrac{160\,\text{N/mm}^2}{370\,\text{N/mm}^2} \cdot 14\,\mu\text{m}$, $y_\alpha = \dfrac{y_{\alpha 1} + y_{\alpha 2}}{2}$, $y_\alpha = 5{,}26\,\mu\text{m}$.

Die maßgebende Umfangskraft im Stirnschnitt $F_{tH} = F_{Nt} \cdot K_A \cdot K_v \cdot K_{H\beta}$, $F_{tH} = 7727\text{N}$. Für $\varepsilon_\gamma > 2$, $K_{F\alpha} = K_{H\alpha} = 0{,}9 + 0{,}4\sqrt{\dfrac{2(\varepsilon_\gamma - 1)}{\varepsilon_\gamma} \cdot \dfrac{c_\gamma (f_{pe} - y_\alpha)}{F_{tH}/b}}$, $K_{F\alpha} = 1{,}154$.

Grenzbedingung für Zahnfußtragfähigkeit:

$$Y_\varepsilon = 0{,}25 + 0{,}75/\left(\varepsilon_\alpha / \cos^2 \beta\right);\ Y_\varepsilon = 0{,}738;\ K_{F\alpha G} = \frac{\varepsilon_\gamma}{\varepsilon_\alpha \cdot Y_\varepsilon};K_{F\alpha G} = 2{,}331$$

Grenzbedingung für Zahnflankentragfähigkeit:

$$Z_\varepsilon = \sqrt{\frac{4 - \varepsilon_\alpha}{3} \cdot (1 - \varepsilon_\beta) + \frac{\varepsilon_\beta}{\varepsilon_\alpha}},\ Z_\varepsilon = 0{,}874;\ K_{H\alpha G} = \frac{\varepsilon_\gamma}{\varepsilon_\alpha \cdot Z_\varepsilon^2};\ K_{H\alpha G} = 2{,}251,$$ womit

sich $K_{F\alpha} = K_{H\alpha} = 1{,}154$ ergibt. ■

■ 23.10 Zahnfußtragfähigkeit der Stirnräder

Dafür ist zunächst zu errechnen die

23

Zahnfußnennspannung $\sigma_{F0} = \dfrac{F_{Nt}}{b \cdot m_n} Y_{Fa} \cdot Y_{Sa} \cdot Y_\varepsilon \cdot Y_\beta$ (23.40)

F_{Nt}	in N	Nennumfangskraft am Teilkreis entsprechend Formel 23.2, d. h., $F_{Nt} = P_{Nb} / v$ mit P_{Nb} als zu übertragende Nennleistung und v als Umfangsgeschwindigkeit der Teilkreise,
b	in mm	Zahnbreite,
m_n	in mm	Normalmodul,
Y_{Fa}		Formfaktor nach DIN 3990 (Tabelle 23.27); er berücksichtigt die Zahnform,
Y_{Sa}		Spannungskorrekturfaktor, der den Kraftangriff am Zahnkopf auf die entsprechende örtliche Zahnfußspannung umrechnet, d. h. er erfasst die spannungserhöhende Wirkung der Kerbe (der Fußrundung), nach DIN 3990-3 (Tabelle 23.14),
Y_ε		Überdeckungsfaktor nach Formel 23.37,
Y_β		Schrägenfaktor nach Formel 23.41.

$$\textit{Schrägenfaktor}\ Y_\beta = 1 - \varepsilon_\beta \frac{\beta}{120°} \tag{23.41}$$

ε_β		Sprungüberdeckung nach Formel 22.37, bei $\varepsilon_\beta > 1$ ist $\varepsilon_\beta = 1$ einzusetzen,
β	in °	Schrägungswinkel, bei $\beta > 30°$ ist $\beta = 30°$ einzusetzen.

Da die äußeren und inneren Zusatzkräfte berücksichtigt werden müssen, beträgt die

$$\textit{Zahnfußspannung}\ \sigma_F = \sigma_{F0} \cdot K_A \cdot K_v \cdot K_{F\beta} \cdot K_{F\alpha} \tag{23.42}$$

σ_{F0}	in N/mm²	Zahnfußnennspannung nach Formel 23.40,
K_A		Anwendungsfaktor nach Tabelle 23.1,
K_v		Dynamikfaktor nach Formel 23.29,
$K_{F\beta}$		Breitenfaktor nach Formel 23.31,
$K_{F\alpha}$		Stirnfaktor nach Formel 23.34.

Mit der Zahnfußspannung lässt sich errechnen der

$$\textit{Sicherheitsfaktor}\ S_F = \frac{\sigma_{FE} \cdot Y_{NT} \cdot Y_\delta \cdot Y_R \cdot Y_X}{\sigma_F} \tag{23.43}$$

σ_{FE}	in N/mm²	Schwell-Dauerfestigkeit des Zahnradwerkstoffs nach Tabelle 23.15 (bei Wechselbeanspruchung etwa 0,7-fache Werte),
Y_{NT}		Lebensdauerfaktor für Zahnfußbeanspruchung, der die höhere Tragfähigkeit für eine begrenzte Anzahl von Lastspielen (Lastwechseln) N_L berücksichtigt (siehe hierzu nachfolgende Angaben),
Y_δ		relative Stützziffer, die den Einfluss der Kerbempfindlichkeit des Werkstoffs berücksichtigt (in DIN 3990 mit $Y_{\delta\,\mathrm{rel\,T}}$ bezeichnet). Bei normaler Fußrundung kann $Y_\delta = 1$ gesetzt werden.
Y_R		relativer Oberflächenfaktor, der die Oberflächenrauheit in der Fußrundung berücksichtigt (in DIN 3990 mit $Y_{R\,\mathrm{rel\,T}}$ bezeichnet, siehe hierzu die nachfolgenden Angaben),
Y_X		Größenfaktor für die Zahnfußfestigkeit nach Tabelle 23.16,
σ_F	in N/mm²	Zahnfußspannung nach Formel 23.42.

Wenn die Zähne auf Dauer halten sollen (Dauergetriebe), dann ist $Y_{NT} = 1$ zu setzen. Braucht die Verzahnung weniger als $N_L = 3 \cdot 10^6$ Lastspiele auszuhalten, so ist Y_{NT} aus Tabelle 23.17 zu entnehmen.

Im Bereich bis zu einer Rautiefe $R_z = 40\,\mu m$ können die im Folgenden genannten Zahlenwertgleichungen dienen.

Für Baustahl und Stahlguss:

$$Y_R = 5{,}306 - 4{,}203\left(R_z + 1\right)^{0{,}01}$$

Für Gusseisen mit Lamellengraphit (Grauguss), Gusseisen mit Kugelgraphit EN-GJS-400-15 und -600-3 (GGG-40 und 60), Vergütungs- und Nitrierstahl (nitriert oder nitrocarburiert):

$$Y_R = 4{,}299 - 3{,}259\left(R_z + 1\right)^{0{,}005}$$

Für Vergütungsstahl und Gusseisen mit Kugelgraphit EN-GJS-800-2 (GGG-80), Einsatzstahl und randschichtgehärteter Stahl mit gehärtetem Zahngrund:

$$Y_R = 1{,}674 - 0{,}529\left(R_z + 1\right)^{0{,}1}$$

Der Bruch eines Zahns bedeutet im Allgemeinen das Ende der Lebensdauer des Getriebes (DIN 3990). Vielfach wird als Folge eines Zahnbruchs die gesamte Verzahnung des Getriebes zerstört. Unter Umständen wird dadurch die Verbindung zwischen An- und Abtriebswelle unterbrochen. Deshalb ist der Sicherheitsfaktor S_F gegen Zahnbruch größer zu wählen als S_H gegen Schäden durch Grübchenbildung. Nach einem Zahnbruch ist ein Betrieb mit verringerter Belastung möglich, wenn nur ein kleiner Teil eines oder mehrerer Zähne ausgebrochen ist und die übrigen Teile der Verzahnung unbeschädigt sind.

Achtung! Die Zahnfußspannung σ_F und der Sicherheitsfaktor S_F als Sicherheit gegen Zahndauerbruch müssen für beide Räder errechnet werden, da sowohl die Kopffaktoren Y_{FS} als auch die Werkstoffkennwerte σ_{FE} verschieden groß sind.

Übliche **Sicherheitsfaktoren** sind $S_F = 1{,}1 \ldots 1{,}3$, wenn mit dem Maximalmoment gerechnet wird, d. h. mit den Faktoren K_A, K_v, $K_{F\beta}$ und $K_{F\alpha}$. Wenn nur mit K_A gerechnet wird, d. h. ohne K_v, $K_{F\beta}$, $K_{F\alpha}$ und Y_ε, so sollte $S_F = 1{,}6 \ldots 2$ betragen. Eine höhere Sicherheit kann selbstverständlich nie schaden, ist aber im Hinblick auf optimale Konstruktionen nicht sinnvoll. Wenn in kritischen Fällen eine hohe Zuverlässigkeit gefordert wird (hohes Schadensrisiko), so ist bei einer Berechnung nur mit K_A ein Sicherheitsfaktor $S_F = 2 \ldots 3$ anzustreben (siehe auch Tabelle 23.28).

Beispiel 23.8

Das schrägverzahnte V_{plus}-Radpaar nach Beispiel 22.3, Beispiel 22.4, Beispiel 22.9, Beispiel 23.1 und Beispiel 23.7 ist auf Zahnfußtragfähigkeit für ein Zeitgetriebe mit $N_L = 10^5$ Lastspielen zu berechnen.

Gegeben sind:

$z_1 = 17$, $z_{n1} = 21{,}6 \approx 22$, $z_2 = 81$, $z_{n2} \approx 103$, $m_n = 4\,\text{mm}$, $b = 30\,\text{mm}$, $\beta = 23{,}6°$, $P_{Nb} = 25\,\text{kW}$, $v = 5{,}55\,\text{m/s}$, $K_A = 1{,}3$, $K_v = 1{,}073$, $K_{F\beta} = 1{,}161$, $K_{F\alpha} = 1{,}154$, $\varepsilon_\beta \approx 1$, $Y_\varepsilon = 0{,}738$, $x_1 = +0{,}6$, $x_2 = +0{,}3$. Gemittelte Rautiefe in der Fußrundung $R_z = 20\,\mu\text{m}$.

Lösung:

1. Nennumfangskraft F_{Nt}

Nach der Legende zu Formel 23.40 ist

$$F_{Nt} = \frac{P_{Nb}}{v} = \frac{25\,\text{kW}}{5{,}55\,\text{m/s}} \approx 4{,}5\,\text{kN} = 4500\,\text{N}$$

2. Zahnfußnennspannungen σ_{F01} und σ_{F02}

Aus Tabelle 23.14 werden $Y_{Sa1} = 2{,}01$ und $Y_{Sa2} \approx 2{,}06$ sowie aus Tabelle 23.27 werden $Y_{Fa1} = 2{,}13$ und $Y_{Fa2} = 2{,}12$ entnommen. Ferner ist nach Formel 23.41 der Schrägenfaktor

$$Y_\beta = 1 - \varepsilon_\beta \frac{\beta}{120°} = 1 - 1\frac{23{,}6}{120} = 0{,}8$$

Somit wird nach Formel 23.40:

$$\sigma_{F01} = \frac{F_{Nt}}{b \cdot m_n} Y_{Sa1} \cdot Y_{Fa1} \cdot Y_\varepsilon \cdot Y_\beta = \frac{4500\,\text{N}}{30\,\text{mm} \cdot 4\,\text{mm}} \cdot 2{,}01 \cdot 2{,}13 \cdot 0{,}738 \cdot 0{,}8\,\text{N/mm}^2 \approx 94{,}8\,\text{N/mm}^2$$

$$\sigma_{F02} = \frac{Y_{Sa2} \cdot Y_{Fa2}}{Y_{Sa1} \cdot Y_{Fa1}} \sigma_{F01} = \frac{2{,}06 \cdot 2{,}12}{2{,}01 \cdot 2{,}13} \cdot 94{,}8\,\text{N/mm}^2 \approx 96{,}7\,\text{N/mm}^2$$

3. Zahnfußspannungen σ_{F1} und σ_{F2}

Nach Formel 23.42:

$$\sigma_{F1} = \sigma_{F01} \cdot K_A \cdot K_v \cdot K_{F\beta} \cdot K_{F\alpha} = 94{,}8\,\text{N/mm}^2 \cdot 1{,}3 \cdot 1{,}073 \cdot 1{,}161 \cdot 1{,}154 \approx 177{,}2\,\text{N/mm}^2$$

$$\sigma_{F2} = \frac{\sigma_{F02}}{\sigma_{F01}} \sigma_{F1} = \frac{96{,}7}{94{,}8} \cdot 177{,}2\,\text{N/mm}^2 = 180{,}8\,\text{N/mm}^2$$

23

4. Sicherheitsfaktoren S_{F1} und S_{F2}

In Tabelle 23.17 wird für St und $N_L = 10^5$ der Lebensdauerfaktor $Y_{NT} = 1{,}75$ abgelesen. Ferner wird $Y_\delta = 1$ angenommen. Nach der Legende zu Formel 23.43 ist

$$Y_R = 5{,}306 - 4{,}203(R_z + 1)^{0{,}01} = 5{,}306 - 4{,}203(20 + 1)^{0{,}01} \approx 0{,}97$$

und $Y_X = 1$ nach Tabelle 23.16. Für Rad 1 aus E 335 beträgt $\sigma_{FE} = 310\,\mathrm{N/mm^2}$, für Rad 2 aus E 295 ist $\sigma_{FE} = 280\,\mathrm{N/mm^2}$ (Tabelle 23.15). Somit gilt nach Formel 23.43:

$$S_{F1} = \frac{\sigma_{FE1} \cdot Y_{NT} \cdot Y_\delta \cdot Y_R \cdot Y_X}{\sigma_{F1}} = \frac{310 \cdot 1{,}75 \cdot 1 \cdot 0{,}97 \cdot 1}{177{,}2} = 2{,}97$$

$$S_{F2} = \frac{\sigma_{FE2} \cdot Y_{NT} \cdot Y_\delta \cdot Y_R \cdot Y_X}{\sigma_{F2}} = \frac{280 \cdot 1{,}75 \cdot 1 \cdot 0{,}97 \cdot 1}{180{,}8} = 2{,}63$$

In beiden Fällen ist die Sicherheit gegen Zahndauerbruch recht groß. Für ein Dauergetriebe mit $Y_{NT} = 1$ ergeben sich die Sicherheitsfaktoren $S_{F1} = 1{,}7$ und $S_{F2} = 1{,}5$.

23.11 Flanken- bzw. Grübchentragfähigkeit der Stirnräder

Zunächst ist die bei einer fehlerfreien Verzahnung auftretende Pressung durch die Nennumfangskraft zu errechnen:

$$\textit{Nominelle Flankenpressung}\quad \sigma_{H0} = Z_H \cdot Z_E \cdot Z_\varepsilon \cdot Z_\beta \sqrt{\frac{F_{Nt}}{d_1 \cdot b} \cdot \frac{u+1}{u}} \qquad (23.44)$$

Z_H		Zonenfaktor nach Formel 23.45, der die Krümmung der Flanken erfasst,
Z_E	in $\sqrt{\mathrm{N/mm^2}}$	Elastizitätsfaktor nach Tabelle 23.18 bzw. $Z_E = \sqrt{0{,}35 \cdot E_1 \cdot E_2 / (E_1 + E_2)}$,
Z_ε		Überdeckungsfaktor nach Formel 23.38,
Z_β		Schrägenfaktor $= \sqrt{\cos\beta}$ mit β als Schrägungswinkel, bei $\beta = 0$ ist $Z_\beta = 1$,
F_{Nt}	in N	Nennumfangskraft am Teilkreis (siehe Legende zu Formel 23.40),
d_1	in mm	Teilkreisdurchmesser des Ritzels (niemals d_2 einsetzen!),
b	in mm	Zahnbreite,
u		Zähnezahlverhältnis nach Formel 21.2,
E_1	in $\mathrm{N/mm^2}$	Elastizitätsmodul des Ritzels (des Rads 1),
E_2	in $\mathrm{N/mm^2}$	Elastizitätsmodul des Gegenrades (des Rads 2) nach Tabelle 23.18.

$$\textit{Zonenfaktor}\quad Z_H = \sqrt{\frac{2\cos\beta_b}{\cos^2\alpha_t \cdot \tan\alpha_{wt}}} \qquad (23.45)$$

β_b	in °	Grundschrägungswinkel nach Formel 22.19 oder Formel 22.20,
α_{wt}	in °	Betriebs-Eingriffswinkel nach Formel 22.25 bzw. Formel 22.28,
α_t	in °	Stirneingriffswinkel nach Formel 22.8.

Bei Null-Geradzahn-Stirnrädern wird $Z_H = \sqrt{2/\tan\alpha} \cdot (\cos\alpha)^{-1}$ und bei $\alpha = 20°$ ist $Z_H = 2{,}49$.

Ritzel-Einzeleingriffsfaktor (Geradverzahnung)

$$Z_B = \frac{\tan\alpha_{wt}}{\sqrt{\left[\sqrt{\frac{d_{a1}^2}{d_{b1}^2}-1}-\frac{2\pi}{z_1}\right]\left[\sqrt{\frac{d_{a2}^2}{d_{b2}^2}-1}-(\varepsilon_\alpha-1)\cdot\frac{2\pi}{z_2}\right]}}$$

Falls $Z_B < 1$, dann setzen Sie $Z_B = 1$

Rad-Einzeleingriffsfaktor (Geradverzahnung)

$$Z_D = \frac{\tan\alpha_{wt}}{\sqrt{\left[\sqrt{\frac{d_{a2}^2}{d_{b2}^2}-1}-\frac{2\pi}{z_2}\right]\left[\sqrt{\frac{d_{a1}^2}{d_{b1}^2}-1}-(\varepsilon_\alpha-1)\cdot\frac{2\pi}{z_1}\right]}} \qquad (23.46)$$

Falls $Z_D < 1$, dann setzen Sie $Z_D = 1$

Ritzel- und Rad- Einzeleingriffsfaktor Schrägverzahnung $\varepsilon_\beta \geq 1$: $Z_B = Z_D = 1$

Ritzel-und Rad-Einzeleingriffsfaktor Schrägverzahnung $\varepsilon_\beta < 1$: Z_B, Z_D lineare Interpolation zwischen Geradverzahnung und $\varepsilon_\beta = 1$

d_{a1}, d_{a2}	in mm	Kopfkreisdurchmesser (nach Formel 22.11)
d_{b1}, d_{b2}	in mm	Grundkreisdurchmesser (nach Formel 22.12)
z_1, z_2		Zähnezahl Ritzel, Rad
ε_α		Profilüberdeckung (nach Formel 22.34 bis Formel 22 36)
α_{wt}	in °	Betriebseingriffswinkel (nach Formel 22.28)

Nunmehr kann errechnet werden die

Maßgebende Flankenpressung

– Rad $\quad \sigma_H = Z_D \cdot \sigma_{H0} \cdot \sqrt{K_A \cdot K_v \cdot K_{H\beta} \cdot K_{H\alpha}}$ $\quad$ (23.47)

– Ritzel $\quad \sigma_H = Z_B \cdot \sigma_{H0} \cdot \sqrt{K_A \cdot K_v \cdot K_{H\beta} \cdot K_{H\alpha}}$

Z_B, Z_D		Einzeleingriffsfaktoren nach Formel 23.46,
σ_{H0}	in N/mm²	nominelle Flankenpressung nach Formel 23.44,
K_A		Anwendungsfaktor nach Tabelle 23.1,
K_v		Dynamikfaktor nach Formel 23.29,
$K_{H\beta}$		Breitenfaktor nach Formel 23.32,
$K_{H\alpha}$		Stirnfaktor nach Formel 23.33 bzw. Formel 23.34 bzw. Formel 23.36.

23

Die maßgebende Flankenpressung während des Eingriffs zwischen den Ritzel- und Radzahnflanken ist allgemein größer als die nominelle.

Damit ergibt sich der

Sicherheitsfaktor $S_H = \frac{\sigma_{Hlim} \cdot Z_{NT}}{\sigma_H} Z_L \cdot Z_v \cdot Z_R \cdot Z_W \cdot Z_X$ $\quad$ (23.48)

$\sigma_{H\,lim}$	in N/mm²	Dauerfestigkeit für Flankenpressung des betreffenden Radwerkstoffs nach Tabelle 23.15,
Z_{NT}		Lebensdauerfaktor, der eine höhere Tragfähigkeit bei einer begrenzten Lebensdauer (Zeitgetriebe) berücksichtigt (nach Tabelle 23.17), abhängig von der Lastspielzahl N_L. Bei Dauergetrieben ist $Z_{NT} = 1$,
Z_L		Schmierstofffaktor, der den Einfluss des)Schmieröls berücksichtigt (nach Tabelle 23.19),
Z_v		Geschwindigkeitsfaktor, der den Einfluss der Gleitgeschwindigkeit an den Flanken berücksichtigt (nach Tabelle 23.19),

Z_R Rauheitsfaktor, der die Oberflächenrauheit der Zahnflanken berücksichtigt (nach Tabelle 23.19),
Z_W Werkstoffpaarungsfaktor, der die Wirkung von oberflächengehärteten Gegenflanken berücksichtigt (siehe Tabelle 23.19). Sind beide Flanken ungehärtet oder gehärtet oder nitriert, so ist $Z_W = 1$ zu setzen,
Z_X Größenfaktor, der den Einfluss der Zahngröße berücksichtigt (nach Tabelle 23.16).

Achtung! Der **Sicherheitsfaktor** als Sicherheit gegen Grübchenschäden ist für beide Räder zu errechnen. Üblich sind $S_H = 1\ldots1{,}3$, bei hohem Schadensrisiko $S_H \approx 1{,}6$ (siehe auch Tabelle 23.28). Bei der Nachrechnung ausgeführter, bewährter Getriebe ergaben sich besonders von solchen mit niedrigen Umfangsgeschwindigkeiten, Aussetzbetrieb und seltener Höchstbelastung Sicherheiten bis herunter zu 0,7 – insbesondere, wenn mit allen Faktoren K_A, K_v, $K_{H\alpha}$ und $K_{H\beta}$ gerechnet wurde und bei Zeitgetrieben eine gewisse Grübchenbildung zugelassen werden kann.

Beispiel 23.9

Das schrägverzahnte V_{plus}-Radpaar nach Beispiel 22.3, Beispiel 22.4, Beispiel 22.9, Beispiel 23.1, Beispiel 23.7 und Beispiel 23.8 ist auf Grübchentragfähigkeit für ein Zeitgetriebe mit $N_L = 10^5$ Lastspielen (Lastwechseln) zu berechnen.

Gegeben sind:

$z_1 = 17$, $z_2 = 81$, $u = 4{,}765$, $x_1 = +0{,}6$, $x_2 = +0{,}3$, $\beta = 23{,}6°$, $m_n = 4\,\text{mm}$, $d_1 = 74{,}2\,\text{mm}$, $b = 30\,\text{mm}$, $F_{Nt} = 4500\,\text{N}$, $Z_\varepsilon = \sqrt{0{,}764} = 0{,}87$, $K_A = 1{,}3$, $K_v = 1{,}073$, $K_{H\beta} = 1{,}231$, $K_{H\alpha} = 1{,}154$, $\varepsilon_\beta \approx 1$. Rautiefe der Zahnflanken $R_z = 3\,\mu\text{m}$, $\beta_b = 22{,}08°$, $\alpha_t = 21{,}66°$, $\alpha_{wt} = 23{,}935°$, $v = 5{,}55\,\text{m/s}$, Werkstoffe: Rad 1 aus E 335, Rad 2 aus E 295. Das Radpaar soll in einem mehrstufigen Getriebe laufen und wird mit einem Öl ISO VG 320 geschmiert. Kontrolle mit XGEAR bzw. ZGEAR, Sicherheiten S_{H1} und S_{H2} mit $Z_{NT} = 1{,}6$ multiplizieren.

Lösung:

1. Nominelle Flankenpressung σ_{H0}

Zonenfaktor nach Formel 23.45:

$$Z_H = \sqrt{\frac{2\cos\beta_b}{\cos^2\alpha_t \cdot \tan\alpha_{wt}}} = \sqrt{\frac{2\cos 22{,}08°}{\cos^2 21{,}66 \cdot \tan 23{,}935°}} = 2{,}2$$

Nach Tabelle 23.18 ist für die Werkstoffpaarung Stahl/Stahl der Elastizitätsfaktor $Z_E = 189{,}8\sqrt{\text{N/mm}^2}$.

Schrägenfaktor $Z_\beta = \sqrt{\cos\beta} = \sqrt{\cos 23{,}6°} = 0{,}957$. Damit wird nach Formel 23.44:

$$\sigma_{H0} = Z_H \cdot Z_E \cdot Z_\varepsilon \cdot Z_\beta \sqrt{\frac{F_{Nt}}{d_1 \cdot b} \cdot \frac{u+1}{u}}$$

$$= 2{,}2 \cdot 189{,}8\sqrt{\text{N/mm}^2}\, 0{,}87 \cdot 0{,}957 \sqrt{\frac{4500\,\text{N}}{74{,}2\,\text{mm} \cdot 30\,\text{mm}} \cdot \frac{4{,}765+1}{4{,}765}} = 544\,\text{N/mm}^2$$

2. Maßgebende Flankenpressung σ_H

Nach Formel 23.47:

$$\sigma_H = \left(Z_{B/D}\right) \cdot \sigma_{H0}\sqrt{K_A \cdot K_v \cdot K_{H\beta} \cdot K_{H\alpha}} = 1 \cdot 544\,\text{N/mm}^2 \sqrt{1{,}3 \cdot 1{,}073 \cdot 1{,}231 \cdot 1{,}154}$$
$$= 765{,}8\,\text{N/mm}^2$$

23

3. Sicherheitsfaktoren S_{H1} und S_{H2}

Aus Tabelle 23.17 wird für St der Lebensdauerfaktor $Z_{NT} = 1{,}6$ abgelesen, aus Tabelle 23.19 der Schmierstofffaktor $Z_L = 1{,}08$ für $\sigma_{H\,lim} < 850\ \text{N/mm}^2$ und $\upsilon_{40} = 320\,\text{mm}^2/\text{s}$, der Geschwindigkeitsfaktor $Z_v = 0{,}97$ für $\upsilon \approx 6\,\text{m/s}$ und $\sigma_{H\,lim} < 850\ \text{N/mm}^2$, der Rauheitsfaktor $Z_R = 1$ für $R_z = 3\,\mu\text{m}$ und $\sigma_{H\,lim} < 850\ \text{N/mm}^2$ und der Werkstoffpaarungsfaktor $Z_W = 1$, da keine Flankenhärtung erfolgt, sowie Größenfaktor $Z_X = 1$ aus Tabelle 23.16 für $m_n < 5$ mm.

Mit $\sigma_{H\,lim1} = 380\,\text{N/mm}^2$ für E 335 und $\sigma_{H\,lim2} = 350\,\text{N/mm}^2$ für E 295 nach Tabelle 23.15 wird nach Formel 23.48:

$$S_{H1} = \frac{\sigma_{Hlim1} \cdot Z_{NT}}{\sigma_H} Z_L \cdot Z_v \cdot Z_R \cdot Z_W \cdot Z_X = \frac{380 \cdot 1{,}6}{765{,}8} 1{,}08 \cdot 0{,}97 \cdot 1 \cdot 1 \cdot 1 = 0{,}83$$

$$S_{H2} = S_{H1} \frac{\sigma_{Hlim2}}{\sigma_{Hlim1}} = 0{,}83 \frac{350}{380} = 0{,}764$$

Diese Sicherheiten sind < 1 und somit nicht ausreichend. Es empfiehlt sich daher, die Werkstoffpaarung auf E 360/E 335 zu ändern und die Zahnbreite auf 40 mm zu vergrößern. ■

23.12 Zahnfußtragfähigkeit der Kegelräder

Die Berechnung ist prinzipiell die gleiche wie bei Stirnrädern, weil man sich die Kegelräder durch Stirnräder mit dem mittleren Normalmodul m_{nm} und den virtuellen Zähnezahlen z_v ersetzt denken kann (siehe Bild 23.22). Die Tragfähigkeitsberechnung von Kegelrädern ist mit DIN 3991 genormt. Für das folgende Berechnungsverfahren gelten ebenfalls die Ausführungen zu DIN 3990 in Abschnitt 23.9.

Zur Berechnung des Dynamikfaktors wird benötigt die

Linienbelastung $$w = \frac{F_{Nt}}{b_{eH}} K_A = \frac{F_t}{b_{eH}} \qquad (23.49)$$

w	in N/mm	Linienbelastung des Zahnpaars ohne Dynamikfaktor,
F_{Nt}	in N	Nennumfangskraft am mittleren Teilkreis $= P_{Nb}/\upsilon_m$ mit P_{Nb} als zu übertragende Nennleistung in W und υ_m in m/s als Umfangsgeschwindigkeit der mittleren Teilkreise $= d_{m1} \cdot \pi \cdot n_1 = d_{m2} \cdot \pi \cdot n_2$,
b_{eH}	in mm	siehe Bem. in Formel 23.50,
K_A		Anwendungsfaktor nach Tabelle 23.1,
F_t	in N	Umfangskraft am mittleren Teilkreis unter Berücksichtigung der Betriebsbedingungen $= F_{Nt} \cdot K_A$.

23

Sinngemäß zu den Stirnrädern (siehe Abschnitt 23.9) beträgt der

Dynamikfaktor $$K_v = \left(\frac{K_1 K_2}{F_{Nt}/b_{eH} \cdot K_A} + K_3 \right) \frac{z_1 \cdot \upsilon_m}{100} \cdot \sqrt{\frac{u^2}{u^2+1}} + 1 \qquad (23.50)$$

K_1, K_2, K_3		Einflussfaktoren (siehe Tabelle 23.13),
F_{Nt}	in N	siehe Legende zu Formel 23.49,
υ_m	in m/s	Umfangsgeschwindigkeit der mittleren Teilkreise (siehe Legende zu Formel 23.49),
u		Zähnezahlverhältnis,
b_{eH}	in mm	effektive Zahnbreite bezüglich Flankenbeanspruchung $b_{eH} = 0{,}85 \cdot b$,
z_1		Zähnezahl des Ritzels,
K_A		Anwendungsfaktor nach Tabelle 23.1, Für eine Linienbelastung von $w < 100$ N/mm ist $w = 100\,\text{N/mm}$ zu setzen.

Zur Berechnung der Zahnfußspannung wird der **Stirn-Breitenfaktor $K_{\alpha\beta}$** als Produkt von Stirnfaktor $K_{F\alpha}$ und Breitenfaktor $K_{F\beta}$ benötigt. Wegen der größeren Unsicherheiten bei Kegelrädern und des begrenzten Tragbilds (Kegelräder tragen nicht auf der gesamten Zahnbreite) ist es üblich, die in Tabelle 23.20 angegebenen Werte einzusetzen.

Das Tragbild darf bei keinem Betriebszustand an einem Zahnende liegen. Es beträgt die

Zahnfußnennspannung $$\sigma_{F0} = \frac{F_{Nt}}{b_{eH} \cdot m_{nm}} \cdot Y_\varepsilon \cdot Y_\beta \cdot Y_{Fa} \cdot Y_{Sa} \qquad (23.51)$$

F_{Nt} in N siehe Legende zu Formel 23.49,
m_{nm} in mm mittlerer Normalmodul nach Formel 22.47 und ggf. nach Tabelle 22.1,
Y_ε Überdeckungsfaktor $Y_\varepsilon = 1/\varepsilon_\alpha$,
Y_β Schrägenfaktor $Y_\beta = 1 - \varepsilon_\beta \cdot \beta_m / 120°$ mit $\varepsilon_\beta \leq 1$ entsprechend Formel 23.41,
b_{eH} in mm effektive Zahnbreite $b_{eH} \approx 0{,}85 \cdot b$,
b in mm Zahnbreite,
Y_{Fa} Formfaktor zur Berücksichtigung der Zahnform auf die Biegenennspannung nach Tabelle 23.27 für die Zähnezahl z_{vm} des Ersatzstirnrads im Normalschnitt
$z_{vn1} = z_{v1} / \left(\cos^2 \beta_{vb} \cdot \cos^2 \beta_m\right) z_{vn2} = u_v \cdot z_{vn1}$ mit z_{v1}, β_m siehe Legende zu Formel 23.55 und
$\beta_{vb} = \arcsin\left(\sin \beta_m \cdot \cos \alpha_n\right)$,
α_n Normaleingriffswinkel, in der Regel $\alpha_n = 20°$,
Y_{Sa} Spannungskorrekturfaktor zur Berücksichtigung der spannungserhöhenden Wirkung der Kerbe durch die Fußrundung nach Tabelle 23.14 (siehe auch Hinweise zu Y_{Fa}).

Damit ist zu errechnen die

Zahnfußspannung $$\sigma_F = \sigma_{F0} \cdot K_A \cdot K_v \cdot K_{F\alpha} \cdot K_{F\beta} \qquad (23.52)$$

σ_{F0} in N/mm² Zahnfußnennspannung nach Formel 23.51,
K_A Anwendungsfaktor nach Tabelle 23.1,
K_v Dynamikfaktor nach Formel 23.50,
$K_{F\alpha}$ Stirnfaktor für Zahnfußtragfähigkeit (nach Tabelle 23.20),
$K_{F\beta}$ Breitenfaktor für Zahnfußtragfähigkeit.
Für Industriegetriebe gelten folgende Werte:
$K_{F\beta} \approx 1{,}65$ bei beidseitiger Lagerung von Ritzel und Rad,
$K_{F\beta} \approx 1{,}88$ bei einer einseitigen und einer fliegenden Lagerung,
$K_{F\beta} \approx 2{,}25$ bei fliegender Lagerung von Ritzel und Rad.

Mit der Zahnfußspannung lässt sich für jedes Rad errechnen der

Sicherheitsfaktor $$S_F = \frac{\sigma_{FE} \cdot Y_{NT}}{\sigma_F} Y_X \qquad (23.53)$$

σ_{FE} in N/mm² Schwell-Dauerfestigkeit des Zahnradwerkstoffs (der ungekerbten Probe) nach Tabelle 23.15. Bei Wechselbeanspruchung etwa 0,7-fache Werte, $\sigma_{FE} = 2\sigma_{F\lim}$,
Y_{NT} Lebensdauerfaktor für eine höhere Tragfähigkeit bei Zeitgetrieben nach Tabelle 23.17. Bei Dauergetrieben ist $Y_{NT} = 1$,
Y_X Größenfaktor nach Tabelle 23.16.

Die Faktoren Y_δ und Y_R (siehe Formel 23.43) werden vernachlässigt.

Für **übliche Sicherheiten S_F** gegen Zahndurchbruch siehe Tabelle 23.28.

Beispiel 23.10

Das Schrägzahn-Kegelradpaar nach Beispiel 22.13 ist auf Zahnfußtragfähigkeit für ein Dauergetriebe zu berechnen. Es sind gegeben: $z_1 = 17$, $z_{v1} = 17{,}3$, $z_{vn1} = 21{,}7 \approx 22$, $z_2 = 86$, $zv^2 = -261{,}5$ (Hohlrad mit Innenverzahnung), $x_1 = x_2 = 0$, $u \approx 5$, $\Sigma = 120°$, $\beta_m = 22°$, $m_{nm} = 3\text{mm}$, $b = 30\text{mm}$, $d_{m1} = 55\text{mm}$, $d_{m2} = 278{,}3\text{mm}$, $\varepsilon_\alpha = 1{,}6$, $\varepsilon_\beta = 1{,}19$, $P_{Nb} = 12\text{kW}$, $K_A = 1{,}6$, $v_m = 3\text{m/s}$, Rad 1 aus Einsatzstahl 15CrNi6 einsatzgehärtet, Rad 2 aus Vergütungsstahl 31CrMoV9 gasnitriert. Das Ritzel 1 ist fliegend gelagert.

Lösung:

1. Nennumfangskraft F_{Nt}

$$F_{Nt} = \frac{P_{Nb}}{\upsilon_m} = \frac{12\text{kW}}{3\text{m/s}} = 4\text{ kN} = 4000\text{ N}$$

2. Dynamikfaktor K_v

Aus Tabelle 23.3 wird für $\upsilon_m = 3\text{m/s}$ die Verzahnungsqualität 8 gewählt. $K_1 = 27{,}02$; $K_2 = 1$ und $K_3 = 0{,}01$ werden aus Tabelle 23.13 entnommen. Die effektive Zahnbreite bezüglich der Flankenbeanspruchung ergibt sich aus $b_{eH} = 0{,}85 \cdot b$; $b_{eH} = 25{,}5\text{mm}$.

$$K_v = \left[\frac{K_1 \cdot K_2}{\left(\frac{F_{Nt}}{b_{eH}} \cdot K_A\right)} + K_3\right] \cdot \frac{z_1}{100} \cdot \upsilon_m \cdot \sqrt{\frac{u^2}{u^2+1}} + 1$$

$K_v = 1{,}059$ mit F_{Nt} in N; u_m in m/s und b_{eH} in mm.

3. Zahnfußspannung σ_{F01}

$$Y_\varepsilon = \frac{1}{\varepsilon_\alpha} Y_\varepsilon = 0{,}625 \ (\text{Überdeckungsfaktor})$$

$$Y_\beta = 1 - \varepsilon_\beta \cdot \frac{\beta_m}{120°} = 1 - 1 \cdot 22/120 = 0{,}82 \text{ entsprechend Formel 23.41 (Schrägenfaktor)}$$

$Y_{Fa} = 2{,}83$ nach Tabelle 23.27 (Formfaktor)

$Y_{Sa} = 1{,}63$ nach Tabelle 23.14 (Spannungskorrekturfaktor)

23

Damit ergibt sich:

$$\sigma_{F01} = \frac{F_{Nt}}{b_{eH} \cdot m_{nm}} \cdot Y_\varepsilon \cdot Y_\beta \cdot Y_{Fa} \cdot Y_{Sa}$$

$$\sigma_{F01} \approx 123\text{N/mm}^2$$

4. Zahnfußspannung σ_{F1}

$K_{F\alpha} = 1{,}4$ Stirnfaktor für Zahnfußtragfähigkeit nach Tabelle 23.20

$K_{F\beta} = 2{,}25$ Rad und Ritzel sind fliegend gelagert, siehe Bemerkungen zu Formel 23.52.

$$\sigma_{F1} = \sigma_{F01} \cdot K_A \cdot K_v \cdot K_{F\alpha} \cdot K_{F\beta}; \sigma_{F1} = 657\text{N/mm}^2$$

5. Sicherheitsfaktor S_{F1}

Mit $Y_{NT} = 1$ (Dauergetriebe) und $Y_x = 1$ nach Tabelle 23.16 wird mit $\sigma_{FE1} = 610\,\text{N/mm}^2$ aus Tabelle 23.15 nach Formel 23.53

$$S_{F1} = \frac{\sigma_{FE1} \cdot Y_{NT}}{\sigma_{F1}} \cdot Y_x = 0{,}93 < 1$$

d. h., die Sicherheit ist nicht groß genug.

23.13 Flanken- bzw. Grübchentragfähigkeit der Kegelräder

Wie bei den Stirnrädern ist zunächst zu errechnen die

nominelle Flankenpressung $$\sigma_{H0} = Z_H \cdot Z_E \cdot Z_\varepsilon \cdot Z_\beta \sqrt{\frac{F_{Nt}}{d_{vm1} \cdot b_{eH}} \cdot \frac{u_v + 1}{u_v}} \qquad (23.54)$$

Z_H		Zonenfaktor, der für Null-Kegelradpaare die Krümmung der Flanken erfasst, $Z_H = 2\sqrt{\cos\beta_b / \sin 2\alpha_t}$,
Z_E	in $\sqrt{\text{N/mm}^2}$	Elastizitätsfaktor nach Tabelle 23.18 oder Formel 23.46,
Z_ε		Überdeckungsfaktor nach Formel 23.38,
Z_β		Schrägenfaktor $\sqrt{\cos\beta_m}$ mit β_m als mittlerem Schrägungswinkel,
F_{Nt}	in N	Nennumfangskraft am mittleren Teilkreis (siehe Legende zu Formel 23.49),
d_{vm1}	in mm	mittlerer Teilkreisdurchmesser des virtuellen Ersatzstirnrads $= z_{v1} \cdot m_{nm} / \cos\beta_m$ (niemals d_{vm2} einsetzen!),
b_{eH}		in mm tragende Zahnbreite $\approx 0{,}85b$, d. h. 85 % der Zahnbreite b werden als tragend angenommen,
u_v		virtuelles Zähnezahlverhältnis $= z_{v2} / z_{v1}$,
β_b	in °	Grundschrägungswinkel aus $\sin\beta_b = \sin\beta_m \cdot \cos\alpha_n$ nach Formel 22.20, wobei in der Regel $\alpha_n = 20°$ ist,
α_t	in °	Stirneingriffswinkel aus $\tan\alpha_t = \tan\alpha_n / \cos\beta_m$ nach Formel 22.8.

Danach können errechnet werden:

Einzeleingriffsfaktor Ritzel $$Z_B = \frac{\tan\alpha_{vt}}{\sqrt{\left(\sqrt{\frac{d_{va1}^2}{d_{vb1}^2}} - 1 - \frac{2\pi}{z_{v1}}\right)\left(\sqrt{\frac{d_{va2}^2}{d_{vb2}^2}} - 1 - (\varepsilon_{va} - 1) \cdot \frac{2\pi}{z_{v2}}\right)}}$$

Einzeleingriffsfaktor Rad $$Z_D = \frac{\tan\alpha_{vt}}{\sqrt{\left(\sqrt{\frac{d_{va2}^2}{d_{vb2}^2}} - 1 - \frac{2\pi}{z_{v1}}\right)\left(\sqrt{\frac{d_{va1}^2}{d_{vb1}^2}} - 1 - (\varepsilon_{va} - 1) \cdot \frac{2\pi}{z_{v1}}\right)}} \qquad (23.55)$$

Einzeleingriffsfaktor Ritzel und Rad $Z_B = Z_D = 1$
Schräg- und Bogenverzahnung $\varepsilon_{v\beta} \geq 1$

Einzeleingriffsfaktor Ritzel und Rad Z_B, Z_D lineare Interpolation zwischen
Schräg- und Bogenverzahnung $\varepsilon_{v\beta} < 1$ Geradverzahnung und $\varepsilon_{v\beta} = 1$

$d_{va1/2}$	in mm	Kopfkreisdurchmesser der Ersatz-Stirnradverzahnung $d_{va1/2} = d_{m1/2} / \cos\delta_{1/2} + 2h_{am}$,
$d_{vb1/2}$	in mm	Grundkreisdurchmesser der Ersatz-Stirnradverzahnung $d_{vb1/2} = d_{m1/2} / \cos\delta_{1/2} \cdot \cos\alpha_{vt}$,

23

$z_{v1/2}$		Zähnezahl der Ersatz-Stirnradverzahnung $z_{v1} = z_1 \cdot \sqrt{u^2 + 1/u}$ $z_{v2} = z_2 \cdot \sqrt{u^2 + 1}$,
$\varepsilon_{v\alpha}$		Profilüberdeckung der Ersatz-Stirnradverzahnung $\varepsilon_{v\alpha} = g_{v\alpha} \cdot \cos\beta_m / (m_{nm} \cdot \pi \cdot \cos\alpha_{vt})$ mit $g_{v\alpha} = (1/2) \cdot \left(\sqrt{d_{va1}^2 - d_{vb1}^2} + \sqrt{d_{va2}^2 - d_{vb2}^2}\right) - a_v \cdot \sin\alpha_{vt}$ (bei Geradverzahnung $m_{nm} = m_m$),
α_{vt}	in °	Stirneingriffswinkel der Ersatz-Stirnradverzahnung $\alpha_{vt} = \arctan(\tan\alpha_n / \cos\beta_m)$,
$d_{m1/2}$	in mm	mittlerer Teilkreisdurchmesser $d_{m1/2} = z_{1/2} \cdot m_m$, m_m siehe Formel 22.47 bzw. m_{nm} für schräg- und bogenverzahnte Kegelräder,
$\delta_{1/2}$	in °	Teilkegelwinkel,
h_{am}	in mm	Zahnkopfhöhe in Mitte Zahnbreite $h_{am} = m_m$ (im Normalfall),
β_m	in °	mittlerer Schrägungs- bzw. Spiralwinkel,
a_v	in mm	Achsabstand der Ersatzstirnradverzahnung $a_v = (d_{v1} + d_{v2})/2$,
$d_{v1/2}$	in mm	Teilkreisdurchmesser der Ersatzstirnradverzahnung $d_{v1/2} = \dfrac{d_{m1/2}}{\cos\delta_{1/2}}$,
$\varepsilon_{v\beta}$		Sprungüberdeckung $\varepsilon_{v\beta} = \dfrac{b \cdot \sin\beta_m}{m_{nm} \cdot \pi} \cdot \dfrac{b_{eH}}{b}$.

Maßgebende Flankenpressung

– Rad $$\sigma_H = Z_D \cdot \sigma_{H0} \cdot \sqrt{K_A \cdot K_v \cdot K_{H\beta} \cdot K_{H\alpha}} \qquad (23.56)$$

– Ritzel $$\sigma_H = Z_B \cdot \sigma_{H0} \cdot \sqrt{K_A \cdot K_v \cdot K_{H\beta} \cdot K_{H\alpha}}$$

σ_{H0}	in N/mm²	nominelle Flankenpressung nach Formel 23.54,
K_A		Anwendungsfaktor nach Tabelle 23.1,
K_v		Dynamikfaktor nach Formel 23.50,
$K_{H\beta}$		Breitenfaktor nach Formel 23.33,
$K_{H\alpha}$		Stirnfaktor nach Tabelle 23.20.

Sicherheitsfaktor $$S_H = \frac{\sigma_{Hlim} \cdot Z_{NT}}{\sigma_H} Z_X \qquad (23.57)$$

$\sigma_{H\,lim}$	in N/mm²	Dauerfestigkeit für Flankenpressung des betreffenden Radwerkstoffs nach Tabelle 23.15,
Z_{NT}		Lebensdauerfaktor, der eine höhere Tragfähigkeit bei einer begrenzten Lebensdauer (Zeitgetriebe) berücksichtigt, nach Tabelle 23.17. Bei Dauergetrieben ist $Z_{NT} = 1$.
Z_X		Größenfaktor, der den Einfluss der Zahngröße berücksichtigt, nach Tabelle 23.16.

Vernachlässigt werden der Schmierstofffaktor Z_L, der Geschwindigkeitsfaktor Z_v, der Rauheitsfaktor Z_R und der Werkstoffpaarungsfaktor Z_W, d. h., deren Produkt wird zu 1 angenommen.

Für **übliche Sicherheiten S_H** gegen Grübchenschäden siehe Tabelle 23.28.

Wenn genauere Werte vorliegen, kann nach Formel 23.48 gerechnet werden.

23

Beispiel 23.11

Das Schrägzahn-Null-Kegelradpaar nach Beispiel 22.13 und Beispiel 23.10 ist auf Grübchentragfähigkeit für ein Dauergetriebe zu berechnen. Es sind gegeben: $z_1 = 17$, $z_2 = 86$, $\Sigma = 120°$, $\alpha_t = 21{,}43°$, $\beta_m = 22°$, $m_{nm} = 3\text{mm}$, $z_{v1} = 17{,}3$, $z_{v2} = -261{,}5$, $u_v = z_{v2} / z_{v1} = -15{,}1$ (Innengetriebe), $\varepsilon_\alpha = 1{,}6$, $\varepsilon_\beta = 1{,}19$, $K_A = 1{,}6$, $K_v = 1{,}059$, $K_{F\alpha} = 1{,}4$, $K_{F\beta} = 2{,}25$, $Z_{B/D} = 1$, $F_{Nt} = 4000\text{N}$, Rad 1 besteht aus Einsatzstahl 15CrNi6 einsatzgehärtet, Rad 2 aus Vergütungsstahl 31CrMoV9 gasnitriert.

Lösung:

1. Nominelle Flankenpressung σ_{H0}

Aus $\beta_b = \sin\beta_m \alpha_n = \sin 22°$ folgt $\beta_b = 20{,}6°$. Zonenfaktor nach Formel 23.55:

$$Z_H = 2\sqrt{\frac{\cos\beta_b}{\sin(2\alpha_t)}} = 2\sqrt{\frac{\cos 20{,}6°}{\sin(2 \cdot 21{,}43°)}} \approx 2{,}35$$

Nach Tabelle 23.18 ist $Z_E = 189{,}8\sqrt{\text{N/mm}^2}$. Ferner betragen $Z_\beta = \sqrt{\cos\beta_m} = \sqrt{\cos 22°} = 0{,}963$, $d_{vm1} = z_{v1} \cdot m_{nm} / \cos\beta_m = 17{,}3 \cdot 3\,\text{mm} / \cos 22° = 56\,\text{mm}$ und $b_H = 0{,}85b = 0{,}85 \cdot 30\,\text{mm} = 25{,}5\,\text{mm}$. Da $\varepsilon_\beta > 1$ ist, wird nach Formel 23.38 der Faktor $Z_\varepsilon = \sqrt{1/\varepsilon_\alpha} = \sqrt{1/1{,}6} = 0{,}79$. Somit gilt nach Formel 23.54:

$$\sigma_{H0} = Z_H \cdot Z_E \cdot Z_\varepsilon \cdot Z_\beta \sqrt{\frac{F_{Nt}}{d_{vm1} \cdot b_H} \frac{u_v + 1}{u_v}}$$

$$= 2{,}35 \cdot 189{,}8\sqrt{\text{N/mm}^2} \cdot 0{,}79 \cdot 0{,}963\sqrt{\frac{4000\,\text{N}}{56\,\text{mm} \cdot 25{,}5\,\text{mm}} \cdot \frac{-15{,}1+1}{-15{,}1}} = 548{,}8\,\text{N/mm}^2$$

2. Maßgebende Flankenpressung σ_H

Nach Formel 23.56 mit $K_{H\alpha} = K_{F\alpha}$ und $K_{H\beta} = K_{F\beta}$:

$$\sigma_H = Z_{B/D} \cdot \sigma_{H0}\sqrt{K_A \cdot K_v \cdot K_{F\alpha} \cdot K_{F\beta}} = 1 \cdot 548{,}8\,\text{N/mm}^2\sqrt{1{,}6 \cdot 1{,}059 \cdot 1{,}4 \cdot 2{,}25} = 1268\,\text{N/mm}^2$$

3. Sicherheiten S_H gegen Grübchenschäden

Mit $Z_{NT} = 1$ (Dauergetriebe), $Z_X = 1$ aus Tabelle 23.16, $\sigma_{Hlim1} = 1300\,\text{N/mm}^2$ und $\sigma_{Hlim2} = 790\,\text{N/mm}^2$ aus Tabelle 23.15 werden nach Formel 23.57:

$$S_{H1} = \frac{\sigma_{Hlim1} \cdot Z_{NT}}{\sigma_H} = 1300 / 1268 = 1{,}02$$

$$S_{H2} = \frac{\sigma_{Hlim2} \cdot Z_{NT}}{\sigma_H} = 790 / 1268 = 0{,}62$$

Die zweite Sicherheit ist zu klein, Zahnbreite auf 35 mm erhöhen.

23

23.14 Berechnung der Räder aus thermoplastischen Kunststoffen auf Tragfähigkeit und Verformung

Thermoplastische Kunststoffe haben keine Dauerfestigkeit wie Metalle, sondern nur eine Zeitfestigkeit, die degressiv mit der Lastspielzahl abnimmt. Es empfiehlt sich, zunächst eine Überschlagsberechnung vorzunehmen, die darüber Aufschluss gibt, ob das vorgesehene Kunststoffrad tragfähig genug sein kann. Dazu dient der

Belastungskennwert $c = \dfrac{F_{\mathrm{Nt}}}{b \cdot p_{\mathrm{t}}}$ (23.58)

F_{Nt}	in N	Nennumfang am Teilkreis entsprechend Formel 23.2,
b	in mm	Zahnbreite,
p_{t}	in mm	Stirnteilung $= m_{\mathrm{n}} \cdot \pi / \cos\beta$.

In Tabelle 23.21 sind für verschiedene Kunststoffe die Erfahrungswerte für c in Abhängigkeit von der erreichbaren Lastspielzahl N aufgeführt. Die Lebensdauer in Stunden ist dann $L_{\mathrm{h}} = N / n$ mit n als Drehzahl bzw. Anzahl der Eingriffe eines Zahns je Stunde. Für Dauergetriebe ist c_{zul} bei $N = 10^8$ maßgebend.

Beispiel 23.12

Ein geradverzahntes V-Stirnrad soll als Rad 2 bei $n_2 = 500\,\mathrm{min}^{-1} = 8{,}33\,\mathrm{s}^{-1}$ eine Nennleistung $P_{\mathrm{N}} = 20\,\mathrm{kW}$ übertragen. Gegenrad 1 aus Stahl. Es sind vorgesehen: $z_1 = 20$, $z_2 = 73$, $m = 5\,\mathrm{mm}$, $b = 65\,\mathrm{mm}$, $d_2 = 365\,\mathrm{mm}$. Ist ein thermoplastischer Kunststoff geeignet, wenn das Rad bei Fettschmierung in einem Dauergetriebe laufen soll?

Lösung:

Mit $v = d_2 \cdot \pi \cdot n_2 = 0{,}365\,\mathrm{m} \cdot \pi \cdot 8{,}33\,\mathrm{s}^{-1} = 9{,}55\,\mathrm{m/s}$ wird

$$F_{\mathrm{Nt}} = \frac{P_{\mathrm{N}}}{v} = \frac{20000\ \mathrm{W}}{9{,}55\ \mathrm{m/s}} = 2094\ \mathrm{N}$$

Bei $\beta = 0°$ ist $p_{\mathrm{t}} = p = m \cdot \pi = 5\,\mathrm{mm} \cdot \pi = 15{,}7\,\mathrm{mm}$.

Somit gilt nach Formel 23.58:

$$c = \frac{F_{\mathrm{Nt}}}{b \cdot p_{\mathrm{t}}} = \frac{2094\ \mathrm{N}}{65\ \mathrm{mm} \cdot 15{,}7\ \mathrm{mm}} \approx 2\ \mathrm{N/mm^2}$$

Nach Tabelle 23.21 hat PA 12 bei $N = 10^8$ und Fettschmierung einen zulässigen Belastungskennwert $c_{\mathrm{zul}} = 2{,}4\,\mathrm{N/mm^2}$, sodass zunächst PA 12 G (gegossen) gewählt wird.

23

Nun muss die Erwärmung der Zähne und die der Flanken ermittelt werden, da die Haltbarkeit der thermoplastischen Kunststoffe stark von der Gebrauchstemperatur abhängt. Die Temperatur der Zähne ist für die Zahnfuß-Tragfähigkeit und die Temperatur der Flanken für die Flanken-Tragfähigkeit maßgebend. Bei $v \geq 5$ m/s lauten erfahrungsgemäß die **Zahlenwertgleichungen** für die

Zahntemperatur

$$t_{\mathrm{F}} \approx t_0 + 136 \cdot P_{\mathrm{N}} \cdot \mu \frac{u+1}{z_2+5} \left[\frac{17100}{b \cdot z} \cdot \frac{K_{\mathrm{F1}}}{(v \cdot m_{\mathrm{n}})^{\kappa}} + 6{,}3 \frac{K_{\mathrm{F2}}}{A} \right] \text{ in °C} \qquad (23.59)$$

Flankentemperatur

$$t_F \approx t_0 + 136 \cdot P_N \cdot \mu \frac{u+1}{z_2+5}\left[\frac{17100}{b \cdot z} \cdot \frac{K_{H1}}{(v \cdot m_n)^{\kappa}} + 6{,}3 \frac{K_{H2}}{A}\right] \text{ in °C} \qquad (23.60)$$

t_0	in °C	Umgebungstemperatur (im Normalfall 20 °C),
P_N	in kW	zu übertragende Nennleistung,
μ		Reibwert nach Tabelle 23.22,
u		Zähnezahlverhältnis nach Formel 21.2,
z_2		Zähnezahl des Großrads,
z		Zähnezahl des Kunststoffrads (das kann z_1 oder z_2 sein),
b	in mm	Zahnbreite,
K_{F1}, K_{F2}		Beiwerte für die Zahntemperatur nach Tabelle 23.22,
K_{H1}, K_{H2}		Beiwerte für die Flankentemperatur nach Tabelle 23.22,
v	in m/s	Umfangsgeschwindigkeit der Teilkreise (bei Kegelrädern der mittleren Teilkreise),
m_n	in mm	Normalmodul,
κ		Exponent nach Tabelle 23.22,
A	in m^2	wärmeabführende Oberfläche des Getriebegehäuses, die aus der Konstruktionszeichnung zu entnehmen ist. Sie entfällt bei offenen Getrieben.

P_N, b, v, m_n und A sind nur mit ihren **Zahlenwerten** unter Fortlassung ihrer vorangehend aufgeführten Einheiten einzusetzen.

Bei v < 5 m/s entfällt die Berechnung der Temperaturen. In diesen Fällen ist mit der Umgebungstemperatur zu rechnen, d. h. mit $t_F = t_H = t_0$.

Ähnlich wie die Metallräder werden auch Kunststoffräder auf Zahnfuß- und Flanken-Tragfähigkeit berechnet. Die maßgebenden Festigkeitswerte sind vom Hersteller einzuholen, falls nicht die hier aufgeführten Kunststoffe in Betracht kommen. Da Kunststoff sehr elastisch ist, wird davon ausgegangen, dass sich die Zahnkraft gleichmäßig auf die im Eingriff befindlichen Zahnpaare aufteilt und dass wegen der Dämpfungseigenschaften die inneren dynamischen Kräfte rechnerisch nicht erfasst zu werden brauchen. Dadurch vereinfacht sich die Berechnung.

1. Berechnung auf Zahnfußtragfähigkeit

Es beträgt die

Zahnfußspannung $$\sigma_F = \frac{w}{m_n} Y_{Fa} \cdot Y_\varepsilon \cdot Y_\beta \qquad (23.61)$$

w	in N/mm	$= F_{Nt} \cdot K_A / b$ nach Formel 23.30 ist die Linienbelastung mit $F_{Nt} = P_N / v$ als Nennumfangskraft am Teilkreis und b als Zahnbreite. P_N ist die zu übertragende Nennleistung und v die Umfangsgeschwindigkeit der Teilkreise. K_A ist der Anwendungsfaktor nach Tabelle 23.1,
m_n	in mm	Normalmodul (bei Kegelrädern m_{nm}),
Y_{Fa}		Zahnformfaktor nach Tabelle 23.27. Kerbwirkungen brauchen nicht in Betracht gezogen zu werden,
Y_ε		Lastanteilfaktor $= 1/\varepsilon_\alpha$ mit ε_α als Profilüberdeckung nach Formel 22.34 bis Formel 22.36. Bei Kegelrädern ist $Y_\varepsilon = 1$,
Y_β		Schrägenfaktor $= \sqrt{\cos\beta} \geq 0{,}75$.

Sicherheit gegen Zahn-Dauerbruch $$S_F = \frac{\sigma_{FN}}{\sigma_F} \qquad (23.62)$$

σ_{FN}	in N/mm^2	Zeit-Schwellfestigkeit des betreffenden Kunststoffs bei der erforderlichen Lastspielzahl N nach Tabelle 23.23,
σ_F	in N/mm^2	Zahnfußspannung nach Formel 23.61.

Üblich sind (siehe auch Tabelle 23.28): **$S_F \geq 1{,}25$** bei Zeitgetrieben mit N_L Lastspielen,
≥ 2 bei Dauergetrieben, wenn σ_{FN} bei $N_L = 10^8$ Lastspielen eingesetzt wird.

23

Beispiel 23.13

Das geradverzahnte V-Stirnrad aus PA 12 G nach Beispiel 23.12 soll als Rad 2 in einem Dauergetriebe (geschlossenes Gehäuse) laufen. Es ist auf Zahnfußtragfähigkeit zu berechnen.

Gegeben sind:

$z_1 = 20$, $z_2 = z = 73$, $u = 3{,}65$, $x_1 = 0{,}18$, $x_2 = 0{,}5$, $v = 9{,}55\,\text{m/s}$, $F_{\text{Nt}} = 2094\,\text{N}$, $m = 5\,\text{mm}$, $b = 65\,\text{mm}$, $P_{\text{N}} = 20\,\text{kW}$, $K_{\text{A}} = 1{,}2$, $\varepsilon_\alpha = 1{,}4$, Fettschmierung, $t_0 = 20\,°\text{C}$, $A = 0{,}75\,\text{m}^2$.

Lösung:

1. Zahntemperatur t_{F}

Aus Tabelle 23.22 werden entnommen: $K_{\text{F1}} = 1$ (Paarung PA/St), $K_{\text{F2}} = 0{,}17$ (geschlossenes Gehäuse), $\mu = 0{,}09$ (einmalige Fettschmierung), $\chi = 0{,}75$ (für PA). Damit wird die Zahntemperatur nach Formel 23.59:

$$t_{\text{F}} \approx t_0 + 136 \cdot P_{\text{N}} \cdot \mu \frac{u+1}{z_2+5}\left[\frac{17\,100}{b \cdot z} \cdot \frac{K_{\text{F1}}}{(v \cdot m)^{\chi}} + 6{,}3 \frac{K_{\text{F2}}}{A}\right] \text{ in °C}$$

$$= 20 + 136 \cdot 20 \cdot 0{,}09 \frac{3{,}65+1}{73+5}\left[\frac{17\,100}{65 \cdot 73} \cdot \frac{1}{(9{,}55 \cdot 5)^{0{,}75}} + 6{,}3 \frac{0{,}17}{0{,}75}\right] = 43{,}7 \text{ in °C}$$

2. Linienbelastung w

Entsprechend der Legende zu Formel 23.61 wird

$$w = \frac{F_{\text{Nt}}}{b} K_{\text{A}} = \frac{2094\,\text{N}}{65\,\text{mm}} 1{,}2 = 38{,}7\,\text{N/mm}$$

3. Sicherheit S_{F} gegen Zahn-Dauerbruch

Nach Tabelle 23.27 beträgt der Zahnformfaktor $Y_{\text{Fa}} = 2{,}09$ (für $z = 73$ und $x = 0{,}5$). Mit $Y_\varepsilon = 1/\varepsilon_\alpha = 1/1{,}4 = 0{,}714$ und $Y_\beta = 1$ (Geradverzahnung) wird nach Formel 23.61:

$$\sigma_{\text{F}} = \frac{w}{m} \cdot Y_{\text{Fa}} \cdot Y_\varepsilon \cdot Y_\beta = \frac{38{,}7\,\text{N/mm}}{5\,\text{mm}} \cdot 2{,}09 \cdot 0{,}714 \cdot 1 \approx 11{,}6\,\text{N/mm}^2$$

Aus Tabelle 23.23 wird für $v = 10\,\text{m/s}$, $t_{\text{F}} = 60\,°\text{C}$ und $N = 10^8$ entnommen: $\sigma_{\text{FN}} = 28\,\text{N/mm}^2$. Damit beträgt die Sicherheit gegen Zahn-Dauerbruch nach Formel 23.62

$$S_{\text{F}} = \sigma_{\text{FN}} / \sigma_{\text{F}} = 28 / 11{,}6 \approx 2{,}4$$

die gut ausreicht. Eine Entscheidung über Abmessungsänderungen kann aber erst nach der Berechnung auf Flankentragfähigkeit erfolgen.

2. Berechnung auf Flankentragfähigkeit

$$\textit{Hertzsche Pressung im Wälzpunkt}\ \sigma_{\mathrm{H}} = \sqrt{\frac{w}{d_1} \cdot \frac{u+1}{u}}\, Z_{\mathrm{H}} \cdot Z_{\mathrm{E}} \cdot Z_{\varepsilon} \qquad (23.63)$$

w	in N/mm	siehe Legende zu Formel 23.61,
d_1	in mm	Teilkreisdurchmesser des Ritzels, bei Kegelrädern $d_{\mathrm{vm1}} = z_{\mathrm{v1}} \cdot m_{\mathrm{tm}}$ (niemals d_2 bzw. d_{vm2} einsetzen!),
u		Zähnezahlverhältnis nach Formel 21.2, (bei Kegelrädern u_{v} nach Formel 22.56),
Z_{H}		Zonenfaktor nach Formel 23.45 bzw. Formel 23.55,
Z_{E}	in N/mm²	Elastizitätsfaktor nach Tabelle 23.24,
Z_{ε}		Überdeckungsfaktor nach Formel 23.38.

Damit errechnet sich die

$$\textit{Sicherheit gegen Flankenschäden}\ S_{\mathrm{H}} = \frac{\sigma_{\mathrm{HN}}}{\sigma_{\mathrm{H}}} \qquad (23.64)$$

σ_{HN}	in N/mm²	Zeitwälzfestigkeit des Kunststoffs bei der Lastspielzahl N_{L} (siehe untenstehende Angaben),
σ_{H}	in N/mm²	Hertz'sche Pressung nach Formel 23.63.

Die Zeitwälzfestigkeit σ_{HN} kann für PA 66 aus Tabelle 23.25 entnommen werden. Für PA 6 sind die abgelesenen Werte mit 0,8 und für PA 6 G (Guss) mit 0,9 zu multiplizieren (Werte für POM siehe ebenfalls Tabelle 23.25).

Werden gleiche Kunststofftypen miteinander gepaart, so ist bei Trockenlauf mit einem früheren Verschleißbeginn zu rechnen, und die Zeitwälzfestigkeit σ_{HN} ist niedriger. Paarungen mit verschiedenartigen Kunststoffen verhalten sich in dieser Beziehung günstiger.

Üblich sind (siehe auch Tabelle 23.28): $S_{\mathrm{H}} = 1{,}1 \ldots 1{,}5$, wobei $S_{\mathrm{H}} < 1{,}5$ nur bei sehr genauen Zahnrädern gewählt werden sollte. $S_{\mathrm{H}} \geq 1{,}5$ ist für Dauergetriebe zweckmäßig, wenn mit σ_{HN} bei $N_{\mathrm{L}} = 10^8$ gerechnet wird.

Beispiel 23.14

Das geradverzahnte V-Stirnrad aus PA 12 G als Rad 2 in einem Dauergetriebe (geschlossenes Gehäuse) nach Beispiel 23.12 und Beispiel 23.13 ist auf Flankentragfähigkeit zu berechnen.

Gegeben sind:

Gegenrad 1 aus Stahl, $t_0 = 20\,°\mathrm{C}$, $P_{\mathrm{N}} = 20\,\mathrm{kW}$, $\mu = 0{,}09$, $z = z_2 = 73$, $b = 65\,\mathrm{mm}$, $v = 9{,}55\,\mathrm{m/s}$, $\mathrm{m} = 5\,\mathrm{mm}$, $A = 0{,}75\,\mathrm{m}^2$, $w = 38{,}7\,\mathrm{N/mm}$, $u = 3{,}65$, $\varepsilon_{\alpha} = 1{,}4$, $\chi = 0{,}75$, $\alpha_{\mathrm{wt}} = 22{,}8°$.

Lösung:

1. Flankentemperatur t_{H}

Aus Tabelle 23.22 werden entnommen: $K_{\mathrm{H1}} = 10$ (Paarung PA/St), $K_{\mathrm{H2}} = 0{,}17$ (geschlossenes Gehäuse). Damit ergibt sich die Flankentemperatur nach Formel 23.60 zu

$$t_{\mathrm{H}} \approx t_0 + 136 \cdot P_{\mathrm{N}} \cdot \mu \,\frac{u+1}{z_2+5} \left[\frac{17\,100}{b \cdot z} \cdot \frac{K_{\mathrm{H1}}}{(v \cdot m)^{\varkappa}} + 6{,}3\,\frac{K_{\mathrm{H2}}}{A} \right] \text{ in °C}$$

$$= 20 + 136 \cdot 20 \cdot 0{,}09\,\frac{3{,}65+1}{73+5} \left[\frac{17\,100}{65 \cdot 73} \cdot \frac{10}{(9{,}55 \cdot 5)^{0{,}75}} + 6{,}3\,\frac{0{,}17}{0{,}75} \right] \approx 70 \text{ in °C}$$

23

2. Sicherheit S_H gegen Flankenschäden

Nach Formel 23.45 beträgt bei Geradverzahnung mit $\beta_b = 0°$ und $\alpha_t = \alpha = 20°$ der Zonenfaktor

$$Z_H = \sqrt{\frac{2}{\cos^2\alpha_t \cdot \tan\alpha_{wt}}} = \sqrt{\frac{2}{\cos^2 20° \cdot \tan 22{,}8°}} = 2{,}32$$

und bei $\varepsilon_\beta = 0$ der Überdeckungsfaktor nach Formel 23.38:

$$Z_\varepsilon = \sqrt{\frac{4-\varepsilon_\alpha}{3}} = \sqrt{\frac{4-1{,}4}{3}} = 0{,}93$$

Der Elastizitätsfaktor wird für $t_H = 70°C$ aus Tabelle 23.24 $Z_E = 13 N/mm^2$ für PA 12 und Gegenrad aus St entnommen. Damit wird nach Formel 23.63:

$$\sigma_H = \sqrt{\frac{w}{d_1} \cdot \frac{u+1}{u}} Z_H \cdot Z_E \cdot Z_\varepsilon = \sqrt{\frac{38{,}7 N/mm}{100 mm} \cdot \frac{3{,}65+1}{3{,}65}} 2{,}32 \cdot 13\sqrt{N/mm^2} \cdot 0{,}93 = 19{,}7 N/mm^2$$

Da in Tabelle 23.25 für PA 12 keine Werte angegeben sind, werden ersatzweise die für PA 66 bei Fettschmierung herangezogen. Bei $t_H = 70°C$ und $N_L = 10^8$ ist $\sigma_{HN} \approx 33 N/mm^2$. Nach Formel 23.64:

$$S_H = \sigma_{HN} / \sigma_H = 33 / 19{,}7 \approx 1{,}7$$

Diese ist für Dauergetriebe ausreichend ($S_H > S_{Herf} = 1{,}5$). Zweckmäßig werden für PA 12 G (Guss) genauere Werte für σ_{HN} vom Hersteller angefordert. ■

3. Berechnung auf Zahnverformung

Die Richtlinie VDI 2545 führt aus: Zahnräder aus Kunststoff verformen sich bei Beanspruchung wegen des kleineren E-Moduls stärker als Zahnräder aus metallischen Werkstoffen. Diese Verformung verfälscht die Geometrie des Zahns und wirkt beim Übergang vom unbelasteten zum belasteten Zahn wie ein Teilungsfehler. Infolge dieses scheinbaren Teilungsfehlers wird jedem Zahn bei Beginn des Eingriffs schlagartig eine Verformung aufgezwungen. Diese verstärkt die Laufgeräusche und vergrößert die dynamische Zahnlast. Der Effekt tritt verstärkt auf, wenn Zähne bereits länger im Stillstand belastet waren. Dann kann durch Kriechen des Kunststoffs die Verformung so groß werden, dass im Betrieb die zulässige Zahnfußspannung überschritten wird.

23

Die Verschiebung des Zahnkopfes in Umfangsrichtung ist die

$$\textit{Verformung}\ \lambda = \frac{0{,}67 w_N}{\cos\alpha_t} \varphi \left(\frac{\psi_1}{E_1} + \frac{\psi_2}{E_2} \right) \qquad (23.65)$$

λ	in mm	Verschiebung des Zahnkopfs in Umfangsrichtung,
w_N	in N/mm	spezifische Nennumfangskraft $= F_{Nt} / b$ ($F_{Nt} = P_N / v$ als P_N Nennleistung),
α_t	in °	Stirneingriffswinkel nach Formel 22.8,
φ		Beiwert nach Tabelle 23.26,
ψ_1, ψ_2		Beiwerte für die betreffenden Kunststoffräder nach Tabelle 23.26. Für ein Metallrad ist $\psi = 0$ zu setzen,
E_1, E_2	in N/mm²	Elastizitätsmoduln der Kunststoffe der Räder $\approx 1{,}36 Z_E^2$ mit Z_E aus Tabelle 23.26.

Messungen zeigten, dass bei Verformungen $\lambda > 0{,}1 m_n$ das Laufgeräusch zunimmt und die Zahnfußfestigkeit überschritten werden kann. Deshalb gilt: $\lambda \leq 0{,}1 m_n$.

Beispiel 23.15

Das geradverzahnte V-Stirnrad aus PA 12 G (Rad 2) nach Beispiel 23.12 bis Beispiel 23.14 ist auf Zahnverformung zu berechnen.

Gegeben sind:

Gegenrad 1 aus Stahl, $m = 5\,\text{mm}$, $F_{\text{Nt}} = 2094\,\text{N}$, $b = 65\,\text{mm}$, $\alpha_1 = \alpha = 20°$, $z_1 = 20$, $z_2 = 73$, $u = 3{,}65$, $x_1 = 0{,}18$, $x_2 = 0{,}5$, $Z_{\text{E}} = 13\sqrt{\text{N/mm}^2}$.

Lösung:

Aus Tabelle 23.26 werden entnommen: $\varphi = 7{,}1$ (für $z_1 = 20$ und $u = 3{,}65$), $\varphi_2 = 0{,}9$ (für $z_2 = 73$ und $x_2 = 0{,}5$). Da das Rad 1 aus St besteht, ist $\varphi_1 = 0$. Mit $E_2 \approx 1{,}36\,Z_{\text{E}}^2 = 1{,}36 \cdot 13^2\,\text{N/mm}^2 = 230\,\text{N/mm}^2$ wird für Geradverzahnung und Paarung mit einem Stahlritzel nach Formel 23.65 und mit $w_{\text{N}} = F_{\text{Nt}} / b = 2094\,\text{N} / 65\,\text{mm} = 32{,}2\,\text{N/mm}$:

$$\lambda = \frac{0{,}67 w_{\text{N}}}{\cos\alpha}\varphi\frac{\psi_2}{E_2} = \frac{0{,}67 \cdot 32{,}2\,\text{N/mm}}{\cos 20°} 7{,}1 \frac{0{,}9}{230\,\text{N/mm}^2} = 0{,}64\,\text{mm}$$

Damit ist $\lambda = 0{,}64\,\text{mm} > 0{,}1m = 0{,}1 \cdot 5\,\text{mm} = 0{,}5\,\text{mm}$, sodass Bedenken bestehen. Es müsste daher ein Kunststoff mit höherem Elastizitätsmodul gewählt werden, z. B. PA 6 G mit $Z_{\text{E}} \approx 25\sqrt{\text{N/mm}^2}$ und damit $E \approx 850\,\text{N/mm}^2$ bei $t_{\text{H}} = 70\,°\text{C}$. Dann wird $\lambda = 0{,}17\,\text{mm} < 0{,}1m = 0{,}5\,\text{mm}$.

23.15 Laufgeräusche, Ausführung von Getrieben

Das Bestreben, geräuscharm laufende Zahnradgetriebe zu bauen, führte zu zahlreichen Untersuchungen über die Geräuschursachen, die noch nicht als abgeschlossen betrachtet werden können. Trotz peinlich genauer Einhaltung der vorgeschriebenen Fertigungstoleranzen und Oberflächengüten kann es vorkommen, dass Getriebe aus demselben Fertigungslos verschieden geräuschvoll laufen. Je nach Qualität weichen die Verzahnungen in der Flankenform, in der Eingriffsteilung, in der Flankenrichtung und dergleichen von den theoretischen Werten ab, sodass Laufungenauigkeiten infolge der Wälzabweichungen in Kauf genommen werden müssen. Hinzu kommen die Verformungen der Zähne und der Wellen durch die zu übertragende Kraft, die die Laufungenauigkeiten vergrößern. Die Folge sind periodische Rotationsbeschleunigungen und -verzögerungen und Drehmomentschwankungen, die zu anhaltenden Schwingungen der Getriebeteile führen und die sich als Geräusche äußern, wenn sie in Hörfrequenz liegen.

Sobald ein Zahn in oder aus dem Eingriff tritt, gibt es einen Stoß, den sogenannten Eingriffsstoß. Wenn der Berührpunkt der Flanken den Wälzpunkt passiert, ändert die Reibkraft ihren Richtungssinn und verursacht damit ebenfalls einen Kraftimpuls. Auch diese Eingriffsverhältnisse tragen zur Schwingungserregung bei. Maßnahmen zur Bekämpfung der Zahnradgeräusche sind

1. Balligmachen der Zähne (Bild 23.25), um den Eingriffsstoß sanfter zu machen,
2. Wahl der Zähnezahl der kämmenden Räder als Primzahlen, um das periodische Zusammentreffen bestimmter Verzahnungsfehler zu vermeiden,
3. Anwendung großer Zähnezahlen bei entsprechend kleinen Moduln, weil damit die Profilüberdeckung größer wird,
4. Anwendung der Schräg- oder Bogenverzahnung, um die Be- und Entlastung der Zähne nicht plötzlich erfolgen zu lassen,
5. Einsatz dämpfender Radwerkstoffe, wie duro- oder thermoplastischer Kunststoffe, oder Füllen der Radfelgen mit schalldämpfenden Massen,
6. Versteifen der Getriebegehäuse durch Stege, Rippen und dergleichen,
7. verformungssteife Wellen,
8. starres Lagern der Wellen mit kleinstmöglichem Lagerspiel.

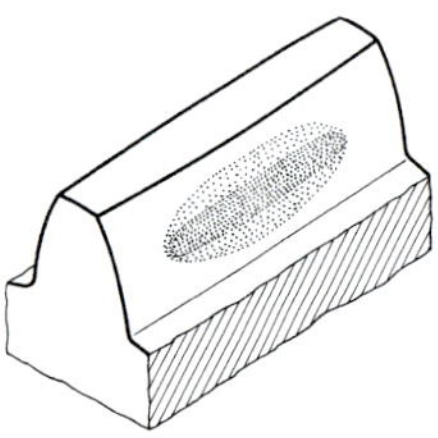

Bild 23.25
Tragbild eines balligen Zahnes

Die vorangegehend genannte Gesichtspunkte erfordern eine sorgfältige Konstruktion der Getriebe. Bild 23.26 bis Bild 23.30 zeigen einige Ausführungen im Maschinenbau. Bei kleinen bis mittleren Getrieben werden die Gehäuse einwandig ausgeführt, meistens in Grauguss, bei Einzelfertigung auch in Schweißkonstruktion. Ein Gehäuse besteht im Allgemeinen aus einem Unterkasten und einem Oberkasten, deren Trennfuge durch die Achsmitten der Zahnräder geht (Bild 23.26 und Bild 23.28). Meistens werden Wälzlager vorgesehen, lediglich bei sehr großen Getrieben werden Gleitlager mit Umlaufschmierung vorgesehen. Für die Wellenlager sind durchgehende Bohrungen im Gehäuse anzustreben, um ein genaues Fluchten der Lager zu erreichen (Bild 23.27). Die axiale Festlegung der Wellen erfolgt durch vorgesetzte oder eingesetzte Deckel.

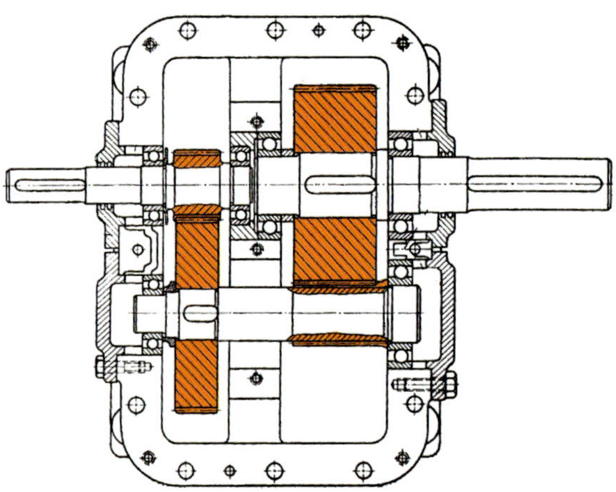

Bild 23.26
Zweistufiges Stirnradgetriebe

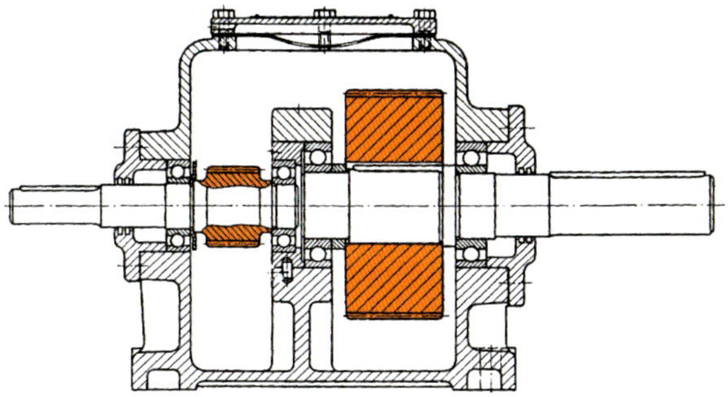

Bild 23.27
Querschnitt durch zweistufiges Stirnradgetriebe entsprechend Bild 23.26

Die axiale Lage eines der gepaarten Kegelräder muss bei der Montage so eingestellt werden, dass sich die Kegelspitzen im Achsenschnittpunkt treffen. Dies geschieht meistens durch Passscheiben oder Passrohre.

In Bild 23.28 ist ein zweistufiges Getriebe dargestellt, das als erste Stufe ein Kegelradpaar und als zweite Stufe ein Schrägzahn-Stirnradpaar aufweist. Diese Getriebeart wird auch Kegelstirnradgetriebe oder kombiniertes Getriebe genannt.

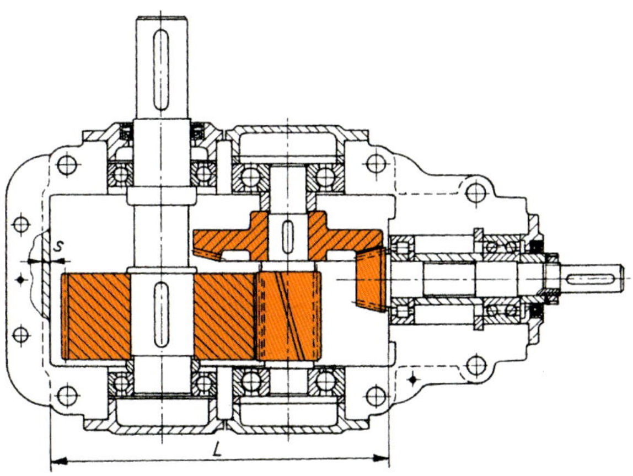

Bild 23.28
Stirnrad-Kegelradgetriebe (aus [23.4])

Für die Abmessungen eines Getriebegehäuses ist die Formsteifigkeit maßgebend, nicht die Festigkeit. Ausgehend von der größten Gehäuselänge L in mm (siehe Bild 23.28) können folgende Anhaltswerte bei der Gestaltung von Gehäusen aus Gusseisen mit Lamellengraphit (Grauguss), Stahlguss oder Stahl geschweißt angewendet werden:

Gehäuseteil	aus Gusseisen	Stahlguss	Stahl geschweißt
Wanddicke s des Unterkastens	$\approx 0{,}01L + 6\,\text{mm}$	$\approx 0{,}007L + 4\,\text{mm}$	$\approx 0{,}005L + 4\,\text{mm}$
Wanddicke des Oberkastens	$\approx (0{,}8\ldots1)s$	$\approx (0{,}7\ldots0{,}9)s$	$\approx (0{,}6\ldots0{,}8)s$
Flanschdicke an der Trennfuge	$\approx 1{,}5s$	$\approx 1{,}5s$	$\approx 2s$
Fußflanschdicke (Unterkasten)	$\approx 1{,}8s$	$\approx 1{,}8s$	$\approx 3{,}5s$
Fußflanschbreite	$\approx 3s + 10\,\text{mm}$	$\approx 3s + 10\,\text{mm}$	$\approx 4s + 10\,\text{mm}$
Rippendicke	$\approx 0{,}7 \times$ die zu versteifende Wanddicke		

23

Das in Bild 23.29 gezeigte zweistufige Stirnradgetriebe ist rechtsseitig an einen Elektromotor angeflanscht (Getriebemotor). Der linksseitige Flansch dient zur Befestigung an der Gehäusewand der anzutreibenden Maschine. Außerdem gibt es Getriebemotoren, die anstelle des seitlichen Befestigungsflansches einen Fußflansch oder Füße haben zur Befestigung auf einer Konsole oder einer anderen Stützkonstruktion.

Bild 23.30 zeigt ein dreistuftiges Stirnradgetriebe zum Antrieb der Seiltrommel eines Elektroseilzuges. Bei der dritten Stufe handelt es sich um ein Innenradpaar, dessen Hohlrad mit der Seiltrommel verbunden ist.

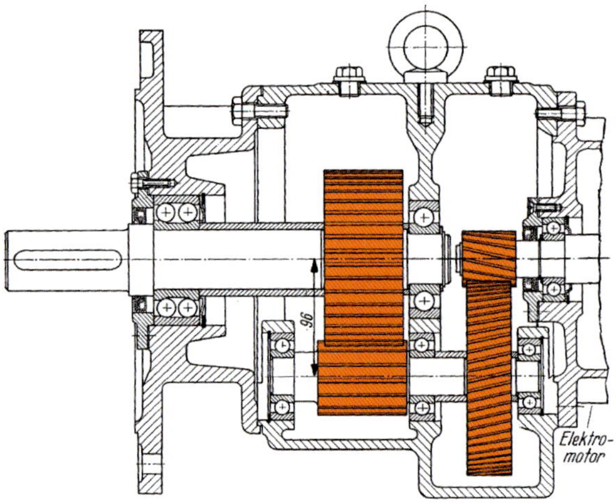

Bild 23.29
An einen Elektromotor anflanschbares Getriebe

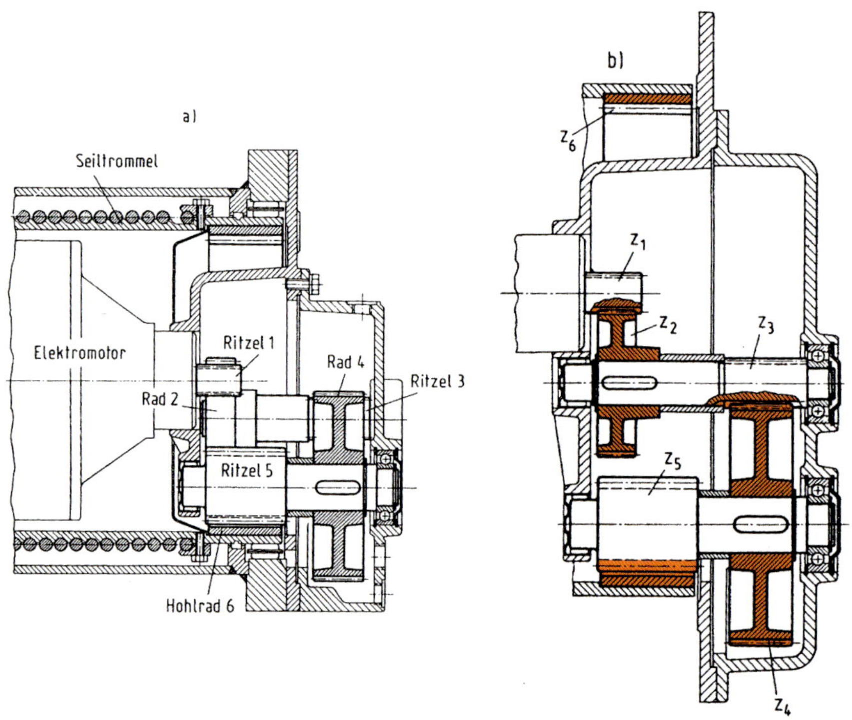

Bild 23.30 Hubwerksgetriebe eines Elektroseilzuges
a) Schnittdarstellung, b) Getriebe-Übersicht

23.16 Verständnisfragen

1. Wie verhalten sich die Tangentialkräfte von treibendem und getriebenem Zahnrad bei einem schrägverzahnten Stirnradpaar zueinander?
2. Das Drehmoment eines Rads ist das Produkt welcher beiden Größen?
3. Was ergibt sich aus dem Verhältnis von Abtriebsleistung zu Antriebsleistung?
4. Wie kann vermieden werden, dass das Großrad bei erwünscht hoher Übersetzung zu groß wird?
5. Nennen Sie drei Vorteile thermoplastischer Kunststoffe als Zahnradwerkstoffe.
6. Was geschieht bei einer Wälzprüfung?
7. Welche Schmierung ist bei Umfangsgeschwindigkeiten von 4 bis 15 m/s üblich?
8. Was sind Pittings?
9. Wann spricht man bei einer Zahnradbeschädigung vom Fressen?
10. Warum ist es sinnvoll, die Zähnezahlen kämmender Räder als Primzahlen zu wählen?

Literatur

[23.1] *Niemann, G.; Winter, H.:* Maschinenelemente. Band II. Berlin: Springer Verlag, 1989

[23.2] *Niemann, G.; Winter, H.:* Maschinenelemente, Band III. Berlin: Springer Verlag, 1986

[23.3] *Grote, K. H.; Feldhusen, J. (Ed.):* Dubbel – Taschenbuch für den Maschinenbau. Berlin: Springer Verlag , 2007

[23.4] *Köhler, G.; Rögnitz, H.:* Maschinenteile. Stuttgart: Teubner, 1992

[23.5] *Zirpke, E.:* Zahnräder. Fachbuchverlag Leipzig 1989

DIN 867	Bezugsprofile für Evolventenverzahnungen an Stirnrädern (Zylinderrädern) für den allgemeinen Maschinenbau und den Schwermaschinenbau
DIN 3960	Begriffe und Bestimmungsgrößen für Stirnräder (Zylinderräder) und Stirnradpaare (Zylinderradpaare) mit Evolventenverzahnung
DIN 3961	Toleranzen für Stirnradverzahnungen; Grundlagen
DIN 3962	Toleranzen für Stirnradverzahnungen; Teil 1: Toleranzen für Abweichungen einzelner Bestimmungsgrößen
DIN 3962	Toleranzen für Stirnradverzahnungen; Teil 2: Toleranzen für Flankenlinienabweichungen
DIN 3962	Toleranzen für Stirnradverzahnungen; Teil 3: Toleranzen für Teilungs-Spannenabweichungen
DIN 3963	Toleranzen für Stirnradverzahnungen; Toleranzen für Wälzabweichungen
DIN 3964	Achsabstandsabmaße und Achslagetoleranzen von Gehäusen für Stirnradgetriebe
DIN 3965	Toleranzen für Kegelradverzahnungen; Teil 1: Grundlagen
DIN 3965	Toleranzen für Kegelradverzahnungen; Teil 2: Toleranzen für Abweichungen einzelner Bestimmungsgrößen
DIN 3965	Toleranzen für Kegelradverzahnungen; Teil 3: Toleranzen für Wälzabweichungen
DIN 3965	Toleranzen für Kegelradverzahnungen; Teil 4: Toleranzen für Achsenwinkelabweichungen und Achsenschnittpunktabweichungen
DIN 3966	Angaben für Verzahnungen in Zeichnungen; Teil 1: Angaben für Stirnrad-(Zylinderrad-) Evolventenverzahnungen
DIN 3966	Angaben für Verzahnungen in Zeichnungen; Teil 2: Angaben für Geradzahn-Kegelradverzahnungen

DIN 3966 Angaben für Verzahnungen in Zeichnungen; Teil 3: Angaben für Schnecken- und Schneckenradverzahnungen

DIN 3967 Getriebe-Paßsystem; Flankenspiel, Zahndickenabmaße, Zahndickentoleranzen, Grundlagen

DIN 3971 Begriffe und Bestimmungsgrößen für Kegelräder und Kegelradpaare

DIN 3979 Zahnschäden an Zahnradgetrieben; Bezeichnung, Merkmale, Ursachen

DIN 3990 Tragfähigkeitsberechnung von Stirnrädern; Teil 1: Einführung und allgemeine Einflussfaktoren

DIN 3990 Tragfähigkeitsberechnung von Stirnrädern; Teil 2: Berechnung der Grübchentragfähigkeit

DIN 3990 Tragfähigkeitsberechnung von Stirnrädern; Teil 3: Berechnung der Zahnfußtragfähigkeit

DIN 3990 Tragfähigkeitsberechnung von Stirnrädern; Teil 4: Berechnung der Fresstragfähigkeit

DIN 3990 Tragfähigkeitsberechnung von Stirnrädern; Teil 5: Dauerfestigkeitswerte und Werkstoffqualitäten

DIN 3990 Tragfähigkeitsberechnung von Stirnrädern; Teil 6: Betriebsfestigkeitsrechnung

DIN 3990 Tragfähigkeitsberechnung von Stirnrädern; Teil 21: Anwendungsnorm für Schnelllaufgetriebe und Getriebe ähnlicher Anforderungen

DIN 3990 Tragfähigkeitsberechnung von Stirnrädern; Teil 31: Anwendungsnorm für Schiffsgetriebe

DIN 3990 Tragfähigkeitsberechnung von Stirnrädern; Teil 41: Anwendungsnorm für Fahrzeuggetriebe Norm

DIN 3991 Trägfähigkeitsberechnung von Kegelrädern ohne Achsversetzung; Teil 1: Einführung und allgemeine Einflußfaktoren

DIN 3991 Trägfähigkeitsberechnung von Kegelrädern ohne Achsversetzung; Teil 2: Berechnung der Grübchentragfähigkeit

DIN 3991 Trägfähigkeitsberechnung von Kegelrädern ohne Achsversetzung; Teil 3: Berechnung der Zahnfußtragfähigkeit

DIN 3991 Trägfähigkeitsberechnung von Kegelrädern ohne Achsversetzung; Teil 4: Berechnung der Fresstragfähigkeit

DIN 3993 Geometrische Auslegung von zylindrischen Innenradpaaren mit Evolventenverzahnung; Teil 1: Grundregeln

DIN 3993 Geometrische Auslegung von zylindrischen Innenradpaaren mit Evolventenverzahnung; Teil 2: Diagramme über geometrische Grenzen für die Paarung Hohlrad-Ritzel

DIN 3993 Geometrische Auslegung von zylindrischen Innenradpaaren mit Evolventenverzahnung; Teil 3: Diagramme zur Ermittlung der Profilverschiebungsfaktoren

DIN 3993 Geometrische Auslegung von zylindrischen Innenradpaaren mit Evolventenverzahnung; Teil 4: Diagramme über Grenzen für die Paarung Hohlrad-Schneidrad

DIN 51501 Schmierstoffe; Schmieröle L-AN, Mindestanforderungen

DIN 51509 Schmierstoffe; Auswahl von Schmierstoffen für Zahnradgetriebe; Plastische Schmierstoffe

DIN 51515 Schmierstoffe und Reglerflüssigkeiten für Turbinen – Anforderungen; Teil 1: L-TD für normale thermische Beanspruchungen

DIN ISO 2203 Technische Zeichnungen; Darstellung von Zahnrädern

ISO 6336-5 Calculation of load capacity of spur and helical gears – Part 5: Strength and quality of materials

VDI 2545 Zahnräder aus thermoplastischen Kunststoffen; VDI Düsseldorf 1981, 1996 zurückgezogen

24 Zahnradpaare mit sich kreuzenden Achsen

Wenn Zahnräder so gepaart werden, dass sich ihre Achsen kreuzen, so entsteht ein Schraubradpaar, das in seiner Arbeitsweise mit einer Bewegungsschraube verglichen werden kann. Zu dem Wälzgleiten der Zahnflanken kommt ein Längsgleiten hinzu, sodass Schraubradpaare mit größeren Reibverlusten arbeiten. Deshalb setzt man sie nur ein, wenn sie wesentliche Vorteile zur Lösung von Antriebsproblemen bieten. Sie erfordern eine sorgfältige Schmierung und sind zur Übertragung großer Leistungen nur bedingt geeignet.

24.1 Eingriffsverhältnisse von Schraub-Stirnradpaaren

Werden zwei Schrägstirnräder verschiedener Schrägungswinkel gepaart, so entsteht ein Schraub-Stirnradpaar (Bild 24.1), dessen Achsen sich unter dem

Achsenwinkel $\Sigma = \beta_1 + \beta_2$ (24.1)

kreuzen. Die Zähne der beiden Räder haben meistens den gleichen Steigungssinn, sind also beide rechts- ($+\beta$) oder linkssteigend ($-\beta$). Der Schrägungswinkel des treibenden Rads a ist wegen der Erzielung eines optimalen Wirkungsgrads größer als der des getriebenen Rads b. In den folgenden Ausführungen ist das Rad 1 als treibendes a angenommen, das Rad 2 als getriebenes b (Bild 24.1).

Die Wälzzylinder berühren sich punktförmig (Bild 24.2), sodass auch die Flanken nur zu einer Punktberührung kommen, nicht aber wie bei gewöhnlichen Stirnradpaaren zu einer Linienberührung. Bild 24.1b zeigt das Normalprofil der gepaarten Räder mit dem Zahnstangen-Bezugsprofil. Der Eingriff spielt sich ausschließlich im Normalschnitt auf der Eingriffsstrecke AE ab, und es kommt keine Sprungüberdeckung hinzu. Die Profilüberdeckung ε_α ist so zu errechnen, als ob es sich um ein Geradstirnradpaar mit den Zähnezahlen z_{n1} und z_{n2} handelt, wenn z_n die Ersatzzähnezahlen nach Formel 22.17 bedeuten. Für die Räder und Achsabstände gelten grundsätzlich auch die Ausführungen in Kapitel 22.

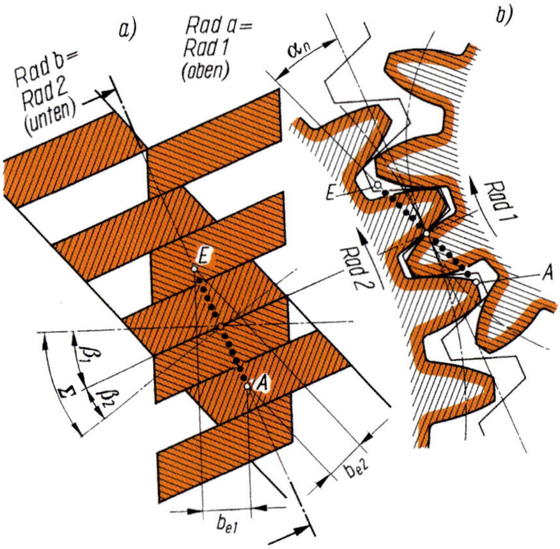

Bild 24.1 Schraub-Stirnradpaar
a) Teilzylinder der beiden Räder abgewickelt,
b) Normalprofil

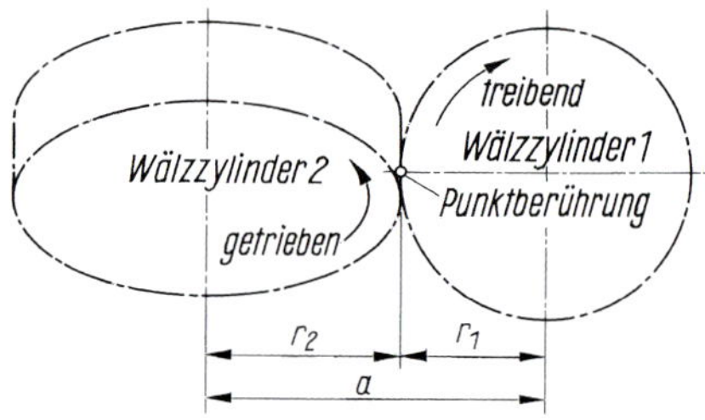

Bild 24.2 Punktberührung der Wälzzylinder

Zur Abwälzbewegung der Flanken kommt ein Längsgleiten hinzu, wie aus Bild 24.3 hervorgeht, das als Schnittfläche die Profilbezugsebene zeigt. Die Teilkreise drehen sich mit den Umfangsgeschwindigkeiten $v_1 = d_1 \cdot \pi \cdot n_1$ und $v_2 = d_2 \cdot \pi \cdot n_2$, wenn d die Teilkreisdurchmesser und n die Drehzahlen der Räder bedeuten. In Richtung der Flankenlinien wirken ihre Komponenten $v_{t1} = v_1 \cdot \sin\beta_1$ und $v_{t2} = v_2 \cdot \sin\beta_2$. Senkrecht dazu müssen beide Berührpunkte die gleiche Normalgeschwindigkeit $v_n = v_1 \cdot \cos\beta_1 = v_2 \cdot \cos\beta_2$ haben. Wegen der entgegengesetzten Richtung von v_{t1} und v_{t2} gleiten die Flanken in Längsrichtung mit der Geschwindigkeit $v_g = |v_{t1}| + |v_{t2}|$ aufeinander. Mit den vorangegangenen Ausdrücken für v_{t1} und v_{t2} folgt die

Gleitgeschwindigkeit $$v_g = v_1 \frac{\sin\Sigma}{\cos\beta_2} = v_2 \frac{\sin\Sigma}{\cos\beta_1} \tag{24.2}$$

Hierin ist sin Σ entstanden aus sin ($\beta_1 + \beta_2$).

Die absolute Gleitgeschwindigkeit setzt sich aus der des Längsgleitens nach Formel 24.2 und der des Wälzgleitens (siehe Abschnitt 21.4) zusammen. Wenn sich die Flanken gerade im Wälzpunkt berühren, ist die absolute Gleitgeschwindigkeit gleich der des Längsgleitens.

Bei treibendem Rad 1 ist die Übersetzung $i = n_a / n_b = n_1 / n_2$ gleich dem Betrag des Zähnezahlverhältnisses $u = z_2 / z_1$, bei treibendem Rad 2 ist $|i| = 1/u$.

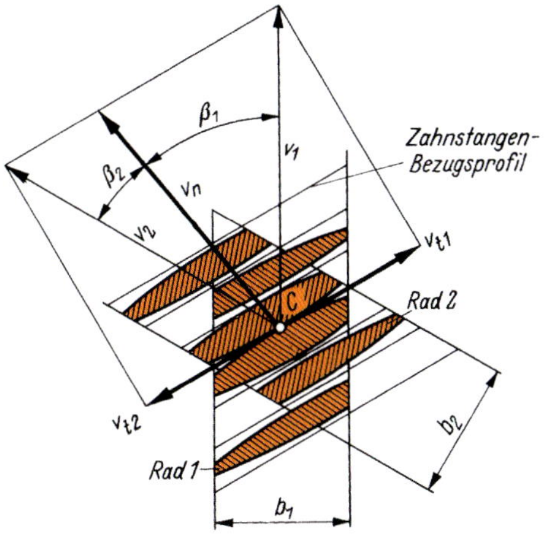

Bild 24.3
Geschwindigkeits- und Gleitverhältnisse am Schraub-Stirnradpaar

In Bild 24.1 sind die Projektionen b_{e1} und b_{e2} der Eingriffsstrecke AE eingezeichnet. Außerhalb dieser findet keine Flankenberührung statt. Der Wärmeabführung wegen müssen die Räder aber breiter sein, etwa $b \approx 10 m_n \geq b_e$. Es ist jeweils die

Eingriffsbreite $b_e = \varepsilon_\alpha \cdot m_n \cdot \pi \cdot \sin\beta$ (24.3)

mit ε_α als Profilüberdeckung nach Formel 22.34 des geradverzahnten Ersatz-Stirnradpaares (z_n nach Formel 22.17) und m_n in mm als Normalmodul.

Da die Lebensdauer von Schraubradpaaren vorwiegend vom Längsgleiten der Zahnflanken bestimmt wird, ist eine Profilverschiebung der Zähne nicht üblich, es sei denn, dass der Achsabstand auf ein bestimmtes Maß gebracht werden muss. In diesem Falle sind die Bewegungsverhältnisse auf die Wälzkreise mit den Durchmessern d_{w1} und d_{w2} zu beziehen.

24.2 Zahnkräfte und Wirkungsgrad an Schraub-Stirnradpaaren

Mit dem Index 2 sind die Kraftwirkungen des Rads 1 auf das Rad 2 und mit dem Index 1 die Gegenwirkungen des Rads 2 auf das Rad 1 gekennzeichnet.

Im Normalschnitt steht die Zahnkraft F_N (Bild 24.4) im Berührpunkt senkrecht auf den Zahnflanken und läuft durch den Wälzpunkt C. F_N zerlegt sich in eine Normalumfangskraft F_n und eine Radialkraft F_r des jeweiligen Rads.

In Richtung der Flankenlinien wirkt die Reibkraft $F_N \cdot \mu$, die sich in der Draufsicht mit F_n zur Resultierenden F zusammensetzt. F zerlegt sich dann in die Tangentialkraft F_t als Umfangskraft und in die Axialkraft F_a des jeweiligen Rads.

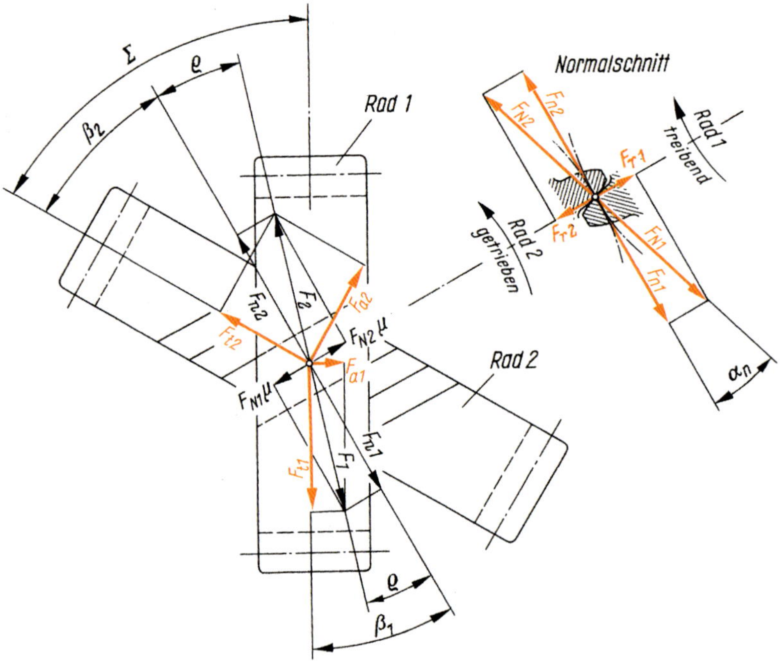

Bild 24.4 Kräfte am Schraub-Stirnradpaar

Bei Schraub-Stirnradpaaren liegen ähnliche Verhältnisse wie bei Bewegungsschrauben vor. Die Abtriebsleistung als Nutzleistung beträgt $P_2 = F_{t2} \cdot v_2$, die durch den Reibwiderstand in Richtung der Flankenlinien bedingte höhere Antriebsleistung $P_1 = F_{t1} \cdot v_1$. Der Wirkungsgrad der Schraubung ist dann $\eta_S = P_2 / P_1$. Setzt man $v_2 = v_n / \cos\beta_2$ und $v_1 = v_n / \cos\beta_1$ sowie $F_{t2} = F_2 \cdot \cos(\beta_2 + \varrho)$ und $F_{t1} = F_1 \cdot \cos(\beta_1 - \varrho)$ gemäß Bild 24.4, so wird, da sich v_n und F herauskürzen (wegen $F_1 = F_2$), der

$$\textit{Wirkungsgrad der Schraubung} \quad \eta_S = \frac{\cos(\beta_2 + \varrho) \cdot \cos\beta_1}{\cos(\beta_1 - \varrho) \cdot \cos\beta_2} \tag{24.4}$$

ϱ ist der wirksame Reibwinkel, für den $\varrho = \mu / \cos\alpha_n$ gilt. Erfahrungsgemäß kann bei guter Schmierung $\varrho \approx 5 \ldots 6°$ gesetzt werden. Der größtmögliche Wirkungsgrad wird erzielt, wenn $\beta_1 - \beta_2 = \varrho$ ist, also $\beta_1 = 0{,}5(\Sigma + \varrho)$.

24

Da außerdem noch der Wirkungsgrad η_W durch das Wälzgleiten der Zahnflanken zu berücksichtigen ist, wird für ein Schraub-Stirnradpaar der **Gesamtwirkungsgrad** $\boldsymbol{\eta_{ges} = \eta_w \cdot \eta_s \approx 0{,}97 \eta s}$ (ohne Lagerreibung). Bei vorgegebener Abtriebs-Nennleistung P_{N2} beträgt die

$$\textit{Antriebsnennleistung} \quad P_{N1} = \frac{P_{N2}}{\eta_{ges}} \tag{24.5}$$

Die **Reibleistung** (der Reibverlust), der sich in Wärme umsetzt und abgeführt werden muss, beträgt somit $P_f = P_{N1} - P_{N2}$.

Aus den geometrischen Beziehungen (siehe Bild 24.4) folgen:

Kräfte am Antriebsrat 2

Tangentialkraft $F_{t2} = \frac{P_{N2}}{v_2} K_A$ (24.6)

Axialkraft $F_{a2} = F_{t2} \cdot \tan(\beta_2 + \varrho)$ (24.7)

Radialkraft $F_{r2} = F_{t2} \frac{\tan \alpha_n \cdot \cos \varrho}{\cos(\beta_2 + \varrho)}$ (24.8)

Kräfte am Antriebsrat 1

Tangentialkraft $F_{t1} = F_{t2} \frac{\cos(\beta_1 - \varrho)}{\cos(\beta_2 + \varrho)}$ (24.9

Axialkraft $F_{a1} = F_{t1} \cdot \tan(\beta_1 - \varrho)$ (24.10)

Radialkraft $F_{r1} = F_{r2}$ (24.11)

P_{N2}	in W	Abtriebsnennleistung,
v_2	in m/s	Umfangsgeschwindigkeit des Rads 2, d. h. $v_2 = d_2 \cdot \pi \cdot n_2$,
K_A		Anwendungsfaktor zur Berücksichtigung ungleichförmiger Belastung (Richtwerte siehe Tabelle 23.1),
α_n	in °	Normaleingriffswinkel = 20° (im Regelfall).

Diese vorangehend aufgeführten Zahnkräfte belasten die Welle der betreffenden Räder.

Beispiel 24.1

Für den Hilfsantrieb eines Verpackungsautomaten ist ein Zahnradgetriebe erforderlich, dessen Wellen sich unter einem Achsenwinkel $\Sigma = 30°$ kreuzen müssen. Hierfür soll ein Schraub-Stirnradpaar mit der Übersetzung $|i| = u = 2$ eingesetzt werden. Da nur geringe Kräfte zu übertragen sind, ist ein Normalmodul $m_n = 1{,}5\,\text{mm}$ vorgesehen. Gewählt wurden die Zähnezahlen $z_1 = 20$ und $z_2 = 40$. Normaleingriffswinkel $\alpha_n = 20°$. Bei $n_2 = 600\ \text{min}^{-1} = 10\,\text{s}^{-1}$ ist eine Leistung $P_{N2} = 200\,\text{W}$ zu übertragen. Anwendungsfaktor $K_A = 1{,}1$.

Welche Schrägungswinkel β_1 und β_2 sind zu wählen? Wie groß wird die Antriebsnennleistung P_{N1}? Wie groß werden die Zahnkräfte an beiden Rädern und welche Zahnbreiten sind zu wählen, wenn $\varepsilon_\alpha = 1{,}66$ beträgt?

Lösung:

1. Schrägungswinkel β_1 und β_2

Nimmt man den wirksamen Reibwinkel zu $\varrho = 6°$ an, so folgt:

$$\beta_1 = 0{,}5(\Sigma + \varrho) = 0{,}5(30° + 6°) = 18° \text{ und damit } \beta_2 = \Sigma - \beta_1 = 30° - 18° = 12°$$

2. Antriebsnennleistung P_{N1}

Nach Formel 24.4 beträgt der Wirkungsgrad der Schraubung

$$\eta_S = \frac{\cos(\beta_2 + \varrho) \cdot \cos\beta_1}{\cos(\beta_1 - \varrho) \cdot \cos\beta_2} = \frac{\cos(12° + 6°) \cdot \cos 18°}{\cos(18° - 6°) \cdot \cos 12°} = 0{,}945$$

24

Gesamtwirkungsgrad somit

$$\eta_{ges} \approx 0{,}97\ \eta_S = 0{,}97 \cdot 0{,}945 = 0{,}917$$

und nach Formel 24.5:

$$P_{N1} = P_{N2} / \eta_{ges} = 200\,\text{W} / 0{,}917 = 218\,\text{W}$$

3. Zahnkräfte

Nach Formel 22.9 ist

$$d_2 = \frac{z_2 \cdot m_n}{\cos\beta_2} = \frac{40 \cdot 1{,}5\,\text{mm}}{\cos 12^\circ} = 61{,}3\,\text{mm}$$

Somit ist $v_2 = d_2 \cdot \pi \cdot n_2 = 0{,}0613\,\text{m} \cdot \pi \cdot 10\,\text{s}^{-1} \approx 1{,}93\,\text{m/s}$.

Nach Formel 24.6 bis Formel 24.11 werden:

$$F_{t2} = \frac{P_{N2}}{v_2} K_A = \frac{200\,\text{W}}{1{,}93\,\text{m/s}} 1{,}1 = 114\,\text{N}$$

$$F_{a2} = F_{t2} \cdot \tan(\beta_2 + \varrho) = 114\,\text{N} \cdot \tan(12^\circ + 6^\circ) = 37\,\text{N}$$

$$F_{r2} = F_{t2} \frac{\tan\alpha_n \cdot \cos\varrho}{\cos(\beta_2 + \varrho)} = 114\,\text{N} \frac{\tan 20^\circ \cdot \cos 6^\circ}{\cos(12^\circ + 6^\circ)} = 43{,}4\,\text{N}$$

$$F_{t1} = F_{t2} \frac{\cos(\beta_1 - \varrho)}{\cos(\beta_2 + \varrho)} = 114\,\text{N} \frac{\cos(18^\circ - 6^\circ)}{\cos(12^\circ + 6^\circ)} \approx 117\,\text{N}$$

$$F_{a1} = F_{t1} \cdot \tan(\beta_1 - \varrho) = 117\,\text{N} \cdot \tan(18^\circ - 6^\circ) \approx 24{,}9\,\text{N}$$

$$F_{r1} = F_{r2} = 43{,}4\,\text{N}$$

4. Zahnbreiten b_1 und b_2

Nach Formel 24.3 werden die Eingriffsbreiten

$$b_{e1} = \varepsilon_\alpha \cdot m_n \cdot \pi \cdot \sin\beta_1 = 1{,}66 \cdot 1{,}5\,\text{mm} \cdot \pi \cdot \sin 18^\circ = 2{,}4\,\text{mm}$$

$$b_{e2} = \varepsilon_\alpha \cdot m_n \cdot \pi \cdot \sin\beta_2 = 1{,}66 \cdot 1{,}5\,\text{mm} \cdot \pi \cdot \sin 12^\circ = 1{,}63\,\text{mm}$$

Nach der vor Formel 24.3 angegebenen Richtlinie wären auszuführen:

$$b_1 \approx 10 m_n = 10 \cdot 1{,}5\,\text{mm} = 15\,\text{mm} > b_{e1} = 2{,}4\,\text{mm}$$

$$b_2 = b_1 = 15\,\text{mm} > b_{e2} = 1{,}63\,\text{mm}$$

■

■ 24.3 Tragfähigkeit von Schraub-Stirnradpaaren, Schmierung

Wegen der Punktberührung der Flanken können Schraub-Stirnradpaare nur verhältnismäßig kleine Leistungen übertragen. Das Längsgleiten der Zahnflanken erfordert verschleißfeste Werkstoffe oder gehärtete Stahlräder sowie Schmierung mit Hochdrucköl. Durch die Tragfähigkeitsberechnung wird vordergründig nachgewiesen, dass die Radpaarung sicher gegenüber Gleitverschleiß und Fressen an den Zahnflanken ist und die Zähne eine ausreichende Zahnfußfestigkeit besitzen. Meistens begnügt man sich mit einer überschläglichen Tragfähigkeitsberechnung und setzt:

Belastungskennwert $$C = \frac{F_{t1}}{b_1 \cdot p_n} \tag{24.12}$$

Sicherheit gegen Flankenschäden $$S = \frac{d_1 \cdot b_1}{q \cdot P_f} \tag{24.13}$$

F_{t1}	in N	Tangentialkraft am Rad 1 nach Formel 24.9,
b_1	in mm	ausgeführte Breite des Antriebsrads,
p_n	in mm	Normalteilung $= m_n \cdot \pi$,
d_1	in mm	Teilkreisdurchmesser des Rads 1,
q	in mm²/W	Temperaturfaktor nach Tabelle 24.1,
P_f	in W	Reibleistung $= P_{N1} - P_{N2}$.

Der Belastungskennwert C ist mit dem zulässigen nach Tabelle 24.1 zu vergleichen. Bei gehärtetem und geschliffenem Gegenrad zu Grauguss oder Bronze sind 1,25-fache Werte zulässig, für zeitweise laufende Getriebe ≈ 1,5-fache Werte. Besonders bei Stahl auf Stahl ist eine reichliche Schmierung wichtig. Die Sicherheit gegen Flankenschäden (Fressen) soll $S \geq 1{,}2$ sein.

Bei Gleitgeschwindigkeiten

- bis $v_g = 0{,}5\,\text{m/s}$ oder bis $v_1 = 1\,\text{m/s}$ ist eine Tauchschmierung in Getriebefett,
- bis $v_g = 2\,\text{m/s}$ oder bis $v_1 = 4\,\text{m/s}$ eine Öl-Tauchschmierung, und
- bei $v_g > 2\,\text{m/s}$ oder $v_1 > 4\,\text{m/s}$ eine Spritzölschmierung in Eingriffsrichtung üblich.

Die Viskosität des Schmieröls kann etwa gewählt werden bei

v_g =	0,5	0,8	1,2	2…5	8	12 m/s
ISO VG	320	220	150	100	68	23

Die vorangegangenen Berechnungen sind nur als Anhalt zu werten, die für untergeordnete Verhältnisse genügen. Eine genauere Berechnung ist in [24.2] erläutert.

Beispiel 24.2

Das Schraub-Stirnradpaar nach Beispiel 24.1 hat eine Nennleistung $P_{N2} = 200$ W zu übertragen. Genügt das Radpaar den Anforderungen? Welche Schmierungsart ist zu wählen und welche Ölviskosität kommt ggf. in Betracht?

Gegeben sind:

$P_{N1} = 218\,\text{W}$, $\beta_2 = 12°$, $\Sigma = 30°$, $m_n = 1{,}5\,\text{mm}$, $v_2 = 1{,}93\,\text{m/s}$, $n_1 = 1200\ \text{min}^{-1} = 20\,\text{s}^{-1}$, $d_1 = 31{,}5\,\text{mm}$, $d_2 = 61{,}3\,\text{mm}$, $b_1 = 15\,\text{mm}$, $F_{t1} = 114\,\text{N}$, Werkstoffe: Rad 1: E 335 (ungehärtet), Rad 2: GZ-CuSn 12-C (Zinnbronze).

Lösung:

1. Belastungskennwert *C*

Mit $p_n = m_n \cdot \pi = 1{,}5\,\text{mm} \cdot \pi = 4{,}7\,\text{mm}$ beträgt nach Formel 24.12:

$$C = \frac{F_{t1}}{b_1 \cdot p_n} = \frac{114\ \text{N}}{15\ \text{mm} \cdot 4{,}7\ \text{mm}} = 1{,}6\ \text{N/mm}^2$$

Es ist $v_1 = d_1 \cdot \pi \cdot n_1 = 0{,}0315\,\text{m} \cdot \pi \cdot 20\,\text{s}^{-1} = 1{,}98\,\text{m/s}$. Mit dieser wird nach Formel 24.2 die Gleitgeschwindigkeit

$$v_g = v_1 \frac{\sin\Sigma}{\cos\beta_2} = 1{,}98\,\text{m/s} \frac{\sin 30°}{\cos 12°} = 1\,\text{m/s}$$

In Tabelle 24.1 ist bei $v_g = 1\,\text{m/s}$ für Stahl/Zinnbronze $C_{zul} = 2\,\text{N/mm}^2$ angegeben, sodass die Belastung zulässig ist.

2. Sicherheit *S* gegen Flankenschäden

Mit $P_f = P_{N1} - P_{N2} = 218\,\text{W} - 200\,\text{W} = 18\,\text{W}$ und $q = 5{,}4\,\text{mm}^2/\text{W}$ (aus Tabelle 24.1) wird nach Formel 24.13

$$S = \frac{d_1 \cdot b_1}{q \cdot P_f} = \frac{31{,}5\,\text{mm} \cdot 12\,\text{mm}}{5{,}4\,\text{mm}^2/\text{W} \cdot 18\,\text{W}} \approx 3{,}9$$

die wesentlich größer als $S_{erf} \approx 1{,}2$ ist. Es besteht daher die Möglichkeit, die Zahnradbreite zu verringern, z. B. $b_1 = b_2 = 12$ mm zu wählen.

3. Schmierungsart und Ölviskosität

Nach den vorangehend aufgeführten Angaben kommt für $v_g = 1\,\text{m/s}$ bzw. $v_1 = 2\,\text{m/s}$ Tauchschmierung mit einem Öl der Viskositätsklasse ISO VG 150 in Betracht.

24.4 Hyperboloid- und Hypoid-Schraubradpaare

Um die ungünstige Punktberührung der Zahnflanken von Schraub-Stirnradpaaren zu vermeiden, können die Räder auch so gestaltet werden, dass sie Zähne mit geraden Flankenlinien erhalten (Bild 24.5), die sich nicht über einen Wälzzylinder krümmen. Die Wälzflächen werden dann Hyperboloide, die Erzeugenden der Rad-Umdrehungskörper Hyperbeln. Die Radgrundkörper lassen sich dann allerdings schwieriger herstellen. Verzahnt werden kann im Abwälzverfahren mit einem geradflankigen Werkzeug bei Vorschubbewegung in Richtung der geraden Flankenlinien. In Bild 24.6 ist ein Schrägstirnrad einem **Hyperboloidrad** gegenübergestellt.

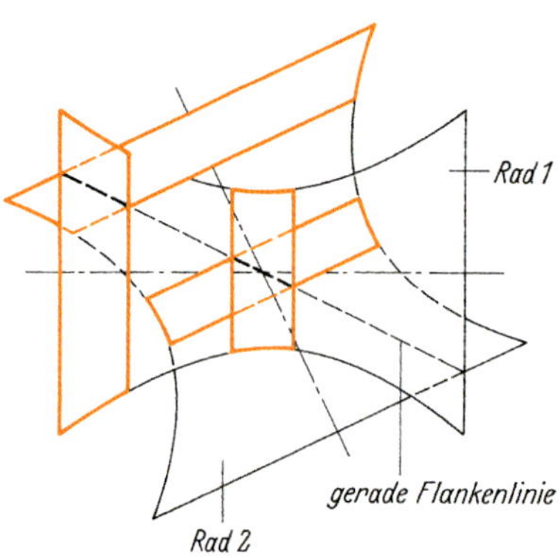

Bild 24.5 Entstehung der Hyperboloidräder

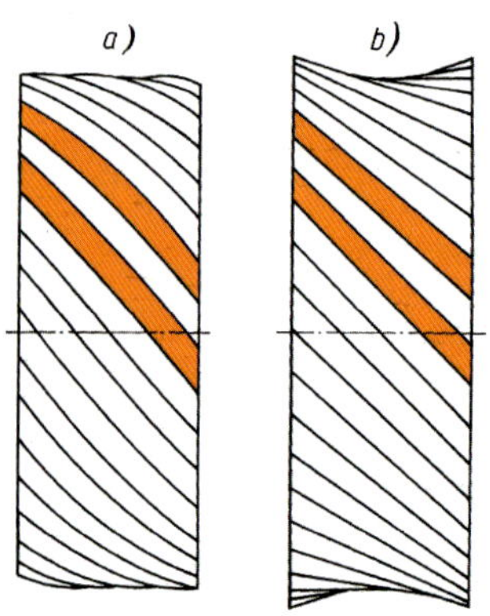

Bild 24.6 Schraubenräder
a) Schrägstirnrad, b) Hyperboloidrad

24

Auch schräg- oder bogenverzahnte Kegelräder können zu einem Schraubradpaar vereinigt werden, sodass sich deren Kegelspitzen nicht treffen, sondern sich die Achsen der Kegel kreuzen. Man spricht dann von **Hypoidradpaaren**.

24.5 Geometrie der Schneckenradsätze

Schneckenradsätze (Bild 24.7) sind Schraubradpaare für sich meist unter einem Achswinkel $\Sigma = 90°$ kreuzende Achsen. Deren in der Regel treibende, ein- oder mehrzahnige (ein- oder mehrgängige) Schnecken können zylindrisch oder globoidförmig ausgebildet werden. **Zylindrische Schnecken** werden mit Globoiden (Umdrehungskörper mit einem Kreisbogen als Erzeugende) und **globoidförmige Schnecken** mit Globoiden oder Schrägstirnrädern gepaart. Die Schneckenzähne berühren die Flanken der Radzähne linienförmig. Deshalb laufen sie ruhiger als Schraub-Stirnräder. Obwohl Globoidschnecken mit einer größeren Profilüberdeckung und einer schmierungstechnisch günstigeren Lage der Berührungslinien arbeiten, werden die **Zylinderschnecken** ihrer einfachen Herstellung sowie ihrer geringeren Empfindlichkeit gegenüber Verzahnungsfehlern wegen bevorzugt.

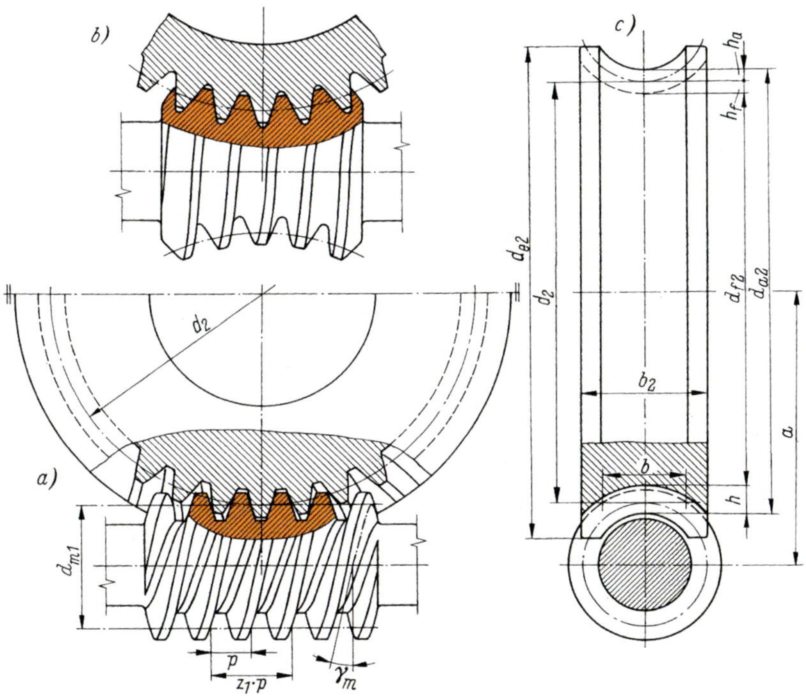

Bild 24.7 Schneckenradsatz (linkssteigend gezeichnet)
a) mit Zylinderschnecke, b) mit Globoidschnecke, c) mit Zylinderschnecke

Die Schneckenzähne berühren die Flanken der Radzähne linienförmig. Deshalb laufen sie ruhiger als Schraub-Stirnradpaare.

Schneckenradsätze dienen für große Übersetzungen ins Langsame (bis $i \approx 120$) und ersparen mehrstufige Stirnradgetriebe. Grundübersetzungen sind $i \approx 10,\ 20,\ 40,\ 80$ (siehe Tabelle 24.2), von denen jeweils eine größere und eine kleinere abgeleitet sind.

An einer Schnecke sind die Zahnprofile im **Axialschnitt**, im **Normalschnitt** und im **Stirnschnitt** von Bedeutung. Diese drei Schnitte sind in Bild 24.8 an einer Zylinderschnecke veranschaulicht.

Bei Drehung der Schnecke bewegen sich deren Zähne im Axialschnitt, der gleich dem Mittenstirnschnitt des Schneckenrades ist, axial wie eine Zahnstange.

Aus DIN 3975 (Begriffe und Bestimmungsgrößen für Zylinderschneckenradpaare mit Achsenwinkel $\Sigma = 90°$) geht hervor: Schnecken haben einen Zahn oder mehrere Zähne, die wie die Gänge von Schrauben um die Schneckenachse gewunden sind. Die Zähnezahl z_1 der Schnecke ist die Anzahl der in einem Stirnschnitt geschnittenen Zähne. Die Zähnezahl kann $z_1 = 1, 2, 3$ usw. sein (ein- und mehrgängige Schnecken). Eine Schnecke ist rechtssteigend, wenn die schraubige Flankenlinie einer Rechtsschraube entspricht. Bevorzugt wird die Rechtssteigung. Der Steigungssinn bestimmt die Drehrichtung des Schneckenrads.

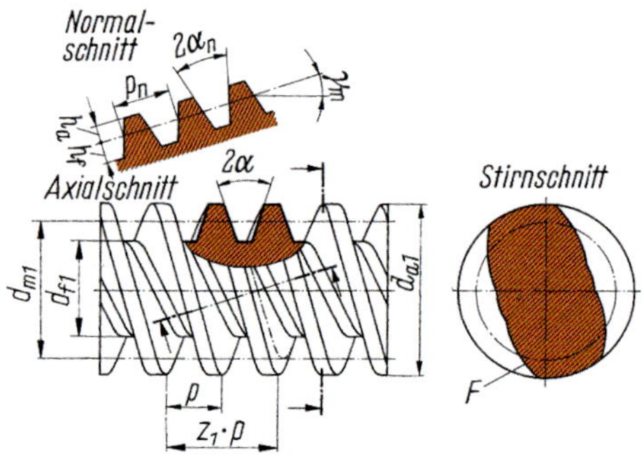

Bild 24.8
Axial-, Normal- und Stirnschnitt an einer Zylinderschnecke

Das **Zähnezahlverhältnis** ***u*** ist das Verhältnis der Zähnezahl z_2 des Schneckenrads zur Zähnezahl z_1 der Schnecke:

Zähnezahlverhältnis $u = z_2 / z_1$ (24.14)

Das Zähnezahlverhältnis ist gleich dem Betrag der Übersetzung $i = n_1 / n_2$ als Verhältnis der Drehzahlen. Es sind folgende Zähnezahlen z_1 der Schnecke üblich:

$i =$	5 … 10	10 … 15	15 … 30	> 30
$z_1 =$	4	3	2	1

Die **Axialteilung** ***p*** (siehe Bild 24.8) ist der parallel zur Schneckenachse vorhandene Abstand zwischen den gleichnamigen Flanken zweier benachbarter Schneckenzähne

Axialteilung $p = m \cdot \pi$ (24.15)

24

mit m in mm als Axialmodul. In Schneckenradsätzen hat die Schnecke den Axialmodul m_x und das Schneckenrad den Stirnmodul m_t. Bei $\Sigma = 90°$ ist $m_x = m_t = m$, d. h., in diesem Fall werden die Indizes fortgelassen. Im Folgenden werden nur Radsätze mit $\Sigma = 90°$ behandelt, da andere Achsenwinkel selten sind.

Bei einer Schneckenumdrehung legt ein Schneckenzahnprofil axial den Weg $z_1 \cdot p$ zurück, der gleich dem Weg eines Radzahns am Teilkreis des Rads ist.

Als **Mittenzylinder** mit dem Durchmesser d_{m1} versteht man einen Zylinder um die Schneckenachse, auf den Steigungswinkel, Zahnkopf- und Zahnfußhöhe, Zahndicke, Zahnlücke und Teilung bezogen werden. Der Mittenkreisdurchmesser d_{m1} ist gleich dem Nenndurchmesser der Schnecke und kann frei gewählt werden. Für Normwerte und Vorzugsreihen siehe DIN 3976 (auszugsweise Übersicht der Vorzugsreihen in Tabelle 24.2).

Die **Formzahl q** ist das Verhältnis des Mittenkreisdurchmessers d_{m1} zum Modul m:

Formzahl der Schnecke $q = d_{m1} / m$ (24.16)

Sie kennzeichnet die Gestalt der Schnecke, insbesondere ihr Widerstandsmoment gegen Biegung (je größer q, desto größer ist das Widerstandsmoment).

Bei einem Schneckenrad fallen Teilkreis und Wälzkreis immer zusammen.

Teilkreisdurchmesser des Rads $d_2 = m \cdot z_2$ (24.17)

Als **Profilverschiebung $x \cdot m$** am Schneckenrad ist der radiale Abstand zwischen dem Mantel des Mittenzylinders der Schnecke und dem Teilkreis des Schneckenrads zu verstehen. Sie ergibt sich aus dem nach konstruktiven Gesichtspunkten festgelegten Achsabstand. Vorzugsweise ist der Profilverschiebungsfaktor $x \geq 0$ zu wählen, d. h., negative Profilverschiebungen sind möglichst zu vermeiden.

Es beträgt der

Achsabstand $a = \frac{d_{m1} + d_2}{2} + x \cdot m = \frac{m}{2}(q + z_2 + 2x)$ (24.18)

Des Weiteren betragen (siehe hierzu Bild 24.7 und Bild 24.8):

Kopfkreisdurchmesser $d_{a1} = d_{m1} + 2h_{a1}$ (24.19)

Fußkreisdurchmesser $d_{f1} = d_{m1} + 2h_{f1}$ (24.20)

Kopfkreisdurchmesser $d_{a2} = d_2 + 2h_{a2}$ (24.21)

Fußkreisdurchmesser $d_{f2} = d_2 + 2h_{f2}$ (24.22)

Mittensteigungswinkel $\tan\gamma_m = \frac{m \cdot z_1}{d_{m1}} = \frac{z_1}{q}$ (24.23)

Normalteilung $p_n = p \cdot \cos\gamma_m$ (24.24)

Normaleingriffswinkel $\tan\alpha_n = \tan\alpha \cdot \cos\gamma_m$ (24.25)

d_{m1}	in mm	Mittenkreisdurchmesser der Schnecke,
d_2	in mm	Teilkreisdurchmesser des Schneckenrads nach Formel 24.17,
m	in mm	Axialmodul,
q		Formzahl nach Formel 24.16,
z_2		Zähnezahl des Schneckenrade,
x		Profilverschiebungsfaktor am Schneckenrad,
h_{a1}	in mm	Kopfhöhe der Schnecke $= m$ im Normalfall,
h_{f1}	in mm	Fußhöhe der Schnecke $= 1{,}2m$ im Normalfall,
h_{a2}	in mm	Kopfhöhe des Rads $= m(1 + x)$ im Normalfall,
h_{f2}	in mm	Fußhöhe des Rads $= m(1 - x) + c_2$ mit $c_2 = 0{,}167 \ldots 0{,}3m$, wobei das Kopfspiel $c_2 = 0{,}2m$ bevorzugt wird,
p	in mm	Axialteilung nach Formel 24.15,
α	in °	Eingriffswinkel im Axialschnitt,
α_n	in °	Eingriffswinkel im Normalschnitt,
z_1		Zähnezahl der Schnecke.

Das die Flanken der Schneckenzähne erzeugende Werkzeug besitzt eine gerade Schneidkante, d. h., die Flanken-Erzeugende ist eine Gerade, die um die Schneckenachse geschraubt wird. Der Erzeugungswinkel α_0 ist der spitze Winkel zwischen einer Normalen auf der Schneckenachse und der geraden Schneidkante des Werkzeugs (siehe Bild 24.9). Meistens ist $\alpha_0 = 20°$, es kommen aber auch 22,5°, 25° und 30° in Betracht. Je nach der Anstellung des Werkzeugs zum Werkstück entstehen verschiedene Flankenformen, und zwar nach DIN 3975:

1. Flankenform A bei der ZA-Schnecke

Der Erzeugungswinkel liegt im Axialschnitt nach Bild 24.9, sodass $\alpha = \alpha_0$ ist. Formgebende Gerade des Werkzeugs und Schneckenzahnflanke fallen zusammen, sie schneiden die Schneckenachse. Das Stirnschnittprofil F einer Flanke (Bild 24.8) ist eine archimedische Spirale. Deshalb wird diese Schnecke auch **Spiralschnecke** genannt.

Die Flankenform A entsteht, wenn ein trapezförmiger Drehmeißel so angestellt wird, dass seine Schneiden im Axialschnitt liegen. Sie wird auch durch Fräsen oder Schleifen mit einem entsprechenden profilierten Werkzeug oder durch Wälzschälen mit einem Schneidrad erzeugt (Bild 24.9).

2. Flankenform N bei der ZN-Schnecke

Der Erzeugungswinkel liegt im Normalschnitt nach Bild 24.10, sodass $\alpha_n = \alpha_0$ ist. Formgebende Gerade des Werkzeugs und Schneckenzahnflanke fallen im Normalschnitt zusammen, schneiden die Schneckenachse also nicht. Auch die ZN-Schnecke ist eine **Spiralschnecke**.

Die Flankenform N entsteht, wenn ein in Achshöhe eingestellter trapezförmiger Drehmeißel so angestellt wird, dass seine Schneiden in der um den Mittensteigungswinkel γ_m geneigten Ebene liegen und somit das Normalprofil bestimmen. Sie wird auch angenähert erzeugt durch Fräsen mit einem kegeligen Schaftfräser oder mit einem verhältnismäßig kleinen Scheibenfräser mit gerader Mantellinie (Bild 24.10).

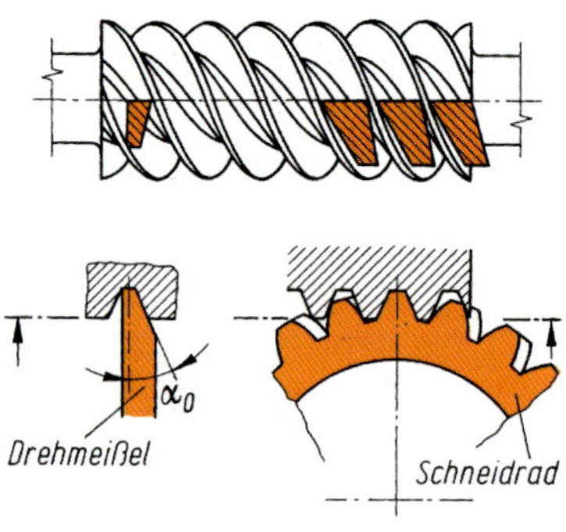

Bild 24.9 Erzeugung der ZA-Schnecke (aus DIN 3975)

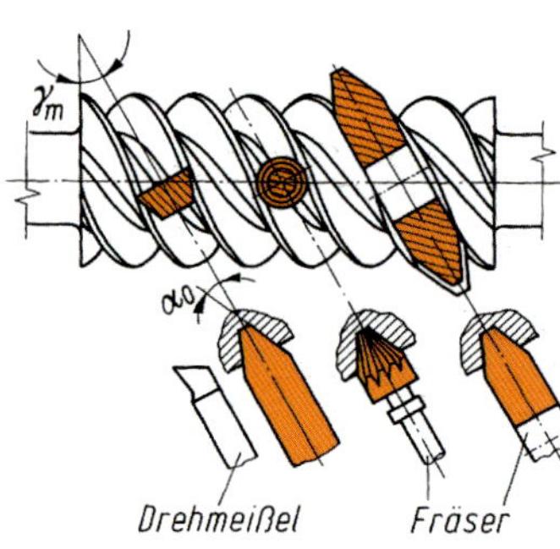

Bild 24.10 Erzeugung der ZN-Schnecke (aus DIN 3975)

3. Flankenform I bei der ZI-Schnecke

Die Schneckenzahnflanken sind wie bei Schrägstirnrädern Evolventenflächen, sodass $\alpha_n = \alpha_0$ ist. Diese Schnecke heißt deshalb auch Evolventenschnecke (Kennzeichnung **I** nach **I**nvolute).

Die Flankenform I entsteht z. B. durch Schleifen mit einer ebenen Schleifscheibe, deren Achse zur Schneckenachse um den Mittensteigungswinkel γ_m geschwenkt und zur Schneckenachse um den Erzeugungswinkel α_0 geneigt ist (Bild 24.11). Die Flankenform I entsteht auch durch spanendes Drehen, wenn ein trapezförmiger Drehmeißel unter dem Einstellwinkel der Schneide $\beta_b = 90° - \gamma_b$ so angestellt wird, dass seine Schneidebene parallel zur Axialschnittebene um den Abstand $0{,}5 d_b$ über oder unter der Schneckenachse steht. Hierbei ist β_b der Schrägungswinkel am Grundzylinder und d_b der Durchmesser des Grundzylinders im Stirnschnitt. Der Mittenkreisdurchmesser d_{m1} ist gleich dem Teilkreisdurchmesser d_1 des entsprechenden Schrägzahnrads. Es ist $\cos\gamma_b = \cos\gamma_m \cdot \cos\alpha_0$ und $d_{b1} = d_{m1} \cdot \tan\gamma_m / \tan\gamma_b$.

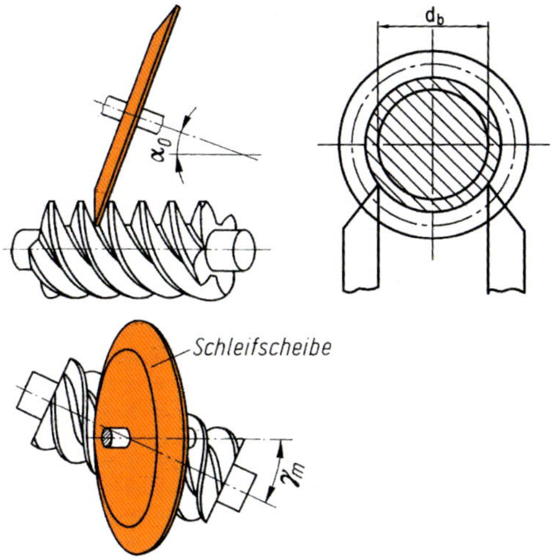

Bild 24.11
Erzeugung der ZI-Schnecke (aus DIN 3975)

4. Flankenform K bei der ZK-Schnecke

Die Schneckenzahnflanken berühren einen Doppelkegel, dessen Achse sich mit der Schneckenachse unter dem Mittensteigungswinkel γ_m kreuzt, und dessen **K**egelmantellinien die formgebenden Geraden sind, die mit der Normalen zur Schneckenachse den Erzeugungswinkel α_0 einschließen, sodass $\alpha_n = \alpha_0$ ist.

Die Flankenform K entsteht z. B. durch den Eingriff eines sich drehenden doppelkegelförmigen Werkzeugs mit dem Durchmesser d_0 (Bild 24.12), dessen Achse zur Schneckenachse um den Mittensteigungswinkel γ_m geschwenkt ist, wobei die Kreuzungslinie der Achsen durch die Lückenmitte der Schneckenverzahnung läuft.

Mit wachsendem Werkzeugdurchmesser d_0 nähert sich die Flankenform K der Flankenform I, mit abnehmendem Werkzeugdurchmesser d_0 geht sie in die Flankenform N über. Zur eindeutigen Bestimmung der Flankenform muss deshalb stets der Durchmesser des Schneidwerkzeugs angegeben werden.

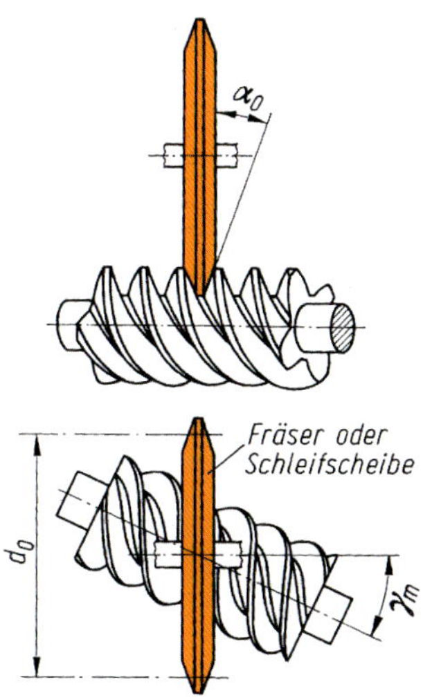

Bild 24.12
Erzeugung der ZK-Schnecke (aus DIN 3975)

Aus den vorangegangenen Darlegungen geht hervor, dass die Flanken der ZA-Schnecke im Axialschnitt gerade sind und daher in diesem Schnitt mit dem Schneckenrad wie ein Zahnstangenradpaar arbeiten. Im Normalschnitt sind die Flanken der ZA-Schnecke leicht gekrümmt. Die Flanken der ZN-Schnecke sind im Normalschnitt gerade, im Axialschnitt sind sie leicht gekrümmt. ZI- und ZK-Schnecken haben im Axial- und im Normalschnitt gekrümmte Flanken, die ZI-Schnecke hat Evolventenflanken.

Die Firma A. Friedr. Flender baut Schneckengetriebe mit **Hohlflanken-Zylinderschnecken** (Handelsname **Cavex-Schneckengetriebe**), die anstelle eines geraden oder konkaven Flankenprofils ein konvexes aufweisen (Bild 24.13). Hierdurch entsteht eine engere Anschmiegung der Flanken und ein günstigerer Verlauf der Berührungslinien, wodurch eine bessere Schmierdruckbildung hervorgerufen wird.

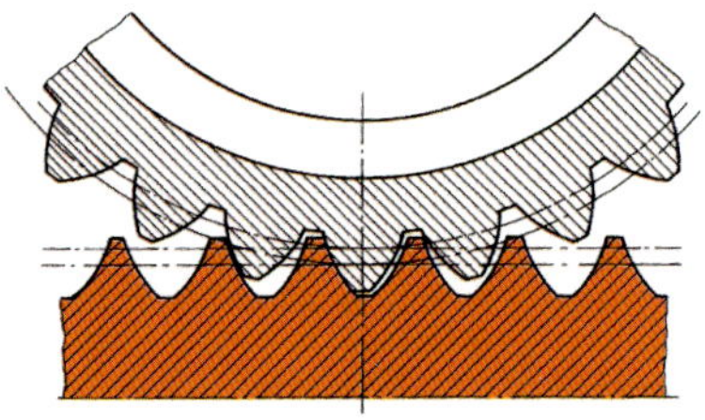

Bild 24.13
Hohlflankenschnecke [24.3]

Die größte Bedeutung hat die **ZI-Schnecke** erlangt. Die ZA-, ZK-, ZN- und ZI-Schnecken unterscheiden sich in ihrer Tragfähigkeit, der Schmierdruckbildung (ähnlicher Verlauf der Berührungslinien) und der Verlustleistung nur geringfügig. Daher werden für die Auslegung dieser Schneckengetriebe die Berechnungswerte der ZI-Schnecke zugrunde gelegt sowie Forschungen vordergründig an dieser Schneckenart durchgeführt.

Die Eingriffsverhältnisse von Schneckengetrieben werden auf den Mittenstirnschnitt des Rads und Axialschnitt der Schnecke bezogen und als Zahnstangenradpaar aufgefasst. Damit beträgt in diesem Schnitt die

Profilüberdeckung $$\varepsilon_\alpha = \frac{\sqrt{d_{a2}^2 - d_{b2}^2} + \dfrac{2m(1-x)}{\sin\alpha} - d_2 \cdot \sin\alpha}{2p_e} \qquad (24.26)$$

d_{a2}	in mm	Kopfkreisdurchmesser des Rads nach Formel 24.21,
d_{b2}	in mm	Grundkreisdurchmesser des Rads $= d_2 \cdot \cos\alpha$,
m	in mm	Axialmodul,
x		Profilverschiebungsfaktor am Schneckenrad,
d_2	in mm	Teilkreisdurchmesser des Rads nach Formel 24.17,
p_e	in mm	Eingriffsteilung $= p \cdot \cos\alpha = m \cdot \pi \cdot \cos\alpha$,
α	in °	Eingriffswinkel im Axialschnitt.

24

Das schraubige Gleiten der Flanken erfolgt bei Berührung im Wälzpunkt eines Mittenstirnschnitts mit der

Gleitgeschwindigkeit $$v_g = \frac{v_1}{\cos\gamma_m} = \frac{d_{m1} \cdot \pi \cdot n_1}{\cos\gamma_m} \qquad (24.27)$$

v_g	in m/s	Geschwindigkeit, mit der die Flanken in Richtung der Schraubenlinie aufeinander gleiten,
v_1	in m/s	Umfangsgeschwindigkeit des Mittenkreises der Schnecke,
d_{m1}	in m	Mittenkreisdurchmesser der Schnecke,
n_1	in s^{-1}	Drehzahl der Schnecke,
γ_m	in °	Mittensteigungswinkel nach Formel 24.23.

Bei einer Profilverschiebung weicht v_g unwesentlich von dem Betrag nach Formel 24.27ab.

Beispiel 24.3

Für einen Schneckenradzusatz mit ZN-Zylinderschnecke und einem Erzeugungswinkel $\alpha_0 = 20°$, $m = 4\,\text{mm}$, $d_{m1} = 40\,\text{mm}$, $i = u = 26$ und $a = 125\,\text{mm}$ sind die Abmessungen zu errechnen.

Lösung:

Bei einer ZN-Schnecke ist $\alpha_n = \alpha_0$. Nach den Angaben über Formel 24.15 wird für $i = 26$ eine Schnecke mit $z_1 = 2$ gewählt. Damit wird $z_2 = z_1 \cdot u = 2 \cdot 26 = 52$. Nach Formel 24.15 bis Formel 24.17 werden:

$$p = m \cdot \pi = 4\,\text{mm} \cdot \pi = 12{,}57\,\text{mm}$$

$$q = d_{m1} / m = 40 / 4 = 10$$

$$d_2 = m \cdot z_2 = 4\,\text{mm} \cdot 52 = 208\,\text{mm}$$

Aus Formel 24.18 folgt der erforderliche Profilverschiebungsfaktor

$$x = \frac{a - 0{,}5(d_{m1} + d_2)}{m} = \frac{125 - 0{,}5(40 + 208)}{4} = 0{,}25$$

Nach Formel 24.19 bis Formel 24.25 werden mit $h_{a1} = m = 4\,\text{mm}$, $h_{f1} = 1{,}2m = 4{,}8\,\text{mm}$, $h_{a2} = m(1 + x) = 4\,\text{mm}(1 + 0{,}25) = 5\,\text{mm}$, $h_{f2} = m(1 - x) + c_2 = 4\,\text{mm}(1 - 0{,}25) + 0{,}2 \cdot 4\,\text{mm} = 3{,}8\,\text{mm}$:

$$d_{a1} = d_{m1} + 2h_{a1} = 40\,\text{mm} + 2 \cdot 4\,\text{mm} = 48\,\text{mm}$$

$$d_{f1} = d_{m1} - 2h_{f1} = 40\,\text{mm} - 2 \cdot 4{,}8\,\text{mm} = 30{,}4\,\text{mm}$$

$$d_{a2} = d_2 + 2h_{a2} = 208\,\text{mm} + 2 \cdot 5\,\text{mm} = 218\,\text{mm}$$

$$d_{f2} = d_2 - 2h_{f2} = 208\,\text{mm} - 2 \cdot 3{,}8\,\text{mm} = 200{,}4\,\text{mm}$$

$$\tan\gamma_m = \frac{m \cdot z_1}{d_{m1}} = \frac{4 \cdot 2}{40},\ \gamma_m = 11{,}31°$$

$$p_n = p \cdot \cos\gamma_m = 12{,}57\,\text{mm} \cdot \cos 11{,}31° = 12{,}326\,\text{mm}$$

$$\tan\alpha = \frac{\tan\alpha_n}{\cos\gamma_m} = \frac{\tan 20°}{\cos 11{,}31°},\ \alpha = 20{,}364°$$

■

■ 24.6 Zahnkräfte und Wirkungsgrad an Schneckenradsätzen

24

Mit dem Index 2 sind die Kraftwirkungen der treibenden Schnecke 1 auf das getriebene Rad 2 und mit dem Index 1 die Gegenwirkungen des Rads 2 auf die Schnecke 1 gekennzeichnet.

Im Normalschnitt steht die Zahnkraft F_N (Bild 24.14) im Berührpunkt senkrecht auf den Zahnflanken und läuft durch den Wälzpunkt C. F_N zerlegt sich in eine Normalumfangskraft F_n und in eine Radialkraft F_r jeweils an Schnecke und Rad.

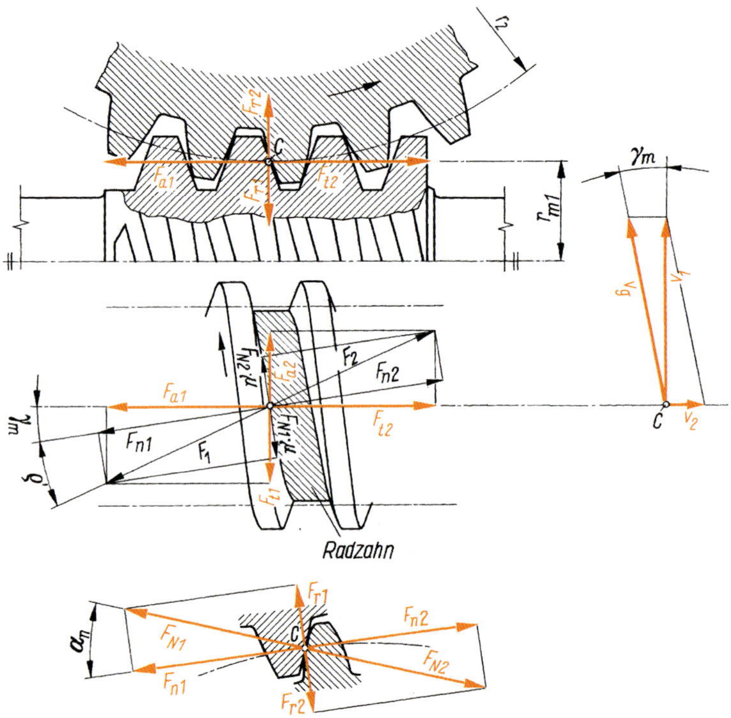

Bild 24.14 Zahnkräfte und Geschwindigkeiten am Schneckenradsatz

In Richtung der Flankenlinien wirkt die Reibkraft F_N, die sich in der Draufsicht mit F_n zur Resultierenden F zusammensetzt. F zerlegt sich dann aber in eine Axialkraft F_a und eine Tangentialkraft F_t jeweils an Schnecke und Rad.

In Schneckenradsätzen liegen ähnliche Verhältnisse wie bei Bewegungsschrauben vor. Die Abtriebsleistung als Nutzleistung beträgt $P_2 = F_{t2} \cdot v_2$, die durch Reibung in Richtung der Flankenlinien bedingte höhere Antriebsleistung $P_1 = F_{t1} \cdot v_1$, wobei v_2 die Umfangsgeschwindigkeit des Teilkreises des Rads und v_1 die Umfangsgeschwindigkeit des Mittenkreises der Schnecke ist. Der Wirkungsgrad der Schraubung ist dann $\eta_S = P_2 / P_1$. Aus Bild 24.14 geht hervor, dass $F_{t2} = F_2 \cdot \cos(\gamma_m + \varrho)$ und $F_{t1} = F_1 \cdot \sin(\gamma_m + \varrho)$ sind. Die Absolutgeschwindigkeit v_1 als Umfangsgeschwindigkeit des Berührpunkts an der Schnecke zerlegt sich in die Gleitgeschwindigkeit v_g und die Umfangsgeschwindigkeit v_2 des Rads nach Bild 24.14. Somit ist $v_2 = v_1 \cdot \tan\gamma_m$.

24

Setzt man die Ausdrücke für F_{t1}, F_{t2} und v_2 in die Gleichung für η_S ein, so erhält man, da sich v_1 und F herauskürzen (wegen $F_1 = F_2$) und $\sin x / \cos x = \tan x$ ist, den

Wirkungsgrad der Schraubung $$\eta_S = \frac{\tan\gamma_m}{\tan(\gamma_m + \varrho)} \qquad (24.28)$$

ϱ ist der wirksame Reibwinkel, für den $\tan\varrho = \mu / \cos\alpha_n$ gilt. Der größtmöglichste Wirkungsgrad wird bei $\gamma_m \approx 45°$ erzielt. Erfahrungswerte für ϱ enthält Tabelle 24.3.

Da außerdem noch der Wirkungsgrad η_W durch das Wälzgleiten der Zahnflanken zu berücksichtigen ist, wird für einen Schneckenradsatz der **Gesamtwirkungsgrad** $\eta_{ges} = \eta_W \cdot \eta_S \approx 0{,}98\eta_S$ (ohne Lagerreibung). Bei vorgegebener Abtriebsnennleistung $P_{N2} = P_{Nb}$ beträgt somit die erforderliche

Antriebsnennleistung $P_{N1} = \frac{P_{N2}}{\eta_{ges}}$ (24.29)

Aus den geometrischen Beziehungen (siehe Bild 24.14) folgen die

	Kräfte am Schneckenrad		**Kräfte an der Schnecke**	
Tangentialkraft	$F_{t2} = \frac{P_{N2}}{v_2} K_A$	(24.30)	$F_{t1} = F_{a2}$	(24.33)
Axialkraft	$F_{a2} = F_{t2} \cdot \tan(\gamma_m + \varrho)$	(24.31)	$F_{a1} = F_{t2}$	(24.34)
Radialkraft	$F_{r2} = F_{t2} \frac{\cos\varrho \cdot \tan\alpha_n}{\cos(\gamma_m + \varrho)}$	(24.32)	$F_{r1} = F_{r2}$	(24.35)

P_{N2}	in W	Abtriebsnennleistung,
v_2	in m/s	Umfangsgeschwindigkeit des Rad-Teilkreises $= d_2 \cdot \pi \cdot n_2 = v_1 \cdot \tan\gamma_m$,
K_A		Anwendungsfaktor zur Berücksichtigung ungleichförmiger Belastung (Anhaltswerte siehe Tabelle 23.1),
γ_m	in °	Mittensteigungswinkel nach Formel 24.23,
α_n	in °	Normaleingriffswinkel nach Formel 24.25,
ϱ	in °	wirksamer Reibwinkel nach Tabelle 24.3.

In den vorangegangenen Gleichungen ist eine Profilverschiebung nicht berücksichtigt, was für praktische Berechnungen unwesentlich ist.

Die **Drehmomente** betragen $T_1 = F_{t1} \cdot r_{m1}$ an der Schnecke und $T_2 = F_{t2} \cdot r_2$ am Rad, wobei $r_{m1} = d_{m1} / 2$ und $r_2 = d_2 / 2$ sind.

Für den Fall, dass nicht die Schnecke 1 treibt, sondern das Rad 2, kehren sich die Reibkräfte um und der Wirkungsgrad der Schraubung ist dann $\eta_S = P_1 / P_2$ und damit

$$\eta_S = \frac{\tan(\gamma_m - \varrho)}{\tan\gamma_m}$$

Sobald $\gamma_m \leq \varrho$ wird, ergibt sich $\eta_S \leq 0$. In diesem Fall tritt **Selbsthemmung** ein, und kein noch so großes Drehmoment am Rad vermag die Schnecke in eine Drehbewegung zu versetzen. Mitunter ist Selbsthemmung erwünscht, um selbsttätige Rücklaufbewegungen nach Abschalten des Antriebs bei unter Belastung stehendem Rad zu vermeiden.

Beispiel 24.4

Der Schneckenradsatz nach Beispiel 24.3 soll $P_{N2} = 1{,}5\,\text{kW}$ übertragen. Wie groß sind die Antriebsnennleistung P_{N1}, die Zahnkräfte und die Drehmomente an Rad und Schnecke? Ist der Schneckenradsatz selbsthemmend?

Gegeben sind: $K_A = 1{,}3$, $n_1 = 1440\,\text{min}^{-1} = 24\,\text{s}^{-1}$, $i = 26$, $d_2 = 208\,\text{mm}$, $\alpha_n = 20°$, $\gamma_m = 11{,}31°$, $d_{m1} = 40\,\text{mm}$, $v_g \approx 3{,}1\,\text{m/s}$ nach Formel 24.27 errechnet.

Lösung:

1. Antriebsnennleistung P_{N1}

Bei $\varrho = 4°$ (angenommen bei Ausführung A nach Tabelle 24.3) wird nach Formel 24.28

$$\eta_S = \frac{\tan\gamma_m}{\tan(\gamma_m + \varrho)} = \frac{\tan 11{,}31°}{\tan(11{,}31° + 4°)} = 0{,}73$$

24

Somit wird mit $\eta_{ges} \approx 0{,}98\eta_S = 0{,}98 \cdot 0{,}73 \approx 0{,}72$ nach Formel 24.29

$$P_{N1} \approx \frac{P_{N2}}{\eta_{ges}} = \frac{1{,}5\,kW}{0{,}72} \approx 2{,}1\,kW$$

2. Kräfte am Schneckenrad

Bei $i = 26$ ist $n_2 = n_1 / i = 24\,s^{-1} / 26 = 0{,}923\,s^{-1}$ und damit $\upsilon_2 = d_2 \cdot \pi \cdot n_2 = 0{,}208\,m \cdot \pi \cdot 0{,}923\,s^{-1} \approx 0{,}6\ m/s$. Nach Formel 24.30 bis Formel 24.32 werden dann:

$$F_{t2} = \frac{P_{N2}}{\upsilon_2} K_A = \frac{1500\ W}{0{,}6\ m/s} 1{,}3 = 3250\,N$$

$$F_{a2} = F_{t2} \cdot \tan(\gamma_m + \varrho) = 3250\,N \cdot \tan(11{,}31° + 4°) = 890\,N$$

$$F_{r2} = F_{t2} \frac{\cos\varrho \cdot \tan\alpha_n}{\cos(\gamma_m + \varrho)} = 3250\,N \frac{\cos 4° \cdot \tan 20°}{\cos(11{,}31° + 4°)} = 1223\,N$$

3. Kräfte an der Schnecke

Nach Formel 24.33 bis Formel 24.35 sind

$$F_{t1} = F_{a2} = 890\,N,\ F_{a1} = F_{t2} = 3250\,N,\ F_{r1} = F_{r2} = 1223\,N$$

4. Drehmomente T_1 und T_2

Mit $r_{m1} = d_{m1} / 2 = 0{,}02\,m$ und $r_2 = d_2 / 2 = 0{,}104\,m$ werden

$$T_1 = F_{t1} \cdot r_{m1} = 890\,N \cdot 0{,}02\ m = 17{,}8\,Nm$$

$$T_2 = F_{t2} \cdot r_2 = 3250\,N \cdot 0{,}104\ m \approx 338\,Nm$$

5. Kontrolle auf Selbsthemmung

Da $\varrho = 4° < \gamma_m = 11{,}31°$ ist, kann Selbsthemmung nicht eintreten. ■

■ 24.7 Gestaltung der Schnecken und Schneckenräder

24

Die Schneckenwelle wird auf Biegung und Verdrehung beansprucht. Deshalb bemisst man den Schaft mit dem Durchmesser d_S nach Bild 24.15a und b bzw. den Durchmesser d_{m1} nach Bild 24.15c im Allgemeinen zunächst nach der Verdrehung mit $\tau_{t\ zul}$ (wechselnde Beanspruchung) und rechnet auf Gestaltfestigkeit nach (siehe Abschnitt 15.5). Der Mittenkreisdurchmesser beträgt in erster Annäherung $d_{m1} \approx 1{,}5 d_S$ für die Ausführung nach Bild 24.15a und bei aufgesetzten Schnecken (Bild 24.15b) $d_{m1} \approx 2 d_S$. Bei der endgültigen Festlegung von d_{m1} ist möglichst die Formzahl q nach DIN 3976 (Tabelle 24.2) zu wählen. Im Allgemeinen werden ausgeführt:

Schneckenbreite $b_1 \approx \sqrt{d_{a2}^2 - d_2^2}$ (24.36)

$$\textit{Radbreite} \quad b_2 \approx \sqrt{d_{a1}^2 - d_{m1}^2} + 2m = b + 2m \qquad (24.37)$$

mit b gemäß Bild 24.16a und m als Axialmodul. Als Richtwert gilt auch $b_2 \approx 0{,}8d_{m1}$.

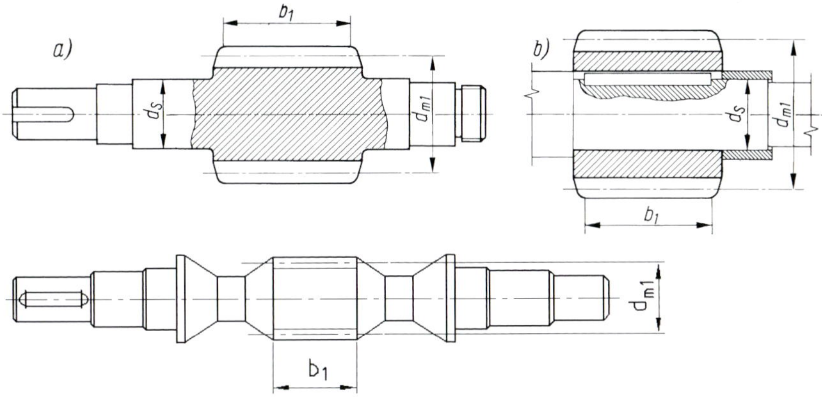

Bild 24.15 Ausführung von Schnecken
a) Schneckenwelle (Schnecke und Welle aus einem Stück), b) aufgesetzte Schnecke,
c) eingeschnittene Vollschnecke

Räder aus Leichtmetallen oder Zinklegierungen sind breiter auszuführen (siehe Bild 24.16b). Wenn die Radzähne aus hochwertiger **Bronze** bestehen müssen, werden aus dieser Kränze gefertigt und auf Radfelgen aus Gusseisen oder Stahlguss gepresst, geschraubt (Bild 24.16c und d) oder geschweißt. **Räder aus Gusseisen** (Bild 24.17) mit Lamellengraphit (Grauguss) werden nach denselben Gesichtspunkten gestaltet wie Stirnräder (siehe Abschnitt 23.4). In der Regel werden die Werkstoffe der Schneckenradgetriebe so gewählt, dass die Flanken der Schnecke härter als die Flanken des Schneckenrads sind, wodurch der Verschleißabtrag vorrangig an den Radflanken erfolgt. So paart man zum Beispiel für Hochleistungsgetriebe Schnecken aus Einsatzstahl (z. B. 16MnCr5) mit Radkränzen aus Bronze (z. B. CuSu12–Ni2–C–GZ).

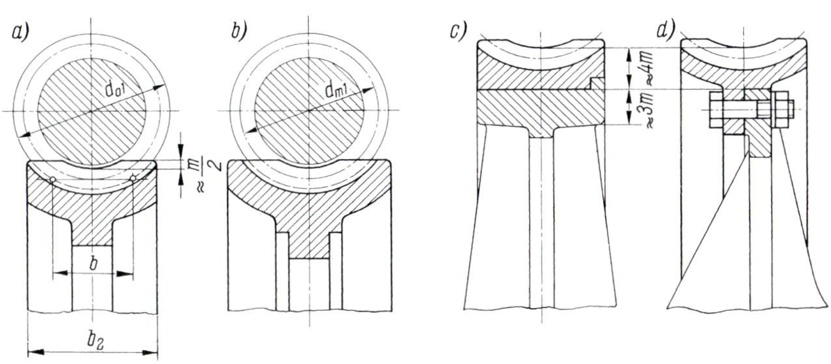

Bild 24.16 Ausbildung der Schneckenradkränze
a) Grauguss, b) Leichtmetallguss, c) aufgepresst, d) angeschraubt

Die Anwendung von **thermoplastischen Kunststoffen** ist wegen der hohen Reibleistung begrenzt. Bei spanender Herstellung lässt sich dieselbe Eingriffsgeometrie wie bei Schneckenradsätzen aus Metall erreichen. Bei größeren Abmessungen werden Kunststoffkränze auf metallische Grundkörper gesetzt. Derartige Ausführungen lohnen nur, wenn es unbedingt auf Geräuscharmut ankommt.

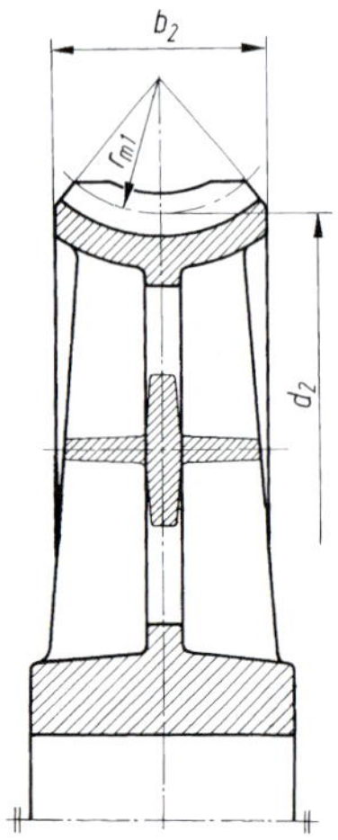

Bild 24.17
Schneckenrad

Durch Spritzgießen von ungeteilten Kunststoffrädern kann die Zahnform nicht ohne einen erheblichen Aufwand für die Ausformtechnik erreicht werden. Häufig werden deshalb anstelle der Schneckenräder nur schrägverzahnte Stirnräder verwendet. Nachteilig ist dann die kleine Berührfläche der Flanken, die zu hoher örtlicher Erwärmung und damit zu hohem Verschleiß führt, sodass nur kleine Drehmomente übertragen werden können.

Spritzgegossene Kunststoff-Schneckenräder, die eine höhere Übertragungsfähigkeit als entsprechende Schrägstirnräder besitzen, zeigen Bild 24.18 und Bild 24.19. Die Hälften der Ausführung nach Bild 24.19 sind durch Schnappsitz gefügt, können aber auch verschraubt oder vernietet werden.

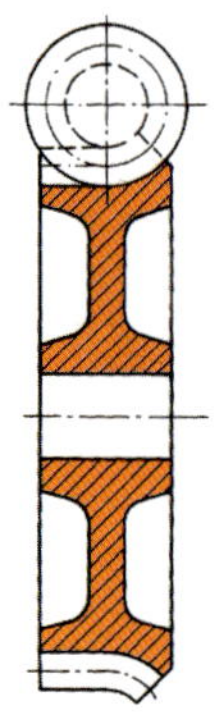

Bild 24.18 Kunststoff-Schneckenrad in Spritzguss (aus VDI 2545)

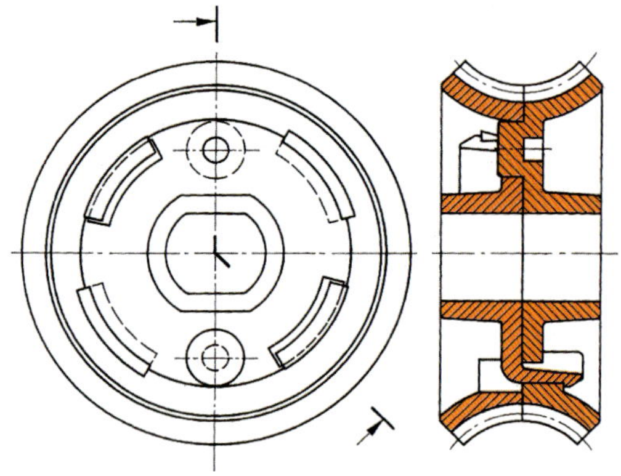

Bild 24.19 Zweiteiliges Kunststoff-Schneckenrad in Spritzguss, mit Schnappverbindung (aus VDI 2545)

24

Beispiel 24.5

Welche Schneckenbreite b_1 und welche Radbreite b_2 ist für den Schneckenradsatz nach den Beispielen 24.3 und 24.4 auszuführen?

Gegeben sind:

$d_{a2} = 218\,\text{mm}, d_2 = 208\,\text{mm}, d_{a1} = 48\,\text{mm}, d_{m1} = 40\,\text{mm}, m = 4\,\text{mm}.$

Lösung:

Nach Formel 24.36 und Formel 24.37 werden:

$$b_1 \approx \sqrt{d_{a2}^2 - d_2^2} = \sqrt{218^2 - 208^2}\ \text{mm} \approx 65\ \text{mm}$$

$$b_2 \approx \sqrt{d_{a1}^2 - d_{m1}^2} + 2m = \sqrt{48^2 - 40^2}\ \text{mm} + 2 \cdot 4\ \text{mm} = 26{,}5\ \text{mm} + 8\ \text{mm}$$
$$= b + 2m = 34{,}5\ \text{mm} \approx 35\ \text{mm}$$

24.8 Schmierung und Verzahnungsqualität von Schneckenradsätzen

Nach DIN 51509 *Auswahl von Schmierstoffen für Zahnradgetriebe* kommen für Schneckengetriebe folgende Schmierungsarten zur Anwendung:

1. **Schnecke eintauchend**, und zwar

   bis $v_1 = 4\,\text{m/s}$ Tauchschmierung in Getriebefett,

   bis $v_1 = 10\,\text{m/s}$ Tauchschmierung in Schmieröl,

   über $v_1 = 10\,\text{m/s}$ Spritzölschmierung in Eingriffsrichtung.

2. **nur Schneckenrad eintauchend**, und zwar

   bis $v_1 = 1\,\text{m/s}$ Tauchschmierung in Getriebefett,

   bis $v_1 = 4\,\text{m/s}$ Tauchschmierung in Schmieröl,

   über $v_1 = 4\,\text{m/s}$ Spritzölschmierung in Eingriffsrichtung.

Für die Ermittlung der erforderlichen Ölviskosität dient der

Schmierkennwert $$K_S = \frac{T_2}{a^3 \cdot n_1} \qquad (24.38)$$

K_S	in $\text{N}\cdot\text{s}/\text{m}^2 = \text{Pa}\cdot\text{s}$	Schmierkennwert,
T_2	in Nm	Drehmoment des Schneckenrads,
a	in m	Achsabstand nach Formel 24.18,
n_1	in s^{-1}	Drehzahl der Schnecke.

Mit diesem geht aus Tabelle 24.4 die erforderliche Viskosität des Schmieröls hervor. Für weitere Informationen über die Erhöhung oder Senkung der Tabellenwerte, die Wahl der Viskositätsklasse, die Wahl des Getriebeöls und die erforderliche Ölmenge siehe Abschnitt 23.7.

Ein Nachteil aller Schraubradpaare ist deren schlechter Wirkungsgrad, d.h. die verloren gehende Reibleistung, die sich in starker Wärmeentwicklung und damit erhöhtem Verschleiß der Zahnflanken äußert. Langsamlaufende Radpaare verhalten sich ungünstiger als schnelllaufende, weil sich kein tragfähiger Schmierfilm aufbauen kann und sie deshalb nur mit Mischreibung an den Flanken arbeiten.

Die *Toleranzen für Schneckengetriebe-Verzahnungen* sind mit DIN 3974 genormt. Das Toleranzsystem ist weitgehend dem für Stirnradverzahnungen nach DIN 3961 entnommen (siehe Abschnitt 23.6). Es enthält 12 Qualitäten, von denen die feineren z. Zt. fertigungstechnisch noch nicht erreichbar sind. In Teil 1 der Norm sind für Zylinderschnecken-Getriebe mit einem Achsenwinkel von 90° Gleichungen zur Berechnung der Toleranzen für die Abweichungen folgender Bestimmungsgrößen angegeben: Teilungs-Einzelabweichung f_p, Teilungssprung f_u, Steigungs-Gesamtabweichung F_{pz}, Teilungs-Gesamtabweichung F_{p2}, Profil-Gesamtabweichung F_α, Rundlaufabweichung F_r, Einflanken-Wälzabweichung F_i' und Einflankenwälzsprung f_i. Teil 2 enthält dafür Tabellen mit den errechneten Toleranzen, auf deren Wiedergabe hier verzichtet wird.

Die Wahl der Verzahnungsqualität (Genauigkeitsklasse) kann nach Tabelle 23.3 in Abhängigkeit von der Umfangsgeschwindigkeit v_1 erfolgen. Zur Qualitätsfestlegung führt DIN 3974 aus: Bei Leistung-Schneckengetrieben mit gehärteter und geschliffener Stahlschnecke sowie gefrästem Schneckenrad aus einlauffähigem Werkstoff ist die Qualität der Schnecke nach Möglichkeit um eine Stufe besser als die Qualität des Rads zu wählen, da es im Rahmen des Einlaufprozesses im Allgemeinen zu einer Qualitätsverbesserung des Schneckenrads kommt. Für die Schnecke kann z. B. Qualität 8 und für das Rad Qualität 9 gewählt werden.

Beispiel 24.6

Welche Schmierungsart und welche Ölviskosität sind für den Schneckenradsatz nach Beispiel 24.3 bis Beispiel 24.5 erforderlich, wenn das Schneckenrad in Schmierstoff eintaucht und normale Umweltbedingungen ($t_0 = 20\,°C$) vorliegen? Welche Verzahnungsqualität kommt in Betracht?

Gegeben sind: $d_{m1} = 40\,mm$, $n_1 = 1440\ min^{-1} = 24\,s^{-1}$, $T_2 = 338\,Nm$, $a = 125\,mm$.

Lösung:

1. Schmierungsart und Ölviskosität

Die Umfangsgeschwindigkeit der Schnecke ist

$$v_1 = d_{m1} \cdot \pi \cdot n_1 = 0{,}04\,m \cdot \pi \cdot 24\,s^{-1} \approx 3\,m/s$$

Bis $v_1 = 4\,m/s$ kommt bei eintauchendem Schneckenrad Öltauchschmierung in Betracht. Nach Formel 24.38 beträgt der Schmierkennwert

$$K_S = \frac{T_2}{a^3 \cdot n_1} = \frac{338\,Nm}{0{,}125^3\,m^3 \cdot 24\,s^{-1}} \approx 7{,}21 \cdot 10^3\ Pa \cdot s$$

Gemäß Tabelle 24.4 ist eine Ölviskosität $\nu \approx 290\,mm^2/s$ bei 40 °C geeignet. Da normale Umweltverhältnisse vorliegen, ist weder eine Erhöhung noch eine Senkung des Tabellenwerts vorzunehmen (siehe Abschnitt 23.7). Nach Diagramm 16.1 kommt als nächstliegende die Viskositätsklasse ISO VG 320 in Frage.

2. Verzahnungsqualität

Für $v_1 = 3\,m/s$ wird nach Tabelle 23.3 die Verzahnungsqualität 8 gewählt. ■

24.9 Tragfähigkeit von Schneckenradsätzen

Für die Tragfähigkeitsberechnung von Zylinder-Schneckengetrieben mit dem Achsenwinkel $\Sigma = 90°$ sind in DIN 3996 die Methoden A, B, C und D entsprechend DIN 3990 vorgesehen (siehe Abschnitt 23.9). Die gegebenen Berechnungsverfahren erfassen als Nachrechnung (nicht für die Festlegung von Abmessungen gedacht) folgende Tragfähigkeitsgrenzen: Verschleiß, Grübchen, Schneckendurchbiegung, Zahnbruch und Temperatur. Außerdem ist eine Berechnung des Wirkungsgrads und der Verlustleistung enthalten. Für die häufigsten Schnecken- und Schneckenradwerkstoffe werden verschieden Daten und Festigkeitswerte angegeben, die teils auf Versuchen, teils auf Erfahrungen basieren.

Da die Fresstragfähigkeit noch zu wenig erforscht ist, wird in der Norm auf die Angabe eines Berechnungsverfahrens verzichtet und auf die Erfahrungen der Hersteller sowie die einschlägige Literatur, z. B. [24.2], verwiesen.

Wegen des großen Umfangs der genormten Tragfähigkeitsberechnung kann hier nicht näher darauf eingegangen werden. Es wird nur ein Näherungsverfahren für die Grübchentragfähigkeit erläutert, das für einfache Anwendungsfälle als ausreichend gelten kann. Nicht immer ist eine Nachrechnung der Biegebeanspruchung der Schnecken- und Radzähne erforderlich, da die Biegefestigkeit in der Regel entsprechend höher ist als die Verschleißgrenze. Wichtige Schneckengetriebe sind immer konsequent nach DIN 3996 zu berechnen.

Die Berechnung der Grübchentragfähigkeit von metallischen Schneckenradsätzen basiert auf dem Mittelwert der

Hertzschen Pressung $$\sigma_H = \sqrt{\frac{F_{t2} \cdot r_2}{a^3}} Z_E \cdot Z_\varrho \qquad (24.39)$$

F_{t2}	in N	Tangentialkraft am Schneckenrad nach Formel 24.30,
r_2	in mm	Teilkreisdurchmesser des Schneckenrads,
a	in mm	Achsabstand des Schneckenradsatzes nach Formel 24.18,
Z_E	in $\sqrt{N/mm^2}$	Elastizitätsfaktor nach Tabelle 24.6,
Z_ϱ		Kontaktfaktor, der die Flankenkrümmung und die Berührungslänge berücksichtigt, nach Tabelle 24.5.

Damit ergibt sich die

Sicherheit gegen Grübchen $$S_H = \frac{\sigma_{H\,lim}}{\sigma_H} \qquad (24.40)$$

$\sigma_{H\,lim}$	in N/mm²	Wälzfestigkeit (Grübchenfestigkeit) des Schneckenradwerkstoffs nach Tabelle 24.6,
σ_H	in N/mm²	Hertz'sche Pressung der Zahnflanken nach Formel 24.39.

Bei einer Sicherheit $S_H = 1$ ist eine Lebensdauer $L_h = 25000\,h$ zu erwarten. Bei einer längeren Lebensdauer muss $S_H > 1$ sein, bei einer kürzeren < 1, und zwar

erforderliche Sicherheit gegen Grübchen bei $L_h \neq 25000\,h$

$$S_H = \left(\frac{L_h}{25000\,h}\right)^{1/6} \qquad (24.41)$$

L_h in h gewünschte Lebensdauer. Bei $S_H \geq 1{,}6$ handelt es sich um ein Dauergetriebe.

Für **Schneckenradsätze mit Rädern aus thermoplastischen Kunststoffen** liegen kaum gesicherte Erkenntnisse für die Tragfähigkeit vor, sodass man bei diesen vorläufig noch auf Schätzungen angewiesen ist. Es empfiehlt sich deshalb, die Tragfähigkeit gegenüber einem metallischen Schneckenradsatz im Verhältnis der Tragfähigkeit eines Kunststoff-Stirnrads mit der

24

eines gleichen Stahl-Stirnrads anzunehmen. In DIN 3996 sind auch einige Angaben zur Berechnung von Kunststoff-Schneckenradsätzen enthalten.

Beispiel 24.7

Der Schneckenradsatz nach Beispiel 24.3 bis Beispiel 24.6 mit einer ZN-Schnecke ist auf Sicherheit gegen Grübchen zu berechnen und die zu erwartende Lebensdauer zu ermitteln.

Gegeben sind: $F_{t2} = 3250\,\text{N}$, $r_2 = 104\,\text{mm}$, $d_{m1} = 40\,\text{mm}$, $a = 125\,\text{mm}$, Werkstoff der Schnecke: C45 (Flanken gehärtet und geschliffen), Werkstoff des Rads: GZ-CuSn12-C.

Lösung:

1. Hertz'sche Pressung σ_H

Mit dem Verhältnis $d_{m1} / a = 40 / 125 = 0{,}32$ wird aus Tabelle 24.5 der Kontaktfaktor $Z_\varrho \approx 3$ geschätzt. Nach Tabelle 24.6 ist $Z_E = 147\sqrt{\text{N/mm}^2}$. Somit gilt nach Formel 24.39:

$$\sigma_H = \sqrt{\frac{F_{t2} \cdot r_2}{a^3}}\, Z_E \cdot Z_\varrho = \sqrt{\frac{3250\,\text{N} \cdot 104\,\text{mm}}{125^3 \cdot \text{mm}^3}}\, 147\sqrt{\text{N/mm}^2} \cdot 3 = 183{,}5\,\text{N/mm}^2$$

2. Sicherheit S_H gegen Grübchen

Nach Tabelle 24.6 ist $\sigma_{H\lim} = 425\,\text{N/mm}^2$. Somit gilt nach Formel 24.40

$$S_H = \frac{\sigma_{H\lim}}{\sigma_H} = \frac{425}{183{,}5} \approx 2{,}3 > 1{,}6$$

sodass es sich zweifellos um ein Dauergetriebe handelt.

3. Zu erwartende Lebensdauer L_h

Aus Formel 24.41 wird

$$L_H \approx 25000\,\text{h} \cdot S_H^6 = 25000\,\text{h} \cdot 2{,}3^6 \approx 1{,}6 \cdot 10^6\,\text{h}$$

24.10 Ausführung von Schneckengetrieben

24

Hochleistungs-Schneckengetriebe mit $v_1 > 8$ m/s werden im Allgemeinen mit Druckölschmierung (Spritzschmierung), bester Lagerung, gehärteten, geschliffenen und geläppten Zahnflanken der Stahlschnecken und mit hochbelastbaren Radwerkstoffen ausgeführt (für Werkstoffe siehe Tabelle 24.6). Bei $v_1 < 8$ m/s genügen vergütete oder gehärtete Stähle mit geschliffenen Flanken, Schneckenradkränze aus Bronze und bis $v_1 = 4\,\text{m/s}$ sogar Gusseisen (Grauguss).

Bild 24.20 zeigt das sog. *Cavex-Aufsteckgetriebe,* das an der Radseite auf die Arbeitsmaschinenwelle gesteckt und mit einem Arm zum Auffangen des Drehmoments abgestützt wird. Zur Kühlung ist ein Gebläse eingebaut, die Schnecke taucht in ein Ölbad. Die Verbindung der Schneckenwelle mit dem Motor kann über eine Kupplung erfolgen.

Die Lagerung einer Schneckenwelle und die Gestaltung des Gehäuses veranschaulicht Bild 24.21.

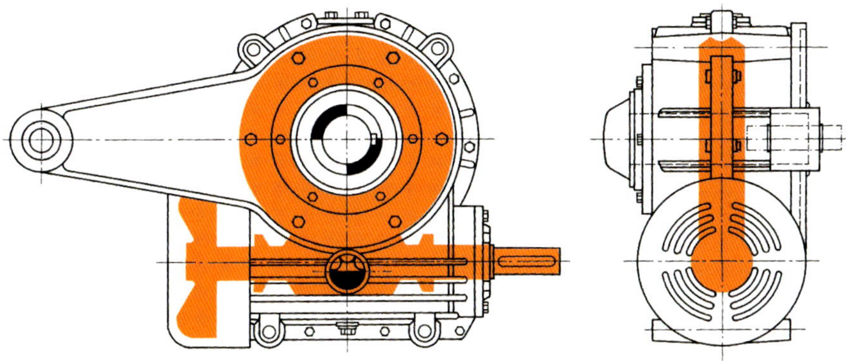

Bild 24.20 Cavex-Aufsteck-Schneckengetriebe [24.3]

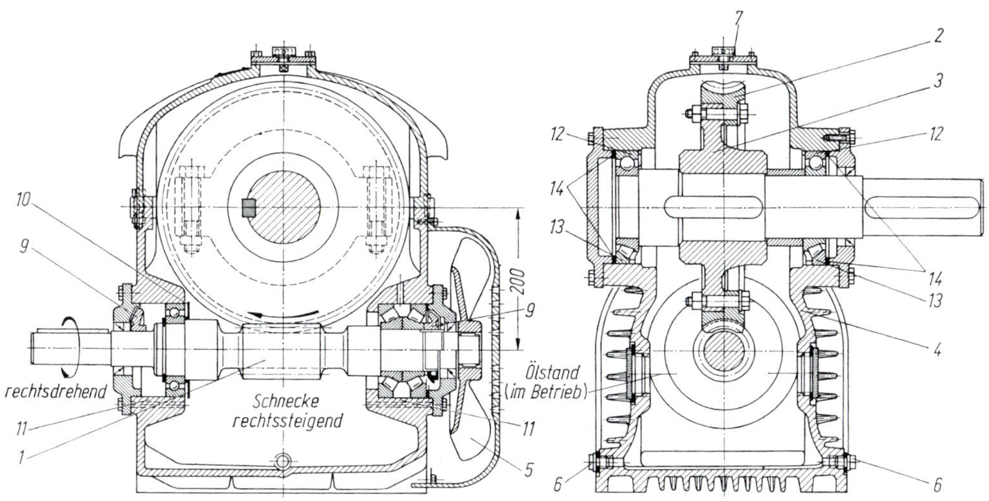

Bild 24.21 Schneckengetriebe [24.3] (aus [24.2])
Nennleistung 24,5 kW, $n_1 = 1500\,\mathrm{min}^{-1}$, $u = 20{,}5$. *1* ZH-Schnecke: 16MnCr5 einsatzgehärtet, geschliffen; *2* Radkranz GZ-CuSn12; *3* Nabe S235JR (St 37-2); *4* Gehäuse EN-GJL-200 (GG-20) mit waagerechten Rippen; *5* Lüfter; *6* Ölablass; *7* Schaulochdeckel mit Entlüftung; *8* Radialdichtring (nach innen dichtend); unterschiedliche Abdichtung der Schneckenwelle möglich; *9* zusätzliche Dichtringe; *10* Schleuderscheibe; *11* Ölrücklauf (versetzt gezeichnet); *12* Rillenkugellager (für leichten Betrieb); *13* Kegelrollenlager (für schweren Betrieb); *14* Passscheiben für axiales Einstellen des Rads

24.11 Verständnisfragen

1. Warum sollten Zahnradpaare mit sich kreuzenden Achsen in Antrieben möglichst vermieden werden?
2. Wodurch können Schraub-Stirnradpaare ersetzt werden, um die ungünstige Punktberührung der Zahnflanken zu verhindern?
3. In welche zwei geometrischen Varianten teilen sich Schnecken auf?
4. Worauf werden Steigungswinkel, Zahnkopf- und Zahnfußhöhe, Zahnlücke, Zahndicke und Teilung bezogen?
5. Was folgt aus der Selbsthemmung bei Schnecken?

Literatur

[24.1] *Niemann, G.; Winter, H.:* Maschinenelemente. Band 2. Berlin: Springer Verlag, 2003

[24.2] *Niemann, G.; Winter, H.:* Maschinenelemente. Band 3. Berlin: Springer Verlag, 2004

[24.3] Firmendruckschriften, A. Friedr. Flender, Bocholt

[24.4] Firmendruckschriften, GFC AntriebsSysteme, Coswig

[24.5] *Höhn, B.-R.; Michaelis, K.; Winter, H.:* Reibungszahlen und Wirkungsgrade bei Schneckengetrieben. VDI-Bericht 905/1991

DIN 3961 Toleranzen für Stirnradverzahnungen; Grundlagen

DIN 3974 Toleranzen für Schneckengetriebe-Verzahnungen; Teil 1: Grundlagen

DIN 3974 Toleranzen für Schneckengetriebe-Verzahnungen; Teil 2: Toleranzen für Abweichungen einzelner Bestimmungsgrößen

DIN 3974 Zylinderschnecken; Maße, Zuordnung von Achsabständen und Übersetzungen in Schneckenradsätzen

DIN 3990 Tragfähigkeitsberechnung von Stirnrädern; Teil 1: Einführung und allgemeine Einflussfaktoren

DIN 3990 Tragfähigkeitsberechnung von Stirnrädern; Teil 2: Berechnung der Grübchentragfähigkeit

DIN 3990 Tragfähigkeitsberechnung von Stirnrädern; Teil 3: Berechnung der Zahnfußtragfähigkeit

DIN 3990 Tragfähigkeitsberechnung von Stirnrädern; Teil 4: Berechnung der Fresstragfähigkeit

DIN 3990 Tragfähigkeitsberechnung von Stirnrädern; Teil 5: Dauerfestigkeitswerte und Werkstoffqualitäten

DIN 3990 Tragfähigkeitsberechnung von Stirnrädern; Teil 6: Betriebsfestigkeitsrechnung

DIN 3990 Tragfähigkeitsberechnung von Stirnrädern; Teil 21: Anwendungsnorm für Schnelllaufgetriebe und Getriebe ähnlicher Anforderungen

DIN 3990 Tragfähigkeitsberechnung von Stirnrädern; Teil 31: Anwendungsnorm für Schiffsgetriebe

DIN 3990 Tragfähigkeitsberechnung von Stirnrädern; Teil 41: Anwendungsnorm für Fahrzeuggetrieb Norm

DIN 3996 Tragfähigkeitsberechnung von Zylinder-Schneckengetrieben mit sich rechtwinklig kreuzenden Achsen

VDI 2545 Zahnräder aus thermoplastischen Kunststoffen; VDI Düsseldorf 1981, 1996 zurückgezogen

TEIL 6
Hülltriebe

25 Kettentriebe

Kettentriebe sind *formschlüssige Hülltriebe*, bei denen eine endlose Kette zwei oder mehr Kettenräder umschlingt (umhüllt). Sie dienen wie Stirnradpaare zur Kraft- und Bewegungsübertragung zwischen parallelen Wellen und werden vornehmlich dort eingesetzt, wo Achsabstände zu überbrücken sind, für die Zahnräder nicht möglich oder nicht sinnvoll sind, und wo Riementriebe wegen ungünstiger Raum-, Übersetzungs- oder Achsabstandsverhältnisse nicht realisiert werden können. Kettentriebe können mit kleineren Umschlingungswinkeln am kleinen Kettenrad und kleineren Achsabständen als entsprechende Riementriebe wesentlich größere Kräfte übertragen. Da sie keine nennenswerte Vorspannung erfordern, belasten sie die Wellen und Lager weniger stark. Allerdings arbeiten Kettentriebe nicht so elastisch wie Riementriebe, erfordern mehr Wartung, müssen geschmiert und oftmals auch gegen Staubeinwirkungen geschützt werden und laufen geräuschvoller. Außerdem sind die Ketten und die verzahnten Räder wesentlich teurer als Riemen und Riemenscheiben.

Kettentriebe verbinden jedoch in idealer Weise die Vorteile eines kraftschlüssigen Hülltriebs (Riementriebes) mit denen eines formschlüssigen Zahnradgetriebes, weil bei entsprechender Gestaltung erhebliche Stoßenergien ohne Gefährdung der Betriebssicherheit aufgenommen werden können, zu denen die nahezu starre Verbindung der Wellen durch Zahnräder meistens den Einbau elastischer Glieder (Kupplungen) benötigt. Der Anwendungsbereich von Kettentrieben ist sehr groß. Sie werden in Kraft- und Arbeitsmaschinen, Werkzeugmaschinen, Textilmaschinen, Land- und Baumaschinen und besonders in Transportanlagen (Hebezeugen und Förderanlagen) eingesetzt. Für Transportanlagen gibt es viele Sonderausführungen von Ketten.

Ihr Einsatz ist auch bei hoher Umgebungstemperatur möglich, z. B. in Durchlauföfen, oder in Schmierölatmosphäre. Sie sind einfach mit Verschlussgliedern zu verbinden.

25.1 Anordnung von Kettentrieben

Verschiedene Ausbildungsmöglichkeiten von Kettentrieben zeigt Bild 25.1. Das *Lasttrum* als der ziehende Kettenstrang ist möglichst nach oben zu legen. Eine gewisse Schräglage des Triebs ist günstig, eine senkrechte wegen schlechter Eingriffsverhältnisse am unteren Rad besonders ungünstig (Durchhang der Kette). Bei einer Trieblage über 60° zur Waagerechten sind *Spannräder* erforderlich. Spannräder müssen auch eingebaut werden, wenn eine Kette mehrere Räder treibt (Bild 25.2). Senkrecht stehende Wellen sind möglichst zu vermeiden, da die Kettenlaschen an der Radstirnseite reiben und dann schnell verschleißen, wenn nicht für eine entsprechende Führung gesorgt wird.

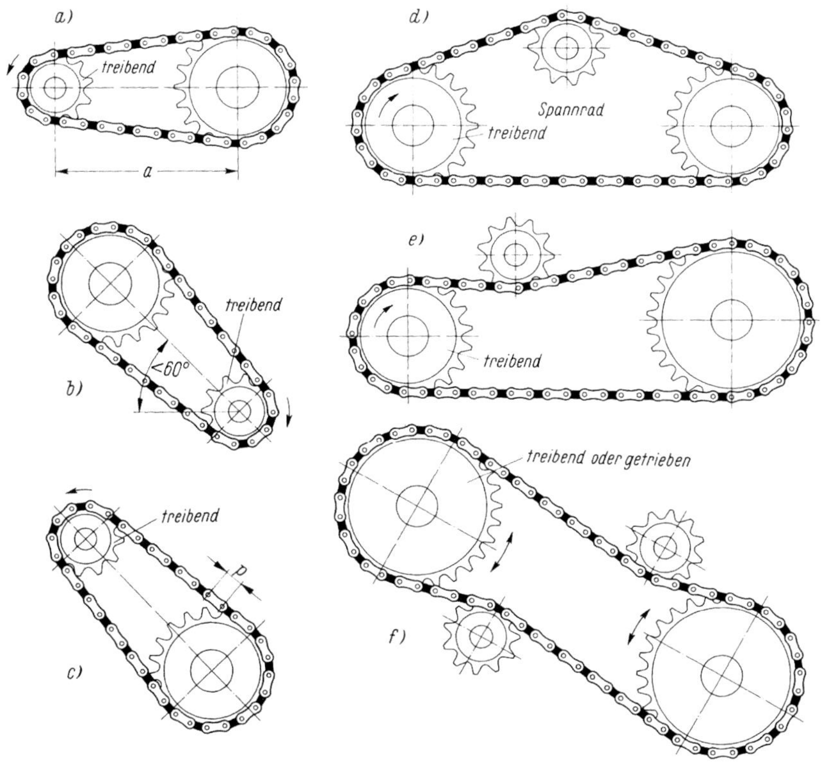

Bild 25.1 Anordnung und Lage von Kettentrieben
a) waagerecht, b) unter max. 60° geneigt, treibendes Rad unten, c) unter max. 60° geneigt, treibendes Rad oben, d) mit innerem Spannrad, e) mit äußerem Spannrad, f) mit zwei Spannrädern für Drehrichtungswechsel

Da Ketten bleibend gelängt werden, sind *Nachspannmöglichkeiten* zweckmäßig, z. B. Spannräder, Spannbänder, Spannschienen oder verstellbare Achsabstände. Als zulässiger Durchhang einer Kette werden etwa 2 % des Achsabstands angesehen.

Ketten geraten besonders bei stoßhaftem Betrieb wie in Antrieben mit Kolbenmaschinen leicht in Schwingungen (Bild 25.3a), die zu einem unruhigen Lauf führen. Oftmals sind deshalb *Schwingungsdämpfer* (Bild 25.3b) unentbehrlich.

Kleine *Achsabstände a* sind für die Laufruhe günstig, größere für den Kettenverschleiß, da ein Glied dann nicht so oft eingreift. Bei großen Übersetzungen muss auf eine genügende Umschlingung des kleinen Rads geachtet werden. Je mehr Zähne auf dem Rad im Eingriff sind, umso geringer ist die Belastung eines Zahns und umso geringer der Verschleiß. Deshalb dürfen die großen Räder aus einem weniger festen Werkstoff bestehen als die kleinen. Achsabstände unter 20 und über $80p$ (p = Kettenteilung, siehe Bild 25.1c) sind besonders bei stoßartiger Belastung zu vermeiden. Der günstige Achsabstand liegt zwischen 30 und $50p$. Bei sehr großen Achsabständen und kleinen Kettengeschwindigkeiten ist die Anbringung von Stützschienen oder Stützrädern und bei sehr hohen Kettengeschwindigkeiten die Aufteilung in mehrere Einzeltriebe sinnvoll.

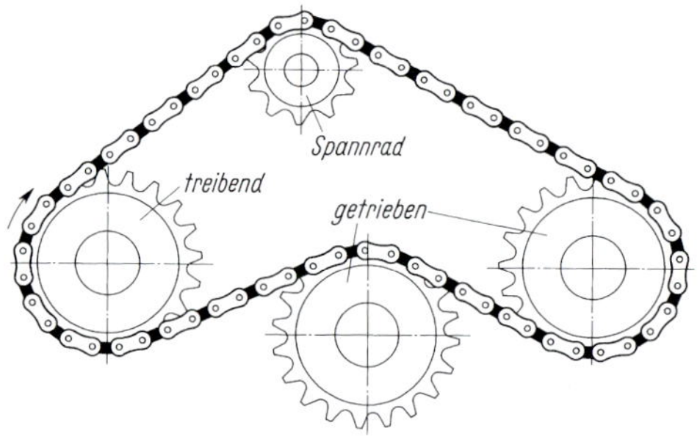

Bild 25.2 Kettentrieb mit zwei Abtrieben

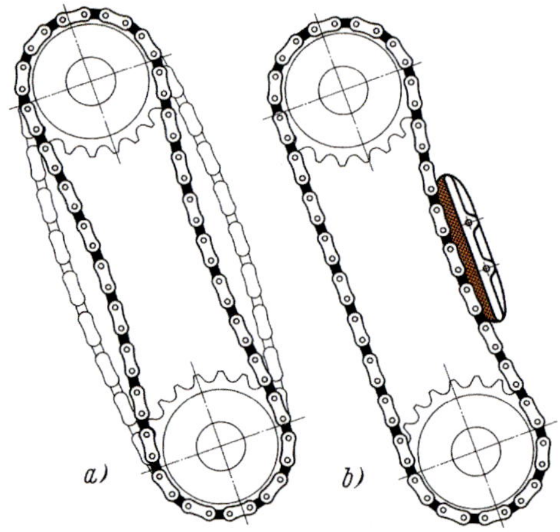

Bild 25.3 Schwingungen der Kette und deren Dämpfung
a) Schwingungsausschläge, b) Trieb mit angebautem Dämpfer

25.2 Kettenarten, Endverbindung

Als Treibketten werden **Gelenkketten** verschiedenster Art eingesetzt **Gliederketten** werden nur zum Heben von Lasten eingesetzt. Bei den Gelenkketten sind flache Gliedlaschen durch Gleitgelenke (Gleitlager) beugbar miteinander verbunden, bei Gliederketten (z. B. Rundgliederketten) sind ovalförmig gebogene Glieder unlösbar, aber frei beweglich ineinander geschlungen, sodass jeweils ein Glied zum anderen um 90° versetzt steht.

Von den **Gelenkketten** kommen vorwiegend in Betracht:

1. **Stahlbolzenketten** nach Bild 25.4a (ehemals mit DIN 654) genormt aus Temperguss in Teilungen (Gelenkabständen) von 32 ... 150 mm für Zugkräfte von 1500 ... 12 000 N. Sie sind in Landmaschinen und Förderanlagen zu finden.
2. **Zerlegbare Gelenkketten** nach Bild 25.4b (ehemals mit DIN 686 genormt) aus Temperguss in Teilungen von 22 ... 148 mm für Zugkräfte von 300 ... 3200 N. Auch sie kommen im Landmaschinen- und Förderanlagenbau vor.
3. **Gallketten** DIN 8150 nach Bild 25.4c. Ihre vier Laschen sind auf Bolzen drehbar gelagert. Die schmale Gelenkfläche lässt nur kleinere Kettengeschwindigkeiten zu (bis etwa 0,5 m/s). Man findet sie in Aufzügen und Hebezeugen. Eine Weiterentwicklung ist die *Ziehbankkette* DIN 8156 mit verstärkten Laschen sowie DIN 8157 mit verstärkten Laschen und mit Buchsen in den Laschen. Kettengeschwindigkeit bis 1 m/s.
4. **Buchsenketten bzw. Hülsenketten** DIN ISO 606 und DIN 8164 nach Bild 25.4d. Wegen ihres geringen Gewichts sind sie Fliehkraftwirkungen weniger unterworfen und können mit Kettengeschwindigkeiten bis 30 m/s laufen. Bei niedrigeren Kettengeschwindigkeiten (bis 5 m/s) dienen sie als Last- und Förderketten für rauen Betrieb in staubiger und feuchter Umgebung.

5. **Rollenketten** DIN ISO 606 nach Bild 25.4e, langgliedrige DIN ISO 1975, deren Laschen an dem einen Ende mit einem Bolzen, am anderen mit einer Gelenkbuchse (Hülse) vernietet sind. Auf diesen Gelenkbuchsen sitzen drehbare Rollen, die die Reibung und damit den Verschleiß an den Zahnflanken der Kettenräder beim Eingriff vermeiden. Die Rollen sind gehärtet. Ein Schmierstoffpolster zwischen Rollen und Hülsen dämpft die Laufgeräusche. Da sich diese Rollenketten für fast alle Betriebsverhältnisse vorzüglich eignen, werden sie am meisten verwendet. Gegen äußere Einflüsse sind sie zudem recht unempfindlich. Einreihige heißen auch Simplex-, zweireihige Duplex- und dreireihige Triplex-Rollenketten. Sie lassen sich auch zu Vierfach-, Fünffach- bzw. Sechsfach-Rollenketten zusammenfügen. Maximale Kettengeschwindigkeit etwa 30 m/s.

   Langgliedrige Rollenketten werden in niedrig belasteten Trieben, bei kleinen Drehzahlen, großen Rädern und großen Achsabständen eingesetzt.

   Wenn eine regelmäßige Nachschmierung nicht möglich oder unerwünscht ist, um Verschmutzungen anderer Güter durch das Schmiermittel zu vermeiden, werden Rollenketten mit **Kunststoffgleitlagern** (Bild 25.5) verwendet. Zwischen Bolzen und Stahlhülse befindet sich eine schwimmende Buchse aus Polyamid, die mit Spiel in der Stahlhülse sitzt.

6. **Rotary-Ketten** DIN 8182 nach Bild 25.4f als Rollenketten mit gekröpften Laschen, die in beliebiger Gliederzahl verwendet werden können. Die Laschenkröpfung macht sie sehr elastisch, sodass sie Stöße besser auffangen als Ketten mit geraden Laschen. Kettengeschwindigkeit bis 17 m/s, Einsatz in Baggern und Erdölbohrmaschinen.

7. **Flyerketten** DIN ISO 4347 nach Bild 25.4g, die nur aus Bolzen und Laschen bestehen. Die Bolzen sind in die äußeren Laschen gepresst und vernietet, die inneren Laschen mit Laufsitz auf den Bolzen gelagert. Die Anzahl der nebeneinander sitzenden Laschen kann den Bedürfnissen beliebig angepasst werden. Die Flyer-Ketten dienen als Lastketten in Kranen, Hebezeugen, Hubstaplern und dergleichen. Als Treibketten sind sie nicht zu verwenden, können aber über Rollen einwandfrei umgelenkt werden. Kettengeschwindigkeit bis 0,5 m/s.

8. **Zahnketten** DIN 8190 nach Bild 25.4h mit Doppelzahnlaschen. Die äußeren, tragenden Flanken schließen einen Winkel von 60° ein. Zur Erhöhung der Verschleißfestigkeit befinden sich gehärtete Gelenkbuchsen in den Laschen. Damit die Ketten seitlich nicht von den Rädern laufen, sind sie zusätzlich mit ungezahnten Führungslaschen (eine mittlere oder zwei äußere) zur Seitenführung ausgestattet, die in Ringnuten der Räder greifen. Zahnketten sind für sehr hohe Geschwindigkeiten geeignet und laufen geräuscharm, z. B. als Steuerketten in Verbrennungskraftmaschinen. Allerdings sind sie teurer als die zuvor beschriebenen Ketten.

   Für höchste Ansprüche wurden Zahnketten mit **Wälzgelenken** (Bild 25.6) entwickelt (keine Gleitbewegung im Gelenk!). Im Ölbad sind Kettengeschwindigkeiten bis 30 m/s möglich.

9. **Sonstige Ketten:** Scharnierbandketten mit scharnierartigen Gliedern für Transport- und Fließbänder (Kettengeschwindigkeit bis 2,5 m/s). Förderketten mit Vollbolzen oder mit Hohlbolzen nach DIN ISO 1977. Förderketten DIN 8175 in Art der Buchsenketten und DIN 8176 für Kettenbahnen sowie Rollenketten für Stützkettenaufzüge DIN 8185.

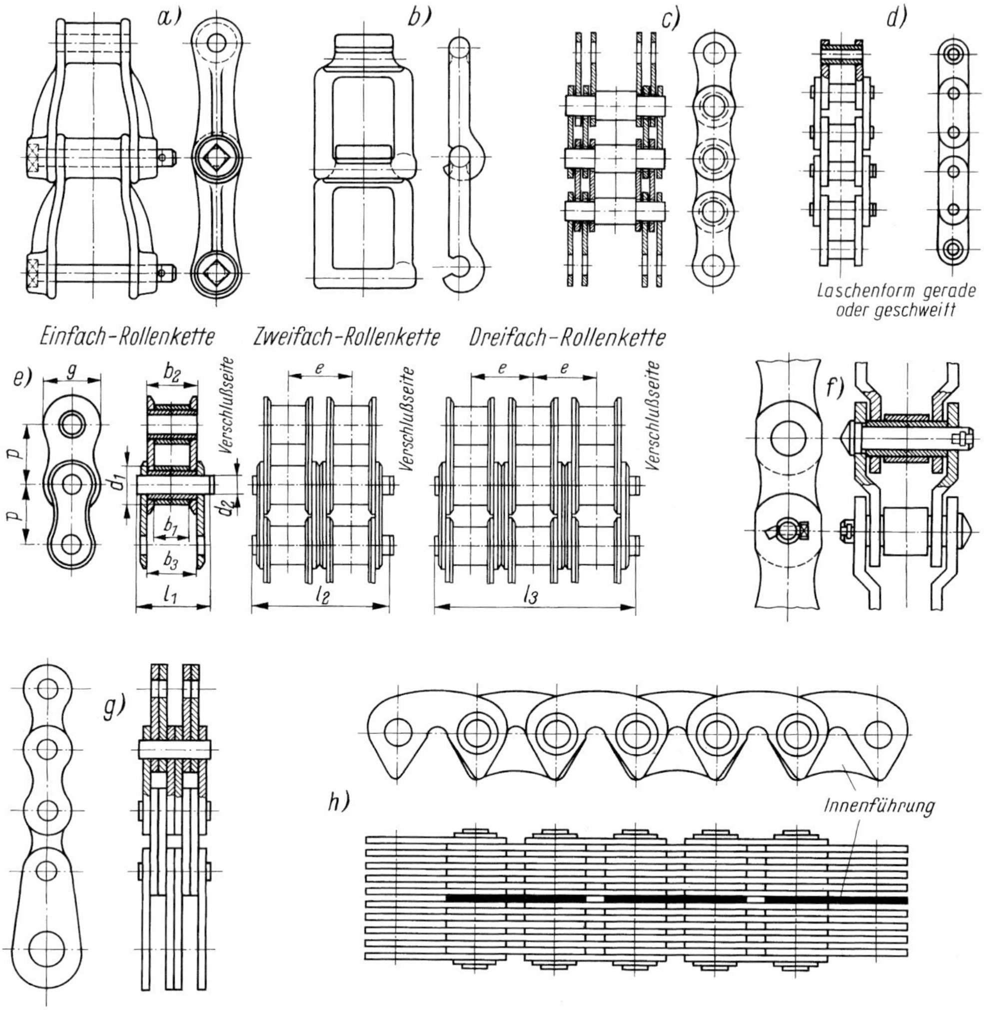

Bild 25.4 Gelenkketten
a) Stahlbolzenkette, b) zerlegbare Gelenkkette, c) Gallkette, Ziehbankkette, d) Buchsenkette (auch Hülsenkette genannt), e) Rollenkette, f) Rotarykette, g) Flyerkette, h) Zahnkette

25

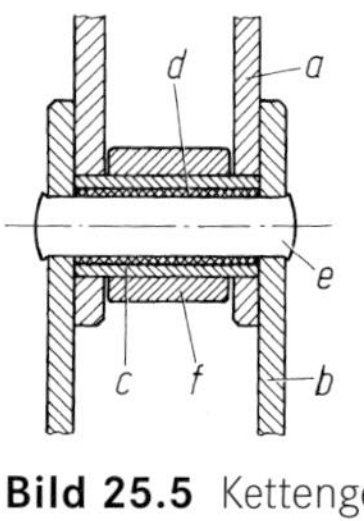

Bild 25.5 Kettengelenk mit Kunststoffbuchse an einer Rollenkette
a Innenlasche, b Außenlasche, c Hülse, d Kunststoffbuchse, e vernieteter Bolzen, f Rolle

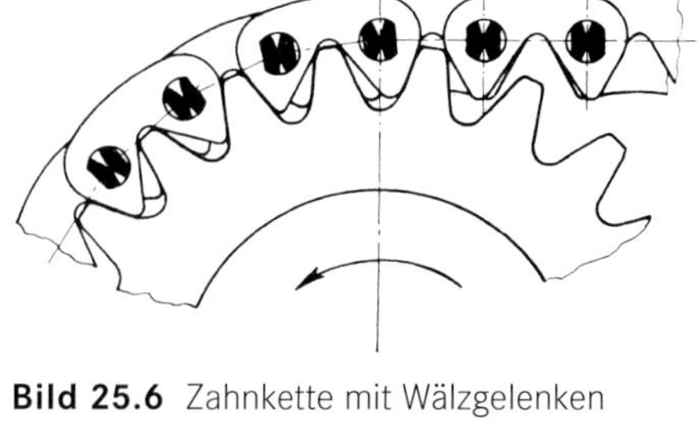

Bild 25.6 Zahnkette mit Wälzgelenken

Eine Übersicht über die Bauformen und Benennungen von Ketten und Kettenteilen vermittelt DIN ISO 13203. Die Abmessungen von Buchsenketten sind in Tabelle 25.1 und die von Rollenketten in Tabelle 25.2 wiedergegeben.

Für Zuführung und Transport von Werkstücken eignen sich Rollenketten mit aufvulkanisierten Gummiprofilen (Bild 25.7) oder Zahnketten mit besonderen Laschenformen (Bild 25.8), mit denen auch kleinste Teile einen sicheren Stand erhalten und zwangsweise mitgenommen werden. Da die Gelenkbelastung kleiner als bei Treibketten ist, werden die Zahnketten mit einteiligen Gelenkzapfen ausgestattet, d. h. nicht mit Wälzgelenken.

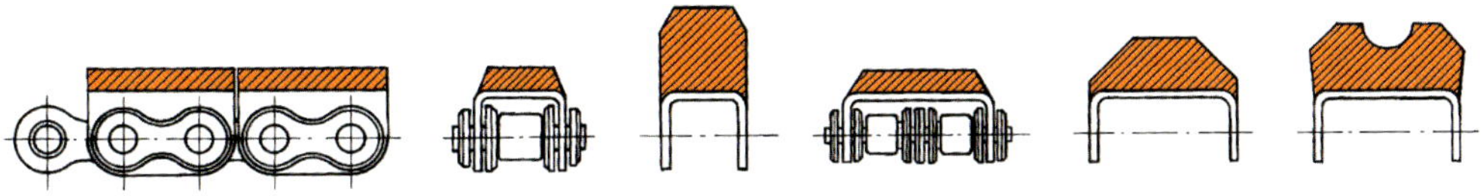

Bild 25.7 Rollenketten mit aufvulkanisierten Gummiprofilen [224a]

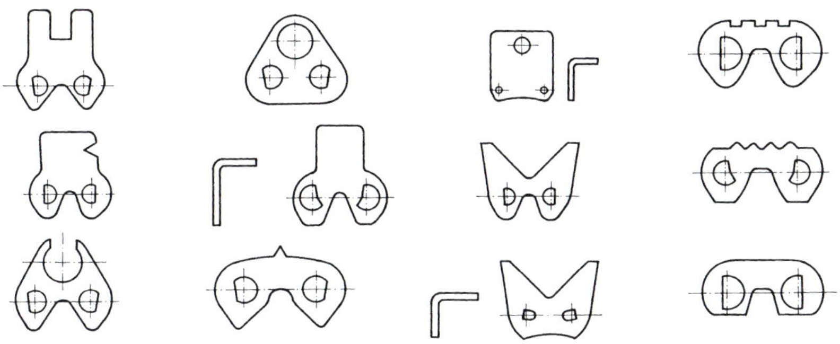

Bild 25.8 Laschenformen von Transport-Zahnketten

Treibketten werden, mit Ausnahme der Tempergussketten, aus Einsatz- oder Vergütungsstählen hergestellt. Der Verschleiß in den Kettengelenken bewirkt eine zunehmende bleibende Kettenlängung, die bis etwa 3 % betragen darf.

Die *Endlaschen* lassen sich erst nach dem Auflegen der Kette auf die Räder verbinden, wenn keine Wellenverschiebung möglich ist oder keine abnehmbaren Spannrollen vorhanden sind. Ketten mit gekröpften Laschen können in beliebiger Gliederzahl ausgeführt werden, während die mit geraden Laschen eine gerade Gliederzahl erhalten sollten, um nicht gekröpfte Endglieder einbauen zu müssen. Die Endlaschen werden durch seitliches Einfügen einer mit Bolzen versehenen Lasche und Gegenlegen einer nichtvernieteten Lasche verschlossen. Gesichert wird das Endglied durch Endlosvernieten, mit Federscheiben, Splinten, Drähten oder Schrauben (Bild 25.9). Sind ungerade Gliederzahlen nicht zu vermeiden, dann muss eine gekröpfte Endlasche eingefügt werden, die die Bruchlast der Kette wegen der zusätzlichen Biegebeanspruchung in der Kröpfung um etwa 20 % senkt. **Sicherheitshinweis**: Bei schnelllaufenden Kettentrieben wie Nockenwellen- und Motorradketten nur werkseitig endlos vernietete Ketten verwenden. Ein altes Sprichwort sagt: *Eine Kette ist so stark wie ihr schwächstes Glied.*

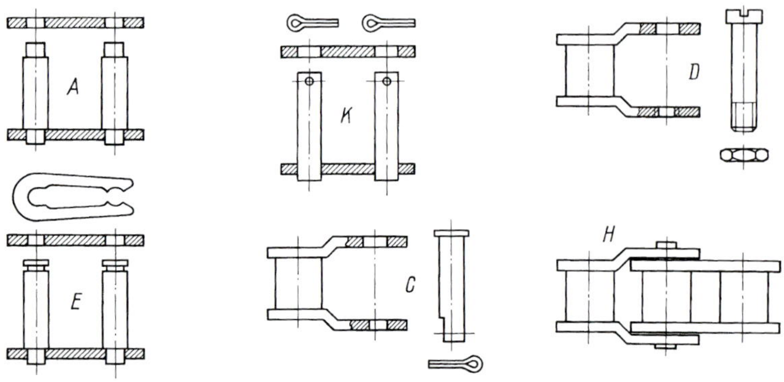

Bild 25.9 Endverschluss von Kettengliedern [iwis]
A Außenglied aufgesteckt und vernietet, E Federverschluss, K Splintverschluss, C Splintverschluss, D Schraubenverschluss, H mit zwei Verbindungsgliedern

25.3 Kettenräder

Eine Rollen- oder Buchsenkette kann man als auf eine Schnur gereihte Bolzen auffassen (Bild 25.10a), die sich in die Zahnlücken des Rads legen. Die Zahnlücken müssen so geformt sein, dass beim gestreckten Abheben der Kette die Bolzen wie beim Ablaufen ungehindert aus den Zahnlücken treten können. Zum Ausgleich von Toleranzen und bleibenden Kettenlängungen sind große Zahngrundrundungen r_1 und große Rollenbettwinkel χ erforderlich, die aber andererseits nicht so groß sein dürfen, dass die Kettenbolzen bzw. -rollen auf den Flanken hochsteigen (Bild 25.10b). Auch die Laschen der Zahnketten müssen sich ungehindert herausheben lassen (Bild 25.11). Zur Verzahnung von Kettenrädern für Zahnketten siehe DIN 8191.

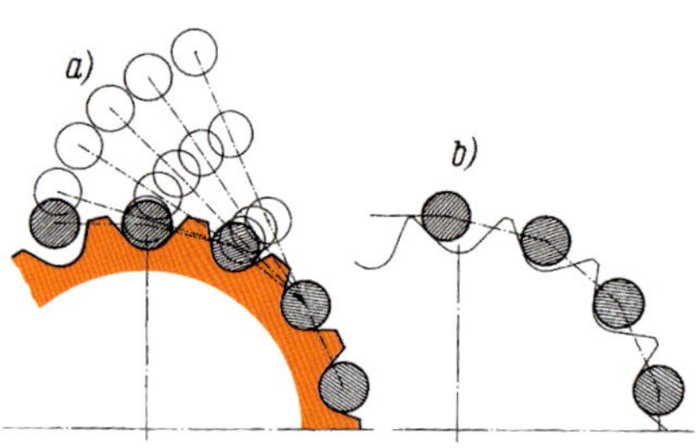

Bild 25.10 Eingriffsverhältnisse von Rollenketten
a) Herausheben der Kette aus den Zahnlücken,
b) Hochsteigen der Kettenrollen an den Flanken falsch geformter Zähne

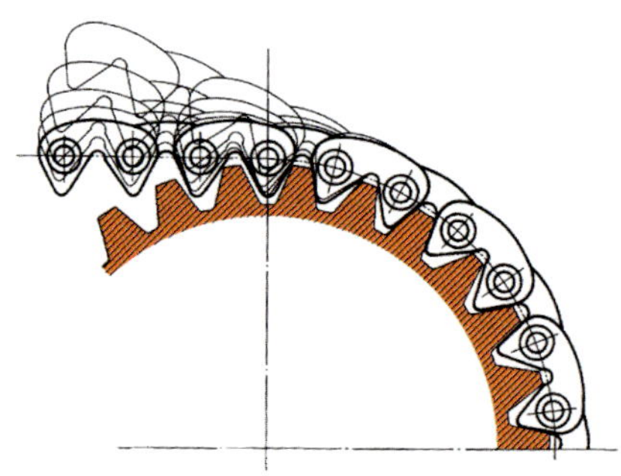

Bild 25.11 Herausheben einer Zahnkette aus den Radzähnen

Die Zahnform nach DIN ISO 606 für Räder von Rollenketten ist in Bild 25.12 wiedergegeben.

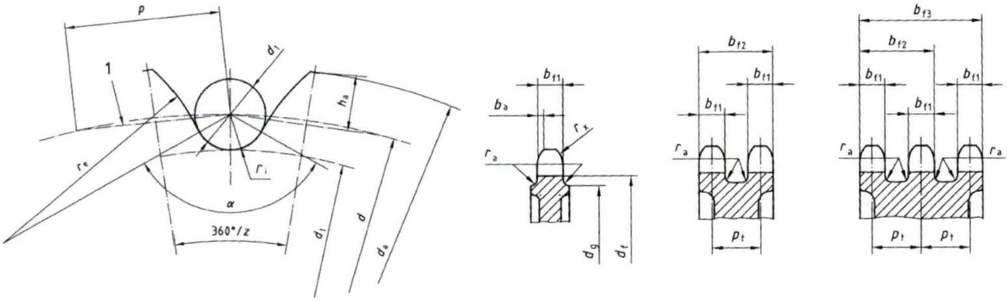

Bild 25.12 Kettenrad-Verzahnungen nach DIN ISO 606

Für die *Räder von Rollenketten* sind entsprechend Bild 25.12 folgende Durchmesser zu errechnen:

Teilkreisdurchmesser $$d = \frac{p}{\sin(\tau/2)} \quad (25.1)$$

Fußkreisdurchmesser $$d_f = d - d_1 \quad (25.2)$$

Kopfkreisdurchmesser $$d_{amax} = d + 1{,}25p - d_1 \quad (25.3)$$

$$d_{amin} = d + (1 - 1{,}6/z)p - d_1 \quad (25.4)$$

Durchmesser der Freidrehung

- für Kettennummern 04C, 06C $$d_g = \frac{p}{\tan(\tau/2)} - 1{,}05 \cdot h_2 - 1{,}00 - 2r_a \quad (25.5a)$$

- für alle anderen Ketten $$d_g = \frac{p}{\tan(\tau/2)} - 1{,}04 \cdot h_2 - 0{,}76\ \text{mm} \quad (25.5b)$$

p	in mm	Teilung der Kette,
τ	in °	Teilungswinkel $= 360°/z$,
z		Zähnezahl,
d_1	in mm	Rollendurchmesser bzw. Prüfstiftdurchmesser, $d_1 = d_R$ (Tabelle 25.2),
h_2	in mm	max. Innenlaschenhöhe (Tabelle 25.2),
r_a	in mm	Radfasenradius (Tabelle 25.3).

Für die Form der Zähne sind folgende Abmessungen zu errechnen:

	Minimale Zahnlückenform		*Maximale Zahnlückenform*	
Rollenbettradius	$r_{i\,min} = 0{,}505d_1$	(25.6)	$r_{i\,max} = 0{,}505d_1 + 0{,}069\sqrt[3]{d_1}$	(25.7)
Zahnflankenradius	$r_{e\,min} = 0{,}12d_1(z+2)$	(25.8)	$r_{e\,max} = 0{,}008d_1(z^2+180)$	(25.9)
Rollenbettwinkel	$\alpha_{max} = 140° - 90°/z$	(25.10)	$\alpha_{min} = 120° - 90°/z$	(25.11)
Abfasung	$b_a = 0{,}06p$		für Kettennummern 081, 083, 084, 085	(25.12a)
	$b_a = 0{,}13p$		für alle anderen Ketten	(25.12b)
Zahnfasenradius	$r_x = p$			

Für die *Zahnbreiten* b_{f1} bis b_{fi} siehe Tabelle 25.3.

Für Kettengeschwindigkeiten bis etwa 7 m/s werden die Kleinräder aus E 335 (St 60) oder C 45 gefertigt, für höhere Geschwindigkeiten aus Vergütungs- oder Einsatzstahl, je nach Größe und Stückzahl im Gesenk geschlagen oder aus dem Vollen herausgearbeitet.

Kettenräder mit mehr als 30 Zähnen werden bei größeren Stückzahlen aus Stahlguss und bei geringen Beanspruchungen auch aus Grauguss hergestellt. Schweißteile aus Baustählen mittlerer Festigkeit sind bei kleinen Stückzahlen vorteilhaft. Räder mit großen Durchmessern erhalten zur Gewichtsverminderung Öffnungen in den Radscheiben oder werden als Speichenräder ausgebildet. Auch auf die Naben geschraubte Radkränze sind üblich. Radausführungen für Rollen- und für Zahnketten zeigen Bild 25.13 und Bild 25.14.

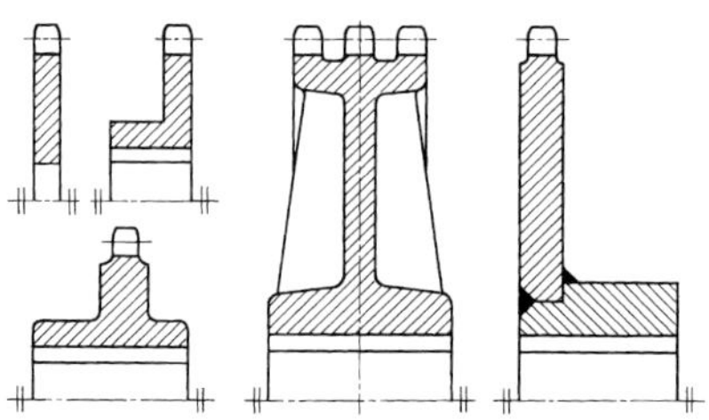

Bild 25.13 Räder für Rollenketten

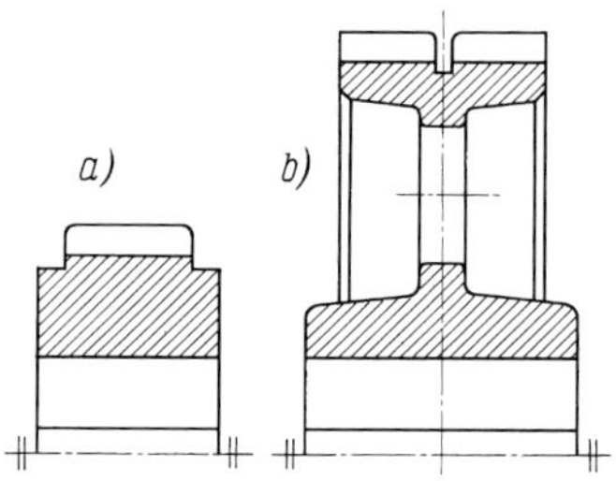

Bild 25.14 Räder für Zahnketten
a) Außenführung, b) Innenführung

Übersetzung, Drehzahl und Leistung sowie der verfügbare Einbauraum sind für die Wahl der Zähnezahlen bestimmend. Folgende Zähnezahlen werden empfohlen:

$z_1 = 6$ oder 7	für handbetätigte Verstellgetriebe und Hebezeuge
$= 8 \ldots 10$	für Kettengeschwindigkeiten unter 1 m/s bei gleichförmiger Belastung
$= 11 \ldots 13$	für Kettengeschwindigkeiten unter 4 m/s bei gleichförmiger bis schwellender Belastung
$= 14 \ldots 16$	für Kettengeschwindigkeiten unter 7 m/s bei gleichförmiger bisschwellender Belastung
$= 17 \ldots 25$	günstigste Zähnezahlen
$z_2 \leq 80$	günstige Zähnezahlen
≤ 120	für größere Übersetzungen
> 120	für große Übersetzungen

Daraus ergibt sich, dass Übersetzungen bis 5 günstig, bis 7 normal und über 10 noch möglich sind.

Beispiel 25.1

Für einen Kettentrieb wurde eine Dreifach-Rollenkette (DIN ISO 606 28 A-3 Amerikanische Bauart) mit $p = 44{,}45\,\text{mm}$, $d_1 = 25{,}4\,\text{mm}$, $h_2 = 42{,}23\,\text{mm}$, $b_1 = 25{,}22\,\text{mm}$ und $p_t = 48{,}87$ mm (Tabelle 25.2) sowie $r_a = 0{,}5 \ldots 6$ mm (Tabelle 25.3) gewählt. Die Zähnezahl des Kleinrads beträgt $z = 18$. Es sind die Radabmessungen für Kettennummern 081, 083, 084 und 085 nach Formel 25.1 bis Formel 25.12 und Tabelle 25.3 zu errechnen.

Lösung:

$$\tau = 360^\circ / z = 360^\circ / 18 = 20^\circ,\ d = \frac{p}{\sin(\tau/2)} = \frac{44{,}45\,\text{mm}}{\sin(10^\circ)} = 256\,\text{mm}$$

$$d_f = d - d_1 = (256 - 25{,}4)\,\text{mm} = 230{,}6\,\text{mm}$$

$$d_{amax} = d + 1{,}25p - d_1 = (256 + 1{,}25 \cdot 44{,}45 - 25{,}4)\,\text{mm} = 286\,\text{mm}$$

$$d_{amin} = d + (1 - 1{,}6/z)p - d_1 = (256 + (1 - 1{,}6/18) \cdot 44{,}45 - 25{,}4)\,\text{mm} = 271\,\text{mm}$$

$$d_g = \frac{p}{\tan\left(\frac{\tau}{2}\right)} - 1{,}04 \cdot h_2 - 0{,}76\,\text{mm} = \left(\frac{44{,}45}{\tan(10^\circ)} - 1{,}04 \cdot 42{,}23 - 0{,}76\right)\text{mm} = 207{,}3\,\text{mm}$$

$$r_{i,min} = 0{,}505 d_1 = 0{,}505 \cdot 25{,}4\,\text{mm} = 12{,}83\,\text{mm}$$

$$r_{e,min} = 0{,}12 d_1 (z + 2) = 0{,}12 \cdot 25{,}4 \cdot (18 + 2)\,\text{mm} = 61\,\text{mm}$$

$$\alpha_{max} = 140^\circ - 90^\circ / z = 140^\circ - 90^\circ / 18 = 135^\circ$$

$$r_{i,max} = 0{,}505 d_1 + 0{,}069 \sqrt[3]{d_1} = \left(0{,}505 \cdot 25{,}4 + 0{,}069 \cdot \sqrt[3]{25{,}4}\right)\text{mm} = 13{,}03\,\text{mm}$$

$$r_{e,max} = 0{,}008 d_1 (z^2 + 180) = \left(0{,}008 \cdot 25{,}4 \cdot (18^2 + 180)\right)\text{mm} = 102{,}4\,\text{mm}$$

$$\alpha_{min} = 120^\circ - 90^\circ / z = 120^\circ - 90^\circ / 18 = 115^\circ$$

$$r_x = p = 44{,}45\,\text{mm}$$

$$b_a = 0{,}13p = 0{,}13 \cdot 44{,}45\,\text{mm} = 5{,}78\,\text{mm}$$

$$h_{amax} = 0{,}625p - 0{,}5d_1 + \frac{0{,}8p}{z} = \left(0{,}625 \cdot 44{,}45 - 0{,}5 \cdot 25{,}4 + 0{,}8 \cdot \frac{44{,}45}{18}\right)\text{mm}$$
$$= 17{,}05\,\text{mm}$$

$$h_{amin} = 0{,}5(p - d_1) = 0{,}5 \cdot (44{,}45 - 25{,}4)\,\text{mm} = 9{,}53\,\text{mm}$$

$$b_{f3} = (\mathit{Anzahl\ Kettenstränge} - 1) \cdot p_t + b_{f1} = (\mathit{Anzahl\ Kettenstränge} - 1) \cdot p_t + 0{,}93 \cdot b_1$$

$$= ((3 - 1) \cdot 48{,}87 + 0{,}93 \cdot 25{,}22)\text{mm} = 121{,}2\,\text{mm}$$

25

25.4 Spann- und Führungseinrichtungen

Bei festem, nicht verstellbarem Achsabstand, vertikaler oder stark geneigter Lage des Lasttrums sind *Spannräder* zweckmäßig. Sie haben die Aufgabe, Verlängerungen der Kette infolge von Gelenkverschleiß, ungleichförmiger Belastung und Temperaturschwankungen auszugleichen und Eingriffsstörungen auf den Rädern zu verhindern.

Die Spannräder werden mit Exzenter, hydraulisch, pneumatisch, durch Feder- oder Gewichtskraft *gegen das Leertrum* gedrückt und spannen die Kette vor. Diese Vorspannung wird bei der Montage so einreguliert, dass sie nicht größer ist, als die Funktion des Triebs erfordert.

Bild 25.15 zeigt einen Exzenterspanner, der nach einer entsprechenden Drehung und Feststellung das Leertrum nach innen oder außen drückt. Bild 25.16 zeigt einen Federspanner mit einem Gummielement als Feder (siehe hierzu Bild 14.45). Bild 25.17 zeigt einen hydraulischen Kettenspanner. Besonders für Kettengeschwindigkeiten über 7 m/s sollten die Spannräder 17...25 Zähne erhalten. Bis = 1 m/s genügen profilierte Räder, die keine ausgesprochene Verzahnung besitzen.

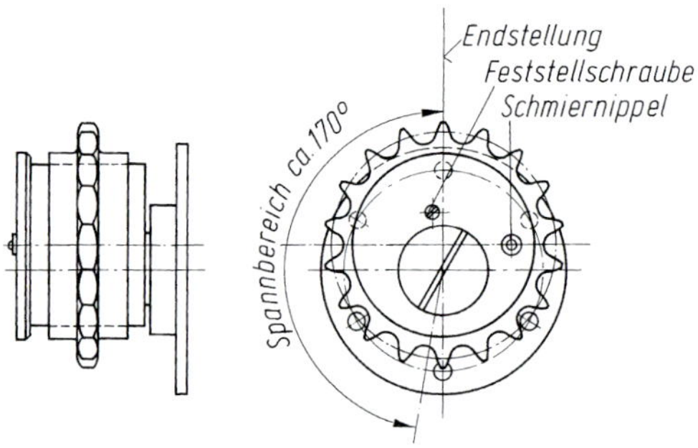

Bild 25.15 Ketten-Spannexzenter [Wpm]

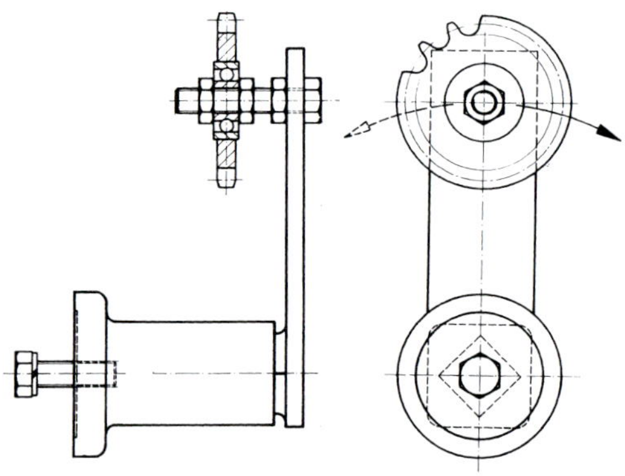

Bild 25.16 Kettenspanner mit Gummifederelement

25

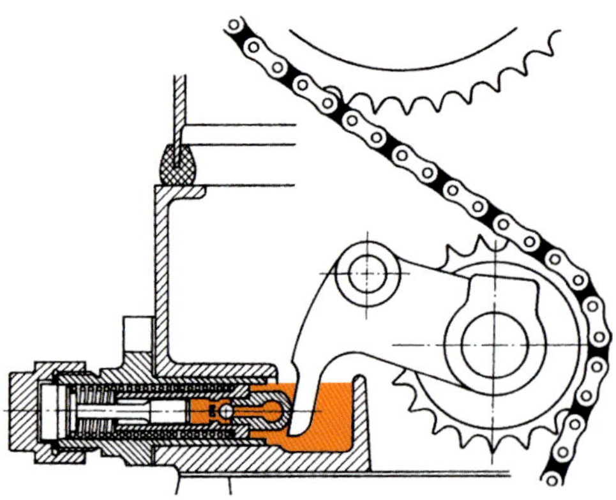

Bild 25.17
Hydraulischer Kettenspanner (aus [25.1])

Durch das ungleichförmige Auflaufen der Kette auf das Antriebsrad infolge der Differenz zwischen der Bogenteilung des Rads und der geraden Kettenteilung ergibt sich eine fortgesetzte Änderung der Kettenspannkraft zwischen den Rädern (*Polygoneffekt*, siehe hierzu Bild 25.21). Dieser Effekt führt zu Längsschwingungen der Kette. Weiterhin resultieren aus einem hohen

Ungleichförmigkeitsgrad der Kraft- und Arbeitsmaschinen Drehschwingungen der Räder, die die Längsschwingungen der Kette verstärken. Querschwingungen (siehe Bild 25.3) entstehen besonders bei langen Leertrums. Durch richtiges Spannen werden Schwingungen gemildert.

Bei Ketten mit kleiner Teilung können anstelle der Spannräder auch *Spannbänder* aus Federstahl verwendet werden (Bild 25.18). Gegenüber den Spannrädern benötigen sie weniger Raum und sind billiger. Für geschweißte Kettenlaschen werden die Bänder mit Kunststoff wie Polyamid oder Polyester belegt. Bild 25.19 zeigt die Anordnung eines hydraulischen Gleitspanners, der mittels Öldruck dämpft.

In Kettentriebe mit großen Achsabständen werden mehrere *Stützräder*, *Stützrollen* oder *Stützschienen* (Bild 25.20a) zur Aufnahme des Kettengewichts eingebaut. Bei senkrecht stehenden Wellen muss die Kette ausreichend geführt werden (Bild 25.20b).

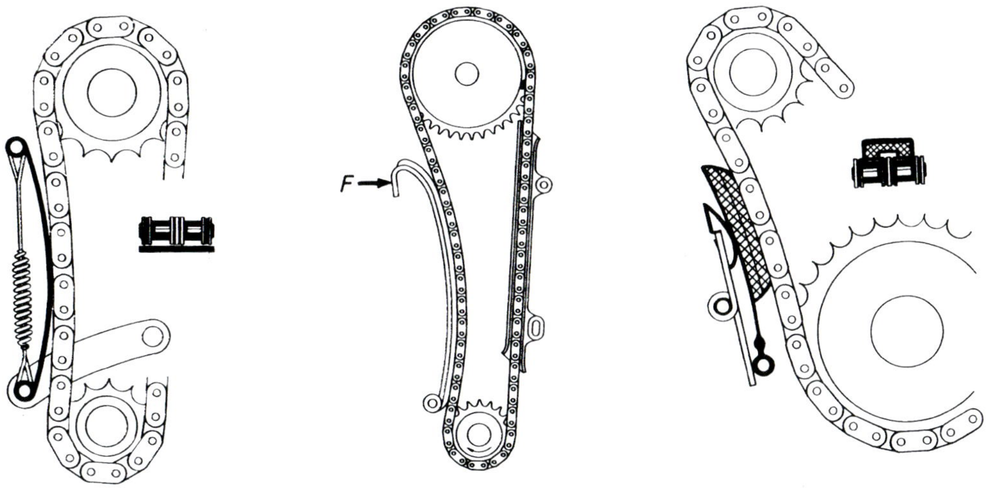

Bild 25.18 Ketten-Bandspanner [iwis]

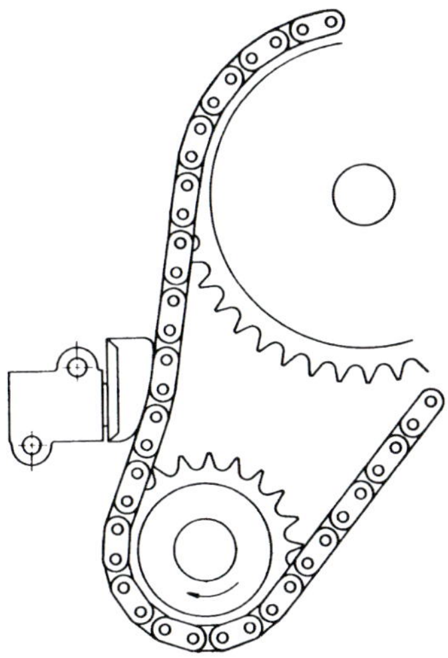

Bild 25.19 Gleitspanner mit Öldruckdämpfung

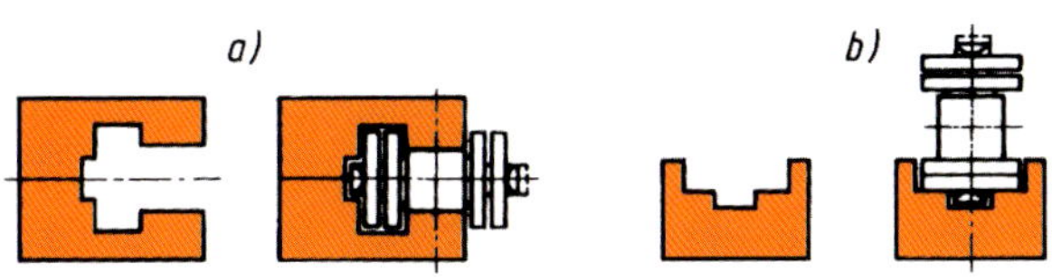

Bild 25.20 Querschnitte von Gleitschienen aus Kunststoff a) bei waagerecht (oder senkrecht) stehenden Kettenradwellen, b) bei senkrecht stehenden Kettenradwellen

25.5 Auswahl von Rollenketten und deren Berechnung

Das Verhältnis der Drehzahlen der Räder ist die

Übersetzung $i = n_a / n_b = z_b / z_a$ (25.13)

n_a in min^{-1} Drehzahl des treibenden Rads,
n_b in min^{-1} Drehzahl des getriebenen Rads,
z_a Zähnezahl des treibenden Rads,
z_b Zähnezahl des getriebenen Rads.

Die kleinen Räder werden mit dem Index 1 und die großen mit dem Index 2 gekennzeichnet. Demzufolge ist bei Übersetzungen ins Langsame $i = n_1 / n_2 = z_2 / z_1 > 1$ und bei Übersetzungen ins Schnelle $i = n_2 / n_1 = z_1 / z_2 < 1$.

Die Auswahl von Rollenketten ist mit DIN ISO 10823 genormt. Nach Wahl der Zähnezahl z_1 erfolgt die Kettenwahl nach der

korrigierten Leistung $P_C = P \cdot f_1 \cdot f_2$ (25.14)

P in kW zu übertragende Nennleistung,
f_1 Betriebsfaktor zur Berücksichtigung ungleichförmigen Betriebes nach Tabelle 25.4,
f_2 Zähnezahlfaktor, der die Auswirkungen der Zähnezahl z_1 des Kleinrades berücksichtigt, nach Tabelle 25.7 (siehe hierzu die folgenden Erläuterungen).

Mit P_C ist aus Diagramm 25.1 bzw. Diagramm 25.2 eine geeignete Rollenkette zu wählen. Die Diagramme gelten für Kettentriebe mit $i = 1:3$ bis $3:1$ und eine Kette mit X = 120 Gliedern. Unter diesen Verhältnissen ist eine Lebensdauer von rund 15 000 h zu erwarten. Bei i oder $1/i > 3$ und $X < 120$ ist die Lebensdauer niedriger.

Der *Zähnezahlfaktor* f_2 berücksichtigt bei $z_1 < 19$ die Ungleichförmigkeiten durch den Polygoneffekt, bei $z_1 > 19$ die günstige Belastungsaufteilung auf die im Eingriff befindlichen Gelenke. Beim Auflaufen der Kette auf das treibende Rad wachsen die Ungleichförmigkeiten mit kleiner werdender Zähnezahl. Bild 25.21 und Bild 25.22 veranschaulichen den Effekt. Am getriebenen Rad können sich die Ungleichförmigkeiten noch verstärken, je nachdem, in welchem Rhythmus die Kette abläuft.

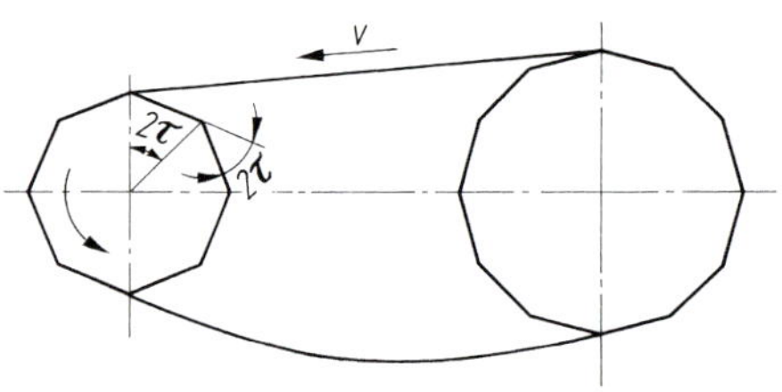

Bild 25.21 Polygonumschlingung der Kettenräder

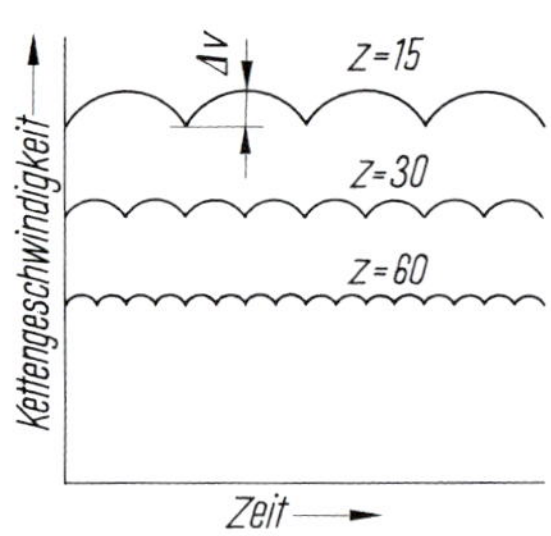

Bild 25.22 Verlauf der Kettengeschwindigkeit bei verschiedenen Zähnezahlen des Kleinrads

25

Nach der Wahl der Kettengröße errechnet sich die durchschnittliche

$$\textit{Kettengeschwindigkeit } v = z \cdot p \cdot n \tag{25.15}$$

v	in m/s	durchschnittliche Kettengeschwindigkeit,
z		Zähnezahl des betreffenden Rads,
p	in m	Teilung der Kette (Tabelle 25.2),
n	in s^{-1}	Drehzahl des betreffenden Rads.

Um die erforderliche Anzahl der Glieder für einen einfachen Kettentrieb mit zwei Rädern ohne Spannrad ermitteln zu können, ist zunächst der

$$\textit{Gliederzahlfaktor } f_3 = \left(\frac{|z_2 - z_1|}{2\pi}\right)^2 \tag{25.16}$$

zu errechnen. Mit diesem und dem vorläufig gewählten Achsabstand a_0 ergibt sich die erforderliche

$$\textit{Gliederzahl } X_0 = 2\frac{a_0}{p} + \frac{z_1 + z_2}{2} + \frac{f_3 \cdot p}{a_0} \tag{25.17}$$

a_0	in mm	vorläufiger Achsabstand,
z_1		Zähnezahl des Kleinrads,
z_2		Zähnezahl des Großrads,
p	in mm	Kettenteilung.

X_0 ist auf eine gerade Zahl X zu runden. Ungerade Gliederzahlen erfordern den Einbau eines gekröpften Gliedes, das möglichst zu vermeiden ist. Mit X ergibt sich dann der

$$\textit{Übersetzungsfaktor } f_{\ddot{U}} = \left|\frac{X - z_s}{z_2 - z_1}\right| \tag{25.18}$$

z_s Zähnezahl des Kleinrads.

Mit dem für $f_{\ddot{U}}$ errechneten Wert kann der Achsabstandsfaktor f_4 aus Tabelle 25.8 entnommen und mit diesem der endgültig auszuführende Achsabstand bestimmt werden:

$$\begin{aligned} \textit{Achsabstand } a &= f_4 \cdot p \cdot \left[2X - (z_1 + z_2)\right] \textit{ für } z_1 \neq z_2 \\ a &= p \cdot \left(\frac{X - z}{2}\right) \textit{ für } z_1 = z_2 \end{aligned} \tag{25.19}$$

Ein günstiger Wellenabstand liegt dann vor, wenn die Bedingung $a = (30\ldots50) \cdot p$ erfüllt ist.

Bei Trieben mit mehr als zwei Rädern ist die Kettenlänge aus einer maßstäblichen Zeichnung zu entnehmen, da sonst die Berechnung zu kompliziert wird.

Zur *Tragfähigkeitsberechnung* der Kette werden benötigt die

$$\textit{statische Zugkraft der Kette } F = \frac{P}{v} \tag{25.20}$$

$$\textit{dynamische Zugkraft der Kette } F_d = F \cdot f_1 \tag{25.21}$$

p	in kW	zu übertragende Nennleistung,
v	in m/s	Kettengeschwindigkeit nach Formel 25.15,
f_1		Anwendungsfaktor nach Tabelle 25.4.

25

Die statische Zugkraft ist die Kettenkraft im Lasttrum, die sich bei vollkommen gleichmäßigem Betrieb mit der Leistung P ergeben würde, die dynamische Zugkraft die größte Kettenkraft im Lasttrum unter Berücksichtigung eines ungleichförmigen Betriebs.

Während des Laufs über die Räder sind die Ketten Fliehkraftwirkungen unterworfen, die die Kettenglieder von den Rädern heben wollen und die Zugkräfte in den Kettentrums erhöhen. In Abschnitt 26.7 ist, oberhalb von Formel 26.19, die Gleichung für die entsprechende Wirkung an einem Flachriementrieb hergeleitet. Sie lautet:

Fliehzugkraft $F_f = q \cdot v^2$ (25.22)

F_f in N Wirkung der Fliehkraft auf jedes der beiden Kettentrums,
q in kg/m Längengewicht der Kette (Tabelle 25.2),
v in m/s Kettengeschwindigkeit nach Formel 25.15.

Durch die Fliehzugkraft beträgt im Lasttrum der Kette die

Gesamtzugkraft $F_g = F_d + F_f$ (25.23)

F_d in kN dynamische Zugkraft nach Formel 25.21,
F_f in kN Fliehzugkraft nach Formel 25.22.

Gegenüber der Bruchkraft der Kette müssen ausreichende Sicherheiten vorhanden sein:

statische Bruchsicherheit $S_B = \frac{F_u}{F} \geq 7$ (25.24)

dynamische Bruchsicherheit $S_D = \frac{F_u}{F_g} \geq 5$ (25.25)

F_u in kN Bruchkraft der Kette (Tabelle 25.2).

Bei Ketten, die mit höheren Geschwindigkeiten laufen und durch Gelenkverschleiß ausfallen, ergeben sich viel höhere Sicherheiten S_B, die sogar 70 erreichen können. Da sie keine Aussage über die Lebensdauer gestatten, ist die Flächenpressung im Kettengelenk nachzurechnen (in DIN ISO 10823 nicht enthalten).

Gelenkpressung $p_g = \frac{F_g}{A}$ (25.26)

F_g in N Gesamtzugkraft der Kette nach Formel 25.23,
A in cm² gepresste Gelenkfläche (Tabelle 25.2).

25

Zulässige Gelenkpressungen nach Tabelle 25.9. Weicht p_g von p_{zul} ab, so ändert sich die zu erwartende Lebensdauer L_h entsprechend Tabelle 25.9. Die darin angegebenen Lebensdauerwerte gelten nur bei einwandfreier Schmierung (siehe Abschnitt 25.6). Bei mangelhafter Schmierung ist die Lebensdauer entsprechend kürzer.

Für andere Kettenarten als Rollenketten sind die Unterlagen der Hersteller zu benutzen. Überschlägig können mit den vorstehenden Gleichungen auch Buchsenketten berechnet werden.

Die Kettenzugkraft wirkt radial auf die Wellen der Räder und damit auch auf die Lager, d. h., auf jede Welle wirkt radial eine *Achskraft*, die allgemein mit $F_W \approx F_g$ angenommen werden kann.

Beispiel 25.2

Eine Rollenkette soll zwischen einem Vierzylinder-Dieselmotor und einer Zweizylinder-Kolbenpumpe eine Nennleistung $P = 60\,\text{kW}$ übertragen. Antriebsdrehzahl $n_a = n_1 = 600\,\text{min}^{-1} = 10\,\text{s}^{-1}$, Übersetzung ins Langsame $i = 4$, Achsabstand $a_0 = 2000\,\text{mm}$.

Welche Kettengröße kommt in Betracht Sind die Bruchsicherheiten ausreichend Ist eine Lebensdauer von 15 000 h gewährleistet? Wie groß ist die Achskraft?

Lösung:

1. Kettenwahl

Nach Tabelle 25.4 ist der Betriebsfaktor $f_1 = 2{,}1$. Wählt man als günstige Zähnezahl $z_1 = 17$, so ist nach Tabelle 25.5 der Zähnezahlfaktor $f_2 = 1{,}13$. Damit ist nach Formel 25.14 die korrigierte Leistung:

$$P_C = P \cdot f_1 \cdot f_2 = 60\,\text{kW} \cdot 2{,}1 \cdot 1{,}13 = 142\,\text{kW}$$

Nach Diagramm 25.1 käme eine Dreifach-Rollenkette DIN ISO 606-24B und nach Diagramm 25.2 eine Dreifach-Rollenkette DIN ISO 606-24 A in Betracht. Gewählt wird die Dreifach-Rollenkette DIN ISO 606-24 A.

Mit dieser ergibt sich nach Formel 25.15 eine Kettengeschwindigkeit

$$v = z_1 \cdot p \cdot n_1 = 17 \cdot 0{,}0381\,\text{m} \cdot 10\,\text{s}^{-1} \approx 6{,}5\,\text{m/s}$$

Würde man eine kleinere Zähnezahl wählen, so findet man keine geeignete Kette mehr.

2. Gliederzahl *X* und Achsabstand *a*

Bei $i = 4$ ist $z_2 = z_1 \cdot i = 17 \cdot 4 = 68$ entsprechend Formel 25.13. Nach Formel 25.16 und Formel 25.17 werden

$$f_3 = \left(\frac{|z_2 - z_1|}{2\pi}\right)^2 = \left(\frac{68 - 17}{2\pi}\right)^2 = 65{,}8841$$

$$X_0 = 2\frac{a_0}{p} + \frac{z_1 + z_2}{2} + \frac{f_3 \cdot p}{a_0} = 2\frac{2000}{38{,}1} + \frac{17 + 68}{2} + \frac{65{,}8841 \cdot 38{,}1}{2000} = 148{,}74$$

sodass $X = 148$ gewählt wird. Somit gilt nach Formel 25.18 und Formel 25.19:

$$f_Ü = \left|\frac{X - z_s}{z_2 - z_1}\right| = \left|\frac{148 - 17}{68 - 17}\right| = 2{,}569,\ f_4 = 0{,}24698\ (\text{Tabelle 25.8})$$

$$a = f_4 \cdot p \cdot [2X - (z_1 + z_2)] = 0{,}24698 \cdot 38{,}1 \cdot [2 \cdot 148 - (68 + 17)]\,\text{mm} = 1985{,}5\,\text{mm}$$

3. Bruchsicherheiten S_B und S_D

Nach Formel 25.20 bis Formel 25.25 werden mit $q = 16{,}1\,\text{kg/m}$ und $F_u = 375\,\text{kN}$ aus Tabelle 25.2:

$$F = \frac{P}{v} = \frac{60\,\text{kW}}{6{,}5\,\text{m/s}} \approx 9{,}3\,\text{kN}, F_d = F \cdot f_1 = 9{,}3\,\text{kN} \cdot 2{,}1 = 19{,}5\,\text{kN}$$

$$F_f = q \cdot v^2 = 16{,}1\,\text{kg/m} \cdot (6{,}5\,\text{m/s})^2 = 680\,\text{N} \approx 0{,}7\,\text{kN}$$

$$F_g = F_d + F_f = 19{,}5\,\text{kN} + 0{,}7\,\text{kN} = 20{,}2\,\text{kN}$$

$$S_B = \frac{F_u}{F} = \frac{375}{9{,}3} = 40 > 7, S_D = \frac{F_u}{F_g} = \frac{375}{20{,}2} = 18{,}6 > 5$$

4. Kontrolle der Lebensdauer L_h

Nach Tabelle 25.2 ist die Gelenkfläche $A = 11{,}76\,\text{cm}^2$ (Dreifachkette). Somit ist die Gelenkpressung nach Formel 25.26:

$$p_g = \frac{F_g}{A} = \frac{20\,200\,\text{N}}{11{,}76\,\text{cm}^2} = 1718\,\text{N/cm}^2$$

Nach Tabelle 25.9 ist $p_0 = 1715\,\text{N/cm}^2$ (bei $z_1 = 17$ und $= 6{,}5\,\text{m/s}$), $\lambda \approx 1{,}15$ (interpoliert für $i = 4$ und $X = 148$) und $c = 0{,}85$ (Dreifach-Kette). Damit ist $p_{zul} = c \cdot \lambda \cdot p_0 = 0{,}85 \cdot 1{,}15 \cdot 1715\,\text{N/cm}^2 = 1676\,\text{N/cm}^2$. Mit dem Verhältnis $p_{zul} / p_g = 1676 / 1718 \approx 0{,}98 < 1$ ist bei einwandfreier Schmierung eine Lebensdauer von geringfügig unter 15 000 h zu erwarten.

5. Achskraft f_W

Nach der Angabe am Ende dieses Abschnitts kann $F_W \approx F_g \approx 20{,}2\,\text{kN}$ angenommen werden.

25.6 Schmierung der Kettentriebe

Alle gleitenden Kettenteile sollten jederzeit mit einer ausreichenden Menge Schmierstoff versehen sein. Als Schmiermittel kommen kalkverseifte Fette mit etwa 70 °C Tropfpunkt, Fließfette mit Zusätzen von MoS_2 oder Schmieröle in Betracht. Je nach Umgebungstemperatur t_0 sind nach DIN 8195 Öle folgender Viskositätsklassen geeignet:

t_0 =	-5 … +25	25 … 45	45 … 65 °C
nach DIN 51519 ISO VG	100	150 … 220	220 … 320
nach DIN 51511 SAE	30	40	50

Ungeschützt laufende Ketten mit starker Verschmutzung müssen von Zeit zu Zeit abgenommen, gereinigt und in verflüssigtes Fett getaucht werden.

Die von der Kettengeschwindigkeit und von der Kettenteilung p abhängende Schmierungsart geht aus Diagramm 25.4 hervor, und zwar:

1. **Handschmierung:** Das Schmiermittel (Fett oder Öl) wird mit Pinsel (Bild 25.23a), Ölkanne oder Sprühdose auf die Kette aufgetragen. Das Auftragen mit Pinsel sollte bei laufendem Kettentrieb wegen Unfallgefahr unterlassen werden.
2. **Tropfschmierung**, bei der ein Tropfrohr das Öl an die Kette abgibt (Bild 25.23b). Damit das Öl nicht wirkungslos abgeschleudert wird, muss es auf die Berührungsstellen zwischen

Innen- und Außenlaschen im unteren Kettentrum tropfen. Die erforderliche Ölmenge ergibt sich aus $v \cdot p$ in Tropfen/min, wenn v der Zahlenwert der Kettengeschwindigkeit in m/s und p der Zahlenwert der Kettenteilung in cm ist.

Der Ölverbrauch ist relativ hoch, sodass zweckmäßig ein Fangblech (Spritzschutz) vorgesehen wird, das eine Rückgewinnung des abgeschleuderten Öls ermöglicht.

3. **Tauchschmierung**, bei der die Kette ein Ölbad durchläuft (Bild 25.23c). Um Panschverluste und Erwärmung zu vermeiden, soll die Kette nur bis zur Mitte der Gelenke eintauchen. Bei höheren Kettengeschwindigkeiten haben sich Spritzscheiben neben den Kettenrädern bewährt, die in das Öl tauchen und es an die Gehäusedeckwand schleudern. An dieser befinden sich Leisten, von denen das Öl auf die Kette tropft.
4. **Druckumlaufschmierung**, bei der ein gleichmäßiger Ölstrom über die gesamte Kettenbreite auf die Innenseite gespritzt wird (Bild 25.23d). Dadurch wird die Kette zugleich gekühlt. Das rückfließende Öl wird gefiltert und ggf. zwischengekühlt. Die Ölzufuhr erfolgt durch eine Drucköl-Zentralschmierung oder durch eine separate Pumpe. Komplette Zentralschmieranlagen liefern verschiedene Herstellerfirmen.

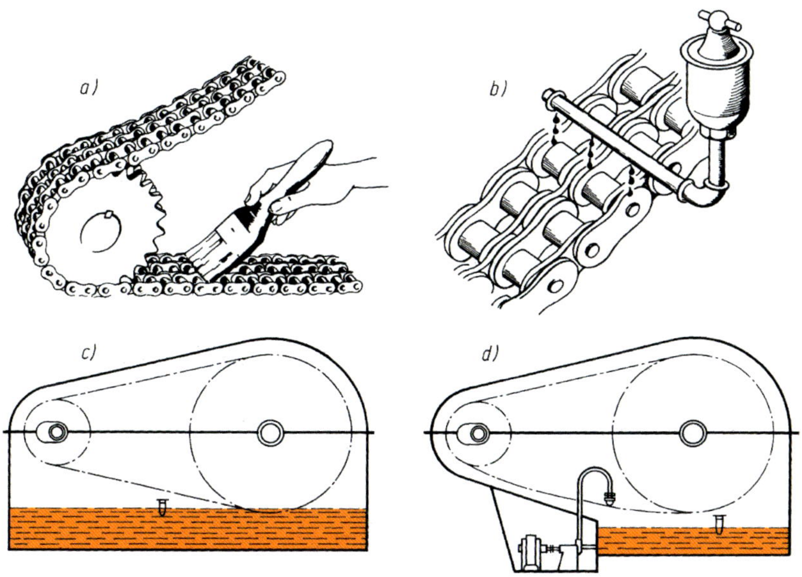

Bild 25.23 Schmierungsart für Kettentriebe
a) Handschmierung, b) Tropfschmierung, c) Tauchschmierung, d) Druckumlaufschmierung

Ketten mit Kunststoff-Gleitlager-Gelenken sind weitgehend wartungsfrei, d. h. für sie gelten die vorstehenden Schmierrichtlinien nicht. Eine Nachschmierung in größeren Zeitabständen reicht aus.

25

Beispiel 25.3

Für den Kettentrieb mit einer Dreifach-Rollenkette DIN ISO 606 - 24 A - 3 × 148 nach Beispiel 25.2 ist die Schmierungsart zu ermitteln. Kettengeschwindigkeit $v = 6{,}5\,\text{m/s}$, Kettenteilung $p = 38{,}1\,\text{mm}$.

Lösung:
Nach Diagramm 25.3 kommt Druckumlaufschmierung in Betracht.

25.7 Verständnisfragen

1. Was ist ein Lasttrum, wo sollte es möglichst liegen und wie heißt sein Gegenteil?
2. Was wird bei einer Trieblage über 60° zur Waagrechten vonnöten?
3. Warum sind Nachspannmöglichkeiten sinnvoll?
4. Welche unerwünschten Probleme zieht vor allem der stoßhafte Betrieb nach sich?
5. Wofür sind kleinere Achsabstände der Kettenräder günstig? Wofür sind größere Achsabstände günstig?
6. Eine Kette ist nur so stark wie ...?
7. Welche kostengünstige Alternative zu Spannrädern gibt es bei Ketten mit kleiner Teilung?
8. Wovon hängt die Schmierungsart von Kettentrieben ab?

Literatur

[25.1] *Niemann, G.; Winter, H.:* Maschinenelemente. Band 3. 2. völlig neu bearbeitete Auflage. Berlin: Springer Verlag, 2004

DIN 8150:1984-03 Gallketten

DIN 8156:2005-02 Ziehbankketten ohne Buchsen

DIN 8157:2005-02 Ziehbankketten mit Buchsen

DIN 8164:2019-11 Buchsenketten

DIN 8175:1980-02 Förderketten; Buchsenförderketten, schwere Ausführung

DIN 8176:1980-01 Förderketten; Buchsenförderketten für Kettenbahnen

DIN 8182:1999-09 Rollenketten mit gekröpften Gliedern (Rotaryketten)

DIN 8185:1990-08 Rollenketten für Stützkettenaufzüge

DIN 8190:1988-01 Zahnketten mit Wiegegelenk und 30° Eingriffswinkel

DIN 8191:1998-01 Verzahnung der Kettenräder für Zahnketten nach DIN 8190 – Profilabmessungen

DIN ISO 606:2018-02 Kurzgliedrige Präzisions-Rollen- und Buchsenketten, Befestigungslaschen und zugehörige Kettenräder (ISO 606:2015)

DIN ISO 1275:2012-07 Langgliedrige Rollenketten, Anbauteile und Kettenräder für Antriebs- und Transportzwecke (ISO 1275:2006)

DIN ISO 1977:2014-12 Buchsenförderketten, Anbauteile und Kettenräder (ISO 1977:2006)

DIN ISO 4347:2018-01 Flyerketten, Anschlussstücke und Umlenkrollen – Abmessungen, Messkräfte, Zugfestigkeiten und Dauerfestigkeiten (ISO 4347:2015)

DIN ISO 10823:2006-10 Hinweise zur Auswahl von Rollenkettentrieben

DIN ISO 10823 Berichtigung 1:2009-01 Hinweise zur Auswahl von Rollenkettentrieben (ISO 10823:2004), Berichtigung zu DIN ISO 10823:2006-10 (ISO 10823:2004/Cor. 1:2008)

DIN ISO 13203:2011-02 Ketten, Kettenräder und -zubehör – Begriffe (ISO 13203:2005)

Firmenschriften und Online-Kataloge

A&S Arnold & Stolzenberg GmbH, Einbeck (*www.renold.de*)

iwis Joh. Winklhofer & Söhne GmbH & Co. KG (iwis), München (*www.iwis.com*)

Wpm Wippermann jr. GmbH, Hagen (*www.wippermann.com*)

26 Flachriementriebe

Flachriementriebe sind **reibschlüssige Hülltriebe**, die zur Kraft- und Bewegungsübertragung zwischen zwei oder mehr Wellen dienen, vorzugsweise unter größerem Achsabstand. Sie sind einfacher und billiger als Kettentriebe, erfordern diesen gegenüber aber größere Abmessungen. Sie zeichnen sich durch ihre Elastizität aus, die sie zur Aufnahme von Stößen geeignet macht, und durch geräuscharmen Lauf. Nachteilig sind die durch die erforderliche Vorspannung bedingten größeren Achskräfte, die auf die Wellen und Lager wirken. Vorteilhaft ist der bei Überlastung auftretende Gleitschlupf, weil er die nachfolgende Maschine vor Schaden bewahrt und auch den Antriebsmotor vor Überlastung schützt. Man findet Flachriementriebe an Werkzeugmaschinen, Textilmaschinen, Misch- und Mahlwerken, Papiermaschinen, Sägegattern, Drahtziehmaschinen, Pressen, Stanzen, Kompressoren usw. Flachriemen werden auch als Transportbänder benutzt und je nach Bedarf profiliert.

26.1 Theoretische Grundlage für Riementriebe

Zur Veranschaulichung der Kraft- und Reibungsverhältnisse sei nach Bild 26.1a über eine drehbar gelagerte, jedoch von dem Anschlag c fest gehaltene Scheibe a ein Riemen b gelegt und durch die Kräfte F_1 und F_2 gespannt ($F_1 > F_2$). Die Reibung zwischen Riemen und Scheibe soll so groß sein, dass der Riemen gerade noch nicht auf der Scheibe rutscht (Grenzfall). Der Anschlag c setzt der Scheibe die Kraft $F = F_1 - F_2$ entgegen, sodass die Summe der Drehmomente gleich Null ist (die geringe Differenz durch die Riemendicke sei vernachlässigt). Würde man F_1 vergrößern oder F_2 verkleinern, so würde die Reibkraft nicht mehr ausreichen, und der Riemen würde auf der Scheibe gleiten (rutschen).

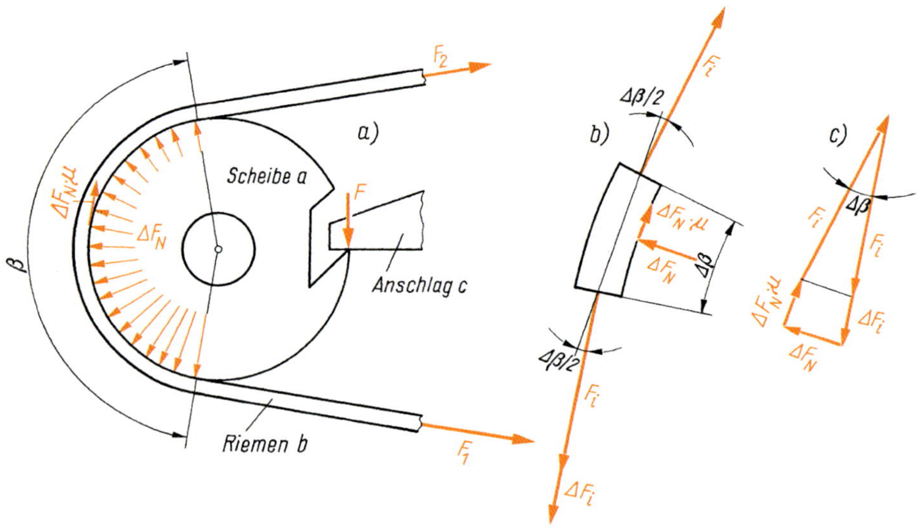

Bild 26.1 Kräfte an einem über eine Scheibe verschieden stark gespannten Riemen
a) Scheibe a und Riemen b, b) herausgeschnitten gedachtes Riementeilchen ($\Delta\beta$ sehr klein),
c) Kräftepolygon

Auf dem Umschlingungsbogen drückt die Scheibe mit normalgerichteten Reaktionskräften ΔF_N auf jedes Riementeilchen und erzeugt an jedem die Reibkraft $\Delta F_N \cdot \mu$, wenn μ die Reibzahl darstellt. Die Summe dieser Reibkräfte ist gleich der Kraft F, also $\Sigma(\Delta F_N \cdot \mu) = F = F_1 - F_2$ (Bild 26.1b) zeigt ein an einer beliebigen Stelle freigeschnitten gedachtes Riementeilchen. Da die Riemenspannkraft auf dem Umschlingungsbogen von F_2 auf F_1 zunimmt, wirkt an der oberen Schnittfläche des Riementeilchens eine Kraft $F_i > F_2$, an der unteren Schnittfläche eine etwas größere $F_i + \Delta F_i < F_1$. Wegen des sehr klein gedachten Winkels $\Delta\beta$ ist auch der Kraftzuwachs ΔF_i sehr klein.

Da Gleichgewicht herrscht, muss sich ein Polygon mit allen diesen Kräften schließen (Bild 26.1c). Da $\Delta\beta$ sehr klein ist, dürfen gesetzt werden:

$$\Delta F_i = \Delta F_N \cdot \mu \quad \text{und} \quad \Delta F_N = F_i \cdot \Delta\beta$$

Daraus folgt:

$$\Delta F_i = F_i \cdot \Delta\beta \cdot \mu \quad \text{oder} \quad \frac{\Delta F_i}{F_i} = \mu \cdot \Delta\beta$$

Die Summe aller $\Delta F_i / F_i$ zwischen F_1 und F_2, nämlich $\Sigma \frac{\Delta F_i}{F_i} = \Sigma(\mu \cdot \Delta\beta)$, ist aus dem organischen Wachstum von ΔF_N entstanden und ergibt nach der Integralrechnung $\ln F_1 - \ln F_2 = \ln \frac{F_1}{F_2} = \mu \cdot \beta$ oder als Umkehrfunktion die

Eytelweinsche Gleichung oder Seilreibungsgleichung $\frac{F_1}{F_2} = e^{\mu\beta}$ (26.1)

Der Einfachheit halber wird das

Trumkraftverhältnis $m = e^{\mu\beta}$ (26.2)

eingeführt. Somit gilt:

Größte Riemenspannkraft $F_1 = F_2 \cdot m$ (26.3)

Formel 26.1 zeigt, dass die Kraft F_1 bei gleich bleibender Kraft F_2 umso größer sein darf, je größer Umschlingungswinkel β und Reibzahl μ sind.

Die Kraftdifferenz $F_1 - F_2$ wird zur Kraftübertragung in Riementrieben ausgenutzt. Eine Scheibe treibt über einen geschlossenen Riemen eine zweite und muss deren Betriebsdrehmoment als das der getriebenen Maschine überwinden (Bild 26.2). Die Umfangskraft $F = F_1 - F_2$ der Scheiben entspricht der Tangentialkraft F nach Bild 26.1a und wird als **Nutzkraft** bezeichnet.

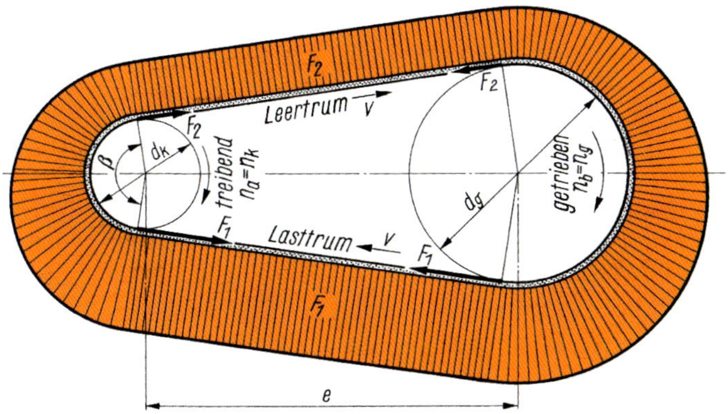

Bild 26.2
Kräfte am laufenden Treibriemen (Fliehkraftwirkungen vernachlässigt)

Das Verhältnis

$$\frac{F}{F_1} = \frac{F_1 - F_2}{F_1} = 1 - \frac{F_2}{F_1} = 1 - \frac{1}{m} = \frac{m-1}{m}$$

ist die

Ausbeute $k = \frac{F}{F_1} = \frac{m-1}{m}$ (26.4)

Der ziehende Riemenstrang zwischen den beiden Scheiben eines Riementriebs heißt **Lasttrum**, der gezogene **Leertrum**.

Während der Riemen über die treibende Scheibe läuft, verringert sich seine Spannkraft von F_1 auf F_2. Er wird also entlastet und zieht sich zusammen. Erhöht sich aber beim Lauf über die getriebene Scheibe die Riemenspannkraft von F_2 auf F_1, dann streckt sich der Riemen. Diese fortwährenden Riemenkürzungen und -längungen auf den Scheiben führen zu einem geringen Schlupf, dem **Dehnschlupf**, der sich als Differenz der Umfangsgeschwindigkeiten beider Scheiben äußert. Da er nur in der Größenordnung von 1 ... 2 % liegt, wird er in den Berechnungen vernachlässigt. Wegen dieses Dehnschlupfes müssen die Scheibenoberflächen aber glatt sein, damit sich der Riemenverschleiß in erträglichen Grenzen hält.

Überschreitet die zu übertragende Nutzkraft F den Reibwiderstand, so gleitet der Riemen auf der kleinen Scheibe ohne von dieser mitgenommen zu werden. Man spricht dann vom **Gleitschlupf**.

Wegen des Dehnschlupfes muss bei den Berechnungen die Gleitreibungszahl μ eingesetzt werden. Da die Eytelweinsche Gleichung für den Grenzfall gilt, darf auch die Ausbeute k nicht voll ausgenutzt werden, damit es nicht zu einem Gleitschlupf kommt. Man berücksichtigt das praktisch durch eine entsprechend hohe Vorspannung des Riemens.

26.2 Vorspannmöglichkeiten, Triebarten

Die erforderliche Vorspannung des Riemens kann auf verschiedene Weise erzeugt werden. Man kennt:

1. den **Eigengewichtsbetrieb** bei waagerechter Trieblage (Bild 26.3a). Infolge des Durchhangs durch das Eigengewicht des Riemens erzeugen die lotrechten Gewichtskräfte der einzelnen Riementeilchen Kraftkomponenten in Längsrichtung des Riemens, die die Vorspannung hervorrufen. Dazu muss der Riemen lang genug sein, und zwar der Achsabstand $e \geq 5$ m. Das Lasttrum wird zweckmäßig nach unten gelegt, damit sich die Umschlingungswinkel vergrößern.
2. den **Dehnungsbetrieb** (Bild 26.3b). Die ungespannte Länge des Riemens ist kleiner als seine Betriebslänge. Er wird beim Auflegen gedehnt und damit gespannt. Da sich die konventionellen Riemen mit der Zeit bleibend längen, müssen sie in bestimmten Zeitabständen durch Kürzen nachgespannt werden. Die bleibenden Längungen sind kleiner, wenn die Riemen vorgestreckt werden.
3. den **Spannwellenbetrieb** (Bild 26.3c). Der Antriebsmotor befindet sich auf Spannschienen und wird durch Schrauben verschoben.
4. den **Spannrollenbetrieb** (Bild 26.3d) bei kleinen Achsabständen und großen Übersetzungen, wenn ein offener Riementrieb (vgl. Bild 26.5a) wegen zu geringer Umschlingung der kleinen Scheibe nicht ausreicht. In das Leertrum wird eine Rolle gesetzt, die mit Eigengewicht, Spanngewichten oder Federkraft den Riemen spannt und den Umschlingungswinkel an beiden Scheiben vergrößert. Gegenüber anderen Methoden kann die Riemenspannung recht genau bemessen werden. Sie lässt auch nach bleibenden Riemenlängungen nicht nach, da die Rolle den Längungen folgt. Durch die zusätzliche gegenläufige Biegebeanspruchung des Riemens auf der Rolle wird die Lebensdauer des Riemens aber verkürzt. Die Spannrolle soll deshalb möglichst nicht kleiner als die kleine Scheibe sein. Zu beachten ist, dass Spannrollentriebe teurer als offene Triebe sind.
5. den **Selbstspannbetrieb** (Sespabetrieb). Bei der Ausführung nach Bild 26.3e befindet sich der Motor auf einer drehbar gelagerten Wippe. Das Rückstelldrehmoment, das der Motoranker auf das Gehäuse ausübt, und das Gewicht des Motors schwenken die Wippe in Pfeilrichtung und erzeugen die Vorspannung. Belastungsschwankungen wirken sich jedoch ungünstig aus und können zu unliebsamen Schwingungen führen. Bei der Ausführung nach Bild 26.3f ist der Motor mit einem schwenkbaren Zahnradvorgelege ausgestattet. Die Riemenscheibe bildet mit dem zweiten Zahnrad eine Einheit und kann um die Motorachse schwenken. Der Riemen wird durch die rückstoßende Zahnkraft gespannt, weil sie den Schwenkarm s entgegen der Drehrichtung der Scheibe bewegt.

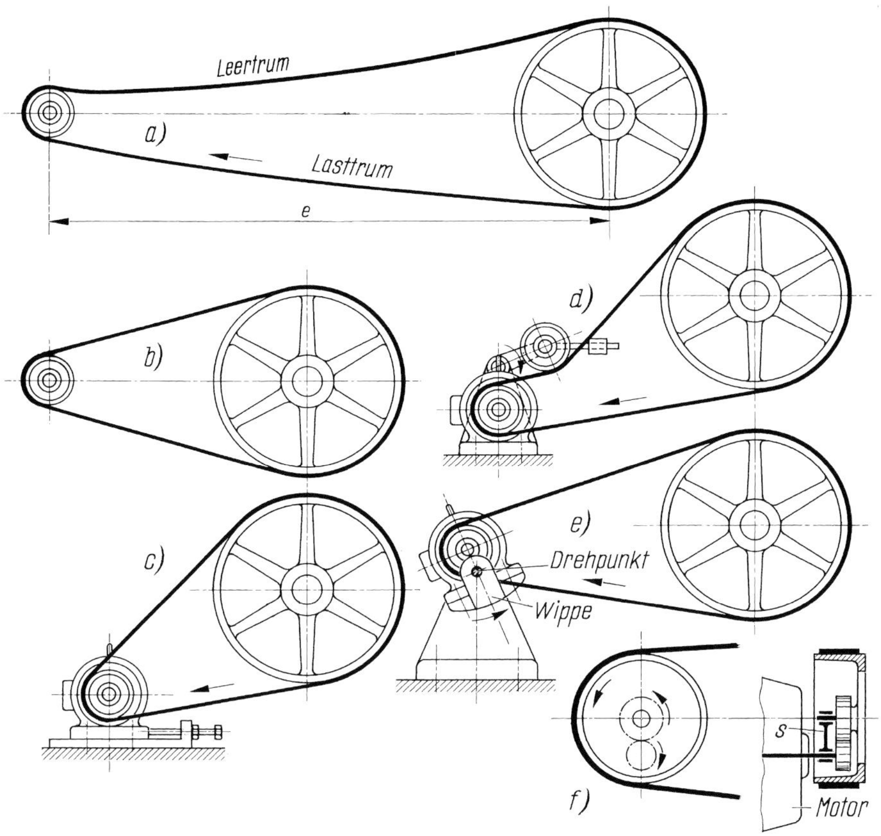

Bild 26.3 Prinzip des Spannens von Treibriemen

Wegen einer gewissen Ungleichheit seiner beiden Kantenlängen infolge von Herstellungstoleranzen oder bleibenden Dehnungen ist der Riemen bestrebt, seitlich von den Scheiben zu laufen (Bild 26.4a). Deshalb wird meistens die große **Scheibe gewölbt** (ballig) ausgeführt (Bild 26.4b), weil dann die Spannung in Riemenmitte größer ist und ihn stets in die Scheibenmitte treibt. Bei einer Übersetzung bis $i = 3$ werden gewöhnlich beide Scheiben gewölbt ausgeführt.

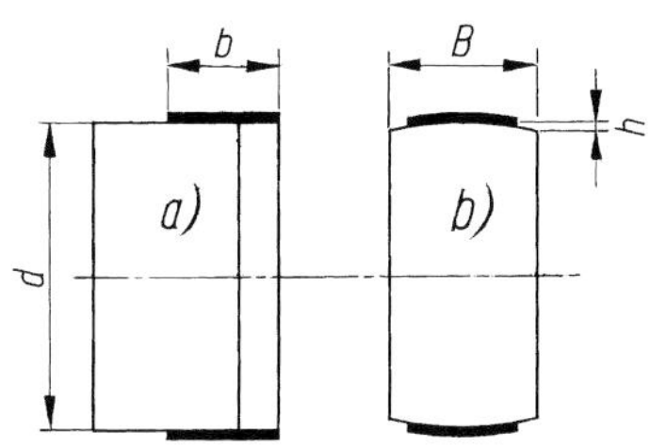

Bild 26.4
Wirkungen am laufenden Riemen
a) Herunterlaufen des Riemens von einer zylindrischen Scheibe,
b) Wirkung einer gewölbten Scheibe
b Riemenbreite, *B* Kranzbreite, *h* Wölbhöhe

Für die verschiedenen Antriebsfälle gibt es folgende Triebarten:

1. den **offenen Riementrieb** (Bild 26.5a). Seine günstigste Lage ist die waagerechte mit unten liegendem Lasttrum, sodass das obere Leertrum infolge Eigengewichts etwas durchhängt und die Umschlingungswinkel vergrößert. Beim senkrechten Trieb wirkt das Riemengewicht als Vorspannung auf die obere Scheibe, geht aber der unteren verloren.
2. den **gekreuzten Riementrieb** (Bild 26.5b) zur Kraftübertragung auf gegensinnige Drehrichtung. Günstig sind die durch die Kreuzung vergrößerten Umschlingungswinkel, sodass gekreuzte Riemen weniger zu einem Gleitschlupf neigen. Nachteilig ist das unvermeidliche Scheuern der Laufflächen an der Kreuzungsstelle (Verschleiß!).
3. den **halbgekreuzten** oder **geschränkten Riementrieb** (Bild 26.5c) zur Kraftübertragung zwischen sich kreuzenden Wellen. Der Umschlingungswinkel an der kleinen Scheibe ist meistens größer als 180°. Der Trieb lässt sich nur mit zylindrischen Scheiben ausführen, die kleine Scheibe etwa doppelt so breit wie die große, ferner nur Übersetzungen bis etwa 2,5. Schmale Riemen passen sich den Erfordernissen besser an, weil die Ungleichheit der Kantenlängen mit seiner Breite wächst.
4. den **Umlenkrollentrieb** (Bild 26.5d). Umlenk- oder Leitrollen sind für Triebe notwendig, deren Wellenachsen sich unter einem beliebigen Winkel schneiden (dargestellt 90°), damit der Riemen winkelrecht auf die Scheiben läuft und nicht abspringt.

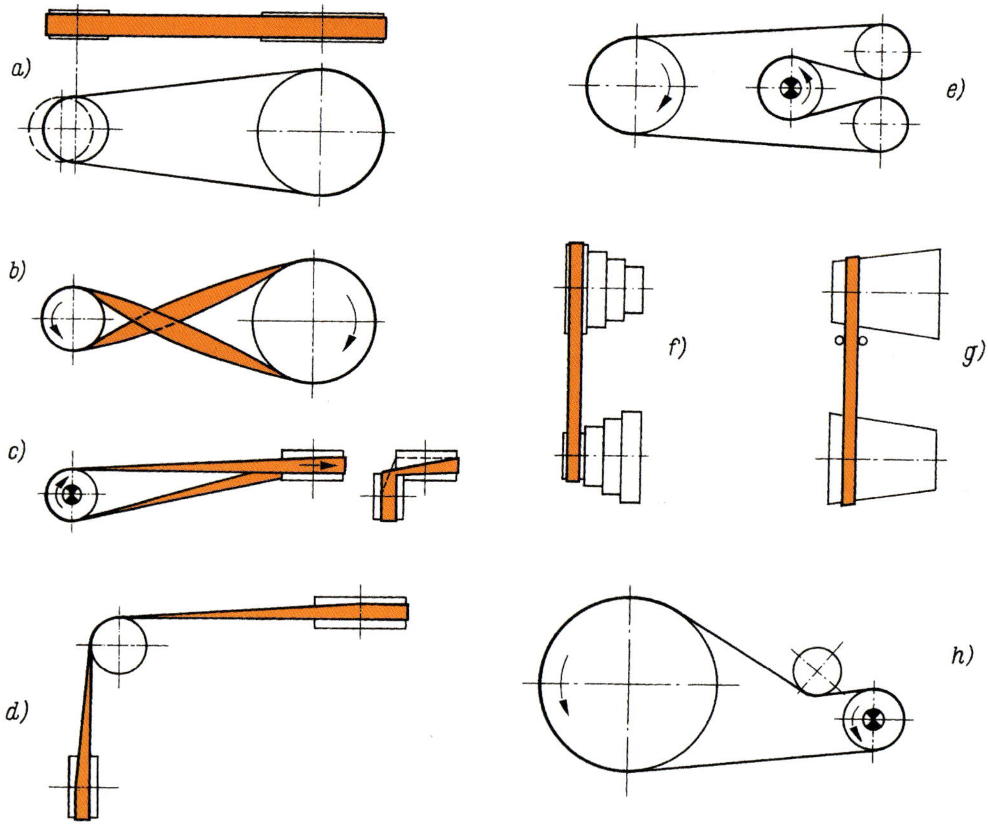

Bild 26.5 Arten von Flachriementrieben
a) offener Trieb, b) gekreuzter Trieb, c) halbgekreuzter Trieb, d) Umlenkrollentrieb, e) Mehrscheibentrieb, f) Stufenscheibentrieb, g) Kegelrollentrieb, h) Spannrollentrieb

5. den **Mehrscheibentrieb** (Bild 26.5e) zur Leistungsverzweigung auf mehrere Wellen. Der Riemen kann je nach Anordnung wechselweise mit Unter- und Oberseite auf den Scheiben laufen. Der Trieb ist so zu gestalten, dass alle Scheiben ausreichend umschlungen werden. Es sollen nur die Scheiben gewölbt sein, über die dieselbe Riemenseite läuft, damit der Riemen nicht noch wechselseitig quergebogen wird. Meistens genügt eine gewölbte Scheibe.
6. den **Stufenscheibentrieb** (Bild 26.5f) offen oder gekreuzt zur Kraftübertragung mit Übersetzungs-, also Drehzahländerungsmöglichkeit der getriebenen Welle durch Umlegen des Riemens auf andere Scheiben. Günstig sind gewölbte Scheiben, damit der Riemen nicht an den Stufenstirnwänden scheuert.
7. den **Kegelrollentrieb** (Bild 26.5g) zur Drehzahlregelung. Der Riemen kann während des Laufens durch eine Gabel verschoben werden. Beide Scheiben müssen die gleiche Kegligkeit besitzen, damit die Betriebslänge des Riemens in jeder Stellung dieselbe bleibt. Der Riemen muss schmal sein, damit er nur gering geschränkt wird.
8. den **Spannrollentrieb** (Bild 26.5h), wie er bereits bei Bild 26.3d beschrieben wurde.

26.3 Riemenwerkstoffe, Endverbindung

Die wichtigsten Anforderungen, die an Riemenwerkstoffe gestellt werden, sind

- **gute Adhäsion** zwischen Riemen und Scheiben (hohe Reibzahl),
- **hohe Zerreißfestigkeit**, um hohe Vorspannungen erzeugen zu können,
- **hohe Elastizität** bei geringer bleibender Dehnung, um die Biegespannungen klein zu halten und um nur selten oder nicht nachspannen zu müssen, sowie
- **Unempfindlichkeit** gegen atmosphärische Einflüsse, Öle und möglichst noch Chemikalien.

Alle diese Forderungen lassen sich von einem Werkstoff allein nicht erfüllen. Als Werkstoffe für Flachriemen werden vorwiegend folgende verwendet:

1. **Leder** bringt Reibzahlen, die von anderen Werkstoffen kaum erreicht werden. Es wird Kern- und Chromleder verwendet. Kernleder ist ein mit pflanzlichen Stoffen, Chromleder ein mit mineralischen Stoffen (Chromalaun) gegerbtes Leder. Kernleder wird auch als lohgares (L) und Chromleder als chromgares (C) Leder bezeichnet.Für nicht besonders hoch beanspruchte Triebe wird Kernleder verwendet. Chromleder besitzt eine höhere Festigkeit und kann in 60 % feuchter Luft laufen.

   Je nach dem Fettgehalt des Leders unterscheidet man Standardleder (S), geschmeidiges Leder (G) und hochgeschmeidiges Leder (HG).
2. **Gewebe** aus organischen oder synthetischen Stoffen. Die Ersten sind vorwiegend Baum- und Zellwolle, Tierhaare (Kamel- und Ziegenhaare), Hanf, Flachs und Naturseide, die zweiten Reyon (Kunstseide auf Zellulosebasis), Nylon und Perlon.

   Die gewebten Riemen haben gegenüber den Lederriemen eine gleichmäßigere Struktur und können endlos hergestellt werden, sodass sie ruhiger laufen. Die Geweberiemen sind jedoch kantenempfindlicher. Kleine Anrisse führen meistens zum Durchreißen.

   Die verschiedenen Riemendicken entstehen durch Aufeinanderschichten mehrerer Gewebelagen, die durch Kleben und Kunststoff oder Vulkanisieren mit einem Elastomer verbunden werden.
3. **Kunststoffe** wie Polyamid (Nylon, Perlon) oder Polyester. Als Einschichtriemen werden sie wegen der niedrigen Reibzahl jedoch nur selten angewendet.

4. **Mehrschicht**- oder **Verbundriemen**. Kunststoffbänder als Zugschicht werden mit Chromleder-, Gummi- oder Elastomere-Laufschichten versehen. Die Kunststoff-Zugschicht besteht aus Polyamid oder Polyester. Sie gibt dem Riemen eine hohe Zugfestigkeit. Bild 26.6 zeigt verschiedene Schichtungsweisen von **Extremultus**-Flachriemen der Firma Siegling. Die Riemen mit zwei Laufschichten sind für Mehrscheibenantriebe geeignet. Die Riemen der Bauart 80 besitzen eine Polyamid-Zugschicht und werden auf beliebige Längen geklebt. Die Riemen der Bauart 81 besitzen eine Zugschicht aus Polyester-Kordfäden, die endlos gewickelt sind, sodass auch die Riemen nur in Standardlängen endlos geliefert werden können. Die Firma Habasit liefert außer verschiedenen Mehrschichtriemen, deren Enden durch Kleben verbunden werden, auch sog. **Tangentialriemen** als Dreischichtriemen (Gummi-Kunststoff-Leder), die mit der Gummilaufschicht (hohe Reibzahl!) tangential eine Reihe von Spindeln treiben, vorzugsweise in der Textilindustrie.

   Mehrschichtriemen sind sehr fest und laufen praktisch schlupflos. Sie sind sehr biegsam. Gegen Schmiermittel und atmosphärische Einflüsse sind sie recht unempfindlich. Sie verdrängen mehr und mehr die vorgenannten konventionellen Riemen, zumal sie nicht nachgespannt zu werden brauchen.

   Mehrschichtriemen werden in weitem Maße auch für Transportzwecke eingesetzt, z.B. in Fließband-Systeme.

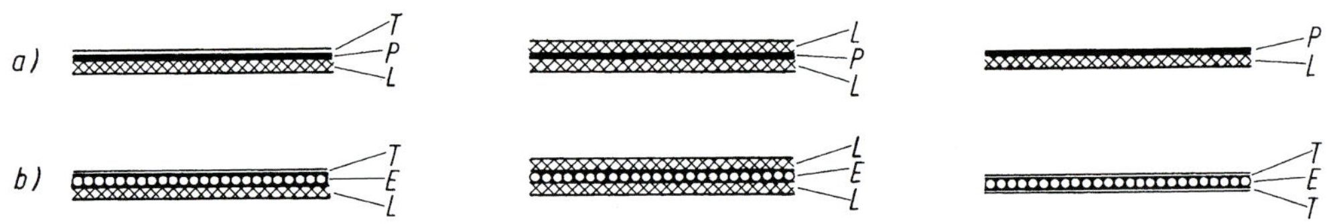

Bild 26.6 Querschnittsaufbau der Extremultus-Mehrschichtriemen [Siegling]
a) Bauart 80, b) Bauart 81
T Textilgewebe mit Kunststoff als Deckschicht, L Leder-Laufschicht, P Polyamid-Zugschicht, E Polyester-Kordfäden-Zugschicht

Die Enden der endlichen Riemen werden überlappt verkittet (geklebt), Kunststoffriemen verschweißt, Lederriemen auch vernäht oder mit mechanischen Verbindern gefügt, damit sich notwendige Riemenkürzungen nach bleibender Längung oder Demontage schneller bewerkstelligen lassen.

26.4 Riemenscheiben

Die Riemenscheiben werden üblicherweise aus Gusseisen (Grauguss), Stahlguss, Leichtmetallguss oder aus Stahlhalbzeugen in Schweißkonstruktion hergestellt. Bei Schweißkonstruktionen ist in Betracht zu ziehen, dass Querrippen den Luftwiderstand vergrößern, der bei den hohen Umfangsgeschwindigkeiten der Riemenscheiben beachtlich werden kann. Es kann deshalb zu unangenehmen Laufgeräuschen kommen.

Die **Hauptabmessungen** der Riemenscheiben sind mit DIN 111 genormt (Tabelle 26.1). Die Kränze werden je nach Bedarf zylindrisch oder gewölbt ausgeführt (Bild 26.7). Auf gewölbten Scheiben muss sich der Riemen der Wölbung anpassen (anschmiegen) und wird dadurch zusätzlich gebogen. Die Wölbung darf nicht höher als nach Tabelle 26.1 ausgeführt werden und muss gleichmäßig über die Scheibenbreite laufen. In der Regel sieht man eine zylindrische treibende Scheibe und eine gewölbte getriebene Scheibe vor, bei Riemengeschwindigkeiten über 30 m/s auch zwei gewölbte Scheiben. Für Gewebe- und Kunststoffriemen kommt man auch mit zylindrischen Scheiben aus, weil die Kantenlängen dieser Riemen recht genau übereinstimmen. Die Scheiben müssen schlagfrei laufen. Bis 25 m/s Umfangsgeschwindigkeit genügt ein **statisches Auswuchten** (Auswuchten in einer Ebene, Schwerpunkt wird in die Drehachse gelegt). Über 25 m/s muss **dynamisch ausgewuchtet** werden (Auswuchten in zwei Ebenen, Fliehmomente werden beseitigt).

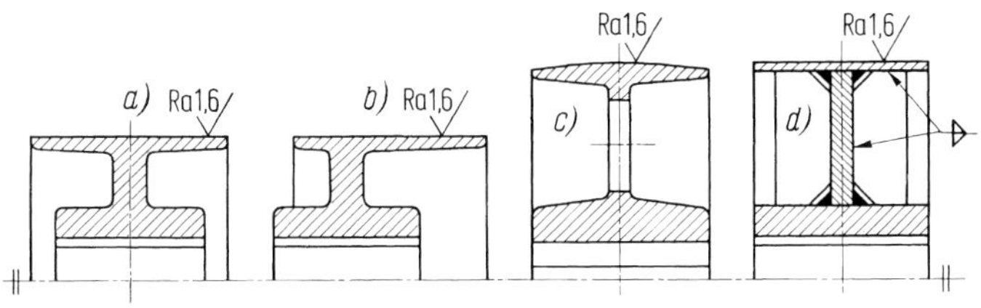

Bild 26.7 Riemenscheiben mit Scheibenstegen (Bodenscheiben)
a) symmetrische Nabenlage, b) unsymmetrische Nabenlage für fliegende Lagerung,
c) mit runden Stegausnehmungen, d) Schweißausführung

Bodenscheiben aus EN-GJL-200 (GG-20) können bis 35 m/s Umfangsgeschwindigkeit laufen, aus EN-GJS-700-2 (GGG-70) bis 50 m/s, aus GS-52 bis 80 m/s, ungeteilte Armscheiben aus EN-GJL-200 bis 26 m/s, aus EN-GJS-700-2 bis 35 m/s, aus GS-52 bis 55 m/s und geteilte Armscheiben aus EN-GJL-200 bis 15 m/s.

Wird Schwungmasse gewünscht, so werden Riemenscheiben mit dicken Kränzen, also großem Kranzgewicht verwendet. Bild 26.7 bis Bild 26.9 zeigt verschiedene Riemenscheiben. Kleinere erhalten nach Bild 26.7 Scheibenstege (diese Riemenscheibe nennt man auch **Bodenscheiben**), größere 4…8 Arme nach Bild 26.8 (**Armscheiben**). Für die nach oben aufzurundende Armzahl gilt:

$$\text{Armzahl } z \approx \sqrt{0{,}023\,\text{mm}^{-1} \cdot d} \qquad (26.5)$$

d in mm Scheibenaußendurchmesser.

Der Querschnitt der Arme ist elliptisch mit dem Verhältnis $a_1 / a_2 = 2 \ldots 2{,}5$ (Bild 26.8), um der Luft wenig Widerstand zu bieten.

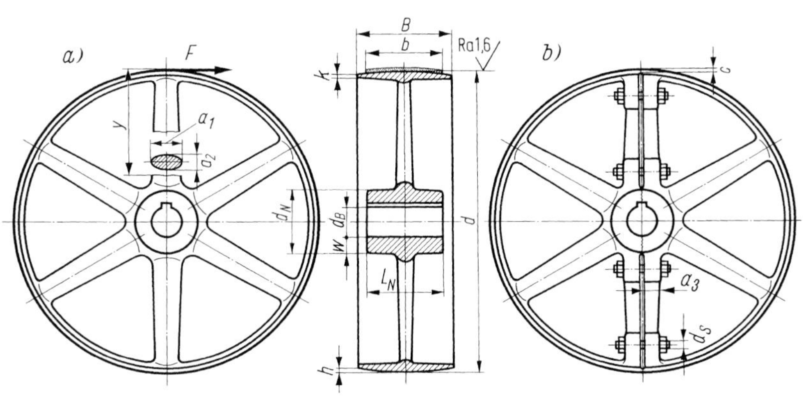

Bild 26.8 Große Grauguss-Riemenscheibe
a) ungeteilt, b) geteilt

Der gefährdete Armquerschnitt wird zweckmäßig auf Biegebeanspruchung nachgerechnet. Man setzt erfahrungsgemäß voraus, dass $z/3$ Arme tragen und die Zugkraft F das Biegemoment erzeugt. Damit ergibt sich für die Biegespannung:

$$\textit{Biegespannung}\ \sigma_b = \frac{3F \cdot y}{W_b \cdot z} \tag{26.6}$$

σ_b	in N/mm²	Biegespannung im gefährdeten Armquerschnitt,
F	in N	Nutzkraft = Umfangskraft an der Scheibe,
y	in mm	Abstand von F zum gefährdeten Armquerschnitt $\approx 0{,}5(d - d_N)$ mit dem Nabendurchmesser $d_N = d_B + 2w$, worin $d_B =$ Bohrungsdurchmesser und $w =$ Nabendicke (siehe unten),
W_b	in mm³	Widerstandsmoment des Armquerschnitts, für elliptische Querschnitte $\approx 0{,}1a_1^2 \cdot a_2$,
z		Armzahl.

Als **zulässige Biegespannung** kann etwa $\sigma_{b\,zul} \approx 0{,}25R_m$ gesetzt werden, wenn R_m die Zugfestigkeit des Scheibenwerkstoffs bedeutet, z. B. $R_m = 200\,\text{N/mm}^2$ für EN-GJL-200 (GG-20). Mit $\sigma_{b\,zul}$ können durch Umformen von Formel 26.6 auch W_{berf} und damit a_1 und a_2 ausgerechnet werden oder F_{zul} bei gegebenen Abmessungen.

Übliche Abmessungen nach Bild 26.8 sind:

Nabenlänge	$L_N \approx 1{,}2 \ldots 1{,}5d_B$	
Kranzdicke zylindrischer Scheiben	$k \approx 0{,}005d + 2\,\text{mm}$	*Nabendicke* $w \approx 0{,}4d_B + 10\,\text{mm}$
Kranzdicke gewölbter Scheiben	$k \approx 0{,}0033d + 3\,\text{mm}$	*Wölbhöhe* ***h*** nach Tabelle 26.1

Die Anordnung der Arme erfolgt üblicherweise in Scheibenbreitenmitte. Aus Transport- und Montagegründen werden Scheiben über $d = 2\,\text{m}$ geteilt. Die Teilfuge, nach dem Gießen der ganzen Scheibe durch Schlagtrennen gewonnen, wird durch ein Armpaar gelegt (Bild 26.8b), um die Scheibenhälften zusammenschrauben zu können. Die Dicke der Halbarme ist etwa $a_3 = 0{,}6a_1$ und die Breite der Sprengleisten $c \approx 5\,\text{mm}$.

Ist die Scheibenbreite $B > 0{,}1d + 200$ mm, so werden **zwei Armsterne** im Abstand $l_A = 0{,}5 \ldots 0{,}6B$ vorgesehen (Bild 26.9).

Für geteilte Scheiben gilt als Anhalt für den

$$\textit{Durchmesser der Verbindungsschrauben}\ d_S \approx 0{,}2\sqrt{L_N \cdot w} + 7\,\text{mm} \tag{26.7}$$

L_N	in mm	Nabenlänge,
w	in mm	Nabendicke.

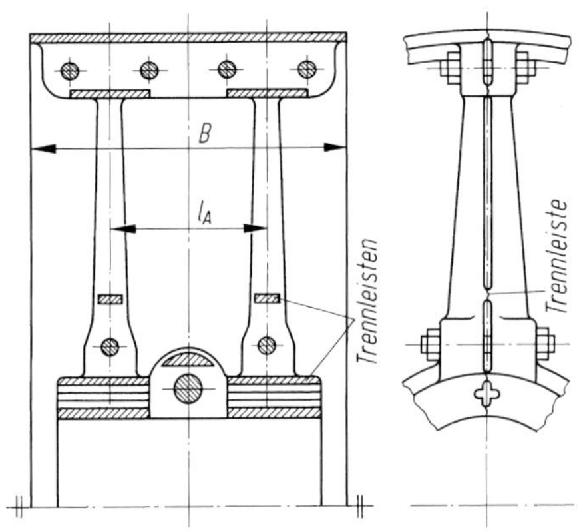

Bild 26.9
Geteilte Riemenscheibe mit zwei Armsternen

Beispiel 26.1

Es ist eine gewölbte Riemenscheibe aus EN-GJL-250 mit $d = 2500\,\text{mm}$, $d_B = 180\,\text{mm}$ und $B = 400\,\text{mm}$ zu entwerfen. Da $d > 2$ m ist, wird sie geteilt ausgeführt. Es sind die entsprechenden Berechnungen vorzunehmen. Welche Nutzkraft F kann die Scheibe übertragen?

Lösung:

Armzahl nach Formel 26.5:

$$z \approx \sqrt{0{,}023\,\text{mm}^{-1} \cdot d} = \sqrt{0{,}023 \cdot 2500} \approx 7{,}6 \approx 8$$

Nach den Angaben zu Bild 26.8 werden:

$$L_N \approx 1{,}2 \ldots 1{,}5 d_B = 1{,}2 \ldots 1{,}5 \cdot 180\,\text{mm} = 216 \ldots 270\,\text{mm},\ \text{gewählt}\ L_N = 240\,\text{mm}$$

$$k \approx 0{,}0033 d + 3\,\text{mm} = 0{,}0033 \cdot 2500\,\text{mm} + 3\,\text{mm} \approx 12\,\text{mm}$$

$$w \approx 0{,}4 d_B + 10\,\text{mm} = 0{,}4 \cdot 180\,\text{mm} + 10\,\text{mm} = 82\,\text{mm}$$

$h = 6\,\text{mm}$ aus Tabelle 26.1

Damit wird der Nabendurchmesser

$$d_N = d_B + 2w = 180\,\text{mm} + 2 \cdot 82\,\text{mm} = 344\,\text{mm}$$

und der Nabenumfang $d_N \cdot \pi = 344\,\text{mm} \cdot \pi = 1081\,\text{mm}$.

Auf diesem müssen die 8 Arme untergebracht werden. Nimmt man einen Abstand von je 20 mm zwischen zwei Armquerschnitten an, also insgesamt $8 \cdot 20\,\text{mm} = 160\,\text{mm}$, verbleibt als Querschnittshöhe eines Arms

$$a_1 \approx (1081 - 160)\,\text{mm} / 8 = 115\,\text{mm},\ \text{gewählt}\ a_1 = 110\,\text{mm}$$

Bei einem Verhältnis $a_1 / a_2 = 2{,}5$ ist $a_2 = 110\,\text{mm} / 2{,}5 \approx 45\,\text{mm}$ auszuführen. Das Widerstandsmoment gegen Biegung ist dann

$$W_b \approx 0{,}1 a_1^2 \cdot a_2 = 0{,}1 \cdot 110^2\,\text{mm}^2 \cdot 45\,\text{mm} = 54450\,\text{mm}^3$$

Da EN-GJL-250 eine Zugfestigkeit $R_m = 250\,\text{N}/\text{mm}^2$ besitzt, ist mit $\sigma_{b\,zul} \approx 0{,}25 \cdot 250\,\text{N}/\text{mm}^2 \approx 63\,\text{N}/\text{mm}^2$ zu rechnen. Aus Formel 26.6 folgt mit $y = 0{,}5(d - d_N) = 0{,}5(2500 - 344)\,\text{mm} = 1078\,\text{mm}$:

$$F_{zul} = \frac{\sigma_{bzul} \cdot W_b \cdot z}{3y} = \frac{63\,\text{N}/\text{mm}^2 \cdot 54450\,\text{mm}^3 \cdot 8}{3 \cdot 1078\,\text{mm}} = 8486\,\text{N}$$

Da $0{,}1d + 200\,\text{mm} = 0{,}1 \cdot 2500\,\text{mm} + 200\,\text{mm} = 450\,\text{mm} > B = 400\,\text{mm}$ ist, genügt ein Armstern.

Durchmesser der Verbindungsschrauben nach Formel 26.7:

$$d_S \approx 0{,}2\sqrt{L_N \cdot w} + 7\,\text{mm} = 0{,}2\sqrt{240\,\text{mm} \cdot 82\,\text{mm}} + 7\,\text{mm} = 35\,\text{mm},\ \text{gewählt}\ d_S = 36\,\text{mm}$$

Die Verbindungsschrauben müssen auf Anziehmoment und Haltbarkeit nachgerechnet werden (siehe Kapitel 10).

26.5 Geometrie der Flachriementriebe

Bild 26.10 zeigt schematisch einen offenen und einen gekreuzten Flachriementrieb. Aus den geometrischen Verhältnissen ergeben sich die im Folgenden genannten Kenngrößen.

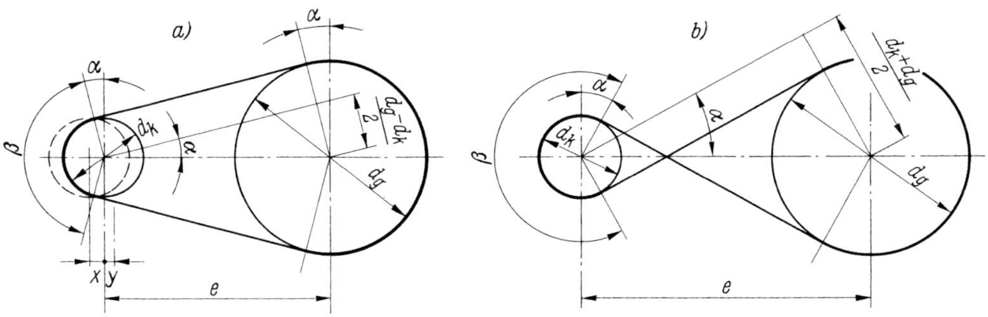

Bild 26.10 Schemata von Riementrieben
a) offener Riementrieb, b) gekreuzter Riementrieb

1. Für den offenen Flachriementrieb

Trumneigungswinkel $\sin\alpha = \dfrac{d_g - d_k}{2e}$ (26.8)

Umschlingungswinkel an der kleinen Scheibe $\beta = 180° - 2\alpha$ (26.9)

Innenlänge des Riemens $L_i = 2e \cdot \cos\alpha + \dfrac{\pi}{2}(d_k + d_g) + \widehat{\alpha}(d_g - d_k)$ (26.10)

d_k	in mm	Durchmesser der kleinen Scheibe,
d_g	in mm	Durchmesser der großen Scheibe,
e	in mm	Achsabstand,
α ($\hat{\alpha}$)	in ° (rad)	Trumneigungswinkel,

Bei endlosen Riemen mit gegebener Innenlänge L_i und gegebenen Scheibendurchmessern muss der Achsabstand e bestimmt werden. Das ist mit Formel 26.10 nicht möglich, weil α unbekannt ist. Deshalb setzt man mit guter Näherung in Formel 26.10 für $\cos\alpha \approx 1 - \alpha^2/2$ und weiterhin für $\alpha \approx \sin\alpha = (d_g - d_k)/2e$ gemäß Formel 26.8. Damit lässt sich e aus Formel 26.10 freistellen (es ergibt sich eine gemischt quadratische Gleichung). Der einfachen und übersichtlichen Schreibweise wegen wird gesetzt

26

Achsabstand $e \approx f_1 + \sqrt{f_1^2 - f_2}$ (26.11)

mit $f_1 = \dfrac{L_i}{4} - \dfrac{\pi}{8}(d_k + d_g)$ und $f_2 = \dfrac{(d_g - d_k)^2}{8}$.

2. Für den gekreuzten Riementrieb

Trumneigungswinkel $\sin\alpha = \frac{d_k + d_g}{2e}$ (26.12)

Umschlingungswinkel an der kleinen Scheibe $\beta = 180^\circ + 2\alpha$ (26.13)

Innenlänge des Riemens $L_i = 2e \cdot \cos\alpha + \frac{\hat{\beta}}{2}\left(d_k + d_g\right)$ (26.14)

Bei gegebener Innenlänge L_i gilt auch für den gekreuzten Riementrieb die Näherungsgleichung (Formel 26.11), jedoch ist für $f_2 = \frac{\left(d_k + d_g\right)^2}{8}$ einzusetzen. Die Näherung ist nicht so genau wie für offene Riementriebe.

Bei Mehrscheibentrieben würden Berechnungsgleichungen zu kompliziert. Zweckmäßig wird dann die Innenlänge oder der Achsabstand aus einer maßstäblichen Zeichnung entnommen.

In Tabelle 26.2 sind die **üblichen Innenlängen** der endlosen Riemen angegeben, gemessen unter der anfänglichen Montagespannung. Der Achsabstand ist so einzurichten, dass diese Innenlängen bei endlosen Riemen eingehalten werden.

Bei nicht ausreichend elastischen Riemen, insbesondere bei Kurztrieben und bei endlosen Riemen ist eine **Verstellbarkeit des Achsabstands** unbedingt vorzusehen, z. B. durch Spannschienen. Der Achsabstand soll mindestens zwischen $x = 0{,}03L_i$ und $y = 0{,}015L_i$ verstellbar sein (siehe Beispiel 26.3). Bei Riemen, die sich kürzen lassen, wie Leder- oder Geweberiemen, kann auf die Verstellbarkeit verzichtet werden, wenn der Zeitausfall für das Kürzen in Kauf genommen wird. Mehrschichtriemen brauchen nicht nachgespannt zu werden.

Beispiel 26.2

Ein offener Flachriementrieb soll mit $d_k = 200\,\text{mm}$, $d_g = 800\,\text{mm}$ und $e = 1200\,\text{mm}$ ausgelegt werden. Welche Innenlänge muss der Riemen nach dem Vorspannen haben?

Lösung:
Nach Formel 26.8 bis Formel 26.10 werden:

$$\sin\alpha = \frac{d_g - d_k}{2e} = \frac{800 - 200}{2 \cdot 1200};\ \alpha = 14{,}48^\circ,\ \hat{\alpha} = 0{,}2527$$

$$\beta = 180^\circ - 2\alpha = 180^\circ - 2 \cdot 14{,}48^\circ = 151{,}04^\circ$$

$$L_i = 2e \cdot \cos\alpha + \frac{\pi}{2}\left(d_k + d_g\right) + \hat{\alpha}\left(d_g - d_k\right)$$

$$= 2 \cdot 1200\ \text{mm} \cdot \cos 14{,}48^\circ + \frac{\pi}{2} 1000\ \text{mm} + 0{,}2527 \cdot 600\ \text{mm} = 4046\ \text{mm}$$

Beispiel 26.3

Der offene Riementrieb nach Beispiel 26.2 soll mit einem endlosen Riemen von $L_i = 4000\,\text{mm}$ betrieben werden. Welcher Achsabstand ist vorzusehen und in welchen Grenzen muss er verstellbar sein? Gegeben sind: $d_g = 200\,\text{mm}$, $d_k = 800\,\text{mm}$.

26

Lösung:

Mit $f_1 = \frac{L_i}{4} - \frac{\pi}{8}\left(d_k + d_g\right) = \frac{4000\text{ mm}}{4} - \frac{\pi}{8}1000\text{ mm} = 607\text{ mm}$ und

$f_2 = \frac{\left(d_g - d_k\right)^2}{8} = \frac{600^2\text{ mm}^2}{8} = 45000\text{ mm}^2$ wird nach Formel 26.11:

$$e \approx f_1 + \sqrt{f_1^2 - f_2} = 607\text{ mm} + \sqrt{607^2 - 45000}\text{ mm} = 1176\text{ mm}$$

Die Nachrechnung als Probe liefert mit Formel 26.8 bis Formel 26.10:

$$\alpha = 14{,}78^\circ,\ \hat{\alpha} = 0{,}258,\ \beta = 150{,}44^\circ,\ L_i = 4000\text{mm}$$

Verstellbarkeit des Achsabstandes:

$$x = 0{,}03L_i = 0{,}03 \cdot 4000\text{mm} = 120\text{mm},\quad y = 0{,}015L_i = 0{,}015 \cdot 4000\text{mm} = 60\text{mm}$$

26.6 Übersetzung, Riemengeschwindigkeit, Biegefrequenz

Die **Übersetzung** ist das Verhältnis der Drehzahlen der Scheiben:

Übersetzung $i = n_a / n_b \approx d_b / d_a$ (26.15)

n_a Drehzahl der treibenden Scheibe,
n_b Drehzahl der getriebenen Scheibe,
d_a Durchmesser der treibenden Scheibe,
d_b Durchmesser der getriebenen Scheibe.

Bei Übersetzungen ins Langsame ist $i > 1$ und bei Übersetzungen ins Schnelle $i < 1$ (Index k für die kleine Scheibe, g für die große Scheibe).

Riemengeschwindigkeit $v \approx d_k \cdot \pi \cdot n_k \approx d_g \cdot \pi \cdot n_g$ (26.16)

n_k, n_g in s^{-1} Drehzahlen der Scheiben,
d_k, d_g in m Durchmesser der Scheiben.

Unter der **Biegefrequenz** versteht man die Anzahl der Übergänge über die Scheiben, die jedes Riementeilchen in einer Zeiteinheit durchläuft, d. h. aus der es von der Geraden in die durch die jeweilige Scheibe erzwungene Krümmung hineinläuft und aus dieser wieder in die Gerade zurückgebogen wird.

26

Biegefrequenz $f_B = \frac{v \cdot Z}{L_i}$ (26.17)

f_B in s^{-1} Biegehäufigkeit des Riemens in 1 s,
v in m/s Riemengeschwindigkeit nach Formel 26.16,
Z Anzahl der Scheiben im Trieb (einschließlich Spannrollen),
L_i in m Innenlänge des Riemens.

Die Biegefrequenz bestimmt vorwiegend die Lebensdauer des Riemens und soll deshalb die je nach Riemenwerkstoff zulässigen Werte nicht überschreiten.

26.7 Berechnung der Antriebe mit Leder- und Geweberiemen

Die Riemenspannkraft F_1 erzeugt im Lasttrum die Zugspannung $\sigma_1 = F_1 / A$ mit $A = s \cdot b$ als Riemenquerschnitt (s = Riemendicke, b = Riemenbreite). Beim Lauf über die Scheiben wird jedes Riementeilchen gebogen, sodass im Riemenquerschnitt eine Biegespannung σ_b hervorgerufen wird – an der kleinen Scheibe eine größere als an der großen Scheibe.

Gemäß Bild 26.11 wird ein Riementeilchen an der äußeren Faser gegenüber der mittleren, neutralen Faser um Δl länger. Nach der Elastizitätslehre ist die Dehnung $\varepsilon = \Delta l / l = \sigma_b / E_b$, wenn E_b den Biegeelastizitätsmodul darstellt. Also ist $\sigma_b = E_b \cdot \Delta l / l$. Nun sind

$$\Delta l = \frac{s}{2}\Delta\beta \quad \text{und} \quad l = \left(\frac{d}{2} + \frac{s}{2}\right)\Delta\beta, \quad \text{sodass} \quad \frac{\Delta l}{l} = \frac{s}{d+s}$$

wird. Da s gegenüber d klein ist, setzt man mit ausreichender Näherung beim Biegen über die kleine Scheibe die

$$\textit{Biegespannung} \quad \sigma_b = E_b \frac{s}{d_k + s} \approx E_b \frac{s}{d_k} \tag{26.18}$$

E_b in N/cm² Biegeelastizitätsmodul des Riemenwerkstoffs nach Tabelle 26.3,
s in cm Riemendicke,
d_k in cm Durchmesser der kleinen Scheibe.

Damit die Biegespannung nicht zu groß wird, soll das in Tabelle 26.3 angegebene Verhältnis s/d_k nicht überschritten werden.

Des Weiteren führt jedes Riementeilchen beim Lauf über die Scheiben eine Kreisbewegung aus, sodass Fliehkräfte wirksam werden, die den Riemen zwar weiter spannen, ihn aber von der Scheibe abheben wollen und damit die Achskraft verringern.

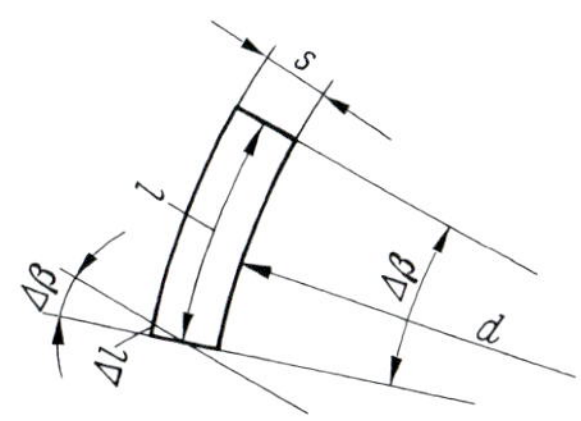

Bild 26.11
Riementeilchen zur Berechnung der Biegespannung σ_b

Auf ein Riementeilchen wirkt nach Bild 26.12 die Fliehkraft $\Delta F = \Delta m \cdot v^2 / R$ mit Δm als Masse des Teilchens und v als Riemengeschwindigkeit. Diese Fliehkraft wird von Zugkräften F_f in den Riemenquerschnitten im Gleichgewicht gehalten. Daraus folgt das in Bild 26.12 dargestellte Kräftepolygon. Da die Länge Δl des Riementeilchens sehr klein gedacht ist, wird sinngemäß zum Bild 26.1c die Fliehzugkraft

$$F_f = \frac{\Delta F}{\Delta\beta} = \frac{\Delta m \cdot v^2}{R \cdot \Delta\beta}$$

Nun ist $\Delta m = \Delta l \cdot s \cdot b \cdot \varrho$ mit b als Riemenbreite und ϱ als Werkstoffdichte. Da $R \cdot \Delta\beta = \Delta l$ ist, folgt $F_f = s \cdot b \cdot \varrho \cdot v^2$. Das Produkt $s \cdot b \cdot \varrho$ ist das Längengewicht q des Riemens, d.h. dessen Gewicht je Längeneinheit (in kg/m), sodass $F_f = q \cdot v^2$ wird.

26

Die Zugspannung, die von der Kraft F_f hervorgerufen wird, beträgt $\sigma_f = F_f / A$, also $\sigma_f = s \cdot b \cdot \varrho \cdot v^2 / (s \cdot b)$. Da sich s und b herauskürzen, ergibt sich für die

Fliehzugspannung $\sigma_f = \varrho \cdot v^2$ (26.19)

σ_f	in N/m²	Zugspannung im Riemen durch die Fliehkraft ($1\,\text{N/cm}^2 = 10^4\,\text{N/m}^2$),
ϱ	in kg/m³	Dichte des Riemenwerkstoffs (Tabelle 26.3),
v	in m/s	Riemengeschwindigkeit nach Formel 26.16.

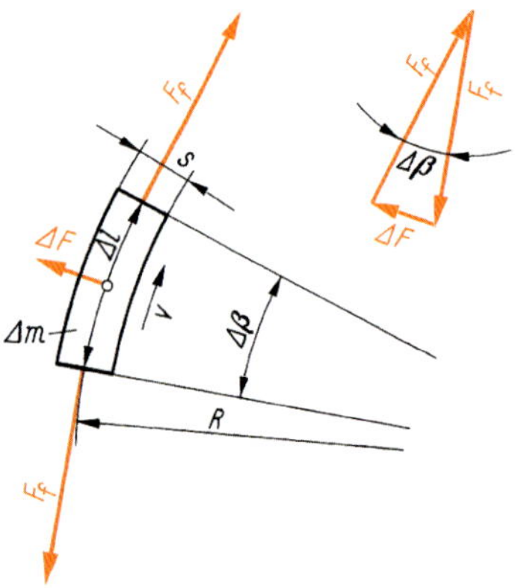

Bild 26.12
Riementeilchen zur Berechnung der Fliehzugkraft F_f ($\Delta\beta$ sehr klein gedacht)

Im Lasttrum erhöht sich die Riemenspannkraft auf $F_1 + F_f$ und im Leertrum auf $F_2 + F_f$. Zur Leistungsübertragung bleibt jedoch als Nutzkraft $F = (F_1 + F_f) - (F_2 + F_f) = F_1 + F_2$ wie bisher erhalten.

An der Stelle, an der der Riemen auf die kleine Scheibe läuft, tritt die größte Zugbeanspruchung $\sigma_{max} = \sigma_1 + \sigma_b + \sigma_f$ auf. Mit $\sigma_{max} = \sigma_{zul}$ des Riemenwerkstoffs folgt für die

zulässige Lasttrumspannung $\sigma_{1zul} = \sigma_{zul} - \sigma_b - \sigma_f$ (26.20)

σ_{zul}	in N/cm²	zulässige Zugspannung des Riemenwerkstoffs nach Tabelle 26.3,
σ_b	in N/cm²	Biegespannung im Riemen nach Formel 26.18,
σ_f	in N/cm²	Fliehzugspannung im Riemen nach Formel 26.19.

Damit ergibt sich eine zulässige Lasttrumkraft $F_1 = \sigma_{1zul} \cdot s \cdot b$, mit der sich die zulässige Nutzkraft des Riemens zu $F = F_1 \cdot k$ errechnet, wenn k die Ausbeute nach Formel 26.4 darstellt. Die übertragbare Leistung wäre somit $P = F \cdot v = F_1 \cdot k \cdot v$. Es ist üblich, die übertragbare Leistung für einen 1 cm breiten Riemen anzugeben und mit dieser die erforderliche Riemenbreite auszurechnen. Nach den vorstehenden Darlegungen beträgt diese

spezifische Nennleistung $P_n = \sigma_{1zul} \cdot k \cdot s \cdot v$ (26.21)

P_n	in W/cm	je cm Riemenbreite übertragbare Nennleistung,
$\sigma_{1\,zul}$	in N/cm²	zulässige Lasttrumspannung nach Formel 26.20,
k		Ausbeute nach Formel 26.24,
s	in cm	Riemendicke,
v	in m/s	Riemengeschwindigkeit nach Formel 26.16.

In Bild 26.13 ist die spezifische Nennleistung P_n in Abhängigkeit von der Riemengeschwindigkeit v dargestellt. P_n steigt mit zunehmender Geschwindigkeit v bis auf ein Maximum an und fällt dann bis auf Null ab, weil σ_f mit dem Quadrat der Geschwindigkeit zunimmt und damit die zulässige Lasttrumspannung $\sigma_{1\,zul}$ bis auf Null vermindert. Selbstverständlich strebt man optimale Verhältnisse an. Durch Extremwertbestimmung erhält man die *optimale Riemengeschwindigkeit* $v_{opt} = \sqrt{\frac{\sigma_{zul} - \sigma_b}{3\varrho}}$ (26.22)

v_{opt} in m/s leistungsgünstigste Riemengeschwindigkeit,
σ_{zul} in N/m^2 zulässige Zugspannung im Riemen nach Tabelle 26.3 (1 N/cm^2 = 10^4 N/m^2),
σ_b in N/m^2 Biegespannung im Riemen auf der kleinen Scheibe nach Formel 26.18,
ϱ in kg/m^3 Dichte des Riemenwerkstoffs nach Tabelle 26.3.

Formel 26.22 gilt streng genommen nur bei konstant bleibender Reibzahl μ, die bei Leder aber mit zunehmender Riemengeschwindigkeit wächst.

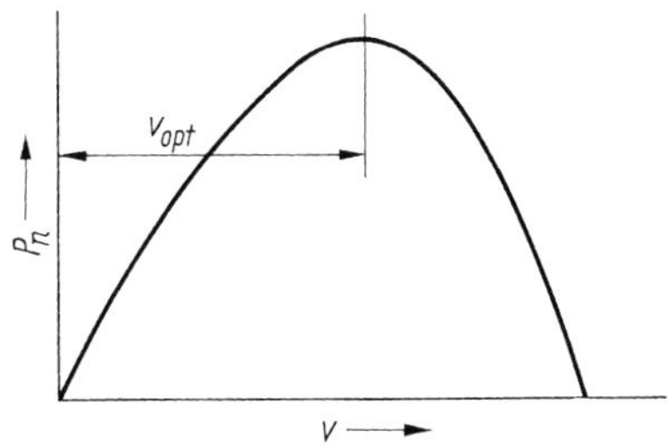

Bild 26.13
Spezifische Nennleistung P_n in Abhängigkeit von der Riemengeschwindigkeit v

Mit der spezifischen Nennleistung P_n wird die erforderliche Riemenbreite unter Berücksichtigung möglicher Überlastungen (ungleichförmigen Betriebs) und der Umweltbedingungen bestimmt:

erforderliche Riemenbreite $b_{erf} = \frac{P \cdot C_B \cdot C_\mu}{P_n}$ (26.23)

b_{erf} in cm erforderliche Riemenbreite, aufzurunden auf ein genormtes Maß nach Tabelle 26.1,
P in kW zu übertragende Nennleistung,
P_n in kW/cm spezifische Nennleistung des Riemens nach Formel 26.21,
C_B Betriebsfaktor zur Berücksichtigung der auftretenden Spitzendrehmomente (Stöße) nach Tabelle 26.4,
C_μ Reibfaktor, der den Einfluss der durch Umweltbedingungen veränderten Reibzahl erfasst, nach Tabelle 26.5.

Im Stillstand ist die Riemenspannkraft in beiden Trums gleich groß. Ein Trieb ohne Spannrollen muss so gespannt sein, dass die Summe der Trumkräfte $F_1 + F_2$ mit Sicherheit erreicht wird.

Der Riemen muss vor dem Auflegen um mindestens $\Delta L = \varepsilon \cdot L_i$ kürzer sein als seine Betriebslänge. Da bleibende Längungen während des Betriebes nicht bereits nach kurzer Zeit zum Gleitschlupf führen dürfen, macht man die Anfangsvorspannung entsprechend größer. Hieraus folgt die erforderliche

Auflegestreckung $\Delta L = \varepsilon_0 \cdot L_i$ (26.24)

ε_0 Dehnung des Riemens beim Vorspannen nach Tabelle 26.6,
L_i in mm Innenlänge des Riemens.

Die Trumkräfte F_1 und F_2 wirken auf jede Welle mit einer resultierenden **Achskraft** F_W (Bild 26.14). Da sie sich wegen der nur ungenau bekannten Vorspannung des Riemens nicht exakt berechnen lässt, können die von der Nutzkraft $F = P / v$ abhängigen Erfahrungswerte nach Tabelle 26.6 angenommen werden (P = zu übertragende Nennleistung in W, v = Riemengeschwindigkeit in m/s).

26

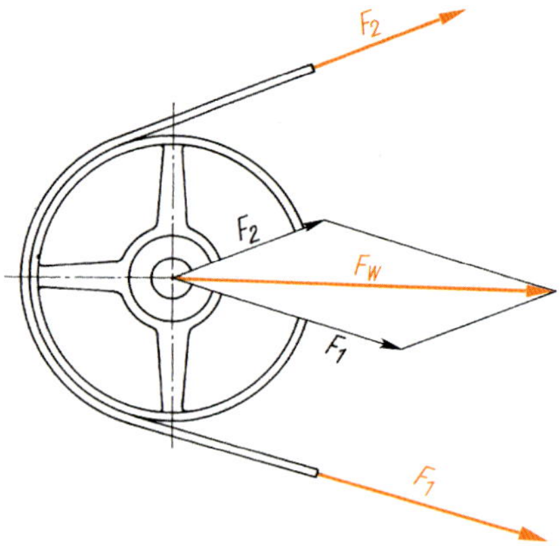

Bild 26.14
Entstehung der Achskraft F_W

In der Richtlinie VDI 2758 *Riemengetriebe* [26.2] sind Berechnungsgleichungen für Flachriementriebe und Erfahrungswerte für Riemen mit Zugschicht aus Polyamid angegeben.

Beispiel 26.4

Der offene Flachriementrieb nach Beispiel 26.3 soll im Spannwellenbetrieb mit einem Lederriemen der Sorte G eine Kreissäge mit der Nennleistung $P = 10\,\text{kW}$ antreiben (mittelschwerer Antrieb mit großer Schalthäufigkeit). Gegeben sind: $n_a = n_k = 2800\,\text{min}^{-1} = 46{,}47\,\text{s}^{-1}$, $d_k = 200\,\text{mm}$, $d_g = 800\,\text{mm}$, $\beta \approx 150{,}5° = 2{,}6255\,\text{rad}$, $L_i = 4000\,\text{mm}$, Direkteinschaltung des Elektromotors, normale Umweltbedingungen. Täglicher Betrieb bis 10 h. Wegen der hohen Schalthäufigkeit ist C_B um 0,2 zu erhöhen. Ist die Biegefrequenz zulässig? Welche Riemendicke und welche Riemenbreite sind zu wählen? Wie groß sind die optimale Riemengeschwindigkeit, die Auflegestreckung und die Achskraft?

Lösung:

1. Übersetzung *i*, Riemengeschwindigkeit *υ*

Nach Formel 26.15 und Formel 26.16 sind

$$i \approx d_b / d_a = d_g / d_k = 800 / 200 = 4, \quad \upsilon \approx d_k \cdot \pi \cdot n_k = 0{,}2\,\text{m} \cdot \pi \cdot 46{,}67\,\text{s}^{-1} = 29{,}3\,\text{m/s}$$

Tabelle 26.3 gibt $\upsilon_{zul} = 40\,\text{m/s}$ an.

2. Biegefrequenz f_B

Nach Formel 26.17 ist

$$f_B = \frac{\upsilon \cdot Z}{L_i} = \frac{29{,}3\,\text{m/s} \cdot 2}{4\,\text{m}} = 14{,}6\,\text{s}^{-1} > f_{Bzul} = 10\,\text{s}^{-1}$$

gemäß Tabelle 26.3. Somit muss die Riemensorte HGL mit $f_{Bzul} = 25\,\text{s}^{-1}$ vorgesehen werden.

3. Riemendicke *s* und spezifische Nennleistung P_n

Nach der Tabelle 26.3 ist für die Riemensorte HGL das Verhältnis $s / d_k = 0{,}05$ zulässig. Daraus folgt $s_{max} = 0{,}05 \cdot 200\,\text{mm} = 10\,\text{mm}$. Gewählt wird $s = 6\,\text{mm}$, damit die Biegespannung klein wird. Für diesen Riemen kann gemäß Tabelle 26.3 gesetzt werden: $\sigma_{zul} = 500\,\text{N/cm}^2$, $E_b \approx 5000\,\text{N/cm}^2$, $\varrho = 900\,\text{kg/m}^3$.

Nach Tabelle 26.3 ist für Leder zu rechnen mit der Reibzahl

$$\mu \approx 0{,}22 + 0{,}012 \frac{\text{s}}{\text{m}} v = 0{,}22 + 0{,}012 \cdot 29{,}3 = 0{,}57$$

Somit wird das Trumkraftverhältnis nach Formel 26.2

$$m = e^{\mu\beta} = e^{0{,}57 \cdot 2{,}6255} = 4{,}47$$

und nach Formel 26.4 die Ausbeute

$$k = \frac{m-1}{m} = \frac{4{,}47-1}{4{,}47} = 0{,}776$$

Mit Formel 26.18 bis Formel 26.21 werden errechnet:

$$\sigma_\text{b} \approx E_\text{b} \frac{s}{d_\text{k}} = 5000\,\text{N/cm}^2 \frac{0{,}6}{20} = 150\,\text{N/cm}^2$$

$$\sigma_\text{f} = \rho \cdot v^2 = 900\,\text{kg/m}^3 (29{,}3\,\text{m/s})^2 = 77{,}3 \cdot 10^4\,\text{N/m}^2 \approx 77\,\text{N/cm}^2$$

$$\sigma_\text{1zul} = \sigma_\text{zul} - \sigma_\text{b} - \sigma_\text{f} = 500\,\text{N/cm}^2 - 150\,\text{N/cm}^2 - 77\,\text{N/cm}^2 = 273\,\text{N/cm}^2$$

$$P_\text{n} = \sigma_\text{1zul} \cdot k \cdot s \cdot v = 273\,\text{N/cm}^2 \cdot 0{,}776 \cdot 0{,}6\,\text{cm} \cdot 29{,}3\,\text{m/s} = 3724\,\text{W/cm}$$

4. Optimale Riemengeschwindigkeit v_opt

Nach Formel 26.22 gilt

$$v_\text{opt} = \sqrt{\frac{\sigma_\text{zul} - \sigma_\text{b}}{3\varrho}} = \sqrt{\frac{(500-150)10^4\,\text{N/m}^2}{3 \cdot 900\,\text{kg/m}^3}} = 36\,\text{m/s}$$

sodass mit $v = 29{,}3\,\text{m/s}$ recht gute Verhältnisse erreicht werden.

5. Riemenbreite *b*

Nach Tabelle 26.4 ist mit $C_\text{B} = 1{,}1 + 0{,}2 = 1{,}3$ zu rechnen, nach Tabelle 26.5 ist $C_\mu = 1$. Somit ergibt sich nach Formel 26.23:

$$b_\text{erf} = \frac{P \cdot C_\text{B} \cdot C_\mu}{P_\text{n}} = \frac{10\,\text{kW} \cdot 1{,}3 \cdot 1}{3{,}72\,\text{kW/cm}} = 3{,}49\,\text{cm}$$

Es wird $b = 40\,\text{mm}$ gewählt (aus Tabelle 26.1).

6. Auflegestreckung ΔL

Nach Formel 26.24 mit $\varepsilon_0 = 0{,}013$ aus Tabelle 26.6:

$$\Delta L = \varepsilon_0 \cdot L_\text{i} = 0{,}013 \cdot 400\,\text{cm} = 5{,}2\,\text{cm} = 52\,\text{mm}$$

7. Achskraft F_W

Die Zugkraft des Riemens beträgt $F = \frac{P}{v} = \frac{10000\,\text{W}}{29{,}3\,\text{m/s}} \approx 340\,\text{N}$. Für Spannwellenbetrieb ist nach Tabelle 26.6:

$$F_\text{W} \approx 3F = 3 \cdot 340\,\text{N} = 1020\,\text{N}$$

26.8 Berechnung von Antrieben mit Mehrschichtriemen

Für die Mehrschicht- oder Verbundriemen haben die Hersteller voneinander abweichende Berechnungsmethoden aufgestellt, von denen zwei im Folgenden wiedergegeben werden.

1. Mit Extremultus-Mehrschichtriemen Bauart 80

Diese Bauart [Siegling] wird gemäß Bild 26.6 in drei Ausführungen geliefert:

Ausführung LT (Textilgewebe als Deckschicht, Polyamid-Zugschicht, Leder-Laufschicht): Sie ist die Standard-Ausführung für alle Zweischeiben-Antriebe mit überwiegend einseitiger Reibbeanspruchung bis zu größten Leistungen. Geeignet für Lauf unter Einfluss von Öl und anderen Flüssigkeiten.

Ausführung LL (Leder-Laufschicht, Polyamid-Zugschicht, Leder-Laufschicht): Sie wird vorzugsweise für Mehrscheiben-Antriebe mit beidseitiger Leistungsabnahme eingesetzt.

Ausführung L (Polyamid-Zugschicht, Leder-Laufschicht): Sie dient für Zweischeiben-Antriebe mit einseitiger Reibbeanspruchung und kleinen Riemenabmessungen sowie für hohe Geschwindigkeiten bei kleineren Leistungen.

Zunächst müssen die Scheibendurchmesser d_k und d_g und der Achsabstand e gewählt werden. Mit diesen können Riemengeschwindigkeit v, Riemenlänge L_i und Biegefrequenz f_B errechnet werden. Bei hohen, leistungsgünstigen Riemengeschwindigkeiten ergeben sich meistens sehr große Scheibendurchmesser, die die Anlage verteuern. Im Mittel werden d_k und d_g so gewählt, dass $v \approx 20 \ldots 30\,\text{m/s}$ beträgt. Die Riemengröße (Dicke des Riemens) ergibt sich aus dem Produkt $\boldsymbol{d_k \cdot C_1}$ nach Tabelle 26.7. Danach wird nach Tabelle 26.8 kontrolliert, ob $\boldsymbol{f_B \le f_{B\,zul}}$ ist. Sollte $\boldsymbol{f_B > f_{B\,zul}}$ sein, so ist die nächstkleinere Riemengröße zu wählen. Danach ist zu errechnen die

erforderliche Riemenbreite $$b_{erf} = \frac{P \cdot C_B \cdot C_\beta}{P_N} \qquad (26.25)$$

b_{erf}	in cm	erforderliche Riemenbreite, zu der die nächstliegende nach Tabelle 26.7 zu wählen ist,
P	in kW	zu übertragende Nennleistung,
P_N	in kW/cm	übertragbare Nennleistung eines 1 cm breiten Riemens bei $\beta = 180°$ nach Tabelle 26.9,
C_B		Betriebsfaktor (Belastungsfaktor) zur Berücksichtigung ungleichförmigen Betriebs nach Tabelle 26.10,
C_β		Umschlingungsfaktor (Winkelfaktor) zur Berücksichtigung des Umschlingungswinkels β nach Tabelle 26.11.

In Formel 26.25 stellt $P_N / C_\beta = P_n$ die spezifische Nennleistung dar, wie sie Formel 26.21 entspricht.

Beim Auflegen muss der Riemen vorgespannt werden. Es gilt

Auflegestreckung $$\Delta L = \varepsilon_0 \cdot L_i = \frac{C_2 + C_3 + C_4}{100} L_i \qquad (26.26)$$

26

mit den Beiwerten C_2 bis C_4 nach Tabelle 26.12, der Riemenlänge L_i und der Auflegedehnung ε_0. Auf jede der beiden Wellen wirkt während des Betriebs die

Achskraft $$F_W = C_2 \cdot F_N \cdot b / C_\beta \qquad (26.27)$$

C_2		Dehnfaktor nach Tabelle 26.12,
F_N	in N/cm	Nennzugkraft = Dehnkraft an der Welle für einen 1 cm breiten Riemen bei 1 % Riemendehnung nach Tabelle 26.9,
b	in cm	ausgeführte Riemenbreite,
C_β		Umschlingungsfaktor nach Tabelle 26.11.

Für Riemengeschwindigkeiten v > 60 m/s und Biegefrequenzen $f_B > 55\ s^{-1}$ kommt die **Bauart 81** in Betracht (Bild 26.6).

Beispiel 26.5

Ein Kompressor mit einem Ungleichförmigkeitsgrad < 0,0125 soll über einen Extremultus-Mehrschichtriemen LT von einem Elektromotor angetrieben werden. Es sind $P = 90\,\text{kW}$ zu übertragen. Drehzahlen: $n_a = n_k = 1470\ \text{min}^{-1} = 24{,}5\,\text{s}^{-1}$, $n_b = n_g = 600\ \text{min}^{-1} = 10\,\text{s}^{-1}$, Achsabstand $e = 870\,\text{mm}$, Anzahl der Scheiben $Z = 2$. Welche Scheibendurchmesser und welche Riemengröße sind zu wählen? Wie groß muss die Auflegestreckung sein? Wie groß wird die Achskraft?

Lösung:

1. Scheibendurchmesser d_k und d_g

Nimmt man $v \approx 25\,\text{m/s}$ an, so ergeben sich aus Formel 26.16:

$$d_k = \frac{v}{n_k \cdot \pi} = \frac{25\,\frac{\text{m}}{\text{s}}}{24{,}5\,\text{s}^{-1} \cdot \pi} = 0{,}325\,\text{m} = 325\,\text{mm}$$

$$d_g = d_k \cdot n_k \,/\, n_g = 325\,\text{mm} \cdot 1470 \,/\, 600 \approx 800\,\text{mm}$$

Nach DIN 111 (Tabelle 26.1) werden $d_k = 315\,\text{mm}$ und $d_g = 800\,\text{mm}$ gewählt.

2. Riemenlänge L_i

Nach Formel 26.8 bis Formel 26.10 werden:

$$\sin\alpha = \frac{d_g - d_k}{2e} = \frac{800 - 315}{2 \cdot 870}; \quad \alpha = 16{,}18^\circ = 0{,}2825\,\text{rad}$$

$$\beta = 180^\circ - 2\alpha = 180^\circ - 2 \cdot 16{,}18^\circ = 147{,}64^\circ$$

$$L_i = 2e \cdot \cos\alpha + \frac{\pi}{2}\left(d_k + d_g\right) + \alpha\left(d_g - d_k\right)$$

$$= 2 \cdot 870\,\text{mm} \cdot \cos 16{,}18^\circ + \frac{\pi}{2} 1115\,\text{mm} + 0{,}2825 \cdot 485\,\text{mm} = 3560\,\text{mm}$$

3. Biegefrequenz f_B und Riemengröße

Endgültige Riemengeschwindigkeit:

$$v = d_k \cdot \pi \cdot n_k = 0{,}315\,\text{m} \cdot \pi \cdot 24{,}5\,\text{s}^{-1} = 24{,}2\,\text{m/s}$$

Nach Formel 26.17:

$$f_B = \frac{v \cdot Z}{L_i} = \frac{24{,}2\,\text{m/s} \cdot 2}{3{,}56\,\text{m}} \approx 14\,\text{s}^{-1}$$

Gemäß Tabelle 26.7 ist $C_1 = 0{,}83$ (bei $v = 25\,\text{m/s}$) und somit $d_k \cdot C_1 = 315\,\text{mm} \cdot 0{,}83 \approx 260\,\text{mm}$. Damit kommt nach Tabelle 26.7 die Riemengröße 28 in Frage. Aus Tabelle 26.8 ergibt sich für $d_k = 315\,\text{mm}$ die zulässige Biegefrequenz $f_{B\,zul} = 15\,\text{s}^{-1} > f_B = 14\,\text{s}^{-1}$, sodass die vorgewählte Riemengröße 28 geeignet ist.

4. Riemenbreite b

Nach Tabelle 26.9 ist $F_N = 280 N/cm$, sodass $P_N = F_N \cdot v = 280 N/cm \cdot 24{,}2 m/s = 6776 W/cm \approx 6{,}8 kW/cm$ ist. Des Weiteren ist nach Tabelle 26.10 der Betriebsfaktor $C_B = 1{,}3$ und nach Tabelle 26.11 für $\beta = 150°$ der Umschlingungsfaktor $C_\beta = 1{,}09$. Damit wird nach Formel 26.25:

$$b_{erf} = \frac{P \cdot C_B \cdot C_\beta}{P_N} = \frac{90\,kW \cdot 1{,}3 \cdot 1{,}09}{6{,}8\,kW/cm} = 18{,}7\,cm$$

Nach Tabelle 26.7 wird $b = 180 mm$ gewählt.

5. Auflegestreckung ΔL

Aus Tabelle 26.12 werden für $C_B = 1{,}3$ und $v = 25 m/s$ entnommen: $C_2 = 1{,}9$, $C_3 = 0{,}2$, $C_4 = 0{,}15$.

Auflegestreckung nach Formel 26.26:

$$\Delta L = \frac{C_2 + C_3 + C_4}{100} L_i = \frac{1{,}9 + 0{,}2 + 0{,}15}{100} 356\,cm = 0{,}0225 \cdot 356\,cm \approx 8\,cm$$

6. Achskraft F_W

Nach Formel 26.27 ist mit $F_N = 280 N/cm$ (aus Tabelle 26.9):

$$F_W = C_2 \cdot F_N \cdot b \,/\, C_\beta = 1{,}9 \cdot 280\,N/cm \cdot 18\,cm \,/\, 1{,}09 \approx 8785\,N \approx 8800\,N$$

■

2. Mit Habasit-Mehrschichtriemen

Die Habasit-Mehrschichtriemen [Habasit] werden in vier Ausführungen jeweils in mehreren Riemendicken und beliebigen Riemenbreiten bis 1200 mm hergestellt:

- **Ausführung F:** stabilisierte Polyamid-Zugschicht mit adhäsivem Laufbelag; für normale Betriebsbedingungen; ausgesprochen günstiges Leistungsgewicht; permanent antistatisch.
- **Ausführung S:** stabilisierte Polyamid-Zugschicht mit beidseitig adhäsivem Laufbelag; für Aluminiumscheiben geeignet; für große Übersetzungen, Tangential- und Mehrscheiben-Antriebe; für doppelseitige Leistungsabgabe; gleitschlupffrei; permanent antistatisch (außer S-5).
- **Ausführung C:** stabilisierte Polyamid-Zugschicht mit beidseitig adhäsivem Laufbelag; für gekreuzte und halbgekreuzte Antriebe, auch unter Öl- und Staubeinwirkungen; Schlupf- und Bremsriemen; eine Laufseite für normale, offene Triebe verwendbar; sehr hohe Verschleißfestigkeit; besonders kantenfest; permanent antistatisch.
- **Ausführung A:** stabilisierte Polyamid-Zugschicht mit neuartigem, hochadhäsivem antiaeroplaning Längsprofil-Laufbelag; für erschwerte Betriebsbedingungen (Öl, Nässe, Staub, Stoßbetrieb, Explosionsgefahr); sehr hohe Verschleißfestigkeit; gleitschlupffreie Antriebe bis 5000 kW und über 100 m/s Riemengeschwindigkeit; optimaler Wirkungsgrad; permanent antistatisch.

Alle Riemen sind beständig gegen Nässe, Dampf, Trockenheit, Verschmutzung, Fäulnis, Öle, Fette, Benzin, viele Chemikalien und Lösungsmittel, tropisches Klima und Insektenfraß. Sie sind nicht beständig gegen organische und anorganische Säuren, Phenole und Kresole.

Die wichtigsten technischen Daten sind in Tabelle 26.13 zusammengestellt.

Aus Tabelle 26.14 ist zunächst mit dem Verhältnis P/n_k der wirtschaftlichste Scheibendurchmesser d_k zu ermitteln und mit diesem die geeignete Riemenausführung und -größe (Riemendicke) aus derselben Tabelle. Danach kann die Riemengeschwindigkeit v errechnet werden.

Der Mindestachsabstand e_{min} ist abhängig von der Übersetzung i und dem Durchmesser d_g der großen Scheibe nach den Werten aus Tabelle 26.18 festzulegen.

Nach Festlegung des Achsabstandes e können der Umschlingungswinkel β und die Riemenlänge L_i errechnet werden, danach die

erforderliche Riemenbreite $$b_{erf} = \frac{P \cdot C_B \cdot C_\beta}{P_N} \qquad (26.28)$$

P	in kW	zu übertragende Nennleistung,
P_N	in kW/cm	übertragbare Nennleistung eines 1 cm breiten Riemens bei $\beta = 180°$ nach Diagramm 26.1,
C_B		Betriebsfaktor (Belastungsfaktor) zur Berücksichtigung ungleichförmigen Betriebs nach Tabelle 26.15,
C_β		Umschlingungsfaktor (Winkelfaktor) zur Berücksichtigung des Umschlingungswinkels β nach Tabelle 26.11.

In Formel 26.28 ist $P_N / C_\beta = P_n$ die spezifische Nennleistung, wie sie Formel 26.21 entspricht. Beim Auflegen muss der Riemen vorgespannt werden. Es gilt:

Auflegestreckung $$\Delta L = \varepsilon_0 \cdot L_i \approx \frac{C_1 + C_2}{100} L_i \qquad (26.29)$$

ε_0		Auflegedehnung des Riemens,
C_1		Dehnungsfaktor nach Tabelle 26.16 (bei großer Feuchtigkeit sind die Tabellenwerte um 0,4 zu erhöhen),
C_2		Korrekturbeiwert nach Tabelle 26.16 (für die nicht aufgeführten Riemenausführungen ist $C_2 = 0$),
L_i	in cm	Riemenlänge (Betriebslänge).

Auf jede Welle wirkt während des Betriebs die

Achskraft $$F_W = C_3 \cdot C_1 \cdot F_e \cdot b \qquad (26.30)$$

C_1		Dehnungsfaktor wie in Formel 26.29,
C_3		Korrekturfaktor nach Tabelle 26.17,
F_e	in N/cm	Dehnkraft an der Welle für einen 1 cm breiten Riemen bei 1 % Riemendehnung nach Tabelle 26.17,
b	in cm	ausgeführte Riemenbreite.

Bei den Berechnungen der Habasit-Mehrschichtriemen braucht die Biegefrequenz nicht kontrolliert zu werden.

Beispiel 26.6

Eine Presse soll über einen Habasit-Mehrschichtriemen von einem Drehstrommotor angetrieben werden. Es sind $P = 55\,\text{kW}$ zu übertragen. Drehzahlen: $n_a = n_k = 1450\ \text{min}^{-1} = 24{,}17\,\text{s}^{-1}$, $n_b = n_g = 580\ \text{min}^{-1} = 9{,}67\,\text{s}^{-1}$, Anzahl der Scheiben $Z = 2$. Welche Scheibendurchmesser, Riemenausführung und -größe, Achsabstand $e \approx e_{min}$ und Riemenlänge sind vorzusehen? Wie breit muss der Riemen sein? Wie groß werden Auflegestreckung und Achskraft?

Lösung:

1. Scheibendurchmesser d_k und d_g, Riemenausführung

Mit dem Verhältnis $P / n_k = 55\,\text{kW} / 1450\,\text{min}^{-1} = 0{,}038\,\text{kW} \cdot \text{min}$ kommt nach Tabelle 26.14 der Scheibendurchmesser $d_k = 250\,\text{mm}$ in Betracht und mit diesem die Riemenausführungen F-3, A-3, S-4, S-5 oder C-3. Da es sich um einen normalen Antrieb handelt, wird die Ausführung F-3 gewählt.

Gemäß Formel 26.15 wird der große Scheibendurchmesser

$$d_g = d_k \cdot n_k / n_g = 250\text{ mm} \cdot 1450 / 580 = 625\text{ mm}$$

Nach Tabelle 26.1 werden gewählt: $d_k = 250\text{mm}$ und $d_g = 630\text{mm}$.

2. Achsabstand *e*

Entsprechend den Angaben in Tabelle 26.18 kann bei $i = d_g / d_k = 360 / 250 = 2{,}52$ auf $e_{min} = 0{,}95 d_g = 0{,}95 \cdot 630\text{mm} = 598{,}5\text{mm}$ gegangen werden. Gewählt: $e = 600\text{mm}$.

3. Innenlänge L_i des Riemens

Nach Formel 26.8 bis Formel 26.10 werden:

$$\sin\alpha = \frac{d_g - d_k}{2e} = \frac{630 - 250}{2 \cdot 600}; \alpha = 18{,}46°, \hat{\alpha} = 0{,}3222$$

$$\beta = 180° - 2\alpha = 180° - 2 \cdot 18{,}46° = 143{,}08°$$

$$L_i = 2e \cdot \cos\alpha + \frac{\pi}{2}\left(d_k + d_g\right) + \hat{\alpha}\left(d_g - d_k\right)$$

$$= 2 \cdot 600\text{ mm} \cdot \cos 18{,}46° + \frac{\pi}{2} 880\text{ mm} + 0{,}3222 \cdot 380\text{ mm} = 2643\text{ mm}$$

4. Riemenbreite *b*

Nach Formel 26.16 ist

$$v = d_k \cdot \pi \cdot n_k = 0{,}25\text{ m} \cdot \pi \cdot 24{,}17\text{ s}^{-1} = 19\text{ m/s}$$

Hiernach wird aus Diagramm 26.1 bei $d = 250\text{mm}$ und Riemenausführung F-3 abgelesen: $P_N \approx 5\text{kW/cm}$. Nach Tabelle 26.15 ist $C_B = 1{,}4$, und nach Tabelle 26.11 ist $C_\beta \approx 1{,}11$ (für $\beta \approx 143°$). Damit wird nach Formel 26.28:

$$b_{erf} = \frac{P \cdot C_B \cdot C_\beta}{P_N} = \frac{55\text{ kW} \cdot 1{,}4 \cdot 1{,}11}{5\text{ kW/cm}} = 17{,}094\text{ cm}, \quad \text{gewählt} \quad b = 17\text{cm}$$

5. Auflegestreckung ΔL

Aus Tabelle 26.16 werden entnommen: $C_1 = 2{,}2$ (für F-3 und $d_k = 250\text{mm}$), $C_2 = 0$. Damit gilt nach Formel 26.29:

$$\Delta L = \frac{C_1 + C_2}{100} L_i = \frac{2{,}2 + 0}{100} 264{,}3\text{ cm} = 0{,}022 \cdot 264{,}3\text{ cm} = 5{,}8\text{ cm}$$

6. Achskraft F_W

Nach Tabelle 26.17 ist $F_e = 212\text{N/cm}$ (für Riemen F-3) und $C_3 = 1$ (für $u < 20$ m/s). Somit gilt nach Formel 26.30:

$$F_W = C_1 \cdot C_3 \cdot F_e \cdot b = 2{,}2 \cdot 1 \cdot 212\text{ N/cm} \cdot 17\text{ cm} \approx 7930\text{ N}$$

26.9 Spannrollentrieb

Gegenüber einem offenen Riementrieb bietet der Spannrollentrieb folgende Vorteile: kleinere Vorspannung, selbsttätiger Ausgleich von Riemenlängungen, größerer Umschlingungswinkel an der kleinen Scheibe, geringere Riemenbeanspruchung im Betrieb und im Stillstand, insbesondere, wenn die Spannrolle im Stillstand abgehoben wird. Nachteile sind die schnellere Ermüdung des Werkstoffs infolge des Hin- und Herbiegens des Riemens sowie die höhere Biegefrequenz durch die dritte Scheibe und wegen des meistens kürzeren Achsabstands.

Während offene Riementriebe eine Übersetzung i oder $1/i$ bis 6 zulassen, kann mit Spannrollentrieben bis auf 15 gegangen werden.

Bild 26.15 zeigt schematisch einen Riementrieb mit Spannrolle. Für seine Berechnung gelten die Abschnitt 26.6 bis Abschnitt 26.8. Der Durchmesser der Spannrolle ist möglichst groß zu wählen, damit der Riemen nicht so stark gebogen wird, möglichst nicht kleiner als für die kleine Scheibe. Die Spannrolle ist zylindrisch auszuführen, um zusätzliche Riemenwölbungen zu vermeiden. Nur wenn beide Riemenscheiben zylindrisch sind, kann zur Führung des Riemens eine Ausnahme gemacht werden.

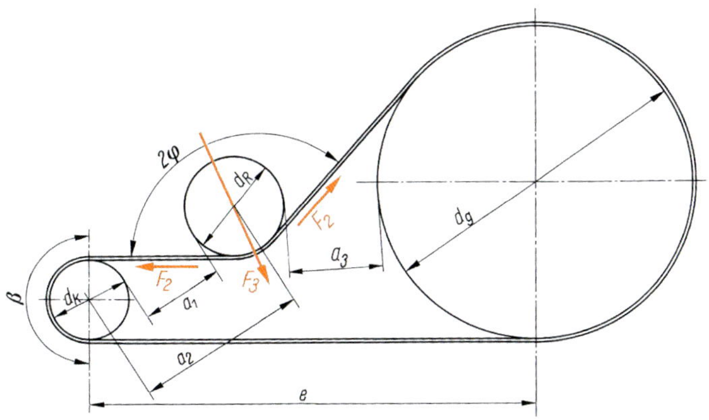

Bild 26.15 Schema eines Spannrollentriebs

Die Spannrolle ist in das Leertrum zu legen, weil dieses nicht so hoch wie das Lasttrum beansprucht wird. Außerdem soll die Spannrolle nicht zu nahe an den Scheiben sitzen, damit sich der Riemen von einer Biegung zur Gegenbiegung erholen kann. Für die Abstände gilt:

$$\textit{Spannrollenabstand}\ a_1 \geq 0{,}5\left(d_\mathrm{k} + d_\mathrm{R}\right) \text{ oder } a_2 \geq \left(d_k + d_R\right) \text{ und } a_3 > a_1$$

Bei Scheiben bis etwa $d_\mathrm{k} = 500\,\mathrm{mm}$ geht man auf $a_1 = 250\ldots300\,\mathrm{mm}$.

Die Riemenlänge ist so zu wählen, dass der Umschlingungswinkel β genügend groß wird (üblich $\beta \approx 180°$) und die Spannrolle genügend einschwingt (üblich $2\varphi \leq 120°$). Bei größerem Winkel φ macht bereits eine kleine Riemendehnung eine Erhöhung der Rollendruckkraft erforderlich.

Da der Riemen unvorgespannt aufgelegt wird, muss die Druckkraft F_3 der Rolle so bemessen sein, dass sie mit Sicherheit die im Betrieb erforderliche Leertrumkraft F_2 erzeugt, und zwar

Leertrumkraft $F_2 = \dfrac{P_n \cdot b}{(m-1)v}$ (26.31)

P_n	in W/cm	spezifische Nennleistung nach Formel 26.21, bei Mehrschichtriemen $= P_N / C_\beta$,
b	in cm	ausgeführte Riemenbreite,
m		Trumkraftverhältnis nach Formel 26.2,
v	in m/s	Riemengeschwindigkeit nach Formel 26.16.

Rollendruckkraft $F_3 = 2F_2 \cdot \cos\varphi$ (26.32)

Die Schwenkarme der Spannrollen müssen so liegen, dass bei Lageänderung der Rollen infolge Riemenlängung die Trumkraft F_2 möglichst konstant bleibt. Bild 26.16 zeigt die Ausführung und Anordnung einer federbelasteten Spannrolle.

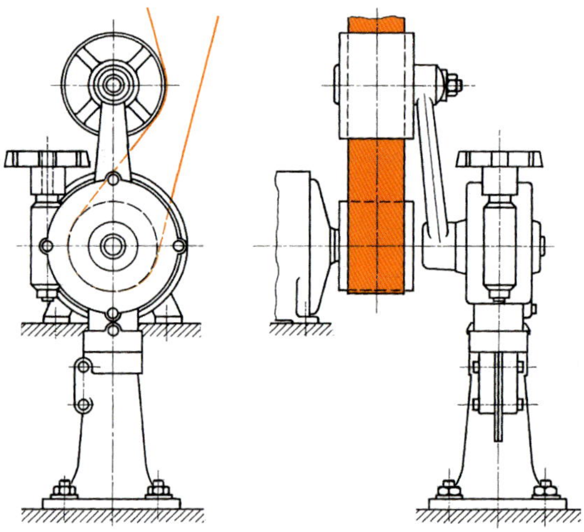

Bild 26.16
Federbelastete Spannrolle [Desch]

Beispiel 26.7

Der $b = 7{,}1$ cm breite Flachriemen eines Spannrollentriebs besitzt eine spezifische Nennleistung $P_n = 3{,}2$ kW/cm, einen Umschlingungswinkel $\beta = 180°$, ein Trumkraftverhältnis $m = 6{,}6$ und einen Leertrumbeugungswinkel $\varphi = 55°$. Wie groß muss die Rollendruckkraft F_3 sein, wenn der Riemen mit $v = 35$ m/s läuft?

Lösung:
Nach Formel 26.31 und Formel 26.32 werden:

$$F_2 = \frac{P_n \cdot b}{(m-1)v} = \frac{3200\ \text{W/cm} \cdot 7{,}1\ \text{cm}}{(6{,}6-1) \cdot 35\ \text{m/s}} = 116\ \text{N}$$

$$F_3 = 2F_2 \cdot \cos\varphi = 2 \cdot 116\ \text{N} \cdot \cos 55° = 133\ \text{N}$$

26

26.10 Verständnisfragen

1. Nach welchem Prinzip arbeiten Flachriementriebe?
2. Welchen Vorteil bringen Flachriementriebe bei Überlastung mit sich?
3. Wo liegt das Lasttrum bei Flachriementrieben?
4. Wozu führen fortwährende Riemenkürzungen und -längungen?
5. Welches Maß ist für die Anwendung von Eigengewichtsbetrieb ausschlaggebend?
6. Welche beiden Triebe können eingesetzt werden, um die Drehzahl variabel ändern zu können?
7. Warum ist eine hohe Elastizität der Riemen von Vorteil?
8. Welcher Werkstoff für Riemen erreicht die besten Reibzahlen?
9. Was muss gemacht werden, damit die Riemenscheiben schlagfrei laufen?
10. Welcher Wert wird bei optimaler Riemengeschwindigkeit maximal?

Literatur

[26.1] *Niemann, G.; Winter, H.:* Maschinenelemente. Band 3. 2. völlig neu bearbeitete Auflage. Berlin: Springer Verlag, 2004

[26.2] VDI 2758:1993-06, Riemengetriebe

DIN 111:1982-08 Antriebselemente; Flachriemenscheiben; Maße, Nenndrehmomente

ISO 22:1991-12 Riementriebe; Flachriemen und zugehörige Scheiben; Maße und Toleranzen

Firmenschriften und Online-Kataloge

Forbo Siegling GmbH, Hannover (*www.forbo.com*)

Habasit Rossi GmbH, Eppertshausen (*www.habasit.de*)

DESCH Antriebstechnik GmbH & Co. KG, Arnsberg (*www.desch.de*)

27 Keilriementriebe

Keilriementriebe sind wie Flachriementriebe **kraftschlüssige Hülltriebe** zur Kraft- und Bewegungsübertragung zwischen zwei oder mehr Wellen. Gegenüber Flachriementrieben besitzen sie bei gleicher Anpresskraft eine etwa dreifache Übertragungsfähigkeit. Sie laufen weich an, ziehen praktisch schlupflos durch und kommen mit einem kleineren Umschlingungswinkel an der kleinen Scheibe aus, sodass sie große Übersetzungen ermöglichen. Ihr Platzbedarf ist demzufolge geringer, und auch die Wellen- und Lagerbelastungen sind kleiner. Ein weiterer Vorteil besteht in der Möglichkeit, bis etwa 16 Keilriemen nebeneinander auf einer Scheibe laufen zu lassen. Sie haben die Flachriemen-Spannrollentriebe stark verdrängt. Bei sehr großen Achsabständen sind Keilriemen jedoch nicht geeignet.

27.1 Wirkungsweise, Ausführung genormter Keilriemen

Bild 27.1 zeigt vereinfacht die Kraftwirkungen an einem Keilriemen in der Scheibenrille. Die Radialkraft F_r zerlegt sich in die Normalkräfte F_N, die die zur Kraftübertragung dienenden Reibkräfte $F_N \cdot \mu$ erzeugen. Ein Keilwinkel $\alpha_k < 20°$ würde Selbsthemmung bewirken, und ein solcher Riemen könnte nur unter starkem Rupfen und schlechtem Wirkungsgrad arbeiten. Der Keilwinkel liegt deshalb in der Größenordnung $\alpha_k \approx 36°$. Die Eytelweinsche Gleichung (Formel 26.1) ist für Keilriemen nicht ohne weiteres anwendbar, da ein Keilriemen durch die Trumkräfte unter Reibverlusten radial in die Keilrille gezogen wird (in Bild 27.1 sind die Reibkräfte nicht dargestellt).

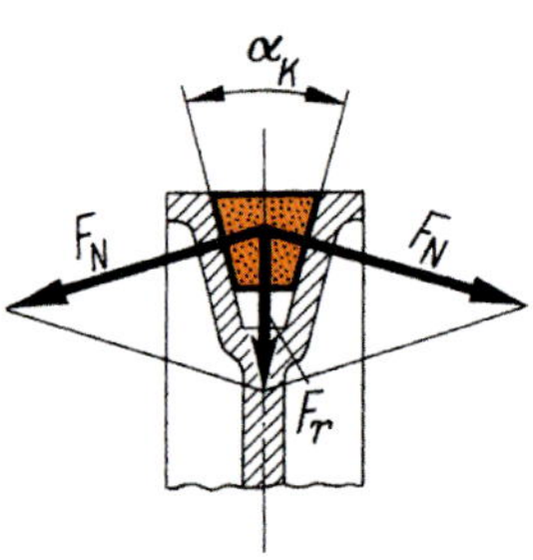

Bild 27.1
Kraftwirkung des Keilriemens

Durch die Krümmung des Keilriemens beim Lauf über die Scheiben wird er außen gedehnt und innen gestaucht, sodass sich sein Keilwinkel gegenüber dem gestreckten Zustand verkleinert, umso mehr, je kleiner die Scheiben sind. Da die Flanken satt anliegen müssen, wird der Rillenwinkel entsprechend angeglichen. Eine falsche Bemessung führt zur Verringerung der Übertragungsleistung und zum schnellen Riemenverschleiß.

Man unterscheidet die im Folgenden genannten Arten von Keilriemen:

1. Endliche Keilriemen

Endliche Normalkeilriemen nach DIN 2216 (Abmessungen siehe Tabelle 27.1) sind in regelmäßigen Abständen gelocht, sodass sie feingestuft auf die erforderlichen Längen geschnitten und an den Enden mit einem Riemenschloss verbunden werden können (Bild 27.2). Das Schloss besteht aus einer dachförmigen Oberplatte und einer Unterplatte mit jeweils stirnseitig abgerundeten Kanten. Die Platten werden durch zwei Schrauben miteinander verbunden. Vorteilhaft ist, dass sich die endlichen Keilriemen ohne Abrücken der Scheiben schnell auflegen und abnehmen lassen.

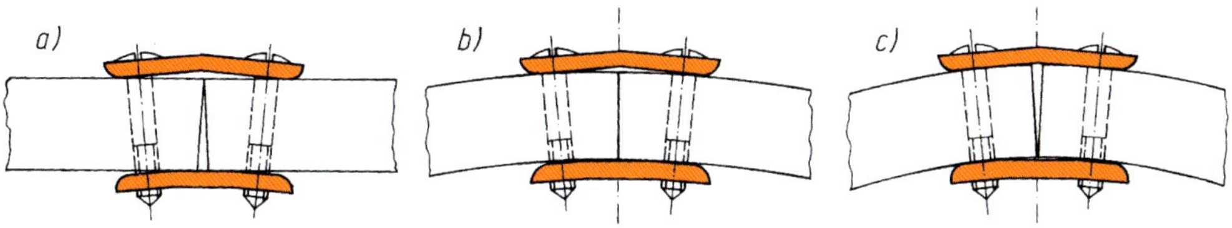

Bild 27.2 Riemenschloss für endliche Keilriemen
a) Keilriemen gestreckt, b) gebogen, c) stark gebogen

Endliche Keilriemen bestehen aus zusammengerollten und gummierten Tüchern (Bild 27.3a), die in Langformen vulkanisiert werden. Damit ist ihr gesamter Querschnitt mit tragendem Gewebe ausgefüllt. Sie sind nicht so schmiegsam wie endlose Keilriemen und erfordern größere Mindestdurchmesser für die kleine Riemenscheibe. Außerdem ist ihre Übertragungsfähigkeit um etwa 15 % geringer als die von endlosen Normalkeilriemen mit gleichem Profil, weshalb sie kaum noch angewendet werden.

2. Endlose Keilriemen

Endlose Normalkeilriemen oder **klassische Keilriemen** (Bild 27.3b) nach DIN 2215 (Abmessungen nach Tabelle 27.1) haben ein Breiten-Höhenverhältnis $b_{0/h} \approx 1{,}6$ und bestehen aus einer hochfesten Cordfäden-Einlage aus Textil oder Polyester als Zugelement. Die Cordfäden sind in Kautschuk oder elastomerem Kunststoff eingebettet, der die Kraft von den Flanken auf die Fäden überträgt. Riemen größeren Querschnitts werden auch mit einem Cordfadenbündel ausgeführt, in dem mehrere Fadenschichten übereinanderliegen. Der Keilriemenkörper ist mit imprägniertem Textilgewebe ummantelt. Die zur Übertragung der Reibkräfte zwischen dem Riemen und den Rillenflanken dienenden Seitenflächen dieses Mantels sind besonders verschleißfest.

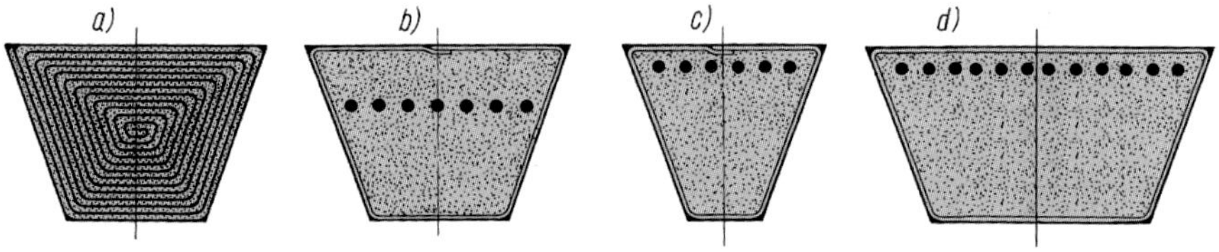

Bild 27.3 Keilriemenquerschnitte
a) endlicher Normalkeilriemen, b) endloser Normalkeilriemen oder klassischer Keilriemen, c) endloser Schmalkeilriemen, d) endloser Breitkeilriemen

Genormt sind 7 Profile mit den ISO-Kurzzeichen Y, Z, A, B, C, D und E. Außer bei den Profilen D und E sind auch flankenoffene gezahnte Ausführungen (siehe hierzu Bild 27.4) vorgesehen, die mit einem nachgesetzten X wie folgt zu kennzeichnen sind: YX, ZX, AX, BX und CX.

Die genormte Bezeichnung enthält die Profilangabe und die Richtlänge L_d in mm. Sie entspricht der Wirklänge L_w (siehe Formel 27.6 und Tabelle 27.8). Bezeichnungsbeispiele:

- Keilriemen DIN 2215 - A 1550
- Keilriemen DIN 2215 - BX 1250
- Keilriemen DIN 2215 - 3 × B 2500 (als Satz mit 3 gleichlangen Riemen)

Endlose Schmalkeilriemen (Bild 27.3c) nach DIN 7753 mit $b_{0/h} \approx 1{,}2$ (Abmessungen siehe Tabelle 27.1) sind Keilriemen mit einem besonders günstigen Profil. Eine Cordfadenreihe liegt als Zugstrang dicht unter der oberen Deckfläche im Riemenkörper. Gegenüber den klassischen Keilriemen sind die Schmalkeilriemen wesentlich biegeweicher und gestatten dadurch kleinere Scheibendurchmesser, höhere Riemengeschwindigkeiten und Biegefrequenzen. Sie übertragen auch höhere Leistungen bei gleicher Wirkbreite und sind derzeitig **die am meisten verwendete Riemenart**.

Teil 1 von DIN 7753 enthält endlose Schmalkeilriemen für den Maschinenbau in ummantelter Ausführung mit den Kurzzeichen SPZ, SPA, SPB und SPC sowie flankenoffen gezahnt: XPZ, XPA, XPB und XPC. In Teil 3 sind für den Kraftfahrzeugbau zwei Profile festgelegt mit den Kurzzeichen 9,5 und 12,5 (ummantelt), für die flankenoffenen Ausführungen (bei gleichen Abmessungen): AVP 10 und AVP 13 (mit Vollprofil) sowie AVX 10 und AVX 13 (gezahnt). Bild 27.4 zeigt den Aufbau von flankenoffenen Keilriemen, die sich durch außergewöhnlich dehnungsarme Zugträger auszeichnen. Der Riemenunterbau besteht aus einer Elastomer-Faser-Mischung, deren Fasern quer zur Laufrichtung ausgerichtet sind, was eine hohe Quersteifigkeit bei guter Biegewilligkeit in Laufrichtung bewirkt. Gegenüber dem Vollprofil (Bild 27.4a) ist die Biegewilligkeit bei der gezahnten Ausführung (Bild 27.4a) noch besser. Dadurch wird die Anwendung kleinerer Scheibendurchmesser möglich.

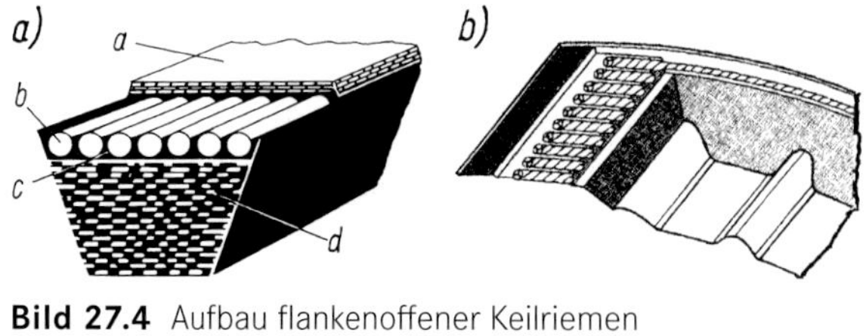

Bild 27.4 Aufbau flankenoffener Keilriemen
a) mit Vollprofil, b) gezahnt (Hochleistungskeilriemen [ContiTech])
a Abdeckgewebe, b Zugstrang, c Einbettungsmischung, d Elastomer-Faser-Mischung

In der Bezeichnung von Schmalkeilriemen für den Maschinenbau sind wie bei Normalkeilriemen das Profil und die Richtlänge L_r = Wirklänge L_w (siehe Tabelle 27.9) in mm anzugeben.

Beispiel:

- Schmalkeilriemen DIN 7753 - XPZ 710

Für den Kraftfahrzeugbau ist die Außenlänge (Tabelle 27.9) mit der Angabe La vorgeschrieben.

Bezeichnungsbeispiele:

- Schmalkeilriemen DIN 7753 - 9,5 × 900 La
- Schmalkeilriemen DIN 7753 - AVX 10 × 750 La

Endlose Breitkeilriemen (Bild 27.3d) nach DIN 7719 mit $b_{0/h} \approx 3$ (Abmessungen siehe Tabelle 27.4) und einem Keilwinkel von ca. 30° werden vorzugsweise in Verstellgetrieben eingesetzt. Ihr Aufbau gleicht dem der Normal- und Schmalkeilriemen (Bild 27.5). Sie sind für industrielle Drehzahlwandler vorgesehen, jedoch nicht in Kraftfahrzeugen und Landmaschinen. Die übertragbare Leistung liegt um etwa 20 % niedriger als bei den klassischen Keilriemen gleicher Höhe.

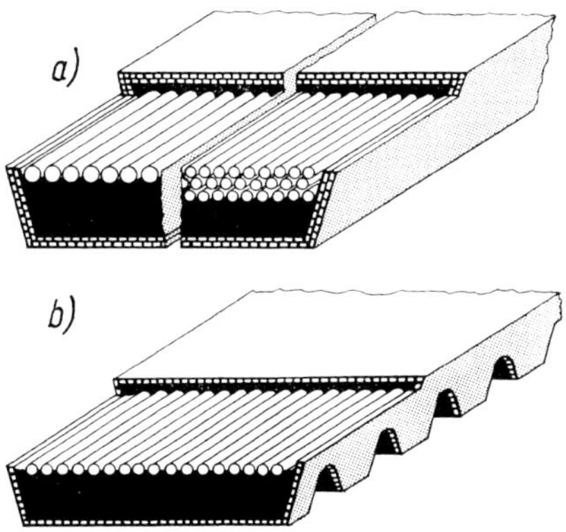

Bild 27.5
Breitkeilriemen
a) Vollprofil, b) gezahnt

3. Keilrippenriemen

Die **Keilrippenriemen** (Bild 27.6) nach DIN 7867 vereinen die hohe Flexibilität von Flachriemen mit der guten Leistungsübertragung von Keilriemen bis zu Riemengeschwindigkeiten von 60 m/s und Biegefrequenzen bis 120 s^{-1}. Eine verschleißfeste Deckplatte gibt dem Zugstrang dauerhaften Schutz. Gegenbiegung und der Einsatz von Rückenspannrollen sind möglich. Der endlose Zugstrang besteht aus Polyestercord mit hoher Festigkeit und geringer Dehnung. Die parallel zur Laufrichtung im Unterbau aus Elastomer-Werkstoff angeordneten keilförmigen Rippen gewährleisten einen besonders guten Kraftschluss und eine gleichmäßige Kraftübertragung über die gesamte Riemenbreite sowie einen sehr ruhigen vibrationsfreien Lauf. Ihre außerordentlich hohe Flexibilität ermöglicht große Übersetzungen bis 1 : 40 bei extrem kleinen Scheibendurchmessern.

Genormt sind 5 Profile mit den Kurzzeichen PH (für spezielle Anwendung), PK (vorzugsweise für den Kraftfahrzeugbau) und PJ, PL, PM (für industrielle Riementriebe). Der Rillenwinkel beträgt 40°. Die Riemenabmessungen und die wichtigsten Maße der Riemenscheiben sind in Tabelle 27.3 angegeben.

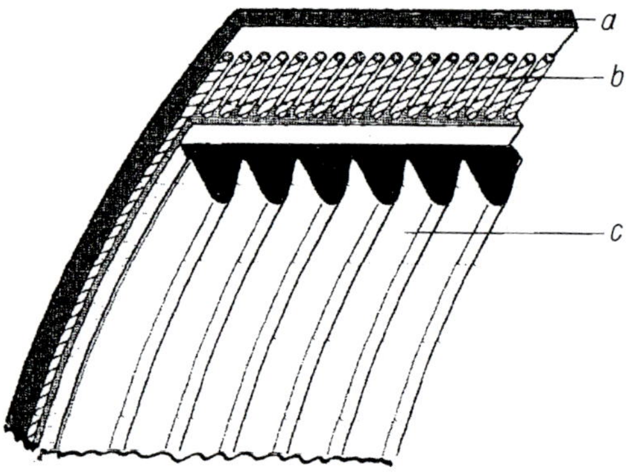

Bild 27.6
Keilrippenriemen
a Deckplatte, b Zugstrang,
c Unterbau mit Keilrippen

In der Normbezeichnung sind die Anzahl n der Rippen, das Profilkurzzeichen und die Bezugslänge L_b in mm enthalten.

Beispiel:

- Keilrippenriemen DIN 7867 - 6 PK 1000

Die Wirklänge L_w wird bei der Antriebsberechnung nicht benötigt.

27.2 Keilriemenscheiben

Die **Rillen** für Normalkeilriemen sind mit DIN 2217 genormt, und die für Schmalkeilriemen mit DIN 2211 (Tabelle 27.2), welche sich auch für einige Normalkeilriemen eignen. Keilriemenscheiben werden gegossen, als Schweißteile ausgebildet oder wie im Kraftfahrzeugbau in Massenfertigung aus Blech gedrückt. Verschiedene Ausführungen zeigt Bild 27.7. Für die Bemessung der Naben und Arme größerer Scheiben sind die Angaben in Abschnitt 26.4 ebenfalls gültig. Die für den Regelfall kleinstzulässigen Scheibendurchmesser sollen möglichst nicht unterschritten werden. Muss dies ausnahmsweise geschehen, so verringert sich die übertragbare Leistung entsprechend. Außerdem sind dann gezahnte Riemen zweckmäßig. Zur Gewährleistung einer ausreichenden Lebensdauer der Riemen müssen die Rillenflanken glatt und sauber sein.

Bis ca. 35 m/s Umfangsgeschwindigkeit genügt Gusseisen (Grauguss). Darüber hinaus sind festere Werkstoffe wie Stahlguss oder Stahl bzw. Leichtmetallguss wegen der geringen Beanspruchung durch Fliehkräfte erforderlich. Des Weiteren genügt bis 25 m/s in der Regel ein statisches Auswuchten, bei höheren Geschwindigkeiten muss dynamisch ausgewuchtet werden.

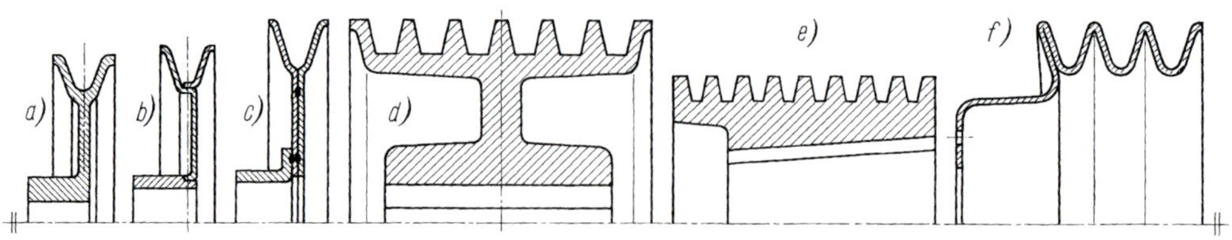

Bild 27.7 Keilriemenscheiben
a) einrillig, gegossen, b) einrillig, aus Blech zusammengelötet, c) einrillig, aus Blech durch Punktschweißen verbunden, d) mehrrillig, gegossen, e) mehrrillig, gegossen, für kegeliges Wellenende, f) mehrrillig, aus Blech gedrückt

Bild 27.8 zeigt eine **Zweistoffscheibe,** die eine in Kokille gegossene Leichtmetallscheibe mit Graugussnabe ist. Derartige Scheiben können mit sehr hohen Umfangsgeschwindigkeiten laufen, da sie mit ihrer Nabe fest auf der Welle sitzen. Die Leichtmetalllegierungen sind äußerst verschleißfest. Zweistoffscheiben eignen sich für Serienfertigungen, da die Rillen nicht nachbearbeitet zu werden brauchen.

Die **große Scheibe** eines Antriebs kann **rillenlos zylindrisch** sein (Bild 27.9), wenn die Übersetzung mindestens 3, der Achsabstand mindestens so groß wie der Durchmesser der großen Scheibe ist und wenn der Riemen an der Unterseite mindestens 13 mm breit ist.

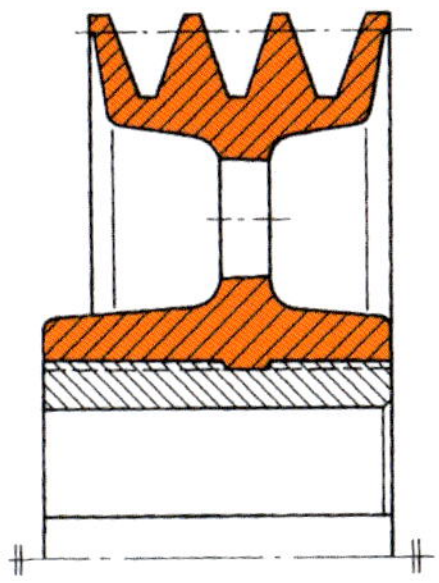

Bild 27.8 Zweistoff-Keilriemenscheibe

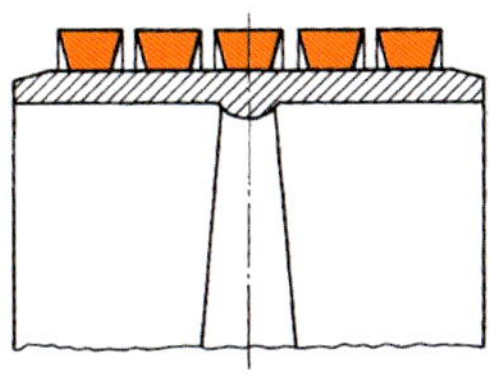

Bild 27.9 Keilriemen auf einer großen rillenlosen Scheibe

Bild 27.10 zeigt eine Keilriemenscheibe mit **Taper-Spannbuchse**, die von verschiedenen Herstellern angeboten wird. Die kegelige Spannbuchse ist längsgeschlitzt. Sie besitzt mehrere achsparallele glatte Sacklöcher, die nur zur Hälfte in der Buchse liegen. Die zweiten Lochhälften in der Scheibennabe besitzen ein längeres Gewinde. In diese werden Zylinderschrauben eingezogen, die die Scheibennabe axial auf den Kegel der Buchse schieben, diese einschnüren und damit die Scheibe über die Buchse auf die Welle spannen. Die Kraftübertragung erfolgt nur durch Kraftschluss. Vorteilhaft ist außer der schnellen Montage, dass die Verbindung keiner axialen Sicherung bedarf.

Keilriemen müssen von Zeit zu Zeit nachgespannt werden. Dazu zeigt Bild 27.11 **verstellbare zweiteilige Keilriemenscheiben**. Durch Mutterndrehung oder Fortnahme von Beilegscheiben wird der Wirkungsdurchmesser vergrößert. Allerdings ändert sich dadurch die Übersetzung etwas. Mehrriemige Triebe werden durch Vergrößern des Achsabstands nachgespannt, sofern nicht Spannrollen angeordnet sind. Als **Spannrollen** dienen glatte, zylindrische Scheiben, die von außen oder innen gegen das Leertrum gesetzt werden. Mit einer inneren Spannrolle verringert sich zwar der Umschlingungswinkel, aber der Riemen wird nicht gegensinnig gebogen.

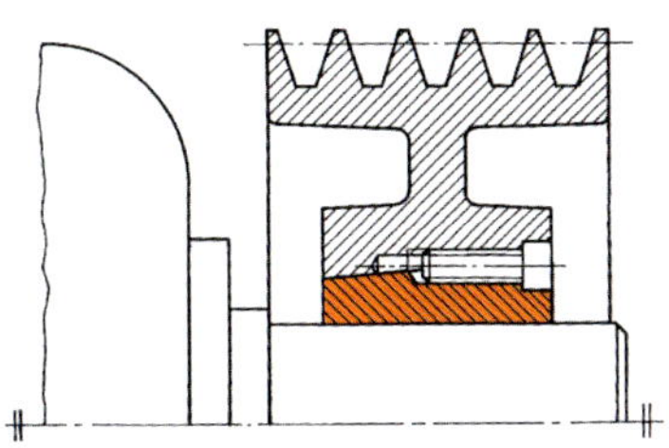

Bild 27.10 Mit Taper-Spannbuchse befestigte Keilriemenscheibe [Desch]

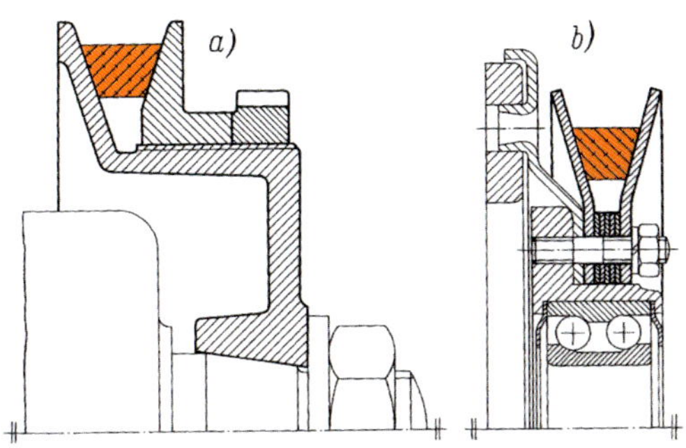

Bild 27.11 Verstellbare Keilriemenscheiben a) durch Gewinde, b) durch Fortnahme von Beilegscheiben

27

27.3 Berechnung der Antriebe mit Keilriemen und Keilrippenriemen

Die Berechnung der Antriebe mit endlosen Normalkeilriemen ist mit DIN 2218 genormt und die der Antriebe mit endlosen Schmalkeilriemen mit DIN 7753-2. Für endliche Normalkeilriemen und für Keilrippenriemen gibt es keine genormten Berechnungsverfahren, sodass man auf Fachliteratur (z. B. die Richtlinie VDI 2758) oder Druckschriften der Herstellerfirmen angewiesen ist.

Bild 27.12 zeigt die Prinzipdarstellung eines offenen Keilriementriebs (Zweischeibenantrieb). Sie ist für Keilrippenriementriebe ebenfalls zutreffend. Die in Bild 27.12 enthaltenen Größen werden im nachfolgenden Text erläutert.

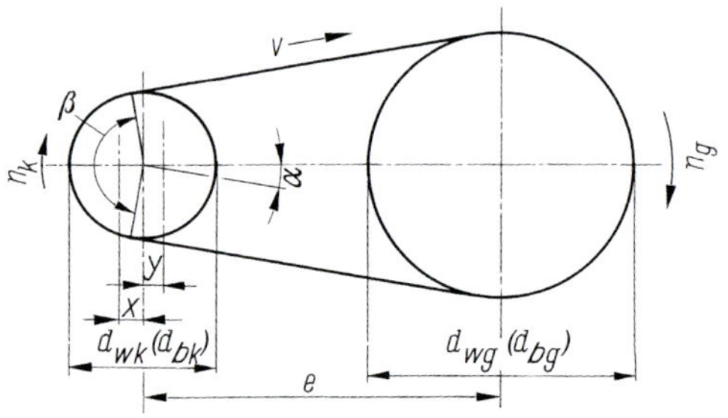

Bild 27.12
Prinzipdarstellung eines offenen Keilriementriebes (d_{bk} und d_{bg} gelten für Keilrippenriementriebe)

Sinngemäß zu den Berechnungsgleichungen für Flachriementriebe (siehe Abschnitt 26.6) gilt für die

Übersetzung $i = n_a / n_b \approx d_{wb} / d_{wa}$ (27.1)

n_a Drehzahl der treibenden Scheibe,
n_b Drehzahl der getriebenen Scheibe,
d_{wa} Wirkdurchmesser der treibenden Scheibe,
d_{wb} Wirkdurchmesser der getriebenen Scheibe.

Bei Übersetzungen ins Langsame ist $i = d_{wb} / d_{wa} > 1$, bei Übersetzungen ins Schnelle $i = d_{wk} / d_{wg} < 1$. Übersetzungen bis i oder $1/i$ = 10 sind durchaus möglich, mit Keilrippenriemen sogar bis i oder $1/i = 10$. Darüber hinaus sind Spannrollen erforderlich. Zu genormten Scheibendurchmesser für Keilriemen siehe Tabelle 27.2. Die Übersetzung und die Riemengeschwindigkeit sind auch bei Keilrippenriemen mit den Wirkdurchmessern (siehe Tabelle 27.3) wie bei Keilriemen zu errechnen, während bei den übrigen Berechnungen die Bezugsdurchmesser d_{bk} und d_{bg} einzusetzen sind (Normdurchmesser für d_b wie d_w bei Keilriemen nach Tabelle 27.2). Es ist:

Riemengeschwindigkeit $v \approx d_{wk} \cdot \pi \cdot n_k \approx d_{wg} \cdot \pi \cdot n_g$ (27.2)

n_k, n_g in s^{-1} Drehzahlen der Scheiben,
d_{wk}, d_{wg} in m Wirkdurchmesser der Scheiben.

27

Die optimale, leistungsgünstigste Riemengeschwindigkeit von Normalkeilriemen liegt etwa bei $v = 20\,m/s$, die von Schmalkeilriemen etwa bei $v = 30\,m/s$. Geschwindigkeiten unter $v = 2\,m/s$ und über $v = 30\,m/s$ beim Normalkeilriemen und über $v = 40\,m/s$ beim Schmalkeilriemen sind nicht zu empfehlen. Der Schmalkeilriemen ist in Sonderfällen bis $v = 75\,m/s$ einsetzbar. Die maximalen Riemengeschwindigkeiten für Keilrippenriemen sind in Tabelle 27.3

angegeben. Es ist nicht sinnvoll, die leistungsgünstigste Riemengeschwindigkeit vorzusehen, wenn diese zu übermäßig großen Scheibendurchmessern führt, die den Trieb unwirtschaftlich verteuern.

Für **offene Riementriebe** ohne Spannrolle (Bild 27.12) gelten sinngemäß zu Abschnitt 26.5 (Flachriementriebe):

Trumneigungswinkel bei Keilriementrieben $\sin\alpha = \frac{d_{wg} - d_{wk}}{2e}$ (27.3)

bei Keilrippenriementrieben $\sin\alpha = \frac{d_{bg} - d_{bk}}{2e}$ (27.4)

Umschlingungswinkel $\beta = 180° - 2\alpha$ (27.5)

Wirklänge des Keilriemens $L_w = 2e \cdot \cos\alpha + \frac{\pi}{2}(d_{wk} + d_{wg}) + \hat{\alpha}(d_{wg} - d_{wk})$ (27.6)

Bezugslänge des Keilrippenriemens $L_b = 2e \cdot \cos\alpha + \frac{\pi}{2}(d_{bk} + d_{bg}) + \hat{\alpha}(d_{bg} - d_{bk})$ (27.7)

d_{wk}, d_{wg}	in mm	Wirkdurchmesser der Keilriemenscheiben,
d_{bk}, d_{bg}	in mm	Bezugsdurchmesser der Keilrippenscheiben,
e	in mm	Achsabstand,
$\alpha(\hat{\alpha})$	in ° (rad)	Trumneigungswinkel

Nach dem Ergebnis von Formel 27.6 ist für Normalkeilriemen (klassische Keilriemen) eine Wirklänge L_w nach Tabelle 27.9 und für Schmalkeilriemen nach Tabelle 27.10 zu wählen. Für Keilrippenriemen ist nach dem Ergebnis von Formel 27.7 die Bezugslänge L_b nach Tabelle 27.11 festzulegen. Danach ist der

erforderliche Achsabstand $e \approx f_1 + \sqrt{f_1^2 - f_2}$ (27.8)

mit $f_1 = \frac{L_w}{4} - \frac{\pi}{8}(d_{wk} + d_{wg})$ und $f_2 = \frac{(d_{wg} - d_{wk})^2}{8}$ *für Keilriementriebe,*

$f_1 = \frac{L_b}{4} - \frac{\pi}{8}(d_{bk} + d_{bg})$ und $f_2 = \frac{(d_{bg} - d_{bk})^2}{8}$ *für Keilrippenriementriebe.*

In den Normen wird als Achsabstand $e = 0{,}7\ldots2(d_{wk} + d_{wg})$ für Keilriementriebe empfohlen. Für Keilrippenriementriebe kann sinngemäß ein Achsabstand $e = 0{,}7\ldots2(d_{bk} + d_{bg})$ angenommen werden.

Bei der Berechnung der Antriebe müssen betriebsbedingte Stöße und Überlastungen berücksichtigt werden, und ferner die tägliche Betriebsdauer, von der die Gebrauchsdauer der Riemen abhängt. Deshalb ist die zu übertragende Nennleistung P mit einem Belastungsfaktor C_B zu multiplizieren, der Tabelle 26.4 zu entnehmen ist. Er hängt wesentlich von der Art der Antriebs- und Arbeitsmaschinen ab und berücksichtigt nicht besondere Betriebsbedingungen wie Spann- oder Stellrollen sowie ungünstige Umweltbedingungen. In derartigen Sonderfällen und auch bei noch höheren Anlaufmomenten oder großer Schalthäufigkeit sind die C_B-Werte entsprechend zu erhöhen. Ist mit P bereits die maximal mögliche Leistungsspitze erfasst, dann ist C_B nach der Spalte „Leichte Antriebe" zu bestimmen.

In Diagramm 27.1 bis Diagramm 27.3 sind in Abhängigkeit von der Berechnungsleistung $P \cdot C_B$ und der Drehzahl n_k der kleinen Scheibe Richtlinien für die Wahl des Riemenprofils angegeben. Danach ist die erforderliche Anzahl der Keilriemen oder Keilrippen zu bestimmen:

erforderliche Anzahl der Keilriemen oder Keilrippen $$n_{erf} = \frac{P \cdot C_B}{P_N \cdot c_L \cdot c_\beta} \qquad (27.9)$$

P in kW zu übertragende Nennleistung,
C_B Belastungsfaktor (Betriebsfaktor) nach Tabelle 26.4,
P_N in kW Nennleistung, die von einem Keilriemen bzw. von einer Keilrippe bei $\beta = 180°$ und einer bestimmten Länge übertragen werden kann (nach Tabelle 27.5 bis Tabelle 27.7),
c_L Längenfaktor, der den Einfluss der Riemenlänge berücksichtigt (nach den Tabelle 27.8 bis Tabelle 27.10),
c_β Winkelfaktor (Umschlingungsfaktor), der den Umschlingungswinkel β berücksichtigt (nach Tabelle 27.11).

Bei Auslegung nach Formel 27.9 erreichen die Riemen eine Lebensdauer von etwa 24 000 Betriebsstunden.

Wie bei Flachriemen (siehe Formel 26.17, Abschnitt 26.6) beträgt die

Biegefrequenz $$f_B = \frac{v \cdot Z}{L_w} \qquad (27.10)$$

$$f_B = \frac{v \cdot Z}{L_b + 2\pi \cdot h_b} \qquad (27.11)$$

v in m/s Riemengeschwindigkeit nach Formel 27.2,
Z Anzahl der Scheiben im Trieb (einschließlich Spannrollen),
L_w in m gewählte Wirklänge des Keilriemens,
L_b in m gewählte Bezugslänge des Keilrippenriemens,
h_b in m Bezugshöhe des Keilrippenriemens nach Tabelle 27.3.

Zulässige Biegefrequenzen für die verschiedenen Riemenarten sind in Tabelle 27.12 angegeben.

Die Riemen müssen so vorgespannt werden, dass nicht mehr als 1 % Schlupf auftritt. Zu hoch oder zu niedrig vorgespannte Riemen haben eine wesentlich kürzere Lebensdauer als 24 000 h. Die notwendige Vorspannung führt zu einer entsprechenden Wellen- und damit Lagerbelastung. Näherungsweise beträgt die durchschnittliche

Achskraft $$F_W \approx 1{,}5 \ldots 2P \cdot C_B / v \qquad (27.12)$$

P in kW zu übertragende Nennleistung,
C_B Belastungsfaktor (Betriebsfaktor) nach Tabelle 26.4,
v in m/s Riemengeschwindigkeit nach Formel 27.2.

Genauere Methoden sind den Druckschriften der Hersteller zu entnehmen, in denen angegeben ist, wie man mittels Kraft- und Durchbiegungsmessung in der Mitte des Riementrums die richtige Vorspannung einreguliert.

In Riementrieben mit mehreren Keilriemen dürfen die Wirklängen der einzelnen Riemen nicht mehr als ca. 15 % voneinander abweichen, da sonst der kürzeste überlastet wird. Alle Riemen eines bestellten Satzes werden längengleich geliefert. Bei Ausfall eines Riemens in mehrrilligen Antrieben sind alle Keilriemen eines Satzes durch neue längengleiche zu ersetzen.

Falls keine Verstellscheiben oder Spannrollen angeordnet sind, muss der Achsabstand zum Spannen und Auflegen der Riemen mindestens zwischen $x = 0{,}03L_w$ und $y = 0{,}015L_w$ verstellbar sein (siehe hierzu Bild 27.12). Ausführliche Angaben zu den erforderlichen Verstellwegen enthalten die Montageanleitungen der Hersteller.

Die Berechnung von Keilriemen- und Keilrippenriemenantrieben mit **Flachscheiben** ist nach den Druckschriften der Riemenhersteller durchzuführen (z. B. [ContiTech]).

Beispiel 27.1

Eine Drehmaschine soll von einem Drehstrommotor (Stern-Dreieck-Schaltung) über Keilriemen angetrieben werden (offener Trieb ohne Spannrolle). Bei $n_a = n_k = 1450\,\text{min}^{-1} = 24{,}17\,\text{s}^{-1}$ und $n_b = n_g = 365\,\text{min}^{-1} = 6{,}08\,\text{s}^{-1}$ sind $P = 20\,\text{kW}$ zu übertragen (tägliche Betriebszeit: 12 h). Der Antrieb ist mit endlosen Normalkeilriemen DIN 2215 auszulegen. Die erforderlichen Daten sind zu berechnen.

Lösung:

1. Riemenprofil, Scheibendurchmesser d_{wk} und d_{wg}, vorläufiger Achsabstand *e*

Nach Tabelle 26.4 kommt die Gruppe A (Stern-Dreieck-Schaltung) bei 10…16 Betriebsstunden täglich, mittelschwere Antriebe (Drehmaschinen) in Betracht. Hierfür ist $C_B = 1{,}2$. Die Berechnungsleistung beträgt somit $P \cdot C_B = 20\,\text{kW} \cdot 1{,}2 = 24\,\text{kW}$. Aus Diagramm 27.1 ergibt sich das Profil B mit $d_{wk} = 160 \ldots 280\,\text{mm}$. Gewählt wird $d_{wk} = 160\,\text{mm}$. Dann ist nach Formel 27.1:

$$d_{wg} = d_{wk} \cdot n_k / n_g = 160\,\text{mm} \cdot 1450 / 365 = 636\,\text{mm}$$

Nach Tabelle 27.2 wird $d_{wg} = 630\,\text{mm}$ gewählt, somit beträgt $i = 630/160 \approx 3{,}94$.

Gemäß der Normempfehlung soll betragen

$$e = 0{,}7 \ldots 2\left(d_{wk} + d_{wg}\right) = 0{,}7 \ldots 2 \cdot 790\,\text{mm} = 553 \ldots 1580\,\text{mm}$$

Gewählt wird vorerst ein Achsabstand $e = 800\,\text{mm}$.

2. Riemengeschwindigkeit *υ*, Riemenlänge L_w und endgültiger Achsabstand *e*

Nach Formel 27.2, Formel 27.3, Formel 27.5 und Formel 27.6 betragen:

$$\upsilon \approx d_{wk} \cdot \pi \cdot n_k = 0{,}16\,\text{m} \cdot \pi \cdot 24{,}17\,\text{s}^{-1} = 12{,}15\,\text{m/s}$$

$$\sin\alpha = \frac{d_{wg} - d_{wk}}{2e} = \frac{630 - 160}{2 \cdot 800}; \quad \alpha = 17{,}1^\circ, \quad \hat{\alpha} = 0{,}298$$

$$\beta = 180^\circ - 2\alpha = 180^\circ - 2 \cdot 17{,}1^\circ = 145{,}8^\circ$$

$$L_w = 2e \cdot \cos\alpha + \frac{\pi}{2}\left(d_{wk} + d_{wg}\right) + \hat{\alpha}\left(d_{wg} - d_{wk}\right)$$

$$= 2 \cdot 800\,\text{mm} \cdot \cos 17{,}1^\circ + \frac{\pi}{2} 790\,\text{mm} + 0{,}298 \cdot 470\,\text{mm} = 2910\,\text{mm}$$

Nach Tabelle 27.8 wird gewählt $L_w = 2843\,\text{mm}$. Damit betragen

$$f_1 = \frac{L_w}{4} - \frac{\pi}{8}\left(d_{wk} + d_{wg}\right) = \frac{2843\,\text{mm}}{4} - \frac{\pi}{8}(160 + 630)\,\text{mm} = 400{,}5\,\text{mm}$$

$$f_2 = \frac{\left(d_{wg} - d_{wk}\right)^2}{8} = \frac{(630 - 160)^2\,\text{mm}^2}{8} = 27612{,}5\,\text{mm}^2$$

und nach Formel 27.8 der Achsabstand

$$e \approx f_1 + \sqrt{f_1^2 - f_2} = 400{,}5 + \sqrt{400{,}5^2 - 27612{,}5} = 764{,}9\,\text{mm} \approx 765\,\text{mm}$$

sowie

$$\sin\alpha = \frac{d_{\text{wg}} - d_{\text{wk}}}{2e} = \frac{630 - 160}{2 \cdot 765}; \quad \alpha = 17{,}9°, \quad \beta = 180° - 2\alpha = 180° - 2 \cdot 17{,}9 = 144{,}2°$$

3. Anzahl *n* der Keilriemen

Aus Tabelle 27.5 wird $P_N \approx 4{,}086$ kW entnommen (bei Profil B, $n = 1450\,\text{min}^{-1}$ und $i > 3$ interpoliert für $d_{\text{wk}} = 160\,\text{mm}$). Nach Tabelle 27.8 ist $c_L = 1{,}05$ (für Profil B bei $L_w = 2843\,\text{mm}$) und aus Tabelle 27.11 folgt $c_\beta \approx 0{,}9$ (für $\beta \approx 144°$). Somit gilt nach Formel 27.9:

$$n_{\text{erf}} = \frac{P \cdot C_B}{P_N \cdot c_L \cdot c_\beta} = \frac{24\,\text{kW}}{4{,}086\,\text{kW} \cdot 1{,}05 \cdot 0{,}9} \approx 6{,}2, \quad \text{gewählt: } n = 7$$

4. Biegefrequenz f_B

Nach Formel 27.10:

$$f_B = \frac{v \cdot Z}{L_w} = \frac{12{,}15\,\text{m/s} \cdot 2}{2{,}843\,\text{m}} = 8{,}55\,\text{s}^{-1} < f_{B\,\text{zul}} = 60\,\text{s}^{-1} \; (\text{Tabelle 27.12})$$

5. Achskraft F_W

Gemäß Formel 27.12:

$$F_W \approx 1{,}5\ldots2 \frac{P \cdot C_B}{v} = 1{,}5\ldots2 \frac{24\,\text{kW}}{12{,}15\,\text{m/s}} \approx 3\ldots4\,\text{kN}$$

Beispiel 27.2

Der Keilriementrieb nach Beispiel 27.1 soll mit Schmalkeilriemen DIN 7753 ausgerüstet werden. Gegeben sind: $P = 20\,\text{kW}$, $C_B = 1{,}2$, $P \cdot C_B = 24\,\text{kW}$, $n_k = 1450\,\text{min}^{-1} = 24{,}17\,\text{s}^{-1}$, $n_g = 365\,\text{min}^{-1} = 6{,}08\,\text{s}^{-1}$, $i \approx 4$. Die erforderlichen Daten sind zu berechnen. Außerdem ist die Normbezeichnung für die gewählten Keilriemen anzugeben.

Lösung:

1. Riemenprofil, Scheibendurchmesser d_{wk} und d_{wg}, vorläufiger Achsabstand *e*

Aus Diagramm 27.2 ergibt sich bei $P \cdot C_B = 24\,\text{kW}$ und $n_k = 1450\,\text{min}^{-1}$ das Profil SPA mit $d_{\text{wk}} = 90\ldots180\,\text{mm}$. Gewählt wird $d_{\text{wk}} = 125\,\text{mm}$. Damit wird nach Formel 27.1:

$$d_{\text{wg}} = d_{\text{wk}} \cdot n_k / n_g = 125\,\text{mm} \cdot 1450 / 365 = 497\,\text{mm}$$

Nach Tabelle 27.2 wird $d_{\text{wg}} = 500\,\text{mm}$ gewählt.

Entsprechend den Normempfehlungen soll sein:

$$e = 0{,}7\ldots2(d_{\text{wk}} + d_{\text{wg}}) = 0{,}7\ldots2 \cdot 625\,\text{mm} = 438\ldots1250\,\text{mm}$$

Gewählt wird e ≈ 700 mm.

27

2. Wirklänge L_w, endgültiger Achsabstand *e*

Nach Formel 27.2, Formel 27.3, Formel 27.5 und Formel 27.6 betragen:

$$v \approx d_{wk} \cdot \pi \cdot n_k = 0{,}125\,\text{m} \cdot \pi \cdot 24{,}17\,\text{s}^{-1} = 9{,}5\,\text{m/s}$$

$$\sin\alpha = \frac{d_{wg} - d_{wk}}{2e} = \frac{500 - 125}{2 \cdot 700}; \quad \alpha = 15{,}54°, \quad \hat{\alpha} = 0{,}271$$

$$\beta = 180° - 2\alpha = 180° - 2 \cdot 15{,}54° = 148{,}92°$$

$$L_w = 2e \cdot \cos\alpha + \frac{\pi}{2}\left(d_{wk} + d_{wg}\right) + \hat{\alpha}\left(d_{wg} - d_{wk}\right)$$

$$= 2 \cdot 700\,\text{mm} \cdot \cos 15{,}54° + \frac{\pi}{2} 625\,\text{mm} + 0{,}271 \cdot 375\,\text{mm} = 2432\,\text{mm}$$

Nach Tabelle 27.9 wird $L_w = 2500\,\text{mm}$ gewählt. Damit werden

$$f_1 = \frac{L_w}{4} - \frac{\pi}{8}\left(d_{wk} + d_{wg}\right) = \frac{2500\,\text{mm}}{4} - \frac{\pi}{8} 625\,\text{mm} = 379{,}6\,\text{mm}$$

$$f_2 = \frac{\left(d_{wg} - d_{wk}\right)^2}{8} = \frac{375^2\,\text{mm}^2}{8} = 17578\,\text{mm}^2$$

und somit der Achsabstand nach Formel 27.8

$$e \approx f_1 + \sqrt{f_1^2 - f_2} = 379{,}6\,\text{mm} + \sqrt{379{,}6^2 - 17578}\,\text{mm} = 735{,}3\,\text{mm}$$

womit $\beta = 150{,}4°$ wird.

3. Anzahl *n* der Keilriemen

Aus Tabelle 27.6 wird bei $i > 3$, $d_{wk} = 160\,\text{mm}$, $n_k = 1450\,\text{min}^{-1}$ beim Profil SPA abgelesen: $P_N = 6{,}68\,\text{kW}$. Bei $d_{wk} = 90\,\text{mm}$ ist $P_N = 2{,}69\,\text{kW}$. Für $d_{wk} = 125\,\text{mm}$ ist dann interpoliert $P_N \approx 4{,}7$ kW.

Nach Tabelle 27.11 ist bei $\beta = 150°$ der Winkelfaktor $c_\beta = 0{,}92$, und nach Tabelle 27.9 beträgt für das Profil SPA bei $L_w = 2500\,\text{mm}$ der Längenfaktor $c_L = 1$. Damit wird nach Formel 27.9 mit $P \cdot C_B = 24\,\text{kW}$

$$n_{erf} = \frac{P \cdot C_B}{P_N \cdot c_L \cdot c_\beta} = \frac{24\,\text{kW}}{4{,}7\,\text{kW} \cdot 1 \cdot 0{,}92} \approx 5{,}6, \quad \text{gewählt: } n = 6$$

4. Achskraft F_W

Gemäß Formel 27.9:

$$F_W \approx 1{,}5\ldots2 \frac{P \cdot C_B}{v} = 1{,}5\ldots2 \frac{24\,\text{kW}}{9{,}5\,\text{m/s}} = 3{,}8\ldots5\,\text{kN}$$

5. Verstellbarkeiten *x* und *y* des Achsabstandes

Nach den Angaben vor Beispiel 27.1:

$$x = 0{,}03 L_w = 0{,}03 \cdot 2500\,\text{mm} = 75\,\text{mm}$$

$$y = 0{,}015 L_w = 0{,}015 \cdot 2500\,\text{mm} \approx 38\,\text{mm}$$

6. Schlussbemerkung

Bei gleichen Vorgabedaten hat der Antrieb mit Schmalkeilriemen gegenüber dem mit Normalkeilriemen kleinere Abmessungen (Scheibendurchmesser und Achsabstand sind kleiner).

Die Normbezeichnung der gewählten Riemen lautet: Schmalkeilriemen DIN 7753 - SPA 2500.

Beispiel 27.3

Für den Antrieb einer Schleifmaschine mittels Drehstrommotor (normales Anlaufmoment) soll ein Keilrippenriemen eingesetzt werden (Zweischeibenantrieb). Folgende Daten sind gegeben: Leistung $P = 4{,}8\,\text{kW}$, Drehzahlen $n_a = n_g = 2850\,\text{min}^{-1} = 47{,}5\,\text{s}^{-1}$ und $n_b = n_k = 8550\,\text{min}^{-1} = 142{,}5\,\text{s}^{-1}$, Bezugsdurchmesser der großen Scheibe $d_{bg} = 125\,\text{mm}$, tägliche Betriebszeit 16 h. Die Normbezeichnung eines geeigneten Riemens ist anzugeben, und die weiteren Daten für diesen Riementrieb sind zu ermitteln.

Lösung:

1. Riemenprofil, Scheibendurchmesser d_{bk} und vorläufiger Achsabstand e

Nach Tabelle 26.4 beträgt $C_B = 1{,}2$ (Gruppe A bei 16 h Betriebszeit, mittelschwere Antriebe). Somit beträgt die Berechnungsleistung $P \cdot C_B = 4{,}8\,\text{kW} \cdot 1{,}2 = 5{,}76\,\text{kW}$. Aus Diagramm 27.3 folgt hierfür das Profil PJ.

Nach Formel 27.1 ist

$$i = n_a / n_b = n_g / n_k = 2850 / 8550 = 0{,}333 \;\left(\text{Übersetzung ins Schnelle}\right)$$

Mit $h_b = 1{,}25\,\text{mm}$ und $d_w = d_b + 2h_b$ (Tabelle 27.3) erhält man aus Formel 27.1

$$i = \frac{d_{wb}}{d_{wa}} = \frac{d_{wk}}{d_{wg}} = \frac{d_{bk} + 2h_b}{d_{bg} + 2h_b}$$

den Bezugsdurchmesser der kleinen Scheibe

$$d_{bk} = d_{bg} \cdot i + 2h_b\left(i - 1\right) = 125\,\text{mm} \cdot 0{,}333 + 2 \cdot 1{,}25\,\text{mm}\left(0{,}333 - 1\right) = 40\,\text{mm} > d_{b\,min} = 20\,\text{mm} \;\left(\text{Tabelle 27.3}\right)$$

Nach der Empfehlung für den Achsabstand

$$e \approx 0{,}7 \ldots 2\left(d_{bk} + d_{bg}\right) = 0{,}7 \ldots 2\left(40 + 125\right)\text{mm} = 115{,}5 \ldots 330\,\text{mm}$$

wird vorerst $e \approx 220$ mm gewählt.

2. Bezugslänge L_b und endgültiger Achsabstand *e*

Nach Formel 27.2, Formel 27.4, Formel 27.5 und Formel 27.7:

$$v = d_{wg} \cdot \pi \cdot n_g = \left(d_{bg} + 2h_b\right)\pi \cdot n_g = 0{,}1275\,\text{m} \cdot \pi \cdot 47{,}5\,\text{s}^{-1} = 19\,\text{m/s}$$

$$\sin\alpha = \frac{d_{bg} - d_{bk}}{2e} = \frac{125 - 40}{2 \cdot 220}; \quad \alpha = 11{,}14°, \quad \hat{\alpha} = 0{,}1944$$

$$\beta = 180° - 2\alpha = 180° - 2 \cdot 11{,}14° = 157{,}7°$$

$$L_b = 2e \cdot \cos\alpha + \frac{\pi}{2}\left(d_{bk} + d_{bg}\right) + \hat{\alpha}\left(d_{bg} - d_{bk}\right)$$

$$= 2 \cdot 220\,\text{mm} \cdot \cos 11{,}14° + \frac{\pi}{2} 165\,\text{mm} + 0{,}1944 \cdot 85\,\text{mm} = 707\,\text{mm}$$

Aus Tabelle 27.10 wird $L_b = 723\,\text{mm}$ gewählt.

Damit ergeben sich

$$f_1 = \frac{L_b}{4} - \frac{\pi}{8}\left(d_{bk} + d_{bg}\right) = \frac{723\,\text{mm}}{4} - \frac{\pi}{8} 165\,\text{mm} = 115{,}95\,\text{mm}$$

$$f_2 = \frac{\left(d_{bg} - d_{bk}\right)^2}{8} = \frac{85^2\,\text{mm}^2}{8} = 903{,}13\,\text{mm}^2$$

und nach Formel 27.8 der endgültige Achsabstand

$$e \approx f_1 + \sqrt{f_1^2 - f_2} = 115{,}95\,\text{mm} + \sqrt{115{,}95^2 - 903{,}13}\,\text{mm} = 227{,}94\,\text{mm} \approx 228\,\text{mm}$$

3. Rippenanzahl *n* und Normbezeichnung

Aus Tabelle 27.7 folgt für Profil PJ bei $d_{bk} = 40\,\text{mm}$ und $1/i = 3$ die Nennleistung je Rippe $P_N \approx 0{,}88$ kW (extrapoliert und geschätzt). Ferner betragen $c_L = 0{,}93$ (Tabelle 27.10) und $c_\beta = 0{,}95$ für $\beta \approx 160°$ (Tabelle 27.11). Somit gilt nach Formel 27.9:

$$n_{erf} = \frac{P \cdot C_B}{P_N \cdot c_L \cdot c_\beta} = \frac{4{,}8\,\text{kW} \cdot 1{,}2}{0{,}88\,\text{kW} \cdot 0{,}93 \cdot 0{,}95} = 7{,}4, \quad \text{gewählt: } n = 8$$

Normbezeichnung: Keilrippenriemen DIN 7867-8 PJ 723.

4. Biegefrequenz f_B

Nach Formel 27.11:

$$f_B = \frac{v \cdot Z}{L_b + 2\pi \cdot h_b} = \frac{19\,\text{m/s} \cdot 2}{0{,}723\,\text{m} + 2\pi \cdot 0{,}00125\,\text{m}} \approx 52\,\text{s}^{-1} < f_{B\,zul} = 120\,\text{s}^{-1} \;(\text{Tabelle 27.12})$$

Hinweis: Die Achskraft F_W und die Verstellwege *x* und *y* des Achsabstands sind zweckmäßigerweise nach Herstellerangaben zu bestimmen.

27.4 Weitere Ausführungen von Keilriemen und Keilriementrieben

Für gekreuzte Triebe mit gegenläufiger Drehrichtung der treibenden und der getriebenen Scheibe wurden sogenannte *Doppelkeilriemen* entwickelt (Bild 27.13b), die als **endlose Hexagonalriemen** mit DIN 7722 für den Landmaschinenbau genormt sind. Sie laufen abwechselnd mit der unteren und der oberen Hälfte in der Keilrille. Damit die Riemen an der Kreuzungsstelle nicht scheuern, wird eine etwas seitlich versetzte Spannrolle zwischengeschaltet (Bild 27.13a). Diese Riemen haben sich z.B. in Mähdreschern, Gartengeräten und Kehrmaschinen bewährt. Es sind folgende Profile mit den Nennbreiten W und den Nennhöhe H in mm genormt:

Profil-Kurzzeichen	HAA	HBB	HCC	HDD
$W \times H$	13 × 10	17 × 13	22 × 17	32 × 25
mit Bezugslängen von 1250 mm bei HAA bis 10 000 mm bei HDD				

Normbezeichnung: Hexagonalriemen DIN 7722 HAA 1400.

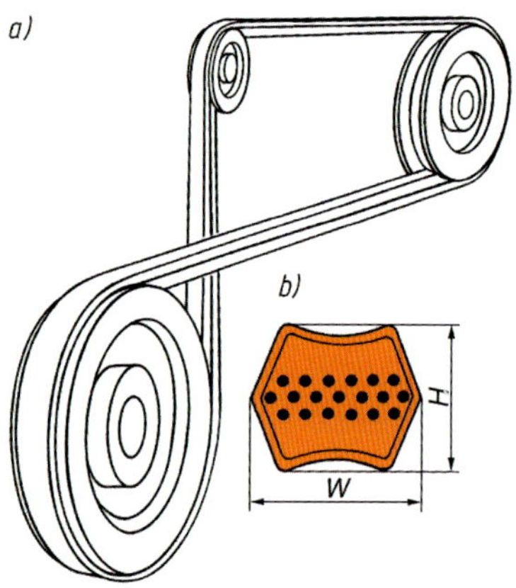

Bild 27.13
Endloser Hexagonalriemen DIN 7722
a) gekreuzter Riementrieb mit Spannrolle, b) Profilquerschnitt

Bild 27.14 zeigt einen **Verbundriemen**, bei dem mehrere Keilriemen durch eine Deckplatte aus Neoprene (synthetischer Kautschuk) verbunden wurden. Derartige Riemen sind besonders vorteilhaft bei relativ großem Achsabstand und wenn das Drehmoment stark pulsiert, die Wellen vertikal stehen oder die große Scheibe zylindrisch ohne Rillen ausgeführt ist. Diese Riemenart wurde zum Keilrippenriemen weiterentwickelt und wird deshalb kaum noch angewendet.

Rundriemen mit Zugstrang nach Bild 27.15, die in Keilrillen laufen (Keilwinkel $\alpha_K = 60°$) werden vorwiegend für Antriebe mit räumlichen Umlenkungen eingesetzt. Der Zugstrang besteht aus Kordfäden, die mit verschleißfestem Gewebe umhüllt und mit Kautschuk vulkanisiert sind (wie Keilriemen). Rundriemen ohne Zugstrang aus Polychloropren-Kautschuk sind hochelastisch, abriebfest und alterungsbeständig. Anwendung in Präzisionsgeräten mit hoher Gleichlaufgenauigkeit wie Plattenspieler, Tonbandgeräte, Video-Rekorder. Keilwinkel der Scheibenrille $\alpha_K = 90°$.

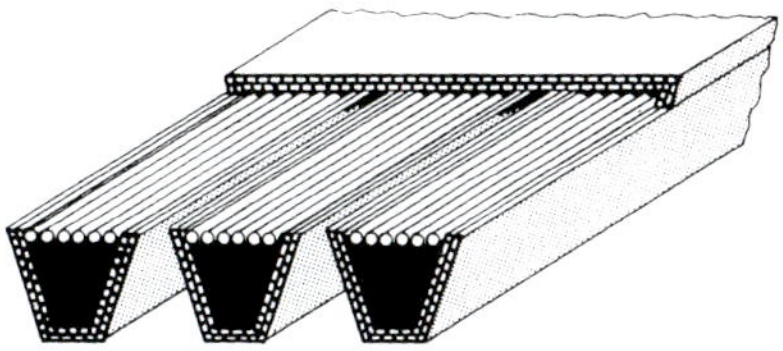

Bild 27.14 Verbund-Keilriemen

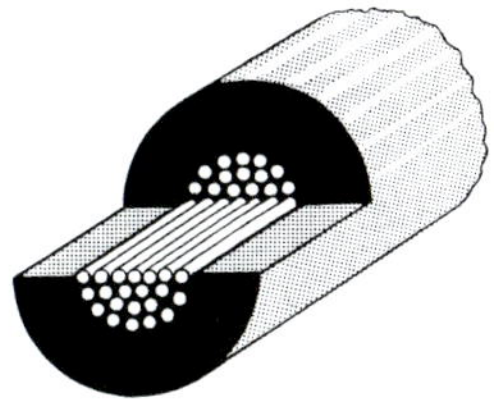

Bild 27.15 Rundriemen mit Kordfäden-Zugstrang

Für **Breitkeilriemen** zeigt Bild 27.16a eine feste Keilriemenscheibe. Bild 27.16b zeigt eine **Verstellscheibe** (Spreizscheibe). Die Hälften der Spreizscheibe sind axial verschiebbar und stehen unter Federkraft. Ein stufenloses Regelgetriebe besteht aus den beiden Scheiben nach Bild 27.16. Die Drehzahlregelung erfolgt durch Verändern des Achsabstandes mithilfe eines Motorschlittens während des Betriebs (Spreizscheibe auf Motorzapfen). Die Flankenpressung des Riemens durch die Verstellscheiben passt sich drehmomentabhängig selbsttätig an. Es ist ein Verstellbereich 1:3 üblich.

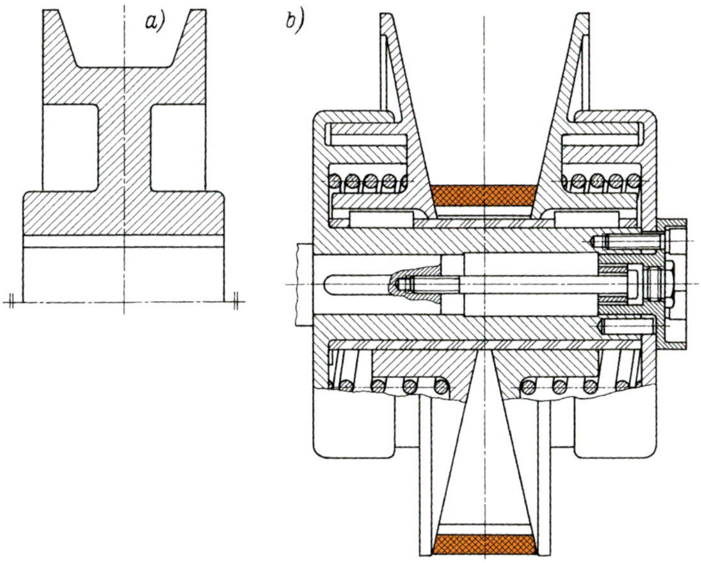

Bild 27.16 Scheiben für Breitkeilriemen
a) feste Scheibe, b) Spreizscheibe

27.5 Verständnisfragen

1. Welcher Wert verdreifacht sich in etwa bei Keilriementrieben gegenüber Flachriementrieben?
2. Welche ist die derzeit am häufigsten verwendete Riemenart?
3. Welche Ausführungen werden bei gekreuzten Trieben mit gegenläufiger Drehrichtung der Scheiben entwickelt?

Literatur

[27.1] VDI 2758:1993-06, Riemengetriebe

DIN 2211-1:1984-03	Antriebselemente; Schmalkeilriemenscheiben; Maße, Werkstoff
DIN 2211-2:1984-03	Antriebselemente; Schmalkeilriemenscheiben; Prüfung der Rillen
DIN 2215:1998-08	Endlose Keilriemen; Klassische Keilriemen – Maße
DIN 2216:1972-10	Endliche Keilriemen; Maße
DIN 2217-1:1973-02	Antriebselemente; Keilriemenscheiben, Maße, Werkstoff
DIN 2217-2:1973-02	Antriebselemente; Keilriemenscheiben, Prüfung der Rillen
DIN 2218:1976-04	Endlose Keilriemen für den Maschinenbau; Berechnung der Antriebe, Leistungswerte
DIN 7719-1:1985-10	Endlose Breitkeilriemen für industrielle Drehzahlwandler; Riemen und Rillenprofile der zugehörigen Scheiben
DIN 7722:1982-06	Endlose Hexagonalriemen für Landmaschinen und Rillenprofile der zugehörigen Scheiben
DIN 7753-1:1988-01	Endlose Schmalkeilriemen für den Maschinenbau; Maße
DIN 7753-2:1976-04	Endlose Schmalkeilriemen für den Maschinenbau; Berechnung der Antriebe, Leistungswerte
DIN 7753-3:1986-02	Endlose Schmalkeilriemen für den Kraftfahrzeugbau; Maße der Riemen und Scheibenrillenprofile
DIN 7867:1986-06	Keilrippenriemen und -scheiben
ISO 255:1990-11	Riementriebe; Riemenscheiben für Keilriemen; Überprüfung der Rillengeometrie
ISO 1081:2013-12	Riemengetriebe; Keilriemen und Keilrippenriemen und zugehörige Rillenscheiben – Vokabular
ISO 1604:1989-11	Riementriebe; Endlose Breitkeilriemen für industrielle Drehzahlwandler sowie Rillenprofile der entsprechenden Riemenscheiben
ISO 2790:2020-06	Riementriebe; Schmalkeilriemen für die Automobilindustrie sowie entsprechende Riemenscheiben – Maße
ISO 3410:1989-08	Maschinen für die Landwirtschaft; Endlose Keilriemen für Wechselgetriebe sowie Rillenprofile der entsprechenden Riemenscheiben
ISO 4183:1995-07	Riemengetriebe; Klassische Keilriemen und Schmalkeilriemen – Rillenscheiben (Beschreibung im System der Richtbreite)
ISO 4184:1992-12	Riemengetriebe; Klassische Keilriemen und Schmalkeilriemen; Längen im Richtsystem
ISO 5289:2018-11	Landwirtschaftliche Maschinen; Endlose Hexagonalriemen und Rillenprofile der zugehörigen Scheiben
ISO 5290:2001-09	Riementriebe; Riemenscheiben für schmale Keilriemen – Nutquerschnitte 9N/J, 15N/J und 25N/J (Effektivsystem)
ISO 5291:2011-12	Riemengetriebe; Rillenscheiben für klassische Verbundkeilriemen; Rillenprofile AJ, BJ, CJ und DJ (Bezugssystem)
ISO 5292:1995-03	Riemengetriebe; Keilriemen und Keilrippenriemen – Berechnung der Leistungswerte

Firmenschriften und Online-Kataloge

ContiTech AG, Hannover (*www.contitech.de*)

DESCH Antriebstechnik GmbH & Co. KG, Arnsberg (*www.desch.de*)

28 Synchron- oder Zahnriementriebe

Synchron- oder Zahnriemen sind mit Zähnen versehene Flachriemen, die in entsprechende Synchron- oder Zahnscheiben eingreifen und dadurch die Kraft- und Bewegungsübertragung zwischen zwei oder mehr Wellen durch Formschluss bewerkstelligen. Im Verhältnis zu ihren Abmessungen und ihrem Gewicht können sie hohe Leistungen übertragen, laufen ohne Schlupf sehr ruhig, erzeugen relativ kleine Wellen- und Lagerbelastungen, arbeiten wartungsfrei und brauchen nicht nachgespannt zu werden. Man findet sie außer in der Feinwerktechnik auch in vielen Sparten des Maschinenbaus, z. B. Werkzeugmaschinen, Spritzgussmaschinen, Gummi-Kalandern, Langhobelmaschinen, Schlagmühlen, Rüttelwalzen, Verbrennungsmotoren usw. Ungezahnt können die Riemen auch als Kunststoff-Flachriemen dienen.

28.1 Ausführung der Synchron- oder Zahnriemen und -scheiben

Synchron- oder Zahnriemen besitzen an ihrer Unterseite oder an ihrer Unter- und Oberseite Zähne, die je nach Hersteller unterschiedlich geformt sind. Sie werden unter verschiedenen Handelsnamen vertrieben, z. B. Synchroflex-Zahnriemen [WHM], PowerGrip HTD-Zahnriemen [WF], Conti Synchroforce CXP-Hochleistungszahnriemen und Conti Synchrobelt HTD-Zahnriemen [ContiTech]. Die Standardausführungen haben trapezförmige Zähne.

Bild 28.1 zeigt eine Reihe von Möglichkeiten für die Ausbildung von Zahnriementrieben. Bild 28.2 zeigt den Vorschubantrieb einer Flächenschleifmaschine mittels Zahnriemen. Die Zugkraft wird von Stahl- oder Glasfaserlitzen aufgenommen, die in dem endlosen Kunststoffriemen aus Polyurethan oder Polychloropren eingebettet sind (Bild 28.3). Diese Litzen als Seelen verleihen dem Riemen eine außergewöhnliche, elastische Biegsamkeit und einen hohen Widerstand gegen Längsdehnungen. Ein zähes und verschleißfestes Polyamidgewebe bedeckt die gezahnten Seiten des Riemens.

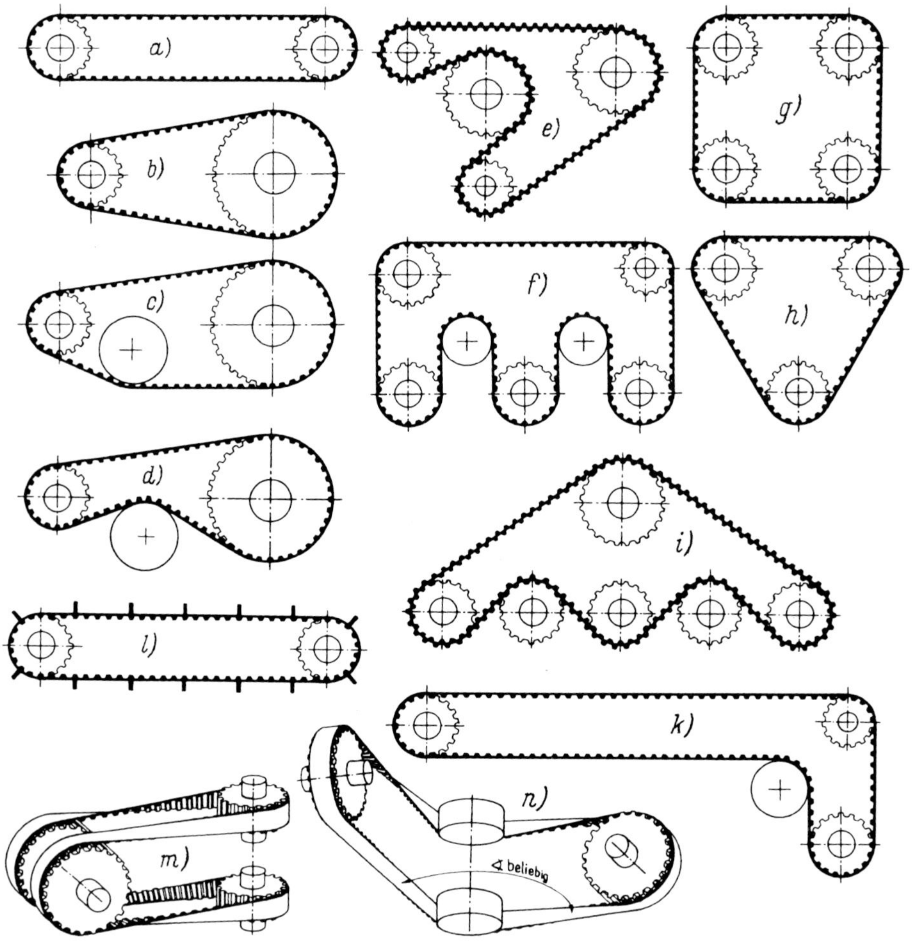

Bild 28.1 Beispiele von Synchronriementrieben (Zahnriementriebe nach [WHM])
a) offener Trieb mit $i = 1$, b) offener Trieb mit $i > 1$, c) Spannrolle innen, d) Spannrolle außen, e) Wendetrieb, f) Mehrwellentrieb, g) Viereckstrieb, h) Dreieckstrieb, i) Mehrwellentrieb, k) Umlenktrieb, l) Transportriemen mit Nocken, m) Winkeltrieb, n) Winkeltrieb

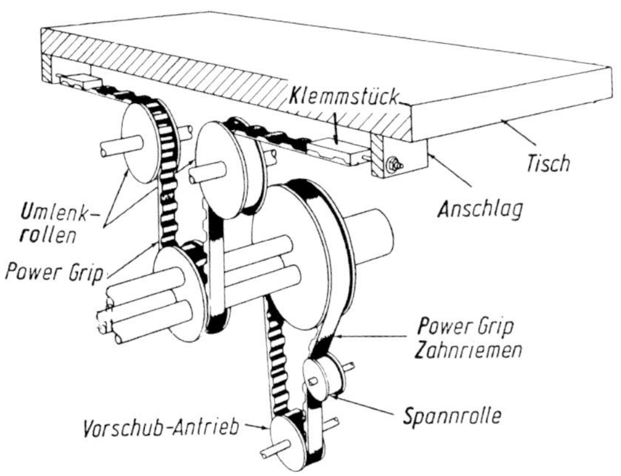

Bild 28.2 Vorschubantrieb einer Flächenschleifmaschine mit Zahnriemen [WF]

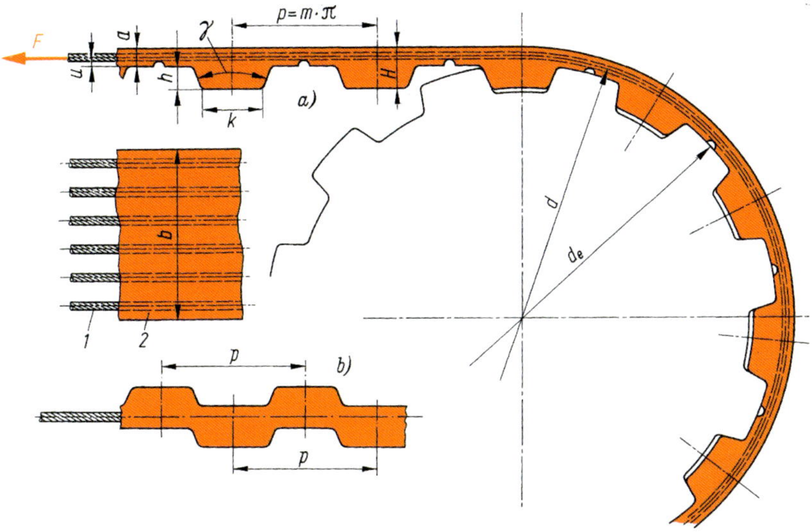

Bild 28.3 Synchronriemen und Synchronscheibe
a) Einfachriemen, b) Doppelriemen
1 Zuglitzen, 2 Kunststoffkörper

Zahnriemen sind unempfindlich gegen Öl, Benzin und Alkohol, sind alterungs-, ozon- und lichtbeständig und können unter Betriebstemperaturen von −30…+80 °C laufen (kurzzeitig bis +120 °C). Riemengeschwindigkeiten bis 80 m/s sind möglich.

Mit DIN 7721 sind die Abmessungen von **Synchronriemen** mit Einfach- und Doppelverzahnung in metrischer Teilung genormt (siehe Tabelle 28.1). Diese Norm enthält auch die Maße der zugehörigen Zahnlückenprofile für Synchronscheiben (Zahnscheiben).

Die Abmessungen der **Synchroflex-Zahnriemen** in vier verschiedenen Standardteilungen sind in Tabelle 28.1 wiedergegeben. Sie entsprechen den Abmessungen der Synchronriemen nach DIN 7721. Für besondere Fälle besteht auch die Möglichkeit, endliche Riemen beliebiger Länge zu beziehen (siehe DIN 7721) und die Enden zu verschweißen. Dadurch ist die Seele an der Nahtstelle unterbrochen, sodass die Übertragungsfähigkeit auf etwa 50 % sinkt.

Für die Übertragung hoher Drehmomente im niedrigen Drehzahlbereich wurde das HTD-Zahnriemenprofil (High Torque Drive) entwickelt. In den üblichen trapezförmigen Zähnen tritt einseitig am Zahnfuß eine hohe Spannungskonzentration auf (Bild 28.4a). Durch Ausbauchung der Zähne wird eine wesentlich bessere Spannungsverteilung erreicht (Bild 28.4b) und die Übertragungsfähigkeit um rund 30 % gesteigert. Die Ausbildung der Zahnscheibe und des Riemens zeigt Bild 28.5, Abmessungen der **Power Grip HTD-Zahnriemen** nach Tabelle 28.2.

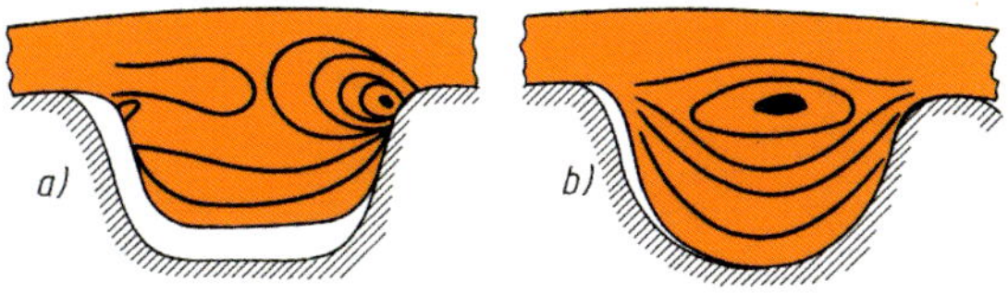

Bild 28.4 Spannungsverlauf in den Zähnen von Zahnriemen. Die Linien sind Isochromaten, d. h. Linien gleicher Spannungen
a) beim Trapezzahn (DIN 7721), b) beim Rundzahn (HTD)

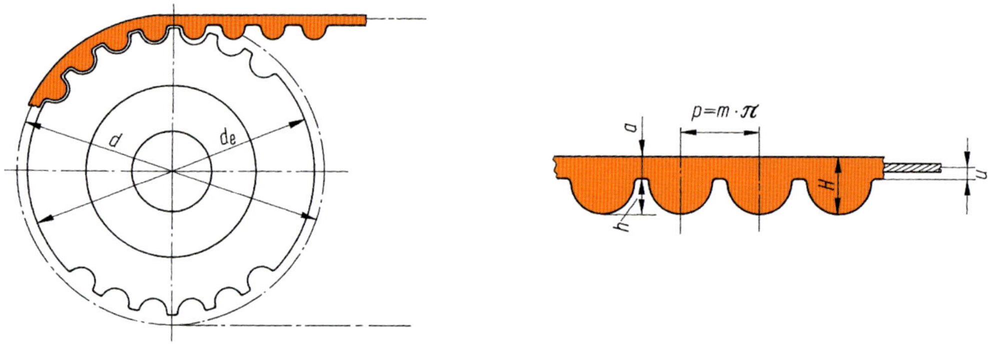

Bild 28.5 Form der Power Grip HTD-Zahnriemen und Zahnscheiben [WF]

Die Zahnscheiben bestehen vorwiegend aus AlMgPbCu-Legierungen, aber auch aus Stahl oder Gusseisen, jeweils mit gefrästen Zähnen. Auch thermoplastischer Kunststoff (z. B. Polyamid) ist üblich. In der Serienfertigung verwendet man Zahnscheiben aus Präzisions-Druckguss oder Kunststoff-Spritzguss, deren Zähne unbearbeitet bleiben. Damit der Riemen nicht von den Scheiben läuft, werden Borde angeordnet, entweder zwei an einer Scheibe oder je einer an beiden Scheiben. Einige Ausführungen zeigt Bild 28.6. Zahnscheiben werden auch mit Taper-Spannbuchsen gemäß Bild 27.10 geliefert.

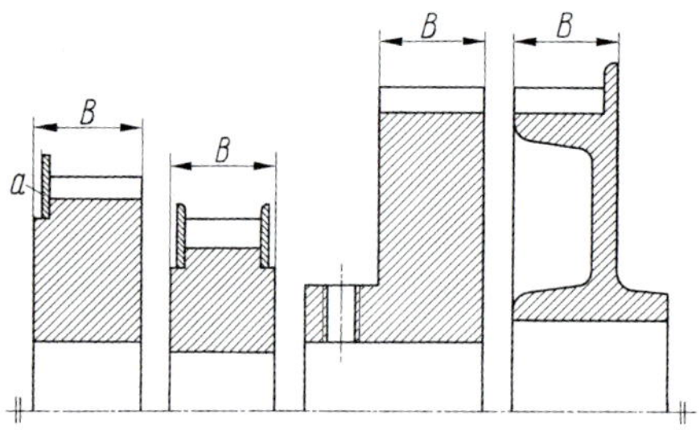

Bild 28.6 Zahnscheiben für Zahnriemen (a Bordscheibe)

Bild 28.7a zeigt einen Spannrollentrieb. Der kleinstzulässige Spannrollendurchmesser d_R ist in Tabelle 28.1 angegeben. Wegen des großen Umschlingungswinkels auf der großen Scheibe bei Übersetzungen größer als 3,5 braucht diese Scheibe nicht verzahnt zu sein, d. h., es genügt eine zylindrische Scheibe. Für diese sind aber nur Zahnriemen mit Trapezzähnen geeignet.

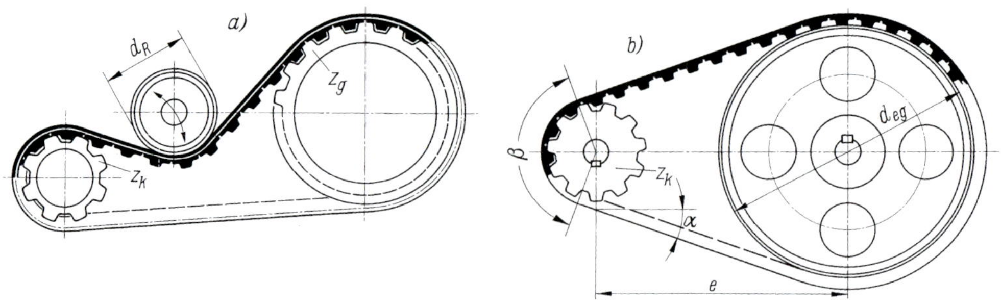

Bild 28.7 Synchron- oder Zahnriementriebe
a) mit Spannrolle, b) mit großer Flachscheibe

28.2 Übersetzung und Geometrie der Synchronriementriebe

Wie bei allen Riementrieben ist die Übersetzung das Verhältnis der Drehzahlen der Scheiben. Da diese den Zähnezahlen der Scheiben umgekehrt proportional sind, gilt:

Übersetzung $i = n_a / n_b = z_b / z_a$ (28.1)

n_a Drehzahl der treibenden Scheibe,
n_b Drehzahl der getriebenen Scheibe,
z_a Zähnezahl der treibenden Scheibe,
z_b Zähnezahl der getriebenen Scheibe.

Bei Übersetzungen ins Langsame ist $i > 1$ und bei Übersetzungen ins Schnelle ist $i < 1$. Üblicherweise wird etwa **bis *i* bzw.** $1/i = 10$ gegangen.

Riemengeschwindigkeit $v = d_k \cdot \pi \cdot n_k = d_g \cdot \pi \cdot n_g$ (28.2)

d_k, d_g in m Teilkreisdurchmesser der kleinen bzw. großen Scheibe nach Formel 28.3,
n_k, n_g in s^{-1} Drehzahl der kleinen bzw. großen Scheibe.

Die **Teilung** $p = m \cdot \pi$ ist der Abstand von Zahn zu Zahn, ***m*** ist wie bei Zahnrädern der **Modul**. Mit diesem ergibt sich für eine Zahnscheibe:

Teilkreisdurchmesser $d = \frac{p}{\pi} \cdot z = m \cdot z$ (28.3)

Kopfkreisdurchmesser $d_e = d - 2u$ (28.4)

p in mm Teilung (Tabelle 28.1 und Tabelle 28.2),
m in mm Modul der Verzahnung (in DIN 7721 nicht angegeben),
z Zähnezahl der Scheibe,
u in mm Abstand vom Zahnkopfkreis der Scheibe bis zur Achse der Zuglitze (Tabelle 28.1 und Tabelle 28.2).

Ungezahnte große Scheiben müssen einen Außendurchmesser $d_{eg} = d_g - 2(u + h)$ erhalten (siehe Bild 28.7b). Dabei ist h die Zahnhöhe.

Für einen **offenen Trieb** ohne Spannrolle gilt (siehe Bild 28.1b und Bild 28.7b):

Trumneigungswinkel $\sin\alpha = \frac{d_g - d_k}{2e}$ (28.5)

Umschlingungswinkel $\beta = 180° - 2\alpha$ (28.6)

Riemenlänge $L = 2e \cdot \cos\alpha + \frac{\pi}{2}(d_k + d_g) + \hat{\alpha}(d_g - d_k)$ (28.7)

d_k in mm Teilkreisdurchmesser der kleinen Scheibe nach Formel 28.3,
d_g in mm Teilkreisdurchmesser der großen Scheibe nach Formel 28.3,
e in mm vorgesehener Achsabstand,
$\alpha, \hat{\alpha}$ in ° (rad) Trumneigungswinkel.

Die Anzahl der Riemenzähne ergibt sich zu $X = L / p$ mit p als Teilung. Es ist möglichst eine Standardanzahl nach Tabelle 28.1 oder Tabelle 28.2 zu wählen. Zwischengrößen sind möglich. Danach ist der endgültige Achsabstand festzulegen:

Achsabstand $e \approx f_1 + \sqrt{f_1^2 - f_2}$ (28.8)

mit $f_1 = \dfrac{X \cdot p}{4} - \dfrac{\pi}{8}\left(d_k + d_g\right)$ und $f_2 = \dfrac{\left(d_g - d_k\right)^2}{8}$

Wichtig ist noch die Anzahl der auf der kleinen Scheibe im Eingriff befindlichen Zähne:

Eingriffszähnezahl $z_e = z_k \dfrac{\beta}{360}$ (28.9)

Die Eingriffszähnezahl z_e ist stets nach unten auf eine ganze Zahl zu runden und bei Berechnungen der Antriebe nicht größer als 15 zu setzen.

Formel 28.5 bis Formel 28.7 liefern genaue Werte mit den endgültig festgelegten Abmessungen eines offenen Triebs.

Für alle anderen Triebe empfiehlt sich eine maßstäbliche Zeichnung, aus der Umschlingungswinkel und Riemenlänge zu entnehmen sind, oder die Aufstellung entsprechender Gleichungen.

28.3 Berechnung von Antrieben mit Synchron- oder Zahnriemen

Die Berechnung ist nicht genormt. Wie bei den Trieben mit Mehrschichtriemen weichen die Berechnungsmethoden der Hersteller von Zahnriemen voneinander ab. Im Folgenden werden zwei Verfahren in gekürzter Form wiedergegeben (siehe auch VDI 2758).

1. Synchroflex-Zahnriemen

Nach der zu übertragenden Leistung P wird aus Tabelle 28.1 die geeignete Zahnriemengröße (Teilung) gewählt, und zwar nach $P \leq P_{max}$. Danach ist die Zähnezahl der kleinen Scheibe mit $z_k \geq z_{min}$ (Tabelle 28.1) festzulegen. Mit der gegebenen Übersetzung i ergibt sich die Zähnezahl der großen Scheibe z_g, und mit den Zähnezahlen die Teilkreisdurchmesser d_k und d_g nach Formel 28.3. Falls der Achsabstand nicht vorgegeben ist, kann von $e \approx 1 \ldots 2\left(d_k + d_g\right)$ ausgegangen werden.

Für einen offenen Riementrieb lassen sich nun α, β, L, X, e und z_e mit Formel 28.5 bis Formel 28.9 und die Riemengeschwindigkeit v nach Formel 28.2 bestimmen. Danach ist die erforderliche Riemenbreite zu errechnen:

erforderliche Riemenbreite $b_{erf} = \dfrac{P \cdot C_B}{z_e \cdot P_N}$ (28.10)

P	in W	zu übertragende Nennleistung,
C_B		Belastungsfaktor (Anhaltswerte nach Tabelle 28.4),
z_e		Eingriffszähnezahl ≤ 15 nach Formel 28.9,
P_N	in W/cm	spezifische Nennleistung, die von einem Zahn eines 1 cm breiten Riemens übertragen werden kann, nach Tabelle 28.5.

Die errechnete Riemenbreite ist auf eine Standardbreite nach Tabelle 28.1 aufzurunden.

Des Weiteren gilt für die Zugkraft F:

$$\textit{Zugkraft} \quad F = \frac{P}{v} \leq F_{zul} = \frac{F_N \cdot b}{C_B} \tag{28.11}$$

P	in W	zu übertragende Nennleistung,
v	in m/s	Riemengeschwindigkeit nach Formel 28.2,
F_N	in N/cm	zulässige Zugkraft des Riemens je cm Riemenbreite nach Tabelle 28.1,
b	in cm	ausgeführte Riemenbreite,
C_B		Belastungsfaktor nach Tabelle 28.4.

Die **Achskraft F_W** (siehe hierzu Bild 26.14), die radial auf jede Welle und damit auf die Lager wirkt, kann angenommen werden zu $F_W = C_B \cdot F \geq 1{,}5F$ mit F als Zugkraft nach Formel 28.11.

Beispiel 28.1

Eine Werkzeugmaschine (Schleifmaschine) soll über einen offenen Synchronriementrieb von einem Elektromotor der Gruppe B angetrieben werden (tägliche Betriebsdauer: 8 h). Gegeben sind: $P = 5\,\text{kW}$, $n_a = n_k = 2800\,\text{min}^{-1} = 46{,}67\,\text{s}^{-1}$, $n_b = n_g = 1400\,\text{min}^{-1}$, $i = 2$, $e \approx 560$ mm. Es sind die erforderlichen Berechnungen für einen Synchroflex-Zahnriemen vorzunehmen.

Lösung:

1. Riemengröße, Zähnezahlen, Scheibendurchmesser

Für 5 kW kommt nach Tabelle 28.1 die Riemengröße T10 mit $p = 10\,\text{mm}$. $m = 3{,}183\,\text{mm}$ und $u = 0{,}92\,\text{mm}$ in Betracht. Die Mindestzähnezahl ist $z_{min} = 12$. Der besseren Leistungsübertragung wegen wird $z_k = 24$ gewählt. Dann ist gemäß Formel 28.1:

$$z_g = z_k \cdot i = 24 \cdot 2 = 48$$

Nach Formel 28.3 und Formel 28.4 werden:

$$d_k = m \cdot z_k = 3{,}183\,\text{mm} \cdot 24 = 76{,}4\,\text{mm}$$
$$d_g = m \cdot z_g = 3{,}183\,\text{mm} \cdot 48 = 152{,}8\,\text{mm}$$
$$d_{ek} = d_k - 2u = 76{,}4\,\text{mm} - 2 \cdot 0{,}92\,\text{mm} \approx 74{,}6\,\text{mm}$$
$$d_{eg} = d_g - 2u = 152{,}8\,\text{mm} - 2 \cdot 0{,}92\,\text{mm} \approx 151{,}0\,\text{mm}$$

2. Anzahl X der Riemenzähne

Nach Formel 28.5 bis Formel 28.7 werden:

$$\sin\alpha = \frac{d_g - d_k}{2e} = \frac{152{,}8 - 76{,}4}{2 \cdot 560}; \quad \alpha \approx 3{,}9°, \quad \hat{\alpha} = 0{,}06807$$
$$\beta = 180° - 2\alpha = 180° - 2 \cdot 3{,}9° = 172{,}2°$$
$$L = 2e \cdot \cos\alpha + \frac{\pi}{2}(d_k + d_g) + \hat{\alpha}(d_g - d_k)$$
$$= 2 \cdot 560\,\text{mm} \cdot \cos 3{,}9° + \frac{\pi}{2} 229{,}2\,\text{mm} + 0{,}06807 \cdot 76{,}4\,\text{mm} = 1483\,\text{mm}$$

Daraus folgt $X = L / p = 1483 / 10 \approx 148$ Zähne. Nach Tabelle 28.1 wird gewählt $X = 142$, somit beträgt die Riemenlänge $L = X \cdot p = 142 \cdot 10\,\text{mm} = 1420\,\text{mm}$.

3. Endgültiger Achsabstand *e*

Mit

$$f_1 = \frac{X \cdot p}{4} - \frac{\pi}{8}\left(d_k + d_g\right) = \frac{142 \cdot 10\,\text{mm}}{4} - \frac{\pi}{8} 229{,}2\,\text{mm} = 264{,}99\,\text{mm}$$

und

$$f_2 = \frac{\left(d_g - d_k\right)^2}{8} = \frac{76{,}4^2\,\text{mm}^2}{8} = 729{,}62\,\text{mm}^2$$

wird mit Formel 28.8:

$$e \approx f_1 + \sqrt{f_1^2 - f_2} = 264{,}99\,\text{mm} + \sqrt{264{,}99^2 - 729{,}62}\,\text{mm} = 528{,}6\,\text{mm}$$

4. Eingriffszähnezahl z_e

Da der Achsabstand etwas kleiner geworden ist als vorgesehen, wird auch β etwas kleiner. Für die Berechnung der Eingriffszähnezahl ist das aber unbedeutend. Somit wird nach Formel 28.9:

$$z_e = z_k \frac{\beta}{360} = 24 \frac{172{,}2}{360} = 11{,}46 \approx 11 < 15$$

5. Erforderliche Riemenbreite *b*

Aus Tabelle 28.4 wird entnommen: $C_B = 1{,}5$. Nach Tabelle 28.5 ist bei $z_k = 20$ und $n_k = 3000\,\text{min}^{-1}$ die spezifische Nennleistung 226 W/cm. Da $z_k = 24$ und $n_k = 2800\,\text{min}^{-1}$ betragen, wird umgerechnet:

$$P_N = \frac{2800}{3000} \cdot \frac{24}{20} 226\,\text{W/cm} = 253\,\text{W/cm}$$

Somit ergibt sich mit Formel 28.10:

$$b_{erf} = \frac{P \cdot C_B}{z_e \cdot P_N} = \frac{5000\,\text{W} \cdot 1{,}5}{11 \cdot 253\,\text{W/cm}} = 2{,}7\,\text{cm}$$

Nach Tabelle 28.1 wird $b = 32\,\text{mm}$ gewählt.

6. Kontrolle auf Zulässigkeit der Zugkraft *F*

Nach Formel 28.2 beträgt die Riemengeschwindigkeit

$$v = d_k \cdot \pi \cdot n_k = 0{,}0764\,\text{m} \cdot \pi \cdot 46{,}67\,\text{s}^{-1} = 11{,}2\,\text{m/s}$$

Dann ist nach Formel 28.11 mit $F_N = 720\,\text{N/cm}$ aus Tabelle 28.1:

$$F = \frac{P}{v} = \frac{5000\,\text{W}}{11{,}2\,\text{m/s}} = 446\,\text{N}$$

$$F_{zul} = \frac{F_N \cdot b}{C_B} = \frac{720\,\text{N/cm} \cdot 3{,}2\,\text{cm}}{1{,}5} = 1536\,\text{N} > F = 446\,\text{N}$$

Der gewählte Synchronriemen ist geeignet. Er hat die Normbezeichnung: Riemen DIN 7721 - 32 T10 × 1420.

7. Achskraft F_W

Nach der Angabe vor Beispiel 28.1:

$$F_W = C_B \cdot F = 1{,}5 \cdot 446\,\text{N} \approx 670\,\text{N}$$

■

28

2. Power Grip HTD-Zahnriemen

Zunächst ist nach dem Verhältnis P/n_a die Riemengröße (Type) vorzuwählen. Hierbei bedeuten P die Nennleistung in kW und n_a die Drehzahl der treibenden Scheibe in min^{-1}. Anhaltswerte sind in Tabelle 28.2 angegeben.

Danach werden die Zähnezahlen der Scheiben festgelegt. Bei großen Zähnezahlen wird die Leistungsfähigkeit der Riemen am besten ausgenutzt und vorzugsweise wird $z_k \geq 30$ gewählt. Mit z_k und i ergibt sich z_g gemäß Formel 28.1. Nun können für einen offenen Trieb ohne Spannrolle mit dem vorgegebenen oder gewählten Achsabstand e alle Größen nach Formel 28.3 bis Formel 28.8 errechnet werden.

Anschließend ist der Breitenkennwert zu ermitteln:

$$\textit{Breitenkennwert} \quad b \cdot k = \frac{P \cdot C_L (C_B + C_i)}{P_N} \qquad (28.12)$$

P	in W	zu übertragende Nennleistung,
C_L		Riemenlängenfaktor nach Tabelle 28.3,
C_B		Belastungsfaktor nach Tabelle 28.4, der bei Spannrollentrieben um 0,2 zu erhöhen ist,
C_i		Übersetzungszuschlag bei Übersetzungen ins Schnelle nach Tabelle 28.3. Bei Übersetzungen ins Langsame ist $C_i = 0$,
P_N	in W/cm	spezifische Nennleistung, die von einem 1 cm breiten Riemen übertragen werden kann, nach Tabelle 28.6.

Aus dem Breitenkennwert ergibt sich die erforderliche

$$\textit{Riemenbreite} \quad b = \frac{(b \cdot k)}{k} \qquad (28.13)$$

mit k als Breitenfaktor nach Tabelle 28.7. Hiernach ist eine Standardbreite aus Tabelle 28.2 zu wählen.

Wenn wie in Vorschubantrieben (siehe Bild 28.2) wiederkehrend dieselben Riemen- und Scheibenzähne in Eingriff kommen, soll die Eingriffszähnezahl nach Formel 28.9 mindestens $z_e = 12$ sein.

Die **Achskraft** kann zu $F_W = C_B \cdot F \geq 1{,}5 F$ angenommen werden, wobei $F = P / v$ die Zugkraft darstellt.

Beispiel 28.2

Ein Webstuhl soll mit $n_b = n_k = 1500\,\text{min}^{-1} = 25\,\text{s}^{-1}$ von einem Drehstrommotor (normales Anlaufmoment) mit $n_a = n_g = 500\,\text{min}^{-1}$ angetrieben werden (Übersetzung ins Schnelle). Zu übertragende Nennleistung $P = 18\,\text{kW}$, Achsabstand $e \approx 800$ mm, tägliche Betriebsdauer 16 h. Es sind die erforderlichen Berechnungen für einen offenen Trieb mit PowerGrip HTD-Zahnriemen vorzunehmen.

Lösung:

1. Riemengröße (Type)

Nach dem Verhältnis $P / n_a = 18\,\text{kW} / 500\,\text{min}^{-1} = 0{,}036\,\text{kW} \cdot \text{min} > 0{,}02\,\text{kW} \cdot \text{min}$ kommt die Type 14 M mit $m = 4{,}4563\,\text{mm}$, $p = 14\,\text{mm}$ und $u = 1{,}4\,\text{mm}$ in Betracht (Tabelle 28.2).

2. Scheibendurchmesser

Bei Wahl von $z_k = 30$ wird bei $i = n_a / n_b = 500 / 1500 = 1/3$ die Zähnezahl $z_g = 90$. Damit werden nach Formel 28.3 und Formel 28.4:

$$d_k = 133{,}7\,\text{mm}, \quad d_g = 401{,}1\,\text{mm}, \quad d_{ek} = 130{,}9\,\text{mm}, \quad d_{eg} = 398{,}3\,\text{mm}$$

3. Riemenlänge *L*, endgültiger Achsabstand *e*

Nach Formel 28.5 bis Formel 28.7 werden: $\alpha = 9{,}62°$, $\hat{\alpha} = 0{,}168$, $\beta = 160{,}76°$, $L = 2462{,}5\,\text{mm}$. Dann ist $X = L / p = 2462{,}5 / 14 \approx 176$. Nach Tabelle 28.2 ist die Standardanzahl $X = 175$ die nächste. Damit wird $L = X \cdot p = 2450\,\text{mm}$. Mit $f_1 = 402{,}48\,\text{mm}$ und $f_2 = 8937{,}8\,\text{mm}^2$ wird nach Formel 28.8 der Achsabstand $e = 793{,}7\,\text{mm}$.

4. Riemenbreite *b*

Aus Tabelle 28.3 werden entnommen: $C_L = 1{,}0$ (für $L = 2450\,\text{mm}$) und $C_i = 0{,}3$ (für $1/i = 3$). Nach Tabelle 28.4 ist $C_B = 1{,}7$ (Webstuhl, 16 h Tagesbetrieb, Motor mit normalem Anlaufmoment). Nach der Tabelle 28.6 ist die spezifische Nennleistung 4648 W/cm bei $n_k = 1600\,\text{min}^{-1}$ und $z_k = 30$. Da $n_k = 1500\,\text{min}^{-1}$ beträgt, wird umgerechnet:

$$P_N = \frac{1550}{1600} 4648\,\text{W/cm} = 4357\,\text{W/cm}$$

Damit ergibt sich mit Formel 28.12:

$$b \cdot k = \frac{P \cdot C_L \left(C_B + C_i\right)}{P_N} = \frac{18000\,\text{W} \cdot 1{,}0\left(1{,}7 + 0{,}3\right)}{4357\,\text{W/cm}} \approx 8{,}3\,\text{cm} = 83\,\text{mm}$$

Hierfür ist nach Tabelle 28.7 der Breitenfaktor $k = 1{,}1$ und somit nach Formel 28.13

$$b = \frac{\left(b \cdot k\right)}{k} = \frac{83\,\text{mm}}{1{,}1} \approx 75{,}5\,\text{mm}$$

nach welcher die Standard-Riemenbreite $b = 85\,\text{mm}$ nach Tabelle 28.2 gewählt wird.

5. Achskraft F_W

Nach Formel 28.2 ist $v = 10{,}5\,\text{m/s}$, mit dieser die Zugkraft $F = 1714\,\text{N}$ und die Achskraft $F_W = C_B \cdot F = 1{,}7 \cdot 1714\,\text{N} \approx 2915\,\text{N}$. ■

28.4 Verständnisfragen

1. Was ist die Funktion eines Synchron- oder Zahnriemens?
2. Nennen Sie drei Vorteile von Zahnriemen.
3. Nennen Sie drei Anwendungsbeispiele von Synchron- oder Zahnriemen im Maschinenbau.
4. Was ist in DIN 7721 genormt?
5. Aus welchen Materialien bestehen üblicherweise die Zahnscheiben?
6. Welche Größenordnung hat die Übersetzung i bei einer Übersetzung ins Langsame?
7. Welcher Größe entspricht die Teilung p bei Zahnrädern?

Literatur

[28.1] *VDI-Gesellschaft Entwicklung, Konstruktion, Vertrieb (Hrsg.):* VDI 2758: Riemengetriebe. VDI-Richtlinie. Berlin: Beuth, 1993

DIN 7721-1:1989-06	Synchronriementriebe, metrische Teilung; Synchronriemen (zurückgezogen)
DIN 7721-2:1989-06	Synchronriementriebe, metrische Teilung; Zahnlückenprofil für Synchronscheiben (zurückgezogen)
ISO 5288:2017-12	Synchronriementriebe – Vokabular
ISO 5294:1996-05	Synchronriementriebe – Scheiben (ISO 5294:1989) (zurückgezogen)
ISO 5295:2017-04	Synchronriemen; Berechnung der Nennleistung und des Antriebsachsabstandes
ISO 5296:2012-05	Synchronriemenantriebe – Riemen mit Zahnteilungskurzzeichen MXL, XXL, XL, L, H, XH und XXH – Metrische und Inch-Abmessungen (zurückgezogen)
ISO 9010:1997-04	Synchronriementriebe – Riemen für den Kraftfahrzeugbau (zurückgezogen)
ISO 9011:1997-04	Synchronriementriebe – Scheiben für den Kraftfahrzeugbau (zurückgezogen)

Firmenschriften und Online-Kataloge

ContiTech AG, Hannover (*www.contitech.de*)

Walther Flender GmbH, Düsseldorf (*www.walther-flender-gruppe.de*)

Wilhelm Herm. Müller GmbH & Co. KG, Hannover (*www.whm.net*)

TEIL 7

Führungselemente für Flüssigkeiten und Gase

29 Rohrleitungen

In Rohrleitungen werden überwiegend Flüssigkeiten und Gase geführt. Sie dienen aber auch zur Förderung von breiartigen Stoffen und Schüttgütern sowie zur Übertragung von Drücken. Zur Fluidtechnik im engeren Sinne gehören die Hydraulik und Pneumatik.

Rohrleitungsanlagen bestehen aus Rohren, Formstücken (Krümmer und Verzweigungen), Rohrverbindungen, Dichtungen, Rohrhalterungen, Dehnungsausgleichern und Armaturen. Für die Berechnung, Darstellung, Ausführung und Überwachung dieser Anlagen gibt es zahlreiche Normen und Vorschriften. Praktisch besteht ein Rohrleitungssystem fast nur noch aus Normteilen.

Für zulässige Drücke > 0,5 bar unterliegen Rohrleitungen der **Druckgeräterichtlinie** [29.1]. Deren sicherheitstechnische Anforderungen sind in DIN EN 13480 umgesetzt. Danach werden Rohrleitungsanlagen in Abhängigkeit vom Druck, der Nennweite und der Fluidgruppe in die Rohrleitungsklassen 0 bis III eingeteilt. Als Fluidgruppen werden unterschieden

1. gefährliche Fluide und
2. weniger gefährliche und ungefährlichen Fluide.

Die Rohrleitungsklassen haben Einfluss auf die Herstellerzulassung sowie Art und Umfang der Prüfungen. Die Rohrleitungsklassen I bis III sind CE-kennzeichnungspflichtig. Je nach Rohrleitungsklasse kommen entsprechende Konformitätsbewertungsverfahren (Prüfmodule) zum Tragen. An die Rohrleitungsklasse III werden die höchsten Anforderungen gestellt.

29.1 Grundlagen

Die Nennweite und der Nenndruck, Kurzzeichen **DN** (= Diameter Nominal) und **PN** (= Pressure Nominal), sind die grundlegenden **Kenngrößen** für Rohrleitungen und Armaturen, worauf deren Normung aufgebaut ist. Beide werden ohne Einheit angegeben.

Nach DIN EN ISO 6708 kennzeichnet die **Nennweite** die zueinander passenden Teile eines Rohrleitungssystems, wie Rohre, Rohrverbindungen, Formstücke, Armaturen und dergleichen. Sie ist eine nach Normzahlreihen (siehe Tabelle 29.1) gestufte alphanumerische Bezeichnung der Größe für Bauteile in Rohrleitungssystemen und wird wie folgt bezeichnet, z. B. die DN-Stufe 250: DN 250. Der Zahlenwert stimmt nur annähernd mit dem lichten Durchmesser (Innendurchmesser) in mm überein. Durch unterschiedliche Wanddicken bei gleichem Außendurchmesser ergeben sich Abweichungen zwischen der Nennweite und dem lichten Durchmesser. Die Nennweite darf nicht als Maßeintragung benutzt werden.

Der **Nenndruck** ist ebenfalls eine alphanumerische Bezeichnung. Sie enthält eine gebräuchliche, gerundete, auf den Druck bezogene Kennzahl. In Tabelle 29.2 sind die nach Normzahlen gestuften, genormten Nenndrücke wiedergegeben. Sie werden zur Normung von Rohrleitungsbauteilen herangezogen und folgendermaßen angegeben, z. B. die PN-Stufe 100: PN 100.

Bauteile desselben Nenndrucks haben bei gleicher Nennweite gleiche Anschlussmaße. Der zulässige Betriebsüberdruck für ein Bauteil ist Tabellen zu entnehmen, aus denen der Zusammenhang zwischen Nenndruck, Temperatur und Werkstoff hervorgeht. Bild 29.1 dient zur Klärung der Druck-Temperatur-Zusammenhänge ohne Festlegung einer Druck-Temperatur-Zuordnung. Das schraffierte Feld muss innerhalb der Grenzen des zulässigen Betriebsüberdrucks sowie der tiefsten und höchsten anwendbaren Temperatur liegen.

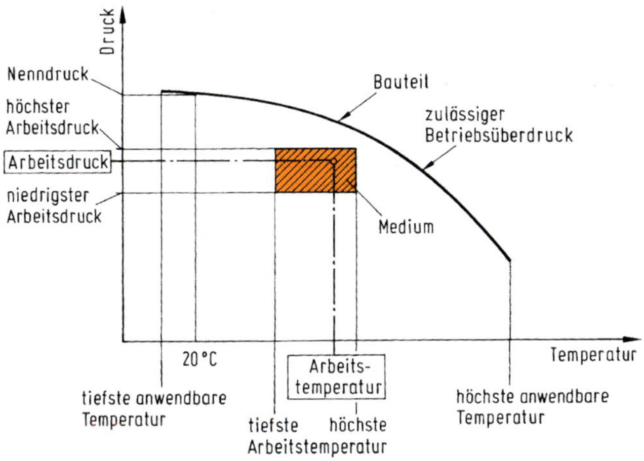

Bild 29.1 Druck-Temperatur-Zusammenhänge

Die Definition der im Rohrleitungsbau üblichen Druck- und Temperaturbegriffe ist in DIN EN 764 zu finden. Den Begriffen sind dort Kurzzeichen zugeordnet, die nicht als Formelzeichen benutzt werden dürfen. Nachfolgend werden einige wichtige Begriffe kurz erläutert:

Der **zulässige Druck** p_s (Betriebsüberdruck PB) ist der aus Sicherheitsgründen festgelegte Höchstwert des Betriebsüberdrucks. Er wird für Bauteile festgelegt, die der Überwachung unterliegen, und bildet mit der zulässigen Betriebstemperatur ein singuläres Wertepaar.

Der **Prüfdruck** p_t (PP) ist der Überdruck, dem Bauteile während der Prüfung ausgesetzt sind. Er ist in den für Rohrleitungen und Armaturen zutreffenden Normen und Regelwerken festgelegt.

Der **Arbeitsdruck** p_a (PA) eines Mediums ist der für den Ablauf einer oder mehrerer Grundoperationen in einem Anlageteil vorgesehene Druck. Er kann zwischen dem höchsten (PAMAX) und dem niedrigsten Arbeitsdruck (PAMIN) schwanken.

Der **Berechnungsdruck** p_c (PC) ist der in eine Berechnung eingehende Druck. Den Berechnungsgrundlagen entsprechend kann er einer der vorgenannten Drücke sein, was anzugeben ist.

Die **zulässige Temperatur** t_s (Betriebstemperatur TB) ist der aus Sicherheitsgründen festgelegte Höchst- oder Tiefstwert der Wandtemperatur des Anlagenteils. Sie wird für Anlagenteile festgelegt, die der Überwachung unterliegen (siehe auch Zusammenhang mit dem zulässigen Betriebsüberdruck).

Die **tiefste t_{min}** und die **höchste anwendbare Temperatur t_{max}** sind die Temperaturen, die für ein Bauteil aufgrund des Werkstoffs und der Berechnungsgrundlagen für eine Innen- oder Außendruckbeanspruchung noch anwendbar sind. Sie ergeben sich aus den Anwendungsgrenzen des Werkstoffs und aus den Berechnungsgrundlagen.

Die **Arbeitstemperatur t_0** (TA) eines Mediums ist die für den Ablauf von Grundoperationen in einem Anlagenteil vorgesehene Temperatur, die zwischen t_{max} und t_{min} schwanken kann.

Die **Berechnungstemperatur t_c** (TC) ist die in eine Berechnung eingehende Temperatur, die einer der vorgenannten Temperaturen entsprechen kann.

Im Interesse der Sicherheit, einer sachgerechten Instandsetzung und einer wirksamen Brandbekämpfung werden Rohrleitungen nach dem Durchflussstoff gekennzeichnet. Für nichterdverlegte Leitungen gilt DIN 2403, wonach die **Kennzeichnung durch Farben** erfolgt (siehe Tabelle 29.3). Die Rohre werden auf der ganzen Länge mit der zutreffenden Farbe angestrichen, oder es werden Farbringe durch selbstklebende Bänder, farbige Aufkleber oder Schilder mit Beschriftung und Spitze in Durchflussrichtung angewendet.

29.2 Rohrarten

Im Rohrleitungsbau verwendet man hauptsächlich nahtlose und geschweißte Stahlrohre. Daneben werden je nach Verwendungszweck Rohre aus Gusseisen, Nichteisenmetallen und Kunststoffen eingesetzt. Für bestimmte Anwendungsgebiete kommen außerdem Rohre aus Stahlbeton, Spannbeton, Asbestzement, Glas und Porzellan oder aus Werkstoffkombinationen in Betracht. *Schläuche* werden anstelle von starren Rohren zur Verbindung von transportablen und sich im Betrieb gegeneinander bewegenden Apparaten sowie für leicht lösbare Verbindungen eingesetzt.

Die Betriebssicherheit und die Wirtschaftlichkeit einer Rohrleitungsanlage hängt wesentlich von der Wahl der richtigen Rohrart aus einem geeigneten Werkstoff ab, der unter Beachtung der Vorschriften in den Normen und Regelwerken und nach der Rohrberechnung festzulegen ist. Über häufig vorkommende **Rohrarten** und deren Verwendung wird nachfolgend ein allgemeiner Überblick gegeben. Zu beachten ist, dass nicht alle genormten Abmessungen von den Rohrherstellern gefertigt bzw. von den Handelsfirmen gelagert werden. Zwecks Einsparung von Werkzeugen und Lagerhaltungskosten nehmen die Anwender ggf. weitere Einschränkungen vor.

1. Rohre aus Stahl

Wegen der hohen Festigkeit und Zähigkeit der Rohrstähle sind Stahlrohre für sehr viele Verwendungszwecke geeignet. Durch ihr geringes Gewicht kann bei großer Bruchsicherheit relativ leicht gebaut werden. Sie lassen sich in großen Längen herstellen und im Betrieb oder auf Baustellen mittels Schweißen sehr einfach verbinden. Flanschverbindungen sind meistens nur an Messstellen und Armaturen erforderlich. Tabelle 29.4 gibt einen Überblick der genormten Stahlrohre.

Nahtlose Stahlrohre sind die am meisten verwendeten Rohre und bei Wahl des richtigen Werkstoffs für alle Drücke und Temperaturen einsetzbar – sowohl im Rohrleitungsbau als auch im Maschinen- und Apparatebau. Wegen der Herstellungsverfahren (Warmwalzen, Warmziehen oder Warmpressen) sind die Maßabweichungen des Außendurchmessers und der Wanddicke recht groß.

Geschweißte Stahlrohre können ähnlich wie nahtlose Rohre verwendet werden und haben gleiche Außendurchmesser, jedoch geringere Wanddicken (siehe Tabelle 4.15). Zusätzlich sind größere Durchmesser genormt. Die Rohre haben eine Längsnaht oder eine Schraubenliniennaht (unrichtig auch Spiralnaht genannt).

Präzisionsstahlrohre werden aus nahtlosen oder geschweißten Rohren nach der Herstellung durch Kaltwalzen oder vorwiegend Kaltziehen auf ihre Maßgenauigkeit gebracht. Für eine Weiterverarbeitung (Schweißen, Biegen) ist Weichglühen notwendig. Sie werden bei hohen Anforderungen an Genauigkeit, Oberflächengüte und geringe Wanddicke eingesetzt.

Gewinderohre haben wegen der konischen Gewindeenden größere Wanddicken und sind nahtlos oder geschweißt in mittelschwerer oder schwerer Ausführung sowie mit Gütevorschrift genormt. Sie werden schwarz, verzinkt oder mit nichtmetallischem Überzug geliefert und überwiegend für Installationszwecke (Wasser, Gas, Heizung) verwendet.

2. Rohre aus Gusseisen

Die früher üblichen Rohre aus Gusseisen mit Lamellengraphit werden nicht mehr verwendet, sondern nur noch Druckrohre aus duktilem Gusseisen. Sie werden hauptsächlich als erdverlegte Gas-, Wasser- und Kanalisationsleitungen eingesetzt, da sie wesentlich korrosionsbeständiger als Stahlrohre sind. Nachteilig ist die höhere Bruchgefahr besonders in verkehrsreichen Straßen, weshalb sie gut unterfüttert werden müssen. Die Herstellung erfolgt im Standguss- oder im Schleudergussverfahren. Letzteres ergibt ein feinkörniges Gefüge, bessere Korrosionseigenschaften und höhere Werkstoffgüte, wodurch geringere Wanddicken möglich sind. Gusseiserne Rohre werden als Flanschrohre oder als Muffenrohre mit Schraub-, Stopfbuchsen oder Steckmuffen ausgeführt. Muffenrohre sind billiger als Flanschrohre.

3. Rohre aus Nichteisenmetallen

Kupferrohre sind wegen ihrer hohen Korrosionsbeständigkeit und glatten Oberfläche für Wasser-, Gas- und Ölleitungen in Hauswasser- und Heizungsanlagen, in der Lebensmittelindustrie sowie im Maschinen- und Gerätebau vorteilhaft geeignet. Sie lassen sich leicht kalt verarbeiten, gut schweißen und löten. Genormt sind Rohre aus Kupfer u. a. nach DIN EN 12449.

Aluminiumrohre werden anstelle von Kupferrohren bei Medien verwendet, die Kupfer angreifen, und wegen der guten Festigkeit bei tiefen Temperaturen vorzugsweise in der Kältetechnik. Vorteilhaft sind auch das geringe Gewicht, die Schweißbarkeit und gute Verformbarkeit.

4. Rohre aus Kunststoffen

Ihr geringes Gewicht, die glatte Oberfläche, leichte Verarbeitung und beachtliche Korrosionsbeständigkeit führten auf vielen Gebieten des Rohrleitungsbaus zu einer sich ständig ausweitenden Anwendung von Kunststoffrohren vor allem in Wasserver- und -entsorgungsanlagen sowie in der Chemieindustrie. Hauptsächlich werden Rohre aus weichmacherfreiem Polyvinylchlorid (Kurzzeichen: PVC-U oder PVC hart bzw. Hart-PVC), aus Polyäthylen niederer Dichte (PE-LD oder PE weich) und hoher Dichte (PE-HD oder PE hart) und aus Polypropylen (PP) eingesetzt.

Nachteile der Kunststoffrohre sind u. a. geringe Festigkeit, Temperaturabhängigkeit, große Dehnung, Schlagempfindlichkeit und Umweltbedenklichkeit bei PVC. In Bild 29.2 sind für einige Kunststoffe in Abhängigkeit von der Temperatur der zulässige Betriebsüberdruck und die Längenänderung dargestellt.

Beim Festlegen der Rohrart für einen bestimmten Anwendungsfall sind vor allem die Vorschriften und Sicherheitsbestimmungen in den einschlägigen DIN-Normen und anderen Regelwerken zu beachten, u. a. die Technischen Regeln für Dampfkessel (TRD), für Druckgase (TRG), für Druckbehälter (TRB), die AD-Merkblätter, die DVGW-Regelwerke des Deutschen Vereins der

Gas- und Wasserfachmänner, die VdTÜV-Merkblätter der Vereinigung der Technischen Überwachungs-Vereine.

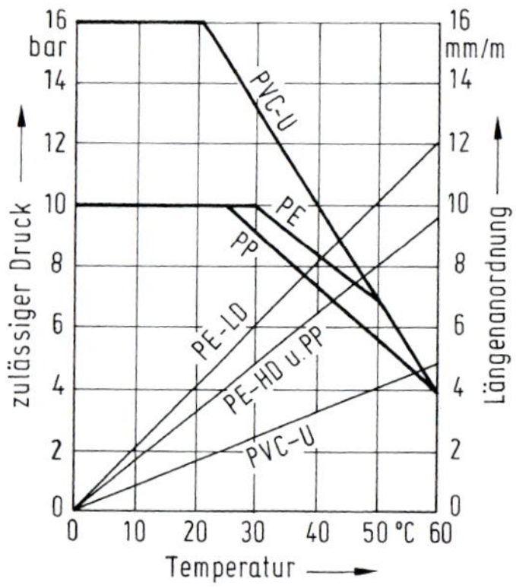

Bild 29.2
Zulässiger Betriebsdruck und Längenänderung einiger Kunststoffe in Abhängigkeit von der Temperatur

29.3 Rohrformstücke

Bauelemente einer Rohrleitung, die kein gerades Rohr sind, z. B. Bogen oder Krümmer, T-Stücke, Kreuzstücke, Stutzen, Reduzierstücke, Muffen, Kappen, Stopfen und dergleichen, werden als Formstücke bezeichnet. Sie heißen auch **Fittings** und dienen zur Änderung der Strömungsrichtung sowie zum Verteilen und Vereinigen von Stoffströmen. Die einschlägigen Herstellerfirmen bieten genormte und andere, handelsübliche Ausführungen als Stahlschweiß- oder Stahlschraubfittings, als Temperguss- und als Lötfittings sowie Formstücke aus verschiedenen Kunststoffen an. Einige häufig vorkommende Formstücke werden im Folgenden aufgeführt.

1. Formstücke aus Stahl

Sie werden aus gleichen Werkstoffen wie Stahlrohre hergestellt, vorzugsweise zum Einschweißen, seltener als Schraubfittings. Ausführungen mit angegossenen Flanschen gibt es auch aus Stahlguss. Eine Übersicht über genormte Stahlfittings zum Einschweißen zeigt Bild 29.3. Bei Bogen, T-Stücken und Reduzierstücken wird zwischen Bauformen mit vermindertem Ausnutzungsgrad (Typ A) und mit vollem Ausnutzungsgrad (Typ B) unterschieden. Formstücke Typ A haben die gleiche Wanddicke wie die anzuschweißenden Rohre, lassen jedoch nur einen geringeren Innendruck zu.

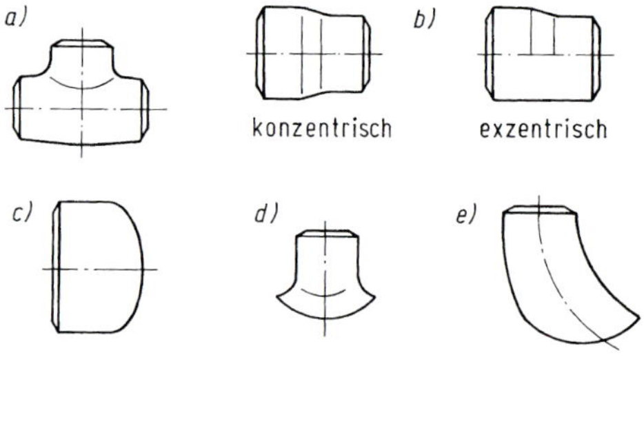

Bild 29.3
Stahlfittings zum Einschweißen
a) T-Stück, b) Reduzierstücke, c) Kappe, d) Sattelstutzen, e) Einschweißbogen

Wichtige Stahlfittings zum Einschweißen sind:

- **Rohrbogen** nach DIN EN 10253-2 und DIN EN 10253-4 (Bild 29.4). Diese Normen enthalten mehrere Bauarten, die sich im Verhältnis R/D unterscheiden (2D=R~1D, 3D=R ~ 1,5D, 5D=R ~ 2,5D).
- **T-Stücke** nach DIN EN 10253-2 und DIN EN 10253-4 (Bild 29.5).
- **Reduzierstücke** nach DIN EN 10253-2 und DIN EN 10253-4 in exzentrischer und in konzentrischer Ausführung (Bild 29.6). Rohreinziehungen (Reduzierungen) werden an Stahlrohren auch unmittelbar ausgeführt, z. B. durch Freiformpressen.

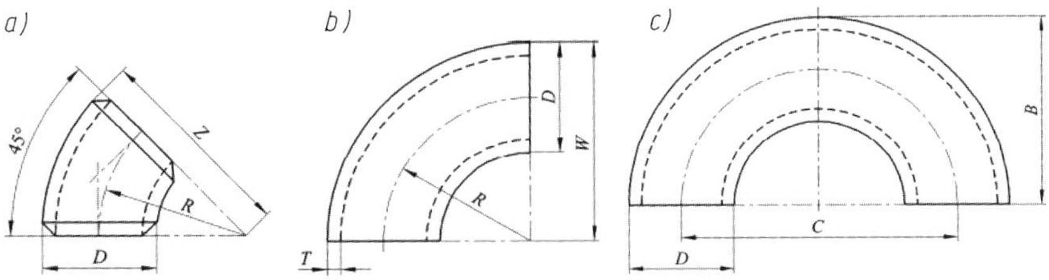

Bild 29.4 Rohrbogen (Krümmer) zum Einschweißen nach DIN EN 10253-2 und DIN EN 10253-4
a) Bogen 45°, b) Bogen 90°, c) Bogen 180°

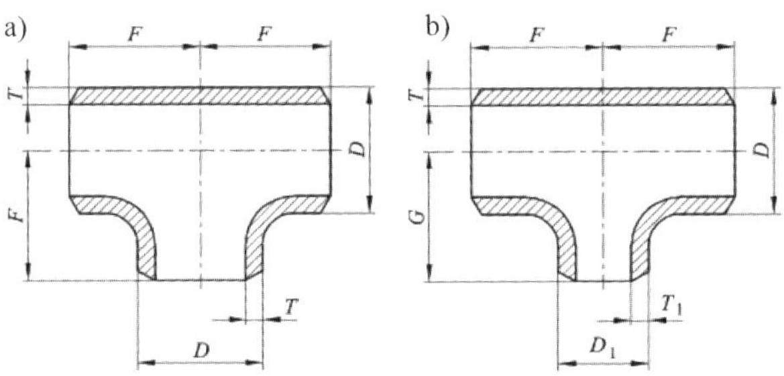

Bild 29.5 T-Stücke zum Einschweißen nach DIN EN 10253-2 und DIN EN 10253-4
a) mit gleichem Abzweig, b) mit reduziertem Abzweig

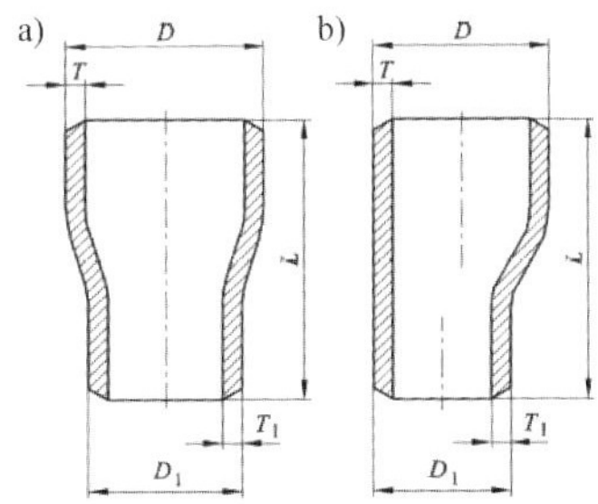

Bild 29.6 Reduzierstück nach DIN EN 10253-2 und DIN EN 10253-4
a) konzentrisches Reduzierstück,
b) exzentrisches Reduzierstück

2. Tempergussfittings

Bild 29.7 zeigt eine Auswahl der häufig vorkommenden Bauformen. Sie werden nach DIN EN 10242 ausschließlich als Gewindefittings hergestellt und für Gas- und Wasserinstallationen sowie im Heizungsanlagenbau angewendet. Sie sind für Flüssigkeiten bei Temperaturen bis 120 °C für Drücke bis 25 bar, über 120 bis 300 °C für Drücke bis 20 bar sowie für Luft, Gase und Brenngase bis PN 16 geeignet. An den Enden ist Whitworth-Rohrgewinde 1/8″ bis 4″ mit zylindrischem Innengewinde und kegligem Außengewinde vorgesehen, womit beim Verschrauben eine druckdichte Gewindeverbindung entsteht, deren Dichtwirkung erforderlichenfalls durch Hanf, Dichtpaste oder andere Dichtungsmittel verbessert werden kann.

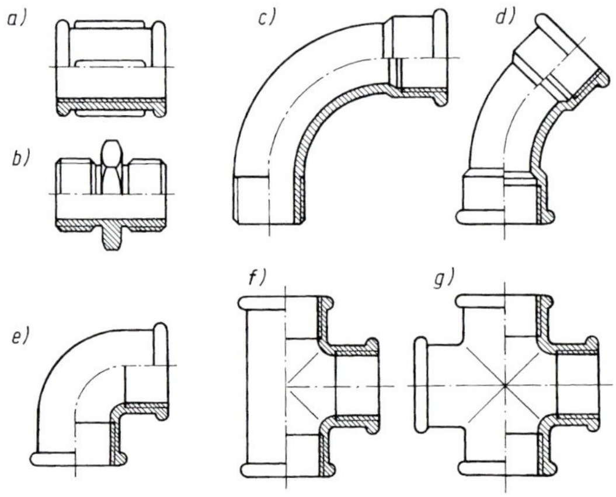

Bild 29.7
Temperguss-Rohrfittings
a) Muffe, b) Nippel, c) Bogen 90°, d) Bogen 45°, e) Winkel 90°, f) T-Stück, g) Kreuz

3. Kunststofffittings

Für Druckrohrleitungen aus PVC-U sind Rohrleitungsteile aus Spritzguss zum Kleben mit DIN 8063 genormt, beispielsweise Bogen in Teil 1, Winkel in Teil 6, T-Stücke und Abzweige in Teil 7 und Reduzierstücke in Teil 9. Einige Beispiele sind in Bild 29.8 dargestellt.

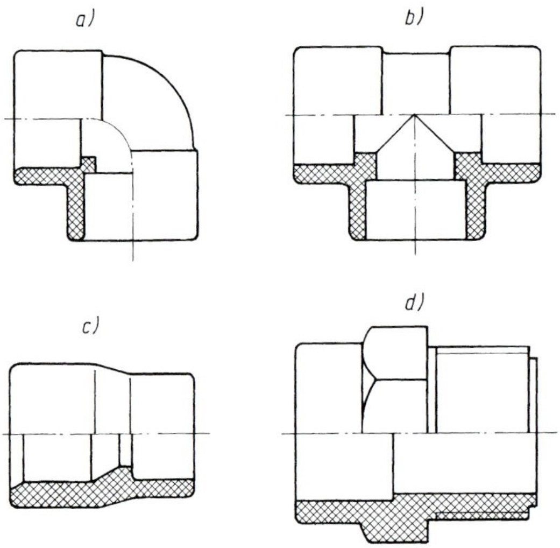

Bild 29.8
Klebfittings aus PVC-U nach DIN 8063
a) Winkel 90°, b) T-Stück, c) Reduzierstück, d) Muffe mit einseitigem Außengewinde

■ 29.4 Rohrverbindungen

Man unterscheidet lösbare und unlösbare Rohrverbindungen. Unlösbar können Rohrleitungsteile durch Schweißen, Löten, Kleben, Walzen und Sicken verbunden werden. Lösbare Verbindungen sind u.a. Flanschverbindungen, Muffenverbindungen und Rohrverschraubungen. Rohrverbindungen müssen dicht sein und kostengünstig ausgeführt werden können.

Aus der Vielzahl der Verbindungsarten sollen im Folgenden nur die gebräuchlichsten erläutert werden.

1. Schweißverbindungen

Vor allem bei Stahlrohren ist Schweißen die günstigste Verbindungsart. Schweißverbindungen gewährleisten bei fehlerfreier Nahtausführung absolute Dichtheit, erreichen die Festigkeit der verbundenen Rohre, sind platzsparend und lassen sich wirtschaftlich herstellen. Als Schweißverbindungen kommen infrage: Lichtbogenschweißen mit Stabelektrode (E), Gasschweißen (G) und Schutzgasschweißen sowie von den Schutzgasschweißverfahren das WIG-, MIG- und MAG-Schweißen (Beschreibung der Verfahren siehe Abschnitt 4.1).

Wegen des optimalen Kraftflusses werden Stumpfnähte bevorzugt. DIN EN ISO 9692 enthält Richtlinien für Fugenformen für das Schmelzschweißen von Stumpfstößen an Stahlrohren (siehe Bild 29.9). Beispiele geschweißter Rohrverbindungen zeigt Bild 29.10. Weitere Ausführungen über Schmelzschweißverbindungen (z. B. über Schweißzusätze, Schweißpositionen, Gütesicherung und Nahtdarstellung) sind in Kapitel 4 zu finden.

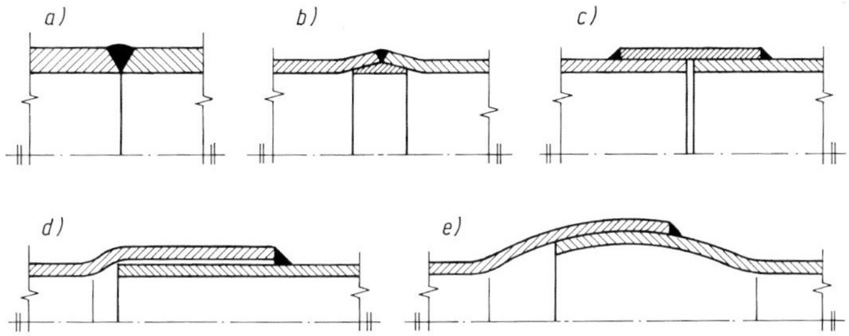

Bild 29.9
Rohrschweißverbindungen
a) Stumpfnaht, b) Stumpfnaht mit geweiteten Rohrenden und Einlegring, c) Kehlnähte und Überschieb-Schweißmuffe, d) Einsteck-Schweißmuffe, e) Kugel-Schweißmuffe

Werkstückdicke s in mm	Benennung	Symbol	Fugenformen im Schnitt	Winkel α Grad ≈	β	Maße in mm: Stegabstand b	Steghöhe c	Flankenhöhe h	Schweißverf.: Wurzellage	weitere Lagen
≤ 3	I-Naht	‖	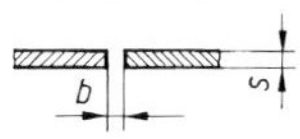	–	–	0 bis 3	–	–	SG, G	–
≤ 16	V-Naht	V	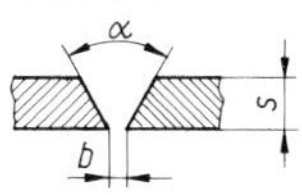	40 bis 60 für SG 60 für E und G	–	0 bis 3	–	–	E, SG, G	E, SG, G bis s = 10
			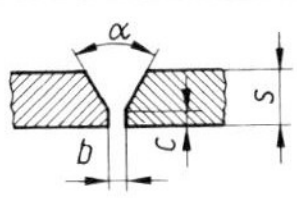	40 bis 60 für SG 60 für E und G	–	0 bis 4	≤ 2	–		
> 12	U-Naht	Y	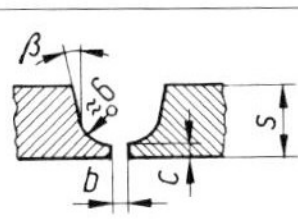	–	8	0 bis 3	≤ 2	–		E, SG
	U-Naht auf V-Wurzel	Y	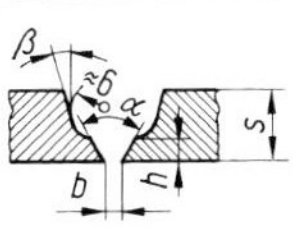	60	8	0 bis 3	–	≈ 4		

Bild 29.10 Fugenformen nach DIN EN ISO 9692 für das Schmelzschweißen von Stumpfstößen an Stahlrohren

2. Flanschverbindungen

Sie sind die älteste Verbindungsart im Rohrleitungsbau. Wegen ihres hohen Gewichts und des großen Raumbedarfs wurden sie auf vielen Einsatzgebieten von den Schweißverbindungen verdrängt und werden heute nur noch dort verwendet, wo nicht geschweißt werden kann (Platzmangel) oder darf (Explosionsgefahr) und wo ein leichter Ein- und Ausbau von Anlagenteilen (z. B. Armaturen, Pumpen, Behälter und dgl.) erforderlich ist. Hier sind sie jedoch nach wie vor von großer Bedeutung.

Eine Flanschverbindung besteht aus zwei Flanschen, Dichtung, Schrauben, Muttern und ggf. Unterlegescheiben, Dehnhülsen sowie anderen Zubehörteilen. Einige typische Flanschverbindungen sind in Bild 29.11 dargestellt. Die Bauarten und Ausführungsformen von Flanschen mit den dazugehörigen Teilen sind weitgehend genormt. Bild 29.12 gibt eine Übersicht über einige Flanscharten nach DIN EN 1092-1.

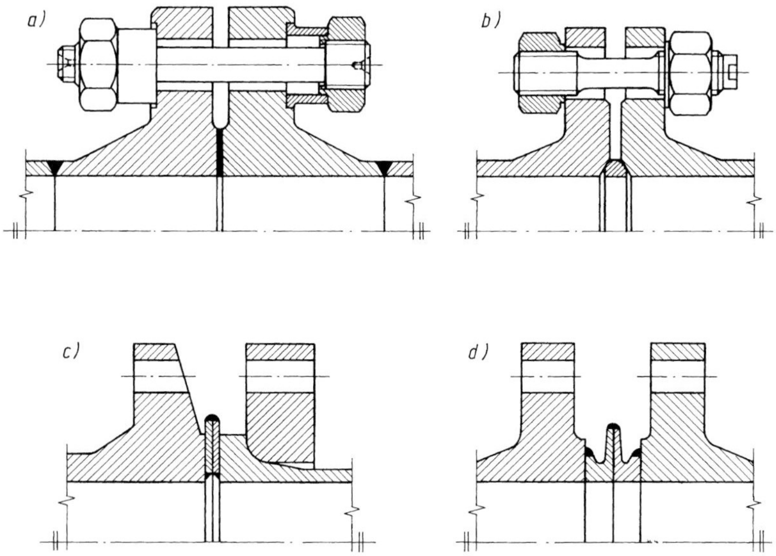

Bild 29.11 Flanschverbindungen
a) Vorschweißflansche mit Dehnschraube, Dehnhülse und Flachdichtung, b) angegossene Flansche mit Dehnschraube und Linsendichtung, c) mit Membran-Schweißdichtung, d) mit Schweißringdichtung

Bei Stahlrohren werden am häufigsten **Vorschweißflansche** verwendet. Abmessungen dieser Flansche nach DIN EN 1092-1 für PN 25 sind in Tabelle 29.7 wiedergegeben. Durch die Maßnormen ist sichergestellt, dass Flansche gleicher Nennweite und gleichen Nenndrucks unabhängig von ihrer Bauart miteinander verbunden und gegeneinander ausgetauscht werden können. Das Verbinden von Rohren aller Werkstoffe (Stahl, Gusseisen, NE-Metalle) ist dadurch möglich.

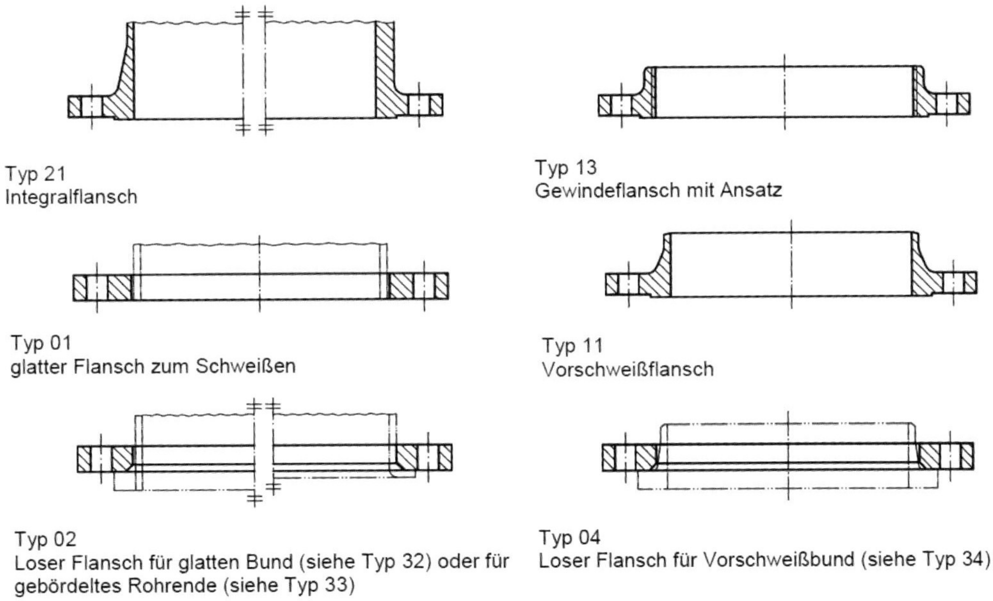

Bild 29.12 Ausgewählte Flanscharten nach DIN EN 1092-1

Die Anzahl der Schraubenlöcher ist bei runden Flanschen stets eine durch 4 teilbare Zahl. Die Schraubenlöcher sind zu den beiden Hauptachsen symmetrisch so anzuordnen, dass sie nicht auf diesen Achsen liegen. Schrauben, Muttern und Dehnhülsen für Verbindungen im Rohrleitungsbau werden in Abhängigkeit vom Nenndruck und der zulässigen Betriebstemperatur nach DIN EN 1515-1 ausgewählt. Für hohe Drücke und Temperaturen sind Schraubenverbindungen mit Dehnschaft vorgeschrieben.

Zum Ausgleich der Unebenheiten an den Flanschberührungsflächen sind **Dichtungen** erforderlich. Sie müssen elastisch sein, ausreichende Festigkeit gegen den Anpress- und den Innendruck haben sowie Beständigkeit gegenüber der Temperatur und dem Medium in der Leitung aufweisen. In DIN EN 1092-1 wurden verschiedene Formen von Dichtflächen für Flansche festgelegt (Bild 29.13). Nach dem Dichtungsquerschnitt unterscheidet man Flach- und Profildichtungen (Bild 29.14 und Bild 29.15). Meistens werden Flachdichtungen verwendet als

- **Weichstoffdichtungen**, überwiegend aus It-Werkstoff (Gummi-Asbest, aus Gründen des Gesundheits- und Umweltschutzes soll Asbest durch andere Stoffe ersetzt werden, z. B. durch Graphit),
- **Metallweichstoffdichtungen**, d. h. Verbundkonstruktionen aus Stahlringen oder -bändern mit Füllstoff, z. B. gewellte Stahlblechdichtungen mit Schnurauflage (Bild 29.15 c) und Spiraldichtungen (Bild 29.15 d), je nach Werkstoffkombination für hohe Drücke (PN 400) und hohe Temperaturen (bis 600 °C) geeignet,
- **Metalldichtungen** mit glatter oder kammprofilierter Oberfläche aus weichem Stahl, Edelstahl oder Kupfer (Stahlschweißringe siehe Bild 29.11c und d).

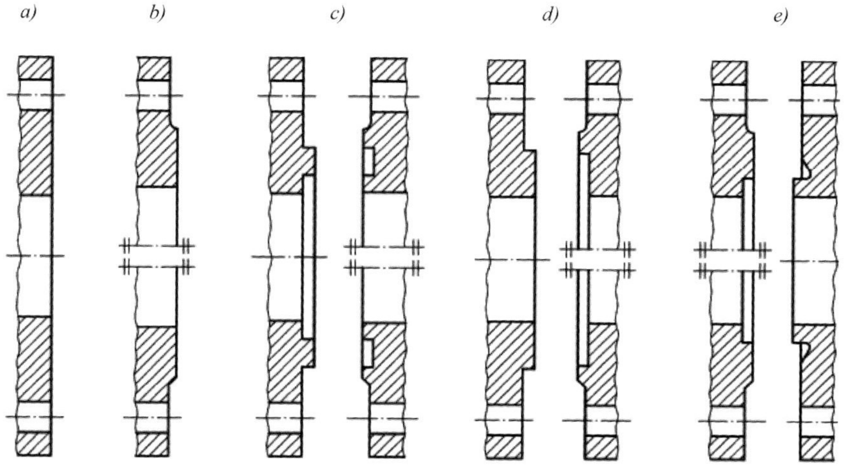

Bild 29.13 Formen von Flanschdichtflächen (Auszug aus DIN EN 1092-1)
a) glatte Dichtfläche, b) Dichtleiste, c) Federflansch und Nutflansch, d) Vorsprungflansch und Rücksprungflansch, e) Flansch mit O-Ring-Vorsprung und Flansch mit O-Ring-Nut

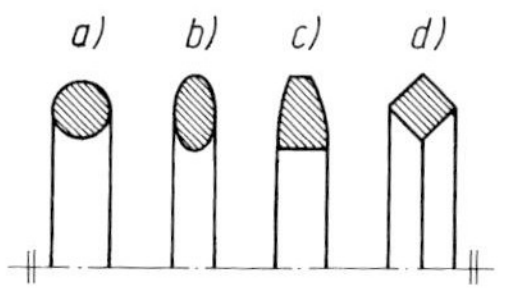

Bild 29.14 Profildichtungen
a) Rund-, b) Oval-, c) Linsen-, d) Spitzkantdichtung

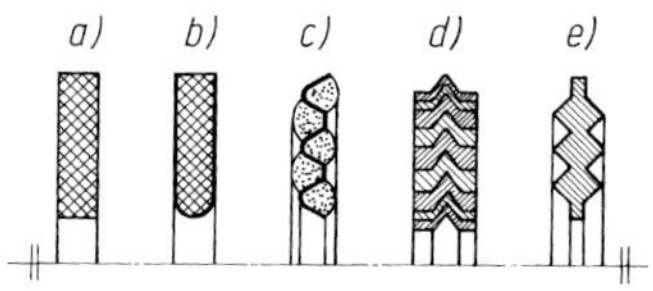

Bild 29.15 Dichtungen für ebene Flächen
a) Flach-, b) blechummantelte, c) Wellring-, d) Spiral-, e) kammprofilierte Dichtung

Den Flanschverbindungen ähnlich sind Klammerverbindungen (Bild 29.16), die früher nur für untergeordnete Zwecke eingesetzt wurden. Neuere Konstruktionen genügen auch höheren Ansprüchen (z. B. in Pipelines). Die flanschförmigen Rohrenden werden durch zwei Klemmringhälften mittels tangential angeordneter Schrauben oder auf andere Weise gegeneinandergepresst.

Eine **Festigkeitsberechnung** von Flanschverbindungen unter Berücksichtigung der Verformung von Flanschen, Schrauben und Dichtungen ist für genormte Ausführungen meistens nicht erforderlich, da bei diesen die Abmessungen an bestimmte Nenndrücke gebunden sind.

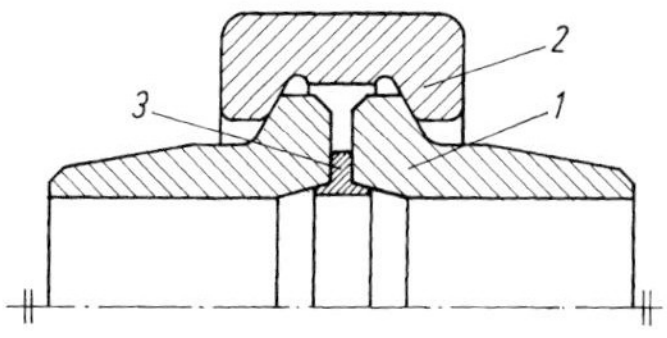

Bild 29.16
Prinzip einer Klammerverbindung
1 Schweißnippel, 2 Klemmring, 3 Dichtung

3. Muffen- und Schraubverbindungen

29

Neben den unlösbaren Muffenverbindungen als Kleb-, Löt- und Schweißverbindungen (siehe Bild 29.10c, d und e) gibt es eine Vielzahl von lösbaren Ausführungen. Für Druckrohre aus duktilem Gusseisen sind **Schraub-, Stopfbuchsen- und Steckmuffenverbindungen** genormt (Bild 29.17). Bei allen drei Bauarten wird das Abdichten durch Pressen eines Gummidichtringes bewirkt und zwar mittels eines Schraubrings (Bild 29.17a), eines durch Schraubenanzug bewegten Stopfbuchsenrings (Bild 29.17b) oder beim Einschieben des Rohrendes in die Muffenkammer (Bild 29.17c). Diese elastischen Muffenverbindungen sind unempfindlich gegen Längsverschiebungen und geringe Winkelabweichungen.

Mit **Gewindemuffen** und den in Abschnitt 29.3 beschriebenen Fittings (siehe Bild 29.7) werden Rohre mit Gewindeenden (Gewinderohre) starr verbunden. Bauformen von **Rohrverschraubungen** zeigt Bild 29.18.

Die Abdichtung erfolgt bei der **Lötverschraubung** mit Kegel-Kugel-Dichtung (Bild 29.18d) unmittelbar zwischen der kegelförmigen Dichtfläche eines Lötnippels und der kugelförmigen der Buchse und bei der **lötlosen Rohrverschraubung** nach Bild 29.18f mittels eines Klemmrings (Demontage ohne axiale Verschiebung der Rohrenden möglich). Die Wirkung der **Schneidringverschraubung** (Bild 29.18e) beruht darauf, dass beim Anziehen der Überwurfmutter der mit einer Schneidkante versehene Schneidring in den Innenkonus des Stutzens gedrückt und vorn verjüngt wird, wobei er sich in das Rohrende einschneidet. Eine Demontage ohne Axialverschiebung der Rohrenden mit den Verbindungsteilen gestattet die Bauart mit Druckring für Stoßausführungen (ähnlich Bild 29.18f). Die Anwendung lötloser Rohrverschraubungen erfordert Präzisionsrohre, vorzugsweise aus Stahl oder Kupfer.

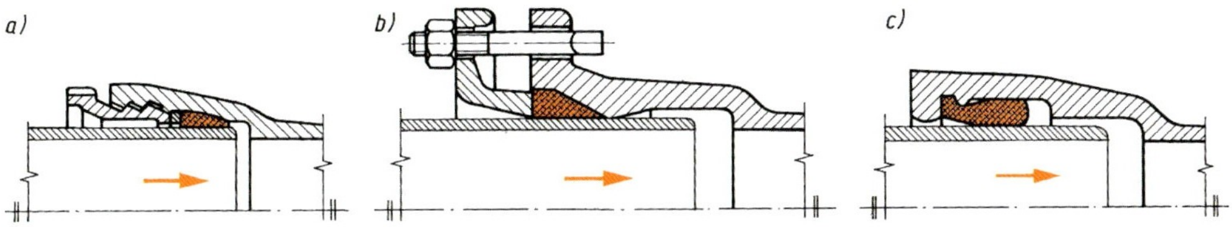

Bild 29.17 Muffenverbindungen
a) Schraubmuffe, b) Stopfbuchsenmuffe, c) Steckmuffe

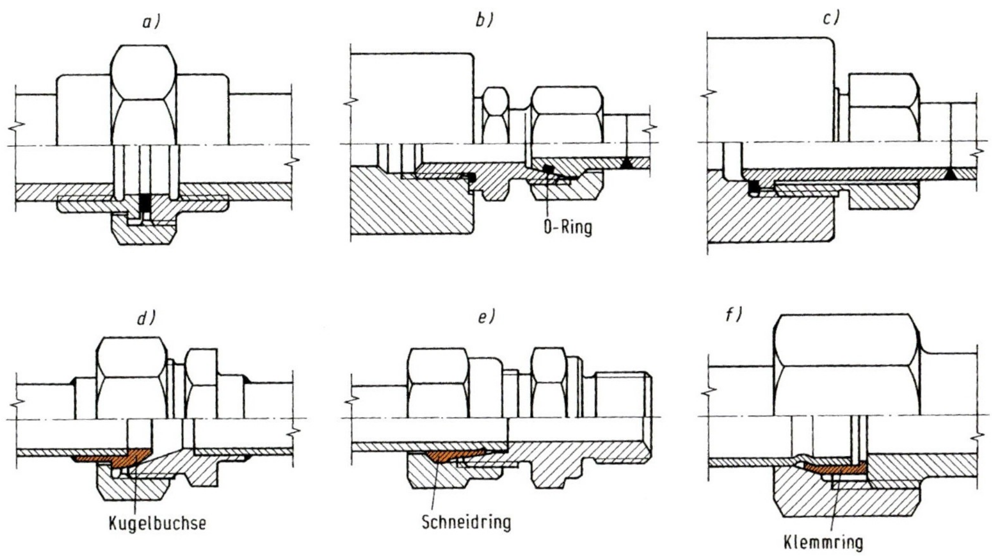

Bild 29.18 Rohrverschraubungen
a) mit Flachdichtung, b) mit Einschraubstutzen, Dichtkegel und O-Ring, c) mit Überwurfschraube, d) Lötverschraubungen mit Kugelbuchse, e) lötlose Schneidringverschraubung, f) lötlose Klemmringverschraubung

■ 29.5 Dehnungsausgleicher

Durch Änderungen der Temperaturen des Rohrinhalts oder der Umgebung entstehen in Rohrleitungen Längenänderungen, die ausgeglichen werden müssen. Zweckmäßig ist eine elastische Ausführung der Rohrleitung möglichst so, dass der Dehnungsausgleich innerhalb des Leitungssystems durch Richtungsänderung von Rohrstrecken ohne besondere Bauteile erfolgen kann (Bild 29.19). Wenn eine derartige Kompensation der Längenänderung unwirtschaftlich oder z. B. aus Platzgründen nicht möglich ist, werden Dehnungsausgleicher (Kompensatoren) als zusätzliche Bauelemente in der Rohrleitung vorgesehen (Bild 29.20). Der Dehnungsausgleich muss zwischen zwei Festpunkten erfolgen, die möglichst an Armaturen liegen sollen.

U-Bogen-Dehnungsausgleicher (Bild 29.19c) sind wie *Lyra-Bogen-Ausgleicher* (Bild 29.20a) wartungsfrei und sehr betriebssicher, benötigen aber viel Platz. Sie werden mit glatten, gefalteten oder gewellten Rohren ausgeführt. Eine vor der Montage eingebrachte Vorspannung entgegen der Wärmedehnung verringert die Belastung der Festpunkte. Üblich sind 50 % der zu erwartenden Kraft.

Linsen- und Wellrohr-Dehnungsausgleicher sind ebenfalls wartungsfrei, ihr Platzbedarf ist gering. Mehrere verschweißte Linsen, die aus zwei gepressten und am Scheitel geschweißten Halbschalen hergestellt werden (Bild 29.20b), ergeben einen Linsenbalg (Bild 29.20c). Er ist elastischer als ein Wellrohrausgleicher, der aus Rohr gedrückt und gewalzt wird (ein- oder mehrlagig) und ein kleineres Durchmesserverhältnis aufweist. Leitrohre verringern den Strömungswiderstand (Bild 29.20d). Über die von den Festpunkten aufzunehmenden Kräfte geben die Informationsunterlagen der Herstellerfirmen Auskunft, ebenso über Bauarten, die nicht nur in axialer, sondern auch in anderer Richtung beweglich sind.

Stopfbuchen-Dehnungsausgleicher (Bild 29.20e), auch als Gleitrohr-Kompensator bekannt, sind für große Axialdehnungen Δl geeignet, müssen aber überwacht und gewartet werden. Der verschiebbare Teil, das Degenrohr mit glatter Oberfläche zur Verringerung des Reibungswiderstands, gleitet im feststehenden Hülsrohr. Beide Rohre sind durch eine Stopfbuchse gegeneinander abgedichtet. Die Dichtungspackung kann mit der Stopfbuchsenbrille nachgespannt werden. Ein genaues Fluchten der angeschlossenen Rohrleitung und beidseitige Führungen sind unbedingt erforderlich.

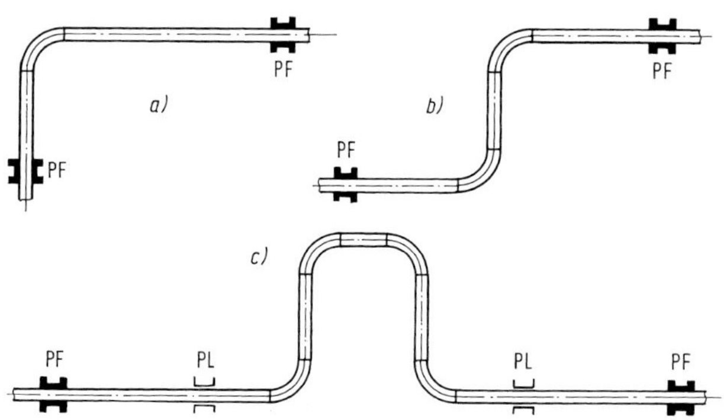

Bild 29.19 Dehnungsausgleich durch Rohrverlegung
a) Schenkel, b) Z-Bogen, c) U-Bogen
PF = Festpunkt, PL = Lospunkt

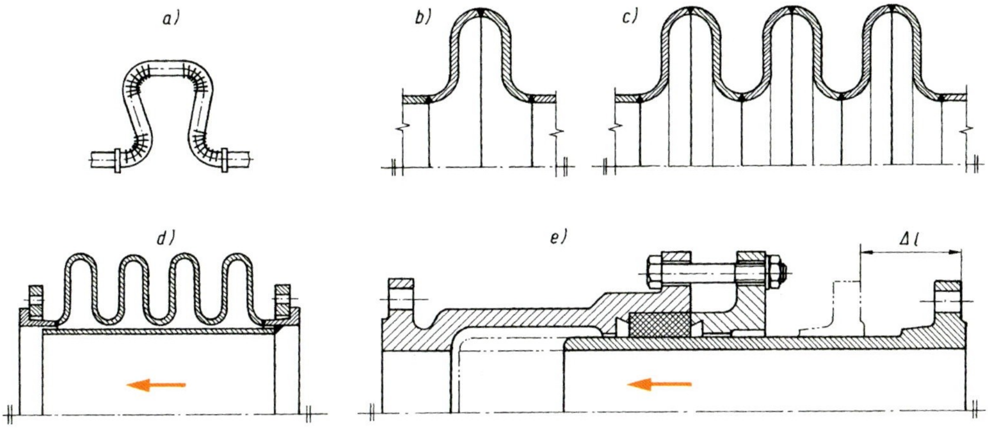

Bild 29.20 Dehnungsausgleich durch besondere Bauteile
a) Lyra-Bogen, b) Linsenausgleicher, c) Linsenbalg, d) Wellrohrausgleicher mit Leitrohr, e) Stopfbuchsen-Dehnungsausgleicher

Die Berechnung von Dehnungsausgleichern ist recht aufwendig und der speziellen Fachliteratur sowie den technischen Regelwerken zu entnehmen. Einige Grundlagen zur Längenänderung von Rohrleitungen werden nachfolgend erläutert.

Bei einer Rohrstrecke von der Länge l beträgt die durch Temperaturänderung hervorgerufene

Verlängerung $\Delta l = l \cdot \alpha \cdot \Delta\vartheta$ (29.1)

l	in mm	Rohrlänge,
α	in 1/K	Wärmedehnungsbeiwert (Längenausdehnungskoeffizient) = α_A nach Tabelle 9.2,
$\Delta\vartheta$	in K	Temperaturdifferenz nach Tabelle 29.8, abhängig von der Betriebstemperatur ϑ_B, der höchsten Umgebungstemperatur $\hat{\vartheta}_U$ und der tiefsten $\check{\vartheta}_U$.

Die bei der Montage aufzubringende Vorspannung entsteht durch die Vorspannlänge $l_V = f_V \cdot \Delta l - l \cdot \alpha \cdot \Delta\vartheta_V$. Der Vorspannfaktor f_V gibt den Prozentsatz der Vorspannung an. Mit Δl nach Formel 29.1 erhält man daraus die erforderliche

Vorspannlänge $l_V = l \cdot \alpha \left(f_V \cdot \Delta\vartheta - \Delta\vartheta_V\right)$ (29.2)

f_V		Vorspannfaktor = 1 bei 100 %, = 0,5 bei 50 %, = 0 bei 0 % Vorspannung,
$\Delta\vartheta_V$	in K	Temperaturdifferenz zwischen Umgebungs- und Montagetemperatur ϑ_M nach Tabelle 29.8,
l, α, $\Delta\vartheta$		siehe Legende zu Formel 29.1.

Die Rohrleitung muss bei positiven l_V-Werten gezogen, bei negativen gedrückt werden. Unter bestimmten Temperaturverhältnissen kann eine Rohrleitung vorgespannt sein, ohne dass sie gezogen oder gedrückt wurde (siehe Beispiel 29.2).

In einer fest eingespannten geraden Rohrleitung kommt es infolge der Erwärmung zur axialen Wärmespannung $\sigma = E \cdot \alpha \cdot \Delta\vartheta$, aus der sich mit $\sigma = F / A$ die von den Festpunkten aufzunehmende und von der Rohrlänge unabhängige Rohrkraft näherungsweise errechnen lässt:

axiale Rohrkraft $F_a \approx E \cdot A \cdot \alpha \cdot \Delta\vartheta$ (29.3)

F_a	in N	auf die Festpunkte wirkende Rohrkraft,
E	in N/mm^2	Elastizitätsmodul des Rohrwerkstoffs (Tabelle 9.2),
A	in mm^2	Rohrwandquerschnittsfläche $= (d_a - s) \cdot \pi \cdot s$ mit Außendurchmesser d_a und Wanddicke s,
α, $\Delta\vartheta$		siehe Legende zu Formel 29.1.

Beispiel 29.1

Eine $l = 50\,\text{m}$ lange Rohrleitung aus Rohr - 168,3 × 4,5 EN 10216-2 - P235GH (siehe Tabelle 29.15) soll in einem Fabrikgebäude mit 50 % Vorspannung bei einer Montagetemperatur $\vartheta_M = 25\,°\text{C}$ eingebaut werden. Es betragen die Betriebstemperatur $\vartheta_B = 60\,°\text{C}$, die tiefste Umgebungsstemperatur $\breve{\vartheta}_U = 20\,°\text{C}$ und die höchste $\hat{\vartheta}_U = 30\,°\text{C}$. Zu errechnen sind die Verlängerung Δl, die Vorspannlänge l_V und axiale Rohrkraft F_a.

Lösung:

1. Verlängerung Δl

Aus Tabelle 9.2 folgt $\alpha = 11 \cdot 10^{-6}\,\text{K}^{-1}$. Nach Tabelle 29.8 ist mit der Temperaturdifferenz $\Delta\vartheta = \vartheta_B - \breve{\vartheta}_U = (60 - 20)\,°\text{C} = 40\,\text{K}$ zu rechnen (Bereich $\vartheta_B \geq \breve{\vartheta}_U$). Damit beträgt nach Formel 29.1:

$$\Delta l = l \cdot \alpha \cdot \Delta\vartheta = 50 \cdot 10^3\,\text{mm} \cdot 11 \cdot 10^{-6}\,\text{K}^{-1} \cdot 40\,\text{K} = 22\,\text{mm}$$

2. Vorspannlänge l_V

Mit dem Vorspannfaktor $f_V = 0{,}5$ und der Temperaturdifferenz $\Delta\vartheta = \vartheta_M - \breve{\vartheta}_U = (25 - 20)\,°\text{C} = 5\,\text{K}$ gilt nach Formel 29.2:

$$l_V = l \cdot \alpha \left(f_V \cdot \Delta\vartheta - \Delta\vartheta_V\right) = 50 \cdot 10^3\,\text{mm} \cdot 11 \cdot 10^{-6}\,\text{K}^{-1} (0{,}5 \cdot 40 - 5)\,\text{K} = 8{,}25\,\text{mm}$$

Um diesen Betrag muss die Rohrleitung gezogen werden.

3. Axiale Rohrkraft F_a

Nach Formel 29.3, in die der Elastizitätsmodul $E = 210000\,\text{N/mm}^2$ (Tabelle 9.2) und die Rohrwandquerschnittsfläche $A = (d_a - s)\pi \cdot s = (168{,}3 - 4{,}5)\,\text{mm} \cdot \pi \cdot 4{,}5\,\text{mm} = 2315{,}7\,\text{mm}^2$ einzusetzen sind, gilt:

$$F_a \approx E \cdot A \cdot \alpha \cdot \Delta\vartheta = 210000\,\text{N/mm}^2 \cdot 2315{,}7\,\text{mm}^2 \cdot 11 \cdot 10^{-6}\,\text{K}^{-1} \cdot 40\,\text{K} \approx 214\,\text{kN}$$

■

Beispiel 29.2

Eine 100 m lange Außenrohrleitung aus Stahl ohne Dämmung mit einer Betriebstemperatur von 30 °C soll bei 16 °C Außentemperatur mit einer Vorspannung von 55 % montiert werden. Die tiefste Umgebungstemperatur beträgt -20 °C, die höchste 60 °C. Welche Vorspannlänge ist erforderlich?

Lösung:

In Formel 29.2 sind einzusetzen: $l = 100 \cdot 10^3\,\text{mm}$, $\alpha = 11 \cdot 10^{-6}\,\text{K}^{-1}$ nach Tabelle 9.2, $f_V = 0{,}55$, $\Delta\vartheta = \hat{\vartheta}_U - \breve{\vartheta}_U = 60\,°\text{C} - (-20)\,°\text{C} = 80\,\text{K}$ und $\Delta\vartheta_V = \hat{\vartheta}_U - \vartheta_M = (60 - 16)\,°\text{C} = 44\,\text{K}$ nach Tabelle 29.8 für den Bereich $\breve{\vartheta}_U < \vartheta_B < \hat{\vartheta}_U$. Damit ergibt sich die erforderliche Vorspannlänge

$$l_V = l \cdot \alpha \left(f_V \cdot \Delta\vartheta - \Delta\vartheta_V\right) = 100 \cdot 10^3\,\text{mm} \cdot 11 \cdot 10^{-6}\,\text{K}^{-1} (0{,}55 \cdot 80 - 44)\,\text{K} = 0\,\text{mm}$$

d. h. diese Rohrleitung gilt als 55 % vorgespannt, ohne dass eine Vorspannung bei der Montage aufgebracht werden muss.

■

29.6 Rohrhalterungen

Sie haben die Aufgabe, die Gewichtskraft der Rohrleitung mit Inhalt, Kräfte aus temperaturbedingten Längenänderungen sowie betriebsbedingte Momente und Kräfte (z. B. Reaktionskräfte durch Umlenkung und Geschwindigkeitsänderung des strömenden Mediums, an Austrittsöffnungen und Sicherheitsventilen) aufzunehmen und über Stützen, Konsole oder Aufhängungen in die Bauwerksteile einzuleiten. In Bild 29.21 bis Bild 29.23 sind einige Ausführungsbeispiele dargestellt.

Festpunkte verhindern eine Verschiebung der Rohrleitung (Bild 29.21). Das Rohr wird (wie beim Festlager einer Welle, jedoch ohne drehbar zu sein) fest eingespannt, sodass Kräfte und Momente von der Halterung übertragen werden können. Sie müssen deshalb entsprechend starr sein, werden aber auch zur Verringerung der Rohrbeanspruchung beweglich oder nur in einer Richtung wirkend ausgeführt.

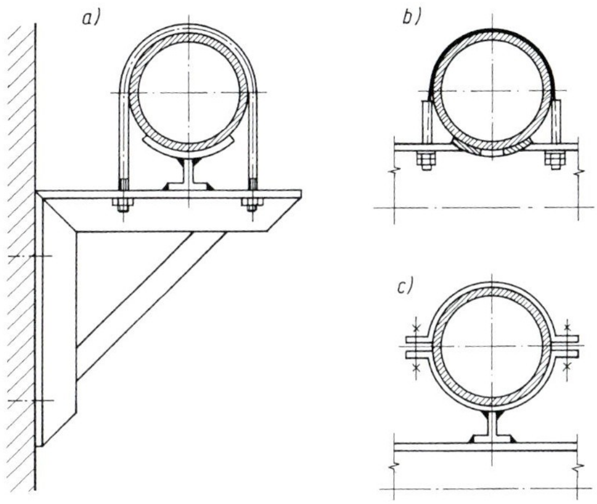

Bild 29.21
Festpunkte für Rohrleitungen
a) Verschraubung mit U-förmigem Rundstahlbügel auf Konsole, b) Bänder mit Gewindeenden, c) Befestigung mit Rohrschelle

Führungen (Lospunkte) für Rohrleitungen nehmen (wie Loslager bei Achsen und Wellen) die Gewichtskraft und andere Kräfte senkrecht zur Führungsebene auf und lassen Verschiebungen in Richtung der Rohrachse zu (Bild 29.22), wobei der Reibungswiderstand möglichst gering sein soll. Dies wird durch geeignete Gleitflächen (z. B. aus Kunststoff) oder durch Wälzlagerung erreicht. Bei lotrecht verlegten Rohrsträngen dienen Lospunkte auch zur Verringerung der freien Knicklänge zwecks Einhaltung einer vorgeschriebenen Knicksicherheit.

Stützen und **Konsolen** werden meistens als Schweißkonstruktionen sowohl für die Aufnahme von Festpunkt- als auch von Lospunkthalterungen ausgeführt.

Aufhängungen werden in verschiedenen Bauarten für waagerechte, geneigte oder lotrechte Rohrstränge hergestellt (Bild 29.23). Sie können das Rohrgewicht tragen, sind in gewissen Grenzen beweglich und ermöglichen die Einstellung eines Gefälles.

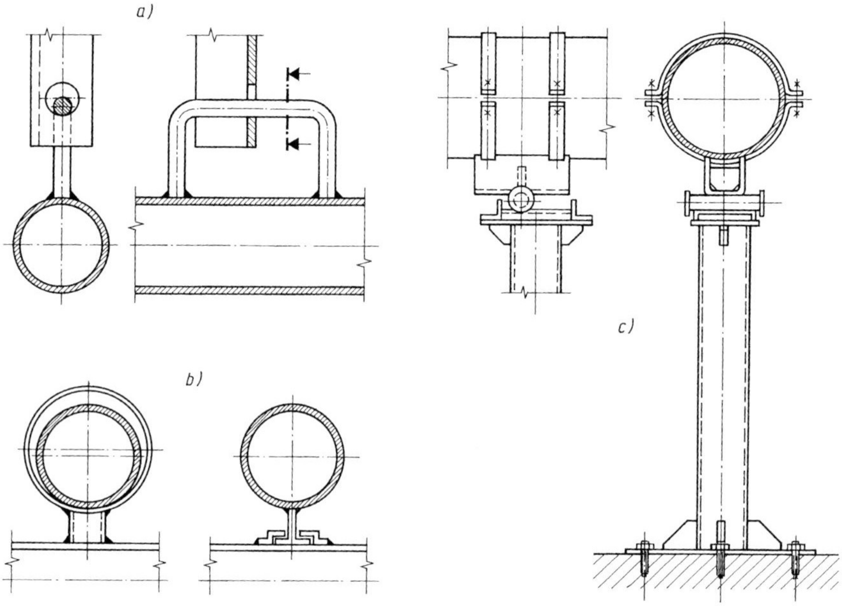

Bild 29.22 Rohrführungen (Lospunkte)
a) Aufhängung mit angeschweißtem Rundstahlbügel, b) Gleitführungen, c) Rollenlagerung auf einer Stütze

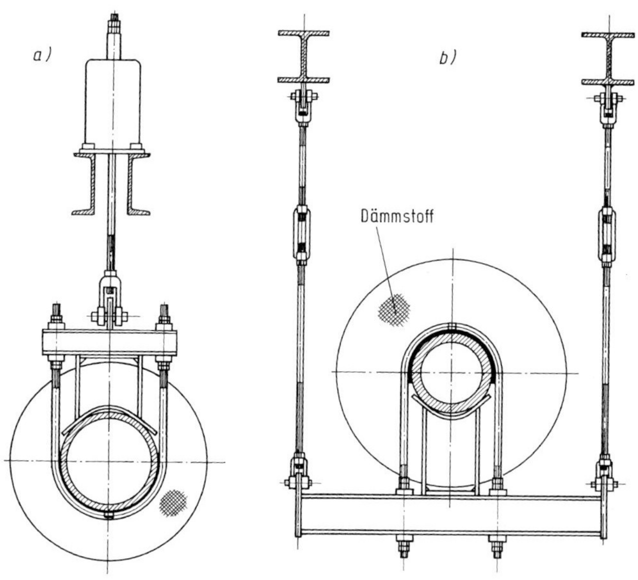

Bild 29.23
Rohraufhängungen (nach [29.2])
a) Einzelaufhängung mit Federung,
b) Doppelaufhängung mit Fußtraverse

Durch den Einbau von Federn können Aufhängungen erforderlichenfalls nachgiebig gemacht werden. Mit so genannten *Konstanthängern* wird über ein Kniehebelsystem mittels Druckfeder die Aufhängekraft in Abhängigkeit von der Rohrdehnung konstant gehalten.

Der Abstand von Rohrhalterungen, die **Stützweite**, hängt im Wesentlichen ab vom Rohrwerkstoff, den Rohrabmessungen, dem Durchflussstoff, der Isolierung und den Betriebsbedingungen (Druck, Temperatur). Die Rohrhersteller geben in ihren Unterlagen Richtwerte an.

■ 29.7 Darstellung von Rohrleitungen

Im Allgemeinen werden nur schwierige Rohrleitungssysteme und -bauteile in technischen Zeichnungen ausführlich dargestellt. Meistens wendet man eine axonometrische, vereinfachte Darstellung an, wobei die isometrische Projektion bevorzugt wird.

Für Rohrleitungen, Armaturen und Stellenantriebe sind **grafische Symbole** festgelegt (Bild 29.24), die Teile oder Funktionen darstellen, wie sie allgemein in Rohrleitungssystemen vorkommen. Ihre Lage in der Zeichnung entspricht dem Verlauf der Leitung. Mit diesen Symbolen ist es möglich, Rohrleitungen einheitlich, klar und einfach darzustellen. In Bild 29.25 wird ein Ausschnitt aus einer Rohrleitungszeichnung in isome trischer Projektion wiedergegeben.

Für die Zeichnungserstellung einschließlich Rohrleitungsberechnung auf EDV-Anlagen können von einschlägigen Software-Anbietern umfangreiche Computerprogramme bezogen werden.

Symbol	Benennung	Symbol	Benennung	Symbol	Benennung
	Grundleitung mit Angabe der Fließrichtung		Schiebemuffe		Stellantrieb mit Elektromagnet
	Grundleitung mit Begleitheizung oder -kühlung		Absperrarmatur, allgemein		Stellantrieb, handbetätigt
	Flanschverbindung		Absperrventil		Stellantrieb mit Federkraft
	Klammerverbindung		Absperrhahn		Stellantrieb mit Membrane
	Schraubverbindung		Absperrklappe		Stellantrieb mit Gewicht
	Einsteckmuffe		Rückschlagklappe		Stellantrieb mit Schwimmer
	Schweiß- oder Lötverbindung		Stellantrieb mit rotierendem System allgemein		Kondensatableiter, allgemein
	Reduzierung		Stellantrieb mit Elektromotor		
	Wellrohr-Kompensator		Stellantrieb mit Kolben		
	Lyra-Kompensator				

Bild 29.24 Grafische Symbole für Rohrleitungen nach DIN 28000-4 (Auszug)

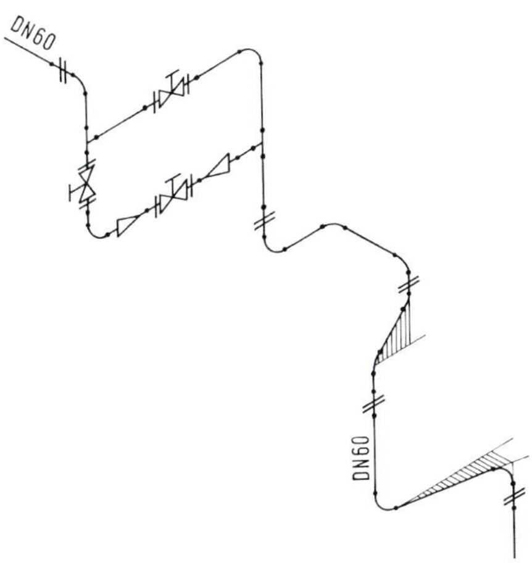

Bild 29.25
Rohrleitungszeichnung in isometrischer Projektion (vereinfachter Ausschnitt)

29.8 Berechnung von Rohrleitungen

Von den zahlreichen Berechnungen, die für ein Rohrleitungssystem insgesamt erforderlich sind und zum Teil bereits angedeutet wurden (Flanschverbindungen, Dehnungsausgleicher, Rohrhalter, Stützweiten), können im Rahmen dieses Lehrbuchs nur die wichtigsten erläutert werden. Das sind

1. die Berechnung des erforderlichen **Rohrinnendurchmessers**, von dem aufgrund des zu fördernden Volumenstromes und einer wirtschaftlichen Fördergeschwindigkeit üblicherweise bei der Planung einer Rohrleitungsanlage ausgegangen wird,
2. die Ermittlung der **Rohrleitungsverluste** als Reibungs-, Strömungs- und Druckverluste, die den Energiebedarf wesentlich bedingen,
3. die Bestimmung oder Überprüfung (Festigkeitskontrolle) der **Rohrwanddicke**, für die vor allem der innere Überdruck und das Werkstoffverhalten ausschlaggebend sind.

Für Rohrleitungen zur Beförderung von Dampf, Heißwasser oder heißen Gasen ist außerdem die Berechnung der **Wärmeverluste** von Bedeutung. Diese Verluste, auf die hier nicht näher eingegangen wird, kann man bei gut isolierten Leitungen im ersten Berechnungsansatz vernachlässigen.

1. Rohrinnendurchmesser

Bei Rohrleitungsberechnungen ist die Durchflussmenge in der Praxis meistens bekannt. Sie wird als Volumenstrom $\dot{V}$ oder als Massenstrom $\dot{m} = \dot{V} \cdot \varrho$ angegeben. Für kreisförmige Rohre mit dem Durchflussquerschnitt $A_i = d_i^2 \cdot \pi / 4$ und inkompressible Durchflussstoffe mit konstanter Dichte ϱ und der mittleren Strömungsgeschwindigkeit w beträgt nach der *Kontinuitätsgleichung* der konstante

Volumenstrom $$\dot{V} = \frac{\dot{m}}{\varrho} = \frac{d_i^2 \cdot \pi}{4} w \qquad (29.4)$$

In Wirklichkeit ist die Strömungsgeschwindigkeit (üblich sind auch die Formelzeichen c und u) über dem Rohrinnenquerschnitt A_i nicht konstant. Für praktische Berechnungen wird ein Mittelwert als konstant angenommen und aufgrund von Erfahrungen in Abhängigkeit vom Einsatzgebiet und dem Durchflussmedium so gewählt, dass die Herstellungs- und die Betriebskosten der Rohrleitung möglichst niedrig sind (Richtwerte siehe Tabelle 29.9).

Mit der so gewählten Geschwindigkeit und dem vorgegebenen Volumenstrom oder Massenstrom folgt aus Formel 29.4 für kreisförmige Rohre der

Rohrinnendurchmesser $$d_i = \sqrt{\frac{4 \cdot \dot{V}}{\pi \cdot w}} = \sqrt{\frac{4 \cdot \dot{m}}{\pi \cdot \varrho \cdot w}} \qquad (29.5)$$

d_i	in m	Innendurchmesser des Rohres,
$\dot{V}$	in m^3/s	Volumenstrom,
$\dot{m}$	in kg/s	Massenstrom,
w	in m/s	mittlere Strömungsgeschwindigkeit des Durchflussstoffs (Richtwerte nach Tabelle 29.9),
ϱ	in kg/m^3	Dichte des Durchflussstoffs (Druck- und Temperaturabhängigkeit beachten, Anhaltswerte siehe Tabelle 29.10).

Danach wird der vorläufige Rohrinnendurchmesser nach den Normen für Rohre bestimmt. Die endgültige Festlegung erfolgt unter Berücksichtigung der Rohrleitungsverluste.

Kleine Rohrdurchmesser bedeuten kleine Armaturen, geringen Aufwand für Halterungen, Anstrich, Isolierung usw., aber eine hohe Strömungsgeschwindigkeit, somit hohe Druckverluste und einen größeren Aufwand für Energie, Pumpen und dergleichen. In Rohrleitungsanlagen mit unterschiedlichen Durchmessern ist die Strömungsgeschwindigkeit zwecks Vermeidung von Impulskräften, die durch Beschleunigung und Verzögerung des Durchflussmediums auftreten, möglichst konstant zu halten.

Beispiel 29.3

Der Rohrinnendurchmesser einer Wasserleitung aus nahtlosem Stahlrohr DIN EN 10216 soll für einen Volumenstrom von 60 m^3/h bestimmt werden.

Lösung:
Mit dem gegebenen Volumenstrom $\dot{V} = 60 m^3/h = 60 m^3 / 3600 s = 0{,}0167 m^3/s$ und einer üblichen Strömungsgeschwindigkeit $w = 2{,}5 m/s$ (Tabelle 29.9), erhält man nach Formel 29.5 den vorläufigen Rohrinnendurchmesser

$$d_i = \sqrt{\frac{4 \cdot \dot{V}}{\pi \cdot w}} = \sqrt{\frac{4 \cdot 0{,}0167 m^3/s}{\pi \cdot 2{,}5 m/s}} = 0{,}092 m = 92 mm$$

Dafür wäre nach DIN EN 10216 (siehe Tabelle 29.5) z. B. folgendes Rohr geeignet: 101,6 × 3,6 mit $d_i = 94{,}4 mm$. Die endgültige Festlegung erfolgt erst nach Ermittlung der Rohrleitungsverluste (Beispiel 29.4) und Überprüfung der Wanddicke (Beispiel 29.5).

2. Rohrleitungsverluste

Beim Transport einer Flüssigkeit oder eines Gases durch eine Rohrleitung treten infolge der Reibung an der Rohrinnenwand, der Strömungswiderstände in Rohrleitungsbauteilen (Krümmer, Abzweigungen, Armaturen und dergleichen) und wegen der inneren Reibung Energieverluste auf, die von Pumpen oder Verdichtern aufgebracht werden müssen. In Fernleitungen können diese Verluste sehr erheblich und für den gesamten Energieaufwand ausschlaggebend sein.

Neben anderen Einflussgrößen sind die Rohrleitungsverluste überwiegend abhängig von der Länge der Rohrleitung, ihrem Innendurchmesser, der Oberflächenbeschaffenheit der Rohrinnenwand, der Strömungsgeschwindigkeit sowie von der Dichte und der Viskosität oder Zähigkeit des durchfließenden Mediums. Außerdem spielen die Änderung der Dichte und der Viskosität von Flüssigkeiten in Abhängigkeit von der Temperatur eine Rolle. Bei Gasen kommt noch die starke Abhängigkeit vom Druck hinzu. Im Rahmen dieses Buches würde es zu weit führen, auf die umfangreichen theoretischen Grundlagen dieser Zusammenhänge einzugehen, weshalb auf spezielle Fachliteratur hingewiesen wird.

In der Praxis der Rohrleitungsberechnung werden die Verluste vorzugsweise als **Druckverluste Δp** erfasst. In einer **geraden Rohrleitung** mit konstantem Innendurchmesser und inkompressiblem Durchflussstoff beträgt der

Druckverlust $$\Delta p_R = \lambda \frac{l}{d_i} \cdot \frac{\varrho}{2} w^2 \qquad (29.6)$$

Δp_R	in Pa	Druckverlust in einer geraden kreisförmigen Rohrleitung ohne Einbauten ($1 Pa = 1 N/m^2 = 1 kg \cdot s^{-2}/m$),
λ		Rohrreibungszahl (siehe nachfolgende Erläuterung),
l	in m	Länge der Rohrleitung,
d_i	in m	Rohrinnendurchmesser,
ϱ	in kg/m^3	Dichte des Durchflussstoffes (Tabelle 29.10),
w	in m/s	Strömungsgeschwindigkeit.

Für die **Rohrreibungszahl λ** ist die Strömungsform maßgebend, die nach einer dimensionslosen Strömungskennzahl, der **Reynolds-Zahl**, bestimmt wird. Diese Kennzahl hängt vom Rohrinnendurchmesser, von der Strömungsgeschwindigkeit, der Dichte und der dynamischen Viskosität η bzw. der kinematischen Viskosität $v = \eta / \varrho$ ab. Damit ergibt sich die

$$\textit{Reynolds-Zahl} \quad Re = \frac{d_i \cdot w \cdot \varrho}{\eta} = \frac{d_i \cdot w}{v} \qquad (29.7)$$

d_i, w, ϱ		siehe Legende zu Formel 29.6,
η	in Pa · s	dynamische Viskosität ($1 \text{Pa} \cdot \text{s} = 1 \text{kg} \cdot \text{m}^{-1} \cdot \text{s}^{-1}$),
v	in m^2/s	kinematische Viskosität nach Tabelle 29.10.

Versuche ergaben, dass bis zur *kritischen Reynolds-Zahl* $Re_k \approx 2300$ eine **laminare Rohrströmung** (auch Schichtströmung genannt, da die Flüssigkeitsteilchen in geordneten Schichten aneinander gleiten) auftritt, wobei $\lambda = 64 / Re$ beträgt.

Bei den in Rohrleitungsanlagen üblichen Durchmessern und Geschwindigkeiten liegt fast immer **turbulente Rohrströmung** mit $Re > 2300$ vor (auch Wirbelströmung genannt, da sich die Flüssigkeitsteilchen sehr unregelmäßig fortbewegen). Die Rohrreibungszahl λ hängt bei dieser Strömungsform außer von *Re* wesentlich von der Rauigkeit der Rohrinnenwandfläche ab. Anhaltswerte für die **absolute Rauigkeit *k*** verschiedener Rohrarten enthält Tabelle 29.11. Für die Berechnung von λ im turbulenten Bereich wurden verschiedene Gleichungen entwickelt, die sehr aufwendig sind. Deshalb werden Diagramme bevorzugt, vorwiegend das **λ, *Re*-Diagramm** (Diagramm 29.1), aus dem λ in Abhängigkeit von *Re* und von der **relativen Rauigkeit k/d_i** mit ausreichender Genauigkeit entnommen werden kann.

Außer geraden Rohrstücken mit konstantem Durchmesser befinden sich in Rohrleitungsanlagen verschiedene Einbauteile wie Armaturen, Rohrkrümmer, -verengungen, -abzweigungen usw., die zusätzliche Strömungsverluste bewirken. Diese **Zusatzverluste durch Rohrleitungseinbauteile** werden erfasst mit dem

$$\textit{Druckverlust} \quad \Delta p_E = \sum \zeta \cdot \frac{\varrho}{2} w^2 \qquad (29.8)$$

Δp_E	in Pa	Druckverlust durch Rohrleitungseinbauteile,
ζ		Verlustzahl (siehe nachfolgende Erläuterung),
ϱ, w		siehe Legende zu Formel 29.6.

Die **Widerstandszahl** oder **Verlustzahl ζ** zur Erfassung der Verluste durch Einbauteile ist eine dimensionslose Kennzahl, die meistens empirisch ermittelt wird und nur für das betreffende Einbauteil gilt. Anhaltswerte für einige Arten von Einbauteilen enthält Tabelle 29.13. Weitere Werte sind den Herstellerunterlagen und der speziellen Fachliteratur zu entnehmen.

Mit Formel 29.8 werden nur die zusätzlichen Verluste durch die Einbauteile erfasst, nicht aber die Strömungsverluste nach Formel 29.6. In diese Gleichung ist deshalb die gesamte Rohrleitungslänge einschließlich der Längen von Armaturen, Krümmern usw. einzusetzen.

Bei Rohrleitungen mit Anstieg oder Gefälle ist auch die durch den **geodätischen Höhenunterschied ΔH** bedingte Druckänderung $\Delta p_H = \Delta H \cdot \varrho \cdot g$ zu berücksichtigen. Die Summe aller einzelnen Druckverluste $\Delta p_R + \Delta p_E + \Delta p_H$ ergibt den *gesamten*

$$\textit{Druckverlust} \quad \Delta p = \left(\lambda \frac{l}{d_\text{i}} + \sum \zeta \right) \frac{\varrho}{2} w^2 \pm \Delta H \cdot \varrho \cdot g \tag{29.9}$$

λ		Rohrreibungszahl nach Diagramm 29.1,
l	in mm	Rohrleitungslänge einschließlich Einbauten,
d_i	in m	Rohrinnendurchmesser,
ζ		Verlustzahl (Tabelle 29.13),
ϱ	in kg/m^3	Dichte des Durchflussstoffs (Tabelle 29.10),
w	in m/s	Strömungsgeschwindigkeit nach Tabelle 29.9 oder aus Formel 29.4,
ΔH	in m	Höhenunterschied zwischen Anfang und Ende der Rohrleitung (bei waagerechter Leitung ist $\Delta H = 0$),
g	in m/s^2	Fallbeschleunigung = 9,81 m/s^2.

Das Plus-Zeichen vor ΔH gilt für ansteigende und das Minus-Zeichen für abfallende Rohrleitungen. Bei Anlagen mit unterschiedlichen Rohrdurchmessern sind die Verluste für jede Teilstrecke mit konstantem Durchmesser gesondert zu errechnen und zum Gesamtverlust zu addieren.

Mit dem Druckverlust Δp und dem Volumenstrom $\dot{V}$ erhält man die

$$\textit{Verlustleistung} \quad P_\text{v} = \dot{V} \cdot \Delta p \tag{29.10}$$

P_v	in W	von Pumpe oder Verdichter aufzubringende Verlustleistung ($1\,\text{W} = 1\,\text{Nm/s}$),
$\dot{V}$	in m^3/s	Volumenstrom nach Formel 29.4,
Δp	in Pa	Gesamtdruckverlust nach Formel 29.9.

Am Anfang einer Verlustberechnung ist erst die Reynolds-Zahl zu ermitteln, nach der sich die Strömungsform ergibt. Anschließend kann die Rohrreibungszahl λ aus Diagramm 29.1 entnommen werden, wozu bei $Re > 2300$ die relative Rauigkeit k/d_i bestimmt werden muss. Bei zu hoher Verlustleistung ist in der Regel ein größerer Rohrinnendurchmesser zu wählen.

Für die Bemessung des Leitungsdurchmessers d_i ist die Strömungsgeschwindigkeit w entscheidend. Eine hohe Geschwindigkeit ergibt einen kleinen Durchmesser (Formel 29.5), bedingt aber einen hohen Druckverlust, da dieser mit dem Quadrat von w ansteigt (Formel 29.6). Sollen die Rohrleitungsverluste niedrig gehalten werden, so ist w möglichst klein zu wählen (Tabelle 29.9). Aus Formel 29.6 in Verbindung mit Formel 29.4 geht hervor, dass der Druckverlust umgekehrt proportional der 5. Potenz von d_i zunimmt, d. h., eine geringe Durchmesservergrößerung bewirkt bereits eine beachtliche Verlustminderung.

Durch die Reibungsverluste kommt es zu Temperaturerhöhungen, die bei Flüssigkeitsleitungen meistens ohne Bedeutung sind. In Dampf- und Heißgasleitungen können durch Wärmeabstrahlung hohe Energieverluste auftreten, die sich mit einer guten Isolierung verringern lassen. Gase und Dämpfe sind kompressible Stoffe, bei denen sich mit dem Druck auch die Dichte ändert. Ist der Druckabfall gering (wie z. B. in Niederdruck-Gasleitungen), so kann Formel 29.9 näherungsweise auch für Rohrleitungen mit kompressiblen Medien angewendet werden.

Beispiel 29.4

Für die Wasserleitung aus nahtlosem Stahlrohr DIN EN 10216 - 101,6 × 3,6 mit dem Innendurchmesser $d_\text{i} = 94{,}4\,\text{mm}$ nach Beispiel 24.3 soll die Verlustleistung unter Berücksichtigung folgender Einbauteile ermittelt werden: 1 gerundetes Eintrittsstück, 1 Schrägsitz-Absperrventil, 3 Krümmer mit $\delta = 90°$ und 2 mit $\delta = 45°$, $R/d = 4$, hydraulisch rau. Es sind $60\,\text{m}^3/\text{h} = 0{,}0167\,\text{m}^3/\text{s}$ Frischwasser über eine Länge von 250 m auf eine Höhe von 25 m in einen offenen Behälter zu fördern. Falls die Verlustleistung 10 kW im gebrauchten Zustand der Leitung überschreitet, ist ein anderer Rohrdurchmesser zu wählen.

Lösung:

1. Strömungsgeschwindigkeit *w*

Mit dem Volumenstrom $\dot{V} = 0{,}0167\,\text{m}^3/\text{s}$ folgt aus Formel 29.4:

$$w = \frac{4 \cdot \dot{V}}{d_i^2 \cdot \pi} = \frac{4 \cdot 0{,}0167\,\text{m}^3/\text{s}}{(0{,}0944\,\text{m})^2 \cdot \pi} = 2{,}386\,\text{m/s}$$

2. Druckverlust Δp_R in der Rohrleitung

Nach Tabelle 29.10 betragen für Wasser bei 10 °C die Dichte $\varrho = 999{,}6\,\text{kg/m}^3$ und die kinematische Viskosität $\nu = 1{,}297 \cdot 10^{-6}\,\text{m}^2/\text{s}$. Damit wird nach Formel 29.7 die Reynolds-Zahl

$$Re = \frac{d_i \cdot w}{\nu} = \frac{0{,}0944\,\text{m} \cdot 2{,}386\,\text{m/s}}{1{,}297 \cdot 10^{-6}\,\text{m}^2/\text{s}} \approx 1{,}74 \cdot 10^5 > 2300$$

Es liegt also turbulente Rohrströmung vor. Nach Tabelle 29.11 wird eine absolute Rauigkeit $k = 0{,}4\,\text{mm}$ geschätzt (gebrauchte Kaltwasserleitung), womit sich die relative Rauigkeit $k / d_i = 0{,}4 / 94{,}4 \approx 4{,}24 \cdot 10^{-3}$ ergibt. Aus Diagramm 29.1 folgt dafür die Rohrreibungszahl $\lambda \approx 0{,}031$.

Mit der Leitungslänge $l = 250\,\text{m}$ folgt nun nach Formel 29.6:

$$\Delta p_R = \lambda \frac{l}{d_i} \cdot \frac{\varrho}{2} w^2 = 0{,}031 \frac{250\,\text{m}}{0{,}0944\,\text{m}} \cdot \frac{999{,}6\,\text{kg}}{2\,\text{m}^3} (2{,}386\,\text{m/s})^2 \approx 233600\,\text{Pa}$$

3. Zusätzlicher Druckverlust Δp_E durch die Einbauteile

Nach Tabelle 29.13 kann mit folgenden Verlustzahlen gerechnet werden: $\zeta_1 \approx 0{,}065$ für 1 gerundetes Eintrittsstück, $\zeta_2 \approx 1{,}2$ für 1 Absperrventil (Schrägsitzventil), $\zeta_3 \approx 3 \cdot 0{,}24 = 0{,}72$ für 3 Krümmer 90° und $\zeta_4 \approx 2 \cdot 0{,}12 = 0{,}24$ für 2 Krümmer 45°. Damit beträgt nach Formel 29.8:

$$\Delta p_E = \sum \zeta \cdot \frac{\varrho}{2} w^2 = (0{,}065 + 1{,}2 + 0{,}72 + 0{,}24) \frac{999{,}6\,\text{kg}}{2\,\text{m}^3} (2{,}386\,\text{m/s})^2 \approx 6330\,\text{Pa.}$$

4. Gesamtdruckverlust Δp und Verlustleistung P_v

Mit der Förderhöhe $\Delta H = 25\,\text{m}$ beträgt entsprechend Formel 29.9:

$$\Delta p = \Delta p_R + \Delta p_E + \Delta H \cdot \varrho \cdot g = 233600\,\text{Pa} + 6330\,\text{Pa} + 25\,\text{m} \cdot 999{,}6 \frac{\text{kg}}{\text{m}^3} \cdot 9{,}81 \frac{\text{m}}{\text{s}^2}$$
$$\approx 485080\,\text{Pa}$$

Damit wird nach Formel 29.10

$$P_v = \dot{V} \cdot \Delta p = 0{,}0167\,\text{m}^3/\text{s} \cdot 485080\,\text{Pa} \approx 8100\,\text{W} = 8{,}1\,\text{kW}$$

sodass die vorgegebene Verlustleistung nicht überschritten wird und das gewählte Rohr verwendet werden kann.

■

3. Rohrwanddicke

Die Wand einer Rohrleitung wird überwiegend durch den inneren Überdruck des Durchflussstoffs beansprucht, selten durch äußeren Überdruck. Bei hohen Temperaturen infolge Beheizung der Rohrwand oder heißer Durchflussmedien kommen Wärmespannungen hinzu, die besonders durch plötzliches Anheizen oder Abkühlen beträchtlich sein können. Weitere Zusatzbeanspruchungen werden hervorgerufen durch verhinderte Längenänderungen zwischen den Festpunkten und Durchbiegung aufgrund des Eigengewichts der Rohrleitung mit Inhalt sowie durch Erd- und Verkehrslasten bei erdverlegten Leitungen.

Für die Berechnung der Wanddicke von Stahlrohren und Rohrbögen gegen Innendruck sind in DIN 2413 Richtlinien festgelegt. Bei Rohrleitungen in Anlagen, die besonderen Sicherheitsbestimmungen nach dem Gerätesicherungsgesetz unterliegen, sind die entsprechenden Technischen Regeln (TRD, TRG u. a.) zu beachten. Grundsätzlich gilt die Herleitung der Gleichung für die Wanddicke zylindrischer Mäntel von Druckbehältern und Dampfkesseln auch für Rohre mit Kreisquerschnitt (siehe Abschnitt 4.9).

Nach DIN 2413 beträgt für **Stahlrohre unter Innendruck** die erforderliche

Wanddicke $$s = s_v + c_1 + c_2 \leq s_e \qquad (29.11)$$

s	in mm	erforderliche Mindestwanddicke,
s_v	in mm	rechnerische Wanddicke nach Formel 29.13, Formel 29.14, Formel 29.15 oder Formel 29.16,
c_1	in mm	Zuschlag zur Berücksichtigung der zulässigen Wanddicken-Unterschreitung nach den technischen Lieferbedingungen für Rohre, siehe Tabelle 29.12,
c_2	in mm	Zuschlag zur Berücksichtigung von Korrosion bzw. Abnutzung, allgemein = 1 mm bei ferritischen Stählen, er kann bei austenitischen Stählen und bei Korrosionsschutz entfallen,
s_e	in mm	ausgeführte (effektive) Wanddicke.

Ist die zulässige Wanddicken-Unterschreitung mit c_1' in % angegeben wie bei nahtlosen Rohren (siehe Tabelle 29.12), so beträgt die erforderliche

Wanddicke $$s = (s_v + c_2)\frac{100}{100 - c_1'} \qquad (29.12)$$

In diese Gleichung wird c_1' nur mit dem Zahlenwert des Prozentsatzes eingesetzt.

Die **rechnerische Wanddicke** s_v wird mit der zulässigen Spannung $\sigma_{zul} = K / S$ ermittelt. Als **Festigkeitskennwert *K*** gilt allgemein die Streckgrenze bzw. die 0,2 %-Dehngrenze des Rohrwerkstoffs bei der Berechnungstemperatur (siehe Tabelle 4.18, Zwischenwerte interpolieren, 50-°C-Werte auch bei 20 °C), in bestimmten Fällen auch die Zeitstandfestigkeit oder die Zeit- bzw. Dauerschwellfestigkeit. Durch den **Sicherheitsbeiwert *S*** ist gewährleistet, dass ein Fließen des Werkstoffs bzw. Zeit- oder Dauerbrüche bei schwellender Beanspruchung nicht auftreten.

In DIN 2413 sind Gleichungen angegeben, die für Rohre mit Kreisquerschnitt ohne Ausschnitte bis zu einem Durchmesserverhältnis $d_a / d_i = 2$ für folgende Bereiche gelten:

I vorwiegend ruhende Beanspruchung bis 120 °C Berechnungstemperatur

II vorwiegend ruhende Beanspruchung über 120 °C

III schwellende Beanspruchung bis 120 °C

Für den *Geltungsbereich I* beträgt die

rechnerische Wanddicke $$s_v = \frac{d_a \cdot p}{2\sigma_{zul} \cdot v_N} = \frac{d_i}{\frac{2\sigma_{zul}}{p} \cdot v_N - 2} \qquad (29.13)$$

29

für den *Geltungsbereich II* bei $d_a/d_i \leq 1{,}67$

$$s_v = \frac{d_a}{\frac{2\sigma_{zul}}{p} \cdot v_N + 1} = \frac{d_i}{\frac{2\sigma_{zul}}{p} \cdot v_N - 1} \qquad (29.14)$$

und bei $1{,}67 < d_a/d_i \leq 2$

$$s_v = \frac{d_a}{\frac{3\sigma_{zul}}{p} \cdot v_N - 1} = \frac{d_i}{\frac{3\sigma_{zul}}{p} \cdot v_N - 3} \qquad (29.15)$$

für den *Geltungsbereich III* bei konstantem Schwingbereich Δp_S der Druckschwankungen

$$s_v = \frac{d_a}{\frac{2\sigma_{zul}}{\Delta p_S} - 1} \qquad (29.16)$$

d_a, d_i	in mm	Außen- bzw. Innendurchmesser des Rohrs,
p	in N/mm²	Berechnungsdruck als maximal möglicher innerer Überdruck ($1\,N/mm^2 = 1\,MPa = 10\,bar$),
σ_{zul}	in N/mm²	zulässige Spannung $= K/S$, Festigkeitskennwert K und Sicherheitsbeiwert S nach Tabelle 29.14,
v_N		Wertigkeit der Schweißnaht für Längs- und Schraubenliniennaht nach den technischen Lieferbedingungen oder nach Vereinbarung, = 1,0 für nahtlose Stahlrohre und für geschweiße Stahlrohre nach DIN 1628, = 0,9 für geschweißte Stahlrohre nach DIN 1626,
Δp_S	in N/mm²	gleich bleibende Druck-Schwingbreite $= p_{max} - p_{min}$ ($= \hat{p} - \check{p}$ in DIN 2413), bei unterschiedlichen Schwingbreiten siehe Norm.

Für den Geltungsbereich III ist s_v außer nach Formel 29.16 auch nach Formel 29.13 für den Bereich I gegen unzulässige Verformung zu berechnen. Die größere ermittelte Wanddicke ist maßgebend.

Beispiel 29.5

Die Rohrwanddicke der Frischwasserleitung nach Beispiel 29.3 und Beispiel 29.4 ist für einen Berechnungsdruck von 6 bar auf Zulässigkeit zu überprüfen. Vorgesehen ist ein nahtloses Stahlrohr ohne Abnahmeprüfzeugnis mit der Normbezeichnung: Rohr - 101,6 × 3,6 DIN EN 10216-2 - P235GH (Bruchdehnung $A_5 = 25\%$), Kurzzeichen der Nennweite: DN 100.

Lösung:

1. Rechnerische Wanddicke s_v

Die Berechnung erfolgt nach Formel 29.13 für den Geltungsbereich I ($d_a / d_i = 101{,}6 / 94{,}4 = 1{,}076 < 2$, vorwiegend ruhende Beanspruchung, Temperatur $< 120\,°C$). Es sind einzusetzen: $d_a = 101{,}6\,mm$, $p = 6\,bar = 0{,}6\,MPa = 0{,}6\,N/mm^2$, $v_N = 1{,}0$ (nahtloses Rohr), $\sigma_{zul} = K/S = (235\,N/mm^2)/1{,}7 = 138{,}2\,N/mm^2$ (K und S nach Tabelle 29.14 und Tabelle 29.15). Damit wird

$$s_v = \frac{d_a \cdot p}{2\sigma_{zul} \cdot v_N} = \frac{101{,}6\,mm \cdot 0{,}6\,N/mm^2}{2 \cdot 138{,}2\,N/mm^2 \cdot 1{,}0} \approx 0{,}22\,mm$$

2. Erforderliche Wanddicke s

Nach Formel 29.11 mit $c_1 = 0{,}4\,mm$ aus Tabelle 29.12 und $c_2 = 1\,mm$ beträgt

$$s = s_v + c_1 + c_2 = (0{,}22 + 0{,}4 + 1)\,mm = 1{,}62\,mm < s_e = 3{,}6\,mm$$

29

Nach Formel 29.12 mit $c_1' = 12{,}5$ (Tabelle 29.12) und $c_2 = 1\text{mm}$ beträgt

$$s = (s_v + c_2)\frac{100}{100 - c_1'} = (0{,}22 + 1)\text{mm}\frac{100}{100 - 12{,}5} \approx 1{,}39\text{mm} < s_e = 3{,}6\text{mm}$$

Das gewählte Rohr ist somit zulässig.

Beispiel 29.6

In einer Heißgasleitung aus Rohr - 273 × 10 DIN EN 10217-3 - P235GH (mit Abnahmeprüfzeugnis, Mindestzugfestigkeit $R_{p0,2} = 355\text{N/mm}^2$, Bruchdehnung $A_5 = 22\,\%$) schwankt der Druck nahezu gleichmäßig zwischen 40 und 63 bar. Das Rohr hat einen Korrosionsschutz. Ist die Rohrwanddicke für eine Berechnungstemperatur von 280 °C ausreichend bemessen?

Lösung:

1. Rechnerische Wanddicke s_v gegen Verformung

In Formel 29.13 sind einzusetzen: $d_a = 273\text{mm}$, $p = p_{max} = 6{,}3\text{N/mm}^2$, $v_N = 0{,}9$ (geschweißtes Rohr), $\sigma_{zul} = K / S = (224\text{N/mm}^2)/1{,}56 =$ (K und S nach den Tabelle 29.14 und Tabelle 29.15 interpoliert).

Damit wird

$$s_v = \frac{d_a \cdot p}{2\sigma_{zul} \cdot v_N} = \frac{273\text{mm} \cdot 6{,}3\text{N/mm}^2}{2 \cdot 143{,}6\text{N/mm}^2 \cdot 0{,}9} \approx 6{,}65\text{mm}$$

2. Rechnerische Wanddicke s_v gegen Dauerbruch

Mit der Dauerschwellfestigkeit $\sigma_{Sch/D} = 140\text{N/mm}^2$ (Tabelle 29.14) und $S = 1{,}5$ beträgt $\sigma_{zul} = K / S = (140\text{N/mm}^2)/1{,}5 = 93{,}3\text{N/mm}^2$. In Formel 29.16 ist ferner die Druck-Schwingbreite $\Delta p_S = p_{max} - p_{min} = (63 - 40)\text{bar} = 23\text{bar} = 2{,}3\text{N/mm}^2$ einzusetzen. Somit ergibt sich

$$s_v = \frac{d_a}{\frac{2\sigma_{zul}}{\Delta p_S} - 1} = \frac{273\text{nm}}{\frac{2 \cdot 93{,}3\text{N/mm}^2}{2{,}3\text{N/mm}^2} - 1} = 3{,}4\text{mm}$$

3. Erforderliche Wanddicke s

Nach Formel 29.11 mit $s_v = 6{,}65\text{mm}$ (nach 1. als größerer Wert), $c_1 = 2\text{mm}$ (Tabelle 29.12) und $c_2 = 0\text{mm}$ (Korrosionsschutz) gilt:

$$s = s_v + c_1 + c_2 = (6{,}65 + 2 + 0)\text{mm} = 8{,}65\text{mm} < s_e = 10\text{mm}$$

Nach Formel 29.12 mit c'_1 = 8 % aus Tabelle 29.12:

$$s = (s_v + c_2)\frac{100}{100 - c_1'} = (6{,}65 + 0)\text{mm}\frac{100}{100 - 8} = 7{,}22\text{mm} < s_e = 10\text{mm}$$

Das Rohr ist ausreichend bemessen, das Durchmesserverhältnis $d_a / d_i = 273 / 253 = 1{,}079 < 2$ für die Berechnung nach DIN 2413 zulässig, Kurzzeichen der Nennweite: DN 250.

29.9 Verständnisfragen

1. Nennen Sie die einzelnen Bestandteile einer Rohrleitungsanlage.
2. Umreißen Sie grob den Inhalt der Druckgeräterichtlinie.
3. Nennen Sie einige Vorteile von Stahlrohren.
4. Was versteht man unter dem Prüfdruck?
5. Woraus ergeben sich die tiefste und höchste anwendbare Temperatur?
6. Welche Materialien werden am häufigsten für Rohrleitungen verwendet?
7. Wo werden Gewinderohre aus Stahl typischerweise eingesetzt?
8. Wie kann die Strömungsrichtung in einer Rohrleitung geändert werden?
9. Welchen Zweck erfüllen Dichtungen?
10. Unter welchen Voraussetzungen kann ein Dehnungsausgleich erfolgen?

Literatur

[29.1] Richtlinie 2014/68/EU des Europäischen Parlaments und des Rates vom 15. Mai 2014 zur Harmonisierung der Rechtsvorschriften der Mitgliedstaaten über die Bereitstellung von Druckgeräten auf dem Markt (Neufassung Druckgeräterichtlinie)

[29.2] *ETABO Energietechnik und Anlagenservice GmbH:* Tabellenbuch für den Rohrleitungsbau. 17. Auflage. Essen: Vulkan, 2017

[29.3] *Wossog, G.:* Handbuch Rohrleitungsbau. Band I: Planung, Herstellung, Errichtung. 4. Auflage. Essen: Vulkan, 2015

[29.4] *Wossog, G.:* Handbuch Rohrleitungsbau. Band II: Berechnung. 3. Auflage. Essen: Vulkan, 2013

[29.5] *Franke, W.; Platzer, B.:* Rohrleitungen. Grundlagen – Planung – Montage. München: Carl Hanser Verlag, 2020

DIN 2403:2018-10	Kennzeichnung von Rohrleitungen nach dem Durchflussstoff
DIN 2413:2020-04	Nahtlose Stahlrohre für öl- und wasserhydraulische Anlagen – Berechnungsgrundlage für Rohre und Rohrbögen bei schwellender Beanspruchung
DIN 8063-1:1986-12	Rohrverbindungen und Rohrleitungsteile für Druckrohrleitungen aus weichmacherfreiem Polyvinylchlorid (PVC-U); Muffen- und Doppelmuffenbogen, Maße (zurückgezogen)
DIN 28000-4:2014-07	Chemischer Apparatebau – Dokumentation im Lebensweg von Prozessanlagen – Teil 4: Graphische Symbole für Armaturen, Rohrleitungen und Stellantriebe
DIN EN 764-1:2016-12	Druckgeräte – Teil 1: Vokabular
DIN EN 1092-1:2018-12	Flansche und ihre Verbindungen – Runde Flansche für Rohre, Armaturen, Formstücke und Zubehörteile, nach PN bezeichnet – Teil 1: Stahlflansche
DIN EN 1092-2:1997-06	Flansche und ihre Verbindungen – Runde Flansche für Rohre, Armaturen, Formstücke und Zubehörteile, nach PN bezeichnet – Teil 2: Gußeisenflansche
DIN EN 1333:2006-06	Flansche und ihre Verbindungen – Rohrleitungsteile – Definition und Auswahl von PN
DIN EN 1515-1:2000-01	Flansche und ihre Verbindungen – Schrauben und Muttern – Teil 1: Auswahl von Schrauben und Muttern
DIN EN 10242:1995-03	Gewindefittings aus Temperguß

den Temperaturen ungeeignet, da es zur Klemmung zwischen den Sitzflächen und zu großen Spindelkräften kommen kann. Besser, jedoch aufwendiger ist ein **Doppelplattenkeilschieber** mit zweiteiligem Keil (Bild 30.7b), dessen Hälften über ein kugelförmiges Druckstück gegen die Sitzflächen gepresst werden (gute Dichtwirkung, geringer Verschleiß, für höchste Anforderungen geeignet).

Eine recht einfache Konstruktion, aber mit geringer Dichtwirkung ist der **Plattenschieber** (Bild 30.7c), bei dem eine beweglich geführte Platte durch den Überdruck einseitig gegen die Sitzfläche gepresst wird. Beim Öffnen treten große Reibungskräfte und damit Verschleiß am Sitz auf. Der **Doppelparallelplattenschieber** (Bild 30.7d) hat diese Nachteile nicht. Die beiden Plattenhälften werden durch Kniehebel- oder Keilwirkung gegen die parallelen Sitzflächen gedrückt.

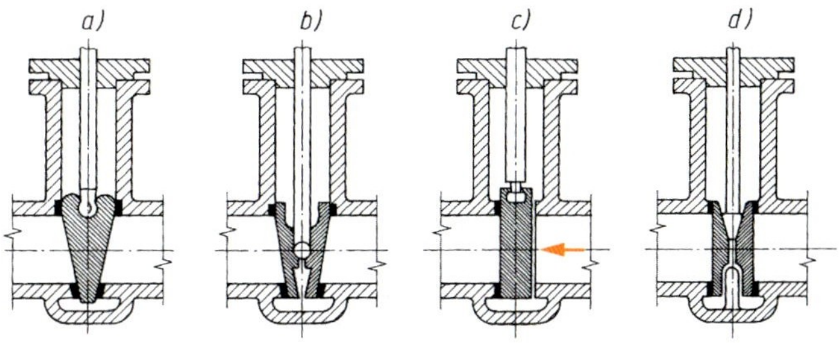

Bild 30.7 Arten der Schieberabdichtung
a) einteiliger Keilschieber, b) zweiteiliger Keilschieber (Doppelplattenkeilschieber), c) einteiliger Plattenschieber, d) zweiteiliger Plattenschieber (Doppelparallelplattenschieber)

Typische Ausführungen von Absperrschiebern sind in Bild 30.8 dargestellt. Als Dichtungswerkstoff kommen sowohl Metalle als auch Kunststoffe infrage. Ein Nachteil aller Schieber ist, dass die Dichtflächen schwer zugänglich sind, wodurch ihre Wartung erschwert wird.

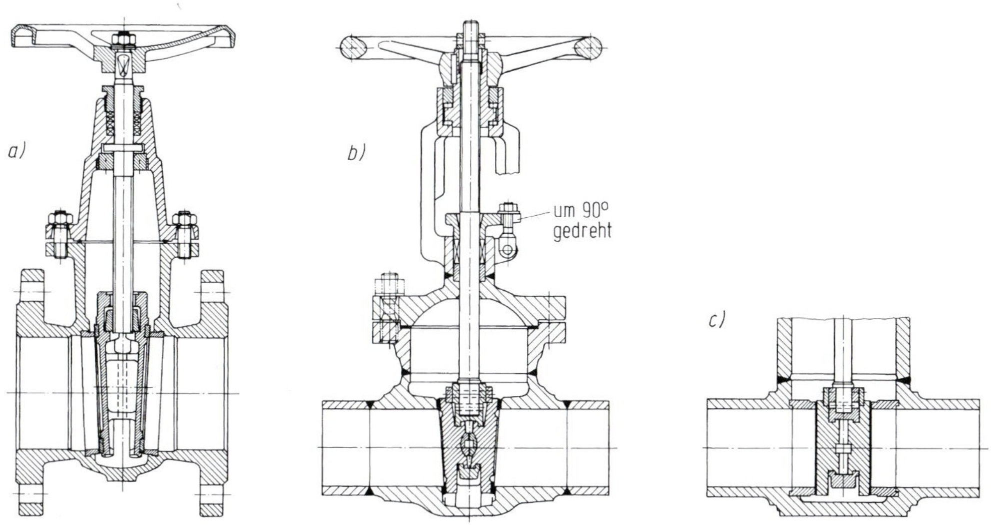

Bild 30.8 Absperrschieber [KSB]
a) Keilschieber mit Flachgehäuse (Spindelmutter im Absperrkeil), b) Doppelplattenkeilschieber mit Rundgehäuse (Spindelmutter im Handrad), c) Ausführung mit Doppelparallelplatten

30.4 Hähne

Hähne (auch Drehschieber genannt) sind einfache und robuste Armaturen mit geringem Raumbedarf, kurzen Schließ- bzw. Umschaltzeiten, geringen Strömungsverlusten und der Möglichkeit, als *Auslaufhahn, Durchgangshahn, Eckhahn* oder als *Mehrwegehahn* mit mehreren Anschlüssen ausgeführt zu werden. Von Nachteil sind die aufeinander gleitenden großen Dichtflächen, die bei häufiger Bewegung des Abschlusskörpers schnell verschleißen. Je nach Oberflächengüte der Dichtflächen, Schmierung, Vorspannung sowie Art und Temperatur des Durchflussstoffes können die beim Schalten zu überwindenden Reibungskräfte sehr hoch sein. Nach längerem Stillstand ist sogar Blockieren möglich.

Beim **Kegelhahn** ist der Abschlusskörper ein schlanker Kegelstumpf (das Küken) mit einer Öffnung in Form eines Langlochs (Bild 30.9), durch das im geöffneten Zustand das Medium strömt. Der einfache Kegelhahn (Bild 30.9a), wie er in Haushalts-Gasleitungen zu finden ist (fälschlicherweise werden auch die Ventile in Wasserleitungen als Hähne bezeichnet), besteht aus dem Gehäuse **(1)**, dem Dichtkegel **(2)** (Küken), der Federscheibe **(3)**, der Mutter **(4)** und dem Stellhebel **(5)**. Das Küken wird im Gehäuse eingeschliffen und mit Hahnfett geschmiert.

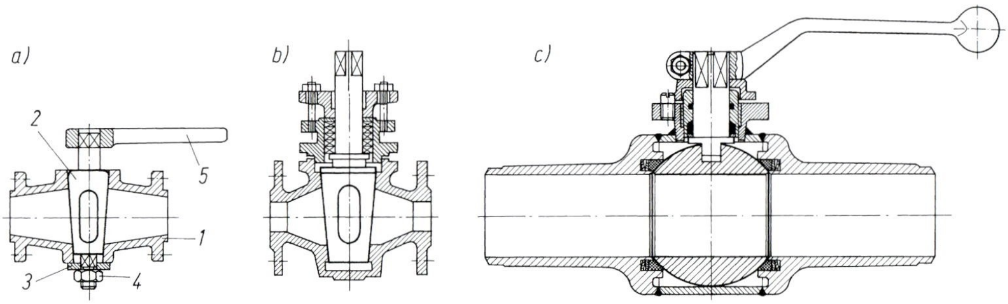

Bild 30.9 Hähne
a) einfacher Kegelhahn (Durchgangshahn), b) Packhahn (Stopfbuchsenhahn), c) Kugelhahn [WB]

Zu den Kegelhähnen gehören auch der *Packhahn* (Bild 30.9b, vorwiegend für chemische Industrie), der *Schmierhahn*, bei dem das Küken über Nuten und Schmierstoffkammer geschmiert wird (für aggressive und dickflüssige Medien sowie hohe Drücke und Temperaturen) und der *Leichtschalthahn*, dessen Küken vor dem Drehen etwas angehoben und nach dem Drehen wieder gegen die Sitzfläche gedrückt wird (für zähflüssige Stoffe). Hähne mit zylindrischen Küken sind selten.

Der **Kugelhahn** (Bild 30.9c), eine wesentliche technische Weiterentwicklung des Kegelhahns, hat im geöffneten Zustand keinen größeren Strömungswiderstand als ein gleich langes Rohr mit gleichem Innendurchmesser. Der Abschlusskörper ist eine Kugel mit zylindrischer Bohrung, die sich gut abdichten lässt und deren Drehung nur ein geringes Drehmoment erfordert. Kugelhähne werden für fast alle Medien, Temperaturen und Drücke hergestellt und haben vor allem in der Chemieindustrie breite Anwendung gefunden. Sie sind mit Flanschen, Schweißenden oder Gewindeanschluss lieferbar auch als Drei- und Vierwegehähne.

30.5 Klappen

Klappen sind sehr einfache Armaturen mit geringstem Raumbedarf. Als Abschlusskörper dient eine kreisförmige Platte, die um eine Achse senkrecht zur Strömungsrichtung gedreht und in Offenstellung vom Durchflussstoff umströmt wird. Sie schließen bei metallischen Dichtungen meistens nur tropfdicht, können aber mit weichen Gehäuseauskleidungen aus Kunststoffen dichtschließend ausgeführt werden. Ihre Einsatzgebiete sind u. a. Wasserversorgungsanlagen, Abwassertechnik, Kraftwerksbau, chemische Industrie und Gasfernleitungen. Klappen werden bis zu sehr großen Nennweiten hergestellt.

Bei **Absperr- und Drosselklappen** ist die Drehachse der Welle zentrisch oder etwas exzentrisch angeordnet. Die Gehäuse sind meistens ringförmig als Einklemmgehäuse ausgeführt (Bild 30.10) ohne oder mit Durchgangslöchern für die Klemmschrauben. Für sehr große Nennweiten werden Schweißenden angebracht.

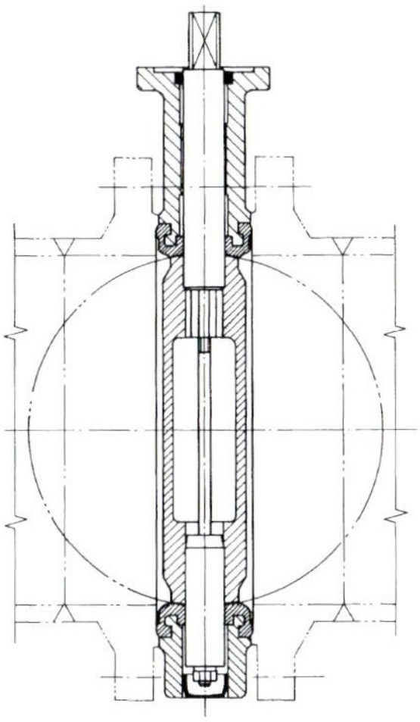

Bild 30.10
Absperrklappe mit Einklemmgehäuse [KSB]

Rückschlagklappen sichern Rohrleitungsanlagen gegen Zurückfließen des Mediums. Der Abschlusskörper wird von der Strömung angehoben und gibt den Durchfluss in einer Strömungsrichtung frei. Die Drehachse liegt außerhalb der Klappenscheibe (Bild 30.11). Beim Auftreten von Gegendruck und nach Abschalten des Förderstroms schließt die Klappe selbsttätig, unterstützt durch die Gewichtskraft bei waagerechter Lage der Drehachse.

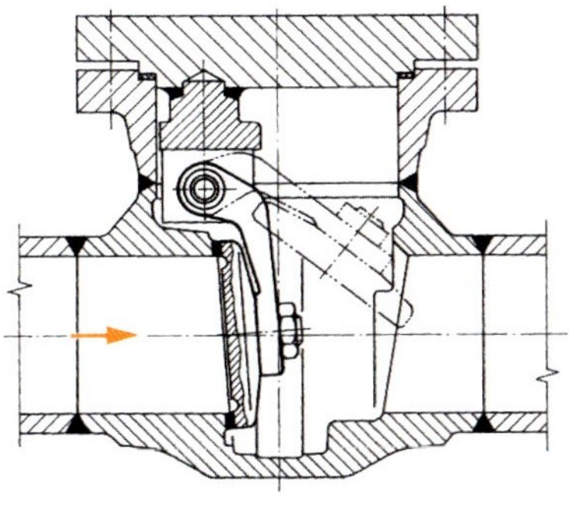

Bild 30.11
Rückschlagklappe

30.6 Armaturenantriebe

Die Betätigung der Armaturen ist auf verschiedene Weise möglich. Sie kann von Hand (direkt an der Armatur oder fernbedient), durch Gewichts- oder Federkraft, mittels Eigen- oder Fremdmedium, hydraulisch, pneumatisch, elektromotorisch oder elektromagnetisch erfolgen.

Direkte *Handbedienung* über Handrad oder -hebel wird bei kleinen bis mittelgroßen Armaturen dort angewendet, wo leichter unmittelbarer Zugang gegeben ist. Bei größeren Armaturen werden zur Verringerung der erforderlichen Handkraft Stirnrad-, Kegelrad- oder Schneckengetriebe zwischengeschaltet (Bild 30.12). Handfernbedienung durch Spindelverlängerung, Hebelsysteme, Gelenkwellen oder Kettentriebe kommen infrage, wenn Armaturen nicht zugänglich sind.

Das Schließen durch *Gewichtskraft* oder durch *Federkraft* ist vorwiegend bei Schnellschluss- und Sicherheitsarmaturen üblich.

Die Steuerung mittels *Eigenmedium* ist dann möglich, wenn durch das strömende Medium auf beiden Seiten des Abschlusskörpers verschieden große Drücke auftreten (z. B. bei Rückschlagklappen und -ventilen). Die Differenzkraft betätigt die Armatur. Als *Fremdmedium* werden meistens Dampf oder Luft eingesetzt, die eine unmittelbare oder federunterstützte Betätigung bewirken.

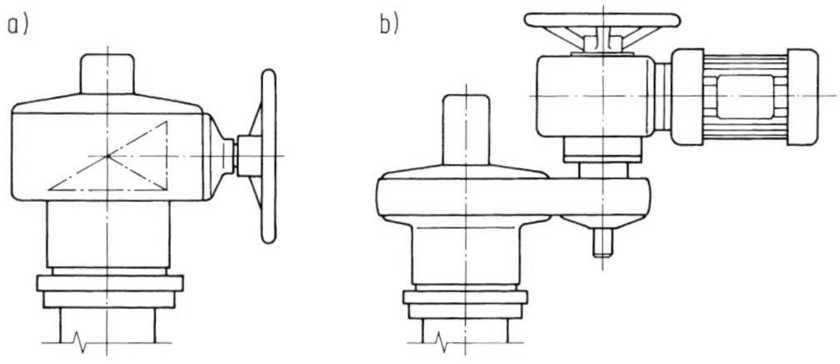

Bild 30.12 Armaturenantriebe
a) Handbedienung mit Kegelradgetriebe, b) elektromotorischer Stellantrieb mit Stirnradgetriebe

Elektrische, pneumatische und *hydraulische Armaturenantriebe* eignen sich besonders für die automatische Steuerung von Rohrleitungsanlagen. Für elektromotorische Antriebe werden Getriebemotoren und Endschalter bevorzugt, womit gute Regelmöglichkeiten gegeben sind (Bild 30.12b). Bei kleinen Armaturen sind elektromagnetische Antriebe üblich. Pneumatische Antriebe werden dort eingesetzt, wo Explosionsgefahr besteht und wenn kurze Schalt- oder Stellzeiten erforderlich sind. Für große Kräfte werden vorzugsweise hydraulische Antriebe angewendet.

30.7 Verständnisfragen

1. Was versteht man unter Armaturen?
2. Nennen Sie einige Beispiele für Armaturen.
3. Was ist das Ziel eines Absperrorgans?
4. Welche Gesichtspunkte haben Einfluss auf die Wahl des Werkstoffs einer Armatur?

5. Welche Bauformen gibt es bei Absperrventilen?
6. Unter welchen Bedingungen sind Schieber als Absperrorgan geeignet?

Literatur

[30.1] *Dick, S.; Schäfer, G.; Kecke, H.-J.:* Taschenbuch Industriearmaturen. Essen: Vulkan, 2006

[30.2] *Thier, B. (Hrsg.):* Industriearmaturen. Bauelemente der Rohrleitungstechnik. Essen: Vulkan, 2006

[30.3] *Künne, B. (Hrsg):* Köhler/Rögnitz Maschinenteile 1. Stuttgart: Teubner, 2007

DIN EN 593:2018-01	Industriearmaturen – Metallische Klappen für den allgemeinen Gebrauch
DIN EN 764-1:2016-12	Druckgeräte – Teil 1: Vokabular
DIN EN 764-2:2012-04	Druckgeräte – Teil 2: Größen, Symbole und Einheiten
DIN EN 764-4:2015-03	Druckgeräte – Teil 4: Erstellung von technischen Lieferbedingungen für metallische Werkstoffe
DIN EN 764-5:2015-03	Druckgeräte – Teil 5: Prüfbescheinigungen für metallische Werkstoffe und Übereinstimmung mit der Werkstoffspezifikation
DIN EN 764-7:2002-09	Druckgeräte – Teil 7: Sicherheitseinrichtungen für unbefeuerte Druckgeräte
DIN EN 1171:2015-11	Industriearmaturen – Schieber aus Gusseisen
DIN EN 1983:2013-12	Industriearmaturen – Kugelhähne aus Stahl
DIN EN 1984:2010-10	Industriearmaturen – Schieber aus Stahl
DIN EN 12516-1:2018-11	Industriearmaturen – Gehäusefestigkeit – Teil 1: Tabellenverfahren für drucktragende Gehäuse von Armaturen aus Stahl
DIN EN 12516-2:2015-01	Industriearmaturen – Gehäusefestigkeit – Teil 2: Berechnungsverfahren für drucktragende Gehäuse von Armaturen aus Stahl
DIN EN 12627:2018-02	Industriearmaturen – Anschweißenden für Armaturen aus Stahl
DIN EN 12982:2009-11	Industriearmaturen – Baulängen für Armaturen mit Anschweißenden
DIN EN ISO 4126-1:2016-12	Sicherheitseinrichtungen gegen unzulässigen Überdruck – Teil 1: Sicherheitsventile (ISO 4126-1:2013 + Amd 1:2016)
DIN EN ISO 4126-2:2019-08	Sicherheitseinrichtungen gegen unzulässigen Überdruck – Teil 2: Berstscheibeneinrichtungen (ISO 4126-2:2018)
DIN EN ISO 4126-3:2021-01	Sicherheitseinrichtungen gegen unzulässigen Überdruck – Teil 3: Sicherheitsventile und Berstscheibeneinrichtungen in Kombination (ISO 4126:2020)
DIN EN ISO 4126-4:2013-12	Sicherheitseinrichtungen gegen unzulässigen Überdruck – Teil 4: Pilotgesteuerte Sicherheitsventile (ISO 4126-4:2013)
DIN EN ISO 4126-5:2016-12	Sicherheitseinrichtungen gegen unzulässigen Überdruck – Teil 5: Gesteuerte Sicherheitsventile (ISO 4126-5:2013 + Amd 1:2016)
DIN EN ISO 4126-6:2014-10	Sicherheitseinrichtungen gegen unzulässigen Überdruck – Teil 6: Berstscheibeneinrichtungen; Anwendung, Auswahl und Einbau (ISO 4126-6:2014)
DIN EN ISO 4126-7:2016-12	Sicherheitseinrichtungen gegen unzulässigen Überdruck – Teil 7: Allgemeine Daten (ISO 4126-7:2013 + Amd 1:2016)

Firmenschriften und Online-Kataloge

KSB AG, Frankenthal (*www.ksb.com/de-de*)

Klinger Gebetsroither GmbH & Co KG, Wels, Österreich (*www.gebetsroither.at*)

W. Böhmer GmbH, Sprockhövel (*www.boehmer.de*)

Index

Symbole

A

B

C

E

F

G

H

I

K

L

O

P

Q

R

T

U

V

W

X

Z